代表的な官能基の構造

名称	構造	名称の末尾	名称	構造	名称の末尾
アルケン（二重結合）	C=C	-エン -ene	スルフィド	C-S-C	スルフィド sulfide
アルキン（三重結合）	-C≡C-	-イン -yne	ジスルフィド	C-S-S-C	ジスルフィド disulfide
アレーン（芳香環）	(benzene ring)	—	スルホキシド	C-S(=O)-C	スルホキシド sulfoxide
ハロゲン化物	C-X (X=F, Cl, Br, I)	—	アルデヒド	C-CHO	-アール -al
アルコール	C-OH	-オール -ol	ケトン	C-C(=O)-C	-オン -one
エーテル	C-O-C	エーテル ether	カルボン酸	C-COOH	-酸 -oic acid
-リン酸エステル	C-O-P(=O)(O⁻)(O⁻)	リン酸アルキル phosphate	エステル	C-C(=O)-O-C	-酸アルキル -oate
アミン	C-N:	-アミン -amine	チオエステル	C-C(=O)-S-C	-チオ酸アルキル -thioate
イミン（Schiff 塩基）	C=N-C	—	アミド	C-C(=O)-N	-アミド -amide
ニトリル	-C≡N	-ニトリル -nitrile	酸塩化物	C-C(=O)-Cl	塩化-(オ)イル -(o)yl chloride
チオール	C-SH	-チオール -thiol			

JOHN McMURRY

マクマリー 有機化学
生体反応へのアプローチ
第3版

柴﨑正勝・岩澤伸治
大和田智彦・増野匡彦 監訳

東京化学同人

ORGANIC CHEMISTRY
with Biological Applications
Third Edition

John McMurry
Cornell University

© 2015, 2011 Cengage Learning, Inc. ALL RIGHTS RESERVED.
No part of this work covered by the copyright herein may be reproduced or distributed
in any form or by any means, except as permitted by U.S. copyright law, without the
prior written permission of the copyright owner.

表紙デザイン：栗原千裕　（背景イラスト iStock.com/Kateryna Bereziuk）

本書の著者印税はすべて以下の基金に寄付される
Cystic Fibrosis Foundation（囊胞性線維症基金）

ま　え　が　き

　私は長年にわたり有機化学を教えてきた．教壇に立ち始めた当初は，多くの教員と同様，19歳の学生たちにこの分野の論理と美しさを伝えようと努め，彼らが私と同じように有機化学の魅力を知るだろうと考えた．しかし，私自身の興味や期待と学生のそれとの間に大きな隔たりがあることに気づくまでにそう時間はかからなかった．この科目のおもしろさに目覚める学生もいるが，ほとんどの学生はメディカルスクールに合格することを第一に考えているようだった．もちろんそれでよいはずだ．学生が明確なキャリア目標をもっているのなら，その目標を達成することに全力を注ぐべきだろう．

　有機化学を教える教員は皆，学生の大多数，すなわち多くの化学専攻生を含む90％以上が，純粋化学よりも医学や生物学，その他の生命科学に興味をもっていることを知っている．にもかかわらず，なぜ教科書や講義は，化学の専門家にとっては興味深いが，生物学とは何の関係もない話題の詳細について多くの時間を費やしているのだろうか．これは医師や生物学者，生化学者，その他生命科学に携わろうとする人々（場合によっては弁護士，政治家，ビジネスマンも含む）に合った教え方だろうか．限られた時間を，研究室の有機化学よりも生体の有機化学に焦点を当てることに使った方がよいのではないだろうか．われわれが設定した目標を達成させるよりも，学生自身の目標を達成できるよう手助けをした方が，学生のためになるのではないだろうか．私はそう信じ，教え方を変えるべき時が来たと考える同志のために，本書 "Organic Chemistry with Biological Applications, third edition" を執筆した．

　本書は何よりもまず有機化学の教科書である．ざっと目を通せば，いくつかの項目は簡略化しているが，ほぼすべての標準的な項目を扱っていることがわかるだろう．しかし，この教科書を執筆するにあたっての私の基本方針は，生化学に関連のない有機反応や話題よりも，関連する有機反応や話題に重点をおくことである．

　有機化学は歴史的には生体の化学として始まった．そして現在，多くの化学系学科で生物学関連の研究が増え，学科の名称も chemical biology（ケミカルバイオロジー）を含むものに変わっていっていることから，もとの方向に戻りつつあるといえる．われわれの教育もこの流れを反映すべきではないだろうか．

本書の構成

　本書は四つのグループに分かれている．第一のグループ（1〜6，10，11章）では有機化学と分光学の伝統的な原理を扱っており，理解を深めるのに不可欠である．

　第二のグループ（7〜9，12〜18章）では，どんな教科書にも載っている一般的な有機反応を扱っている．ただし，フラスコ内の反応について説明する際には，学生にとってより興味深く有意義な内容となるよう，生物学的な例も示している．たとえば，触媒的水素化の説明ではトランス脂肪酸についても取上げ（§8・5），S_N2 反応は S−アデノシルメチオニンによる生体

内のメチル化反応（§12・11），フラスコ内の $NaBH_4$ による還元は NADH による生物学的還元とともに紹介した（§13・3）.

第三のグループ（19〜24章）は本書の特徴的な部分であり，深い内容を扱っている. アミノ酸とタンパク質，糖質，脂質，核酸といった主要な生体分子をしっかり取上げ，有機化学が生化学といかに連動しているかを示している. 各生体分子の紹介につづいて，その主要な代謝経路を有機化学的な反応機構の観点から論じている.

最後に第四のグループ（25〜27章）として天然物，ペリ環状反応，ポリマーを取上げた.

第3版でのおもな変更点

第3版では，読者からのフィードバックをもとに内容を大幅に改訂した. 特に注目してほしいのは，26章"軌道と有機化学：ペリ環状反応"および27章"合成ポリマー"が新設されたことである. その他の変更点は以下のとおり.

- 章末の演習問題をトピック別に構成し，特定のテーマに関する問題を見つけやすくした.
- 各章に新しい演習問題を合計164問追加した.
- すべての図の説明に太字でタイトルを付けた.

新しいトピック

- 1章科学談話室"オーガニック食品：リスクと恩恵"を新設
- 2章科学談話室"アルカロイド：コカインから歯科用麻酔薬まで"を新設
- 架橋二環式化合物に関する記述を追加（§4・9）
- 水銀触媒によるアルキンの水和に関する記述を追加（§8・15）
- 芳香環のフッ素化とフッ素を含む医薬品に関する記述を追加（§9・6）
- アルコールのフッ化アルキルへの変換に関する記述を追加（§12・3）
- §12・5"有機金属カップリング反応"を新設，有機銅反応剤によるカップリング反応とパラジウム触媒による鈴木-宮浦カップリング反応を取上げる
- 12章科学談話室"天然由来有機ハロゲン化物"を新設
- 求核剤によるエポキシドの開裂に関する記述を追加（§13・10）
- §13・11"クラウンエーテルとイオノホア"を新設
- 2-オキソ酸の水和に関する記述を追加（§14・5）
- 17章科学談話室"バルビツール酸"を新設
- §20・4から"トレオニンの異化"を削除
- Kiliani-Fischer 合成による糖の炭素鎖の伸長と Wohl 分解による短縮に関する記述を追加（§21・6）
- §23・7"プロスタグランジンとその他のエイコサノイド"を新設
- 23章科学談話室"スタチン系薬剤"を新設
- 26章"軌道と有機化学：ペリ環状反応"を新設
- 27章"合成ポリマー"を新設

本書には標準的な有機化学の内容が十分に盛り込まれており，かつ生化学については他の有機化学の教科書をはるかに超える広い範囲を扱っていると自負している. メディカルスクール

進学に不安がある学生も含め，諸君が本書に著した論理と美に気づいてくれることを願っている．

本書の特徴

反応機構

私の出版したすべての教科書の特徴である，反応機構の革新的な縦書き表示を本書でも採用している．反応の各段階を縦に並べ，その段階で起こる変化についての説明を矢印の横に書く表示法である．これにより，構造と文章を行ったり来たりすることなく，各段階で何が起こっているのかを見ることができる．フラスコ内の反応の例は図14・4を，生体反応の例は図22・8を参照されたい．

生体反応の見やすさ

本書の最も重要な目標の一つは，生化学をわかりやすく説明することであり，生体反応の機構がフラスコ内の有機反応と同じであると示すことである．大きな生体分子の反応中に起こる変化が見やすくなるよう，反応に関わらない部分の色を薄くすることによって，反応する部分を強調している．図13・4が一例である．

その他の特徴

- "なぜこれを学ぶんですか？"という質問を学生から何度も受けたので，私は教科書がこれに答えるべきだと考えた．そこで，各章の冒頭に**本章の目的**という短い序論を設け，これから取上げる内容がなぜ重要なのか，そして各章の有機化学が生化学とどのように関係しているのかを説明し，この質問に対する答えを先に示している．
- 各章の**例題**には参照しやすい見出しを付けている．例題で**考え方**と**解答**を示し，つづいて自習用の**問題**を用意している．
- 各章の終わりに，実生活と関連付けるコラム**科学談話室**を掲載している．今回の改訂では，"オーガニック食品：リスクと恩恵 (1章)"，"アルカロイド：コカインから歯科用麻酔薬まで (2章)"，"天然由来有機ハロゲン化物 (12章)"，"バルビツール酸 (17章)"，"スタチン系薬剤 (23章)"を新設した．
- 各章末の演習問題にある**目で学ぶ化学**では，構造式を単に理解するのではなく，分子全体を視覚化することで，別の視点から化学を眺める機会を与えている．
- 各章末の**まとめ**と**重要な用語**は，その章の重要な概念に焦点を当てるのに役立つ．
- 一部の章では最後に**反応のまとめ**を設け，その章で扱った主要な反応をまとめている．
- 14章の手前の"カルボニル基の化学の概論"では，有機化学を学ぶにあたっては，これまでに学んだ考え方をまとめることと，新しい考え方に目を向けることのどちらも重要であることを示している．
- 本書では現行の IUPAC 命名規則を使用している*．これらの規則が普遍的に採用されているわけではないことを認識したうえで，新旧の規則のわずかな違いについても説明している．

---

*　訳書では IUPAC1993 年勧告を主とし，旧命名法を一部併記した．

補 助 教 材

"Study Guide and Solutions Manual for Organic Chemistry with Biological Applications, 3rd Edition" Susan McMurry 著. 章内・章末の演習問題の解答と解説を掲載. 2024 年現在, Cengage Learning 社の Web サイトより英語版の eBook を購入可能. ISBN 9781337673037.

謝 辞

本書とその内容をつくり上げるために協力していただいたすべての方に感謝する. Cengage Learning 社の Maureen Rosener (product manager), Sandra Kiselica (content developer), Julie Schuster (marketing manager), Teresa Trego (content production manager), Lisa Weber (media editor), Elizabeth Woods (content coordinator), Karolina Kiwak (product assistant), Maria Epes (art director), ならびに Graphic World 社の Matt Rosenquist 各氏に感謝する. Jordan Fantini (Denison University) に深く感謝する. 彼には本書の全章を丁寧に校正いただいた.

また, 本書の原稿を査読してくださった以下の同僚たちに感謝の意を示したい.

第 3 版査読者

Peter Bell, *Tarleton State University*
Andrew Frazer, *University of Central Florida*
Lee Friedman, *University of Maryland, College Park*
Tom Gardner, *Gustavus Adolphus College*
Bobbie Grey, *Riverside City College*
Susan Klein, *Manchester College*
William Lavell, *Camden County College*
Jason Locklin, *University of Georgia*
Barbara Mayer, *California State University, Fresno*
James Miranda, *Sacramento State University*
Gabriela Smeureanu, *Hunter College*
Catherine Welder, *Dartmouth College*
Linfeng Xie, *University of Wisconsin–Oshkosh*

前版までの査読者

Peter Alaimo, *Seattle University*
Helen E. Blackwell, *University of Wisconsin*
Sheila Browne, *Mount Holyoke College*
Joseph Chihade, *Carleton College*
Robert S. Coleman, *Ohio State University*
Gordon Gribble, *Dartmouth College*
John Grunwell, *Miami University*
John Hoberg, *University of Wyoming*
Eric Kantorowski, *California Polytechnic State University*

Kevin Kittredge, *Siena College*
Rizalia Klausmeyer, *Baylor University*
Bette Kreuz, *University of Michigan–Dearborn*
Thomas Lectka, *Johns Hopkins University*
Paul Martino, *Flathead Valley Community College*
Eugene Mash, *University of Arizona*
Pshemak Maslak, *Pennsylvania State University*
Kevin Minbiole, *James Madison University*
Andrew Morehead, *East Carolina University*

Manfred Reinecke, *Texas Christian University*
Frank Rossi, *State University of New York Cortland*
Miriam Rossi, *Vassar College*
Paul Sampson, *Kent State University*
K. Barbara Schowen, *University of Kansas*
Martin Semmelhack, *Princeton University*
Megan Tichy, *Texas A&M University*
Bernhard Vogler, *University of Alabama, Huntsville*

訳 者 序

　有機化学は，さまざまな科学を理解し，さらに発展させるために必須の学問分野である．人類にとってきわめて重要な医薬品，農薬，香料，あるいは材料として幅広く利用されている高分子などを理解し，より一層の発展をめざすには，有機化学を系統的に学ぶ必要がある．この目的をめざした教科書には，世界的に評価されかつ積極的に利用されているものが数種存在する．このような状況下，われわれが本書の日本語版にエネルギーを注ぐべきであると決心したのは以下の理由による．第一の理由は，本書のような特徴をもつ教科書がこれまでに存在していなかったからである．それでは本書の特徴とは何であろうか．簡単に説明するならば，研究者が日常研究室内で行っている反応，すなわちフラスコ内反応とわれわれ生命体の中で行われている反応の類似性と違いをきわめて明確に説明していることである．

　上記フラスコ内反応と生体内反応をそれぞれ独立に説明している教科書はこれまでにも出版されている．しかしわれわれが知る限り，フラスコ内反応を説明し，それに相当する生体内反応を同時に説明している教科書は本書が初めてではないかと思われる．この点が本書の最大の特徴である．私のような有機化学研究歴が 50 年以上にもなる研究者にとってもこの試みは非常に新鮮であり，さらには今後の研究の方向性を考える上でも参考になるほどである．ましてや，これから有機化学あるいは生物学を深く学ばんとしている学部学生にとっては非常に魅力的な教科書であると自信をもって薦めることができる．生体内反応を数多く取上げているが，通常学ぶ有機化学の内容はパーフェクトに説明されていることは強調したい．

　本書は 27 章から構成されている．そのなかで 19 章から 25 章はアミノ酸，ペプチド，タンパク質，糖，脂質，核酸および二次代謝産物が中心に説明されている．これらの説明にも特徴があり，近年多大な注目を浴びているいわゆる “chemical biology”（ケミカルバイオロジー）的観点から説明がなされている．この点が本書の 2 番目の特徴といえるであろう．さらに第 3 版では 26 章 “軌道と有機化学: ペリ環状反応”，27 章 “合成ポリマー” が新設されている．また，原著刊行後に進展のあった重要なテーマ（閉環メタセシス，クリックケミストリー，溝呂木-Heck 反応，生体反応を模したアルドール縮合反応）については，日本語版オリジナルの補遺を作成した．東京化学同人のホームページに掲載しているので，あわせて参照されたい．もう一つの特徴は数多くの練習問題である．やや難易度が高い問題もあるが，このことは本書が大学院入学後も有効であることを示唆していると考えられる．

　訳はもちろんのこと，原著についてもご意見やご判断を賜れば幸いである．

　翻訳出版にあたって，東京化学同人の石田勝彦社長，佐々木みぞれ氏，木村直子氏，池尾久美子氏には格別ご尽力いただいた．ここに感謝の意を表したい．

　2024 年 11 月

訳者を代表して

柴 﨑 正 勝

翻 訳 者

監 訳

柴 﨑 正 勝　　公益財団法人微生物化学研究会 理事長,
　　　　　　　　東京大学名誉教授, 北海道大学名誉教授, 薬学博士

岩 澤 伸 治　　東京科学大学 特任教授, 東京工業大学名誉教授, 理学博士

大 和 田 智 彦　東京大学大学院薬学系研究科 教授, 薬学博士

増 野 匡 彦　　慶應義塾大学名誉教授, 薬学博士

翻 訳

青 木 　 伸　　東京理科大学薬学部 教授, 博士(薬学) ［第23章, 第24章］

岩 澤 伸 治　　東京科学大学 特任教授, 東京工業大学名誉教授, 理学博士
　　　　　　　　　　　　　　　　　［カルボニル基の化学の概論, 第14章〜第17章］

大 和 田 智 彦　東京大学大学院薬学系研究科 教授, 薬学博士 ［第1章, 第2章, 第6章］

金 井 　 求　　東京大学大学院薬学系研究科 教授, 博士(理学) ［第5章, 第10章］

草 間 博 之　　学習院大学理学部 教授, 博士(理学) ［第8章, 第9章］

齋 藤 直 樹　　明治薬科大学薬学部 特任教授, 明治薬科大学名誉教授, 薬学博士
　　　　　　　　　　　　　　　　　　　　　　　　　　　［第12章, 第13章］

柴 田 高 範　　早稲田大学理工学術院 教授, 博士(理学) ［第3章, 第4章, 第7章］

高 橋 秀 依　　東京理科大学薬学部 教授, 博士(薬学) ［第21章, 第22章, 第25章］

滝 田 　 良　　静岡県立大学薬学部 教授, 博士(薬学) ［第27章(Web掲載)］

濱 島 義 隆　　静岡県立大学薬学部 教授, 博士(薬学) ［第26章, 付録A］

増 野 匡 彦　　慶應義塾大学名誉教授, 薬学博士 ［第18章〜第20章］

松 永 茂 樹　　京都大学大学院理学研究科 教授, 博士(薬学) ［第11章］

要 約 目 次

1. 構造と化学結合
2. 分極した共有結合：酸と塩基
3. 有機化合物：アルカンとその立体化学
4. 有機化合物：シクロアルカンとその立体化学
5. 四面体中心の立体化学
6. 有機反応の概観
7. アルケンとアルキン
8. アルケンとアルキンの反応
9. 芳香族化合物
10. 構造決定：質量分析，赤外分光法，紫外分光法
11. 構造決定：核磁気共鳴分光法
12. 有機ハロゲン化物：求核置換と脱離
13. アルコール，フェノール，チオールおよびエーテルとスルフィド
■ カルボニル基の化学の概論
14. アルデヒドとケトン：求核付加反応
15. カルボン酸とニトリル
16. カルボン酸誘導体：求核的アシル置換反応
17. カルボニル基の α 置換および縮合反応
18. アミンとヘテロ環
19. 生体分子：アミノ酸，ペプチド，タンパク質
20. アミノ酸代謝
21. 生体分子：糖質
22. 糖質の代謝
23. 生体分子：脂質とその代謝
24. 生体分子：核酸とその代謝
25. 二次代謝産物：天然物化学への招待
26. 軌道と有機化学：ペリ環状反応
27. 合成ポリマー（Web 掲載）

目　　　次

1. 構造と化学結合 ･･････････････････････････････････ 1
1・1　原子の構造：原子核･････････････････････ 3
1・2　原子の構造：軌道･･････････････････････ 4
1・3　原子の構造：電子の配置･･･････････････ 5
1・4　化学結合論の発展･･････････････････････ 6
1・5　化学結合を記述する：原子価結合法･･･ 9
1・6　sp^3 混成軌道とメタンの構造･･････････ 10
1・7　sp^3 混成軌道とエタンの構造･･････････ 11

1・8　sp^2 混成軌道とエチレンの構造････････ 12
1・9　sp 混成軌道とアセチレンの構造･･･････ 14
1・10　窒素，酸素，リン，硫黄の混成 ･･････ 16
1・11　化学結合を記述する：分子軌道法･･･ 17
1・12　化学構造式の書き方････････････････ 18

科学談話室　オーガニック食品：リスクと恩恵･･･････ 21

2. 分極した共有結合：酸と塩基 ･･･････････････････ 27
2・1　分極した共有結合：電気陰性度･････････ 27
2・2　分極した共有結合：双極子モーメント･･ 29
2・3　形式電荷･･････････････････････････････ 31
2・4　共　　鳴･･････････････････････････････ 33
2・5　共鳴構造の規則････････････････････････ 34
2・6　共鳴構造式を書く･･････････････････････ 35
2・7　酸と塩基：Brønsted-Lowry の定義････････ 38
2・8　酸と塩基の強さ････････････････････････ 39
2・9　pK_a から酸-塩基反応を予想する･･･････ 40

2・10　有機酸と有機塩基････････････････････ 42
　　有機酸･･････････････････････････････････ 42
　　有機塩基････････････････････････････････ 43
2・11　酸と塩基：Lewis の定義･･･････････････ 44
　　Lewis 酸と巻矢印の形式･････････････････ 44
　　Lewis 塩基･･････････････････････････････ 45
2・12　分子間の非共有結合的な相互作用･････ 47

科学談話室　アルカロイド：コカインから
　　　　　　　　　　歯科用麻酔薬まで･･････ 50

3. 有機化合物：アルカンとその立体化学 ･･･････････ 55
3・1　官能基････････････････････････････････ 55
　　炭素-炭素多重結合をもつ官能基 ･････････ 56
　　電気的に陰性な原子と炭素との単結合をもつ官能基 ･ 57
　　炭素-酸素二重結合（カルボニル基）をもつ官能基 ･ 58
3・2　アルカンとその異性体････････････････ 59
3・3　アルキル基････････････････････････････ 62

3・4　アルカンの命名法････････････････････ 65
3・5　アルカンの性質･･････････････････････ 70
3・6　エタンの立体配座･･･････････････････ 71
3・7　他のアルカンの立体配座･･･････････ 73

科学談話室　ガソリン･･････････････････････ 76

4. 有機化合物：シクロアルカンとその立体化学 ･･･････ 81
4・1　シクロアルカンの命名法･････････････ 81
4・2　シクロアルカンのシス-トランス異性･･ 84
4・3　シクロアルカンの安定性：環ひずみ･･ 86
4・4　シクロアルカンの立体配座･･･････････ 88
　　シクロプロパン････････････････････････ 88
　　シクロブタン･･････････････････････････ 88
　　シクロペンタン････････････････････････ 89

4・5　シクロヘキサンの立体配座･･･････････ 89
4・6　シクロヘキサンのアキシアル結合と
　　　　　　　　　エクアトリアル結合･････ 91
4・7　一置換シクロヘキサンの立体配座････ 94
4・8　二置換シクロヘキサンの立体配座････ 96
4・9　多環式化合物の立体配座･･･････････ 98

科学談話室　分子力学･･････････････････････ 101

5. 四面体中心の立体化学 ･････････････････････････････････ 105

5・1 エナンチオマーと四面体炭素 ･････････ 105
5・2 分子の非対称性の要因: キラリティー ･･･ 107
5・3 光学活性 ･･････････････････････････････ 109
5・4 Pasteur によるエナンチオマーの発見 ･･･ 111
5・5 立体配置の表記法 ･･････････････････････ 112
5・6 ジアステレオマー ･･････････････････････ 117
5・7 メソ化合物 ･････････････････････････････ 119
5・8 ラセミ体とエナンチオマーの分割 ････････ 121

5・9 異性体の分類 ･･････････････････････････ 123
5・10 窒素原子, リン原子, 硫黄原子の
　　　　　　　　　　　　キラリティー ････ 125
5・11 プロキラリティー ･･････････････････････ 126
5・12 自然界におけるキラリティーと
　　　　　　　　　　キラルな環境 ････ 128

科学談話室　キラル医薬品 ･････････････････････ 131

6. 有機反応の概観 ･･ 137

6・1 有機反応の種類 ･･･････････････････････ 137
6・2 有機反応はどのように起こるか: 反応機構 ･･･ 139
6・3 ラジカル反応 ･････････････････････････ 140
6・4 極性反応 ･･････････････････････････････ 142
6・5 極性反応の例: エチレンへの水の付加 ･･･ 146
6・6 極性反応の機構における巻矢印の使い方 ･･･ 148
6・7 反応を記述する:
　　　　平衡, 反応速度, エネルギー変化 ････ 151

6・8 反応を記述する: 結合解離エネルギー ････ 154
6・9 反応を記述する:
　　　　　　エネルギー図と遷移状態 ･･･････ 155
6・10 反応を記述する: 中間体 ･･････････････ 158
6・11 生体反応とフラスコ内反応の比較 ･････ 160

科学談話室　薬をつくる ･･････････････････････ 163

7. アルケンとアルキン ･･･････････････････････････････････ 167

7・1 不飽和度の計算法 ･･･････････････････････ 168
7・2 アルケンとアルキンの命名法 ･･････････ 170
7・3 アルケンのシス-トランス異性 ･･････････ 173
7・4 アルケンの立体化学と
　　　　　　E, Z 表示に関する順位則 ･････ 175
7・5 アルケンの安定性 ･････････････････････ 177
7・6 アルケンへの求電子付加反応 ････････ 180

7・7 求電子付加の配向性: Markovnikov 則 ･････ 182
7・8 カルボカチオンの構造と安定性 ･･････ 185
7・9 Hammond の仮説 ･････････････････････ 187
7・10 求電子付加の反応機構の証拠:
　　　　　　カルボカチオンの転位 ･････ 189

科学談話室　テルペン: 自然界にあるアルケン ･････ 192

8. アルケンとアルキンの反応 ･･････････････････････････ 199

8・1 アルケンを合成する: 脱離反応の序章 ･･･ 200
8・2 アルケンのハロゲン化 ････････････････ 201
8・3 アルケンからのハロヒドリン生成 ･･･････ 203
8・4 アルケンの水和 ･･････････････････････ 205
8・5 アルケンの還元: 水素化 ･････････････ 209
8・6 アルケンの酸化: エポキシ化 ･･･････････ 212
8・7 アルケンの酸化: ジヒドロキシ化 ･･････ 214
8・8 アルケンの酸化:
　　　　　　カルボニル化合物への開裂 ･･･････ 216
8・9 アルケンへのカルベンの付加:
　　　　　　シクロプロパン合成 ･･･････ 218
8・10 アルケンへのラジカル付加: 連鎖重合 ･･･････ 220

8・11 生体内でのアルケンへのラジカル付加 ･･･････ 224
8・12 共役ジエン ･･････････････････････････ 225
8・13 共役ジエンの反応 ･･････････････････ 228
8・14 Diels-Alder 反応 ･･････････････････････ 230
● 閉環メタセシス（ウェブ掲載） ･･･････････ a1
8・15 アルキンの反応 ･･････････････････････ 235
　　アルキンに対する付加反応 ･･･････････････ 235
　　水銀(II)触媒によるアルキンの水和 ･･･････ 236
　　アルキンの酸性度 ･････････････････････ 238
● クリックケミストリー（ウェブ掲載） ･･･････ a3

科学談話室　天然ゴム ･･･････････････････････ 240

9. 芳香族化合物 ·· 249

9・1 芳香族化合物の命名法 ··············· 250
9・2 ベンゼンの構造と安定性 ············· 252
9・3 芳香族性と Hückel の 4n＋2 則 ····· 255
9・4 芳香族イオンと芳香族ヘテロ環化合物 ····· 257
　芳香族イオン ·························· 257
　芳香族ヘテロ環化合物 ················ 259
9・5 多環式芳香族化合物 ················· 261
9・6 芳香族化合物の反応: 求電子置換反応 ········· 263
　芳香族ハロゲン化反応 ················ 266
　芳香族ニトロ化反応 ·················· 267
　芳香族スルホン化反応 ················ 268
　芳香族ヒドロキシ化反応 ·············· 269
9・7 芳香環のアルキル化とアシル化反応:
　　　　　　　　Friedel–Crafts 反応 270

9・8 求電子置換反応の置換基効果 ········· 275
　活性化と不活性化効果 ················ 276
　配向性: オルト–パラ配向性置換基 ······ 279
　配向性: メタ配向性置換基 ············· 280
　芳香族求電子置換反応における
　　　　　　　置換基効果のまとめ ····· 281
9・9 芳香族求核置換反応 ················· 282
9・10 芳香族化合物の酸化と還元 ··········· 284
　アルキルベンゼンの酸化 ·············· 284
　芳香環の水素化 ······················ 285
　アリールアルキルケトンの還元 ········ 286
9・11 有機合成への入門: 多置換ベンゼン ········· 287

科学談話室　アスピリン, NSAID, COX-2 阻害剤 ······ 292

10. 構造決定: 質量分析, 赤外分光法, 紫外分光法 ·········· 299

10・1 小分子の質量分析: 磁場型質量分析装置 ····· 299
10・2 質量スペクトルの解釈 ··············· 301
10・3 代表的な官能基の質量スペクトル ······· 305
　アルコール ·························· 305
　アミン ······························ 306
　カルボニル化合物 ···················· 306
10・4 生化学における質量分析:
　　　　飛行時間型(TOF)質量分析装置 ····· 307
10・5 分光学と電磁スペクトル ············· 308
10・6 赤外分光法 ························· 311
10・7 赤外スペクトルの解釈 ··············· 312
10・8 代表的な官能基の赤外スペクトル ······· 315

　アルカン ···························· 315
　アルケン ···························· 315
　アルキン ···························· 315
　芳香族化合物 ························ 316
　アルコール ·························· 316
　アミン ······························ 316
　カルボニル化合物 ···················· 316
10・9 紫外分光法 ························· 319
10・10 紫外スペクトルの解釈: 共役の効果 ······· 321
10・11 共役, 色, 視覚の化学 ··············· 322

科学談話室　X 線結晶構造解析 ························ 324

11. 構造決定: 核磁気共鳴分光法 ······································· 331

11・1 核磁気共鳴分光法 ··················· 331
11・2 NMR 吸収の性質 ···················· 333
11・3 化学シフト ························· 335
11・4 ^{13}C NMR 分光法:
　　　　シグナルの平均化と FT-NMR ····· 337
11・5 ^{13}C NMR 分光法の特徴 ············· 338
11・6 DEPT ^{13}C NMR 分光法 ············· 341
11・7 ^{13}C NMR 分光法の利用 ············· 343

11・8 ^{1}H NMR 分光法とプロトンの等価性 ········· 344
11・9 ^{1}H NMR 分光法の化学シフト ··········· 346
11・10 ^{1}H NMR 吸収の積分: プロトン数 ········· 348
11・11 ^{1}H NMR スペクトルにおける
　　　　　　　スピン–スピン分裂 ······· 349
11・12 より複雑なスピン–スピン分裂パターン ····· 354
11・13 ^{1}H NMR 分光法の利用 ············· 356
科学談話室　磁気共鳴イメージング(MRI) ············· 358

12. 有機ハロゲン化物: 求核置換と脱離 ························· 365

12・1 ハロゲン化アルキルの構造と命名法 ······· 366
12・2 アルケンからハロゲン化アルキルの合成:
　　　　　　　　アリル位の臭素化 368

12・3 アルコールからハロゲン化アルキルの合成 371
12・4 ハロゲン化アルキルの反応:
　　　　　　　　Grignard 反応剤 ······ 373

xviii

12・5　有機金属カップリング反応·················374
● 溝呂木–Heck 反応（ウェブ掲載）··········a5
12・6　求核置換反応の発見·······················376
12・7　S$_N$2 反応································379
12・8　S$_N$2 反応の特徴························381
　基質：S$_N$2 反応における立体効果·········382
　求核剤···383
　脱離基···384
　溶　媒···386
　S$_N$2 反応の特徴：まとめ····················387
12・9　S$_N$1 反応································387
12・10　S$_N$1 反応の特徴·······················391
　基　質···391
　脱離基···393

求核剤··394
溶　媒··394
S$_N$1 反応の特徴：まとめ·····················395
12・11　生体内における置換反応···············396
12・12　脱離反応：Zaitsev 則··················397
12・13　E2 反応と重水素同位体効果············400
12・14　E1 反応と E1cB 反応···················403
　E1 反応···403
　E1cB 反応··404
12・15　生体内における脱離反応···············405
12・16　反応性のまとめ：
　　　　　　S$_N$1, S$_N$2, E1, E1cB, E2······405

科学談話室　天然由来有機ハロゲン化物··············407

13. アルコール，フェノール，チオールおよびエーテルとスルフィド ·················415

13・1　アルコール，フェノール
　　　　　およびチオールの命名法·····417
13・2　アルコール，フェノール
　　　　　およびチオールの性質·····418
13・3　カルボニル化合物からアルコールの合成·····422
　カルボニル化合物の還元·····················423
　カルボニル化合物の Grignard 反応··········426
13・4　アルコールの反応························429
　アルコールの脱水·····························430
　アルコールからエステルへの変換···········432
13・5　アルコールとフェノールの酸化·········433
　アルコールの酸化·····························433
　フェノールの酸化：キノンの生成···········435
13・6　アルコールの保護························436
13・7　チオールの合成と反応···················438

13・8　エーテルとスルフィド···················440
13・9　エーテルの合成···························441
13・10　エーテルの反応·························442
　エーテルの開裂·································443
　エポキシドの開裂·····························444
　アリールアリルエーテルの Claisen 転位·····445
13・11　クラウンエーテルとイオノホア·······447
13・12　スルフィドの合成と反応···············448
13・13　アルコール，フェノール，エーテルの分光学 449
　赤外分光法······································449
　核磁気共鳴分光法·····························450
　質量分析法······································451

科学談話室　エタノール：
　　　　　化学薬品，薬，そして毒······453

カルボニル基の化学の概論 ·················463

1　カルボニル化合物の種類·····················463
2　カルボニル基の性質··························464
3　カルボニル化合物の一般的な反応形式·······465
　アルデヒドとケトンへの求核付加反応（14 章）·····465

カルボン酸誘導体の求核的アシル置換反応（16 章）···466
α 置換反応（17 章）······························468
カルボニル縮合反応（17 章）···················469
4　まとめ··470

14. アルデヒドとケトン：求核付加反応 ·················471

14・1　アルデヒドとケトンの命名法 ·········472
14・2　アルデヒドとケトンの合成···········474
　アルデヒドの合成·····························474
　ケトンの合成···································474
14・3　アルデヒドの酸化反応···················475

14・4　アルデヒドとケトンへの求核付加反応·······476
14・5　H$_2$O の求核付加：水和反応···········478
14・6　ヒドリド反応剤および Grignard 反応剤の
　　　　求核付加：アルコール生成反応 481
　ヒドリド反応剤の付加：還元反応···········481

Grignard 反応剤の付加 …………………… 481

14・7 アミンの求核付加:
　　　　　　イミンおよびエナミン生成反応…… 482

14・8 アルコールの求核付加:
　　　　　　　アセタール生成反応…… 486

14・9 リンイリドの求核付加: Wittig 反応 ………… 489

14・10 生体内還元反応 ……………………………… 491

14・11 α,β-不飽和アルデヒドおよび
　　　　　ケトンへの求核的共役付加反応…… 493

アミンの共役付加………………………………… 494

水の共役付加………………………………………… 495

アルキル基の共役付加…………………………… 495

14・12 アルデヒドとケトンの分光法……………… 497

赤外分光法………………………………………… 497

核磁気共鳴分光法………………………………… 498

質量分析法………………………………………… 498

科学談話室　エナンチオ選択的合成 ………………… 501

15. カルボン酸とニトリル ……………………………………………………………… 509

15・1 カルボン酸およびニトリルの命名法 ………… 510

カルボン酸 RCO_2H …………………………… 510

ニトリル $RC≡N$ ……………………………… 511

15・2 カルボン酸の構造と性質……………………… 512

15・3 生体内に存在するカルボン酸と
　　　　　Henderson-Hasselbalch の式 …… 514

15・4 酸性度に対する置換基効果………………… 516

15・5 カルボン酸の合成…………………………… 517

ニトリルの加水分解……………………………… 518

Grignard 反応剤のカルボキシ化………………… 518

15・6 カルボン酸の反応: 概論…………………… 520

15・7 ニトリルの化学……………………………… 520

ニトリルの合成…………………………………… 521

ニトリルの反応…………………………………… 521

15・8 カルボン酸とニトリルの分光法…………… 524

赤外分光法………………………………………… 524

核磁気共鳴分光法………………………………… 525

科学談話室　ビタミン C ………………………………… 526

16. カルボン酸誘導体: 求核的アシル置換反応 …………………………………………… 535

16・1 カルボン酸誘導体の命名法………………… 536

酸ハロゲン化物 $RCOX$ ………………………… 536

酸無水物 RCO_2COR' ………………………… 536

エステル RCO_2R' ……………………………… 536

アミド $RCONH_2$ ………………………………… 537

チオエステル $RCOSR'$ ………………………… 537

アシルリン酸 $RCO_2PO_3{}^{2-}$, $RCO_2PO_3R'^{-}$ …… 537

16・2 求核的アシル置換反応……………………… 539

16・3 カルボン酸の求核的アシル置換反応 ……… 543

カルボン酸の酸ハロゲン化物への変換
　　　　　($RCO_2H → RCOX$)…… 543

カルボン酸の酸無水物への変換
　　　　　($RCO_2H → RCO_2COR$)…… 543

カルボン酸のエステルへの変換
　　　　　($RCO_2H → RCO_2R'$)…… 544

カルボン酸のアミドへの変換
　　　　　($RCO_2H → RCONH_2$)…… 546

カルボン酸のアルコールへの変換
　　　　　($RCO_2H → RCH_2OH$)…… 546

生体内でのカルボン酸の変換 …………………… 549

16・4 酸ハロゲン化物の反応……………………… 549

酸ハロゲン化物のカルボン酸への変換:
　　　　　加水分解反応 ($RCOCl → RCO_2H$)…… 550

酸ハロゲン化物の酸無水物への変換
　　　　　($RCOCl → RCO_2COR'$)…… 550

酸ハロゲン化物のエステルへの変換:
　　　　　アルコリシス ($RCOCl → RCO_2R'$)…… 550

酸ハロゲン化物のアミドへの変換:
　　　　　アミノリシス ($RCOCl → RCONH_2$)…… 551

酸塩化物のアルコールへの変換:
　　　　　還元反応と Grignard 反応 …… 552

酸塩化物のケトンへの変換 ($RCOCl → RCOR'$)…… 553

16・5 酸無水物の反応 …………………………… 554

酸無水物のエステルへの変換
　　　　　($RCO_2COR' → RCO_2R''$)…… 554

酸無水物のアミドへの変換
　　　　　($RCO_2COR' → RCONH_2$)…… 554

16・6 エステルの反応 …………………………… 555

エステルのカルボン酸への変換:
　　　　　加水分解 ($RCO_2R' → RCO_2H$)…… 556

エステルのアミドへの変換:
　　　　　アミノリシス ($RCO_2R' → RCONH_2$)…… 558

エステルのアルコールへの変換:
　　　　　　還元反応および Grignard 反応 …… 559
16・7　アミドの反応 …………………………… 560
アミドのカルボン酸への変換:
　　　　　加水分解（$RCONH_2 \rightarrow RCO_2H$）…… 560
アミドのアミンへの変換:
　　　　　還元（$RCONH_2 \rightarrow RCH_2NH_2$）…… 561
16・8　チオエステルおよびアシルリン酸の反応:
　　　　　生体内のカルボン酸誘導体 563

16・9　ポリアミドとポリエステル: 逐次重合 …… 564
ポリアミド（ナイロン）…………………………… 565
ポリエステル ……………………………………… 566
16・10　カルボン酸誘導体の分光法 …………… 567
赤外分光法 ………………………………………… 567
核磁気共鳴分光法 ………………………………… 567

科学談話室　β-ラクタム抗生物質 ……………………… 569

17. カルボニル基のα置換および縮合反応 ……………………………………………… 579

17・1　ケト-エノール互変異性 ……………… 580
17・2　エノールの反応性: α置換反応 ……… 582
17・3　カルボン酸のα臭素化反応 …………… 585
17・4　α水素の酸性度: エノラートイオン生成 …… 586
17・5　エノラートイオンのアルキル化 ……… 588
マロン酸エステル合成法 ………………………… 589
アセト酢酸エステル合成法 ……………………… 592
ケトン, エステル, ニトリルの直接アルキル化 … 594
生体内でのアルキル化反応 ……………………… 596
17・6　カルボニル縮合: アルドール反応 …… 596
カルボニル縮合反応とα置換反応 ……………… 598
17・7　アルドール生成物の脱水反応 ………… 599

17・8　分子内アルドール反応 ………………… 601
17・9　Claisen 縮合反応 ……………………… 602
17・10　分子内 Claisen 縮合反応:
　　　　　　　Dieckmann 環化反応 …… 604
17・11　共役付加: Michael 反応 ……………… 606
17・12　エナミンのカルボニル縮合: Stork 反応 … 609
17・13　生体内カルボニル縮合反応 ………… 611
生体内アルドール反応 …………………………… 611
生体内 Claisen 縮合反応 ………………………… 612
●生体反応を模した
　　　　　　アルドール縮合反応（ウェブ掲載）… a6
科学談話室　バルビツール酸 ………………………… 613

18. アミンとヘテロ環 ……………………………………………………………………… 623

18・1　アミンの命名法 ………………………… 624
18・2　アミンの性質 …………………………… 626
18・3　アミンの塩基性度 ……………………… 627
18・4　芳香族アミンの塩基性度 ……………… 630
18・5　生体内アミンと
　　　　　Henderson-Hasselbalch の式 …… 631
18・6　アミンの合成 …………………………… 632
ニトリル, アミド, およびニトロ化合物の還元 … 632
ハロゲン化アルキルの S_N2 反応 ……………… 633
アルデヒドとケトンの還元的アミノ化 ………… 634
18・7　アミンの反応 …………………………… 636
アルキル化とアシル化 …………………………… 636

Hofmann 脱離 …………………………………… 636
芳香族アミンの芳香族求電子置換反応 ………… 638
18・8　ヘテロ環アミン ………………………… 640
ピロールとイミダゾール ………………………… 640
ピリジンとピリミジン …………………………… 642
18・9　縮合ヘテロ環 …………………………… 643
18・10　アミンの分光法 ……………………… 645
赤外分光法 ………………………………………… 645
核磁気共鳴分光法 ………………………………… 646
質量分析法 ………………………………………… 646

科学談話室　グリーンケミストリー ………………… 648

19. 生体分子: アミノ酸, ペプチド, タンパク質 ……………………………………… 655

19・1　アミノ酸の構造 ………………………… 655
19・2　アミノ酸と Henderson-Hasselbalch の式:
　　　　　　　　　　　　　　　　等電点 660
19・3　アミノ酸の合成 ………………………… 663
アミドマロン酸合成 ……………………………… 663

2-オキソ酸の還元的アミノ化法 ………………… 663
エナンチオ選択的合成 …………………………… 663
19・4　ペプチドとタンパク質 ………………… 664
19・5　ペプチドのアミノ酸分析 ……………… 666
19・6　ペプチド配列決定法: Edman 分解 …… 667

19・7	ペプチド合成	670
19・8	タンパク質の構造	673
19・9	酵素と補酵素	676

19・10 酵素はどのように働くのか:
クエン酸合成酵素 …… 679

科学談話室　プロテインデータバンク …………… 681

20. アミノ酸代謝 …………………………………………………… 687

20・1　代謝と生体エネルギーの概略 687
20・2　アミノ酸の異化反応: 脱アミノ 691
　　アミノ基転移 691
　　PMP から PLP の再生 694
　　グルタミン酸の酸化的脱アミノ 694
20・3　尿素回路 695
20・4　アミノ酸の異化: 炭素鎖 699
　　アラニンの異化 700

　　セリンの異化 700
　　アスパラギンとアスパラギン酸の異化 701
20・5　アミノ酸の生合成 701
　　アラニン, アスパラギン酸,
　　　　　　　グルタミン酸の生合成 701
　　アスパラギンとグルタミンの生合成 703
　　アルギニンとプロリンの生合成 704

科学談話室　酵素の立体構造の可視化 …………… 705

21.　生体分子: 糖質 …………………………………………………… 709

21・1　糖質の分類 710
21・2　糖質の立体化学の表記法: Fischer 投影式 711
21・3　D 糖, L 糖 714
21・4　アルドースの立体配置 716
21・5　単糖の環状構造: アノマー 719
21・6　単糖の反応 723
　　エステルとエーテルの生成 723
　　グリコシドの生成 724
　　生体内でのエステル化: リン酸化 725
　　単糖の還元 725
　　単糖の酸化 726
　　糖の炭素鎖の伸長: Kiliani–Fischer 合成 728

　　糖の炭素鎖の短縮: Wohl 分解 729
21・7　8 種類の必須単糖 729
21・8　二　糖 731
　　マルトースとセロビオース 731
　　ラクトース 732
　　スクロース 732
21・9　多糖とその合成 733
　　セルロース 733
　　デンプンとグリコーゲン 734
　　多糖の合成 735
21・10　その他の重要な糖 736

科学談話室　甘味料 ……………………………………… 738

22.　糖質の代謝 …………………………………………………… 743

22・1　複合糖質の加水分解 744
22・2　グルコースの異化作用: 解糖 745
22・3　ピルビン酸からアセチル CoA への変換 752

22・4　クエン酸回路 756
22・5　グルコースの生合成: 糖新生 761

科学談話室　インフルエンザの流行 …………………… 769

23.　生体分子: 脂質とその代謝 …………………………………… 773

23・1　ろう, 脂肪, 油 773
23・2　石けん 776
23・3　リン脂質 778
23・4　トリアシルグリセロールの異化反応:
　　　　　　　　　グリセロールの分解 779
23・5　トリアシルグリセロールの異化反応: β 酸化 781
23・6　脂肪酸の生合成 785
23・7　プロスタグランジンと
　　　　　　　　その他のエイコサノイド 790

23・8　テルペン 792
　　メバロン酸経路による
　　　　　　イソペンテニル二リン酸の合成 793
　　イソペンテニル二リン酸からテルペンへの変換 797
23・9　ステロイド 799
　　ステロイドホルモン 801
23・10　ステロイドの生合成 803
23・11　ステロイド代謝に関する解説 808

科学談話室　スタチン系薬剤 …………………………… 808

24. 生体分子：核酸とその代謝 — 815

24・1 ヌクレオチドと核酸 — 815
24・2 DNA中の核酸塩基対： Watson-Crick モデル — 817
24・3 DNA複製 — 819
24・4 DNA転写 — 821
24・5 RNAの翻訳：タンパク質の生合成 — 822
24・6 DNA塩基配列の決定 — 824
24・7 DNA合成 — 826
24・8 ポリメラーゼ連鎖反応 — 829
24・9 ヌクレオチドの異化 — 830
24・10 ヌクレオチドの生合成 — 832
科学談話室　DNAフィンガープリント — 834

25. 二次代謝産物：天然物化学への招待 — 837

25・1 天然物の分類 — 838
25・2 ピリドキサールリン酸の生合成 — 839
25・3 モルヒネの生合成 — 843
25・4 エリスロマイシンの生合成 — 851
科学談話室　生物資源調査：天然物を探して — 860

26. 軌道と有機化学：ペリ環状反応 — 863

26・1 共役π電子系の分子軌道 — 863
26・2 電子環状反応 — 865
26・3 熱的電子環状反応の立体化学 — 867
26・4 光化学的電子環状反応 — 869
26・5 付加環化反応 — 870
26・6 付加環化反応の立体化学 — 872
26・7 シグマトロピー転位 — 874
26・8 シグマトロピー転位の例 — 875
26・9 ペリ環状反応の規則のまとめ — 877
科学談話室　ビタミンD：日光のビタミン — 879

27. 合成ポリマー（ウェブ掲載） — w1

27・1 連鎖重合による合成 — w1
27・2 重合反応における立体化学： Ziegler-Natta 触媒 — w4
27・3 共重合 — w5
27・4 逐次重合による合成 — w7
27・5 オレフィンメタセシス重合 — w9
27・6 ポリマーの構造と物性 — w11
科学談話室　生分解性ポリマー — w15

付録 A　多官能基有機化合物の命名法 — 885
付録 B　酸性度定数 — 891
付録 C　問題の解答 — 893

欧 文 索 引 — 915
和 文 索 引 — 921

ウェブ教材について

27章（合成ポリマー）および訳者による補遺（閉環メタセシス，クリックケミストリー，溝呂木-Heck反応，生体反応を模したアルドール縮合反応）は東京化学同人のホームページに掲載しています．PDFファイルを下記の要領で取得できます．（購入者本人以外は使用できません．図書館での利用は館内での閲覧に限ります）

1）パソコンで東京化学同人のホームページにアクセスし，書名検索などにより"マクマリー有機化学 生体反応へのアプローチ 第3版"の書籍ページを表示させる．

2）第27章＆訳者補遺 をクリックし，下記ユーザー名およびパスワードを入力する．

　　　ユーザー名：**mcba369**

　　　パスワード：**whn4c89k**

※ファイルはZIP形式で圧縮されています．解凍ソフトで解凍のうえ，ご利用ください．

〈データ利用上の注意〉

- 本PDFファイルのダウンロードおよび利用に起因して使用者に直接または間接的損害が生じても株式会社東京化学同人はいかなる責任も負わず，一切の賠償などは行わないものとします．

- 本PDFファイルの全権利は権利者が保有しています．本書購入者本人が利用する場合を除いて，本PDFファイルのいかなる部分についても，データバンクへの取込みを含む一切の電子的，機械的複製および配布，送信を，書面による許可なしに行うことはできません．許可を求める場合は，

　　東京化学同人
　　（東京都文京区千石3-36-7，info@tkd-pbl.com）
　にご連絡ください．

- 本サービスは予告なく内容を変更，終了することがあります．

構造と化学結合

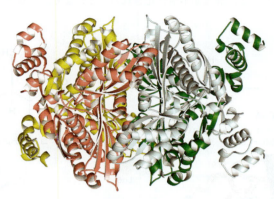

HMG-CoA 還元酵素は，体内におけるコレステロール合成の重要な段階を触媒する

- 1・1 原子の構造：原子核
- 1・2 原子の構造：軌道
- 1・3 原子の構造：電子の配置
- 1・4 化学結合論の発展
- 1・5 化学結合を記述する：原子価結合法
- 1・6 sp^3 混成軌道とメタンの構造
- 1・7 sp^3 混成軌道とエタンの構造
- 1・8 sp^2 混成軌道とエチレンの構造
- 1・9 sp 混成軌道とアセチレンの構造
- 1・10 窒素，酸素，リン，硫黄の混成
- 1・11 化学結合を記述する：分子軌道法
- 1・12 化学構造式の書き方

本章の目的　有機化学の勉強を始めるにあたって，まず，一般化学の授業で習った原子，結合，分子の形に関する考え方を復習しておこう．本章と次章の内容の多くはすでになじみのあるものだろうが，それでも，先に進む前に理解しておくとよい．

　より安全で有効な医薬品を提供し，遺伝病を治療し，寿命を延ばし，生活の質（QOL）を向上させるための科学革命がいま起こりつつある．この革命は，人体に存在する約 21,000 個の遺伝子の構造，制御，機能を理解することに基づいており，有機化学こそが，その科学革命を実現できるか否かの鍵を握っている．生体内現象の分子レベルでの基本的な化学的理解なくしては，革命を起こすことも，それを遂行し続けることもできない．医薬品や生命科学の分野で起こっている目覚ましい進歩を理解したい，あるいは，そのような進歩に貢献したい人は，まずはじめに有機化学を理解しなければならない．

　有機化学と生化学が一緒になって現代医学に影響を与えている例をあげよう．冠動脈性心疾患とは，動脈の壁にコレステロールを含むプラーク（塊）が蓄積することによって血流が滞り，最終的に心臓発作をひき起こす病気である．冠動脈性心疾患は米国の 20 歳以上の男女の死因で最も多く，女性の 3 分の 1，男性の 2 分の 1 が人生のある時点で発症すると推定されている．

　冠動脈性心疾患の発症は血中コレステロール値と直接的な相関があり，その値を下げることが疾患予防の第一歩となる．血中コレステロールの約 25％は食事から直接摂取され，残りの約 75％（1 日当たり約 1000 mg）は食事に含まれる脂肪と炭水化物から体内で合成されることがわかっている．つまり，コレステロール値を下げるには，体内で生合成される量を制限する必要があり，そのためには，コレステロールの生合成の代謝経路を構成する化学反応を理解し，制御する必要がある．

　図 1・1 を見てほしい．この図はまだ理解できないかもしれないが，やがて理解で

生活の質 quality of life: QOL

2　1. 構造と化学結合

きるようになるので心配する必要はない．図1・1に示されているのは，3-ヒドロキシ-3-メチルグルタリル CoA（HMG-CoA）という化合物がメバロン酸に変換される様子で，体内でコレステロールを合成する経路のなかで重要な段階を担っている．同図には，この反応を触媒する HMG-CoA 還元酵素の活性部位の X 線結晶構造と，この酵素に結合して働きを止めるアトルバスタチン（atorvastatin，販売名リピトール®）の分子が示されている．酵素が不活性化されることにより，コレステロールの生合成が阻害される．

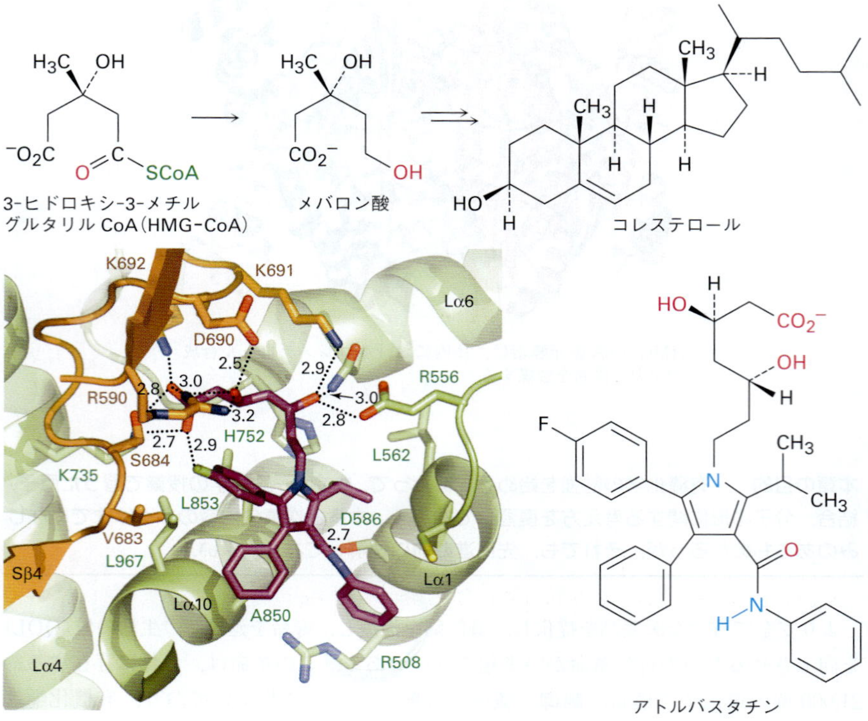

図 1・1　アトルバスタチンによるコレステロール生合成の制御． コレステロールの生合成経路において，3-ヒドロキシ-3-メチルグルタリル CoA（HMG-CoA）からメバロン酸への代謝的変換は重要な段階である．この反応を触媒する HMG-CoA 還元酵素の活性部位の X 線結晶構造と，活性部位に結合して酵素の働きを停止させるアトルバスタチンの構造を示す．図のように酵素が不活性化されることにより，コレステロールの生合成が阻害される．

アトルバスタチンは，スタチン系とよばれる広く処方されている薬剤の一つで，血中のコレステロール値を下げることにより，冠動脈性心疾患のリスクを低減させるものである．スタチン系薬剤〔アトルバスタチン（リピトール®），シンバスタチン（リポバス®），ロスバスタチン（クレストール®），プラバスタチン，ロバスタチン，およびその他数種〕は最も広く処方されており，全世界で年間 290 億ドルの売上高を誇っている．

スタチン系薬剤は，HMG-CoA 還元酵素を阻害し，HMG-CoA がメバロン酸に変換されるのを防ぐことにより，体内でのコレステロールの生合成を制限する機能をもっている．その結果，血中コレステロール値が下がり，冠動脈性心疾患が起こりにくくなる．このような薬剤の開発は，一見簡単に思えるが，コレステロールの生合成経路，およびそれを触媒する酵素，またそれを阻害する有機分子の精密な構造の設計についての詳細な知識がなければ難しい．有機化学は，そのすべてを実現するものなのである．

有機化学（organic chemistry）という言葉は 1700 年代後半に，生物（living organism）に含まれる化合物の化学という意味で使われるようになったのが始まりである．当時，化学のことはほとんどわかっておらず，動植物から単離された有機物の挙動は，

鉱物に含まれる無機物とは異なるように思われた．有機化合物は一般に低融点の固体であり，高融点の無機化合物に比べて分離，精製，加工が難しいのが普通であった．しかし，1800 年代半ばになると，有機化合物と無機化合物の間に本質的な違いはなく，起源や複雑さに関係なく，すべての物質の挙動は同じ原理で説明できることが明らかになった．有機化合物を無機化合物と区別する唯一の特徴的な性質は，**すべての有機化合物は炭素を含む**ということである．

それでは，なぜ炭素が特別なのだろうか．現在知られている 7000 万個以上の化学物質のなかで，99%以上が炭素を含んでいるのはなぜだろうか．これらの疑問に対する答えは，炭素の電子構造とその結果占めることになる周期表（図 1・2）での位置を考えるとわかる．第 2 周期 14 族元素である炭素は価電子を 4 個もっており，四つの強固な共有結合を形成することができる．さらに，炭素原子は，互いに結合をつくり，長鎖や環を形成することができる．すべての元素のなかで炭素だけが，単純な化合物から驚くほど複雑な化合物まで，たとえば炭素原子一つを含むメタンから 1 億個以上の炭素を含む DNA まで，限りなく変化に富んだ化合物群を形成することができる．

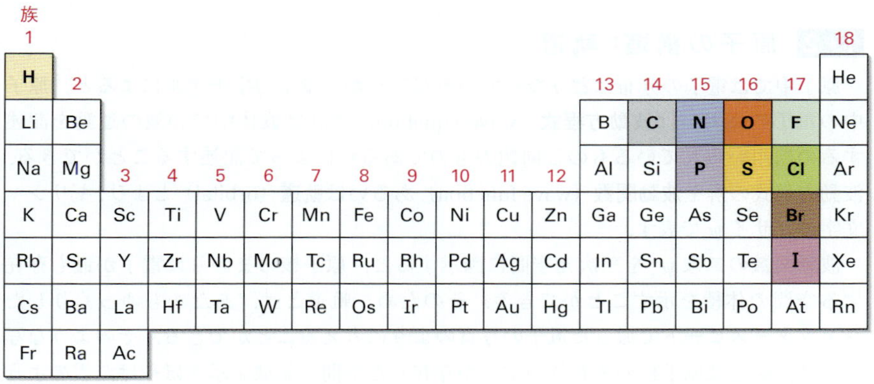

図 1・2 **有機化合物によく含まれる元素**．有機化合物を構成する炭素，水素，その他の元素を，それらを表す際によく用いられる色で示す．

もちろん，すべての炭素化合物が生物由来であるわけではなく，化学者が何年にもわたってフラスコ内で新しい有機化合物，すなわち医薬品，色素，高分子，その他のさまざまな物質を設計し合成する非常に洗練された手法を開発してきた．有機化学はすべての人の生活に大きな影響を与える．有機化学を学ぶことは非常に魅力的である．

1・1 原子の構造: 原子核

一般化学の講義で学んだことと思うが，原子は密度の高い正に荷電した**原子核**（atomic nucleus）と，原子核を比較的広く取囲む負に荷電した**電子**（electron）からできている（図 1・3）．原子核はさらに素粒子からできていて，電気的に中性な**中性子**（neutron）と正に荷電している**陽子**（proton）から構成されている．原子は全体として電気的に中性であるので，原子核中の正に荷電した陽子の数と原子核を取囲む負に荷電した電子の数は同じである．

原子核は直径約 $10^{-14} \sim 10^{-15}$ m と極度に小さいが，原子のほぼ全質量を占めている．電子は無視できるくらいの質量であり，原子核から約 10^{-10} m の距離に分布している．そのため典型的な原子の直径は 2×10^{-10} m すなわち 200 ピコメートル（pm）

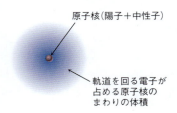

図 1・3 原子の概略図．密度の高い正に荷電した原子核は原子の質量の大部分を占め，負に荷電した電子によって取囲まれている．下の三次元的な図は計算によって求めた電子密度表面である．電子密度は原子核に向かって徐々に増加していき，青部分の表面において，灰色のメッシュの表面の 40 倍大きい．

である（1 pm = 10^{-12} m）．いかに原子が小さいかの感覚をもってもらうために，細い鉛筆の線が炭素原子 300 万個分の幅であることを記しておく．多くの有機化学者や生化学者は原子距離を表すためにいまだにオングストローム（angstrom, Å）単位を用いているが（1 Å = 100 pm = 10^{-10} m），本書では SI 単位であるピコメートルを用いることにする．

それぞれの原子は，所有する陽子数（あるいは電子数）を示す**原子番号**（atomic number, Z）や原子核中の陽子と中性子の数の合計である**質量数**（mass number, A）で記述することができる．同じ元素に所属するすべての原子は同じ原子番号をもつ．すなわち水素は 1，炭素は 6，リンは 15，などである．しかし，含まれている中性子の数によって異なる質量数をもつ場合がある．同じ原子番号で異なる質量数をもつ原子を**同位体**（isotope）とよぶ．自然界に存在する同位体の統一原子質量単位（unified atomic mass unit, u）での重量平均質量を，元素の**原子質量**〔atomic mass, もしくは**原子量**（atomic weight）〕とよぶ．たとえば，水素原子では 1.008 u，炭素原子では 12.011 u，リン原子では 30.974 u などである．

1・2 原子の構造: 軌道

原子中では電子の分布はどうなっているだろうか．量子力学モデルによると，原子中の電子の振舞いは**波動方程式**（wave equation，これは液体中での波の運動を記述するのに用いられているものと同類のものである）によって記述することができる．波動方程式の解を**波動関数**（wave function）あるいは**軌道**（orbital）とよび，ギリシャ文字のプサイ ψ で表す．

波動関数の二乗 ψ^2 を三次元空間に図示すると，原子核のまわりに電子が最も存在する空間の体積を示すことができる．そのため，軌道とは，あたかもゆっくりしたシャッタースピードで撮った電子の写真のように考えることができる．そのような写真では，軌道は原子核のまわりの電子が存在した空間の領域を示すぼやけた雲のように見えるであろう．この電子雲は明瞭な境界をもたないが，実際的に，電子がほとんどの時間を過ごす（90～95％）空間を軌道と定義することができる．

軌道はどのような形をしているのだろうか．s, p, d, f の 4 種類の異なる軌道があり，それぞれが異なる形をしている．本書ではこれら四つのうち，有機化学や生化学で最も一般的な s 軌道と p 軌道についておもに取扱う．s 軌道は球形であり，中心には原子核がある．p 軌道はダンベル形で，d 軌道五つのうち四つは図 1・4 に示すようにクローバー葉形をしている．五つ目の d 軌道は中央にドーナツが取巻いた，伸びたダンベルのような形をしている．

図 1・4 s, p, d 軌道の表示．s 軌道は球形で，p 軌道はダンベル形，五つの d 軌道のうち四つの軌道はクローバーの葉の形をしている．p 軌道の異なるローブはしばしば便宜上，涙形に書くが，実際の形はここに示すようにドアノブのような形に近い．

s 軌道　　　p 軌道　　　d 軌道

原子の中の軌道は，軌道の広がりとエネルギーが順次大きくなる異なる殻，すなわち**電子殻**（electron shell）に存在している．異なる殻は，異なる数と種類の軌道をも

ち，殻内のそれぞれの軌道は最大 2 電子によって占有される．第一の電子殻は s 軌道一つだけからなり，1s といい，2 電子のみ収容される．第二の電子殻は 2s 軌道一つと 2p 軌道三つからなり，全部で 8 電子収容できる．第三の電子殻は 3s 軌道一つと 3p 軌道三つと 3d 軌道五つをもち，全部で 18 電子を収容することができる．これらの軌道のグループ分けとエネルギー準位を図 1・5 に示す．

図 1・5　原子中の電子のエネルギー準位．1 番目の殻は 1s 軌道一つに最大 2 電子保持する．2 番目の殻は 2s 軌道一つと 2p 軌道三つに最大 8 電子保持する．3 番目の殻は 3s 軌道一つ，3p 軌道三つ，3d 軌道五つに最大 18 電子保持する．各軌道の二つの電子は，上向きと下向きの矢印⇅で表される．ここでは示していないが，4s 軌道のエネルギー準位は 3p 軌道と 3d 軌道の間にある．

ある電子殻内の異なる三つの p 軌道 p_x, p_y, p_z は，互いに直交した軸に沿った広がりをもっている．図 1・6 に示すように，それぞれの p 軌道の二つの部分，すなわち**ローブ**（lobe）は，**節**（node）とよばれる電子密度 0 の領域によって区切られている．さらに，節で仕切られた二つの軌道の部分の波動関数は ＋，－ の異なる符号をもち，図 1・6 では異なる色で示している．§1・11 でみるように，それぞれの軌道のローブの正負の符合は化学結合や化学反応性と重要な関係をもっている．

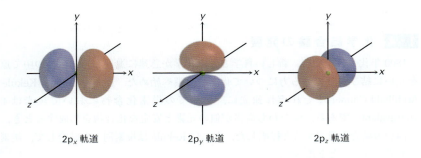

2p$_x$ 軌道　　　2p$_y$ 軌道　　　2p$_z$ 軌道

図 1・6　**2p 軌道の形**．三つの軌道それぞれが互いに直交していて，ダンベル形の軌道は節で分けられた二つのローブをもつ．二つのローブは，別々の色で示したように，対応する波動関数において異なる符号をもつ．

1・3　原子の構造：電子の配置

原子が最も低いエネルギーをもつように電子が収容される軌道の一覧を**基底状態の電子配置**（ground-state electron configuration）という．この電子配置は以下の三つの規則に基づいて予測できる．

規則 1　電子はエネルギーの最も低い軌道から，1s→2s→2p→3s→3p→4s→3d の順に埋まっていく．これは**構成原理**（aufbau principle）とよばれる．4s 軌道のエネルギー準位が 3p 軌道と 3d 軌道の間にあることに注意してほしい．

規則 2　電子は地球が自転しているのと同じように軸のまわりを回転しているとみなすことができる．この回転には二つの方向があり，上向き↑と下向き↓で表す．一つの軌道には 2 電子しか入ることができず，電子はそれぞれ逆向きのスピンでなければならない．これを **Pauli の排他原理**（Pauli exclusion principle）という．

規則 3 二つ以上の同じエネルギーの軌道が存在する場合は，すべての軌道がまずは1電子保持するまで，1電子ずつスピンの向きを揃えて入れていく．これを **Hund の規則**（Hund's rule）(フント) という．

これらの規則を適用した例を表1・1に示す．たとえば，水素は1電子のみをもち，これは最低エネルギー軌道を占めなければならない．そのため，水素は1s 基底状態配置をとる．炭素は6電子をもつので，基底状態の電子配置は $1s^2 2s^2 2p_x^1 2p_y^1$ である．上付きの数字はその軌道に入っている電子数を表す．

表 1・1 元素の基底状態の電子配置

元素	原子番号	電子配置		元素	原子番号	電子配置	
水素	1	1s	↑↓	リン	15	3p	↑ ↑ ↑
炭素	6	2p	↑ ↑ —			3s	↑↓
		2s	↑↓			2p	↑↓ ↑↓ ↑↓
		1s	↑↓			2s	↑↓
						1s	↑↓

問題 1・1 次の元素の基底状態の電子配置を示せ．
(a) 酸素　　(b) リン　　(c) 硫黄

問題 1・2 次の生体微量元素は最外殻に電子をいくつもつか．
(a) マグネシウム　　(b) コバルト　　(c) セレン

1・4　化学結合論の発展

1800年代半ばまでに，新しい科学として化学が急速に進展し，化合物の中で原子を互いに結びつけている力について化学者は調べ始めた．1858年 August Kekulé と Archibald Couper はそれぞれ独立に，すべての炭素化合物において炭素は4価（tetravalent）である，すなわち炭素が他の元素と安定な化合物を形成するとき，常に四つの結合を形成すると提唱した．さらに Kekulé は炭素同士が結合して，炭素鎖を形成しうることを述べた．

炭素が4価をとることが提案された直後，原子間の多重結合の可能性が提唱され Kekulé-Couper (ケクレ クーパー) の理論の拡張がなされた．Emil Erlenmeyer はアセチレンの炭素-炭素三重結合を提案し，Alexander Crum Brown はエチレンの炭素-炭素二重結合を提案した．1865年 Kekulé は炭素鎖が折れ曲がることで環を形成しうることを提案し，結合論に大きな前進をもたらした．

Kekulé と Couper は炭素が4価である性質を正しく描写しているが，1874年になるまでは化学は依然二次元的に記述されていた．その年，Jacobus van't Hoff と Joseph Le Bel が有機化合物についての考えに第三の次元を加えた．彼らは，炭素原子の四つの結合はランダムな方向を向いているのではなく，特定の空間的な方向性をもっていることを提唱した．van't Hoff はさらに進んで，炭素に結合する四つの原子は，炭素を中心にした正四面体の頂点に位置することを示唆した．

四面体炭素原子の表現法を図1・7に示す．三次元性を示すための手法に注目してほしい．すなわち，実線は結合がこの紙面上にあることを示し，太いくさび形の線は

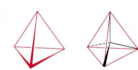

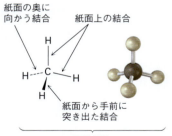

図 1・7　van't Hoff の正四面体炭素原子の表現． 実線は紙面内の結合を，太いくさび線は紙面から手前に出る結合を，破線は紙面の奥に向かう結合を表している．

結合が紙面から手前に突き出していることを示し，破線は紙面の奥，向こう側に結合が遠ざかっていることを示している．この表し方は本書を通じて用いている．

ところで，なぜ原子は互いに結合をつくり，そして結合は電子的にどのように表されるのだろうか．この"なぜ"という問いには比較的簡単に答えることができる．原子が互いに結合するのは，生成する化合物がばらばらの原子に比べてより安定化されエネルギーが低下するからである．化学結合が生成するとき，エネルギー（通常は熱として）が常に放出され，反応系から流れ出てくる．逆に言えば，化学結合を切るためには常に系にエネルギーを加えなくてはならない．結合形成は常にエネルギーを放出し，結合切断は常にエネルギーを吸収する．"どのように結合が電子的に表されるか"の問いの方が難しい．これに答えるためには，原子の電子的な性質についてもっとよく知る必要がある．

原子の最外殻，すなわち**原子価殻**（valence shell）に 8 電子（オクテット電子）が入ることにより，周期表の 18 族にあたる貴ガス元素が特別に安定であることがわかっている．すなわち $Ne(2+8)$，$Ar(2+8+8)$，$Kr(2+8+18+8)$ である．典型元素の化学は，最も近くの貴ガスの電子配置をとりやすい傾向がある．たとえば 1 族のアルカリ金属は原子価殻から s 電子を一つ失ってカチオンになることによって貴ガス配置をとる．一方，17 族のハロゲンは p 電子を一つ受取って原子価殻を満たして貴ガス配置をとり，アニオンを形成する．結果的に生成するイオンは，Na^+Cl^- のように**イオン結合**（ionic bond）とよばれる反対の電荷の静電引力によって化合物中で結びつけられる．

しかし，周期表の中央に近い元素はどうやって結合を形成するのだろうか．例として，天然ガスの主成分であるメタン CH_4 をみてみよう．メタン中の結合はイオン的ではない．なぜなら，貴ガス配置をとるため炭素（$1s^2 2s^2 2p^2$）に 4 電子を加える，あるいは取去るにはあまりにも大きなエネルギーが必要だからである．結果的に，炭素は電子を奪い取る，あるいは失うことをせず，電子を共有することにより，他の原子と結合する．このように電子を共有した結合を**共有結合**（covalent bond）とよび，1916 年に G. N. Lewis によってはじめて提案された．共有結合によって互いに結びつけられた原子の集まりを**分子**（molecule）とよぶ．

分子中の共有結合を表す簡単な方法は，**Lewis 構造式**，すなわち**点電子構造式**（electron-dot structure）を用いることで，原子の原子価殻電子を点で表す．水素は 1s 電子を表す点を一つもち，炭素は四つ（$2s^2 2p^2$），酸素は六つ（$2s^2 2p^4$）の点をもつ．貴ガス配置がすべての原子について達成されれば安定な分子が形成される，すなわち典型元素については八つの点（オクテット），水素については二つの点である．2 電子共有結合を，原子の間を線で結ぶように表す **Kekulé 構造式**，すなわち**線結合構造式**（line-bond structure）を使用するのがさらに簡単な結合の表記方法である．

8   1. 構造と化学結合

　一つの原子がつくる共有結合の数は貴ガス配置をとるために必要な不足分の価電子数による．水素では価電子を一つ（1s）もっているので，ヘリウムの電子配置（$1s^2$）をとるためにもう1電子必要であり，その結果結合を1本形成する．炭素は四つの価電子（$2s^2 2p^2$）をもっており，ネオンの電子配置（$2s^2 2p^6$）をとるためには4電子必要であり，結合を4本形成する．窒素は五つの価電子（$2s^2 2p^3$）をもっており，3電子必要であり，結合を3本形成する．酸素は六つの価電子（$2s^2 2p^4$）をもっており，2電子必要であり，結合を2本形成する．そしてハロゲン原子は価電子を七つもっており，1電子必要であり，結合を1本形成する．

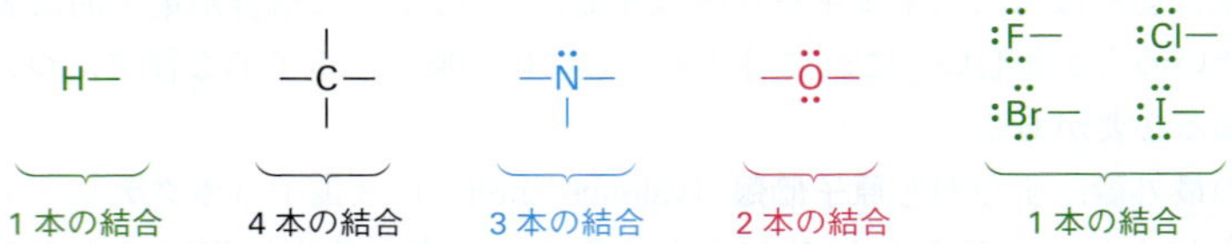

　結合に用いられない価電子の対を**非共有電子対**（unshared electron pair），**孤立電子対**（lone-pair）あるいは**非結合電子対**（nonbonding electron pair）とよぶ．たとえば，アンモニア NH_3 中の窒素原子は三つの共有結合に六つの価電子を共有し，残りの二つの価電子は非共有電子対として存在している．書く手間を省くため，非共有電子対は線結合構造式を書く際しばしば省略するが，非共有電子対は化学反応に重要であるので，その存在を忘れてはならない．

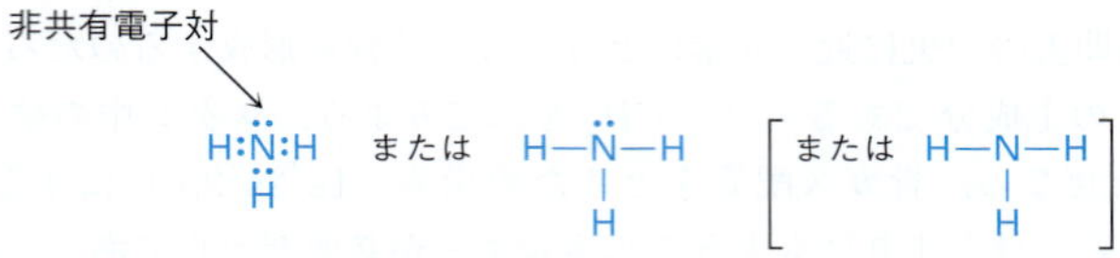

例題 1・1   分子中の原子の結合数を予想する

リン化合物であるホスフィン PH_3 のリン原子はいくつの水素原子と結合するか．
考え方　リン原子が周期表の何族に属するかを調べ，オクテットをつくるにはいくつ電子（すなわち結合）が必要か考えよ．
解　答　リン原子は窒素と同様に周期表の15族に属すので，価電子を五つもっている．そのためオクテットをつくるにはあと3電子共有する必要があり，水素原子三つと結合を形成し，PH_3 となる．

例題 1・2   点電子構造式および線結合構造式を書く

クロロメタン CH_3Cl の点電子構造式および線結合構造式を書け．
考え方　線結合構造式では，結合，すなわち原子間の一つの電子対の共有は線で表される．
解　答　水素は一つの価電子，炭素は四つの価電子，塩素は七つの価電子をもっている．したがって，クロロメタンは次のように表される．

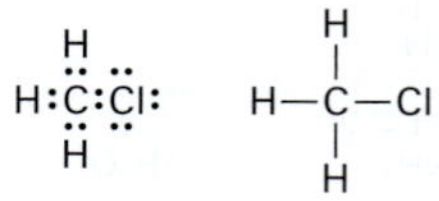

問題 1・3 クロロホルム CHCl₃ 分子を，実線，くさび線，破線を使って四面体構造がわかるように書け．

問題 1・4 エタン C₂H₆ を表す次の分子モデルを，各炭素原子のまわりの四面体構造がわかるように，実線，くさび線，破線を使って書け．(灰色は C, アイボリーは H)

エタン

問題 1・5 次の物質の可能な組成式を書け．
　(a) CH₂Cl₂　　(b) CH₃SH　　(c) CH₃NH₂

問題 1・6 次の物質を，すべての非共有電子対を示して線結合構造式で書け．
　(a) エタノール CH₃CH₂OH　　(b) 硫化水素 H₂S
　(c) メチルアミン CH₃NH₂　　(d) トリメチルアミン N(CH₃)₃

問題 1・7 C₂H₇ の組成式をもつ有機分子が存在しないのはなぜか．

1・5 化学結合を記述する：原子価結合法

　電子の共有によって原子同士はどのように結合するのだろうか．共有結合を説明するために二つの方法，**原子価結合法**（valence bond theory）と**分子軌道法**（molecular orbital theory）がある．それぞれの方法には長所と短所があり，化学者は状況に応じて使い分けている．両者のうち，原子価結合法はより視覚的で，本書でもっぱら用いる記述は原子価結合法に基づくものである．

　原子価結合法によると，二つの原子が互いに接近し，一方の原子の 1 電子被占軌道と別の原子の 1 電子被占軌道が重なり（overlap）あったときに共有結合が形成される．電子は重なり合った軌道の中で対をつくり，両者の原子核にひきつけられ，原子を結びつける働きをする．たとえば，水素分子 H₂ では，1 電子が占有している水素原子の 1s 軌道同士が重なり合うことで H−H 結合ができる．

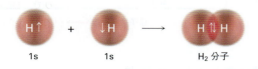

　水素分子 H₂ の重なり合った軌道は二つの球を互いに押しつけ合った細長い卵形をしている．結合の中央を平面で切断すると，軌道の切り口は円形になる．言い換えれば，H−H 結合は図 1・8 に示すように円筒状に対称（cylindrically symmetrical）である．このような結合，すなわち，原子核を結ぶ線に沿って二つの原子軌道が真っ正面から重なって生成する結合を **σ 結合**（σ bond）とよぶ．

　2H· → H₂ の結合生成反応において，436 kJ/mol（104 kcal/mol）のエネルギーが放出される．生成物の水素分子は出発物の二つの水素原子よりも 436 kJ/mol エネルギーが少ないので，生成物は出発物より安定で，H−H 結合は 436 kJ/mol の **結合強度**（bond strength）をもつ．言い換えると，水素分子の H−H 結合を切断して二つ

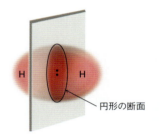

図 1・8 水素分子における H−H σ 結合の円筒状の対称性．σ 結合を切断する平面の断面は円である．

の水素原子にするには 436 kJ/mol のエネルギーを加える必要がある（図 1・9）．本書では，便宜上，エネルギーをキロカロリー（kcal）と SI 単位であるキロジュール（kJ）の両者で示す．1 kJ = 0.2390 kcal，1 kcal = 4.184 kJ である．

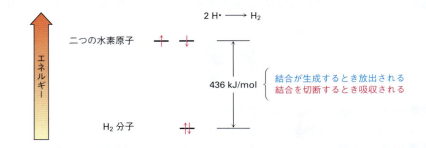

図 1・9 水素原子と水素分子の相対的なエネルギー準位．水素分子は二つの水素原子より 436 kJ/mol エネルギーが少ないので，H−H 結合が形成されるとき 436 kJ/mol もエネルギーが放出される．逆に H−H 結合を切断するためには水素分子に 436 kJ/mol 加えなければならない．

水素分子において二つの水素原子核はどれくらいの距離にあるだろうか．両原子が近すぎると，原子核は正電荷を帯びているため互いに反発し合うだろうし，遠すぎても互いに電子を共有できないだろう．そのため，最大の安定化が得られる最適な核間距離が存在する（図 1・10）．その距離は，**結合長**〔bond length，または結合距離（bond distance）〕とよばれ，水素分子では 74 pm である．すべての共有結合は，おのおの独自の結合の強さと結合長をもっている．

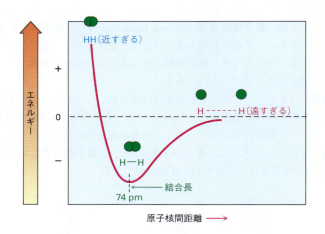

図 1・10 二つの水素原子の核間距離とエネルギーの関係．エネルギーが最小となる点での核間距離が結合長である．

1・6 sp^3 混成軌道とメタンの構造

水素分子における結合は比較的わかりやすいものであったが，4 価の炭素原子を含む有機分子では状況がより複雑である．すでに述べてきたように，炭素は四つの価電子（$2s^2 2p^2$）をもち，結合を 4 本形成する．炭素は結合に 2s と 2p の 2 種類の軌道を用いるため，メタンには 2 種類の C−H 結合があるように思うかもしれない．実際は，メタンの 4 本の C−H 結合はすべて等価であり，正四面体の中心から頂点に向かっている（図 1・7 参照）．これはどのように説明できるのだろうか．

1931 年に Linus Pauling によって，一つの原子上の s 軌道一つと p 軌道三つが混合し，あるいは**混成**（hybridization）し，正四面体の中心から各頂点方向に伸びた四つの等価な原子軌道を形成することが数学的に示されることで一つの答えは与えられ

た．図1・11に示すように，これらの正四面体の頂点に伸びた軌道のことを**sp³ 混成軌道**（sp³ hybrid orbital）とよぶ．sp³ の上付きの数字の3は混成軌道を形成する原子軌道の数を示し，占める電子数を意味しているのではない．

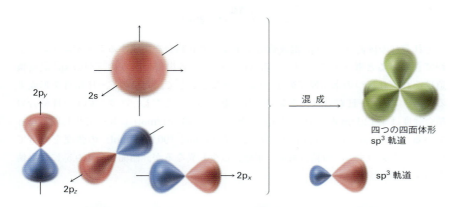

図1・11　四つの **sp³ 混成軌道**．四つの軌道は正四面体の頂点を向いており，一つのs軌道（赤）と三つのp軌道（赤，青）の組合わせで形成されている．sp³ 混成軌道は二つのローブをもち，原子核に対して非対称であるため，方向性があり，他の原子と強い結合を形成することができる．

混成の概念は，炭素がどのように四つの等価な正四面体形の結合を形成するかは説明しているが，なぜそうなるかは説明していない．混成軌道の形が答えを示唆している．一つのs軌道が三つのp軌道と混成することにより生成するsp³ 混成軌道は原子核に対して非対称である．二つあるローブの一方がずっと大きく，別の原子の軌道と結合を形成する際に，ずっと効率よく重なり合うことができる．その結果，sp³ 混成軌道は混成していないs軌道やp軌道よりも強い結合を形成する．

sp³ 軌道の非対称性は，以前述べたように，p軌道の二つのローブが波動関数として ＋ と － という異なる符号をもっているために生じる．すなわち，p軌道がs軌道と混成するとき，正の符号をもったp軌道のローブはs軌道と同符号であるため足し合い，負の符号をもったp軌道のローブはs軌道と打消し合う．その結果生じる混成軌道は原子核に対して非対称で，方向性を強くもったものとなる．

炭素原子の四つの等価なsp³ 混成軌道がそれぞれ水素原子の1s軌道と重なり合うと，四つの等価なC−H結合が生成し，メタンができる．メタンの各C−H結合は439 kJ/mol（105 kcal/mol）の結合強度と109 pmの結合長をもっている．四つの結合は特有の構造を形成しているため，特徴的な**結合角**（bond angle）をもっている．各H−C−Hの角度は109.5°で，**四面体角**（tetrahedral angle）とよばれる．メタンは図1・12に示すような構造である．

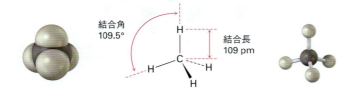

図1・12　**メタンの構造**．109.5°の結合角をもつ．

1・7　sp³ 混成軌道とエタンの構造

メタンの構造を説明したのと同様の軌道の混成で，炭素原子同士の結合を説明することができる．これにより炭素鎖や炭素環状骨格が形成され，何百万個もの有機化合物の存在が可能となる．エタン C_2H_6 は炭素−炭素結合を含む最も単純な分子である．

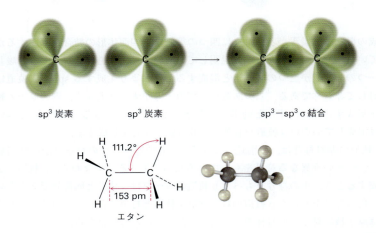

エタンのいくつかの書き方

それぞれの炭素原子の sp³ 混成軌道が重なって σ 結合を生成することでエタン分子ができていると考えることができる（図 1・13）．各炭素の残りの三つの sp³ 混成軌道はそれぞれ三つの水素原子の 1s 軌道と重なることで，六つの C−H 結合を形成する．エタンの C−H 結合はメタンのそれと似ている．ただし，エタンの C−H 結合の結合強度は 421 kJ/mol（101 kcal/mol）とメタン（439 kJ/mol）に比べて少し弱くなっている．C−C 結合は 153 pm の長さで，377 kJ/mol（90 kcal/mol）の強度をもっている．エタンのすべての結合角は，正確には少し異なるが，四面体角 109.5°に近い値を示す．

図 1・13　**エタンの構造**．炭素−炭素結合は二つの炭素 sp³ 混成軌道の σ 型重なりによって形成される．明確にするため，sp³ 混成軌道の小さい方のローブは省略した．

問題 1・8　プロパン CH₃CH₂CH₃ の線結合構造式を書け．すべての結合角を予想し，分子全体の構造を書け．

問題 1・9　次に示すガソリンの成分の一つであるヘキサンの分子モデルを線結合構造式で示せ．（灰色は C，アイボリーは H）

ヘキサン

1・8　sp² 混成軌道とエチレンの構造

メタンやエタンでみられる結合は，結合した原子間で一つの電子対を共有することから**単結合**（single bond）とよばれている．しかし，炭素原子が二つの電子対を共有する**二重結合**（double bond）や，三つの電子対を共有する**三重結合**（triple bond）を形成することも，約 150 年前に認識された．たとえば，エチレン* は H₂C＝CH₂ と

* 訳注："エチレン"の名称は IUPAC 1993 年勧告で廃止され，系統名の"エテン"を用いることとなったが，現在も広く使用されているため，本書ではエチレンを主として用いる．

いう構造で炭素-炭素二重結合をもち，アセチレンは HC≡CH という構造で炭素-炭素三重結合をもつ．

原子価結合法では，多重結合はどのように説明されるだろうか．sp^3 混成軌道を §1・6 で説明したとき，炭素の四つの原子価殻の原子軌道が混合し四つの等価な sp^3 混成軌道を生成することを述べた．ここで，利用可能な三つの 2p 軌道のうち二つと一つの 2s 軌道が混合する場合を考えてみよう．結果的に三つの **sp^2 混成軌道**（sp^2 hybrid orbital）が生成し，一つの 2p 軌道が使われずに残る．sp^3 混成軌道と同様に，sp^2 混成軌道は原子核に対して非対称で，強い結合を形成できるように特定の方向に強く配向している．三つの sp^2 軌道は互いに 120° の角度で同一平面内に存在し，残った p 軌道は sp^2 平面に直交して存在する（図 1・14）．

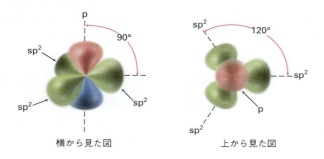

図 1・14 **sp^2 混成炭素**．三つの等価な sp^2 混成軌道は互いに 120° の角度をもった平面上にあり，一つの非混成 p 軌道（赤，青）は sp^2 平面に垂直である．

sp^2 混成した二つの炭素が互いに接近すると，sp^2-sp^2 軌道の真正面からの重なりにより強い σ 結合が生成する．同時に混成していない p 軌道が側面を重ね合わせるように接近し，いわゆる **π 結合**（π bond）を形成する．sp^2-sp^2 σ 結合と 2p-2p π 結合の組合わせにより，結果的に 4 電子を共有することになり，炭素-炭素二重結合が生成する（図 1・15）．σ 結合の電子は原子核の間に保持されるのに対して，π 結合の電子は原子核を結ぶ線の上下に存在する．

四つの水素原子が残った四つの sp^2 軌道と σ 結合を形成し，エチレンの構造が完成する．エチレンは平面構造をとり，H-C-H と H-C-C の結合角は約 120° である．（正確な値は，H-C-H は 117.4° で H-C-C は 121.3° である．）C-H 結合は 108.7 pm で 464 kJ/mol（111 kcal/mol）の結合強度をもつ．

エチレンは原子核を 2 電子ではなく 4 電子で結合させているので，エチレンの炭

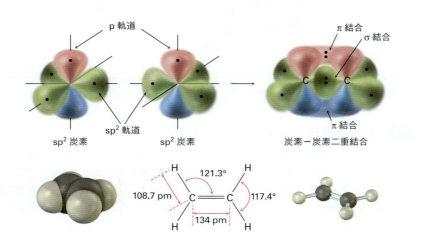

図 1・15 **エチレンの構造**．エチレンの二重結合の一つの結合は sp^2 軌道の σ 型（正面からの）重なりから生じ，もう一つの結合は混成していない p 軌道（赤，青）の π 型（側面からの）重なりから生じる．π 結合は，原子核を結ぶ線の上下に電子密度をもった領域をもつ．

素-炭素二重結合はエタンの単結合より短く，結合が強いと予想できる．エチレンのC=C結合長は134 pm，結合強度は728 kJ/mol（174 kcal/mol）であるのに対して，エタンのC-C結合長は153 pmで強度は377 kJ/mol（90 kcal/mol）である．炭素-炭素二重結合の強度が単結合の2倍より弱いのは，二重結合のπ結合部分の側面からの重なりが，σ結合部分の正面からの重なりほど有効ではないからである．

例題 1・3　点電子構造式および線結合構造式を書く

生物組織の防腐剤としてよく用いられるホルムアルデヒド CH₂O は炭素-酸素二重結合をもつ．ホルムアルデヒドの線結合構造式を書き，炭素原子の混成を示せ．

考え方　水素が一つ，炭素が四つ，酸素が二つの共有結合を形成することを学んだ．組合わせて全原子がうまく当てはまるように，直感も使って試行錯誤する．

解答　水素二つ，炭素一つ，酸素一つが結びつく方法は1通りしかない．

エチレンの炭素原子のように，ホルムアルデヒドの炭素原子は二重結合をつくっており，sp²混成である．

問題 1・10　プロペン CH₃CH=CH₂ の線結合構造式を書け．各炭素の混成を示し，それぞれの結合角の値を予想せよ．

問題 1・11　ブタ-1,3-ジエン H₂C=CH-CH=CH₂ の線結合構造式を書き，各炭素の混成を示せ．また結合角の値を予想せよ．

問題 1・12　アスピリン（アセチルサリチル酸）の分子モデルを次に示す．アスピリンの各炭素の混成を示し，どの原子が非共有電子対をもっているか答えよ．（灰色はC，赤はO，アイボリーはH）

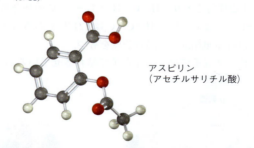

アスピリン
（アセチルサリチル酸）

1・9　sp混成軌道とアセチレンの構造

2電子あるいは4電子を共有することで単結合あるいは二重結合を形成することに加えて，炭素は6電子を共有することで三重結合を形成することができる．アセチレン H-C≡C-H のような分子の三重結合を説明するには，第三の混成軌道 **sp 混成軌道**（sp hybrid orbital）が必要である．炭素の 2s 軌道を，二つあるいは三つの p 軌道と混成させるのではなく，ただ一つの p 軌道と混成させることを考えてみてほしい．

1・9 sp混成軌道とアセチレンの構造

二つのsp軌道が形成され，二つのp軌道がそのまま残る．図1・16に示すように，二つのsp軌道はx軸上で180°逆向きに向いていて，残りの二つのp軌道はy軸とz軸上にあって，互いに垂直になっている．

二つのsp混成炭素原子が接近すると，それぞれの炭素のsp混成軌道が真正面から重なり，強いsp–sp σ結合を形成する．同時に，各炭素のp_z軌道は側面の重なりによってp_z–p_z π結合を，p_y軌道の重なりによってp_y–p_y π結合を形成する．合計6電子が共有されることになり，炭素–炭素三重結合が生成する．それぞれの炭素に残った合計二つのsp軌道は水素とσ結合を形成し，アセチレン分子をつくり出す（図1・17）．

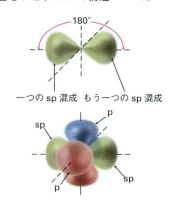

図1・16 sp混成炭素．二つのsp混成軌道は互いに180°反対方向を向いており，残り二つのp軌道（赤，青）と直交している．

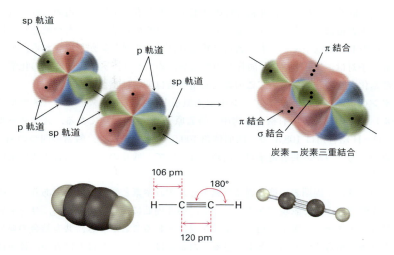

図1・17 アセチレンの構造．二つのsp混成炭素原子がsp–sp σ結合一つとp–p π結合二つで結ばれている．

sp混成によって予想されるが，アセチレンは直線分子で，H–C–Cの結合角は180°である．C–H結合は106 pmの長さをもち，558 kJ/mol（133 kcal/mol）の結合強度をもつ．アセチレンのC–C結合長は120 pm，結合強度はおよそ965 kJ/mol（231 kcal/mol）で，すべての炭素–炭素結合のなかで最も短く，そして最も強い結合となっている．sp, sp^2, sp^3混成の比較を表1・2にまとめる．

表1・2 メタン，エタン，エチレン，およびアセチレンのC–CおよびC–H結合の比較

分子	結合	結合強度 (kJ/mol)	(kcal/mol)	結合長(pm)
メタン CH_4	(sp^3)C–H	439	105	109
エタン CH_3CH_3	(sp^3)C–C(sp^3)	377	90	153
	(sp^3)C–H	421	101	109
エチレン $H_2C=CH_2$	(sp^2)C=C(sp^2)	728	174	134
	(sp^2)C–H	464	111	109
アセチレン HC≡CH	(sp)C≡C(sp)	965	231	120
	(sp)C–H	558	133	106

問題1・13 プロピン $CH_3C≡CH$ の線結合構造式を書け．それぞれの炭素の混成を示し，それぞれの結合角を予想せよ．

1・10 窒素, 酸素, リン, 硫黄の混成

前の四つの節で説明した軌道混成を用いる原子価結合法の概念は, 炭素化合物に限定したものではない. 他の元素がつくる共有結合も混成軌道を用いて記述できる. アンモニア NH_3 の誘導体の一つで腐敗した魚のにおいの原因物質であるメチルアミン CH_3NH_2 の窒素原子をみてみよう.

実験的に測定されたメチルアミンの H−N−H 結合角は 107.1°, C−N−H 結合角は 110.3° で, 両者ともメタンにおいてみられた 109.5° の四面体角に近い. そのため窒素は炭素と同じように, 混成によって四つの sp^3 軌道をつくっていると考えられる. 四つの sp^3 軌道のうち一つは非結合性の 2 電子 (非共有電子対) で占められ, 残りの三つの混成軌道は電子を一つずつもっている. これらの電子を一つもつ軌道が, 他の原子 (C や H) の電子を一つもつ軌道と重なればメチルアミンが形成される. 窒素の非共有電子対は, N−H 結合と同程度の空間を占めており, メチルアミンの化学や他の含窒素化合物の化学にとってこの非共有電子対は非常に重要である.

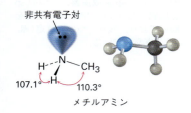
メチルアミン

メタンの炭素原子やメチルアミンの窒素原子と同様に, メタノール (メチルアルコール) やその他多くの有機化合物中の酸素原子は, sp^3 混成である. メタノール中の C−O−H 結合角は 108.5° で, 四面体角 109.5° に非常に近い. 酸素の四つの sp^3 混成軌道のうち二つが非共有電子対で占められていて, 残りの二つが結合生成に用いられている.

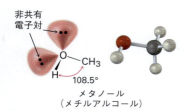
メタノール
(メチルアルコール)

リンや硫黄は, 周期表の第3周期に属しそれぞれ窒素と酸素と同族であり, その結合も混成軌道によって表現できる. しかし, 第3周期に属しているため, リンも硫黄も最外殻のオクテット電子を超えて電子を受け入れることができ, 共有結合の典型的な数より多く結合をつくることができる. たとえば, リンはしばしば五つ, 硫黄は四つの共有結合を形成する.

リンは有機リン酸エステル (organophosphate) として生体分子のなかで最も普遍的に存在する. 有機リン酸エステルはリン原子が四つの酸素原子と結合し, 酸素原子の一つは炭素に結合している. メチルリン酸エステル $CH_3OPO_3^{2-}$ は最も単純な有機リン酸エステルの例である. これらの化合物の O−P−O 結合角は, 典型的には 110° から 112° の範囲にあり, リンが sp^3 混成であることを示唆している.

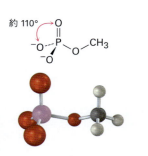
メチルリン酸エステル
(有機リン酸エステル)

硫黄は, 生体分子としてはチオール (thiol) あるいはスルフィド (sulfide) としてよく登場する. チオールは水素一つと炭素一つに結合した硫黄をもち, スルフィドは二つの炭素に結合した硫黄をもっている. 細菌によって産生されるメタンチオール CH_3SH はチオールの最も単純な例であり, ジメチルスルフィド $(CH_3)_2S$ はスルフィドの最も単純な例である. 両者とも結合角が四面体角の 109.5° から大きく逸脱しているが, 硫黄はおおまかには sp^3 混成とみなせる.

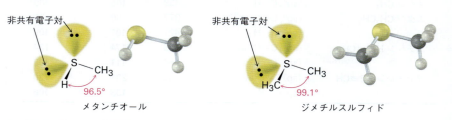
メタンチオール　　　　　ジメチルスルフィド

問題 1・14 次の分子の非共有電子対を示せ. さらに指定した原子の構造を推定せよ. また, 非共有電子対の混成を記せ.

(a) ジメチルエーテルの酸素原子
　　　CH₃—O—CH₃

(b) トリメチルアミンの窒素原子
　　　H₃C—N—CH₃
　　　　　|
　　　　　CH₃

(c) ホスフィンのリン原子
　　　PH₃

(d) アミノ酸メチオニンの硫黄原子
　　　　　　　　　　　O
　　　　　　　　　　　‖
　　　CH₃—S—CH₂CH₂CHCOH
　　　　　　　　　　|
　　　　　　　　　　NH₂

1・11 化学結合を記述する：分子軌道法

§1・5で共有結合を表現するために原子価結合法と分子軌道法の二つの方法を用いると述べた．いままで，構造を説明するために混成原子軌道を用い，電子の共有を説明するために原子軌道の重なりを考える原子価結合法を説明してきたので，ここでは，分子軌道法の視点から結合形成を簡単にみてみよう．9章でこの課題に戻り，より深く考察する．

分子軌道法では，共有結合をそれぞれの原子の原子軌道（波動関数）の数学的な組合わせにより得られる**分子軌道**（molecular orbital: MO）を用いて表現する．分子軌道は個々の原子に属するのではなく，分子全体に属するものである．混成しているか否かにかかわらず，原子軌道は原子の周辺で電子を見いだす空間の範囲を示しているように，分子軌道は分子中で電子を見いだす空間の範囲を示している．

原子軌道と同様に，分子軌道は特定の大きさ，形とエネルギーをもっている．たとえば，水素分子 H_2 において，電子が1個入った二つの水素1s原子軌道が組合わさり二つの分子軌道を形成する．すなわち，軌道の組合わせには同符号と異符号の2通りがあり，同符号の組合わせはエネルギーのより低い，卵形の分子軌道を形成するのに対し，異符号の組合わせは，エネルギーの高い，原子核の間に節をもつ分子軌道を形成する（図1・18）．同符号の組合わせはただ一つの卵形の分子軌道をつくるのであって，原子価結合法で二つの1s原子軌道の重なりと考えたのとは同じではない．同様に，異符号の組合わせにより，引き伸ばしたダンベル形をした一つの分子軌道が生じる．

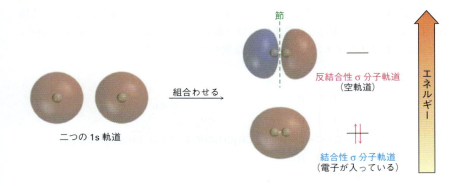

図 1・18　水素分子 H_2 の分子軌道．二つの水素1s原子軌道の組合わせによって，二つの水素分子軌道ができる．エネルギーの低い結合性の分子軌道は電子が入る．エネルギーが高い反結合性分子軌道は空である．

同符号の組合わせは二つの水素1s原子軌道よりもエネルギーが低く，電子は二つの原子核の間の領域に存在する確率が高い．つまり二つの原子を結びつけるように働

くので，**結合性分子軌道**（bonding MO）とよばれる．異符号の組合わせは二つの水素 1s 原子軌道よりもエネルギーが高く，節があるため，二つの原子核のちょうど中間領域に電子が存在することができず，結合生成に寄与できないため，**反結合性分子軌道**（antibonding MO）とよばれる．この場合二つの原子核は反発し合う．

　水素分子において二つの s 軌道が組合わさり結合性と反結合性のσ分子軌道ができたように，エチレンにおいて，二つの p 軌道の組合わせから結合性と反結合性のπ分子軌道が形成する．図 1・19 に示すように，エネルギーの低い結合性π分子軌道は原子核の間に節がなく，p 軌道のローブが同符号で重なり合ってできている．一方，エネルギーの高い反結合性π分子軌道は原子核の間に節があり，逆符号で p 軌道のローブが重なり合っている．結合性分子軌道にのみ電子が入り，エネルギーの高い反結合性分子軌道は空である．§8・12 や §9・2 で解説するが，二つ以上の二重結合をもつ化合物のπ軌道を示すときに分子軌道法は特に有用である．

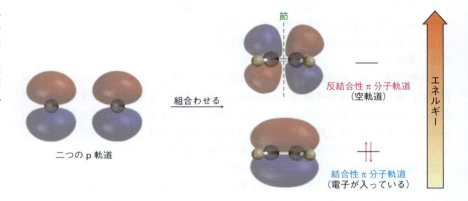

図 1・19　**エチレンの C–C π結合の分子軌道**．エネルギーの低い結合性π軌道は，同符号をもつ p 軌道のローブの組合わせから生じ，電子が入る．エネルギーの高い反結合性π軌道は，反対の符号をもつ p 軌道のローブの組合せから生じ，空である．

1・12　化学構造式の書き方

　この導入の章を締めくくる前に，最後にもう一つだけ紹介する．これまで書いてきた構造式は，原子間の線が共有結合の 2 電子を表していた．しかし，すべての結合，すべての原子を書くのは手間がかかるので，構造式を省略して表す方法を化学者は工夫してきた．**簡略化した構造式**（condensed structure）では，炭素－水素，炭素－炭素単結合は書かないが，結合があるものとする．炭素に三つの水素が結合している場合には CH_3 と書く．またもし炭素に二つの水素が結合しているときは CH_2 と書く．たとえば，2-メチルブタンという化合物は次のように書ける．

$$\text{2-メチルブタン} \ = \ CH_3CH_2CHCH_3 \ \text{または} \ CH_3CH_2CH(CH_3)_2$$

　簡略化した構造式では，炭素間の横の結合は示さず，CH_3，CH_2，CH の単位を互いに横に並べるだけである．簡略化した構造式の最初の例では，炭素－炭素結合の縦

1・12 化学構造式の書き方　　19

の結合は明確にするために書いている. 簡略化した構造式の 2 番目の例では, CH 炭素に結合している二つの CH_3 基は一緒にして $(CH_3)_2$ と書いている.

　簡略化した構造式よりもさらに簡単なのは, 表 1・3 に示すような**骨格構造式** (skeletal structure) である. 骨格構造式の書き方の規則は単純である.

規則 1　炭素原子は通常書かない. 炭素が, 2 本の線（結合）の交点や線の末端におのおのあるものと考える. 強調のためもしくははっきりさせるために炭素原子を書くこともある.

規則 2　炭素原子に結合している水素原子は書かない. 炭素は常に価数が 4 であるので, 頭の中で炭素に正しい数の水素原子を補って考える.

規則 3　炭素と水素以外の原子は示す.

表 1・3　いくつかの化合物の Kekulé 構造式と骨格構造式

化 合 物	Kekulé 構造式	骨格構造式
イソプレン C_5H_8	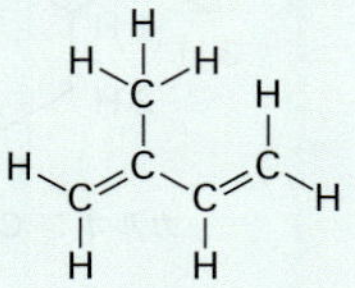	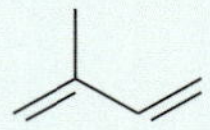
メチルシクロヘキサン C_7H_{14}	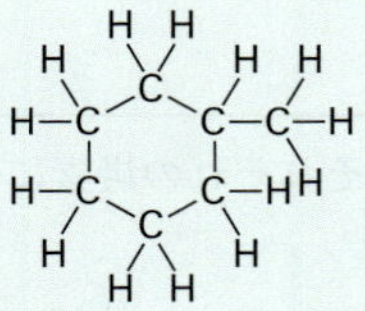	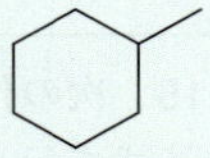
フェノール C_6H_6O	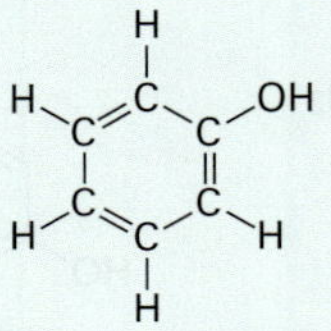	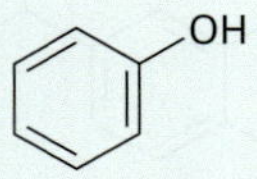

　補足: $-CH_3$, $-OH$, $-NH_2$ などの官能基は C, O, N 原子を最初に書いて, 次に H を書く. ただし, 分子内の結合のつながりを明確にするために, 逆向きに, H_3C-, $HO-$, H_2N- のように書くことがときどきある. しかし, $-CH_2CH_3$ のような大きな基は逆にはしない. つまり, まぎらわしいので H_3CH_2C- とは書かない. しかし, すべての場合を尽くした明確な規則はない. 多くは好みの問題である.

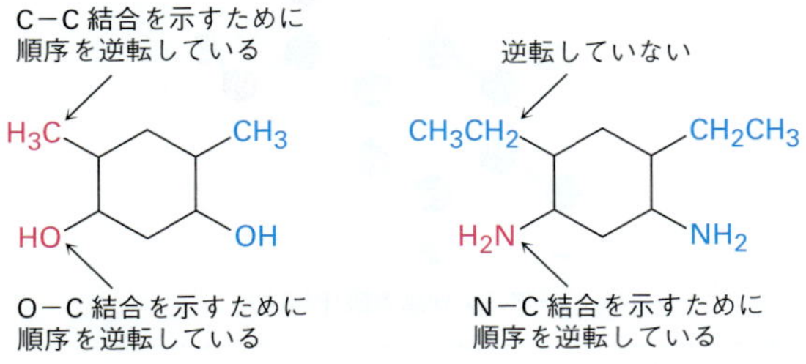

例題 1・4　線結合構造式の解釈

カルボンはスペアミントの香りのもとの物質で，次の構造で示される．各炭素に水素原子が何個ついているか述べよ．またカルボンの分子式を示せ．

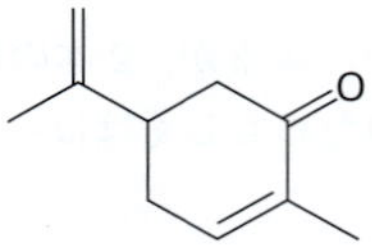

カルボン carvone

考え方　線の末端は水素が三つ結合した炭素原子 CH_3 を表す．2本の線の交点は水素が二つ結合した炭素原子で CH_2，3本の線の交点は水素が一つ結合した炭素原子で CH，4本の線の交点は水素が結合していない炭素を表す．

解　答

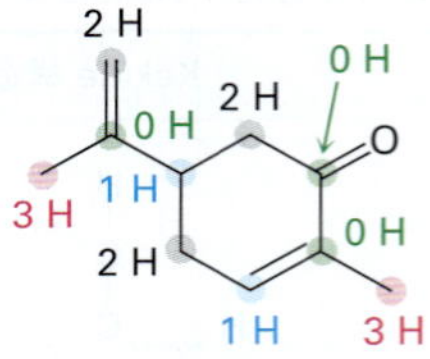

カルボン $C_{10}H_{14}O$

問題 1・15　次の化合物のそれぞれの炭素に何個の水素が結合しているか．また各化合物の分子式を示せ．

(a) アドレナリン adrenaline

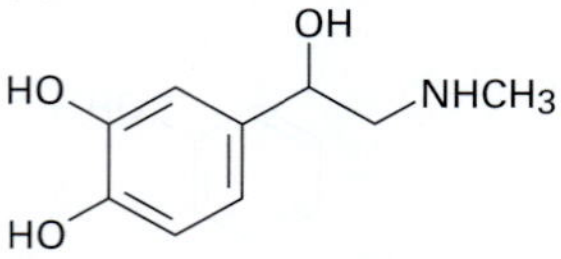

(b) エストロン estrone（ホルモン）

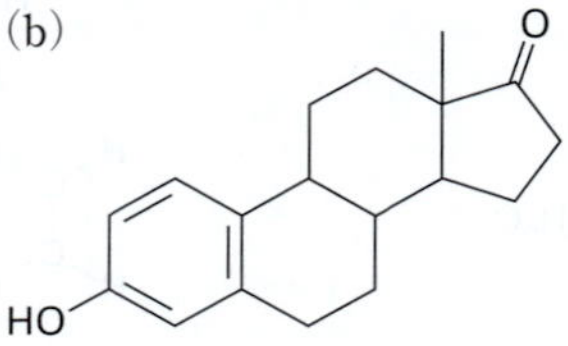

問題 1・16　次の分子式を満たす骨格構造式を書け．それぞれ二つ以上の可能性がある．

(a) C_5H_{12}　　(b) C_2H_7N　　(c) C_3H_6O　　(d) C_4H_9Cl

問題 1・17　次の分子モデルは，日焼け止めの活性成分である *p*-アミノ安息香酸(*p*-aminobenzoic acid: PABA)を示している．多重結合の位置を示し，骨格構造式を書け．（灰色は C，赤は O，青は N，アイボリーは H）

p-アミノ安息香酸(PABA)

1. 構造と化学結合 21

> **科学談話室**

オーガニック食品: リスクと恩恵

すべての食品は有機物，つまり有機分子（organic molecule）の複雑な混合物である．しかし，スーパーマーケットやテレビでよく見聞きするオーガニック（organic）という言葉は，農薬，抗生物質，防腐剤などの合成化学物質を含まないという意味で使われている．われわれが口にする食品から微量の農薬が検出された場合，どの程度懸念すればよいのだろうか．あるいは，飲料水に含まれる毒素，呼吸する空気中の汚染物質はどうであろうか．

われわれは毎日，無意識に多くのリスクを背負っている．車よりも自転車で移動した方が，1マイル（約1609 m）当たりの事故死率が自動車よりも10倍も高いにもかかわらず，自動車に乗ることよりも自転車に乗ることを選ぶ．米国では毎年7000人が階段から落ちて命を落とすにもかかわらず，エレベーターを使わずに階段を下りることを選ぶ．がんになる確率が50％高くなるにもかかわらず，たばこを吸う人もいる．しかし，農薬のような化学物質によるリスクはどうであろうか．

農薬がなければ，雑草（除草剤），昆虫（殺虫剤），カビや菌類（殺菌剤）のいずれであっても，農作物の生産量は大幅に低下し，食料価格は上昇し，世界の発展途上の地域で飢饉が発生することは確実である．除草剤のアトラジンを例にあげよう．米国だけでも，トウモロコシ，ソルガム，サトウキビ畑の雑草を枯らすために，毎年約45,000トンのアトラジンが使われ，これらの収量を大きく向上させている．しかし，使用されたアトラジンは環境中に微量に残留することが懸念されている．実際，大量のアトラジンに暴露すると，人間や一部の動物は健康被害を受ける可能性がある．しかし，アトラジンの使用を禁止すると収量が著しく低下し，食料コストが上昇すること，また代替となる除草剤がないことから，米国環境保護庁（EPA）は使用禁止とするには至っていない．

アトラジン

アトラジンのような化学物質による潜在的なリスクは，ど

のようにして判断するのだろうか．化学物質のリスク評価は，実験動物（通常はマウスやラット）にその化学物質を投与し，有害性の兆候を観察することによって行われる．経費と時間を抑えるため，投与量は人が通常さらされるであろう量の何百倍，何千倍とされるのが一般的である．動物実験の結果は，LD_{50}とよばれる一つの数値に集約される．これは，実験動物の50％が死亡する体重1 kgあたりの投与量である．アトラジンの場合，LD_{50}値は動物の種類によって1〜4 g/kgである．ちなみにアスピリンのLD_{50}値は1.1 g/kg，エタノール（エチルアルコール）のLD_{50}値は10.6 g/kgである．

表1・4は，その他の身近な物質についてのLD_{50}値である．値が低いほど，その物質の毒性が高いことを示している．しかし，LD_{50}値は，比較的短時間の大量暴露の影響についてしか示さないことに注意しよう．その物質ががんをひき起こすかどうか，胎児の発育を妨げるかどうかなど，長期的な暴露のリスクについては情報を与えない．

表1・4　おもな化学物質の LD_{50} 値

化学物質	LD_{50} (g/kg)
ストリキニーネ	0.005
亜ヒ酸（三酸化二ヒ素）	0.015
DDT	0.115
アスピリン	1.1
クロロホルム	1.2
硫酸鉄(II)	1.5
エチルアルコール	10.6
シクラミン酸ナトリウム	17

では，それでもアトラジンを使用すべきなのだろうか．すべての決断はトレードオフの関係にあり，その答えが明らかであることはまれである．農薬がもたらす健康へのリスクよりも，食糧増産がもたらす恩恵の方が大きいか．新薬の有益な効果は，ごく一部の使用者における危険な副作用を上回るか．人によって意見は異なるだろうが，事実を正直に評価することが，まず一番よい方法であることは間違いない．現在，米国でアトラジンの継続使用が認められているのは，食糧増産による恩恵が，起こりうる健康被害を上回るとEPAが判断しているからである．しかし同時に，ヨーロッパではアトラジンの使用が段階的に廃止されつつある．

まとめ

本章の目的は，原子，結合，および分子の形に関するいくつかの考えを復習し，学習の能率を上げることであっ

た．すでに学んだように，**有機化学**は炭素化合物の学問である．有機化学と無機化学の区分は，歴史的に生じたもの

22   1. 構造と化学結合

であるが，科学的に両者を区別する理由はない．

原子は正電荷をもつ原子核と，そのまわりを回る負電荷をもつ一つ以上の電子からできている．原子の電子構造は量子力学の波動方程式を用いて表される．そこでは電子は原子核のまわりにある**軌道**を占めると考えられている．異なる軌道は異なるエネルギーと形をもっている．たとえば，s軌道は球形であり，p軌道はダンベル形をしている．原子の**基底状態**の**電子配置**は，低いエネルギーの軌道から順に電子を適切な軌道に割り当てることで明らかにすることができる．

共有結合は原子の間で電子対が共有されることで形成される．**原子価結合法**によれば，電子の共有は二つの原子軌道が重なり合うことで起こる．一方，**分子軌道法**によれば，原子軌道が数学的に組合わさって分子軌道となり，それが分子全体に広がる．断面が円形で，正面同士の相互作用によって生成する結合を**σ 結合**といい，p軌道の横方向の相互作用によって生成する結合を**π 結合**という．

原子価結合法では，有機分子中で炭素が結合をつくるために混成軌道を用いると考える．四面体構造をもつ単結合のみを形成する際には，炭素は四つの**sp³ 混成軌道**を用いる．平面構造をとる二重結合を形成する際には，炭素は三つの等価な**sp² 混成軌道**と混成に使われない一つのp軌道を用いる．直線構造をもつ三重結合を形成する際には，二つの等価な**sp 混成軌道**と混成に使われない二つのp軌道を用いる．窒素，リン，酸素，硫黄などの他の原子も，同様に混成軌道を用いて強固な方向性をもった結合を形成する．

有機分子は通常，簡略化した構造式か骨格構造式で書く．**簡略化した構造式**では，炭素−炭素，炭素−水素結合は書かない．**骨格構造式**では，結合のみ書き，原子は書かない．末端や線（結合）の交点に炭素があるものとし，また正しい数の水素を補って考える．

重 要 な 用 語

イオン結合（ionic bond）
sp 混成軌道（sp hybrid orbital）
sp² 混成軌道（sp² hybrid orbital）
sp³ 混成軌道（sp³ hybrid orbital）
基底状態の電子配置（ground-state electron configuration）
軌道（orbital）
共有結合（covalent bond）
結合角（bond angle）

結合強度（bond strength）
結合性分子軌道（bonding molecular orbital）
結合長（bond length）
原子価殻（valence shell）
原子価結合法（valence bond theory）
σ 結合（σ bond）
節（node）
電子殻（electron shell）

同位体（isotope）
π 結合（π bond）
反結合性分子軌道（antibonding molecular orbital）
非共有電子対（unshared electron pair, 孤立電子対 lone-pair）
分子（molecule）
分子軌道法〔molecular orbital（MO）theory〕

問 題 を 解 く

有機化学を学ぶためには，問題に取組むよりほかに確実な方法はない．注意深く教科書を読み，さらに読返すことは重要であるが，読むだけでは不十分である．読んだ情報を使い，その知識を新しい状況に適用できなければならない．問題に取組むことで，そういう訓練ができる．

本書では，異なる種類の多くの問題を提供している．章中の問題は習ったばかりの考えをすぐに補強するために配置されている．一方，章末の演習問題はさらなる練習であり，いくつかの種類の問題がある．演習問題は"目で学ぶ化学"から始まる．これは分子のミクロな世界を"見る"のに役立ち，三次元で考えることの訓練になる．視覚化の後に多くの追加

問題がある．最初の方の問題は主としてドリルタイプで，基礎的なことを使いこなす訓練をする機会を与えている．後半の問題は示唆に富むもので，いくつかは本当に難問である．

有機化学を学ぶ際には，問題を解くことに時間をかけることが大切である．自分ができる問題を解き，解けない問題については助言を求める．ある問題がわからなくて途方にくれたら，別売の"Study Guide and Solutions Manual"の説明を読む（2024年現在，英語版のeBookを購入可能．p.viiiの"補助教材"参照）．難しい点を明確にするのに役に立つ．問題を解くには努力が必要であるが，知識と理解を得るというメリットは計り知れない．

演習問題

目で学ぶ化学
（問題 1・1〜1・17 は本文中にある）

1・18 次の分子モデルを骨格構造式に書き換え，その分子式を示せ．ただし，原子間のつながりのみ示してあり，多重結合は示していない．（灰色はC，赤はO，青はN，アイボリーはH）

(a) (b)

コニイン coniine
（毒ニンジンに含まれる毒性物質）

アラニン
（アミノ酸の一種）

1・19 次の分子モデルはクエン酸（citric acid）である．クエン酸は体内で食物分子を代謝する，いわゆるクエン酸回路中の物質である．原子間のつながりのみ示してあり，多重結合は示していない．多重結合と非共有電子対の位置を示して構造式を完成させよ．（灰色はC，赤はO，アイボリーはH）

1・20 次の分子モデルは鎮痛薬のアセトアミノフェン（acetaminophen, 販売名タイレノール®）である．アセトアミノフェンの各炭素原子の混成を明らかにし，どの原子が非共有電子対をもっているか述べよ．（灰色はC，赤はO，青はN，アイボリーはH）

1・21 次の分子モデルは人工甘味料のアスパルテーム（aspartame）$C_{14}H_{18}N_2O_5$ である．原子間のつながりのみ示してあり，多重結合は示していない．アスパルテームの骨格構造式を書け．また多重結合の位置を示せ．（灰色はC，赤はO，青はN，アイボリーはH）

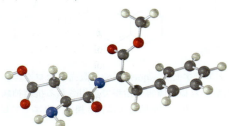

追加問題
電子配置

1・22 食品中の微量成分である次の元素は，それぞれいくつの価電子をもっているか．
(a) 亜鉛　　(b) ヨウ素　　(c) ケイ素　　(d) 鉄

1・23 次の元素の基底状態の電子配置を示せ．
(a) カリウム　　　　(b) ヒ素
(c) アルミニウム　　(d) ゲルマニウム

点電子構造式および線結合構造式

1・24 次の分子の化学式として可能なものを示せ．
(a) NH_2OH　(b) $AlCl_2$　(c) CF_2Cl_2　(d) CH_2O

1・25 次の化学式をもつ分子が存在しないのはなぜか．
(a) CH_5　(b) C_2H_6N　(c) $C_3H_5Br_2$

1・26 アセトニトリル C_2H_3N の点電子構造式を書け．アセトニトリルは炭素−窒素三重結合をもっている．窒素原子は外殻にいくつ電子をもっているか．いくつが結合電子対で，いくつが非共有電子対か．

1・27 ポリ塩化ビニル（PVC）プラスチックの原材料である塩化ビニル C_2H_3Cl の線結合構造式を書け．

1・28 次の構造式に示されていない非共有電子対を書き込め．

(a) (b) (c)

ジメチルジスルフィド　　アセトアミド　　アセタートイオン

1・29 次の線結合構造式を分子式に書き換えよ．

(a) (b)

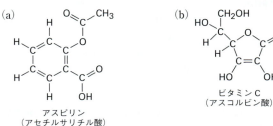

アスピリン
（アセチルサリチル酸）

ビタミンC
（アスコルビン酸）

(c) (d)

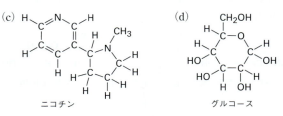

ニコチン　　グルコース

1・30 次の分子式を原子価の規則に矛盾しないように線結合構造式に書き換えよ．
(a) C_3H_8　　　　　　　　　(b) CH_5N
(c) C_2H_6O（二つの可能性）　(d) C_3H_7Br（二つの可能性）
(e) C_2H_4O（三つの可能性）　(f) C_3H_9N（四つの可能性）

24   1. 構造と化学結合

1・31　エタノール CH_3CH_2OH の酸素と結合した炭素原子を，実線，くさび線，破線を用いて三次元的に書け．

1・32　オキサロ酢酸 (oxaloacetic acid) は食物代謝で重要な中間体の一つであり，化学式は $C_4H_4O_5$ で，$C=O$ 結合三つと $O-H$ 結合二つをもつ．可能な二つの構造を書け．

1・33　次の分子の構造を，非共有電子対を示して書け．
(a) アクリロニトリル C_3H_3N は $C-C$ 二重結合一つと $C-N$ 三重結合をもつ．
(b) エチルメチルエーテル C_3H_8O は二つの炭素に結合した酸素原子がある．
(c) ブタン C_4H_{10} は 4 炭素からなる鎖をもつ．
(d) シクロヘキセン C_6H_{10} は 6 炭素の環をもち，$C-C$ 二重結合をもつ．

1・34　カリウムメトキシド $KOCH_3$ は共有結合とイオン結合をもっている．それぞれどの結合か示せ．

混　成

1・35　アセトニトリル（問題 1・26）の各炭素原子の混成は何か．

1・36　次の分子で各炭素原子の混成は何か．
(a) プロパン　　　　　　　(b) 2-メチルプロペン

$CH_3CH_2CH_3$

(c) ブタ-1-エン-3-イン　　(d) 酢酸

$H_2C=CH-C≡CH$

1・37　ベンゼンはどのような形をしているか．また各炭素の混成は何か．

ベンゼン

1・38　次のおのおのの分子で赤で指示された部分の結合角の値を予測せよ．またそれぞれ中央の原子はどのような混成をとっているか．

(a)

グリシン（アミノ酸の一種）

(b)

ピリジン

(c)

乳酸（酸乳中）

1・39　次の説明に合った分子の構造を提案せよ．
(a) sp^2 混成炭素二つと sp^3 混成炭素二つをもつ分子
(b) 四つだけ炭素をもち，すべて sp^2 混成である分子
(c) sp 混成炭素二つと sp^2 混成炭素二つをもつ分子

1・40　次の分子で各炭素原子の混成は何か．

(a)

プロカイン

(b)

ビタミン C
（アスコルビン酸）

1・41　ピリドキサールリン酸はビタミン B_6 の類縁体で，非常に多くの代謝反応に関与している．末端以外の原子それぞれの混成と結合角を予測せよ．

ピリドキサールリン酸

骨格構造式

1・42　次の構造式を骨格構造式に書き換えよ．

(a)

インドール

(b)

ペンタ-1,3-ジエン

(c)

1,2-ジクロロシクロペンタン

(d)

キノン

1・43　次の物質で各炭素に結合している水素の数はいくつか．またそれぞれの分子式を書け．

(a)

(b)

(c)

1・44　クエチアピン (quetiapine，販売名セロクエル®) は，統合失調症や双極性障害の治療で多用される抗精神病薬である．以下の書き方を骨格構造式に書き換え，クエチアピンの分子式を示せ．

1. 構造と化学結合 25

クエチアピン

1・45 (a) 抗インフルエンザ薬オセルタミビル (oseltamivir, 販売名タミフル®), (b) 血小板凝集抑制剤クロピドグレル (clopidogrel, 販売名プラビックス®) の各炭素原子に結合している水素の数を答えよ. また, それぞれの分子式を示せ.

(a) オセルタミビル
(b) クロピドグレル

総合問題

1・46 シクロペンチンを安定な分子として誰も合成できないのはなぜか.

シクロペンチン
cyclopentyne

1・47 アレン (allene) $H_2C=C=CH_2$ は, 隣接した二つの二重結合をもっている点でやや変わった分子である. アレンのσ結合とπ結合を形成する軌道の図を書け. 中央の炭素原子は sp^2 混成か sp 混成か. 末端の炭素の混成は何か. アレンはどのような形をしているか.

1・48 アレン (問題 1・47) は構造的には CO_2 と関連がある. CO_2 のσ結合やπ結合に含まれる軌道を書け. 炭素の混成を示せ.

1・49 すべての非共有電子対を示すことで, カフェインの点電子構造式を完成させよ. また指示された原子の混成を示せ.

カフェイン
caffeine

1・50 大部分の安定な有機化合物は4価の炭素原子をもっているが, 3価の炭素原子をもつ化合物も存在している. カルボカチオンはそのような化合物の一つである.

カルボカチオン

(a) 正に荷電した炭素原子は価電子をいくつもっているか.
(b) この炭素原子はどのような混成をとるか.
(c) カルボカチオンはどのような構造をとるか.

1・51 カルボアニオンは負電荷をもった3価の炭素化学種である.

カルボアニオン

(a) カルボアニオンと NH_3 などの3価の窒素化合物とは電子的にはどのような関係にあるか.
(b) 負に荷電した炭素原子は価電子をいくつもっているか.
(c) この炭素原子はどのような混成をとるか.
(d) カルボアニオンはどのような構造をとるか.

1・52 カルベン (carbene) とよばれる2価の炭素化学種は, 短寿命である. たとえば, メチレン :CH_2 は最も単純なカルベンである. メチレンの二つの共有されない電子は, 一つの軌道にスピンが対になった状態と, 二つの異なる軌道に対をつくらない状態の両方をとりうる. 一重項 (スピンが対をつくっている) メチレンと三重項 (スピンが対をつくっていない) メチレンにおいて炭素のとる混成を予測せよ. それぞれの図を書き, 炭素の原子価軌道を書け.

1・53 化学式 C_4H_{10} をもつ二つの異なる物質がある. 二つの構造を書き, どのように異なるか述べよ.

1・54 化学式 C_3H_6 をもつ二つの異なる物質がある. 二つの構造を書き, どのように異なるか述べよ.

1・55 化学式 C_2H_6O をもつ二つの異なる物質がある. 二つの構造を書き, どのように異なるか述べよ.

1・56 炭素－炭素二重結合を一つもち, 化学式が C_4H_8 である三つの異なる物質がある. 三つの構造を書き, どのように異なるか述べよ.

1・57 よく使用されている市販薬に, イブプロフェン (ibuprofen, 販売名アドビル®, モトリン®), アセトアミノフェン (acetaminophen, 販売名タイレノール®), ナプロキセン (naproxen, 販売名ナイキサン®) といった軽い鎮痛薬がある.

イブプロフェン   アセトアミノフェン

ナプロキセン

(a) それぞれの分子はいくつの sp^3 混成炭素をもつか.
(b) それぞれの分子はいくつの sp^2 混成炭素をもつか.
(c) それぞれの分子の構造に類似性があるか.

2 分極した共有結合: 酸と塩基

2·1 分極した共有結合: 電気陰性度
2·2 分極した共有結合: 双極子モーメント
2·3 形式電荷
2·4 共　鳴
2·5 共鳴構造の規則
2·6 共鳴構造を書く
2·7 酸と塩基: Brønsted–Lowry の定義
2·8 酸と塩基の強さ
2·9 pK_a から酸−塩基反応を予想する
2·10 有機酸と有機塩基
2·11 酸と塩基: Lewis の定義
2·12 分子間の非共有結合的な相互作用

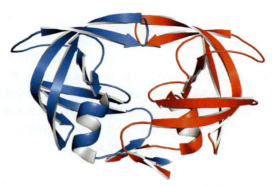

HIV プロテアーゼは，エイズウイルスの生活環（ライフサイクル）の中でできたタンパク質を切断し増殖を促す

本章の目的　　有機化学や生化学を理解することは，単に何が起こるかを知るだけでなく，それがなぜ，どのように起こるかを分子レベルで知ることでもある．本章では，化学者が化学反応性を説明する方法のいくつかをみて，後続の章で取上げる特定の反応を理解するための基礎とする．結合極性，分子の酸・塩基としての振舞い，水素結合などのトピックは，この基礎のなかで特に重要な部分である．

　1章で原子と原子を結びつける共有結合の概念について説明し，ついで混成軌道を用いて有機分子の構造を理解する原子価結合法について学んだ．有機化学の系統的な学習に進む前に，基本的な事項についてさらにいくつか復習しておく必要がある．特に，共有結合において電子がどのように分布しているか，そして，結合を形成する電子が原子間に非等価に共有されている際どのようなことが起こるかをより詳しく考察する必要がある．

2·1 分極した共有結合: 電気陰性度

　ここまでは，化学結合をイオン結合あるいは共有結合のどちらかとして扱ってきた．たとえば，塩化ナトリウム NaCl の結合はイオン結合である．ナトリウムは電子を塩素に供与し，Na^+ と Cl^- になって，正負の電荷間の静電引力により固体中でしっかり結合している．一方，エタンの C–C 結合は共有結合である．2個の結合電子が二つの等価な炭素原子によって等しく共有され，結果的に結合に電子が対称的に分布している．しかし，多くの結合は完全にイオン性でも，完全に共有結合性でもなく，両者の中間的な性質をもつ．このような結合を**分極した共有結合**（polar covalent bond）とよび，結合電子は一方の原子により強くひきつけられるので，原子間の電子の分布は対称ではない（図 2·1）．

　結合の分極は，**電気陰性度**（electronegativity: EN）の違いによる．電気陰性度は，

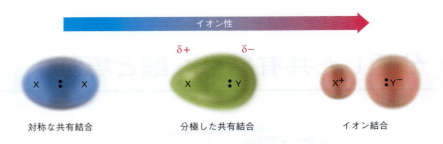

図2・1 共有結合からイオン結合への連続的な変化. 連続的な結合の変化は，原子間の結合電子の非等価な分布の結果である．δ（ギリシャ文字小文字デルタ）は部分電荷を意味し，部分正電荷δ+は電子不足な原子であることを，部分負電荷δ−は電子豊富な原子であることを意味する．

共有結合において共有された電子をひきつける原子の本質的な能力である．図2・2に示すように，最も電気陰性度の高いフッ素（EN＝4.0）と最も低いセシウム（EN＝0.7）という任意なスケールに基づいている．周期表の左側の金属は，電子をひきつける力が弱いので電気陰性度が低い．一方，周期表の右側にある酸素，窒素，ハロゲンなどの活性な非金属は電子を強くひきつけるので電気陰性度が高い．有機化学で最も重要な原子である炭素の電気陰性度は2.5である．

図2・2 電気陰性度の値と傾向. 電気陰性度は周期表の左から右に向かって増大し，上から下に向かって減少する．これらの値はFを4.0，Csを0.7としたときの任意のスケールに基づく値である．赤の元素は電気的に陰性で，黄は中間，緑は電気陰性度が低い．

H 2.1																	He
Li 1.0	Be 1.6											B 2.0	C 2.5	N 3.0	O 3.5	F 4.0	Ne
Na 0.9	Mg 1.2											Al 1.5	Si 1.8	P 2.1	S 2.5	Cl 3.0	Ar
K 0.8	Ca 1.0	Sc 1.3	Ti 1.5	V 1.6	Cr 1.6	Mn 1.5	Fe 1.8	Co 1.9	Ni 1.9	Cu 1.9	Zn 1.6	Ga 1.6	Ge 1.8	As 2.0	Se 2.4	Br 2.8	Kr
Rb 0.8	Sr 1.0	Y 1.2	Zr 1.4	Nb 1.6	Mo 1.8	Tc 1.9	Ru 2.2	Rh 2.2	Pd 2.2	Ag 1.9	Cd 1.7	In 1.7	Sn 1.8	Sb 1.9	Te 2.1	I 2.5	Xe
Cs 0.7	Ba 0.9	La 1.0	Hf 1.3	Ta 1.5	W 1.7	Re 1.9	Os 2.2	Ir 2.2	Pt 2.2	Au 2.4	Hg 1.9	Tl 1.8	Pb 1.9	Bi 1.9	Po 2.0	At 2.1	Rn

目安として，電気陰性度の差が0.5以下の原子間の結合は分極していない共有結合で，電気陰性度の差が0.5〜2の原子間の結合は分極した共有結合であり，電気陰性度の差が2以上の原子間の結合はイオン性である．たとえば，炭素（EN＝2.5）と水素（EN＝2.1）は電気陰性度の差が小さいため，炭素−水素結合は分極が小さい．炭素とより電気陰性度の高い元素，たとえば酸素（EN＝3.5）や窒素（EN＝3.0）との間の結合は分極し，結合電子は炭素から電気陰性度の高い原子にひきつけられる．この結果，炭素は部分正電荷をもち，これをδ+（δはギリシャ文字小文字デルタ）と書く．電気陰性度の高い原子は部分負電荷δ−をもっている．例として，メタノール CH₃OH 中のC−O結合があげられる（図2・3a）．一方，炭素より電気陰性度の低い元素との間の結合も分極し，今度は炭素が部分負電荷をもち，もう一方の元素が部

図2・3 分極した共有結合. メタノール CH₃OH(a)は分極したC−O共有結合をもっている．メチルリチウム CH₃Li(b)は分極したC−Li共有結合をもっている．静電ポテンシャル図とよばれるコンピューターを利用した図は，計算によって求めた電荷分布を，赤（電子豊富δ−）から青（電子不足δ+）へと段階的に色分けして示している．

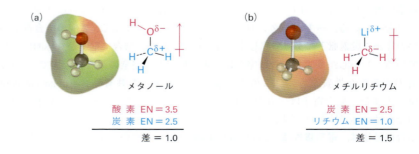

分正電荷をもつ．例としては，メチルリチウム CH₃Li 中の C–Li 結合があげられる（図 2・3b）．

図 2・3 に示したメタノールとメチルリチウムの図では十字の矢印 ＋━▶ を用いて結合の分極の方向を示している．慣例により，電子は矢印の方向に移動したと考える．矢印の尾（＋ に見える側）は電子不足（δ＋）であり，矢印の先は電子豊富（δ−）である．

図 2・3 には計算した分子の電荷分布を，いわゆる静電ポテンシャル図（electrostatic potential map）の形で示してある．色を用いて電子が豊富なところ（赤δ−）と電子が不足しているところ（青δ＋）を示している．メタノールでは，酸素が負の部分電荷をもち，赤い色がついているのに対し，炭素や水素原子は正の部分電荷をもち，青〜緑に色付けされている．メチルリチウムでは，リチウムが正の部分電荷（青）をもち，炭素と水素原子は負の部分電荷（赤）をもっている．静電ポテンシャル図は分子の電子豊富な原子や電子不足な原子が一目でわかるため，非常に便利である．本書ではこの図をしばしば用いて，電子構造と化学反応性がどのように相関するかをみていく．

原子が結合を分極する能力について述べる際，しばしば**誘起効果**（inductive effect）という言葉を用いる．誘起効果とは，簡単にいえば近傍の原子の電気陰性度に応じて σ 結合の電子が移動することである．リチウムやマグネシウムなどの金属は誘起的に電子を供与し，酸素や窒素などの活性な非金属は誘起的に電子を求引する．誘起効果は化学的な反応性を理解するのに重要な役割を果たす．さまざまな化学現象を説明するために，本書でも多用する．

問題 2・1 次の組合わせの元素のうち，電気陰性度がより高いものはどちらか．
(a) Li と H　　(b) B と Br　　(c) Cl と I　　(d) C と H

問題 2・2 δ＋ および δ− の表記を用いて，次の各結合の分極の方向を示せ．
(a) H₃C−Cl　　(b) H₃C−NH₂　　(c) H₂N−H
(d) H₃C−SH　　(e) H₃C−MgBr　　(f) H₃C−F

問題 2・3 図 2・2 に示した電気陰性度の値を用いて，次の結合を最も分極の小さいものから最も大きいものまで順に並べよ．
$$H_3C-Li,\ H_3C-K,\ H_3C-F,\ H_3C-MgBr,\ H_3C-OH$$

問題 2・4 魚の腐敗臭の原因物質であるメチルアミンの静電ポテンシャル図を次に示す．C−N 結合の分極の方向を示せ．

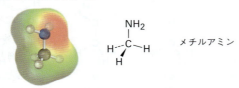
メチルアミン

2・2　分極した共有結合：双極子モーメント

個々の結合がしばしば分極しているように，分子全体もしばしば分極している．分子の極性は，分子中の個々の結合の分極のベクトル総和と非共有電子対の寄与によって決まる．非常に極性の高い化合物はしばしば水などの極性溶媒に溶解し，非極性物質は水には不溶である．

分子全体の極性は，**双極子モーメント**（dipole moment）μ（ギリシャ文字，ミュー）とよばれる量で表すことができる．分子中で，すべての正電荷（原子核）の質量中心

30 2. 分極した共有結合: 酸と塩基

と負電荷（電子）の質量中心を考えたとき，二つの中心が一致しなければ，分子は極性をもつ．

双極子モーメント μ は，分子双極子の一方の端の電荷 Q と電荷間の距離 r の積，$\mu = Q \times r$ で定義される．単位はデバイ（D）で表され，SI 単位で $1\,D = 3.336 \times 10^{-30}$ クーロン・メートル（C・m）である．たとえば，電子の単位電荷は $1.60 \times 10^{-19}\,C$ であるので，1 単位の正電荷と負電荷が 100 pm（典型的な共有結合の結合長よりやや短い）離れて存在したとすると，双極子モーメントは $1.60 \times 10^{-29}\,C\cdot m$ あるいは 4.80 D である．

$$\mu = Q \times r$$

$$\mu = (1.60 \times 10^{-19}\,C)(100 \times 10^{-12}\,m)\,\frac{1\,D}{3.336 \times 10^{-30}\,C\cdot m} = 4.80\,D$$

代表的な物質の双極子モーメントを表 2・1 にあげる．表に示す化合物のうち，塩化ナトリウムが，イオン結合であるため最大の双極子モーメント（9.00 D）をもっている．水（$\mu = 1.85\,D$）やメタノール CH_3OH（$\mu = 1.70\,D$）やアンモニア（$\mu = 1.47\,D$）のような分子も，大きな双極子モーメントをもっている．なぜなら，電気陰性度の高い原子（酸素や窒素など）をもち，またこれら三つの分子は，非共有電子対をもっているからである．酸素と窒素原子上の非共有電子対は正電荷をもった原子核から空間に突き出て，大きな電荷分離を起こし，双極子モーメントに大きく寄与する．

表 2・1 おもな化合物の双極子モーメント（D）

化合物	双極子モーメント
NaCl	9.00
CH_2O	2.33
CH_3Cl	1.87
H_2O	1.85
CH_3OH	1.70
CH_3CO_2H	1.70
CH_3SH	1.52
NH_3	1.47
CH_3NH_2	1.31
CO_2	0
CH_4	0
CH_3CH_3	0
ベンゼン	0

水
$\mu = 1.85\,D$

メタノール
$\mu = 1.70\,D$

アンモニア
$\mu = 1.47\,D$

水，メタノール，アンモニアとは対照的に，二酸化炭素，メタン，エタンやベンゼンは双極子モーメントをもたない．これらの分子は対称な構造をもつため，個々の結合の分極や非共有電子対の寄与は互いに完全に打消し合ってしまう．

二酸化炭素
$\mu = 0$

メタン
$\mu = 0$

エタン
$\mu = 0$

ベンゼン
$\mu = 0$

例題 2・1 双極子モーメントの方向を予想する

メチルアミン CH_3NH_2 の三次元構造式を書き，その双極子モーメント（$\mu = 1.31$）の方向を示せ．

考え方 非共有電子対，および炭素と電気陰性度が大きく異なる原子を見つけよ（通常は，O, N, F, Cl, あるいは Br）．電子密度は電気陰性度の高い原子や非共有電子対の方向に移動する．

解答 メチルアミンは電気陰性度の高い窒素原子と非共有電子対をもっている．

そのため双極子モーメントはCH₃から窒素の非共有電子対の方向に向いている．

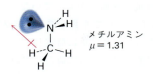

メチルアミン
μ = 1.31

問題 2・5 エチレングリコール HOCH₂CH₂OH は炭素－酸素結合が強く分極していて，2組の非共有電子をもっているにもかかわらず，双極子モーメントは0である．このことを説明せよ．

問題 2・6 次の分子の三次元構造式を書き，双極子モーメントをもつかどうか予想せよ．双極子モーメントがある場合には，その向きを示せ．
 (a) H₂C=CH₂ (b) CHCl₃ (c) CH₂Cl₂ (d) H₂C=CCl₂

2・3 形 式 電 荷

結合の分極や双極子モーメントの考えに密接に関係することがらに，分子の中の特定の原子，特に"異常な"数の結合をもっている原子に割り当てる**形式電荷**（formal charge）の概念がある．たとえば，低温で細胞を保存する溶媒として一般に用いられるジメチルスルホキシド CH₃SOCH₃ について考えよう．ジメチルスルホキシドの硫黄原子は通常の二つではなく三つの結合をもっているので，形式的に正電荷をもつ．対照的に，酸素原子は通常の二つではなく一つしか結合をもっていないため，形式的に負電荷をもつ．ジメチルスルホキシドの静電ポテンシャル図は，形式電荷が示唆するように，酸素が負電荷（赤），硫黄が比較的正電荷（青）を帯びていることを示している．

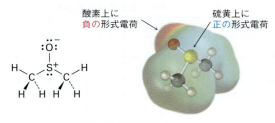

ジメチルスルホキシド

形式電荷は，その名前が示すように形式的なものであり，実際の電荷の存在を意味するわけではない．むしろ，電子の"帳簿をつける"というやり方で次のように考えることができる．二つの原子が1電子ずつ出し合えば，共有結合ができる．結合電子は二つの原子に共有されるが，電子の帳簿上は原子はそれぞれ1電子所有すると考える．たとえば，メタンでは四つのC－H結合それぞれにおいて，炭素は1電子もつので，合計で4電子もつことになる．中性の単独の炭素原子は4個の価電子をもち，メタンの炭素原子も4個の価電子をもつので，メタンの炭素原子は中性で形式電荷をもたない．

アンモニア中の窒素原子にも同じことがいえる．窒素原子はN－H結合三つと非共有電子対（孤立電子対）を一つもっている．窒素原子は5個の価電子をもち，アンモニアの窒素も5電子，すなわち三つのN－H共有結合に1電子ずつと非共有電子対に2電子もっている．そのため，アンモニア中の窒素原子は形式電荷をもたない．

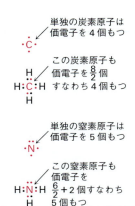

32　2. 分極した共有結合: 酸と塩基

　ジメチルスルホキシドでは状況が異なる. 硫黄原子は価電子を 6 個もっているが, ジメチルスルホキシド中の硫黄は 5 個しかもっていない. 二つの S−C 単結合に 1 電子ずつ, S−O 単結合に 1 電子, そして非共有電子対に 2 電子である. そのため, 硫黄原子は形式的に 1 電子を失っており, 正に荷電している. 同様の計算を酸素原子について行うと, 形式的に 1 電子獲得し, 負に荷電している. すなわち, 酸素は価電子を 6 個もっているが, ジメチルスルホキシドの酸素は 7 個の電子, すなわち O−S 結合に 1 電子, 三つの非共有電子対に 2 電子ずつをもっている.

硫黄について		酸素について	
硫黄の原子価原子	＝6	酸素の原子価電子	＝6
硫黄の結合電子	＝6	酸素の結合電子	＝2
硫黄の非結合電子	＝2	酸素の非結合電子	＝6
形式電荷 ＝ 6 − 6/2 − 2 ＝ +1		形式電荷 ＝ 6 − 2/2 − 6 ＝ −1	

　一般化した計算方法を示すと, ある原子の形式電荷は電気的に中性な単独の状態での原子の価電子数から, 分子の中でその原子が保持している電子の数を引いたものである. ここで, その原子が保持している電子数とは, 結合に使われている電子数の半分に非結合電子対の電子数を加えたものである.

$$形式電荷 = \left(\begin{array}{c}中性で単独の状態での\\原子の価電子数\end{array}\right) - \left(\begin{array}{c}分子中でのその\\原子の価電子数\end{array}\right)$$

$$= \left(\begin{array}{c}中性で単独の状態での\\原子の価電子数\end{array}\right) - \left(\frac{その原子と共有結合している電子数}{2} + \begin{array}{c}非結合性の\\電子数\end{array}\right)$$

　一般的によく目にする形式電荷とその結合の状態を表 2・2 にまとめる. 電子の帳簿のつけ方の問題であるが, 形式電荷は化学反応性を理解するのにしばしば重要な示唆を与えるので, 形式電荷を正しく数えられるようになることはとても有用である.

表 2・2　一般的な形式電荷のまとめ

原　子	C			N		O		S		P
構　造	$-\overset{\cdot}{\underset{\vert}{C}}-$	$-\overset{+}{\underset{\vert}{C}}-$	$-\overset{\cdot\cdot}{\underset{\vert}{C}}-$	$\overset{\vert}{\underset{\vert}{N}}{}^{+}$	$-\overset{\cdot\cdot}{\underset{\vert}{N}}-$	$-\overset{\cdot\cdot}{O}{}^{+}-$	$-\overset{\cdot\cdot}{\underset{\cdot\cdot}{O}}{:}$	$-\overset{\cdot\cdot}{\underset{\vert}{S}}{}^{+}-$	$-\overset{\cdot\cdot}{\underset{\cdot\cdot}{S}}{:}$	$-\overset{\vert}{\underset{\vert}{P}}{}^{+}-$
原子価電子	4	4	4	5	5	6	6	6	6	5
結合数	3	3	3	4	2	3	1	3	1	4
非結合電子数	1	0	2	0	4	2	6	2	6	0
形式電荷	0	+1	−1	+1	−1	+1	−1	+1	−1	+1

問題 2・7　次の化合物の水素以外の原子の形式電荷を計算せよ.
（a）ジアゾメタン $H_2C{=}N{=}\ddot{N}{:}$　　（b）アセトニトリルオキシド $H_3C{-}C{\equiv}N{-}\ddot{\underset{\cdot\cdot}{O}}{:}$
（c）メチルイソシアニド $H_3C{-}N{\equiv}C{:}$

問題 2・8　有機リン化合物は生体物質として広く存在する. リン酸メチルジアニオンの四つの酸素原子の形式電荷を計算せよ.

$$\left[\begin{array}{c} \underset{\vert}{\overset{\vert}{H}} \quad \overset{:O:}{\underset{}{\|}} \\ H{-}C{-}\ddot{O}{-}P{-}\ddot{O}{:} \\ \underset{H}{\vert} \quad \underset{:\ddot{O}:}{\vert} \end{array}\right]^{2-}$$　　リン酸メチルジアニオン

2・4 共鳴

大部分の化合物は，ここまで用いてきた Kekulé の線結合構造式で一義的に表すことができる．しかし，興味深い問題がときどき起こる．たとえば，アセタートイオン（酢酸イオン）をみてみよう．アセタートイオンの線結合構造式を書く際，一つの酸素に二重結合を，もう一つの酸素には単結合を書く必要がある．しかし，それぞれどちらの酸素が対応するのだろうか．上にある酸素に二重結合を書き，下の酸素に単結合を書くべきであろうか．あるいは逆か．

線結合構造式では，アセタートイオンの二つの酸素原子は異なるようにみえるが，実際は等価である．たとえば，炭素−酸素結合はともに 127 pm の長さで，典型的な C−O 単結合（135 pm）と典型的な C=O 二重結合（120 pm）の中間の値である．言い換えれば，二つの構造式ともアセタートイオンの構造を正しく表していない．真の構造は両者の中間にあたるもので，静電ポテンシャル図も二つの酸素原子がともに負（赤）に荷電し，電子密度が等しいことを示している．

アセタートイオンの共鳴構造式

アセタートイオンの二つの線結合構造式を**共鳴構造式**（resonance form）とよび，両者が共鳴関係にあることを両者の間の両矢印で表す．二つの共鳴構造*の唯一の相違は，π電子と非共有電子対の位置だけである．原子そのものは，それぞれの共鳴構造で同じ位置を占めており，原子間のつながりも同じで，三次元構造の形も同じである．

共鳴構造を考える際に重要なことは，アセタートイオンの二つの共鳴構造は同一であることを理解することである．アセタートイオンは，ある時は一方の構造をとり，またある時はもう一方の構造をとるというように，二つの共鳴構造の間を行ったり来たりするのではない．むしろ，アセタートイオンは一つの明確な構造をもち，それは二つの構造の**共鳴混成体**（resonance hybrid）であり，両者の特性をもっている．アセタートイオンの唯一の問題点は，その構造を線結合構造式で正確に書き表せないという点である．線結合構造式は，共鳴混成体にはうまく使えない．難しいのは，アセタートイオンの表し方であって，アセタートイオンそのものではない．

共鳴は非常に有用な概念で，今後もしばしば用いることになる．たとえば §9・2 では，ベンゼンなどのいわゆる芳香族化合物における六つの炭素−炭素結合がみな等価で，二つの共鳴構造の共鳴混成体として表すのが最もよいことを説明する．ベンゼンのそれぞれの共鳴構造は単結合と二重結合が交互になっているようにみえるが，どちらも実際の構造とは異なる．実際のベンゼンの構造は二つの共鳴構造の混成体であり，六つの炭素−炭素結合はみな等価である．ベンゼンにおいて電子が対称に分布している様子は，静電ポテンシャル図から明白である．

* 訳注：共鳴構造は極限構造ともよばれる．

ベンゼンの共鳴構造式

2・5 共鳴構造の規則

共鳴構造をはじめて扱うとき，共鳴構造式をどう書き，どう解釈するかの指針があると便利である．以下の規則は有用である．

規則1　各共鳴構造は想像上のもので現実のものではない．真の構造は異なる共鳴構造の合成物，あるいは共鳴混成体である．アセタートイオンやベンゼンなどの化学種は特殊なものではない．これらは，共鳴構造の間を行ったり来たりするわけではなく，一つの定まった構造をもっている．他の物質との違いは，紙に書かなければならないときの表し方である．

規則2　共鳴構造の唯一の違いは，π電子もしくは非共有電子対の配置の違いである．原子の位置も原子の混成も共鳴構造の間では変わらない．たとえば，アセタートイオンでは，炭素原子は sp^2 混成で，二つの共鳴構造で酸素原子は完全に同じ場所にある．C=O 二重結合の π 電子や酸素上の非共有電子対の位置だけが異なる．一つの共鳴構造から別の共鳴構造への電子の移動は，巻矢印で示すことができる．**巻矢印は，原子の移動ではなく，常に電子の移動を表す．**矢印は，矢印の尾にある原子あるいは結合から，矢印の先の原子あるいは結合への電子対の移動を示す．

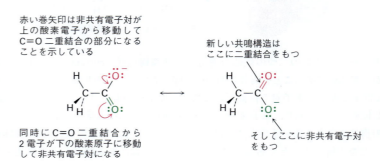

ベンゼンもアセタートイオンの場合と同様である．二重結合の π 電子は巻矢印で示すように移動するが，炭素や水素原子は同じ場所に存在する．

規則3　それぞれの共鳴構造は等価であるとは限らない．たとえば，17 章で述べるように，炭水化物や脂質代謝の中間体であるアセチル CoA のような C=O 二重結合をもった化合物は，塩基との反応によってアニオンに変換される（ここでは，構造式の補酵素 A の部分を "CoA" と省略する）．生成したアニオンは二つの共鳴構造をもっている．一つは炭素—酸素二重結合をもち，隣接する炭素上に負電荷をもっているのに対し，もう一方は炭素—炭素二重結合をもち，酸素上に負電荷をもっている．二つの共鳴構造は等価ではないが，両者とも共鳴混成体に寄与する．

二つの共鳴構造が等価でないとき，実際の共鳴混成体の構造は，不安定な共鳴構造よりもより安定な共鳴構造に近い．そのためアセチル CoA アニオンの真の構造は負

この共鳴構造は炭素上に負電荷をもつ　　この共鳴構造は酸素上に負電荷をもつ

アセチルCoA　アセチルCoAアニオンの共鳴構造式

電荷を炭素原子にもつ共鳴構造よりも，より電気陰性な酸素原子にもつ共鳴構造に近いと考えられる．

規則4　共鳴構造式は通常の原子価の規則に従う． 共鳴構造式は一般的な化合物の構造式と同様，第2周期の原子に対して成り立つオクテット則が適用される．たとえば，アセタートイオンの次の構造の一方は正しい共鳴構造ではない．なぜなら炭素原子が結合を5本もち，価電子を10個もっているからである．

アセタートイオン　正しい共鳴構造ではない　この炭素には10電子ある

規則5　共鳴混成体は個々の共鳴構造より安定である． 言い換えると，共鳴は安定化をもたらす．一般的に，共鳴構造の数が多いほど，電子は分子のより広い部分に広がり，より多くの原子核に近づくため，化合物は安定化される．たとえば9章で述べるように，共鳴のため，ベンゼン環は予想される以上に安定である．

2·6　共鳴構造式を書く

前節で示したアセタートイオンやアセチルCoAのアニオンの共鳴構造を見直してみよう．ここでみられるパターンは一般的なもので，共鳴構造式を書くための有用な方法となっている．すなわち，一般にそれぞれの原子がp軌道をもつ3原子からなるグループには，二つの共鳴構造が書ける．

一般式の中の原子X，Y，Zは，C，N，O，P，Sあるいは他の原子で，＊印は原子Zのp軌道が空，あるいは1電子，あるいは非共有電子対をもっていることを意味する．二つの共鳴構造は多重結合の位置と，＊印が一方の端から他方の端に移動した点のみが

36   2. 分極した共有結合: 酸と塩基

異なる.

　より大きな構造式のなかに，このような3原子からなる組を認識できるようにすることによって，共鳴構造を体系的につくり出すことができる．たとえば，ペンタン-2,4-ジオンから塩基の作用で H^+ を引抜くことで生成するアニオンをみてみよう．生成するアニオンの共鳴構造はいくつあるだろうか．

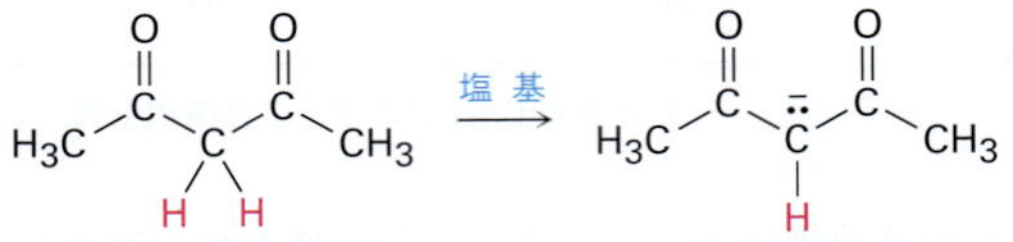

　ペンタン-2,4-ジオンアニオンは非共有電子対をもち，C=O 結合に隣接する中央の炭素原子上に形式的に負電荷をもつ．$O=C-C:^-$ の3原子からなる組は，二つの共鳴構造が書ける典型的な例である．

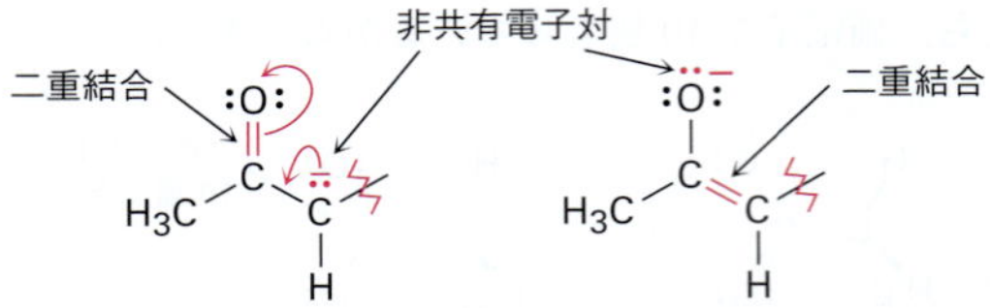

　非共有電子対の左側に C=O 結合があるのと同様に，右側に第二の C=O 結合がある．それゆえ，ペンタン-2,4-ジオンアニオンに対して合計三つの共鳴構造を書くことができる．

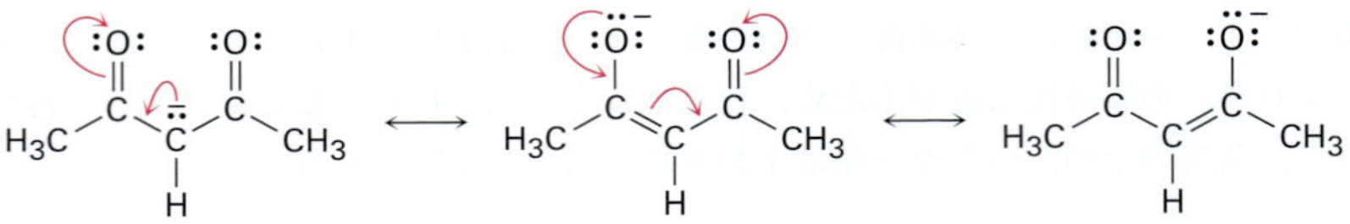

例題 2・2 アニオンの共鳴構造式の書き方

炭酸イオン $CO_3{}^{2-}$ の三つの共鳴構造を書け．

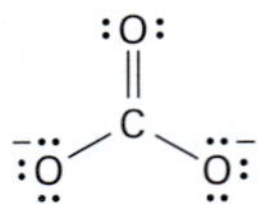

炭酸イオン

考え方   p 軌道をもった原子の隣に多重結合を含む3原子からなる組を一つあるいはそれ以上探す．そして多重結合と p 軌道にある電子の位置を交換せよ．炭酸イオンでは，非共有電子対と負電荷をもち単結合で結合した酸素原子が，C=O 二重結合の隣に二つあり，それぞれ $O=C-O:^-$ の組を形成する．

解　答   各組中の二重結合と非共有電子対の位置を交換して，三つの共鳴構造をつくり出す．

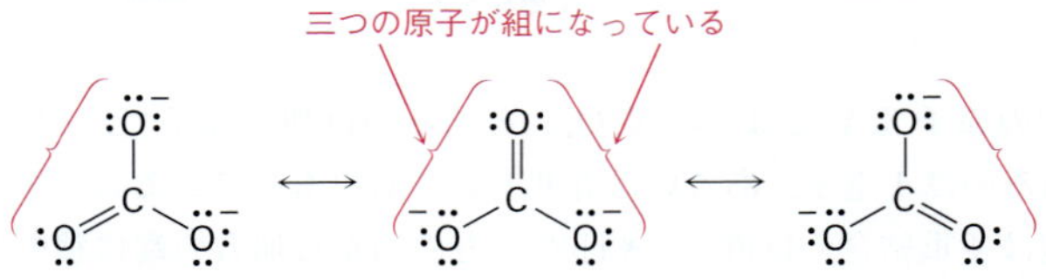

2・6 共鳴構造式を書く　37

例題 2・3 ラジカルの共鳴構造式の書き方

ペンタジエニルラジカルの三つの共鳴構造を書け．ラジカル（radical）とは，対になっていない 1 個の電子を軌道の一つにもつ化学種であり，電子はドット・で表す．

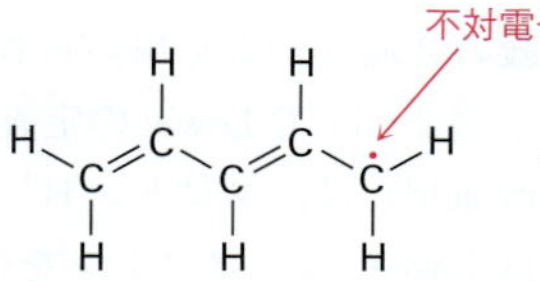

不対電子　ペンタジエニルラジカル

考え方　p 軌道の隣に多重結合が存在する 3 原子からなる組を見つけよ．
解　答　不対電子は，C=C 結合の隣の炭素原子上にあるので，二つの共鳴構造からなる典型的な 3 原子の組である．

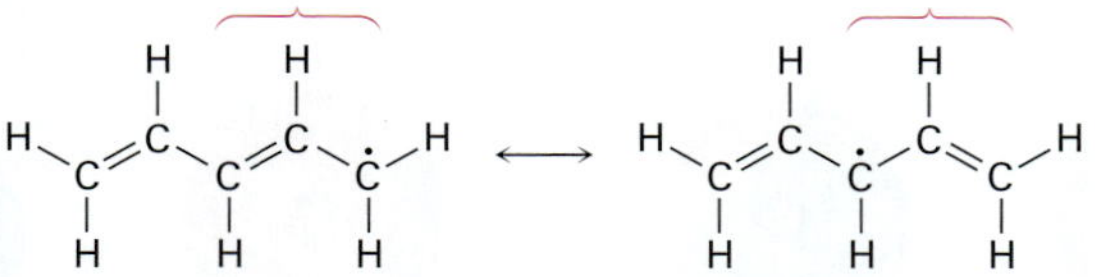

三つの原子の組

2 番目の共鳴構造式において，不対電子は別の二重結合の隣にあり，これらはもう一つの 3 原子の組を形成し，ここから別の共鳴構造が導かれる．

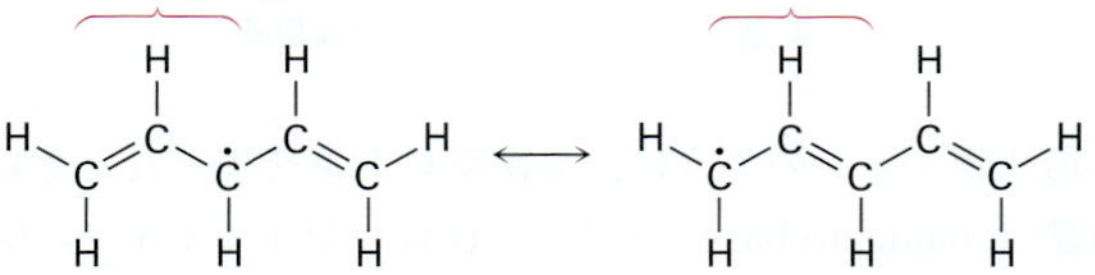

三つの原子の組

そのため，ペンタジエニルラジカルの三つの共鳴構造は次のようになる．

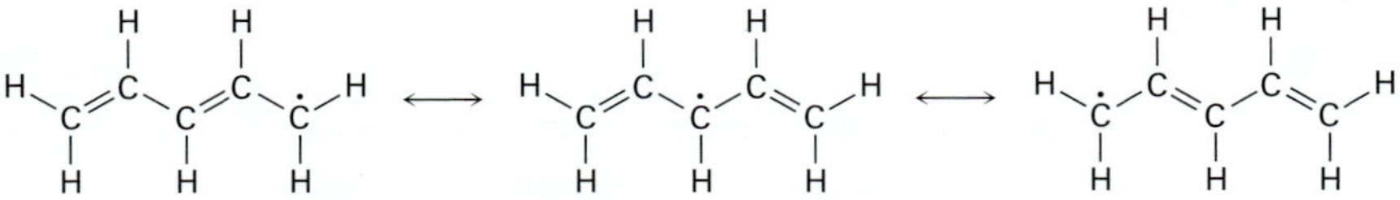

問題 2・9　次の構造の組は互いに共鳴構造であるか，そうでないかを説明せよ．

(a) 　と　　　　(b) 　と

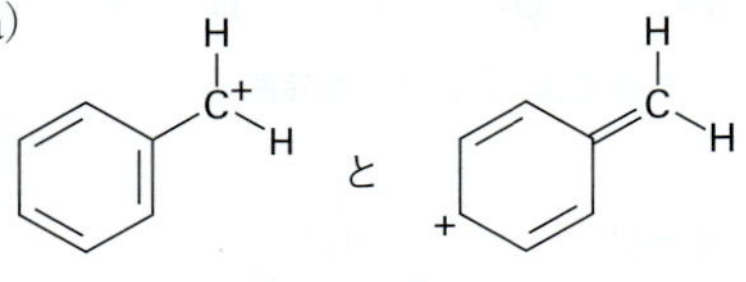

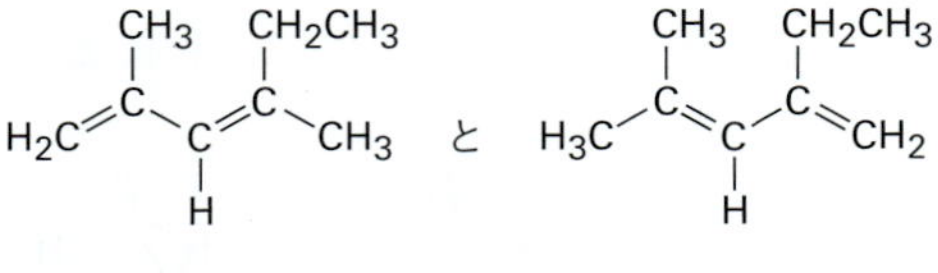

問題 2・10　次の化学種の共鳴構造を括弧内に示した数だけ書け．

(a) リン酸メチルイオン $CH_3OPO_3^{2-}$（3）　　(b) 硝酸イオン NO_3^-（3）

(c) アリルカチオン $H_2C=CH-CH_2^+$（2）　　(d) ベンゾアートイオン（4）

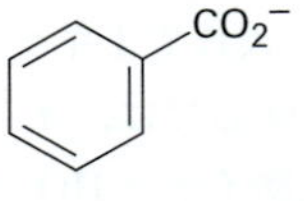

CO_2^-

2・7 酸と塩基: Brønsted-Lowry の定義

電気陰性度と分極に関係したさらに重要な概念は，**酸性度**（acidity）と**塩基性度**（basicity）である．実際，有機分子の化学の大部分はその物質の酸・塩基としての挙動で説明できる．一般化学で学んだことを思い出してほしいが，酸性度の定義には **Brønsted-Lowry の定義** と **Lewis の定義** の2通りがよく用いられる．本節と次の三つの節で Brønsted-Lowry の定義を学び，§2・11 で Lewis の定義を学ぼう．

Brønsted-Lowry 酸（Brønsted-Lowry acid）は，プロトン H^+ を供与する物質で，**Brønsted-Lowry 塩基**（Brønsted-Lowry base）は，プロトンを受取る物質である．〔水素イオン H^+ の代名詞として**プロトン**（proton）をしばしば用いる．なぜなら（中性の）水素原子が価電子を失うと，水素の原子核すなわちプロトンが残るからである〕．たとえば，ガス状の塩化水素を水に溶かすと，極性の高い HCl 分子は酸として働き H^+ を放出する．一方，水分子は塩基として働き，H^+ を受取り，オキソニウムイオン* H_3O^+ と塩化物イオン Cl^- を生成する．

* 訳注: オキソニウムイオンは以前はヒドロニウムイオンともよばれた．

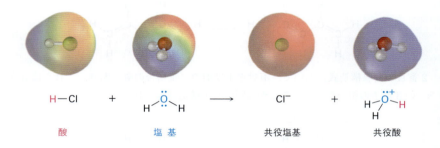

HCl に対する塩化物イオンのように，酸がプロトンを失ったときに生じるものを，その酸の**共役塩基**（conjugate base）とよぶ．H_2O に対するオキソニウムイオンのように，塩基がプロトンを得たときに生じるものを，その塩基の**共役酸**（conjugate acid）とよぶ．H_2SO_4 や HNO_3 などの一般的な無機酸も，酢酸 CH_3CO_2H のような有機酸も同様に振舞う．

一般に

$$H-A + :B \rightleftarrows :A^- + H-B^+$$
酸　　　塩基　　　共役塩基　　共役酸

たとえば

（酢酸 + HO^- ⇌ 酢酸イオン + H_2O）
酸　　　塩基　　　共役塩基　　共役酸

（H_2O + NH_3 ⇌ HO^- + NH_4^+）
酸　　　塩基　　　共役塩基　　共役酸

水は状況に応じて，酸にも塩基にもなることに注意しよう．HCl との反応では，水はプロトンを受入れてオキソニウムイオン H_3O^+ を与える塩基である．一方，アンモニア NH_3 との反応では，水は酸であり，プロトンを供与してアンモニウムイオン NH_4^+ と水酸化物イオン HO^- を与える．

問題 2・11 硝酸 HNO_3 はアンモニア NH_3 と反応して硝酸アンモニウムを生じる. 反応式を書き，酸，塩基および生成する共役酸と共役塩基を示せ.

2・8 酸と塩基の強さ

酸の種類によって H^+ を放出する能力が異なる. HCl のような強い酸は水とほぼ完全に反応するが，酢酸 CH_3CO_2H のような弱い酸はわずかしか反応しない. ある酸 HA の水溶液中での正確な強さは，酸解離平衡の平衡定数 K_{eq} を用いて表される. 一般化学で習ったように，化合物を囲む括弧 [ ] は，括弧でくくられた物質の濃度が，1 L 当たりのモル量（モル濃度）M で与えられることを意味する.

$$HA + H_2O \rightleftharpoons A^- + H_3O^+$$

$$K_{eq} = \frac{[H_3O^+][A^-]}{[HA][H_2O]}$$

酸性度を測定するために通常用いられる希薄水溶液では，水の濃度 $[H_2O]$ は一定と近似でき，およそ 25 ℃ で 55.4 M である. そこで，上記の平衡式を**酸性度定数** (acidity constant) K_a という新たな値で書き直すことができる. どのような酸 HA に対しても酸性度定数は，酸解離の平衡定数に水のモル濃度をかけあわせたものとして簡単に書き表せる.

$$HA + H_2O \rightleftharpoons A^- + H_3O^+$$

$$K_a = K_{eq}[H_2O] = \frac{[H_3O^+][A^-]}{[HA]}$$

より強い酸は平衡が右側に寄るので，大きな酸性度定数をもつのに対し，弱い酸は平衡が左に偏るので，酸性度定数は小さくなる. 種々の酸の K_a の範囲は，最も強い酸の 10^{15} から最も弱い酸の 10^{-60} まで幅広い. H_2SO_4，HNO_3 や HCl などの一般的な無機酸は $10^2 \sim 10^9$ の範囲の K_a をもつのに対し，有機酸は一般的に $10^{-5} \sim 10^{-15}$ の範囲の K_a をもつ. もう少し経験を積むと，どの酸が"強く"て，どの酸が"弱い"か（この強弱は相対的なものであることを忘れてはならない）の感覚がつかめるであろう.

酸の強さは通常 K_a よりも **pK_a** で表す. pK_a は K_a の常用対数にマイナスをつけたものである.

$$pK_a = -\log K_a$$

より強い酸（より大きな K_a）ほど，より小さな pK_a をもち，より弱い酸（より小さな K_a）ほど，より大きな pK_a をもつ. 表 2・3 は一般的な酸の pK_a を強さの順に並べている. よりまとまった表を付録 B に示す.

表 2・3 に示した水の pK_a は 15.74 である. この値は次の計算によって求められる. 水中の酸の K_a は酸解離の平衡定数 K_{eq} に水のモル濃度をかけたものである. 水は酸であり塩基であるので，平衡式は以下の式になる[*].

$$\underset{(酸)}{H_2O} + \underset{(塩基)}{H_2O} \rightleftharpoons OH^- + H_3O^+$$

$$K_{eq} = \frac{[H_3O^+][OH^-]}{[H_2O]^2} \quad および \quad K_a = K_{eq}[H_2O] = \frac{[H_3O^+][OH]}{[H_2O]}$$

$$K_a = \frac{(1.0 \times 10^{-7})(1.0 \times 10^{-7})}{55.4} = 1.8 \times 10^{-16} \quad したがって \quad pK_a = 15.74$$

[*] 訳注: 水は溶媒でもあるので，$[H_2O]$ は一定とみなせる.

40　2. 分極した共有結合: 酸と塩基

表 2・3　いくつかの一般的な酸とその共役塩基の相対的な強さ

	酸	名　称	pK_a	共役塩基	名　称	
弱酸	CH_3CH_2OH	エタノール	16.00	$CH_3CH_2O^-$	エトキシドイオン	強塩基
	H_2O	水	15.74	HO^-	水酸化物イオン	
	HCN	シアン化水素酸	9.31	CN^-	シアン化物イオン	
	$H_2PO_4^-$	リン酸二水素イオン	7.21	HPO_4^{2-}	リン酸水素イオン	
	CH_3CO_2H	酢　酸	4.76	$CH_3CO_2^-$	アセタートイオン	
	H_3PO_4	リン酸	2.16	$H_2PO_4^-$	リン酸二水素イオン	
	HNO_3	硝　酸	−1.3	NO_3^-	硝酸イオン	
強酸	HCl	塩　酸	−7.0	Cl^-	塩化物イオン	弱塩基

　2 行目の式の分子 $[H_3O^+][OH^-]$ は水のいわゆるイオン積 $K_w = [H_3O^+][OH^-] = 1.00 \times 10^{-14}$ であり，分母は 25 ℃ における純水のモル濃度 $[H_2O] = 55.4\,M$ である．この計算は，"酸"である水の濃度を無視しないものの，"溶媒"である水の濃度を無視する人為的なものであるが，それでも水と他の弱酸を同様の立場で比較することができる点で有用である．

　表 2・3 で酸の強さとその共役塩基の塩基の強さが逆の関係にあることに注意してほしい．つまり，強酸の共役塩基は塩基性が弱く，弱酸の共役塩基は塩基性が強い．この関係を理解するには，酸-塩基反応において酸性を示す水素のことを考えればよい．強酸は H^+ を容易に失うものであり，言い換えると，その共役塩基は H^+ を保持する力は弱い．つまり弱い塩基である．一方，弱酸は H^+ を失いにくいものであり，言い換えると，その共役塩基は H^+ を強く保持する，つまり強い塩基である．たとえば HCl は強酸であり，Cl^- は H^+ を弱く保持するので弱い塩基である．反対に，水は弱い酸であり，OH^- は H^+ を強く保持するので，強い塩基である．

問題 2・12　アミノ酸のフェニルアラニンは $pK_a = 1.83$ で，トリプトファンは $pK_a = 2.83$ である．どちらが強い酸か．

フェニルアラニン
$pK_a = 1.83$

トリプトファン
$pK_a = 2.83$

問題 2・13　アミドイオン H_2N^- は水酸化物イオン HO^- よりもずっと強い塩基である．NH_3 と H_2O のどちらが強い酸か，理由とともに述べよ．

2・9　pK_a から酸-塩基反応を予想する

　表 2・3 や付録 B にある pK_a のデータは，ある酸-塩基反応が起こるかどうか予想するのに便利である．なぜなら，H^+ はより強い酸からより強い塩基に移動するからである．すなわち，酸はより弱い酸の共役塩基にプロトンを与え，より弱い酸の共役塩基はより強い酸からプロトンを奪い取る．たとえば，水（$pK_a = 15.74$）は酢酸（$pK_a = 4.76$）より弱酸なので，水酸化物イオンはアセタートイオンより強くプロトン

を保持する．水酸化物イオンは，それゆえ酢酸 CH_3CO_2H と反応し，アセタートイオンと水を与える．

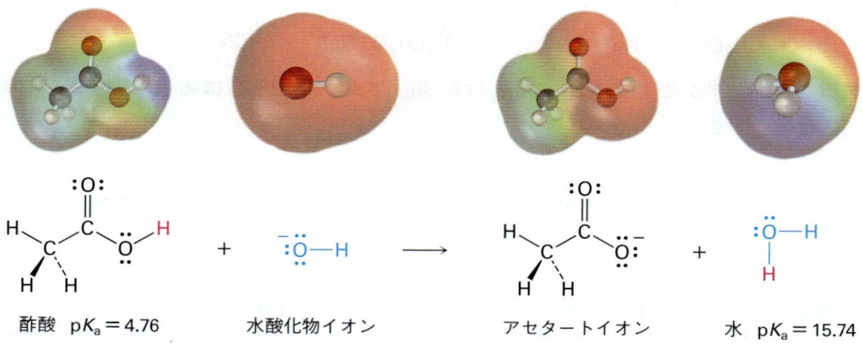

酢酸 $pK_a = 4.76$　　水酸化物イオン　　アセタートイオン　　水　$pK_a = 15.74$

　酸塩基の反応性を予想するもう一つの方法は，酸–塩基反応で生じる共役酸は，出発物の酸より弱く，また反応性も低いこと，また，生成する共役塩基は出発物の塩基より弱く，また反応性も低いことを覚えておくことである．たとえば，酢酸と水酸化物イオンとの反応では，生成物の共役酸 H_2O は出発物の酸 CH_3CO_2H よりも弱く，生成物の共役塩基 $CH_3CO_2^-$ は出発物の塩基 OH^- よりも弱い．

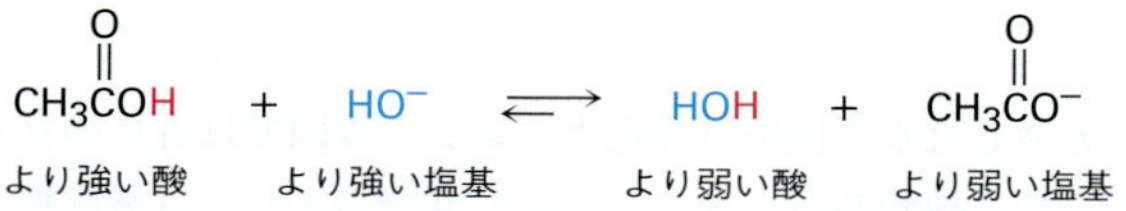

より強い酸　　　より強い塩基　　　より弱い酸　　　より弱い塩基

例題 2・4　pK_a から酸の強さを予想する

水は $pK_a = 15.74$ でアセチレンは $pK_a = 25$ である．どちらが強い酸か．水酸化物イオンはアセチレンと反応するか．

$$H-C\equiv C-H \ + \ OH^- \ \xrightarrow{\ ?\ } \ H-C\equiv C\overset{..}{:}^- \ + \ H_2O$$
アセチレン

考え方　　二つの酸を比較すると，小さい pK_a をもつ酸がより強い酸である．したがって，水はアセチレンより強い酸で，H^+ をより容易に生じる．

解　答　　水はアセチレンより強い酸で，より容易に H^+ を生じるので，HO^- は $HC\equiv C^-$ より H^+ に対する親和性は低い．言い換えれば，アセチレンのアニオンは，水酸化物イオンより強い塩基で，反応は書かれたようには進行しない．

例題 2・5　pK_a から K_a を計算する

表 2・3 のデータから，酢酸の pK_a は 4.76 である．K_a の値を計算せよ．

考え方　　pK_a は K_a の常用対数にマイナスの符号をつけたものであるので，電卓の 10^x もしくは e^x 関数を用いる必要がある．pK_a の値（4.76）を入れて符号を変えて（−4.76），逆対数値（1.74×10^{-5}）を求める．

解　答
$$K_a \ = \ 10^{-4.76} \ = \ 1.74 \times 10^{-5}$$

問題 2・14 次の反応は進行するか．表2・3のデータに基づいて答えよ．

(a) HCN + CH₃CO₂⁻ Na⁺ $\xrightarrow{?}$ Na⁺ ⁻CN + CH₃CO₂H

(b) CH₃CH₂OH + Na⁺ ⁻CN $\xrightarrow{?}$ CH₃CH₂O⁻ Na⁺ + HCN

問題 2・15 アンモニア NH_3 の pK_a は約 36，アセトンの pK_a は約 19 である．次の反応は進行するか．

$$\underset{アセトン}{CH_3COCH_3} + Na^+ :\ddot{N}H_2^- \xrightarrow{?} CH_3COCH_2:^- Na^+ + \ddot{N}H_3$$

問題 2・16 HCN の $pK_a = 9.31$ として，その K_a の値を計算せよ．

2・10 有機酸と有機塩基

ほとんどの生体反応には有機酸と有機塩基が関与する．これらの反応の詳細にふれるには時期尚早であるが，今後の学習を進めるにあたって，次に述べる一般的なことがらを記憶にとどめておくとよい．

有 機 酸

有機酸は正に分極した水素原子（静電ポテンシャル図では青）の存在によって特徴づけられ，主として2種類ある．メタノールや酢酸のように電気陰性な酸素原子に水素原子が結合した（O-H）酸と，アセトンやアセチル CoA（§2・5 参照）のように水素原子が C=O 二重結合の隣の炭素原子に結合した（O=C-C-H）酸である．

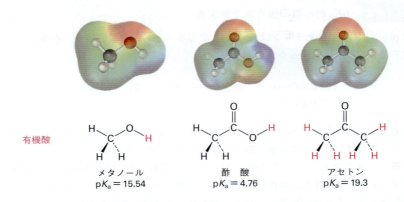

メタノール $pK_a = 15.54$　　酢酸 $pK_a = 4.76$　　アセトン $pK_a = 19.3$

メタノールは O-H 結合をもち，弱い酸である．酢酸も O-H 結合をもち，多少強い酸である．どちらの場合も，O-H 結合の H が酸性を示すのは，H⁺ を失って生じる共役塩基が高い電気陰性度の酸素原子に負電荷をもつことによって安定化されるためである．さらに，酢酸の共役塩基は，共鳴によっても安定化されるため，より酸性が高い（§2・4，§2・5 参照）．

負電荷が電気陰性度の高い原子にあるので，アニオンが安定化される

2·10 有機酸と有機塩基

負電荷が電気陰性度の高い原子にあり、また共鳴によりアニオンが安定化される

アセトン、アセチル CoA や他の C=O 二重結合をもつ化合物の酸性は、H^+ を失って生じる共役塩基が共鳴によって安定化されることに由来する。さらに、共鳴構造の一つは電気陰性度の高い酸素原子に負電荷をもつことによって安定化されている。

アニオンは共鳴により、また負電荷が電気陰性度の高い原子にあるため安定化される

メタノール、酢酸、アセトン由来の共役塩基の静電ポテンシャル図を図 2·4 に示した。予想どおり、三つとも負電荷 (赤) の大部分は酸素にあることがわかる。

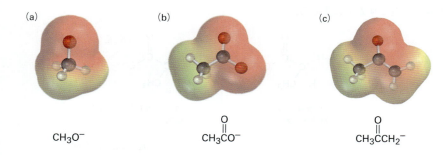

図 2·4　メタノール(a)、酢酸(b)、アセトン(c)の共役塩基の静電ポテンシャル図。三つとも、電気陰性な酸素原子が負電荷を安定化している。

カルボン酸 (carboxylic acid) とよばれる CO_2H 基を含む化合物は、すべての生物に豊富に存在し、ほとんどすべての代謝経路に含まれている。酢酸、ピルビン酸、クエン酸はその例である。細胞内の生理的な pH 7.3 では、カルボン酸は解離し、カルボキシラートイオン CO_2^- として存在している。

酢酸　　ピルビン酸　　クエン酸

有 機 塩 基

有機塩基は、H^+ と結合できる非共有電子対をもつ原子 (静電ポテンシャル図で赤を帯びている) の存在によって特徴づけられる。メチルアミンなどの含窒素化合物が最も一般的な有機塩基で、ほとんどすべての代謝経路に含まれる。しかし、含酸素化合物も十分に強い酸との反応では、塩基として働くことができる。ある種の含酸素化合物は、水と同様に、状況に応じて酸としても塩基としても働く。たとえば、メタノールやアセトンは、プロトンを供与する際には酸として働き、酸素原子がプロトンを受取る際には塩基として働く。

アミノ酸は、その名が示すとおりアミン $-NH_2$ とカルボン酸 $-CO_2H$ からなる物質で、すべての生物に含まれるタンパク質の構造単位である。20 種類のアミノ酸がタ

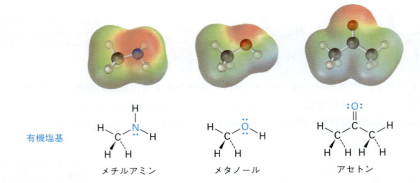

有機塩基　メチルアミン　メタノール　アセトン

ンパク質を構成しており，アラニンはその一例である．

興味深いことに，アラニンをはじめとするアミノ酸は，電荷をもたない構造ではなく，おもに**双性イオン**（zwitterion）とよばれる2種類の電荷をもつ構造で存在する．双性イオンは，アミノ酸が同一分子内に酸性と塩基性の部位をもち，分子内で酸-塩基反応を起こすために生じる．

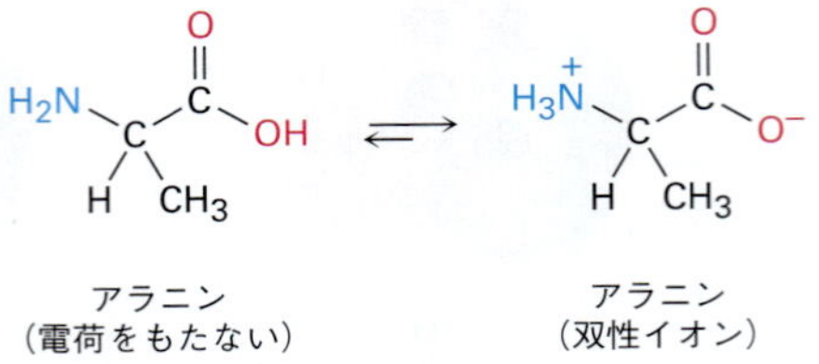

アラニン（電荷をもたない）　アラニン（双性イオン）

2・11 酸と塩基: Lewis の定義

Lewis の酸と塩基の定義は，プロトンを供与する，あるいは受る物質に限らないため，Brønsted-Lowry の定義より広義で包括的である．**Lewis 酸**（Lewis acid）は電子対を受取る物質で，**Lewis 塩基**（Lewis base）は電子対を供与する物質である．供与された電子対は共有結合の中で酸と塩基の間で共有される．

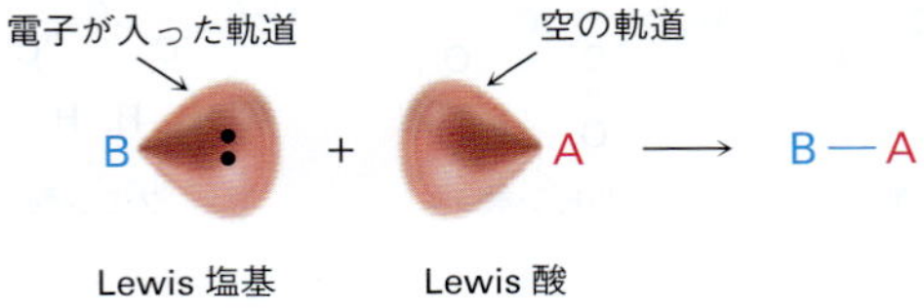

電子が入った軌道　空の軌道
B + A ⟶ B—A
Lewis 塩基　Lewis 酸

Lewis 酸と巻矢印の形式

Lewis 酸は電子対を受取れるという事実は，Lewis 酸はエネルギーの低い空軌道をもっているか，H^+（空の 1s 軌道をもっている）を供与できる，水素が正に分極した結合をもっていなければならないことを意味する．そのため，Lewis の酸の定義には，H^+ に加え多くの化学種が含まれる．たとえば，Mg^{2+} などのさまざまな金属カチオンは，塩基と結合を形成する際に電子対を受取れるので Lewis 酸である．後の代謝反応の章で，Lewis 酸としての Mg^{2+} と Lewis 塩基としての有機二リン酸イオンや三リン酸イオンの間の酸-塩基反応によって始まるさまざまな事例を紹介する．

同じように，BF_3 や $AlCl_3$ などの 13 族の元素の化合物も図 2・5 に示すように電子

2・11 酸と塩基：Lewisの定義　45

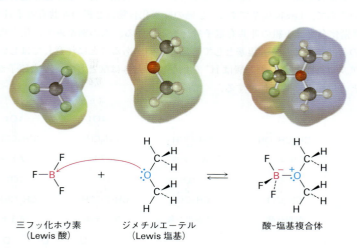

図2・5 Lewis 酸である三フッ化ホウ素と Lewis 塩基であるジメチルエーテルとの反応. Lewis 酸は電子対を受け入れ，Lewis 塩基は非共有電子対を供与する. Lewis 塩基から Lewis 酸への電子の移動は，巻矢印で表す. 静電ポテンシャル図において，反応後，ホウ素は電子を受取るためより負(赤)に，酸素は電子を供与するため，より正(青)になる.

が入っていない空の原子価軌道をもち，Lewis 塩基から電子対を受取ることができるので Lewis 酸である．同様に，$TiCl_4$, $FeCl_3$, $ZnCl_2$, $SnCl_4$ などの多くの遷移金属化合物も Lewis 酸である．

　図2・5に示す酸-塩基反応をよくみて，どのように示されているか注目してほしい．Lewis 塩基であるジメチルエーテルは，Lewis 酸である BF_3 のホウ素原子の空の原子価軌道に電子対を供与する．§2・5で説明した一つの共鳴構造から別の共鳴構造への電子の流れの方向を巻矢印で示したのとまったく同様に，塩基から酸への電子対の流れも，巻矢印を用いて示される．巻矢印は常に矢印の尾に位置する原子から矢印の先に位置する原子への電子対の移動を意味する．ここからは，このような巻矢印を反応の際の電子の流れを表すために用いることにする．

　Lewis 酸のさらなる例として次の化合物をあげる．

Lewis 酸 {
　中性のプロトン供与体
　　H_2O　HCl　HBr　HNO_3　H_2SO_4
　　H_3C–C(=O)–OH　フェノール(C$_6$H$_5$OH)　CH_3CH_2OH
　　カルボン酸　　フェノール　　アルコール
　カチオン
　　Li^+　Mg^{2+}
　金属化合物
　　$AlCl_3$　$TiCl_4$　$FeCl_3$　$ZnCl_2$
}

Lewis 塩基

　Lewis の塩基の定義（Lewis 酸との結合に用いることのできる非共有電子対をもっ

ている化合物）は Brønsted–Lowry の定義に似ている．すなわち，H_2O は 2 組の非共有電子対を酸素上にもっているので，Lewis 塩基としてその 1 組の電子対を H^+ に供与することによってオキソニウムイオン H_3O^+ を生成する．

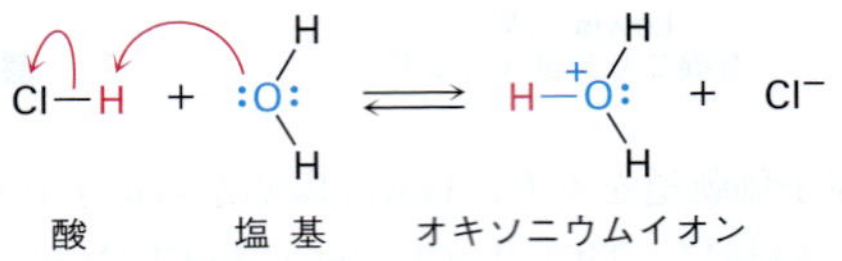

より一般的な意味では，酸素または窒素を含む有機化合物の多くは非共有電子対をもっているので，Lewis 塩基である．2 価の酸素化合物は 2 組の非共有電子対をもち，3 価の窒素化合物は 1 組の非共有電子対をもっている．次の例をみて，化合物のなかには水のように酸としても塩基としても働くものがあることに注意してほしい．たとえば，アルコールとカルボン酸は H^+ を供与するときは酸として，酸素原子が H^+ を受取るときは塩基として作用する．

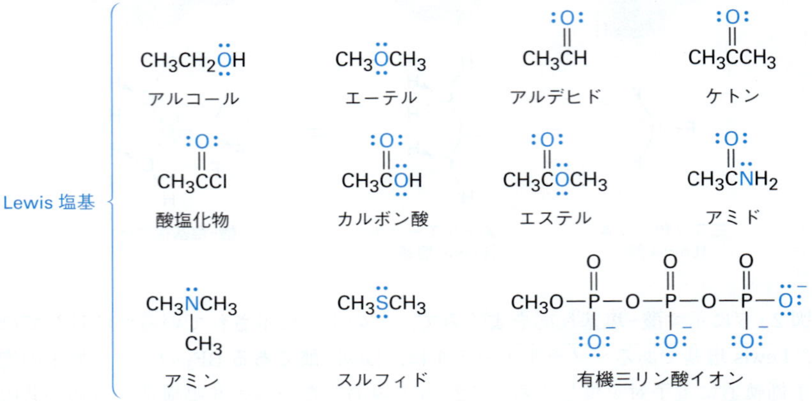

上記の Lewis 塩基のなかで，カルボン酸，エステルやアミドは非共有電子対をもつ原子を複数もっているので，複数の部位で反応できる．たとえば，酢酸は二重結合の酸素原子あるいは単結合の酸素原子のどちらでもプロトン化されうる．しかしこのような例では，普通反応は 1 箇所のみで起こり，考えられる 2 種類のプロトン化された生成物のうち，より安定な方が生成する．実際酢酸では，硫酸を用いてプロトン化反応を行うと，二重結合の酸素にプロトン化が起こる．なぜなら，二つの共鳴構造によって安定化されるためである．

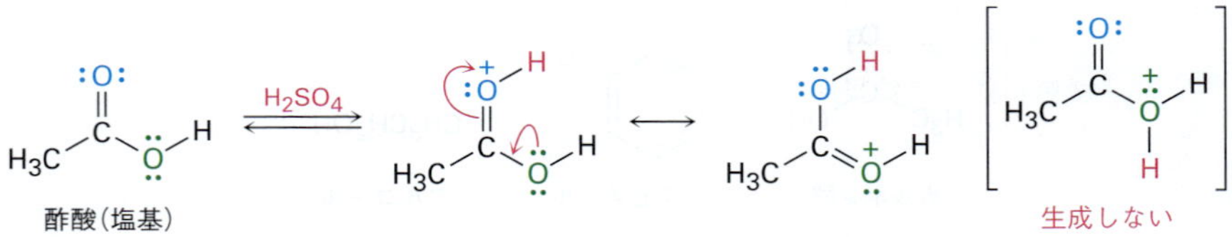

例題 2・6　巻矢印を使って電子の流れを示す

巻矢印を使って，アセトアルデヒド CH_3CHO が Lewis 塩基としてどのように働くか示せ．

考え方　Lewis 塩基は Lewis 酸に電子対を与える．したがってまず，アセトアルデ

ヒドの非共有電子対の位置を見きわめ，ついで巻矢印を用いて酸の H 原子に向かう電子対の動きを示す必要がある．
解　答

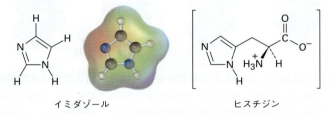

問題 2・17　巻矢印を用いて，(a)の分子が，HCl との反応で Lewis 塩基としてどのように働くか示せ．また，(b)の分子が OH⁻ との反応において，どのように Lewis 酸として働くか示せ．
(a) CH_3CH_2OH, $HN(CH_3)_2$, $P(CH_3)_3$　　(b) H_3C^+, $B(CH_3)_3$, $MgBr_2$

問題 2・18　アミノ酸のヒスチジンの部分構造であるイミダゾールは酸としても塩基としても働く．

（イミダゾール　　　ヒスチジン）

(a) イミダゾールの静電ポテンシャル図を見て，最も酸性の高いプロトンと最も塩基性の高い窒素原子を特定せよ．
(b) イミダゾールが酸によってプロトン化される場合，および塩基によって脱プロトンされる場合の生成物の共鳴構造式を書け．

2・12　分子間の非共有結合的な相互作用

化学反応性を考える際，化学者は普通同一分子内の原子間の共有結合的な相互作用に着目する．しかし，それと同じく重要なのが，特にタンパク質や核酸などの巨大生体分子の性質に強く影響を与える分子間のさまざまな相互作用である．**分子間力** (intermolecular force)，**van der Waals 力**（van der Waals force），あるいは**非共有結合性相互作用** (noncovalent interaction) とまとめてよばれているが，これらは双極子-双極子相互作用，分散力，水素結合など異なる種類の相互作用を含んでいる．

双極子-双極子相互作用（dipole-dipole interaction）は極性分子間で起こり，双極子間の静電相互作用の結果起こる．これらの力は，分子の配向によって，引力または反発力のいずれにも働く．正と負の電荷が集まるときには引力として，同じ符号の電荷同士が集まるときには反発力として働く．ひきつけ合った構造はエネルギー的により安定であり，したがって有利になる（図 2・6）．

分散力 (dispersion force) はすべての近接する分子間で起こり，分子内の電子分布が絶えず変化しているために生じる．時間平均では均一であるが，非極性分子においても，電子分布はある瞬間では不均一と考えられている．分子の一方の側に，たまたま反対の側より電子が少し多く存在することにより，分子は一過的に双極子となる．一つの分子における一過的な双極子は，近傍の分子に，一過的に逆向きの双極子を誘

図 2・6 双極子–双極子相互作用. 双極子–双極子相互作用により,極性分子は異なる電荷が接近するように配列すると互いにひきつけ合い (a),同種の電荷が接近しようとすると互いに反発し合う (b).

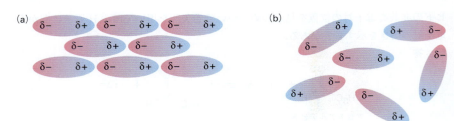

起し,その結果わずかな引力が二つの分子の間で誘起される (図 2・7).一過的な分子双極子は短命な存在で,絶えず変化しているが,その蓄積した効果はしばしば分子を集積させるに十分な強さとなり,物質は気体ではなく液体や固体となる.

図 2・7 分散力. 非極性分子における引力的な分散力が,一過的な双極子によって生じる.例としてペンタン C_5H_{12} の分子モデルを示す.

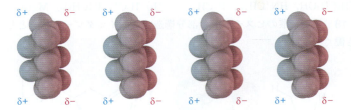

おそらく,生体分子における最も重要な非共有結合性相互作用は**水素結合**(hydrogen bond)であり,これは電気的に陰性な O や N 原子に結合した H と別の O や N 原子の非共有電子対の間での引き合う相互作用である.本質的には,水素結合は分極した O–H や N–H 結合の関与する強い双極子–双極子相互作用である.水とアンモニアの静電ポテンシャル図は明らかに正に分極した水素(青)と負に分極した酸素あるいは窒素原子(赤)を示している.

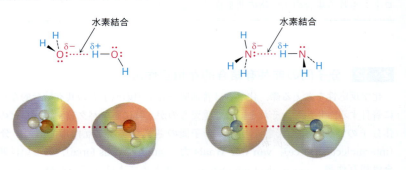

水素結合は生物にとってきわめて重要である.水素結合により水は常温で気体ではなく液体となっており,水素結合により酵素は生体反応を触媒するのに必要な形を維持し,また水素結合によりデオキシリボ核酸(deoxyribonucleic acid: DNA)鎖は対をなし,遺伝情報を記録する二重らせんを形成する.

　非共有結合性相互作用の話題から離れる前に,さらにもう一点加えておく.生化学者は,**親水性**(hydrophilic,すなわち "水が好き" という意味)という言葉を水に溶ける物質を表現するときによく用いる.また**疎水性**(hydrophobic,すなわち "水を恐れる" という意味)を水に溶けない物質を表現するために用いる.砂糖などの親水性の物質は通常いくつかのイオン電荷や極性の OH 基をその構造にもち,水と強い親和性がある.植物油のような疎水性の物質は,水素結合を形成する置換基をもたず,水との親和力は弱い分散力に限られる.

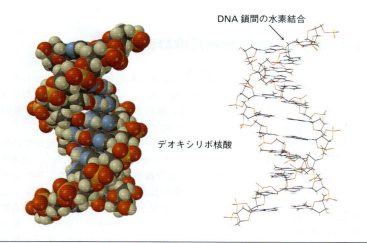

問題 2・19 二つのビタミン，A と C のうち，一方は親水性を示し水に溶けるのに対し，他方は疎水性を示し脂肪に溶ける．どちらがどちらか答えよ．

ビタミン A (レチノール)

ビタミン C (アスコルビン酸)

まとめ

　有機化学と生化学の両方を理解することは，単に何が起こるかを知るだけでなく，それがなぜ，どのように起こるかを分子レベルで知ることを意味する．本章では，化学者が化学反応性を記述し，説明する方法のいくつかを確認することで，以降の章で取上げる特定の反応を理解するための基礎とした．

　有機分子は，原子の**電気陰性度**の違いによって生じる電子の非対称な分布の結果，しばしば**分極した共有結合**をもつ．たとえば，酸素は炭素より強く共有した電子をひきつけるため炭素－酸素結合は分極している．炭素－水素結合は比較的分極が小さい．多くの化合物が，個々の分極した結合や非共有電子対のベクトル的な総和によって，分子全体として分極している．分子の極性は，**双極子モーメント** μ によって測定される．

　正 (+) と負 (－) の符号は，分子中の原子上に**形式電荷**が存在することを示すためにしばしば用いられる．特定の原子に形式電荷を割当てるのは，帳簿つけのやり方を用いて行い，これにより原子のまわりの価電子数の変化を追うことができ，また化学反応性へのヒントが得られる．

　アセタートイオンやベンゼンのようなある種の物質は，線結合構造式一つでは表現できないことがあり，それ単独では正しくない．二つあるいはそれ以上の構造式の**共鳴混成体**として表現しなければならない．二つの**共鳴構造**の唯一の違いは，π電子と非共有電子対の位置である．原子核はどちらの構造も同じ位置にあり，原子の混成も同じである．

　酸性と塩基性は，分極と電気陰性度の考えに密接に関係している．**Brønsted-Lowry 酸**はプロトン (水素イオン H^+) を供与できる物質で，**Brønsted-Lowry 塩基**はプロトンを受取ることができる物質である．Brønsted-Lowry 酸や塩基の強さは，**酸性度定数** K_a あるいは，酸性度定数の対数に負の符号をつけた **pK_a** で表される．pK_a が大きいほど，酸としては弱い．より有用なのが Lewis の酸塩基の定義である．**Lewis 酸**は電子対を受取ることができるエネルギーの低い空軌道をもっている化合物である．Mg^{2+}，BF_3，$AlCl_3$ や H^+ がその例である．**Lewis 塩基**は非共有電子対を供与できる化合物で，NH_3 や H_2O がその例である．酸素や窒素を含んでいる有機分子の大部分は十分に強い酸に対して働く Lewis 塩基である．

　さまざまな**非共有結合性相互作用**は巨大な生体分子の性質に重要な影響を与える．**水素結合**は，電気陰性な O や N 原子に結合した正に分極した水素と別の O や N 原子の非共有電子対の間でのひきつけ合う相互作用であり，タンパク質や核酸が三次元構造を形づくるのに特に重要な役割を果たしている．

科学談話室

アルカロイド：コカインから歯科用麻酔薬まで

コロンビア，エクアドル，ペルー，ボリビア，ブラジル西部に広がる高地熱帯雨林に自生するコカの木 *Erythroxylon coca* は，アルカロイドのコカインの供給源である．
Jose Gomez/Reuters

アンモニア NH_3 が弱塩基であるように，**アミン**（amine）とよばれる含窒素有機化合物も弱塩基であるものが多数存在する．有機化学の初期には，天然物由来の塩基性アミンは植物性アルカリ（vegetable alkali）とよばれていたが，現在では**アルカロイド**（alkaloid）とよばれている．アルカロイドは2万種以上知られている．アルカロイドの研究は，19世紀の有機化学の発展の原動力となり，今日でも活発で魅力的な研究分野である．

アルカロイドは，単純なものから非常に複雑なものまで，その構造はさまざまである．たとえば，魚の腐敗臭はメチルアミン CH_3NH_2 によるところが大きい．メチルアミンはアンモニア NH_3 の水素の一つが有機基の CH_3 基で置換された単純な類縁体である．実際，魚の臭いを消すためにレモン汁を使うのは，レモンのクエン酸と魚のメチルアミン塩基との酸-塩基反応によるものである．

アルカロイドのなかには，生物学的特性が顕著なものが多く，現在使用されている医薬品の約50％は天然由来のアミンに由来するものである．三つの例をあげると，鎮痛剤であるモルヒネ（morphine）はケシ *Papaver somniferum* から得られている．エフェドリン（ephedrine）は，気管支拡張薬，充血除去薬，食欲抑制薬で，中国の植物 *Ephedra sinica* から得られる．コカイン（cocaine）は，南米中央部の高地熱帯雨林に自生するコカの木 *Erythroxylon coca* から得られる麻酔薬および興奮剤である．コカ・コーラ®の原型となるレシピには，1906年に削除されたものの，本当に少量のコカインが含まれていたのである．

コカインそのものは中毒性があるため，現在では医薬品として使用されていないが，その麻酔作用から，関連性があるが中毒性のない化合物の探索が始まった．その結果，今日，歯科や外科の麻酔によく使われている"カイン（caine）"とよばれる麻酔薬が合成されたのである．最初の化合物であるプロカイン（procaine）は，1898年に合成され，販売された．これは局所麻酔薬として急速に普及し，現在も使用されている．その後，異なる活性プロファイルをもつ他の関連化合物が次々と開発された．リドカイン（lidocaine，販売名キシロカイン®）は1943年に，メピバカイン（mepivacaine，販売名カルボカイン®）は1960年代初頭に発売された．最近では，ブピバカイン（bupivacaine，販売名マーカイン®）とプリロカイン（prilocaine，販売名シタネスト®）がよく使用されている．どちらも即効性があるが，ブピバカインの効果が3〜6時間持続するのに対し，プリロカインは45分後に効果が薄れる．すべてのカインがコカインと構造的に類似していることに注目せよ．

米国科学アカデミー（U.S. National Academy of Science）の最近の報告書では，全生物種の1％未満しか解明されていないと推定されている．このように，アルカロイド化学は今日でも活発な研究分野であり，有用な性質をもつ物質が無数に発見されているのである．いずれはカイン系麻酔薬も，新しく発見されたアルカロイドにとって代わられることだろう．

重要な用語

- 共鳴構造式(resonance form)
- 共鳴混成体(resonance hybrid)
- 共役塩基(conjugate base)
- 共役酸(conjugate acid)
- 形式電荷(formal charge)
- 酸性度定数(acidity constant) K_a
- 親水性(hydrophilic)
- 水素結合(hydrogen bond)
- 双極子モーメント(dipole moment) μ
- 疎水性(hydrophobic)
- 電気陰性度(electronegativity: EN)
- 非共有結合性相互作用(noncovalent interaction)
- pK_a
- Brønsted-Lowry 塩基(Brønsted-Lowry base)
- Brønsted-Lowry 酸(Brønsted-Lowry acid)
- 分極した共有結合(polar covalent bond)
- 誘起効果(inductive effect)
- Lewis 塩基(Lewis base)
- Lewis 酸(Lewis acid)

演習問題

目で学ぶ化学

(問題 2・1～2・19 は本文中にある)

2・20 次に示す防虫剤の主成分であるナフタレン $C_{10}H_8$ の分子モデルに多重結合を記入せよ。ナフタレンは共鳴構造をいくつもっているか。すべて書き出せ。(灰色はC, アイボリーはH)

2・21 次の分子モデルは, 一般的な市販の鎮痛剤であるイブプロフェン(ibuprofen)を表したものである。多重結合の位置を示し, 骨格構造式を書け。(灰色はC, 赤はO, アイボリーはH)

2・22 *cis*-1,2-ジクロロエチレンと *trans*-1,2-ジクロロエチレンは異性体(isomer)である。つまり同じ化学式であるが, 化学構造が異なる。次の静電ポテンシャル図を見て, どちらの化合物が双極子モーメントをもっているか答えよ。

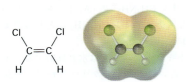

cis-1,2-ジクロロエチレン

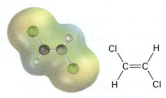

trans-1,2-ジクロロエチレン

2・23 次の分子モデルはDNA(デオキシリボ核酸)の構成成分であるアデニン(a)とシトシン(b)を示している。両者について, 多重結合と非共有電子対の位置を示し, 骨格構造を書け。(灰色はC, 赤はO, 青はN, アイボリーはH)

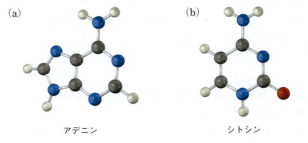

(a) アデニン　　(b) シトシン

追加問題

電気陰性度と双極子モーメント

2・24 次の分子中で最も電気陰性な元素はそれぞれどれか。
(a) CH_2FCl　　(b) $FCH_2CH_2CH_2Br$
(c) $HOCH_2CH_2NH_2$　　(d) CH_3OCH_2Li

2・25 電気陰性度の表(図2・2)を用いて, 次の組のどちらの結合が, より分極しているか予想せよ。また各化合物の結合の分極の方向を示せ。
(a) H_3C-Cl と $Cl-Cl$　　(b) H_3C-H と $H-Cl$
(c) $HO-CH_3$ と $(CH_3)_3Si-CH_3$　　(d) H_3C-Li と $Li-OH$

2・26 次の分子のうち, 双極子モーメントをもっているものはどれか。また, それぞれの双極子モーメントの方向を示せ。

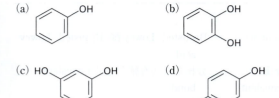

2·27 (a) H–Cl の結合長は 136 pm である．HCl が 100% イオン的で H⁺ Cl⁻ であるとして，HCl の双極子モーメントを計算せよ．
(b) HCl の実際の双極子モーメントは 1.08 D である．H–Cl 結合のイオン性は何%か．

2·28 ホスゲン Cl₂C=O は水素の代わりにより電気陰性な塩素原子をもっているにもかかわらず，ホルムアルデヒド H₂C=O より双極子モーメントが小さい．その理由を説明せよ．

2·29 フッ素が塩素より電気陰性度が高いにもかかわらず，フルオロメタン CH₃F (μ=1.81 D) は，クロロメタン CH₃Cl (μ=1.87 D) よりも双極子モーメントが小さい．その理由を説明せよ．

2·30 炭素と硫黄の電気陰性度は同じであるのに，メタンチオール CH₃SH は双極子モーメント (μ=1.52 D) が大きい．その理由を説明せよ．

形式電荷

2·31 赤で示した原子の形式電荷を示せ．
(a) (CH₃)₂ÖBF₃   (b) H₂C̈–N≡N: (c) H₂C=N̈=N:
(d) :Ö=Ö–Ö: (e) H₂C–P(CH₃)₃   (f) ピリジン N–Ö:

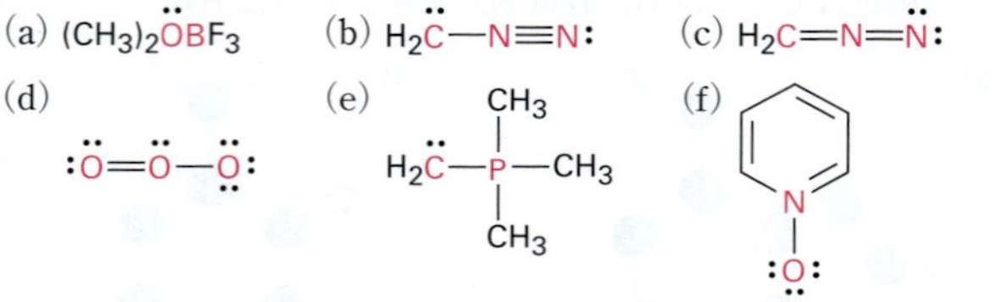

2·32 次の分子のそれぞれの原子の形式電荷を示せ．
(a) (CH₃)₂N–Ö (CH₃)   (b) H₃C–N̈=N: (c) H₃C–N̈=N=N:

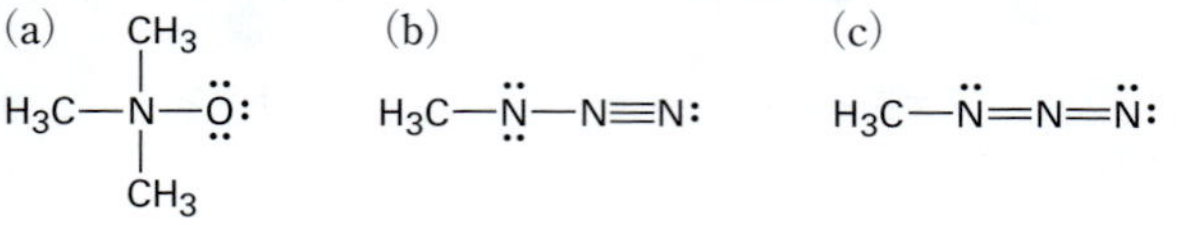

共鳴

2·33 共鳴構造を表しているのは次に示す二つの構造の組のどれか．

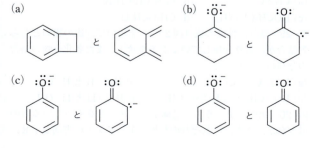

2·34 次の分子について共鳴構造をすべて書け.
(a) :Ö:/H₃C–C–CH₂⁻   (b) シクロヘキサジエニル H   (c) :NH₂/H₂N–C–NH₂⁺
(d) H₃C–S̈⁺–CH₂   (e) H₂C=CH–CH=CH–C⁺H–CH₃

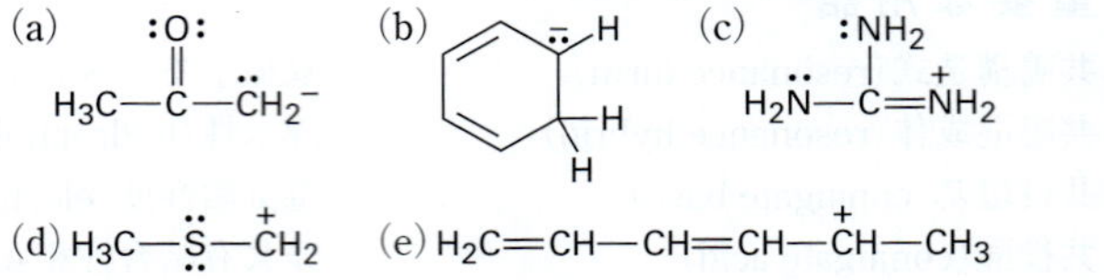

2·35 シクロブタジエンは二つの短い二重結合と二つの長い単結合をもつ長方形の形をした分子である．なぜ次の構造は共鳴構造式ではないのか．

酸・塩基

2·36 アルコールは，水と同様に，弱酸としても弱塩基としても働く．メタノール CH₃OH と，HCl のような強酸との反応，および Na⁺ ⁻NH₂ のような強塩基との反応を書け．

2·37 酢酸中の O–H 水素は C–H の水素よりも酸性である．その理由を H⁺ が取去られて生成するアニオンの共鳴構造式を用いて説明せよ．

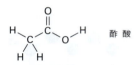 酢酸

2·38 次の分子の点電子構造式を書き，非共有電子対をすべて示せ．どれが，Lewis 酸として働きどれが Lewis 塩基として働くか．
(a) AlBr₃   (b) CH₃CH₂NH₂   (c) BH₃
(d) HF   (e) CH₃SCH₃   (f) TiCl₄

2·39 次の酸-塩基反応の生成物を書け．
(a) CH₃OH + H₂SO₄ ⇌ ?
(b) CH₃OH + NaNH₂ ⇌ ?
(c) CH₃NH₃⁺ + Cl⁻ + NaOH ⇌ ?

2·40 次の化合物を酸性度が増加する順に並べよ．

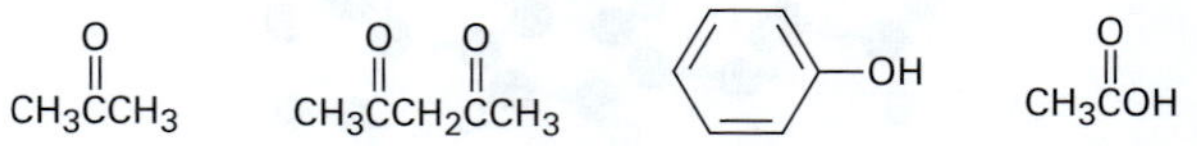

CH₃CCH₃   CH₃CCH₂CCH₃   フェノール   CH₃COH
アセトン   ペンタン-2,4-ジオン   pK_a=9.9   酢酸
pK_a=19.3   pK_a=9   pK_a=4.76

2·41 問題 2·40 の四つの化合物のなかで，NaOH とほぼ完全に反応する十分な酸性を示す化合物はどれか．H₂O の pK_a は 15.74 である．

2·42 アンモニウムイオン NH₄⁺ の pK_a (9.25) はメチルアンモニウムイオン CH₃NH₃⁺ の pK_a (10.66) より小さい．アンモニア NH₃ とメチルアミン CH₃NH₂ はどちらがより強い塩基か．その理由を説明せよ．

2·43 t-ブトキシドアニオンは水と反応するに十分強い塩基だろうか．言い換えると，カリウム t-ブトキシドの水溶液はつくれるか．t-ブチルアルコールの pK_a は約 18 である．

2. 分極した共有結合：酸と塩基　　53

$K^+ \ ^-O-C(CH_3)_3$　　カリウム t-ブトキシド

2・44 有機塩基のピリジンと有機酸の酢酸との反応でできる生成物の構造を予想せよ．電子の流れの方向を示すために巻矢印を用いよ．

ピリジン ＋ $CH_3-C(=O)-O-H$ ⟶ **?**

ピリジン　　　　　酢酸

2・45 次の pK_a から K_a の値を計算せよ．
(a) アセトン $pK_a = 19.3$　　(b) ギ酸 $pK_a = 3.75$

2・46 次の K_a から pK_a の値を計算せよ．
(a) ニトロメタン $K_a = 5.0 \times 10^{-11}$
(b) アクリル酸 $K_a = 5.6 \times 10^{-5}$

2・47 ギ酸の 0.050 M 溶液の pH を求めよ（$pK_a = 3.75$）.

2・48 炭酸水素ナトリウム（重炭酸ナトリウム）$NaHCO_3$ は炭酸 H_2CO_3（$pK_a = 6.37$）のナトリウム塩である．問題 2・40 で示した化合物のどれが，炭酸水素ナトリウムと反応するか．

総合問題

2・49 マレイン酸は双極子モーメントをもつが，食物分子の代謝経路であるクエン酸回路中の物質であるフマル酸は双極子モーメントをもたない．その理由を説明せよ．

マレイン酸　　　　　フマル酸

2・50 ここにラベルがない瓶が二つあるとしよう．一つにはフェノール（$pK_a = 9.9$）が，もう一つには酢酸（$pK_a = 4.76$）が入っている．問題 2・48 の解答と照らし合わせて，各瓶に何が入っているかを決める簡単な方法を述べよ．

2・51 次の反応それぞれの酸と塩基を示せ．

(a) $CH_3OH \ + \ H^+ \ \longrightarrow \ CH_3\overset{+}{O}H_2$

(b)
$H_3C-C(=O)-CH_3 \ + \ TiCl_4 \ \longrightarrow$ アセトン $TiCl_4$ 付加体

(c)
シクロヘキサノン ＋ NaH ⟶ エノラート Na^+ ＋ H_2

2・52 次の二つの構造の組のうち，共鳴構造であるのはどれか．

(a) $CH_3C\equiv\overset{+}{N}-\overset{..}{\overset{..}{O}}{}^-$ と $CH_3\overset{+}{C}=N-\overset{..}{\overset{..}{O}}{}^-$

(b) $CH_3C(=\overset{..}{O})-\overset{..}{\overset{..}{O}}{}^-$ と $^-CH_2C(=\overset{..}{O})-\overset{..}{O}-H$

(c) ベンズアミド共鳴構造

(d) $CH_2=\overset{+}{N}(\overset{..}{O}{}^-)(\overset{..}{\overset{..}{O}}{}^-)$ と $^-\overset{..}{C}H_2-\overset{+}{N}(=\overset{..}{O})(\overset{..}{\overset{..}{O}}{}^-)$

2・53 次の分子について，それぞれ適切な形式電荷を加え，共鳴構造をすべて書け．
(a) ニトロメタン　　(b) オゾン　　(c) ジアゾメタン

$H_3C-\overset{..}{N}(=\overset{..}{O})(\overset{..}{\overset{..}{O}}{}^-)$　　$\overset{..}{O}=\overset{+}{O}-\overset{..}{\overset{..}{O}}{}^-$　　$H_2C=\overset{+}{N}=\overset{..}{\overset{..}{N}}{}^-$

2・54 正電荷をもつ 3 価の炭素原子を含むイオンであるカルボカチオンは水と反応してアルコールを生じる．

カルボカチオン $\xrightarrow{H_2O}$ アルコール ＋ H^+

次のカルボカチオンが水と反応すると 2 種類のアルコールの混合物が生じる事実を説明せよ．

$\xrightarrow{H_2O}$

2・55 次章の最初で，有機分子は，含まれる官能基（functional group）によって分類できることを説明する．官能基は特徴的な化学反応性をもつ原子の集まりである．図 2・2 に示した電気陰性度の値を用いて，次の官能基の分極の様子を予測せよ．

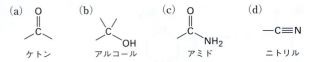

2・56 アジドベンゼンにみられるようなアジド官能基は，隣接する三つの窒素原子を含む．アジドベンゼンの共鳴構造を一つ示した．さらに三つの共鳴構造を書き，四つの共鳴構造のすべての原子に適切な形式電荷を割り当てよ．

2・57 両者とも O–H 結合をもつにもかかわらず，フェノール C_6H_5OH はメタノール CH_3OH よりも強い酸である．フェノールとメタノールが H^+ を失ってできるアニオンの構造を書き，共鳴構造式を用いて酸性度の違いを説明せよ．

フェノール pK_a = 9.89　　メタノール pK_a = 15.54

2・58 グルコース代謝に必要なビタミン B_1 の誘導体であるチアミン二リン酸（TPP）は弱酸であり，塩基によって脱プロトンできる．TPP とその脱プロトン生成物の両方の適切な原子に形式電荷を割り当てよ．

有機化合物：
アルカンとその立体化学

3

3・1 官能基
3・2 アルカンとその異性体
3・3 アルキル基
3・4 アルカンの命名法
3・5 アルカンの性質
3・6 エタンの立体配座
3・7 他のアルカンの立体配座

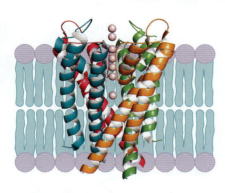

細胞膜を横断してカリウムイオン K$^+$ を運ぶ膜チャネルタンパク質

本章の目的　アルカンとよばれる単純な有機化合物は比較的反応性が低く，生物学的プロセスにおいて果たす役割はあまり重要ではないが，有機化学の一般的な考え方を身につけるにはよい題材である．本章では，アルカンを用いて有機化合物の命名の基本的な考え方を紹介し，生物有機化学を理解するうえで特に重要な分子の三次元的な見方の初歩について解説する．

　化学関連の文献を抜粋し，データベース化している *Chemical Abstracts* によると，これまでに 7000 万以上の有機化合物が知られている．これらすべての化合物が，融点や沸点など固有の物理的性質をもち，また独自の化学反応性を示す．
　化学者は長年の経験により，有機化合物がその構造的な特徴によりいくつかの化合物群に分類され，そして同じ化合物群に分類された化合物は似通った化学的性質を示すことを学んできた．すなわち，7000 万の化合物は規則性のない多種多様な反応性を示すのではなく，数十の有機化合物の化合物群があり，それらの化合物群に属する化合物の化学的性質はある程度予測可能である．本書の大部分を通じて，それぞれの化合物群（すなわち官能基）の化学について学ぶが，本章では最も単純な化合物群である**アルカン**（alkane）を概観することから始める．

3・1　官　能　基

　化合物をいくつかの化合物群に分類する際の鍵となる構造的特徴を**官能基**（functional group）という．官能基とは，分子の中にある特徴的な化学的性質をもつ原子団のことである．ある官能基を部分構造としてもつ分子はみな，その官能基に関し同じような化学的挙動を示す．たとえば，果物を熟させる植物ホルモンであるエチレンと，エチレンよりかなり複雑な構造をもつ分子であり，ハッカ油の中にみられるメンテンを比べてみよう．二つの化合物はいずれも，官能基として炭素－炭素二重結合を

もっており，どちらも臭素と同じように反応して，二重結合の両炭素に臭素原子が付加した生成物を与える（図3・1）．この結果は，"有機化合物の化学は，分子の大きさや複雑さによらず，それらがもつ官能基により決定される"という典型例を示している．

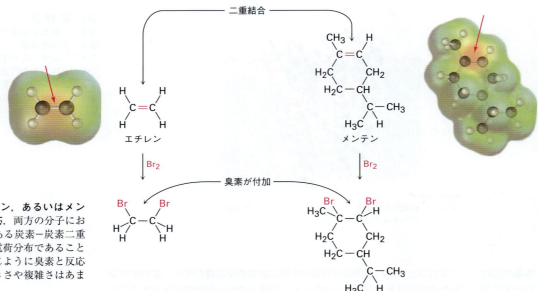

図 3・1 エチレン，あるいはメンテンと臭素の反応．両方の分子において，官能基である炭素-炭素二重結合が似通った電荷分布であることから，両者は同じように臭素と反応する．分子の大きさや複雑さはあまり重要ではない．

表3・1に代表的な官能基を列挙し，さらにその官能基をもつ単純な構造の化合物の例を示す．官能基として，二重結合や三重結合からなる化合物もあるが，その他にハロゲン原子を含んでいるもの，さらには酸素，窒素，硫黄，リンなどを含む化合物もある．これから後の章で学ぶ内容のほとんどが，これらの官能基に関する化学である．

炭素-炭素多重結合をもつ官能基

アルケン，アルキン，アレーン（芳香族化合物）はすべて炭素-炭素多重結合をもっている．アルケンは二重結合，アルキンは三重結合，そしてアレーンは炭素原子による6員環構造の中に，二重結合と単結合を交互にもつ．これらの化合物は似通った構造であるため，類似した化学的性質を示す．

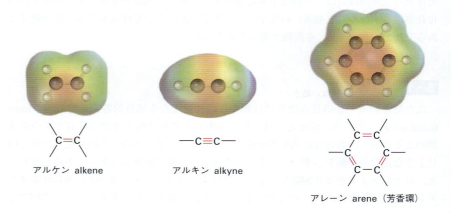

表 3・1 　代表的な官能基の構造

名　称	構　造†	名称の末尾	例	名　称	構　造†	名称の末尾	例
アルケン (二重結合)	C=C	-エン -ene	$H_2C=CH_2$ エテン	ジスルフィド	C–S–S–C	ジスルフィド disulfide	CH_3SSCH_3 ジメチルジスルフィド
アルキン (三重結合)	–C≡C–	-イン -yne	HC≡CH エチン	スルホキシド	$C-\overset{+}{S}(-O^-)-C$	スルホキシド sulfoxide	$CH_3\overset{O^-}{\overset{+}{S}}CH_3$ ジメチルスルホキシド
アレーン (芳香環)	(芳香環)	——	(ベンゼン) ベンゼン	アルデヒド	C–CHO	-アール -al	CH_3CHO エタナール
ハロゲン化物	C–X (X=F, Cl, Br, I)	——	CH_3Cl クロロメタン	ケトン	C–CO–C	-オン -one	CH_3COCH_3 プロパノン
アルコール	C–OH	-オール -ol	CH_3OH メタノール	カルボン酸	C–COOH	-酸 -oic acid	CH_3COOH エタン酸
エーテル	C–O–C	エーテル ether	CH_3OCH_3 ジメチルエーテル	エステル	C–CO–O–C	-酸アルキル -oate	CH_3COOCH_3 エタン酸メチル
一リン酸 エステル	$C-O-PO_3$	リン酸アルキル phosphate	$CH_3OPO_3{}^{2-}$ リン酸メチル	チオエステル	C–CO–S–C	-チオ酸アルキル -thioate	CH_3COSCH_3 エタンチオ酸メチル
二リン酸 エステル	$C-O-PO_2-O-PO_3$	二リン酸アルキル diphosphate	$CH_3OP_2O_6{}^{3-}$ 二リン酸メチル	アミド	C–CO–N	-アミド -amide	CH_3CONH_2 エタンアミド
アミン	C–N	-アミン -amine	CH_3NH_2 メチルアミン	酸塩化物	C–CO–Cl	塩化-イルまたは-オイル -(o)yl chloride	CH_3COCl 塩化エタノイル
イミン (Schiff 塩基)	C=N	——	$CH_3\overset{NH}{C}CH_3$ アセトンイミン	酸無水物	C–CO–O–CO–C	-酸無水物 -oic anhydride	$CH_3COOCCH_3$ 酢酸無水物 (無水酢酸)
ニトリル	–C≡N	-ニトリル -nitrile	$CH_3C≡N$ エタンニトリル				
チオール	C–SH	-チオール -thiol	CH_3SH メタンチオール				
スルフィド	C–S–C	スルフィド sulfide	CH_3SCH_3 ジメチルスルフィド				

† 相手が特定されていない結合は, 分子の残りの部分にある炭素, あるいは水素原子と結合していると考えよ.

電気的に陰性な原子と炭素との単結合をもつ官能基

　ハロゲン化アルキル(ハロアルカン), アルコール, エーテル, リン酸アルキル, アミン, チオール, スルフィド, ジスルフィドはすべて, 炭素原子とハロゲン, 酸素, 窒素,

あるいは硫黄など電気的に陰性な原子との単結合をもっている．ハロゲン化アルキルは，ハロゲン X と結合した炭素原子，アルコールはヒドロキシ基 −OH の酸素と結合した炭素原子，エーテルは同じ酸素に結合した二つの炭素原子，有機リン酸エステルはリン酸基 −OPO$_3^{2-}$ の酸素に結合した炭素原子，アミンは窒素に結合した炭素原子，チオールは SH 基の硫黄が結合した炭素原子，スルフィドは同じ硫黄に結合した二つの炭素原子，ジスルフィドは S−S 結合の二つの硫黄にそれぞれ結合した炭素原子をもつ．これらすべての場合において，結合は分極しており，炭素原子は部分正電荷 δ+ をもち，一方，電気的に陰性な原子は部分負電荷 δ− をもっている．

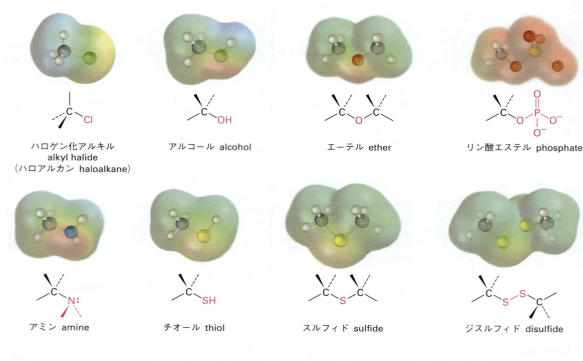

炭素－酸素二重結合（カルボニル基）をもつ官能基

表 3・1 中の最後の八つは，カルボニル基，すなわち C＝O をもつ化合物群である．炭素－酸素二重結合をもつ官能基は，非常に多くの有機化合物に含まれ，ほとんどすべての生体関連化合物の中に存在する．これらの化合物は多くの似通った性質を示すが，カルボニル基の炭素原子に結合する原子により異なった性質を示す場合もある．たとえば，アルデヒドには C＝O に結合した水素が少なくとも一つあり，ケトンには C＝O に結合した炭素が二つあり，カルボン酸には C＝O に結合した OH 基があり，エステルには C＝O に結合したエーテル型酸素，チオエステルには C＝O に結合したスルフィド型硫黄，アミドには C＝O に結合したアミン型窒素，酸塩化物には C＝O に結合した塩素原子がある．カルボニル基の炭素原子は部分正電荷 δ+ をもち，一方

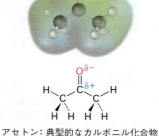

アセトン：典型的なカルボニル化合物

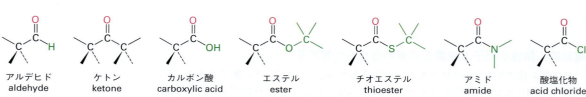

酸素原子は部分負電荷δ−をもっている．

問題3・1　次のそれぞれの分子に含まれる官能基を示せ．

(a) メチオニン（アミノ酸）　(b) イブプロフェン（鎮痛剤）

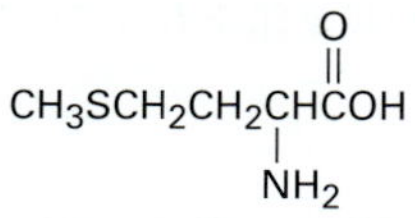

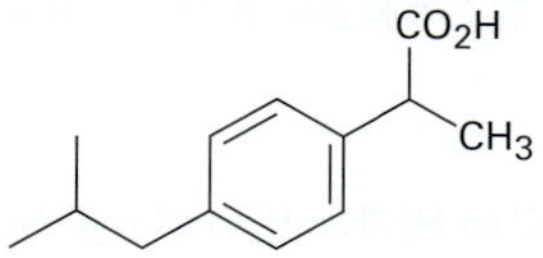

O
CH3SCH2CH2CHCOH
NH2

CO2H
CH3

(c) カプサイシン（トウガラシの辛味成分）

O
H3C
O
N
H
HO
CH3
CH3

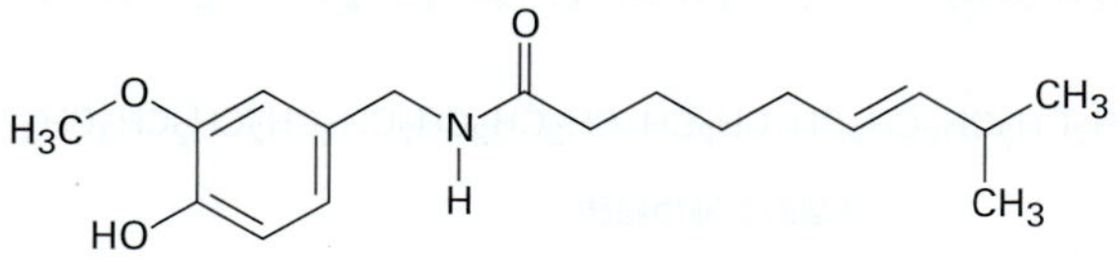

問題3・2　次に示した官能基をもつ単純な分子の構造を示せ．

(a) アルコール　(b) 芳香環　(c) カルボン酸
(d) アミン　(e) ケトンとアミン　(f) 二つの二重結合

問題3・3　動物の寄生虫を抑制するために使われる獣医用医薬品であるアレコリン（arecoline）の分子モデルを次に示す．この化合物中の官能基を示せ．また，線結合構造式に書き換え，分子式を示せ．（赤はO，青はN）

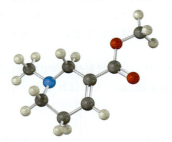

3・2 アルカンとその異性体

種々の官能基を系統的に学び始める前に，最も単純な化合物群であるアルカンについて最初に学ぶ．これにより，他の化合物群にも適用可能な一般的な概念を習得することができる．§1・7に示したように，エタンの炭素−炭素単結合は，二つの炭素の sp^3 軌道の σ型（正面からの）の重なりからなる．そして三つ，四つ，五つ，さらにもっと多くの炭素原子を炭素−炭素単結合によりつなげると，**アルカン**（alkane）とよばれる化合物群ができる．

アルカンは，しばしば**飽和炭化水素**（saturated hydrocarbon）とよばれる．**炭化水素**（hydrocarbon）とは，炭素と水素だけを含んでいることを意味し，**飽和**（saturated）

…など

メタン　エタン　プロパン　ブタン

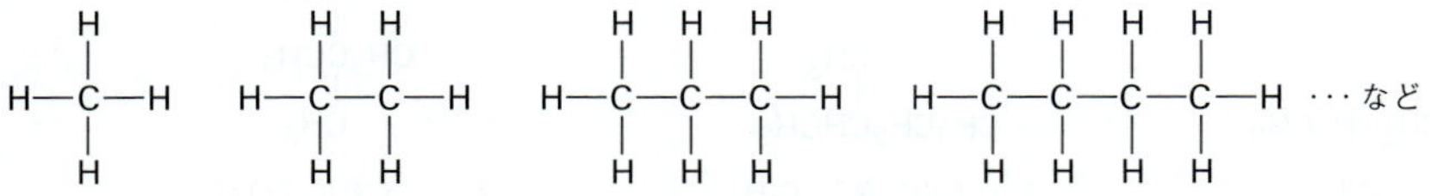

60   3. 有機化合物：アルカンとその立体化学

とは，C-C および C-H 単結合から成り立っている，すなわち 1 炭素当たり結合しうる最大数の水素をもっていることを意味する．アルカンは一般式 C_nH_{2n+2}（n は自然数）で表される．またアルカンは，**脂肪族化合物**（aliphatic compound）とよばれることもある．これは"脂肪"を意味するギリシャ語である aleiphas に由来する．§23·1 で述べるが，多くの動物脂肪がアルカンに似た長い炭素鎖をもっている．

$$\begin{array}{l} CH_2OCCH_2CH_2CH_2CH_2CH_2CH_2CH_2CH_2CH_2CH_2CH_2CH_2CH_2CH_2CH_3 \\ \quad\quad\; \overset{O}{\|} \\ CHOCCH_2CH_2CH_2CH_2CH_2CH_2CH_2CH_2CH_2CH_2CH_2CH_2CH_2CH_2CH_3 \\ \quad\quad\; \overset{O}{\|} \\ CH_2OCCH_2CH_2CH_2CH_2CH_2CH_2CH_2CH_2CH_2CH_2CH_2CH_2CH_2CH_2CH_3 \end{array}$$

典型的な動物脂肪

次に，炭素と水素を結合させてアルカンをつくる方法を考えてみよう．炭素一つと水素四つからは，ただ一つの構造が可能であり，それがメタン CH_4 である．同様に，炭素二つと水素六つの組合わせからもただ一つの構造（エタン CH_3CH_3）が可能であり，炭素三つと水素八つからもただ一つの構造（プロパン $CH_3CH_2CH_3$）が可能である．ところが，さらに多くの数の炭素や水素の組合わせになると二つ以上の構造が可能となる．たとえば，分子式 C_4H_{10} の場合，二つの構造が可能である．すなわち，四つの炭素が一列に並んだ構造（ブタン）と分枝した構造（イソブタン）である．同様に，分子式 C_5H_{12} の場合，三つの構造が可能であり，もっと大きなアルカンになるとさらに増える．

ブタンやペンタンのようにすべての炭素が 1 列で結合した化合物は，**直鎖アルカン**（straight-chain alkane, normal alkane）とよばれる．一方，2-メチルプロパン（イソ

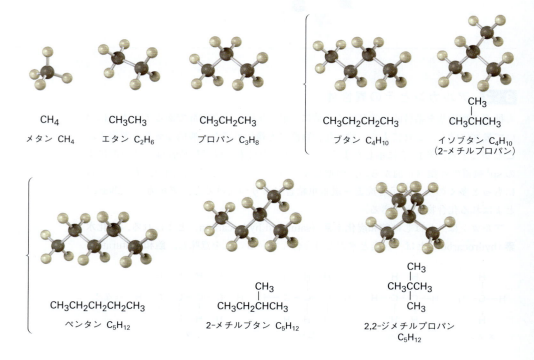

ブタン），2-メチルブタンや2,2-ジメチルプロパンのように炭素鎖が枝分かれしている化合物は，**分枝アルカン**（branched-chain alkane）とよばれる．

C_4H_{10} で表される二つの分子や，C_5H_{12} で表される三つの分子のように，同じ分子式でありながら構造の異なる化合物を**異性体**（isomer）とよぶ．これは，"同じ部分からなる"ことを意味するギリシャ語の isos + meros に由来する．異性体とは，構成する原子の種類とその数が同じでありながら，原子の配列が異なる化合物である．たとえば，ブタンとイソブタンのように，原子の結合の仕方が異なる化合物は**構造異性体**（constitutional isomer）という．原子が同じ順番で結合していながら異性体である化合物については，後で述べる．表3・2に示すように，炭素数が増すにつれて，可能なアルカンの異性体数は飛躍的に増大する．

構造異性は，アルカンのみならず有機化合物全般にみられる．構造異性体には，イソブタンとブタンのように異なる炭素骨格をもつ場合，エタノールとジメチルエーテルのように異なる官能基をもつ場合，イソプロピルアミンとプロピルアミンのように炭素鎖上の異なる位置に同じ官能基をもつ場合などがある．そして異性体を生じる原因に関わらず，構造異性体は必ず同じ分子式でありながら，違った性質を示す異なる化合物である．

表 3・2 アルカンの異性体数

分子式	異性体数
C_6H_{14}	5
C_7H_{16}	9
C_8H_{18}	18
C_9H_{20}	35
$C_{10}H_{22}$	75
$C_{15}H_{32}$	4,347
$C_{20}H_{42}$	366,319
$C_{30}H_{62}$	4,111,846,763

異なる炭素骨格 C_4H_{10}　　　異なる官能基 C_2H_6O　　　異なる位置の官能基 C_3H_9N

```
        CH3
         |
CH3CHCH3    と    CH3CH2CH2CH3       CH3CH2OH と CH3OCH3       CH3CHCH3 と CH3CH2CH2NH2
                                                                  |
                                                                 NH2
イソブタン          ブタン              エタノール  ジメチルエーテル    イソプロピルアミン  プロピルアミン
(2-メチルプロパン)
```

アルカンはさまざまな方法で表記される．たとえば，直鎖の4炭素からなるアルカンであるブタンは，図3・2に示したどの構造でも表すことができる．これらの構造は，ブタンの三次元的な配置を表しているのではなく，単に原子同士のつながりを示しているにすぎない．§1・12に示したように，実際には化学者が分子中のすべての結合を書くことはほとんどなく，たとえばブタンの場合は $CH_3CH_2CH_2CH_3$ あるいは $CH_3(CH_2)_2CH_3$ などと簡略化した構造式で表す．さらにもっと簡略化して，n-C_4H_{10} と表すことも可能である．なお，ここで n は直鎖（normal）ブタンを意味する．

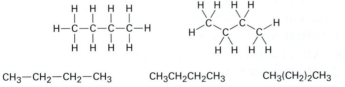

図 3・2 ブタン C_4H_{10} の表記法．書き方は異なるが分子はどれも同じである．これらの構造は，原子同士のつながりを示しているだけで，ある特定の空間的な配置を示しているのではない．

直鎖アルカンは，直鎖に含まれている炭素原子の数により命名される（表3・3）．最初の四つの直鎖アルカン，すなわちメタン，エタン，プロパンおよびブタンの命名は歴史的なルーツがあるが，それら以外のアルカンはギリシャ語の数詞に基づいて命名される．分子がアルカンであることを示すために，接尾語として －アン（-ane）がおのおのの名称の最後につけ加えられる．たとえばペンタンは5炭素のアルカンであり，ヘキサンは6炭素のアルカンである．これらアルカンの命名が他のすべての有機化合物の命名の基礎となっている．そのため，少なくとも最初の10個の名前は覚えておくべきである．

3. 有機化合物：アルカンとその立体化学

表 3・3 直鎖アルカンの名称

炭素数 (n)	名　称	分子式 (C_nH_{2n+2})	炭素数 (n)	名　称	分子式 (C_nH_{2n+2})
1	メタン methane	CH_4	9	ノナン nonane	C_9H_{20}
2	エタン ethane	C_2H_6	10	デカン decane	$C_{10}H_{22}$
3	プロパン propane	C_3H_8	11	ウンデカン undecane	$C_{11}H_{24}$
4	ブタン butane	C_4H_{10}	12	ドデカン dodecane	$C_{12}H_{26}$
5	ペンタン pentane	C_5H_{12}	13	トリデカン tridecane	$C_{13}H_{28}$
6	ヘキサン hexane	C_6H_{14}	20	イコサン icosane	$C_{20}H_{42}$
7	ヘプタン heptane	C_7H_{16}	30	トリアコンタン triacontane	$C_{30}H_{62}$
8	オクタン octane	C_8H_{18}			

例題 3・1　構造異性体の書き方

分子式 C_2H_7N で表される二つの異性体の構造を示せ．

考え方　炭素は四つの結合，窒素は三つの結合，水素は一つの結合をつくる．そこでまず最初に炭素原子を書き，それから試行錯誤と直感により残りの部品をつなげよう．

解　答　二つの構造異性体がある．一つは，C-C-N という結合をもち，もう一方は C-N-C という結合をもつ．

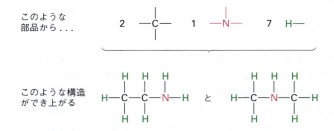

問題 3・4　分子式 C_6H_{14} である化合物の五つの異性体の構造式を書け．

問題 3・5　次に示す記述に合った異性体の構造を示せ．
　(a) 分子式が $C_5H_{10}O_2$ の二つのエステル
　(b) 分子式が C_4H_7N の二つのニトリル
　(c) 分子式が $C_4H_{10}S_2$ の二つのジスルフィド

問題 3・6　次に示す記述に合った異性体の数を書け．
　(a) 分子式が C_3H_8O のアルコール
　(b) 分子式が C_4H_9Br のブロモアルカン
　(c) 分子式が C_4H_8OS のチオエステル

3・3　アルキル基

アルカンから水素を一つ取除いた結果残る部分構造を，**アルキル基** (alkyl group) とよぶ．アルキル基自体は安定な化合物ではなく，大きな化合物の一部分である．アルキル基はそのもととなるアルカンの末尾を -アン (-ane) から -イル (-yl) に置き

換えることにより命名される．たとえば，メタン CH_4 から一つの水素を取除くとメチル基 $-CH_3$ となり，エタン CH_3CH_3 から一つ水素を取除くとエチル基 $-CH_2CH_3$ となる．同様に直鎖アルカンの末端の炭素から一つ水素を取除くと，表3・4に示すような直鎖アルキル基となる．アルキル基と表3・1に示した種々の官能基を組合わせると，きわめて多くの化合物をつくりだし，かつそれらを命名することができる．次に例を示す．

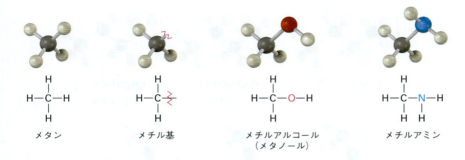

メタン　　　　メチル基　　　　メチルアルコール　　　メチルアミン
　　　　　　　　　　　　　　　（メタノール）

表3・4　直鎖アルキル基

アルカン	名称	アルキル基	名称（略号）
CH_4	メタン	$-CH_3$	メチル (Me)
CH_3CH_3	エタン	$-CH_2CH_3$	エチル (Et)
$CH_3CH_2CH_3$	プロパン	$-CH_2CH_2CH_3$	プロピル (Pr)
$CH_3CH_2CH_2CH_3$	ブタン	$-CH_2CH_2CH_2CH_3$	ブチル (Bu)
$CH_3CH_2CH_2CH_2CH_3$	ペンタン	$-CH_2CH_2CH_2CH_2CH_3$	ペンチルまたはアミル
⋮			

　末端の炭素から水素を一つ取除いて直鎖アルキル基ができたのと同様に，内部の炭素から水素を一つ取除くと分枝アルキル基ができる．したがって，3炭素のアルカンからは2種類のアルキル基が，また4炭素のアルカンからは4種類のアルキル基ができる（図3・3）．

　アルキル基の命名に関してもう一つの追記事項がある．図3・3中で，C_4 アルキル基に使われている接頭語 $s-$（第二級 secondary の略），$t-$（第三級 tertiary の略）は，枝分かれした炭素原子に結合している炭素原子の数を表している*．したがって，第一級（1°），第二級（2°），第三級（3°），第四級（4°）の四つがありうる．

* $sec-$, $tert-$ と書くこともある．

第一級炭素（1°）は　　第二級炭素（2°）は　　第三級炭素（3°）は　　第四級炭素（4°）は
炭素一つと結合している　炭素二つと結合している　炭素三つと結合している　炭素四つと結合している

　記号 R は有機化学において広く一般的に有機基を表すのに用いられる．R はメチル基，エチル基，プロピル基，あるいはどんなに炭素数の多いアルキル基でもかまわない．R は分子の残り（**R**est）の部分を表していると考えてもよく，それが何であるかは特定されない．

　第一級，第二級，第三級，第四級という用語はよく用いられるので，意味を理解し

図 3・3 アルカンから生成するアルキル基

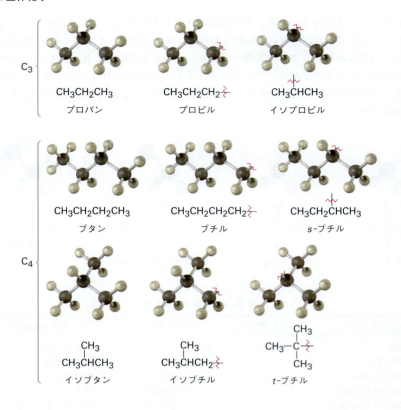

ておく必要がある．たとえば，"クエン酸は第三級アルコールである"ということは，この化合物がヒドロキシ基をもち，そのヒドロキシ基が結合した炭素には別の三つの炭素が結合していることを意味する（他の炭素原子はそれぞれ別の官能基と結合している場合もある）．

さらに，"水素が第一級，第二級，あるいは第三級である"という場合がある．第一級水素とは，第一級炭素 RCH_3 に結合した水素である．同様に，第二級水素とは第二級炭素 R_2CH_2 に，第三級水素とは第三級炭素 R_3CH に結合した水素を意味する．したがって第四級水素は存在しない．

問題 3・7 5炭素のアルキル基（つまりペンチル基の異性体）を八つ書け．

問題 3・8 次に示す分子のそれぞれの炭素が第一級 (p), 第二級 (s), 第三級 (t), あるいは第四級 (q) のいずれであるかを示せ．

(a) CH₃CH(CH₃)CH₂CH₂CH₃　　(b) CH₃CH₂CH(CH₃CHCH₃)CH₂CH₃　　(c) CH₃CH(CH₃)CH₂C(CH₃)(CH₃)CH₃

問題 3・9 問題 3・8 に示した分子について，それぞれの水素が第一級，第二級，第三級のいずれであるかを示せ．

問題 3・10 次の記述に合ったアルカンの構造を書け．
(a) 第三級炭素を二つもつアルカン
(b) イソプロピル基をもつアルカン
(c) 第四級炭素と第二級炭素を一つずつもつアルカン

3・4 アルカンの命名法

　純粋な有機化合物がほんのわずかしか知られていなかった時代は，新しい化合物はその発見者の思いつきで名前がつけられた．たとえば，尿素 (urea) CH_4N_2O は尿 (urine) から単離された結晶物質であり，鎮痛剤のモルヒネ (morphine) $C_{17}H_{19}NO_3$ はギリシャ語で夢の神を意味する Morpheus にちなんで名付けられた．また，酢の主要な有機成分である酢酸 (acetic acid) は，ラテン語で酢を意味する *acetum* に由来する．

　19世紀に入り，有機化学が科学として徐々に発展するとともに，既知化合物の数も増えた．その結果，化合物の系統的な命名法が必要となってきた．ほとんどの化学者が使用している命名法は，国際純正・応用化学連合（頭文字から IUPAC, アイユーパックという）によって考案されたものである*．

国際純正・応用化学連合 (International Union of Pure and Applied Chemistry)

＊ 訳注：本書では IUPAC 1993年勧告版の命名法を用いるが，それ以前の命名も必要に応じて併記する．詳しくは §7・2 参照．

　IUPAC 命名法では，化合物名は接頭語，母体名，位置番号，接尾語の四つの部分から構成される．接頭語は，分子中の種々の**置換基** (substituent) を特定する．母体名はその分子の主炭素鎖を決定し，そこに含まれる炭素数を表す．位置番号は官能基や置換基がついている場所を表す．そして接尾語はその分子中の主官能基を特定する．

　後の章で新しい官能基が登場する際に，それぞれに対応する IUPAC 命名法の規則を学ぶ．さらに本書巻末の付録 A で，有機化合物の命名法全般について説明し，複数の官能基をもつ化合物の命名法を示す．ここでは枝分かれのあるアルカンの命名法について解説するとともに，すべての化合物の命名に適用可能な一般的な規則をいくつか学ぶ．

　ほとんどすべての複雑な分枝アルカンは次の四つの段階に従って命名できる．ごく一部の化合物については5番目の段階が必要である．

段階1 母体となる炭化水素を見つける

（a）分子中の連続した最も長い炭素鎖を見つけ，その鎖の名称を母体名として用いる．化合物の書き方によっては，炭素鎖が折れ曲がっていて，最も長い炭素鎖を決めることが難しい場合もある．

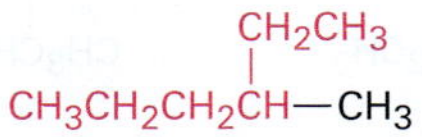

$$CH_3CH_2CH_2CH-CH_3 \quad（置換基CH_2CH_3）$$

置換ヘキサンとして命名する

$$CH_3-CHCH-CH_2CH_3$$

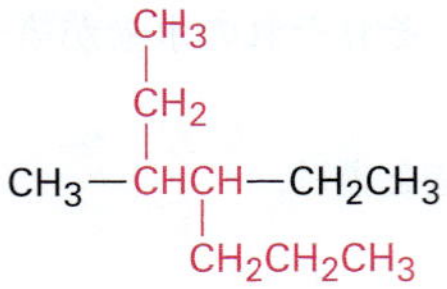

置換ヘプタンとして命名する

（b）長さが等しい二つの異なる炭素鎖の選択が可能な場合，枝分かれの数の多い炭素鎖を母体として選ぶ．

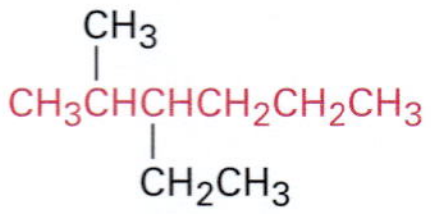

$$CH_3CHCHCH_2CH_2CH_3$$

置換基を二つもつヘキサンとして命名する

$$CH_3CH-CHCH_2CH_2CH_3$$

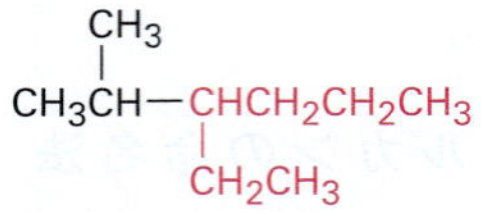

置換基を一つもつヘキサンとは命名しない

段階2 母体となる炭素鎖（主鎖）に含まれる原子に番号をつける

（a）最初の枝分かれ部位により近い端から始めて，主鎖のおのおのの炭素に番号をつける．

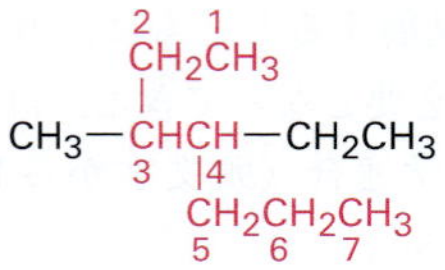

$$CH_3-CHCH-CH_2CH_3$$

正

$$CH_3-CHCH-CH_2CH_3$$

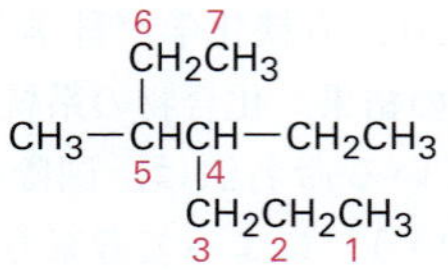

誤

正しい番号づけの方法では，最初の枝分かれは C4 ではなく，C3 である．

（b）主鎖の両端から同じ距離の部分で枝分かれしている場合は，その次の枝分かれ部位がより近い端から番号づけを始める．

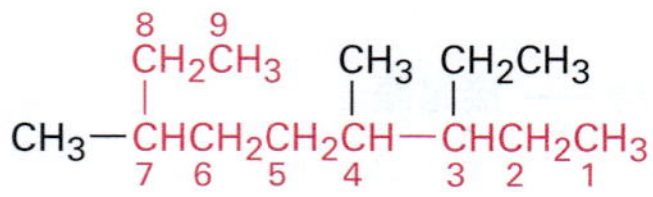

$$CH_3-CHCH_2CH_2CH-CHCH_2CH_3$$

正

$$CH_3-CHCH_2CH_2CH-CHCH_2CH_3$$

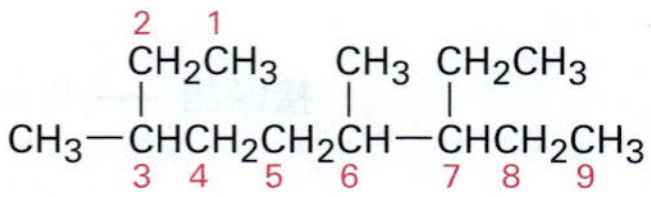

誤

段階3 置換基を特定し，番号づけをする

（a）それぞれの置換基に番号（位置番号という）を割り当てることにより，主鎖の中で置換基がついている位置を特定する．

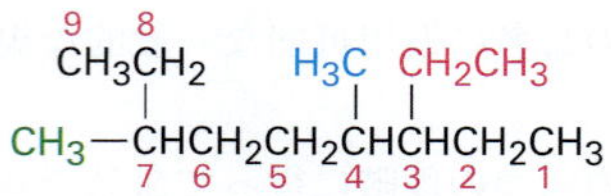

$$CH_3-CHCH_2CH_2CHCHCH_2CH_3$$

ノナンとして命名

置換基　C3 に CH_2CH_3　（3-エチル）
　　　　C4 に CH_3　（4-メチル）
　　　　C7 に CH_3　（7-メチル）

(b) 同じ炭素に二つの置換基がついている場合は，それらに同じ番号をつける．化合物名の数字と置換基の数は一致しなければならない．

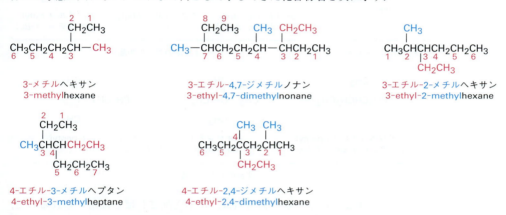

段階4　一語で命名する

ハイフンを使って異なる接頭語を区切り，カンマを使って番号を区切る．二つ以上の異なる置換基が母体となる炭素鎖にある場合は，それらをアルファベット順に並べる．二つ以上の同じ置換基がある場合は，乗数を表す接頭語であるジ-，トリ-，テトラ-などを使う．ただし，これらの接頭語は置換基をアルファベット順に並べる場合には考慮に入れない．これまで例として示してきた化合物名を次に示す．

段階5　枝分かれした置換基を化合物とみなして命名する

主鎖上の置換基自体がさらに枝分かれしている場合は，もう1段階必要である．たとえば次に示す例では，C6上の置換基が3炭素鎖であり，それがさらに枝分かれしてメチル基をもっている．この化合物を完全に命名するためには，まずはじめに枝分かれのある置換基を命名しなければならない．

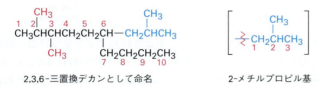

主鎖についている場所を1位として枝分かれのある置換基の番号をつけ始めると，2-メチルプロピル基と決まる．次に置換基を，その数を表す接頭語を含めた置換基名の先頭の文字によりアルファベット順に並べる．そして分子全体を命名する場合はその置換基を括弧内に入れる．

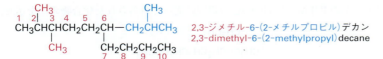

もう一つ例をあげておこう．

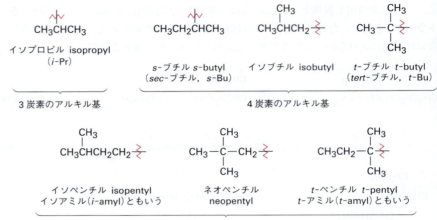

5-(1,2-ジメチルプロピル)-2-メチルノナン
5-(1,2-dimethylpropyl)-2-methylnonane

1,2-ジメチルプロピル基

歴史的な理由から，単純な枝分かれをしたアルキル基のなかには，前述したような系統的でない慣用名をもつものがある．

| イソプロピル isopropyl (*i*-Pr) | *s*-ブチル *s*-butyl (*sec*-ブチル, *s*-Bu) | イソブチル isobutyl | *t*-ブチル *t*-butyl (*tert*-ブチル, *t*-Bu) |

3 炭素のアルキル基 ／ 4 炭素のアルキル基

| イソペンチル isopentyl イソアミル(*i*-amyl)ともいう | ネオペンチル neopentyl | *t*-ペンチル *t*-pentyl *t*-アミル(*t*-amyl)ともいう |

5 炭素のアルキル基

これらの単純なアルキル基の慣用名は，化学文献でしばしば用いられるので，IUPACの規則ではこれらの慣用名を使うことを許可している．したがって次の化合物の命名として，4-(1-メチルエチル)ヘプタンも，4-イソプロピルヘプタンも正しい．これらの慣用名は覚える以外に方法はないが，幸いにもその数は多くない．

CH₃CHCH₃
|
CH₃CH₂CH₂CHCH₂CH₂CH₃

4-(1-メチルエチル)ヘプタン 4-(1-methylethyl)heptane
あるいは 4-イソプロピルヘプタン 4-isopropylheptane

アルカンを命名する場合，イソ (iso) のようにハイフンをつけない接頭語は，アルファベット順に並べる際にアルキル基の一部分として扱われるが，*s*- や *t*- のようにハイフンをつけ，イタリック体で表される接頭語は，一部分として扱われない．つまり，アルファベット順で並べる場合，イソプロピルやイソブチルは "i" であるが，*s*-ブチルや *t*-ブチルは "b" である．

例題 3・2　アルカンの命名法

次のアルカンの IUPAC 名（IUPAC の規則に従って命名された化合物名）を示せ．

CH₂CH₃　　CH₃
|　　　　　|
CH₃CHCH₂CH₂CH₂CHCH₃

3・4 アルカンの命名法　69

考え方　分子中の連続する最も長い炭素鎖を見つけ，それを母体名とする．この分子は 8 炭素鎖，つまりオクタンであり，メチル基を二つもっている（図の中では折れ曲がっているので注意）．最初のメチル基により近い端から番号をつけると，メチル基がついているのは，C2 と C6 である．

解　答

$$
\begin{array}{c}
\overset{7}{C}H_2\overset{8}{C}H_3 \qquad\qquad CH_3 \\
\quad| \qquad\qquad\qquad | \\
CH_3\underset{6}{C}H\underset{5}{C}H_2\underset{4}{C}H_2\underset{3}{C}H_2\underset{2}{C}H\underset{1}{C}H_3
\end{array}
$$

2,6-ジメチルオクタン
2,6-dimethyloctane

例題 3・3　**化合物名から構造式を書く**

3-イソプロピル-2-メチルヘキサンの構造式を書け．

考え方　例題 3・2 とは逆の考え方で，母体名（ヘキサン）を見つけ，その炭素鎖を書く．

C–C–C–C–C–C　　ヘキサン

次に，置換基を見つけて（3-イソプロピルと 2-メチル），それらを正しい炭素に結合させる．

$$
\begin{array}{c}
\qquad\qquad CH_3CHCH_3 \longleftarrow\text{— C3 にイソプロピル基} \\
\qquad\qquad\quad | \\
\underset{1}{C}-\underset{2}{C}-\underset{3}{C}-\underset{4}{C}-\underset{5}{C}-\underset{6}{C} \\
\qquad | \\
\qquad CH_3 \longleftarrow\text{— C2 にメチル基}
\end{array}
$$

最後に水素を加えて構造式が完成する．

解　答

$$
\begin{array}{c}
\qquad\quad CH_3CHCH_3 \\
\qquad\qquad | \\
CH_3CHCHCH_2CH_2CH_3 \\
\qquad | \\
\qquad CH_3
\end{array}
$$

3-イソプロピル-2-メチルヘキサン
3-isopropyl-2-methylhexane

問題 3・11　次の化合物の IUPAC 名を示せ．

(a) 分子式 C_5H_{12} の 3 種類の異性体

(b)
$$
\begin{array}{c}
\qquad CH_3 \\
\qquad | \\
CH_3CH_2CHCHCH_3 \\
\qquad\quad | \\
\qquad\quad CH_3
\end{array}
$$

(c)
$$
\begin{array}{c}
\qquad CH_3 \\
\qquad | \\
(CH_3)_2CHCH_2CHCH_3
\end{array}
$$

(d)
$$
\begin{array}{c}
\qquad\qquad CH_3 \\
\qquad\qquad | \\
(CH_3)_3CCH_2CH_2CH \\
\qquad\qquad | \\
\qquad\qquad CH_3
\end{array}
$$

問題 3・12　次の IUPAC 名をもつ化合物の構造式を書け．

(a) 3,4-ジメチルノナン　　　　(b) 3-エチル-4,4-ジメチルヘプタン

(c) 2,2-ジメチル-4-プロピルオクタン　　(d) 2,2,4-トリメチルペンタン

問題 3・13　問題 3・7 で書いた 5 炭素アルキル基の異性体八つを命名せよ．

問題 3・14　次に示す炭化水素の IUPAC 名は何か．またこの図を骨格構造式に書き換えよ．

3・5 アルカンの性質

アルカンは，**パラフィン**（paraffin）とよばれる場合もある．パラフィンとは，ラテン語で"親和性に乏しい"という意味の parum affinis に由来する名称である．この用語はアルカンの化学的性質を的確に表している．すなわち，アルカンは他の物質とほとんど化学的親和性がなく，実験室にあるほとんどの試薬に対して化学的に不活性である．アルカンは生物学的にも不活性であり，生体の化学に関係することは少ない．しかし適切な条件下では，酸素，ハロゲンや他のいくつかの物質と反応する．

アルカンが燃料として使われる場合，エンジンや炉の中で酸素と反応して燃焼する．これにより二酸化炭素と水が生成し，大量の熱が放出される．一例としてメタン（天然ガス）と酸素の反応式を次に示す．

$$CH_4 + 2\,O_2 \longrightarrow CO_2 + 2\,H_2O + 890\ kJ/mol\ (213\ kcal/mol)$$

アルカンと塩素 Cl_2 の混合物に紫外線（$h\nu$ で表される．ν はギリシャ文字のニュー）を照射すると反応が起こる．アルカンと塩素の相対的な量や照射時間により，アルカンの水素原子が次々に塩素原子に置換され，種々の塩化物の混合物が生成する．たとえば，メタンが塩素 Cl_2 と反応すると，CH_3Cl, CH_2Cl_2, $CHCl_3$, CCl_4 が生じる．

$$CH_4 + Cl_2 \xrightarrow{h\nu} CH_3Cl + HCl$$
$$\xrightarrow{Cl_2} CH_2Cl_2 + HCl$$
$$\xrightarrow{Cl_2} CHCl_3 + HCl$$
$$\xrightarrow{Cl_2} CCl_4 + HCl$$

分子量が増えると，アルカンの沸点と融点は規則的に増加する（図 3・4）．この傾向は分子間に働く弱い分散力（van der Waals 力，§2・12 参照）による．この力に打ち勝つだけのエネルギーが与えられた場合に，固体は融解し，液体は沸騰する．分子が大きくなればなるほど，この分散力は増加し，その結果として分子量の大きなアルカンほど融点や沸点が高くなる．

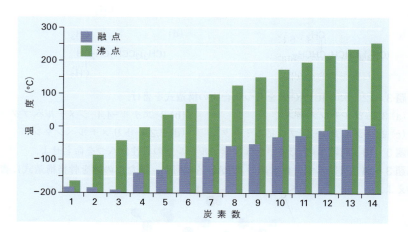

図 3・4 $C_1 \sim C_{14}$ の直鎖アルカンの炭素数に対する融点，沸点の変化．分子の大きさの増加とともに規則的に増加する．

アルカンにみられるもう一つの傾向として，分枝が多いと沸点が低くなる．分枝がないペンタンの沸点が 36.1 °C であるのに対し，分枝が一つあるイソペンタン（2-メ

チルブタン) は 27.85 ℃, 二つあるネオペンタン (2,2-ジメチルプロパン) は 9.5 ℃ と, 徐々に沸点が下がる. 同様に, オクタンの沸点が 125.7 ℃ であるのに対し, イソオクタン (2,2,4-トリメチルペンタン) は 99.3 ℃ である. 分枝アルカンの沸点が低い理由は, 直鎖アルカンよりも球形に近く, 表面積が小さいため, 分散力が小さくなるからである.

3・6 エタンの立体配座

これまでは分子をおもに二次元的に扱い, 原子の空間的な配列に起因する問題についてほとんど言及しなかった. ここからは分子を三次元的に考えることにしよう. **立体化学** (stereochemistry) とは分子の三次元的な側面に関わる化学のことである. 分子の三次元構造が, その性質や生体内での働きを決定するうえで, 重要である例がこの後の章でもたびたび紹介される.

すでに §1・5 で述べたように, σ結合は円筒状に対称である. 言い換えれば, 炭素－炭素単結合の軌道の断面は円のような形である. この対称性により, 鎖状分子中の炭素－炭素単結合は回転することができる. たとえばエタンでは, 炭素－炭素結合は自由回転し, 一方の炭素に結合した水素ともう一方の炭素に結合した水素の位置関係は常に変化している (図 3・5).

図 3・5 単結合の回転. σ結合は円筒状に対称であるため, エタンの炭素－炭素単結合は回転する.

結合の回転により生じる原子の異なる配列を, **立体配座** (conformation) という. 異なる立体配座をもつ分子は **配座異性体** (conformational isomer, コンホマー conformer ともいう) とよばれる. 構造異性体と異なり, 配座異性体は速やかに相互変換するため, それらを単離できない場合が多い.

配座異性体は, 図 3・6 に示すような 2 種類の方法によって表される. **木挽台形表示法** (sawhorse representation) では, C－C 結合を斜めから見て, すべての C－H 結合を示して空間的な配向を表す. 一方, **Newman 投影式** (Newman projection) は, C－C 結合をその延長線上から見て, 二つの炭素原子を円で表す. 手前の炭素の結合は円の中心から伸びる線で表し, 後ろの炭素の結合は円のまわりから伸びる線で表される.

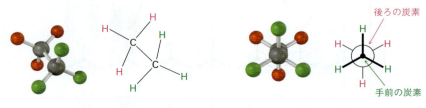

木挽台形表示法　　　　Newman 投影式

図 3・6 エタンの二つの表示法. 木挽台形表示法は分子を斜めから見る. 一方 Newman 投影式は, 結合の延長線上から見る. Newman 投影式の分子モデルでは, 一つの炭素に六つの原子が結合しているように見える. しかし実際には, 三つの緑の原子に結合した炭素が手前にあり, 三つの赤の原子に結合した炭素が後ろにある.

さて，実際にはエタンの炭素－炭素結合は完全には自由回転していない．実験によると，小さい（12 kJ/mol，2.9 kcal/mol）回転障壁があり，ある立体配座は他の立体配座よりも安定である．最もエネルギーの低い，すなわち最も安定な立体配座は**ねじれ形配座**（staggered conformation）で，Newman 投影式で見ると，すべてのC－H結合が互いにできる限り離れている．一方，最もエネルギーの高い，すなわち最も不安定な立体配座は，**重なり形配座**（eclipsed conformation）で，Newman 投影式ではC－H結合が互いに近づいている．エタン分子の約 99％がねじれ形に近い立体配座であり，わずか約 1％が重なり形に近い立体配座をとる．

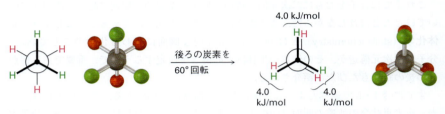

ねじれ形配座と比べエタンの重なり形配座は 12 kJ/mol 不安定であり，このエネルギー差を**ねじれひずみ**（torsional strain）とよぶ．この由来は論争の的であったが，おもな要因は一つの炭素上のC－Hの結合性軌道と，その隣の炭素上のC－Hの反結合性軌道との相互作用であり，それにより重なり形配座と比べてねじれ形配座が安定となる．全ひずみエネルギーである 12 kJ/mol は，3 組の水素－水素の重なり形相互作用によりもたらされる．したがって 1 組当たりの水素－水素の重なり形相互作用は，約 4.0 kJ/mol（1.0 kcal/mol）と見積もることができる．回転障壁は回転角に対するポテンシャルエネルギーを示したグラフで表すことができる．回転角はC－C結合に対して，手前のC－H結合と後ろのC－H結合がなす角度（二面角 dihedral angle）で，0°から 360°まで完全に一回りする．図 3・7 に示すようにエネルギーの最小値はねじれ形配座であり，エネルギーの最大値は重なり形配座である．

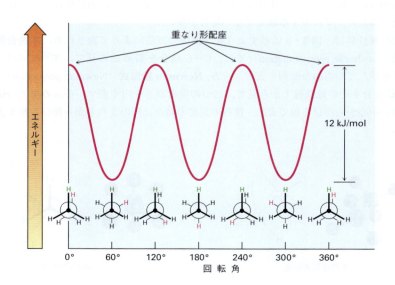

図 3・7　エタンにおける炭素－炭素結合の回転とポテンシャルエネルギーの関係．ねじれ形配座は重なり形配座よりエネルギーが 12 kJ/mol 低い．

3・7 他のアルカンの立体配座

エタンより一つ炭素数の多いアルカンであるプロパンにも，ねじれひずみによる回転障壁が存在し，炭素－炭素結合の自由回転を若干ながら阻害している．プロパンの回転障壁（14 kJ/mol，3.4 kcal/mol）はエタン（12 kJ/mol）の場合よりわずかに大きい．

プロパンの重なり形配座には三つの相互作用がある．二つはエタン形の水素－水素の相互作用であり，もう一つはメチル－水素の相互作用である．H↔H の重なり形相互作用のエネルギーはエタンの場合と同じで 4.0 kJ/mol なので，CH₃↔H の重なり形相互作用は 14－(2×4.0)＝6.0 kJ/mol（1.4 kcal/mol）であると見積もることができる（図 3・8）．

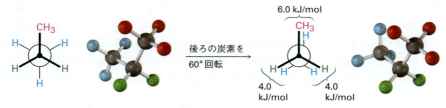

図 3・8 Newman 投影式で表したプロパンのねじれ形配座と重なり形配座．ねじれ形配座は重なり形配座よりエネルギーが 14 kJ/mol 低い．

炭素数の大きいアルカンになればなるほど，立体配座の問題はより複雑になる．なぜなら，すべてのねじれ形配座が同じエネルギーをもつとは限らず，また同様にすべての重なり形配座も同じエネルギーをもつとは限らないからである．たとえばブタンの場合，最もエネルギーの低い立体配座は**アンチ配座**（anti conformation）といい，二つのメチル基が互いにできるだけ遠く，つまり 180°に位置する．C2－C3 結合のまわりで 60°回転すると，二つの CH₃↔H 相互作用と一つの H↔H 相互作用をもつ重なり形配座となる．前にエタンやプロパンの場合に計算したエネルギー値を用いると，この重なり形配座はアンチ配座よりも 2×6.0 kJ/mol＋4.0 kJ/mol（二つの CH₃↔H 相互作用と一つの H↔H 相互作用），すなわち全体で 16 kJ/mol（3.8 kcal/mol）ひずんでいる（エネルギーが高い）．

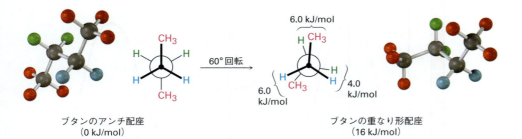

さらに結合が回転すると，メチル基が互いに 60°離れたねじれ形配座でエネルギーの極小値となる．この配座は**ゴーシュ配座**（gauche conformation）といい，重なり形の相互作用がまったくないにもかかわらず，アンチ形よりも 3.8 kJ/mol（0.9 kcal/mol）エネルギーが高い．このエネルギーの違いは，ゴーシュ配座では二つのメチル基の水素原子が互いに近づき，**立体ひずみ**（steric strain）をひき起こすため生じる．立体ひずみとは，二つの原子がそれらの原子半径の許容するよりも近づかざるをえない場合に生じる反発的な相互作用である．二つの原子が同じ空間を占めざ

74   3. 有機化合物：アルカンとその立体化学

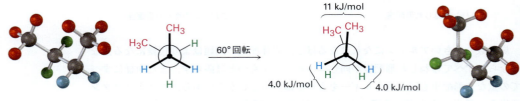

るをえない場合に起こる．
　二つのメチル基の二面角が 0°に近づくと，2 番目の重なり形配座でエネルギーは最大値となる．なぜなら，二つのメチル基がゴーシュ配座の場合よりもさらに近づかざるをえなくなり，ねじれひずみと立体ひずみの両方が生じるためである．この配座での全ひずみエネルギーは，19 kJ/mol（4.5 kcal/mol）であると見積もられている．したがってそこから二つの H↔H の重なり形相互作用（2×4.0 kJ/mol）を差し引くことにより，CH_3↔CH_3 の重なり形相互作用は 11 kJ/mol（2.6 kcal/mol）と求められる．

　0°からさらに回転すると，その立体配座はこれまでのものと鏡像の関係になる．つまり立体配座はゴーシュ配座になり，さらに重なり形配座になって，最後にアンチ配座に戻る．C2−C3 結合の回転に対するポテンシャルエネルギーを図 3・9 に示す．

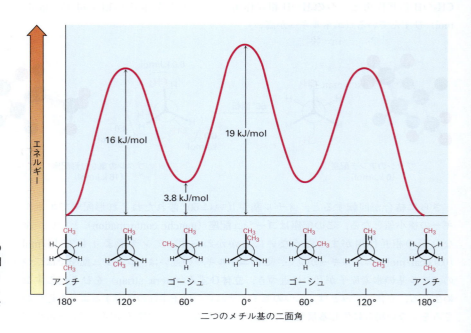

図 3・9　ブタンの C2−C3 結合の回転とポテンシャルエネルギーの関係．二つのメチル基が互いに重なった場合にエネルギーは最大となり，180°離れた場合（アンチ）最小となる．

表 3・5 アルカンの立体配座における相互作用のエネルギー値

相互作用	原因	エネルギー値 kJ/mol	kcal/mol
H↔H 重なり形	ねじれひずみ	4.0	1.0
CH₃↔H 重なり形	ほとんどねじれひずみ	6.0	1.4
CH₃↔CH₃ 重なり形	ねじれひずみと立体ひずみ	11	2.6
CH₃↔CH₃ ゴーシュ形	立体ひずみ	3.8	0.9

分子内の特定の相互作用に明確なエネルギー値を当てはめるという考えはとても便利であり，次章でも学ぶ．これまでに紹介したエネルギー値を表3・5にまとめる．

ブタンの場合と同様の原理が，ペンタン，ヘキサン，さらにはもっと炭素数の多い高級アルカンについても適用できる．どのアルカンにおいても，炭素－炭素結合がねじれ形で，大きい置換基が互いにアンチに配列する配座が最も安定である．一般的なアルカンの構造を図3・10に示す．

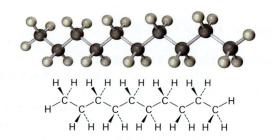

図 3・10 アルカンの配座．最も安定なアルカンの配座ではすべての置換基がねじれ形で，炭素－炭素結合がアンチに配列する．例としてデカンを示す．

注意すべき点として，ある特定の配座が他の配座に比べ"より安定"であるということは，分子がその安定な配座に固定されているということではない．室温ではσ結合のまわりの回転はきわめて速く，すべての配座異性体が平衡状態にある．しかし，任意の瞬間でみると，不安定な配座と比べ，より安定な配座をとっている割合が大きい．

例題 3・4　Newman 投影式を書く

1-クロロプロパンの C1－C2 結合の延長線上から分子を見て，最も安定な配座と最も不安定な配座を Newman 投影式で示せ．

考え方　置換アルカンの最も安定な配座は一般に，大きな置換基が互いにアンチの関係にあるねじれ形である．一方，最も不安定な配座は一般に，大きな置換基が互いに接近している重なり形である．

解　答

最も安定(ねじれ形)

最も不安定(重なり形)

問題 3・15　プロパンにおける結合の回転角度に対するポテンシャルエネルギーのグラフを書き，エネルギーの極大値をそれぞれ計算せよ．

問題 3・16　2-メチルプロパン（イソブタン）について考えてみよう．C2－C1 結合

の延長線上から分子を見て，次の問いに答えよ．
(a) 最も安定な配座を Newman 投影式で示せ．
(b) 最も不安定な配座を Newman 投影式で示せ．
(c) C2−C1 結合まわりの回転角に対するポテンシャルエネルギーのグラフを書け．
(d) H↔H の重なり形相互作用が 4.0 kJ/mol，CH_3↔H の重なり形相互作用が 6.0 kJ/mol であることから，(c) で書いたグラフの最大値と最小値の相対的な値を計算せよ．

問題 3・17 2,3-ジメチルブタンの C2−C3 結合の延長線上から分子を見て，最も安定な配座を Newman 投影式で示せ．

問題 3・18 左に示す 2,3-ジメチルブタンの配座を，C2−C3 結合の延長線上から分子を見た Newman 投影式で示し，全ひずみエネルギーを計算せよ．

科学談話室

ガ ソ リ ン

英国の外務大臣だった Ernest Bevin は，"天上の王国は正義によって動くが，地上の王国はアルカンによって動く"と言った．実際には彼は"アルカンで動く"ではなく，"石油で動く"と言ったのだが，いずれにせよ本質的には同じことである．アルカンのおもな供給源は，ほとんどが天然ガスと石油である．これらの堆積物は，太古の昔に有孔虫とよばれる小さな単細胞の海洋生物が分解されたものと考えられている．**天然ガス**（natural gas）の主成分はメタンであるが，エタン，プロパン，ブタンも含まれている．一方，**石油**（petroleum）はさまざまな炭化水素化合物の混合物であり，使用するには，それらを分離，精製しなければならない．

1859 年 8 月，Edwin Drake により世界最初の油田がペンシルバニア州 Titusville 近くで採掘され，石油時代が幕を開けた．石油は沸点の違いによりいくつかの留分に蒸留された．しかし当時，おもに需要があったのはガソリンではなく，むしろ高沸点の灯油やランプ油であった．この時代に多くの人々が読み書きの能力をもつようになり，本を読むための明かりとして，ろうそくに代わるもっとよいものを求めていた．ガソリンは，ランプの燃料として使用するには揮発性が高すぎて，当時は不要な副産物だと考えられていた．しかしそのような時代から世界は大きく様変わりし，今日ではランプ油よりもガソリンが重宝される．

石油精製は，原油を沸点の違いによりおもに三つの部分に分別蒸留することから始まる．すなわち，直留ガソリンとよばれる沸点 30～200 ℃ の留分，灯油とよばれる沸点 175～300 ℃ の留分，ディーゼル油（軽油）とよばれる沸点 275～400 ℃ の留分である．さらに減圧蒸留することにより，潤滑油とワックス（ろう）が得られ，最後にタール状のアスファルトが残る．しかし原油の蒸留はガソリン生産における第一段階にすぎない．直留ガソリンは"エンジンノック"，すなわち熱いエンジンの中で制御不能な燃焼を起こすため，自動車にとってよい燃料ではない．

ガソリンの**オクタン価**（octane number）とは，エンジンノックの起こりにくさを示す指標である．昔から，直鎖アルカンは，多く枝分かれしたアルカンと比べて非常にエンジンノックをひき起こしやすいことが知られていた．とりわけエンジンノックを起こしやすい燃料であるヘプタンのオクタン価を 0 とする基準値を用いると，一般にイソオクタンとして知られている 2,2,4-トリメチルペンタンのオクタン価は 100 である．

$CH_3CH_2CH_2CH_2CH_2CH_2CH_3$
ヘプタン
（オクタン価 = 0）

$$CH_3\underset{\underset{CH_3}{|}}{\overset{\overset{CH_3}{|}}{C}}CH_2\underset{\underset{}{|}}{\overset{\overset{CH_3}{|}}{C}}HCH_3$$

2,2,4-トリメチルペンタン
（オクタン価 = 100）

直留ガソリンがエンジン内であまりよく燃焼しないので，石油化学者はより品質のよい燃料を生産するための方法をいくつも考案した．それらのうちの一つが**接触分解**（catalytic cracking）とよばれる方法であり，高沸点の灯油（C_{11}～C_{14}）の留分をガソリンとして使用するのに適したもっと炭素数の少ない枝分かれのある分子に分解（cracking）する．別の方法は，改質（reforming）とよばれる方法で，C_6～C_8 のアルカンを，アルカンよりもずっと高いオクタン価をもつベンゼンやトルエンのような芳香族化合物に変換する．実際にガソリンとして用いられる最終生成物のおおよその組成は，C_4～C_8 直鎖アルカン 15％，C_4～C_{10} の枝分かれのあるアルカン 25～40％，環状アルカン 10％，直鎖ならびに環状のアルケン 10％ と芳香族化合物 25％ である．

まとめ

アルカンは比較的反応性が低く，化学反応に関与することはほとんどないが，いくつかの重要，かつ一般的な考え方を習得するうえで非常によい例である．本章では，アルカンを用いて，有機化合物の命名の基本的な考え方を紹介し，分子の三次元的側面を研究する**立体化学**の初歩を学んだ．

官能基とは，大きな分子の中にある特定の原子の集まりであり，特徴的な化学反応性をもっている．それぞれの官能基は，それらを含んでいる分子の中で同じような反応性を示すことから，有機化合物の化学反応は，それらがもつ官能基により決定される場合が多い．

アルカンは，一般式 C_nH_{2n+2} で表される**飽和炭化水素**に分類される．アルカンは官能基をもたないため，比較的反応性に乏しく，**直鎖**であるか，あるいは**分枝**（枝分かれ）している．アルカンは IUPAC により決められた規則に従って命名される．化学式が同じでありながら構造が異なる化合物を**異性体**という．さらに細かい分類では，ブタンとイソブタンのように，原子間の結合形式が異なる化合物を**構造異性体**という．

アルカンの炭素－炭素単結合は，炭素の sp^3 混成軌道の σ型の重なりにより生成する．σ結合は円筒形で対称なので，結合まわりの回転が可能である．したがってアルカンには，互いに相互変換しうる多くの**立体配座**がある．**Newman 投影式**は，炭素－炭素結合に沿った方向から見ることにより，結合回転で変化する空間的な配列の仕方を表すことができる．アルカンのすべての配座が同じように安定というわけではない．エタンの**重なり形配座**には，**ねじれひずみ**があるため，**ねじれ形配座**の方が 12 kJ/mol (2.9 kcal/mol) 安定である．すべての結合がねじれ形であるアルカンが，一般に最も安定である．

重要な用語

アルカン（alkane）
R 基（R group）
アルキル基（alkyl group）
アンチ配座（anti conformation）
異性体（isomer）
重なり形配座（eclipsed conformation）
官能基（functional group）
構造異性体（constitutional isomer）
ゴーシュ配座（gauche conformation）
脂肪族（aliphatic）
炭化水素（hydrocarbon）
置換基（substituent）
直鎖アルカン（straight-chain alkane, normal alkane）
Newman 投影式（Newman projection）
ねじれ形配座（staggered conformation）
ねじれひずみ（torsional strain）
配座異性体（conformational isomer）
分枝アルカン（branched-chain alkane）
飽和（saturated）
立体化学（stereochemistry）
立体配座（conformation）
立体ひずみ（steric strain）

演習問題

目で学ぶ化学

（問題 3・1〜3・18 は本文中にある）

3・19 次に示す化合物中の官能基を示し，それぞれの化合物を分子式で書け．（赤は O，青は N）

(a)

(b)

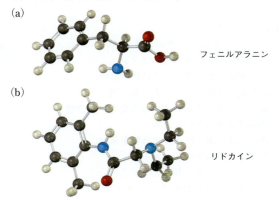

フェニルアラニン

リドカイン

3・20 次のアルカンの IUPAC 名をつけ，それぞれを骨格構造式に変換せよ．

(a)　　　　　　　　　　(b)

(c)　　　　　　　　　　(d)

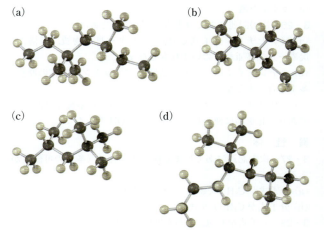

3・21 次に示すブタン-2-オールの立体配座を，C2-C3 結合に沿った Newman 投影式で書け．

追加問題
官 能 基
3・22 次の分子中の官能基およびその位置を示せ．

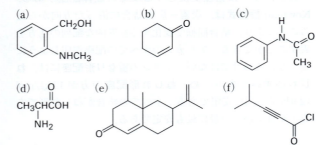

3・23 次の記述に当てはまる構造式をそれぞれ一つ書け．
(a) 5 炭素のケトン (b) 4 炭素のアミド
(c) 5 炭素のエステル (d) 芳香族アルデヒド
(e) ケトエステル   (f) アミノアルコール

3・24 次の記述に当てはまる構造式をそれぞれ一つ書け．
(a) C_4H_8O のケトン
(b) C_5H_9N のニトリル
(c) $C_4H_6O_2$ のジアルデヒド
(d) $C_6H_{11}Br$ のブロモアルケン
(e) C_6H_{14} のアルカン
(f) C_6H_{12} の環状飽和炭化水素
(g) C_5H_8 のジエン（ジアルケン）
(h) C_5H_8O のケトアルケン

3・25 次の官能基の炭素原子の混成を示せ．
(a) ケトン   (b) ニトリル
(c) カルボン酸

3・26 次の記述にあてはまる分子の構造を書け．
(a) ビアセチル．分子式 $C_4H_6O_2$ でバター臭の物質．環構造，炭素-炭素多重結合のいずれももたない．
(b) エチレンイミン．分子式 C_2H_5N でメラミン重合体の原料．多重結合をもたない．
(c) グリセロール．分子式 $C_3H_8O_3$ で脂肪から単離された物質であり，化粧品に使われる．各炭素に OH 基をもつ．

異 性 体
3・27 次の記述にあてはまる構造式を書け（多くの可能性がある）．
(a) 分子式が C_8H_{18} である三つの異性体
(b) 分子式が $C_4H_8O_2$ である二つの異性体

3・28 分子式が C_7H_{16} である異性体を九つ書け．

3・29 次のそれぞれの組の構造式のなかで，同一のものを示せ．

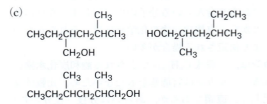

3・30 分子式 $C_4H_{10}O$ で表される化合物には構造異性体が七つある．それらをすべて書け．

3・31 次の記述に当てはまる化合物をできるだけ多く書け．
(a) $C_4H_{10}O$ のアルコール   (b) $C_5H_{13}N$ のアミン
(c) $C_5H_{10}O$ のケトン   (d) $C_5H_{10}O$ のアルデヒド
(e) $C_4H_8O_2$ のエステル   (f) $C_4H_{10}O$ のエーテル

3・32 次の構造をもつ化合物をそれぞれ一つ書け．
(a) 第一級アルコール   (b) 第三級ニトリル
(c) 第二級チオール
(d) 第一級アルコールと第二級アルコール
(e) イソプロピル基   (f) 第四級炭素

化合物の命名
3・33 $C_5H_{11}Br$ で表されるペンタンのモノブロモ体の構造式をすべて書き，命名せよ．

3・34 $C_8H_{17}Cl$ で表される 2,5-ジメチルヘキサンのモノクロロ体の構造式をすべて書き，命名せよ．

3・35 次の名称の化合物の構造を書け．
(a) 2-メチルヘプタン
(b) 4-エチル-2,2-ジメチルヘキサン
(c) 4-エチル-3,4-ジメチルオクタン
(d) 2,4,4-トリメチルヘプタン
(e) 3,3-ジエチル-2,5-ジメチルノナン
(f) 4-イソプロピル-3-メチルヘプタン

3・36 次の記述にあてはまる化合物を書け．
(a) 第一級と第三級炭素のみをもつ化合物
(b) 第二級，第三級炭素のいずれももたない化合物
(c) 第二級炭素を四つもつ化合物

3・37 次の記述にあてはまる化合物を書け．
(a) 第一級水素を九つもつ化合物
(b) 第一級水素のみをもつ化合物

3・38 次の化合物の IUPAC 名を示せ．

3. 有機化合物：アルカンとその立体化学　79

(a)
$$CH_3$$
$$CH_3CHCH_2CH_2CH_3$$

(b)
$$CH_3$$
$$CH_3CH_2CCH_3$$
$$CH_3$$

(c)
$$H_3C\ \ CH_3$$
$$CH_3CHCCH_2CH_2CH_3$$
$$CH_3$$

(d)
$$CH_2CH_3\ \ \ CH_3$$
$$CH_3CH_2CHCH_2CH_2CHCH_3$$

(e)
$$CH_3\ \ \ CH_2CH_3$$
$$CH_3CH_2CH_2CHCH_2CCH_3$$
$$CH_3$$

(f)
$$H_3C\ \ \ CH_3$$
$$CH_3C-CCH_2CH_2CH_3$$
$$H_3C\ \ \ CH_3$$

3・39 分子式 C_6H_{14} の五つの異性体を命名せよ.

3・40 次の名称はいずれも間違っている. 理由を説明せよ.
(a) 2,2-ジメチル-6-エチルヘプタン
(b) 4-エチル-5,5-ジメチルペンタン
(c) 3-エチル-4,4-ジメチルヘキサン
(d) 5,5,6-トリメチルオクタン
(e) 2-イソプロピル-4-メチルヘプタン

3・41 次の記述にあてはまる化合物の構造, ならびに IUPAC 名を書け.
(a) ジエチルジメチルヘキサン
(b) 3-メチルブチル基の置換したアルカン

立 体 配 座

3・42 2-メチルブタン（イソペンタン）を C2-C3 結合に沿って見た場合に, 次の問いに答えよ.
(a) 最も安定な配座を Newman 投影式で示せ.
(b) 最も不安定な配座を Newman 投影式で示せ.
(c) $CH_3 \leftrightarrow CH_3$ の重なり形相互作用は $11\,kJ/mol$ ($2.5\,kcal/mol$) であり, $CH_3 \leftrightarrow CH_3$ のゴーシュ形相互作用は $3.8\,kJ/mol$ ($0.9\,kcal/mol$) であるとして, C2-C3 結合の回転に対するエネルギーの定量的なグラフを書け.

3・43 2,3-ジメチルブタンにおける C2-C3 結合の回転において, 可能な三つのねじれ形配座の相対的なエネルギーの違いを求めよ（問題 3・42 参照）.

3・44 1,2-ジブロモエタンの C-C 結合の回転に対するポテンシャルエネルギーの定性的なグラフを書き, 最も安定な配座を示せ. 1,2-ジブロモエタンのアンチ, ゴーシュ配座に印をつけよ.

3・45 1,2-ジブロモエタン（問題 3・44 参照）の配座のうち, 最も双極子モーメントが大きいものを示せ. 観測された双極子モーメントは $\mu = 1.0\,D$ である. この結果から, 実際の分子の立体配座についていえることは何か.

3・46 ペンタンの最も安定な配座を書け. ただし, 紙面の手前に出る結合をくさび線, 奥に向かう結合を破線で表すこと.

3・47 1,4-ジクロロブタンの最も安定な配座を書け. ただし, 紙面の手前に出る結合をくさび線, 紙面の奥に向かう結合を破線で表すこと.

総 合 問 題

3・48 次のそれぞれの化合物と同じ官能基をもつ異性体を一つ書け.

(a)
$$CH_3$$
$$CH_3CHCH_2CH_2Br$$

(b)
（シクロペンタン-OCH₃の構造）—OCH_3

(c) $CH_3CH_2CH_2C{\equiv}N$

(d)
（シクロヘキサン-OHの構造）—OH

(e) CH_3CH_2CHO

(f)
（ベンゼン環）—CH_2CO_2H

3・49 リンゴ酸 $C_4H_6O_5$ はリンゴから単離された. この化合物は 2 倍モル量の塩基と反応することから, ジカルボン酸である.
(a) 可能な構造を五つ以上書け.
(b) リンゴ酸は第二級アルコールである. その構造を書け.

3・50 ホルムアルデヒド $H_2C{=}O$ は, 生物組織の防腐剤としてよく用いられる化合物である. 純粋なホルムアルデヒドは, 三量化してトリオキサン $C_3H_6O_3$ になる. 驚くべきことに, このトリオキサンはカルボニル基をもたない. そしてトリオキサンのモノブロモ体 $C_3H_5BrO_3$ は 1 種類しかない. トリオキサンの構造を示せ.

3・51 ブロモエタンの C-C 結合の回転障壁は $15\,kJ/mol$ ($3.6\,kcal/mol$) である.
(a) $H \leftrightarrow Br$ の重なり形相互作用のエネルギーを求めよ.
(b) ブロモエタンにおける結合の回転に対するポテンシャルエネルギーの定量的なグラフを書け.

3・52 結合の周辺の置換基の数が多くなると, ひずみが大きくなる. たとえば, 以下に示す四つの置換ブタンをみてみよう. 各化合物について, C2-C3 結合に沿って見て, 最も安定な配座と最も安定でない配座を Newman 投影式で示せ. また表 3・5 のデータを使って, それぞれの配座にひずみエネルギー値を割り当てよ. 八つの配座のなかで, 最もひずみが大きい配座はどれか. また, 最もひずみの小さい配座はどれか.
(a) 2-メチルブタン　　　(b) 2,2-ジメチルブタン
(c) 2,3-ジメチルブタン　(d) 2,2,3-トリメチルブタン

3・53 シンバスタチン（販売名リポバス®）やプラバスタチンなどのスタチン系とよばれるコレステロール降下剤は, 世界

シンバスタチン

プラバスタチン

80   3. 有機化合物：アルカンとその立体化学

で最も広く処方されている薬剤の一つである（1章冒頭を参照）．それぞれの化合物中の官能基を特定し，どのように異なるかを説明せよ

3・54 次章で，シクロアルカン，すなわち環状飽和炭化水素について解説する．シクロアルカンは一般に折れ曲がった非平面的な配座をとっている．たとえばシクロヘキサンは，完全な平面構造ではなく安楽いすのように折れ曲がった形をしている．その理由を考えよ．

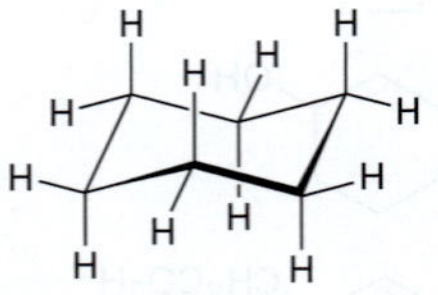

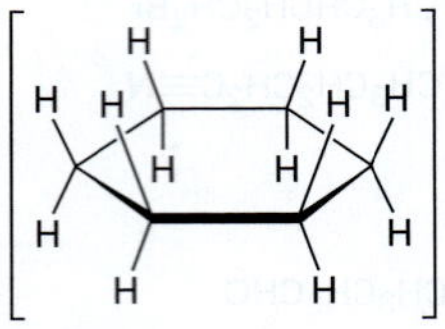

3・55 次章で，1,2-ジメチルシクロヘキサンには，二つの異性体があることを述べるが，それについて説明せよ．

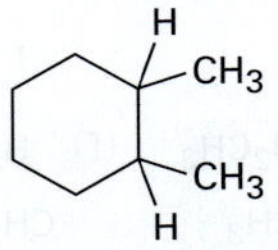

非平面的なシクロヘキサン　　平面的なシクロヘキサン

1,2-ジメチルシクロヘキサン

有機化合物：
シクロアルカンとその立体化学

4・1 シクロアルカンの命名法
4・2 シクロアルカンの
　　　　　　　シス-トランス異性
4・3 シクロアルカンの安定性：
　　　　　　　　　　環ひずみ
4・4 シクロアルカンの立体配座
4・5 シクロヘキサンの立体配座
4・6 シクロヘキサンのアキシアル結合
　　　とエクアトリアル結合
4・7 一置換シクロヘキサンの立体配座
4・8 二置換シクロヘキサンの立体配座
4・9 多環式化合物の立体配座

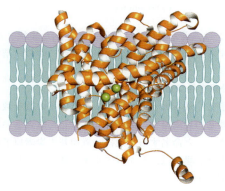

細胞膜を横断して塩化物イオン Cl⁻ を運ぶ膜チャネルタンパク質

本章の目的　　今後の章では，鎖状ではなく環状構造であることにより，官能基が化学的に受ける影響について数多くの例を紹介する．環状分子は，ほとんどの医薬品や，タンパク質，脂質，炭水化物，核酸など，あらゆる種類の生体分子でよくみられるため，環状構造がもたらす影響について理解することは重要である．

　これまで鎖状化合物についてのみ述べてきたが，有機化合物の多くは環状炭素骨格をもっている．たとえば菊酸エステルは菊の花がもつ活性な殺虫成分として天然に存在するが，3員環（シクロプロパン）構造を含んでいる．ヒトの体内において多種多様な生理作用を制御する強力なホルモンである**プロスタグランジン**（prostaglandin）は，5員環（シクロペンタン）構造を含んでいる．コルチゾンのような**ステロイド**（steroid）は，連結した四つの環，すなわち三つの6員環（シクロヘキサン）と一つの5員環をもっている．なお，ステロイドとその性質については，§23・9と§23・10で詳しく解説する．

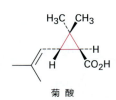

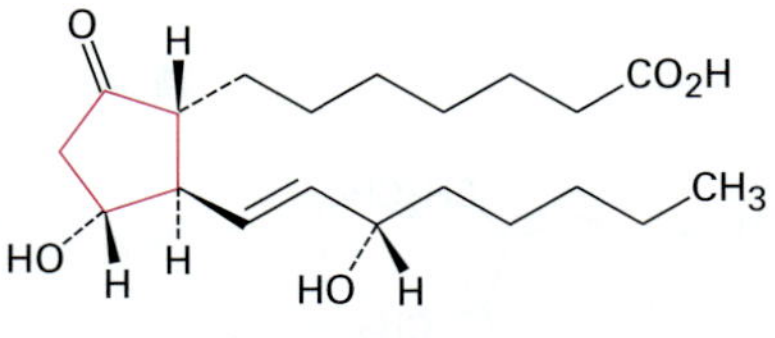

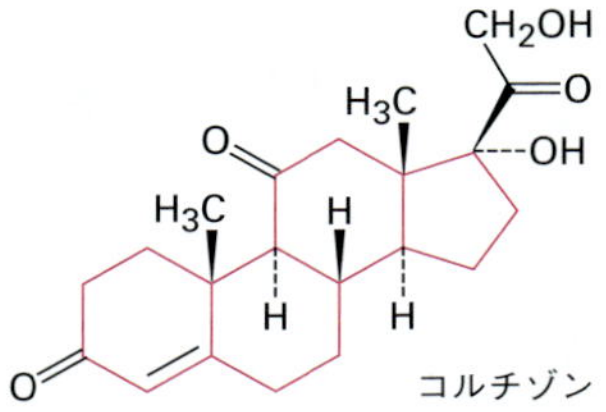

4・1　シクロアルカンの命名法

　環状飽和炭化水素は，**シクロアルカン**（cycloalkane），あるいは**脂環式化合物**（alicyclic compound）とよばれる．シクロアルカンは−CH$_2$−を単位とする環から構成されるので，一般式は(CH$_2$)$_n$あるいはC$_n$H$_{2n}$であり，骨格は多角形で表される．

置換シクロアルカンは，前章（§3・4参照）で述べた鎖状アルカンの場合と同様の規則に従って命名する．ほとんどの化合物がわずか二つの段階で命名できる．

段階1　母体となる骨格を見つける

環を構成する炭素原子と，最も大きい置換基の炭素原子の数を数える．環を構成する炭素原子の数が，置換基の炭素原子の数と同じ，もしくは大きい場合には，アルキル置換したシクロアルカン，と命名する．逆に，置換基の炭素原子の数が環を構成する炭素原子の数よりも大きい場合は，シクロアルキル基の置換したアルカン，と命名する．次にそれぞれの例を示す．

段階2　置換基に番号をつけ，命名する

アルキル，あるいはハロゲン置換のシクロアルカンは，それらがついている炭素をC1とし，2番目の置換基の番号ができるだけ小さくなるように環上の置換基に番号づけをする．2番目で決まらない場合は，違いが生じるまで3番目，あるいは4番目の置換基の番号ができるだけ小さくなるように番号づけをする．

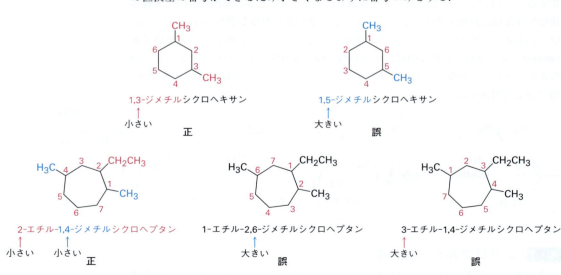

(a) 二つ以上の異なる置換基があり，それらに同じ番号をつけることが可能な場合はアルファベット順に番号をつける．その際，di- や tri- などの数の接頭詞は無視する．

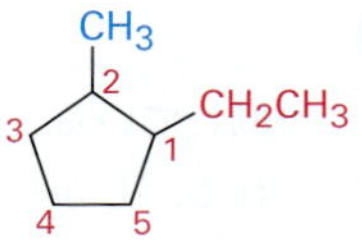

1-エチル-2-メチルシクロペンタン　　2-エチル-1-メチルシクロペンタン
1-ethyl-2-methylcyclopentane　　2-ethyl-1-methylcyclopentane
　　　　正　　　　　　　　　　　　　　誤

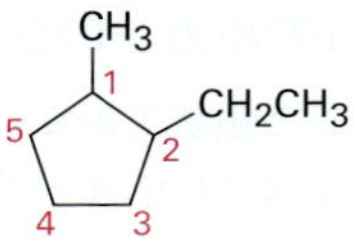

(b) ハロゲン置換基がある場合はアルキル基と同様に扱う.

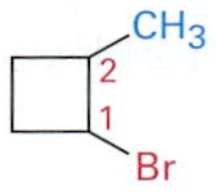

1-ブロモ-2-メチルシクロブタン　　2-ブロモ-1-メチルシクロブタン
1-bromo-2-methylcyclobutane　　2-bromo-1-methylcyclobutane
　　　　正　　　　　　　　　　　　　　誤

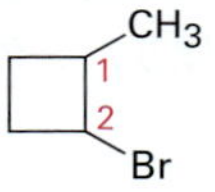

さらにいくつかの例を次に示す.

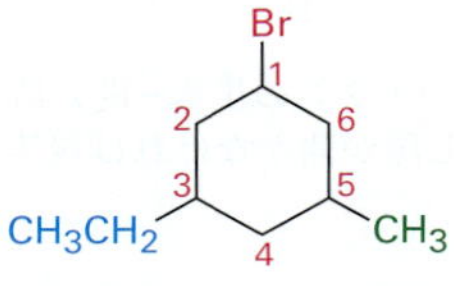

1-ブロモ-3-エチル-5-メチルシクロヘキサン　　(1-メチルプロピル)シクロブタン　　1-クロロ-3-エチル-2-メチルシクロペンタン
1-bromo-3-ethyl-5-methylcyclohexane　　(1-methylpropyl)cyclobutane　　1-chloro-3-ethyl-2-methylcyclopentane
　　　　　　　　　　　　　　　　　　　または s-ブチルシクロブタン
　　　　　　　　　　　　　　　　　　　　s-butylcyclobutane

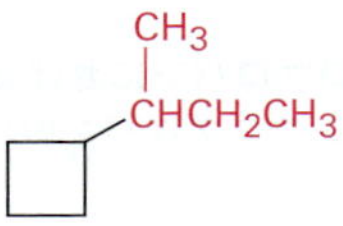

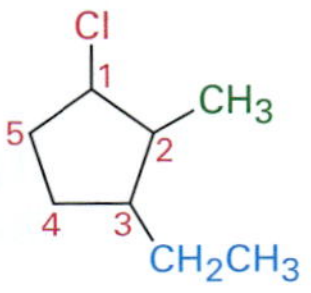

問題 4・1 次のシクロアルカンに IUPAC 名をつけよ.

(a)　　　　　　(b) 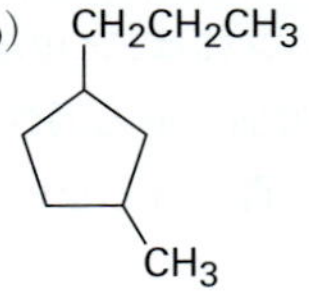　　　　　　(c)

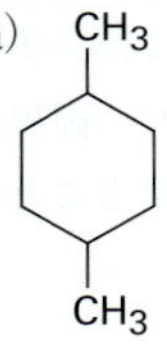

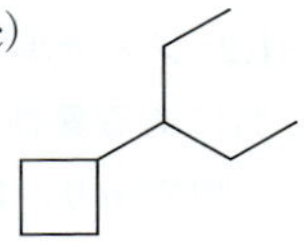

(d)　　　　　　(e) 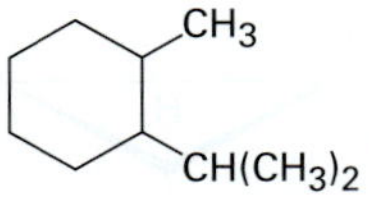　　　　　　(f)

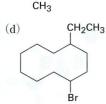　

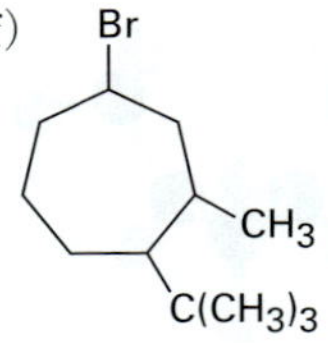

問題 4・2 次の IUPAC 名をもつ化合物の構造式を書け.
　(a) 1,1-ジメチルシクロオクタン　　(b) 3-シクロブチルヘキサン
　(c) 1,2-ジクロロシクロペンタン　　(d) 1,3-ジブロモ-5-メチルシクロヘキサン

問題 4・3 次のシクロアルカンを命名せよ.

4・2 シクロアルカンのシス-トランス異性

シクロアルカンと鎖状アルカンの化学は多くの点で類似している．たとえば，非極性であることや非常に反応性が乏しいことなどがあげられる．しかし，いくつか重要な相違点もある．その違いの一つが，シクロアルカンが鎖状アルカンと比べて分子の自由度が制限されていることである．鎖状アルカンは単結合のまわりで自由に回転できるのに対し（§3・6，§3・7参照），シクロアルカンの場合，はるかに自由度が少ない．たとえばシクロプロパンは，三つの点（三つの炭素原子）により一つの平面が決定されるので，自由度のない平面分子でなければならない．したがって，結合が開裂し環を開かない限り，シクロプロパンの炭素－炭素結合を回転させることはできない（図4・1）．

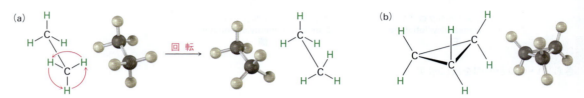

図 4・1 **エタンとシクロプロパンにおける結合の回転**．(a)のエタンの炭素－炭素結合は回転できるが，(b)のシクロプロパンの場合，結合が開裂し環が開かなければ炭素－炭素結合は回転できない．

炭素数の大きなシクロアルカンになると回転の自由度は増加する．非常に大きな環（C_{25} 以上）になると，柔軟性が高く鎖状アルカンとほとんど区別ができない．しかし，通常の環の大きさ（C_3〜C_7）の場合，分子の動きにはほとんど自由度がない．

環構造であるため，シクロアルカンには真横から見たとき "上" 面と "下" 面の区別がある．その結果，置換基をもつシクロアルカンには異性体が存在する可能性がある．たとえば，1,2-ジメチルシクロプロパンには二つの異性体がある．二つのメチル基が環上の同じ面にある異性体と，反対の面にある異性体である（図4・2）．両異性体とも安定な化合物であり，結合が開裂し再結合しない限り，互いに変換することはできない．

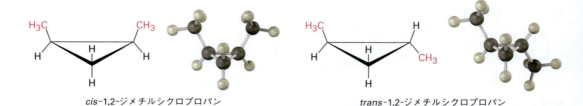

cis-1,2-ジメチルシクロプロパン　　　　　*trans*-1,2-ジメチルシクロプロパン

図 4・2 **1,2-ジメチルシクロプロパンの異性体**．1,2-ジメチルシクロプロパンには二つの異性体，すなわち二つのメチル基が環上の同じ面にある（シス）異性体と，メチル基がそれぞれ反対の面にある（トランス）異性体がある．二つの異性体は相互変換しない．

ブタンとイソブタンのように原子の結合の順番が異なる構造異性体と違い（§3・2参照），二つの1,2-ジメチルシクロプロパンは結合の順番は同じであるが，原子の空間的配置が異なる．このように，原子の結合する順番は同じで，三次元的配置が異なる化合物を**立体異性体**（stereoisomer）という．前章で説明したように，**立体化学**（stereochemistry）という用語は一般に，三次元的な化学構造，およびそれによる反

応性を解釈する際に用いられる.

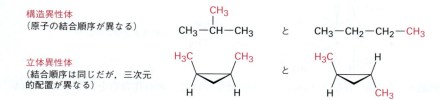

構造異性体
(原子の結合順序が異なる)

立体異性体
(結合順序は同じだが，三次元的配置が異なる)

1,2-ジメチルシクロプロパンの両立体異性体は，**シス-トランス異性体**（cis-trans isomer）に分類される．それらを区別するために，接頭語として *cis-*（ラテン語で"同じ側"）と *trans-*（ラテン語で"向こう側"）が用いられる．シス-トランス異性は置換シクロアルカンや環構造をもつ生体関連物質では一般的にみられる．

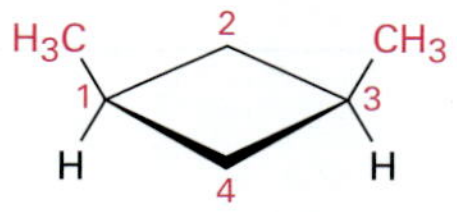

cis-1,3-ジメチルシクロブタン
cis-1,3-dimethylcyclobutane

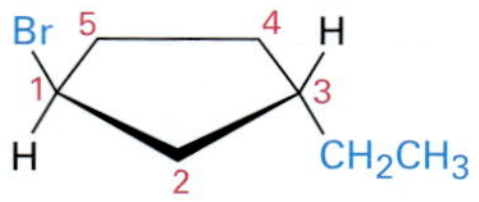

trans-1-ブロモ-3-エチルシクロペンタン
trans-1-bromo-3-ethylcyclopentane

例題 4・1 シクロアルカンを命名する

次の化合物を *cis-* あるいは *trans-* の接頭語をつけて命名せよ.
(a)　　　　　　(b)

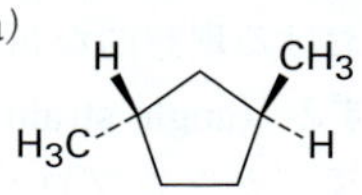

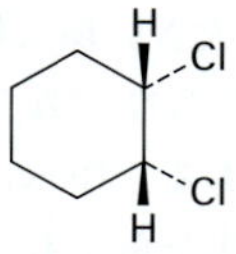

考え方　この図では環はおおよそ紙面と同一平面上にあり，くさび線の結合は紙面の手前に突き出ており，破線の結合は紙面の奥へ引っ込んでいる．二つの置換基がともに紙面の手前，あるいは奥にある場合はシスであり，一つが手前，もう一方が奥の場合はトランスである．

解　答　(a) *trans*-1,3-ジメチルシクロペンタン
(b) *cis*-1,2-ジクロロシクロヘキサン

問題 4・4　*cis-* あるいは *trans-* の接頭語をつけて，次の化合物を命名せよ.
(a)　　　　　　(b)

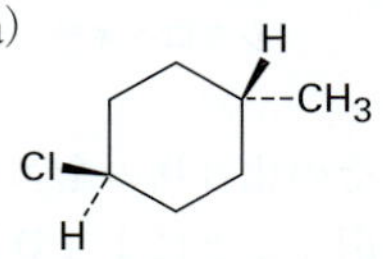

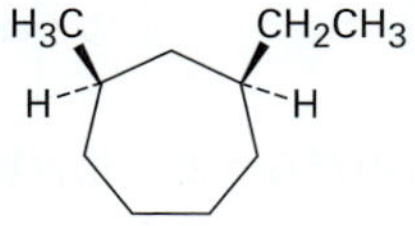

問題 4・5　次の分子の構造式を書け.
(a) *trans*-1-ブロモ-3-メチルシクロヘキサン
(b) *cis*-1,2-ジメチルシクロブタン
(c) *trans*-1-*t*-ブチル-2-エチルシクロヘキサン

問題 4・6　出産時に子宮収縮を起こすホルモンであるプロスタグランジン $F_{2\alpha}$ は，次のような構造である．シクロペンタン環上の二つのヒドロキシ基 (OH) は互いにシ

スか，トランスか．環上の二つの炭素鎖についても答えよ．

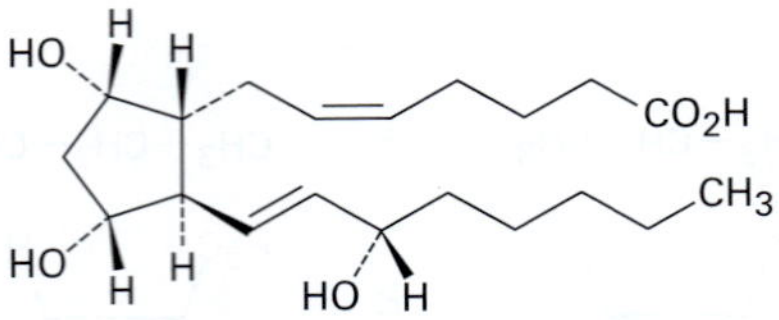

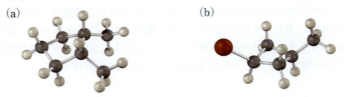

プロスタグランジン F$_{2\alpha}$

問題 4・7 *cis*- あるいは *trans*- の接頭語をつけて，次の化合物を命名せよ．（赤茶は Br）

(a)　　　　　　　　　　　(b)

4・3　シクロアルカンの安定性：環ひずみ

　1800年代後半に，すでに化学者は環状分子が存在することを知っていた．しかし環の大きさの限界についてはわからなかった．5員環あるいは6員環をもつ化合物は数多く知られていたが，それよりも小さい環，あるいは大きい環は，多くの化学者の努力にもかかわらず，合成されていなかった．

　1885年に Adolf von Baeyer（バイヤー）は，このような事実に対して次のような理論的解釈を提案した．すなわち，小さい環や大きい環は結合角が四面体における理想的な角度である 109°から逸脱する場合に生じるひずみ，すなわち**角度ひずみ**（angle strain）により不安定になるという考えである．Baeyer の提案は，3員環（シクロプロパン）は 109°よりかなり小さい 60°の結合角をもつ正三角形，4員環（シクロブタン）は 90°の結合角をもつ正方形，5員環（シクロペンタン）は 108°の結合角をもつ正五角形である，などという単純な幾何学的概念に基づいている．この議論を進めると，大きな環は 109°よりかなり大きな結合角であるため，ひずんでいると予想される．

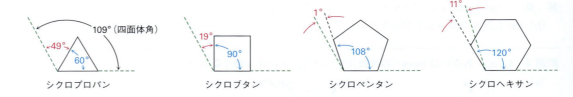

　実際はどうなっているのだろうか．化合物のひずみ量は，その化合物の全エネルギーを測定し，ひずみのない参照化合物のエネルギーを差し引くことにより算出する．この二つの値の差が，ひずみによる分子の余分なエネルギー量を示すはずである．シクロアルカンの場合，最も簡単な実験方法は，その化合物が酸素で完全に燃焼された際に放出される熱量である**燃焼熱**（heat of combustion）を測定することである．化合物がエネルギー（ひずみ）を多く含むほど，燃焼時に放出されるエネルギー（熱）も多くなる．

　シクロアルカンの燃焼熱は環の大きさに依存するため，CH$_2$単位当たりの燃焼熱

$$(CH_2)_n + 3n/2\ O_2 \rightarrow n\ CO_2 + n\ H_2O + 熱$$

をみる必要がある．すなわち，ひずみのない非環状アルカンを基準値として差し引き，環内の CH_2 単位の数を乗じることで，全体のひずみエネルギーが算出される．結果を図4・3に示す．

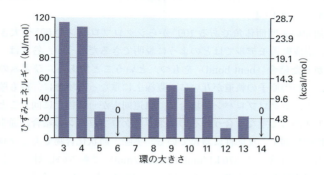

図4・3 シクロアルカンのひずみエネルギー．ひずみエネルギーはシクロアルカンの CH_2 当たりの燃焼熱と非環状アルカンの CH_2 当たりの燃焼熱の差を計算し，環の CH_2 の数を乗じることで算出される．小員環，中員環はひずんでいるが，シクロヘキサン環および大員環はひずんでいない．

図4・3より，Baeyerの理論は部分的にしか正しくないことがわかる．シクロプロパンとシクロブタンは予測どおりにひずんでいるが，シクロペンタンは予測よりもひずんでおり，一方，シクロヘキサンにはひずみがない．中程度の大きさ（C_7～C_{13}）のシクロアルカンのひずみはそれほど大きくなく，14炭素以上の環ではひずみがない．なぜBaeyerの理論は間違っているのだろうか．

"すべてのシクロアルカンは平面である" という仮定が間違っているという単純な理由から，Baeyerの理論は正しくない．次節で説明するが，ほとんどのシクロアルカンは実際に平面ではない．シクロアルカンは正四面体に近い結合角となるように折れ曲がった三次元の立体配座をとっている．その結果，角度ひずみは分子の動きにほとんど自由度のない小員環の場合にのみ生じる．それ以外のほとんどのシクロアルカンでは，隣接した炭素原子上のH↔H重なり形相互作用によりひき起こされるねじれひずみ（§3・6参照）と，直接結合はしていないが空間的に互いに非常に近接した原子間の反発によりひき起こされる立体ひずみ（§3・7参照）の二つが最も重要な要因である．したがって，以上の3種類のひずみがシクロアルカンの全エネルギーを決定している．

- **角度ひずみ**：結合角が理想的な 109° よりも広げられたり，せばめられることにより生じるひずみ
- **ねじれひずみ**：隣接する原子がもつ結合との重なりにより生じるひずみ
- **立体ひずみ**：原子同士が空間的に近くなりすぎた場合に起こる反発相互作用により生じるひずみ

問題4・8 エタンのH↔Hの重なり形相互作用はいずれも 4.0 kJ/mol である．シクロプロパンにはこのような相互作用はいくつあるか．シクロプロパンの全ひずみエネルギー 115 kJ/mol（27.5 kcal/mol）のうち，ねじれひずみに由来するひずみエネルギーの割合を計算せよ．

問題4・9 *cis*-1,2-ジメチルシクロプロパンは，*trans*-1,2-ジメチルシクロプロパンよりもひずんでいる．この理由について説明せよ．また，シス体とトランス体のどちらがより安定であるか．

4・4 シクロアルカンの立体配座

シクロプロパン

シクロプロパンはすべての環構造のなかで最もひずんでいる．その第一の理由は，C–C–C の結合角が 60°であることにより生じる角度ひずみである．それに加え隣接する炭素原子の C–H 結合が重なり形であるので，シクロプロパンには大きなねじれひずみがある（図 4・4）．

結合角が通常の正四面体角である 109°からシクロプロパンの 60°へ大きく曲げられることを，混成軌道モデルではどのように説明できるだろうか．答えは，シクロプロパンは**曲がった結合**（bent bond）をもつ，ということである．ひずみのないアルカンの場合，二つの原子の軌道が互いに一直線上に重なった場合に，最も強い結合を生成する．一方，シクロプロパンの場合は，軌道同士が一直線上に向くことは不可能であり，若干曲がって重なり合う．その結果，シクロプロパンの結合は通常のアルカンの結合と比べて弱く，反応性に富んでいる．実際，鎖状化合物であるプロパンの炭素–炭素結合エネルギーが 370 kJ/mol（88 kcal/mol）であるのに対し，シクロプロパンの炭素–炭素結合エネルギーは 255 kJ/mol（61 kcal/mol）である．

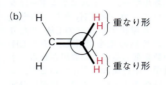

図 4・4 シクロプロパンの立体配座．(a)隣接する C–H 結合が重なり形であることから，ねじれひずみがあることがわかる．(b)は C–C 結合に沿って見た Newman 投影式．

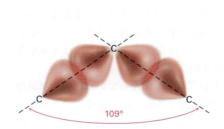
典型的なアルカンの C–C 結合

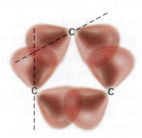
典型的な曲がったシクロプロパンの C–C 結合

シクロブタン

シクロプロパンと比べた場合，角度ひずみはシクロブタンの方が小さいが，環上により多くの水素原子をもつため，ねじれひずみはシクロブタンの方が大きい．その結果，シクロプロパンとシクロブタンの分子全体のひずみはほぼ等しく，シクロプロパンが 115 kJ/mol（27.5 kcal/mol）であるのに対し，シクロブタンは 110 kJ/mol（26.4 kcal/mol）である．シクロブタンは完全に平面ではなく少し曲がっており，三つの炭素原子がつくる平面の上方約 25°にもう一つの炭素が位置している（図 4・5）．こ

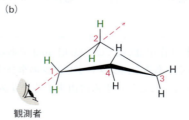
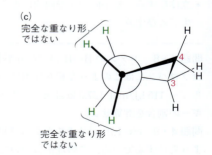

図 4・5 シクロブタンの立体配座．(c)は C–C 結合に沿って見た Newman 投影式であり，隣接する C–H 結合が完全な重なり形ではないことがわかる．

のように環が若干折れ曲がることにより，角度ひずみは増加するがねじれひずみは減少し，結果として二つの相反する効果の間で最もエネルギーの低い構造で釣合がとれている．

シクロペンタン

Baeyer はシクロペンタンにはほとんどひずみがないと予測したが，実際には分子全体で 26 kJ/mol（6.2 kcal/mol）のひずみエネルギーがある．もしもシクロペンタンが平面構造なら角度ひずみはほとんどないが，ねじれひずみは非常に大きくなる．したがってシクロペンタンは，折れ曲がった非平面の立体配座をとることにより，角度ひずみの増加とねじれひずみの減少の均衡をとっている．つまり，シクロペンタンの四つの炭素原子はほぼ同一平面上にあるが，残りのもう一つの炭素原子はその平面からずれている．このときほとんどの水素は隣接する水素に対してねじれ形になっている（図 4・6）．

図 4・6 シクロペンタンの立体配座．C1～C4 はほぼ同一平面上にあるが，C5 はその平面上にはない．（c）は C1-C2 結合に沿って見た Newman 投影式であり，隣接する C-H 結合がねじれ形に近いことがわかる．

問題 4・10 シクロペンタンが平面構造であるとした場合に生じる H↔H 重なり形相互作用はいくつあるか．それぞれの重なり形相互作用のエネルギーが 4.0 kJ/mol で，平面構造であるとした場合のシクロペンタンのねじれひずみの大きさを計算せよ．また，実測したシクロペンタンの全ひずみエネルギーが 26 kJ/mol であることから，シクロペンタンが折れ曲がることにより減少したねじれひずみの大きさの割合を計算せよ．

問題 4・11 *cis*-1,3-ジメチルシクロブタンの二つの立体配座を下図に示す．両者の違いは何か．また，どちらがより安定か．

(a)

(b)

4・5 シクロヘキサンの立体配座

置換シクロヘキサンは最も一般的なシクロアルカンであり，自然界にも広く存在する．ステロイドや医薬品を含め，数多くの化合物がシクロヘキサン環をもっている．

たとえば香料であるメントールは6員環に置換基が三つついている．

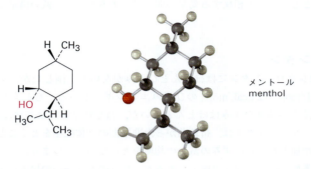
メントール
menthol

シクロヘキサンは**いす形配座**（chair conformation）とよばれるひずみのない三次元の形をとる．背もたれ，座部，足置き台のある安楽いすの形に似ているため，そのようによばれる（図4・7）．いす形のシクロヘキサンには角度ひずみもねじれひずみもなく，すべてのC–C–Cの結合角が正四面体の109.5°に近く，またすべての隣接するC–H結合がねじれ形である．

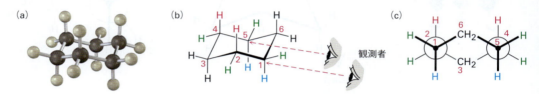

図4・7　**ひずみのないシクロヘキサンのいす形配座**．すべてのC–C–Cの結合角が111.5°で，理想的な正四面体角である109.5°に近く，またすべての隣接するC–H結合がねじれ形である．

いす形のシクロヘキサンを視覚化するための最も簡単な方法は，分子模型を組立てることである（分子模型があるなら，いますぐにやってみよう）．図4・7で示したような二次元の図やコンピューターによるモデリングは役に立つが，自分自身の手で三次元の分子模型を手にとって，曲げたりひっくり返してみたりするのが一番である．
シクロヘキサンのいす形配座は3段階で書くことができる．

段階 1
2本の平行な線を，斜め下に向かうように少し離して書く．これはシクロヘキサンの四つの炭素が平面上にあることを意味する．

段階 2
一番上の炭素を，他の四つの炭素による平面の右上方に書き，結合で結ぶ．

段階 3
一番下の炭素を，中央の四つの炭素による平面の左下方に書き，結合で結ぶ．その際に一番下の炭素への二つの結合は，一番上の炭素への二つの結合と平行になるように気をつける．

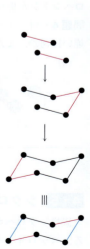

シクロヘキサンを見る場合，下側の結合は手前に，上側の結合は紙面の奥の方にあることを覚えておくと便利である．このように決めておかないとその逆が正しいと錯覚するおそれがある．そこで本書では，すべてのシクロヘキサン環において，読者に近いことをはっきり示すために手前（下）の結合を太い線で書くことにする．

シクロヘキサンのいす形配座に加え，**ねじれ舟形配座**（twist-boat conformation）とよばれるもう一つの構造も，角度ひずみはほとんどない．しかし，立体ひずみとねじれひずみの両方が存在するため，いす形配座と比べて，ねじれ舟形配座の方が約 23 kJ/mol（5.5 kcal/mol）エネルギーが高い．したがって特殊な場合にのみ，分子はねじれ舟形配座をとる．

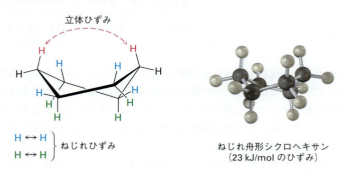

4・6 シクロヘキサンのアキシアル結合とエクアトリアル結合

シクロヘキサンのいす形配座からさまざまな結果がもたらされる．たとえば §12・13 では，多くの置換シクロヘキサンの化学的な性質がその立体配座に影響を受けることを述べる．さらに §21・5 では，グルコースのような単純な炭水化物がシクロヘキサンのいす形配座に基づいた配座をとり，その配座が炭水化物の化学に直接的に影響を及ぼすことを説明する．

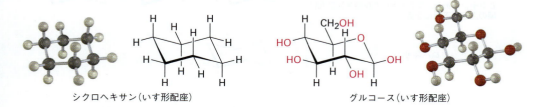

シクロヘキサンのいす形配座のもう一つの重要な点は，シクロヘキサン環に置換基が結合する場合に，**アキシアル**（axial）位と**エクアトリアル**（equatorial）位の 2 種類の位置が生じることである（図 4・8）．六つのアキシアル位は環に対して垂直であり，環の軸と平行である．一方，六つのエクアトリアル位は環がつくる大まかな平面内にあり，いわば環の赤道まわりに位置する．

図 4・8 に示すように，シクロヘキサンの炭素はそれぞれアキシアル水素一つとエクアトリアル水素一つをもっている．さらにシクロヘキサン環のつくる平面の上下それぞれに，三つのアキシアル水素と三つのエクアトリアル水素が交互に並んでいる．たとえば環の上面の C1, C3, C5 上にアキシアル水素がある場合には，C2, C4, C6 上にエクアトリアル水素がある．下面はまったく逆であり，C1, C3, C5 上にエクアトリアル水素があり，C2, C4, C6 上にアキシアル水素がある（図 4・9）．

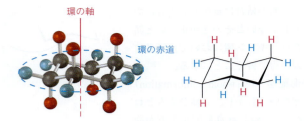

図 4・8 いす形配座のシクロヘキサンのアキシアル水素(赤)とエクアトリアル水素(青). 六つのアキシアル水素は環の軸と平行であり,六つのエクアトリアル水素は環の赤道まわりの部分にある.

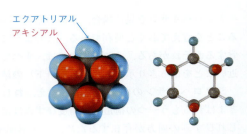

図 4・9 いす形シクロヘキサンの環の軸方向から見た,アキシアル水素とエクアトリアル水素が交互に並んでいる様子. いずれの炭素にもアキシアル位とエクアトリアル位が一つずつ存在し,シクロヘキサン環の上下いずれからみてもアキシアル位とエクアトリアル位が交互に並んでいる.

シクロヘキサンの立体配座について説明する際,シスとトランスという単語を用いなかったことに注意してほしい. その理由は環の同じ面にある二つの水素は必ずシスであり,それらがアキシアル水素であるか,エクアトリアル水素であるか,あるいはそれらが隣り合っているかどうかは関係ないからである. 同様に環の面の上下に一つずつある水素は必ずトランスである.

アキシアル結合とエクアトリアル結合は,図 4・10 に示す手順に従って書くことができる. 分子模型を見て理解しておくこと.

図 4・10 いす形シクロヘキサンのアキシアル結合とエクアトリアル結合を書く手順

アキシアル結合: 各炭素に一つずつある計六つのアキシアル結合は,互いに平行で,交互に上下を向いている

エクアトリアル結合: 各炭素に一つずつある計六つのエクアトリアル結合は,2本の平行線が3組ある. それぞれの組は,環の2本の結合とも平行である. エクアトリアル結合は交互に環の上面と下面になる

完成したシクロヘキサン

いす形シクロヘキサンにはアキシアル位とエクアトリアル位の2種類の位置があるので,一置換シクロヘキサンには2種類の異性体があると考えるかもしれない. しかし,実際にはメチルシクロヘキサン,ブロモシクロヘキサン,シクロヘキサノール(ヒドロキシシクロヘキサン)などは,室温ではただ一つの化合物である. その理由はシクロヘキサン環の立体配座は室温で相互変換しているからである. すなわち,異なるいす形の配座が容易に相互変換し,アキシアル位とエクアトリアル位が入れ替わる. 通常**環反転**（ring-flip）とよばれるこの相互変換について,図 4・11 に示す.

図 4・11 に示すように,中央の四つの炭素原子を動かさず,両端の二つの炭素を反対方向に曲げれば,いす形シクロヘキサンを環反転させることができる. その結果いす形配座でのアキシアル置換基が,環反転した別のいす形配座ではエクアトリアル置換基となり,その逆も成り立つ. たとえば,アキシアルブロモシクロヘキサンは,環反転するとエクアトリアルブロモシクロヘキサンに変換される. 二つのいす形配座の

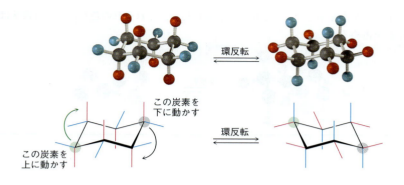

図 4・11 いす形シクロヘキサンの環反転. 環反転により，アキシアル位とエクアトリアル位が相互変換する．最初アキシアル位であった置換基（赤）が，環反転によりエクアトリアル位になり，逆に最初エクアトリアル位（青）であった置換基が，環反転によりアキシアル位になる．

相互変換のためのエネルギー障壁はわずか約 45 kJ/mol（10.8 kcal/mol）であり，相互変換は室温でも速やかに進行する．したがって，アキシアル異性体とエクアトリアル異性体というはっきりとした別々の異性体というより，一つの平均化された構造のようにみえる．

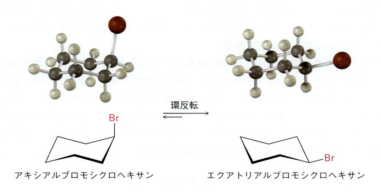

例題 4・2　置換シクロヘキサンのいす形配座を書く

1,1-ジメチルシクロヘキサンをいす形配座で書き，アキシアルメチル基と，エクアトリアルメチル基をそれぞれ示せ．

考え方　図 4・10 の手順に従っていす形シクロヘキサン環を書き，次にメチル基二つを同じ炭素につける．環がつくる平面上にあるメチル基がエクアトリアルで，環の上方あるいは下方にあるメチル基がアキシアルである．

解　答

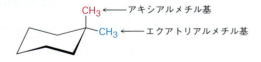

問題 4・12　シクロヘキサノール（ヒドロキシシクロヘキサン）の二つのいす形配座をすべての水素原子を含めて書け．それぞれの置換基がアキシアルかエクアトリアルかを示せ．

問題 4・13　trans-1,4-ジメチルシクロヘキサンの二つのいす形配座を書き，それぞれのメチル基がアキシアルかエクアトリアルかを示せ．

問題 4・14　次に示す赤，青，緑に色付けしたそれぞれの置換基が，アキシアルかエ

クアトリアルかを示せ．これを環反転させた場合，それぞれの色付けした置換基はどの位置を占めるか．

4・7 一置換シクロヘキサンの立体配座

シクロヘキサン環は室温でも二つのいす形配座の間で速やかに反転しているが，一置換シクロヘキサンの二つのいす形配座の安定性は同じではない．たとえばメチルシクロヘキサンの場合，メチル基がエクアトリアル位を占める配座が，アキシアル位を占める配座よりも 7.6 kJ/mol（1.8 kcal/mol）安定である．他の一置換シクロヘキサンの場合も同様であり，ほとんどの場合，置換基がエクアトリアル位にある方が，アキシアル位にあるよりも安定である．

一般化学の授業で習った $\Delta E = -RT \ln K$ という式を使用すれば，平衡状態にある二つの異性体の割合を計算できる．なお，ΔE は異性体間のエネルギー差，R は気体定数 8.315 J/(K·mol)，T はケルビン温度，K は異性体間の平衡定数である．たとえば，7.6 kJ/mol のエネルギー差は，ある時点でメチルシクロヘキサン分子の約 95% がエクアトリアルメチル基をもち，5% のみがアキシアルメチル基をもっていることを意味する．図 4・12 は，エネルギーと異性体の割合の関係をプロットしたものである．

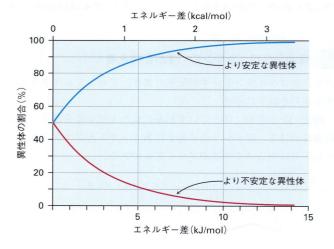

図 4・12 平衡状態における二つの異性体の割合とその間のエネルギー差をプロットしたグラフ．曲線は式 $\Delta E = -RT \ln K$ により計算される．

アキシアル配座とエクアトリアル配座のエネルギーの違いは，1,3-ジアキシアル相互作用（1,3-diaxial interaction）に基づく立体ひずみによる．C1 上のアキシアルメチル基は，3 炭素離れた C3 と C5 上のアキシアル水素と接近しており，7.6 kJ/mol の立体ひずみを生じる（図 4・13）．

メチルシクロヘキサンの 1,3-ジアキシアル相互作用による立体ひずみについては，すでに類似したゴーシュ配座のブタンにおける二つのメチル基による立体ひずみを学

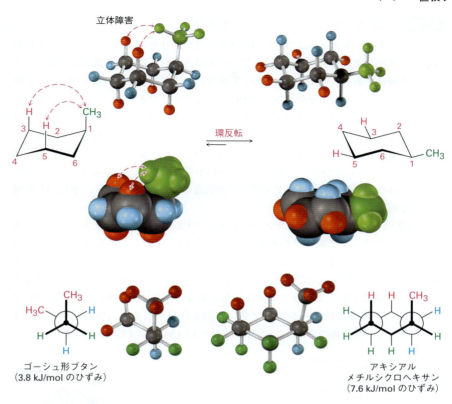

図 4・13 アキシアルメチルシクロヘキサンとエクアトリアルメチルシクロヘキサンの相互変換.複数の表示法で示している.エクアトリアル配座の方がアキシアル配座よりも 7.6 kJ/mol 安定である.

図 4・14 メチルシクロヘキサンにおける 1,3-ジアキシアル相互作用の原因.アキシアルメチル基と 3 炭素離れたアキシアル水素の立体ひずみは,ゴーシュ形ブタンの立体ひずみと同じである.またメチルシクロヘキサンのメチル基は,ひずみを最小にするために本来のアキシアル位から少し外側へずれている.

んでいる.§3・7 で述べたように,ゴーシュ形ブタンは二つのメチル基の水素同士の立体反発により,アンチ形ブタンよりも 3.8 kJ/mol (0.9 kcal/mol) 不安定である.アキシアルメチルシクロヘキサンの 4 炭素部分とゴーシュ形ブタンを比べると,同じ立体相互作用があることがわかる(図 4・14).アキシアルメチルシクロヘキサンにはこのような相互作用が二つあることから,2×3.8 = 7.6 kJ/mol の立体ひずみがある.一方,エクアトリアルメチルシクロヘキサンにはそのような相互作用が存在しないため,より安定である.

表 4・1 に示すように,置換シクロヘキサンの 1,3-ジアキシアル相互作用の正確な大きさは,置換基の性質や大きさによって決まる.予測どおり H_3C- < CH_3CH_2- < $(CH_3)_2CH-$ << $(CH_3)_3C-$ の順で立体ひずみは増大し,アルキル基の大きさの増大と一致する.表 4・1 に示す数値は,一つの水素原子と表中の置換基との 1,3-ジアキシアル相互作用であることに注意してほしい.したがって一置換シクロヘキサン全体のひずみは,1,3-ジアキシアル相互作用が 2 組あるのでこれらの数値を 2 倍にしなければならない.

表 4・1 一置換シクロヘキサンにおける立体ひずみ

Y	1,3-ジアキシアルひずみ	
	kJ/mol	kcal/mol
F	0.5	0.12
Cl, Br	1.0	0.25
OH	2.1	0.5
CH_3	3.8	0.9
CH_2CH_3	4.0	0.95
$CH(CH_3)_2$	4.6	1.1
$C(CH_3)_3$	11.4	2.7
C_6H_5	6.3	1.5
CO_2H	2.9	0.7
CN	0.4	0.1

問題 4・15 シクロヘキサノール(ヒドロキシシクロヘキサン)のアキシアル配座とエクアトリアル配座のエネルギー差を計算せよ.

問題 4・16 アキシアル位のシアノ(CN)基には 1,3-ジアキシアル相互作用による立体ひずみがほとんどない(0.4 kJ/mol)のはなぜか.分子模型を使うと理解しやすい.

問題 4・17 図 4・12 から,ブロモシクロヘキサン中に平衡状態で存在するアキシアル配座とエクアトリアル配座の割合を計算せよ.

4・8 二置換シクロヘキサンの立体配座

一置換シクロヘキサンの場合，その置換基は常により安定なエクアトリアル位にあるが，二置換シクロヘキサンの場合，二つの置換基の立体効果を考慮する必要があるのでより複雑である．可能な二つのいす形配座において，すべての立体相互作用を解析しないと，どちらの配座がより安定か決定することはできない．

一例として1,2-ジメチルシクロヘキサンを考えてみよう．*cis*-1,2-ジメチルシクロヘキサンと*trans*-1,2-ジメチルシクロヘキサンの二つの異性体があり，これらについて別々に考えなければならない．シス体では二つのメチル基が環の同じ側にあり，図4・15に示すように二つのいす形配座のいずれかで存在する（ある化合物がシス体かトランス体かを判断する場合，まず環を平面構造として書き，次にいす形配座に変換した方がわかりやすい）．

cis-1,2-ジメチルシクロヘキサンのいずれのいす形配座にも，アキシアルメチル基が一つとエクアトリアルメチル基が一つある．図4・15の上に示した配座では，C2にアキシアルメチル基があり，C4とC6上の水素との間に1,3-ジアキシアル相互作用がある．一方，環反転した配座ではC1にアキシアルメチル基があり，C3とC5上の水素との間に1,3-ジアキシアル相互作用がある．さらに，いずれの配座においても二つのメチル基にはゴーシュ形ブタンの相互作用がある．二つの配座のエネルギーは等しく，全立体ひずみは $3 \times 3.8\,\text{kJ/mol} = 11.4\,\text{kJ/mol}$（2.7 kcal/mol）である．

図4・15 *cis*-1,2-ジメチルシクロヘキサンの立体配座．いずれのいす形配座にもアキシアルメチル基一つとエクアトリアルメチル基一つがあるので，二つの配座のエネルギーは等しい．

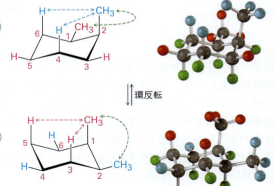

trans-1,2-ジメチルシクロヘキサンでは，二つのメチル基がそれぞれ環の反対側にあり，図4・16に示すように二つのいす形配座のいずれかで存在する．ここでの状況は，上記のシス異性体の場合とまったく異なる．図4・16の上に示した配座では，二つのメチル基がいずれもエクアトリアルであり，したがって二つのメチル基間のゴーシュ形ブタンの相互作用（3.8 kJ/mol）のみで，1,3-ジアキシアル相互作用はない．一方，環反転した配座では，二つのメチル基がいずれもアキシアルになる．C1のアキシアルメチル基はC3とC5上のアキシアル水素と相互作用し，C2のアキシアルメチル基はC4とC6上のアキシアル水素と相互作用する．これら四つの1,3-ジアキシアル相互作用により $4 \times 3.8\,\text{kJ/mol} = 15.2\,\text{kJ/mol}$ の立体ひずみが生じ，ジアキシアル配座はジエクアトリアル配座よりも $15.2 - 3.8 = 11.4\,\text{kJ/mol}$ 不安定である．したがって*trans*-1,2-ジメチルシクロヘキサンは，ほとんど完全にジエクアトリアル配座で存在すると考えられる．

cis- と *trans*-1,2-ジメチルシクロヘキサンに対して行ったのと同様な（**立体**）**配座**

4・8 二置換シクロヘキサンの立体配座　97

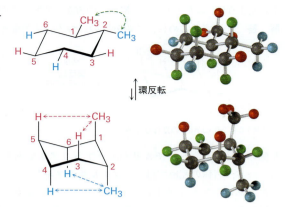

trans-1,2-ジメチルシクロヘキサン

ゴーシュ形相互作用一つ
（3.8 kJ/mol）

環反転

CH₃↔H ジアキシアル相互作用四つ
（15.2 kJ/mol）

図 4・16　*trans*-1,2-ジメチルシクロヘキサンの立体配座．二つのメチル基がともにエクアトリアルである配座（上）は，ともにアキシアルである配座（下）よりも 11.4 kJ/mol（2.7 kcal/mol）安定である．

解析（conformational analysis）は，他のすべての置換シクロヘキサン，たとえば *cis*-1-*t*-ブチル-4-クロロシクロヘキサン（例題 4・3）などに対しても行うことができる．しかし，置換基の数が増えるに従って状況は複雑になる．たとえば，グルコースと海草に存在する炭水化物であるマンノースを比べてみよう．どちらの方がひずみが大きいだろうか．グルコースでは 6 員環上のすべての置換基がエクアトリアルであるが，マンノースでは OH 基の一つがアキシアルであることから，マンノースの方がよりひずんでいる．

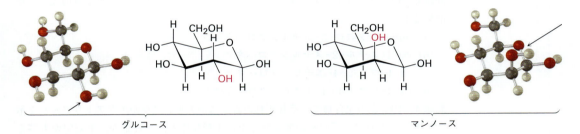

グルコース　　　　　　　　　マンノース

表 4・2 に，二置換シクロヘキサンがとりうるシスおよびトランス置換様式における置換基間のいくつかのアキシアルおよびエクアトリアルの関係性をまとめた．

表 4・2　シスまたはトランス二置換シクロヘキサンのアキシアルおよびエクアトリアルの関係性

シス/トランス置換様式	アキシアル/エクアトリアルの関係
cis-1,2-二置換	アキシアル，エクアトリアルまたはエクアトリアル，アキシアル
trans-1,2-二置換	アキシアル，アキシアルまたはエクアトリアル，エクアトリアル
cis-1,3-二置換	アキシアル，アキシアルまたはエクアトリアル，エクアトリアル
trans-1,3-二置換	アキシアル，エクアトリアルまたはエクアトリアル，アキシアル
cis-1,4-二置換	アキシアル，エクアトリアルまたはエクアトリアル，アキシアル
trans-1,4-二置換	アキシアル，アキシアルまたはエクアトリアル，エクアトリアル

例題 4・3　置換シクロヘキサンの最も安定な立体配座を書く

cis-1-*t*-ブチル-4-クロロシクロヘキサンのより安定ないす形配座を書け．また，もう一方のいす形配座と比べて何 kJ/mol 安定であるかを計算せよ．

考え方　可能な立体配座を書き，それぞれのひずみエネルギーを計算せよ．すでに

学んだように，エクアトリアル置換基の方が，アキシアル置換基よりもひずみが小さい．

解 答 まずはじめに，この分子の二つのいす形配座を書く．

$2 \times 1.0 = 2.0$ kJ/mol の立体ひずみ　　　　$2 \times 11.4 = 22.8$ kJ/mol の立体ひずみ

左側の配座では，t-ブチル基がエクアトリアルであり，クロロ基がアキシアルである．一方，右側の配座では，t-ブチル基がアキシアルであり，クロロ基がエクアトリアルである．アキシアルt-ブチル基とアキシアルクロロ基では立体ひずみの大きさが異なるので，これら二つの配座のエネルギーは等しくない．表4・1によると，水素とt-ブチル基の1,3-ジアキシアル相互作用は 11.4 kJ/mol（2.7 kcal/mol）であるのに対し，水素とクロロ基の1,3-ジアキシアル相互作用はわずか 1.0 kJ/mol（0.25 kcal/mol）である．したがってアキシアルt-ブチル基の方が，アキシアルクロロ基よりも $(2 \times 11.4$ kJ/mol$) - (2 \times 1.0$ kJ/mol$) = 20.8$ kJ/mol（4.9 kcal/mol）立体ひずみが大きく，この化合物はおもにクロロ基をアキシアルに，t-ブチル基をエクアトリアルにもつ配座をとる．

問題 4・18 次の分子のより安定ないす形配座を書き，それぞれのひずみの大きさを計算せよ．

(a) *trans*-1-クロロ-3-メチルシクロヘキサン
(b) *cis*-1-エチル-2-メチルシクロヘキサン
(c) *cis*-1-ブロモ-4-エチルシクロヘキサン
(d) *cis*-1-t-ブチル-4-エチルシクロヘキサン

問題 4・19 次の化合物で，それぞれの置換基がアキシアルかエクアトリアルかを示せ．また，このいす形配座が環反転したいす形配座と比べ安定か，不安定かも答えよ．（図中の緑は Cl）

4・9 多環式化合物の立体配座

本章ではシクロアルカンの立体化学に関して述べてきたが，最後に二つ以上のシクロアルカンが共通の結合により連結（縮合）してできる**多環式化合物**（polycyclic compound，たとえばデカリン）について解説する．

デカリンは，二つの炭素原子〔橋頭位（bridgehead）の炭素，C1 と C6〕とその間の結合を共有して連結した二つのシクロヘキサン環から構成される．デカリンには二つの環がトランスで縮合する場合と，シスで縮合する場合の二つの異性体がある．*cis*-デカリンでは橋頭位の炭素上の二つの水素が環の同じ面にあり，一方 *trans*-デカリンでは二つの水素がそれぞれ反対の面にある．二つのシクロヘキサン環がいずれも

デカリン decalin
縮合した二つのシクロヘキサン環

いす形配座をとる場合のこれら二つの異性体を図 4・17 に示す．なお *cis*-デカリンと *trans*-デカリンは，環反転，あるいは他の回転により相互変換することはない．これらはシス-トランス立体異性体であり，*cis*- および *trans*-1,2-ジメチルシクロヘキサンの関係と同じである．

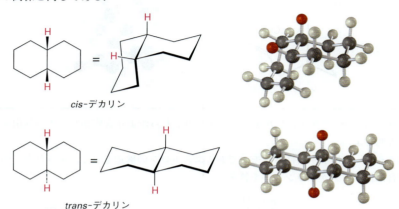

図 4・17 *cis*-デカリンと *trans*-デカリン．シス異性体では，橋頭位の炭素についた二つの水素（赤）は環の同じ面にあり，一方，トランス異性体では反対の面にある．

多環式化合物は自然界でもよくみられ，重要な物質の多くが環縮合構造をもっている．たとえば男性ホルモンであるテストステロンのようなステロイドでは，6 員環三つと 5 員環一つが縮合している．シクロヘキサンやデカリンと比べるとステロイドは複雑にみえるが，単純なシクロヘキサン環の配座解析に適用した原理を，ステロイドの配座解析に対してもまったく同様に適用することができる．

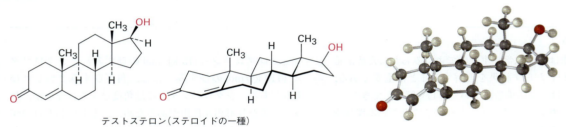

テストステロン（ステロイドの一種）

もう一つの一般的な環状構造は，ノルボルナン，すなわちビシクロ[2.2.1]ヘプタン構造である．デカリンと同様，非環状構造とするには二つの環を開裂する必要があるので，ノルボルナンも二環式アルカンである．ビシクロ[2.2.1]ヘプタンとは，炭素数 7 の二環式化合物であり，二つの橋頭位がそれぞれ炭素原子二つ，二つ，一つを含む三つの架橋で結合されていることを意味する．

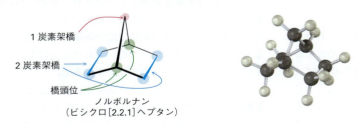

ノルボルナンは，C1 と C4 が CH$_2$ 基でつながれ配座的に固定された舟形シクロヘキサン環をもっている．後ろの結合が途切れて書かれているのは，縦方向の結合がその手前で交差していることを意味する．分子模型を使えば，ノルボルナンの三次元構

造を理解しやすい．

ショウノウなどの置換ノルボルナン類は自然界に広く存在し，その多くは構造有機化学の発展において歴史的に重要である．

ショウノウ

問題 4・20 *cis*-デカリンと *trans*-デカリンのどちらがより安定かを，その理由を含めて説明せよ．

問題 4・21 次に示す女性ホルモンであるエストロンの構造を見て，示された二つの環縮合部位がシスかトランスかを答えよ．

エストロン

まとめ

環状化合物は有機化学や生化学でよくみられるため，その環状構造がもたらす結果を理解することは重要である．そこで本章では，環状構造について詳しく解説してきた．

シクロアルカンは一般に分子式 C_nH_{2n} で表される環状飽和炭化水素である．C−C 結合のまわりでほとんど自由回転をする鎖状アルカンと異なり，シクロアルカンでは回転が大幅に抑制されている．二置換シクロアルカンには**シス-トランス異性体**が存在する．シス異性体は環の同じ面に二つの置換基があり，一方トランス異性体ではそれぞれ別の面に置換基がある．シス-トランス異性体は原子同士の結合形式は同じであるが，三次元的配置が異なる化合物，すなわち**立体異性体**の一つである．

すべてのシクロアルカンが同じように安定というわけではない．3 種類のひずみがシクロアルカンの全体のエネルギーを決定している．1) **角度ひずみ**とは，通常の 109°の正四面体角からせばめられたり，広げられたりすることにより生じる抵抗力である．2) **ねじれひずみ**とは，隣接する C−H 結合がねじれ形ではなく，重なり形となることにより生じるエネルギー増加である．3) **立体ひずみ**とは，二つの置換基が空間的に同じ場所を占めようとすることにより生じる反発相互作用である．

シクロプロパン（115 kJ/mol のひずみ）とシクロブタン（110 kJ/mol のひずみ）には，角度ひずみとねじれひずみがある．シクロペンタンには角度ひずみはないが，数多くの重なり形相互作用があるため，かなりのねじれひずみがある．シクロブタンとシクロペンタンはいずれもねじれひずみを軽減するため平面構造から少し折れ曲がっている．

シクロヘキサンはすべての結合角がほぼ 109°であり，すべての隣接する C−H 結合がねじれ形に配置する折れ曲がった**いす形配座**になるためひずみはない．いす形シクロヘキサンには**アキシアル**と**エクアトリアル**の二つの位置がある．アキシアル位は環の軸と平行で上下方向を向いている．一方エクアトリアル位は環の赤道のまわりの部分にある．いす形シクロヘキサンのいずれの炭素にも，アキシアル位とエクアトリアル位が一つずつある．

いす形シクロヘキサンの立体配座は動くことができ，**環反転**によりアキシアル位とエクアトリアル位が入れ替わる．アキシアル置換基には **1,3-ジアキシアル相互作用**があるので，環上の置換基はエクアトリアルの方が安定である．1,3-ジアキシアル相互作用による立体ひずみの大きさはアキシアル置換基のかさ高さにより決まる．

科学談話室

分 子 力 学

本書中のすべての分子モデルはコンピューターにより描いている．結合角，結合長，ねじれ形相互作用や立体相互作用をできるだけ正しく描くために，それぞれの分子の最も安定な構造を米国ジョージア大学 N. L. Allinger の研究により開発された市販の分子力学 (molecular mechanics) プログラムを使い計算した．

分子力学の基礎になる考え方は，まず分子の大まかな構造を決め，分子中の特定の相互作用の数値を決定するための数式を使って，設定した構造がもつすべてのひずみエネルギーを計算する．たとえば結合角が大きすぎたり，小さすぎたりすると角度ひずみが生じ，結合長が長すぎれば引っ張りひずみが起こり，短すぎれば圧縮ひずみが起こる．単結合まわりに不安定な重なり形相互作用があればねじれひずみが生じ，結合していない原子同士が空間的に近くなりすぎれば立体ひずみ，すなわち van der Waals ひずみを生じる．

$$E_{全体} = E_{結合伸縮} + E_{角度ひずみ} + E_{ねじれひずみ} + E_{van\,der\,Waals\,ひずみ}$$

はじめに設定した構造のもつすべてのひずみエネルギーを計算した後に，プログラムは自動的に構造を少しだけ変化させて，ひずみエネルギーを減少させようとする．たとえば，短すぎる結合を長くしたり，大きすぎる角度をせばめようとする．その新しい構造に基づいてひずみが再計算され，さらにその結果に基づいて構造を変化させ，また計算する．そのような操作を数十回から数百回繰返すと，計算は最終的に最小エネルギーへ収束する．それがその分子の最も安定で，最もひずみの少ない立体配座に対応する．

その後，分子力学計算は，創薬研究において特に有用であることがわかった．なぜなら，薬物分子と体内における受容体分子が相補的にはまり合うことが，新しい医薬品を設計するうえで鍵となる場合が多いからである（図4・18）．

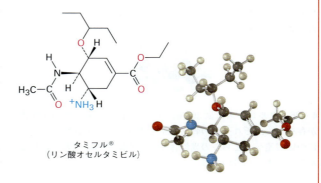

図 4・18　タミフル®（リン酸オセルタミビル）の構造と分子力学計算により求めた最小エネルギー配座の分子構造モデル

重要な用語

アキシアル位 (axial position)
いす形配座 (chair conformation)
エクアトリアル位 (equatorial position)
角度ひずみ (angle strain)
環反転 (ring-flip)

1,3-ジアキシアル相互作用
　(1,3-diaxial interaction)
脂環式化合物 (alicyclic compound)
シクロアルカン (cycloalkane)
シス-トランス異性体 (cis-trans isomer)

多環式化合物 (polycyclic compound)
ねじれ舟形配座 (twist-boat conformation)
配座解析 (conformational analysis)
立体異性体 (stereoisomer)
立体化学 (stereochemistry)

演 習 問 題

目で学ぶ化学
（問題 4・1〜4・21 は本文中にある）

4・22 次のシクロアルカンを命名せよ．

(a) 　(b)

4・23 次の化合物を命名し，それぞれの置換基がアキシアルかエクアトリアルかを示せ．また，このいす形配座はより安定か，不安定か．（緑は Cl）

102   4. 有機化合物：シクロアルカンとその立体化学

4・24 次に示す赤，緑，青で色付けされた三つの置換基をもつ三置換シクロヘキサンは，環反転してもう一つのいす形配座になる．環反転する前の三つの置換基はアキシアルか，エクアトリアルか．また，環反転した後の三つの置換基が占める位置を示せ．

4・25 次に示すシクロヘキサン誘導体には，赤，緑，青の三つの置換基がある．それぞれの置換基がアキシアル，エクアトリアルのいずれであるかを示し，さらにそれぞれの関係（赤と青，赤と緑，青と緑）がシスかトランスを答えよ．

4・26 グルコースには36:64の比で平衡にある二つの異性体が存在する．それぞれの骨格構造を書き，二つの異性体の違いについて述べ，どちらの異性体がより安定であると考えられるかを答えよ．（赤はO）

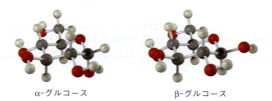

追加問題
シクロアルカンの異性体

4・27 分子式が C_5H_{10} であるシクロアルカンを五つ書け．
4・28 cis-1,2-ジブロモシクロペンタンの構造異性体を二つ書け．
4・29 trans-1,3-ジメチルシクロブタンの立体異性体を書け．
4・30 次に示す二つの化合物が同一，構造異性体，立体異性体，あるいは関係性がない，のいずれであるかを答えよ．
(a) cis-1,3-ジブロモヘキサンと trans-1,4-ジブロモヘキサン
(b) 2,3-ジメチルヘキサンと 2,3,3-トリメチルペンタン
(c)

4・31 trans-1,2-ジクロロシクロブタンの三つの異性体を書き，それぞれが互いに構造異性体であるか，立体異性体であるかを示せ．
4・32 グルコースのOH基同士の関係が，それぞれ（赤と青，赤と緑，赤と黒，青と緑，青と黒，緑と黒）シスかトランスかを示せ．

$\begin{array}{c}\text{CH}_2\text{OH}\\\text{OH}\\\text{OH}\quad\text{OH}\\\text{OH}\end{array}$ グルコース

4・33 環を六角形で表して1,3,5-トリメチルシクロヘキサンを書け．またシス-トランスの立体異性体はいくつあるか．

シクロアルカンの立体配座と安定性
4・34 副腎でつくられるホルモンであるヒドロコルチゾンは，炎症，重症なアレルギー，あるいは他のいろいろな症状を治療するためによく用いられる．この分子の赤で示したOH基はアキシアルかエクアトリアルか．

ヒドロコルチゾン
hydrocortisone

4・35 cis-1,2-ジクロロシクロヘキサンのような cis-1,2-二置換シクロヘキサンでは，置換基の一つがアキシアルで，もう一つがエクアトリアルになるのはなぜか．理由を説明せよ．
4・36 trans-1,2-二置換シクロヘキサンでは，置換基の両方がアキシアルにあるか，あるいは両方がエクアトリアルにある．理由を説明せよ．
4・37 cis-1,3-二置換シクロヘキサンが trans-1,3-二置換シクロヘキサンよりも安定である理由を述べよ．
4・38 trans-1,4-二置換シクロヘキサンと cis-1,4-二置換シクロヘキサンではどちらがより安定か．
4・39 cis-1,2-ジメチルシクロブタンは trans-1,2-ジメチルシクロブタンよりも不安定である．しかし cis-1,3-ジメチルシクロブタンは trans-1,3-ジメチルシクロブタンよりも安定である．それぞれの最も安定な立体配座を書き，それらが安定である理由を述べよ．
4・40 図4・12と表4・1のデータから，次に示す化合物において，アキシアルに置換基をもつ分子の割合を計算せよ．
(a) イソプロピルシクロヘキサン
(b) フルオロシクロヘキサン
(c) シクロヘキサンカルボニトリル $C_6H_{11}CN$
4・41 次に示す位置に置換基をもつ種々のシクロヘキサンがある．それぞれの置換基がアキシアルか，エクアトリアルかを示せ．たとえば cis-1,2-二置換の場合，一つの置換基がアキシアルで，もう一方がエクアトリアルであり，trans-1,2-二置換の場合，両方がアキシアルであるか，あるいは両方がエクアトリアルである．
(a) trans-1,3-二置換   (b) cis-1,4-二置換
(c) cis-1,3-二置換   (d) trans-1,5-二置換

4. 有機化合物：シクロアルカンとその立体化学　103

(e) cis-1,5-二置換　　　　(f) trans-1,6-二置換
(訳注：1,5-，1,6-の命名は本来は不適当である．)

シクロヘキサンの配座解析

4・42　cis-1-クロロ-2-メチルシクロヘキサンの二つのいす形配座を書け．どちらがどれだけ安定か．

4・43　trans-1-クロロ-2-メチルシクロヘキサンの二つのいす形配座を書け．どちらがより安定か．

4・44　グルコースに関連した糖であるガラクトースは6員環構造をとり，下図に赤で示すOH基以外すべての置換基がエクアトリアルである．ガラクトースをより安定ないす形配座で書け．

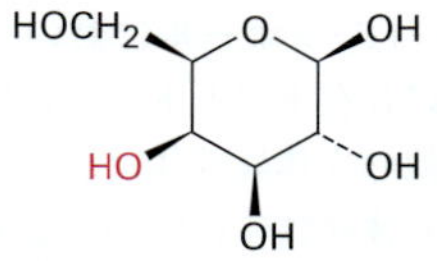

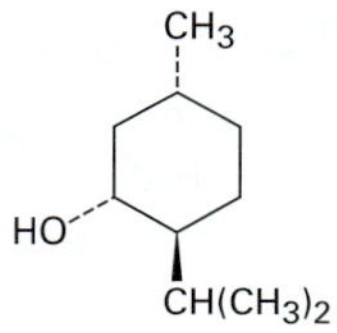

メントール
menthol

4・45　メントールの二つのいす形配座を書け．どちらがより安定か．

4・46　メントール（問題4・45）には，上記の異性体を含めて四つのシス-トランス異性体がある．残りの三つの異性体の構造を書け．

4・47　cis-1,3-ジメチルシクロヘキサンのジアキシアル配座は，ジエクアトリアル配座よりもおよそ23 kJ/mol（5.4 kcal/mol）不安定である．二つのいす形配座を書き，両者の安定性にこのような大きな違いが生じる理由を述べよ．

4・48　cis-1,3-ジメチルシクロヘキサンのジアキシアル配座（問題4・47）において，二つのメチル基の1,3-ジアキシアル相互作用により生じる立体ひずみを計算せよ．

4・49　問題4・48の解答を参考にして，1,1,3-トリメチルシクロヘキサンの二つのいす形配座を書け．またそれぞれのひずみエネルギーを計算し，どちらの立体配座が安定であるかを示せ．

4・50　cis-1-クロロ-3-メチルシクロヘキサンの二つのいす形配座のうち，一方は他方より15.5 kJ/mol（3.7 kcal/mol）安定である．安定な配座はどちらか．クロロ基とメチル基との間の1,3-ジアキシアル相互作用のエネルギーはいくらか．

総合問題

4・51　問題4・20でみたように，cis-デカリンはtrans-デカリンより不安定である．もし，cis-デカリンにおける1,3-ジアキシアル相互作用がアキシアルメチルシクロヘキサンと同じであると仮定した場合（すなわち，CH₂↔H相互作用は3.8 kJ/mol

（0.9 kcal/mol）であるとした場合），cis-デカリンとtrans-デカリンのエネルギー差を計算せよ．

4・52　cis-デカリンは環が容易に環反転するのに対して，なぜtrans-デカリンは剛直で，環の反転が起こらないのかを，構造式を書くとともに分子模型を用いて説明せよ．

4・53　trans-デカリンはcis-デカリンよりも安定であるが，cis-ビシクロ[4.1.0]ヘプタンはそのトランス体よりも安定である．この違いを説明せよ．

trans-デカリン　　　　cis-ビシクロ[4.1.0]ヘプタン

4・54　問題3・53で述べたように，シンバスタチン（販売名リポバス®），プラバスタチン，アトルバスタチン（販売名リピトール®）などのスタチン系薬剤は，世界で最も広く処方されている薬である．

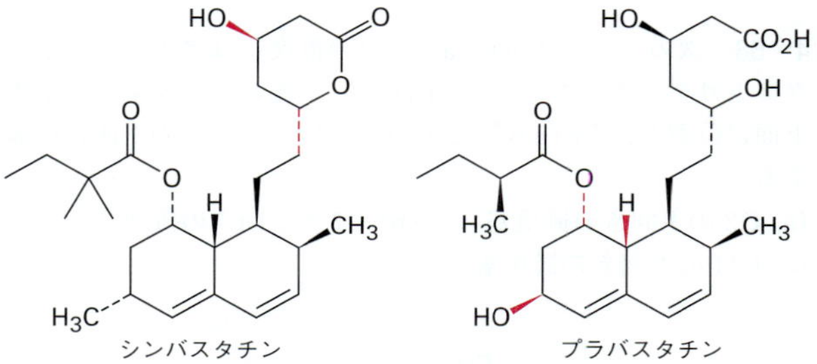

シンバスタチン　　　　プラバスタチン

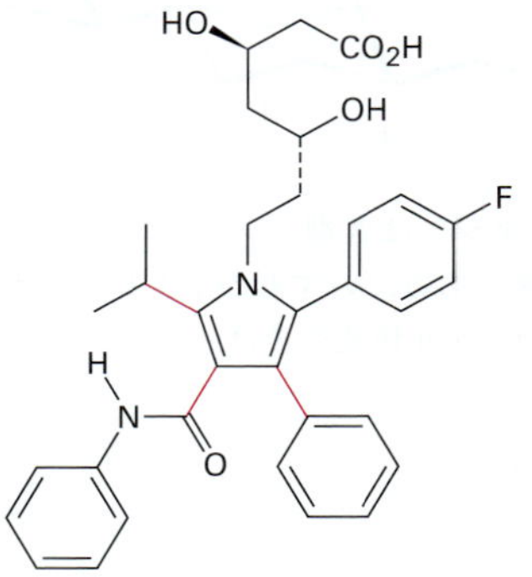

アトルバスタチン

(a) シンバスタチンの赤で示した二つの結合の関係がシスかトランスかを示せ．

(b) プラバスタチンの赤で示した三つの結合の関係がそれぞれシスかトランスかを示せ．

(c) アトルバスタチンの赤で示した三つの結合の関係が，シスあるいはトランスと特定できない理由を説明せよ．

4・55　1,2,3,4,5,6-ヘキサヒドロキシシクロヘキサンの異性体の一つであるmyo-イノシトールは，動物や微生物において成長因子として作用する．myo-イノシトールの最も安定ないす

形配座を書け.

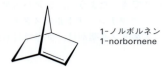
myo-イノシトール
myo-inositol

4·56 myo-イノシトール（問題4·55）のシス-トランス立体異性体はいくつあるか．また，最も安定な異性体の構造を書け．

4·57 ドイツの化学者 J. Bredt は 1935 年，1-ノルボルネンのような橋頭炭素に二重結合をもつビシクロアルケンは，ひずみがきわめて大きく存在しないと提唱した．その理由を説明せよ．（分子模型をつくるとわかりやすい．）

1-ノルボルネン
1-norbornene

4·58 次のステロイドの(a)〜(c)の置換基はアキシアルかエクアトリアルか．ただし，"上向き"と書いた置換基は分子の上面に位置し，"下向き"と書いた置換基は分子の下面に位置する．
(a) C3 の上向きの置換基　(b) C7 の下向きの置換基
(c) C11 の下向きの置換基

4·59 アマンタジンは A 型インフルエンザ感染に対して有効な抗ウイルス薬である．いす形のシクロヘキサン環を用いて，アマンタジンの三次元構造を書け．

アマンタジン
amantadine

4·60（本章の内容から逸脱した問題である）trans-1,2-ジメチルシクロペンタンと命名される化合物には下記の二つがある．両者の関係性について考察せよ．（次章でこのような異性体について学ぶ．）

または

4·61 ケトンはアルコールと反応してアセタールを与える．4-t-ブチルシクロヘキサン-1,3-ジオールにおいて，すべてがシスである異性体は，酸触媒存在下アセトンと容易に反応してアセタールを形成するが，他の立体異性体は反応しない理由を説明せよ．その際，四つの立体異性体についてより安定ないす形構造を書き，それぞれから得られるアセタールを示せ．

アセタール

4·62 アルコールは三酸化クロム CrO_3 を用いた酸化反応によってカルボニル化合物を与える．たとえば，2-t-ブチルシクロヘキサノールは 2-t-ブチルシクロヘキサノンを与える．もし，アキシアル OH 基がエクアトリアル異性体よりも一般的に反応性が高いとしたら，2-t-ブチルシクロヘキサノールのシス体とトランス体のどちらが速く反応するか．理由とともに答えよ．

2-t-ブチルシクロヘキサノール　2-t-ブチルシクロヘキサノン

四面体中心の立体化学

グリコーゲン合成酵素は，エネルギー貯蔵のため，グルコースからグリコーゲンへの変換を触媒する

5・1 エナンチオマーと四面体炭素
5・2 分子の非対称性の要因：キラリティー
5・3 光学活性
5・4 Pasteur によるエナンチオマーの発見
5・5 立体配置の表記法
5・6 ジアステレオマー
5・7 メソ化合物
5・8 ラセミ体とエナンチオマーの分割
5・9 異性体の分類
5・10 窒素原子，リン原子，硫黄原子のキラリティー
5・11 プロキラリティー
5・12 自然界におけるキラリティーとキラルな環境

本章の目的 分子のキラリティー（掌性）の原因と結果について理解することは，生化学を理解するうえできわめて重要である．本章で扱う内容は最初はやや難解かもしれないが，これから学ぶ多くの部分の基礎を担っている．

あなたは右利きだろうか，それとも左利きだろうか．普段はそんなことをあまり深く考えないだろうが，右利きか左利きかは実際には驚くほど深くあらゆる動作に関係している．たとえば，オーボエやクラリネットなど多くの楽器には右利き用と左利き用があるし，ソフトボールでも利き手に合わないグローブを使うことはできない．また，左利きの人は右利きの人から見るとおかしな字の書き方をする．このような差が生じる原因は，われわれの左右の手が同じものではなく **鏡像**（mirror image）の関係にあり，重ね合わせることができないためである．左手を鏡に映してみよう．右手のように見えるはずである．

右手，左手の関係は有機化学や生化学においても重要で，これは sp³ 混成した炭素原子がとる四面体構造の立体化学に起因する．たとえば，多くの医薬品やアミノ酸，炭水化物，核酸をはじめとするわれわれの体内にあるほとんどすべての分子には，キラリティー（掌性）がある．さらに，酵素-基質間の正確な相互作用は生命の基礎をなす何十万もの化学反応に関与しているが，この相互作用を可能とするのも分子のキラリティーである．

左手　　右手

5・1 エナンチオマーと四面体炭素

分子のキラリティーは何に起因するのだろうか．図5・1に示す一般化した分子 CH₃X, CH₂XY, CHXYZ について考えてみよう．左側に三つの分子を，右側にこれら

106　5. 四面体中心の立体化学

を鏡に映した構造（鏡像体）を示す．CH_3X と CH_2XY はそれらの鏡像体と同一であり，したがってキラリティーはない．それぞれの分子とその鏡像体の模型を組立ててみれば，すべての原子が一致するように互いに重ね合わせることができることがわかるだろう．それに対して CHXYZ は，その鏡像体と同一ではない．右手と左手を重ね合わせることができないように，CHXYZ とその鏡像体は重ね合わせることができない．この分子はその鏡像体と同じものではない．

図 5・1　四面体炭素とその鏡像体．CH_3X と CH_2XY はそれぞれの鏡像体と同一の分子であるが，CHXYZ 分子はその鏡像体と同一ではなく，右手と左手の関係にある．

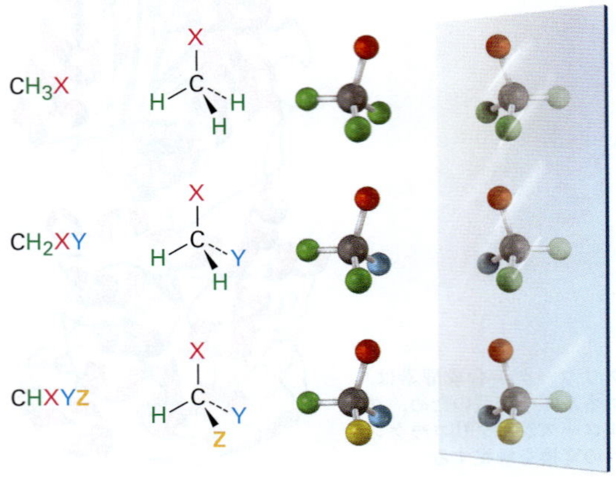

　ある分子がその鏡像分子と重ね合わせることのできないときに，互いを立体異性体の一種である**エナンチオマー**（enantiomer，鏡像異性体）の関係にあるという〔ギリシャ語で"エナンチオ（enantio）"は"反対の"を意味する〕．エナンチオマー同士は互いが右手と左手の関係にあり，四面体構造をとっている炭素が四つの異なる置換基と結合しているときに生じる（置換基の一つが水素である必要はない）．たとえば乳酸（2-ヒドロキシプロピオン酸）は，中心炭素に四つの異なる置換基（H, OH, CH_3, CO_2H）が結合しているため，1 組のエナンチオマーとして存在する．両エナンチオマーはそれぞれ，(+)-乳酸，(−)-乳酸とよばれる．腐敗した牛乳には両方のエナンチオマーが存在するが，筋肉には (+)-乳酸のみが蓄積する．

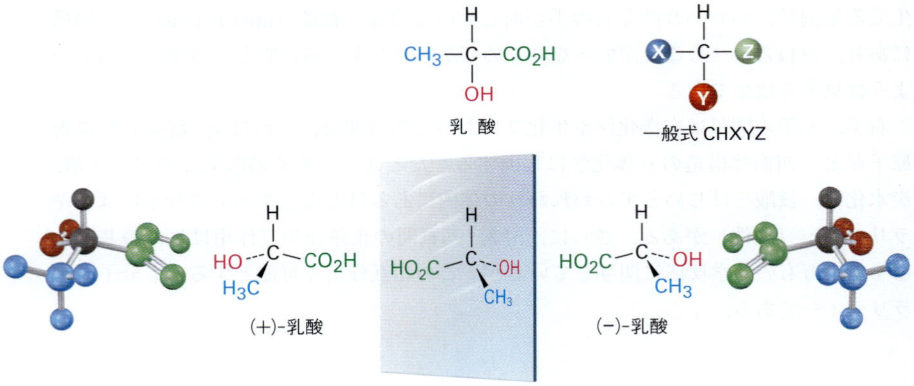

　どんなに工夫しても (+)-乳酸と (−)-乳酸を重ね合わせることはできない．任意の二つの置換基（たとえば H と CO_2H）を重ね合わせたまま，他の二つの置換基を重ね合わせることは不可能である（図 5・2）．

図 5・2 乳酸の鏡像体を重ね合わせる試み. (a)H と OH を重ねても CO_2H と CH_3 が重ならない. (b)CO_2H と CH_3 を重ねても H と OH が重ならない. 見る方向に関わらず, これらは異なる分子である.

5・2 分子の非対称性の要因: キラリティー

鏡像体同士を重ね合わせることのできない分子のことを, **キラル** (chiral) な分子とよぶ (chiral はギリシャ語で"手"を意味する cheir に由来する). キラルな分子は, エナンチオマー同士のすべての原子が一致するように重ね合わせることはできない.

ある分子がキラルかどうかをどのように判断できるだろうか. **対称面** (plane of symmetry, symmetry plane) をもつ分子はキラルではない. 対称面とは分子 (または任意の物体) 内でその面の片側がもう一方の鏡像になるような面のことをさす. たとえば, マグカップは対称面をもっている. マグカップを半分に切ったとすると, 片側半分はもう片方の鏡像になっている. それに対して手のひらは対称面をもっていない. 手のひらの半分はもう片方の鏡像にはならない (図 5・3).

いずれかの立体配座において一つでも対称面をもっている分子は, その鏡像体と同一分子であり, キラルでない, あるいは**アキラル** (achiral) である. たとえば, プロピオン酸 $CH_3CH_2CO_2H$ は図 5・4 に示すように並べると対称面をもっているのでアキラルであるが, 乳酸 $CH_3CH(OH)CO_2H$ はどのような立体配座をとっても対称面がないのでキラルである.

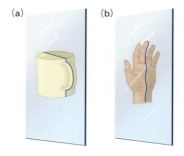

図 5・3 対称面の意味. (a)マグカップには対称面があり, その面に対して右側と左側が互いに鏡像の関係になっている. (b)手のひらには対称面がない. 手のひらの右半分は左半分の鏡像にはなっていない.

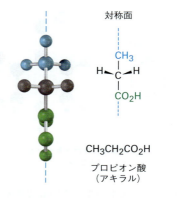

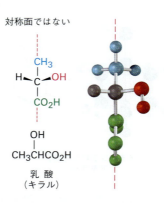

図 5・4 アキラルなプロピオン酸とキラルな乳酸との比較. プロピオン酸にはその面に対して片方がもう片方の鏡像になる対称面がある. 乳酸にはそのような対称面は存在しない.

有機分子においてキラリティーが生じる原因として最も一般的なもの (唯一ではない) は, 乳酸のように四つの異なる置換基に結合した四面体炭素原子が存在することである. このような炭素原子を**キラル中心** (chiral center), あるいは**立体中心** (stereocenter), **不斉中心** (asymmetric center, stereogenic center) とよぶ. キラリティー (chirality) は分子としての特性を表すのに対し, キラル中心はキラリティーが発現する要因を表す点に注意すべきである.

複雑な分子では, 特定の炭素原子に四つの異なった置換基が結合しているかを容易に見分けられない場合があるので, キラル中心が存在するかどうかを判別するためには多少の訓練がいる. 四つの置換基の相違は, キラル中心のすぐ隣の点で判断できる

とは限らない．たとえば 5-ブロモデカンは，キラル中心である C5（*印）に四つの異なる置換基が結合しているのでキラルな分子である．ブチル基はペンチル基と似ているが同じではない．この二つの置換基の違いはキラル中心から 4 炭素離れたところまで見ないとわからないが，それでもこれらは異なる置換基である．

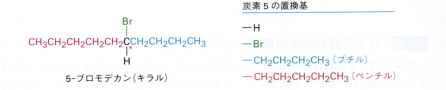

5-ブロモデカン（キラル）

炭素 5 の置換基
—H
—Br
—$CH_2CH_2CH_2CH_3$（ブチル）
—$CH_2CH_2CH_2CH_2CH_3$（ペンチル）

もう一つの例としてメチルシクロヘキサンと 2-メチルシクロヘキサノンを考えてみよう．メチルシクロヘキサンには異なる四つの置換基と結合した炭素原子は存在しないので，アキラルである．CH_2 基と CH_3 基の炭素は即座にキラル中心ではないことがわかるが，環上の C1 はどうだろうか．C1 炭素原子は CH_3 基，H 原子，および環上の C2，C6 と結合している．C2 と C6，C3 と C5 は同様に等価である．したがって C6−C5−C4 を置換基として見ると C2−C3−C4 と等価であり，メチルシクロヘキサンはアキラルである．メチルシクロヘキサンにはメチル基と環上の C1, C4 を結ぶ対称面が存在するためにアキラルであると考えることもできる．

一方で，2-メチルシクロヘキサノンでは状況が異なる．2-メチルシクロヘキサノンには対称面が存在せず，C2 炭素原子は CH_3 基，H 原子，環の $-COCH_2-$（C1−C6），および環の $-CH_2CH_2-$（C3−C4）に結合しているのでキラルである．

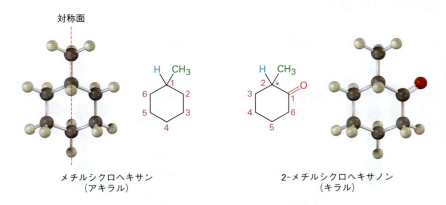

メチルシクロヘキサン（アキラル） 　　2-メチルシクロヘキサノン（キラル）

次にその他のキラル分子の例をあげる．* のついた炭素がキラル中心であることを確認せよ．$-CH_2-$, $-CH_3$, C=O, C=C, C≡C 基はキラル中心になりえないことは理解しているだろうか．

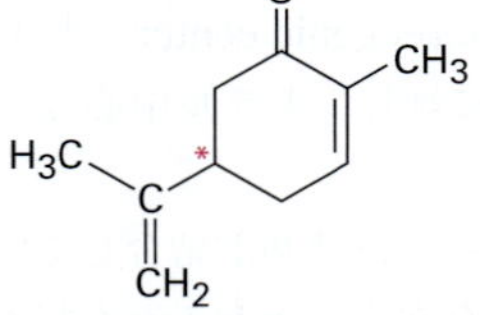

カルボン carvone（スペアミント油）　　ヌートカトン nootkatone（グレープフルーツ油）

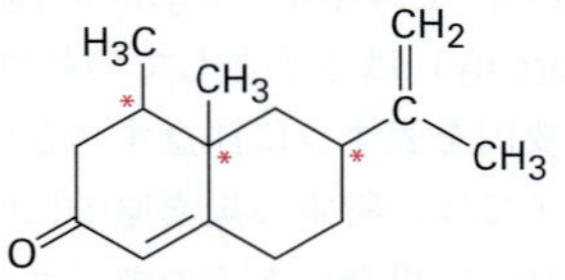

例題 5・1　キラル分子の三次元構造を書く

キラルなアルコールの構造式を書け．

考え方　アルコールは OH 基をもつ化合物である．アルコールをキラルにするためには，一つの炭素原子が H, OH, CH₃, CH₂CH₃ といった四つの異なる置換基と結合していなければならない．

解　答

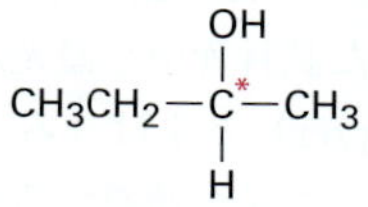

$$CH_3CH_2-\overset{OH}{\underset{H}{C^*}}-CH_3 \quad \text{ブタン-2-オール（キラル）}$$

問題 5・1　次のうち，キラルであるものはどれか．
　(a) 飲料缶　　(b) ねじ回し　　(c) ねじ　　(d) 靴

問題 5・2　次の分子のうち，キラルであるものはどれか．それぞれの分子のキラル中心を示せ．

(a) コニイン coniine（毒ニンジンの毒）

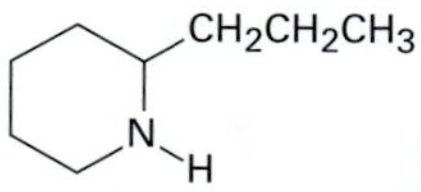

(b) メントール menthol（香料）

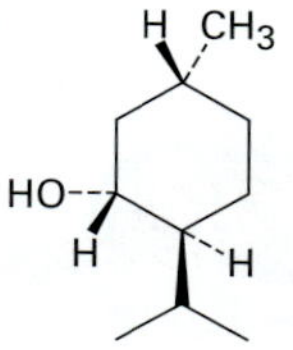

(c) デキストロメトルファン dextromethorphan（咳止め）

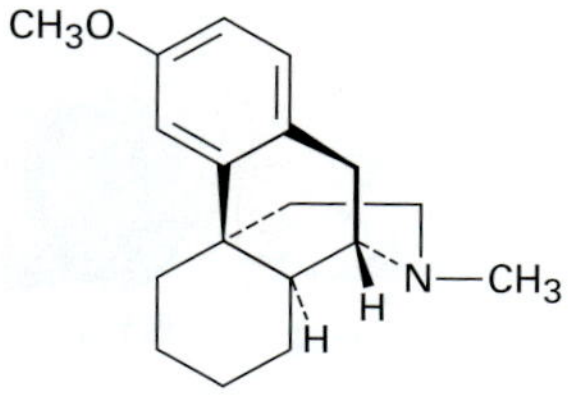

問題 5・3　タンパク質を構成するアミノ酸であるアラニンは，キラルな分子である．アラニンの両エナンチオマーをくさび線や破線を用いて書け．

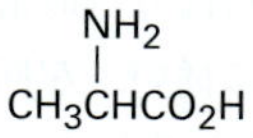

$$CH_3\overset{NH_2}{\underset{}{C}}HCO_2H \quad \text{アラニン}$$

問題 5・4　次の分子のキラル中心を示せ．（緑は Cl，黄は F）

(a)
トレオース threose（糖）

(b)
エンフルラン enflurane（麻酔薬）

5・3　光学活性

キラリティーの研究は，19 世紀はじめにフランス人物理学者 Jean-Baptiste Biot によって行われた**面偏光**（plane-polarized light）研究に端緒を発する．光は進行方向に対して直交する面内で振動する無数の電磁波からなっており，通常はあらゆる角度の光が混ざっている．光を**偏光子**（polarizer）とよばれるフィルターに通すと，特定の角度をもつ面（偏光面）で振動する光のみが通過し，それ以外の角度をもつ光はすべて遮断される．特定の角度をもつ面でのみ振動する光を**偏光**（polarized light）と

よぶ.

Biotは,偏光が糖やショウノウといった有機分子の溶液を通過すると,偏光面が一定の角度αだけ回転することを見いだした.すべての有機物がこのような振舞いをするわけではない.偏光面を回転させる性質を**光学活性**(optical activity)という.

この偏光面の回転角は,図5・5に示すような**旋光計**(polarimeter)によって測定できる.光学活性な有機分子の溶液の入った試料管中を偏光が通過すると,偏光面の回転が起こる.次にこの光が**検光子**(analyzer)とよばれる二つ目の偏光フィルターに入射する.この検光子を回転させて入射した光が通過する角度を調べることにより新たな偏光面を見いだすことができ,二つの偏光フィルターの角度の差から何度偏光面が回転したかを測定することができる.

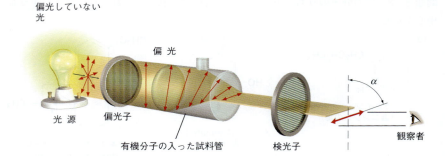

図5・5 旋光計の原理.偏光が光学活性な分子の溶液を通過すると,偏光面の回転が起こる.

偏光面の回転角の測定のみでなく,回転方向も重要な情報である.検光子を観測している観測者から見て,左回り(反時計回り)に偏光面を回転させる光学活性分子を**左旋性**(levorotatory)分子とよび,逆に右回り(時計回り)に回転させるものを**右旋性**(dextrorotatory)分子とよぶ.慣例に従い,左回りをマイナス(−),右回りをプラス(+)で表す.たとえば,(−)-モルヒネは左旋性であり,(+)-スクロースは右旋性である.

旋光計により測定できる偏光面の回転角(旋光度)は,光が試料管を通過するときに遭遇する光学活性分子の数に依存する.この数は試料濃度と試料管の長さ(光路長)に比例する.すなわち試料濃度が倍になれば観測される回転角も倍になり,濃度を一定に保って光路長を倍にすれば,やはり観測される回転角は倍になる.また,回転角は使用する光の波長にも依存する.

旋光度を比較可能な意味のある値にするために,標準条件が決まっている.化合物の**比旋光度**(specific rotation) $[\alpha]_D$ は,589.6ナノメートル(nm,1 nm = 10^{-9} m)の波長の光を用いて光路長 l を1デシメートル(dm,1 dm = 10 cm),試料濃度 C を1 g/cm³としたときの回転角で定義される.(589.6 nmの光はナトリウムD線とよばれ,街路灯のナトリウムランプが放出する黄色光である.)

$$[\alpha]_D = \frac{\text{観測された旋光度(度)}}{\text{光路長}\ l\ (\text{dm}) \times \text{濃度}\ C\ (\text{g/cm}^3)} = \frac{\alpha}{l \times C}$$

旋光度のデータをこの標準的な方法で表すと,比旋光度 $[\alpha]_D$ の値は個々の光学活性化合物に特有の物理定数となる.たとえば(+)-乳酸は $[\alpha]_D = +3.82$,(−)-乳酸は $[\alpha]_D = -3.82$ という値を示す.すなわち,エナンチオマーは偏光面を同じ角度だ

表5・1 有機分子の比旋光度

化合物	$[\alpha]_D$
ペニシリンV	+233
スクロース	+66.47
ショウノウ	+44.26
クロロホルム	0
コレステロール	−31.5
モルヒネ	−132
コカイン	−16
酢 酸	0

5・4 Pasteur によるエナンチオマーの発見　　111

け，逆回りに回転させる．比旋光度は通常単位なしで表記する．いくつかの例を表5・1にあげる．

例題 5・2　旋光度を計算する

$[\alpha]_\mathrm{D} = -16$ のコカイン 1.20 g を 7.50 mL のクロロホルムに溶解し，光路長 5.00 cm の試料管で旋光度を計ると何度になるか．

コカイン
cocaine

考え方　観測される旋光度 α は，比旋光度 $[\alpha]_\mathrm{D}$ × 試料濃度 C × 光路長 l である．すなわち，$\alpha = [\alpha]_\mathrm{D} \times C \times l$ に $[\alpha]_\mathrm{D} = -16$, $l = 5.00$ cm $= 0.500$ dm, $C = 1.20$ g/7.50 cm^3 $= 0.160$ g/cm^3 を代入する．

解　答　$\alpha = -16 \times 0.500 \times 0.160 = -1.3$

問題 5・5　例題 5・2 で取上げたコカインは右旋性と左旋性のどちらか．

問題 5・6　毒ニンジンの有毒成分であるコニイン 1.5 g をエタノール 10.0 mL に溶解し，その旋光度を光路長 5.00 cm の試料管中，ナトリウム D 線で測定したところ +1.21 を示した．コニインの $[\alpha]_\mathrm{D}$ の値を計算せよ．

5・4　Pasteur によるエナンチオマーの発見

　Biot による光学活性の発見の後，1848 年に Louis Pasteur がワインからとれる酒石酸の結晶の研究を始めるまではこの分野の研究に大きな進展はみられなかった．Pasteur は，酒石酸ナトリウムアンモニウムの高濃度溶液を 28 ℃ 以下で結晶化させると，驚くべきことに 2 種類の明らかに異なる結晶が得られることを見いだした．しかもこの 2 種類の結晶は右手と左手のような重ね合わせることのできない鏡像の関係にあった．

　Pasteur はこれらの結晶をピンセットで注意深く分けることによって，図 5・6 に示すような "右手の結晶" と "左手の結晶" の分離に成功した．右手と左手の 50：50 の混合物である最初の試料は光学的に不活性であったが，2 種類に分けたそれぞれの結晶の溶液は光学的に活性であり，これらの比旋光度は大きさが同じで符号が逆であった．

　Pasteur は時代を大きく先取りしていた人物であった．当時は Kekulé 構造理論もまだ提唱されていなかったが，自身の実験結果を "右旋性を示す酒石酸分子には，その鏡像体と重ね合わせることのできない非対称性が存在するにちがいない．そして左旋性を示す酒石酸ではこの対称性が正確に反転しているのであろう" と説明した．

図 5・6 **Pasteur の原図からとった酒石酸ナトリウムアンモニウムの結晶の図**. 一方が溶液中における右旋性結晶で，もう一方が左旋性結晶である．

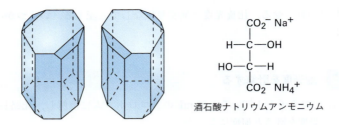

酒石酸ナトリウムアンモニウム

Pasteur のこの考え方は当時としては画期的なものであり，実際彼のこの不斉炭素原子の存在に関する考えが実証されたのは 25 年後のことであった．

今日では，Pasteur がエナンチオマーの存在を発見したと称されている．エナンチオマーは**光学異性体**（optical isomer）ともよばれ，融点や沸点といった物理的性質は同一であるが，それらを溶液としたときに面偏光を回転させる方向のみが異なる．

5・5 立体配置の表記法

構造式によって不斉炭素の立体化学を視覚的に表すことはできるが，キラル中心の置換基の三次元的な配置，すなわち**立体配置**（configuration）を表記する方法も必要である．このために，キラル中心に結合する四つの置換基を一連の順位則に則って順位づけし，その順位によってキラル中心の右左を決定する．この順位則は，提唱した化学者の名前をとって **Cahn-Ingold-Prelog 則**（Cahn-Ingold-Prelog rule）とよばれ，その具体的な方法は次のとおりである．

規則 1 キラル中心に直接結合している四つの原子に，原子番号をもとにして番号をつける．原子番号が最も大きい原子の順位が最も高く（1番），原子番号が最も小さい原子（通常は水素）は最も順位が低い（4番）．重水素（^{2}H）と水素（^{1}H）のような，同じ原子の同位体を比較する場合は，質量数が大きいものの方が高位になる．これにより，有機化合物で一般にみられる原子は次の順に並ぶ．

原子番号　　35　17　16　15　8　7　6　(2)　(1)
順位が高い　Br ＞ Cl ＞ S ＞ P ＞ O ＞ N ＞ C ＞ ^{2}H ＞ ^{1}H　順位が低い

規則 2 キラル中心に直接結合している原子では判別がつかないときには，置換基の違いが見つかるまで，キラル中心に近い方から 2 番目，3 番目，4 番目と順にたどって比較する．たとえば，エチル基 $-CH_2CH_3$ とメチル基 $-CH_3$ は，どちらも最初の原子が炭素原子であるため，規則 1 では区別することができない．しかしながら，規則 2 においてはエチル基はメチル基よりも高位である．それは，エチル基の 2 番目の原子の中には順位の高い炭素原子が存在するが，メチル基の 2 番目の原子は水素原子のみであるからである．次の例をみて，この規則がどのように機能しているか理解してほしい．

5・5 立体配置の表記法   113

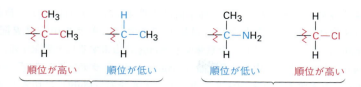

規則3 多重結合で結合している原子は，多重度と同じ数の単結合で結合しているとみなす．たとえば，ホルミル基 −CH＝O の炭素原子は二重結合で一つの酸素原子と結合しているが，これは単結合で二つの酸素原子と結合している炭素原子をもつ置換基と等価である．

さらに，次の例もそれぞれ互いに等価である．

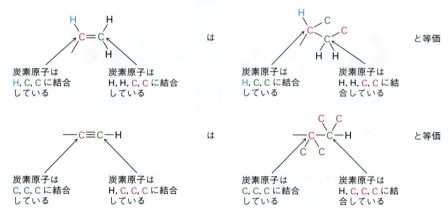

キラル炭素に結合した四つの置換基に順位をつけた後，最も順位の低い（4番目の）置換基を紙面の奥にもっていくように分子を回転させる．そうすると他の三つの置換

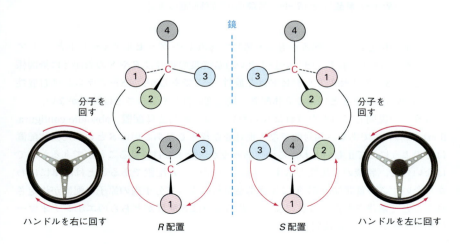

図 5・7 キラル中心の立体配置の表記．最も順位の低い（4番目の）置換基が紙面奥に向くように分子をおくと，残る三つの置換基はハンドルのスポークのように紙面手前に向く．1→2→3番目の置換基の配置が時計回り（右回り）であれば，キラル中心は *R* 配置と表記され，1→2→3番目の置換基の配置が反時計回り（左回り）であれば，キラル中心は *S* 配置である．

基はハンドルのスポークのように紙面手前に位置するだろう（図5・7）．置換基を 1→2→3番目とたどったときに時計回りであれば，キラル中心は **R配置**（R configuration，ラテン語で"右"を意味する rectus に由来する）と表記する．逆に，反時計回りであればキラル中心は **S配置**（S configuration，ラテン語で"左"を意味する sinister に由来する）と表記する．車のハンドルを右（Right）に切るときが R，と覚えるとよい．

立体配置の表記法の例として，図5・8に示す (−)-乳酸を考えてみる．規則1から OH の順位が1番で H が4番であるが，CH_3 と CO_2H は両方ともキラル中心に結合している原子が炭素であるため区別することができない．しかし規則2から，CO_2H が CH_3 よりも順位が高いことがわかる．CO_2H のキラル炭素から2番目に位置する酸素原子が CH_3 の水素原子よりも順位が高いからである．次に，キラル炭素上の置換基のうち最も順位の低い水素原子を紙面奥にもっていくように分子を回す．すると順位1番の OH，2番の CO_2H，3番の CH_3 は時計回りに並ぶ（ハンドルが右回転）ので，(−)-乳酸は R 配置である．同様にして (+)-乳酸は逆の S 配置である．

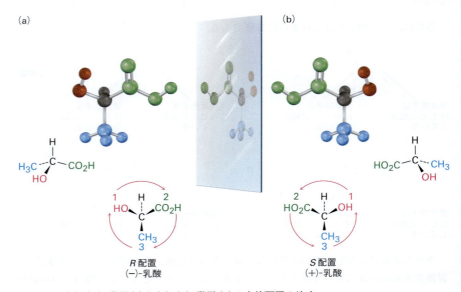

図 5・8　(**R**)-(−)-乳酸(a)と(**S**)-(+)-乳酸(b)の立体配置の決定

その他の例として，S 配置をもつ天然物である (−)-グリセルアルデヒドと (+)-アラニンを図5・9に示す．(+)や(−)という旋光度の符号は R や S の表記とは無関係である．(S)-グリセルアルデヒドは左旋性(−)であるが，(S)-アラニンは右旋性(+)である．R や S といった立体配置と旋光度の符号や大きさとは関係がない．

もう一つ説明しておかなければならないのは，**絶対立体配置**（absolute configuration）についてである．相対的でなく絶対的な意味で R あるいは S といった立体配置はどのようにして正しいとわかるのであろうか．分子を目で見ることができるわけではないので，乳酸の左旋性を示すエナンチオマーが R 配置であることは簡単にはわからない．この難問は 1951 年に X 線構造解析によって分子内の原子の配置が決定されることで解決された．これによって R あるいは S 配置がどちらのエナンチオマーに相当するかが完全に決定された．

5・5 立体配置の表記法 115

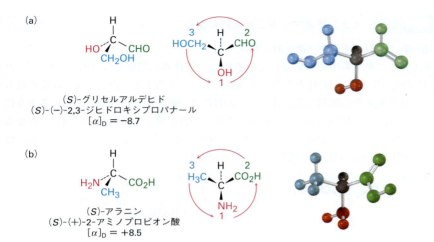

図 5・9 (−)-グリセルアルデヒド (a) と (+)-アラニン (b) の立体配置の決定. 前者は左旋性で後者は右旋性であるが, 両方とも S 配置である.

例題 5・3 キラル中心の立体配置表記

次の分子を順位が低いものを紙面奥に向けた形に書き直し, R 配置あるいは S 配置のどちらであるかを決定せよ.

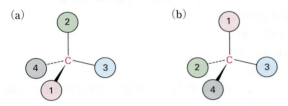

考え方 キラル中心を三次元的に描図して分子を配置するためには訓練が必要である. 順位の最も低い置換基の 180° 反対側から分子を見ることから始めるのがよいかもしれない. その方向から見ているつもりになって分子を書き直してみよう.

解 答 (a) 分子を紙面上, 右上側から眺めると, 順位 2 番の置換基を左側, 3 番の置換基を右側, 1 番の置換基を下側になるように分子を書ける. この分子は R 配置である.

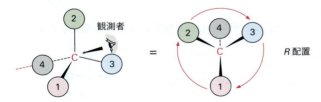

(b) 分子を紙面奥, 左上側から眺めると, 3 番の置換基が左側, 1 番の置換基が右側, 2 番の置換基が下側になるように分子を書ける. この分子も R 配置である.

例題 5・4　エナンチオマーを三次元的に書く

(*R*)-2-クロロブタンを三次元的に書け．

考え方　キラル中心に結合している四つの置換基に順位をつけると，1) Cl，2) CH₂CH₃，3) CH₃，4) H となる．三次元的な分子構造を書くためには，順位の最も低い H を紙面奥に配置して，他の三つの置換基が紙面手前に突き出しているように想定する．次に H 以外の三つの置換基を順位の高い順に時計回り（右回り）になるように配置した後，最後に紙面奥の水素が紙面上にくるように分子を回転させる．この種の問題を解くには分子模型を使うと便利である．

解　答

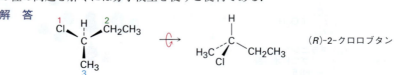

問題 5・7　次の各組合わせにおいて，どちらの置換基の方が順位が高いか．
(a) H, Br　　　　(b) Cl, Br
(c) CH₃, CH₂CH₃　(d) NH₂, OH
(e) CH₂OH, CH₃　(f) CH₂OH, CH=O

問題 5・8　Cahn–Ingold–Prelog 則に基づいて次の置換基に順位をつけよ．
(a) H, OH, CH₂CH₃, CH₂CH₂OH
(b) CO₂H, CO₂CH₃, CH₂OH, OH
(c) CN, CH₂NH₂, CH₂NHCH₃, NH₂
(d) SH, CH₂SCH₃, CH₃, SSCH₃

問題 5・9　次の分子を順位の最も低い置換基を紙面奥に配置した形に書き直した後，キラル中心が *R* 配置か *S* 配置かを決定せよ．

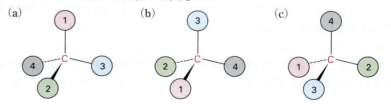

問題 5・10　次の分子のキラル中心が *R* 配置か *S* 配置かを決定せよ．

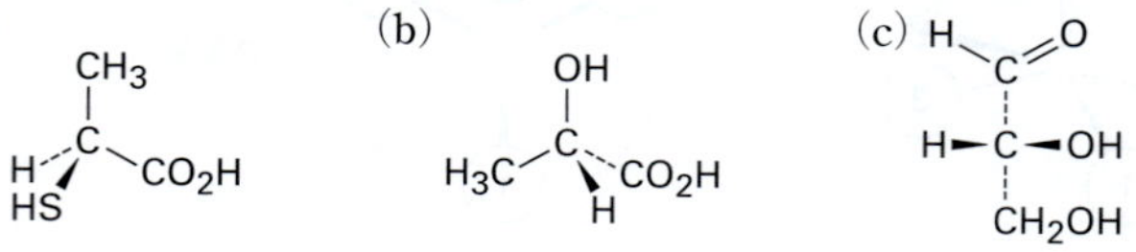

問題 5・11　(*S*)-ペンタン-2-オール（2-ヒドロキシペンタン）の三次元構造を書け．

問題 5・12　次の分子モデルはアミノ酸の一種のメチオニンである．キラル中心が *R* 配置であるか *S* 配置であるかを決定せよ．（青は N，黄は S）

5・6 ジアステレオマー

　乳酸やアラニン，グリセルアルデヒドといった分子には一つしかキラル中心が存在しないため，立体異性体は二つしか存在せず，比較的単純である．それに対して二つ以上のキラル中心がある分子はもっと複雑である．一般的に n 個のキラル中心がある分子には 2^n 個の立体異性体が存在する（後でみるようにそれよりも少ない場合もある）．たとえば，アミノ酸のトレオニン（2-アミノ-3-ヒドロキシ酪酸）について考えてみよう．トレオニンには C2 と C3 に二つのキラル中心があり，図 5・10 に示すように四つの立体異性体が存在する．R や S で表記した立体配置が正しいかどうか確認せよ．

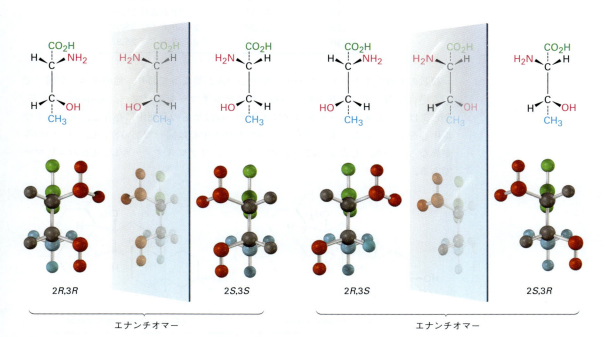

図 5・10　2-アミノ-3-ヒドロキシ酪酸の四つの立体異性体

　2-アミノ-3-ヒドロキシ酪酸の四つの立体異性体は，2 組のエナンチオマーに分類できる．2R,3R 異性体は 2S,3S 異性体の鏡像体であり，2R,3S 異性体は 2S,3R 異性体の鏡像体である．しかし，鏡像体の関係にない立体異性体同士，たとえば 2R,3R 異性体と 2R,3S 異性体はどのような関係にあるのだろうか．これらは立体異性体ではあるが，エナンチオマーではない．このような分子同士の関係を表すために，ジアステレオマーという新しい用語を用いる．
　ジアステレオマー（diastereomer）とは，鏡像関係にない立体異性体のことをいう．エナンチオマーを例えるときに右手と左手の例を用いたが，この例を拡張するとジアステレオマーは別の人の手との関係に例えることができる．自分の手は友人の手に似てはいるが，それらは同じではないし鏡像体でもない．ジアステレオマーも同じで，それらは似ているが同じものではなく，また鏡像体でもない．
　エナンチオマーとジアステレオマーの違いに十分注意してほしい．エナンチオマーはすべてのキラル中心が逆の立体配置をもっているのに対し，ジアステレオマーはい

くつかの（一つでもそれ以上でもよい）キラル中心の立体化学が反転しているだけで残りのキラル中心の立体化学は同一である．表5・2にはトレオニンの四つの立体異性体の関係をすべてまとめた．4種のうち $2S,3R$ 異性体（$[\alpha]_D = -28.3$）のみが天然の植物や動物に存在し，ヒトの栄養素として必須である．これはよくある現象で，ほとんどの生体関連分子はキラルであり，通常天然にはそのうちの1種類の立体異性体のみが存在する．

表 5・2　トレオニンの四つの立体異性体の関係

立体異性体	エナンチオマー	ジアステレオマー
2R,3R	2S,3S	2R,3S および 2S,3R
2S,3S	2R,3R	2R,3S および 2S,3R
2R,3S	2S,3R	2R,3R および 2S,3S
2S,3R	2R,3S	2R,3R および 2S,3S

複数の不斉炭素のうち一つのキラル中心のみが異なっており，他のすべてが同一である場合に限って，これらの二つのジアステレオマーを**エピマー**（epimer）とよぶ．たとえば，コレスタノールとコプロスタノールはヒトの糞便中に存在し，九つのキラル中心をもっている．九つのうち八つのキラル中心は同一であるが，C5の一つのみが異なっている．したがってコレスタノールとコプロスタノールは，C5のエピマーである．

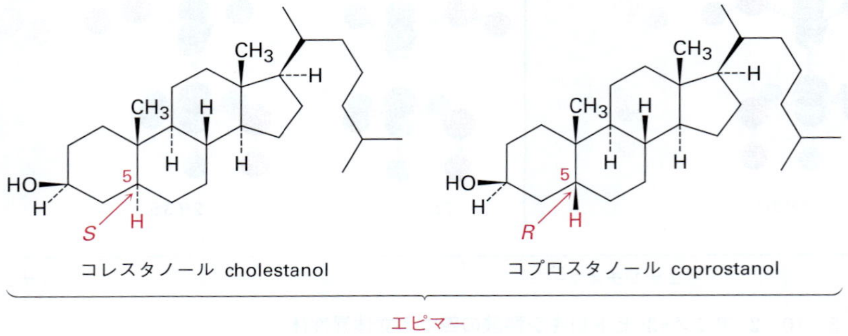

コレスタノール cholestanol　　コプロスタノール coprostanol

エピマー

トレオニン，コレスタノールやコプロスタノールのような複数のキラル中心をもつ化合物では，構造式中のくさび線や破線は特別な注意書きがない限り絶対配置ではなく相対配置のみを示していることに気をつけよう．

問題 5・13　(a)〜(d) の分子のうちの一つは，植物が CO_2 を糖に組込むときの Calvin 回路の中間体の D-エリトロース 4-リン酸である．二つのキラル中心が両方とも R 配置であるとすると，(a)〜(d) のうちどれが D-エリトロース 4-リン酸か．残る三つの分子のうちのどれが D-エリトロース 4-リン酸のエナンチオマーで，どれがジアステレオマーか．

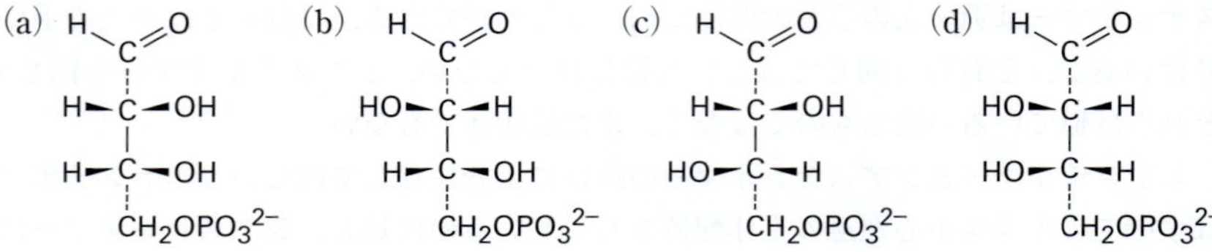

問題 5・14 モルヒネにはいくつのキラル中心が存在するか．また，いくつの立体異性体がありえるか．

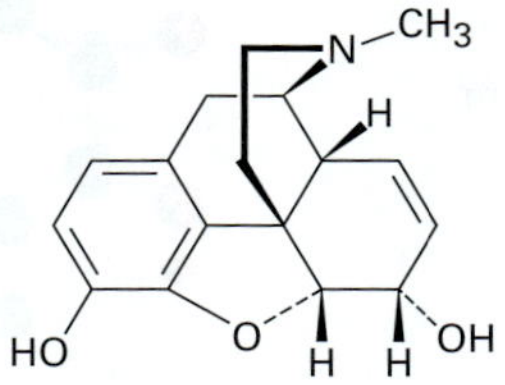

モルヒネ
morphine

問題 5・15 次に示すアミノ酸イソロイシンの分子モデルにおいて，各キラル中心の立体配置は R か S か．

5・7 メソ化合物

キラル中心を二つもつ分子のもう一つの例として，Pasteur が研究した酒石酸について考えてみよう．四つの立体異性体は次のように書ける．

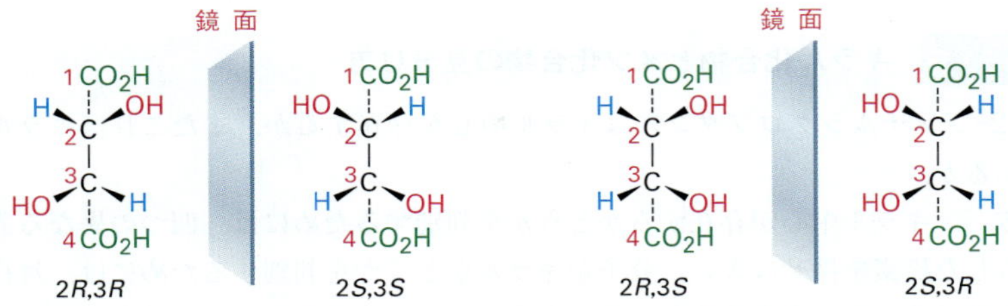

2R,3R 体と 2S,3S 体は重ね合わせることができない鏡像関係にあり，したがってこれらは1組のエナンチオマーである．しかし，2R,3S 体と 2S,3R 体とは，一方を180°回転すると重ね合わせることができるので，これらは同一分子である．

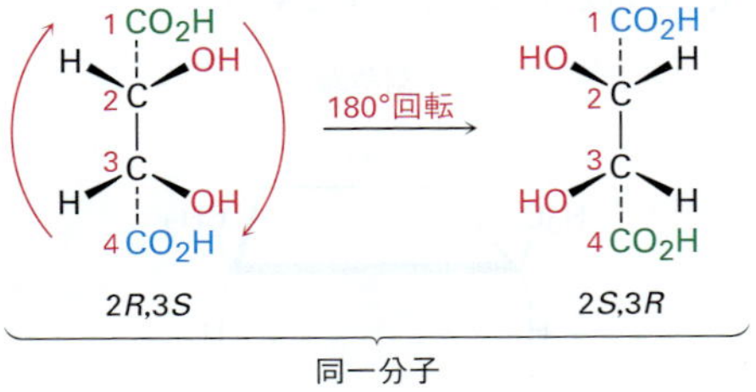

2R,3S 体と 2S,3R 体は分子内に対称面をもつために，同一分子であり，アキラルである．対称面は C2－C3 結合間に存在し，この面の片側はもう一方の側の鏡像になっている（図 5・11）．分子内に対称面があるために，二つのキラル中心が存在するにもかかわらずこれらの分子はアキラルである．このような分子を**メソ化合物**（meso compound）とよぶ．したがって酒石酸には，二つのエナンチオマーと一つのメソ化合物の計3種類の立体異性体が存在する．

図 5・11　*meso*-酒石酸の対称性. C2−C3 結合の間に対称面が存在するために，この分子はアキラルである．

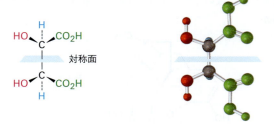

表 5・3 に三つの立体異性体の物理的性質をまとめた．(+)- および (−)-酒石酸は同一の融点，溶解度，密度をもつが，面偏光を回転させる方向が異なる．それに対してメソ化合物は，(+)- および (−)-酒石酸とはジアステレオマーの関係にある．したがって (+)- および (−)-酒石酸とは鏡像関係にはなく，異なる化合物であることから物理的性質も異なる．

表 5・3　酒石酸の立体異性体の特性

立体異性体	融点(°C)	$[\alpha]_D$	密度 (g/cm³)	20 °C での溶解度 (g/100 mL H₂O)
(+)	168〜170	+12	1.7598	139.0
(−)	168〜170	−12	1.7598	139.0
メソ	146〜148	0	1.6660	125.0

例題 5・5　キラル化合物とメソ化合物の見分け方

cis-1,2-ジメチルシクロブタンにはキラル中心が存在するか．またこれはキラルな分子であるか．

考え方　キラル中心が存在するかどうかを判別するためには，四つの異なる置換基と結合した炭素を探せばよい．分子がキラルかどうかを判別するためには，対称面の有無を調べる．キラル中心をもつ分子がすべてキラルであるわけではない．メソ化合物がよい例である．

解　答　*cis*-1,2-ジメチルシクロブタンの構造を見ると，メチル基の置換した環上の二つの炭素 (C1 と C2) はキラル中心である．しかし C1 と C2 の間に環に垂直な対称面が存在するため，この分子はアキラルである．

問題 5・16　次の化合物のうち，メソ化合物はどれか．

問題 5・17 次の化合物のうち，メソ化合物の可能性のあるものはどれか．（-オールの接尾語はアルコール ROH を表すことを思い出そう．）
(a) ブタン-2,3-ジオール　　(b) ペンタン-2,3-ジオール
(c) ペンタン-2,4-ジオール

問題 5・18 次に示す構造はメソ化合物であるか．そうであれば対称面を示せ．

5・8 ラセミ体とエナンチオマーの分割

立体異性体に関する議論の結びに，もう一度 §5・4 で取上げた Pasteur の先駆的な研究をみてみよう．Pasteur は光学的に不活性な酒石酸塩から光学的に活性な $2R,3R$ 体と $2S,3S$ 体を別々に結晶化できることを見いだした．彼が研究を行った光学的に不活性な酒石酸塩とは何だったのだろうか．メソ化合物でなかったことは確かである．なぜなら化学結合をいったん切断し再び結合させない限り，メソ化合物から 2 種類のエナンチオマーに変換することは不可能であるからである．

答えは，キラルな酒石酸の両方のエナンチオマーの 50：50 の混合物だったのである．このような混合物のことを，**ラセミ体**（racemate）あるいは**ラセミ混合物**（racemic mixture）とよび，右旋性分子と左旋性分子の等量混合物であることを示すため記号（±）あるいは接頭語 d, l で表す．ラセミ体においては，片方のエナンチオマーが示す＋の旋光度がもう一方のエナンチオマーの－の旋光度によって完全に打消されるので，旋光度の値は 0 になる．幸運も手伝って Pasteur は，ラセミ体の酒石酸を（＋）体と（－）体に分ける（**分割する**，resolve）ことができたのである．残念ながら，ラセミ体からの各エナンチオマーの分別結晶（fractional crystallization）という彼の用いた方法は汎用的なものではない．したがって別の方法が必要となる．

最も一般的な分割方法は，キラルなカルボン酸 RCO_2H のラセミ体とアミン塩基 RNH_2 からアンモニウム塩を生成する酸–塩基反応を用いるものである．

$$\underset{\text{カルボン酸}}{R-\overset{\overset{O}{\|}}{C}-OH} + \underset{\text{アミン塩基}}{RNH_2} \longrightarrow \underset{\text{アンモニウム塩}}{R-\overset{\overset{O}{\|}}{C}-O^-\ RNH_3^+}$$

この分割方法の原理を理解するために，まずはキラルな酸（たとえば乳酸）のラセミ体とアキラルなアミン塩基（たとえばメチルアミン CH_3NH_2）が反応したときに何が起こるかを考えてみよう．ここで立体化学的に起こることは，左手と右手（キラル）がボール（アキラル）をつかむのに似ている．左手でも右手でもボールをつかむことはでき，生成物であるボールをつかんだ右手とボールをつかんだ左手は互いに鏡像関係にある．（＋）-乳酸も（－）-乳酸もメチルアミンと反応して，（＋）-乳酸のメチルアンモニウム塩と（－）-乳酸のメチルアンモニウム塩がそれぞれ生成する（図 5・12）．

122　　5. 四面体中心の立体化学

図 5・12 ラセミ体の乳酸とアキラルなメチルアミンとの反応. ラセミ体のアンモニウム塩が生じる.

ラセミ体の乳酸
(50% *R*, 50% *S*)

ラセミ体のアンモニウム塩
(50% *R*, 50% *S*)

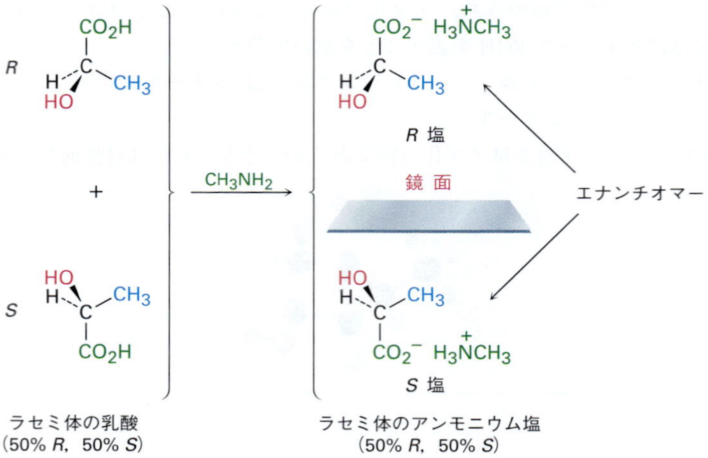

　次にラセミ体の乳酸が (*R*)-1-フェニルエチルアミンのようなキラルアミンの一方のエナンチオマーと反応したときに何が起こるかを考えてみる. この場合は, 左手と右手 (キラル) が右手のグローブ (これもキラル) をはめるときに似ている. 左手と右手は, 同じグローブを同じようにはめることはできない. 生成物である右手グローブをつけた右手と右手グローブをつけた左手は鏡像関係にはなく, 似ているようにみえても別のものである.
　同様に, (+)-乳酸と (−)-乳酸は (*R*)-1-フェニルエチルアミンと反応して, 2 種類の異なる生成物を与える (図 5・13). (*R*)-乳酸は (*R*)-1-フェニルエチルアミンと反応して *R,R* 塩を与え, (*S*)-乳酸は (*R*)-1-フェニルエチルアミンと反応して *S,R* 塩を与える. この二つの塩はジアステレオマーであり, 化学的および物理的な性質の異なる別の化合物である. したがって, これらの塩は結晶化やその他の方法で分けることができる. これらの塩を分離した後にジアステレオマーの塩を強酸で処理することにより, 乳酸の二つの純粋なエナンチオマーを入手すると同時に, キラルアミンを回収して再利用することができる.

図 5・13 ラセミ体の乳酸と (*R*)-1-フェニルエチルアミンとの反応. ジアステレオマーのアンモニウム塩が生じる. これらは性質が異なるため分離可能である.

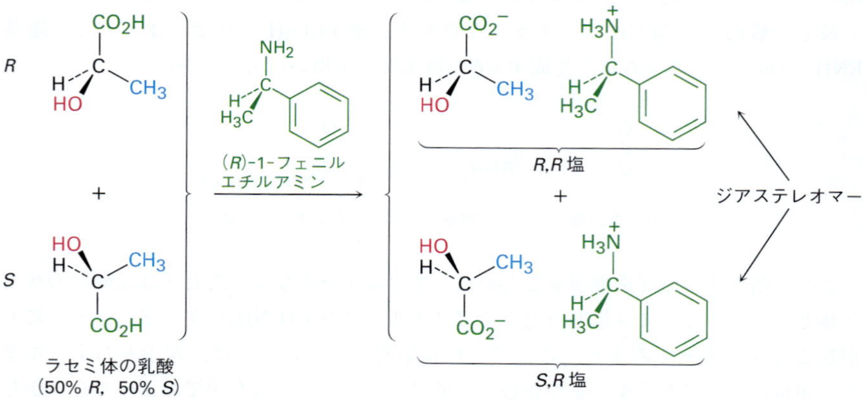

ラセミ体の乳酸
(50% *R*, 50% *S*)

例題 5・6　**生成物のキラリティーを予想する**

§16・3 でカルボン酸 RCO₂H がアルコール R′OH と反応してエステル RCO₂R′ が生

成することを説明する．(±)-乳酸は CH₃OH と反応して乳酸メチルを生成する．生成物の立体化学を予想せよ．生成物同士はどのような関係にあるか．

$$\underset{乳\ 酸}{CH_3CHCOH} + \underset{メタノール}{CH_3OH} \xrightarrow{酸触媒} \underset{乳酸メチル}{CH_3CHCOCH_3} + H_2O$$

解　答　ラセミ体の酸とメタノールのようなアキラルなアルコールとの反応により，鏡像（エナンチオマー）関係にあるラセミ体の混合物が生じる．

(S)-乳酸 ＋ (R)-乳酸 →[CH₃OH/酸触媒] (S)-乳酸メチル ＋ (R)-乳酸メチル

問題 5・19　酢酸 CH₃CO₂H と (S)-ブタン-2-オールから生じるエステル（例題 5・6）を考える．生成物の構造中の単結合で結合した酸素原子が酸由来でなくアルコール由来であるとき，生成物の立体化学を予想せよ．生成物同士はどのような関係にあるか．

$$\underset{酢\ 酸}{CH_3COH} + \underset{ブタン-2-オール}{CH_3CHCH_2CH_3} \xrightarrow{酸触媒} \underset{酢酸 s-ブチル}{CH_3COCHCH_2CH_3} + H_2O$$

問題 5・20　(±)-乳酸と (S)-1-フェニルエチルアミンの反応の生成物の立体化学を予想せよ．また，これらはどのような関係にあるか．

5・9　異性体の分類

何度か述べているが，異性体とは分子式は同一だが構造の異なる化合物同士のことをいう．これまでの章でいくつかの異性体について学んできたが，よい機会なのでここで一度各異性体の関係をまとめておく（図 5・14）．

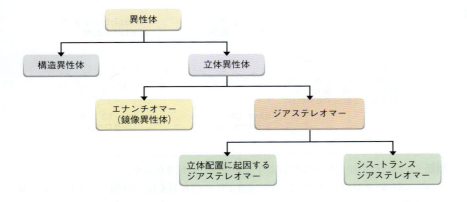

図 5・14　異性体の分類

異性体は構造異性体と立体異性体の 2 種類に大きく分類できる．これら二つの異性体に関してはすでに説明した．

124　5. 四面体中心の立体化学

- **構造異性体**（§3・2参照）は，原子の結合様式が異なる分子同士のことをいう．構造異性体のなかには骨格が異なる異性体，官能基の異なる異性体，および置換基の位置が異なる異性体が存在する．

炭素骨格の異なる
異性体

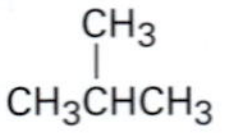

$$CH_3$$
$$|$$
$$CH_3CHCH_3$$　　　と　　　$$CH_3CH_2CH_2CH_3$$

2-メチルプロパン　　　　　　　　　ブタン

官能基の異なる
異性体

$$CH_3CH_2OH$$　　　と　　　$$CH_3OCH_3$$

エチルアルコール　　　　　ジメチルエーテル

置換基の位置が
異なる異性体

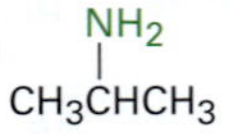

$$NH_2$$
$$|$$
$$CH_3CHCH_3$$　　　と　　　$$CH_3CH_2CH_2NH_2$$

イソプロピルアミン　　　　　　プロピルアミン

- **立体異性体**（§4・2参照）は，原子の結合の順序は同じであるが立体配置の異なる化合物同士のことをいう．立体異性体のなかでも，エナンチオマー，ジアステレオマー，およびシクロアルカンにおけるシス-トランス異性体について述べてきた．シス-トランス異性体は鏡像異性体ではないので，ジアステレオマーの一種である．

エナンチオマー
（重ね合わせることのできない鏡像異性体）

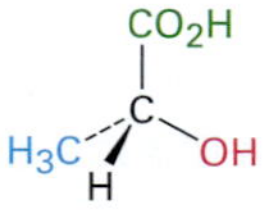

(R)-乳酸　　　と　　　(S)-乳酸

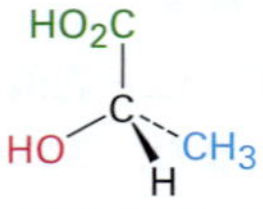

ジアステレオマー
（重ね合わせることができず，かつ鏡像異性体ではない）

立体配置に起因する
ジアステレオマー

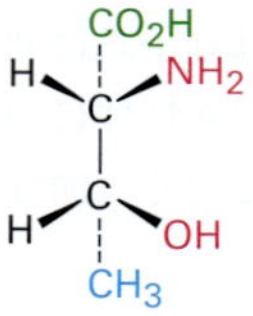

(2R,3R)-2-アミノ-3-
ヒドロキシ酪酸　　　と　　　(2R,3S)-2-アミノ-3-
ヒドロキシ酪酸

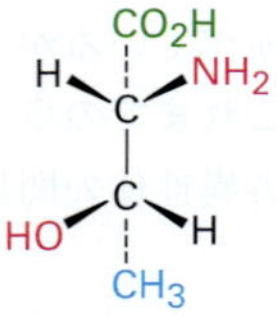

シス-トランスに起因する
ジアステレオマー
（二重結合または環上の置換基が同じ側，反対側かの位置関係に起因する異性体）

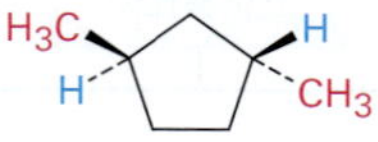

trans-1,3-ジメチル
シクロペンタン　　　と　　　cis-1,3-ジメチル
シクロペンタン

問題 5・21　次の組合わせはどのような異性体に分類されるか．

(a)　(S)-5-クロロヘキサ-2-エン $CH_3CH=CHCH_2CH(Cl)CH_3$ とクロロシクロヘキサン

(b)　(2R,3R)-2,3-ジブロモペンタンと (2S,3R)-2,3-ジブロモペンタン

5・10 窒素原子，リン原子，硫黄原子のキラリティー

キラリティーが生じる最も一般的な原因は，四面体原子に四つの異なる置換基が結合していることであるが，この原子は炭素である必要はない．窒素，リン，および硫黄原子は有機分子の構成要素としてしばしば見受けられ，すべてキラル中心になりうる原子である．たとえば3価の窒素原子は四面体構造をとり，非共有電子対が4番目の"置換基"の役を果たしている（§1・10参照）．それでは3価の窒素原子はキラルだろうか．エチルメチルアミンのような化合物には，エナンチオマーが存在するのだろうか．

答えはイエスでありノーでもある．すなわち，原理的にはイエスであるが，実際にはノーである．ほとんどの3価の窒素原子では速やかに立体反転が起こり，エナンチオマー同士が容易に相互変換してしまう．したがって特殊な場合を除いては，各エナンチオマーを単離することは不可能である．

3価のリン化合物（ホスフィン）においても同様である．しかしリンの反転速度は窒素に比べてかなり遅く，安定なキラルなホスフィンが単離できる場合もある．たとえば，(R)- および (S)-メチルプロピルフェニルホスフィンの立体配置は100℃においても数時間安定である．§19・3で，ホスフィンのキラリティーの重要性をキラルアミノ酸の合成と関連づけて説明する．

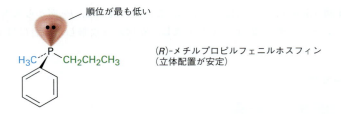

2価の硫黄化合物はアキラルであるが，スルホニウムイオン R_3S^+ とよばれる3価の硫黄化合物はキラルになりうる．ホスフィンと同様にスルホニウムイオンも反転速度が比較的遅いために，キラルなスルホニウムイオンも立体配置が安定で単離可能である．おそらく最もよく知られた例は補酵素 S-アデノシルメチオニン（S-adenosylmethionine）で，さまざまな化合物の代謝経路においてメチル基の供給源として働き"生体内のメチル化剤"といわれている．〔S-アデノシルメチオニンのSは硫黄（sulfur）のSであり，アデノシル基がアミノ酸の一種であるメチオニンの硫黄に結合していることを意味する．〕S-アデノシルメチオニンの分子中の硫黄はS配置であり，この立体配置は室温で数日間安定である．対応するR体のS-アデノシルメチオニンも知られているが，生体内では不活性である．

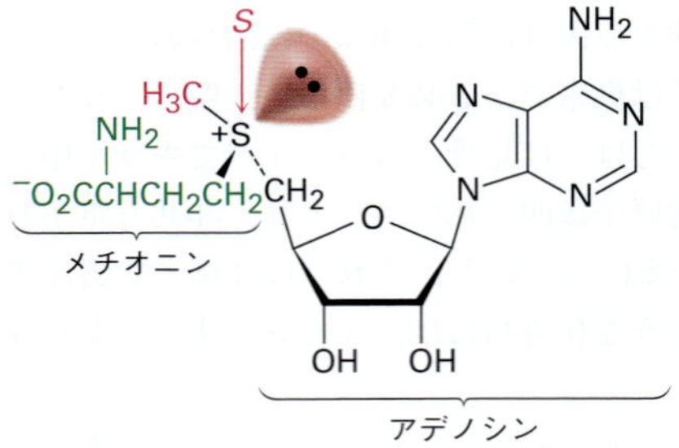

126   5. 四面体中心の立体化学

(S)-S-アデノシルメチオニン

メチオニン

アデノシン

5・11 プロキラリティー

プロキラリティー（prochirality）は，キラリティーと密接に関連し，特に生化学の分野で重要な概念である．1段階でアキラルからキラルな化合物に変換できる場合に，その分子は**プロキラル**（prochiral）であるという．非対称ケトンであるブタン-2-オンは水素の付加によってキラルなブタン-2-オールに変換できるのでプロキラルな分子である（§13・3参照）．

ブタン-2-オン
（プロキラル）

ブタン-2-オール
（キラル）

ブタン-2-オールのどちらのエナンチオマーが生成するかは，カルボニル基のどちらの面から反応するかによって決まる．プロキラルな面を区別するために，*Re* あるいは *Si* という立体化学の表記を用いる．平面三方形の sp^2 混成した炭素に結合した三つの置換基に順位をつけて，その1番から2番，2番から3番というように順番に矢印を書く．矢印が時計回りとなる面を ***Re* 面**（*Re* face，*R* と同様），反時計回りとなる面を ***Si* 面**（*Si* face，*S* と同様）とよぶ．ここでの例では，*Re* 面から水素が攻撃したときには (S)-ブタン-2-オールが生成し，*Si* 面から攻撃した場合には (R)-ブタン-2-オールが生成する．

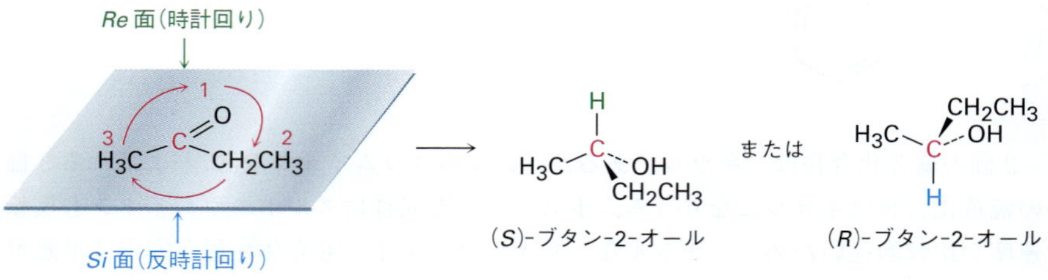

Re 面（時計回り）

Si 面（反時計回り）

(S)-ブタン-2-オール

または

(R)-ブタン-2-オール

平面三方形の sp^2 混成した原子をもつ化合物だけでなく，四面体の sp^3 混成した原子もプロキラルとなりうる．一つの置換基を変換することによってキラル中心となる sp^3 混成した原子を**プロキラル中心**（prochiral center）とよぶ．たとえばエタノールの $-CH_2OH$ の炭素原子は，結合している水素原子を一つ変えるとキラル中心となるので，プロキラル中心である．

プロキラル中心上の二つの同一原子（あるいは置換基）を区別するために，他の置

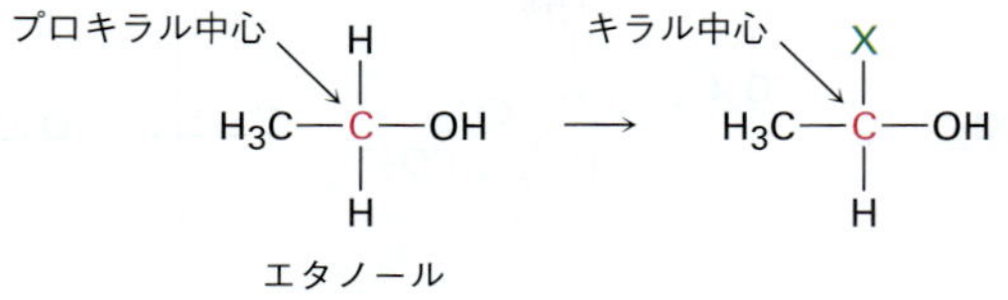

5・11 プロキラリティー   127

エタノール

換基の順位を変えることなく同一置換基の一方の順位を上げることを考えてみる．た
とえばエタノールの CH_2OH 炭素に置換している一方の ^1H 原子（水素）を ^2H 原子
（重水素）で置換すると仮定する．新しく導入した ^2H 原子は残った ^1H 原子より順位
は高いが，この炭素に置換している他の置換基に比較すると順位は低い．二つある同
一原子のうち，順位を上げることによってその結合した炭素が R 配置のキラル中心
になるものを **pro-R**，S 配置のキラル中心になるものを **pro-S** とよぶ．

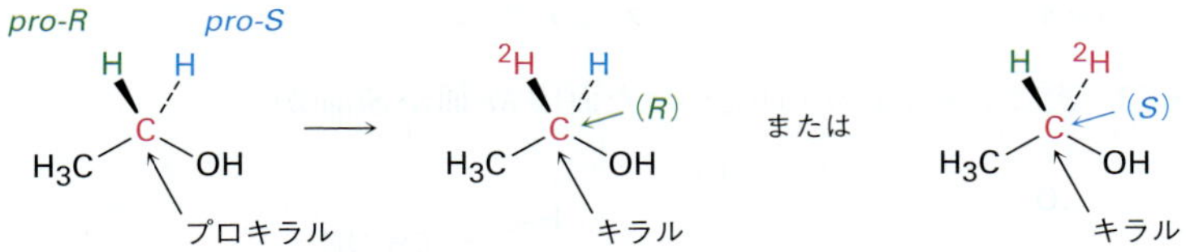

　非常に多くの生体反応でプロキラルな化合物が利用されている．たとえば食物の代
謝経路であるクエン酸回路中の1段階に H_2O のフマル酸への付加によるリンゴ酸の
合成がある．ここではフマル酸炭素原子に対しての Si 面から OH の付加が起こり，
(S)-リンゴ酸ができる．

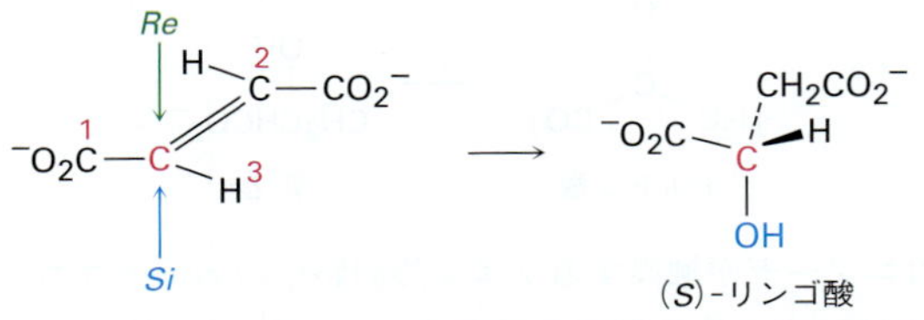

(S)-リンゴ酸

　もう一つの例として，酵母のアルコール脱水素酵素（アルコールデヒドロゲナー
ゼ）が触媒するエタノールと補酵素ニコチンアミドアデニンジヌクレオチド（NAD^+）
の反応においては，エタノールの **pro-R** の水素が特異的に脱離し NAD^+ の Re 面へ付
加することが重水素標識した基質を用いた実験からわかっている．

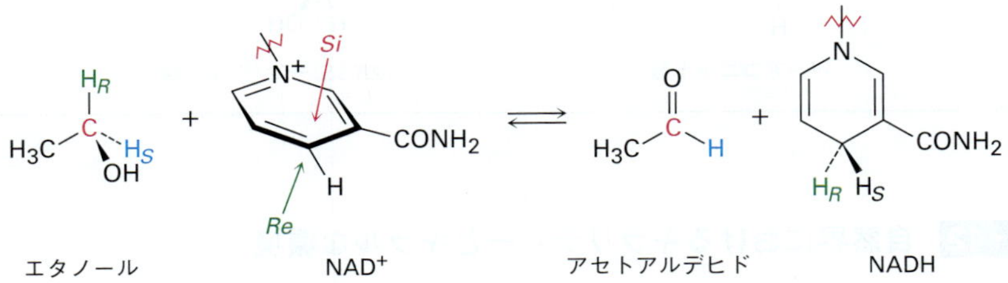

エタノール　　　　　NAD$^+$　　　　アセトアルデヒド　　　NADH

　プロキラル中心での反応の立体化学を決定すると，生体反応の詳細な機構に関する
情報が得られる場合がある．たとえば，クエン酸回路中のクエン酸から *cis*-アコニッ
ト酸への変換では，**pro-R** の水素が脱離することがわかっている．このことは，OH
基と水素が互いに分子の反対側から脱離していることを示唆している．

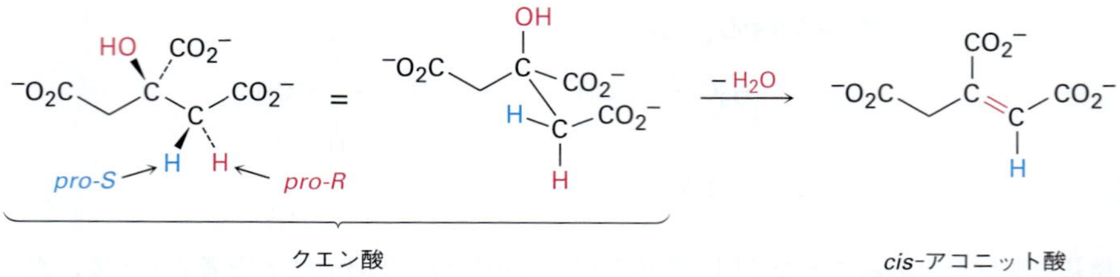

128   5. 四面体中心の立体化学

クエン酸 / cis-アコニット酸

問題 5・22 次に示す分子の矢印をつけた水素は *pro-R* か, *pro-S* か.

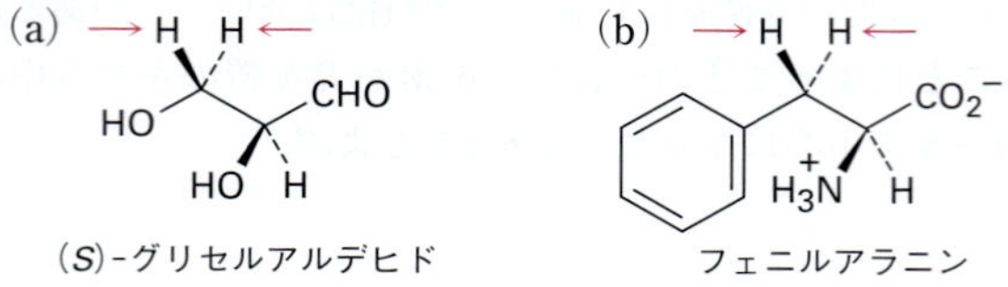

(a) (S)-グリセルアルデヒド

(b) フェニルアラニン

問題 5・23 次に示す分子の矢印をつけた面は *Re* 面か *Si* 面か.

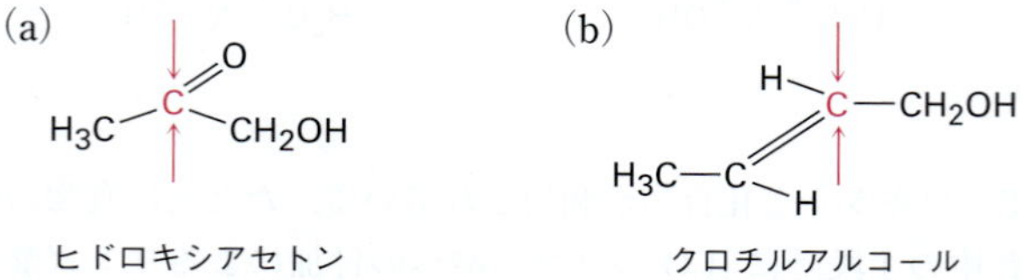

(a) ヒドロキシアセトン

(b) クロチルアルコール

問題 5・24 疲労した筋肉に蓄積する乳酸は, ピルビン酸より生合成される. この反応における水素の付加がピルビン酸の *Re* 面で起こるとき, 生成物の立体化学を示せ.

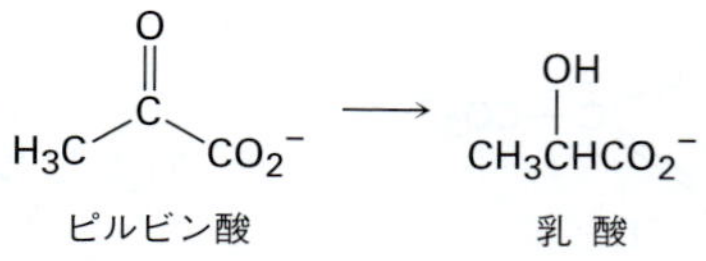

ピルビン酸 → 乳 酸

問題 5・25 アコニターゼが触媒するクエン酸回路中の *cis*-アコニット酸に対する水の付加反応は, 次に示す立体化学で進行する. OH 基の付加は *Re* 面で進行しているか, *Si* 面で進行しているか. H の付加に関してはどうか. H と OH 基は二重結合の同じ側から付加するか, それとも反対の側から付加するか.

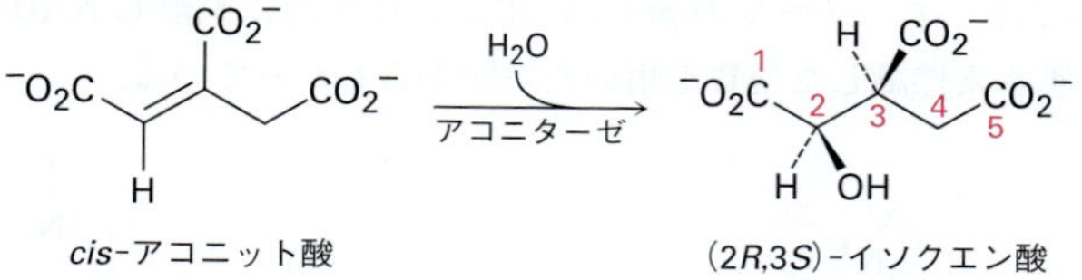

cis-アコニット酸 → (2R,3S)-イソクエン酸

5・12 自然界におけるキラリティーとキラルな環境

　キラル分子の両エナンチオマーは同一の物理的性質を示すが, 生物活性は異なっている場合が多い. たとえばリモネン (limonene) の (＋)エナンチオマーはオレンジやレモンの香りであるが, (－)エナンチオマーはマツの木の香りである.

　医薬品においては, キラリティーが生物活性により顕著に影響を及ぼす. そのよい例が, プロザック® の名称で販売され, 広く使われているフルオキセチン (fluoxetine)

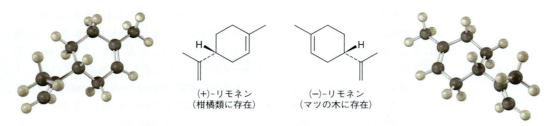

(+)-リモネン
(柑橘類に存在)

(−)-リモネン
(マツの木に存在)

である．ラセミ体のフルオキセチンは非常に強力な抗うつ薬であるが，片頭痛には効果がない．それに対して純粋なS体のエナンチオマーは，片頭痛の特効薬である．本章の科学談話室で，キラリティーが生物活性に影響を及ぼす他の例をあげる．

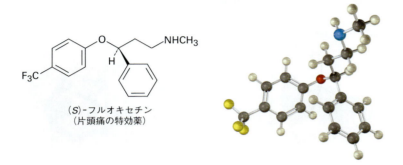

(S)-フルオキセチン
(片頭痛の特効薬)

なぜエナンチオマーの違いによって生物活性に差が生じるのだろうか．通常，ある薬物が生物活性を発現するためには，薬物と相補的な構造をもつ適切な受容体に結合する必要がある．この受容体は光学活性であるため，右手グローブには右手のみが合うように，キラルな薬物の一方のエナンチオマーのみが光学活性な受容体に結合できる．エナンチオマーのもう一方は，左手が右手グローブには入らないように，受容体に結合できない．図5・15に，キラル分子と光学活性な受容体との相互作用を模式的に示す．一方のエナンチオマーは受容体にぴったりと合うが，もう一方は結合できない．

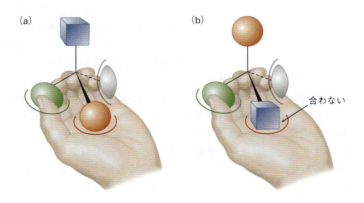

図 5・15 キラル化合物とキラル受容体の相互作用．キラルな物体と左手との相互作用をキラル化合物とキラル受容体の相互作用に見立てている．(a)エナンチオマーの一つは，手の中にぴったりと収まっている．すなわち，緑の置換基は親指に，赤は手のひらに，そして灰色は小指にぴったりと合っており，青の置換基は露出している．(b)しかし，他方のエナンチオマーは同じようには収まらない．緑と灰色がそれぞれ親指と小指と正しく相互作用しているとき，赤ではなく青の置換基が手のひらに収まっており，赤の置換基が露出した状態になっている．

薬物と光学活性な受容体の関係をグローブと手の関係から類推することは比較的容易であるが，プロキラルな基質が選択的に反応しうる理由はそれほど明らかではない．酵母のアルコール脱水素酵素が触媒するエタノールとNAD$^+$との反応を例として考えてみる．§5・11の終わりで述べたように，この反応ではエタノールの*pro-R*の水素が特異的に引抜かれ，これがNAD$^+$の炭素原子に*Re*面から選択的に付加する．

この結果は，図5・15と同様に，三つの結合部位をもつ光学活性な酵素受容体をイメージすることで理解できる．プロキラルな基質において，緑と灰色で表された置換基は正しい配置で結合しているが，二つの赤い置換基は，片方だけ（これを *pro-S* 置換基とする）が結合し，他方すなわち *pro-R* 置換基は反応点として露出している．

この様子は，"受容体が基質に対して**キラルな環境**（chiral environment）をつくり出している"と形容することができる．キラルな環境がない状態では，赤で示された二つの置換基は化学的に等価である．しかし，キラルな環境においては，これらは化学的に区別される（図5・16a）．この様子はマグカップを持ち上げるときの状況に似ている．マグカップはそれ自体では対称面をもち，アキラルである．しかし，手で持ち上げるときにはキラルな環境がつくられ，一方の面は他方の面よりも口を近づけやすくなり，飲みやすくなる（図5・16b）．

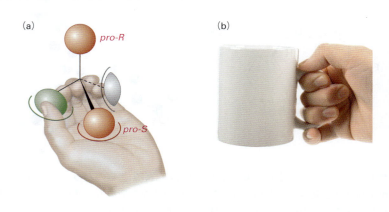

図5・16 "キラルな環境"の意味．(a) プロキラル化合物がキラルな環境にある場合，一見すると同じに見える二つの置換基は区別される．(b) 同様に，アキラルなマグカップを手で持ち上げることによってキラルな環境におくと，二つの側面が区別されるようになるので，一方の側から飲みやすくなる．

まとめ

本章では，分子のキラリティー（掌性）の原因と結果を取上げた．これは生化学を理解するうえで特に重要なテーマである．やや難解だったかもしれないが，非常に重要な内容であるため，よく理解できるまで時間をかけて取組んでほしい．

鏡像体と重ね合わせることのできない物質や分子を**キラル**であるという（chiral とは"手"を意味する）．キラル分子には，分子内に対称面が存在しない．対称面とは，その面の片側がもう一方の鏡像体となるような面のことをいう．有機分子においてキラリティーが生じる最大の原因は，四つの異なる置換基と結合した四面体 sp^3 混成炭素の存在である．このような炭素を**キラル中心**とよぶ．キラルな化合物は，**エナンチオマー**とよばれる互いに重ね合わせることのできない1組の鏡像異性体として存在する．エナンチオマー同士の物理的性質は同一であるが，**光学活性**，すなわち面偏光を回転させる方向が異なる．

キラル中心の**立体配置**は，**Cahn-Ingold-Prelog 則**に従って *R*（*rectus*）と *S*（*sinister*）で表記される．まずキラルな炭素原子の四つの置換基に順位をつけて，順位の最も低い置換基を紙面裏側にくるように分子を配置する．残る三つの置換基を順位の順番（1→2→3）に矢印で結んだときに，矢印が時計回りであればそのキラル中心は *R* 配置であり，反時計回りであれば *S* 配置である．

二つ以上のキラル中心をもつ分子も存在する．エナンチオマーとはすべてのキラル中心が逆配置をとっている化合物同士を表すのに対し，**ジアステレオマー**とは少なくとも一つは同じ立体配置をもっているが他は逆の立体配置である化合物同士のことをいう．**エピマー**とは一つのキラル中心の立体配置のみが異なるジアステレオマーのことをいう．n 個のキラル中心をもつ化合物には，最大で 2^n 個の立体異性体が存在する．

メソ化合物とは，キラル中心をもつものの分子に対称面があるためにアキラルとなる分子のことをいう．ラセミ混合物あるいは**ラセミ体**とは，(+) と (−) のエナンチオマーが 50：50 で混合しているものをさす．溶解度，融点，沸点といった物理的性質は，ラセミ体と個々のジアステレオマー同士で異なる．

1段階でアキラルからキラルな化合物が生成する場合に，その分子を**プロキラル**であるという．プロキラルな sp^2 混成の原子には二つの面があり，***Re* 面**と ***Si* 面**とよば

れる．結合した一つの原子を変換することによってキラル中心となる sp³ 混成した原子を**プロキラル中心**とよぶ．その原子を変換することによって R 配置のキラル中心が生成する場合，その原子を **pro-R** とよび，S 配置が生成する場合には **pro-S** とよぶ．

重要な用語

アキラル (achiral)	キラル中心 (chiral center)	pro-S
R 配置 (R configuration)	キラルな環境 (chiral environment)	プロキラル (prochiral)
右旋性 (dextrorotatory)	光学活性 (optical activity)	プロキラル中心 (prochiral center)
S 配置 (S configuration)	左旋性 (levorotatory)	分割 (resolution)
エナンチオマー (enantiomer)	ジアステレオマー (diastereomer)	メソ化合物 (meso compound)
エピマー (epimer)	Si 面 (Si face)	ラセミ体 (racemate)
Cahn-Ingold-Prelog 則 (Cahn-Ingold-Prelog rule)	絶対配置 (absolute configuration)	立体配置 (configuration)
キラル (chiral)	比旋光度 (specific rotation) [α]_D	Re 面 (Re face)
	pro-R	

科学談話室

キ ラ ル 医 薬 品

米国食品医薬品局（U. S. Food and Drug Administration：FDA）が承認している数百もの医薬品の出発原料は，多岐にわたっている．医薬品のなかには植物や細菌から直接抽出されるものや，天然物の修飾によって合成されるものもあるが，全体の33％は自然界とは関係なく完全に人工的に合成されているものと推定される．

直接抽出されるものにせよ，化学的修飾を行うものにせよ，天然物由来の医薬品は通常キラルであり，しかもラセミ体ではなく純粋なエナンチオマーとして存在する．たとえばペニシリン V（penicillin V）は，*Penicillium* 属のカビから単離される抗生物質であり，2S,5R,6R の立体配置をもっている．対応するエナンチオマーは天然には存在しないが，人工的に合成して活性を調べてみると，まったく抗菌活性を示さない．

ペニシリン V（2S,5R,6R 配置）

天然物由来の医薬品とは異なり，人工医薬品はアキラルであるか，キラルであってもラセミ体として合成して販売されているものが多い．たとえばイブプロフェン（ibuprofen）にはキラル中心が一つあるが，R 体と S 体の 50：50 混合物としてアドビル®，モトリン® などの名称で販売されている．しかし，鎮痛作用や抗炎症作用があるのは S 体のエナンチオマーのみである．イブプロフェンの R 体のエナンチオマーは体内で活性な S 体に徐々に変換されていくものの，それ自身には活性がない．

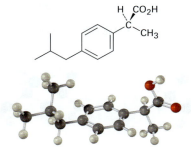

(S)-イブプロフェン（鎮痛薬の活性本体）

目的とする薬効をもたないエナンチオマーを含むラセミ体を合成し投与することは，化学的な無駄を含んでいるばかりではない．"必要でない"エナンチオマーが"必要な"エナンチオマーの吸収を阻害したり，副作用の原因になったりする例が，現在では数多く知られている．たとえば，ラセミ体のイブプロフェンに存在する R 体により，S 体の効果が現れるまでの時間が 12 分から 38 分と有意に遅延する．

製薬企業ではこの問題を解決するために，ラセミ体でなく片方のエナンチオマーのみを生じる不斉合成法を開発しようとしている．(S)-イブプロフェンの不斉合成に関してはすでに実用的な方法が開発されており，ヨーロッパでは純粋な S 体が市販（上市）されている．14章の科学談話室で不斉合成についてより詳しく解説する．9章の科学談話室ではイブプロフェンの作用について取上げている．

演習問題

目で学ぶ化学

(問題 5·1〜5·25 は本文中にある.)

5·26 次に示す分子のうち同一の構造はどれか.（緑は Cl）

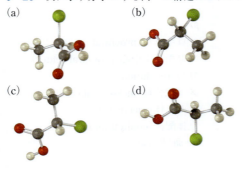

5·27 次に示す分子のキラル中心の立体配置は R か S か.（青は N）

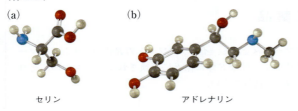

セリン　　　　　アドレナリン

5·28 次の構造のうちメソ化合物はどれか.（青は N, 緑は Cl）

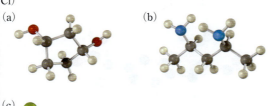

5·29 一般に市販されている風邪薬の成分の一つである抗充血薬プソイドエフェドリン（pseudoephedrine）のすべてのキラル中心の立体配置を R, S 表示で示せ.（青は N）

5·30 次の各構造について順位の最も低い置換基が紙面奥となるように書き直し, 立体配置を R, S 表示で示せ.

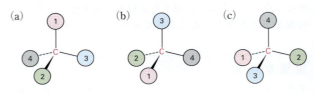

追加問題

キラリティーと光学活性

5·31 次のうち, キラルであるものはどれか.
(a) バスケットボール　　(b) フォーク
(c) ワイングラス　　　　(d) ゴルフクラブ
(e) らせん階段　　　　　(f) 雪片

5·32 次の化合物のうちキラルなものはどれか. 構造を書き, キラル中心に印をつけよ.
(a) 2,4-ジメチルヘプタン
(b) 5-エチル-3,3-ジメチルヘプタン
(c) cis-1,4-ジクロロシクロヘキサン

5·33 次の記述を満たすキラル分子の構造を示せ.
(a) クロロアルカン $C_5H_{11}Cl$　(b) アルコール $C_6H_{14}O$
(c) アルケン C_6H_{12}　　　　(d) アルカン C_8H_{18}

5·34 $C_5H_{12}O$ の組成式をもつアルコールは 8 種類ある. これらの構造を示し, キラルであるものを選べ.

5·35 次の記述にあてはまる化合物の構造を示せ.
(a) 4 炭素をもつキラルなアルコール
(b) $C_5H_{10}O_2$ の分子式をもつキラルなカルボン酸
(c) 二つのキラル中心をもつ化合物
(d) C_3H_5BrO の分子式をもつキラルなヒドロキシアルデヒド

5·36 エリスロノリド B（erythronolide B）は, 広い抗菌スペクトルをもつ抗生物質であるエリスロマイシン（erythromycin）の生合成前駆体である. エリスロノリド B のキラル中心をすべて示せ.

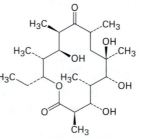

エリスロノリド B

キラル中心の立体配置の決定

5·37 次のうち, 同じエナンチオマーの組合わせはどれか. また, 異なるエナンチオマーの組合わせはどれか.

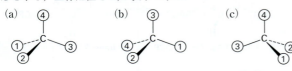

5・38 (2R,3R)-ジクロロペンタンと(2S,3S)-ジクロロペンタン,および(2R,3S)-ジクロロペンタンと(2R,3R)-ジクロロペンタンの比旋光度の関係を答えよ.

5・39 (2S,4R)-オクタン-2,4-ジオールのエナンチオマーの立体配置を答えよ(ジオールとは,OH基を二つもつ化合物である).

5・40 (2S,4R)-オクタン-2,4-ジオールの2種類のジアステレオマーの立体配置を答えよ.

5・41 次の構造から最も順位の低い置換基を紙面奥に向けた形を示し,立体配置をR,S表示で示せ.

5・42 Cahn-Ingold-Prelog則に従って次に示す置換基に順位をつけよ.
(a) —CH=CH₂, —CH(CH₃)₂, —C(CH₃)₃, —CH₂CH₃
(b) —C≡CH, —CH=CH₂, —C(CH₃)₃, —C₆H₅
(c) —CO₂CH₃, —COCH₃, —CH₂OCH₃, —CH₂CH₃
(d) —C≡N, —CH₂Br, —CH₂CH₂Br, —Br

5・43 次の分子のキラル中心はRかSか.

5・44 次の分子のそれぞれのキラル中心はRかSか.

5・45 次の生物活性分子のそれぞれのキラル中心はRかSか.
(a) ビオチン
(b) プロスタグランジンE₁

5・46 次の分子の四面体構造を書け.
(a) (S)-2-クロロブタン
(b) (R)-3-クロロペンタ-1-エン H₂C=CHCH(Cl)CH₂CH₃

5・47 次の分子のそれぞれのキラル中心はRかSか.

5・48 アスコルビン酸(ビタミンC)のキラル中心の立体配置をR,S表示で示せ.

5・49 次のNewman投影式で表した分子のキラル中心の立体配置をR,S表示で示せ.

5・50 キシロースはカエデやサクラなど多くの樹木の樹液に含まれている糖である.キシロースはスクロースよりも虫歯を起こしにくいので,キャンディやチューインガムに用いられている.キシロースのキラル中心の立体配置をR,S表示で示せ.

メソ化合物

5・51 次の記述にあてはまる化合物の例を示せ.
(a) C₈H₁₈の分子式をもつメソ化合物
(b) C₉H₂₀の分子式をもつメソ化合物
(c) 一つがRでもう一つがSの二つのキラル中心をもつ化合物

5・52 次の分子それぞれについてメソ化合物の構造を書き,対称面を示せ.

5・53 五つの炭素と三つのキラル中心をもつメソ化合物の構造を書け.

5・54 リボ核酸(RNA)の主要構成要素であるリボースの構造を次に示す.

134   5. 四面体中心の立体化学

(a) リボースには何個のキラル中心があるか. それらに印をつけよ.
(b) リボースには何個の立体異性体があるか.
(c) リボースのエナンチオマーの構造を書け.
(d) リボースのジアステレオマーの構造を書け.

5・55 白金触媒を用いた水素ガスとの反応によって, リボース (問題 5・54) はリビトールに変換される. リビトールは光学活性であるか. 答えに至った経緯も説明せよ.

リビトール
ribitol

プロキラリティー

5・56 次の分子の矢印をつけた水素は *pro-R* か *pro-S* か.

(a) リンゴ酸

(b) メチオニン

(c) システイン

5・57 次の分子の矢印をつけた面は *Re* 面か *Si* 面か.

(a) ピルビン酸

(b) クロトン酸

5・58 脂肪代謝のある 1 段階で, クロトン酸が水和されて 3-ヒドロキシ酪酸に変換される. この過程では OH 基が C3 の *Si* 面から付加し, つづいて C2 がやはり *Si* 面からプロトン化される. 本反応の生成物を, 反応中のそれぞれの立体化学を明らかにして記せ.

クロトン酸   3-ヒドロキシ酪酸

5・59 クエン酸から水が脱離して *cis*-アコニット酸を生成するクエン酸回路の 1 段階では, *pro-S* 側のクエン酸側鎖ではなく *pro-R* 側で起こる. 次に示す分子のうちどちらが生成するか.

クエン酸

または

cis-アコニット酸

5・60 脂肪の分解により生じるグリセロールの代謝の第一段

階では, *pro-R* の CH_2OH 基をアデノシン三リン酸 (ATP) によってホスホリル化してグリセロールリン酸とアデノシン二リン酸 (ADP) を生成する. 生成物の立体化学を示せ.

グリセロール   グリセロールリン酸

5・61 脂肪酸生合成に, (*R*)-3-ヒドロキシブチリル ACP を脱水して *trans*-クロトノイル ACP を生成する過程がある. ここでは C2 から *pro-R* と *pro-S* どちらの水素が脱プロトンされるか.

(*R*)-3-ヒドロキシブチリル ACP   *trans*-クロトノイル ACP

総 合 問 題

5・62 1,2-シクロブタンジカルボン酸の立体異性体をすべて示し, 互いの関係を答えよ. 光学活性であるのはどれか. 1,3-シクロブタンジカルボン酸についても同様に答えよ.

5・63 アミノ酸システイン $HSCH_2CH(NH_2)CO_2H$ の両エナンチオマーの四面体構造を書き, *R* 体か *S* 体かを記せ.

5・64 天然アミノ酸システインのキラル中心は *R* 配置である (問題 5・63). 温和な酸化反応によってシステイン 2 分子はジスルフィドを形成し, シスチンに変換される. この反応によってキラル中心が影響を受けないと仮定すると, シスチンは光学活性であるか.

$$2\ HSCH_2CHCO_2H \longrightarrow HO_2CCHCH_2S-SCH_2CHCO_2H$$

システイン   シスチン

5・65 次の分子の四面体構造を書け.
(a) (2*S*,3*R*)-2,3-ジブロモペンタンのエナンチオマー
(b) ヘプタン-2,5-ジオールのメソ体

5・66 セファレキシン (cephalexin) はケフレックス® の販売名で米国で最も広く処方されている抗生物質である. キラル中心の立体配置を *R,S* 表示で示せ.

セファレキシン

5・67 クロラムフェニコールは 1947 年に細菌 *Streptomyces venezuelae* から単離された強力な抗生物質で, 細菌による感染症に対して広い抗菌スペクトルをもち, 腸チフスの治療薬として特に有効である. クロラムフェニコールのキラル中心の立体

配置を R, S 表示で示せ.

H OH
| |
(構造式：クロラムフェニコール)
CH₂OH
O₂N— ... —NHCOCHCl₂

クロラムフェニコール

5・68 **アレン**（allene）とは，隣接する二つの炭素-炭素二重結合をもつ化合物のことをいう．アレンにはキラル中心は存在しないものの，その多くはキラルである．たとえば，細菌 *Nocardia acidophilus* 菌から単離された天然由来の抗生物質であるマイコマイシンはキラルでかつ一つのエナンチオマーであり，$[\alpha]_D = -130$ の値をもつ．マイコマイシンがなぜキラルなのか説明せよ．分子模型を使うと考えやすい．

HC≡C−C≡C−CH=C=CH−CH=CH−CH=CH−CH₂CO₂H

マイコマイシン

5・69 光学活性なアレン（問題5・68）が知られるかなり以前に，4-メチルシクロヘキシリデン酢酸の光学分割が達成された．なぜこの分子はキラルなのか．この分子とアレンとの構造上の類似点を述べよ．

H CO₂H
| |
(構造式：4-メチルシクロヘキシリデン酢酸)
H₃C H

4-メチルシクロヘキシリデン酢酸

5・70 (S)-1-クロロ-2-メチルブタンと Cl₂ との光反応により，1,4-ジクロロ-2-メチルブタンや1,2-ジクロロ-2-メチルブタンを含む混合物が生じる．
(a) 反応物の立体化学を明示して，反応式を示せ．
(b) 一方の生成物は光学活性であり，もう一方は不活性である．どちらがどちらか．

5・71 2,4-ジブロモ-3-クロロペンタンにはいくつの立体異性体が存在するか，構造を書け．また，光学活性体を示せ．

5・72 *cis*- および *trans*-1,4-ジメチルシクロヘキサンのより安定ないす形配座を示せ．
(a) これらの化合物はそれぞれ何個の立体異性体をもつか．
(b) このうちキラルな化合物はどれか．
(c) 1,4-ジメチルシクロヘキサンのさまざまな立体異性体間の関係を示せ．

5・73 *cis*- および *trans*-1,3-ジメチルシクロヘキサンのより安定ないす形配座を示せ．

(a) これらの化合物はそれぞれ何個の立体異性体をもつか．
(b) このうちキラルな化合物はどれか．
(c) 1,3-ジメチルシクロヘキサンのさまざまな立体異性体間の関係を示せ．

5・74 *cis*-1,2-ジメチルシクロヘキサンは二つのキラル中心をもつにもかかわらず，光学的に不活性である．理由を説明せよ．

5・75 12章で，ハロゲン化アルキルと硫化水素イオン HS⁻ との反応は，反応物の立体化学が反転した生成物を与えることを学ぶ．

C—Br :HS⁻ → HS—C + Br⁻

臭化アルキル

(S)-2-ブロモブタンが HS⁻ と反応して，ブタン-2-チオール CH₃CH₂CH(SH)CH₃ が生じる反応式を示せ．生成物の立体化学は R か S か．

5・76 ケトンはナトリウムアセチリド（アセチレンのナトリウム塩，Na⁺⁻:C≡CH）と反応してアルコールを生成する．たとえばナトリウムアセチリドとブタン-2-オンの反応により3-メチルペンタ-1-イン-3-オールが得られる．

O
||
H₃C—C—CH₂CH₃
   1. Na⁺⁻:C≡CH
   2. H₃O⁺ →
H₃C OH
  | |
HC≡ C CH₂CH₃

ブタン-2-オン　　3-メチルペンタ-1-イン-3-オール

(a) 生成物はキラルであるか．
(b) カルボニル基に対して Re 面と Si 面の両側から同等に反応が進行すると考えると，生成物は光学活性であるか．説明せよ．

5・77 問題5・76と同様の反応で，ナトリウムアセチリドと (R)-フェニルプロパナールから 4-フェニルペンタ-1-イン-3-オールが生成する．

H CH₃
 \ /
(構造式)
   O
   ||
   C
   H
   1. Na⁺⁻:C≡CH
   2. H₃O⁺ →
H CH₃
 \ /
    OH
    |
H   C
    ||
    CH

(R)-2-フェニルプロパナール　　4-フェニルペンタ-1-イン-3-オール

(a) 生成物はキラルであるか．
(b) 反応がおもにカルボニル基の Re 面から起こるとした場合の，主生成物と副生成物の構造を書け．生成する混合物は光学活性をもつか．説明せよ．

有機反応の概観

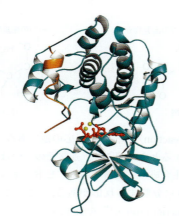

プロテインキナーゼAは，タンパク質中の
さまざまなアミノ酸のリン酸化を触媒する

6・1 有機反応の種類
6・2 有機反応はどのように起こるか：
　　　　　　　　　　　　反応機構
6・3 ラジカル反応
6・4 極性反応
6・5 極性反応の例：
　　　　　　エチレンへの水の付加
6・6 極性反応機構における
　　　　　　　　　巻矢印の使い方
6・7 反応を記述する：
　　　平衡，反応速度，エネルギー変化
6・8 反応を記述する：
　　　　　　　　結合解離エネルギー
6・9 反応を記述する：
　　　　　　エネルギー図と遷移状態
6・10 反応の記述する：中間体
6・11 生体反応と
　　　　　　フラスコ内反応の比較

本章の目的　フラスコ内の反応であれ生体内の反応であれ，すべての化学反応は同じ"法則"に従っている．生体内での反応は，生体分子の大きさや酵素とよばれる生体触媒の関与により，フラスコ内の反応よりも複雑であると考えられがちであるが，すべての反応を支配している原理はまったく同じである．

　有機化学と生化学の両方を理解するためには，何が起こるかを知るだけではなく，なぜ，そしてどのように反応が起こるかを知る必要がある．本章では，基本的な有機反応の概要から始め，なぜ反応が起こるか，どのように反応が説明されうるかを学ぶ．一度この基礎を身につければ，有機化学や生化学の詳細を学ぶ準備が整ったことになる．

　はじめて有機化学を学ぶ人は，その膨大さに圧倒されるかもしれない．内容が難しく理解できないというより，学ばなければいけないこと，すなわち文字どおり何百万の化合物，多数の官能基，そして次から次へと出てくる反応が多すぎると思うだろう．しかし学び進めるにつれて，すべての有機反応の根底にある基本的な考え方はごく限られていることが明らかになる．有機化学は個々の事実の集まりではなく，いくつかの広い概念によって統一された美しく論理だった学問である．これらの概念を理解したとき，有機化学を学ぶことはずっと容易になり，また覚えることも少なくなる．本書の目的は，これらの基本的な考え方を説明し，有機化学を系統立てて学ぶことである．

6・1 有機反応の種類

　有機化学反応は，2通りの方法で広く体系化できる．どのような種類の反応が起こるか（反応形式），そして，それらの反応がどのように起こるか（反応機構），である．

138   6. 有機反応の概観

まず，どのような種類の反応が起こるかをみていこう．有機反応には一般的に，**付加，脱離，置換，転位**の4種類の反応がある．

* 訳注：本書では化合物の多くがfumarateのように，生理的条件(pH 7.3)下でイオンに解離した構造で記されている．したがって，日本語訳でも原義的には"フマル酸"ではなく，"フマル酸イオン"などと表記されるべきであるが，化合物についての表記を統一させる方が読者にとって理解しやすいと考えるので，あえてイオンとしての表記を避けた．

- **付加反応**（addition reaction）は，二つの出発物が結合して，"使われずに残る"原子なしに一つの生成物が生じる反応である．例として，フマル酸*と水との反応によりリンゴ酸が生成する反応がある．この反応は食物代謝のクエン酸回路の1段階である．

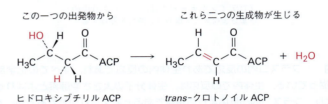

- **脱離反応**（elimination reaction）は，付加反応の逆である．反応は，一つの出発物が二つの生成物に分解するときに起こり，通常その一つは水などの小分子である．例として，脂質分子の生合成の1段階である，ヒドロキシブチリル ACP が trans-クロトノイル ACP と水に分解する反応がある．〔ここで ACP は"アシルキャリヤータンパク質（acyl carrier protein）"を表す．〕

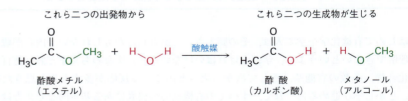

- **置換反応**（substitution reaction）は，二つの出発物が，その一部分を交換して二つの新しい生成物を生じる反応である．例として，酢酸メチルなどのエステルと水との反応により，カルボン酸とアルコールが生成する反応があげられる．食物由来の脂肪の代謝などを含む生体内の多くの経路で同様の反応が起こっている．

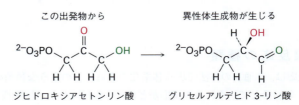

- **転位反応**（rearrangement reaction）は，一つの出発物が，結合と原子の再編成を行い，その異性体生成物を生じる反応である．例として，ジヒドロキシアセトンリン酸が構造異性体であるグリセルアルデヒド 3-リン酸に変換される反応がある．これは，炭水化物が代謝される解糖系の1段階である．

問題 6・1 次の反応をそれぞれ，付加，脱離，置換，転位に分類せよ．
 (a) $CH_3Br + KOH \longrightarrow CH_3OH + KBr$
 (b) $CH_3CH_2Br \longrightarrow H_2C=CH_2 + HBr$
 (c) $H_2C=CH_2 + H_2 \longrightarrow CH_3CH_3$

6・2 有機反応はどのように起こるか：反応機構

反応の種類を学んだところで，今度はどのように反応が起こるかみてみよう．反応がどのように起こるかの全体像を**反応機構**（reaction mechanism）という．反応機構は，どの結合がどのような順番で切断し，どの結合がどのような順番で生成するか，それぞれの段階の相対的な速度はどうか，すなわち化学変換の各段階で何が起こっているかを詳細に正確に説明する．完全な反応機構は，用いたすべての出発物とすべての生成物を説明できなければならない．

すべての化学反応は，結合の切断と生成を伴う．二つの分子が衝突し，反応し，生成物を与えるとき，反応分子の特定の結合が切断され，生成物の特定の結合が形成する．基本的には，2電子をもった共有結合が開裂する様式には2通りある．すなわち，結合が電子的に対称に開裂しそれぞれの生成物断片に1電子ずつ残る，または結合が電子的に非対称に開裂し，二つの結合電子が一方の生成物断片に残り，残りの断片には空軌道が残る．対称的な開裂を**均等開裂**（homolytic cleavage，ホモリシスともいう）といい，非対称的な開裂を**不均等開裂**（heterolytic cleavage，ヘテロリシスともいう）という．

要点は後で詳しく学ぶが，対称な過程の1電子の移動は，片羽矢印（"釣り針形"矢印ともいう，⌒）で表すのに対し，非対称な過程の2電子の移動は両羽矢印（⌢）で表す．

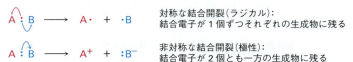

結合開裂に2通りあるように，2電子からなる共有結合の生成にも2通りある．すなわち，それぞれの出発物から1電子ずつ出しあって電子的に対称に結合が生成する場合と，一方の出発物から2個の結合電子を出して非対称に結合が生成する場合である．

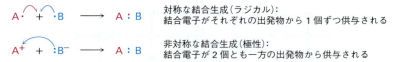

対称な結合の開裂と生成を含む過程を**ラジカル反応**（radical reaction）とよぶ．**ラジカル**（radical）はしばしば，フリーラジカル（free radical）ともよばれ，奇数個の電子をもち，そのため1個の不対電子を軌道の一つにもつ電荷をもたない化学種である．非対称な結合切断と結合生成を含む過程を**極性反応**（polar reaction）とよぶ．極性反応は，偶数個の電子をもち，そのため軌道には対になった電子のみをもつ化学種が関与する．極性反応は，有機反応や生化学反応の両方において圧倒的によくみられ，本書の大部分は極性反応の説明に割り当てられている．

極性反応とラジカル反応に加えて，あまり一般的でない第三の反応として，**ペリ環状反応**（pericyclic reaction）というものがある．ペリ環状反応について詳細な説明は，§8・14と26章に譲ることにしよう．

6·3 ラジカル反応

ラジカル反応は，極性反応ほど一般的ではないが，それでもなお，いくつかの工業生産工程や多くの生体反応で重要である．どのようにラジカル反応が起こるか簡単にみてみよう．

ラジカルは，最外殻に安定な希ガスのオクテット（8個）ではなく，奇数個の電子（通常7個）をもつ原子を含むため，非常に反応性に富む．ラジカルはいくつかの方法で最外殻のオクテットを達成できる．たとえばラジカルは，他の反応剤から結合の電子1個とともに原子を引抜き，新しいラジカルを残す．全体の結果として，ラジカルの置換反応である．

不対電子　　　　　　　　　　　　　　　　　不対電子

Rad· ＋ A:B ⟶ Rad:A ＋ ·B

出発物　　　　　　　　　　置換生成物　　生成物
ラジカル　　　　　　　　　　　　　　　　　ラジカル

別の方法では，反応剤としてのラジカルが二重結合に付加し，二重結合の π 電子から1電子をとり，残りの1電子は新しいラジカルとなる．全体の反応結果はラジカルの付加反応である．

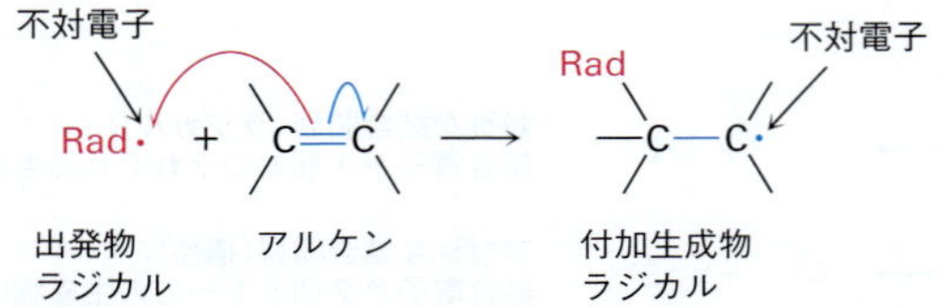

不対電子　　　　　　　　　　　　　　　　　不対電子

Rad· ＋ C＝C ⟶ —C—C·
　　　　　　　　　　　　　　Rad

出発物　　　アルケン　　　　　付加生成物
ラジカル　　　　　　　　　　　ラジカル

工業的に有用なラジカル反応の例として，メタンの塩素化によるクロロメタンの生成についてみてみよう．この置換反応は溶媒として用いられるジクロロメタン CH_2Cl_2 やクロロホルム $CHCl_3$ を製造する際の最初の段階である．

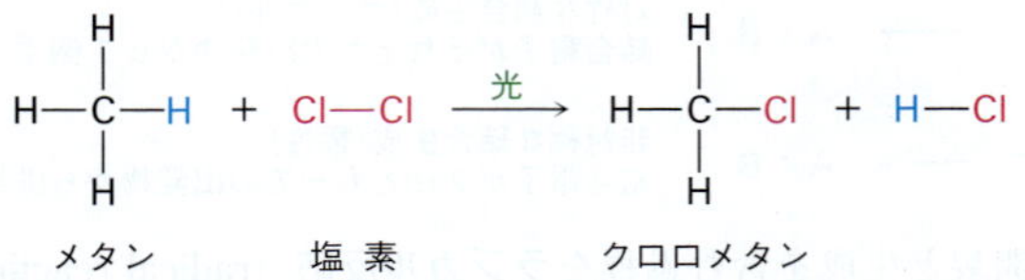

$$H-\underset{H}{\overset{H}{C}}-H \ + \ Cl-Cl \ \xrightarrow{\text{光}} \ H-\underset{H}{\overset{H}{C}}-Cl \ + \ H-Cl$$

メタン　　　塩素　　　　　クロロメタン

フラスコ内で行う多くのラジカル反応と同じく，メタンの塩素化は開始反応（initiation），成長反応（propagation），停止反応（termination）の3段階が必要である．

開始反応　　紫外線照射によって少量の塩素分子の比較的弱い Cl−Cl 結合が開裂する．これにより反応性の高い塩素ラジカルがわずかではあるが生成し，反応が開始する．

$$:\!\overset{\cdot\cdot}{\underset{\cdot\cdot}{Cl}}\!:\!\overset{\cdot\cdot}{\underset{\cdot\cdot}{Cl}}\!:\quad\xrightarrow{\text{光}}\quad 2\;:\!\overset{\cdot\cdot}{\underset{\cdot\cdot}{Cl}}\cdot$$

成長反応　反応性の高い塩素ラジカルは，一度生成すると，成長段階としてメタン分子と衝突し，水素原子を取去って HCl とメチルラジカル $\cdot CH_3$ を生じる．このメチルラジカルは，さらに Cl_2 と第二の成長段階で反応して，生成物のクロロメタンを生じ，同時に新しい塩素ラジカルが生成する．この塩素ラジカルははじめに戻って第一の成長段階を繰返す．そのため，反応がいったん始まると，(a) と (b) の段階を繰返す自発的なサイクルとなり，全体の過程は**連鎖反応**（chain reaction）となる．

(a) $\quad :\!\overset{\cdot\cdot}{\underset{\cdot\cdot}{Cl}}\cdot\;+\;H\!:\!CH_3\;\longrightarrow\;H\!:\!\overset{\cdot\cdot}{\underset{\cdot\cdot}{Cl}}\!:\;+\;\cdot CH_3$

(b) $\quad :\!\overset{\cdot\cdot}{\underset{\cdot\cdot}{Cl}}\!:\!\overset{\cdot\cdot}{\underset{\cdot\cdot}{Cl}}\!:\;+\;\cdot CH_3\;\longrightarrow\;:\!\overset{\cdot\cdot}{\underset{\cdot\cdot}{Cl}}\cdot\;+\;:\!\overset{\cdot\cdot}{\underset{\cdot\cdot}{Cl}}\!:\!CH_3$

停止反応　ラジカル同士が衝突し，結合を形成して安定な生成物が生じることもある．これが起こると反応サイクルは止まり，連鎖は終結する．しかし，反応中のある瞬間のラジカルの濃度は非常に低いので，二つのラジカルが衝突する確率も低く，このような停止段階はまれにしか起こらない．

$$:\!\overset{\cdot\cdot}{\underset{\cdot\cdot}{Cl}}\cdot\;+\;\cdot\overset{\cdot\cdot}{\underset{\cdot\cdot}{Cl}}\!:\;\longrightarrow\;:\!\overset{\cdot\cdot}{\underset{\cdot\cdot}{Cl}}\!:\!\overset{\cdot\cdot}{\underset{\cdot\cdot}{Cl}}\!:$$

$$:\!\overset{\cdot\cdot}{\underset{\cdot\cdot}{Cl}}\cdot\;+\;\cdot CH_3\;\longrightarrow\;:\!\overset{\cdot\cdot}{\underset{\cdot\cdot}{Cl}}\!:\!CH_3$$

$$H_3C\cdot\;+\;\cdot CH_3\;\longrightarrow\;H_3C\!:\!CH_3$$

可能な停止段階

　生体内でのラジカル反応の例として，体内や体液に存在する一群の分子であるプロスタグランジン（prostaglandin）の合成を考えてみよう．プロスタグランジンは，分娩誘発薬，緑内障の眼圧低下薬，気管支喘息の抑制薬，先天性心疾患の治療薬など，多くの医薬品の基礎になっている．

　プロスタグランジンの生合成は，鉄－酸素ラジカルによるアラキドン酸からの水素原子の引抜きによって新しい炭素ラジカルを生成することから始まる．分子の大きさを恐れる必要はない．各段階で起こっている変化だけに注目すればよい．わかりやすくするため，分子の変化が起こっていない部分の色を薄くして，反応する部分がはっきり見えるように書いてある．

　水素原子の最初の引抜きに続き，炭素ラジカルは O_2 と反応して酸素ラジカルを生じ，それが同一分子内の C=C 結合に付加する．さらにいくつかの変換反応によってプロスタグランジン H_2 が生成する．

問題 6・2 アルカンのラジカル反応による塩素化は，出発物に 1 種類以上の C–H 結合があるとき生成物の混合物が生じてしまうので，一般には有用ではない．2-メチルペンタンと塩素との反応で得られるすべてのモノクロロ化生成物 $C_6H_{13}Cl$ の構造式を書き，命名せよ．

問題 6・3 プロスタグランジン H_2 のシクロペンタン環の生成の反応機構を片羽矢印を使って説明せよ．

6・4 極性反応

　極性反応は，分子がもつ官能基のあいだで，正に分極した反応中心と負に分極した反応中心が電気的に引き合うことで起こる．これらの反応がどのように起こるかを調べるために，まず §2・1 の分極した共有結合についての解説を思い出し，それから有機分子に対する結合の分極の効果を深く考察することにしよう．

　多くの有機化合物は電気的に中性である．すなわち，分子全体として，正あるいは負電荷をもたない．しかし，§2・1 で述べたように，分子のある種の結合，特に官能基中の結合は，分極している．結合の分極は，結合中の電子の非対称な分布の結果生じ，これは結合を形成している原子の電気陰性度の違いによる．

　酸素，窒素，フッ素や塩素などの元素は，炭素に比べより電気陰性度が高いため，これらの原子に結合した炭素原子は部分正電荷 $\delta+$ をもっている．逆に金属は炭素より電気陰性度が低いので，金属に結合した炭素原子は部分負電荷 $\delta-$ をもっている．クロロメタンやメチルリチウムの静電ポテンシャル図はこのような電荷分布を示して

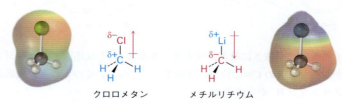

表 6・1 代表的な官能基の分極パターン

化合物	官能基の構造	化合物	官能基の構造
アルコール	—C(δ+)—O(δ−)H	カルボニル	C(δ+)=O(δ−)
アルケン	C=C 対称, 非極性	カルボン酸	—C(δ+)(=O δ−)—O(δ−)H
ハロゲン化アルキル	—C(δ+)—X(δ−)	酸塩化物	—C(δ+)(=O δ−)—Cl(δ−)
アミン	—C(δ+)—NH2(δ−)	チオエステル	—C(δ+)(=O δ−)—S(δ−)—C
エーテル	—C(δ+)—O(δ−)—C(δ+)	アルデヒド	—C(=O δ−)—H
チオール	—C(δ+)—SH(δ−)		
ニトリル	—C(δ+)≡N(δ−)	エステル	—C(δ+)(=O δ−)—O(δ−)—C
Grignard 反応剤	—C(δ−)—MgBr(δ+)		
アルキルリチウム	—C(δ−)—Li(δ+)	ケトン	—C(δ+)(=O δ−)—C

おり，クロロメタン中の炭素原子は電子不足（青），メチルリチウムの炭素は電子豊富（赤）である．

いくつかの一般的な官能基の分極のパターンを表 6・1 に示す．炭素は金属に結合したとき以外は常に正に分極している．

この結合の極性に関する議論は，電気陰性度の差による結合の分極のみを考えているという点で単純化されすぎている．分極した結合は，官能基と酸あるいは塩基の相互作用によっても生じる．アルコールであるメタノールを例にとる．電気的に中性なメタノールでは，電気陰性度の高い酸素原子は C–O 結合の電子を引きつけるため炭素原子はいくぶん電子不足である．しかし，酸によってメタノール酸素がプロトン化されると，酸素上の正電荷が C–O 結合の電子をより強く引きつけ，炭素をより大きく電子不足にする．本書を通じて，プロトン化により結合の分極が増大することを利用した酸触媒反応の例を多数学ぶ．

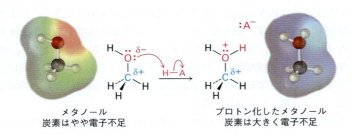

メタノール　　　　　　　プロトン化したメタノール
炭素はやや電子不足　　　炭素は大きく電子不足

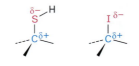

さらに考察すべきは分子中の原子の分極のしやすさ(**分極率** polarizability)である. 溶媒や近傍の他の極性分子との相互作用の変化により, ある原子のまわりの電場が変化するのに伴って, その原子の電子分布も変化する. このような外部の電気的な影響に対する応答の大きさを, その原子の分極率とよぶ. より多くのゆるく束縛された電子をもっている大きな原子はより分極しやすく, 一方, より少ない, より強く束縛された電子をもっている小さな原子は分極しにくい. そのため, 硫黄は酸素より分極しやすく, ヨウ素は塩素より分極しやすい. 硫黄やヨウ素はより高い分極率をもつため, 炭素-硫黄結合や炭素-ヨウ素結合は, 電気陰性度の値(図2・2参照)に従えば分極は小さいが, 実際には分極の大きい結合のように反応する.

官能基の極性は化学反応性にどのように影響するのだろうか. 正と負の電荷は引き合うので, すべての極性有機反応の基本的な特徴として, 電子豊富な部位は電子不足な部位と反応することがあげられる. 電子豊富な原子が電子不足な原子に電子対を供与するとき結合が生成し, はじめに存在した結合の2電子とともに一つの原子が離脱するとき, 結合は開裂する.

§2・11で述べたように, 極性反応における電子対の動きを両羽の巻矢印を用いて表す. 巻矢印は, 出発物の結合が切断され生成物の結合が生成するとき, どこに電子が移動するかを示している. 電子対は矢印の尾にあたる原子(あるいは結合)から矢の先にあたる原子に移動する.

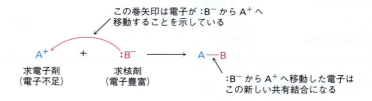

極性反応に関与する電子豊富な, あるいは電子不足な化学種について言及するとき, **求核剤**(nucleophile)と**求電子剤**(electrophile)という言葉を用いる. **求核剤**は"原子核が好き"な物質である(原子核が正電荷を帯びていることを思い出してほしい). 求核剤は負に分極した電子豊富な原子をもち, 正に分極した電子不足な原子へ電子対を供与することによって結合を形成することができる. 求核剤には電気的に中性のものと負電荷をもつものがあり, アンモニア, 水, 水酸化物イオン, 塩化物イオンなどがその例である.

求電子剤は反対に"電子が好き"である. 求電子剤は正に分極した電子不足な原子をもち, 求核剤から電子対を受取ることによって結合を形成することができる. 求電子剤は電気的に中性あるいは正の電荷をもつ. 酸(H^+供与体), ハロゲン化アルキル, カルボニル化合物などがその例である(図6・1).

電気的に中性な化合物はしばしば求核剤としても求電子剤としても反応でき, どちらの振舞いをするかは状況に応じて決まる. 化合物が電気的に中性で, 電子豊富な求核的な部位をもっていれば, 必然的に対応する電子不足な求電子的な部位をもっていることになる. たとえば, 水はH^+を供与するとき求電子剤として作用し, 非共有電子対を供与するときは求核剤として作用する. 同様に, カルボニル化合物は, 正に分極した炭素原子上で反応する際は求電子剤として作用し, 負に分極した酸素原子上で反応する際には求核剤として作用する.

求核剤と求電子剤の定義は§2・11で示したLewis酸とLewis塩基の定義に似てい

6・4 極性反応　145

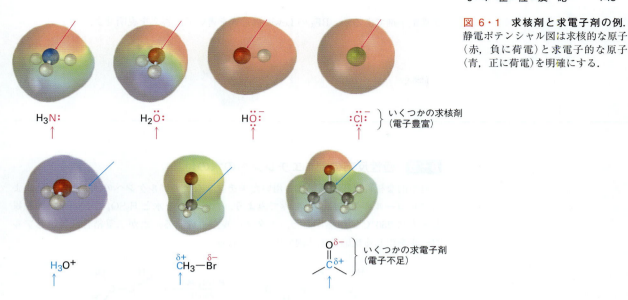

図 6・1　求核剤と求電子剤の例．静電ポテンシャル図は求核的な原子（赤，負に荷電）と求電子的な原子（青，正に荷電）を明確にする．

るが，両者は確かに関連がある．Lewis 塩基は電子供与体で，求核剤として振舞い，Lewis 酸は電子受容体で，求電子剤として振舞う．そのため，有機化学の多くは，酸-塩基反応として説明可能である．大きな違いは，酸と塩基という言葉は化学のあらゆる分野で広く使われているのに対し，求核剤と求電子剤という言葉は，おもに有機化学で炭素との結合が関係する場合に使われる言葉であるということである．

例題 6・1　求電子剤と求核剤を同定する

次の化学種は，求核剤として振舞うか，求電子剤として振舞うか．
　(a) NO_2^+　　(b) CN^-　　(c) CH_3NH_2　　(d) $(CH_3)_3S^+$

考え方　求核剤は，負に荷電している，あるいは非共有電子対をもつ原子を含む官能基があるなど，電子豊富な部位をもっている．求電子剤は，正に荷電している，あるいは正に分極している原子を含む官能基があるなど，電子不足な部位をもっている．

解　答
　(a) NO_2^+（ニトロニウムイオン）は正電荷をもつので求電子剤である．
　(b) $^-:C≡N$（シアン化物イオン）は負電荷をもつので求核剤である．
　(c) CH_3NH_2（メチルアミン）は状況によって求核剤にも求電子剤にもなる．窒素原子の非共有電子対が反応する場合は求核剤であり，正に分極した N–H 結合の水素が反応する場合は酸（求電子剤）である．
　(d) $(CH_3)_3S^+$（トリメチルスルホニウムイオン）は正電荷をもつので求電子剤である．

問題 6・4　次の化学種は，求核剤として振舞うか，求電子剤として振舞うか．
　(a) CH_3Cl　　(b) CH_3S^-　　(c) イミダゾール（N–CH_3）　　(d) CH_3CHO

問題 6・5　三フッ化ホウ素 BF_3 の静電ポテンシャル図を示す．BF_3 は求核剤である

か求電子剤であるか．BF₃ の Lewis 構造式を書いて，答えを説明せよ．

BF₃

6・5 極性反応の例: エチレンへの水の付加

典型的な極性過程，酸触媒を用いたエチレンなどのアルケンへの水の付加反応によるアルコールの生成についてみてみよう．エチレンを水と H₂SO₄ などの強い酸触媒とともに 250 ℃ に加熱すると，エタノールが生成する．水が二重結合に付加しアルコールを生じる反応は生体内で広くみられる．

この反応は**求電子付加反応**（electrophilic addition reaction）として知られている極性反応の例で，前節で述べた一般的な考えを用いて理解することができる．まずは，二つの出発物からみてみよう．

エチレンについて何を知っているだろうか．炭素-炭素二重結合は二つの sp² 混成炭素原子の軌道の重なりから生じる（§1・8 参照）．二重結合の σ 結合の部分は sp²-sp² 軌道の重なりから生じ，π 結合の部分は p-p 軌道の重なりから生じる．

C=C 結合にどのような種類の化学反応性を期待できるだろうか．エタンのようなアルカンは比較的反応性が低い．なぜなら原子価電子は強く非極性な C-C や C-H 結合にしばりつけられているからである．さらに，アルカンの結合電子は接近する反応剤には比較的近寄りにくい．なぜならそれらは，原子核間の σ 結合の中に収容されているからである．一方，アルケンの電子状態はこれとは大きく異なる．二重結合は単結合よりも高い電子密度をもっている．すなわち，二重結合には 4 電子あるのに対して単結合には 2 電子しかない．さらに，π 結合の電子は接近する反応剤により近

図 6・2 炭素-炭素単結合と二重結合の比較．二重結合は，単結合より反応剤により接近しやすく，より電子豊富（より求核的）である．エチレンの静電ポテンシャル図は，二重結合が電子密度の最も高い（赤）領域であることを示している（矢印）．

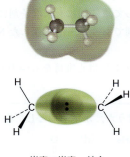

炭素-炭素 σ 結合
より強い．結合性電子に
接近しづらい

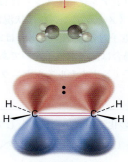

炭素-炭素 π 結合
より弱い．電子はより接近
しやすい

寄りやすい．なぜならそれらは原子核の間ではなく二重結合のつくる平面の上下に位置しているからである（図6・2）．その結果，二重結合は求核的で，アルケンの化学は求電子剤との反応が主となる．

もう一つの出発物である H_2O はどうだろうか．H_2SO_4 のような強酸が存在すると，水はプロトン化されて，オキソニウムイオン H_3O^+ が生じる．これ自身，強力なプロトン H^+ 供与体であり求電子剤である．そのため，H_3O^+ とエチレンとの反応は，すべての極性反応に共通する典型的な求電子剤と求核剤との組合わせの反応である．

アルケンの求電子付加反応の詳細はすぐに学ぶことになるが，水の付加反応は図6・3に示すような経路で起こるものと考えることができる．すなわち，図6・3の最初の段階で巻矢印を用いて示すように，アルケンが求核剤としてその C=C 結合から電子対を H_3O^+ に供与し，新しい C–H 結合と H_2O を生成することから始まる．一つ目の巻矢印は二重結合の中央（電子対の供給源）から発して，H_3O^+ の水素原子（結合が生成する原子）に向かっている．この巻矢印は新しい C–H 結合が C=C 結合の電子を使って生成することを示している．同時に，2番目の巻矢印が H–O 結合の中央から始まって，O に向かっている．これは H–O 結合の切断を意味し，電子対が O 原子に残り，電荷をもたない H_2O を与える．

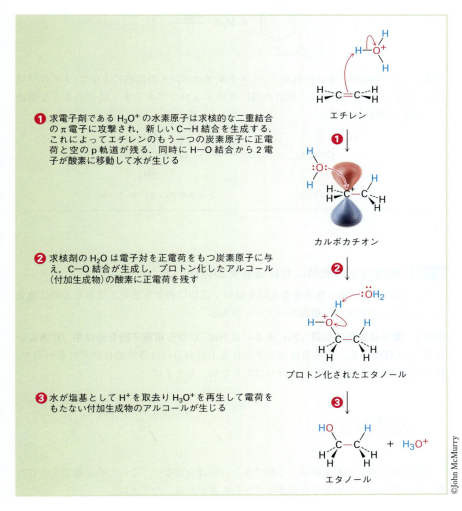

❶ 求電子剤である H_3O^+ の水素原子は求核的な二重結合のπ電子に攻撃され，新しい C–H 結合を生成する．これによってエチレンのもう一つの炭素原子に正電荷と空の p 軌道が残る．同時に H–O 結合から2電子が酸素に移動して水が生じる

❷ 求核剤の H_2O は電子対を正電荷をもつ炭素原子に与え，C–O 結合が生成し，プロトン化したアルコール（付加生成物）の酸素に正電荷を残す

❸ 水が塩基として H^+ を取去り H_3O^+ を再生して電荷をもたない付加生成物のアルコールが生じる

図 6・3　酸触媒によるエチレンと H_2O の求電子付加反応の反応機構．反応は3段階で起こり，すべての段階に求電子剤と求核剤の相互作用が含まれる．

148   6. 有機反応の概観

アルケンの一方の炭素原子が H_3O^+ の水素原子と結合すると，もう一方の炭素原子は共有していた二重結合の電子を失って価電子が6個となり，形式的に正の電荷をもつようになる．この正電荷をもつ分子，**カルボカチオン**（carbocation，炭素カチオンともいう）はそれ自身が求電子剤で，反応の第二段階で求核的な H_2O から電子対を受取ることができる．これにより C−O 結合が生成しプロトン化されたアルコール付加生成物が生じる．ここでも，図6・3の巻矢印は電子対の移動を表していて，この場合は酸素から正電荷を帯びた炭素への移動を表す．最後に，もう1分子の水が塩基として働き，プロトン化された付加生成物から H^+ を取去り，H_3O^+ 触媒を再生し，電荷をもたないアルコールを生成する．

H_2O のエチレンへの求電子付加反応は，極性反応の一例にすぎない．後の章で他のたくさんの例を詳しく学ぶことになる．しかし，個々の反応の詳細はともかく，すべての極性反応は電子不足な部位と電子豊富な部位との間で起こり，求核剤から求電子剤への電子対の供与が起こる．

問題 6・6　シクロヘキセンと H_2O との酸触媒反応によりどのような生成物が得られるか．

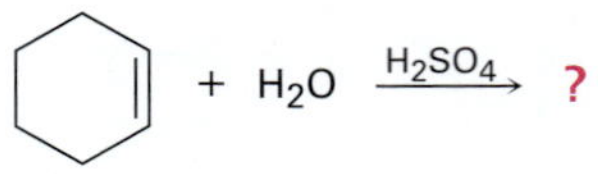

$$\text{シクロヘキセン} + H_2O \xrightarrow{H_2SO_4} \textcolor{red}{?}$$

シクロヘキセン

問題 6・7　酸触媒を用いた H_2O と 2-メチルプロペンとの反応により 2-メチルプロパン-2-オールが生成する．反応の際に生成するカルボカチオンはどのような構造か．反応の機構を示せ．

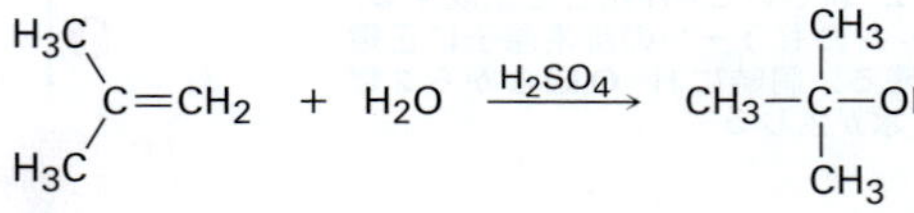

$$\begin{array}{c} H_3C \\ C=CH_2 \\ H_3C \end{array} + H_2O \xrightarrow{H_2SO_4} CH_3-\underset{\underset{CH_3}{|}}{\overset{\overset{CH_3}{|}}{C}}-OH$$

2-メチルプロペン　　　　　　　2-メチルプロパン-2-オール

6・6　極性反応の機構における巻矢印の使い方

図6・3のように反応機構を巻矢印を用いて適切に表す方法を上達させるのに役立つ，いくつかの規則や一般的なパターンがある．

規則1　電子は求核的な源（Nu: あるいは Nu:⁻）から求電子的な受け手（E あるいは E^+）へ移動する．求核剤は通常非共有電子対あるいは多重結合いずれかの形で，利用可能な電子対をもっていなければならない．たとえば

電子は普通これらの
求核剤から流れ出る

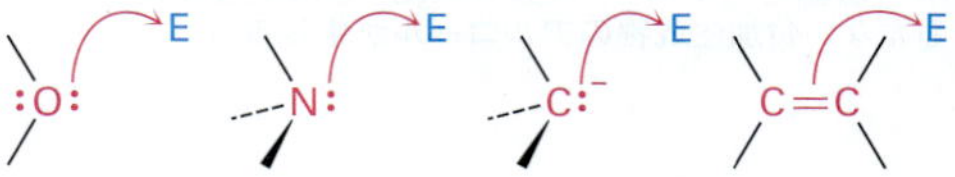

求電子剤は電子対を受取ることができなければならない．そのため正電荷を帯びた原子や正に分極した原子を官能基中に含む必要がある．たとえば

電子は普通これらの
求電子剤へ流れ込む

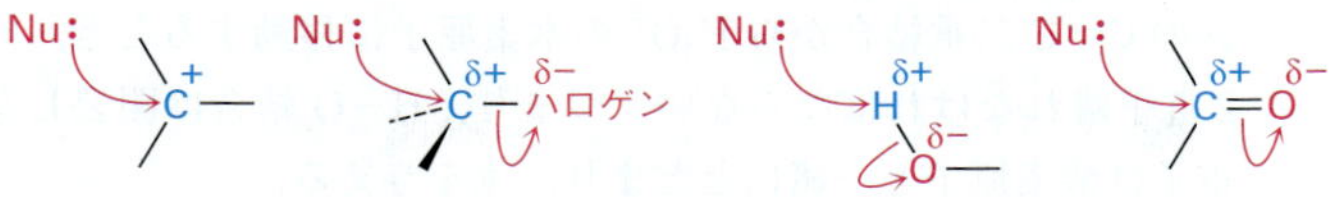

規則2　求核剤は負電荷をもつかあるいは電荷をもたない．求核剤が負電荷をもつ場合，電子対を与える原子は生成物において電荷をもたなくなる．たとえば

$$CH_3\!-\!O^- + H\!-\!Br \longrightarrow CH_3\!-\!O\!-\!H + :Br^-$$

（負電荷をもつ／電荷をもたない）

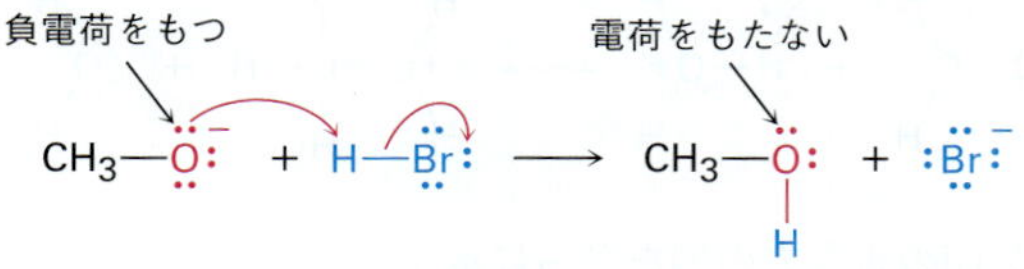

　もし，求核剤が電荷をもたないならば，電子対を与える原子は生成物において正電荷をもつようになる．たとえば

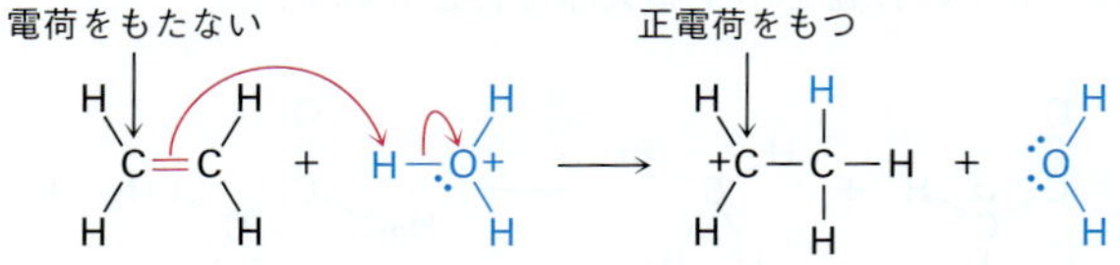

（電荷をもたない／正電荷をもつ）

規則3　求電子剤は正電荷をもつかあるいは電荷をもたない．求電子剤が正電荷をもつ場合には，電荷をもつ原子は，電子対を受取った後は電荷をもたなくなる．たとえば

（正電荷をもつ／電荷をもたない）

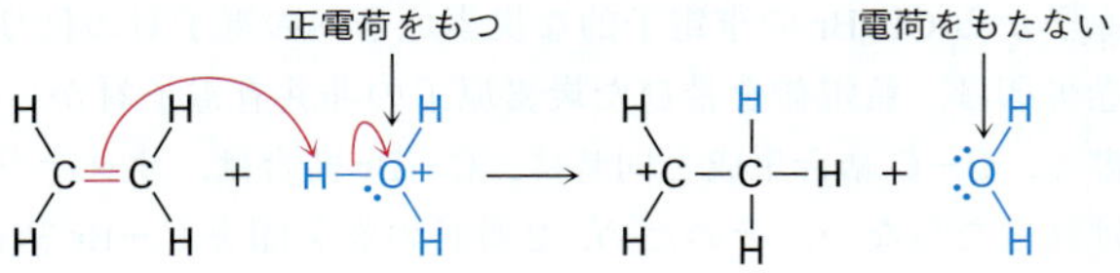

　求電子剤が電荷をもたない場合には，電子対を受取る原子は負電荷をもつことになる．しかし，このような反応が起こるためには負電荷が酸素や窒素，ハロゲンなどの電気的に陰性な原子に存在することによって安定化されなければならない．通常，炭素と水素は負の電荷を安定化させることはない．たとえば

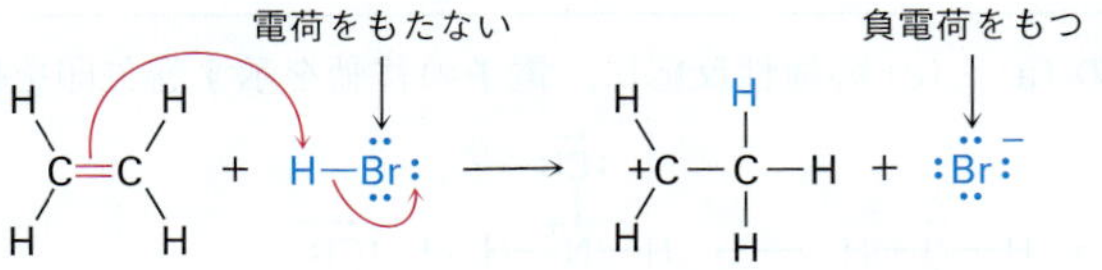

（電荷をもたない／負電荷をもつ）

　規則2と3を合わせると，電荷は反応の間で変化しないことになる．反応剤の一方が負電荷をもつ場合には，結果的に生成物の一方が負電荷をもつ．同様に反応剤の一方が正電荷をもつ場合には，生成物の一方が正電荷をもつ．

規則4　オクテット則に従わなければならない．第2周期の原子は10電子（水素原子の場合は4電子）もつことはできない．もし，すでにオクテット（水素原子では2電子）を満たしている原子に電子対が移動する場合，オクテットを維持するために別の電子対がその原子から同時に移動しなくてはならない．たとえば，2電子がエチレ

150　6. 有機反応の概観

ンの C=C 二重結合から H_3O^+ の水素原子に移動するとき，同時にその水素原子から2電子離れなければならない．つまり，H−O 結合は開裂しなくてはならず，その際電子は酸素原子と一緒にとどまり，水を与える．

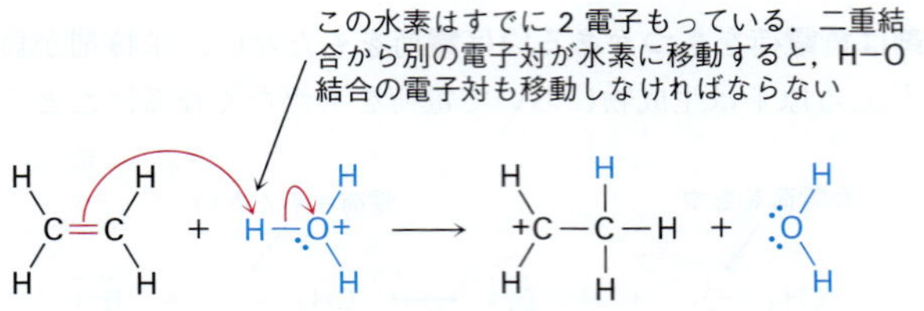

この水素はすでに 2 電子もっている．二重結合から別の電子対が水素に移動すると，H−O 結合の電子対も移動しなければならない

例題 6・2 で巻矢印の書き方の例をさらに示す．

例題 6・2　反応機構における巻矢印の使い方

次の極性反応に，電子の移動を示す巻矢印を書き入れよ．

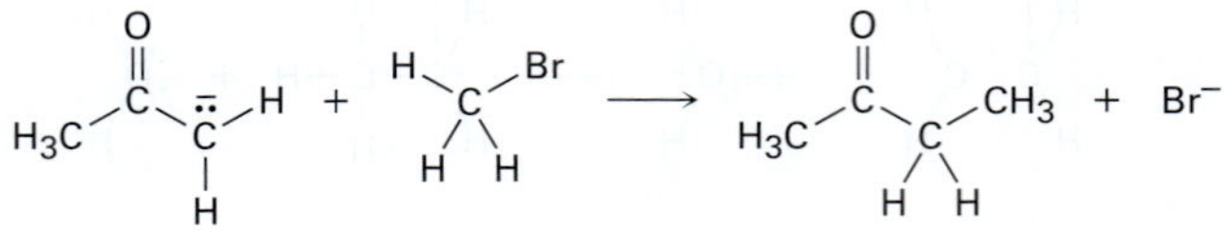

考え方　まず，反応をみて，起こっている結合の変化を明確にする．この場合，C−Br 結合は開裂し，C−C 結合が生成する．C−C 結合の生成は，左辺の反応剤の求核的な炭素原子から CH_3Br の求電子的な炭素原子への電子対の供与によって起こる．そのため巻矢印は，負電荷を帯びた炭素原子の非共有電子対から CH_3Br の炭素原子に向けて書く．C−C 結合生成と同時に，C−Br 結合は，オクテット則を守るために開裂しなければならない．そのため，2 番目の巻矢印を C−Br 結合から Br へ向けて書く．臭素原子は最後は安定な Br^- となる．

解 答

問題 6・8　次の (a)〜(c) の極性反応に，電子の移動を示す巻矢印を書き入れよ．

(a)

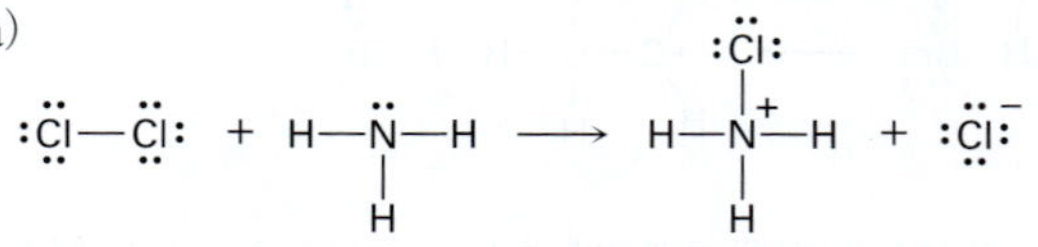

(b)

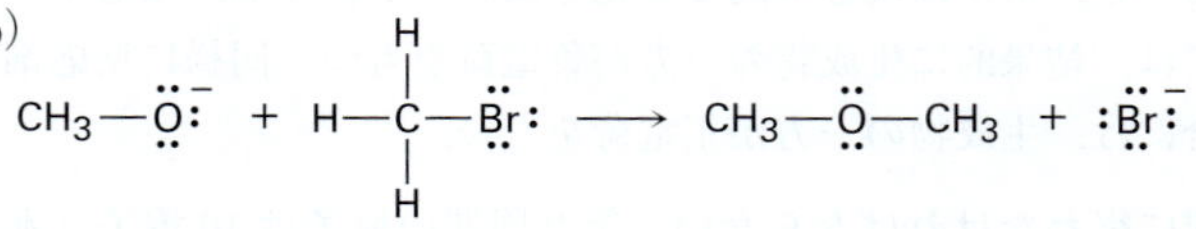

(c)

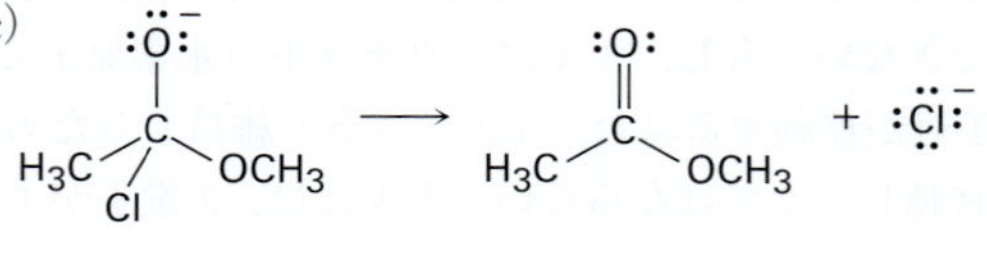

問題 6・9 食物代謝のクエン酸回路の 1 段階である次の極性反応の生成物を，巻矢印で示した電子の流れに従って予想せよ．この反応では C＝C 結合は求電子剤として働いている．

$$^-O_2C-CH_2-C(CO_2^-)=CH-CO_2^- \quad \cdots \quad \longrightarrow \quad \textcolor{red}{?}$$

6・7 反応を記述する：平衡，反応速度，エネルギー変化

　すべての反応は正方向にも逆方向にも進むことが可能である．出発物は正反応により生成物を与え，生成物は逆反応により出発物に戻ることができる．一般化学で学んだと思うが，化学平衡の位置は次に示す式で表される．すなわち，平衡定数 K_{eq} は，生成物それぞれの濃度を平衡式の係数だけ累乗したものの積を，出発物それぞれの濃度を同様に累乗したものの積で割ったものに等しい．一般式

$$a\mathrm{A} + b\mathrm{B} \rightleftharpoons c\mathrm{C} + d\mathrm{D}$$

において，

$$K_{eq} = \frac{[\mathrm{C}]^c[\mathrm{D}]^d}{[\mathrm{A}]^a[\mathrm{B}]^b}$$

となる．

　平衡定数の値は，どちら向きの反応がエネルギー的に有利かを教えてくれる．もし，K_{eq} が 1 よりもずっと大きければ，生成物の濃度項 $[\mathrm{C}]^c[\mathrm{D}]^d$ は出発物の濃度項 $[\mathrm{A}]^a[\mathrm{B}]^b$ よりもずっと大きく，反応は左から右に進む．もし，K_{eq} が 1 に近ければ，生成物と出発物ともにかなりの量が平衡で存在する．もし K_{eq} が 1 よりもずっと小さければ，左から右への正反応は起こらず，代わりに逆方向，右から左へ進行する．

　たとえば，エチレンと H_2O の反応では，次の平衡式が書けるが，この反応の平衡定数は室温で約 25 と実験的に求めることができる．

$$H_2C＝CH_2 + H_2O \rightleftharpoons CH_3CH_2OH$$

$$K_{eq} = \frac{[CH_3CH_2OH]}{[H_2C＝CH_2][H_2O]} = 25$$

　K_{eq} が 1 よりもやや大きいので，反応は左から右に進行するが，かなりの量の未反応のエチレンが平衡状態において残る．実際，出発物がほとんど検出できない（0.1 ％未満）量になるためには，約 10^3 より大きい平衡定数が必要である．

　平衡定数の大きさは何によって決まるのだろうか．反応が生成物を与えるのに有利な平衡定数をもち，望みの方向に進行するためには，生成物のエネルギーが出発物のエネルギーより低い必要がある．言い換えると，エネルギーが放出されなければなら

ない．この状況は，山の頂上の近くで不安定に釣合っている高いエネルギーの位置にある岩に似ている．岩が下の方に転がると，岩はより安定な，エネルギーが低い底に到達するまでエネルギーを放出する．

化学反応の際に起こるエネルギー変化を **Gibbs 自由エネルギー変化**（Gibbs free-energy change）ΔG とよぶ．これは，生成物の自由エネルギーから出発物の自由エネルギーを引いたものに等しい．つまり

$$\Delta G = \Delta G_\text{生成物} - \Delta G_\text{出発物}$$

となる．反応の進行に有利な反応では，ΔG は負の値をもつ．すなわち，反応系からエネルギーが失われ周辺に放出される．このような反応を**発エルゴン反応**（exergonic reaction）とよぶ．反応の進行に不利な反応では ΔG は正の値をもつ．すなわち，反応系は周辺からエネルギーを吸収する．このような反応を**吸エルゴン反応**（endergonic reaction）とよぶ．

一般化学で学んだことと思うが，ある反応の標準自由エネルギー変化（standard free-energy change）は $\Delta G°$ で表される．ここで，°は反応が標準状態，すなわち，最も安定な形の純粋な物質を用いて 1 気圧で，特定の温度，通常は 298 K で行われていることを意味する．生体反応では，標準自由エネルギー変化は $\Delta G°'$ で表され，pH = 7.0 で溶質濃度 1.0 M での反応についてのものである．

平衡定数 K_eq と標準自由エネルギー変化 $\Delta G°$ の両者は，いずれも反応の進行が有利かどうかを測るものであり，両者は数学的に関連している．

$$\Delta G° = -RT \ln K_\text{eq} \quad \text{または} \quad K_\text{eq} = e^{-\Delta G°/RT}$$

ここで，$R = 8.314\ \text{J/(K·mol)} = 1.987\ \text{cal/(K·mol)}$，$T =$ 絶対温度，$e = 2.718$，$\ln K_\text{eq}$ は K_eq の自然対数である．

たとえば，エチレンと水の反応は $K_\text{eq} = 25$ であり，したがって 298 K で $\Delta G° = -7.9\ \text{kJ/mol}$（$-1.9\ \text{kcal/mol}$）となる．

$$\begin{aligned} K_\text{eq} &= 25 \text{ なので } \ln K_\text{eq} = 3.2 \\ \Delta G° &= -RT \ln K_\text{eq} = -[8.314\ \text{J/(K·mol)}](298\ \text{K})(3.2) \\ &= -7900\ \text{J/mol} = -7.9\ \text{kJ/mol} \end{aligned}$$

Gibbs 自由エネルギー変化 ΔG は二つの項から成り立っている．すなわち，エンタルピー項 ΔH と温度依存的なエントロピー項 $T\Delta S$ である．二つの項のなかで，エンタルピー項はしばしばより大きく，支配的である．

$$\Delta G° = \Delta H° - T\Delta S$$

室温（298 K）におけるエチレンと水の反応では，おおよその値は

$$\text{H}_2\text{C}=\text{CH}_2 + \text{H}_2\text{O} \rightleftharpoons \text{CH}_3\text{CH}_2\text{OH} \quad \begin{cases} \Delta G° = -7.9\ \text{kJ/mol} \\ \Delta H° = -44\ \text{kJ/mol} \\ \Delta S° = -0.12\ \text{kJ/(K·mol)} \end{cases}$$

エンタルピー変化（enthalpy change）ΔH は**反応熱**（heat of reaction）とよばれ，反応の前後での結合エネルギー全体の変化量である．もし，エチレンと水の反応のように ΔH が負であるなら，生成物のもつエネルギーは出発物より小さい．言い換えると，生成物はより安定で，出発物より強い結合をもち，熱が放出される．反応は**発熱**

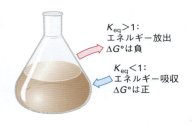

$K_\text{eq} > 1$: エネルギー放出 $\Delta G°$ は負
$K_\text{eq} < 1$: エネルギー吸収 $\Delta G°$ は正

反応（exothermic reaction）とよばれる．もし，ΔH が正であるなら，生成物は出発物より不安定で，より弱い結合をもち，熱が吸収される．反応は**吸熱反応**（endothermic reaction）とよばれる．たとえば，ある反応で，合計で 380 kJ/mol の強度をもつ出発物の複数の結合が切断され，合計 400 kJ/mol の強度をもつ生成物の結合が形成される際には ΔH は -20 kJ/mol で，反応は発熱的である．

エントロピー変化（entropy change）**ΔS** は反応に伴う分子の乱雑さ，あるいは運動の自由度の変化量である．たとえば，次のような脱離反応

$$\mathbf{A} \longrightarrow \mathbf{B} + \mathbf{C}$$

では一つの分子が二つに分裂するため，出発物より生成物の方が運動の自由度（乱雑さ）が大きい．よって，反応の進行に伴いエントロピーの正味の増加があり，ΔS は正の値をとる．

一方，次のような付加反応

$$\mathbf{A} + \mathbf{B} \longrightarrow \mathbf{C}$$

では逆が成り立つ．このような反応では，二つの分子が結合をつくることにより運動の自由度が制限されるので，生成物は出発物より乱雑さが小さく，ΔS は負の値をとる．一例として，エチレンと水の反応でエタノールが生成する反応は，$\Delta S° = -120$ J/(K·mol) である．表 6・2 に熱力学的な用語をまとめておく．

表 6・2　熱力学的な量の解説，$\Delta G° = \Delta H° - T\Delta S°$

用 語	名　前	説　明
$\Delta G°$	Gibbs 自由エネルギー変化	出発物と生成物のエネルギー差．$\Delta G°$が負のとき，反応は発エルゴン的で，有利な平衡定数をもち，反応は自発的に進行する．$\Delta G°$が正のとき，反応は吸エルゴン的で，不利な平衡定数をもち，自発的には起こらない
$\Delta H°$	エンタルピー変化	反応熱．あるいは反応の際に切断される結合と生成する結合の強さの差．$\Delta H°$が負のとき，反応は熱を放出し，発熱的である．$\Delta H°$が正のとき，反応は熱を吸収し，吸熱的である
$\Delta S°$	エントロピー変化	反応の際の分子の乱雑さの変化．$\Delta S°$が負のとき，乱雑さは減少し，$\Delta S°$が正のとき，乱雑さは増加する

ある反応について K_{eq} の値を知ることは有用である．しかし，限界を知ることも重要である．平衡定数は，平衡の位置（position）のみ，すなわち，理論的に生成物をどれくらい得ることが可能かのみを示す．平衡定数は，反応の速度（rate），すなわち平衡がどれくらい速く成立するかについては何も述べていない．ある種の反応は，目的物を得るのに有利な平衡定数をもつにもかかわらず，その進行は非常に遅い．たとえば，ガソリンは 298 K における酸素との反応速度が遅いため室温では安定である．しかし，高温では，たとえば火をつけたマッチに触れると，ガソリンは酸素と急激に反応し，平衡生成物である水と二酸化炭素に完全に変換される．反応速度（反応がどれくらい速く起こるか）と平衡（反応がどの程度起こるか）はまったくの別物である．

反応速度 $\longrightarrow$ 反応が速いか遅いか

平　衡 $\longrightarrow$ 反応がどちらの方向に進むか

154   6. 有機反応の概観

問題6·10　$\Delta G°$ が -44 kJ/mol の反応と $\Delta G°$ が $+44$ kJ/mol の反応では，どちらがエネルギー的に有利か.

問題6·11　K_{eq} が 1000 の反応と K_{eq} が 0.001 の反応では，どちらの反応がより発エルゴン的か.

6·8 反応を記述する: 結合解離エネルギー

　結合が生成すると，生成物が出発物より安定でより強い結合をもつので，熱が放出される（負の ΔH）ことを説明した．逆に，結合が切断されると，生成物が出発物より不安定で，熱が吸収される（正の ΔH）．結合が開裂するときに吸収される熱の大きさを**結合強度**（bond strength）もしくは**結合解離エネルギー**（bond dissociation energy）D とよび，気相中 25 ℃ で，分子がその結合を切断して二つのラジカル分子を生成するのに必要なエネルギー量と定義される．

$$A:B \xrightarrow{\text{結合解離エネルギー}} A\cdot + \cdot B$$

　それぞれの結合は固有の強度をもち，その数値は幅広く調べられている．たとえば，メタンの C−H 結合は結合解離エネルギー $D = 439.3$ kJ/mol（105.0 kcal/mol）をもつ．つまり，メタンの C−H 結合を切断して，二つのラジカル断片 ·CH₃ と ·H

表 6·3　結合解離エネルギー D

結合	D (kJ/mol)	結合	D (kJ/mol)	結合	D (kJ/mol)
H—H	436	(CH₃)₃C—I	227	C₂H₅—CH₃	370
H—F	570	H₂C=CH—H	464	(CH₃)₂CH—CH₃	369
H—Cl	431	H₂C=CH—Cl	396	(CH₃)₃C—CH₃	363
H—Br	366	H₂C=CHCH₂—H	369	H₂C=CH—CH₃	426
H—I	298	H₂C=CHCH₂—Cl	298	H₂C=CHCH₂—CH₃	318
Cl—Cl	242	C₆H₅—H	472	H₂C=CH₂	728
Br—Br	194			C₆H₅—CH₃	427
I—I	152	C₆H₅—Cl	400		
CH₃—H	439			C₆H₅—CH₂—CH₃	325
CH₃—Cl	350	C₆H₅CH₂—H	375		
CH₃—Br	294			CH₃C(=O)—H	374
CH₃—I	239	C₆H₅CH₂—Cl	300		
CH₃—OH	385			HO—H	497
CH₃—NH₂	386	C₆H₅—Br	336	HO—OH	211
C₂H₅—H	421			CH₃O—H	440
C₂H₅—Cl	352	C₆H₅—OH	464	CH₃S—H	366
C₂H₅—Br	293			C₂H₅O—H	441
C₂H₅—I	233				
C₂H₅—OH	391			CH₃C(=O)—CH₃	352
(CH₃)₂CH—H	410				
(CH₃)₂CH—Cl	354			CH₃CH₂O—CH₃	355
(CH₃)₂CH—Br	299			NH₂—H	450
(CH₃)₃C—H	400	HC≡C—H	558	H—CN	528
(CH₃)₃C—Cl	352	CH₃—CH₃	377		
(CH₃)₃C—Br	293				

6・9 反応を記述する：エネルギー図と遷移状態　155

にするためには439.3 kJ/mol加えなければならない．逆に，メチルラジカルと水素原子が結合してメタンを生成するとき，439.3 kJ/molのエネルギーが放出される．表6・3にいくつかの他の結合強度をあげる．

　ここで再び結合強度と化学反応性の関連について考えてみよう．発熱反応では，吸収される以上に熱が放出される．しかし，生成物中の結合が形成される際に熱が放出され，出発物中の結合が開裂する際は熱が吸収されるため，生成物中の結合は，出発物中の結合より強くなければならない．言い換えれば，発熱反応は強い結合をもつ生成物と，弱い，容易に切断しうる結合をもつ出発物の際に有利になる．

　特に生化学において，ATP（アデノシン三リン酸 adenosine triphosphate）のようなきわめて大きい発熱反応を起こす反応性に富む物質を"エネルギー豊富な"あるいは"高エネルギー"化合物とよぶことがある．このような呼び名は，ATPが特別で他の物質と異なることを意味するのではない．これは，単にATPが小さな熱量で切れる弱い結合をもっていることを意味しているだけである．そのため，反応で強い新しい結合が形成されると，大きな熱の放出が起こる．グリセロール3-リン酸などの典型的な有機リン酸は，たとえば水と反応して，わずか9 kJ/molの熱を放出する（ΔH = −9 kJ/mol）だけだが，ATPが水と反応すると30 kJ/molの熱を放出する（ΔH = −30 kJ/mol）．二つの反応の相違は，ATPで切断される結合が，グリセロール3-リン酸で切断される結合より著しく弱いという事実による．後の章で，この反応が代謝的に重要であることを説明する．

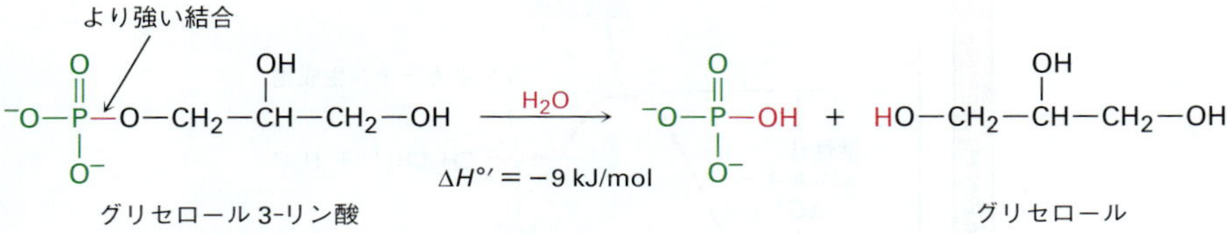

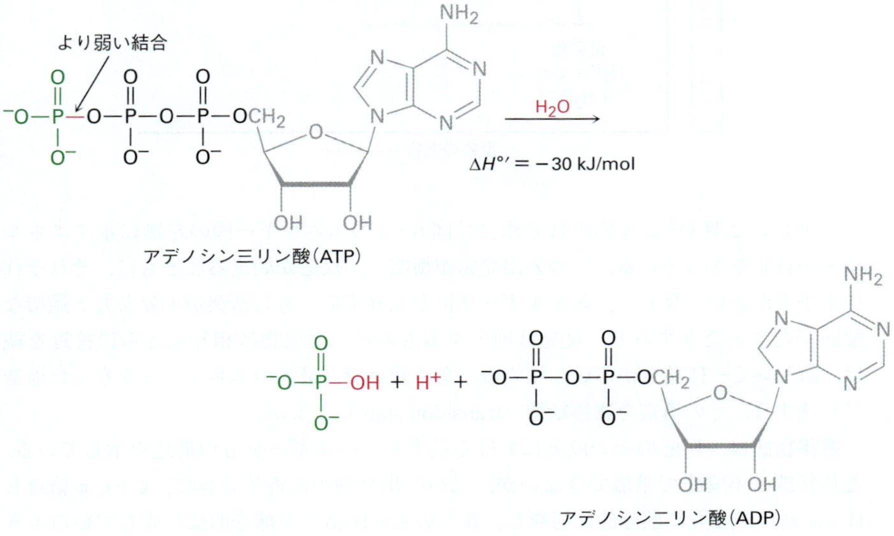

6・9　反応を記述する：エネルギー図と遷移状態

　反応が起こるためには，反応分子が衝突し，原子と結合の再編成が起こらなければ

ならない．再び，H₂O とエチレンとの 3 段階の付加反応についてみよう．

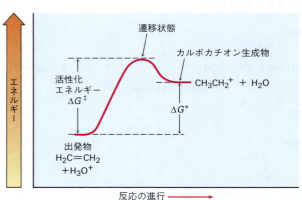

反応が進行するにつれて，エチレンと H₃O⁺ は互いに接近しなければならない．エチレンの π 結合と H-O 結合は開裂しなくてはならず，新しい C-H 結合が最初の段階で形成されなければならない．そして新しい C-O 結合が 2 段階目で形成されなければならない．

反応の間に起こるエネルギー変化をグラフを用いて描写するために，図 6・4 に示すような**エネルギー図**（energy diagram）を用いる．図の縦軸は全反応物の合計エネルギーを表し，横軸は**反応座標**（reaction coordinate）とよばれ，出発物から生成物に至る反応の進行を表している．H₂O のエチレンへの付加がエネルギー図でどのように表せるかみてみよう．

図 6・4　エチレンと H₂O の反応の第一段階のエネルギー図．出発物と遷移状態のエネルギー差である $\Delta G^{\ddagger}$ により反応の速度が決まる．出発物とカルボカチオン生成物のエネルギー差 $\Delta G°$ は平衡の位置を決める．

エチレンと H₃O⁺ は反応のはじめには図 6・4 のエネルギー図の左側に示すエネルギーの総量をもっている．二つの出発物が衝突し，反応が始まるとともに，それぞれの電子雲が互いに反発し，エネルギー準位が上昇する．もし衝突が十分な力と適切な配向で起こったとすると，反発は増大するものの，出発物は相互にさらに接近を続け，新しい C-H 結合が形成し始める．ある時点で，最大のエネルギーをもった構造に到達する．その構造を**遷移状態**（transition state）とよぶ．

遷移状態は，反応のその段階における最大のエネルギーをもつ構造を示している．遷移状態は不安定で単離できないが，二つの出発物の活性複合体で，C-C π 結合と H-O 結合がともに部分的に切断し，新しい C-H 結合が部分的に形成しているように想像することができる（図 6・5）．

出発物と遷移状態のエネルギー差を**活性化エネルギー**（activation energy） $\Delta G^{\ddagger}$ とよび*，これによりある温度でどれくらい速く反応が起こるかが決まる．活性化エネルギーが大きいと反応は遅くなる．なぜなら出発物が遷移状態に達するために必要な

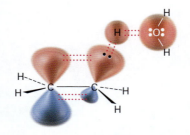

図 6・5　エチレンと H₃O⁺ の反応の第一段階の仮想的な遷移状態構造．C=C π 結合と O-H 結合は開裂し始めていて，C-H 結合は生成し始めている．

* 上付きのダブルダガー ‡ は常に遷移状態を意味する．

十分なエネルギーをもった衝突が少ないからである．活性化エネルギーが小さいと反応は速やかに進行する．なぜならほとんどすべての衝突が，出発物を遷移状態に到達させるに十分なエネルギーをもって起こるからである．

遷移状態への活性化障壁を乗り越えるために十分なエネルギーを必要としている出発物は，峠を越えるための十分なエネルギーが必要な登山者に似ている．もし，峠が高い場合は，登山者はたくさんのエネルギーを必要とし，障壁をやっとのことで乗り越える．しかし，もし峠が低い場合は，登山者はより少ないエネルギーで十分であり，たやすく頂上に到達する．

大まかな目安として，多くの有機反応は 40〜150 kJ/mol（10〜35 kcal/mol）の範囲の活性化エネルギーをもつ．80 kJ/mol 未満の活性化エネルギーをもつ反応は室温か室温以下で起こり，80 kJ/mol 以上の活性化エネルギーをもつ反応は通常出発物に活性化障壁を乗り越えるのに十分なエネルギーを与えるため，より高い温度が必要である．

いったん遷移状態に到達すると，カルボカチオン生成物を与えるかあるいは出発物に戻るかのいずれかの反応を続ける．出発物に逆戻りすると，遷移状態構造は壊れ，$-\Delta G^{\ddagger}$ に相当する自由エネルギー量を放出する．カルボカチオンを生成する反応が進行すると，新しい C−H 結合が完全に形成され，遷移状態とカルボカチオン生成物とのエネルギー差に相当する量のエネルギーが放出される．この段階の正味のエネルギー変化 $\Delta G°$ は，図中では，出発物と生成物の間のエネルギー準位の差として表される．カルボカチオンは出発物のアルケンよりもエネルギーが高いので，この段階は吸エルゴン的であり，$\Delta G°$ は正の値をもち，エネルギーを吸収する．

すべてのエネルギー図が，エチレンと H_3O^+ の反応と同じようなものであるとは限らない．それぞれの反応は独自のエネルギー的な特徴をもっている．ある反応は速く（小さな $\Delta G^{\ddagger}$），ある反応は遅い（大きな $\Delta G^{\ddagger}$）．ある反応は負の $\Delta G°$ をもち，ある反応は正の $\Delta G°$ をもつ．図 6・6 にいくつかの可能性について示す．

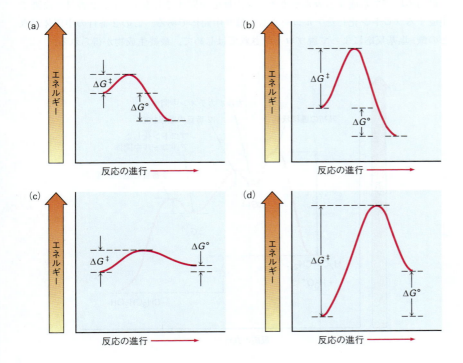

図 6・6 仮想的なエネルギー図．(a) 速い発エルゴン反応（小さな $\Delta G^{\ddagger}$，負の $\Delta G°$）．(b) 遅い発エルゴン反応（大きな $\Delta G^{\ddagger}$，負の $\Delta G°$）．(c) 速い吸エルゴン反応（小さな $\Delta G^{\ddagger}$，小さな正の $\Delta G°$）．(d) 遅い吸エルゴン反応（大きな $\Delta G^{\ddagger}$，正の $\Delta G°$）．

158   6. 有機反応の概観

問題 6・12 $\Delta G^{\ddagger}$ が $+45\,\mathrm{kJ/mol}$ の反応と $+70\,\mathrm{kJ/mol}$ の反応のどちらが速いか.

6・10 反応を記述する: 中間体

エチレンと水の反応の最初の段階で生成するカルボカチオンをどのように説明すればよいだろうか. カルボカチオンは明らかに出発物とは違うが, 遷移状態でも最終の生成物でもない.

カルボカチオンのような, 多段階反応の進行の過程で一過的にのみ存在する化学種を **反応中間体** (reactive intermediate) とよぶ. エチレンと H_3O^+ との反応の最初の段階では, 中間体としてカルボカチオンが生成するやいなや, 次の段階に進んで水と反応し, プロトン化したアルコール生成物が生成する. この 2 段階目の反応は, 固有の活性化エネルギー $\Delta G^{\ddagger}$, 遷移状態, そしてエネルギー変化 ΔG° をもつ. この第二の遷移状態を, 求電子的なカルボカチオン中間体と求核的な水分子との間の活性複合体としてみなすことができる. すなわち, H_2O が電子対を正電荷を帯びた炭素原子に供与して新しい C-O 結合がまさに形成されようとしている.

最初の段階で形成するカルボカチオンが反応中間体であるように, 2 番目の段階で生成するプロトン化したアルコールもやはり中間体である. この 2 番目の中間体が水との酸-塩基反応によって脱プロトンされてはじめて, 最終生成物が得られる.

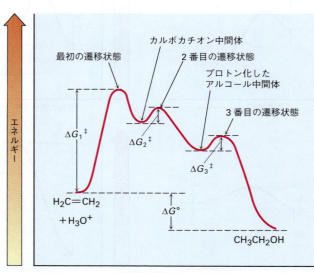

図 6・7 エチレンと水の反応のエネルギー図の全体像. 三つの段階があり, それぞれに遷移状態をもつ. 第一段階と第二段階の間のエネルギー極小値はカルボカチオン反応中間体を示し, 第二段階と第三段階の間の極小値はプロトン化されたアルコール中間体を表す.

エチレンと水の反応の全体のエネルギー図を図6・7に示す．各段階のエネルギー図を書き，第一段階のカルボカチオン生成物が第二段階の出発物に，そして第二段階の生成物が第三段階の出発物になるようにそれらをつなぎ合わせる．図6・7に示すように，反応中間体は各段階間のエネルギー極小点の位置を占める．中間体のエネルギー準位はそれを生成する出発物やその中間体が与える生成物のエネルギー準位より高いため，中間体は通常は単離できない．しかし，中間体は隣り合う二つの遷移状態よりは安定である．

多段階過程の各段階は，常に別々のものとして考えることができる．各段階はそれぞれ $\Delta G^\ddagger$ と $\Delta G°$ をもつ．しかし，反応の全体の $\Delta G°$ は最初の出発物と最後の生成物のエネルギー差である．

生体内で起こっている反応は，フラスコ内の反応と同様のエネルギー条件を満たす必要があり，同じように記述することができる．しかし，生体反応は，適度な温度で反応が進行する必要があり，そのため十分に低い活性化エネルギーをもたなければならず，しかも生物が過熱されないように比較的少量のエネルギーの放出を伴う反応でなければならない．このような条件は，一般に巨大で複雑な構造の酵素触媒を用いることで満たされる．酵素は，反応を，一つか二つの大きな段階ではなく，小さな一連の段階を経由して進行するように変化させる．そのため，生体反応の典型的なエネルギー図は図6・8のようになる．

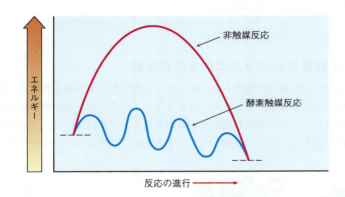

図6・8 典型的な酵素触媒の生体反応（青線）と無触媒のフラスコ内の反応（赤線）のエネルギー図．生体反応は多段階からなり，各段階は比較的小さな活性化エネルギーと小さなエネルギー変化をもつ．しかし，最後の結果は同じである．

例題 6・3　反応のエネルギー図を書く

速く，非常に発エルゴン的な1段階反応のエネルギー図を書け．

考え方　速い反応は小さな $\Delta G^\ddagger$ をもち，大きく発エルゴン的な反応は大きな負の $\Delta G°$ をもつ．

解　答

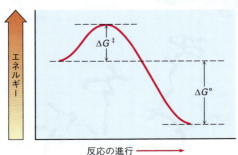

例題 6・4　反応のエネルギー図を書く

第二段階が第一段階より高エネルギーの遷移状態をもつ2段階の発エルゴン反応のエネルギー図を書け．反応全体の $\Delta G^{\ddagger}$ と $\Delta G°$ を書き入れること．

考え方　2段階の反応には二つの遷移状態をもち，その間に中間体がある．反応全体の $\Delta G^{\ddagger}$ は，出発物と最もエネルギーの高い遷移状態（この場合は2番目の遷移状態）との間のエネルギー差である．発エルゴン反応では，全体の $\Delta G°$ が負になる．

解　答

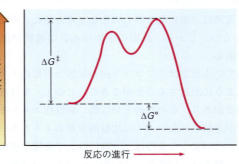

問題 6・13　両方の段階が発エルゴン的で，第二段階が第一段階より高エネルギーの遷移状態をもつ2段階反応のエネルギー図を書け．図中に出発物，生成物，中間体，反応全体の $\Delta G^{\ddagger}$ と $\Delta G°$ を書き入れよ．

6・11　生体反応とフラスコ内反応の比較

次章からは，自然界では起こらないがフラスコ内で起こる重要な反応や，逆に生体反応に対応する反応など，たくさんの反応を学んでいく．フラスコ内の反応を生体反応と比較すると，いくつかの相違点が明らかとなる．一つには，フラスコ内の反応は通常出発物を溶かし，互いに接触しやすくするためジエチルエーテルやジクロロメタ

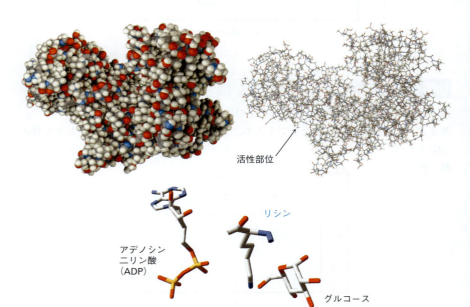

図 6・9　ヘキソキナーゼの空間充填モデルと針金モデル．くぼみの部分には基質が捕捉され触媒反応が起こる活性部位が含まれている．下段には，活性部位に取込まれたグルコースと ADP，ならびにグルコースの脱プロトンを行う塩基として作用するアミノ酸のリシンの X 線結晶構造解析の拡大図を示している．

ンなどの有機溶媒中で行うのに対し，生体反応は，細胞中の水溶媒中で起こる．もう一つの点として，フラスコ内の反応は通常触媒なしで広範囲の温度で行われるが，生体反応は生物の体温で，酵素の触媒によって起こる．

　本書を通じてしばしば特定の**酵素**（enzyme）を取上げるが，これらについては 19 章で詳細に述べる．酵素は大きな球状タンパク質分子で，**活性部位**（active site）とよばれるくぼみをもっている．この活性部位には，触媒作用の発現に必要な酸性もしくは塩基性部位が配列されており，また活性部位は，基質分子と結合し，反応に必要な方向に保持するために必要な，まさに正しい形をしている．図 6・9 に，基質であるグルコースとアデノシン二リン酸（ADP）が活性部位に結合した X 線結晶構造とともに，ヘキソキナーゼ（hexokinase）の分子モデルを示す．ヘキソキナーゼはグルコースの代謝の最初の段階を触媒する酵素で，ATP からグルコースにリン酸基を転移させて，グルコース 6-リン酸と ADP を生成する．ATP と ADP の構造は §6・8 の最後に示した．

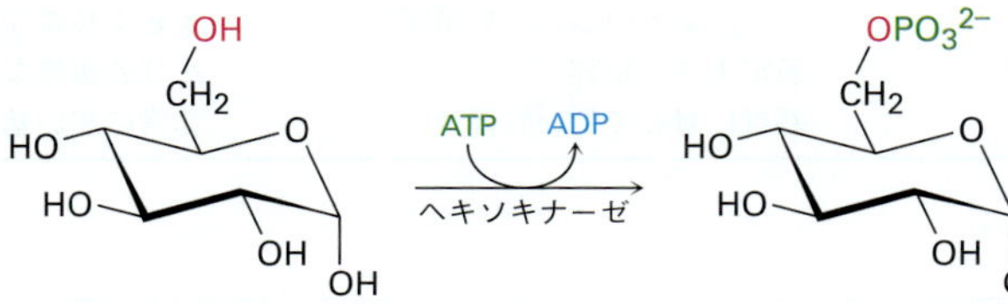

グルコース　　　　　グルコース 6-リン酸

　ヘキソキナーゼが触媒するグルコースのリン酸化反応がどのように示されているか注意してほしい．生体反応を反応式で示すとき，直接反応に関わる出発物と生成物の構造だけを示し，さまざまな生物学的な"反応剤"や ATP や ADP などの生体分子の構造を省略するのが普通である．反応を示す直線の矢印に交わる曲線の矢印は，ATP も出発物で，ADP が生成物であることを示している．

　さらにもう一つの違いは，フラスコ内の反応はしばしば，Br_2, HCl, $NaBH_4$, CrO_3 などの比較的小さな単純な反応剤を用いるが，一方で，生体反応は通常，補酵素（coenzyme）とよばれる比較的複雑な"反応剤"を用いる．上に示したグルコースのヘキソキナーゼによるリン酸化反応では，ATP は補酵素である．別の例として，炭素－炭素二重結合に付加してアルカンを生じるフラスコ内の反応剤である水素分子と，多くの生体反応で二重結合に水素原子を同じように付加させる反応の補酵素である NADH〔ニコチンアミドアデニンジヌクレオチド（nicotinamide adenine dinucleotide）の還元型〕分子とを比較してみてほしい．補酵素全体のすべての原子のなかで，下図の赤で示すただ一つの水素原子が二重結合を含む基質に移動する．

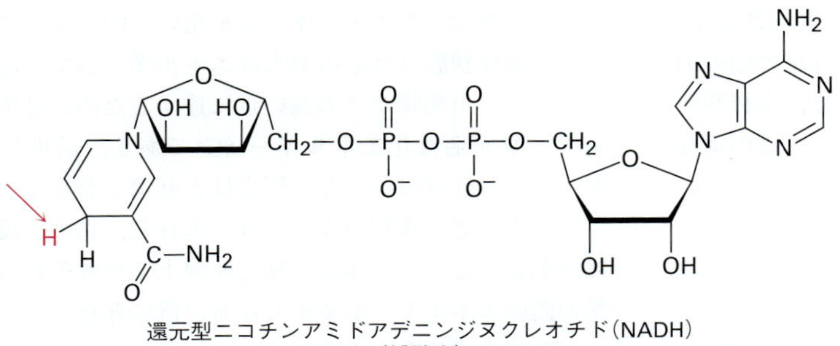

還元型ニコチンアミドアデニンジヌクレオチド（NADH）
（補酵素）

NADH 分子の大きさにおびえないでほしい．大部分の構造は酵素に結合するのに適した全体の形をとるため，および適切な溶解性を付与するために存在している．生体分子をみるとき，分子の中の化学変化が起こるごく一部に注目すればよい．

フラスコ内の反応と生体反応の最後の違いは，その特異性である．硫酸のような触媒は，フラスコ内の反応において，何千もの異なるアルケンへの水の付加（§6・5参照）を触媒するが，酵素はきわめて特異的な形をもつ特定の基質分子のみと結合するため，特異的な反応のみを触媒する．この絶妙な特異性こそが，生体反応を卓越したものとし，生命を可能にしている根源である．表6・4にフラスコ内の反応と生体反応の異なる点をまとめる．

表 6・4　典型的なフラスコ内の反応と生体反応の比較

	フラスコ内の反応	生体反応
溶　媒	エーテルなどの有機溶媒	細胞中の水環境
温　度	広範囲，−80〜150 ℃	生体の温度
触　媒	なし，あるいはとても単純	大きく複雑な酵素が必要
反応剤の大きさ	通常小さく単純	比較的複雑な補酵素
特異性	基質に対して低い特異性	非常に高い基質特異性

まとめ

　フラスコの中でも生体内でも，すべての化学反応は同じ"法則"に従っている．有機化学と生化学の両方を理解するためには，何が起こるかだけでなく，なぜ，どのように化学反応が起こるかを知る必要がある．本章では，有機反応の基本的な種類を簡単に説明し，なぜ反応が起こるのか，そしてどのように反応が記述されるのかをみてきた．

　有機反応には四つの反応形式がある．**付加反応**は二つの出発物が結合し一つの生成物を与える反応である．**脱離反応**は一つの出発物が分解して二つの生成物を与える反応である．**置換反応**は二つの出発物が一部を交換して，二つの新しい生成物を与える反応である．**転位反応**は一つの出発物がその結合や原子を再編成して異性体生成物を与える反応である．

　反応がどのように起こるかを完全に記述したものを**反応機構**という．反応機構には大きく分けて二つの種類がある．**ラジカル**機構と**極性**機構である．極性反応は，最も一般的な反応であるが，ある分子の**求核的な**（電子豊富な）部位と別の分子の**求電子的な**（電子不足な）部位の間の引力的な相互作用によって起こる．極性反応では，求核剤が求電子剤に電子対を供与すると結合が形成する．このような電子の動きは，求核剤から求電子剤への電子の移動方向を示す巻矢印で表される．ラジカル反応には奇数個の電子をもった化学種が含まれる．それぞれの出発物が1電子ずつ供与することで結合が生成される．

　反応の際に起こるエネルギー変化は，速度（反応がどれくらい速く起こるか）と平衡（反応がどこまで生成物に偏るか）を考えることで記述できる．化学平衡の位置は，反応の**自由エネルギー変化** ΔG の値で決定される．ここで，$\Delta G = \Delta H - T\Delta S$ である．**エンタルピー項** ΔH は，反応の際に切断・形成される化学結合の強さの正味の変化に対応し，**エントロピー項** ΔS は，反応の際の分子の乱雑さの度合の変化に対応する．負の ΔG をもちエネルギーを放出する反応は**発エルゴン反応**とよばれ，エネルギー的に有利である．正の ΔG をもちエネルギーを吸収する反応は**吸エルゴン反応**とよばれ，エネルギー的に不利である．

　反応は，出発物から遷移状態を通って生成物に到達する反応経路を示したエネルギー図を用いて図示することができる．**遷移状態**は反応の最も高エネルギー点での活性複合体である．出発物がこの高い点に達するために必要なエネルギー量が**活性化エネルギー** $\Delta G^{\ddagger}$ である．活性化エネルギーが高ければ高いほど，反応はより遅くなる．

　多くの反応が複数の段階を経て進行し，途中で**反応中間体**を形成する．中間体は，反応曲線上でそれぞれの反応段階の間のエネルギーが極小となる位置に存在し，反応の際に短時間生成するものである．

科学談話室

薬をつくる

　米国の主要製薬企業は毎年，医薬品の研究と開発に380億ドル，政府系機関や私的な財団がさらに280億ドルを使っている．この資金でいくつの薬が得られただろうか．2001～2012年の間に，これらの資金は293の新薬〔米国食品医薬品局（FDA）によって薬として販売が承認された新しい生物活性な化学物質〕につながった．これは，すべての疾患や健康状態に対して毎年平均わずか24品目の新薬しか送り出されていないことを意味している．

　新薬はどのようにして生み出されるのだろうか．米国国立がん研究所において行われた調査によると，新薬のわずか約33％が完全な合成品で，天然に産する物質と完全に無関係だった．残りの67％は，多かれ少なかれ程度の違いはあるが，天然から手がかり（リード）を得ていた．ワクチンや生物由来の遺伝子を改変したタンパク質が15％の品目を占めるが，大部分の新薬は天然物（これは包括的な言葉で，一般的には細菌，植物，その他の生物から見いだされる小分子を意味している）由来である（25章参照）．生産している生物から直接単離し修飾を加えない天然物が24％を占め，フラスコ内で化学的に修飾を加えた天然物が残りの28％を占めている．

　何年にもわたる研究によって何千もの化合物がスクリーニングされ，最終的に新薬として承認を得る可能性のある化合物が一つ得られる．しかし，一つの化合物を選定しても，仕事は始まったばかりである．なぜなら薬として認可にたどり着くには平均で9～10年かかるためである．第一に，動物に対して薬の安全性を示す必要があり，経済的な製造方法を工夫しなければならない．このような予備試験を終えて，治験許可申請〔Investigational New Drug（IND）application〕をFDAに申請し，ヒトでの臨床試験（治験）の開始の許可を得る．

　ヒトでの臨床試験は5年から7年かかり，三つの段階に分かれている．第Ⅰ相臨床試験（Phase Ⅰ clinical trial）は，少人数の健康なボランティアに対し行い，安全性を確立し副作用を調査する．数カ月から1年かかり，およそ70％の薬がこの段階を通過する．次に第Ⅱ相臨床試験（Phase Ⅱ clinical trial）は，薬の安全性と有効性の両者について1年から2年かけて対象とする疾患や健康状態の数百人の患者について調査する．最初の化合物のたった33％しかこの段階に合格しない．最後に，第Ⅲ相臨床試験（Phase Ⅲ clinical trial）では，より多くの患者に適応し，徹底的に薬の安全性と用量，および効果について実証する．最初の化合物のうちの25％が第Ⅲ相臨床試験を通過し，すべてのデータが新薬承認申請（NDA）にまとめられFDAに送られるが，審査と認可にさらに2年間かかる．承認されるのは試験を行った薬のわずか20％で，10年の年月と，少なくとも5億ドルの費用をかけてようやく使用されるに至る．認可までの一連の流れを図に示す．

1981～2002年の新薬の主原料

重要な用語

- エンタルピー変化（enthalpy change）ΔH
- エントロピー変化（entropy change）ΔS
- 活性化エネルギー（activation energy）ΔG‡
- 活性部位（active site）
- カルボカチオン（carbocation）
- Gibbs自由エネルギー変化（Gibbs free-energy change）ΔG
- 吸エルゴン的（endergonic）
- 求核剤（nucleophile）
- 求電子剤（electrophile）
- 吸熱的（endothermic）
- 極性反応（polar reaction）
- 結合解離エネルギー（bond dissociation energy）D
- 酵素（enzyme）
- 遷移状態（transition state）
- 脱離反応（elimination reaction）
- 置換反応（substitution reaction）
- 転位反応（rearrangement reaction）
- 発エルゴン的（exergonic）
- 発熱的（exothermic）
- 反応機構（reaction mechanism）
- 反応中間体（reactive intermediate）
- 反応熱（heat of reaction）
- 付加反応（addition reaction）
- ラジカル（radical）
- ラジカル反応（radical reaction）

演習問題

目で学ぶ化学
（問題 6・1 ～ 6・13 は本文中にある）

6・14 次のアルコールは，二つの異なるアルケンに水を付加させて合成することができる．二つのアルケンの構造を示せ．（赤は O）

6・15 次の構造は，酸触媒存在下 H₂O を二つの異なるアルケンへ付加させアルコールを生成する反応の際に生じるカルボカチオン中間体を示している．二つのアルケンの構造を示せ．

6・16 (a) ホルムアルデヒド CH₂O と (b) メタンチオール CH₃SH の静電ポテンシャル図を示す．ホルムアルデヒドの炭素原子は求電子的か，求核的か．メタンチオールの硫黄原子はどうか．理由とともに述べよ．

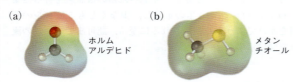

6・17 次のエネルギー図を見て，(a)～(c) に答えよ．

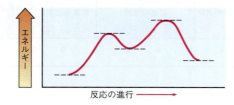

(a) この反応の $\Delta G°$ は正か負か．図に書き込め．
(b) この反応にはいくつの段階が含まれるか．
(c) いくつ遷移状態があるか．図に書き込め．

6・18 次の酵素触媒反応のエネルギー図を見て，(a)～(c) に答えよ．

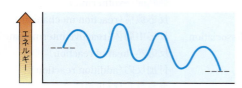

(a) この反応にはいくつの段階が含まれるか．
(b) どの段階が最も発エルゴン的か．
(c) どの段階が最も遅いか．

追加問題
極性反応

6・19 次の分子の官能基を同定せよ．また，それぞれの分極を示せ．

(a) CH₃CH₂C≡N (b) シクロペンチル-OCH₃ (c) CH₃CH₂COCOCH₃

(d) 1,4-ベンゾキノン (e) CH₃CH=CHCONH₂ (f) ベンズアルデヒド

6・20 次の反応を，付加，脱離，置換，転位反応に分類せよ．

(a) CH₃CH₂Br + NaCN ⟶ CH₃CH₂CN (+ NaBr)

(b) シクロヘキサノール ⟶(酸触媒) シクロヘキセン (+ H₂O)

(c) シクロペンタジエン + メチルビニルケトン ⟶(熱) ノルボルネン誘導体

(d) シクロヘキサン + O₂N—NO₂ ⟶(光) ニトロシクロヘキサン (+ HNO₂)

6・21 以下の各分子において，求電子部位と求核部位を特定せよ．
(a) テストステロン (b) メタンフェタミン

6・22 次の各反応に，電子の流れを示す巻矢印を書き加えよ．
(a) ベンゼン + D—Cl ⇌ [アレニウム中間体] ⇌ C₆H₅D + H—Cl
(b) プロピレンオキシド + H—Cl ⇌ [プロトン化エポキシド] ⇌ 1-クロロ-2-プロパノール

6. 有機反応の概観　165

6・23 次の各反応において，巻矢印で示した電子の流れに従い，生成する生成物を予測せよ．

(a)

(b)

6・24 アルケンを HBr および HCl で処理すると付加反応が起こり，それぞれブロモアルカンおよびクロロアルカンが得られる．次の反応から予想される生成物を書け．

(a)

$$\text{(シクロペンテン誘導体)} \xrightarrow{\text{HBr}} ?$$

(b) $CH_3CH_2CH{=}CHCH_2CH_3 \xrightarrow{\text{HCl}} ?$

(c) $CH_3CH_2CH{=}CHCH_3 \xrightarrow{\text{HCl}} ?$

ラジカル反応

6・25 メタンと塩素の混合物を光照射すると，反応がただちに起こる．照射を止めると，反応は徐々に遅くなるが，すぐには止まらない．その理由を説明せよ．

6・26 ペンタンのラジカル的塩素化は 1-クロロペンタンを合成する方法としてはよい方法ではない．しかし，ネオペンタン $(CH_3)_4C$ のラジカル的塩素化は，塩化ネオペンチル $(CH_3)_3CCH_2Cl$ を合成するよい方法である．その理由を説明せよ．

6・27 アルカンのラジカル的塩素化には制約があるにもかかわらず，ある種のハロゲン化物の合成には現在でも有用である．次の化合物のなかで，ラジカル的塩素化で単一のモノクロロ化生成物を与えるのはどれか．

(a) C_2H_6
(b) $CH_3CH_2CH_3$
(c)
(d) $(CH_3)_3CCH_2CH_3$
(e)

(f) $CH_3C{\equiv}CCH_3$

エネルギー図と反応機構

6・28 遷移状態と中間体の相違は何か．

6・29 $K_{eq}<1$ の 1 段階反応のエネルギー図を書け．出発物，生成物，遷移状態，$\Delta G°$，$\Delta G^{\ddagger}$ に対応する部分を図に書き入れよ．$\Delta G°$ は正か負か．

6・30 $K_{eq}>1$ の 2 段階反応のエネルギー図を書け．全体の $\Delta G°$，遷移状態，中間体を図に書き入れよ．$\Delta G°$ は正か負か．

6・31 2 段階目が 1 段階目よりも速い，2 段階の発エルゴン反応のエネルギー図を書け．

6・32 $K_{eq}=1$ の反応のエネルギー図を書け．この反応の $\Delta G°$ の値を計算せよ．

6・33 問題 6・24 で述べたように，アルケンは HBr との付加反応により，ブロモアルカンを生成する．エチレンと HBr の反応は次のような熱力学的な値をもつ．

$$H_2C{=}CH_2 + {\color{red}HBr} \rightleftharpoons CH_3CH_2Br$$

$$\begin{cases} \Delta G° = -44.8 \text{ kJ/mol} \\ \Delta H° = -84.1 \text{ kJ/mol} \\ \Delta S° = -0.132 \text{ kJ/(K·mol)} \\ K_{eq} = 7.1 \times 10^7 \end{cases}$$

(a) この反応は発熱的か，吸熱的か．

(b) 室温（298K）では，この反応は有利（自発的）か不利（非自発的）か．

6・34 イソプロピリデンシクロヘキサンを室温で強酸と処理すると，次に示す機構で異性化反応が進行し，1-イソプロピルシクロヘキセンが生じる．

イソプロピリデン　　　　　　　　　　　　　　　　　1-イソプロピル
シクロヘキサン　　　　　　　　　　　　　　　　　　シクロヘキセン

平衡において，生成物の混合物には約 30% のイソプロピリデンシクロヘキサンと約 70% の 1-イソプロピルシクロヘキセンが含まれる．

(a) この反応の K_{eq} の値を計算せよ．

(b) 反応は室温でゆっくり起こるが，およその $\Delta G^{\ddagger}$ を計算せよ．

(c) この反応のエネルギー図を書け．

6・35 問題 6・34 に示した反応機構に巻矢印を書き入れ，各段階における電子の流れを示せ．

総合問題

6・36 2-クロロ-2-メチルプロパンは 3 段階で水と反応して 2-メチルプロパン-2-オールを与える．第一段階は，第二段階より遅く，さらに第二段階は第三段階よりもずっと遅い．反応は室温でゆっくり起こり，平衡定数は 1 に近い．

2-クロロ-2-メチル
プロパン

$$\xrightarrow{H_2O} H_3C{-}\underset{\overset{|}{CH_3}}{\overset{\overset{CH_3}{|}}{C}}{-}O{-}H + H_3O^+ + Cl^-$$

2-メチルプロパン-2-オール

(a) おおよその $\Delta G^{\ddagger}$，$\Delta G°$ の値を計算せよ．

(b) 反応のエネルギー図を書き，重要なすべての点に名前をつけよ．図中の相対的なエネルギー準位が，与えられた情報と矛盾しないことを確認せよ．

6・37 問題 6・36 に示した反応機構に巻矢印を書き入れ，各段階での電子の流れを示せ．

166   6. 有機反応の概観

6・38 水酸化物イオンとクロロメタンの反応によって，メタノールと塩化物イオンが生成する反応は，求核置換反応とよばれる一般的な反応型式の一例である．

$$HO^- + CH_3Cl \rightleftharpoons CH_3OH + Cl^-$$

この反応の $\Delta H°$ は -75 kJ/mol で，　$\Delta S°$ は $+54$ J/(K·mol) である．298 K における $\Delta G°$ (kJ/mol) を計算せよ．反応は発熱的か，吸熱的か．反応は発エルゴン的か，吸エルゴン的か．

6・39 メトキシドイオン CH_3O^- は，次の式に従ってブロモエタンと1段階で反応する．

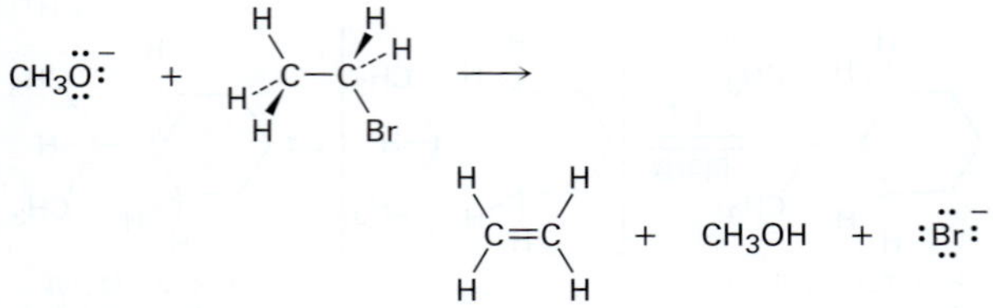

切断される結合と生成する結合を示し，反応における電子の流れを示す巻矢印を書け．

6・40 アンモニアは塩化アセチル CH_3COCl と反応して，アセトアミド CH_3CONH_2 を生じる．反応の各段階において切断される，また生成する結合を特定し，電子の流れを示す巻矢印を書け．

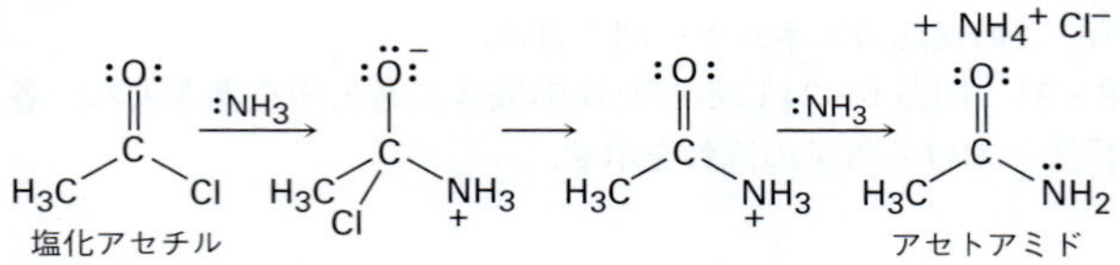

6・41 天然物の α-テルピネオールは，次の段階を含む経路で生合成される．

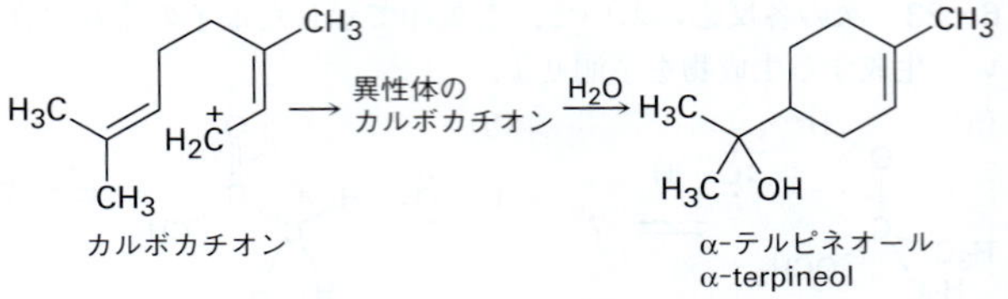

(a) 異性体のカルボカチオン中間体の構造を提案せよ．

(b) 生合成経路における各段階の反応機構を電子の流れを示す巻矢印を用いて示せ．

6・42 巻矢印で示された電子の流れをもとに，次の生体反応の生成物を予測せよ．

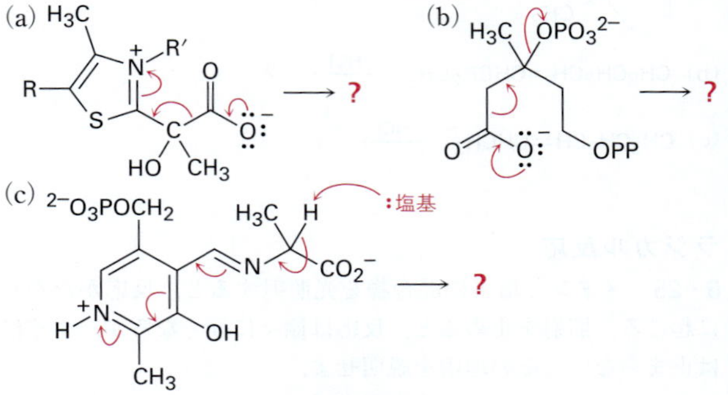

6・43 2-メチルプロペンと H_3O^+ の反応は，理論上は二つのアルコール（付加生成物）を生じうる．それらの構造を書け．

6・44 2-メチルプロペンと H_3O^+ との反応（問題6・43）で生成する可能性のある二つのカルボカチオン中間体の構造を書け．次章でカルボカチオンの安定性が正電荷をもった炭素に結合したアルキル置換基の数に依存することを学ぶ．より多くアルキル基が置換していれば，カチオンはより安定である．今書いた二つのカルボカチオン中間体のうちどちらがより安定か．

アルケンとアルキン

- 7・1 不飽和度の計算法
- 7・2 アルケンとアルキンの命名法
- 7・3 アルケンのシス-トランス異性
- 7・4 アルケンの立体化学と E, Z 表示に関する順位則
- 7・5 アルケンの安定性
- 7・6 アルケンへの求電子付加反応
- 7・7 求電子付加の配向性: Markovnikov 則
- 7・8 カルボカチオンの構造と安定性
- 7・9 Hammond の仮説
- 7・10 求電子付加の反応機構の証拠: カルボカチオンの転位

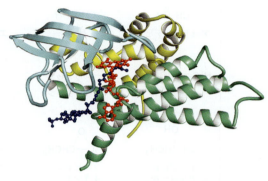

アシル CoA 脱水素酵素は，脂肪酸の代謝過程において，脂肪酸への C=C 二重結合の導入を触媒する

本章の目的　炭素-炭素二重結合は，ほとんどの有機分子や生体関連化合物に含まれるので，その性質を十分に理解する必要がある．本章では，アルケンの立体異性について説明し，さらにアルケンの最も一般的な反応である求電子付加反応について詳細に解説する．一方，炭素-炭素三重結合は，生体関連化合物や生合成経路中にほとんど含まれないので，アルキンの化学についてはごく簡単にふれるにとどめる．

　アルケン（alkene）とは，炭素-炭素二重結合をもつ炭化水素であり，**オレフィン**（olefin）とよばれることもある．一方**アルキン**（alkyne）とは，炭素-炭素三重結合をもつ炭化水素である．アルケンは自然界に豊富に存在するが，アルキンはほとんど存在しない．たとえば，エチレンは植物ホルモンであり，果物を熟させる作用がある．また α-ピネンはテレビン油の主成分である．生命を維持するためには，11 個の二重結合をもつ化合物である β-カロテンのようなポリアルケンが必要不可欠である．この β-カロテンは，ニンジンの橙色のもととなる色素で，ビタミン A の貴重な食物由来の補給源であり，ある種のがんに対し予防的効果があると考えられている．

エチレン
ethylene

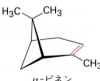

α-ピネン
α-pinene

β-カロテン β-carotene
（橙色色素でビタミン A の前駆体）

　最も単純なアルケンであるエチレンとプロピレンは，工業的に生産される最も重要な有機化合物である．エチレンは 1 億 2700 万トン，プロピレンは 5400 万トンが毎年世界中で生産されている．ポリエチレン，ポリプロピレン，エチレングリコール，酢酸，アセトアルデヒド，その他多くの物質はすべて，エチレンとプロピレンから調製

168　　7. アルケンとアルキン

される．いずれも，C_2〜C_8 のアルカンを 900 ℃ まで加熱して"分解（クラッキング）"することによって工業的に合成される．

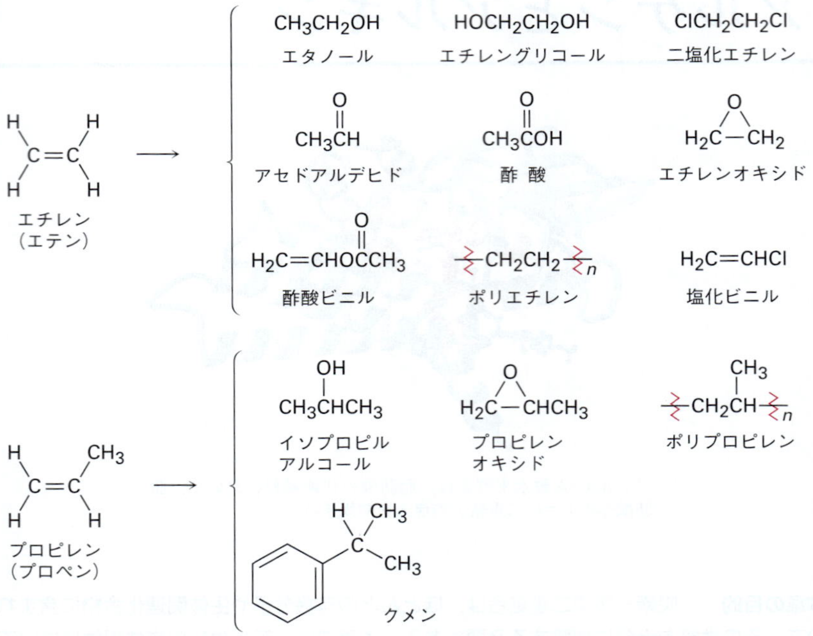

エチレン（エテン）から：
- CH_3CH_2OH　エタノール
- $HOCH_2CH_2OH$　エチレングリコール
- $ClCH_2CH_2Cl$　二塩化エチレン
- CH_3CHO　アセドアルデヒド
- CH_3COOH　酢酸
- H_2C-CH_2（エチレンオキシド）
- $H_2C=CHOCCH_3$　酢酸ビニル
- $\text{-}CH_2CH_2\text{-}_n$　ポリエチレン
- $H_2C=CHCl$　塩化ビニル

プロピレン（プロペン）から：
- CH_3CHCH_3（OH）　イソプロピルアルコール
- $H_2C-CHCH_3$（O）　プロピレンオキシド
- $\text{-}CH_2CH\text{-}_n$（CH₃）　ポリプロピレン
- クメン

7・1　不飽和度の計算法

二重結合があるために，アルケン中の水素の数は同じ炭素数のアルカンと比べて二つ少なく，**不飽和である**（unsaturated）．すなわちアルカンが C_nH_{2n+2} であるのに対し，アルケンは C_nH_{2n} で表される．たとえば，エチレンの分子式は C_2H_4 であるのに対し，エタンの分子式は C_2H_6 である．

エチレン C_2H_4
（水素が少ない，不飽和）

エタン C_2H_6
（水素が多い，飽和）

一般に分子中に環構造，あるいは二重結合が一つあると，アルカンの分子式 C_nH_{2n+2} から水素が二つ減る．この関係を知っていれば，分子式から逆算してその分子の**不飽和度**（degree of unsaturation），つまり分子中の環や多重結合の数を計算できる．

未知の炭化水素化合物の構造を考えてみよう．未知物質の分子量が 82 である場合，それは分子式 C_6H_{10} に対応する．飽和 C_6 アルカン（ヘキサン）の分子式は C_6H_{14} なので，この未知化合物は水素分子 2 組分少なく（$H_{14}-H_{10}=H_4=2H_2$），不飽和度は 2 である．したがってこの未知化合物は，二つの二重結合，一つの環と一つの二重結合，二つの環，あるいは三重結合を一つもつ，のいずれかである．構造を決定するまでの道のりはまだ先が長いが，単純な計算により，その分子について多くのことを知ることができる．

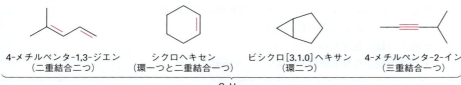

炭素や水素以外の元素を含む化合物に対しても，同様な計算ができる．

- **有機ハロゲン化物**（C, H, X を含む化合物．X は F, Cl, Br, あるいは I） ハロゲン置換基は一つの結合を形成し，有機分子中で水素と置き換えられるので，ハロゲンと水素の数を足すと等価な炭化水素の分子式となる．たとえば，分子式 $C_4H_6Br_2$ である有機ハロゲン化物は，分子式 C_4H_8 である炭化水素と等価であり，したがって不飽和度は1である．

$$BrCH_2CH=CHCH_2Br = HCH_2CH=CHCH_2H$$
$$C_4H_6Br_2 = \text{“}C_4H_8\text{”} \quad \text{不飽和度 1 二重結合一つ}$$

- **含酸素有機化合物**（C, H, O を含む化合物） 酸素は二つの結合を形成するので，酸素が存在しても，等価な炭化水素の分子式に影響しない．よって不飽和度を計算する場合には酸素を無視してよい．これは酸素原子をアルカンに挿入してみるとわかりやすい．すなわち，C–C は C–O–C，C–H は C–O–H になるので，水素原子の数は変わらない．たとえば，分子式 C_5H_8O である化合物は，分子式 C_5H_8 である炭化水素と等価であり，したがって不飽和度は2である．

$$H_2C=CHCH=CHCH_2OH = H_2C=CHCH=CHCH_2-H$$
$$C_5H_8O = \text{“}C_5H_8\text{”} \quad \text{不飽和度 2 二重結合二つ}$$

- **含窒素有機化合物**（C, H, N を含む化合物） 窒素は三つの結合を形成するので，含窒素有機化合物は，対応する炭化水素と比べ水素を一つ多くもっている．よって水素の数から窒素の数を引けば，等価な炭化水素の分子式となる．つまり窒素原子をアルカンに挿入すると，C–C は C–NH–C に，C–H は C–NH$_2$ になるので，水素が一つ追加される．この余分な水素の数を引くことにより，等価な炭化水素の分子式となる．たとえば，分子式 C_5H_9N である化合物は，分子式 C_5H_8 と等価であり，したがって不飽和度は2である．

$$C_5H_9N = \text{“}C_5H_8\text{”} \quad \text{不飽和度 2 環一つと二重結合一つ}$$

不飽和度の計算についてまとめると以下のようになる．

- ハロゲンの数を水素の数に加える
- 酸素の数は無視する
- 水素の数から窒素の数を引く

問題 7・1　次の分子式で表される化合物の不飽和度を計算し，それに該当する構造をできるだけ多く書け．

(a) C_4H_8　(b) C_4H_6　(c) C_3H_4

問題 7・2　次の分子式で表される化合物の不飽和度を計算せよ．

(a) C_6H_5N　(b) $C_6H_5NO_2$　(c) $C_8H_9Cl_3$

(d) $C_9H_{16}Br_2$　(e) $C_{10}H_{12}N_2O_3$　(f) $C_{20}H_{32}ClN$

問題 7・3　精神安定剤のジアゼパム（diazepam）は，三つの環と八つの二重結合をもち，分子式は $C_{16}H_{?}ClN_2O$ である．ジアゼパムにはいくつの水素があるかを計算せよ（構造中の水素を数えるのではなく，計算で求めよ）．

H3C
N
O
N
Cl

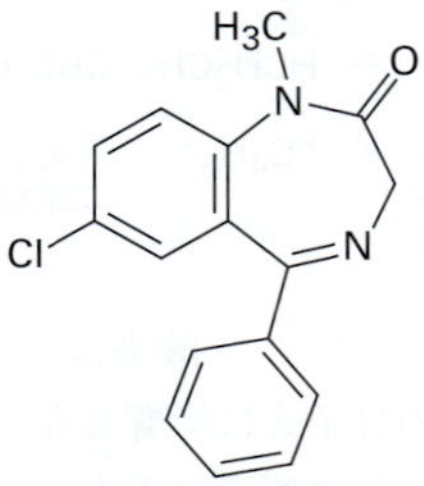

ジアゼパム

7・2 アルケンとアルキンの命名法

アルケンは，アルカンを命名した場合の一連の規則（§3・4 参照）と同様の規則に従い命名する．アルケンであることを示すために，接尾語として -アン（-ane）の代わりに -エン（-ene）を用いる．3 段階によるアルケンの命名法を以下に示す．

段階 1　母体となる炭化水素を命名する． 二重結合を含む最も長い炭素鎖を見つけ，接尾語の -アン（-ane）を -エン（-ene）に置き換えて命名する．

CH3CH2
H
C=C
CH3CH2CH2
H
CH3CH2
H
C=C
CH3CH2CH2
H

ペンテン pentene　　　ヘキセン hexene

正　　　誤

6 炭素鎖中に二重結合が含まれないので誤り

段階 2　炭素鎖に番号をつける． 二重結合により近い端から番号をつける．もし両端から同じ距離に二重結合がある場合は，最初の分枝部分がより近い端から番号をつける．この規則から，二重結合の炭素にはできるだけ小さい番号がつく．

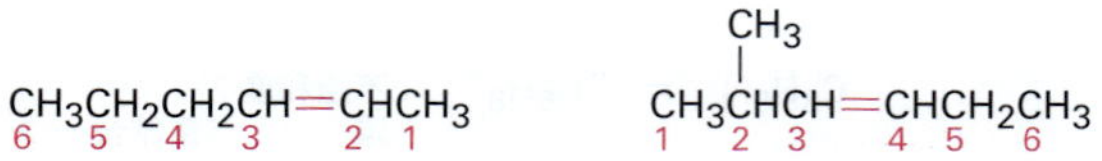

CH3CH2CH2CH=CHCH3
6 5 4 3 2 1
CH3
CH3CHCH=CHCH2CH3
1 2 3 4 5 6

段階3　分子全体を命名する．炭素鎖上でそれぞれが結合している場所に従って置換基の番号をつけ，それらをアルファベット順に並べる．二重結合の位置を，最初のアルケン炭素につけられる番号により表し，その番号を接尾語 -エンの直前に置く．もしも二つ以上の二重結合がある場合は，それぞれの位置を示し，接尾語 -ジエン (-diene)，-トリエン（-triene）などをつける．

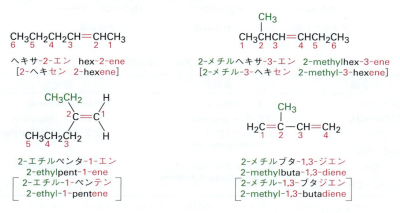

IUPAC（国際純正・応用化学連合）は1993年に命名規則を変更した．1993年以前の規則では，二重結合の位置を示す番号を母体名の直前におく．たとえば，ブタ-2-エン（but-2-ene）ではなく2-ブテン（2-butene）と命名する．この変更は化学界ではまだ完全には受け入れられていないが，本書では主として新しい命名法を用いる．必要に応じて1993年以前の命名法による名称も併記する．図に示す名称の下段の［　］内はこの旧命名法による名称である．新旧の違いは命名上の些細な修正であり，本質的な問題ではない．

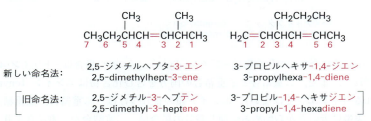

シクロアルケンも同様に命名するが，番号をつけ始める炭素鎖の端がないので，二重結合をC1，C2とし，最初の置換基ができるだけ小さい番号になるように命名する．なお，二重結合はいつもC1とC2の間に位置するように命名するので，その位置番号を示す必要はない．

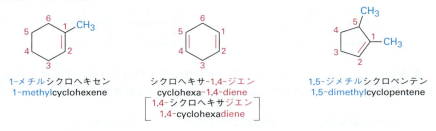

歴史的な理由から慣用名が定着しているため，規則に従わないアルケンがいくつかある．たとえば，エタン由来のアルケンは，**エテン**（ethene）とよばれるべきである

*1 訳注: "エチレン"の名称は IUPAC 1993 年勧告で廃止され，系統名の"エテン"を用いることとなったが，現在も広く使用されているため，本書ではエテンではなくエチレンを用いる．

*2 訳注: =CH$_2$ 基は以前はメチレン基ともよばれた．IUPAC 1993 年勧告では，−CH$_2$−基をメチレン基，=CH$_2$ 基をメチリデン基と区別している．

が，**エチレン**（ethylene）という名前が古くから使われている[*1]．しばしば用いられる慣用名を表 7・1 にまとめておく．なお，=CH$_2$ は**メチリデン基**（methylidene group）[*2]，CH$_2$=CH− は**ビニル基**（vinyl group），CH$_2$=CHCH$_2$− は**アリル基**（allyl group），とよばれる．

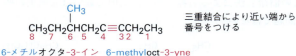

表 7・1 いくつかのアルケンの慣用名

化合物	系統名	慣用名[†]
H$_2$C=CH$_2$	エテン ethene	エチレン ethylene
CH$_3$CH=CH$_2$	プロペン propene	プロピレン propylene
CH$_3$C(CH$_3$)=CH$_2$	2-メチルプロペン 2-methylpropene	イソブチレン isobutylene
H$_2$C=C(CH$_3$)−CH=CH$_2$	2-メチルブタ-1,3-ジエン 2-methylbuta-1,3-diene	イソプレン isoprene

† 訳注: エチレン，プロピレン，イソブチレンの慣用名は IUPAC 1993 年則で廃止された．

アルキンは，接尾語の −エン（-ene）を −イン（-yne）に置き換えて，アルケンとまったく同様に命名する．三重結合にできるだけ小さい番号がつくように，三重結合により近い端から主鎖に番号をつける．なお，1993 年以前の命名法では，[ ]内に示したように母体名の直前に番号が書かれる．

$$\underset{8\ \ 7\ \ 6\ \ 5\ \ 4\ \ 3\ 2\ \ 1}{\text{CH}_3\text{CH}_2\text{CH(CH}_3\text{)CH}_2\text{C}\equiv\text{CCH}_3}$$

三重結合により近い端から番号をつける

6-メチルオクタ-3-イン　6-methyloct-3-yne
[6-メチル-3-オクチン　6-methyl-3-octyne]

二つの三重結合をもつ化合物は −ジイン（-diyne），三つもつ場合は −トリイン（-triyne）とよばれる．また，二重結合と三重結合の両方を含む化合物は**エンイン**（enyne）とよばれる（インエンではない）．エンイン鎖の番号づけは，二重結合，三重結合によらず，末端に近い方から始める．同じ番号の場合は，二重結合が三重結合より小さい番号となる．たとえば，

$$\underset{7\ 6\ 5\ 4\ 3\ 2\ 1}{\text{HC}\equiv\text{CCH}_2\text{CH}_2\text{CH}=\text{CH}_2} \qquad \underset{1\ 2\ 3\ 4\ 5\ 6\ 7\ 8\ 9}{\text{HC}\equiv\text{CCH}_2\text{CH(CH}_3\text{)CH}_2\text{CH}=\text{CHCH}_3}$$

ヘプタ-1-エン-6-イン　　　　　　4-メチルノナ-7-エン-1-イン
hept-1-en-6-yne　　　　　　　　 4-methylnon-7-en-1-yne
[1-ヘプテン-6-イン]　　　　　　 [4-メチル-7-ノネン-1-イン]
[1-hepten-6-yne]　　　　　　　　[4-methyl-7-nonen-1-yne]

置換基名としては，アルカンからアルキル基が導かれたように，**アルケニル基**（alkenyl group）や**アルキニル基**（alkynyl group）というよび方をする．

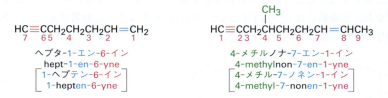

ブチル butyl　　　ブタ-1-エニル but-1-enyl　　ブタ-1-イニル but-1-ynyl
　　　　　　　　　 [1-ブテニル 1-butenyl]　　　[1-ブチニル 1-butynyl]
（アルキル基）　　　（アルケニル基）　　　　　　（アルキニル基）

7・3 アルケンのシス-トランス異性 173

問題7・4 次の化合物に IUPAC 名をつけよ.

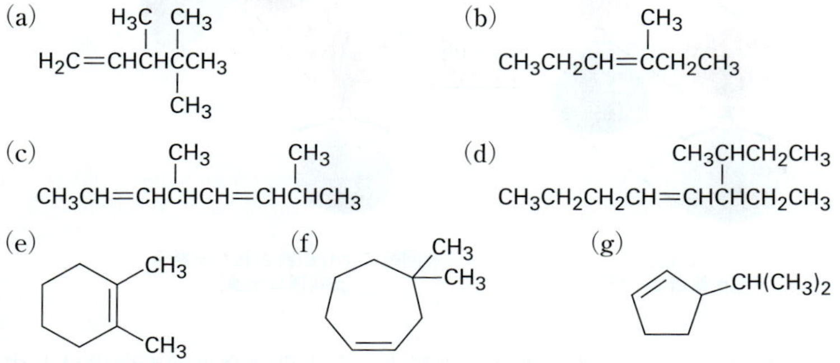

(a) $H_2C=CHCHCHCCH_3$ with H_3C CH_3 on top and CH_3 below

(b) $CH_3CH_2CH=CCH_2CH_3$ with CH_3 on top

(c) $CH_3CH=CHCHCH=CHCHCH_3$ with CH_3, CH_3 substituents

(d) $CH_3CH_2CH_2CH=CHCHCH_2CH_3$ with $CH_3CHCH_2CH_3$ substituent

(e) シクロヘキセン環 with CH_3, CH_3

(f) シクロヘプテン環 with CH_3, CH_3

(g) シクロペンテン環 with $CH(CH_3)_2$

問題7・5 次に示す IUPAC 名に対応する構造式を書け.
(a) 2-メチルヘキサ-1,5-ジエン　　(b) 3-エチル-2,2-ジメチルヘプタ-3-エン
(c) 2,3,3-トリメチルオクタ-1,4,6-トリエン
(d) 3,4-ジイソプロピル-2,5-ジメチルヘキサ-3-エン

問題7・6 次のアルキンを命名せよ.

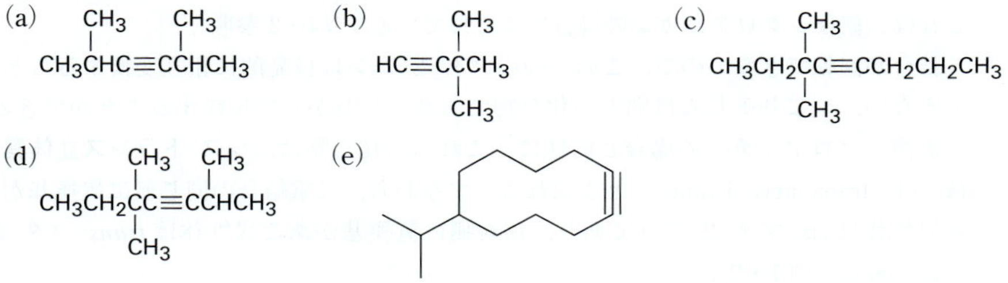

(a) $CH_3CHC\equiv CCHCH_3$ with CH_3, CH_3

(b) $HC\equiv CCCH_3$ with CH_3, CH_3

(c) $CH_3CH_2CC\equiv CCHCH_2CH_2CH_3$ with CH_3, CH_3

(d) $CH_3CH_2CC\equiv CCHCH_3$ with CH_3, CH_3, CH_3

(e) シクロ環 with isopropyl substituent

問題7・7 旧命名法で書かれた下記の化合物を 1993 年以降の新命名法に変更し, さらにそれらの構造を書け.
(a) 2,5,5-トリメチル-2-ヘキセン　　(b) 2,2-ジメチル-3-ヘキシン

7・3 アルケンのシス-トランス異性

　1章で炭素-炭素二重結合が二つの方法で記述できることを述べた. 原子価結合法（§1・8参照）では, 二つの炭素は sp^2 混成であり, 三つの等価な混成軌道をもち, 互いに 120° の角度で同一平面上に存在する. 図 1・15 に示したように, 炭素は sp^2 混成軌道の正面からの重なりにより σ 結合をつくり, 一方 sp^2 混成軌道がつくる平面とは垂直方向で, 混成していない p 軌道が側面で重なり π 結合が生成する.

　一方, 分子軌道法（§1・11参照）では, p 軌道同士の相互作用により, 一つの結合性 π 分子軌道と一つの反結合性 π 分子軌道ができる. 図 1・19 に示したように, 結合性 π 分子軌道は, 核の間に節がなく, 同符号の p 軌道の組合わせにより生じる. 一方, 反結合性 π 分子軌道は, 核の間に節があり, 異なる符号の p 軌道の組合わせにより生じる.

　単結合のまわりは本質的に自由回転することができるが（§3・6参照）, 二重結合の場合は自由回転できない. 二重結合を回転させるためには, π 結合が開裂し, それから再結合しなければならない（図 7・1）. したがって, 二重結合の回転障壁は, 少なくとも π 結合の結合エネルギー, およそ 350 kJ/mol（84 kcal/mol）と同程度の大

174   7. アルケンとアルキン

図 7・1 二重結合は回転できない．炭素－炭素二重結合のまわりで回転するためには，π結合が開裂しなければならない．

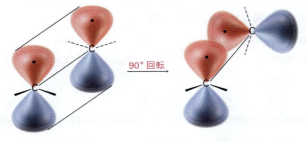

π結合
（p軌道は平行）

回転により切断されたπ結合
（p軌道は垂直）

きさであるにちがいない．一方，エタンの炭素－炭素単結合の回転障壁はわずか 12 kJ/mol である．

炭素－炭素二重結合が回転できないことは，化学的に重要な意味をもつ．ブタ-2-エンのような二置換アルケンを例に考えてみよう〔**二置換**（disubstituted）とは，水素以外の二つの置換基が二重結合の炭素についていることを意味する〕．ブタ-2-エンの二つのメチル基は，二重結合の同じ側にある場合と，反対側にある場合がある．これは二置換シクロアルカンの場合によく似ている（§4・2参照）．

結合が回転できないので，この二つのブタ-2-エンは自発的に相互変換することはできない．つまりそれらは別々の化合物であり，したがって単離することができる．二置換シクロアルカンの場合と同様に，これらの化合物は，**シス-トランス立体異性体**（cis-trans stereoisomer）とよばれる．すなわち，二重結合の同じ側に置換基がある異性体は *cis*-ブタ-2-エンであり，反対側に置換基がある異性体は *trans*-ブタ-2-エンである（図7・2）．

図 7・2 ブタ-2-エンのシス，ならびにトランス異性体．シス異性体では二つのメチル基が二重結合の同じ側にあり，一方，トランス異性体では二つのメチル基が二重結合の反対側にある．

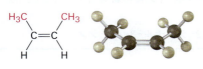   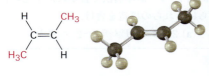

cis-ブタ-2-エン   *trans*-ブタ-2-エン

シス-トランス異性は二置換アルケンの場合のみ生じるのではなく，二重結合の両炭素に，それぞれ異なる置換基がある場合には必ず生じる．しかし，二重結合の一方の炭素が同一の置換基をもつ場合は，シス-トランス異性は生じない（図7・3）．

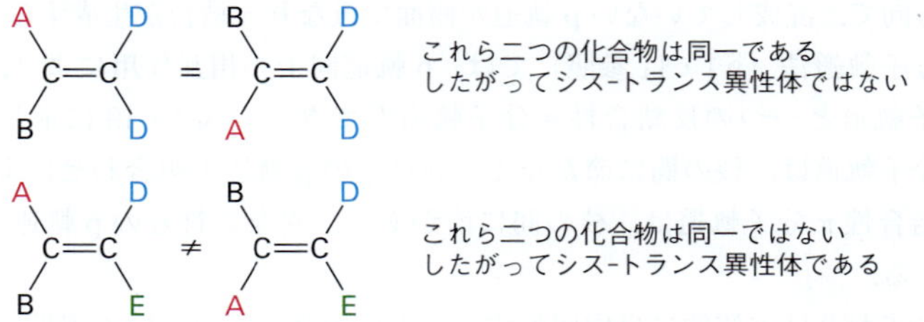

図 7・3 アルケンのシス-トランス異性が生じる必要条件．二つの炭素のうち一つが，同一の置換基をもつ化合物には，シス-トランス異性体は生じない．両方の炭素がそれぞれ異なる置換基をもつ場合にのみシス-トランス異性体が存在する．

A____D   B____D
 C=C   =   C=C   これら二つの化合物は同一である
B   D   A   D   したがってシス-トランス異性体ではない

A____D   B____D
 C=C   ≠   C=C   これら二つの化合物は同一ではない
B   E   A   E   したがってシス-トランス異性体である

問題 7・8　イエバエの性誘引物質はアルケンの *cis*-トリコサ-9-エン（*cis*-tricos-9-ene）である．その構造式を書け．（トリコサンは分子式 $C_{23}H_{48}$ の直鎖アルカンである．）

問題 7・9 次の化合物のうち，シス–トランス異性体が存在するものはどれか．シス体，トランス体，それぞれの構造を示せ．
(a) $CH_3CH=CH_2$
(b) $(CH_3)_2C=CHCH_3$
(c) $CH_3CH_2CH=CHCH_3$
(d) $(CH_3)_2C=C(CH_3)CH_2CH_3$
(e) $ClCH=CHCl$
(f) $BrCH=CHCl$

問題 7・10 シス，トランス表示を含め，次のアルケンを命名せよ．
(a)    (b)

7・4 アルケンの立体化学と *E*,*Z* 表示に関する順位則

　前項で述べたように，シス–トランスの命名法は，二置換アルケン，すなわち二重結合に水素以外の置換基が二つついている化合物に対して適用できる．しかし，三置換，あるいは四置換の二重結合の場合，二重結合の幾何異性を表現するためにより一般的な方法が必要である〔**三置換** (trisubstituted) とは，二重結合に水素以外の置換基が三つあることを意味し，**四置換** (tetrasubstituted) とは，二重結合に水素以外の置換基が四つあることを意味する〕．

　アルケンの立体化学を記述するために用いられる方法は ***E*,*Z* 表示**とよばれ，§5・5で説明したキラル中心の立体配置を決めるために用いた **Cahn-Ingold-Prelog 則**を利用する．順位則を簡単に復習し，二重結合の立体化学を決めてみよう．よく理解できない場合は，§5・5を再読することを勧める．

規則 1　それぞれの二重結合炭素を個別に検討し，結合している二つの置換基を調べ，それぞれの最初の原子の原子番号に従ってそれらを順位づけする．すなわち，原子番号の大きい原子が，原子番号の低い原子番号の原子よりも上位になる．

規則 2　二つの置換基の最初の原子を順位づけしても決定にできない場合は，違いが見つかるまで，二重結合から離れた2番目，3番目，4番目と順番に原子を比較する．

規則 3　多重結合をもつ原子は，同じ数の単結合をもつ原子と等価である．

　それぞれの二重結合炭素原子に結合している二つの基の順位を決めたら，分子全体をみてみよう．おのおのの炭素上の優先順位が高い置換基が，二重結合の同じ側にある場合，そのアルケンは ***Z* 配置** (*Z* configuration) である．ここで *Z* はドイツ語で"一緒に"を意味する zusammen に由来する．優先順位が高い置換基が二重結合の反対側にある場合，そのアルケンは ***E* 配置** (*E* configuration) である．ここで *E* はドイツ語で"反対の"を意味する entgegen に由来する．(*Z* 配置では置換基が "ze zame zide (the same side，同じ側)" にある，覚えるとよい．)

　たとえば，次に示した 2-クロロブタ-2-エンの二つの異性体について考えてみよ

う．塩素は炭素よりも原子番号が大きいので，Cl がメチル基 CH_3 よりも優先順位が高い．一方 CH_3 は，水素よりも優先順位が高いので，優先順位が高い置換基が二重結合の反対側にある異性体(a) は E 配置である．一方，優先順位が高い置換基が二重結合の同じ側にある異性体(b) は Z 配置である．

(a) (E)-2-クロロブタ-2-エン (b) (Z)-2-クロロブタ-2-エン

すべての順位則を考慮すると，次に示す化合物の立体配置を決定することができる．命名が正しいことを確認せよ．

(E)-3-メチルペンタ-1,3-ジエン (E)-1-ブロモ-2-イソプロピルブタ-1,3-ジエン (Z)-2-ヒドロキシメチルブタ-2-エン酸

例題 7・1　置換アルケンの E, Z 配置を決定する

次の化合物中の二重結合が，E 配置か，Z 配置かを決定せよ．

考え方　それぞれの二重結合炭素に結合している二つの置換基の優先順位を，Cahn–Ingold–Prelog 則に従って決める．次に，優先順位が高い置換基が，二重結合の同じ側にあるか，反対側にあるかをみる．

解　答　左側の炭素は置換基として $-H$ と $-CH_3$ をもつことから，規則 1 より $-CH_3$ の優先順位が高い．右側の炭素は置換基として $-CH(CH_3)_2$ と $-CH_2OH$ をもつが，これらは規則 1 では優先順位を決められない．しかし規則 2 によれば，$-CH_2OH$ は $-CH(CH_3)_2$ より優先順位が高い．なぜなら，置換基 $-CH_2OH$ の 2 番目の原子のなかで最も原子番号が大きいのは酸素であるが，$-CH(CH_3)_2$ の 2 番目の原子のなかで最も原子番号が大きいのは炭素である．優先順位が高い二つの置換基が二重結合の同じ側にあるので，このアルケンは Z 配置と決定される．

問題 7・11 次のそれぞれの組のなかで，優先順位が高い置換基を示せ．
(a) $-H, -CH_3$ (b) $-Cl, -CH_2Cl$ (c) $-CH_2CH_2Br, -CH=CH_2$
(d) $-NHCH_3, -OCH_3$ (e) $-CH_2OH, -CH=O$ (f) $-CH_2OCH_3, -CH=O$

問題 7・12 次のそれぞれの組の置換基を，順位則に従い優先順位を決めよ．
(a) $-CH_3, -OH, -H, -Cl$
(b) $-CH_3, -CH_2CH_3, -CH=CH_2, -CH_2OH$
(c) $-CO_2H, -CH_2OH, -C\equiv N, -CH_2NH_2$
(d) $-CH_2CH_3, -C\equiv CH, -C\equiv N, -CH_2OCH_3$

問題 7・13 次の化合物中の二重結合が，E 配置か，Z 配置かを決定せよ．

(a), (b), (c), (d) の構造式

問題 7・14 次の化合物中の二重結合が E 配置か，Z 配置かを決定し，骨格構造式に書き換えよ．（赤は O）

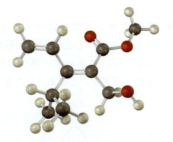

7・5 アルケンの安定性

　アルケンのシス-トランス異性体の相互変換は自発的には起こらないが，アルケンに強酸触媒を作用させると相互変換させることができる．仮に cis-ブタ-2-エンと $trans$-ブタ-2-エンを相互変換させ，平衡に到達させると，シス体とトランス体の安定性が異なることがわかる．トランス体は，シス体よりも室温で 2.8 kJ/mol（0.66 kcal/mol）安定であり，トランス体とシス体の比は 76 : 24 である．

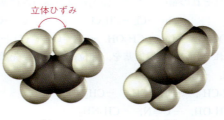

シス形アルケンがトランス形アルケンよりも不安定である理由は，二重結合の同じ側にある二つのより大きな置換基の間に立体ひずみが生じるためである．この立体障害は，メチルシクロヘキサンのアキシアル配座で生じた立体障害と同じ種類である（§4・7参照）．

アルケンを強酸処理してシス-トランス平衡にすることにより，アルケンの異性体の相対的な安定性を知ることができる場合もある．しかし，もっと一般的な方法は，パラジウムや白金のような触媒存在下，アルケンを水素ガスと反応させると**水素化反応**（hydrogenation reaction）が進行し，対応するアルカンを与えることを利用する方法である．

cis-ブタ-2-エンとtrans-ブタ-2-エンの水素化のエネルギー図を図7・4に示す．cis-ブタ-2-エンはtrans-ブタ-2-エンよりも2.8 kJ/mol不安定なので，エネルギー図において，cis-ブタ-2-エンはより高いエネルギー準位に位置する．しかし反応後，二つの曲線は同じエネルギー準位（ブタン）となる．したがって，シス体の反応の$\Delta G°$

図7・4 *cis*-ブタ-2-エンと*trans*-ブタ-2-エンの水素化におけるエネルギー図．シス体がトランス体よりも約 2.8 kJ/mol エネルギー準位が高い．したがって，水素化において，より多くのエネルギーが放出される．

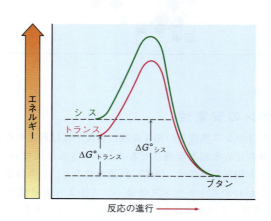

7・5 アルケンの安定性　　179

は，トランス体の反応の $\Delta G°$ よりも 2.8 kJ/mol 大きくなければならない．言い換えれば，シス体は最初，より大きなエネルギーをもっているので，シス体の水素化により放出されるエネルギーは，トランス体の場合よりも大きい．

　シス体，トランス体それぞれの水素化熱（$\Delta H°_{水素化}$）を測定しその差を求めれば，平衡にしなくても，それらの相対的な安定性を決定することができる．たとえば，*cis*-ブタ-2-エンの $\Delta H°_{水素化}$ は -120 kJ/mol（-28.6 kcal/mol）であるのに対し，*trans*-ブタ-2-エンの $\Delta H°_{水素化}$ は -116 kJ/mol（-27.6 kcal/mol）であり，その差は 4 kJ/mol である．

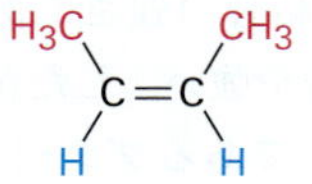

シス体
$\Delta H°_{水素化} = -120$ kJ/mol

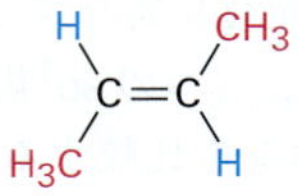

トランス体
$\Delta H°_{水素化} = -116$ kJ/mol

　水素化熱から計算されたブタ-2-エン異性体の間の 4 kJ/mol のエネルギー差は，平衡データから計算された 2.8 kJ/mol のエネルギー差とかなりよく一致するが，完全に同じ値ではない理由は二つある．まず第一に，水素化の熱を正確に測定するのは困難であるため，実験誤差が存在する．第二に，反応熱と平衡定数はまったく同じデータを測定するわけではない．すなわち，反応熱はエンタルピー変化 $\Delta H°$ を測定するのに対し，平衡定数は自由エネルギー変化 $\Delta G°$ を測定するため，両者の間にはわずかな差が生じたと考えられる．

　表7・2に，いくつかのアルケンの水素化における代表的な水素化熱の値を示す．置換基が増えるとともにアルケンがより安定になることがわかる．すなわち，アルケンの安定性の順序は次のようになる．なお，この安定性の順序の重要性については，この後の章で述べる．

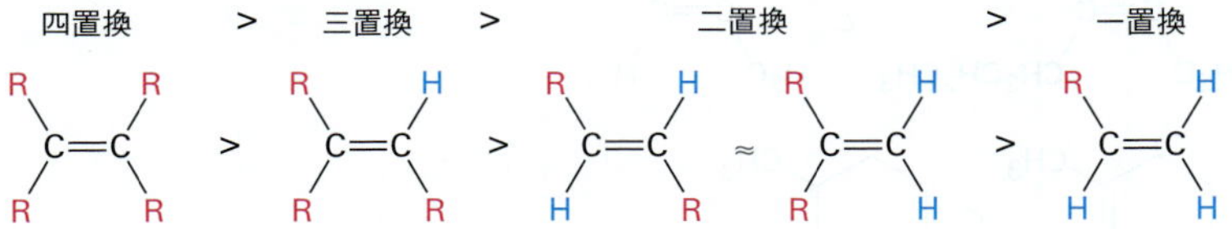

四置換　　＞　　三置換　　＞　　　二置換　　　＞　　一置換

　アルケンの安定性の順序は，二つの要因が合わさった結果である．その一つは，C＝C π 結合と隣接する置換基上の C−H σ 結合の間の安定化相互作用である．原子価結合法では，この相互作用は**超共役**（hyperconjugation）とよばれる．分子軌道法的には，図7・5に示すように C＝C−C−H の四つの原子に広がる結合性分子軌道で

表7・2　代表的なアルケンの水素化熱

置換形式	アルケン	$\Delta H°_{水素化}$	
		(kJ/mol)	(kcal/mol)
エチレン	$H_2C{=}CH_2$	-137	-32.8
一置換	$CH_3CH{=}CH_2$	-126	-30.1
二置換	$CH_3CH{=}CHCH_3$（シス）	-120	-28.6
	$CH_3CH{=}CHCH_3$（トランス）	-116	-27.6
	$(CH_3)_2C{=}CH_2$	-119	-28.4
三置換	$(CH_3)_2C{=}CHCH_3$	-113	-26.9
四置換	$(CH_3)_2C{=}C(CH_3)_2$	-111	-26.6

図 7・5 超共役. 超共役とは C=C π 結合と隣接する置換基の C−H σ 結合との間の安定化相互作用である. 置換基が増えるとともにアルケンはより安定化される.

ある. 二重結合上の置換基が増えるとともに超共役による寄与が増え, アルケンはより安定になる.

アルケンの安定化に寄与するもう一つの要因は, 結合の強さである. sp^2 炭素と sp^3 炭素の結合は, 二つの sp^2 炭素間の結合と比べてやや強い. したがって, ブタ-1-エンとブタ-2-エンを比較する場合, 一置換アルケンであるブタ-1-エンには sp^3−sp^3 結合と sp^3−sp^2 結合が一つずつあるのに対し, 二置換アルケンであるブタ-2-エンには sp^3−sp^2 結合が二つある. 一般に置換基の多いアルケンは, 置換基の少ないアルケンと比べ sp^3−sp^3 結合に対する sp^3−sp^2 結合の割合が高く, より安定である.

$$\overset{sp^3-sp^2\quad sp^2-sp^3}{\overset{\downarrow\qquad\quad\downarrow}{CH_3-CH=CH-CH_3}}\qquad \overset{sp^3-sp^3\ sp^3-sp^2}{\overset{\downarrow\qquad\downarrow}{CH_3-CH_2-CH=CH_2}}$$

ブタ-2-エン(より安定)　　　　ブタ-1-エン(より不安定)

問題 7・15 次のアルケンを命名し, 各組のどちらがより安定か答えよ.

(a) $H_2C=CHCH_2CH_3$ と $H_2C=C(CH_3)CH_3$

(b) (Z体 H₃C, CH₂CH₂CH₃) と (E体 H₃C, CH₂CH₂CH₃)

(c) 1-メチルシクロヘキセン と 3-メチルシクロヘキセン

7・6 アルケンへの求電子付加反応

アルケンの反応について詳しく解説する前に, 前章で学んだことについて簡単に復習しよう. §6・5で, アルケンは, 極性反応では求核剤 (Lewis 塩基) として働き, 求電子剤 (Lewis 酸) に電子豊富な C=C 結合から電子対を供与すると述べた. たとえば, 酸触媒存在下, 2-メチルプロペンは H_2O と反応して 2-メチルプロパン-2-オールを生じる〔生成物の末尾の −オール (-ol) はアルコールを示す〕. この反応や類似反応を詳細に調べた結果, 図7・6に示す**求電子付加反応** (electrophilic addition reaction) の機構が一般的に受け入れられている.

求核的な π 結合の電子対が, 求電子剤 H_3O^+ の水素を攻撃することにより反応が始まる. 図7・6の最上段に巻矢印で示すように, π 結合由来の2電子が水素とアルケン炭素の間に新しい σ 結合を生成する. その結果生じるカルボカチオン中間体自身

7・6 アルケンへの求電子付加反応　181

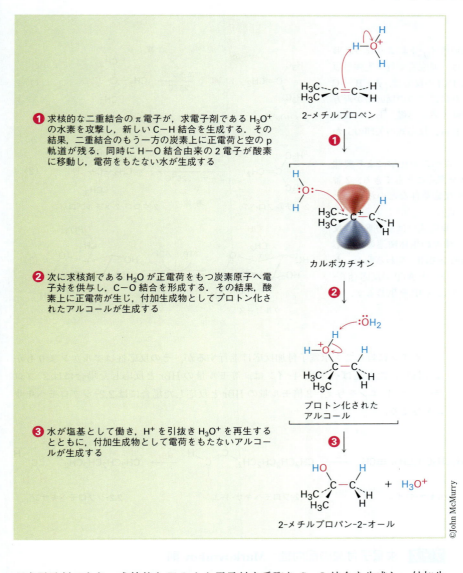

図 7・6　酸触媒による H_2O の 2-メチルプロペンへの求電子付加．反応はカルボカチオン中間体を経る．

が求電子剤であり，求核的な H_2O から電子対を受取り C−O 結合を生成し，付加生成物としてプロトン化されたアルコールを生じる．次に水との酸-塩基反応により H^+ が除かれて，アルコールが生成物として得られ，酸触媒が再生する．

アルケンへの求電子付加は，H_2O のみならず HBr，HCl や HI などでも同様に進行する．しかしハロゲン化水素の付加は，生体内ではあまり起こらない．

有機反応の書き方

有機反応の反応式は，強調したいポイントにより違った形式で書かれる場合がある．たとえば，研究室で行う実験手順を書く場合，2-メチルプロペンと HCl の反応は，A＋B → C という形式で書くことがある．これは，二つの反応物が両方とも同程度に重要であることを意味する．溶媒，あるいは反応温度などの反応条件に関する注釈は，反応式の矢印の上か下に書く〔(1)式〕．

一方，反応剤として 2-メチルプロペンの化学により興味があることを強調して，同じ反応を書くこともできる．2 番目の反応剤である HCl は，溶媒や反応条件などの注釈とともに反応式の矢印の上に書く〔(2)式〕．

生体関連の反応過程を書く場合，反応式では一番重要な反応剤と生成物の構造のみを示し，種々の生体関連の"反応剤"や副産物は，反応を表す直線的な矢印と交わる曲がった矢印を使って省略して表す．グルコースと ATP の反応（§6・11 参照）は，グルコース 6-リン酸と ADP を生じるが，反応式は (3)式のように書く．

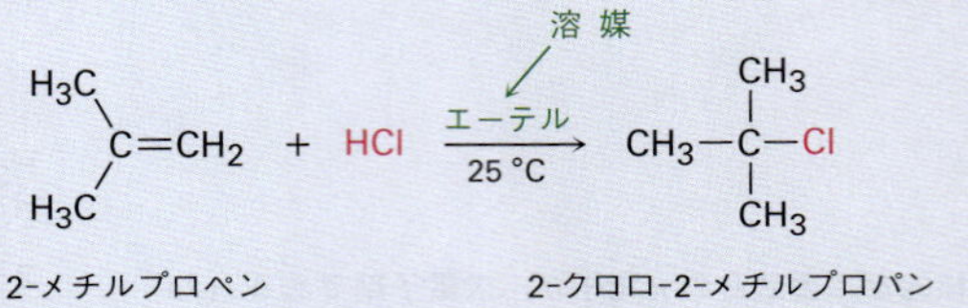

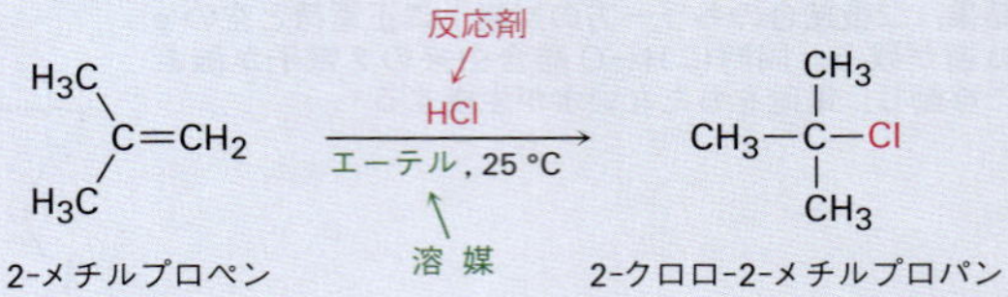

アルキンに対しても求電子付加反応は進行するが，その反応性はアルケンよりもかなり低い．たとえばヘキサ-1-インは，等モル量の HBr と反応した場合には 2-ブロモヘキサ-1-エンを与え，2 倍モル量の HBr と反応した場合には 2,2-ジブロモヘキサンを与える．

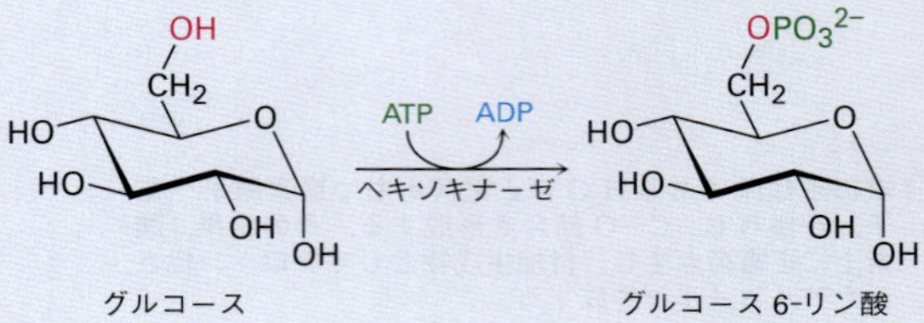

7・7 求電子付加の配向性：Markovnikov 則

前節で示した求電子付加反応をよくみると，いずれの場合にも，非対称に置換されたアルケンから，予想される混合物ではなく単一の付加生成物が得られている．たとえば，ペンタ-1-エンは HCl と反応して 1-クロロペンタンと 2-クロロペンタンの両方を与える可能性があるが，実際には 2-クロロペンタンのみが得られる．同様に，生体反応におけるアルケンへの付加の場合も，必ず単一の生成物を与える．このように，付加が起こる向きに二つの可能性があるにもかかわらず，そのうち一方しか起こらない場合，その反応は **位置選択的**（regioselective）であるという．

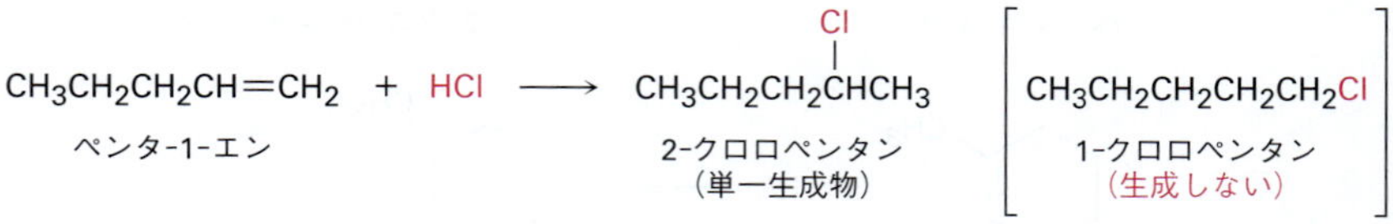

このような多くの反応の結果を調べることにより，1869 年ロシアの化学者 Vladimir

7・7 求電子付加の配向性: Markovnikov 則　　183

Markovnikov は，後に **Markovnikov 則**（Markovnikov's rule）として知られる法則
を提案した.

Markovnikov 則　　アルケンへの HX の付加において，H はアルキル置換基の少な
い炭素につき，一方 X はアルキル置換基の多い炭素につく.

アルキル基を　　　　アルキル基を
二つもつ炭素　　　　もたない炭素

$$CH_3\text{-}C=CH_2 \; + \; HCl \quad \xrightarrow{\text{エーテル}} \quad CH_3\text{-}C\text{-}CH_3$$

（CH_3）　　　　　　　　　（Cl, CH_3）

2-メチルプロペン　　　　　　　2-クロロ-2-メチルプロパン

アルキル基を
二つもつ炭素

1-メチルシクロヘキセン　+　HBr　$\xrightarrow{\text{エーテル}}$　1-ブロモ-1-メチルシクロヘキサン

アルキル基を
一つもつ炭素

二重結合の両炭素の置換基の数が同じ場合には，付加生成物として混合物が生じる.

アルキル基を　　　アルキル基を
一つもつ炭素　　　一つもつ炭素

$$CH_3CH_2CH=CHCH_3 \; + \; HBr \quad \xrightarrow{\text{エーテル}} \quad CH_3CH_2CH_2CHCH_3 \; + \; CH_3CH_2CHCH_2CH_3$$

（Br）　　　　　　　　　　　　　（Br）

ペンタ-2-エン　　　　　　　　　2-ブロモペンタン　　　　　3-ブロモペンタン

これらの求電子付加反応は，カルボカチオン中間体を経由するので，Markovnikov
則は次のように言い換えることもできる.

別の表現の Markovnikov 則　　アルケンへの HX の付加において中間体として生成す
るのは，置換基が少ないカルボカチオンではなく，置換基が多いカルボカチオンである.

たとえば，2-メチルプロペンへの H^+ の付加では，中間体として第一級ではなく，
第三級カルボカチオンを生成する. また，1-メチルシクロヘキセンへの付加では，中
間体として第二級ではなく，第三級カルボカチオンが生じる. なぜだろうか.

2-メチルプロペン　+　HCl

$\left[CH_3\text{-}\overset{+}{C}\text{-}CH_2\text{-}H \atop CH_3 \right]$　$\xrightarrow{Cl^-}$　$CH_3\text{-}C\text{-}CH_3$（Cl, CH_3）

t-ブチルカルボカチオン　　　2-クロロ-2-メチルプロパン
（第三級 3°）

$\left[CH_3\text{-}C\text{-}\overset{+}{C}H_2 \atop CH_3 \right]$　$\xrightarrow{Cl^-}$　$CH_3\text{-}C\text{-}CH_2Cl$（H, CH_3）

イソブチルカルボカチオン　　　1-クロロ-2-メチルプロパン
（第一級 1°）　　　　　　　　　　（生成しない）

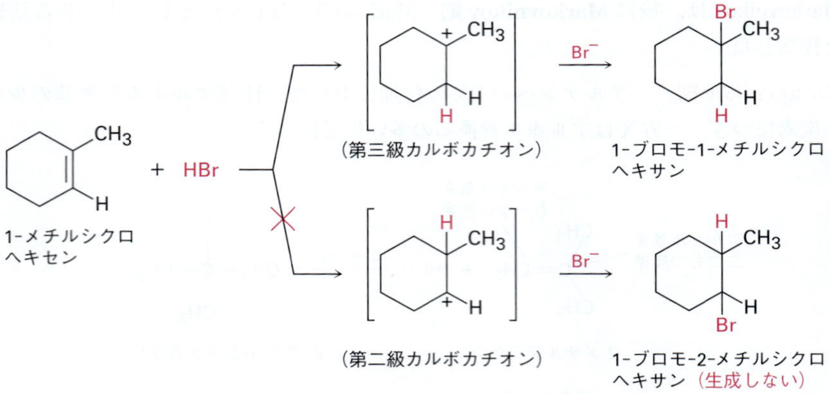

184　7. アルケンとアルキン

（第三級カルボカチオン）　　1-ブロモ-1-メチルシクロ
　　　　　　　　　　　　　　　ヘキサン

1-メチルシクロ
ヘキセン　　＋　HBr

（第二級カルボカチオン）　　1-ブロモ-2-メチルシクロ
　　　　　　　　　　　　　　　ヘキサン（生成しない）

例題 7・2　求電子付加反応の生成物を予想する

1-エチルシクロペンテンと HCl の反応により得られる生成物を書け.

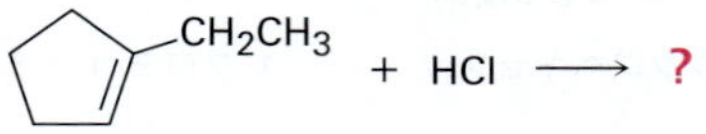

$$\text{（1-エチルシクロペンテン）} + \text{HCl} \longrightarrow \text{?}$$

考え方　反応生成物を予想する問題を解く場合は，まず反応物に含まれる官能基を
みて，どのような種類の反応が起こりそうかを決める. この例の場合，反応物はアル
ケンであり，HCl により求電子付加反応が進行すると考えられる. 次に求電子付加反
応に関する知識を思い出し，生成物を予想する. 求電子付加反応は Markovnikov 則
に従うので，H^+ はアルキル基を一つもつ二重結合炭素（環上の C2）に付加し，一
方 Cl はアルキル基を二つもつ二重結合炭素（環上の C1）に付加する.

解答　予想生成物は 1-クロロ-1-エチルシクロペンタンである.

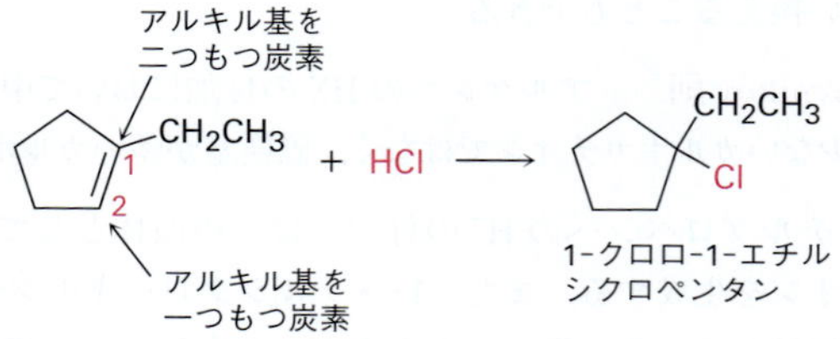

アルキル基を
二つもつ炭素

アルキル基を
一つもつ炭素

1-クロロ-1-エチル
シクロペンタン

例題 7・3　標的化合物を合成する

次に示すハロゲン化アルキルを合成するために，出発物として必要なアルケンの構造
式を書け. 答えは一つではなく，いくつか考えられる.

$$\text{?} \longrightarrow \underset{\underset{CH_3}{|}}{\overset{\overset{Cl}{|}}{CH_3CH_2C}}CH_2CH_2CH_3$$

考え方　ある生成物を合成する方法を答える場合は，これまでとは逆に考える. 生
成物に含まれる官能基を確認し，どのようにその官能基をもつ化合物を合成するかを
考える. この例の場合，生成物は第三級塩化アルキルなので，アルケンと HCl の反

応で合成できる．生成物中で Cl 原子をもつ炭素原子は，反応物中の二重結合炭素のうちの一つでなければならない．可能性があるすべての構造式を書き，検討する．

解　答　三つの可能性がある．いずれの出発物からも，Markovnikov 則に従い，目的の生成物が得られる．

$$CH_3CH=CCH_2CH_2CH_3 \text{ あるいは } CH_3CH_2C=CHCH_2CH_3 \text{ あるいは } CH_3CH_2CCH_2CH_2CH_3$$
$$\underset{CH_3}{} \quad\quad \underset{CH_3}{} \quad\quad \underset{CH_2}{}$$

$\downarrow$ HCl

$$CH_3CH_2\underset{\underset{CH_3}{|}}{\overset{\overset{Cl}{|}}{C}}CH_2CH_2CH_3$$

問題 7・16　次の反応の生成物を予想せよ．

(a) シクロヘキセン + HCl → ?

(b) $CH_3C(CH_3)=CHCH_2CH_3$ + HBr → ?

(c) $CH_3CHCH_2CH=CH_2$ (CH_3) + H_2O/H_2SO_4 → ?

(d) メチレンシクロヘキサン + HBr → ?

問題 7・17　次の生成物を合成するために出発物として用いるアルケンの構造式を書け．

(a) シクロペンチル Br

(b) 1-エチルシクロヘキサン-1-オール (CH_2CH_3, OH)

(c) $CH_3CH_2CHBrCH_2CH_3$

(d) 1-クロロエチルシクロヘキサン (Cl, CH_3)

7・8　カルボカチオンの構造と安定性

Markovnikov 則をより深く理解するために，カルボカチオンの構造と安定性，さらには反応や遷移状態の一般的な性質についてさらに詳しく学ぶ必要がある．

まず最初にカルボカチオンの構造について考えよう．非常に多くの実験的証拠が，カルボカチオンが平面構造をとっていることを示している．3 価の炭素は sp² 混成であり，図 7・7 に示すように三つの置換基が正三角形の頂点の方向を向いている．炭素は価電子を 6 個しかもたず，それらはすべて三つの σ 結合に使用されているので，平面の上下に広がる p 軌道は電子をもたない空の軌道である．

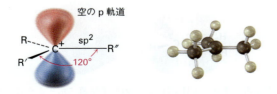

図 7・7　カルボカチオンの構造．3 価の炭素は sp² 混成であり，炭素と三つの置換基から構成される平面に対して垂直な空の p 軌道がある．

次にカルボカチオンの安定性について考えよう．2-メチルプロペンが H⁺ と反応すると，アルキル置換基を三つもつカルボカチオン（第三級イオン，3°）が生成する可

能性と，アルキル置換基を一つしかもたないカルボカチオン（第一級イオン，1°）が生成する可能性がある．第三級塩化アルキルである 2-クロロ-2-メチルプロパンが単一の生成物であることから，第三級カルボカチオンの方が第一級カルボカチオンよりも生成しやすいのは明らかである．実際に熱力学的な測定によると，置換基の数の増加とともに，カルボカチオンの安定性も増加する．すなわち，安定性の順序は，第三級＞第二級＞第一級＞メチルである．

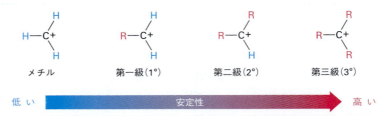

置換基が少ないカルボカチオンよりも，置換基が多いカルボカチオンが安定である理由として，少なくとも二つの要因，すなわち誘起効果と超共役が考えられる．分極した共有結合に関連して§2・1で述べたが，誘起効果は隣接する原子との電気陰性度の違いによりσ結合内で電子が偏ることにより生じる．今回の場合，比較的大きく，より分極しやすいアルキル基からの電子の方が，水素からの電子よりも容易に隣の正電荷に偏りやすい．したがって，正電荷をもった炭素に置換したアルキル基の数が多ければ多いほど，より多くの電子密度が正電荷へ移動し，誘起効果によるカチオンの安定化が大きくなる（図7・8）．

超共役については置換アルケンの安定性に関連して§7・5で述べたが，これはp軌道とその隣の炭素上の適切な方向を向いたC-H σ結合との間で働く安定化相互

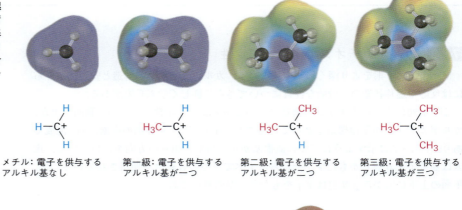

図7・8 メチル，第一級，第二級，第三級カルボカチオンの誘起効果による安定化の比較．正電荷をもつ炭素に結合するアルキル基が多いほど，電子密度はカルボカチオンに移動し，電子不足の度合が小さくなる（静電ポテンシャル図の青色が薄くなる）．

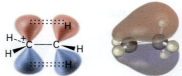

図7・9 エチルカルボカチオン $CH_3CH_2^+$．左の分子軌道に示すように，カルボカチオンのp軌道と隣のメチル基のC-H σ結合の間に安定化相互作用が働く．置換基が多ければ多いほど，カチオンはより安定化する．なお，隣接するp軌道とほぼ平行なC-H結合のみが，超共役に関与する．

7·9 Hammond の仮説　187

作用である（図 7·9）．カルボカチオンのアルキル基が多ければ多いほど，カルボカチオンはより安定化される．

問題 7·18 次の反応において，中間体として生じるカルボカチオンの構造を示せ．

(a) 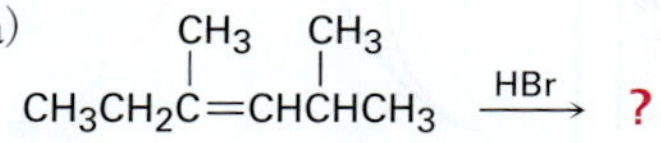 $CH_3CH_2\underset{\underset{CH_3}{|}}{C}=\underset{\underset{CH_3}{|}}{C}HCHCH_3 \xrightarrow{HBr}$?

(b) 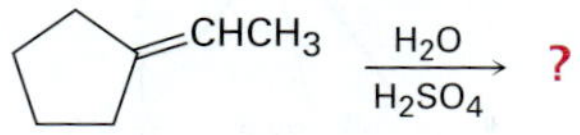 シクロペンチリデン=CHCH_3 $\xrightarrow[H_2SO_4]{H_2O}$?

問題 7·19 次のカルボカチオンの骨格構造式を書け．このカチオンが何級であるかを示し，また下図の立体配座において，超共役を生じる適切な方向を向いた水素原子を特定せよ．

7·9 Hammond の仮説

求電子付加反応について，これまでに説明してきたことをまとめると，次のようになる．

- 非対称に置換したアルケンに対する求電子付加は，中間体として置換基のより多いカルボカチオンを生じる．置換基の多いカルボカチオンの方が，置換基の少ないカルボカチオンよりも速く生成し，いったん生成するとすぐに反応が進んで，最終生成物が生じる．
- 置換基の多いカルボカチオンの方が，少ないカルボカチオンより安定である．つまり，カルボカチオンの安定性の順序は，第三級＞第二級＞第一級＞メチルである．

これら二つのことがらの関連性については，まだ説明していない．すなわち，なぜカルボカチオン中間体の**安定性**がその生成**速度**に影響し，それにより最終生成物の構造を決定するのだろうか．つまり，カルボカチオンの安定性は自由エネルギー変化 $\Delta G°$ により決定されるが，反応速度は活性化エネルギー $\Delta G^{\ddagger}$ により決定され，これら二つの量に直接的な関係はない．

カルボカチオン中間体の安定性と，その生成速度の間に単純な定量的な関係はないが，直観的な関係はある．類似した二つの反応を比べる場合，一般的に，より安定な中間体が不安定な中間体よりも速く生成する．そのような関係を図 7·10 に示すが，反応の進行に伴うエネルギー図としては，(b) よりも (a) に示したものの方が典型的である．つまり，類似した二つの反応を表す曲線は交差しない．

反応速度と中間体の安定性の関係は **Hammond の仮説**（ハモンド）（Hammond postulate）によって説明されており，その内容は以下のとおりである．エネルギーの最大値を表す遷移状態は高いエネルギーをもつ活性複合体であり，反応過程で一時的に生成するが，すぐにより安定な化学種になる．ほとんど寿命がないため，実際にその遷移状態を観察することはできない．しかし Hammond の仮説によれば，反応過程で最も近

図 7・10 類似した二つの競合する反応のエネルギー図. (a) では, より速い反応はより安定な中間体を生成し, (b) では, より遅い反応がより安定な中間体を生じる. (a) で示した曲線が典型的である.

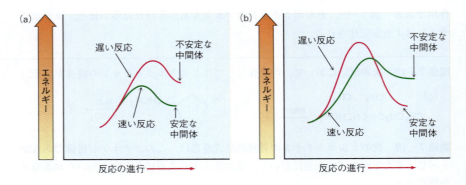

くにある安定な化学種の構造から, その遷移状態の構造を推定することができる. 例として二つの場合を図 7・11 に示す. (a) は吸エルゴン反応のエネルギー曲線であり, (b) は発エルゴン反応のエネルギー曲線である.

図 7・11 吸エルゴン反応と発エルゴン反応のエネルギー図. (a) 吸エルゴン反応では, 遷移状態と生成物のエネルギー準位が近い. (b) 発エルゴン反応では, 遷移状態と出発物のエネルギー準位が近い.

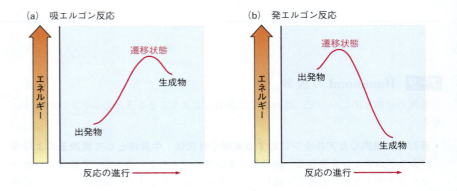

吸エルゴン反応 (図 7・11a) では, 遷移状態のエネルギー準位は出発物よりも生成物に近い. 遷移状態はエネルギー的に生成物に近いので, 構造的にも生成物に近いと考えるのが自然である. 言い換えれば, **吸エルゴン反応における遷移状態は, 構造的に生成物と似ている**. 逆に発エルゴン反応 (図 7・11b) の遷移状態は, エネルギー的にも, 構造的にも生成物よりも出発物に近い. したがって, **発エルゴン反応における遷移状態は, 構造的に出発物に似ている**.

Hammond の仮説　　遷移状態の構造は, 反応過程において最も近くにある安定な化学種の構造と似ている. すなわち吸エルゴン反応における遷移状態は, 構造的に生成物に似ている. 発エルゴン反応における遷移状態は, 構造的に出発物に似ている.

Hammond の仮説を求電子付加反応の場合で考えてみよう. アルケンのプロトン化によるカルボカチオンの生成は吸エルゴン反応である. したがって, アルケンのプロトン化の遷移状態の構造はカルボカチオン中間体に似ているはずであり, カルボカチオンを安定化する要因は, それと似た構造の遷移状態も安定化するはずである. アルキル置換基が増えるとカルボカチオンがより安定化されるので, そのカルボカチオンを与える遷移状態も安定化され, その結果反応が速くなる. カルボカチオンが安定であるほど, それを与える遷移状態のエネルギーがより低くなるため, より安定なカルボカチオンの生成はより速くなる (図 7・12).

7・10 求電子付加の反応機構の証拠：カルボカチオンの転位　189

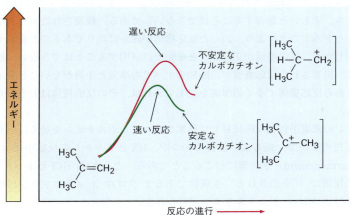

図 7・12 **カルボカチオン形成における反応のエネルギー図**. より安定な第三級カルボカチオンがより速く形成する（緑の曲線）のは，カルボカチオンが安定であるほど，それに至る遷移状態のエネルギーも低下するからである．

アルケンのプロトン化の遷移状態では，二つのアルケン炭素のうちの一つは，ほとんど完全に sp^2 混成から sp^3 混成へ再混成され，もう一つの炭素がほとんどの正電荷をもつ構造であると考えられる（図 7・13）．生成物であるカルボカチオンの安定化と同様に，超共役と誘起効果がこの遷移状態を安定化する．すなわち，アルキル基が多ければ多いほど，遷移状態がより安定化され，より速くこれに到達する．

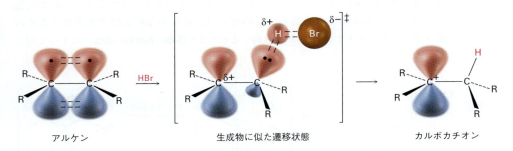

図 7・13 **アルケンのプロトン化における遷移状態の仮想的な構造**. 遷移状態は，エネルギー的にも構造的にも，出発物であるアルケンより生成物であるカルボカチオンに近い．したがって，カルボカチオンが安定であるほど（$\Delta G°$ が小さいほど），遷移状態も安定であり（$\Delta G^{\ddagger}$ が小さく），その生成は速くなる．

問題 7・20 アルケンへの HCl の求電子付加の第二段階，すなわち塩化物イオンとカルボカチオン中間体の反応は吸エルゴン反応か，それとも発エルゴン反応か．また，この第二段階の遷移状態は出発物（カルボカチオン）に似ているか，それとも生成物（塩化アルキル）に似ているか．さらに遷移状態のおよその構造を書け．

7・10 求電子付加の反応機構の証拠：カルボカチオンの転位

アルケンの求電子付加反応において，カルボカチオンを経る反応機構が正しいこと

190　7. アルケンとアルキン

はどのようにしたらわかるだろうか．その答えは，"正しいかどうかはわからない．少なくとも，正しいと断言することはできない"である．観測されたデータを説明できないことを示すことにより，誤った反応機構が確かに誤りであることを示すことはできる．しかし，反応機構が正しいことを完全に証明することはできない．最大限できるのは，提案された反応機構が，既知のすべての事実と矛盾がないことを示すことである．ある反応機構で多くの事実を説明できれば，その反応機構はおそらく正しいといえる．

　アルケンの求電子付加反応に対して提案されたカルボカチオンを経る反応機構を支持する証拠のなかで，最もよい証拠の一つが，HX とアルケンの反応中に（構造の）**転位**（rearrangement）が頻繁に起こることである．たとえば，HCl と 3-メチルブタ-1-エンの反応で，"予想される"生成物である 2-クロロ-3-メチルブタン以外に，かなりの量の 2-クロロ-2-メチルブタンが得られる．

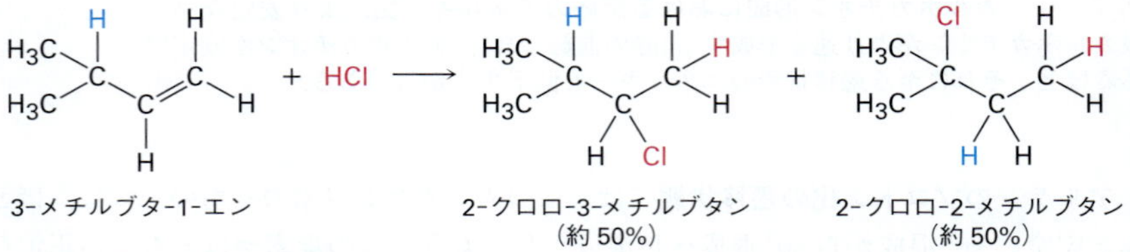

3-メチルブタ-1-エン　　　2-クロロ-3-メチルブタン　　　2-クロロ-2-メチルブタン
　　　　　　　　　　　　　　　（約 50%）　　　　　　　　　（約 50%）

　反応が 1 段階で進行すると考えるとこの転位を説明することは困難であるが，カルボカチオン中間体を経由し数段階で反応が進行するなら，転位を容易に説明できる．明らかなことは，3-メチルブタ-1-エンのプロトン化によって生じた第二級カルボカチオン中間体が転位して，より安定な第三級カルボカチオンとなり，これが塩化物イオンと反応することである．この転位は，隣接する炭素間で水素原子とその電子対（ヒドリドイオン　:H⁻）が移動する**ヒドリド移動**（hidride shift）によって起こる．

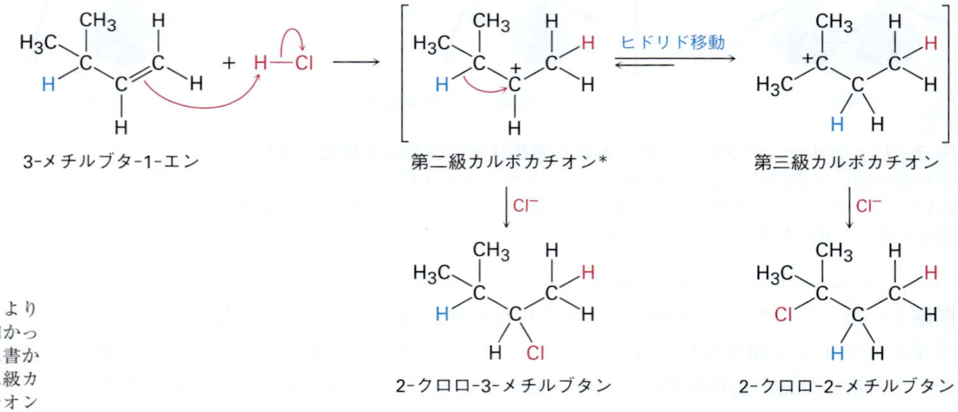

3-メチルブタ-1-エン　　　　第二級カルボカチオン*　　　　第三級カルボカチオン

2-クロロ-3-メチルブタン　　　　　　2-クロロ-2-メチルブタン

*　訳注: 転位反応の巻矢印は，より正確には新しく生成する結合に向かって電子が移動するように逆向きに書かれるべきである．たとえば，第二級カルボカチオンが第三級カルボカチオンに転位する場合は下図のようになる．本書では転位する先の炭素に向かって矢印を書く表記法が採用されている．

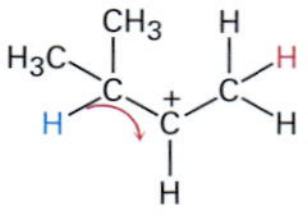

　カルボカチオンの転位は，電子対を伴ったアルキル基の移動によっても起こる．たとえば，3,3-ジメチルブタ-1-エンと HCl の反応により，転位していない 3-クロロ-2,2-ジメチルブタンと，転位した 2-クロロ-2,3-ジメチルブタンが等量混合物として得られる．この場合，第二級カルボカチオンが，メチル基の移動で，より安定な第三級カルボカチオンに転位している．

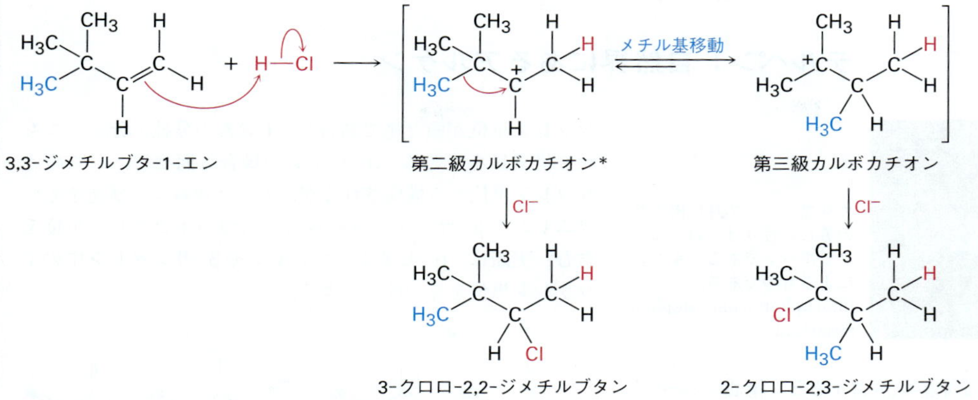

7・10　求電子付加の反応機構の証拠：カルボカチオンの転位　　191

3,3-ジメチルブタ-1-エン　　　　第二級カルボカチオン*　　　メチル基移動　　第三級カルボカチオン

3-クロロ-2,2-ジメチルブタン　　　　2-クロロ-2,3-ジメチルブタン

　これら二つのカルボカチオンの転位には類似点がある．いずれの場合にも置換基（:H⁻あるいは:CH₃⁻）が，結合している電子対を伴って隣接する正電荷をもつ炭素に移動する．またいずれの場合も，不安定なカルボカチオンが転位して，より安定なカルボカチオンを生じる．この種の転位は，カルボカチオンの化学の一般的な特徴であり，ステロイドやその関連物質が合成される生合成経路において特に重要である．たとえば次式に示すように，肝臓内でコレステロールが生合成される際の1段階でヒドリド移動が起こっている．§23・9と§23・10にその他の多くの例を示す．

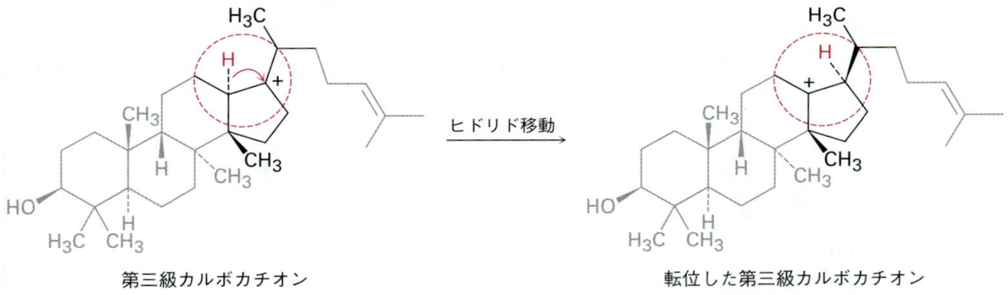

第三級カルボカチオン　　ヒドリド移動　　転位した第三級カルボカチオン

　以前にも述べたが，生体関連分子は，化学者がフラスコ内で扱う分子と比べ外見上大きく，かつ複雑である場合が多いが，心配する必要はない．どのような化学変換であれ，それが生化学的な変換であるか否かに関わらず，分子の中で変化が起こっている場所だけを注目すればよく，残りの部分を気にする必要はない．上に示した第三級カルボカチオンは複雑そうにみえるが，反応が起こっているのは赤丸の内側の分子のほんの一部分だけである．

問題 7・21　ビニルシクロヘキサンと HBr を混ぜると，付加と転位が進行し，1-ブロモ-1-エチルシクロヘキサンが得られる．この反応機構を巻矢印を使って示せ．

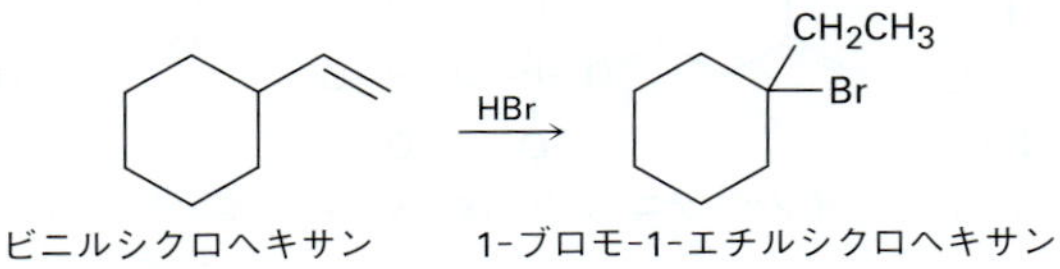

ビニルシクロヘキサン　　　1-ブロモ-1-エチルシクロヘキサン

科学談話室

テルペン：自然界にあるアルケン

カリフォルニア月桂樹の葉の芳しい香りは，おもにモノテルペンであるミルセンによるものである．
iStockphoto.com/Stephen Shankland

植物由来の種々の物質を水蒸気蒸留すると，**精油**（essential oil）とよばれる芳香をもつ混合物が得られることは，紀元1000年頃にペルシャで発見されて以来知られている．何百年もの間，このような植物由来の油が薬，香辛料，香料として使われており，精油に関する研究は，19世紀に一科学分野として有機化学が成立するうえで大きな役割を果たした．

植物性である精油はおもに，化学的にはきわめて多様な構造をもつ低分子量の有機化合物群である**テルペノイド**（terpenoid）として知られる化合物の混合物であり，35,000以上の化合物が知られている．これらのなかには直鎖形である化合物もあれば，環構造をもつ化合物もある．炭化水素化合物もあれば，酸素を含んでいる化合物もある．特に酸素を含まない炭化水素系テルペノイドは**テルペン**（terpene）として知られ，必ず二重結合をもっている．次にいくつかの具体例を示す．

ソプレン単位が頭と尾で結合し，1炭素の分枝部分を二つもつ8炭素鎖を生じる．α-ピネンの場合も同様に，二つのイソプレン単位から構成されるが，もっと複雑な環構造をもつフムレンやβ-サンタレンの場合，三つのイソプレン単位を含む．実際に，α-ピネン，フムレンやβ-サンタレン中のイソプレン単位を見つけてみよう．

テルペン（そしてテルペノイド）はさらに，それらに含まれる5炭素単位の数によって分類される．つまり，**モノテルペン**（monoterpene）とは二つのイソプレン単位から生合成される10炭素の物質であり，**セスキテルペン**（sesquiterpene）とは三つのイソプレン単位から生合成される15炭素の物質，**ジテルペン**（diterpene）とは四つのイソプレン単位から生合成される20炭素の物質である．モノテルペンとセスキテルペンはおもに植物にみられる．一方，炭素数の多いテルペノイドは植物にも動物にもみられ，それらの多くが生物学的に重要な役割を担っている．たとえば，トリテルペノイドであるラノステロールは，すべてのステロイドホルモンの前駆体である．

ミルセン myrcene （月桂樹の精油）

α-ピネン α-pinene （テレピン油）

フムレン humulene （ホップの精油）

β-サンタレン β-santalene （サンダルウッド油）

ラノステロール lanosterol トリテルペン（C$_{30}$）

構造は異なるにもかかわらず，すべてのテルペノイドには関連性がある．**イソプレン則**（isoprene rule）によると，テルペン類は5炭素のイソプレン単位（2-メチルブタ-1,3-ジエン）が頭と尾（head-to-tail）で結合することにより生じると考えられている．C1がイソプレンの頭（head）であり，C4が尾（tail）である．たとえばミルセンの場合，二つのイ

生合成的にはイソプレンそのものはテルペノイド類の真の前駆体ではない．自然界ではイソプレンの代わりに，イソペンテニル二リン酸エステルとジメチルアリル二リン酸エステルが，二つの"イソプレン等価体"として用いられる．これら二つの化合物は，生物により2種類の異なる経路で合成される．特にラノステロールは，すでに詳細に解明されている複雑な生合成経路により酢酸から生合成される．この生合成経路に関しては，§23・10でさらに詳しく学ぶ．

イソペンテニル二リン酸エステル　ジメチルアリル二リン酸エステル

まとめ

炭素-炭素二重結合はほとんどの有機分子や生体分子に存在するので，その性質や反応性をよく理解する必要がある．本章では，アルケンの立体異性，ならびにアルケンにおいて最も一般的な反応である求電子付加反応について学んだ．

アルケンとは炭素-炭素二重結合をもつ炭化水素であり，**アルキン**とは炭素-炭素三重結合をもつ炭化水素である．アルケンやアルキンは，炭素数が同じであるアルカンと比べ水素の数が少ないので，**不飽和である**といわれる．

二重結合のまわりで回転することができないので，置換アルケンにはシス-トランス異性体が存在する．二重結合の置換基の優先順位をつける **Cahn-Ingold-Prelog 則** により，二重結合の立体配置は決定される．それぞれの炭素上の優先順位が高い置換基が二重結合の同じ側にある場合は，立体配置は *Z* (zusammen, ドイツ語で "一緒に") であり，それぞれの炭素の優先順位が高い置換基が二重結合の反対側にある場合は，立体配置は *E* (entgegen, ドイツ語で "反対の") である．

アルケンの反応の代表として，**求電子付加反応**があげられる．HX が非対称に置換したアルケンと反応する場合，**Markovnikov 則** により H はアルキル置換基が少ない炭素に，一方 X はアルキル置換基が多い炭素に付加することが予測できる．アルケンへの求電子付加は，求核的なアルケンのπ結合と求電子的な H^+ の反応により生成するカルボカチオン中間体を経由して進行する．カルボカチオンの安定性は次の順序である．

第三級(3°)	>	第二級(2°)	>	第一級(1°)	>	メチル
R_3C^+	>	R_2CH^+	>	RCH_2^+	>	CH_3^+

Markovnikov 則は，"HX のアルケンへの付加においては，より安定なカルボカチオン中間体が生成する" と言い換えることができる．この結果を，発エルゴン反応の遷移状態は構造的に出発物に似ており，一方，吸エルゴン反応の遷移状態は構造的に生成物に似ているという **Hammond の仮説** に基づいて説明すると，アルケンのプロトン化は吸エルゴン反応であり，置換基の数が多いほどカルボカチオンは安定なので，それを生成する遷移状態も安定化されるということになる．

反応中に転位がしばしば起こることが，求電子付加がカルボカチオン経由の反応機構であることを支持する証拠である．ヒドリドイオン : H^- (**ヒドリド移動**)，あるいはアルキルアニオン : R^- が，隣接する正電荷をもつ炭素へ移動することにより転位は起こる．結果として，不安定なカルボカチオンが，より安定なカルボカチオンに異性化する．

重要な用語

アリル基(allyl group)
アルキン(alkyne) RC≡CR
アルケン(alkene) $R_2C=CR_2$
E 配置(*E* configuration)
位置選択的(regioselective)
Cahn-Ingold-Prelog 則(Cahn-Ingold-Prelog rule)
求電子付加反応(electrophilic addition reaction)
Z 配置(*Z* configuration)
超共役(hyperconjugation)
Hammond の仮説(Hammond postulate)
ヒドリド移動(hydride shift)
ビニル基(vinyl group)
不飽和(unsaturation)
不飽和度(degree of unsaturation)
Markovnikov 則(Markovnikov's rule)
メチリデン基(methylidene group)

演習問題

目で学ぶ化学
(問題 7・1〜7・21 は本文中にある)

7・22 次のアルケンを命名し，骨格構造式に書き換えよ．

(a)    (b)

7・23 次に示すアルケンの二重結合の立体化学 (*E* 体あるいは *Z* 体) を決定し，骨格構造式に書き換えよ．(赤は O, 黄緑は Cl)

(a)    (b)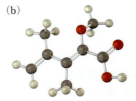

7・24 次のカルボカチオンは，HCl と異なる二つのアルケンとの求電子付加反応の中間体である．その二つのアルケンを示せ．またカルボカチオンの C–H 結合のうち，正電荷をもつ炭素上の空の p 軌道と超共役を生じるのに適した方向を向いたものを特定せよ．

7・25 三つの異なるアルケンに HBr が付加すると，いずれからも次の臭化アルキルが得られる．それらのアルケンの構造を示せ．

追加問題
不飽和度の計算
7・26 次の分子式で不飽和度を計算し，それぞれについて五つの可能な構造を書け．
(a) $C_{10}H_{16}$ (b) C_8H_8O
(c) $C_7H_{10}Cl_2$ (d) $C_{10}H_{16}O_2$
(e) $C_5H_9NO_2$ (f) $C_8H_{10}ClNO$

7・27 次に示す化合物がもつ水素の数はいくつか．
(a) 分子式が $C_8H_?O_2$ で，二つの環と一つの二重結合をもつ
(b) 分子式が $C_7H_?N$ で，二つの二重結合をもつ
(c) 分子式が $C_9H_?NO$ で，一つの環と三つの二重結合をもつ

7・28 抗アレルギー薬のロラタジンは，四つの環と八つの二重結合をもち，その分子式は $C_{22}H_?ClN_2O_2$ である．ロラタジンがもつ水素の数はいくつか．（構造中の水素を数えるのではなく，計算で求めよ．）

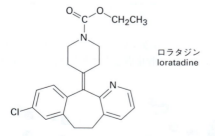

ロラタジン loratadine

アルケンの命名法
7・29 次のアルケンを命名せよ．

(a) CH_3 / H / $CHCH_2CH_3$ / H_3C / C=C / H
(b) CH_3 / CH_2CH_3 / $CH_3CHCH_2CH_2$ / CHCH_3 / C=C / H_3C / H
(c) CH_2CH_3 / $H_2C=CCH_2CH_3$
(d) H / CH_3 / H_3C / C=C / H_2C=CHCHCH_3 / H / CH_3
(e) H / H / H_3C / C=C / CH_3 / CH_3CH_2C=C / CH_3
(f) $H_2C=C=CHCH_3$

7・30 次の系統名（IUPAC 名）に対応する構造式を書け．
(a) (4E)-2,4-ジメチルヘキサ-1,4-ジエン
(b) cis-3,3-ジメチル-4-プロピルオクタ-1,5-ジエン
(c) 4-メチルペンタ-1,2-ジエン
(d) (3E,5Z)-2,6-ジメチルオクタ-1,3,5,7-テトラエン
(e) 3-ブチルヘプタ-2-エン
(f) trans-2,2,5,5-テトラメチルヘキサ-3-エン

7・31 次のシクロアルケンを命名せよ．

(a) CH_3 [cyclohexene] (b) [methylcyclopentene] (c) [ethylcyclobutene]
(d) [dimethylcyclohexadiene] (e) [methylcyclohexadiene] (f) [cyclooctatetraene]

7・32 オシメンは多くの植物の精油中にみられるトリエンである．立体化学を含めて IUPAC 名をつけよ．

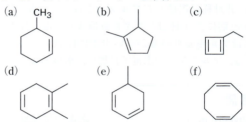

オシメン ocimene

7・33 α-ファルネセンはリンゴ中にある天然ワックスの成分である．立体化学を含めて IUPAC 名をつけよ．

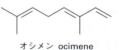

α-ファルネセン α-farnesene

7・34 メンテン（menthene）は植物であるハッカ類から発見された炭化水素であり，その IUPAC 名は 1-イソプロピル-4-メチルシクロヘキセンである．構造を示せ．

7・35 分子式 C_5H_{10} であるアルケンには，E,Z 体を含め六つの異性体がある．その構造を示し，命名せよ．

7・36 分子式 C_6H_{10} であるアルキンには七つの異性体がある．それらの構造を示し，それぞれを命名せよ．

7. アルケンとアルキン   195

7・37 分子式 C_6H_{12} であるアルケンには，E,Z 体を含めて17個の異性体がある．その構造を示し，命名せよ．

7・38 トリデカ-1-エン-3,5,7,9,11-ペンタインはヒマワリから単離された炭化水素である．その構造を示せ．（トリデカンは分子式 $C_{13}H_{28}$ の直鎖アルカンである．）

アルケンの異性体と安定性

7・39 Cahn-Ingold-Prelog 則に従い，次の各組内での置換基の優先順位を決めよ．

(a) $-CH_3$, $-Br$, $-H$, $-I$　　(b) $-OH$, $-OCH_3$, $-H$, $-CO_2H$

(c) $-CO_2H$, $-CO_2CH_3$, $-CH_2OH$, $-CH_3$

(d) $-CH_3$, $-CH_2CH_3$, $-CH_2CH_2OH$, $-\overset{\overset{\text{O}}{\|}}{C}CH_3$

(e) $-CH=CH_2$, $-CN$, $-CH_2NH_2$, $-CH_2Br$

(f) $-CH=CH_2$, $-CH_2CH_3$, $-CH_2OCH_3$, $-CH_2OH$

7・40 次の化合物中の二重結合が，E 配置であるか，Z 配置であるかを決めよ．

(a)・(b)・(c)・(d)

7・41 次の E,Z 表示がそれぞれ正しいか，それとも間違っているかを示せ．

(a)・(b)・(c)・(d)・(e)・(f)

7・42 *trans*-ブタ-2-エンは *cis*-ブタ-2-エンよりわずか4 kJ/mol しか安定でないが，*trans*-2,2,5,5-テトラメチルヘキサ-3-エンは，そのシス体より 39 kJ/mol も安定である．この違いについて説明せよ．

7・43 シクロデセンにはシス体とトランス体が存在するが，シクロヘキセンには存在しない．その理由を説明せよ．（分子モデルを組立てるとわかりやすい．）

7・44 通常 *trans*-アルケンが *cis*-アルケンより安定であるが，

trans-シクロオクテンは *cis*-シクロオクテンより 38.5 kJ/mol 不安定である．その理由を説明せよ．

7・45 *trans*-シクロオクテンは *cis*-シクロオクテンよりも 38.5 kJ/mol 不安定であるのに対し，*trans*-シクロノネンは *cis*-シクロノネンよりも 12.2 kJ/mol 不安定である．この違いを説明せよ．

7・46 乳がんの治療に使われる薬物であるタモキシフェン（tamoxifen）と不妊治療薬として使われる薬物であるクロミフェン（clomiphene）の構造は似ているが作用は大きく異なる．両化合物中の二重の結合が E 配置，Z 配置いずれであるかを決めよ．

タモキシフェン（抗がん剤）

クロミフェン（不妊治療薬）

カルボカチオンと求電子付加反応

7・47 次の反応の主生成物を予想せよ．

(a) $CH_3CH_2CH=\overset{\overset{\displaystyle CH_3}{|}}{C}CH_2CH_3 \xrightarrow[H_2SO_4]{H_2O}$?

(b) $\xrightarrow{HBr}$?　　(c) $\xrightarrow{HBr}$?

(d) $H_2C=CHCH_2CH_2CH_2CH=CH_2 \xrightarrow{2\ HCl}$?

7・48 HBr が次のアルケンに付加して得られる主生成物を予想せよ．

(a)　　(b)　　(c) $CH_3CH=CHCH_2CH_3$ with CH_3

7・49 次のアルケンに酸触媒を用いて水を付加させた際に主生成物として得られるアルコールを予想せよ．

(a) $CH_3CH_2\overset{\overset{\displaystyle CH_3}{|}}{C}=CHCH_3$　　(b)　　(c) $CH_3CHCH_2CH=CH_2$ with CH_3

196   7. アルケンとアルキン

7・50 次のカルボカチオンは，いずれもより安定なイオンに転位する．予想される転位生成物の構造を書け．

(a) $CH_3CH_2CH_2\overset{+}{C}H_2$ (b) $CH_3\overset{+}{C}HCHCH_3$ (c)

7・51 HCl の 1-イソプロピルシクロヘキセンへの付加反応は，転位生成物を生じる．その反応機構を，いくつかの中間体の構造と各段階の電子の流れを巻矢印で示し，説明せよ．

総 合 問 題

7・52 アレン（プロパ-1,2-ジエン）$H_2C=C=CH_2$ は隣接する二つの二重結合をもつ．中央の炭素はどのような混成をとるか．アレンにおける結合性 π 軌道を書き，アレンの構造を予想せよ．

7・53 アレン（問題 7・52）を水素化するとプロパンが得られ，その水素化熱は -295 kJ/mol である．プロペンのような典型的な一置換アルケンの水素化熱は -126 kJ/mol である．アレンはジエンよりも安定か不安定か，その理由を含めて答えよ．

7・54 レチン A（レチノイン酸）は，しわの軽減やひどいにきびの治療によく使われる薬である．二重結合の異性化により生じる異性体は何種類あるか．

レチン A（レチノイン酸）

7・55 フコセラテン，エクトカルペンは，海洋性褐藻類が生産する性フェロモンである．これらに IUPAC 名をつけよ．

フコセラテン
fucoserraten

エクトカルペン
ectocarpen

7・56 次の化合物の二重結合が E 配置，Z 配置いずれであるかを決めよ．

7・57 t-ブチルエステル $RCO_2C(CH_3)_3$ は，トリフルオロ酢酸と反応させるとカルボン酸 RCO_2H に変換される．これはタ

ンパク質合成（§19・7）において有用な反応である．次の反応で，出発物と生成物それぞれの二重結合が E 体であるか，Z 体であるかを決め，両者の間でなぜ E と Z が逆転したかを説明せよ．

7・58 HCl の 1-イソプロペニル-1-メチルシクロペンタンへの付加反応は，1-クロロ-1,2,2-トリメチルシクロヘキサンを生じる．その反応機構を，いくつかの中間体の構造と各段階の電子の流れを巻矢印で示し，説明せよ．

7・59 ビニルシクロプロパンは HBr と反応して，転位を起こし臭化アルキルを生じる．巻矢印によって示した電子の流れに従って，[ ] 内のカルボカチオン中間体の構造を示し，さらに最終生成物の構造を書け．

ビニルシクロプロパン

7・60 以下の各化合物の不飽和度を求めよ．
(a) コレステロール，$C_{27}H_{46}O$ (b) DDT，$C_{14}H_9Cl_5$
(c) プロスタグランジン E_1，$C_{20}H_{34}O_5$
(d) カフェイン，$C_8H_{10}N_4O_2$
(e) コルチゾン，$C_{21}H_{28}O_5$
(f) アトロピン，$C_{17}H_{23}NO_3$

7・61 イソブチルカチオンは，ヒドリド移動により自発的に t-ブチルカチオンに転位する．この転位が発エルゴン反応か，あるいは吸エルゴン反応かを示せ．Hammond の仮説に従い，ヒドリド移動の遷移状態の構造を予想せよ．

イソブチルカチオン t-ブチルカチオン

7・62 HBr のペンタ-1-エンへの付加反応のエネルギー図を書け．生成物として 1-ブロモペンタンを与える曲線と，2-ブロモペンタンを与える曲線を同じ図に示せ．すべての出発物，中間体，生成物について，そのエネルギー図のどの位置に対応するかを示せ．どちらの曲線がより高いエネルギーのカルボカチオン中間体を経るか，またどちらの曲線において，最初の遷

移状態がより高いエネルギーであるかを答えよ.

7・63 HBr とペンタ-1-エンの反応（問題 7・62）において，考えられるいくつかの遷移状態の構造を書け．それぞれの遷移状態について，その構造が出発物に似ているか，それとも生成物に似ているかを答えよ.

7・64 レモンやオレンジ中に存在する芳香をもつ炭化水素であるリモネンは，次に示す反応経路によりゲラニル二リン酸エステルから生合成される．各段階について，反応機構を巻矢印で示せ．どの段階がアルケンへの求電子付加であるかを答えよ．（OP_2O_6^{4-} は二リン酸イオンであり，"塩基"とは，反応を触媒する酵素中の塩基である.）

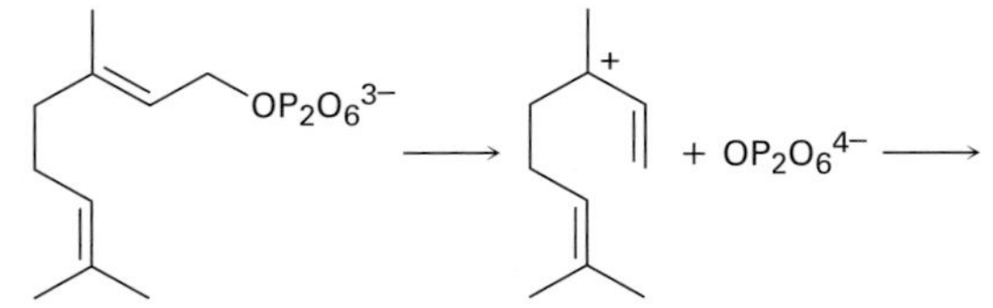

ゲラニル二リン酸
geranyl diphosphate

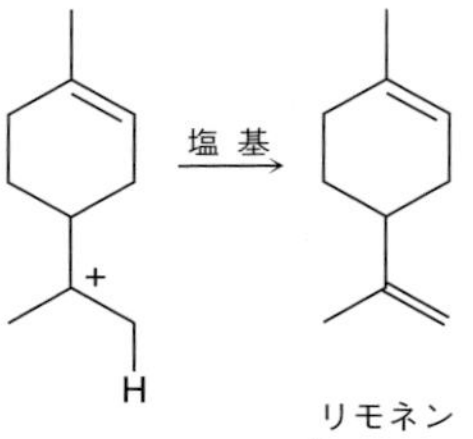

リモネン
limonene

7・65 コショウとタバコのいずれのなかにも発見された炭化水素である *epi*-アリストロキンは，次に示す反応経路で生合成される．各段階について反応機構を巻矢印で示せ．そのなかで，アルケンへの求電子付加反応とカルボカチオンの転位を含む段階はどれか．H−A という略号は不特定な酸，"塩基"とは，酵素中の不特定な塩基を表す.

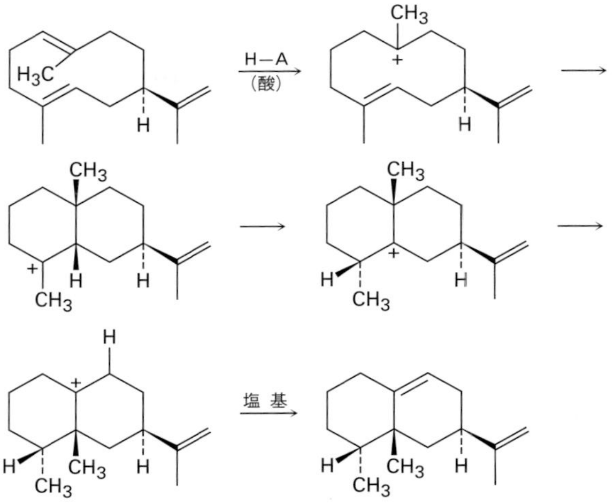

epi-アリストロキン
epi-aristolochene

7・66 ベンゼンのような芳香族化合物は，AlCl_3 触媒存在下，塩化アルキルと反応しアルキルベンゼンを与える．反応は，塩化アルキルと AlCl_3 の反応（$R-Cl + AlCl_3 \rightarrow R^+ + AlCl_4^-$）により生成するカルボカチオン中間体を経由して進行する．ベンゼンと 1-クロロプロパンの反応により，イソプロピルベンゼンが主生成物として得られる理由を説明せよ.

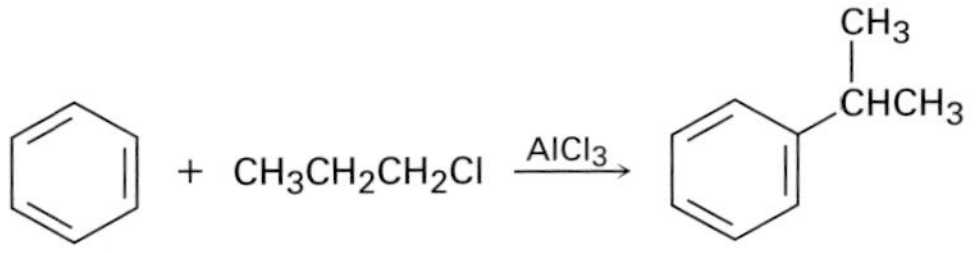

7・67 2,3-ジメチルブタ-1-エンと HBr の反応により臭化アルキル $C_6H_{13}Br$ が得られる．臭化アルキルをメタノール中 KOH で処理をすると HBr が脱離し，出発物であるアルケンとは異性体の関係にある炭化水素が生成する．この生成物の構造を示し，臭化アルキルからこの生成物が得られる反応機構を説明せよ.

アルケンとアルキンの反応

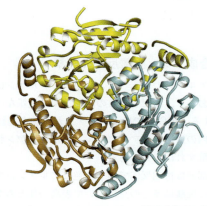

エノイル CoA ヒドラターゼは，脂肪酸代謝の過程で C=C 二重結合への水の付加を触媒する

8・1 アルケンを合成する: 脱離反応の序章
8・2 アルケンのハロゲン化
8・3 アルケンからのハロヒドリン生成
8・4 アルケンの水和
8・5 アルケンの還元: 水素化
8・6 アルケンの酸化: エポキシ化
8・7 アルケンの酸化: ジヒドロキシ化
8・8 アルケンの酸化: カルボニル化合物への開裂
8・9 アルケンへのカルベンの付加: シクロプロパン合成
8・10 アルケンへのラジカル付加: 連鎖重合
8・11 生体内でのアルケンへのラジカル付加
8・12 共役ジエン
8・13 共役ジエンの反応
8・14 Diels−Alder 反応
8・15 アルキンの反応

本章の目的 有機反応を理解するのに必要な基本事項の大部分はすでに学んでおり，ここからは主要な官能基の化学について系統的に学ぶ段階である．本章ではアルケンについて，この後の数章ではその他の官能基についてさまざまな反応を取上げるが，生体反応に直接または間接的に関連する反応にできるだけ焦点を絞るつもりである．近道はない．有機化学および生化学を理解するためには，まずはこれらの反応を知らなければならない．

アルケンへの付加反応はフラスコ内の反応および生体反応のいずれにおいても広く行われている．これまで水 H_2O やハロゲン化水素 HX の付加反応を学んできたが，

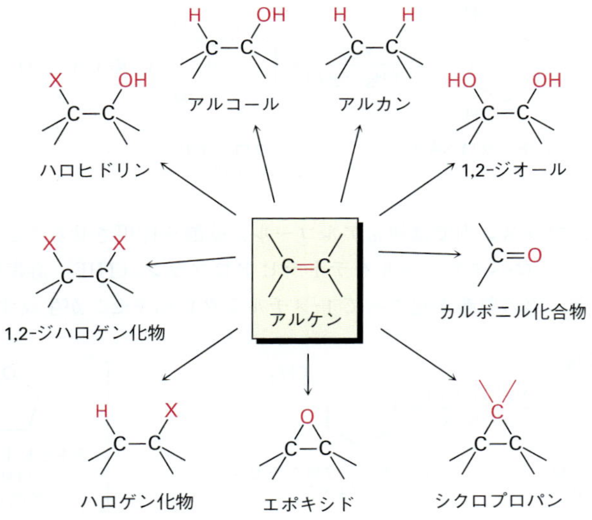

200   8. アルケンとアルキンの反応

これと密接に関連する反応は数多く知られている．本章では，まずアルケンの合成法を簡単に述べ，つづいてアルケンへの付加反応の例について説明する．ここで特に重要なのは，ハロゲンの付加による 1,2-ジハロゲン化物の合成，次亜ハロゲン酸の付加によるハロヒドリンの合成，水の付加によるアルコールの合成，水素の付加によるアルカンの合成，酸素原子を一つ付加させてエポキシド（epoxide）とよばれる 3 員環状エーテルを合成する反応，そして二つのヒドロキシ基の付加により 1,2-ジオールを合成する反応である．

8・1 アルケンを合成する：脱離反応の序章

本章の主題である"アルケンの反応"に入る前に，アルケンはどのようにして合成されるかを簡単にみておこう．ただし，この話題はやや複雑なので，より詳しい内容は 12 章で学ぶことにする．現段階では，アルケンが単純な前駆体（通常生体内ではアルコール，フラスコ内の反応ではアルコールまたはハロゲン化アルキル）から容易に合成できることを理解すれば十分である．

アルケンの反応の大部分は付加反応であり，逆にアルケンは多くの場合脱離反応により合成される．付加と脱離は多くの点において表裏一体とみなせる．たとえば，アルケンに臭化水素 HBr または水 H_2O が付加してハロゲン化アルキルまたはアルコールを与える付加反応の逆は，ハロゲン化アルキルまたはアルコールが臭化水素 HBr または水 H_2O を失ってアルケンを与える脱離反応である．

最も一般的な脱離反応は，ハロゲン化アルキルから HX が脱離する**脱ハロゲン化水素**（dehydrohalogenation）と，アルコールから水が脱離する**脱水反応**（dehydration）の二つである．脱ハロゲン化水素は通常，ハロゲン化アルキルと水酸化カリウムのような強塩基との反応により起こる．たとえば，ブロモシクロヘキサンにエタノール中で KOH を作用させるとシクロヘキセンが生成する．

ブロモシクロヘキサン   シクロヘキセン
                          （81%）

テトラヒドロフラン tetrahydrofuran: THF

脱水反応は，フラスコ内では通常アルコールに強酸を作用させることで行う．たとえば 1-メチルシクロヘキサノールをテトラヒドロフラン（THF）溶媒中で硫酸水溶液と加熱すると，水の脱離が起こって 1-メチルシクロヘキセンが生成する．

1-メチルシクロ   1-メチルシクロヘキセン   テトラヒドロフラン
ヘキサノール   （91%）   （THF）
                                                          一般的な溶媒

8・2 アルケンのハロゲン化　　201

生体反応においては，単純なアルコールの脱水反応はほとんど起こらず，普通は OH 基がカルボニル基の 2 炭素先に存在する基質で起こる．たとえば脂肪酸の生合成では β-ヒドロキシブチリル ACP が脱水によって *trans*-クロトノイル ACP に変換される〔ACP はアシルキャリヤータンパク質（acyl carrier protein）の略〕．OH 基の 2 炭素先にカルボニル基が必要な理由については §12・14 で説明する．

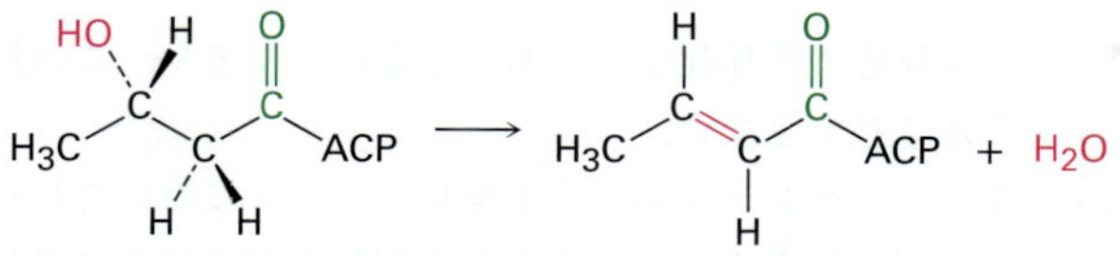

β-ヒドロキシブチリル ACP　　　　*trans*-クロトノイル ACP

問題 8・1 脱離反応の問題点の一つは，しばしば生成物が混合物となることである．たとえば 2-ブロモ-2-メチルブタンをエタノール中で KOH と反応させると 2 種のアルケンの混合物が得られる．これらの構造を推定せよ．

問題 8・2 3-メチルヘキサン-3-オールの硫酸水溶液中での脱水反応では，*E, Z* 異性体も含めていくつのアルケンが生成すると考えられるか．

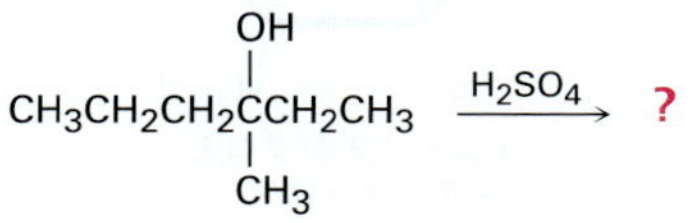

3-メチルヘキサン-3-オール

8・2 アルケンのハロゲン化

臭素や塩素がアルケンに付加して 1,2-ジハロゲン化物を与える過程は**ハロゲン化**（halogenation）とよばれる．たとえば，世界中で年間約 1700 万トン以上もの 1,2-ジクロロエタン（二塩化エチレン）が合成されているが，その多くはエチレンへの塩素の付加によるものである．この生成物は溶媒として，あるいはポリ塩化ビニル（PVC）の製造原料として使用される．フッ素は反応性が高すぎるため，たいていの場合，反応の制御が困難である．一方，ヨウ素はほとんどのアルケンと反応しない．

ポリ塩化ビニル
poly(vinyl chloride): PVC

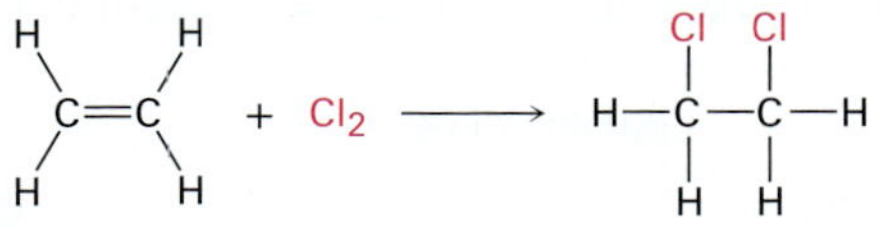

エチレン　　　　1,2-ジクロロエタン
　　　　　　　　（二塩化エチレン）

求電子付加反応についてこれまで学んできたことに基づけば，臭素とアルケンとの反応の機構は，Br$^+$ がアルケンに付加する過程を含むものであり，これによりカルボカチオン中間体が生成し，さらに Br$^-$ と反応することでジブロモ化生成物が生じると考えられる．

この機構はもっともらしくみえるが，事実と完全に一致しているわけではない．特

に，この機構では付加反応の立体化学が説明できない．つまり，この機構ではどの立体異性体が生成するか予想できない．

ハロゲン化反応をシクロペンテンのような環状アルケンに対して行うと，ジハロゲン化物の立体化学は，平面的なカルボカチオン中間体を経る場合に予想されるシスとトランス異性体の混合物ではなく，トランス異性体のみとなる．これを，この反応が**アンチの立体化学**（anti stereochemistry）で進行するという．これは二つの臭素原子が互いに二重結合の反対の面から，すなわち片方は上の面から，もう片方は下の面から近づくことを意味している．

このような立体化学が観測されたことに対する説明として，この反応の中間体はカルボカチオンではなく，Br^+のアルケンへの求電子付加で生じる**ブロモニウムイオン**（bromonium ion, R_2Br^+）であるという提案が1937年になされた〔同様に，クロロニウムイオン（chloronium ion, R_2Cl^+）は正に荷電した2価の塩素を含む〕．

では，シクロペンテンへの付加反応においてアンチの立体化学が観測されたことは，ブロモニウムイオンの形成をもとにしてどのように説明できるのであろうか．ブ

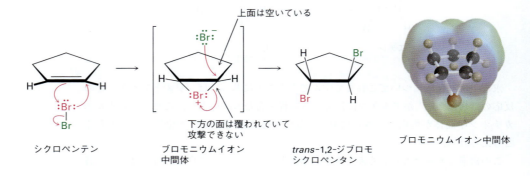

8・3　アルケンからのハロヒドリン生成　　203

ロモニウムイオンが中間体として形成すると，大きな臭素原子は分子の一方の側を覆ってしまうことになる．すると2段階目のBr⁻との反応は，その反対側の覆われていない側からだけ起こるため，トランス異性体を与えると説明できる．

　アルケンのハロゲン化反応はフラスコ内と同様，自然界でも起こっているが，これはおもにハロゲン化物イオンの豊富な環境に生きている海洋生物に限られたものである．生体内でのハロゲン化反応は，H_2O_2を用いてBr^-やCl^-を，Br^+やCl^+の等価体へ酸化するハロペルオキシダーゼ（haloperoxidase）とよばれる酵素の作用により進行する．フラスコ内で行うのとまさに同じように，基質となる分子の二重結合への求電子付加によってブロモニウムイオンやクロロニウムイオン中間体が生じ，もう1分子のハロゲン化物イオンとの反応により完結する．たとえば，ハロモンという抗がん作用のあるペンタハロゲン化物は紅藻から単離された化合物であるが，これは$BrCl$がブロモニウムイオン中間体を経て2箇所で付加することにより生じたものと考えられている．

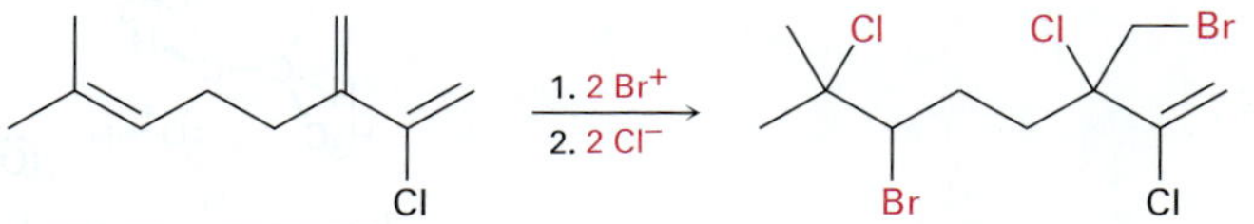

ハロモン halomon

問題8・3　1,2-ジメチルシクロヘキセンにCl_2を付加させるとどのような生成物が得られるか．生成物の立体化学がわかるように示せ．

問題8・4　1,2-ジメチルシクロヘキセンへのHClの付加では2種の生成物の混合物が得られる．それぞれの生成物を立体化学がわかるように示すとともに，なぜ混合物ができるのかを説明せよ．

8・3　アルケンからのハロヒドリン生成

　求電子付加反応のもう一つの例として，$HO-Cl$や$HO-Br$などの次亜ハロゲン酸とアルケンとの反応によりハロヒドリン（halohydrin）とよばれる1,2-ハロアルコールを生成する反応がある．ハロヒドリン生成は$HOBr$や$HOCl$がアルケンと直接反応することで起こるのではなく，水の存在下でアルケンに対してBr_2やCl_2を反応させることにより間接的に起こる．

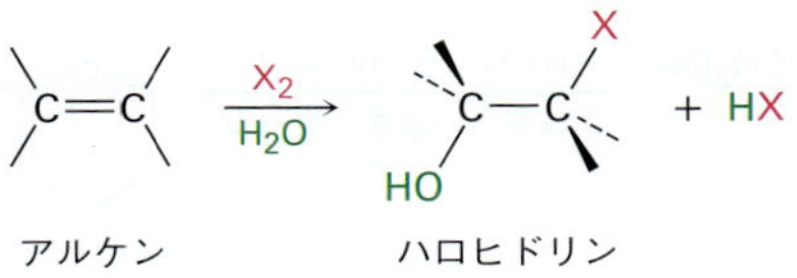

　前節では，Br_2とアルケンとの反応で生じる環状ブロモニウムイオン中間体が，唯一存在する求核剤であるBr^-と反応し，ジブロモ化生成物を与えることを述べた．しかし，この反応を別の求核剤共存下で行うと，ブロモニウムイオン中間体は捕捉されて異なる生成物が生じる．たとえば高濃度の水の存在下では，Br^-と競合して水が求核剤として働き，ブロモニウムイオン中間体と反応したブロモヒドリンを生成す

図 8・1 水存在下でのアルケンと Br₂ の反応によるブロモヒドリンの生成反応. 水は求核剤として働き, ブロモニウムイオン中間体と反応する.

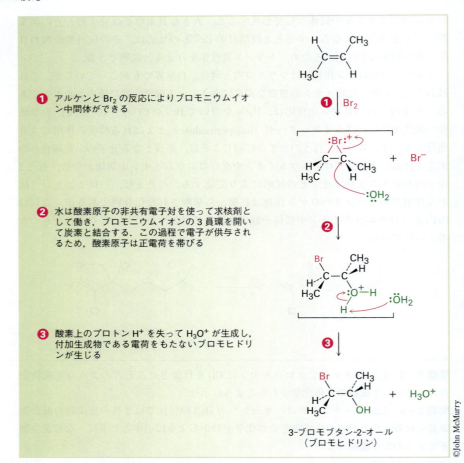

る. 結果的に, 図8・1に示した経路に従ってアルケンへの HOBr の付加が起こる.

ハロヒドリンの生成は生体反応にもいくつもの例があり, 特に海洋生物に多くみられる. ハロゲン化反応 (§8・2) と同様に, ハロヒドリンの生成はハロペルオキシダーゼの作用により起こる. ここでは, ハロペルオキシダーゼは Br⁻ や Cl⁻ を酸化し, HOBr や HOCl を酵素内の金属原子に結合した形で発生させる役割を担っている. つづいて基質分子の二重結合への求電子付加によりブロモニウムイオンまたはクロロニウムイオン中間体が生じ, これが水と反応してハロヒドリンが生じる.

問題 8・5 水存在下でのシクロペンテンと Br₂ との反応の生成物を予測せよ. 立体化学も示すこと.

問題 8・6 プロペンのような非対称置換アルケンに Br₂ と水を作用させると, 臭素原子が置換基のより少ない炭素に結合した生成物がおもに得られる. これは Markovnikov

型，逆 Markovnikov 型のどちらの生成物か．またそのような結果になる理由を説明せよ．

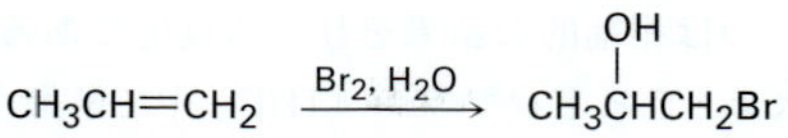

$$CH_3CH{=}CH_2 \xrightarrow{Br_2, H_2O} CH_3\overset{\overset{\displaystyle OH}{|}}{C}HCH_2Br$$

8・4 アルケンの水和

§7・6 で述べたように，アルケンは酸触媒の作用により水の付加反応（水和 hydration）を起こしてアルコールを生成する．この変換反応は特に大量スケールの工業的合成に適しており，たとえば米国では，年間約 30 万トンのエタノールがエチレンの水和により製造されている．しかし残念なことに，この反応は強酸性条件と高温を要するため（エチレンの場合は 250 ℃），フラスコ内での合成にはあまり用いられていない．

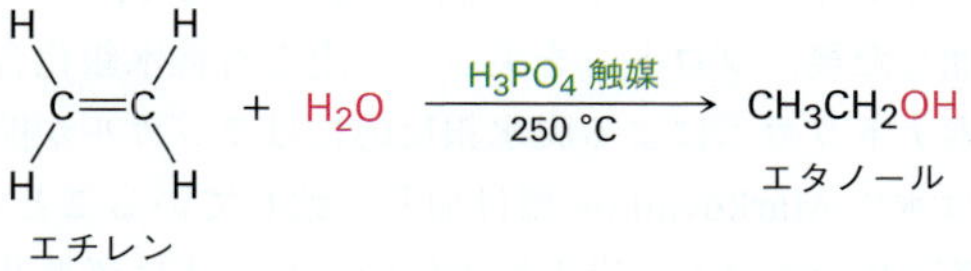

生体反応においても，孤立した二重結合の酸触媒による水和反応の例はあまり一般的ではない．生体反応における水和反応では，多くの場合，反応が進行するために二重結合がカルボニル基に隣接している必要がある．たとえば食物代謝のクエン酸回路には，フマル酸が水和によってリンゴ酸へと変換される過程が含まれている．（§8・1 で述べた水の脱離の場合と同様）生体反応においては水の付加反応の際にも隣接したカルボニル基が必要なことに注目してほしい．この理由については §14・11 で解説するが，いまは，この反応が求電子付加ではなく，アニオン中間体の生成と酸 HA によるプロトン化を経て進行すると覚えておこう．

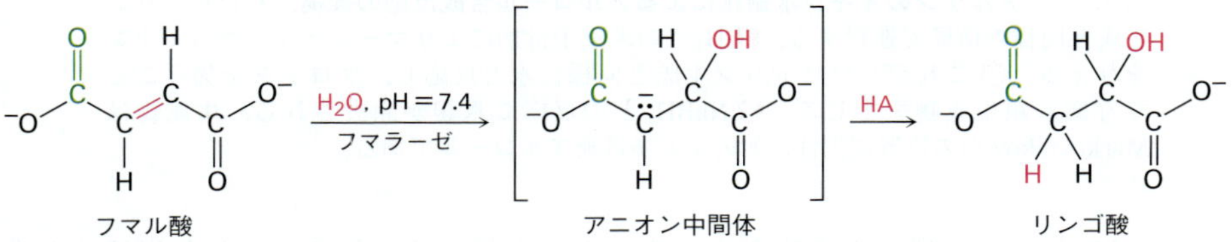

酸触媒によるアルケンの水和反応にみられるような問題を回避するとしたら，実験化学者は細胞中の"化学者"よりもずっと有利である．実験化学者は反応を水溶液中で行わなくてもよいのだ．たくさんの種類の溶媒のどれでも選ぶことができる．またフラスコ内での反応はある決まった温度で行う必要もない．広範囲の温度での反応が利用できる．そしてフラスコ内で使える反応剤は，炭素，酸素，窒素とその他ごく少数の元素から構成されたものに限られることなく，周期表のどんな元素を含んでいてもよいのである．

本書の主題は生体の化学に直接関連する反応に焦点を当てることであるが，必要に応じて，生体反応とは関連性がなくても，フラスコ内で実施できる特に有用な反応については紹介しようと思う．今回は，フラスコ内でアルケンの水和を行うときにしばしば

206   8. アルケンとアルキンの反応

用いられる反応として，生体内ではみられない**オキシ水銀化-脱水銀**（oxymercuration-demercuration）と**ヒドロホウ素化-酸化**（hydroboration-oxidation）という二つの反応を紹介する．これら二つは相補的な結果を与える反応である．

オキシ水銀化は，含水テトラヒドロフラン（THF）中で酢酸水銀(II)〔$(CH_3CO_2)_2Hg$，$Hg(OAc)_2$ と略す〕を作用させることで起こる反応で，アルケンに Hg^{2+} が求電子付加する過程を含む．中間体である有機水銀化合物を水素化ホウ素ナトリウム $NaBH_4$ で処理することにより脱水銀が起こり，アルコールが生じる．

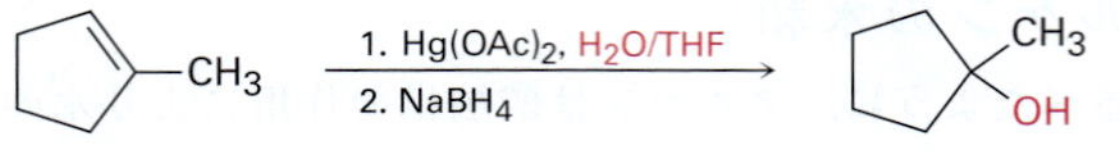

1-メチルシクロペンテン   1. $Hg(OAc)_2$, H_2O/THF 2. $NaBH_4$ 1-メチルシクロペンタノール（92%）

アルケンのオキシ水銀化はハロヒドリン生成反応とよく似ている．反応はアルケンへの水銀イオン Hg^{2+} の求電子付加で始まり，ブロモニウムイオンと類似した構造のマーキュリニウムイオン中間体を生じる（図8・2）．そして，ハロヒドリンの生成と同様に水が求核付加した後，プロトンを失って安定な有機水銀化合物を与える．最終段階の水素化ホウ素ナトリウムによる脱水銀反応にはラジカルが関与している．この反応の位置選択性は水の Markovnikov 型付加と一致していることに注目してほしい．つまり，OH 基は置換基の多い方の炭素原子に結合し，H は置換基の少ない側に結合する．

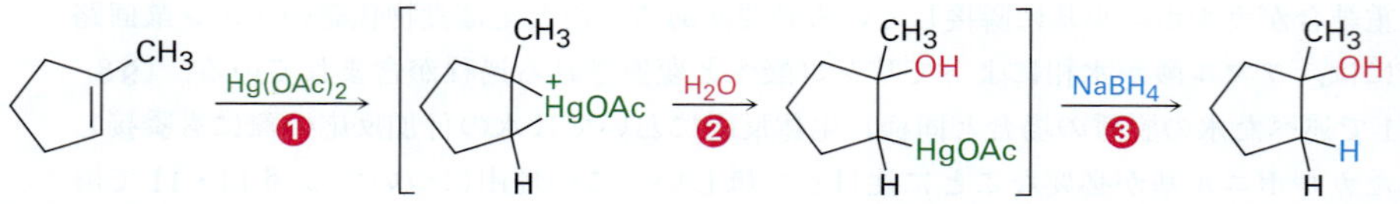

1-メチルシクロペンテン $Hg(OAc)_2$ ❶   マーキュリニウムイオン H_2O ❷   有機水銀化合物 $NaBH_4$ ❸   1-メチルシクロペンタノール（92%）

図 8・2　アルケンのオキシ水銀化によるアルコール合成反応の機構．ハロヒドリン生成と同様の機構で進行する．❶ Hg^{2+} の求電子付加によりマーキュリニウムイオンを与える．❷ これがハロヒドリン生成と同様に水と反応し，プロトンを失うことで有機水銀生成物を生じる．❸ $NaBH_4$ との反応で水銀が除去される．生成物は Markovnikov 型の位置選択性に対応する多置換アルコールである．

Markovnikov 型の生成物を生じるオキシ水銀化法に加え，これと相補的な逆 Markovnikov 型の生成物を生じるヒドロホウ素化-酸化法もフラスコ内では用いられている．ヒドロホウ素化では，まずボラン BH_3 の B−H 結合がアルケンへ付加して有機ホウ素中間体 RBH_2 を生じる．有機ホウ素化合物は塩基性過酸化水素 H_2O_2 との反応により酸化されてアルコールを与える．

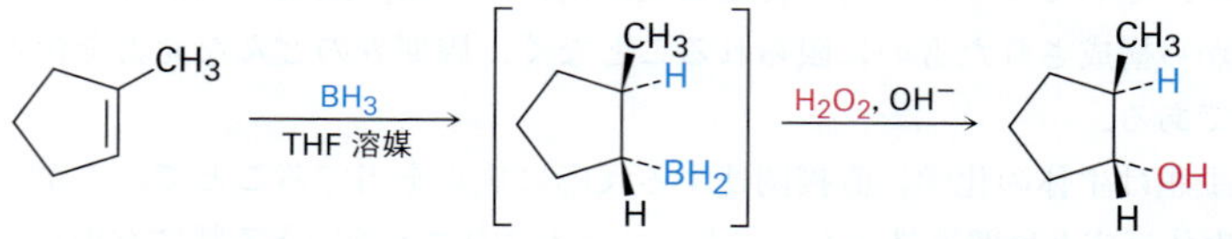

1-メチルシクロペンテン BH_3 THF 溶媒   有機ホウ素化合物 H_2O_2, OH^- *trans*-2-メチルシクロペンタノール（85%）

8・4 アルケンの水和　207

　この反応の最初の段階で，ホウ素原子と水素原子は両方とも二重結合の同じ面から
アルケンに付加していることに注意してほしい．つまり，アンチの逆にあたる**シンの
立体化学**（syn stereochemistry）である．またこの過程において，ホウ素原子は置換
基のより少ない側の炭素に結合する．この後の酸化では，立体化学を保ったままホウ
素が OH に置換され，反応全体としては水が逆 Markovnikov 型で**シン付加**（syn
addition）したのと同じ結果を与えることになる．

　では，なぜヒドロホウ素化-酸化反応はシン付加，かつ逆 Markovnikov 型の位置選
択性で進行し，より置換基の少ないアルコールを与えるのだろうか．これは，ヒドロ
ホウ素化が他の多くの付加反応と違ってカルボカチオン中間体を経ずに 1 段階で進行
するからである．C−H 結合と C−B 結合の形成が同時に，かつアルケンの同じ面か
ら進行するためシン付加が起こる．逆 Markovnikov 型の位置選択性が発現するのは，
ホウ素がアルケンの立体的に混み合っている炭素よりも混み合っていない方の炭素に
結合するのが有利なためである（図 8・3）．

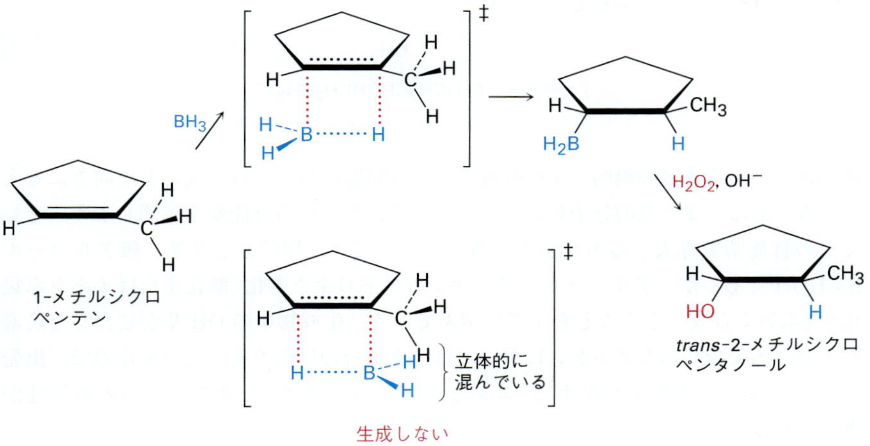

図 8・3　アルケンのヒドロホウ素化．反応は 1 段階で進行し，C−H 結合と C−B 結
合の生成は同時に，そして二重結合の同じ面で起こる．よりエネルギーが低く，速く
形成される遷移状態は，より立体的に空いていて逆 Markovnikov 型の位置選択性を
与えるものである．

例題 8・1　水和反応の生成物を予想する

2-メチルペンタ-2-エンと次の反応剤との反応で得られる生成物は何か．

　(a) BH_3，つづいて H_2O_2, OH^-

　(b) $Hg(OAc)_2$, H_2O, つづいて $NaBH_4$

考え方　　反応の生成物を予想する際，その反応の特徴について知っていることを思
い出し，その知識を，取扱う具体的事例に適用する必要がある．今回の例では，水和
の二つの方法，つまりヒドロホウ素化-酸化とオキシ水銀化-脱水銀が互いに相補的
な生成物を与えることを思い出そう．ヒドロホウ素化-酸化はシン付加で進行して逆
Markovnikov 型の付加生成物を生じ，一方，オキシ水銀化-脱水銀は Markovnikov 型
の付加生成物を生じる．

208   8. アルケンとアルキンの反応

解 答

$$CH_3CH_2CH = CCH_3$$

（上に CH_3 置換基）

2-メチルペンタ-2-エン

(a)
1. BH_3
2. H_2O_2, OH^-

(b)
1. $Hg(OAc)_2$, H_2O
2. $NaBH_4$

（左）

$$CH_3CH_2C - CCH_3$$

（H, CH_3 が上、HO, H が下）

2-メチルペンタン-3-オール

（右）

$$CH_3CH_2C - CCH_3$$

（H, CH_3 が上、H, OH が下）

2-メチルペンタン-2-オール

例題 8・2   アルコールを合成する

次のアルコールを合成する方法を示せ.

$$? \longrightarrow CH_3CH_2CHCHCH_2CH_3$$

（上に CH_3、下に OH）

考え方   ある特定の標的分子の合成を考える問題に対しては，反応を逆向きに考えるべきである. まず標的分子をみて，その分子に含まれる官能基を確認しよう. そしてその官能基を導入する方法を考える. この例では，標的分子は第二級アルコール R_2CHOH であるが，アルコールがアルケンのヒドロホウ素化-酸化またはオキシ水銀化-脱水銀で合成できることをすでに学んでいる. 生成物中の OH 基が結合した炭素原子は，出発物であるアルケンにおいては二重結合の炭素であったはずなので，出発物としては，4-メチルヘキサ-2-エンと 3-メチルヘキサ-3-エンの二つの可能性が考えられる.

OH をここに付加させる

$$CH_3CH_2CHCH = CHCH_3$$

（上に CH_3）

4-メチルヘキサ-2-エン

OH をここに付加させる

$$CH_3CH_2C = CHCH_2CH_3$$

（上に CH_3）

3-メチルヘキサ-3-エン

4-メチルヘキサ-2-エンの二重結合 $RCH = CHR'$ は 1,2-二置換である. 1,2-二置換アルケンには Markovnikov 則は適用できないため，おそらくどちらの水和方法を用いても 2 種類のアルコールの混合物が得られるだろう. しかし 3-メチルヘキサ-3-エンは三置換の二重結合をもつ，つまり非対称置換アルケンなので，ヒドロホウ素化-酸化によって望みの逆 Markovnikov 型水和生成物のみを与えると考えられる.

解 答

$$CH_3CH_2C = CHCH_2CH_3 \xrightarrow[\text{2. } H_2O_2,\ OH^-]{\text{1. } BH_3, \text{THF}} CH_3CH_2CHCHCH_2CH_3$$

（左：上に CH_3）

3-メチルヘキサ-3-エン

（右：上に CH_3、下に OH）

問題 8・7   次のアルケンをオキシ水銀化-脱水銀した場合の生成物を予想せよ. またヒドロホウ素化-酸化を行った場合にはどうなるか.

(a) CH₃C(CH₃)=CHCH₂CH₃　　(b) シクロヘキサン=CHCH₃

問題 8・8　次のアルコールはどのようなアルケンから合成できるか．

(a) CH₃CH(CH₃)CH₂CH₂OH　　(b) (H₃C)(OH)CHCH(CH₃)CH₃　　(c) シクロヘキシル-CH₂OH

問題 8・9　次のシクロアルケンはヒドロホウ素化-酸化により 2 種類のアルコールの混合物を与える．それぞれの構造式を示し，反応結果を説明せよ．

8・5　アルケンの還元：水素化

アルケンはパラジウムや白金などの金属触媒存在下で水素ガスと反応させることにより，対応する飽和アルカンとなる．その結果を，二重結合が**水素化**（hydrogenation）された，または**還元**（reduction）された，という．有機化学において，還元という言葉はこれまで学んだものとはいくぶん違った意味合いで使われることに注意しよう．一般化学において還元とは，原子が 1 個またはそれ以上の電子を受取ることと定義されるが，有機化学における還元は，結果として"炭素原子の電子密度が増加する"反応をさしている．電子密度の増加は，たいてい炭素と電気陰性度のより小さな原子（たいていは水素）との結合生成，あるいは炭素と電気陰性度のより大きな原子（たいていは酸素，窒素，ハロゲン）との結合の切断によってもたらされる．

> **還元**　C−H 結合の形成　または　C−O，C−N，C−X 結合のいずれか一つが切断されることで炭素上の電子密度が増加すること

$$\text{>C=C<} + H_2 \xrightarrow[\text{触媒}]{\text{還元}} H_3C-CH_3$$

アルケン　　　　　　　　　　　アルカン

白金とパラジウムはフラスコ内でのアルケンの水素化で最もよく用いられる触媒である．パラジウムは通常，表面積を大きくするために活性炭のような不活性な物質に"担持"された超微細粉末（Pd/C）として使用される．白金触媒としては通常 PtO_2 が使用されるが，この反応剤は創案者である Roger Adams にちなんで **Adams 触媒**（Adams' catalyst）とよばれている．

触媒的水素化反応は他の多くの有機反応とは異なり，均一系ではなく不均一系（heterogeneous）の変換反応である．つまり，水素化反応は均一系溶液中で起こるのではなく，不溶性の触媒粒子の表面で起こる．水素化はたいていシンの立体化学で進

行し，両水素原子は二重結合の同じ面から付加する．

$$\text{1,2-ジメチルシクロヘキセン} \xrightarrow[\text{CH}_3\text{CO}_2\text{H 溶媒}]{\text{H}_2,\ \text{PtO}_2} \textit{cis}\text{-1,2-ジメチルシクロヘキサン (82\%)}$$

図8・4に示すように，水素化反応は触媒表面への H_2 の吸着から始まる．つづいて金属の空軌道とアルケンの被占π軌道との相互作用により触媒とアルケンの錯形成が起こる．最終段階では，水素が二重結合に挿入し，飽和となった生成物が触媒か

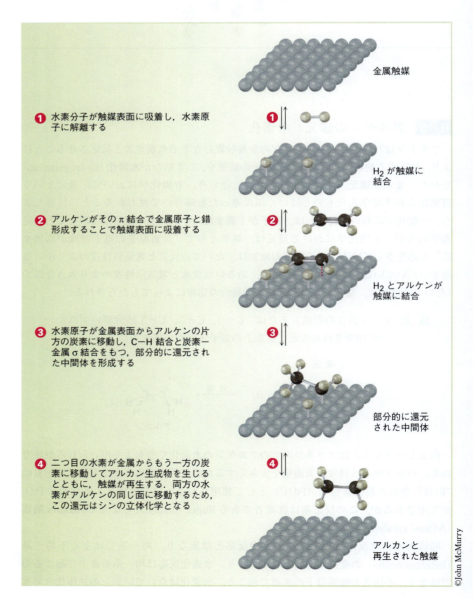

図8・4 アルケンの水素化反応．反応は不溶性の触媒粒子の表面でシンの立体化学で進行する．

8・5 アルケンの還元：水素化　　211

ら拡散する．二つの水素原子はともに触媒表面から二重結合に付加するため，水素化の立体化学はシンとなる．

　アルケンは，他の大部分の不飽和官能基よりも触媒的水素化反応に対する反応性が高いため，反応は非常に選択的である．アルデヒドやケトン，エステルなどの他の官能基はしばしばアルケンの水素化条件で反応せずに残るが，より激しい条件下ではこれらの官能基も反応する．以下に示す3-フェニルプロペン酸メチルの水素化では，芳香環は二重結合を含むにもかかわらず水素とパラジウムでは還元されないことに特に注意すること．

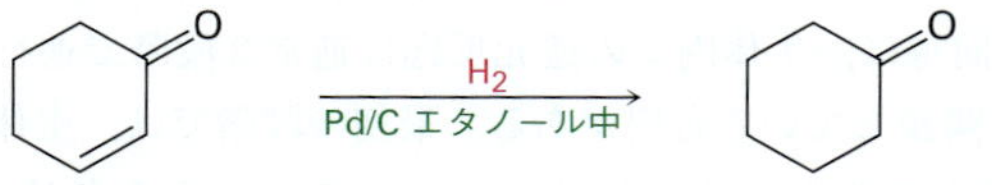

シクロヘキサ-2-エノン　　　　　　H₂／Pd/C エタノール中　　　　シクロヘキサノン
（ケトンは還元されない）

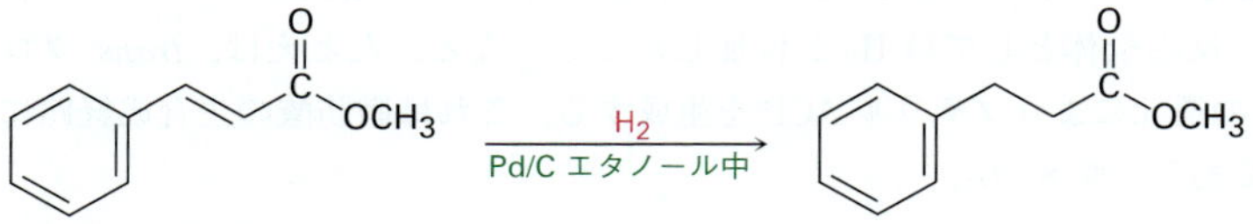

3-フェニルプロペン酸メチル　　H₂／Pd/C エタノール中　　　3-フェニルプロパン酸メチル
（芳香環は還元されない）

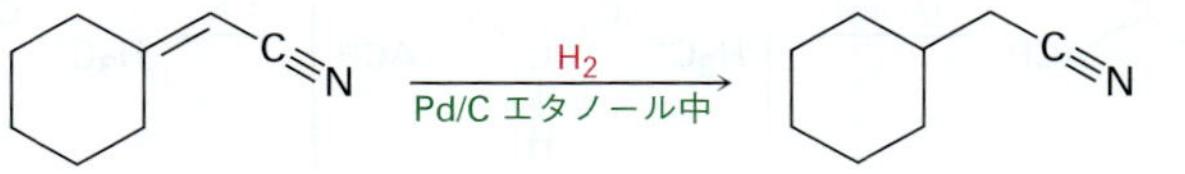

シクロヘキシリデンアセトニトリル　H₂／Pd/C エタノール中　　シクロヘキシルアセトニトリル
（ニトリルは還元されない）

　触媒的水素化反応はフラスコ内での合成に有用なだけでなく，食品産業においても重要である．たとえば，マーガリンや料理用製品に必要な飽和油脂の生産のため，不飽和な植物油の還元が大規模に行われている（図8・5）．§23・1で述べるが，植物

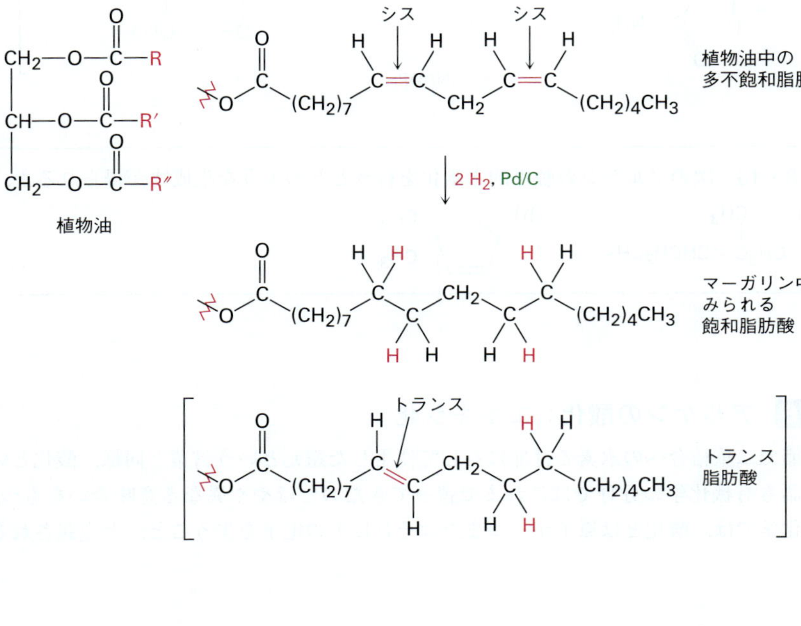

植物油

シス　　シス
植物油中の多不飽和脂肪酸

2 H₂, Pd/C

マーガリン中にみられる飽和脂肪酸

トランス
トランス脂肪酸

図 8・5　多不飽和脂肪酸の触媒的水素化．水素化により飽和した生成物を生じ，少量の異性化したトランス脂肪酸も含まれる．

油はグリセロール HOCH₂CH(OH)CH₂OH と，**脂肪酸**（fatty acid）とよばれる長鎖カルボン酸 3 分子とから形成されるトリエステルである．脂肪酸は一般に多不飽和な分子であり，その二重結合はシスの立体化学をもっている．完全に水素化すると対応する飽和脂肪酸が生じるが，水素化が不完全であると，残った二重結合の部分的なシス-トランス異性化がしばしば起こってしまう．これを含む食品を摂取し，消化されると，遊離のトランス脂肪酸が放出されることになり，血中コレステロール値の上昇や潜在的な血栓症の危険につながる．

二重結合の還元は生体反応ではきわめて一般的にみられるが，その反応機構はフラスコ内で行われるパラジウムを用いた触媒的水素化の機構とはまったく異なる．§8・4 で示した水和と同様に，生体内での還元反応は通常 2 段階で進行し，また二重結合がカルボニル基に隣接している必要がある．最初の段階では，生体反応における還元剤である NADPH〔ニコチンアミドアデニンジヌクレオチドリン酸（nicotinamide adenine dinucleotide phosphate: NADP）の還元型〕からヒドリドイオン H:⁻ が二重結合へ付加してアニオンを生じる．ついで，アニオンが酸 HA によりプロトン化されることで，反応全体としては H₂ が付加したことになる．たとえば，*trans*-クロトノイル ACP の還元によりブチリル ACP を生成する．これは脂肪酸の生合成経路に含まれる過程である（図 8・6）．

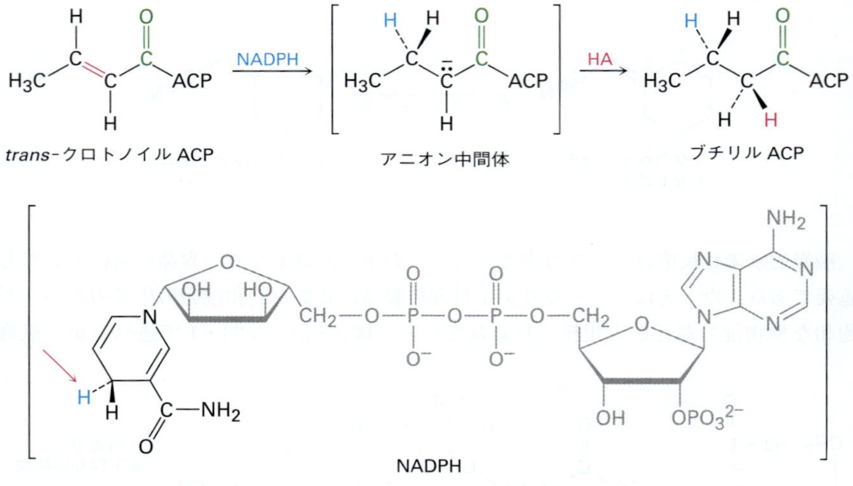

図 8・6 **脂肪酸生合成の 1 段階である *trans*-クロトノイル ACP における炭素−炭素二重結合の還元．**一方の水素（青）が NADPH からヒドリドイオン H:⁻ として供給され，もう一方の水素（赤）はアニオン中間体の酸 HA によるプロトン化で供給される．生体反応ではよくあるように，生化学的"反応剤"（この場合は NADPH）の構造は，実際に起こる変換反応そのものの単純さに比べるとずいぶん複雑である．

問題 8・10 次のアルケンの触媒的水素化を行うとどのような生成物が得られるか．

(a) 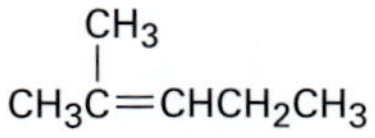
$$CH_3CC=CHCH_2CH_3$$
（CH₃ 基が上部）

(b) 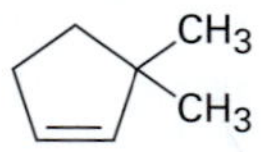
シクロペンテン環，二つの CH₃ 基

8・6 アルケンの酸化：エポキシ化

前節で二重結合への水素の付加に対して使用した還元という言葉と同様，酸化という用語も有機化学の分野ではこれまで習ってきたのとはやや異なる意味合いをもつ．一般化学では，酸化とは原子が一つまたはそれ以上の電子を失うこと，と定義される

8・6 アルケンの酸化：エポキシ化　　213

が，有機化学では，**酸化**（oxidation）とは"炭素の電子密度が低下する"反応をさ
す．電子密度の低下はしばしば，炭素と電気陰性度のより大きな原子（たいていは酸
素，窒素，ハロゲン）との結合生成により，あるいは炭素と電気陰性度のより小さな
原子（たいていは水素）との結合の開裂によりひき起こされる．酸化では多くの場合
酸素の付加が起こり，また還元では多くの場合水素の付加が起こっているという点に
注意しよう．

　酸 化　$C-O$，$C-N$，$C-X$ 結合のいずれか一つの生成　または　$C-H$ 結
　　　　合の開裂によって炭素上の電子密度が減少すること

　フラスコ内では，アルケンは m-クロロ過安息香酸のような過酸（peroxyacid）
RCO_3H と反応させると**エポキシド**（epoxide）へと酸化される．エポキシドは 3 員環
内に酸素原子を含む環状エーテルであり，**オキシラン**（oxirane）ともよばれる．

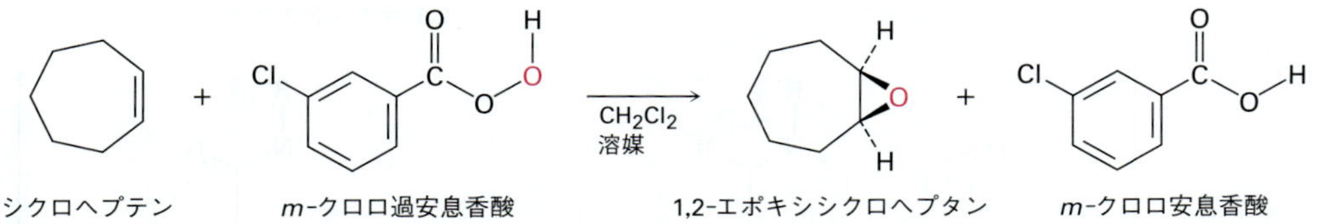

シクロヘプテン　　　　　m-クロロ過安息香酸　　　　　　　1,2-エポキシシクロヘプタン　　　m-クロロ安息香酸

　過酸は酸素原子をアルケンにシンの立体化学で付加させる．二つの $C-O$ 結合は，
中間体を経ない 1 段階機構で二重結合の同じ面で形成される．カルボニル基から遠い
方の酸素原子がアルケンへ移動することがわかっている．

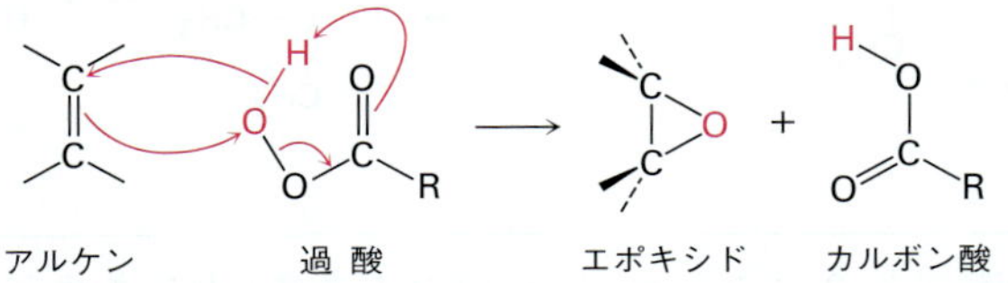

アルケン　　　　　過 酸　　　　　　　エポキシド　　　カルボン酸

　エポキシドの別の合成法は，アルケンへの $HO-X$ の求電子付加反応により得られ
るハロヒドリンを利用する方法である（§8・3参照）．ハロヒドリンを塩基で処理す
ると，HX が脱離してエポキシドが生成する．

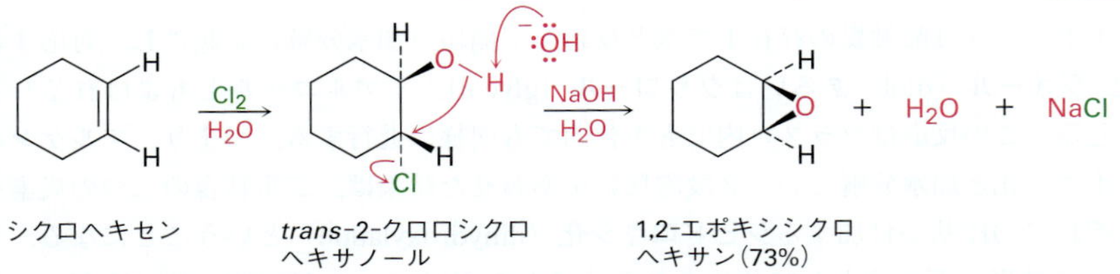

シクロヘキセン　　　　*trans*-2-クロロシクロ　　　　　1,2-エポキシシクロ
　　　　　　　　　　　ヘキサノール　　　　　　　　　ヘキサン(73%)

　エポキシドはさまざまな生体反応における中間体としてアルケンから産生されてい
るが，これに過酸は関与していない．一例としてステロイド生合成の鍵段階であるス
クアレンの 2,3-オキシドスクアレンへの変換があげられる．この反応はフラビンヒ
ドロペルオキシドによってひき起こされるが，これは $FADH_2$〔フラビンアデニンジ
ヌクレオチド（flavin adenine dinucleotide: FAD）の還元型〕と O_2 の反応により生じ
る．基質分子中に六つある二重結合のうち一つのみが酸化されるという反応の特異性

に注目してほしい．また，ここでも実際に起こる反応は見かけ上単純であるにもかかわらず，生化学的"反応剤"であるフラビンヒドロペルオキシドの構造はずいぶんと複雑であることは興味深い（図8・7）．

図8・7　ステロイド生合成の1段階であるスクアレンのエポキシ化. 補酵素である還元型フラビンアデニンジヌクレオチド(FADH$_2$)とO$_2$との反応により生成するフラビンヒドロペルオキシドによって反応が起こる.

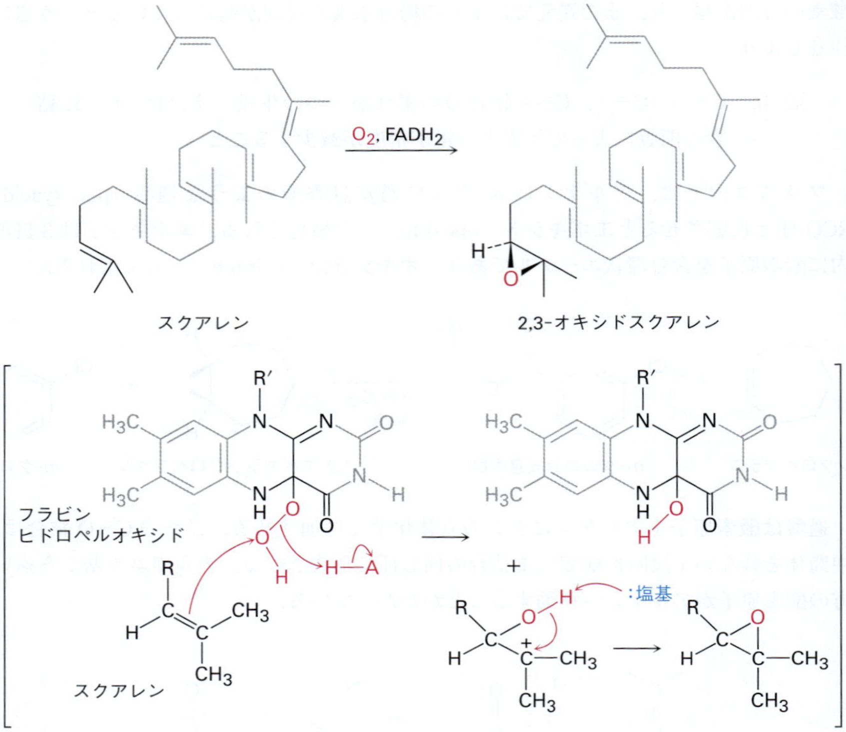

問題8・11　*cis*-ブタ-2-エンと*m*-クロロ過安息香酸を反応させるとどのような生成物が得られるか．立体化学がわかるように示せ．

8・7　アルケンの酸化: ジヒドロキシ化

エポキシドは酸触媒の存在下で水と反応して開環（加水分解）を起こし，対応する1,2-ジオール〔diol，あるいはグリコール（glycol），ジアルコールともよばれる〕を生じる．この反応はフラスコ内でも生体内でも同様に進行する．つまり，アルケンのエポキシ化と加水分解という2段階反応をあわせた結果は，二重結合の二つの炭素それぞれにOH基が付加する**ジヒドロキシ化**（dihydroxylation）ということになる．おもに自動車の不凍液として使用されるエチレングリコール HOCH$_2$CH$_2$OH がエチレンのエポキシ化とその加水分解によって，世界中で年間約1800万トンも生産されている．

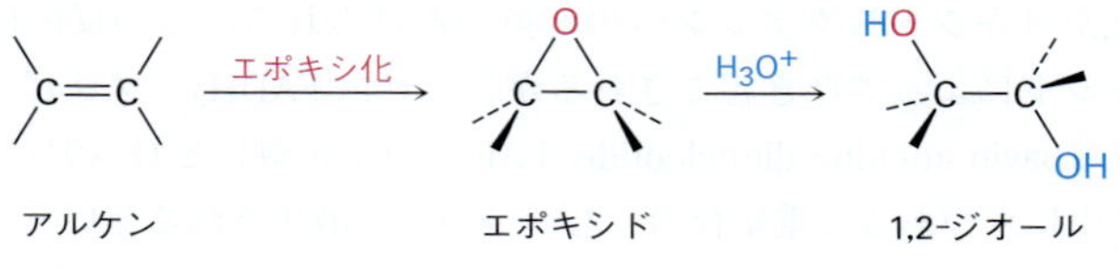

8・7　アルケンの酸化：ジヒドロキシ化　　215

　酸触媒によるエポキシドの開環は，エポキシドがプロトン化されることで反応性が高められ，これに水の求核付加が起こることで進行する．この求核付加はアルケンの臭素化反応の最終段階，つまり環状ブロモニウムイオンが求核剤により開環する過程と類似している（§8・2）．酸水溶液中でのエポキシシクロアルカンの開環では *trans*-1,2-ジオールが生成するが，これはシクロアルケンの臭素化によって *trans*-1,2-ジブロモ化生成物が生成するのとまさに同じ形式の反応である．

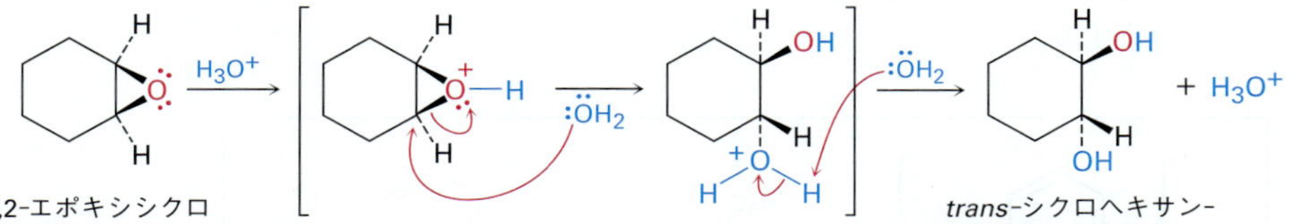

1,2-エポキシシクロ
ヘキサン

trans-シクロヘキサン-
1,2-ジオール(86%)

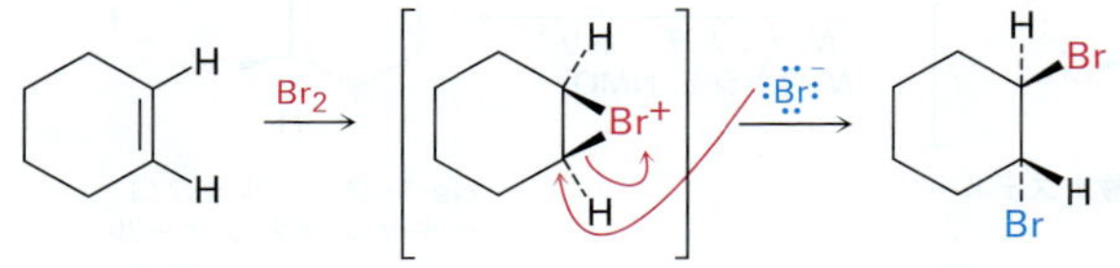

次の反応を思い出そう

シクロヘキセン

trans-1,2-ジブロモ
シクロヘキサン

　生体反応においてもエポキシドの加水分解はよくみられ，特に動物が有害物質を解毒する過程でよく用いられている．たとえば，がんをひき起こす（発がん性 carcinogenic）物質であるベンゾ[*a*]ピレンは，たばこの煙や煙突のすす，直火焼きの肉などに含まれているが，ヒトの肝臓では，ベンゾ[*a*]ピレンをジオールエポキシドに変換することで無毒化しており，これはさらに酵素によって水溶性のテトラオールへと加水分解され，排泄される．

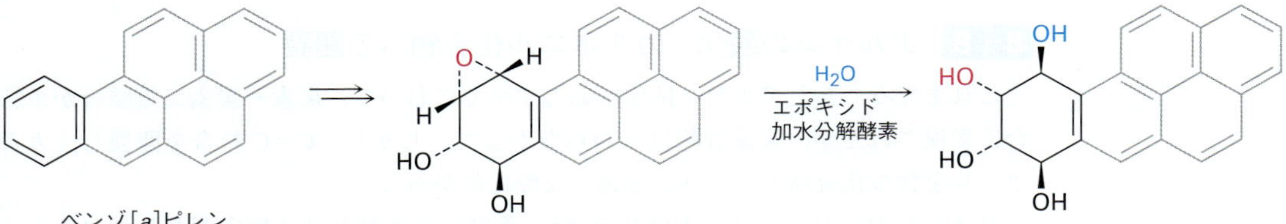

ベンゾ[*a*]ピレン
benzo[*a*]pyrene

ジオールエポキシド

H₂O
エポキシド
加水分解酵素

テトラオール

　フラスコ内では，四酸化オスミウム OsO_4 とアルケンとの反応により，エポキシドを経由せずにジヒドロキシ化を直接的に行うこともできる．この反応はシン付加で進行し，カルボカチオン中間体は関与しない．反応は OsO_4 のアルケンへの付加により1段階で形成される環状**オスミン酸エステル**（osmate）中間体を経て進行し，これは

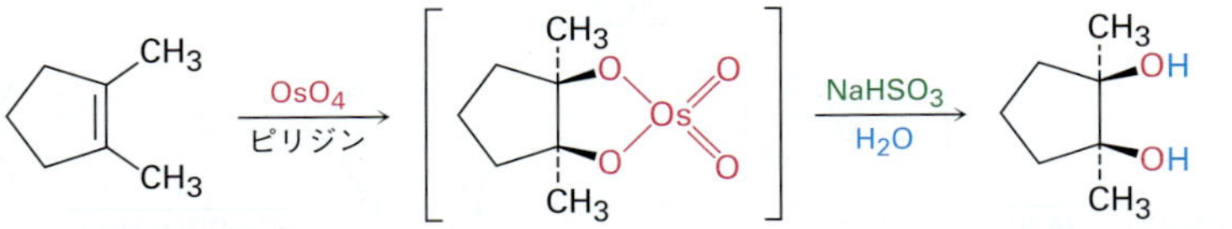

1,2-ジメチルシクロ
ペンテン

OsO_4
ピリジン

環状オスミン酸
エステル中間体

NaHSO₃
H₂O

cis-1,2-ジメチルシクロ
ペンタン-1,2-ジオール
(87%)

216   8. アルケンとアルキンの反応

亜硫酸水素ナトリウム NaHSO$_3$ 水溶液で処理することで加水分解されて生成物を与える．

OsO$_4$ は非常に高価で毒性も高いので，反応は通常，触媒量の OsO$_4$ とともに，*N*-メチルモルホリン-*N*-オキシド（*N*-methylmorpholine *N*-oxide: NMO）などの安全で安価な共酸化剤を化学量論量用いることで行う．生じたオスミン酸エステル中間体は NMO と速やかに反応してジオール生成物を生じるとともに，*N*-メチルモルホリンと再酸化された OsO$_4$ を与える．触媒サイクルにおいて，OsO$_4$ は再びアルケンと反応する．

1-フェニルシクロヘキセン　触媒量の OsO$_4$，アセトン，H$_2$O　→　オスミン酸エステル　（*N*-メチルモルホリン-*N*-オキシド, NMO）→　*cis*-1-フェニルシクロヘキサン-1,2-ジオール　+　OsO$_4$　+　*N*-メチルモルホリン

問題 8・12　アルケンを出発物として次の各化合物を合成するにはどのようにすればよいか．

(a) シクロヘキサン-1-OH, 2-CH$_3$, 2-OH

(b) CH$_3$CH$_2$CHC(OH)(OH)CH$_3$ with CH$_3$

(c) HOCH$_2$CHCHCH$_2$OH with HO OH

8・8　アルケンの酸化: カルボニル化合物への開裂

これまでみてきたアルケン付加反応のすべてにおいて，炭素−炭素二重結合が単結合に変換されたが，炭素骨格は変わらなかった．しかし，C=C 結合を開裂し，カルボニルを含む化合物を二つ与える強力な酸化剤がある．

フラスコ内においては，オゾン O$_3$ は二重結合を開裂させる反応剤としておそらく最も役に立つ．酸素の気流を高圧放電にかけることで調製されるオゾンは，C=C 結合に低温で速やかに付加し，**モロゾニド**（molozonide）とよばれる環状中間体を与える．いったん形成されたモロゾニドは自発的に転位し**オゾニド**（ozonide）となる．詳しくは学習しないが，この転位はモロゾニドが二つの分子にいったん分かれた後，異なる向きで再結合することで起こる．

$$3\,O_2 \xrightarrow{\text{放電}} 2\,O_3$$

アルケン　$\xrightarrow[\text{CH}_2\text{Cl}_2,\ -78\ °\text{C}]{\text{O}_3}$　モロゾニド　→　オゾニド　$\xrightarrow[\text{CH}_3\text{CO}_2\text{H/H}_2\text{O}]{\text{Zn}}$　C=O　+　O=C

低分子量のオゾニドは爆発性のため単離はできない．その代わりにオゾニドの溶液を速やかに還元剤で処理（たとえば酢酸中で金属亜鉛を作用させる）することで，カルボニル化合物に変換される．一連の**オゾン分解**（ozonolysis）の結果として，C=C 結合が開裂し，アルケン由来の炭素それぞれと酸素が二重結合をつくる．四置換アルケンをオゾン分解すると，二つのケトンができる．三置換アルケンをオゾン分解すると，ケトンとアルデヒドが1分子ずつ生じる．

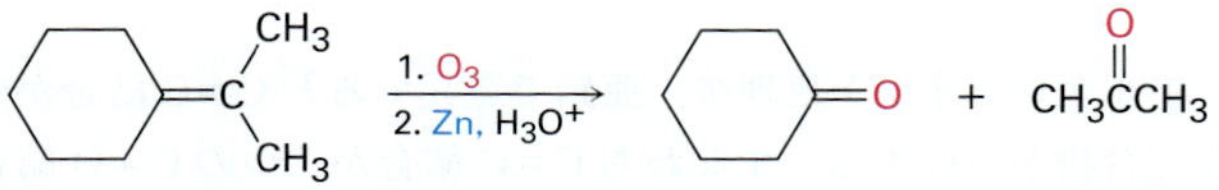

イソプロピリデンシクロヘキサン（四置換）　シクロヘキサノン　アセトン

84%，ケトン2分子

$$CH_3(CH_2)_7CH{=}CH(CH_2)_7\overset{O}{\overset{\|}{C}}OCH_3 \xrightarrow[2.\ Zn,\ H_3O^+]{1.\ O_3} CH_3(CH_2)_7\overset{O}{\overset{\|}{C}}H + H\overset{O}{\overset{\|}{C}}(CH_2)_7\overset{O}{\overset{\|}{C}}OCH_3$$

オクタデカ-9-エン酸メチル（二置換）　ノナナール　9-オキソノナン酸メチル

78%，アルデヒド2分子

オゾン以外にも二重結合の開裂をひき起こす酸化剤はいくつかあるが，あまり用いられない．たとえば過マンガン酸カリウム $KMnO_4$ は中性または酸性溶液中でアルケンを開裂しカルボニル化合物を与える．もし二重結合の炭素上に水素が存在する場合はカルボン酸が生成する．一つのアルケン炭素に水素が二つあれば CO_2 が発生する．

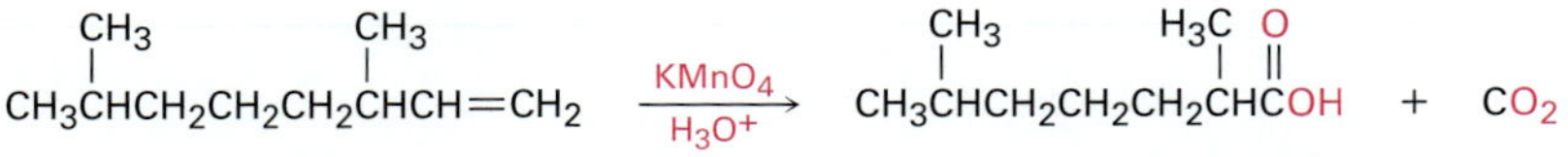

3,7-ジメチルオクタ-1-エン　2,6-ジメチルヘプタン酸（45%）

オゾンや $KMnO_4$ による直接的な開裂に加えて，前節で学んだジヒドロキシ化による1,2-ジオールへの変換と，これを過ヨウ素酸 HIO_4 で処理する2段階の工程でもアルケンを開裂できる．二つの OH 基が鎖上にある場合，2分子のカルボニル化合物ができる．二つの OH 基が同じ環上にある場合，鎖状のジカルボニル化合物が1分子できる．以下に示すとおり，開裂反応は環状の過ヨウ素酸エステル中間体を経由して進行する．

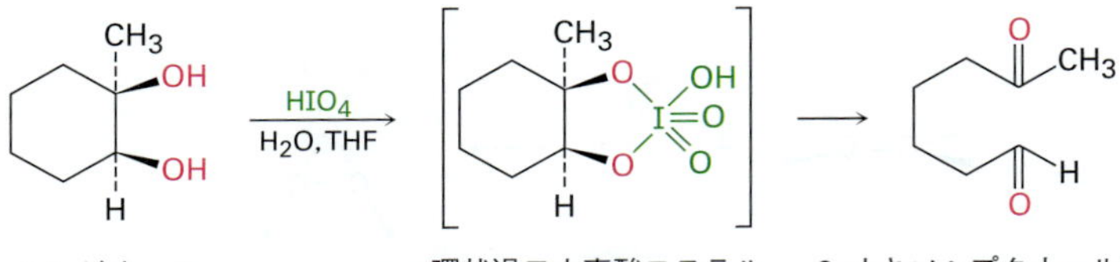

1,2-ジオール　環状過ヨウ素酸エステル　6-オキソヘプタナール（86%）

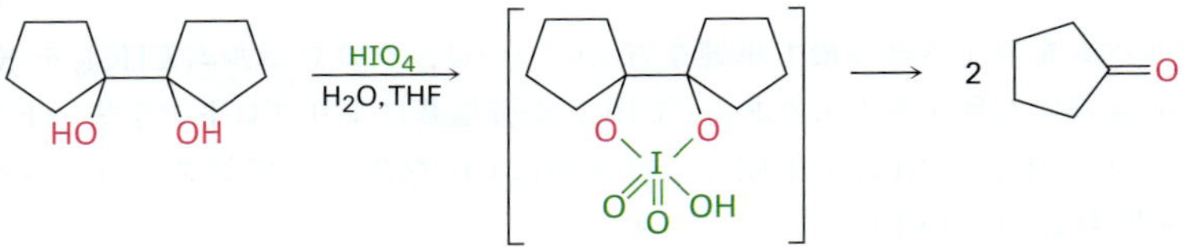

1,2-ジオール　環状過ヨウ素酸エステル　シクロペンタノン（81%）

218   8. アルケンとアルキンの反応

例題 8・3　オゾン分解反応の出発物を予想する

オゾン処理後，亜鉛で還元するとシクロペンタノンとプロパナールの混合物が生じるのはどのようなアルケンか．

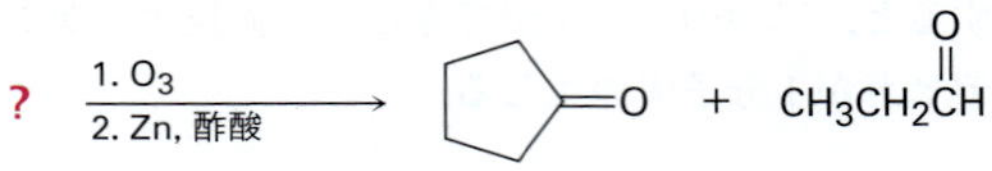

$$? \xrightarrow[\text{2. Zn, 酢酸}]{\text{1. O}_3} \quad \bigcirc=O \ + \ CH_3CH_2\overset{\overset{\textstyle O}{\|}}{CH} $$

考え方　アルケンをオゾン処理後，亜鉛で還元すると C=C 結合が開裂し，二つのカルボニル化合物が生成する．すなわち C=C 結合が二つの C=O 結合になる．カルボニルを含む生成物から逆向きに考えると，それぞれの生成物から酸素を除き二つの炭素をつなぐことで二重結合を形成すればアルケンになる．

解　答

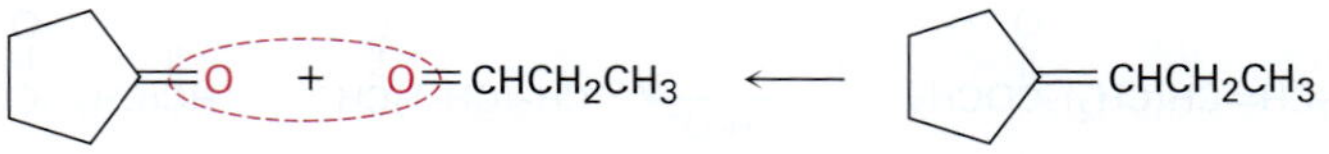

$$ \bigcirc=O \ + \ O=CHCH_2CH_3 \quad \longleftarrow \quad \bigcirc=CHCH_2CH_3 $$

問題 8・13　1-メチルシクロヘキセンを以下の反応剤と反応させた場合の生成物を予測せよ．

（a）$KMnO_4$ の酸水溶液　　　（b）O_3，つづいて酢酸中で Zn

問題 8・14　オゾンと反応後，亜鉛処理した場合に以下の生成物を与えるアルケンを推定せよ．

（a）$(CH_3)_2C=O + H_2C=O$　　（b）2 分子の $CH_3CH_2CH=O$

8・9　アルケンへのカルベンの付加: シクロプロパン合成

　アルケンへの付加反応の別の例として，カルベンとの反応によるシクロプロパン生成があげられる．**カルベン**（carbene）$R_2C:$ は原子価殻に 6 電子しかもたない 2 価の炭素をもつ，電荷をもたない分子である．それゆえカルベンは反応性が非常に高く，反応中間体としてのみ生成し，単離はできない．カルベンは電子不足のため，求電子剤として働き，求核的な C=C 結合と反応する．反応は中間体を経ず 1 段階で進行する．

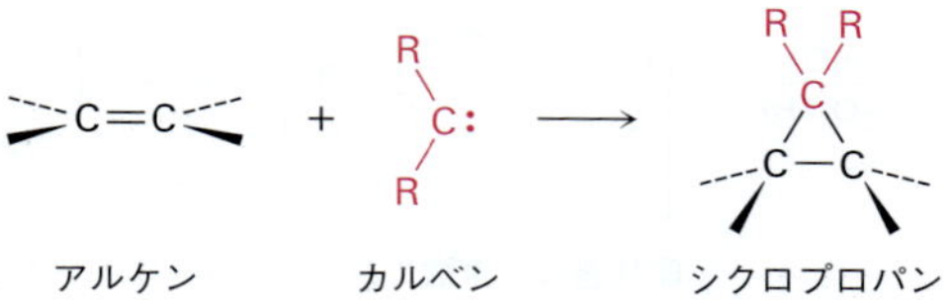

アルケン　　　カルベン　　　シクロプロパン

　置換カルベンを発生させる最も単純な方法の一つは，クロロホルム $CHCl_3$ を KOH のような強塩基で処理する手法である．$CHCl_3$ が強塩基によりプロトンを失いトリクロロメタニドイオン $^-:CCl_3$ を生成し，自発的に Cl^- を放出してジクロロカルベン $:CCl_2$ を発生する（図 8・8）

　ジクロロカルベンの炭素は sp^2 混成で，空の p 軌道が 3 原子から構成される平面の

8・9 アルケンへのカルベンの付加: シクロプロパン合成   219

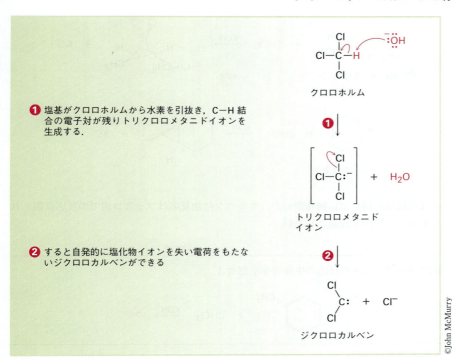

図 8・8 クロロホルムと強塩基の反応によるジクロロカルベン生成の機構. $CHCl_3$ の脱プロトンによりトリクロロメタニドイオン $^-:CCl_3$ が生成し,これが自発的に Cl^- を放出する.

❶ 塩基がクロロホルムから水素を引抜き,C—H 結合の電子対が残りトリクロロメタニドイオンを生成する.

❷ すると自発的に塩化物イオンを失い電荷をもたないジクロロカルベンができる

上下に広がり,非共有電子対が 3 番目の sp^2 軌道を占めている.このジクロロカルベンの電子配置は sp^2 混成の炭素と空の p 軌道の両方をもつ点でカルボカチオン(§7・8 参照)に類似している.さらに静電ポテンシャル図もこの類似性を示している(図 8・9).

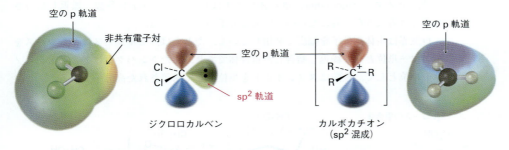

図 8・9 ジクロロカルベンの構造. 静電ポテンシャル図によると正の領域(青)はジクロロカルベンとカルボカチオン(CH_3^+)ともに空の p 軌道と一致している.ジクロロカルベンの負の領域(赤)は非共有電子対と一致している.

アルケンの存在下でジクロロカルベンを発生させた場合,二重結合への付加が起こり,ジクロロシクロプロパンができる.ジクロロカルベンと *cis*-ペンタ-2-エンとの反応で示すように,付加は**立体特異的**(stereospecific),すなわち生成物は一つの立体異性体のみである.たとえばシスアルケンを出発物とした場合,シス二置換シクロプロパンのみが生成し,トランスアルケンを用いた場合はトランス二置換シクロプロパンのみが得られる.

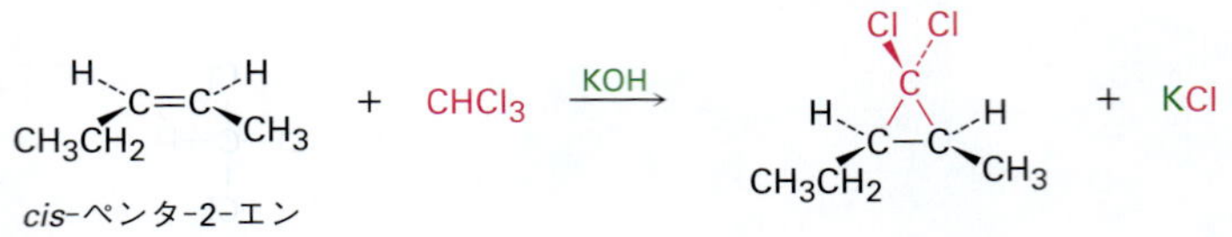

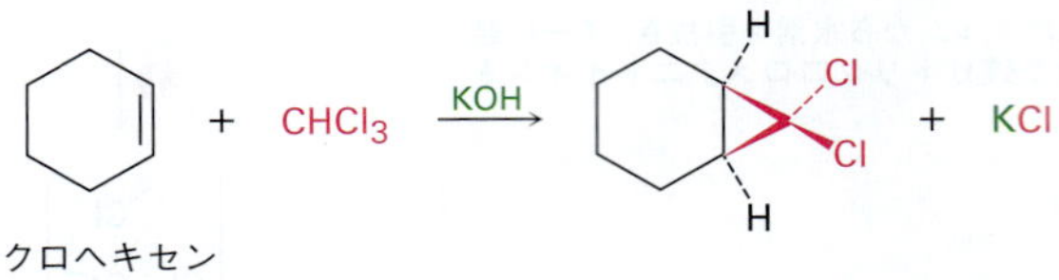

220   8. アルケンとアルキンの反応

cis-ペンタ-2-エン

シクロヘキセン

　　反応機構の観点では興味深いが，カルベン付加反応はフラスコ内での反応に限られており，生体内では起こらない．

問題 8・15　以下の反応の生成物を予想せよ．

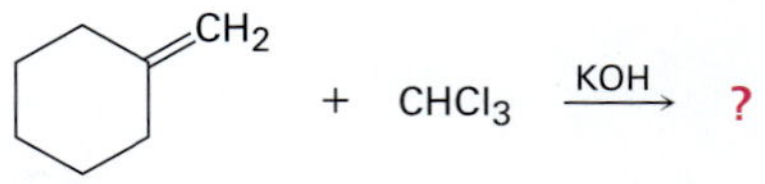

8・10　アルケンへのラジカル付加: 連鎖重合

　　§6・3でラジカル反応をごく簡単に紹介した際，ラジカルはC＝C結合に付加する際に二重結合から電子を1個奪い，もう1電子はそのまま残り新たなラジカル種を生じることを述べた．ここではその過程について，アルケンポリマーの工業的合成法に焦点を当て，より詳しくみることにしよう．**ポリマー**（polymer，高分子，重合体）とは，**モノマー**（monomer，単量体）とよばれる小さな分子を多数，繰返し結合させてできる大きな，時にたいへん巨大な分子のことである．

　　自然界は生体高分子を幅広く利用している．たとえば，セルロースはグルコースをモノマー単位として繰返し結合した重合体であり，またタンパク質はアミノ酸をモノマー単位として，核酸はヌクレオチドを単位として構築された高分子である．

セルロース: グルコースの重合体

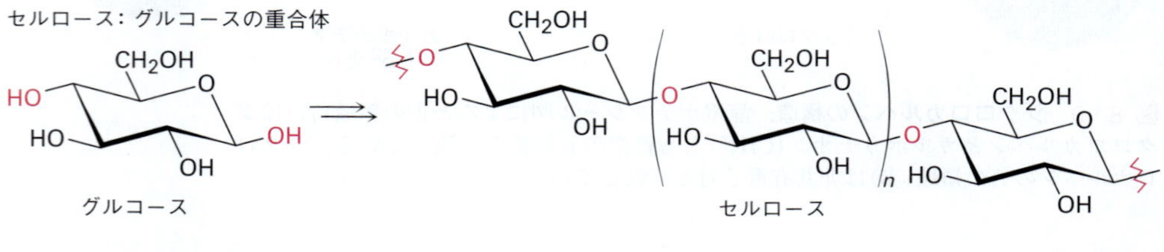

グルコース　　　　　　　　　　　　　　　　　セルロース

タンパク質: アミノ酸の重合体

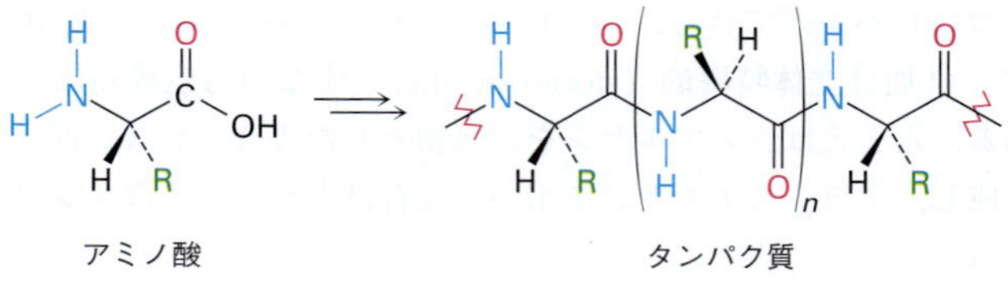

アミノ酸　　　　　　　　　　　タンパク質

核酸: ヌクレオチドの重合体

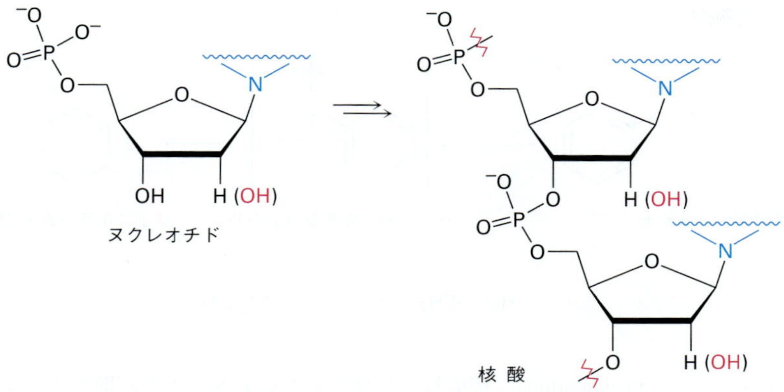

ヌクレオチド　　　　　核　酸

　ポリエチレンのような合成ポリマーは生体高分子に比べ化学的にはずっと単純であるが，モノマーの種類や重合の反応条件によって，その構造や性質に非常に幅広い多様性がある．最も単純な合成ポリマーは，アルケンに対して適切な触媒を加えたときに生成するものである．たとえばエチレンの重合によりポリエチレンが得られるが，これは分子量が 600 万にも達し，20 万にも及ぶモノマー単位が巨大な炭化水素鎖に組込まれたきわめて大きなアルカンであり，世界中で年間およそ 8000 万トン製造されている．

ポリエチレン: 合成ポリマー

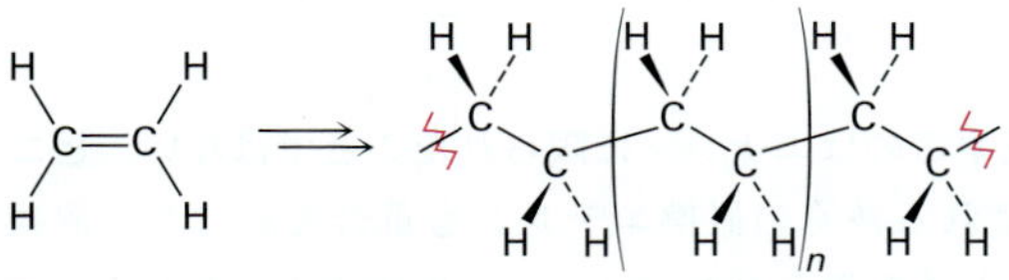

エチレン　　　　　　　　　ポリエチレン

　ポリエチレンや他の単純なアルケンのポリマーは，開始剤が炭素－炭素二重結合に付加して反応性中間体を生成する過程を含む連鎖反応，すなわち**連鎖重合**（chain-growth polymerization，chain polymerization）により合成される．中間体は 2 分子目のモノマーと反応して新しい中間体を生成し，これが 3 分子目のモノマーと反応し，さらに同様の反応を繰返す．

　歴史的には，エチレンの重合は過酸化ベンゾイルのようなラジカル開始剤の存在下で高圧（1000〜3000 気圧）かつ高温（100〜250 ℃）条件で行われてきたが，現在では別の反応条件や触媒が用いられている．反応の鍵段階はラジカルがエチレンの二重結合に付加するところであり，多くの点で求電子剤の付加反応と類似している．反応機構を書く際は，極性反応において電子対の移動を表すために両羽矢印を用いたのとは異なり，1 電子の動きを表現するために曲がった片羽矢印，あるいは"釣り針"形とよばれる巻矢印（⌒）を用いることを思い出そう．

- **開始反応**（initiation）　重合反応は，触媒である過酸化ベンゾイルの弱い O−O 結合が加熱により開裂してごく少量のラジカルが発生することで開始する．最初にできるベンゾイルオキシラジカルは CO_2 を失ってフェニルラジカル Ph· となり，これがエチレンの C＝C 結合に付加して重合が始まる．C＝C 結合の 1 電子はフェニ

ルラジカルの1電子と対をつくりC−C結合を形成し，もう一方の電子は炭素上に残る．

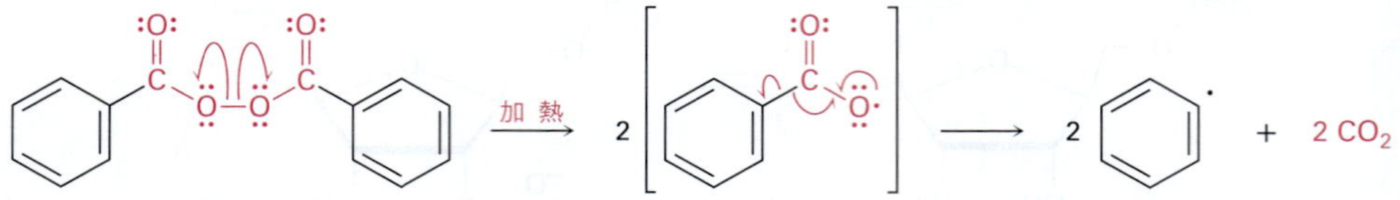

過酸化ベンゾイル　　　　　ベンゾイルオキシラジカル　　フェニルラジカル（Ph・）

$$Ph\cdot \quad H_2C{=}CH_2 \longrightarrow Ph{-}CH_2CH_2\cdot$$

- **成長反応**（propagation）　開始反応で発生した炭素ラジカルが別のエチレン分子に付加して新たなラジカルを生じることで重合は進行する．この過程が数百回から数千回繰返されることでポリマー鎖がつくられる．

$$Ph{-}CH_2CH_2\cdot \quad H_2C{=}CH_2 \longrightarrow Ph{-}CH_2CH_2CH_2CH_2\cdot \xrightarrow{\text{繰返す}} Ph{-}(CH_2CH_2)_nCH_2CH_2\cdot$$

- **停止反応**（termination）　連鎖反応はやがてラジカル種を消費する反応によって終結する．成長している二つのラジカル同士が結合する反応が停止反応の一つである．

$$2\,R{-}CH_2CH_2\cdot \longrightarrow R{-}CH_2CH_2CH_2CH_2{-}R$$

ポリマーを形成するのはエチレンに限られたことではない．**ビニルモノマー**（vinyl monomer）とよばれる多くの置換エチレンも重合を起こし，置換基をもつ炭素が1炭素おきに規則正しく配置されたポリマーを生成する．たとえばプロピレンからはポリプロピレン，スチレンからはポリスチレンが生成する．

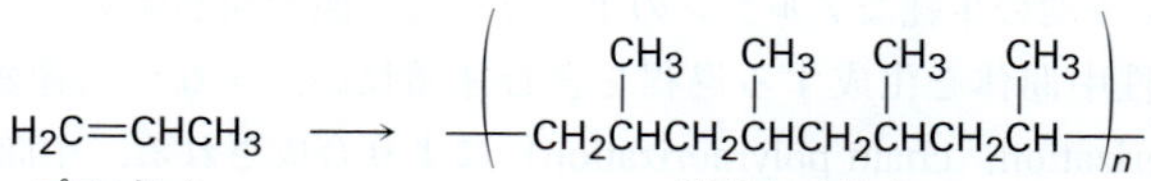

$H_2C{=}CHCH_3$　→　ポリプロピレン

プロピレン
（プロペン）

$H_2C{=}CH$　スチレン　→　ポリスチレン

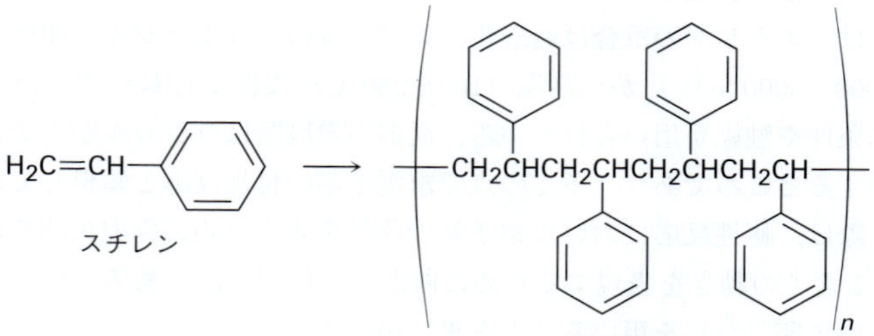

プロピレンやスチレンのような非対称置換のビニルモノマーを重合させた場合，ラジカルの付加は二重結合のいずれかの炭素上で進行し，第一級ラジカル中間体 $RCH_2\cdot$ もしくは第二級ラジカル $R_2CH\cdot$ が生成する可能性が考えられる．しかし実際には，

8・10 アルケンへのラジカル付加: 連鎖重合　223

求電子付加反応のときと同じように，より置換基の多い第二級ラジカルのみが生成する．

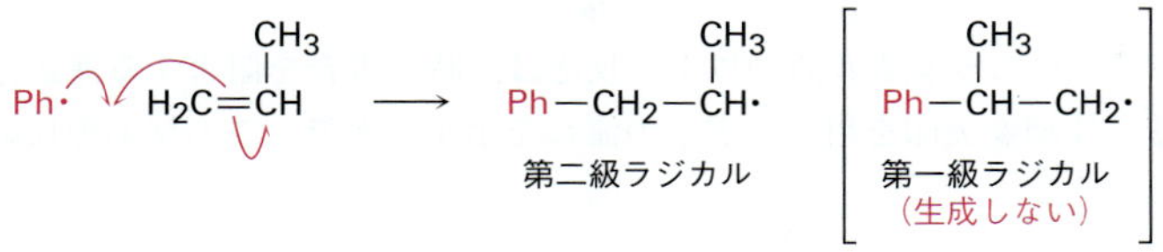

Ph・ ⌒ H₂C=CH（CH₃） ⟶ Ph—CH₂—CH・（CH₃）　第二級ラジカル　［Ph—CH—CH₂・（CH₃）　第一級ラジカル（生成しない）］

表8・1に，商業的に重要なアルケンポリマーとその用途，およびそれらの原料であるビニルモノマーを示す．

表8・1　アルケンポリマーとその用途

モノマー	化学式	ポリマーの一般名または販売名	用途
エチレン	$H_2C=CH_2$	ポリエチレン	梱包材，ボトル
プロペン（プロピレン）	$H_2C=CHCH_3$	ポリプロピレン	成形品，ロープ，カーペット
クロロエチレン（塩化ビニル）	$H_2C=CHCl$	ポリ塩化ビニル	絶縁体，フィルム，管
スチレン	$H_2C=CHC_6H_5$	ポリスチレン	発泡体，成形品
テトラフルオロエチレン	$F_2C=CF_2$	テフロン®	ガスケット，焦げつき防止コーティング
アクリロニトリル	$H_2C=CHCN$	オーロン®，アクリラン®	繊維
メタクリル酸メチル	$H_2C=CCO_2CH_3$（CH_3）	プレキシグラス®，ルーサイト®	塗料，シート，成形品
酢酸ビニル	$H_2C=CHOCOCH_3$	ポリ酢酸ビニル	塗料，接着剤，発泡体

例題 8・4　ポリマーの構造を予測する

$H_2C=CHCl$ からできるポリマーであるポリ塩化ビニルの構造を，繰返し単位をいくつか書くことで示せ．

考え方　頭の中でモノマー単位の C–C 二重結合を切断し，いくつかの単位と結んで単結合をつくろう．

解答

ポリ塩化ビニルの一般構造は

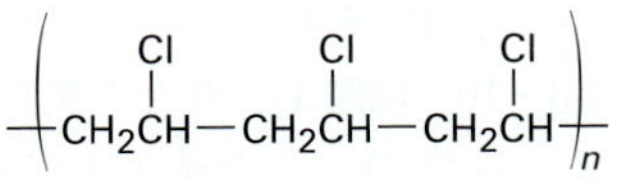

$$\left(CH_2CH(Cl)-CH_2CH(Cl)-CH_2CH(Cl)\right)_n$$

問題 8・16　以下のポリマーをつくるために必要なモノマー単位を示せ．

(a)

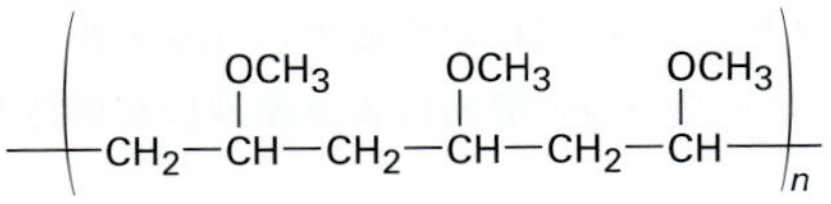

$$-\left(CH_2-CH(OCH_3)-CH_2-CH(OCH_3)-CH_2-CH(OCH_3)\right)_n$$

224 8. アルケンとアルキンの反応

(b)

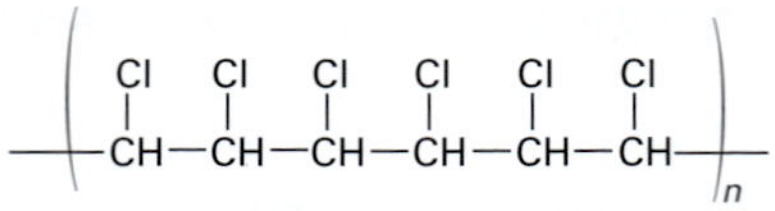

問題 8・17 二つのラジカル間の以下の反応は，時に重合を阻害する連鎖停止反応の一つである．片羽巻矢印を用いて電子の流れを示すことで，この反応の反応機構を示せ．

$$2 \quad \text{–CH}_2\dot{\text{C}}\text{H}_2 \quad \longrightarrow \quad \text{–CH}_2\text{CH}_3 + \text{–CH}=\text{CH}_2$$

8・11 生体内でのアルケンへのラジカル付加

アルケンの重合をひき起こすほどの高い反応性ゆえに，複雑な分子においてラジカル反応を制御することは困難である．つまり，フラスコ内におけるラジカル付加反応の有用性には厳しい限界がある．反応が一度きりで，カチオン中間体が求核剤に速やかに捕捉される求電子付加とは対照的に，ラジカル反応における反応性中間体はたいていは消滅せず，およそ制御できないほど何度も何度も反応してしまうからである．

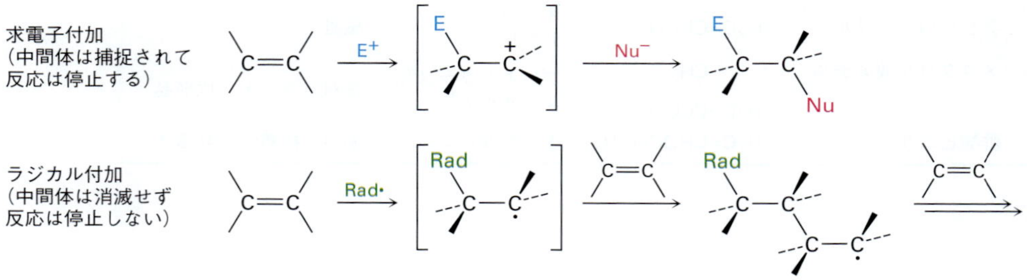

生体内におけるラジカル反応は，フラスコ内での反応とは状況が異なる．反応が起こる酵素の活性部位には一度にたった一つの基質分子のみが存在し，この分子はその他の必要な反応性官能基のすぐ近くにきっちりと保持される．その結果，生体内のラジカル反応は実験室や工業的に行われるラジカル反応と比べて制御された反応であり，かつ一般的にみられる．特に印象的な例はアラキドン酸からのプロスタグランジン生合成であり，ここでは連続した4回のラジカル付加反応が進行している．反応機構については§6・3で簡単に解説している．

プロスタグランジンの生合成は，鉄－オキシラジカルによるアラキドン酸のC13水素原子の引抜きで始まり（図8・10，段階1），生じた炭素ラジカルはその共鳴構造におけるC11でO$_2$と反応する（段階2）．その結果生じる酸素ラジカルがC8-C9二重結合に付加してC8に炭素ラジカルを生じ（段階3），これがC12-C13二重結合に付加してC13に炭素ラジカルができる（段階4）．この炭素ラジカルの共鳴構造がC15で2分子目のO$_2$分子と反応（段階5）するとプロスタグランジン骨格が完成し，O-O結合の還元によってプロスタグランジンH$_2$が生成する（段階6）．この生合成過程は複雑にみえるが，全工程がたった一つの酵素により絶妙に制御されている．

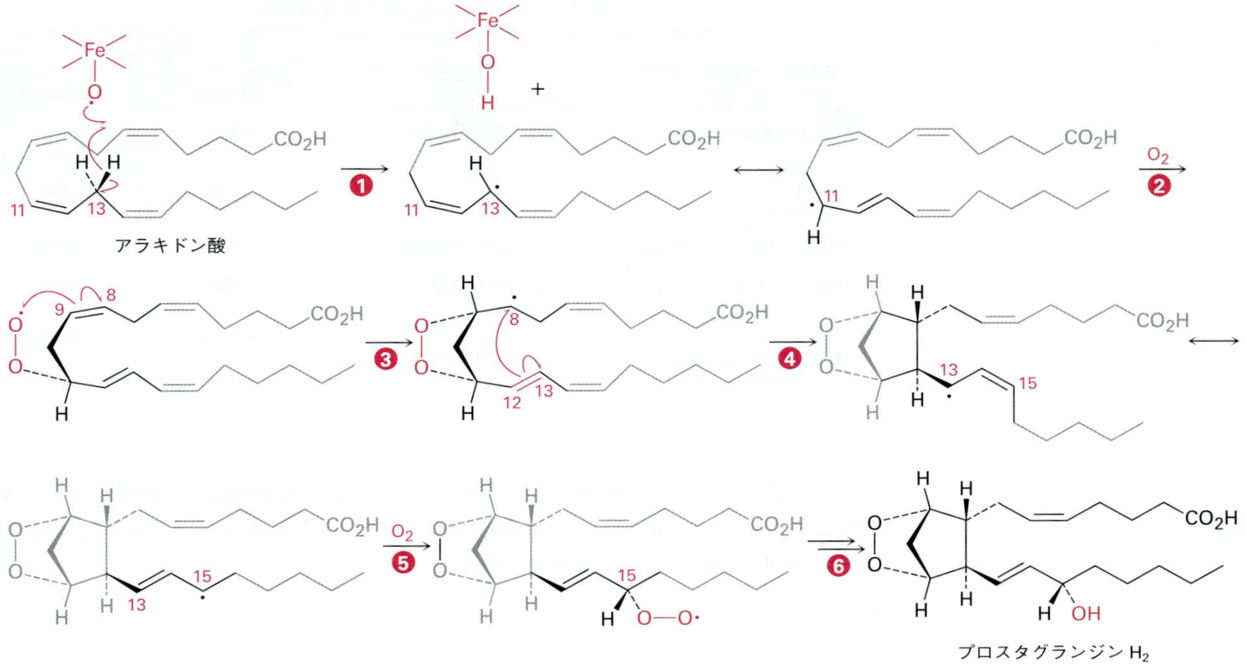

8・12 共役ジエン　225

図 8・10　アラキドン酸からのプロスタグランジン生合成の過程． 段階 ❷ と ❺ は O_2 へのラジカル付加反応であり，段階 ❸ と ❹ は炭素-炭素二重結合へのラジカル付加反応である．

8・12　共役ジエン

　これまではおもに二重結合を一つだけもつ化合物についてみてきたが，多くの化合物は多数の不飽和部位をもっている．もし不飽和部位が互いに分子内の十分に離れた位置にあるならば，それらはおのおの独立に反応するが，もしそれらが近接していれば互いに相互作用するだろう．特に二重結合が単結合と交互にある場合，いわゆる**共役二重結合**（conjugated double bond）である場合には，いくつかの特徴的な性質を示すことがわかっている．たとえばブタ-1,3-ジエンのような共役ジエンは，非共役なペンタ-1,4-ジエンとは大きく異なる性質をもつ．

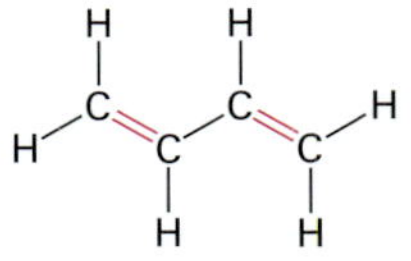

　相違点の一つは，表8・2の水素化熱からわかるように共役ジエンが非共役ジエンよりもやや安定であるという点である．§7・5では，ブタ-1-エンのような一置換アルケンの水素化熱 $\Delta H°_{水素化}$ がおよそ $-126\,\text{kJ/mol}$（$-30.1\,\text{kcal/mol}$）であり，2-メチルプロペンのような二置換アルケンではおよそ $-119\,\text{kJ/mol}$（$-28.4\,\text{kcal/mol}$）であることを述べた．またこれらのデータから置換基の多いアルケンは少ないアルケンに比べて安定であると結論づけた．つまり，より置換基の多いアルケンはそもそものエネルギーが低いために水素化で放出する熱量がより少ない．これと同様のことは共役ジエンにもあてはまる．

　一置換アルケンの水素化熱 $\Delta H°_{水素化}$ はおよそ $-126\,\text{kJ/mol}$ であるから，一置換アルケンを二つもつ化合物の水素化熱 $\Delta H°_{水素化}$ はそのおよそ2倍の $-252\,\text{kJ/mol}$ 程度であると予想される．ペンタ-1,4-ジエンのような非共役ジエンでは，この予想は正

ブタ-1,3-ジエン
（共役: 二重結合と単結合が交互）

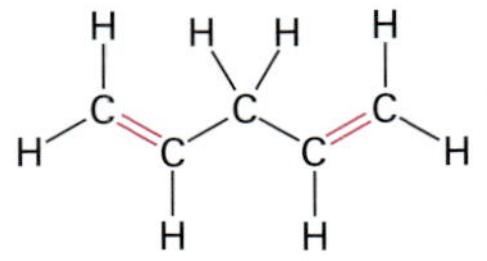

ペンタ-1,4-ジエン
（非共役: 二重結合と単結合は交互にはない）

226   8. アルケンとアルキンの反応

表 8・2　アルケンとジエンの水素化熱

アルケンまたはジエン	生成物	$\Delta H^{\circ}_{水素化}$	
		kJ/mol	kcal/mol
$CH_3CH_2CH{=}CH_2$	$CH_3CH_2CH_2CH_3$	−126	−30.1
$CH_3\overset{\displaystyle CH_3}{\underset{}{C}}{=}CH_2$	$CH_3\overset{\displaystyle CH_3}{\underset{}{CH}}CH_3$	−119	−28.4
$H_2C{=}CHCH_2CH{=}CH_2$	$CH_3CH_2CH_2CH_2CH_3$	−253	−60.5
$H_2C{=}CH{-}CH{=}CH_2$	$CH_3CH_2CH_2CH_3$	−236	−56.4
$H_2C{=}CH{-}\overset{\displaystyle CH_3}{\underset{}{C}}{=}CH_2$	$CH_3CH_2\overset{\displaystyle CH_3}{\underset{}{CH}}CH_3$	−229	−54.7

しい（$\Delta H^{\circ}_{水素化}=-253\,\text{kJ/mol}$）．しかし，ブタ-1,3-ジエンのような共役ジエンでは
あてはまらない（$\Delta H^{\circ}_{水素化}=-236\,\text{kJ/mol}$）．ブタ-1,3-ジエンは予想よりもおよそ
16 kJ/mol（3.8 kcal/mol）も安定である．

$$\Delta H^{\circ}_{水素化}(\text{kJ/mol})$$

$H_2C{=}CHCH_2CH{=}CH_2$　　　　−126 + (−126) = −252　　予想値
ペンタ-1,4-ジエン　　　　　　　　　　　−253　　　実測値
　　　　　　　　　　　　　　　　　　　　　1　　　差

$H_2C{=}CHCH{=}CH_2$　　　　　　−126 + (−126) = −252　　予想値
ブタ-1,3-ジエン　　　　　　　　　　　−236　　　実測値
　　　　　　　　　　　　　　　　　　　−16　　　差

　共役ジエンの安定性はどのような理由によるものであろうか．原子価結合法（§1・
5 および §1・8 参照）によれば，この安定性は軌道の混成によるとされる．アルカ
ンにみられるような典型的な C−C 単結合は両炭素原子の sp^3 混成軌道同士の σ 型の
重なりにより形成されるが，共役ジエンにおける中央の C−C 単結合は両炭素原子の
sp^2 混成軌道同士の σ 型の重なりの結果である．sp^2 混成軌道（33% s）は sp^3 混成軌
道（25% s）よりも s 性が高いため，sp^2 混成軌道中の電子は原子核のより近傍に存
在し，これらから形成される結合はいくぶん短く強い．したがって，共役ジエンの
"特別な"安定性の一因は，C−C 単結合を生成する軌道の s 性が高いことにある．

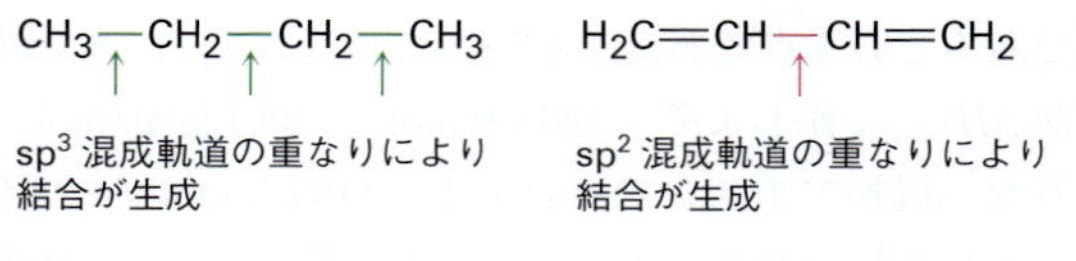

$CH_3{-}CH_2{-}CH_2{-}CH_3$　　　　$H_2C{=}CH{-}CH{=}CH_2$

sp^3 混成軌道の重なりにより　　　　sp^2 混成軌道の重なりにより
結合が生成　　　　　　　　　　　　結合が生成

　分子軌道法（§1・11 参照）によると，共役ジエンの安定性は二つの二重結合の π
軌道間の軌道相互作用に起因する．簡単に振返るが，二つの p 原子軌道から π 結合
が形成されるとき，二つの π 分子軌道が生じることになる．一つはもとの p 軌道よ
りもエネルギー準位が低く結合性であり，もう一方はエネルギー準位が高く原子核間
に節をもち，反結合性である．二つの p 電子は低いエネルギーの結合性軌道を占め，
原子間に安定な結合が生成する（図 8・11）．

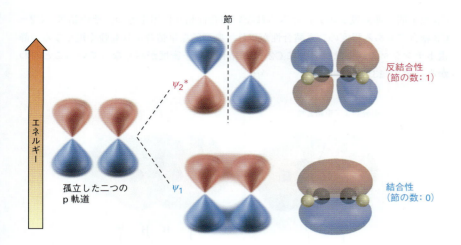

図 8・11 二つの p 軌道から二つの π 分子軌道が形成される．二つの電子はともにエネルギーの低い結合性軌道を占めるため，全体としてエネルギーが低くなり安定な結合ができる．ψ_2^* のアステリスク * は反結合性軌道を示す．

では，共役ジエンの場合のように，四つの隣接する p 原子軌道を結合してみよう．このとき四つの π 分子軌道の組ができ，そのうち二つは結合性で残りの二つは反結合性になる（図 8・12）．四つの π 電子は二つの結合性軌道を占め，反結合性軌道は空のままとなる．

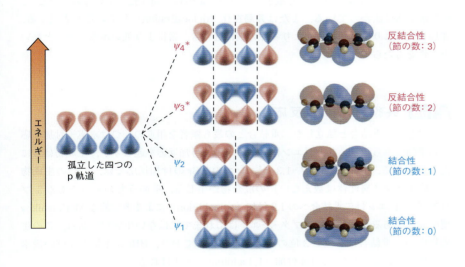

図 8・12 ブタ-1,3-ジエンの四つの π 分子軌道．節の数が軌道のエネルギー準位が高くなるにつれて増加することに注意せよ．

最もエネルギー準位の低い π 分子軌道 ψ_1（ψ はギリシャ語のプサイ）は，原子核間に節をもたず，したがって結合性である．次に低いエネルギー準位の π 分子軌道 ψ_2 は，原子核間に一つの節をもち，これも結合性である．一方 ψ_1 と ψ_2 よりもエネルギー準位が高いのは二つの反結合性 π 軌道 ψ_3^* と ψ_4^* となる（アステリスク * は反結合性軌道を意味する）．軌道のエネルギー準位が高くなるにつれ，節の数が増加することに留意してほしい．ψ_3^* 軌道は二つの節を，最もエネルギー準位の高い分子軌道 ψ_4^* は三つの節をもっている．

共役した二つの二重結合をもつブタ-1,3-ジエンの π 分子軌道と，二つの孤立した二重結合をもつペンタ-1,4-ジエンのそれを比較すると，なぜ共役ジエンがより安定なのかがわかる．共役ジエンでは，最低エネルギー準位の π 分子軌道（ψ_1）は C2 と

C3原子間で非共役ジエンにはみられない結合性相互作用をもつ．その結果，C2−C3結合にもある程度の二重結合性が現れ，典型的な単結合よりも強く短くなる．静電ポテンシャル図では明らかにC2−C3結合で電子密度が高くなっていることがわかる（図8・13）．

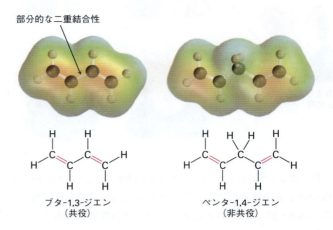

図 8・13 ブタ-1,3-ジエン（共役）およびペンタ-1,4-ジエン（非共役）の静電ポテンシャル図．ブタ-1,3-ジエンの中心にあるC−C結合で電子密度(赤)が増加しており，これは部分的な二重結合性と合致する．

ここで，ブタ-1,3-ジエンのπ電子は二つの特定の核に局在化しているのではなく，π骨格全体に広がっている，または**非局在化**（delocalization）していると表現する．非局在化により結合性電子がより多くの核に近づき，常により低いエネルギーと高い安定性をもたらす．

8・13 共役ジエンの反応

共役した二重結合と孤立した二重結合との最も顕著な相違の一つは求電子付加反応での挙動にみられる．共役ジエンは容易に求電子付加反応を起こすが，生成物は常に混合物となる．たとえばブタ-1,3-ジエンへのHBrの付加反応では，二つの生成物（シス-トランス異性体は数えない）の混合物が生じる．そのうちの一つである3-ブロモブタ-1-エンは二重結合への **1,2 付加**（1,2-addition）による典型的なMarkovnikov型生成物であるが，1-ブロモブタ-2-エンはこれまでにはない生成物である．この生成物中の二重結合は2位と3位の炭素間に移動しており，HBrは1位と4位の炭素に付加していることから，**1,4 付加**（1,4-addition）とよばれる．

では1,4付加生成物の生成はどのように説明できるだろうか．その答えはアリル位

のカルボカチオンが中間体として含まれることにある．ここで**アリル位**（allylic）という言葉は"二重結合の隣の位置"を意味する．ブタ-1,3-ジエンがH⁺のような求電子剤と反応するとき，第一級カルボカチオンと第二級のアリルカチオンの2種のカルボカチオン中間体が生成可能である．アリルカチオンは2種の共鳴構造（§2・4参照）による共鳴安定化を受けているためより安定であり，アリル位でないカルボカチオンよりも速く生成する．

アリルカチオンがBr⁻と反応して求電子付加が完結する段階は，C1とC3の炭素上に正電荷が分散しているため反応は両方の位置で起こりうる（図8・14）．このため1,2付加生成物と1,4付加生成物の混合物が得られる．

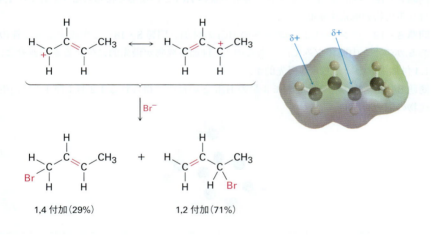

図 8・14 ブタ-1,3-ジエンのプロトン化により生じるカルボカチオンの静電ポテンシャル図．正電荷は1位と3位の炭素で分け合っている．Br⁻との反応は，より正電荷（青）を帯びた炭素（C3）で起こり，1,2付加生成物を優先的に与える．

例題 8・5　共役ジエンへの求電子付加の生成物を予想する

2-メチルシクロヘキサ-1,3-ジエンと等モル量のHClとの反応で得られる生成物の構造を示せ．1,2付加生成物と1,4付加生成物の両方を示すこと．

考え方　共役ジエンへのHClの求電子付加ではアリル型カチオン中間体が生成する．つまり最初の段階はジエンの両端どちらかでのプロトン化であるから，これにより生じる2種のアリル型カチオンの共鳴構造式を書けばよい．次にそれぞれの共鳴構造をCl⁻と反応させれば，最大四つの生じる化合物の構造が得られる．

この例では，C1−C2二重結合のプロトン化によって，1,2付加生成物である3-ク

ロロ-3-メチルシクロヘキセンと，1,4付加生成物である3-クロロ-1-メチルシクロヘキセンを生成可能なカルボカチオンを生じる．一方，C3-C4二重結合のプロトン化では対称なカルボカチオンを生じ，その二つの共鳴構造は等価である．したがって，1,2付加生成物と1,4付加生成物は同じ構造，すなわち6-クロロ-1-メチルシクロヘキセンとなる．これら2通りの可能なプロトン化のうち，前者の方が起こりやすいと考えられる．なぜなら後者はプロトン化により第二級アリル型カチオンを生じるのに対し，前者は第三級アリル型カチオンを生じるからである．

解 答

問題 8・18 ペンタ-1,3-ジエンと等モル量のHClとの反応で得られる1,2および1,4付加生成物の構造を示せ．

問題 8・19 ペンタ-1,3-ジエンへのHClの付加（問題8・18）で生成する可能性のあるカチオン中間体をみて，どちらの1,2付加生成物が優先的に生じるか予測せよ．1,4付加生成物はどちらが優先的か．

問題 8・20 次の化合物と等モル量のHBrとの反応で得られる1,2および1,4付加生成物の構造を示せ．

8・14 Diels-Alder 反応

　共役ジエンと非共役ジエンの最も顕著な違いは，共役ジエンはアルケンと付加反応を起こし，置換シクロヘキセンを生じることである．たとえば，ブタ-1,3-ジエンとブタ-3-エン-2-オンからシクロヘキサ-3-エニルメチルケトンが生成する．
　この反応は，発見者の名前にちなんで，**Diels-Alder 反応**（Diels-Alder reaction）とよばれ，1段階で二つの炭素-炭素結合を生成し，環状分子を合成することのできる一般性の高い反応の一つであるため，フラスコ内において非常に有用なものとなっ

8・14 Diels-Alder 反応　231

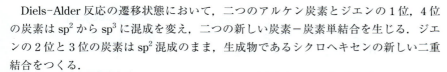

ブタ-1,3-ジエン　　ブタ-3-エン-2-オン　　　　　　　シクロヘキサ-3-エニル
　　　　　　　　　　　　　　　　　　　　　　　　　　メチルケトン(96%)

ている．これは**付加環化反応**（cycloaddition）の一種であり，二つの出発物が互いに付加して環状化合物を生じる．この重要な反応の発見に対して，O. Diels と K. Alder の二人に 1950 年にノーベル化学賞が与えられた．

　Diels-Alder 付加環化反応の反応機構は，いままでに述べた反応の機構とは異なり，極性反応でもラジカル反応でもない．Diels-Alder 反応は**ペリ環状反応**（pericyclic reaction）の一つである．ペリ環状反応は極性反応やラジカル反応ほど知られてはいないが，結合電子が環状に再分布することで 1 段階で起こる反応である．新しい二つの炭素－炭素結合が同時に生成する環状遷移状態を経て，二つの出発物が結びつく．

　Diels-Alder 反応は，アルケンの二つの p 軌道が，ジエンの 1 位と 4 位の炭素にある二つの p 軌道と正面から重なること（σ 型の重なり）によって，つまり二つの出発物が環状の配置をとることで起こる（図 8・15）．

環状遷移状態

図 8・15　Diels-Alder 付加環化反応の反応機構．反応は二つの炭素－炭素結合が同時に生じる環状の遷移状態を経て 1 段階で起こる．

　Diels-Alder 反応の遷移状態において，二つのアルケン炭素とジエンの 1 位，4 位の炭素は sp^2 から sp^3 に混成を変え，二つの新しい炭素－炭素単結合を生じる．ジエンの 2 位と 3 位の炭素は sp^2 混成のまま，生成物であるシクロヘキセンの新しい二重結合をつくる．

　Diels-Alder 付加環化反応はアルケン〔**ジエノフィル**（dienophile, 求ジエン体）とよばれる〕に電子求引基が置換していると，より速く進行する．そのため，エチレンそのものは反応が非常に遅いのに対し，プロペナール，プロペン酸エチル，無水マレイン酸，ベンゾキノン，プロペンニトリルやこれらに類似した化合物は非常に反応性に富んでいる．また，プロピン酸メチルのようなアルキンも Diels-Alder 反応のジエノフィルになる．

　いずれの場合も，ジエノフィルの二重結合あるいは三重結合が電子求引基の正に分極した炭素に隣接している．その結果，図 8・16 の静電ポテンシャル図からわかるように，これらの基質の二重結合の炭素はエチレンの炭素に比べて顕著に電子不足となっている．

232　8. アルケンとアルキンの反応

Diels–Alder ジエノフィルの例:

エチレン（不活性）、プロペナール（アクロレイン）、プロペン酸エチル（アクリル酸エチル）、無水マレイン酸、ベンゾキノン、プロペンニトリル（アクリロニトリル）、プロピン酸メチル

図8・16　エチレン，プロペナール，プロペンニトリルの**静電ポテンシャル図**．電子求引基により二重結合の炭素が電子豊富（赤）ではなくなっている．

Diels–Alder反応の最も有用な特徴の一つは，反応が立体特異的である点である．すなわち単一の立体異性体が生成する（§8・9参照）．さらに出発物のジエノフィルの立体化学は，反応のあいだ保持される．(Z)-ブタ-2-エン酸メチルと付加環化反応を行うと，シス置換シクロヘキセン生成物のみが生成する．反対に，(E)-ブタ-2-エン酸メチルを用いれば，トランス置換生成物のみが得られる．

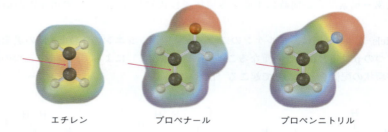

ブタ-1,3-ジエン　(Z)-ブタ-2-エン酸メチル　シス生成物

ブタ-1,3-ジエン　(E)-ブタ-2-エン酸メチル　トランス生成物

ジエノフィルに，その反応性に影響を与えるある種の制約があるように，共役ジエンにも制約がある．Diels–Alder反応が起こるためには，ジエンはs-シス配座（単結合に対してシスのような形）をとる必要がある．s-シス配座のときのみ，ジエンの

C1 と C4 は十分に接近し，環状の遷移状態を経て反応することができる．もし，ジエンがもう一つ可能な配座である s-トランス配座をとる場合には，ジエンの両末端は互いに離れすぎていてジエノフィルの p 軌道とうまく重なり合うことができない．

図 8・17 に示す二つの例は，s-シス配座がとれないジエンの例で，Diels-Alder 反応は進行しない．二環式ジエンは，環構造による立体的な制限のため，二つの二重結合が s-トランス配座に固定されている．一方，(2Z,4Z)-ヘキサ-2,4-ジエンでは，二つのメチル基の間の立体反発によって，s-シス配座をとることができない．

図 8・17 s-シス配座がとれないジエンの例．Diels-Alder 反応は進行しない．

s-シス配座がとれないために反応しないジエンもあれば，s-シス配座に固定されている例もある．そのようなジエンは容易に Diels-Alder 反応を起こす．たとえばシクロペンタ-1,3-ジエンは非常に反応性が高く，自分自身と反応してしまう．シクロペンタ-1,3-ジエンは室温で 1 分子はジエンとして，もう 1 分子はジエノフィルとして自己 Diels-Alder 反応を起こし，二量化する．

生体内での Diels-Alder 反応は知られているがあまり一般的ではない．一つの例は *Aspergillus terreus* という細菌から単離されたコレステロール低下薬ロバスタチン

234   8. アルケンとアルキンの反応

（lovastatin, 1章冒頭）の生合成にみられる．鍵段階はトリエンの分子内 Diels-Alder
反応であり，そこではジエンとジエノフィルが同一分子内に存在している．

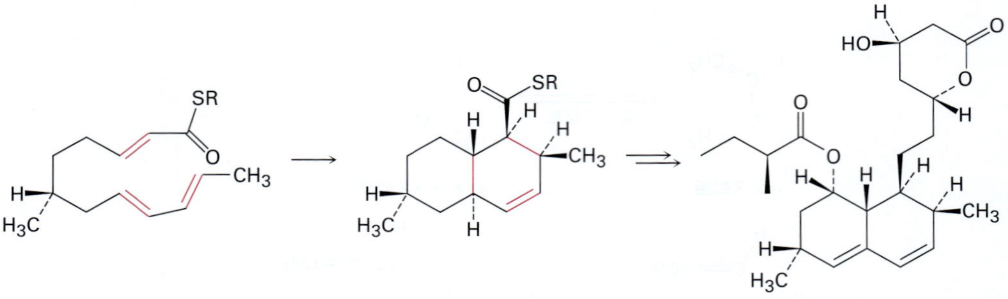

ロバスタチン

例題 8・6   **Diels-Alder 反応の生成物を予測する**

次の Diels-Alder 反応の生成物を予測せよ．

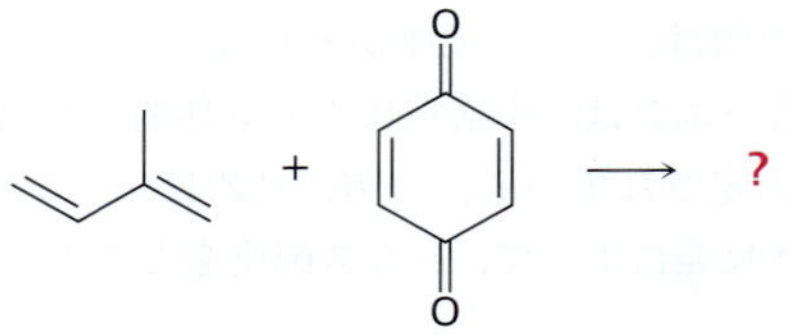

考え方　ジエンの二つの二重結合の端がジエノフィルの二重結合の近くにくるよう
にジエンを書く．次に両者間に二つの単結合をつくり，三つの二重結合を単結合に変
え，単結合だった部分を二重結合にする．ジエノフィルの二重結合はシスとなってい
るため，二つの結合する水素は生成物においてもシスのままである．

解　答

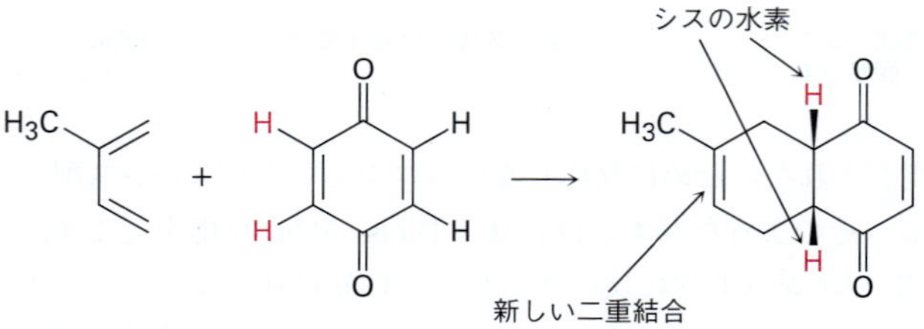

シスの水素

新しい二重結合

問題 8・21　次の Diels-Alder 反応の生成物を予測せよ．

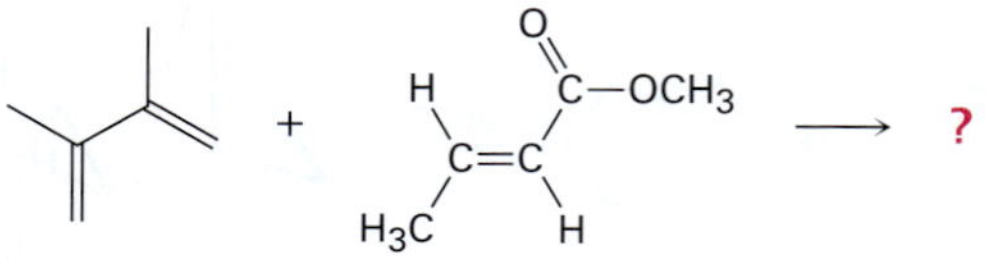

問題 8・22　以下のうち Diels-Alder 反応においてよいジエノフィルとなるアルケン
はどれか．

（a）

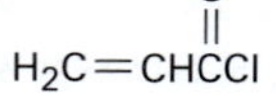

$H_2C = CHCCl$（O）

（b）

$H_2C = CHCH_2CH_2COCH_3$（O）

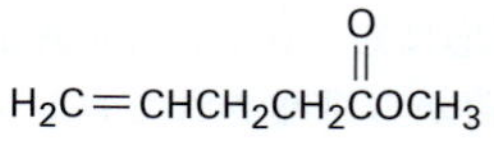

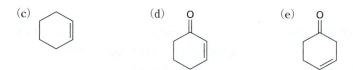

問題 8・23 以下のジエンのうちどれがs-シス配座で，どれがs-トランス配座か．s-トランスジエンのうち，容易にs-シスに回転できるものはどれか．

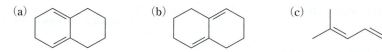

問題 8・24 以下の Diels-Alder 反応の生成物を予測せよ．

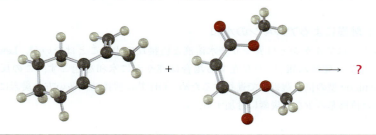

訳者補遺 "閉環メタセシス"は東京化学同人のホームページに掲載しています(p.xxiii参照)

8・15 アルキンの反応
アルキンに対する付加反応

§7・6ではアルキンが多くの点においてアルケンに似た化学的挙動を示すことを簡単に述べた．すなわちアルキン類もアルケンと同様に多くの付加反応を起こす．一般的には，アルキンはアルケンよりもやや反応性が低いが，しばしば反応剤を等モル量だけ用いることにより1段階目の付加の段階で反応を停止させることができる*．付加反応は通常 Markovnikov 型の位置選択性を示す．アルキンへちょうど等モル量の H_2 を付加させるためには，**Lindlar 触媒**(リンドラー)(Lindlar catalyst)とよばれる特別な水素化触媒が必要である．この反応で得られるアルケンはシス体である．

* 訳注: 単純なアルキンとアルケンの反応性を比較した場合，求電子付加反応では一般にアルケンの方がやや反応性が高い．HBr, HCl, Br_2 の付加では1段階目の付加で生成するアルケンには電子求引基(ハロゲン)が置換しているため，単純なアルキンよりも反応性が低下する．水素の付加(還元反応)に関しては，アルキンの方が反応性がやや高いため，活性を調節した触媒(Lindlar 触媒)を用いれば，1段階目の付加の段階で反応を停止させることが可能である．

HBr 付加 CH₃CH₂CH₂CH₂C≡CH →(HBr/CH₃CO₂H) CH₃CH₂CH₂CH₂C(Br)=CH₂ →(HBr/CH₃CO₂H) CH₃CH₂CH₂CH₂CBr₂CH₃

ヘキサ-1-イン　　2-ブロモヘキサ-1-エン　　2,2-ジブロモヘキサン

HCl 付加 CH₃CH₂C≡CCH₂CH₃ →(HCl/CH₃CO₂H) (Z)-3-クロロヘキサ-3-エン →(HCl/CH₃CO₂H) 3,3-ジクロロヘキサン

ヘキサ-3-イン　　(Z)-3-クロロヘキサ-3-エン　　3,3-ジクロロヘキサン

Br₂ 付加 CH₃CH₂C≡CH →(Br₂/CH₂Cl₂) (E)-1,2-ジブロモブタ-1-エン →(Br₂/CH₂Cl₂) 1,1,2,2-テトラブロモブタン

ブタ-1-イン　　(E)-1,2-ジブロモブタ-1-エン　　1,1,2,2-テトラブロモブタン

236   8. アルケンとアルキンの反応

H₂ 付加   CH₃CH₂CH₂C≡CCH₂CH₂CH₃ $\xrightarrow[\text{Lindlar 触媒}]{\text{H}_2}$ [cis-オクタ-4-エン構造] $\xrightarrow[\text{Pd/C 触媒}]{\text{H}_2}$ オクタン

オクタ-4-イン   cis-オクタ-4-エン

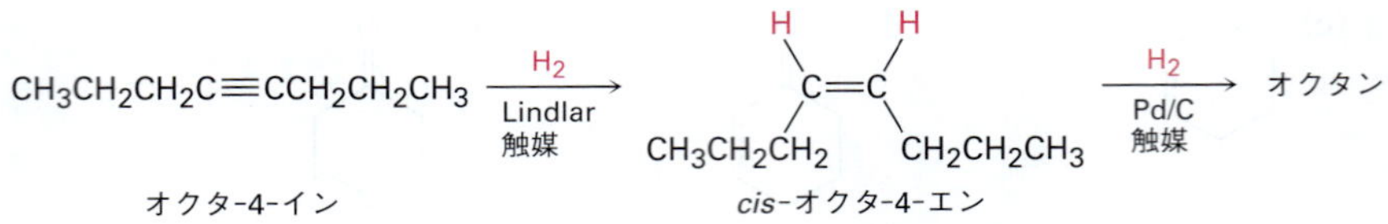

問題 8・25 次の反応の生成物を予想せよ.

(a) $CH_3CH_2CH_2C\equiv CH + 2\,Cl_2 \longrightarrow$ **?**

(b)  [シクロペンチル]$-C\equiv CH + 1\,HBr \longrightarrow$ **?**

(c) $CH_3CH_2CH_2CH_2C\equiv CCH_3 + 1\,HBr \longrightarrow$ **?**

水銀(Ⅱ)触媒によるアルキンの水和

　アルキンはアルケンとは異なり酸水溶液と直接反応することはないが，Lewis酸触媒としての硫酸水銀(Ⅱ) が存在する場合は速やかに水和を起こす. この反応はMarkovnikov型の位置選択性で進行するため，OH基は置換基の多い方の炭素に付加し，Hは置換基の少ない炭素に付加する.

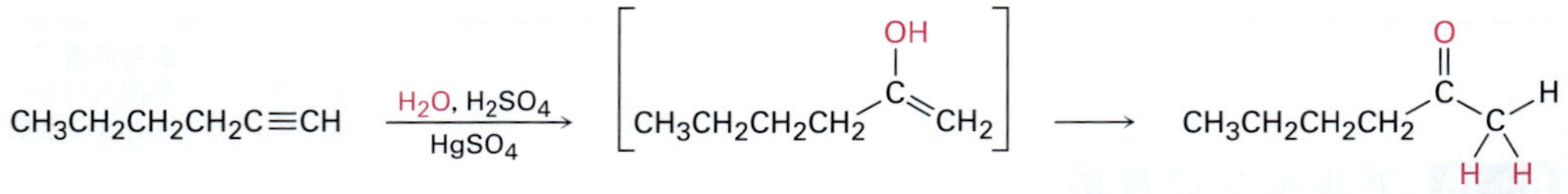

$CH_3CH_2CH_2CH_2C\equiv CH$ $\xrightarrow[\text{HgSO}_4]{\text{H}_2\text{O, H}_2\text{SO}_4}$ [エノール中間体] $\longrightarrow$ [ヘキサン-2-オン]

ヘキサ-1-イン   エノール   ヘキサン-2-オン(78%)

　興味深いことに，アルキンの水和で実際に単離される生成物はビニルアルコール，すなわちエノール（en＋ol）ではなく，ケトンである. エノールは反応の中間体であるが，**ケト-エノール互変異性**（keto-enol tautomerism）とよばれる過程により速やかにケトンに異性化する. ケト型とエノール型はそれぞれ互変異性体とよばれる. **互変異性体**（tautomer）とは水素の位置の移動により自発的に相互変換を起こす二つの異性体を表す言葉である. 少数の例外を除き，ケト-エノール互変異性はケトン側に平衡が偏り，エノールはほとんど単離できない. この平衡については§17・1でより詳しく学ぶ.

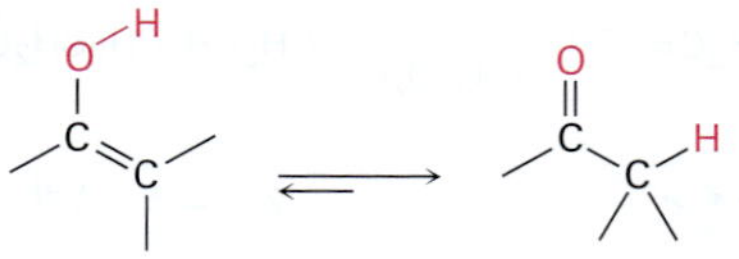

[エノール型とケト型の平衡の構造式]

エノール型   ケト型
（不利）   （有利）

　図8・18に示すように，水銀(Ⅱ)触媒によるアルキンの水和反応の反応機構はアルケンのオキシ水銀化反応（§8・4参照）と類似している. 水銀(Ⅱ)イオンのアルキンへの求電子付加によりカルボカチオンを生じ，これが水と反応しプロトンを失うことで，水銀を含むエノール中間体となる. しかしながらアルケンのオキシ水銀化と異なり，水銀の除去にNaBH₄による処理は必要ない. 酸性の反応条件だけで水銀を水素に置換するのに十分な効果がある. さらに互変異性化によりケトンが生成する.

　非対称に置換された内部アルキンRC≡CR′を水和した場合は可能な2種のケトン

8・15 アルキンの反応　237

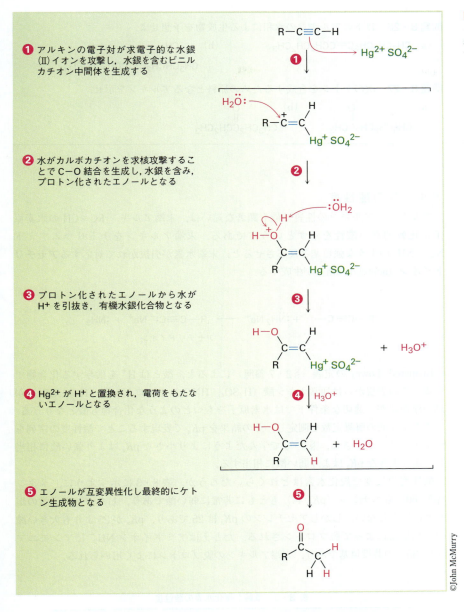

図 8・18　水銀(II)触媒によるアルキンの水和でケトンを生成する反応機構．最初にエノール中間体が生成し，これがケトンに互変異性化することで反応が起こる．

の混合物を与える．末端アルキン RC≡CH を用いた場合はメチルケトンのみが生成するため，この反応が最も有用性が高い．

238   8. アルケンとアルキンの反応

問題 8・26 以下のアルキンの水和による生成物を予想せよ.

(a) $CH_3CH_2CH_2C{\equiv}CCH_2CH_2CH_3$

(b)
$$\underset{\displaystyle CH_3CHCH_2C{\equiv}CCH_2CH_2CH_3}{\overset{\displaystyle CH_3}{\vert}}$$

問題 8・27 次のケトンを合成するための原料となるアルキンを示せ.

(a)
$$CH_3CH_2CH_2\overset{\displaystyle O}{\overset{\displaystyle \|}{C}}CH_3$$

(b)
$$CH_3CH_2\overset{\displaystyle O}{\overset{\displaystyle \|}{C}}CH_2CH_3$$

アルキンの酸性度

アルケンとアルキンの性質で最も顕著な違いは,末端アルキン $RC{\equiv}CH$ の水素原子が比較的高い酸性を示すという点である.末端アルキンをナトリウムアミド $Na^{+-}NH_2$ のような強塩基と反応させると,末端水素が引抜かれて対応する**アセチリドイオン**(acetylide ion)が生成する.

$$R-C{\equiv}C-H \ + \ :\overset{..}{N}H_2 \ Na^+ \ \longrightarrow \ R-C{\equiv}C:^- \ Na^+ \ + \ :NH_3$$
アセチリドイオン

Brønsted–Lowry の定義(§2・7参照)によると,酸とは H^+ を供与する化合物である.この表現からは通常オキシ酸(H_2SO_4, HNO_3)やハロゲン酸(HCl, HBr)が思い浮かぶが,適切な条件下では水素原子をもつどのような化合物も酸となりうる.さまざまな酸の解離定数を測定し,その結果を pK_a で表現することで酸性度の序列を決定することができる.§2・8で学んだようにより小さな pK_a はより強い酸に相当し,より大きな pK_a はより弱い酸に相当する.

酸性度の尺度で炭化水素はどれくらいだろうか.表8・3に示すように,メタン(pK_a 60)もエチレン(pK_a 44)もともに非常に弱い酸であり,したがって通常の塩基とは反応しない.しかしアセチレンの pK_a は25であり,pK_a が25よりも大きい酸の共役塩基によって脱プロトンされる.たとえばアミドイオン NH_2^- はアンモニア(pK_a 35)の共役塩基であり,末端アルキンの脱プロトンによく用いられる.

表 8・3　単純な炭化水素の酸性度

分　類	具体例	K_a	pK_a	
アルキン	$HC{\equiv}CH$	10^{-25}	25	強 酸
アルケン	$H_2C{=}CH_2$	10^{-44}	44	
アルカン	CH_4	10^{-60}	60	弱 酸

なぜ末端アルキンはアルケンやアルカンよりも酸性度が高いのだろうか.言い換えれば,なぜアセチリドイオンはビニル(アルケニル)アニオンやアルキルアニオンよりも安定なのだろうか.この疑問に対する最も単純な説明は,負に荷電した炭素原子の混成状態に基づく解釈である.アセチリドイオンは sp 混成炭素をもっており,

したがって負電荷は 50%の s 性をもつ軌道に存在していることになる．ビニルアニオンは s 性が 33%の sp² 混成炭素であり，アルキルアニオン（sp³）には s 性が 25%しかない．s 軌道は p 軌道よりも正電荷をもつ原子核の近くにあり，そのエネルギーも低いため，負電荷は s 性の高い軌道にあるほどより安定化を受ける（図 8・19）．

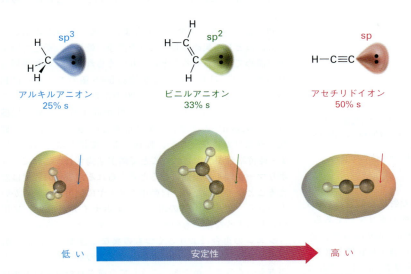

図 8・19 アルキルアニオン，ビニルアニオン，アセチリドイオンの比較．アセチリドイオンは sp 混成であり，s 性が高く，より安定である．静電ポテンシャル図によると負電荷が炭素原子核に近づくと，炭素原子のアニオン性が低下するようにみえる（赤）．

炭素上に負電荷と非共有電子対が存在するため，アセチリドイオンは求核性が高い．その結果，アセチリドイオンはさまざまな求電子剤と反応する．たとえばハロゲン化アルキルと反応し，ハロゲンとの置換により新たなアルキン生成物を生成する．

$$H-C\equiv C:^- Na^+ + H-\underset{H}{\overset{H}{C}}-Br \longrightarrow H-C\equiv C-\underset{H}{\overset{H}{C}}-H + NaBr$$

アセチリドイオン　　　　　　　　　　　　　　　　プロピン

この置換反応の詳細は §12・6 で学習するが，現時点ではその反応がアセチレンそのものに限定されないことに注意しよう．いかなる末端アルキンも塩基により対応するアニオンに変換でき，ハロゲン化アルキルと反応させることで内部アルキン生成物を合成できる．たとえばヘキサ-1-インは，まず NaNH₂ と反応させ，ついで 1-ブロモブタンと反応させるとデカ-5-インを与える．

$$CH_3CH_2CH_2CH_2C\equiv CH \xrightarrow[\text{2. } CH_3CH_2CH_2CH_2Br]{\text{1. } NaNH_2, NH_3} CH_3CH_2CH_2CH_2C\equiv CCH_2CH_2CH_2CH_3$$

ヘキサ-1-イン　　　　　　　　　　　　　　　　　デカ-5-イン（76%）

訳者補遺 "クリックケミストリー" は東京化学同人のホームページに掲載しています（p.xxiii 参照）

科学談話室

天 然 ゴ ム

天然ゴムは東南アジアの農園で栽培されているゴムの木 *Hevea brasiliensis* の幹から得られる.
©Hasnuddin/Shutterstock.com

ゴムという変わった名前を与えられた特殊な物質は，400以上の異なる植物により産生される天然のポリマーである．おもな供給源はいわゆるゴムの木 *Hevea brasiliensis* で，粗製品は樹皮に入れた切込みからしたたる滴から収穫される．**ゴム**（rubber）という名前は，酸素の発見者であり，ゴム化学の初期の研究者でもある Joseph Priestley が，ゴムの初期の用途の一つが紙に書いた鉛筆の文字をこすって消す（rub out）ことだったのにちなんでつけた．

ポリエチレンや他の単純なアルケンのポリマーとは異なり，天然ゴムは共役ジエンである 2-メチルブタ-1,3-ジエン（一般にはイソプレンとよばれる）の重合体である．重合はイソプレンモノマーの 1,4 付加によって伸長し，二重結合を 4 炭素ごとに規則正しく含むポリマーができる．これらの二重結合は Z の立体化学をもつが，グッタペルカとよばれるゴムの E 異性体も天然に存在する．ゴムよりも硬くてもろいグッタペルカはさまざまな小規模用途があり，たとえば歯科で利用されたり，ゴルフボールの被膜などに用いられる．

粗製品のゴム（ラテックスとよばれる）はゴムの木から水分散液として集められ，これを洗浄，乾燥し，そして空気中で温めて凝固させることによりつくられる．この結果得られるポリマーは長さにして平均約 5000 個のモノマーに相当する鎖をもち，その分子量は 20 万から 50 万に達する．この粗凝固物は柔らかすぎて粘着性が高すぎるため，**加硫**（vulcanization）とよばれる単体硫黄との加熱工程により硬化させなければ使えない．加硫によって鎖と鎖との間に炭素–硫黄結合が形成されることで鎖が架橋され，これによりポリマーが硬く，頑強になると考えられる．硬化の程度は変えることができるため，自動車のタイヤに使用する軟らかいものから，ボーリングのボール（エボナイト ebonite）に用いられるような硬いものまでつくり出すことができる．

ジエンの重合によりいくつもの異なる合成ゴムが商業的に生産されている．シスおよびトランスのポリイソプレンの両方をつくることができ，こうして合成されたゴムは天然物と類似している．クロロプレン（2-クロロブタ-1,3-ジエン）を重合化するとネオプレンができるが，これは優秀だが高価な耐候性のよい合成ゴムである．ネオプレンはホースやグローブなどの工業的生産に用いられる．

伸びたりもとの形に縮んだりできるというゴムの驚くべき性質は，二重結合によってもたらされるポリマー鎖の不規則な形状に由来する．二重結合はポリマー鎖のねじれや曲がりを生み出すため，ポリマー鎖は互いに密着することができない．ゴムを伸ばすと，ランダムにらせんを巻いた鎖が伸びて，引っ張り方向に向くが，架橋しているため互いにずれてしまうことはない．伸ばすのをやめると，ポリマー鎖はもとのランダムな状態に戻る．

8. アルケンとアルキンの反応　241

ま と め

　有機反応を理解するために必要な基礎知識はすでに学んだので，本章ではおもな官能基の系統的な説明を開始した．さまざまな種類の反応を取上げたが，直接または間接的に生体反応に関わる反応に焦点を当ててきた．

　アルケンは一般的に，ハロゲン化アルキルからの HX の脱離のような**脱ハロゲン化水素**や，アルコールからの水の脱離のような**脱水**などの**脱離**反応により合成される．アルケンを合成するための脱離反応の逆は，アルケンの二重結合へのさまざまな物質の付加による飽和化合物の合成である．

　ハロゲン酸である HCl や HBr は2段階の求電子付加機構でアルケンに付加する．はじめの段階は求核的な二重結合と H^+ との反応によりカルボカチオン中間体が生じる過程であり，これにより生じたカルボカチオンはつづいてハロゲン化物イオンと反応する．臭素や塩素のアルケンへの付加は3員環状の**ブロモニウムイオン**や**クロロニウムイオン**中間体を経て起こり，付加生成物は**アンチの立体化学**をもつ．ハロゲンの付加反応に水が共存すると**ハロヒドリン**が生成する．

　アルケンの**水和**，つまり水の付加反応は，フラスコ内の反応においては目的生成物に応じて二つの相補的な手法のうちのどちらかを用いて行う．オキシ水銀化-脱水銀はMarkovnikov 型付加生成物を，一方ヒドロホウ素化-酸化は**シンの立体化学**をもつ逆 Markovnikov 型付加生成物を与える．

　アルケンは白金やパラジウム触媒の存在下，H_2 の付加により還元されてアルカンを生じる．この過程は**触媒的水素化**とよばれる．アルケンはまた過酸との反応により**エポキシド**へと変換され，これは酸触媒による加水分解により*trans*-1,2-ジオールへと変換される．対応する *cis*-1,2-ジオールはアルケンを四酸化オスミウム OsO_4 で**ジヒドロキシ化**することにより直接合成できる．1,2-ジオールは HIO_4 で処理すると開裂し，二つのカルボニル化合物を与える．アルケンはまた，オゾンにつづいて亜鉛で処理すると開裂し，カルボニル化合物を直接与える．さらにアルケンは**カルベン**とよばれる2価の炭素化学種と反応し，シクロプロパンを与える．

　アルケンポリマーは，数百あるいは数千もの小さなモノマーが繰返し結合してできる巨大分子であるが，これは単純なアルケンの高温，高圧下でのラジカル開始剤との反応でつくることができる．ポリエチレンやポリプロピレン，ポリスチレンなどがその例である．一般的には，ラジカル付加反応はフラスコ内ではあまり用いられないが，生体反応ではかなり頻繁にみられる．

　共役ジエンは二重結合と単結合が交互に並んだものである．共役ジエンの特徴の一つは，対応する非共役型のジエンよりも安定なことである．この安定性は四つの p 原子軌道が結合して四つの π 分子軌道が形成されるという分子軌道法の考え方で説明できる．最も低エネルギーの分子軌道における π 結合性相互作用により2位と3位の炭素間に部分的な二重結合性が生まれ，これにより C2−C3結合が強くなり分子は安定化される．共役ジエンを HClなどの求電子剤と反応させると，共鳴安定化された**アリル型**カチオン中間体が形成され，そこから1,2付加および1,4付加生成物の両方ができる．

　共役ジエンに特徴的なもう一つの反応は **Diels−Alder 反応**である．共役ジエンは電子不足アルケン（ジエノフィル）と反応し，環状遷移状態を経て1段階でシクロヘキセン生成物を与える．この**付加環化反応**は立体特異的，すなわち一つの立体異性体のみが生成し，またジエンが *s*-シス配座をとることが可能な場合のみ進行する．

　アルキンもアルケンとほぼ同様に付加反応を起こすが，その反応性は一般的にアルケンよりも低い．末端アルキン $RC{\equiv}CH$ は弱い酸性を示し，十分に強い塩基を作用させると対応する**アセチリドイオン**へと変換できる．

重 要 な 用 語

アセチリドイオン（acetylide ion）
アリル位（allylic）
アンチの立体化学（anti stereochemistry）
エポキシド（epoxide）
カルベン（carbene）$R_2C:$
還元（reduction）
共役（conjugation）
グリコール（glycol）
酸化（oxidation）

ジエノフィル（dienophile）
ジヒドロキシ化（dihydroxylation）
シンの立体化学（syn stereochemistry）
水素化（hydrogenation）
脱水（dehydration）
脱ハロゲン化水素（dehydrohalogenation）
Diels−Alder 反応（Diels−Alder reaction）
ハロゲン化（halogenation）
ハロヒドリン（halohydrin）

ブロモニウムイオン（bromonium ion）
　R_2Br^+
ペリ環状反応（pericyclic reaction）
ポリマー（polymer，高分子，重合体）
モノマー（monomer，単量体）
立体特異的（stereospecific）
連鎖重合（chain growth polymerization，
　chain polymerization）

242   8. アルケンとアルキンの反応

反応を覚える

　7かける9はいくつか．もちろん63である．答えるのに悩まないだろう．九九の表を以前覚えたのですぐに答えがわかったのだ．有機化学の反応を学ぶのにも同様の手法が必要である．有用な反応はすぐに思い出せるように覚えておくべきである．

　反応を覚える方法は人それぞれである．暗記用のカードをつくる人もいれば，友達と一緒に勉強するのがよい人もいる．本書には勉強の手助けとなるように，ほとんどの章末には次にあるような反応のまとめを載せている．しかし，基本的に近道はない．有機化学を学ぶのには努力が必要である．

反応のまとめ

注: 特にくさび線や太線，破線で示さない限り，立体化学は考えない．

1. アルケンの付加反応

(a) HCl と HBr の付加（§7・6，§7・7）
Markovnikov 型の位置選択性で進行し，H が置換基のより少ないアルケン炭素に，ハロゲンはより置換基の多い炭素に付加する．

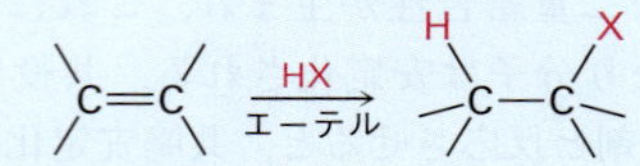

(b) ハロゲン Cl_2 と Br_2 の付加（§8・2）
ハロニウムイオン中間体を経てアンチ付加で進行する．

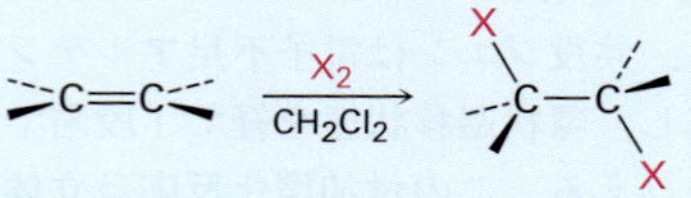

(c) ハロヒドリンの生成（§8・3）
Markovnikov 型の位置選択性とアンチの立体化学で進行する．

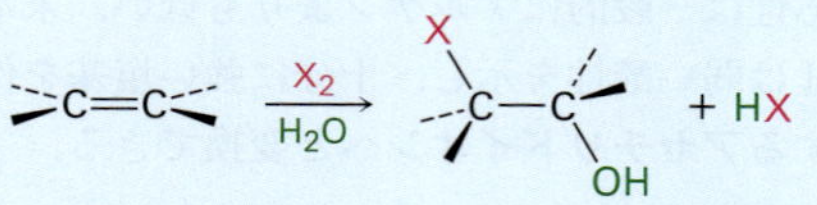

(d) 酸触媒による水の付加（§7・6，§7・7）
Markovnikov 型の位置選択性で進行する．

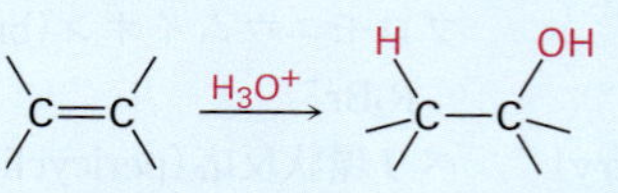

(e) オキシ水銀化–脱水銀による水の付加（§8・4）
Markovnikov 型の位置選択性で進行する．

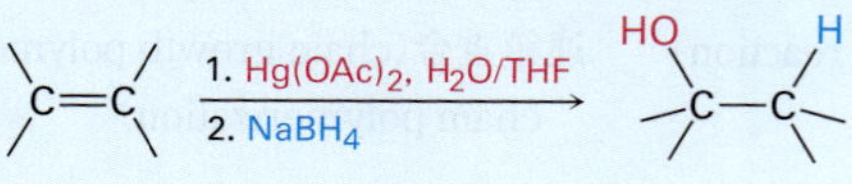

(f) ヒドロホウ素化–酸化による水の付加（§8・4）
逆 Markovnikov 型のシン付加で進行する．

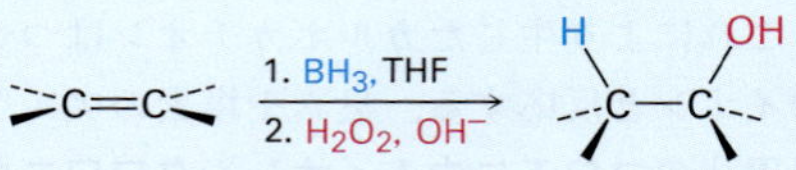

(g) 触媒的水素化（§8・5）
シン付加で進行する．

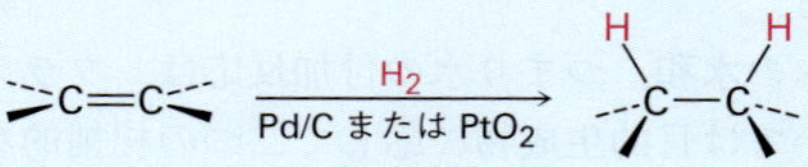

(h) 過酸によるエポキシ化（§8・6）
シン付加で進行する．

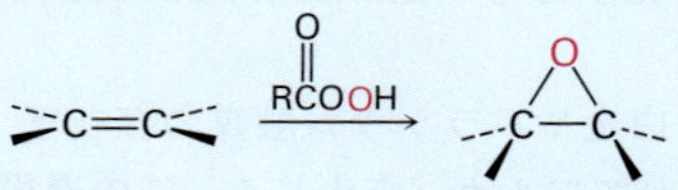

(i) 酸触媒によるエポキシドの加水分解によるヒドロキシ化（§8・7）
アンチの立体化学で進行する．

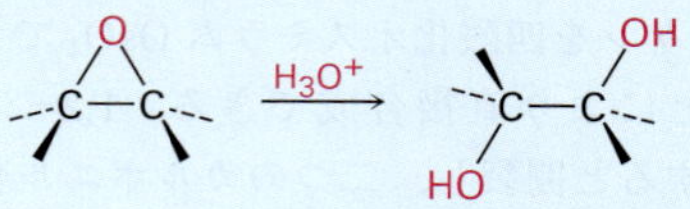

(j) OsO_4 を用いたジヒドロキシ化（§8・7）
シン付加で進行する．

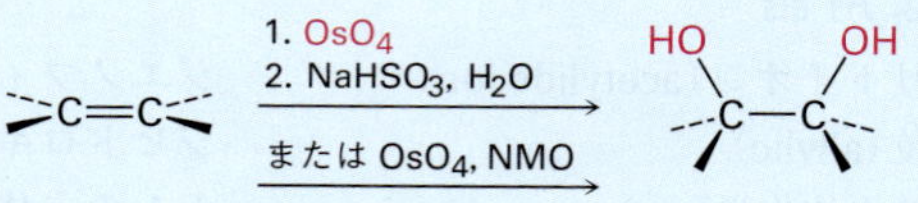

(k) カルベン付加によるシクロプロパン生成（§8・9）

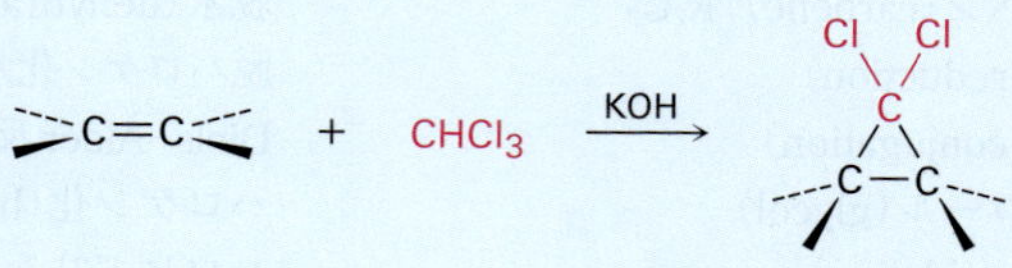

(1) ラジカル重合 (§8・10)

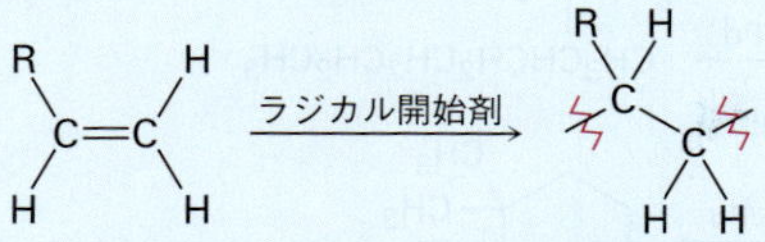

2. オゾン分解によるアルケンの酸化的開裂 (§8・8)

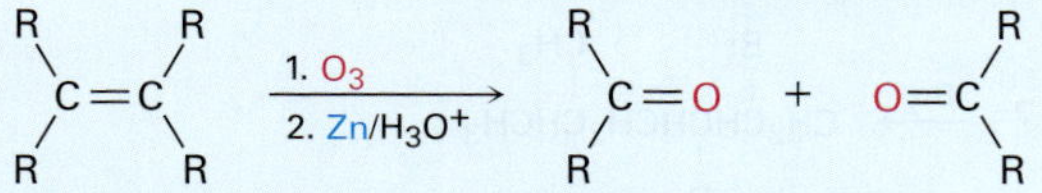

3. HIO₄ による 1,2-ジオールの開裂 (§8・8)

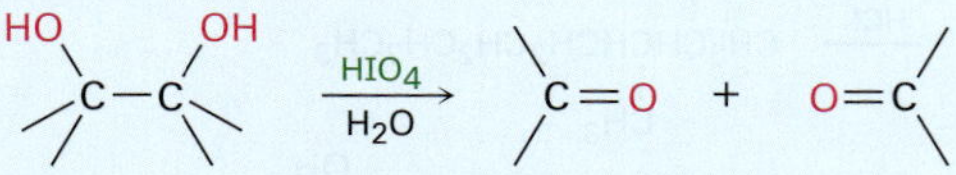

4. 共役ジエンへの付加反応 (§8・13)

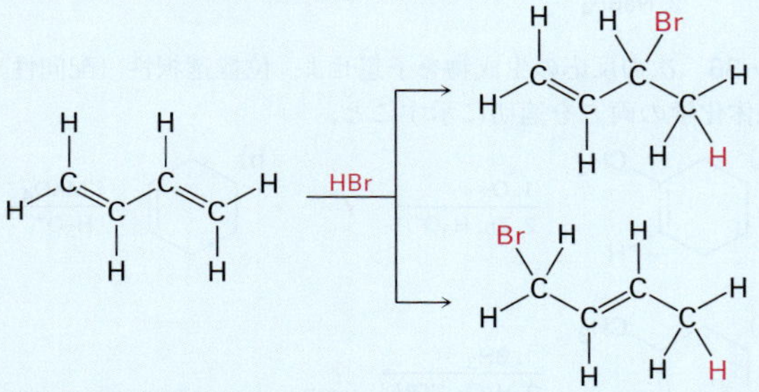

5. Diels-Alder 反応 (§8・14)

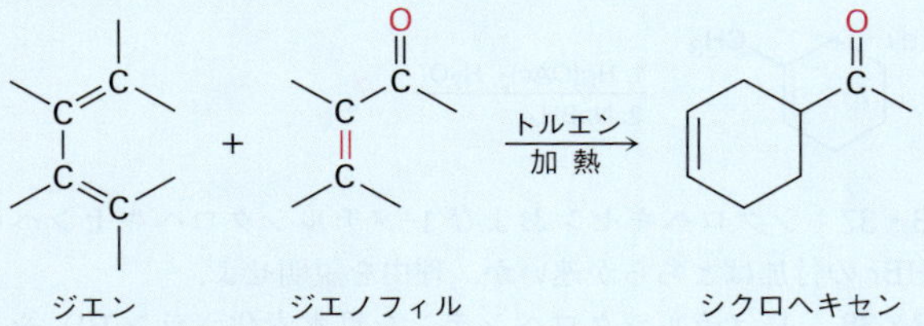

6. アルキンの反応 (§8・15)
(a) 触媒的水素化

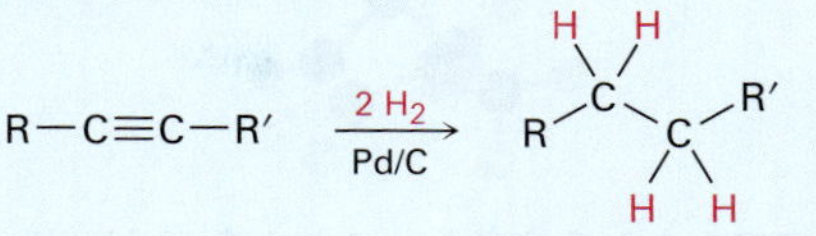

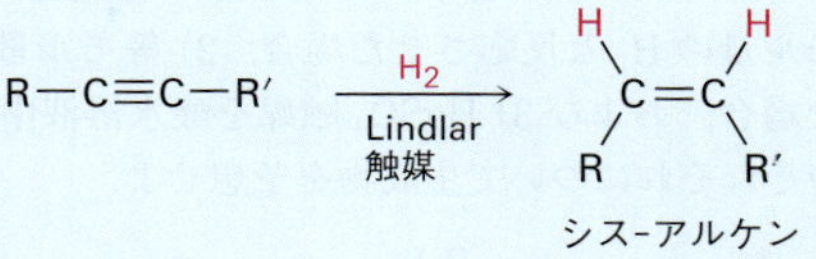

(b) 水銀(II)触媒による水和

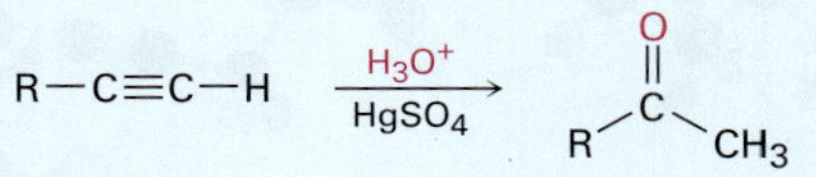

(c) アセチリドイオンへの変換

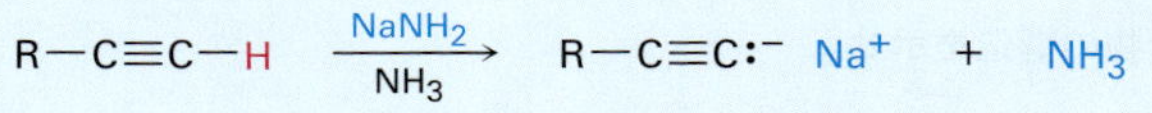

(d) アセチリドイオンとハロゲン化アルキルの反応

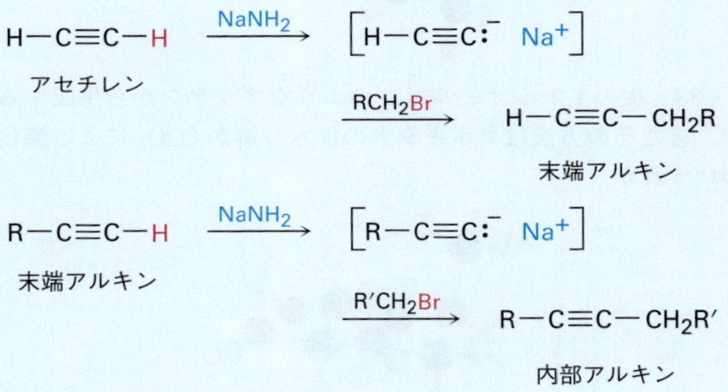

演習問題

目で学ぶ化学

(問題 8・1〜8・27 は本文中にある)

8・28 次のアルケンを命名し，それらに以下の反応を行った場合の生成物を予想せよ．
(i) m-クロロ過安息香酸　(ii) KMnO₄ の酸水溶液
(iii) O₃，つづいて酢酸中で Zn
(a)　　　　　(b)

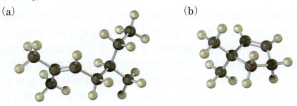

8・29 水和により次のアルコールを与えるアルケンの構造を書け．またそれぞれの場合について，ヒドロホウ素化-酸化とオキシ水銀化-脱水銀のどちらを用いるのがよいか．(赤は O)
(a)　　　　　(b)

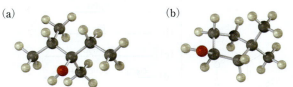

8・30 次のアルケンはヒドロホウ素化-酸化により単一の生成物を与える．反応の結果を説明し，生成物を立体化学がわかるように書け．

244   8. アルケンとアルキンの反応

8・31 次のアルキンを命名し，これらを 1) Lindlar 触媒の存在下で等モル量の H_2 と反応させた場合，2) 等モル量の Br_2 と反応させた場合，および 3) $HgSO_4$ 触媒を酸水溶液中で作用させた場合のそれぞれについて生成物を予想せよ．

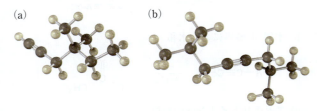

8・32 次のジエンと等モル量の HCl との反応で生成可能な化合物の構造を示せ．

8・33 次の 1,2-ジオールはどのようなアルケンから生成するか．またその方法はエポキシドの加水分解か OsO_4 による酸化のいずれか．

追加問題

アルケンとアルキンの反応

8・34 次の反応の生成物を予想せよ（いずれの場合も芳香環は反応しない）．必要な場合は反応位置もわかるように示せ．

(a) — H₂/Pd → ?
(b) — Br₂ → ?
(c) — Cl₂, H₂O → ?
(d) — OsO₄, つづいて NaHSO₃ → ?
(e) — BH₃, つづいて H₂O₂, OH⁻ → ?
(f) — m-クロロ過安息香酸 → ?

8・35 次の各反応の生成物を与えるアルケンの構造を示せ．

答えが二つ以上ある場合もいくつかある．

(a) ? —H₂/Pd→ CH₃CHCH₂CH₂CH₃ (with CH₃)

(b) ? —H₂/Pd→ シクロヘキサン（1,1-ジメチル）

(c) ? —Br₂→ CH₃CHCH₂CHCH₃ (Br, Br, CH₃)

(d) ? —HCl→ CH₃CHCHCH₂CH₂CH₃ (Cl, CH₃)

(e) ? —1. Hg(OAc)₂, H₂O / 2. NaBH₄→ CH₃CH₂CH₂CHCH₃ (OH)

8・36 次の反応の生成物を予想せよ，位置選択性（配向性）と立体化学の両方を適切に示すこと．

(a) 1-メチルシクロヘキセン —1. O₃ / 2. Zn, H₃O⁺→ ?
(b) シクロヘキセン —KMnO₄/H₃O⁺→ ?
(c) 1-メチルシクロヘキセン —1. BH₃ / 2. H₂O₂, ⁻OH→ ?
(d) 1-メチルシクロヘキセン —1. Hg(OAc)₂, H₂O / 2. NaBH₄→ ?

8・37 シクロヘキセンおよび 1-メチルシクロヘキセンへの HBr の付加はどちらが速いか．理由を説明せよ．

8・38 1-メチルシクロペンテンを重水素化ボラン BD_3 を用いてヒドロホウ素化-酸化したときの生成物は何か．生成物の立体化学と位置選択性の両方がわかるように示せ．

8・39 ブタ-2-エンのシスおよびトランス異性体は $CHCl_3$ と KOH と反応させた場合，異なるジクロロシクロプロパン生成物を与える．それぞれの生成物の立体化学を示し，異なる理由を説明せよ．

8・40 次の反応の生成物を予想せよ．

(a) $CH_3CH=CHCH_3$ —HBr→ ?

(b) $CH_3CH=CHCH_3$ —BH₃→ A? —H₂O₂/OH⁻→ B?

8・41 H_2SO_4 触媒存在下での 2-メチルプロペンと CH_3OH との反応では，t-ブチルメチルエーテル $CH_3OC(CH_3)_3$ が生成するが，この生成機構は酸触媒によるアルケンの水和と同様である．反応の各段階について，巻矢印を用いてその機構を示せ．

8・42 1-メトキシシクロヘキセンへの HCl の付加により 1-クロロ-1-メトキシシクロヘキサンが単一生成物として得られ

8. アルケンとアルキンの反応　245

る．共鳴構造を用いて他の位置異性体ができない理由を説明せよ．

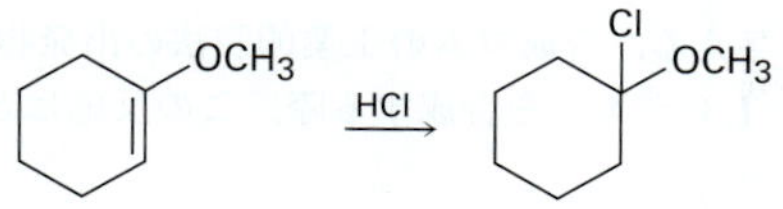

8・43　オゾン酸化とつづく Zn 処理によりアセトン $(CH_3)_2C=O$ のみを生成するアルケンの構造式を示せ．

8・44　酸性溶液中の $KMnO_4$ による酸化的開裂で次の生成物を与えるアルケンの構造を示せ．

(a) $CH_3CH_2CO_2H$ ＋ CO_2

(b) $(CH_3)_2C=O$ ＋ $CH_3CH_2CH_2CO_2H$

(c)

(d)

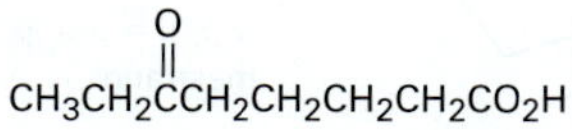

8・45　これまで学んだように，アルキンはアルケンと同様の付加反応を起こすことが多い．次のそれぞれの反応の生成物を予想せよ．

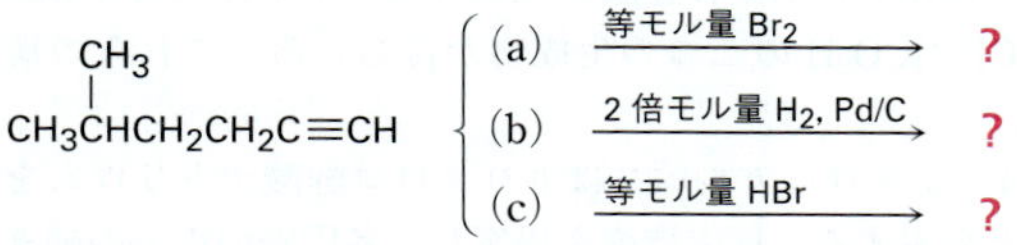

8・46　デカ-5-インに対する次の反応の生成物を予想せよ．

(a) $\xrightarrow{H_2,\ Lindlar\ 触媒}$?　(b) $\xrightarrow{2\ 倍モル量\ Br_2}$?

(c) $\xrightarrow{H_2O,\ H_2SO_4,\ HgSO_4}$?

アルケンから化合物を合成する

8・47　次の各変換反応はどのように行えばよいか．それぞれ使用すべき反応剤を示せ．

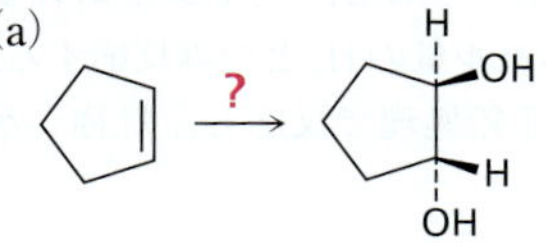

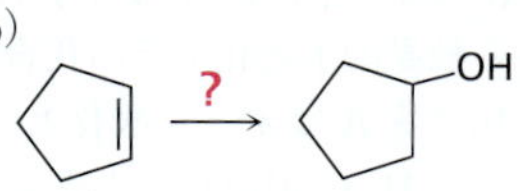

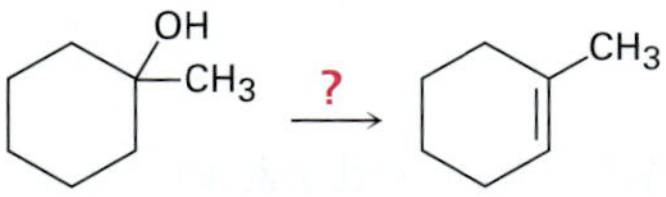

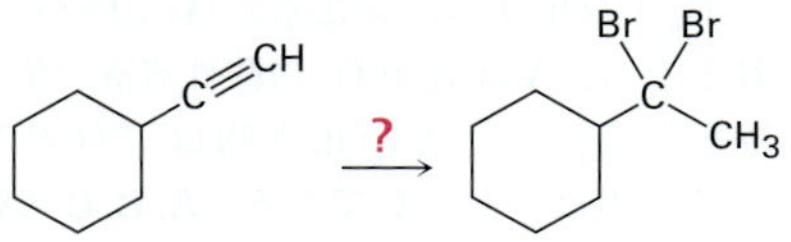

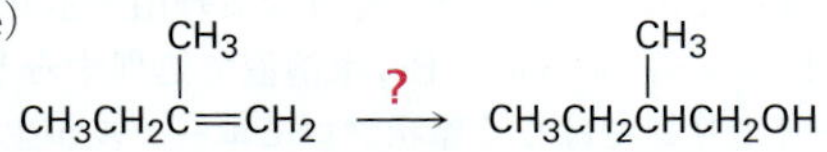

8・48　ある化合物から別の化合物を合成しようとする場合，何をすべきかを理解することと同様，何をすべきでないかを理

解することが重要である．次の反応にはどれも重大な欠点がある．それぞれに含まれる問題点を指摘せよ．

(a)

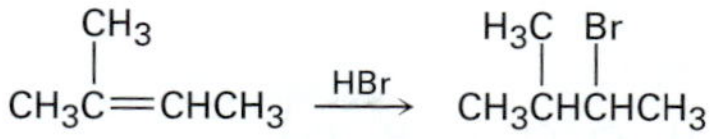

(b)

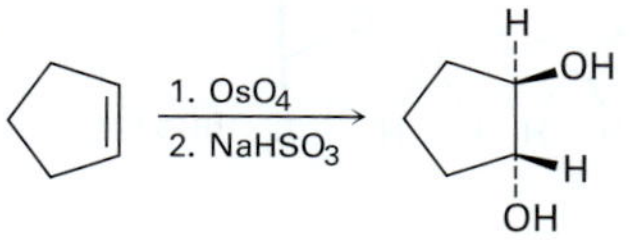

(c)

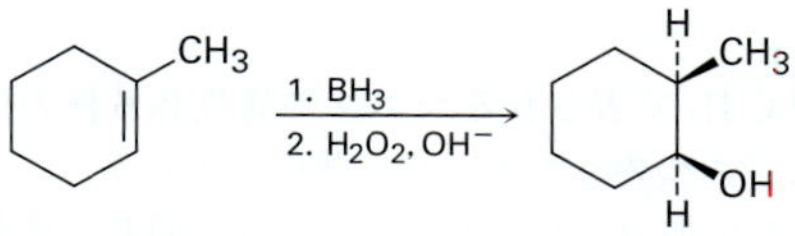

8・49　アルケンのヒドロホウ素化-酸化によって選択的に合成することができないアルコールは次のうちどれか．またその理由を説明せよ．

(a) 　(b)

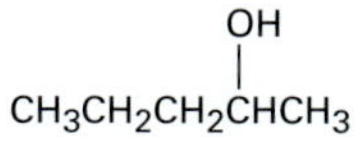

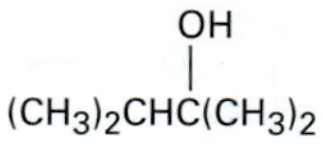

(c) 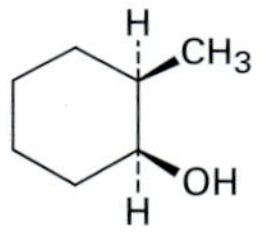 　(d)

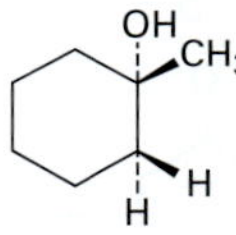

8・50　ブタ-1-エンのみを有機原料として必要に応じて無機試薬を利用し，次の化合物を合成する方法を述べよ．2 段階以上必要な場合もある．

(a) ブタン　　　　　(b) 1,1,2,2-テトラクロロブタン

(c) 2-ブロモブタン　(d) ブタン-2-オン $CH_3CH_2COCH_3$

ポリマー

8・51　プレキシグラス® は成形品をつくるのによく用いられる透明プラスチックであるが，これはメタクリル酸メチルの重合によりつくられる．プレキシグラス® の典型的な部分構造を示せ．

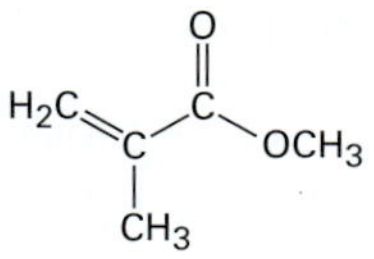

メタクリル酸メチル

8・52　ポリ（ビニルピロリドン）は N-ビニルピロリドンからつくられ，化粧品や人工血液代替物として用いられる．このポリマーの典型的な部分構造を示せ．

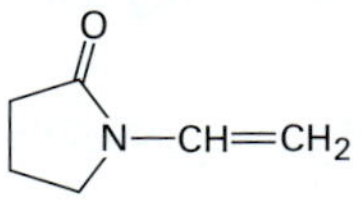

N-ビニルピロリドン

8・53　エチレンのような単一のアルケンモノマーを重合すると，生成物はホモポリマーとなる．しかし二つのアルケンモノマーの混合物を重合した場合はしばしばコポリマーが得られ

246   8. アルケンとアルキンの反応

る．次の構造はサラン®とよばれるコポリマーの部分構造である．サラン®を共重合でつくるのに用いられる二つのモノマーは何か．

共役ジエン

8·54   分子式が C_5H_8 で表されるジエンの異性体 6 種の構造を書き，命名せよ．六つのうちのどれが共役ジエンか．

8·55   HCl の 1,2 付加および 1,4 付加によって同じ生成物を与える共役ジエンの構造を考えよ．

8·56   次の Diels-Alder 反応の生成物を予想せよ．

(a)

(b)

8·57   *cis*-ペンタ-1,3-ジエンが *trans*-ペンタ-1,3-ジエンよりも Diels-Alder 反応の反応性が著しく低い理由を説明せよ．

8·58   ブタ-1,3-ジインのような共役ジインはジエノフィルと Diels-Alder 反応を起こすか．理由を説明せよ．

8·59   イソプレン（2-メチルブタ-1,3-ジエン）とプロペン酸エチルの反応では二つの Diels-Alder 付加体の混合物を与える．それぞれの構造を書き，混合物ができる理由を説明せよ．

8·60   次の生成物を得るためにどのような Diels-Alder 反応を行えばよいか．出発物となるジエンとジエノフィルをそれぞれ示せ．

(a)   (b)

(c)   (d)

総合問題

8·61   アセチリドイオンはアルデヒドやケトンに付加してアルコールを与える．合成ゴムの工業的製法の出発物である 2-メチルブタ-1,3-ジエンを合成する際，この反応はどのように利用できるか．

8·62   経口避妊薬であるメストラノールは問題 8·61 に示したのと同様のカルボニル基への付加反応により合成される．この合成に必要なケトンの構造を示せ．

メストラノール
mestranol

8·63   イエバエの性誘引物質は分子式が $C_{23}H_{46}$ の炭化水素である．$KMnO_4$ の酸水溶液と処理すると，$CH_3(CH_2)_{12}CO_2H$ と $CH_3(CH_2)_7CO_2H$ の二つの生成物が得られる．これらの構造を示せ．

8·64   ジクロロカルベンはトリクロロ酢酸ナトリウムを加熱すると発生する．反応機構を提案し，各段階の電子の動きを巻矢印を用いて示せ．その反応機構は塩基によるクロロホルムからの HCl の脱離とどのような関係にあるか．

8·65   化合物 A の分子式は $C_{10}H_{16}$ である．パラジウムによる触媒的水素化でその化合物は等モル量の H_2 とのみ反応する．化合物 A はオゾン酸化とつづく亜鉛処理で反応し，対称ジケトン B, $C_{10}H_{16}O_2$ を生成する．
(a) A はいくつの環をもつか．
(b) A と B の構造を示せ．
(c) 反応式を書け．

8·66 C_6H_{12} の分子式をもつ未知の炭化水素 A はパラジウム触媒下で等モル量の H_2 と反応する．炭化水素 A は OsO_4 とも反応し，ジオール B となる．A は $KMnO_4$ の酸性溶液で酸化すると二つの化合物を与える．一方の化合物はプロパン酸 $CH_3CH_2CO_2H$ で，もう一方はケトン C である．A, B, C の構造を答えよ．また，すべての反応を書き，そうなる理由を示せ．

8·67   ペンタ-4-エン-1-オールを Br_2 水溶液で処理すると，予想されるブロモヒドリンではなく環状ブロモエーテルが生成する．この反応の機構を電子の流れがわかるように巻矢印を用いて示せ．

8. アルケンとアルキンの反応　247

$H_2C=CHCH_2CH_2CH_2OH$ ペンタ-4-エン-1-オール　→(Br₂, H₂O)→ 2-(ブロモメチル)テトラヒドロフラン

8・68　アジ化ヨウ素 IN_3 は臭素と同様の求電子機構でアルケンに付加する．ブタ-1-エンのような一置換アルケンを用いた場合，ただ一つの生成物が得られる．

$$CH_3CH_2CH=CH_2 + I-N=N=N \longrightarrow CH_3CH_2CHCH_2I \overset{N=N=N}{|}$$

(a) IN_3 の構造式に非共有電子対を加えて，この分子の別の共鳴構造を書け．
(b) (a)で書いた両共鳴構造における原子の形式電荷を計算せよ．
(c) IN_3 とブタ-1-エンの反応の結果をふまえると，$I-N_3$ 結合はどのように分極していると考えられるか．巻矢印を用いて各段階の電子の流れを示すことにより反応機構を示せ．

8・69　Diels-Alder 反応は可逆的であり，ジエンとジエノフィルからシクロヘキセンができる方向と，逆向きにシクロヘキセンからジエンとジエノフィルができる方向のどちらにも進行しうる．この情報をふまえ，次の反応の反応機構を予想せよ．

α-ピロン + (CO₂CH₃を2つもつアルキン) →加熱→ (ベンゼン環にCO₂CH₃を2つもつ化合物) + CO_2

8・70　海藻から単離された 10-ブロモ-α-カミグレンという化合物は，次に示す経路により γ-ビサボレンから生合成されると考えられている．

γ-ビサボレン　γ-bisabolene →(ブロモペルオキシダーゼ)→ ブロモニウムイオン →

環状カルボカチオン →(塩基 (−H⁺))→ 10-ブロモ-α-カミグレン　10-bromo-α-chamigrene

中間体であるブロモニウムイオンと環状カルボカチオンの構造を書き，さらに3段階の反応すべての機構を示せ．

8・71　海藻から単離されたプレラウレアチンは次に示す経路によりラウレジオールより生合成されると考えられている．この反応機構を説明せよ（問題8・70参照）．

ラウレジオール　laurediol →(ブロモペルオキシダーゼ)→ プレラウレアチン　prelaureatin

8・72　1,2-ジオールに過ヨウ素酸 HIO_4 を作用させると開裂反応を起こしてカルボニル化合物が生成する（§8・8参照）．この反応は5員環状の過ヨウ素酸エステル中間体を経て進行する．

1,2-ジオール →(HIO_4)→ [環状過ヨウ素酸エステル] → (ケトン) + (ケトン)

ジオール**A**と**B**を合成し，それぞれの HIO_4 との反応速度を求めたところ，ジオール**A**の開裂速度はジオール**B**のおよそ100万倍速いことがわかった．ジオール**A**と**B**，ならびに想定される過ヨウ素酸エステル中間体の分子模型を組立て，この実験結果を説明せよ．

A シス-ジオール　　**B** トランス-ジオール

8・73　3-メチルシクロヘキセンと HBr の反応は，*cis*- および *trans*-1-ブロモ-3-メチルシクロヘキサンならびに *cis*- および *trans*-1-ブロモ-2-メチルシクロヘキサンの合計4種の混合物を与える．一方，これと類似した反応である 3-ブロモシクロヘキセンと HBr との反応では *trans*-1,2-ジブロモシクロヘキサンを単一生成物として与える．これらの反応で生成可能な中間体の構造を書き，なぜ 3-ブロモシクロヘキセンと HBr との反応では単一の生成物を与えるのかを説明せよ．

(3-メチルシクロヘキセン) →(HBr)→ (1-ブロモ-2-メチルシクロヘキサン) シス, トランス + (1-ブロモ-3-メチルシクロヘキサン) シス, トランス

(3-ブロモシクロヘキセン) →(HBr)→ (trans-1,2-ジブロモシクロヘキサン)

248   8. アルケンとアルキンの反応

8・74 次に示す反応は高収率で進行する．これとまさに同じ反応をこれまで見たことがないとしても，アルケンの求電子付加に関する一般的な知識をもとに考えれば反応機構は推定可能である．この反応の機構を提唱せよ．

$$\xrightarrow{\text{Hg(OAc)}_2}$$

8・75 シクロヘキセンと酢酸水銀(II)の反応を水中ではなくCH_3OH 中で行った後，さらに $NaBH_4$ を作用させると，シクロヘキサノールではなくシクロヘキシルメチルエーテルが得られる．この反応の機構を示せ．

シクロヘキセン   1. Hg(OAc)$_2$, CH$_3$OH   シクロヘキシル
                2. NaBH$_4$ メチルエーテル

8・76 BH_3 の二重結合への付加はある条件下では可逆的であ

2-メチルペンタ-2-エン

1. BH$_3$, THF, 25 °C
2. H$_2$O$_2$, OH$^-$
2-メチルペンタン-3-オール

1. BH$_3$, THF, 160 °C
2. H$_2$O$_2$, OH$^-$
4-メチルペンタン-1-オール

る．2-メチルペンタ-2-エンのヒドロホウ素化を 25 °C で行った後に塩基性 H_2O_2 で酸化すると 2-メチルペンタン-3-オールが生成するのに対し，160 °C でヒドロホウ素化を行ってから酸化すると 4-メチルペンタン-1-オールが得られる．この理由を説明せよ．

8・77 化合物 **A**，$C_{11}H_{16}O$ は光学活性なアルコールであることが判明した．一見不飽和にもかかわらず，パラジウム触媒による触媒的還元の条件で水素の付加は起こらない．**A** を希硫酸で処理すると脱水が起こり，光学不活性なアルケン **B**，$C_{11}H_{14}$ が主生成物として得られた．アルケン **B** はオゾン分解により二つの生成物となった．一方はプロパナール CH_3CH_2CHO であると同定された．もう一方の生成物である化合物 **C** はケトン C_8H_8O であると示された．**A** の不飽和度はいくつか．反応を書き，**A**, **B**, **C** を同定せよ．

8・78 α-テルピネン（α-terpinene）$C_{10}H_{16}$ はマジョラム油から単離された香りのよい炭化水素である．パラジウム触媒で水素化すると，α-テルピネンは 2 倍モル量の水素と反応して炭化水素 $C_{10}H_{20}$ となる．オゾン酸化とつづく亜鉛-酢酸還元により，α-テルピネンはグリオキサールと 6-メチルヘプタン-2,5-ジオンの二つの生成物を与える．

グリオキサール glyoxal   6-メチルヘプタン-2,5-ジオン

(a) α-テルピネンの不飽和度はいくつか．
(b) 二重結合と環はいくつあるか．
(c) α-テルピネンの構造を予想せよ．

芳香族化合物

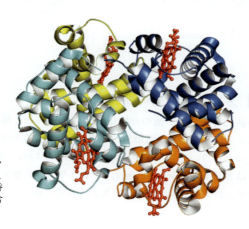

血液中の酸素運搬タンパク質であるヘモグロビンは、ヘムとよばれる大きな芳香族化合物を補酵素として含んでいる

- 9・1 芳香族化合物の命名法
- 9・2 ベンゼンの構造と安定性
- 9・3 芳香族性と Hückel の $4n+2$ 則
- 9・4 芳香族イオンと芳香族ヘテロ環化合物
- 9・5 多環式芳香族化合物
- 9・6 芳香族化合物の反応：求電子置換反応
- 9・7 芳香環のアルキル化とアシル化：Friedel–Crafts 反応
- 9・8 求電子置換反応の置換基効果
- 9・9 芳香族求核置換反応
- 9・10 芳香族化合物の酸化と還元
- 9・11 有機合成への入門：多置換ベンゼン

本章の目的　芳香環は多くの生体由来の物質に含まれる共通の部分構造であり、とりわけ核酸およびアミノ酸の化学において重要である。本章では芳香族化合物が見かけ上類似しているアルケンとどのように、また、なぜ異なるのかを解明する。これまでのように、本章ではフラスコ内での反応および生体反応の双方に焦点を当てる。

　有機化学の黎明期において"芳香族"という言葉は、石炭留出物に含まれるベンゼンや、サクランボ、桃やアーモンドに含まれるベンズアルデヒド、あるいはマメ科のトルーバルサム（Tolu balsam）に含まれるトルエンなど、芳香のある化合物を表すのに使われていた。しかしまもなく、芳香族に分類される物質は他の多くの有機化合物とは化学的性質が異なることが明らかとなってきた。

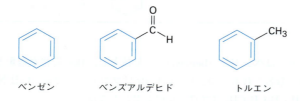

ベンゼン　　　ベンズアルデヒド　　　トルエン

　今日では、もはや芳香族性と芳香とを結びつけて考えることはなくなっており、**芳香族**（aromatic）という言葉はベンゼンのように三つの二重結合をもつ6員環化合物の分類として用いられる。多くの天然由来の化合物は、たとえばエストロンなどのステロイドや、コレステロール低下薬のアトルバスタチン（atorvastatin, 販売名リピトール®）のような有名な医薬品などのように、部分的に芳香環を含む。ベンゼン自体はかつてフラスコ内での一般的な溶媒として用いられていたが、その後、長期の曝露により白血球減少症をひき起こすことが明らかとなったため、極力使用しない方が望ましい。

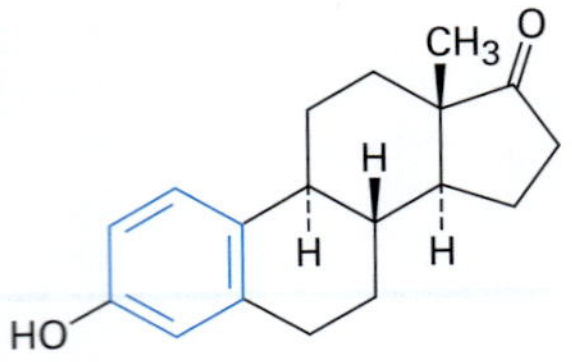

250　9. 芳香族化合物

エストロン estrone

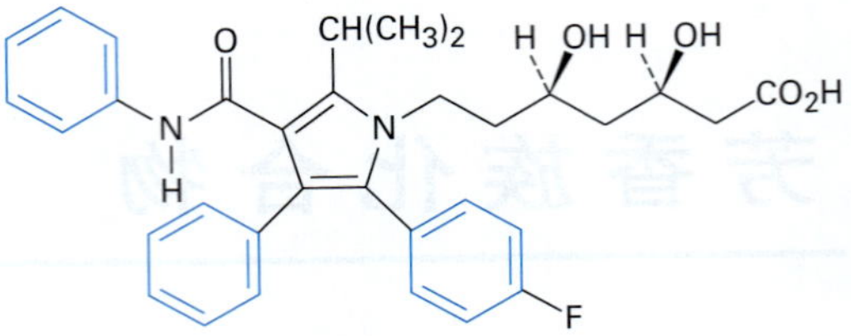

アトルバスタチン

9・1 芳香族化合物の命名法

　芳香族化合物には，他の有機化合物群に比べると数多くの慣用名がある．IUPAC
の命名法ではこういった慣用名の多くは推奨されないが，広範に使用されている名称
のいくつかについては，その使用が認められている（表9・1）．たとえば，メチルベ
ンゼンは普通 **トルエン**（toluene），ヒドロキシベンゼンは**フェノール**（phenol），アミ
ノベンゼンは**アニリン**（aniline）とよばれている．

表 9・1　芳香族化合物の慣用名の例

構　造	慣用名	構　造	慣用名
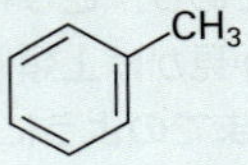 CH$_3$	トルエン toluene （bp 111 °C）	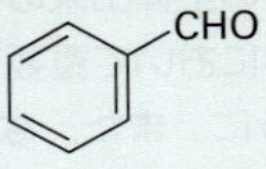 CHO	ベンズアルデヒド benzaldehyde （bp 178 °C）
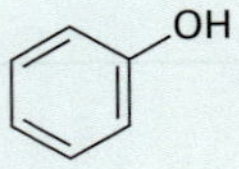 OH	フェノール phenol （mp 43 °C）	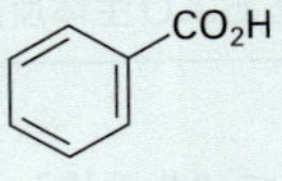 CO$_2$H	安息香酸 benzoic acid （mp 122 °C）
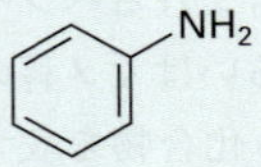 NH$_2$	アニリン aniline （bp 184 °C）	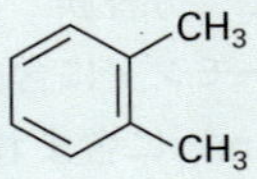 CH$_3$ CH$_3$	オルト-キシレン *ortho*-xylene （bp 144 °C）
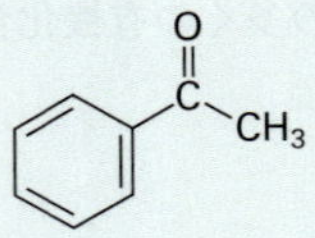 O CH$_3$	アセトフェノン acetophenone （mp 21 °C）	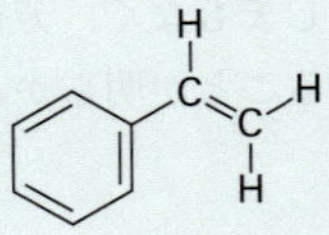 H H H	スチレン styrene （bp 145 °C）

　一置換ベンゼンは**ベンゼン**（benzene）を母核とし，他の炭化水素類と同様の方法
により系統的に命名される．つまり，C$_6$H$_5$Br はブロモベンゼン，C$_6$H$_5$NO$_2$ はニトロ
ベンゼン，C$_6$H$_5$CH$_2$CH$_2$CH$_3$ はプロピルベンゼンとなる．

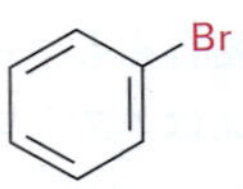

Br

ブロモベンゼン
bromobenzene

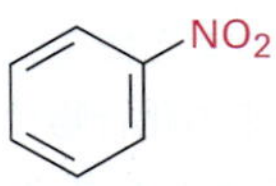

NO$_2$

ニトロベンゼン
nitrobenzene

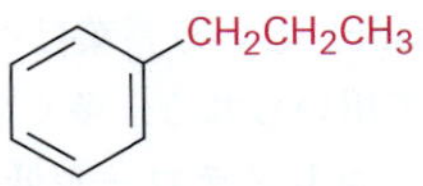

CH$_2$CH$_2$CH$_3$

プロピルベンゼン
propylbenzene

　アルキル置換ベンゼンはしばしば**アレーン**（arene）とよばれ，アルキル基の大き
さによって異なった方法で命名される．アルキル置換基が環よりも小さいとき，つま

9・1 芳香族化合物の命名法 251

り炭素数が6以下の場合は，アレーンはアルキル置換ベンゼンとして命名される．一方，アルキル置換基がベンゼン環よりも大きいとき，つまり炭素数が7以上の場合には，フェニル置換アルカンとして命名される*．**フェニル**（phenyl）という名称は，ベンゼン環を置換基とみなす場合にC_6H_5をさすのに用いられ，しばしばPhやφ（ギリシャ語のファイ）と略される．この言葉はギリシャ語のpheno（輝いているの意）に由来しており，Michael Faradayが1825年にロンドンの街灯で使用されていた照明用ガスの油状残渣からベンゼンを発見したことにちなんでつけられたものである．また，**ベンジル**（benzyl）という名称は$C_6H_5CH_2$部位を表すのに用いられる．

* 訳注：IUPAC 2013年勧告では炭素数によらず環状構造を母体とする．

フェニル基
phenyl group

2-フェニルヘプタン
2-phenylheptane

ベンジル基
benzyl group

二置換ベンゼンは**オルト**-（*ortho*-，*o*-），**メタ**-（*meta*-，*m*-），**パラ**-（*para*-，*p*-）のいずれかの接頭語を用いて命名する．オルト二置換ベンゼンは二つの置換基がベンゼン環上の1,2位の関係にあり，メタ二置換ベンゼンでは1,3位，パラ二置換ベンゼンでは1,4位の関係に置換基をもつ*．

* 訳注：IUPAC 2013年勧告では位置番号での表記が優先され，オルト，メタ，パラの表現は使用を控えることが推奨されている．

オルト-ジクロロベンゼン
ortho-dichlorobenzene
1,2-二置換

メタ-ジメチルベンゼン
meta-dimethylbenzene
メタ-キシレン *meta*-xylene
1,3-二置換

パラ-クロロベンズアルデヒド
para-chlorobenzaldehyde
1,4-二置換

シクロアルカン（§4・1）と同様，三つ以上の置換基をもつベンゼン誘導体は，1番目の置換基の位置をC1として，2番目の置換基の位置番号が最も小さくなるように命名する．さらにあいまいさが残る場合は，3番目，4番目の置換基の位置番号が最小になるようにつける．化合物名を書くときは，置換基をアルファベット順に並べる．

4-ブロモ-1,2-ジメチルベンゼン
4-bromo-1,2-dimethylbenzene

2,5-ジメチルフェノール
2,5-dimethylphenol

2,4,6-トリニトロトルエン（TNT）
2,4,6-trinitrotoluene

2番目と3番目の例では，ベンゼンではなく，**フェノール**と**トルエン**をそれぞれ母核として命名していることに注意しよう．表9・1に示した一置換ベンゼンはいずれも母核として使用することができ，主基となる置換基（フェノールの場合は$-OH$，トルエンの場合は$-CH_3$）の位置を環のC1とする．

問題 9・1　次の各化合物はオルト，メタ，パラ二置換のいずれであるか．

(a)
Cl
CH3
(b)
NO2
Br
(c)
SO3H
OH

問題 9・2　次の各化合物の IUPAC 名を示せ．

(a)
Cl
Br
(b)
CH3
CH2CH2CHCH3
(c)
NH2
Br
(d)
Cl
CH3
Cl
(e)
CH2CH3
O2N
NO2
(f)
CH3
CH3
H3C
CH3

問題 9・3　次の IUPAC 名に対応する構造式を示せ．

(a) *p*-ブロモクロロベンゼン　(b) *p*-ブロモトルエン
(c) *m*-クロロアニリン　(d) 1-クロロ-3,5-ジメチルベンゼン

9・2 ベンゼンの構造と安定性

ベンゼン C_6H_6 は対応する 6 員環シクロアルカン C_6H_{12} よりも水素が六つ少なく，明らかに不飽和分子であり，単結合と二重結合が交互に並ぶ 6 員環で表現される．ベンゼンは典型的なアルケンよりもはるかに反応性が低く，通常のアルケンの付加反応は起こらないことが 1800 年代半ばより知られていた．たとえばシクロヘキセンは臭素と速やかに反応し，付加生成物である 1,2-ジブロモシクロヘキサンを生成するが，ベンゼンと臭素との反応は非常に遅く，しかも置換生成物である C_6H_5Br を生成する．

Br2
Fe
触 媒
Br
HBr
H
Br
H
Br
ベンゼン
ブロモベンゼン
（置換生成物）
（付加生成物）
生成しない

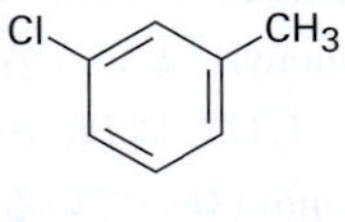

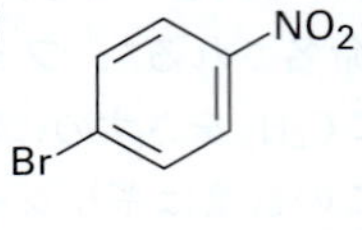

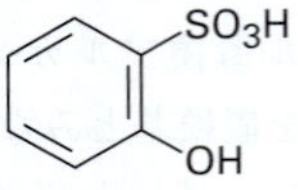

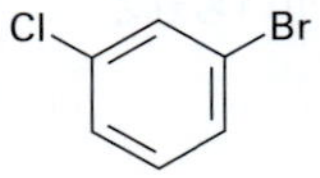

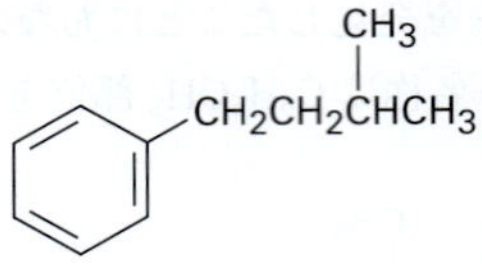

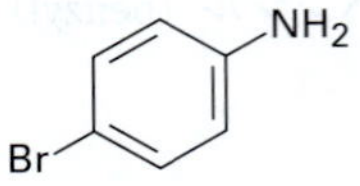

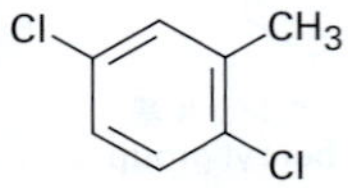

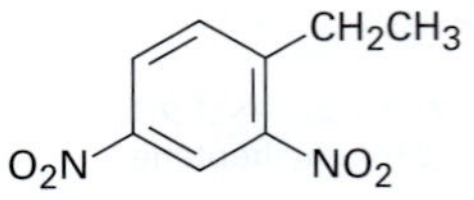

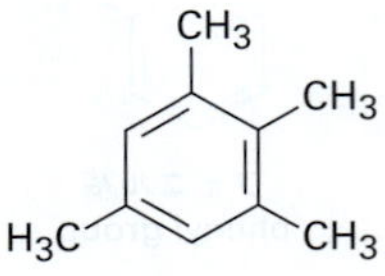

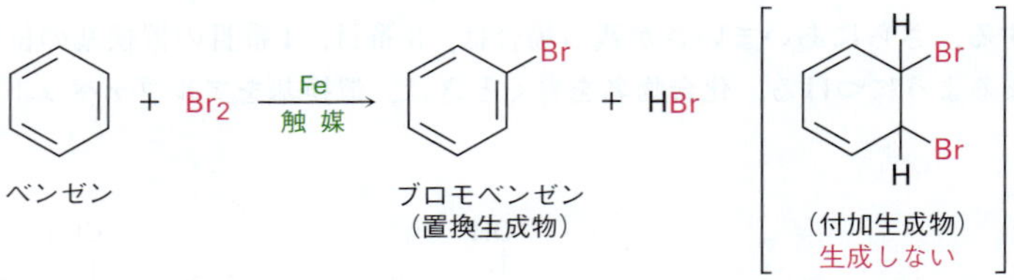

ベンゼンの安定性については，水素化熱の測定により定量的な解釈ができる（§7・5 参照）．孤立した二重結合をもつアルケンであるシクロヘキセンは，その水素化熱が $\Delta H^\circ_{水素化} = -119$ kJ/mol（-28.4 kcal/mol）であるのに対し，共役ジエンであるシクロヘキサ-1,3-ジエンでは $\Delta H^\circ_{水素化} = -230$ kJ/mol（-55.0 kcal/mol）となる．§8・12 で述べたようにシクロヘキサ-1,3-ジエンのこの値はシクロヘキセンの 2 倍よりもやや少ないが，これは共役ジエンが非共役ジエンよりも安定なためである．

これをもう一歩進めて考えると，“シクロヘキサトリエン”（ベンゼン）の水素化熱 $\Delta H^\circ_{水素化}$ はシクロヘキセンの 3 倍の値である -357 kJ/mol よりもやや小さな値であると予想することができる．しかし実測値は -206 kJ/mol であり，予想よりも約 150

kJ/mol（36 kcal/mol）も少ない．ベンゼンの水素化において予想より 150 kJ/mol も少ない熱量が放出されるということは，そもそもベンゼンのエネルギーは 150 kJ/mol 低いことを示している．別の言い方をすれば，ベンゼンは予想より 150 kJ/mol も安定なことになる（図 9・1）．

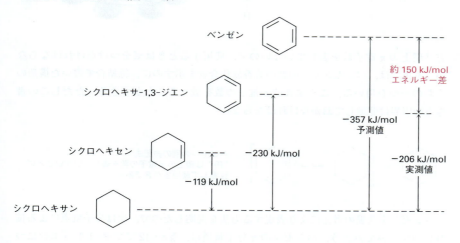

図 9・1　シクロヘキセン，シクロヘキサ-1,3-ジエンとベンゼンの水素化熱の比較．ベンゼンは"シクロヘキサトリエン"として予想される値より約 150 kJ/mol（36 kcal/mol）も安定である．

ベンゼンの特異な性質を示すさらなる証拠は，すべての炭素－炭素結合が同じ長さ（139 pm）である点であり，この長さは典型的な単結合（154 pm）と二重結合（134 pm）の中間に相当する．さらに静電ポテンシャル図から，六つの炭素－炭素結合の電子密度はすべて等しいことがわかる．すなわち，ベンゼンは正六角形の平面分子である．炭素原子間の結合角（∠C－C－C）はすべて 120°であり，すべての炭素原子が sp^2 混成となる．したがって，各炭素原子は 6 員環平面に対して垂直方向に向いた p 軌道をもっている．

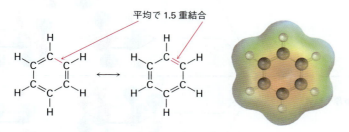

ベンゼンの六つの炭素原子および六つの p 軌道はそれぞれすべて等価であるため，一つの p 軌道が隣接する一方の p 軌道とのみ重なり合うような局在化した三つの π 結合を明確に定めることは不可能である．それよりはむしろ，それぞれの p 軌道が両隣の p 軌道と等しく重なり合い，6 個すべての π 電子が環全体を自由に移動できるようなベンゼンの絵を書いた方がよい（図 9・2）．共鳴という観点から考えれば（§2・4，§2・5 参照），ベンゼンは 2 種の等価な共鳴構造の混成体ということができる．どちらの構造もそれ自体は正しくなく，ベンゼンの真の構造は二つの共鳴構造の中間であるが，これを普通の書き方で表現することはできない．この共鳴によりベンゼンは典型的なアルケンよりも安定性が高く，反応性が低い．

そのため化学者はときどき，ベンゼンの二つの共鳴構造を表現する方法として，炭素－炭素結合が等価であることを示すために円を使用する．しかし，このような書き

図 9・2 ベンゼンの軌道図. 六つの炭素原子それぞれが両隣の p 軌道と等しく重なりあう p 軌道をもつ. その結果, すべての C–C 結合が等価であり, ベンゼンは二つの共鳴構造の混成体として表される.

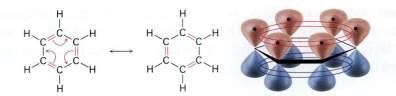

方は環上の π 電子数を表していないので, 使用するときは気をつけなければならない. 本書では, ベンゼンやその他の芳香族化合物を示すのに, 線結合で書いた構造のうちの一つを用いる. こうすれば π 電子の数を数えることができる. ただしこの書き方の限界は認識しておかなければならない.

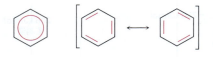

ベンゼンの別の表記法
"円" は環上の π 電子の数を表していないことに注意して使用すべきである

ベンゼンを共鳴の考えにより表現する方法を説明したので, 次は分子軌道による描写についてみてみよう. ベンゼンの π 分子軌道は, §8・12 でブタ-1,3-ジエンについて考えたのと同じように表すことができる. 六つの p 原子軌道を環状につなげると, 図 9・3 に示すようなベンゼンの六つの分子軌道ができる. 低エネルギーの三つの分子軌道 ψ_1, ψ_2, ψ_3 は結合性であり, 残り三つの高エネルギーの軌道は反結合性である.

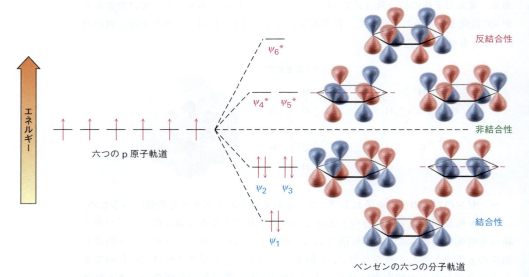

図 9・3 ベンゼンの六つの π 分子軌道. 結合性軌道 ψ_2 と ψ_3 は同じエネルギー準位であり, 縮退している. 反結合性軌道 ψ_4^*, ψ_5^* も同様である. ψ_3 および ψ_4^* 軌道では二つの炭素原子上に節があるため, これらの炭素上の π 電子密度は 0 である.

二つの結合性軌道 ψ_2 と ψ_3 は同じエネルギーをもち, 同様に二つの反結合性軌道 ψ_4^* と ψ_5^* も同じエネルギーであることに注意しよう. このように同じエネルギーをもつ軌道のことを**縮退**(degeneration, 縮重ともいう)しているという. また ψ_3 と

ψ_4^* の二つの軌道には，環の炭素原子上に節があるため，これらの炭素上に π 電子密度はないことにも注意すること．ベンゼンの六つの p 軌道の電子は三つの結合性分子軌道を占めており，これが共役系全体にわたって非局在化するため，約 150 kJ/mol もの安定化をもたらす．

問題 9・4 ピリジンは平面構造をもち，各結合角が 120°の六角形分子である．この化合物は付加反応よりも置換反応を起こしやすく，一般的にはベンゼンのような反応性を示す．この性質を説明するためにピリジンの π 軌道の図を書いてみよ．§9・4 を見て自分の解答を確認せよ．

 ピリジン

9・3 芳香族性と Hückel の 4n+2 則

これまでにベンゼンおよびその他のベンゼン類似芳香族分子に関して述べたことをまとめてみよう．

- ベンゼンは環状に共役した分子である．
- ベンゼンは非常に安定であり，その水素化熱は環状共役トリエンの構造から予想されるより約 150 kJ/mol も少ない．
- ベンゼンは正六角形構造をもつ平面分子である．結合角はすべて 120°であり，すべての炭素原子は sp^2 混成である．さらに，すべての炭素－炭素結合の結合距離は 139 pm である．
- ベンゼンは共役を壊してしまう求電子付加反応よりも，環状の共役構造を保持する置換反応を起こす．
- ベンゼンは線結合で書いた 2 種の共鳴構造の中間の構造をもつ共鳴混成体と表現できる．

上記の各項目はベンゼンや他の芳香族分子の特徴をよくまとめてはいるが，これで十分とはいえない．**芳香族性**（aromaticity）を完全に記述するには，さらに **Hückel の 4n+2 則**（Hückel 4n+2 rule）とよばれるものが必要である．ドイツの物理学者 Erich Hückel が 1931 年に提案した理論によると，分子が芳香族性をもつのは，その分子が共役した単環式の平面構造をもち，かつ**電子の総数が 4n+2**（n は整数，$n=0, 1, 2, 3, \cdots$）となる場合のみである．言い換えれば，π 電子の総数が 2, 6, 10, 14, 18, … の分子のみが芳香族性をもちうる．π 電子数が 4n（4, 8, 12, 16, …）である分子は，たとえ環状の平面分子で，明らかに共役していても芳香族性をもたない．実際，π 電子数が 4n である平面状の共役分子は，π 電子が非局在化するとかえって不安定になるため，**反芳香族**（antiaromatic）であるとさえいわれる．

では実際に，Hückel の 4n+2 則がどのように適用されるかみてみよう．

- **シクロブタジエン**（cyclobutadiene）は π 電子を 4 個もち，反芳香族である．静電ポテンシャル図からわかるように，π 電子は環全体に非局在化するのではなく，二つの二重結合に局在している．シクロブタジエンは非常に反応性が高く，芳香族性

に関連づけられるような性質は一切もたない．実際，この化合物は 1965 年まで合成すらできなかったのである．

シクロブタジエン
二重結合 二つ
π 電子数 4

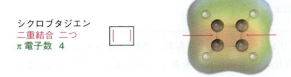

• **ベンゼン**（benzene）は π 電子 6 個（$4n+2=6$，ただし $n=1$）をもち，芳香族性をもつ．

ベンゼン
二重結合 三つ
π 電子数 6

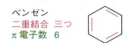

• **シクロオクタテトラエン**（cyclooctatetraene）の π 電子数は 8 個であり，芳香族性をもたない．π 電子は環全体に非局在化するのではなく，四つの二重結合それぞれに局在し，分子の形は平面ではなく桶のような形をしている．隣接する p 軌道は重なり合いに必要な平行な向きに並んでいないため環状の共役がなく，そのため鎖状のポリエンと類似の反応性を示す．

シクロオクタテトラエン
二重結合 四つ
π 電子数 8

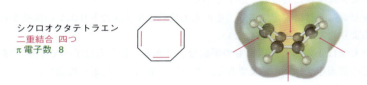

$4n+2$ 個の π 電子にはどんな特別な意味があるのだろうか．なぜ π 電子数が 2, 6, 10, 14… 個だと芳香族性により安定化され，他の電子数だと芳香族性をもたないのだろうか．答えは分子軌道論から導き出される．環状共役分子の分子軌道のエネルギー準位を計算すると，いつも最低エネルギー準位の分子軌道（MO）が一つだけあり，その上に縮退した対をなす分子軌道があることがわかる．つまり，分子軌道に電子が埋まっていくとき，最低準位の軌道には 2 電子（あるいは 1 組の電子対）が，そしてこの上にある n 個のエネルギー準位それぞれには 4 電子（あるいは 2 組の電子対）が必要であり，したがって電子数は全部で $4n+2$ となる．これ以外の数だと部分的に満たされない結合性のエネルギー準位ができてしまう．

図 9・3 に示したように，ベンゼンの最低エネルギー準位の MO である ψ_1 はただ一つ存在し，2 電子が含まれる．次にエネルギーの低い二つの軌道 ψ_2 と ψ_3 は縮退しており，したがってそれらを満たすのに 4 電子が必要である．結果として，結合性軌道がすべて満たされた，安定な 6π 電子の芳香族分子となる．

問題 9・5　芳香族性をもつためには，分子は $4n+2$ 個の π 電子をもち，さらに環状の共役のために平面構造でなければならない．シクロデカペンタエンはこれらの要件の一方を満たすが，もう一方は満たしておらず，合成することはきわめて困難であ

る．この理由を説明せよ．

9・4 芳香族イオンと芳香族ヘテロ環化合物

前節の芳香族性に関する Hückel の基準によれば，分子は環状で共役しており（それぞれの原子上に p 軌道がありほぼ平面），かつ $4n+2$ 個の π 電子をもつ必要がある．この定義では，π 電子の数が環を構成する原子数と同じであるとはいっていないし，化合物は電荷をもたないともいっていない．また環を構成する原子が炭素でなければならないともいっていない．実際，π 電子の数が環の原子数と異なることもありうるし，化合物がイオンでもよく，さらに環内に異なる種類の原子をもつ**ヘテロ環化合物**（heterocyclic compound, 複素環化合物）も芳香族となりうる．シクロペンタジエニルアニオンやシクロヘプタトリエニルカチオンはおそらく最もよく知られた芳香族イオンであり，ピリジンやピロールは一般的な芳香族ヘテロ環化合物である．

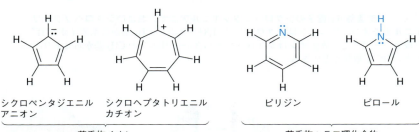

芳香族イオン

シクロペンタジエニルアニオンやシクロヘプタトリエニルカチオンがなぜ芳香族性をもつかを理解するために，まずは対応する電荷をもたない炭化水素であるシクロペンタ-1,3-ジエンやシクロヘプタ-1,3,5-トリエンを思い浮かべて，それぞれの飽和の CH_2 炭素から水素を一つ取除いてみよう．もしその炭素が sp^3 から sp^2 へと再混成すると，生成物は完全に共役しておりすべての炭素に p 軌道が存在することになる．水素を取除く方法には 3 通りが考えられる．

- C–H 結合から 2 個の結合電子とともに水素を取除く（つまり H:⁻ として取除く）と，カルボカチオンを生じる
- C–H 結合から結合電子の 1 個とともに水素を取除く（H· として取除く）と，炭素ラジカルが生じる
- C–H 結合から結合電子を奪わずに水素を取除く（H⁺ として取除く）と，カルボアニオンが生じる

シクロペンタ-1,3-ジエンとシクロヘプタ-1,3,5-トリエンから水素を取除いて生

成しうる化合物にはさまざまな共鳴構造が書けるが,6π電子のシクロペンタジエニルアニオンとシクロヘプタトリエニルカチオンのみが4n+2則に従っており,芳香族性をもつ(図9・4).

実際のところ,4π電子のシクロペンタジエニルカチオンと5π電子のシクロペンタジエニルラジカルは非常に反応性が高く合成が困難である.どちらの分子も芳香族

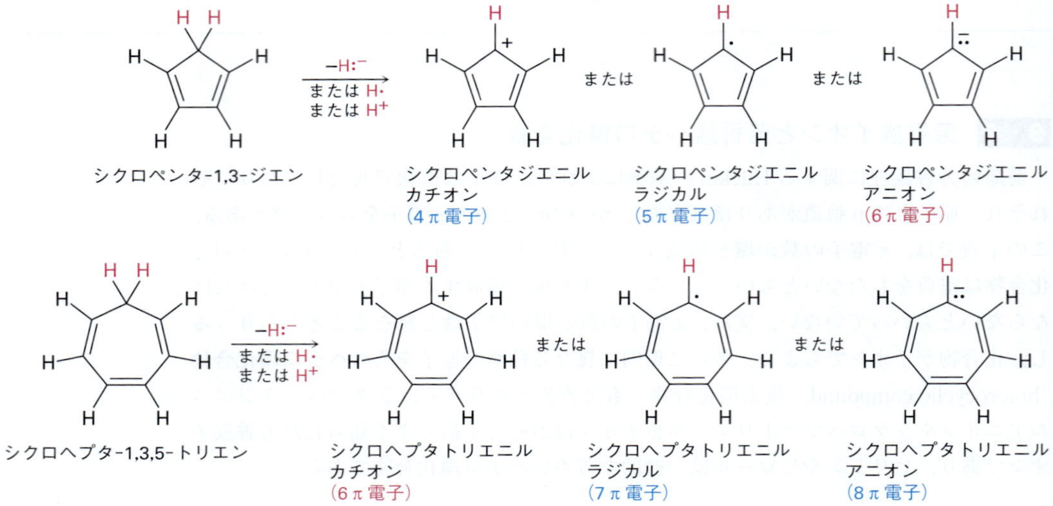

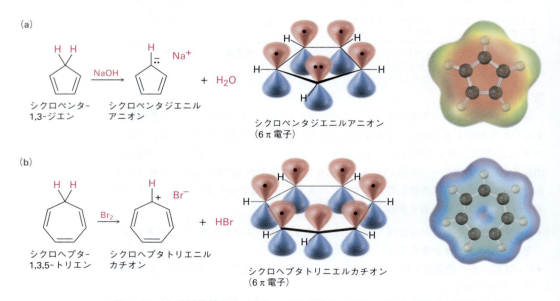

図9・4 芳香族6π電子のシクロペンタジエニルアニオンおよびシクロヘプタトリエニルカチオン.アニオンはシクロペンタ-1,3-ジエンのCH₂基から水素イオンH⁺を取除くとできる.カチオンはシクロヘプタ-1,3,5-トリエンのCH₂基からヒドリドイオンH⁻を取除くとできる.

図9・5 (a) 芳香族性をもつシクロペンタジエニルアニオン.五つのp軌道に6個のπ電子をもつ.(b) 芳香族性をもつシクロヘプタトリエニルカチオン.七つのp軌道に6個のπ電子をもつ.静電ポテンシャル図では,両イオンとも対称性をもち,電荷は環のすべての原子間で等しく共有されている.

にみられる安定性の兆候もない．それに比べ，6π電子のシクロペンタジエニルアニオンは容易に調製可能で非常に安定である（図9・5a）．実際，シクロペンタ-1,3-ジエンは最も酸性度の高い炭化水素の一つとして知られており，$pK_a = 16$ という水に匹敵する値をもつ．

同様に，7π電子のシクロヘプタトリエニルラジカルと8π電子のアニオンは反応性が高く調製が難しいのに対し，6π電子のシクロヘプタトリエニルカチオンはきわめて安定である（図9・5b）．シクロヘプタトリエニルカチオンは100年以上前にシクロヘプタ-1,3,5-トリエンと臭素との反応によりはじめて合成されたが，その当時は構造が不明であった．

問題 9・6 シクロオクタ-1,3,5,7-テトラエンは金属カリウムと速やかに反応し，安定なシクロオクタテトラエンジアニオン $C_8H_8^{2-}$ となる．この反応はなぜ容易に起こるのか．シクロオクタテトラエンジアニオンはどのような形状をしているだろうか．

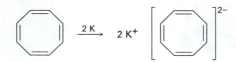

芳香族ヘテロ環化合物

ヘテロ環（heterocycle，複素環）とは本節の冒頭に述べたように，二つあるいはそれ以上の種類の元素を環内に含む環状化合物のことで，通常は炭素と窒素，酸素，あるいは硫黄原子を含む．たとえば**ピリジン**（pyridine）や**ピリミジン**（pyrimidine）は環内に炭素原子と窒素原子を含む6員環のヘテロ環化合物である．

ピリジンはπ電子の構造がベンゼンにとてもよく似ている．sp^2 混成の炭素原子五つはいずれも環平面に直交したp軌道をもっており，それぞれのp軌道に1個のπ電子が存在する．窒素原子も sp^2 混成をとっており，p軌道に1電子をもつため，合わせて6π電子となる．窒素の非共有電子対の電子（静電ポテンシャル図の赤い部分）は，環平面上にある sp^2 混成軌道に存在し，芳香族のπ電子系には関与しない（図9・6）．同様に図9・6に示すピリミジンもベンゼン類縁体であり，不飽和な6員環内に二つの窒素原子をもつ．これらの窒素原子はともに sp^2 混成であり，それぞれが芳

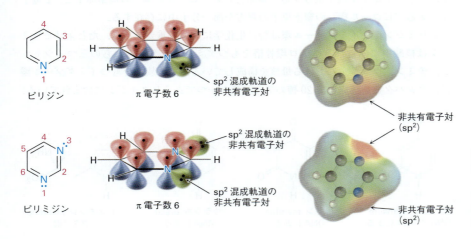

図 9・6 **ピリジンとピリミジンの構造**．両者ともにベンゼンと同様のπ電子配置をもつ含窒素芳香族ヘテロ環である．窒素の非共有電子対はいずれも環平面上の sp^2 混成軌道に存在する．

香族π電子系に1電子ずつ供与している.

ピロール(pyrrole)と**イミダゾール**(imidazole)は5員環のヘテロ環化合物であるが,いずれも6個のπ電子をもち,芳香族性をもつ.ピロールではsp^2混成の四つの炭素原子がそれぞれ1個のπ電子を出し,さらにsp^2混成の窒素原子は,そのp軌道を占める非共有電子対2電子を出して環状の共役系をつくり上げている(図9・7).同様に図9・7に示すように,イミダゾールはピロールの類縁体であり,二つの窒素原子を不飽和な5員環内にもつ.二つの窒素原子はともにsp^2混成であるが,このうち一つは二重結合を構成して芳香族π電子系には1電子しか供与しないのに対し,もう一方は二重結合には含まれておらず,非共有電子対の2電子を芳香族π電子系に供与している.

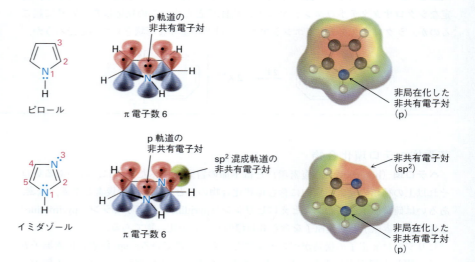

図9・7 **ピロールとイミダゾールの構造**.両者ともに5員環の含窒素ヘテロ環であるが,6個のπ電子をもつ芳香族化合物である.窒素の非共有電子対はp軌道にあり,環平面と直交している.イミダゾールの二つ目の窒素の非共有電子対は,環平面上のsp^2混成軌道に存在する.

窒素原子は分子の構造によって異なる役割を担っていることに注意してほしい.ピリジンとピリミジンの窒素原子はいずれも二重結合を形成しており,まさにベンゼン中の炭素原子と同様に,それぞれπ電子1個を芳香族6電子系に提供している.しかし,ピロールの窒素原子は二重結合には組込まれておらず,π電子2個(非共有電子対)を芳香族6電子系に供与する.イミダゾールの場合には,上記2種類の窒素原子,つまりπ電子1個を供与する二重結合性の"ピリジン様"の窒素原子と,2電子を与える"ピロール様"の窒素原子の双方が同一分子中に存在する.

ピリミジン環とイミダゾール環は特に生化学において重要である.たとえばピリミジンは核酸中にみられるヘテロ環骨格をもつアミン塩基5種のうちの三つ,シトシン,チミン,ウラシルにおける母核を構成している.芳香族性をもつイミダゾール環は,タンパク質を構成する20種のアミノ酸の一つであるヒスチジンに含まれている.

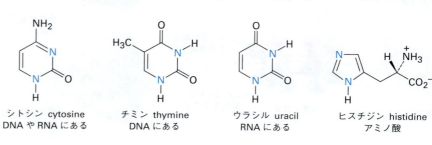

シトシン cytosine
DNAやRNAにある

チミン thymine
DNAにある

ウラシル uracil
RNAにある

ヒスチジン histidine
アミノ酸

例題 9・1　ヘテロ環の芳香族性を説明する

硫黄原子を含むヘテロ環であるチオフェンは，付加反応よりも典型的な芳香族置換反応を起こす．なぜチオフェンは芳香族性を示すのか説明せよ．

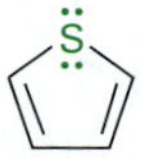

チオフェン
thiophene

考え方　芳香族性の要件は，$4n+2$ 個の π 電子をもつ，平面状で環状の共役分子であることを思い出し，これらの要件がどのようにチオフェンにあてはめられるか考えよ．

解　答　チオフェンはピロールの硫黄類縁体である．硫黄原子は sp^2 混成であり，環平面に垂直な向きの p 軌道に非共有電子対をもっている．硫黄はまた，環平面内に二つ目の非共有電子対をもっている．

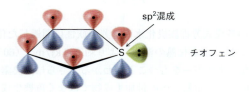

チオフェン

問題 9・7　フランの分子軌道図を描き，この分子が芳香族性をもつ理由を示せ．

フラン

問題 9・8　チアミン（ビタミン B_1）は，**チアゾリウム環**（thiazolium ring）とよばれる窒素と硫黄を含み正電荷をもった 5 員環のヘテロ環をもつ．チアゾリウム環がなぜ芳香族性をもつか説明せよ．

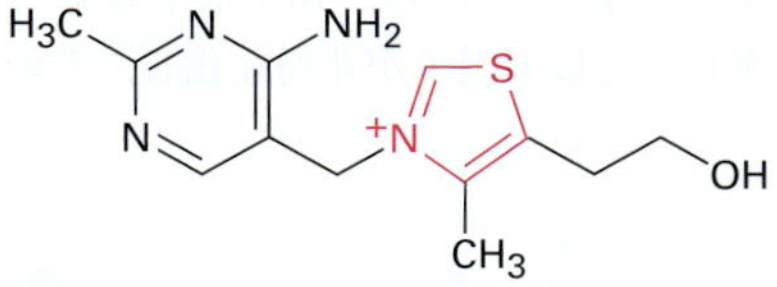

チアミン
thiamin

チアゾリウム環

9・5　多環式芳香族化合物

Hückel 則は厳密には**単環式化合物**（monocyclic compound）にのみ適用できるものであるが，芳香族性という一般的な概念は**多環式芳香族化合物**（polycyclic aromatic compound）にも拡張することができる．ナフタレン（naphthalene）はベンゼン様の環が二つ縮合したものであり，アントラセン（anthracene）は三つ，ベンゾ[a]ピレン（benzo[a]pyrene）は五つ，コロネン（coronene）は六つが縮合したものであるが，これらはすべてよく知られた芳香族炭化水素である．ベンゾ[a]ピレンはたばこの煙から発見された発がん物質の一つである点で，とりわけ興味深い化合物である．

262　9. 芳香族化合物

ナフタレン　アントラセン　ベンゾ[a]ピレン　コロネン

すべての多環式芳香族炭化水素はいくつかの異なる共鳴構造で表すことができる．たとえばナフタレンは次の3通りで表す．

ナフタレン

ナフタレンや他の多環式芳香族炭化水素は芳香族性に関連した化学的性質を示す．たとえばナフタレンは，水素化熱の測定により約 250 kJ/mol（60 kcal/mol）もの芳香族に特有の安定化エネルギーをもつことがわかる．さらに，臭素のような求電子剤とはゆっくりと反応し，二重結合への付加生成物ではなく置換生成物を生じる．

ナフタレン　1-ブロモナフタレン(75%)

ナフタレンの芳香族性は図9・8に示す軌道図で説明できる．ナフタレンは環状の共役したπ電子系をもち，そのp軌道は分子の外周にある10個の炭素と分子中央の結合の双方において互いに重なり合っている．10π電子という数字は Hückel 則を満たす値であるので，ナフタレンではπ電子が非局在化し，その結果芳香族性を示す．

図 9・8　ナフタレンの軌道図と静電ポテンシャル図．10個のπ電子は両方の環上に完全に非局在化している．

ナフタレン

ベンゼンのヘテロ環類縁体があるように，ナフタレンのヘテロ環類縁体も数多く知られている．その代表的なものとして，キノリン（quinoline）やイソキノリン（isoquinoline），インドール（indole），あるいはプリン（purine）などがあげられる．キノリン，イソキノリン，およびプリンはいずれもピリジン様の窒素をもっており，これらは二重結合の一部を構成し，芳香族π電子系に1電子ずつ供与している．インドールとプリンはともにピロール様の窒素をもち，これらは2個のπ電子を供与している．

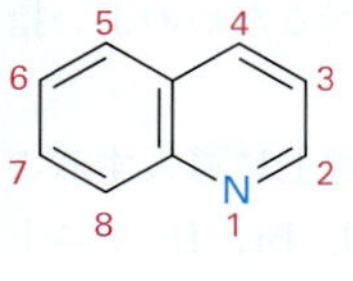

9・6 芳香族化合物の反応: 求電子置換反応　263

キノリン 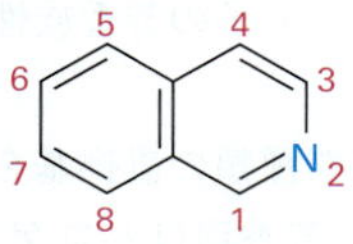　　　　　イソキノリン 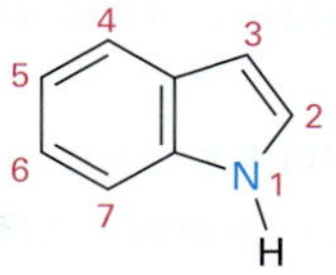　　　　インドール 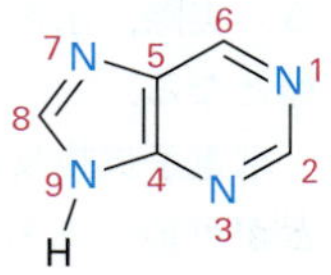　　　　プリン

　多環式芳香環を含む多くの生体分子のうち，たとえばアミノ酸の一つであるトリプトファンはインドール環を，抗マラリア薬のキニーネはキノリン環をもっている．アデニンとグアニンは，核酸中にみられる5種のヘテロ環アミン塩基のうちの二つに相当するが，いずれもプリン環をもっている．

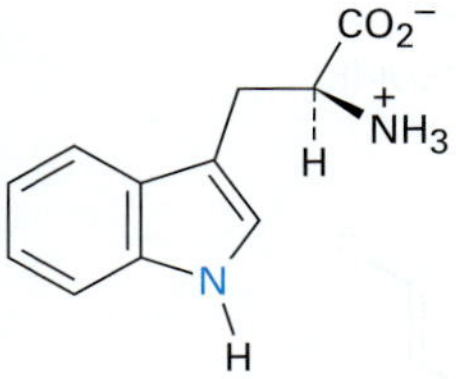

トリプトファン tryptophan
アミノ酸

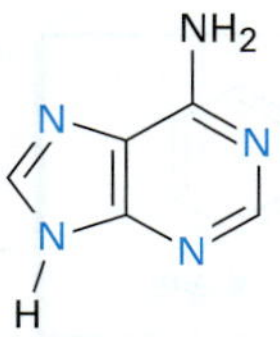

アデニン adenine
DNA および RNA にある

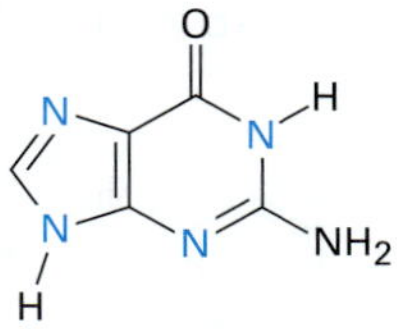

グアニン guanine
DNA および RNA にある

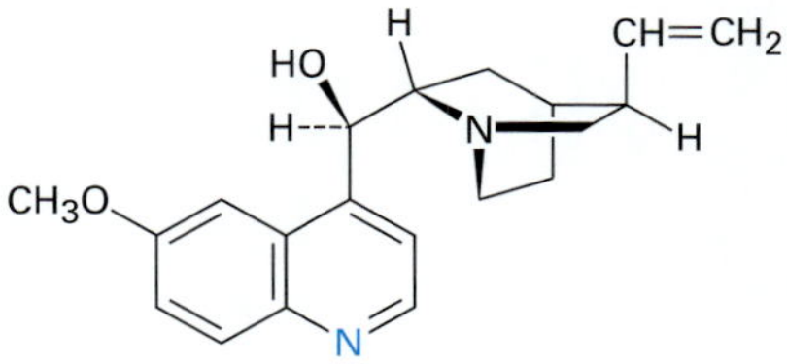

キニーネ quinine
抗マラリア薬

問題9・9　美しい青色の炭化水素であるアズレンは，ナフタレンの異性体である．アズレンは芳香族性をもつか．図に示したものとは異なる別の共鳴構造式を示せ．

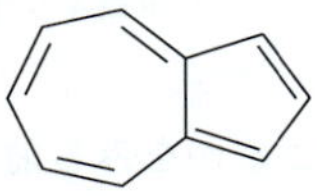

アズレン
azulene

問題9・10　プリンの四つの窒素原子はそれぞれ芳香族π電子系に何個ずつ電子を与えているか．

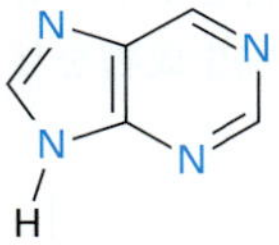

プリン

9・6 芳香族化合物の反応: 求電子置換反応

　芳香族化合物に最もよくみられる反応は**芳香族求電子置換反応**（electrophilic aromatic substitution reaction）であり，これは求電子剤 E^+ が芳香環と反応して水素原子の一つと置き換わる反応である．

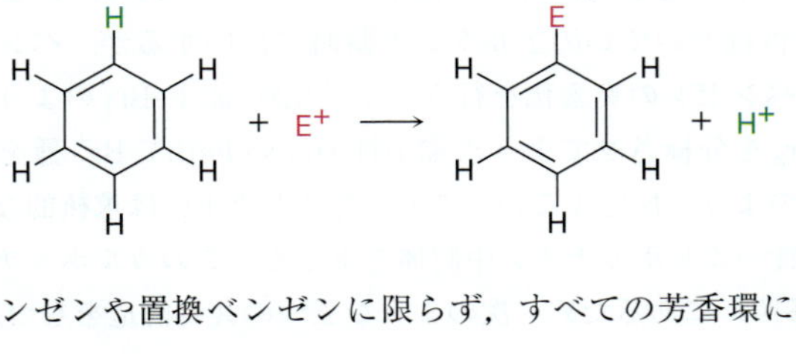

$$+ E^+ \longrightarrow + H^+$$

この反応はベンゼンや置換ベンゼンに限らず，すべての芳香環に特有のものであ

264   9. 芳香族化合物

る．実際，求電子置換反応に対する反応性は，分子の芳香族性を調べるためのよい指標となる．

　求電子置換反応を利用することでさまざまな種類の置換基を芳香環上に導入することが可能である．いくつかの例をあげると，芳香環はハロゲン（Cl，Br，I）やニトロ基 $-NO_2$，スルホ基 $-SO_3H$，ヒドロキシ基 $-OH$，さらにはアルキル基 $-R$ やアシル基 $-COR$ で置換することができる．二，三の単純な物質から，何千もの置換芳香族化合物をつくり出すことも可能である．

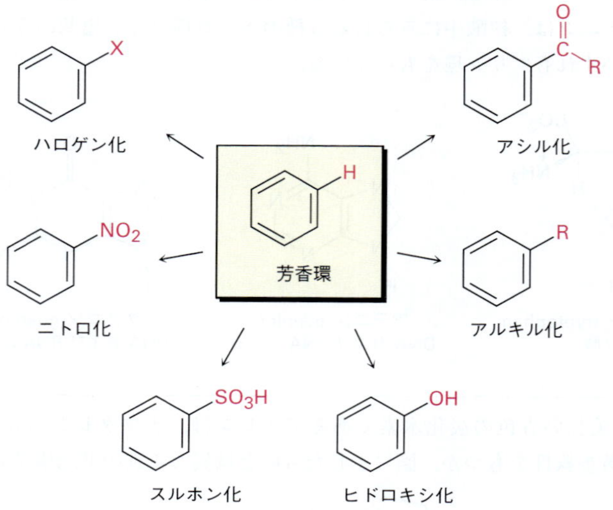

　芳香族求電子置換反応がどのように起こるかをみる前に，7章で述べたアルケンへの求電子付加反応について簡単に復習しよう．HCl のような反応剤がアルケンに付加する場合，求電子的な水素原子が二重結合の π 電子に接近し，一方の炭素原子と結合を形成してもう一方の炭素原子に正電荷を生じさせる．こうして生じるカルボカチオン中間体は求核的な Cl^- と反応して付加生成物を与える．

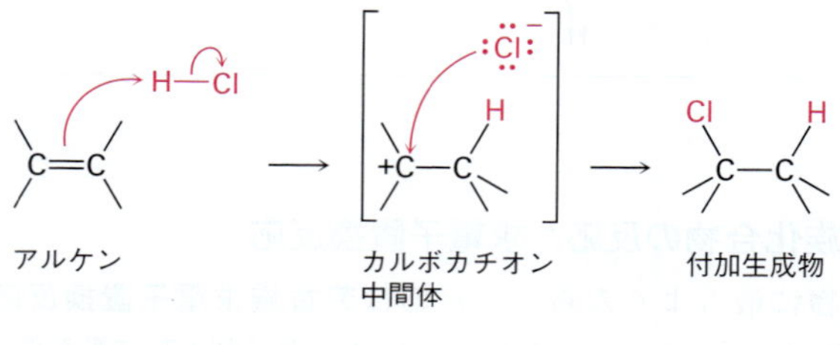

　芳香族求電子置換反応も同様にして始まるが，多くの相違点がある．一つは，芳香環はアルケンよりも求電子剤に対する反応性が低い点である．たとえば，臭素分子 Br_2 の CH_2Cl_2 溶液はたいていのアルケンと瞬時に反応するが，ベンゼンとは室温では反応しない．ベンゼンの臭素化を行うには臭化鉄(Ⅲ) $FeBr_3$ のような触媒が必要である．触媒は Br_2 を分極させてより求電子性の高い $FeBr_4^-$ Br^+ 種を発生させ，これがあたかも Br^+ のように反応するのである．分極した Br_2 は求核的なベンゼン環と反応して非芳香族性のカルボカチオン中間体を生じる．このカルボカチオンは二重アリル位（§8・13 参照）にあるため，次のような三つの共鳴構造をもつ．

Br—Br + FeBr₃ ⟶ Br⁺ ⁻FeBr₄

この共鳴の寄与により，典型的なアルキルカルボカチオンよりもはるかに安定となるが，それでもやはり芳香族求電子置換反応で生じる中間体は，150 kJ/mol（36 kcal/mol）もの芳香族安定化を受けた出発物のベンゼン環そのものよりもずっと不安定である．このため，求電子剤とベンゼン環の反応は吸熱的であり，相当な活性化エネルギーを必要とし，遅い反応となる．

アルケンへの付加反応と芳香族置換反応のもう一つの相違点は，カルボカチオン中間体が生じた後にみられる．カルボカチオン中間体は，Br⁻ が付加して付加生成物を生じる代わりに，臭素原子が結合した炭素から H⁺ を失って置換生成物を与える．図 9・9 に示した反応全体の機構からわかるように，この反応の正味は H⁺ の Br⁺ による置換である．

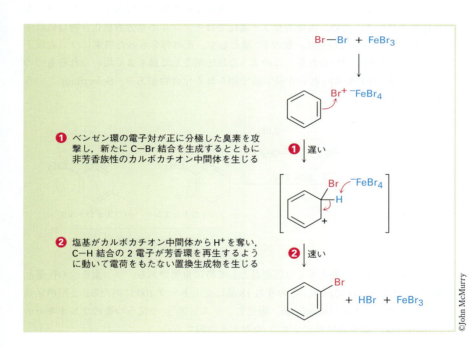

図 9・9 ベンゼンの求電子的臭素化の反応機構．反応は 2 段階で進行し，共鳴安定化されたカルボカチオン中間体を経る．

なぜ Br₂ とベンゼンの反応はアルケンとの反応とは異なる経路をたどるのだろうか．この答えは実に単純である．もし付加反応が起こったなら，ベンゼン環のもつ 150 kJ/mol もの安定化エネルギーは失われ，反応全体としては吸熱的になるだろう．しかし置換反応が起これば，芳香環の安定性は保持され，反応が発熱的となる．図 9・10 に反応過程全体のエネルギー図を示す．

臭素化の他にもいろいろな種類の芳香族求電子置換反応があるが，どの反応もこの一般的反応機構に従って進行する．このような反応をいくつか簡単にみてみよう．

図 9・10 ベンゼンの求電子的臭素化のエネルギー図. 反応全体では芳香環の安定性が維持されるため発熱的である.

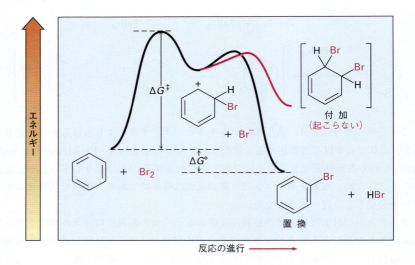

芳香族ハロゲン化反応

求電子置換反応によって塩素, 臭素, ヨウ素原子を芳香環に導入できるが, フッ素は反応性が高すぎるため, 直接的なフッ素化ではモノフルオロ芳香族化合物は低収率でしか得られない. 代わりに, 他の F^+ 源として, 正電荷をもった窒素にフッ素原子が結合した化合物が用いられる. このような反応剤として最もよく用いられるものの一つとして F–TEDA–BF$_4$ という頭字語で知られる化合物があり, Selectfluor という名前で売られている.

収率 82%　生成比 3:1

含フッ素芳香族化合物の多くは医薬品として特に重要である. フッ素を含む医薬品は約 80 品目上市されており, そのうち 18 品は売上トップ 100 にあたる. 2 型糖尿病治療薬シタグリプチン (sitagliptin, 販売名ジャヌビア®) や抗うつ薬のフルオキセチン (fluoxetine, 販売名プロザック®) などがその例である.

シタグリプチン　　　　　　　　フルオキセチン

芳香環は, FeBr$_3$ 触媒による臭素との反応と同様に, FeCl$_3$ 触媒の存在下で塩素 Cl$_2$

9・6　芳香族化合物の反応: 求電子置換反応　267

と反応してクロロベンゼン類を生じる．この種の反応は，クラリチン® として販売されている抗アレルギー薬ロラタジン（loratadine）をはじめとする多くの医薬品の合成で利用されている．

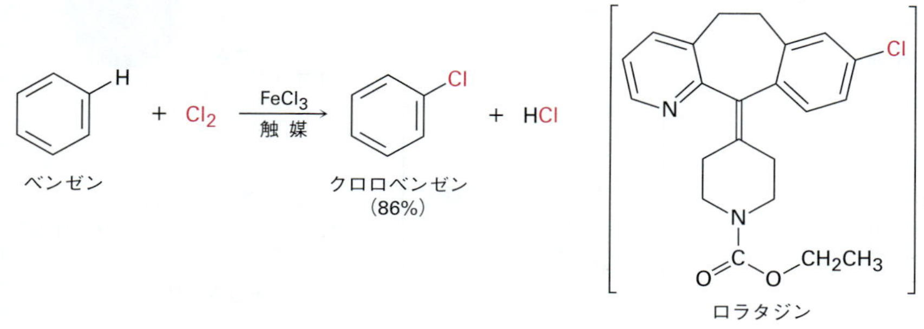

ベンゼン　　　　クロロベンゼン
　　　　　　　　　　（86%）

ロラタジン

　ヨウ素そのものは芳香環とは反応しないため，過酸化水素のような酸化剤や $CuCl_2$ のような銅塩を添加する必要がある．これらの物質は I_2 を次亜ヨウ素酸 HIO や I_2CuCl_2 といった，I^+ のように振舞い強力な求電子性を示す活性種へと酸化することによりヨウ素化反応を促進する．芳香環は I^+ と典型的な求電子置換反応の様式で反応し，置換生成物を与える．

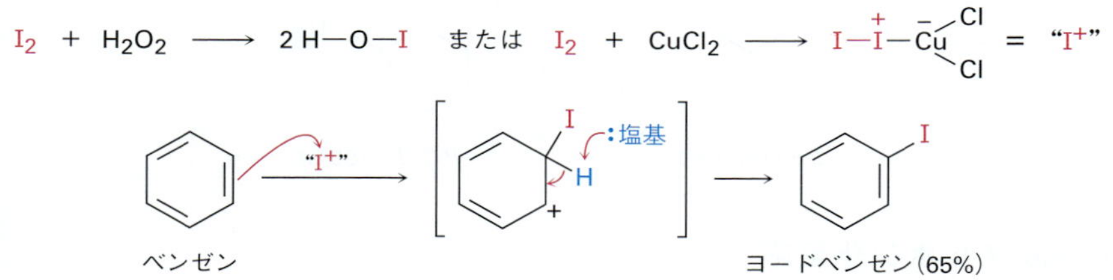

$$I_2 + H_2O_2 \longrightarrow 2\,H-O-I \quad または \quad I_2 + CuCl_2 \longrightarrow I-I-Cu \overset{+}{\underset{Cl}{\overset{Cl}{-}}} = \text{``}I^+\text{''}$$

ベンゼン　　　　　　　　　　　　　　　　　　　ヨードベンゼン（65%）

　求電子的な芳香族ハロゲン化反応は，数多くの天然物，とりわけ海洋生物により産生される化合物の生合成にもよくみられる．ヒトの例で最も有名なのは，甲状腺でのチロキシン生合成の過程にみられる反応である．チロキシンは成長や代謝の制御に関与する甲状腺ホルモンである．アミノ酸のチロシンがまず甲状腺ペルオキシダーゼによりヨウ素化され，つづいてヨウ素化されたチロシン 2 分子が縮合する．I^+ 種として働く求電子的なヨウ素化剤は，おそらく次亜ヨウ素酸 HIO であると思われる．

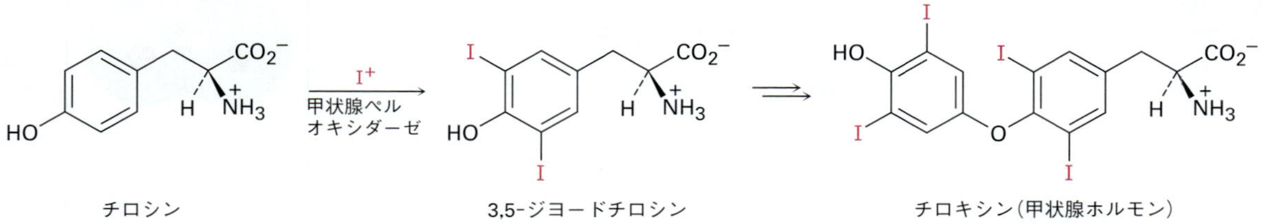

チロシン　　　　　　　　　3,5-ジヨードチロシン　　　　　　　チロキシン（甲状腺ホルモン）

芳香族ニトロ化反応
　芳香環は濃硝酸と濃硫酸の混合物と反応させることによりニトロ化を受ける．求電子剤はニトロニウムイオン（nitronium ion）NO_2^+ であり，これは硝酸 HNO_3 のプロトン化と水の脱離により生じる．ニトロニウムイオンはベンゼンと反応してカルボカチオン中間体を生成し，この中間体から H^+ が脱離することにより，置換生成物であ

268 9. 芳香族化合物

図9・11 芳香環の求電子的ニトロ化の反応機構．求電子剤 NO_2^+ の静電ポテンシャル図から窒素原子が最も正電荷(青)を帯びていることがわかる．

硝酸　　　　　　　　　　　　　　　　　　　　　　　　　　　ニトロニウムイオン

ニトロベンゼン

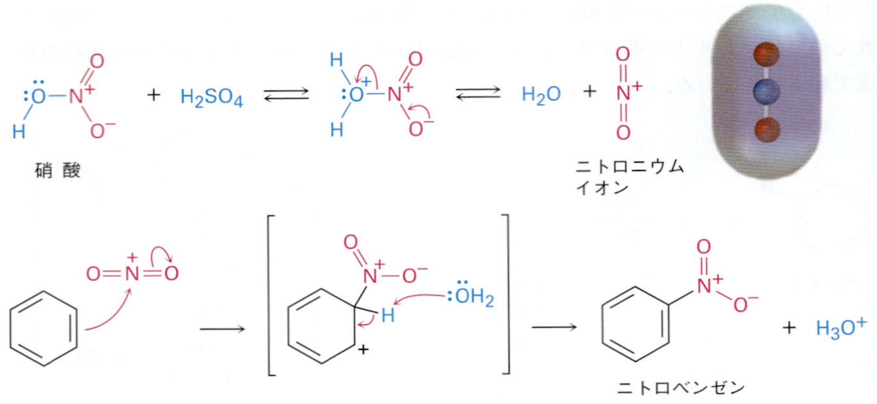

るニトロベンゼンが生成する（図9・11）．

芳香環のニトロ化は自然界では起こらないが，ニトロ置換生成物は金属鉄，金属スズや塩化スズ(II) $SnCl_2$ などにより還元されてアニリンなどの**芳香族アミン**（arylamine）$ArNH_2$ を生じるため，フラスコ内の反応としてはとても重要である．ニトロ化-還元の2段階反応による芳香環のアミノ化反応は，多くの染料や医薬品の工業合成の重要な部分である．

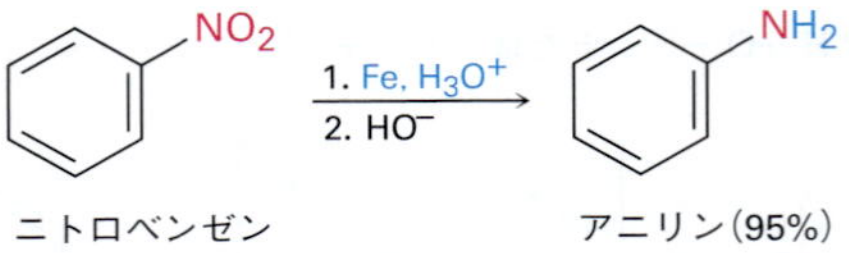

ニトロベンゼン　　　　　　　　　　　　　　　アニリン(95%)

1. Fe, H_3O^+
2. HO^-

芳香族スルホン化反応

芳香環のスルホン化は発煙硫酸，すなわち H_2SO_4 と SO_3 の混合物と反応させることにより行われる．実際に反応する求電子剤は反応条件によって変わるものの，HSO_3^+ か電気的に中性の SO_3 であり，置換反応はすでに解説した臭素化やニトロ化と同様の2段階機構で進行する（図9・12）．

図9・12 芳香環の求電子的スルホン化の反応機構．求電子剤である $HOSO_2^+$ の静電ポテンシャル図より，硫黄と水素が最も正電荷(青)を帯びていることがわかる．

三酸化硫黄

:塩基

ベンゼンスルホン酸

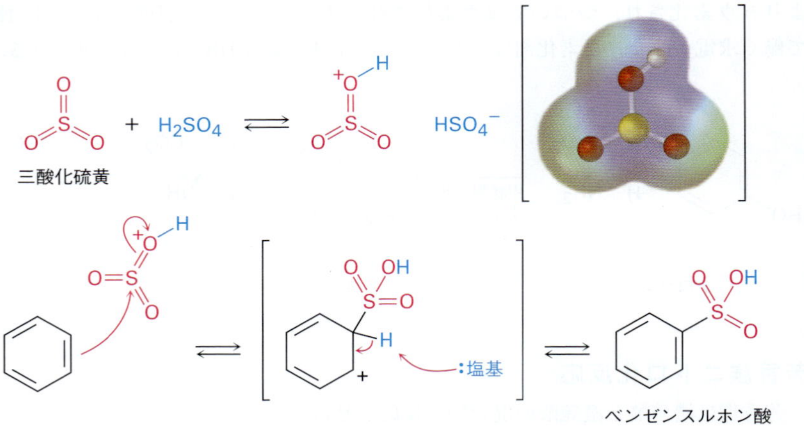

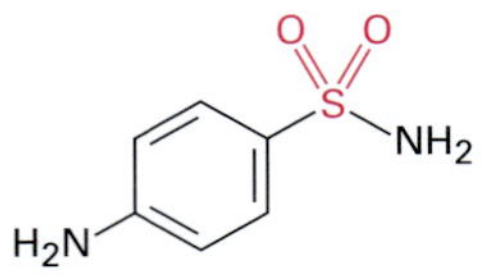

スルファニルアミド
（抗菌剤）

ニトロ化の場合と同様に，芳香族のスルホン化も自然界ではみられないが，染料や医薬品の合成においては広く用いられている．たとえばスルファニルアミドのような

9・6 芳香族化合物の反応：求電子置換反応　269

サルファ剤は臨床で有効性を示した最初の抗菌剤の一つである．今日ではその大部分がより有効な薬剤へと置き換わっているが，サルファ剤はいまもなお髄膜炎や尿路感染症の治療に用いられている．これらの薬剤は芳香族スルホン化を鍵段階とする工程で工業生産されている．

芳香族ヒドロキシ化反応

　芳香環の直接的なヒドロキシ化によりヒドロキシベンゼン（フェノール）を合成することは難しく，フラスコ内ではほとんど行われないが，生体反応では比較的頻繁に起こっていることが知られている．一例として，p-ヒドロキシフェニル酢酸のヒドロキシ化により3,4-ジヒドロキシフェニル酢酸を合成する例がある．この反応はp-ヒドロキシフェニル酢酸-3-ヒドロキシラーゼが触媒し，分子状酸素と補酵素である還

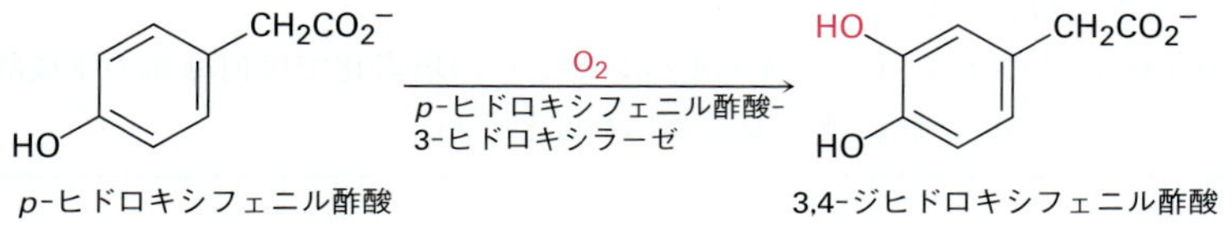

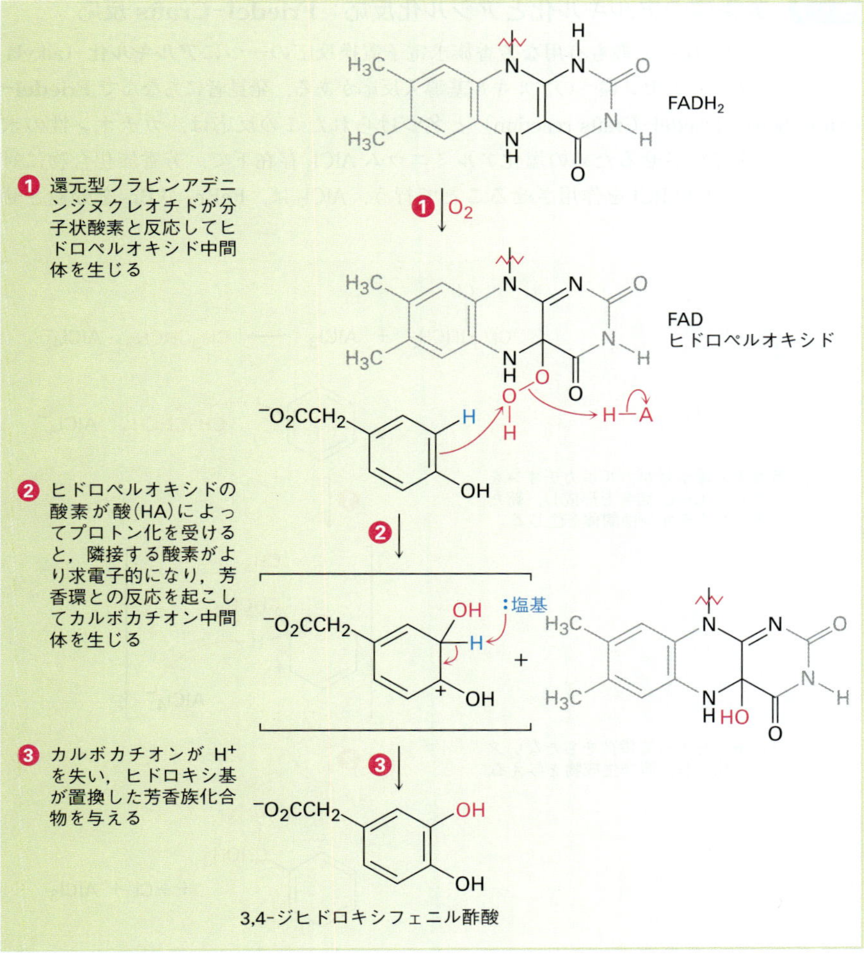

p-ヒドロキシフェニル酢酸　　　　　　　　3,4-ジヒドロキシフェニル酢酸

❶ 還元型フラビンアデニンジヌクレオチドが分子状酸素と反応してヒドロペルオキシド中間体を生じる

❷ ヒドロペルオキシドの酸素が酸(HA)によってプロトン化を受けると，隣接する酸素がより求電子的になり，芳香環との反応を起こしてカルボカチオン中間体を生じる

❸ カルボカチオンが H⁺ を失い，ヒドロキシ基が置換した芳香族化合物を与える

図 9・13　p-ヒドロキシフェニル酢酸の FAD ヒドロペルオキシドによる求電子的ヒドロキシ化の反応機構．ヒドロキシ化の活性種は FAD ヒドロペルオキシドのプロトン化（RO−OH＋H⁺ → ROH＋OH⁺）で生じる "OH⁺ 等価体" である．

270　9. 芳香族化合物

元型フラビンアデニンジヌクレオチド $FADH_2$ を必要とする.

　他の芳香族求電子置換反応から類推すれば，"OH^+ 等価体"のように振舞う求電子的な酸素活性種がヒドロキシ化に必要だと考えられる．まったくそのとおりで，FAD ヒドロペルオキシド $RO-OH$ のプロトン化により求電子的な酸素活性種が生成する（図 9・13）．すなわち，

$$RO-OH + H^+ \rightarrow ROH + OH^+$$

という反応により生成する．なお，FAD ヒドロペルオキシド自体は $FADH_2$ と酸素の反応により生成する.

問題 9・11　$F-TEDA-BF_4$ によるベンゼンの求電子的フッ素化反応の機構を示せ.

問題 9・12　トルエンの臭素化では 3 種類のブロモトルエンが生成する．それぞれの構造式を書き，命名せよ.

問題 9・13　o-キシレン（o-ジメチルベンゼン）の塩素化では何種類の生成物が得られるか．m-キシレンや p-キシレンの場合はどうか.

9・7　芳香環のアルキル化とアシル化反応：Friedel-Crafts 反応

　フラスコ内の反応で最も有用な芳香族求電子置換反応の一つに**アルキル化**（alkylation），すなわちベンゼン環へのアルキル基導入反応がある．発見者にちなんで **Friedel-Crafts 反応**（Friedel-Crafts reaction）と名づけられたこの反応は，カチオン性の求電子剤 R^+ を発生させるための塩化アルミニウム $AlCl_3$ 存在下で，芳香族化合物に対して塩化アルキル RCl を作用させることで行う．$AlCl_3$ は，$FeBr_3$ が Br_2 を分極させ

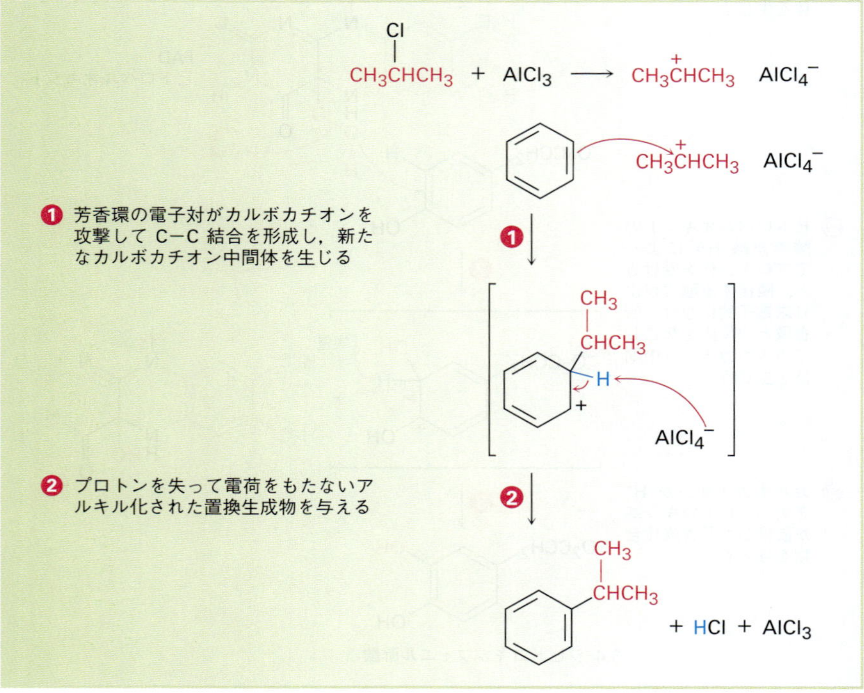

図 9・14　2-クロロプロパンによるベンゼンの **Friedel-Crafts** アルキル化の反応機構．求電子剤は，$AlCl_3$ によりハロゲン化アルキルの解離が促進されて生じるカルボカチオンである.

ることにより芳香族臭素化を触媒する（§9・6）のとほぼ同様にして，ハロゲン化アルキルが解離して求電子的なカルボカチオン中間体を生成する反応を触媒する．付加中間体から H^+ が脱離すると反応は完結する（図 9・14）．

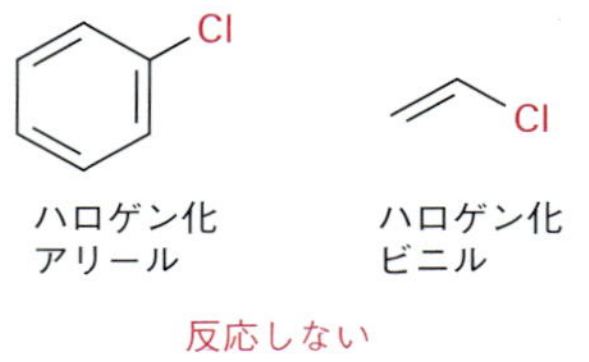
Cl
Cl
ハロゲン化
アリール
ハロゲン化
ビニル
反応しない

Friedel–Crafts アルキル化は有用ではあるが，いくつかの問題点がある．その一つは，ハロゲン化アルキルしか用いることができない点である．芳香族ハロゲン化物（ハロゲン化アリール）やハロゲン化ビニルは反応しない．これはアリールカチオンやビニルカチオンはエネルギーが高すぎて Friedel–Crafts 反応の条件では生成できないためである．なお，**ビニル**（vinyl）という言葉は，置換基が直接二重結合に結合していることを意味する（例：C=C−Cl）．

2 番目の問題は，カルボニル基（C=O）のような強力な電子求引基やアミノ基（$-NH_2$，NHR，NR_2）をもつ芳香環の Friedel–Crafts 反応はうまくいかない，という点である．芳香環にあらかじめ存在する置換基は，求電子置換反応の反応性に劇的な影響を及ぼすことを次節で詳しく説明するが，図 9・15 にあげたどの置換基をもつ芳香族化合物も Friedel–Crafts アルキル化反応を起こさないことがわかっている．

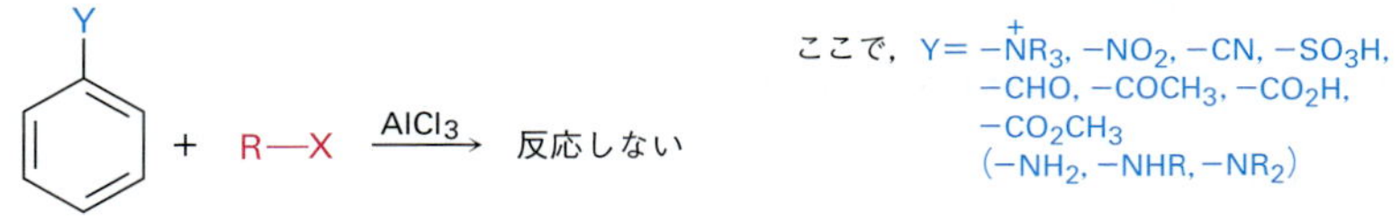
Y
+ R—X
$AlCl_3$
反応しない
ここで，Y = $-\overset{+}{N}R_3$, $-NO_2$, −CN, $-SO_3H$,
−CHO, $-COCH_3$, $-CO_2H$,
$-CO_2CH_3$
($-NH_2$, −NHR, $-NR_2$)

図 9・15　Friedel–Crafts 反応における芳香族化合物の適用限界． 電子求引性置換基やアミノ基をもつ基質はいずれも反応しない．

Friedel–Crafts 反応の 3 番目の問題は，1 回の置換で反応を止めるのが難しいことが多いという点である．最初のアルキル基が環に導入されると，次節で説明する理由により二度目の置換反応が促進されてしまうため，しばしばポリアルキル化（polyalkylation）が起こってしまう．たとえばベンゼンと等モル量の 2–クロロ–2–メチルプロパンとの反応では，*p*–ジ–*t*–ブチルベンゼンが主生成物となる．このとき *t*–ブチルベンゼンの生成は少量であり，未反応のベンゼンも回収される．モノアルキル生成物を高収率で得るには大過剰のベンゼンを用いる必要がある．

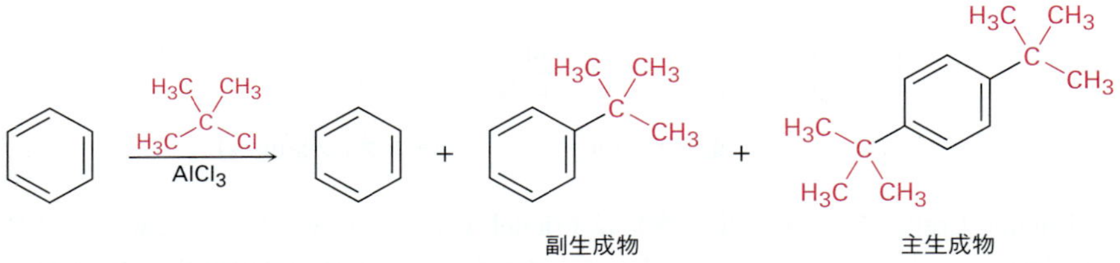
H_3C CH_3
H_3C C Cl
$AlCl_3$
H_3C CH_3
C
CH_3
副生成物
H_3C CH_3
C
CH_3
H_3C
C
H_3C CH_3
主生成物

Friedel–Crafts 反応の最後の問題は，求電子剤であるアルキルカルボカチオンが時として反応中に骨格転位を起こしてしまうことであり，これは特に第一級ハロゲン化アルキルを用いたときによくみられる．たとえばベンゼンと 1–クロロブタンを 0 °C で反応させると，転位生成物である *s*–ブチルベンゼンと転位していない *n*–ブチルベンゼンとのおよそ 2：1 の混合物が得られる．

Friedel–Crafts 反応において併発するカルボカチオンの転位は，アルケンへの求電子付加反応においてみられるものと同様であり（§7・10 参照），ヒドリド移動もしくはアルキル移動により進行する．たとえば，1–クロロブタンと $AlCl_3$ の反応で生じる比較的不安定な第一級のブチルカチオンは，その水素原子が電子対とともに（つまりヒドリドイオン $H:^-$ として）C2 から C1 に移動することで，より安定な第二級のブチルカチオンに転位する．同様に，ベンゼンの 1–クロロ–2,2–ジメチルプロパンに

よるアルキル化では，(1,1-ジメチルプロピル)ベンゼンが生成する．最初に発生した第一級カルボカチオンのメチル基がその電子対とともに C2 から C1 に移動することにより第三級カルボカチオンへと転位するためである．

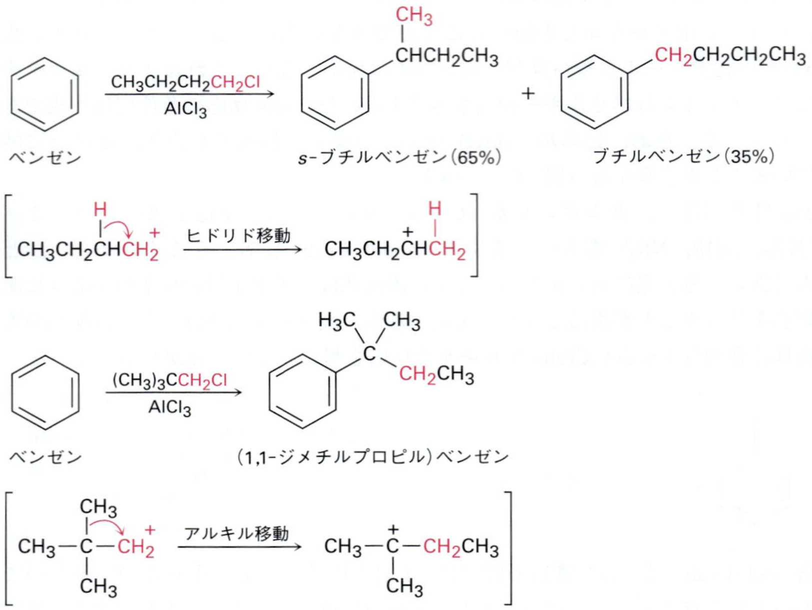

ベンゼン　　　　　CH₃CH₂CH₂CH₂Cl / AlCl₃　→　s-ブチルベンゼン(65%) + ブチルベンゼン(35%)

［ CH₃CH₂CHCH₂⁺ ─ヒドリド移動→ CH₃CH₂CHCH₂ ］

ベンゼン　(CH₃)₃CCH₂Cl / AlCl₃ → (1,1-ジメチルプロピル)ベンゼン

［ CH₃─C─CH₂⁺ ─アルキル移動→ CH₃─C─CH₂CH₃ ］

　芳香環は塩化アルキルとの反応でアルキル化されるように，AlCl₃ の存在下でカルボン酸塩化物 RCOCl との反応により**アシル化**（acylation）される．すなわち**アシル基**（acyl group，−COR）が芳香環に導入される．たとえばベンゼンと塩化アセチルとの反応によりケトンであるアセトフェノンができる．

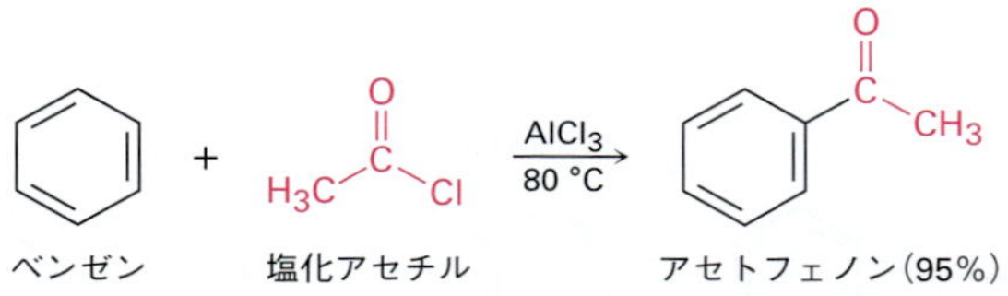

ベンゼン　+　塩化アセチル　AlCl₃ / 80 ℃ →　アセトフェノン(95%)

　Friedel−Crafts アシル化反応の機構は Friedel−Crafts アルキル化反応と類似しており，図 9・15 で示したアルキル化における芳香族化合物の基質の適用限界がアシル化にもあてはまる．反応する求電子剤は共鳴安定化を受けたアシルカチオン（acyl cation）であり，酸塩化物と AlCl₃ の反応で発生する（図 9・16）．図の共鳴構造からわかるように，アシルカチオンは炭素の空軌道と隣接する酸素の非共有電子対との相互作用により安定化されている．この安定化のため，アシル化ではカルボカチオンの転位は起こらない．

　Friedel−Crafts アルキル化反応ではしばしばポリアルキル化が起こるのとは異なり，アシル化は 2 回以上起こらない．なぜなら生成物であるアシルベンゼンはアシル化されていない出発物よりも反応性が低いためである．次節ではこの反応性の差を説明する．

　芳香族アルキル化は非常に多くの生体反応で起こっているが，もちろん反応を触媒する AlCl₃ は生体系には存在しない．その代わり，求電子剤であるカルボカチオンは

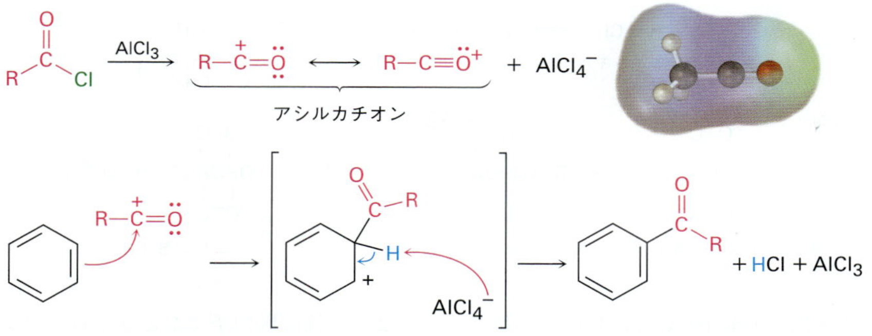

9・7 芳香環のアルキル化とアシル化反応：Friedel-Crafts 反応　273

図 9・16　**Friedel-Crafts アシル化の反応機構**．求電子剤は共鳴安定化されたアシルカチオンであり，静電ポテンシャル図から炭素が最も正電荷（青）を帯びていることがわかる．

一般的に有機二リン酸エステルの開裂により生成する．これから学ぶ章で何度も出てくるが，二リン酸エステル基は多くの生体分子で共通にみられる部分構造である．二リン酸エステルの機能の一つは，塩化アルキルから塩化物イオンが放出されるのと同じように，安定な二リン酸イオンを放出できることにある．また，Friedel-Crafts アルキル化において塩化アルキルの解離が AlCl₃ によって促進されるのと同様に，生体反応では通常有機二リン酸の解離が，Mg^{2+} のような 2 価金属カチオンとの錯形成によって二リン酸部位の電荷を中和することで促進されている．

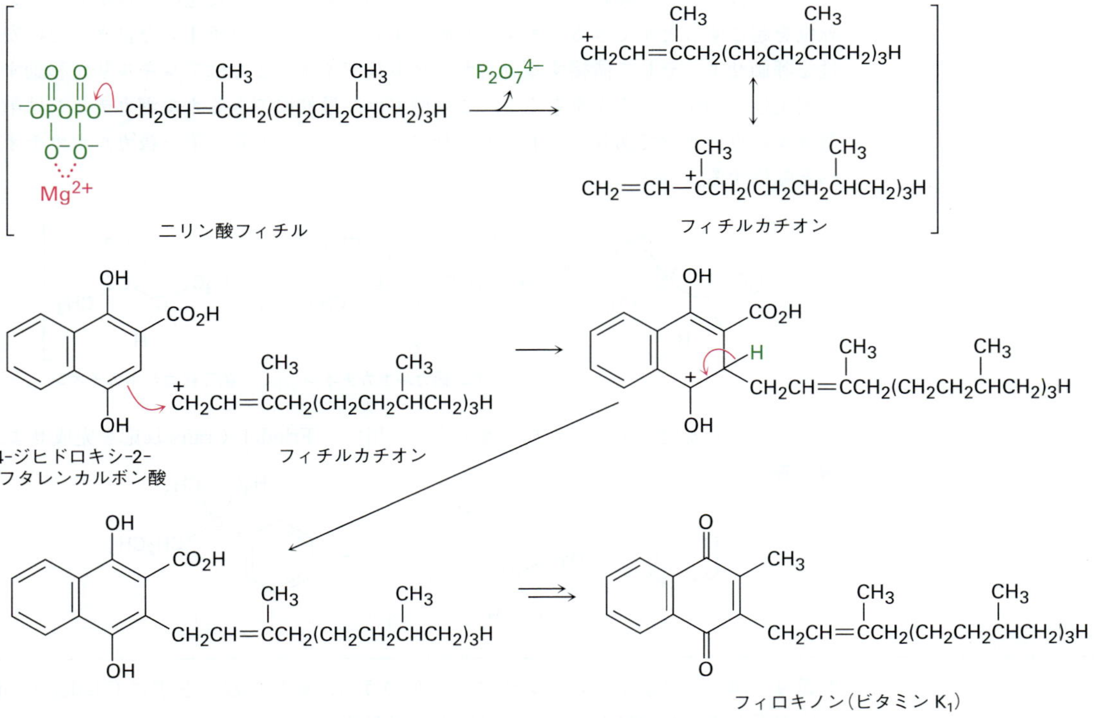

図 9・17　**1,4-ジヒドロキシ-2-ナフタレンカルボン酸からのフィロキノン（ビタミン K₁）の生合成**．鍵工程である 20 炭素のフィチル側鎖を芳香環に導入する Friedel-Crafts 反応は二リン酸イオンを脱離基とする求電子置換反応である．

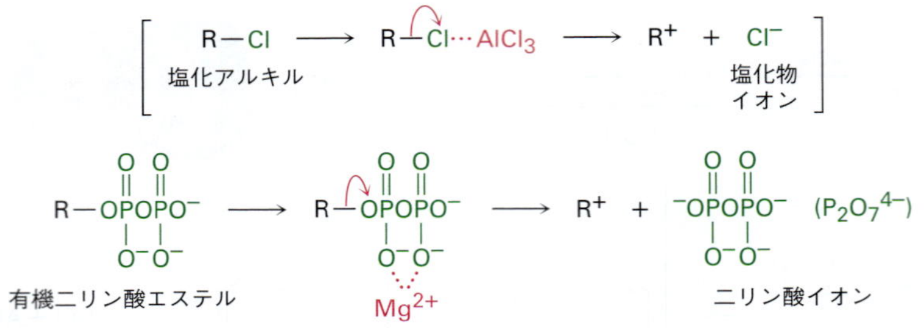

274   9. 芳香族化合物

$$R-Cl \longrightarrow R-Cl\cdots AlCl_3 \longrightarrow R^+ + Cl^-$$

塩化アルキル   塩化物
                              イオン

有機二リン酸エステル   二リン酸イオン

$R-OPOPO^- \longrightarrow R-OPOPO^- \longrightarrow R^+ + {}^-OPOPO^-$ $(P_2O_7{}^{4-})$

Mg^{2+}

　生体内の Friedel–Crafts 反応の一例として，ヒト血液凝固因子であるフィロキノン（phylloquinone，ビタミン K_1）の生合成過程があげられる．フィロキノンは 1,4-ジヒドロキシ-2-ナフタレンカルボン酸と二リン酸フィチルとの反応で生成する．二リン酸フィチルがまず解離して共鳴安定化を受けたアリルカチオンとなり，ひき続き典型的な反応経路に従って芳香環上で置換を起こす．その後さらに数工程を経ることでフィロキノンが合成される（図 9・17）．

例題 9・2　カルボカチオン転位の生成物を予想する

ベンゼンと 2-クロロ-3-メチルブタンの AlCl$_3$ 存在下での Friedel–Crafts 反応では，カルボカチオン転位が起こる．生成物の構造を示せ．

考え方　　Friedel–Crafts 反応では最初にカルボカチオンが生成するが，このカルボカチオンはヒドリド移動あるいはアルキル移動によってより安定なカルボカチオンへ転位を起こすことができる．まずはじめに生成するカルボカチオンを書き，その安定性を評価せよ．そして隣接する炭素からヒドリドイオンまたはアルキル基が移動すると安定性が増すかどうかを考えよ．この例では，最初にできるカルボカチオンは第二級カルボカチオンであり，ヒドリド移動によってさらに安定な第三級カルボカチオンへと転位する．

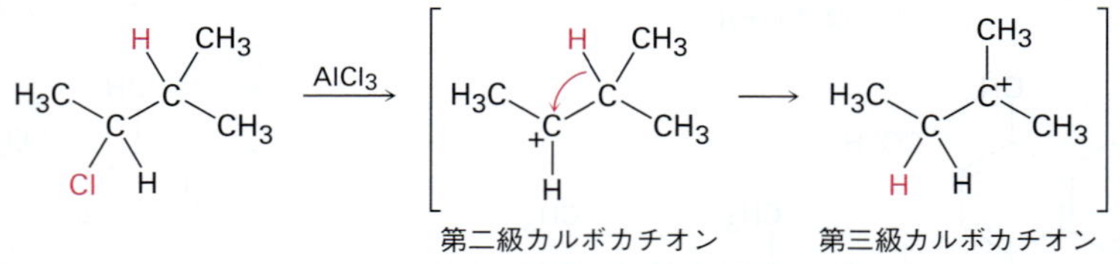

第二級カルボカチオン　　　　　第三級カルボカチオン

　この，より安定な第三級カルボカチオンを用いて Friedel–Crafts 反応を完成せよ．

解答

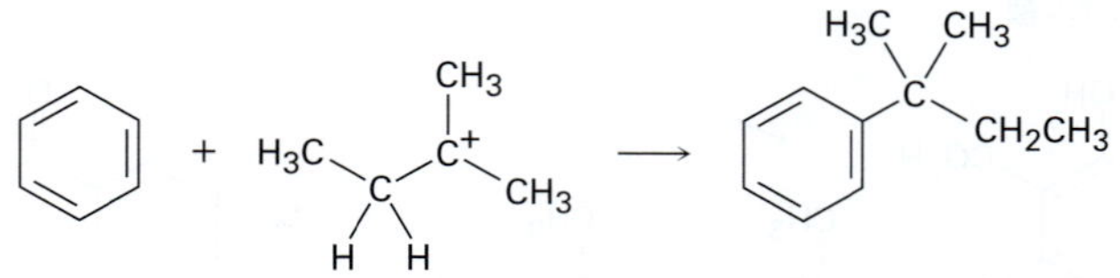

問題 9・14　次に示すハロゲン化アルキルのうち，転位を起こさずに Friedel–Crafts 反応が進行するものはどれか．その理由を説明せよ．

(a) CH_3CH_2Cl　　　　(b) $CH_3CH_2CH(Cl)CH_3$　　　(c) $CH_3CH_2CH_2Cl$

(d) $(CH_3)_3CCH_2Cl$　　(e) クロロシクロヘキサン

問題 9・15 ベンゼンと 1-クロロ-2-メチルプロパンの AlCl$_3$ 存在下での Friedel-Crafts 反応における主生成物は何か.

問題 9・16 次に示すアシルベンゼンを Friedel-Crafts アシル化で合成するために必要なカルボン酸塩化物を示せ.

(a) (b)

9・8 求電子置換反応の置換基効果

ベンゼンの求電子置換反応ではただ一つの生成物しか得られないが，置換基をもった芳香環への反応ではどうなるであろうか．環に存在する置換基は次の二つの効果を示すことが知られている．

- 置換基は芳香環の"**反応性**（reactivity）"に影響を及ぼす．ある置換基は芳香環を活性化してベンゼンよりも反応性を高くし，またある置換基は芳香環を不活性化してベンゼンよりも反応性を低くする．たとえば芳香族ニトロ化反応において，OH 基はベンゼンよりも 1000 倍も反応性を向上させるのに対し，NO$_2$ 基は 1000 万分の 1 にまで反応性を低下させる．

ニトロ化の相対反応速度: 6×10^{-8} (NO$_2$), 0.033 (Cl), 1 (H), 1000 (OH)

反応性: 低い ← → 高い

表 9・2 置換ベンゼンのニトロ化の配向性

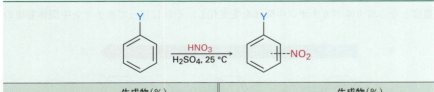

メタ配向性の不活性化基	オルト	メタ	パラ	オルト-パラ配向性の不活性化基	オルト	メタ	パラ
$-\overset{+}{N}(CH_3)_3$	2	87	11	$-F$	13	1	86
$-NO_2$	7	91	2	$-Cl$	35	1	64
$-CO_2H$	22	76	2	$-Br$	43	1	56
$-CN$	17	81	2	$-I$	45	1	54
$-CO_2CH_3$	28	66	6	オルト-パラ配向性の活性化基			
$-COCH_3$	26	72	2	$-CH_3$	63	3	24
$-CHO$	19	72	9	$-OH$	50	0	50
				$-NHCOCH_3$	19	2	79

- 置換基は反応の "**配向性（orientation）**" に影響を及ぼす．生成可能な3種の二置換生成物，すなわちオルト，メタ，パラ体が同量ずつ生成することは普通はない．2番目の置換位置はすでにベンゼン環に存在する置換基の性質によって決定される．たとえばOH基はオルトとパラの位置での置換を，またCHOのようなカルボニル基は基本的にはメタ位での置換を促す．表9・2に置換ベンゼンのニトロ化に関する実験結果を示す．

図9・18に示すように，置換基は三つのグループに分類される．すなわち，メタ配向性の不活性化基とオルト–パラ配向性の不活性化基，オルト–パラ配向性の活性化基である．メタ配向性の活性化基は存在しない．置換基の配向性が反応性とどのような相関にあるかに気づいてほしい．すべてのメタ配向性基は強力な不活性化基であり，ほとんどのオルト–パラ配向性置換基は反応を活性化する．ハロゲンはオルト–パラ配向性でありながら弱い不活性化を示す特殊な置換基である．

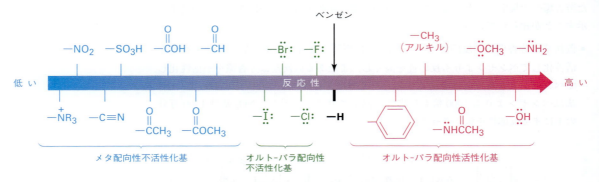

* 訳注：アミノ基は窒素原子がLewis酸であるAlCl₃に配位してしまうためFriedel–Crafts反応においては反応を阻害する（図9・15）が，アミノ基そのものはオルト–パラ配向性の活性化基である．

図9・18　芳香族求電子置換反応における置換基効果の分類*．活性化基はすべてオルト–パラ配向性であり，ハロゲン以外のすべての不活性化基はメタ配向性である．ハロゲンは不活性化基であるにもかかわらずオルト–パラ配向性である点が特徴的である．

活性化と不活性化効果

ある置換基が活性化基か不活性化基かを決める要因は何だろうか．すべての活性化基に共通した性質は，それらが環に電子を供与することである．それにより環が電子豊富となってカルボカチオン中間体を安定化し，それに伴ってカチオン中間体形成の

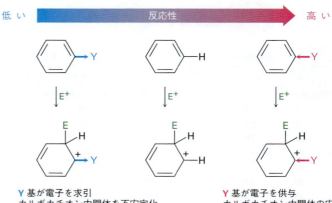

活性化エネルギーが小さくなる．逆に，すべての不活性化基に共通の性質は，それらが環から電子を求引することにあり，したがって環はより電子不足となるためカルボカチオン中間体は不安定化され，カチオン形成の活性化エネルギーを大きくする．

強く不活性化された分子としてベンズアルデヒドを，やや不活性化されている分子としてクロロベンゼンを，そして活性化された分子の例としてフェノールを取上げ，それぞれの静電ポテンシャル図をベンゼンのそれと比較してみよう．CHO 基や Cl 基のような電子求引基があるとより電子密度が低く（黄）なり，OH 基のような電子供与基があるとより電子密度が高く（赤）なる．

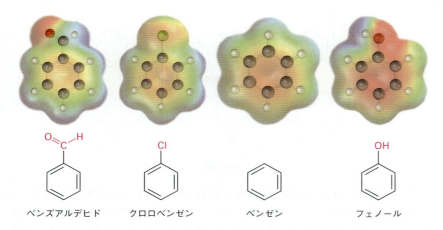

置換基による電子の求引や供与は誘起効果と共鳴効果の両効果のかねあいによりもたらされる．**誘起効果**（inductive effect）は，電気陰性度に起因する σ 結合を介した電子の求引または供与であることを思い出そう（§2・1 参照）．ハロゲンやヒドロキシ基，カルボニル基，シアノ基，そしてニトロ基は，これら置換基をベンゼン環につないでいる σ 結合を介して電子を誘起効果により求引する．この効果は電気陰性度の大きい原子が直接環に結合しているハロベンゼンやフェノールで最も顕著であるが，電気陰性度の大きい原子が離れているカルボニル化合物やニトリル，ニトロ化合物でも重要である．一方，アルキル基は誘起効果により電子を供与する．これはアルキル基がアルケン（§7・5 参照）やカルボカチオン（§7・8 参照）の安定化をひき起こすのと同じ超共役による電子供与である．

共鳴効果（resonance effect）は環の p 軌道と置換基の p 軌道との重なり合いにより，π 結合を介して起こる電子の求引または供与である．たとえばカルボニル基やシ

アノ基，ニトロ基は共鳴により芳香環から電子を求引する．π電子が環から置換基へと流れ，環の電子密度は低くなる．電子求引性の共鳴効果を示す置換基は −Y＝Z（Z は Y よりも電気陰性度が大きい）という一般式で表されることに注目してほしい．

逆に，ハロゲン，ヒドロキシ基，アルコキシ基 −OR やアミノ基は共鳴により芳香環に電子を供与する．非共有電子対が置換基から環へと流れ，環の電子密度は高くなる．電子供与性の共鳴効果を示す置換基は −Y: という一般式をもつ，ここで Y 原子は環への電子供与に利用可能な非共有電子対をもつ．

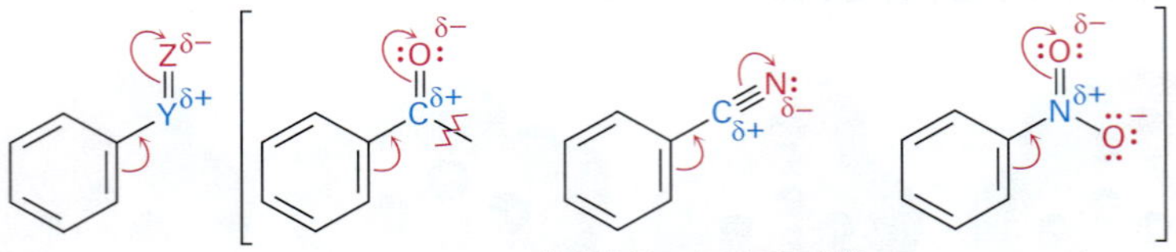

共鳴効果による電子求引

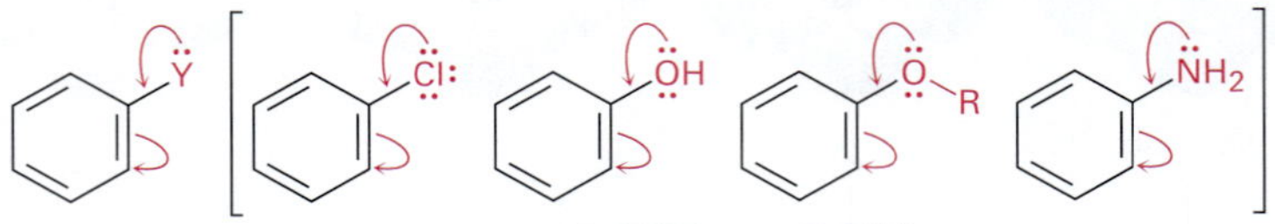

共鳴効果による電子供与

もう一つ重要な点は，誘起効果と共鳴効果は必ずしも同じ方向に働かないことである．たとえばハロゲン，ヒドロキシ基，アルコキシ基，そしてアミノ基は芳香環に結合する−X，−O，−N の電気陰性度が大きいため誘起効果により電子求引性であるが，−X，−O，−N 原子には非共有電子対があるため共鳴効果では電子供与性である．二つの効果が逆向きの場合，強い方の効果が優位となる．したがってヒドロキシ基，アルコキシ基，アミノ基は電子求引性の誘起効果は弱く，電子供与性の共鳴効果の方が上回るために活性化基となる．しかしハロゲンでは強い電子求引性の誘起効果が電子供与性の共鳴効果を上回るために不活性化基となる．

問題 9・17　次の各組の化合物を求電子置換反応の反応性の高い順に並べよ．

(a) ニトロベンゼン，フェノール，トルエン，ベンゼン

(b) フェノール，ベンゼン，クロロベンゼン，安息香酸

(c) ベンゼン，ブロモベンゼン，ベンズアルデヒド，アニリン

問題 9・18　Friedel-Crafts アルキル化はしばしばポリアルキル化を起こすのに対し，Friedel-Crafts アシル化反応ではポリアシル化が起こらない理由を図 9・18 を用いて説明せよ．

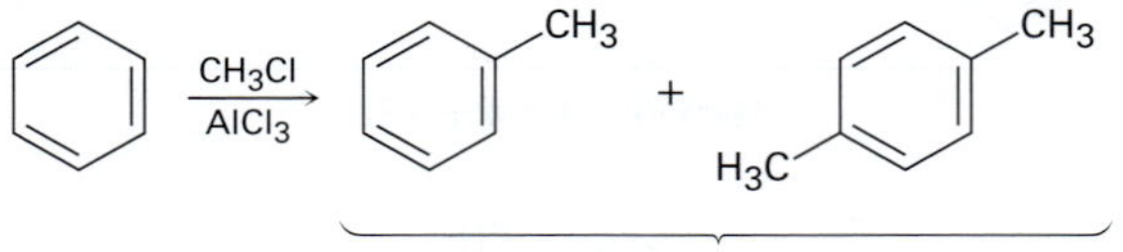

（生成物は混合物）

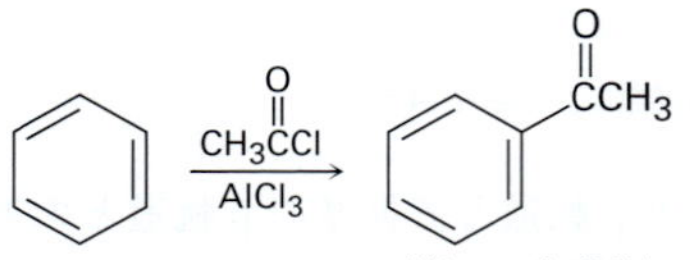

（単一の生成物）

問題9・19 以下に（トリフルオロメチル）ベンゼン $C_6H_5CF_3$ の静電ポテンシャル図を示す．（トリフルオロメチル）ベンゼンはトルエンよりも求電子置換反応に対する反応性が高いか低いか，説明せよ．

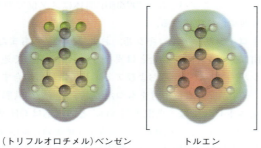

（トリフルオロチメル）ベンゼン　　トルエン

配向性: オルト-パラ配向性置換基

誘起効果および共鳴効果により芳香族求電子置換反応の反応性だけでなく配向性も説明できる．たとえばアルキル基は誘起効果により電子供与性であり，オルト-パラ配向性を示す．トルエンのニトロ化の結果を図9・19に示す．

図9・19　**トルエンのニトロ化におけるカルボカチオン中間体**．オルトおよびパラ中間体は正電荷が第二級炭素ではなく第三級炭素にあるためメタ中間体よりも安定である．

トルエンのニトロ化はメチル基のオルト位，メタ位，パラ位のいずれかで起こり，図9・19に示す3種類のカルボカチオン中間体を生じる可能性がある．三つの中間体はすべて共鳴安定化されているが，オルトおよびパラ中間体はメタ中間体よりも安定

280　9. 芳香族化合物

である. オルト位およびパラ位での反応ではメチル基が置換した炭素に直接正電荷が生じる共鳴構造があるが, これは第三級カルボカチオンでありメチル基の電子供与性誘起効果により安定化される. しかしメタ位での反応にはそのような共鳴構造がない. このためオルト位およびパラ位での反応中間体はメタ位でのそれよりもエネルギーが低く, より速やかに生成する.

　ハロゲン, ヒドロキシ基, アルコキシ基, およびアミノ基もまたオルト-パラ配向性だが, その理由はアルキル基の場合とは異なる. 本節の冒頭で述べたように, ハロゲン, ヒドロキシ基, アルコキシ基およびアミノ基では環に結合する原子, すなわちハロゲン, $-O$, $-N$ が非共有電子対をもつため電子供与性の共鳴効果を示す. たとえばフェノールのニトロ化では, 求電子剤 NO_2^+ との反応は OH 基のオルト, メタ, パラ位のいずれかで起こり, 図9・20 に示すような3種類のカルボカチオン中間体を生成しうる. オルトおよびパラ中間体には, 酸素原子からの電子供与によって正電荷が安定化された特に有利な構造を含む, より多くの共鳴構造が存在するため, メタ中間体よりも安定である. メタ位での反応で生じる中間体にはこのような安定化はない.

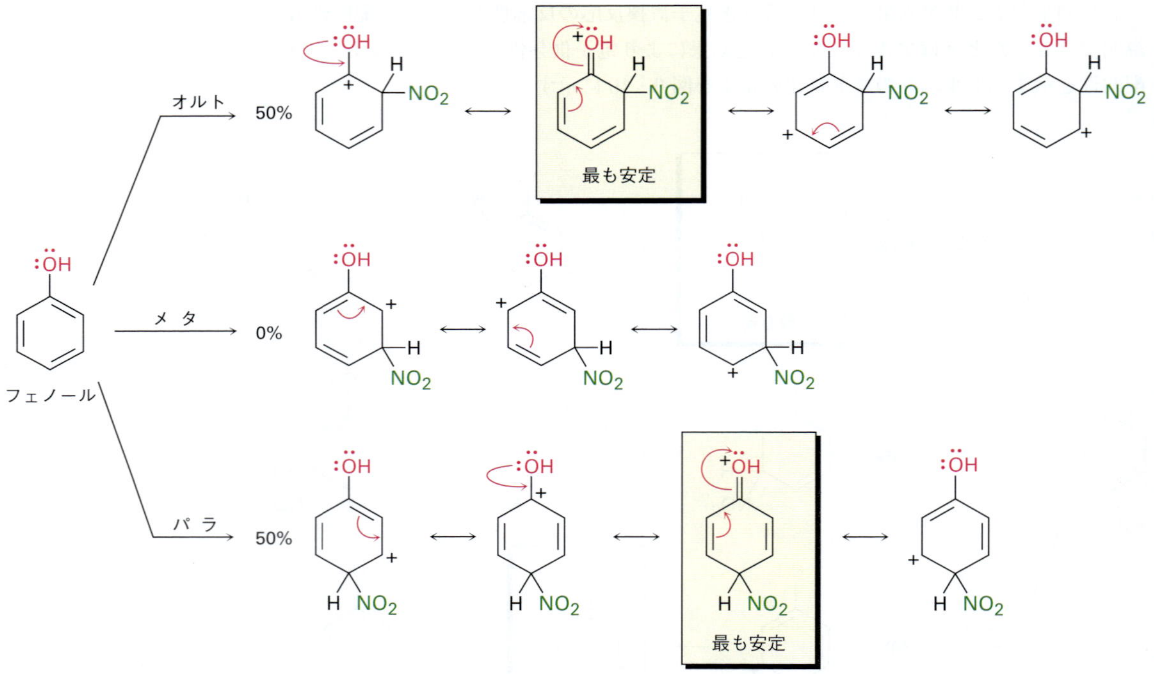

図 9・20　フェノールのニトロ化のカルボカチオン中間体. オルトとパラの中間体は, 酸素原子からの電子供与による安定化を受けた特に有利な構造を含むより多くの共鳴構造をもつため, メタ置換生成物より安定である.

配向性: メタ配向性置換基

　メタ配向性置換基の影響は, オルト-パラ配向性置換基と同様の考え方により説明できる. たとえばベンズアルデヒドのニトロ化をみてみよう (図9・21). 想定される3種類のカルボカチオン中間体のうち, メタ中間体は有利な共鳴構造を三つもつのに対し, オルトおよびパラ体は二つしかもたない. オルト, パラ中間体のもう一つの

共鳴構造は，CHO 基の直接結合した炭素に正電荷が存在しており，これが正に分極した C=O 基の炭素原子との反発を生じるため不安定となる．したがって，メタ中間体はより有利であり，オルト，パラ中間体よりも速やかに生じる．

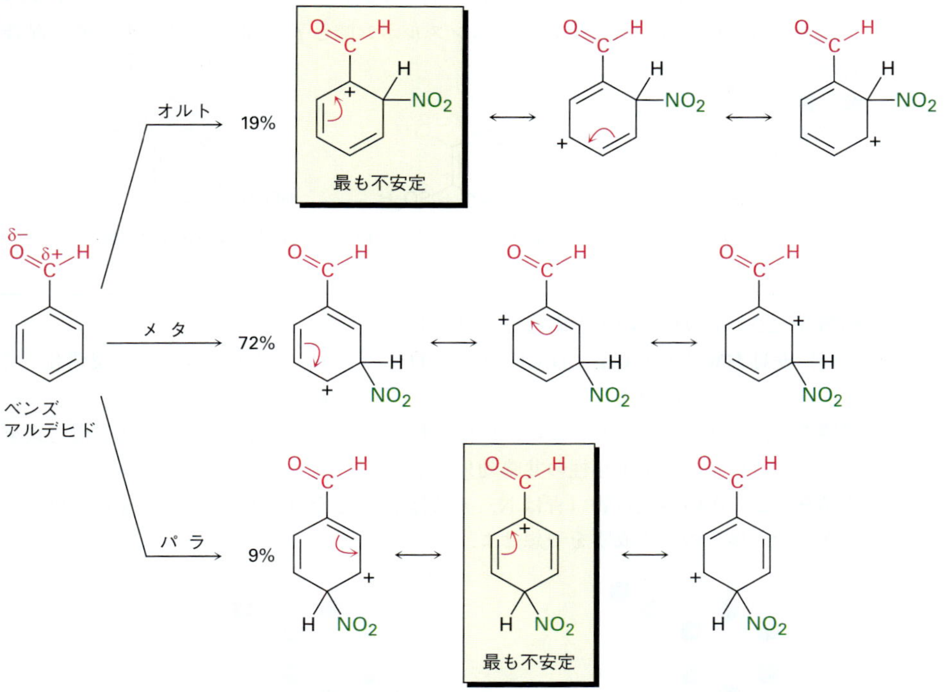

図 9・21　ベンズアルデヒドのニトロ化のカルボカチオン中間体．メタ中間体は反発のない共鳴構造を三つもつため，二つしかもたないオルト，パラ中間体より有利である．

　一般的に，正に分極した原子（δ＋）が芳香環に直接結合している置換基はすべて，オルトおよびパラ中間体の共鳴構造の一つを不安定化するため，メタ配向性置換基として作用する．

芳香族求電子置換反応における置換基効果のまとめ

　芳香族求電子置換反応における置換基の活性化および配向性の効果を表9・3にまとめた．

表 9・3　芳香族求電子置換反応の置換基効果

置換基	反応性	配向性	誘起効果	共鳴効果
—CH$_3$	活性化	オルト-パラ	弱い供与性	——
—OH, —NH$_2$	活性化	オルト-パラ	弱い求引性	強い供与性
—F, —Cl —Br, —I	不活性化	オルト-パラ	強い求引性	弱い供与性
—NO$_2$, —CN, —CHO, —CO$_2$R —COR, —CO$_2$H	不活性化	メタ	強い求引性	強い求引性

例題 9・3　芳香族求電子置換反応の生成物を予想する

トルエンのスルホン化の主生成物を予想せよ.

考え方　まずベンゼン環の置換基がオルト-パラ配向性かあるいはメタ配向性かを決定せよ. 図9・18によると, アルキル置換基はオルト-パラ配向性なので, トルエンのスルホン化ではおもに, o-トルエンスルホン酸とp-トルエンスルホン酸の混合物ができる.

解答

問題 9・20　次の反応の主生成物を予想せよ.
(a) 安息香酸メチル $C_6H_5CO_2CH_3$ のニトロ化　(b) ニトロベンゼンの臭素化
(c) フェノールの塩素化　(d) アニリンの臭素化

問題 9・21　クロロベンゼンのニトロ化における o-, m-, p-中間体の共鳴構造式を書き, クロロ基の電子供与性の共鳴効果を示せ.

問題 9・22　次の各化合物（青はN, 赤茶はBr）をそれぞれ, Cl_2 と $FeCl_3$ を用いて反応させた場合の主生成物を予想せよ.

9・9　芳香族求核置換反応

芳香族置換反応は通常, 求電子的な機構で進行するが, 電子求引性置換基をもつ芳香族ハロゲン化物の場合は求核的な置換反応も起こる. たとえば2,4,6-トリニトロクロロベンゼンは室温でNaOH水溶液と反応して2,4,6-トリニトロフェノールを与える. 求核剤の OH^- が Cl^- と置換している.

芳香族求核置換反応（nucleophilic aromatic substitution reaction）は求電子置換反応ほど一般的ではないが, それでも特定の用途がある. 一つ目の用途はタンパク質と

Sanger 反応剤とよばれる 2,4-ジニトロフルオロベンゼンとの反応であり，タンパク質鎖中のアミノ酸の末端 NH₂ 基をジニトロフェニル基で"ラベル"する目的で用いる．

芳香環への求核置換反応は図 9・22 に示す機構で進行する．求核剤はまず電子不足な芳香族ハロゲン化物のハロゲンが結合した炭素に付加し，負電荷が共鳴安定化された中間体を形成する．この中間体は発見者の名前にちなんで Meisenheimer 錯体とよばれる．次に段階 2 でハロゲン化物イオンが脱離する．

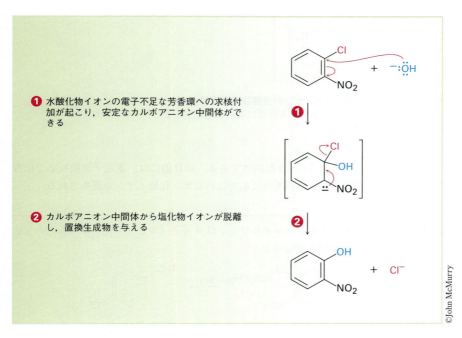

図 9・22 芳香族求核置換反応の機構．反応は 2 段階で進行し，共鳴安定化されたカルボアニオン中間体を経る．

芳香族求核置換反応は，芳香環が脱離基のオルト位またはパラ位に電子求引基をもち，共鳴によりアニオン中間体が安定化される場合のみ進行する（図 9・23）．したがって p-クロロニトロベンゼンおよび o-クロロニトロベンゼンは水酸化物イオンと反応して置換生成物を与えるが，m-クロロニトロベンゼンは OH⁻ と反応しない．

芳香族求電子置換反応と求核置換反応の違いに注目してほしい．求電子置換反応は電子供与基がある場合に有利であり，電子供与基がカルボカチオン中間体を安定化するのに対し，求核置換反応は電子求引基がある場合に有利であり，電子求引基はカルボアニオン中間体を安定化する．このため求電子置換反応に対し芳香環を不活性化する電子求引基（ニトロ基，カルボニル基，シアノ基など）は，求核置換反応においては活性化する．そのうえこれらの置換基は求電子置換反応ではメタ配向性だが，求核

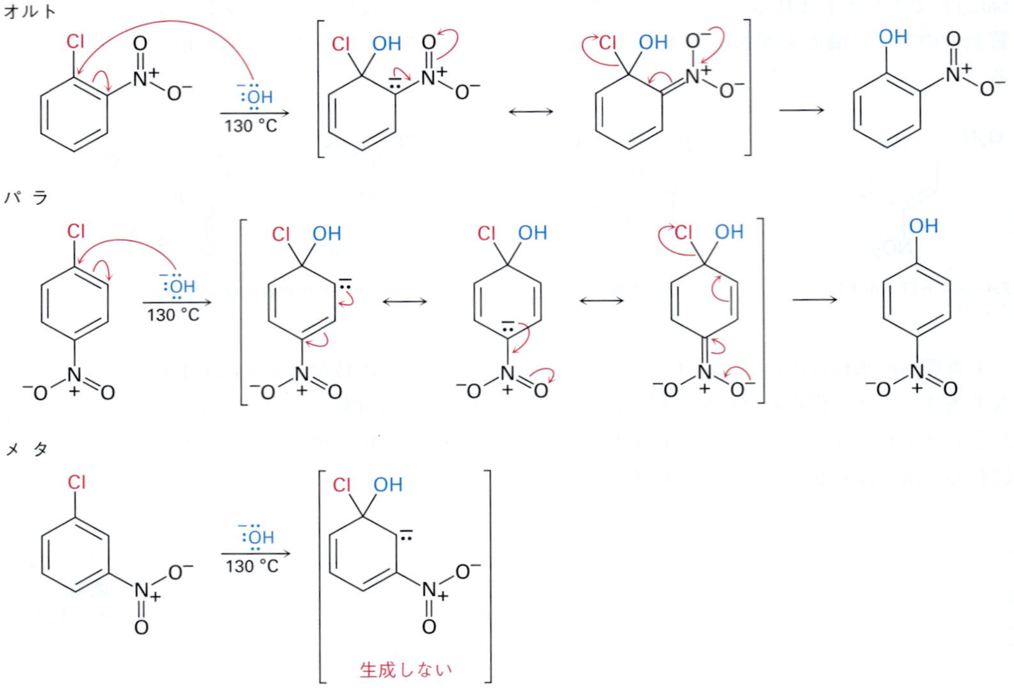

284   9. 芳香族化合物

図 9・23　ニトロクロロベンゼンの芳香族求核置換反応. オルトおよびパラ中間体のみ負電荷がニトロ基との共鳴相互作用により安定化されるため，オルトおよびパラ異性体のみ反応する.

置換反応に対してはオルト‐パラ配向性である. 最終的には，求電子置換反応では芳香環上の水素が置換され，求核置換反応ではハロゲン化物イオンが置換される.

問題 9・23　除草剤のオキシフルオルフェンはフェノールとフッ化アリールとの反応で合成できる. 反応機構を推定せよ.

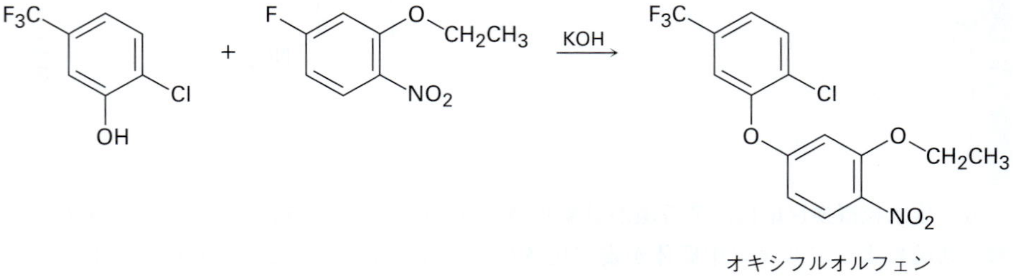

オキシフルオルフェン

9・10　芳香族化合物の酸化と還元

アルキルベンゼンの酸化

　ベンゼン環は不飽和分子であるにもかかわらず，$KMnO_4$ や m-クロロ過安息香酸，OsO_4 などの，アルケンの二重結合と速やかに反応する酸化剤に対して不活性である（§8・6～§8・8参照）. しかし，芳香環の存在はアルキル置換基に対して多大な影響

を及ぼすことがわかっている．芳香環上のアルキル置換基は $KMnO_4$ や $Na_2Cr_2O_7$ 水溶液のような酸化剤と容易に反応し，カルボキシ基 CO_2H へと変換される．つまりアルキルベンゼンが安息香酸へと変換される反応である（$Ar-R \rightarrow Ar-CO_2H$）．たとえばブチルベンゼンは $KMnO_4$ 水溶液で酸化され，安息香酸が生成する．

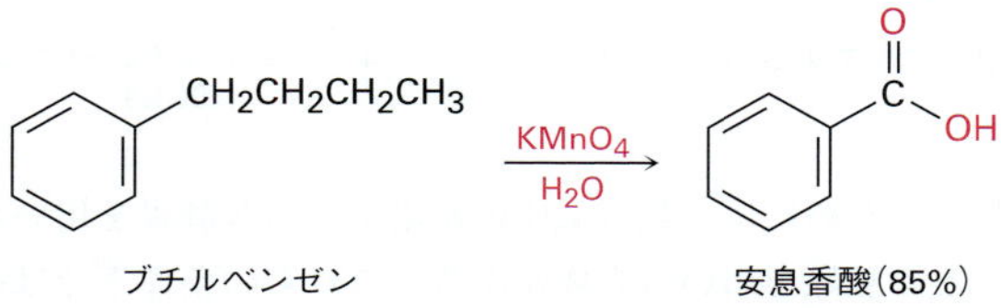

ブチルベンゼン　　　　　　　安息香酸(85%)

側鎖の酸化の機構は複雑であり，芳香環の隣接位（**ベンジル位 benzylic**）にある $C-H$ 結合が反応してラジカル中間体を生成する過程を含む．ベンジルラジカルは共鳴安定化を受けており，このため典型的なアルキルラジカルよりも容易に生成する．しかし t-ブチルベンゼンのようにベンジル位に $C-H$ 結合をもたないアルキルベンゼンの場合，酸化反応は起こらない．

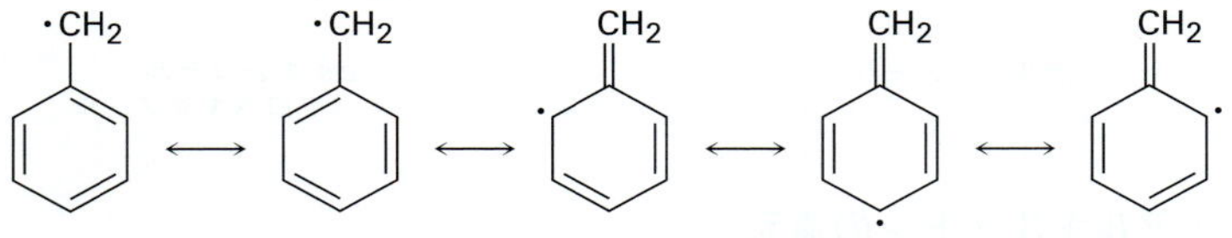

これと類似した酸化反応はさまざまな生合成過程でも起こる．たとえば神経伝達物質のノルアドレナリンはドーパミンのベンジル位のヒドロキシ化によって生合成される．この過程は銅を含有する酵素であるドーパミン β-モノオキシゲナーゼで触媒され，ラジカル機構により進行する．酵素中の銅-酸素活性種がまずベンジル位の水素を引抜いてラジカルが生成し，つづいてヒドロキシ基が銅から炭素上へと移動する．

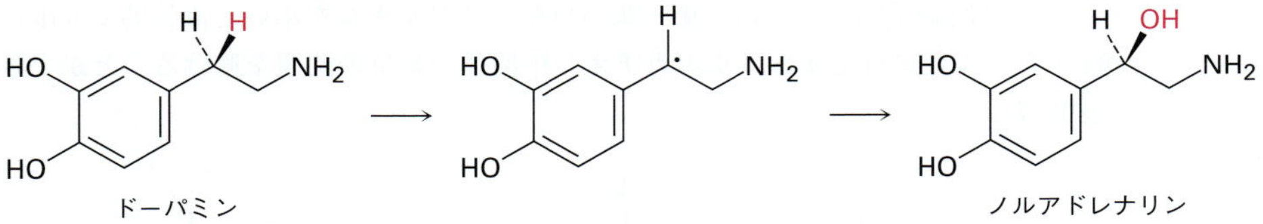

ドーパミン　　　　　　　　　　　　　　　　　　　　　　　ノルアドレナリン

問題9・24　次の化合物を $KMnO_4$ で酸化した場合に得られる芳香族化合物は何か．

(a) 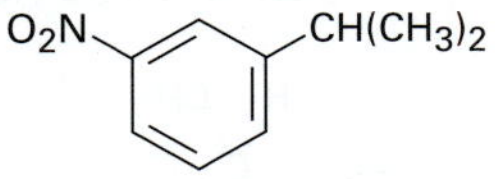 O_2N—〔CH(CH_3)_2〕　　　(b) 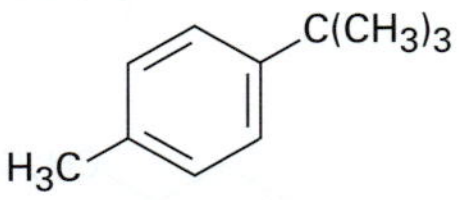 〔$C(CH_3)_3$〕 H_3C—

芳香環の水素化

　芳香環は一般的に酸化に対して不活性なのと同様，典型的なアルケンの二重結合を還元する条件での触媒的水素化に対しても不活性である．そのため芳香環の存在下でアルケン二重結合を選択的に還元することが可能である．たとえば 4-フェニルブタ-3-エン-2-オンは常温常圧下，パラジウム触媒により 4-フェニルブタン-2-オンに還

286 9. 芳香族化合物

元される. ベンゼン環もケトンのカルボニル基も影響を受けない.

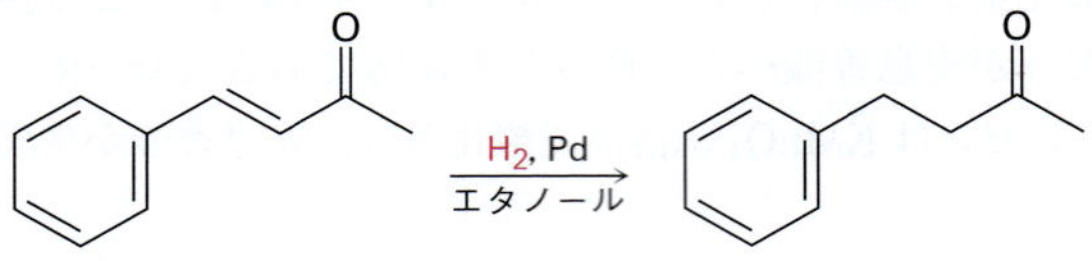

4-フェニルブタ-3-エン-2-オン　　　　　　　4-フェニルブタン-2-オン
（100%）

　芳香環を水素化するためには，数百気圧の水素下で白金触媒を用いるか，より強力なロジウム炭素などの触媒を用いる必要がある. これらの条件下ではベンゼン環はシクロヘキサンへと変換される. たとえば 4-*t*-ブチルフェノールは 4-*t*-ブチルシクロヘキサノールとなる.

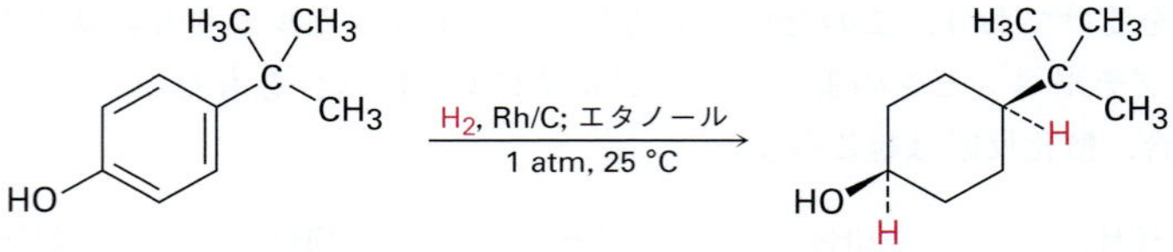

4-*t*-ブチルフェノール　　　　　　　*cis*-4-*t*-ブチル
　　　　　　　　　　　　　　　　シクロヘキサノール

アリールアルキルケトンの還元

　芳香環は隣接する（ベンジル位の）C−H結合の酸化に対する反応性を向上させるが，同様にベンジル位のカルボニル基の還元に対する反応性も向上させる. つまり，芳香環の Friedel-Crafts アシル化で得られるアリールアルキルケトンは，パラジウム触媒を用いた触媒的水素化によってアルキルベンゼンへと変換することができる. 実際，プロピオフェノンは触媒的水素化によりプロピルベンゼンに還元される. Friedel-Crafts アシル化とつづく還元により第一級アルキルベンゼンを合成できることから，この2段階反応によれば，第一級ハロゲン化アルキルを用いた直接的 Friedel-Crafts アルキル化に付随するカルボカチオン中間体の転位の問題を避けることができる（§9・7）.

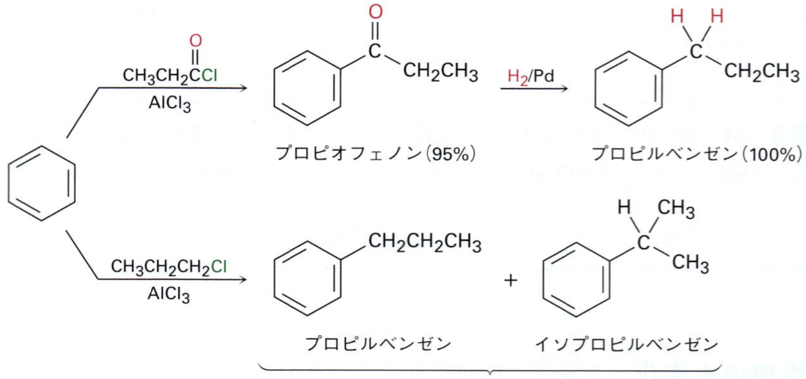

プロピオフェノン（95%）　　　　プロピルベンゼン（100%）

プロピルベンゼン　　　　イソプロピルベンゼン

2種の混合物

問題 9・25　ジフェニルメタン (Ph)$_2$CH$_2$ をベンゼンと適当な酸塩化物から合成するにはどのようにすればよいか. 2段階以上の工程が必要である.

9・11 有機合成への入門: 多置換ベンゼン

有機分子をフラスコ内で合成することが必要な理由はいくつもある. 製薬産業では, 有益な新薬の創造を目指して新規化合物を設計し, 合成する. 化学工業では, 既知物質のより経済的な合成法を開発するために合成実験が行われる. 生化学の研究室では, 酵素反応の機構を調べるために設計された分子を合成することがしばしば行われている.

複雑な分子の合理的な多段階合成を計画するには, 膨大な数の有機反応の用法と適用限界に関する実用的知識が要求される. どの反応を使用すべきかを知っていなければならないだけでなく, いつそれを使うべきかもわかっていなければならない. なぜなら, 反応を行う順番がしばしば, 合成全体を成功させるうえで鍵となる場合があるからである.

有機合成の計画を立てるのに秘決はない. 必要なのはさまざまな反応に関する知識と少々の練習である. 唯一のコツがあるとすれば, "逆に考える"ことであり, これはよく**逆合成**(retrosynthesis)とよばれる. 可能性のある出発物をみて, どの反応が起こりうるか考えるのではなく, その代わりに最終生成物をみて, "この生成物の直前の前駆体は何だろう"と考えるのだ. たとえば, 最終生成物がハロゲン化アルキルであったなら, その前駆体はアルケンかもしれず, これにHXを付加させればよいだろう. もし最終生成物が置換安息香酸であるなら, 前駆体は置換アルキルベンゼンかもしれず, これは酸化により最終物へと導ける. 直近の前駆体を見つけたら, 再び逆向きに考え, 一度に1段階ずつ, 出発物にたどり着くまで戻っていくのである. もちろん, 出発物のことをいつも考慮に入れ, そこにたどり着けるように考えなければならないが, 出発物のことばかりが考えの中心にならないようにしよう.

多置換芳香族化合物を標的分子とした合成計画の例をいくつかみてみよう. 二置換ベンゼンの求電子置換反応は一置換ベンゼンの場合と同様の共鳴効果と誘起効果に支配されている. 唯一の違いは, 二つの置換基の相加的な効果を考える必要がある点である. 実際にはそれほど難しくはない. 三つの規則を覚えておけばたいていは十分である.

1. もし二つの置換基の配向性が互いに強め合うのであれば, 状況は簡単である. たとえばp-ニトロトルエンでは, メチル基とニトロ基のどちらも同じ位置, つまりメチル基のオルト位でありニトロ基のメタ位である位置での置換を促す. したがって求電子置換の生成物はただ1種である.

p-ニトロトルエン　　　2-ブロモ-4-ニトロトルエン

2. もし二つの置換基の配向性が互いに相反するものであれば, より強い活性化基の影響が優位になる. たとえばp-メチルフェノールのニトロ化では, OHがCH$_3$よりも強力な活性化基であるため, 主として4-メチル-2-ニトロフェノールが生成する.

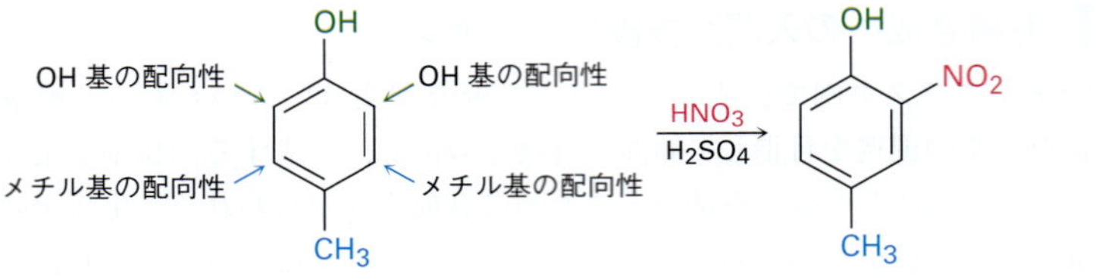

288   9. 芳香族化合物

OH 基の配向性 / OH 基の配向性 / メチル基の配向性 / メチル基の配向性

p-メチルフェノール

HNO₃ / H₂SO₄

4-メチル-2-ニトロフェノール

3. メタ二置換化合物の二つの置換基に挟まれた位置は大変混み合っているため，この位置での置換はめったに起こらない．したがって隣接する 3 箇所に置換基をもつ芳香族化合物は，オルト二置換化合物の置換反応などの別の経路で合成する必要がある．

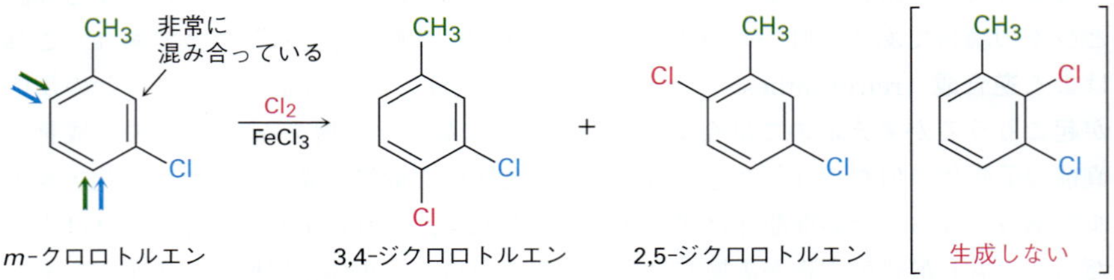

非常に混み合っている

m-クロロトルエン   Cl₂ / FeCl₃   3,4-ジクロロトルエン   +   2,5-ジクロロトルエン   生成しない

いくつか具体例をみていこう．

例題 9・4　多置換ベンゼンの合成

4-ブロモ-2-ニトロトルエンをベンゼンから合成せよ．

考え方　まず目的物の構造式を書き，置換基を確認せよ．そしてそれぞれの置換基がどのように導入できるか思い出そう．つづいて逆合成により計画を立てよう．

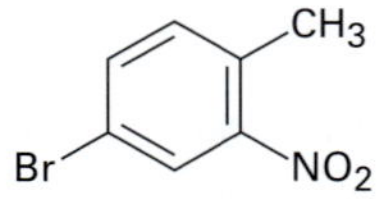

4-ブロモ-2-ニトロトルエン

環上の三つの置換基は臭素，メチル基，ニトロ基である．臭素は $Br_2/FeBr_3$ による臭素化で導入でき，メチル基は $CH_3Cl/AlCl_3$ による Friedel-Crafts アルキル化反応で，そしてニトロ基は HNO_3/H_2SO_4 を用いたニトロ化で導入できる．

解　答　目的物の直前の前駆体は何だろう，と考えてみよう．最終段階は臭素，メチル基，ニトロ基の三つの置換基のうちのどれか一つを導入することになると予想されるので，3 通りの可能性を考える必要がある．3 通りのうち，*o*-ニトロトルエンの臭素化は可能であろう．というのは活性化基であるメチル基が不活性化基のニトロ基よりも優位に働き，正しい位置での臭素化を促すと考えられるからである．しかし残念ながら，目的物の異性体との混合物が生成するであろう．Friedel-Crafts 反応は，強力な不活性化基であるニトロ基の置換したベンゼンでは進行しないため，最終段階には使えない．目的物の最適な前駆体はおそらく *p*-ブロモトルエンであろう．この化合物は活性化基であるメチル基のオルト位でニトロ化を起こし，単一の生成物を与えるだろう．

9・11　有機合成への入門: 多置換ベンゼン　　289

o-ニトロトルエン
臭素化で位置異性体混合物
を生じる

m-ブロモニトロベンゼン
不活性化された環の Friedel-Crafts
反応は起こらない

p-ブロモトルエン
ニトロ化によって望みの生成物
のみが生じる

$\xrightarrow[\text{FeBr}_3]{\text{Br}_2}$

$\xrightarrow[\text{H}_2\text{SO}_4]{\text{HNO}_3}$

4-ブロモ-2-ニトロトルエン

　次に, p-ブロモトルエンの直前の前駆体は何だろう, と考えてみよう. おそらく
トルエンは, そのメチル基がオルト位とパラ位での臭素化を誘導することから前駆体
となるだろう. あるいは, ブロモベンゼンは Friedel-Crafts メチル化によりオルト体
とパラ体の混合物を与えることから, これも前駆体となりうるかもしれない. どちら
の答えも満足のいくものであるが, 生成物が混合物となることは避けられないため分
離する必要があろう.

トルエン
$\xrightarrow[\text{FeBr}_3]{\text{Br}_2}$
p-ブロモトルエン
（+オルト体）
$\xleftarrow[\text{AlCl}_3]{\text{CH}_3\text{Cl}}$
ブロモベンゼン

　トルエンの前駆体は何だろう. ベンゼンは Friedel-Crafts 反応によりメチル化でき
るだろう. では, ブロモベンゼンの前駆体は何だろう. ベンゼンは臭素化もできる.
　こうした逆合成解析により, ベンゼンから 4-ブロモ-2-ニトロトルエンを合成する
2 通りの有効な方法を考案することができた.

ベンゼン
$\xrightarrow[\text{AlCl}_3]{\text{CH}_3\text{Cl}}$
トルエン
$\xrightarrow[\text{FeBr}_3]{\text{Br}_2}$
p-ブロモトルエン
$\xrightarrow[\text{H}_2\text{SO}_4]{\text{HNO}_3}$
4-ブロモ-2-ニトロトルエン

$\xrightarrow[\text{FeBr}_3]{\text{Br}_2}$
ブロモベンゼン
$\xrightarrow[\text{AlCl}_3]{\text{CH}_3\text{Cl}}$

例題 9・5　多置換ベンゼンの合成

4-クロロ-2-プロピルベンゼンスルホン酸をベンゼンから合成せよ.

考え方　目的物の構造式を書き, 置換基を確認せよ. そして三つの置換基はそれぞ
れどのように導入できるか思い出そう. つづいて, 逆合成により計画を立てよう.
　環上の三つの置換基は塩素, プロピル基, そしてスルホ基である. 塩素は Cl₂/

4-クロロ-2-プロピル
ベンゼンスルホン酸

290 **9. 芳香族化合物**

FeCl₃ を用いた塩素化で導入でき，プロピル基は CH₃CH₂COCl/AlCl₃ による Friedel-Crafts アシル化反応と，つづく H₂/Pd による触媒的水素化で導入できる．スルホ基は SO₃/H₂SO₄ によるスルホン化で導入可能である．

解　答　　目的物の直前の前駆体は何だろう．最終段階は，塩素，プロピル基，スルホ基の三つの置換基のうちのどれか一つを導入することになるので，3 通りの可能性を考える必要がある．この 3 通りのうち，*o*-プロピルベンゼンスルホン酸の塩素化は違う位置で反応してしまうため利用できない．同様に，Friedel-Crafts 反応は強力な不活性化基であるスルホ基が置換したベンゼンでは起こらないため，最終段階に用いることはできない．したがって目的物の直前の前駆体は，おそらく *m*-クロロプロピルベンゼンである．これはスルホン化することにより異性体混合物を与えるので，さらに分離が必要であろう．

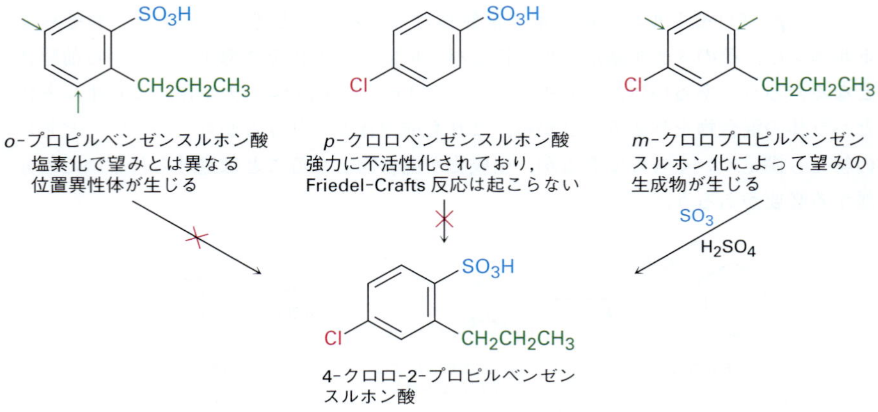

o-プロピルベンゼンスルホン酸
塩素化で望みとは異なる
位置異性体が生じる

p-クロロベンゼンスルホン酸
強力に不活性化されており，
Friedel-Crafts 反応は起こらない

m-クロロプロピルベンゼン
スルホン化によって望みの
生成物が生じる

SO₃
H₂SO₄

4-クロロ-2-プロピルベンゼン
スルホン酸

　　m-クロロプロピルベンゼンの前駆体は何だろう．二つの置換基がメタの関係にあるので，環上に最初に導入される置換基は，二度目の置換が適切な位置で起こるようにメタ配向性である必要がある．さらに，プロピルのような第一級アルキル基は Friedel-Crafts アルキル化で直接導入することはできないので，*m*-クロロプロピルベンゼンの前駆体はおそらく *m*-クロロプロピオフェノンであり，これを接触還元すればよいだろう．

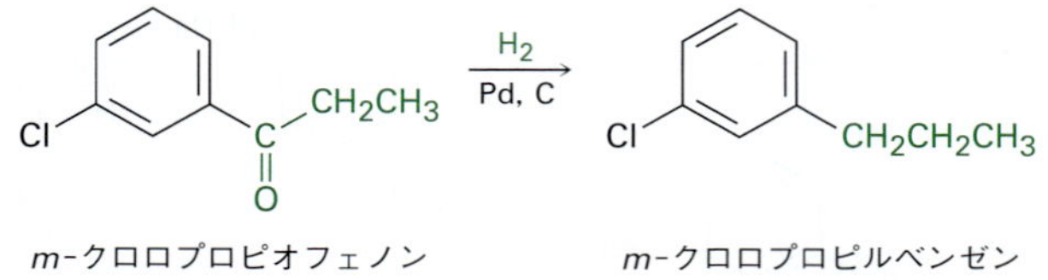

m-クロロプロピオフェノン　　$\xrightarrow[\text{Pd, C}]{\text{H}_2}$　　*m*-クロロプロピルベンゼン

　　では，*m*-クロロプロピオフェノンの前駆体は何だろう．プロピオフェノンであり，これはメタ位で塩素化することができる．

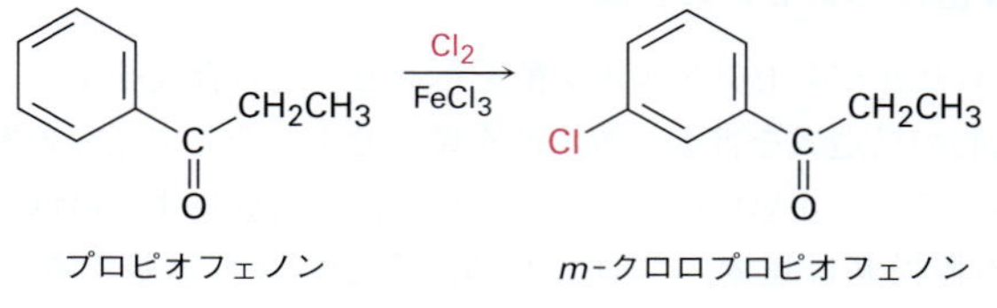

プロピオフェノン　　$\xrightarrow[\text{FeCl}_3]{\text{Cl}_2}$　　*m*-クロロプロピオフェノン

9・11 有機合成への入門：多置換ベンゼン 291

プロピオフェノンの前駆体は何だろう．ベンゼンは $AlCl_3$ の存在下でプロパン酸塩化物との Friedel–Crafts アシル化を起こすだろう．

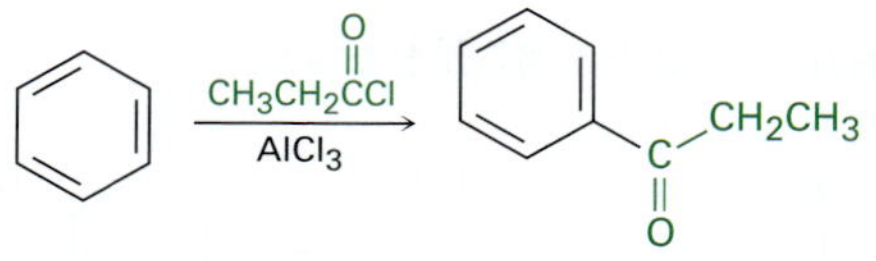

ベンゼン　　　　　　　　プロピオフェノン

したがって最終的な合成法はベンゼンから4段階の経路となる．

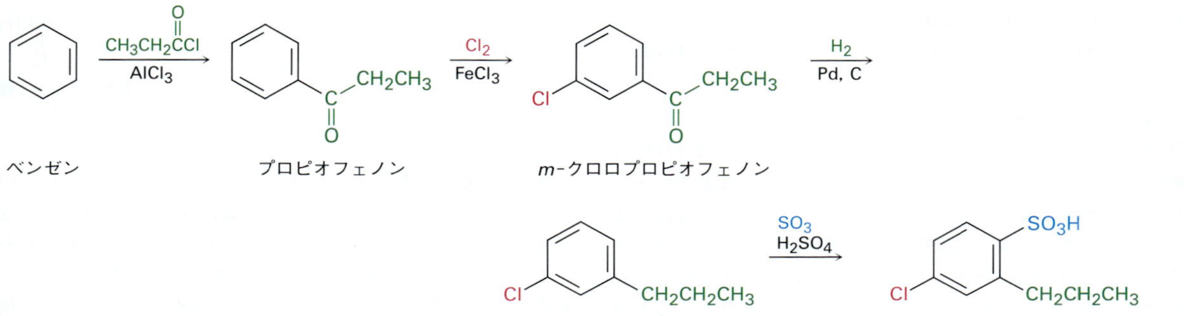

ベンゼン　　　　プロピオフェノン　　　　m-クロロプロピオフェノン

m-クロロプロピルベンゼン　　　4-クロロ-2-プロピルベンゼンスルホン酸

　有機合成の計画を立てることは，チェスにたとえられる．そこにトリックはなく，必要なのは許容される動き（有機反応）についての知識と，それぞれの動きの結果を注意深く評価しながら先々を見通す訓練だけである．実行するのは容易ではないかもしれないが，有機化学を学ぶのには大変よい方法である．

問題 9・26　次に示す物質をベンゼンから合成する方法を示せ．
(a) m-クロロニトロベンゼン
(b) m-クロロエチルベンゼン
(c) p-クロロプロピルベンゼン
(d) 3-ブロモ-2-メチルベンゼンスルホン酸

問題 9・27　合成計画を立てる際，何をすべきかを知ることと同様に何をすべきでないか知っておくことは重要である．次に示す反応には問題がある．それぞれどこが間違っているか．

(a)

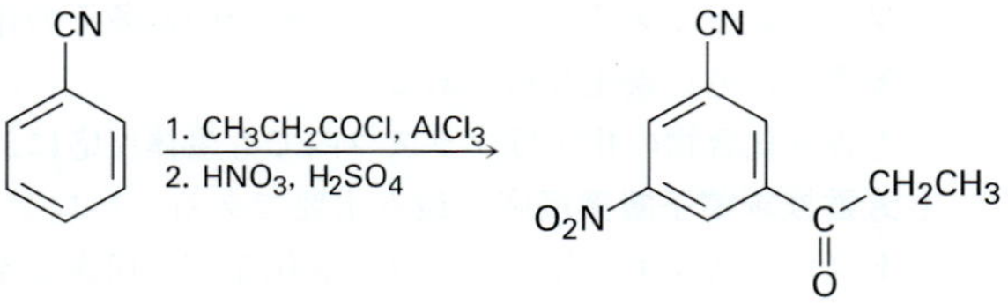

(b)

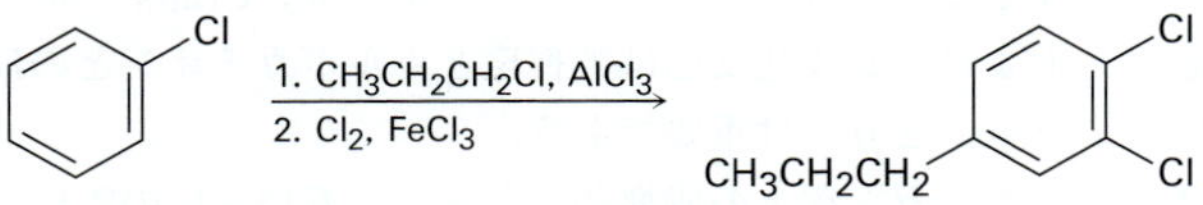

292　　9. 芳香族化合物

科学談話室

アスピリン，NSAID，COX-2 阻害剤

　テニス肘，足首の捻挫，膝をくじくなど原因が何であれ痛みと炎症は常に一緒のように思われる．しかしながら痛みと炎症の根源は異なり，それぞれ個別に治療できる強力な薬剤がある．たとえばコデインは強力な鎮痛剤，つまり痛み止めであり，衰弱させるような痛みを緩和するのに使用される．一方，コルチゾンやこれに関連するステロイドは強力な抗炎症剤であり，関節炎やその他の重篤な炎症の治療に用いられる．軽度の痛みや炎症に対しては，非ステロイド系抗炎症薬（non-steroidal anti-inflammatory drug: NSAID）とよばれる一般的な市販薬（OTC 医薬品）の使用により同時に治療することがよくある．

　最も一般的な NSAID はアスピリン，すなわちアセチルサリチル酸であり，その使用は 1800 年代後半にさかのぼる．柳の樹皮を噛むことにより熱が下がることは紀元前 400 年のヒポクラテスの時代以前から知られていた．柳の樹皮にある活性成分はサリシン（salicin）とよばれる芳香族化合物であることが 1827 年に判明したが，これは水と反応させることでサリチルアルコールへと変換でき，さらに酸化させるとサリチル酸を与えた．サリチル酸はサリシンよりも解熱作用が強く，また鎮痛作用や抗炎症作用も併せもつことが判明した．残念ながらサリチル酸は常用するには胃壁への腐食性が強すぎることもまた明らかとなった．しかし，OH 基を酢酸エステルへと変換するとアセチルサリチル酸が得られ，これはサリチル酸と同程度の効能を示すが，胃への腐食性は少な

いことが明らかとなった．

サリチルアルコール　　　サリチル酸

アセチルサリチル酸
（アスピリン）

　その効能は絶大だが，アスピリンも一般に信じられているよりも危険性が高い．小さな子供にはたった 15 g でも致命的であり，またアスピリンは長期の使用により胃の出血やアレルギー反応をひき起こしうる．さらに深刻なのはライ症候群とよばれる状態で，インフルエンザからの回復期の子供にときにみられるアスピリンへの致命的な反応である．これらの問題を解決するため，この数十年にたくさんの NSAID が開発されたが，なかでも注目するべきはイブプロフェンとナプロキセンである．

　アスピリンと同様，イブプロフェンとナプロキセンもカルボン酸側鎖をもつ比較的単純な芳香族化合物である．イブ

まとめ

　芳香環は多くの生体分子に含まれる共通の部分構造であり，核酸化学やいくつかのアミノ酸の化学で特に重要である．本章では芳香族化合物がシクロアルケンのような見かけ上類似した化合物とどのように，そして，なぜ異なるのかについて学んできた．そして芳香族化合物の一般的な反応のいくつかをみてきた．

　芳香族という言葉は歴史的な理由によりベンゼンと構造的に関連した化合物群をさすのに使用されている．芳香族化合物は IUPAC 命名法に従って系統的に命名されるが，慣用名もまた多く使用されている．二置換ベンゼンは**オルト**（1,2-二置換），**メタ**（1,3-二置換），**パラ**（1,4-二置換）誘導体で命名される．C_6H_5 単位そのものは**フェニル基**とよばれる．

　共鳴理論からは，ベンゼンは二つの等価な構造の共鳴混成体として記述される．分子軌道法では 6 個の π 電子をもつ平面状の環状共役分子として示される．**Hückel $4n+2$**

則によると，分子が芳香族性を示すためには，$4n+2$ 個の π 電子（$n=0, 1, 2, 3, \cdots$）をもたなければならない．

　ベンゼン類似化合物の他にも芳香族性をもつ化合物群がある．たとえばシクロペンタジエニルアニオンやシクロヘプタトリエニルカチオンは芳香族イオンである．ピリジンやピリミジンは 6 員環の含窒素芳香族**ヘテロ環**である．ピロールやイミダゾールは 5 員環の含窒素ヘテロ環である．ナフタレンやキノリン，インドールやその他多くの化合物は多環式の芳香族化合物である．

　芳香族化合物の化学はフラスコ内でも生体反応においても**芳香族求電子置換反応**が最も重要である．ハロゲン化，ニトロ化，スルホン化，ヒドロキシ化などを代表とするさまざまな種類の反応が起こる．Friedel–Crafts アルキル化およびアシル化反応は芳香環とカルボカチオンとの反応であり，とりわけ重要である．

　ベンゼン環上の置換基はさらなる置換反応の際に，環の

プロフェンはアドビル®，ニュプリン®，モトリン®などの名前で売られており，効果はアスピリンとほぼ同等だが，胃の不調をひき起こしにくい．ナプロキセンはエラベル®やナイサキン®の名前で売られており，これもアスピリンと同等の効果があるが体内での活性が6倍持続する．

アスピリンや他のNSAIDはプロスタグランジンの生合成（§6・3参照）を担うシクロオキシゲナーゼ（cyclooxygenase: COX）酵素を阻害することにより機能する．この酵素には二つの型がある．COX-1は通常の生理的なプロスタグランジン産生を行い，消化管の維持や保護を担う．COX-2は関節炎やその他の炎症状態に対する生体反応を仲介する．残念ながらアスピリンやイブプロフェン，その他のNSAIDによりCOX-1とCOX-2の両方とも阻害されるため，炎症応答の

みならず胃での酸産生の制御機構を含むさまざまな保護機能も遮断されてしまう．

創薬化学者がCOX-2酵素の選択的阻害剤を複数考案したことにより，保護的機能を阻害することなく炎症を制御できるようになった．ロフェコキシブやバルデコキシブといった第一世代のCOX-2阻害剤は当初は関節炎治療におけるブレークスルーとして賞賛されたが，特に高齢患者や免疫不全患者において深刻な心臓の障害を起こすことが判明した．セレコキシブ（販売名セレブレックス®）は安全であり，唯一現在も市場に残っている．第二世代のCOX-2阻害剤はより安全性が高く，エトリコキシブ（販売名アルコキシア®）は世界70か国以上で承認されている．

イブプロフェン ibuprofen

ナプロキセン naproxen

セレコキシブ celecoxib

ロフェコキシブ rofecoxib

エトリコキシブ etoricoxib

反応性と置換の配向性の両方に影響を与える．置換基はオルト-パラ配向性の活性化基，オルト-パラ配向性の不活性化基，そしてメタ配向性の不活性化基に分類される．置換基は電子供与効果および電子求引効果の組合わせにより芳香環に影響を与える．

強力な電子求引基をオルト位またはパラ位にもつハロベンゼンは求核置換反応を起こす．求核置換反応は求核剤の芳香環への付加とそれに続くアニオン中間体からのハロゲ

ン化物イオンの脱離により起こる．

アルキルベンゼンの側鎖は$KMnO_4$水溶液により酸化することでカルボン酸へと分解される．芳香環は孤立したアルケンの二重結合よりも反応性が低いが，白金またはロジウム触媒を用いて水素化することでシクロヘキサンへと還元できる．さらに，芳香族アルキルケトンはパラジウム触媒で水素化するとアルキルベンゼンに還元される．

重要な用語

アシル基（acyl group）
アシル化（acylation）
アルキル化（alkylation）
アレーン（arene）
オルト（ortho, o）
共鳴効果（resonance effect）
パラ（para, p）

Hückel $4n + 2$則（Hückel $4n + 2$ rule）
フェニル基（phenyl group）
Friedel–Crafts反応（Friedel–Crafts reaction）
ヘテロ環（heterocycle，複素環）
ベンジル位（benzylic）
ベンジル基（benzyl group）

芳香族（aromatic）
芳香族求核置換反応（nucleophilic aromatic substitution reaction）
芳香族求電子置換反応（electrophilic aromatic substitution reaction）
メタ（meta, m）
誘起効果（inductive effect）

反応のまとめ

1. 芳香族求電子置換（§9・6）
(a) 臭素化

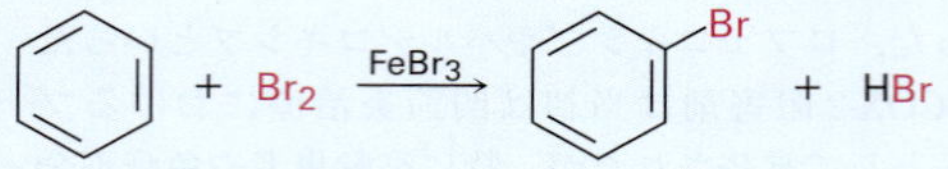

   ⬡ + Br₂ —FeBr₃→ C₆H₅Br + HBr

(b) フッ素化

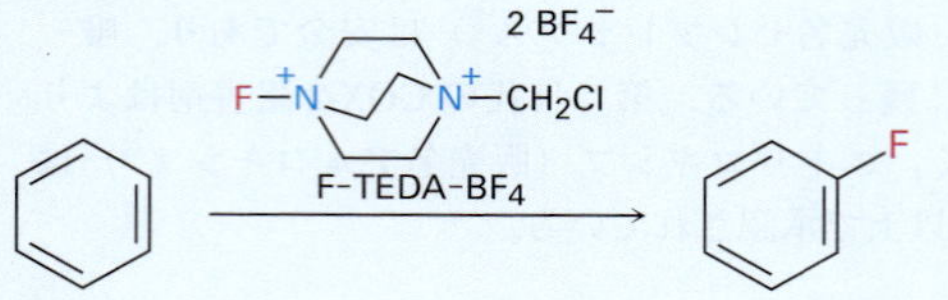

   ⬡ + F-TEDA-BF₄ → C₆H₅F

(c) 塩素化

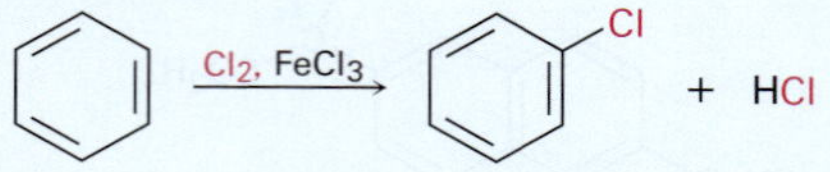

   ⬡ + Cl₂, FeCl₃ → C₆H₅Cl + HCl

(d) ヨウ素化

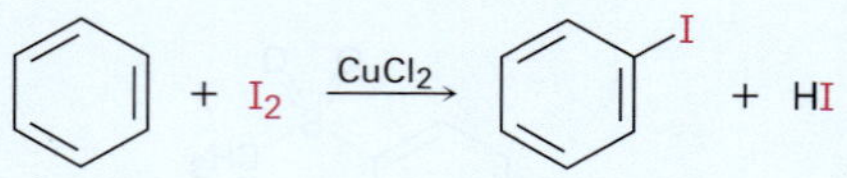

   ⬡ + I₂ —CuCl₂→ C₆H₅I + HI

(e) ニトロ化

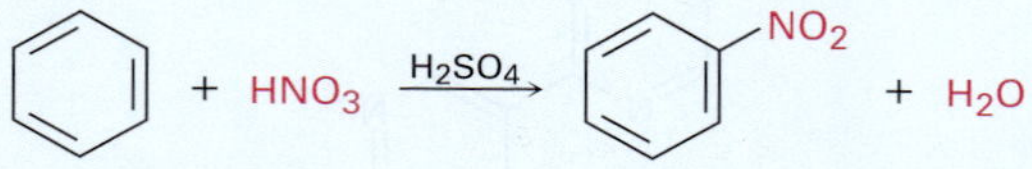

   ⬡ + HNO₃ —H₂SO₄→ C₆H₅NO₂ + H₂O

(f) スルホン化

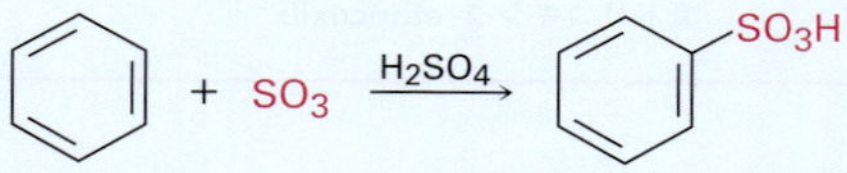

   ⬡ + SO₃ —H₂SO₄→ C₆H₅SO₃H

(g) Friedel-Crafts アルキル化（§9・7）

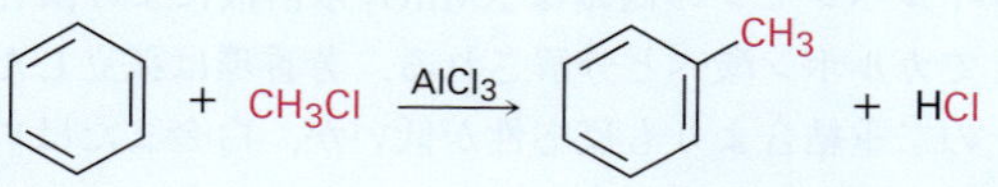

   ⬡ + CH₃Cl —AlCl₃→ C₆H₅CH₃ + HCl

(h) Friedel-Crafts アシル化（§9・7）

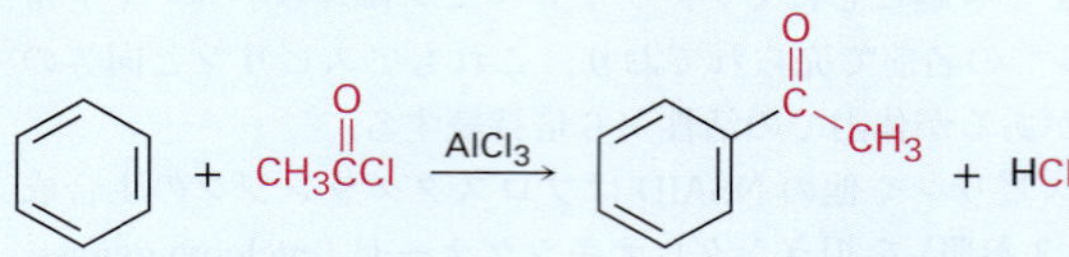

   ⬡ + CH₃COCl —AlCl₃→ C₆H₅COCH₃ + HCl

2. 芳香族ニトロ基の還元（§9・6）

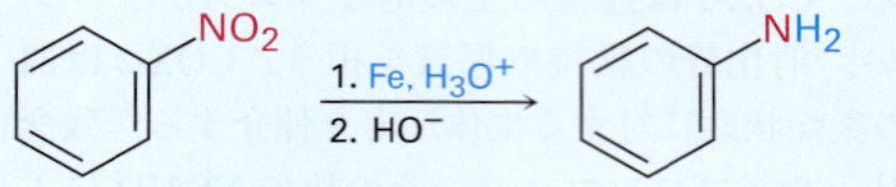

   C₆H₅NO₂ —1. Fe, H₃O⁺; 2. HO⁻→ C₆H₅NH₂

3. 芳香族求核置換（§9・9）

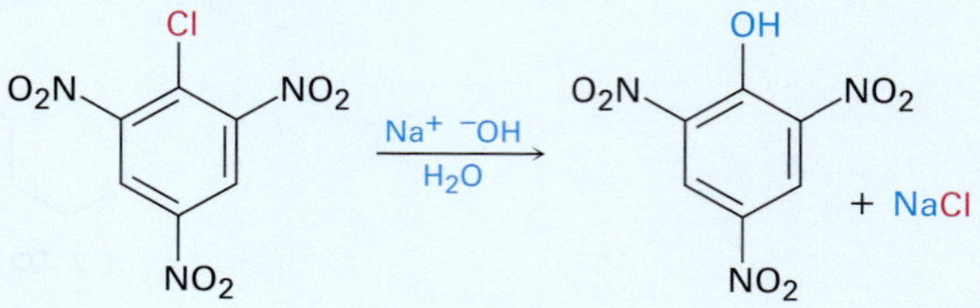

   2,4,6-トリニトロクロロベンゼン —Na⁺ ⁻OH / H₂O→ 2,4,6-トリニトロフェノール + NaCl

4. アルキルベンゼンの酸化（§9・10）

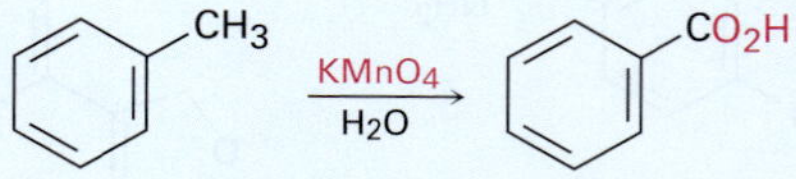

   C₆H₅CH₃ —KMnO₄ / H₂O→ C₆H₅CO₂H

5. 芳香環の触媒的水素化（§9・10）

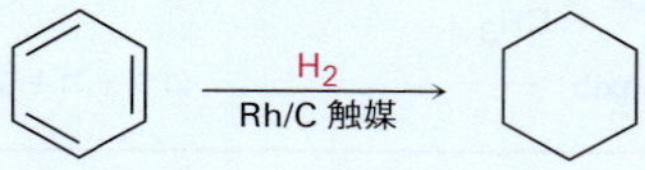

   ⬡ —H₂ / Rh/C 触媒→ シクロヘキサン

6. アリールアルキルケトンの還元（§9・10）

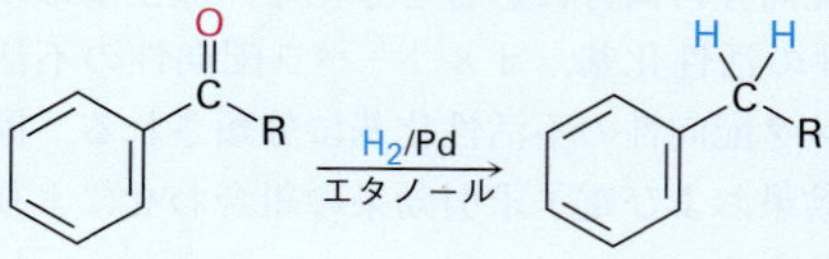

   C₆H₅COR —H₂/Pd / エタノール→ C₆H₅CH₂R

演習問題

目で学ぶ化学

（問題 9・1〜9・27 は本文中にある）

9・28 次の化合物を IUPAC 名で命名せよ．（赤は O, 青は N）

(a) 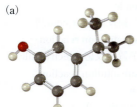 (b)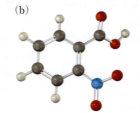

9・29 次の分子模型はカルボカチオンである．このカルボカチオンの2種類の共鳴構造を書き，二重結合の位置を示せ．

9・30 次の(a), (b)の化合物と，(i) Br₂, FeBr₃, および(ii)

9. 芳香族化合物　295

CH₃COCl, AlCl₃ を反応させて得られる生成物を書け．（赤はO）
(a)　(b)

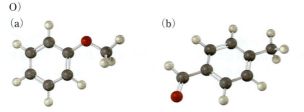

9・31 次の化合物はベンゼンからどのように合成できるか．2段階以上の工程が必要である．（赤は O，青は N）

9・32 ナフタレンの異性体であるアズレンは炭化水素としては非常に大きい双極子モーメント（μ＝1.0 D）をもつ．共鳴構造を用いて理由を説明せよ．

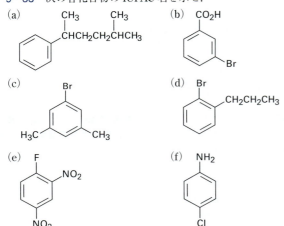

アズレン

追加問題
芳香族化合物の命名
9・33 次の各化合物の IUPAC 名を示せ．

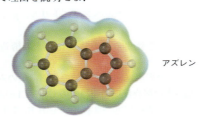

9・34 次の化合物名に対応する構造を書け．
(a) 3-メチル-2-ニトロ安息香酸
(b) ベンゼン-1,3,5-トリオール

(c) 3-メチル-2-フェニルヘキサン
(d) *o*-アミノ安息香酸
(e) *m*-ブロモフェノール
(f) 2,4,6-トリニトロフェノール（ピクリン酸）

9・35 以下の化合物のすべての異性体の構造を書き，命名せよ．
(a) ニトロベンゼン　(b) ブロモジメチルベンゼン
(c) トリニトロフェノール

9・36 分子式 C_7H_7Cl をもつすべての芳香族化合物を書き，命名せよ．

9・37 分子式 C_8H_9Br をもつすべての芳香族化合物を書き，命名せよ（14個ある）．

芳香族化合物における共鳴
9・38 §9・5で示したナフタレンの三つの共鳴構造を見て，すべての炭素−炭素結合が同じ長さとはなっていない理由を説明せよ．C1−C2 結合は 136 pm であるのに対し，C2−C3 結合は 139 pm である．

9・39 アントラセンには四つの共鳴構造があり，そのうちの一つが次に示す構造である．残りの三つを示せ．

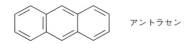

アントラセン

9・40 フェナントレンには五つの共鳴構造があり，そのうちの一つが次に示す構造である．残りの四つを示せ．

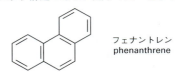

フェナントレン
phenanthrene

9・41 問題 9・40 で解答したフェナントレンの五つの共鳴構造を見て，どの炭素−炭素結合が最も短いか予測せよ．

9・42 カリセンもアズレン（問題9・32）と同様に，炭化水素としては非常に大きい双極子モーメントをもつ．共鳴構造を用いて理由を説明せよ．

カリセン
calicene

9・43 ナフタレンの臭素化におけるカルボカチオン中間体の共鳴構造式を書き，ナフタレンの求電子置換反応が C2 よりも C1 で起こりやすい理由を説明せよ．

芳香族性 Hückel 則
9・44 シクロノナテトラエニルラジカルおよびカチオン，ア

ニオンではどれが最も安定性が高いと思われるか.

9・45 シクロノナ-1,3,5,7-テトラエンを芳香族化合物に変換する方法を示せ.

9・46 ペンタレンは非常に不安定な化合物であり, 液体窒素の温度でしか単離できない. しかし, ペンタレンジアニオンはよく知られており非常に安定である. 理由を説明せよ.

ペンタレン   ペンタレンジアニオン

9・47 3-クロロシクロプロペンを AgBF₄ で処理すると, AgCl の沈殿とカルボカチオン生成物の安定な溶液が得られる. この生成物の構造を示せ. Hückel 則との関係はどうか.

3-クロロシクロプロペン

9・48 シクロプロパノンは角度ひずみが大きいため非常に不安定である. しかしメチルシクロプロペノンはシクロプロパノンよりもひずみが大きいにもかかわらず非常に安定で蒸留も可能である. カルボニル基の極性を考慮して理由を説明せよ.

シクロプロパノン   メチルシクロプロペノン

9・49 シクロヘプタトリエノンは安定だが, シクロペンタジエノンは非常に反応性が高く単離することはできない. カルボニル基の極性を考慮して理由を説明せよ.

シクロヘプタトリエノン   シクロペンタジエノン

9・50 インドールはベンゼン環がピロール環と縮合した芳香族ヘテロ環である. インドールの軌道図を書け.
(a) インドールには π 電子がいくつあるか
(b) インドールとナフタレンは電子的にどのような関係にあるか.

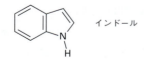

インドール

芳香族求電子置換反応の反応性と配向性

9・51 次の各置換基が活性化基か不活性化基か, またオルト-パラ配向性かメタ配向性かを示せ.

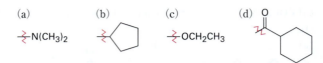

9・52 次の各化合物のモノニトロ化反応における主生成物を予測せよ. どれがベンゼンよりも反応が速く, どれが遅いか.
(a) ブロモベンゼン   (b) ベンゾニトリル
(c) 安息香酸   (d) ニトロベンゼン
(e) ベンゼンスルホン酸   (f) メトキシベンゼン

9・53 次の芳香族化合物を Friedel-Crafts アルキル化に対する反応性の高い順に並べよ. また, 反応性を示さない化合物はどれか.
(a) ブロモベンゼン   (b) トルエン
(c) フェノール   (d) 安息香酸
(e) ニトロベンゼン   (f) p-ブロモトルエン

9・54 次の (a)〜(d) それぞれの化合物を求電子置換反応に対する反応性の順に並べよ.
(a) クロロベンゼン, o-ジクロロベンゼン, ベンゼン
(b) p-ブロモニトロベンゼン, ニトロベンゼン, フェノール
(c) フルオロベンゼン, ベンズアルデヒド, o-キシレン
(d) ベンゾニトリル, p-メチルベンゾニトリル, p-メトキシベンゾニトリル

9・55 次の記述に合致する芳香族炭化水素の構造を推測せよ.
(a) C_9H_{12} 臭素との置換反応で1種類の $C_9H_{11}Br$ のみを生じる
(b) $C_{10}H_{14}$ 塩素との置換反応で1種類の $C_{10}H_{13}Cl$ のみを生じる
(c) C_8H_{10} 臭素との置換反応で3種類の C_8H_9Br を生じる
(d) $C_{10}H_{14}$ 塩素との置換反応で2種類の $C_{10}H_{13}Cl$ を生じる

9・56 次の各反応の主生成物を予想せよ.
(a)

(b)

(c)

9・57 次の化合物とクロロメタンおよび AlCl₃ とを反応させたときに得られるおもなモノアルキル化生成物を予測せよ.
(a) p-クロロアニリン   (b) m-ブロモフェノール
(c) 2,4-ジクロロフェノール
(d) 2,4-ジクロロニトロベンゼン
(e) p-メチルベンゼンスルホン酸
(f) 2,5-ジブロモトルエン

9・58 次の化合物の求電子的塩素化反応における主生成物を書き, 命名せよ.
(a) m-ニトロフェノール
(b) o-キシレン (ジメチルベンゼン)

(c) *p*-ニトロ安息香酸
(d) *p*-ブロモベンゼンスルホン酸

芳香族求電子置換反応の機構

9・59 芳香族ヨウ素化は，一塩化ヨウ素 ICl をはじめとする，何種類かの反応剤を用いて行うことができる．ICl の分極の方向はどうなっているか．また芳香環の ICl によるヨウ素化の反応機構を推定せよ．

9・60 ベンゼンを D_2SO_4 で処理すると，徐々に芳香環の六つの水素すべてが重水素化される．理由を説明せよ．

9・61 Friedel-Crafts 反応における求電子剤であるカルボカチオンは塩化アルキルと $AlCl_3$ との反応以外の方法でも発生させることができる．たとえばベンゼンと 2-メチルプロペンを H_3PO_4 存在下で反応させると *t*-ブチルベンゼンが生成する．この反応の機構を推定せよ．

9・62 ニトロソ基 −N＝O は，ハロゲン以外の数少ないオルト-パラ配向性不活性化基の一つである．ニトロソベンゼン $C_6H_5N＝O$ に対する求電子置換反応がオルト，メタ，パラ位で進行したときのそれぞれのカルボカチオン中間体の共鳴構造式を書き，その理由を説明せよ．

9・63 N,N,N-トリメチルアンモニウム基 $−N^+(CH_3)_3$ はメタ配向性不活性化基でありながら電子求引性の共鳴効果をもたない数少ない基の一つである．理由を説明せよ．

9・64 ビフェニルの臭素化がメタ位よりもオルト位やパラ位で進行するのはなぜか．反応中間体の共鳴構造式を用いて説明せよ．

ビフェニル
biphenyl

有機合成

9・65 ベンゼンから次の各物質を合成するにはどうすればよいか．オルトおよびパラ置換生成物は分離可能であるとして考えよ．
(a) *p*-ブロモアニリン　　(b) *m*-ブロモアニリン
(c) 2,4,6-トリニトロ安息香酸
(d) 3,5-ジニトロ安息香酸

9・66 ベンゼンまたはトルエンを出発物として用い，次の各化合物を合成するにはどのようにすればよいか．オルトおよびパラ異性体は分離可能であるとして考えよ．
(a) 2-ブロモ-4-ニトロトルエン
(b) 2,4,6-トリブロモアニリン
(c) 3-ブロモ-4-*t*-ブチル安息香酸
(d) 1,3-ジクロロ-5-エチルベンゼン

9・67 次の反応には問題がある．それぞれどこが間違っているか．

(a)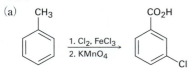

(b)
クロロベンゼン
1. HNO_3, H_2SO_4
2. $CH_3Cl, AlCl_3$
3. Fe, H_3O^+
4. NaOH, H_2O
→ 生成物 (Cl, CH₃, NH₂ 置換ベンゼン)

総合問題

9・68 C 型肝炎および肺炎ウイルスに対する抗ウイルス薬であるリバビリンは 1,2,4-トリアゾール環をもっている．なぜこの環は芳香族性なのか．

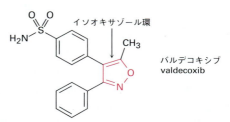

リバビリン
ribavirin

9・69 バルデコキシブはいわゆる COX-2 阻害薬であり，関節炎の治療に用いられていたが，イソオキサゾール環をもっている．なぜこの環は芳香族なのか．

バルデコキシブ
valdecoxib

9・70 4-ピロンはプロトン酸との反応でカルボニル酸素がプロトン化され，安定なカチオン性の生成物を生じる．なぜプロトン化された生成物がそれほど安定なのかを，共鳴構造式と Hückel の $4n+2$ 則を用いて説明せよ．

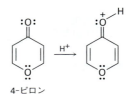

4-ピロン

9・71 *N*-フェニルシドノン（オーストラリアのシドニー大学で最初に研究されたことからそうよばれている）は典型的な芳香族分子のような性質をもつ．Hückel の $4n+2$ 則を用いてこの理由を説明せよ．

N-フェニルシドノン *N*-phenylsydnone

298   9. 芳香族化合物

9・72 ベンズアニリドの臭素化で生じる可能性のあるオルト，メタ，パラ中間体の共鳴構造を書き，どの環のどの位置に臭素化が起こるかを説明せよ．

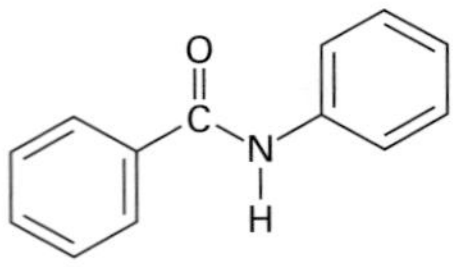

ベンズアニリド

9・73 3-フェニルプロパンニトリルの求電子置換反応はオルト位およびパラ位で起こるが，3-フェニルプロペンニトリルではメタ位で起こる．中間体の共鳴構造式を用いてこの理由を説明せよ．

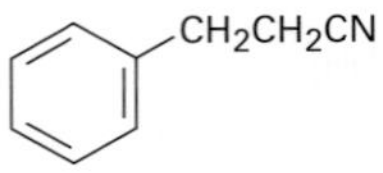

CH₂CH₂CN

3-フェニルプロパンニトリル

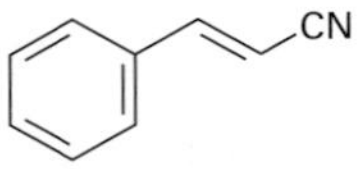

CN

3-フェニルプロペンニトリル

9・74 1-フェニルプロペンへのHBrの付加反応では（1-ブロモプロピル）ベンゼンだけが生成する．反応機構を提案し，なぜ他の位置異性体が生成しないかを共鳴構造式を用いて説明せよ．

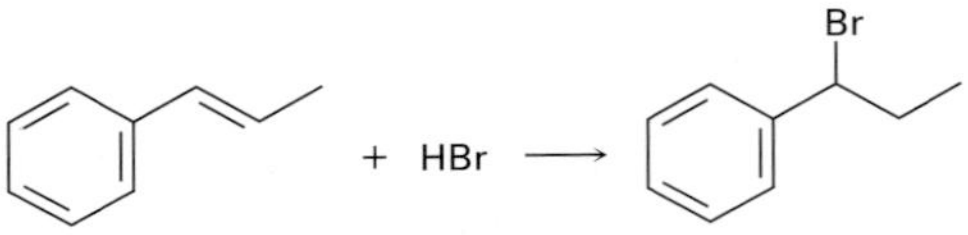

+ HBr ⟶

9・75 フェニルホウ酸 $C_6H_5B(OH)_2$ はニトロ化により，15%のオルト置換生成物と，85%のメタ置換生成物を与える．$-B(OH)_2$ 基のメタ配向性について説明せよ．

9・76 ベンゼンおよびアルキル置換ベンゼンは，強酸触媒の存在下で H_2O_2 と反応させることによりヒドロキシ化される．反応に関与する求電子剤の構造はどのようなものであるか．図9・13を復習し，反応機構を示せ．

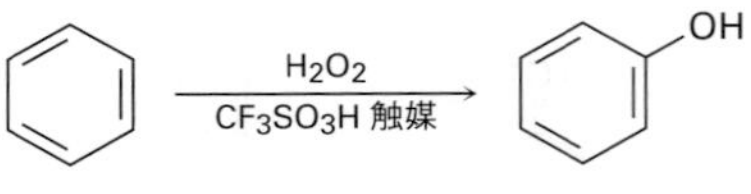

$\xrightarrow[\text{CF}_3\text{SO}_3\text{H 触媒}]{\text{H}_2\text{O}_2}$ OH

9・77 次の反応の機構を示せ．

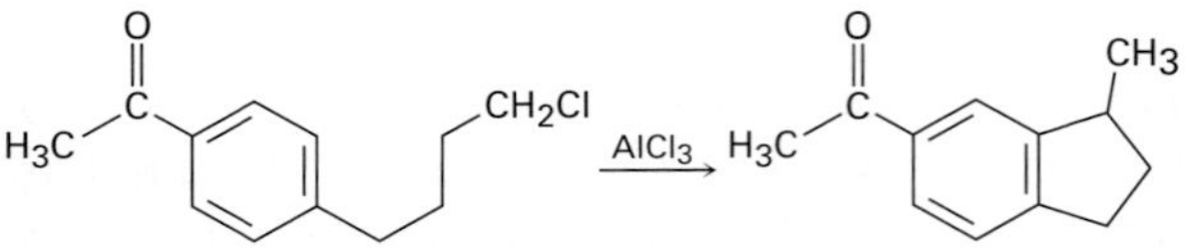

$\xrightarrow{\text{AlCl}_3}$

9・78 **Gatterman-Koch 反応**では，ベンゼン環にホルミル基 $-CHO$ を直接導入できる．たとえば $AlCl_3$ 存在下でのトル

エンとCOおよびHClとの反応では，p-メチルベンズアルデヒドが生成する．反応機構を示せ．

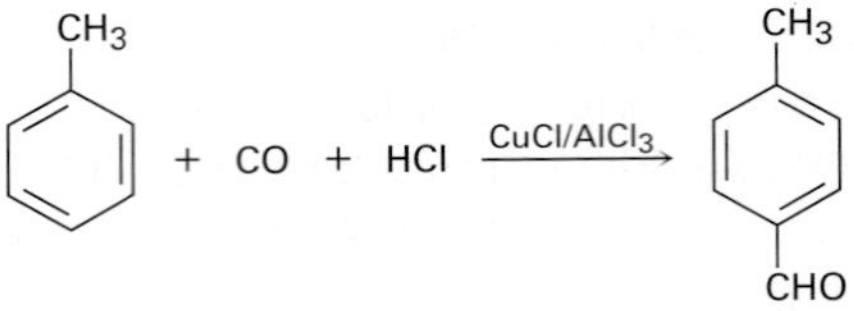

$+ CO + HCl \xrightarrow{\text{CuCl/AlCl}_3}$

9・79 ヘキサクロロフェンは殺菌石けんの製造に用いられる物質であり，2,4,5-トリクロロフェノールを濃硫酸存在下ホルムアルデヒドと反応させて調製される．この反応の機構を示せ．

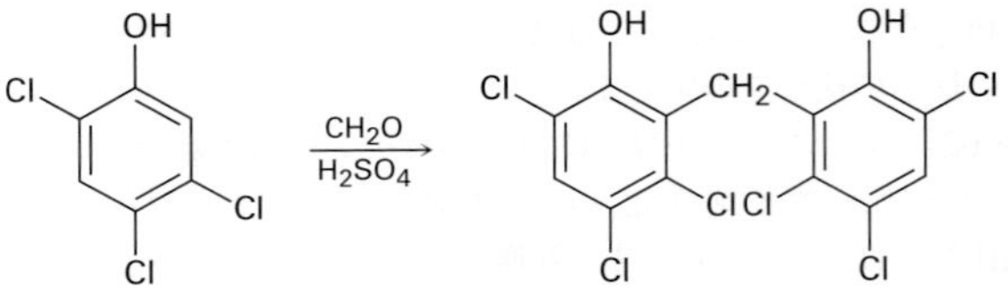

$\xrightarrow[\text{H}_2\text{SO}_4]{\text{CH}_2\text{O}}$

ヘキサクロロフェン

9・80 配向性に関してこれまで学んだ知識と次に示すデータを用い，アニリンとブロモベンゼンの双極子モーメントの方向を推測せよ．

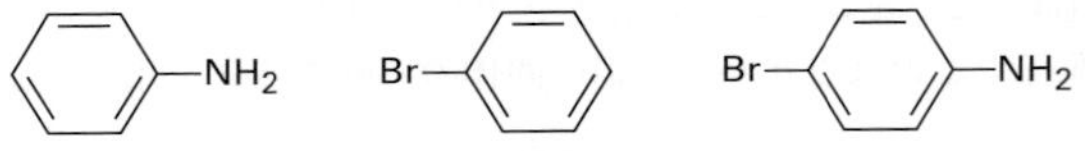

$\mu = 1.53$ D $\mu = 1.52$ D $\mu = 2.91$ D

9・81 次の反応式中の a〜c に適切な反応剤は何か．

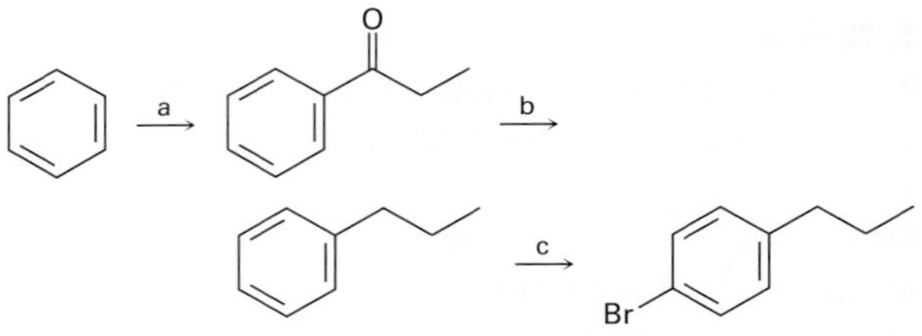

$\xrightarrow{a}$ $\xrightarrow{b}$

$\xrightarrow{c}$

9・82 フェノール類 ArOH は比較的酸性度が高く，その度合は芳香環上の置換基の影響を大きく受ける．たとえば無置換フェノールの pK_a は 9.89 であるのに対し，p-ニトロフェノールでは 7.15 となる．対応するフェノキシドアニオンの共鳴構造式を書き，このデータを説明せよ．

9・83 問題 9・82 の解答をふまえると，p-メチルフェノールの酸性は無置換フェノールよりも高いか，それとも低いか．p-ブロモフェノールの場合はどうか．それぞれについて説明せよ．

構造決定：
質量分析，赤外分光法，紫外分光法

10・1 小分子の質量分析：
　　　　　　磁場型質量分析装置
10・2 質量スペクトルの解釈
10・3 代表的な官能基の質量スペクトル
10・4 生化学における質量分析：
　　　　飛行時間型（TOF）質量分析装置
10・5 分光学と電磁スペクトル
10・6 赤外分光法
10・7 赤外スペクトルの解釈
10・8 代表的な官能基の赤外スペクトル
10・9 紫外分光法
10・10 紫外スペクトルの解釈：
　　　　　　　　　　共役の効果
10・11 共役，色，視覚の化学

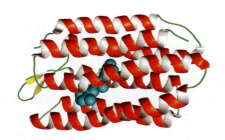

バクテリオロドプシンは，視覚をつかさどる化学に関係している膜タンパク質である

本章の目的　フラスコ内で合成される小分子であるか，生体内に存在するタンパク質や核酸などの巨大分子であるかにかかわらず，新規分子の構造決定は化学や生化学の進歩において中心的な役割を演じている．本書では実際の構造決定のほんの表面的な部分を概説することしかできないが，本章と次章を読めば，現在どのような構造決定法が利用されているか，そしてどういうときに，どのようにこれらの手法が用いられるかについて十分な知識が得られるはずである．

　反応をかけるたびに生成物を同定しなければならないし，新しい天然物を発見するたびにその構造を同定する必要がある．20世紀半ばまで，有機化合物の構造決定は困難で時間のかかる仕事だった．しかし現在では，強力な構造決定手法と専門の分析装置が開発され，かかる手間はかなり簡略化された．本章と次章で，質量分析（MS），赤外（IR）分光法，紫外（UV）分光法，核磁気共鳴（NMR）分光法の4種類の手法と，それぞれの分光法からどのような情報が得られるかについて説明する．

質量分析	分子量と分子式に関する情報
赤外分光法	官能基に関する情報
紫外分光法	共役π電子系の広がりに関する情報
核磁気共鳴分光法	炭素–水素骨格に関する情報

10・1 小分子の質量分析：磁場型質量分析装置

　端的にいうと，**質量分析**（mass spectrometry: MS）とは分子の重さ，すなわち分子量（MW）を測定する方法である．加えて，特定の結合が測定時に開裂することで生じるフラグメントの質量から，分子構造に関する情報も得ることができる．
　用途によって20種以上の質量分析装置が市販されているが，それらはすべて試

300　10. 構造決定：質量分析，赤外分光法，紫外分光法

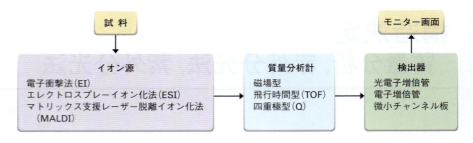

料分子に電荷を与えるイオン源 (ionization source)，質量/電荷比によってイオンを分離する質量分析計 (mass analyzer)，分離したイオンを観測し強度を測る検出器 (detector)，の三つの基本的な部分から構成される．

　最も単純な質量分析装置のなかでも，実験室において特に日常的に使われているものは，図 10・1 に示す電子衝撃磁場型装置であろう．微量の試料をイオン源で気化させ，これに高エネルギーの電子を衝突させることにより試料のイオン化を行う．電子ビームのエネルギーは調節が可能であるが，一般的には約 70 eV（エレクトロンボルト，6700 kJ/mol）である．高エネルギー電子が有機分子に衝突すると，分子から価電子が追い出されて**カチオンラジカル**（cation radical，ラジカルカチオンともいう）を生じる．この状態は，分子が電子を失って正電荷をもっているのでカチオン (cation) であり，また 1 電子追い出されて奇数の電子をもっているのでラジカル (radical) である．

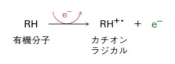

図 10・1　**電子イオン化磁場型質量分析装置の模式図**．高エネルギー電子によって分子がイオン化して，その一部はフラグメンテーションを起こす．帯電したフラグメントが磁場を通過するときに，その質量に応じてふるい分けられる．

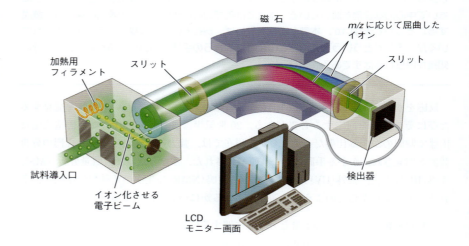

　電子との衝突によって過剰のエネルギーが分子に伝達されるために，生成したほとんどのカチオンラジカルは**フラグメンテーション**（fragmentation，小さい部品への分解）を起こす．これらのフラグメントには正電荷をもっているものもあれば，電荷をもたないものもある．次の段階で，これらのフラグメントは強力な磁場のかかった曲線状のパイプ中を通過する．このときフラグメントは，磁場により質量/電荷比 (m/z) に応じてさまざまな角度に曲がる．電荷をもたないフラグメントは磁場では曲がらないためパイプの壁面に衝突して消失するが，正電荷をもつフラグメントはこの磁場によりふるい分けられて検出器に入り，m/z 比に応じてピークとして観測される．通常は各フラグメントのもつ電荷 z は 1 価なので，各イオンの m/z の値は単純

に質量 m に一致する．この方法では，約 2500 amu（原子質量単位 atomic mass unit）以下の分子を検出することができる．

通常の**質量スペクトル**（mass spectrum）は，質量（m/z）を x 軸に，検出器で検出される特定の m/z の強度あるいは相対強度を y 軸にして棒グラフとして記録する．100%の強度を示す最も強度の高いピークを**基準ピーク**（base peak）とよび，フラグメンテーションの起こっていないカチオンラジカルのピークを**親ピーク**（parent peak）または**分子イオン**（molecular ion, M^+）とよぶ．図 10・2 にプロパンの質量スペクトルを示す．

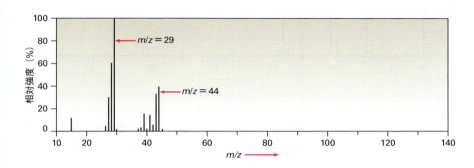

図 10・2 プロパンの質量スペクトル（C_3H_8, MW=44）

通常，質量スペクトルのフラグメンテーションパターンは複雑で，分子イオンが基準ピークにならない場合もしばしばある．たとえば図 10・2 に示すプロパンの質量スペクトルでは，$m/z=44$ の分子イオンは $m/z=29$ の基準ピークの約 30%の強度でしかない．加えて他にも多くのフラグメントイオンが観測される．

10・2 質量スペクトルの解釈

質量スペクトルからどのような情報が得られるのだろうか．最も明確で非常に重要な情報は試料の分子量である．たとえばヘキサン（MW=86），ヘキサ-1-エン（MW=84），ヘキサ-1-イン（MW=82）の試料を手渡されたとしたら，質量分析により簡単にこれらを見分けることができる．

二重収束型質量分析計（double-focusing mass spectrometer）とよばれる装置は分解能が高く，5 ppm（あるいは約 0.0005 amu）の精度で高分解能測定が可能であり，みかけ上同一質量を与える分子式をもつ 2 種類の分子を区別することができる．たとえば C_5H_{12} と C_4H_8O は両方とも分子量 72 であるが，小数点以下の質量が異なる．すなわち C_5H_{12} の正確な質量は 72.0939 amu であるが，C_4H_8O の正確な質量は 72.0575 amu である．高分解能質量分析計を用いるとこれら二つを区別することができる．ここで気をつけなければならないのは，高分解能測定は特定の同位体組成をもつ分子の質量を測定している点である．つまり，分子を構成する特定の同位体原子の正確な原子量（^1H で 1.00783 amu, ^{12}C で 12.00000 amu, ^{14}N で 14.00307 amu, ^{16}O で 15.99491 amu など）の和を測定しているのであって，周期表にある各元素の平均原子量の和を測定しているのではない．

残念なことにすべての化合物の分子イオンが電子衝撃法の質量スペクトルにおいて観測されるわけではない．M^+ が豊富に存在している場合には簡単に観測することができるが，2,2-ジメチルプロパンのような化合物ではフラグメンテーションがきわめ

て容易に起こるために，分子イオンは観測されない（図10・3）．このような場合には電子衝突によらない"ソフト"なイオン化法を用いることで，フラグメンテーションを防いだり最小限に止めたりすることが可能である．

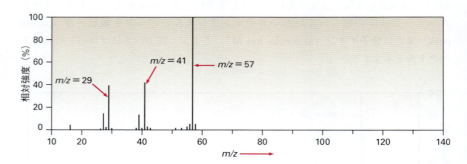

図 10・3　2,2-ジメチルプロパンの質量スペクトル（C_5H_{12}, MW＝72）．電子衝撃法によりイオン化した場合には分子イオンを観測することはできない．（m/z＝57 の M^+ ピークに対応する化学式と構造を考えてみよ．）

　分子量を知ることにより，分子式の候補を大幅に絞り込むことが可能である．たとえば，未知試料の質量スペクトルに m/z＝110 の分子イオンが観測された場合，可能性のある分子式は C_8H_{14}，$C_7H_{10}O$，$C_6H_6O_2$，$C_6H_{10}N_2$ である．分子量がごく小さいものを除き，可能性のある分子式は常に複数存在するが，コンピューターを用いれば候補のリストを簡単に作成することができる．

　プロパン（図10・2）および2,2-ジメチルプロパン（図10・3）のスペクトルを見ると，最大の m/z をもつピークが分子イオンではないことに気づくだろう．分子内に存在する同位体原子に由来する M＋1 の小さなピークが観測されている．最も豊富に存在する炭素の同位体は ^{12}C であるが，少量の ^{13}C（1.10%）も存在する．したがって質量分析計で分析を行う分子の中には必ずある割合で ^{13}C 原子が存在しており，これが M＋1 ピークが観測される原因となっている．加えて ^2H（重水素：天然存在比 0.015%）も非常に少量ではあるが存在し，これも M＋1 ピークに含まれている．

　分子量と分子式がわかるだけでも質量分析は有用であるが，実際にはさらに多くの情報を得ることが可能である．たとえば，質量スペクトルは一種の"分子の指紋"として働く．有機化合物はそれぞれの構造に応じて固有のパターンでフラグメンテーションするが，二つの別の化合物がまったく同じ質量スペクトルを示す可能性は低い．それゆえ，未知試料の質量スペクトルをコンピューターでデータベースに照合することで同定が可能な場合がある．このデータベースは"Registry of Mass Spectral Data"とよばれ，592,000 以上の化合物が登録されている．

　フラグメンテーションのパターンを解析することで分子構造に関する情報も得られる．フラグメンテーションは，高エネルギー状態にあるカチオンラジカルの化学結合が自発的に開裂することで起こる．二つのフラグメントのうちの一方は正電荷をもつカルボカチオンであるが，もう一方は電気的に中性なラジカルである．

　そのため，正電荷はしばしばそれを最も安定化できるフラグメントに残る．言い換えると，フラグメンテーションによって比較的安定なカルボカチオンが生成する．たとえば2,2-ジメチルプロパンでは，正電荷が t-ブチル基に残るようにフラグメンテーションが起こる．したがって2,2-ジメチルプロパンでは，$C_4H_9^+$ に対応する m/z＝57 に基準ピークが観測される（図10・3）．

　通常，質量スペクトルのフラグメンテーションパターンは複雑であり，フラグメン

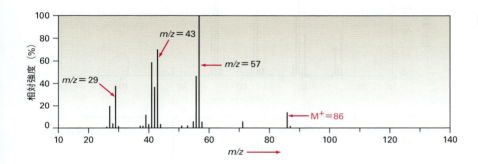

トイオンの構造を完全に帰属することは困難な場合が多い．図 10・4 のヘキサンの質量スペクトルが示すように，多くの炭化水素ではさまざまな形でフラグメンテーションが起こる．ヘキサンのスペクトルでは，$m/z=86$ の分子イオンがある程度の強度で観測されるとともに，フラグメントのピークが $m/z=71, 57, 43, 29$ に観測される．ヘキサンを構成する炭素—炭素結合はどれも電子的に類似しているために，どの結合も同程度の確率で開裂してイオンの混合物が観測される．

図 10・4 **ヘキサンの質量スペクトル** (C_6H_{14}, MW=86)．基準ピークは $m/z=57$ であるが，その他にも非常に多くのイオンが存在する．

図 10・5 にヘキサンのフラグメンテーションを示す．ヘキサンのカチオンラジカル ($M^+=86$) からメチルラジカルが開裂すると，質量 71 のフラグメントとなる．エチルラジカルが開裂すると質量 57，プロピルラジカルが開裂すると質量 43，ブチルラジカルが開裂すると質量 29 のフラグメントがそれぞれ生成する．慣れれば未知化合物のフラグメンテーションパターンも解析できるようになり，測定データから化合物構造の推定が可能となる．

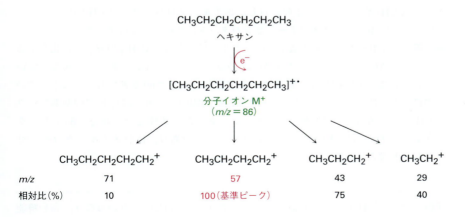

図 10・5 **質量スペクトルで観測されるヘキサンのフラグメンテーション**

次節とそれ以降で，アルコール，ケトン，アルデヒド，アミンといった特定の官能

基が特定の質量スペクトルのフラグメンテーションパターンを示し，このパターンから構造情報が得られることを述べる．

例題 10・1　質量スペクトルから化合物を同定する

メチルシクロヘキサンとエチルシクロペンタンの二つの試料のラベルがはがれてしまった．質量分析法によってこれらを区別する方法を述べよ．それぞれの質量スペクトルを図 10・6 に示す．

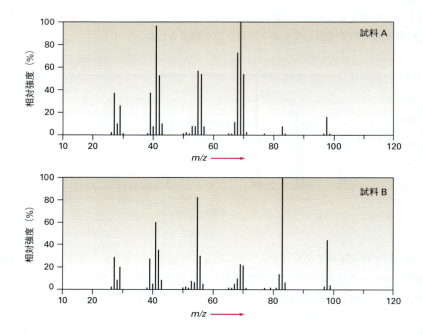

図 10・6　例題 10・1 のラベルのはがれた試料 A と B の質量スペクトル

考え方　両者の構造を比較してどこが異なるかを考えてみる．次に，この構造上の違いが質量スペクトルにどのように反映されるかを考える．たとえばメチルシクロヘキサンは CH_3 基をもっているのに対し，エチルシクロペンタンは CH_2CH_3 基をもっている．この差はフラグメンテーションパターンに反映されるはずである．

解　答　それぞれの試料の質量スペクトルでは，ともに C_7H_{14} の分子式に相当する分子イオン $M^+ = 98$ が観測されるが，フラグメンテーションパターンが異なっている．試料 A では CH_2CH_3 基（質量 29）が開裂した $m/z = 69$ が基準ピークになっているのに対し，B では $m/z = 69$ のピークは比較的弱い．一方，試料 B での基準ピークは CH_3 基（質量 15）が開裂した $m/z = 83$ であるが，試料 A では $m/z = 83$ のピークは弱い．したがって A がエチルシクロペンタンであり，B がメチルシクロヘキサンであると考えられる．

問題 10・1　男性ホルモンであるテストステロンは C, H, O のみからなり，高分解能質量スペクトルで決定した質量は 288.2089 amu である．テストステロンの分子式を答えよ．

問題 10・2 図10・7に2種類の質量スペクトルを示す．一方は2-メチルペンタ-2-エンで，もう一方はヘキサ-2-エンである．どちらがどちらのスペクトルに相当するか．その理由も答えよ．

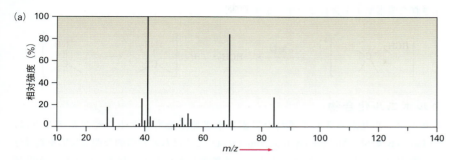

図 10・7 問題10・2の質量スペクトル

10・3 代表的な官能基の質量スペクトル

それぞれの官能基に特徴的なフラグメンテーションパターンについては，以降の章で各官能基について述べるときに説明する．ここでは数種の代表的な官能基の特徴について簡単にみておこう．

アルコール

アルコールは質量分析装置で，**α開裂**（α cleavage）および**脱水反応**（dehydration）の2種類のフラグメンテーションを起こす．α開裂経路では，ヒドロキシ基に隣接した炭素－炭素結合が切断され，電気的に中性なラジカルと共鳴によって安定化された酸素原子を含むカチオンを与える．

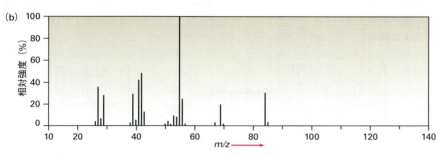

脱水経路では，水が脱離してM$^+$より18小さいアルケンラジカルカチオンを与える．

アミン

アルコールと同様に脂肪族アミンでも，質量分析装置で特徴的なα開裂が起こる．窒素原子に隣接した炭素－炭素結合が開裂し，アルキルラジカルと共鳴によって安定化された窒素原子を含むカチオンを生じる．

カルボニル化合物

カルボニル基から3原子離れた炭素に水素原子をもつケトンやアルデヒドは，**McLafferty 転位**（McLafferty rearrangement）とよばれる特徴的な開裂反応を質量分析装置内で起こす．水素原子がカルボニル酸素に転位して，炭素－炭素結合が開裂し，電気的に中性のアルケンフラグメントが生成する．電荷は酸素原子を含むフラグメントに残る．

加えて，ケトンやアルデヒドは，カルボニル基と隣接する炭素原子の間でしばしばα開裂を起こす．α開裂によって電気的に中性なラジカルと共鳴によって安定化されたアシルカチオンが生成する．

例題 10・2　質量スペクトルのフラグメンテーションパターンを同定する

2-メチルペンタン-3-オールの質量スペクトルを図10・8に示す．フラグメントを同定せよ．

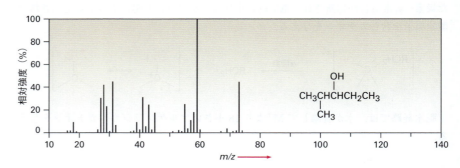

図 10・8　例題 10・2 の 2-メチルペンタン-3-オールの質量スペクトル

考え方　分子イオンの質量を計算し，分子に存在する官能基を見つけよ．考えられるフラグメンテーションの過程を示し，そのフラグメントの質量とスペクトルで観測

10・4 生化学における質量分析: 飛行時間型(TOF)質量分析装置　307

されるピークとを比較せよ．

解　答　鎖状のアルコールである 2-メチルペンタン-3-オールの分子量は $M^+ = 102$ であり，α 開裂と脱水反応によるフラグメンテーションが予想される．これらの過程によって $m/z = 84, 73, 59$ のフラグメントイオンを生成する．この三つの可能性のうち，脱水反応に由来するピーク（$m/z = 84$）は観測されないが，α 開裂に起因する二つのピーク（$m/z = 73, 59$）は観測されている．

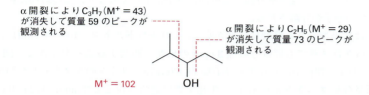

問題 10・3　次の開裂経路により生成する電荷をもったフラグメントの質量を答えよ．

(a) ペンタン-2-オン $CH_3COCH_2CH_2CH_3$ の α 開裂
(b) シクロヘキサノールの脱水反応
(c) 4-メチルペンタン-2-オン $CH_3COCH_2CH(CH_3)_2$ の McLafferty 転位
(d) トリエチルアミン $(CH_3CH_2)_3N$ の α 開裂

問題 10・4　次に示す分子の質量スペクトルにおいて，分子イオンと予想されるフラグメントの質量を答えよ．

10・4　生化学における質量分析: 飛行時間型(TOF)質量分析装置

　生化学における質量分析では，ほとんどの場合，エレクトロスプレーイオン化法（electrospray ionization: ESI）またはマトリックス支援レーザー脱離イオン化法（matrix-assisted laser desorption ionization: MALDI）と飛行時間型（time-of-flight: TOF）質量分析計を組合わせた装置が使われる．ESI および MALDI は双方とも "ソフトな" イオン化法であり，非常に高分子量の生体試料においてもほとんどフラグメンテーションを起こさないで荷電した分子を生成する．

　ESI のイオン源では，試料を極性溶媒に溶解しスチール製キャピラリーチューブからスプレーすることによりイオン化を行う．チューブからスプレーするときに，高電圧をかけることで溶媒から生じる1個またはそれ以上の H^+ により試料をプロトン化する．揮発性の溶媒が蒸発すると，さまざまな形でプロトン化された試料分子（$M + H_n^{n+}$）が観察される．MALDI のイオン源では，試料を 2,5-ジヒドロキシ安息香酸のような適当な基剤（マトリックス化合物）に吸着させ，レーザーを短時間照射することによってイオン化を行う．マトリックス化合物が試料にエネルギーを伝達すると同時に試料をプロトン化し，$M + H_n^{n+}$ イオンを生成する．

イオンが生成した後にさまざまな形でプロトン化された試料分子は，狭い空間内に電気的に集められる．そこに加速電極によって急激にエネルギーを与えると，集められていたすべての分子に $E = mv^2/2$ のエネルギーが均一にかかり，それぞれの分子は質量の平方根に応じた初速度 $v = \sqrt{2E/m}$ で運動を始める．質量の軽い分子の運動速度は速く，逆に重い分子の運動速度は遅い．質量計は帯電した金属でできたドリフト管であり，この中ではそれぞれの電荷をもつ分子が固有の速度で運動をする．そのためにこのドリフト管を通り抜ける時間は分子によって異なり，この時間差によってそれぞれの分子が分離される．

TOF は磁場型よりも格段に精度が高く，100 キロドルトン（100,000 amu）にも及ぶタンパク質試料でも質量分解能 3 ppm の精度で観測することができる．図 10・9 には，ニワトリ卵白中に存在する分子量 14,306.7578 ドルトンのリゾチームの MALDI-TOF 質量分析スペクトルを示す．〔生化学者は通常単位として amu の代わりにドルトン（Da）を用いる．〕

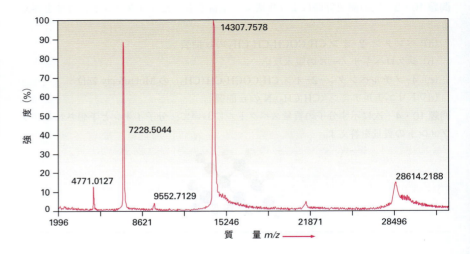

図 10・9　ニワトリ卵白リゾチームの MALDI-TOF 質量スペクトル．14,307.7578 ドルトン（amu）のピークは 1 個プロトン化されたタンパク質（M+H$^+$）に相当し，28,614.2188 ドルトンのピークは不純物である二量化したタンパク質に相当する．他のピークはさまざまな形でプロトン化されたタンパク質（M+H$_n^{n+}$）に相当する．

10・5　分光学と電磁スペクトル

分子のイオン化を伴う質量分析とは異なり，赤外，紫外，核磁気共鳴分光は，分子と電磁波との相互作用を利用する非破壊分析である．これらの手法について説明する前に，放射エネルギーと電磁スペクトルの性質について概説する．

可視光，X 線，マイクロ波，ラジオ波などはすべて，電磁放射光の一種である．これらをまとめて**電磁スペクトル**（electromagnetic spectrum）とよぶ（図 10・10）．電磁スペクトルは便宜上いくつかのスペクトル領域に分けることができる．たとえばよく知られた可視光領域は，波長でいうと 3.8×10^{-7} m から 7.8×10^{-7} m の比較的狭い領域でしかない．可視光領域をはさむ形で赤外と紫外の領域がある．

電磁波は二つの性質をもつとよくいわれる．あるときは粒子（光子 photon）としての性質を示し，またあるときにはエネルギー波として振舞う．いろいろな波と同様に電磁波は，波長，振動数，振幅の三つのパラメーターによって記述される（図 10・11）．**波長**（wavelength）λ（ギリシャ語のラムダ）は波の二つの隣り合った極大点の距離のことをいう．**振動数**（frequency）ν（ギリシャ語のニュー）は，単位時間当

10・5 分光学と電磁スペクトル　309

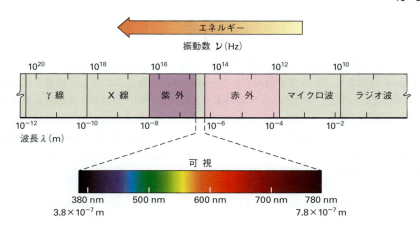

図 10・10　**電磁スペクトル**．低振動数側のラジオ波から高振動数側のγ（ガンマ）線までの，連続的な波長と振動数を示す．可視光領域としてよく知られているのは，全スペクトルの中央部分のほんの狭い領域にすぎない．

たりに定点を通過する波の数のことをいい，通常は時間（秒単位）の逆数（s^{-1}），または**ヘルツ**（hertz, $1\,Hz = 1\,s^{-1}$）で表す．**振幅**（amplitude）とは波の中点から極大点までの高さのことをいう．照射エネルギーの強度，すなわちその光がほのかな明かりであるのか目がくらむような強力な光線なのかは，波の振幅の二乗に比例する．

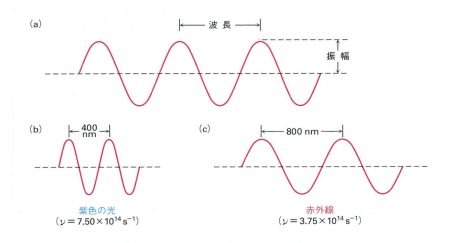

図 10・11　**電磁波**．すべての波は波長，振動数，振幅によって記述される．(a) 波長（λ）とは，隣り合う二つの極大点間の距離をいう．振幅とは，中点から極大点までの高さを表す．(b), (c) 波長と振動数の異なる波は，異なる電磁波として観測される．

メートル単位で表した電磁波の波長と秒の逆数の単位で表した振動数の積により，電磁波の速度を1秒当たりのメートル数（m/s）で表す．すべての電磁波は真空中で一定の速度をもっており，これを一般に"光速"とよび c で表す．光速は正確には $2.99792458 \times 10^8\,m/s$ と測定されているが，通常は $3.00 \times 10^8\,m/s$ の値が用いられる．

$$\text{波長} \times \text{振動数} = \text{電磁波の速度}$$
$$\lambda(m) \times \nu(s^{-1}) = c(m/s)$$
$$\lambda = \frac{c}{\nu} \quad \text{または} \quad \nu = \frac{c}{\lambda}$$

物質の最小単位が原子であるように，電磁波のエネルギーの最小単位は**量子**（quanta）とよばれる．振動数 ν をもつ1光子当たりの量子のエネルギー ε は，Planck（プランク）の式によって表される．

$$\varepsilon = h\nu = \frac{hc}{\lambda}$$

ここで，h は Planck 定数（6.62×10^{-34} J·s $= 1.58\times 10^{-34}$ cal·s）である．

Planck の式から，ある光子のエネルギーはその振動数 ν に比例し，波長 λ に反比例することがわかる．したがって γ 線のように，高振動数，短波長の電磁波は高エネルギー放射光である．一方で，ラジオ波のように低振動数，長波長の電磁波は低エネルギーである．ε と Avogadro 定数 N_A との積により，波長 λ をもつ Avogadro 定数分（すなわち 1 mol）の光子のエネルギーである E が定義され，こちらの方が ε より一般的に用いられる．

$$E = \frac{N_A hc}{\lambda} = \frac{1.20\times 10^{-4}\ \text{kJ/mol}}{\lambda(\text{m})} \quad \text{または} \quad \frac{2.86\times 10^{-5}\ \text{kcal/mol}}{\lambda(\text{m})}$$

有機化合物に電磁波を照射すると，ある一定の波長のエネルギーのみが吸収され，それ以外の波長の電磁波はそのまま透過する．さまざまな波長からなる電磁波を試料に照射し，吸収される波長と透過する波長を観測することによって，化合物の**吸収スペクトル**（absorption spectrum）を測定することができる．

一例として，エタノールに赤外線を照射したときの吸収スペクトルを図 10・12 に示す．横軸は波長を表し，縦軸はエネルギーの吸収強度を透過率で表している．吸収がまったくないとき（100%透過）がチャート上側の軸であり，下向きのピークはその波長でエネルギー吸収が起こったことを示している．

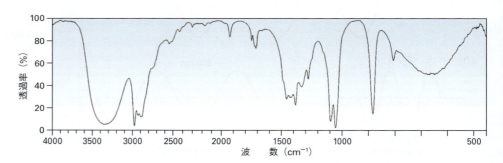

図 10・12　エタノール CH_3CH_2OH の赤外吸収スペクトル． 透過率 100% とは赤外線のエネルギーが試料に吸収されずに完全に通過したことを示し，透過率が低いときにはエネルギーが吸収されたことを示す．下向きのピークは，その波数でのエネルギーの吸収が起こったことを示す．

照射光を吸収したときに分子が獲得するエネルギーは，何らかの形で分子全体に分配されなければならない．赤外線照射によって分子が吸収するエネルギーは，結合の伸縮や変角の振動に使われる．紫外線照射の場合には，分子が吸収したエネルギーは低エネルギー軌道から高エネルギー軌道への電子の遷移に使われる．照射光の振動数によって分子のどこに影響を及ぼすかは異なるものの，いずれにしても吸収スペクトルの解析によって分子の構造に関する情報が得られることには変わりはない．

照射する電磁波の違いによってさまざまな種類の分光計がある．本書では赤外分光，紫外分光，核磁気共鳴分光の 3 種類を説明する．次節ではまず，有機分子が赤外線エネルギーを吸収したときに起こる現象から述べる．

例題 10・3 照射光のエネルギーと振動数の関係

振動数 $1.015\times10^8\,\mathrm{Hz}$($101.5\,\mathrm{MHz}$)の FM ラジオ波と $5\times10^{14}\,\mathrm{Hz}$ の緑色の可視光とでは,どちらのエネルギーの方が高いか.

考え方 振動数が増加し波長が減少するに従ってエネルギーが増大することを示した $\varepsilon=h\nu$ または $\varepsilon=hc/\lambda$ の式を思い出そう.

解 答 可視光の方がラジオ波よりも振動数が高いので,エネルギーが高い.

問題 10・5 $\lambda=1.0\times10^{-6}\,\mathrm{m}$ の赤外線照射と $\lambda=3.0\times10^{-9}\,\mathrm{m}$ の X 線照射ではどちらが高エネルギーか.また,$\nu=4.0\times10^9\,\mathrm{Hz}$ と $\lambda=9.0\times10^{-6}\,\mathrm{m}$ の照射ではどちらか.

問題 10・6 それぞれの領域の電磁波スペクトルのエネルギー強度に関する感覚をもっていると有用である.次の照射光のエネルギー(kJ/mol)を計算せよ.

(a) $\lambda=5.0\times10^{-11}\,\mathrm{m}$ の γ 線　　(b) $\lambda=3.0\times10^{-9}\,\mathrm{m}$ の X 線
(c) $\nu=6.0\times10^{15}\,\mathrm{Hz}$ の紫外線　　(d) $\nu=7.0\times10^{14}\,\mathrm{Hz}$ の可視光
(e) $\lambda=2.0\times10^{-5}\,\mathrm{m}$ の赤外線　　(f) $\nu=1.0\times10^{11}\,\mathrm{Hz}$ のマイクロ波

10・6 赤外分光法

電磁波のうち,可視領域の長波長側($7.8\times10^{-7}\,\mathrm{m}$)から約 $10^{-4}\,\mathrm{m}$ までの範囲を**赤外**(infrared: **IR**)領域とよぶが,有機化学で扱うのは赤外領域全体のほぼ中央部分の $2.5\times10^{-6}\,\mathrm{m}$ から $2.5\times10^{-5}\,\mathrm{m}$ の間である(図 10・13).通常,赤外領域の波長はマイクロメートル単位($1\,\mathrm{\mu m}=10^{-6}\,\mathrm{m}$)で記述し,振動数はヘルツではなく**波数**(wavenumber)$\tilde{\nu}$ で表す.波数はセンチメートル単位で表した波長の逆数であり,cm^{-1} の単位で表す.

$$\text{波数}\;\tilde{\nu}(\mathrm{cm}^{-1})=\frac{1}{\lambda(\mathrm{cm})}$$

有機化学において有用な赤外領域は波数 $4000\sim400\,\mathrm{cm}^{-1}$ で,$48.0\sim4.80\,\mathrm{kJ/mol}$($11.5\sim1.15\,\mathrm{kcal/mol}$)のエネルギー範囲に相当する.

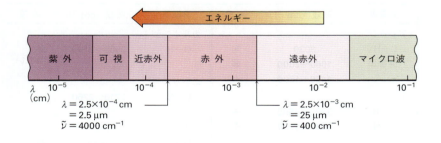

図 10・13 電磁スペクトルの赤外領域およびその隣接領域

なぜ有機分子は赤外領域の特定の波長のみを吸収し,その他の波長の電磁波を吸収しないのだろうか.その答えは,すべての分子がある程度エネルギーをもっており,結合の伸縮,原子の前後への揺れ,その他の分子振動など常に運動している点にある.次ページに許容な分子振動の代表的な例を示す.

分子のもつエネルギーは連続変数ではなく,量子化されている.すなわち,分子は特定のエネルギー準位に相当する振動数でのみ伸縮運動や変角運動を行う.例として

結合の伸縮を考えてみる．通常，結合長はあたかも固定された値のように表されるが，実際は平均値である．たとえばC–H結合の典型的な結合長である110 pmという値は，実際にはばねのように伸びたり縮んだりして特有の振動数で振動している二つの原子の間の結合距離の平均値である．

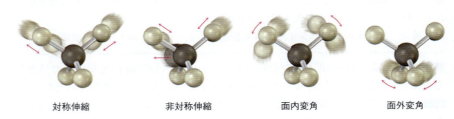

対称伸縮　　　　非対称伸縮　　　　面内変角　　　　面外変角

分子に電磁波を照射すると，照射光の振動数が分子振動の振動数に一致するときにのみエネルギーの吸収が起こる．エネルギーを吸収した結果，分子振動の大きさが増大する．言い換えると，二つの原子間のばねの伸び幅と縮み幅が増大する．分子が吸収する電磁波の振動数はある特定の分子振動に相当するので，赤外スペクトルの測定によって分子運動の種類を特定することができる．さらにこれらの分子運動を解析することにより，分子のもっている結合の種類（官能基）を同定することができる．

赤外スペクトル → 分子運動の種類 → 官能基の種類

10・7 赤外スペクトルの解釈

多くの有機分子には何種類もの伸縮運動や変角運動が存在し，さまざまな吸収をもつために，赤外スペクトルを完全に解析することは困難である．この複雑性のためにフラスコ内における赤外分光法は一般的に比較的小分子の純粋な試料にしか用いることができず，巨大で複雑な生体高分子ではあまり役に立たないのが欠点である．一方で赤外スペクトルは複雑であるために，化合物の特徴的な指紋となりうるという利点

表 10・1　代表的な官能基の特徴的な赤外吸収

官能基	吸収 (cm^{-1})	強度	官能基	吸収 (cm^{-1})	強度	官能基	吸収 (cm^{-1})	強度
アルカン			アレーン			カルボン酸		
C–H	2850〜2960	中	C–H	3030	弱	O–H	2500〜3100	強, 幅広い
アルケン			芳香環	1660〜2000	弱			
=C–H	3020〜3100	中		1450〜1600	中	ニトリル		
C=C	1640〜1680	中	アミン			C≡N	2210〜2260	中
アルキン			N–H	3300〜3500	中			
C–H	3300	強	C–N	1030〜1230	中	ニトロ		
C≡C	2100〜2260	中				NO$_2$	1540	強
ハロゲン化アルキル			カルボニル基					
C–Cl	600〜800	強	C=O	1670〜1780	強			
C–Br	500〜600	強	アルデヒド	1730	強			
アルコール			ケトン	1715	強			
O–H	3400〜3650	強, 幅広い	エステル	1735	強			
			アミン	1690	強			
C–O	1050〜1150	強	カルボン酸	1710	強			

ももっている．実際，赤外スペクトルのうちでも特に複雑な 1500～400 cm^{-1} の領域は，**指紋領域**（fingerprint region）とよばれる．もし二つの試料の赤外スペクトルが同一であれば，これらはほぼ間違いなく同一物質である．

幸いなことに，構造上の有用な情報は赤外スペクトルを完全に解析しなくても得られる．多くの官能基には，それがどのような分子に存在するかに依存しない，特徴的な赤外吸収帯が存在する．たとえば，ケトン C＝O の吸収は 1670～1750 cm^{-1} に，アルコール O–H の吸収は 3400～3650 cm^{-1} に，アルケン C＝C の吸収は 1640～1680 cm^{-1} にほぼ常に存在する．ある官能基がどの領域に特徴的な吸収をもつかを学ぶことによって，赤外スペクトルから有用な構造情報を得ることが可能である．表 10・1 に，いくつかのよくみられる官能基の典型的な赤外吸収帯を示す．

赤外分光法の利用法を学ぶために，図 10・14 に示すヘキサン，ヘキサ-1-エン，ヘキサ-1-インの赤外スペクトルをみてみよう．三つのスペクトルのいずれにも多くの吸収帯が存在するが，C＝C および C≡C の官能基に起因する特徴的な吸収から

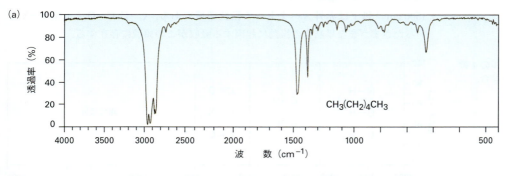

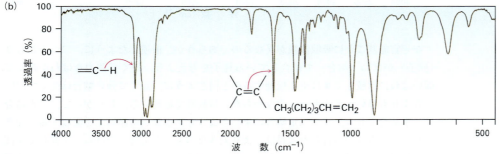

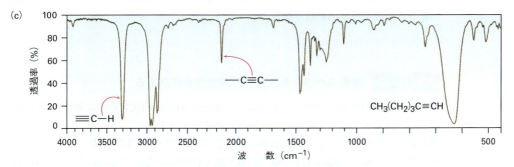

図 10・14 ヘキサン(a)，ヘキサ-1-エン(b)，ヘキサ-1-イン(c) の赤外スペクトル．これらのスペクトルは市販の装置を使って 1 mg 以下の試料量でも数分で測定することができる．

これらの化合物を区別することができる．すなわち，ヘキサ-1-エンではC＝Cとビニル位 ＝C−H の特徴的な吸収がそれぞれ 1660 cm^{-1} と 3100 cm^{-1} に存在するのに対し，ヘキサ-1-インでは C≡C と末端アルキン ≡C−H の吸収が 2100 cm^{-1} と 3300 cm^{-1} にそれぞれ存在する．

図 10・15 に示すように，4000〜400 cm^{-1} の赤外領域を四つに区分して官能基と対応させると覚えやすい．

- 4000〜2500 cm^{-1} の領域は，N−H，O−H，C−H の単結合の伸縮運動に起因する．N−H と O−H 結合は 3300〜3600 cm^{-1} の領域に吸収を示し，C−H 結合は 3000 cm^{-1} 付近に吸収を示す．
- 2500〜2000 cm^{-1} の領域は三重結合の伸縮運動に対応する．C≡N および C≡C の吸収はこの領域に存在する．
- 2000〜1500 cm^{-1} の領域は二重結合（C＝O，C＝N，C＝C）の吸収に対応する．カルボニル基の吸収は通常 1670〜1780 cm^{-1} に存在し，アルケンの吸収は通常 1640〜1680 cm^{-1} の狭い領域に存在する．
- 1500 cm^{-1} 以下は赤外スペクトルの指紋領域である．C−C，C−O，C−N，C−X といったさまざまな単結合の振動に起因する吸収がこの領域に存在する．

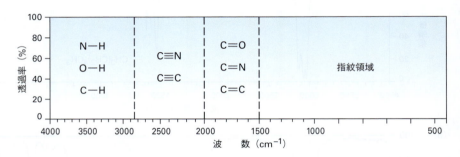

図 10・15 赤外スペクトルの 4 領域．水素との単結合，三重結合，二重結合，および指紋領域．

なぜ官能基ごとに吸収波数が異なるのであろうか．前述したように，二つのおもり（原子）がばね（結合）で結合している様子を考えよう．短くて強力なばねが長くて弱いばねに比較してすばやく振動するのと同じように，短くて強い結合は長くて弱い結合よりも高いエネルギー，すなわち高い振動数で振動する．したがって，三重結合は二重結合よりも，また二重結合は単結合よりも高振動数の赤外光を吸収する．加えて小さなおもりが結合したばねは，より大きなおもりが結合したばねに比較してすばやく振動する．それゆえに C−H，O−H，N−H 結合は，C，O，N といった重い原子間の結合と比較して高振動数で振動する．

例題 10・4　赤外スペクトルを用いて異性体を区別する

アセトン CH$_3$COCH$_3$ とプロパ-2-エン-1-オール H$_2$C＝CHCH$_2$OH は異性体である．これらを赤外スペクトルを用いて見分ける方法を述べよ．

考え方　それぞれの分子の官能基に着目して，表 10・1 を参照せよ．

解答　アセトンには 1715 cm^{-1} に強い C＝O 吸収が存在するのに対し，プロパ-2-エン-1-オールには 3500 cm^{-1} に O−H 吸収が，1660 cm^{-1} に C＝C 吸収が存在する．

10・8　代表的な官能基の赤外スペクトル　　315

問題 10・7　次の分子はどのような官能基をもっているか.

(a) 1710 cm^{-1} に強い吸収のある化合物

(b) 1540 cm^{-1} に強い吸収のある化合物

(c) 1720 cm^{-1} と 2500～3100 cm^{-1} に強力な吸収のある化合物

問題 10・8　次のそれぞれの異性体を赤外分光法を用いて識別する方法を述べよ.

(a) CH$_3$CH$_2$OH と CH$_3$OCH$_3$　　(b) シクロヘキサンとヘキサ–1–エン

(c) CH$_3$CH$_2$CO$_2$H と HOCH$_2$CH$_2$CHO

10・8　代表的な官能基の赤外スペクトル

　後の章で個々の官能基について解説するので, それぞれの官能基の分光学的な性質については各章で説明する. ここでは, すでに学んだ炭化水素官能基の特徴的な性質を述べるとともに, その他の代表的な官能基についても概観する. 赤外スペクトルで観測される吸収についてだけでなく, 観測されない吸収からも構造情報を得ることが可能である. たとえば, 3300 と 2150 cm^{-1} の領域に吸収をもたないならばこの化合物は末端アルキンではないし, 3400 cm^{-1} 付近に吸収をもたないならばアルコールではない.

アルカン

　アルカンには官能基が存在せず, またすべての吸収が C–H と C–C 結合に起因するために, 赤外スペクトルから構造情報を得ることは困難である. アルカンの C–H 結合は 2850～2960 cm^{-1} の領域に強い吸収をもち, 飽和 C–C 結合は 800～1300 cm^{-1} の領域に数多くの吸収をもつ. ほとんどの有機化合物には部分的に飽和炭化水素様の構造があるために, ほとんどの有機化合物にこれらの特徴的な赤外吸収が存在する. C–H および C–C 吸収帯は, 図 10・14 に示す三つのスペクトルすべてに明確に存在する.

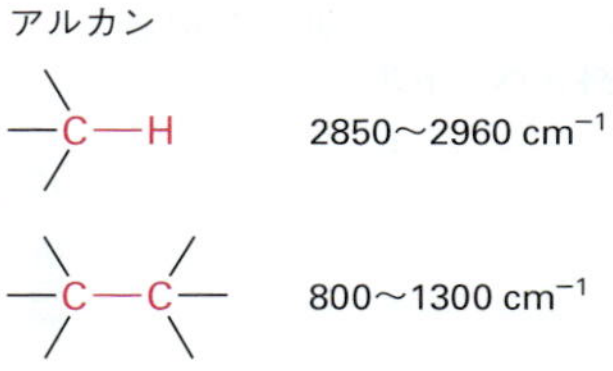

アルカン

—C–H　　　2850～2960 cm^{-1}

—C–C—　　800～1300 cm^{-1}

アルケン

　アルケンはいくつかの特徴的な伸縮吸収をもつ. アルケンのビニル位 =C–H 結合は 3020～3100 cm^{-1} に, C=C 結合は 1650 cm^{-1} 付近にそれぞれ吸収をもつ. これらの吸収の強度は比較的弱く, はっきりと観測できない場合もある. 図 10・14(b) のヘキサ–1–エンのスペクトルでは, 双方の吸収とも明確に観測することができる.

　一置換および二置換のアルケンでは, =C–H の面外変角振動に由来する特徴的な吸収が 700～1000 cm^{-1} の領域に観測され, この吸収によって二重結合の置換様式を決定することができる. ヘキサ–1–エンのような一置換アルケンには 910 と 990 cm^{-1} に強い特徴的な吸収が存在し, 2,2–二置換アルケン R$_2$C=CH$_2$ には 890 cm^{-1} に強い吸収が存在する.

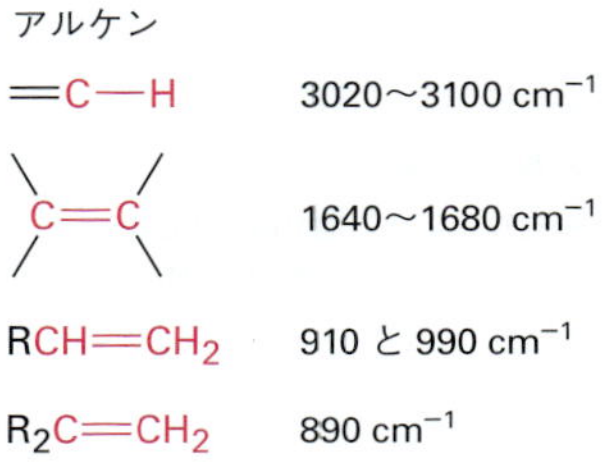

アルケン

=C–H　　　3020～3100 cm^{-1}

C=C　　　　1640～1680 cm^{-1}

RCH=CH$_2$　　910 と 990 cm^{-1}

R$_2$C=CH$_2$　　890 cm^{-1}

アルキン

　アルキンには 2100～2260 cm^{-1} に C≡C 伸縮の吸収が存在し, この吸収は内部アルキンに比較して末端アルキンで強度が強い. 実際, ヘキサ–3–インのような対称アルキンではこの吸収はまったくみられない. その理由に関しては, ここでは深く言及しない. ヘキサ–1–インのような末端アルキンでは, ≡C–H 伸縮に由来する 3300 cm^{-1}

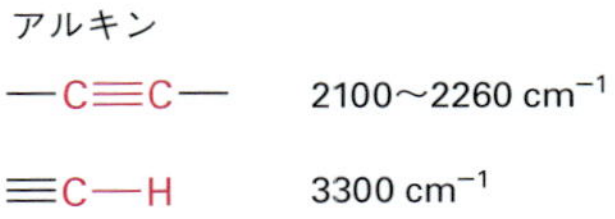

アルキン

—C≡C—　　2100～2260 cm^{-1}

≡C–H　　　3300 cm^{-1}

の特徴的な吸収もみられる（図10・14c）．この吸収ピークは非常に強く，またきわめて鋭いため，末端アルキンを見分けるのに有用である．

芳香族化合物

ベンゼンのような芳香族化合物では，通常の飽和 C−H 吸収帯のすぐ左側の 3030 cm^{-1} に，芳香環の C−H 伸縮由来の弱い吸収が観測される．さらに 1450～1600 cm^{-1} の領域に芳香環そのものの複雑な運動に起因する最大四つの吸収が観測される．このうち 1500 cm^{-1} と 1600 cm^{-1} の二つの吸収が，通常最も強度が強い．さらに，1660～2000 cm^{-1} の領域に弱い吸収と，690～900 cm^{-1} の領域に C−H 面外変角振動に起因する強い吸収が存在する．これらの吸収が正確にどこに観測されるかは，芳香環の置換様式に依存する．

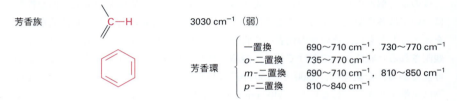

図 10・16 に示すトルエンの赤外スペクトルには，これらの特徴的な吸収が観測できる．

図 10・16　トルエンの赤外スペクトル

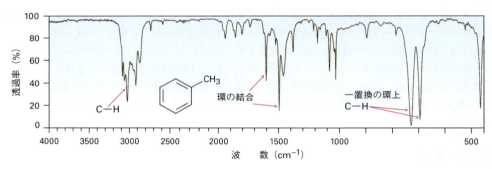

アルコール

アルコール
—O—H　3400～3650 cm^{-1}
（幅広，強）

アルコールの O−H 基は赤外スペクトルで容易に判別可能である．アルコールは 3400～3650 cm^{-1} の領域に，幅広く強度の強い特徴的な吸収をもつ．もしもアルコールが存在するならば，この吸収を見逃したり他の官能基の吸収と間違える方が難しいくらいである．

アミン

アミン
—N—H　3300～3500 cm^{-1}
（鋭い，中）

アミンの N−H 基も容易に判別可能であり，3300～3500 cm^{-1} の領域に特徴的な吸収をもつ．アルコールも同じ領域に吸収をもつが，N−H の吸収は O−H に比較して，より鋭く強度は弱い．

カルボニル化合物

カルボニル基由来の吸収は，1670～1780 cm^{-1} の領域に鋭く強い強度のピークとして観測され，すべての赤外吸収のなかでも最も同定のしやすいピークである．この領

10・8 代表的な官能基の赤外スペクトル　　317

域内での吸収波数を正確に求めることによって，アルデヒドかケトンかエステルかといったカルボニル基の種類を区別できる．この点はきわめて重要である．

アルデヒド　　非共役アルデヒドは 1730 cm^{-1} に吸収が存在し，二重結合や芳香環に共役したアルデヒドは 1705 cm^{-1} に吸収がみられる．

アルデヒド　　　CH$_3$CH$_2$CH（O）　　CH$_3$CH=CHCH（O）

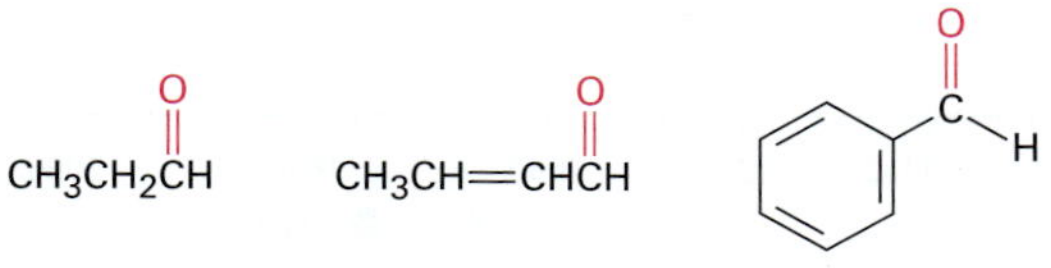

1730 cm^{-1}　　　　　1705 cm^{-1}　　　　　1705 cm^{-1}

ケトン　　鎖状非共役ケトンや 6 員環ケトンの吸収は 1715 cm^{-1} に，5 員環ケトンの吸収は 1750 cm^{-1} に，二重結合や芳香環に共役したケトンの吸収は 1685 cm^{-1} にそれぞれ存在する．

ケトン　　　CH$_3$CCH$_3$（O）　　　　　CH$_3$CH=CHCCH$_3$（O）

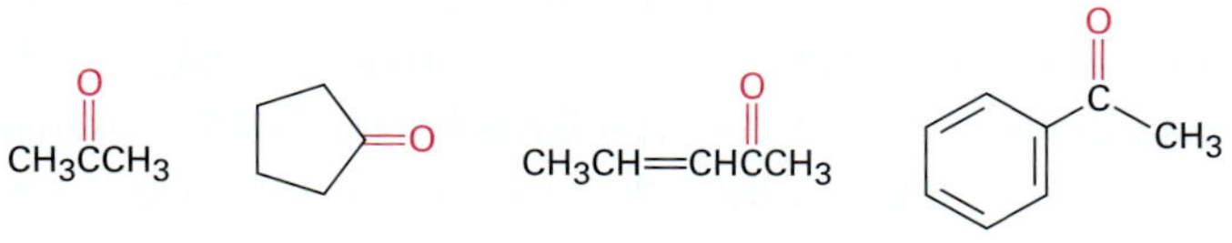

1715 cm^{-1}　　1750 cm^{-1}　　　　1685 cm^{-1}　　　　　1685 cm^{-1}

エステル　　非共役エステルの吸収は 1735 cm^{-1} に，芳香環や二重結合に共役したエステルの吸収は 1715 cm^{-1} にそれぞれ存在する．

エステル　　　CH$_3$COCH$_3$（O）　　CH$_3$CH=CHCOCH$_3$（O）

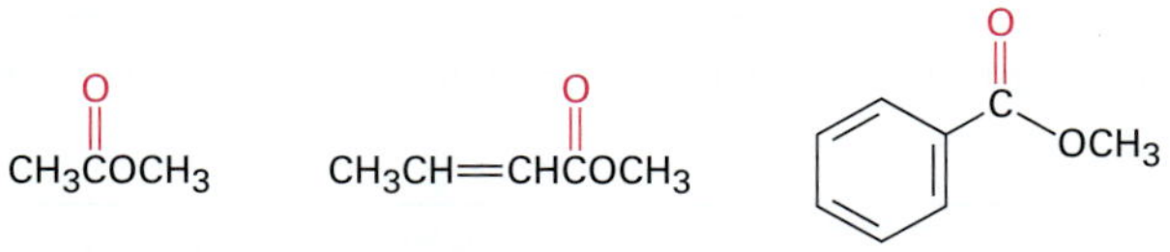

1735 cm^{-1}　　　　　1715 cm^{-1}　　　　　1715 cm^{-1}

例題 10・5　化合物の赤外吸収を予想する

次の化合物ではどこに赤外吸収が存在すると予想できるか．

（a）　　　CH$_2$OH　　（b）　　CH$_3$　O　　HC≡CCH$_2$CHCH$_2$COCH$_3$

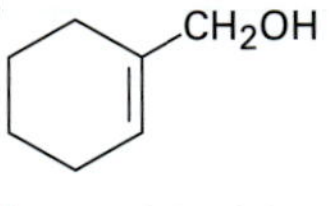

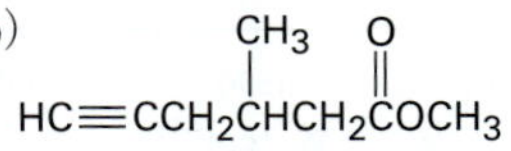

考え方　　それぞれの分子の官能基に着目し，表 10・1 を参照してその官能基がどこに吸収をもつかを確認せよ．
解　答　　（a）この分子には，アルコール O−H 基と C=C 二重結合が存在する．吸収帯：3400〜3650 cm^{-1}（O−H），3020〜3100 cm^{-1}（=C−H），1640〜1680 cm^{-1}（C=C）．
（b）この分子には，末端 C≡C 三重結合と非共役エステルカルボニル基が存在する．吸収帯：3300 cm^{-1}（≡C−H），2100〜2260 cm^{-1}（C≡C），1735 cm^{-1}（C=O）．

例題 10・6　赤外スペクトルから官能基を同定する

図 10・17 に未知化合物の赤外スペクトルを示す．この化合物にはどのような官能基が存在するか．

図 10・17 例題 10・6 の赤外スペクトル

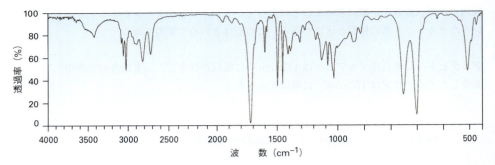

考え方 赤外スペクトルには常に多くの吸収が存在するが，通常，特定の官能基を同定するのに有用なのは 1500～3300 cm^{-1} の領域である．特にカルボニル領域（1670～1780 cm^{-1}），芳香族領域（1660～2000 cm^{-1}），三重結合領域（2000～2500 cm^{-1}），C–H 領域（2500～3500 cm^{-1}）に注目せよ．

解　答 このスペクトルには，1725 cm^{-1} にカルボニル基（おそらくはアルデヒド –CHO）由来の強い吸収が存在し，1800～2000 cm^{-1} の領域には芳香族化合物に特徴的な何本かの弱い吸収，およびやはり芳香族化合物に特徴的な 3030 cm^{-1} 付近の C–H 吸収が存在する．実際，この化合物はフェニルアセトアルデヒドである．

問題 10・9 図 10・18 にフェニルアセチレンの赤外スペクトルを示した．吸収帯を同定せよ．

図 10・18 問題 10・9 におけるフェニルアセチレンの赤外スペクトル

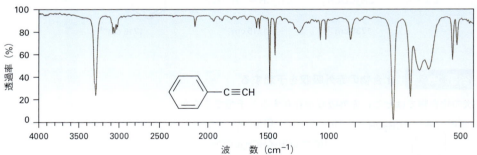

問題 10・10 次の化合物の赤外吸収帯を予想せよ．

(a)　　　　　　(b) HC≡CCH$_2$CH$_2$CHO　　　(c)

問題 10・11 次の化合物の赤外吸収帯を予想せよ．

10・9 紫外分光法

紫外（ultraviolet: **UV**）領域は，可視領域の短波長側（$4×10^{-7}$ m）からX線の長波長側である10^{-8} m までの範囲をもつが，有機化学において最も有用なのは$2×10^{-7}$ m から $4×10^{-7}$ m までの狭い領域である．この領域の吸収は通常ナノメートル単位で表す（$1\,\text{nm}=10^{-9}$ m）．すなわち有用な領域は 200〜400 nm の範囲である（図 10・19）．

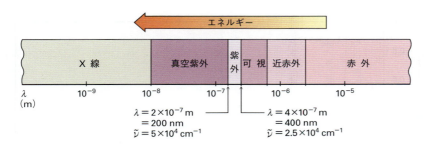

図 10・19 電磁波の紫外領域およびその隣接領域

前節では，分子に赤外線を照射すると吸収されるエネルギーが分子振動を増大させるのに必要なエネルギーに相当することを述べた．紫外線照射においては，共役分子の一つの軌道からエネルギー的に高い他の軌道に電子を励起させるために必要なエネルギーが吸収される．たとえば，図 8・12 でみたように，共役ジエンであるブタ-1,3-ジエンには 4 種類の π 分子軌道が存在する．エネルギー的に低い二つの結合性 MO は基底状態において被占軌道であり，エネルギー的に高い二つの反結合性 MO は空軌道である．

紫外線（$h\nu$）を照射すると，ブタ-1,3-ジエンはエネルギーを吸収し，π 電子が**最高被占軌道**（highest occupied molecular orbital: **HOMO**）から**最低空軌道**（lowest unoccupied molecular orbital: **LUMO**）へと励起される．電子が結合性の π 分子軌道から反結合性の π* 分子軌道へと励起されるので，これを π→π* 遷移とよぶ．ブタ-1,3-ジエンの HOMO と LUMO のエネルギー準位差に相当する 217 nm の紫外線照射によって，π→π* 遷移が起こる（図 10・20）．

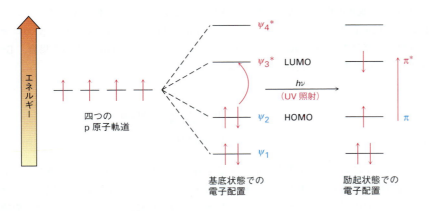

図 10・20 ブタ-1,3-ジエンに対する紫外線照射．照射によって，最高被占軌道（HOMO）である ψ_2 から最低空軌道（LUMO）である ψ_3^* への電子の遷移が起こる．

紫外スペクトルは，波長を連続的に変化させながら紫外線を試料に照射することによって測定される．入射光の波長が，電子をより高エネルギーの軌道に励起するために必要なエネルギーと一致したときに，エネルギーの吸収が起こる．この吸収を検知し各波長に対する吸光度 A をプロットしたものが紫外スペクトルである．

$$A = \log \frac{I_0}{I}$$

上式において I_0 は入射光の強度，I は試料を透過した光の強度を表す．紫外スペクトルと赤外スペクトルの表し方が異なることに注意せよ．歴史的な背景により，赤外スペクトルでは吸収のない0点をチャートの上側に置き，谷が光の吸収を表すのに対し，紫外スペクトルでは下側が0点であり，山が光の吸収を表す（図 10・21）．

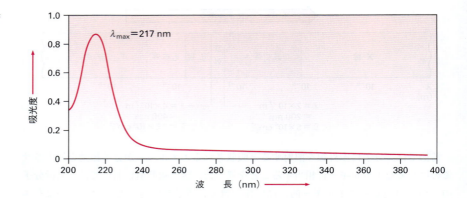

図 10・21 ブタ-1,3-ジエン（$\lambda_{max} =$ 217 nm）の紫外スペクトル

紫外線の吸収量は，次式から求められる試料の**モル吸光度**（molar absorptivity）ε で表される．

$$\varepsilon = \frac{A}{c \times l}$$

ここで A は吸光度，c は mol/L 単位での濃度，l は cm 単位での光路長である．

モル吸光度は物理定数であり，化合物（特に分子の π 電子系）に特有の値である．共役ジエンにおける典型的な値は，$\varepsilon = 10{,}000 \sim 25{,}000$ である．モル吸光度の単位は L/(mol·cm) であるが，通常，単位をつけないで記述することに注意せよ．

この数式の特に重要な用法は，$c = A/(\varepsilon \cdot l)$ と変形できることにあり，これによって A, ε, l が既知の場合に試料の濃度を求めることができる．一例をあげると，ニンジンの橙色の色素である β-カロテンは，$\varepsilon = 138{,}000$ L/(mol·cm) である．β-カロテン試料を光路長 1.0 cm の試料管に入れたときに UV 吸光度が 0.37 であった場合，β-カロテン試料の濃度は次式のようになる．

$$c = \frac{A}{\varepsilon l} = \frac{0.37}{\left(1.38 \times 10^5 \dfrac{\text{L}}{\text{mol·cm}}\right)(1.00 \text{ cm})}$$
$$= 2.7 \times 10^{-6} \text{ mol/L}$$

一つの分子にいくつもの吸収が存在する赤外スペクトルとは異なり，紫外スペクトルは通常単純であり，1本のピークしか観測されないことが多い．紫外吸収のピークは一般的に幅広であり，ピークの位置はピークの頂点の波長，すなわち，ピークの極大値 λ_{max}（ラムダマックス）で表す．

問題 10・12 波長 200〜400 nm の紫外スペクトルのエネルギー範囲を計算せよ．§10・6 で計算した赤外線照射のエネルギーと比較せよ．

10・10 紫外スペクトルの解釈：共役の効果　　321

問題 10・13 純粋なビタミン A の λ_{max} が 325 nm（$\varepsilon = 50,100$）であるとして，光路長 1.00 cm の試料管で測定した 325 nm での試料の吸光度が $A = 0.735$ であるとき，この試料中のビタミン A の濃度を答えよ．

10・10 紫外スペクトルの解釈：共役の効果

　共役分子の π → π* 遷移に必要な光の波長は，HOMO と LUMO のエネルギー差に依存し，これは共役系の性質と密接な関係にある．したがって構造未知物質の紫外スペクトルを測定することによって，分子内に存在する共役 π 電子系の性質に関する情報を得ることができる．

　分子の紫外吸収波長を左右する最も重要な因子の一つは，共役系の長さである．HOMO と LUMO のエネルギー差は，共役系の長さが長くなるにつれて小さくなることが分子軌道計算によって確かめられている．すなわち，ブタ-1,3-ジエンは $\lambda_{max} =$ 217 nm に，ヘキサ-1,3,5-トリエンは $\lambda_{max} = 258$ nm に，オクタ-1,3,5,7-テトラエンは $\lambda_{max} = 290$ nm にそれぞれ最大吸収が存在する．（波長が長いほどエネルギーは小さくなることを思い出すこと．）

　構造決定の手助けとなる特徴的な紫外吸収が，共役エノンや芳香環のような他の共役系においても存在する．いくつかの代表的な共役分子の紫外吸収極大波長 λ_{max} を表 10・2 にまとめて示す．

表 10・2　数種の共役分子の紫外吸収

化合物名	構　造	λ_{max}(nm)
2-メチルブタ-1,3-ジエン	CH_3 $H_2C=C-CH=CH_2$	220
シクロヘキサ-1,3-ジエン		256
ヘキサ-1,3,5-トリエン	$H_2C=CH-CH=CH-CH=CH_2$	258
オクタ-1,3,5,7-テトラエン	$H_2C=CH-CH=CH-CH=CH-CH=CH_2$	290
ブタ-3-エン-2-オン	$H_2C=CH-\overset{O}{\overset{\|}{C}}-CH_3$	219
ベンゼン		203

問題 10・14 次の化合物のうち 200〜400 nm の領域に紫外吸収が存在すると予想されるものはどれか．

(a)　(b)　(c) CN　(d)

(e) CH_3　(f) インドール　アスピリン

10・11 共役，色，視覚の化学

有機分子の種類によって，色があるものとないものがあるのはなぜだろうか．たとえば，ニンジンの色素であるβ-カロテンは橙色であるが，コレステロールは無色である．その答えは，色のついた分子の化学構造と，われわれが光を感受する仕組みにある．

電磁スペクトルのうち可視領域は約 400～800 nm の間で，紫外領域の隣に存在する．色のついた化合物では共役系が伸びており，紫外吸収が可視領域にまで及んでいる．たとえばβ-カロテンでは 11 個の二重結合が共役しており，λ_{max} = 455 nm に吸収をもつ（図 10・22）．

図 10・22　11 個の二重結合が共役したβ-カロテンの紫外スペクトル．吸収が可視領域にあるため，β-カロテンは深い橙色を呈する．

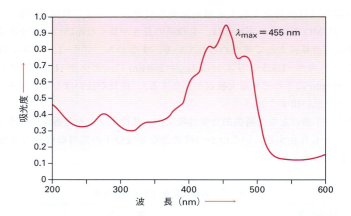

太陽や電灯の"白色光"は，可視領域のすべての波長からなる．白色光をβ-カロテンに照射すると，400～500 nm の青色領域の波長をもつ光が吸収され，その他の波長の光は吸収されないでわれわれの眼に届く．したがってわれわれは青色領域を除いた白色光を見ることになり，その結果β-カロテンは橙色に見えるのである．

有機化合物の色だけでなく，われわれの視覚をつかさどる光感受性分子においても共役系は重要である．視覚の鍵を握る物質は栄養素であるβ-カロテンで，これは肝臓の酵素によってビタミンAに変換された後 11-*trans*-レチナールに酸化され，さらに C11－C12 間の二重結合が異性化することによって 11-*cis*-レチナールとなる．

β-カロテン β-carotene

ビタミンA

11-*cis*-レチナール
11-*cis*-retinal

10・11 共役, 色, 視覚の化学　323

　ヒトの網膜には，桿体細胞と錐体細胞とよばれる2種類の光感受性細胞が主として存在する．桿体細胞は300万個ほど存在し，おもに明暗を感受する．一方，錐体細胞は1億個ほど存在し，明るい光や色を感受する．眼の桿体細胞において，11-*cis*-レチナールはタンパク質オプシン（opsin）と反応して，光感受性分子であるロドプシンとなる．光が桿体細胞に入射すると，C11−C12間の二重結合が異性化してメタロドプシンⅡとよばれる *trans*-ロドプシンとなる．このシス-トランス異性化は，光がない場合には1100年ほどかかってようやく起こるのに対し，光照射下では200フェムト秒，すなわち2×10^{-13}秒以内で起こる．ロドプシンの異性化によって分子の構造変化が起こり，これによりひき起こされる神経刺激が視神経を通って脳に伝達されることで，"ものが見える"のである．

　その後メタロドプシンⅡは，全 *trans*-レチナールのオプシンからの切断，シス−トランス異性化による11-*cis*-レチナールへの変換などの多段階の過程を経て，ロドプシンへと再生される．

まとめ

　フラスコ内で合成した小分子か，生体内の巨大タンパク質かにかかわらず，新しい分子の構造を解明することは化学と生化学の発展の中心である．通常，有機分子の構造は，質量分析，赤外分光法，紫外分光法などの分光法を用いて決定される．**質量分析**(MS)では分子量と分子式，**赤外**(IR)**分光法**では分子に存在する官能基，**紫外**(UV)**分光法**では分子に共役π電子系が存在するか否かの情報がそれぞれ得られる．

　小分子の質量分析においては，分子に高エネルギーの電子ビームを照射することでイオン化を行う．つづいてこのイオンがフラグメンテーションを起こし，各フラグメントが磁場によって質量/電荷比（*m/z*）ごとに分離される．イオン化した試料分子を**分子イオン** M^+ とよび，この質量が試料の分子量に相当する．分子イオンのフラグメンテーションパターンを解析することによって，未知試料の構造情報が得られる．しかし質量スペクトルのフラグメンテーションパターンは通常複雑で，解析が困難なことが多い．生体分子の質量分析では，エレクトロスプレーイオン化法(ESI)やマトリックス支援レーザー脱離イオン化法(MALDI)によって分子をプロトン化し，これを飛行時間法(TOF)により分離する．

　赤外分光法は，分子と**電磁波**との相互作用を利用して測定する．有機分子に赤外エネルギーを照射すると，特定の**振動数**の赤外線が吸収される．吸収される振動数をもつ赤外線のエネルギーは，結合の伸縮や変角などの特定の分子振動を増幅するために必要なエネルギーに相当する．それぞれの官能基は特徴的な結合の組合わせから成り立っているので，官能基はそれぞれに特徴的な赤外吸収をもつ．分子に吸収された赤外線の振動数および吸収されなかった振動数を調べることによって，分子に存在する官能基を決定することができる．

　紫外分光は共役したπ電子系のみに適用できる．共役分子に紫外線を照射すると，エネルギー吸収が起こりπ電子が**最高被占軌道**（HOMO）から**最低空軌道**（LUMO）へと励起される．共役系が長くなるに従って励起に必要なエネルギーは小さくなり，照射光の波長は長くなる．

重要な用語

親ピーク (parent peak)
基準ピーク (base peak)
吸収スペクトル (absorption spectrum)
最高被占軌道 (highest occupied molecular orbital: HOMO)
最低空軌道 (lowest unoccupied molecular orbital: LUMO)
紫外分光法 (ultraviolet spectroscopy, UV spectroscopy)
質量スペクトル (mass spectrum)
質量分析 (mass spectrometry: MS)
指紋領域 (fingerprint region)
振動数 (frequency) ν
振幅 (amplitude)
赤外分光法 (infrared spectroscopy, IR spectroscopy)
電磁スペクトル (electromagnetic spectrum)
波数 (wavenumber) $\tilde{\nu}$
波長 (wavelength) λ
ヘルツ (hertz) Hz

科学談話室

X線結晶構造解析

　本章と次章で紹介する分光学的手法は化学において非常に重要であり，どんな分子の構造も解明できるほどにまで改良されてきた．とはいえ，単純に分子を見て，目で"見える"形で構造がわかるとしたら素敵ではないだろうか．

　身のまわりのものの三次元構造を明らかにするのは簡単である．すなわち，ただ目で見て，物体から反射される光線に焦点を合わせ，目で見た情報を脳内で像として結べばよいのである．もし物体が小さければ，顕微鏡を用いて可視光でピントを合わせればよい．しかし，残念なことに，最も高性能な光学顕微鏡を用いたとしても目で見えるものには限界がある．**回折限界** (diffraction limit) とよぶが，観測に用いる光の波長よりも小さな物体は見ることができない．可視光の波長は数百ナノメートルであるが，分子を構成する原子の大きさは0.1 nm ほどである．それゆえ，フラスコ内で扱う小分子であろうと，分子量数万の複雑な巨大酵素であろうと，分子を"見る"には波長が 0.1 nm ほどの光線を使用する必要がある．すなわちX線である．

　酵素，あるいは他の生体分子の構造と形を同定してみることにしよう．用いる手法は **X線結晶構造解析** (X-ray crystallography) とよばれる．まず，目的の分子を結晶化し（全体の中で，結果的にこの段階が最も難しく時間のかかる作業であることが多い），最も長い軸が 0.4～0.5 nm である小さな結晶をグラスファイバーの端に固定する．次に，結晶の固定されたファイバーをX線回折装置 (X-ray diffractometer) とよばれる装置に取付ける．この装置は，放射線源，結晶を任意の向きに回転させられる試料台，検出器，そして，制御するコンピューターから構成されている．

　回折装置に結晶をセットした後，CuKα線とよばれる波長 0.154 nm のX線を照射する．X線が試料の酵素結晶に当たると，分子内の電子に作用して分散し，回折パターンが現れる．この回折パターンを解析して視覚化すると，白い背景上に浮かび上がるはっきりとした点群として像を得ることができる．

　回折パターンを処理して分子の三次元的情報を得るのは複雑な作業であるが，最終的に得られるのは電子密度図である．電子はおもに原子周辺に局在化しているため，結合距離分だけ離れている二つの電子密度の中心は，結合している二つの原子を表していると考えられる．この方法により，化学構造として認識可能な形ができ上がる．この構造情報は生化学的に非常に重要であり，オンラインデータベースとして94,000以上の生体物質の情報が保存されている．Protein Data Bank（PDB，プロテインデータバンク）は，ラトガース大学の運営と米国国立科学財団 (U. S. National Science Foundation) の資金提供のもと，生体高分子の三次元的構造の情報処理と配布を行っている全世界的リポジトリである．どのように PDB にアクセスしたらよいかは，19章の科学談話室でみることにしよう．

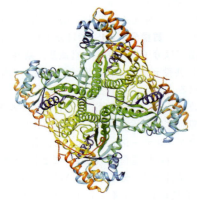

X線結晶構造解析によって決定された，ヒトの筋肉中のフルクトース-1,6-ビスリン酸アルドラーゼの構造．Protein Data Bank よりダウンロード．PDB ID: 1ALD
Gamblin, S.J., Davies, G.J., Grimes, J.M., Jackson, R.M., Littlechild, J.A., Watson, H.C., (1991) *J. Mol. Biol.* **219**: 573-576.

10. 構造決定：質量分析, 赤外分光法, 紫外分光法

演習問題

目で学ぶ化学

（問題 10・1～10・14 は本文中にある）

10・15 次の分子の質量スペクトルで予想されるフラグメントの構造を示せ.

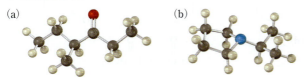

10・16 次の分子の赤外スペクトルで予想される吸収波長を答えよ.

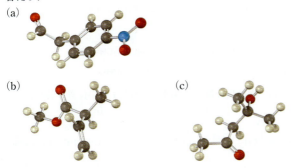

10・17 問題 10・15 と問題 10・16 の化合物のうち紫外吸収のあるものはどれか.

追加問題

質量分析

10・18 次のそれぞれの分子の質量分析データに一致する分子構造を書け.
(a) $M^+=132$ の炭化水素 　(b) $M^+=166$ の炭化水素
(c) $M^+=84$ の炭化水素

10・19 高分解能質量分析計で次の分子イオンが検出される化合物について，分子式を書け．ただし，存在する可能性のある原子は C, H, N, O, 各原子の正確な原子量は次のとおりである．1.00783(^{1}H), 12.00000(^{12}C), 14.00307(^{14}N), 15.99491(^{16}O).
(a) $M^+=98.0844$ 　(b) $M^+=123.0320$

10・20 アジアショウノウの木から得られる非共役モノケトンであるショウノウは，特に防虫剤や防腐剤液の成分として用いられる．高分解能質量分析よりショウノウの $M^+=152.1201$ である．ショウノウの分子式を求めよ.

10・21 質量分析における窒素則 (nitrogen rule) によれば，奇数個の窒素原子をもつ化合物の分子イオン M^+ は奇数であり，逆に偶数個の窒素原子をもつ分子イオン M^+ は偶数である．その理由を述べよ.

10・22 問題 10・21 で述べた窒素則に照らし合わせて，ピリジン ($M^+=79$) の分子式を答えよ.

10・23 ニコチンは乾燥させたタバコの葉から単離されたジアミノ化合物である．ニコチンは二つの環構造をもち，高分解能質量分析より $M^+=162.1157$ である．ニコチンの分子式を書け．また，二重結合がいくつ含まれているか計算せよ.

10・24 ホルモンの一種であるコルチゾンには C, H, O が含まれており，分子イオンは高解像度質量分析より $M^+=360.1937$ である．コルチゾンの分子式を書け（コルチゾンの不飽和度は 8 である).

10・25 塩素と臭素には天然存在比の高い 2 種類の同位体が存在するために，ハロゲン化された化合物は質量分析による同定が特に容易である．すなわち，塩素には ^{35}Cl が 75.8%, ^{37}Cl が 24.2% 存在し，臭素には ^{79}Br が 50.7%, ^{81}Br が 49.3% 存在する．次の分子では分子イオンピークはどことどこに観測されるか．それぞれの分子イオンの相対強度も答えよ.
(a) ブロモメタン CH_3Br 　(b) 1-クロロヘキサン $C_6H_{13}Cl$

10・26 次のデータに一致する化合物の構造を書け.
(a) $M^+=86$ のケトンで, $m/z=71$ と 43 にフラグメントピークがある.
(b) $M^+=88$ のアルコールで, $m/z=73, 70, 59$ にフラグメントピークがある.

10・27 下に 2-メチルペンタン C_6H_{14} の質量スペクトルを示す．どれが M^+ に相当するか．どれが基準ピークか．$m/z=71, 57, 43, 29$ のフラグメントイオンの構造を答えよ．なぜ基準

問題 10・27 スペクトル図

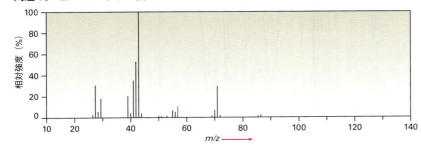

ピークが観測されたピークになるのか，その理由も答えよ．

10・28 フラスコ内でシクロヘキセンからシクロヘキサンへの接触水素化を行ったとする．反応がいつ終わったかを質量分析を使ってどのように判断することができるか．

10・29 次の化合物の質量スペクトルのフラグメントを予想せよ．

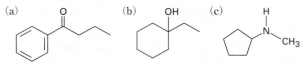

赤外分光法

10・30 ブタ-1-イン，ブタ-1,3-ジエン，ブタ-2-インの三つの異性体を赤外分光法で見分けるためにはどうすればよいか．

10・31 (R)-2-ブロモブタンと (S)-2-ブロモブタンのような二つのエナンチオマーの赤外スペクトルは同一か異なるか．理由とともに答えよ．

10・32 meso-2,3-ジブロモブタンと (2R,3R)-ジブロモブタンの赤外スペクトルは同一か異なるか．理由とともに答えよ．

10・33 次の記述に一致する化合物の構造を示せ．
(a) 分子式 C_5H_8 で 3300 と 2150 cm^{-1} に赤外吸収をもつ化合物
(b) 分子式 C_4H_8O で 3400 cm^{-1} に強い赤外吸収をもつ化合物
(c) 分子式 C_4H_8O で 1715 cm^{-1} に強い赤外吸収をもつ化合物
(d) 分子式 C_8H_{10} で 1600 と 1500 cm^{-1} に赤外吸収をもつ化合物

10・34 赤外分光法により次の異性体を区別する方法を示せ．
(a) HC≡CCH$_2$NH$_2$ と CH$_3$CH$_2$C≡N
(b) CH$_3$COCH$_3$ と CH$_3$CH$_2$CHO

10・35 下にシクロヘキサンとシクロヘキセンの赤外スペクトルを示す．どちらがどちらの化合物に対応するか．答えに至った経緯も示せ．

10・36 次の化合物の赤外吸収のおおよその位置を答えよ．
(a) C$_6$H$_5$-CO$_2$H (b) C$_6$H$_5$-CO$_2$CH$_3$ (c) HO-C$_6$H$_4$-CN
(d) シクロヘキセノン (e) CH$_3$CCH$_2$CH$_2$COCH$_3$ (ジケトン)

10・37 次のそれぞれの構造異性体を赤外分光法を用いて区別する方法を示せ．
(a) CH$_3$C≡CCH$_3$ と CH$_3$CH$_2$C≡CH
(b) CH$_3$COCH=CHCH$_3$ と CH$_3$COCH$_2$CH=CH$_2$
(c) H$_2$C=CHOCH$_3$ と CH$_3$CH$_2$CHO

10・38 次の化合物の赤外吸収のおおよその位置を答えよ．
(a) CH$_3$CH$_2$COCH$_3$ (b) CH$_3$CHCH$_2$C≡CH (CH$_3$ 置換) (c) CH$_3$CHCH$_2$CH=CH$_2$ (CH$_3$ 置換)
(d) CH$_3$CH$_2$CH$_2$COOCH$_3$ (e) C$_6$H$_5$COCH$_3$ (f) HO-C$_6$H$_4$-CHO

問題 10・35 スペクトル図

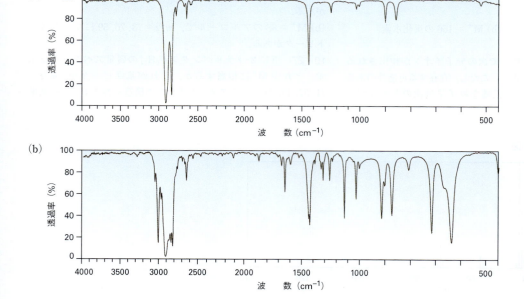

10・39 1-メチルシクロヘキサノールを脱水して 1-メチルシクロヘキセンを合成する反応を行っているとして，反応がいつ終わったかを赤外分光法を用いて判断する方法を示せ．

10・40 3-ブロモ-3-メチルペンタンを基質として脱離反応を行い，アルケンを合成するものとする．可能性のある2種類の脱離生成物 3-メチルペンタ-2-エンと 2-エチルブタ-1-エンのうちどちらの化合物が生成したかを赤外分光法を用いて識別する方法を示せ．

10・41 エステルの C=O 結合（1735 cm^{-1}）と非共役ケトンの C=O 結合（1715 cm^{-1}）では，どちらの結合が強いか，説明せよ．

紫外分光法

10・42 アレン H$_2$C=C=CH$_2$ には 200～400 nm の領域に紫外吸収が存在するか，説明せよ．

10・43 次の化合物のうち，200～400 nm の領域に π → π* 紫外吸収が存在すると考えられるものを答えよ．

(a) [シクロペンテン=CH$_2$]   (b) [ピリジン]   (c) (CH$_3$)$_2$C=C=O ケテン

10・44 次の紫外吸収極大が観測された．
- ブタ-1,3-ジエン　　217 nm
- 2-メチルブタ-1,3-ジエン　　220 nm
- ペンタ-1,3-ジエン　　223 nm
- 2,3-ジメチルブタ-1,3-ジエン　　226 nm
- ヘキサ-2,4-ジエン　　227 nm
- 2,4-ジメチルペンタ-1,3-ジエン　　232 nm
- 2,5-ジメチルヘキサ-2,4-ジエン　　240 nm

紫外吸収極大に対するアルキル置換基の影響はどのように考えられるか．アルキル置換基一つにつき，おおよそどのくらいの効果があるか．

10・45 ヘキサ-1,3,5-トリエンは $\lambda_{max} = 258$ nm をもつ．問題 10・44 の答えをふまえて，2,3-ジメチルヘキサ-1,3,5-トリエンの紫外吸収極大波長を推定し，答えを説明せよ．

10・46 ビタミンDの前駆体であるエルゴステロールは，$\lambda_{max} = 282$ nm，モル吸光度 $\varepsilon = 11{,}900$ をもつ．光路長 $l = 1.00$ cm で測定した吸光度が $A = 0.065$ であったとき，この溶液のエルゴステロールの濃度を求めよ．

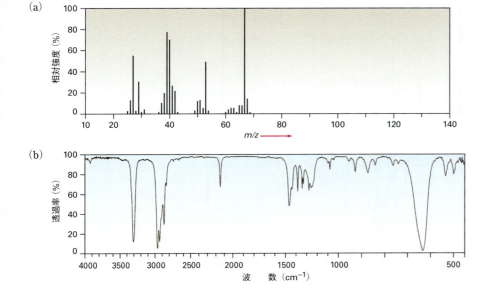

エルゴステロール ergosterol
C$_{28}$H$_{44}$O

総合問題

10・47 カルボン（carvone）は，スペアミントの香りのもととなるケトンであり，炭素-炭素不飽和結合をもつ．カルボンは，質量スペクトルで M$^+$ = 150 のピークを示し，一つの環構造と三つの二重結合をもっている．その分子式を答えよ．

10・48 カルボン（問題 10・47）は 1690 cm^{-1} に強い赤外吸収をもつ．カルボン中のケトンはどのような構造として存在するか．

10・49 下に未知の炭化水素の質量スペクトル(a)と赤外スペ

問題 10・49　スペクトル図

(a) [質量スペクトル図]

(b) [赤外スペクトル図]

328　10. 構造決定：質量分析, 赤外分光法, 紫外分光法

クトル(b) を示した. この化合物の構造として考えられるものをすべて記せ.

10・50 問題 10・49 とは別の未知の炭化水素の質量スペクトル(a) と赤外スペクトル(b) を下に示した. この化合物の構造として考えられるものをすべて記せ.

10・51 次の記述に一致する化合物の構造を示せ.
(a) 分子式 $C_5H_{10}O$ の光学活性化合物で，1730 cm^{-1} に赤外吸収をもつ化合物.
(b) 分子式 C_5H_9N の光学的に不活性な化合物で，2215 cm^{-1} に赤外吸収をもつ化合物.

10・52 4-メチルペンタン-2-オンと 3-メチルペンタナールは異性体である. 質量分析法と赤外分光法でこれらを見分ける方法を説明せよ.

4-メチルペンタン-2-オン　　3-メチルペンタナール

10・53 Grignard 反応剤（グリニャール）とよばれる有機マグネシウムハロゲン化物（R－Mg－X）とケトンの反応は，一般性の高いきわめて有用な反応である. たとえば臭化メチルマグネシウムはシクロヘキサノンと反応して，分子式 $C_7H_{14}O$ の生成物を生じる. この化合物は 3400 cm^{-1} に赤外吸収を示す. この化合物の構造を答えよ.

シクロヘキサノン　1. CH_3MgBr　2. H_3O^+　?

10・54 核酸の構成成分であるシトシンのモル吸光係数が 6.1 $\times 10^3$ L/(mol·cm)，光路長 1.0 cm の試料管における吸光度が 0.20 であるとき，濃度を求めよ.

10・55 β-オシメンは，芳香のある炭化水素であり，ある種のハーブの葉に含まれている. 分子式は $C_{10}H_{16}$ であり，紫外吸収は 232 nm で極大である. パラジウム触媒を用いた水素化反応によって，2,6-ジメチルオクタンが得られる. β-オシメンをオゾン分解した後に亜鉛と酢酸で処理すると，次の四つの物質を生じる.

CH_3CCH_3 アセトン　　HCH ホルムアルデヒド
CH_3C-CH ピルブアルデヒド　　$HCCH_2CH$ マロンアルデヒド

(a) β-オシメンにはいくつの二重結合が含まれるか.
(b) β-オシメンは共役系をもつか.
(c) β-オシメンの構造を書け.
(d) 出発物と生成物を示してこれらの反応を書け.

10・56 ミルセン $C_{10}H_{16}$ は，月桂樹の葉の精油に含まれる物質であり，β-オシメン（問題 10・55）の異性体である. 226 nm に紫外吸収をもち，触媒的水素化によって 2,6-ジメチルオクタンが得られる. オゾン分解と亜鉛/酢酸処理により，ホルムアルデヒド，アセトン，2-オキソペンタンジアールを与える.

$HCCH_2CH_2C-CH$　2-オキソペンタンジアール

問題 10・50　スペクトル図

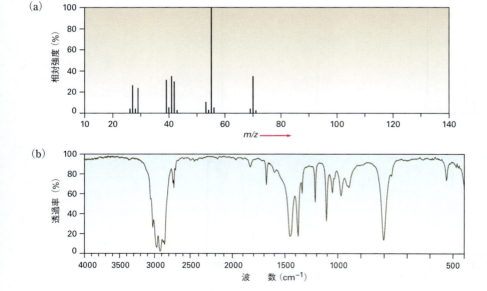

考えられるミルセンの構造を書け．また，出発物と生成物を示して反応を書け．

10・57 ベンゼンは $\lambda_{max} = 204\ nm$，p-トルイジンは $\lambda_{max} = 235\ nm$ にそれぞれ紫外吸収をもつ．この差はどのように説明できるか．

ベンゼン
($\lambda_{max} = 204\ nm$)

H_3C —⟨ ⟩— NH_2 p-トルイジン
($\lambda_{max} = 235\ nm$)

10・58 ケトンに水素化ホウ素ナトリウム $NaBH_4$ を反応させると還元反応が進行する．ブタン-2-オンを $NaBH_4$ で還元して生じる生成物は，$3400\ cm^{-1}$ に赤外吸収をもち，質量分析で $M^+ = 74$ のピークを与える．生成物の構造を示せ．

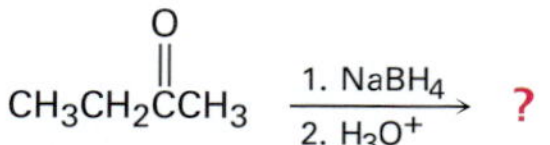

$$CH_3CH_2\overset{\displaystyle O}{\overset{\|}{C}}CH_3 \xrightarrow[\text{2. } H_3O^+]{\text{1. } NaBH_4} \ ?$$
ブタン-2-オン

10・59 ニトリル $R-C\equiv N$ を酸水溶液で加熱すると加水分解が進行する．プロパンニトリル $CH_2CH_2C\equiv N$ の加水分解で生成する化合物は $2500\sim3100\ cm^{-1}$ と $1710\ cm^{-1}$ に赤外吸収をもち，$M^+ = 74$ である．生成物の構造を示せ．

10・60 エナミン (enamine, alk*ene* + *amine*) $C=C-N$ は $\lambda_{max} = 230\ nm$ 付近に特徴的な紫外吸収をもち，アルケンの二重結合よりも格段に求核性が高い．窒素原子が sp^2 混成をとっていると仮定し，この特徴的な紫外吸収と求核性の高さを説明せよ．

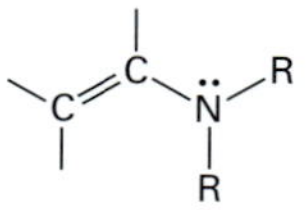

エナミン

構造決定: 核磁気共鳴分光法

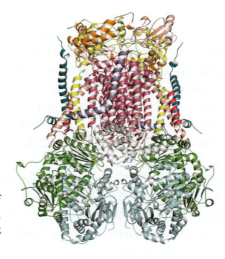

ユビキチン－シトクロム c 還元酵素は，Q サイクルとよばれる生体内のエネルギー産出に欠かせない酸化還元経路を触媒する

- 11・1 核磁気共鳴分光法
- 11・2 NMR 吸収の性質
- 11・3 化学シフト
- 11・4 ^{13}C NMR 分光法: シグナルの平均化と FT-NMR
- 11・5 ^{13}C NMR 分光法の特徴
- 11・6 DEPT ^{13}C NMR 分光法
- 11・7 ^{13}C NMR 分光法の利用
- 11・8 ^{1}H NMR 分光法とプロトンの等価性
- 11・9 ^{1}H NMR 分光法の化学シフト
- 11・10 ^{1}H NMR 吸収の積分: プロトン数
- 11・11 ^{1}H NMR スペクトルにおけるスピン-スピン分裂
- 11・12 より複雑なスピン-スピン分裂パターン
- 11・13 ^{1}H NMR 分光法の利用

本章の目的　NMR は構造決定のためのきわめて優れた分光法である．本章では小分子を対象とした NMR の活用に焦点を絞って概略だけを述べるが，生化学の分野でもタンパク質の構造や折りたたみに関する研究において，より高度な NMR 分光法が用いられている．

核磁気共鳴分光法（nuclear magnetic resonance spectroscopy, NMR 分光法）は有機化学者が利用できる最も有用な分光法であり，分子の構造決定を行う際に最初に頼る手段である．

10 章では質量分析が分子式に関する情報を，赤外分光法が分子の官能基に関する情報を，そして紫外分光法が分子の共役 π 電子系に関する情報を与えることについて述べた．核磁気共鳴分光法は分子の炭素－水素骨格を解読することにより，これらの方法を補完する．質量分析（MS），赤外（IR）分光法，紫外（UV）分光法，そして核磁気共鳴（NMR）分光法の四つの分光法を併用することで，非常に複雑な構造をもつ分子であってもその構造を明らかにすることが可能となる．

質量分析	分子量と分子式に関する情報
赤外分光法	官能基に関する情報
紫外分光法	共役 π 電子系の広がりに関する情報
NMR 分光法	炭素－水素骨格に関する情報

11・1 核磁気共鳴分光法

多くの原子核は，地球が毎日自転しているのと同じように，軸のまわりを回転しているかのように振舞う．原子核は正に荷電しているので，自転している核は小さな棒

11. 構造決定：核磁気共鳴分光法

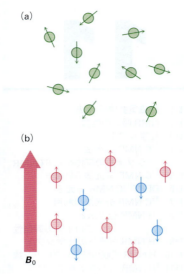

図 11・1 核スピンの状態．(a) 外部磁場が存在しない場合には核スピンはランダムに配向する．(b) しかし，外部磁場 B_0 が存在すると特定の配向をとる．赤で示すスピンは外部磁場に対して同じ向きに，青で示すスピンは反対向きに配向している．同じ向きのスピン状態の方がエネルギー的に少し安定で，そのため多く存在している．

磁石のような挙動を示し，外部磁場 B_0 と相互作用する．すべての核がこのような挙動を示すわけではないが，有機化学者にとって幸運なことにプロトン ^1H と ^{13}C 核はスピンをもっている．（NMRにおいては，**プロトン**という用語と**水素**という用語が同じ意味で用いられることが多い．なぜならば，水素の原子核がまさにプロトンだからである．）それでは，核スピンをもつことでどのようなことが起こるのか，そしてその結果をどのように利用できるかについてみてみよう．

外部磁場がない場合には，磁性核のスピンはランダムな方向を向いている．しかし，これらの核を含む試料が強い磁石の両極の間に置かれると，コンパスの針が地球磁場の影響を受けて方角を指し示すのと同じように，核は一定の方向を向く．自転している ^1H 核あるいは ^{13}C 核はそれ自身の小さな磁場が外部磁場と同じ（平行配向）か逆（逆平行配向）の方向を向くように並ぶ．この二つの配向は同じエネルギーをもつわけではなく，したがって存在する割合も同じではない．同じ向きに配向しているスピン状態のものの方がわずかにエネルギーが低いため，反対向きの配向をもつものよりもわずかに多く存在する（図 11・1）．これらのエネルギー差は外部磁場の強さに依存する．

このように配向した核に適切な周波数の電磁波を照射すると，エネルギー吸収が起こり低エネルギー状態から高エネルギー状態へと "スピン反転" を起こす．このスピン反転が起こるとき，磁性核は照射波の周波数と共鳴していると表現される．このため**核磁気共鳴**（nuclear magnetic resonance: **NMR**）とよばれている．

共鳴に必要な正確な周波数は外部磁場の強さと核の種類に依存する．非常に強い外部磁場をかけた場合，二つのスピン状態の間のエネルギー差は大きくなる．そのためスピン反転を起こすためにはより高い周波数（高いエネルギー）の照射が必要となる．弱い磁場をかけた場合には，二つのスピン状態の間の遷移を起こすために必要なエネルギーは小さくなる（図 11・2）．

実際には，最高 23.5 テスラ（T）ものきわめて強力な磁場を生み出す超伝導磁石が使われることもあるが，7.0〜11.7 T の強さの磁場がより一般的である．7.0 T の磁場を用いた場合，^1H 核を共鳴させるのに 300 MHz（メガヘルツ，1 MHz = 10^6 Hz）程度，^{13}C 核を共鳴させるのには 75 MHz 程度のいわゆるラジオ波の周波数（radiofrequency: rf）領域のエネルギーが必要となる．現在使うことのできる最も強い磁場

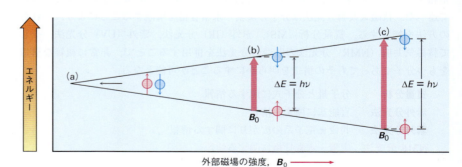

図 11・2 核スピン状態間のエネルギー．二つの核スピン状態間のエネルギー差 ΔE は外部磁場の強さに依存する．振動数 ν のエネルギーを吸収することで核は低スピン状態から高スピン状態へと変化する．(a) 外部磁場が存在しない場合，二つのスピン状態は同じエネルギーをもつ．(b) 外部磁場をかけると二つのスピン状態は異なるエネルギーをもつ．振動数 ν = 300 MHz で $\Delta E = 1.2 \times 10^{-4}$ kJ/mol（2.9×10^{-5} kcal/mol）．(c) 外部磁場が大きくなるとスピン状態間のエネルギー差も大きくなる．ν = 500 MHz で $\Delta E = 2.0 \times 10^{-4}$ kJ/mol．

（23.5 T）のときには ^{1}H 核に対して 1000 MHz（1.0 GHz）のエネルギーが必要となる. NMR に必要なこれらのエネルギーは赤外分光法に必要なエネルギーよりもはるかに小さい. 300 MHz の rf エネルギーが相当するのはわずか 1.2×10^{-4} kJ/mol であるのに対して，赤外分光法では $4.8 \sim 48$ kJ/mol ものエネルギーを必要とする.

　核磁気共鳴の現象を示すのは ^{1}H 核と ^{13}C 核だけではない. 奇数個の陽子をもつすべての核（たとえば ^{1}H, ^{2}H, ^{14}N, ^{19}F, ^{31}P など）および奇数個の中性子をもつすべての核（たとえば ^{13}C）は磁気的な性質を示す. 陽子と中性子の両方ともが偶数個の核（^{12}C, ^{16}O, ^{32}S など）は磁気的な現象を示さない（表 11・1）.

表 11・1　一般的な核の NMR の挙動

磁性核[1]		非磁性核[2]
^{1}H	^{14}N	^{12}C
^{13}C	^{19}F	^{16}O
^{2}H	^{31}P	^{32}S

[1] NMR が観測される.
[2] NMR は観測されない.

問題 11・1　核のスピン反転を起こすのに必要なエネルギーは，外部磁場の強さと核の種類に依存する. 4.7 T の強さの磁場では ^{1}H 核を共鳴させるのに 200 MHz の rf エネルギーが必要であるのに対して，^{19}F 核を共鳴させる場合には 187 MHz のエネルギーで十分である. ^{19}F 核をスピン反転させるのに必要なエネルギー値を計算せよ. また，その値は ^{1}H 核をスピン反転させるのに必要なエネルギーよりも大きいか，あるいは小さいか.

問題 11・2　測定周波数 300 MHz の分光計において，^{1}H 核のスピン反転を起こすのに必要なエネルギー値を計算せよ. 分光計の周波数を 200 MHz から 300 MHz へと増加させる場合，共鳴に必要なエネルギーは大きくなるか，小さくなるか.

11・2　NMR 吸収の性質

　ここまで述べてきたことから，分子中のすべての ^{1}H 核あるいは ^{13}C 核が同じ周波数のエネルギーを吸収すると予想するかもしれない. もしそのとおりならば，ある分子の ^{1}H スペクトルや ^{13}C スペクトルではただ 1 本の NMR 吸収線が観測されるだけとなり，分子の炭素ー水素骨格の構造を決めるのにはほとんど役に立たないだろう. 実際には吸収周波数はすべての ^{1}H 核あるいは ^{13}C 核で同じということはない.

　分子中のすべての核は電子に囲まれている. 分子に対して外部磁場をかけると，核の周囲を運動している電子はそれ自身の小さな局所磁場をつくり出す. この局所磁場は外部磁場に対して反対向きに作用し，その結果，核の受ける有効磁場は外部磁場よりも少しだけ小さくなる.

$$B_{\text{有効}} = B_{\text{外部}} - B_{\text{局所}}$$

　局所磁場の効果について述べる場合，核が周囲の電子によって外部磁場の影響から**遮蔽**（shielding）されているという表現を使う. 分子中の核はそれぞれ少しずつ異なった電子的環境にあるので，遮蔽の度合もそれぞれの核で少しずつ異なる. その結果，それぞれの核の受ける有効磁場もまた少しずつ異なってくる. 個々の核の受ける有効磁場の微細な差を検出することで，分子中の化学的に異なる ^{13}C 核や ^{1}H 核に対応して，それぞれ異なった NMR シグナルが観測されることになる. その結果，NMR スペクトルから有機化合物の炭素ー水素骨格に関する情報が得られる. 練習を積み重ねることで，NMR スペクトルから分子の構造情報を導き出せるようになる.

　図 11・3 には酢酸メチル $CH_3CO_2CH_3$ の ^{1}H と ^{13}C の NMR スペクトルを示してある. 横軸は核の受ける有効磁場の強さ，縦軸は rf エネルギーの吸収強度を示している. NMR スペクトル中のそれぞれのピークは酢酸メチル分子中の化学的に異なる ^{1}H

注意: IR スペクトルでは吸収が0の線が上に表示される(§10・5参照)のに対し, NMR スペクトルでは下に表示される.

核や ^{13}C 核に対応している. 異なる種類の核のスピン反転を起こすのに必要なエネルギーは核の種類ごとに異なるので, ^{1}H スペクトルと ^{13}C スペクトルを同時に観測することはできないことに注意せよ. 二つのスペクトルは別々に測定する必要がある.

図 11・3(b) の酢酸メチルの ^{13}C NMR スペクトルは3本のピークを示しており, それぞれのピークは酢酸メチルの中の三つの化学的に異なる炭素原子に相当する. しかし一方で, 酢酸メチルは六つの水素原子をもっているにもかかわらず, 図 11・3(a) の ^{1}H NMR スペクトルでは2本のピークしか観測されない. 一つのピークは CH$_3$C=O の水素原子に由来し, もう1本のピークは −OCH$_3$ の水素原子に由来するものである. それぞれのメチル基の三つの水素原子は化学的にも電子的にも同じ環境にあるので, 同じ程度に遮蔽されており, **等価**(equivalent)であると表現される. 化学的に等価な核は常にただ1本の吸収を示す. しかし, 二つのメチル基同士は等価ではないので, 二つのメチル基の水素原子は異なる位置に吸収を示す.

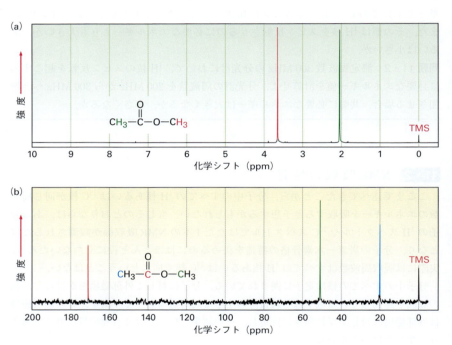

図 11・3 酢酸メチル CH$_3$CO$_2$CH$_3$ の ^{1}H NMR スペクトル(a) と ^{13}C NMR スペクトル(b). 各スペクトルの右端に"TMS"と書かれた小さなピークは§11・3で説明する基準ピークである.

NMR 分光計の模式図を図 11・4 に示す. 有機化合物試料を適当な溶媒(通常は重水素化クロロホルム CDCl$_3$ を用いる. CDCl$_3$ は水素原子をもたない)に溶かし, 細長いガラス管に入れて磁石の両極の間に置く. 強い磁場により分子中の ^{1}H 核および ^{13}C 核は可能な二つの配向のうちの一方をとる. そして, 試料に rf エネルギーを照射する. ラジオ波照射の周波数を一定に保ち, 外部磁場の強度を変化させると, それぞれの核は少しずつ異なった磁場強度で共鳴を起こす. 感度のよい検出器で rf エネルギーの吸収を検出し, その電気信号を増幅することでモニター画面上にピークが表示される.

NMR 分光法を赤外分光法(§10・6〜10・8参照)と比較した場合, 両者はタイムスケールの点で異なっている. 赤外線エネルギーの吸収は分子の振動の振幅の変化をひき起こすもので, 瞬間的に起こる(約 10^{-13} 秒). 一方で, NMR の場合にはずっと長い時間を要する(約 10^{-3} 秒). NMR 分光法と赤外分光法におけるこのようなタイ

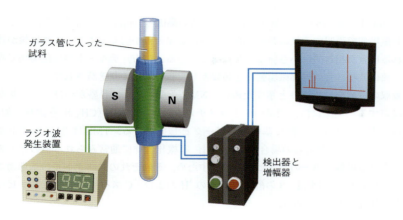

図 11・4 **NMR 分光計の模式図**. 試料溶液を入れた細いガラス管を強い磁石の両極の間に置き, rf エネルギーを照射する.

ムスケールの違いは, ちょうどシャッター速度の非常に速いカメラと非常に遅いカメラの違いに似ている. シャッター速度の速いカメラ (IR) は瞬間的な画像をとり, 動きを"固定する". 二つのすばやく相互変換する化学種が存在する場合, 赤外分光法では二つの化学種両方のスペクトルが得られる. しかし, シャッター速度の遅いカメラ (NMR) では, ぼけた"時間平均化"された画像が得られる. 試料中に 1 秒当たり 10^3 回以上の速度で相互変換する二つの化学種が存在する場合には, NMR では異なる二つの化学種それぞれ別々のスペクトルではなく, 平均化された単一のスペクトルだけが得られる.

この"ぼける"という効果のおかげで, NMR 分光法は非常に速い過程の速度や活性化エネルギーを測定するのに用いることができる. たとえば, シクロヘキサンは室温では非常に速く環反転 (§4・6 参照) を起こすため, アキシアル水素とエクアトリアル水素は NMR では区別することができない. そのため, 25 ℃ ではシクロヘキサンの ^1H NMR ではただ 1 本の吸収が観測されるのみである. しかし, −90 ℃ では環反転が十分に遅くなるため, 2 本の吸収が観測される. 1 本は 6 個のアキシアル水素に相当する吸収であり, もう 1 本は 6 個のエクアトリアル水素に相当する吸収である. シグナルのぼけ始める (すなわち非常に幅の広いピークが観測されるようになる) 温度と速度を知ることで, シクロヘキサンの環反転の活性化エネルギーは 45 kJ/mol (10.8 kcal/mol) と計算することができる.

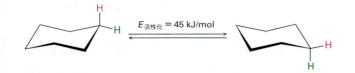

^1H NMR　25 ℃ では 1 本のピーク
　　　　−90 ℃ では 2 本のピーク

問題 11・3　2-クロロプロペンの ^1H NMR スペクトルは 3 種類のプロトンに相当するシグナルを与える. その理由を説明せよ.

11・3 化学シフト

NMR スペクトルは左から右に向かって増加する外部磁場強度を示したチャート上に表示される (図 11・5). そのため, チャートの左側が外部磁場の弱い**低磁場**

(downfield) 側であり，右側が外部磁場の強い**高磁場**（upfield）側である．チャートの低磁場側で吸収する核は共鳴に必要な外部磁場強度が弱くてよく，これは核が遮蔽される度合が相対的に小さいことを意味している．一方，チャートの高磁場側で吸収する核は共鳴に強い外部磁場強度を必要とし，相対的により遮蔽されている．

吸収の位置をはっきりと示すために，NMRチャートには目盛がつけられ，基準点を設定する．実際には，微量のテトラメチルシラン（TMS）（CH$_3$)$_4$Siを試料に加え，スペクトルを表示する際に基準吸収ピークとして用いる．TMSは^{1}Hスペクトルと^{13}Cスペクトルのどちらの場合においても，有機化合物に通常みられる他のどの吸収よりも高磁場側に単一の吸収ピークを示すため，それぞれのスペクトルの基準物質として用いられる．図11・3の酢酸メチルの^{1}Hおよび^{13}Cスペクトルには基準ピークであるTMSを示してある．

テトラメチルシラン
tetramethylsilane: TMS

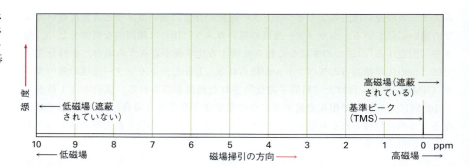

図11・5 **NMRチャート**．遮蔽されていない低磁場側は左側，遮蔽されている高磁場は右側である．テトラメチルシラン（TMS）の吸収が基準点として用いられている．

チャート上である核が吸収を示す位置を**化学シフト**（chemical shift）とよぶ．TMSの化学シフトを0と設定すると，他の吸収は通常これよりも低磁場側，すなわちチャートの左側に現れる．NMRチャートには**δ値**（δ scale）とよばれる目盛が用いられる．1δは分光計の測定周波数の100万分の1（1 ppm）に相当する．たとえば，200 MHzの装置を用いて試料の^{1}H NMRスペクトルを測定した場合には1δ（ppm）は200,000,000 Hzの100万分の1，すなわち200 Hzとなる．500 MHzの装置を用いて測定した場合には1δ（ppm）は500 Hzとなる．あらゆる吸収に対して次の式が適用される．

$$\delta\,(\text{ppm}) = \frac{\text{観測された化学シフト（TMSから低磁場側へのシフト，Hz）}}{\text{分光計の周波数（MHz）}}$$

このようなNMRチャートの目盛は複雑に見えるかもしれないが，この方法を用いるのには十分な理由がある．これまで述べてきたように，ある核が共鳴を起こすのに必要なラジオ波の周波数は分光計の磁場強度に依存する．多くの異なる磁場強度が適用可能な多種多様な分光計が存在するため，周波数単位ヘルツ（Hz）で表される化学シフトは使用する装置ごとに異なる．そのため，ある分光計を用いたときにTMSから120 Hz低磁場で起こる共鳴が，もっと強い磁石をもつ別の分光計を用いたときにはTMSから600 Hz低磁場で起こる可能性がある．

NMRの吸収を絶対値（Hz）ではなく相対値（ppm，分光計の周波数に対して100万分の1）で表す目盛を用いることで，異なる分光計を用いて得られたスペクトルを比較することが可能となる．δ値で表されるNMR吸収の化学シフトは分光計の測定周波数によらず一定である．200 MHzの装置で2.0 ppmで吸収を示す^{1}H核は，500

11・4 ^{13}CNMR 分光法: シグナルの平均化と FT-NMR　337

MHz の装置でも 2.0 ppm に吸収を示す.

　ほとんどの NMR 吸収はきわめて狭い範囲で起こる. ほとんどすべての ^{1}H NMR の吸収は TMS のプロトンの吸収から 0〜10 ppm 低磁場で起こる. また, ほとんどすべての ^{13}C NMR の吸収は TMS の炭素の吸収から 1〜220 ppm 低磁場で起こる. したがって, 非等価なシグナルが偶然重なるということが起こりうる. 磁場強度の高い装置 (たとえば 500 MHz) を使うことの利点は, 磁場強度の低い装置 (200 MHz) の場合と比べて磁場強度の高い方が, 異なる NMR 吸収がより大きく分離することである. その結果, 二つの異なるシグナルが偶然重なる可能性も小さくなり, スペクトルの解釈が容易になる. たとえば, 200 MHz の装置では 20 Hz (すなわち 0.1 ppm) しか離れていない二つのシグナルは, 500 Hz の装置では 50 Hz (やはり 0.1 ppm) 離れていることになる.

問題 11・4　次に示す ^{1}H NMR ピークは 200 MHz の分光計を用いて測定した. それぞれを δ 値 (ppm) へと変換せよ.

(a) CHCl$_3$　1454 Hz　　　(b) CH$_3$Cl　610 Hz　　　(c) CH$_3$OH　693 Hz

(d) CH$_2$Cl$_2$　1060 Hz

問題 11・5　アセトン CH$_3$COCH$_3$ の ^{1}H NMR スペクトルを 200 MHz の装置で測定すると, 2.1 ppm に 1 本の鋭い共鳴線が観測される.

(a) アセトンの吸収は TMS から何 Hz 低磁場に相当するか.

(b) アセトンの ^{1}H NMR スペクトルを 500 MHz で測定した場合, 吸収の位置は δ 値 (ppm) でいくつになるか.

(c) (b) で求めた 500 MHz での共鳴は TMS から何 Hz 低磁場に相当するか.

11・4　^{13}C NMR 分光法: シグナルの平均化と FT-NMR

　NMR 分光法についてここまで述べてきたことはすべて ^{1}H スペクトルと ^{13}C スペクトルの両方にあてはまるが, ここからはまず, ^{13}C スペクトルのみに焦点を絞る. ^{13}C スペクトルの方が解釈が簡単であり, ^{13}C スペクトルの読み方についてまず学ぶことで, 次に述べる ^{1}H スペクトルに関する説明がわかりやすくなる.

　炭素の NMR が測定できるというのは, 見方によっては驚くべきことである. すなわち, 存在比の最も大きな炭素同位体である ^{12}C は核スピンをもたず, そのため NMR で観測することができない. ^{13}C が核スピンをもつ唯一の炭素の天然同位体であるが, その天然存在比はわずか 1.1% である. したがって, 有機試料中の炭素 100 個につき, おおよそ 1 個だけが NMR で観測可能である. しかし, 存在比が低いという問題は**シグナルの平均化** (signal averaging) と**フーリエ変換 NMR** (Fourier-transform NMR: **FT-NMR**) という二つの手法を用いることで克服されている. シグナルの平均化によって装置の感度が向上し, FT-NMR によって装置の速度が増す.

　^{13}C の天然同位体比が低いために, 個々の NMR スペクトルはきわめて"ノイズに満ちた"状態になっている. すなわち, シグナルが非常に弱いため, 図 11・6(a) に示すようにバックグラウンドのランダムな電気的なノイズが多く観測されてしまう. しかし, 何百回あるいは何千回もの測定をコンピューターによって足し合わせて平均化することで, 図 11・6(b) に示すような格段に改善されたスペクトルが得られる. バックグラウンドの電気的なノイズはランダムに発生するため平均化することで 0 に

図 11・6 ペンタン-1-オール CH$_3$-CH$_2$CH$_2$CH$_2$CH$_2$OH の ^{13}C NMR スペクトル．スペクトル(a)は 1 回の測定で得られたもので，大きなバックグラウンドのノイズが見られる．スペクトル(b)は 200 回測定の平均である．

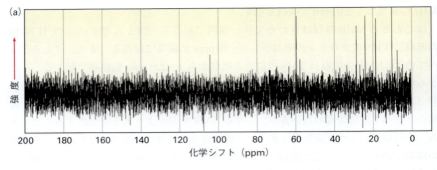

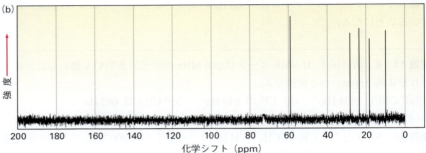

なる．一方で，有為な NMR シグナルははっきりと見えてくる．残念ながら §11・2 で述べた NMR 分光計の測定法を用いた場合には，1 回の測定を行うのに約 5〜10 分もかかってしまうためシグナルの平均化をする価値が薄れてしまう．シグナルの平均化を行うためには，もっと短時間で個々のスペクトルを測定する手法が必要である．

§11・2 で述べた NMR 分光計の測定法では，ラジオ波の周波数を一定に保ち磁場強度を変化させて測定を行う．その結果，スペクトル中の各シグナルは順番に記録されることになる．一方，最近の分光計で用いられている FT-NMR の手法では，すべてのシグナルが同時に測定される．試料を一定の強さの磁場の中に置き，スペクトル観測に有効な周波数領域すべてをカバーする rf エネルギーを"短いパルス"として照射する．試料中のすべての ^{1}H 核あるいは ^{13}C 核は同時に共鳴し，複雑でいろいろな要素を含んだシグナルを与える．この複雑なシグナルにいわゆるフーリエ変換とよばれる数学的な処理を施すことで，普通のシグナルが表示される．すべての共鳴シグナルが一度に集められるので，全体のスペクトルを 1 回記録するのに数分どころか数秒しかかからない．

FT-NMR の速さとシグナルの平均化による感度の向上の両方を兼ね備えたことで，現代の NMR 分光計はきわめて強力な構造決定手法となった．文字どおり何千回ものスペクトルの測定とその平均化が数時間で可能であり，その結果，感度がきわめて高くなる．そのため ^{13}C NMR スペクトルは 0.1 mg 以下の試料で測定可能であり，^{1}H NMR スペクトルは数 μg でも測定できる．

11・5　^{13}C NMR 分光法の特徴

簡単に言えば，^{13}C NMR は分子中に異なる炭素原子がいくつあるかを数えることができる．たとえば，図 11・3(b) と図 11・6(b) に示した酢酸メチルとペンタン-1-オールの ^{13}C NMR スペクトルを見てみよう．どちらのスペクトルでもそれぞれの異

なる炭素原子に対して1本ずつ鋭い共鳴線が観測されている.

ほとんどの ^{13}C 共鳴は TMS の基準線から 0～220 ppm 低磁場側に観測される. それぞれの ^{13}C 共鳴の正確な化学シフトは分子中の炭素の電子的な環境に依存している. 図 11・7 に炭素の電子的な環境と化学シフトの相関を示す.

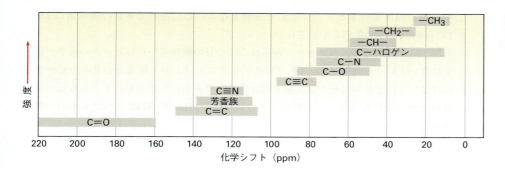

図 11・7　^{13}C NMR の化学シフトの相関

化学シフトを決定する要因は複雑ではあるが, 図 11・7 のデータからある程度一般化することができる. 一つ目の傾向としては炭素の化学シフトが近傍の原子の電気陰性度の影響を受けるということである. 酸素, 窒素, あるいはハロゲンに結合した炭素は典型的なアルカンの炭素よりも低磁場側（チャートの左側）で吸収する. 電気的に陰性な原子は電子を求引するため, 隣接する炭素原子から電子をひき寄せる. その結果, 炭素は非遮蔽され, より低磁場側で共鳴するようになる.

もう一つの傾向として, 一般的に sp^3 混成炭素は 0～90 ppm, sp^2 混成炭素は 110～220 ppm にて吸収する. カルボニル炭素 C=O は ^{13}C NMR で特にはっきりと区別でき, 常にスペクトルの最も低磁場側, 160～220 ppm の範囲に観測される. 図 11・8 にはブタン-2-オンと p-ブロモアセトフェノンの ^{13}C NMR スペクトルとピークの

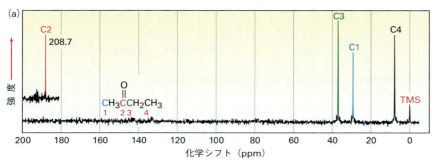

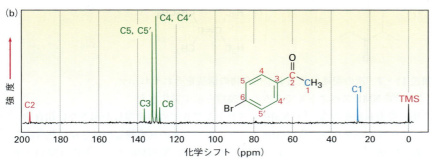

図 11・8　ブタン-2-オン(a), p-ブロモアセトフェノン(b) の ^{13}C NMR スペクトル

p-ブロモアセトフェノン

帰属を示す．いずれの場合にも C=O 炭素がスペクトルの左端にあることに注目せよ．

p-ブロモアセトフェノンの ^{13}C NMR スペクトルはいくつかの点で興味深い．分子中に 8 個の炭素が存在するにもかかわらず，たった 6 本の炭素の吸収しか観測されないことに特に注目する必要がある．*p*-ブロモアセトフェノンは対称面をもっており，そのため環炭素の 4 と 4′，5 と 5′ が等価となる．したがって 6 個の環炭素は 128～137 ppm に 4 本の吸収しか示さない．

図 11・8 の両方のスペクトルでみられる二つ目の興味深い点はピークの高さが同じではないということである．（*p*-ブロモアセトフェノンの 2 炭素分の 2 本のピークを除けば）それぞれのピークは炭素 1 個分の共鳴であるにもかかわらず，あるピークは他のピークよりも大きい．このピークの高さの違いは ^{13}C NMR スペクトルの一般的な特徴である．

例題 11・1　^{13}C NMR スペクトルの化学シフトを予想する

アクリル酸エチル $H_2C=CHCO_2CH_2CH_3$ の ^{13}C NMR スペクトル吸収はおおよそどの位置に現れると予想されるか．

考え方　分子中の異なる炭素を区別し，それぞれの炭素がアルキル，ビニル，芳香族，あるいはカルボニル基であるかに着目する．そして必要ならば図 11・7 を用いてそれぞれの炭素の吸収位置を予想する．

解答　アクリル酸エチルには 5 個の異なる炭素が存在する．2 個の異なる C=C 炭素，C=O 炭素が 1 個，O-C 炭素が 1 個，そしてアルキル炭素が 1 個である．図 11・7 から予想される吸収位置は次のようになる．

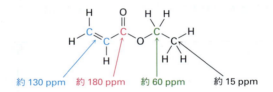

実際の吸収は 14.1, 60.5, 128.5, 130.3, 166.0 ppm で起こる．

問題 11・6　次の化合物の ^{13}C NMR スペクトルの炭素の共鳴線の数を予想せよ．

(a) メチルシクロペンタン　(b) 1-メチルシクロヘキセン
(c) 1,2-ジメチルベンゼン　(d) 2-メチルブタ-2-エン
(e)　　　　　　　　　　　(f)

問題 11・7　次の記述に該当する化合物の構造をそれぞれ示せ．

(a) ^{13}C NMR スペクトルで 7 本の共鳴線を示す炭化水素
(b) 炭素 6 個を含み，^{13}C NMR スペクトルで 5 本の共鳴線しか示さない化合物
(c) 炭素 4 個を含み，^{13}C NMR スペクトルで 3 本の共鳴線しか示さない化合物

問題 11・8　プロパン酸メチル $CH_3CH_2CO_2CH_3$ の ^{13}C NMR スペクトル（図 11・9）

のピークを帰属せよ．

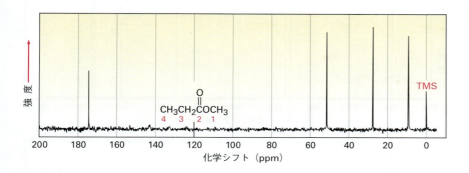

図 11・9　プロパン酸メチルの ^{13}C NMR スペクトル（問題 11・8）

11・6　DEPT ^{13}C NMR 分光法

近年開発された数多くの技術によって，^{13}C NMR スペクトルから膨大な情報を得ることができるようになった．これらの新しい技術の一つとして DEPT-NMR（distortionless enhancement by polarization transfer NMR）とよばれるものがあり，CH_3，CH_2，CH，および第四級炭素のシグナルを区別することができる．すなわち，それぞれの炭素に結合している水素の数を決定することができる．

図 11・10 で 6-メチルヘプタ-5-エン-2-オールを例に示すように，通常 DEPT 実験は 3 段階で行われる．まず，通常のスペクトル〔**ブロードバンドデカップリングスペクトル**（broadband-decoupled spectrum）とよばれる〕を測定し，すべての炭素の化学シフトを決める．次に CH 炭素のシグナルだけが現れる特殊な条件を用いて，DEPT-90 とよばれるスペクトルを測定する．CH_3，CH_2，および第四級炭素に相当するシグナルは観測されない．そして最後に DEPT-135 とよばれるスペクトルを測定する．DEPT-135 では CH_3 と CH の共鳴が正のシグナルとして観測され，CH_2 の共鳴が負のシグナル，すなわちベースラインの下側のシグナルとして観測されるような条件を用いる．この場合にも第四級炭素は観測されない．

これらの三つのスペクトルから得られる情報を総合することで，それぞれの炭素についている水素の数がわかる．DEPT-90 スペクトルから CH 炭素が同定され，DEPT-135 スペクトルの負のピークから CH_2 炭素が同定される．CH_3 炭素は DEPT-135 スペクトルの正のピークから CH のピークを差し引くことで同定される．そして第四級炭素はブロードバンドデカップリングスペクトルのピークから DEPT-135 スペクトルのすべてのピークを差し引くことで同定される．

C	ブロードバンドデカップリングスペクトルから DEPT-135 を差し引く	
CH	DEPT-90	
CH_2	DEPT-135 の負のピーク	
CH_3	DEPT-135 の正のピークから DEPT-90 を差し引く	

図 11・10 6-メチルヘプタ-5-エン-2-オールの **DEPT-NMR スペクトル**. (a) は通常のブロードバンドデカップリングで, 8個のすべての炭素のシグナルが観測されている. (b) は DEPT-90 スペクトルで, 2個の CH 炭素のシグナルしか観測されない. (c) は DEPT-135 スペクトルで, 2個の CH 炭素と 3個の CH₃ 炭素が正のシグナルとして, また 2個の CH₂ 炭素が負のシグナルとして観測される.

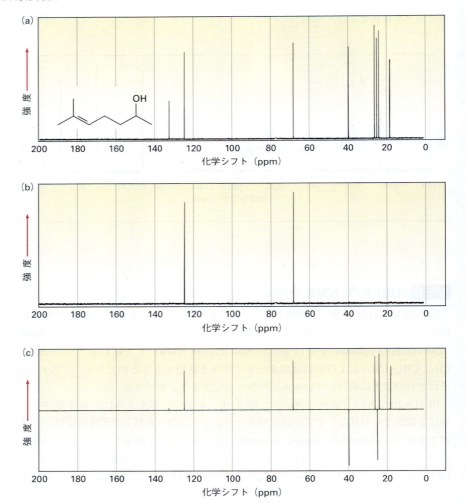

例題 11・2　¹³C NMR スペクトルから構造を帰属する

次の ¹³C NMR スペクトルデータを示すアルコール $C_4H_{10}O$ の構造を示せ.
　ブロードバンドデカップリング ¹³C NMR スペクトル: 19.0, 31.7, 69.5 ppm
　DEPT-90: 31.7 ppm
　DEPT-135: 正のピーク 19.0 ppm, 負のピーク 69.5 ppm

考え方　§7・1 で説明したように, 分子式がわかっているが構造がわからない化合物については, 不飽和度を計算するとよい. この場合, 分子式 $C_4H_{10}O$ から飽和で鎖状の分子であることがわかる.

　¹³C スペクトルデータの情報から, この未知のアルコールが 4個の炭素をもっているにもかかわらず 3本の NMR ピークしか示さないことに注目しよう. これは 2個の炭素が等価であることを意味している. 化学シフトに着目すると, 2本の吸収は典型的なアルカンの領域 (19.0 と 31.7 ppm) にあり, 他の 1本は電気的に陰性な原子 (この場合は酸素) に結合した炭素の領域 (69.5 ppm) にある. DEPT-90 スペクトルから 31.7 ppm のアルキル基の炭素は第三級 CH であることがわかる. DEPT-135 スペク

トルからは 19.0 ppm のアルキル基の炭素がメチル基 CH₃ であることと，酸素に結合した炭素（69.5 ppm）が第二級 CH₂ であることがわかる．二つの等価な炭素はおそらく同じ第三級炭素に結合したメチル基 (CH₃)₂CH だと予想される．これらの情報を組合わせることで構造を推定することができる．構造は 2-メチルプロパン-1-オールである．

解　答

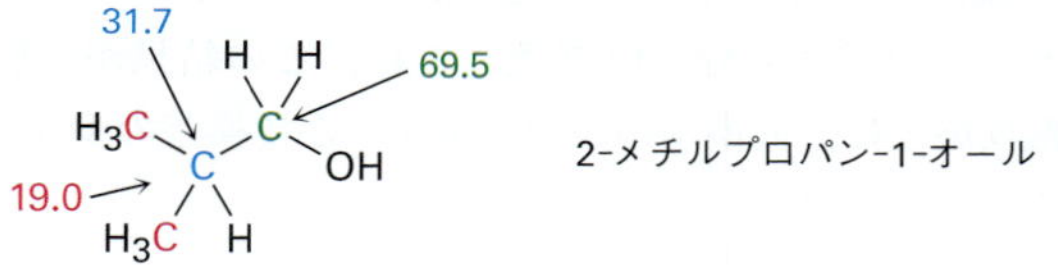

2-メチルプロパン-1-オール

問題 11・9 6-メチルヘプタ-5-エン-2-オール（図 11・10）のおのおのの炭素の化学シフトを帰属せよ．

問題 11・10 次に示す分子の各炭素の化学シフトはおよそどのくらいか．どの炭素が DEPT-90 スペクトルで観測されるか，また，DEPT-135 スペクトルにおいては正のピークと負のピークとしてそれぞれどの炭素が観測されるか予想せよ．

問題 11・11 次の ¹³C NMR スペクトルデータを示す芳香族炭化水素 C₁₁H₁₆ の構造を示せ．

　　ブロードバンドデカップリング ¹³C NMR スペクトル：29.5, 31.8, 50.2, 125.5, 127.5, 130.3, 139.8 ppm

DEPT-90：125.5, 127.5, 130.3 ppm
DEPT-135：正のピーク 29.5, 125.5, 127.5, 130.3 ppm，負のピーク 50.2 ppm

11・7　¹³C NMR 分光法の利用

¹³C NMR 分光法から得られる情報は構造決定にきわめて有用である．分子中の非等価な炭素の数だけでなく，各炭素の電子的な環境や，各炭素に何個のプロトンがついているのかを知ることもできる．その結果，赤外分光法や質量分析ではわからない構造上の多くの疑問に答えることが可能となる．

次にその一例をあげる．1-クロロ-1-メチルシクロヘキサンを強塩基と反応させた場合，三置換アルケンである 1-メチルシクロヘキセンと二置換アルケンであるメチ

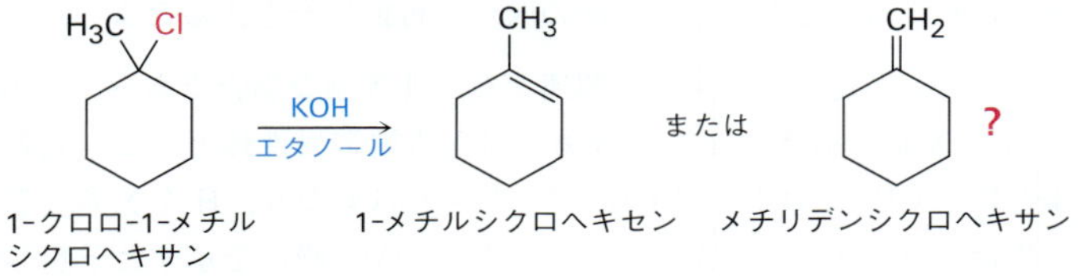

リデンシクロヘキサンのどちらを優先的に与えるだろうか.

1-メチルシクロヘキセンは 20〜50 ppm の範囲に 5 本の sp^3 炭素の共鳴ピークと 100〜150 ppm の範囲に 2 本の sp^2 炭素の共鳴ピークを示すはずである. 一方で, メチリデンシクロヘキサンは対称性があるため 3 本の sp^3 炭素の共鳴ピークと 2 本の sp^2 炭素ピークしか示さないはずである. 図 11・11 に示す実際の反応生成物のスペクトルから, この脱離反応で得られる生成物が 1-メチルシクロヘキセンであることがはっきりとわかる. 次章 (§12・12 参照) では, この結果が一般的であることを学ぶ. 通常, 脱離反応では, 置換基の多いアルケンが置換基の少ないアルケンよりも優先的に得られる.

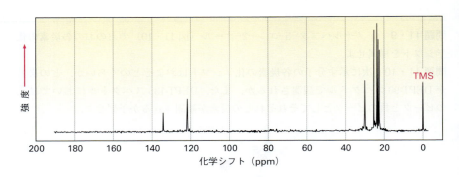

図 11・11 1-クロロ-1-メチルシクロヘキサンを強塩基と反応させた反応生成物. 1-メチルシクロヘキセンの ^{13}C NMR スペクトル

問題 11・12 §8・15 において, 末端アルキンへの HBr の付加反応では, Br がより置換基の多い炭素に結合する Markovnikov 型の生成物を与えることを述べた. 等モル量の HBr をヘキサ-1-インに付加させた際の生成物を同定するのに ^{13}C NMR をどのように利用することができるか.

11・8 ^1H NMR 分光法とプロトンの等価性

ここまで ^{13}C スペクトルについて説明してきたので, 次に ^1H NMR 分光法についてみてみよう. 分子中の電子的に区別できる水素原子はそれぞれ異なった吸収をもつので, ^1H NMR を使うことで電子的に非等価なプロトン ^1H がいくつあるかがわかる. たとえば, 図 11・3(a) に示した酢酸メチルの ^1H NMR スペクトルでは, 2 種類の非等価なプロトン, すなわち $CH_3C=O$ のプロトンと OCH_3 のプロトンに相当する二つのシグナルが観測される.

比較的小さな分子の場合, 非等価なプロトンが分子中に何種類存在するのか, あるいは ^1H NMR スペクトルで何本の吸収が現れるのかを知るには, たいていの場合, 構造式をさっと見るだけで十分である. しかし二つのプロトンが等価なのか非等価なのか疑わしい場合には, H の一つを X 基で置き換えた場合の構造を比べることで等価, 非等価を判断することができる. 次の四つの可能性を考えるとよい.

- 一つは, プロトンが化学的に互いに関連がなく非等価な場合である. この場合, それぞれの H を X 基で置き換えた化合物は異なる構造異性体となる. たとえば, ブタンの場合には CH_3 プロトンは CH_2 プロトンとは異なり, H を X 基で置き換えると異なる化合物を与える. したがって, 異なる NMR 吸収を示すと予想される.

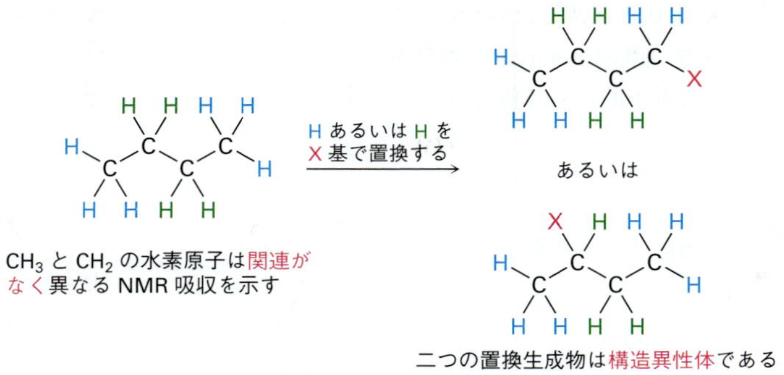

11・8 ^{1}H NMR 分光法とプロトンの等価性　　345

CH$_3$ と CH$_2$ の水素原子は関連がなく異なる NMR 吸収を示す

H あるいは H を X 基で置換する

あるいは

二つの置換生成物は構造異性体である

- 2 番目は，プロトンが化学的に同一であり電子的に等価な場合である．この場合には，どの H を X 基で置き換えた場合でも同じ化合物を与えるはずである．たとえば，ブタンの場合には C1 と C4 の CH$_3$ の 6 個のプロトンは同一であり，どの H を X 基で置き換えても同じ構造となる．したがって，同一の NMR 吸収を示す．このような水素原子をホモトピック（homotopic）な関係とよぶ．

H の一つを X 基で置換する

CH$_3$ の 6 個の水素原子はホモトピックであり，同じ NMR 吸収を示す

置換生成物は一つだけ

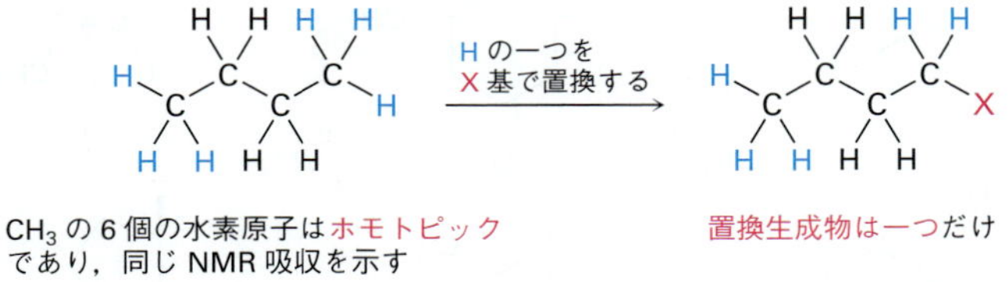

- 3 番目は，もう少し複雑である．ブタンの C2 の二つの CH$_2$ プロトン（および C3 の二つの CH$_2$ プロトン）は一見するとホモトピックであるように思うかもしれないが，実際は同一ではない．C2 あるいは C3 の H を一つ X 基で置き換えた場合，新たなキラル中心が生じる．したがって，pro-R あるいは pro-S（§5・11 参照）のどちらの H を置き換えるかによって，エナンチオマー（enantiomer, §5・1 参照）の関係にある二つの化合物が得られる．このように X 基で置き換えた場合に異なるエナンチオマーを与える水素原子をエナンチオトピック（enantiotopic）な関係とよぶ．エナンチオトピックな関係にある水素原子は，同一ではないものの，電子的には等価であり同じ NMR 吸収を示す．

pro-S　　pro-R

H あるいは H を X 基で置換する

あるいは

C2（あるいは C3）の二つの水素原子はエナンチオトピックであり，同じ NMR 吸収を示す

二つの置換生成物はエナンチオマーである

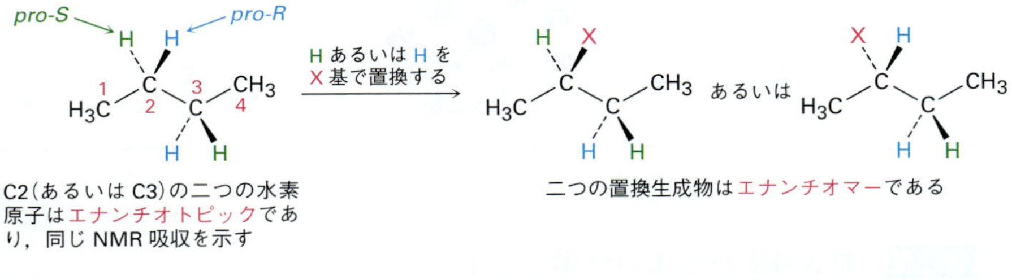

- 4 番目の可能性は，たとえば（R）-ブタン-2-オールのような，キラルな分子の場合に起こる．C3 の二つの CH$_2$ の水素原子はホモトピックでもエナンチオトピックでもない．C3 の H を一つ X 基で置き換えた場合，二つ目のキラル中心が生じる．したがって，pro-R あるいは pro-S のどちらの H を置き換えるかによって，ジアステレオマー（diastereomer, §5・6 参照）の関係にある二つの化合物が得られる．

このようにX基で置き換えた場合にジアステレオマーを与える水素原子を**ジアステレオトピック**（diastereotopic）な関係とよぶ．ジアステレオトピックな水素原子は化学的にも電子的にも等価ではなく，異なるものである．したがって，異なるNMR吸収を示す．

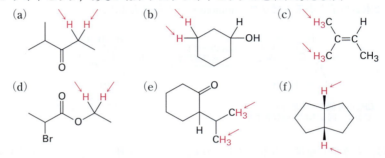

C3の二つの水素原子はジアステレオトピックであり，異なるNMR吸収を示す

二つの置換生成物はジアステレオマーである

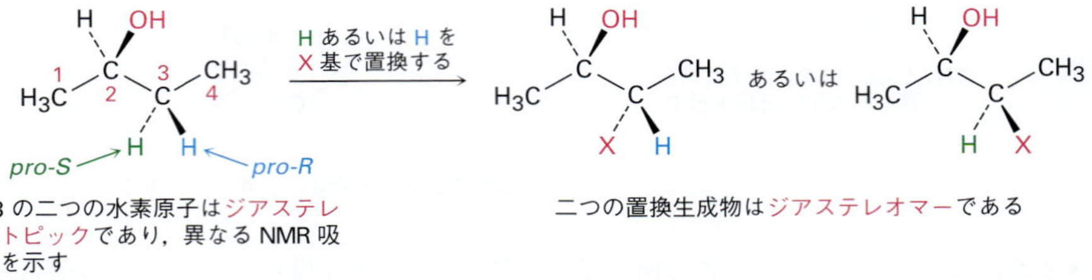

問題 11・13 矢印で示した二つのプロトンの関係は，無関係，ホモトピック，エナンチオトピック，あるいはジアステレオトピックのどれにあたるか．

(a)　(b)　(c)

(d)　(e)　(f)

問題 11・14 次の化合物中には電子的に非等価なプロトンはいくつあるか．また，何本のNMR吸収が観測されるか予測せよ．

(a) CH_3CH_2Br　(b) $CH_3OCH_2CH(CH_3)_2$
(c) $CH_3CH_2CH_2NO_2$　(d) トルエン（メチルベンゼン）
(e) 2-メチルブタ-1-エン　(f) *cis*-ヘキサ-3-エン

問題 11・15 糖質代謝経路の中間体である(*S*)-リンゴ酸の ^1H NMRスペクトルでは何本の吸収が観測されるか説明せよ．

(*S*)-リンゴ酸

11・9　^1H NMR 分光法の化学シフト

これまでに，化学シフトの違いはそれぞれの核の周囲の電子による小さな局所磁場によって生じることを述べてきた．電子によってより強く遮蔽されている核ほど共鳴を起こすためにはより強い外部磁場が必要であり，したがって，NMRチャートの右側で吸収を示す．反対に，遮蔽の弱い核は弱い外部磁場で共鳴し，NMRチャートの左側で吸収を示す．

ほとんどの ^{1}H の化学シフトは 0～10 ppm の範囲で起こり，表 11・2 に示すようにおおまかに五つの領域に分けることができる．これら五つの領域を覚えておくと，一見しただけで，ある分子中にどのような種類のプロトンが存在するのかわかるようになる．

表 11・2 ^{1}H NMR スペクトルの領域

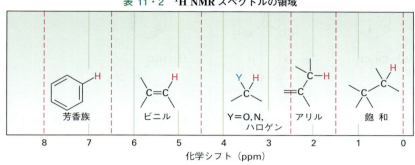

表 11・3 に ^{1}H の化学シフトと電子的環境の関係について詳細に示す．一般的に飽和の sp^3 混成炭素に結合したプロトンは高磁場で吸収し，sp^2 混成炭素に結合したプロトンは低磁場で吸収する．N，O，ハロゲンのような電気的に陰性な原子に結合した炭素に結合したプロトンも低磁場で吸収する．

表 11・3 ^{1}H の化学シフトと電子的環境の相関

水素の種類		化学シフト(ppm)	水素の種類		化学シフト(ppm)
基準ピーク	Si(CH$_3$)$_4$	0	アルコール	—C—O—H	2.5～5.0
アルキル(第一級)	—CH$_3$	0.7～1.3			
アルキル(第二級)	—CH$_2$—	1.2～1.6			
アルキル(第三級)	—CH—	1.4～1.8	アルコール，エーテル	—C—O—	3.3～4.5
アリル	C=C—C—	1.6～2.2	ビニル	C=C—H	4.5～6.5
メチルケトン	—C(=O)—CH$_3$	2.0～2.4	芳香環	Ar—H	6.5～8.0
芳香環メチル	Ar—CH$_3$	2.4～2.7			
アルキニル	—C≡C—H	2.5～3.0	アルデヒド	—C(=O)—H	9.7～10.0
ハロゲン化アルキル	—C—ハロゲン	2.5～4.0	カルボン酸	—C(=O)—O—H	11.0～12.0

例題 11・3　^{1}H NMR スペクトルの化学シフトを予想する

2,2-ジメチルプロパン酸メチル (CH$_3$)$_3$CCO$_2$CH$_3$ の ^{1}H NMR スペクトルは 2 本のピークを示す．このピークのおよその化学シフトを予想せよ．

考え方　分子中の水素がどのような種類なのかをみきわめ，アルキル，ビニル，あるいは電気的に陰性な原子に隣接しているかに着目する．そして，必要に応じて表 11・3 を用いて，どこで吸収するかを予想する．

解　答　OCH$_3$ のプロトンは酸素に結合した炭素上にあるので 3.5～4.0 ppm 付近で

348 11. 構造決定：核磁気共鳴分光法

吸収する．(CH₃)₃C のプロトンは典型的なアルカン型のプロトンなので 1.0 ppm 付近で吸収する．

問題 11・16 次の各化合物は 1 本の ¹H NMR ピークを示す．それぞれおよそどのあたりに吸収を示すか予想せよ．

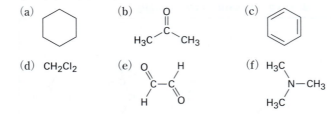

問題 11・17 次の分子中の非等価なプロトンを示せ．また，それぞれのプロトンの化学シフトを予想せよ．

11・10 ¹H NMR 吸収の積分：プロトン数

図 11・12 に示す 2,2-ジメチルプロパン酸メチルの ¹H NMR スペクトルをみてみよう．2 種類のプロトンに対応する 2 本のピークが観測されるが，ピークの大きさは同じではない．1.20 ppm の (CH₃)₃C のプロトンに由来するピークは 3.65 ppm の OCH₃ のプロトンに由来するピークよりも大きい．

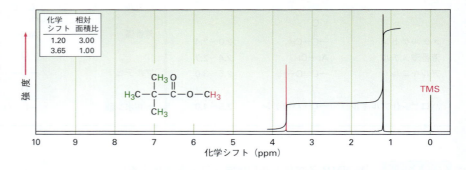

図 11・12　2,2-ジメチルプロパン酸メチルの ¹H NMR スペクトル．"階段"状の線でピークを積分すると，各ピークのプロトン数の比（3:9）に対応する 1:3 の比となる．最近の NMR 分光装置では，各ピークの相対面積比を数値で出力することができる．

各ピークの面積はそのピークを生じるプロトンの数に比例している．各ピークの面積を電気的に測る，すなわち**積分**（integration）することで，分子中の各プロトンの相対的な数を知ることができる．

最近の NMR 分光装置では，各ピークの相対面積比を数値で出力することができる．一方，従来の測定装置では，スペクトル上に積分したピーク面積を"階段"状の線で付け加えることができる．それぞれの階段の高さはピーク面積に比例し，したがっ

て，それぞれのピークを生じるプロトンの相対的な数に比例している．あるピークの大きさを他のピークと比べるためには，単純に定規を使って各段の高さを測ればよい．たとえば，2,2-ジメチルプロパン酸メチルの二つのピークの各段は1:3（あるいは3:9）の積分比であることがわかる．これは，OCH$_3$の3個のプロトンが等価であり，(CH$_3$)$_3$Cの9個のプロトンも等価であるので，まさしく予想されるとおりの比である．

問題 11・18 1,4-ジメチルベンゼン（p-キシレン）の^{1}H NMR スペクトルでは何本のピークが観測されるか．また，スペクトルを積分した場合にどのようなピーク面積比となるか予想せよ．表11・3のおよその化学シフトを参考にして，どのようなスペクトルになるか図示せよ．

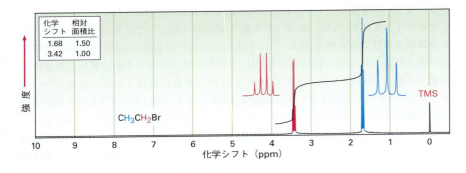

11・11　^{1}H NMR スペクトルにおけるスピン-スピン分裂

ここまでみてきた^{1}H NMR スペクトルでは，分子中の異なる各プロトンはそれぞれ1本のピークを与えていた．しかし，プロトンの吸収が**多重線**（multiplet）に分裂することがよく起こる．たとえば図11・13に示すブロモエタンの^{1}H NMR スペクトルでは，CH$_2$Brのプロトンは 3.42 ppm に4本のピーク（四重線 quartet）として現れ，CH$_3$のプロトンは 1.68 ppm に3本のピーク（三重線 triplet）として現れている．

図 11・13 ブロモエタン CH$_3$CH$_2$Brの^{1}H NMR スペクトル．CH$_2$Brプロトンは 3.42 ppm に四重線（赤），CH$_3$プロトンは 1.68 ppm に三重線（青）として現れている．

ある核が多重吸収線を与える現象は**スピン-スピン分裂**（spin-spin splitting）とよばれ，近くに存在する核の核スピンと相互作用，すなわち**カップリング**（coupling, **スピン結合** spin coupling ともいう）することでひき起こされる．言い換えれば，ある核によってつくられる微小磁場が近接する核の受ける磁場に影響を与えることで生じる．たとえばブロモエタンのCH$_3$のプロトンをみてみよう．三つの等価なCH$_3$のプロトンは二つの他の磁性核，すなわちCH$_2$Brの二つのプロトンに隣接している．隣接するCH$_2$Brの各プロトンはそれぞれ核スピンをもっており，外部磁場と同じ向きあるいは反対向きに配向することで微小磁場を生じている．その結果，CH$_3$のプロトンはその影響を受けることになる．

図11・14の右側に示すように，二つのCH$_2$Brプロトンのスピンの配向には3通り

図 11・14 ブロモエタンにおけるスピン-スピン分裂の原因．横向きの矢印で示した隣接するプロトンの核スピンが外部磁場に対して同じ方向あるいは反対方向に配向する．その結果，吸収の分裂が生じ多重線となる．

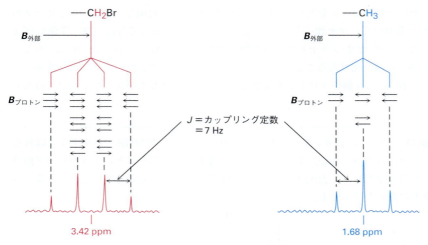

の様式がある．両方のプロトンのスピンが外部磁場と同じ向きに配向した場合には，近接する CH_3 プロトンの受ける有効磁場は他の場合よりも少しだけ大きくなる．その結果，共鳴を起こすのに必要な外部磁場は少し小さくてよくなる．一方，CH_2Br プロトンの二つのスピンのうち一つが外部磁場と同じ向きに，もう一つが反対向きに配向した場合には，近接する CH_3 プロトンには何の影響も与えない．（二つのプロトンのスピンのうちどちらのスピンがどちらの向きに配向するかによって，この組合わせは 2 通り存在する．）最後に，CH_2Br プロトンのスピンの両方が外部磁場と反対向きに配向した場合には，CH_3 プロトンの受ける有効磁場は他の場合よりも少しだけ小さくなり，共鳴を起こすのに必要な外部磁場は少しだけ大きくなる．

どの分子も CH_2Br スピンの三つの可能な配向のうち一つだけをとっているが，分子全体の集合体でみた場合には，三つのすべてのスピン状態は 1:2:1 の統計学的な比で表される．したがって隣接する CH_3 プロトンは三つのわずかに異なる外部磁場の値で共鳴し，NMR スペクトルでは 1:2:1 の三重線が観測される．共鳴の一つはカップリングがない場合よりも少し高磁場であり，もう一つはカップリングがない場合と同じ場所であり，残りの一つはカップリングがない場合よりも少し低磁場になる．

ブロモエタンの CH_3 基の吸収が三重線に分裂するのと同じように，CH_2Br 基の吸収は四重線に分裂する．隣接する CH_3 プロトンの三つのスピンの配向には 4 通りの組合わせが可能である．すなわち，三つすべてが外部磁場と同じ向き，二つが同じ向きで一つが反対向き（3 通り），一つが同じ向きで二つが反対向き（3 通り），およびすべてが反対向きの場合である．その結果，CH_2Br プロトンに対しては 1:3:3:1 の比率で 4 本のピークが現れる．

スピン-スピン分裂には **n+1 則**（n+1 rule）とよばれる一般則があり，隣接する n 個の等価なプロトンをもつプロトンの NMR スペクトルは $n+1$ 本のピークを示す．たとえば，図 11・15 の 2-ブロモプロパンのスペクトルでは 1.71 ppm に二重線，4.28 ppm に七重線が観測される．七重線は CHBr プロトンが隣接する二つのメチル基の六つの等価なプロトンによって分裂することで生じている（$n=6$ なので $6+1=7$ 本のピーク）．二重線は 6 個の等価な CH_3 のプロトンが 1 個の CHBr プロトンによって分裂することで生じている（$n=1$ なので 2 本のピーク）．積分によって予想どおり

6：1の比が確認できる．

多重線の中のピーク間の距離は**カップリング定数**（coupling constant，結合定数ともいう）とよばれ，Jで表される．カップリング定数はヘルツ単位で測り，一般的に0〜18 Hzの範囲におさまる．二つの隣接するプロトン間のカップリング定数の正確な値は，分子の構造に依存するが，鎖状アルカンの場合の典型的な値は$J = 6〜8$ Hzである．スピン結合しているプロトン同士のカップリング定数は同じであり，分光計の磁場強度とは無関係である．たとえばブロモエタンでは，CH_2BrプロトンはCH_3プロトンとカップリングしており，$J = 7$ Hzの四重線として現れる．一方，CH_3プロトンは三重線として現れ，そのカップリング定数は同じ$J = 7$ Hzである．

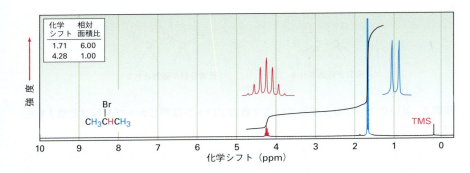

図 11・15 2-ブロモプロパンの^1H NMRスペクトル．1.71 ppmのCH_3プロトンは二重線（青）に，4.28 ppmのCHBrプロトンは七重線（赤）に分裂している．各ピーク間の距離（カップリング定数）はどちらの多重線でも同じであることに注目せよ．また，七重線の最も外側の二つのピークは非常に小さくほとんど見えないほどであることにも注意せよ．

カップリングは隣り合う二つのプロトン間の相互作用により生じるので，複雑なNMRスペクトルの中のどの多重線が互いに関連があるかということを知ることもできる．二つの多重線が同じカップリング定数をもっていれば，そのプロトンは互いに関係している可能性が高く，それらの多重線を与えるプロトンは分子中で隣に位置していることになる．

表11・4には最もよくみられるカップリングの形と多重線の相対強度を示す．あるプロトンが5個の隣接する等価なプロトンをもつことはありえないことに注意せよ（また，それはなぜか考えよ）．そのため六重線は，あるプロトンが偶然まったく同じカップリング定数Jをもつ5個の非等価なプロトンと隣接した場合にのみ観測される．

表 11・4 一般的なスピン多重度

隣接する等価な プロトンの数	多重線	強度比
0	一重線（singlet）	1
1	二重線（doublet）	1：1
2	三重線（triplet）	1：2：1
3	四重線（quartet）	1：3：3：1
4	五重線（quintet）	1：4：6：4：1
6	七重線（septet）	1：6：15：20：15：6：1

^1H NMRにおけるスピン-スピン分裂は次の三つの規則にまとめられる．

規則1　化学的に等価なプロトンはスピン-スピン分裂を示さない．等価なプロトンは同じ炭素上にあるかもしれないし，別の炭素上にあるかもしれないが，いずれにしろそのシグナルは分裂しない．

三つの C–H プロトンは
化学的に等価，分裂しない

四つの C–H プロトンは
化学的に等価，分裂しない

規則 2 n 個の隣接する等価なプロトンをもつプロトンのシグナルは，カップリング定数 J で $n+1$ 本の多重線に分裂する．炭素原子 2 個分以上離れたプロトンは通常カップリングしない．ただし，π 結合が間にある場合には，小さなカップリングを示す場合がある．

分裂が観測される

通常分裂が観測されない

規則 3 互いにカップリングしている 2 組のプロトンは同じカップリング定数 J をもつ．

図 11・16 に示した p-メトキシプロピオフェノンのスペクトルでは，この三つの規則がよりわかりやすく例示されている．6.91 ppm および 7.93 ppm における低磁場の吸収は四つの芳香環プロトンに由来する．2 種類の芳香環プロトンが存在し，それぞれが隣のプロトンにより二重線に分裂したシグナルを与える．OCH_3 のシグナルは分裂せずに 3.84 ppm に鋭い一重線として現れる．カルボニル基の隣の CH_2 プロトンは 2.93 ppm に観測される．これは不飽和中心の隣の炭素上のプロトンに予想される領域であり，そのシグナルは隣接するメチル基のプロトンとカップリングすることで四重線に分裂している．メチル基のプロトンは通常の高磁場領域である 1.20 ppm に三重線として現れている．

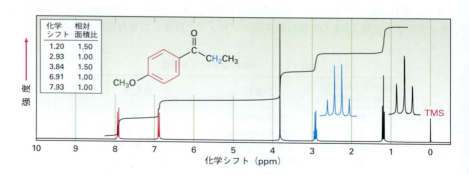

図 11・16 p-メトキシプロピオフェノンの ^1H NMR スペクトル

スピン-スピン分裂についての説明を終える前に，もう一つの疑問に答えておく必要がある．なぜ ^1H NMR においてだけスピン-スピン分裂が観測されるのか．言い換えれば，なぜ ^{13}C NMR において炭素のシグナルは多重線に分裂しないのか．ある ^{13}C 核のスピンは隣接する ^{13}C あるいは ^1H 磁性核のスピンとカップリングしないのだろうか．

実際は，天然存在比が低いため二つの ^{13}C 核が隣接することはほとんどなく，その

ため ^{13}C 核と近接する炭素とのカップリングは観測されない．一方，^{13}C 核と近接する水素とのカップリングも観測されない．これはすでに述べたように（§11・6 参照），^{13}C スペクトルが通常ブロードバンドデカップリングとよばれる方法で測定されるからである．この方法では，炭素の共鳴周波数をカバーする rf エネルギーのパルスを試料に照射すると同時に，すべての水素の共鳴周波数をカバーする rf エネルギーをもった第二のパルスを照射する．この第二の照射によって水素のスピン反転がきわめて速くなるため局所磁場は平均化されて 0 となり，炭素スピンとのカップリングが起こらなくなる．

例題 11・4　^{1}H NMR スペクトルから構造決定を行う

次の ^{1}H NMR データに適合する化合物 $C_5H_{12}O$ の構造を示せ．0.92 ppm（3H，三重線，$J = 7$ Hz），1.20 ppm（6H，一重線），1.50 ppm（2H，四重線，$J = 7$ Hz），1.64 ppm（1H，幅広い一重線）．

考え方　例題 11・2 でも述べたとおり，問題を解く際には，分子の不飽和度の計算から始めるのがよい．この場合，$C_5H_{12}O$ の分子式は飽和の鎖状分子に相当し，アルコールまたはエーテルである．

次に，NMR 情報を解釈するために，それぞれの吸収について個別にみてみよう．0.92 ppm の 3 プロトン分の吸収はアルカン領域のメチル基に由来し，三重線であることから CH_3 が CH_2 の隣にあることが示唆される．したがって，この分子はエチル基 CH_3CH_2 を含んでいる．1.20 ppm の 6 プロトン分の一重線はアルカン領域の二つの等価なメチル基に由来するものであり，そのメチル基は水素をもたない炭素に結合していることから，$(CH_3)_2C$ であるとわかる．また，1.50 ppm の 2 プロトン分の四重線はエチル基の CH_2 に由来する．これで分子中の 5 個の炭素すべてと 12 個の水素のうち 11 個について説明できた．残り一つの水素は 1.64 ppm に幅広い一重線として観測されている．これは他にうまく説明することができないので，おそらく OH 基に由来するものであろう．これらの断片的な情報を組合わせることで構造は 2-メチルブタン-2-オールだとわかる．

解　答

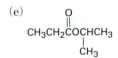

2-メチルブタン-2-オール

問題 11・19　次の分子中の各プロトンの分裂パターンを予想せよ．

(a) $CHBr_2CH_3$　　(b) $CH_3OCH_2CH_2Br$　　(c) $ClCH_2CH_2CH_2Cl$

(d) $CH_3CHCOCH_2CH_3$ (カルボニル O，CH_3 枝)
　
(e) $CH_3CH_2COCHCH_3$ (カルボニル O，CH_3 枝)

(f)

問題 11・20　次の記述に合致する化合物の構造式を書け．

(a) C_2H_6O，一重線一つ　　(b) C_3H_7Cl，二重線一つ，七重線一つ

(c) $C_4H_8Cl_2O$，三重線二つ

(d) $C_4H_8O_2$，一重線一つ，三重線一つ，四重線一つ

問題 11・21 図 11・17 に $C_4H_{10}O$ の分子式をもつ化合物の積分付きの ^1H NMR スペクトルを示している．構造を推定せよ．

図 11・17 積分付き ^1H NMR スペクトル（問題 11・21）

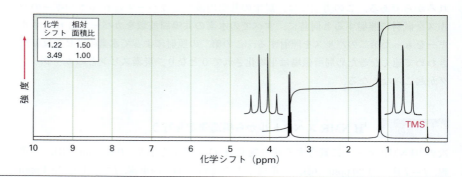

11・12 より複雑なスピン-スピン分裂パターン

ここまでみてきた ^1H NMR スペクトルでは，異なるプロトンの化学シフトははっきりと区別可能であり，スピン-スピン分裂のパターンもわかりやすかった．しかし，ある分子中の異なる種類の水素が偶然重なり合ったシグナルを示すこともよくある．たとえば，図 11・18 のトルエンのスペクトルでは，五つの芳香環プロトンはすべてが等価であるわけではないが，7.19 ppm を中心とする重なり合った複雑なパターンを示している．

図 11・18 トルエンの ^1H NMR スペクトル．5 個の非等価な芳香環プロトンが偶然重なっている．

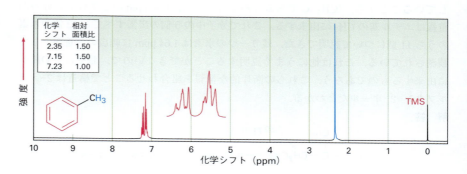

シグナルが二つあるいはそれ以上の非等価なプロトンによって分裂するときには，^1H NMR 分光法におけるもう一つの複雑な状況が生じる．図 11・19 には一例として，

図 11・19 *trans*-ケイ皮アルデヒドの ^1H NMR スペクトル．C2 のプロトンシグナル（青）は二つの非等価な隣接プロトンによって 4 本に，すなわち二重の二重線に分裂している．

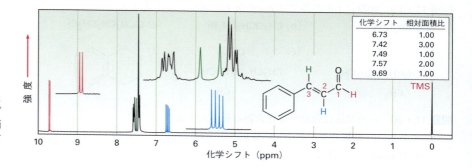

11・12 より複雑なスピン-スピン分裂パターン

シナモン油から単離された *trans*-ケイ皮アルデヒドのスペクトルを示す．等価なプロトンにより生じる分裂は $n+1$ 則で予測することができるが，非等価なプロトンにより生じる分裂はもっと複雑である．

trans-ケイ皮アルデヒドの ^{1}H NMR スペクトルを理解するためには，部分ごとに分けて各プロトンのシグナルを個別にみていかなければならない．

- 五つの芳香環プロトンのシグナル（図 11・19 の黒）は複雑に重なり合っており，7.42 ppm の大きなピークと 7.57 ppm の幅広い吸収を与えている．
- C1 のアルデヒドプロトンのシグナル（赤）は通常どおりの低磁場 9.69 ppm に現れており，隣接する C2 のプロトンにより $J=6\,\mathrm{Hz}$ の二重線に分裂している．
- C3 のビニルプロトン（緑）は芳香環の隣にあるため通常のビニル領域よりも低磁場側に移動している．この C3 のプロトンのシグナルは 7.49 ppm を中心とする二重線として現れている．このプロトンは C2 に隣接プロトンを 1 個もつので，$J=12\,\mathrm{Hz}$ の二重線に分裂している．
- C2 のビニルプロトンのシグナル（青）は 6.73 ppm にあり，興味深い 4 本線の吸収パターンを示している．このプロトンは C1 および C3 の二つの非等価なプロトンとカップリングしており，2 種の異なるカップリング定数 $J_{1-2}=6\,\mathrm{Hz}$ と $J_{2-3}=12\,\mathrm{Hz}$ をもっている．

trans-ケイ皮アルデヒドの C2 のプロトンの場合のような多重度のカップリング効果を理解するためには，図 11・20 に示すような樹形図を書くのがよい．樹形図では，全体の分裂パターン中のおのおののカップリング定数の効果が視覚的にわかる．*trans*-ケイ皮アルデヒドの C2 プロトンのシグナルは C3 プロトンとカップリングすることで $J=12\,\mathrm{Hz}$ の二重線となる．アルデヒドプロトンとのさらなるカップリングによって二重線の各ピークがそれぞれ $J=6\,\mathrm{Hz}$ の新しい二重線へと分裂する．その結果，C2 プロトンのスペクトルは 4 本線として観測される．

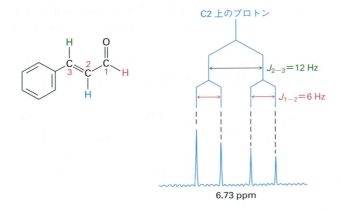

図 11・20 *trans*-ケイ皮アルデヒドの C2 プロトンの樹形図．C2 プロトンが異なるカップリング定数をもつ C1 および C3 のプロトンとどのようにカップリングするかを示している．

trans-ケイ皮アルデヒドのスペクトルには，もう一つはっきりとした特徴がある．すなわち，C2 プロトンのシグナルである四つのピークは，すべてが同じ大きさではない．左側二つのピークが，右側二つのピークよりも少し大きくなっている．カップリングする核同士が似通った化学シフトをもつ場合には，このような大きさの違いがいつでも生じる．*trans*-ケイ皮アルデヒドの場合，C3 プロトンの化学シフト 7.49 ppm と C2 プロトンの化学シフト 6.73 ppm が近い値となっている．カップリングするシ

グナルの化学シフトが近くであればあるほど，そのシグナルは大きくなる．一方，カップリングするシグナルの化学シフトが離れれば離れるほど，そのシグナルは小さくなる．実際に，6.73 ppm にある C2 プロトンの多重線のうち，左側のピークの方が7.49 ppm にある C3 プロトンの吸収線に近く，結果として左側のピークは右側のピークよりも大きくなっている．同様に，7.49 ppm にある C3 プロトンの二重線については，右側のピークの方が 6.73 ppm にある C2 プロトンの多重線に近い．そのため，右側のピークの方が左側のピークよりも大きくなる．このようなピークの大きさに傾斜がかかる効果は，カップリングを読み解くうえで有用であることが多い．スペクトル中のどのあたりを見ればカップリング相手が見つかるかという情報を与えているからである．多重線のうち，大きなピークの方向を探せばよいのである．

問題 11・22 3-ブロモ-1-フェニルプロパ-1-エンは，C2 のビニルプロトンが C1 のビニルプロトン（$J = 16\,\mathrm{Hz}$）と C3 のメチレンプロトン（$J = 8\,\mathrm{Hz}$）の両方とカップリングすることで複雑な NMR スペクトルを示す．C2 プロトンのシグナルの樹形図を書き，5 本の多重線が観測されることを説明せよ．

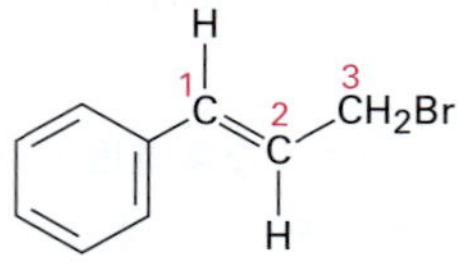

3-ブロモ-1-フェニルプロパ-1-エン

11・13 ¹H NMR 分光法の利用

NMR は実験室で行うほとんどすべての反応の生成物を同定する手助けとなる．たとえば，§8・4 でアルケンのヒドロホウ素化-酸化は逆 Markovnikov 則に従って進行し，置換基のより少ないアルコールが得られることを述べた．NMR の助けを借りることで，これを証明することができる．

メチリデンシクロヘキサンのヒドロホウ素化-酸化によってシクロヘキシルメタノールあるいは 1-メチルシクロヘキサノールのどちらが生成するだろうか．

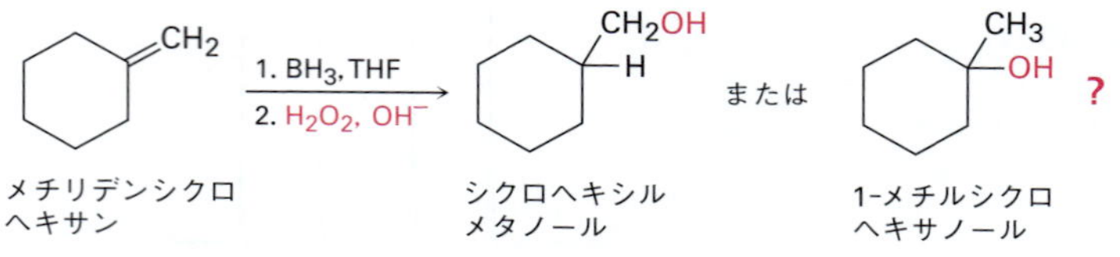

メチリデンシクロ
ヘキサン

1. BH₃, THF
2. H₂O₂, OH⁻

シクロヘキシル
メタノール

または

1-メチルシクロ
ヘキサノール

?

反応生成物の ¹H NMR スペクトルを図 11・21(a) に示す．このスペクトルでは 3.40 ppm に 2 プロトン分のピークがあり，生成物中に電気的に陰性な酸素原子に結合した CH₂ 基（CH₂OH）があることを示している．さらにこのスペクトルでは，第四級炭素についたメチル基のシグナルとして予想される 1 ppm 付近の 3 プロトン分の大きな一重線の吸収がみられない．（図 11・21b にはもう一方の生成物である 1-メチルシクロヘキサノールのスペクトルを示す．）したがって，明らかにシクロヘキシルメタノールが反応生成物である．

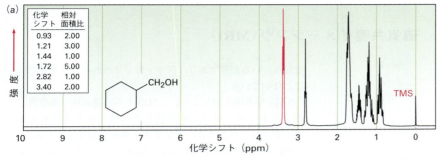
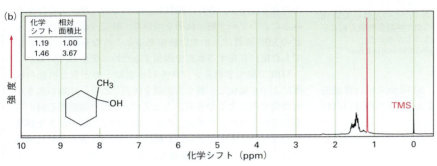

図11・21 メチリデンシクロヘキサンのヒドロホウ素化-酸化による生成物の ¹H NMR スペクトル．(a) シクロヘキシルメタノール，(b) もう一つの想定される反応生成物である 1-メチルシクロヘキサノール．

問題 11・23 アルケンに対する求電子付加反応の位置選択性を決定するために ¹H NMR をどのように活用することができるか．たとえば，1-メチルシクロヘキセンに対する HCl の付加では 1-クロロ-1-メチルシクロヘキサンあるいは 1-クロロ-2-メチルシクロヘキサンのどちらが生成するか．

まとめ

　核磁気共鳴分光法（NMR 分光法）は，化合物の構造決定に用いる数多くの分光法のなかで最も重要なものである．本章では，小分子を対象とした NMR の活用に焦点を絞って述べたが，生化学の分野でもタンパク質の構造や折りたたみに関する研究において，より高度な NMR 分光法が用いられている．

　¹H や ¹³C のような磁性核が強い磁場の中に置かれると，その核のスピンは外部磁場と同じ向きかあるいは逆向きに配向する．ラジオ波を照射することでエネルギーが吸収され，核が低エネルギー状態から高エネルギー状態へと"スピン反転"する．このエネルギー吸収が検出・増幅され，**核磁気共鳴（NMR）スペクトル**として表示される．

　分子中の電子的に異なった ¹H や ¹³C 核は少しずつ大きさの異なる外部磁場で共鳴を起こすので，おのおのの核が異なる吸収シグナルを示す．各ピークの正確な位置は**化学シフト**とよばれる．化学シフトは分子中の電子の影響で生じるものである．電子は微小局所磁場をつくり，それによって近くの核が外部磁場から**遮蔽**されるからである．

　NMR チャートは δ 値で目盛がつけられ，1δ は分光計の周波数の 100 万分の 1 (1 ppm) である．テトラメチルシラン (TMS) は異常に高い外部磁場で ¹H と ¹³C の吸収を示すので，基準試料として用いられる．TMS の吸収はチャートの右端 (**高磁場**) に現れ，このピークを基準点 0 ppm とする．

　ほとんどの ¹³C スペクトルは**フーリエ変換 NMR** (FT-NMR) 分光計を用いて測定され，プロトンスピンのブロードバンドデカップリングにより化学的に異なる各炭素がそれぞれ分裂しない一重線として観測される．¹H NMR と同じように，各 ¹³C シグナルの化学シフトから試料中の炭素の化学的環境に関する情報が得られる．さらに，各炭素に結合しているプロトンの数は DEPT-NMR 法によって決定することができる．

　¹H NMR スペクトルでは吸収ピークの面積は電気的に**積分**することで，各ピークを与えている水素の相対数を知ることができる．さらに，隣接する核スピンは**カップリング**して，**スピン-スピン分裂**を起こし，NMR ピークを**多重線**に分裂させる．n 個の等価な水素と隣接している水素の NMR シグナルは**カップリング定数**（結合定数）J で $n+1$ 本のピークに分裂する（$n+1$ 則）．

> ### 科学談話室
>
> ## 磁気共鳴イメージング（MRI）
>
>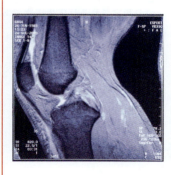
>
> もしランナーなら，こんなことは絶対に起こってほしくないはずである．この左膝のMRI画像から前十字靱帯断裂を起こしていることがわかる．
> ©Kondor83/Shutterstok.com
>
> 有機化学者が実践しているように，NMR分光法は構造決定のための強力な手法である．通常数mg以下の微量の試料を少量の溶媒に溶かし，その溶液を細いガラス管に入れ，ガラス管を強い磁石の両極の間の狭い隙間（1〜2cm）に置く．ここで，ずっと大きなNMR装置があったらどうなるか想像してみよう．数mgではなく，数十kgもの試料を使うことができるだろうし，磁石の両極の間の隙間を人一人が入れるくらい大きくできるだろう．そうすると，身体の各部分のNMRスペクトルを測定することができるだろう．そういった大きな装置がまさに磁気共鳴イメージング（magnetic resonance imaging: MRI, 磁気共鳴画像法ともいう）として使われている装置であり，医学分野ではきわめて有用な診断法となっている．
>
> NMR分光法と同じように，MRIもある種の核（典型的な例では水素核）の磁気的性質とその核がラジオ波エネルギーで励起されたときに出すシグナルを利用する．しかし，NMR分光法の場合とは異なり，MRI装置では磁性核の化学的性質ではなく，むしろ磁性核の体内での三次元的な分布をみるためのデータ処理技術を用いる．特に，最近ではほとんどのMRI装置は，水や脂肪があるところなら体内のどこにでも豊富に存在する水素を観測するために使われている．
>
> MRIで検出されるシグナルは水素原子の密度と周囲の状況によって変化し，異なる組織を区別したり，組織の動きを可視化することもできる．たとえば，1回の鼓動で心臓から流れていく血液量を測定したり，あるいは心臓の動きを観察したりすることができる．X線診断でははっきりとした画像が得られない柔らかい組織も，MRIでは明瞭にみることができ，脳腫瘍や脳卒中，その他の症状の診断が可能となる．MRIは膝やその他の関節の損傷具合を診断するのにも有効であり，外科的な検査に代わる非侵襲性の検査法である．
>
> 水素核以外にも，MRIで検出可能な原子核は複数存在する．たとえば，^{31}P原子核のMRIは，代謝について調べるための技術として有望視されており，応用研究が進んでいる．

重要な用語

エナンチオトピック（enantiotopic）
$n+1$ 則（$n+1$ rule）
化学シフト（chemical shift）
核磁気共鳴分光法〔nuclear magnetic resonance（NMR）spectroscopy〕
カップリング（coupling）
カップリング定数（coupling constant, J）
高磁場（upfield）
ジアステレオトピック（diastereotopic）
遮蔽（shielding）
スピン-スピン分裂（spin-spin splitting）
積分（integration）
多重線（multiplet）
低磁場（downfield）
δ 値（δ scale）
フーリエ変換NMR（FT-NMR）
ホモトピック（homotopic）

演習問題

目で学ぶ化学

（問題 11・1〜11・23 は本文中にある）

11・24 矢印で示したプロトンの ^{1}H NMR シグナルは何本のピークに分裂するか．（緑はCl）

(a) 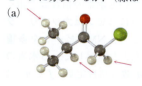 (b)

11・25 次の化合物の ^{1}H および ^{13}C NMR スペクトルには何本の吸収があるか．

11・26 次の化合物の ^{1}H および ^{13}C NMR スペクトルはどの

ようになるか示せ．（緑はCl）

11・27 次の化合物には電子的に非等価なプロトンおよび炭素がいくつあるか．シクロヘキサン環は反転できることに注意せよ．

11・28 次の分子中の矢印で示したプロトンの関係は，無関係，ホモトピック，エナンチオトピック，あるいはジアステレオトピックのどれにあたるか．

(a) (b)

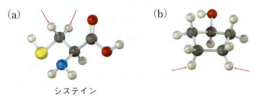

システイン

追加問題
化学シフトとNMR分光法

11・29 次の ^{1}H NMR 吸収は 200 MHz の分光計で測定され，TMS を基準にして低磁場側へヘルツ単位で示してある．各吸収を ppm 単位へ変換せよ．
(a) 436 Hz (b) 956 Hz (c) 1504 Hz

11・30 次の ^{1}H NMR 吸収は 300 MHz の分光計で測定された．化学シフトを ppm 単位から，TMS を基準にして低磁場側へのヘルツ単位に変換せよ．
(a) 2.1 ppm (b) 3.45 ppm (c) 6.30 ppm (d) 7.70 ppm

11・31 200 MHz の分光計で測定した場合，クロロホルム $CHCl_3$ は 7.3 ppm に鋭い一重線の吸収を示す．
(a) クロロホルムは TMS から何 Hz 低磁場で吸収を示すか．
(b) 360 MHz の分光計で測定した場合には，クロロホルムは TMS から何 Hz 低磁場で吸収を示すか．
(c) 360 MHz の分光計で測定した場合には，クロロホルムの吸収の位置は何 ppm になるか．

11・32 ^{1}H NMR の方が ^{13}C NMR よりもシグナルが偶然重なってしまうことが多いのはなぜか．

11・33 6.50 ppm で吸収する核は 3.20 ppm で吸収する核と比較して，より遮蔽されているか否か．また，6.50 ppm で吸収する核は 3.20 ppm で吸収する核と比較して，共鳴を起こすのに必要な外部磁場は強いかあるいは弱いか．

^{1}H NMR 分光法

11・34 次の各分子には何種類の非等価プロトンが存在するか．

(a) H_3C-CH_3 (cyclohexane structure)
(b) $CH_3CH_2CH_2OCH_3$
(c) ナフタレン
(d) スチレン
(e) アクリル酸エチル

11・35 次の化合物はすべて ^{1}H NMR スペクトルで一重線を示す．化学シフトが大きくなる順に並べよ．
CH_4，CH_2Cl_2，シクロヘキサン，CH_3COCH_3，$H_2C=CH_2$，ベンゼン

11・36 次の各分子の ^{1}H および ^{13}C スペクトルでは何本のシグナルが観測されるか予想せよ．

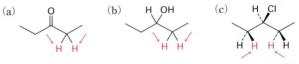

11・37 次の分子式をもち，^{1}H NMR スペクトルで 1 本のピークしか示さない化合物の構造を示せ．
(a) C_5H_{12} (b) C_5H_{10} (c) $C_4H_8O_2$

11・38 次の分子の各水素の分裂パターンを予想せよ．
(a) $(CH_3)_3CH$ (b) $CH_3CH_2CO_2CH_3$
(c) *trans*-ブテ-2-エン

11・39 プロパン酸イソプロピル $CH_3CH_2CO_2CH(CH_3)_2$ の各水素の分裂パターンを予想せよ．

11・40 矢印で示した各プロトンの関係は，無関係，ホモトピック，エナンチオトピック，あるいはジアステレオトピックのどれにあたるか．

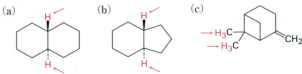

11・41 矢印で示した各プロトンの関係は，無関係，ホモトピック，エナンチオトピック，あるいはジアステレオトピックのどれにあたるか．

(a) (b) (c)

11・42 1-メチルシクロヘキサノールを強酸で処理すると水

が脱離し，二つのアルケンの混合物が得られる．二つのアルケンを区別するのには，¹H NMR をどのように利用したらよいか．

[構造式: 1-メチルシクロヘキサノール → メチレンシクロヘキサン + 1-メチルシクロヘキセン]

11・43 次の各組の化合物を区別するのには ¹H NMR をどのように利用したらよいか．

(a) CH₃CH=CHCH₂CH₃ と [メチルシクロプロパン構造: H₂C–CHCH₂CH₃ (三員環)]

(b) CH₃CH₂OCH₂CH₃ と CH₃OCH₂CH₂CH₃

(c) CH₃COCH₂CH₃ と CH₃CH₂CCH₃ (ケトン)
         ‖   ‖
         O   O

(d) H₂C=C(CH₃)CCH₃ と CH₃CH=CHCCH₃
              ‖   ‖
              O   O

11・44 次の ¹H NMR データを示す化合物の構造を示せ．

(a) C₅H₁₀O
   0.95 ppm (6H, 二重線, J = 7 Hz)
   2.10 ppm (3H, 一重線)
   2.43 ppm (1H, 多重線)

(b) C₃H₅Br
   2.32 ppm (3H, 一重線)
   5.35 ppm (1H, 幅広い一重線)

   5.54 ppm (1H, 幅広い一重線)

11・45 下の (a), (b) の ¹H NMR スペクトルを示す二つの化合物の構造を示せ．

¹³C NMR 分光法

11・46 *cis*-1,3-ジメチルシクロヘキサンの ¹³C NMR は何本の吸収を示すか．また，*trans*-1,3-ジメチルシクロヘキサンの場合にはどうか．それぞれ説明せよ．

11・47 次の化合物の ¹³C NMR スペクトルでは何本の吸収が観測されるか．

(a) 1,1-ジメチルシクロヘキサン   (b) CH₃CH₂OCH₃
(c) *t*-ブチルシクロヘキサン   (d) 3-メチルペンタ-1-イン
(e) *cis*-1,2-ジメチルシクロヘキサン
(f) シクロヘキサノン

11・48 問題 11・47 の各化合物に対して DEPT-135 スペクトルを測定した場合には，各分子のどの炭素原子が正のピークを示し，どの炭素が負のピークを示すか．

11・49 C₄H₈ の分子式をもつ次の異性体を区別するためには，¹H および ¹³C NMR をどのように利用すればよいか．

[構造式: シクロブタン，H₂C=CHCH₂CH₃，CH₃CH=CHCH₃，(CH₃)₂C=CH₂]

11・50 次の二つの構造を区別するためには，¹H NMR, ¹³C NMR, 赤外，および紫外スペクトルをどのように利用すればよいか．

問題 11・45 スペクトル図

(a) C₄H₉Br

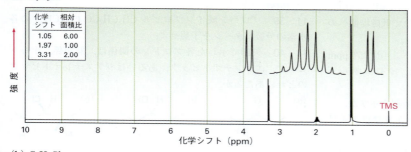

(b) C₄H₈Cl₂

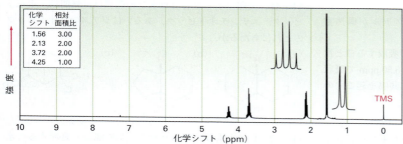

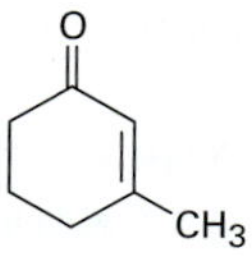

3-メチルシクロヘキサ-2-エノン 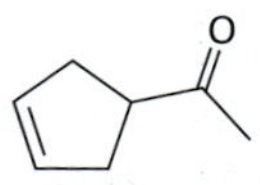　　シクロペンタ-3-エニルメチルケトン

11・51 下に示す安息香酸エチルの ^{13}C NMR スペクトルの共鳴線をできるだけ多く個々の炭素原子に帰属せよ．

総合問題

11・52 分子式 C_3H_6O の化合物があるとする．
(a) この化合物には二重結合あるいは環がいくつ含まれるか．
(b) 分子式に一致する化合物の構造をすべて示せ．
(c) この化合物が 1715 cm^{-1} に赤外吸収のピークを示す場合には，どのような官能基が含まれるか．
(d) この化合物が 2.1 ppm に 1 本の ^{1}H NMR の吸収を示すとすれば，どのような構造と考えられるか．

11・53 $C_3H_6Br_2$ の分子式をもつ化合物の ^{1}H NMR スペクトルを下に示す．構造を示せ．

11・54 $C_4H_7O_2Cl$ の分子式をもつ化合物の ^{1}H NMR スペクトルを下に示す．この化合物は 1740 cm^{-1} に赤外吸収のピークを示す．構造を示せ．

11・55 次の ^{1}H NMR データを示す化合物の構造を示せ．
(a) $C_4H_6Cl_2$
　2.18 ppm (3H，一重線)
　4.16 ppm (2H，二重線，$J=7$ Hz)
　5.71 ppm (1H，三重線，$J=7$ Hz)
(b) $C_{10}H_{14}$
　1.30 ppm (9H，一重線)
　7.30 ppm (5H，一重線)

問題 11・51　スペクトル図

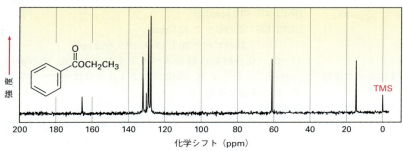

問題 11・53　スペクトル図

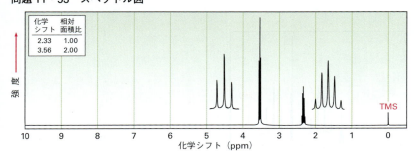

問題 11・54　スペクトル図

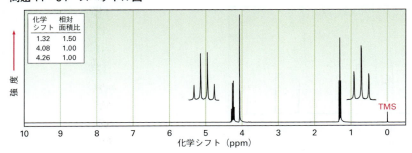

(c) C_4H_7BrO
  2.11 ppm（3H，一重線）
  3.52 ppm（2H，三重線，$J=6$ Hz）
  4.40 ppm（2H，三重線，$J=6$ Hz）

(d) $C_9H_{11}Br$
  2.15 ppm（2H，五重線，$J=7$ Hz）
  2.75 ppm（2H，三重線，$J=7$ Hz）
  3.38 ppm（2H，三重線，$J=7$ Hz）
  7.22 ppm（5H，一重線）

11・56 π 結合が介在する場合には，炭素原子 2 個分以上離れたプロトンの間に遠隔カップリングが観測されることがある．遠隔カップリングの一例が 1-メトキシブタ-1-エン-3-インでみられる．アセチレンプロトン H_a はビニルプロトン H_b とカップリングするだけでなく，炭素 4 個分離れたビニルプロトン H_c ともカップリングしている．そのデータは次に示すとおりである．

H_a—C≡C—C(=CH(OCH₃))—H_b,H_c
H_a (3.08 ppm) H_b (4.52 ppm) H_c (6.35 ppm)
$J_{a-b}=3$ Hz $J_{a-c}=1$ Hz $J_{b-c}=7$ Hz
1-メトキシブタ-1-エン-3-イン

H_a，H_b，H_c に観測される分裂パターンを説明するための樹形図を書け．

11・57 C_8H_9Br の分子式をもつある化合物の ^1H および ^{13}C NMR スペクトルを下に示す．この化合物の構造を示し，スペクトル中の各ピークを帰属せよ．

11・58 次ページに ^1H NMR スペクトルを示す三つの化合物の構造を示せ．

11・59 次ページの質量スペクトルと ^{13}C NMR スペクトルを示す炭化水素の構造を示し，スペクトルデータを説明せよ．

11・60 化合物 **A** は炭化水素であり，質量スペクトルで $M^+=96$ を示し，^{13}C スペクトルでは次のデータを示す．BH_3 と反応させ，塩基性条件下 H_2O_2 で処理することにより，**A** は **B** へと変換される．化合物 **B** の ^{13}C スペクトルは次に示すとおりである．**A** および **B** の構造を示せ．

化合物 A
ブロードバンドデカップリング ^{13}C NMR：26.8, 28.7, 35.7, 106.9, 149.7 ppm

DEPT-90：ピークなし
DEPT-135：正のピークなし
  負のピーク 26.8, 28.7, 35.7, 106.9 ppm

化合物 B
ブロードバンドデカップリング ^{13}C NMR：26.1, 26.9, 29.9, 40.5, 68.2 ppm

DEPT-90：40.5 ppm
DEPT-135：正のピーク 40.5 ppm
  負のピーク 26.1, 26.9, 29.9, 68.2 ppm

11・61 化合物 **C** は質量スペクトルで $M^+=86$，赤外吸収 3400 cm^{-1}，そして ^{13}C NMR スペクトルでは次のデータを示す．**C** の構造を示せ．

化合物 C
ブロードバンドデカップリング ^{13}C NMR：30.2, 31.9, 61.8, 114.7, 138.4 ppm

問題 11・57　スペクトル図

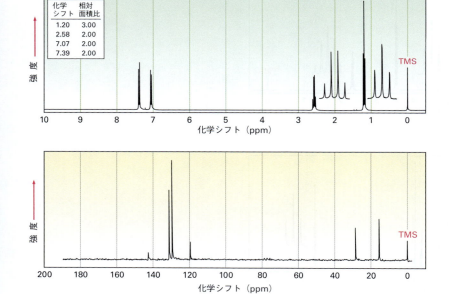

化学シフト	相対面積比
1.20	3.00
2.58	2.00
7.07	2.00
7.39	2.00

問題 11・58 スペクトル図

(a) $C_5H_{10}O$

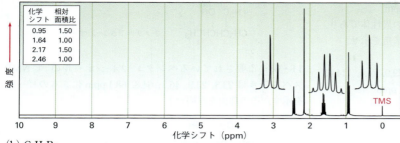

(b) C_7H_7Br

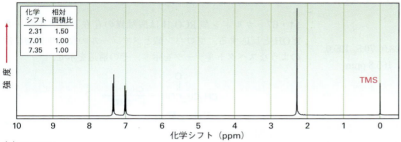

(c) C_8H_9Br

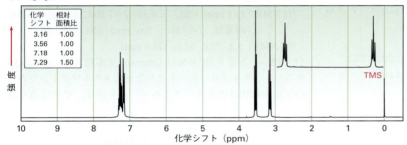

問題 11・59 スペクトル図

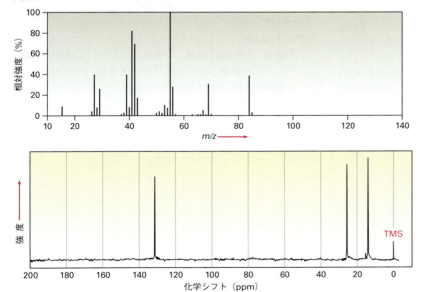

364   11. 構造決定：核磁気共鳴分光法

DEPT-90: 138.4 ppm
DEPT-135: 正のピーク 138.4 ppm
　　　　　負のピーク 30.2, 31.9, 61.8, 114.7 ppm

11・62 化合物 D は化合物 C（問題 11・61）の異性体であり，次の ^{13}C NMR スペクトルデータを示す．D の構造を示せ．

化合物 D

ブロードバンドデカップリング ^{13}C NMR: 9.7, 29.9, 74.4, 114.4, 141.4 ppm

DEPT-90: 74.4, 141.4 ppm
DEPT-135: 正のピーク 9.7, 74.4, 141.4 ppm
　　　　　負のピーク 29.9, 114.4 ppm

11・63 $C_7H_{12}O_2$ の分子式をもつ化合物 E は次の ^{13}C NMR スペクトルデータを示す．E の構造を示せ．

化合物 E

ブロードバンドデカップリング ^{13}C NMR: 19.1, 28.0, 70.5, 129.0, 129.8, 165.8 ppm

DEPT-90: 28.0, 129.8 ppm
DEPT-135: 正のピーク 19.1, 28.0, 129.8 ppm
　　　　　負のピーク 70.5, 129.0 ppm

11・64 化合物 F は炭化水素であり，質量スペクトルで $M^+=96$ を示し，HBr と反応させると化合物 G を与える．化合物 F と G の ^{13}C NMR スペクトルデータを次に示す．F と G の構造を示せ．

化合物 F

ブロードバンドデカップリング ^{13}C NMR: 27.6, 29.3, 32.2, 132.4 ppm

DEPT-90: 132.4 ppm
DEPT-135: 正のピーク 132.4 ppm
　　　　　負のピーク 27.6, 29.3, 32.2 ppm

化合物 G

ブロードバンドデカップリング ^{13}C NMR: 25.1, 27.7, 39.9, 56.0 ppm

DEPT-90: 56.0 ppm
DEPT-135: 正のピーク 56.0 ppm
　　　　　負のピーク 25.1, 27.7, 39.9 ppm

11・65 3-メチルブタン-2-オールは ^{13}C NMR スペクトルにおいて 17.90, 18.15, 20.00, 35.05, 72.75 ppm に 5 本のシグナル

を示す．C3 に結合した二つのメチル基が非等価なのはなぜか．理由を考えるには，分子モデルが役に立つだろう．

H₃C　OH
CH₃CHCHCH₃　　3-メチルブタン-2-オール
　4　　3　2　1

11・66 市販されているペンタン-2,4-ジオールの ^{13}C NMR スペクトルは 23.3, 23.9, 46.5, 64.8, 68.1 ppm に 5 本のピークを示す．その理由を説明せよ．

OH　　OH
CH₃CHCH₂CHCH₃　　ペンタン-2,4-ジオール

11・67 カルボン酸 RCO_2H は酸触媒の存在下，アルコール $R'OH$ と反応する．プロパン酸とメタノールの反応生成物は次のようなスペクトルデータを示す．その構造を示せ．

O
‖
CH₃CH₂COH　$\xrightarrow[\text{H}^+ \text{触媒}]{\text{CH}_3\text{OH}}$　**?**
プロパン酸

MS: $M^+=88$
IR: 1735 cm^{-1}
^1H NMR: 1.11 ppm（3H，三重線，$J=7$ Hz），2.32 ppm（2H，四重線，$J=7$ Hz），3.65 ppm（3H，一重線）
^{13}C NMR: 9.3, 27.6, 51.4, 174.6 ppm

11・68 ニトリル $RC\equiv N$ は Grignard 反応剤 $R'MgBr$ と反応する．2-メチルプロパンニトリルと臭化メチルマグネシウムとの反応生成物は次のスペクトルデータを示す．その構造を示せ．

CH₃
|
CH₃CHC≡N　$\xrightarrow[\text{2. H}_3\text{O}^+]{\text{1. CH}_3\text{MgBr}}$　**?**
2-メチルプロパンニトリル

MS: $M^+=86$
IR: 1715 cm^{-1}
^1H NMR: 1.05 ppm（6H，二重線，$J=7$ Hz），2.12 ppm（3H，一重線），2.67 ppm（1H，七重線，$J=7$ Hz）
^{13}C NMR: 18.2, 27.2, 41.6, 211.2 ppm

有機ハロゲン化物：
求核置換と脱離

12

12·1 ハロゲン化アルキルの構造と命名法
12·2 アルケンからハロゲン化アルキルの合成：アリル位の臭素化
12·3 アルコールからハロゲン化アルキルの合成
12·4 ハロゲン化アルキルの反応：Grignard 反応剤
12·5 有機金属カップリング反応
12·6 求核置換反応の発見
12·7 S_N2 反応
12·8 S_N2 反応の特徴
12·9 S_N1 反応
12·10 S_N1 反応の特徴
12·11 生体内における置換反応
12·12 脱離反応：Zaitsev 則
12·13 E2 反応と重水素同位体効果
12·14 E1 反応と E1cB 反応
12·15 生体内における脱離反応
12·16 反応性のまとめ：
 $S_N1, S_N2, E1, E1cB, E2$

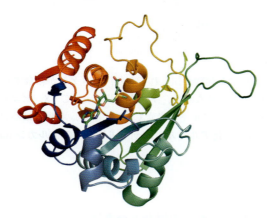

$N6$-アデニンメチル化転移酵素は DNA のピリミジンヌクレオチドのメチル化を触媒する

本章の目的　ハロゲン化アルキル自体が生体内変換経路中に含まれることはまれであるが，これらの化合物が起こす求核置換反応や脱離反応は，生体内で多くみられる．したがって，ハロゲン化アルキルの化学は，反応機構はよく似ているが複雑な構造をもつ生体分子の反応の単純化したモデルとなる．本章ではまず，ハロゲン化アルキルの命名法や合成法について取上げ，ついで，有機化学において非常に大切であり，よく研究されている二つの反応，すなわち置換反応と脱離反応について詳しく解説する．

　これまでに炭化水素の化学についてはひととおり説明したので，ここからは炭素と水素以外の元素を含む，より複雑な化合物についてみていこう．最初に取上げるのは一つあるいは複数のハロゲンを含む**有機ハロゲン化物**（organohalide）である．
　ハロゲンを含む有機化合物は天然に広く分布し，藻類をはじめとするさまざまな海洋生物から 5000 を超える化合物が見いだされている．たとえばクロロメタンは海藻や森林火災，火山の噴火によって大量に放出されている．また，ハロゲンを含む化合物は有機溶媒，吸入麻酔薬，冷媒，殺虫剤などとして工業的に広く利用されている．

トリクロロエチレン
trichloroethylene
（溶媒）

ハロタン
halothane
（吸入麻酔剤）

ジクロロジフルオロメタン
dichlorodifluoromethane
（冷媒）

ブロモメタン
bromomethane
（燻蒸剤）

　医薬品や食品添加物として利用されている有機ハロゲン化物も存在する．たとえば，スクラロース（販売名スプレンダー®）は三つの塩素原子を含む人工甘味料であ

り，砂糖の約 600 倍の甘みをもつ（スクラロース 1 mg は，ティースプーン 1 杯の砂糖と同程度の甘みを示す）．

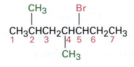

スクラロース
sucralose

さまざまな有機ハロゲン化物が知られており，ハロゲンが結合する炭素原子の種類により四つに分類できる．すなわち，アルキン炭素 C≡C−X，ビニル炭素 C=C−X，芳香族炭素 Ar−X，およびアルキル炭素 C−X である．本章ではハロゲンが sp^3 飽和炭素に結合した**ハロゲン化アルキル**（alkyl halide，**ハロアルカン** haloalkane ともいう）に焦点を当てる．

12・1 ハロゲン化アルキルの構造と命名法

ハロゲンの置換したアルカンはハロゲン化アルキルとよばれることも多いが，系統的にはハロゲンを母体となるアルキル鎖の置換基とみなし，ハロアルカンと命名する（§3・4）．その際，次の三つの規則に準じて行う．

段階 1 最も長い炭素鎖を母体として命名する．ただし，二重結合や三重結合がある場合，母体鎖はそれを含まなければならない．

段階 2 アルキル基であるかハロゲンであるかに関わらず，最初に現れる置換基に近い末端を 1 として母体鎖の炭素に番号をつける．炭素鎖上の位置に従って置換基に位置番号をつける．

5-ブロモ-2,4-ジメチルヘプタン
5-bromo-2,4-dimethylheptane

2-ブロモ-4,5-ジメチルヘプタン
2-bromo-4,5-dimethylheptane

異なるハロゲンを含む場合は，アルファベット順に並べて命名する（位置番号順ではない）．

1-ブロモ-3-クロロ-4-メチルペンタン
1-bromo-3-chloro-4-methylpentane

段階 3 段階 2 でどちらの末端からも番号づけが同じになる場合には，アルファベット順で優先する置換基に小さい位置番号を割当てる．

12・1 ハロゲン化アルキルの構造と命名法　367

2-ブロモ-5-メチルヘキサン
2-bromo-5-methylhexane
(5-ブロモ-2-メチルヘキサンではない)

系統的な命名に加えて，構造が単純であればアルキル基の名称をハロゲン化物イオンの名称の後につけ，ハロゲン化アルキルとよぶこともできる（英語では alkyl halide のようにアルキル基の名称が前にくる）．たとえば，ヨードメタン（iodomethane）CH_3I はヨウ化メチル（methyl iodide）ともよばれる*．このような命名法は化学文献に取入れられ，日常的に使用されている．

* 訳注：ヨウ化メタンやヨードメチルのような名称は誤りである．

CH_3I
ヨードメタン
iodomethane
（ヨウ化メチル
methyl iodide）

CH_3CHCH_3 (Cl)
2-クロロプロパン
2-chloropropane
（塩化イソプロピル
isopropyl chloride）

ブロモシクロヘキサン
bromocyclohexane
（臭化シクロヘキシル
cyclohexyl bromide）

ハロゲンは周期表の下にいくほど大きくなるので，それに伴い対応する炭素－ハロゲン（C－X）結合は長くなる（表 12・1）．それに伴い，二つの原子間の結合強度はしだいに減少する．なお，これまでと同様に，ハロゲン F, Cl, Br, I のどれかであることを示す略号として "X" を用いる．

表 12・1　ハロメタンの比較

ハロメタン	結合長 (pm)	結合強度 (kJ/mol)	結合強度 (kcal/mol)	双極子モーメント (D)
CH_3F	139	460	110	1.85
CH_3Cl	178	350	84	1.87
CH_3Br	193	294	70	1.81
CH_3I	214	239	57	1.62

官能基における結合の極性について議論する際に，ハロゲンは炭素に比べて電気的に陰性であることを学んだ（§6・4 参照）．したがって C－X 結合は，弱い正の電荷（δ＋）の炭素原子と弱い負の電荷（δ－）のハロゲン原子により極性である．これによって，ハロメタンは大きな双極子モーメントをもち，極性反応においてハロゲン化アルキルのハロゲンが結合した炭素原子は求電子剤として働く．これから具体的な反応にふれていこう．

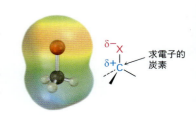

問題 12・1　次のハロゲン化アルキルに IUPAC 名をつけよ．

(a) $CH_3CH_2CH_2CH_2I$

(b) $CH_3CHCH_2CH_2Cl$ (CH_3)

(c) $BrCH_2CH_2CH_2CCH_2Br$ (CH_3)(CH_3)

(d)
CH3
CH3CCH2CH2Cl
Cl

(e)
I CH2CH2Cl
CH3CHCHCH2CH3

(f)
Br Cl
CH3CHCH2CH2CHCH3

問題 12・2　次に示す IUPAC 名に対応する化合物の構造を示せ.

(a) 2-クロロ-3,3-ジメチルヘキサン　　(b) 3,3-ジクロロ-2-メチルヘキサン

(c) 3-ブロモ-3-エチルペンタン

(d) 1,1-ジブロモ-4-イソプロピルシクロヘキサン

(e) 4-*s*-ブチル-2-クロロノナン

(f) 1,1-ジブロモ-4-*t*-ブチルシクロヘキサン

12・2　アルケンからハロゲン化アルキルの合成：アリル位の臭素化

すでにハロゲン化アルキルの合成法として，アルケンと HX または X_2 との求電子付加反応（§6・6，§8・2 参照）をはじめとするいくつかの方法について述べてきた．アルケンに対して HCl，HBr，ならびに HI のようなハロゲン化水素が極性機構で反応して Markovnikov（マルコフニコフ）付加生成物を与える．またアルケンに対して臭素や塩素がハロニウムイオン中間体を経てアンチ付加すると 1,2-ジハロゲン化物を生成する．

H
X
X2
HX
H
X
X
CH3
H
CH3
H
CH3
X=Cl または Br
X=Cl, Br, または I

フラスコ内でアルケンからハロゲン化アルキルを合成するもう一つの方法は，光照射下でのアルケンと *N*-ブロモスクシンイミド（*N*-bromosuccinimide: NBS）との反応であり，二重結合の隣の炭素，すなわちアリル位炭素で水素が臭素に置換した生成物を与える（§8・13 参照）．たとえば，シクロヘキセンから 3-ブロモシクロヘキセンが得られる．

O
N—Br (NBS)
O
H H
アリル位
H H
hν, CCl4
Br
+
O
N—H
O
シクロヘキセン
3-ブロモシクロヘキセン
(85%)

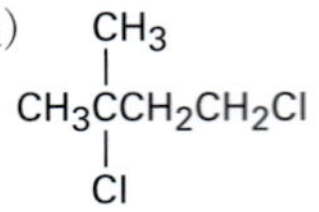

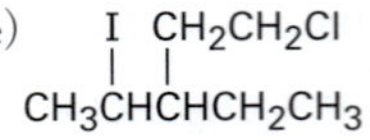

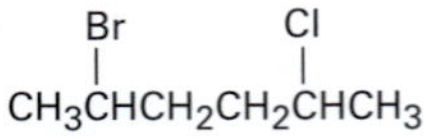

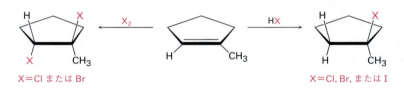

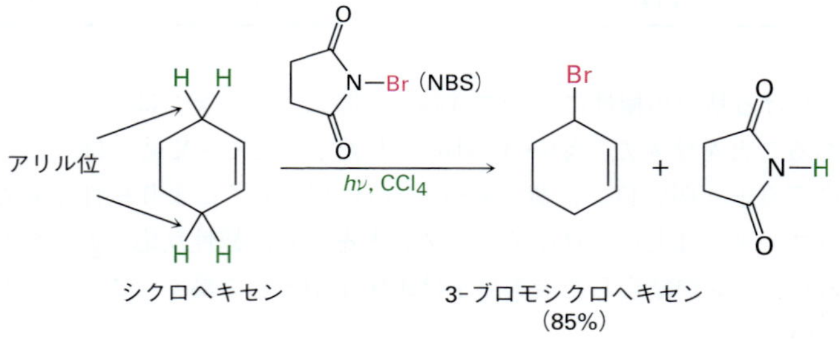

この反応はすでに学習したメタンの塩素化（§6・3 参照）によく似た反応であり，ラジカル連鎖機構で進行する．すなわち，メタンのハロゲン化と同じように臭素ラジカル Br· がアリル位の水素原子を引抜き，それによりアリル型ラジカルと臭化水素 HBr を生じる（反応開始段階）．次に HBr が NBS と反応して臭素分子を形成し，これがアリル型ラジカルと反応することにより臭素化生成物と Br· を与え，この Br· が最初の段階に戻り連鎖反応をひき起こす（反応伝搬段階）（図 12・1）.

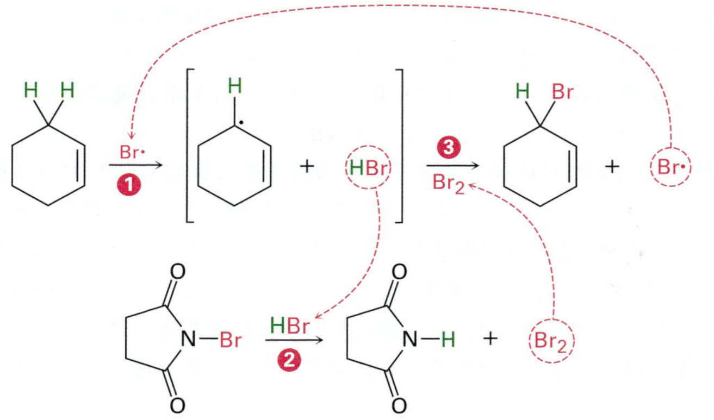

図 12・1 **NBS によるアルケンのアリル位臭素化の反応機構**. 以下に示すラジカル連鎖反応により進行する. ❶ 臭素ラジカル Br· がアリル位水素原子を引抜き、アリルラジカルと HBr が生成する. ❷ HBr が NBS と反応し臭素分子が生じる. ❸ アリル型ラジカルと臭素分子の反応により臭素化生成物が得られ、Br· の反応が繰返される.

NBS による臭素化が分子中のアリル位で選択的に進行するのはなぜであろうか. この問いにはいくつかの炭素ラジカルの相対的安定性から答えることができる. シクロヘキセン中に存在する 3 種類の C−H 結合の結合解離エネルギーを表 6・3 からそれぞれ求めると、典型的な第二級アルキル型結合では 410 kJ/mol (98 kcal/mol)、ビニル型結合では 465 kJ/mol (111 kcal/mol) であるのに対して、アリル型結合ではわずか 370 kcal/mol (88 kcal/mol) である. したがって、アリル型ラジカルはアルキルラジカルに比べて約 40 kJ/mol (10 kcal/mol) ほど安定であり、Hammond の仮説 (§7・9 参照) を適用すると、生成しやすいのは妥当である.

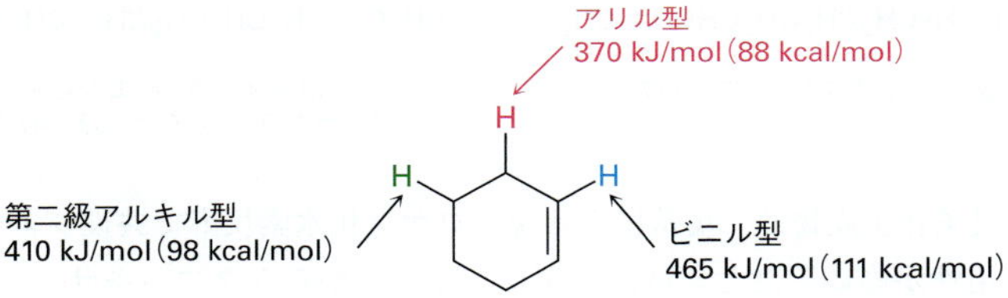

アリルラジカルの安定性についてはアリルカルボカチオンと同様に説明することができる (§8・13 参照). アリルラジカルはアリルカチオン同様、二つの共鳴構造式で表すことができる. 一つは左側に不対電子、右側に二重結合をもつものであり、もう一つは右側に不対電子、左側に二重結合をもつものである (図 12・2). いずれも真

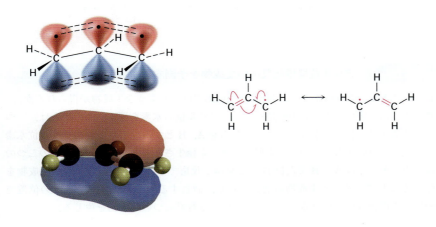

図 12・2 **アリルラジカルの軌道図**. 中央の炭素の p 軌道が隣接する両末端の炭素の p 軌道と等しく重なることにより、二つの等価な共鳴構造を生じる.

370　**12. 有機ハロゲン化物：求核置換と脱離**

の構造を表現しておらず，実際には二つの共鳴構造の混成体である．アリルラジカル
の分子軌道によると，不対電子はどちらか一方の端に局在化して存在するのではな
く，伸長したπ軌道系を介して非局在化しており，両末端の炭素が不対電子を共有
している．

　アリル型ラジカルの不対電子はπ電子系の両末端に非局在化しているので，臭素
分子との反応はどちらの末端でも起こりうる．したがって，非対称アルケンに対する
アリル位の臭素化では混合生成物を生じる．たとえば，オクタ-1-エンの臭素化は3-
ブロモオクタ-1-エンと1-ブロモオクタ-2-エンを与える．しかし，中間に生じるア
リル型ラジカルが非対称であり，両末端における反応が均等に進行しないため，二つ
の生成物が等量得られることはなく，立体障害が少ない第一級炭素ラジカル側での反
応が起こりやすい．

$$CH_3CH_2CH_2CH_2CH_2CH_2CH=CH_2$$

オクタ-1-エン

$h\nu$ | NBS, CCl$_4$

$$[\ CH_3CH_2CH_2CH_2CH_2\overset{\cdot}{C}HCH=CH_2\ \longleftrightarrow\ CH_3CH_2CH_2CH_2CH_2CH=CH\overset{\cdot}{C}H_2\ ]$$

$$\underset{\text{3-ブロモオクタ-1-エン(17\%)}}{CH_3CH_2CH_2CH_2CH_2\overset{\displaystyle Br}{\overset{|}{C}}HCH=CH_2}\ +\ \underset{\substack{\text{1-ブロモオクタ-2-エン(83\%)}\\ \text{(トランス：シス ＝ 53：47)}}}{CH_3CH_2CH_2CH_2CH=CHCH_2Br}$$

　アリル位臭素化生成物は，塩基による脱ハロゲン化水素反応で共役ジエンに変換で
きる点で有用性が高い．たとえば，シクロヘキセンからシクロヘキサ-1,3-ジエンに
変換可能である．

シクロヘキセン　　　　　　　3-ブロモシクロヘキセン　　　　　シクロヘキサ-
　　　　　　　　　　　　　　　　　　　　　　　　　　　　　　1,3-ジエン

例題 12・1　　**アリル位臭素化反応の生成物を予測する**

4,4-ジメチルシクロヘキセンと NBS との反応ではどのような生成物が得られるか．

考え方　出発物のアルケンの構造を書き，アリル位の水素を探す．この場合は，二つ
の異なるアリル位水素が存在する．これらを A，B とする．それぞれのアリル位水素
を引抜き，対応する二つのアリル型ラジカルを発生させる．これらはおのおの二つの
反応点（A または A′，B または B′）で臭素と反応できるので，最大四つの生成物を
生じることになる．各生成物の構造を示し，命名する．この場合，B と B′ の位置で
の反応生成物は同じになるため，この反応では合計三つの生成物を生じる．

解 答

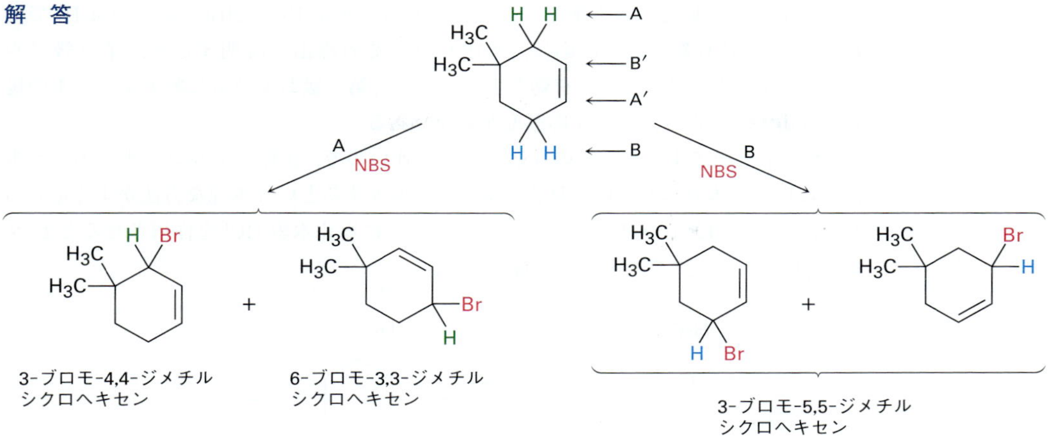

3-ブロモ-4,4-ジメチルシクロヘキセン + 6-ブロモ-3,3-ジメチルシクロヘキセン

3-ブロモ-5,5-ジメチルシクロヘキセン

問題 12・3 シクロヘキサジエニルラジカルに対する三つの共鳴構造式を書け．

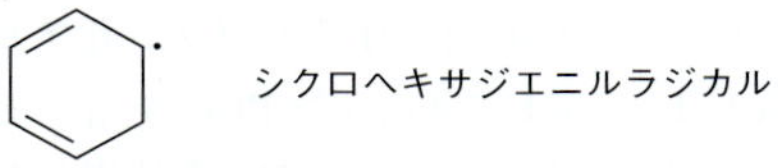

シクロヘキサジエニルラジカル

問題 12・4 メチリデンシクロヘキサンと N-ブロモスクシンイミド（NBS）との反応の主生成物は 1-(ブロモメチル)シクロヘキセンである．この結果を説明せよ．

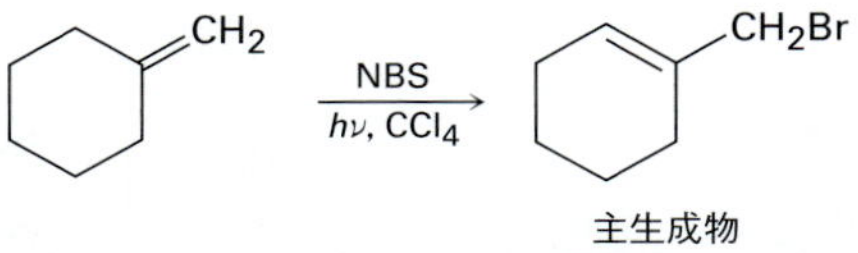

主生成物

問題 12・5 次に示すアルケンと NBS との反応でどのような生成物が期待されるか．二つ以上の生成物ができる場合はすべての構造を示せ．

(a) （構造式） (b) $CH_3CHCH=CHCH_2CH_3$ （CH₃ 置換）

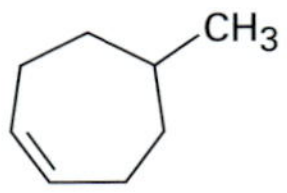

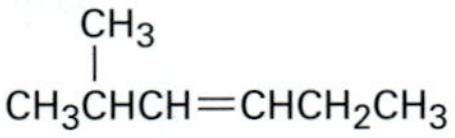

12・3　アルコールからハロゲン化アルキルの合成

　一般的に最も有用なハロゲン化アルキルの合成法はアルコールからの変換であり，§13・3 で述べるように，アルコール自体はカルボニル化合物から得ることができる．このプロセスは重要であり，さまざまなアルコールからハロゲン化アルキルへの変換

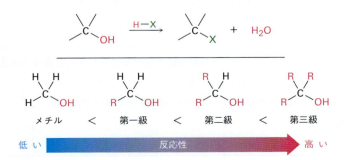

メチル ＜ 第一級 ＜ 第二級 ＜ 第三級

低い　　　　　反応性　　　　　高い

法が開発されている．最も簡単な方法はアルコールを HCl，HBr，あるいは HI で処理するものである．この反応は，§12・10 でその理由を説明するが，第三級アルコール R₃COH に対して最も有効な手法である．第一級および第二級アルコールの場合は反応が遅くなり，高い反応温度が必要である．

HX と第三級アルコールとの反応はとても速いので，0 ℃ でアルコールのエーテル溶液に塩化水素ガスあるいは臭化水素ガスを導入するという単純な方法がよく用いられる．たとえば，1-メチルシクロヘキサノールに塩化水素 HCl を作用させると 1-クロロ-1-メチルシクロヘキサンが得られる．

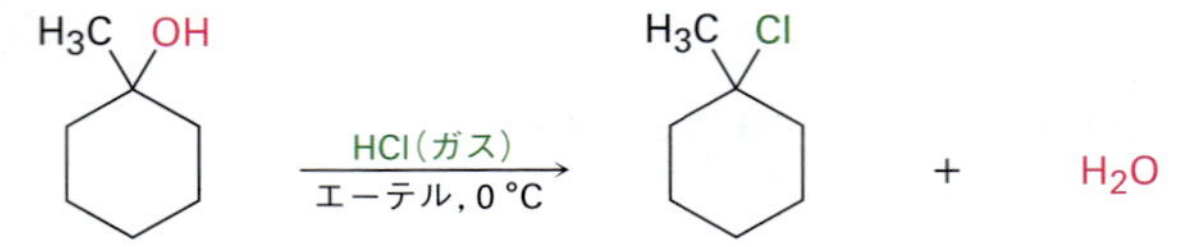

H₃C OH ─── HCl（ガス）／エーテル，0 ℃ ──→ H₃C Cl ＋ H₂O

1-メチルシクロ
ヘキサノール

1-クロロ-1-メチル
シクロヘキサン（90％）

第一級および第二級アルコールから対応するハロゲン化アルキルへの最もよい変換法は，塩化チオニル SOCl₂ あるいは三臭化リン PBr₃ を用いる方法である．この反応は比較的穏やかな条件で容易に進行するので，HX を使用した場合に比べて酸性度が低く，酸触媒による転位反応が起こるおそれが少ない．この置換反応の機構は §12・8 で取上げる．

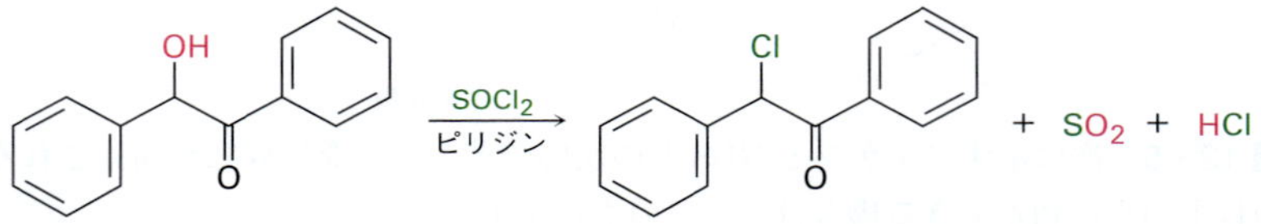

OH ─── SOCl₂／ピリジン ──→ Cl ＋ SO₂ ＋ HCl

ベンゾイン

（86％）

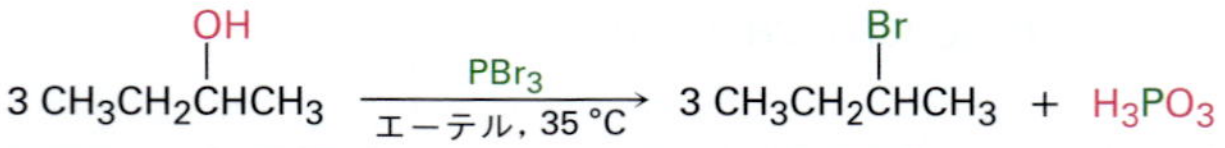

OH │ 3 CH₃CH₂CHCH₃ ─── PBr₃／エーテル，35 ℃ ──→ Br │ 3 CH₃CH₂CHCH₃ ＋ H₃PO₃

ブタン-2-オール

2-ブロモブタン（86％）

同様にフッ化アルキルもアルコールから合成することができる．三フッ化ジエチルアミノ硫黄 [(CH₃CH₂)₂NSF₃] や HF-ピリジンをはじめさまざまな試薬が使われている．

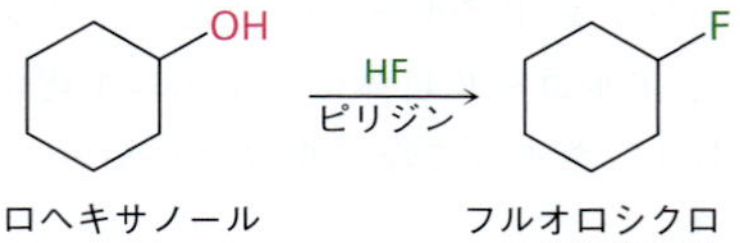

OH ─── HF／ピリジン ──→ F

シクロヘキサノール

フルオロシクロ
ヘキサン（99％）

問題12・6 次のハロゲン化アルキルを対応するアルコールから合成する方法を示せ．

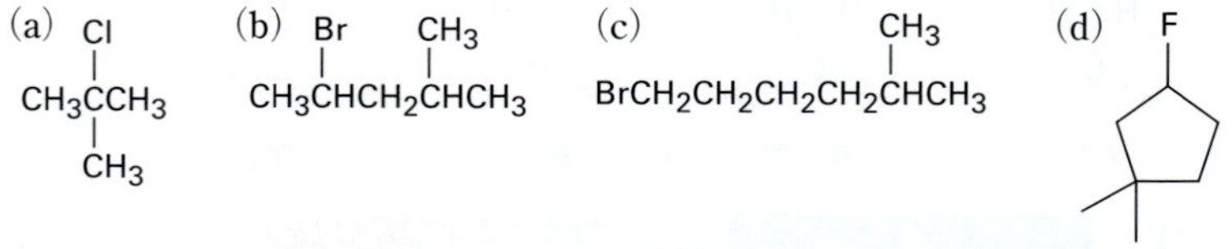

(a) Cl │ CH₃CCH₃ │ CH₃

(b) Br CH₃ │ │ CH₃CHCH₂CHCH₃

(c) CH₃ │ BrCH₂CH₂CH₂CH₂CHCH₃

(d) F

12・4 ハロゲン化アルキルの反応：Grignard 反応剤

ハロゲン化アルキル RX は無水エーテルあるいはテトラヒドロフラン（THF, §8・1 参照）中，金属マグネシウムと反応してハロゲン化アルキルマグネシウム RMgX を生じる．この生成物は発見者である Victor Grignard にちなんで **Grignard 反応剤**（Grignard reagent）とよばれ，炭素－金属結合を含む．**有機金属化合物**（organometallic compound）の例である．この反応剤はハロゲン化アルキルだけでなく，ハロゲン化アルケニル（ハロゲン化ビニル）やハロゲン化アリール（芳香族ハロゲン化物）から調製することもできる．ハロゲンとしては，Cl, Br, および I が使用できるが，塩化物は，臭化物やヨウ化物に比べて反応性が低下する．有機フッ化物はマグネシウムとまったく反応しない．

テトラヒドロフラン tetrahydrofuran: THF

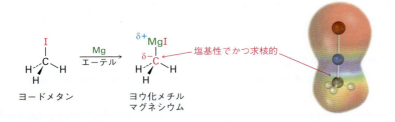

§6・4 で述べた電気陰性度と結合の分極の議論からわかるように，Grignard 反応剤の炭素－マグネシウム結合は分極しているため，炭素原子は求核的であり，また塩基性をもつ．たとえば，ヨウ化メチルマグネシウムの静電ポテンシャル図から，マグネシウムに結合する炭素が電子豊富な状態にあることが明らかである（より赤みを帯びている）．

Grignard 反応剤は形式的には炭化水素酸 R_3C-H のマグネシウム塩 $R_3C^-\ ^+MgX$ であり，炭素の陰イオン，すなわち**カルボアニオン**（carbanion）である．炭化水素の pK_a は 44〜60 と非常に弱い酸であるため，カルボアニオンは非常に強い塩基として働く（§8・15 参照）．このため，Grignard 反応剤は酸－塩基反応によりプロトン化，分解されるのを防ぐために空気中の湿気から保護する（無水条件）必要がある．$R-MgX + H_2O \rightarrow R-H + HO-Mg-X$．

$CH_3CH_2CH_2CH_2CH_2CH_2Br \xrightarrow[\text{エーテル}]{Mg} CH_3CH_2CH_2CH_2CH_2CH_2MgBr \xrightarrow{H_2O} CH_3CH_2CH_2CH_2CH_2CH_3$

1-ブロモヘキサン　　　　　　臭化 1-ヘキシルマグネシウム　　　　ヘキサン

Grignard 反応剤そのものは生体内に存在していないが，次章で詳細にふれるようにフラスコ内で多くの重要な反応における炭素求核剤として有用である．さらに，

Grignard 反応剤は生化学における非常に複雑な炭素求核剤を単純化したモデルとみなすことができる（17章参照）.

問題 12・7 Grignard 反応剤はどの程度の強さをもつ塩基だろうか. 表8・3を見ながら，次の反応が進行するかどうか予想せよ（NH_3のpK_aは35である）.
(a) $CH_3MgBr + H-C\equiv C-H \longrightarrow CH_4 + H-C\equiv C-MgBr$
(b) $CH_3MgBr + NH_3 \longrightarrow CH_4 + H_2N-MgBr$

問題 12・8 重水素化合物を合成したい. ハロゲンを重水素 D で置換するにはどうすればよいか.

$$\underset{CH_3CHCH_2CH_3}{\overset{Br}{|}} \xrightarrow{?} \underset{CH_3CHCH_2CH_3}{\overset{D}{|}}$$

12・5 有機金属カップリング反応

Grignard 反応剤以外の有機金属反応剤も同様の方法でハロゲン化アルキルから調製することができる. たとえば，アルキルリチウム反応剤 RLi はハロゲン化アルキルと金属リチウムとの反応により得られる. アルキルリチウムは求核剤かつ強塩基であり，その化学的性質は多くの点でハロゲン化アルキルマグネシウムと類似している.

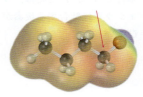
塩基性でかつ求核的

$$CH_3CH_2CH_2CH_2Br \xrightarrow[\text{ペンタン}]{2\ Li} CH_3CH_2CH_2CH_2Li + LiBr$$
1-ブロモブタン　　　　　　　　　　　　　　　n-ブチルリチウム

アルキルリチウムの代表的な反応は無水エーテル溶媒中，ヨウ化銅(I)との反応によるジアルキル銅リチウム R_2CuLi の合成である. これは **Gilman 反応剤**（Gilman reagent）[*]ともよばれ，フッ化アルキルを除く有機塩化物，臭化物，およびヨウ化物と**カップリング反応**（coupling reaction）と行えることから有用である. Gilman 反応剤のアルキル基の一つがハロゲン化アルキルのハロゲンと置換して新たな炭素-炭素結合を形成し，炭化水素を生じる. たとえば，ジメチル銅リチウムは 1-ヨードデカンと反応して高収率でウンデカンを与える.

* 訳注: しばしば有機クプラート反応剤ともよばれる.

$$2\ CH_3Li + CuI \xrightarrow{\text{エーテル}} (CH_3)_2Cu^- Li^+ + LiI$$
　　メチルリチウム　　　　　　　　ジメチル銅リチウム
　　　　　　　　　　　　　　　　（Gilman 反応剤）

$$(CH_3)_2CuLi + CH_3(CH_2)_8CH_2I \xrightarrow[0\ °C]{\text{エーテル}} CH_3(CH_2)_8CH_2CH_3 + LiI + CH_3Cu$$
ジメチル銅リチウム　1-ヨードデカン　　　　　　　ウンデカン(90%)

この有機金属カップリング反応は，炭素-炭素結合を形成する点で有機合成において有用な方法であり，小さな分子から大きな分子を合成できる. 次の例が示すように

ハロゲン化アリールやハロゲン化アルケニルでもハロゲン化アルキルでも同じような
カップリング反応が進行する.

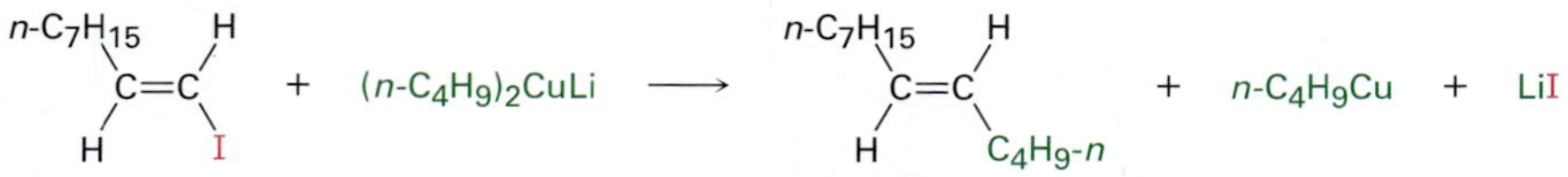

trans-1-ヨードノナ-1-エン   *trans*-トリデカ-5-エン(71%)

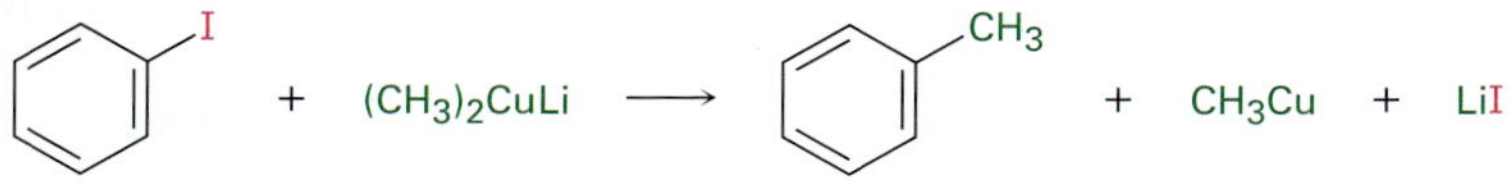

ヨードベンゼン   トルエン(91%)

　このカップリング反応の機構はトリアルキル銅中間体を形成する過程を含み，その
後 R−R′ のカップリングが起こるとともにアルキル銅 R′Cu が外れる．なお，この反
応は次節でふれる典型的な求核置換反応ではない.

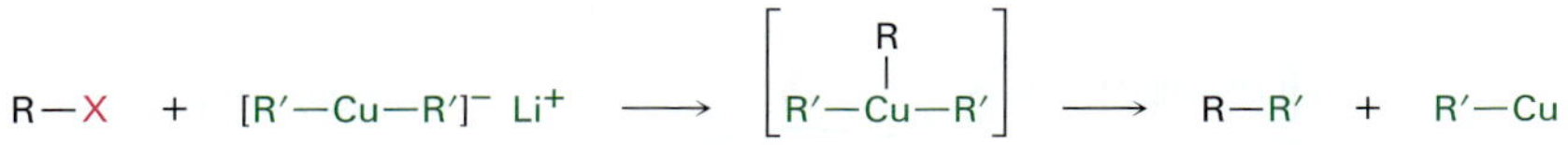

　ジアルキル銅リチウムと有機ハロゲン化物とのカップリング反応に関連した類似の
反応は他の有機金属反応剤でも進行し，特に有機パラジウム化合物がよく用いられ
る．最も一般的な方法の一つは塩基とパラジウム触媒存在下，ハロゲン化アリールま
たはハロゲン化ビニルと，アリールボロン酸またはビニルボロン酸 $R-B(OH)_2$ との
カップリング反応である．この反応はハロゲン化アルキルには適用できないので有機
銅反応剤によるカップリング反応に比べて一般性は低いものの，等モル量ではなく触
媒量の金属しか使用しないこと，また銅化合物に比べてパラジウム化合物が低毒性で
ある点で優れている．反応例は以下のとおりである.

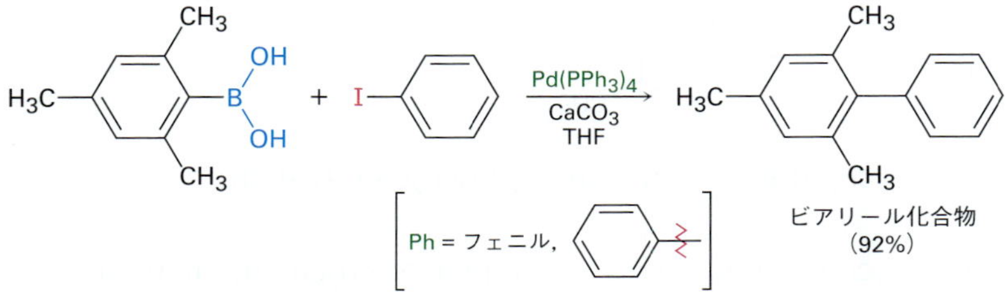

ビアリール化合物
(92%)

　この方法は**鈴木‒宮浦カップリング反応**（Suzuki–Miyaura coupling reaction）とよ
ばれ，二つの芳香環が結合したビアリール化合物の合成に特に有用である．ビ
アリール骨格は数多くの医薬品に含まれるため，この反応は医薬品製造において汎用
されている．実際，新規開発候補医薬品のうちおそらく 40% 程度の化合物の合成
に使用されている．たとえば，血圧降下剤として広く処方されているバルサルタン
（valsartan，販売名ディオバン®）の製造は，*o*-クロロベンゾニトリルと *p*-メチルベ
ンゼンボロン酸との鈴木‒宮浦カップリング反応から開始されている.

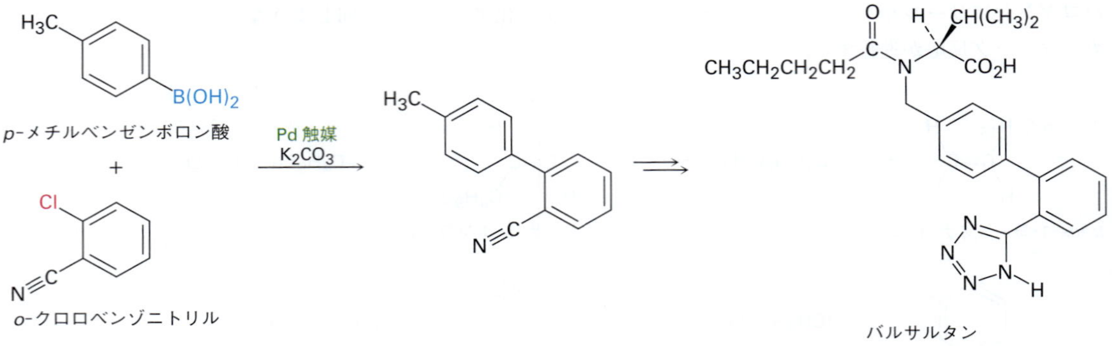

H_3C
$B(OH)_2$
p-メチルベンゼンボロン酸
+
Cl
N≡C
o-クロロベンゾニトリル
Pd 触媒
K_2CO_3
H_3C
N≡C
O
H
$CH(CH_3)_2$
$CH_3CH_2CH_2CH_2$
C
N
CO_2H
N
N
N
N
H
バルサルタン

鈴木–宮浦カップリング反応の反応機構を図 12・3 に示す．まず，ハロゲン化アリールがパラジウム触媒に**酸化的付加**（oxidative addition）して有機パラジウム中間体を生成し，次にこれが芳香族ボロン酸と反応する．その結果生じたジアリールパラジウム中間体からビアリール化合物の**還元的脱離**（reductive elimination）により生成物を与え，触媒が再生する．

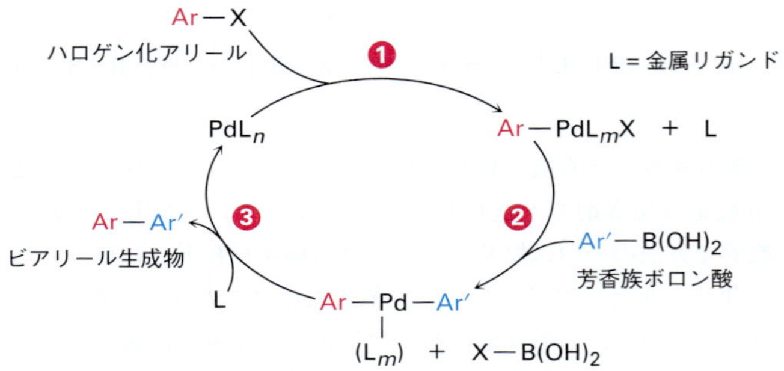

Ar—X
ハロゲン化アリール
L = 金属リガンド
❶
PdL_n
Ar—PdL_mX + L
Ar—Ar′
❸
❷
ビアリール生成物
Ar′—$B(OH)_2$
芳香族ボロン酸
L
Ar—Pd—Ar′
(L_m) + X—$B(OH)_2$

図 12・3　芳香族ボロン酸とハロゲン化アリールの鈴木–宮浦カップリング反応によるビアリール化合物の合成と反応機構． ❶ハロゲン化アリール ArX との触媒への酸化的付加による有機パラジウム中間体の生成後，❷芳香族ボロン酸と反応する．❸つづいてジアリールパラジウム中間体からビアリール化合物が還元的脱離する．

問題 12・9　有機銅カップリング反応を利用して次の変換を行うにはどうすればよいか．いずれも 2 段階以上を必要とする．

(a) 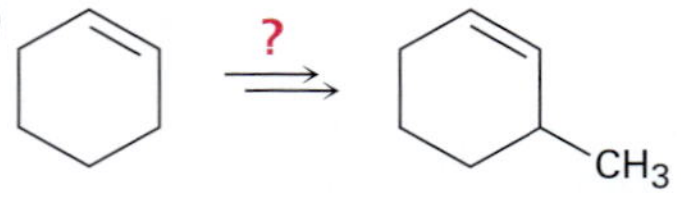

?
CH_3

(b) $CH_3CH_2CH_2CH_2Br \xrightarrow{?} CH_3CH_2CH_2CH_2CH_2CH_2CH_2CH_3$

(c) $CH_3CH_2CH_2CH{=}CH_2 \xrightarrow{?} CH_3CH_2CH_2CH_2CH_2CH_2CH_2CH_2CH_2CH_3$

訳者補遺 “溝呂木–Heck 反応” は東京化学同人のホームページに掲載しています（p.xxiii参照）

12・6　求核置換反応の発見

本章のはじめに，ハロゲン化アルキルの炭素－ハロゲン結合は分極しており，炭素原子は電子不足状態にあることを学んだ（§12・1）．したがって，ハロゲン化アルキルは求電子剤であり，求核剤や塩基による極性反応を起こすことが多い．ハロゲン化アルキルが水酸化物イオン HO^- のような求核剤や塩基と反応する場合，以下に示す

12・6 求核置換反応の発見 377

いずれかの反応が進行する。すなわち，求核剤がハロゲン X と置き換わる（**置換反応**），あるいは塩基による水素の引抜きを伴うハロゲン化水素 HX の脱離によるアルケンの生成（**脱離反応**）である。

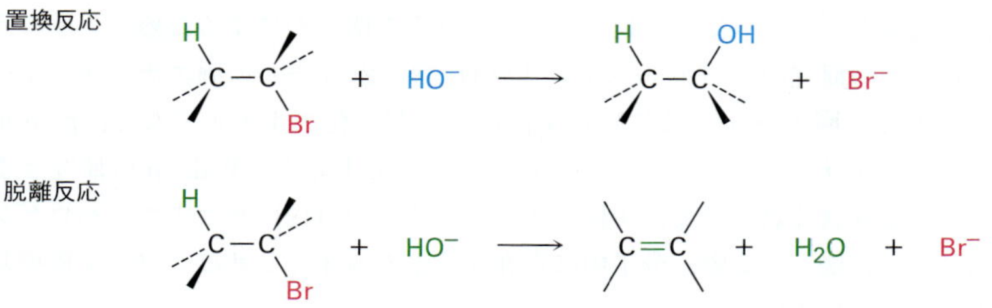

置換反応

$$\overset{H}{\underset{Br}{C}}-C \quad + \quad HO^- \quad \longrightarrow \quad \overset{H}{C}-C\overset{OH}{} \quad + \quad Br^-$$

脱離反応

$$\overset{H}{\underset{Br}{C}}-C \quad + \quad HO^- \quad \longrightarrow \quad C=C \quad + \quad H_2O \quad + \quad Br^-$$

　まず置換反応についてみていこう。ハロゲン化アルキルにおける求核置換反応の発見は，1896 年にドイツの化学者 Paul Walden によって行われた研究にさかのぼる。彼は，純粋なリンゴ酸のエナンチオマー〔（+）体と（−）体〕同士が一連の単純な置換反応によって相互変換できることを見いだした。彼は（−）-リンゴ酸を PCl₅ で処理して（+）-クロロコハク酸を単離した。次にこれを湿った Ag₂O で処理すると（+）-リンゴ酸が得られた。同様に，（+）-リンゴ酸と PCl₅ を反応させ（−）-クロロコハク酸としてから，湿った Ag₂O で処理すると（−）-リンゴ酸が得られた。Walden が報告した全反応を図 12・4 に示す。

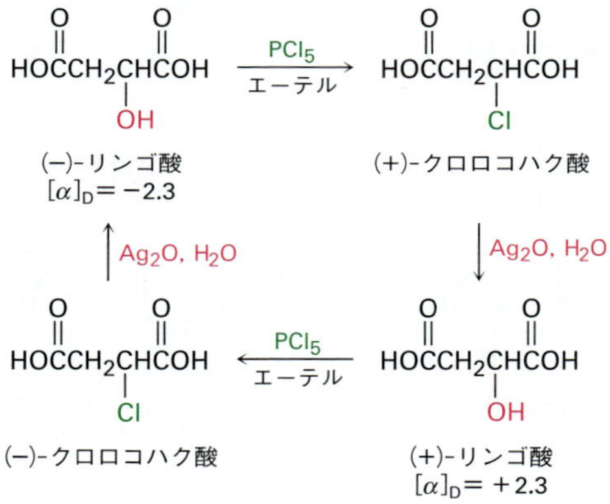

図 12・4　**Walden** による（+）-リンゴ酸と（−）-リンゴ酸の相互変換サイクル

(−)-リンゴ酸
[α]$_D$ = −2.3

(+)-クロロコハク酸

(−)-クロロコハク酸

(+)-リンゴ酸
[α]$_D$ = +2.3

　当時としては驚くべき結果であった。Emil Fischer は Walden の発見を "Pasteur の基礎的な研究以後，光学活性の分野でなされた最も優れた研究成果である" と絶賛した。（−）-リンゴ酸が（+）-リンゴ酸に変換されたことから，このサイクルに含まれる反応はキラル中心における立体配置の変化，すなわち立体反転（inversion）を伴って進行しているはずである。では，立体反転はどの段階で，どのようにして起こるのだろうか。（§5・5 で述べたように，旋光度の正負とキラル中心の絶対配置は直接関係ないことを思い出すこと。つまり，旋光度の符号を見ただけでは反応の際に絶対配置が変化したかどうかはわからない。）

　現在，Walden 反転のサイクルで起こった変換を**求核置換反応**（nucleophilic substitution reaction）とよんでいる。それぞれの段階で一つの求核剤（塩化物イオン Cl⁻ あるいは水酸化物イオン HO⁻）がもう一方の求核剤で置き換わるからである。求核

378 12. 有機ハロゲン化物：求核置換と脱離

置換反応は有機化学において最も一般的で汎用性の高い反応の一つである．

$$R—X + Nu:^- \longrightarrow R—Nu + X:^-$$

Walden の研究に続き，1920～1930 年代にかけて求核置換反応の機構の解明と，立体配置の反転がどのようにして起こるかという点を明らかにするため，一連の研究が行われた．その研究の一つが 1-フェニルプロパン-2-オールの両エナンチオマーの相互変換である（図 12・5）．ここに示す例はハロゲン化アルキルでなく，*p*-トルエンスルホン酸エステル（トシラート）を用いたものであるが，Walden の研究とまさに同じ型の反応が含まれている．実際，トシルオキシ（OTs）基はまさにハロゲン置換基と同じように働く（実際，分子中に存在するトシルオキシ基はハロゲン置換基と同じものとみなせばよい）．

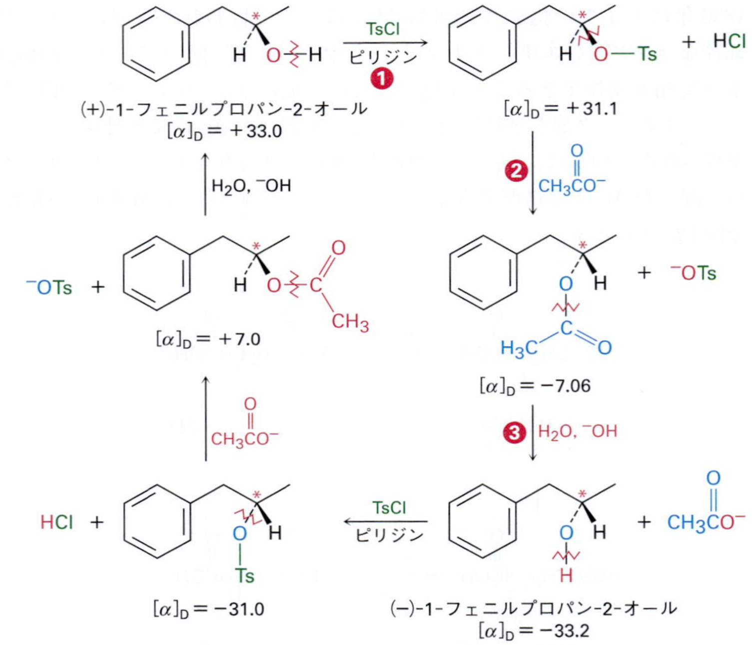

図 12・5 （＋）- および （－）-1-フェニルプロパン-2-オールの Walden 反転のサイクルによるエナンチオマーの相互変換．キラル中心は＊，それぞれの反応で切断される結合は赤の波線で示した．キラリティーの反転は，酢酸イオンがトシラートイオンと置き換わる ❷ で起こる．

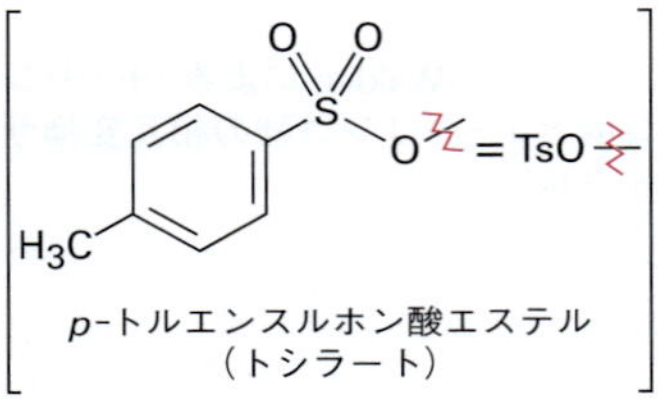

（＋）-1-フェニルプロパン-2-オールは図 12・5 に示す 3 段階の反応によりそのエナンチオマーに変換できる．したがって，3 段階の反応のうち少なくとも一つの段階においてキラル中心の立体配置の反転が起こっているはずである．トシラートを形成する第一段階ではキラル炭素と酸素原子の結合（C−O）でなく，アルコールの O−H 結合が切断されて反応が進行するためにキラル中心の立体配置は変わらない．同様に，第三段階である酢酸エステルの水酸化物イオンによる加水分解もまたキラル中心の C−O 結合の切断は起こらない．したがって，立体配置の反転は第二段階のアセ

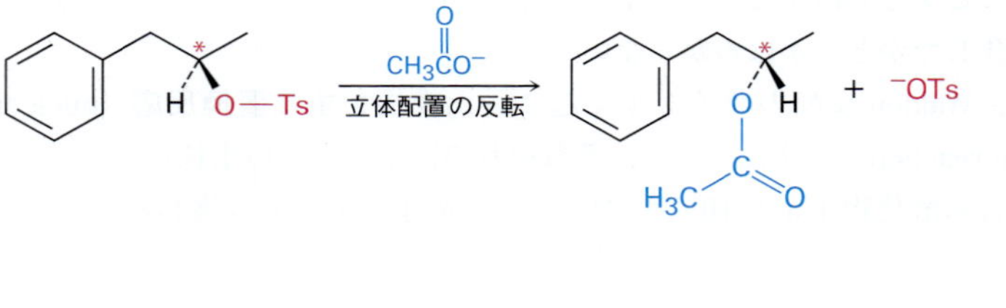

右上: 12・7 S_N2 反応　379

タートイオンによるトシラートに対する求核置換反応の段階で起こらなければならない.

この反応や数多くの類似例から,第一級あるいは第二級ハロゲン化アルキルやトシラートの求核置換反応は立体配置の反転を伴って進行することがわかった.(後で述べるように,第三級ハロゲン化アルキルやトシラートの場合,置換反応が異なる反応機構で進行するので生成物の立体配置は必ずしも反転しない.)

例題 12・2　求核置換反応における立体化学を予想する

(R)-1-ブロモ-1-フェニルエタンに対してシアン化物イオン $^-C\equiv N$ を求核剤として用いる求核置換反応ではどのような生成物が得られるか.立体配置の反転が起こると仮定して,出発物と生成物の立体化学を示せ.

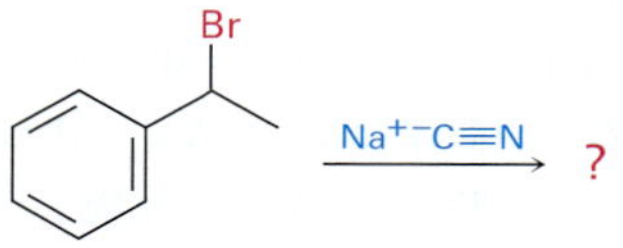

考え方　出発物である R 体を示し,Br を CN で置き換えながらキラル中心の立体配置を反転させる.

解答

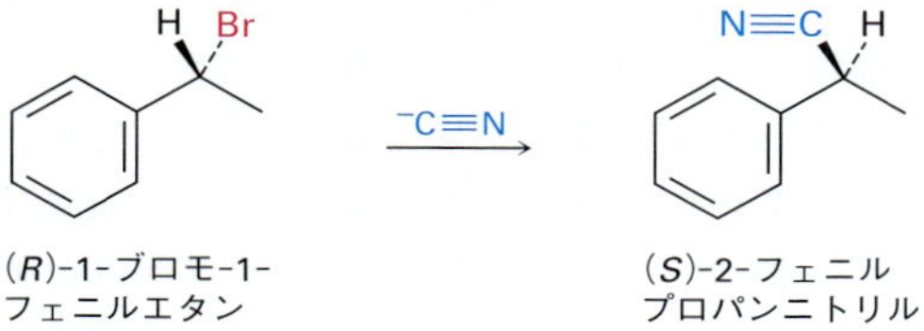

(R)-1-ブロモ-1-
フェニルエタン　　　　　　　　(S)-2-フェニル
プロパンニトリル

問題 12・10　(S)-2-ブロモヘキサンとアセタートイオン $CH_3CO_2^-$ の求核置換反応ではどのような生成物が得られると予想されるか.立体配置の反転が起こると仮定し,出発物と生成物の立体化学を示せ.

12・7　S_N2 反応

すべての化学反応において,反応速度と出発物の濃度の間に直接的な関係がある.この関係は反応の**速度論**(kinetics)から明らかにすることができる.たとえば,ブロモメタン CH_3Br と HO^- から CH_3OH と Br^- が生成する単純な求核置換反応の速度論について考えてみよう.

ある反応温度,溶媒,および出発物の濃度において,反応は一定の速度で進行する.HO^- の濃度を 2 倍にすると出発物と出会う頻度が 2 倍になるので,反応速度も 2 倍になる.同様に,CH_3Br の濃度を 2 倍にすると,反応速度は 2 倍になる.このように反応速度が二つの化学種の濃度に直線的に依存する反応を**二次反応**(second-order reaction)とよぶ.求核置換反応の二次依存性は,速度式(rate equation)を組

立てることにより数学的に表現することができる．[RX]あるいは[HO⁻]の変化に比例して，反応速度が変化する．

$$\text{反応速度} = \text{出発物の消失速度} = k \times [\text{RX}] \times [\text{HO}^-]$$

ただし，[RX]＝CH₃Brの濃度（出発物の濃度），[HO⁻]＝HO⁻の濃度（求核剤の濃度），k＝定数（速度定数）．

1937年，英国の化学者 E. D. Hughes と Christopher Ingold は，求核置換反応の際にみられる立体配置の反転と二次速度論を説明する機構を提出した．彼らはこの反応を式で表すとともに，substitution（置換），nucleophilic（求核性の），bimolecular（2分子の）を略して **S_N2 反応**（S_N2 reaction）と名付けた（bimolecular は二つの分子，すなわち求核剤とハロゲン化アルキルが反応速度を測定する段階に関与していることを意味している）．

S_N2 反応は本質的に 1 段階で進行する．すなわち，導入される求核剤が，置換される基（脱離基）のちょうど反対側からハロゲン化アルキルあるいはトシラート（基質）を攻撃する際に，いかなる中間体も存在しない．求核剤は基質に対して一方の方向から近づき炭素と結合すると同時に，ハロゲン化物イオンあるいはトシラートイオンが反対側から離れることにより，立体化学の反転が起こる．図 12・6 に (S)-2-ブロモブタンと HO⁻ から (R)-ブタン-2-オールへの変換過程を示す．

図 12・6 に示すように，S_N2 反応は求核剤 Nu:⁻ 上に存在する非共有電子対が C－X 結合の炭素原子を攻撃し，ここから電子対を伴って脱離基 X:⁻ を追い出すときに起こる．すなわち，新たな Nu－C 結合の形成と C－X 結合の切断とがそれぞれ部分的に起こり，かつ負電荷が攻撃する求核剤と脱離するハロゲン化物イオンに共有された遷移状態を経て起こる．図 12・7 に示すようにこの立体配置が反転する遷移状態では，反応中心の炭素に結合した残る三つの結合が平面上に配置している．

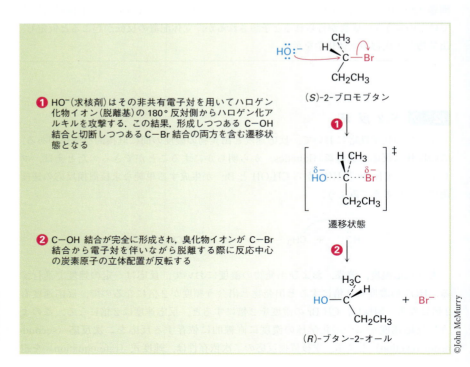

図 12・6　**S_N2 反応の機構**．この反応は 1 段階で進行する．求核剤が離れていくハロゲン化物イオン（脱離基）の 180° 反対側から接近し，炭素原子の立体配置は反転する．

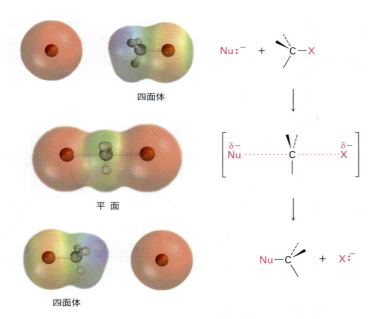

図 12・7 S$_N$2 反応の遷移状態. 反応中心の炭素原子と反応に関与しない三つの置換基が同一平面に配置している. 静電ポテンシャル図は, 負電荷(赤)が遷移状態において非局在化している様子を示している.

HughesとIngoldが提出した反応機構は立体化学や反応速度のデータを説明することができ, 実験結果と完全に一致する. 求核剤は脱離基に対して180°反対方向から攻撃する必要があり, 基質の立体配置の反転をひき起こす. これは風で傘がまくりあげられる様子によく似ている. 彼らが提案した機構により反応速度が二次となる理由も説明できる. すなわち, S$_N$2 反応は反応速度を測定する段階にハロゲン化アルキルと求核剤が関わっており, 1段階で起こる.

問題 12・11 (R)-2-ブロモブタンに対する HO⁻ の S$_N$2 反応によってどのような生成物が得られるか. 出発物と生成物の立体化学を示せ.

問題 12・12 次の化合物の立体配置を決定し, HS⁻ との求核置換反応により得られる生成物の構造を示せ. (赤茶は Br)

12・8 S$_N$2 反応の特徴

S$_N$2 反応がどのような機構で進行するか理解できたので, つづいてこの反応の利用法と, 何が反応に影響を及ぼすかについてみていこう. S$_N$2 反応の進行は速い場合も遅い場合もある. また, 収率は高いものから低いものまでさまざまである. したがって, 反応に影響を及ぼす因子について理解することがきわめて重要である. はじめに, 一般的な反応速度に関する復習から始めよう.

化学反応の速度は出発物の基底状態と遷移状態間のエネルギー差に相当する活性化エネルギー $\Delta G^\ddagger$ によって決まる. 反応条件の変化は, 出発物あるいは遷移状態のエ

ネルギー準位を変化させることにより $\Delta G^{\ddagger}$ に影響を及ぼす．出発物のエネルギー準位を下げたり，遷移状態のエネルギー準位を上げると $\Delta G^{\ddagger}$ が大きくなり，反応は遅くなる．逆に出発物のエネルギー準位を上げたり，遷移状態のエネルギー準位を下げると $\Delta G^{\ddagger}$ は小さくなり，反応は速くなる（図 12・8）．S_N2 反応に関与する因子について，これらすべての効果の例をみていこう．

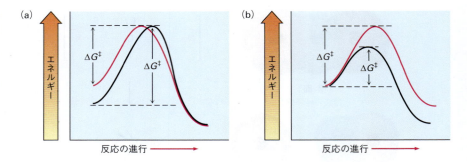

図 12・8 反応速度に対する出発物と遷移状態のエネルギー準位の変動による影響．(a) 出発物のエネルギー準位（赤曲線）が高いものほど（$\Delta G^{\ddagger}$ は減少するので）反応は速い．(b) 遷移状態のエネルギー準位（赤曲線）が高いものほど（$\Delta G^{\ddagger}$ は増加するので）反応は遅い．

基質: S_N2 反応における立体効果

S_N2 反応に関わる第一の因子は基質（出発物）の構造である．S_N2 反応の遷移状態では求核剤とハロゲン化アルキルの炭素原子の間に部分的な結合が形成されるので，立体障害の大きい基質は求核剤の接近を妨げ，結合の形成を困難にする．言い換えれば，立体障害が大きい基質の反応遷移状態は，置換の起こる炭素原子が接近してくる求核剤から遮蔽されているのでエネルギーが高く，立体障害が小さい基質の遷移状態に比べてゆっくりと形成される（図12・9）．

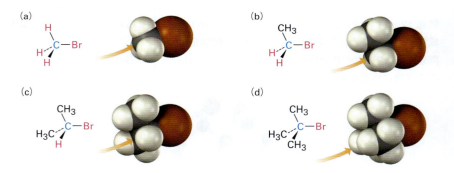

図 12・9 S_N2 反応における立体障害．(a) ブロモメタンの炭素原子は非常に近づきやすく，S_N2 反応がすばやく進行する．(b) ブロモエタン（第一級），(c) 2-ブロモプロパン（第二級），(d) 2-ブロモ-2-メチルプロパン（第三級）になるにつれて，炭素原子の立体障害はしだいに大きくなるので，S_N2 反応は起こりにくくなる．

図12・9に示すように，ハロゲンが置換した炭素原子に結合した三つの置換基が大きくなるにつれて求核剤の攻撃が困難になる．S_N2 反応においてハロゲン化メチルは最も反応性が高く，ついでハロゲン化エチルやハロゲン化プロピルのような第一級ハロゲン化アルキルがこれに続く．ハロゲン化イソプロピルのように反応中心が枝分かれした第二級ハロゲン化アルキルでは著しく反応が遅くなる．ハロゲン化 t-ブチルのようにさらに枝分かれした第三級ハロゲン化アルキルでは反応はほとんど進行しない．また，ハロゲン化 2,2-ジメチルプロピル（ハロゲン化ネオペンチル）のように，第一級ハロゲン化アルキルであっても，反応中心から一つ離れた炭素が枝分かれした場合，求核置換反応は非常に遅い．このように S_N2 反応は相対的に立体障害が小さい炭素原子でのみ進行し，通常，ハロゲン化メチル，第一級ハロゲン化アルキルおよ

びごくわずかの単純な第二級ハロゲン化アルキルに限って起こる. 代表的な基質に対する相対的反応性を以下に示す.

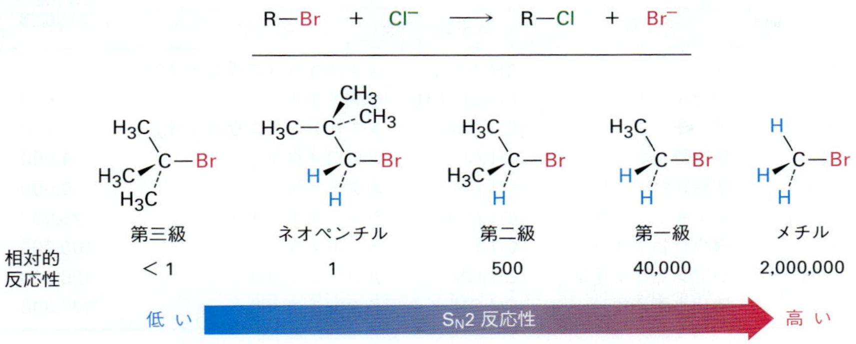

$$R-Br + Cl^- \longrightarrow R-Cl + Br^-$$

	第三級	ネオペンチル	第二級	第一級	メチル
相対的反応性	< 1	1	500	40,000	2,000,000

低い ← S_N2 反応性 → 高い

　上記の反応性の序列には入れていないが, ハロゲン化アルケニル $R_2C=CRX$ やハロゲン化アリール ArX は S_N2 反応に不活性である. このような反応性の欠如は立体的な要因によるものである. つまり, 炭素-炭素二重結合の平面上で求核剤が背面から攻撃することが困難なためである.

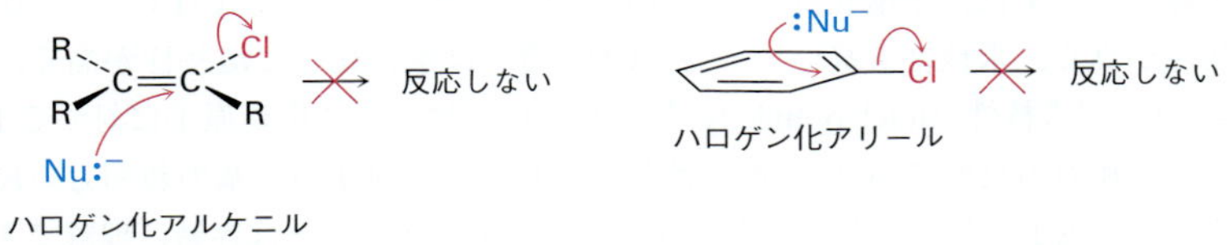

✕ 反応しない
ハロゲン化アルケニル

✕ 反応しない
ハロゲン化アリール

求 核 剤

　S_N2 反応に大きな影響を与える第二の因子は求核剤の性質である. 非共有電子対をもつ Lewis 塩基であれば, 負電荷の有無にかかわらずどのような化学種も求核剤として働くことができる. 求核剤が負電荷をもっている場合, 生成物は電荷をもたないが, 求核剤が電荷をもたなければ生成物は正電荷をもつ.

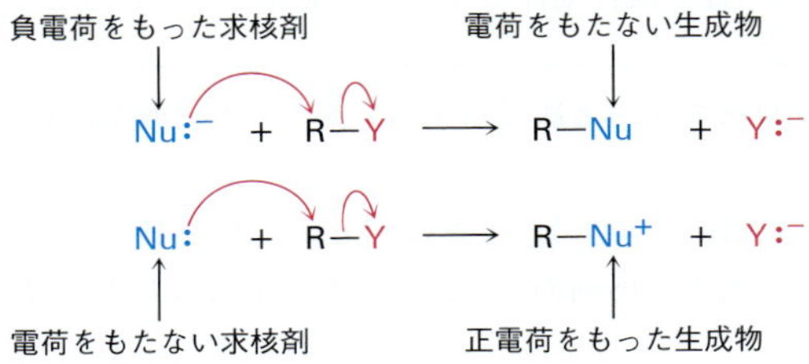

負電荷をもった求核剤　　　電荷をもたない生成物

$$Nu:^- + R-Y \longrightarrow R-Nu + Y:^-$$

$$Nu: + R-Y \longrightarrow R-Nu^+ + Y:^-$$

電荷をもたない求核剤　　　正電荷をもった生成物

　求核置換反応を利用すればさまざまな化合物が合成できる. なお, アセチリドイオンとハロゲン化アルキルとの S_N2 反応についてはすでに述べた (§8・15 参照). ここでは, アセチリドイオンが求核剤として働き脱離基のハロゲン化物イオンと置き換わる.

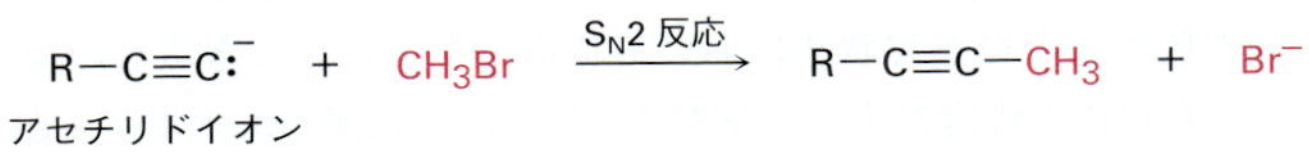

$$R-C\equiv C:^- + CH_3Br \xrightarrow{S_N2 \text{反応}} R-C\equiv C-CH_3 + Br^-$$

アセチリドイオン

384 12. 有機ハロゲン化物：求核置換と脱離

表 12・2 プロトン性溶媒中でのブロモメタンとの S_N2 反応

$$Nu:^- + CH_3Br \longrightarrow CH_3Nu + Br^-$$

求核剤		生成物		相対的反応速度
分子式	名 称	分子式	名 称	
H_2O	水	$CH_3^+OH_2$	メチルオキソニウムイオン	1
$CH_3CO_2^-$	アセタートイオン	$CH_3CO_2CH_3$	酢酸メチル	500
NH_3	アンモニア	$CH_3^+NH_3$	メチルアンモニウムイオン	700
Cl^-	塩化物イオン	CH_3Cl	クロロメタン	1,000
HO^-	水酸化物イオン	CH_3OH	メタノール	10,000
CH_3O^-	メトキシドイオン	CH_3OCH_3	ジメチルエーテル	25,000
I^-	ヨウ化物イオン	CH_3I	ヨードメタン	100,000
^-CN	シアン化物イオン	CH_3CN	アセトニトリル	125,000
HS^-	硫化水素イオン	CH_3SH	メタンチオール	125,000

表 12・2 にブロモメタンと求核剤との反応生成物と相対的反応速度を示した.

表からわかるように，求核剤によって反応速度は大きく変化する. 反応性の違いについて説明することは容易ではないが，いくつかの傾向が確認できる.

- **反応する原子が同一である求核剤を比較した場合，求核性はおおむね塩基性に対応する.** たとえば，水酸化物イオン HO^- はアセタートイオン $CH_3CO_2^-$ に比べて塩基性が高く，求核性も高い. 一方，$CH_3CO_2^-$ は水に比べて塩基性が高く，求核性も高い. "求核性（nucleophilicity）" は S_N2 反応において炭素原子に対する Lewis 塩基の親和力の尺度であり，"塩基性" はプロトンに対する塩基の親和力の尺度であるので，電子を与えるという点では両者に相関があることは容易に理解できる.

- **一般に，周期表の縦列（同族列）において，上から下へいくほど求核性は増加する.** たとえば，硫化物イオン HS^- は水酸化物イオン HO^- に比べて求核性が高く，ハロゲン化物イオンの反応性は $I^- > Br^- > Cl^-$ の順になる. 周期表において下に向かうにつれて原子はしだいに大きな殻に価電子をもつようになり，それに伴い価電子は原子核から離れ自由度を増すために反応性が高まる. しかし，実際はもっと複雑であり，求核性の順序は溶媒の影響を受けて変わりうる.

- **一般に，負電荷をもった求核剤は電荷をもたない反応剤に比べて反応性が高い.** そのため S_N2 反応は中性や酸性条件より塩基性条件で行われることが多い.

問題 12・13 1-ブロモブタンと次に示す反応剤との S_N2 反応ではどのような生成物が得られるか.

(a) NaI　　(b) KOH　　(c) $H-C \equiv C-Li$　　(d) NH_3

問題 12・14 次の各組の反応剤のうち，求核剤として反応しやすいのはどちらか説明せよ.

(a) $(CH_3)_2N^-$ と $(CH_3)_2NH$　　(b) $(CH_3)_3B$ と $(CH_3)_3N$　　(c) H_2O と H_2S

脱 離 基

S_N2 反応に影響を与える第三の因子は，求核剤によって置換される脱離基（leaving group）の性質である. 多くの S_N2 反応において脱離基は負電荷とともに追い出されるので，優れた脱離基とは遷移状態において負電荷を安定化できるものである. 脱離基による電荷の安定化の程度が大きくなるにつれ，遷移状態のエネルギーが下がり，反

応は促進される．すでに§2・8で述べたように，負電荷を安定化できるということはすなわち，弱い塩基である．したがって Cl⁻ やトシラートのような弱い塩基は優れた脱離基であり，HO⁻ や H₂N⁻ などの強塩基はよい脱離基ではない．

	HO⁻, H₂N⁻, RO⁻	F⁻	Cl⁻	Br⁻	I⁻	TsO⁻
相対的反応性	<<1	1	200	10,000	30,000	60,000

低い　　←　脱離基による反応性　→　高い

　あらかじめ脱離能が高いか低いかを知っておくことが重要であり，先に示したデータから F⁻，HO⁻，RO⁻，H₂N⁻ は求核剤によって置換されにくいことがわかる．言い換えると，一般にフッ化アルキル，アルコール，エーテルならびにアミンは S_N2 反応を受けない．アルコールに対して S_N2 反応を行うには，アルコールのヒドロキシ基 OH をより優れた脱離基に変える必要がある．実際，第一級あるいは第二級アルコールと塩化チオニルとの反応による塩化アルキルへの変換や三臭化リンとの反応による臭化アルキルへの変換がこれにあたる（§12・3参照）．

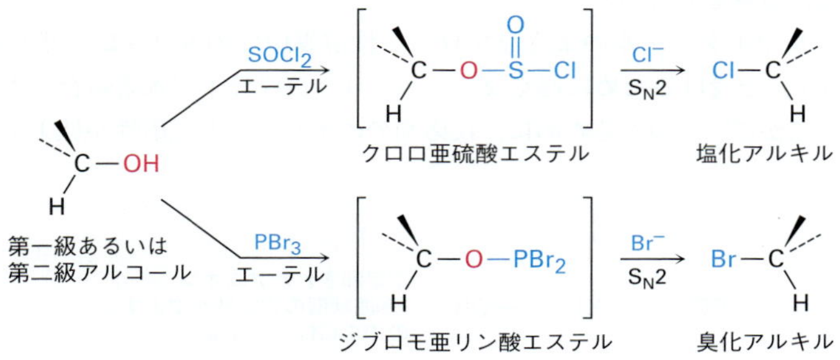

　求核置換反応におけるアルコールの活性化のもう一つの方法は，アルコールを塩化 p-トルエンスルホン酸で処理して得られるトシル酸エステル（トシラート）を利用するものである．すでにふれたように，これはハロゲン化物よりも求核置換反応に対して反応性が高い．なお，アルコールをトシラートに変換する際は，ヒドロキシ基と炭素原子の間の共有結合は切断されないため，アルコールの立体化学は保持される．

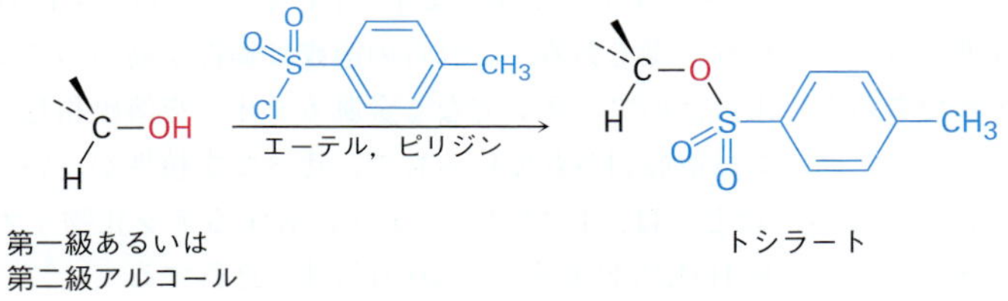

　原則としてエーテルは S_N2 反応を受けないが，3員環エーテルであるエポキシド（§8・6参照）は例外的に S_N2 反応を受ける．3員環の角度ひずみにより，エポキシドは通常のエーテルと比べ反応性が非常に高い．エポキシドは酸水溶液中で反応して 1,2-ジオールを生じるなど多くの求核剤と容易に反応する．たとえば，プロペンオキシドを塩化水素で処理するとプロトン化されたエポキシドの立体障害が少ない第一

級炭素上で，塩化物イオンが S_N2 背面攻撃し 1-クロロプロパン-2-オールが生成する．

プロペンオキシド　　　　　　　　　　　　　　　　　　　1-クロロプロパン-2-オール

問題 12・15　次の化合物を S_N2 反応が起こりやすいものから順に並べよ．

CH_3Cl, CH_3OTs, CH_3NH_2, $(CH_3)_2CHCl$

溶　媒

S_N2 反応の速度は溶媒により大きな影響を受ける（第四の因子）．一般に OH 基や NH 基を含む**プロトン性溶媒**（protic solvent）は S_N2 反応に最も不適切な溶媒である．極性は高いが，これらの基をもたない**非プロトン性極性溶媒**（polar aprotic solvent）が S_N2 反応に最も適している．

メタノールやエタノールのようなプロトン性溶媒中での S_N2 反応は求核剤が**溶媒和**（solvation）を受けるために遅くなる．つまり，溶媒分子が水素結合により求核剤のまわりに "かご" をつくるために，反応剤のエネルギーと反応性が低下する．

溶媒和されたアニオン
（基底状態の安定性が増大するので求核性が下がる）

求核剤の基底状態のエネルギーを下げることにより S_N2 反応の反応性を低下させるプロトン性溶媒とは対照的に，非プロトン性極性溶媒は求核剤の基底状態のエネルギーを上昇させることにより S_N2 反応を促進する．アセトニトリル CH_3CN，ジメチルホルムアミド〔$(CH_3)_2NCHO$，略称 DMF〕，ジメチルスルホキシド〔$(CH_3)_2SO$，略称 DMSO〕およびヘキサメチルホスホルアミド〔$[(CH_3)_2N]_3PO$，略称 HMPA〕は特に有用な非プロトン性極性溶媒である．これらの溶媒は極性が高いので多くの塩を溶かすことができるが，求核性のアニオンでなく金属カチオンを溶媒和しやすい．溶媒和されていないアニオンは溶媒和されているものに比べて求核性が高いので，その分 S_N2 反応は速くなる．たとえば，1-ブロモブタンに対するアジ化物イオンの反応は，溶媒をメタノールから HMPA に変えると 20 万倍速く進行する．

ジメチルホルムアミド
dimethylformamide: DMF
ジメチルスルホキシド
dimethyl sulfoxide: DMSO
ヘキサメチルホスホルアミド
hexamethylphosphoramide: HMPA

$$CH_3CH_2CH_2CH_2—Br \ + \ N_3^- \longrightarrow CH_3CH_2CH_2CH_2—N_3 \ + \ Br^-$$

溶　媒	CH_3OH	H_2O	DMSO	DMF	CH_3CN	HMPA
相対的反応性	1	7	1300	2800	5000	200,000

低　い　　　　　　　　反応性　　　　　　　→　高　い

問題 12・16 エーテルやクロロホルムのような有機溶媒はプロトン性溶媒でなく，分極も小さい．これらの溶媒は S_N2 反応において求核剤の反応性にどのような効果をもたらすか．

S_N2 反応の特徴：まとめ

S_N2 反応に影響を及ぼす四つの因子（基質の構造，求核剤，脱離基，溶媒）の効果を，図 12・10 の反応エネルギー図とともにまとめた．

基　質　立体障害は S_N2 反応の遷移状態のエネルギーを上昇させ $\Delta G^\ddagger$ を大きくするので，反応は遅くなる（図 12・10a）．その結果，S_N2 反応はメチルや第一級アルキル基をもつ基質がよい結果を与える．第二級の基質では反応は遅く，第三級アルキル基をもつ基質は S_N2 反応を起こさない．

求核剤　電荷をもたない求核剤に比べ，塩基性が高く，負電荷をもった求核剤は安定性が低く，基底状態のエネルギーが高いので，$\Delta G^\ddagger$ が小さくなり，S_N2 反応は速くなる（図 12・10b）．

脱離基　優れた脱離基（より安定化されたアニオン）は遷移状態のエネルギーを下げ $\Delta G^\ddagger$ を小さくするので，S_N2 反応は速くなる（図 12・10c）．

溶　媒　プロトン性溶媒は求核剤を溶媒和することにより基底状態のエネルギーを下げる．したがって $\Delta G^\ddagger$ は大きくなるので，S_N2 反応は遅くなる．非プロトン性極性溶媒は求核性をもつアニオンでなく，共存するカチオンを取囲むので，求核剤の基底状態のエネルギーを上げる．したがって $\Delta G^\ddagger$ は小さくなり，S_N2 反応は速くなる（図 12・10d）．

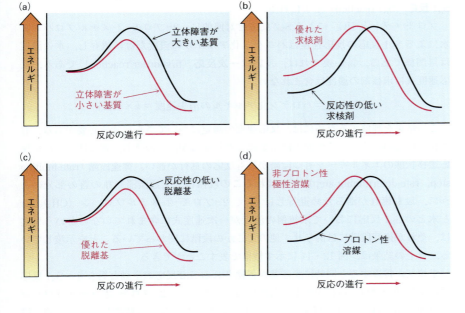

図 12・10　S_N2 反応に影響を及ぼす基質(a)，求核剤(b)，脱離基(c)，および溶媒(d)の効果を示す反応エネルギー図．基質と脱離基はおもに反応の遷移状態に影響し，求核剤と溶媒は出発物の基底状態に影響する．

12・9　S_N1 反応

これまで述べてきたように，S_N2 反応は非プロトン性極性溶媒中，立体障害の小さ

い基質に対して負電荷をもった求核剤を用いた場合に最も進行しやすく，プロトン性溶媒中，立体障害の大きい基質に対して電荷をもたない求核剤を用いた場合に最も進行しにくい．したがって，かさ高い第三級ハロゲン化アルキルと（電荷をもたない求核剤であり，プロトン性溶媒である）水との反応は置換反応のなかでも最も遅いはずである．しかし，注目すべきことに実際はまったく逆である．たとえば第三級ハロゲン化アルキルである 2-ブロモ-2-メチルプロパン（CH_3）$_3$CBr と水から 2-メチルプロパン-2-オールへの変換はブロモメタン CH_3Br と水からメタノールを生成する反応に比べて 100 万倍以上も速く進行する．

$$R-Br \ + \ H_2O \ \longrightarrow \ R-OH \ + \ HBr$$

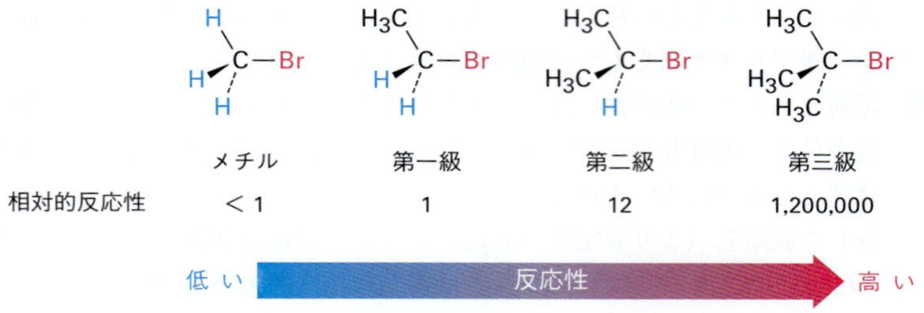

	メチル	第一級	第二級	第三級
相対的反応性	< 1	1	12	1,200,000

低い ← 反応性 → 高い

　この場合，何が起こっているのだろうか．ハロゲンがヒドロキシ基と置き換わっているので求核置換反応が進行していることは疑う余地はないが，反応性の順番は逆転している．この反応がこれまで述べてきた S_N2 機構によって進行することは不可能であることから，異なる置換機構で起こっていると結論づけねばならない．この機構は substitution（置換），nucleophilic（求核性の），および unimolecular（単分子）から **S_N1 反応**（S_N1 reaction）とよばれる．

　ブロモメタンと HO$^-$ による S_N2 反応と対照的に，2-ブロモ-2-メチルプロパンと水による S_N1 反応の反応速度はハロゲン化アルキルの濃度だけに依存し，水の濃度は無関係である．言い換えれば，反応は**一次反応**（first-order reaction）である．反応速度式に求核剤の濃度は含まれない．

$$反応速度 ＝ ハロゲン化アルキルの消失速度 ＝ k \times [RX]$$

　この結果を理解するためには，反応速度の測定についてさらに知る必要がある．有機化学反応の多くはいくつかの段階を経て進行するが，そのうち，他に比べて高い反応遷移状態のエネルギーをもつ段階が最も反応の進行が遅い．**律速段階**（rate-limiting step，rate-determining step）とよばれるこの段階は，交通渋滞や瓶の首の部分のように，最も流れが滞るため進行しにくい．2-ブロモ-2-メチルプロパン（CH_3）$_3$CBr と水との S_N1 反応において求核剤の濃度が一次速度式に含まれていないという事実は，それが律速段階には関与せず他のどこかの段階に関わっていることを示唆している．以上の結果は，図 12・11 に示す機構で表すことができる．

　求核剤が接近すると同時に脱離基が置換される S_N2 反応の挙動と異なり，S_N1 反応では求核剤が近づく前に脱離基が脱離する．すなわち，2-ブロモ-2-メチルプロパンは律速段階でゆっくりと自発的に *t*-ブチルカチオンと Br$^-$ に解離し，つづく第二段階でカルボカチオン中間体が求核剤である水によってすばやく捕捉される．このように水は反応速度を決定する段階に関与していない．図 12・12 に反応エネルギー図を示す．

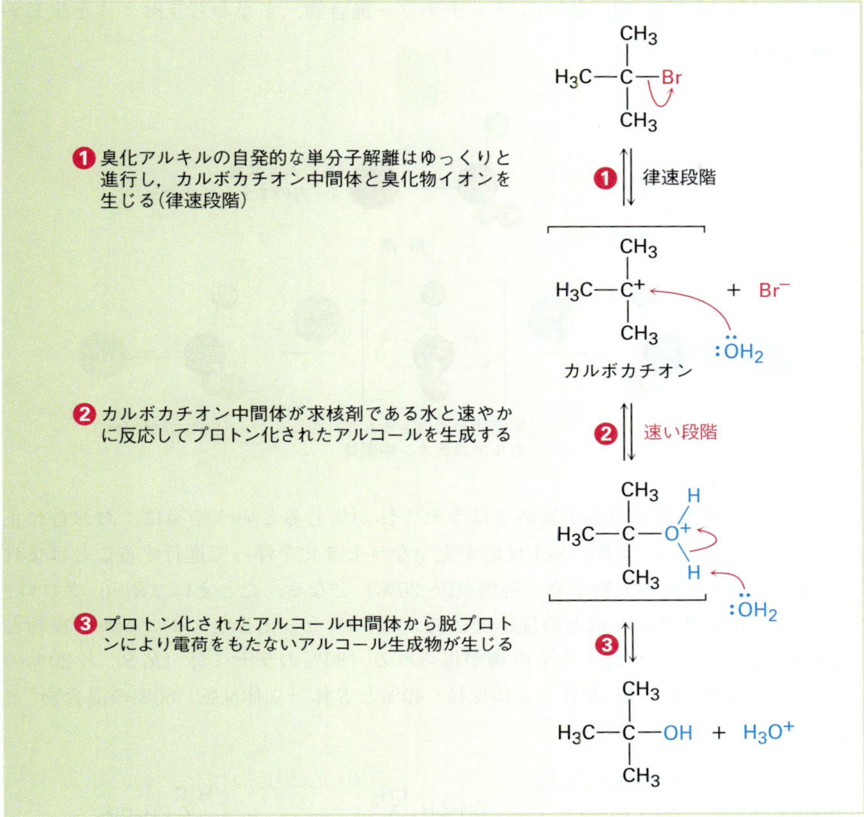

12・9 SN1 反応　389

図 12・11　2-ブロモ-2-メチルプロパンと水との SN1 反応の機構．三つの段階からなる．最初の段階 ❶（臭化アルキルの自発的な単分子解離によるカルボカチオンの生成）が律速段階である．

❶ 臭化アルキルの自発的な単分子解離はゆっくりと進行し，カルボカチオン中間体と臭化物イオンを生じる（律速段階）

❷ カルボカチオン中間体が求核剤である水と速やかに反応してプロトン化されたアルコールを生成する

❸ プロトン化されたアルコール中間体から脱プロトンにより電荷をもたないアルコール生成物が生じる

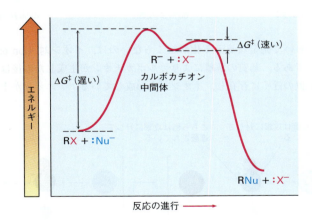

図 12・12　SN1 反応の反応エネルギー図．ハロゲン化アルキルの自発的な解離によるカルボカチオン中間体の生成が律速段階である．つづく第二段階ではカルボカチオンと求核剤が速やかに反応する．

　SN1 反応はカルボカチオン中間体を経由して進行するので，生成物の立体化学は SN2 反応によるものとは異なった結果を与える．すでに述べたように，カルボカチオンは sp² 混成であり，平面構造をとりアキラルである．したがって，キラルな出発物の一方のエナンチオマーに対して SN1 反応を行った場合，アキラルなカルボカチオン中間体を経て分子はキラリティーを失い，生成物は光学不活性となる．すなわち，カルボカチオン中間体の平面に直交した空の p 軌道を介して両側から求核剤が同じ

割合で反応するので，50：50のエナンチオマー混合物，すなわちラセミ体を生じる（図12・13）．

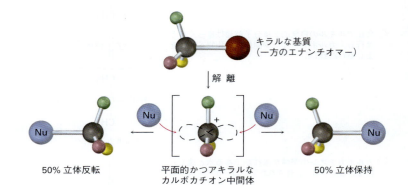

図 12・13　S_N1 反応の立体化学． アキラルなカルボカチオン中間体を経由する反応であるため，光学活性な出発物から光学不活性なラセミ体を生じる．

光学的に純粋な基質の S_N1 反応ではラセミ体が生じるという結論は，おおむね正しいが完全ではない．実際，S_N1 反応が完全なラセミ化を伴って進行することはまれで，多くの場合反転生成物がやや過剰（0〜20％）となる．たとえば (R)-6-クロロ-2,6-ジメチルオクタンと水との反応では約80％のラセミ化したアルコール生成物と約20％の反転したアルコール生成物が得られる〔80％のラセミ体 (R, S) と20％の立体反転生成物 (S) は，R 体（立体保持）40％と S 体（立体反転）60％の混合物＊と同じ意味である〕．

＊ 訳注：言い換えると，生じたアルコールのエナンチオマー過剰率 (enantiomeric excess) は 20% ee である．

S_N1 反応において完全なラセミ化が起こらないのは，**イオン対**（ion pair）が関与しているためである．基質の解離によりカルボカチオンが生成した直後はアニオンがまだもとの位置の近くに存在し，イオン対を形成している．アニオンが十分離れる前

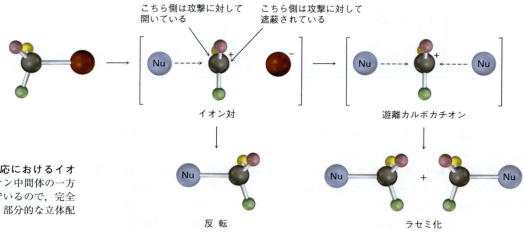

図 12・14　S_N1 反応におけるイオン対． カルボカチオン中間体の一方を脱離基がふさいでいるので，完全にはラセミ化せず，部分的な立体配置の反転が起こる．

に求核剤と反応すると，カルボカチオンは離れていくアニオンによって一方の面が求核剤の攻撃から効果的に遮蔽されている．この二つのイオンが完全に離れる前にある程度置換反応が進行すれば，立体配置の反転が観察されることになる（図12・14）．

問題 12・17 (S)-3-クロロ-3-メチルオクタンと酢酸との反応によりどのような生成物が得られるか．出発物の構造と生成物の立体化学をそれぞれ示せ．

問題 12・18 不完全なラセミ化を伴う S_N1 反応の一例として，光学的に純粋な 2,2-ジメチル-1-フェニルプロパン-1-オールのトシラート（$[\alpha]_D = -30.3$）を酢酸溶液中で加熱すると，対応する酢酸エステル（$[\alpha]_D = +5.3$）に変換されることが知られている．この置換反応が仮に完全に立体反転で進行した場合，得られる光学的に純粋な生成物 $[\alpha]_D = +53.6$ であるとき，この反応におけるラセミ化と立体反転の割合をそれぞれ求めよ．

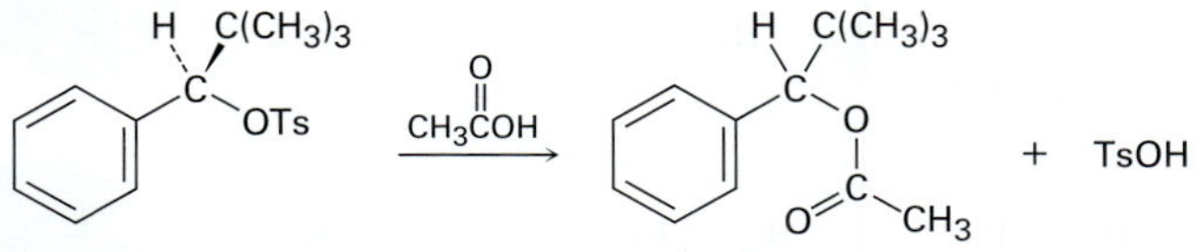

$[\alpha]_D = -30.3$ 　　観察された生成物 $[\alpha]_D = +5.3$
（光学的に純粋な生成物 $[\alpha]_D = +53.6$）

問題 12・19 次の化合物の立体配置を決定し，この化合物と水との S_N1 反応により得られる生成物の構造と立体化学を示せ．（赤茶は Br）

12・10 S_N1 反応の特徴

S_N2 反応が基質の構造，脱離基，求核剤，および溶媒の影響を強く受けるように，S_N1 反応も同様の影響を受ける．遷移状態のエネルギー準位を下げるか，あるいは基底状態のエネルギー準位を上昇させることにより $\Delta G^\ddagger$ を小さくする要因は S_N1 反応を促進する．一方，遷移状態のエネルギー準位を上昇させるか，あるいは基底状態のエネルギー準位を下げることにより $\Delta G^\ddagger$ を大きくする要因は S_N1 反応の進行を妨げる．

基 質

Hammond の仮説（§7・9 参照）によると，高いエネルギー状態の中間体を安定化する因子はいずれも，その中間体に至る遷移状態も安定化する．S_N1 反応の律速段階では基質の自発的な単分子解離によりカルボカチオン中間体を生じるので，安定化されたカルボカチオン中間体が生じれば S_N1 反応は起こりやすい．カルボカチオン中間体が安定であればあるほど，S_N1 反応は速くなる．

§7・8でアルキルカチオンの安定性は第三級(3°)＞第二級(2°)＞第一級(1°)＞メチル(−CH₃)の順であることを述べた．これに共鳴安定化されたアリル型カチオンとベンジル型カチオンを加える必要がある．すでに§12・2でふれたように，アリルラジカルの不対電子は広がったπ軌道上に非局在化できるため驚くほど安定である．同様に，アリル型カルボカチオンやベンジル型カルボカチオンもきわめて安定である．図12・15に示すようにアリル型カチオンは二つの共鳴構造が存在する．その一方は，二重結合が左側にあり，もう一方は右側にある．ベンジル型カチオンには五つの共鳴構造があり，そのすべてが共鳴混成体に寄与している．

図 12・15　アリルカチオンとベンジルカチオンの共鳴．青で示した正の電荷はπ結合を介して非局在化している．電子不足となった原子を青矢印で示す．

共鳴安定化により第一級アリルカチオン，あるいは第一級ベンジルカチオンは第二級アルキルカチオンと同程度の安定性をもち，第二級アリルカチオン，あるいは第二級ベンジルカチオンは第三級アルキルカチオンと同程度の安定性をもつ．このようなカルボカチオンの安定性の順序はハロゲン化アルキルやアルキルトシラートに対するS_N1反応の起こりやすさの順序と同じである．

第一級のアリル型やベンジル型の基質はS_N1反応だけでなくS_N2反応にも活性であることをつけ加えておきたい．アリル位あるいはベンジル位のC−X結合は対応する飽和系の結合（sp³炭素とXとの結合）より50 kJ/mol（12 kcal/mol）ほど弱い結合であるため切れやすい．

CH₃CH₂—Cl　　H₂C=CHCH₂—Cl　　　　CH₂—Cl(benzyl)

338 kJ/mol　　289 kJ/mol　　293 kJ/mol
(81 kcal/mol)　(69 kcal/mol)　(70 kcal/mol)

問題 12・20 次の化合物を S_N1 反応が起こりやすいものから順に並べよ.

問題 12・21 3-ブロモブタ-1-エンは第二級ハロゲン化アルキルであり 1-ブロモブタ-2-エンは第一級ハロゲン化アルキルであるにもかかわらず，いずれもほぼ同じ速度で S_N1 反応が進行する．この結果を説明せよ．

脱 離 基

S_N2 反応の反応性について述べた際に，優れた脱離基とは安定なもの，すなわち強酸の共役塩基であると説明した．脱離基が律速段階に直接関わるので，S_N1 反応においても反応性の順序は次のようになる．

HO⁻ ＜ Cl⁻ ＜ Br⁻ ＜ I⁻ ≈ TsO⁻ ＜ H₂O

低い ――― 脱離基による反応性 ――→ 高い

S_N1 反応はしばしば酸性条件で行うために，ときには水 H₂O が脱離基となること

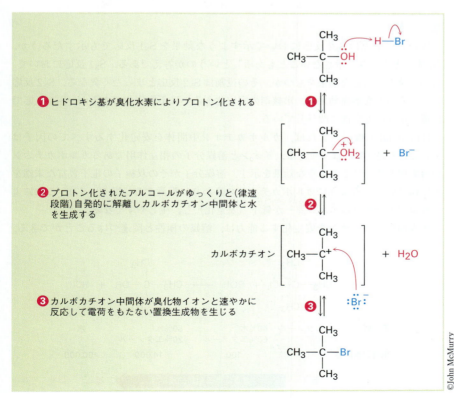

図 12・16 第三級アルコールと臭化水素の S_N1 反応によるハロゲン化アルキルの合成．❷でプロトン化されたヒドロキシ基が電荷をもたない水として脱離する．

に注意してほしい．たとえば，これは第三級アルコールと臭化水素あるいは塩化水素との反応によりハロゲン化アルキルが生成するときに起こる（§12・3）．まずヒドロキシ基がプロトン化されてから，自発的に水が解離することによりカルボカチオンを生成する．つづいてカルボカチオンがハロゲン化物イオンと反応してハロゲン化アルキルが生じる（図12・16）．S_N1 反応がアルコールからハロゲン化アルキルへの変換に関与していることがわかれば，このような反応が第三級アルコールの場合だけうまく進行する理由は明らかである．つまり，第三級アルコールは最も安定な（第三級）カルボカチオン中間体を生じるので，速やかに反応する．

求核剤

S_N2 反応において求核剤の性質は重要な役割をもつが，S_N1 反応ではほとんど影響しない．S_N1 反応の律速段階には求核剤が関与しないので，求核剤は反応速度に影響を及ぼさない．たとえば，2-メチルプロパン-2-オールとハロゲン化水素 HX との反応はハロゲンが塩素，臭素，あるいはヨウ素のいずれの場合も同じ速さで進行する．さらに，電荷をもたない求核剤が負電荷をもつ求核剤とまったく同じように利用できることから，S_N1 反応はしばしば中性あるいは酸性条件下で行われる．

$$CH_3-\underset{\underset{CH_3}{|}}{\overset{\overset{CH_3}{|}}{C}}-OH + HX \longrightarrow CH_3-\underset{\underset{CH_3}{|}}{\overset{\overset{CH_3}{|}}{C}}-X + H_2O \qquad X = Cl, Br, I$$

2-メチルプロパン-2-オール　　　　同じ速度

溶　媒

はたして溶媒は S_N2 反応において示すような効果を S_N1 反応でも示すだろうか．"示すこともあり，示さないこともある"というのが答えである．S_N1 反応において，溶媒は確かに大きな効果をもつが，その役割は S_N2 反応とまったく異なる．S_N2 反応におけるおもな溶媒効果は，求核剤の安定化あるいは不安定化であるが，S_N1 反応では遷移状態の安定性に関与している．

Hammond の仮説によれば，カルボカチオン中間体を安定化するすべての因子は S_N1 反応を促進するはずである．イオンと溶媒分子の相互作用であるカルボカチオンの溶媒和がまさにそのような効果を示す．溶媒分子がその双極子の電子豊富な末端を正電荷に向き合うようにカルボカチオンのまわりに配置する（図12・17）．これによりカルボカチオンはエネルギーが低下（安定化）し，生じやすくなる．

溶媒和によりイオンを安定化する能力は，溶媒の極性と関連づけることができる．

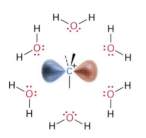

図 12・17　水によるカルボカチオンの溶媒和．溶媒分子の電子豊富な酸素原子がカルボカチオンの正電荷のまわりに配置することによりそれを安定化する．

$$CH_3-\underset{\underset{CH_3}{|}}{\overset{\overset{CH_3}{|}}{C}}-Cl + ROH \longrightarrow CH_3-\underset{\underset{CH_3}{|}}{\overset{\overset{CH_3}{|}}{C}}-OR + HCl$$

溶　媒	エタノール	40%水/60%エタノール	80%水/20%エタノール	水
相対的反応性	1	100	14,000	100,000

低い　←　溶媒による相対的反応性　→　高い

12・10 S_N1 反応の特徴　395

エーテルやクロロホルムなどの低極性溶媒よりも，水やメタノールのような強力な極性溶媒中の方が，S_N1 反応は速やかに進行する．たとえば，2-クロロ-2-メチルプロパンの求核置換反応において，溶媒をエタノールからより極性が高い水に変えると，反応は 10 万倍も速く進行する．溶媒を炭化水素から水に変えた際の反応速度の増加はあまりにも大きいため測定不可能である．

S_N1 反応の特徴: まとめ

S_N1 反応に影響を及ぼす四つの因子，すなわち，基質，脱離基，求核剤，および溶媒の効果を次にまとめた．

基　質　安定なカルボカチオン中間体を発生する基質が適している．したがって S_N1 反応は第三級，アリル型，およびベンジル型のハロゲン化物で進行しやすい．

脱離基　優れた脱離基はカルボカチオンの形成に至る遷移状態のエネルギー準位を下げることによって反応を促進する．

求核剤　後に §12・14 で学習する S_N1 反応に競合する HX の E1 脱離反応を阻止するために塩基性のない求核剤がふさわしいが，それ以外は反応速度に影響を与えない．中性の求核剤を用いれば反応しやすい．

溶　媒　極性溶媒は溶媒和によりカルボカチオン中間体を安定化し，反応を促進する．

例題 12・3　求核置換反応の機構を予想する

次の置換反応は S_N1，あるいは S_N2 のどちらの機構で起こると予想されるか．

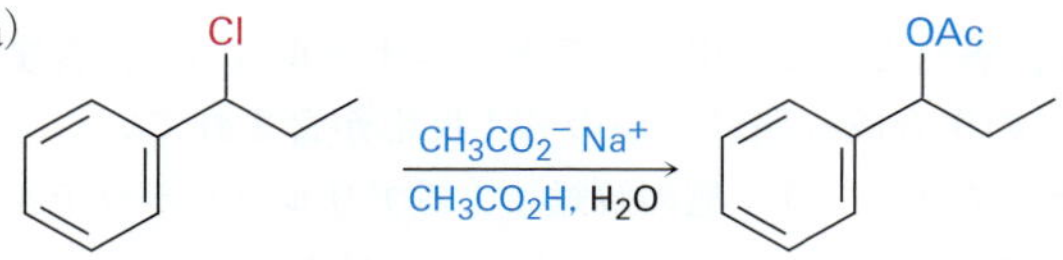

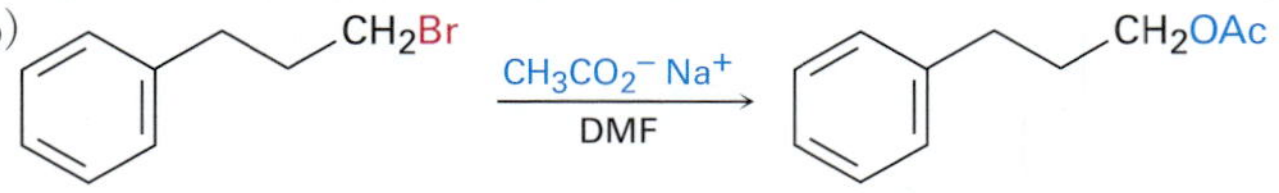

考え方　それぞれの反応の基質，脱離基，求核剤，および溶媒に注目する．次に §12・8 と §12・10 の節末にあるまとめから S_N1 反応と S_N2 反応のどちらが起こりやすいか判断する．S_N1 反応はそれぞれ，第三級，アリル型，およびベンジル型のハロゲン化アルキル，よい脱離基，塩基性をもたない求核剤，そしてプロトン性溶媒で進行しやすい．一方，S_N2 反応はそれぞれ，第一級ハロゲン化アルキル，よい脱離基，優れた求核剤，そして非プロトン性極性溶媒で進行しやすい．

解　答　(a) S_N1 反応の可能性が高い．基質が第二級のベンジル型ハロゲン化物であり，求核剤の塩基性が低く，プロトン性溶媒であるため．

(b) S_N2 反応の可能性が高い．基質が第一級ハロゲン化アルキルであり，適度に優れた求核剤であり，非プロトン性極性溶媒であるため．

問題 12・22　次の置換反応は S_N1，あるいは S_N2 のどちらの機構で進行すると予想されるか．

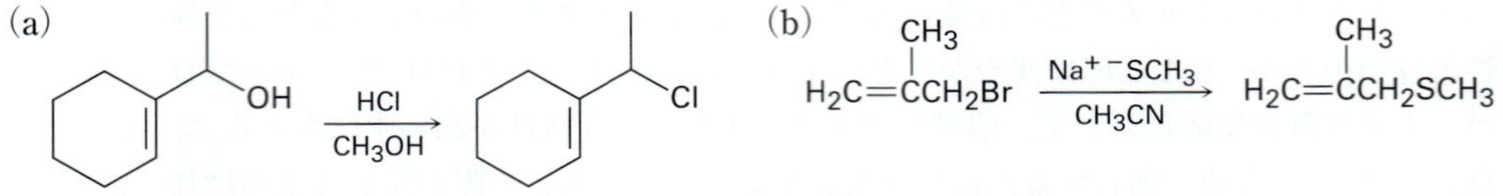

396　12. 有機ハロゲン化物：求核置換と脱離

(a)

シクロヘキセン-1-イル-CH(OH)CH₃ $\xrightarrow[\text{CH}_3\text{OH}]{\text{HCl}}$ シクロヘキセン-1-イル-CH(Cl)CH₃

(b)

$H_2C=C(CH_3)CH_2Br \xrightarrow[\text{CH}_3\text{CN}]{\text{Na}^+ \ ^-\text{SCH}_3} H_2C=C(CH_3)CH_2SCH_3$

12·11　生体内における置換反応

　S_N1，S_N2 反応はともに生化学の領域，なかでも数千に及ぶテルペン類の生合成経路においてたびたび登場する（7章科学談話室参照）．しかしながら，フラスコ内での反応とは異なり，生体内の置換反応において，基質の多くはハロゲン化アルキルではなく有機二リン酸エステル誘導体である．それに伴い，脱離基はハロゲン化物イオンではなく二リン酸イオン（PPᵢ と略記する）になる．そこで，二リン酸部分をハロゲンの"生物学的等価体（biological equivalent）"とみなすと理解しやすい．§9·7で学習したように，たとえば，有機二リン酸化合物はハロゲン化アルキル同様，芳香族化合物に対し Friedel-Crafts アルキル化に類似した反応を起こす．また，生体反応においては，Mg^{2+} のような2価の金属カチオンとの錯形成により電荷が中和されることで，二リン酸イオンが優れた脱離基となり，解離しやすくなる．

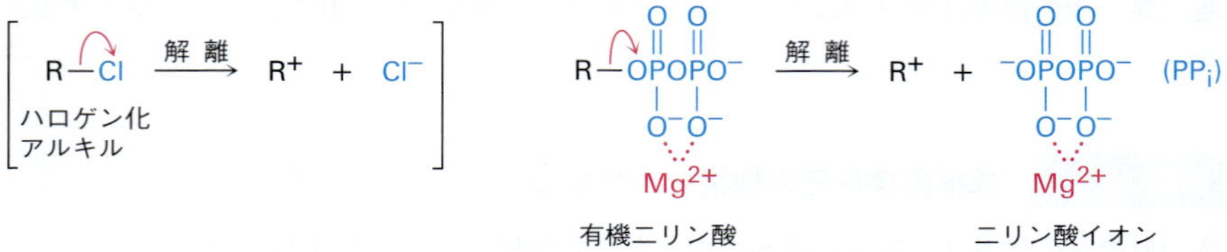

$$\left[R-Cl \xrightarrow{\text{解離}} R^+ + Cl^- \right]$$
ハロゲン化アルキル

有機二リン酸 $\xrightarrow{\text{解離}}$ R^+ + 二リン酸イオン (PPᵢ)

　生体内置換反応の例として，香料として使用されるゲラニオール（バラに含まれる心地よい香りのアルコール）の生合成経路に二つの S_N1 反応が含まれている．ゲラニオールの生合成は，ジメチルアリル二リン酸の解離によるアリルカルボカチオン中間体の形成と，続くイソペンテニル二リン酸との反応から開始される（図 12·18）．

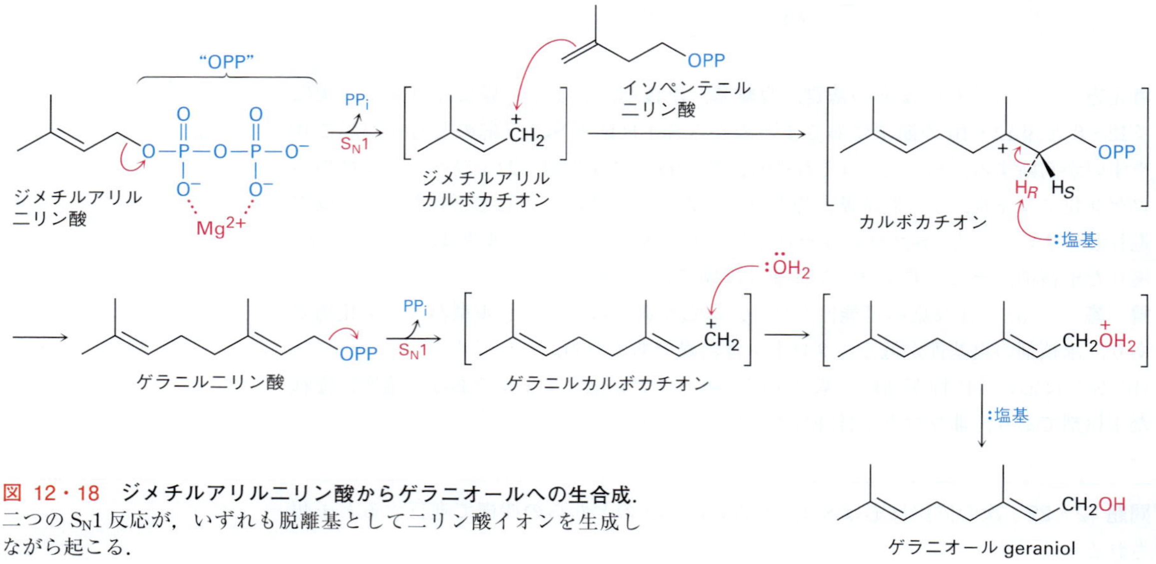

図 12·18　ジメチルアリル二リン酸からゲラニオールへの生合成．二つの S_N1 反応が，いずれも脱離基として二リン酸イオンを生成しながら起こる．

イソペンテニル二リン酸からみた場合，アルケンに対するジメチルアリルカルボカチオンの求電子付加になるが，ジメチルアリル二リン酸からみれば，カルボカチオン中間体の生成と，つづくイソペンテニル二リン酸の二重結合部位を求核剤とする段階的な S_N1 反応である．

この最初の S_N1 反応に続き，pro-R の水素が引抜かれてゲラニル二リン酸が生成する．これ自体，アリル二リン酸であり，二度目の解離を起こす．第二の S_N1 反応でゲラニルカルボカチオンと水との反応が起こり，つづく脱プロトンによりゲラニオールが生成する．

生体内で起こるメチル化反応はほぼすべて S_N2 反応である．すなわち，求電子的な供与体から求核剤へとメチル基が移動する．供与体は通常，正の電荷をもつ硫黄（スルホニウムイオンの一種，§5・10参照）を含む S-アデノシルメチオニン（S-adenosylmethionine: SAM）であり，脱離基は電荷をもたない S-アデノシルホモシステイン（S-adenosylhomocysteine: SAH）である．たとえば，ノルアドレナリン（ノルエピネフリン）からアドレナリン（エピネフリン）の生合成において，ノルアドレナリンの求核性を示す窒素原子が S-アデノシルメチオニンの求電子的なメチル基炭素を S_N2 機構で攻撃し，S-アデノシルホモシステインを与える（図 12・19）．S-アデノシルメチオニンはまさにクロロメタン CH_3Cl の生物学的な等価体である．

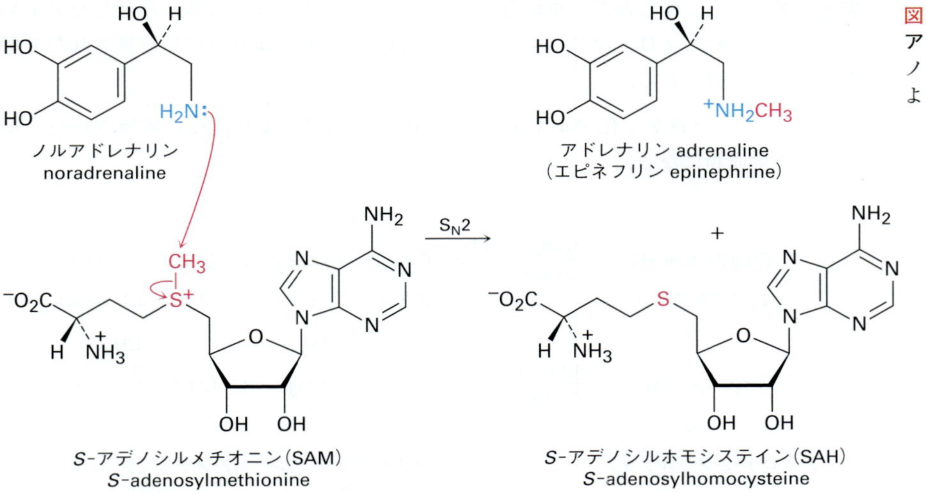

図 12・19 ノルアドレナリンからアドレナリンへの生合成．S-アデノシルメチオニンとの S_N2 反応により進行する．

ノルアドレナリン noradrenaline

アドレナリン adrenaline（エピネフリン epinephrine）

S-アデノシルメチオニン（SAM）S-adenosylmethionine

S-アデノシルホモシステイン（SAH）S-adenosylhomocysteine

問題 12・23 図 12・18 に示したゲラニオールの生合成機構を参考にして，リナリル二リン酸からリモネンが生合成される機構を考案せよ．

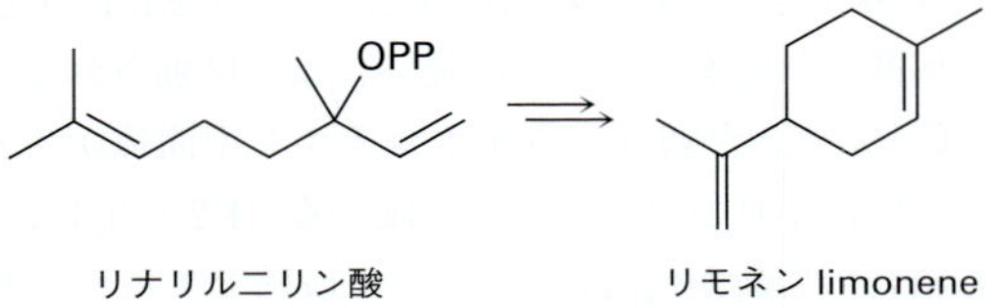

リナリル二リン酸

リモネン limonene

12・12 脱離反応: Zaitsev 則

本章のはじめに，ハロゲン化アルキルを求核剤あるいは塩基と反応させると2種類

12. 有機ハロゲン化物：求核置換と脱離

の反応が起こりうると述べた．求核剤がハロゲン化アルキルの電子不足状態にある炭素を攻撃すればハロゲンと置き換わり，隣接する炭素に結合したプロトン（αプロトン）を塩基として攻撃すればハロゲン化水素 HX の脱離が進行する．

置換反応

$$\underset{\substack{\text{H}\\ \text{C}-\text{C}\\ \text{Br}}}{} + \text{OH}^- \longrightarrow \underset{\substack{\text{H}\quad\text{OH}\\ \text{C}-\text{C}}}{} + \text{Br}^-$$

脱離反応

$$\underset{\substack{\text{H}\\ \text{C}-\text{C}\\ \text{Br}}}{} + \text{OH}^- \longrightarrow \text{C}=\text{C} + \text{H}_2\text{O} + \text{Br}^-$$

脱離反応はいくつかの理由から置換反応に比べて複雑である．そのうちの一つは位置選択性に関する問題である．非対称なハロゲン化アルキルから HX が脱離すると，どのようなアルケンが生成するだろうか．実際，ほとんどの場合，脱離反応ではアルケンの混合物が生じるため，通常できるのは，どちらが主生成物であるか予測することくらいである．

1875 年にロシアの化学者 Alexander Zaitsev により提唱された **Zaitsev 則**（Zaitsev's rule）によれば，必ずとまではいえないものの，一般に塩基による脱離反応ではより安定なアルケン，すなわち二重結合の炭素により多くのアルキル基が結合したアルケンを与える．たとえば，次に示す二つの例では，いずれもより高度に置換されたアルケンがおもに得られる．

Zaitsev 則　ハロゲン化アルキルからの HX の脱離は，より高度に置換されたアルケンが主生成物になる．

$$\underset{\text{2-ブロモブタン}}{\underset{\substack{\text{Br}\\ |}}{\text{CH}_3\text{CH}_2\text{CHCH}_3}} \xrightarrow[\text{CH}_3\text{CH}_2\text{OH}]{\text{CH}_3\text{CH}_2\text{O}^-\text{Na}^+} \underset{\text{ブタ-2-エン(81\%)}}{\text{CH}_3\text{CH}=\text{CHCH}_3} + \underset{\text{ブタ-1-エン(19\%)}}{\text{CH}_3\text{CH}_2\text{CH}=\text{CH}_2}$$

$$\underset{\text{2-ブロモ-2-メチルブタン}}{\underset{\substack{\text{Br}\\ |\\ \text{CH}_3}}{\text{CH}_3\text{CH}_2\text{CCH}_3}} \xrightarrow[\text{CH}_3\text{CH}_2\text{OH}]{\text{CH}_3\text{CH}_2\text{O}^-\text{Na}^+} \underset{\substack{\text{2-メチルブタ-2-エン}\\ (70\%)}}{\underset{\substack{\text{CH}_3\\ |}}{\text{CH}_3\text{CH}=\text{CCH}_3}} + \underset{\substack{\text{2-メチルブタ-1-エン}\\ (30\%)}}{\underset{\substack{\text{CH}_3\\ |}}{\text{CH}_3\text{CH}_2\text{C}=\text{CH}_2}}$$

脱離反応を複雑にしているもう一つの要因は，置換反応と同じように，脱離反応がいくつかの異なる反応機構により進行することである．ここでは，最も一般的な三つの経路について考えてみよう．それぞれ E1，E2，および E1cB 反応とよばれ，C−H 結合と C−X 結合が切断されるタイミングの違いにより区別されている．

E1 反応は，まず C−X 結合が切れてカルボカチオン中間体が生じ，つづいて塩基によりプロトン H^+ が引抜かれてアルケンを生成する．E2 反応は，塩基による C−H 結合の切断と C−X 結合の切断が同時に起こり，1 段階でアルケンを生成する．E1cB 反応〔cB は conjugate base（共役塩基）の略〕は，まず塩基によるプロトンの引抜きによりカルボアニオン中間体 $\text{R}:^-$ を生成する．出発物を酸とみなした際の共役塩基であるこのアニオン中間体からひき続いて X^- が失われ，アルケンを与える．どの反応機構もフラスコ内でよく起こるが，生体内で起こるのは主として E1cB 反応である．

12・12 脱離反応：Zaitsev 則　　399

E1 反応：まず C−X 結合が切れてカルボカチオン中間体
　　　　　が生じ，つづいて塩基によりプロトンが脱離
　　　　　しアルケンが得られる

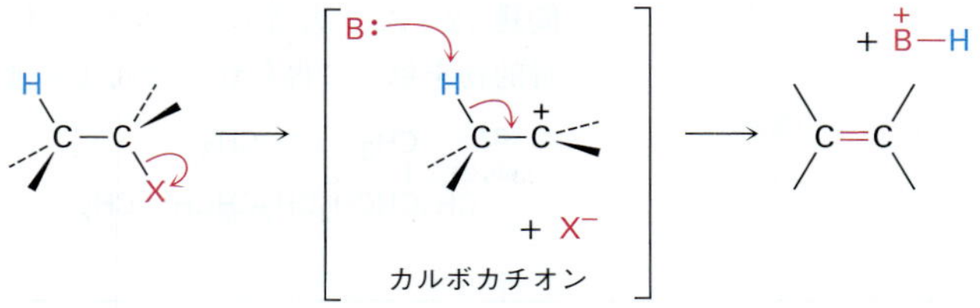

カルボカチオン

E2 反応：C−H 結合と C−X 結合が同時に切れて，中間
　　　　　体を経ずに 1 段階でアルケンが生成する

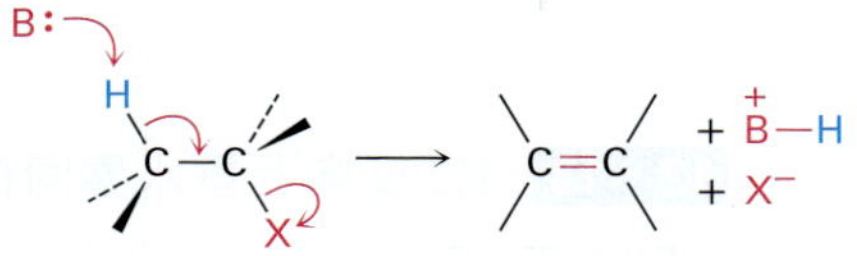

E1cB 反応：まず，C−H 結合が切れてカルボアニオン
　　　　　　中間体が生じ，つづいて X⁻ が脱離してア
　　　　　　ルケンを生成する

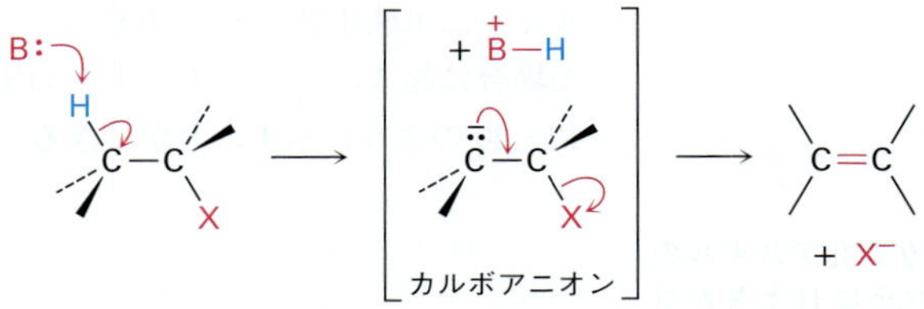

カルボアニオン

例題 12・4　脱離反応の生成物を予想する

1−クロロ−1−メチルシクロヘキサンをエタノール中，KOH と反応させると，どのような生成物が得られるか．

$$\text{（1-クロロ-1-メチルシクロヘキサン）} \xrightarrow[\text{エタノール}]{\text{KOH}} \textbf{?}$$

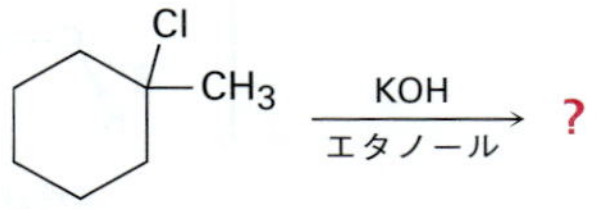

考え方　ハロゲン化アルキルを KOH のような強塩基で処理すると，アルケンが生成する．ある反応での生成物を予想するには，まず脱離基が結合した炭素に隣接した炭素に結合した水素をすべて書き込み，それから HX を取除き，生じる可能性のあるすべてのアルケンを書く．主生成物は最も高度に置換された二重結合をもつので，この場合，1−メチルシクロヘキセンである．

解 答

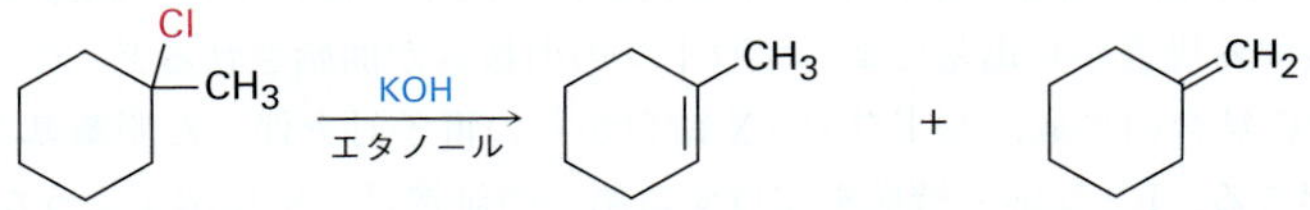

$$\text{1-クロロ-1-メチルシクロヘキサン} \xrightarrow[\text{エタノール}]{\text{KOH}} \text{1-メチルシクロヘキセン（主生成物）} + \text{メチリデンシクロヘキサン（副生成物）}$$

問題 12・24　次に示すハロゲン化アルキルの脱離反応によりどのような生成物が得られるか．それぞれの場合，どれが主生成物となるか．ただし，二重結合の立体化学は無視してよい．

(a) 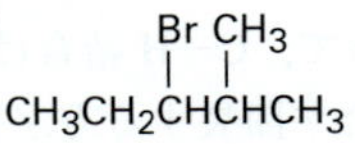 CH₃CH₂CHCHCH₃（Br, CH₃）

(b) 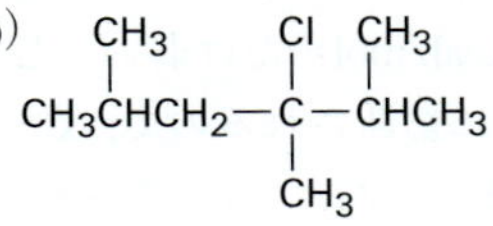 CH₃CHCH₂−C−CHCH₃（CH₃, Cl, CH₃, CH₃）

(c) （シクロヘキシル）CHCH₃（Br）

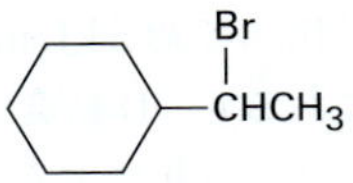

400　12. 有機ハロゲン化物：求核置換と脱離

問題12・25 次に示すアルケンはどのようなハロゲン化アルキルから合成できるか．目的物を単一に得られる合成法を選び出すこと．

(a) CH₃CHCH₂CH₂CHCH=CH₂ （各CH基にCH₃）

(b) 3,4-ジメチルシクロペンテン（CH₃基が二つ）

12・13　E2反応と重水素同位体効果

E2反応〔E2 reaction，2分子の（bimolecular），脱離（elimination）〕はハロゲン化アルキルに水酸化物イオン HO⁻ やアルコキシドイオン RO⁻ のような強塩基を作用させた場合に起こる．これはフラスコ内で最も一般的に起こる脱離反応の経路であり，図12・20のように示すことができる．

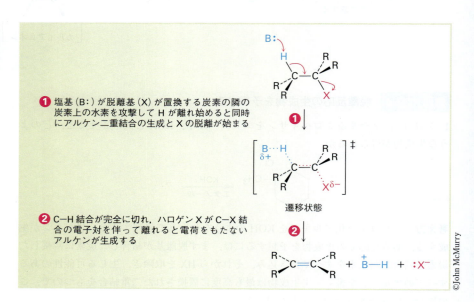

図12・20 ハロゲン化アルキルのE2反応の機構．反応はHとXが離れ始めると同時に二重結合が形成され始める遷移状態を経て1段階で起こる．

❶ 塩基（B:）が脱離基（X）が置換する炭素の隣の炭素上の水素を攻撃してHが離れ始めると同時にアルケン二重結合の生成とXの脱離が始まる

遷移状態

❷ C-H結合が完全に切れ，ハロゲンXがC-X結合の電子対を伴って離れると電荷をもたないアルケンが生成する

S_N2 反応と同様に，E2反応は中間体を経ずに1段階で進行する．脱離基のついた炭素に隣接する炭素から塩基によるプロトンの引抜きが開始されると，C-H結合の切断とC=C結合の形成，およびC-X結合からの電子対を伴った脱離基 X⁻ の脱離が同時に起こる．E2反応の機構を支持する第一の証拠は，次に示すような二次の反応速度を示すことである．

$$速度 = k \times [RX] \times [塩基]$$

すなわち，塩基とハロゲン化アルキルがともに律速段階に関わる．

E2反応を支持する第二の証拠は，**重水素同位体効果**（deuterium isotope effect）として知られている現象である．詳しくは説明しないが，C-H結合は相当するC-D結合に比べて約5 kJ/mol（1.2 kcal/mol）だけ弱い．したがって，C-H結合は同じ環境にあるC-D結合より容易に切断されるので，C-H結合が開裂する方が速い．たとえば，塩基による1-ブロモ-2-フェニルエタンからのHBrの脱離は，相当する

1-ブロモ-2,2-ジジュウテリオ-2-フェニルエタンからのDBrの脱離に比べて7.11倍速く進行する．この結果は，C-HあるいはC-D結合の切断が律速段階であることを示しており，1段階の反応過程として提示したE2反応の機構と一致する．そうでないと反応速度の差は観測できない．

E2反応を支持する第三の証拠は立体化学に関するものである．数多くの実験結果が示すように，E2反応は**ペリプラナー**（periplanar）の幾何配座，すなわち，反応に関与する四つの原子（水素，二つの炭素，および脱離基）が同一の平面に位置する配座で進行する．ペリプラナーには，HとXが分子の同じ側に配置した**シンペリプラナー**（synperiplanar）と，HとXが分子の反対側に配置した**アンチペリプラナー**（antiperiplanar）の二つの配座がある．アンチペリプラナー配座は二つの炭素上に存在する置換基がねじれ形に配置できるのに対し，シンペリプラナー配座は二つの炭素に結合した置換基が重なり形に配置するので，アンチペリプラナー配座の方がエネルギー的に有利である．

ペリプラナーの立体配座は何がそれほど特別なのだろうか．反応に関与する出発物のC-HとC-Xのσ結合（sp^3-sp^3の重なりによる結合）が互いに重なり，アルケン生成物のπ結合（p-pの重なりによる結合）を生じるので，遷移状態でこれらの軌道が部分的に重なり合わなければならない．同じ平面内に（反応に関与する四つの原子の）軌道が存在すれば，すなわち，これらの軌道がペリプラナー配座をとれば，この軌道の重なりは容易に生じる（図12・21）．

アンチペリプラナー配座におけるE2脱離反応は，180°の立体化学を伴うS_N2反応と同じように理解することができる．S_N2反応において，近づいてくる求核剤の電子

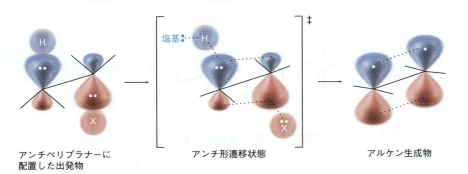

図12・21　ハロゲン化アルキルと塩基との反応によるE2脱離の遷移状態．遷移状態において出発物がペリプラナー配座をとると，生成しつつあるp軌道同士が互いに重なることができる．

対が分子の反対側に配置する脱離基に電子を押し出す．一方，E2 反応では，隣接する C–H 結合の電子対が分子の反対側にある脱離基に電子を押し出す．

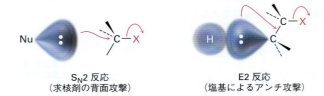

アンチペリプラナー配座を経る E2 脱離は特異的な立体化学の結果を示すことから，反応機構を確認する際の有力な証拠になる．一例を示すと，*meso*-1,2-ジブロモ-1,2-ジフェニルエタンの塩基による E2 脱離では *E* 形のアルケンだけが生成する．この反応では *Z* 形のアルケンはまったく得られない．その理由は，(*Z*)-アルケンを生成するには，遷移状態においてエネルギー的に不利なシンペリプラナー配座をとらなければならないからである．

アンチペリプラナーの立体配座はシクロヘキサン環において特に重要になる．シクロヘキサン環はいす形配座で存在するために，隣接する炭素に結合した置換基は固定された関係になる（§4・6 参照）．E2 反応は水素と脱離基が互いに *trans*-ジアキシアルの場合に限り進行する（図 12・22）．脱離基と水素のどちらかがエクアトリアルに配置している場合，E2 反応は起こらない．

図 12・22 置換シクロヘキサンの E2 反応に必要な立体配置．アンチペリプラナーの脱離が起こるには，水素原子と脱離基はいずれもアキシアルに配置する必要がある．

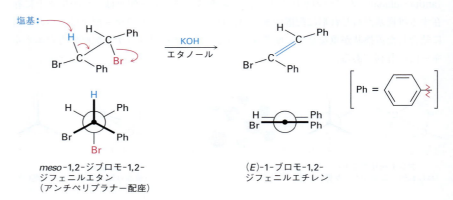

例題 12・5　E2 反応に関する立体化学を予想する

(1*S*, 2*S*)-1,2-ジブロモ-1,2-ジフェニルエタンの E2 脱離により得られるアルケンの

立体化学を示せ.

考え方 脱離するHとBrがアンチペリプラナーになるように(1S,2S)-1,2-ジブロモ-1,2-ジフェニルエタンの構造を書く. 次にすべての置換基を, できる限りそれぞれの位置においたまま脱離させ, どのようなアルケンが得られるか確認する.

解答 (1S,2S)-1,2-ジブロモ-1,2-ジフェニルエタンからHBrのアンチペリプラナー配座を経る脱離により(Z)-1-ブロモ-1,2-ジフェニルエチレンが得られる.

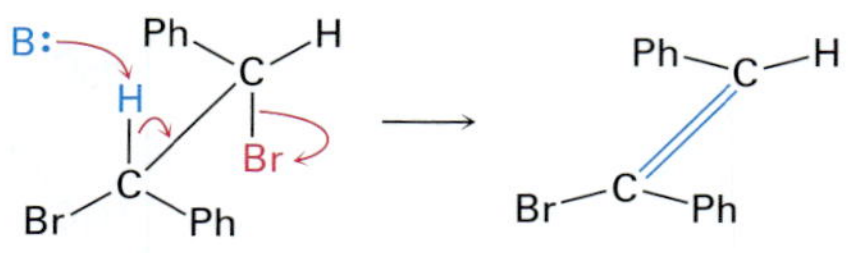

問題 12・26 (1R,2R)-1,2-ジブロモ-1,2-ジフェニルエタンのE2脱離により得られるアルケンはどのような立体化学をもつか. 反応が進行する立体配座をNewman投影式で示せ.

問題 12・27 次に示すハロゲン化アルキルをKOHと反応させるとE2脱離が進行して三置換アルケンと一置換アルケンの混合物が得られた. 二つのアルケンの構造を示せ. なお, 三置換アルケンについては, その立体化学について考察せよ. (赤茶はBr)

問題 12・28 trans-1-ブロモ-4-t-ブチルシクロヘキサンと cis-1-ブロモ-4-t-ブチルシクロヘキサンのE2脱離はどちらが起こりやすいか. それぞれの化合物について, 最も安定ないす形立体配座を示し, なぜそうなるか説明せよ.

12・14 E1反応とE1cB反応

E1反応

E2反応がS_N2反応に類似した機構で進むように, **E1反応**〔E1 reaction, 単分子の(unimolecular), 脱離(elimination)〕とよばれるS_N1反応によく似た反応がある. 図12・23に2-クロロ-2-メチルプロパンからのHClの脱離を示す.

E1反応はS_N1反応と同様にハロゲン化アルキルの単分子解離から開始するが, カルボカチオン中間体から続く過程は求核剤の攻撃による置換反応ではなく, 隣接する炭素からのプロトンの脱離である. 実際, ハロゲン化アルキルにプロトン性溶媒中, 非塩基性の求核剤を作用させると, E1反応とS_N1反応が競合して進行する場合が多

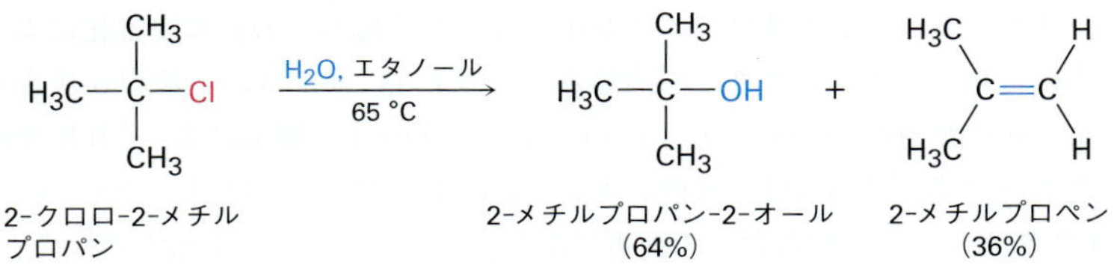

図 12・23　**E1反応の機構**．2段階反応であり，最初が律速段階で，カルボカチオン中間体を経由する．

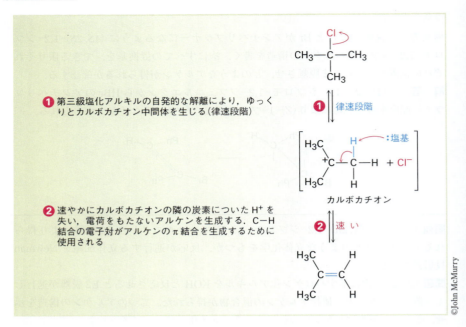

い．したがって，E1反応が起こりやすい基質は，S_N1反応も進行しやすい基質であり，通常，置換生成物と脱離生成物の混合物が得られる．たとえば，2-クロロ-2-メチルプロパンを80%エタノール水溶液中，65°Cで加熱すると，2-メチルプロパン-2-オール（S_N1生成物）と2-メチルプロペン（E1生成物）が64：36の比率で得られる．

　E1反応を支持する多くの証拠が得られている．たとえば，E1反応は一次速度式に従い，単分子の解離が律速段階であることと矛盾しない．さらに，E1反応はまったく重水素同位体効果を示さない．これは，C－H（あるいはC－D）結合の切断が律速段階ではなく，その後で起こるので，重水素化された基質と重水素化されていない基質間の反応速度の差は観測されないためである．最後の証拠は，ハロゲンと水素が別の段階で失われるので，アンチペリプラナー配座を必要とするE2反応と異なり，E1反応に何ら立体的制約がないことである．

E1cB 反応

　カルボカチオン中間体を経るE1反応と対照的に，**E1cB反応**（E1cB reaction）はカルボアニオン中間体を経て進行する．塩基による，ゆっくりとしたプロトンの引抜きが律速段階であり，生じたアニオンが隣接する炭素から脱離基を追い出す．この反応は，たとえば，HO－C－CH－C＝Oのカルボニル基から2炭素離れた炭素（β炭素）についたOH基*のように，脱離能が低い置換基をもつ基質（β-ヒドロキシカルボニル化合物）によくみられる．脱離能が低い置換基では，E1やE2反応は起こりにくく，また，カルボニル基はアニオン中間体（共役塩基）の共鳴安定化により隣接する炭素に結合した水素の酸性度を高める．このようにカルボニル基がα炭素に結合した水素原子の酸性度を高める効果については§17・4で取上げる．E1cB反応の生成物の炭素－炭素二重結合は，共役ジエン（§8・12参照）と同じようなC＝C－C＝O（α,β-不飽和カルボニル化合物）の配置であり，カルボニル基と共役している．

＊ 訳注：図中では塩素などのハロゲン(X)になっている．

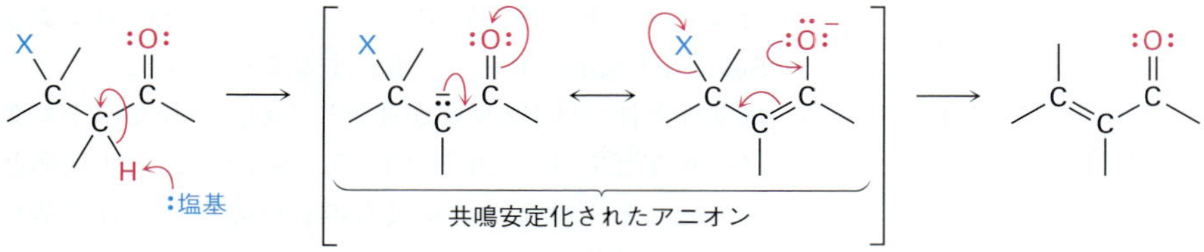

12・15 生体内における脱離反応

三つの脱離反応，すなわち E2，E1，E1cB 反応はいずれもさまざまな生体反応においてみられるが，特に E1cB 反応の例が多い．通常，基質はハロゲン化アルキルではなくアルコールであり，フラスコ内で行う反応とまさに同じようにカルボニル基に隣接した水素が取去られる．つまり，3-ヒドロキシカルボニル化合物（β-ヒドロキシカルボニル化合物）は脱離により共役した不飽和カルボニル化合物（α,β-不飽和カルボニル化合物）に変換される．典型的な一例として，脂質の生合成において 3-ヒドロキシ酪酸チオエステルが脱水して相当するクロトン酸チオエステル（不飽和チオエステル）を生じる反応を示す．この反応では酵素に存在するアミノ酸の一つであるヒスチジンのイミダゾール環（§9・4 参照）が塩基として働き，ヒドロキシ基の脱離は同時に起こるプロトン化によって促進されている．

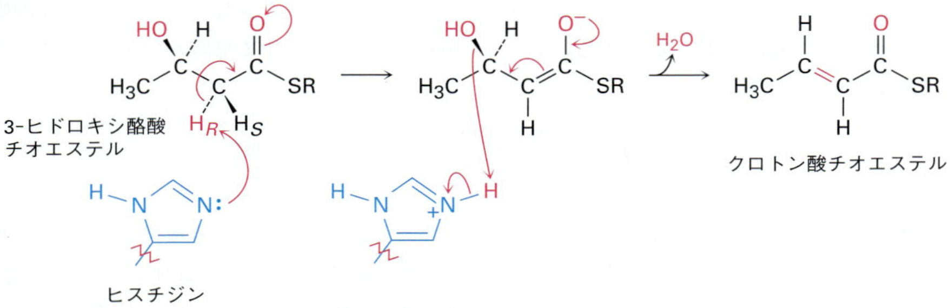

12・16 反応性のまとめ: S_N1, S_N2, E1, E1cB, E2

S_N1，S_N2，E1，E1cB，E2 といった反応をどのように整理し，どの反応が起こると予想したらよいだろうか．置換と脱離のどちらが起こるか．反応は一次反応と二次反応のどちらであろうか．このような疑問に対する明快な解答はないが，ある程度一般化することができる．

第一級ハロゲン化アルキル　優れた求核剤を用いた場合に S_N2 反応が起こり，かさ高い強塩基を使用すれば E2 脱離が起こる．一方，カルボニル炭素から 2 炭素離れた炭素に脱離基が存在する場合には E1cB 反応が進行する．

第二級ハロゲン化アルキル　非プロトン極性性溶媒中，弱塩基性求核剤を用いた場合，S_N2 反応が起こり，強塩基を使用すれば E2 反応が進行する．カルボニル炭素から 2 炭素離れた炭素に脱離基が存在する場合には E1cB 反応が進行する．第二級ハロゲン化アリル，または第二級ハロゲン化ベンジルの場

406 12. 有機ハロゲン化物：求核置換と脱離

合は，プロトン性溶媒中，塩基性が弱い求核剤により
S_N1 と E1 反応が混在して進行することがある．

第三級ハロゲン化アルキル 塩基性条件では E2 反応が進行するが，純粋な水やエタ
ノールなどを用いた中性条件では S_N1 反応と E1 反応と
もに起こる．カルボニル炭素の β 位の炭素に脱離基が
存在する場合は E1cB 反応が進行する．

例題 12・6 反応生成物と反応機構を予想する

次の反応は S_N1，S_N2，E1，E1cB，E2 のいずれの機構で進行するか．またそれぞれ
の生成物を予想せよ．

(a)

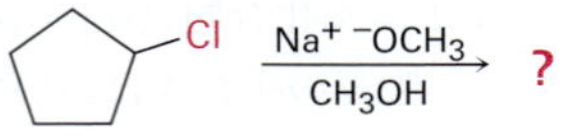

(b)

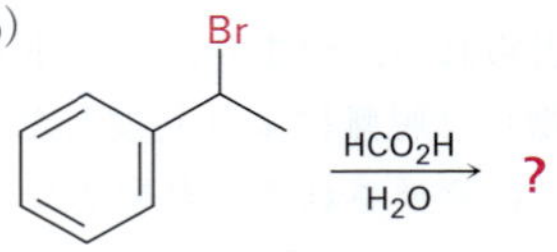

考え方 それぞれの反応について基質，脱離基，求核剤，溶媒について注視する．
次に §12・16 に示したまとめを参考にしながら，どの反応が起こりやすいか決定す
る．

解 答 (a) アリル位でない第二級ハロゲン化アルキルは，非プロトン性極性溶媒
中，優れた求核剤と S_N2 反応を起こすことが可能であるが，強塩基とプロトン性溶媒
で処理した場合は E2 反応を起こす．この場合はおそらく E2 脱離が優先するはずで
ある．

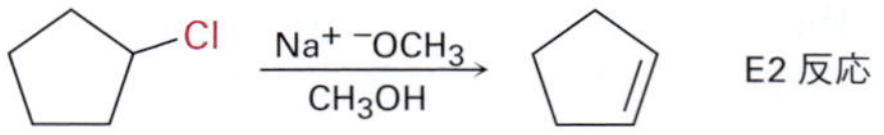

(b) 第二級のベンジル位のハロゲン化アルキルは，非プロトン性極性溶媒中，塩基
性のない求核剤と S_N2 反応を起こすことが可能であるが，塩基で処理した場合には，
E2 反応を起こす．ギ酸 HCO_2H 水溶液のようなプロトン性条件では，おそらく若干
の E1 反応とともに S_N1 反応が優先して起こる．

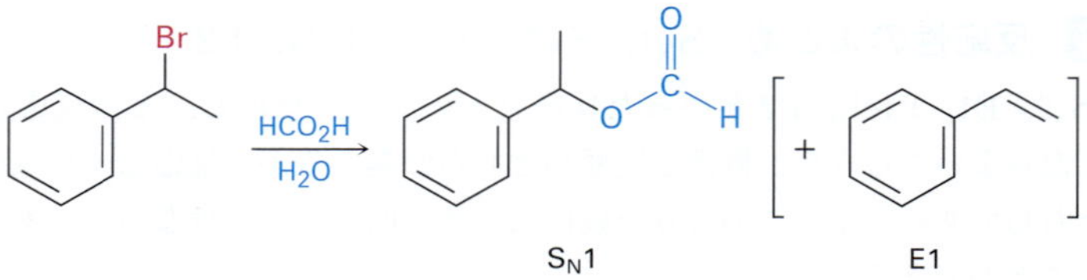

問題 12・29 次の反応は S_N1，S_N2，E1，E1cB，E2 のいずれの機構で進行するか．

(a)

$$CH_3CH_2CH_2CH_2Br \xrightarrow[\text{THF}]{NaN_3} CH_3CH_2CH_2CH_2N\overset{+}{=}\overset{-}{N}=N$$

(b)

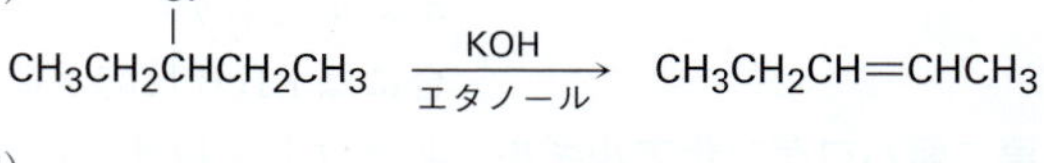

(c)

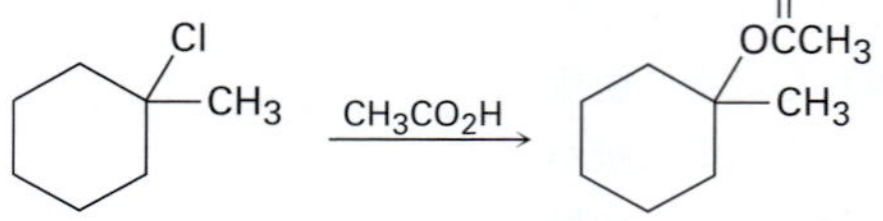

(d)

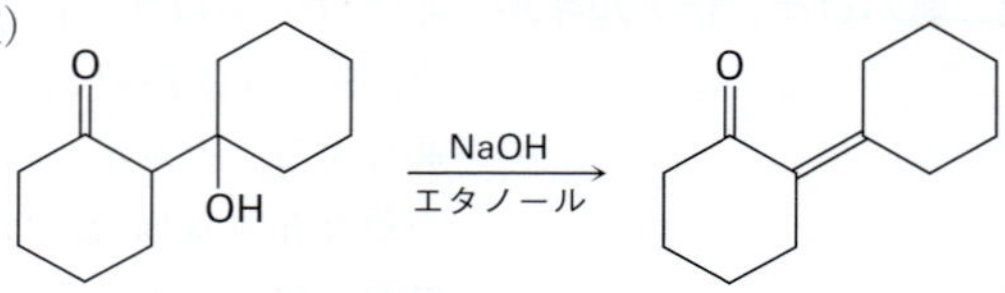

12. 有機ハロゲン化物：求核置換と脱離

科学談話室

天然由来有機ハロゲン化物

海のサンゴは魚に対して摂食抑制物質として作用する有機ハロゲン化物を潜ませている
©Dobermaraner/Shutterstock.com

1970年までに天然物として見いだされたハロゲンを含む有機化合物はわずか30個にすぎない．一方，クロロホルム，ハロゲン置換されたフェノール，PCBとよばれる一群の塩素化された芳香族化合物などの環境から見いだされた化合物は単純に工業汚染物質として捉えられていた．それから約半世紀が経過した今日では，状況がまったく変わった．これまでに5000以上の有機ハロゲン化物が天然から見いだされ，さらに何万にも及ぶ未発見の化合物が存在していることは疑う余地がない．クロロメタンのような単純な化合物からバンコマイシン（vancomycin）のような高度に複雑な構造をもつ化合物に至るまで，多種多様な有機ハロゲン化物が植物や細菌，および動物から発見されている．その多くがいずれも有用な生物活性をもち，たとえば，五つのハロゲンを含むアルケンであるハロモン（halomon）は，紅藻類（ホソバナミノハナ *Portieria hornemannii*）から単離され，いくつかのヒトのがん細胞に対して抗がん活性を示すことが報告されている．

いくつかの天然由来有機ハロゲン化物に多量に生産されている．たとえば，クロロメタンの工業的な年間全排出量は約26,000トンであるのに対し，森林火災，火山活動，さらに海藻から年間500万トンもが放出されている．シロアリは年間10万トンほどのクロロホルムを放出すると推定されている．沖縄に生息する半索動物ギボシムシ *Ptychodera flava* の詳細な調査研究から，調査領域1キロ四方に生息する6400万匹が，これまでは非天然系汚染物質であると考えられていたブロモフェノールやブロモインドールの誘導体を毎年約3.6トン近くも排泄することが明らかになった．

その多くが有毒である有機ハロゲン化物を，なぜ生物は生産するのだろうか．どうやら多くの生物は有機ハロゲン化物を，摂食抑制物質や天敵に対する刺激物，あるいは天然殺虫剤として自己防衛のために使用しているらしい．たとえば，海綿，サンゴ，アメフラシは魚類やヒトでおよびその他の天敵が食べたがらないような，嫌な味のする有機ハロゲン化物を放出している．ヒトでさえ感染防御の一部としてハロゲン化された化合物を産生しているようである．ヒトの免疫系は真菌や細菌に対しハロゲン化反応を行うことができるペルオキシダーゼとよばれる酵素をもっており，これにより病原菌を殺すことができる．最も注目すべきことは，塩素分子そのものさえヒトの体内に存在していることがわかったことである．

研究されるべきことはたくさんある．いまだ，これまでに発見された50万種以上に及ぶ海洋生物のうち，数百種が研究されたにすぎない．それでも，有機ハロゲン化物はわれわれを取巻く世界にとって欠くことができないものであることは明らかである．

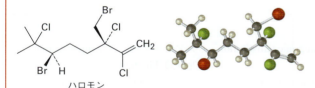

ハロモン

まとめ

ハロゲン化アルキルが地球上の生物から見いだされることはまれであるが，そのさまざまな反応は有機化学において最も重要であり，よく研究されてきた．本章では，ハロゲン化アルキルの命名，合成，ならびに置換反応と脱離反応について詳細に学習した．

ハロゲン化アルキルは飽和sp^3混成軌道の炭素原子に結合したハロゲンを含む化合物である．炭素ーハロゲン結合は分極しているため，ハロゲン化アルキルは求電子剤として働く．ハロゲン化アルキルはアルケンと *N*-ブロモスクシン酸イミド（NBS）とのアリル位の臭素化により合成できる．この反応は共鳴安定化されたアリル型ラジカル中間体を経て進行する．ハロゲン化アルキルはアルコールとハロゲン化水素HXからも合成可能であるが，収率よく得られるのは第三級ハロゲン化アルキルの場合に限られている．第一級，および第二級のハロゲン化アルキルの合成は，通常，アルコールの塩化チオニル$SOCl_2$，三臭化リンPBr_3，あるいはHF-ピリジンとの反応により行う．

ハロゲン化アルキルを無水エーテル中，金属マグネシウ

ムで処理すると **Grignard 反応剤 RMgX** とよばれるハロゲン化有機マグネシウムを生成する．Grignard 反応剤は求核性と塩基性を合わせもち，酸と反応させると炭化水素を生じる．ハロゲン化アルキルを金属リチウムと反応させると有機リチウム反応剤 RLi を与え，さらにこれをヨウ化銅（I）と反応させると **Gilman 反応剤** とよばれるジアルキル銅リチウム **LiR₂Cu** を生じる．Gilman 反応剤はハロゲン化アルキルとのカップリング反応により炭化水素を与える．

ハロゲン化アルキルあるいは *p*-トルエンスルホン酸エステル（トシラート）に求核剤または塩基を作用させると，**置換反応** あるいは **脱離反応** が進行する．求核置換反応には二つのタイプ，すなわち，**S$_N$2 反応** と **S$_N$1 反応** がある．S$_N$2 反応は求核剤が脱離基に対して 180° 反対方向からハロゲンが結合した炭素原子を攻撃し，傘がまくりあげられるのと同じように立体配置の反転が起こる．反応は**二次の反応速度式** に従い，基質の立体的なかさ高さが増加するほど強く阻害を受ける．したがって，S$_N$2 反応は第一級および単純な第二級の基質で起こりやすい．

S$_N$1 反応は律速段階で基質がカルボカチオンにゆっくりと解離し，つづいて求核剤と速やかに反応する．結果的に S$_N$1 反応は**一次の反応速度式** に従い，炭素原子の立体配置のラセミ化を伴い進行する．この反応は第三級の基質で起こりやすい．生体内では S$_N$1 反応も S$_N$2 反応も起こるが，脱離基は普通ハロゲン化物イオンではなく二リン酸イオンである．

ハロゲン化アルキルからアルケンへの脱離反応は，一般に，C−H 結合と C−X 結合が切断するタイミングの違い

から区別される **E2 反応，E1 反応，E1cB 反応** のいずれかの反応機構で進行する．E2 反応は，C−H 結合と C−X 結合の切断が同時に進行する．すなわち，塩基が炭素からプロトンを引抜くと，それに伴い隣接する炭素から脱離基が離れていく．反応は関与する四つの原子（H−C−C−X）が同一平面上に配置する**アンチペリプラナー** の立体配座をもつ遷移状態を経て進行する．この反応は二次の反応速度式に従い，重水素同位体効果がみられ，さらに第二級，あるいは第三級ハロゲン化アルキルを強塩基と反応させるときに進行しやすい．非対称ハロゲン化アルキルに対する E2 反応ではいくつかのアルケンの混合物を与えるが，高度にアルキル置換したアルケンが生成しやすい傾向がある（**Zaitsev 則**）．

一方，E1 反応は C−X 結合の切断から開始される．すなわち，第一段階は律速段階であり，基質がゆっくりと解離してカルボカチオン中間体を生じ，つづく第二段階で隣接する炭素から脱離基がすばやく離れていく．この反応は一次の反応速度式に従い，重水素同位体効果は観測されない．また，第三級ハロゲン化水素に対して非塩基性の極性溶媒中で起こりやすい．

E1cB 反応では C−H 結合がまず開裂する．すなわち，塩基がプロトンを引抜きアニオンが生じ，つづいて第二段階で隣接する炭素から脱離基が離れる．反応はカルボニル炭素から 2 炭素離れた炭素に脱離基が存在する場合に起こりやすく，カルボニル基が共鳴によりはじめに生成するアニオン中間体を安定化する．生体内での大半の脱離反応はこの E1cB 機構で進行する．

重要な用語

アンチペリプラナー（antiperiplanar）
一次反応（first-order reaction）
E1 反応（E1 reaction）
E1cB 反応（E1cB reaction）
E2 反応（E2 reaction）
S$_N$1 反応（S$_N$1 reaction）
S$_N$2 反応（S$_N$2 reaction）
カルボアニオン（carbanion）

求核置換反応（nucleophilic substitution reaction）
Gilman 反応剤（Gilman reagent）
Grignard 反応剤（Grignard reagent） RMgX
Zaitsev 則（Zaitsev's rule）
重水素同位体効果（deuterium isotope effect）

シンペリプラナー（synperiplanar）
速度論（kinetics）
二次反応（second-order reaction）
ハロゲン化アルキル（alkyl halide）
有機ハロゲン化物（organohalide）
溶媒和（solvation）

反応のまとめ

1. アルケンから臭化アリルの合成（§12・2）

2. アルコールからハロゲン化アルキルの合成（§12・3）
(a) HCl および HBr との反応

反応性の順序：第三級＞第二級＞第一級

(b) 第一級および第二級アルコールとSOCl₂との反応

(c) 第一級および第二級アルコールとPBr₃との反応

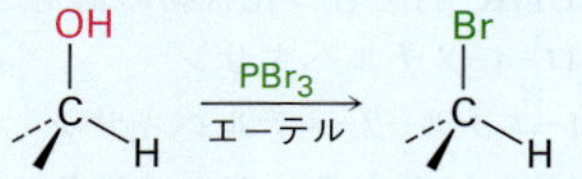

(d) 第一級および第二級アルコールとHF-ピリジンとの反応

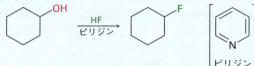

3. ハロゲン化アルキルからGrignard反応剤の生成 (§12・4)

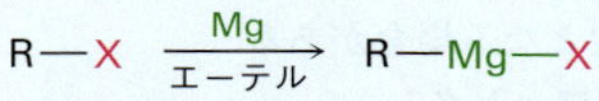

$$R-X \xrightarrow[エーテル]{Mg} R-Mg-X$$

Gilman反応剤（ジアルキル銅リチウム）の生成 (§12・5)

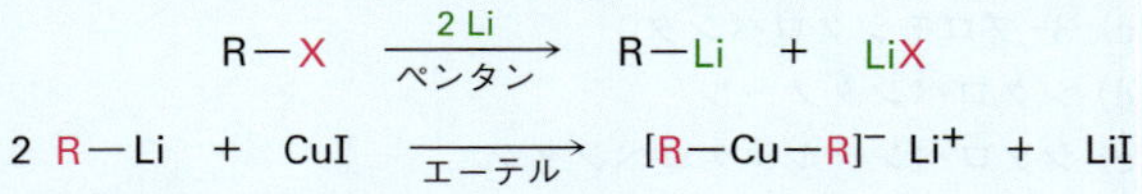

$$R-X \xrightarrow[ペンタン]{2\,Li} R-Li + LiX$$

$$2\,R-Li + CuI \xrightarrow{エーテル} [R-Cu-R]^- Li^+ + LiI$$

4. 有機金属カップリング (§12・5)
(a) ジアルキル銅リチウムによる反応

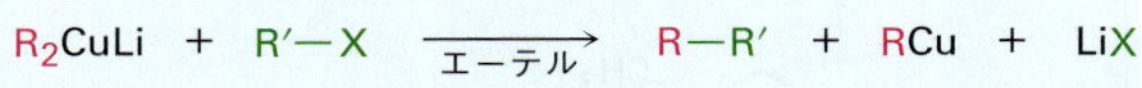

$$R_2CuLi + R'-X \xrightarrow{エーテル} R-R' + RCu + LiX$$

(b) パラジウム触媒による鈴木-宮浦カップリング反応

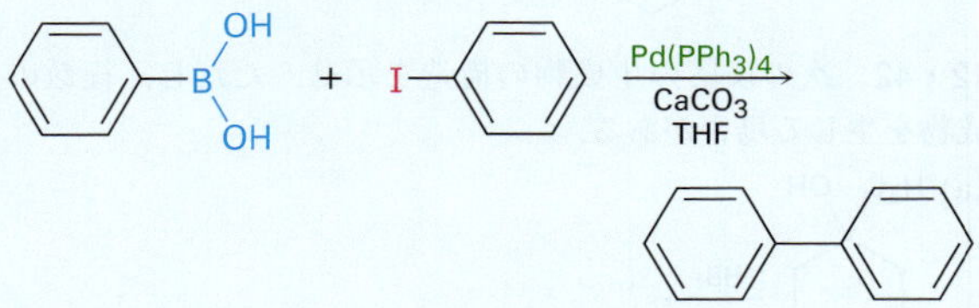

5. 求核置換反応
(a) 第三級ハロゲン化アルキル，ハロゲン化アリル，ハロゲン化ベンジルのS_N1反応 (§12・9, §12・10)

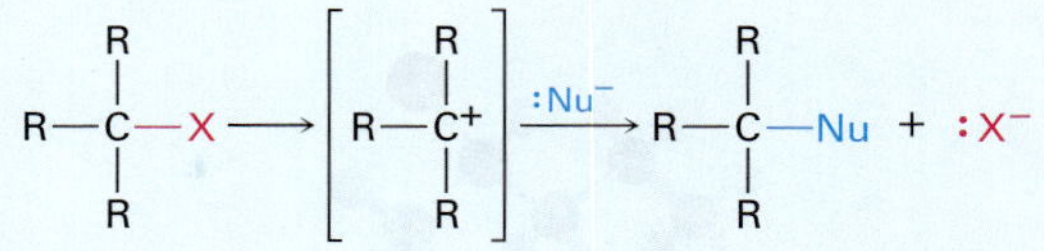

(b) 第一級ハロゲン化アルキルと単純な第二級ハロゲン化アルキルのS_N2反応 (§12・7, §12・8)

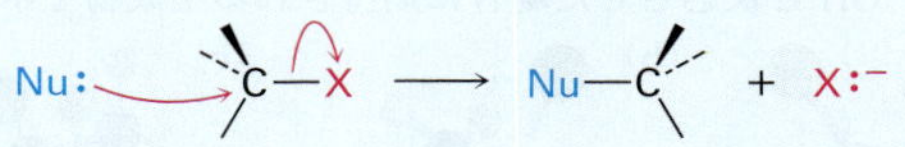

6. 脱離反応
(a) E1反応 (§12・14)

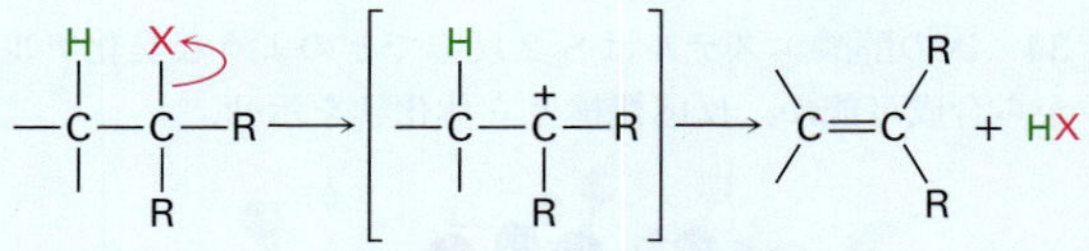

(b) E1cB反応 (§12・14)

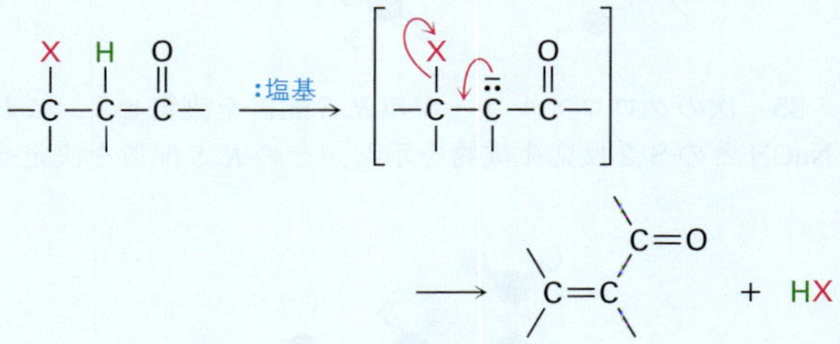

(c) E2反応 (§12・13)

演習問題

目で学ぶ化学

（問題12・1～12・29は本文中にある）

12・30 次のハロゲン化アルキルにIUPAC名をつけよ．（緑はCl）

(a) 　(b)

12・31 次のアルケンとNBSとの反応による生成物の構造を示せ．ただし，複数の生成物を生じる場合がある．

(a)　(b)

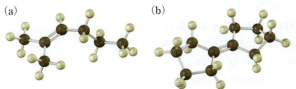

12・32 次に示す臭化アルキルと (S)-ペンタン-2-オールと PBr₃ との反応で生じる化合物を命名せよ．またその絶対立体配置を R, S で表し，反応が立体配置を保持して進行したか，それとも立体配置の反転を伴って進行したかを示せ．（赤茶は Br）

12・33 次に示す塩化アルキルをそれぞれ (i) Na⁺ ⁻SCH₃, (ii) Na⁺ ⁻OH と反応させた場合に期待される生成物を示せ．

(a)　　　　(b)　　　　(c)

12・34 次の酢酸エステルは S_N2 反応でどのような臭化アルキルから合成可能か．反応機構と立体化学を示せ．

12・35 次のクロロアルコールの R, S 配置を決定せよ．これと NaCN との S_N2 反応生成物を示し，その R, S 配置を決定せよ．

12・36 次の分子と NaOH との E2 反応により予想される生成物の構造を二重結合の E, Z 配置を含め示せ．

追加問題
ハロゲン化アルキルの命名

12・37 次のハロゲン化アルキルを命名せよ．

(a) H₃C Br Br   CH₃
     | | | |
     CH₃CHCHCH₂CH₂CH₃

(b)   I
                    |
     CH₃CH=CHCH₂CHCH₃

(c)   Br Cl CH₃
        | | |
     CH₃CH₂CHCHCH₃
              |
              CH₃

(d)   CH₂Br
            |
     CH₃CH₂CHCH₂CH₃

(e) ClCH₂CH₂CH₂C≡CCH₂Br

12・38 次の IUPAC 名をもつ化合物の構造を示せ．
(a) 2,3-ジクロロ-4-メチルヘキサン
(b) 4-ブロモ-4-エチル-2-メチルヘキサン
(c) 3-ヨード-2,2,4,4-テトラメチルペンタン
(d) cis-1-ブロモ-2-エチルシクロペンタン

12・39 2-メチルブタンにはいくつのモノクロロ化された誘導体が存在するか．すべての構造を示せ．キラルな化合物はどれか．

ハロゲン化アルキルの合成と反応

12・40 次の化合物をシクロペンテンから合成したい．それぞれの合成法を，必要となる反応剤を含めて示せ．ただし，複数の工程が必要となる場合がある．
(a) クロロシクロペンタン
(b) メチルシクロペンタン
(c) 3-ブロモシクロペンタン
(d) シクロペンタノール
(e) シクロペンチルシクロペンタン
(f) シクロペンタ-1,3-ジエン

12・41 1-メチルシクロヘキセンと NBS との反応により期待されるすべての生成物の構造を示せ．

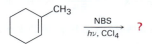

12・42 次の反応の生成物の構造を示せ．ただし，複数の生成物を生じる場合がある．

(a) H₃C OH
      \ /
       C
      /cyclohexane →HBr/エーテル ?

(b) CH₃CH₂CH₂CH₂OH →SOCl₂ ?

(c) テトラヒドロナフタレン →NBS/hν, CCl₄ ?

(d) シクロヘキサノール-OH →PBr₃/エーテル ?

(e) CH₃CH₂CHBrCH₃ →Mg/エーテル A? →H₂O B?

(f) CH₃CH₂CH₂CH₂Br →Li/ペンタン A? →CuI B?

(g) CH₃CH₂CH₂CH₂Br + (CH₃)₂CuLi →エーテル ?

12. 有機ハロゲン化物：求核置換と脱離　411

12・43 次に示した変換はいずれも進行しない．それぞれの問題点を指摘せよ．

(a)
$$CH_3CH_2\underset{\underset{CH_3}{|}}{\overset{\overset{Br}{|}}{C}}HCH_2CH_3 \xrightarrow{NaCN} CH_3CH_2\underset{\underset{CH_3}{|}}{\overset{\overset{CN}{|}}{C}}HCH_2CH_3$$

(b)
$$CH_3\underset{\underset{CH_3}{|}}{C}HCH_2CH_2CH_2OH \xrightarrow{NaBr} CH_3\underset{\underset{CH_3}{|}}{C}HCH_2CH_2CH_2Br$$

12・44 次に示す変換経路の段階 a～c において必要となる反応剤を示せ．

求核置換反応

12・45 水酸化物イオン OH⁻ との S_N2 反応において，次のうちどちらが速く進行するか．

(a) CH₃Br または CH₃I

(b) エタノール中，CH₃CH₂I
またはジメチルスルホキシド（DMSO）中，CH₃CH₂I

(c) (CH₃)₃CCl または CH₃Cl

(d) H₂C=CHBr または H₂C=CHCH₂Br

12・46 次に示す変化は，1-ヨード-2-メチルブタンとシアン化物イオンとの S_N2 反応の速度にどのような影響を与えるか．

(a) ⁻CN の濃度を半分にして，1-ヨード-2-メチルブタンの濃度を 2 倍にする．

(b) ⁻CN と 1-ヨード-2-メチルブタンの濃度をいずれも 3 倍にする．

12・47 次に示す変化は，2-ヨード-2-メチルブタンとエタノールとの反応の速度にどのような影響を与えるか．

(a) ハロゲン化アルキルの濃度を 3 倍にする．

(b) 不活性な溶媒としてジエチルエーテルを加えて，エタノールの濃度を半分にする．

12・48 ハロゲン化アルキルの求核置換反応を利用して次の分子を合成する方法を示せ．

(a) CH₃CH₂CH₂CH₂CN

(b) H₃C−O−C(CH₃)₃

(c) CH₃CH₂CH₂NH₂

12・49 次の各組に示す二つの反応のうちどちらが速く進行するか．

(a) CH₃Cl または CH₃OTs に対するヨウ化物イオン I⁻ による S_N2 反応

(b) ブロモエタンまたはブロモシクロヘキサンに対する CH₃CO₂⁻ による S_N2 反応

(c) CH₃CH₂O⁻ または ⁻CN による 2-ブロモプロパンの S_N2 反応

(d) トルエン中またはアセトニトリル中，ブロモメタンの HS⁻ による S_N2 反応

12・50 次の Walden 反転のサイクルの結果を説明し，Walden 反転が起こった段階を示せ．

12・51 次の各組の化合物をそれぞれ S_N1 反応が起こりやすいものから順に並べよ．

(a)

(b) (CH₃)₃CCl　　(CH₃)₃CBr　　(CH₃)₃COH

(c)

12・52 次の各組の化合物をそれぞれ S_N2 反応が起こりやすいものから順に並べよ．

(a)

(b)

(c) CH₃CH₂CH₂OCH₃　　CH₃CH₂CH₂OTs　　CH₃CH₂CH₂Br

12・53 次の求核剤をそれぞれ (R)-2-ブロモオクタンと反応させた場合における生成物とその立体化学を示せ．

(a) ⁻CN　　　(b) CH₃CO₂⁻　　　(c) CH₃S⁻

412　12. 有機ハロゲン化物：求核置換と脱離

12・54　(R)-2-ブロモオクタンをジメチルスルホキシド（DMSO）中，NaBr と反応させるとラセミ化を伴って (±)-2-ブロモオクタンを生じる．この結果を説明せよ．

12・55　次に示す S 配置のトシル酸エステルとシアン化物イオンとの反応では，同じ S 配置の立体化学をもつニトリルを生じた．この結果を説明せよ．

$$\text{H}_3\text{C}-\overset{\overset{\text{H}\quad\text{OTs}}{|}}{\underset{|}{\text{C}}}-\text{CH}_2\text{OCH}_3 \xrightarrow{\text{NaCN}} \textbf{?}$$

S 体

12・56　S$_N$2 反応は同一分子内でも進行する．4-ブロモブタン-1-オールを塩基と反応させると，どのような生成物が得られるか．

脱離反応

12・57　次の記述にあてはまる化合物の構造を示せ．
(a) E2 反応により三つのアルケンの混合物を与えるハロゲン化アルキル
(b) 求核置換反応が進行しない有機ハロゲン化物
(c) E2 反応により Zaitsev 則に従わない生成物を与えるハロゲン化アルキル
(d) HCl と 0 ℃ で速やかに反応するアルコール

12・58　1-クロロ-1,2-ジフェニルエタンの E2 脱離は cis- あるいは trans-1,2-ジフェニルエチレン（スチルベン）のどちらかを与える．それぞれの生成物を与える立体配座を Newman 投影式で示せ．また，なぜ trans-アルケンを主生成物として与えるか説明せよ．

$$\overset{\overset{\text{Cl}}{|}}{\text{CHCH}_2}\text{－（フェニル）} \xrightarrow{^-\text{OCH}_3}$$

1-クロロ-1,2-ジフェニルエタン

（フェニル）－CH＝CH－（フェニル）

trans-1,2-ジフェニルエチレン

12・59　次の E1 反応において主として得られるアルケンを示せ．

$$\underset{\underset{\text{CH}_2\text{CH}_3}{|}}{\underset{|}{\text{CH}_3\text{CHCBr}}}\overset{\overset{\text{H}_3\text{C}\quad\text{CH}_3}{|}}{} \xrightarrow[\text{加熱}]{\text{HOAc}} \textbf{?}$$

12・60　(2R,3S)-3-フェニルブタン-2-オールのトシラートをナトリウムエトキシドで処理すると E2 脱離が進行し，(Z)-

$$\underset{\underset{\text{OTs}}{|}}{\text{CH}_3\text{CHCHCH}_3} \xrightarrow{\text{Na}^+\ ^-\text{OCH}_2\text{CH}_3} \text{CH}_3\text{C}＝\text{CHCH}_3$$

2-フェニルブタ-2-エンを生じる．この結果を Newman 投影式を用いて説明せよ．

12・61　問題 12・60 の解答を参考にすると，(2R,3R)-3-フェニルブタン-2-オールのトシラートの E2 反応からは E または Z のどちらのアルケンが生成するか．(2S,3R)- および (2S,3S)- のトシラートの場合はどうか．説明せよ．

12・62　trans-1-ブロモ-2-メチルシクロヘキサンを塩基で処理すると，Zaitsev 則に従わない脱離生成物である 3-メチルシクロヘキセンを生じる．この結果について説明せよ．

$$\xrightarrow{\text{KOH}}$$

trans-1-ブロモ-2-
メチルシクロヘキサン

3-メチルシクロヘキセン

12・63　1,2,3,4,5,6-ヘキサクロロシクロヘキサンには八つのジアステレオマーがある．それぞれの構造を安定ないす形立体配座で示せ．そのなかの一つは他の異性体に比べて E2 反応による HCl の脱離が約 1000 倍遅い．どの異性体が該当するか．その理由を説明せよ．

総合問題

12・64　抗うつ薬フルオキセチン（fluoxetine, 販売名プロザック®）は，塩化アルキルとフェノールの置換反応を含む一連の工程により合成される．塩基はフェノールをフェノキシドイオンとするために用いられる．

$$\xrightarrow[\text{DMSO}]{\text{KOH}}$$

$$\Longrightarrow$$

フルオキセチン

(a) この反応における求核剤と求電子剤をそれぞれ示せ．
(b) この置換の反応速度は塩化アルキルとフェノールの濃度に依存する．S$_N$1 と S$_N$2，どちらの機構で進行しているか．
(c) フルオキセチンは，そのキラル中心が S 配置のエナンチオマーだけが望む生物活性を発現する．(b) で解答した反応機構

12. 有機ハロゲン化物：求核置換と脱離　　413

を考慮すると，原料としてどのような立体化学をもつ塩化アルキルがふさわしいか．

12・65 次の反応はいずれも期待するようには進行しない．それぞれ何が問題か指摘し，実際の生成物を予想せよ．

(a)
$$CH_3CHCH_2CH_3 \xrightarrow[\text{(CH}_3)_3\text{COH}]{K^+ \ ^-OC(CH_3)_3} CH_3CHCH_2CH_3$$
（Br）（OC(CH₃)₃）

(b)
シクロヘキシル-F $\xrightarrow{Na^+ \ ^-OH}$ シクロヘキシル-OH

(c)
1-メチルシクロヘキサノール $\xrightarrow[\text{ピリジン（塩基）}]{SOCl_2}$ 1-クロロ-1-メチルシクロヘキサン

12・66 エチルベンゼンなどのアルキルベンゼンと NBS との反応ではベンジル位炭素に臭素原子が導入される．この結果について反応機構を含めて説明せよ．

$$\text{C}_6\text{H}_5\text{CH}_2\text{CH}_3 \xrightarrow[\begin{subarray}{c}\text{CCl}_4\\ h\nu\end{subarray}]{NBS} \text{C}_6\text{H}_5\text{CHBrCH}_3$$

12・67 次の反応の生成物を立体化学がわかるように示せ．ただし，生成物は一つとは限らない．

$$\xrightarrow[\text{エタノール}]{H_2O} \ ?$$

12・68 *S*-アデノシルホモシステインの代謝（§12・11 参照）には次の二つの段階が含まれる．それぞれの反応機構を示せ．

$$\xrightarrow{NAD^+ \quad NADH, H^+}$$

S-アデノシルホモシステイン

$$\xrightarrow{:塩基}$$

ホモシステイン　　＋

12・69 ヨードエタンと ⁻CN との反応は主生成物としてニトリル $CH_3CH_2C\equiv N$ とともに，少量のイソニトリル $CH_3CH_2N\overset{+}{\equiv}\overset{-}{C}$ を生成する．両方の生成物を Lewis 構造式で示し，それらが生成する機構を示せ．

12・70 内部アルキン $RC\equiv CR'$ は末端アルキン $RC\equiv CH$ をア

セチリド $RC\equiv C:^-$ に変換した後，第一級ハロゲン化アルキルを作用させることで合成できる．この反応の機構を示せ（§8・15 参照）．

$$RC\equiv CH \xrightarrow[\text{2. } R'CH_2Br]{\text{1. NaNH}_2} RC\equiv CCH_2R'$$

12・71 アルキンはハロゲン化アルケニルの脱ハロゲン化水素により合成でき，これは本質的に E2 反応である．立体化学の研究から，(*Z*)-2-クロロブタ-2-エン二酸は相当する *E* 体に比べて 50 倍速く反応することがわかった．ハロゲン化アルケニルの脱離反応の立体化学についてどのような結論を得ることができるか，またハロゲン化アルキルの脱離と比べてどのような相違があるか．

$$\text{HO}_2\text{C-C=C-CO}_2\text{H} \xrightarrow[\text{2. H}_3\text{O}^+]{\text{1. Na}^+ \ ^-\text{NH}_2} \text{HO}_2\text{C-C}\equiv\text{C-CO}_2\text{H}$$

12・72 (*S*)-ブタン-2-オールを希硫酸中で放置すると徐々にラセミ化する．この結果を説明せよ．

$$CH_3CH_2CHCH_3$$
（OH）　　ブタン-2-オール

12・73 HBr と (*R*)-3-メチルヘキサン-3-オールとの反応では 3-ブロモ-3-メチルヘキサンがラセミ体として得られる．この結果を説明せよ．

$$CH_3CH_2CH_2CCH_2CH_3$$
（OH）（CH₃）　　3-メチルヘキサン-3-オール

12・74 1-ブロモ-2-ジュウテリオ-2-フェニルエタンを強塩基で処理すると重水素を含むスチレンと重水素を含まないスチレンの混合物が約 7:1 の生成比で得られる．この結果を説明せよ．

$$\xrightarrow{(CH_3)_3CO^-}$$

7:1

12・75 アルケンを含水臭素で処理するとブロモヒドリンが得られることを以前学習した（§8・3 参照）．ブロモヒドリンを塩基で処理するとエポキシドに変換される．この反応機構を巻矢印を用いて説明せよ．

$$\xrightarrow[\text{エタノール}]{NaOH}$$

414   12. 有機ハロゲン化物：求核置換と脱離

12・76 問題 12・75 で取上げたエポキシドの合成経路を参考にしながら，*trans*-ブタ-2-エンから得られるブロモヒドリンおよびその塩基処理により生じるエポキシドの構造について，立体化学を含めて示せ．

12・77 アンモニアの体外排出を担う尿素回路の 1 段階にアルギニノコハク酸からアミノ酸であるアルギニンとフマル酸塩への変換が含まれている．この反応の機構を予測するとともに，アルギニンの構造を示せ．

アルギニノコハク酸
argininosuccinate

アルギニン ＋ フマル酸

12・78 E2 反応により (*E*)-3-メチル-2-フェニルペンタ-2-エンだけを与える臭化アルキルの構造を立体配置とともに示せ．

12・79 第一級アルコールをピリジンのような有機塩基存在下，室温で塩化 *p*-トルエンスルホニル（塩化トシル TsCl）と反応させるとトシル酸エステルを生じる．一方，この反応を高温で行うと，しばしば塩化アルキルが生成することがある．この結果を説明せよ．

TsCl
ピリジン, 60 ℃

12・80 S_N2 反応は立体配置の反転が起こり，S_N1 反応はラセミ化が起こる．しかし，次の置換反応は立体配置が完全に保持される．反応機構を示せ．

1. 1% NaOH, H_2O
2. H_3O^+

12・81 実験室のタンパク質合成における重要な段階の一つである，次の反応の機構を予想せよ．

CF_3CO_2H

12・82 アミノ酸であるメチオニン（methionine）はホモシス

テインと *N*-メチルテトラヒドロ葉酸との *S*-メチル化反応により生成する．反応の立体化学は三つの水素に，水素の同位体元素である水素（H），重水素（D），およびトリチウム（T）をもつ"キラルメチル基"を供与体として利用した変換を行うことにより明らかにされた．メチル化は，立体反転または立体保持のどちらで進行したか．この結果をどのように説明すればよいか．

ホモシステイン   *N*-メチルテトラヒドロ葉酸

↓ メチオニン合成酵素

メチオニン   ＋   テトラヒドロ葉酸

12・83 アミンは **Hofmann 脱離**（Hofmann elimination）とよばれる 2 段階反応によってアルケンに変換される．アミンを過剰のヨードメタンと反応させると中間体が生成し，ついでこれを塩基性の酸化銀で処理すると E2 脱離が起こる．たとえば，ペンチルアミンからペンタ-1-エンが生じる．中間体の構造を示し，これが容易に脱離反応を起こす理由を示せ．

$$CH_3CH_2CH_2CH_2CH_2NH_2 \xrightarrow[\text{2. Ag}_2\text{O, H}_2\text{O}]{\text{1. 過剰 CH}_3\text{I}} CH_3CH_2CH_2CH{=}CH_2$$

12・84 エーテルはアルコキシドイオン RO^- とハロゲン化アルキルの S_N2 反応により合成される．シクロヘキシルメチルエーテルを合成する際，次に示す二つの可能な経路のうち，どちらを選択すべきか．

＋ CH_3I

または

$CH_3\ddot{O}^-$ ＋

12・85 次のビフェニル化合物を鈴木-宮浦カップリング反応を利用して合成したい．二つの経路を提案せよ．

13

アルコール, フェノール, チオール, およびエーテルとスルフィド

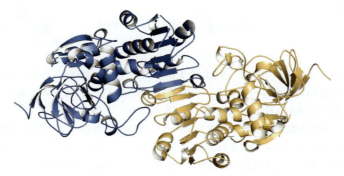

肝臓のアルコール脱水素酵素はエタノールのアセトアルデヒドへの酸化を触媒する

- 13・1 アルコール, フェノール, およびチオールの命名法
- 13・2 アルコール, フェノール, およびチオールの性質
- 13・3 カルボニル化合物からアルコールの合成
- 13・4 アルコールの反応
- 13・5 アルコールとフェノールの酸化
- 13・6 アルコールの保護
- 13・7 チオールの合成と反応
- 13・8 エーテルとスルフィド
- 13・9 エーテルの合成
- 13・10 エーテルの反応
- 13・11 クラウンエーテルとイオノホア
- 13・12 スルフィドの合成と反応
- 13・13 アルコール, フェノール, エーテルの分光学

本章の目的　これまでは, 炭化水素とハロゲン化アルキルの化学や構造解析の手法にふれることによって, 有機分子の反応性に対する一般的な考え方の育成に焦点を当ててきた. これらをもとにして, ここからは有機化学や生化学の核心部分にあたる, 酸素原子を含む官能基について学んでいく. 生物における化学を理解するうえで, 酸素を含む官能基について理解することは必須である. 本章で C-O 単結合や C-S 単結合をもつ化合物群について学習してから, 14〜17 章でカルボニル基 (C=O 基) をもつ化合物群についてさらに理解を深める.

　アルコール (alcohol), **フェノール** (phenol), ならびに**エーテル** (ether) は, 水の水素原子のうち一つあるいは二つが有機基で置き換わった水の有機誘導体, すなわち, H-O-H に対して R-O-H, Ar-O-H, ならびに R-O-R′ であると考えることができる. **チオール** (thiol) と**スルフィド** (sulfide) は相当する硫黄類縁体であり, それぞれ R-S-H と R-S-R′ で示される.

　アルコールやチオールという名称はヒドロキシ基 -OH あるいはスルファニル基 (sulfanyl group) -SH が飽和な sp^3 混成の炭素原子と結合した化合物に限定され, OH 基あるいは SH 基が芳香環と結合した化合物はフェノール (§9・1 参照) あるいは**チオフェノール** (thiophenol) とよばれる. また, OH 基あるいは SH 基がビニル位で sp^2 混成の炭素原子と結合した化合物は**エノール** (enol) や**エンチオール** (enethiol) とよばれている. なお, エノールの化学は 17 章で詳細に解説する.

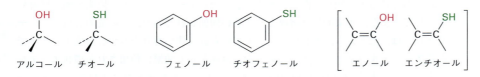

アルコールは天然に広く存在し, 工業的にも医薬の領域でもさまざまな用途をもつ

ている．たとえば，メタノールは工業的に使用されているすべての化学物質のなかで最も重要なものの一つである．歴史的にみると，メタノールは空気を遮断して木を乾留させて製造したことから木精（wood alcohol）とよばれていた．今日，世界全体で，年間約 4000 万トンものメタノールが一酸化炭素を水素ガスで接触還元する方法で生産されている．

$$CO \ + \ 2\,H_2 \quad \xrightarrow[\text{酸化亜鉛/酸化クロム触媒}]{400\,℃} \quad CH_3OH$$

メタノールはヒトに対して 15 mL の少量で失明，100～250 mL の大量摂取で死に至るほどの強い毒性をもっている．工業的には溶媒として，またホルムアルデヒド HCHO や酢酸 CH_3CO_2H の合成原料として使用されている．

エタノールは人類がはじめて合成し精製した有機化合物の一つである．穀物や砂糖の発酵によるエタノールの製造はおそらく 9000 年もの間行われており，蒸留によるその精製は，少なくとも 12 世紀にまでさかのぼる．今日，トウモロコシ，大麦，サトウモロコシ，およびその他の植物原料の発酵により，世界全体で，年間約 6700 万トンものエタノールが生産され，その大半が自動車用燃料として消費されている．

溶媒や合成原料として工業的に使用されるエタノールは，高温，酸触媒存在下，エチレンの水和反応により大量合成されている．

$$H_2C{=}CH_2 \quad \xrightarrow[\substack{H_3PO_4 \\ 250\,℃}]{H_2O} \quad CH_3CH_2OH$$

フェノールは生物に広く存在し，また接着剤や防腐剤などさまざまな工業製品の合成中間体である．フェノール自体はコールタールから見いだされた一般的な消毒剤であり，サリチル酸メチルは冬緑油に含まれる香気成分である．さらに，ウルシオール類はウルシやツタウルシに含まれるアレルギーの原因成分である．"フェノール"という単語は特定の化合物（ヒドロキシベンゼン）を示す場合もあり，また化合物群の総称として用いられることもあるので注意する必要がある．

フェノール phenol
（石炭酸ともよばれる）

サリチル酸メチル
methyl salicylate

ウルシオール類 urushiols
（R＝さまざまな C_{15} のアルキル鎖やアルケニル鎖）

おそらく最もよく知られたエーテルはジエチルエーテルであり，臨床の場では麻酔薬として，また，工業的には溶媒として長い間使われてきた．その他の有用なエーテルとしては，たとえば，香料成分として用いられる快い香りをもつ芳香族エーテルであるアニソール（メトキシベンゼン）や，溶媒として頻繁に使用される環状エーテルであるテトラヒドロフラン（THF）がある．チオールやスルフィドはアルコールやエーテルほどではないが，さまざまな生体分子中に存在している．

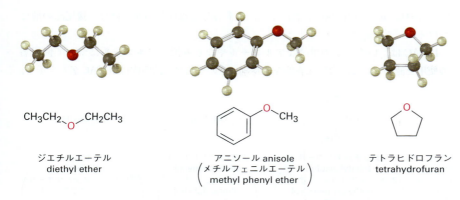

13・1 アルコール，フェノールおよびチオールの命名法

アルコールはヒドロキシ基の置換した sp^3 混成炭素に結合するアルキル基の数により，第一級（1°），第二級（2°），第三級（3°）のいずれかに分類される．

単純なアルコールは IUPAC の命名法に従い，対応するアルカンの誘導体とみなし，接尾語に -オール（-ol）を用いて命名する．

規則 1 ヒドロキシ基を含む最も長い炭素鎖を選び，これを主鎖として対応するアルカンの名称の末尾にある -ン（-e）を -オール（-ol）に置き換えて母体名をつける．二つの母音が並ばないようにするため，接尾語である -ン（-e）を除く．たとえば，プロパンオール（propaneol）ではなく，プロパノール（propanol）となる．

規則 2 ヒドロキシ基が結合する炭素に近い末端を "1" として，主鎖に位置番号をつける．

規則 3 主鎖の炭素鎖における位置番号に基づいてそれぞれの置換基に番号をつけ，置換基名をアルファベット順に並べ，ヒドロキシ基が結合する位置を明示して命名する．ただし，*cis*-cyclohexane-1,4-diol（*cis*-シクロヘキサン-1,4-ジオール）は，"-e" の次の文字が母音 "-o" ではなく "-d" なので，cyclohexane の末尾 "-e" を削除する必要はない．すなわち，cyclohex*and*iol でなく cyclohexa*ned*iol となる．アルケン（§7・

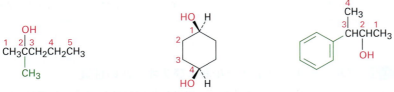

［　］内および次ページの図の（　）内下段は IUPAC1993 年勧告以前の命名法による名称．

2) と同様，現在の IUPAC 命名法では，位置番号は母体名の前ではなく接尾語の前につける．

IUPAC は，いくつかの単純なアルコールやなじみ深いアルコールについて慣用名の使用を認めている．次に代表的なアルコールの慣用名（括弧内は IUPAC 名）を示す．

ベンジルアルコール
benzyl alcohol
(フェニルメタノール
phenylmethanol)

$H_2C{=}CHCH_2OH$

アリルアルコール
allyl alcohol
(プロパ-2-エン-1-オール
prop-2-en-1-ol
2-プロペン-1-オール
2-propen-1-ol)

t-ブチルアルコール
t-butyl alcohol
(2-メチルプロパン-2-オール
2-methylpropan-2-ol
2-メチル-2-プロパノール
2-methyl-2-propanol)

$HOCH_2CH_2OH$

エチレングリコール
ethylene glycol
(エタン-1,2-ジオール
ethane-1,2-diol
1,2-エタンジオール
1,2-ethanediol)

グリセロール
glycerol
(プロパン-1,2,3-トリオール
propane-1,2,3-triol
1,2,3-プロパントリオール
1,2,3-propanetriol)

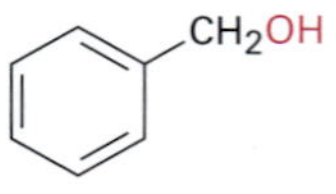

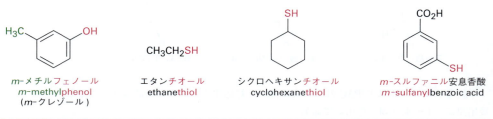

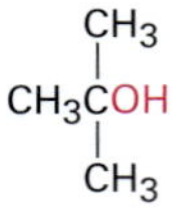

フェノール誘導体の命名はすでに芳香族化合物の節（§9・1）で取上げた．チオールはアルコールに対して使用した接尾語 -オール（-ol）の代わりに -チオール（-thiol）を使う以外はアルコールの命名法に準じている*.

＊　訳注：スルファニル基 −SH は以前はメルカプト基とよばれ，チオール類はメルカプタン（mercaptan）ともよばれたが，現在の IUPAC 命名法では廃止されている．

m-メチルフェノール
m-methylphenol
(*m*-クレゾール)

CH_3CH_2SH

エタンチオール
ethanethiol

シクロヘキサンチオール
cyclohexanethiol

m-スルファニル安息香酸
m-sulfanylbenzoic acid

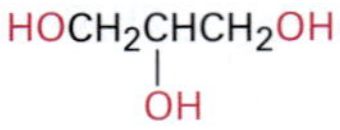

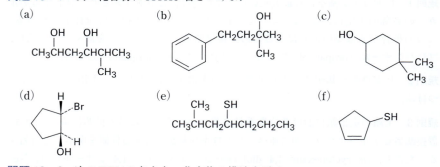

問題 13・1　次の化合物に IUPAC 名をつけよ．

(a)

(b)

(c)

(d)

(e)

(f)

問題 13・2　次の IUPAC 名をもつ化合物の構造を示せ．

(a) 2-エチルブタ-2-エン-1-オール　(b) シクロヘキサ-3-エン-1-オール
(c) *trans*-3-クロロシクロヘプタノール　(d) ペンタン-1,4-ジチオール
(e) 2,4-ジメチルフェノール　(f) *o*-(2-ヒドロキシエチル)フェノール

13・2　アルコール，フェノールおよびチオールの性質

アルコールとフェノールは，酸素原子の周辺が水とほぼ同じような幾何配置になっている．その C−O−H の結合角は，たとえばメタノールでは 108.5° とほぼ正四面体の値に近く，酸素原子は sp^3 混成をとっている．一方，チオールの場合，C−S−H

の結合角はメタンチオールが 96.5°であるようにかなり小さくなっている．

　また，アルコールおよびフェノールは水と同様に水素結合をつくることから，予想されるより高い沸点をもっている（§2・12 参照）．正に分極したヒドロキシ基の水素原子は別の分子の負に分極した酸素原子の非共有電子対に引きつけられ，分子を互いに結びつける弱い力を生じる（図 13・1）．分子が液体状態から気体状態になるためには，このような分子間の引力に打ち勝つ必要があるので，沸点は高くなる．チオールの硫黄原子はあまり負に分極していないので，水素結合を生じない．

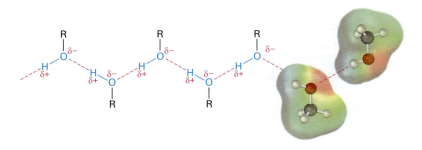

図 13・1　アルコールおよびフェノールにおける**水素結合**．正に分極したヒドロキシ基の水素と負に分極した酸素の引き合う力により分子が結びつく．メタノールの静電ポテンシャル図は OH 基の水素周辺が正（青）に，酸素周辺が負（赤）に，それぞれ分極している様子を表している．

　もう一つの水との類似点は，アルコールやフェノールが弱い酸としても弱い塩基としても働くことができる点である．これらは強酸に対して弱い塩基として働き，可逆的にプロトン化されて，オキソニウムイオン ROH_2^+ を生成する．

$$R-\ddot{O}-H + H-X \rightleftharpoons R-\overset{+}{\underset{H}{O}}-H \quad :X^- \quad \left[\text{または ArOH + HX} \rightleftharpoons ArOH_2^+ \; X^-\right]$$

アルコール　　　　　　　　　オキソニウムイオン

　一方，アルコールやフェノールは希釈した水溶液中，弱い酸として働き，水にプロトンを供与することによりわずかながら解離して H_3O^+ と**アルコキシドイオン**（alkoxide ion）RO^- または**フェノキシドイオン**（phenoxide ion）ArO^- を生じる．

$$R-\ddot{O}-H + H-\ddot{O}-H \rightleftharpoons R-\ddot{O}:^- + H-\overset{+}{\underset{H}{O}}-H \quad \left[\text{または } Y\text{-}C_6H_4\text{-}OH + H_2O: \rightleftharpoons Y\text{-}C_6H_4\text{-}O^- + H_3O^+\right]$$

アルコール　　　　　　　アルコキシドイオン　　　　　　　　　フェノール　　　　　　　　フェノキシドイオン

　すでに酸性度について説明したように（§2・8～§2・10），ある酸 HA の水中における酸の強さは酸性度定数 K_a によって表すことができる．

$$K_a = \frac{[A^-][H_3O^+]}{[HA]} \qquad pK_a = -\log K_a$$

　K_a の値が相対的に小さな化合物，すなわち pK_a の値が大きな化合物は酸性が弱く，K_a の値が相対的に大きな化合物，すなわち pK_a の値が小さな化合物は酸性が強い．表 13・1 に示すように，メタノールやエタノールのような単純なアルコールは水と同程度の酸性度を示すが，t-ブチルアルコールのように高度に置換されたアルコールはいくぶん酸性度が低下する．一方，フェノールやチオールはいずれも水に比べて酸性が強い．

　アルコールは弱い酸なので，アミンや炭酸水素イオンのような弱い塩基とは反応せず，水酸化ナトリウム NaOH のような金属水酸化物との反応も限定的である．しか

表 13・1　代表的なアルコール，フェノール，およびチオールの酸性度定数

化合物	pK_a
$(CH_3)_3COH$	18.00
CH_3CH_2OH	16.00
H_2O	15.74
CH_3OH	15.54
CH_3SH	10.3
p-メチルフェノール	10.17
フェノール	9.89
p-クロロフェノール	9.38
p-ニトロフェノール	7.15

弱酸　→　強酸

420　13. アルコール，フェノール，チオール，およびエーテルとスルフィド

し，アルコールはアルカリ金属および水素化ナトリウム NaH，ナトリウムアミド NaNH$_2$，ならびに Grignard 反応剤 RMgX などの強塩基とは反応する．一方，アルコールの共役塩基であるアルコキシドイオン RO$^-$ は有機合成化学における反応剤としてしばしば用いられている．なお，アルコキシドの体系的な命名では，メタノールのアルコキシド CH$_3$O$^-$ をメタノラート（methanolate）というように，アルコールの名称に接尾語 –アート（-ate）をつける．

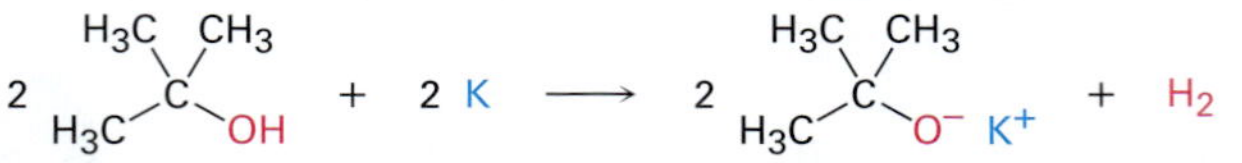

t-ブチルアルコール
t-butyl alcohol
（2-メチルプロパン-2-オール
2-methylpropan-2-ol）

カリウム t-ブトキシド
potassium t-butoxide
（カリウム 2-メチルプロパン-2-オラート
potassium 2-methyl-propan-2-olate）

CH$_3$OH ＋ NaH ⟶ CH$_3$O$^-$ Na$^+$ ＋ H$_2$

メタノール

ナトリウムメトキシド
sodium methoxide
（ナトリウムメタノラート
sodium methanolate）

CH$_3$CH$_2$OH ＋ NaNH$_2$ ⟶ CH$_3$CH$_2$O$^-$ Na$^+$ ＋ NH$_3$

エタノール

ナトリウムエトキシド
sodium ethoxide
（ナトリウムエタノラート
sodium ethanolate）

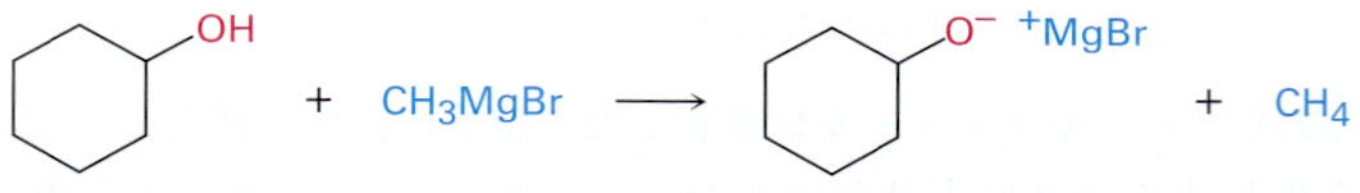

シクロヘキサノール

臭化マグネシウム
シクロヘキサノラート
bromomagnesium
cyclohexanolate

フェノールやチオールはアルコールに比べて約 100 万倍酸性が強い（表 13・1）．そのため，これらはいずれも希水酸化ナトリウム水溶液に溶解するので，これらを含む混合物からまず塩基性抽出した後，液性を酸性にすることにより分離することができる．フェノールがアルコールに比べて酸性が強いのは，共役塩基であるフェノキシドイオンが共鳴安定化されるためである．酸素原子の負電荷が芳香環のオルト位およびパラ位に非局在化するため，フェノキシドイオンは解離していないフェノールに比べて安定であり，解離反応の ΔG° は小さくなる（容易にプロトンを放出する）．

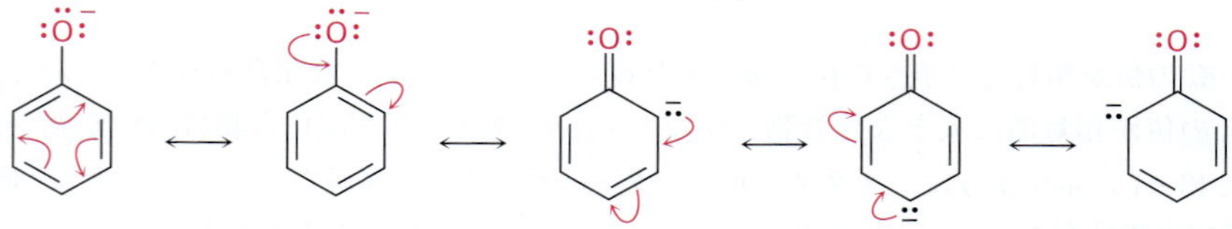

アルコキシドイオン CH$_3$O$^-$ とフェノキシドイオンの静電ポテンシャル図を比較すると，フェノキシドイオンの負電荷が酸素原子から芳香環に非局在化していることがわかる（図 13・2）．

置換基をもつフェノールがフェノール自体に比べて酸性が強いか弱いかは，置換基

13・2 アルコール，フェノールおよびチオールの性質 421

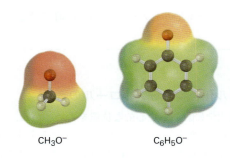

図 13・2 共鳴安定化されたフェノキシドイオンとアルコキシドイオンとの比較．静電ポテンシャル図からメトキシドイオンは負電荷が酸素原子に局在化しているが，フェノキシドイオンは芳香環に非局在化していることが確認できる．したがって，フェノキシドイオンの方がより安定である．

が電子求引性であるか，電子供与性であるかによる（§9・8参照）．すなわち，電子求引性の置換基をもつフェノールは，フェノキシドイオンの負電荷が非局在化されるために酸性が強い．一方，電子供与性の置換基をもつフェノールは，フェノキシドイオンの負電荷が局在化されるために酸性が弱い．電子求引性置換基により酸性度を高める効果は，特にオルト位またはパラ位にニトロ基をもつフェノールの場合に顕著に現れる．

例題 13・1　置換基をもつフェノール誘導体の相対的酸性度を予想する

p-ヒドロキシベンズアルデヒドはフェノールより酸性が強いか，それとも弱いか．

考え方　芳香環上の置換基が電子求引性か，電子供与性かを判断する．電子求引性の置換基をもつフェノールは，フェノキシドイオンを安定にするため酸性が強まる．一方，電子供与性の置換基をもつフェノールは，フェノキシドイオンを不安定にするため酸性が弱まる．

解　答　§9・8で述べたようにカルボニル基は電子求引性をもつ．したがって，p-ヒドロキシベンズアルデヒド（$pK_a = 7.89$）はフェノール（$pK_a = 9.89$）より酸性が強い．

p-ヒドロキシベンズアルデヒド
$pK_a = 7.9$

問題 13・3　次の化合物を酸性度の低いものから順に並べよ．
(a) フェノール，p-メチルフェノール，p-(トリフルオロメチル)フェノール
(b) ベンジルアルコール，フェノール，p-ヒドロキシ安息香酸

問題 13・4　p-ニトロベンジルアルコールはベンジルアルコールに比べて酸性が強いが，p-メトキシベンジルアルコールはベンジルアルコールよりも酸性が弱い．この事実を説明せよ．

422   13. アルコール，フェノール，チオール，およびエーテルとスルフィド

問題 13・5　メタンチオールとチオフェノール C_6H_5SH ではどちらが強い酸か．理由とともに示せ．

13・3　カルボニル化合物からアルコールの合成

　アルコールは有機化学において中心的な位置を占めている．アルコールはアルケン，ハロゲン化アルキル，ケトン，エステル，アルデヒドをはじめとするさまざまな種類の化合物から合成することができ，また同様に，さまざまな化合物に変換することができる（図13・3）．

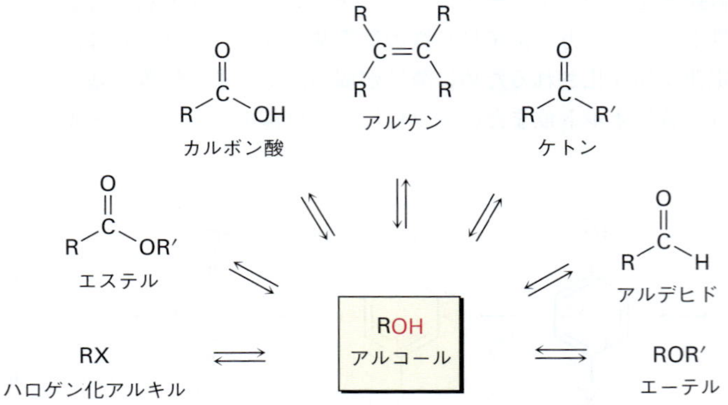

図 13・3　アルコールは有機化学の中心である． アルコールはさまざまな化合物から合成可能であるとともに，それらに変換することができる．

　すでに学んだいくつかのアルコール合成法について復習してみよう．

● アルコールはアルケンの水和により合成できる．酸水溶液を用いたアルケンの直接水和反応はフラスコ内では満足する結果が得にくいために，一般に次に示す二つの段階的な方法が用いられる．第一の方法はヒドロホウ素化に続く酸化であり，シン付加した逆 Markovnikov 型の水和物が得られる．第二の方法はオキシ水銀化−脱水銀反応であり，Markovnikov 則に従った水和物を生成する（§8・4参照）．

*　訳注：BH_2 の OH への変換は立体保持であることに注意せよ．

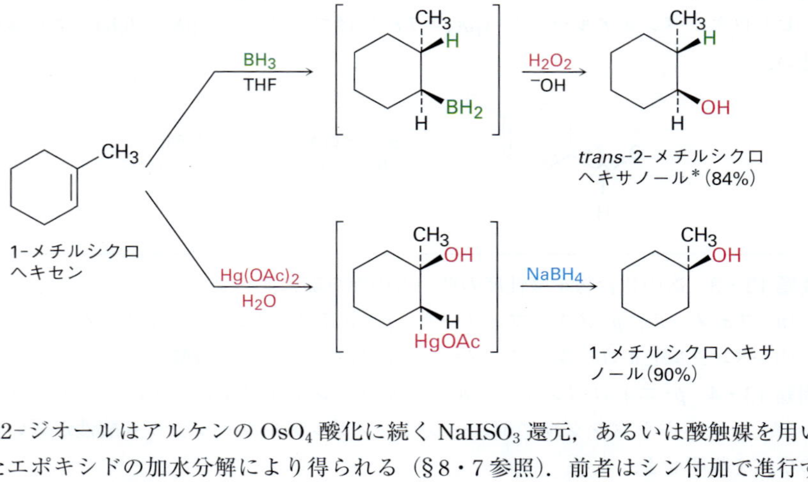

● 1,2−ジオールはアルケンの OsO_4 酸化に続く $NaHSO_3$ 還元，あるいは酸触媒を用いたエポキシドの加水分解により得られる（§8・7参照）．前者はシン付加で進行す

13・3 カルボニル化合物からアルコールの合成 423

るのでシス-ジオールが，後者はアンチ付加で進行するのでトランス-ジオールが，
それぞれ生成する．

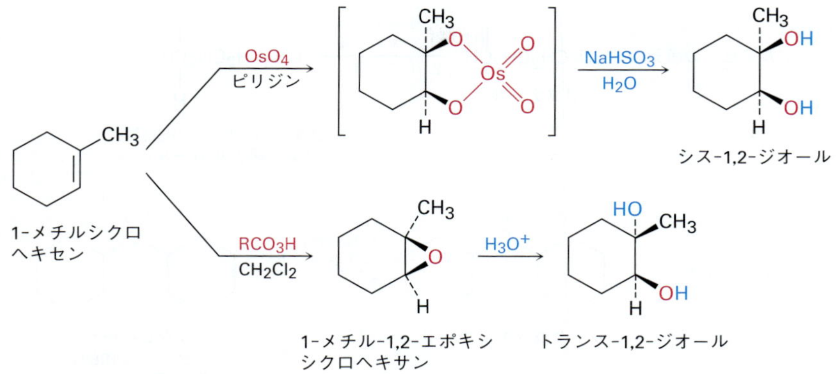

シス-1,2-ジオール

1-メチルシクロ
ヘキセン

1-メチル-1,2-エポキシ
シクロヘキサン

トランス-1,2-ジオール

問題 13・6 次に示す各反応の生成物を示せ．

(a)

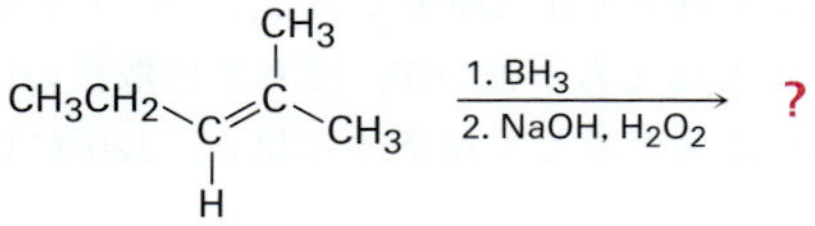

(b)

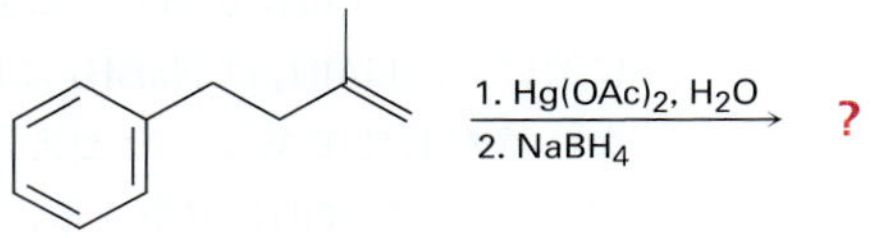

(c)

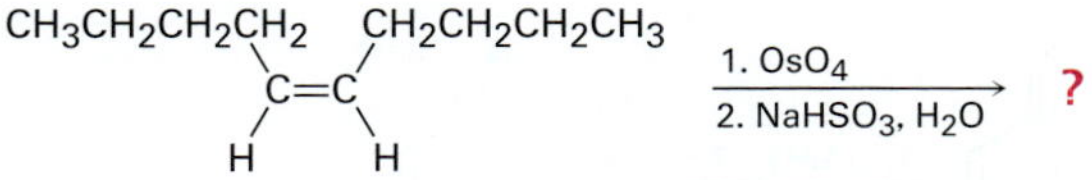

カルボニル化合物の還元

　フラスコ内の反応でも，また生体内の反応でも，最も一般的なアルコールの合成法
はカルボニル化合物の還元である．アルケンの還元がその C=C 結合に水素を付加さ
せアルカンを生じるのと同じように（§8・5参照），カルボニル化合物の還元は C=O
結合に水素を付加させることによりアルコールを生じる．アルデヒド，ケトン，カル
ボン酸，エステルを含むさまざまなカルボニル化合物を還元することが可能である．

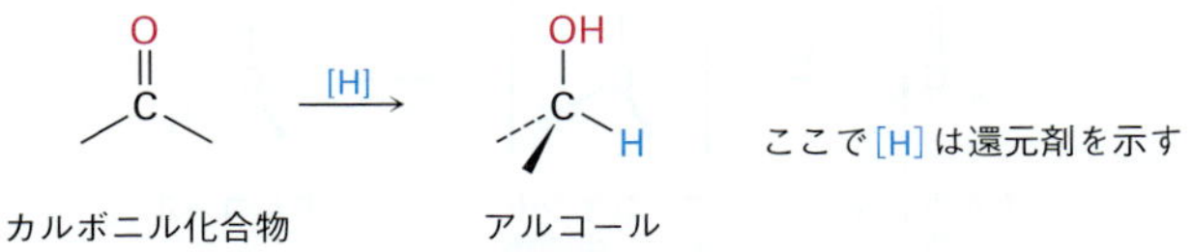

カルボニル化合物　　　アルコール　　　ここで[H]は還元剤を示す

アルデヒドとケトンの還元　　アルデヒドを還元すると第一級アルコールが，ケトン
を還元すると第二級アルコールが得られる．

アルデヒド　　第一級アルコール　　　　　ケトン　　第二級アルコール

　フラスコ内の反応では状況に応じて数多くの反応剤がアルデヒドやケトンの還元に
使われるが，通常，安全で取扱いが容易な水素化ホウ素ナトリウム NaBH$_4$ が用いら

424 　13. アルコール，フェノール，チオール，およびエーテルとスルフィド

れる．この反応剤は白色結晶であり，空気中で秤量が可能，また水あるいはアルコール溶液中で使用できる．

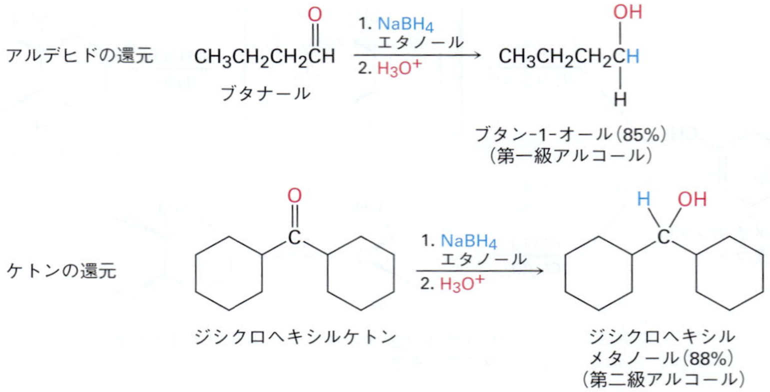

アルデヒドの還元

$$CH_3CH_2CH_2\overset{\displaystyle O}{\overset{\|}{C}}H \quad \xrightarrow[\text{2. } H_3O^+]{\text{1. } NaBH_4 \text{ エタノール}} \quad CH_3CH_2CH_2\underset{\displaystyle H}{\overset{\displaystyle OH}{\underset{|}{\overset{|}{C}}}}H$$

ブタナール

ブタン-1-オール(85%)
(第一級アルコール)

ケトンの還元

ジシクロヘキシルケトン

$$\xrightarrow[\text{2. } H_3O^+]{\text{1. } NaBH_4 \text{ エタノール}}$$

ジシクロヘキシルメタノール(88%)
(第二級アルコール)

　アルデヒドやケトンの還元によく用いられるもう一つの還元剤に水素化アルミニウムリチウム LiAlH$_4$ がある．この反応剤は灰色を帯びた粉末であり，エーテルや THF に溶ける．LiAlH$_4$ は NaBH$_4$ に比べてずっと還元力が強いが，それだけ取扱いに十分な注意が必要である．たとえば，LiAlH$_4$ は水と激しく反応するほか，120 ℃ 以上に加熱すると爆発的に分解する．

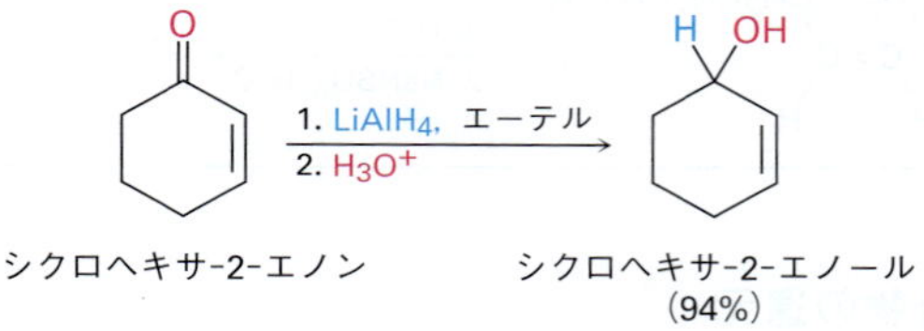

シクロヘキサ-2-エノン

$$\xrightarrow[\text{2. } H_3O^+]{\text{1. } LiAlH_4, \text{ エーテル}}$$

シクロヘキサ-2-エノール
(94%)

　これらの還元の反応機構は後に §14・6 で詳しく解説するので，ここでは，この還元はカルボニル基の正に分極した求電子的な炭素原子に対して求核性をもつヒドリドイオン：H$^-$ が付加する反応であると述べるにとどめる．直接の生成物はアルコキシドイオンであり，これは次の段階で H$_3O^+$ を加えるとプロトン化されてアルコールとなる．

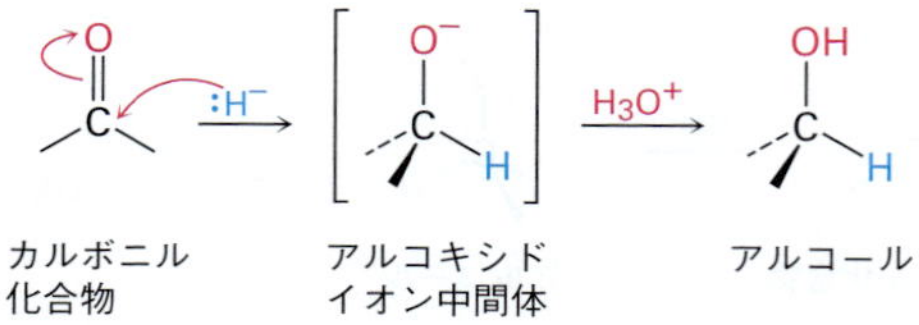

カルボニル
化合物

:H$^-$

アルコキシド
イオン中間体

H$_3O^+$

アルコール

　生体内のアルデヒドやケトンの還元は補酵素である NADH（還元型ニコチンアミドアデニンジヌクレオチド）あるいは NADPH（還元型ニコチンアミドアデニンジヌクレオチドリン酸）のいずれかによって行われる（図13・4）．これらの生体"反応剤"は NaBH$_4$ や LiAlH$_4$ に比べてかなり複雑な分子であるが，フラスコ内の反応も生体内の反応も反応機構は同じである．補酵素はヒドリドイオン供与体として働き，つづいて酸が中間体であるアルコキシドイオンをプロトン化する．一例として脂質の生合成の一つの段階であるアセトアセチル ACP の β-ヒドロキシブチリル ACP への還元を示す．ここでは特に NADPH の *pro-R* の水素原子がヒドリドとして作用していることに注目してほしい．最終生成物の立体配置がいつも予想できるわけではないが，

13・3 カルボニル化合物からアルコールの合成　　425

通常，酵素触媒反応は高立体選択的に進行する．

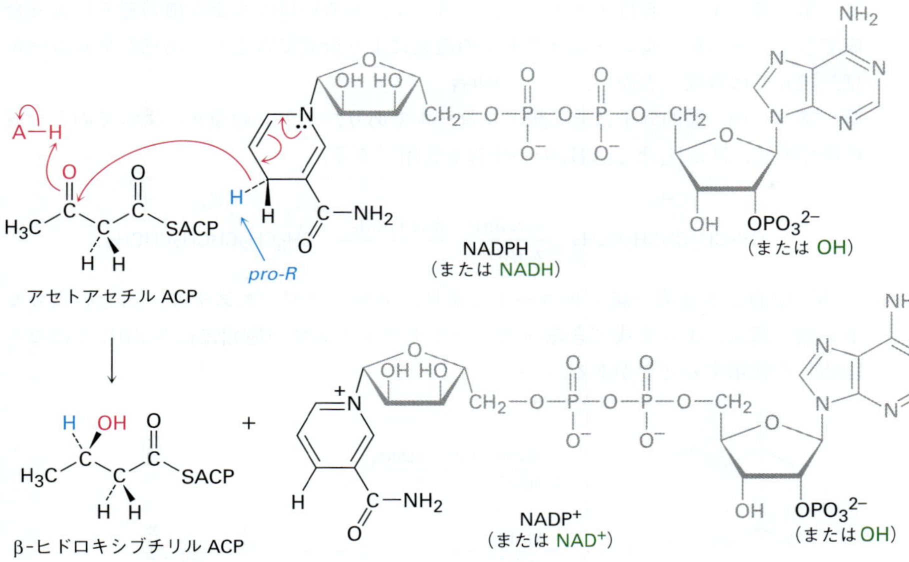

図 13・4　**NADPH によるケトン（アセトアセチル ACP）の第二級アルコール（β-ヒドロキシブチリル ACP）への生体内還元**

カルボン酸とエステルの還元　　カルボン酸とエステルはいずれも還元すると第一級アルコールとなる．

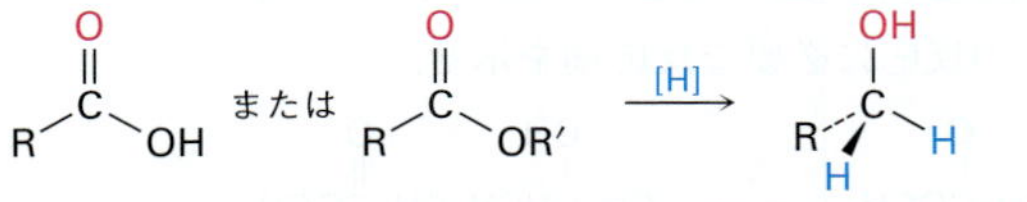

この反応はアルデヒドやケトンの還元に比べて遅く，$NaBH_4$ によるエステルの還元では長時間を要し，カルボン酸ではまったく進行しない．そこで，一般にカルボン酸やエステルの還元には強い還元剤である $LiAlH_4$ を使用する．カルボン酸，エステル，ケトン，アルデヒドを含むすべてのカルボニル基が $LiAlH_4$ によって還元される．アルデヒドやケトンの還元では一つの水素がカルボニル炭素に供給されるが，カルボン酸やエステルの還元では二つの水素がカルボニル炭素に結合する．これらの反応の機構は 16 章で解説する．

カルボン酸の還元　　$CH_3(CH_2)_7CH=CH(CH_2)_7COOH$　$\xrightarrow[\text{2. } H_3O^+]{\text{1. } LiAlH_4, \text{エーテル}}$　$CH_3(CH_2)_7CH=CH(CH_2)_7CH_2OH$

オクタデカ-9-エン酸（オレイン酸）　　　　　　　　　　　　　　　　　オクタデカ-9-エン-1-オール（87%）

エステルの還元　　$CH_3CH_2CH=CHCOCH_3$（O）　$\xrightarrow[\text{2. } H_3O^+]{\text{1. } LiAlH_4, \text{エーテル}}$　$CH_3CH_2CH=CHCH_2OH$　+　CH_3OH

ペンタ-2-エン酸メチル　　　　　　　　　　　　　　　　ペンタ-2-エン-1-オール（91%）

例題 13・2　生成物の構造から出発物の構造を予想する

次に示すアルコールを得るには，どのようなカルボニル化合物を還元すればよいか．

(a)　$CH_3CH_2CHCH_2CHCH_3$（CH_3，OH）　　(b)

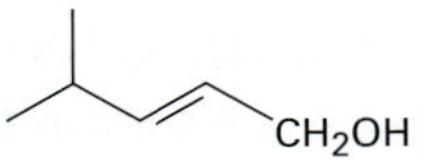

426　13. アルコール，フェノール，チオール，およびエーテルとスルフィド

考え方　標的とするアルコールが第一級か，第二級か，それとも第三級かを確認する．第一級アルコールはアルデヒド，エステル，あるいはカルボン酸の還元により合成できる．第二級アルコールはケトンの還元により合成できるが，第三級アルコールは，還元では合成できない．

解　答　(a) 標的分子は第二級アルコールであり，ケトンの還元によってのみ合成可能である．NaBH$_4$ と LiAlH$_4$ のいずれも使用できる．

$$\underset{\text{CH}_3\text{CH}_2\text{CHCH}_2\text{CCH}_3}{\overset{\text{CH}_3\quad\text{O}}{}} \xrightarrow[\text{2. H}_3\text{O}^+]{\text{1. NaBH}_4 \text{ または LiAlH}_4} \underset{\text{CH}_3\text{CH}_2\text{CHCH}_2\text{CHCH}_3}{\overset{\text{CH}_3\quad\text{OH}}{}}$$

(b) 標的分子は第一級アルコールであり，アルデヒド，エステル，あるいはカルボン酸の還元により合成できる．エステルやカルボン酸の還元には NaBH$_4$ ではなく LiAlH$_4$ を使用する必要がある．

問題 13・7　以下の反応に必要な反応剤を示せ．

(a)
$$\underset{\text{CH}_3\text{CCH}_2\text{CH}_2\text{COCH}_3}{\overset{\text{O}\qquad\quad\text{O}}{}} \xrightarrow{\ \textcolor{red}{?}\ } \underset{\text{CH}_3\text{CHCH}_2\text{CH}_2\text{COCH}_3}{\overset{\text{OH}\qquad\quad\text{O}}{}}$$

(b)
$$\underset{\text{CH}_3\text{CCH}_2\text{CH}_2\text{COCH}_3}{\overset{\text{O}\qquad\quad\text{O}}{}} \xrightarrow{\ \textcolor{red}{?}\ } \underset{\text{CH}_3\text{CHCH}_2\text{CH}_2\text{CH}_2\text{OH}}{\overset{\text{OH}}{}}$$

(c)

問題 13・8　次に示すアルコールを得るにはどのようなカルボニル化合物を LiAlH$_4$ で還元すればよいか．可能性のある官能基はすべて考慮したうえで解答せよ．

(a)　　　　　　　　(b)　　　　　　　　(c)　　　　　　　　(d)

カルボニル化合物の Grignard 反応

　ハロゲン化アルキルと金属マグネシウムから調製できる Grignard 反応剤 RMgX
（§12・4参照）は，カルボニル化合物に対するヒドリド還元剤による求核付加と同じような方法でアルコールを与える．カルボニル基のヒドリド還元ではヒドリドイオン

13・3 カルボニル化合物からアルコールの合成 427

H:⁻ が求核剤として付加するが，Grignard 反応ではカルボアニオン R:⁻ ⁺MgX が求核
剤として働く．

$$
\left[\text{R—X} + \text{Mg} \longrightarrow \overset{\delta-\ \ \delta+}{\text{R—MgX}} \quad \begin{cases} \text{R = 第一級, 第二級, 第三級アルキル,} \\ \text{アリールまたはビニル} \\ \text{X = Cl, Br, I} \end{cases} \right]
$$

Grignard 反応剤

（カルボニル化合物のGrignard反応式）
1. RMgX, エーテル
2. H_3O^+
→ + HOMgX

有機マグネシウム化合物はきわめて強い塩基であり，水溶液中では存在できないた
め，Grignard 反応剤とカルボニル化合物との反応は生体内にはまったく存在しない．
それでもこの反応について理解を深めることは二つの点で重要である．第一の理由
は，Grignard 反応は非常に適用範囲が広い有用なアルコールの合成法であり，フ
ラスコ内での反応に化学者が利用できる手法の選択の幅が広い．第二の理由は，
Grignard 反応に類似した生体反応が存在することである．17 章で取上げるように，
安定化された炭素求核剤のカルボニル化合物に対する付加は，炭素－炭素結合を形成
するための主経路として，ほぼすべての代謝経路に含まれている．

カルボニル化合物に対する付加の例として，Grignard 反応剤とホルムアルデヒド
$H_2C=O$ との反応では第一級アルコールが，アルデヒドとの反応では第二級アル
コールが，さらにケトンとの反応では第三級アルコールがそれぞれ生じる．

ホルムアルデヒド
との反応

臭化シクロヘキシル
マグネシウム

ホルムアルデヒド

1. エーテル中混合
2. H_3O^+

シクロヘキシル
メタノール(65%)
(第一級アルコール)

アルデヒドとの反応

臭化フェニル
マグネシウム

3-メチルブタナール

1. エーテル中混合
2. H_3O^+

3-メチル-1-フェニル
ブタン-1-オール(73%)
(第二級アルコール)

ケトンとの反応 CH_3CH_2MgBr +

シクロヘキサノン

1. エーテル中混合
2. H_3O^+

1-エチルシクロ
ヘキサノール(89%)
(第三級アルコール)

エステルは Grignard 反応剤と反応して第三級アルコールを生じるが*，生成物の
ヒドロキシ基の置換した炭素に結合している置換基のうち二つは Grignard 反応剤に
由来する．これはエステルの $LiAlH_4$ 還元で二つの水素がカルボニル炭素に付加する
のと同じである．

* 訳注：ギ酸エステルの場合，第二
級アルコールを生じる．

428　13. アルコール，フェノール，チオール，およびエーテルとスルフィド

$$CH_3CH_2CH_2CH_2-\overset{\overset{\displaystyle O}{\|}}{C}-OCH_2CH_3 \quad \xrightarrow[\text{2. } H_3O^+]{\text{1. } 2\,CH_3MgBr} \quad CH_3CH_2CH_2CH_2-\overset{\overset{\displaystyle H_3C\ \ CH_3}{|}}{\underset{|}{C}}-OH \quad + \quad CH_3CH_2OH$$

ペンタン酸エチル　　　　　　　　　　　　　　　　　　　2-メチルヘキサン-2-オール(85%)
　　　　　　　　　　　　　　　　　　　　　　　　　　　（第三級アルコール）

　カルボン酸は Grignard 反応剤との反応により付加生成物を生じない．これは，カルボン酸の酸性プロトンが塩基性をもつ Grignard 反応剤と反応して炭化水素とカルボン酸のマグネシウム塩を生じるためである．

$$RBr \ + \ Mg \ \longrightarrow \ RMgBr$$

$$RMgBr \ + \ R'-\overset{\overset{\displaystyle O}{\|}}{C}-OH \ \longrightarrow \ RH \ + \ R'-\overset{\overset{\displaystyle O}{\|}}{C}-O^- \ {}^+MgBr$$

　　　　　　　　　　　カルボン酸　　　　　　　　　　　　カルボン酸塩

　カルボニル化合物の還元と同様，Grignard 反応の機構は §14・6 で解説するが，当面は，Grignard 反応剤が求核性をもつ**カルボアニオン**（carbanion，炭素アニオンともいう）R:$^-$として働き，Grignard 反応剤のカルボニル炭素への付加はヒドリドイオンの付加と同種の反応であると理解すればよい．中間体はアルコキシドイオンであり，これは次の段階で H_3O^+ によりプロトン化される．

カルボニル　　　　アルコキシド　　　　アルコール
化合物　　　　　　イオン中間体

例題 13・3　Grignard 反応剤を用いてアルコールを合成する

Grignard 反応剤とカルボニル化合物との反応を用いて，2-メチルペンタン-2-オールを合成する方法を示せ．

考え方　生成物の構造を書いて，ヒドロキシ基が結合した炭素についた三つのアルキル基を確認する．三つの基がすべて異なる場合は，出発物であるカルボニル化合物は非対称ケトンである必要がある．三つのアルキル基のうち二つが同じであれば，出発物のカルボニル化合物はケトンあるいはエステルのいずれかである．

解　答　この例では，生成物は二つのメチル基と一つのプロピル基をもつ第三級ア

ペンタン-2-オン

アセトン

2-メチルペンタン-2-オール

13・4 アルコールの反応　429

ルコールである．ケトンから出発した場合，可能な方法は，ペンタン-2-オンに対する臭化メチルマグネシウムの付加，あるいはアセトンに対する臭化プロピルマグネシウムの付加である．

エステルから出発した場合，可能な唯一の方法は，たとえば，ブタン酸メチルのようなブタン酸エステルへの臭化メチルマグネシウムの付加である．

$$CH_3CH_2CH_2-C(=O)-OCH_3 \xrightarrow[2.\ H_3O^+]{1.\ 2\ CH_3MgBr} CH_3CH_2CH_2-C(CH_3)_2-OH + CH_3OH$$

ブタン酸メチル　　　　　　　　　　　2-メチルペンタン-2-オール

問題 13・9　次の化合物に臭化メチルマグネシウムを付加させて生じる生成物の構造を示せ．
(a) シクロペンタノン　　(b) ヘキサン-3-オン

問題 13・10　Grignard 反応を利用して次のアルコールを合成する方法を示せ．
(a) 2-メチルプロパン-2-オール　　(b) 1-メチルシクロヘキサノール
(c) 2-フェニルブタン-2-オール　　(d) ベンジルアルコール

問題 13・11　Grignard 反応剤とカルボニル化合物の反応を用いて，右の化合物を合成する方法を示せ．

13・4 アルコールの反応

すでにアルコールの代表的な反応の一つとして，アルコールからハロゲン化アルキルへの変換について説明した（§12・3参照）．第三級アルコールは塩化水素 HCl や臭化水素 HBr とカルボカチオン中間体を経由する S_N1 機構で反応が進行する．第一級あるいは第二級アルコールと $SOCl_2$ や PBr_3 との反応では，中間体として生成する塩化亜硫酸エステルあるいはジブロモ亜リン酸エステルに対しハロゲン化物イオンが背面から S_N2 機構で置換反応を起こす．

アルコールの脱水

フラスコ内や生体内におけるアルコールのもう一つの重要な反応は，脱水によるアルケンの生成である．第三級アルコールに対して特に起こりやすいのは，酸触媒反応であり，通常主生成物として Zaitsev 則（§12・12参照）に従い熱力学的に安定な多置換アルケンを生じる．たとえば，2-メチルブタン-2-オールの脱水では 2-メチルブタ-1-エン（二置換アルケン）よりもおもに 2-メチルブタ-2-エン（三置換アルケン）が生成する．

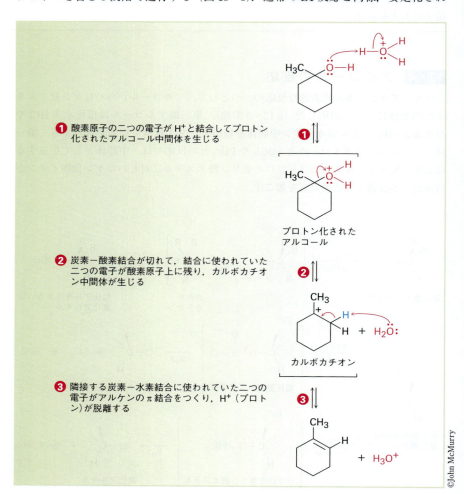

反応は E1 機構（§12・14参照），すなわち，アルコール酸素のプロトン化，単分子の水の脱離によるカルボカチオン中間体の生成，および隣接する炭素原子からの脱プロトンを含む3段階で進行する（図13・5）．通常のE1反応と同様，安定化され

図13・5 第三級アルコールの酸触媒脱水反応によりアルケンを生じる反応機構．反応過程はカルボカチオン中間体を含むE1反応である．

13・4 アルコールの反応 431

た第三級カルボカチオン中間体を生じるため第三級アルコールは速やかに反応が進行するが，第一級あるいは第二級アルコールは反応性が低いため高温で行う必要がある．

強酸の使用を避け，より穏やかな反応条件でアルコールを脱水させるために，穏和な塩基性条件下で行える効果的な反応剤が開発された．一例として，塩基性アミン溶媒であるピリジン中，0℃で塩化ホスホリル（オキシ塩化リン）POCl$_3$を作用させる反応は，第二級と第三級アルコールの脱水によく用いられる．

[1-メチルシクロヘキサノール] →(POCl$_3$, ピリジン, 0℃)→ [1-メチルシクロヘキセン (96%)]

ピリジン中POCl$_3$によるアルコールの脱水は，図13・6に示すようにE2機構で進行する．水酸化物イオンは優れた脱離基ではないので（§12・8参照），アルコールから直接，水のE2脱離は起こらない．しかし，POCl$_3$との反応によりOH基が優れた脱離基であるジクロロリン酸エステルに変換され，OPOCl$_2$基が容易に脱離する．ピリジンは溶媒であり，またE2脱離の段階で隣接するプロトンを引抜く塩基としても働く．

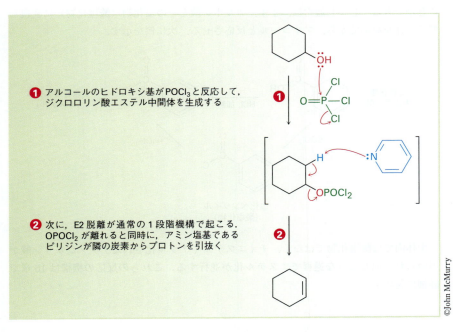

図 13・6 第二級および第三級アルコールのピリジン中，POCl$_3$による脱水反応の機構．反応はE2機構で進行する．

❶ アルコールのヒドロキシ基がPOCl$_3$と反応して，ジクロロリン酸エステル中間体を生成する

❷ 次に，E2脱離が通常の1段階機構で起こる．OPOCl$_2$が離れると同時に，アミン塩基であるピリジンが隣の炭素からプロトンを引抜く

すでに§12・15で述べたが，生体内でよくみられる脱水反応は，通常カルボニル基から2炭素離れた炭素（β炭素）にOH基をもつ基質のE1cB機構により起こる．たとえば，芳香族アミノ酸であるチロシンの生合成では，まず，塩基:Bがカルボニル基に隣接する炭素からプロトンを引抜き，つづいてアニオン中間体から，OH基が酸HAによりプロトン化されつつ脱離し水を生じる．

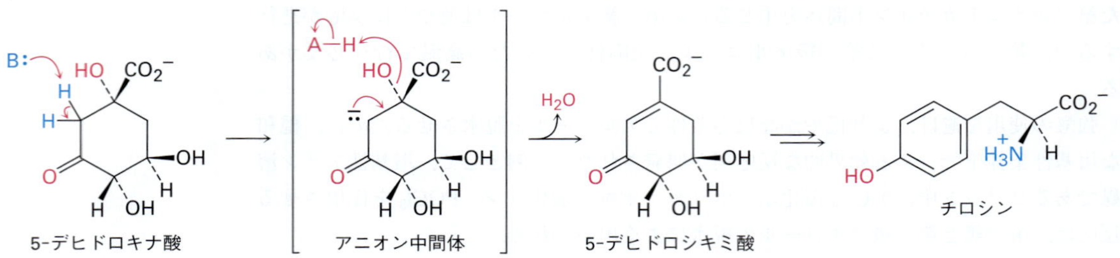

432　13. アルコール，フェノール，チオール，およびエーテルとスルフィド

5-デヒドロキナ酸　　　アニオン中間体　　　5-デヒドロシキミ酸　　　チロシン

問題 13・12　次のアルコールをピリジン中，POCl₃ で脱水するとどのような生成物が得られるか．それぞれの主生成物を示せ．

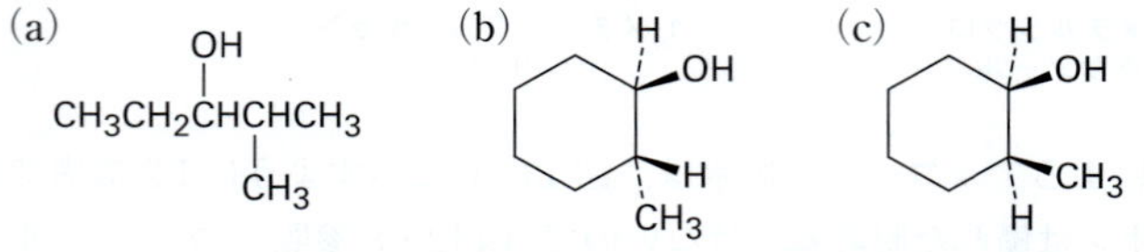

(a)　CH₃CH₂CHCHCH₃
　　　　　　OH
　　　　　CH₃

(b)

(c)

アルコールからエステルへの変換

　アルコールはカルボン酸と反応してエステルを生じる．この反応はフラスコ内でも生体内でも広くみられる．フラスコ内では，強酸を触媒として用いると 1 段階で行うことができる．しかし通常は，まず，カルボン酸をその塩化物（酸塩化物）に変換して反応性を高めてから，アルコールと反応させる．次に例を示す．

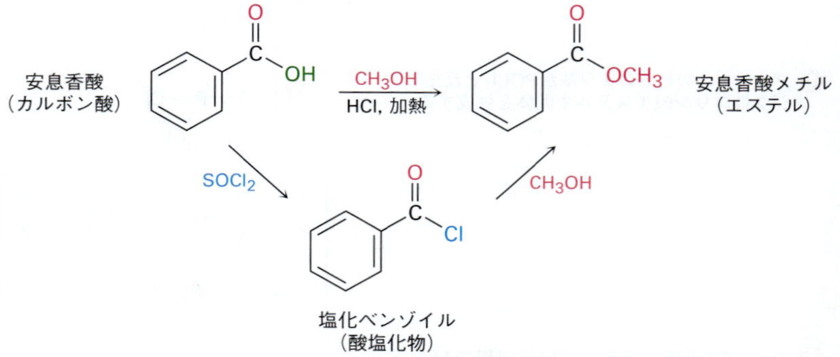

安息香酸
（カルボン酸）　　　　　　　　　　　　　　　　　安息香酸メチル
　　　　　　　　　　　　　　　　　　　　　　　　（エステル）

塩化ベンゾイル
（酸塩化物）

　生体内では酸塩化物ではなく，チオエステルやアシル化されたアデノシルリン酸が用いられ，同じような過程でエステル化が進行する．これらの反応の機構は 16 章で詳細に説明する．

チオエステル

アシル化されたアデノシルリン酸

エステル

13・5　アルコールとフェノールの酸化　　433

13・5　アルコールとフェノールの酸化

アルコールの酸化

　おそらくアルコールの最も有用な反応は，酸化によるカルボニル化合物の生成である．これはカルボニル化合物のアルコールへの還元の逆過程である．第一級アルコールはアルデヒドあるいはカルボン酸を，第二級アルコールはケトンを生成するが，第三級アルコールは通常，ほとんどの酸化剤と反応しない．

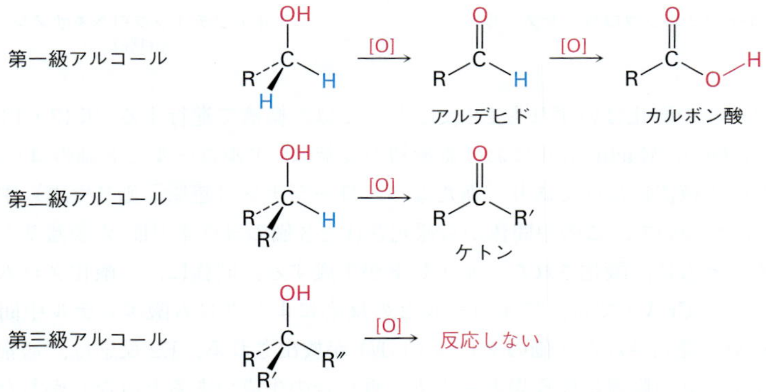

第一級アルコール　　　　　アルデヒド　　　カルボン酸

第二級アルコール　　　　　ケトン

第三級アルコール　　　　　反応しない

　第一級アルコールは選択する酸化剤と反応条件に応じてアルデヒド，あるいはカルボン酸に酸化される．古典的な方法としては，三酸化クロム CrO_3 や二クロム酸ナトリウム $Na_2Cr_2O_7$ などの 6 価クロム $Cr(VI)$ 系の酸化剤が使用されてきたが，最近では，フラスコ内における第一級アルコールからアルデヒドへの変換はジクロロメタン中，5 価のヨウ素 $I(V)$ が関わる **Dess–Martin ペルヨージナン**（Dess–Martin periodinane: DMP）による酸化が汎用されている．

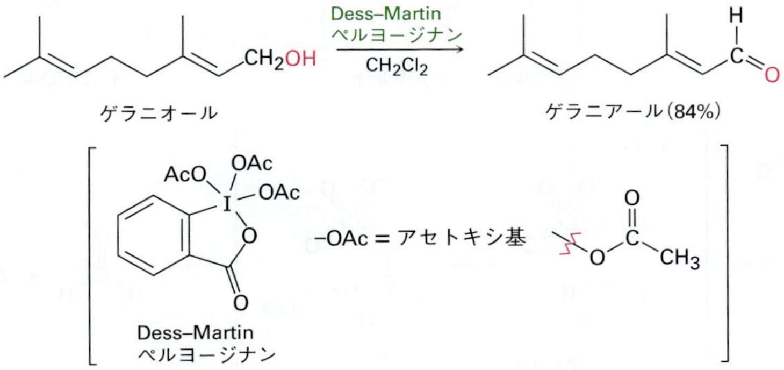

ゲラニオール　　　　　　　　　　　　　　　　　ゲラニアール（84%）

Dess–Martin ペルヨージナン
CH_2Cl_2

−OAc＝アセトキシ基

Dess–Martin ペルヨージナン

　酸水溶液中の三酸化クロム CrO_3 などの一般的に使用される多くの酸化剤は，第一級アルコールをカルボン酸まで酸化する．この方法では，いったんアルデヒドが生成するものの，つづく酸化がすばやく進行するため，通常，アルデヒドを単離することはできない．

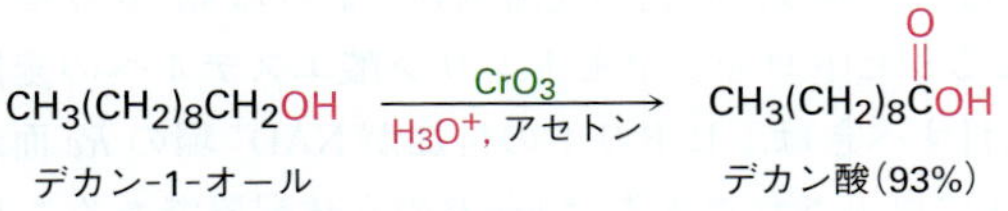

$CH_3(CH_2)_8CH_2OH \xrightarrow[\text{H_3O^+, アセトン}]{CrO_3} CH_3(CH_2)_8COH$

デカン-1-オール　　　　　　　　　　デカン酸（93%）

第二級アルコールは容易に酸化されケトンを生じる．比較的不安定なアルコールや

434 　13. アルコール，フェノール，チオール，およびエーテルとスルフィド

　高価なアルコールでは，酸性条件ではなく低温で反応させることができる Dess-Martin 酸化が用いられることが多い．ただし大量に酸化する場合には，酢酸水溶液中，安価な反応剤である $Na_2Cr_2O_7$ が用いられる．

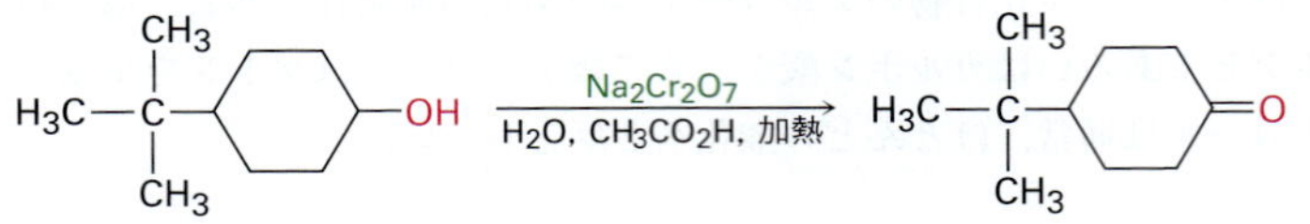

4-t-ブチルシクロヘキサノール　　　　4-t-ブチルシクロヘキサノン
（91%）

　アルコールの酸化はいずれも E2 反応とよく似た機構で進行する（§12・13 参照）．たとえば，Dess-Martin 酸化における最初の段階は，アルコールと 5 価のヨウ素 I(V) 反応剤との求核置換反応であり，新たなペルヨージナン（超原子価ヨウ素）中間体を形成する．つづいて，この中間体から還元された 3 価のヨウ素 I(III) が脱離基として放出されるとともに，酸化されたアルデヒドが生成する．同様に，三酸化クロムのような 6 価クロム Cr(VI) では，アルコールとの反応によりクロム酸エステル中間体を経て，これから還元された 4 価のクロム Cr(IV) が放出される．E2 反応は，通常，ハロゲン化物イオンの脱離に伴う炭素-炭素二重結合の生成であるとみなしがちだが，還元されたヨウ素や金属の脱離を伴う炭素-酸素二重結合の形成においても有用である．

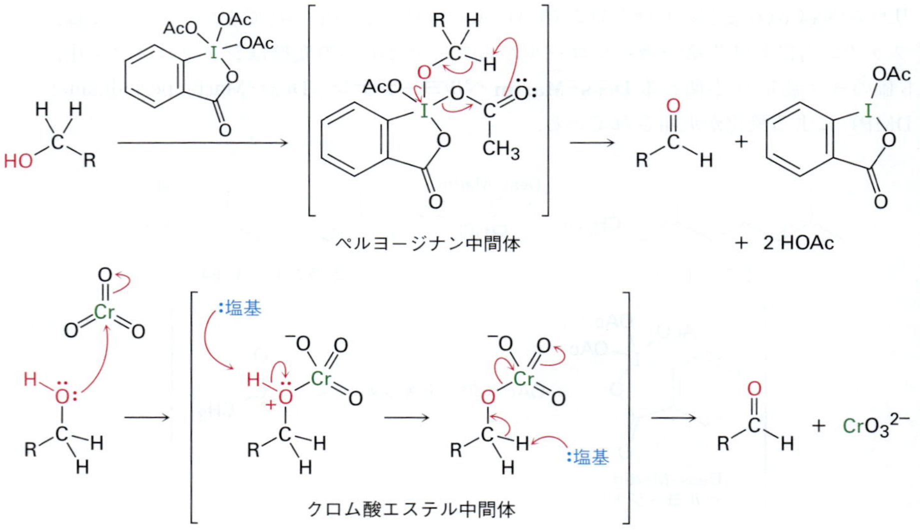

ペルヨージナン中間体　　　　　　　+ 2 HOAc

クロム酸エステル中間体

　生体内におけるアルコールの酸化は，生体内で起こるカルボニル基の還元反応の逆過程そのものであり，補酵素である NAD$^+$ や NADP$^+$ によって行われる．ヒドロキシ基のプロトンが塩基により引抜かれて生じるアルコキシドイオンから補酵素にヒドリドイオンが移動する．一例は，脂肪の代謝過程における sn-グリセロール 3-リン酸エステルの酸化によるジヒドロキシアセトンリン酸エステルへの変換である（図 13・7）．この過程で注目すべきは，ヒドリドの付加が NAD$^+$ 環の Re 面から高選択的に進行するため，NAD に導入された水素は pro-R の立体配置であることである（§5・11 参照）．

図 13・7 アルコール(sn-グリセロール 3-リン酸エステル)からケトン(ジヒドロキシアセトンリン酸エステル)への生体内酸化. この機構は図 13・4 に示したケトンの還元と真逆の関係にある.

問題 13・13 酸化により次の生成物を生じるのはどのようなアルコールか.

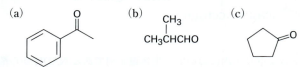

問題 13・14 次の化合物を酸水溶液中, CrO₃ で酸化した場合, どのような生成物が得られるか. また, Dess-Martin ペルヨージナンと反応させた場合の生成物は何か.
(a) ヘキサン-1-オール (b) ヘキサン-2-オール (c) ヘキサナール

フェノールの酸化: キノンの生成

フェノールはヒドロキシ基が結合した炭素に水素原子をもたないため, アルコールの酸化と同様の酸化は起こらない. フェノールに酸化剤を作用させると p-ベンゾキノン〔p-benzoquinone, シクロヘキサ-2,5-ジエン-1,4-ジオン, 簡略化してキノン(quinone)とよぶことが多い〕が生じる. さまざまな酸化剤でこの変換を行うことができるが, 二クロム酸ナトリウム $Na_2Cr_2O_7$ が用いられることが多い.

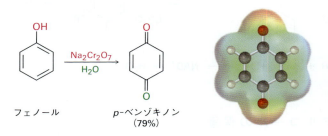

キノン類はその酸化還元(レドックス)性から有用性の高い化合物群である. キノ

ン類は，水素化ホウ素ナトリウム $NaBH_4$ や塩化スズ(II) $SnCl_2$ のような反応剤によって容易に還元され，**ヒドロキノン**（hydroquinone, p-ジヒドロキシベンゼン）に変換される．また，ヒドロキノンは $Na_2Cr_2O_7$ によって再酸化しキノンに戻すことができる．

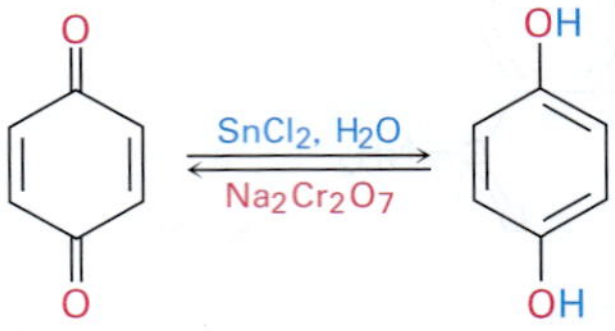

p-ベンゾキノン　　　ヒドロキノン

　キノンがもつ酸化還元性は生体細胞の機能発現に重要な役割をもち，**ユビキノン**（ubiquinone）とよばれる化合物がエネルギーの生産に関わる電子伝達系に介在する生体酸化剤として作用する．ユビキノンは**補酵素 Q**（coenzyme Q）ともよばれ，最も単純な細菌からヒトに至るまで，すべての好気性生物の細胞の構成成分である．なお，ユビキノンは天然にあまねく存在するという意味をもつユビキタス（ubiquitous）から名付けられている．

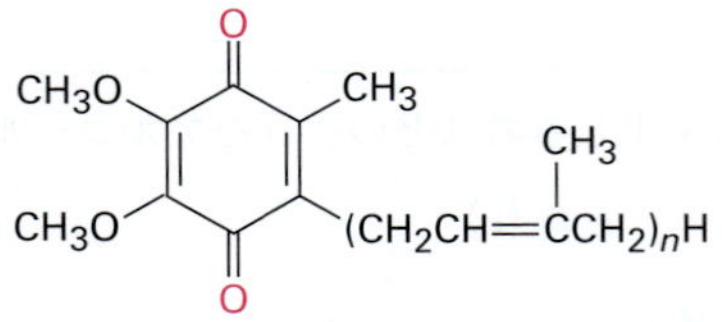

ユビキノン類（$n=1\sim10$）

　ユビキノンは細胞のミトコンドリア内において，生体還元剤である NADH から酸素分子に電子を伝達する呼吸系に関与する．一連の複雑な過程を経て，最終的にNADH が NAD^+ に酸化され，O_2 が水に還元されることによりエネルギーが生産されるサイクルである．ユビキノンはあくまで反応を仲介するだけであり，それ自体は変化しない．

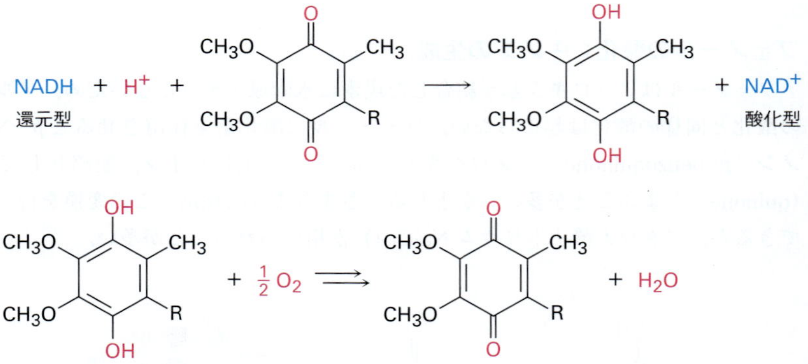

正味の変化: $NADH + \frac{1}{2}O_2 + H^+ \longrightarrow NAD^+ + H_2O$

13・6 アルコールの保護

　複雑な分子を合成する際，ある官能基が同一分子中に存在する別の官能基の反応を阻害することがしばしば起こる．たとえば，同一分子内に酸性プロトンをもつ OH

13・6 アルコールの保護　437

基が存在すると C−Mg 結合が共存できないので，ハロアルコールからは Grignard
反応剤を調製できない．

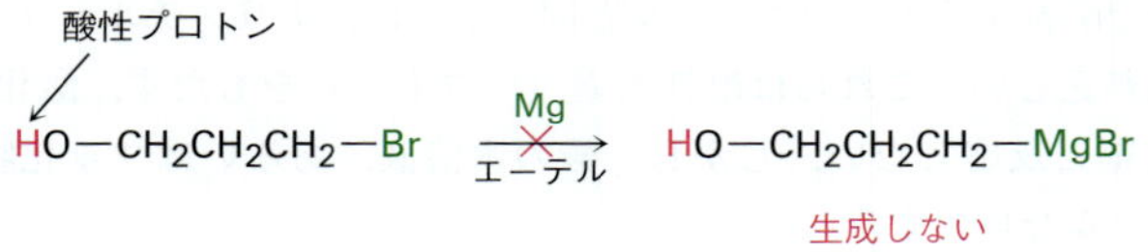

酸性プロトン

$$HO-CH_2CH_2CH_2-Br \xrightarrow[\text{エーテル}]{Mg} HO-CH_2CH_2CH_2-MgBr$$

生成しない

　この問題は，反応の障害となる官能基を保護することで解決できる場合がある．保
護には三つの段階が含まれる．すなわち，(1)反応の妨げとなる官能基に対する**保護基**
(protecting group) の導入，(2)目的とする反応の実施，(3)保護基の除去，である．
　アルコールの保護として一般的な方法の一つは，トリアルキルシリルエーテル
$R'-O-SiR_3$ の導入であり，アルコールにクロロトリアルキルシラン $Cl-SiR_3$ を作
用させる．クロロトリメチルシラン TMSCl がよく用いられ，トリエチルアミンなど
の塩基の存在下で反応が行われる．塩基はプロトンの引抜きだけでなく，副生する塩
酸を除去する役割も担う．

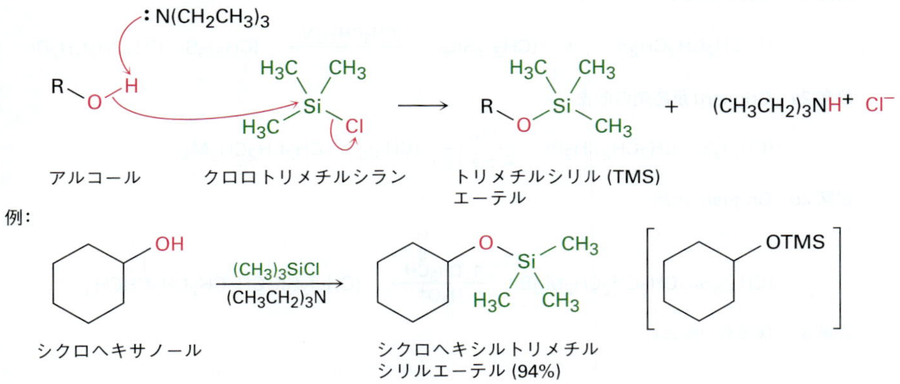

$:N(CH_2CH_3)_3$

$$R-\overset{\cdots}{O}-H \quad \underset{H_3C}{\overset{H_3C\quad CH_3}{Si}}-Cl \longrightarrow R-\underset{H_3C}{\overset{H_3C\quad CH_3}{O-Si}}-CH_3 \quad + \quad (CH_3CH_2)_3NH^+ \; Cl^-$$

アルコール　　　クロロトリメチルシラン　　トリメチルシリル (TMS)
　　　　　　　　　　　　　　　　　　　　　エーテル

例:

シクロヘキサノール　　　　　$\xrightarrow[(CH_3CH_2)_3N]{(CH_3)_3SiCl}$　　　シクロヘキシルトリメチル　　　　　　OTMS
　　　　　　　　　　　　　　　　　　　　　シリルエーテル (94%)

　エーテルの形成段階はケイ素原子に対するアルコールの S_N2 様の反応であり，同
時に塩化物イオンが脱離する．これまでの S_N2 反応と異なり，第三級反応中心（三
つのアルキル基で置換されたケイ素原子）で進行しているが，第3周期の原子である

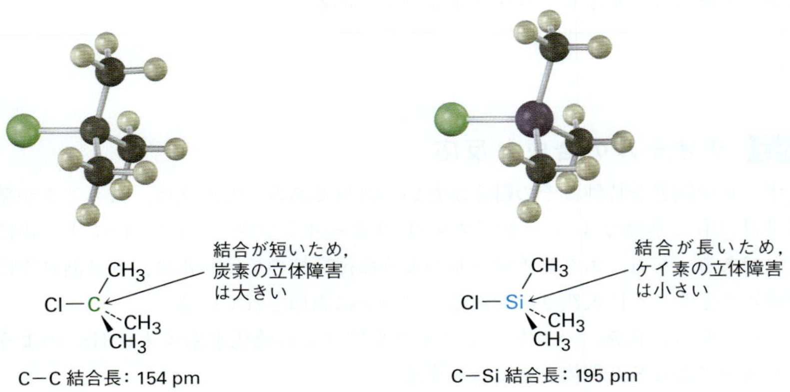

結合が短いため，
炭素の立体障害
は大きい

$Cl-\overset{CH_3}{\underset{CH_3}{\overset{|}{C}}}-CH_3$

C−C 結合長: 154 pm

結合が長いため，
ケイ素の立体障害
は小さい

$Cl-\overset{CH_3}{\underset{CH_3}{\overset{|}{Si}}}-CH_3$

C−Si 結合長: 195 pm

438　13. アルコール，フェノール，チオール，およびエーテルとスルフィド

　ケイ素は炭素よりも大きな原子であり，結合が長いため，ケイ素に結合する三つのメチル基は離れた位置に存在するので，類似する塩化 t-ブチルに比べて S_N2 反応に対する立体障害を生じない．

　本章の後半で学習する大半のエーテルと同じように，トリメチルシリルエーテルは比較的反応性が乏しい．これらは酸性水素（プロトン）をもたず，酸化剤，還元剤，Grignard 反応剤と反応しない．しかし，酸の水溶液，あるいはフッ化物イオンと反応してアルコールを再生する．

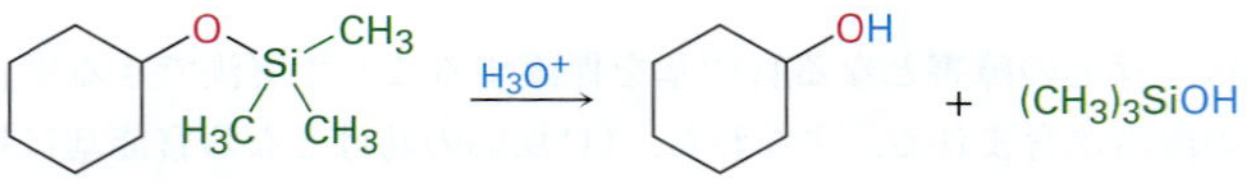

シクロヘキシルトリチメル　　　　　シクロヘキサノール
シリルエーテル

　本節のはじめにハロアルコールの Grignard 反応に関する問題を提示したが，これは保護基を活用することにより解決できる．たとえば，図 13・8 に示した経路により 3-ブロモプロパン-1-オールをアセトアルデヒドに付加させることが可能となる．

図 13・8　**TMS 基で保護されたアルコールの Grignard 反応への利用**

段階1　保護されたアルコール:

$$HOCH_2CH_2CH_2Br \ + \ (CH_3)_3SiCl \xrightarrow{(CH_3CH_2)_3N} (CH_3)_3SiOCH_2CH_2CH_2Br$$

段階2a　Grignard 反応剤の形成:

$$(CH_3)_3SiOCH_2CH_2CH_2Br \xrightarrow[\text{エーテル}]{Mg} (CH_3)_3SiOCH_2CH_2CH_2MgBr$$

段階2b　Grignard 反応:

$$(CH_3)_3SiOCH_2CH_2CH_2MgBr \xrightarrow[\text{2. }H_3O^+]{\text{1. }CH_3CH=O} (CH_3)_3SiOCH_2CH_2CH_2\overset{OH}{\underset{}{C}}HCH_3$$

段階3　保護基の除去:

$$(CH_3)_3SiOCH_2CH_2CH_2\overset{OH}{\underset{}{C}}HCH_3 \xrightarrow{H_3O^+} HOCH_2CH_2CH_2\overset{OH}{\underset{}{C}}HCH_3 \ + \ (CH_3)_3SiOH$$

問題 13・15　TMS エーテルはフッ化物イオンあるいは酸触媒による加水分解により除去できる．フッ化リチウム LiF によるシクロヘキシル TMS エーテルとの反応機構を示せ．生成物はフルオロトリメチルシランである．

13・7　チオールの合成と反応

　チオールの顕著な特性はその耐えがたい不快臭である．たとえば，スカンクが発する異臭はおもに単純な 3-メチルブタン-1-チオールとブタ-2-エン-1-チオールによるものである．一方，エタンチオールのような揮発性のチオールは，ガス漏れをにおいで感知できるように天然ガスや液化プロパンに添加されている．

　チオール類は，通常，ハロゲン化アルキルに対する硫化水素イオン HS^- のような硫黄求核剤による S_N2 置換反応で合成する．

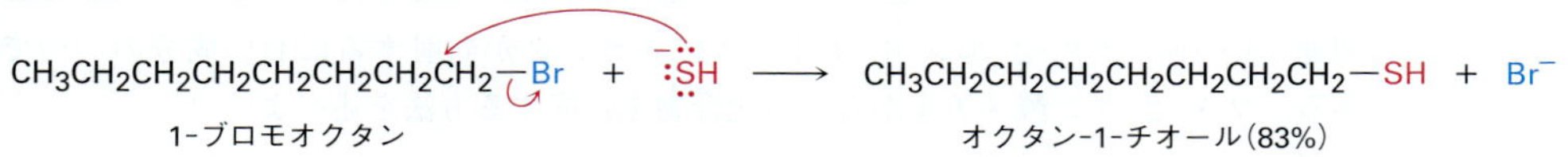

13・7 チオールの合成と反応   439

CH₃CH₂CH₂CH₂CH₂CH₂CH₂—Br + :SH ⟶ CH₃CH₂CH₂CH₂CH₂CH₂CH₂CH₂—SH + Br⁻

1-ブロモオクタン   オクタン-1-チオール(83%)

　生成物であるチオールがさらにハロゲン化アルキルと S_N2 反応を起こしてスルフィド RSR を副生するため，ハロゲン化アルキルに対して大過剰の求核剤を用いない限りチオールの収率は低い．この問題を回避するには，チオ尿素（$(NH_2)_2S=C$）を使用するとよい．チオ尿素とハロゲン化物イオンとの置換により生じるアルキルイソチオ尿素塩中間体を塩基水溶液で加水分解するとチオールが得られる．

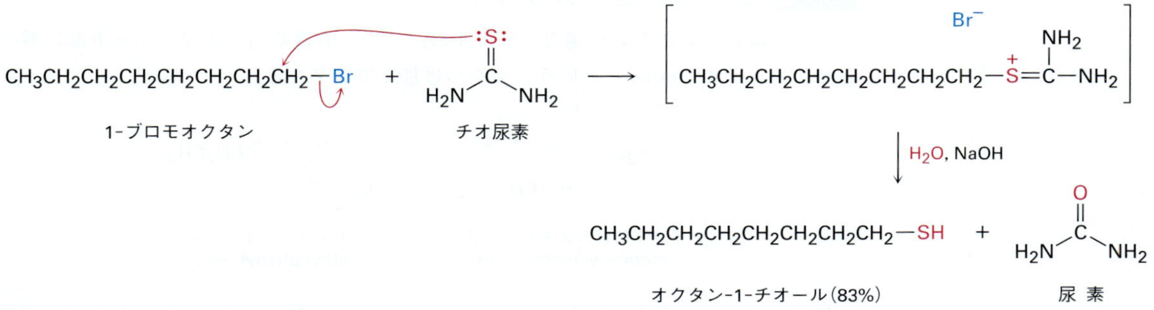

CH₃CH₂CH₂CH₂CH₂CH₂CH₂—Br + （チオ尿素） ⟶ [CH₃CH₂CH₂CH₂CH₂CH₂CH₂—S⁺=C—NH₂]

1-ブロモオクタン   チオ尿素

↓ H_2O, NaOH

CH₃CH₂CH₂CH₂CH₂CH₂CH₂—SH + （尿素）

オクタン-1-チオール(83%)   尿素

　チオールは臭素 Br_2 やヨウ素 I_2 により酸化されて**ジスルフィド**（disulfide）RSSR を生成する．この逆過程も容易に進行し，ジスルフィドを亜鉛と酸で処理するとチオールに還元することができる．

$$2\,R—SH \underset{Zn,\,H^+}{\overset{I_2}{\rightleftarrows}} R—S—S—R + 2\,HI$$

チオール   ジスルフィド

　このチオールとジスルフィドの相互変換はさまざまな生体反応において鍵となる役割を果たしている．§19・8 であらためて述べるが，たとえば，タンパク質に含まれるアミノ酸であるシステイン間でのジスルフィド結合の生成は，架橋によってタンパク質の三次元立体構造を定めるのに重要な役割を果たしている．また，ジスルフィド結合の生成は，細胞が酸化的に分解されるのを防御する過程でもみられる．細胞の構成成分であるグルタチオン（glutathione）は，有害な酸化剤を除去し，その際，自身はグルタチオンジスルフィドに酸化される．これは還元型補酵素であるフラビンアデニンジヌクレオチド $FADH_2$ により還元されてチオールに戻る．

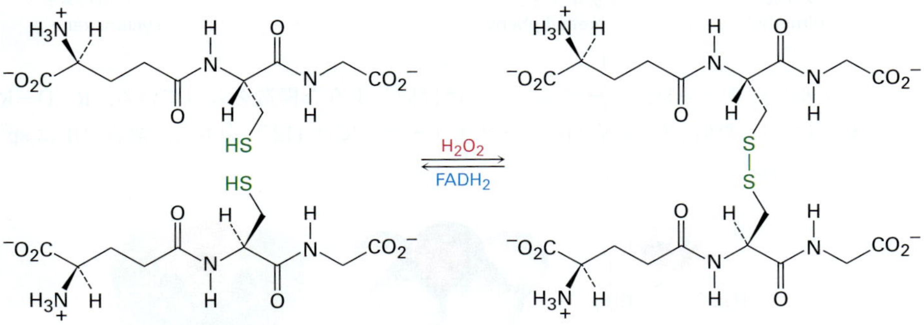

グルタチオン
（GSH，還元型）

グルタチオンジスルフィド
（GSSG，酸化型）

問題 13・16 ブタ-2-エン-1-チオールはスカンクが発射するにおい成分の一つである．ブタ-2-エン酸メチルからこの化合物を合成する方法を述べよ．

$$CH_3CH=CHCOCH_3 \longrightarrow CH_3CH=CHCH_2SH$$

ブタ-2-エン酸メチル　　　　ブタ-2-エン-1-チオール

13・8 エーテルとスルフィド

他に官能基をもたない単純なエーテルは，二つの有機基（アルファベット順に並べる）にエーテル（ether）という言葉をつけ加えて命名する．

イソプロピルメチルエーテル　　　エチルフェニルエーテル
isopropyl methyl ether　　　　　ethyl phenyl ether

他の官能基が存在する場合は，エーテル部をアルコキシ（alkoxy）基として，接頭語として命名する．例を次に示す．

p-ジメトキシベンゼン　　　　4-*t*-ブトキシ-1-シクロヘキセン
p-dimethoxybenzene　　　　4-*t*-butoxy-1-cyclohexene

スルフィドはエーテルと同じ規則に準じて命名する．簡単な化合物ではエーテルの代わりにスルフィド（sulfide）を使用し，より複雑な化合物に対しては接頭語としてアルコキシ-（alkoxy-）の代わりにアルキルスルファニル-（alkylsulfanyl）を用いる．

ジメチルスルフィド　　　メチルフェニルスルフィド　　　3-(メチルスルファニル)シクロヘキセン
dimethyl sulfide　　　　methyl phenyl sulfide　　　　3-(methylsulfanyl)cyclohexene

アルコールと同様，エーテルは水とほぼ同じような構造をもっている．R−O−R 結合は，ほぼ四面体の結合角（ジメチルエーテルでは 112°）をもち，酸素原子は sp^3 混成である．

13・9　エーテルの合成　441

問題 13・17　次のエーテルとスルフィドを IUPAC 命名法に準じて命名せよ.

(a) $CH_3CHOCHCH_3$（構造式：CH_3 CH_3 がそれぞれの上に付く）

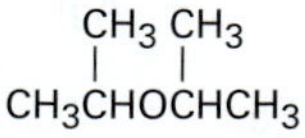

(b) シクロペンチル−$OCH_2CH_2CH_3$

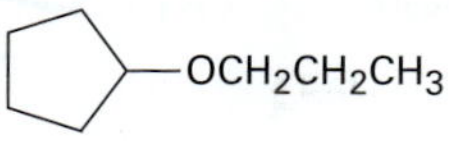

(c) Br 置換ベンゼン環に OCH_3

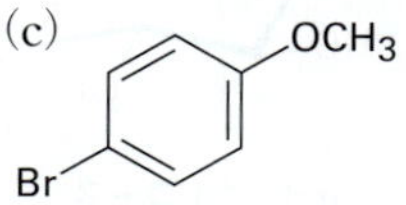

(d) シクロヘキセン環に OCH_3

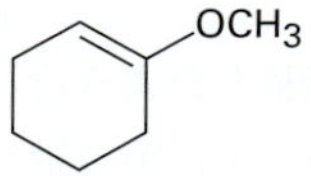

(e) ベンジル基 CH_2SCH_3

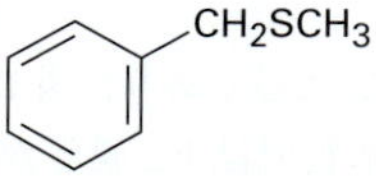

(f) $CH_3SCH_2CH=CH_2$

13・9　エーテルの合成

　ジエチルエーテルをはじめとする比較的単純な対称エーテルは, アルコールの硫酸触媒を用いた脱水反応により工業的に合成される. 反応はプロトン化されたエタノールに対してもう1分子のエタノールが水と S_N2 置換することで進行する. しかし, 第二級アルコールや第三級アルコールでは置換反応でなく E1 脱離が進行してアルケンを生じるため, この方法は第一級アルコールに限り適用可能である.

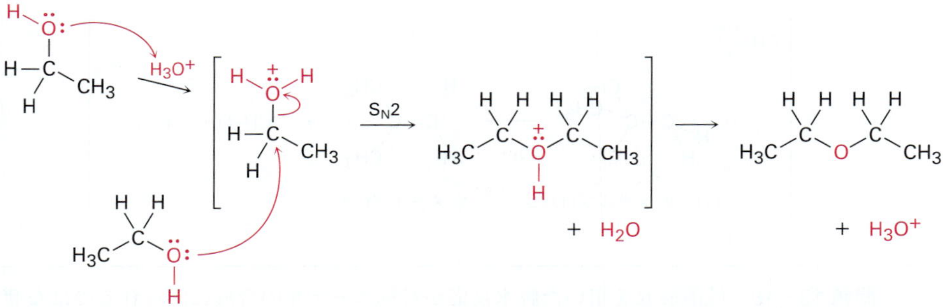

　最も一般的であり, 有用なエーテルの合成法は, アルコキシドイオンと第一級ハロゲン化アルキル, または p-トルエンスルホン酸エステル (トシラート) との S_N2 反応による **Williamson のエーテル合成法** (Williamson ether synthesis) である. すでに §13・2 で述べたように, アルコキシドイオンは, 通常, アルコールを水素化ナトリウム NaH のような強塩基で処理して調製する.

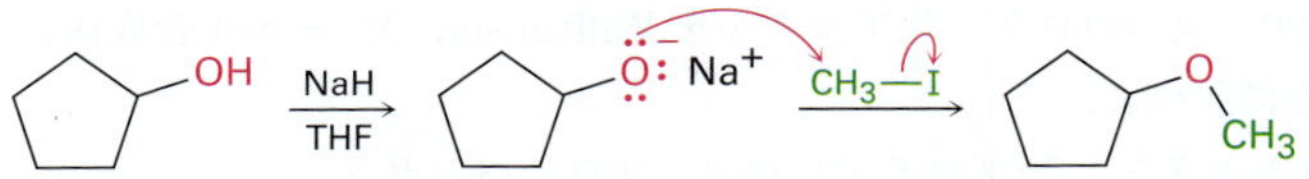

シクロペンタノール　　　アルコキシドイオン　　　シクロペンチルメチルエーテル(74%)

　Williamson のエーテル合成法は, NaH に比べて緩和な塩基である酸化銀(Ⅰ) Ag_2O を用いるとその適用範囲が広がる. この条件下では, アルコールが直接ハロゲン化アルキルと反応するため, あらかじめ金属アルコキシド中間体を調製する必要がない. 特に糖の化学変換に有用であり, たとえば, Ag_2O 存在下, グルコースを過剰量のヨードメタンと反応させるとペンタメチルエーテルが収率 85% で生成する.

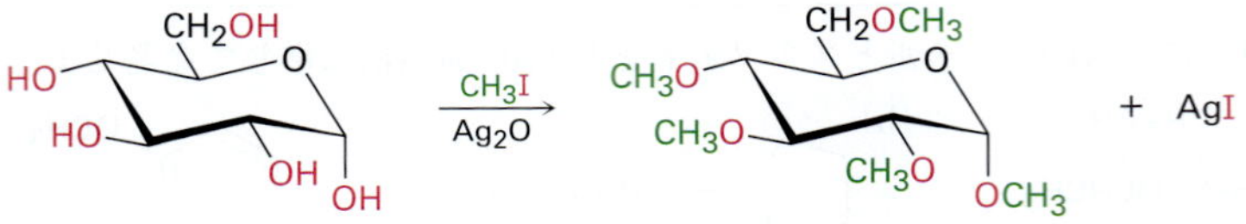

442　13. アルコール，フェノール，チオール，およびエーテルとスルフィド

α-D-グルコース　　　　　　　　α-D-グルコースペンタメチル
　　　　　　　　　　　　　　　　エーテル(85%)

　Williamson のエーテル合成法は S_N2 反応であり，§12・8で指摘したような一般的な制約を受ける．立体的にかさ高い基質では E2 脱離が競合するので，第一級ハロゲン化アルキルあるいはトシラートがこの反応の基質として優れている．そのため，非対称エーテルは立体障害の大きなアルコキシドと立体障害が小さなハロゲン化アルキルとの組合わせにより合成した方が，逆の組合わせよりもよい．たとえば，1990年代にガソリンのオクタン価を上げる効果をもつ物質として使用された t-ブチルメチルエーテルは，メトキシドイオンと 2-クロロ-2-メチルプロパンとの反応ではなく，t-ブトキシドイオンとヨードメタンとの反応により合成する．

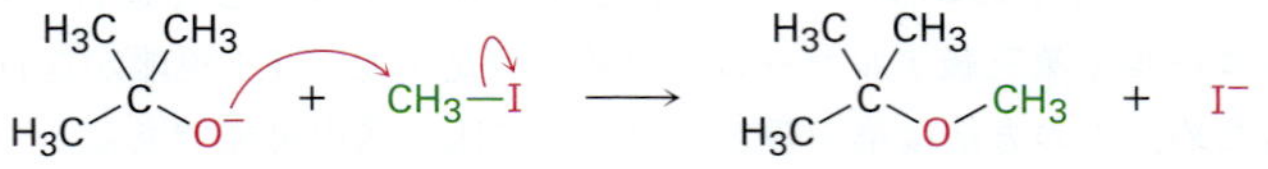

t-ブトキシド　　　ヨードメタン　　　t-ブチルメタルエーテル

2-クロロ-2-メチルプロパン　　　2-メチルプロペン

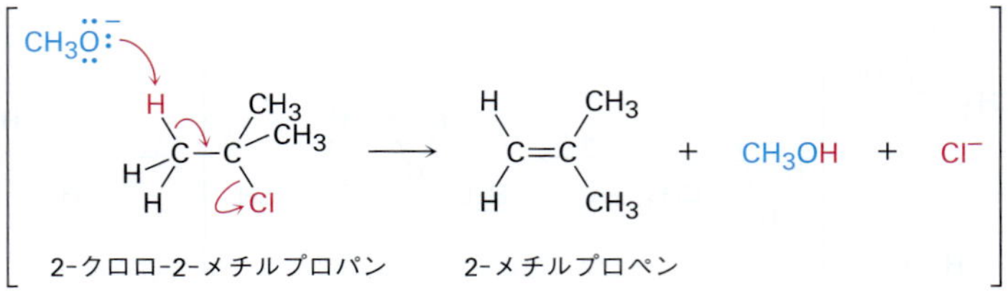

問題 13・18　硫酸触媒を用いた脱水反応が対称エーテルの合成に限られるのはなぜか．この反応によりエタノールとプロパン-1-オールから生じるエーテルの構造を示せ．二つのアルコールの反応性がまったく同じであると仮定した場合に，生成比はどのようになると予想されるか．

問題 13・19　次のエーテルを Williamson のエーテル合成法により合成する方法を示せ．

（a）メチルプロピルエーテル　　　　　（b）アニソール（メチルフェニルエーテル）
（c）ベンジルイソプロピルエーテル　　（d）エチル 2,2-ジメチルプロピルエーテル

問題 13・20　次のハロゲン化アルキルを Williamson のエーテル合成法について反応性の高い順に並べよ．

（a）ブロモエタン，2-ブロモプロパン，ブロモベンゼン
（b）クロロエタン，ブロモエタン，1-ヨードプロペン

13・10　エーテルの反応

　エーテルは有機化学で使用される多くの反応剤に不活性であり，このような性質から反応溶媒として広く用いられている．ハロゲン，希酸，塩基，および求核剤はほと

13・10 エーテルの反応　443

んどのエーテルとまったく反応しない.

エーテルの開裂

　一般的に利用されているエーテルの唯一の反応は, 強酸による開裂反応である. HBr や HI の水溶液で反応は進行するが, HCl ではエーテルの開裂は起こらない.

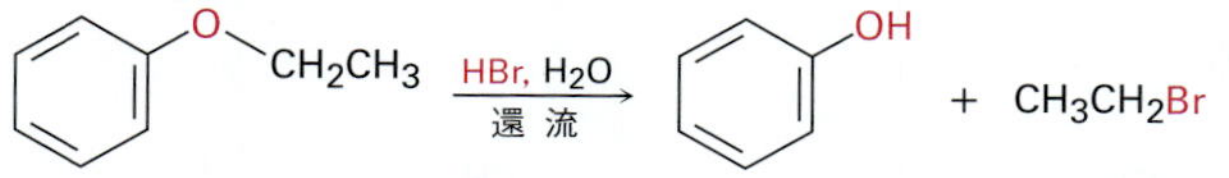

エチルフェニルエーテル　　　　　フェノール　　　ブロモエタン

　酸によるエーテルの開裂は典型的な求核置換反応であり, エーテルの構造に依存して S_N1 あるいは S_N2 のいずれかの機構で反応する. 第一級と第二級のアルキル基のみをもつエーテルの開裂は S_N2 機構で進行し, プロトン化されたエーテルに対して立体障害が少ない側から I^- あるいは Br^- が攻撃する. したがって, 通常, 位置選択的な開裂が起こり, 単一のアルコールと単一のハロゲン化アルキルを生じる. たとえば, エチルイソプロピルエーテルの HI による開裂は, ヨウ化物イオンの求核攻撃が, 立体障害の大きな第二級 (イソプロピル基) 側よりも立体障害の小さい第一級 (エチル基) 側から起こるので, もっぱらイソプロピルアルコールとヨードエタンを生じる.

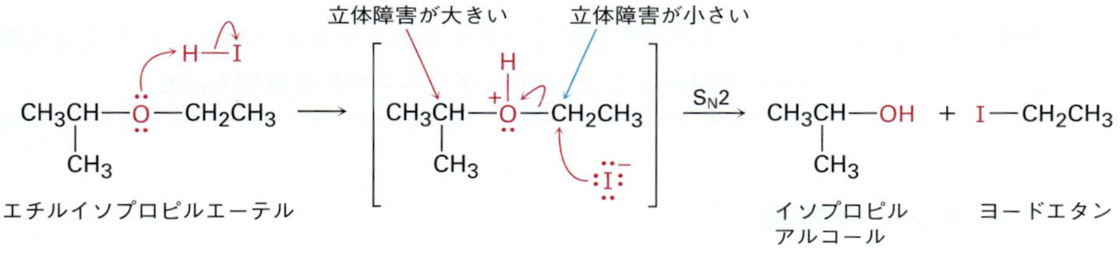

エチルイソプロピルエーテル　　　　　　　　　　　　　　　　　イソプロピル　　　ヨードエタン
　　　　　　　　　　　　　　　　　　　　　　　　　　　　　　アルコール

　第三級アルキル基, ベンジル基, あるいはアリル基をもつエーテルの開裂は, 比較的安定なカルボカチオン中間体が生じるため, S_N1 あるいは E1 機構で進行する. これらの反応は速く進行する場合が多く, また, 穏やかな反応温度で行うことができる. たとえば, t-ブチル基をもつエーテルは, 0 ℃ でトリフルオロ酢酸と処理すると E1 機構で開裂が起こる. この反応はフラスコ内でのペプチド合成に利用されている (§19・7 参照).

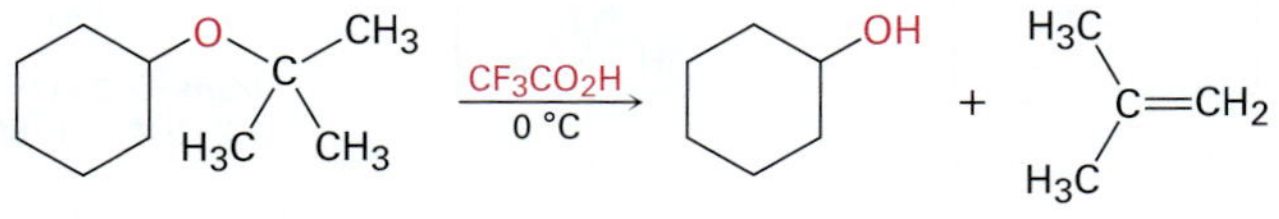

t-ブチルシクロヘキシルエーテル　　　シクロヘキサノール　　2-メチルプロペン
　　　　　　　　　　　　　　　　　　　　　　(90%)

例題 13・4　エーテルの開裂反応の生成物を予測する

次の反応の生成物を予測せよ.

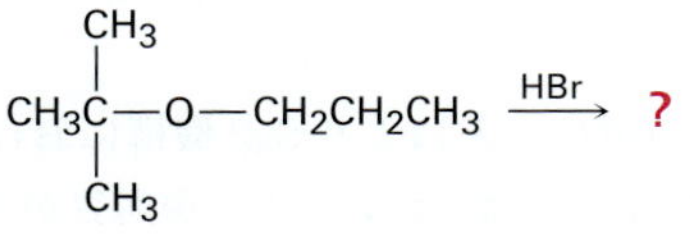

考え方　酸素に結合した二つのアルキル基の置換様式を確認せよ．この場合，第三級アルキル基と第一級アルキル基である．次にエーテル開裂反応の一般的規則を思い出そう．第一級と第二級のアルキル基のみをもつエーテルは，求核剤が立体障害の小さなアルキル基の側から S_N2 型の攻撃を起こし開裂反応が進行する．しかし，第三級アルキル基の置換したエーテルは S_N1 機構で開裂する．この場合，第三級炭素と酸素の間で S_N1 開裂が起こり，プロパン-1-オールと第三級臭化アルキルが得られると予想される．

解　答

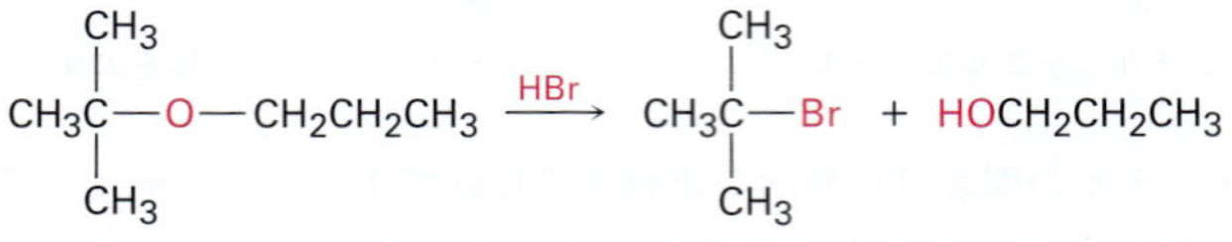

t-ブチルプロピルエーテル　　　　2-ブロモ-2-メチル　プロパン-1-オール
　　　　　　　　　　　　　　　　　　プロパン

問題 13・21　次の反応の生成物を予想せよ．

(a)　　　　　　　　　　　　　　　　　　(b)

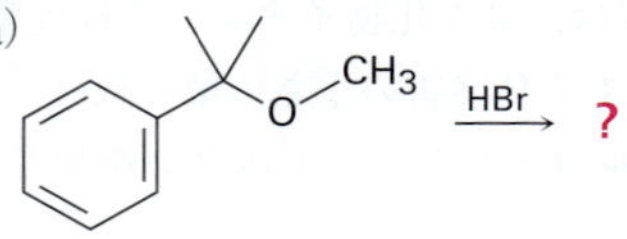

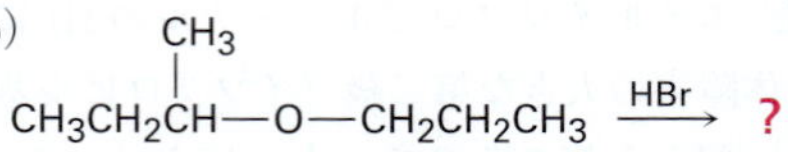

問題 13・22　t-ブチルシクロヘキシルエーテルのトリフルオロ酢酸による酸触媒開裂反応によるシクロヘキサノールと 2-メチルプロペンの生成機構を示せ．

エポキシドの開裂

　エーテルと同様，エポキシドは酸で開裂するが，環ひずみエネルギーをもつため比較的緩やかな条件で進行する．エポキシドは，希酸水溶液中，室温で 1,2-ジオールに加水分解される（§8・7 および §12・7 参照）．ここでは，プロトン化されたエポキシドに対して水が S_N2 様の背面攻撃をしてトランス-1,2-ジオールを与える．

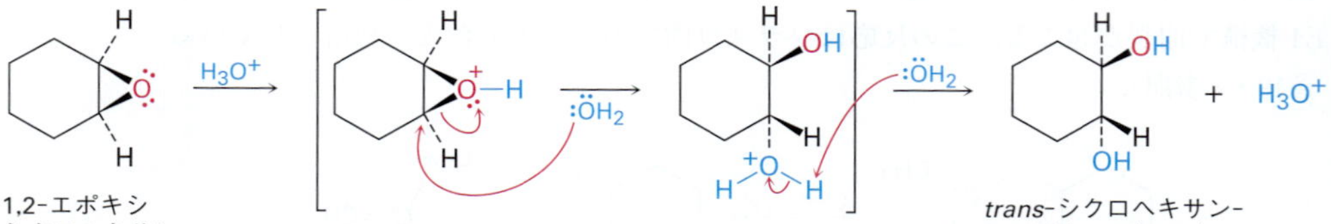

1,2-エポキシ
シクロヘキサン

trans-シクロヘキサン-
1,2-ジオール (86%)

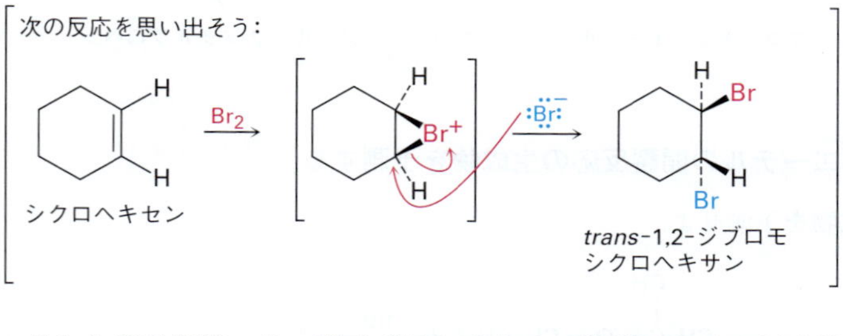

次の反応を思い出そう：

シクロヘキセン

trans-1,2-ジブロモ
シクロヘキサン

　エポキシドは実際，その環ひずみにより S_N2 機構における反応性が非常に高く，塩基性条件下でも 100 °C で水酸化物イオンによる環開裂が進行する．

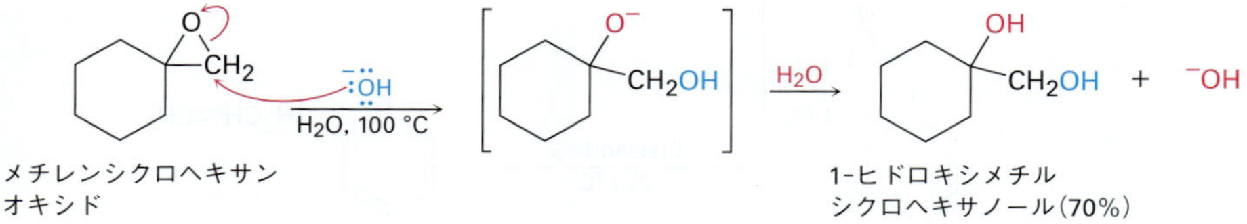

13・10 エーテルの反応 445

メチレンシクロヘキサン
オキシド

1-ヒドロキシメチル
シクロヘキサノール(70%)

　エポキシドの開裂には，水酸化物イオンだけでなく第一級アミン RNH_2，第二級ア
ミン R_2NH や Grignard 反応剤 $RMgX$ など，さまざまな求核剤を使用できる．エポキ
シドとアミンの反応の例として，不整脈，高血圧症，心臓発作の治療に有効なアドレ
ナリン β 受容体拮抗薬，いわゆる β 遮断薬であるメトプロロールの工業的合成があげ
られる．なお，β 遮断薬は世界中で最も広く処方されている医薬品である．

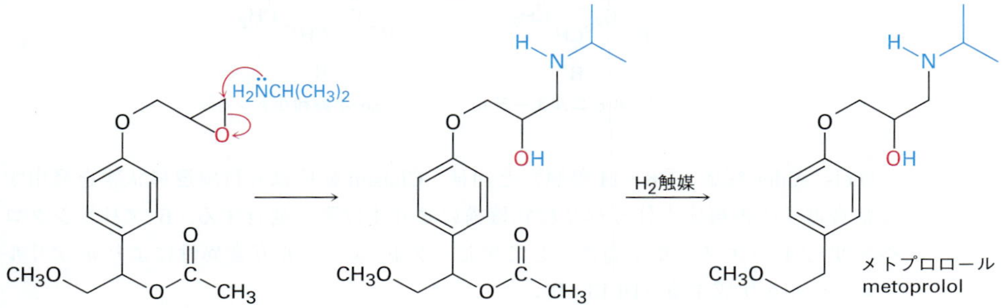

メトプロロール
metoprolol

問題 13・23 次の反応の主生成物を予想せよ．

(a)

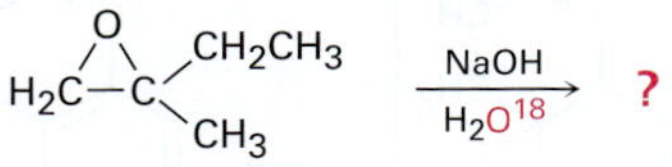

(b)

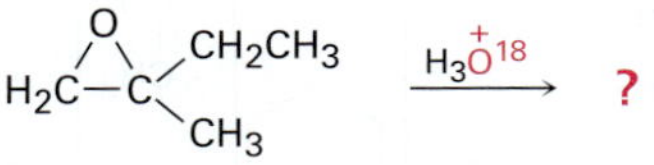

(c)

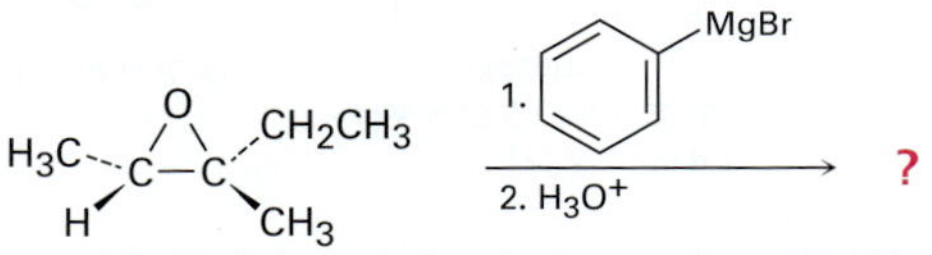

アリールアリルエーテルの Claisen 転位

　酸触媒による開裂反応以外にもエーテルの一般的な反応としてアリルアリールエー
テル $Ar-O-CH_2CH=CH_2$ およびアリルビニルエーテル $CH_2=CHCH_2-O-CH=CH_2$
に特異的な **Claisen 転位**（Claisen rearrangement）が知られている．フェノキシドイ
オンと 3-ブロモプロペン（臭化アリル）の Williamson のエーテル合成法によりアリ
ルアリールエーテルが得られる．このエーテルを 200〜250 ℃ で加熱すると Claisen
転位が起こり，o-アリルフェノールが得られる．結果的にフェノールのオルト位がア
ルキル化されたことになる．

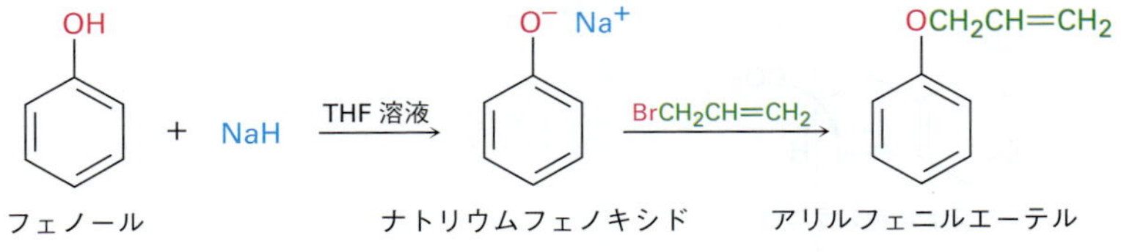

フェノール　　　ナトリウムフェノキシド　　アリルフェニルエーテル

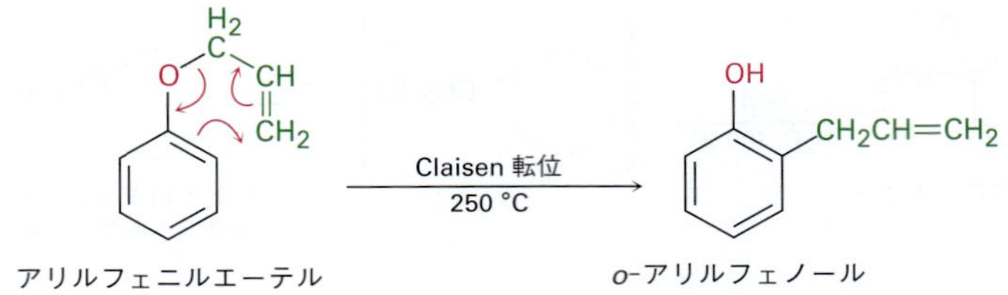

446　13. アルコール，フェノール，チオール，およびエーテルとスルフィド

アリルフェニルエーテル　　　　　　Claisen 転位　　　　　o-アリルフェノール
　　　　　　　　　　　　　　　　　　250 ℃

アリルビニルエーテルでも同様に転位反応が進行し，γ,δ-不飽和ケトンあるいは
アルデヒドを与える.

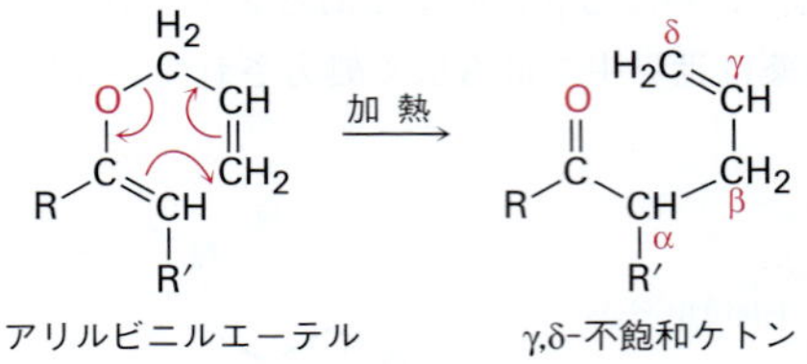

アリルビニルエーテル　　　　　加熱　　　　γ,δ-不飽和ケトン

　Diels-Alder 反応（§8・14 参照）と同様，Claisen 転位は 6 員環遷移状態を経由す
る結合電子の再編成を伴うペリ環状機構により 1 段階で進行する. 6-アリルシクロ
ヘキサ-2,4-ジエノンが中間体として生じ，ケト-エノール互変異性により o-アリル
フェノールを生成する（図 13・9）.

図 13・9　Claisen 転位
の反応機構. エーテルの
C−O 結合の開裂と C−C
結合の形成が同時に起こ
る.

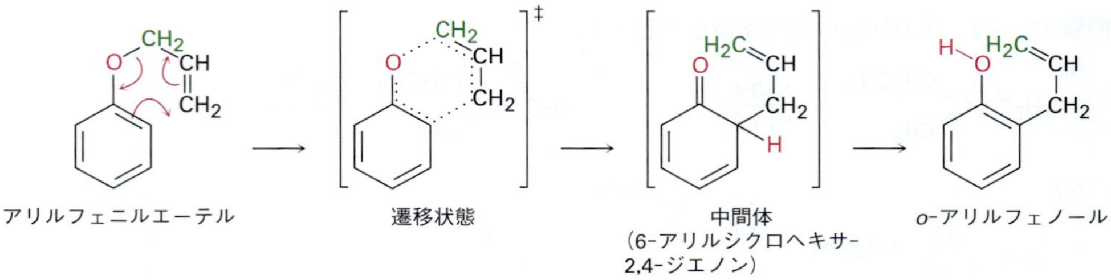

アリルフェニルエーテル　　遷移状態　　　　中間体　　　　o-アリルフェノール
　　　　　　　　　　　　　　　　　　（6-アリルシクロヘキサ-
　　　　　　　　　　　　　　　　　　2,4-ジエノン）

　この反応機構は，アリル基が位置反転を伴って進行するという事実に基づいてい
る. すなわち，アリルエーテルの ^{14}C で標識された炭素（図 13・9 の緑で表した炭素）
は転位生成物である o-アリルフェノールの末端ビニル炭素となる.
　Claisen 転位は生体反応ではほとんどみられないものの，芳香族アミノ酸であるフェ

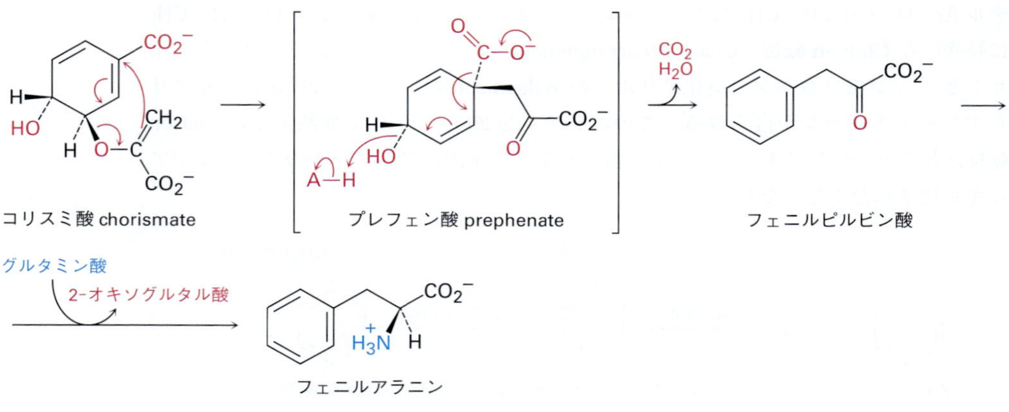

コリスミ酸 chorismate　　　プレフェン酸 prephenate　　　フェニルピルビン酸

グルタミン酸
　　　2-オキソグルタル酸

フェニルアラニン

ニルアラニンやチロシンの生合成過程でみられる．いずれもプレフェン酸とよばれる前駆体から生合成されるが，これはアリルビニルエーテル誘導体であるコリスミ酸の生体内 Claisen 転位により生じる．

問題 13・24 ブタ-2-エニルフェニルエーテルの Claisen 転位による生成物を示せ．

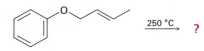

13・11 クラウンエーテルとイオノホア

クラウンエーテル（crown ether）は，1960年代前半にデュポン社により発見され，最近になってエーテルの一種として加わった化合物群である．一般的には，環を構成する原子の総数を x，酸素原子の数を y とし，x-クラウン-y と命名される．したがって，18-クラウン-6 は 18 員環であり，そのうち六つは酸素原子である．次に示す静電ポテンシャル図では，クラウンエーテルの空孔の大きさと空孔内が電気的に陰性（赤色）であることに注目したい．

18-クラウン-6 エーテル

クラウンエーテルが非常に重要なのは，空孔の中心部分に特定の金属カチオンを取込み，有機溶媒に可溶にできるためである．たとえば，18-クラウン-6 はカリウムイオンと強固に結合する．その結果，18-クラウン-6 は無極性有機溶媒中で，さまざまなカリウム塩を溶かすことができる．例として，過マンガン酸カリウム $KMnO_4$ は 18-クラウン-6 によりトルエンに溶解するので，アルケンの酸化に有用な試薬になる．

無機塩を炭化水素やエーテルなどの溶媒に溶かすクラウンエーテルの効果は，DMSO，DMF，HMPA などの非プロトン性極性溶媒に溶かす効果に似ている（§12・8 参照）．いずれの場合も，金属カチオンは溶媒和され，アニオンが遊離する．すなわち，クラウンエーテルの存在によって S_N2 反応におけるアニオンの求核性が劇的に強められることになる．

クラウンエーテルは天然には存在しないが，同じようにイオン結合能をもつ**イオノホア**（ionophore）とよばれる化合物群がある．さまざまな微生物によりつくり出されるイオノホアが脂質に溶解して特定のイオンと選択的に結合し，細胞膜を通してイオンを運搬する．たとえば，抗生物質であるバリノマイシンは選択的に K^+ と結合し，その選択性は Na^+ の 1 万倍にのぼる．

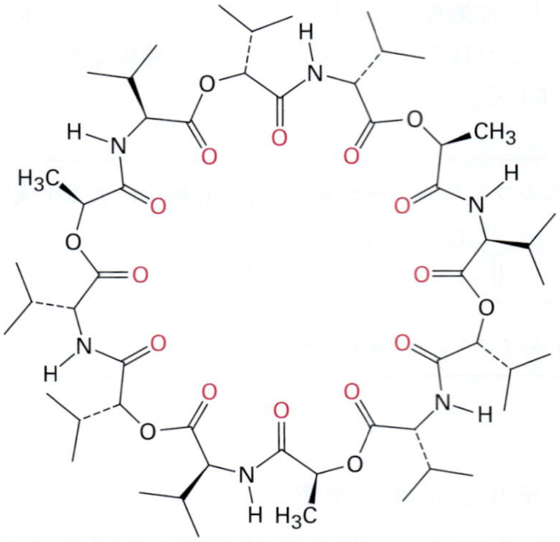

448   13. アルコール，フェノール，チオール，およびエーテルとスルフィド

バリノマイシン
valinomycin

問題 13・25 15-クラウン-5 と 12-クラウン-4 は，それぞれ Na⁺，Li⁺ と選択的に結合する．それぞれのクラウンエーテルの分子模型を組立て，空孔の大きさを比較せよ．

13・12 スルフィドの合成と反応

　一般的なエーテルの合成法が §13・9 で学習したアルコキシドイオンとハロゲン化アルキルの S_N2 反応であるように，スルフィドはチオラートイオン RS^- と第一級あるいは第二級ハロゲン化アルキルとの反応により合成できる．チオラートイオンは対応するチオールを NaH などの塩基で処理することで調製可能であり，また，スルフィドの合成は S_N2 機構で進行する．

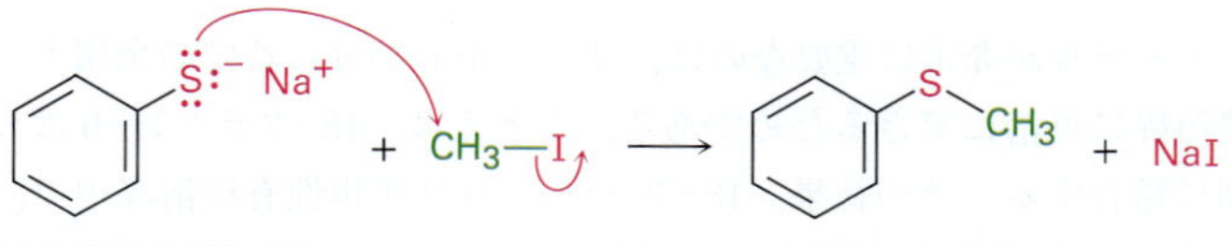

ナトリウムベンゼン　　　　　　　　　　　　　　　　　メチルフェニル
チオラート　　　　　　　　　　　　　　　　　　　　　スルフィド(96%)

　スルフィドとエーテルは構造上とても類似しているにもかかわらず，その反応性は大きく異なる．硫黄原子の原子価電子（3p 軌道に収容された電子）は原子核から離れており，酸素の価電子（2p 軌道に収容された電子）に比べて自由に動くことができるため，硫黄化合物はその酸素類縁体に比べて求核性が高い．したがって，ジアルキルエーテルと違い，ジアルキルスルフィドは S_N2 機構で第一級ハロゲン化アルキルと速やかに反応して**スルホニウムイオン**（sulfonium ion）R_3S^+ を生じる．

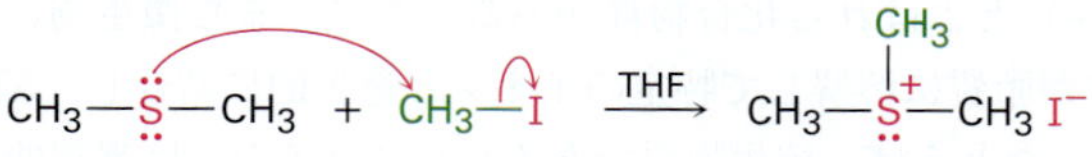

　　ジメチルスルフィド　ヨードメタン　　　　　　　　ヨウ化トリメチル
　　　　　　　　　　　　　　　　　　　　　　　　　　スルホニウム

13・13 アルコール，フェノール，エーテルの分光学　　449

　生体におけるこのような反応の代表的な例として，アミノ酸の一つであるメチオニンとアデノシン三リン酸（ATP，§6・8参照）が S-アデノシルメチオニンを生じる反応がある．この反応は，生体内における S_N2 反応の脱離基としてよくみられる二リン酸イオン（§12・11参照）ではなく三リン酸イオンが脱離している点でやや特殊である．

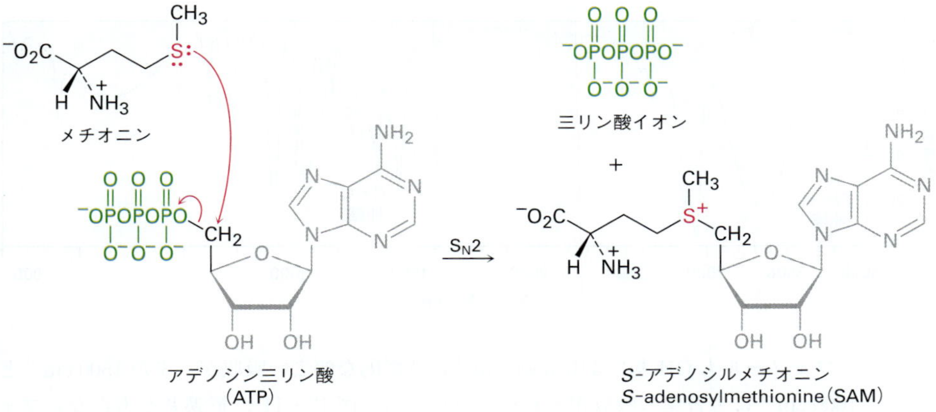

三リン酸イオン

アデノシン三リン酸
（ATP）

S_N2

S-アデノシルメチオニン
S-adenosylmethionine（SAM）

メチオニン

　スルホニウムイオン自体，有用なアルキル化剤である．求核剤が正に荷電した硫黄に結合した置換基のうちの一つを攻撃し，電荷をもたないスルフィドが脱離基となる．すでに S-アデノシルメチオニンからノルアドレナリンにメチル基が移動しアドレナリン（エピネフリン）が生成する例を§12・11の図12・19に紹介した．
　スルフィドとエーテルのもう一つの相違点は，スルフィドが容易に酸化されることである．スルフィドを室温において過酸化水素 H_2O_2 で処理すると対応する**スルホキシド**（sulfoxide）R_2SO を生じ，これを過酸でさらに酸化すると**スルホン**（sulfone）R_2SO_2 が生成する．

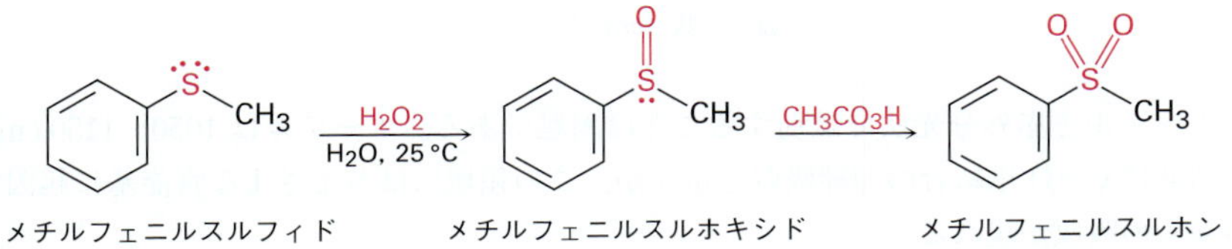

メチルフェニルスルフィド　　　　　メチルフェニルスルホキシド　　　　　メチルフェニルスルホン

H_2O_2
H_2O, 25 ℃

CH_3CO_3H

　特にジメチルスルホキシド（dimethyl sulfoxide: DMSO）は，非プロトン性極性溶媒としてしばしば使用される非常によく知られたスルホキシドである．しかし，DMSOは溶解しているものは何でも一緒に皮膚に浸透させる顕著な能力をもつので，注意して取扱う必要がある．

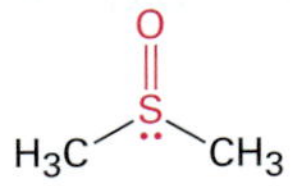

ジメチルスルホキシド
（非プロトン性極性溶媒）

13・13　アルコール，フェノール，エーテルの分光学

赤外分光法
　アルコールは 1050 cm^{-1} 付近の強い C-O 伸縮吸収と 3300～3600 cm^{-1} の特徴的な

O−H 伸縮吸収をもつ．O−H の伸縮吸収が現れる正確な位置は，分子の水素結合の度合に依存する．会合していないアルコールは 3600 cm^{-1} 付近にかなり鋭い吸収を示すが，水素結合したアルコールは 3300〜3400 cm^{-1} の領域に幅広い吸収を示す．図 13・10 に示したシクロヘキサノールの赤外スペクトルでは水素結合したヒドロキシ基の吸収が 3350 cm^{-1} に現れている．

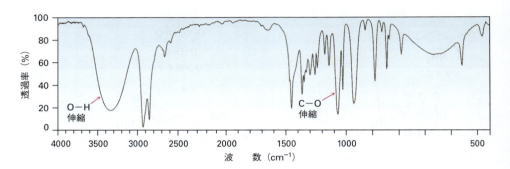

図 13・10 シクロヘキサノールの赤外スペクトル．特徴的な O−H と C−O の伸縮吸収が示されている．

フェノールも OH 基により 3500 cm^{-1} に特徴的な幅広い吸収が，また 1500 cm^{-1} と 1600 cm^{-1} に芳香環の吸収がそれぞれみられる（図 13・11）．置換基をもたないフェノールでは，一置換ベンゼンの特徴的な吸収が 690 cm^{-1} と 760 cm^{-1} にみられる．

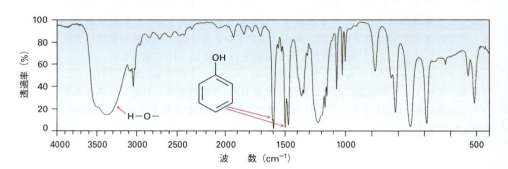

図 13・11 フェノールの赤外スペクトル

エーテルを赤外分光法で識別することは困難である．エーテルは 1050〜1150 cm^{-1} の領域に C−O 単結合の伸縮吸収を示すが，この領域にはさまざまな官能基に起因する多くの吸収が現れる．

核磁気共鳴分光法

電子求引性の酸素原子に結合した炭素原子は非遮蔽されているので，^{13}C NMR スペクトルにおいて，典型的なアルカンの炭素に比べて低磁場側で吸収する．大部分のアルコールやエーテルの酸素原子が結合した炭素の吸収は 50〜80 ppm の領域に現れる．

アルコールは ¹H NMR スペクトルでも特徴的な吸収を示す．酸素原子が結合した炭素上の水素原子は，近傍の酸素の電子求引効果により非遮蔽されるために，その吸収は 3.4〜4.5 ppm の領域に現れる．しかし，アルコールの OH プロトンとその付け根の炭素上のプロトンの間にスピン-スピン分裂はほとんどみられない．これはほとんどの試料が含んでいる微量酸性不純物が，スピン-スピン分裂の効果を取除いてしまうほどの速い時間スケールで OH プロトンの交換を触媒するからである．このような速やかなプロトンの交換を利用して，OH 吸収のシグナル位置を決めることも可能である．NMR 試料管にごく少量の重水 D_2O を加えると，OH プロトンが速やかに重水素と交換して，スペクトルからヒドロキシ基の吸収がみられなくなる．

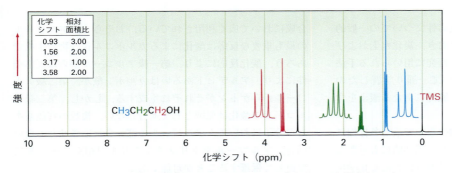

アルコールやエーテルの酸素がついた炭素上に存在するプロトンと隣接する炭素上のプロトンとの間には，典型的なスピン-スピン分裂が観測される．図 13・12 にプロパン-1-オールの ¹H NMR スペクトルを示す．

図 13・12 プロパン-1-オールの ¹H NMR スペクトル．酸素がついた炭素上のプロトンが 3.58 ppm に三重線で観測される．

あらゆる芳香族化合物と同じように，フェノールは芳香環のプロトンに対して予測される 7〜8 ppm 付近に ¹H NMR 吸収を示す（§11・9 参照）．これに加え，フェノールの OH プロトンは 3〜8 ppm に吸収を示す．これらの領域にはさまざまな種類のプロトンの吸収がみられるので，いずれもフェノールに特徴的なものではない．

質量分析法

§10・3 で示したように，アルコールは質量分析において，α 開裂と脱水という二つの特徴的な経路でフラグメンテーションを起こす．α 開裂の経路ではヒドロキシ基に最も近い C-C 結合が切れて，電気的に中性のラジカルと正に荷電した酸素を含むフラグメントイオンを生じる．脱水経路では水が脱離してアルケンラジカルカチオンが生じる．いずれのフラグメント形式もブタン-1-オールの質量スペクトルに明確にみられる（図 13・13）．m/z が 56 のピークは脱水によって生じたものであり，m/z が 31 のピークは α 開裂して生じたものである．

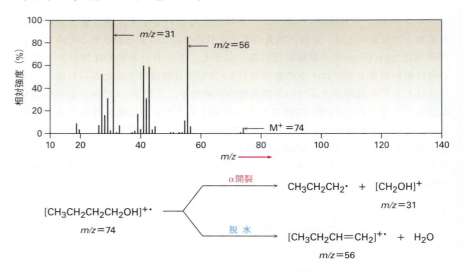

図 13・13 ブタン-1-オールの質量スペクトル ($M^+=74$). 脱水により $m/z=56$, α開裂によるフラグメントイオンが $m/z=31$ にそれぞれ生じる.

まとめ

　これまでの章では，有機反応の反応性についての一般的な考え方を発展させることに重点をおき，炭化水素およびハロゲン化アルキルの化学や，構造研究に用いられる手法について述べてきた．これらについて一通り学習したので，本章では有機化学と生化学の心臓部にあたる酸素を含む官能基に関する学習を開始した．

　アルコールはすべての有機化合物のなかで最も多様性に富んでいる．これは天然に広く存在し，工業的にも重要な化合物群である．また，アルコールは多岐にわたる化学反応性をもっている．アルコールの合成法として最も汎用性が高いのは，カルボニル化合物からの変換であり，アルデヒド，エステル，あるいはカルボン酸の水素化アルミニウムリチウム $LiAlH_4$ による還元により第一級アルコールを与える．また，ケトンの還元により第二級アルコールが得られる．一方，アルコールはカルボニル化合物に Grignard 反応剤を付加させることでも合成できる．この方法では，ホルムアルデヒドに対する Grignard 反応剤の付加反応で第一級アルコールが，アルデヒドとの反応で第二級アルコールが，ケトンあるいはエステルとの反応で第三級アルコールがそれぞれ生成する．

　アルコールはさまざまな反応を起こし，多様な官能基に変換できる．アルコールを塩化ホスホリル $POCl_3$ で処理すると脱水してアルケンを生じ，三臭化リン PBr_3 あるいは塩化チオニル $SOCl_2$ と反応させるとハロゲン化アルキルが得られる．さらに，アルコールは弱い酸であり，強塩基と反応させると**アルコキシドイオン**を生じ，これは有機合成において広く利用されている．おそらく，アルコールの最も重要な反応は酸化によるカルボニル化合物の生成であろう．酸化反応により，第一級アルコールからは反応条件により，アルデヒドあるいはカルボン酸が，第二級アルコールからケトンがそれぞれ生成する．しかし，第三級アルコールの酸化は原則として進行しない．複数の官能基をもつ分子において，アルコールの部分を反応させたくない場合，アルコールをトリメチルシリル (TMS) エーテルに変換して**保護**することが可能である．

　フェノールはアルコールの芳香族誘導体とみなすことができるが，その OH プロトンの pK_a はほぼ 10 と，アルコールに比べてかなり強い酸である．その理由は，フェノキシドイオンの負電荷が芳香環に非局在化して共鳴安定化されるためである．フェノールは $Na_2Cr_2O_7$ により**キノン**に酸化され，キノンは $NaBH_4$ で**ヒドロキノン**に還元される．

　エーテルは一つの酸素原子に二つの有機基が結合した化合物 ROR′ である．最も汎用されるエーテル合成法は，アルコキシドイオンを第一級ハロゲン化アルキルに S_N2 反応させる Williamson のエーテル合成法である．エーテルはほとんどの反応剤と反応しないが，HI や HBr と反応してエーテル結合が開裂した生成物が得られる．エーテルの酸素原子に第一級あるいは第二級アルキル基だけが結合している場合，より置換基の数が少ない側から S_N2 機構で開裂反応が起こる．一方，酸素原子に少なくとも一つの第三級アルキル基が結合している場合は S_N1 または E1 機構で反応が進む．アリルアリールエーテルは熱により **Claisen**

転位が進行し，*o*-アリルフェノールを生じる．

チオールはアルコールの硫黄類縁体であり，通常ハロゲン化アルキルとチオ尿素とのS_N2反応により合成される．チオールを穏やかに酸化すると**ジスルフィド**が生じ，これを穏やかに還元するとチオールを再生できる．**スルフィド**はエーテルの硫黄類縁体であり，チオラートイオンと第一級または第二級ハロゲン化アルキルとのS_N2反応により合成できる．スルフィドはエーテルに比べずっと求核性が高く，スルフィドをスルホキシドやスルホンにまで酸化することが可能である．スルフィドは第一級ハロゲン化アルキルとの反応によりアルキル化することも可能であり，スルホニウムイオンを与える．

科学談話室

エタノール：化学薬品，薬，そして毒

1938年，Harger博士の最初の呼気飲酒検知器が飲酒運転者を取締まるために導入された
Orlando/Three Lions/Getty Images

穀物や糖の発酵によるエタノールの生産は，中東において少なくとも8000年，中国ではおそらく9000年もさかのぼった頃から知られている最も古い有機反応の一つである．発酵は糖の水溶液に酵母を加えて行い，酵素が炭水化物をエタノールと二酸化炭素に分解する．米国では年間約530億Lものエタノールが，発酵により製造され，その大半がE90（容積比でエタノールを90％含む）自動車用燃料に使用されている．

$$C_6H_{12}O_6 \xrightarrow{\text{酵母}} 2\,CH_3CH_2OH + 2\,CO_2$$
炭水化物

エタノールは医学的な用途としては，中枢神経系抑制薬に分類される．その効果，すなわち，酔っぱらうことは，麻酔薬に対するヒトの反応に似ている．まず興奮しやすくなり，社交的な振舞いが増えることから始まる．しかし，これは中枢神経の刺激により起こるのでなく，どちらかといえば，中枢神経の抑制効果を阻害した結果である．アルコールの血中濃度が0.1〜0.3％のときは，運動神経系が影響を受け，平衡感覚の喪失，不明瞭な話し方，物忘れを伴う．また，血中濃度が0.3〜0.4％まで上昇すると，吐き気と意識の喪失が起こる．0.6％以上までアルコールの血中濃度が上昇すると，自発性の呼吸や心臓血管の調節に障害が現れ，最終的に死に至る．なお，エタノールのLD_{50}は10.6 g/kgである（1章科学談話室参照）．

エタノールは胃や小腸で吸収されると，速やかに全身の体液や組織に広がる．脳下垂体では，エタノールが利尿を調節するホルモンの生産を抑制するので，利尿作用と脱水症状をひき起こす．また，胃では，エタノールが胃酸の分泌を促進する．エタノールは体のすみずみで血管を拡張させるので，これにより血液が体表の真下にある毛細血管に流れ込み，皮膚を上気させたり，ほてりを感じさせたりする．決して体自体が温まるのではなく，体の表面で熱の発散が促進されるのである．

エタノールの代謝はおもに肝臓で起こり，2段階の酸化により進行する．すなわち，まずアセトアルデヒドCH_3CHOに酸化されてから，さらに酸化されて酢酸CH_3COOHになる．体内に絶えず存在していると，エタノールやアセトアルデヒドは有毒なので，慢性アルコール中毒患者にみられるような甚大な肉体的な衰弱と代謝機能の低下をひき起こす．アルコールはおもに肝臓で代謝されるので，普通肝臓が最も大きな損傷を受ける．

米国では，年間，平均1万7千人もが飲酒運転に伴う事故で亡くなっている．そこで，全米50州では，"血中アルコール濃度（blood alcohol concentration：BAC）が0.08％を超えたら何人も車を運転してはならない"という法律を制定した（この法律の制定に最後まで抵抗したのはマサチューセッツ州である）．幸い，血中アルコール濃度を測定する簡便な試験が考案された．最初の検知器は呼気に含まれるアルコール濃度を鮮やかな橙色の酸化剤である二クロム酸カリウム$K_2Cr_2O_7$が，青緑色の3価の$Cr(III)$に還元される際の色の変化を利用して測定するものであった．今日では導電率センサーによる検知器が使用されている．また，司法機関が行う呼気に含まれる血中アルコール濃度の測定では赤外分光法が採用されており，測定器に息を吹き込むだけでスペクトルにより判定できる．

重要な用語

アルコキシドイオン(alkoxide ion) RO^-
アルコール(alcohol) ROH
エーテル(ether) ROR′
キノン(quinone)
Claisen 転位(Claisen rearrangement)
クラウンエーテル(crown ether)
ジスルフィド(disulfide) RSSR′
スルファニル基(sulfanyl group)
スルフィド(sulfide) RSR′
チオール(thiol) RSH
ヒドロキノン(hydroquinone)
フェノキシドイオン(phenoxide ion) ArO^-
フェノール(phenol) ArOH
保護基(protecting group)

反応のまとめ

1\. アルコールの合成（§13・3）

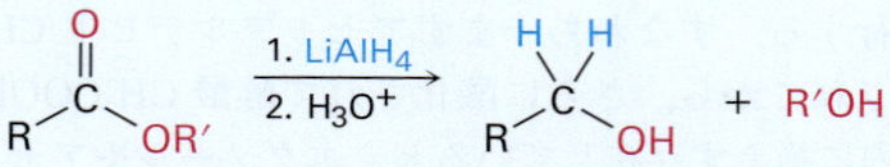

(a) カルボニル化合物の還元（ヒドリドの付加）

(1) アルデヒド

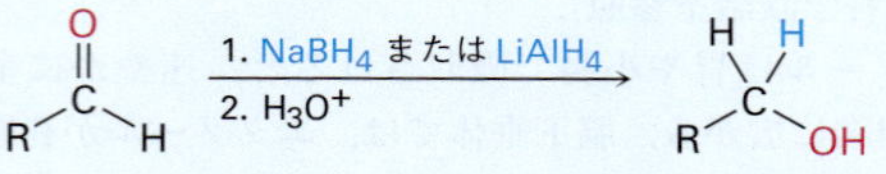

第一級アルコール

(2) ケトン

第二級アルコール

(3) エステル

第一級アルコール

(4) カルボン酸

第一級アルコール

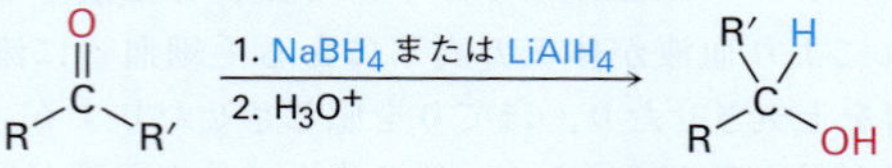

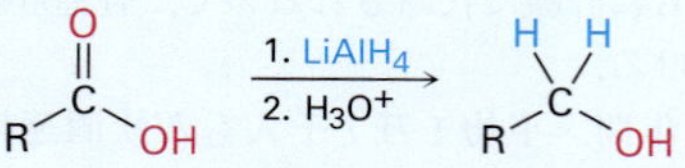

(b) カルボニル化合物に対する Grignard 反応剤の付加

(1) ホルムアルデヒド

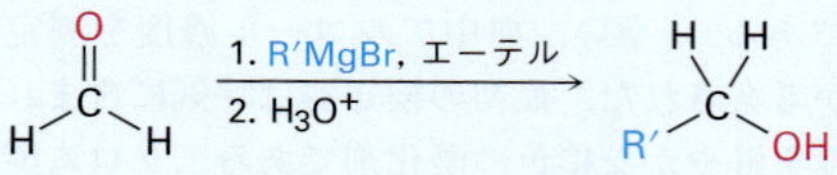

第一級アルコール

(2) アルデヒド

第二級アルコール

(3) ケトン

第三級アルコール

(4) エステル

第三級アルコール

2\. アルコールの反応

(a) 脱水（§13・4）

(1) 第三級アルコール

(2) 第二級および第三級アルコール

(b) 酸化（§13・5）

(1) 第一級アルコール

アルデヒド

カルボン酸

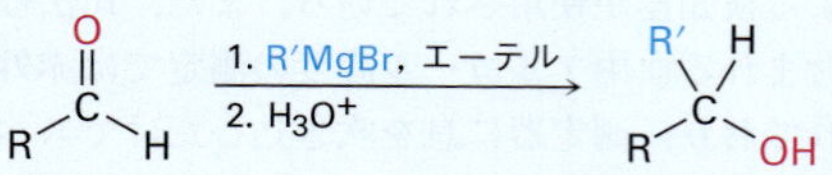

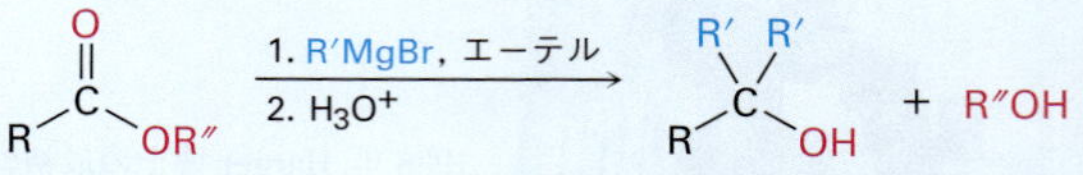

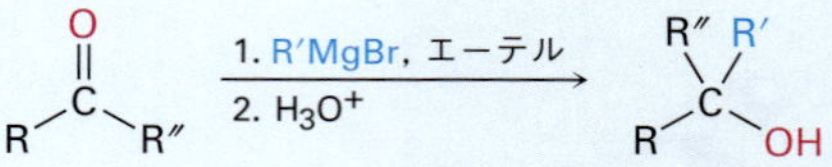

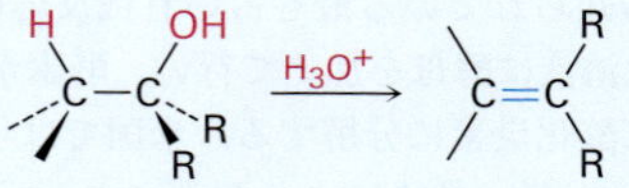

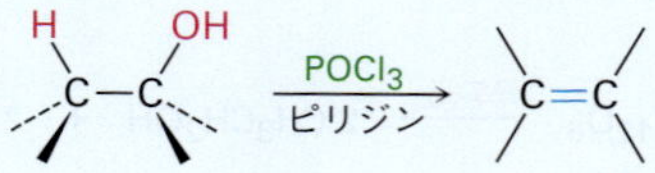

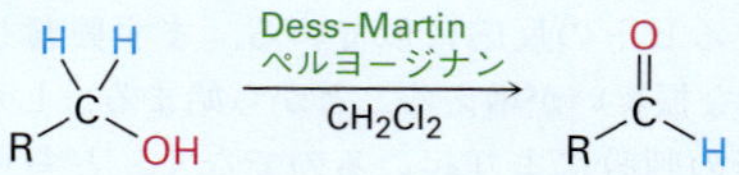

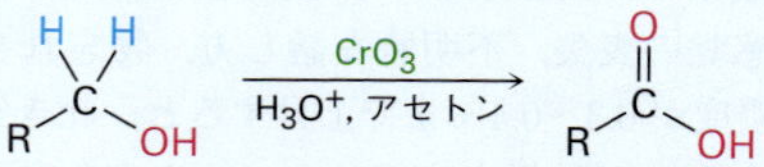

(2) 第二級アルコール

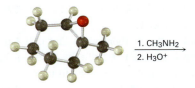

3. フェノールのキノンへの酸化（§13・5）

4. チオールの合成（§13・7）

$$RCH_2Br \xrightarrow[\text{2. } H_2O, \text{NaOH}]{\text{1. } (H_2N)_2C=S} RCH_2SH$$

5. チオールのジスルフィドへの酸化（§13・7）

$$2\,RSH \xrightarrow{I_2, H_2O} RS-SR$$

6. エーテルの合成（§13・9）

$$RO^- + R'CH_2X \longrightarrow ROCH_2R' + X^-$$

7. エーテルの反応（§13・10）

(a) HBr または HI による開裂

$$R-O-R' \xrightarrow[H_2O]{HX} RX + R'OH$$

(b) アリールアリルエーテルの Claisen 転位

8. スルフィドの合成（§13・12）

$$RS^- + R'CH_2Br \longrightarrow RSCH_2R' + Br^-$$

演習問題

目で学ぶ化学

（問題 13・1〜13・25 は本文中にある）

13・26 次の化合物の IUPAC 名を示せ．

(a)　　　　　　　　(b)

(c)　　　　　　　　(d)

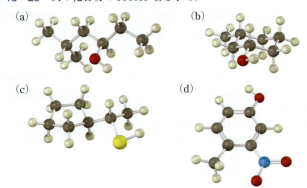

13・27 次に示すアルコールの合成に必要なカルボニル化合物の構造を示せ．また，それぞれのアルコールを (i) NaH, (ii) SOCl₂, (iii) Dess-Martin ペルヨージナンと反応させた場合の生成物を示せ．

(a)　　　　　　　　(b)

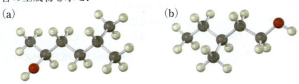

13・28 次に示すエポキシドとメチルアミン CH₃NH₂ との S_N2 反応による環開裂で生じる化合物の構造を，立体化学を含めて示せ．

13・29 図に示す化合物を次の反応剤と反応させたときに得られる生成物の構造を示せ．（赤茶は Br）

(a) PBr₃　(b) H₂SO₄ 水溶液　(c) SOCl₂
(d) Dess-Martin ペルヨージナン　(e) Br₂, FeBr₃

13・30 次ページの図に示す化合物を以下の反応剤と反応させたときに得られる生成物の構造を示せ．

(a) NaBH₄, つづいて H₃O⁺
(b) LiAlH₄, つづいて H₃O⁺
(c) CH₃CH₂MgBr, つづいて H₃O⁺

追加問題

アルコール，エーテル，チオール，スルフィドの命名

13・31 次の化合物の IUPAC 名を示せ.

(a) (b) (c)
(d) (e) (f)
(g) (h) (i)

13・32 分子式 $C_5H_{12}O$ をもつ八つのアルコールの構造異性体の構造を示し，命名せよ（ただし，光学異性体は数えないものとする）．キラルな化合物はどれか.

13・33 問題 13・32 で答えた八つのアルコールのうち，酸水溶液中，CrO_3 と反応するものはどれか．それぞれの反応で期待される生成物を示せ.

13・34 ボンビコール (bombykol) とよばれる化合物は雌のカイコが分泌する性フェロモンであり，その分子式は $C_{16}H_{28}O$，IUPAC 名は (10*E*, 12*Z*)-ヘキサデカ-10,12-ジエン-1-オールである．ボンビコールの構造を二つの二重結合の幾何配置を含め示せ.

13・35 カルバクロール (carvacrol) はオレガノ，タイム，マジョラムなどのハーブ由来の天然物である．この化合物の IUPAC 名を示せ.

カルバクロール

13・36 次の化合物の IUPAC 名を示せ.

(a) (b) (c)

アルコール，エーテル，チオール，スルフィドの合成

13・37 次に示すエーテルの合成法を示せ.

(a) (b) (c)

13・38 次に示すアルコールを合成するには，どのような Grignard 反応剤とカルボニル化合物から出発すればよいか.

(a) (b) (c)
(d) (e) (f)

13・39 次に示すアルコールはどのようなカルボニル化合物の還元により得られるか．すべての可能性を示せ.

(a) (b) (c)

13・40 次に示すアルコールはどのようなカルボニル化合物に対する Grignard 反応により得られるか．すべての可能性を示せ.

(a) 2-メチルプロパン-2-オール
(b) 1-エチルシクロヘキサノール
(c) 3-フェニルペンタン-3-オール
(d) 2-フェニルペンタン-2-オール
(e) (f)

13・41 ベンゼンおよび炭素数 6 以下のアルコールのみを用いて次のアルコールを合成する方法を示せ.

(a) (b)

13. アルコール, フェノール, チオール, およびエーテルとスルフィド   457

(c) 構造式 (HO, CH₃, CH₂CH₂CH₃ を持つフェニル化合物)

(d) 構造式 (CH₃CHCH₂CHCH₂CH₃, OH を持つ化合物)

(b) 反応式 (H, OCH₃ シクロヘキサン → Br, H シクロヘキサン)

(c) 反応式 (H₃C-C(CH₃)₂ シクロヘキセン → HO, H, C(CH₃)₂ シクロヘキサン)

アルコール, エーテル, フェノール, チオール, スルフィドの反応

13・42 次に示すエーテルの開裂反応による生成物を予想せよ.

(a) シクロヘキシル-O-CH₂CH₃ $\xrightarrow[H_2O]{HI}$?

(b) フェニル-O-C(CH₃)₂CH₃ $\xrightarrow{CF_3CO_2H}$?

(c) (CH₃)₂CHCH₂CH₂-O-CH₂CH₃ $\xrightarrow[H_2O]{HI}$?

13・43 ペンタン-1-オールと次に示す反応剤との反応により, どのような生成物が得られるか.

(a) PBr_3 (b) $SOCl_2$
(c) CrO_3, H_2O, H_2SO_4 (d) Dess-Martin ペルヨージナン

13・44 2-フェニルエタノールから次に示す化合物をどのように合成したらよいか. 2 段階以上必要な場合もある.

(a) スチレン $PhCH=CH_2$
(b) フェニルアセトアルデヒド $PhCH_2CHO$
(c) フェニル酢酸 $PhCH_2CO_2H$ (d) 安息香酸
(e) エチルベンゼン   (f) 1-フェニルエタノール

13・45 1-フェニルエタノールから次に示す化合物を合成する方法を示せ. 2 段階以上必要な場合もある.

(a) アセトフェノン $PhCOCH_3$ (b) m-ブロモ安息香酸
(c) p-クロロエチルベンゼン
(d) 2-フェニルプロパン-2-オール
(e) メチル 1-フェニルエチルエーテル
(f) 1-フェニルエタンチオール

13・46 次の変換を行うにはどうすればよいか. 2 段階以上必要な場合もある.

(a) PhCH=CHCO₂H → PhCH₂CH₂CO₂H ?

(b) PhCH=CHCO₂H → PhCH=CHCH₂OH ?

(c) PhCH=CHCO₂H → PhCH=CHCH₂SH ?

13・47 次の変換を行うにはどうすればよいか. 2 段階以上必要な場合もある.

(a) シクロヘキセン → シクロヘキシル-O-CH₂CH₃

13・48 4-クロロブタン-1-オールを水素化ナトリウム NaH のような強塩基で処理するとテトラヒドロフラン (THF) が生成する. 反応機構を示せ.

$ClCH_2CH_2CH_2CH_2OH \xrightarrow[エーテル]{NaH}$ THF $+ H_2 + NaCl$

13・49 テトラヒドロフランの HI を用いた開裂により, どのような生成物が得られるか.

13・50 次の化合物をシクロペンタノールから合成するにはどうしたらよいか. 2 段階以上必要な場合もある.

(a) シクロペンタノン   (b) シクロペンテン
(c) 1-メチルシクロペンタノール
(d) $trans$-2-メチルシクロペンタノール

13・51 1-メチルシクロヘキサノールと次に示す反応剤との反応により予想される生成物の構造を示せ.

(a) HBr   (b) NaH
(c) H_2SO_4 (d) $Na_2Cr_2O_7$

13・52 フェノールから o-ヒドロキシフェニルアセトアルデヒドを合成する方法を示せ. 2 段階以上を必要とする.

構造式 (OH, CH₂CHO を持つベンゼン) o-ヒドロキシフェニルアセトアルデヒド

13・53 $(2R,3R)$-2,3-エポキシ-3-メチルペンタンの酸水溶液による環開裂反応について, 次の問いに答えよ.

CH_3C(エポキシド)CH_2CH_3, H, CH₃   2,3-エポキシ-3-メチルペンタン (立体構造を含まない)

(a) このエポキシドの構造式を立体化学を含めて示せ.
(b) 生成物の構造を書き, 名称と立体化学を示せ.
(c) 生成物はキラルであるか. 説明せよ.
(d) 生成物は光学活性であるか. 説明せよ.

13・54 1,2-エポキシシクロヘキサンを $LiAlH_4$ で還元するとシクロヘキサノールが得られる. 反応機構を示せ.

エポキシシクロヘキサン $\xrightarrow[2. H_3O^+]{1. LiAlH_4, エーテル}$ シクロヘキサノール

アルコール，エーテル，フェノール，チオール，スルフィドの分光学

13・55 赤ギツネ *Vulpes vulpes* は尿中の臭跡による化学的な情報伝達法を使用している．キツネの尿に含まれる成分の一つは C, H, S からなるスルフィドである．純粋な臭跡成分の質量スペクトル分析から，その分子イオンピーク M⁺ は 116 であり，IR スペクトルは 890 cm⁻¹ に強い吸収を示し，また ¹H NMR スペクトルは次に示すピークを示した．考えられる構造を示せ．なお，ジメチルスルフィド $(CH_3)_2S$ のメチル基の吸収は 2.10 ppm に現れる．

δ (ppm)：1.74 (3H, 一重線), 2.11 (3H, 一重線), 2.27 (2H, 三重線, *J* = 4.2 Hz), 2.57 (2H, 三重線, *J* = 4.2 Hz), 4.73 (2H, 幅広いピーク)

13・56 アニス油の主成分であるアネトール (anethole) の分子式は $C_{10}H_{12}O$ である．¹H NMR スペクトルを下に示す．アネトールを $Na_2Cr_2O_7$ で酸化すると *p*-メトキシ安息香酸が得られる．アネトールの構造を示せ．NMR スペクトルにおけるすべてのピークを帰属し，観測された分裂パターンについて説明せよ．

13・57 分子式 $C_8H_{18}O_2$ であり，次のスペクトルデータを示す化合物の構造を示せ．

IR：3350 cm⁻¹

¹H NMR δ (ppm)：1.24 (12H, 一重線), 1.56 (4H, 一重線), 1.95 (2H, 一重線)

13・58 下に示す ¹H NMR スペクトルは 3-メチルブタ-3-エン-1-オールのものである．すべてのピークを帰属し，分裂パターンを説明せよ．

総合問題

13・59 2-メチルペンタン-2,5-ジオールを硫酸で処理すると脱水が起こり，2,2-ジメチルテトラヒドロフランが生成する．この反応の機構を示せ．どちらの酸素原子が脱離しやすいか．理由とともに述べよ．

2,2-ジメチルテトラヒドロフラン

13・60 アニソールのようなメチルアリールエーテルは加熱した DMF 中，LiI で処理するとヨードメタンとフェノキシドイオンに開裂する．この反応機構を示せ．

13・61 *t*-ブチルエーテルはアルコールを酸触媒存在下，2-メチルプロペンと反応させて合成できる．この反応機構を示せ．

13・62 エーテルの開裂は HCl より HI や HBr を使用した方が効果的である理由を示せ（§12・8 参照）．

13・63 酸触媒を用いたアルコールの脱水反応がカルボカチオン中間体を経ることは，転位を伴う反応側から明らかとなった．3,3-ジメチルブタン-2-オールから 2,3-ジメチルブタ-2-エンが生成する機構を示せ（§7・10 を復習せよ）．

13・64 2,2-ジメチルシクロヘキサノールの酸触媒脱水反応では，1,2-ジメチルシクロヘキセンとイソプロピリデンシクロ

問題 13・56　スペクトル図

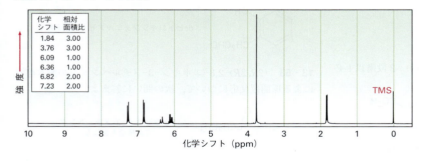

問題 13・58　スペクトル図

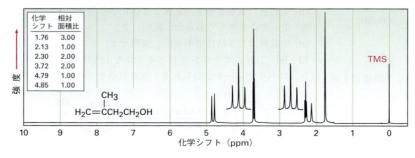

13. アルコール，フェノール，チオール，およびエーテルとスルフィド　　459

ペンタンの混合物が生じる．それぞれの化合物の生成を説明できる機構を示せ．

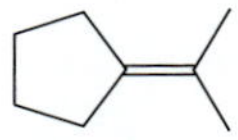

イソプロピリデンシクロペンタン

13・65　エポキシドは Grignard 反応剤と反応してアルコールを生じる．反応機構を示せ．

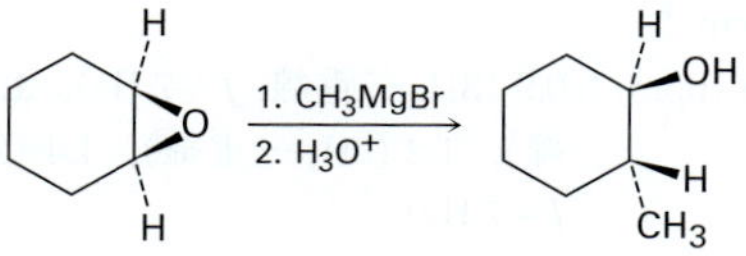

1. CH₃MgBr
2. H₃O⁺

13・66　次の置換フェノールを酸性度が低いものから順に並べよ．

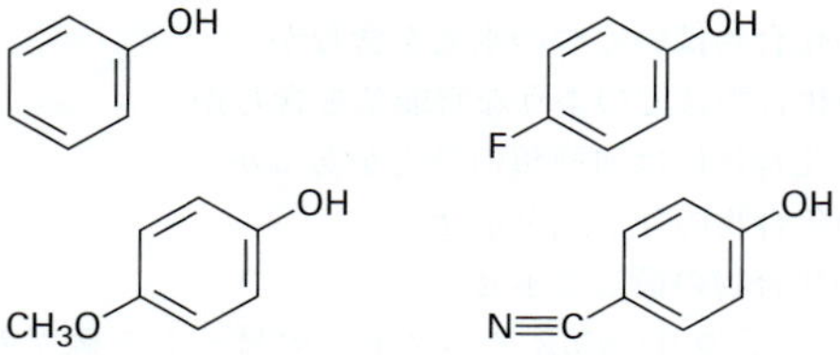

13・67　ブタン-2-オンを NaBH₄ で還元するとブタン-2-オールが生じる．この生成物はキラルか．また，光学活性か．説明せよ．

CH₃CH₂CCH₃　　ブタン-2-オン

13・68　(S)-3-メチルペンタン-2-オンと臭化メチルマグネシウムとを反応させ，つづいて酸で処理すると，2,3-ジメチルペンタン-2-オールが得られた．生成物の立体化学を示せ．この生成物は光学活性か．

CH₃CH₂CHCCH₃　　(S)-3-メチルペンタン-2-オン
　　　　　CH₃

13・69　テストステロン（testosterone）は最も重要な男性のステロイドホルモンの一つである．テストステロンを酸処理により脱水すると，転位が起こり，図に示すような生成物が生じる．この反応を説明できる機構を示せ．

H₃O⁺

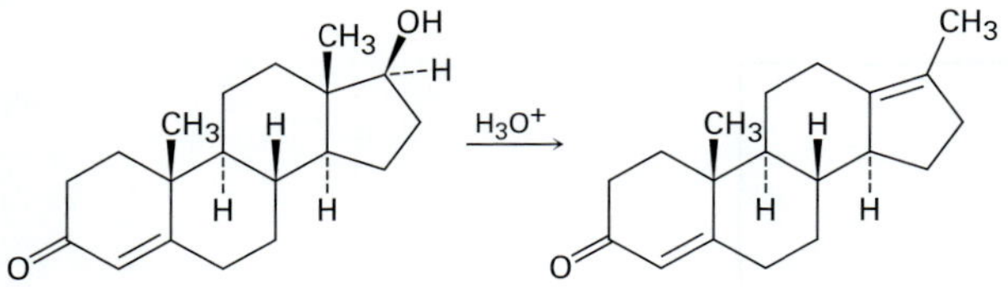

テストステロン

13・70　trans-2-メチルシクロペンタノールをピリジン中，POCl₃ で脱水すると 3-メチルシクロペンテンが優先して生成する．この脱水反応の立体化学はシン脱離か，それともアンチ

脱離か．またこの生成物が生じる理由を述べよ．

13・71　2,3-ジメチルブタン-2,3-ジオールの慣用名はピナコール（pinacol）である．ピナコールを酸水溶液中，加熱すると転位して**ピナコロン**（pinacolone, 3,3-ジメチルブタン-2-オン）が生成する．反応機構を示せ．

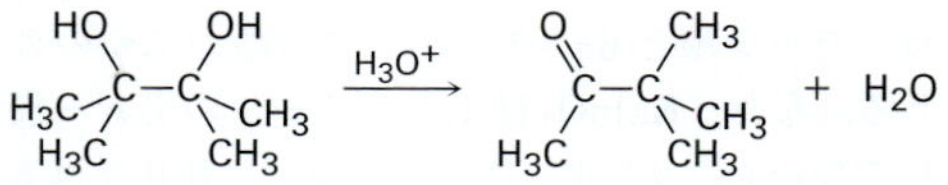

H₃O⁺

ピナコール　　　　　ピナコロン

13・72　一般にアキシアル位に OH をもつアルコールはエクアトリアル位に OH をもつアルコールよりいくらか速く酸化される．cis-4-t-ブチルシクロヘキサノールと trans-4-t-ブチルシクロヘキサノールでは，どちらが酸化されやすいだろうか．それぞれ最も安定ないす形立体配座を書け．

13・73　シクロヘキサノンを唯一の炭素源として，ビシクロヘキシリデンの合成経路を考案せよ．

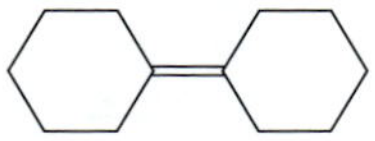

ビシクロヘキシリデン

13・74　次の変換経路における反応剤 a～f を示せ．

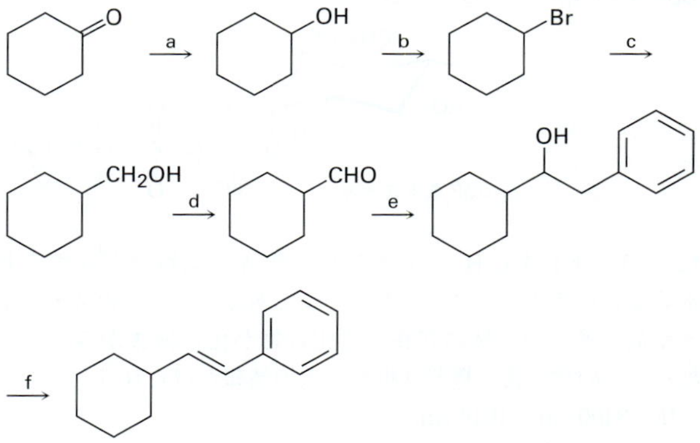

a　　b　　c

d　　e

f

13・75　次の変換経路における反応剤 a～e を示せ．

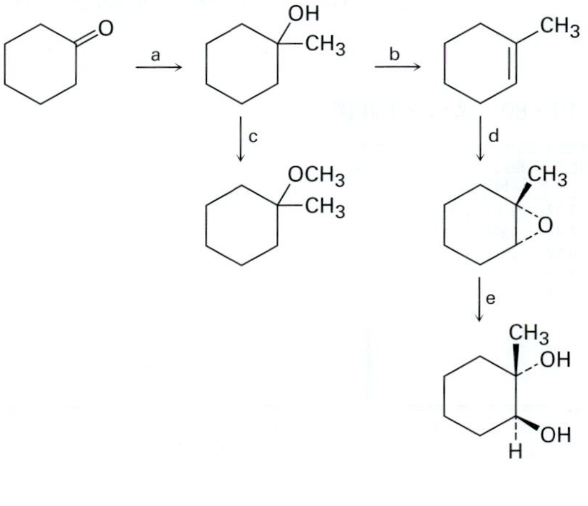

a　　b

c　　d

e

460   13. アルコール，フェノール，チオール，およびエーテルとスルフィド

13・76 ディスパーリュア（disparlure）は分子式 $C_{19}H_{38}O$ であり，マイマイガ *Lymantria dispar* の雌が雄を引寄せるために放出する性誘引物質である．その ^1H NMR スペクトルでは，1～2 ppm のアルカン領域に多数の吸収を示し，また 2.8 ppm に一つの三重線の吸収を示す．ディスパーリュアをまず酸の水溶液と反応させた後，過マンガン酸カリウム $KMnO_4$ と反応させるとウンデカン酸と 6-メチルヘプタン酸の二つのカルボン酸が生じる．なお，$KMnO_4$ は 1,2-ジオールの炭素-炭素結合を切断して 2 分子のカルボン酸を与える．立体化学は考慮せずに，ディスパーリュアの構造を示せ．実際の構造は $7R,8S$ の絶対立体配置をもつ光学活性分子である．ディスパーリュアの正しい構造を示せ．

13・77 ガラクトースは乳製品に含まれる二糖類であるラクトースの構成成分であり，UDP ガラクトースから UDP グルコースへの異性化を含む経路で代謝される．ここで UDP はウリジン 5′-二リン酸（uridylyl diphosphate）を示す．酵素は NAD^+ を補酵素としてこの変換を行う．異性化の機構を推定せよ．

13・78 分子式 $C_5H_{10}O$ である化合物 A は天然に存在する基本的なビルディングブロックの一つである．すべてのステロイドや他の多くの天然に存在する化合物が化合物 A からつくられる．この化合物の機器分析から次の情報が得られる．

IR: 3400 cm^{-1}, 1640 cm^{-1}

^1H NMR δ (ppm): 1.63 (3H，一重線)，1.70 (3H，一重線)，3.83 (1H，幅広い一重線)，4.15 (2H，二重線，$J=7$ Hz)，5.70 (1H，三重線，$J=7$ Hz)

(a) IR スペクトルから酸素原子を含むどのような官能基の存在がわかるか．
(b) NMR 吸収スペクトルからどのようなプロトンの存在が示唆されるか．
(c) 化合物 A の構造を示せ．

13・79 ある構造未決定の化合物は次のようなスペクトルデータを示す．

質量スペクトル：$M^+ = 88.1$
IR: 3600 cm^{-1}
^1H NMR δ (ppm): 0.9 (3H，三重線，$J=7$ Hz)，1.0 (1H，一重線)，1.2 (6H，一重線)，1.4 (2H，四重線，$J=7$ Hz)
^{13}C NMR δ (ppm): 25，27，35，74

(a) この化合物は C と H は含むが，O が含まれるかどうかはわからないとして，可能性がある三つの分子式を示せ．
(b) この化合物はいくつの水素を含むか．
(c) この化合物はどのような官能基を含むか．
(d) この化合物には何種類の炭素があるか．
(e) この化合物の分子式を示せ．
(f) この化合物の構造を示せ．
(g) この分子の ^1H NMR スペクトルのピークを個々のプロトンに帰属せよ．

13・80 下に示す ^1H NMR スペクトルは分子式 $C_8H_{10}O$ をもつアルコールのものである．その構造を示せ．

13・81 分子式が $C_8H_{10}O$ である化合物 A は，次ページに示す IR および ^1H NMR スペクトルを示す．観測されたスペクトルに妥当な構造を示し，NMR スペクトルの各ピークを帰属せよ．なお，5.5 ppm の吸収は D_2O を添加すると消失する．

13・82 カルボニル化合物のヒドリド $H:^-$ 反応剤との反応による還元やハロゲン化有機マグネシウム $R:^- {}^+MgBr$ との反応による Grignard 付加はカルボニル基に対する求核付加反応の例である．ケトンとシアン化物イオン ^-CN との反応により，同種の反応が進行すると，どのような生成物が生じると考えられるか．

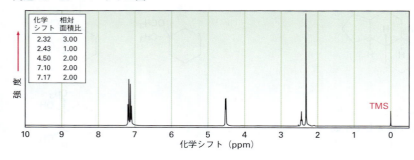

問題 13・80　スペクトル図

13・83 アルデヒドやケトンとアルコールとの酸触媒反応によりヘミアセタール（hemiacetal）が生じる．この生成物は一つの炭素にアルコール様の酸素とエーテル様の酸素が結合している．さらに，ヘミアセタールをアルコールと反応させるとアセタール（acetal）が生成するが，この生成物は同じ炭素に二つのエーテル様酸素が結合している．

(a) シクロヘキサノンとエタノールの反応により得られるヘミアセタールとアセタールの構造を示せ．
(b) ヘミアセタールからアセタールへの変換の機構を示せ．

13・84 以下に示す反応の機構を示せ．この変換に含まれる二つの反応は何か．

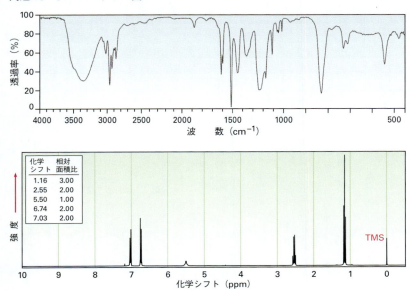

問題 13・81　スペクトル図

化学シフト	相対面積比
1.16	3.00
2.55	2.00
5.50	1.00
6.74	2.00
7.03	2.00

カルボニル基の化学の概論

> 1 カルボニル化合物の種類
> 2 カルボニル基の性質
> 3 カルボニル化合物の一般的な反応形式

カルボニル化合物は至るところに存在する．医薬品や日常生活に関連する多くの合成化学品と同様，ほとんどの生体分子はカルボニル基を含んでいる．レモンやオレンジに含まれるクエン酸，市販の頭痛薬中の活性成分であるアセトアミノフェン，衣料に利用されるポリエステル材料であるダクロン®，これらにはみな種類の異なるカルボニル基がある．

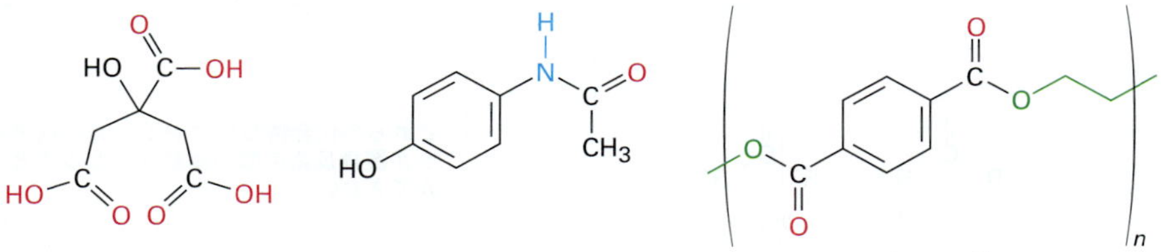

クエン酸
（カルボン酸）

アセトアミノフェン
（アミド）

ダクロン®
（ポリエステル）

生体の化学の大部分はカルボニル化合物の化学である．そのためここからの 4 章を費やして**カルボニル基**（carbonyl group）**C＝O** の化学について解説する．さまざまな種類のカルボニル化合物や反応が存在するが，全体を統一する基本的な原理は数えるほどしかない．この簡単な概論の目的は個々の反応を詳しく述べることではなく，カルボニル基の化学を学ぶための枠組を示すことである．まずはこの概論を読み，後に全体像を思い出す際にも折おりに読み返してほしい．

1 カルボニル化合物の種類

表 1 に代表的なカルボニル化合物を示す．すべての化合物が**アシル基**（acyl group）R−C＝O をもち，それにもう一つの置換基が結合している．アシル基の R の部分はどのような有機基でもよく，アシル基に結合しているもう一方の置換基は炭素，水素，酸素，ハロゲン，窒素，硫黄原子のいずれかであることが多い．

カルボニル化合物をその反応性により二つに分類すると便利である．一つはアルデヒドやケトン，他方はカルボン酸とその誘導体である．アルデヒドやケトンのアシル基は負電荷を安定化できない原子（H あるいは C）が結合しているため，求核置換反応の際の脱離基となることができない．一方，カルボン酸やその誘導体のアシル基は負電荷を安定化することのできる原子（酸素，ハロゲン，窒素，あるいは硫黄）が結合しており，これらは求核的アシル置換反応の際に脱離基として働く．

464 カルボニル基の化学の概論

表1 カルボニル化合物の種類

名 称	一般式	名称の末尾	名 称	一般式	名称の末尾
アルデヒド aldehyde	R-CHO	-アール -al	エステル ester	R-C(=O)-OR'	-酸アルキル -oate
ケトン ketone	R-CO-R'	-オン -one	ラクトン lactone (環状エステル)	(環状)	なし
カルボン酸 carboxylic acid	R-COOH	-酸 -oic acid	チオエステル thioester	R-C(=O)-SR'	-チオ酸アルキル -thioate
酸ハロゲン化物 acid halide	R-CO-X	ハロゲン化-イル または -オイル -(o)yl halide	アミド amide	R-C(=O)-NR'₂	-アミド -amide
酸無水物 acid anhydride	R-CO-O-CO-R'	-酸無水物 -oic anhydride	ラクタム lactam (環状アミド)	(環状)	なし
アシルリン酸 acyl phosphate	R-CO-O-PO₃²⁻	-リン酸 phosphate			

アルデヒド　ケトン　｝これらの化合物の R′ や H は，求核的アシル置換反応の際の脱離基になることができない

カルボン酸　酸ハロゲン化物　エステル　チオエステル
アミド　酸無水物　アシルリン酸

｝これらの化合物の OH, X, OR′, SR′, NH₂, OCOR′, および OPO₃²⁻ は，求核的アシル置換反応の際の脱離基として働く

2 カルボニル基の性質

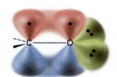
カルボニル基

アルケン

カルボニル基の炭素－酸素二重結合は多くの点でアルケンの炭素－炭素二重結合と類似している．カルボニル炭素原子は sp² 混成であり，三つの σ 結合を形成する．炭素の四つ目の価電子は炭素の p 軌道に残っており，酸素原子の p 軌道と重なり，酸素原子と π 結合を形成する．酸素原子は2組の非共有電子対をもち，これが残りの二つの軌道を占有している．

アルケンと同様，カルボニル化合物は二重結合部分に関して平面構造をとり，およそ 120°の結合角をもつ．図1にアセトアルデヒドの構造とその結合長，結合角を示す．予期されるとおり，炭素－酸素二重結合は炭素－酸素単結合より短く（122 pm と 143 pm），強い〔732 kJ/mol（175 kcal/mol）と 385 kJ/mol（92 kcal/mol）〕．

図1の静電ポテンシャル図に示したように，炭素－酸素二重結合は炭素に比べ酸素原子の高い電気陰性度のため大きく分極している．したがってカルボニル炭素原子は

カルボニル基の化学の概論　　465

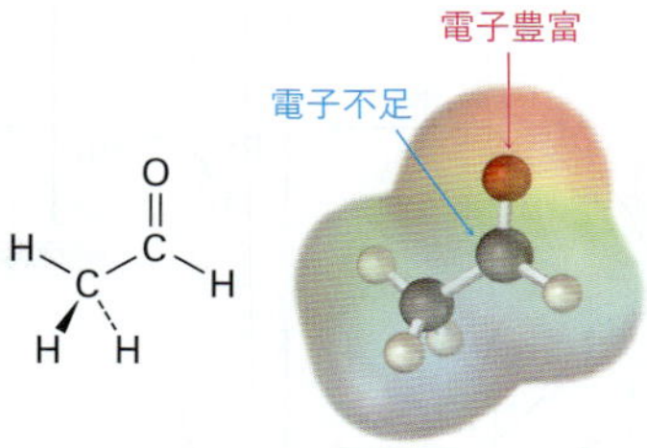

図 1　アセトアルデヒドの構造

結合角	(°)	結合長	(pm)
H—C—C	118	C=O	122
C—C=O	121	C—C	150
H—C=O	121	OC—H	109

電子豊富
電子不足

部分的に正電荷をもち，求電子的（Lewis 酸性）になり，求核剤と反応する．逆にカルボニル酸素原子は部分的に負電荷をもち，求核的（Lewis 塩基性）になり，求電子剤と反応する．つづく四つの章でカルボニル基の反応の大部分がこの単純な分極に基づいて理解できることを説明する．

3　カルボニル化合物の一般的な反応形式

　フラスコ内においても，また生体内においても，カルボニル化合物のほとんどの反応は次の4種類の一般的な反応形成のうちのどれかに分類される．すなわち，**求核付加反応**，**求核的アシル置換反応**，**α置換反応**，そして**カルボニル縮合反応**である．これらの反応には，アルケンに対する求電子付加反応や S_N2 反応と同様多くのバリエーションがあるが，基本的な反応機構の類似性を明らかにすれば，個々の反応はずっと理解しやすくなる．その4種類の反応機構がどのようなものか，そしてカルボニル化合物がどのような反応性を示すかをみてみよう．

アルデヒドとケトンへの求核付加反応（14章）

　アルデヒドおよびケトンに最も広くみられる反応は**求核付加反応**（nucleophilic addition reaction）であり，求核剤 :Nu⁻ がカルボニル基の求電子的な炭素原子に付加する反応である．求核剤はその電子対を用いて炭素原子と新しい結合を形成するので，炭素−酸素二重結合の二つの π 電子は電気的に陰性な酸素原子に向かって移動し，アルコキシドイオンを生成する．カルボニル炭素は反応の進行に伴って sp^2 から sp^3 混成に変化し，したがって付加中間体であるアルコキシドイオンは四面体構造をとる．

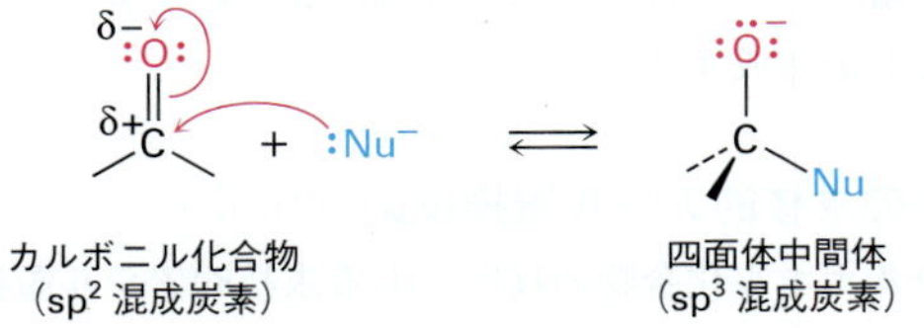

カルボニル化合物
（sp^2 混成炭素）

四面体中間体
（sp^3 混成炭素）

　四面体中間体は，いったん生成すると，求核剤の性質によって図2に示した2通りの反応のいずれかを起こす．一つは四面体形のアルコキシドイオン中間体が水あるいは酸によって単純にプロトン化されアルコールを与える．もう一つは，四面体中間体がプロトン化された後，酸素原子を追い出してカルボニル炭素原子と求核剤との間に新たな二重結合を生成する．これら二つの反応については14章で詳しく解説する．

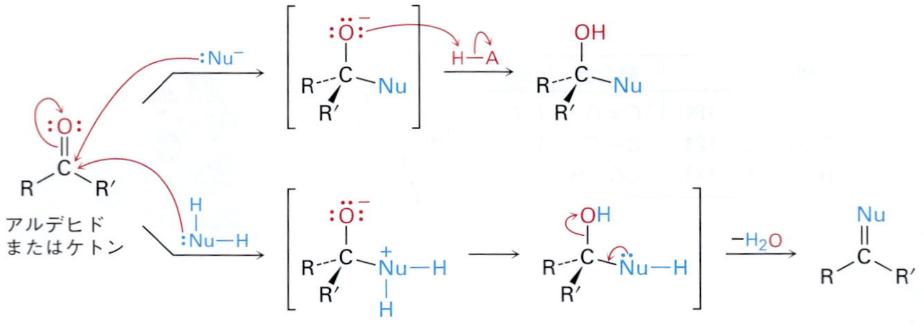

466　　カルボニル基の化学の概論

図 2　アルデヒドあるいはケトンと求核剤との付加反応. 求核剤の種類によってアルコールあるいは C＝Nu 二重結合をもつ化合物が生じる.

アルデヒド
またはケトン

アルコールの生成　　四面体形のアルコキシド中間体の最も単純な反応はプロトン化によるアルコールの生成である. すでにこの種類の反応の例を二つ, すなわちアルデヒドやケトンと $NaBH_4$ や $LiAlH_4$ などのヒドリド反応剤との反応による還元反応, および Grignard 反応を取上げた（§13・3 参照）. 還元反応でカルボニル基に付加する求核剤はヒドリドイオン $H:^-$ であり, Grignard 反応ではカルボアニオン $R_3C:^-$ である.

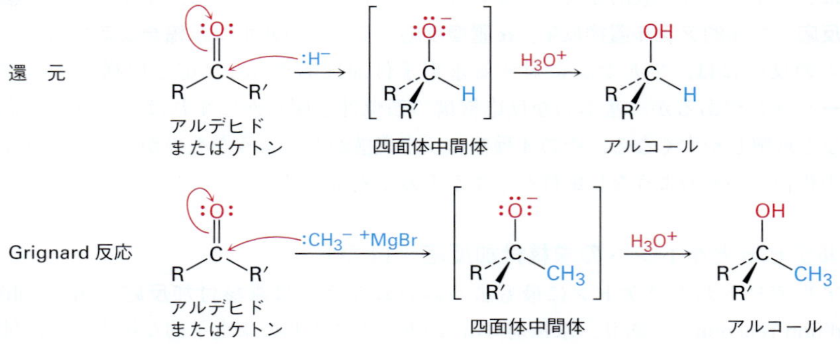

還 元

アルデヒド
またはケトン　　　　四面体中間体　　　　アルコール

Grignard 反応

アルデヒド
またはケトン　　　　　四面体中間体　　　　アルコール

C＝Nu 結合の生成　　求核付加反応のもう一つの一般的な反応形式として, 求核剤としてアミンを用いた場合にしばしばみられる, 酸素原子の脱離と C＝Nu 二重結合の生成反応がある. たとえばアルデヒドやケトンは第一級アミン $R'NH_2$ と反応してイミン $R_2C＝NR'$ を生成する. これらの反応はヒドリド還元や Grignard 反応の際に生成した四面体中間体と同様の中間体を経由して進行するが, はじめに生成するアルコキシドイオンは単離されず, 代わりにこれは図 3 に示すようにプロトン化され, ついで水を放出しイミンを生成する.

カルボン酸誘導体の求核的アシル置換反応 （16 章）

　　第二の基本的なカルボニル化合物の反応である**求核的アシル置換反応**（nucleophilic acyl substitution reaction）は上述の求核付加反応と関連しているが, アルデヒドやケ

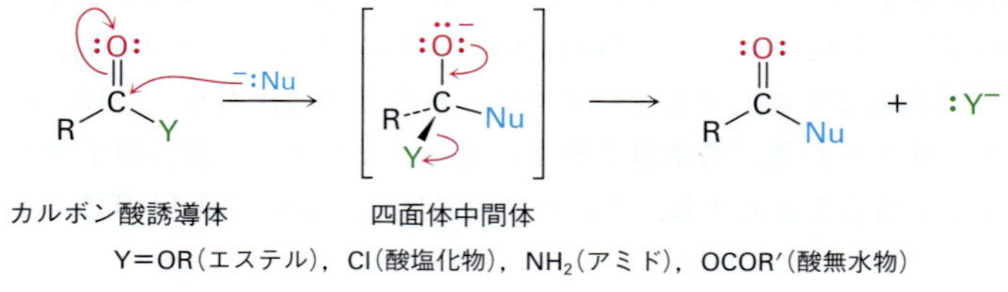

カルボン酸誘導体　　　四面体中間体

$Y＝OR$（エステル）, Cl（酸塩化物）, NH_2（アミド）, $OCOR'$（酸無水物）

トンとではなくカルボン酸誘導体でのみ起こる反応である．カルボン酸誘導体のカルボニル基が求核剤と反応するとアルデヒドやケトンの場合と同様に付加反応が進行するが，付加により生成する四面体形のアルコキシドイオン中間体は単離されない．カルボン酸誘導体はカルボニル炭素に脱離基が結合しているので，四面体中間体は脱離基を放出して新しいカルボニル化合物を生成する．

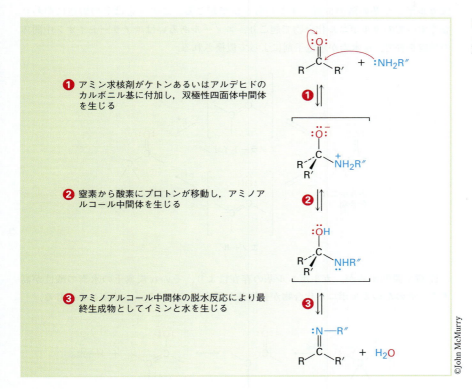

図3 アルデヒドあるいはケトンとアミンとの反応によるイミン $R_2C=NR'$ 生成の反応機構

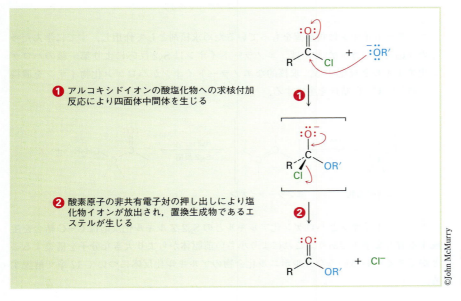

図4 酸塩化物とアルコキシドイオンとの求核的アシル置換反応の機構．エステルが生成する．

468　カルボニル基の化学の概論

　　求核的アシル置換反応は実質的には求核剤による脱離基の置換である．たとえば16章で，酸塩化物がアルコキシドイオンによって速やかにエステルに変換されることを述べる（図4）．

α 置 換 反 応（17章）

　　カルボニル化合物の3番目の基本的な反応である**α置換反応**（α substitution reaction）はカルボニル基の隣の位置，すなわちα位で起こる．この反応はその構造に関わりなくすべてのカルボニル化合物で起こり，エノールあるいはエノラートイオン中間体の生成を経て，α水素が求電子剤によって置換される．

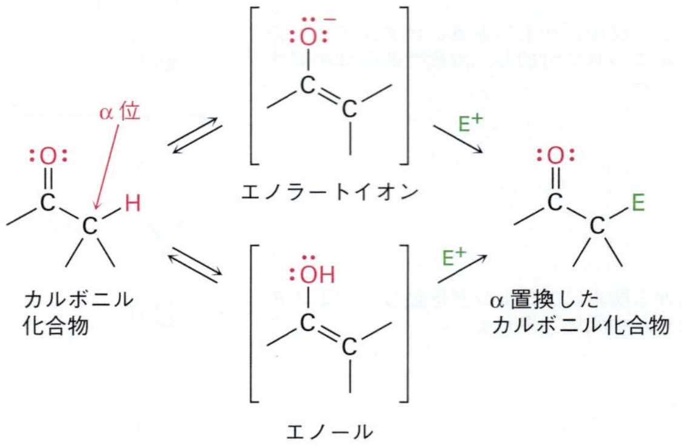

　　17章で説明するが，カルボニル基の存在により，そのα炭素上の水素の酸性が高まる．そのためカルボニル化合物が強塩基と反応してエノラートイオンを生じる．

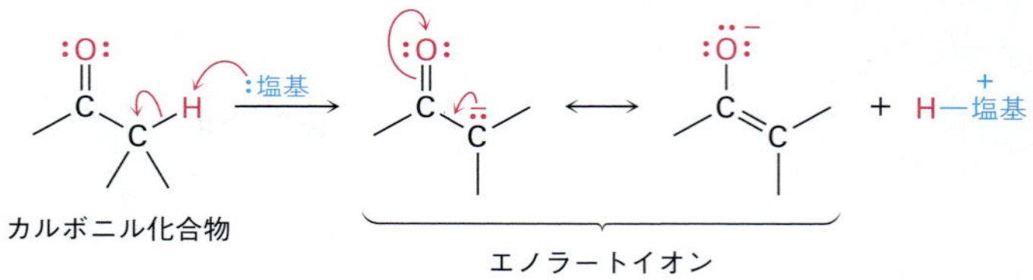

　　エノラートイオンは負電荷をもっているため求核剤として作用し，すでに学んだ多くの反応を起こす．たとえば，エノラートイオンはS_N2反応により第一級のハロゲン化アルキルと反応する．求核的なエノラートイオンがハロゲン化物イオンを置換し，新しいC−C結合を生成する．

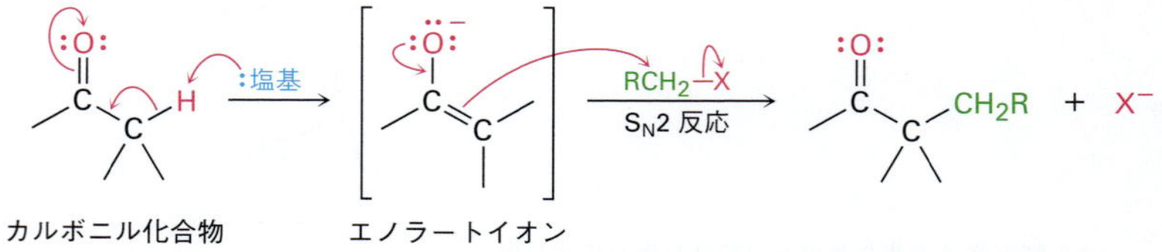

　　エノラートイオンとハロゲン化アルキルとのS_N2アルキル化反応はC−C結合を生成する有力な手法であり，これにより小さい前駆体からより大きな分子を構築することができる．いろいろなカルボニル化合物のアルキル化反応について17章で解説する．

カルボニル縮合反応（17章）

　カルボニル基の関わる4番目の，そして最後の重要な反応である**カルボニル縮合反応**（carbonyl condensation）はカルボニル基を含む二つの分子間で反応するときに起こる．たとえばアセトアルデヒドに塩基を作用させると，2分子が縮合して**アルドール**（aldol, *ald*ehyde＋alcoh*ol*）として知られているヒドロキシアルデヒドを生成する．

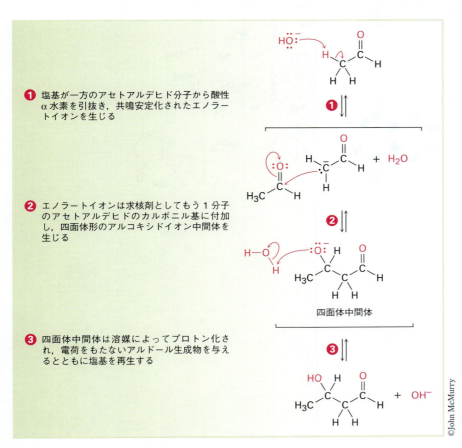

　カルボニル縮合反応はこれまでに述べた三つの反応形式とは一見異なっているようにみえるが，実際には非常によく似ている．カルボニル縮合反応はα置換反応と求核付加反応の両者が同時に起こっているにすぎない．図5に示すように，一方のアセトアルデヒド分子から生じるエノラートイオンが，求核剤としてもう一方のアセトアルデヒド分子のカルボニル基に付加する．一つ目の分子から見るとα置換反応が，二つ目の分子から見ると求核付加反応が起こっている．

❶ 塩基が一方のアセトアルデヒド分子から酸性α水素を引抜き，共鳴安定化されたエノラートイオンを生じる

❷ エノラートイオンは求核剤としてもう1分子のアセトアルデヒドのカルボニル基に付加し，四面体形のアルコキシドイオン中間体を生じる

❸ 四面体中間体は溶媒によってプロトン化され，電荷をもたないアルドール生成物を与えるとともに塩基を再生する

図5　2分子のアセトアルデヒドのカルボニル縮合反応の機構．ヒドロキシアルデヒドが生成する．

4 まとめ

　生体の化学の大部分はカルボニル化合物の化学である．この短い概論の目的は具体的なカルボニル基の反応を詳しく説明するのではなく，ここからつづく4章のための地ならしをすることである．14〜17章で学ぶカルボニル基の反応はすべてここで述べた4種類の反応形式に分類される．これから何を学ぶかを知っておくことは，この最も重要な官能基を理解する助けとなるであろう．

演習問題

1. 次の静電ポテンシャル図から判断して，ケトンと酸塩化物のどちらのカルボニル基がより求電子的なカルボニル炭素原子をもっているか．どちらがより求核的なカルボニル酸素原子をもっているか．理由とともに述べよ．

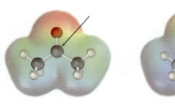

アセトン
（ケトン）

塩化アセチル
（酸塩化物）

2. 次に示す分子のカルボニル基の種類を示せ．

(a) 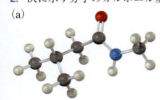　(b)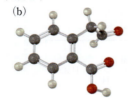

3. シアン化物イオン CN$^-$ のアセトンのカルボニル基への求核付加，つづいてプロトン化によりアルコールを与える反応の生成物を示せ．

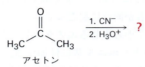

アセトン

4. 次のそれぞれの反応は，求核付加反応，求核的アシル置換反応，α置換反応，カルボニル縮合反応のどれか．

(a)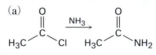

(b)
H$_3$C-C(=O)-H + NH$_2$OH → H$_3$C-C(=NOH)-H

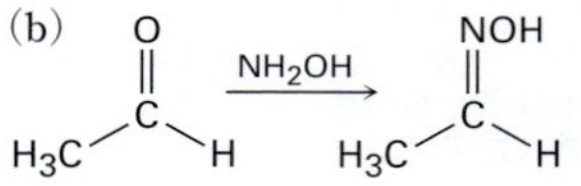

(c)
2 シクロペンタノン + NaOH → 縮合生成物（OH基をもつスピロ構造）

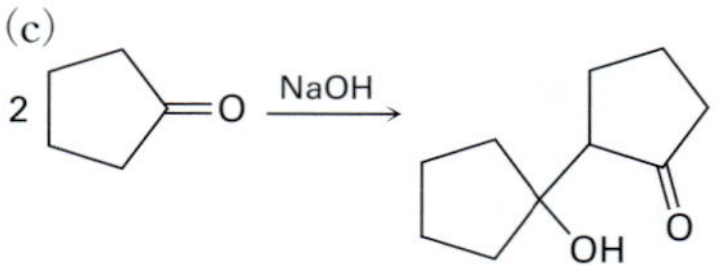

アルデヒドとケトン：求核付加反応

14

グルコースリン酸イソメラーゼは，グルコース代謝の第二段階であるグルコース6-リン酸のフルクトース6-リン酸への異性化反応を触媒する

- 14・1 アルデヒドとケトンの命名法
- 14・2 アルデヒドとケトンの合成
- 14・3 アルデヒドの酸化反応
- 14・4 アルデヒドとケトンへの求核付加反応
- 14・5 H_2O の求核付加：水和反応
- 14・6 ヒドリド反応剤および Grignard 反応剤の求核付加：アルコール生成反応
- 14・7 アミンの求核付加：イミンおよびエナミン生成反応
- 14・8 アルコールの求核付加：アセタール生成反応
- 14・9 リンイリドの求核付加：Wittig 反応
- 14・10 生体内還元反応
- 14・11 α,β-不飽和アルデヒドおよびケトンへの求核的共役付加反応
- 14・12 アルデヒドとケトンの分光法

本章の目的 生体の化学は，いろいろな点でカルボニル化合物の化学ということができる．特にアルデヒドとケトンは多くの医薬品の合成やほとんどすべての生体反応経路，そして非常に多くの工業生産工程の中間体であり，したがってその性質と反応性の理解はきわめて重要である．本章ではそのなかでも最も重要な反応をいくつか解説する．

アルデヒド（aldehyde）RCHO と**ケトン**（ketone）R_2CO は最も広く存在する化合物群である．また，自然界において生物が必要とする物質の多くはアルデヒドやケトンである．たとえば，アルデヒドであるピリドキサールリン酸は，非常に多くの代謝反応に関与する補酵素である．またケトンであるコルチゾール（ヒドロコルチゾン）は，副腎皮質から分泌され，脂質，タンパク質，糖質の代謝を調節する働きをもつステロイドホルモンである．

ピリドキサールリン酸 (PLP)　　コルチゾール

単純なアルデヒドやケトンは，溶媒として，また他のさまざまな化合物を合成する際の出発物として，工業的に大量に製造されている．たとえば，毎年約2300万トンのホルムアルデヒド $H_2C=O$ が，断熱材料の原料や削片板と合板を接着するための接着剤として世界中で製造されている．アセトン $(CH_3)_2C=O$ は工業用の溶媒として

472 **14. アルデヒドとケトン: 求核付加反応**

広く利用されており，世界で毎年約330万トンが製造されている．ホルムアルデヒドは工業的にはメタノールの触媒的な酸化により合成されており，またアセトン合成法の一つにプロパン-2-オールの酸化がある．

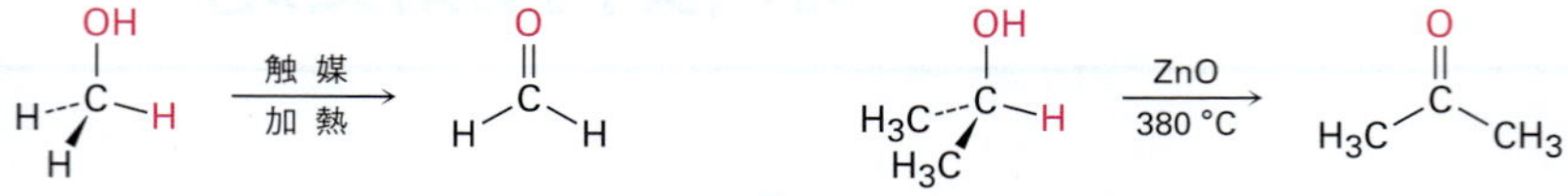

| メタノール | ホルムアルデヒド | プロパン-2-オール | アセトン |

14・1 アルデヒドとケトンの命名法

アルデヒドは，対応するアルカンの化合物名の末尾の −ン (-e) を −アール (-al) に置き換えて命名する．主鎖は CHO 基を含まなければならず，CHO の炭素を C1 とする．次に示す 2-エチル-4-メチルペンタナールの最も長い炭素鎖は実際にはヘキサンであるが，この炭素鎖には CHO 基が含まれないので主鎖とはならない．

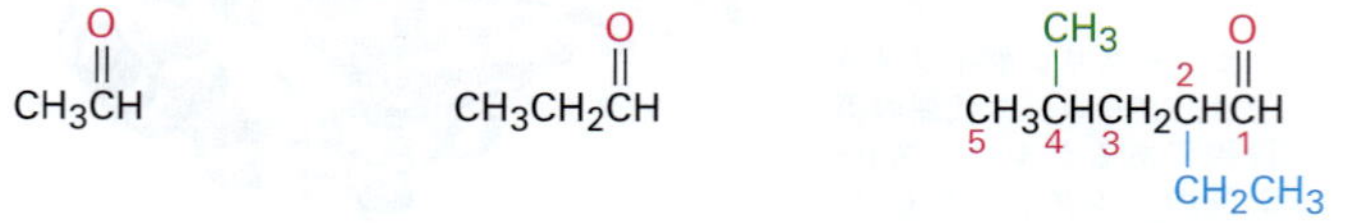

エタナール
ethanal
(アセトアルデヒド
acetaldehyde)

プロパナール
propanal
(プロピオンアルデヒド
propionaldehyde)

2-エチル-4-メチルペンタナール
2-ethyl-4-methylpentanal

環に直接 CHO 基の置換した環状アルデヒドは，接尾語 −カルバルデヒド (-carbaldehyde) を用いる．

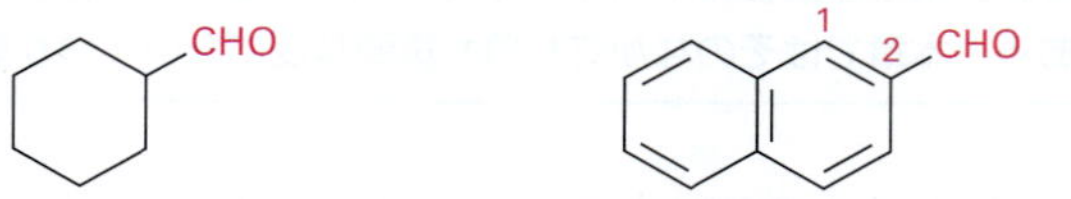

シクロヘキサンカルバルデヒド
cyclohexanecarbaldehyde

ナフタレン-2-カルバルデヒド
naphthalene-2-carbaldehyde

単純でよく知られたアルデヒドには慣用名があり，IUPAC が使用を認めている．表 14・1 に代表的なものをいくつか示す．

表 14・1 単純なアルデヒドの慣用名

化学式	慣用名	系統名
HCHO	ホルムアルデヒド formaldehyde	メタナール methanal
CH_3CHO	アセトアルデヒド acetaldehyde	エタナール ethanal
$H_2C=CHCHO$	アクリルアルデヒド acrylaldehyde (アクロレイン acrolein)	プロペナール propenal
$CH_3CH=CHCHO$	クロトンアルデヒド crotonaldehyde	ブタ-2-エナール but-2-enal
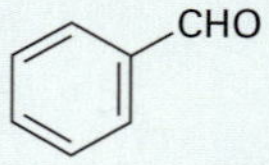	ベンズアルデヒド benzaldehyde	ベンゼンカルバルデヒド benzenecarbaldehyde

ケトンは対応するアルカンの化合物名の末尾の −ン (-e) を −オン (-one) に置き換えて命名する．主鎖はケトン部位を含む最も長いものとし，番号づけはカルボニル

炭素に最も近い末端炭素から始める*．次に例を示す．

* 訳注：アルケン(§7・2)やアルコール(§13・1)と同様，位置番号は接尾語の前に置く．

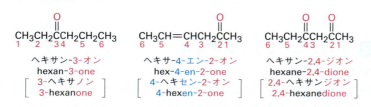

下段の [ ] 内は IUPAC 1993 年勧告以前の命名法による名称．位置番号は母体名の前に置く．

いくつかのケトンは IUPAC により慣用名の使用が認められている．

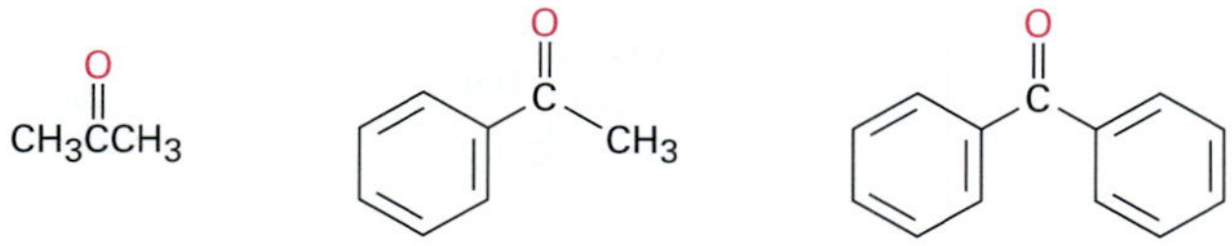

R–C=O を置換基として示す必要がある場合には，**アシル基**（acyl group）というよび方が用いられ，–**イル**（-yl）で終わる基名が用いられる．すなわち CH₃CO– は**アセチル**（acetyl）**基**であり，HCO– は**ホルミル**（formyl）**基**，そして C₆H₅CO– は**ベンゾイル**（benzoyl）**基**である．

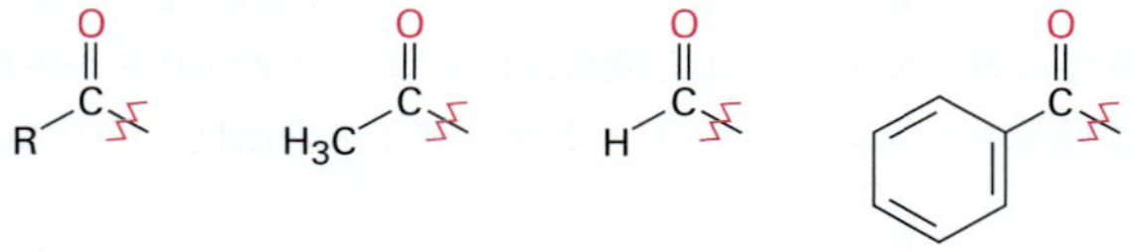

他の官能基が存在し，カルボニル基が主鎖に対して二重結合で結合した酸素原子として置換基とみなされる場合には，接頭語オキソ–（oxo-）が用いられる．次に例を示す．

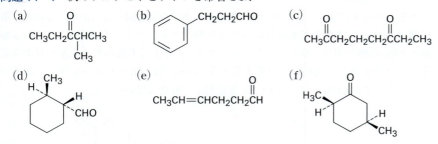

問題 14・1 次のアルデヒドとケトンを命名せよ．

(a) CH₃CH₂COCH(CH₃)CH₃ (b) C₆H₅CH₂CH₂CHO (c) CH₃COCH₂CH₂CH₂COCH₂CH₃

(d) シス-1,2-ジメチルシクロヘキサン-1-カルバルデヒド (e) CH₃CH=CHCH₂CHO (f) 3,5-ジメチルシクロヘキサノン

問題 14・2 次の化合物の構造を示せ．

(a) 3-メチルブタナール　　(b) 4-クロロペンタン-2-オン

(c) フェニルアセトアルデヒド

(d) *cis*-3-*t*-ブチルシクロヘキサンカルバルデヒド

474 14. アルデヒドとケトン：求核付加反応

(e) 3-メチルブタ-3-エナール　(f) 2-(1-クロロエチル)-5-メチルヘプタナール

14·2 アルデヒドとケトンの合成

アルデヒドの合成

§13·5 で述べたように，アルデヒドを合成する最もよい方法の一つとして第一級アルコールの酸化反応があげられる．反応はしばしばジクロロメタン溶媒中，室温で Dess-Martin ペルヨージナン反応剤を用いて行われる．

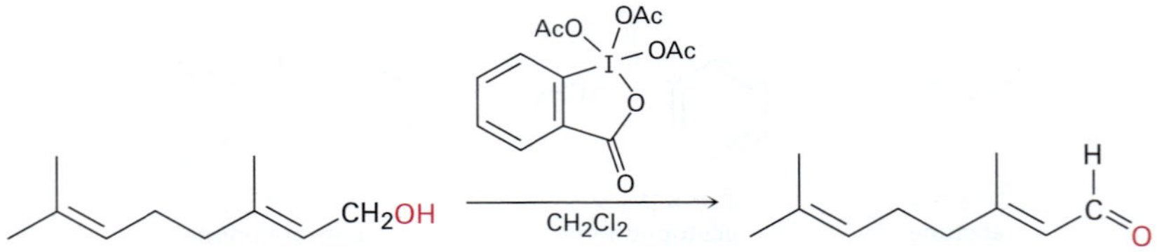

ゲラニオール geraniol → ゲラニアール geranial (84%)

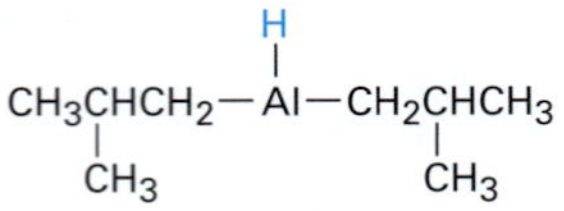

アルデヒドを合成するもう一つの方法についてはここではごく簡単にふれ，その詳細は§16·6 で述べる．カルボン酸誘導体の中には部分的に還元することによりアルデヒドに変換できるものがある．たとえば水素化ジイソブチルアルミニウム（DIBAH，あるいは DIBAL-H とよばれる）を用いるエステルの部分還元はフラスコ内でのアルデヒド合成の重要な方法であり，反応機構的に類似したプロセスが生体内でも進行している．反応は通常トルエン中 −78°C（ドライアイスの温度）で行われる．

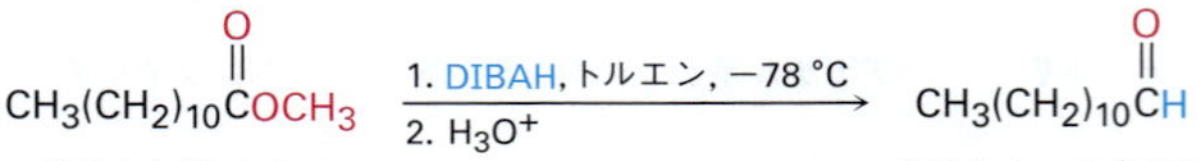

水素化ジイソブチルアルミニウム
diisobutylaluminium hydride
(DIBAH)

$CH_3(CH_2)_{10}COCH_3$　$\xrightarrow{\text{1. DIBAH, トルエン, }-78\,°C}{\text{2. }H_3O^+}$　$CH_3(CH_2)_{10}CH$
ドデカン酸メチル → ドデカナール (88%)

問題 14·3　次に示す出発物からペンタナールを合成する方法を示せ．

(a) $CH_3CH_2CH_2CH_2CH_2OH$　(b) $CH_3CH_2CH_2CH_2CH=CH_2$

(c) $CH_3CH_2CH_2CH_2CO_2CH_3$　(d) $CH_3CH_2CH_2CH=CH_2$

ケトンの合成

ケトンの合成には，ほとんどの場合アルデヒドの合成と同じ方法が用いられる．第二級アルコールはさまざまな反応剤により酸化され，ケトンを生じる（§13·5 参照）．用いる酸化剤は，反応のスケール，コスト，そして基質の酸や塩基に対する安定性などを考慮して適切なものを選択する．Dess-Martin ペルヨージナン，あるいは三酸化クロム CrO_3 のような Cr(VI) 反応剤が一般的に用いられる．

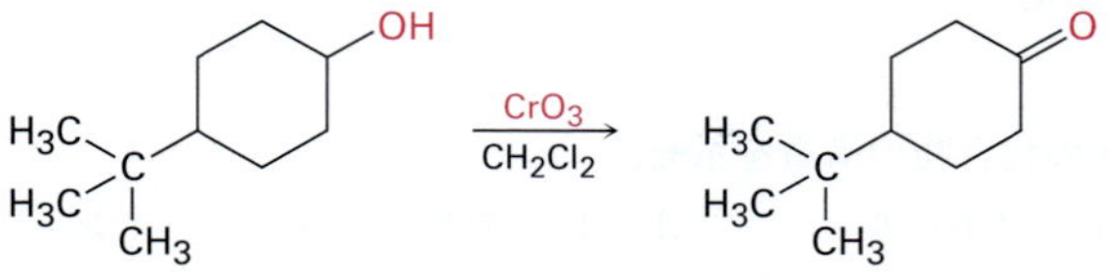

4-*t*-ブチルシクロ
ヘキサノール → 4-*t*-ブチルシクロ
ヘキサノン (90%)

14・3 アルデヒドの酸化反応　　475

別法として，不飽和炭素の一つが二置換であるアルケンのオゾン分解（§8・8参照）や，塩化アルミニウム $AlCl_3$ 存在下，酸塩化物を用いて芳香環に Friedel–Crafts アシル化を行う方法がある（§9・7参照）．

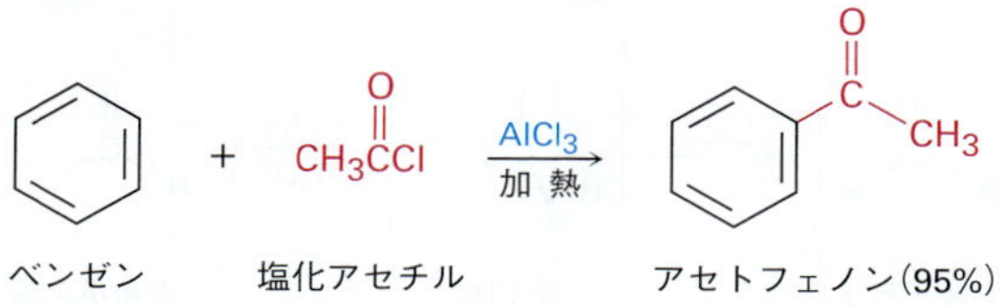

ベンゼン　　塩化アセチル　　アセトフェノン(95%)

加えて，ケトンはアルデヒドと同じように，適切なカルボン酸誘導体から合成することもできる．この種の反応で最も有用なのは，酸塩化物とジアルキル銅リチウム R_2CuLi（§12・5参照）との反応である．これについては §16・4 でさらに詳しく学ぶ．

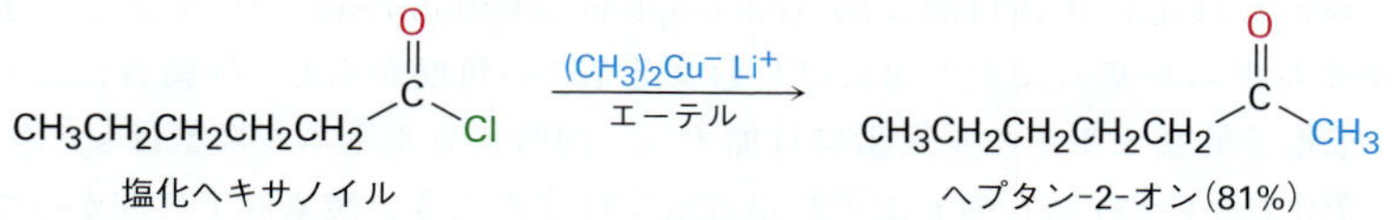

塩化ヘキサノイル　　ヘプタン-2-オン(81%)

問題 14・4　次の変換反応を行う方法を示せ．2段階以上必要である．
(a) ベンゼン ⟶ *m*-ブロモアセトフェノン
(b) ブロモベンゼン ⟶ アセトフェノン
(c) 1-メチルシクロヘキセン ⟶ 2-メチルシクロヘキサノン

14・3　アルデヒドの酸化反応

アルデヒドは容易に酸化されカルボン酸を生じるが，ケトンは一般に酸化剤に対して安定である．これはアルデヒドとケトンの構造の違いに起因する．すなわち，アルデヒドには酸化の際に引抜くことのできる CHO 水素が存在するが，ケトンにはそのような水素がないからである．

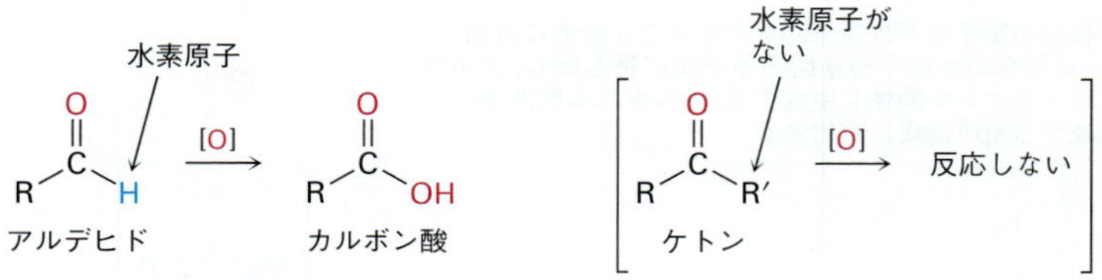

水素原子

アルデヒド　　カルボン酸　　　　　ケトン　　　反応しない

水素原子がない

過マンガン酸カリウム $KMnO_4$ や熱硝酸 HNO_3 など，多くの酸化剤によりアルデヒドをカルボン酸に酸化することができるが，三酸化クロム CrO_3 の酸水溶液を用いる方法がより一般的である．酸化は室温で速やかに進行する．

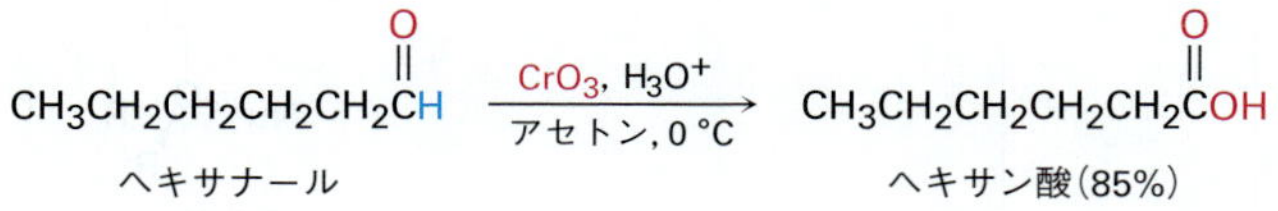

ヘキサナール　　ヘキサン酸(85%)

アルデヒドの酸化は，カルボニル基への水の可逆的な求核付加により生成する 1,1-

ジオール中間体〔**水和物**（hydrate）ともいう〕を経由して進行する．この 1,1-ジオール中間体は平衡状態ではごく少量しか生成しないが，第一級あるいは第二級アルコールと同様に反応し，カルボニル化合物に速やかに酸化される．

アルデヒド　　　水和物　　　カルボン酸

14・4 アルデヒドとケトンへの求核付加反応

"カルボニル基の化学の概論"で述べたように，アルデヒドおよびケトンの関わる最も一般的な反応は**求核付加反応**（nucleophilic addition reaction）である．求核剤 :Nu⁻ がカルボニル基のなす平面に対しおよそ 75°の角度から C=O 結合に沿って接近し，求電子的なカルボニル炭素に付加する．同時にカルボニル炭素は sp^2 から sp^3 混成に変化し，C=O 結合の π 電子対が電気陰性度の大きい酸素原子に向かって流れ込み，四面体形のアルコキシドイオン中間体が生成する（図 14・1）．酸を加えてアルコキシドイオンをプロトン化するとアルコールが得られる．

求核剤は負電荷を帯びていても（:Nu⁻），電荷をもたなくても（:Nu）かまわない．しかし電荷をもたない場合は，付加後に取除くことのできる水素原子をもっている（:Nu−H）のが普通である．次に代表的な求核剤を示す．

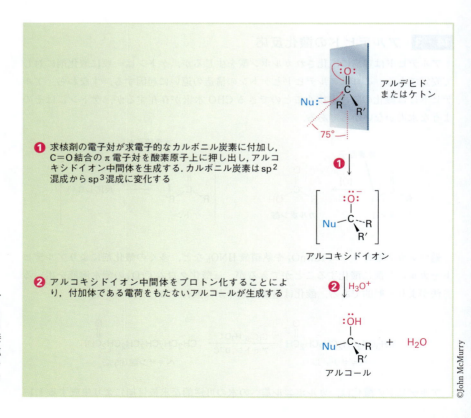

図 14・1　アルデヒドあるいはケトンへの求核付加反応の反応機構．求核剤は sp^2 軌道の平面に対しおよそ 75°の角度からカルボニル基に接近する．カルボニル炭素は sp^2 混成から sp^3 混成に変化し，アルコキシドイオンが生じる．酸を加えてプロトン化するとアルコールが得られる．

14・4 アルデヒドとケトンへの求核付加反応　　477

アルデヒドやケトンへの求核付加反応には，図14・2に示すように2通りの一般的な反応経路がある．一つは，付加反応により生じる四面体中間体が水あるいは酸によりプロトン化され，最終生成物としてアルコールを生じるというものであり，もう一つはカルボニル酸素がプロトン化された後，これがHO⁻あるいはH₂Oとして脱離しC=Nu結合をもつ生成物が生じるというものである．

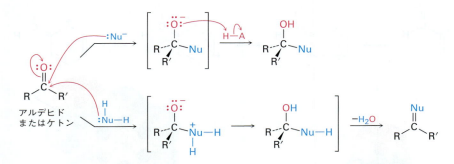

図14・2　求核剤のアルデヒドあるいはケトンへの付加反応に続く，2種類の一般的な反応経路．上に示す経路ではアルコールが生成し，下に示す経路ではC=Nu結合をもつ化合物が生成する．

求核付加反応においては，通常アルデヒドはケトンよりも立体的および電子的要因により反応性が高い．立体的には，アルデヒドはカルボニル炭素にかさ高い置換基が一つだけ結合しているのに対し，ケトンではこれが二つ結合しており，求核剤はアルデヒドに対してより接近しやすい．したがって，四面体中間体に至る遷移状態はアルデヒドの方が混み合いが少なく，その活性化エネルギーはケトンへの付加に比べて低い（図14・3）．

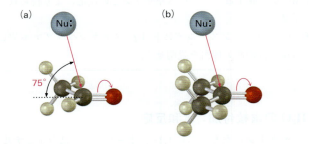

図14・3　求核付加反応における立体障害．(a)アルデヒドへの求核付加は，カルボニル炭素にかさ高い置換基が一つしかついていないので立体障害が相対的に小さい．(b)しかしケトンはかさ高い置換基を二つもつため，より立体障害が大きい．求核剤はC=O結合に沿って炭素のsp²軌道のなす平面に対しおよそ75°の角度から接近する．

電子的にも，アルデヒドのカルボニル基の方が分極がより大きいため，ケトンよりも活性が高い．この分極の違いは，カルボカチオンの安定性の違い（§7・8参照）を思い起こせば理解できるだろう．第一級カルボカチオンには超共役により正電荷を安定化するアルキル基が一つしかないため，第二級カルボカチオンよりエネルギーが高い状態にあり，したがって反応性が高い．同様に，アルデヒドはカルボニル炭素上の部分的な正電荷を超共役により安定化するアルキル基を一つしかもたないため，より求電子的であり，したがってケトンよりも反応性が高い．

第一級カルボカチオン より不安定で反応性が 高い

第二級カルボカチオン より安定で反応性が 低い

アルデヒド δ+ の安定化が小さく， 反応性が高い

ケトン δ+ の安定化が大きく， 反応性が低い

さらに別の比較をしてみよう．ベンズアルデヒドのような芳香族アルデヒドは，脂肪族アルデヒドより求核付加反応に対する反応性が低い．これは，芳香環の共鳴効果によりカルボニル基に電子が供与され，その求電子性が低下するからである．たとえば，ホルムアルデヒドとベンズアルデヒドの静電ポテンシャル図を比べると，芳香族アルデヒドのカルボニル炭素の方がより電子豊富（青い部分が少ない）である．

ホルムアルデヒド

ベンズアルデヒド

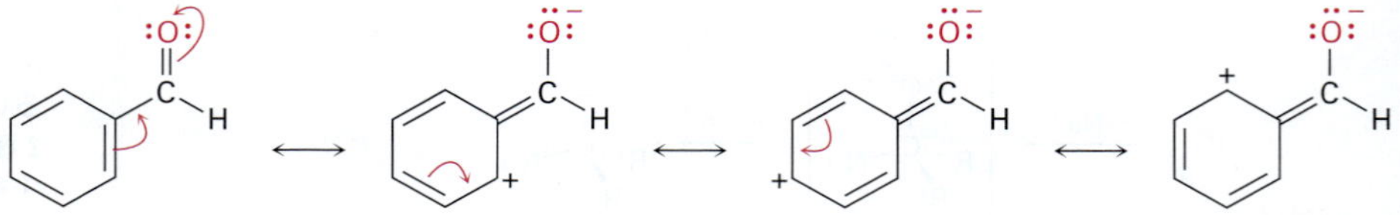

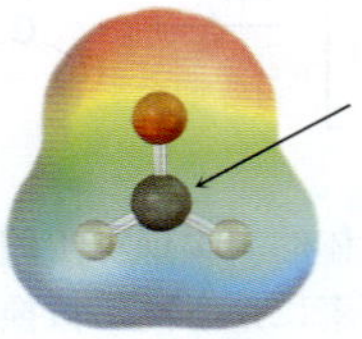

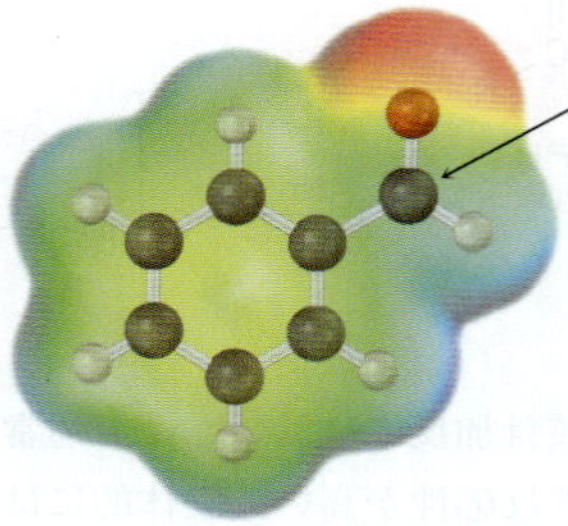

問題 14・5 アルデヒドあるいはケトンをシアン化物イオン ⁻:C≡N と反応させ，つづいて四面体形のアルコキシドイオン中間体をプロトン化すると，**シアノヒドリン**（cyanohydrin）が生成する．シクロヘキサノンとの反応により得られるシアノヒドリンの構造を示せ．

問題 14・6 p-ニトロベンズアルデヒドは p-メトキシベンズアルデヒドよりも求核付加に対する反応性が高い理由を説明せよ．

14・5 H₂O の求核付加：水和反応

アルデヒドやケトンは水と反応し 1,1-ジオールあるいは**ジェミナル**（geminal）ジオール（*gem*-ジオール）を生成する．この水和反応は可逆的であり，*gem*-ジオールは水を除去してアルデヒドやケトンを再生することができる．

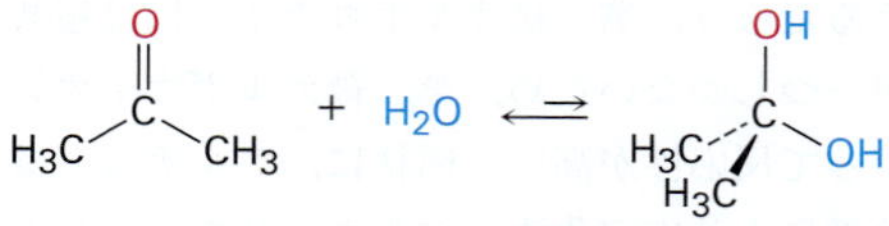

アセトン (99.9%)

アセトンの水和物 (0.1%)

14・5 H₂O の求核付加：水和反応　479

　gem-ジオールとアルデヒドやケトンとの間の平衡の偏り具合は，カルボニル化合物の構造によって変化する．平衡は一般的には立体的な理由によりカルボニル化合物の方に偏っているが，いくつかの単純なアルデヒドでは *gem*-ジオールに偏っている．たとえば，ホルムアルデヒドの水溶液は平衡状態で 99.9%が *gem*-ジオール，0.1%がアルデヒドとして存在するのに対し，アセトンの水溶液では *gem*-ジオールはわずか0.1%しか存在せず，残りの99.9%はケトンである．

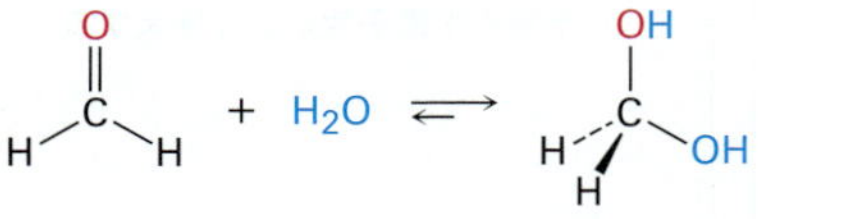

ホルムアルデヒド　　　　　ホルムアルデヒドの
（0.1%）　　　　　　　　　水和物（99.9%）

　この水和反応は，ケトンとカルボン酸が隣接して存在する二官能性化合物である2-オキソ酸の場合にも有利になる．隣接する二つの正に分極した炭素の存在によりケト体が不安定化され，そのため水和物が有利になる．2-オキソ酸は多くの生合成経路において特に重要な化合物である．例として，平衡状態で60%が水和しているピルビン酸や，50%が水和している2-オキソグルタル酸があげられる．

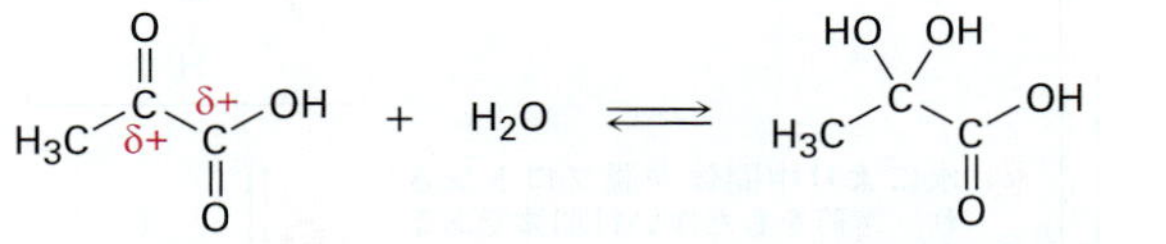

ピルビン酸（40%）　　　　　　　ピルビン酸の水和物（60%）

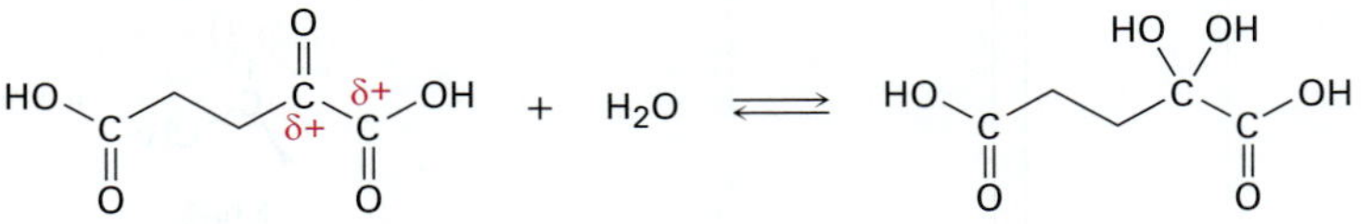

2-オキソグルタル酸（50%）　　　　2-オキソグルタル酸の
　　　　　　　　　　　　　　　　　水和物（50%）

　アルデヒドあるいはケトンへの水の求核付加反応は中性条件下では遅いが，塩基あるいは酸触媒によって促進される．塩基性条件（図 14・4a）では，求核剤は負電荷をもち（OH⁻），その電子対を用いてカルボニル基の求電子的な炭素原子と結合を生成する．同時に，C=O 結合の炭素原子は sp^2 から sp^3 混成に変化し，C=O 結合の π電子対は酸素原子上に流れ込んでアルコキシドイオンを生じる．アルコキシドイオンが水によりプロトン化され，電荷をもたない付加生成物が得られるとともに OH⁻ が再生する．

　酸性条件（図 14・4b）では，カルボニル酸素がまず H_3O^+ によりプロトン化され，カルボニル基の求電子性がよりいっそう高くなる．電荷をもたない求核剤である H_2O がその電子対を用いてカルボニル炭素と結合を生成し，C=O 結合の π電子対は酸素原子上に流れ込む．これにより酸素原子上の正電荷は失われ，一方，求核剤は正電荷をもつ．最後に水により脱プロトンされ，電荷をもたない付加生成物とともに H_3O^+ 触媒が再生する．

　塩基触媒と酸触媒の反応機構の重要な違いに注目してほしい．塩基触媒による反応は，水が反応性がより高い**求核剤**（nucleophile）である水酸化物イオンに変換される

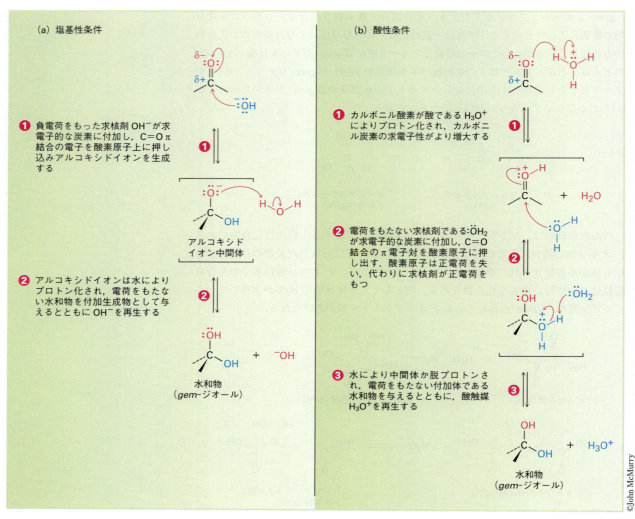

図 14・4 塩基性および酸性条件下でのアルデヒドあるいはケトンへの求核付加反応の反応機構．(a) 塩基性条件下では，負電荷をもつ求核剤がカルボニル基に付加してアルコキシドイオン中間体を生じ，つづいてこれがプロトン化される．(b) 酸性条件下では，カルボニル基のプロトン化がまず起こり，つづいて電荷をもたない求核剤が付加し，その後脱プロトンが起こる．

ため，速やかに進行する．酸触媒による反応は，カルボニル化合物がプロトン化され，反応性がより高い**求電子剤**（electrophile）に変換されるため，速やかに進行する．

上述の水和反応は，アルデヒドあるいはケトンに，H–Y型の求核剤（ここでY原子は酸素，ハロゲン，硫黄などの電気陰性度が高く負電荷を安定化することのできるものとする）を作用させた場合に起こる典型的な反応形式である．これらの反応では求核付加は可逆的であり，一般に平衡は四面体形の付加生成物よりも出発物のカルボニル化合物の方に偏っている．したがってアルデヒドやケトンを CH_3OH，H_2O，HCl，HBrあるいは H_2SO_4 と反応させても，普通は安定な付加生成物（アルコール）を生じない．

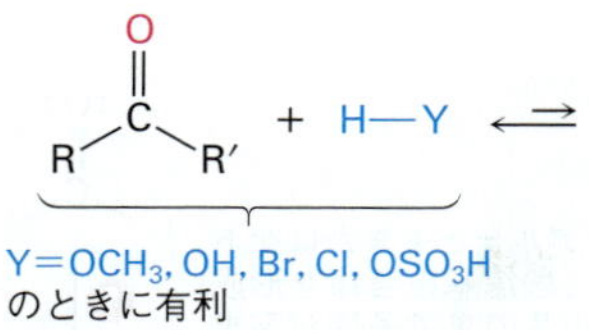

14・6 ヒドリド反応剤および Grignard 反応剤の求核付加: アルコール生成反応　481

Y=OCH₃, OH, Br, Cl, OSO₃H
のときに有利

問題 14・7 トリクロロアセトアルデヒド（クロラール CCl₃CHO）は水溶液中では主としてクロラール水和物として存在する．クロラール水和物の構造を示せ．

問題 14・8 水の酸素原子はほとんど（99.8%）^{16}O だが，同位体である ^{18}O で標識した水も入手することができる．アルデヒドあるいはケトンを ^{18}O で標識した水に溶かすと，カルボニル酸素が同位体標識される．その理由を説明せよ．

$$R_2C{=}O + H_2O \rightleftharpoons R_2C{=}O + H_2O \qquad O = {}^{18}O$$

14・6 ヒドリド反応剤および Grignard 反応剤の求核付加: アルコール生成反応

ヒドリド反応剤の付加: 還元反応

　§13・3で，フラスコ内でも生体内でも，最も一般的なアルコール合成法はカルボニル化合物の還元であることを述べた．アルデヒドは水素化ホウ素ナトリウム NaBH₄ により還元され第一級アルコールを生じ，ケトンは同様に還元され第二級アルコールを生じる．

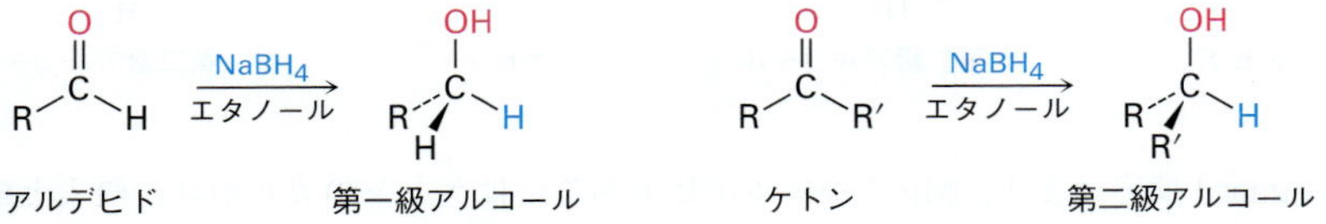

　カルボニル基の還元反応は，図 14・4(a) で示したような典型的な塩基性条件での求核付加反応機構で進行する．詳細は複雑であるが，LiAlH₄ および NaBH₄ はヒドリドイオン求核剤 H⁻ の供与体のように働く．そして生じるアルコキシドイオン中間体は酸水溶液を加えることによりプロトン化される．逆反応を起こすには，非常に脱離能の低いヒドリドイオンを脱離させる必要があるので，反応は事実上不可逆である．

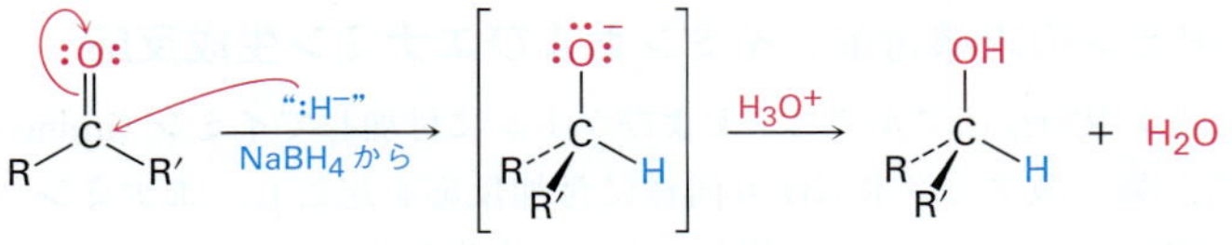

Grignard 反応剤の付加

　アルデヒドおよびケトンは，ヒドリドイオンが求核付加するとアルコールが得られるのと同様に，Grignard 反応剤 R:⁻ ⁺MgX とも付加反応を起こす（図 14・5）．

　アルデヒドはエーテル溶液中で Grignard 反応剤と反応して第二級アルコールを生じ，ケトンは第三級アルコールを生じる．

図 14・5 **Grignard 反応の反応機構**. カルボニル酸素が Lewis 酸である Mg^{2+} と錯形成し，つづいてカルボアニオンのアルデヒドあるいはケトンへの求核付加反応が起こり，最後に生じたアルコキシドイオン中間体のプロトン化によりアルコールが生成する．

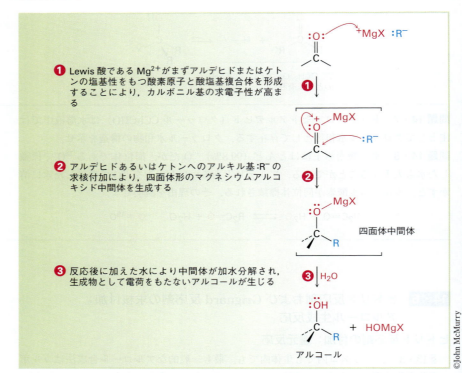

Grignard 反応はまず，Mg^{2+} がアルデヒドあるいはケトンのカルボニル酸素と酸塩基複合体を形成し，カルボニル基をよりよい求電子剤にすることから始まる．R:⁻ の求核付加により四面体形のマグネシウムアルコキシド中間体が生成し，ついで水あるいは希酸水溶液を加えることによりこれをプロトン化し電荷をもたないアルコールを与える．還元反応と同様に，カルボアニオンは脱離能が非常に低いため逆反応は起こらず，Grignard 反応剤の付加は事実上不可逆である．

14・7 アミンの求核付加：イミンおよびエナミン生成反応

第一級アミン RNH_2 はアルデヒドおよびケトンに付加して**イミン**（imine）$R_2C=NR$ を生成する．第二級アミン R_2NH も同様に付加反応を起こし，**エナミン**（enamine）$R_2N-CR=CR_2$（*ene* + *amine* = 不飽和アミン）を生じる．

14・7 アミンの求核付加: イミンおよびエナミン生成反応

イミンは多くの生体反応の中間体としてよくみられる重要な化合物であり，しばしば **Schiff 塩基**（Schiff base）とよばれる．たとえばアミノ酸であるアラニンは，生体内でビタミン B_6 誘導体であるアルデヒド，ピリドキサールリン酸（pyridoxal phosphate: PLP）との反応により Schiff 塩基を生成し，ここからさらに代謝が進行する．

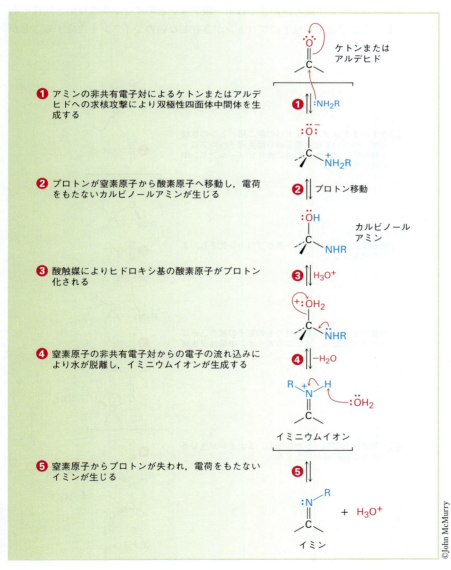

図 14・6 アルデヒドあるいはケトンと第一級アミンとの反応によるイミン生成反応の反応機構．鍵となる反応はカルビノールアミン中間体を生じる求核付加反応であり，ここから水が脱離しイミンを生成する．

イミン生成反応とエナミン生成反応は，一方が C=N 結合をもつ化合物を与えるのに対し，他方は C=C 結合をもつ生成物を与えることから，一見異なる反応のようにみえる．しかし，実際にはこの二つの反応は密接に関連している．両者とも付加により生じる四面体中間体から水が脱離し，新たに C=Nu 結合が生成する形式の求核付加反応の典型例である．

イミン生成反応は酸により触媒される可逆的な過程である．第一級アミンのカルボニル基への求核付加反応とともに始まり，つづいて窒素原子から酸素原子へプロトンが移動し電荷をもたないアミノアルコール，すなわち**カルビノールアミン**（carbinolamine）を生成する．酸触媒によりカルビノールアミンの酸素原子がプロトン化され OH 基をよりよい脱離基 OH_2^+ に変換し，ここから窒素原子の非共有電子対からの電子の流れ込みにより，水が脱離を起こしイミニウムイオンを生成する．窒素原子からプロトンが失われ最終生成物が生じるとともに酸触媒が再生する（図 14・6）．

アルデヒドあるいはケトンと第二級アミン R_2NH との反応ではエナミンが生成する．イミニウムイオン生成の段階までは第一級アミンとのイミン生成反応と同様である．しかし，ここでは窒素原子にプロトンが存在しないのでイミンを生成することが

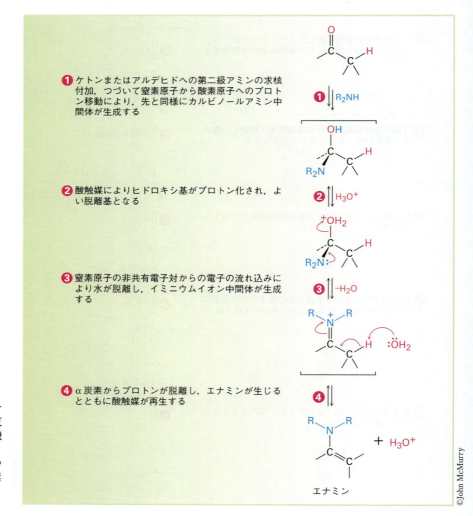

図 14・7 アルデヒドあるいはケトンと第二級アミン R_2NH との反応によるエナミン生成反応の反応機構．段階 ❸ で生じるイミニウムイオン中間体の窒素原子には水素がついていないので，2 原子離れた炭素原子からプロトンが脱離する．

できない．その代わりに隣の炭素（α 炭素）からプロトンが失われエナミンが生成する（図 14・7）．

イミンおよびエナミン生成反応は pH が高くても低くても遅くなり，pH 4～5 付近の弱酸性条件で最も速やかに進行する．この pH 依存性については反応機構の個々の段階を詳細に眺めると理解することができる．図 14・6 のイミン生成反応に示したように，酸触媒は第一段階でカルビノールアミン中間体をプロトン化するのに必要であり，これにより OH 基をよりよい脱離基に変換することができる．したがって酸が十分に存在しないと（すなわち pH が高いと）反応は遅くなる．一方，酸が多量に存在すると（すなわち pH が低いと）塩基性をもつアミン求核剤が完全にプロトン化されてしまい，最初の求核付加の段階が進行できなくなる．

明らかに pH 4～5 という値は，律速である脱水反応の段階を触媒するのに必要な程度に酸性であり，かつアミンを完全にプロトン化しない程度の酸性という妥協点を示している．求核付加反応にはそれぞれ個々に適した条件が存在し，反応速度を最大にするには，反応条件の最適化が必要である．

例題 14・1　ケトンとアミンの反応生成物を予想する

酸触媒存在下でのペンタン-3-オンとメチルアミン CH_3NH_2 およびジメチルアミン $(CH_3)_2NH$ との反応生成物を示せ．

考え方　アルデヒドあるいはケトンは第一級アミン RNH_2 と反応してイミンを生成する．ここではカルボニルの酸素原子はアミンの =N−R に置き換えられている．第二級アミン R_2NH との反応ではエナミンが生成する．ここではカルボニル酸素原子はアミンの NR_2 に置き換えられており，二重結合はカルボニル炭素とその隣接する炭素間に移動する．

解　答

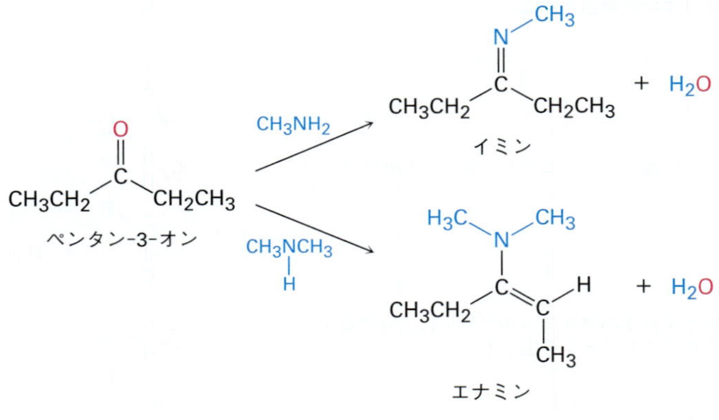

問題 14・9　酸触媒存在下でのシクロヘキサノンとエチルアミン $CH_3CH_2NH_2$ およびジエチルアミン $(CH_3CH_2)_2NH$ との反応の生成物を示せ．

問題 14・10　イミン生成反応は可逆反応である．酸触媒存在下，イミンと水との反応（加水分解反応）によりアルデヒドあるいはケトンと第一級アミンが生じる反応のすべての段階を示せ．

問題 14・11　右に示す分子の構造式を示し，ケトンとアミンから合成する方法を示せ．

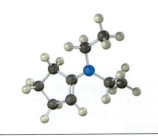

14・8 アルコールの求核付加：アセタール生成反応

アルデヒドおよびケトンは酸触媒存在下2倍モル量のアルコールと可逆的に反応して**アセタール**（acetal）$R_2C(OR')_2$〔ケトンから生成する場合にはしばしばケタール（ketal）とよばれる〕を生成する．たとえばシクロヘキサノンはHCl存在下メタ

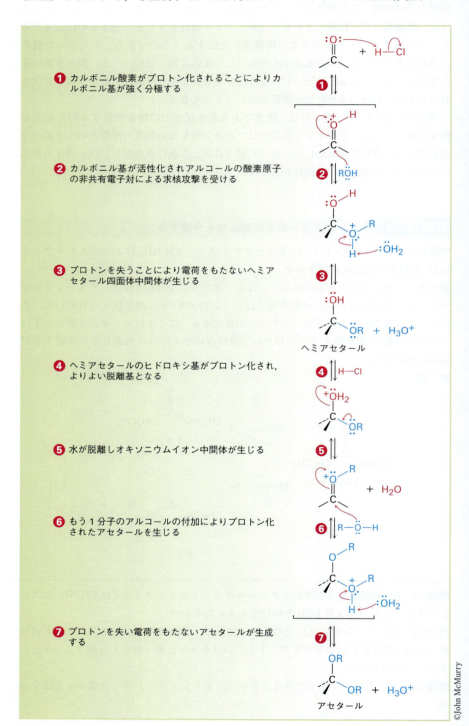

❶ カルボニル酸素がプロトン化されることによりカルボニル基が強く分極する

❷ カルボニル基が活性化されアルコールの酸素原子の非共有電子対による求核攻撃を受ける

❸ プロトンを失うことにより電荷をもたないヘミアセタール四面体中間体が生じる

❹ ヘミアセタールのヒドロキシ基がプロトン化され，よりよい脱離基となる

❺ 水が脱離しオキソニウムイオン中間体が生じる

❻ もう1分子のアルコールの付加によりプロトン化されたアセタールを生じる

❼ プロトンを失い電荷をもたないアセタールが生成する

図 14・8　酸触媒を用いたアルデヒドあるいはケトンとアルコールとの反応によるアセタール生成反応の反応機構

ノールと反応して，対応するジメチルアセタールを生じる．

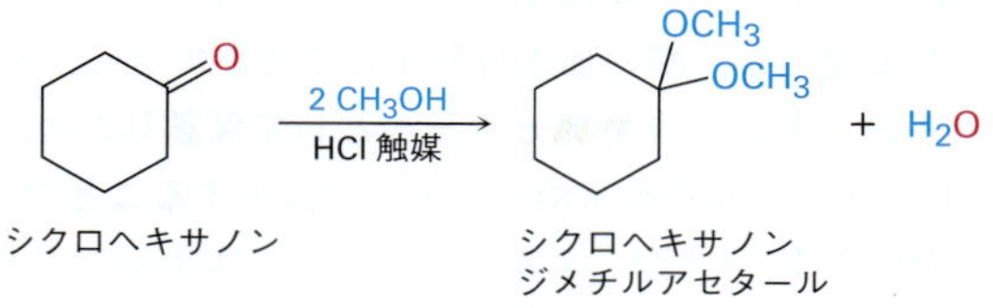

シクロヘキサノン　　　　　　　　シクロヘキサノン
　　　　　　　　　　　　　　　　ジメチルアセタール

アセタール生成反応は§14・5で述べた水和反応とよく似ている．水と同様にアルコールは弱い求核剤であり，中性条件下ではアルデヒドやケトンと非常にゆっくりとしか反応しない．しかし酸性条件下では，プロトン化によりカルボニル基の反応性が増大し，アルコールの付加が速やかに進行するようになる．

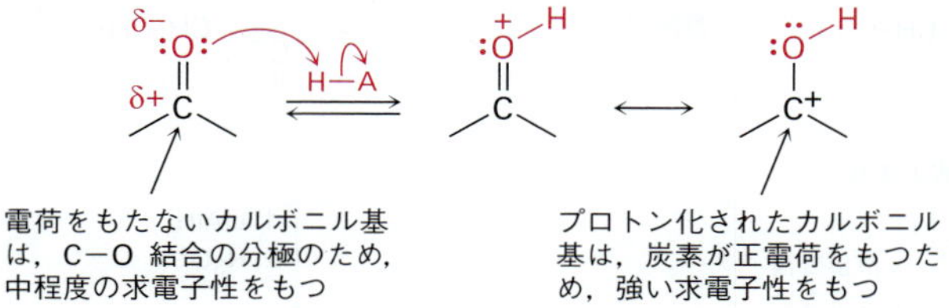

電荷をもたないカルボニル基
は，C－O 結合の分極のため，
中程度の求電子性をもつ

プロトン化されたカルボニル
基は，炭素が正電荷をもつた
め，強い求電子性をもつ

アルコールがカルボニル基に求核付加すると，まず水の付加により生成する *gem*-ジオールと同様の**ヘミアセタール**（hemiacetal）とよばれるヒドロキシエーテルを生成する．ヘミアセタール生成は可逆反応であり，平衡は通常カルボニル化合物の方に偏っている．しかし，酸存在下ではさらに反応が進行する．OH 基のプロトン化につづいて，アルコール由来の酸素原子の非共有電子対からの電子の流れ込みにより水が脱離してオキソニウムイオン $R_2C=OR^+$ が生じ，これに 2 回目のアルコールの求核付加反応が進行してプロトン化されたアセタールを生成する．ここからプロトンが脱離し反応は完結する．反応機構を図 14・8 に示す．

アセタール生成反応のすべての段階は可逆的であるので，反応条件を適切に選ぶことにより，反応を正方向（カルボニル化合物からアセタールを生成）にも，逆方向（アセタールからカルボニル化合物を生成）にも進行させることができる．アセタール生成反応では，反応系中から生成する水を除くような反応条件で反応を行うことにより，平衡を正方向すなわち生成系に傾けることができる．実際，生成する水を反応系中から留去するという方法がしばしば用いられる．逆反応はアセタールを大量の酸水溶液で処理することで平衡を逆方向に寄せることにより行うことができる．

トリメチルシリルエーテルがアルコールの保護基として用いられているのと同様に（§13・6参照），アセタールはフラスコ内でアルデヒドやケトンの保護基として利用することができ，その有用性は高い．すでに述べたように，複雑な分子では，ある官能基が別の官能基の変換を目的とする反応の際に同時に反応してしまうことがある．たとえば，4-オキソペンタン酸エチルのエステル基のみを還元しようとしても，ケトンも反応してしまう．原料のケトエステルを LiAlH$_4$ で還元すると，ケトンとエステルともに還元されジオールが得られる．

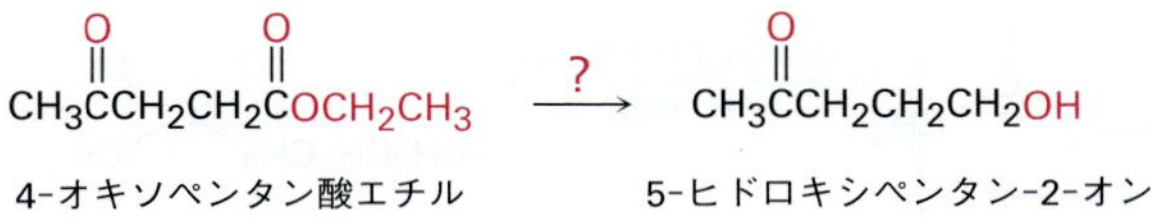

$CH_3CCH_2CH_2COCH_2CH_3$ $\xrightarrow{\text{?}}$ $CH_3CCH_2CH_2CH_2OH$

4-オキソペンタン酸エチル　　　　　5-ヒドロキシペンタン-2-オン

488   14. アルデヒドとケトン: 求核付加反応

　しかし，ケトンをアセタールにして保護するとこの問題を回避することができる．一般のエーテルと同様にアセタールは塩基やヒドリド還元剤，Grignard 反応剤，接触水素化条件に対し安定だが，酸で加水分解することができる．そのため，4-オキソペンタン酸エチルのケトンをまずアセタールとして保護した後，$LiAlH_4$ でエステルを還元し，最後にアセタールを酸水溶液を用いて除去することで，エステルを選択的に還元することができる．（実際，アルコールとしてエチレングリコールのようなジオールを等モル量用いて**環状アセタール**（cyclic acetal）を生成する方法がしばしば有用である．等モル量のエチレングリコールを用いる環状アセタール生成反応の反応機構は，2倍モル量のメタノールあるいは他のモノアルコールを用いる反応とまったく同じである．）

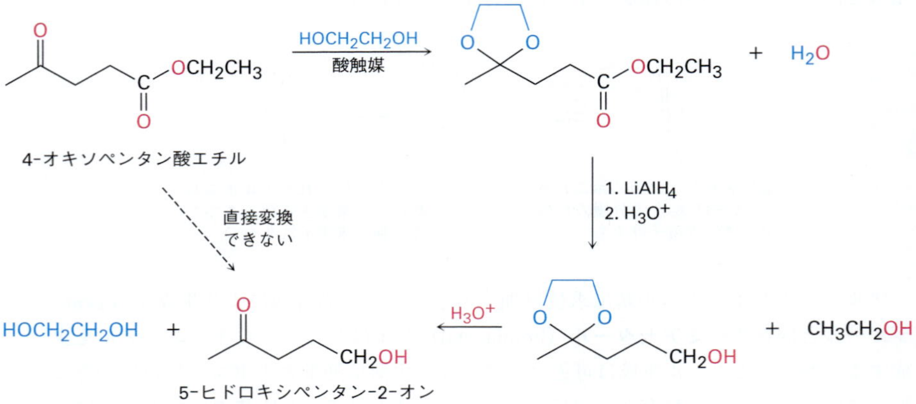

　アセタールやヘミアセタール構造は糖において特によくみられる．たとえばグルコースはポリヒドロキシアルデヒドであり，**分子内求核付加反応**（internal nucleophilic addition reaction）が進行し，おもに環状ヘミアセタールとして存在する．

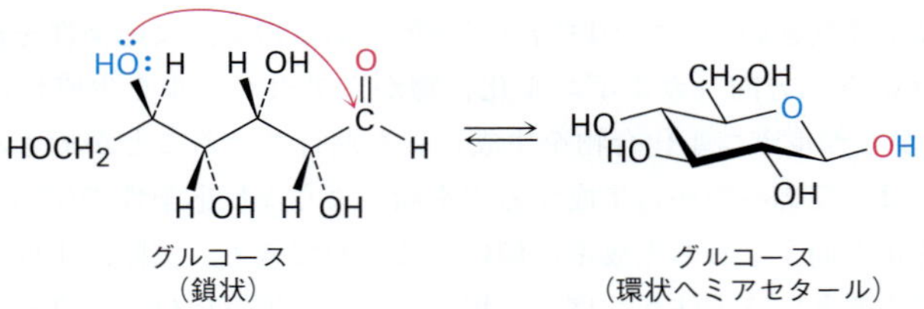

例題 14・2　ケトンとアルコールの反応生成物を予想する

酸触媒を用いるペンタン-2-オンとプロパン-1,3-ジオールとの反応により得られるアセタールの構造を示せ．

考え方　酸触媒存在下アルデヒドあるいはケトンと2倍モル量のアルコールあるいは等モル量のジオールとの反応によりアセタールが生成する．カルボニル酸素はアルコール由来の二つの OR 基に置き換えられる．

解　答

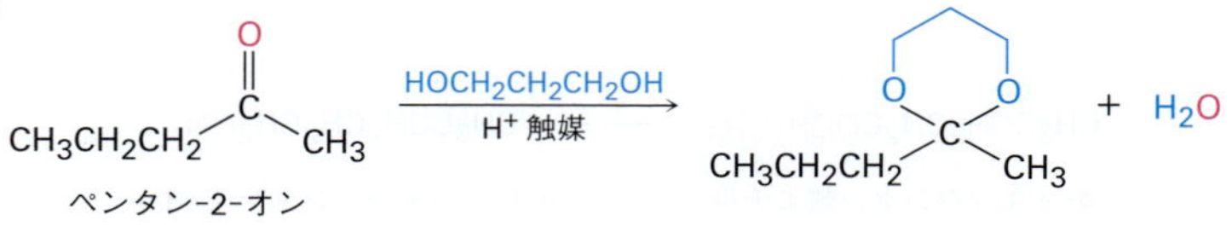

問題 14・12 エチレングリコールとアルデヒドあるいはケトンから，酸触媒存在下環状アセタールを生成する反応のすべての段階を示せ．

問題 14・13 次に示すアセタールを得るのに必要なカルボニル化合物とアルコールを示せ．

14・9 リンイリドの求核付加：Wittig 反応

アルデヒドおよびケトンは **Wittig 反応**（Wittig reaction）とよばれる求核付加反応を利用することによりアルケンに変換することができる．この反応と直接関連する生体反応は存在しないが，フラスコ内での反応や医薬品製造の際に広く利用されており，また§22・3で述べる補酵素であるチアミン二リン酸の反応と機構が類似しているため，知っておく必要がある．

Wittig 反応ではトリフェニルリンイリド（ylide）$R_2\overset{-}{C}-\overset{+}{P}Ph_3$〔**ホスホラン**（phosphorane）とよばれることもあり，共鳴構造 $R_2C=PPh_3$ で書かれることもある〕がアルデヒドあるいはケトンに付加し，**オキサホスフェタン**（oxaphosphetane）とよばれる4員環中間体を生じる．オキサホスフェタンは単離されず，速やかに分解してアルケンとトリフェニルホスフィンオキシド $O=PPh_3$ を生じる．この反応により，アルデヒドあるいはケトンの酸素原子とリンに結合していた $R_2C=$ が入れ替わる．（イリドは正電荷と負電荷が隣接している中性で双極性の化合物である．）

最初の付加の段階は，反応剤の構造と反応条件により異なる反応経路で進行するようである．一つは，Diels-Alder 反応（§8・14 参照）のような1段階の付加環化型

490   14. アルデヒドとケトン：求核付加反応

の過程で進む経路である．もう一つは求核付加が進行し**ベタイン**（betaine）とよばれる双性イオン中間体が生成し，これが閉環反応を起こすという経路である．

　Wittig 反応に必要なリンイリドは，トリフェニルホスフィン Ph_3P と第一級（または一部の第二級）のハロゲン化アルキルを S_N2 反応させ，生じたホスホニウム塩を塩基で処理することにより容易に調製することができる．トリフェニルホスフィンは S_N2 反応のよい求核剤であり，生成物であるアルキルトリフェニルホスホニウム塩の収率は高い．リン原子上に正電荷が存在するので，隣接する炭素原子に結合した水素は弱酸性を示し，ブチルリチウム BuLi などの強塩基により引抜かれ，中性のイリドを生成する．たとえば，次のような反応である．

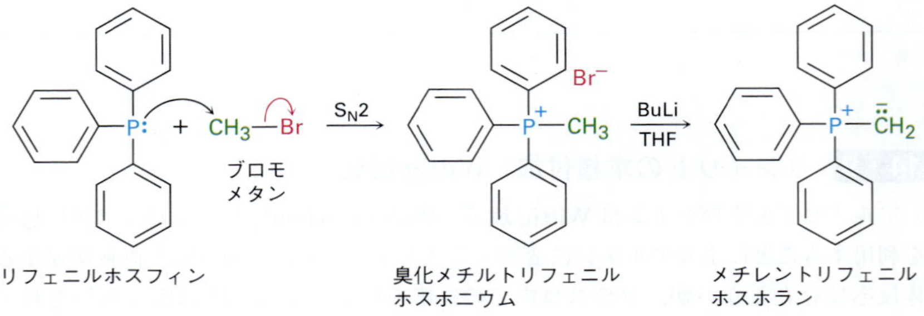

トリフェニルホスフィン　　　　　　　　臭化メチルトリフェニル　　　　　メチレントリフェニル
　　　　　　　　　　　　　　　　　　　　ホスホニウム　　　　　　　　　　ホスホラン

　Wittig 反応はきわめて適用範囲が広く，非常に多くの一置換，二置換，そして三置換アルケンを適切なホスホランとアルデヒドあるいはケトンとの組合わせにより合成することができる．しかし，反応の際の立体障害のため四置換アルケンは合成できない．

　Wittig 反応の有用性は，望みの構造のアルケンを純粋に得ることができる点にある．生成物の C＝C 結合は常に基質の C＝O 基の存在した位置に生成し，アルケンの位置異性体（*E*, *Z* 異性体は除く）は生じない．たとえばシクロヘキサノンとメチリデントリフェニルホスホランとの Wittig 反応では，単一の生成物としてメチリデンシクロヘキサンのみが得られる．一方，シクロヘキサノンに臭化メチルマグネシウムを付加させた後，$POCl_3$ を用いて脱水反応を行うと，およそ 9：1 で 2 種のアルケン混合物が得られる．

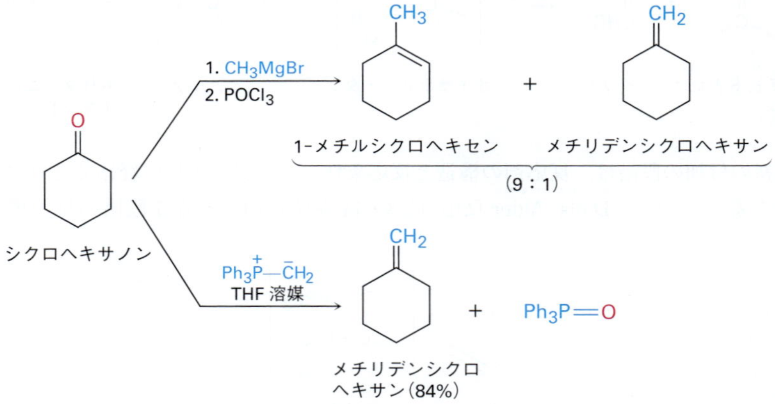

シクロヘキサノン　　　　　　1-メチルシクロヘキセン　　メチリデンシクロヘキサン
　　　　　　　　　　　　　　　　　　　　　（9：1）

メチリデンシクロ
ヘキサン（84%）

　Wittig 反応はさまざまな医薬品の工業的合成にも利用されている．たとえば，ドイツの化学会社 BASF では，15 炭素からなるイリドと 5 炭素のアルデヒドとの Wittig 反応を利用してビタミン A を合成している．

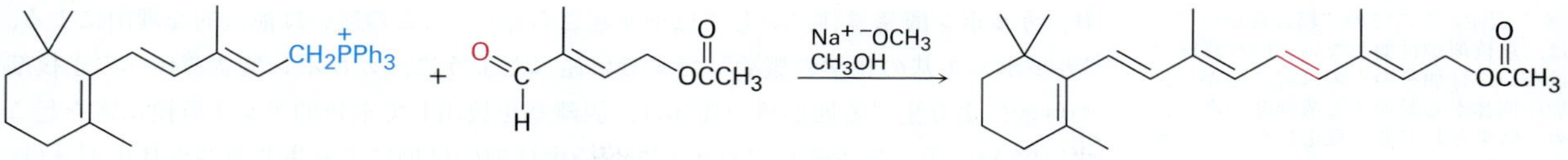

14・10 生体内還元反応　491

ビタミン A の酢酸エステル

例題 14・3　Wittig 反応を利用してアルケンを合成する

3-エチルペンタ-2-エンを合成するにはどのようなカルボニル化合物とリンイリドが必要か.

考え方　アルデヒドあるいはケトンはリンイリドと反応してアルケンを生じる. その際, 基質のカルボニル酸素はイリド由来の =CR_2 に置換される. リンイリドは一般に第一級のハロゲン化アルキルとトリフェニルホスフィンとの S_N2 反応で合成するので, 通常第一級の $RCH＝PPh_3$ である. したがって生成物の二置換側のアルケン炭素はカルボニル化合物由来となり, 一置換側のアルケン炭素はイリド由来となる.

解答

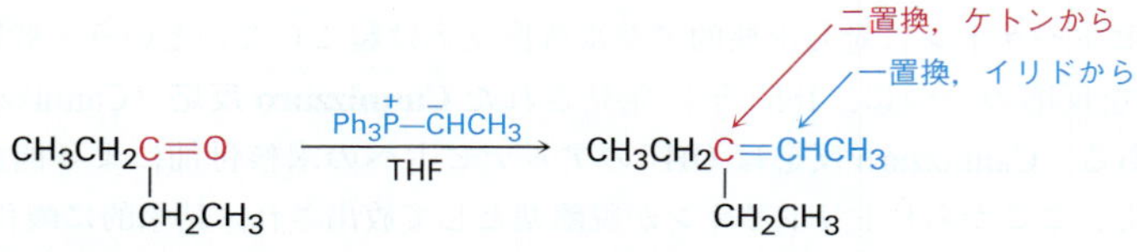

ペンタン-3-オン　　　　　　　　　3-エチルペンタ-2-エン

問題 14・14　次のそれぞれの化合物を合成するのに必要なカルボニル化合物とリンイリドを示せ.

(a) 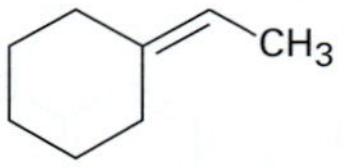 　(b) 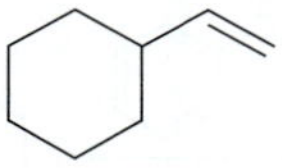 　(c)

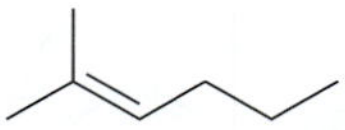

(d) 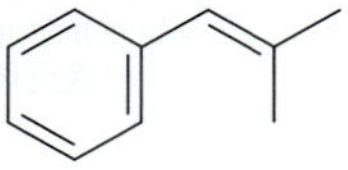 　(e) 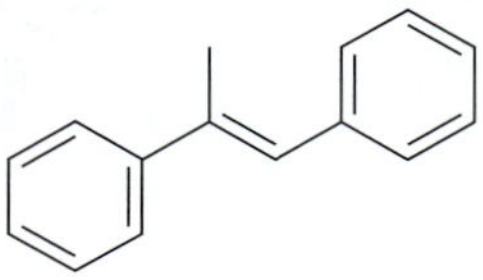 　(f)

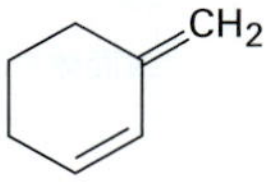

問題 14・15　黄色の食品着色料でありビタミン A の源である β-カロテンは, 2 倍モル量の β-イオニリデンアセトアルデヒドと**ジイリド**（diylide）との 2 回の Wittig 反応により合成することができる. 生成物である β-カロテンの構造を示せ.

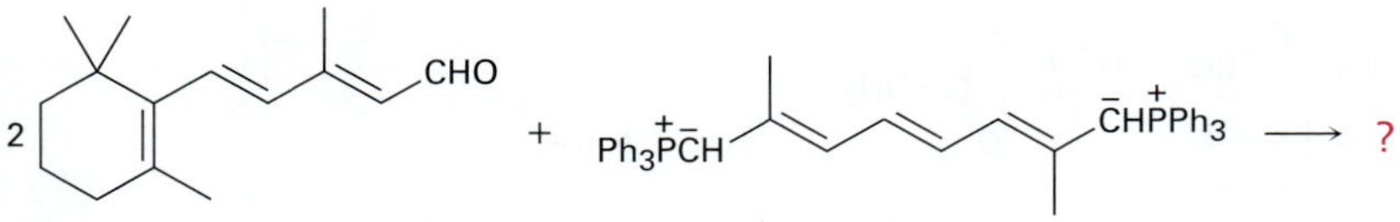

β-イオニリデンアセトアルデヒド　　　　　　　　　ジイリド

14・10　生体内還元反応

一般に求核付加反応はアルデヒドやケトンに対してのみ起こる特徴的な反応であ

492 　14. アルデヒドとケトン：求核付加反応

＊ 訳注：ここでの"起こらない"とは，求核剤が付加しないという意味ではない．付加そのものは起こるが，付加中間体から脱離する置換基があるため，結果として置換反応になるという意味である．

り，カルボン酸誘導体に対しては通常起こらない＊．この違いは構造的な理由による．"カルボニル基の化学の概論"ですでに述べたように，カルボン酸誘導体への求核剤の付加により生じる四面体中間体は，脱離基を放出して求核的アシル置換反応を起こす（図14・9）．アルデヒドやケトンへの求核剤の付加により生じる四面体中間体は，アルキル基あるいは水素置換基しかもたないため安定な脱離基を放出することができない．

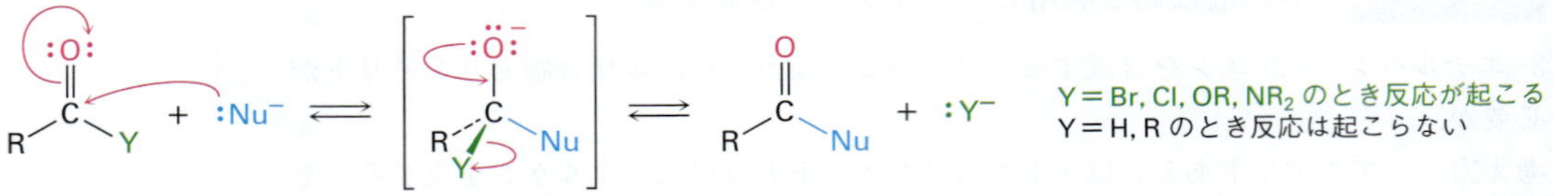

図 14・9　**四面体中間体からの2種類の反応経路**．カルボン酸誘導体は電気陰性度の高い置換基 Y＝Br, Cl, OR, NR_2 をもち，これは求核付加反応によって生じる四面体中間体から脱離する．アルデヒドやケトンはこのような脱離基をもたないので，通常この脱離反応は進行しない．

アルデヒドやケトンに対し求核的アシル置換反応は起こらないという一般則に対する例外的な反応の一つに，1853年に発見された**Cannizzaro 反応**（Cannizzaro reaction）がある．Cannizzaro 反応は OH^- のアルデヒドへの求核付加により四面体中間体を生成し，ここからヒドリドイオンが脱離基として放出され，結果的に酸化される．もう1分子のアルデヒドがこのヒドリドイオンの求核付加を受け，結果的に還元される．たとえば，ベンズアルデヒドを NaOH 水溶液中で加熱するとベンジルアルコールと安息香酸を生じる．

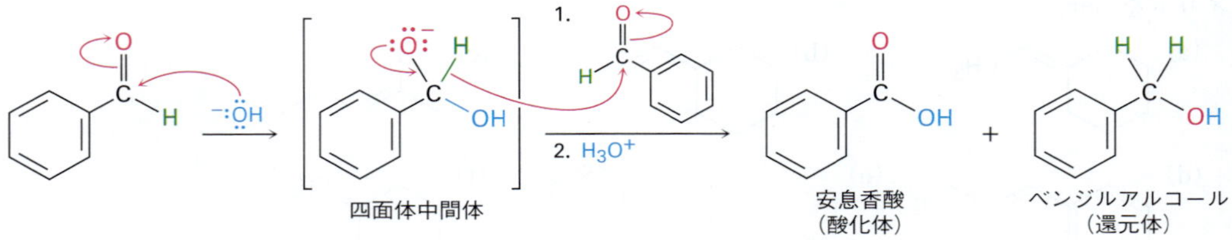

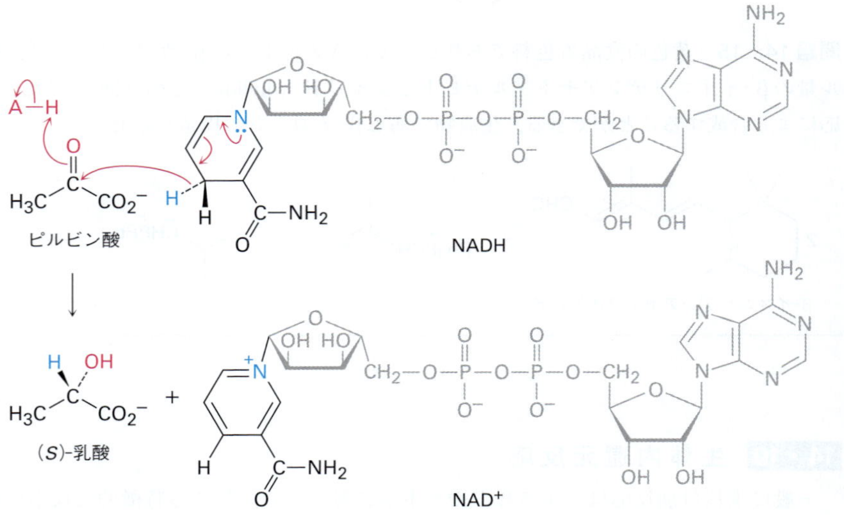

図 14・10　**補酵素 NADH によるアルデヒドおよびケトンの生体内還元反応の機構**．鍵段階は NADH からのヒドリドイオンの脱離とそのカルボニル基への付加である．

14・11 α,β-不飽和アルデヒドおよびケトンへの求核的共役付加反応　493

Cannizzaro 反応は現在ではほとんど利用されていないが，生体内におけるカルボニル基の還元のおもな経路と類似しているため，反応機構的に興味深い．§13・3で述べたように，自然界では最も重要な還元剤の一つに NADH〔ニコチンアミドアデニンジヌクレオチド（nicotinamide adenine dinucleotide: NAD）の還元型〕がある．NADH は Cannizzaro 反応における四面体形のアルコキシド中間体とよく似た方法でH⁻をアルデヒドあるいはケトンに供与し，これらを還元する．NADH の窒素原子の非共有電子対が H⁻を脱離基として押し出し，これが別分子のカルボニル基に付加する（図14・10）．たとえばピルビン酸は激しい筋肉運動の際に(S)-乳酸に変換される．この反応は乳酸脱水素酵素（乳酸デヒドロゲナーゼ）によって触媒される．

問題 14・16　o-フタルアルデヒドを塩基と反応させると，o-(ヒドロキシメチル)安息香酸が生じる．この反応の反応機構を示せ．

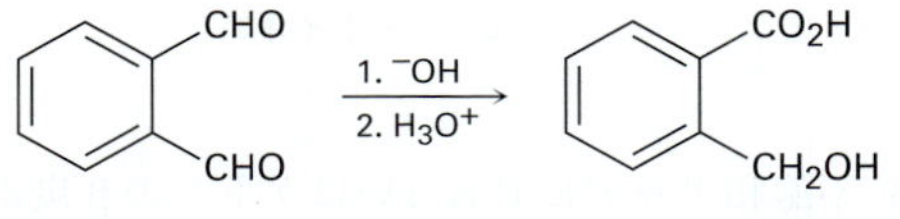

$$\text{1. }^-OH \quad \text{2. }H_3O^+$$

o-フタルアルデヒド　　　　o-(ヒドロキシメチル)安息香酸

問題 14・17　図14・10に示したピルビン酸還元反応の立体化学について考えよ．NADH は pro-R あるいは pro-S のどちらの水素原子を失うか．付加反応はピルビン酸の Si 面から起こるか，Re 面から起こるか（§5・11 参照）．

14・11 α,β-不飽和アルデヒドおよびケトンへの求核的共役付加反応

ここまで述べてきた反応はすべて求核剤のカルボニル基への直接的な付加反応，いわゆる **1,2 付加**（1,2-addition）であった．この直接付加（direct addition）と密接に関連した反応として，求核剤の α,β-不飽和アルデヒドあるいはケトンの C=C 結合への**共役付加**〔conjugate addition，**1,4 付加**（1,4-addition）ともいう〕がある．（カルボニル基に隣接する炭素原子はしばしば **α 炭素**（α carbon）とよばれ，その隣の炭素は **β 炭素**（β carbon），と順次よばれる．したがって α,β-**不飽和アルデヒド**あるいは α,β-**不飽和ケトン**はカルボニル基と共役した炭素−炭素二重結合をもつ．）共役付加反応の最初の生成物は共鳴安定化された**エノラートイオン**（enolate ion）であり，その後 α 炭素がプロトン化されると飽和アルデヒドあるいはケトンを生じる（図14・11）．

α,β-不飽和アルデヒドあるいはケトンへの求核剤の共役付加は，直接付加と同様の電子的な要因により起こる．α,β-不飽和カルボニル化合物の電気陰性度の高い酸素原子が β 炭素から電子をひきつけることにより，これを電子不足な状態とし，通常のアルケン炭素よりも求電子性を高める．

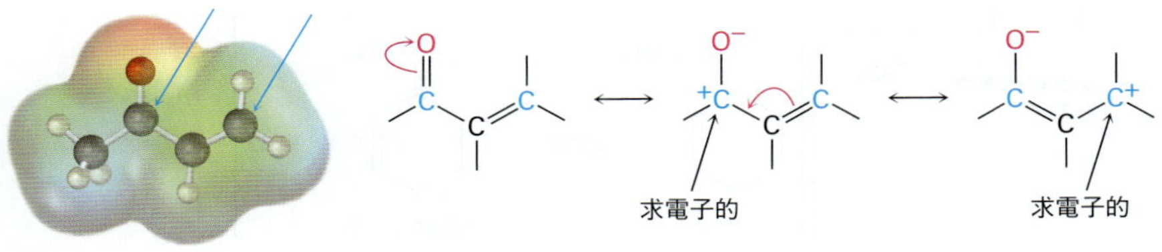

求電子的　　　　　　　求電子的

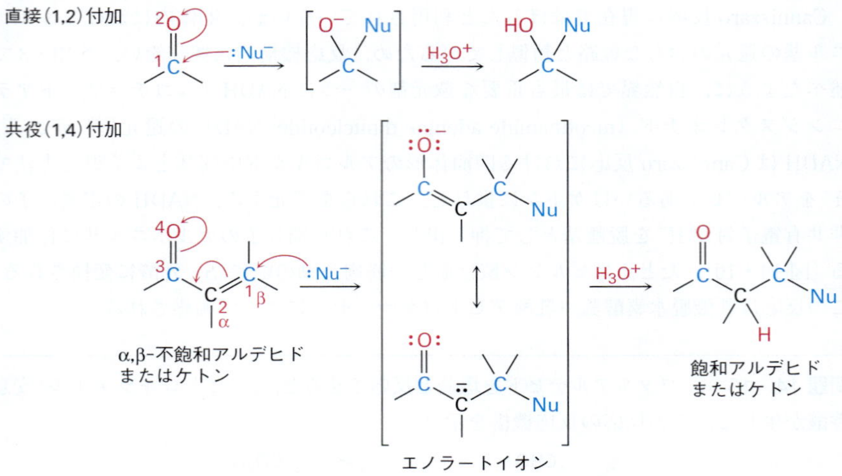

494　**14. アルデヒドとケトン：求核付加反応**

図 14・11　**求核的直接(1,2)付加と共役(1,4)付加の比較.** 共役付加では，求核剤は α,β-不飽和アルデヒドあるいはケトンの β 炭素に付加し，プロトン化は α 炭素で起こる.

直接(1,2)付加

共役(1,4)付加

α,β-不飽和アルデヒドまたはケトン

エノラートイオン

飽和アルデヒドまたはケトン

　前述したように α,β-不飽和アルデヒドあるいはケトンの β 炭素への求核剤の共役付加によりエノラートイオン中間体が生成し，これは α 炭素上でプロトン化され飽和生成物を与える（図 14・11）．実質的に求核剤の C＝C 結合への付加反応であり，カルボニル基そのものは変化していない．しかしもちろんカルボニル基は反応の進行に必須である．カルボニル基が存在しなければ C＝C 結合は活性化されず反応は起こらない.

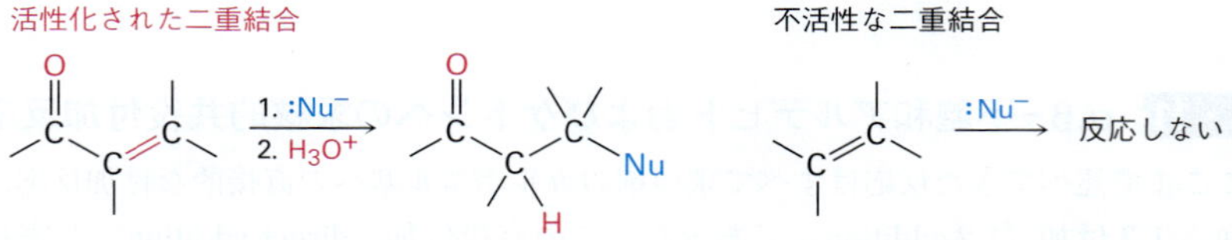

活性化された二重結合　　　　　　　　　　　　　不活性な二重結合

反応しない

アミンの共役付加

　第一級および第二級のアミンは α,β-不飽和アルデヒドおよびケトンに付加し，直接付加したイミンではなく共役付加した β-アミノアルデヒドおよびケトンを生じる．通常の反応条件下では両反応とも速やかに起こるが，反応は可逆的なので，しばしばより不安定な直接付加体の生成をまったく伴うことなく，より安定な共役付加体が選択的に生成する.

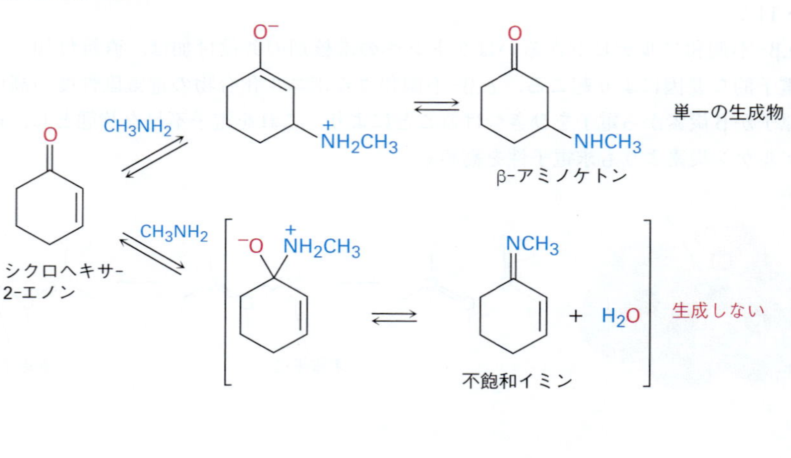

シクロヘキサ-2-エノン

β-アミノケトン

単一の生成物

不飽和イミン

生成しない

水の共役付加

水はα,β-不飽和アルデヒドおよびケトンに可逆的に付加し，β-ヒドロキシアルデヒドおよびケトンを生成することができる．ただし平衡は一般に飽和生成物よりも出発物の不飽和化合物の方に偏っている．関連するα,β-不飽和カルボン酸への水の共役付加は，多くの生体反応にみられる．一例として食物代謝のクエン酸回路では，*cis*-アコニット酸が水の共役付加によりイソクエン酸に変換される．

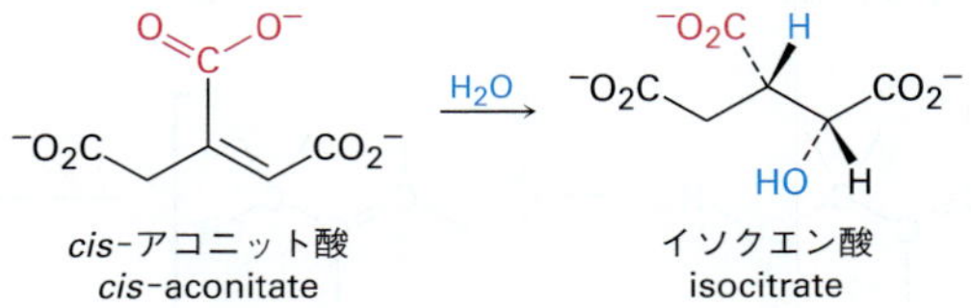
H_2O
cis-アコニット酸
cis-aconitate
イソクエン酸
isocitrate

アルキル基の共役付加

Grignard 反応剤の直接付加が非常に有用な 1,2 付加反応の一つであるのと同様に，アルキル基や他の有機基のα,β-不飽和ケトン（アルデヒドではない）への共役付加は，非常に有用な 1,4 付加反応の一つである．

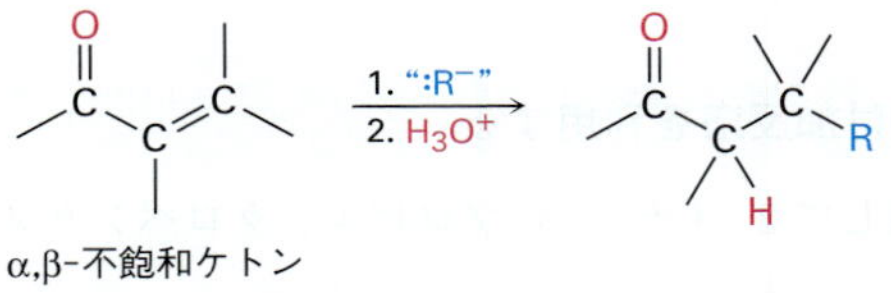
1. ":R⁻"
2. H_3O^+
α,β-不飽和ケトン

有機基の共役付加は，α,β-不飽和ケトンにジアルキル銅リチウム（Gilman 反応剤）R_2CuLi を作用させて行う．§12・5 で述べたように，ジアルキル銅リチウムはヨウ化銅(I) とその 2 倍モル量の有機リチウム RLi との反応により調製する．有機リチウムは Grignard 反応剤がマグネシウム金属と有機ハロゲン化物との反応で合成されるのと同様に，リチウム金属と有機ハロゲン化物との反応でつくられる．

$$RX \xrightarrow[\text{ペンタン}]{2\,Li} RLi + Li^+ X^-$$

$$2\,RLi \xrightarrow[\text{エーテル}]{CuI} Li^+(R\overset{-}{Cu}R) + Li^+ I^-$$

ジアルキル銅リチウム
（Gilman 反応剤）

第一級，第二級，そして第三級アルキル基でも，さらにはアリールおよびアルケニル基も共役付加が進行する．しかしアルキニル基は共役付加をほとんど起こさない．

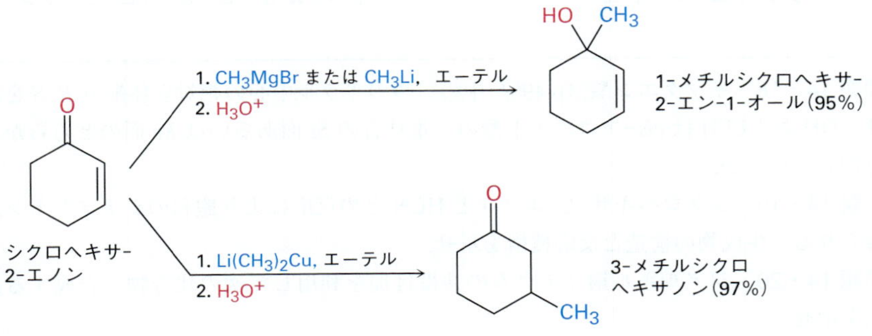
1. CH_3MgBr または CH_3Li，エーテル
2. H_3O^+
1-メチルシクロヘキサ-2-エン-1-オール(95%)
シクロヘキサ-2-エノン
1. $Li(CH_3)_2Cu$，エーテル
2. H_3O^+
3-メチルシクロヘキサノン(97%)

ジアルキル銅リチウムの特徴は，共役付加生成物を与えることができる点である．Grignard 反応剤や有機リチウムなどの他の有機金属化合物は普通 α,β-不飽和ケトンとの反応ではカルボニルへの直接付加体を与える．

この反応機構として，ジアルキル銅アニオン R_2Cu^- が不飽和ケトンへ求核的共役付加を起こし，銅を含んだ中間体を生じる過程を含むと考えられている．ここからさらに銅上の R 基が炭素に移動するとともに電荷をもたない有機銅化合物 RCu が脱離し，最終生成物が得られる．

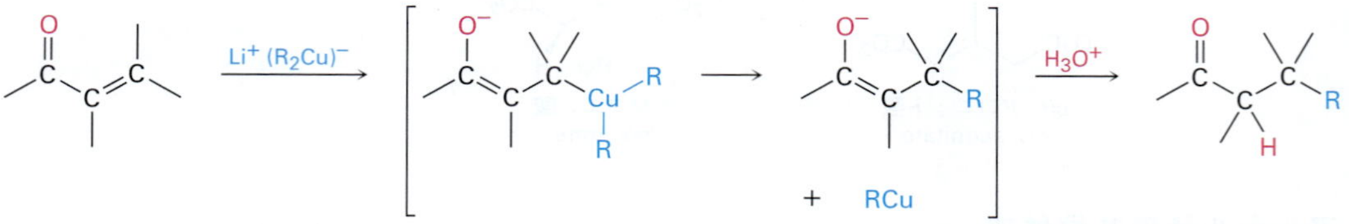
Li+ (R2Cu)−
Cu
R
+ RCu
H3O+
H

ジアルキル銅リチウムの反応に直接対応する反応は生化学の分野にはない．しかし §17・13 で，多くの生合成経路でさまざまな炭素求核剤の α,β-不飽和カルボニル化合物への共役付加反応が起こっていることについて述べる．

例題 14・4　共役付加反応を利用する

共役付加反応を利用して 2-メチル-3-プロピルシクロペンタノンを合成する方法を示せ．

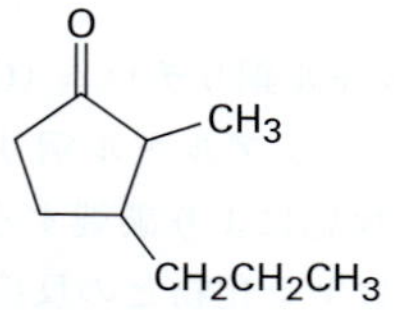
O
CH3
CH2CH2CH3

2-メチル-3-プロピルシクロペンタノン

考え方　β 位に置換基をもつケトンは，その置換基の α,β-不飽和ケトンへの共役付加により合成できる可能性がある．この例では，目的化合物は β 炭素にプロピル基が置換しており，したがって 2-メチルシクロペンタ-2-オンとジプロピル銅リチウムとの反応で合成可能である．

解　答

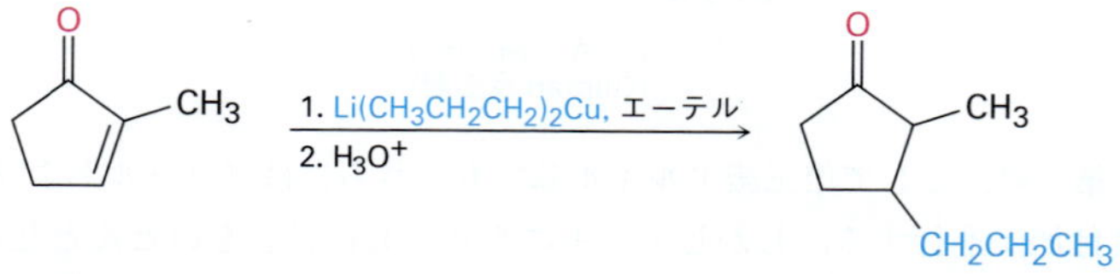
CH3
1. Li(CH3CH2CH2)2Cu, エーテル
2. H3O+
CH3
CH2CH2CH3

2-メチルシクロペンタ-2-エン　　2-メチル-3-プロピルシクロペンタノン

問題 14・18　イソクエン酸（p.495）中の二つのキラル中心の絶対立体配置 *R*, *S* を示せ．OH および H は *cis*-アコニット酸の二重結合の *Si* 面あるいは *Re* 面のどちらから付加しているか．

問題 14・19　シクロヘキサ-2-エノンと HCN との反応により飽和のシアノケトンが得られる．生成物の構造と反応機構を示せ．

問題 14・20　ジアルキル銅リチウムの共役付加を利用して次の化合物を合成する方法を示せ．

(a) CH₃CH₂CH₂CH₂COCH₃　(b) 3,3-ジメチルシクロヘキサノン　(c) 3-エチル-4-tert-ブチルシクロヘキサノン　(d) 8a-ビニルオクタヒドロナフタレン-2(1H)-オン

14・12　アルデヒドとケトンの分光法

赤外分光法

　ベンズアルデヒドおよびシクロヘキサノンのスペクトルが示すように，アルデヒドおよびケトンは1660〜1770 cm⁻¹の赤外（IR）領域に強いC＝O結合の吸収を示す（図14・12）．これに加えアルデヒドは二つの特徴的なC−H結合による吸収を2720〜2820 cm⁻¹の間に示す．

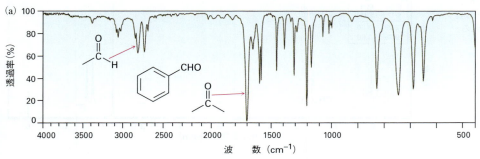

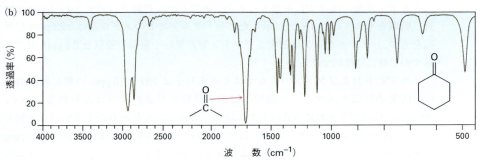

図 14・12　ベンズアルデヒド(a)とシクロヘキサノン(b)の赤外スペクトル

　C＝O吸収の正確な位置はカルボニル基の性質を反映している．表14・2のデータが示すように，飽和アルデヒドは通常赤外スペクトルでは1730 cm⁻¹付近にカルボニルの吸収を示す．しかし芳香環や二重結合がアルデヒドに共役すると25 cm⁻¹ほど低波数側にシフトし1705 cm⁻¹付近に吸収が現れる．飽和脂肪族ケトンとシクロヘキサノンはともに1715 cm⁻¹付近に吸収をもち，二重結合や芳香環が共役すると30 cm⁻¹ほど低波数にシフトし1685〜1690 cm⁻¹付近に吸収が現れる．環状ケトンの環員数が4あるいは5に減少すると，カルボニル基の結合角のひずみにより吸収位置が高波数側にシフトする．

表 14・2　アルデヒドおよびケトンの赤外吸収

カルボニルの種類	波数 (cm⁻¹)
飽和アルデヒド	1730
芳香族アルデヒド	1705
α,β-不飽和アルデヒド	1705
飽和ケトン	1715
シクロヘキサノン	1715
シクロペンタノン	1750
シクロブタノン	1785
芳香族ケトン	1690
α,β-不飽和ケトン	1685

問題 14・21　赤外スペクトルを用いてシクロヘキサ-2-エノンとジメチルアミンとの反応生成物が直接付加体か共役付加体かをどのように区別することができるか述べよ．

問題 14・22 次の化合物の赤外スペクトルでのカルボニル基の吸収位置を予想せよ.
(a) ペンタ-4-エン-2-オン
(b) ペンタ-3-エン-2-オン
(c) 2,2-ジメチルシクロペンタノン
(d) *m*-クロロベンズアルデヒド
(e) シクロヘキサ-3-エノン
(f) ヘキサ-2-エナール

核磁気共鳴分光法

アルデヒドプロトン RC*H*O は ^{1}H NMR スペクトルで 10 ppm 付近に吸収をもつ. この領域には他の吸収は存在しないので非常に特徴的である. アルデヒドプロトンは隣接する炭素上のプロトンとの間にスピン-スピンカップリングをもち, そのカップリング定数 *J* は 3 Hz 程度である. たとえばアセトアルデヒドのアルデヒドプロトンは 9.8 ppm に四重線として現れ, CHO 基の隣の炭素上に三つのプロトンが存在することを示している (図 14・13).

図 14・13 アセトアルデヒドの ^{1}H NMR. アルデヒドプロトンの吸収は 9.8 ppm に四重線として現れる.

化学シフト	相対面積比
2.23	3.00
9.79	1.00

カルボニル基に隣接する炭素上の水素原子はやや非遮蔽され通常 2.0〜2.3 ppm 付近に吸収をもつ. (図 14・13 に示したアセトアルデヒドのメチル基は 2.23 ppm に吸収をもつ.) メチルケトンは通常 3 プロトン分の鋭い一重線の吸収を 2.1 ppm 付近に示すので特に特徴的である.

アルデヒドおよびケトンのカルボニル炭素原子は 190〜215 ppm の間に特徴的な ^{13}C NMR の吸収を示す. この領域には他の種類の炭素の吸収はみられないので, 200 ppm 付近に ^{13}C NMR の吸収がある場合, カルボニル基が存在する明白な証拠となる. 脂肪族飽和アルデヒドあるいはケトンのカルボニル炭素は普通 200〜215 ppm に吸収が現れるのに対し, 芳香族および α,β-不飽和カルボニル化合物のカルボニル炭素は 190〜200 ppm に現れる.

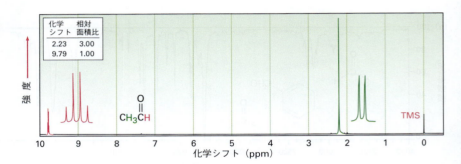

質量分析法

質量スペクトルでは, γ 位の炭素に水素原子をもつ脂肪族アルデヒドおよびケトンは **McLafferty 転位** (McLafferty rearrangement) とよばれる特徴的な開裂を起こす.

水素原子がγ炭素上からカルボニル酸素上に移動し，α炭素とβ炭素の間の結合が開裂し電荷をもたないアルケンフラグメントが生成する．電荷は酸素を含むフラグメント上に残る．

アルデヒドおよびケトンはカルボニル基とそのα炭素との間で，いわゆる **α開裂**（α cleavage）とよばれる結合開裂も起こす．これにより電荷をもたないラジカルと共鳴安定化されたアシルカチオンが生成する．

McLafferty 転位および α 開裂により生じるそれぞれのフラグメントイオンを，図 14・14 に示す 5-メチルヘキサン-2-オンの質量スペクトルに見ることができる．McLafferty 転位により 2-メチルプロペンが失われ $m/z = 58$ のフラグメントが生成す

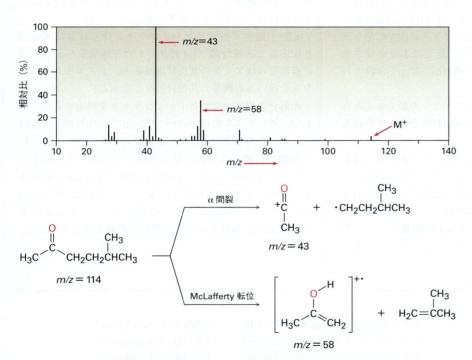

図 14・14 5-メチルヘキサン-2-オンの質量スペクトル．$m/z=58$ のピークは McLafferty 転位によるものである．$m/z=43$ の強いピークはカルボニル基のより置換基の多い側の α 開裂によるものである．分子イオンピークは非常に小さいことに注意してほしい．

る．α開裂はおもにカルボニル基のより置換基の多い側で起こり，$m/z = 43$ の $[CH_3CO]^+$ フラグメントを与える．

問題 14・23 次のそれぞれの異性体を質量スペクトルを用いてどのように区別することができるか述べよ．
(a) 3-メチルヘキサン-2-オンと4-メチルヘキサン-2-オン
(b) ヘプタン-3-オンとヘプタン-4-オン
(c) 2-メチルペンタナールと3-メチルペンタナール

問題 14・24 次の化合物に予想される赤外スペクトルのピークと質量スペクトルのピークを述べよ．

まとめ

アルデヒドおよびケトンは工業的にも生体内の反応においても，あらゆる化合物のなかでも最も重要な化合物群の一つである．本章では，これらの化合物の代表的な反応をいくつか学んだ．アルデヒドは通常フラスコ内では第一級アルコールの酸化かエステルの部分還元により合成される．ケトンは第二級アルコールの酸化によって合成される．

求核付加反応はアルデヒドおよびケトンの最もよくみられる反応様式である．さまざまな種類の化合物を求核付加によって合成することができる．アルデヒドおよびケトンは $NaBH_4$ や $LiAlH_4$ によって還元され，第一級あるいは第二級のアルコールをそれぞれ生じる．アルデヒドおよびケトンに Grignard 反応剤が付加するとそれぞれ第二級および第三級アルコールが生じる．第一級アミンはカルボニル化合物に付加して**イミン**あるいは **Schiff 塩基**を，第二級アミンは**エナミン**を生じる．アルコールはカルボニル基に付加して**アセタール**を生成し，これは保護基として有用である．**Wittig 反応**ではリンイリドはアルデヒドおよびケトンに付加してアルケンを生じる．

α,β-不飽和アルデヒドおよびケトンはしばしば求核剤と反応して**共役付加**（1,4 付加）した生成物を与える．特に有用なのはアミンの共役付加反応と，ジアルキル銅リチウムを用いる有機基の共役付加反応である．

赤外分光法はアルデヒドおよびケトンを同定するのに役立つ．カルボニル基は 1660～1770 cm^{-1} の赤外領域に吸収をもち，その正確な位置は分子内に存在するカルボニル基の種類を判別するのに有益な情報を与える．^{13}C NMR スペクトルもそのカルボニル炭素が 190～215 ppm に吸収をもつため，アルデヒドあるいはケトンの同定に有用である．アルデヒドおよびケトンは質量スペクトルでα開裂と McLafferty 転位という2種類の特徴的な開裂を起こす．

重要な用語

アシル基（acyl group）
アセタール（acetal） $R_2C(OR')_2$
アルデヒド（aldehyde） RCHO
イミン（imine） $R_2C=NR$
イリド（ylide）
Wittig 反応（Wittig reaction）
エナミン（enamine） $R_2N-CR=CR_2$
カルビノールアミン（carbinolamine）
求核付加反応（nucleophilic addition reaction）
共役付加（conjugate addition）
ケトン（ketone） $R_2C=O$
Schiff 塩基（Schiff base）
1,2 付加（1,2-addition）
1,4 付加（1,4-addition）
ヘミアセタール（hemiacetal）

科学談話室

エナンチオ選択的合成

ワイン樽の底にある酒石酸からつくられた物質は，エナンチオ選択的な反応を触媒する
Siegfried Layda/Photographer's Choice/Getty Images

アキラルな反応剤間での反応によりキラルな生成物が生じる場合，その生成物はラセミ体である．すなわち，生成物の両エナンチオマーが等量ずつ得られる．たとえばゲラニオールを m-クロロ過安息香酸を用いてエポキシ化するとアルケンの上面と下面から等しく反応が進行するため，$2S,3S$ 体と $2R,3R$ 体のエポキシドのラセミ体が得られる．

残念ながら，薬などの重要な化合物では，一方のエナンチオマーだけが望みの生理活性をもつのが普通である．他方のエナンチオマーは活性がないか，あるいは害を及ぼすことすらある．そのため現在，二つの可能なエナンチオマーのうち一方だけを合成する**エナンチオ選択的**（enantioselective）な合成手法[*1]の開発が活発に行われている．エナンチオ選択的な合成反応は非常に重要であるため，2001 年のノーベル化学賞は 3 人のこの分野の先駆者，William S. Knowles, K. Barry Sharpless, 野依良治に与えられた．

エナンチオ選択的な合成を行うための方法はいくつかあるが，最も効率的なのは，一時的に基質分子をキラルな環境中に取込むようなキラル触媒を用いる方法である．これは自然界で光学活性な酵素が反応を触媒しているのと同様の手法である．このようなキラルな環境中に取込まれると，基質は一方の面が他方の面よりも反応剤に対して開かれていて，一方のエナンチオマーが他方より過剰に生成する．たとえば右手でコーヒーを飲むためマグカップを手にとる場面を考えてほしい．マグカップ自身はアキラルだが，手に取ったとたんそれはキラルなものとなる．マグカップの一方の面は持っている人に面し，そこからコーヒーを飲むことができるが，他方の面は反対側を向いている．二つの面は異なり，一方の面は他方よりずっと口元に近づけやすい．

数千ものエナンチオ選択的な反応がいまでは知られており，そのうち最も有用な反応の一つがいわゆる Sharpless エポキシ化反応である．これはゲラニオールのようなアリルアルコールを，テトライソプロポキシチタンと，不斉補助剤として酒石酸ジエチル（diethyl tartrate: DET）存在下 t-ブチルヒドロペルオキシド（$(CH_3)_3C-OOH$）と反応させるものである．(R,R)-酒石酸を用いるとゲラニオールは 98% の選択性で $2S,3S$ のエポキシドに変換されるのに対し，(S,S)-酒石酸を用いるとエナンチオマーである $2R,3R$ のエポキシドが得られる．それぞれ生成物の 4% がラセミ体であり（2% の $2S,3S$ 体と 2% の $2R,3R$ 体からなる），96% が単一のエナンチオマーとして得られるという意味で，生成物が 96% の**エナンチオマー過剰率**（enantiomeric excess: ee，鏡像体過剰率ともいう）で得られたという表現をする[*2]．不斉触媒が作用する機構の詳細はやや複雑であるが，2 分子のチタンと 2 分子の酒石酸分子からなる光学活性な錯体が生成しているものと考えられている．

[*1] 訳注：不斉合成ともいう．特に反応に用いる光学活性体が触媒量の場合には，不斉触媒反応ともいう．

[*2] 訳注：たとえば 4% のラセミ体と 96% の単一のエナンチオマーの混合物，言い換えると 2% の $2S,3S$ 体と 98% の $2R,3R$ 体の混合物は 96% ee（96% のエナンチオマー過剰率）となる．

反応のまとめ

1. アルデヒドの合成

(a) 第一級アルコールの酸化（§13・5）

Dess-Martin ペルヨージナン / CH_2Cl_2

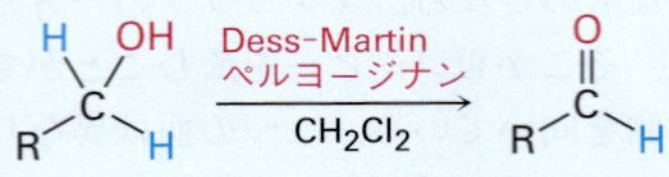

(b) エステルの部分還元（§14・2）

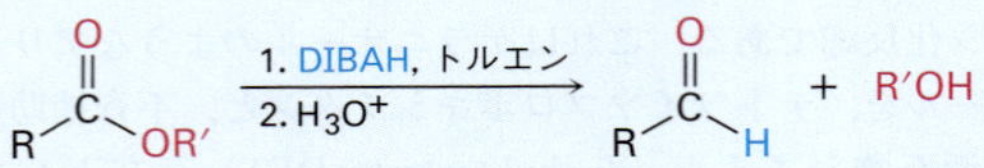

1. DIBAH, トルエン
2. H_3O^+
$+$ R′OH

2. ケトンの合成

(a) 第二級アルコールの酸化（§13・5）

ペルヨージナン または CrO_3

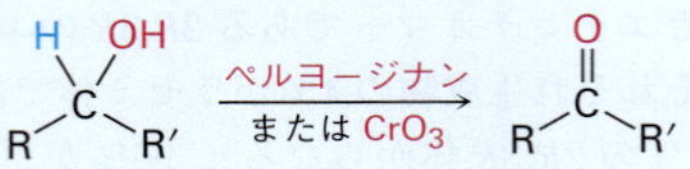

(b) Friedel-Crafts アシル化（§9・7）

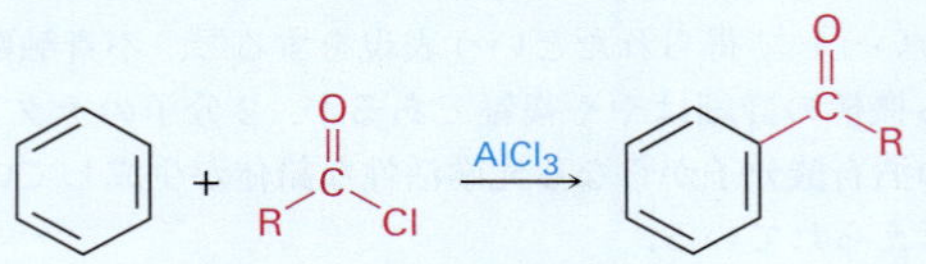

$AlCl_3$

3. アルデヒドの酸化（§14・3）

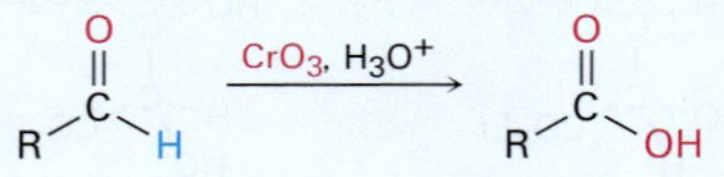

CrO_3, H_3O^+

4. アルデヒドおよびケトンへの求核付加反応

(a) ヒドリドの付加: 還元（§13・3 と §14・6）

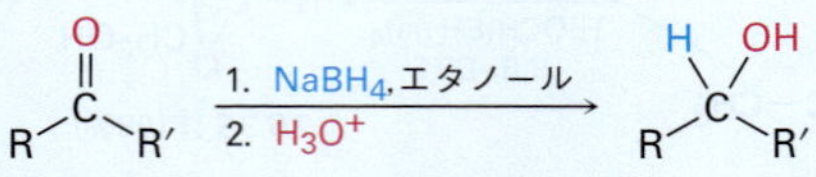

1. $NaBH_4$, エタノール
2. H_3O^+

(b) Grignard 反応剤の付加（§13・3 と §14・6）

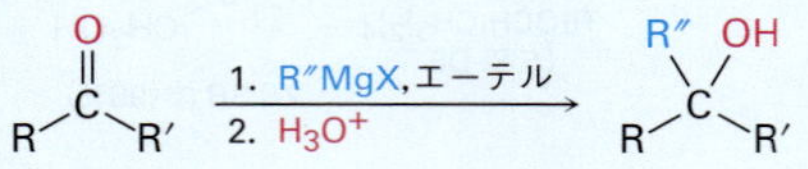

1. R″MgX, エーテル
2. H_3O^+

(c) 第一級アミンの付加によるイミン生成（§14・7）

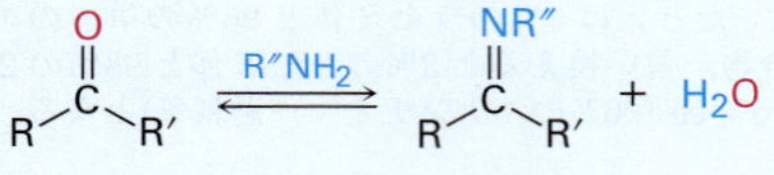

R″NH_2 / $+$ H_2O

(d) 第二級アミンの付加によるエナミン生成（§14・7）

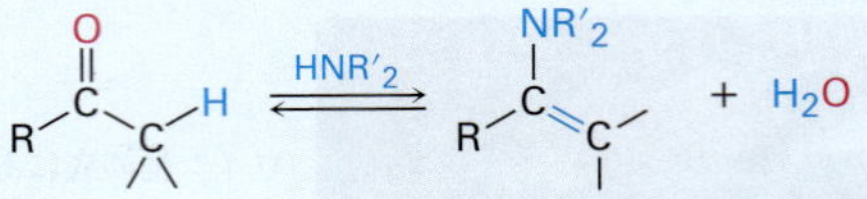

HNR'_2 / $+$ H_2O

(e) アルコールの付加によるアセタール生成（§14・8）

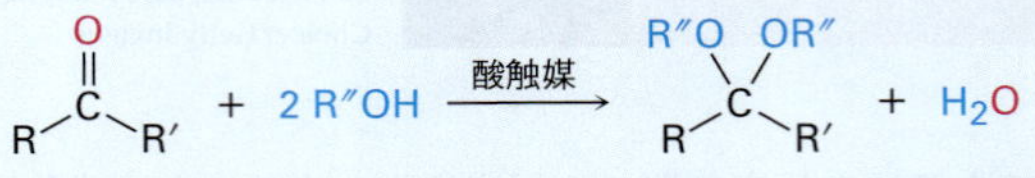

$+$ 2 R″OH 酸触媒 $+$ H_2O

(f) リンイリドの付加によるアルケン生成（Wittig 反応, §14・9）

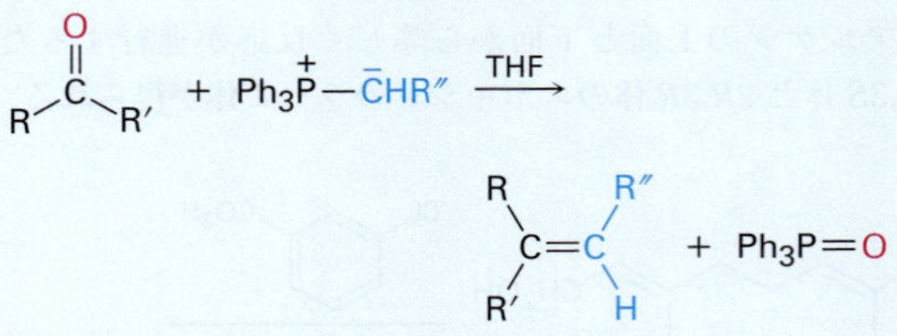

$+$ $Ph_3\overset{+}{P}-\overset{-}{C}HR''$ THF $+$ $Ph_3P{=}O$

5. α,β-不飽和アルデヒドおよびケトンへの共役付加（§14・11）

(a) アミンの共役付加

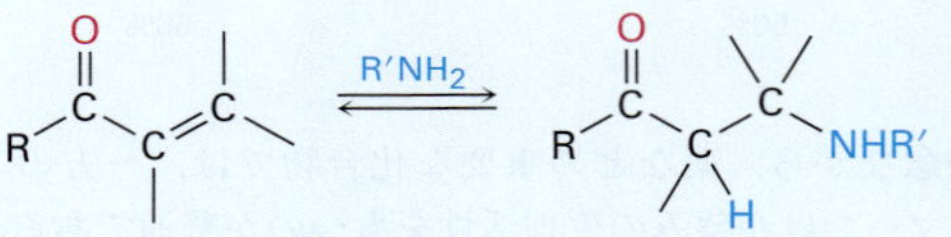

R′NH_2

(b) 水の共役付加

H_2O

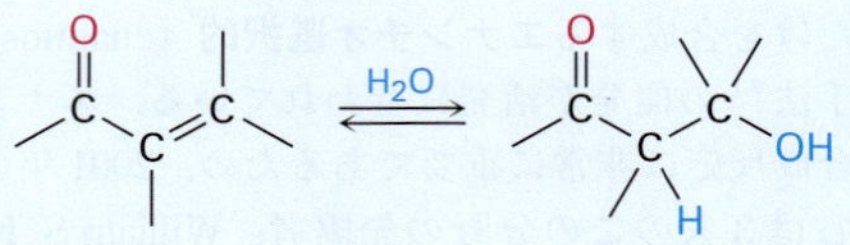

(c) アルキル基の共役付加

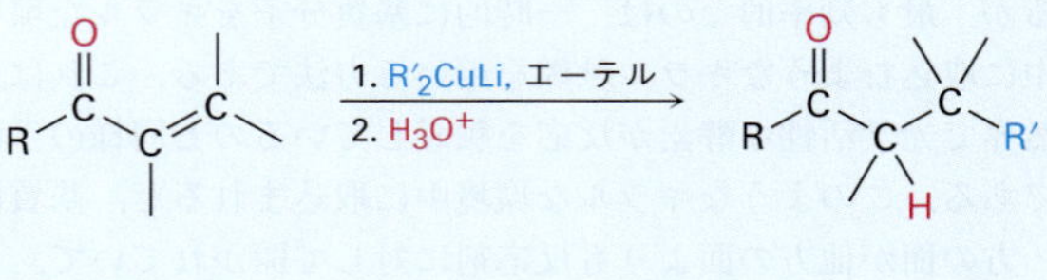

1. R′$_2$CuLi, エーテル
2. H_3O^+

演習問題

目で学ぶ化学

（問題 14・1～14・24 は本文中にある）

14・25 次に示す化合物はアルデヒドあるいはケトンと求核剤との求核付加反応によって合成することができる．それぞれの化合物を合成するために必要な出発物の構造を示せ．たとえば，化合物がアセタールの場合はカルボニル化合物とアルコールを，またイミンの場合はカルボニル化合物とアミンを示せ．

(a)　　　　　(b)

(c)　　　　　(d)

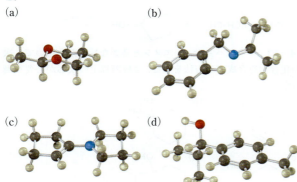

14・26 次に示す分子モデルは，求核剤のアルデヒドあるいはケトンへの付加により生じる四面体中間体を示している．出発物を示し，反応が完全に進行した場合の最終生成物の構造を示せ．

14・27 アセトンとジメチルアミンから合成されるエナミンの最安定配座を以下に示す．

(a) 窒素原子の幾何配置と混成を示せ．
(b) 非共有電子対は窒素原子のどの軌道に存在するか．
(c) 二重結合の p 軌道と窒素原子の非共有電子対を含む軌道との幾何学的な位置関係はどのようになっているか．この幾何配置が最安定配座であるのはなぜか．

14・28 アルデヒドあるいはケトンに HCN が求核付加した化合物はシアノヒドリンとよばれる．次に示すシアノヒドリンを合成するのに必要なカルボニル化合物の構造を書き，それを命名せよ．

追加問題

アルデヒドあるいはケトンの命名

14・29 次の化合物名をもつ化合物の構造式を書け．
(a) ブロモアセトン
(b) (S)-2-ヒドロキシプロパナール
(c) 2-メチルヘプタン-3-オン
(d) (2S,3R)-2,3,4-トリヒドロキシブタナール
(e) 2,2,4,4-テトラメチルペンタン-3-オン
(f) 4-メチルペンタ-3-エン-2-オン
(g) ブタンジアール
(h) 3-フェニルプロパ-2-エナール
(i) 6,6-ジメチルシクロヘキサ-2,4-ジエノン
(j) p-ニトロアセトフェノン

14・30 $C_5H_{10}O$ の分子式をもつアルデヒドとケトンを 7 種示し，命名せよ．また，キラルであるものはどれか．

14・31 次の化合物の IUPAC 名を示せ．

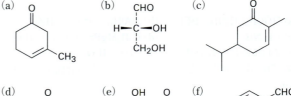

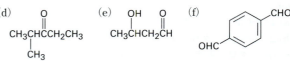

14・32 次の条件を満たす化合物の構造を示せ．
(a) α,β-不飽和ケトン C_6H_8O　　(b) α-ジケトン
(c) 芳香族ケトン $C_9H_{10}O$
(d) ジエンアルデヒド C_7H_8O

アルデヒドおよびケトンの反応

14・33 1) フェニルアセトアルデヒド，および 2) アセトフェノンと次の反応剤との生成物を予想せよ．
(a) $NaBH_4$，つづいて H_3O^+
(b) 2 倍モル量の CH_3OH，HCl 触媒
(c) $NH_2CH(CH_3)_2$，HCl 触媒
(d) CH_3MgBr，つづいて H_3O^+

14・34 アルデヒドあるいはケトンとの Grignard 反応を利用して次の化合物を合成する方法を示せ．
(a) ペンタン-2-オール　　(b) ブタン-1-オール
(c) 1-フェニルシクロヘキサノール

(d) ジフェニルメタノール

14・35 次のアルケンをWittig反応を利用して合成するにはどうすればよいか. それぞれの場合に必要なハロゲン化アルキルとカルボニル化合物を示せ.

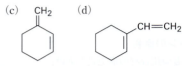

14・36 ベンズアルデヒドと必要な反応剤を用いて次の化合物を合成する方法を示せ.

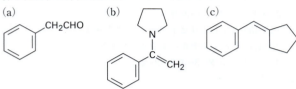

14・37 カルボンはスペアミント油の主成分である. カルボンと次の反応剤より得られる生成物を示せ.

カルボン carvone

(a) HOCH₂CH₂OH, HCl   (b) LiAlH₄, つづいて H₃O⁺
(c) CH₃NH₂   (d) C₆H₅MgBr, つづいて H₃O⁺
(e) 2倍モル量の H₂/Pd   (f) CrO₃, H₃O⁺

14・38 次の化合物をシクロヘキサノンから合成する方法を示せ.
(a) 1-メチルシクロヘキセン
(b) 2-フェニルシクロヘキサノン
(c) cis-シクロヘキサン-1,2-ジオール
(d) 1-シクロヘキシルシクロヘキサノール

14・39 次に示す二つの反応をそれぞれ選択的に行う方法を示せ. 二つのうちの一つは保護する段階が必要である. (§14・4で述べたように, アルデヒドはケトンより求核付加反応に対する反応性が高いことを思い出そう.)

(a) CH₃CCH₂CH₂CH₂CH → CH₃CCH₂CH₂CH₂CH₂OH
(b) CH₃CCH₂CH₂CH → CH₃CHCH₂CH₂CH

14・40 アセトンに対する付加反応で次の生成物を与える求核剤を示せ.
(a) OH / CH₃CHCH₃ (b) OH / (CH₃)₂CCH₃ (CH₃下) (c) NCH₃ / CH₃CCH₃ (d) OH / CH₃CCH₃ (SCH₃下)

14・41 臭化フェニルマグネシウムと次に示す反応剤との反応で得られる生成物を示せ.
(a) CH₂O   (b) ベンゾフェノン C₆H₅COC₆H₅
(c) ペンタン-3-オン

14・42 次の反応で中間体として生成するヘミアセタール, および最終生成物のアセタールの構造を示せ.
(a) C₆H₅COCH₃ + CH₃CH(OH)CH₃ →(H⁺触媒)
(b) CH₃CH₂CCH₂CH₃ + シクロペンタノール →(H⁺触媒)

14・43 シクロヘキサ-2-エノンと必要な反応剤を用いて, 次の化合物を合成する方法を示せ. 2段階以上の反応が必要な場合がある.
(a) シクロヘキセン
(b) 1-メチルシクロヘキサノール
(c) シクロヘキサノール
(d) 1-フェニルシクロヘキサ-2-エノール

14・44 アルデヒドあるいはケトンとのGrignard反応により次のアルコールを合成する方法を示せ. すべての可能な方法を示すこと.
(a) CH₃CH(CH₃)CH₂CH₂CH₂OH
(b) 1-シクロヘキシルエタノール
(c) CH₃CH₂CH(OH)CH=CHCH₃

14・45 問題14・44で示したアルコールの中で, カルボニル化合物の還元により得ることができるものはどれか. それぞれにつき, 還元反応に用いるカルボニル化合物を示せ.

14・46 次に示す反応剤のシクロヘキサ-2-エノンへの共役付加反応生成物を示せ.
(a) H₂O   (b) NH₃   (c) CH₃OH   (d) CH₃CH₂SH

アルデヒドとケトンの分光法

14・47 次の化合物のカルボニル基の赤外吸収の位置を予想せよ.

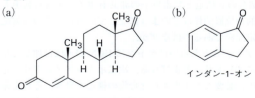

アンドロスタ-4-エン-3,17-ジオン / インダン-1-オン

(c), (d)

14・48 酸触媒を用いた 3-ヒドロキシ-3-フェニルシクロヘキサノンの脱水反応により不飽和ケトンが得られる．この際，生成する可能性のある二つの構造を示せ．それぞれ赤外スペクトルでカルボニルの吸収はどの位置に現れるか．実際の生成物が 1670 cm^{-1} に吸収を示したとすると，どちらの構造が正しいか．

14・49 分子量 86 の化合物 **A** は赤外吸収を 1730 cm^{-1} にもち，9.7 ppm（1H，一重線）と 1.2 ppm（9H，一重線）の単純な ^{1}H NMR スペクトルを示す．化合物 **A** の構造を示せ．

14・50 化合物 **B** は化合物 **A**（問題 14・49）の異性体であり，赤外吸収を 1715 cm^{-1} にもつ．化合物 **B** の ^{1}H NMR スペクトルは，2.4 ppm（1H，七重線，$J=7$ Hz），2.1 ppm（3H，一重線），1.2 ppm（6H，二重線，$J=7$ Hz）にピークをもつ．化合物 **B** の構造を示せ．

14・51 下に示すスペクトルは分子式 $C_9H_{10}O$ をもつ化合物の ^{1}H NMR スペクトルである．この化合物は赤外吸収を 1690 cm^{-1} に示す．この化合物の構造を示せ．

総合問題

14・52 酸触媒存在下で 4-ヒドロキシブタナールをメタノールと反応させると，2-メトキシテトラヒドロフランが得られる．反応機構を示せ．

HOCH$_2$CH$_2$CH$_2$CHO $\xrightarrow[\text{HCl}]{\text{CH}_3\text{OH}}$ [構造]

14・53 脂肪代謝経路の 1 段階に不飽和アシル CoA と水との反応により β-ヒドロキシアシル CoA が生成する反応がある．反応機構を示せ．

RCH$_2$CH$_2$CH=CHCSCoA $\xrightarrow{\text{H}_2\text{O}}$ RCH$_2$CH$_2$CH(OH)-CH$_2$CSCoA

不飽和アシル CoA　　β-ヒドロキシアシル CoA

14・54 アミノ酸のメチオニンは，ピリドキサールリン酸（PLP，§ 14・7 参照）のイミンから不飽和イミンが生成し，これがさらにシステインと反応する段階を含んだ多段階の経路によって生合成されている．この二つの段階でどのような反応が起こっているか説明せよ．

O-スクシニルホモセリン-PLP イミン → 不飽和イミン

システイン →

14・55 （ジブロモメチル）ベンゼン $C_6H_5CHBr_2$ の NaOH との S_N2 反応では，（ジヒドロキシメチル）ベンゼン $C_6H_5CH(OH)_2$ ではなくベンズアルデヒドが生成する．その理由を説明せよ．

14・56 ブタン-2-オンと臭化フェニルマグネシウムとの反応によりキラルな化合物が生成する．生成物の立体化学を示せ．また，これは光学活性か．

14・57 アルデヒドおよびケトンは，アルコールと反応してアセタールを生成するのと同様に，チオールと反応してチオアセタール（thioacetal）を生成する．次の反応の生成物を示し，反応機構を説明せよ．

シクロペンタノン + 2 CH$_3$CH$_2$SH $\xrightarrow{\text{H}^+\text{ 触媒}}$?

14・58 ベンジル酸転位（benzilic acid rearrangement）では α-ジケトンは塩基と反応して Cannizzaro 反応と同様の反応により転位生成物であるヒドロキシカルボン酸を与える．反応機構を示せ．

問題 14・51 スペクトル図

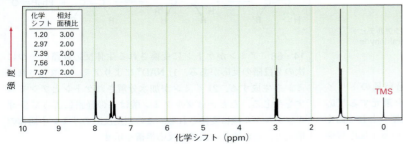

化学シフト	相対面積比
1.20	3.00
2.97	2.00
7.39	2.00
7.56	1.00
7.97	2.00

506   14. アルデヒドとケトン: 求核付加反応

ベンジル → [1. NaOH, H₂O 2. H₃O⁺] → **ベンジル酸**

14・59 ケトンはジメチルスルホニウムメチリドと反応してエポキシドを生成する. 反応はまず求核付加反応から始まり, つづいて S_N2 反応が起こる. 反応機構を示せ.

（シクロヘキサノン） + $\overset{..}{C}H_2\overset{+}{S}(CH_3)_2$ （ジメチルスルホニウムメチリド） → [DMSO 溶媒] → （エポキシド） + $(CH_3)_2S$

14・60 アルコールをジヒドロピランと反応させるとテトラヒドロピラニルエーテルとよばれるアセタールを生成する. 反応機構を示せ.

ジヒドロピラン + ROH → [H₂SO₄ 触媒] → テトラヒドロピラニルエーテル（O–OR）

14・61 タモキシフェンは乳がんの治療に用いられる薬である. ベンゼンと次に示すケトン, そして必要な反応剤とからタモキシフェンを合成する方法を考えよ.

$(CH_3)_2NCH_2CH_2O$ ... C=O →[?]→ $(CH_3)_2NCH_2CH_2O$ ... C=C（CH₂CH₃）

タモキシフェン tamoxifen

14・62 鎮静作用をもち催眠剤であるパラアルデヒドは, アセトアルデヒドに酸触媒を作用させることにより合成される. その反応機構を示せ.

3 CH₃CH(=O) → [H⁺ 触媒] → パラアルデヒド paraldehyde

14・63 メーヤワイン ボンドルフ バーレー Meerwein–Ponndorf–Verley 反応は過剰量のトリイソプロポキシアルミニウムを用いてケトンを還元する反応である. この反応の機構はヒドリドイオンが脱離基として働くという点で Cannizzaro 反応と密接に関連している. 反応機構

を示せ.

（シクロヘキサノン） → [1. $[(CH_3)_2CHO]_3Al$ 2. H₃O⁺] → （シクロヘキサノール, HO–H） + CH_3COCH_3

14・64 ヒドラジンとペンタン–2,4–ジオンから 3,5–ジメチルピラゾールが生成する反応機構を示せ. 出発物から生成物に至る間にそれぞれのカルボニル炭素に何が起こっているか.

$CH_3CH_2CCH_3$（ペンタン–2,4–ジオン, O=C C=O） → [H_2NNH_2, H⁺] → 3,5–ジメチルピラゾール（CH₃, N–H, H₃C）

14・65 問題 14・64 の答えを参考にして, ヒドロキシルアミン NH₂OH とペンタン–2,4–ジオンから 3,5–ジメチルイソオキサゾールが生成する反応機構を示せ.

3,5–ジメチルイソオキサゾール（CH₃, O, N, H₃C）

14・66 α,β–不飽和ケトンに塩基性条件下, 過酸化水素水溶液を作用させるとエポキシケトンが得られる. この反応は不飽和ケトンに特異的な反応で, まず共役付加反応, つづいて S_N2 反応が進行している. 反応機構を示せ.

（シクロヘキセノン） → [H_2O_2, NaOH, H₂O] → （エポキシシクロヘキサノン）

14・67 トランス形アルケンはエポキシ化, つづいてエポキシドにトリフェニルホスフィンを作用させることによりシス形アルケンに変換することができる. エポキシドからアルケンへの変換の反応機構を示せ.

$\overset{R}{\underset{H}{}}C=C\overset{H}{\underset{R'}{}}$ → [RCO₃H] → （エポキシド R, R'） → [Ph₃P] → $\overset{H}{\underset{H}{}}C=C\overset{H}{\underset{R'}{}}$ + Ph₃P=O

14・68 アミンがケトンに変換される生体反応経路の一つに次の 2 段階の反応がある. 1) NAD⁺によりアミンが酸化されイミンを生成する, 2) イミンが加水分解されケトンとアンモニアを生じる. たとえばグルタミン酸はこの経路によって 2–オキソグルタル酸に変換される. この変換反応のイミン中間体の構造と, それぞれの段階の反応機構を示せ.

14・69 下に示すスペクトルは問題 14・51 の化合物の異性体の ^{1}H NMR スペクトルである．この化合物は赤外吸収を 1730 cm^{-1} に示す．この化合物の構造を示せ．（注意：アルデヒドプロトン CHO は隣接する水素原子とのカップリング定数が非常に小さいため，カップリングが明確でないことがしばしばある．）

14・70 次のスペクトルを示す分子の構造を示せ．DEPT-NMR により決定した炭素の種類（第一級，第二級，第三級，第四級）を（ ）内に示す．

(a) $C_6H_{12}O$
　　IR：1715 cm^{-1}
　　^{13}C NMR：8.0 ppm (1°), 18.5 ppm (1°), 33.5 ppm (2°),
　　　　　　　　40.6 ppm (3°), 214.0 ppm (4°)

(b) $C_5H_{10}O$
　　IR：1730 cm^{-1}
　　^{13}C NMR：22.6 ppm (1°), 23.6 ppm (3°), 52.8 ppm (2°),
　　　　　　　　202.4 ppm (3°)

(c) C_6H_8O
　　IR：1680 cm^{-1}
　　^{13}C NMR：22.9 ppm (2°), 25.8 ppm (2°), 38.2 ppm (2°),
　　　　　　　　129.8 ppm (3°), 150.6 ppm (3°), 198.7 ppm (4°)

14・71 分子式 $C_8H_{10}O_2$ をもつ化合物 A は強い赤外吸収を 1750 cm^{-1} に示し，下に示す ^{13}C NMR スペクトルを与える．化合物 A の構造を示せ．

14・72 次ページに示す ^{1}H NMR スペクトルを示すアルデヒドあるいはケトンの構造を示せ．

14・73 第一級アミンはエステルと反応してアミドを与える．
$$RCO_2R' + R''NH_2 \rightarrow RCONHR'' + R'OH$$
次の α,β-不飽和エステルの反応の機構を示せ．

14・74 純粋な α-グルコースの結晶を水に溶かすと異性化がゆっくりと起こって β-グルコースが生成する．この異性化の反応機構を示せ．

14・75 グルコース（問題 14・74）を NaBH$_4$ と反応させると，食品添加剤としてよく利用されているポリアルコールであるソルビトールが生成する．この還元反応がどのようにして進行するか説明せよ．

問題 14・69 スペクトル図

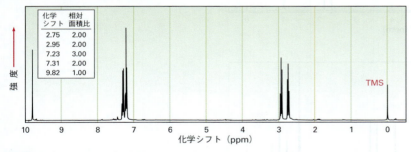

問題 14・71 スペクトル図

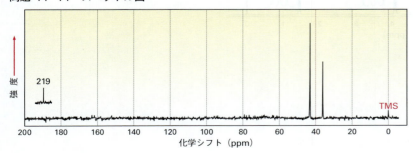

14. アルデヒドとケトン：求核付加反応

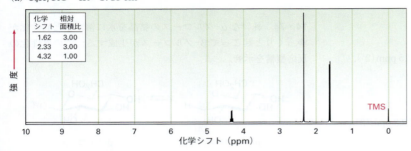

グルコース　　　　　　　　　　　　ソルビトール sorbitol

2-ピリジンカルバルデヒド　　　　　　　　　ヨウ化プラリドキシム

14・76　ヨウ化プラリドキシムは殺虫剤による中毒に対する解毒剤として一般に用いられている．この化合物は 2-ピリジンカルバルデヒドから 2 段階で合成されている．
(a) ヒドロキシルアミン NH_2OH と 2-ピリジンカルバルデヒドとの反応の機構を示し，化合物 A の構造を示せ．
(b) 化合物 A とヨウ化メチルとの反応によりヨウ化プラリドキシムを与える反応は S_N2 反応である．反応機構を示せ．

問題 14・72　スペクトル図

(a) C_4H_7ClO　IR：1715 cm^{-1}

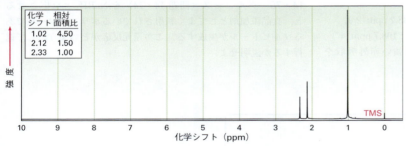

化学シフト	相対面積比
1.62	3.00
2.33	3.00
4.32	1.00

(b) $C_7H_{14}O$　IR：1710 cm^{-1}

化学シフト	相対面積比
1.02	4.50
2.12	1.50
2.33	1.00

(c) $C_9H_{10}O_2$　IR：1695 cm^{-1}

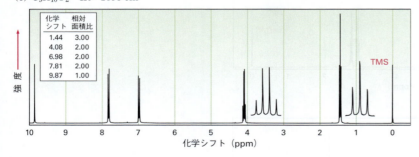

化学シフト	相対面積比
1.44	3.00
4.08	2.00
6.98	2.00
7.81	2.00
9.87	1.00

15

カルボン酸とニトリル

15・1 カルボン酸およびニトリルの命名法
15・2 カルボン酸の構造と性質
15・3 生体内に存在するカルボン酸とHenderson–Hasselbalchの式
15・4 酸性度に対する置換基効果
15・5 カルボン酸の合成
15・6 カルボン酸の反応：概論
15・7 ニトリルの化学
15・8 カルボン酸とニトリルの分光法

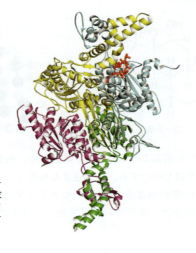

アセチルCoAカルボキシラーゼは，脂肪酸生合成の最初の段階である，アセチルCoAをカルボキシ化しマロニルCoAを与える反応を触媒する

本章の目的　カルボン酸は多くの工業生産工程やほとんどの生合成経路に存在し，他のカルボン酸誘導体が合成される際の出発物となる．したがって，その性質と反応性の理解は生化学を理解するうえで必須である．本章では，カルボン酸とこれと密接に関連のあるニトリル RC≡N の両者について述べる．次章ではカルボン酸誘導体について解説する．

カルボン酸（carboxylic acid）RCO_2H は，生体内においてもフラスコ内においてもカルボニル化合物のなかで中心的な位置を占めている化合物である．カルボン酸は生合成経路の大多数に存在し，酸塩化物，エステル，アミド，チオエステル，そしてアシルリン酸などさまざまな**カルボン酸誘導体**（carboxylic acid derivative）を合成する際の出発物となっている．

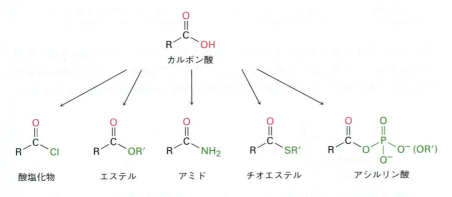

自然界には非常に多くのカルボン酸がある．酢酸 CH_3CO_2H は酢の主要な有機成分である．ブタン酸（酪酸）$CH_3CH_2CH_2CO_2H$ は，発酵バターのいやな（変質した）

においの主因である．ヘキサン酸（hexanoic acid）$CH_3(CH_2)_4CO_2H$ は，ヤギや汚れた靴下の悪臭のもとである〔ヘキサン酸は古くはカプロン酸（caproic acid）とよばれた．これは"ヤギ"を意味するラテン語の caper に由来する〕．他にも，ヒトの胆汁の主成分であるコール酸（cholic acid）や，脂肪の生合成前駆体であり植物油であるパルミチン酸（palmitic acid）$CH_3(CH_2)_{14}CO_2H$ のような長鎖脂肪酸などがある．

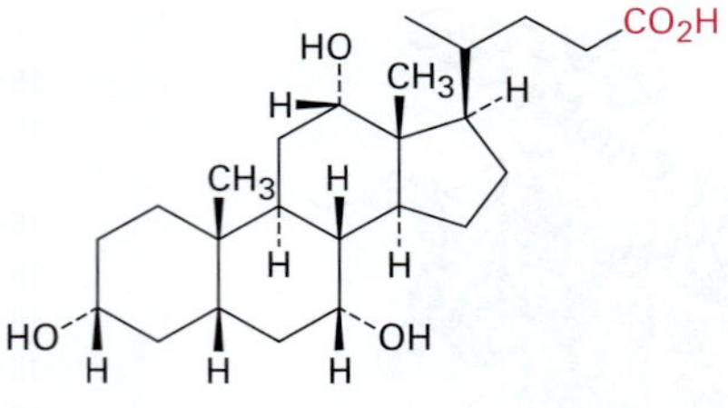

コール酸

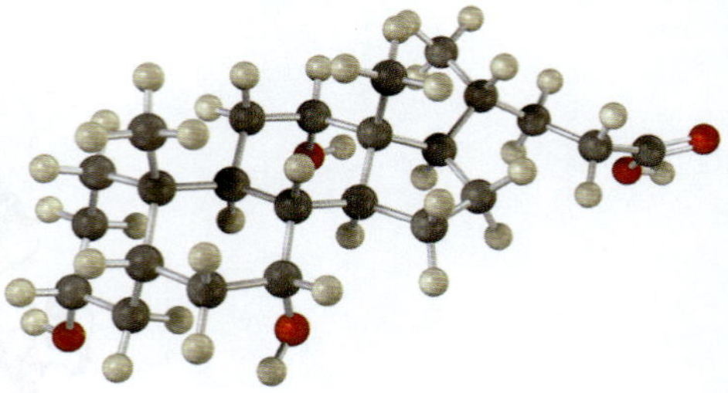

世界中で年間およそ500万トンの酢酸が，塗料や接着剤に用いられるポリ酢酸ビニルの合成をはじめとする，さまざまな用途のために生産されている．工業的に生産されている酢酸のおよそ20％がアセトアルデヒドの酸化により得られている．残り80％の大部分は，ロジウム触媒を用いてメタノールと一酸化炭素から合成されている．

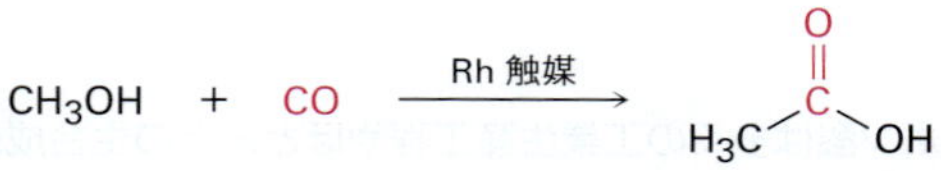

$$CH_3OH \ + \ CO \ \xrightarrow{\text{Rh 触媒}} \ H_3C\text{-}\overset{O}{\overset{\|}{C}}\text{-}OH$$

15・1 カルボン酸およびニトリルの命名法

カルボン酸 RCO_2H

鎖状アルカン由来の単純なカルボン酸は，対応するアルカンの名称の後に –酸をつける（英語名では末尾の -e を -oic acid に置き換える）ことにより系統的に命名する．$–CO_2H$ の炭素原子を C1 とする．

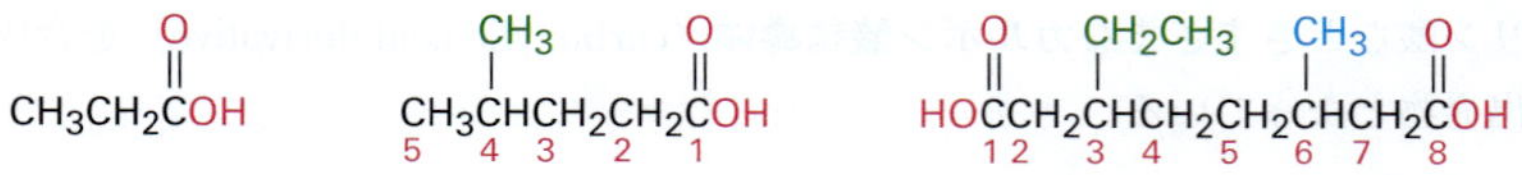

プロパン酸
propanoic acid

4-メチルペンタン酸
4-methylpentanoic acid

3-エチル-6-メチルオクタン二酸
3-ethyl-6-methyloctanedioic acid

環に結合した CO_2H 基をもつ化合物は接尾語 –カルボン酸（-carboxylic acid）を用いて命名する．この場合は CO_2H が結合している炭素を C1 とし，それ自身は番号づけされない．置換基としては CO_2H 基は**カルボキシ基**（carboxyl group）とよばれる．

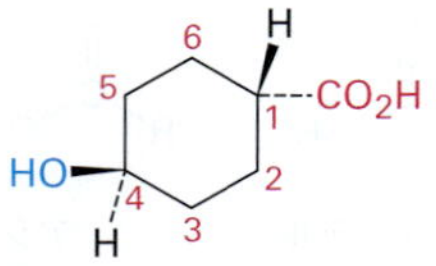

trans-4-ヒドロキシシクロヘキサンカルボン酸
trans-4-hydroxycyclohexanecarboxylic acid

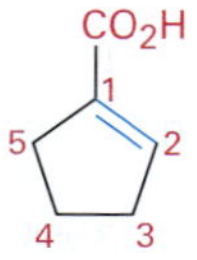

シクロペンタ-1-エンカルボン酸
cyclopent-1-enecarboxylic acid
〔 1-シクロペンテンカルボン酸 〕
〔 1-cyclopentenecarboxylic acid 〕

下段の〔　〕内は IUPAC 1993 年勧告以前の命名法による名称

15・1 カルボン酸およびニトリルの命名法 511

表 15・1 代表的なカルボン酸およびアシル基の名称

構　造	慣用名	アシル基名	構　造	慣用名	アシル基名
HCO_2H	ギ 酸 formic acid	ホルミル formyl	$HOCH_2CO_2H$	グリコール酸 glycolic acid	グリコロイル glycoloyl
CH_3CO_2H	酢 酸 acetic acid	アセチル acetyl	$\underset{|}{\overset{OH}{CH_3CHCO_2H}}$	乳 酸 lactic acid	ラクチル lactoyl
$CH_3CH_2CO_2H$	プロピオン酸 propionic acid	プロピオニル propionyl	$\underset{||}{\overset{O}{CH_3CCO_2H}}$	ピルビン酸 pyruvic acid	ピルボイル pyruvoyl
$CH_3CH_2CH_2CO_2H$	酪 酸 butyric acid	ブチリル butyryl	$\underset{|}{\overset{OH}{HOCH_2CHCO_2H}}$	グリセリン酸 glyceric acid	グリセロイル glyceroyl
HO_2CCO_2H	シュウ酸 oxalic acid	オキサリル oxalyl	$\underset{|}{\overset{OH}{HO_2CCHCH_2CO_2H}}$	リンゴ酸 malic acid	マロイル maloyl
$HO_2CCH_2CO_2H$	マロン酸 malonic acid	マロニル malonyl	$\underset{||}{\overset{O}{HO_2CCCH_2CO_2H}}$	オキサロ酢酸 oxaloacetic acid	オキサロアセチル oxaloacetyl
$HO_2CCH_2CH_2CO_2H$	コハク酸 succinic acid	スクシニル succinyl	ベンゼン環-CO_2H	安息香酸 benzoic acid	ベンゾイル benzoyl
$HO_2CCH_2CH_2CH_2CO_2H$	グルタル酸 glutaric acid	グルタリル glutaryl	ベンゼン環-CO_2H, CO_2H	フタル酸 phthalic acid	フタロイル phthaloyl
$HO_2CCH_2CH_2CH_2CH_2CO_2H$	アジピン酸 adipic acid	アジポイル adipoyl			
$H_2C{=}CHCO_2H$	アクリル酸 acrylic acid	アクリロイル acryloyl			
$HO_2CCH{=}CHCO_2H$	マレイン酸 (*cis*) maleic acid	マレオイル maleoyl			
	フマル酸 (*trans*) fumaric acid	フマロイル fumaroyl			

　カルボン酸は有機化学の歴史の初期に単離精製された有機化合物群に多く存在するため，非常に多くの慣用名がある（表 15・1）．生化学者はこれらの慣用名をしばしば用いるので，必要に応じてこの表を参照してほしい．本書では，IUPAC で認められているギ酸（メタン酸）や酢酸（エタン酸）など数例を除いて系統名を用いる．

　表 15・1 には，カルボン酸に由来するアシル基の慣用名も示してある．表の上部に示した慣用名として末尾に －イル（-yl）をもつ八つの例を除いて，アシル基は末尾を －オイル（-oyl）に変えて系統的に命名する．

ニトリル RC≡N

　シアノ基 －C≡N をもつ化合物はニトリル（nitrile）とよばれ，カルボン酸と類似した化学的性質をもつ．単純な鎖状のニトリルは，アルカンの化合物名に接尾語 －ニトリル（-nitrile）をつけ加えることによって命名する．この際ニトリルの炭素を C1 とする．

$$\underset{\overset{}{5\ \ 4\ \ 3\ \ 2\ \ 1}}{CH_3\overset{\overset{\displaystyle CH_3}{|}}{CH}CH_2CH_2CN}$$

4-メチルペンタンニトリル
4-methylpentanenitrile

　ニトリルはカルボン酸の －酸（-ic acid あるいは -oic acid）で終わる化合物名を －ニトリル（-onitrile）に，あるいは －カルボン酸（-carboxylic acid）で終わる化合物名を －カルボニトリル（-carbonitrile）に置き換えることによりカルボン酸誘導体として命名することもできる．環に結合した C≡N 基をもつ化合物の場合，ニトリルの炭素原子が結合している炭素を C1 とし，それ自身は番号をつけない．

512   15. カルボン酸とニトリル

$CH_3C{\equiv}N$

アセトニトリル
acetonitrile
（酢酸 acetic acid より）

ベンゾニトリル
benzonitrile
（安息香酸 benzoic acid より）

2,2-ジメチルシクロヘキサンカルボニトリル
2,2-dimethylcyclohexanecarbonitrile
$\left(\begin{array}{l}\text{2,2-ジメチルシクロヘキサンカルボン酸}\\\text{2,2-dimethylcyclohexanecarboxylic acid より}\end{array}\right)$

問題 15・1 次の化合物の IUPAC 名を示せ.

(a)
$$\underset{CH_3CHCH_2COH}{\overset{CH_3\quad O}{|\qquad\ ||}}$$

(b)
$$\underset{CH_3CHCH_2CH_2COH}{\overset{Br\qquad\quad O}{|\qquad\qquad\ ||}}$$

(c)
$$\underset{CH_3CH_2CHCH_2CH_2CH_3}{\overset{CO_2H}{|}}$$

(d)
$$\underset{H_3C}{\overset{H\qquad H}{C=C}}\ \underset{CH_2CH_2COH}{\overset{O}{||}}$$

(e)
$$\underset{CH_3CHCH_2CHCH_3}{\overset{CH_3\quad CN}{|\qquad\ |}}$$

(f)
$HO_2C\cdots CO_2H$ （cyclopentane, cis）

問題 15・2 次の IUPAC 名をもつ化合物の構造を示せ.

(a) 2,3-ジメチルヘキサン酸
(b) 4-メチルペンタン酸
(c) *trans*-シクロブタン-1,2-ジカルボン酸
(d) *o*-ヒドロキシ安息香酸
(e) (9*Z*,12*Z*)-オクタデカ-9,12-ジエン酸
(f) ペンタ-2-エンニトリル

15・2 カルボン酸の構造と性質

カルボン酸はいくつかの点でケトンともアルコールとも似た性質をもっている. ケトンと同様にカルボキシ炭素は sp^2 混成をとっており, したがってカルボン酸部位は C−C=O と O=C−O 結合のなす角がおよそ 120°の平面構造である. またアルコールと同様に, カルボン酸は水素結合により強く会合している. ほとんどのカルボン酸は二つの水素結合で結びついた環状の二量体として存在している.

$$H_3C-\overset{O\cdots\cdots H-O}{\underset{O-H\cdots\cdots O}{C}}-CH_3$$

酢酸二量体

この強い水素結合は沸点に大きな影響を与えており, カルボン酸は対応するアルコールよりずっと高い沸点をもつ. たとえば, エタノールの沸点は 78.3 ℃ であるのに対し, 同じ 2 炭素からなる化合物の酢酸の沸点は 117.9 ℃ である.

カルボン酸の最も顕著な特徴は, その名前に示されているとおり, 酸性（acidic）を示すことである. したがってカルボン酸は NaOH や NaHCO$_3$ などの塩基と反応して, カルボン酸の金属塩 $RCO_2^-\,M^+$ を生成する. 7 炭素以上のカルボン酸は水にはほとんど溶けないが, カルボン酸のアルカリ金属塩は水によく溶ける. 実際カルボン酸はいったん塩にしてアルカリ性水溶液で抽出した後, 酸性に戻して純粋なカルボン酸を有機層に再度抽出することによって精製することができる.

§2・7 で述べた他の Brønsted–Lowry 酸と同様, カルボン酸は希薄水溶液中でわ

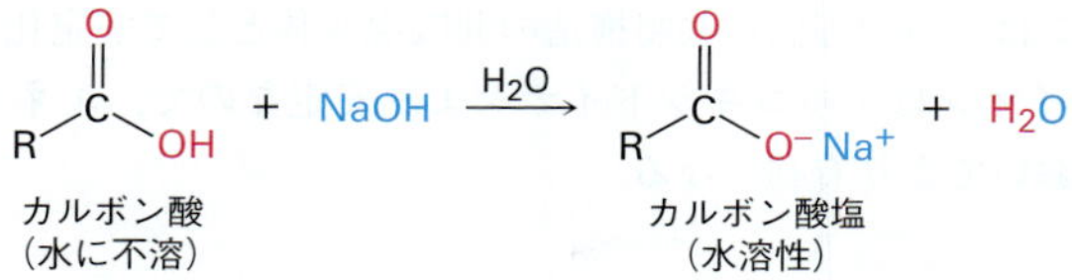

15・2 カルボン酸の構造と性質　513

ずかに解離して H_3O^+ と対応するカルボキシラートイオン RCO_2^- を生じる．解離の度合は酸性度定数 K_a で示される．

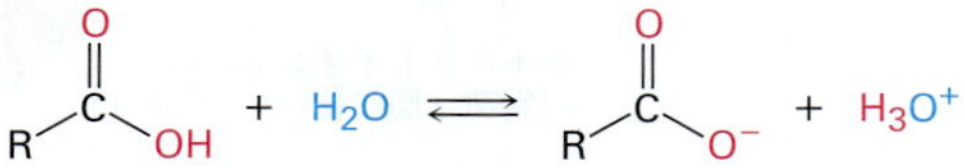

$$K_a = \frac{[RCO_2^-][H_3O^+]}{[RCO_2H]} \quad \text{および} \quad pK_a = -\log K_a$$

各種カルボン酸の K_a を表 15・2 に示す．多くの場合 K_a はおよそ $10^{-4} \sim 10^{-5}$ である．たとえば酢酸の $K_a = 1.75 \times 10^{-5}$（25 ℃）でこれは pK_a 4.76 に対応する．実際，K_a がおよそ 10^{-5} ということは，カルボン酸の 0.1 M 溶液中ではわずか 0.1 ％程度が解離しているにすぎないことを意味している．これに対して，HCl のような強い鉱酸の場合，ほぼ 100 ％解離している．

表 15・2　代表的なカルボン酸の酸性度

構　　造	K_a	pK_a	
CF_3CO_2H	0.59	0.23	強酸
HCO_2H	1.77×10^{-4}	3.75	
$HOCH_2CO_2H$	$1.5\ \times 10^{-4}$	3.84	
$C_6H_5CO_2H$	6.46×10^{-5}	4.19	
$H_2C{=}CHCO_2H$	$5.6\ \times 10^{-5}$	4.25	
CH_3CO_2H	1.75×10^{-5}	4.76	
$CH_3CH_2CO_2H$	1.34×10^{-5}	4.87	
CH_3CH_2OH（エタノール）	(1.00×10^{-16})	(16.00)	弱酸

鉱酸よりもずっと弱い酸であるが，カルボン酸はアルコールやフェノールよりはずっと強い酸である．たとえばエタノールの K_a はおよそ 10^{-16} であり，酢酸より 10^{11} 倍酸性が弱い．

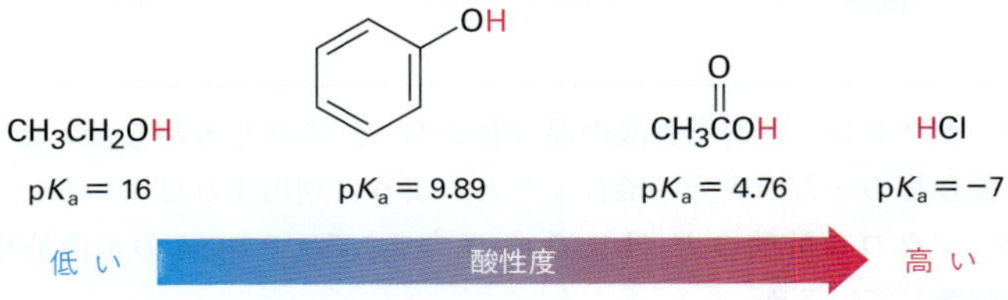

CH_3CH_2OH　　　　　　　　　　　　　CH_3COH　　　HCl
$pK_a = 16$　　$pK_a = 9.89$　　$pK_a = 4.76$　　$pK_a = -7$

低い　　　　　　　　　酸性度　　　　　　　　高い

ともに同じ OH 基であるにもかかわらず，なぜカルボン酸はアルコールよりもずっと酸性が強いのであろうか．アルコールが解離して生じるアルコキシドイオンでは，負電荷は電気陰性度の高い単一の酸素原子上に局在化している．これに対し，カルボン酸が解離して生じるカルボキシラートイオンでは，負電荷は二つの等価な酸素原子上に非局在化している（図 15・1）．共鳴の考え方を用いると（§2・4 参照），カルボ

キシラートイオンは二つの等価な共鳴構造の共鳴混成体として安定化されている．カルボキシラートイオンはアルコキシドイオンより安定なので，エネルギーがより低く，解離平衡においてより有利になる．

図 15・1　アルコキシドイオンとカルボキシラートイオンの比較． カルボキシラートイオンはその電荷が二つの酸素原子に等しく広がっているため，より安定であるのに対し，アルコキシドイオンはその電荷が一つの酸素原子に局在化しているため，より不安定である．

カルボキシラートイオンの二つの酸素原子が等価であることの実験的証拠は，ギ酸ナトリウムのX線結晶構造解析により得られている．二つの炭素－酸素結合の長さはともに 127 pm で，ギ酸の C=O 結合長（120 pm）と C–O 結合長（134 pm）の中間の値をとっている．ギ酸イオンの静電ポテンシャル図からわかるように，負電荷（赤）は二つの酸素原子上に等しく分布している．

問題 15・3　ナフタレンと安息香酸の混合物があり，これを分離したいとする．分離するために混合物の一方の成分の酸性度をどのように利用すればよいか．

問題 15・4　ジクロロ酢酸の K_a は 3.32×10^{-2} である．0.10 M の水溶液中でおよそ何%の酸が解離しているか．

15・3　生体内に存在するカルボン酸と Henderson-Hasselbalch の式

pH の低い酸性溶液中では，カルボン酸は完全に非解離状態となり RCO_2H の形で存在する．pH の高い塩基性溶液中ではカルボン酸は完全に解離し，RCO_2^- として存

15・3　生体内に存在するカルボン酸と Henderson-Hasselbalch の式　　515

在する．しかし生体内では pH は酸性でも塩基性でもなくほぼ中性の pH〔人体内では pH 7.3，しばしば**生理的 pH**（physiological pH）とよばれている値〕に調節されている．それでは細胞内ではカルボン酸はどのような形で存在しているのだろうか．この問題は，生体反応で非常によくみられる酸触媒による反応を理解するのに大変重要である．

　ある酸の pK_a とその溶液の pH がわかれば，いわゆる **Henderson-Hasselbalch の式**（ヘンダーソン　ハッセルバルヒ）（Henderson-Hasselbalch equation）とよばれる式を用いて計算することにより，解離したカルボン酸と解離していないカルボン酸の割合を求めることができる．

　どのような酸 HA に対しても，次の式が成り立つ．

$$\mathrm{p}K_a = -\log\frac{[\mathrm{H_3O^+}][\mathrm{A^-}]}{[\mathrm{HA}]} = -\log[\mathrm{H_3O^+}] - \log\frac{[\mathrm{A^-}]}{[\mathrm{HA}]}$$

$$= \mathrm{pH} - \log\frac{[\mathrm{A^-}]}{[\mathrm{HA}]}$$

これを変形すると，次のようになる．

$$\mathrm{pH} = \mathrm{p}K_a + \log\frac{[\mathrm{A^-}]}{[\mathrm{HA}]} \qquad \textcolor{red}{\text{Henderson-Hasselbalchの式}}$$

$$\log\frac{[\mathrm{A^-}]}{[\mathrm{HA}]} = \mathrm{pH} - \mathrm{p}K_a$$

　この式は，解離した酸の濃度 [A$^-$] を解離していない酸の濃度 [HA] で割ったものの対数が，溶液の pH から酸の pK_a を引いたものと等しくなることを示している．したがって溶液の pH と酸の pK_a の両方の値がわかれば，[A$^-$] と [HA] の存在比を計算することができる．さらに pH ＝ pK_a のときには，$\log 1 = 0$ であるので HA と A$^-$ は等量存在する．

　Henderson-Hasselbalch の式の使い方の例として，pH ＝ 7.3 で酢酸の 0.0010 M 溶液がどの程度解離しているか明らかにしてみよう．表 15・2 より酢酸の pK_a は 4.76 である．Henderson-Hasselbalch の式より，

$$\log\frac{[\mathrm{A^-}]}{[\mathrm{HA}]} = \mathrm{pH} - \mathrm{p}K_a = 7.3 - 4.76 = 2.54$$

$$\frac{[\mathrm{A^-}]}{[\mathrm{HA}]} = 10^{2.54} = 3.5 \times 10^2 \qquad \text{したがって}\ [\mathrm{A^-}] = (3.5 \times 10^2)[\mathrm{HA}]$$

となる．加えて，[A$^-$]＋[HA]＝0.0010M であることがわかっている．

　この連立方程式を解くと，[A$^-$]＝0.0010 M，[HA]＝3×10^{-6} M という解が得られる．言い換えると，生理的 pH 7.3 では，0.0010 M 溶液の酢酸分子のほぼ 100％ がアセタートイオンに解離していることになる．

　酢酸にあてはまることは他のカルボン酸にもあてはまる．細胞内での生理的 pH ではカルボン酸はほぼ完全に解離している*．

* 訳注: 解離しているため，英語では細胞内のカルボン酸は普通 acetic acid，lactic acid，citric acid など酸の名前ではなく，そのアニオンの名前，たとえば acetate, lactate, citrate などでよぶ．

問題 15・5　次の pH の溶液中に存在するカルボン酸について，解離している分子の割合を計算せよ．

(a) pH ＝ 4.50 のとき　0.0010 M グリコール酸 HOCH$_2$CO$_2$H　pK_a ＝ 3.83

(b) pH ＝ 5.30 のとき　0.0020 M プロパン酸　pK_a ＝ 4.87

---

516   15. カルボン酸とニトリル

15・4 酸性度に対する置換基効果

表 15・2 に示した K_a をみると，カルボン酸の種類によって酸性度にかなり差があることがわかる．たとえばトリフルオロ酢酸（$K_a = 0.59$）は酢酸（$K_a = 1.75 \times 10^{-5}$）より 33,000 倍酸性が強い．この違いをどのように説明できるだろうか．

カルボン酸の解離は平衡過程であるので，解離していないカルボン酸よりもカルボキシラートイオンを安定化する要因は，平衡をカルボキシラートイオンの解離を増やす方向へずらし，結果としてカルボン酸の酸性が強くなる．たとえば三つのフッ素原子による電子求引性の誘起効果は，トリフルオロアセタートイオンの負電荷を σ 結合を介して安定化し，これにより CF_3CO_2H の酸性を高める．同様にして電気陰性度の高い酸素原子の電子求引性の誘起効果により，グリコール酸（$HOCH_2CO_2H$, $pK_a = 3.83$）は酢酸よりも強い酸となる．

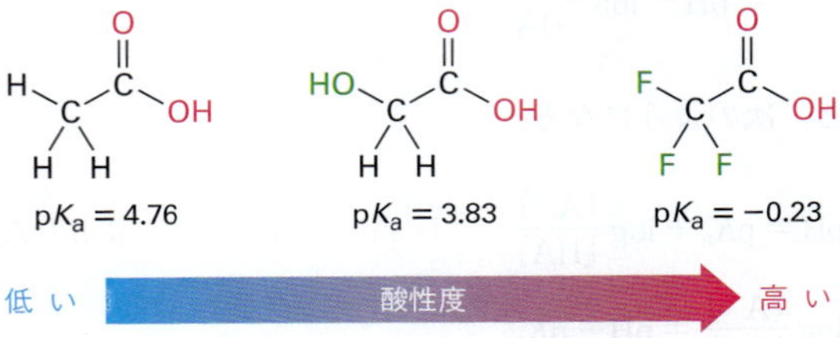

酸性度に対する置換基効果は置換安息香酸にもみられる．§9・8 において，芳香族求電子置換反応でも芳香環上の置換基が反応性に大きく影響を与えることを述べた．電子供与基の置換した芳香環は求電子置換反応に対して活性化されているのに対し，電子求引基の置換した芳香環は不活性化されている．これとまったく同じ効果が置換安息香酸の酸性度にもみられる（表 15・3）．すなわち，ニトロ基のような電子求引（不活性化）基が置換すると，カルボキシラートイオンは安定化され酸性度は高くなる．一方，メトキシ基のような電子供与（活性化）基はカルボキシラートイオンを不安定化するため酸性度が低くなる．

表 15・3 p-置換安息香酸の酸性度に対する置換基効果

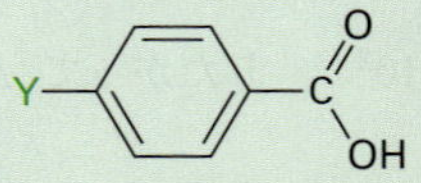

Y	$K_a \times 10^{-5}$	pK_a	
—NO$_2$	39	3.41	不活性化基
—CN	28	3.55	
—CHO	18	3.75	
—Br	11	3.96	
—Cl	10	4.0	
—H	6.46	4.19	
—CH$_3$	4.3	4.34	
—OCH$_3$	3.5	4.46	活性化基
—OH	3.3	4.48	

求電子置換反応に対する芳香環の相対的な反応性を決定するよりは，置換安息香酸の酸性度を測定する方がずっと容易なので，この両者の相関は反応性を予測するのに

有用である．ある置換基が求電子置換反応の反応性に及ぼす効果を知りたければ，対応する置換安息香酸の酸性度を調べればよいことになる．例題 15・1 にその例を示す．

このカルボン酸の
K_a により，

この置換ベンゼンの
求電子剤に対する
反応性を予想する
ことができる

例題 15・1　芳香族求電子置換反応に対する置換基効果を予想する

p-(トリフルオロメチル)安息香酸の pK_a は 3.6 である．トリフルオロメチル基は芳香族求電子置換反応に対して活性化基か不活性化基か．

考え方　p-(トリフルオロメチル)安息香酸は安息香酸より強い酸か弱い酸かをまず決定せよ．酸性を強くする置換基は電子を求引するので不活性化基である．一方，酸性を弱くする置換基は電子を供与するので活性化基である．

解答　p-(トリフルオロメチル)安息香酸の pK_a が 3.6 ということは，pK_a 4.19 の安息香酸より強い酸であることを意味している．すなわちトリフルオロメチル基は負電荷を安定化する助けとなり解離を有利にする．したがって，トリフルオロメチル基は電子求引性の不活性化基である．

問題 15・6　疲労した筋肉に蓄積する乳酸は酢酸より強い酸か．理由も述べよ．

$$\underset{\text{CH}_3\text{CHCOH}}{\overset{\text{HO}\quad\text{O}}{\,}}\qquad 乳\ 酸$$

問題 15・7　ジカルボン酸は二つの解離定数をもっている．一つはジカルボン酸からモノアニオンへ解離するときの解離定数で，もう一つはモノアニオンからジアニオンへ解離するときの解離定数である．シュウ酸 HO_2C-CO_2H の最初の解離定数は pK_{a1} = 1.2 であり，2 番目の解離定数は pK_{a2} = 4.2 である．なぜ二つ目のカルボキシ基の酸性は一つ目よりずっと低いのか．

問題 15・8　p-シクロプロピル安息香酸の pK_a は 4.45 である．シクロプロピルベンゼンはベンゼンよりも求電子的臭素化に対して反応性が高いか低いか，その理由も述べよ．

問題 15・9　pK_a の数値を参照せずに，次に示す化合物を酸性度が高くなる順に並べよ．
  (a) 安息香酸，p-メチル安息香酸，p-クロロ安息香酸
  (b) p-ニトロ安息香酸，酢酸，安息香酸

15・5　カルボン酸の合成

これまでの章で学んできたカルボン酸の合成法を簡単に復習してみよう．

● 置換アルキルベンゼンを $KMnO_4$ あるいは $Na_2Cr_2O_7$ で酸化すると置換安息香酸が

518   15. カルボン酸とニトリル

得られる（§9・10参照）．第一級および第二級のアルキル基は酸化されるが第三級のアルキル基は酸化されない．

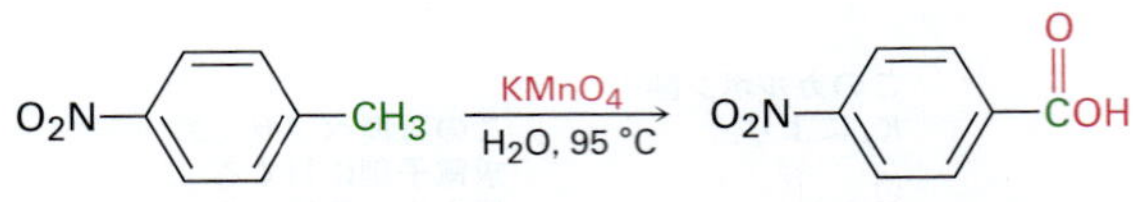

p-ニトロトルエン   *p*-ニトロ安息香酸(88%)

● 第一級アルコールあるいはアルデヒドを酸化するとカルボン酸が得られる（§13・5および§14・3参照）．いずれの酸化反応もしばしば CrO_3 の酸水溶液を用いて行われる．

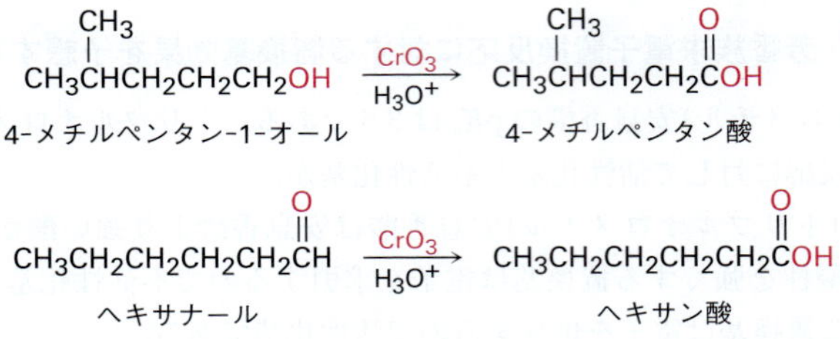

4-メチルペンタン-1-オール   4-メチルペンタン酸

ヘキサナール   ヘキサン酸

ニトリルの加水分解

カルボン酸はニトリルから，§15・7で述べる反応機構に従って，酸あるいは塩基水溶液中で加熱することにより合成できる．ニトリル自身は普通第一級あるいは第二級のハロゲン化アルキルと CN^- との S_N2 反応により合成されるので，シアン化物イオンによる置換反応とひき続いてのニトリルの加水分解反応はハロゲン化アルキルからカルボン酸を2段階（$RBr \rightarrow RC{\equiv}N \rightarrow RCO_2H$）で合成するよい方法である．生成物のカルボン酸は出発物のハロゲン化アルキルよりも1炭素増炭している．次に示す例は非ステロイド系抗炎症薬（NSAID）のイブプロフェン（ibuprofen）の工業的な合成法である．

非ステロイド系抗炎症薬 non-steroidal anti-inflammatory drug: NSAID

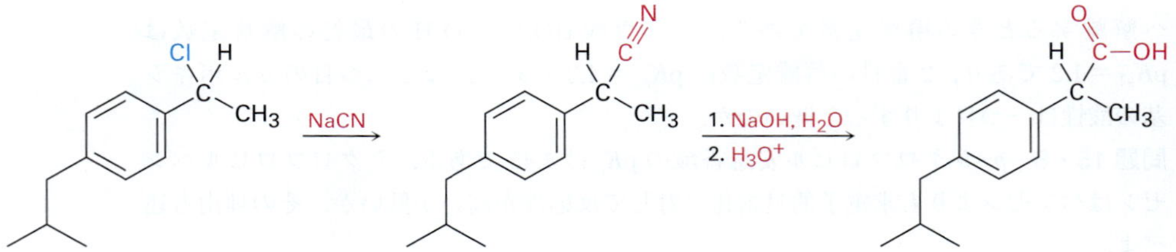

イブプロフェン

Grignard 反応剤のカルボキシ化

カルボン酸を合成するもう一つの方法は，**Grignard 反応剤** RMgX と二酸化炭素 CO_2 との反応によりカルボン酸塩を得て，これをプロトン化してカルボン酸とする方法である．この**カルボキシ化反応**（carboxylation）は通常，乾燥した CO_2 ガスをGrignard 反応剤の溶液に通気することによって行う．典型的なカルボニル基への求核付加反応と同様に，ハロゲン化有機マグネシウムは二酸化炭素の C=O 結合に付加する．つづいて生じたカルボキシラートイオンに HCl 水溶液を加えることによってこれをプロトン化しカルボン酸を得る．

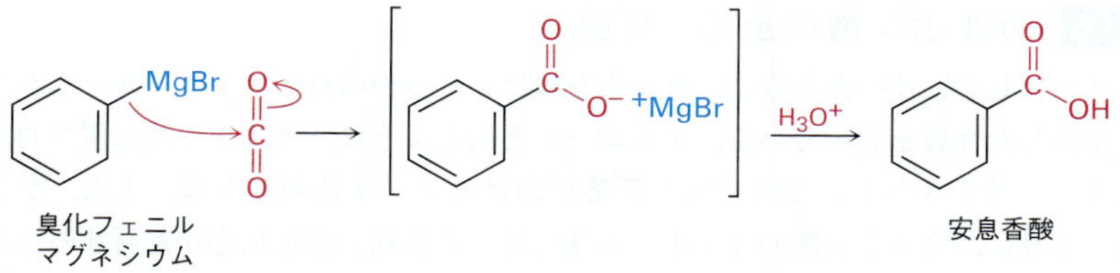

15・5 カルボン酸の合成　519

臭化フェニル
マグネシウム

安息香酸

　前にも述べたように，生体内には Grignard 反応剤は存在しないが，類似した反応性を示す安定化されたカルボアニオンが存在し，これがしばしばカルボキシ化される．たとえば脂肪酸生合成の最初の段階の一つに，アセチル CoA からのカルボアニオンの生成とそのカルボキシ化反応によりマロニル CoA を生成する反応がある．

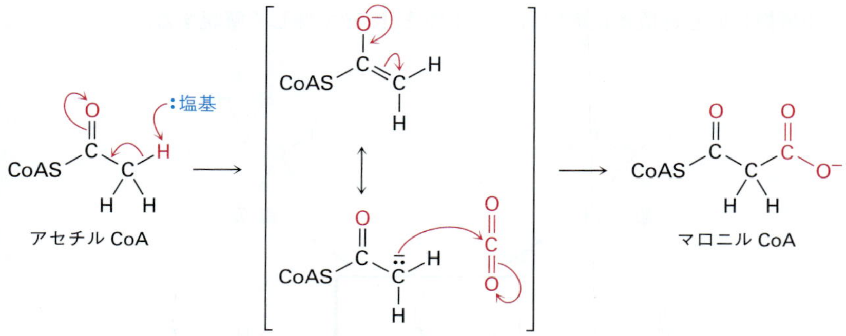

アセチル CoA

マロニル CoA

例題 15・2　カルボン酸の合成法を考える

臭化ベンジル $PhCH_2Br$ からフェニル酢酸 $PhCH_2CO_2H$ を合成する方法を考案せよ．

考え方　ハロゲン化アルキルからカルボン酸を合成する方法をこれまでに二つ学んだ．すなわち，1) シアン化物イオンによる求核置換反応で得られるニトリルを加水分解，2) Grignard 反応剤にしてからのカルボキシ化反応，である．前者は S_N2 反応の過程を含み，したがって第一級と，場合によっては第二級のハロゲン化アルキルに適用することができる．後者は Grignard 反応剤の生成を含むため，分子内に酸性を示す水素原子や反応性の高い官能基をもたないハロゲン化アルキルに適用することができる．ここで取上げた例ではどちらの方法でも問題なく進行するものと考えられる．

解　答

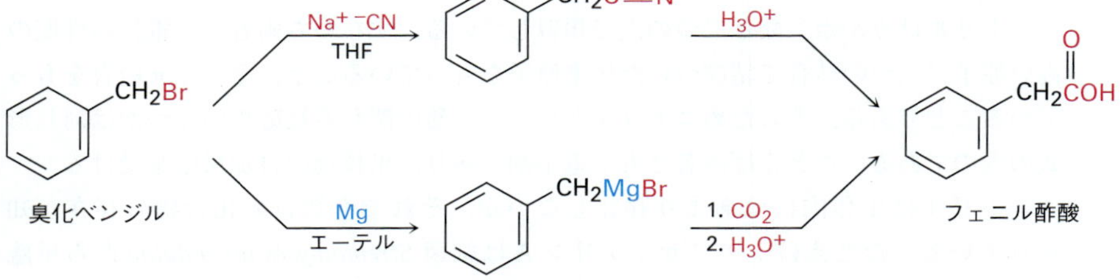

臭化ベンジル

フェニル酢酸

問題 15・10　次のカルボン酸の合成法を考案せよ．

(a) $(CH_3)_3CCl$ から $(CH_3)_3CCO_2H$

(b) $CH_3CH_2CH_2Br$ から $CH_3CH_2CH_2CO_2H$

520   15. カルボン酸とニトリル

15・6 カルボン酸の反応: 概論

本章のはじめに述べたように,カルボン酸はいくつかの点でアルコールともケトンとも類似した性質をもっている.アルコールと同じように,カルボン酸は脱プロトンされてアニオンを生じ,これは S_N2 反応におけるよい求核剤となる.また,ケトンと同じように,カルボン酸のカルボニル基に対し求核剤の付加反応が進行する.さらにこれらに加えて,カルボン酸はアルコールともケトンとも異なった型の反応を起こす.図 15・2 にカルボン酸の一般的な反応をいくつか示す.

カルボン酸の反応は図 15・2 に示すように四つに分類することができる.この四つのうちカルボン酸の酸としての反応については §15・2 と §15・3 ですでに述べた.また,水素化アルミニウムリチウム $LiAlH_4$ を用いるカルボン酸の還元反応については §13・3 で述べた.残りの二つは基本的なカルボニル基の反応,すなわち,求核的アシル置換反応と α 置換反応であり,16 章と 17 章で詳しく解説する.

図 15・2 カルボン酸の代表的な反応

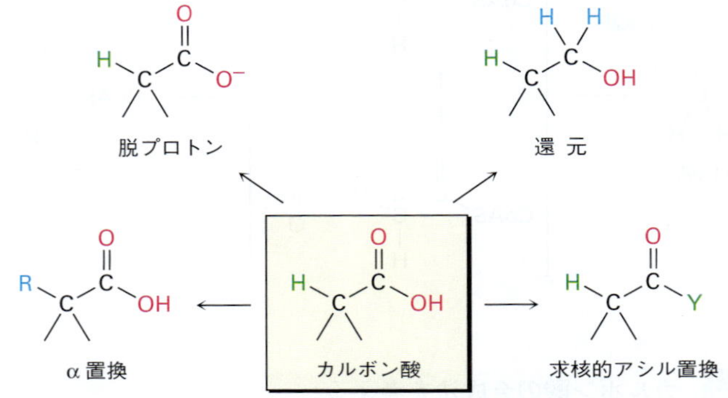

問題 15・11 臭化ベンジルから 2-フェニルエタノールを合成する方法を述べよ.2 段階以上の反応が必要である.

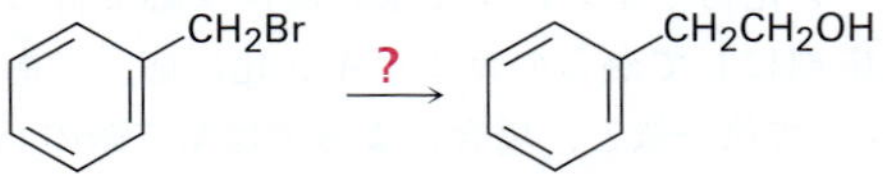

15・7 ニトリルの化学

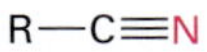

R—C≡N
ニトリル
窒素原子と三つの結合

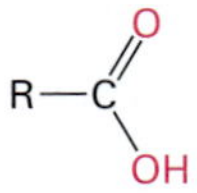

カルボン酸
二つの酸素原子と
三つの結合

ニトリルはカルボン酸と二つの点で類似している.すなわち両者とも電気陰性度の高い原子に三つの結合で結びついた炭素原子をもっていること,そして π 結合をもっていることである.そのためニトリルとカルボン酸の関わる反応のいくつかは同じ形式のものである.たとえば両者とも求電子剤であり,求核剤の付加反応を受ける.

ニトリルは生体内にはあまり存在しないが,それでも数百の化合物の存在が知られている.たとえばシアノサイクリン A は細菌 *Streptomyces lavendulae* から単離され,抗菌性および抗腫瘍活性を示すことが知られている化合物である.また,**青酸配糖体**(cyanogenic glycoside)とよばれる 1000 以上の化合物が知られている.青酸配糖体は主として植物由来であり,アセタール炭素上の酸素原子のうちの一つにニトリルの置換した炭素が結合している糖(糖—O—C—CN)をもっている.これを酸水溶液中で加水分解すると,アセタールが開裂して(§14・8 参照)シアノヒドリン

HO−C−CN が生成し，これからシアン化水素が放出される．青酸配糖体のおもな機能は，それを食べる動物の毒となることでその植物を守ることだと考えられている．キャッサバから単離されたロタウストラリンはその一例である．

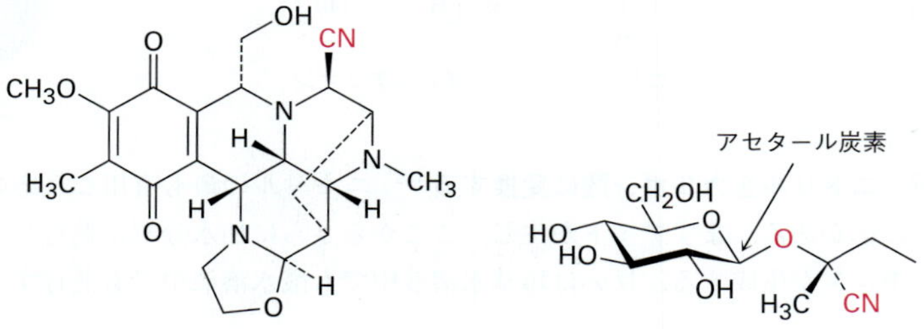

シアノサイクリン A
cyanocycline A

ロタウストラリン lotaustralin
（青酸配糖体）

ニトリルの合成

フラスコ内でニトリルを合成する最も簡単な方法は，§15・5 で述べたように $^-$CN による第一級あるいは第二級のハロゲン化アルキルとの S_N2 反応である．別の方法として，第一級アミド $RCONH_2$ の脱水反応がある．この反応には塩化チオニル $SOCl_2$ がしばしば用いられる．

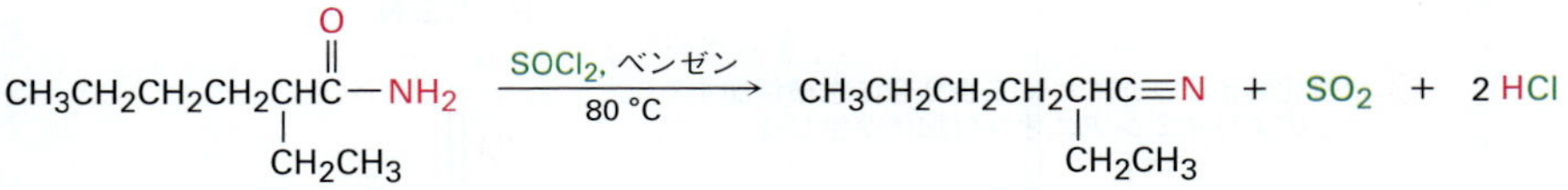

2-エチルヘキサンアミド

2-エチルヘキサンニトリル
（94%）

脱水反応はまず $SOCl_2$ が求核性をもつアミドの酸素原子と反応することから始まる．ひき続いて脱プロトンおよび E2 様の脱離反応が進行する．

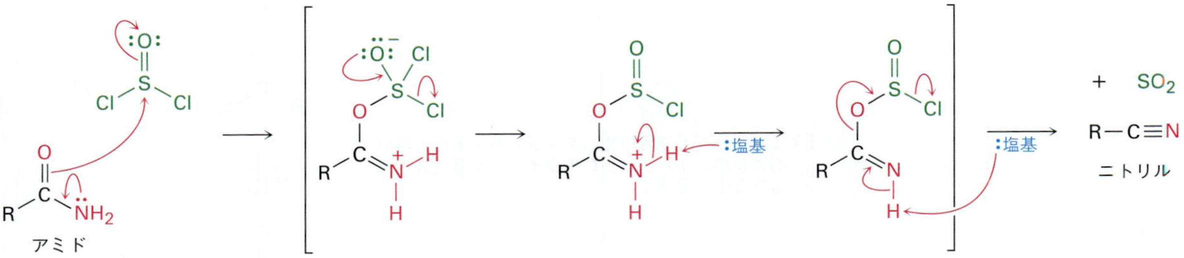

それぞれのニトリル合成法，すなわち $^-$CN のハロゲン化アルキルに対する S_N2 置換反応とアミドの脱水反応はいずれも有用であるが，アミドからの合成の方が立体障害による制限を受けないのでより汎用的である．

ニトリルの反応

カルボニル基と同様シアノ基は大きく分極しており，その炭素原子は求電子性を示す．したがってカルボニル基への求核付加により sp^3 混成のアルコキシドイオンが生成するのと同様に，ニトリルは求核剤と反応して sp^2 混成のイミンアニオンを生成する．

加水分解: ニトリルをカルボン酸に変換する ニトリルの最も有用な反応の一つに加水分解反応がある. まずアミドが生じ, ここからさらに加水分解が進行しカルボン酸とアンモニアが生成する. 反応は塩基水溶液中でも酸水溶液中でも進行する.

塩基性条件下でのニトリルの加水分解では, まず水酸化物イオンが分極したC≡N結合へ求核付加することによりイミンアニオンが生成する. つづいてこれがプロトン

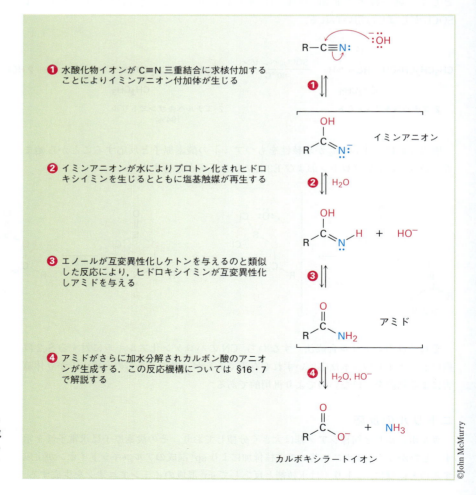

図 15・3 塩基性条件下でのニトリルの加水分解によりアミドを生成する反応機構. その後アミドはさらに加水分解されてカルボキシラートイオンになる.

15・7 ニトリルの化学 523

化されヒドロキシイミンが生成し，これは互変異性化しアミドを与える．アミドはさ
らに加水分解されカルボキシラートイオンを与える．反応機構を図15・3に示す．

アミド中間体をさらに加水分解しカルボキシラートイオンを与える反応は，次章で
述べる求核的アシル置換反応の機構で進行する．水酸化物イオンのアミドのカルボニ
ル基に対する求核付加により四面体型のアルコキシドイオンが生じ，ここからアミド
イオン NH_2^- が脱離基として押し出され，カルボキシラートイオンを与える．これに
より反応は生成系に片寄る．反応後，酸性にすることでカルボン酸が得られる．

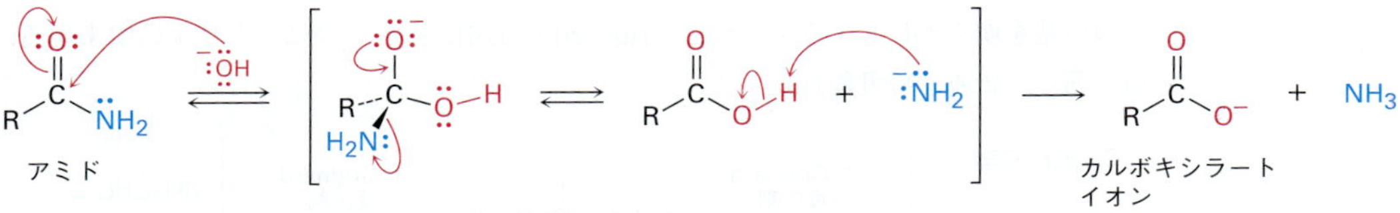

還元: ニトリルをアミンに変換する　ニトリルを $LiAlH_4$ を用いて還元すると第一
級アミン RCH_2NH_2 が得られる．ヒドリドイオンが分極した $C \equiv N$ 結合へ求核付加す
ることによりイミンアニオンを生じ，これにはまだ $C=N$ 結合が含まれているので，
もう一度ヒドリドイオンの求核付加が起こりジアニオンを生成する．モノアニオン中
間体もジアニオン中間体もアルミニウム種と Lewis 酸-塩基型の錯形成をすることに
より安定化されており，これにより通常は困難な2回目の付加を起こりやすくしてい
る．つづいて水を加えてジアニオンをプロトン化することでアミンが得られる．

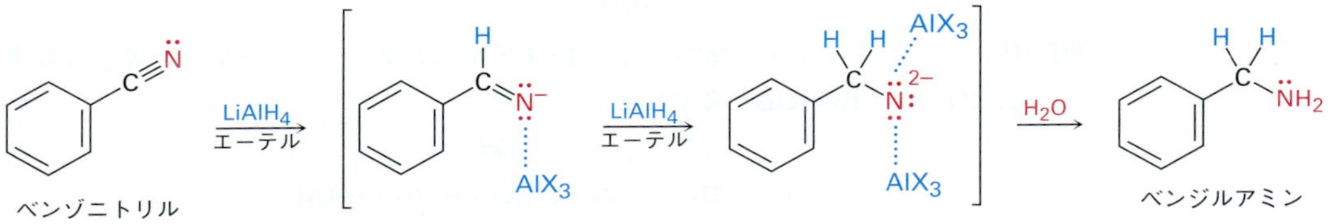

ニトリルと Grignard 反応剤の反応　Grignard 反応剤はニトリルに付加してイミン
アニオン中間体を生じ，これは水を加えると加水分解されケトンとなる．加水分解の
反応機構はイミン生成反応の逆反応である（図14・6参照）．

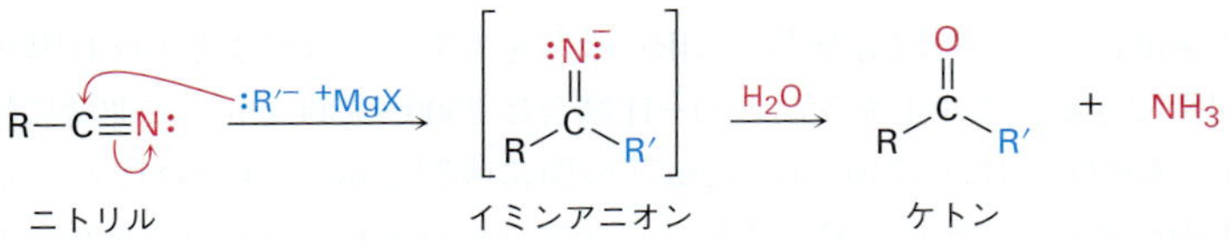

この反応は2回ではなく1回しか付加が起こらないこと，および求核剤がヒドリド
ではなくカルボアニオン $R:^-$ であることを除いて，ニトリルの還元によるアミン生
成と類似している．以下に例を示す．

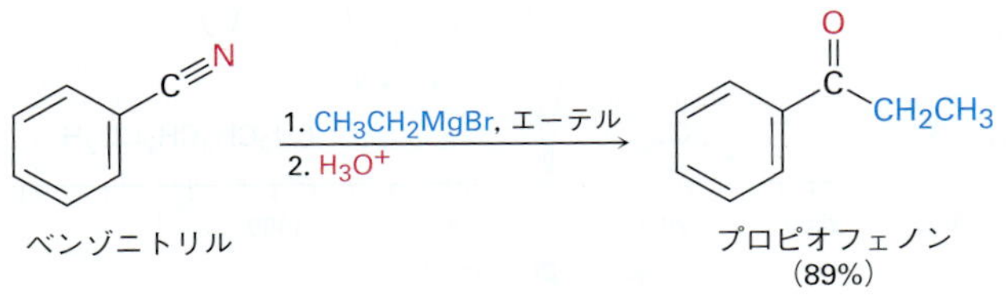

524   15. カルボン酸とニトリル

例題 15・3　ニトリルからケトンを合成する

ニトリルから 2-メチルペンタン-3-オンを合成する方法を示せ．

$$\text{CH}_3\text{CH}_2\overset{\displaystyle O}{\overset{\|}{\text{C}}}\text{CHCH}_3 \quad \text{2-メチルペンタン-3-オン} \\ \phantom{\text{CH}_3\text{CH}_2\text{CCH}}\text{CH}_3$$

考え方　Grignard 反応剤とニトリルとの反応でケトンが得られる．この際，ニトリルの C≡N 炭素がカルボニル炭素となる．生成物のカルボニル炭素に置換している二つの基を明らかにしよう．一つは Grignard 反応剤，もう一つはニトリルに由来する．

解　答　2 通りの可能性がある．

$$\left.\begin{array}{c}\text{CH}_3\text{CH}_2\text{C}\equiv\text{N} \\ + \\ (\text{CH}_3)_2\text{CHMgBr}\end{array}\right\} \xrightarrow[\text{2. H}_3\text{O}^+]{\text{1. Grignard 反応剤}} \text{CH}_3\text{CH}_2\overset{O}{\overset{\|}{\text{C}}}\underset{\text{CH}_3}{\text{CHCH}_3} \xleftarrow[\text{2. H}_3\text{O}^+]{\text{1. Grignard 反応剤}} \left\{\begin{array}{c}\text{CH}_3 \\ | \\ \text{CH}_3\text{CHC}\equiv\text{N} \\ + \\ \text{CH}_3\text{CH}_2\text{MgBr}\end{array}\right.$$

2-メチルペンタン-3-オン

問題 15・12　ニトリルから次のカルボニル化合物を合成する方法を示せ．

(a) $\text{CH}_3\text{CH}_2\overset{O}{\overset{\|}{\text{C}}}\text{CH}_2\text{CH}_3$

(b) O$_2$N-C$_6$H$_4$-C(=O)CH$_3$ （4-ニトロアセトフェノン）

問題 15・13　ニトリルを出発物として 4-メチルペンタン-1-オールを合成する方法を示せ．2 段階以上の反応が必要である．

$$\text{R}-\text{C}\equiv\text{N} \xRightarrow{?} \underset{\text{CH}_3}{\overset{|}{\text{CH}_3\text{CH}}}\text{CH}_2\text{CH}_2\text{CH}_2\text{OH}$$

15・8　カルボン酸とニトリルの分光法

赤外分光法

　カルボン酸は二つの特徴的な赤外（IR）吸収をもち，これにより CO$_2$H 基の存在は容易に判別できる．カルボキシ基の O–H 結合は 2500〜3300 cm^{-1} に非常に幅広い吸収を示し，C=O 結合は 1710〜1760 cm^{-1} の間に吸収を示す．C=O 吸収の正確な位置は分子の構造および酸が単独（単量体）か水素結合をしている（二量体）かによっ

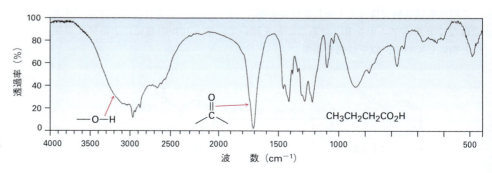

図 15・4　ブタン酸の赤外スペクトル

て異なる．単量体は 1760 cm^{-1} に吸収をもつが，より一般的に存在する二量体のカルボキシ基は 1710 cm^{-1} を中心にして幅の広い吸収を示す．図 15・4 に示すブタン酸の赤外スペクトルから，幅広い O-H 吸収と 1710 cm^{-1}（二量体）付近の C=O 吸収が見てとれる．

ニトリルは強度が強く容易に識別できる C≡N 結合による吸収を，飽和化合物の場合には 2250 cm^{-1} 付近に，芳香族ならびに二重結合が共役した化合物の場合には 2230 cm^{-1} 付近に示す．この領域に吸収をもつ官能基は他にはほとんどないので，赤外スペクトルはニトリルを識別するのに非常に有用である．

問題 15・14 シクロペンタンカルボン酸と 4-ヒドロキシシクロヘキサノンはともに同じ分子式 C$_6$H$_{10}$O$_2$ をもち，両者とも OH 基と C=O 基を含んでいる．赤外スペクトルによってこの両者をどのように区別できるか．

核磁気共鳴分光法

^{13}C NMR スペクトルでは，カルボニル炭素原子は 165～185 ppm の間に吸収をもつ．芳香族および α,β-不飽和カルボン酸の場合は，この領域の高磁場側（約 165 ppm）に，飽和脂肪族カルボン酸の場合には低磁場側（約 185 ppm）に吸収をもつ．ニトリル炭素は 115～130 ppm の間に吸収をもつ．

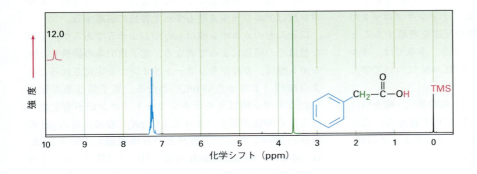

^{1}H NMR スペクトルでは，CO$_2$**H** の酸性プロトンは普通一重線として 12 ppm 付近に吸収をもつ．アルコールと同様（§13・13 参照）CO$_2$H プロトンは D$_2$O を試料管に加えると H-D 交換を起こし，NMR スペクトル上から吸収が消失する．図 15・5 にフェニル酢酸の ^{1}H NMR スペクトルを示す．カルボキシ基のプロトンの吸収は 12.0 ppm にみられる．

図 15・5 フェニル酢酸の ^{1}H NMR スペクトル

問題 15・15 ^{1}H および ^{13}C NMR 分光法によりシクロペンタンカルボン酸と 4-ヒドロキシシクロヘキサノン（問題 15・14）をどのように区別できるか．

科学談話室

ビタミン C

天候不順による危険に加え，初期の南極探検隊の隊員はしばしばビタミン C 不足による壊血症に悩まされた
Underwood & Underwood/Library of Congress Prints and Photographs Division [LC-USZ62-17179]

よく用いられているが，ビタミンという単語は不正確な用語である．一般論としてビタミンは，ある生物が生存し成長するために少量必要だが，自身ではつくることができず摂食しなければならない有機物のことである．したがってビタミンは，その必要量が 1 日当たり数マイクログラムから 100 mg 程度と少量でなければならない．いくつかのアミノ酸や不飽和脂肪酸などのようにより多量に必要な食物由来の化合物はビタミンとは考えられていない．

さらに生物によって必要なビタミンは異なる．たとえば4000 種以上の哺乳動物がアスコルビン酸を体内でつくることができるが，ヒトはつくることができない．したがってアスコルビン酸（われわれがよく知っているビタミン C のことである）はヒトにとってはビタミンであり，食事により摂取しなければならない．同様に他にも 10 種類以上の少量の化合物がヒトには必要である．たとえばレチノール（ビタミン A），チアミン（ビタミン B_1），トコフェロール（ビタミン E）などである．

ビタミン C はヒトのビタミンのうちで最もよく知られているものである．これは最初に発見され（1928 年），最初に構造決定され（1933 年），最初にフラスコ内で合成された（1933 年）ビタミンである．世界中で年間 11 万トン以上のビタミン C が合成されており，これは他のすべてのビタミンを合わせた量よりも多い．ビタミンサプリメントとしての利用に加え，ビタミン C は食品保存料として，パン製造での小麦粉改良剤として，そして動物用の飼料の添加剤として利用されている．

ビタミン C はおそらくその抗壊血病薬としての効能で最もよく知られている．壊血病とは新鮮な野菜や柑橘類の果物の摂取が不足している人がかかる血液の病気であり，ビタミン C はその発症を防ぐことができる．大航海時代の船乗りに特にこの壊血病が多く，死亡率は高かった．ポルトガルの探検家バスコ・ダ・ガマは 1497～1499 年の 2 年間にわたる喜望峰を回る航海で船員の半分以上を失った．

最近ではビタミン C を大量に摂取すると風邪をひきにくくなったり，不妊が治る，AIDS の発症が遅れる，胃や子宮頸がんの進行を抑制するなどの効果があるといわれているが，これらの主張は医学的に十分な証拠に裏づけられてはいない．ビタミン C の風邪に対する効果に関するこれまでに行われたなかで最大規模の調査では，4 万人を対象にした 100 を超える別々の試験のメタ分析が行われたが，サプリメントとしてビタミン C を定期的に摂取していた人とそうでない人の間で風邪のひきやすさに差はみられなかった．しか

まとめ

カルボン酸は，自然界においてもフラスコ内においても他の化合物を合成する最も有用なビルディングブロックの一つである．したがってその性質や反応を理解することは，生化学を理解するための基本である．本章では，カルボン酸とその類縁体であるニトリル RC≡N について学んだ．

カルボン酸は対応するアルカンの名称の後に -酸をつける（英語名では末尾の -e を -oic acid に置き換える）ことにより体系的に命名される．アルデヒドやケトンと同様，カルボニル炭素原子は sp^2 混成である．また，アルコールと同様，カルボン酸は水素結合によって会合しており，したがってその沸点は高い．

カルボン酸の特徴的な性質はその酸性である．HCl のような鉱酸よりも弱いが，生じるカルボキシラートイオンが二つの等価な共鳴構造により安定化されているため，カルボン酸はアルコールよりもずっと容易に解離する．

ほとんどのカルボン酸は pK_a がおよそ 5 であるが，正確な値はその構造によって異なる．電子求引基の置換したカルボン酸は，カルボキシラートイオンが安定化されるためより酸性（より小さい pK_a）となる．電子供与基の置換したカルボン酸はカルボキシラートイオンが不安定化されるため酸性が弱く（より大きい pK_a）なる．ある pH の緩衝溶液中でカルボン酸がどの程度解離しているかは，**Henderson-Hasselbalch の式**を用いて計算できる．生体の細胞内では生理的 pH は 7.3 であり，カルボン酸は完全に解離してカルボキシラートイオンとして存在している．

カルボン酸の合成法には，1) アルキルベンゼンの酸化，2) 第一級アルコールあるいはアルデヒドの酸化，3) Gri-

15. カルボン酸とニトリル　　527

し，ビタミン C の摂取により 1 日早く風邪が治ることが示されている．

　ビタミン C の工業的な生産は，生物を利用する方法と有機合成的な方法との両者を組合わせて行われており，グルコースを出発物質として図 15・6 に示す 5 段階の経路でビタミン C を合成している．ペンタヒドロキシアルデヒドであるグルコースをまずソルビトールに還元し，次に微生物 *Acetobacter suboxydans* を用いて酸化する．ソルビトールの六

つあるヒドロキシ基の一つだけを選択的に酸化する化学反応剤は知られておらず，そのため酵素反応を利用している．アセトンと酸触媒により他のヒドロキシ基のうちの四つをアセタールで保護し，残ったヒドロキシ基を NaOCl（家庭用漂白剤）水溶液でカルボン酸に化学的に酸化する．酸で加水分解することにより二つのアセタール基を除去すると分子内エステル生成反応が起こりアスコルビン酸が生じる．5 段階いずれも 90% 以上の収率で進行する．

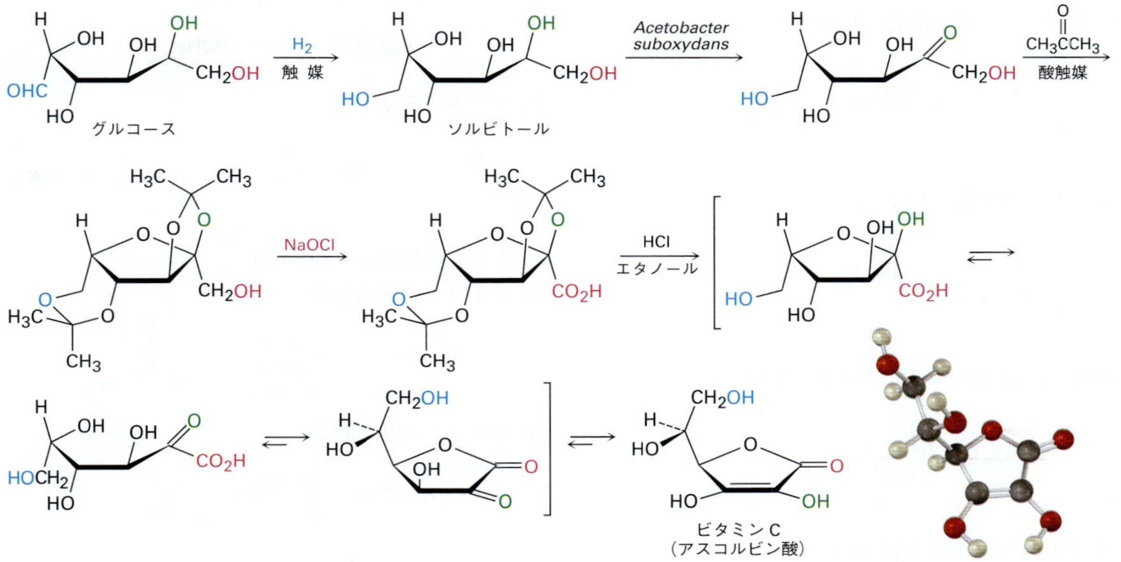

図 15・6　グルコースからのビタミン C の工業的な合成

gnard 反応剤と CO_2 との反応（**カルボキシ化**），4）ニトリルの加水分解，がある．カルボン酸の一般的な反応には，1）酸性プロトンの解離，2）カルボニル基への求核的アシル置換反応，3）α 炭素上での置換反応，4）還元反応，がある．

　ニトリルはいくつかの点でカルボン酸に類似しており，ハロゲン化アルキルのシアン化物イオンによる S_N2 反応か，アミドの脱水反応により合成される．ニトリルは分極した C≡N 結合に対して，カルボニル化合物と同様に求核付加を受ける．ニトリルの最も重要な反応としてカルボン

酸への加水分解反応，第一級アミンへの還元反応，Grignard 反応剤を用いるケトン合成反応があげられる．

　カルボン酸とニトリルはスペクトルにより容易に区別することができる．赤外スペクトルでは，カルボン酸は O–H 結合による特徴的な吸収を 2500〜3300 cm^{-1} にもち，C=O による吸収を 1710〜1760 cm^{-1} にもつ．ニトリルは 2250 cm^{-1} に吸収をもつ．カルボン酸は ^{13}C NMR で 165〜185 ppm に吸収をもち，^{1}H NMR で 12 ppm 付近に吸収をもつ．ニトリルは ^{13}C NMR で 115〜130 ppm に吸収をもつ．

重要な用語

カルボキシ化（carboxylation）

カルボキシ基（carboxyl group）CO_2H

カルボン酸（carboxylic acid）RCO_2H

ニトリル（nitrile）$RC≡N$

Henderson–Hasselbalch の式
　（Henderson–Hasselbalch equation）

反応のまとめ

1. カルボン酸の合成
   (a) アルキルベンゼンの酸化（§9・10）

   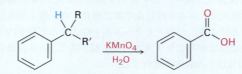

   (b) 第一級アルコールの酸化（§13・5）

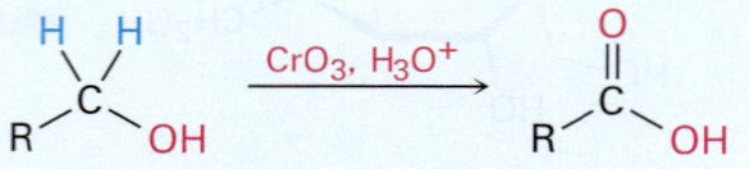

   (c) アルデヒドの酸化（§14・3）

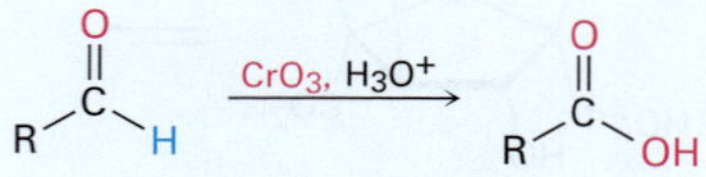

   (d) Grignard反応剤のカルボキシ化（§15・5）

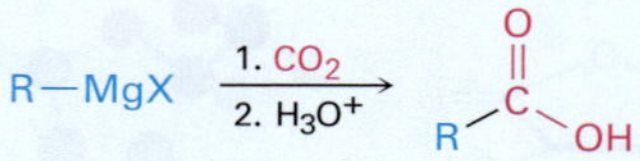

   (e) ニトリルの加水分解（§15・7）

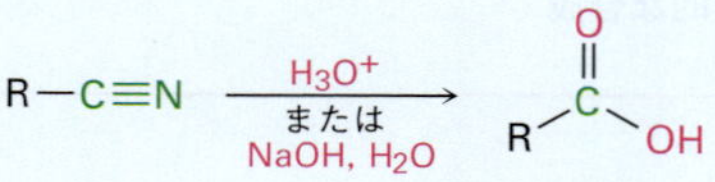

2. カルボン酸の反応（§15・6）
   $LiAlH_4$ による還元でアルコールが生成する

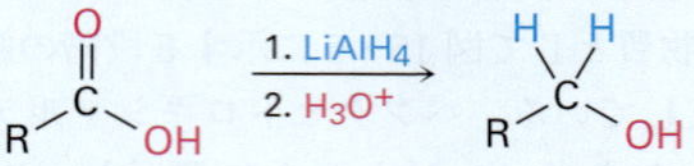

3. ニトリルの合成（§15・7）
   (a) ハロゲン化アルキルの S_N2 反応 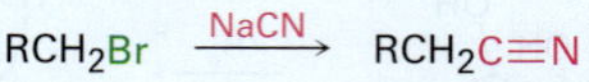

   (b) アミドの脱水反応

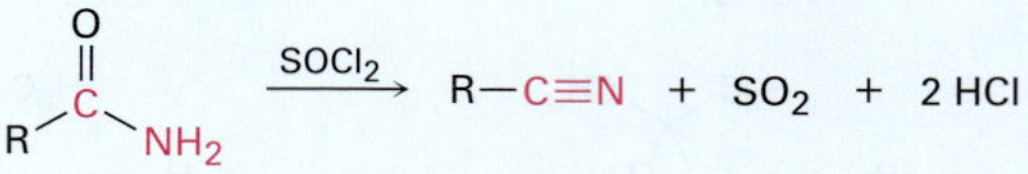

4. ニトリルの反応（§15・7）
   (a) アミドへの加水分解 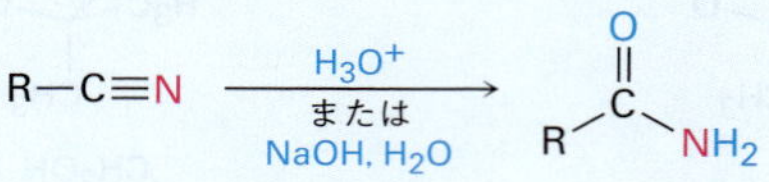

   (b) アミンへの還元反応 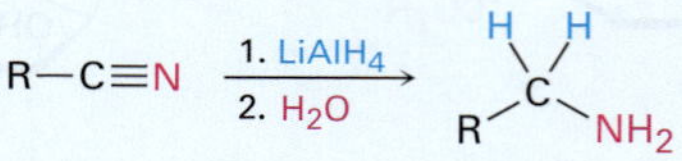

   (c) Grignard反応剤を用いるケトン合成反応

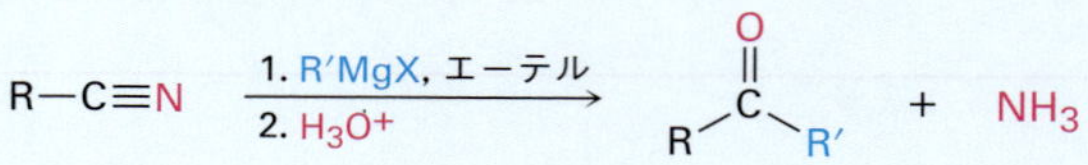

演習問題

目で学ぶ化学

（問題15・1～15・15は本文中にある）

15・16 次のカルボン酸のIUPAC名を示せ．（赤茶はBr）

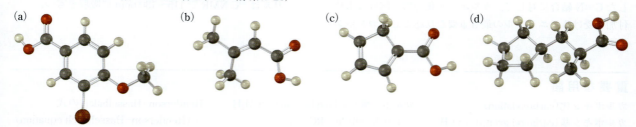

(a)　(b)　(c)　(d)

15・17 次のカルボン酸は安息香酸と比べて酸性が強いか弱いか，理由とともに述べよ．（赤茶はBr）
(a)　　　　　　　　　　　(b)

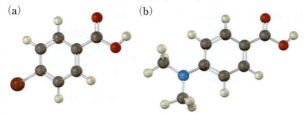

15・18 次のカルボン酸はハロゲン化アルキルから生成するニトリルの加水分解の経路でも，また，ハロゲン化アルキルをGrignard反応剤に変換しカルボキシ化する経路でも合成することができない．その理由を説明せよ．

15・19 アニソールとチオアニソールの静電ポテンシャル図は次のとおりである．p-メトキシ安息香酸とp-(メチルチオ)安息香酸ではどちらがより強い酸か．

アニソール C₆H₅OCH₃　　　チオアニソール C₆H₅SCH₃

追加問題
カルボン酸とニトリルの命名
15・20 次の化合物のIUPAC名を示せ．

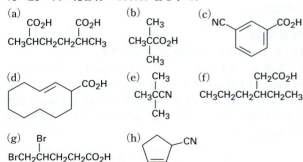

15・21 次のIUPAC名をもつ化合物の構造を示せ．
(a) cis-シクロヘキサン-1,2-ジカルボン酸
(b) ヘプタン二酸　　　(c) ヘキサ-2-エン-4-イン酸
(d) 4-エチル-2-プロピルオクタン酸
(e) 3-クロロフタル酸　　(f) トリフェニル酢酸
(g) シクロブタ-2-エンカルボニトリル
(h) m-ベンゾイルベンゾニトリル

15・22 次の化合物の構造と名称を示せ．
(a) 分子式 $C_6H_{12}O_2$ のカルボン酸 8 種
(b) 分子式 C_5H_7N のニトリル 3 種

15・23 プレガバリン（pregabalin，販売名リリカ®）は，慢性的な痛みにも効果がある抗けいれん薬である．プレガバリンのIUPAC名は (S)-3-(アミノメチル)-5-メチルヘキサン酸である（アミノメチル基は $-CH_2NH_2$）．プレガバリンの構造を示せ．

15・24 食物代謝のクエン酸回路の中間体であるイソクエン酸の体系名は (2R,3S)-3-カルボキシ-2-ヒドロキシペンタン二酸である．構造を示せ．

カルボン酸の酸性度
15・25 次の (a)〜(c) のそれぞれの化合物を酸性が弱いものから順に並べよ．
(a) 酢酸，シュウ酸，ギ酸
(b) p-ブロモ安息香酸，p-ニトロ安息香酸，2,4-ジニトロ安息香酸
(c) フルオロ酢酸，3-フルオロプロパン酸，4-フルオロブタン酸

15・26 次のそれぞれの化合物を塩基性が弱いものから順に並べよ．
(a) 酢酸マグネシウム，水酸化マグネシウム，臭化メチルマグネシウム
(b) 安息香酸ナトリウム，p-ニトロ安息香酸ナトリウム，ナトリウムアセチリド
(c) 水酸化リチウム，リチウムエトキシド，ギ酸リチウム

15・27 次のカルボン酸の K_a を計算せよ．
(a) クエン酸 pK_a=3.14　　(b) 酒石酸 pK_a=2.98

15・28 チオグリコール酸 $HSCH_2CO_2H$ は脱毛剤として使われている化合物であり，pK_a=3.42である．pH=3.00の緩衝溶液中で何％のチオグリコール酸が解離しているか求めよ．

15・29 尿酸（pK_a 5.61）は，ヒトではDNA由来のプリン代謝の最終産物で，尿として排泄される．尿の典型的なpH値6.0で尿酸は何％解離しているか．なぜ尿酸は CO_2H 基をもたないのに酸性を示すのか．

15・30 いくつかの単純な二塩基酸のpK_aを次に示す．1段階目と2段階目のイオン化定数がカルボキシ基間の距離が増えるほど減少するのはなぜか．

530   15. カルボン酸とニトリル

化合物名	構造	pK_{a1}	pK_{a2}
シュウ酸	HO_2CCO_2H	1.2	4.2
コハク酸	$HO_2C(CH_2)_2CO_2H$	4.2	5.6
アジピン酸	$HO_2C(CH_2)_4CO_2H$	4.4	5.4

15・31 次の (a)〜(c) の化合物を酸性が弱いものから順に並べよ.

(a) 酢酸, フェノール, 安息香酸

(b) 安息香酸, フェノール, p-ブロモ安息香酸

(c) クロロ酢酸, プロパン酸, ジフルオロ酢酸

カルボン酸とニトリルの反応

15・32 ブタン酸を次のそれぞれの化合物に変換する方法を示せ. 2段階以上必要な場合もある.

(a) ブタン-1-オール   (b) 1-ブロモブタン

(c) ペンタン酸   (d) ブタ-1-エン

15・33 次のそれぞれの化合物をブタン酸に変換する方法を示せ. 2段階以上必要な場合もある.

(a) ブタン-1-オール   (b) 1-ブロモブタン

(c) ブタ-1-エン   (d) 1-ブロモプロパン

15・34 ブタンニトリルを次に示すそれぞれの化合物に変換する方法を示せ. 2段階以上必要な場合もある.

(a) ブタン-1-オール   (b) ブタナール   (c) ペンタン酸

15・35 次のそれぞれの化合物をベンゼンから合成する方法を示せ. いずれの場合も2段階以上の反応が必要である.

(a) m-クロロ安息香酸   (b) p-ブロモ安息香酸

(c) フェニル酢酸 $C_6H_5CH_2CO_2H$

15・36 p-メチル安息香酸と次のそれぞれの反応剤との反応生成物を予想せよ.

(a) エーテル中 CH_3MgBr, つづいて H_3O^+

(b) $KMnO_4$, H_3O^+ (c) $LiAlH_4$, つづいて H_3O^+

15・37 標識した炭素源として $^{13}CO_2$ を用い, 他に必要な化合物を用いて次の化合物を合成する方法を考案せよ.

(a) $CH_3CH_2{}^{13}CO_2H$ (b) $CH_3{}^{13}CH_2CO_2H$

15・38 次の反応をそれぞれ行う場合, Grignard 反応剤によるカルボキシ化とニトリルの加水分解ではどちらが適切か, 理由とともに述べよ.

(a)

(b)

$CH_3CH_2\overset{Br}{\underset{|}{C}HCH_3} \longrightarrow CH_3CH_2\overset{CH_3}{\underset{|}{C}HCO_2H}$

(c)

$CH_3\overset{O}{\overset{\|}{C}}CH_2CH_2CH_2I \longrightarrow CH_3\overset{O}{\overset{\|}{C}}CH_2CH_2CH_2CO_2H$

(d) $HOCH_2CH_2CH_2Br \longrightarrow HOCH_2CH_2CH_2CO_2H$

15・39 ナイロンを合成するのに必要な出発物であるヘキサン-1,6-ジアミンはブタ-1,3-ジエンから合成することができる. どのようにして合成するか示せ.

$H_2C{=}CHCH{=}CH_2 \xrightarrow{\ ?\ } H_2NCH_2CH_2CH_2CH_2CH_2CH_2NH_2$

15・40 次の変換反応を行う方法を示せ.

カルボン酸とニトリルの分光法

15・41 希 NaOH 水溶液に溶け, ^{1}H NMR スペクトルで〔1.08 ppm (9H, 一重線), 2.2 ppm (2H, 一重線), 11.2 ppm (1H, 一重線)〕を示す化合物 $C_6H_{12}O_2$ の構造を考えよ.

15・42 次の三つのカルボン酸異性体を区別するにはどのような分光学的手法を用いるのがよいか. それぞれの化合物ではどのような特徴的なスペクトルが得られるか.

$CH_3(CH_2)_3CO_2H$ $(CH_3)_2CHCH_2CO_2H$ $(CH_3)_3CCO_2H$

ペンタン酸   3-メチルブタン酸   2,2-ジメチルプロパン酸

15・43 NMR (^{1}H あるいは ^{13}C) を用いて次のそれぞれの異性体をどのように区別することができるか.

(a)

と

(b) $HO_2CCH_2CH_2CO_2H$ と $CH_3CH(CO_2H)_2$

(c) $CH_3CH_2CH_2CO_2H$ と $HOCH_2CH_2CH_2CHO$

(d) $(CH_3)_2C{=}CHCH_2CO_2H$ と

15・44 分子式 $C_4H_8O_3$ の化合物 **A** は赤外吸収を 1710 および 2500〜3100 cm^{-1} にもち, 次ページに示す ^{1}H NMR を示す. **A** の構造を示せ.

総合問題

15・45 次のカルボン酸の pK_a を計算せよ.

(a) 乳酸 $K_a = 8.4 \times 10^{-4}$ (b) アクリル酸 $K_a = 5.6 \times 10^{-6}$

15・46 ニトリルはアルデヒドから, 1) NH_2OH とのイミン (オキシム) 生成, つづく 2) 塩化チオニル $SOCl_2$ を用いた脱水反応の2段階の反応により合成することができる. これらの反応の機構を示せ.

$R{-}\overset{O}{\overset{\|}{C}}{-}H \xrightarrow[\text{2. } SOCl_2]{\text{1. } NH_2OH} R{-}C{\equiv}N$

15・47 植物中で, テルペン (7章科学談話室参照) は 3-ホスホメバロン酸 5-二リン酸から脱炭酸を含む経路によって生

15. カルボン酸とニトリル 531

合成される．巻矢印を用いてこの反応の機構を示せ．

3-ホスホメバロン酸 5-二リン酸 → イソペンテニル二リン酸

15・48 2,2-ジメチルペンタン酸を必要としたある化学者は 2-クロロ-2-メチルペンタンと NaCN との反応を行った後，その生成物を加水分解してこれを合成することにした．しかし実際に反応を行ったところ，目的物はまったく得られなかった．なぜ予期したように反応が進行しなかったのだろうか．

15・49 イソブチルベンゼンから抗炎症薬のイブプロフェンを合成する方法を示せ．2 段階以上の反応が必要である．

イソブチルベンゼン → イブプロフェン

15・50 ロタウストラリン（§15・7 参照）のような青酸配糖体は酸水溶液で処理するとシアン化水素 HCN を放出する．反応はアセタール結合の加水分解により同一炭素上にヒドロキシ基とシアノ基の結合したシアノヒドリンが生成することにより起こる．シアノヒドリンは HCN を放出してカルボニル化合物を生じる．
(a) アセタール加水分解の反応機構（§14・8 参照）と生成するシアノヒドリンの構造を示せ．
(b) HCN が放出される機構を示し，それにより生じるカルボニル化合物の構造を示せ．

ロタウストラリン

15・51 酸性条件でのニトリルからカルボン酸への加水分解反応は，まず，窒素原子上のプロトン化，つづく水の求核付加反応から始まる．§15・7 の塩基性条件下でのニトリルの加水分解反応の反応機構を復習し，酸性条件下での加水分解反応に含まれるすべての段階を電子の流れを示す巻矢印を用いて示せ．

15・52 ヒトの胆汁中にみられるステロイドであるリトコール酸と次のそれぞれの反応剤との生成物を示せ．分子の大きさに惑わされず官能基に注目せよ．
(a) CrO_3, H_3O^+
(b) CH_3MgBr, つづいて H_3O^+
(c) $LiAlH_4$, つづいて H_3O^+

リトコール酸 lithocholic acid

15・53 五つのパラ置換安息香酸 $YC_6H_4CO_2H$ の pK_a を次に示す．対応する置換ベンゼン YC_6H_5 を芳香族求電子置換反応に対する反応性が増加する順に並べよ．安息香酸の pK_a = 4.19 と比較すると，それぞれの置換基は活性化基か，不活性化基か．

置換基 Y	Y—C$_6$H$_4$—CO$_2$H の pK_a
—Si(CH$_3$)$_3$	4.27
—CH=CHC≡N	4.03
—HgCH$_3$	4.10
—OSO$_2$CH$_3$	3.84
—PCl$_2$	3.59

15・54 次の化合物の pK_a について．パラ位のヒドロキシ基が酸性を弱くするのに対し，メタ位のヒドロキシ基が酸性を強くするのはなぜか．

問題 15・44 スペクトル図

化学シフト	相対面積比
1.26	3.00
3.64	2.00
4.14	2.00
11.12	1.00

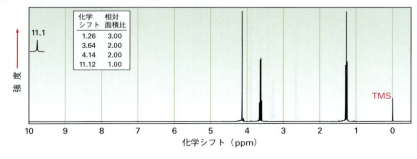

HO-C6H4-CO2H pKa=4.48   C6H5-CO2H pKa=4.19   HO-C6H4-CO2H pKa=4.07

15・55 次の変換を行うのに必要な反応剤 a〜e を示せ.

15・56 2-ブロモ-6,6-ジメチルシクロヘキサノンを NaOH 水溶液で処理した後，酸性にすると Favorskii 転位 (Favorskii rearrangement) が起こり，2,2-ジメチルシクロペンタンカルボン酸が得られる．反応はまずカルボニル基に求核付加反応が起こった後，Br⁻ の脱離とともに転位反応が起こる．反応機構を示せ．

15・57 下に示す赤外スペクトルおよび ¹H NMR スペクトルを示す分子式 C_4H_7N の化合物の構造を示せ．

15・58 次ページに示す二つの ¹H NMR スペクトルはクロトン酸 trans-$CH_3CH=CHCO_2H$ とメタクリル酸 $H_2C=C(CH_3)-CO_2H$ のものである．それぞれどちらのスペクトルか，理由とともに述べよ．

15・59 ¹³C NMR で次に示すピークを示すカルボン酸の構造を示せ．炭素の種類 (1°, 2°, 3°, 4°) は DEPT-NMR によって帰属されているものとする．
(a) $C_7H_{12}O_2$: 25.5 ppm (2°), 25.9 ppm (2°), 29.0 ppm (2°), 43.1 ppm (3°), 183.0 ppm (4°)
(b) $C_8H_8O_2$: 21.4 ppm (1°), 128.3 ppm (4°), 129.0 ppm (3°), 129.7 ppm (3°), 143.1 ppm (4°), 168.2 ppm (4°)

15・60 次章でカルボン酸がアルコールと反応してエステルを生じる反応 $RCO_2H + R'OH \rightarrow RCO_2R'$ を学ぶ．次の反応の機構を示せ．

15・61 二つ目のカルボニル基を 2 炭素離れた位置にもつカルボン酸は，塩基で処理すると CO_2 を失って (脱炭酸して) エノラートイオン中間体を生成し，これはプロトン化されケトンを生じる．この脱炭酸反応の機構を電子の流れを示す巻矢印を用いて示せ．

$CH_3COCH_2COOH \xrightarrow{NaOH, H_2O}$ [$CH_3C(O^-)=CH_2$] $+ CO_2$
エノラートイオン
$\xrightarrow{H_2O} CH_3COCH_3$

問題 15・57 スペクトル図

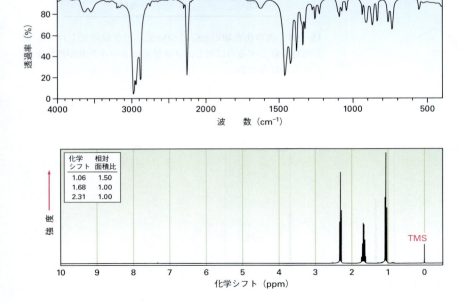

問題 15・58　スペクトル図

(a)
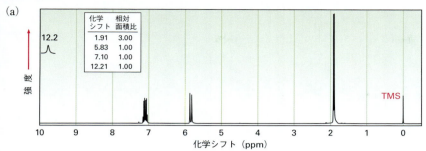

(b)
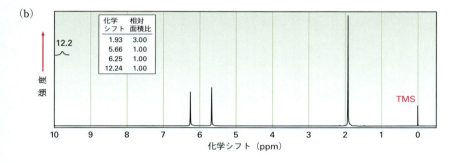

カルボン酸誘導体:
求核的アシル置換反応

16

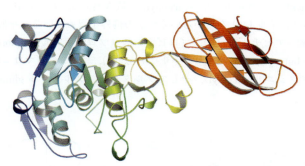

膵臓のリパーゼは脂質代謝の第一段階である食物中の脂質成分の
エステル結合の加水分解を触媒する

16・1 カルボン酸誘導体の命名法
16・2 求核的アシル置換反応
16・3 カルボン酸の求核的アシル置換反応
16・4 酸ハロゲン化物の反応
16・5 酸無水物の反応
16・6 エステルの反応
16・7 アミドの反応
16・8 チオエステルおよびアシルリン酸の反応: 生体内のカルボン酸誘導体
16・9 ポリアミドとポリエステル: 逐次重合
16・10 カルボン酸誘導体の分光法

本章の目的 カルボン酸誘導体は生体内で最も広くみられる化合物群であり,その最も重要な反応である求核的アシル置換反応は,カルボニル基の関わる四つの基本的な反応の一つである. 求核的アシル置換反応は,ほとんどすべての生体反応の反応経路に何らかの形で関わっている. したがってその詳しい理解は生体の化学を理解するのに必要である.

カルボン酸誘導体(carboxylic acid derivative)は,前章で述べたカルボン酸やニトリルと密接に関連した化合物である. カルボン酸誘導体のアシル基には電気陰性度の大きい原子あるいは置換基が結合しており,これらは"カルボニル基の化学の概論"で簡単に述べたように,求核的アシル置換反応の際,脱離基として働く.

さまざまな種類のカルボン酸誘導体が知られているが,本章ではそのなかでより一般的な4種のもの,すなわち酸ハロゲン化物,酸無水物,エステル,そしてアミドについておもに解説する. **エステル**(ester)および**アミド**(amide)はフラスコ内でも生体内でも広くみられる化合物である. 一方,**酸ハロゲン化物**(acid halide)や**酸無水物**(acid anhydride)はフラスコ内でのみ用いられる. また**チオエステル**(thioester)や**アシルリン酸**(acyl phosphate)とよばれるカルボン酸誘導体は主として生体内の反応によくみられる. 酸無水物とアシルリン酸の構造上の類似に注意してほしい.

カルボン酸

酸ハロゲン化物
(X = Cl, Br)

酸無水物

エステル

アミド

チオエステル

アシルリン酸

16・1 カルボン酸誘導体の命名法

酸ハロゲン化物 RCOX

酸ハロゲン化物はまずアシル基を，ついでハロゲンを明確にするように命名する[*1]．アシル基の命名法はすでに §15・1 と表 15・1 に示したように，カルボン酸の命名法に基づいて，-酸 (-ic acid または -oic acid) を -オイル (-oyl)，あるいは -カルボン酸 (-carboxylic acid) を -カルボニル (-carbonyl) と置き換える．ただし IUPAC はオイル (-oyl) の代わりにイル (-yl) を用いるいくつかの例外を認めている．ギ酸（ホルミル formyl），酢酸（アセチル acetyl），プロピオン酸（プロピオニル propionyl），ブタン酸（ブチリル butyryl），シュウ酸（オキサリル oxalyl），マロン酸（マロニル malonyl），コハク酸（スクシニル succinyl），そしてグルタル酸（グルタリル glutaryl）などである．

[*1] 訳注：日本語の命名では，先にハロゲンを明確にし，そのあとにアシルをつける．たとえば，塩化ベンゾイル，臭化アセチルなど．

塩化アセチル
acetyl chloride

臭化ベンゾイル
benzoyl bromide

塩化シクロヘキサンカルボニル
cyclohexanecarbonyl chloride

酸無水物 RCO₂COR′

モノカルボン酸の対称な酸無水物，およびジカルボン酸の環状酸無水物は -酸 (acid) を -酸無水物 (anhydride) に代えて命名する[*2]．

[*2] 訳注：いくつかの酸無水物は日本語では無水〜酸ともいう．たとえば，無水酢酸，無水コハク酸，無水マレイン酸，無水フタル酸など．

酢酸無水物（無水酢酸）
acetic anhydride

安息香酸無水物
benzoic anhydride

コハク酸無水物（無水コハク酸）
succinic anhydride

二つの異なるカルボン酸からなる非対称な酸無水物（混合酸無水物という）の命名は，二つのカルボン酸をアルファベット順に並べ，その後に無水物 (anhydride) を加える．

酢酸安息香酸無水物
acetic benzoic anhydride

エステル RCO₂R′

エステルはまず酸素原子に置換しているアルキル基を，ついでカルボン酸を明確にするように命名する[*3]．末尾の -酸 (-ic acid) を -酸アルキル (-ate) とする．

[*3] 訳注：日本語の命名では，先にカルボン酸を明確にし，そのあとに酸素原子に置換しているアルキル基を明示する．

酢酸エチル
ethyl acetate

マロン酸ジメチル
dimethyl malonate

シクロヘキサンカルボン酸 t-ブチル
t-butyl cyclohexanecarboxylate

16・1 カルボン酸誘導体の命名法   537

アミド RCONH₂

無置換の NH₂ 基を含むアミドは，末尾の −酸（-oic acid あるいは -ic acid）を −アミド（-amide）とすることによって，あるいは −カルボン酸（-carboxylic acid）を −カルボキシアミド（-carboxamide）と置き換えて命名する．

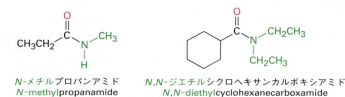

アセトアミド　　　　　ヘキサンアミド　　　　シクロペンタンカルボキシアミド
acetamide　　　　　　hexanamide　　　　　　cyclopentanecarboxamide

窒素原子がさらに置換基をもつ場合は，まずその置換基を命名し，その後に続けてもととなるアミドを命名する．置換基を命名する際にはまず N という文字をつけ，直接窒素原子に置換していることを示す．

N-メチルプロパンアミド　　　*N,N*-ジエチルシクロヘキサンカルボキシアミド
N-methylpropanamide　　　　*N,N*-diethylcyclohexanecarboxamide

チオエステル RCOSR′

チオエステルは対応するエステルと類似した命名をする．対応するエステルが慣用名をもっている場合は，接頭語チオ−（thio-）をカルボン酸（カルボキシラート）の名前につけ加える．たとえば，酢酸（アセタート）はチオ酢酸（チオアセタート）となる．対応するエステルが系統名をもっている場合は末端の −酸アルキル（-oate）あるいは −カルボン酸アルキル（-carboxylate）を −チオ酸アルキル（-thioate）あるいは −カルボチオ酸アルキル（-carbothioate）と置き換える．たとえばブタン酸（ブタノアート）はブタンチオ酸（ブタンチオアート），シクロヘキサンカルボン酸（シクロヘキサンカルボキシラート）はシクロヘキサンカルボチオ酸（シクロヘキサンカルボチオアート）となる．

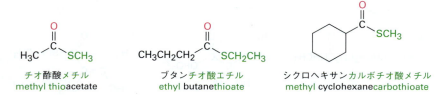

チオ酢酸メチル　　　　　ブタンチオ酸エチル　　　シクロヘキサンカルボチオ酸メチル
methyl thioacetate　　　ethyl butanethioate　　　methyl cyclohexanecarbothioate

アシルリン酸 RCO₂PO₃²⁻, RCO₂PO₃R′⁻

アシルリン酸はアシル基の名前に −リン酸（phosphate）という語を加えることにより命名する．リン酸の酸素原子の一つにアルキル基が置換している場合は，アシル基の名前の後にその基名を挿入する．生化学の分野ではアシルアデノシルリン酸は特に頻出する．

538   16. カルボン酸誘導体：求核的アシル置換反応

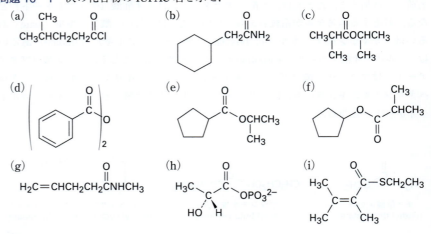

ベンゾイルリン酸
benzoyl phosphate

アセチルアデノシルリン酸
acetyl adenosyl phosphate

表 16・1 にカルボン酸誘導体の命名の規則をまとめる．

表 16・1　カルボン酸誘導体の命名法

官能基	構造	名称の末尾	官能基	構造	名称の末尾
カルボン酸	R-C(=O)-OH	-酸 -ic acid または -カルボン酸 -carboxylic acid	アミド	R-C(=O)-NH₂	-アミド -amide または -カルボキシアミド -carboxamide
酸ハロゲン化物	R-C(=O)-X	ハロゲン化-(オ)イル -(o)yl halide または ハロゲン化-カルボニル -carbonyl halide	チオエステル	R-C(=O)-SR′	-チオ酸アルキル -thioate または -カルボチオ酸アルキル -carbothioate
酸無水物	R-C(=O)-O-C(=O)-R′	-酸無水物 anhydride	アシルリン酸	R-C(=O)-O-PO₃²⁻ (OR′)	-イルリン酸 -yl phosphate
エステル	R-C(=O)-OR′	-酸アルキル -ate または -カルボン酸アルキル -carboxylate			

問題 16・1　次の化合物の IUPAC 名を示せ．

(a) CH₃CH(CH₃)CH₂CH₂CCl(=O)
(b) シクロヘキシル-CH₂CNH₂(=O)
(c) CH₃CH(CH₃)COCH(CH₃)(=O)
(d) (C₆H₅-C(=O)-O-)₂
(e) シクロペンチル-C(=O)-OCH(CH₃)CH₃
(f) シクロペンチル-O-C(=O)-CH(CH₃)CH₃
(g) H₂C=CHCH₂CH₂CNHCH₃(=O)
(h) CH₃-CH(OH)-C(=O)-OPO₃²⁻
(i) (CH₃)(CH₃)C=C(CH₃)-C(=O)-SCH₂CH₃

問題 16・2　次の化合物名をもつ化合物の構造を示せ．
(a) 安息香酸フェニル　　(b) N-エチル-N-メチルブタンアミド
(c) 塩化 2,4-ジメチルペンタノイル
(d) 1-メチルシクロヘキサンカルボン酸メチル
(e) 3-オキソペンタン酸エチル　　(f) p-ブロモチオ安息香酸メチル
(g) ギ酸プロパン酸無水物　　(h) 臭化 cis-2-メチルシクロペンタンカルボニル

16・2 求核的アシル置換反応

　分極した C＝O 結合への求核剤の付加反応はカルボニル基の四つの主要な反応のうち三つに関わる重要なものである．14章で解説したように，求核剤がアルデヒドあるいはケトンに付加すると，生じた四面体中間体はプロトン化されてアルコールを生成する．しかしカルボン酸誘導体に求核剤が付加すると，その後これらとは異なる反応が起こる．付加により生じる四面体中間体は，カルボニル炭素にはじめに結合していた二つの置換基のうちの一つを脱離して**求核的アシル置換反応**（nucleophilic acyl substitution reaction）を起こす（図16・1）．

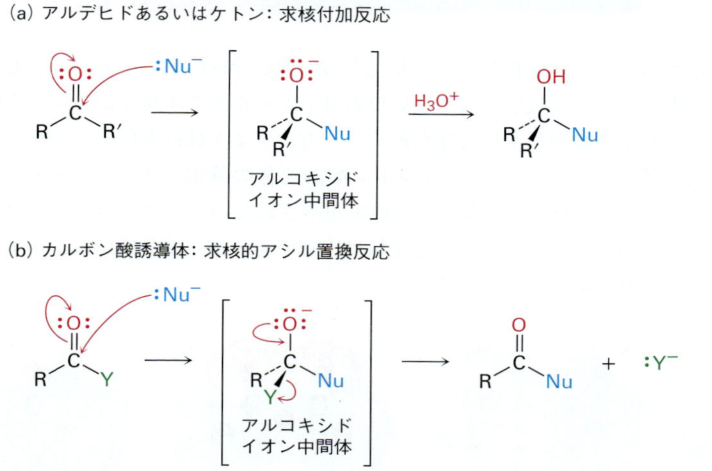

（a）アルデヒドあるいはケトン: 求核付加反応

（b）カルボン酸誘導体: 求核的アシル置換反応

図 16・1　**求核付加反応と求核的アシル置換反応の一般的な反応機構**．いずれの反応も分極した C＝O 結合に求核剤が付加し，四面体形のアルコキシドイオン中間体を生成することから始まる．（a）アルデヒドあるいはケトンから生じた中間体はプロトン化されアルコールを与えるが，（b）カルボン酸誘導体から生じた中間体からは脱離基が脱離し新たなカルボニル化合物を与える．
©John McMurry

　アルデヒドあるいはケトンとカルボン酸誘導体との反応経路の違いは，その構造の違いに起因している．カルボン酸誘導体のアシル炭素には，脱離基として働くことのできる Y 基が結合している．四面体中間体を生じるとすぐにこの脱離基が脱離し，新たなカルボニル化合物が生成する．しかし，アルデヒドやケトンにはそのような脱離基がないので，置換反応は起こらない．

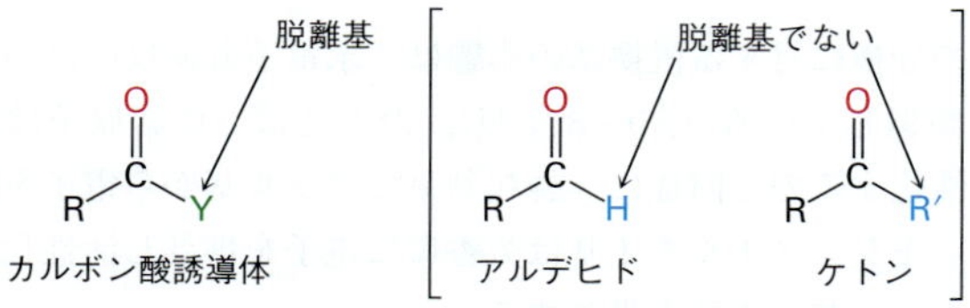

　この一連の付加–脱離反応の結果，アシル炭素にはじめに結合していた Y 基が求核剤により置換される．したがって求核的アシル置換反応は S_N2 反応の際に起こる置換の結果と一見似ている（§12・7参照）．しかし，これら二つの反応の機構はまったく異なっている．S_N2 反応は脱離基の背面側からの置換反応により1段階で起こるのに対し，求核的アシル置換反応は2段階の反応であり，四面体中間体を経由する．

　はじめの付加の段階とつづく脱離の段階のそれぞれが求核的アシル置換反応全体の反応速度に影響を与えるが，一般には付加の段階が律速となる．したがって，カルボニル基の求核剤に対する反応性を高める要因はどのようなものでも置換反応を起こりやすくする．

反応性を決定する要因としては，立体的な要因と電子的な要因の両者が重要である．一連の類似したカルボン酸を比べると，立体的に混み合っていない，接近が容易なカルボニル基が，立体的に混み合ったものよりも容易に求核剤と反応する．反応性の序列は次のとおりである．

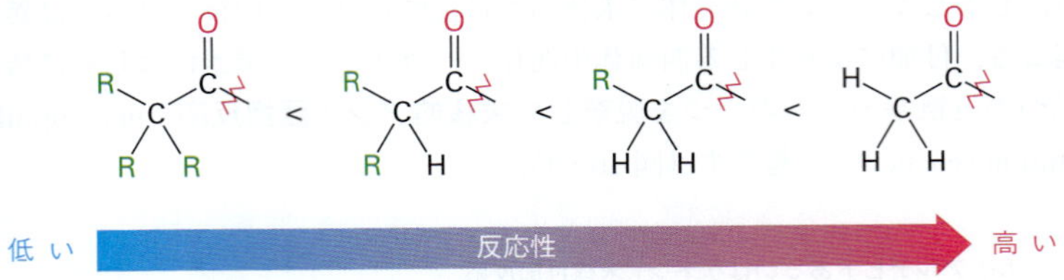

電子的には，大きく分極したアシル化合物の方が分極の小さいものよりも反応性が高い．したがって，電気陰性度の高い塩素原子がカルボニル炭素から電子を強く引きつけている酸塩化物が最も反応性が高く，一方，アミドは最も反応性が低い．それほど顕著ではないが，いろいろなカルボン酸誘導体の静電ポテンシャル図を見ると，C=Oの炭素の青さの違いによってその差が示されている．アシルリン酸はフラスコ内ではあまり用いられていないので比較は困難であるが，生体内ではチオエステルよりもやや反応性が高いようである．

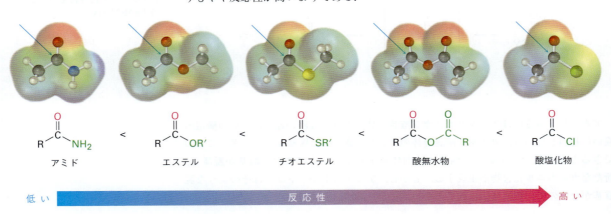

カルボニル基の分極に対する置換基の影響は，求電子置換反応における芳香環の反応性への影響と類似している（§9・8参照）．たとえば，塩素原子は芳香環から電子を引きつけ不活性化するのと同様に，誘起効果でアシル基から電子を**引きつける**．また，アミノ，メトキシ，メチルチオ基は芳香環に電子を供与し活性化するのと同様に共鳴効果によりアシル基に電子を**供与する**．

このような反応性の違いにより，より反応性の高いカルボン酸誘導体を相対的に反応性の低いカルボン酸誘導体に変換することが可能となる．たとえば，酸塩化物は直接，酸無水物，チオエステル，エステル，およびアミドに変換することができるが，アミドはエステル，チオエステル，酸無水物，酸塩化物に直接変換することはできない．したがって反応性の順序を覚えておくことにより，非常に多くの反応を容易に理解することができるようになる（図16・2）．先に述べたように，もう一つ重要な点は，アシルリン酸，チオエステル，エステル，およびアミドのみが自然界に広く存在するということである．酸ハロゲン化物や酸無水物は水と速やかに反応するため生体内で長く存在することはできない．

16・2 求核的アシル置換反応　541

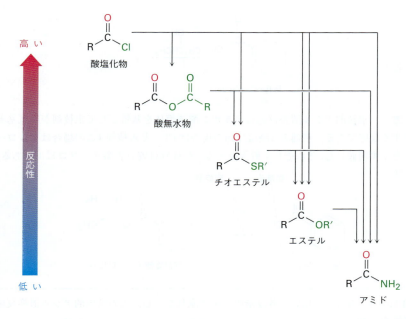

図 16・2　カルボン酸誘導体の相互変換．より反応性の高いカルボン酸誘導体はより反応性の低い誘導体に変換できるが，その逆はできない．

これから数節にわたってカルボン酸誘導体の化学を学んでいくが，数種類の求核剤との反応を集中的に取上げ，その際，同じ種類の反応が起こっていることを強調して解説する（図16・3）．

- **加水分解反応**（hydrolysis）：水と反応してカルボン酸が生成する反応
- **アルコリシス**（alcoholysis）：アルコールと反応してエステルが生成する反応
- **アミノリシス**（aminolysis）：アンモニアあるいはアミンと反応してアミドが生成する反応
- **還元**（reduction）：ヒドリド還元剤と反応してアルデヒドあるいはアルコールが生成する反応
- **Grignard 反応**（Grignard reaction）：有機マグネシウム反応剤と反応してアルコールが生成する反応

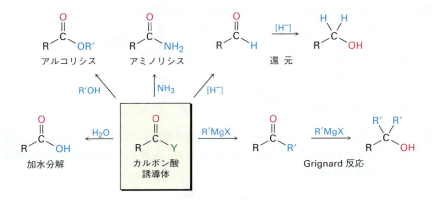

図 16・3　カルボン酸誘導体の代表的な反応

例題 16・1　求核的アシル置換反応の生成物を予想する

次に示す塩化ベンゾイルとプロパン-2-オールとの求核的アシル置換反応の生成物を示せ．

542   16. カルボン酸誘導体：求核的アシル置換反応

$$\text{塩化ベンゾイル} \xrightarrow[\text{CH}_3\text{CHCH}_3]{\text{OH}} ?$$

考え方　求核的アシル置換反応はカルボン酸誘導体を基質として求核剤が脱離基と置換する反応である．脱離基（酸塩化物の場合は Cl^-）と求核剤（この場合はアルコール）をまず明確にし，それぞれを置き換える．生成物は安息香酸イソプロピルである．

解　答

脱離基　　求核剤
塩化ベンゾイル　→　安息香酸イソプロピル

問題 16・3　巻矢印を用いて各段階の電子の流れを示し，次の求核的アシル置換反応の機構を示せ．

$$\text{PhCOCl} \xrightarrow[\text{CH}_3\text{OH}]{\text{Na}^+\ ^-\text{OCH}_3} \text{PhCOOCH}_3$$

問題 16・4　次に示す (a), (b) それぞれにつき，求核的アシル置換反応に対する反応性が高い順に並べよ．

(a)　CH_3CCl　CH_3COCH_3　CH_3CNH_2　(各 C=O)

(b)　$CH_3COCH_2CH_3$　$CH_3COCH_2CCl_3$　$CH_3COCH(CF_3)_2$

問題 16・5　次に示す求核的アシル置換反応の生成物を示せ．

(a) $H_3C\text{-}COOCH_3 \xrightarrow[\text{H}_2\text{O}]{\text{NaOH}} ?$　　(b) $H_3C\text{-}COCl \xrightarrow{\text{NH}_3} ?$

(c) $H_3C\text{-}CO\text{-}O\text{-}CO\text{-}CH_3 \xrightarrow[\text{CH}_3\text{OH}]{\text{Na}^+\ ^-\text{OCH}_3} ?$　　(d) $H_3C\text{-}COSCH_3 \xrightarrow{\text{CH}_3\text{NH}_2} ?$

問題 16・6　次に示す構造は求核剤のカルボン酸誘導体への付加反応により生じる四面体形のアルコキシドイオン中間体である．求核剤，脱離基，出発物のカルボン酸誘導体および最終生成物を示せ．

16・3 カルボン酸の求核的アシル置換反応 543

16・3 カルボン酸の求核的アシル置換反応

　直接カルボン酸に対し求核的アシル置換反応を行うことは困難である．それは OH 基は脱離能が低いからである（§12・8参照）．したがって通常，強酸触媒を用いてカルボキシ基をプロトン化し，求核剤のよりよい受容体とするか，あるいは OH 基をよりよい脱離基に変換することによりカルボン酸の反応性を高めることが必要である．適切な条件下では，酸塩化物，酸無水物，エステル，およびアミドいずれもカルボン酸から求核的アシル置換反応により合成することができる．

カルボン酸の酸ハロゲン化物への変換（RCO₂H → RCOX）

　フラスコ内ではカルボン酸は塩化チオニル SOCl₂ と反応させることにより酸塩化物に，また三臭化リン PBr₃ と反応させることにより酸臭化物に変換される．

　SOCl₂ との反応は求核的アシル置換反応であり，カルボン酸はまずアシルクロロ亜硫酸中間体に変換され，これによりカルボン酸の OH 基はずっとよい脱離基に変換される．ついでクロロ亜硫酸中間体は求核的な塩化物イオンと反応する．アルコールと SOCl₂ との反応により塩化アルキルが生成する反応において（§13・4参照），類似したクロロ亜硫酸中間体が生成していたことを思い出してほしい．

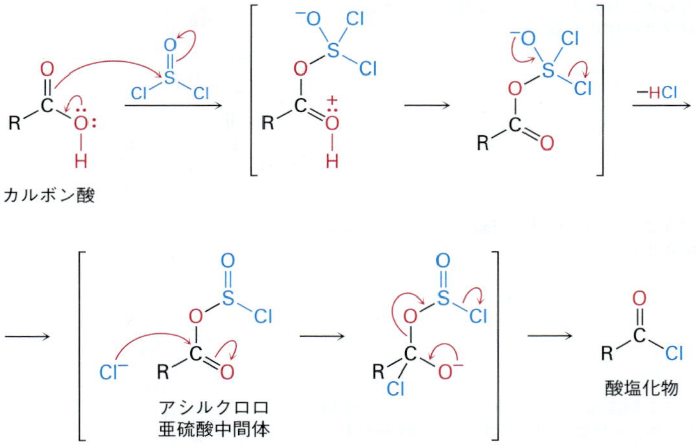

カルボン酸の酸無水物への変換（RCO₂H → RCO₂COR）

　カルボン酸無水物は，加熱により2分子のカルボン酸から1分子の水を取除くことで合成できる．しかし高温が必要なので，酢酸無水物（無水酢酸）のみがこの方法で合成される．

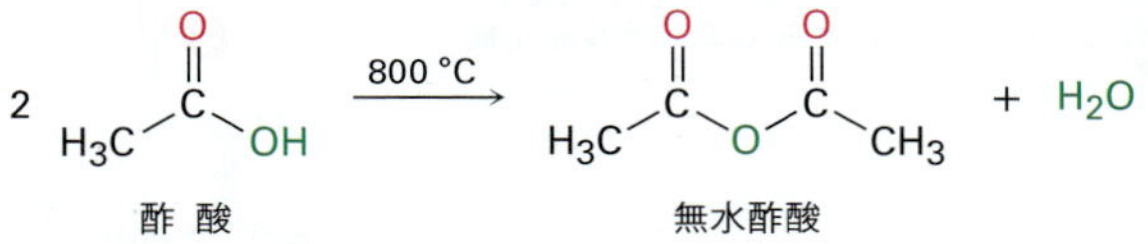

カルボン酸のエステルへの変換（$RCO_2H \rightarrow RCO_2R'$）

カルボン酸の最も有用な反応はエステルへの変換反応であろう．カルボキシラートイオンと第一級のハロゲン化アルキルとの S_N2 反応（§12・7参照）を含め，この変換反応を行う数多くの方法がある．

$CH_3CH_2CH_2C(O)O^-\ Na^+$ + CH_3-I → (S_N2 反応) → $CH_3CH_2CH_2C(O)OCH_3$ + NaI

ブタン酸ナトリウム　　　　　　　　　　　　　　　　ブタン酸メチル(97%)

エステルは **Fischer エステル化反応**（Fischer esterification reaction）とよばれる酸触媒を用いるカルボン酸のアルコールによる求核的アシル置換反応によっても合成できる．残念ながら液体のアルコールを過剰量の溶媒として用いる必要があるため，メチル，エチル，プロピル，およびブチルエステルの合成に用いられるにとどまっている．

Fischer エステル化の反応機構を図 16・4 に示す．カルボン酸は反応性が低く直接

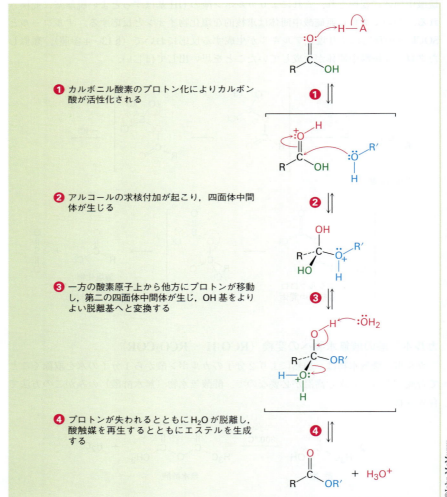

図 16・4　**Fischer エステル化の反応機構**．反応は酸触媒を用いる，カルボン酸に対する求核的アシル置換反応である．

❶ カルボニル酸素のプロトン化によりカルボン酸が活性化される

❷ アルコールの求核付加が起こり，四面体中間体が生じる

❸ 一方の酸素原子上から他方にプロトンが移動し，第二の四面体中間体が生じ，OH 基をよりよい脱離基へと変換する

❹ プロトンが失われるとともに H_2O が脱離し，酸触媒を再生するとともにエステルを生成する

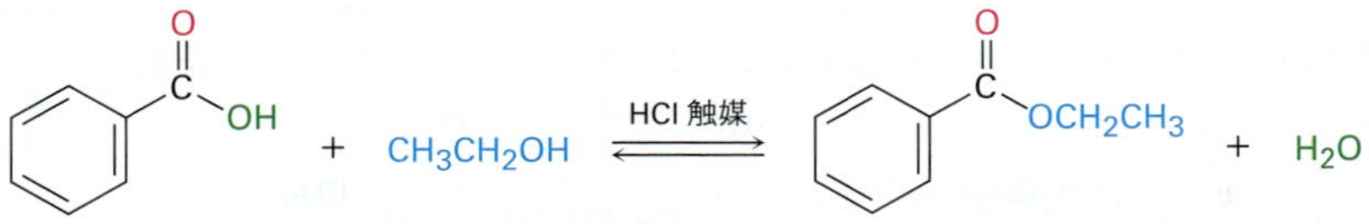

16・3 カルボン酸の求核的アシル置換反応　　545

安息香酸　＋　CH_3CH_2OH　$\xrightarrow{\text{HCl 触媒}}$　安息香酸エチル(91%)　＋　H_2O

求核付加を受けないが，HCl や H_2SO_4 などの強酸存在下でその反応性は大幅に高められる．これらの無機酸はカルボニル酸素原子をプロトン化し，これによりカルボン酸は正電荷を得て反応性がずっと高まる．活性化されたカルボニル炭素にアルコールが求核付加し四面体中間体が生成する．この中間体から水が失われることによってエステルが生成する．

Fischer エステル化の反応の結果として OH 基が OR 基に置き換わる．すべての段階は可逆的で，その平衡定数は普通 1 に近い．そのため反応条件を選ぶことによりどちらの方向へも反応を進めることができる．大過剰のアルコールを溶媒として用いればエステル生成が有利となるが，大過剰の水が存在すればカルボン酸生成が有利となる．

図 16・4 に示す反応機構を支持する証拠は同位体標識実験により得られている．^{18}O で標識したメタノールが安息香酸と反応すると，生じる安息香酸メチルは ^{18}O で標識されるが，生じる水は同位体標識されていない．したがって反応により切断されるのはカルボン酸の CO−H 結合ではなく C−OH 結合であり，アルコールの R−OH 結合でなく RO−H 結合である．

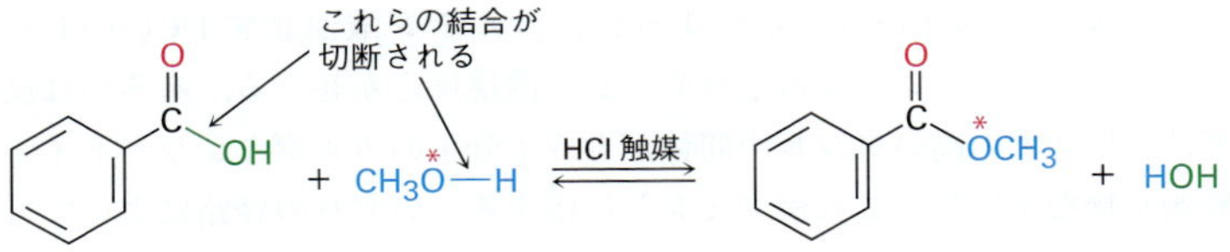

これらの結合が切断される

＋　$CH_3\overset{*}{O}-H$　$\xrightarrow{\text{HCl 触媒}}$　$\overset{*}{O}CH_3$　＋　HOH

例題 16・2　カルボン酸からエステルを合成する

次のエステルを Fischer エステル化反応で合成する方法を示せ．

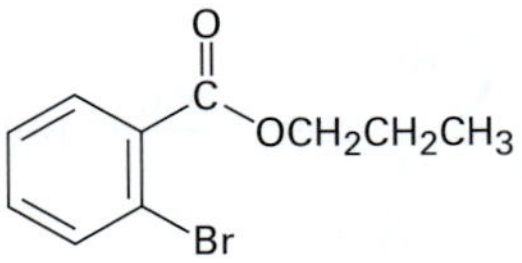

$OCH_2CH_2CH_3$
Br

考え方　エステルの二つの部位を明確にすることから始めよう．アシル部位はカルボン酸，OR 部位はアルコールに由来する．この場合，目的分子は o-ブロモ安息香酸プロピルである．したがって o-ブロモ安息香酸とプロパン-1-オールから合成することができる．

解　答

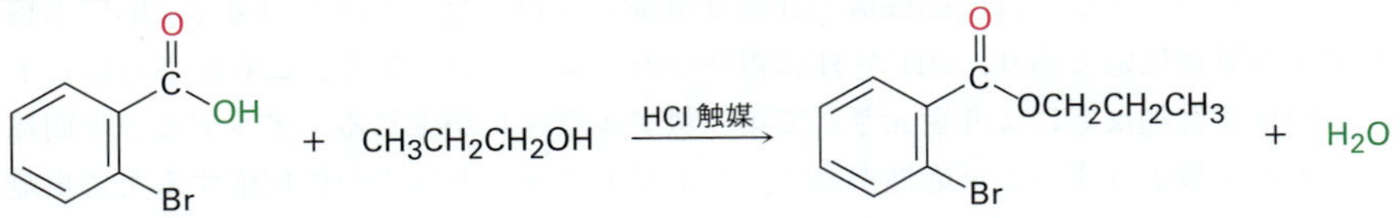

o-ブロモ安息香酸　＋　$CH_3CH_2CH_2OH$　$\xrightarrow{\text{HCl 触媒}}$　o-ブロモ安息香酸プロピル　＋　H_2O

プロパン-1-オール

問題 16・7 次のエステルを対応するカルボン酸から合成する方法を示せ．

(a) H₃C-C(=O)-O-CH₂CH₂CH₃   (b) CH₃CH₂-C(=O)-O-CH₃

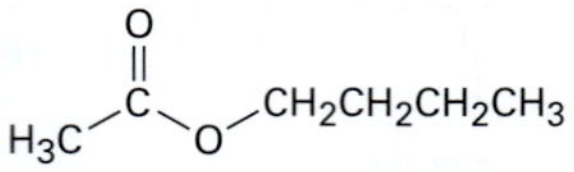

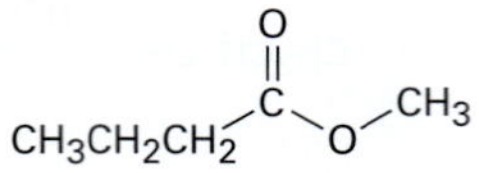

問題 16・8 次に示す分子に酸触媒を反応させると分子内エステル化反応が起こる．生成物の構造を示せ．〔分子内（intramolecular）というのは同じ分子の中でという意味である．〕

カルボン酸のアミドへの変換（RCO₂H → RCONH₂）

アミドをカルボン酸とアミンから直接合成することは困難である．アミンは塩基であり，酸性なカルボキシ基をカルボキシラートイオンに変換してしまうためである．そのため OH 基をより脱離能が高く，酸性を示さない脱離基に変える必要がある．実際アミドは普通，カルボン酸をジシクロヘキシルカルボジイミド（dicyclohexylcarbodiimide: DCC）と反応させてこれを活性化し，つづいてアミンを加えることによって合成されている．図 16・5 に示すように，カルボン酸がまず DCC の C＝N 結合に付加し，つづいてアミンによる求核的アシル置換反応が起こる．あるいは反応溶媒によっては，反応性の高いアシル中間体がもう 1 分子のカルボキシラートイオンと反応して酸無水物を生成し，これがアミンと反応する．いずれの経路によっても生成物は同じである．

§19・7 で，この DCC を用いるアミド生成法がフラスコ内でのタンパク質（**ペプチド** peptide）の合成の鍵段階に利用されている例を説明する．たとえばアミノ基を保護したアミノ酸と，カルボキシ基を保護したもう一つのアミノ酸を DCC を用いて反応させるとジペプチドが得られる．

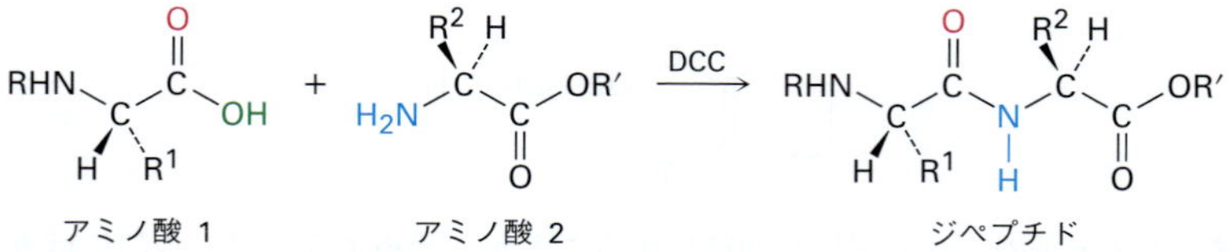

カルボン酸のアルコールへの変換（RCO₂H → RCH₂OH）

§13・3 で，カルボン酸が LiAlH₄ により還元され第一級アルコールが生成することを述べたが，そこでは反応機構の詳細は解説しなかった．実はこの還元反応は求核的アシル置換反応であり，OH が H に置換されアルデヒドを生じ，これがさらにヒドリドの求核付加反応により還元されて第一級アルコールが生じる．アルデヒド中間体はカルボン酸よりずっと反応性が高く，ヒドリドイオンと速やかに反応するため単離されない．

16・3 カルボン酸の求核的アシル置換反応　547

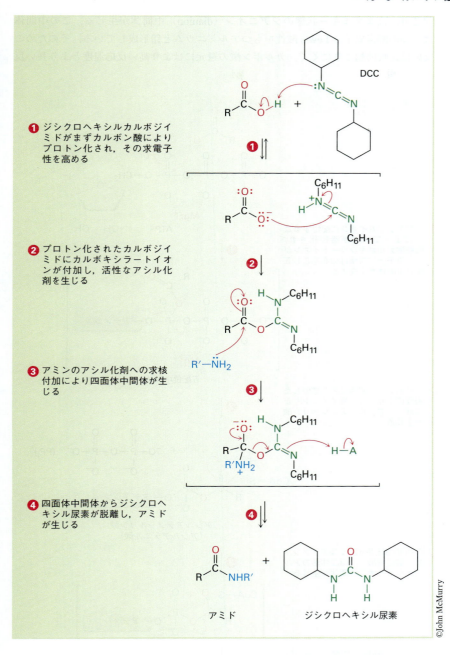

図 16・5 ジシクロヘキシルカルボジイミド（**DCC**）を用いるカルボン酸とアミンとのアミド生成反応の機構

❶ ジシクロヘキシルカルボジイミドがまずカルボン酸によりプロトン化され，その求電子性を高める

❷ プロトン化されたカルボジイミドにカルボキシラートイオンが付加し，活性なアシル化剤を生じる

❸ アミンのアシル化剤への求核付加により四面体中間体が生じる

❹ 四面体中間体からジシクロヘキシル尿素が脱離し，アミドが生じる

ヒドリドイオンは求核剤であると同時に塩基でもあるので，実際の求核的アシル置換反応の段階はカルボン酸そのものに対してではなくカルボキシラートイオンに対し

て起こり，高エネルギー状態のジアニオン（dianion）中間体が生じる．この中間体では二つの酸素原子は Lewis 酸性をもつアルミニウムと錯形成している．そのためこの反応は比較的起こりにくく，カルボン酸の還元にはより高い反応温度とより長い反

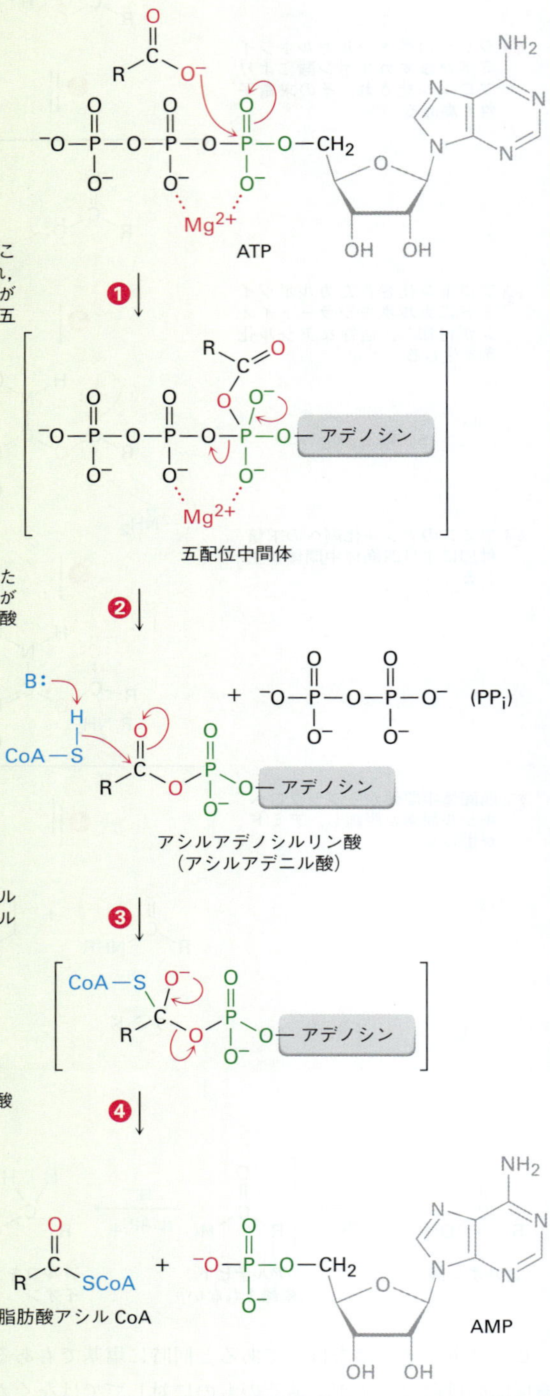

❶ マグネシウムイオンに配位することによって ATP が活性化され，脂肪酸カルボキシラートイオンがリン原子上に求核付加を起こし五配位中間体を生成する

❷ 求核的アシル置換反応と類似した過程により二リン酸イオン PP$_i$ が脱離し，アシルアデノシルリン酸が生じる

❸ CoA の SH 基がアシルアデノシルリン酸に付加し，四面体形のアルコキシドイオン中間体が生じる

❹ ここから AMP が脱離し，脂肪酸アシル CoA を生成する

図 16・6　脂肪酸の生合成における求核的アシル置換反応の機構． カルボン酸は ATP との反応により活性化されアシルアデニル酸を与える．これは補酵素 A の SH 基と求核的アシル置換反応を起こす．（ATP：アデノシン三リン酸，ADP：アデノシン二リン酸）

16・4 酸ハロゲン化物の反応　549

応時間が必要となる.

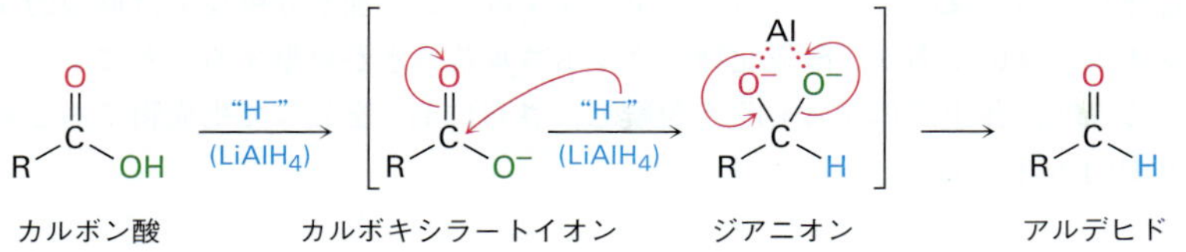

カルボン酸　　　　　カルボキシラートイオン　　　　ジアニオン　　　　　アルデヒド

生体内でのカルボン酸の変換

　生体内においても，カルボン酸そのものを直接求核的アシル置換反応によってカルボン酸誘導体に変換する反応は起こらない. フラスコ内での反応と同様に，カルボン酸はまず，－OH をより脱離能の高い基に変換することで活性化されなければならない. 生体内では，この活性化はカルボン酸とアデノシン三リン酸（adenosine triphosphate: ATP）との反応により，カルボン酸とアデノシン一リン酸〔adenosine monophosphate: AMP，アデニル酸（adenylic acid）ともよばれる〕との混合酸無水物であるアシルアデノシルリン酸，すなわち**アシルアデニル酸**（acyl adenylate）を生成することによってしばしば行われる. たとえば脂肪酸の生合成においては，長鎖カルボン酸は ATP と反応してアシルアデニル酸を生じ，これが補酵素 A（coenzyme A，CoA と略す）の SH 基と求核的アシル置換反応を起こし，対応するアシル CoA が生じる（図 16・6）.

　図 16・6 の最初の段階（カルボキシラートイオンと ATP との反応によりアシルアデニル酸が生じる反応）自身がリン上での求核的アシル置換反応であることに注目してほしい. カルボキシラートイオンがまず P=O 二重結合に付加し五配位のリン中間体を生じ，ここから二リン酸が脱離する.

16・4 酸ハロゲン化物の反応

　酸ハロゲン化物はカルボン酸誘導体のなかで最も反応性が高く，求核的アシル置換反応によりさまざまな種類の化合物に変換することができる. ハロゲンを OH に置換するとカルボン酸が，OCOR′ に置換すると酸無水物が，OR′ に置換するとエステルが，NH_2 に置換するとアミドが，R′ に置換するとケトンが合成できる. さらに酸ハロゲン化物を還元すると第一級アルコールが生成し，Grignard 反応剤と反応すると第三級アルコールが生成する. 本節では酸塩化物を用いる反応のみを示しているが，同様の反応が酸臭化物を用いても起こる.

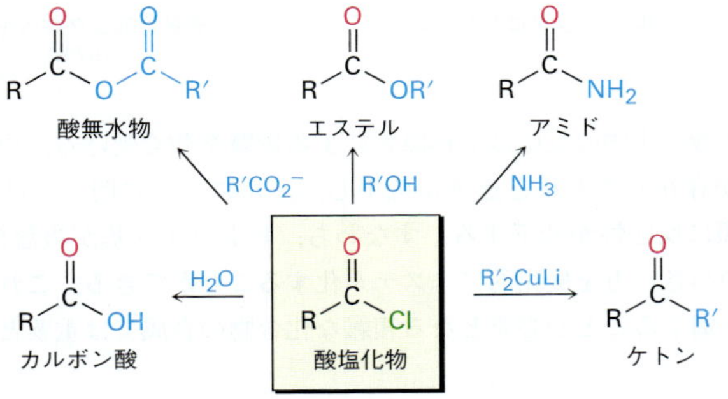

酸無水物　　　エステル　　　アミド

カルボン酸　　　酸塩化物　　　ケトン

16. カルボン酸誘導体: 求核的アシル置換反応

酸ハロゲン化物のカルボン酸への変換: 加水分解反応 （RCOCl → RCO$_2$H）

　酸塩化物は水と反応してカルボン酸を生成する．この加水分解反応は典型的な求核的アシル置換反応であり，酸塩化物のカルボニル基へ水が攻撃することによって反応が始まる．四面体中間体から Cl$^-$ が脱離し，さらに H$^+$ を失って生成物であるカルボン酸と HCl が生じる．

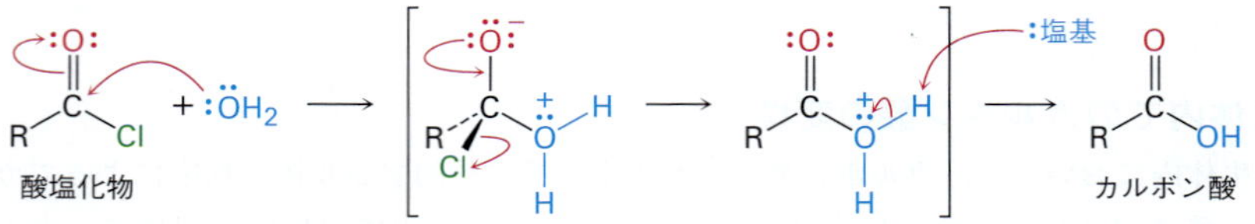

　加水分解反応の際に HCl が生成するので，副反応を起こすのを防ぐため反応はピリジンや NaOH などの塩基存在下で行い，HCl を取除きながら行う．

酸ハロゲン化物の酸無水物への変換 （RCOCl → RCO$_2$COR′）

　酸塩化物に対するカルボキシラートイオンの求核的アシル置換反応により酸無水物が得られる．対称，非対称いずれの酸無水物も合成することができる．

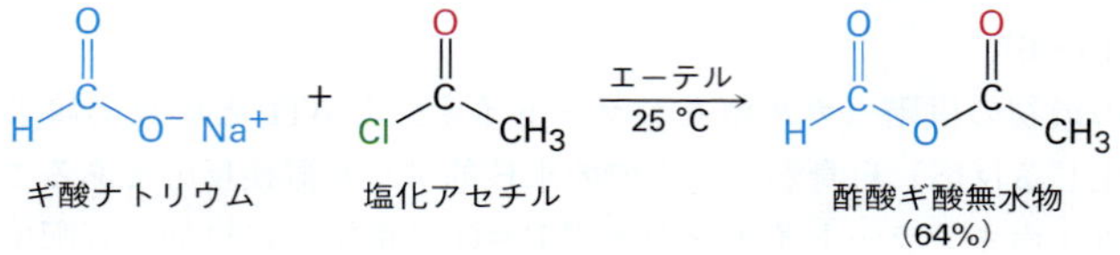

酸ハロゲン化物のエステルへの変換: アルコリシス （RCOCl → RCO$_2$R′）

　酸塩化物は水と反応してカルボン酸を生じるのと同様の機構によりアルコールと反応してエステルを生じる．実際この反応はフラスコ内でエステルを合成する最も一般的な方法である．アルコリシス反応は，加水分解反応と同様，生じる HCl を捕捉するためピリジンあるいは NaOH の存在下で行われる．

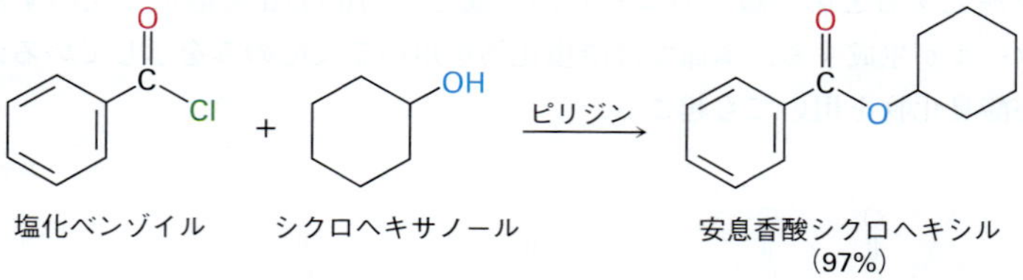

　アルコールと酸塩化物の反応は立体障害による影響を強く受ける．いずれかの基質にかさ高い基が存在すると反応速度が低下し，アルコールに関しては第一級＞第二級＞第三級の順に反応性が低下する．すなわち，ヒドロキシ基が複数存在する場合，より立体障害の小さい方を優先的にエステル化することができる．これは，時に類似した官能基を区別することが必要となる複雑な化合物の合成では重要となる．例を次に示す．

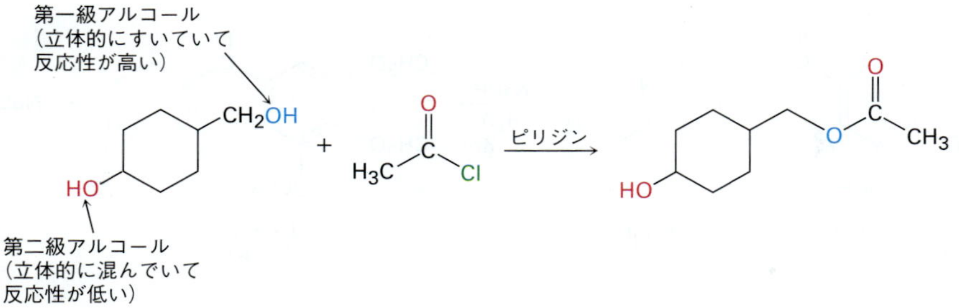

16・4 酸ハロゲン化物の反応　　551

第一級アルコール
（立体的にすいていて
反応性が高い）

（構造式：シクロヘキサン環に CH₂OH 基と HO 基、H₃C-C(=O)-Cl（ピリジン）を経て、生成物 CH₂-O-C(=O)-CH₃ と HO 基をもつシクロヘキサン）

第二級アルコール
（立体的に混んでいて
反応性が低い）

問題 16・9 次のエステルを酸塩化物に対する求核的アシル置換反応を利用して合成する方法を示せ.

(a) CH₃CH₂CO₂CH₃　　(b) CH₃CO₂CH₂CH₃

(c) 安息香酸エチル

問題 16・10 安息香酸シクロヘキシルを合成したい. カルボン酸を用いて Fischer エステル化反応を行う方法と，酸塩化物とアルコールとの反応による方法とどちらが適しているか，理由とともに述べよ.

酸ハロゲン化物のアミドへの変換: アミノリシス（RCOCl → RCONH₂）

　酸塩化物はアンモニアおよびアミンと速やかに反応してアミドを生成する. 酸塩化物とアルコールからエステルを合成する方法と同様に，この酸塩化物とアミンとの反応はフラスコ内でアミドを合成する最も一般的な方法である. 一置換および二置換アミンいずれも用いることができるが，三置換のアミン R₃N は用いることはできない.

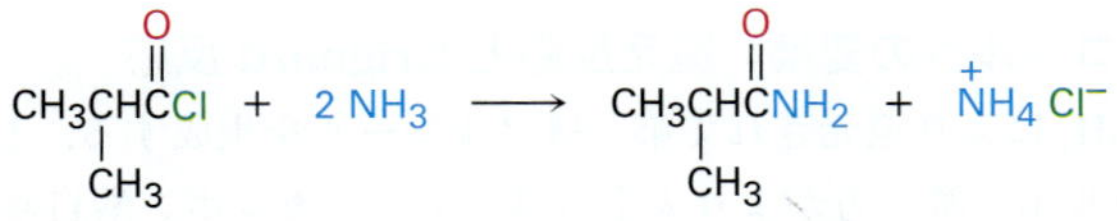

$$CH_3CHCCl + 2\ NH_3 \longrightarrow CH_3CHCNH_2 + \overset{+}{N}H_4\ Cl^-$$

塩化 2-メチルプロパノイル　　　　2-メチルプロパンアミド
（83%）

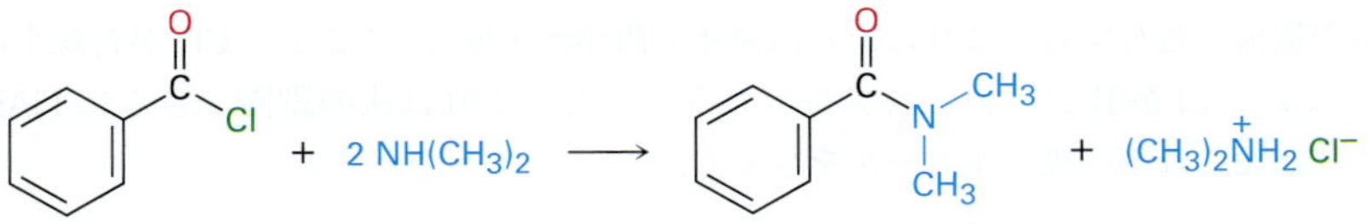

$$\text{(塩化ベンゾイル)} + 2\ NH(CH_3)_2 \longrightarrow \text{(}N,N\text{-ジメチルベンズアミド)} + (CH_3)_2\overset{+}{N}H_2\ Cl^-$$

塩化ベンゾイル　　　　　　N,N-ジメチルベンズアミド
（92%）

　反応の際に HCl が生成するので，アミンを 2 倍モル量用いなければならない. 1 モル量分のアミンは酸塩化物と反応し，もう 1 モル量分のアミンは生じる HCl と反応しアミンの塩酸塩を与える. しかしアミンが貴重である場合は，アミド合成はしばしば 1 モル量のアミンともう 1 モル量の NaOH などの安価な塩基を用いて行われる. たとえば鎮静薬のトリメトジン（trimetozine）は工業的に塩化 3,4,5-トリメトキシベンゾイルとアミンであるモルホリンとを等モル量の NaOH 存在下で反応させることにより合成されている.

16. カルボン酸誘導体：求核的アシル置換反応

塩化 3,4,5-トリメトキシ　　　　モルホリン　　　　　トリメトジン
ベンゾイル　　　　　　　　　　　　　　　　　　　　（アミド）

例題 16・3　酸塩化物からアミドを合成する

酸塩化物とアミンから N-メチルプロパンアミドを合成する方法を示せ.

考え方　化合物名に示されるように, N-メチルプロパンアミドはメチルアミンとプロパン酸の酸塩化物との反応で合成できる.

解　答

$$CH_3CH_2\overset{O}{\overset{\|}{C}}Cl \ + \ 2\,CH_3NH_2 \longrightarrow CH_3CH_2\overset{O}{\overset{\|}{C}}NHCH_3 \ + \ CH_3NH_3^+\,Cl^-$$

　　　塩化プロパノイル　　メチルアミン　　　N-メチルプロパンアミド

問題 16・11　酸塩化物とアミンあるいはアンモニアを用いて次に示すアミドを合成する方法を述べよ.

　(a) $CH_3CH_2CONHCH_3$　　(b) N,N-ジエチルベンズアミド

　(c) プロパンアミド

問題 16・12　上記の塩化 3,4,5-トリメトキシベンゾイルとモルホリンとの反応によりトリメトジンが生成する反応の機構を示せ. それぞれの段階の電子の流れを巻矢印を用いて示せ.

酸塩化物のアルコールへの変換：還元反応と Grignard 反応

　酸塩化物は $LiAlH_4$ により還元されて第一級アルコールを生成する. しかし一般にその原料となるカルボン酸の方がより入手容易であり, カルボン酸自身 $LiAlH_4$ で還元されてアルコールを生じるので, この反応はほとんど実用的な価値はない.

　還元は, ヒドリドイオン $H{:}^-$ がカルボニル基に付加する典型的な求核的アシル置換反応の機構で進行する. これにより四面体中間体が生成し, ここから Cl^- が脱離する. これにより Cl が H に置換されアルデヒドを生じ, これは次の段階でさらに $LiAlH_4$ により還元され第一級アルコールを与える.

塩化ベンゾイル　　　　　　ベンズアルデヒド　　　　ベンジルアルコール
　　　　　　　　　　　　　（単離されない）

　Grignard 反応剤は酸塩化物と反応し, 二つの同じ置換基をもつ第三級アルコールを与える. この反応の機構は $LiAlH_4$ 還元と同じである. 1分子目の Grignard 反応剤が酸塩化物に付加し, 生じた四面体中間体から Cl^- が脱離しケトンを生成する. この

ケトンに 2 分子目の Grignard 反応剤が速やかに付加しアルコールを与える.

$$\text{塩化ベンゾイル} \xrightarrow[\text{エーテル}]{CH_3MgBr} [\text{アセトフェノン(単離されない)}] \xrightarrow[\text{2. } H_3O^+]{\text{1. } CH_3MgBr} \text{2-フェニルプロパン-2-オール (92\%)}$$

酸塩化物のケトンへの変換 （RCOCl → RCOR′）

酸塩化物と Grignard 反応剤との反応で生じる中間体のケトンは, 2 分子目の有機マグネシウム反応剤の付加がきわめて速やかに起こるので, 通常単離することができない. しかし CuI と 2 倍モル量の有機リチウム (§12・5 参照) との反応で生成するジアルキル銅リチウム (Gilman 反応剤) Li$^+$ R$_2$Cu$^-$ を用いて酸塩化物との反応を行うと, ケトンを単離することができる. 反応はまずジアルキル銅アニオンが酸塩化物に対し求核的アシル置換反応を起こしてアシルジアルキル銅中間体を生じ, ここから R′Cu が脱離すると同時にケトンが生成する.

$$\text{酸塩化物} \xrightarrow[\text{エーテル}]{R_2'CuLi} [\text{アシルジアルキル銅}] \longrightarrow \text{ケトン} + R'Cu$$

この反応の例として, アリのペアリングと交配を促すために雄のアリにより分泌されるマニコンとよばれる化合物が, ジエチル銅リチウムと塩化 (E)-2,4-ジメチルヘキサ-2-エノイルとの反応で合成されている. この合成品は市販のアリ捕獲器のアリを誘引する物質として用いられている.

塩化(E)-2,4-ジメチルヘキサ-2-エノイル $\xrightarrow[\text{エーテル, } -78\,°C]{(CH_3CH_2)_2CuLi}$ (E)-4,6-ジメチルオクタ-4-エン-3-オン (マニコン, 92%)

ジアルキル銅リチウムの反応は, 酸塩化物とのみで進行する. ケトン, カルボン酸, エステル, 酸無水物, アミドはジアルキル銅リチウムとは反応しない.

問題 16・13 酸塩化物とジアルキル銅リチウムとの反応で次に示すケトンを合成する方法を示せ.

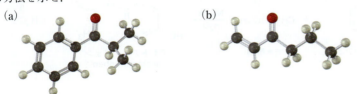

16·5 酸無水物の反応

　反応性は低いが，酸無水物の化学は酸塩化物のものと類似している．すなわち，酸無水物は水と反応してカルボン酸を，アルコールと反応してエステルを，アミンと反応してアミドを，そして $LiAlH_4$ と反応して第一級アルコールを生じる（図16・7）．しかしよく用いられているのはエステルおよびアミド生成反応だけである．

図 16・7　酸無水物の代表的な反応

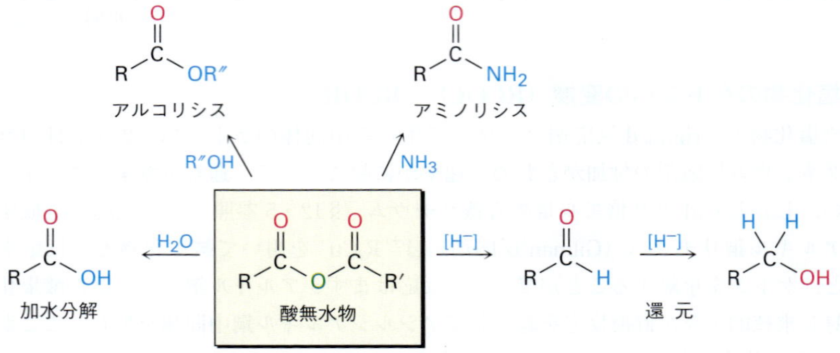

酸無水物のエステルへの変換（$RCO_2COR' \rightarrow RCO_2R''$）

　無水酢酸はしばしばアルコールから酢酸エステルを合成するのに用いられる．たとえばアスピリン（aspirin，アセチルサリチル酸）は o-ヒドロキシ安息香酸（サリチル酸）を無水酢酸を用いてアセチル化することにより工業的に合成されている．

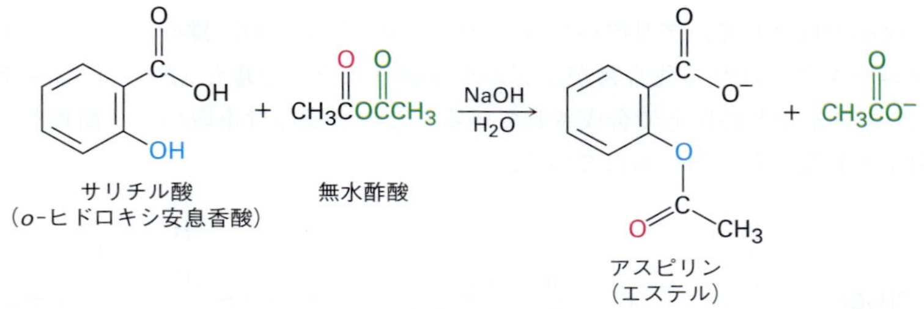

酸無水物のアミドへの変換（$RCO_2COR' \rightarrow RCONH_2$）

　無水酢酸はアミンから N 置換アセトアミドを合成する際にもよく用いられる．たとえば市販の鎮痛薬タイレノール® などに含まれるアセトアミノフェンは，p-ヒドロキシアニリンと無水酢酸との反応によって合成される．OH 基よりもより求核性の高い NH_2 基のみが反応することに注意してほしい．

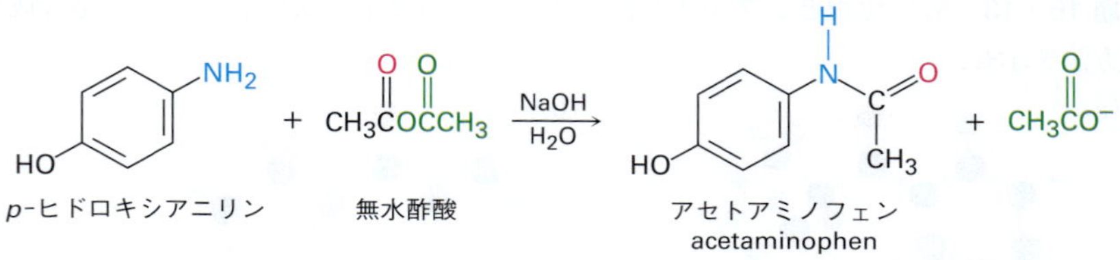

　これらの二つの反応においては，酸無水物の "半分" だけが用いられることに注意

16・5 エステルの反応　555

してほしい．残りの半分は求核的アシル置換反応の段階で脱離基として働き，副生物としてアセタートイオンを生じる．したがって酸無水物は実際に利用する場合むだが多く，アセチル基以外のより複雑なアシル基を導入する際には酸塩化物が通常用いられる．

問題 16・14　上記の*p*-ヒドロキシアニリンと無水酢酸との反応によりアセトアミノフェンを合成する反応の機構を示せ．

問題 16・15　無水フタル酸（ベンゼン-1,2-ジカルボン酸無水物）のような環状酸無水物と等モル量のメタノールとの反応により得られる生成物を示せ．酸無水物の残りの半分はどのようになっているか．

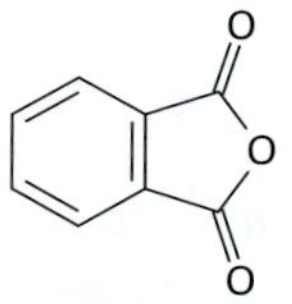

無水フタル酸

16・6 エステルの反応

　エステルは自然界にある化合物のなかで最も広く存在している化合物群である．多くの単純なエステルは果物や花の香りのもととなる液体である．たとえば，ブタン酸メチルはパイナップル油の成分であり，酢酸イソペンチルはバナナ油の成分である．エステル結合は動物の脂肪や多くの重要な生体分子中にも存在している．

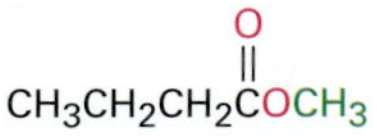

$CH_3CH_2CH_2\overset{\displaystyle O}{\overset{\|}{C}}OCH_3$
ブタン酸メチル
methyl butanoate
（パイナップル）

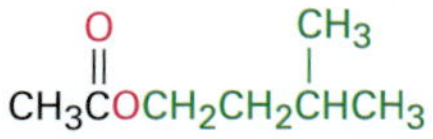

$CH_3\overset{\displaystyle O}{\overset{\|}{C}}OCH_2CH_2\overset{\displaystyle CH_3}{\overset{|}{C}}HCH_3$
酢酸イソペンチル
isopentyl acetate
（バナナ）

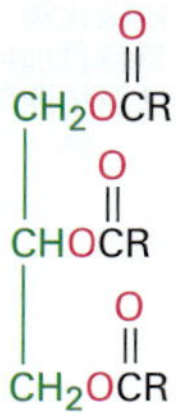

脂 肪
R = $C_{11\sim17}$

　工業的にもエステルはさまざまな目的に利用されている．たとえば酢酸エチルは広く用いられている有機溶媒であり，フタル酸ジアルキルはポリマーが砕けることを防ぐ可塑剤として利用されている．フタル酸エステルを高濃度で用いた場合に毒性を示すおそれがあることを耳にしたことがあるかもしれない．最近の FDA（米国食品医薬品局）の調査の結果，ほとんどの人にとって危険性はごくわずかであることが明らかになっているが，多くのメーカーで自主回収が行われた．

米国食品医薬品局　U. S. Food and Drug Administration: FDA

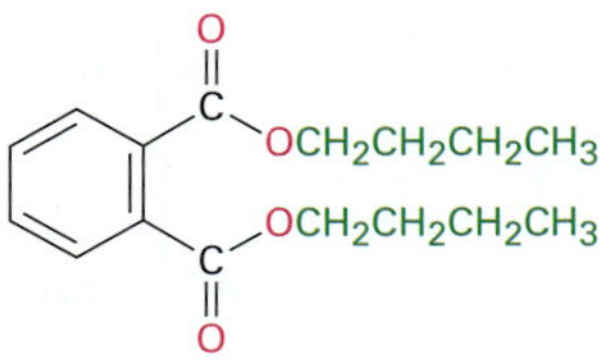

フタル酸ジブチル
dibutyl phthalate
（可塑剤）
$OCH_2CH_2CH_2CH_3$
$OCH_2CH_2CH_2CH_3$

556 16. カルボン酸誘導体: 求核的アシル置換反応

エステルは, 他のカルボン酸誘導体と同様の反応が進行するが, 酸塩化物や酸無水物よりも求核剤に対する反応性は低い. これらの反応は鎖状のエステルおよび**ラクトン**（lactone）とよばれる環状のエステルいずれに対しても同様に進行する.

ラクトン
(環状エステル)

エステルのカルボン酸への変換: 加水分解 ($RCO_2R' \rightarrow RCO_2H$)

エステルは塩基あるいは酸水溶液によって加水分解され, カルボン酸とアルコールを生じる.

塩基水溶液中でのエステルの加水分解は**けん化**（saponification）とよばれる〔英語の saponification は石けん (soap) を意味するラテン語の"sapo"に由来する〕. §23・2 で述べるように, 実際石けんはエステルを加水分解するために動物の脂肪を塩基水

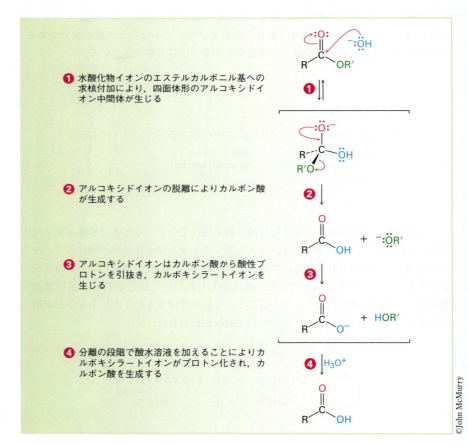

図 16・8　塩基によるエステル加水分解（けん化）の反応機構

16・5 エステルの反応　　557

溶液中で加熱してつくられる.

　エステルの加水分解は典型的な求核的アシル置換反応の機構で進行する. すなわち, 水酸化物イオンが求核剤としてエステルカルボニル基に付加し, 四面体中間体を生じる. ここからアルコキシドイオンが脱離してカルボン酸を生じ, これは脱プロトンされてカルボキシラートイオンになる. 加水分解が完了した後, 分離の段階でHCl水溶液を加えることによりカルボキシラートイオンがプロトン化されカルボン酸を生じる (図16・8).

　図16・8の反応機構は, 同位体標識した基質を用いた実験によって支持されている. エーテル様の酸素原子を^{18}Oで同位体標識したプロパン酸エチルをNaOH水溶液中で加水分解すると, ^{18}Oは完全にエタノール生成物中に検出される. プロパン酸中にはまったく^{18}Oはみられず, 加水分解反応がCO-R'結合ではなくC-OR'結合の切断により起こっていることを示している.

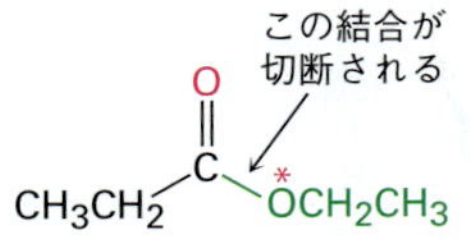

　酸触媒を用いるエステルの加水分解は, エステルの構造により複数の異なった反応機構で進行する. しかし最も一般的な反応経路はFischerのエステル化反応 (§16・3) の逆反応である. 図16・9に示すように, エステルはまず, カルボニル酸素原子がプロトン化されることにより求核付加反応に対し活性化され, つづいて水の求核付加反応が起こる. プロトンの移動, ついでアルコールが脱離することによりカルボン酸が生成する. この加水分解反応はFischerのエステル化反応の逆反応であり, 図16・9は図16・4を逆にしたものである.

　エステルの加水分解は生化学, 特に食物中の脂肪や油が消化される際によくみられる反応である. 脂肪の加水分解の詳細については§23・4で述べるが, ここではこの反応がいろいろなリパーゼ (加水分解酵素) によって触媒され, 二つの連続する求核的アシル置換反応が含まれていることを述べておくにとどめる. すなわち, 一つ目はリパーゼのヒドロキシ基が脂肪分子のエステル結合に付加して四面体中間体を与え, ここからアルコールが脱離してアシル酵素中間体を形成する**エステル交換反応** (transesterification) の段階, 二つ目はこのアシル酵素中間体に水が付加し, ひき続いてここから酵素が脱離し, 加水分解されたカルボン酸を与えるとともに酵素を再生する段階である.

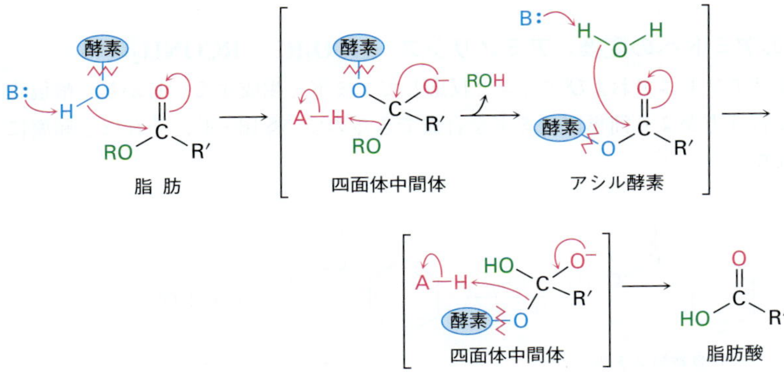

図 16・9　酸触媒によるエステル加水分解反応の機構．正反応が加水分解であり，逆反応は Fischer のエステル化反応である．したがってこの図は図 16・4 を逆にしたものである．

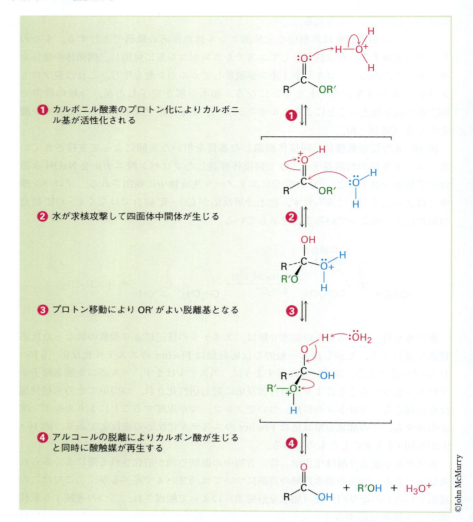

❶ カルボニル酸素のプロトン化によりカルボニル基が活性化される

❷ 水が求核攻撃して四面体中間体が生じる

❸ プロトン移動により OR′ がよい脱離基となる

❹ アルコールの脱離によりカルボン酸が生じると同時に酸触媒が再生する

問題 16・16　なぜエステルの塩基性条件下での加水分解反応は不可逆的か．すなわち，なぜカルボン酸をアルコキシドイオンと反応させてもエステルが生成しないか．

エステルのアミドへの変換：アミノリシス（$RCO_2R' \rightarrow RCONH_2$）

エステルはアンモニアおよびアミンと反応してアミドを生成する．しかし，酸塩化物を用いて行う方がより簡単にアミドを合成できるので（§16・4），それほど頻繁には用いられない．

16・5 エステルの反応　559

エステルのアルコールへの変換: 還元反応および Grignard 反応

§13・3で述べたように,エステルは水素化アルミニウムリチウム LiAlH$_4$ により還元され第一級アルコールを生成する.反応機構は酸塩化物の還元反応と同様であり,ヒドリドイオンがまずカルボニル基に付加し,つづいてアルコキシドが脱離してアルデヒドを生成する.さらにこのアルデヒドが還元され第一級アルコールを生成する.

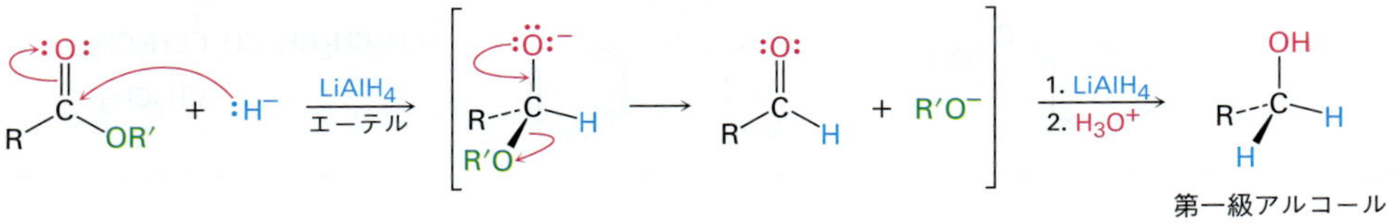

このアルデヒド中間体は,LiAlH$_4$ より反応性の低い還元剤である水素化ジイソブチルアルミニウム (DIBAH) を等モル量用いて反応を行うことにより単離することができる.反応はアルコールまで還元が進行することを防ぐため,$-78\,°C$ で行われる.基質はエステルではなくチオエステルやアシルリン酸であるが,カルボン酸誘導体のアルデヒドへの部分還元は,さまざまな生体反応経路で起こっている.その反応例については §16・8で述べる.

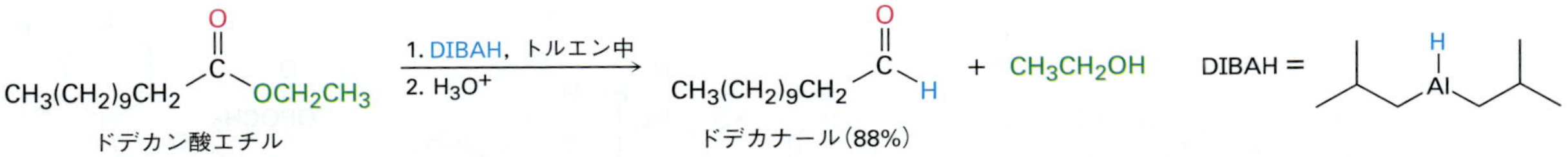

§13・3で述べたように,エステルおよびラクトンは2倍モル量の Grignard 反応剤と反応して,二つの同じ置換基をもつ第三級アルコールを生成する.反応は通常の求核的アシル置換反応によりまず中間体のケトンを生じ,これがさらに Grignard 反応剤と反応して第三級アルコールを生成する.

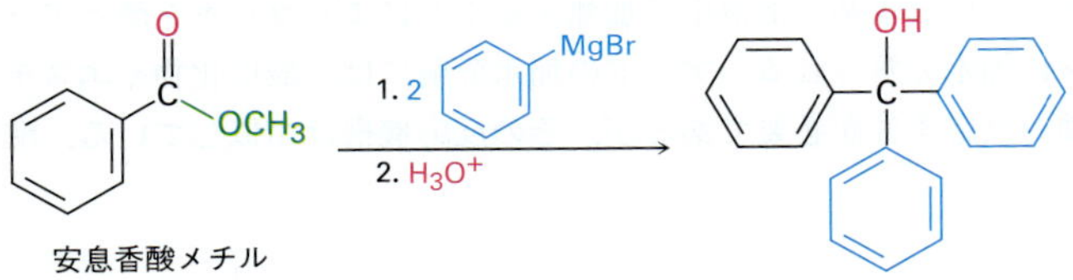

問題 16・17 ブチロラクトンと LiAlH$_4$ との反応によりどのような化合物が生成するか.DIBAH を用いた場合には何が得られるか.

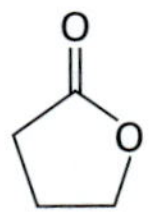

ブチロラクトン

問題 16・18 次のエステルを LiAlH$_4$ で還元することにより得られる生成物を示せ.

16. カルボン酸誘導体：求核的アシル置換反応

(a)

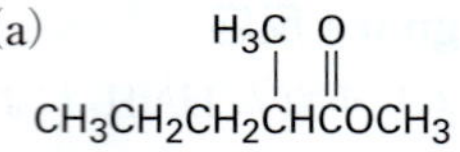

(b)

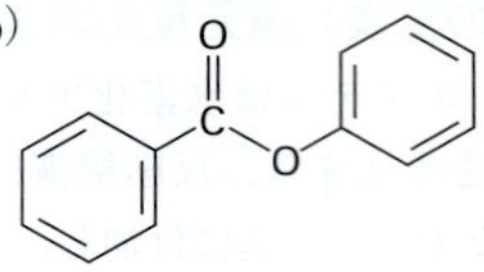

問題 16・19 次のアルコールを合成するのに用いるエステルと Grignard 反応剤を示せ．

(a)

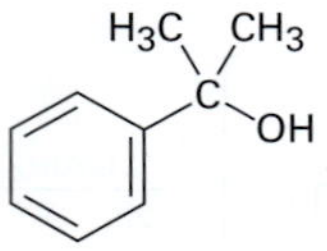

(b)

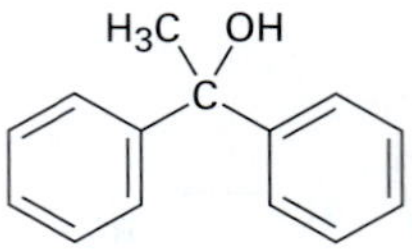

(c)

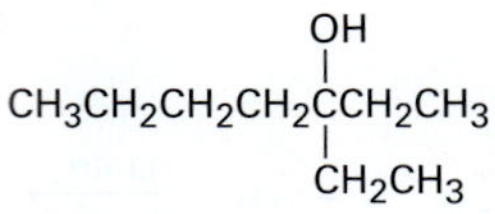

16・7 アミドの反応

　アミドはエステルと同様あらゆる生物に豊富に存在する．タンパク質，核酸，そしてさまざまな医薬品はアミド基をもっている．アミドが豊富に存在する理由は，生体内の水溶液中で安定であるからである．アミドは通常のカルボン酸誘導体のなかで最も反応性の低い化合物であり，求核的アシル置換反応を起こしにくい．

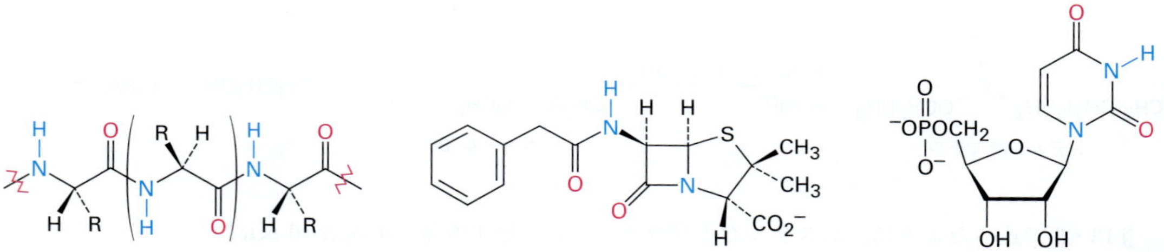

タンパク質断片

ベンジルペニシリン
（ペニシリン G）

ウリジン 5′-リン酸
（リボヌクレオチド）

アミドのカルボン酸への変換：加水分解（$RCONH_2 \rightarrow RCO_2H$）

　アミドは酸あるいは塩基水溶液中で加熱することによりカルボン酸とアンモニアあるいはアミンに加水分解される．アミドの加水分解には，酸塩化物やエステルの加水分解よりも強い反応条件が必要であるが，その反応機構は類似している．酸性条件で

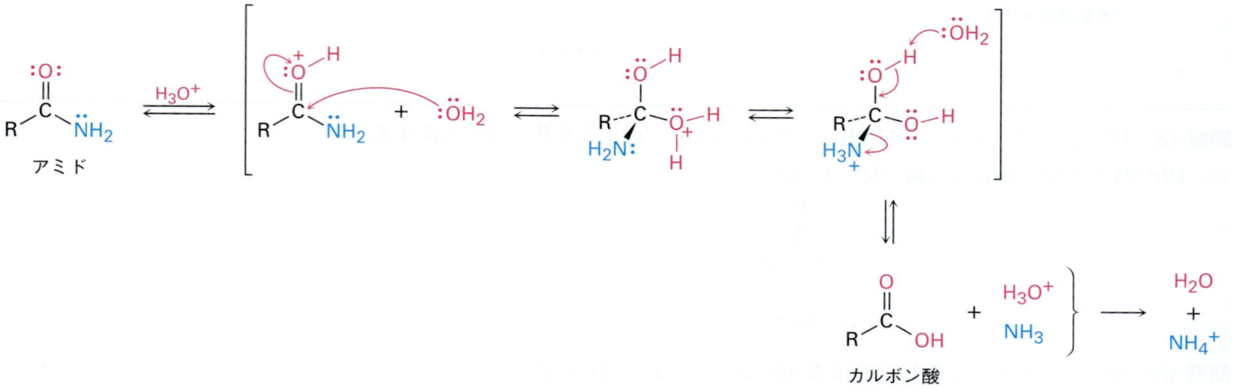

アミド

カルボン酸

の加水分解は，プロトン化されたアミドに対し水の求核付加が起こり，つづいて酸素原子から窒素原子へのプロトン移動により窒素をよりよい脱離基に変換した後，脱離が起こる．それぞれの段階は可逆的で，最終段階で NH_3 がプロトン化されることで平衡は生成物側に偏る．

　塩基性条件での加水分解反応は OH^- がアミドのカルボニル基に求核付加した後，アミドイオン $^-NH_2$ の脱離が起こり，つづいて生成したカルボン酸がアミドイオンにより脱プロトンされ進行する．それぞれの段階は可逆的で，最後にカルボン酸が脱プロトンされることにより平衡は生成物に偏る．塩基性条件での加水分解は，アミドイオンの脱離能が非常に低く，脱離の段階が起こりにくいので，酸性条件での加水分解よりもかなり進行しにくい．

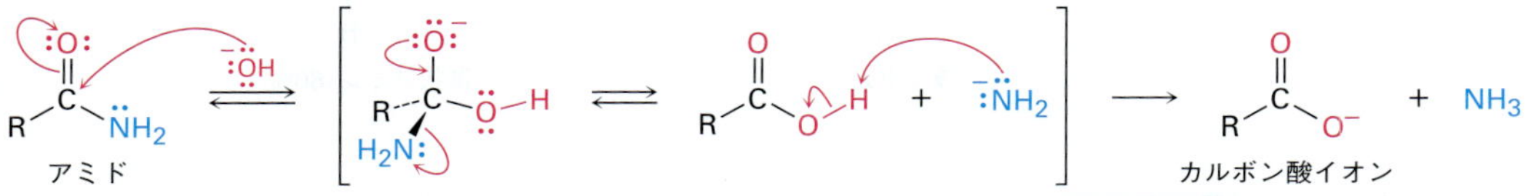

　アミドの加水分解は生化学の分野においても広くみられる．食物から得た脂肪の消化の最初の段階であるエステルの加水分解と同様に，食物から得たタンパク質の消化の最初の段階はアミドの加水分解である．反応はタンパク質分解酵素が触媒し，脂肪の加水分解のところで述べたのとほとんど同じ反応機構によって進行する．すなわち，まず酵素中のヒドロキシ基がタンパク質中のアミドに対し求核的アシル置換反応を起こし，アシル酵素中間体を生じ，ここから加水分解が進行する．

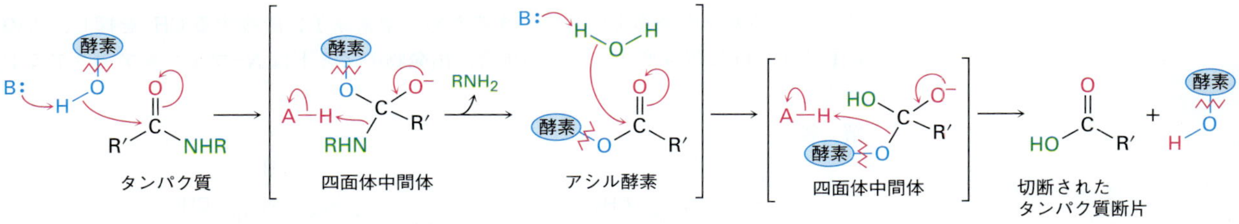

アミドのアミンへの変換：還元（$RCONH_2 \rightarrow RCH_2NH_2$）

　他のカルボン酸誘導体と同様，アミドは $LiAlH_4$ によって還元することができる．しかし還元生成物はアルコールではなく**アミン**（amine）である．アミド還元反応はアミドカルボニル基のメチレン基への変換（$C=O \rightarrow CH_2$）である．この種の反応はアミドに特異的であり，他のカルボン酸誘導体では起こらない．

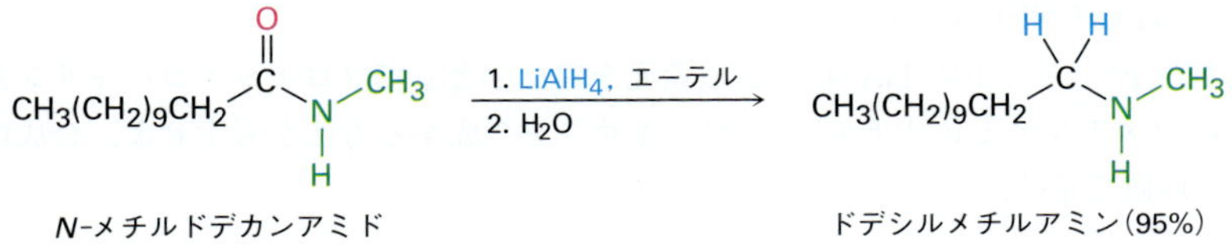

　アミドの還元反応において，ヒドリドイオンがアミドのカルボニル基へ求核付加した後，**酸素原子**がアルミナートイオンとして脱離し，イミニウムイオン中間体が生じる．中間体のイミニウムイオンは $LiAlH_4$ によりさらに還元され，アミンが生成する．

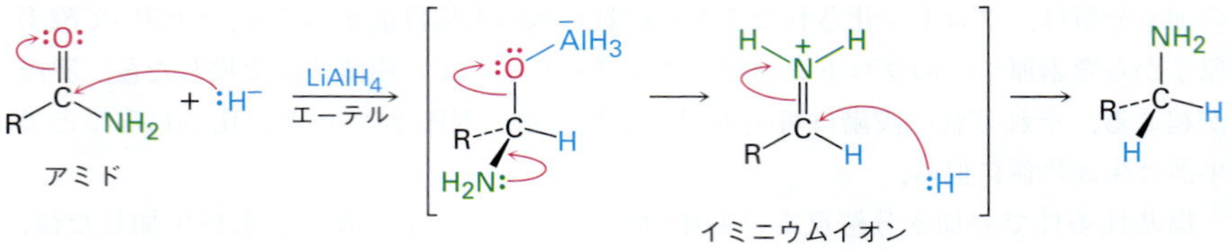

562 16. カルボン酸誘導体: 求核的アシル置換反応

反応は鎖状および環状のアミド〔**ラクタム**（lactam）ともいう〕いずれに対しても進行し，後者は環状アミンを合成するよい方法である．

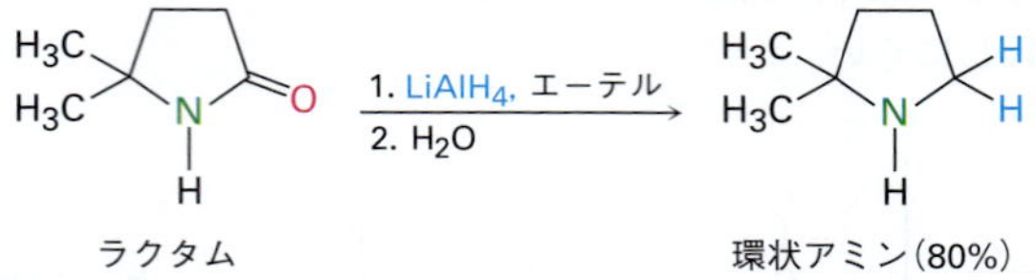

ラクタム　　　　　　　　　　　　　環状アミン（80%）

例題 16・4　**アミドからアミンを合成する**

アミドを $LiAlH_4$ で還元し N-エチルアニリンを合成する方法を示せ．

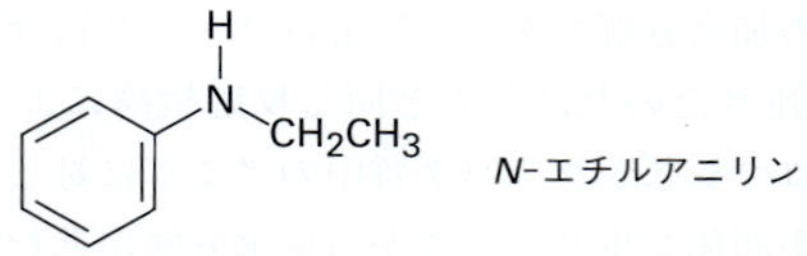

N-エチルアニリン

考え方　アミドを $LiAlH_4$ で還元するとアミンが生成する．N-エチルアニリンを合成するのに必要な出発物を明らかにするため，窒素原子に隣接する CH_2 を探し，この CH_2 を $C=O$ に置き換える．この場合，出発物のアミドは N-フェニルアセトアミドである．

解　答

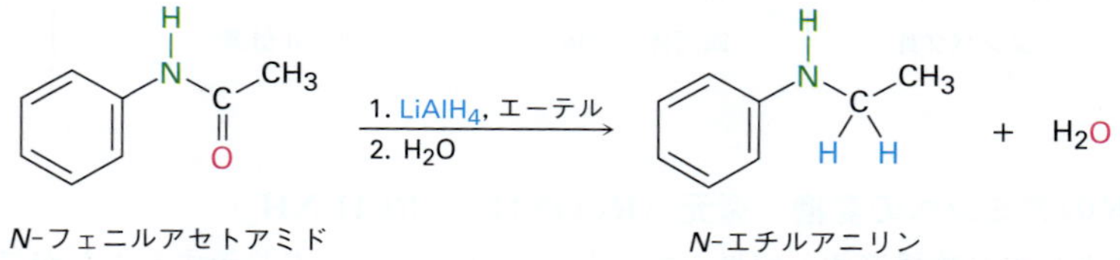

N-フェニルアセトアミド　　　　　　　　　　　　　N-エチルアニリン　　　　＋　H_2O

問題 16・20　N-エチルベンズアミドを次のそれぞれの化合物に変換するにはどのようにすればいいか．

（a）安息香酸　　　（b）ベンジルアルコール

（c）$C_6H_5CH_2NHCH_2CH_3$

問題 16・21　アミドの $LiAlH_4$ による還元を鍵反応としてブロモシクロヘキサンから（N,N-ジメチルアミノメチル）シクロヘキサンを合成する方法を考案せよ．合成のすべての段階を示せ．

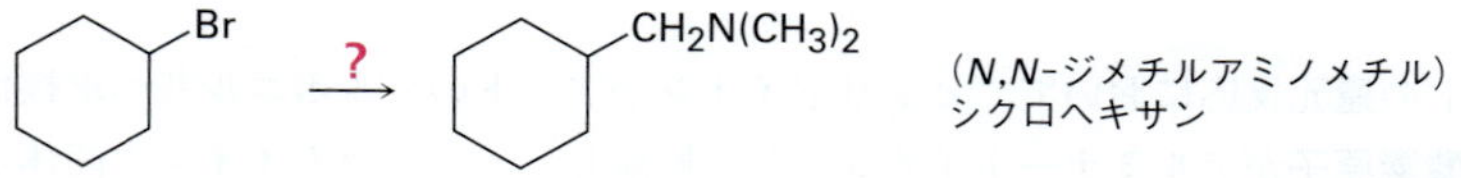

（N,N-ジメチルアミノメチル）
シクロヘキサン

16·8　チオエステルおよびアシルリン酸の反応：生体内のカルボン酸誘導体　　563

16·8　チオエステルおよびアシルリン酸の反応： 生体内のカルボン酸誘導体

　本章の冒頭で述べたように，生体内で起こる求核的アシル置換反応の基質は，普通チオエステル RCOSR′ かアシルリン酸 $RCO_2PO_3^{2-}$ あるいは $RCO_2PO_3R′^-$ である．どちらも酸塩化物や酸無水物ほど反応性は高くないが，アシル置換反応を起こす程度の反応性をもち，かつ生体内で存在できる程度には安定である．

　アセチル CoA などのアシル CoA は，自然界に最も広く存在するチオエステルである．補酵素 A（CoA と略す）はホスホパンテテインとアデノシン 3′,5′-二リン酸とが無水リン酸結合（$O=P-O-P=O$）により結合して得られるチオールである．〔bis-という接頭語は"二つ"を意味し，アデノシン 3′,5′-二リン酸（adenosine 3′,5′-bisphosphate）はリン酸エステル部位を一つは C3′ に，もう一つは C5′ にもつことを示している．〕補酵素 A とアシルリン酸あるいはアシルアデニル酸との反応によりアシル CoA が生成する（図 16·10）．§16·3（図 16·6）で述べたように，アシルアデニル酸はカルボン酸と ATP との反応により生成し，この反応自体がリン原子上で起こる求核的アシル置換反応である．

　いったんアシル CoA が生成すると，これはさらなる求核的アシル置換反応の基質となる．たとえば N-アセチルグルコサミンは軟骨や他の結合組織の構成分子であり，グルコサミンとアセチル CoA とのアミノリシスによって合成される．

　チオエステルに対する求核的アシル置換反応のもう一つの例として，ヒドリドイオンによるチオエステルのアルデヒドへの部分還元があげられる．これはテルペン合成の中間体であるメブアルデヒドの生合成の1段階である（7章科学談話室と§23·8

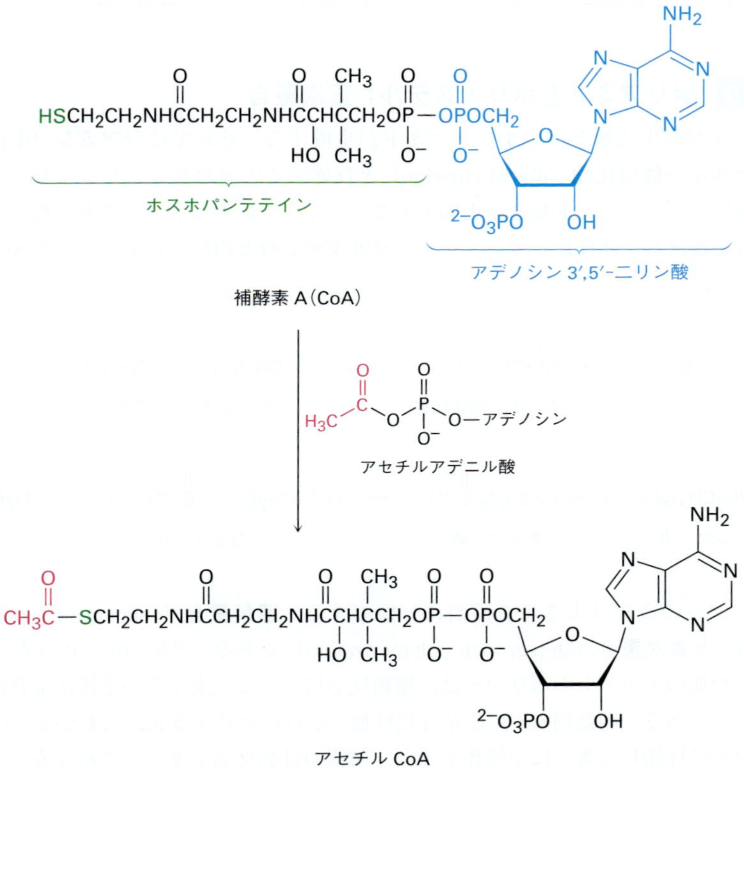

図 16·10　**補酵素 A（CoA）とアセチルアデニル酸との求核的アシル置換反応によるチオエステル，アセチル CoA の生成**

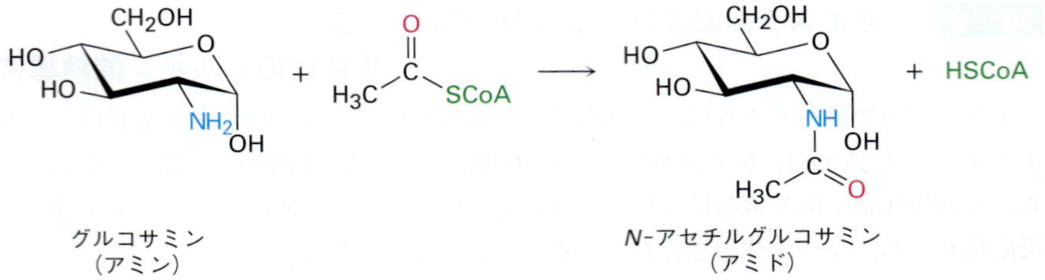
HO
HO
CH2OH
O
NH2
OH
+
H3C
O
C
SCoA
HO
HO
CH2OH
O
NH
OH
H3C
C
O
+ HSCoA
グルコサミン
(アミン)
N-アセチルグルコサミン
(アミド)

参照). この反応では (3*S*)-3-ヒドロキシ-3-メチルグルタリル CoA が NADPH 由来のヒドリドにより還元される.

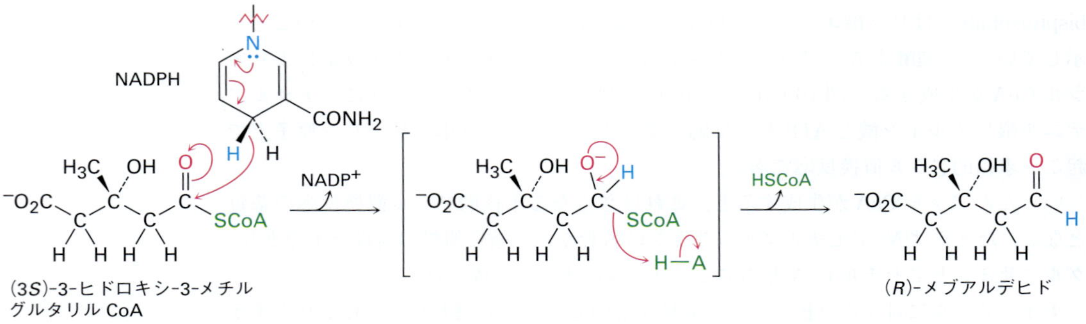
NADPH
N
CONH2
H
H
H3C
OH
O
⁻O2C
C
C
C
SCoA
H H H H
NADP+
H3C
OH
O⁻
H
⁻O2C
C
C
C
SCoA
H H H H
H—A
HSCoA
H3C
OH
O
⁻O2C
C
C
C
H
H H H H
(3S)-3-ヒドロキシ-3-メチル
グルタリル CoA
(R)-メブアルデヒド

問題 16・22　図 16・10 に示した補酵素 A とアセチルアデニル酸との反応によりアセチル CoA が生じる反応の機構を示せ.

16・9 ポリアミドとポリエステル: 逐次重合

アミンが酸塩化物と反応するとアミドが生成する. それでは**ジアミン** (diamine) が**ジカルボン酸塩化物** (diacid chloride) と反応すると何が起こるだろうか. それぞれの基質は二つのアミド結合を生成することができ, 巨大なポリアミドとなるまで結合生成を続ける. 同様にしてジオールとジカルボン酸との反応によりポリエステルが生成する.

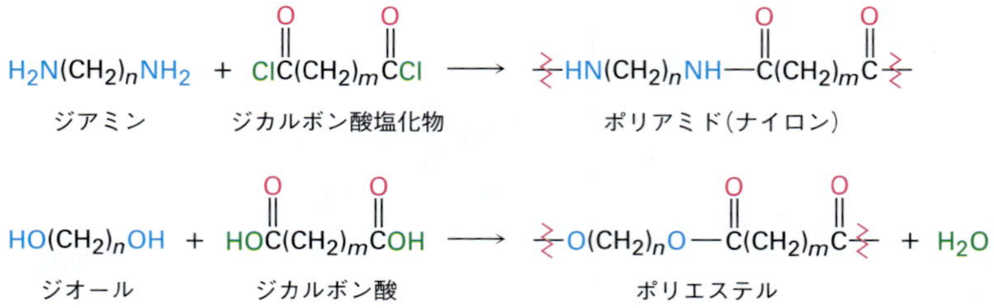
H2N(CH2)nNH2 + ClC(CH2)mCCl ⟶ HN(CH2)nNH—C(CH2)mC
ジアミン
ジカルボン酸塩化物
ポリアミド(ナイロン)
HO(CH2)nOH + HOC(CH2)mCOH ⟶ O(CH2)nO—C(CH2)mC + H2O
ジオール
ジカルボン酸
ポリエステル

ポリマーの合成は大きく 2 種類に分類できる. **連鎖重合** (chain-growth polymerization) と**逐次重合** (step-growth polymerization) である. §8・10 で述べたポリエチレンや他のアルケンのポリマーは, 連鎖反応によって生成するので連鎖重合によるポリマーである. 開始剤が C=C 結合に付加し活性中間体を与え, これが第二のアルケン分子に付加して新たに中間体を生じ, 同様の付加反応が連続して起こる. これに

16・9　ポリアミドとポリエステル: 逐次重合　　565

表 16・2　逐次重合によるポリマーの代表例とその用途

モノマー	構　造	ポリマー	用　途
アジピン酸 + ヘキサメチレンジアミン	$HOOCCH_2CH_2CH_2CH_2COOH$ $H_2NCH_2CH_2CH_2CH_2CH_2CH_2NH_2$	ナイロン 66	繊維，衣類，タイヤコード
ジメチルテレフタラート + エチレングリコール	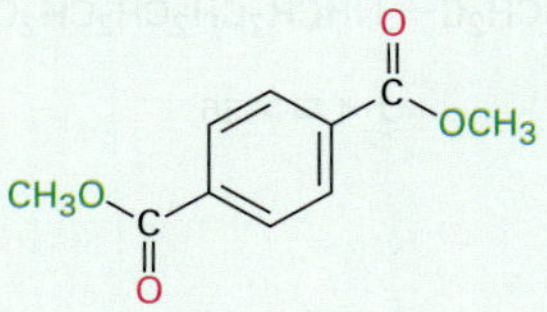 （テレフタル酸ジメチル構造） $HOCH_2CH_2OH$	ダクロン®, マイラー®, テリレン	繊維，衣類，フィルム，タイヤコード
カプロラクタム	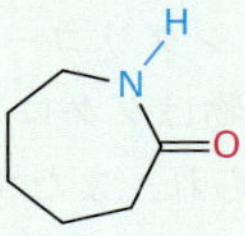 （カプロラクタム構造）	ナイロン 6, パーロン	繊維，鋳造
炭酸ジフェニル + ビスフェノール A	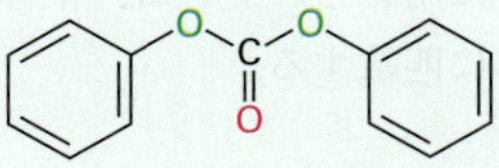 （炭酸ジフェニル構造） （ビスフェノール A 構造）	レキサン®, ポリカーボナート	住宅機器，成形品
トルエン-2,6-ジイソシアナート + ヒドロキシ基末端ポリブタジエン	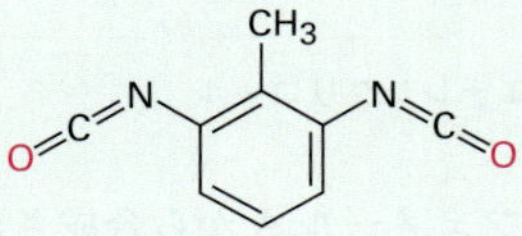 （トルエン-2,6-ジイソシアナート構造） $HO{+}CH_2CH{=}CHCH_2{\,}_n OH$	ポリウレタン, スパンデックス	繊維，コーティング，発泡体

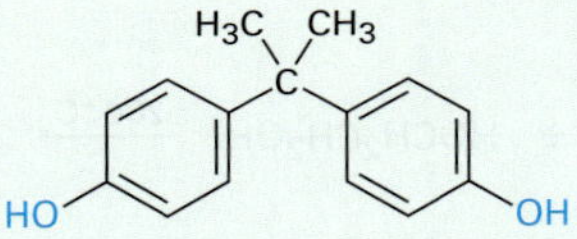

対しポリアミドやポリエステルは，重合体のそれぞれの結合が他とは無関係に生成するので逐次重合によるポリマーである．鍵となる結合生成段階は，カルボン酸誘導体の求核的アシル置換反応であることが多い．工業的に重要な逐次重合の例をいくつか表 16・2 に示す.

ポリアミド（ナイロン）

　最もよく知られている逐次重合によるポリマーはポリアミドの**ナイロン**（nylon）であり，ジアミンとジカルボン酸を加熱することによりはじめて合成された．たとえばナイロン 66 はアジピン酸（ヘキサン二酸）とヘキサメチレンジアミン（ヘキサン-1,6-ジアミン）を 280 ℃ に加熱することにより合成されている．"66" という表記はジアミン（はじめの 6）とジカルボン酸（2 番目の 6）に含まれる炭素の数を示している.

　ナイロンは工学的利用にも繊維を合成するのにも利用されている．衝撃に対する高い強度と摩耗しにくいという性質をもつため，ナイロンは金属のすぐれた代替品としてベアリングやギアに利用されている．また繊維としてナイロンは，衣類からタイヤコードや登山用のロープまでさまざまに利用されている.

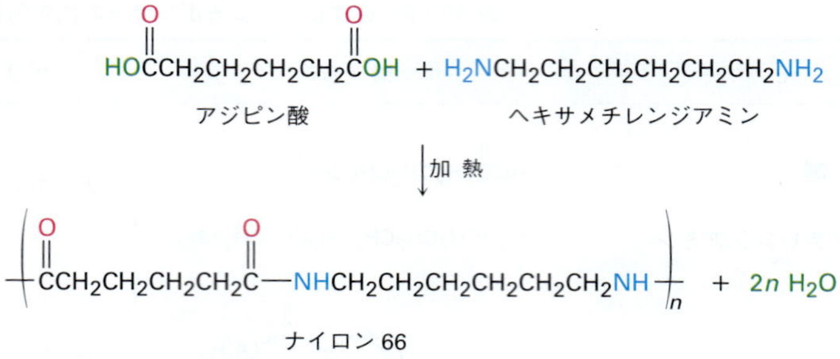

566   16. カルボン酸誘導体: 求核的アシル置換反応

$$HOCCH_2CH_2CH_2CH_2COH + H_2NCH_2CH_2CH_2CH_2CH_2CH_2NH_2$$

アジピン酸   ヘキサメチレンジアミン

加熱

$$+CCH_2CH_2CH_2CH_2C-NHCH_2CH_2CH_2CH_2CH_2CH_2NH+_n + 2n\ H_2O$$

ナイロン 66

ポリエステル

　最も広く利用されている有用なポリエステルは，テレフタル酸ジメチル（ベンゼン-1,4-ジカルボン酸ジメチル）とエチレングリコール（エタン-1,2-ジオール）との反応により得られるものである．生成物はダクロン®（Dacron®）とよばれる商標名で衣類用の繊維やタイヤコードに用いられ，またマイラー®（Mylar®）という商標名で録音用テープをつくるのに用いられている．ポリ（エチレンテレフタラート）フィルムの張力強度は鋼鉄のそれに匹敵する．

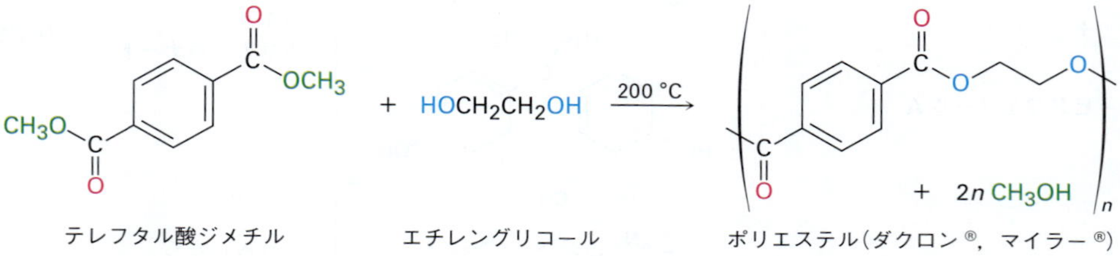

テレフタル酸ジメチル　　　　　エチレングリコール　　　　　ポリエステル（ダクロン®，マイラー®）

　炭酸ジフェニルとビスフェノールAから合成されるポリカーボナートであるレキサン®（Lexan®）も，商品化されている有用なポリエステルの一つである．レキサン®は衝撃に対して非常に高い強度をもち，電話機やバイクの安全ヘルメットやラップトップコンピューターのケースなどに用いられている．

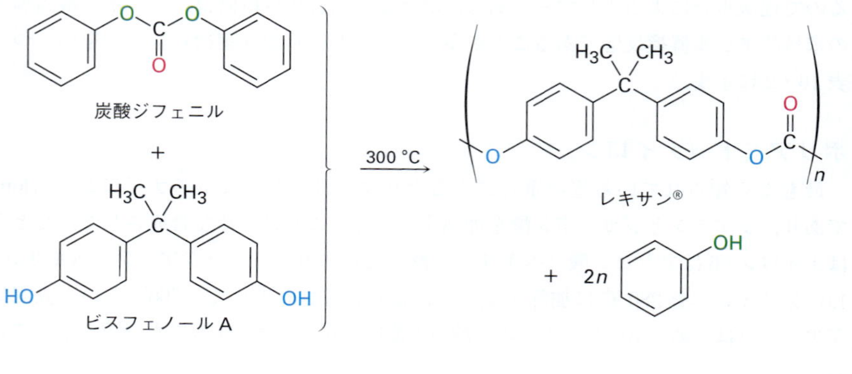

炭酸ジフェニル

+

ビスフェノール A

300 °C

レキサン®

問題 16・23　次の逐次重合により得られるポリマーの部分構造を示せ．

(a) $BrCH_2CH_2CH_2Br$ + $HOCH_2CH_2CH_2OH$ $\xrightarrow{\text{塩基}}$ **?**

(b) $HOCH_2CH_2OH$ + $HO_2C(CH_2)_6CO_2H$ $\xrightarrow{H_2SO_4\ \text{触媒}}$ **?**

(c)

$$H_2N(CH_2)_6NH_2 \quad + \quad ClC(CH_2)_4CCl \quad \longrightarrow \quad ?$$

問題 16・24　ベンゼン-1,4-ジカルボン酸（テレフタル酸）とベンゼン-1,4-ジアミン（p-フェニレンジアミン）との反応により得られるナイロンポリマーであるケブラー® （Kevlar®）は非常に強固なので防弾チョッキをつくるのに利用されている．ケブラー®の部分構造を示せ．

16・10　カルボン酸誘導体の分光法

赤外分光法

　カルボニル基を含む化合物はすべて 1650〜1850 cm^{-1} に強い赤外吸収をもつ．表 16・3 に示すように，吸収の正確な位置により，どのようなカルボニル基であるかについての情報が得られる．比較のため，カルボン酸誘導体の値に加えアルデヒド，ケトン，カルボン酸の赤外吸収を表に含めた．

　酸塩化物は 1800 cm^{-1} 付近の特徴的な吸収により容易に確認できる．酸無水物はカルボニル領域に 1820 cm^{-1} と 1760 cm^{-1} の二つの吸収をもつことで同定できる．エステルはアルデヒドやケトンよりもやや高波数側の 1735 cm^{-1} に吸収をもつことで確認できる．一方，アミドはカルボニル領域の最も低波数側に近い位置に吸収をもつ．窒素原子上の置換基の数は赤外吸収の正確な位置に影響を与える．

表 16・3　代表的なカルボニル化合物の赤外吸収

カルボニル化合物	例	波数（cm^{-1}）
脂肪族酸塩化物	塩化アセチル	1810
芳香族酸塩化物	塩化ベンゾイル	1770
脂肪族酸無水物	無水酢酸	1820, 1760
脂肪族エステル	酢酸エチル	1735
芳香族エステル	安息香酸エチル	1720
脂肪族アミド	アセトアミド	1690
芳香族アミド	ベンズアミド	1675
N 置換アミド	N-メチルアセトアミド	1680
N,N 二置換アミド	N,N-ジメチルアセトアミド	1650
脂肪族アルデヒド	アセトアルデヒド	1730
脂肪族ケトン	アセトン	1715
脂肪族カルボン酸	酢 酸	1710

問題 16・25　次の赤外吸収をもつ化合物はどのような官能基をもつか．

(a) 1735 cm^{-1}　　(b) 1810 cm^{-1}

(c) 2500〜3300 cm^{-1} と 1710 cm^{-1}　　(d) 1715 cm^{-1}

問題 16・26　次に示す分子式と赤外吸収をもつ化合物の構造を提案せよ．

(a) $C_6H_{12}O_2$，1735 cm^{-1}　　(b) C_4H_9NO，1650 cm^{-1}

(c) C_4H_5ClO，1780 cm^{-1}

核磁気共鳴分光法

　カルボニル基に隣接する炭素上の水素原子はやや非遮蔽され，^{1}H NMR スペクトル

で2ppm付近に吸収を示す．カルボン酸誘導体のα水素はみな同じような位置に吸収を示すので，どのカルボニル基かの同定を ^{1}H NMR で行うのは難しい．図16・11に酢酸エチルの ^{1}H NMR を示す．

^{13}C NMR はカルボニル基の有無を判断するのに有用であるが，カルボニル基の種類を決定するのは難しい．アルデヒドとケトンのカルボニル炭素は200ppm付近に吸収をもち，各種カルボン酸誘導体のカルボニル炭素は160～180ppmに吸収をもつ（表16・4）．

図16・11　酢酸エチルの ^{1}H NMR スペクトル

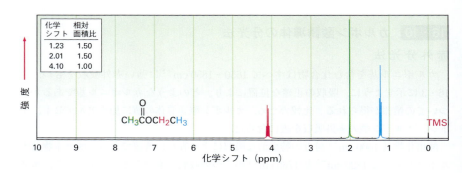

表16・4　代表的なカルボニル化合物の ^{13}C NMR の吸収位置

化合物	吸収(ppm)	化合物	吸収(ppm)
酢酸	177.3	無水酢酸	166.9
酢酸エチル	170.7	アセトン	205.6
塩化アセチル	170.3	アセトアルデヒド	201.0
アセトアミド	172.6		

まとめ

カルボン酸誘導体は，カルボン酸のOH基が他の置換基で置き換えられた化合物であり，あらゆる分子のなかで最も広くみられ，ほとんどすべての生合成経路に含まれている．本章では，それらを理解するのに必要な，したがって生体の化学を理解するのに必要な化学について述べた．**酸塩化物，酸無水物，エステル，そしてアミド**が実験室で最も広く利用されている．**チオエステルやアシルリン酸**は生体分子に広くみられる．

カルボン酸誘導体の化学は**求核的アシル置換反応**が中心となっている．反応機構としては，これら置換反応はまず求核剤がカルボン酸誘導体の分極したカルボニル基に付加することにより四面体中間体を生じ，つづいてここから脱離基が脱離して進行する．

カルボン酸誘導体の求核置換反応に対する反応性はカルボニル基周辺の立体的な環境と置換基Yの電子的性質の両者に依存している．反応性は，酸ハロゲン化物＞酸無水物＞チオエステル＞エステル＞アミドの順である．

カルボン酸誘導体に最も広くみられる反応は水による置換反応によりカルボン酸が生じる**加水分解反応**，アルコールによりエステルが生じる**アルコリシス反応**，アミンによりアミドが生じる**アミノリシス反応**，ヒドリドイオンによりアルコールが生じる**還元反応**，ハロゲン化有機マグネシウムによりアルコールが生じる**Grignard反応**などがあげられる．

ポリアミドやポリエステルは**逐次重合**とよばれる二官能性分子間の反応により得られる．ポリアミド（ナイロン）はジカルボン酸とジアミンとの反応により得られ，ポリエステルはジカルボン酸とジオールとの反応により得られる．

赤外分光法はカルボン酸誘導体の構造解析に有用な手法である．酸塩化物，酸無水物，エステル，アミドいずれも特徴的な赤外吸収を示し，これらの官能基を識別するのに利用することができる．

科学談話室

β-ラクタム抗生物質

ペトリ皿上で生育している
Penicillium 属カビ
Leonard Lessin/Sciene Source

　ハードワークと論理的思考の価値を過小評価してはならないが，まったくの幸運も実際の科学上のブレークスルーにおいてしばしば重要な役割を果たしている．"科学の歴史において幸運が重要な役割を果たした至高の例"とよばれている発見は，英国スコットランドの細菌学者である Alexander Fleming が実験室に細菌 *Staphylococcus aureus* を植えた培養皿を放置したまま休暇に出かけた 1928 年の晩夏に起こった．

　Fleming が休暇を楽しんでいる間に信じられないような偶然が連続して起こった．まず，9 日間，寒い日が続いたため，実験室が培養皿上の *Staphylococcus* が生育できない温度まで下がった．この間に 1 階下の部屋で生育していたカビの *Penicillium notatum* のコロニーの胞子が，Fleming の実験室に空気中をただよってきて培養皿中に着地した．ついで温度が上がり，*Staphylococcus* と *Penicillium* が増殖を始めた．休暇から戻ると Fleming は殺菌処分しようとして培養皿を消毒液のトレーに捨てた．しかし培養皿は消毒液に十分深く沈んでいかなかった．そして数日後，偶然 Fleming が目にしたものは人類の歴史を変えることになった．すなわち，彼は増殖しつつある *Penicillium* が *Staphylococcus* のコロニーを溶かしているように見えることに気がついたのである．

　Fleming はカビの *Penicillium* が細菌の *Staphylococcus* を殺す化合物を生産しているに違いないと考え，数年かけてその化合物を単離しようと試みた．そしてついに 1939 年オーストラリアの病理学者である Howard Florey とドイツからの亡命者である Ernst Chain が**ペニシリン**（penicillin）とよばれるその活性物質を単離することに成功した．ペニシリンがマウスの細菌感染を治す驚くべき作用はすぐに明らかとなり，そしてその後すぐにヒトに対しても同様の効果があることが明らかになった．1943 年までにペニシリンは第二次世界大戦の軍用のために大量スケールで生産されるようになり，1944 年には一般市民に対しても用いられた．Fleming, Florey, Chain は 1945 年のノーベル医学賞をわかちあった．

　Fleming によってはじめて発見された化合物は現在ベンジルペニシリンあるいはペニシリン G とよばれており，これは 4 員環ラクタム（環状アミド）環をもついわゆる β-ラクタム抗生物質とよばれる大きな化合物群のなかの一つである．4 員環ラクタム環は 5 員環の含硫黄環に縮合し，ラクタムカルボニル基に隣接する炭素原子にはアシルアミノ置換基 RCONH− が結合している．このアシルアミノ側鎖はフラスコ内で変換することができ，これにより生物活性の異なる何百ものペニシリン類縁体を供することができる．たとえばアンピシリン（ampicillin）は α-アミノフェニルアセトアミド側鎖 PhCH(NH$_2$)CONH− をもっている．

ベンジルペニシリン
（ペニシリン G）

　ペニシリンと密接に関係する化合物群に，含硫黄不飽和 6 員環を含む β-ラクタム抗生物質の一群である**セファロスポリン**（cephalosporin）がある．セファレキシン（cephalexin, 販売名ケフレックス®）がその一例である．セファロスポリンは一般にペニシリンよりもずっと高い抗菌活性をもち，特に薬剤耐性を得た菌株に対して効果的である．

セファレキシン
（セファロスポリン）

　ペニシリンとセファロスポリンの生物活性はひずみのかかった β-ラクタム環に由来し，この部位が細菌の細胞壁を合成し修復するのに必要な酵素トランスペプチダーゼと反応し，これを不活性にする．細胞壁が不完全に，あるいは弱くなるため細菌細胞は破裂し死滅する．

570　16. カルボン酸誘導体：求核的アシル置換反応

重要な用語

アシルリン酸(acyl phosphate)
RCOPO₃²⁻
アミド(amide) RCONH₂
エステル(ester) RCO₂R′
カルボン酸誘導体(carboxylic acid
derivative)

求核的アシル置換反応(nucleophilic
acyl substitution reaction)
けん化(saponification)
酸ハロゲン化物(acid halide) RCOX
酸無水物(acid anhydride) RCO₂COR′
チオエステル(thioester) RCOSR′

逐次重合(step-growth polymerization)
ラクタム(lactam)
ラクトン(lactone)

反応のまとめ

1. カルボン酸の反応 (§16・3)

(a) 酸塩化物への変換

$$RCO\text{-}OH \xrightarrow[\text{CHCl}_3]{\text{SOCl}_2} RCO\text{-}Cl + SO_2 + HCl$$

(b) エステルへの変換

$$RCO\text{-}O^- + R'X \xrightarrow{\text{S}_N2\text{反応}} RCO\text{-}OR'$$

$$RCO\text{-}OH + R'OH \xrightarrow{\text{酸触媒}} RCO\text{-}OR' + H_2O$$

(c) アミドへの変換

$$RCO\text{-}OH + RNH_2 \xrightarrow{\text{DCC}} RCO\text{-}NHR$$

(d) 還元反応により第一級アルコールを生成

$$RCO\text{-}OH + LiAlH_4 \longrightarrow RCH_2\text{-}OH$$

2. 酸塩化物の反応 (§16・4)

(a) 加水分解によりカルボン酸を生成

$$RCO\text{-}Cl + H_2O \longrightarrow RCO\text{-}OH + HCl$$

(b) カルボキシラートイオンとの反応により酸無水物を生成

$$RCO\text{-}Cl + RCO_2^- \longrightarrow RCO\text{-}O\text{-}COR + Cl^-$$

(c) アルコリシスによりエステルを生成

$$RCO\text{-}Cl + R'OH \xrightarrow{\text{ピリジン}} RCO\text{-}OR' + HCl$$

(d) アミノリシスによりアミドを生成

$$RCO\text{-}Cl + 2\,NH_3 \longrightarrow RCO\text{-}NH_2 + NH_4Cl$$

(e) ジアルキル銅リチウムとの反応によりケトンを生成

$$RCO\text{-}Cl \xrightarrow[\text{エーテル}]{R'_2\text{CuLi}} RCO\text{-}R'$$

3. 酸無水物の反応 (§16・5)

(a) 加水分解によりカルボン酸を生成

$$RCO\text{-}O\text{-}COR + H_2O \longrightarrow 2\,RCO\text{-}OH$$

(b) アルコリシスによりエステルを生成

$$RCO\text{-}O\text{-}COR + R'OH \longrightarrow RCO\text{-}OR' + RCO\text{-}OH$$

(c) アミノリシスによりアミドを生成

$$RCO\text{-}O\text{-}COR + 2\,NH_3 \longrightarrow RCO\text{-}NH_2 + RCO\text{-}O^-\ {}^+NH_4$$

4. エステルおよびラクトンの反応（§16・6）

(a) 加水分解によりカルボン酸を生成

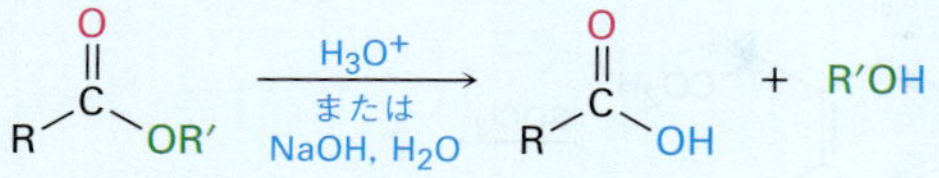

(b) 還元により第一級アルコールを生成

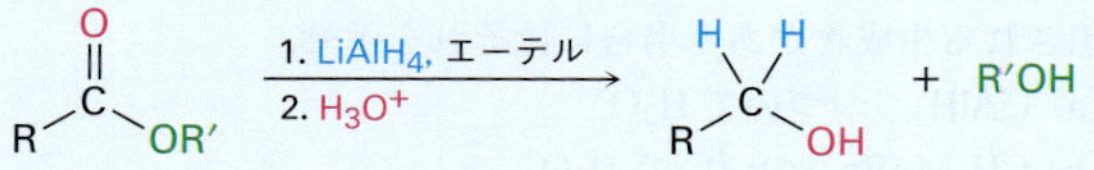

(c) 部分還元によりアルデヒドを生成

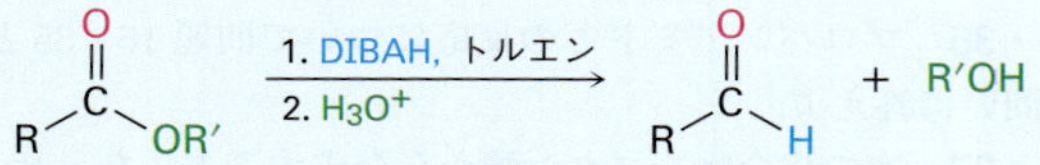

(d) Grignard 反応により第三級アルコールを生成

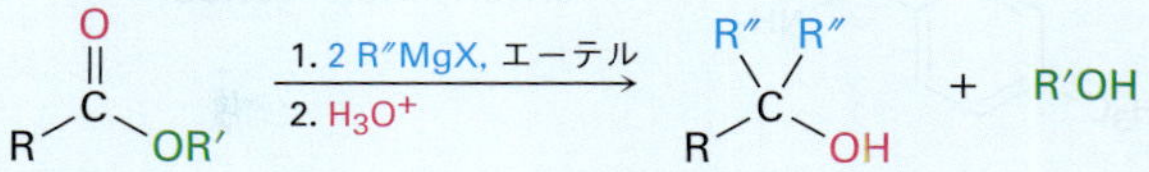

5. アミドの反応（§16・7）

(a) 加水分解によりカルボン酸を生成

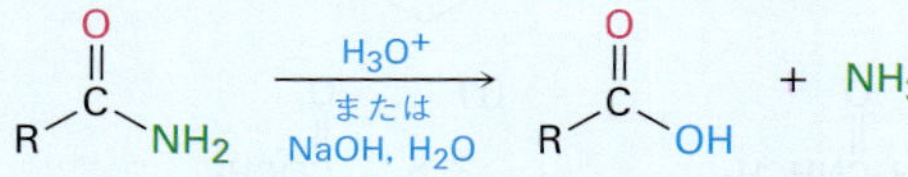

(b) 還元によりアミンを生成

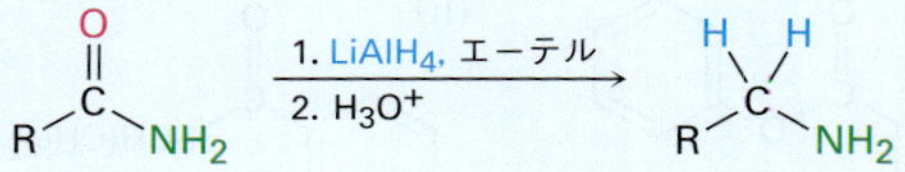

演 習 問 題

目で学ぶ化学

（問題 16・1～16・26 は本文中にある）

16・27 次の化合物を命名せよ．

(a)

(b)

16・28 適切なカルボン酸と必要な反応剤を用いて次の化合物を合成する方法を示せ．（赤茶は Br）

(a)

(b)

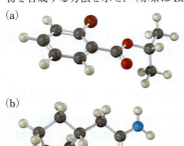

16・29 次に示す構造はカルボン酸誘導体に求核剤が付加して生成する四面体アルコキシド中間体である．求核剤，脱離基，出発物のカルボン酸誘導体，そして最終生成物を示せ．（黄緑は Cl）

16・30 典型的なアミド（アセトアミド）とアシルアジド（アセチルアジド）の静電ポテンシャル図を示す．求核的アシル置換反応においてどちらがより反応性が高いか．理由とともに示せ．

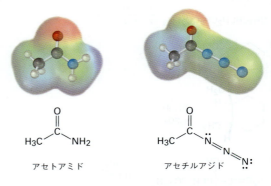

追加問題

カルボン酸誘導体の命名法

16・31 次に示す化合物の IUPAC 名を示せ．

572 16. カルボン酸誘導体：求核的アシル置換反応

(a) [構造式: p-メチルベンズアミド]

(b) [構造式: CH₃CH₂CHCH=CHCCl, CH₂CH₃, O]

(c) [構造式: CH₃OCCH₂CH₂COCH₃]

(d) [構造式: フェニル-CH₂CH₂COCH(CH₃)]

(e) [構造式: CH₃CH₂CHCH₂CNHCH₃, Br]

(f) [構造式: シクロペンテン-COCH₃]

(g) [構造式: ベンゼン-COC₆H₅]

(h) [構造式: ベンゼン-CSCH(CH₃)₂]

(g) [構造式: 2-メチルベンズアミド]
$$\xrightarrow[\text{2. } H_2O]{\text{1. } LiAlH_4} \quad ?$$

(h) [構造式: 2-ブロモフェニル酢酸]
$$\xrightarrow{SOCl_2} \quad ?$$

16・35 酢酸メチルと次に示す反応剤との反応について，予想される生成物がある場合にはそれを示せ．
(a) $LiAlH_4$, つづいて H_3O^+
(b) CH_3MgBr, つづいて H_3O^+
(c) $NaOH$, H_2O
(d) アニリン

16・36 プロパンアミドとの反応について問題 16・35 と同様の問いに答えよ．

16・37 次の化合物をブタン酸から合成する方法を示せ．
(a) ブタン-1-オール   (b) ブタナール
(c) 1-ブロモブタン   (d) 酢酸ブチル
(e) ペンタンニトリル   (f) N-メチルペンタンアミド

16・38 塩化プロパノイルと次に示す反応剤との反応生成物を予想せよ．
(a) エーテル中 $LiPh_2Cu$
(b) $LiAlH_4$, つづいて H_3O^+
(c) CH_3MgBr, つづいて H_3O^+
(d) H_3O^+ (e) シクロヘキサノール
(f) アニリン   (g) $CH_3CO_2^-\,^+Na$

16・39 過剰量の臭化フェニルマグネシウムと炭酸ジメチル $CH_3OCO_2CH_3$ との Grignard 反応で得られると考えられる生成物を示せ．

16・40 次に示すのはパラ置換安息香酸メチルの加水分解のされやすさの序列である．

$$Y = NO_2 > Br > H > CH_3 > OCH_3$$

この反応性の序列はどのように説明できるか．また，Y＝CHO と Y＝NH₂ はこの序列のどこに入ると考えられるか．

[構造式: Y-C₆H₄-CO₂CH₃]
$$\xrightarrow[H_2O]{^-OH}$$
[構造式: Y-C₆H₄-CO₂⁻] $+ \ CH_3OH$

16・41 次に示すのは $NaOH$ 水溶液による酢酸アルキルの加水分解のされやすさの序列である．この序列を説明せよ．

$$CH_3CO_2CH_3 > CH_3CO_2CH_2CH_3 >$$
$$CH_3CO_2CH(CH_3)_2 > CH_3CO_2C(CH_3)_3$$

16・42 §16・6 でエステルの加水分解反応の反応機構に関する研究がエーテル様の酸素原子を ^{18}O で標識したプロパン酸エチルを用いて行われたと述べた．^{18}O で標識された酢酸が唯一の酸素同位体源とした場合に，この標識されたプロパン酸エチ

16・32 次に示す化合物の構造式を示せ．
(a) p-ブロモフェニルアセトアミド
(b) m-ベンゾイルベンズアミド
(c) 2,2-ジメチルヘキサンアミド
(d) シクロヘキサンカルボン酸シクロヘキシル
(e) シクロブタ-2-エンカルボン酸エチル
(f) コハク酸無水物

16・33 次の記述を満たす化合物を示し，命名せよ．
(a) 分子式が $C_6H_{10}OS$ の 3 種類のチオエステル
(b) 分子式が $C_7H_{11}NO$ の 3 種類のアミド

求核的アシル置換反応

16・34 次の反応の生成物を示せ．

(a) [構造式: シクロヘキシル-CO₂CH₂CH₃]
$$\xrightarrow[\text{2. } H_3O^+]{\text{1. } CH_3CH_2MgBr} \quad ?$$

(b) [構造式: CH₃CHCH₂CH₂CO₂CH₃, CH₃]
$$\xrightarrow[\text{2. } H_3O^+]{\text{1. DIBAH}} \quad ?$$

(c) [構造式: シクロペンチル-COCl]
$$\xrightarrow{CH_3NH_2} \quad ?$$

(d) [構造式: シクロヘキサン, CO₂H, H, CH₃, H]
$$\xrightarrow[H_2SO_4]{CH_3OH} \quad ?$$

(e) [構造式: $H_2C=CHCHCH_2CO_2CH_3$, CH₃]
$$\xrightarrow[\text{2. } H_3O^+]{\text{1. } LiAlH_4} \quad ?$$

(f) [構造式: シクロヘキサノール-OH]
$$\xrightarrow[\text{ピリジン}]{CH_3CO_2COCH_3} \quad ?$$

ルを合成する方法を考案せよ.

16・43 トリフルオロ酢酸メチル $CF_3CO_2CH_3$ は酢酸メチル $CH_3CO_2CH_3$ よりも求核的アシル置換反応の反応性が高い. その理由を説明せよ.

逐次重合

16・44 ナイロン6はカプロラクタムから逐次重合により合成される. 反応はまず, カプロラクタムが水と反応して鎖状のアミノ酸中間体を生成し, これを加熱するとポリマーが生じる. それぞれの段階の反応機構, ならびにナイロン6の構造を示せ.

カプロラクタム
caprolactam

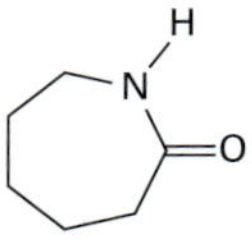

16・45 絹のような肌触りをもつポリアミド繊維であるキアナは, 次のような構造である. キアナを合成する際に用いられる二つのモノマーの構造を示せ.

キアナ qiana

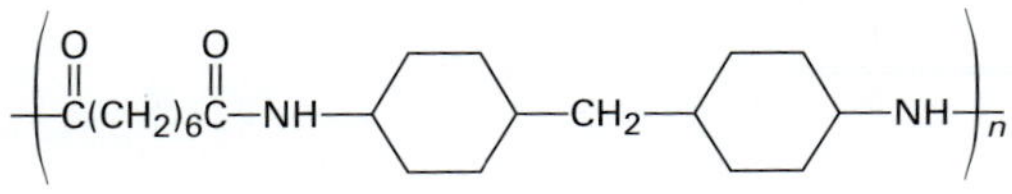

16・46 次に示す構造のポリイミドはガラスやプラスチックの耐擦傷性を改善するための塗装剤として用いられる. このポリイミドを合成する方法を示せ (問題16・45参照).

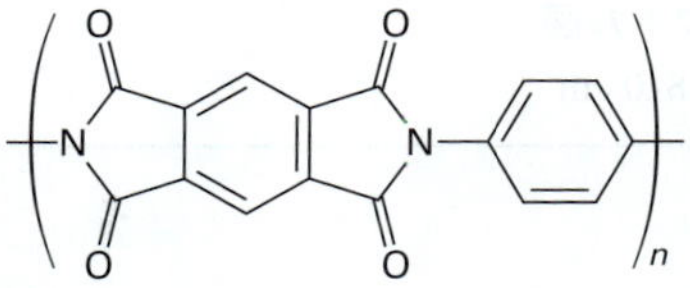

ポリイミド

カルボン酸誘導体の分光法

16・47 次の2種の異性体を分光学的に区別する方法を示せ. どのような違いがみられるか.

(a) *N*-メチルプロパンアミドと *N,N*-ジメチルアセトアミド

(b) 5-ヒドロキシペンタンニトリルとシクロブタンカルボキシアミド

(c) 4-クロロブタン酸と塩化3-メトキシプロパノイル

(d) プロパン酸エチルと酢酸プロピル

16・48 下に示す赤外および ¹H NMR スペクトルを示す分子式 $C_4H_7ClO_2$ の化合物の構造を示せ.

16・49 次ページの ¹H NMR スペクトルを示す化合物の構造を示せ.

総合問題

16・50 5-アミノペンタン酸と DCC (ジシクロヘキシルカルボジイミド) との反応によりラクタムが生成する. 生成物の構造と反応機構を示せ.

16・51 HClを用いた2,4,6-トリメチル安息香酸とメタノールとの Fischer エステル化反応はうまく進行しない理由を説明せよ. エステルは得られず, 未反応のカルボン酸が回収される. どのような方法を用いればエステル化がうまく進行するか.

問題16・48 スペクトル図

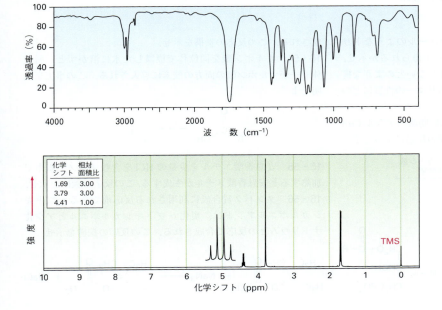

574　16. カルボン酸誘導体：求核的アシル置換反応

問題 16・49　スペクトル図
(a) C_4H_7ClO　IR: $1810\ cm^{-1}$

化学シフト	相対面積比
1.00	1.50
1.75	1.00
2.86	1.00

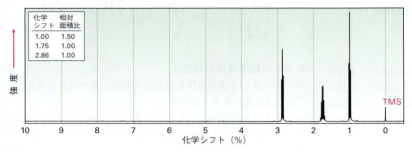

(b) $C_5H_7NO_2$　IR: 2250, $1735\ cm^{-1}$

化学シフト	相対面積比
1.32	1.50
3.51	1.00
4.27	1.00

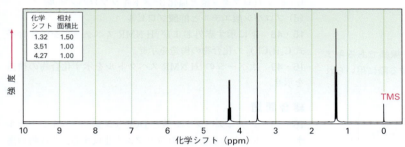

(c) $C_5H_{10}O_2$　IR: $1735\ cm^{-1}$

化学シフト	相対面積比
1.22	6.00
2.01	3.00
4.99	1.00

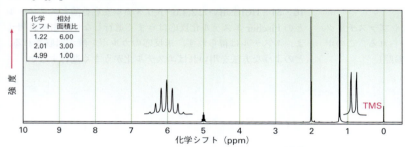

16・52　テレフタル酸ジメチルとグリセロールのようなトリオールとの反応によりどのようなポリマーが得られるか示せ．この新しいポリマーはダクロン®には存在しないどのような構造上の特徴をもつか．この新しい特徴はポリマーの性質にどのような影響を与えると考えられるか．

16・53　脂肪はグリセロール 3-リン酸と脂肪酸のアシル CoA とから次に示す段階とともに開始する一連の反応によって生合成される．この反応の機構を示せ．

16・54　カルボン酸を同位体で標識した水に溶かすと，同位体原子がカルボン酸の両方の酸素に導入される．この事実を説明せよ．

16・55　安息香酸エチルを少量の HCl を含むメタノール中で加熱すると安息香酸メチルが生成する．この反応の機構を示せ．

16・56　タンパク質合成に利用される反応剤である t-ブトキシカルボニルアジドは，塩化 t-ブトキシカルボニルとアジ化ナトリウムとの反応で合成される．この反応の機構を示せ．

16. カルボン酸誘導体：求核的アシル置換反応   575

16・57　α–アミノ酸を DCC と反応させると 2,5–ジケトピペラジンが生成する．反応機構を示せ．

α–アミノ酸　→　2,5–ジケトピペラジン

16・58　カルボン酸をトリフルオロ酢酸無水物と反応させると非対称の酸無水物が生じ，これはアルコールと反応してエステルを生成する．

（a）非対称の酸無水物生成反応の機構を示せ．
（b）なぜ，この非対称の酸無水物は非常に反応性が高いか．
（c）なぜ，この非対称の酸無水物はカルボン酸とトリフルオロ酢酸エステルを生じるのではなく，式に示したように反応するか．

16・59　コハク酸無水物は塩化アンモニウムと 200 ℃ に加熱するとコハク酸イミドを与える．この反応の機構を示せ．またなぜこのような高い反応温度が必要か．

$$\text{コハク酸無水物} \xrightarrow[200\,℃]{\text{NH}_4\text{Cl}} \text{N–H} + \text{H}_2\text{O} + \text{HCl}$$

16・60　4–アミノサリチル酸フェニルは抗結核薬である．4–ニトロサリチル酸からこの化合物を合成する方法を考案せよ．

4–ニトロサリチル酸　→　4–アミノサリチル酸フェニル

16・61　N,N–ジエチル–m–トルアミド（DEET）は多くの防虫剤の活性な成分である．m–ブロモトルエンから DEET を合成する方法を示せ．

N,N–ジエチル–m–トルアミド

16・62　メチルエステルを合成する際によく用いられる方法にカルボン酸とジアゾメタン CH_2N_2 との反応がある．

安息香酸　＋　ジアゾメタン　CH_2N_2　→　安息香酸メチル（100%）　＋　N_2

この反応は次の 2 段階で進行する．1）カルボン酸によりジアゾメタンがプロトン化され，メチルジアゾニウムイオン $CH_3N_2^+$ とカルボキシラートイオンを与える．2）カルボキシラートイオンが $CH_3N_2^+$ と反応する．

（a）ジアゾメタンの二つの共鳴構造を示し，1）の段階を説明せよ．
（b）（2）の段階ではどのような反応が起こるか．

16・63　これまで薬として用いられていたものが実は毒性をもっていたということがある．コカインは 100 年前，コカ・コーラ® など多くの製品の刺激物として，また歯痛や抑鬱に対する点滴剤として用いられており，評判がよかった．コカインを加水分解して得られる三つの化合物は何か．

コカイン cocaine

16・64　コカイン（問題 16・63）には中毒性があるため，研究者は痛みを和らげるために，より中毒性の低い代用品を探し求めた．たとえばリドカインは，コカインと構造的な類似点を多くもつが，コカインのような中毒性をもたない．リドカインは次に示す方法で合成されている．それぞれの段階の反応の種類を明らかにし，その反応機構を書け．

1. $ClCH_2CCl$
2. $(CH_3CH_2)_2NH$

リドカイン lidocaine

16・65　次の変換反応は典型的なカルボニル化合物の反応である（Ph はフェニル基）．反応機構を示せ．

1. NaOH, H_2O
2. H_3O^+

16・66　ベンジル酸転位（benzilic acid rearrangement）とよばれる次に示す反応は，典型的なカルボニル化合物の反応であ

る．反応機構を示せ（Ph はフェニル基）．（訳注：IUPAC は 2013 年勧告において"ベンジル酸"の慣用名を廃止したが，現在も広く用いられている．）

16・67 生体内に存在するチオエステルのカルボン酸への加水分解は一見単純な反応にみえるが，しばしばより複雑な過程を含んでいる．たとえばクエン酸回路中でのスクシニル CoA のコハク酸への変換は，まずアシルリン酸が生成し，つづいてグアノシン二リン酸（GDP，ADP の類縁体）との反応によりコハク酸とグアノシン三リン酸（GTP，ATP の類縁体）を生じる．それぞれの段階の反応機構を示せ．

16・68 グルコースが生合成される糖新生経路の 1 段階に，3-ホスホグリセリン酸の部分還元によりグリセルアルデヒド 3-リン酸を与える反応がある．この過程はまず，ATP とのリン酸化により 1,3-ビスホスホグリセリン酸が生成し，ついで酵

問題 16・71 スペクトル図

(a) $C_{11}H_{12}O_2$ IR：1710 cm^{-1}

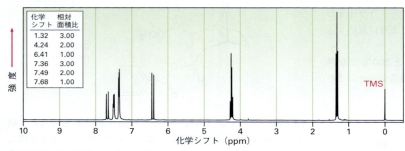

(b) $C_5H_9ClO_2$ IR：1735 cm^{-1}

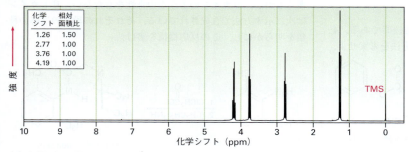

(c) $C_7H_{12}O_4$ IR：1735 cm^{-1}

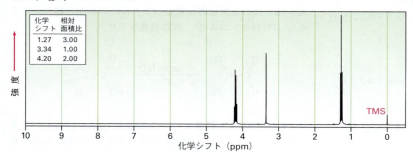

素上の SH 基との反応により酵素に結合したチオエステルが生じ，これが NADH で還元される．この三つの反応の機構を示せ．

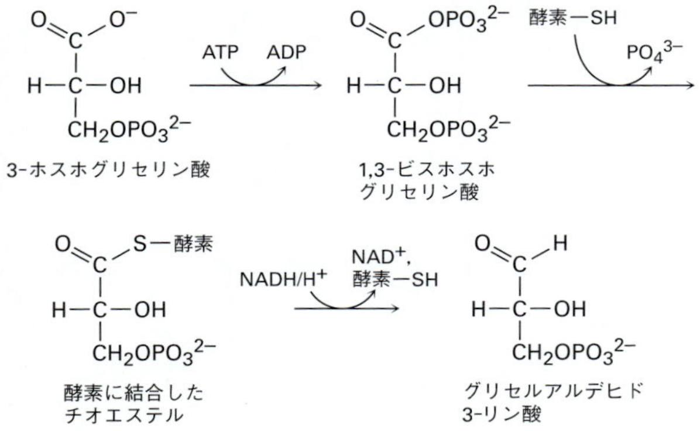

3-ホスホグリセリン酸 → （ATP, ADP）→ 1,3-ビスホスホグリセリン酸 → （酵素—SH, PO_4^{3-}）→ 酵素に結合したチオエステル → （NADH/H⁺ ; NAD⁺, 酵素—SH）→ グリセルアルデヒド3-リン酸

16·69 ペニシリンや他の β-ラクタム系抗生物質（本章の科学談話室参照）は，細菌が β-ラクタマーゼ酵素を合成することでこれらの抗生物質に対して耐性をもつようになる．しかしタゾバクタムは β-ラクタマーゼを捕捉することでその活性を阻害することができ，これにより耐性の発現を抑制することができる．

（a）捕捉の第一段階は，β-ラクタマーゼのヒドロキシ基がタゾバクタムと反応しその β-ラクタム環を開環する反応である．反応機構を示せ．

（b）第二段階は，タゾバクタムの硫黄を含んだ環が開環して鎖

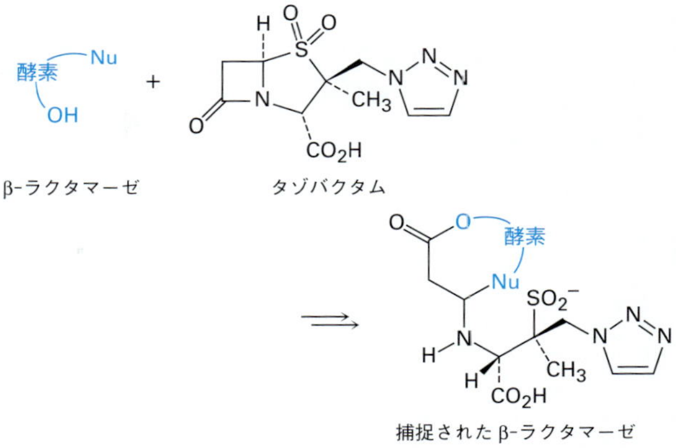

酵素 Nu OH（β-ラクタマーゼ） ＋ タゾバクタム ⟹ 捕捉された β-ラクタマーゼ

状のイミニウムイオン中間体を生じる反応である．反応機構を示せ．

（c）イミニウムイオン中間体が環化することにより β-ラクタマーゼが捕捉された生成物が得られる．反応機構を示せ．

16·70 ヨードホルム反応（iodoform reaction）では，トリヨードケトンが NaOH 水溶液と反応してカルボキシラートイオンとヨードホルム（トリヨードメタン）を与える．反応機構を示せ．

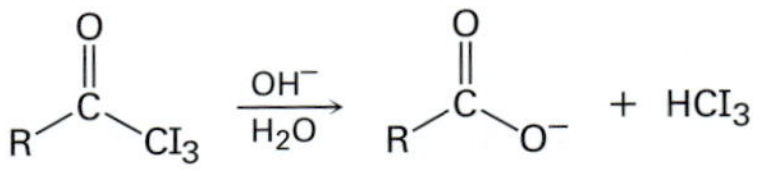

$R-CO-CI_3$ → （OH^- / H_2O）→ $R-CO-O^-$ ＋ HCI_3

16·71 前ページの ¹H NMR スペクトルを示す化合物の構造を書け．

カルボニル基の α 置換および縮合反応

17

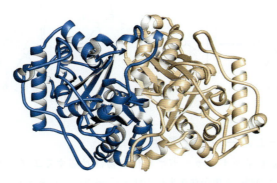

3-オキソアシル CoA チオラーゼは，脂肪酸代謝の β 酸化サイクルの最後の段階である，3-オキソアシル CoA を切断してアセチル CoA を与える反応を触媒する

17・1　ケト-エノール互変異性
17・2　エノールの反応性：α 置換反応
17・3　カルボン酸の α 臭素化反応
17・4　α 水素の酸性度：
　　　　　　　　エノラートイオン生成
17・5　エノラートイオンのアルキル化
17・6　カルボニル縮合：アルドール反応
17・7　アルドール生成物の脱水反応
17・8　分子内アルドール反応
17・9　Claisen 縮合反応
17・10　分子内 Claisen 縮合反応：
　　　　　　　　Dieckmann 環化反応
17・11　共役付加：Michael 反応
17・12　エナミンのカルボニル縮合：
　　　　　　　　Stork 反応
17・13　生体内カルボニル縮合反応

本章の目的　求核付加反応および求核的アシル置換反応と同様，多くのフラスコ内での反応，医薬品合成，そして生合成経路においてカルボニル基の α 置換反応が頻繁に用いられている．実際，分子量の小さな前駆体から大きな分子をつくり上げるほとんどの生合成過程には，カルボニル縮合反応が利用されている．本章ではこれらの反応がどのようにして，そしてなぜ起こるのかをみてみよう．

"カルボニル基の化学の概論"で述べたように，カルボニル化合物の化学のほとんどは，わずか四つの基本的な反応形式を修得することによって理解することができる．すなわち，求核付加反応，求核的アシル置換反応，α 置換反応，そしてカルボニル縮合反応である．はじめの二つの反応についてはすでに説明したので，本章では残りの二つのカルボニル基の関わる重要な反応，すなわち **α 置換反応**（α substitution reaction）と **カルボニル縮合反応**（carbonyl condensation reaction）について解説する．

α 置換反応はカルボニル基に隣接する炭素上，すなわち **α 位**（α-position）で起こり，**エノール**（enol）あるいは **エノラートイオン**（enolate ion）中間体を経由して α 水素原子が求電子剤 E（electrophile の略）あるいは E^+ によって置換される反応である．

17. カルボニル基のα置換および縮合反応

カルボニル縮合反応は二つのカルボニル化合物の間で起こり，それぞれα置換反応と求核付加反応を起こす．一方のカルボニル化合物はエノラートイオンに変換され，これがもう一方のカルボニル化合物に求核付加することによりα置換反応を起こし，生成物としてβ-ヒドロキシカルボニル化合物を与える．

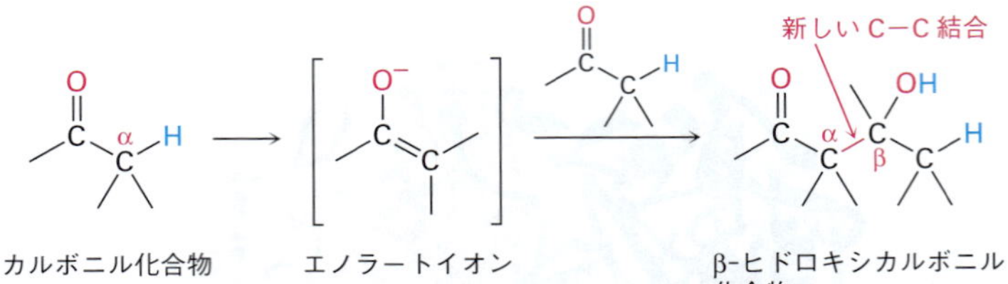

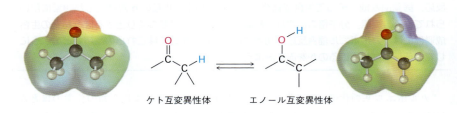

カルボニル化合物　　エノラートイオン　　β-ヒドロキシカルボニル化合物

17・1 ケト-エノール互変異性

α炭素に水素原子をもつカルボニル化合物は対応する**エノール**（enol, ene＋alco*hol*）異性体との間に平衡が存在する（§8・15参照）．この水素原子の位置の変化を伴う二つの異性体間の自発的な相互変換は，**互変異性**（tautomerism）とよばれる（英語の tautomerism はギリシャ語で"同じ"を意味する *tauto* と，"部分"を意味する *meros* に由来する）．それぞれのケトおよびエノール異性体は**互変異性体**（tautomer）とよばれる．

ケト互変異性体　　エノール互変異性体

互変異性体と共鳴構造（§2・5参照）との違いに注意してほしい．互変異性体は構造異性体であり，異なった構造をもつ異なった化合物であるのに対し，共鳴構造は一つの化合物を異なった表記で表したものである．互変異性体はその原子の配置が異なっているが，共鳴構造はそのπ電子と非結合性電子の位置のみが異なっている．

ほとんどのモノカルボニル化合物は平衡状態でほぼケト形としてのみ存在しており，普通純粋なエノールを単離することは難しい．たとえばシクロヘキサノンのエノール互変異性体は室温で 0.0001% しか存在しない．エノール互変異性体の存在比はカルボン酸やエステル，アミドではさらに少ない．共役や分子内水素結合により安定化される場合にのみ，エノールが優先して存在することがある．たとえばペンタン-2,4-ジオンは，およそ 76% がエノール互変異性体である．エノールは平衡状態でごくわずかしか存在していないが，非常に反応性が高いのでカルボニル化合物の化学の多くで重要な役割を果たしている．

カルボニル化合物のケト-エノール互変異性は，酸および塩基によって触媒される．酸触媒存在下でのエノール生成では，カルボニルの酸素原子はプロトン化されカチオン中間体を生じ，これは H$^+$ をα炭素上から失って電荷をもたないエノールを生じる（図17・1a）．カチオン中間体からα水素が失われる過程は，E1反応の際にカルボカチオンが H$^+$ を失ってアルケンを生成するのと類似している（§12・14参照）．

17・1 ケト-エノール互変異性

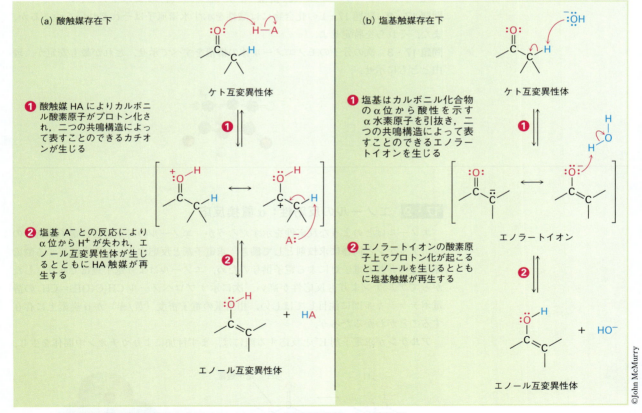

塩基触媒を用いるエノール生成反応は，カルボニル基の存在によりそのα炭素上の水素が弱い酸性を示すようになるため進行する（図17・1b）．すなわち，カルボニル化合物は酸として働くことができ，塩基性が十分に強ければそのα水素の一つを塩基に供与することができる．これにより共鳴安定化されたアニオンであるエノラートイオン（enolate ion）が生じ，つづいてこれがプロトン化され電荷をもたない

図 17・1 酸触媒および塩基触媒存在下でのエノール生成の反応機構．(a) 酸触媒存在下では，❶まずカルボニル酸素がプロトン化され，つづいて❷α位のH⁺が引抜かれる．(b) 塩基触媒存在下では，❶まずα位の水素が引抜かれエノラートイオンを生じ，つづいて❷酸素上がプロトン化される．

* 訳注：ケト-エノール互変異性とは異なり，O-エノラートとC-エノラートは互変異性体ではなく，共鳴構造である．

化合物を与える*．エノラートイオンのプロトン化がα炭素で起こればケト互変異性体が再生し見かけ上変化は起こらないが，プロトン化が酸素原子で起こると，エノール互変異性体が生成する．

カルボニル化合物のα位の水素のみが酸性を示すことに注意してほしい．β, γ, δ… 位の水素は酸性を示さず，塩基によって引抜くことはできない．これは生成するアニオンがカルボニル基により共鳴安定化されないからである．α水素が特徴的な反応性をもつのは，生じるエノラートイオンが電気陰性度の大きい酸素原子上に電荷をもつ共鳴構造によって安定化されているからである．

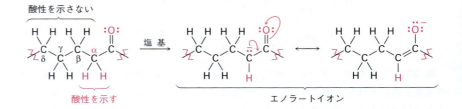

問題 17・1 次の化合物のエノール互変異性体の構造を示せ．
 (a) シクロペンタノン　 (b) チオ酢酸メチル　 (c) 酢酸エチル
 (d) プロパナール　 (e) 酢酸　 (f) フェニルアセトン

問題 17・2 問題17・1の化合物には酸性を示す水素原子はそれぞれいくつあるか．また，それらを特定せよ．

問題 17・3 次の分子のモノエノール体の構造をすべて示せ．どれが最も安定か，理由とともに示せ．

17・2　エノールの反応性：α置換反応

エノールはどのような反応性を示すだろうか．エノールの二重結合は電子豊富なので，アルケンと同様に求核剤として働き，求電子剤と反応する．しかも隣接する酸素原子上の非共有電子対による電子供与のため，エノールはより電子豊富であり，したがってアルケンよりも反応性が高い．次に示すプロペノール $CH_3C(OH)=CH_2$ の静電ポテンシャル図に注目してほしい．相当量の電子密度（黄/赤）がα炭素上に存在することがわかるだろう．

アルケンが求電子剤 E^+ と反応する際には，まず付加によりカチオン中間体を生じ，

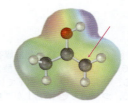

17・2 エノールの反応性：α 置換反応　　583

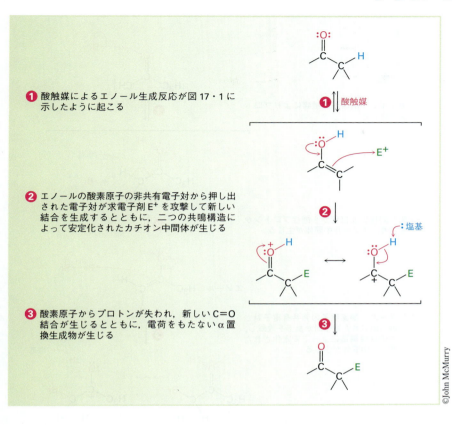

図 17・2　カルボニルの α 置換反応の一般的な反応機構．❶ ではじめに生成するカチオンは H⁺ を失ってカルボニル化合物を再生する．

❶ 酸触媒によるエノール生成反応が図 17・1 に示したように起こる

❷ エノールの酸素原子の非共有電子対から押し出された電子対が求電子剤 E⁺ を攻撃して新しい結合を生成するとともに，二つの共鳴構造によって安定化されたカチオン中間体が生じる

❸ 酸素原子からプロトンが失われ，新しい C=O 結合が生じるとともに，電荷をもたない α 置換生成物が生じる

つづいてハロゲン化物イオンなどの求核剤と反応して付加生成物を生成する（§7・6 参照）．しかし**エノール**が求電子剤と反応する場合は，最初の付加の段階のみが同じである（図 17・2）．求核剤と反応して付加生成物を生じる代わりに，カチオン中間体は OH からプロトンを失って α 置換したカルボニル化合物を生成する．

フラスコ内で特によく利用される α 置換反応の一つに，酸性溶液中で Cl_2, Br_2, あるいは I_2 との反応によるアルデヒドおよびケトンの α 位のハロゲン化反応があげられる．臭素の酢酸溶液がよく用いられる．

注目すべきことはケトンのハロゲン化は生体内でも起こっているということである．特に海洋藻類からジブロモアセトアルデヒド，ブロモアセトン，1,1,1-トリブロ

図 17・3 酸触媒によるアセトンの臭素化反応の機構

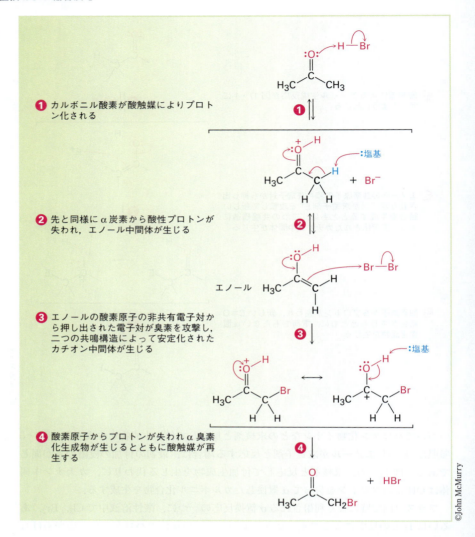

❶ カルボニル酸素が酸触媒によりプロトン化される

❷ 先と同様にα炭素から酸性プロトンが失われ，エノール中間体が生じる

❸ エノールの酸素原子の非共有電子対から押し出された電子対が臭素を攻撃し，二つの共鳴構造によって安定化されたカチオン中間体が生じる

❹ 酸素原子からプロトンが失われαブロモ化生成物が生じるとともに酸触媒が再生する

モアセトンや他の関連した化合物が見つかっている．

図 17・3 に示すように反応は酸触媒によるエノール中間体の生成を経て進行する．

図 17・3 に示した反応機構を支持する実験的証拠が重水素交換反応により得られている．アルデヒドあるいはケトンに D_3O^+ を作用させると，酸性を示すα水素が重水素に置換される．あるケトンに対する重水素交換反応の速度とハロゲン化反応の速度は等しく，これは両反応ともに同じ中間体（おそらくエノール）を経て進行していることを示唆している．

17・3　カルボン酸の α 臭素化反応　585

　α-ブロモケトンは，塩基を作用させると脱臭化水素を起こし α,β-不飽和ケトンを生じるので，フラスコ内での合成に有用である．たとえば 2-メチルシクロヘキサノンはハロゲン化により 2-ブロモ-2-メチルシクロヘキサノンを生成し，この α-ブロモケトンをピリジン中で加熱すると 2-メチルシクロヘキサ-2-エノンを生じる．反応は E2 脱離機構で進行し（§12・13 参照），これは化合物に C＝C 結合を導入するよい方法である．2-メチルシクロヘキサノンの臭素化はおもに置換基のより多い α 位で起こることに注意してほしい．これは置換基の少ないエノールより置換基の多いエノールの方が生成しやすいからである（§7・5 参照）．

2-メチルシクロヘキサノン　　2-ブロモ-2-メチル　　2-メチルシクロヘキサ-
　　　　　　　　　　　　　　シクロヘキサノン　　　2-エノン(63%)

問題 17・4　ペンタ-1-エン-3-オンをペンタン-3-オンから合成する方法を示せ．

17・3　カルボン酸の α 臭素化反応

　酢酸溶液中で Br_2 を用いるカルボニル化合物の α 臭素化反応は，アルデヒドとケトン基質に限定された反応である．これはカルボン酸，エステル，アミドは十分にエノール化しないからである．しかしカルボン酸は，Br_2 と PBr_3 の混合物を用いて α 臭素化することができ，この反応は **Hell-Volhard-Zelinskii 反応**（Hell-Volhard-Zelinskii reaction: HVZ reaction）とよばれている．

$$CH_3CH_2CH_2CH_2CH_2CH_2COOH \quad \xrightarrow[\text{2. } H_2O]{\text{1. } Br_2, PBr_3} \quad CH_3CH_2CH_2CH_2CH_2CHCOOH$$

ヘプタン酸　　　　　　　　　　　　　　　2-ブロモヘプタン酸(90%)

　Hell-Volhard-Zelinskii 反応は一見するよりもやや複雑で，実際にはカルボン酸のエノールではなく，酸臭化物のエノールを経由する α 置換反応である．まずカルボン酸と PBr_3 が反応し，酸臭化物と HBr を生じる（§16・3 参照）．この HBr が触媒となって酸臭化物のエノール化が起こり，生じたエノールが Br_2 と α 置換反応を起こし，酸臭化物の α 臭素化体を与える．水を加えて酸臭化物を求核アシル置換反応により加水分解すると，α-ブロモカルボン酸が得られる．

カルボン酸　　　　　　酸臭化物　　　酸臭化物のエノール　　　　　　　　α-ブロモカルボン酸

問題 17・5　Hell-Volhard-Zelinskii 反応の最後に，水ではなくメタノールを加える

とカルボン酸ではなくエステルが生成する．次の変換反応を行う方法，およびエステル生成段階の反応機構を示せ．

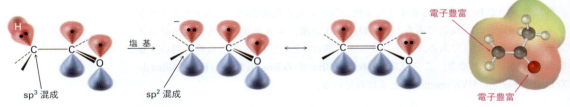

17・4 α水素の酸性度：エノラートイオン生成

§17・1で述べたように，カルボニル化合物のα位の水素は弱酸性であり強塩基によって脱プロトンされエノラートイオンを生成する．たとえばアセトン（pK_a=19.3）とエタン（pK_a≈60）を比べてみると，カルボニル基が隣接することによりケトンの酸性度がアルカンより10^{40}倍増大することがわかる．

カルボニル化合物からのプロトン引抜きはα位のC–H結合がカルボニル基のp軌道とおおむね平行に位置しているときに起こる．エノラートイオンのα炭素はsp²混成であり隣接するカルボニル基のp軌道と重なり合う．したがって負電荷は電気陰性度の大きい酸素原子と共有され，エノラートイオンは共鳴により安定化される（図17・4）．

図 17・4 カルボニル化合物からのα水素の引抜きによるエノラートイオンの生成機構． エノラートイオンは共鳴安定化されており，負電荷(赤)が酸素原子とα炭素に分布していることが静電ポテンシャル図からわかる．

カルボニル化合物の酸性は弱いので，エノラートイオン生成には強塩基が必要である．ナトリウムエトキシドのようなアルコキシドイオンを塩基として用いると，アセトンはエタノール（pK_a=16）よりも弱い酸なので脱プロトンはおよそ0.1％ほどしか起こらない．しかし，より強力な塩基を用いると，カルボニル化合物を完全に対応するエノラートイオンに変換することができる．

リチウムジイソプロピルアミド
lithium diisopropylamide: LDA

実際には，エノラートイオンの生成に強塩基であるリチウムジイソプロピルアミド〔LiN(i-C₃H₇)₂，略称 LDA〕が一般に用いられる．LDAは弱酸であるジイソプロピルアミン（pK_a=36）のリチウム塩であり，ほとんどのカルボニル化合物を速やかに脱プロトンすることができる．これはジイソプロピルアミンとブチルリチウムとの反応で容易に調製でき，アルキル基が二つあるので有機溶媒に可溶である．

LDAとの反応により，アルデヒド，ケトン，エステル，チオエステル，カルボン酸，そしてアミドなどのさまざまな種類のカルボニル化合物をエノラートに変換することができる．表17・1に各種のカルボニル化合物のおおよそのpK_aと，他の典型的な酸性物質の値を比較のために示す．ニトリル化合物も酸性を示し，エノラート様のアニオン種に変換できる．

17・4 α水素の酸性度：エノラートイオン生成　　587

表 17・1　代表的な有機化合物の酸性度

官能基	例	pK_a	官能基	例	pK_a	官能基	例	pK_a
カルボン酸	CH_3COH	5	アルコール	CH_3OH	16	チオエステル	CH_3CSCH_3	21
1,3-ジケトン	$CH_3CCH_2CCH_3$	9	酸塩化物	CH_3CCl	16	エステル	CH_3COCH_3	25
3-オキソエステル	$CH_3CCH_2COCH_3$	11	アルデヒド	CH_3CH	17	ニトリル	$CH_3C\equiv N$	25
1,3-ジエステル	$CH_3OCCH_2COCH_3$	13	ケトン	CH_3CCH_3	19	N,N-ジアルキルアミド	$CH_3CN(CH_3)_2$	30
						ジアルキルアミン	$HN(i\text{-}C_3H_7)_2$	36

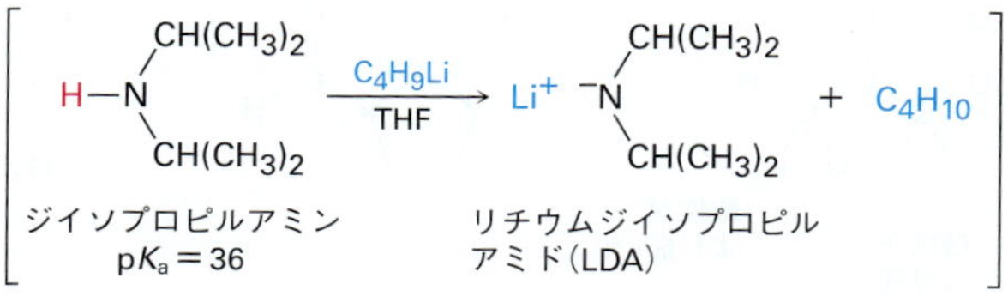

ジイソプロピルアミン
$pK_a = 36$

リチウムジイソプロピル
アミド（LDA）

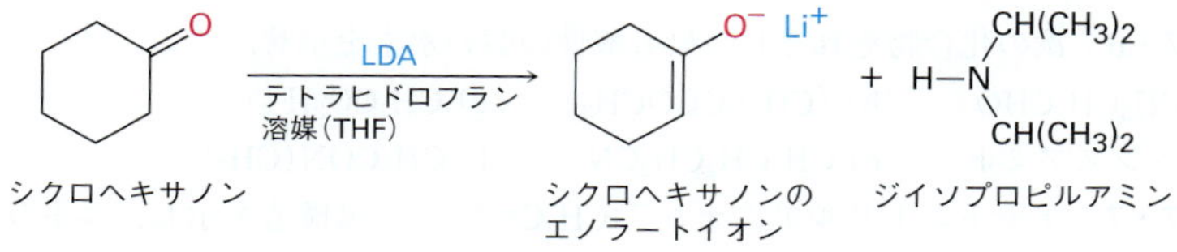

シクロヘキサノン

シクロヘキサノンの
エノラートイオン

ジイソプロピルアミン

　水素が二つのカルボニル基によってはさまれている場合，その酸性はさらに高くなる．そのため表17・1に示すように1,3-ジケトン（β-ジケトン），3-オキソエステル*，そして1,3-ジエステル（マロン酸エステル）は水よりも酸性が高い．これらのβ-ジカルボニル化合物から生じるエノラートイオンは，二つの隣接するカルボニル酸素に負電荷が共有されることによって安定化されるためである．たとえばペンタン-2,4-ジオンのエノラートイオンには三つの共鳴構造が存在する．他の二つのカルボニル基によって安定化されたエノラートイオンについても同様の共鳴構造を書くことができる．

＊　訳注：エステルカルボニル基のβ位にケトンのカルボニル基があるため，以前はβ-ケトエステルとよばれた．現在，IUPAC は "ケト基" の名称を廃止し，置換基 =O は "オキソ基" として命名される．本書は IUPAC 勧告に準拠した名称を用いるが，特に生化学の分野では以前までの名称もいまだ広く用いられている．

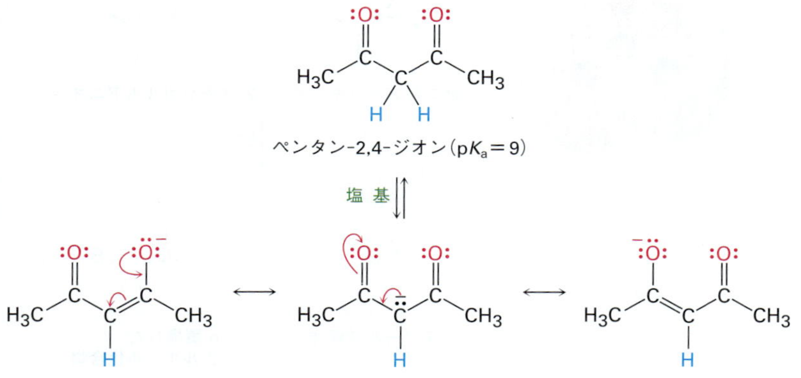

ペンタン-2,4-ジオン（$pK_a = 9$）

塩基

17. カルボニル基のα置換および縮合反応

例題 17・1 化合物中の酸性の強い水素原子を識別する

次に示す化合物それぞれの最も酸性の強い水素原子を示し，酸性度の高い順に並べよ．

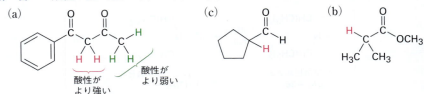

考え方 カルボニル基に隣接する炭素に結合した水素は酸性を示す．一般にβ-ジカルボニル化合物が最も酸性度が高く，ケトンあるいはアルデヒドがそれにつぎ，カルボン酸誘導体は最も酸性度が低い．アルコール，フェノール，そしてカルボン酸はOH基の水素が酸性を示すことを思い出してほしい．

解　答 酸性の強い順に (a) > (c) > (b) となる．酸性を示す水素を赤で示す．

問題 17・6 次の化合物それぞれの最も酸性の強い水素を示せ．
(a) CH_3CH_2CHO　(b) $(CH_3)_3CCOCH_3$　(c) CH_3CO_2H
(d) ベンズアミド　(e) $CH_3CH_2CH_2CN$　(f) $CH_3CON(CH_3)_2$

問題 17・7 アセトニトリルアニオン $^-:CH_2C\equiv N$ の共鳴構造を示し，ニトリル化合物の酸性度を説明せよ．

17・5 エノラートイオンのアルキル化

エノラートイオンは二つの理由でエノールよりも有用である．第一に，純粋なエノールは普通単離することができず，短寿命の中間体として低濃度で生成する．一方，

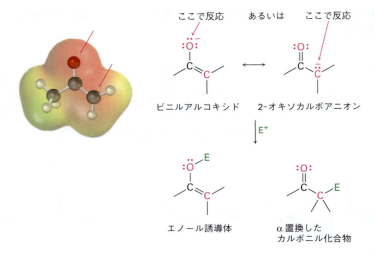

図 17・5 エノラートイオンの反応性．アセトンのエノラートイオンの静電ポテンシャル図から負電荷が酸素原子とα炭素原子の両者に非局在化していることがわかる．その結果，エノラートイオンは求電子剤 E^+ と 2 通りの様式で反応することができる．炭素原子上で反応しα置換カルボニル化合物を生じるのがより一般的である．

ほとんどのカルボニル化合物と強塩基との反応により，純粋なエノラートイオンの安定な溶液を容易に調製することができる．第二に，エノラートイオンはエノールよりも反応性が高く，エノールが起こさないさまざまな反応を起こす．エノールは電荷をもたないが，エノラートイオンは負電荷をもち，そのため求核性がずっと高くなる．

エノラートイオンは二つの非等価な共鳴構造の混成体なので，ビニルアルコキシド C=C−O⁻ とも 2-オキソカルボアニオン ⁻C−C=O ともみなすことができる．そのためエノラートイオンは求電子剤と酸素原子上でも炭素原子上でも反応することができる．酸素原子上で反応するとエノール誘導体が生じるのに対し，炭素上で反応すると α 置換カルボニル化合物が生じる（図17・5）．どちらの反応も知られているが，炭素原子上の反応の方がより一般的である．

おそらくエノラートイオンの最も有用な反応は，ハロゲン化アルキルやアルキルトシラートとの**アルキル化**（alkylation）である（§12・7参照）．これにより新しい炭素−炭素結合を生成しながら，二つの小さな分子から大きい分子をつくることができる．アルキル化は求核的なエノラートイオンが求電子的なハロゲン化アルキルに対し S_N2 反応を起こし，背面からの攻撃により脱離基と置換する反応である．

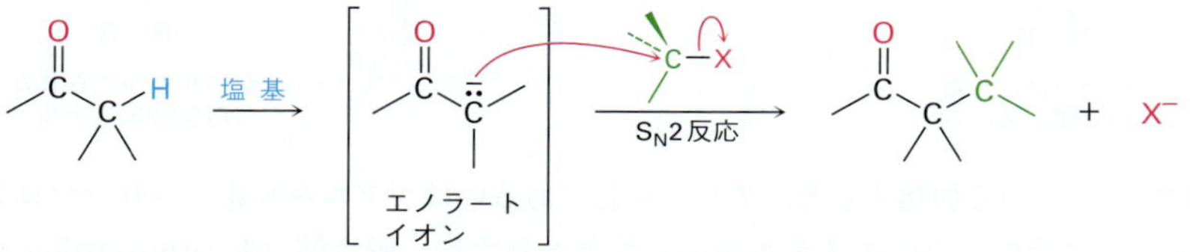

アルキル化はすべての S_N2 反応と同様の制約を受ける（§12・8参照）．したがって，アルキル化剤 R−X の脱離基 X は塩化物，臭化物，ヨウ化物，あるいはトシラートが用いられる．アルキル基 R は第一級かメチル基がよく，アリルあるいはベンジルだとさらによい．第二級のハロゲン化物は反応性が低く，第三級のハロゲン化物は競争する HX の E2 脱離反応が起こり，アルキル化はまったく進行しない．ハロゲン化ビニルあるいはアリールは背面からの攻撃が立体的に起こりにくいので反応しない．

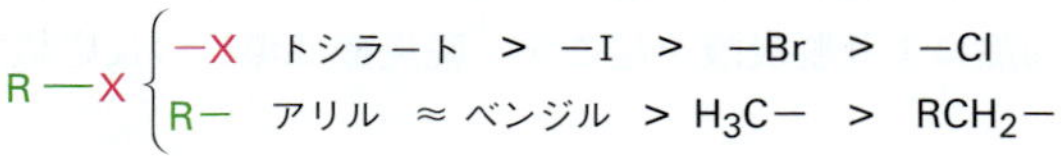

$$R—X \begin{cases} -X & \text{トシラート} > -I > -Br > -Cl \\ R- & \text{アリル} \approx \text{ベンジル} > H_3C- > RCH_2- \end{cases}$$

マロン酸エステル合成法

フラスコ内の反応で最も古く，かつよく知られたカルボニル化合物のアルキル化の一つに**マロン酸エステル合成**（malonic ester synthesis）がある．ハロゲン化アルキルから 2 炭素増炭を伴ってカルボン酸を合成する方法である．

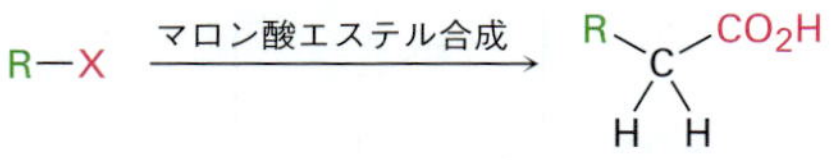

通常，マロン酸ジエチルあるいは**マロン酸エステル**とよばれるプロパン二酸ジエチルは，その α 水素が二つのカルボニル基にはさまれているので比較的酸性が高い（$pK_a = 13$）．そのためマロン酸エステルはエタノール中ナトリウムエトキシドの作用

590　17. カルボニル基のα置換および縮合反応

により容易にエノラートイオンに変換される．生じたエノラートイオンはよい求核剤なのでハロゲン化アルキルと速やかに反応し，α置換マロン酸エステルを生じる．次の例では式中の Et はエチル基 CH_2CH_3 の略称である．

$$EtO_2C\diagdown C \diagup CO_2Et \quad \xrightarrow[\text{EtOH}]{Na^+\ ^-OEt} \quad \left[EtO_2C\diagdown \overset{Na^+}{\underset{H}{C}} \diagup CO_2Et \right] \quad \xrightarrow{RX} \quad EtO_2C\diagdown \underset{H\ \ R}{C} \diagup CO_2Et$$

プロパン二酸ジエチル　　　　　　　　　マロン酸エステルの　　　　　　アルキル化された
（マロン酸エステル）　　　　　　　　　　ナトリウム塩　　　　　　　　マロン酸エステル

マロン酸エステルのアルキル化生成物には，まだ酸性α水素が一つ残っているので，アルキル化をもう一度繰返して行い，ジアルキル化したマロン酸エステルを得ることもできる．

$$EtO_2C\diagdown \underset{H\ \ R}{C} \diagup CO_2Et \quad \xrightarrow[\text{EtOH}]{Na^+\ ^-OEt} \quad \left[EtO_2C\diagdown \overset{Na^+}{\underset{R}{C}} \diagup CO_2Et \right] \quad \xrightarrow{R'X} \quad EtO_2C\diagdown \underset{R\ \ R'}{C} \diagup CO_2Et$$

アルキル化された　　　　　　　　　　　　　　　　　　　　　　　　　　ジアルキル化された
マロン酸エステル　　　　　　　　　　　　　　　　　　　　　　　　　　マロン酸エステル

塩酸水溶液中で加熱すると，アルキル化（あるいはジアルキル化）されたマロン酸エステルはその二つのエステルが加水分解された後，**脱炭酸**（decarboxylation, CO_2 の放出）を起こし，置換されたモノカルボン酸が生じる．

$$R\diagdown \underset{H}{C} \diagup \overset{CO_2Et}{\underset{CO_2Et}{}} \quad \xrightarrow[\text{加 熱}]{H_3O^+} \quad R\diagdown \underset{H\ \ H}{C} \diagup CO_2H \quad +\ CO_2\ +\ 2\ EtOH$$

アルキル化された　　　　　　　　　カルボン酸
マロン酸エステル

脱炭酸はカルボン酸に一般的な反応ではなく，CO_2H 基から2原子離れた位置に第二のカルボニル基をもつ化合物に特有の反応である．すなわち，置換マロン酸と3-オキソ酸だけが加熱により脱炭酸を起こす．脱炭酸は環状の反応機構により起こり，

ジカルボン酸　　　　　　　　カルボン酸のエノール体　　　　　カルボン酸

3-オキソ酸　　　　　　　　　エノール　　　　　　　　　ケトン

17・5 エノラートイオンのアルキル化　591

反応直後の生成物はエノールである．そのため適切な位置に第二のカルボニル基が存在している必要がある．

すでに述べたように，マロン酸エステル合成はハロゲン化アルキルを出発物として2炭素増炭しつつカルボン酸を合成する反応である（$RX \rightarrow RCH_2CO_2H$）．

$$CH_3CH_2CH_2CH_2Br \quad + \quad EtO_2C{-}\overset{H}{\underset{H}{C}}{-}CO_2Et \quad \xrightarrow[EtOH]{Na^+ \ {}^-OEt} \quad EtO_2C{-}\overset{CO_2Et}{\underset{CH_3CH_2CH_2CH_2 \quad H}{C}} \quad \xrightarrow[加熱]{H_3O^+} \quad CH_3CH_2CH_2CH_2CH_2\overset{O}{\overset{\|}{C}}OH$$

1-ブロモブタン

ヘキサン酸（75%）

1. $Na^+ \ {}^-OEt$
2. CH_3I

$$EtO_2C{-}\overset{CO_2Et}{\underset{CH_3CH_2CH_2CH_2 \quad CH_3}{C}} \quad \xrightarrow[加熱]{H_3O^+} \quad CH_3CH_2CH_2CH_2\overset{O}{\overset{\|}{\underset{CH_3}{C}}}HOH$$

2-メチルヘキサン酸（74%）

マロン酸エステル合成は環状カルボン酸（シクロアルカンにカルボン酸が結合した化合物）の合成にも利用することができる．たとえばマロン酸ジエチルに，塩基として2倍モル量のナトリウムエトキシド存在下1,4-ジブロモブタンを作用させると，2回目のアルキル化が**分子内**（intramolecularly）で起こり，環状の生成物が生じる．加水分解，つづけて脱炭酸を行うことによりシクロペンタンカルボン酸が得られる．3, 4, 5, 6員環のカルボン酸はみなこの方法で合成できる．

1,4-ジブロモブタン

シクロペンタンカルボン酸

例題 17・2　　マロン酸エステル合成を利用してカルボン酸を合成する

マロン酸エステル合成を利用してヘプタン酸を合成する方法を示せ．

考え方　　マロン酸エステル合成によりハロゲン化アルキルは2炭素増炭したカルボン酸に変換される．したがって7炭素からなるカルボン酸を得るには5炭素のハロゲン化アルキル，すなわち1-ブロモペンタンを用いる必要がある．

解　答

$$CH_3CH_2CH_2CH_2CH_2Br \quad + \quad CH_2(CO_2Et)_2 \quad \xrightarrow[\text{2. } H_3O^+, \ 加熱]{\text{1. } Na^+ \ {}^-OEt} \quad CH_3CH_2CH_2CH_2CH_2CH_2\overset{O}{\overset{\|}{C}}OH$$

問題 17・8 マロン酸エステル合成を利用して次の化合物を合成する方法を示せ．すべての段階を示すこと．

(a) C₆H₅CH₂CH₂CO₂H (b) CH₃CH₂CH₂CH(CH₃)CO₂H (c) (CH₃)₂CHCH₂CH₂CO₂H

問題 17・9 酢酸のモノアルキル化体，およびジアルキル化体はマロン酸エステル合成で合成することができるが，トリアルキル化体 R_3CCO_2H は合成できない．理由を説明せよ．

問題 17・10 マロン酸エステル合成を利用して次の化合物を合成する方法を示せ．

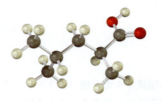

アセト酢酸エステル合成法

マロン酸エステル合成によりハロゲン化アルキルを用いてカルボン酸を合成したように，**アセト酢酸エステル合成**（acetoacetic ester synthesis）によりハロゲン化アルキルを用いて3炭素増炭したメチルケトンを合成することができる．

R—X → [アセト酢酸エステル合成] → R-CH(H)-CO-CH₃

3-オキソブタン酸エチル（一般にアセト酢酸エチルあるいは**アセト酢酸エステル**とよばれる）は，マロン酸エステルと同様にそのα水素が二つのカルボニル基にはさまれている．したがって容易にエノラートイオンに変換され，ハロゲン化アルキルとの反応によってアルキル化できる．アセト酢酸エステルは二つの酸性α水素をもつので，必要であれば2回目のアルキル化も行うことができる．

アセト酢酸エチル（アセト酢酸エステル） → [Na⁺ ⁻OEt / EtOH] → アセト酢酸エステルのナトリウム塩 → [RX] → モノアルキル化されたアセト酢酸エステル

モノアルキル化されたアセト酢酸エステル → [Na⁺ ⁻OEt / EtOH] → → [R'X] → ジアルキル化されたアセト酢酸エステル

17・5 エノラートイオンのアルキル化　　593

　塩酸水溶液中で加熱することによりアルキル化（あるいはジアルキル化）されたア
セト酢酸エステルは加水分解され，3-オキソ酸となり，さらに脱炭酸してケトンが生
成物となる．脱炭酸はマロン酸エステル合成と同じように進行し，反応直後の生成物
としてケトンのエノールを生じる．

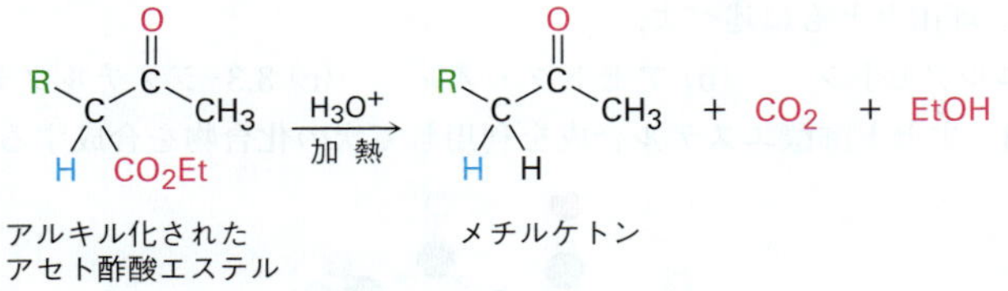

アルキル化された　　　　　　　　　メチルケトン
アセト酢酸エステル

　1）エノラートイオンの生成，2）アルキル化，そして3）加水分解・脱炭酸の3段階
の反応は，アセト酢酸エステルだけでなく酸性のα水素をもつすべての3-オキソエ
ステルに適用することができる．たとえば，2-オキソシクロヘキサンカルボン酸エ
チルのような環状の3-オキソエステルもアルキル化，そして脱炭酸されて2-置換シ
クロヘキサノンを生成する．

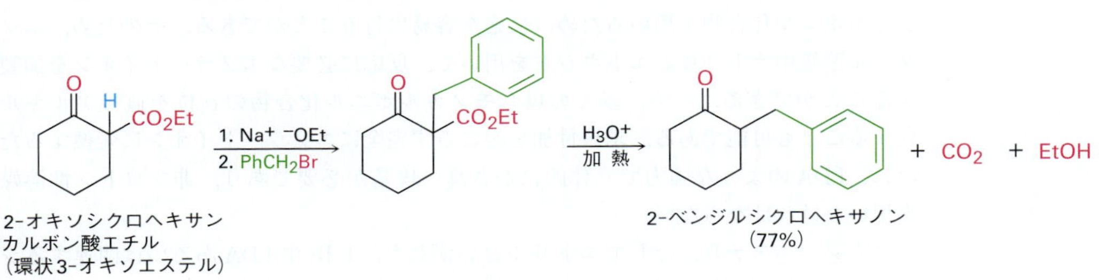

2-オキソシクロヘキサン　　　　　　　　　　　　　　　　　2-ベンジルシクロヘキサノン
カルボン酸エチル　　　　　　　　　　　　　　　　　　　　　　　　（77%）
（環状3-オキソエステル）

例題 17・3　アセト酢酸エステル合成を利用してケトンを合成する

アセト酢酸エステル合成を利用してペンタン-2-オンを合成する方法を示せ.
考え方　　アセト酢酸エステルは，ハロゲン化アルキルを出発物として3炭素増炭し
たメチルケトンを生じる.

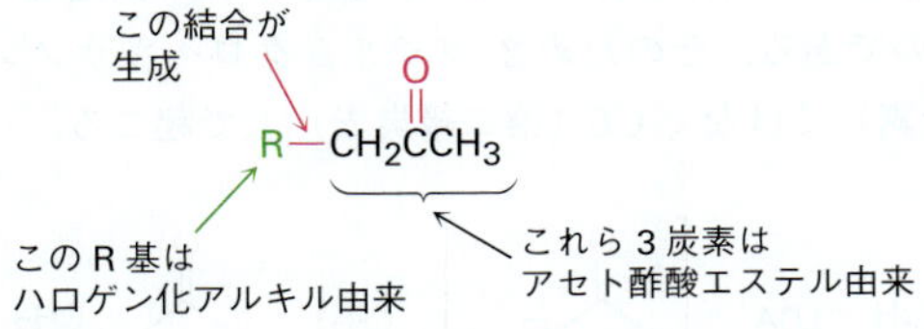

したがって，アセト酢酸エステル合成によりペンタン-2-オンを合成するには，ブロ
モエタンを用いる必要がある.
解　答

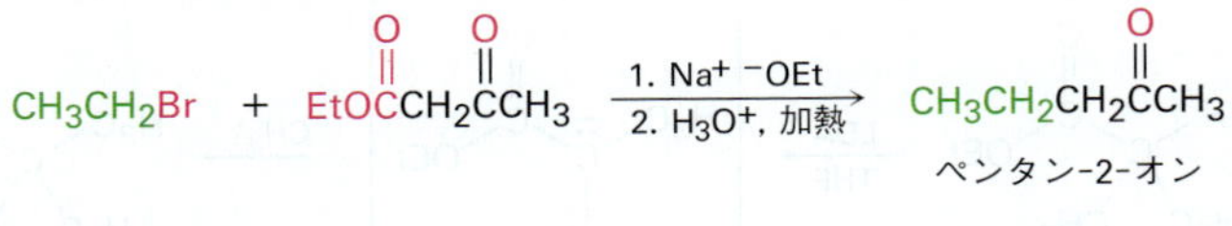

問題 17・11　アセト酢酸エステル合成を利用して次のケトンを合成するにはどのよ

うなハロゲン化アルキルを用いればよいか．

(a) CH₃CHCH₂CH₂CCH₃ (CH₃基付き)   (b) C₆H₅CH₂CH₂CH₂CCH₃

問題 17・12 次の化合物のうちアセト酢酸エステル合成を利用して合成できないものはどれか．理由とともに述べよ．
(a) フェニルアセトン (b) アセトフェノン (c) 3,3-ジメチルブタン-2-オン

問題 17・13 アセト酢酸エステル合成を利用して次の化合物を合成する方法を示せ．

ケトン，エステル，ニトリルの直接アルキル化

　マロン酸エステル合成もアセト酢酸エステル合成も比較的酸性度の高い水素をもつジカルボニル化合物を用いるため，反応を容易に行うことができる．そのため，エタノール溶媒中ナトリウムエトキシドを用いて，反応に必要なエノラートイオンを調製することができる．一方，多くの場合モノカルボニル化合物のα位を直接アルキル化することも可能である．求核付加を起こさず完全にエノラートイオンに変換するために，LDAのような強力で立体的にかさ高い塩基が必要であり，非プロトン性溶媒を用いなければならない．

　ケトン，エステル，そしてニトリルはいずれも，THF中LDAあるいは関連するジアルキルアミド塩基を用いることによりアルキル化することができる．しかし，アルデヒドはそのエノラートイオンがアルキル化を起こすよりもカルボニル自己縮合を起こしやすいため，高収率で純粋な化合物を得ることは困難である．次にアルキル化の例をいくつか示す．

　ケトンの反応例として示す2-メチルシクロヘキサノンのアルキル化では，可能な2種のエノラートイオンが生じるため生成物は混合物として得られる．一般にこのような場合，主生成物はより立体障害の少ない，塩基がより接近しやすい位置でアルキル化が起こったものである．そのため2-メチルシクロヘキサノンのアルキル化はおもにC2（第三級炭素）ではなくC6（第二級炭素）上で起こる．

ラクトン: ブチロラクトン → (LDA/THF) → [エノラート] → (CH₃I) → 2-メチルブチロラクトン(88%)

エステル: 2-メチルプロパン酸エチル → (LDA/THF) → [エノラート] → (CH₃I) → 2,2-ジメチルプロパン酸エチル(87%)

17・5 エノラートイオンのアルキル化　595

ケトン

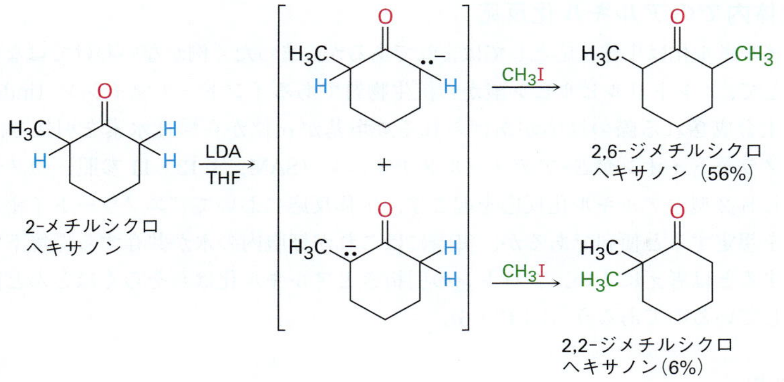

2-メチルシクロ
ヘキサノン

$\xrightarrow[\text{THF}]{\text{LDA}}$

$\xrightarrow{\text{CH}_3\text{I}}$ 2,6-ジメチルシクロ
ヘキサノン（56%）

$\xrightarrow{\text{CH}_3\text{I}}$ 2,2-ジメチルシクロ
ヘキサノン（6%）

ニトリル

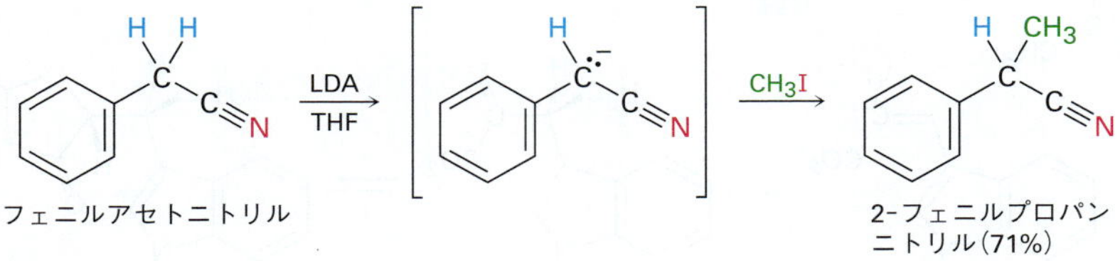

フェニルアセトニトリル

$\xrightarrow[\text{THF}]{\text{LDA}}$

$\xrightarrow{\text{CH}_3\text{I}}$ 2-フェニルプロパン
ニトリル（71%）

例題 17・4　アルキル化を利用して置換エステルを合成する

アルキル化を利用して1-メチルシクロヘキサンカルボン酸エチルを合成する方法を示せ.

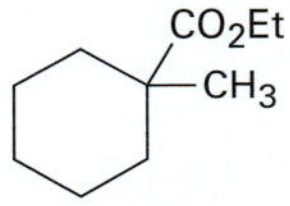

1-メチルシクロヘキサンカルボン酸エチル

考え方　アルキル化はエノラートイオンのハロゲン化アルキルに対する S_N2 反応により, ケトン, エステル, あるいはニトリルの α 位にメチル基あるいは第一級アルキル基を導入するのに利用される. したがって目的物の構造をみてカルボニルの α 炭素上にあるメチル基あるいは第一級のアルキル基を同定する必要がある. この例では, 目的物はカルボニル基の α 位にメチル基が置換しており, これはエステルエノラートイオンのヨードメタンとのアルキル化により導入することができる.

解　答

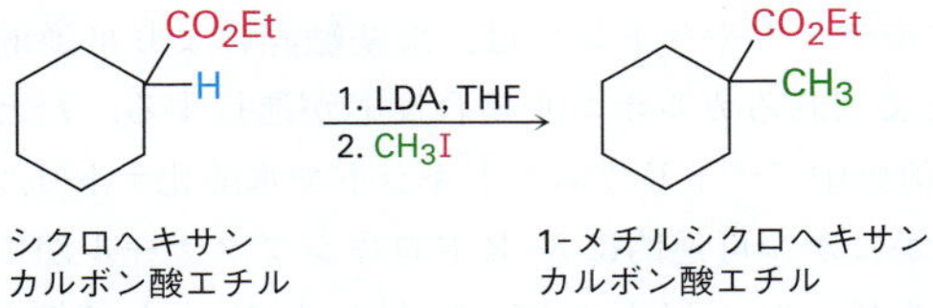

シクロヘキサン
カルボン酸エチル

$\xrightarrow[\text{2. CH}_3\text{I}]{\text{1. LDA, THF}}$

1-メチルシクロヘキサン
カルボン酸エチル

問題 17・14　アルキル化を鍵反応として次の化合物を合成する方法を示せ.

(a)

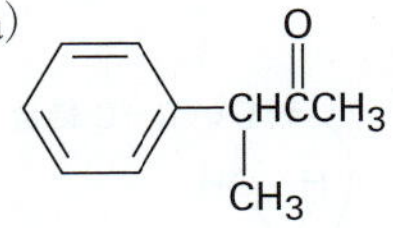

(b)

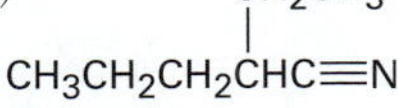

(c)

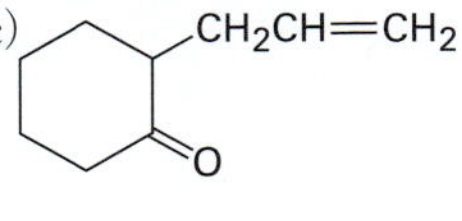

(d)

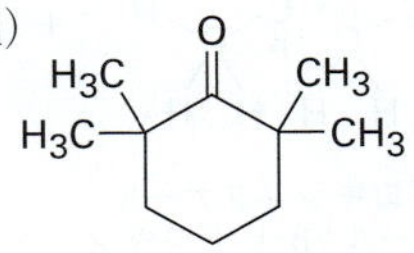

(e)

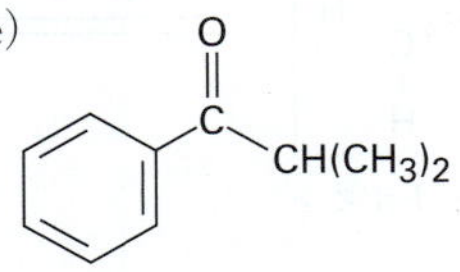

(f)

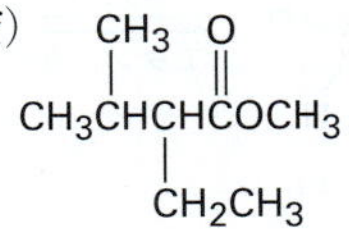

596 17. カルボニル基のα置換および縮合反応

生体内でのアルキル化反応

アルキル化は生体反応としてはまれであるが，まったく例がないわけではない．一例として，インドリルピルビン酸から抗生物質であるインドールマイシン（indolmycin）が生合成される際の反応があげられる．塩基がα位から酸性水素を引抜き，生じるエノラートイオンが S–アデノシルメチオニン（SAM，§12・11 参照）のメチル基に対し S_N2 型のアルキル化反応を起こす．生体反応において"エノラートイオン"中間体を想定すると便利であるが，実際にはこれが細胞内の水が共存する環境下で長く存在するとは考えにくい．プロトンの引抜きとアルキル化はおそらくほとんど同時に進行しているのであろう（図 17・6）．

S–アデノシルメチオニン
S–adenosylmethionine: SAM

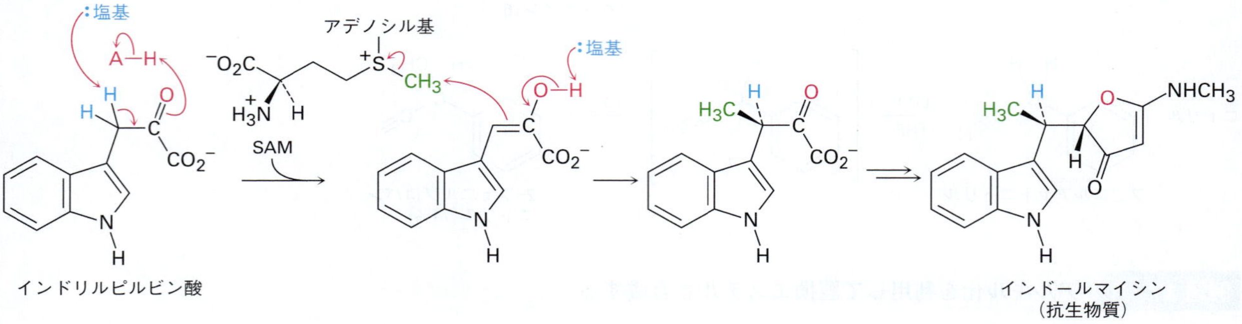

図 17・6 **インドールマイシンのインドリルピルビン酸からの生合成経路**．この経路には短寿命のエノラートイオン中間体のアルキル化反応が含まれている．

17・6 カルボニル縮合: アルドール反応

本章の冒頭で述べたように，カルボニル縮合反応は二つのカルボニル化合物の間で，α置換反応と求核付加反応の両者が同時に起こる反応である．一方のカルボニル化合物はエノラートイオンに変換され，これが求核剤としてもう一方のカルボニル化合物の求電子性を示すカルボニル基に付加する．これにより一方は求核剤としてα置換反応を起こし，他方は求電子剤として求核付加を受ける．この反応の一般的な反応機構を図 17・7 に示す．

α水素をもつアルデヒドやケトンでは，塩基触媒により可逆的に**アルドール反応**（aldol reaction）とよばれるカルボニル縮合反応が進行する．たとえばアセトアルデヒドにプロトン性溶媒中でナトリウムエトキシドや水酸化ナトリウムなどの塩基を作用させると，速やかにかつ可逆的に 3–ヒドロキシブタナールが生成する．この化合物は一般的には**アルドール**（aldol, *ald*ehyde＋alcoh*ol*）として知られており，これは

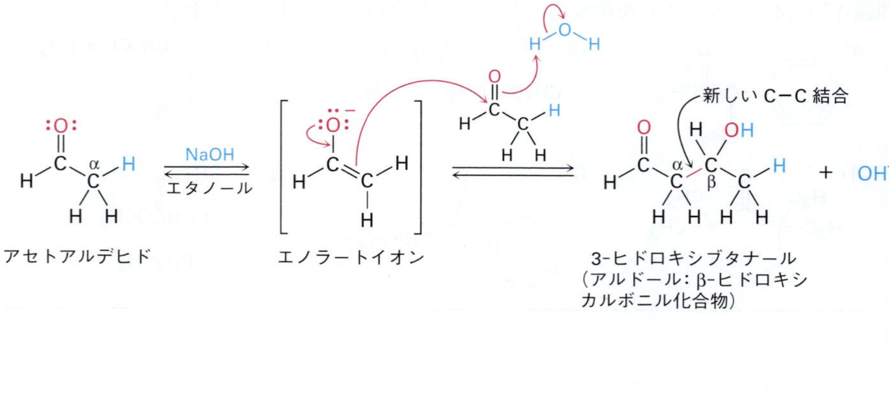

17・6 カルボニル縮合：アルドール反応　597

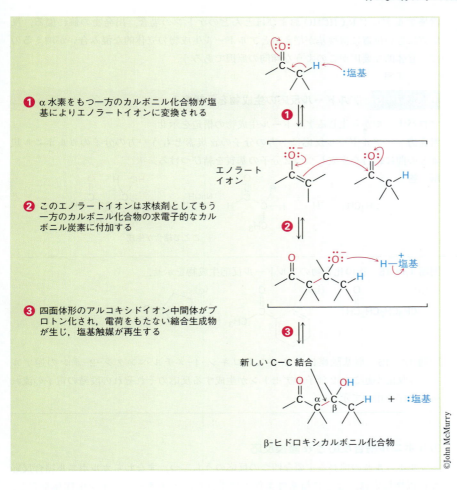

図 17・7 カルボニル縮合反応の一般的な反応機構．一方のカルボニル化合物が求核的な供与体となり他方の求電子的な受容体に付加する．生成物はβ-ヒドロキシカルボニル化合物である．

この形式の反応を表す一般名称となっている．

アルドール反応の平衡の位置は反応条件と基質の構造は依存している．平衡は一般に，α位に置換基のないアルデヒド RCH_2CHO の場合は縮合生成物側に偏るが，二

17. カルボニル基のα置換および縮合反応

置換アルデヒド R₂CHCHO およびほとんどのケトンの場合，出発物の側に偏る．反応点に近い位置に置換基が増えるとアルドール生成物の立体的な混み合いが増えるので，立体的な要因がこのような傾向の原因であろう．

例題 17・5　アルドール反応の生成物を予想する

プロパナールから生じるアルドール生成物の構造を示せ．

考え方　アルドール反応は一方の分子のα炭素ともう一方の分子のカルボニル炭素との間に結合を生成しつつ2分子の基質を結びつける．

解　答

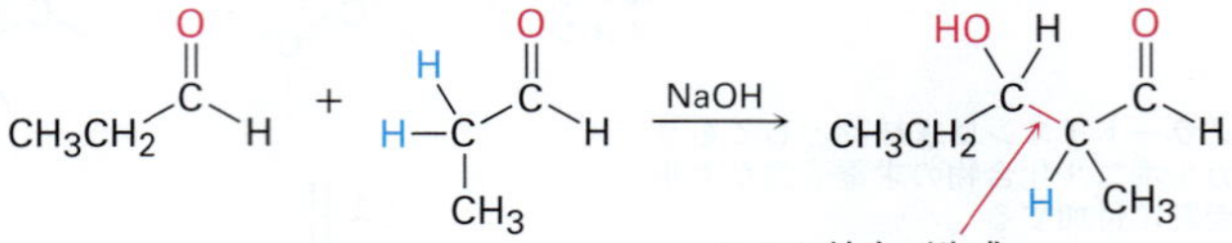

ここで結合が生成

問題 17・15　次の化合物のアルドール反応生成物を示せ．

(a) 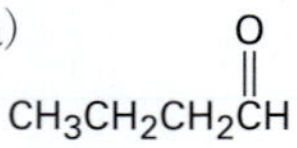　CH₃CH₂CH₂CH   (b) 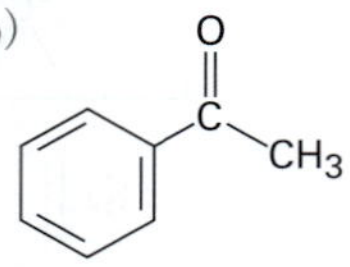   (c)

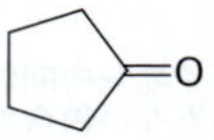

問題 17・16　塩基触媒により 4-ヒドロキシ-4-メチルペンタン-2-オンの逆アルドール反応が起こり2分子のアセトンが生成する反応のそれぞれの段階の電子の流れを巻矢印を用いて示せ．

カルボニル縮合反応とα置換反応

カルボニル基の関わる主要な四つの反応のうち二つ，すなわちカルボニル縮合反応とα置換反応は，ともに塩基性条件下で進行し，エノラートイオン中間体を含む．この二つの反応の条件は類似しているが，どのようにすればある場合にどちらの反応が起こるか予測できるだろうか．αアルキル化を行うつもりでエノラートイオンを生成させる場合，どのようにすればカルボニル縮合を起こさないようにできるだろうか．

この問題に対する簡単な答えはないが，通常反応条件は反応の結果と密接な関係がある．α置換反応を行うためには等モル量の強塩基が必要であり，普通低温でカルボニル化合物が速やかにかつ完全にエノラートイオンに変換されるような反応条件で行われる．ついで反応性の高いエノラートイオンが速やかに反応できるように求電子剤をすばやく加える．たとえばケトンのアルキル化では，テトラヒドロフラン中 −78 ℃で等モル量のリチウムジイソプロピルアミドを用いる．ケトンのエノラートが速やかにかつ完全に生成するので未反応のケトンは残らない．そのため縮合反応は起こりえない．ついですぐにハロゲン化アルキルを加え，アルキル化を完了させる．

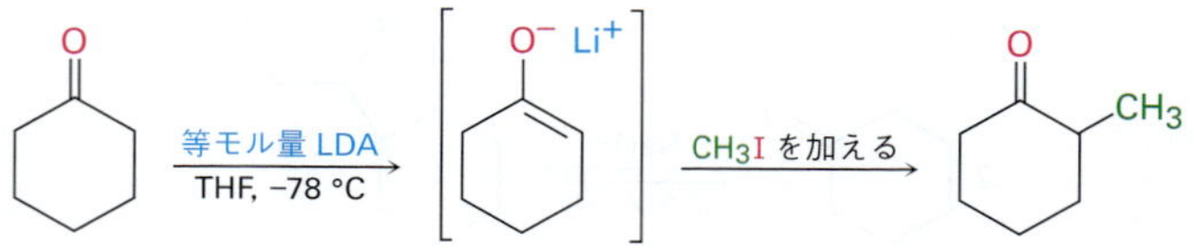

一方，カルボニル縮合反応は等モル量の塩基ではなく，少量の触媒量の比較的弱い

17・7 アルドール生成物の脱水反応　599

塩基を用いるだけでよい．そのためごく少量のエノラートイオンが未反応のカルボニル化合物存在下で生成する．縮合反応が起こってしまえば塩基触媒が再生するので反応は続けて進行する．たとえばプロパナールのアルドール反応を行うためには，アルデヒドをメタノールに溶かし，0.05 倍モル量のナトリウムメトキシドを加え加熱すればよい．

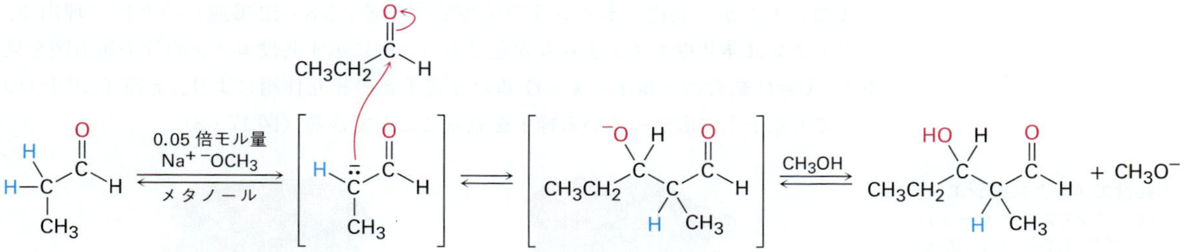

17・7 アルドール生成物の脱水反応

　アルドール反応で生成するβ-ヒドロキシアルデヒドあるいはケトンは，容易に水が脱離してα,β-不飽和化合物あるいは**共役エノン**（conjugated enone）が生じる．この反応がカルボニル**縮合反応**（condensation reaction）*とよばれるのは，実際エノン生成物が生じる際に，アルドール生成物から水が失われ反応系中に水が生成するためである．

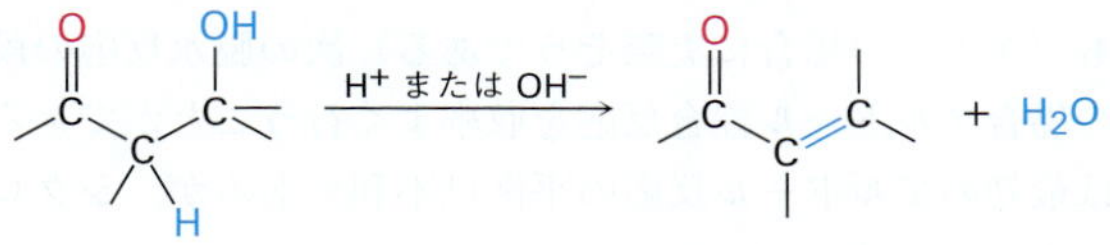

β-ヒドロキシケトン
あるいはアルデヒド　　　　　　　共役エノン

* 訳注：二つのカルボニル化合物間の代表的な反応であり，一方のカルボニル化合物のエノールあるいはエノラートがもう一方のカルボニル化合物（ここではアルデヒドやケトン）に求核付加する反応は，β-ヒドロキシカルボニル化合物を生じる場合と，さらに脱水まで進行しα,β-不飽和カルボニル化合物を生じる場合がある．一般に前者をアルドール反応，後者をアルドール縮合反応と区別することが多いが，本書ではこれらをまとめてアルドール反応，あるいはアルドール縮合反応，さらにはカルボニル縮合反応と区別なく用いている．

　水酸化物イオンは脱離能が低いので，普通アルコールは塩基による脱水反応（§13・4 参照）を起こしにくいが，アルドール生成物はカルボニル基が存在するため容易に脱水を起こす．**塩基性**条件下では酸性なα水素が脱プロトンされエノラートイオンが生じ，これが E1cB 反応（§12・14 参照）により ⁻OH を脱離基として放出する．**酸性**条件下ではエノールが生じ，OH 基がプロトン化され，水が E1 あるいは E2 反

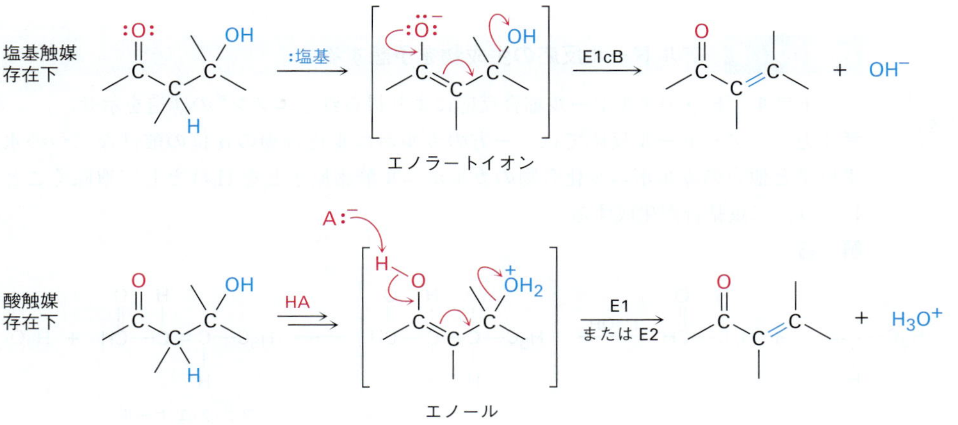

塩基触媒
存在下　　　　　　　　　　　エノラートイオン

酸触媒
存在下　　　　　　　　　　　エノール

応により脱離する．

　アルドール脱水反応の進行に必要な反応条件は，しばしばアルドール反応に必要な条件よりほんの少し厳しい（たとえば少し高い反応温度）だけである．そのため通常β-ヒドロキシカルボニル化合物中間体を単離することなく，アルドール反応の条件下で直接共役エノンが得られる．

　共役ジエンが非共役のジエンよりも安定である（§8・12参照）のと同じ理由で，共役エノンは非共役エノンよりも安定である．次に示す共役エノンの分子軌道図を見ると，C=C結合のπ電子とC=O基のπ電子との相互作用により，π電子が四つのすべての原子上に広がっている様子を見ることができる（図17・8）．

図 17・8　共役エノンと共役ジエンの比較．共役エノン（プロペナール）と共役ジエン（ブタ-1,3-ジエン）のπ結合性分子軌道は形が似ており，π系全体に広がっている．

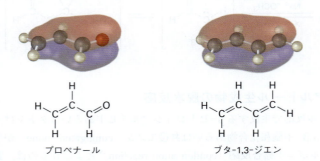

プロペナール　　　　　ブタ-1,3-ジエン

　アルドール脱水反応の真の価値は，反応混合物から水を除去することによってアルドール反応の平衡を生成系に傾けられる点にある．はじめのアルドール反応の段階が不利であっても（ケトンの場合に実際そうである）次の脱水反応の段階が非常に有利なので，多くの場合アルドール縮合反応を収率よく行うことができる．たとえばシクロヘキサノンは最初のアルドール反応の平衡は不利であるが，シクロヘキシリデンシクロヘキサノンを92%で与える．

例題 17・6　アルドール反応の生成物を予想する

アセトアルデヒドのアルドール縮合反応により得られるエノン*の構造を示せ．

考え方　アルドール反応では，一方のカルボニル化合物のα位の酸性な二つの水素原子と他方のカルボニル化合物のカルボニル酸素原子とをH₂Oとして取除くことにより，二重結合が生成する．

解　答

＊ 訳注：不飽和ケトン（エノン）と対比して，不飽和アルデヒドのことをエナール（enal, ene-al）とよぶことがある．

17・8 分子内アルドール反応　601

問題 17・17　次のそれぞれの化合物のアルドール縮合反応により得られるエノン生成物を示せ.

(a)

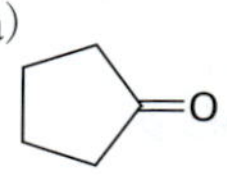

(b)

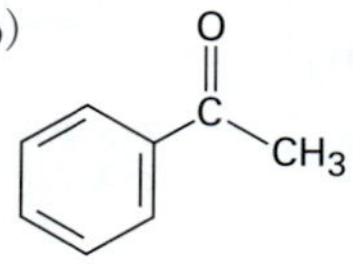

(c)
CH_3CHCH_2CH
　　|　　　　‖
　　CH_3　　 O

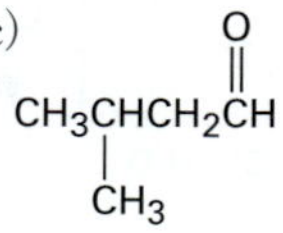

問題 17・18　3-メチルシクロヘキサノンのアルドール縮合反応では2種類のエノン生成物の混合物が得られる(二重結合の異性体は数えない). それぞれを示せ.

問題 17・19　次の化合物のうちアルドール縮合生成物はどれか. また, その前駆体となるアルデヒドあるいはケトンの構造を示せ.
　(a) 2-ヒドロキシ-2-メチルペンタナール
　(b) 5-エチル-4-メチルヘプタ-4-エン-3-オン

17・8 分子内アルドール反応

　ここまで述べてきたアルドール反応はすべて**分子間**反応であった. すなわち, 二つの異なる分子の間で起こる反応であった. しかし適切なジカルボニル化合物を塩基で処理すると**分子内アルドール反応**(intramolecular aldol reaction)が起こり, 環状化合物が生成する. たとえば, ヘキサン-2,5-ジオンのような 1,4-ジケトンを塩基で処理するとシクロペンテノン誘導体が得られ, ヘプタン-2,6-ジオンのような 1,5-ジケトンを塩基で処理するとシクロヘキセノン誘導体が生成する.

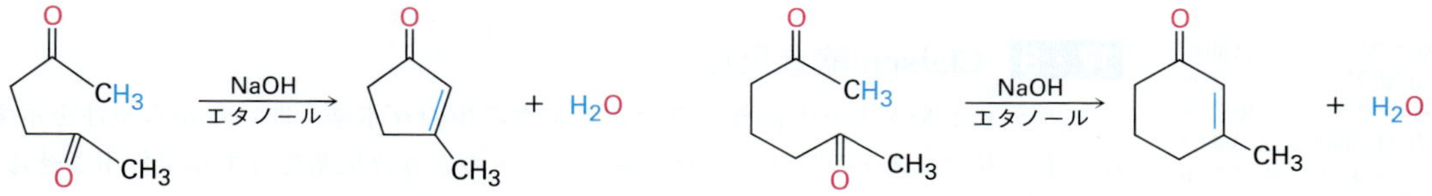

ヘキサン-2,5-ジオン
(1,4-ジケトン)　　　　3-メチルシクロペンタ-
　　　　　　　　　　　2-エノン

ヘプタン-2,6-ジオン
(1,5-ジケトン)　　　　3-メチルシクロヘキサ-
　　　　　　　　　　　2-エノン

　分子内アルドール反応の反応機構は分子間反応の機構と同じである. 唯一の違いは求核的なカルボニルアニオンと求電子的なカルボニル受容体が同一分子内にあるということである. しかし問題を複雑にする要因として, 分子内アルドール反応の場合, どのエノラートが生成するかによって混合物が生成する可能性がある. たとえばヘキサン-2,5-ジオンの場合, 5員環生成物である 3-メチルシクロペンタ-2-エノンと3員環生成物である(2-メチルシクロプロペニル)エタノンが生成する可能性がある(図 17・9). しかし実際にはシクロペンテノンのみが生じる.

　ヘキサン-2,5-ジオンの分子内アルドール反応においてみられる選択性は, アルドール反応のすべての段階が可逆的であり, 速やかに平衡に達し最も安定な生成物が生じることに起因する. すなわち, 高度にひずんだシクロプロペン誘導体よりも, 比較的ひずみの小さいシクロペンテノン生成物が生成する. 同様の理由により, 1,5-ジケトンの分子内アルドール反応は, アシルシクロブテンではなくシクロヘキセノン誘導体のみが生成する.

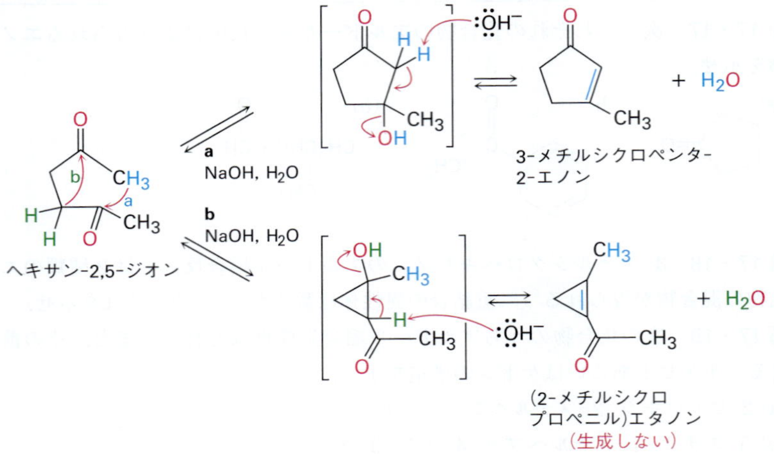

602   17. カルボニル基のα置換および縮合反応

図 17・9　ヘキサン-2,5-ジオンの分子内アルドール反応. シクロプロペン誘導体ではなく 3-メチルシクロペンタ-2-エノンを生じる.

3-メチルシクロペンタ-2-エノン

ヘキサン-2,5-ジオン

(2-メチルシクロプロペニル)エタノン
(生成しない)

問題 17・20　ペンタン-2,4-ジオンのような 1,3-ジケトンを塩基で処理してもアルドール縮合生成物は生じない. その理由を説明せよ.

問題 17・21　シクロデカン-1,6-ジオンを塩基で処理することにより得られる生成物を示せ.

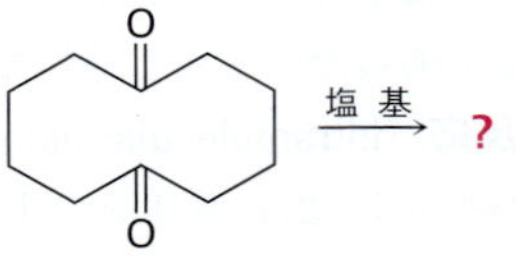

塩 基　**?**

---

* 訳注: 二つのエステル化合物間の反応である Claisen 縮合反応は必ずアルコールが脱離するのですべて"縮合反応"である. 一方 Michael 反応(§17・11)や, エナミンと α,β-不飽和カルボニル化合物との Stork エナミン反応(§17・12)は, 結合形成の際に小分子の脱離を伴わないため(エナミン部位の加水分解によるアミンの脱離は結合形成部位での脱離ではないので), 厳密には"縮合反応"ではない.

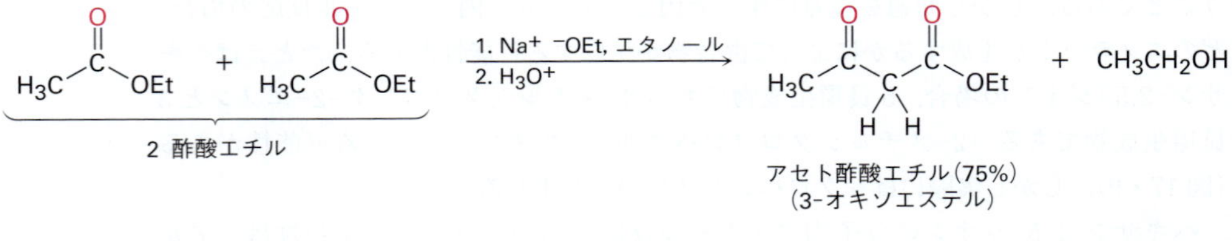

17・9　Claisen 縮合反応

アルデヒドやケトンと同様エステルカルボニルの α 水素も弱いながら酸性を示す. α 水素をもつエステルにナトリウムエトキシドのような塩基を等モル量作用させると可逆的な縮合反応が起こり, 3-オキソエステルを与える. たとえば酢酸エチルは塩基で処理するとアセト酢酸エチルを与える. このエステル 2 分子間の反応は **Claisen 縮合反応** (Claisen condensation reaction)* とよばれている. ここでは全体を通じてエチルエステルを用いるが, 他のエステルを用いても反応は進行する.

2 酢酸エチル

1. Na⁺ ⁻OEt, エタノール
2. H₃O⁺

アセト酢酸エチル(75%)
(3-オキソエステル)

+ CH₃CH₂OH

Claisen 縮合の反応機構はアルドール縮合の反応機構と類似しており, エステルエノラートイオンがもう 1 分子のエステルのカルボニル基へ求核付加することにより起こる. アルデヒドあるいはケトンの反応であるアルドール縮合とエステルの反応である Claisen 縮合との唯一の違いは, 付加により生じる四面体中間体のその後の変換である. アルドール反応の四面体中間体は, アルデヒドやケトンの反応としてすでに述

17・9 Claisen 縮合反応　603

べたように（§14・4参照），プロトン化されアルコールを生成する．一方，Claisen 縮合の四面体中間体は，エステルの反応としてすでに解説したように（§16・6参照），アルコキシド脱離基を放出しアシル置換生成物を与える．Claisen 縮合の機構を図17・10に示す．

　出発物のエステルが酸性α水素を二つ以上もつ場合，生成物の3-オキソエステルは二重に活性化された酸性の非常に強い水素原子をもち，これは塩基によって容易に引抜かれる．この生成物からの脱プロトンのため，反応の進行に触媒量ではなく等モ

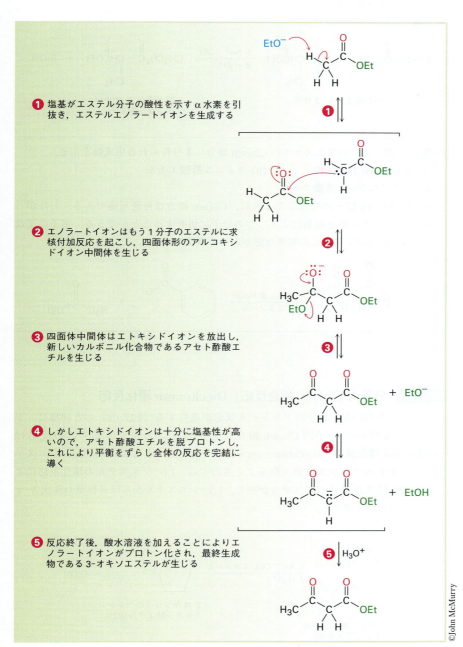

図 17・10　Claisen 縮合反応の機構

604 17. カルボニル基のα置換および縮合反応

ル量の塩基が必要である．さらにこの脱プロトンにより平衡を完全に生成物の側に偏らせることができ，そのため Claisen 縮合では普通，高収率で生成物が得られる．

例題 17・7 **Claisen 縮合の生成物を予想する**

プロパン酸エチルの Claisen 縮合生成物を示せ．

考え方 エステルの Claisen 縮合により 1 分子のアルコールが失われ，一方のエステルのアシル基がもう一方のエステルのα炭素に結合した生成物になる．生成物は 3-オキソエステルである．

解 答

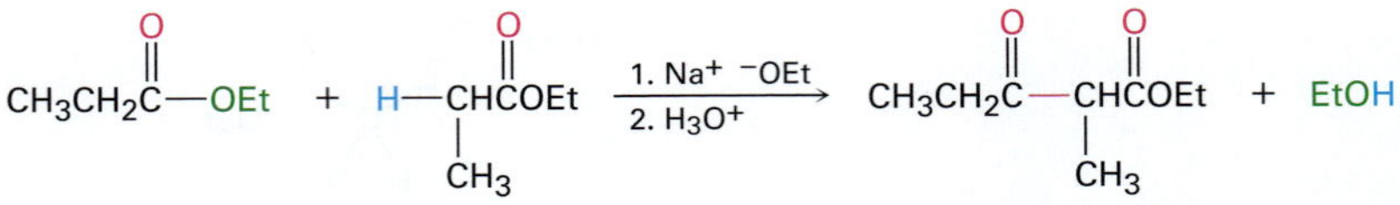

$$CH_3CH_2\overset{O}{\overset{\|}{C}}{-}OEt \;+\; H{-}\overset{CH_3}{\underset{|}{CH}}COEt \quad \xrightarrow[\text{2. } H_3O^+]{\text{1. } Na^+ \; {}^-OEt} \quad CH_3CH_2\overset{O}{\overset{\|}{C}}{-}\overset{CH_3}{\underset{|}{CH}}COEt \;+\; EtOH$$

プロパン酸エチル 2 分子 　　　　　　　　　　　　　2-メチル-3-オキソペンタン酸エチル

問題 17・22 次に示すエステルの Claisen 縮合により得られる生成物を示せ．
(a) $(CH_3)_2CHCH_2CO_2Et$ 　　　(b) フェニル酢酸エチル
(c) シクロヘキシル酢酸エチル

問題 17・23 図 17・10 で示したように，Claisen 縮合は可逆反応である．したがって 3-オキソエステルを塩基により二つの分子に切断することができる．電子の流れを示す巻矢印を用いて，この切断反応が起こる機構を示せ．

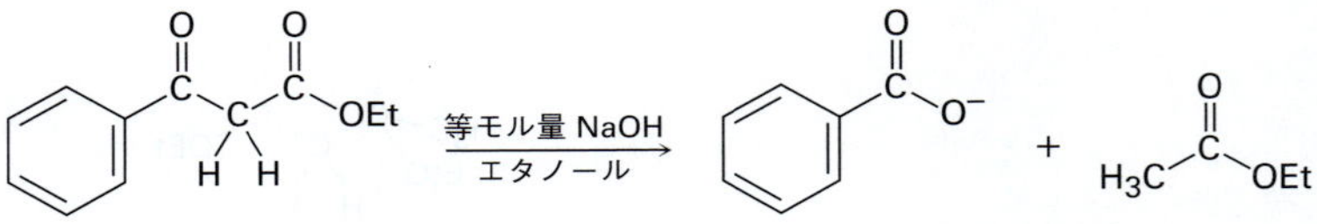

17・10 分子内 Claisen 縮合反応: Dieckmann 環化反応

ジケトンを用いると分子内アルドール反応が進行する（§17・8）のと同様に，ジエステルを用いて分子内 Claisen 縮合反応を行うことができる．この反応は **Dieckmann 環化反応**（Dieckmann cyclization reaction）ともよばれ，1,6-ジエステルおよび 1,7-ジエステルで最も収率よく進行する．1,6-ジエステルの環化反応により 5 員環の環状 3-オキソエステルが生じ，1,7-ジエステルからは 6 員環の環状 3-オキソエステルが生成する．

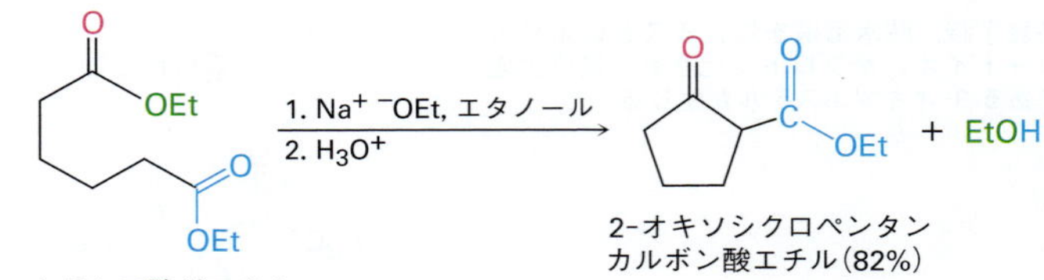

ヘキサン二酸ジエチル
（1,6-ジエステル）　　　　　　　　　　　　2-オキソシクロペンタン
カルボン酸エチル(82%)

17・10 分子内 Claisen 縮合反応: Dieckmann 環化反応　605

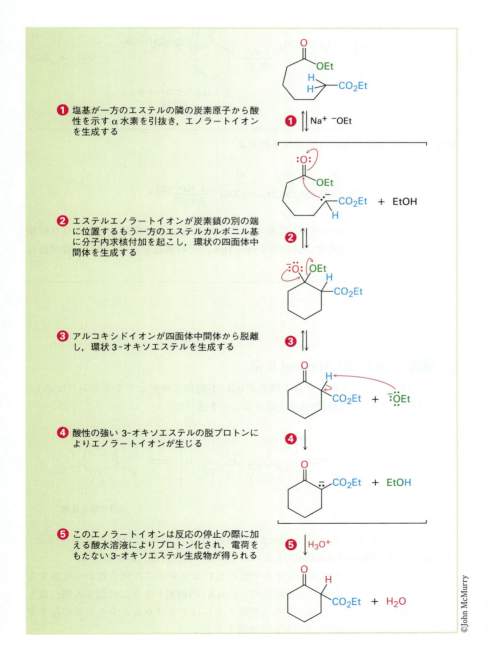

ヘプタン二酸ジエチル
（1,7-ジエステル）

2-オキソシクロヘキサン
カルボン酸エチル

Dieckmann 環化反応の反応機構は図 17・11 に示すように分子間 Claisen 縮合反応と同じである．二つあるエステル部位の一方がエノラートイオンに変換され，これが

❶ 塩基が一方のエステルの隣の炭素原子から酸性を示す α 水素を引抜き，エノラートイオンを生成する

❷ エステルエノラートイオンが炭素鎖の別の端に位置するもう一方のエステルカルボニル基に分子内求核付加を起こし，環状の四面体中間体を生成する

❸ アルコキシドイオンが四面体中間体から脱離し，環状 3-オキソエステルを生成する

❹ 酸性の強い 3-オキソエステルの脱プロトンによりエノラートイオンが生じる

❺ このエノラートイオンは反応の停止の際に加える酸水溶液によりプロトン化され，電荷をもたない 3-オキソエステル生成物が得られる

図 17・11　1,7-ジエステルの Dieckmann 環化反応による環状 3-オキソエステル生成の反応機構

606   17. カルボニル基のα置換および縮合反応

分子の別の端に位置するもう一方のエステルに求核的アシル置換反応を起こすことにより環状の3-オキソエステルが生成する.

Dieckmann 環化反応により生成する環状3-オキソエステルを用いて,アセト酢酸エステル合成と同様の一連の反応により(§17・5),さらにアルキル化,脱炭酸を行うことができる.たとえば,2-オキソシクロヘキサンカルボン酸エチルをアルキル化,つづいて脱炭酸を行うことにより2-アルキルシクロヘキサノンが得られる.1) Dieckmann 環化,2) 3-オキソエステルのアルキル化,3) 脱炭酸,の一連の反応は,2-アルキル置換シクロヘキサノンやシクロペンタノンを合成する有力な方法である.

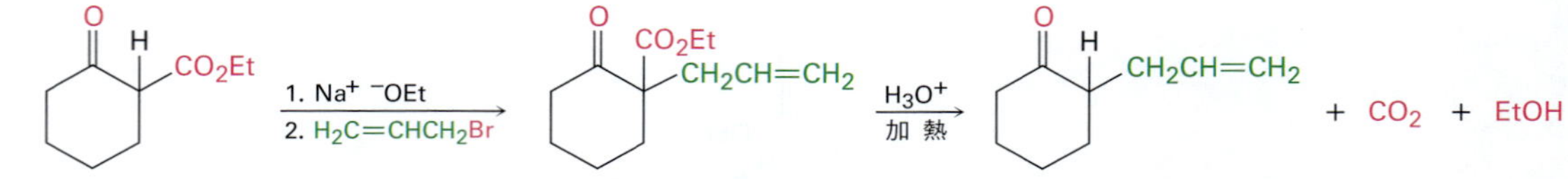

2-オキソシクロヘキサン
カルボン酸エチル

1. Na$^+$ $^-$OEt
2. H$_2$C=CHCH$_2$Br

H$_3$O$^+$
加熱

2-アリルシクロヘキサノン
(83%)

+ CO$_2$ + EtOH

問題 17・24 次の反応の生成物を予想せよ.

EtOCCH$_2$CH$_2$CHCH$_2$CH$_2$COEt

1. Na$^+$ $^-$OEt
2. H$_3$O$^+$

?

問題 17・25 3-メチルヘプタン二酸ジエチルの Dieckmann 環化反応により2種類の3-オキソエステル生成物の混合物が得られる.その構造を示せ.また,なぜ混合物が生じるのか.

17・11 共役付加: Michael 反応

§14・11 で,アミンのような求核剤が α,β-不飽和アルデヒドやケトンと反応し,直接付加体ではなく共役付加体を生成することを述べた.

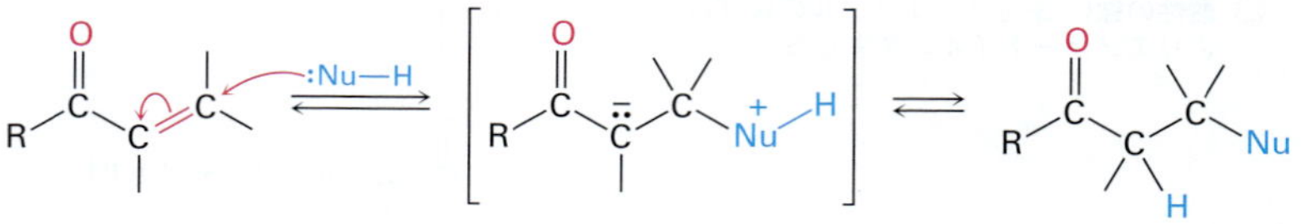

共役付加生成物

求核的なエノラートイオンが α,β-不飽和カルボニル化合物と反応すると,**Michael 反応**(Michael reaction)とよばれる同様の共役付加反応が起こる.

Michael 反応は,3-オキソエステルや他の 1,3-ジカルボニル化合物から生成する安定なエノラートイオンが,立体障害のない α,β-不飽和ケトンに付加する際,最も効率よく進行する.たとえば,アセト酢酸エチルはナトリウムエトキシド存在下ブタ-3-エン-2-オンと反応し共役付加生成物を生じる.

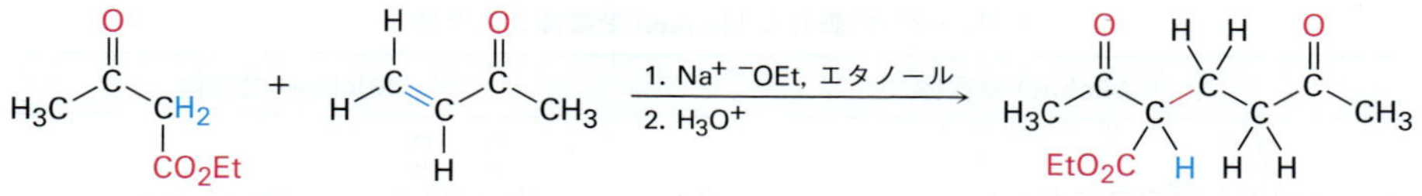

アセト酢酸エチル　　　　　　ブタ-3-エン-2-オン

1. Na$^+$ $^-$OEt, エタノール
2. H$_3$O$^+$

　Michael 反応は図 17・12 に示す反応機構に従って，求核的なエノラートイオン（供与体）が α,β-不飽和カルボニル受容体の β 炭素に付加することによって起こる．

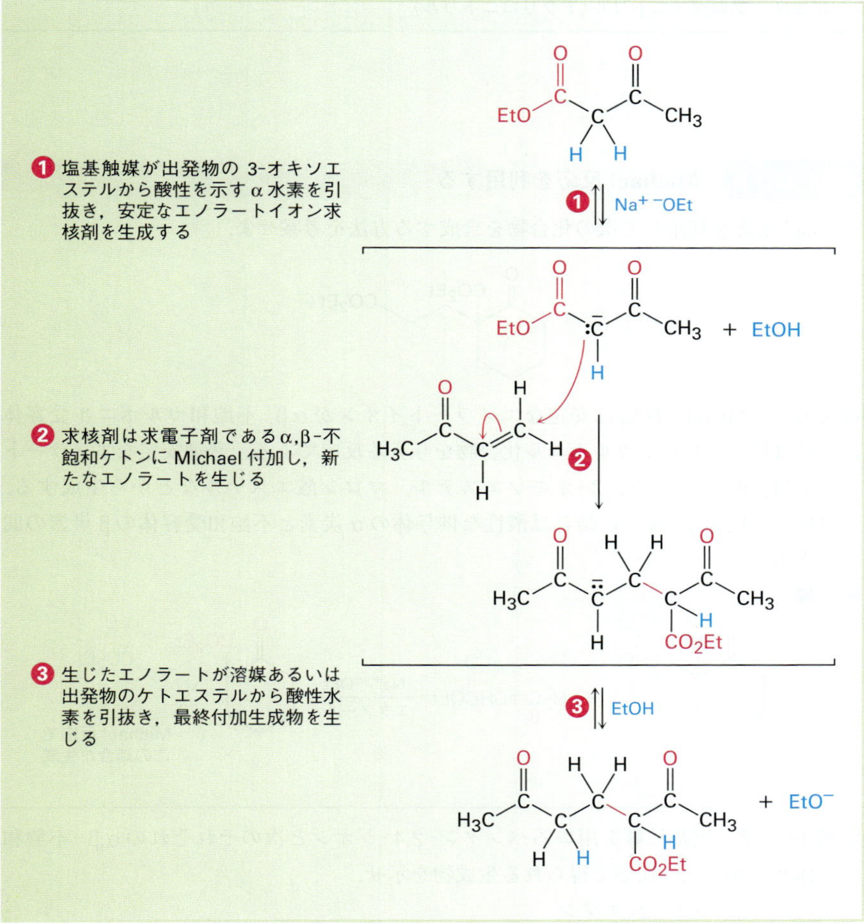

① 塩基触媒が出発物の 3-オキソエステルから酸性を示す α 水素を引抜き，安定なエノラートイオン求核剤を生成する

② 求核剤は求電子剤である α,β-不飽和ケトンに Michael 付加し，新たなエノラートを生じる

③ 生じたエノラートが溶媒あるいは出発物のケトエステルから酸性水素を引抜き，最終付加生成物を生じる

図 17・12　**3-オキソエステルと α,β-不飽和ケトンとの Michael 反応の機構**．反応はエノラートイオンの不飽和カルボニル化合物への共役付加である．

©John McMurry

　Michael 反応は共役ケトンだけでなくさまざまな α,β-不飽和カルボニル化合物に対して進行する．不飽和アルデヒド，エステル，チオエステル，ニトリル，そしてアミドなどをすべて，求電子的な受容体として Michael 反応に利用することができる（表 17・2）．同様に β-ジケトン，3-オキソエステル，マロン酸エステル，そして 3-オキソニトリルなどさまざまな供与体を用いることができる．

608   17. カルボニル基のα置換および縮合反応

表 17・2 代表的な Michael 受容体と供与体

Michael 受容体		Michael 供与体	
$H_2C=CHCH$ (O)	プロペナール	$RCCH_2CR'$ (O, O)	β-ジケトン
$H_2C=CHCCH_3$ (O)	ブタ-3-エン-2-オン	$RCCH_2COEt$ (O, O)	3-オキソエステル
$H_2C=CHCOEt$ (O)	プロペン酸エチル(アクリル酸エチル)	$EtOCCH_2COEt$ (O, O)	マロン酸ジエチル
$H_2C=CHCNH_2$ (O)	プロペンアミド(アクリルアミド)	$RCCH_2C\equiv N$ (O)	3-オキソニトリル
$H_2C=CHC\equiv N$	プロペンニトリル(アクリロニトリル)		

例題 17・8 **Michael 反応を利用する**

Michael 反応を利用して次の化合物を合成する方法を考案せよ.

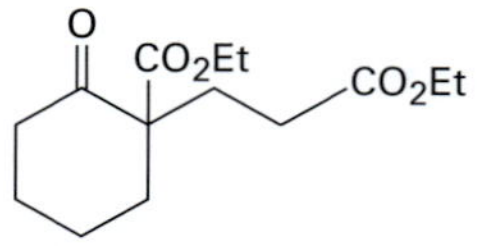

考え方　Michael 反応は安定なエノラートイオンがα,β-不飽和カルボニル受容体に共役付加し，1,5-ジカルボニル化合物を与える反応である．普通安定なエノラートイオンは，β-ジケトン，3-オキソエステル，マロン酸エステルなどから生成する．共役付加の段階で，C−C 結合は酸性な供与体のα炭素と不飽和受容体のβ炭素の間で生成する.

解　答

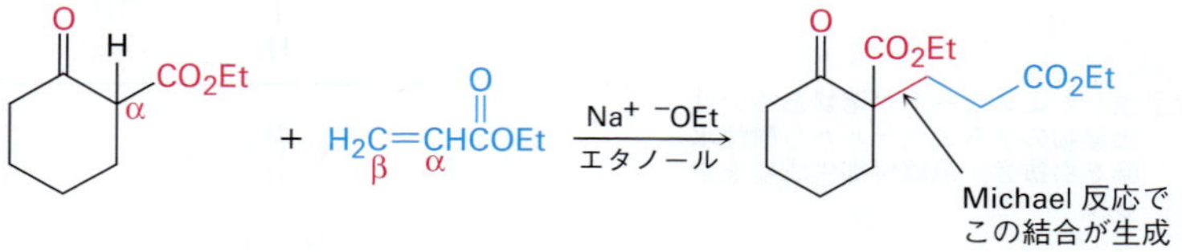

問題 17・26　塩基触媒を用いるペンタン-2,4-ジオンと次のそれぞれのα,β-不飽和受容体との Michael 反応で得られる生成物を示せ.

(a) シクロヘキサ-2-エノン

(b) プロペンニトリル

(c) ブタ-2-エン酸エチル

問題 17・27　塩基触媒存在下，ブタ-3-エン-2-オンと次のそれぞれの求核的な供与体との Michael 反応で得られる生成物を示せ.

(a) $EtOCCH_2COEt$ (O, O)

(b)

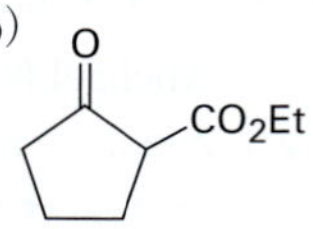

問題 17・28 Michael 反応を利用して次の化合物を合成する方法を考案せよ．

17・12 エナミンのカルボニル縮合: Stork 反応

エノラートイオンに加え，他の炭素求核剤も α,β-不飽和受容体に対し Michael 型の反応を起こす．そのなかでも最も重要な求核剤（特に生体反応で）の一つに，ケトンと第二級アミンとの反応により容易に合成することのできる**エナミン**（enamine，§14・7 参照）がある．たとえば，

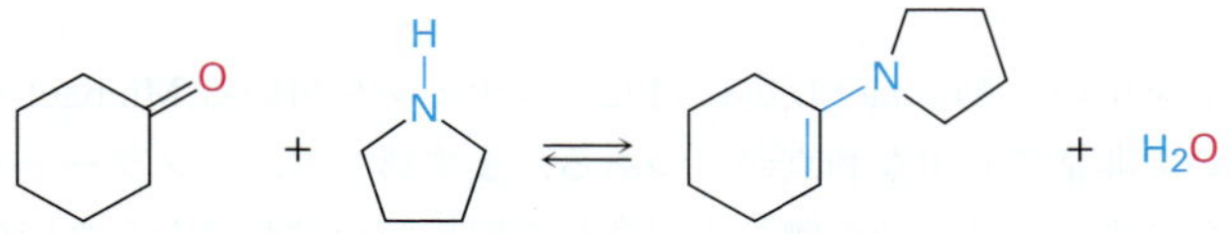

シクロヘキサノン　ピロリジン　1-ピロリジノシクロヘキセン(87%)

次の共鳴構造が示すように，エナミンは電子的にエノラートイオンと類似している．窒素の非共有電子対の軌道と二重結合の p 軌道との重なりにより，α 炭素上の電子密度が増大しこれを求核的にする．N,N-ジメチルアミノエチレンの静電ポテンシャル図を見ると，電子密度（赤）が α 炭素上で高くなっていることがわかる．

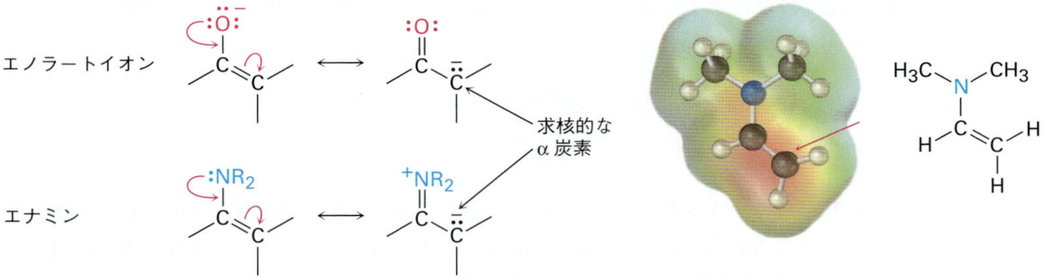

エノラートイオン

エナミン

求核的な α 炭素

エナミンはエノラートイオンと多くの点で同じように振舞い，同じ種類の反応を起こす．たとえば，**Stork 反応**（Stork reaction）では，エナミンは Michael 反応と類似したプロセスにより α,β-不飽和カルボニル受容体に付加する．反応生成物は酸水溶液によって加水分解され（§14・7 参照），1,5-ジカルボニル化合物を生じる．したがって，全体の反応は，1) ケトンからエナミンの生成，2) α,β-不飽和カルボニル化合物への Michael 付加，3) エナミンの加水分解によるケトンの生成，の 3 段階からなる．

Stork 反応は実質的にケトンの α,β-不飽和カルボニル化合物への Michael 反応である．たとえば，シクロヘキサノンは環状アミンであるピロリジンと反応してエナミンを生成する．これがさらにブタ-3-エン-2-オンのようなエノンと反応し Michael 付

図 17・13 シクロヘキサノンとブタ-3-エン-2-オンの Stork 反応. ❶ シクロヘキサノンははじめにエナミンに変換され, ❷ そのエナミンが Michael 反応で α,β-不飽和ケトンに付加する. ❸ 共役付加生成物は加水分解され, 1,5-ジケトンが生じる.

加体が生じる. 加水分解により一連の反応が完結し, 1,5-ジケトンが生じる (図 17・13).

エノラートを用いる Michael 反応に対し, エナミンを用いる Michael 反応には生合成経路において非常に有用な利点が二つある. まず第一に, エノラートイオンは電荷をもち, 場合によっては調製が難しく注意して取扱わなければならないのに対し, エナミンは電荷をもたず容易に合成でき, 取扱いも容易である. 第二に, β-ジカルボニル化合物からのエノラートイオンしか利用することができないのに対し, エナミンはモノケトン由来でも Michael 反応に利用することができる.

例題 17・9　Stork エナミン反応を利用する

次の化合物を合成するのにエナミンの反応をどのように利用すればよいか.

考え方　エナミンの反応は, ケトンを供与体, α,β-不飽和カルボニル化合物を受容体とする Michael 反応であり, 生成物として 1,5-ジカルボニル化合物が生じる. Michael 付加の段階で生成する C–C 結合は, ケトン供与体の α 炭素と不飽和受容体の β 炭素の間にできる.

解　答

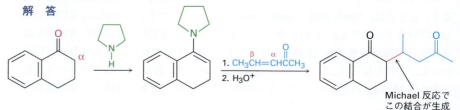

問題 17・29　シクロペンタノンとピロリジンから生成するエナミンと次の α,β-不飽和受容体との反応後, 加水分解して得られる生成物を示せ.

(a) $H_2C=CHCO_2Et$ (b) $H_2C=CHCHO$ (c) $CH_3CH=CHCOCH_3$

問題 17・30 エナミンの反応を利用して次の化合物を合成する方法を示せ.

(a) シクロペンタノン環に CH_2CH_2CN 置換基

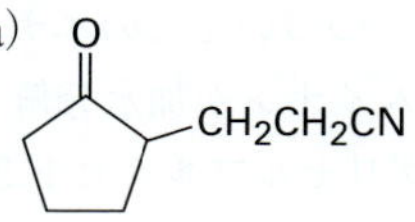

(b) シクロヘキサノン環に $CH_2CH_2CO_2CH_3$ 置換基

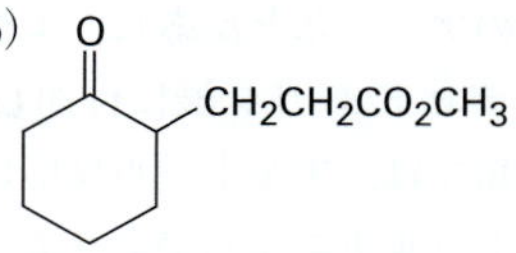

17・13 生体内カルボニル縮合反応

生体内アルドール反応

アルドール反応はさまざまな生合成経路で起こっているが，特に糖質の代謝においてよくみられる. **アルドラーゼ** (aldolase) とよばれる酵素がケトンのエノラートイオンのアルデヒドへの付加を触媒する. アルドラーゼはすべての生物がもっており，2 種類ある. Ⅰ型のアルドラーゼはおもに動物および高等植物に存在し，Ⅱ型アルドラーゼはおもに真菌類と細菌中に存在する. 両者とも同種類の反応を触媒するが，Ⅰ型のアルドラーゼはエナミン経由で反応を触媒し，Ⅱ型のアルドラーゼは Lewis 酸として金属イオン（通常 Zn^{2+}）を必要としエノラートイオン経由の反応を触媒する.

アルドラーゼが触媒する反応の一例として，ジヒドロキシアセトンリン酸がグリセ

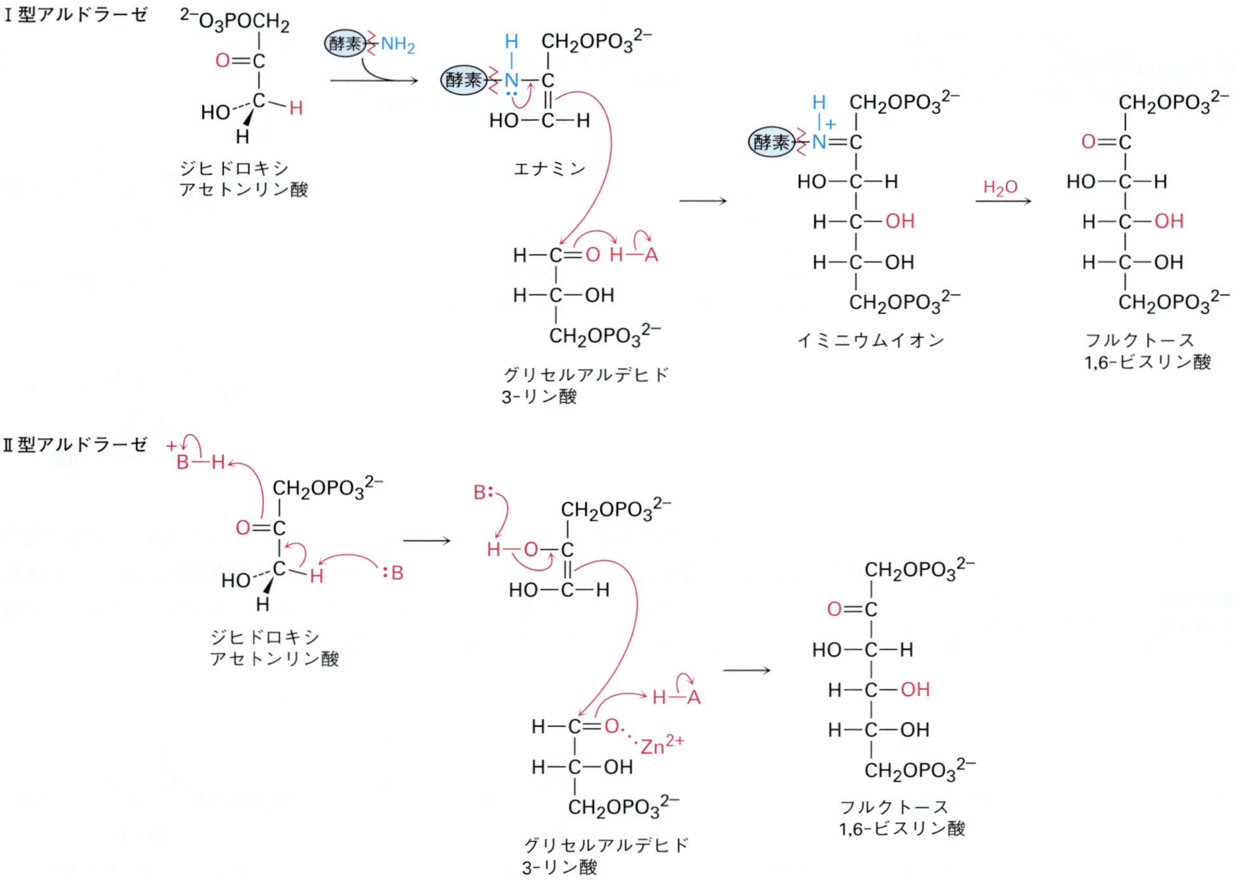

612　　17. カルボニル基の α 置換および縮合反応

ルアルデヒド 3-リン酸と反応してフルクトース 1,6-ビスリン酸が生じるグルコース
の生合成がある．動物や高等植物では，ジヒドロキシアセトンリン酸がまず酵素中の
アミノ酸リシンのアミノ基と反応してエナミンに変換される．つづいてこのエナミン
はグリセルアルデヒド 3-リン酸に付加し，生じるイミニウムイオンが加水分解され
る．細菌や真菌類では，アルドール反応は Zn^{2+} に配位したグリセルアルデヒド 3-リ
ン酸のアルデヒドカルボニル基がよりよい受容体となるため，直接反応する．

　アルドラーゼが触媒する反応は，フラスコ内で通常行われる同じ基質間でのアル
ドール反応とは異なり，二つの異なった基質の間で起こる**交差アルドール反応**で
ある．二つの異なる基質間での交差アルドール反応は，フラスコ内で行うとしばし
ば混合物を与えるが，生体内では酵素触媒の選択的な働きにより単一の生成物を与え
る．

生体内 Claisen 縮合反応

　アルドール反応と同様 Claisen 縮合も非常に多くの生合成経路で起こっている．た
とえば脂肪酸の生合成では，マロニル ACP の脱炭酸（§17・5）によって生じるエノ
ラートイオンが，合成酵素にチオエステルとして結合した別のアシル基のカルボニル
に付加する．生じる四面体中間体から合成酵素が脱離し，アセトアセチル ACP が生
じる（図 17・14）．

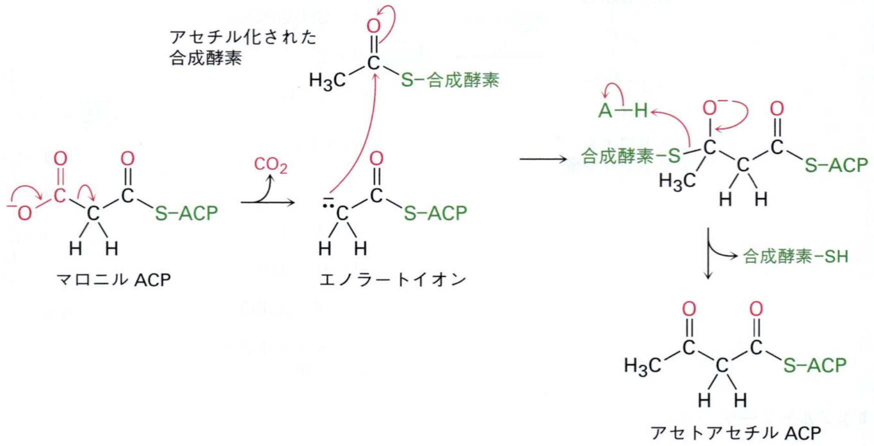

**図 17・14　二つのチオエステル間
の Claisen 縮合反応**．反応は脂肪酸
の生合成の最初の段階で起こってい
る．

　アルドラーゼが触媒する二つの異なる基質間での交差アルドール反応と同様，交差
Claisen 縮合も生体内で，特に §23・6 で述べる脂肪酸の生合成経路においてしばし
ばみられる．たとえばブチリル化された合成酵素はマロニル ACP と交差 Claisen 縮
合を起こして 3-オキソヘキサノイル ACP を与える．

訳者補遺 "生体反応を模したアルドー
ル縮合反応" は東京化学同人のホーム
ページに掲載しています（p.xxiii参照）

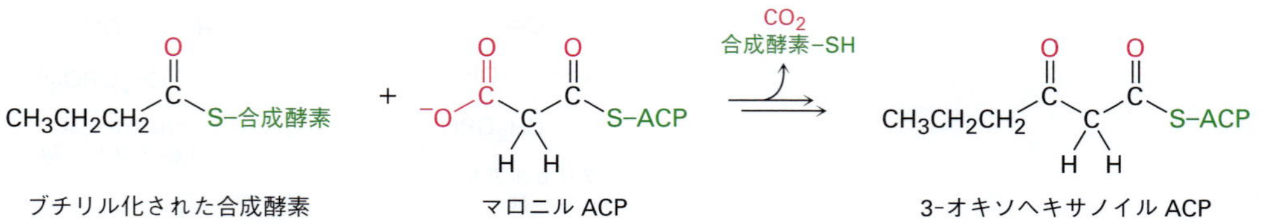

科学談話室

バルビツール酸

何千年も前から病気や疾患の治療に漢方薬が用いられている一方で，フラスコ内でつくられた化合物が医薬品として用いられるようになったのはずっと最近のことである．バルビツール酸は多数の類縁体があり，さまざまな用途で利用されており，医薬品化学の最も初期の代表的な成功例の一つである．バルビツール酸の合成と医薬品としての利用は，1904年にドイツの化学会社であるBayerが，不眠症の薬として売り出したバルビタール（barbital）とよばれる化合物が最初である．その後，製薬会社により2500種以上のバルビツール酸類縁体が合成され，50種以上が医薬品として用いられてきた．そのうち，10種以上がいまでも麻酔薬，抗けいれん薬，鎮静剤，抗不安薬として使われている．

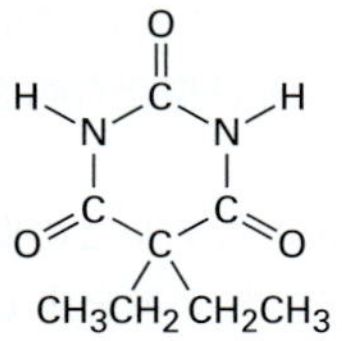

O
H
N
C
N
H
C
C
O
C
O
CH_3CH_2 CH_2CH_3

バルビタール
（最初のバルビツール酸）

バルビツール酸の合成は比較的簡単で，すでに学んだ反応（エノラートのアルキル化反応と求核的アシル置換反応）により得ることができる．マロン酸エステルを出発物として用い，そのエノラートイオンと単純なハロゲン化アルキルとのアルキル化反応によりさまざまな置換基をもつ二置換マロン酸エステルが得られる．つづいて尿素 $(H_2N)_2C{=}O$ と反応させると，尿素の NH_2 基がエステル基と2回求核的アシル置換反応を起こし，生成物のバルビツール酸を与える（図17・15）．アモバルビタール（amobarbital，アミタール），ペントバルビタール（pentobarbital，販売名ネンブタール®），セコバルビタール（secobarbital）はその代表的な例である．

医薬品としての利用に加えて，多くのバルビツール酸が，ストリートドラッグとして広く違法に使用されている．それぞれのバルビツール酸は一定の大きさ，形，そして色の錠剤として入手され，路上での名前はしばしばその色を模したものである．いくつかのバルビツール酸はいまでも用いられているが，ほとんどは構造の大きく異なる，より安全でより効力のある代替品に置き換えられている．

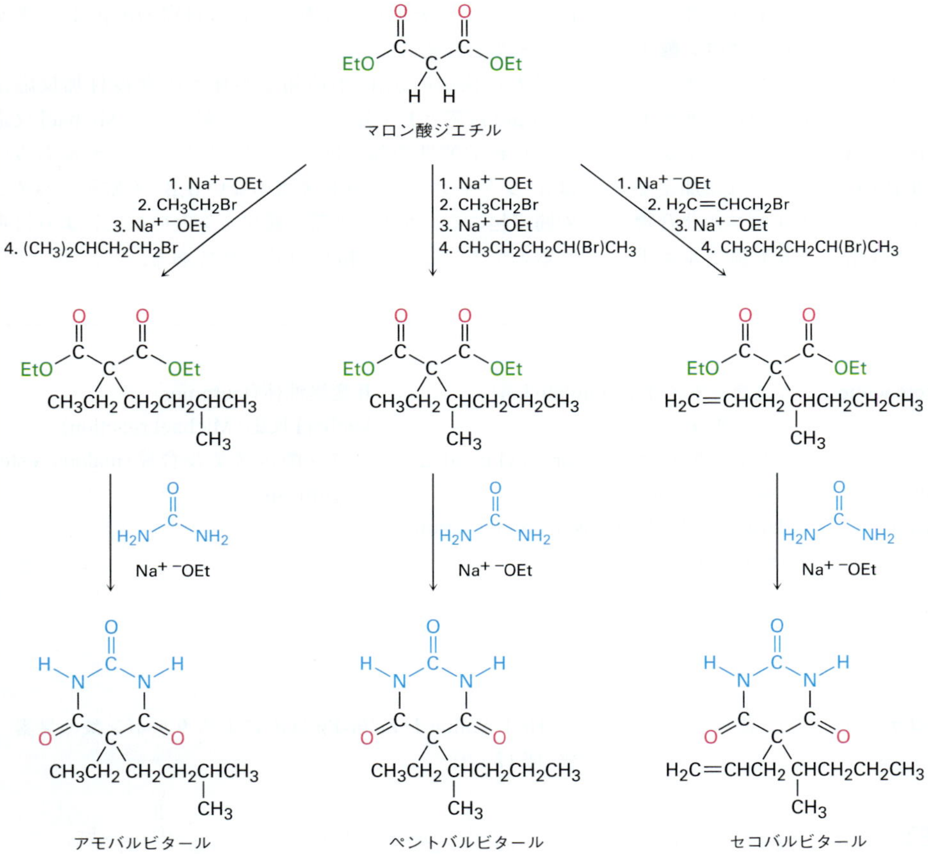

EtO
OEt
H H
マロン酸ジエチル
1. Na^+ ^-OEt
2. CH_3CH_2Br
3. Na^+ ^-OEt
4. $(CH_3)_2CHCH_2CH_2Br$
1. Na^+ ^-OEt
2. CH_3CH_2Br
3. Na^+ ^-OEt
4. $CH_3CH_2CH_2CH(Br)CH_3$
1. Na^+ ^-OEt
2. $H_2C{=}CHCH_2Br$
3. Na^+ ^-OEt
4. $CH_3CH_2CH_2CH(Br)CH_3$
CH_3CH_2 $CH_2CH_2CHCH_3$
CH_3
CH_3CH_2 $CHCH_2CH_2CH_3$
CH_3
$H_2C{=}CHCH_2$ $CHCH_2CH_2CH_3$
CH_3
H_2N NH_2
Na^+ ^-OEt
アモバルビタール
ペントバルビタール
セコバルビタール

図 17・15 バルビツール酸の合成． バルビツール酸は，マロン酸エステルのアルキル化と求核的アシル置換反応により合成される．この100年ほどの間に2500種以上のバルビツール酸が合成された．合法的な医薬品としての利用に加え，いくつかのバルビツール酸はストリートドラッグとしてさまざまな色の名前で違法に使用されている．

614　17. カルボニル基のα置換および縮合反応

ま と め

　生体内ではしばしばα置換反応とカルボニル縮合反応が起こっている．実際，ほとんどすべての生合成経路で，分子量の小さい前駆体から分子量の大きい分子を合成する際にカルボニル縮合反応が利用されている．本章ではこれらの反応がどのようにして，そしてなぜ起こるのかを学んだ．

　カルボニル化合物は対応する**エノール**と，ケト-エノール互変異性とよばれる平衡にある．エノール**互変異性体**は普通平衡状態でごくわずかしか存在せず，純粋な形で単離することは通常できないが，非常に求核性の高い二重結合をもち，求電子剤と**α置換反応**を起こす．たとえばケトンを Cl_2 や Br_2 と酸性溶液中で反応させると α ハロゲン化反応が進行する．カルボン酸の α 臭素化反応は，同様にHell-Volhard-Zelinskii 反応により行うことができる．この反応ではカルボン酸を Br_2 と PBr_3 の混合物と反応させる．

　カルボニル化合物の α 水素は弱い酸性を示し，リチウムジイソプロピルアミド（LDA）のような強塩基により引抜かれ求核性の高い**エノラートイオン**を生成する．エノラートイオンの最も有用な反応の一つに，ハロゲン化アルキルとの S_N2 型のアルキル化があげられる．**マロン酸エステル合成**はハロゲン化アルキルを2炭素増炭したカルボン酸に変換する反応であり（$RX \rightarrow RCH_2CO_2H$），**アセト酢酸エステル合成**はハロゲン化アルキルをメチルケトンに変換する反応である（$RX \rightarrow RCH_2COCH_3$）．これに加えてケトン，エステル，ニトリルなど多くのカルボニル化合物をLDAとハロゲン化アルキルの作用により直接アルキル化することができる．

　カルボニル縮合反応は二つのカルボニル化合物間で起こる反応であり，求核付加反応と α 置換反応の両者を含んでいる．一方のカルボニル化合物が塩基により求核的なエノラートイオンに変換され，これがもう一方のカルボニル化合物の求電子的なカルボニル炭素に付加する．したがって前者が α 置換反応を起こし後者が求核付加反応を受ける．

　アルドール反応は二つのアルデヒドあるいはケトン分子の間で起こるカルボニル縮合反応である．アルドール反応は可逆的であり，まずはじめに β-ヒドロキシアルデヒドあるいはケトンを生じ，ついで脱水反応により α,β-不飽和化合物を生成する．1,4-あるいは 1,5-ジケトンの分子内アルドール反応は 5 あるいは 6 員環化合物を合成するよい方法である．

　Claisen 縮合反応は 2 分子のエステルとの間のカルボニル縮合反応であり，3-オキソエステルを生じる．分子内Claisen 縮合反応は Dieckmann 環化とよばれ，1,6-あるいは 1,7-ジエステルから 5 あるいは 6 員環の環状 3-オキソエステルを与える．

　炭素求核剤の α,β-不飽和受容体への共役付加反応は**Michael 反応**として知られている．最もよい Michael 反応は，比較的酸性の強い供与体（3-オキソエステルあるいは β-ジケトン）と，立体障害のない α,β-不飽和受容体との間で起こる．ケトンと第二級アミンとの反応により得られるエナミンもよい Michael 供与体である．

重要な用語

アセト酢酸エステル合成（acetoacetic ester synthesis）
アルドール反応（aldol reaction）
α 置換反応（α-substitution reaction）
Dieckmann 環化反応（Dieckmann cyclization reaction）

エノラートイオン（enolate ion）
エノール（enol）
カルボニル縮合反応（carbonyl condensation reaction）
Claisen 縮合反応（Claisen condensation reaction）

互変異性体（tautomer）
Michael 反応（Michael reaction）
マロン酸エステル合成（malonic ester synthesis）

反応のまとめ

1. アルデヒド/ケトンのハロゲン化（§17・2）

2. Hell-Volhard-Zelinskii 反応によるカルボン酸の臭素化（§17・3）

17. カルボニル基のα置換および縮合反応　　615

3. エノラートイオンのアルキル化（§17・5）

（a）マロン酸エステル合成

$EtO_2C-CH_2-CO_2Et \xrightarrow[\text{2. RX}]{\text{1. Na}^+ {}^-\text{OEt}, \text{エタノール}} EtO_2C-CHR-CO_2Et$

$\xrightarrow[\text{加熱}]{H_3O^+} R-CH_2-CO_2H + CO_2 + 2\,EtOH$

（b）アセト酢酸エステル合成

$EtO_2C-CH_2-CO-CH_3 \xrightarrow[\text{2. RX}]{\text{1. Na}^+ {}^-\text{OEt}, \text{エタノール}} EtO_2C-CHR-CO-CH_3$

$\xrightarrow[\text{加熱}]{H_3O^+} R-CH_2-CO-CH_3 + CO_2 + EtOH$

（c）ケトン，エステル，ニトリルの直接アルキル化

$R-CO-CH< \xrightarrow[\text{2. R'X}]{\text{1. LDA, THF}} R-CO-CR'<$

$RO-CO-CH< \xrightarrow[\text{2. R'X}]{\text{1. LDA, THF}} RO-CO-CR'<$

$H-C-C\equiv N \xrightarrow[\text{2. RX}]{\text{1. LDA, THF}} R-C-C\equiv N$

4. アルドール反応（§17・6）

$2\,RCH_2CHO \xrightarrow[\text{NaOH, エタノール}]{} RCH_2CH(OH)CH(R)CHO$

5. 分子内アルドール反応（§17・8）

6. アルドール生成物の脱水反応（§17・7）

$+ H_2O$

7. Claisen 縮合反応（§17・9）

$2\,RCH_2COR' \xrightarrow[\text{エタノール}]{\text{Na}^+ {}^-\text{OEt}} RCH_2CO-CH(R)COR' + HOR'$

8. 分子内 Claisen 縮合反応（Dieckmann 環化，§17・10）

$EtOC(CH_2)_4COEt \xrightarrow[\text{エタノール}]{\text{Na}^+ {}^-\text{OEt},} $ $+ HOEt$

$EtOC(CH_2)_5COEt \xrightarrow[\text{エタノール}]{\text{Na}^+ {}^-\text{OEt},} $ $+ HOEt$

9. Michael 反応（§17・11）

10. エナミンとのカルボニル縮合反応（Stork 反応，§17・12）

演習問題

目で学ぶ化学
（問題 17・1〜17・30 は本文中にある）

17・31 次に示すそれぞれの化合物をマロン酸エステル合成かアセト酢酸エステル合成を利用して合成する方法を示せ．

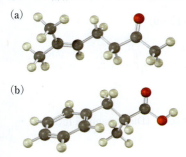

17・32 カルボニル基のα位の水素原子が酸性を示すためには，そのC−H結合はC＝O結合のp軌道に平行，すなわち隣接するカルボニル基の面に垂直でなければならない．次に示す化合物のなかで最も酸性の強い水素原子はどれか．それはアキシアルとエクアトリアルどちらの水素原子か．

17・33 次に示すエノンは，どのようなケトンあるいはアルデヒドからアルドール反応により合成できるか．

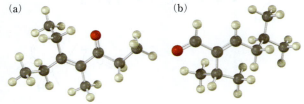

17・34 次に示す構造は，エステルエノラートイオンがもう1分子のエステル分子に付加することにより生じる中間体である．出発物，脱離基および生成物を示せ．

17・35 次に示す分子は分子内アルドール反応により合成された．用いられたジカルボニル化合物の構造を示せ．

追加問題

酸性度と互変異性

17・36 次の分子の酸性を示す（$pK_a < 25$）水素原子をすべて示せ．

(a) CH₃CH₂COCH₃ のα炭素にCH₃
(b) シクロペンタン-1,3-ジオン
(c) HOCH₂CH₂CC≡CCH₃ (ケトン)
(d) 2-(CO₂CH₃)(CH₂CN)ベンゼン
(e) シクロペンチル COCl
(f) CH₃CH₂C(=CH₂)C(=O) with CH₃

17・37 次の化合物を酸性度の高い順に並べよ．

(a) CH₃CH₂CO₂H (b) CH₃CH₂OH (c) (CH₃CH₂)₂NH
(d) CH₃COCH₃ (e) CH₃CH₂COCH₂CCH₃ (1,3-ジケトン) (f) CCl₃CO₂H

17・38 次のアニオンの共鳴構造を示せ．

(a) CH₃C̈HCCH₃ (with O)
(b) CH₃CH=CHC̈HCCH₃ (with O)
(c) N≡CC̈HCOCH₃ (with O)
(d) PhC̈HCCH₃ (with O)
(e) インダン-1,3-ジオンのC̈CO₂CH₃ アニオン

17・39 次の α,β-不飽和カルボニル化合物に塩基を作用させると，γ位の炭素からH⁺が引抜かれてアニオンが生成する．γ位の炭素の水素が酸性を示すのはなぜか．

PhCO−CH=CH−CH₂H →(LDA)→ PhCO−CH=CH−C̈H

17・40 光学活性な (R)-2-メチルシクロヘキサノンを塩基あるいは酸水溶液で処理するとラセミ化が起こるのはなぜか．

17・41 光学活性な (S)-3-メチルシクロヘキサノンを塩基あるいは酸水溶液で処理した場合，(R)-2-メチルシクロヘキサノン（問題17・40）と同様にラセミ化は進行するか．理由とともに答えよ．

α置換反応

17・42 次の反応の生成物を示せ．

17. カルボニル基のα置換および縮合反応　617

(a)

$$CO_2H \quad CO_2H \quad \xrightarrow{\text{加熱}} \quad ?$$

(b)

$$\xrightarrow{\text{1. Na}^+ \ {}^-\text{OEt}}_{\text{2. CH}_3\text{I}} \quad ?$$

(c)

$$CH_3CH_2CH_2COH \xrightarrow{Br_2,\ PBr_3} ? \xrightarrow{H_2O} ?$$

17・43 次に示す化合物のうち，マロン酸エステル合成により合成できるものはどれか．用いるハロゲン化アルキルとともに示せ．
(a) ペンタン酸エチル　　(b) 3-メチルブタン酸エチル
(c) 2-メチルブタン酸エチル
(d) 2,2-ジメチルプロパン酸エチル

17・44 次に示す化合物のうち，アセト酢酸エステル合成により合成できるものはどれか．理由とともに答えよ．

(a)　　　　　　(b)　　　　　　(c)

$$CH_3-\underset{\underset{CH_3}{|}}{\overset{\overset{CH_3}{|}}{C}}-CH_2CCH_3$$

17・45 次に示すケトンをアセト酢酸エステル合成を利用して合成する方法を示せ．

(a)

$$CH_3CH_2\underset{\underset{CH_2CH_3}{|}}{CH}CCH_3$$

(b)

$$CH_3CH_2CH_2\underset{\underset{CH_3}{|}}{CH}CCH_3$$

17・46 次に示すカルボニル化合物をアセト酢酸エステル合成あるいはマロン酸エステル合成を利用して合成する方法を示せ．

(a)

$$CH_3\underset{\underset{CO_2Et}{|}}{\overset{\overset{CH_3}{|}}{C}CO_2Et}$$

(b)

(c)

(d)

$$H_2C=CHCH_2CH_2CCH_3$$

17・47 ゲラニオールをゲラニル酢酸エチル，およびゲラニルアセトンに変換する方法を示せ．

ゲラニオール

? ⟹ ゲラニル酢酸エチル CO₂Et

? ⟹ ゲラニルアセトン

17・48 かつて不眠症の処方に用いられたバルビツール酸系の化合物であるアプロバルビタールは，マロン酸ジエチルから3段階で合成される．必要なジアルキル化された中間体を合成する方法を示し，この中間体と尿素との反応でアプロバルビタールを得る反応の機構を示せ．

アプロバルビタール
aprobarbital

アルドール反応

17・49 次の化合物のうち，アルドール自己縮合反応を起こすものはどれか．反応を起こすものについて，得られる生成物を示せ．
(a) トリメチルアセトアルデヒド　　(b) シクロブタノン
(c) ベンゾフェノン（ジフェニルケトン）
(d) ペンタン-3-オン　　(e) デカナール
(f) 3-フェニルプロパ-2-エナール

17・50 次に示す化合物をアルドール反応を利用して合成する方法を示せ．それぞれ出発物に用いるアルデヒドあるいはケトンの構造も示せ．

(a)　　　　(b)　　　　　　　　(c)

17・51 ヘキサンジアール OHCCH₂CH₂CH₂CH₂CHO のアルドール反応による環化で得られる生成物を示せ．

17・52 次に示す化合物にエタノール中でナトリウムエトキシドを作用させるとどのような縮合生成物が得られるか．
(a) 4,4-ジメチルシクロヘキサノン　　(b) シクロヘプタノン
(c) ノナン-3,7-ジオン　　(d) 3-フェニルプロパナール

17・53 水酸化ナトリウム水溶液中でヘプタン-2,5-ジオンの分子内アルドール環化反応を行うと2種類のエノン混合物がおよそ9:1の比で生成する．その構造を示し，それぞれどのように生成したか示せ．

17・54 ヘプタン-2,5-ジオンの分子内アルドール環化反応によって得られる主生成物（問題17・53）は，¹H NMRで1.65 ppmと1.90 ppmに二つの一重線の吸収をもち，3～10 ppmの間に吸収をもたない．その構造を示せ．

17・55 ヘプタン-2,5-ジオンの分子内アルドール環化反応により少量得られる生成物（問題17・53，問題17・54）に水酸化ナトリウム水溶液を作用させると主生成物に変換される．この塩基触媒による異性化反応の機構を示せ．

17・56 アルドール反応は塩基だけでなく酸触媒によっても進行する．酸触媒によるアルドール反応の活性な求核剤は何か．またその反応機構を示せ．

618   17. カルボニル基のα置換および縮合反応

Claisen 縮合

17・57 次の反応で生成する可能性のある Claisen 縮合生成物を示せ. それぞれどの化合物が主生成物になると考えられるか.

(a) $CH_3CO_2Et + CH_3CH_2CO_2Et$

(b) $C_6H_5CO_2Et + C_6H_5CH_2CO_2Et$

(c) $EtOCO_2Et + シクロヘキサノン$

(d) $C_6H_5CHO + CH_3CO_2Et$

17・58 ジメチルアセト酢酸エチルにエトキシドイオンを作用させると, 室温で速やかに反応し, 酢酸エチルと 2-メチルプロパン酸エチルの二つの化合物を生成する. この切断反応の反応機構を示せ.

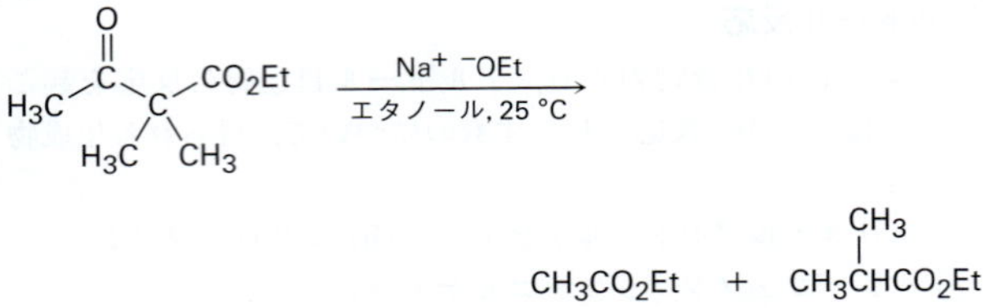

17・59 問題 17・58 の反応が速やかに進行するのに対し, アセト酢酸エチルが同様の切断反応を起こすには 150 ℃ 以上の加熱が必要である. この反応性の違いを説明せよ.

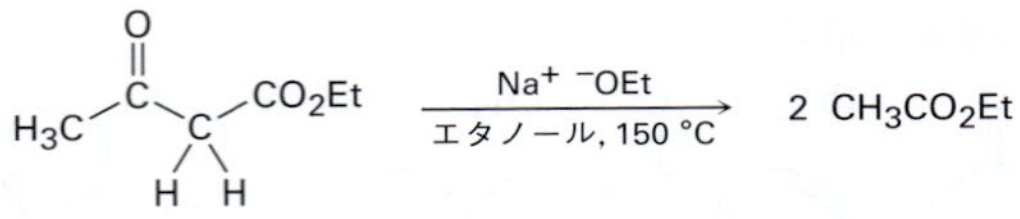

Michael 反応とエナミン反応

17・60 Michael 反応を用いて次に示す化合物を合成する方法を示せ. それぞれ求核的な供与体と求電子的な受容体を示せ.

(a)

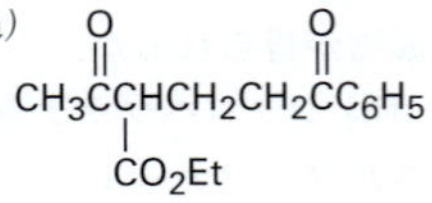

(b)

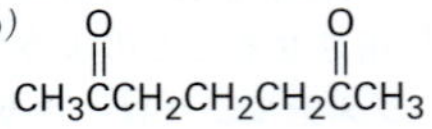

(c)

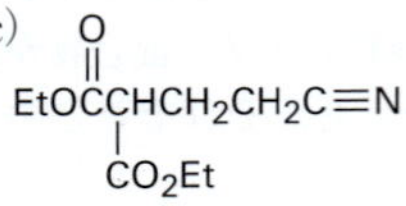

(d)

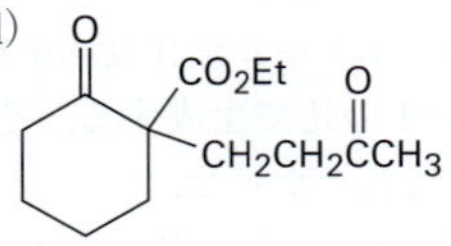

17・61 次の式に示す変換反応を行うのに必要な反応剤 a〜d を示せ.

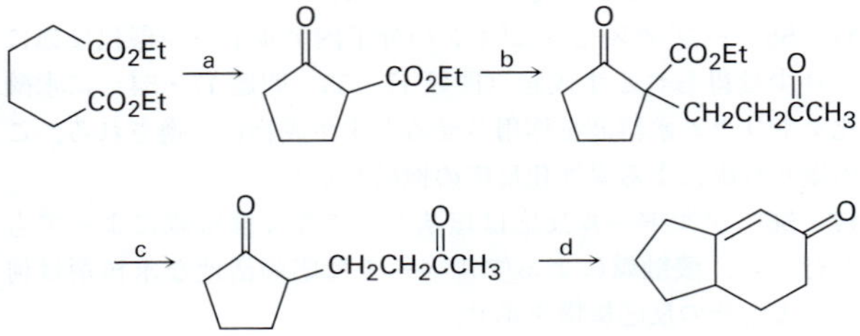

17・62 Stork エナミン反応と分子内アルドール反応によりシクロヘキセノン誘導体を合成することができる. たとえばシクロヘキサノンのピロリジンエナミンとブタ-3-エン-2-オンとの反応, ひき続いてエナミンの加水分解と塩基処理により次に示した化合物が得られる. それぞれの段階の生成物を示し, その反応機構を書け.

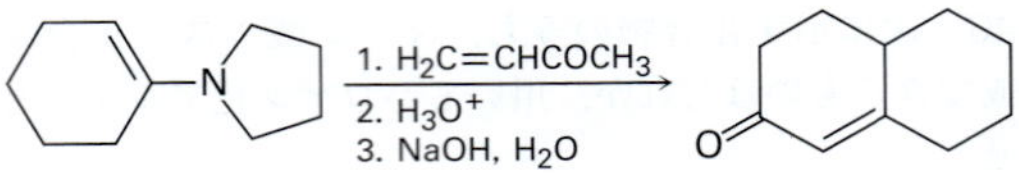

17・63 Stork エナミン反応と分子内アルドール縮合を組合わせて次のシクロヘキセノンを合成する方法を示せ (問題 17・62 参照).

(a)

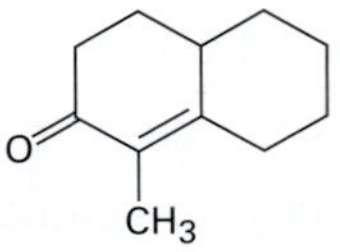

(b)

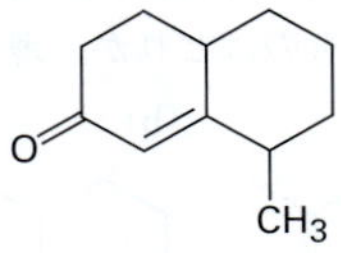

(c)

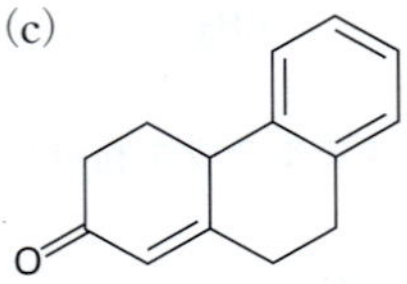

17・64 カビの *Penicillium griseofulvum* により生産されている抗生物質であるグリセオフルビン (griseofulvin) は, 2 回の Michael 反応を鍵反応として利用して合成されている. 反応機構を示せ.

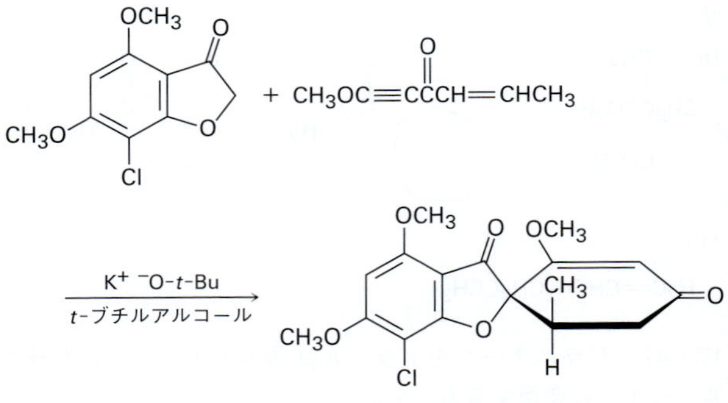

グリセオフルビン

総 合 問 題

17・65 ブタン-1-オールは最初の段階にアルドール反応を利用して工業的につくられている. 出発物は何か. またどのような段階が含まれているか.

17・66 タンパク質に含まれる 20 種のアミノ酸の一つであるロイシンは次の段階を含む経路で代謝される. 反応機構を示せ.

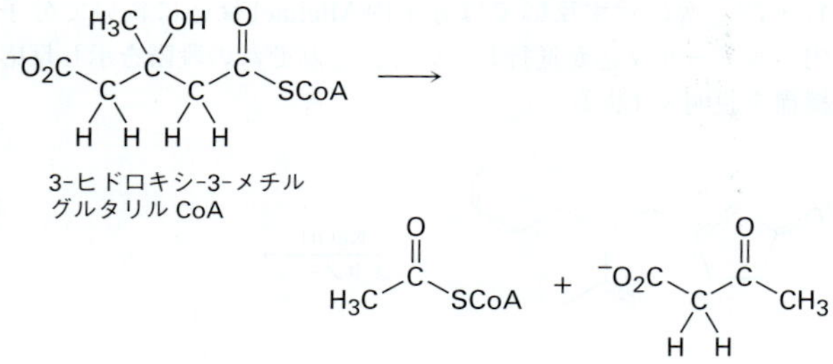

17. カルボニル基のα置換および縮合反応　　619

3-ヒドロキシ-3-メチル
グルタリル CoA

アセチル CoA　　　　＋　　　　アセト酢酸

17・67　タンパク質中に含まれる 20 種のアミノ酸の一つであるイソロイシンは次の段階を含む経路によって代謝される．反応機構を示せ．

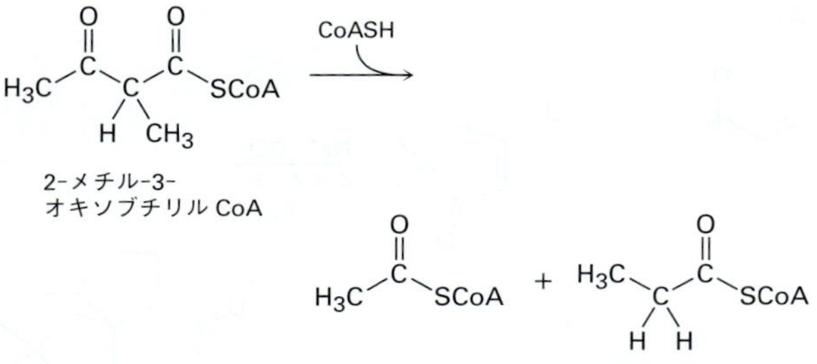

CoASH

2-メチル-3-
オキソブチリル CoA

アセチル CoA　　　＋　　　プロピオニル CoA
　　　　　　　　　　　　　（プロパノイル CoA）

17・68　次の反応式中の反応剤 a〜c を示せ．

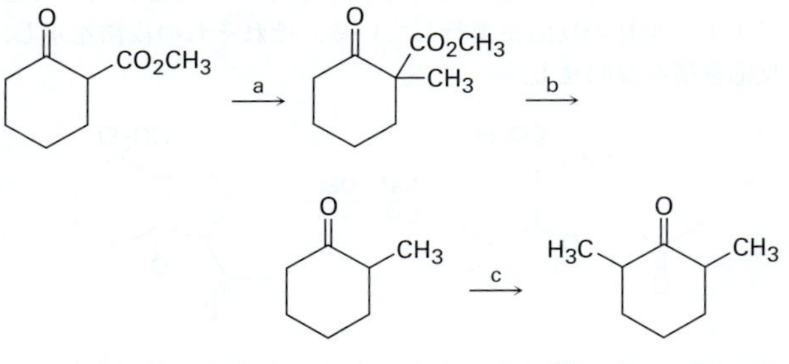

a　　　　b

c

17・69　シクロヘキサ-3-エノンのような非共役 β,γ-不飽和ケトンは共役した α,β-不飽和ケトンと酸または塩基触媒存在下，平衡にある．その反応機構を示せ．

H_3O^+

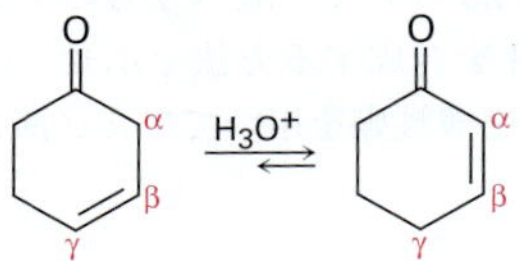

17・70　問題 17・69 で述べた塩基触媒による不飽和ケトンの異性化反応により 2 位置換シクロペンタ-2-エノンは 5 位置換シクロペンタ-2-エノンに変換することができる．その反応機構を示せ．

^-OH

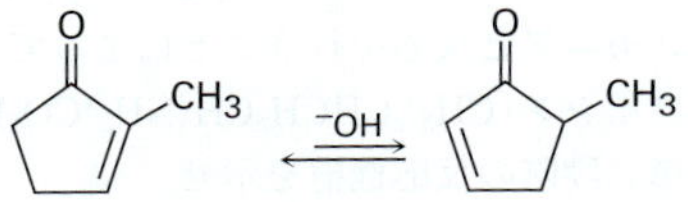

17・71　2 位置換シクロペンタ-2-エノンは 5 位置換シクロペンタ-2-エノンと塩基触媒による平衡にあるが（問題 17・70），同様の異性化は 2 位置換シクロヘキサ-2-エノンでは起こらない．その理由を説明せよ．

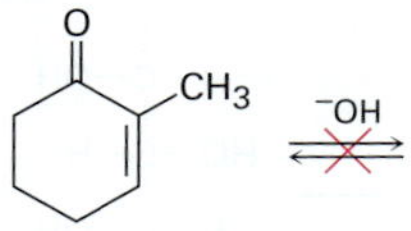

^-OH

17・72　シナモン油の芳香成分であるケイ皮アルデヒドは二つの異なるカルボニル化合物間の交差アルドール縮合反応により合成できる．必要な出発物を示し，その反応を書け．

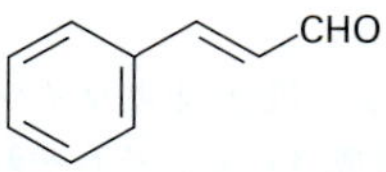

ケイ皮アルデヒド

17・73　アミノ酸であるアラニンの代謝の 1 段階である次の反応の機構を巻矢印を用いて示せ．

塩基

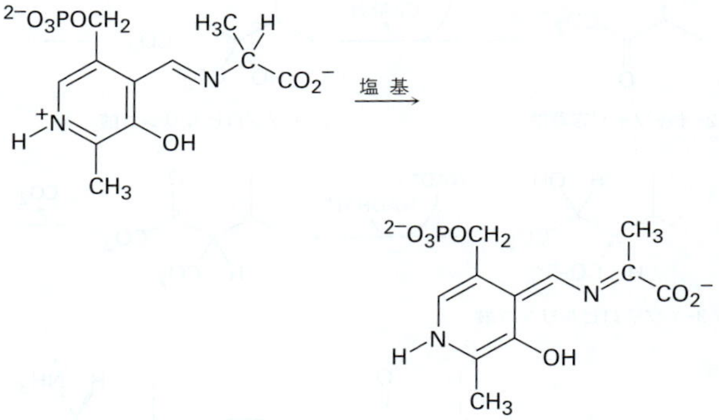

17・74　アミノ酸であるチロシンの生合成の 1 段階である次の反応の機構を巻矢印を用いて示せ．

＋　CO_2

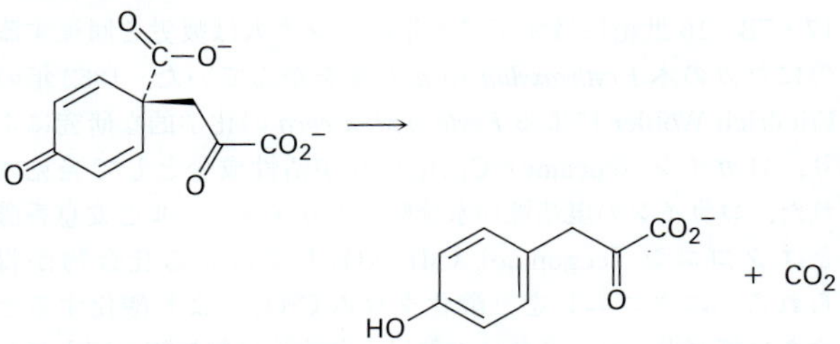

17・75　食物代謝のクエン酸回路の最初の段階はオキサロ酢酸とアセチル CoA との反応によりクエン酸を生じる反応である．酸あるいは塩基触媒を用いて反応機構を示せ．

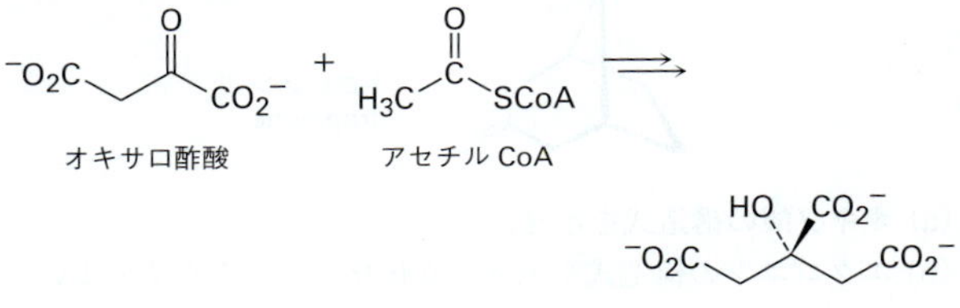

オキサロ酢酸　　　　　アセチル CoA

クエン酸

620　　17. カルボニル基のα置換および縮合反応

17・76 グルコースの生合成の後半の１段階にフルクトース 6-リン酸のグルコース 6-リン酸への異性化反応がある．酸あるいは塩基触媒を用いて反応機構を示せ．

フルクトース 6-リン酸　　　　グルコース 6-リン酸

17・77 アミノ酸であるロイシンは 2-オキソイソ吉草酸から次に示す一連の反応により生合成される．それぞれの段階の反応機構を示せ．

2-オキソイソ吉草酸　　　　2-イソプロピルリンゴ酸

3-イソプロピルリンゴ酸

2-オキソイソカプロン酸　　　　ロイシン

17・78 16 世紀にはすでに南米のインカ人は疲労を回復するのにコカの木 *Erythroxylon coca* の葉をかんでいた．1862 年の Friedrich Wöhler による *Erythroxylon coca* の化学的な研究により，コカイン (cocaine) $C_{17}H_{21}NO_4$ が活性成分として発見された．コカインの塩基性加水分解によりメタノールと安息香酸とエクゴニン (ecgonine) $C_9H_{15}NO_3$ とよばれる化合物が得られる．エクゴニンを三酸化クロム CrO_3 により酸化するとオキソ酸が得られ，これは加熱によりすぐに脱炭酸してトロピノンが生成する．

トロピノン
tropinone

(a) オキソ酸の構造式を示せ．
(b) エクゴニンの構造式を示せ．立体化学は考えなくてよい．
(c) コカインの構造式を示せ．立体化学は考えなくてよい．

17・79 次に示す反応では分子内 Michael 反応に続いて分子内アルドール反応が進行している．それぞれの段階を示し反応機構を説明せよ．

$\xrightarrow[\text{エタノール}]{\text{NaOH}}$

17・80 次に示す反応では二度の連続する分子内 Michael 反応が進行している．それぞれの段階を示し，反応機構を説明せよ．

$\xrightarrow[\text{エタノール}]{\text{Na}^+ \ ^-\text{OEt}}$

17・81 次に示す反応では分子内アルドール反応に続いて逆アルドール様の反応が進行している．それぞれの段階を示し，反応機構を説明せよ．

$\xrightarrow[\text{エタノール}]{\text{Na}^+ \ ^-\text{OEt}}$

17・82 アミノ酸はアセトアミドマロン酸ジエチルとハロゲン化アルキルとの反応により得られるアルキル化生成物を HCl 水溶液中で加熱することにより合成することができる．タンパク質中に存在する 20 のアミノ酸のうちの一つであるアラニン $CH_3CH(NH_2)CO_2H$ を合成する方法を示せ．はじめに得られるアルキル化生成物を酸触媒を用いてアミノ酸に変換する反応の反応機構を示せ．

$\underset{\text{CO}_2\text{Et}}{CH_3CNHCHCOEt}$　　アセトアミドマロン酸ジエチル

17・83 アミノ酸は Hell-Volhard-Zelinskii 反応を行った後，ひき続いてアンモニアと反応を行うことによっても合成することができる．ロイシン $(CH_3)_2CHCH_2CH(NH_2)CO_2H$ を合成する方法を示し，第二段階の反応機構を示せ．

17. カルボニル基のα置換および縮合反応　　621

17・84　テルペンであるカルボンを硫酸水溶液中で加熱するとカルバクロールに変換される．この異性化反応の反応機構を示せ．

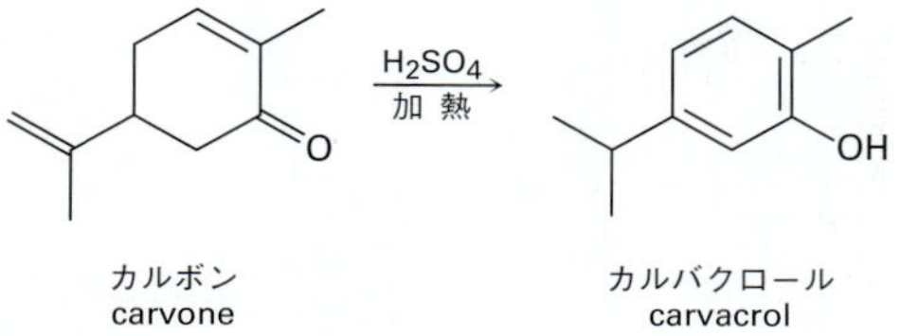

カルボン
carvone

カルバクロール
carvacrol

17・85　**Darzens 反応**（ダルツェンス）はクロロ酢酸エチルとケトンとの塩基触媒を用いる2段階の縮合反応で，エポキシエステルが生成する．第一段階はカルボニル縮合反応で，第二段階は S_N2 反応である．それぞれの段階を書き，その反応機構を示せ．

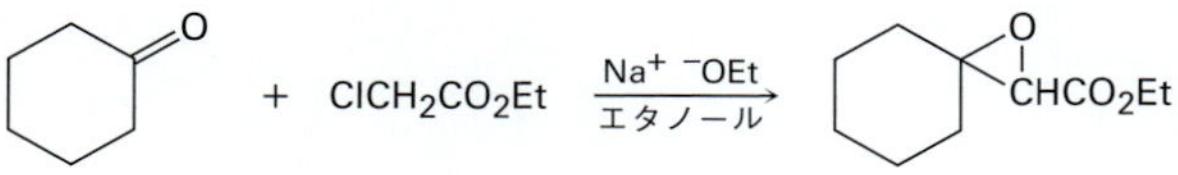

17・86　ケトン，アミン，そしてアルデヒドの三つの化合物の反応である **Mannich 反応**（マンニッヒ）は数少ない3成分反応の一例である．たとえばシクロヘキサノンはジメチルアミンとアセトアルデヒドと反応してアミノケトンを与える．反応は2段階で起こり，両段階とも典型的なカルボニル基の反応である．
(a) 最初の段階はアルデヒドとアミンが反応してイミニウムイオン中間体 $R_2C=NR_2^+$ と水を生じる反応である．反応機構を示しイミニウムイオン中間体の構造を示せ．
(b) 第二段階はイミニウムイオン中間体とケトンとの反応により最終生成物を与える反応である．反応機構を示せ．

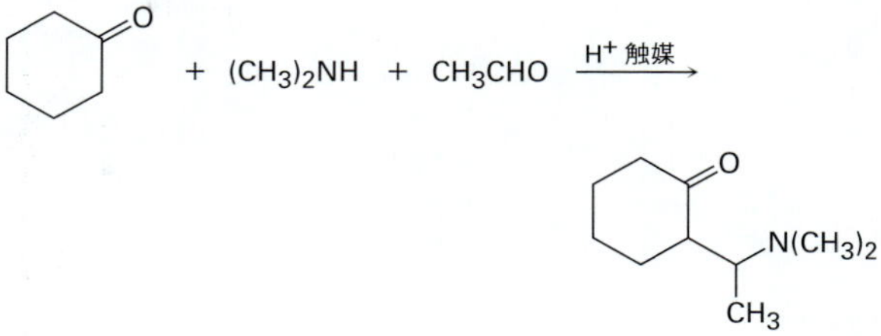

17・87　コカインはアセトンジカルボン酸ジメチルとアミンとジアルデヒドとの Mannich 反応（問題 17・86）により始まる一連の反応により合成されている．アミンとジアルデヒドの構造を示せ．

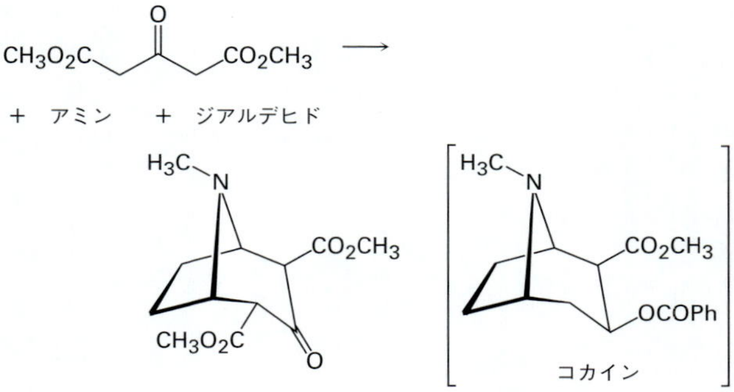

＋　アミン　＋　ジアルデヒド

コカイン

18 アミンとヘテロ環

18・1 アミンの命名法
18・2 アミンの性質
18・3 アミンの塩基性度
18・4 芳香族アミンの塩基性度
18・5 生体内アミンと
　　　 Henderson-Hasselbalch の式
18・6 アミンの合成
18・7 アミンの反応
18・8 ヘテロ環アミン
18・9 縮合ヘテロ環
18・10 アミンの分光法

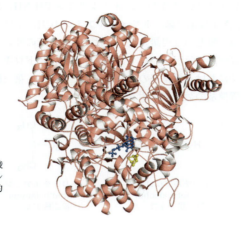

グルタミン合成酵素はアミノ酸合成経路の 2-オキソグルタル酸からグルタミン酸への還元的アミノ化反応を触媒する

本章の目的　本章を終えると，生体分子に含まれる一般的な官能基をすべて学んだことになる．これらの官能基のうちでアミンとカルボニル化合物が生体分子には最も多く，これらは多様な反応性を示す．すでに説明したタンパク質や核酸に加え，ほとんどの医薬品がアミノ基を含んでいる．さらに，生体触媒に必要な補酵素のほとんどもアミンである．

　アルコールやエーテルが水の水素原子が有機基に置き換わった化合物であるのと同様に，**アミン**（amine）はアンモニアの水素原子が有機基に置き換わった化合物である．アミンにはアンモニアと同様に非共有電子対をもつ窒素原子があり，塩基性を示すとともに求核性も示す．本章で述べるように，アミンの化学的性質の多くは非共有電子対の存在による．

　アミンはすべての生物中に広く分布している．たとえば，トリメチルアミン（trimethylamine）は動物の組織中に存在し，魚の特有なにおいの原因物質の一つである．また，ニコチン（nicotine）はたばこに含まれ，中枢興奮作用をもつコカイン（cocaine）は南米のコカの木から得られる．さらに，アミノ酸はすべてのタンパク質の構成成分であり，環状アミン塩基は核酸の構成成分である．

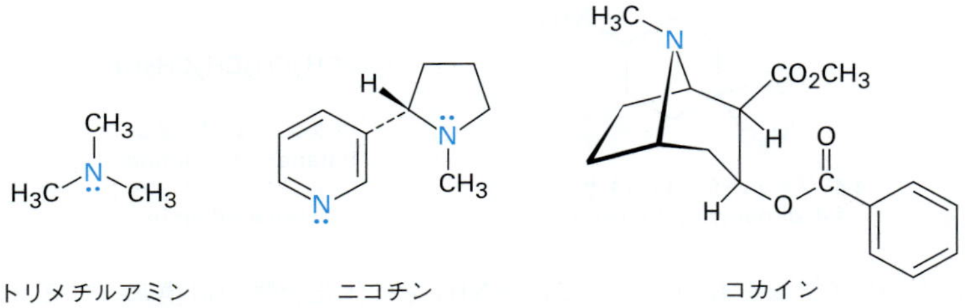

トリメチルアミン　　ニコチン　　コカイン

624 18. アミンとヘテロ環

18·1 アミンの命名法

アミンはアルキル基の置換した**アルキルアミン**（alkylamine）と芳香環の置換した**芳香族アミン**（arylamine）がある．両者の化学的性質はよく似ているが，重要な違いもある．アミンは窒素上の有機基の数によって**第一級アミン**（primary amine）RNH_2，**第二級アミン**（secondary amine）R_2NH，**第三級アミン**（tertiary amine）R_3Nに分類できる．すなわち，メチルアミン CH_3NH_2 は第一級であり，ジメチルアミン $(CH_3)_2NH$ は第二級，トリメチルアミン $(CH_3)_3N$ は第三級である．この第一級，第二級，第三級という用語の使い方は，これまでの使い方とは異なる．すなわち，第三級アルコールや第三級ハロゲン化アルキルはヒドロキシ基やハロゲンが結合している炭素原子における置換基の数を意味しているが，第三級アミンという場合には，窒素原子の置換基の数を意味する．

t-ブチルアルコール	トリメチルアミン	t-ブチルアミン
t-butyl alcohol	trimethylamine	t-butylamine
第三級アルコール	第三級アミン	第一級アミン

四つの置換基が窒素原子に結合している化合物も存在し，この窒素原子は正の形式電荷をもつ．このような化合物は**第四級アンモニウム塩**（quaternary ammonium salt）とよばれる．

第四級アンモニウム塩

第一級アミンの IUPAC 命名法はいくつかあり，簡単なアミンについてはアルキル置換基名の後に接尾語として −アミン（-amine）をつける．9 章にでてきたアニリン（aniline）はフェニルアミン（phenylamine）となる．

t-ブチルアミン	シクロヘキシルアミン	アニリン
t-butylamine	cyclohexylamine	aniline

他の命名法として，母体名の後に接尾語 −アミンをつける（英語では母体名の最後の -e をとって -amine をつける）方法がある．

$H_2NCH_2CH_2CH_2CH_2NH_2$

4,4-ジメチルシクロヘキサンアミン
4,4-dimethylcyclohexanamine

ブタン-1,4-ジアミン
butane-1,4-diamine
[1,4-ブタンジアミン]
[1,4-butanediamine]

下段の［　］内は IUPAC 1993 年勧告以前の命名法による名称．

二つ以上の官能基をもつアミンでは $-NH_2$ を母体化合物の置換基（アミノ基）と

して命名する*.

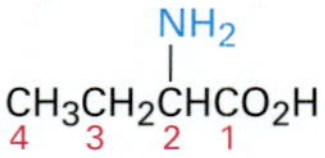

* 訳注: 命名法における官能基の優先順位が $-NH_2$ より高い官能基がある場合.

2-アミノブタン酸
2-aminobutanoic acid

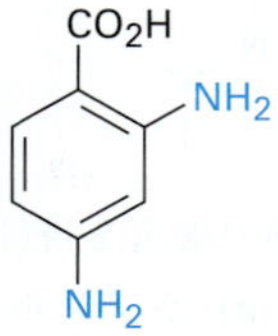

2,4-ジアミノ安息香酸
2,4-diaminobenzoic acid

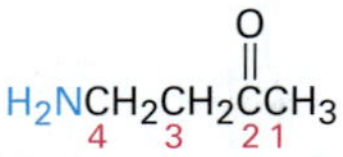

4-アミノブタン-2-オン
4-aminobutan-2-one
[4-アミノ-2-ブタノン]
[4-amino-2-butanone]

対称な第二級アミンや第三級アミンではアルキル基名の前に接頭語としてジ-（di-）やトリ-（tri-）をつける.

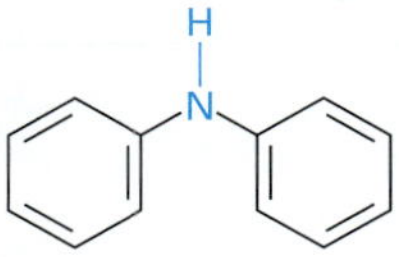

ジフェニルアミン
diphenylamine

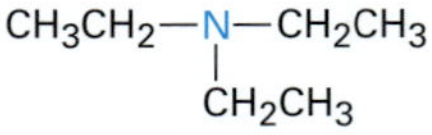

トリエチルアミン
triethylamine

異なる置換基が置換した第二級アミンや第三級アミンは N 置換の第一級アミンとして命名する. 最も大きいアルキル基を母体化合物名に選び, 他のアルキル基は N の置換基とする（N の置換基とするのは, それらが N に結合しているからである）.

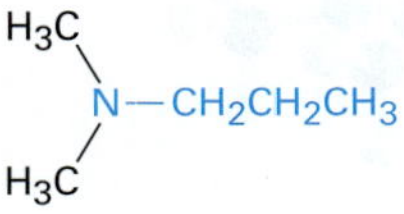

N,N-ジメチルプロピルアミン
N,N-dimethylpropylamine

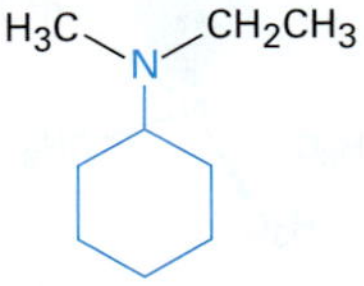

N-エチル-*N*-メチルシクロヘキシルアミン
N-ethyl-*N*-methylcyclohexylamine

環の一部に窒素原子が入っているヘテロ環アミン（heterocyclic amine, 複素環アミンともいう）も一般的で, それぞれ固有の名称がついている. いずれの場合にも, 環内の窒素原子の位置を 1 として番号をつける.

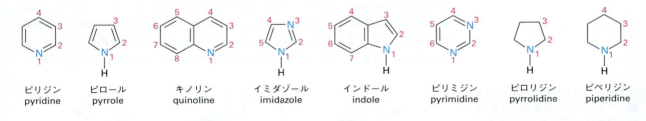

ピリジン　ピロール　キノリン　イミダゾール　インドール　ピリミジン　ピロリジン　ピペリジン
pyridine　pyrrole　quinoline　imidazole　indole　pyrimidine　pyrrolidine　piperidine

問題 18・1 次の化合物を命名せよ.

(a) $CH_3NHCH_2CH_3$ (b) (c)

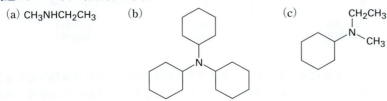

(d) (e) (f)

問題 18・2 次の IUPAC 名の化合物の構造を書け.
(a) トリイソプロピルアミン　(b) ジアリルアミン
(c) N-メチルアニリン　(d) N-エチル-N-メチルシクロペンチルアミン
(e) N-イソプロピルシクロヘキシルアミン　(f) N-エチルピロール

問題 18・3 次のヘテロ環アミンの構造式を書け.
(a) 5-メトキシインドール　(b) 1,3-ジメチルピロール
(c) 4-(N,N-ジメチルアミノ)ピリジン　(d) 5-アミノピリミジン

18・2 アミンの性質

アルキルアミンの結合様式はアンモニアと同様，窒素原子は sp^3 混成で，四面体の三つの頂点に三つの置換基があり，非共有電子対が 4 番目の頂点に位置している．C−N−C 結合角は四面体角である 109°に近く，実際トリメチルアミンでは 108°である．

トリメチルアミン

四面体構造のため，窒素の三つの置換基が異なるアミンはキラルである（§5・10 参照）．しかし，一般的にキラルアミンはキラル炭素化合物と異なり，通常二つのエナンチオマーに分割することができない．これは，ハロゲン化アルキルの S_N2 反応の際に反転が起こるように，アミンの二つのエナンチオマーが**ピラミッド反転**（pyramidal inversion）で速やかに相互変換するためである．ピラミッド反転は，窒素原子が平面 sp^2 構造に一時的に再混成し，ついでその平面構造から四面体 sp^3 構造に再混成することにより起こる（図 18・1）．この反応のエネルギー障壁は 25 kJ/mol（6 kcal/mol）であり，これは炭素−炭素単結合の回転障壁の 2 倍程度の大きさである．

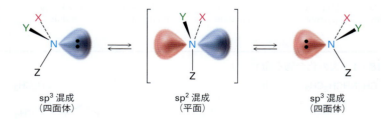

図 18・1 アミンのピラミッド反転．アミンの二つの鏡像異性体（エナンチオマー）はピラミッド反転によりすばやく変換する．

アルキルアミンは化学工業においてさまざまな殺虫剤や医薬品の合成原料として利用されている．たとえば，β遮断薬（βブロッカー）とよばれる高血圧治療薬である

18・3 アミンの塩基性度 627

ラベタロール（labetalol）は第一級アミンがエポキシドに S_N2 反応することによって合成されている．市販されているこの薬は四つの立体異性体の混合物であるが，活性が高いのは *R,R* 体である．

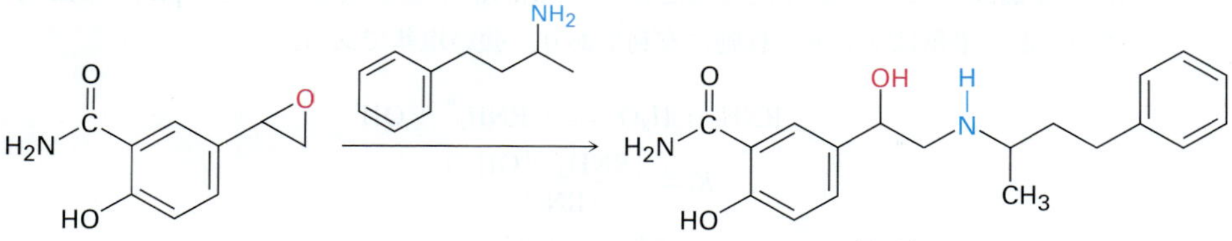

一般に炭素数が 5 以下のアミンはアルコールと同様に水溶性である．さらに，第一級および第二級アミンは水素結合を形成して強く会合している点もアルコールと同じである．そのため，アミンは同程度の分子量のアルカンよりも沸点が高い．たとえば，ジエチルアミン（分子量 73）の沸点は 56.3 ℃ であるのに対し，ペンタン（分子量 72）の沸点は 36.1 ℃ である．

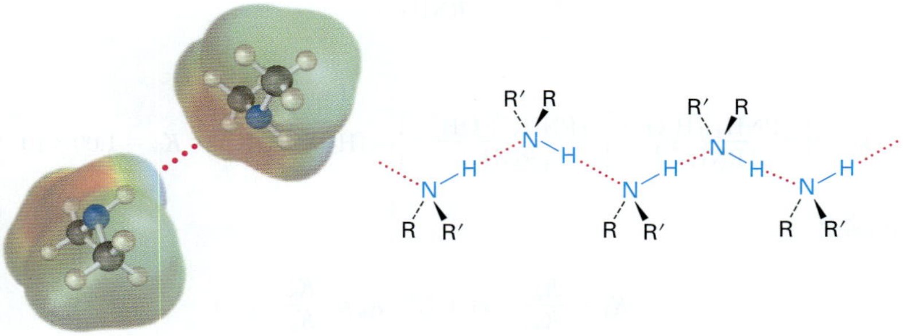

アミンのもう一つの特徴としてそのにおいがある．トリメチルアミンのような低分子量のアミンは魚くさい独特なにおいをもっている．カダベリン（cadaverine，ペンタン-1,5-ジアミン）やプトレシン（putrescine，ブタン-1,4-ジアミン）のようなジアミンは，死体（cadaver）や腐敗（putrescence）という名前の由来そのままのにおいである．これらのジアミンはタンパク質の分解により生じる．

18・3 アミンの塩基性度

窒素の非共有電子対によってアミンの化学的性質は支配され，これによりアミンは塩基性と求核性をもつ．アミンは酸と反応して塩を形成し，また，すでに解説した多くの極性反応において求電子剤と反応する．次に示すトリメチルアミンの静電ポテンシャル図では，赤い負電荷の部分が窒素の非共有電子対に相当している．

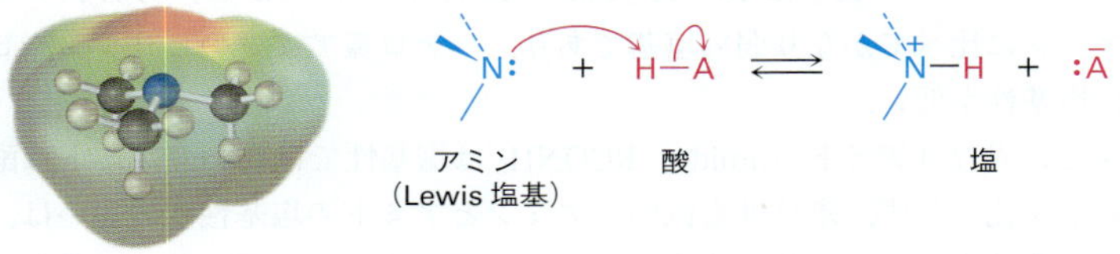

アミン（Lewis 塩基）　　酸　　　　　塩

アミンの酸素類縁体であるアルコールやエーテルよりも，アミンはかなり強い塩基

である．アミンを水に溶かすと，水が酸としてアミンをプロトン化し，平衡に達する．カルボン酸の酸としての強さは酸性度定数 K_a（§2・8参照）を定義することで測ることができるが，アミンの塩基性の強さも，類似の**塩基性度定数**（basicity constant）K_b を定義することにより測ることができる．K_b の値が大きいほど（pK_b の値が小さいほど）平衡はプロトン移動に有利であり，強い塩基である．

$$RNH_2 + H_2O \rightleftharpoons RNH_3^+ + OH^-$$

$$K_b = \frac{[RNH_3^+][OH^-]}{[RNH_2]}$$

$$pK_b = -\log K_b$$

しかし，実際には K_b 値はあまり使われていない．それに代わって，アミン RNH_2 の**塩基性度**（basicity）は，対応するアンモニウムイオン RNH_3^+ の**酸性度**で表されている．

$$RNH_3^+ + H_2O \rightleftharpoons RNH_2 + H_3O^+$$

$$K_a = \frac{[RNH_2][H_3O^+]}{[RNH_3^+]}$$

よって

$$K_a \cdot K_b = \left[\frac{[RNH_2][H_3O^+]}{[RNH_3^+]}\right]\left[\frac{[RNH_3^+][OH^-]}{[RNH_2]}\right] = [H_3O^+][OH^-] = K_w = 1.00 \times 10^{-14}$$

以上により

$$K_a = \frac{K_w}{K_b} \quad \text{および} \quad K_b = \frac{K_w}{K_a}$$

$$pK_a + pK_b = 14$$

これらの式は，アミンの K_b に対応するアンモニウムイオンの K_a をかけたものは，水のイオン積 K_w（1.00×10^{-14}）であることを示している．よって，アンモニウムイオンの K_a がわかれば $K_b = K_w/K_a$ から対応するアミンの K_b を求めることができる．アンモニウムイオンの酸性が高いほど，すなわち，プロトンを放出しやすいほど，相当するアミンの塩基性は低い．すなわち，弱塩基のアンモニウムイオンほど pK_a が小さく，強塩基のアンモニウムイオンほど pK_a が大きい．

弱塩基：対応するアンモニウムイオンの pK_a が小さい
強塩基：対応するアンモニウムイオンの pK_a が大きい

表18・1にアンモニウムイオンの pK_a を示すが，アミンの塩基性度にかなりの幅があることがわかる．多くの単純なアルキルアミンの塩基性度はほぼ同じで，それらのアンモニウムイオンの pK_a は 10〜11 の狭い範囲にある．しかし，芳香族アミンはアルキルアミンに比べてかなり弱い塩基であり，ヘテロ環アミンのピリジンやピロールも同様に塩基性が低い．

アミンとは異なり**アミド**（amide）$RCONH_2$ は塩基性ではない．アミドは酸水溶液でもプロトン化されず，求核性も低い．アミンとアミドの塩基性度の違いは，アミドでは窒素の非共有電子対が軌道の重なりによってカルボニル基に非局在化して安定化されていることによる．共鳴の観点から述べると，アミドは二つの共鳴構造の混成体

18・3 アミンの塩基性度　629

表 18・1　代表的なアミンの塩基性度

名　称	構　造	アンモニウムイオンの pK_a	名　称	構　造	アンモニウムイオンの pK_a
アンモニア	NH_3	9.26	ヘテロ環アミン		
第一級アミン			ピリジン		5.25
メチルアミン	CH_3NH_2	10.64			
エチルアミン	$CH_3CH_2NH_2$	10.75			
第二級アミン			ピリミジン		1.3
ジエチルアミン	$(CH_3CH_2)_2NH$	10.98			
ピロリジン		11.27	ピロール		0.4
第三級アミン					
トリエチルアミン	$(CH_3CH_2)_3N$	10.76	イミダゾール		6.95
芳香族アミン					
アニリン		4.63			

として表されるため，アミンに比べてアミドは安定であり，反応性が低い．アミド窒素がプロトン化されるとこのアミドの共鳴安定化は失われるため，アミド窒素のプロトン化は不利である．次の静電ポテンシャル図はこのアミド窒素上の電子密度の減少をはっきりと示している．

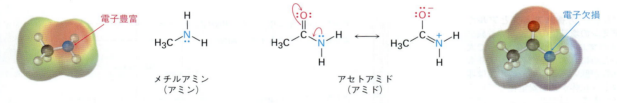

メチルアミン（アミン）　　　アセトアミド（アミド）　　　リチウムジイソプロピルアミド
lithium diisopropylamide: LDA

塩基としての性質に加えて第一級および第二級アミンは非常に弱い酸としても働く．これは N–H のプロトンが強力な塩基によって引抜かれるためである．たとえば，ジイソプロピルアミン（pK_a 約 36）がブチルリチウムと反応してリチウムジイソプロピルアミド（LDA）を生じることをすでに述べた（§17・4 参照）．LDA のようなジアルキルアミンのアニオンはきわめて強力な塩基で，フラスコ内ではカルボニル化合物からエノラートを生成させるのによく用いられている（§17・5 参照）．しかし，このように強力な塩基は生体内には存在しない．

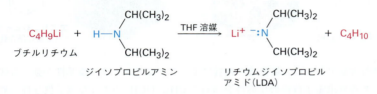

問題 18・4　次の各組の化合物で，より塩基性が強いのはどちらか．
　(a) $CH_3CH_2NH_2$ と $CH_3CH_2CONH_2$　　(b) NaOH と CH_3NH_2
　(c) CH_3NHCH_3 とピリジン

問題 18・5 ベンジルアンモニウムイオン $C_6H_5CH_2NH_3^+$ の pK_a は 9.33, プロピルアンモニウムイオンの pK_a は 10.71 である. ベンジルアミンとプロピルアミンではどちらの塩基性が強いか. また, ベンジルアミンとプロピルアミンの pK_b はいくつか.

18・4 芳香族アミンの塩基性度

前述したように, 一般に芳香族アミンの塩基性はアルキルアミンよりも弱い. たとえば, アニリニウムイオンの pK_a は 4.63 であるが, メチルアンモニウムイオンの pK_a は 10.64 である. 芳香族アミンがアルキルアミンよりも弱塩基なのは, 窒素の非共有電子対が芳香環の π 電子系に非局在化し, H^+ との結合に使われにくいためである. 共鳴の観点からみると, 芳香族アミンは次の五つの共鳴構造により, アルキルアミンより安定である.

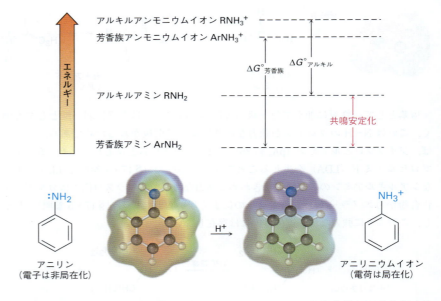

しかし, 共鳴安定化はプロトン化によって消失するので, プロトン化体と非プロトン化体の間のエネルギー差は芳香族アミンの方がアルキルアミンよりも大きくなり, そのため芳香族アミンの方が弱塩基となる. 図 18・2 はこの違いを示している.

図 18・2 芳香族アミンとアルキルアミンの塩基性の比較. 芳香族アミンのプロトン化の $\Delta G°$ は正で大きいために, アルキルアミンよりも塩基性が低い. この第一の理由は非プロトン化体が共鳴安定化していることである. 静電ポテンシャル図では, アニリンの非共有電子対は非局在化しているが, 相当するアンモニウムイオンでは電荷が局在化している.

置換芳香族アミンは, 置換基の性質によってアニリンよりも塩基性が強くも弱くもなる. 芳香族求電子置換の反応性を高める CH_3, OCH_3 のような電子供与性の置換基 (§9・8 参照) は, 芳香族アミンの塩基性も高める. 逆に, 芳香族求電子置換の反応性を下げる Cl, NO_2, CN のような電子求引性置換基は, 芳香族アミンの塩基性も下げる. 表 18・2 にはパラ置換アニリンだけを記載したが, 同様な傾向はオルトおよびメタ誘導体についてもみられる.

18・5 生体内アミンと Henderson-Hasselbalch の式　　631

表 18・2　パラ置換アニリンの塩基性度

$$Y\!-\!\!\!\bigcirc\!\!\!-\ddot{N}H_2 + H_2O \;\rightleftharpoons\; Y\!-\!\!\!\bigcirc\!\!\!-\overset{+}{N}H_3 + {}^-OH$$

置換基 Y	pK_a	
NH₂	6.15	活性化基
OCH₃	5.34	
CH₃	5.08	
H	4.63	
Cl	3.98	不活性化基
Br	3.86	
CN	1.74	
NO₂	1.00	

強塩基 ↑ 弱塩基

問題 18・6　次の化合物を塩基性が低いものから順に並べよ.

(a) p-ニトロアニリン, p-アミノベンズアルデヒド, p-ブロモアニリン

(b) p-クロロアニリン, p-アミノアセトフェノン, p-メチルアニリン

(c) p-(トリフルオロメチル)アニリン, p-メチルアニリン, p-(フルオロメチル)アニリン

18・5　生体内アミンと Henderson-Hasselbalch の式

§15・3 に示したように, ある pH の水溶液中でのカルボン酸 HA の解離度は **Henderson-Hasselbalch の式** (Henderson-Hasselbalch equation) で計算できる. そして, 細胞内の生理的 pH 7.3 ではカルボン酸はほぼ完全に解離してカルボキシラートイオン RCO_2^- として存在する.

Henderson-Hasselbalch の式　　$$pH = pK_a + \log\frac{[A^-]}{[HA]}$$

よって　　$$\log\frac{[A^-]}{[HA]} = pH - pK_a$$

アミンの場合は細胞内の生理的 pH でアミン型 ($A^- = RNH_2$), もしくはアンモニウムイオン型 ($HA = RNH_3^+$) のどちらで存在するのだろうか. pH 7.3 における 0.0010 M のメチルアミン溶液を例に考えてみよう. 表 18・1 よりメチルアンモニウムイオンの pK_a は 10.64 で, Henderson-Hasselbalch の式は次のようになる.

$$\log\frac{[RNH_2]}{[RNH_3^-]} = pH - pK_a = 7.3 - 10.64 = -3.34$$

$$\frac{[RNH_2]}{[RNH_3^-]} = 10^{-3.34} = 4.6 \times 10^{-4}$$

よって　　$$[RNH_2] = (4.6\times10^{-4})[RNH_3^+]$$

さらに　　$$[RNH_2]+[RNH_3^+] = 0.0010\ M$$

以上より, $[RNH_3^+]$ は 0.0010 M で, $[RNH_2]$ は 4.6×10^{-7} M となり, 生理的 pH である 7.3 では 0.0010 M のメチルアミンはほぼ 100% プロトン化体, すなわちメチル

632   18. アミンとヘテロ環

アンモニウムイオンで存在する．他の塩基性アミンについても同様で，生体内のアルキルアミンはプロトン化体で表記される．このため，生理的条件においてアミノ酸はアンモニウムイオンでかつカルボキシラートイオンである．

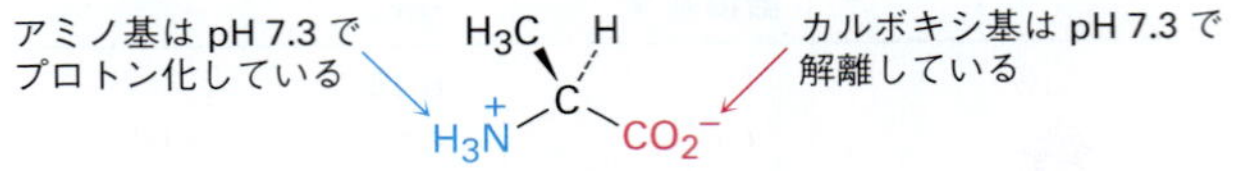

アミノ基は pH 7.3 で　　　　　　　　　　　　　　　カルボキシ基は pH 7.3 で
プロトン化している　　　　　　　　　　　　　　　解離している

アラニン（アミノ酸）

問題 18・7　pH 7.3 のピリミジンの 0.0010 M 水溶液中での非プロトン化体とプロトン化体の割合を計算せよ．ピリミジニウムイオンの pK_a は 1.3 である．

18・6　アミンの合成

ニトリル，アミド，およびニトロ化合物の還元

　アミドまたはニトリルを水素化アルミニウムリチウム $LiAlH_4$ で還元してアミンを合成する方法についてはすでに §15・7 と §16・7 で述べた．CN^- による S_N2 置換反応と還元反応の2段階経路で，ハロゲン化アルキルから炭素数の一つ多い第一級アルキルアミンを合成できる．また，カルボン酸およびその誘導体をアミドに変換した後に還元する方法では同じ炭素数のアミンが得られる．

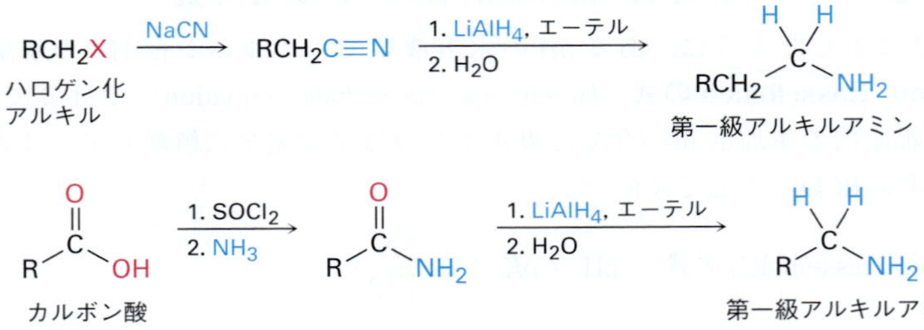

　一般に芳香族アミンは芳香族化合物をニトロ化した後，ニトロ基を還元（§9・6参照）して合成する．場合に応じて，さまざまな還元法が用いられている．白金を用いた触媒的な水素化は優れた還元法であるが，C=C 結合やカルボニル基のように還元されやすい官能基が分子中にある場合は使えない．酸水溶液中で鉄，亜鉛，スズや塩化スズ $SnCl_2$ を使う方法も有効である．塩化スズは温和な条件下で反応を行えるた

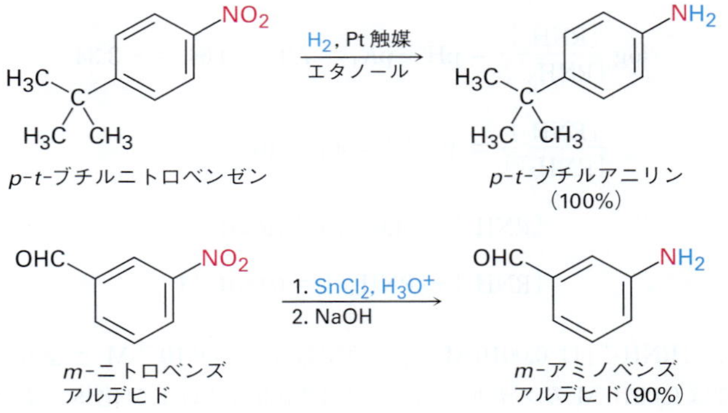

め，他に還元されやすい置換基がある場合に用いられる．

問題 18・8 次のアミンの前駆体であるニトリルとアミドの構造式を書け．
 (a) $CH_3CH_2CH_2NH_2$
 (b) $(CH_3CH_2CH_2)_2NH$
 (c) ベンジルアミン $C_6H_5CH_2NH_2$
 (d) N-エチルアニリン

ハロゲン化アルキルの S_N2 反応

アンモニアやアルキルアミンは S_N2 反応でのよい求核剤である．よって，最も簡単なアルキルアミンの合成法は，ハロゲン化アルキルによるアンモニアまたはアルキルアミンの S_N2 アルキル化である．アンモニアからは第一級アミンが，第一級アミンからは第二級アミンが順次生成する．第三級アミンもハロゲン化アルキルと速やかに反応して第四級アンモニウム塩 $R_4N^+X^-$ が得られる．

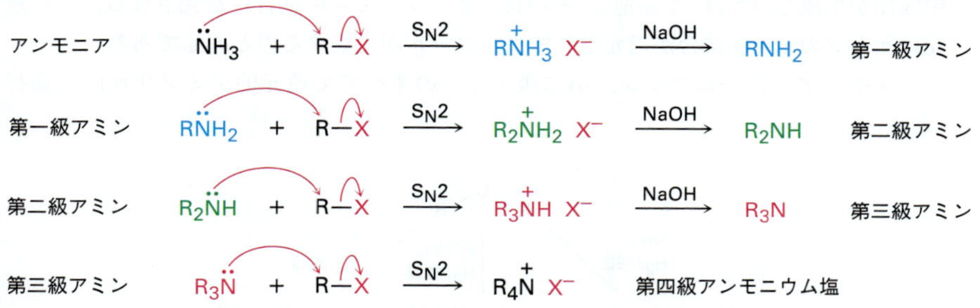

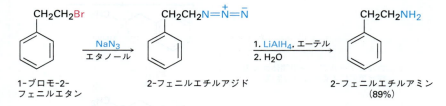

しかし，この反応ではアルキル化が 1 回だけで止まることはない．アルキルアミンの反応性は類似しているので，最初に生成したモノアルキル体はさらにアルキル化され，モノ，ジ，トリアルキル化体の混合物が得られる．

第一級アミンをハロゲン化アルキルから合成するにはアンモニアではなくアジドイオン N_3^- を求核剤に用いる方がよい．この場合，アルキルアジドが生成物として得られ，これには求核性がないのでさらなるアルキル化は進行しない．その後にアルキルアジドを $LiAlH_4$ で還元して望みの第一級アミンを得る．これはよい合成法ではあるが，低分子のアルキルアジドは爆発性があるので注意して扱う必要がある．

問題 18・9 中枢神経系を調節している神経伝達物質であるドーパミンの合成法を二つ示せ．（赤は O，青は N）

ドーパミン dopamine

アルデヒドとケトンの還元的アミノ化

アミンはアルデヒドまたはケトンを還元剤の存在下でアンモニアまたはアミンと反応させる**還元的アミノ化**（reductive amination）により1段階で合成できる．たとえば，中枢神経系興奮薬のアンフェタミンはフェニルプロパン-2-オンとアンモニアの還元的アミノ化法により工業的に製造されており，還元剤としてはニッケル触媒と水素ガスが使われる．実験室ではニッケル触媒と水素ガスの代わりに水素化ホウ素ナトリウム $NaBH_4$ がよく使われる．

還元的アミノ化の経路を図18・3に示す．まず求核付加，つづく脱水反応でイミン中間体が生成し（§14・7参照），その後，イミンのC=N結合が還元される．この還元はケトンのC=O結合が還元されてアルコールが生成するのと同じである．

アンモニア，第一級アミン，第二級アミンのすべてで還元的アミノ化反応が進行

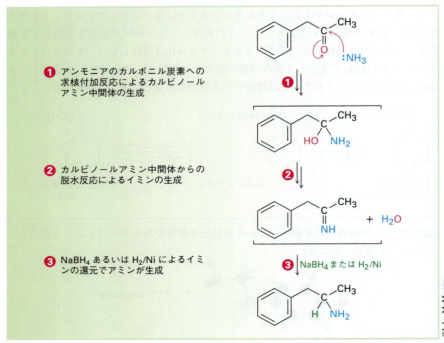

図 18・3 ケトンからアミンへの還元的アミノ化の反応機構．イミン生成の詳細は図14・6を参照．

し，それぞれ，第一級アミン，第二級アミン，第三級アミンが生じる．

多くの生合成経路においても還元的アミノ化が起こっている．例として，アミノ酸であるプロリンの生合成があり，グルタミン酸 5-セミアルデヒドが分子内でイミンを形成することにより 1-ピロリニウム 5-カルボキシラートが生成し，その C＝N 結合がヒドリドイオンの求核付加により還元されている．NADH〔ニコチンアミドアデニンジヌクレオチド（nicotinamide adenine dinucleotide）の還元型〕は生体内の還元剤として働く．

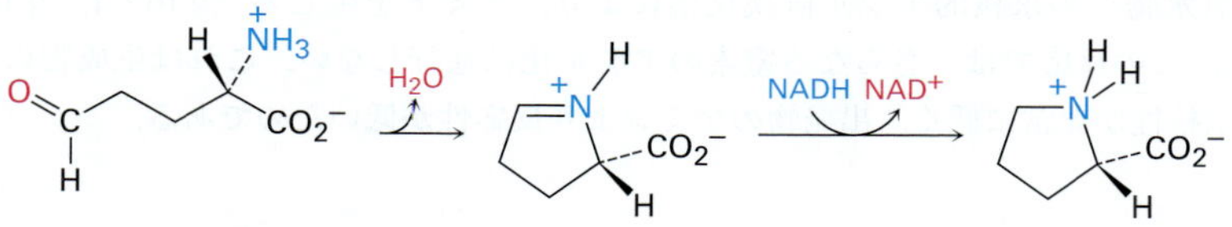

グルタミン酸 5-セミアルデヒド → 1-ピロリニウム 5-カルボキシラート → プロリン

例題 18・1 還元的アミノ化の利用

還元的アミノ化によって N-メチル-2-フェニルエチルアミンを合成する方法を示せ．

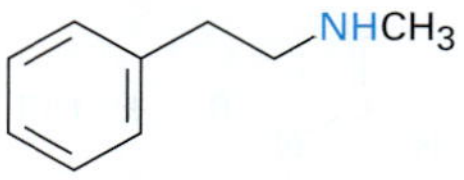

N-メチル-2-フェニルエチルアミン

考え方 標的分子中の窒素に結合している置換基のうち，一つはアルデヒドまたはケトン由来であり，他方はアミン由来である．N-メチル-2-フェニルエチルアミンの場合，フェニルアセトアルデヒドとメチルアミン，またはホルムアルデヒドと 2-フェニルエチルアミンの組合わせが考えられる．一般的には，より単純なアミン（この場合はメチルアミン）を用いる組合わせを選択し，そのアミンを過剰に用いる．

解 答

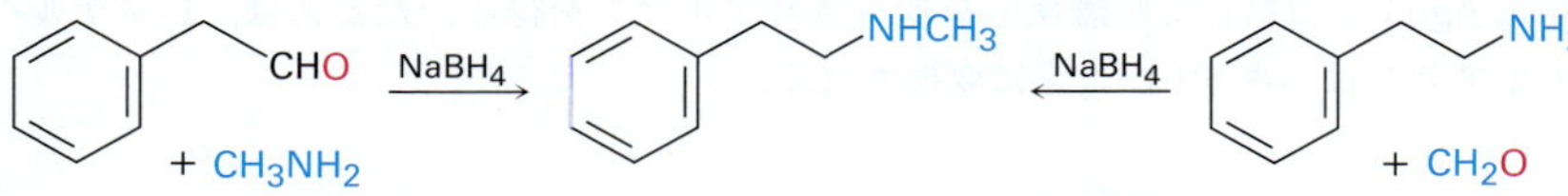

問題 18・10 以下に示すアミンを還元的アミノ化によって合成する方法を書け．合成法が複数考えられる場合はすべての前駆体を書け．

(a)  CH₃CH₂NHCHCH₃ (with CH₃) (b) 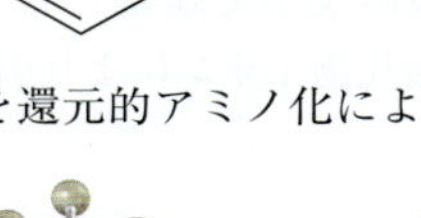 C₆H₅NHCH₂CH₃ (c) 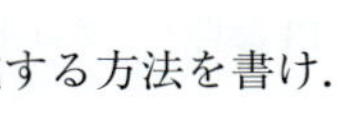 cyclopentyl-NHCH₃

問題 18・11 次に示すアミンを還元的アミノ化によって合成する方法を書け．

636   18. アミンとヘテロ環

18・7 アミンの反応

アルキル化とアシル化

アミンの代表的な反応であるアルキル化とアシル化についてすでに解説した。前節で述べたように、第一級、第二級、第三級アミンはすべて第一級ハロゲン化アルキルによってアルキル化できる。第一級アミンと第二級アミンのアルキル化は制御するのが難しく混合物が生じるが、第三級アミンはアルキル化されて第四級アンモニウム塩のみを生じる。また、第三級アミンを除く第一級および第二級アミンは酸塩化物または酸無水物への求核的アシル置換反応により、アミドを生じる（§16・4, §16・5参照）。この反応では、さらなる窒素のアシル化は進行しない。これは生成物のアミドの求核性が非常に低く、出発物のアミンより反応性が低いためである。

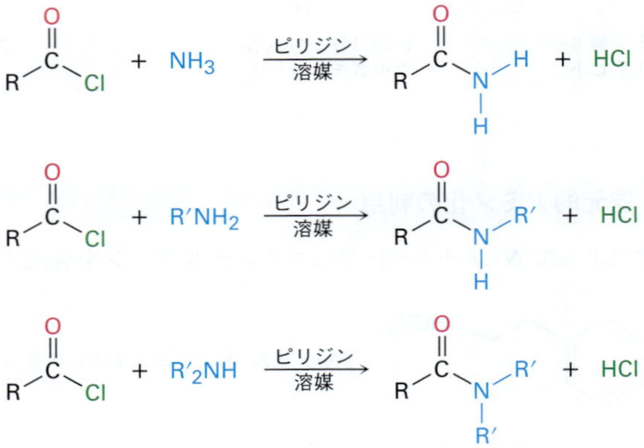

Hofmann 脱離

アルコールと同様、アミンも脱離反応によってアルケンに変換することができる。しかし、アミドイオン NH_2^- は脱離しにくいので、はじめによりよい脱離基に変換する必要がある。**Hofmann 脱離**（Hofmann elimination）では、過剰のヨウ化メチル（ヨードメタン）によってアミンを第四級アンモニウム塩とし、次に塩基として働く酸化銀 Ag_2O と加熱して脱離反応を進行させアルケンを得る。たとえば、1-メチルペンチルアミンはヘキサ-1-エンに変換される。

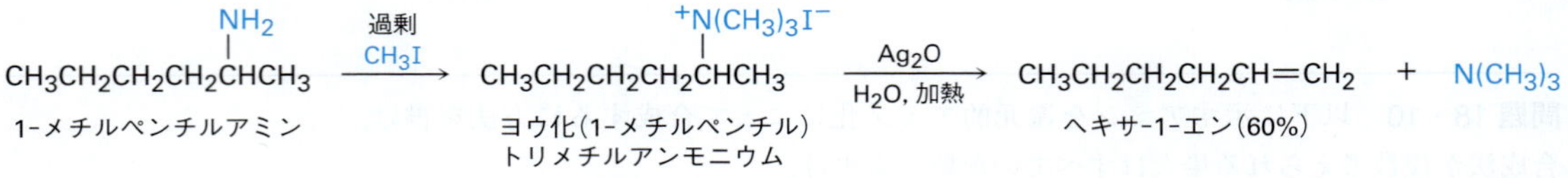

酸化銀によって第四級アンモニウム塩中のヨウ化物イオンが水酸化物イオンに交換され、この水酸化物イオンが脱離反応で塩基として働く。この脱離は E2 反応で（§12・13 参照）、プロトンが水酸化物イオンにより引抜かれると同時に正に荷電した

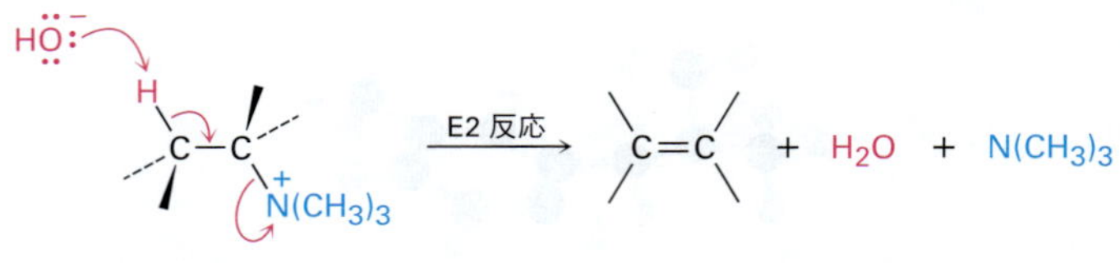

18・7 アミンの反応　　637

窒素が脱離する.

　他の E2 反応ではアルキル置換基が多い方のアルケンが主生成物となるが，この反応の主成生物はアルキル置換基の少ないアルケンである．すなわち，水酸化(1-メチルブチル)トリメチルアンモニウムから，ペンタ-2-エンではなくペンタ-1-エンが得られる．このような Zaitsev 則に反する結果は立体的な要因によると考えられる．すなわち，脱離する第三級アミンはかさ高いため，塩基は接近しやすい立体的に混んでいない水素を引抜く.

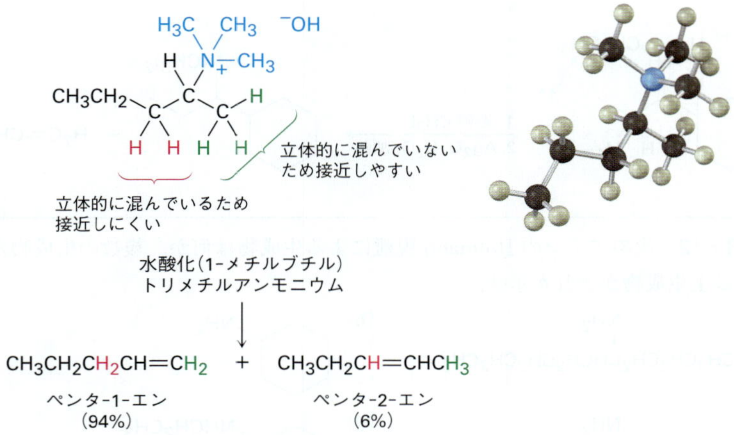

水酸化(1-メチルブチル)トリメチルアンモニウム

$CH_3CH_2CH_2CH=CH_2$ ＋ $CH_3CH_2CH=CHCH_3$
ペンタ-1-エン　　　　　　　　　　　ペンタ-2-エン
（94%）　　　　　　　　　　　　　　　（6%）

　現在，フラスコ内では Hofmann 脱離はあまり使われていないが，類似の脱離反応が生体内ではしばしば進行している．生体反応の場合は一般的に第四級アンモニウム塩ではなくプロトン化したアンモニウム塩が脱離する．たとえば核酸の生合成では，アデニロコハク酸から正に荷電したアミンが脱離してフマル酸とアデノシン一リン酸が生じる.

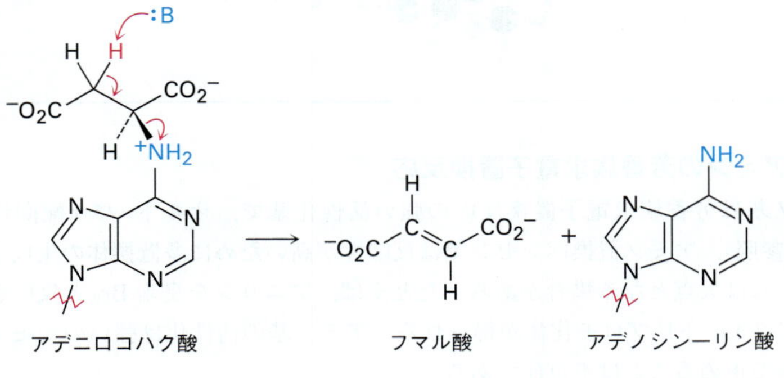

アデニロコハク酸　　　　　　　　フマル酸　　　　　アデノシン一リン酸

例題 18・2　　**Hofmann 脱離の生成物を予測する**

以下のアミンの Hofmann 脱離による主生成物は何か.

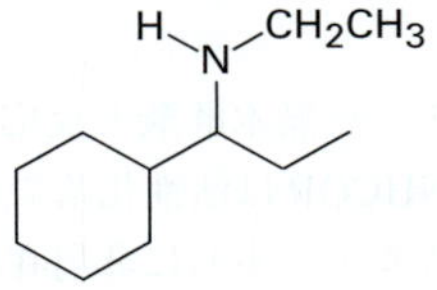

考え方 Hofmann 脱離は E2 反応で進行しアミンをアルケンに変換するが，Zaitsev 則に従わず置換基が最も少ない二重結合を与える．まず，生成物を予測するために，基質中で引抜かれる可能性のある水素を確認する（窒素原子から二つ離れた炭素に結合している水素）．そのなかで，最も塩基が近づきやすい水素を引抜く．ここでは窒素原子から二つ離れた位置に第一級，第二級，第三級炭素がそれぞれ一つずつ存在している．よって，最も立体障害の少ない第一級炭素に結合している水素が引抜かれて，置換基が最も少ないアルケンであるエチレンが得られる．

解 答

問題 18・12 次のアミンの Hofmann 脱離による生成物は何か．複数の生成物ができる場合は主生成物がどれか示せ．

(a) $CH_3CH_2CH_2CH(NH_2)CH_2CH_2CH_3$

(b) シクロヘキシルアミン (NH_2)

(c) $CH_3CH_2CH(NH_2)CH_2CH_3$

(d) シクロヘキシル-$NHCH_2CH_3$

問題 18・13 ピペリジンのようなヘテロ環アミンで Hofmann 脱離が進行するとどのような生成物が得られるか．すべての反応段階を示せ．

ピペリジン

芳香族アミンの芳香族求電子置換反応

アミノ基は芳香族求電子置換反応の強い活性化基で，オルト-パラ配向性を示す（§9・8 参照）．アミノ置換ベンゼンでは反応性が高いために多置換体の生成を抑制できず，これは欠点となる場合がある．たとえば，アニリンを臭素 Br_2 と反応させると速やかに 2,4,6-トリブロモ化体が得られる．アミノ基の活性化は強いのでモノブロモ化の段階で止めることは不可能である．

アミン置換芳香環の求電子置換反応のもう一つの欠点は Friedel–Crafts 反応が進行しないことである（§9・7 参照）．これは触媒の $AlCl_3$ とアミノ基が酸塩基錯体を形成し，そこで反応が止まるためである．しかし，アミノ基を対応するアミド基に変換することでどちらの欠点も解決でき，これにより芳香族求電子置換反応を行うことができる．

§16・5 で示したように，アミンを無水酢酸と反応させると対応する N-置換アセトアミドが得られる．アミド基 NHCOR は活性化基でオルト-パラ配向性ではあるが，窒素原子の非共有電子対が隣のカルボニル基に非局在化するため，アミノ基より活性

化効果は弱く，また塩基性も低い．そのため，*N*-アリールアミドの臭素化ではモノブロモ化体が選択性よく得られ，これを塩基性条件で加水分解するとアミンが得られる．たとえば，*p*-トルイジン（4-メチルアニリン）をアセチル化後，臭素化し，さらに加水分解すると 79% の収率で 2-ブロモ-4-メチルアニリンが得られ，2,6-ジブロモ化体はまったく得られない．

p-トルイジン

2-ブロモ-4-メチルアニリン(79%)

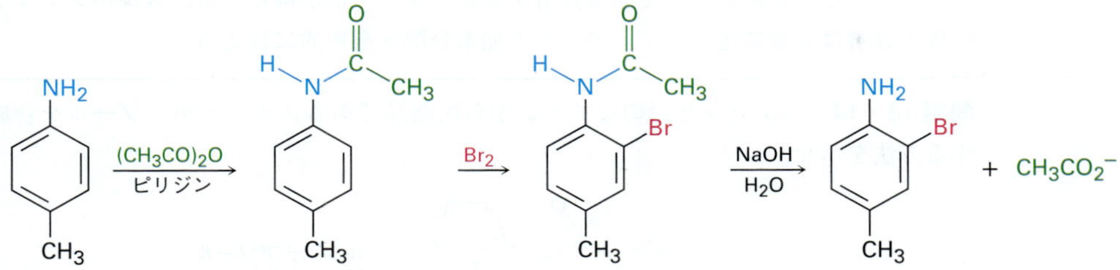

N-アリールアミドの Friedel-Crafts アルキル化やアシル化はよく用いられている．たとえば，Friedel-Crafts 反応条件下でのアセトアミド（*N*-アセチルアニリン）のベンゾイル化は加水分解後に 4-アミノベンゾフェノンを 80% の収率で与える．

アニリン

4-アミノベンゾフェノン
(80%)

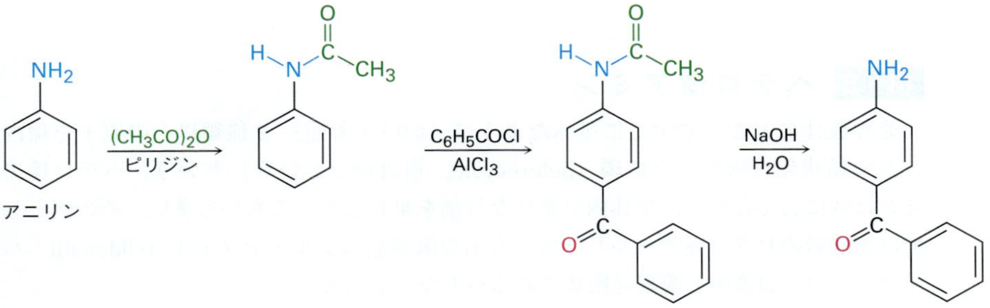

アミノ置換ベンゼンをアミドに変換することで反応性を調整するこの便利な方法により，アミノ基のままでは不可能な多くの芳香族求電子置換反応を行うことが可能である．

例として**サルファ剤**（sulfa drug）の合成がある．スルファニルアミドに代表され

アセトアニリド

スルファニルアミド
（サルファ剤）

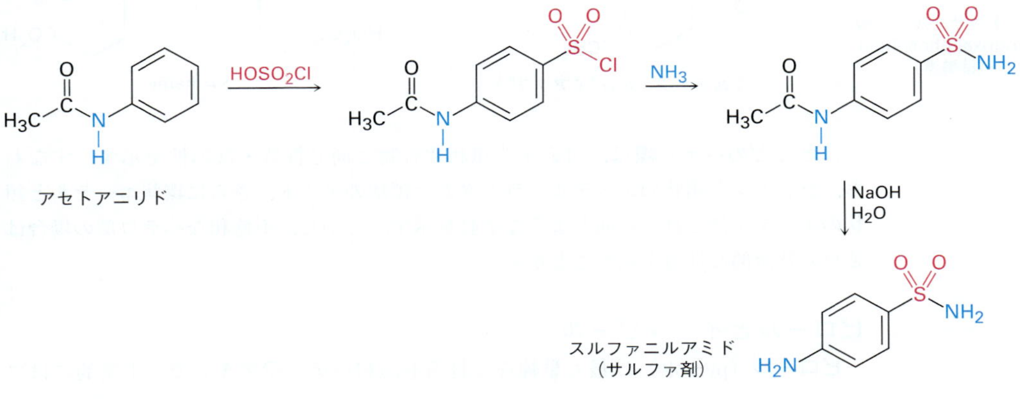

640   18. アミンとヘテロ環

るサルファ剤は，感染症治療薬としてはじめて臨床的に使われた．今日ではほとんどがサルファ剤より安全でより強力な抗生物質にとってかわられたが，サルファ剤は第二次世界大戦中に非常に多くの負傷者の命を救った実績があり，尿路感染症に対しては現在も使われている．アセトアニリドをクロロスルホン化し，生成する塩化 *p*-(*N*-アセチルアミノ)ベンゼンスルホニルをアンモニアまたはアミンと反応させてスルホンアミドとし，このアミドを加水分解するとサルファ剤が得られる．スルホンアミドの加水分解は非常に遅いので，アミドの加水分解を選択的に行える．

問題 18・14　ベンゼンと適切なアミンから医薬品であるスルファチアゾールを合成する方法を示せ．

スルファチアゾール
sulfathiazole

問題 18・15　次の化合物をベンゼンから合成する方法を示せ．
(a) *N,N*-ジメチルアニリン　　(b) *p*-クロロアニリン　　(c) *m*-クロロアニリン

18・8　ヘテロ環アミン

　芳香族性のところですでに述べたように（§9・4参照），2種類以上の原子を環内にもつ環状化合物を**ヘテロ環**（heterocycle，複素環ともいう）という．ヘテロ環アミンは特に広く存在し，生体内で重要な役割を果たしているものも多い．その例としては補酵素のピリドキサールリン酸，有名な医薬品のシルデナフィル（sildenafil，バイアグラ®），血液中の酸素運搬体であるヘムなどがある．

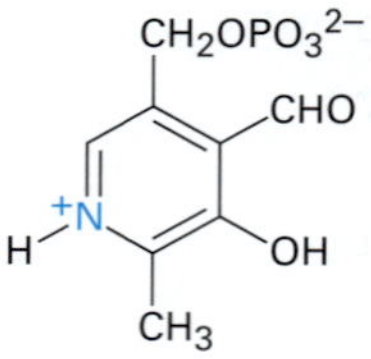

ピリドキサールリン酸
pyridoxal phosphate
（補酵素）

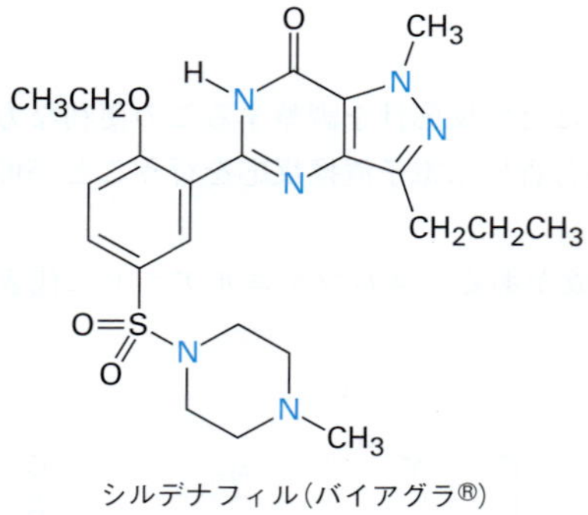

シルデナフィル（バイアグラ®）

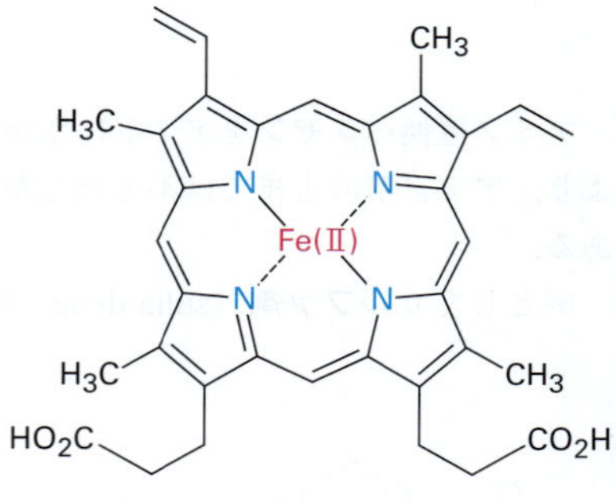

ヘム heme

　ほとんどのヘテロ環は，対応する鎖状化合物と同じ性質・反応性を示す．すなわち，ラクトンと鎖状のエステル，ラクタムと鎖状のアミド，さらに環状エーテルと鎖状のエーテルはそれぞれ同じような挙動を示す．しかし，不飽和なヘテロ環の場合は独自の特徴的な性質を示すことがある．

ピロールとイミダゾール

　ピロール（pyrrole）は最も単純な5員環不飽和ヘテロ環アミンで，工業的にはフ

ランをアルミナ触媒存在下, 400 ℃でアンモニアと反応させて合成する. 酸素原子をもつピロール類縁体であるフランは, カラスムギの殻やトウモロコシの穂軸に含まれる五炭糖の酸触媒脱水反応で得られる.

ピロールは一見するとアミンであり, かつ共役ジエンであるが, 化学的性質はいずれの特徴も示さない. 他のアミンとは異なり, ピロールは塩基性を示さず, ピロリニウムイオンのpK_aは0.4である. また, 他の共役ジエンとも異なり, ピロールは付加反応を受けずに求電子置換反応を受ける. §9・4でも述べたように, ピロールが6π電子系をもつ芳香族化合物であること (図9・7参照) がこれらの理由である. つまり, 四つの炭素がそれぞれπ電子1個を提供し, sp^2混成の窒素が非共有電子対から2電子を提供している.

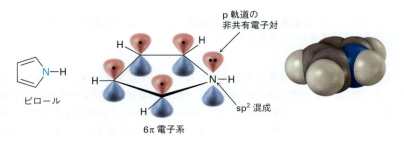

ピロール窒素の非共有電子対は芳香族6π電子系の一部であるため, 窒素原子がプロトン化されると環の芳香族性が失われてしまう. このため脂肪族アミンの窒素原子よりピロールの窒素原子は電子密度が低く, 塩基性も求核性も低い. 同じ理由により一般的な二重結合の炭素原子に比べて, ピロール環の炭素原子は電子密度が高く, また求核性も高い. したがってピロール環は, エナミン (§17・12参照) と同様に, 求電子剤に対する反応性が高い. 静電ポテンシャル図は, ピロールの窒素原子が対応する飽和化合物であるピロリジン (pyrrolidine) の窒素原子に比べて電子密度が低く (図で赤が薄い), 逆にピロール環炭素原子はシクロペンタ-1,3-ジエンの炭素原子に比べて電子密度が高い (赤が濃い) ことを示している.

ピロール   ピロリジン   シクロペンタ-1,3-ジエン

ピロールの化学は活性化されたベンゼン環のそれと似ている. そのため, 一般にピロール類はベンゼン環よりも求電子剤との反応性が高く, 低温条件で反応を制御する必要がある. この例としてはハロゲン化, ニトロ化, スルホン化, Friedel–Craftsアシル化がある.

一般的に求電子置換反応は窒素原子の隣のC2で起こる. それはC2の反応では三つの共鳴構造が可能なより安定なカチオン中間体が生成するのに対し, C3の反応では二つしか共鳴構造をもたない, より不安定なカチオン中間体を生じるからである (図18・4).

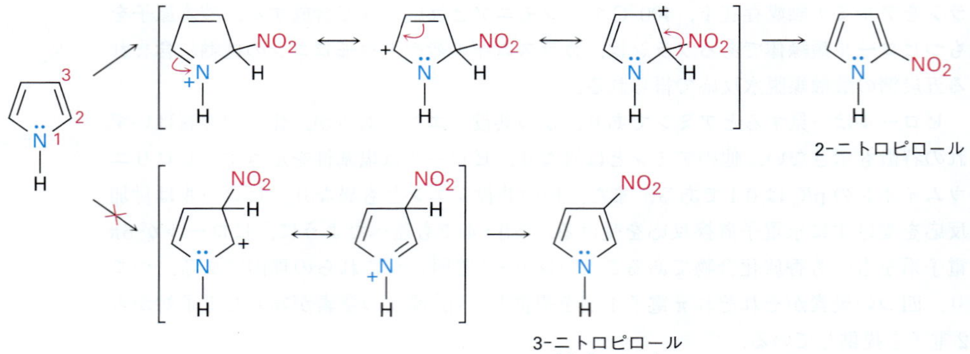

図 18・4 ピロールの求電子ニトロ化反応の機構. C2 での反応で生成する中間体は, C3 での反応で生成するものより安定である.

アミンを含む他のヘテロ 5 員環化合物としては, **イミダゾール** (imidazole) と**チアゾール** (thiazole) が代表的である. アミノ酸であるヒスチジンの構成成分であるイミダゾールは二つの窒素原子をもつが, そのうち一つだけが塩基性を示す. 5 員環のチアゾールはチアミン (ビタミン B_1) に含まれ, 塩基性窒素を一つもっているが, チアミンではこれがアルキル化されて第四級アンモニウム塩となっている.

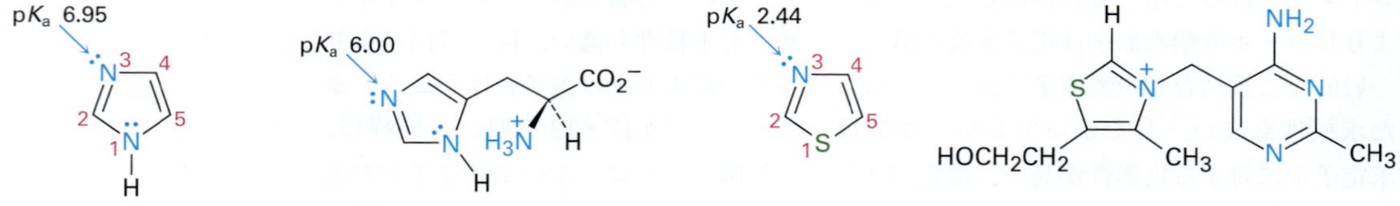

問題 18・16 チアゾールの軌道図を書け. 窒素原子と硫黄原子は sp^2 混成とし, 非共有電子対がどこに存在するかわかるように示せ.

問題 18・17 生理的 pH 7.3 で, ヒスチジン中のイミダゾール窒素は何%プロトン化しているか (§18・5 参照).

ピリジンとピリミジン

ピリジン (pyridine) はベンゼンの含窒素ヘテロ環類縁体である. ベンゼンと同様, ピリジンも平面構造で, 芳香族性をもち, 結合角は 120°, C−C 結合の長さは単結合と二重結合の中間の 139 pm である. 五つの炭素原子と sp^2 混成の窒素原子から 1 個ずつ π 電子が提供され, 芳香族 6π 電子系を形成している. そして, 窒素原子の非共有電子対は環と同じ平面にある sp^2 軌道にある (§9・4, 図 9・6 参照).

表 18・1 に示したように, ピリジン (pK_a 5.25) はピロールより強塩基であるが, アルキルアミンよりは弱塩基である. ピリジンの塩基性度がアルキルアミンより低いのは, ピリジンの窒素の非共有電子対は sp^2 混成軌道にあるのに対し, アルキルアミンでは sp^3 混成軌道にあることによる. s 軌道では核の部分の電子密度が最も高いの

に対し，p 軌道では核は節となり，電子密度が低い．そして，s 性の高い軌道にある電子の方が正に荷電している核により強くひきつけられ，結合形成に関与しにくい．その結果，ピリジンの sp² 混成の窒素原子（s 性は 33％）は sp³ 混成のアルキルアミン（s 性は 25％）に比べ塩基性が低い．

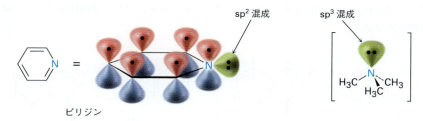

ベンゼンとは異なり，ピリジンでは芳香族求電子置換反応は起こりにくい．ハロゲン化は激しい条件下では進行するが，ニトロ化はごく低収率となり，Friedel–Crafts 反応は進行しない．一般に，これらの反応では 3 位置換生成物が得られる．

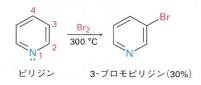

ピリジンの芳香族求電子置換の反応性が低い理由はいくつかある．一つは，塩基性の環窒素原子と求電子剤とで酸–塩基反応が進行して窒素原子上に正電荷が生じ，これがピリジン環を不活性化することである．同じように重要な理由として，電気陰性な窒素原子の電子求引性誘起効果によって環の電子密度が減少していることもある．このため，ピリジンは大きな双極子モーメント（$\mu = 2.26\,\mathrm{D}$）をもち，環の炭素が双極子の $\delta+$ 側になっている．したがって，正に分極した炭素原子への求電子攻撃は起こりにくい．

ピリジンとともに生体内に広く存在するヘテロ 6 員環化合物としては，ジアミンの**ピリミジン**（pyrimidine）がある．ピリミジンは核酸塩基の一つである．ピリミジン共役塩基の pK_a は 1.3 で，ピリミジンはピリジンより弱い塩基である．これはもう一つ加わった窒素原子の電子求引性誘起効果による．

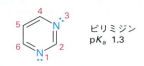

問題 18・18 ピリジンの芳香族求電子置換反応は通常 C3 で起こる．C2，C3，C4 への求電子剤の攻撃によって生じるカルボカチオン中間体を書き，この事実を説明せよ．

18・9 縮合ヘテロ環

§9・5 で述べたように，代表的な**縮合ヘテロ環化合物**（fused-ring heterocycle, fused-ring heterocyclic compound）としてはキノリン（quinoline），イソキノリン

(isoquinoline)，インドール（indole），プリン（purine）がある．前者三つはベンゼン環と芳香族ヘテロ環の両者をもっているが，プリンは二つのヘテロ環が縮環している．これら4種の環構造は天然に広く存在し，それらのなかには強力な生理活性をもつものが多い．たとえば，キノリンアルカロイドであるキニーネは抗マラリア薬として広く使われ，トリプトファンは代表的アミノ酸であり，プリン誘導体のアデニンは核酸塩基である．

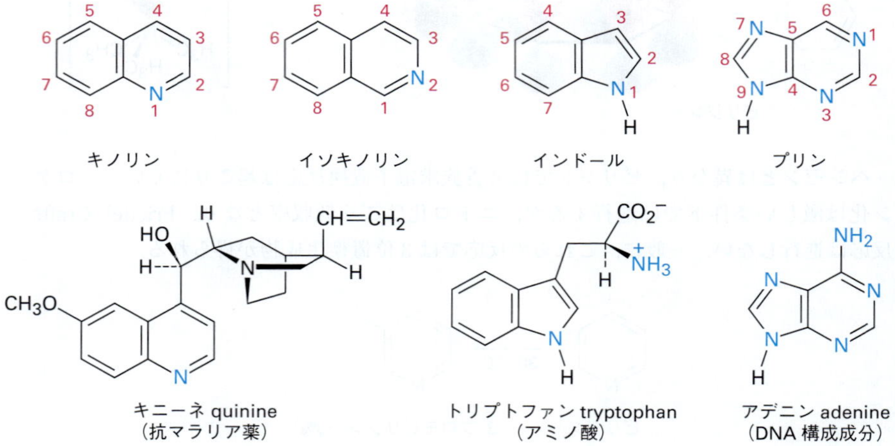

キノリン　　　　イソキノリン　　　　インドール　　　　プリン

キニーネ quinine
（抗マラリア薬）

トリプトファン tryptophan
（アミノ酸）

アデニン adenine
（DNA 構成成分）

　これらの縮合ヘテロ環化合物の化学的性質は，より単純なヘテロ環であるピリジンやピロールの化学的性質から類推できる．キノリンやイソキノリンはともに塩基性を示すピリジン様窒素原子をもち，求電子置換反応を起こすが，ベンゼンより反応性は低い．求電子置換反応はピリジン環でなくベンゼン環側で起こり，置換生成物は位置異性体の混合物となる．

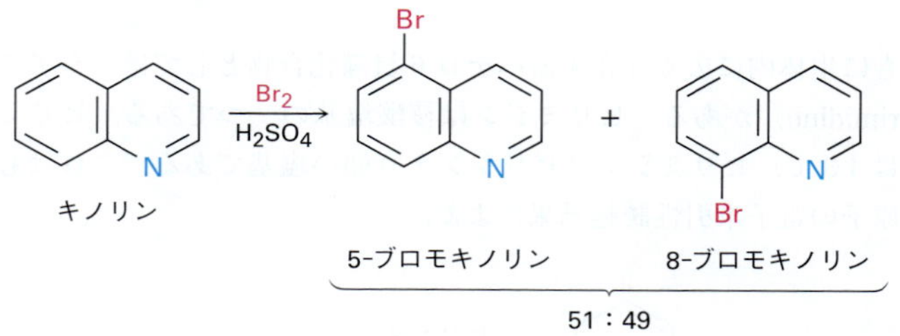

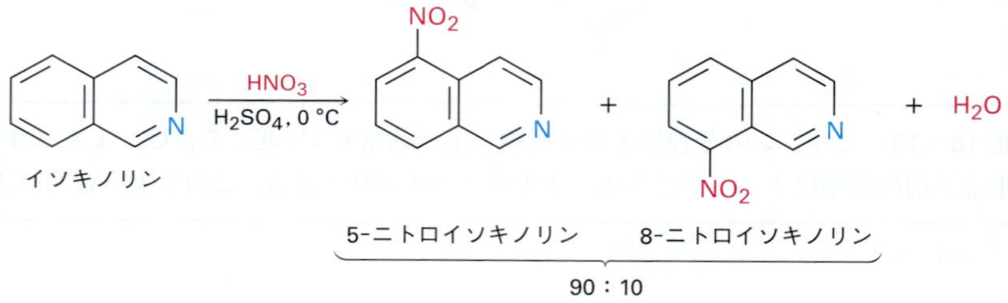

キノリン

5-ブロモキノリン　　8-ブロモキノリン

51：49

イソキノリン

5-ニトロイソキノリン　　8-ニトロイソキノリン

90：10

　インドールはピロールと同様に塩基性を示さない窒素原子をもち，ベンゼンより求電子置換の反応性が高い．求電子置換反応はベンゼン環ではなく電子密度が高いピ

ロール環の C3 で起こる.

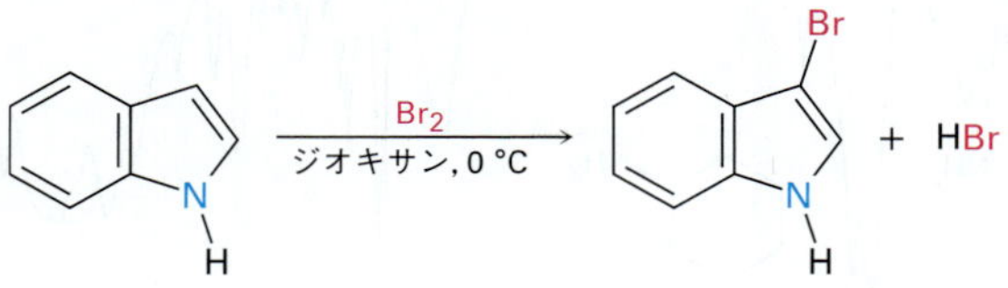

インドール　　　　3-ブロモインドール

　プリンは塩基性を示す三つのピリジン様の窒素原子をもち，その非共有電子対は，環と同じ平面上にある sp^2 軌道に存在する．残りの一つの窒素原子は塩基性を示さず，これはピロールの窒素原子と同じで非共有電子対が芳香族性を示す π 電子系の一部となっている．

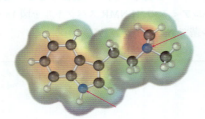
プリン

問題 18・19 幻覚作用をもつインドールアルカロイドである *N,N*-ジメチルトリプタミンの二つの窒素原子のうち，どちらがより塩基性か．理由も述べよ．

N,N-ジメチルトリプタミン

問題 18・20 インドールは求電子剤と C2 ではなく C3 で反応する．C2 および C3 への求電子攻撃によって生成するカチオン中間体の共鳴構造を書き，これを説明せよ．

18・10 アミンの分光法

赤外分光法

　第一級および第二級アミンは，赤外スペクトルの 3300～3500 cm^{-1} にみられる特徴的な N–H 伸縮に由来する吸収で同定できる．アルコールも同じ領域に吸収をもつが（§13・13 参照），一般にアミンの場合はヒドロキシ基の吸収より鋭く，強度は小さい．第一級アミンは 3350 cm^{-1} と 3450 cm^{-1} 付近に 1 対の吸収を，第二級アミンは 3350 cm^{-1} に 1 本の吸収をもつ．N–H 結合をもたない第三級アミンは，この領域に吸収をもたない．図 18・5 はシクロヘキシルアミンの赤外スペクトルである．

図 18・5 シクロヘキシルアミンの赤外スペクトル

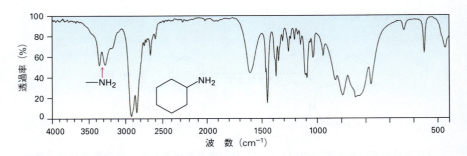

核磁気共鳴分光法

N−Hの水素のシグナルは幅広で，隣接するC−H水素とはっきりとしたカップリングをしないことが多いため，アミンを ^{1}H NMR だけで同定するのは難しい．O−Hのシグナル（§13・13参照）と同様，アミンN−Hのシグナルは広い範囲にわたって現れるが，NMR試料管に少量のD$_2$Oを添加することで簡単に判別できる．N−HがN−DになるためにNMRスペクトルからN−Hシグナルが消失する．

$$\diagdown N-H \xrightleftharpoons{D_2O} \diagdown N-D + HDO$$

窒素の電子求引性による非遮蔽効果のため，窒素の隣の炭素に結合している水素のシグナルはアルカン水素よりも低磁場に現れる．N-メチル基のピークの化学シフトは2.2〜2.6 ppmで，プロトン3個分の鋭い一重線となるので，特にわかりやすい．N-メチルシクロヘキシルアミンの ^{1}H NMR スペクトルを図18・6に示すが，2.42 ppmのシグナルがN-メチル基であることが容易にわかる．

図 18・6 N-メチルシクロヘキシルアミンの ^{1}H NMR スペクトル

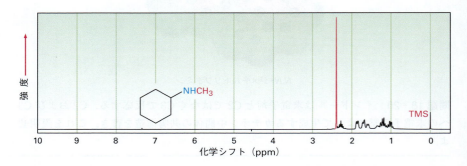

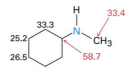

^{13}C NMR スペクトルにおいて，アミン窒素の隣の炭素は弱い非遮蔽効果により一般のアルカン炭素よりも低磁場シフトする．たとえば，N-メチルシクロヘキシルアミンでは，窒素の結合している環内炭素のシグナルは他の環内炭素より低磁場にある．

質量分析法

窒素原子を奇数個もつ化合物の分子量は奇数であるという**窒素則**（nitrogen rule）があり，これにより分子中の窒素の存在が質量スペクトルで簡単にわかる．すなわち，分子イオンの質量数が奇数であれば未知化合物の窒素原子は1または3個で，偶数のときは0または2個であることを意味する．窒素原子は3価のため，化合物中の

18. アミンとヘテロ環   647

水素原子数が必ず奇数になるので，この法則が成り立つ．たとえば，モルヒネの分子式は $C_{17}H_{19}NO_3$ で，分子量は 285 である．

アルキルアミンは質量分析計で特徴的な α 開裂を起こす．これは脂肪族アルコールと同じである（§13・13 参照）．α 開裂では窒素原子に最も近い C–C 結合が切れ，アルキルラジカルと窒素を含むカチオンとなる．

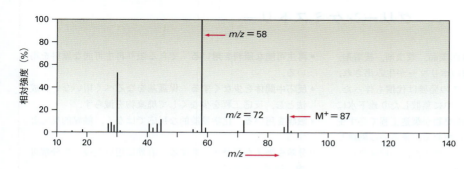

たとえば，図 18・7 に示す N-エチルプロピルアミンの質量スペクトルには，可能な二つの α 開裂で生成する $m/z=58$ と $m/z=72$ のピークがみられる．

図 18・7　N-エチルプロピルアミンの質量スペクトル．二つの α 開裂で生成しうる $m/z=58$ と $m/z=72$ のフラグメントイオンが観測される．

まとめ

本章までで，生体分子に存在する一般的な官能基すべてについて述べた．それらの官能基のなかで，アミンは最も多く存在し，その化学的特徴は非常に重要である．さらに，タンパク質，核酸，多くの医薬品はアミンであり，生体反応に必要な補酵素もアミンである．

アミンはアンモニアの水素原子が有機基に置き換わったものである．IUPAC 命名法では，これらはアルキル置換基の名前に -アミンという接尾語をつけるか，またはアミノ基をより複雑な母体化合物の一つの置換基とみなすことによって名称がつけられる．

窒素の非共有電子対によってアミンの化学的性質は支配され，これによりアミンは塩基性とともに求核性を示す．

芳香族アミンは一般にアルキルアミンより塩基性が低く，これは窒素の非共有電子対が芳香族 π 電子系と共役して非局在化するためである．芳香環上の電子求引性置換基は置換アニリンの塩基性をさらに下げるが，電子供与性置換基は塩基性を高める．アルキルアミンの塩基性は高く，細胞内の pH である 7.3 では，ほぼ完全にプロトン化体として存在する．

環の中に一つ，あるいはそれ以上の窒素原子をもつものを**ヘテロ環アミン**という．一般に飽和ヘテロ環アミンは対応する鎖状のアミンと化学的性質は同じである．これに対し，ピロール，イミダゾール，ピリジン，ピリミジンのような不飽和ヘテロ環化合物は芳香族である．これら四つの

648　18. アミンとヘテロ環

化合物は非常に安定であり，芳香族求電子置換反応を起こす．ピロールには塩基性がないが，これは窒素の非共有電子対が芳香族π電子系に組込まれているためである．キノリン，イソキノリン，インドール，プリンのような縮合ヘテロ環化合物は生体内に広く存在する．

芳香環をニトロ化後，還元することで芳香族アミンが得られる．アルキルアミンはアンモニアやアミン類のハロゲン化アルキルへの S_N2 反応で合成できる．また，アミンはアミドやニトリルの $LiAlH_4$ による還元でも得られる．

還元的アミノ化反応，すなわちアルデヒドやケトンを還元剤存在下でアミン類と反応させる方法も重要である．

アミンのほとんどの反応は，これまでの章で紹介している．たとえば，アミンはハロゲン化アルキルとは S_N2 反応，酸塩化物とは求核的アシル置換反応を起こす．また，アミンはヨウ化メチルを作用させ第四級アンモニウム塩としてから酸化銀と加熱すると，E2 脱離が進行してアルケンを与える．これは **Hofmann 脱離** とよばれる．

科学談話室

グリーンケミストリー

20 世紀には有機化学の力により医薬品，殺虫剤，接着剤，染料，建築資材，複合材料，多種のポリマーが生み出され，世界が大きく変化した．しかし，この発展は代償も伴った．すなわち，適切に処理しないと大気中に蒸散したり地下水に入り込んでしまう，処理の必要な廃棄物が製造工程で必ず生じた．一見害のない副産物も安全に埋める，あるいは隔離しなければならない．常に言えることであるが，いい面だけで悪い面がないものなどないのである．

有機化学を完全に無害なものにするのは不可能かもしれない．しかし，近年多くの製造工程によって環境問題が生じていることが認識されるようになるにつれ，**グリーンケミストリー**（green chemistry）の機運が高まった．グリーンケミストリーとは廃棄物を少なくし，危険物の生成をなくすように化学製品とその製造工程を設計・実施することにある．このグリーンケミストリーには 12 の原則がある．

- **廃棄物をなくす**　廃棄物は処分するのではなく，そもそも生成しないようにする．
- **原子効率を最大にする**　用いる原料が最終生成物に組込まれる割合が最大となるような合成法にする．これにより廃棄物は最小となる．
- **危険性のより少ない製造工程を用いる**　用いる反応剤や生成する廃棄物による健康や環境への影響を最小限にする合成法にする．
- **より安全な化学物質をデザインする**　毒性が最小限となるように化学物質をデザインする．
- **より安全な溶媒を用いる**　反応溶媒，分離試薬，反応補助剤の使用を最小限にする．
- **エネルギー効率を向上させる**　製造工程で必要なエネルギーを最小限にする．可能であれば室温で行う．

- **再生可能な原料を用いる**　できる限り再生可能な原料を用いる．
- **反応中間体を少なくする**　保護基をなるべく用いない合成法とし，反応工程を少なくして廃棄物を減らす．
- **触媒を用いる**　化学量論的な反応ではなく，触媒的反応とする．
- **分解も考えたデザインをする**　有効に用いた後，生分解可能な物質をデザインする．
- **汚染の発生をリアルタイムで計測する**　製造工程において，常に有害物質の生成をリアルタイムで計測する．
- **事故を防ぐ**　化学物質や製造工程の火災，爆発，その他の事故の危険性を最小限にする．

現実的な製造工程でこれら 12 の原則をすべて満たすのは非常に困難であるが，この原則は目指すべき理想的な目標を化学者に提供し，またこれによって化学者が自身の研究の環境的な側面についてより深く考えることとなった．すでに実際に成功した例もあり，また，多くのもののグリーンケミストリー化が進められている．現在，毎年約 300 万 kg（実に 60 億錠）のイブプロフェン（ibuprofen，抗炎症薬）は“グリーン”な工程で生産され，以前に比べ 99% も廃棄物が減少した．この合成法はわずか 3 工程で，最初に用いる無水 HF 溶媒は回収・再利用でき，第二，第三の工程は触媒反応である．

イソブチルベンゼン　　　　　　　　　　　　　　　　　　　　　　　　　　　　　イブプロフェン

重要な用語

アミン(amine)
アルキルアミン(alkylamine)
還元的アミノ化(reductive amination)
第一級アミン(primary amine) RNH₂
第三級アミン(tertiary amine) R₃N
第二級アミン(secondary amine) R₂NH
第四級アンモニウム塩(quaternary ammonium salt)
ヘテロ環アミン(heterocyclic amine)
芳香族アミン(arylamine)
Hofmann 脱離(Hofmann elimination)

反応のまとめ

1. アミンの合成 (§18·6)

(a) ニトリルの還元

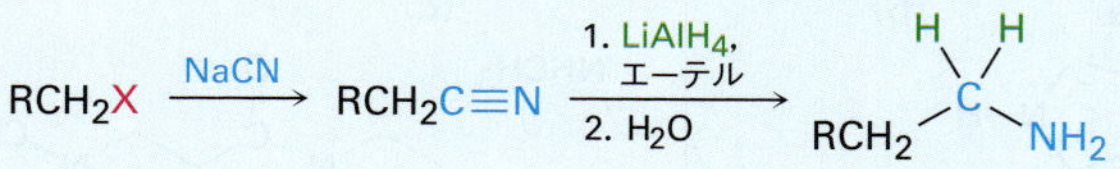

(b) アミドの還元

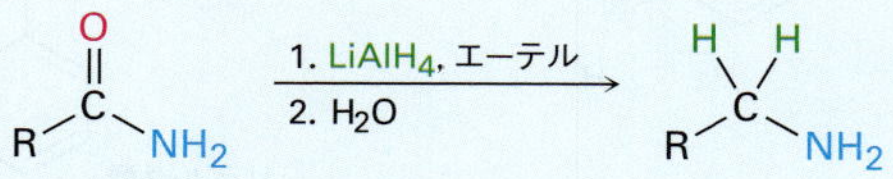

(c) ニトロベンゼンの還元

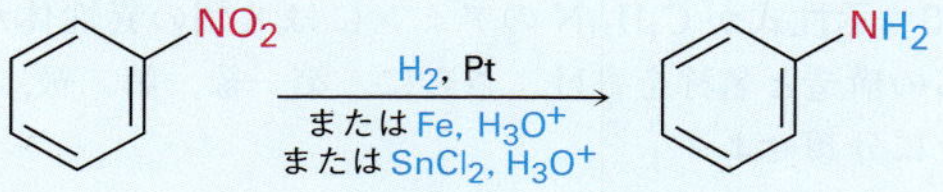

(d) ハロゲン化アルキルによる S_N2 アルキル化

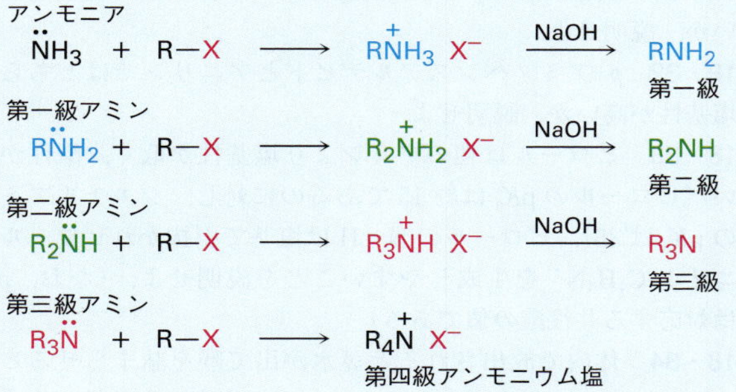

(e) アルデヒドまたはケトンの還元的アミノ化

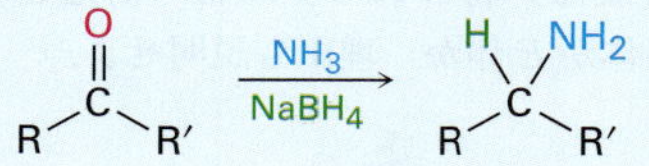

2. アミンの反応 (§18·7)

(a) ハロゲン化アルキルによるアルキル化, アミンの合成 1(d) 参照.

(b) 酸塩化物によるアシル化

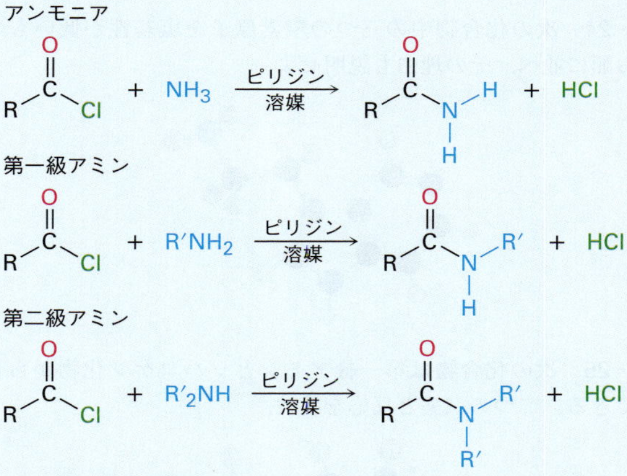

(c) Hofmann 脱離

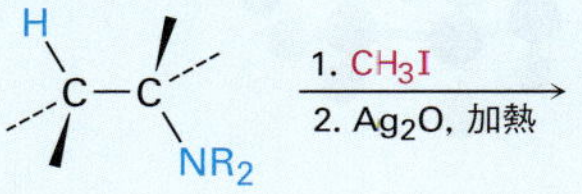

演習問題

目で学ぶ化学

(問題 18·1〜18·20 は本文中にある)

18·21 次に示すアミンを命名し,第一級,第二級,第三級に分類せよ.

(a)

(b) (c)
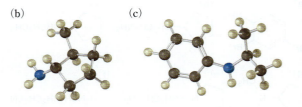

18·22 次の化合物中の三つの窒素原子を塩基性が低いものから順に並べよ.

650   18. アミンとヘテロ環

18・23 次のアミンを R, S の立体配置も含めて命名せよ．これを過剰のヨウ化メチルと反応させた後，Ag_2O 存在下で加熱して (Hofmann 脱離) 得られる生成物の構造を書け．生成するアルケンは Z 体か E 体か．理由も説明せよ．

18・24 次の化合物中の三つの窒素原子を塩基性が低いものから順に並べ，その理由も説明せよ．

18・25 次の化合物は第一級アミンとジハロゲン化物から合成できる．二つの試薬と反応を書け．

追加問題
アミンの命名法
18・26 次の化合物を命名せよ．

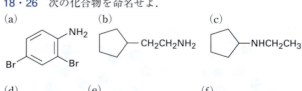

18・27 次の IUPAC 名をもつ化合物の構造を示せ．

(a) N,N-ジメチルアニリン
(b) (シクロヘキシルメチル)アミン
(c) N-メチルシクロヘキシルアミン
(d) (2-メチルシクロヘキシル)アミン
(e) 3-(N,N-ジメチルアミノ)プロパン酸

18・28 次の記述に相当する化合物の構造を示せ．
(a) キラルな第四級アンモニウム塩
(b) ヘテロ6員環ジアミン
(c) 組成式が $C_6H_{11}N$ の第二級アミン

18・29 次のアミン(アミドではない)の窒素を第一級，第二級，第三級に分類せよ．

(a)　　　(b)　　　(c)

[構造式: (a) ピロリジン N-H, (b) トリプタミン NHCH$_3$, (c) リゼルグ酸ジエチルアミド]

18・30 示性式が $C_4H_{11}N$ のアミンには8個の異性体がある．それらの構造と名称を書け．さらに，第一級，第二級，第三級アミンに分類せよ．

アミンの塩基性
18・31 $CH_3CH_2NH_2$ と $CF_3CH_2NH_2$ ではどちらの塩基性が高いか．説明せよ．

18・32 p-アミノベンズアルデヒドとアニリンではどちらの塩基性が高いか．説明せよ．

18・33 ピロールは他のアミンより塩基性が低く，酸性が高い(ピロールの pK_a は約15であるのに対し，ジエチルアミンの pK_a は35)．ピロールの N–H は塩基で引抜かれピロールアニオン $C_4H_4N^-$ を生成しやすいことを説明せよ．（なお，pK_a は対応する共役酸の値である）

18・34 体内で放出されると鼻水が出て喉を詰まらせるヒスタミンには三つの窒素がある．これらの窒素を塩基性が高くなる順に並べ，そうなる理由を説明せよ．

[構造式: ヒスタミン histamine]

18・35 強酸によるアミドのプロトン化は窒素原子ではなく酸素原子で起こる．共鳴を考慮してその理由を説明せよ．

[反応式: アミドのプロトン化]

18・36 p-ニトロアニリン（共役酸の pK_a 1.0）は m-ニトロアニリン（共役酸の pK_a 2.5）よりも塩基性が30倍程度低い．共鳴構造式を用いてその理由を説明せよ．

アミンの合成

18・37 ブタン-1-オールから次の化合物を合成する方法を示せ．
(a) ブチルアミン　　(b) ジブチルアミン
(c) ペンチルアミン　(d) ブタンアミド

18・38 ベンゼンからベンジルアミン $C_6H_5CH_2NH_2$ を合成する方法を示せ．2段階以上が必要である．

18・39 次の化合物を出発物としてペンチルアミンを合成する方法を示せ．
(a) ペンタンアミド　(b) ペンタンニトリル
(c) ブタ-1-エン　　(d) ブタン-1-オール
(e) ペンタン酸

18・40 気管支喘息に用いるアミノアルコールであるエフェドリン（ephedrine）を還元的アミノ化で合成する方法を示せ．

アミンの反応

18・41 次の反応剤と m-トルイジン（m-メチルアニリン）との反応により得られる主生成物の構造式を書け．
(a) Br_2（等モル量）　　(b) CH_3I（過剰量）
(c) ピリジン中 CH_3COCl　(d) (c)の生成物と HSO_3Cl

18・42 次の反応剤と p-ブロモアニリンとの反応により得られる生成物の構造式を書け．
(a) CH_3I（過剰量）　(b) HCl
(c) CH_3COCl　　　(d) CH_3MgBr

18・43 次のアミンで Hofmann 脱離が進行したときの主生成物は何か．

18・44 NaBH_4 によるシクロヘキサノンとジメチルアミンの還元的アミノ化反応の機構を示せ．

18・45 ベンゼンからメタンフェタミンのラセミ体を合成する際に用いる反応剤 a〜d を書け．

18・46 次の化合物からベンジルアミン $C_6H_5CH_2NH_2$ を合成する方法を示せ．

アミンの分光法

18・47 以前販売されていた頭痛薬フェナセチンの分子式は $C_{10}H_{13}NO_2$ である．フェナセチンは中性で，酸にも塩基にも溶けない．フェナセチンを NaOH 水溶液中で加熱すると，下のような ^1H NMR スペクトルを示すアミン $C_8H_{11}NO$ になる．このアミンを HI と加熱すると開裂してアミノフェノール C_6H_7NO を生じる．フェナセチンの構造を示せ．また，NaOH 処理で得られたアミンと，HI 処理で得られたアミノフェノールの構造も示せ．

18・48 次ページに示す (a) C_3H_9NO, (b) $C_4H_{11}NO_2$ の ^1H NMR スペクトルを示すアミンの構造を示せ．

総合問題

18・49 オキサゾールは芳香族ヘテロ5員環化合物である．オキサゾールの軌道図を，すべての p 軌道とすべての非共有電

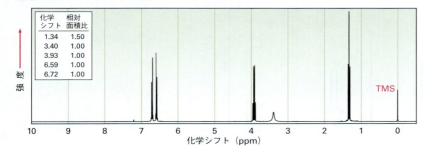

問題 18・47 スペクトル図

化学シフト	相対面積比
1.34	1.50
3.40	1.00
3.93	1.00
6.59	1.00
6.72	1.00

子対を含め記せ．オキサゾールはピロールより塩基性が高いか低いか説明せよ．

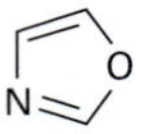

オキサゾール

18・50 置換ピロールは1,4-ジケトン類とアンモニアから合成する．反応機構を示せ．

RCCH₂CH₂CR' + NH₃ ⟶ R〜N(H)〜R' + H₂O

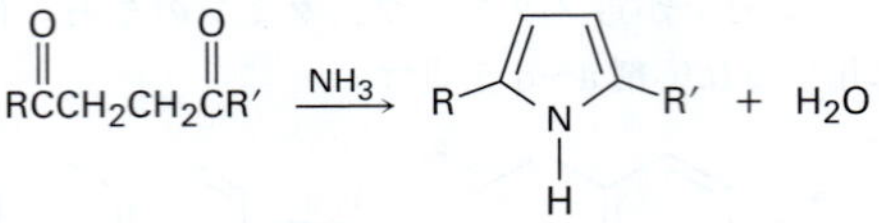

18・51 3,5-ジメチルイソキサゾールはペンタン-2,4-ジオンとヒドロキシルアミンから合成する．反応機構を示せ．

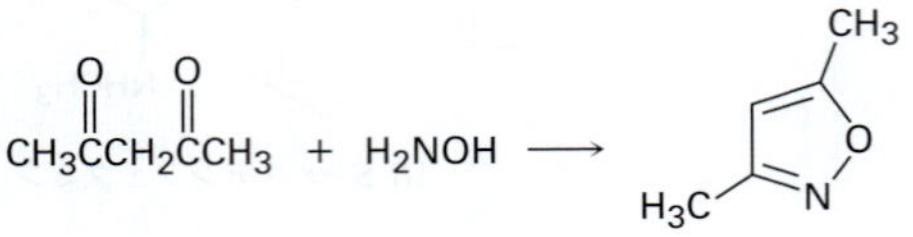

CH₃CCH₂CCH₃ + H₂NOH ⟶ 3,5-ジメチルイソオキサゾール

18・52 次の反応に用いる反応剤a〜eを書け．

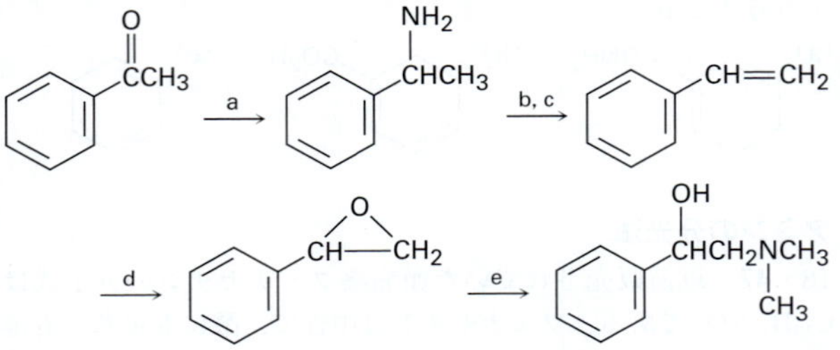

18・53 ピロールの双極子モーメント μ は 1.8 D で，窒素原子が双極子モーメントの $\delta+$ 側となっていることを説明せよ．

18・54 還元的アミノ化によるアミン合成法の問題点の一つに，時に副生成物が生じることがあげられる．たとえば，メチルアミンとベンズアルデヒドの還元的アミノ化反応で N-メチルベンジルアミンと N-メチルジベンジルアミンの混合物が得られる．副生成物である第三級アミンの生成機構を示せ．

18・55 コリンは細胞膜リン脂質の構成要素であるが，これはトリメチルアミンとエチレンオキシドの S_N2 反応によって合成できる．コリンの構造と，この反応の機構を示せ．

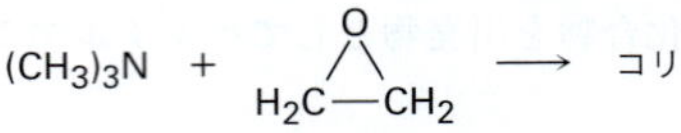

(CH₃)₃N + H₂C—CH₂(O) ⟶ コリン

18・56 次ページ下の図に示すようにクロロフィル，ヘム，ビタミン B_{12} などはポルホビリノーゲン（porphobilinogen: PBG）より生合成される．このポルホビリノーゲン自身は2分子の5-アミノレブリン酸の縮合で生成する．2分子の5-アミノレブリン酸はともに酵素中のリシンと結合しているが，1分子はエナミン型，もう1分子はイミン型となっていて，この2分子が以下に示す反応で縮合する．電子の動きを表す巻矢印を用いて各反応の機構を示せ．

18・57 シクロペンタミンはアンフェタミンと同様，中枢神経系興奮作用をもつ．炭素数が5またはそれより少ない化合物

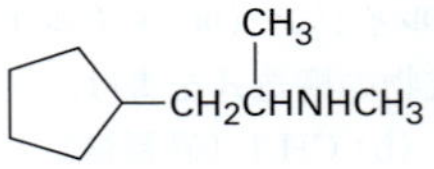

シクロペンタミン cyclopentamine

問題 18・48 スペクトル図

(a) C₃H₉NO

化学シフト	相対面積比
1.68	1.00
2.69	1.50
2.88	1.00
3.72	1.00

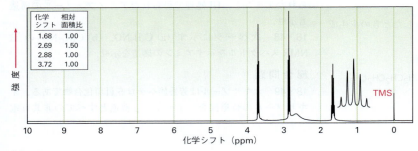

(b) C₄H₁₁NO₂

化学シフト	相対面積比
1.28	2.00
2.78	2.00
3.39	6.00
4.31	1.00

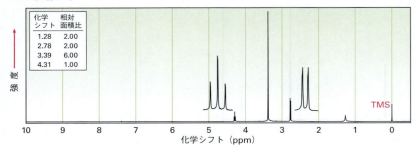

18. アミンとヘテロ環 653

からシクロペンタミンを合成する方法を示せ.

18・58 アトロピン（atropine）$C_{17}H_{23}NO_3$ はナス科の植物 *Atropa belladonna* の葉や根から単離された有毒アルカロイドである. アトロピンは低濃度で筋肉弛緩剤として働き, 瞳孔拡大を起こすのに 0.5 ng（ナノグラム, 10^{-9}g）で十分である. 塩基加水分解で, アトロピンはトロピン酸 $C_6H_5CH(CH_2OH)CO_2H$ とトロピン $C_8H_{15}NO$ を生じる. トロピンは光学不活性なアルコールで, H_2SO_4 による脱水反応でトロピデンを生じる. アトロピンの構造を示せ.

トロピデン

18・59 2-（2-シアノエチル）シクロヘキサノンを接触還元して得られる分子式 $C_9H_{17}N$ の生成物の構造式を書け.

$$\xrightarrow{H_2/Pt} C_9H_{17}N$$

18・60 コニイン（coniine）$C_8H_{17}N$ はソクラテスが飲んだ毒ニンジンの毒素である. Hofmann 脱離でコニインは 5-(*N*,*N*-ジメチルアミノ)オクタ-1-エンに変換される. 第二級アミンであるコニインの構造を示せ.

18・61 アクリロニトリル $H_2C=CHCN$ と 3-オキソヘキサン酸エチル $CH_3CH_2CH_2COCH_2CO_2Et$ からコニイン（問題 18・60）を合成する方法を示せ（問題 18・59 参照）.

18・62 シクロオクタ-1,3,5,7-テトラエンは, 以下の変換を含む経路によって 1911 年にはじめて合成された. この反応を行うにはどのようにすればよいか.

18・63 次の反応は求核的共役付加（§14・11 参照）と, それにつづく分子内求核的アシル置換反応（§16・2 参照）によって進行する. この反応の機構を示せ.

$$+ \ CH_3NH_2 \longrightarrow$$

18・64 次の反応の機構を示せ.

$$\xrightarrow[\text{加熱}]{(CH_3CH_2)_3N}$$

18・65 ドーパミンと *p*-ヒドロキシフェニルアセトアルデヒドから (*S*)-ノルコクラウリンが生成する反応は, モルヒネ生合成の 1 段階である. この反応は酸触媒により起こるとして, この反応の機構を示せ.

ドーパミン　　　　*p*-ヒドロキシフェニル
　　　　　　　　　アセトアルデヒド

(*S*)-ノルコクラウリン

問題 18・56 図

酵素と結合した
5-アミノレブリン酸

ポルホビリノーゲン
（PBG）

654   18. アミンとヘテロ環

18・66 抗がん活性をもつ抗生物質のマイトマイシン C は次に示すように DNA 鎖に架橋する.

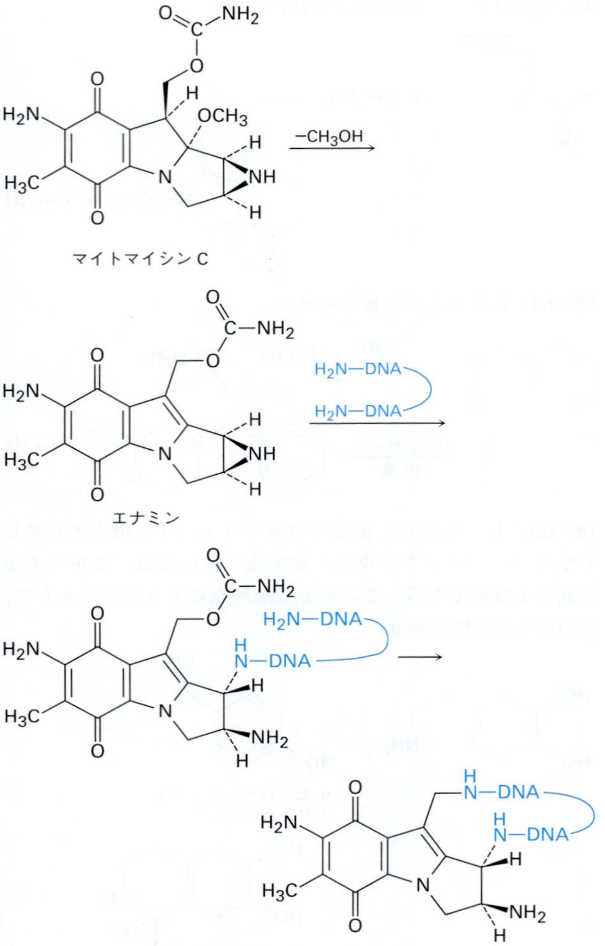

マイトマイシン C

エナミン

（a）はじめにメトキシドイオンの脱離によりイミニウムイオン中間体が生成し，そこから脱プロトンしてエナミンを与える．反応機構を示せ.

（b）第二段階で，エナミンは DNA と反応して含窒素 3 員環（アジリジン）が開く．反応機構を示せ.

（c）第三段階で，カルバミン $NH_2CO_2{}^-$ の脱離によって不飽和イミニウムイオンが生成し，そこに DNA 鎖の他の部分が共役付加する．反応機構を示せ.

18・67 DNA 鎖のヌクレオチド配列を決める反応の一つにヒ

ドラジンとの反応がある．共役付加から始まり，次に分子内でアミドを形成する，この反応の機構を示せ.

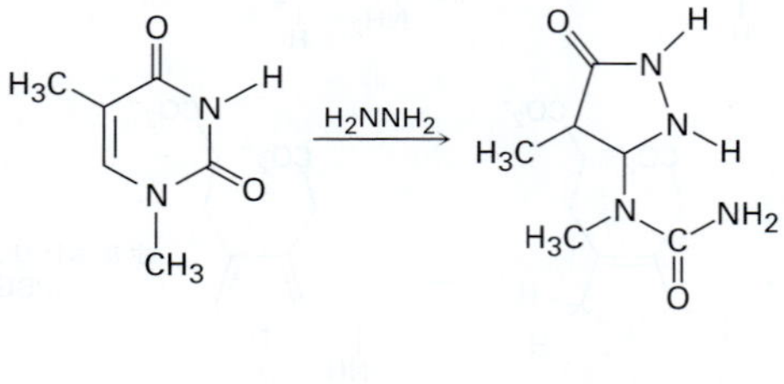

18・68 α-アミノ酸は **Strecker 法**（Strecker synthesis）で合成できる．これは 2 段階の反応で，まずアルデヒドをシアン化アンモニウムと反応させ，生成したアミノニトリル中間体を酸性条件で加水分解する．この反応の機構を示せ.

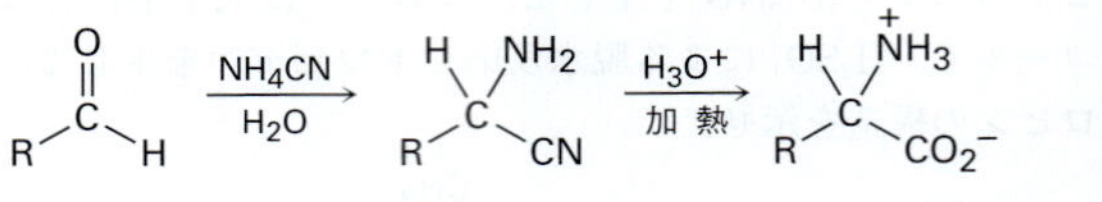

α-アミノ酸

18・69 脊椎麻酔に用いるテトラカイン（tetracaine）はベンゼンから次の経路で合成できる．a〜d の変換を完成させよ.

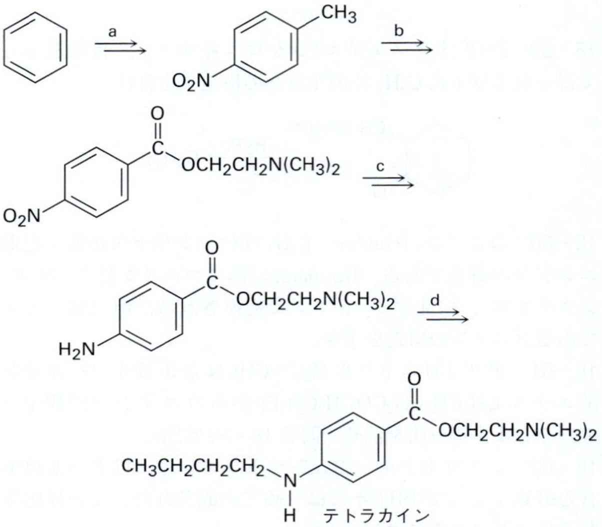

テトラカイン

18・70 セレブレックス® の名で市販されている抗炎症剤であるセレコキシブ（celecoxib）は広く関節リウマチに用いられる．次のセレコキシブ合成法の反応機構を示せ.

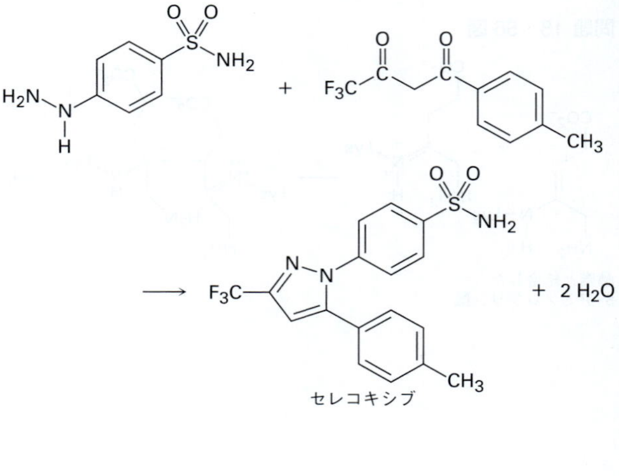

セレコキシブ

19 生体分子: アミノ酸, ペプチド, タンパク質

19・1 アミノ酸の構造
19・2 アミノ酸とHenderson-Hasselbalchの式: 等電点
19・3 アミノ酸の合成
19・4 ペプチドとタンパク質
19・5 ペプチドのアミノ酸分析
19・6 ペプチド配列決定法: Edman分解
19・7 ペプチド合成
19・8 タンパク質の構造
19・9 酵素と補酵素
19・10 酵素はどのように働くのか: クエン酸合成酵素

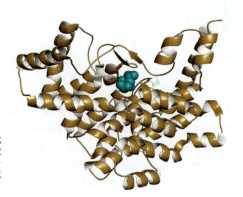

クエン酸合成酵素は, 食物代謝のクエン酸回路の最初の段階であるアセチルCoAとオキサロ酢酸からクエン酸を生成する反応を触媒する

本章の目的 ここまでに生物有機化学に関わる主要な官能基とその基本的な反応を述べてきたが, ここからが本書の最も重要なところである. まず本章で述べるアミノ酸とペプチドを手始めに, 以下の残りの章を通じて主要な生体分子について, それぞれの生体内での主要な機能, 生合成, そして代謝について解説する.

タンパク質はあらゆる生物に存在し, さまざまな種類のものが多様な生体機能を発揮している. たとえば, 皮膚や爪にあるケラチンや, 絹やクモの糸のフィブロイン, また, 生体内で起こる化学反応を触媒する5万種類ほど存在するといわれている酵素は, みなタンパク質である. すべてのタンパク質はその機能に関わらず, 基本的に類似した構造で, 多くのアミノ酸が結合した長い鎖状構造をしている.

その名前が示すとおり**アミノ酸**(amino acid)は二つの官能基をもっており, それは塩基性のアミノ基と酸性のカルボキシ基である.

アミノ酸がタンパク質の構成単位として重要なのは, 異なるアミノ酸のNH$_2$基とCO$_2$H基との間でアミド結合を形成することによって長い鎖を形成することができるからである. アミノ酸が50個以下のものを**ペプチド**(peptide)とよび, それより多い場合には一般的に**タンパク質**(protein)とよぶ.

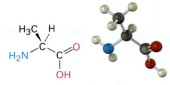

アラニン(アミノ酸)

多数の H$_2$N–CHR–COOH → [アミド結合を含むペプチド鎖の構造]

19・1 アミノ酸の構造

§15・3と§18・5で述べたように, カルボン酸はpH 7.3の生理的条件では解離し, カルボキシラートアニオンになる. これに対しアミノ基はプロトン化されアンモニウ

656 19. 生体分子: アミノ酸, ペプチド, タンパク質

ムカチオンとなる. このためアミノ酸は水溶液中では主として**双性イオン**〔zwitterion, ドイツ語の "zwitter（混種）" に由来する. **双極イオン**（dipolar ion）ともいう〕として存在している.

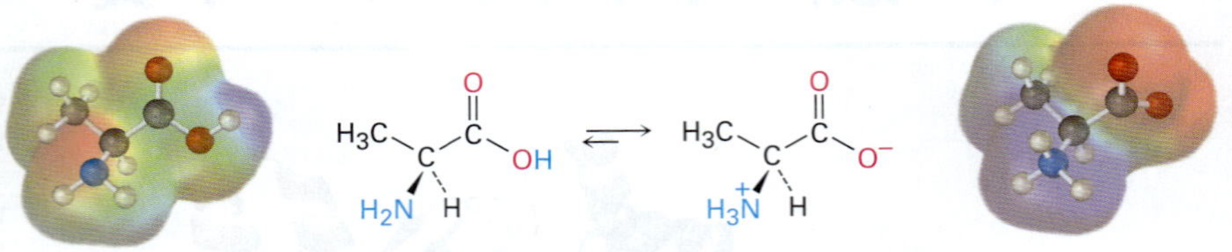

電荷なし　　　　　　　アラニン　　　　　　　双性イオン

アミノ酸の双性イオンは分子内で塩を形成しており, 塩としての物理的性質を多くもつ. すなわち, アミノ酸は大きな双極子モーメントをもち, 水には比較的容易に溶けるが, 炭化水素溶媒には溶けない. また, 結晶性がよく, 比較的融点は高い. さらにアミノ酸は**両性**（amphiprotic）物質であり, 状況に応じて酸としても塩基としても反応する. すなわち, アミノ酸双性イオンは, 酸水溶液中では塩基として CO_2^- 基がプロトンを受取りカチオン形となり, 塩基水溶液中では NH_3^+ 基からプロトンを放出してアニオン形となる.

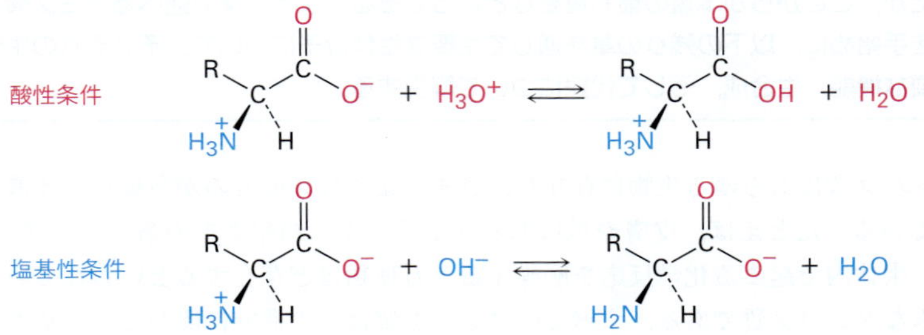

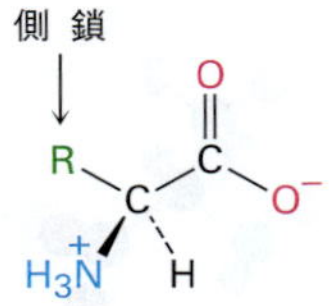

表 19・1 にはタンパク質に広くみられる 20 種の標準アミノ酸の構造, 略号（三文字表記と一文字表記）, および pK_a の値が示してある. これらはすべて, アミノ基がカルボニル炭素の隣の炭素, すなわち α 炭素に結合している**α-アミノ酸**（α-amino acid）である. 20 種のアミノ酸のうち 19 種が第一級アミン RNH_2 で, それらは α 炭素に結合した**側鎖**（side chain）の性質のみが異なっている. プロリンは唯一の第二級アミンで, 窒素と α 炭素が 5 員環のピロリジン構造の一部となっているアミノ酸である.

上記の標準アミノ酸以外に二つのアミノ酸, セレノシステインとピロリシンがいくつかの生物に見いだされている. また, タンパク質に含まれないアミノ酸は自然界に

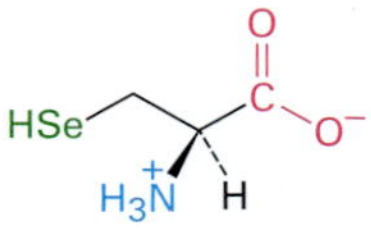

側鎖　第一級 α-アミノ酸

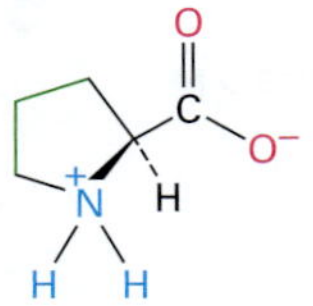

プロリン　第二級 α-アミノ酸

セレノシステイン
selenocysteine

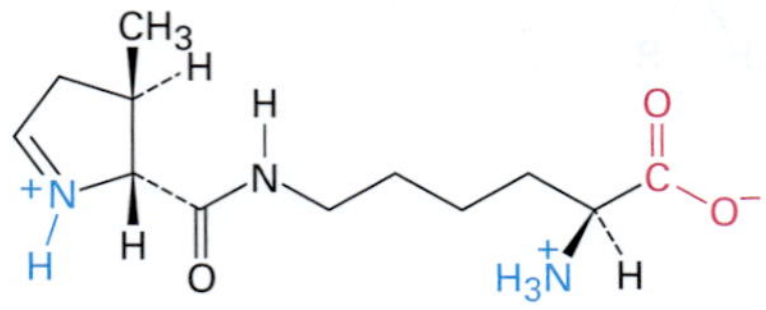

ピロリシン
pyrrolysine

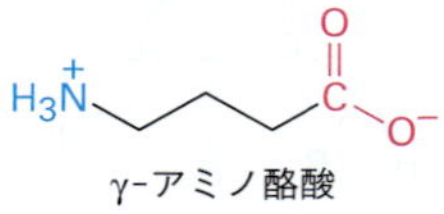

γ-アミノ酪酸

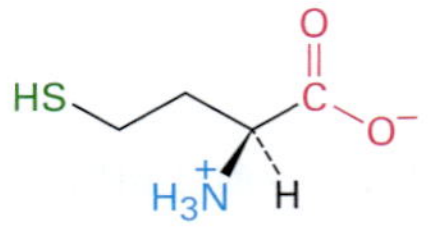

ホモシステイン homocysteine

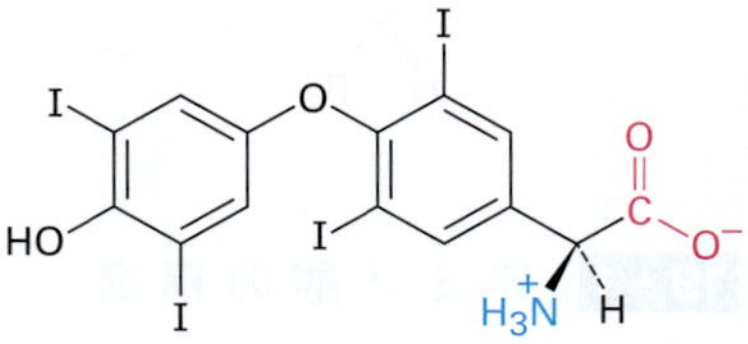

チロキシン thyroxine

19・1 アミノ酸の構造 657

700 以上も見つかっている．たとえばγ-アミノ酪酸（γ-aminobutyric acid: GABA）は脳で神経伝達物質として機能し，血液中にあるホモシステインは冠状動脈の心臓病と関連しており，さらにチロキシンは甲状腺ホルモンである．

グリシン $H_2NCH_2CO_2H$ を除いてタンパク質中のアミノ酸のα炭素はキラル中心である．したがって，二つのエナンチオマーが存在するが，天然のタンパク質を構成しているのは一方のエナンチオマーのみである．§21・3で述べるL糖と立体化学的に類似していることから天然のα-アミノ酸はL-アミノ酸と標記される．天然には存在しないエナンチオマーはD-アミノ酸とよばれる[*1]．

*1 訳注: D-アミノ酸も微量ではあるが天然に存在し，重要な機能をもっていることが明らかにされてきた．

HOCH₂ $\overset{CO_2^-}{\underset{H_3N^+}{C}}$ H
L-セリン
(S)-セリン

HSCH₂ $\overset{CO_2^-}{\underset{H_3N^+}{C}}$ H
L-システイン
(R)-システイン

H₃C $\overset{CO_2^-}{\underset{H_3N^+}{C}}$ H
L-アラニン
(S)-アラニン

$\left[\overset{CO_2^-}{\underset{H_3N^+,\,H_3C}{C}} H\right]$
D-アラニン
(R)-アラニン

20種の標準アミノ酸は，側鎖の性質によって中性，酸性，塩基性アミノ酸に分類される．20種のうち15種のアミノ酸は中性の側鎖をもち，アスパラギン酸とグルタミン酸の二つは側鎖にもカルボキシ基をもち，リシン，アルギニン，ヒスチジンの三つは側鎖に塩基性のアミノ基をもっている．システインとチロシンは中性アミノ酸に分類されてはいるが，弱酸性の側鎖であるチオールとフェノールをそれぞれもっており，塩基性が高い溶液中では脱プロトンされる．

細胞中の生理的 pH 7.3 の条件では，アスパラギン酸とグルタミン酸の側鎖のカルボキシ基は脱プロトンされ，カルボキシラートイオンとして存在し，同様にリシンおよびアルギニンの塩基性側鎖の窒素はプロトン化され，アンモニウムイオンとなっている．しかし，ヒスチジンの側鎖にあるヘテロ環のイミダゾール基の塩基性はさほど強くなく，pH 7.3 においてプロトン化されない[*2]．ヒスチジンには二つの窒素原子があるが，ピリジンと同じように炭素と二重結合を形成している窒素だけが塩基性を示し，ピロールと同じように単結合している窒素は塩基性を示さない．なぜならその窒素の非共有電子対は芳香族性をもつイミダゾール環の6π電子の一部だからである（§18・8参照）．

*2 訳注: ヒスチジンのイミダゾール基は pH 7.3 で約 10% がプロトン化される．

塩基性:
ピリジン様

非塩基性:
ピロール様

イミダゾール環

塩基性

非塩基性

ヒスチジン

ヒトは20個のアミノ酸のうち11個は合成することができ，これらは非必須アミノ酸とよばれている．残りの9個のアミノ酸は必須アミノ酸とよばれ，植物や微生物でのみ生合成されており，ヒトは食事で摂取しなければならない．しかし，必須アミノ酸と非必須アミノ酸の区別は曖昧なところがある．たとえば，チロシンをヒトはフェニルアラニンから生合成できるので，チロシンは一般的に非必須アミノ酸と考えられ

19. 生体分子: アミノ酸, ペプチド, タンパク質

表 19・1 タンパク質中に含まれる 20 種類の標準アミノ酸

化合物名	略 号		分子量	構 造	pK_a α-CO$_2$H	pK_a α-NH$_3^+$	pK_a 側鎖	pI
中性アミノ酸								
アラニン alanine	Ala	A	89	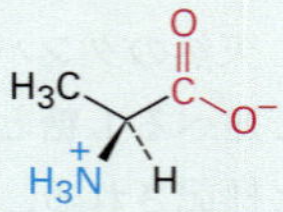	2.34	9.69	——	6.01
アスパラギン asparagine	Asn	N	132	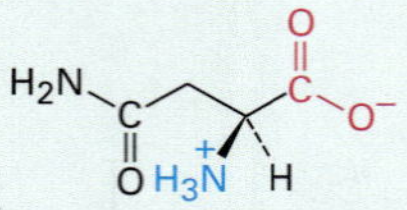	2.02	8.80	——	5.41
システイン cysteine	Cys	C	121	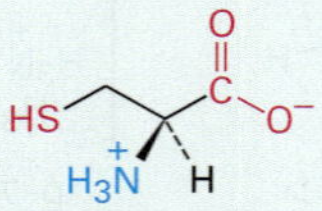	1.96	10.28	8.18	5.07
グルタミン glutamine	Gln	Q	146	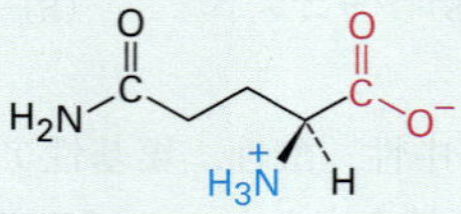	2.17	9.13	——	5.65
グリシン glycine	Gly	G	75	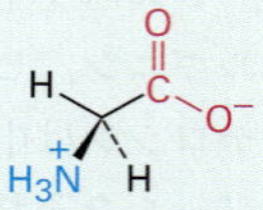	2.34	9.60	——	5.97
イソロイシン isoleucine	Ile	I	131	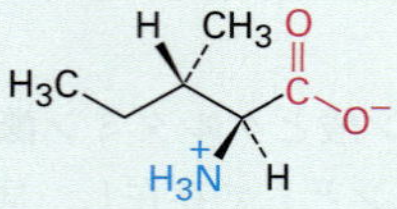	2.36	9.60	——	6.02
ロイシン leucine	Leu	L	131	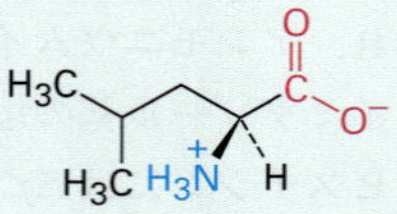	2.36	9.60	——	5.98
メチオニン methionine	Met	M	149	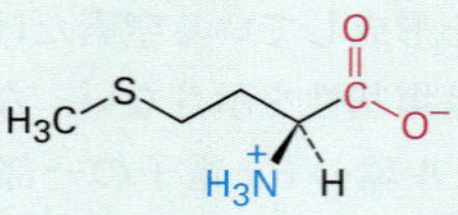	2.28	9.21	——	5.74
フェニルアラニン phenylalanine	Phe	F	165	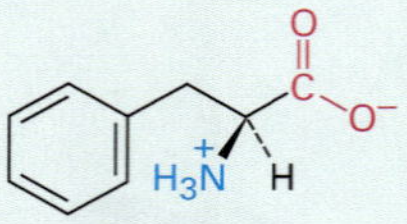	1.83	9.13	——	5.48
プロリン proline	Pro	P	115	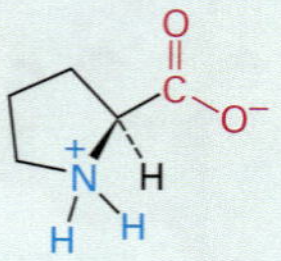	1.99	10.60	——	6.30
セリン serine	Ser	S	105	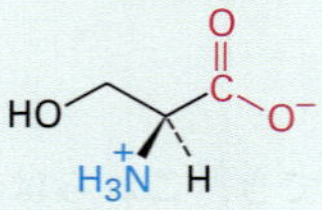	2.21	9.15	——	5.68

(右ページにつづく)

19・1 アミノ酸の構造　659

表 19・1（つづき）

化合物名	略号		分子量	構造	pK_a α-CO$_2$H	pK_a α-NH$_3^+$	pK_a 側鎖	pI
中性アミノ酸（つづき）								
トレオニン threonine	Thr	T	119	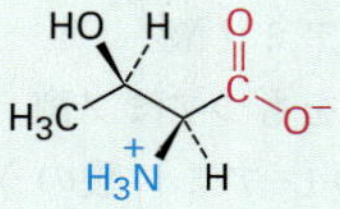	2.09	9.10	——	5.60
トリプトファン tryptophan	Trp	W	204	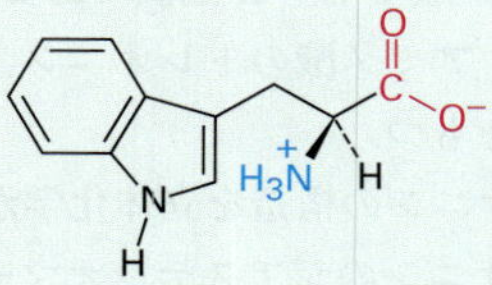	2.83	9.39	——	5.89
チロシン tyrosine	Tyr	Y	181	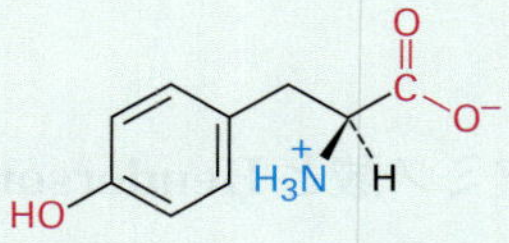	2.20	9.11	10.07	5.66
バリン valine	Val	V	117	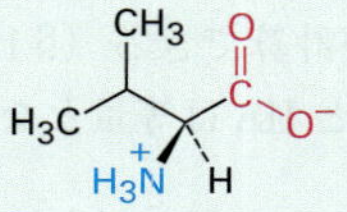	2.32	9.62	——	5.96
酸性アミノ酸								
アスパラギン酸 aspartic acid	Asp	D	133	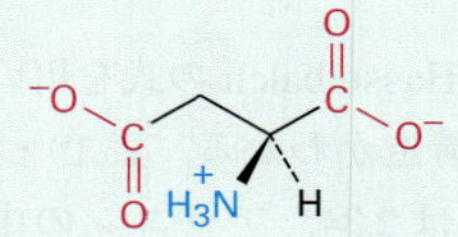	1.88	9.60	3.65	2.77
グルタミン酸 glutamic acid	Glu	E	147	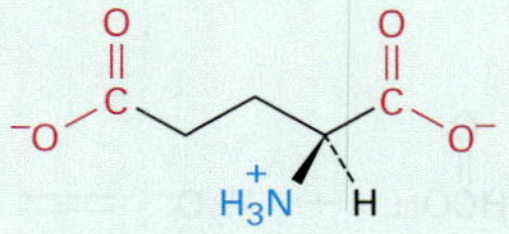	2.19	9.67	4.25	3.22
塩基性アミノ酸								
アルギニン arginine	Arg	R	174	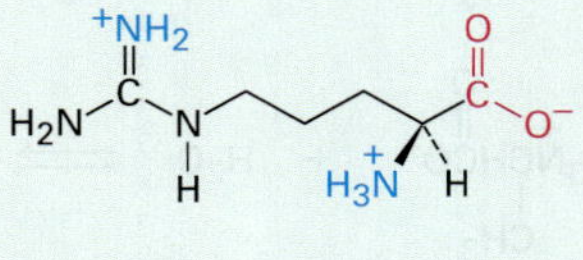	2.17	9.04	12.48	10.76
ヒスチジン histidine	His	H	155	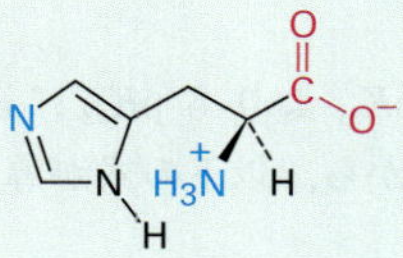	1.82	9.17	6.00	7.59
リシン lysine	Lys	K	146	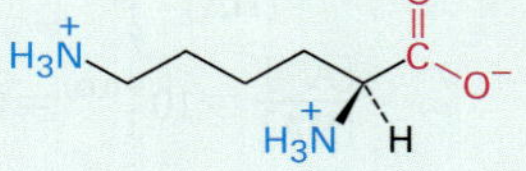	2.18	8.95	10.53	9.74

660　19. 生体分子：アミノ酸，ペプチド，タンパク質

るが，フェニルアラニン自体は必須アミノ酸で食事から摂取する必要がある．アルギニンもヒトは生合成できるが，多くのアルギニンは食事から摂取する必要がある．

問題 19・1　表 19・1 中の α-アミノ酸のうち次に示すものがいくつあるか答えよ．
　(a) 芳香環をもつアミノ酸　　　(b) 硫黄をもつアミノ酸
　(c) ヒドロキシ基をもつアミノ酸　　(d) 炭化水素の側鎖をもつアミノ酸

問題 19・2　19 個の L-アミノ酸のうち 18 個の α 炭素は S 配置であるが，システインは L-アミノ酸で唯一 R 配置である．理由を説明せよ．

問題 19・3　アミノ酸のトレオニン，$(2S,3R)$-2-アミノ-3-ヒドロキシ酪酸は二つのキラル中心をもつ．
　(a) トレオニンの構造を立体化学がわかるようにくさび線や破線を用いて書け．
　(b) トレオニンのジアステレオマーを同様に書き，キラル中心が R か S か示せ．

19・2 アミノ酸と Henderson–Hasselbalch の式：等電点

溶液の pH と酸 HA の pK_a がわかれば Henderson–Hasselbalch の式から溶液中の $[A^-]$ と $[HA]$ の比が計算できる（§15・3，§18・5 参照）．さらに $pH = pK_a$ のとき，$\log 1 = 0$ のため A^- と HA は等量となる．

$$pH = pK_a = \log \frac{[A^-]}{[HA]} \quad \text{または} \quad \log \frac{[A^-]}{[HA]} = pH - pK_a$$

Henderson–Hasselbalch の式を用いると，1.00 M アラニン溶液で $pH = 9.00$ のときのアラニンの構造がわかる．表 19・1 からプロトン化したアラニン $[^+H_3NCH(CH_3)CO_2H]$ の pK_{a1} は 2.34，アラニンの中性双性イオン $[^+H_3NCH(CH_3)CO_2^-]$ の pK_{a2} は 9.69 である．

溶液の pH は pK_{a1} よりも pK_{a2} に近いので pK_{a2} を用いて計算する．Henderson–Hasselbalch の式から，以下の式が導かれる．

$$\log \frac{[A^-]}{[HA]} = pH - pK_a = 9.00 - 9.69 = -0.69$$

$$\frac{[A^-]}{[HA]} = 10^{-0.69} = 0.20 \quad \text{より} \quad [A^-] = 0.20[HA]$$

さらに，

$$[A^-] + [HA] = 1.00 \text{ M}$$

である．両方の式から $[HA] = 0.83$，$[A^-] = 0.17$ となる．すなわち，$pH = 9.00$ のと

19・2 アミノ酸と Henderson-Hasselbalch の式：等電点　　661

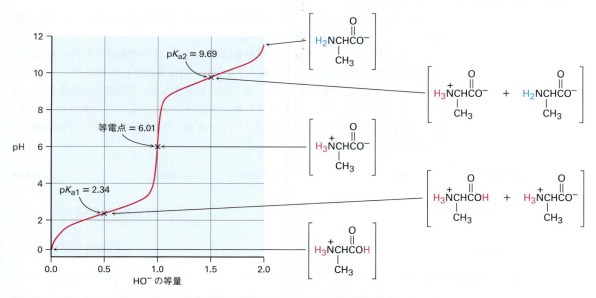

図 19・1 Henderson-Hasselbalch の式を用いて書いたアラニンの中和滴定曲線. 二つの段階を別々に示している. pH 1 以下ではアラニンは完全にプロトン化されており, pH 2.34 でプロトン化体と双性イオンが 50：50 になる. pH 6.01 では 100% 双性イオンで, pH 9.69 ではアラニンは双性イオンと脱プロトン体が 50：50 である. pH 11.5 以上ではアラニンは完全に脱プロトンしている.

き, 1.00 M アラニン溶液では 83% が中性双性イオン, 17% が脱プロトン体である. 同様の計算をすべての pH で行い, それをプロットすると図 19・1 に示す中和滴定曲線となる.

　中和滴定曲線のそれぞれの段階は別々に計算する. pH 1〜6 はプロトン化アラニン H_2A^+ の解離に相当している. pH 6〜11 はアラニンの双性イオン HA の解離に相当している. 低い pH から, H_2A^+ 体に NaOH で滴定するとき, 0.5 倍モル量の NaOH を加えた段階で H_2A^+ の脱プロトン体は 50% となり, 1.0 倍モル量の NaOH で脱プロトンは完了してほとんどが HA となる. 1.5 倍モル量の NaOH を加えると HA の脱プロトン体が 50% となり, 2.0 倍モル量の NaOH で HA の脱プロトンが完了する.

　表 19・1 をよく見ると, 酸性溶液中ではアミノ酸はプロトン化され, 主としてカチオン形をとり, 塩基性溶液中では脱プロトンされおもにアニオン形として存在する. したがってアニオン形とカチオン形のちょうど釣合のとれた中間の pH のところで主として中性の双性イオンとして存在する. この pH がアミノ酸の**等電点** (isoelectric point) **pI** で, アラニンでは 6.01 である.

　アミノ酸の等電点はその構造により決まっており, 表 19・1 に 20 種の標準アミノ酸の値を示した. 中性の側鎖をもつ 15 種のアミノ酸の等電点は 5.0〜6.5 でほぼ中性である. 二つの酸性アミノ酸の等電点はより低く, 側鎖の $-CO_2H$ の脱プロトンは等

電点では起こらない．また，三つの塩基性アミノ酸の等電点はより高く，等電点では側鎖のアミノ基はプロトン化されていない．

さらに詳しくみると，アミノ酸の pI 値は中性双性イオンを形成する二つの置換基の酸解離定数の平均値となっている．すなわち，中性側鎖をもつ 13 のアミノ酸の等電点は pK_{a1} と pK_{a2} の平均値である．さらに，強酸性あるいは弱酸性の側鎖をもつ四つのアミノ酸では，三つの pK_a のうち値が小さい二つの pK_a の平均値が pI となり，塩基性側鎖をもつ三つのアミノ酸では，三つの pK_a のうち値が大きい二つの pK_a の平均値が pI となる．

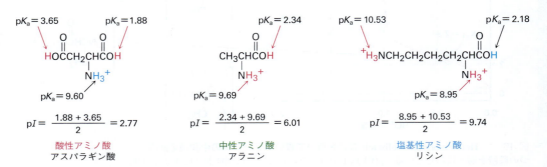

個々のアミノ酸が等電点をもつのと同様に，酸性あるいは塩基性アミノ酸の累積効果で，タンパク質は全体として等電点をもつ．たとえば酵素のリゾチームは塩基性アミノ酸がかなり多く，等電点は高い（pI=11.0）．これに対しペプシンには酸性アミノ酸が多く，等電点は低い（約 1.0）．当然，異なる等電点をもつタンパク質の溶解度や性質は，溶液の pH に強く影響される．水への溶解度は普通電荷がない等電点の pH で最も低く，等電点より高い，あるいは低い pH ではタンパク質は電荷をもち溶解度は高くなる．

等電点の違いを利用してタンパク質の混合物からそれぞれのタンパク質を分離精製することが可能である．**電気泳動**（electrophoresis）として知られるこの方法を利用するためにはまず，タンパク質の混合物を細長い沪紙またはゲルの中心近くにスポットし，その沪紙またはゲルをある pH の緩衝液で湿らせ，その両端に電極をつなぐ．ここに電場をかけると負電荷をもつタンパク質（緩衝液の pH がそのタンパク質の等電点よりも大きいために脱プロトンされたもの）はゆっくりと陽極に向かって移動する．同様に，正電荷をもつタンパク質（緩衝液の pH がそのタンパク質の等電点よりも小さいためにプロトン化されたもの）は陰極に向かって移動する．

異なるタンパク質は等電点および緩衝液の pH の両方に依存して異なった速さで移動するため，タンパク質が分離精製できる．図 19・2 は塩基性，中性，酸性タンパク質が分離される様子を示したものである．

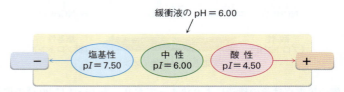

図 19・2　**電気泳動によるタンパク質混合物の分離**．pH 6.00 の条件では中性タンパク質は移動しないが，プロトン化している塩基性タンパク質は陰極の方に，脱プロトンされている酸性タンパク質は陽極の方に移動する．

右上: 19・3 アミノ酸の合成　663

問題 19・4　pI 値が 6.8 のヘモグロビンは pH 5.3 と 7.3 ではそれぞれ負に荷電しているか，または正に荷電しているか.

19・3　アミノ酸の合成

アミドマロン酸合成

　α-アミノ酸はこれまでの章で学んだ化学反応を用いてフラスコ内で合成することができる. たとえば，アミノ酸合成法である**アミドマロン酸合成**（amidomalonate synthesis）はマロン酸エステル合成（§17・5参照）の単純な応用である. この合成法では，はじめにアセトアミドマロン酸ジエチルを塩基で処理しエノラートイオンを生成させ，ついで第一級ハロゲン化アルキルと S_N2 機構で反応させる. このアルキル化生成物を酸水溶液中で加熱すると，アミドとエステルの両方の加水分解が起こる. このときに脱炭酸反応も進行しα-アミノ酸が生成する. たとえば，アスパラギン酸はブロモ酢酸エチル $BrCH_2CO_2Et$ から合成できる.

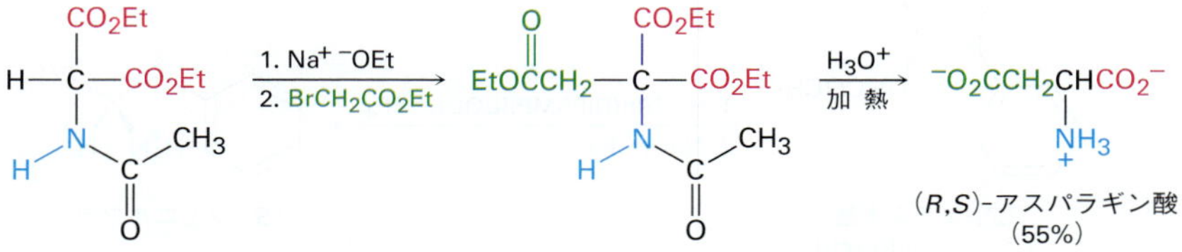

アセトアミドマロン酸ジエチル
diethyl acetamidomalonate

問題 19・5　アミドマロン酸エステル合成法で次のα-アミノ酸を合成するために必要なハロゲン化アルキルは何か.
　（a）ロイシン　　　（b）ヒスチジン　　　（c）トリプトファン　　　（d）メチオニン

2-オキソ酸の還元的アミノ化法

　別のα-アミノ酸合成法として 2-オキソ酸*にアンモニアと還元剤を作用させる還元的アミノ化がある. たとえば，アラニンはピルビン酸とアンモニアを $NaBH_4$ 存在下で反応させると得られる. §18・6で述べたように，この反応ではイミンが中間体として生成し，それが還元されている.

* 訳注: 以前はα-ケト酸とよばれた.

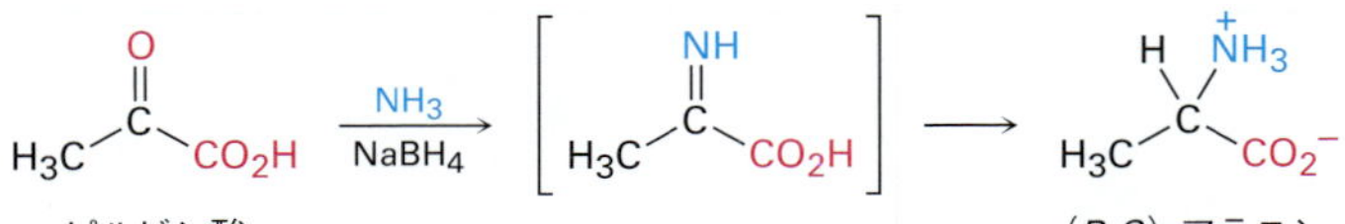

ピルビン酸
pyruvic acid

イミン中間体

(R,S)-アラニン

エナンチオ選択的合成

　アミドマロン酸合成，還元的アミノ化の方法はいずれも，アキラルな前駆体からα-アミノ酸を合成すると，ラセミ体，すなわち S 体と R 体のエナンチオマーの等量

混合物が得られる．しかし，天然と同じタンパク質をフラスコ内で合成する際に用いるアミノ酸としては純粋な S 体が必要である．

アミノ酸の一方のエナンチオマーを純粋に得るために，二つの方法が実際に用いられている．その一つは，§5・8 で学んだラセミ体を純粋なエナンチオマーに分割する方法である．しかし，より有効な方法に，必要な S 体だけを直接合成する**エナンチオ選択的合成**（enantioselective synthesis）がある．14 章の科学談話室で述べたように，不斉触媒が基質を一時的に非対称でキラルな反応場に取込むことによりエナンチオ選択的に合成できる．キラルな反応場において，基質の一方の面が他方の面より反応しやすいように開いており，このため一方のエナンチオマーが他方より多く生成する．

Monsanto 社の William Knowles は，不斉な水素化触媒を用いる (Z)-エナミド酸のエナンチオ選択的な水素化による不斉な α-アミノ酸の合成法を開発している．たとえば，(S)-フェニルアラニンは不斉なロジウム触媒を用いることにより，R 体を 1.3% しか含まない 98.7% の純度で合成される．これにより Knowles は野依良治とともに 2001 年のノーベル化学賞を受賞した．

最も効率のよいエナンチオ選択的アミノ酸合成の触媒はシクロオクタ-1,5-ジエン（cycloocta-1,5-diene: COD）と DiPAMP とよばれている (R,R)-1,2-ビス[(o-メトキシフェニル)フェニルホスフィノ]エタン〔(R,R)-1,2-bis[(o-methoxyphenyl) phenylphosphino]ethane〕のような光学活性なジホスフィンがロジウム（I）に配位した錯体である．この錯体は三置換リン原子の存在によって光学活性である（§5・10 参照）．

問題 19・6 次に示すアミノ酸のエナンチオ選択的合成法を示せ．

19・4 ペプチドとタンパク質

タンパク質やペプチドは個々のアミノ酸がアミド結合，すなわち**ペプチド結合**（peptide bond）によって結ばれているアミノ酸の重合体であり，各アミノ酸は**残基**（residue）とよばれる．一つのアミノ酸残基のアミノ基と 2 番目のアミノ酸残基のカルボキシ基がアミド結合を形成し，その 2 番目のアミノ酸残基のアミノ基と 3 番目の

19・4 ペプチドとタンパク質　　665

アミノ酸のカルボキシ基がアミド結合していき，それを繰返しタンパク質となる．た
とえばアラニルセリンはジペプチドで，アラニンのカルボキシ基とセリンのアミノ基
との間でアミド結合が形成されている．

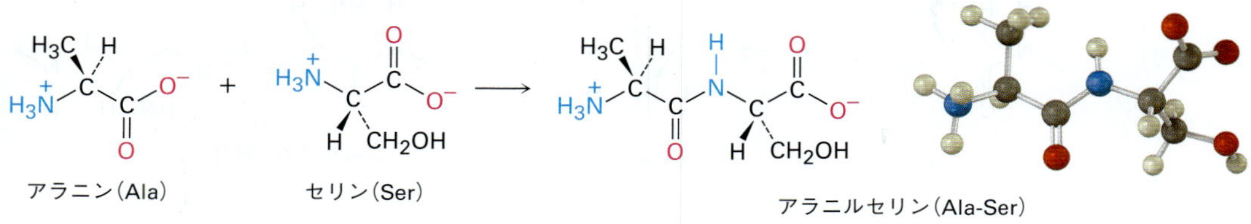

アラニン(Ala)　　　　　セリン(Ser)　　　　　　　　　　アラニルセリン(Ala-Ser)

アラニンとセリンのどちらのカルボキシ基が他方のアミノ基と反応するかによっ
て，2種類のジペプチドが生成する可能性がある．アラニンのアミノ基がセリンのカ
ルボキシ基と反応する場合はセリルアラニンが生成する．

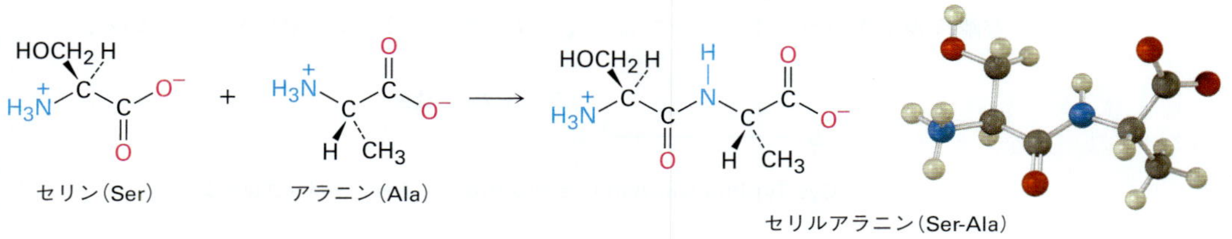

セリン(Ser)　　　　　　アラニン(Ala)　　　　　　　　　セリルアラニン(Ser-Ala)

$-N-CH-CO-$ の連続した長い繰返しをタンパク質の**骨格**（backbone）という．
通常，ペプチドでは **N 末端アミノ酸**（N-terminal amino acid，遊離の NH_3^+ 基をもつ）
を左側に，**C 末端アミノ酸**（C-terminal amino acid，遊離の CO_2^- 基をもつ）を右側
に書く．ペプチドの名称は表 19・1 にあげた各アミノ酸の略号を用いて表される．す
なわち，アラニルセリンは Ala-Ser，または A-S と省略され，セリルアラニンは Ser-
Ala，または S-A となる．アミノ酸は古典的な三文字表記よりも一文字表記を用いた
方が便利であるが認識しにくい．

ペプチド鎖中のアミノ酸同士で形成するアミド結合は他のアミド結合とまったく同
じである（§16・7，§18・3参照）．窒素の非共有電子対が隣接するカルボニル基と
共鳴して非局在化するため，アミドの窒素原子に塩基性はない．この窒素の p 軌道
とカルボニル基の p 軌道の重なりにより，C−N 結合がある程度二重結合性をもつよ
うになり，C−N 結合の回転は抑制される．そのためアミド結合は平面構造をとり，
N−H 結合と C=O 結合は 180° で向かい合わせとなる．

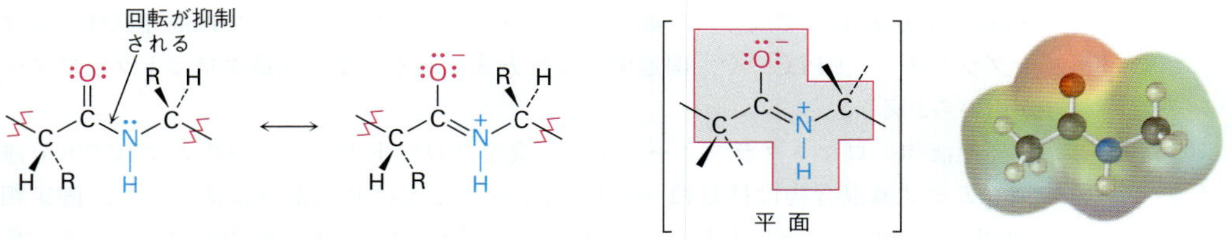

回転が抑制
される

平 面

ペプチド中に存在する二つ目の共有結合は，二つのシステイン残基の間に生成する
ジスルフィド結合 RS−SR である．§13・7で述べたように，ジスルフィド結合はチ

666　**19. 生体分子: アミノ酸，ペプチド，タンパク質**

オール RSH の穏やかな酸化により容易に生成し，また穏和な還元により簡単に開裂する．

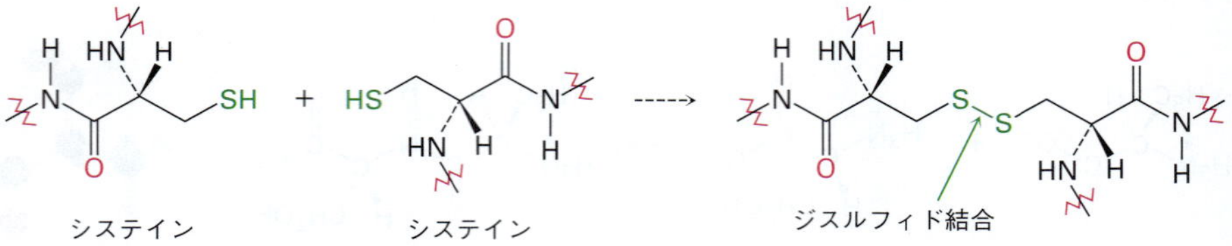

　異なる二つのペプチド鎖中のシステイン残基によるジスルフィド結合は，その二つのペプチド鎖を結合させており，同じペプチド鎖中のシステイン残基間のジスルフィド結合は環状ペプチド鎖を形成する．環状ペプチド鎖の例として脳下垂体に存在する抗利尿ホルモンであるバソプレッシン（vasopressin）があり，1番目のシステインと6番目のシステインがジスルフィド結合している．なお，バソプレッシンのC末端は遊離カルボキシラートイオンではなく，第一級アミド−$CONH_2$ となっている．

問題 19・7　バリン，チロシン，グリシンから6個のトリペプチド異性体が生成するが，それらを三文字表記と一文字表記の略号で示せ．
問題 19・8　ペプチド M-P-V-G の構造を書き，アミド結合を示せ．

19・5　ペプチドのアミノ酸分析

　タンパク質やペプチドの構造を決定するには三つの点を明らかにする必要がある．すなわち，含有されているアミノ酸の種類と数，およびアミノ酸の配列である．最初の二つは**アミノ酸分析計**（amino acid analyzer）とよばれる自動化された機器で決定できる．

　分析を行う前に，すべてのジスルフィド結合をシステインに還元し，そのシステインの SH 基をヨード酢酸との S_N2 反応により保護し，ついで6M の HCl 水溶液と24時間 110℃ で加熱してすべてのアミド結合を加水分解することにより，その構成アミノ酸に分解する．こうして得られたアミノ酸混合物を，**クロマトグラフィー**（chromatography）で成分に分離する．クロマトグラフィーとしては高速液体クロマトグラフィー（HPLC）や，関連する分析方法であるイオン交換クロマトグラフィーが用いられる．

　高速液体クロマトグラフィー，イオン交換クロマトグラフィーのいずれでも分離するアミノ酸混合物は**移動相**（mobile phase）とよばれる溶液に溶かされ，**固定相**（stationary phase）といわれる金属管やガラス管に詰められた吸着剤に通される．異なる化合物は固定相との吸着力が違うため，カラムの中での移動速度が異なり，順次流出してくる．

　イオン交換法では分離され流出してきたアミノ酸をニンヒドリンと反応させ，濃い

紫色の化合物に誘導する．この色を分光光度計によって検出し，溶出時間に対して吸光度をプロットする．

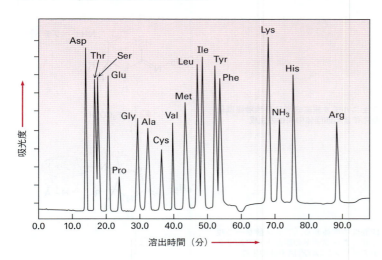

特定のアミノ酸がクロマトグラフィーカラムから溶出されてくる時間には再現性があるため，未知ペプチド中のすべてのアミノ酸は溶出時間により同定できる．ニンヒドリンとの反応によって生じる紫色の強さを測定することでタンパク質中の各アミノ酸の量は決定できる．17個のα-アミノ酸の等量混合物のクロマトチャートを図19・3に示す．一般的に，約200のアミノ酸残基を含むタンパク質のアミノ酸分析には約100ピコモル（2～3μg）の試料が必要である．

図 19・3 17個のα-アミノ酸の等量混合物のクロマトチャート

問題 19・9 システインとヨード酢酸との S_N2 反応によって得られる生成物の構造を示せ．

問題 19・10 バリンとニンヒドリンの反応によって得られる生成物の構造を示せ．

19・6 ペプチド配列決定法: Edman 分解

ペプチド中の各アミノ酸の同定と相対的定量をした後に，どの順にそれらが結合しているか**配列を決定**（sequencing）する．現在では，ほとんどのペプチドのアミノ酸配列は質量分析計で決められている．§10・4で述べたように，イオン化法としてエレクトロスプレーイオン化法（ESI）やマトリックス支援レーザー脱離イオン化法（MALDI）を備えた飛行時間型（TOF）質量分析計が用いられる．また，化学反応でアミノ酸配列を決定する **Edman 分解**（Edman degradation）も一般に使われている．
Edman 法では，ペプチド鎖の末端から一度に一つのアミノ酸残基を切り出し，そ

れを分離・同定している．次にアミノ酸が一つ短くなったペプチドについて同様の切断反応を行い，これを全部の配列が決定するまで繰返す．自動アミノ酸配列決定装置では，不要な副生物によって結果に影響が出るまで，50回程度繰返しアミノ酸配列決定を行うことができる．この装置では1～5ピコモル（0.1μg以下）程度の試料で配列を決めることができる．

図19・4に示すように，Edman分解でははじめにペプチドをフェニルイソチオシ

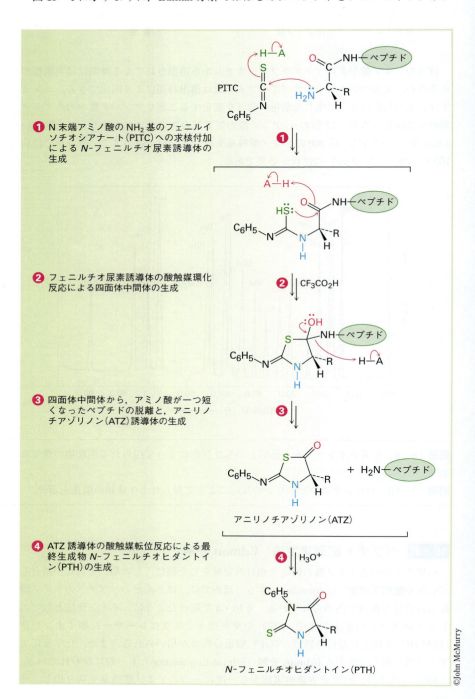

図 19・4　ペプチドのN末端アミノ酸分析法のEdman分解の機構

アナート (phenyl isothiocyanate: PITC) C₆H₅−N=C=S で処理した後，トリフルオロ酢酸と反応させる．第一段階は N 末端アミノ酸残基の NH₂ 基が PITC と結合し，第二段階で N 末端アミノ酸残基がペプチド鎖から切り出され，アニリノチアゾリノン (anilinothiazolinone: ATZ) 誘導体とアミノ酸が一つ短くなったペプチドが生成する．さらに ATZ 誘導体は酸水溶液を用いた酸触媒転位反応により，N-フェニルチオヒダントイン (N-phenylthiohydantoin: PTH) となる．これと 20 個の標準アミノ酸の PTH 誘導体の標品とのクロマトグラフィー溶出時間を比較することにより同定する．アミノ酸が一つ短くなったペプチドは順次，自動的に次の Edman 分解にかけられる．

大きなタンパク質の配列決定をすべて Edman 分解によって行うことは，不要な副生物が蓄積するため実用的ではない．これを克服するには，長いペプチド鎖をまず部分的な加水分解によりいくつかの断片に切断する．それから各断片の配列を決定し，各断片の末端部分の重なり合っている部分を照合して断片の順序を決定する．このようにして 400 個以上のアミノ酸が結合したタンパク質の配列が決定されている．

ペプチドは化学的には酸水溶液により，あるいは酵素的方法によって部分加水分解できる．酸加水分解は非選択的で，短い断片の複雑な混合物となるが，酵素加水分解はきわめて選択的である．たとえば，トリプシンは塩基性アミノ酸であるアルギニンとリシンのカルボキシ基側の加水分解反応のみを触媒し，キモトリプシンは芳香族アミノ酸であるフェニルアラニン，チロシン，トリプトファンのカルボキシ基側のみを切断する．

問題 19・11 オクタペプチドであるアンジオテンシン II のアミノ酸配列は Asp-Arg-Val-Tyr-Ile-His-Pro-Phe である．このアンジオテンシン II をトリプシンで加水分解するとどのような断片が得られるか．また，キモトリプシンを用いたときはどうなるか．

問題 19・12 Edman 分解により，次の PTH 誘導体を生成するペプチドの N 末端残基は何か．

問題 19・13 アンジオテンシン II (問題 19・11) の Edman 分解によって生じる PTH 誘導体の構造を書け．

問題 19・14 酸による部分加水分解で以下の断片が得られるアミノ酸 6 個からなるペプチドのアミノ酸配列を示せ．

(a) Arg, Gly, Ile, Leu, Pro, Val から Pro-Leu-Gly，Arg-Pro，Gly-Ile-Val が得られる．
(b) N, L, M, W, V₂ から V-L，V-M-W，W-N-V が得られる．

670   19. 生体分子: アミノ酸, ペプチド, タンパク質

19・7 ペプチド合成

ジシクロヘキシルカルボジイミド
dicyclohexylcarbodiimide: DCC

ペプチドの構造がわかれば合成することができる. 生体内での機能を解明するには, 大量のペプチドが必要である. 簡単なアミドはジシクロヘキシルカルボジイミド (DCC, §16・3参照) を用いてアミンとカルボン酸から合成できるが, ペプチド合成はさまざまな異なるアミド結合をランダムではなく特定の順に配列しなければならないため, より複雑である.

反応の特異性を出すために, 反応させたい官能基だけをそのまま残し, 残りの官能基を**保護** (protection) して反応しないようにする (§13・6, §14・8参照). たとえば, アラニンとロイシンから Ala-Leu を合成する場合, アラニンの NH_2 基とロイシンの CO_2H 基を反応しないように保護してから, DCC で Ala-Leu のアミド結合を形成させ, 最後に保護基を除去する.

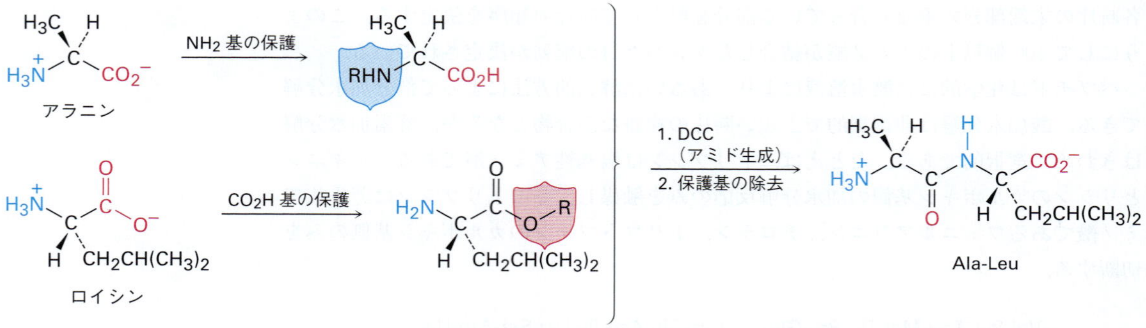

さまざまなアミノ基とカルボキシ基の保護基が開発されているが, 広く用いられているものは限られている. 多くの場合カルボキシ基は単純なメチルエステルやベンジルエステルで保護される. どちらも一般的なエステル合成法で簡単に合成でき, NaOH 水溶液による穏和な加水分解で容易に保護基が除去される. また, ベンジルエステルは, ベンジル位の弱い C−O 結合を触媒的に**水素化分解** (hydrogenolysis) することによっても開裂できる ($RCO_2-CH_2Ph + H_2 \rightarrow RCO_2H + PhCH_3$).

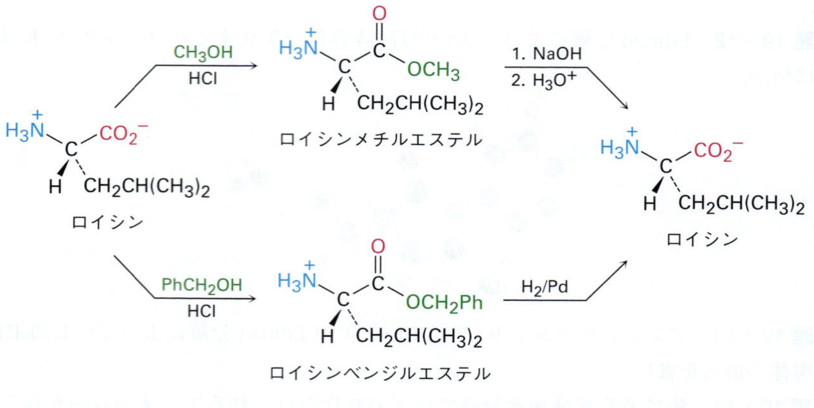

t−ブトキシカルボニル
t−butoxycarbonyl: Boc
フルオレニルメチルオキシカルボニル
fluorenylmethyloxycarbonyl: Fmoc

アミノ基はしばしば t−ブトキシカルボニル (Boc) 誘導体, あるいはフルオレニルメチルオキシカルボニル (Fmoc) 誘導体として保護する. アミノ酸による二炭酸ジ−t−ブチルへの求核的アシル置換反応により Boc 保護基を導入し, トリフルオロ酢酸 CF_3CO_2H のような強い有機酸で短時間処理することによって保護基を除去する.

Fmoc 保護基は酸ハロゲン化物との反応で導入し，塩基処理で除去する．

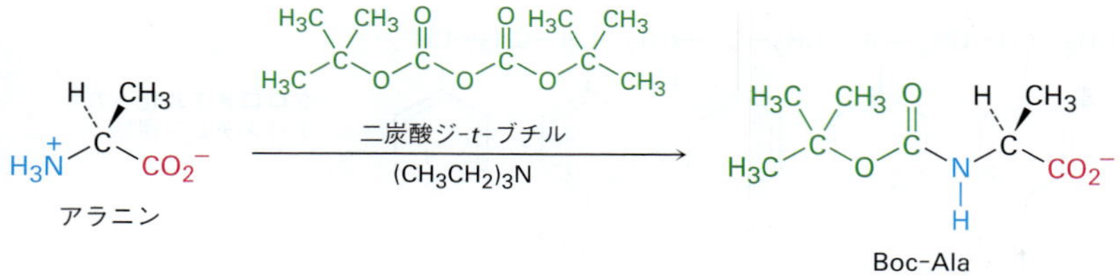

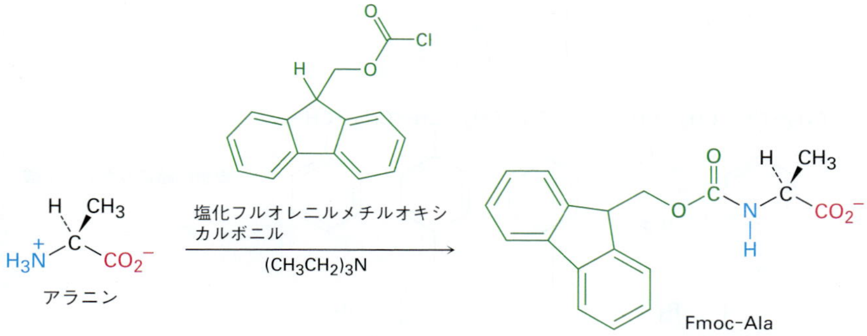

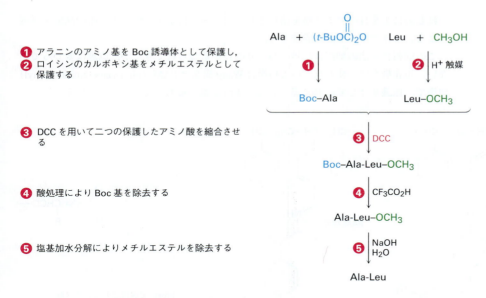

したがって Ala-Leu のようなジペプチドを合成するには 5 段階必要である．

❶ アラニンのアミノ基を Boc 誘導体として保護し，
❷ ロイシンのカルボキシ基をメチルエステルとして保護する

❸ DCC を用いて二つの保護したアミノ酸を縮合させる

❹ 酸処理により Boc 基を除去する

❺ 塩基加水分解によりメチルエステルを除去する

ここに示したようにアミノ酸を 1 回に一つずつ，伸長中のペプチド鎖に結合させていく方法では，長いペプチド鎖を合成するのに長い時間と，多大な労力が必要となる．しかし，これは 1984 年にノーベル化学賞を受賞した R. Bruce Merrifield が開発した方法で大幅に省力化できる．**Merrifield の固相合成法**（Merrifield solid-phase method）は溶液中ではなく，小さなポリマー樹脂ビーズに共有結合で固定したアミノ酸鎖でペプチド合成を行う．

もともとの Merrifield 法では 100 前後のベンゼン環のうちの一つがクロロメチル基 $-CH_2Cl$ をもつ合成ポリスチレン樹脂が用いられ，Boc 基で保護された C 末端ア

672　19. 生体分子: アミノ酸, ペプチド, タンパク質

ミノ酸がクロロメチル基と S_N2 反応によりエステル結合を形成し，樹脂に結合する．

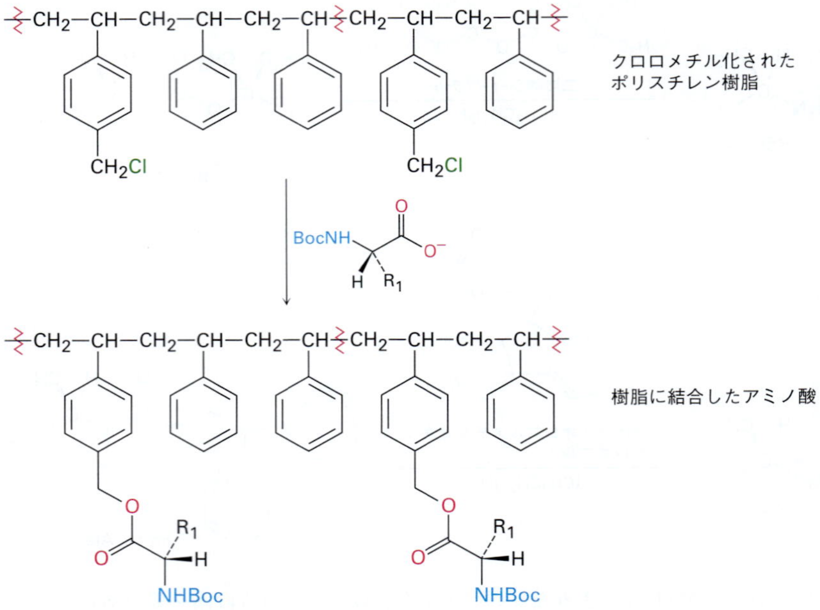

クロロメチル化された
ポリスチレン樹脂

樹脂に結合したアミノ酸

　はじめに1番目のアミノ酸を結合させ，次ページに示すつづく4段階の反応を繰返すことによりペプチドが合成できる．

　この固相合成法の細部は長年にわたり改良が重ねられてきたが，原理は変わっていない．現在最も広く使われている樹脂は Wang 樹脂と PAM（phenylacetamidomethyl）樹脂で，保護基としては Boc 基ではなく Fmoc 基が最もよく用いられている．

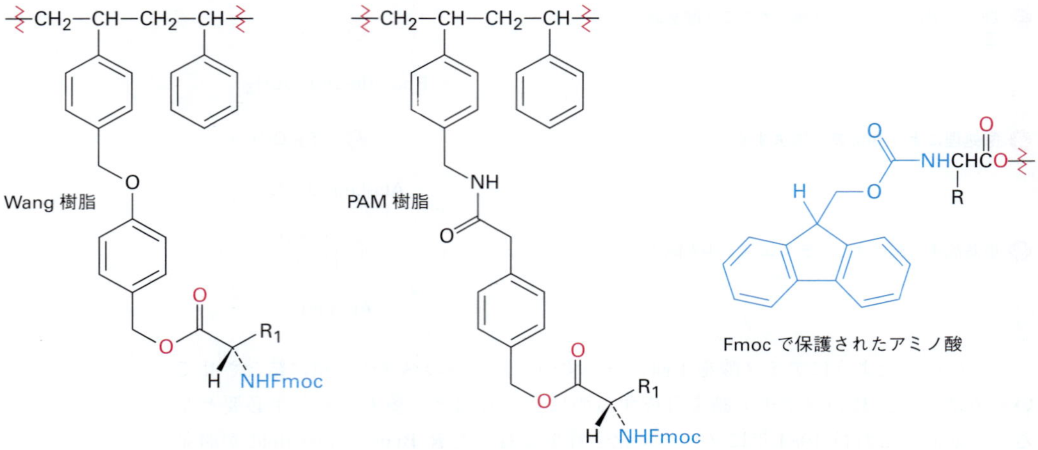

Wang 樹脂

PAM 樹脂

Fmoc で保護されたアミノ酸

　現在では自動化されたペプチド合成装置が用いられており，各アミノ酸の縮合，洗浄，脱保護を自動的に繰返す．各段階は非常に高収率で，ペプチド中間体は最終段階まで不溶性ポリマーから外れないので，機械的な損失が最小になっている．この方法では数時間で20個のアミノ酸からなるペプチドを30 mg 以上合成できる．

19・8 タンパク質の構造　　673

$$\text{Boc—NHCHCOH} + \text{ClCH}_2\text{—（ポリマー）}$$
（Rは下、O二重結合上）

❶ Boc 基で保護されたアミノ酸がエステル結合形成（S_N2 反応）によりスチレンポリマーと共有結合する

❶ ↓ 塩基

$$\text{Boc—NHCHCOCH}_2\text{—（ポリマー）}$$

❷ 過剰の反応剤を除くためアミノ酸を結合させたポリマーを洗浄し，その後，トリフルオロ酢酸で処理して Boc 基を除去する

❷ ↓ 1. 洗浄　2. CF_3CO_2H

$$\text{H}_2\text{NCHCOCH}_2\text{—（ポリマー）}$$

❸ DCC を用いて Boc 基で保護された 2 番目のアミノ酸を最初のアミノ酸に結合させる．過剰の試薬を洗浄により不溶性ポリマーから除く

❸ ↓ 1. DCC, Boc—NHCHCOH（R′）　2. 洗浄

$$\text{Boc—NHCHC—NHCHCOCH}_2\text{—（ポリマー）}$$

❹ ペプチド鎖伸長に必要なアミノ酸について脱保護，縮合反応，洗浄の工程を繰返す

❹ ↓ 繰返す

$$\text{Boc—NHCHC}\overbrace{\text{NHCHC}}^{}{}_n\text{NHCHCOCH}_2\text{—（ポリマー）}$$

❺ 必要なペプチドが合成できたら，無水フッ化水素で処理して最後の Boc 基の脱保護と，ポリマーとペプチド間のエステル結合を切断し，遊離のペプチドを得る

❺ ↓ HF

$$\text{H}_2\text{NCHC}\overbrace{\text{NHCHC}}^{}{}_n\text{NHCHCOH} + \text{HOCH}_2\text{—（ポリマー）}$$

問題 19・15　アミノ酸が二炭酸ジ-*t*-ブチルと反応して Boc 化される機構を示せ．

問題 19・16　Leu-Ala をアラニンとロイシンから合成するのに必要な五つの段階すべてを示せ．

19・8　タンパク質の構造

　タンパク質は三次元的な形によって繊維状か球状かに分類される．**繊維状タンパク質**（fibrous protein）としては腱や結合組織に存在するコラーゲンや筋組織に存在するミオシンがあり，これらはポリペプチド鎖が長いフィラメントとして並んで束ねられている．このようなタンパク質は強固で水に溶けないために，構造タンパク質となっている．これに対し**球状タンパク質**（globular protein）は小さく折りたたまれ，ほぼ球形になっている．これらは一般に水溶性で，細胞の中を移動できる．現在まで

*訳注: 水溶性以外に膜に結合した脂溶性タンパク質も多数存在する.

に知られている 3000 ほどの酵素のほとんどは球状タンパク質である*.

タンパク質は非常に大きいため, 構造 (structure) という用語は他の単純な有機化合物の場合とは異なり広い意味で使われている. 実際, タンパク質に関しては四つの異なった次元の構造がある.

- タンパク質の**一次構造** (primary structure) とはアミノ酸配列のことである.
- タンパク質の**二次構造** (secondary structure) とはペプチド骨格の部分部分がとる決まった規則正しい立体構造のことである.
- タンパク質の**三次構造** (tertiary structure) は二次構造が巻きついてつくりあげるタンパク質全体の三次元構造のことである.
- タンパク質の**四次構造** (quaternary structure) は複数のタンパク質が集合して生じる会合構造のことである.

前述したようにタンパク質の配列決定を行うことにより, その一次構造は決まる. これに対し, 二次, 三次, 四次構造は NMR や X 線結晶構造解析により決められている (10 章科学談話室参照).

最も一般的な二次構造は α ヘリックスと β シートである. **α ヘリックス** (α helix) ではペプチド骨格が右巻きのらせん階段のようなコイル状になっている (図 19・5a). らせん 1 巻きにはアミノ酸が 3.6 個含まれ, その間隔は 540 pm, すなわち 5.4 Å である. この構造は四つ離れたアミドの N-H と C=O 間の水素結合で安定化されている. この際 N-H…O 間の距離は 2.8 Å である. α ヘリックスは二次構造として一般的であり, ほとんどの球状タンパク質はらせん構造を多くもつ. その例として, 153 個のアミノ酸からなる一本鎖で小球状タンパク質であるミオグロビンを図 19・5(b) に示す.

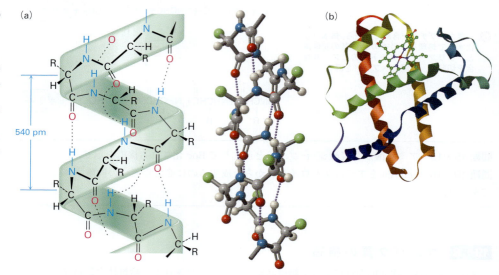

図 19・5 タンパク質の二次構造である α ヘリックス. (a) らせん構造は, アミドの N-H とそれから四つ離れたアミドの C=O 間の水素結合で安定化されている. (b) 球状タンパク質であるミオグロビンの構造はほとんどが α ヘリックスで, それらは図中ではコイル状のリボンで表されている.

β シート 〔β-sheet, β プリーツシート (β-pleated sheet) ともいう〕はコイル状の α ヘリックスとは異なり, ペプチド鎖が完全に伸びた状態で隣接して並んでいるペプチド鎖間で水素結合を形成している (図 19・6a). 隣り合うペプチド鎖は同じ向き (平行) の場合と逆向き (逆平行) の場合があるが, 逆平行の方が若干エネルギー的に安定で, 一般的である. この例としては 237 個の同一アミノ酸鎖 2 本でできている

19・8 タンパク質の構造　675

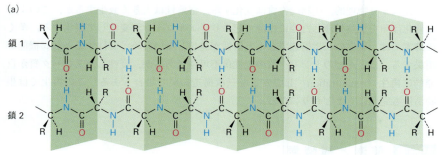

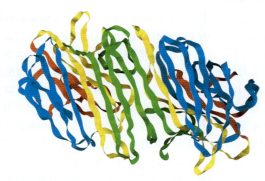

図 19・6　タンパク質の二次構造であるβシート．(a) シート構造は，平行あるいは逆平行に並んだペプチド鎖間の水素結合で安定化されている．(b) コンカナバリン A は，ほとんどが逆平行βシートで，それらは図中ではリボンで表されている．

訳注：アミノ酸側鎖(R)がαヘリックスでは外に向かって出ているが，βシートではシートの上下に交互に出ている．

コンカナバリン A（concanavalin A）があり，ほとんどの部分が逆平行なβシートである（図19・6b）．

　タンパク質の三次構造はどう決まるのだろうか．なぜタンパク質は特定の構造をとるのだろうか．タンパク質の三次構造を決定する力は，その大きさに関わらずすべての分子に作用し，最大の安定性をもたらす力と同じである．特に重要なものは，酸性または塩基性アミノ酸の極性側鎖の親水性（水との親和性，§2・12参照）相互作用と，非極性アミノ酸側鎖の疎水性（水をはじく性質）相互作用である．これら酸性または塩基性アミノ酸の電荷をもった側鎖は水によって溶媒和されるためタンパク質の外側にくる傾向がある．逆に，電荷をもたない非極性側鎖をもつアミノ酸は溶媒の水から離れてタンパク質分子の内部の炭化水素と類似した部分に集合する傾向が強い．

　他にタンパク質の三次構造を安定化する重要なものには，システイン残基間のジスルフィド結合の生成，近傍のアミノ酸同士の水素結合の生成，さらにタンパク質のアミノ酸側鎖の正電荷と負電荷の間の**塩橋**（salt bridge）とよばれるイオン結合がある．

　弱い分子間力によってつくられている球状タンパク質の三次構造はさほど強固ではないため，温度や pH のわずかな変化により破壊され，**変性**（denaturation）する．変性は一次構造が保たれるくらいの穏和な条件でも進行し，特異的な球形をとっていた三次構造はランダムなループ構造に広がってしまう（図19・7）．

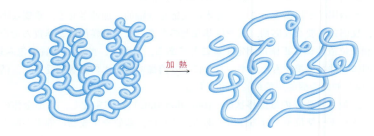

図 19・7　タンパク質の変性．球状タンパク質がその三次元構造を失い，ランダムなループ構造となる．

変性により物理的，生物的性質は変化する．溶解性は大きく減少するが，このような変化は卵を加熱料理した際に自身で起こり，アルブミンが変性して凝集する．多くの酵素では，特定の三次構造でないと活性が発現しないため，変性すると触媒機能が消失する．ほとんどのタンパク質の変性は不可逆であるが，変性したタンパク質が自発的に**再生**（renaturation）して安定な三次構造に戻る場合もある．この再生では生物活性も完全にもとどおりになる．

19・9　酵素と補酵素

酵素（enzyme）は，一般に大きなタンパク質であり，生体反応の触媒として働く化合物である．他のすべての触媒と同様，酵素は反応の平衡定数に影響しないし，不利な化学変化も起こすことはできない．酵素は反応の活性化自由エネルギーを低下させて反応を加速するだけである．実際に酵素による反応速度の加速は桁外れに大きい．100 万倍に加速されるのは普通で，多糖類を加水分解するグリコシダーゼは反応速度を 10^{17} 倍以上加速し，反応に必要な時間を数 100 万年からミリ秒に短縮させる．

酵素作用は通常特異的で，化学者がフラスコ内で使う多くの触媒とは異なる．一般に酵素は**基質**（substrate）である一つの化合物の一つの反応しか触媒しない．たとえば，ヒトの消化管中にあるアミラーゼはデンプンをグルコースに加水分解する反応のみを触媒し，セルロースや他の多糖はアミラーゼでは加水分解されない．

酵素が異なればその特異性も異なる．アミラーゼのようにただ一つの基質に特異的な酵素もあるし，一連の化合物を基質とする酵素もある．たとえば，果物のパパイアから単離された 212 個のアミノ酸からなる球状タンパク質のパパイン（papain）は，さまざまなペプチド結合の加水分解を触媒する．この作用のためパパインは，コンタクトレンズの洗浄剤として使われる．

酵素ははじめに酵素-基質複合体 E・S を生成し，ここから多段階の化学変化を経て酵素-生成物複合体 E・P となり，最終的に生成物が放出される．

$$E + S \; \rightleftharpoons \; E \cdot S \; \rightleftharpoons \; E \cdot P \; \rightleftharpoons \; E + P$$

E・S 複合体から生成物 E と P が生成する全体の反応速度を**ターンオーバー数**（turnover number）といい，これは一定時間内にどれだけの基質を 1 分子の酵素が生成物に変換できるかを示している．一般的には 1 秒間に 1000 程度の値であるが，炭酸脱水素酵素のターンオーバー数は 600,000 にもなる．

いくつかの因子が協働することで酵素は反応を飛躍的に加速させる．重要な因子の一つは，反応に必要な反応剤，酸や塩基などのさまざまな触媒部位と基質の形を，反応に有利な位置関係に正確に固定することである．そして，酵素は基質を包み込み，その周囲に特殊な環境をもたらす．これにより溶媒である水の影響を受けず，活性部位の酸-塩基触媒の機能が飛躍的に向上する．

そして，最も重要なのは**遷移状態**（transition state）を安定化し，反応全体の律速段階のエネルギー準位を下げる作用である．これは，基質や生成物に酵素が結合する

ことよりも，遷移状態と酵素が結合した状態が安定化することが重要なことを示している．実際に，酵素は基質や生成物に結合するより遷移状態に最大10^{12}倍もより強固に結合する．その結果として遷移状態のエネルギー準位が低下する．酵素触媒反応のエネルギー図は図 19・8 のようになっている*．

* 訳注：酵素は実際に遷移状態と直接結合して安定化させるのではなく，酵素–基質複合体から酵素–遷移状態複合体へのエネルギー変化を小さくする．

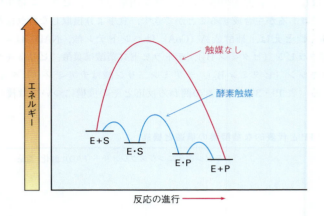

図 19・8 **酵素反応**(青線)**と非酵素反応**(赤線)**のエネルギー図**．酵素反応ではよりエネルギーの低い経路が可能となる．酵素は生成物に至る遷移状態に結合して，そのエネルギー準位を低下させて反応を加速する．

表 19・2 に示すように酵素は触媒する反応の種類によって六つに分類されている．**酸化還元酵素**（oxidoreductase，オキシドレダクターゼ）は酸化反応や還元反応を，**転移酵素**（transferase，トランスフェラーゼ）はある化合物の置換基を他の化合物に移す反応を，**加水分解酵素**（hydrolase，ヒドロラーゼ）はエステル，アミドなどの加水分解反応を，**脱離酵素**（lyase，リアーゼ）は水などの小分子の基質からの脱離や基質への付加を，**異性化酵素**（isomerase，イソメラーゼ）は異性化反応を，**リガーゼ**（ligase）は 2 分子の結合生成を触媒し，アデノシン三リン酸（ATP）の加水分解反応をしばしば伴う．酵素の系統名は二つの部分からなり，最後は -ase で終わる．最初の部分は酵素の基質を表し，後ろの部分は触媒する反応の種類を表す．たとえば，ヘキソキナーゼ（hexokinase）は ATP のリン酸基を糖であるヘキソースに転移させる転移酵素である．

表 19・2 　**酵素の分類**

大分類	小分類	機　　能
酸化還元酵素 oxidoreductase	脱水素酵素 dehydrogenase 酸化酵素 oxidase 還元酵素 reductase	二重結合の導入 酸　化 還　元
転移酵素 transferase	キナーゼ kinase アミノ基転移酵素 transaminase	リン酸基の転移 アミノ基の転移
加水分解酵素 hydrolase	リパーゼ lipase 核酸分解酵素 nuclease タンパク質分解酵素 （プロテアーゼ protease）	エステルの加水分解 リン酸エステルの加水分解 アミドの加水分解
脱離酵素 lyase	脱炭酸酵素 decarboxylase 脱水酵素 dehydratase	CO_2 の脱離 H_2O の脱離
異性化酵素 isomerase	エピメラーゼ epimerase	キラル中心のラセミ化
リガーゼ ligase	カルボキシラーゼ carboxylase 合成酵素 synthase	CO_2 の付加 新規結合の形成

タンパク質部分以外に**補因子**（cofactor）といわれるタンパク質でない小分子を含む酵素が多い．補因子にはZn^{2+}のような無機イオンと**補酵素**（coenzyme）とよばれる小分子有機化合物がある．補酵素は触媒ではなく，酵素反応中に化学変化を受ける反応剤であり，もとに戻るには別の過程が必要である．

すべてではないが，補酵素の多くはビタミン由来である．ビタミンは生体が成長するのに必要ではあるが生合成することができず，食事より摂取しなければならない化合物である．たとえば，補酵素A（CoA）はパントテン酸，NAD^+はニコチン酸，FADはリボフラビン（ビタミンB_2），テトラヒドロ葉酸は葉酸，ピリドキサールリン酸はピリドキシン（ビタミンB_6），チアミン二リン酸はチアミン（ビタミンB_1）に由来している（表19・3）．補酵素の関わる反応とその機構については後の章の適切

表 19・3　**ATPと代表的な補酵素の構造と機能**

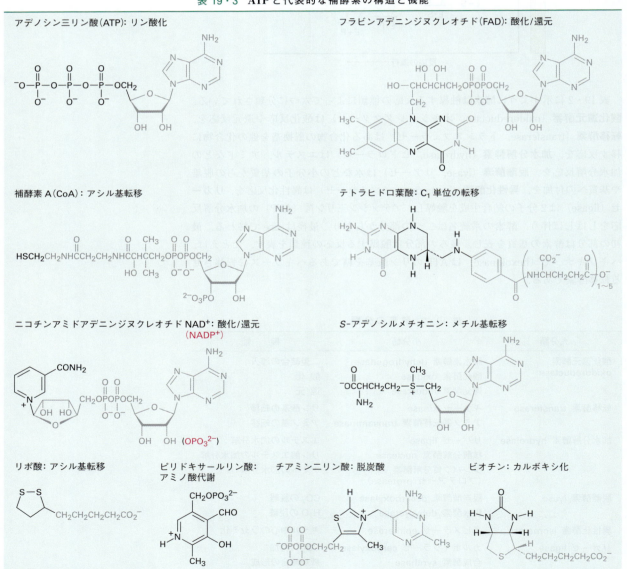

なところで述べる．

問題 19・17 次の酵素はどの分類に属するか．
(a) ピルビン酸脱炭酸酵素　　(b) キモトリプシン　　(c) アルコール脱水素酵素

19・10 酵素はどのように働くのか：クエン酸合成酵素

これまでみてきたように酵素は基質と反応剤を一緒にし，それらを反応に必要な向きに固定し，特定の触媒反応に必要な酸や塩基部位を提供し，反応の遷移状態を安定化している．例として，クエン酸合成酵素（クエン酸シンターゼ）をみてみよう．この酵素はアセチル CoA がオキサロ酢酸にアルドール様付加をしてクエン酸を生じる反応を触媒する．この反応は食物の分解によって生成したアセチル基が代謝されて CO_2 と H_2O になるクエン酸回路の最初の段階である．クエン酸回路の詳細は§22・4で述べる．

433 個のアミノ酸からなる球状タンパク質のクエン酸合成酵素には，基質であるオキサロ酢酸に結合することのできる官能基が並んでいる深い溝（基質結合部位）がある．ここにオキサロ酢酸が結合するとこの溝は閉じて，アセチル CoA が結合する第二の溝がすぐ近くにできる．この第二の溝には 274 番目のアミノ酸であるヒスチジン（His-274）や 375 番目のアスパラギン酸（Asp-375）などの官能基も配列している．二つの基質は酵素により隣接する場所に反応に適した向きで保持される．図 19・9 には X 線結晶構造解析で得られたクエン酸合成酵素の構造と，その活性部位の拡大図を示した．

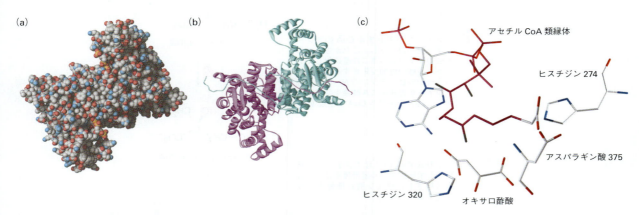

図 19・9 X 線結晶構造解析で得られたクエン酸合成酵素の構造．(a) は空間充填モデル，(b) はリボンモデル．(b) ではタンパク質の α ヘリックス部分が強調されており，この酵素が二量体であることが示されている．すなわち，二つのまったく同じペプチド鎖が水素結合やその他の分子間引力によって結合している．(c) は活性部位の拡大図で，オキサロ酢酸と反応性のないアセチル CoA 類縁体が結合している．

680   19. 生体分子：アミノ酸，ペプチド，タンパク質

図 19・10 に示すようにアルドール反応の第一段階はアセチル CoA のエノール体の生成である．酵素のアスパラギン酸側鎖のカルボキシラートイオンが塩基としてアセチル CoA の酸性の α 水素を引抜くと同時に，酵素のヒスチジン側鎖のイミダゾール環がアセチル CoA のカルボニル酸素に対して H$^+$ を与える．このようにして生成したエノールがオキサロ酢酸のケトンに求核付加する．このとき，一つのヒスチジンは塩基としてエノールの OH から水素を引抜き，もう一つのヒスチジンはこれと同時にオキサロ酢酸のカルボニル基をプロトン化してシトリル CoA が生成する．ついでシトリル CoA のチオエステル基が求核的アシル置換反応により加水分解され，最終生成物としてクエン酸と補酵素 A（CoA）が生成する．今後の章でも同様に，他の酵素の反応機構も詳細に述べる．

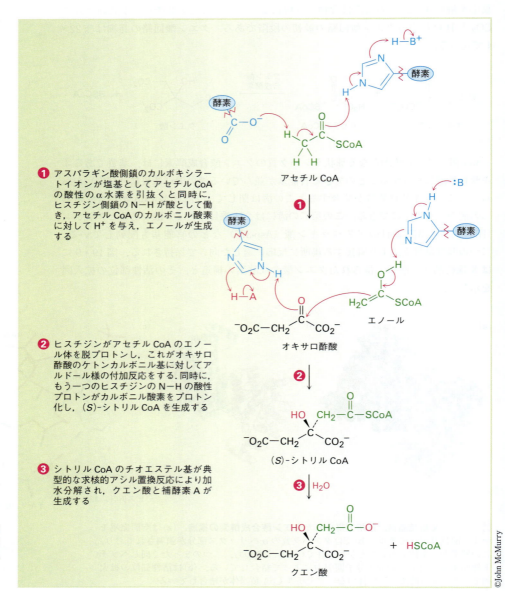

図 19・10 オキサロ酢酸へのアセチル CoA の付加による (S)-シトリル CoA の生成機構．反応はクエン酸合成酵素が触媒する．

19. 生体分子：アミノ酸，ペプチド，タンパク質　　681

> **科学談話室**

プロテインデータバンク

　酵素は非常に大きく，複雑な構造をしており，数多く存在するので，コンピューターデータベースとタンパク質分子の可視化法が生命化学（生化学）の研究にとって必須となってきた．オンラインで利用できるさまざまなデータベースのなかで，この後の数章で学ぶ生合成などに関しては，京都大学化学研究所バイオインフォマティクスセンターの金久實研究室のデータベース，Kyoto Encyclopedia of Genes and Genomes（KEGG）(http://www.genome.ad.jp/kegg) が有用である．また，特定の酵素の情報を得るにはドイツのケルン大学生化学研究所のデータベース BRENDA (http://www.brenda.uni-koeln.de) が実用的である．

　生物系で最も有用なデータベースは Research Collaboratory for Structural Bioinformatics（RCSB）による Protein Data Bank（PDB，プロテインデータバンク）だろう．PDB は生体高分子の X 線構造解析データや NMR データの世界的な保管場所となっている．2013 年後半で，ここには 94,000 個以上の構造データがあり，毎年約 9000 個の新たなデータが加えられている．PDB には http://www.rcsb.org/pdb/ からアクセスでき，図 19・11 に示すホームページが表示される．オンラインで利用できる多くのものと同様に，PDB サイトはすぐに更新されるので，まったく同じものは見られないだろう．

　PDB の使い方は以下のとおりである．まず，スクリーン上にある PDB-101 の黒枠をクリックして，"Understanding PDB Data" を選ぶ．図 19・9 に示した，アセチル CoA がオキサロ酢酸に付加してクエン酸を生じる反応を触媒するクエン酸合成酵素を見てみよう．上段にある検索欄（search window）に citrate synthase と打込んで "検索（site search）" をクリックすると，構造のリストが 300 以上も出てくる．リストの下の方までスクロールしていくと PDB コードが 5CTS の "クエン酸合成酵素の推定反応機構：1.9 Å の解像度のオキサロ酢酸とカルボキシメチル CoA が結合したクエン酸合成酵素複合体" が現れる．酵素のコード番号がわかっていれば，それを検索欄に打込むこともできる．PDB コードの 5CTS をクリックすると，新たにクエン酸合成酵素の情報の載っているページが開く．（注：使用法や構造のリスト数は常に更新されている）

　またもし必要なら，パソコンに構造のファイルをダウンロードしてさまざまな画像プログラムでファイルを開くことができ，図 19・12 に示すような図を見ることができる．活性型のクエン酸合成酵素は二つの同じサブユニットが結合した二量体であり，サブユニットにはコイル状のリボンで示してある α ヘリックス構造が多く存在する．酵素を視覚化し，さらに詳しく調べるためのツールも表示されている．20 章の科学談話室でこれらのツールをみてみよう．

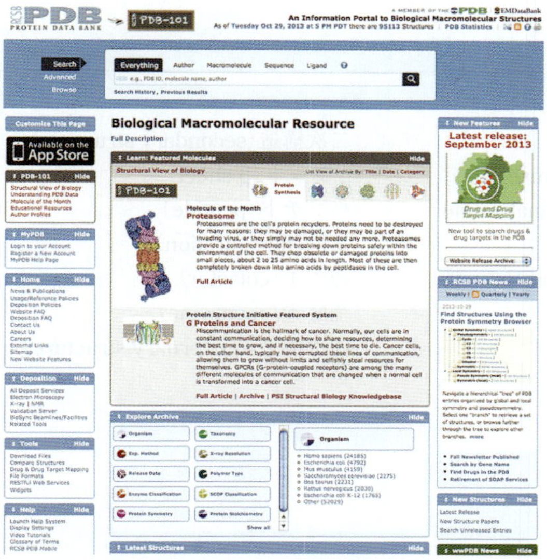

図 19・11　Protein Data Bank のホームページ

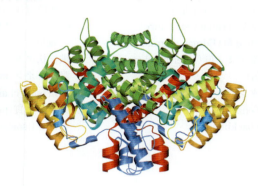

図 19・12　酵素プロテインデータバンクにあるクエン酸合成酵素の高次構造.

まとめ

　ここで本書の本題に到達した．本章でアミノ酸とタンパク質について学び，この後の章ではおもな生体分子の生体内機能，生合成，生体内での代謝について学んでいく．

　タンパク質と**ペプチド**は大きな生体分子で，アミド結合，すなわちペプチド結合によって連結された **α-アミノ酸**でできている．通常，20 種のアミノ酸がタンパク質中

に存在するが，それらはすべて α-アミノ酸であり，グリシンを除くすべてが L 糖に似た立体構造をとっている．中性の溶液中ではアミノ酸は双極型の**双性イオン**として存在している．

アミノ酸のラセミ体は，アセトアミドマロン酸ジエチルのアルキル化や，2-オキソ酸の還元的アミノ化で合成できる．これに対し，不斉触媒を用いた水素化反応でアミノ酸のエナンチオ選択的合成を行うことができる．

ペプチドまたはタンパク質の構造決定は，アミノ酸分析から始める．ペプチドを加水分解により構成 α-アミノ酸に分解し，これを分離，同定する．次に，ペプチド配列を **Edman 分解**で決める．Edman 分解ではフェニルイソチオシアナート（PITC）処理によってペプチドの N 末端から残基を一つ切り出し，それを簡単に同定できる **N 末端アミノ酸**のフェニルチオヒダントイン（PTH）誘導体にする．順次 Edman 分解を自動で行うことで 50 残基程度の長さのペプチド配列を決めることができる．

選択的な保護基がペプチド合成に用いられる．遊離のカルボキシ基と保護したアミノ基をもつアミノ酸と，遊離のアミノ基と保護したカルボキシ基をもつアミノ酸をジシクロヘキシルカルボジイミド（DCC）を用いて縮合させる．アミド結合生成後に，保護基を除去し，同じ手順を繰返

す．一般に，アミノ基は t-ブトキシカルボニル（Boc）あるいはフルオレニルメチルオキシカルボニル（Fmoc）誘導体として保護され，カルボキシ基はエステルとして保護される．この合成は，ペプチドを不溶性のポリマー樹脂にエステル結合で固定する Merrifield の固相合成法によって行われる．

タンパク質には四つの次元の構造がある．**一次構造**はタンパク質のアミノ酸配列のことで，**二次構造**はタンパク質中の決まった規則正しい立体構造，すなわち**α ヘリックス**や**β シート**のことで，**三次構造**はタンパク質全体の三次元的折りたたみ構造で，**四次構造**は複数のタンパク質が会合して形成するより大きな構造のことである．

タンパク質は球状または繊維状に分類される．α ケラチンのような**繊維状タンパク質**は強固で，水に溶けない．ミオグロビンのような**球状タンパク質**は水に溶け，ほぼ球形である．多くの球状タンパク質は酵素で生体反応を触媒している．触媒する反応の種類によって酵素は六つに分類される．酵素は基質となる分子を取込んで反応に必要な向きに固定し，特定の触媒作用に必要な酸あるいは塩基部位を提供している．タンパク質部分に加えて，多くの酵素は**補因子**として金属イオンや**補酵素**とよばれる小分子有機化合物を含んでいる．

重 要 な 用 語

α-アミノ酸（α-amino acid）
α ヘリックス（α helix）
一次構造（primary structure）
Edman 分解（Edman degradation）
N 末端アミノ酸（N-terminal amino acid）
球状タンパク質（globular protein）
酵素（enzyme）
骨格（backbone）

残基（residue）
三次構造（tertiary structure）
C 末端アミノ酸（C-terminal amino acid）
繊維状タンパク質（fibrous protein）
双性イオン（zwitterion）
側鎖（side chain）
タンパク質（protein）
等電点（isoelectric point）pI

二次構造（secondary structure）
β シート（β sheet）
ペプチド（peptide）
変性（denaturation）
補因子（cofactor）
補酵素（coenzyme）
四次構造（quaternary structure）

反 応 の ま と め

1. アミノ酸合成（§19・3）

(a) ジエチルアセトアミドマロン酸合成

(b) 2-オキソ酸の還元的アミノ化法

19. 生体分子: アミノ酸, ペプチド, タンパク質

(c) エナンチオ選択的合成

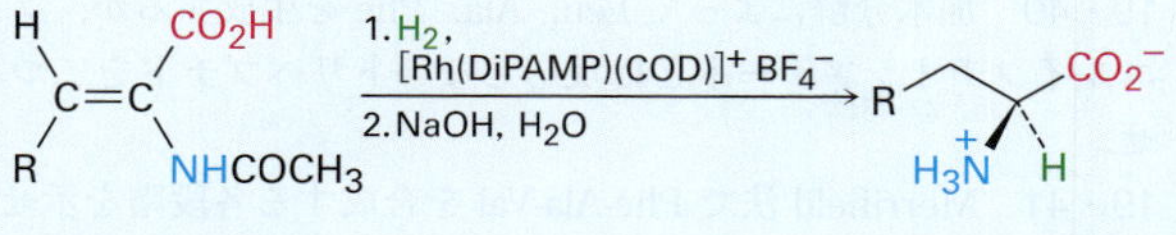

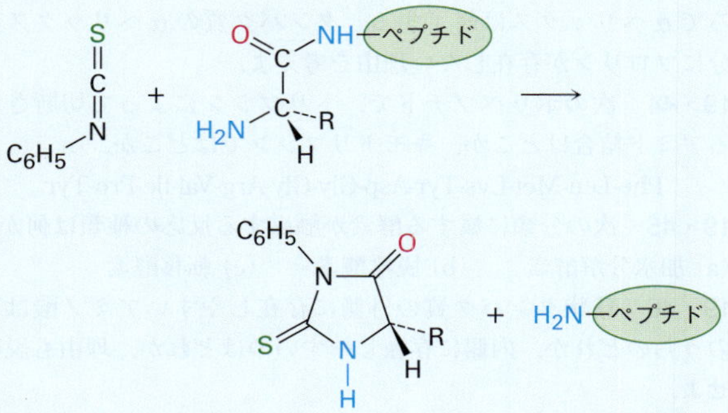

3. ペプチド合成 (§19・7)
(a) アミノ基の保護

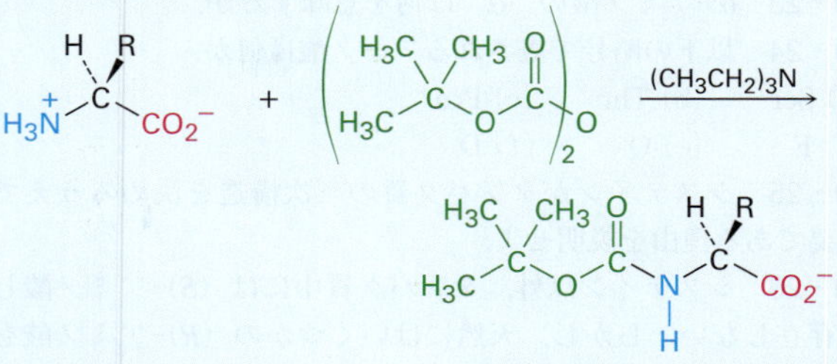

2. Edman 分解によるペプチド配列決定法 (§19・6)

(b) カルボキシ基の保護

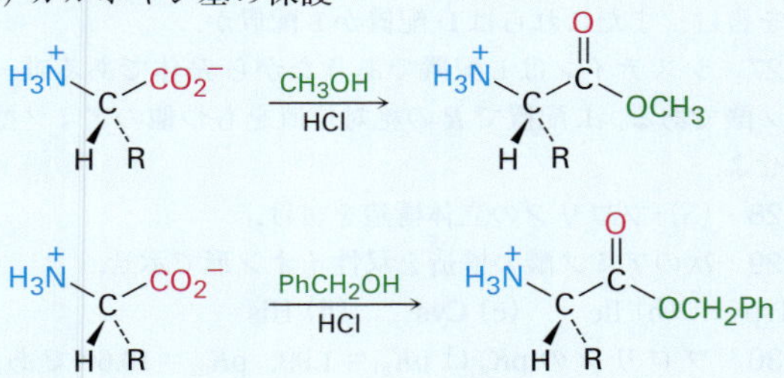

演習問題

目で学ぶ化学
(問題 19・1〜19・17 は本文中にある)

19・18 次のアミノ酸は何か.

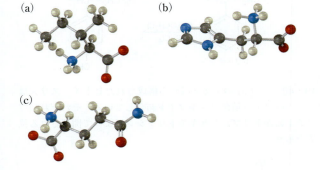

19・19 次のテトラペプチドのアミノ酸配列を示せ. (黄は S)

19・20 イソロイシンとトレオニンだけが二つのキラル中心をもつアミノ酸である. イソロイシンのメチル基が結合している炭素は R か S か.

19・21 次の構造は D-アミノ酸か, L-アミノ酸か.

19・22 次のテトラペプチドのアミノ酸配列を示せ.

684   19. 生体分子：アミノ酸，ペプチド，タンパク質

追加問題

アミノ酸

19・23 α-アミノ酸の "α" は何を意味するか．

19・24 以下の略号で表されるアミノ酸は何か．

(a) Ser   (b) Thr   (c) Pro

(d) F   (e) Q   (f) D

19・25 システインがタンパク質の三次構造を決めるうえで重要である理由を説明せよ．

19・26 システイン以外，タンパク質中には (S)-アミノ酸しか存在しない．しかし，天然にはいくつかの (R)-アミノ酸も見つかっており，(R)-セリンはミミズに，(R)-アラニンは昆虫の幼虫に存在している．(R)-セリンと (R)-アラニンの立体構造を書け．またこれらは D 配置か L 配置か．

19・27 システインは L 配置でありながら R 体である唯一のアミノ酸である．L 配置で R の絶対位置をもつ他のアミノ酸を考案せよ．

19・28 (S)-プロリンの立体構造を書け．

19・29 次のアミノ酸の構造を双性イオン形で示せ．

(a) Trp   (b) Ile   (c) Cys   (d) His

19・30 プロリンの pK_a は $pK_{a1} = 1.99$，$pK_{a2} = 10.60$ である．Henderson-Hasselbalch の式を用いて，pH 2.50 でのプロトン化体と双性イオンの比を計算せよ．また，pH 9.7 での双性イオンと脱プロトン体の比も計算せよ．

19・31 アミノ酸であるトレオニン (2S,3R)-2-アミノ-3-ヒドロキシブタン酸は二つのキラル中心をもつ．このトレオニンの立体構造がわかるように直線，くさび線，破線を用いて書け．

アミノ酸の合成と反応

19・32 次のアミノ酸を，アセトアミドマロン酸法を用いて合成する方法を示せ．

(a) ロイシン   (b) トリプトファン

19・33 次のアミノ酸を，還元的アミノ化法を用いて合成する方法を示せ．

(a) メチオニン   (b) イソロイシン

19・34 次のアミノ酸のエナンチオ選択的合成法を示せ．

(a) Pro   (b) Val

19・35 セリンはハロゲン化アルキルではなく，ホルムアルデヒドを用いるアミドマロン酸法の簡単な別法を用いることによって合成できる．その方法を示せ．

19・36 バリンを次の反応剤と反応させたときの生成物は何か．

(a) CH_3CH_2OH，酸   (b) 二炭酸ジ-t-ブチル

(c) KOH，H_2O (d) CH_3COCl，ピリジン，つづいて H_2O

19・37 図 19・3 のデータは，ニンヒドリン反応でプロリンは検出しにくいことを示している．理由を説明せよ．

ペプチド，タンパク質，酵素

19・38 アミノ酸の三文字表記と一文字表記の両方を用いて，次のアミノ酸で構成される可能なペプチドをすべて書け．

(a) Val，Ser，Leu   (b) Ser，Leu₂，Pro

19・39 次のペプチドの完全な構造式を書け．

(a) C-H-E-M   (b) E-A-S-Y   (c) P-E-P-T-I-D-E

19・40 加水分解によって Leu, Ala, Phe を生成するが，フェニルイソチオシアナートとは反応しないトリペプチドを二つ示せ．

19・41 Merrifield 法で Phe-Ala-Val を合成する各段階を示せ．

19・42 次のペプチドの Edman 分解によって生成する PTH 誘導体の構造式を書け．

(a) I-L-P-F   (b) D-T-S-G-A

19・43 ミオグロビンや他のタンパク質ではプロリンのところで α ヘリックスは終了する．タンパク質の α ヘリックス部分にプロリンが存在しない理由を考えよ．

19・44 次のポリペプチドで，トリプシンによって切断されるアミド結合はどこか．キモトリプシンではどこか．

Phe-Leu-Met-Lys-Tyr-Asp-Gly-Gly-Arg-Val-Ile-Pro-Tyr

19・45 次の分類に属する酵素が触媒する反応の種類は何か．

(a) 加水分解酵素   (b) 脱離酵素   (c) 転移酵素

19・46 球状タンパク質の外側に存在しやすいアミノ酸は次のうちのどれか．内側に存在しやすいのはどれか．理由も説明せよ．

(a) バリン   (b) アスパラギン酸

(c) フェニルアラニン   (d) リシン

総合問題

19・47 Merrifield の固相ペプチド合成に用いるクロロメチル化されたポリスチレン樹脂は，ポリスチレンとクロロメチルメチルエーテルを Lewis 酸触媒を用いて反応させて合成する．この反応の機構を示せ．

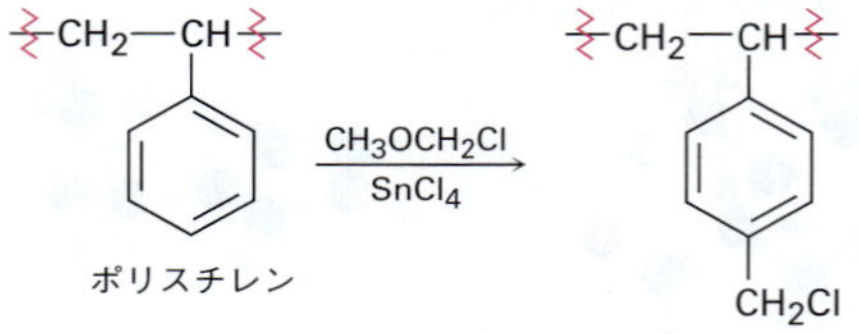

19・48 合計 51 のアミノ酸から構成されたヒトインスリンは二つのペプチド鎖がジスルフィド結合している．それぞれのペプチド鎖がトリプシンとキモトリプシンによって開裂される位置を示せ．

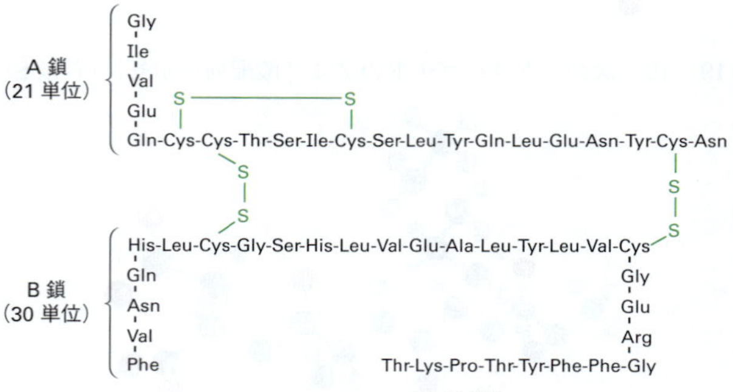

インスリン

19. 生体分子：アミノ酸，ペプチド，タンパク質　685

19・49 表19・1に示した20種のアミノ酸の側鎖を見て，そこにない官能基は何かを考えてみよう．たとえば，アルデヒドやケトンといったカルボニル基はその20種のアミノ酸にはない．これは単に自然が見落としたのか，あるいは化学的な理由があるのだろうか．アルデヒドやケトンのカルボニル基が存在すると，どのような問題が起こると考えられるか．

19・50 酵素分解で次の断片を生じるノナペプチドの構造を示せ．

トリプシン分解：　　Val-Val-Pro-Tyr-Leu-Arg，Ser-Ile-Arg
キモトリプシン分解：Leu-Arg，Ser-Ile-Arg-Val-Val-Pro-Tyr

19・51 アミノ基を保護するFmoc基は塩基水溶液処理で除去される．5員環上の比較的酸性度の高い水素がはじめに引抜かれ，その隣の置換基が脱離するとともに脱炭酸する反応機構を示せ．またFmoc基が酸性を示す理由も書け（§9・4参照）．

Fmocで保護されたアミノ酸

19・52 臭化シアン BrC≡N: はタンパク質のメチオニン残基のカルボキシ基側のアミド結合を特異的に切断する．

この反応は数段階で進行する．

(a) 第一段階では，メチオニンの側鎖の硫黄原子がBrCNと求核置換反応してシアノスルホニウムイオン R_2SCN^+ が生成する．生成物の構造と反応機構を示せ．

(b) 第二段階は分子内 S_N2 反応で，メチオニンのカルボニル酸素が正に荷電した硫黄脱離基と置換して5員環の生成物を生じる．生成物の構造と反応機構を示せ．

(c) 第三段階はペプチド鎖が切断される加水分解反応である．はじめにメチオニンのカルボキシ基であったものがラクトン環（環状エステル）の一部となる．ラクトン生成物の構造と反応機構を示せ．

(d) 最後の段階はラクトンの加水分解で上に示した化合物が生成する．反応機構を示せ．

19・53 ロイプロリド（図はページ下）は，女性の子宮内膜症と男性の前立腺がんの両方の治療に使用される合成ノナペプチドである．

(a) ロイプロリドのC末端とN末端のアミノ酸は修飾されている．どのように修飾されているか．

(b) ロイプロリドのアミノ酸の一つは通常のL-アミノ酸ではなくD-アミノ酸である．どれか．

(c) ロイプロリドの構造をアミノ酸の1文字表記と3文字表記で書け．

(d) 中性条件下でロイプロリドは正と負のどちらに荷電しているか．

19・54 最近のペプチド合成法では2-オキソ酸と N-アルキルヒドロキシルアミンの反応でアミド結合を形成している．

2-オキソ酸　　ヒドロキシルアミン　　アミド

この反応では N-アルキルヒドロキシルアミンが2-オキソ酸に求核付加してイミンを生成後（§14・7参照），脱炭酸と脱水反応が進行する．反応機構を書け．

問題 19・53 図

ロイプロリド leuprolide

686 19. 生体分子: アミノ酸, ペプチド, タンパク質

19・55 20種の標準アミノ酸のうちアルギニンは側鎖にグアニジノ基をもち, 最も塩基性が高い. プロトン化したグアニジノ基がどのような共鳴により安定化されるか説明せよ.

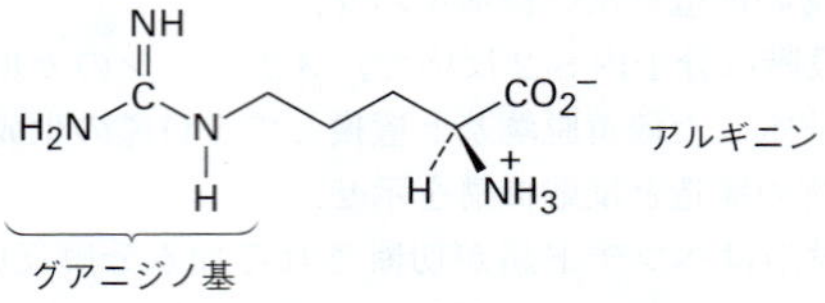

$$H_2N-\overset{NH}{\underset{H}{C}}-N-CH_2CH_2CH_2-\overset{H}{\underset{NH_3^+}{C}}-CO_2^-$$ アルギニン

グアニジノ基

19・56 シトクロム c はすべての好気性生物の細胞中に存在する酵素である. シトクロム c の元素分析から 0.43% の鉄を含んでいることがわかる. この酵素の分子量は最低でいくつか.

19・57 NMR データより, アミドの CO−N 結合が自由に回転できないことがわかる. 室温での N,N-ジメチルホルムアミドの ^{1}H NMR スペクトルは 3 本のピーク, すなわち 2.9 ppm (一重線, 3H), 3.0 ppm (一重線, 3H), 8.0 ppm (一重線, 1H) を示す. しかし, 温度を上げると 2.9 ppm と 3.0 ppm の 2 本の一重線はゆっくりと近づいて 1 本のピークになっていく. 180 °C では ^{1}H NMR が 2.95 ppm (一重線, 6H) と 8.0 ppm (一重線, 1H) の 2 本のピークしか示さない. この温度依存性の変化について説明せよ.

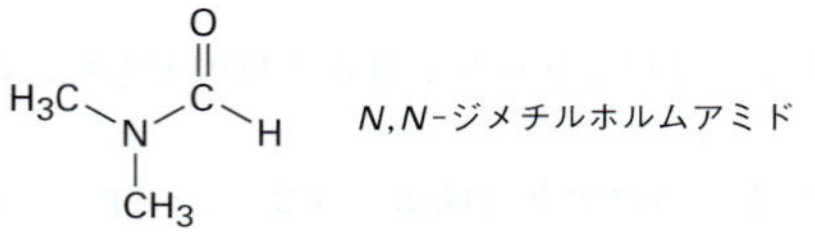

$$H_3C-\overset{O}{\underset{CH_3}{N}}-H$$ N,N-ジメチルホルムアミド

19・58 ニンヒドリンと α-アミノ酸との反応は次の数段階を経る.

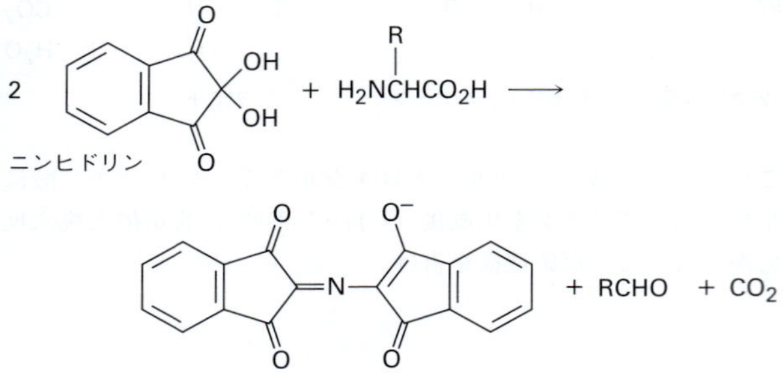

(a) 第一段階はアミノ酸とニンヒドリンの反応によるイミンの生成である. イミンの構造と反応機構を示せ.
(b) 第二段階は脱炭酸反応である. 脱炭酸反応の生成物の構造と反応機構を示せ.
(c) 第三段階はイミンの加水分解によるアミンとアルデヒドの

生成である. 両生成物の構造と, 加水分解の反応機構を示せ.
(d) 最後の段階は紫色アニオンの生成である. この反応の機構を示せ.

19・59 ニンヒドリンと α-アミノ酸との反応 (問題 19・58) で得られた紫色アニオンの共鳴構造式を示せ.

19・60 脳下垂体から分泌されるノナペプチドホルモンであるオキシトシンは, 分娩時の子宮収縮や母乳の分泌を促進する. オキシトシンの配列は次の実験結果で決められた.

1. オキシトシンは二つのシステイン残基間のジスルフィド架橋を含む環状化合物である.
2. ジスルフィド架橋還元後の, アミノ酸組成は N, C$_2$, Q, G, I, L, P, Y である.
3. 還元されたオキシトシンの部分加水分解では次の七つの断片が得られる.

D-C, I-E, C-Y, L-G, Y-I-E, E-D-C, C-P-L

4. Gly が C 末端アミノ酸である.
5. E と D の側鎖は遊離の酸ではなくアミド (Q および N) として存在している.

　還元されたオキシトシンのアミノ酸配列を決めよ. またオキシトシン自身の構造を示せ.

19・61 低カロリー甘味料のアスパルテームは, 単純なジペプチドのメチルエステル体, Asp-Phe-OCH$_3$ である.
(a) アスパルテームの構造式を書け.
(b) アスパルテームの等電点は 5.9 である. この pH の水溶液中における主要な構造を示せ.
(c) 生理的な pH 7.3 でのアスパルテームの主要な構造を示せ.

19・62 図 19・4 を参照し, Edman 分解の最終段階である ATZ 誘導体から PTH 誘導体への酸触媒転位反応の機構を示せ.

19・63 アミノ酸代謝では, アミノ基転移反応でアミノ酸の NH$_2$ 基が 2-オキソ酸のケトンカルボニル基に移る. 生成物は新しいアミノ酸と新しい 2-オキソ酸である. イソロイシンのアミノ基転移反応で生じる生成物を書け.

19・64 ヒスチジン分解のはじめの段階では, ヒスチジン分解酵素のペプチド鎖の一部が環化反応して 4-メチリデンイミダゾール-5-オン (MIO) を生成する. 反応機構を書け.

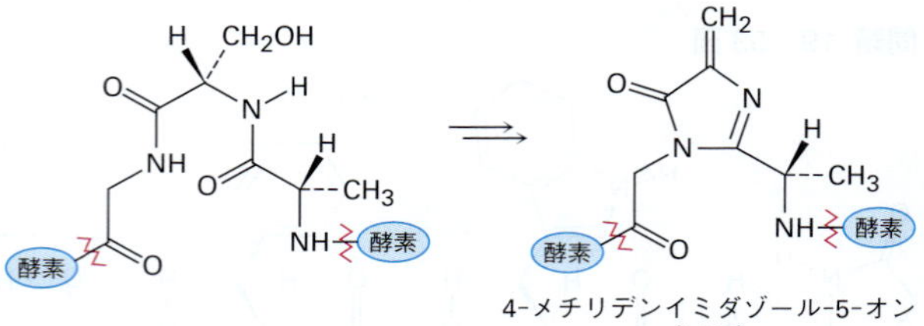

4-メチリデンイミダゾール-5-オン (MIO)

アミノ酸代謝

20

20・1 代謝と生体エネルギーの概略
20・2 アミノ酸の異化反応：脱アミノ
20・3 尿素回路
20・4 アミノ酸の異化：炭素鎖
20・5 アミノ酸の生合成

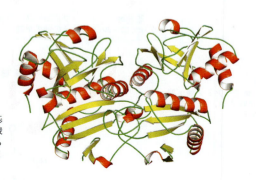

D-アミノ酸アミノ基転移酵素は，アミノ酸代謝の第一段階であるアミノ酸からの脱アミノを触媒する

本章の目的　現在の生命科学の革命的な進歩を理解し，それに貢献するには，生命現象を分子レベルで理解することがまず必要である．言い換えれば，生物が利用している化学反応や反応経路の詳細な知識に基づいた理解が必要である．何が起こっているかだけでは不十分で，生物がどのようにして，なぜ，その化学反応を用いるのか理解する必要がある．

　本章では，生体反応を学ぶにあたって，代謝の概略から始め，次にアミノ酸に焦点を絞っていく．本章では，タンパク質の中に組込まれるアミノ酸がどのように生合成されるかということと，逆にタンパク質が分解される際にアミノ酸が最終的にどう分解されるかを学ぶ．

　生体内の反応は決して不可思議なものではない．多くの生体反応は，最も単純であってもフラスコ内での反応より複雑であるのは間違いないが，生体反応もフラスコ内で行う反応と同じ反応性の規則に従っており，反応機構も同じである．これまでの章でもさまざまな生体反応を例としてみてきたが，本章以降では生体反応，特に生体分子の生合成と分解に関わる代謝経路に焦点をおく．

　本章ではこれまでみてきた化合物よりずっと大きく複雑な生体分子を扱うことになるが，生体分子でも変化する部分は官能基なので，官能基に注目するとよい．反応自体は，すでに学んできた付加，脱離，置換，カルボニル縮合などと基本的に同じである．生化学は有機化学である．

20・1 代謝と生体エネルギーの概略

　生物の細胞内で進行している多くの化学反応を総称して**代謝**（metabolism）という．大きな分子を切断して小さくしていく過程は**異化**（catabolism）といい，逆に小さい分子から大きな生体分子を合成する過程を**同化**（anabolism）という．一般的に異化は発エルゴン反応でエネルギーの放出が起こるが，同化は吸エルゴン反応でエネルギーを必要とする．異化は図20・1に示すように4段階に分けることができる．

図20・1 食物の分解と生体エネルギー獲得の異化過程の概略. 食物は最終的に二酸化炭素と水に分解され,クエン酸回路で生成するエネルギーを用いて,吸エルゴン反応であるアデノシン二リン酸(ADP)とリン酸 $HOPO_3^{2-}$ からアデノシン三リン酸(ATP)の合成を行う.

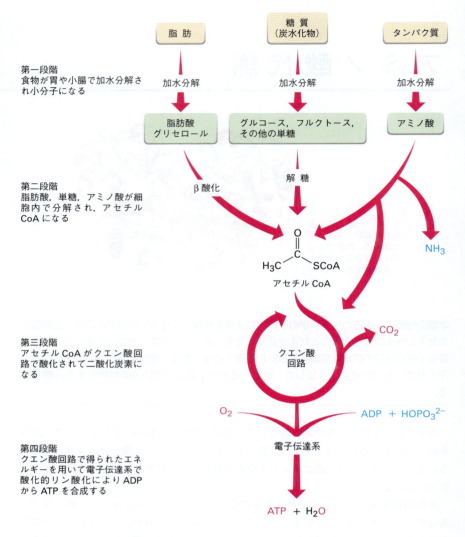

異化の第一段階である消化は,口,胃,小腸での食物の分解であり,エステル結合,グリコシド結合(アセタール),ペプチド結合(アミド)が加水分解されて脂肪酸とグリセロール(グリセリン),単糖,アミノ酸が生成する.これらの小分子は細胞質での異化の第二段階でさらに分解され,大きな運搬体である補酵素A (coenzyme A, CoA) とチオエステル結合で結合したアセチル基に変換される.ここで生成した

20・1 代謝と生体エネルギーの概略 689

アセチル補酵素A〔アセチルCoA（acetyl CoA）という〕は食物の代謝のみならず多くの生体反応経路で鍵となる物質である。§16・8で述べたようにアセチルCoAのアセチル基はホスホパンテテインの硫黄原子に結合しており、ホスホパンテテインはアデノシン 3′,5′-二リン酸と結合している。

　異化の第三段階では、細胞内のミトコンドリアでの**クエン酸回路**（citric acid cycle）で、アセチル基が酸化され二酸化炭素が生成する。この過程については§22・4で詳細に説明する。他の多くの酸化反応と同様に、この酸化過程でも大きなエネルギーが放出され、これらが異化の第四段階である**電子伝達系**（electron-transport chain）で、吸エルゴン反応であるアデノシン二リン酸（adenosine diphosphate: ADP）とリン酸（$HOPO_3^{2-}$、P_i と略す）からアデノシン三リン酸（adenosine triphosphate: ATP）を合成するのに使われる。

　食物の異化で最終的に得られるATPは細胞の"エネルギーの通貨"である。異化反応はADPとリン酸からATPを合成することでATPとしてエネルギーを"買う"。一方、同化反応はATPが他の分子をリン酸化してADPに戻りATPを"消費"する。生体内でのエネルギーの産生と消費はATPとADPの相互変換を中心に繰りひろげられている。

アデノシン二リン酸（ADP）　　　　　　　アデノシン三リン酸（ATP）

　ADPもATPもリン酸無水物で、カルボン酸無水物の $-\overset{O}{\overset{\|}{C}}-O-\overset{O}{\overset{\|}{C}}-$ 結合と類似した $-\overset{O}{\overset{\|}{P}}-O-\overset{O}{\overset{\|}{P}}-$ 結合をもっている。カルボン酸無水物がアルコールと反応してC−O結合が開裂しカルボン酸エステル ROCOR′（§16・5参照）が生成するのとまさに同じように、リン酸無水物はアルコールと反応してP−O結合が開裂しリン酸エステル $ROPO_3^{2-}$ が生成する。事実上これはリンへの求核的アシル置換反応である。一般的

リン酸エステル　　　　　　　ADP

690 **20. アミノ酸代謝**

*　訳注: リン酸無水物はカルボン酸無水物より安定なため, 直接水やアルコールとは反応せず, 2価金属イオンなどで活性化する必要がある.

に ATP によるリン酸化反応には酵素内に Mg^{2+} のような2価の金属イオンが必要で, これはリン酸の酸素原子と Lewis 酸塩基複合体を形成して, 負電荷を打消している*.

　体内ではどのように ATP を使うのだろうか. §6・7で述べたように, 反応が有利になり自発的に進行するためには, 自由エネルギー変化 ΔG が負で, エネルギーが放出されなければならない. もし ΔG が正だとエネルギー的に不利な反応となり, 自発的には進まない.

　エネルギー的に不利な反応を進行させるには, エネルギー的に有利な反応と共役させ, 二つの反応全体として自由エネルギー変化を有利なものに変える必要がある. これを理解するために, 次のような反応1を考えてみよう. 反応1の ΔG は正でエネルギー的に不利なため平衡定数は小さく, 反応はほとんど進行しない.

$$(1) \quad \mathbf{A} + m \rightleftharpoons \mathbf{B} + n \quad \Delta G > 0$$

ここで, $\mathbf{A}$ と $\mathbf{B}$ は変換される生化学的に "興味深い" 物質で, m と n は酵素の補因子や H_2O などである.

　次に反応2で生成物の n は o と反応して p と q になるとする. 反応2では $\Delta G << 0$ でエネルギー的に非常に有利なため平衡定数は大きく, 非常に進行しやすい.

$$(2) \quad n + o \rightleftharpoons p + q \quad \Delta G << 0$$

　最初の反応の生成物であり, かつ次の反応で消費される中間体 n を共有することで共役しているこれら二つの反応について考える. 反応1でごく少量の n が生成すると, 反応2ですべての n は速やかに変換される. これにより n がなくなるので, 反応1の平衡により n が補給され, これは $\mathbf{A}$ がなくなるまで継続する. すなわち, 二つの反応全体で有利な $\Delta G < 0$ となり, 有利な反応2に推し進められて不利な反応1が進行したことになる. 二つの反応が n によって共役したため, $\mathbf{A}$ から $\mathbf{B}$ への反応が有利となる.

$$(1) \quad \mathbf{A} + m \rightleftharpoons \mathbf{B} + \cancel{n} \qquad \Delta G > 0$$
$$(2) \quad \cancel{n} + o \rightleftharpoons p + q \qquad \Delta G << 0$$
$$\overline{\text{計}: \quad \mathbf{A} + m + o \rightleftharpoons \mathbf{B} + p + q \qquad \Delta G < 0}$$

　二つの反応が共役する例としてグルコースのリン酸化反応をみてみよう. これは食物中の糖質分解の最初の段階であり, グルコースからグルコース 6-リン酸と水が生成する.

$$HOCH_2CHCHCHCHCH \;\underset{}{\overset{HOPO_3{}^{2-}}{\rightleftharpoons}}\; {}^{-}OPOCH_2CHCHCHCHCH + H_2O \qquad \Delta G^{\circ\prime} = +13.8 \text{ kJ/mol}$$

グルコース　　　　　　　　　　　　　　　　グルコース 6-リン酸

　グルコースと $HOPO_3{}^{2-}$ は自発的には反応しない. これはエネルギー的に不利なためで, $\Delta G^{\circ\prime} = +13.8$ kJ/mol である. (§6・7で述べたように生体反応の標準自由エネルギー変化は $\Delta G^{\circ\prime}$ で表すが, これは基質と生成物の濃度が 1.0 M で pH 7.0 のときの値である.) しかし, ATP と水が反応して ADP を与える反応はエネルギー的に非常に有利で $\Delta G^{\circ\prime} = -30.5$ kJ/mol である. この二つの反応が共役する. すなわち, グルコースが ATP と反応してグルコース 6-リン酸と ADP ができる反応は 16.7 kJ/mol (4.0 kcal/mol) エネルギー的に有利な反応となる. つまり ATP はグルコースのリン酸化を推進する.

20・2 アミノ酸の異化反応：脱アミノ　691

$$\text{グルコース} + HOPO_3^{2-} \rightleftharpoons \text{グルコース 6-リン酸} + H_2O \qquad \Delta G^{\circ\prime} = +13.8 \text{ kJ/mol}$$

$$ATP + H_2O \rightleftharpoons ADP + HOPO_3^{2-} + H^+ \qquad \Delta G^{\circ\prime} = -30.5 \text{ kJ/mol}$$

計: $$\text{グルコース} + ATP \longrightarrow \text{グルコース 6-リン酸} + ADP + H^+ \quad \Delta G^{\circ\prime} = -16.7 \text{ kJ/mol}$$

　このようにエネルギー的に不利な反応を推進することができるので ATP は有用である．ATP との反応で生成するリン酸エステルは，もとのアルコールと比べ求核置換反応や脱離反応での脱離基として優れており，化学的な有用性が高い．

問題 20・1　体内からアンモニアを排泄する尿素回路のはじめの段階の一つに，炭酸水素イオン HCO_3^- が ATP と反応してカルボキシリン酸を生成する反応がある．この反応を示し，カルボキシリン酸の構造式も書け．図 20・4 で答えを確認せよ．

20・2　アミノ酸の異化反応：脱アミノ

　これから一般的な代謝経路をみていこう．はじめはアミノ酸の異化反応である．タンパク質を構成している 20 の α アミノ酸にはそれぞれ固有の生体内分解経路があるため，アミノ酸異化は複雑である．しかし，経路は異なっていても共通する部分もある．

　アミノ酸異化は，1）α-アミノ基のアンモニアとしての脱離，2）アンモニアの尿素への変換，3）アミノ酸の残りの炭素骨格（一般的には 2-オキソ酸）のクエン酸回路中間体への変換，の 3 段階で進行する．

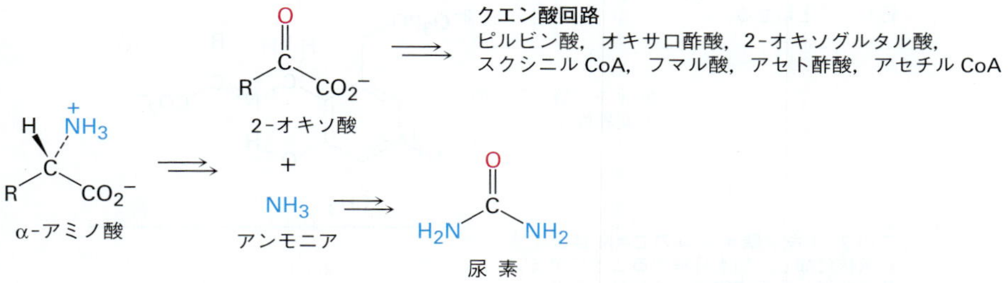

アミノ基転移

　α-アミノ酸の代謝分解の最初の段階は**脱アミノ**（deamination）で，α-アミノ基が除かれる．脱アミノは通常**アミノ基転移**（transamination）により行われ，アミノ酸の NH_2 基が 2-オキソグルタル酸のケトンと入れ替わり，新たな 2-オキソ酸とグルタミン酸が生成する．この反応は二つの部分に分かれており，アミノ基転移酵素（アミノトランスフェラーゼ）によって触媒される．この酵素は補酵素としてピリドキシン（pyridoxine，ビタミン B_6）の誘導体であるピリドキサールリン酸（pyridoxal phosphate: PLP）を利用する．それぞれのアミノ基転移酵素はアミノ酸の特異性が異なるが，反応機構は同じである．

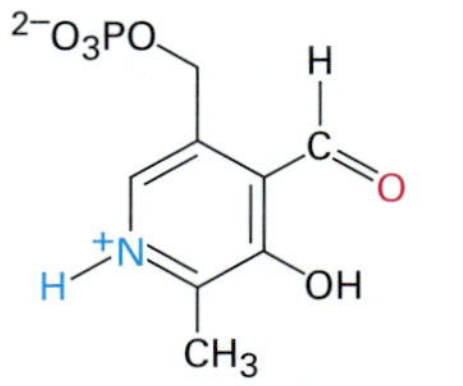

ピリドキサールリン酸（PLP）

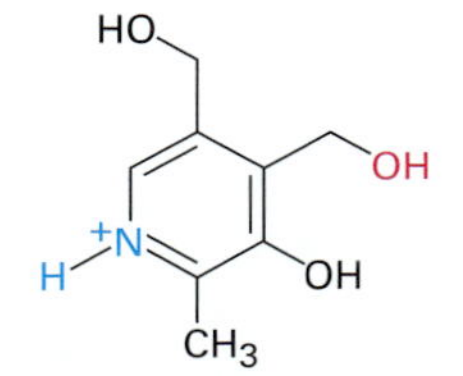

ピリドキシン（ビタミン B_6）

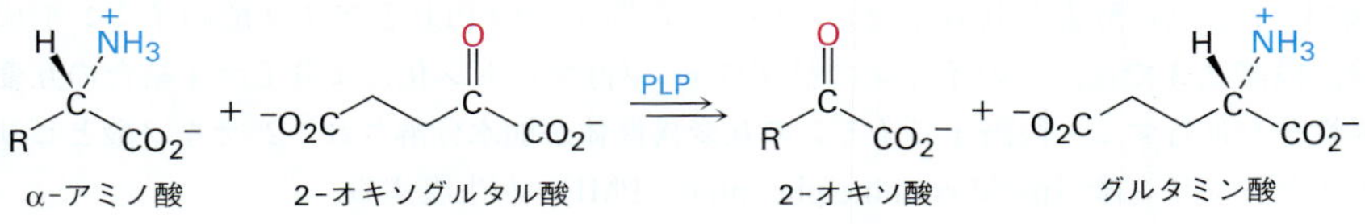

図 20・2 PLP を用いた酵素によるα-アミノ酸から 2-オキソ酸へのアミノ基転移の機構．各段階については本文参照．

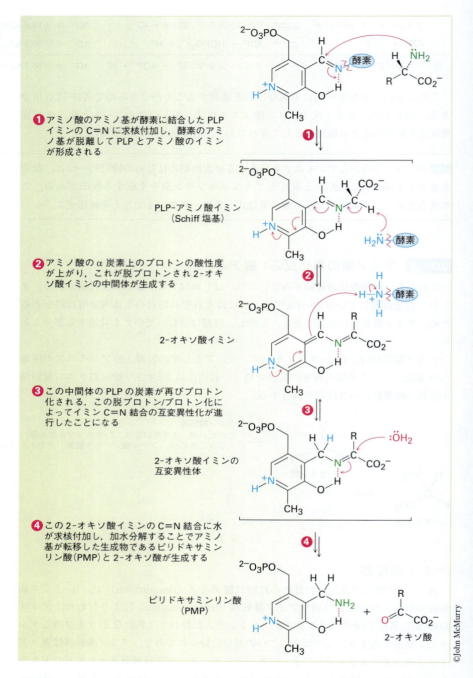

❶ アミノ酸のアミノ基が酵素に結合した PLP イミンの C=N に求核付加し，酵素のアミノ基が脱離して PLP とアミノ酸のイミンが形成される

PLP-アミノ酸イミン（Schiff 塩基）

❷ アミノ酸の α 炭素上のプロトンの酸性度が上がり，これが脱プロトンされ 2-オキソ酸イミンの中間体が生成する

2-オキソ酸イミン

❸ この中間体の PLP の炭素が再びプロトン化される．この脱プロトン/プロトン化によってイミン C=N 結合の互変異性化が進行したことになる

2-オキソ酸イミンの互変異性体

❹ この 2-オキソ酸イミンの C=N 結合に水が求核付加し，加水分解することでアミノ基が転移した生成物であるピリドキサミンリン酸(PMP)と 2-オキソ酸が生成する

ピリドキサミンリン酸（PMP）

2-オキソ酸

アミノ基転移反応の第一段階の機構を図 20・2 に示すが，含まれる反応はすでに前章までで述べてきたものである．最初に，α-アミノ酸と PLP が反応するが，この PLP のアルデヒドは，アミノ基転移酵素のリシンの側鎖アミノ基とイミンを形成し（§14・7 参照）酵素と共有結合している．段階 1 での PLP とアミノ酸のイミン形成後，段階 2,3 では，このイミンの脱プロトン/再プロトン化により C=N 結合の互変異性化が進行する．段階 4 でイミンの互変異性体が加水分解され，2-オキソ酸とピリドキサミンリン酸（pyridoxamine phosphate: PMP）が生成する．

20・2 アミノ酸の異化反応：脱アミノ　　693

図 20・2 の段階 ❶：イミノ基転移　　アミノ基転移の段階 1 は，イミンの転移で，酵素と PLP で形成されたイミン（PLP-酵素イミン）が α-アミノ酸と反応して，PLP と α-アミノ酸のイミンが形成され，酵素は脱離する．アミノ酸のアミノ基が PLP-酵素イミンの C=N 結合に求核付加しており，これはアミンがケトンやアルデヒドの C=O 結合に求核付加（図 14・6 参照）するのと同じである．プロトン化されたジアミン中間体でプロトンの移動が起こり，そして酵素のアミノ基が脱離して反応は終了する（図 20・3）.

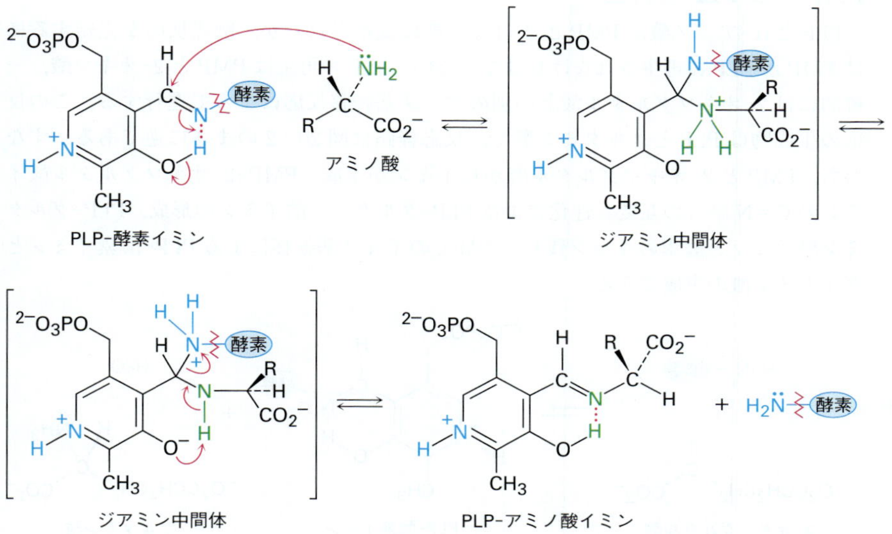

図 20・3　PLP-酵素イミンと α-アミノ酸のイミノ基転移反応の機構. PLP-アミノ酸イミンが生成し，酵素が再生する．反応はすでに示した図 14・6 と類似している.

図 20・2 の段階 ❷〜❹：互変異性と加水分解　　段階 1 での PLP-アミノ酸イミンの形成に続いて C=N 結合の互変異性化が段階 2 で進行する．イミノ基転移反応で脱離した酵素の塩基性リシン残基によって酸性度の高いアミノ酸の α 位の水素が引抜かれ，

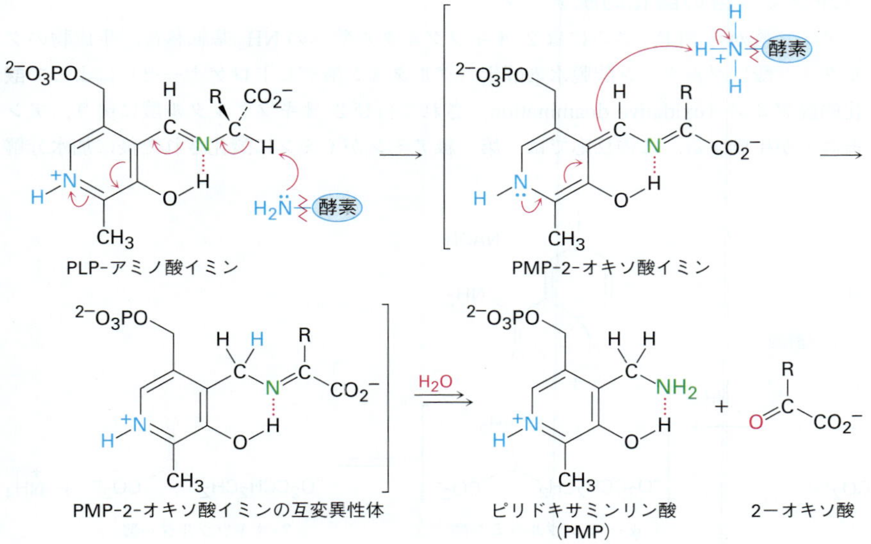

694   20. アミノ酸代謝

このとき図 20・2 の段階 2 に示すように PLP のプロトン化されたピリジン環窒素が電子受容体として働く. 次にプロトン化が環の隣の炭素上に起こり（段階 3）, 互変異性体である 2-オキソ酸とピリドキサミンリン酸（PMP）とのイミンが生成する.

　段階 4 の PMP-2-オキソ酸イミン互変異性体の加水分解で脱アミノ反応の第一段階が終了する. 加水分解はイミン形成（図 14・6 参照）とまさに逆の機構で進行し, 水がイミンに求核付加後, プロトンが移動して PMP が脱離する.

PMP から PLP の再生

　PLP と α-アミノ酸が PMP と 2-オキソ酸に変換されたが, 触媒反応が完結するには PMP が PLP に再生されなければならない. PLP の再生は PMP と 2-オキソ酸, 一般的には 2-オキソグルタル酸との別のアミノ基転移反応によって進行する. この反応の生成物は PLP とグルタミン酸で, 反応経路は図 20・2 のまさに逆である. すなわち, PMP と 2-オキソグルタル酸からイミンが生成, PMP-2-オキソグルタル酸イミンの C＝N 結合の互変異性化による PLP-グルタミン酸イミンの形成, PLP-グルタミン酸イミンと酵素のリシン残基との間でのイミノ基転移による PLP-酵素イミンとグルタミン酸の生成である.

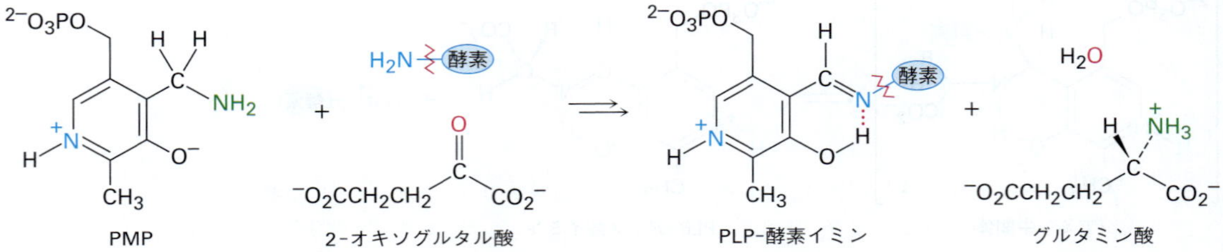

問題 20・2 　2-オキソグルタル酸と酵素のリシン残基が PMP と反応して, PLP-酵素イミンとグルタミン酸が生成するアミノ基転移の反応機構を書け. この過程は図 20・2 の逆である.

グルタミン酸の酸化的脱アミノ

　アミノ酸から PLP, さらには 2-オキソグルタル酸への NH$_2$ 基転移後, 生成物のグルタミン酸はグルタミン酸脱水素酵素（グルタミン酸デヒドロゲナーゼ）によって **酸化的脱アミノ**（oxidative deamination）されて再び 2-オキソグルタル酸に戻り, アンモニアが生成する. この反応では, 第一級アミンがイミンに酸化された後に加水分解

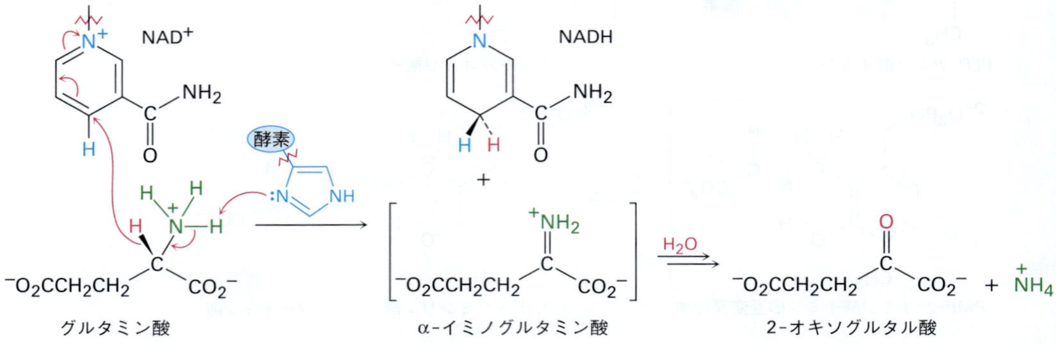

20・3 尿 素 回 路　695

されている．アミンの生体内酸化機構はアルコールの生体内酸化機構（図13・7参照）と似ている．すなわち，酵素のヒスチジン残基が塩基としてグルタミン酸の窒素からプロトンを引抜くと同時に，隣のα炭素の水素がヒドリドイオンとして酸化型補酵素に移動する．NAD^+，$NADP^+$ いずれも酸化型補酵素として機能でき，どちらを用いるかは生物によって異なる．

問題 20・3　グルタミン酸の酸化的脱アミノ反応で，ヒドリドイオンは NAD^+ の *Re* 面，*Si* 面のどちらに移動するか（§5・11 参照）．

20・3　尿 素 回 路

　アミノ酸の脱アミノで生成するアンモニアは三つの方法のうちのいずれかで排泄されるが，これは生物によって異なる．魚類のような水生動物は単純にまわりの水にアンモニアそのものを排出するが，陸生生物ははじめに無毒化する必要がある．陸生の哺乳類はアンモニアを**尿素**（urea）に，鳥類や爬虫類は尿酸（uric acid）に変換している．

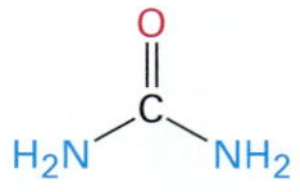

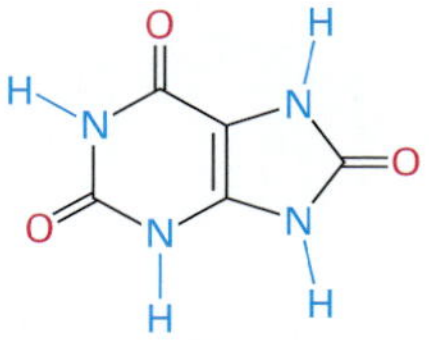

　アンモニアから尿素への変換の最初の段階は，炭酸水素イオンと ATP によるカルバモイルリン酸の生成である．この反応はカルバモイルリン酸合成酵素 I によって触媒されるが，はじめは HCO_3^- の ATP による活性化でカルボキシリン酸が生成する．次に，アンモニアによる求核的アシル置換反応でカルバミン酸と脱離したリン酸イオン P_i が生成する．さらに，もう1分子の ATP によりカルバミン酸がリン酸化されてカルバモイルリン酸が生成する（図20・4）．§20・1に述べたようにこの反応には Mg^{2+} が必要で，Mg^{2+} はリン酸の酸素原子と Lewis 酸塩基複合体を形成する．

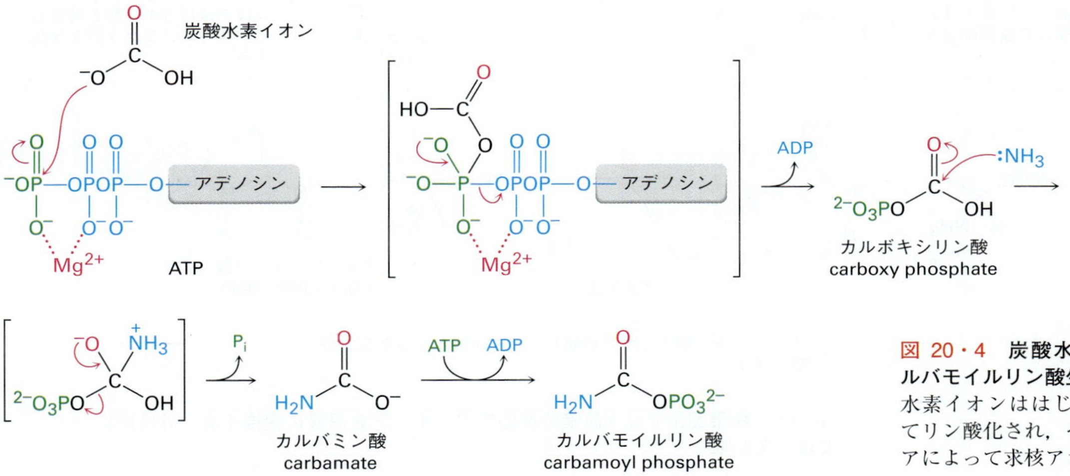

図 20・4　**炭酸水素イオンからカルバモイルリン酸生成の機構**．炭酸水素イオンははじめに ATP によってリン酸化され，その後，アンモニアによって求核アシル置換される．

　カルバモイルリン酸は次に要約する4段階の**尿素回路**（urea cycle）の基質となる．
　尿素の二つの窒素原子のうち一つがアンモニア由来で，一つはアスパラギン酸由来である．このアスパラギン酸はグルタミン酸からオキサロ酢酸 $^-O_2CCOCH_2CO_2^-$ へのアミノ基転移反応で生成する．尿素回路の反応を図20・5に示す．

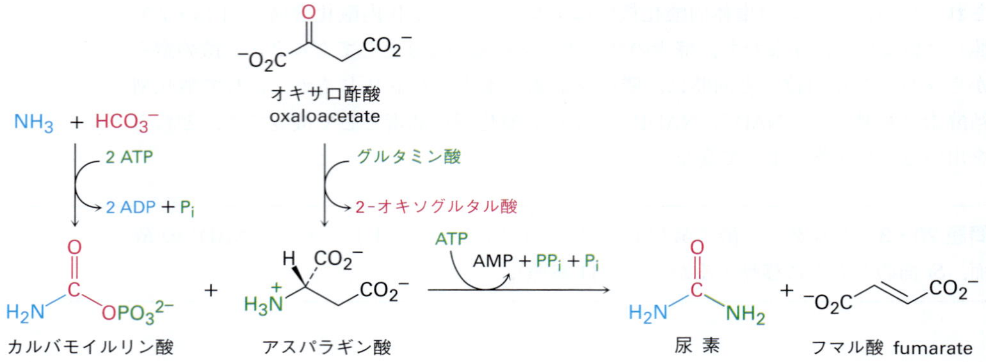

696　20. アミノ酸代謝

オキサロ酢酸
oxaloacetate

NH_3 + HCO_3^-

2 ATP

2 ADP + P_i

グルタミン酸

2-オキソグルタル酸

ATP

AMP + PP_i + P_i

カルバモイルリン酸　　　　　　アスパラギン酸　　　　　　　　尿素　　　　　フマル酸 fumarate

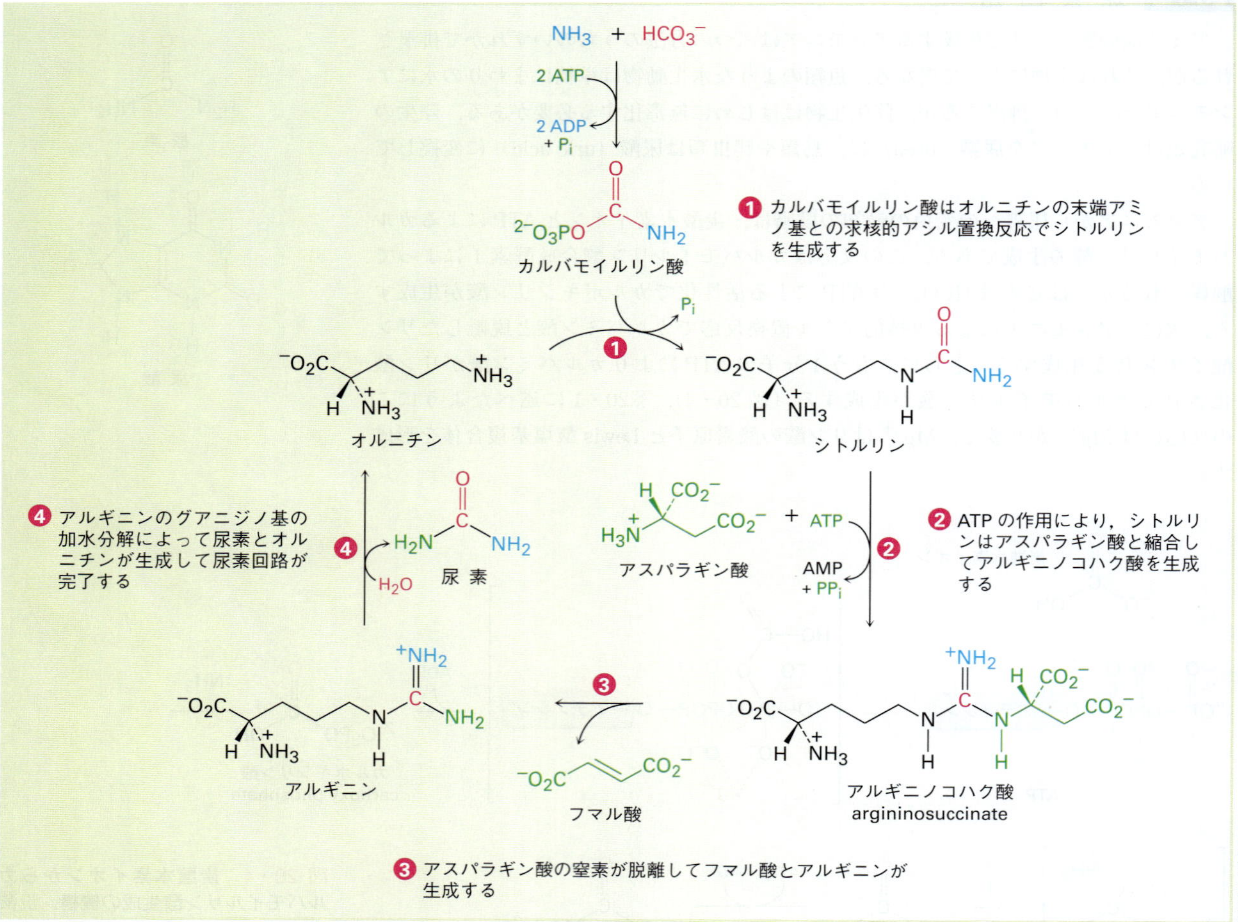

NH_3 + HCO_3^-

2 ATP

2 ADP
+ P_i

カルバモイルリン酸

P_i

❶

❶ カルバモイルリン酸はオルニチンの末端アミ
ノ基との求核的アシル置換反応でシトルリン
を生成する

オルニチン　　　　　　　　　　　　　　　シトルリン

❹ アルギニンのグアニジノ基の
加水分解によって尿素とオル
ニチンが生成して尿素回路が
完了する

❹

尿素

H_2O

アスパラギン酸

ATP

❷

AMP
+ PP_i

❷ ATP の作用により，シトルリ
ンはアスパラギン酸と縮合し
てアルギニノコハク酸を生成
する

アルギニン

❸

フマル酸

アルギニノコハク酸
argininosuccinate

❸ アスパラギン酸の窒素が脱離してフマル酸とアルギニンが
生成する

©John McMurry

**図 20・5　尿素回路では 4 段階の反応でアンモニアを尿素に変換する．各段階につ
いては本文参照．**

図 20・5 の段階 ❶ と ❷：アルギニノコハク酸合成　　尿素回路の段階 1 はタンパク
質には含まれていないアミノ酸であるオルニチンのカルバモイルリン酸との求核的ア
シル置換反応によってシトルリンを生成する反応である．オルニチンの側鎖の NH_2
基が求核剤，リン酸イオンは脱離基で，反応はオルニチンカルバモイル転移酵素（オ

ルニチンカルバモイルトランスフェラーゼ）によって触媒される．オルニチンはタンパク質を構成する20種のアミノ酸の一つではないが，リシンに似ている．ただし側鎖の炭素が一つ少ない．

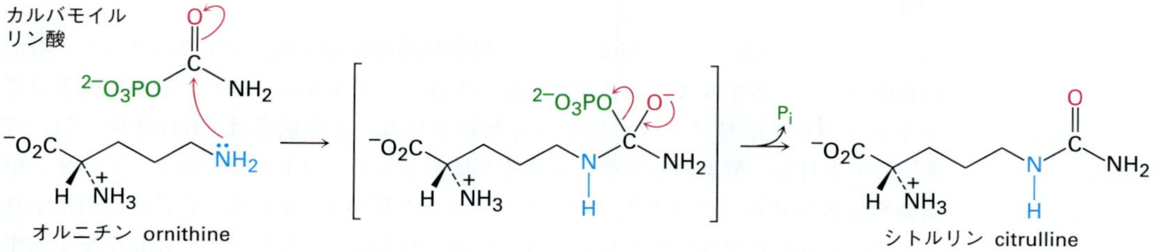
カルバモイル
リン酸
オルニチン ornithine
シトルリン citrulline

段階2でシトルリンはアスパラギン酸と反応してアルギニノコハク酸を生成する．この反応はアルギニノコハク酸合成酵素（アルギニノコハク酸シンテターゼ）によって触媒され，図20・6に示す機構で進行する．この反応は基本的に求核的アシル置換

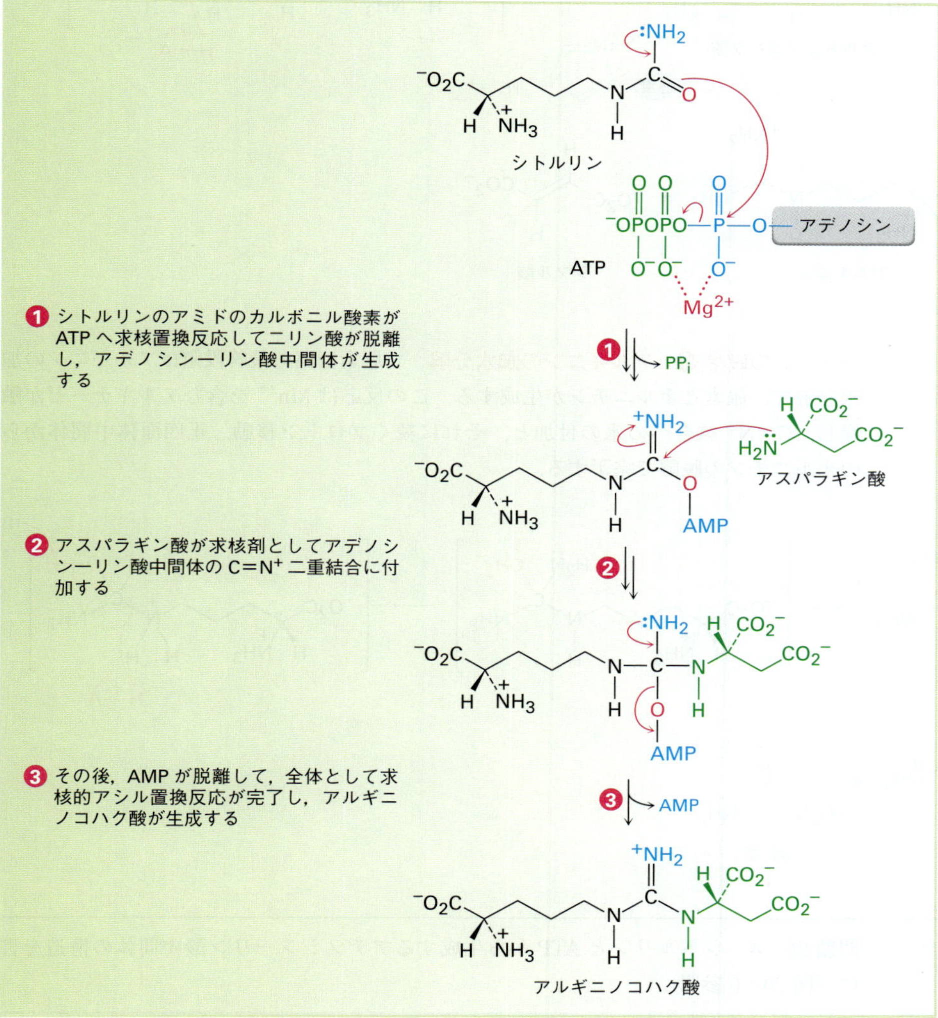
シトルリン
ATP
アデノシン
アスパラギン酸
アルギニノコハク酸
❶ シトルリンのアミドのカルボニル酸素がATPへ求核置換反応して二リン酸が脱離し，アデノシン一リン酸中間体が生成する
❷ アスパラギン酸が求核剤としてアデノシン一リン酸中間体の C=N⁺ 二重結合に付加する
❸ その後，AMPが脱離して，全体として求核的アシル置換反応が完了し，アルギニノコハク酸が生成する

図 20・6　尿素回路の段階❷の反応機構． シトルリンとアスパラギン酸からアルギニノコハク酸が生成する．

反応で，シトルリンのアミド基ははじめに ATP との反応により活性化され，ATP から二リン酸（PP_i と略す）が脱離しアデノシン一リン酸中間体になる．アスパラギン酸のアミノ基による $C=N^+$ 結合への求核付加が進行し，典型的な四面体中間体が生成し，ここから AMP が脱離する．

図 20・5 の段階 ❸：フマル酸の脱離　尿素回路の段階 3 は，アルギニノコハク酸から脱離反応によるアルギニンとフマル酸の生成で，アルギニノコハク酸脱離酵素（アルギニノコハク酸リアーゼ）によって触媒される．この反応は E1cB 機構（§17・7 参照）で進行し，酵素のヒスチジン残基が塩基としてプロトンを引抜き，アニオン中間体を生成させる．このとき，アルギニノコハク酸の *pro*-R 水素が特異的に引抜かれる．このような特異性は酵素反応ではよくみられるが，一般にこの立体化学を予測するのは不可能であり，ここでは気にしなくてよい．

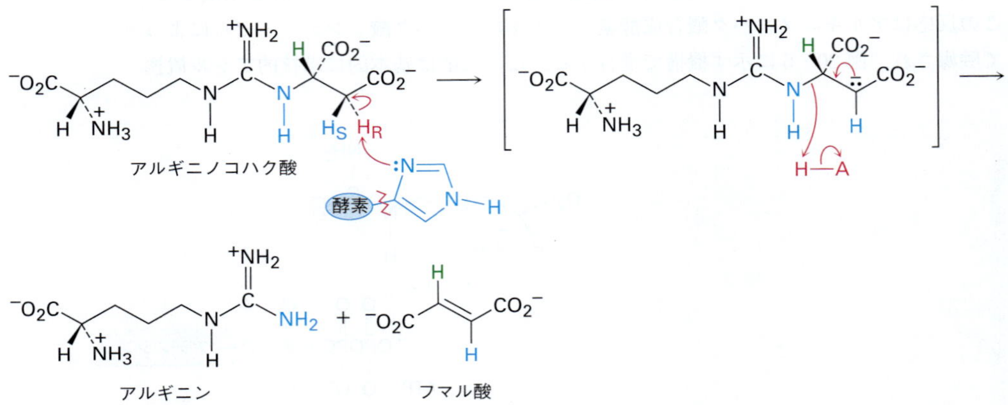

図 20・5 の段階 ❹：アルギニンの加水分解　尿素回路の最終段階はアルギニンの加水分解で，尿素とオルニチンが生成する．この反応は Mn^{2+} を含むアルギナーゼが触媒し，$C=N^+$ 結合への水の付加と，それに続くプロトン移動，正四面体中間体からのオルニチンの脱離で完了する．

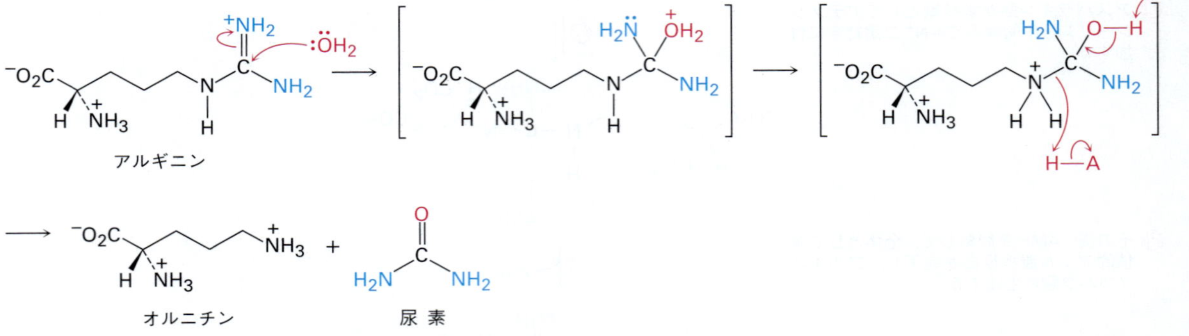

問題 20・4　シトルリンと ATP から生成するアデノシン一リン酸中間体の構造を書け（図 20・6 参照）．

20・4 アミノ酸の異化：炭素鎖

アミノ基転移反応と，その生成物であるアンモニアの尿素への変換につぐアミノ酸異化の最後にあたる第三段階は炭素鎖の分解である．図 20・7 に示すように，α アミノ酸の炭素鎖は一般的にクエン酸回路の七つの中間体のうちのいずれかに変換されて，最終的に分解される．

図 20・7 で赤で示されているアミノ酸はアセト酢酸やアセチル CoA に変換され，**ケト原性**（ketogenic）とよばれる．これらは脂肪酸生合成に使われたり（§23・6 参照），また，ケトン体（ketone body）といわれるアセト酢酸，β-ヒドロキシ酪酸，アセトンに変換される．図 20・7 で青で示されているアミノ酸はピルビン酸，あるいは直接クエン酸回路の中間体に変換され，**糖原性**（glucogenic）とよばれる．これは，これらアミノ酸が**糖新生**（gluconeogenesis）の前駆体にもなるからである（§22・5 参照）．いくつかのアミノ酸はケト原性でもあり，糖原性でもある．これは，いずれの経路でも異化できる場合と，炭素鎖の分解で複数の生成物ができる場合のいずれかである．

タンパク質に存在する 20 個のアミノ酸すべての異化経路を詳細に説明するには非常に多くのページが必要である．トリプトファンの異化だけでも 14 段階あり，複雑すぎるので本書では取扱わない．しかし，それらの異化は典型的な有機化学反応で進行するので，反応機構を理解することはできる．ここでは一部のかなり単純なアミノ酸異化経路だけを紹介するが，アミノ酸異化に含まれる化学の内容は理解できるだろう．

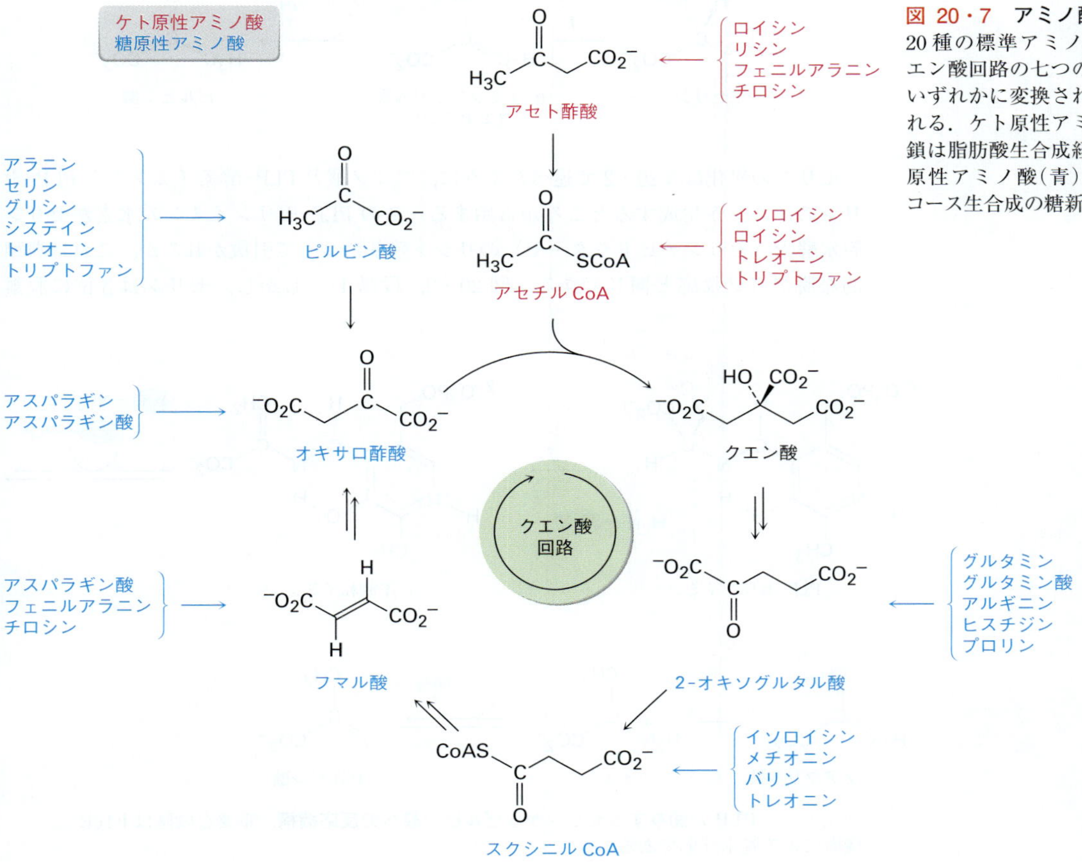

図 20・7　アミノ酸代謝の中間体．20 種の標準アミノ酸の炭素鎖はクエン酸回路の七つの中間体のうちのいずれかに変換され，さらに分解される．ケト原性アミノ酸（赤）の炭素鎖は脂肪酸生合成経路にも入り，糖原性アミノ酸（青）の炭素鎖はグルコース生合成の糖新生経路にも入る．

アラニンの異化

異化によりピルビン酸を生じる6個のアミノ酸のうちの一つがアラニンである. この経路は§20・2で述べたPLPが関与するアミノ基転移反応そのもので, その後, PMP中間体は2-オキソグルタル酸との反応でPLPに再生される.

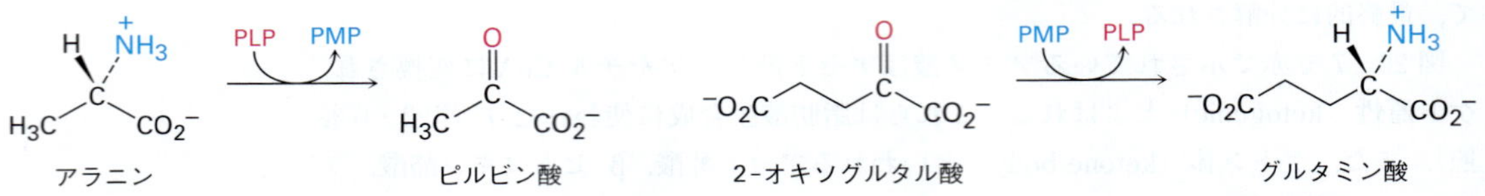

アラニン　　　　ピルビン酸　　　　2-オキソグルタル酸　　　　グルタミン酸

問題20・5　§20・2をもう一度見て, アラニンと2-オキソグルタル酸からピルビン酸とグルタミン酸が生成するPLPが関与するアミノ基転移反応のすべての段階を書け.

セリンの異化

セリンもアラニンと同様にPLPが関与する異化によりピルビン酸を生じるが, 二つの反応経路は同じではない. アラニンの異化反応ではPLP関与のアミノ基転移が起こるが, セリンではPLPが関与する水の脱離（脱水）が起こり, エナミン中間体を生成し, これがさらに加水分解される.

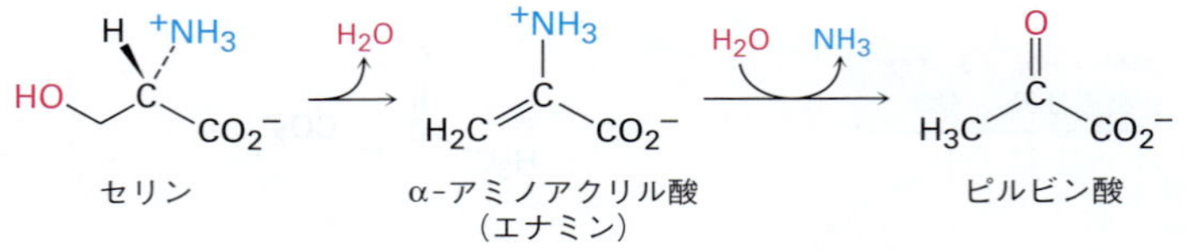

セリン　　　　α-アミノアクリル酸　　　　ピルビン酸
　　　　　　　　（エナミン）

セリンの異化は§20・2で述べたように, アミノ酸とPLP-酵素イミンからPLP-セリンのイミンが生成するところから始まる. このPLP-セリンイミンの水素がセリン脱水酵素（セリンデヒドラターゼ）のリシン残基によって引抜かれるが, これは典型的な脱アミノ反応と同じである（図20・2, 段階1）. しかし, セリンはβ位に脱離

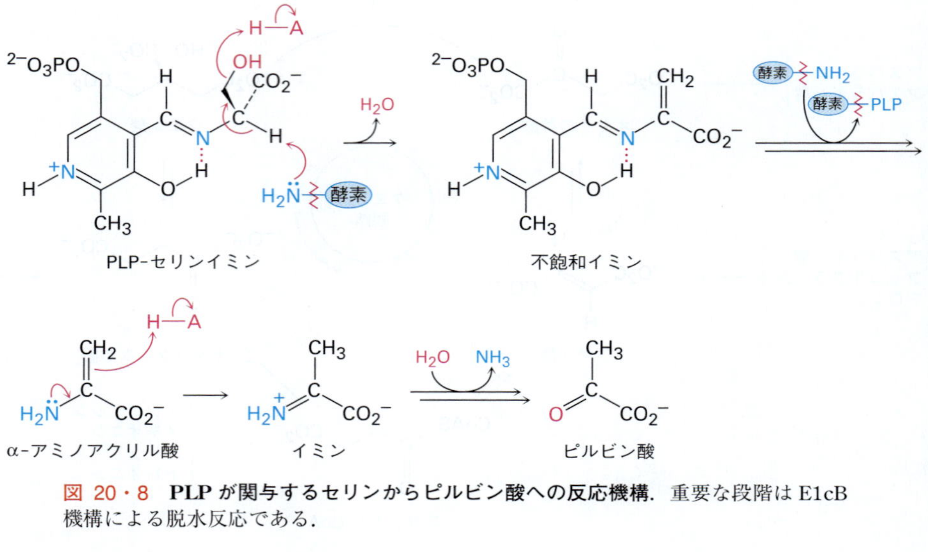

PLP-セリンイミン　　　　　　　不飽和イミン

α-アミノアクリル酸　　　　イミン　　　　ピルビン酸

図20・8　**PLPが関与するセリンからピルビン酸への反応機構**. 重要な段階はE1cB機構による脱水反応である.

基 $-OH$ をもつため，E1cB 機構の脱離が進行し，不飽和イミンを与える．酵素のリシン残基へのイミノ基転移反応により酵素–PLP イミンが再生され，α–アミノアクリル酸が放出される．α–アミノアクリル酸は互変異性により対応するイミンになり，加水分解されてピルビン酸が生成する（図 20・8）．

問題 20・6　セリン異化の最終反応であるイミンの加水分解によるピルビン酸の生成機構を示せ．

アスパラギンとアスパラギン酸の異化

　アスパラギンとアスパラギン酸は，生物の種類によりオキサロ酢酸もしくはフマル酸に変換される．どちらの生成物もクエン酸回路の中間体である．アスパラギンのアミド結合ははじめに求核的アシル置換反応で加水分解されてアスパラギン酸になり，アスパラギン酸は PLP の関与したアミノ基転移反応でオキサロ酢酸になるか，あるいは E1cB 機構によるアンモニウムイオンの脱離でフマル酸になる（図 20・9）．

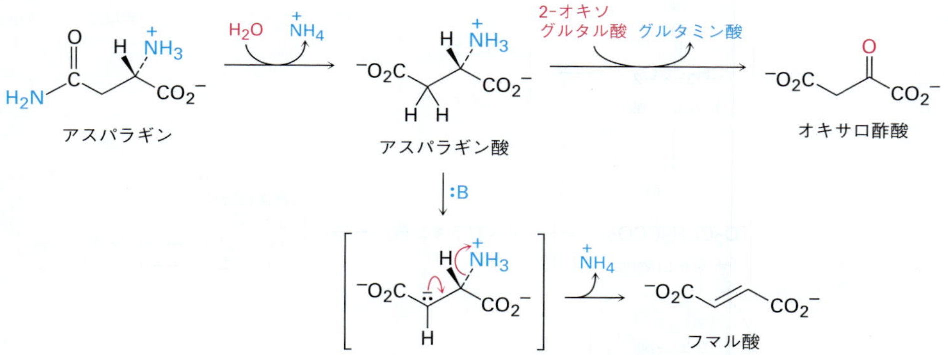

図 20・9　アスパラギンとアスパラギン酸がオキサロ酢酸あるいはフマル酸に変換される機構．PLP 関与のアミノ基転移が進行するか，あるいは E1cB 機構でアンモニウムイオンが脱離する．

20・5　アミノ酸の生合成

　§19・1 にあるように，ヒトはタンパク質を構成する 20 のアミノ酸のうち 11 種しか生合成できない．これらを**非必須アミノ酸**（nonessential amino acid）という．**必須アミノ酸**（essential amino acid）といわれる残りの 9 種は植物や微生物は生合成できるがヒトは生合成できず，食事から得る必要がある．図 20・10 にタンパク質に含まれる 20 種のアミノ酸の代表的な生合成前駆体を示す．アミノ酸異化と同様に，20 種すべてのアミノ酸の生合成を示すには多くのページが必要となるので，一部のみとする．

アラニン，アスパラギン酸，グルタミン酸の生合成

　11 種の非必須アミノ酸のうち 7 種はピルビン酸，オキサロ酢酸，または 2-オキソグルタル酸から生合成される．オキサロ酢酸と 2-オキソグルタル酸はクエン酸回路の中間体である．アラニンはピルビン酸から，アスパラギン酸はオキサロ酢酸から，

図 20・10 タンパク質に含まれる 20 種のアミノ酸の生合成. 赤で示した必須アミノ酸は植物や細菌で生合成され，ヒトは食事から得る必要がある．ヒトは青で示した非必須アミノ酸のみを生合成できる．

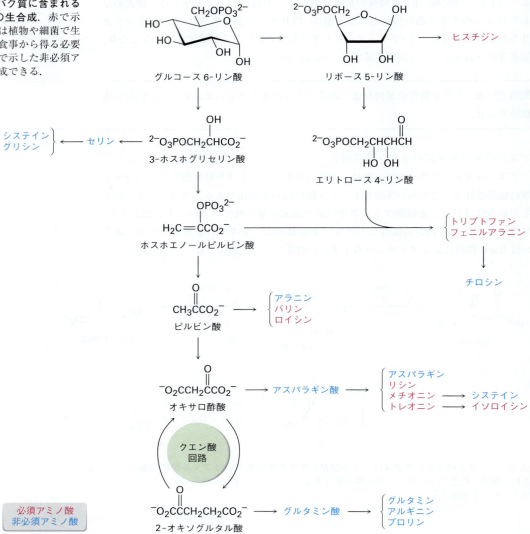

グルタミン酸は 2-オキソグルタル酸から PLP 関与のアミノ基転移反応で生合成される．これらの機構はすでに§20・2 で述べ，図 20・2 に示した．

20・5 アミノ酸の生合成　　703

問題 20・7　ピルビン酸からアラニンが生合成される PLP 関与の反応機構を省略せずに書け.

アスパラギンとグルタミンの生合成

　アミド側鎖をもつアスパラギンとグルタミンは，おのおのアスパラギン酸とグルタミン酸から図 20・11 に示す経路で合成される．アスパラギンの生合成はアスパラギン合成酵素（アスパラギンシンテターゼ）により触媒され，ATP が補因子として必要である．はじめにアシルアデノシル一リン酸が生成し，これにアンモニアが求核的アシル置換反応する．アンモニア自体は酵素のシステイン残基による求核的アシル置換反応でグルタミンから生成する．

　グルタミンの生合成はグルタミン合成酵素により触媒され，対応するアシルリン酸が生成後，これにアンモニアが求核的アシル置換する．アスパラギンとグルタミンの生合成過程では活性化法が異なる．すなわち，アスパラギン生合成ではアシルアデノシル一リン酸を，グルタミン生合成ではアシルリン酸を経由する．これは，おそらく二つの酵素の進化の過程の違いであろう．いずれの経路もエネルギー的に有利な反応となっている．

　図 20・11 は求核的アシル置換反応の機構を，正四面体中間体の生成と分解を省略した形で書いている．その代わり，カルボニル基のまわりのハート形の矢印が電子の動きを表し，これにより完全な反応機構が示されている．生化学者がたびたび用いる書き方で，これからの章でも，場合によってこの書き方をする．

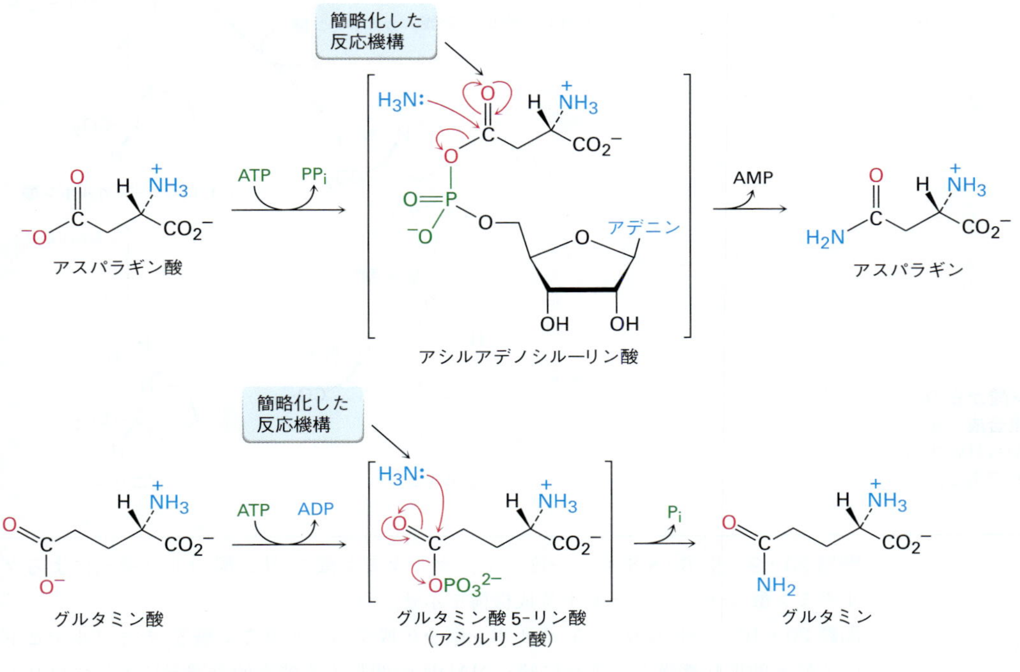

図 20・11　アスパラギン酸とグルタミン酸のアミド形成によるアスパラギンとグルタミンの生合成経路. 本文中に示したとおり，アシル置換の反応機構では正四面体中間体の生成を省略した.

704 20. アミノ酸代謝

問題 20・8　グルタミンがグルタミン酸 5-リン酸とアンモニアから生合成される過程の反応機構を省略せずに書き，図 20・11 の省略された反応機構と比べよ．

アルギニンとプロリンの生合成

　ヒトでは，アルギニンは図 20・12 に示す経路でグルタミン酸から生合成される．グルタミン酸が ATP と反応してグルタミン生合成と同じ中間体（図 20・11）のアシルリン酸が生成し，これが NADH による還元，すなわち，ヒドリドイオンによる求核的アシル置換反応で対応するアルデヒドのグルタミン酸 5-セミアルデヒドになる．これと類似したエステルのアルデヒドへの部分還元は，フラスコ内ではジイソブチルアルミニウムヒドリド（DIBAH，§16・6 参照）で行っている．類似の例として，§16・8 では NADPH によるチオエステルからアルデヒドへの部分還元を説明した．

　グルタミン酸からグルタミン酸 5-セミアルデヒドのカルボニル基への PLP が関与するアミノ基転移反応でオルニチンが生成し，これが §20・3 ですでに説明した尿素回路でアルギニンに変換される（図 20・5 参照）．

　プロリンもグルタミン酸 5-セミアルデヒドから生合成される．グルタミン酸 5-セミアルデヒドが非酵素的環化反応で環状イミンになり，この C=N 結合が酵素反応で NADH による求核置換反応によって還元される．

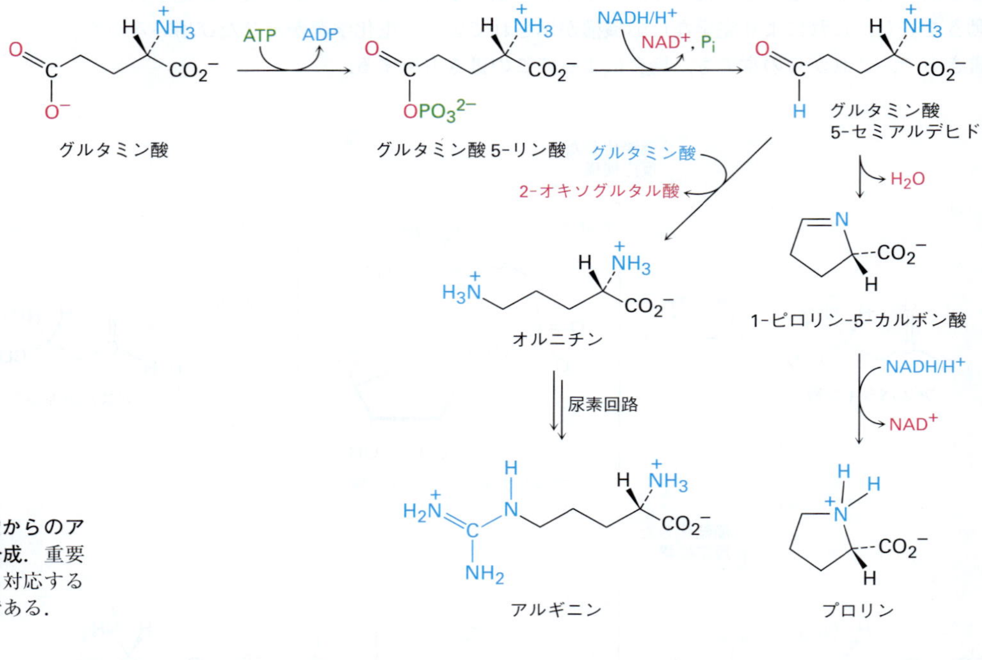

図 20・12　グルタミン酸からのアルギニンとプロリンの生合成．重要な段階はグルタミン酸から対応するアルデヒドへの部分還元である．

問題 20・9　§16・8 をもう一度見て，グルタミン酸 5-リン酸の部分還元によるグルタミン酸 5-セミアルデヒド生成機構を示せ．

問題 20・10　1-ピロリン-5-カルボン酸を生成するグルタミン酸 5-セミアルデヒドの非酵素的環化機構と，それに続く NADH が関与する酵素的な還元によるプロリンの生成機構を示せ．

科学談話室

酵素の立体構造の可視化

19章の科学談話室で酵素の構造のデータが収められているProtein Data Bank（PDB）へのアクセス法を紹介した．特定の酵素のデータを探し出したら，それを可視化して構造を解析できる．データファイルを自分のパソコンにダウンロードしてDeepView（Swiss PDB Viewer, http://spdbv.vital-it.ch/ で入手できる）のような可視化ソフトで開くか，あるいはPDBにあるdisplay optionを使えばよい．

アミノ酸異化経路中の複雑で興味深い酵素の例としてウロカナーゼを見てみよう．この酵素はヒスチジン異化経路で重要な *trans*-ウロカニン酸への水の付加を触媒する．

PDBのWebサイト http://rcsb.org/pdb/ にアクセスし，検索画面（search window）にurocanaseと打込んで，PDBコード1UWKのstructureを選ぶ．クリックすると選んだ構造が画面に現れ，画面右のvisualizationの中にdisplay optionがある．図20・13はPDBデータベースからダウンロードしたウロカナーゼの構造で，二量体タンパク質中，コイル状のリボンで示されているところはヘリックス構造で，平らなリボンで示されているところはプリーツシート構造である．

PDBサイトの使用可能なdisplay optionのなかに，活性部位の構造の詳細な情報を得るのに有用なものがある．1UWKの画面を下にスクロールすると青色のボックスでLigand Chemical Componentがある．ここのLigand Interactionの下にある［View］をクリックするとLigand Explorerが開き，ウロカニン酸とNAD$^+$が結合したウロカナーゼの活性部位近傍の拡大図が現れる．これで，リガンドと酵素のアミノ酸とのさまざまな相互作用を調べることができる．図20・14はウロカナーゼの活性部位で，基質と，補酵素NAD$^+$のピリジン環部位が示されている．チロシン52のヒドロキシ基はウロカニン酸の窒素原子と水素結合しており，アルギニン362とトレオニン133はウロカニン酸のカルボキシ基と水素結合している．

自分でいろいろ調べてみるとよい．多くの詳細な情報を得ることができる．

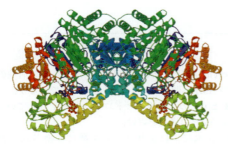

図20・13　Protein Data Bankからダウンロードしたウロカナーゼの立体構造．ウロカナーゼは二つの同一のサブユニットからなる二量体である．

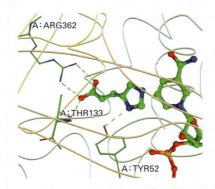

図20・14　ウロカナーゼの活性部位に結合した基質と補酵素NAD$^+$のピリジン環の図．酵素のチロシン52のヒドロキシ基はウロカニン酸の窒素原子と水素結合しており，アルギニン362とトレオニン133はウロカニン酸のカルボキシ基と水素結合している．ウロカニン酸がNAD$^+$のピリジン環とどのように向き合っているか確認してみよ．

重要な用語

- アミノ基転移（transamination）
- 異化（catabolism）
- 酸化的脱アミノ（oxidative deamination）
- 代謝（metabolism）
- 脱アミノ（deamination）
- 同化（anabolism）
- 尿素回路（urea cycle）

まとめ

本章では，われわれの体をつくり上げている 50 万ものタンパク質の重要な構成成分であるアミノ酸の生体反応を学んだ．タンパク質に組込まれるアミノ酸の生合成と，タンパク質が分解された後のアミノ酸の最終的な分解の両方をみてきた．

生物の細胞内で進行している多くの化学反応を総称して**代謝**という．大きな分子を切断して小さくしていく過程は**異化**といい，逆に小さい分子から大きな生体分子を合成することを**同化**という．一般的に異化は発エルゴン反応でエネルギーの放出が起こるが，同化は吸エルゴン反応でエネルギーを必要とする．異化は大きく 4 段階に分けることができる．1) 消化，すなわち食物が加水分解されて脂肪酸，単糖，アミノ酸になる，2) これら小分子が分解されアセチル CoA になる，3) アセチル CoA が**クエン酸回路**で酸化されて二酸化炭素になり，エネルギーを放出する，4) このエネルギーを用いて**電子伝達系**で酸化的リン酸化により ADP から ATP を合成する．ATP は他の多くの生体反応を促進する．

アミノ酸の異化は次の 3 段階で進行する．1) α-アミノ基のアンモニアとしての脱離，2) アンモニアの尿素への変換，3) アミノ酸の残りの炭素骨格，一般的には 2-オキソ酸のクエン酸回路中間体への変換．

α-アミノ酸の脱アミノはピリドキサールリン酸 (PLP) が関与する**アミノ基転移**反応で進行する．このアミノ基転移は 2-オキソグルタル酸のオキソ基とアミノ酸の NH_2 基の交換反応で，新たな 2-オキソ酸とグルタミン酸が生成する．グルタミン酸は酸化的脱アミノ反応によりアンモニアと，2-オキソグルタル酸に再生される．そして，アンモニアは 4 段階の**尿素回路**によって尿素に変換される．アミノ酸は脱アミノされると，残りの炭素鎖はクエン酸回路の七つの中間体のいずれかに変換されて，さらに分解される．それぞれのアミノ酸には固有の分解経路がある．

ヒトはタンパク質を構成する 20 種のアミノ酸のうち 11 種しか生合成できない．これらを**非必須アミノ酸**という．残りの 9 種のアミノ酸は**必須アミノ酸**とよばれ，植物や細菌は生合成できるが，ヒトは生合成できないので食事から摂取しなければならない．それぞれのアミノ酸には固有の生合成経路がある．

演習問題

目で学ぶ化学

(問題 20・1〜20・10 は本文中にある)

20・11 次の 2-オキソ酸はどのようなアミノ酸から生成するか．

20・12 次の化合物は 20 種の標準 α アミノ酸のうちの一つの生合成中間体である．どのアミノ酸か．また，この後の生合成で，どのように化学変換されるか．

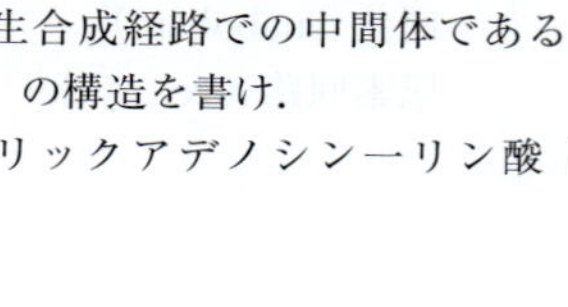

追加問題

20・13 ATP が行う一般的な反応は何か．
20・14 多くの生合成経路での中間体であるアデノシン 5′-一リン酸 (AMP) の構造を書け．
20・15 サイクリックアデノシン一リン酸〔サイクリック AMP (cyclic AMP)，cAMP という〕はホルモン活性の調整機能をもつ AMP (問題 20・14) 関連化合物であるが，リン酸は糖の C3′ と C5′ の 2 箇所のヒドロキシ基と結合している．サイクリック AMP の構造を書け．
20・16 脱水反応によりピルビン酸に変換される経路 (図 20・8) とともに，セリンは PLP 関与でグリシンに変換される異化経路もある．重要な段階である，塩基触媒で PLP-セリンイミンから CH_2O が脱離して PLP-グリシンイミンが生成する反応の機構を示せ．
20・17 プロリンはグルタミン酸 5-セミアルデヒドに変換後，酸化されてグルタミン酸になり，さらに酸化的脱アミノを受けて 2-オキソグルタル酸に異化される．

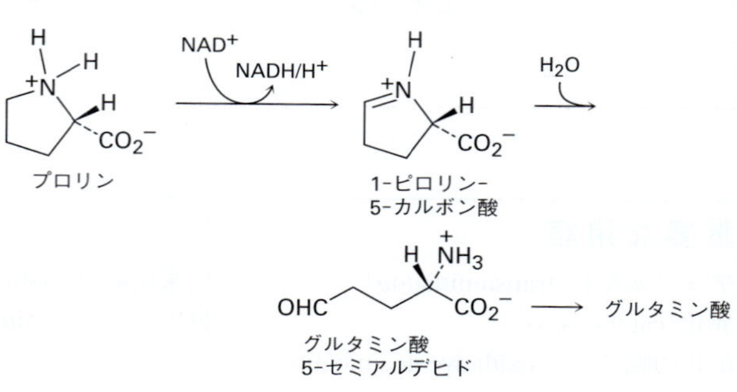

(a) プロリンから1-ピロリン-5-カルボン酸への酸化は，グルタミン酸の酸化的脱アミノによる2-オキソグルタル酸への変換（§20・2参照）と類似している．反応機構を示せ．
(b) 1-ピロリン-5-カルボン酸の加水分解によるグルタミン酸5-セミアルデヒドの生成機構を示せ．
(c) グルタミン酸5-セミアルデヒドからグルタミン酸への酸化にはどのような補酵素が必要か．

20・18 チロシンの異化は多段階で進行し，次の反応が含まれている．

(a) マレイルアセト酢酸からフマリルアセト酢酸への二重結合の異性化は求核剤:Nu⁻ によって触媒される．§14・11を見て反応機構を示せ．
(b) フマリルアセト酢酸からフマル酸とアセト酢酸への生体内変換の反応機構を示せ．

20・19 システイン $C_3H_7NO_2S$ はシスタチオニンから多段階反応で生合成される．

(a) 第一段階はアミノ基転移である．生成物は何か．
(b) 第二段階は E1cB 反応である．生成物と反応機構を示せ．
(c) 最後は二重結合の還元である．上記の反応式中，**?** で表されている生成物は何か．

20・20 リシン異化の最初の段階は2-オキソグルタル酸との還元的アミノ化によるサッカロピン生成である．反応機構を示せ．

20・21 リシン異化の第二段階はサッカロピンの酸化的脱ア

ミノ反応で，α-アミノアジピン酸セミアルデヒドが生成する．反応機構を示せ．

20・22 リシン生合成の最後の段階は，*meso*-2,6-ジアミノピメリン酸の脱炭酸である．この反応は PLP を補酵素として必要とし，一般的な PLP-アミノ酸イミン経由で進行する．反応機構を示せ．

20・23 ヒスチジン異化の最初の段階はヒスチジンアンモニア脱離酵素によるアンモニアの脱離で，*trans*-ウロカニン酸が生成する．

この反応過程は見た目より複雑で，はじめに4-メチリデンイミダゾール-5-オン（MIO）の環が酵素の -Ala-Ser-Gly- 部分の環化と脱水により生じる．MIO 環が生成する機構を書け．

20・24 MIO 環が生成後（問題20・23），ヒスチジンが MIO に求核的共役付加し，ヒスチジンのイミニウムイオンが生成する．これにより隣接した −CH₂− の水素の酸性度が高くなり，E1cB 反応が進行する．反応機構を示せ．E1cB 反応後，共役付加の逆反応で *trans*-ウロカニン酸が脱離して MIO が再生される．反応機構を示せ（図は次のページ下）．

20・25 ロイシンは2-オキソイソカプロン酸から生合成されるが，2-オキソイソカプロン酸は2-オキソイソ吉草酸から多段階で合成される．
1) 2-オキソイソカプロン酸とアセチル CoA とのアルドール様反応
2) チオエステルの加水分解

708   20. アミノ酸代謝

3) E1cB 反応による脱水
4) 共役付加による水和
5) アルコールからケトンへの酸化
6) 3-オキソ酸の脱炭酸
この生合成経路のそれぞれの段階と，それぞれの反応機構を示せ．

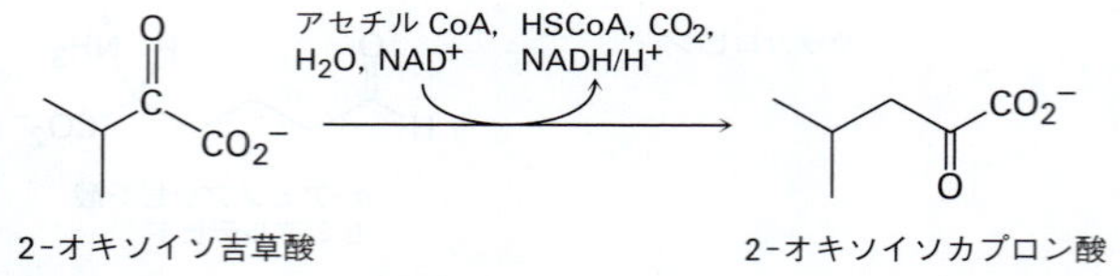

2-オキソイソ吉草酸 → 2-オキソイソカプロン酸

アセチル CoA, HSCoA, CO₂, H₂O, NAD⁺ / NADH/H⁺

20・26 トレオニンの異化経路はいくつかある．最も一般的なものは，NAD⁺ による酸化で 2-アミノ-3-オキソ酪酸が生成し，それが PLP 関与でグリシンとアセチル CoA になる経路である．

(a) この経路のはじめの段階では，PLP と反応して 2-アミノ-3-オキソ酪酸イミンが生成する．イミンの構造を書け．

(b) 第二段階では PLP-イミンに補酵素 A が求核付加して四面体中間体が生成し，そこから逆 Claisen 様の反応で開裂してア

セチル CoA と PLP-グリシンイミンが生成する．開裂反応の機構（PLP のピリジニウム環が電子受容体として機能する）を示し，PLP-グリシンイミンの構造を書け．

(c) 第三段階は PLP-グリシンイミンの加水分解で，グリシンと PMP が生成する．加水分解の機構を示せ．

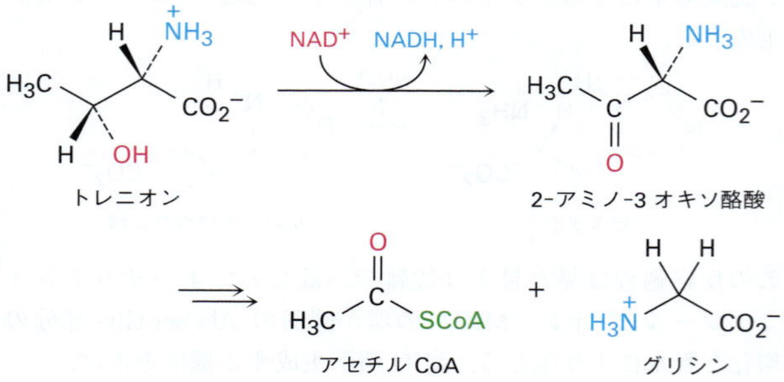

20・27 他のトレオニンの異化反応として PLP が関与するグリシンとアセトアルデヒドへの分解があり，アセトアルデヒドは酢酸に酸化され，アセチル CoA に組込まれる．

(a) 第一段階は，PLP-トレオニンイミンの生成である．構造を書け．

(b) 第二段階は，PLP-トレオニンイミンの逆アルドール様反応によるアセトアルデヒドと PLP-グリシンイミンの生成である．反応機構を示せ．

20・28 第三のトレオニン異化経路では，トレオニンはセリン異化経路（図 20・8 参照）と同様の PLP 関与の脱水を含む多段階反応で 2-オキソ酪酸に変換される．

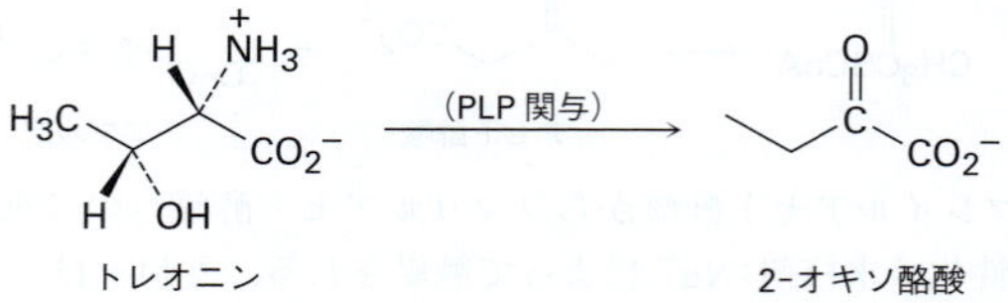

トレオニン → （PLP 関与） → 2-オキソ酪酸

(a) 第一段階は，トレオニンと PLP-酵素イミンから生成した PLP-トレオニンイミンが E1cB 機構による脱水反応で不飽和 PLP-イミンを生成する．反応機構を示し，生成物を書け．

(b) 不飽和 PLP-イミンは酵素と反応してエナミンと PLP-酵素イミンを再生する．反応機構を示し，生成物を書け．

(c) エナミンは加水分解されて 2-オキソ酪酸になる．反応機構を示せ．

2-アミノ-3 オキソ酪酸

アセチル CoA ＋ グリシン

問題 20・24 図

ヒスチジン ＋ MIO → イミニウムイオン → trans-ウロカニン酸 ＋ MIO

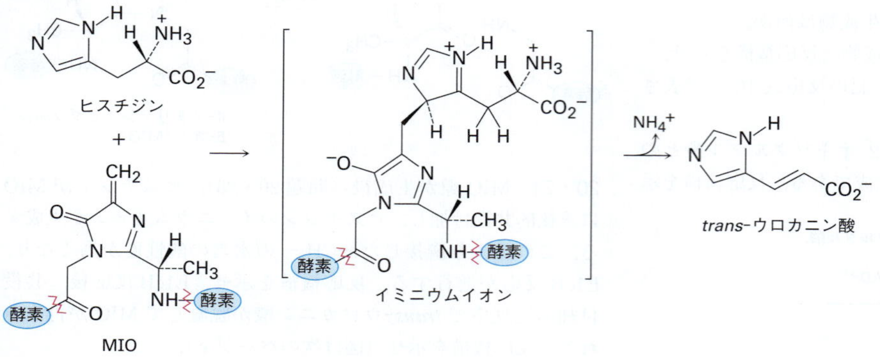

生体分子：糖質

21

21・1 糖質の分類
21・2 糖質の立体化学の表記法：
　　　Fischer 投影式
21・3 D 糖，L 糖
21・4 アルドースの立体配置
21・5 単糖の環状構造：アノマー
21・6 単糖の反応
21・7 8 種類の必須単糖
21・8 二　糖
21・9 多糖とその合成
21・10 その他の重要な糖

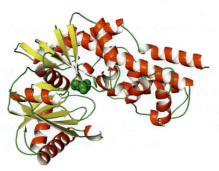

糖代謝の第一段階で働くヘキソキナーゼはグルコースのリン酸化を触媒する

本章の目的　糖質は本書で 2 番目に取上げる主要な生体分子である．本章では，糖質の構造や主要な生体内での機能について述べる．そして，次章では糖質の生体内での生合成と分解について説明する．

　糖質はすべての生物に存在している．砂糖やデンプンは食物中に，セルロースは木材や紙および綿に含まれる．これらはほぼ単純糖質として存在する．一方，他の物質と結合した糖質には，細胞の表面をコーティングしたり，遺伝情報を伝える核酸の構成成分であったり，薬剤として用いられるものもある．
　糖質（saccharide）は**炭水化物**（carbohydrate）ともよばれる．この名称は歴史的なもので，はじめて純粋な形で得られた単糖であるグルコースの分子式が $C_6H_{12}O_6$ であり，当時これが"炭素の水和物（hydrate of carbon）$C_6(H_2O)_6$"と考えられたことに由来する．この考え方はすぐにあらためられたが，名称は残った．現在では，糖質という名称は，いわゆる広義の糖，すなわち，ポリヒドロキシ化されたアルデヒドやケトンをさして用いられる．医療分野ではデキストロースともよばれるグルコースは，最も身近な糖である．

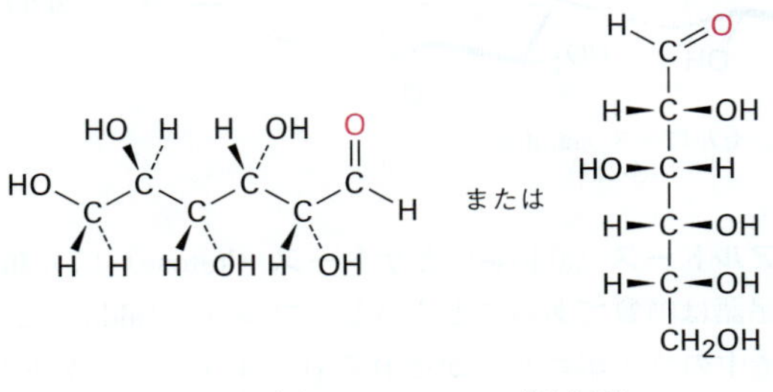

グルコース（デキストロース，ブドウ糖），
ペンタヒドロキシヘキサナール

　糖質は緑色植物の光合成によって合成される．光合成では太陽光エネルギーを利用した複雑な過程を経て，二酸化炭素と水からグルコースと酸素がつくられる．グル

710 　**21. 生体分子: 糖質**

＊ 訳注: 生体物質(bio)の量(mass)を表す概念で, 一般的には "再生可能な生物由来の有機性資源" を意味する.

コースは化学的に連結され, セルロースやデンプンの形になって植物中に貯蔵される. 地球上のバイオマス＊となるすべての植物や動物の乾燥重量の 50% 以上がグルコースの重合体であると見積もられている. 糖質は動物に食され, 代謝されることによってすぐに利用できるエネルギー源となる. このようにして糖質は, 生物が生きていくために必要な太陽光エネルギーを貯蔵し生命活動に利用できるようにする化学的媒体としての役割を果たしている.

$$6\,CO_2 \;+\; 6\,H_2O \;\xrightarrow{\text{太陽光}}\; 6\,O_2 \;+\; \underset{\text{グルコース}}{C_6H_{12}O_6} \;\longrightarrow\; \text{セルロース, デンプン}$$

ヒトやほとんどの哺乳類はセルロースを消化する酵素を欠いているので, デンプンを糖質の供給源として必要とする. 一方, ウシなどの草食動物は複数の胃をもち, そのうちの最初の胃の中にセルロースを消化できる微生物を繁殖させている. このような反芻(はんすう)動物が草を食べ, そして今度は彼ら自身が肉食動物に食べられるという生物の食物連鎖に沿って, セルロースに蓄えられたエネルギーが利用されていく.

21・1　糖 質 の 分 類

糖質は一般に単純な糖と複雑な糖に分類される. 単純な糖, すなわち**単糖** (monosaccharide) はグルコースやフルクトースのようにそれ以上小さい糖に加水分解されない最小単位の糖である. 複雑な糖, すなわち**多糖** (polysaccharide) は二つ以上の単糖がアセタール結合 (§14・8 参照) で連結している. たとえば, スクロース (ショ糖) はグルコースがフルクトースにつながってできている. 同様に, セルロースは数千のグルコースが連結してできている. 複合糖質は酵素触媒による加水分解で構成単糖に分解される.

スクロース sucrose
（二 糖）
$\xrightarrow{H_3O^+}$ 1 グルコース ＋ 1 フルクトース

セルロース cellulose
（多 糖）
$\xrightarrow{H_3O^+}$ 約 3000 グルコース

単糖はさらに**アルドース** (aldose) と**ケトース** (ketose) に分類される. -オース (-ose) という接尾語は糖質であることをさし, アルド- (aldo-) とケト- (keto-) という接頭語は構造中のカルボニル基がそれぞれアルデヒド, ケトンであることを示す. 単糖中の炭素原子の数は, トリ- (tri-), テトラ- (tetr-), ペンタ- (pent-), ヘキサ- (hex-) などの数詞によって表される. これらに基づくと, グルコースは**アルドヘキソース** (aldohexose), すなわち 6 個の炭素をもったアルデヒド糖, フルクトースは**ケトヘキソース** (ketohexose), すなわち 6 個の炭素をもったケト糖, リ

ボースは**アルドペントース** (aldopentose)，すなわち5個の炭素をもったアルデヒド糖，セドヘプツロースは**ケトヘプトース** (ketoheptose)，すなわち7個の炭素をもったケト糖となる．一般的な単糖のほとんどは五炭糖（ペントース）もしくは六炭糖（ヘキソース）である．

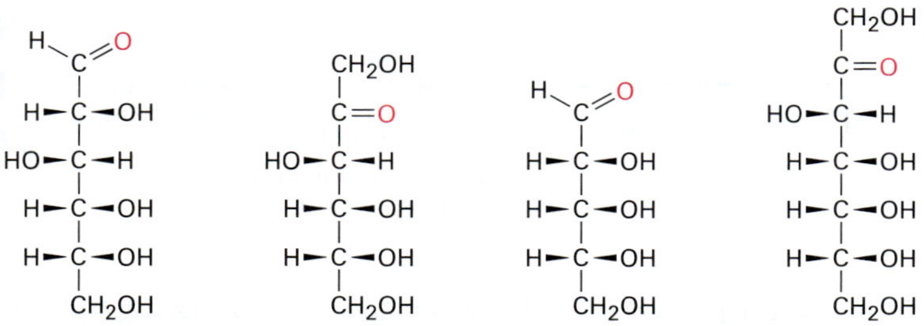

グルコース
glucose
（アルドヘキソース）

フルクトース
fructose
（ケトヘキソース）

リボース
ribose
（アルドペントース）

セドヘプツロース
sedoheptulose
（ケトヘプトース）

問題 21・1 次の単糖を分類せよ．

(a) トレオース
threose

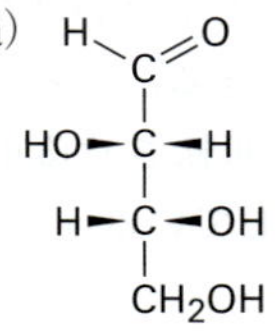

(b) リブロース
ribulose

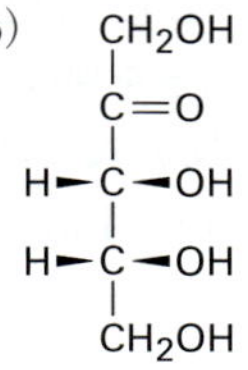

(c) タガトース
tagatose

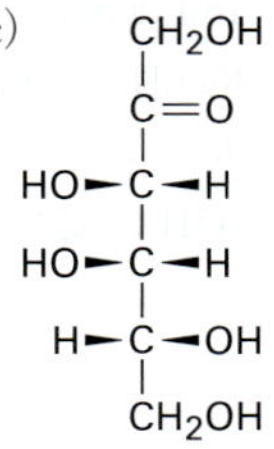

(d) 2-デオキシリボース
2-deoxyribose

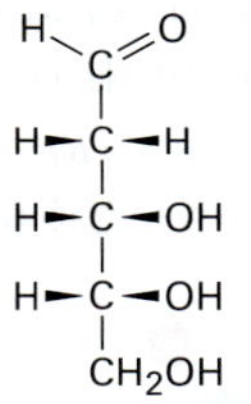

21・2 糖質の立体化学の表記法：Fischer 投影式

一般に糖質は，多くのキラル中心をもっている．立体化学を表記するための迅速な方法が求められてきたなかで，1891年にドイツの化学者である Emil Fischer が正四面体炭素原子を平面上に投影する表記法を提案した．この**Fischer 投影式**（Fischer projection）はすぐに受け入れられ，いまではキラル中心における立体化学の表記として，特に糖質の化学では一般的な方法になっている．

Fischer 投影式では，正四面体の炭素原子は2本の交差する線で表される．水平方向の線は紙面から手前へ突き出る結合を表し，垂直方向の線は紙面の奥へ遠ざかる結

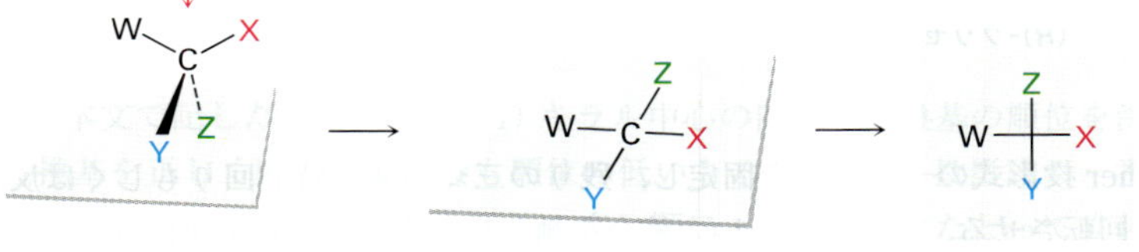

平たくなるように
押しつける

Fischer 投影式

解　答　置換基の順位は，1) −NH₂，2) −CO₂H，3) −CH₃，4) −H である．最も順位の低い置換基 −H を一番上にもってくるために −CH₃ を固定して，他の三つの置換基を反時計回りに回転させる．

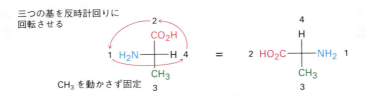

こうして得られた投影式について順位の高い置換基の順に1番目，2番目，3番目とたどっていくと反時計回りになる．以上より，S 配置と決定できる．

問題 21・2　次に示す Fischer 投影式を正四面体表示に変換し，それぞれ R 配置か S 配置かを決定せよ．

(a)
```
      CO₂H
H₂N ──┼── H
      CH₃
```

(b)
```
      CHO
  H ──┼── OH
      CH₃
```

(c)
```
      CH₃
  H ──┼── CHO
      CH₂CH₃
```

問題 21・3　次に示すグリセルアルデヒドの Fischer 投影式のうち，同じエナンチオマーはどれか．

```
        CHO                  OH                   H                  CH₂OH
   HO ──┼── H         HOCH₂ ──┼── H         HO ──┼── CH₂OH      H ──┼── CHO
        CH₂OH                CHO                  CHO                 OH
         A                    B                    C                   D
```

問題 21・4　次の分子を Fischer 投影式で表し，キラル中心について R 配置か S 配置か決定せよ．（緑は Cl）

21・3　D 糖，L 糖

　最も単純なアルドースであるグリセルアルデヒドにはキラル中心が一つあり，互いにエナンチオマー（互いに異なる鏡像）の関係にある二つの構造がある．このうち，天然には右旋性のエナンチオマーだけが存在する．つまり，天然から得られたグリセ

21・2 糖質の立体化学の表記法：Fischer 投影式　　711

ボースは**アルドペントース**（aldopentose），すなわち 5 個の炭素をもったアルデヒド糖，セドヘプツロースは**ケトヘプトース**（ketoheptose），すなわち 7 個の炭素をもったケト糖となる．一般的な単糖のほとんどは五炭糖（ペントース）もしくは六炭糖（ヘキソース）である．

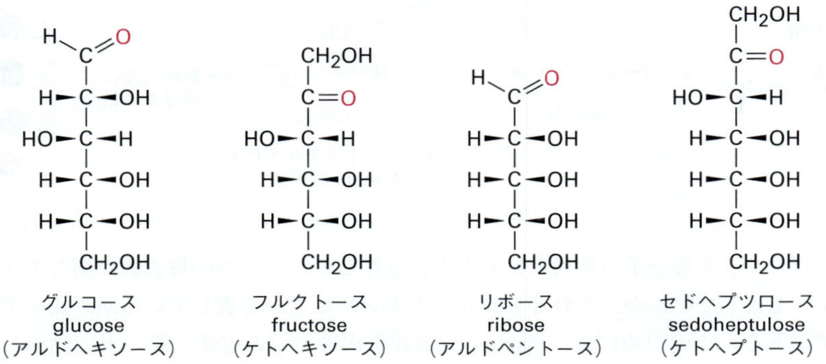

グルコース
glucose
（アルドヘキソース）

フルクトース
fructose
（ケトヘキソース）

リボース
ribose
（アルドペントース）

セドヘプツロース
sedoheptulose
（ケトヘプトース）

問題 21・1　次の単糖を分類せよ．

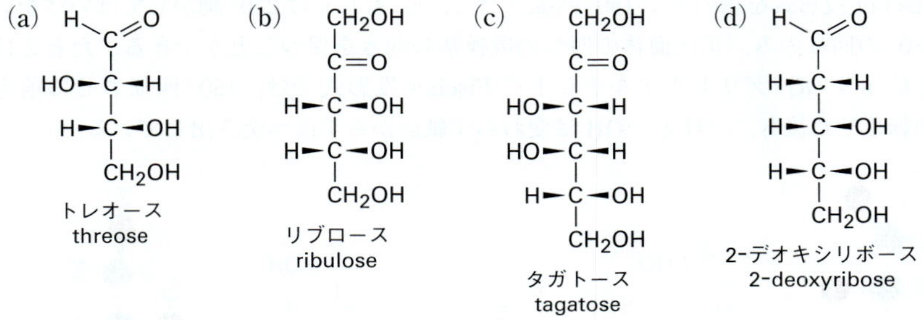

(a) トレオース
threose

(b) リブロース
ribulose

(c) タガトース
tagatose

(d) 2-デオキシリボース
2-deoxyribose

21・2　糖質の立体化学の表記法：Fischer 投影式

　一般に糖質は，多くのキラル中心をもっている．立体化学を表記するための迅速な方法が求められてきたなかで，1891 年にドイツの化学者である Emil Fischer が正四面体炭素原子を平面上に投影する表記法を提案した．この **Fischer 投影式**（Fischer projection）はすぐに受け入れられ，いまではキラル中心における立体化学の表記として，特に糖質の化学では一般的な方法になっている．

　Fischer 投影式では，正四面体の炭素原子は 2 本の交差する線で表される．水平方向の線は紙面から手前へ突き出る結合を表し，垂直方向の線は紙面の奥へ遠ざかる結

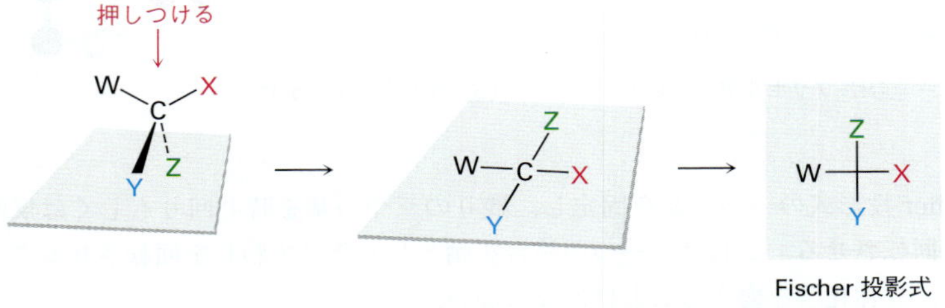

平たくなるように
押しつける

Fischer 投影式

図 21・1 (*R*)-グリセルアルデヒドの Fischer 投影式

たとえば，最も単純な単糖である (*R*)-グリセルアルデヒドは図 21・1 のように書く．

一つのキラルな分子が幾通りにも書き表されるので，二つの投影式が同じエナンチオマーを表しているか，それとも異なるエナンチオマーを表しているか，比べてみる必要がある．そのためには，Fischer 投影式を次の二つの方法で紙の上で動かしてみればよい．もし，他の動かし方をするとその立体化学は逆になってしまうので，注意が必要である．

- Fischer 投影式を紙の上で 180°回転させる．90°もしくは 270°動かしてはいけない．180°の回転のみ，正四面体の四つの置換基の向きを保つことができる．たとえば，次に示す (*R*)-グリセルアルデヒドの Fischer 投影式では，180°回転させる前も，回転させた後も，−H と −OH は変わらず紙面から手前へ突き出している．

一方，90°の回転は手前に突き出た結合と紙面の奥へ向いた結合を逆にしてしまう．次に示すように，(*R*)-グリセルアルデヒドの Fischer 投影式では，はじめ −H と −OH は紙面から手前へ突き出していたが，90°回転させた後では −H と −OH は紙面の奥へ向いてしまっている．その結果，90°回転させた場合は他方のエナンチオマーである (*S*)-グリセルアルデヒドを表すことになる．

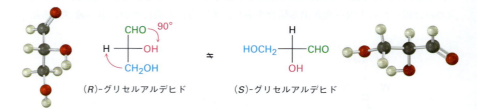

- Fischer 投影式の一つの基を固定し，残りの三つの基を時計回りもしくは反時計回りに回転させる．これは，一つの結合を軸としてそのまわりを回転させることにすぎず，立体化学を変えることにはならない．

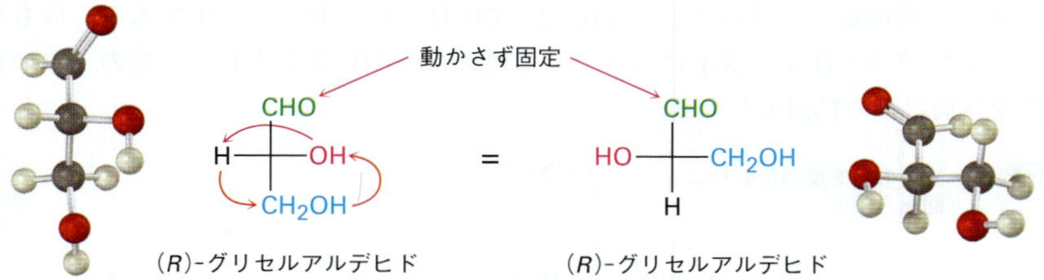

21・2　糖質の立体化学の表記法：Fischer 投影式　　713

動かさず固定

CHO

H —— OH

CH₂OH

（*R*）-グリセルアルデヒド

=

CHO

HO —— CH₂OH

H

（*R*）-グリセルアルデヒド

　立体配置の *R* と *S*（§5・5参照）は Fischer 投影式を用いて次の三つの段階で決められる．例題 21・1 にはその実施例を示す．

段階 1　四つの置換基の順位を通常どおりに決める（§5・5参照）．

段階 2　最も順位の低い置換基（H になることが多い）を Fischer 投影式の一番上にもってくる．このとき，上記に示した二つの動かし方の一つを用いること．こうすることによって，最も順位の低い置換基が紙面の奥へ遠ざかる向きに配置されたこととなり，立体化学の決定がしやすくなる．

段階 3　残る三つの置換基の順位を 1→2→3 と順番にたどり，立体配置の *R* と *S* を決定する．

　複数のキラル中心をもっている糖は，Fischer 投影式では，それらのキラル中心をつなげることで表される．慣例によってカルボニル基の炭素は常に一番上もしくはその近くにくるように書く．たとえば，グルコースは 4 個のキラル中心をもっており，Fischer 投影式ではそれらが互いに上下に連なって示される．しかし，このような表し方は，分子の三次元的な立体配座を正確に表してはいない．実際にはグルコースはブレスレットのように環状の構造をしている．

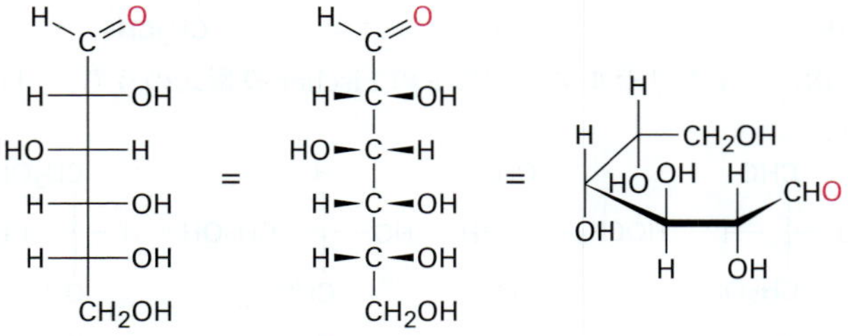

グルコース
（カルボニル基が一番上）

例題 21・1　　**Fischer 投影式で *R* 配置と *S* 配置を決定する**

次に示す Fischer 投影式を用いてアラニンが *R* 配置か *S* 配置か決定せよ．

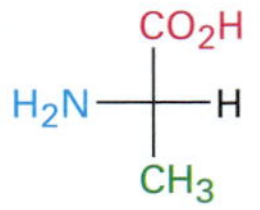

CO_2H

H_2N —— H

CH_3　　アラニン

考え方　　本文で記した段階に従う．1）キラル中心の四つの置換基の順位を決定する．2）置換基を正しく動かして，最も順位の低いものを Fischer 投影式の一番上にもってくる．3）残る三つの置換基を順位の高い順に 1→2→3 とたどって立体配置を決める．

解 答　置換基の順位は，1)−NH₂，2)−CO₂H，3)−CH₃，4)−H である．最も順位の低い置換基−H を一番上にもってくるために−CH₃ を固定して，他の三つの置換基を反時計回りに回転させる．

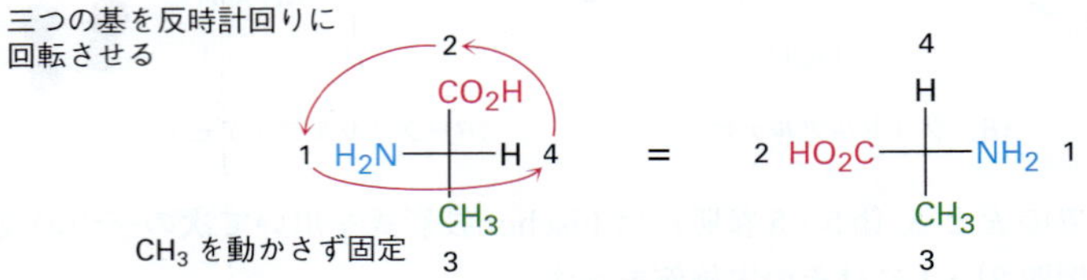

こうして得られた投影式について順位の高い置換基の順に 1 番目，2 番目，3 番目とたどっていくと反時計回りになる．以上より，S 配置と決定できる．

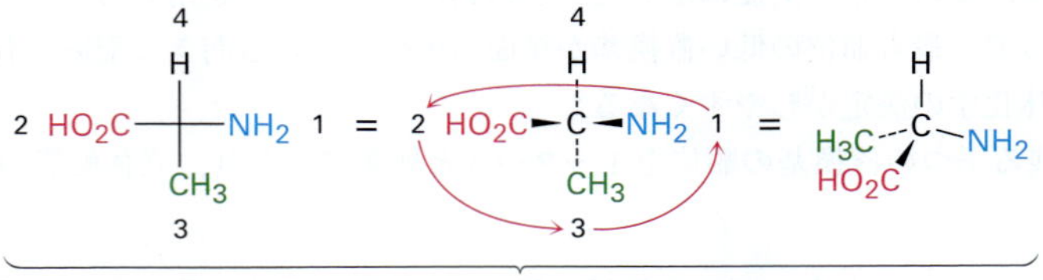

問題 21・2　次に示す Fischer 投影式を正四面体表示に変換し，それぞれ R 配置か S 配置かを決定せよ．

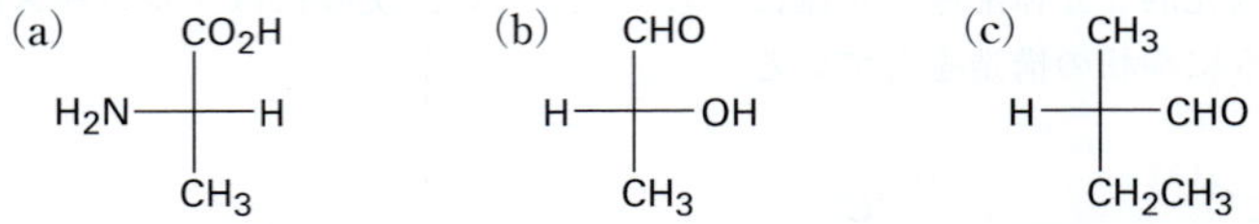

(a)　　　　(b)　　　　(c)

問題 21・3　次に示すグリセルアルデヒドの Fischer 投影式のうち，同じエナンチオマーはどれか．

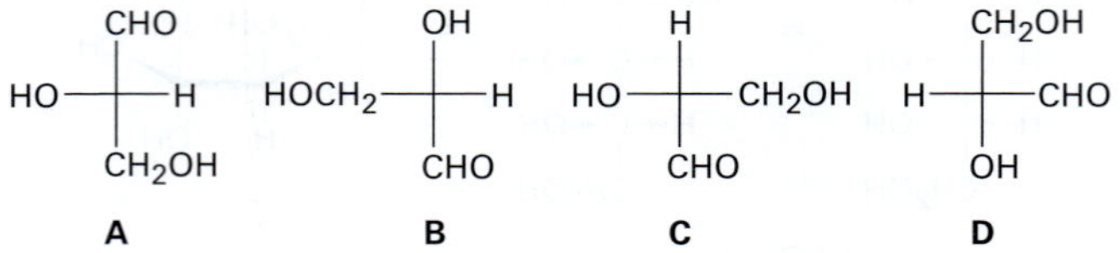

　A　　　　B　　　　C　　　　D

問題 21・4　次の分子を Fischer 投影式で表し，キラル中心について R 配置か S 配置か決定せよ．（緑は Cl）

21・3　D 糖，L 糖

最も単純なアルドースであるグリセルアルデヒドにはキラル中心が一つあり，互いにエナンチオマー（互いに異なる鏡像）の関係にある二つの構造がある．このうち，天然には右旋性のエナンチオマーだけが存在する．つまり，天然から得られたグリセ

21・3 D糖，L糖　　715

ルアルデヒドを旋光計で測定すると，面偏光した光を時計回りに回転させるので，これを(+)で示す．この(+)-グリセルアルデヒドのC2はR配置であるので，Fischer投影式では図21・1のように示される．RS命名法が採用される以前から歴史的に(R)-(+)-グリセルアルデヒドはD-グリセルアルデヒド〔Dはdextrorotatory（右旋性）を示す〕とよばれている．もう一方のエナンチオマー，すなわち(S)-(−)-グリセルアルデヒドはL-グリセルアルデヒド〔Lはlevorotatory（左旋性）を示す〕である．

　自然界で単糖が生合成される経路は同じなので，グルコースやフルクトース，そしてその他の多くの天然に存在する単糖は，カルボニル基の最も遠いところに位置するキラル中心の立体配置がD-グリセルアルデヒドと同じRである．したがって，ほとんどの天然に存在する糖類では，Fischer投影式で一番下のキラル中心にあるヒドロキシ基が右側になる（図21・2）．このような糖類をD糖（D sugar）とよぶ．

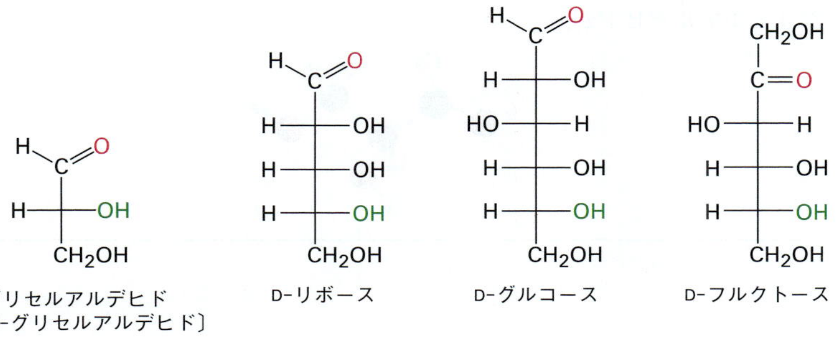

図21・2　天然に存在するD糖．カルボニル基から最も遠いキラル中心のOH基は(R)-(+)-グリセルアルデヒドと同じ立体配置なので，Fischer投影式で書くと右側になる．

D-グリセルアルデヒド
〔(R)-(+)-グリセルアルデヒド〕　　D-リボース　　D-グルコース　　D-フルクトース

　D糖に対してL糖（L sugar）は，一番下のキラル中心がS配置であり，Fischer投影式では一番下のキラル中心にあるヒドロキシ基が左側になる．L糖は対応するD糖の鏡像（エナンチオマー）であり，すべてのキラル中心においてD糖の逆の立体配置をもっている．

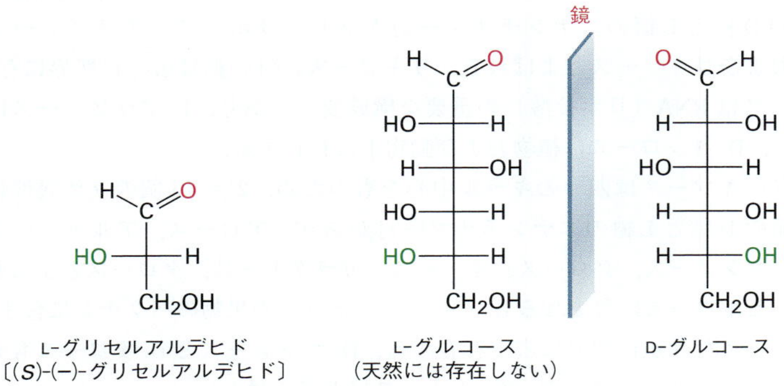

鏡

L-グリセルアルデヒド
〔(S)-(−)-グリセルアルデヒド〕　　L-グルコース（天然には存在しない）　　D-グルコース

　このように決められたDとLの表記法は，その糖が面偏光の光を回転させる向きとは関係がない．つまり，D糖は右旋性の場合も，左旋性の場合もある．接頭語であるDは一番下のキラル中心におけるヒドロキシ基がRの立体配置で，Fischer投影式で書いたときにはそのヒドロキシ基が右側にあるということだけを示している．よって，糖質の命名法においてDおよびLの表記は，ただ一つのキラル中心の立体配置を表すのみで，それ以外のキラル中心とは無関係である．

問題 21・5　次の単糖のキラル中心はそれぞれ R 配置か S 配置か．また，D 糖か L 糖か．

(a)
```
      CHO
HO ──┼── H
HO ──┼── H
     CH2OH
```

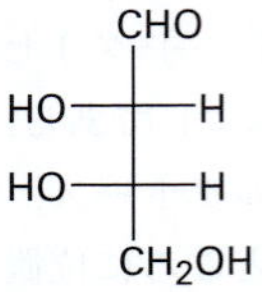

(b)
```
      CHO
 H ──┼── OH
HO ──┼── H
 H ──┼── OH
     CH2OH
```

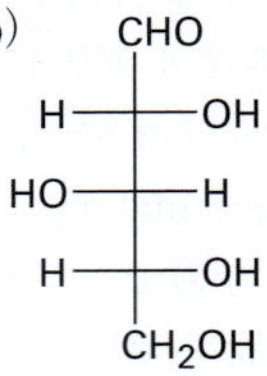

(c)
```
     CH2OH
      C=O
HO ──┼── H
 H ──┼── OH
     CH2OH
```

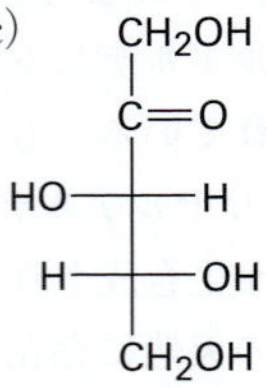

問題 21・6　(＋)-アラビノースは植物中に広く存在するアルドペントースであり，系統名は (2R,3S,4S)-2,3,4,5-テトラヒドロキシペンタナールである．(＋)-アラビノースの Fischer 投影式を書き，D 糖か L 糖か決定せよ．

問題 21・7　次の分子を Fischer 投影式で表せ．これは D-グリセルアルデヒドか，L-グリセルアルデヒドか．

21・4　アルドースの立体配置

　アルドテトロースは二つのキラル中心をもったテトロース（四炭糖）である．したがって，$2^2=4$ 個の立体異性体，すなわち 2 組の D 糖と L 糖のエナンチオマー対があり，それぞれエリトロースおよびトレオースとよばれる．

　アルドペントースは三つのキラル中心をもつため，$2^3=8$ 個の立体異性体，すなわち 4 組の D 糖と L 糖のエナンチオマー対があり，リボース，アラビノース，キシロースおよびリキソースとよばれる．リキソース以外の糖は広く自然界に存在する．D-リボースは RNA（リボ核酸）の重要な構成要素であり，L-アラビノースは多くの植物中に，D-キシロースは植物および動物中に存在する．

　アルドヘキソースは四つのキラル中心をもつため，$2^4=16$ 個の立体異性体，すなわち 8 組の D 糖と L 糖のエナンチオマー対があり，アロース，アルトロース，グルコース，マンノース，グロース，イドース，ガラクトース，タロースとよばれる．デンプンやセルロースに含まれる D-グルコースとゴムや果物のペクチンに含まれる D-ガラクトースだけが自然界に広く存在する．D-マンノースと D-タロースも天然に存在するが，D-グルコースや D-ガラクトースほど多くはない．

　D 系列アルドースの四炭糖，五炭糖，六炭糖の Fischer 投影式を図 21・3 に示す．D-グリセルアルデヒドから始めて，アルデヒド炭素のすぐ下に新しいキラル中心を挿入すれば，二つの D 系列アルドテトロースをつくることができる．同様に，二つの D 系列アルドテトロースのそれぞれから二つの D 系列アルドペントース（合計で四つになる）をつくることができる．そして，四つの D 系列アルドペントースのそれぞれから二つの D 系列アルドヘキソース（合計で八つになる）をつくることができる．これに加えて，図 21・3 の D 系列アルドースにはそれぞれ L 系列エナンチオ

21・4 アルドースの立体配置　717

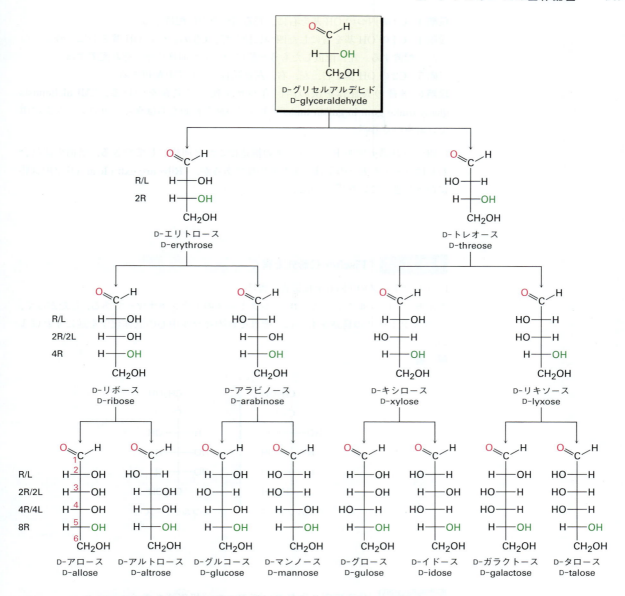

図 21・3　D系列アルドースの立体配置．構造式は左から右に向かって C2 の OH 基が右/左(R/L)と交互になるよう配置されている．同様に，C3 の OH 基のうち二つは右側，二つは左側(2R/2L)になるように，また，C4 の OH 基は 4R/4L になるように配置されている．そして，C5 の OH 基は 8 個全部が右側(8R)である．それぞれの D 系列アルドースには対応する L エナンチオマーが存在するが，ここには示していない．

マーがあるが，ここには示していない．

八つの D 系列アルドヘキソースの名前と構造を覚えるには，次の方法が便利である．

段階1　八つの Fischer 投影式を CHO 基を一番上に，CH₂OH 基を一番下にして書く
段階2　C5 の八つの OH 基をすべて右に配置する（これで D 糖になる）

段階3 C4の四つのOH基を右に，残る四つを左に配置する
段階4 C4のOH基を右にした四つに関して，C3の二つのOH基を右に，残る二つを左に配置する．左に配置したもう一組についても同様にそれぞれ配置する
段階5 C2のOH基を右，左，右，左と順番にそれぞれ配置する
段階6 8種の異性体を次の語呂合わせを使って名前をつける．"**All al**chemists **gl**adly **m**ake **g**um **in ga**llon **t**anks（すべての練金術師たちは喜んでガロンタンクの中でゴムをつくる）"

　四つのD系列アルドペントースの構造はこれと同様にしてできる．名前の語呂合わせはコーネル大学の学部学生たちの作であるが，"**R**ibs **a**re **e**xtra **l**ean（リブ肉は特にひきしまっている）"である．

例題 21・2　Fischer 投影式を書く

L-フルクトースの Fischer 投影式を書け．
考え方　L-フルクトースはD-フルクトースのエナンチオマーである．したがって，D-フルクトースの構造をもとに，それぞれのキラル中心の立体化学を逆にすればよい．
解　答

例題 21・3　分子モデルに基づいて Fischer 投影式を書く

次のアルドテトロースを Fischer 投影式で表せ．これは D 糖か，L 糖か．

考え方　Fischer 投影式では，糖は上下に連なって書かれるが，カルボニル基は一番上もしくはその近くに，−CH₂OH は一番下に書く．中間の−Hや−OHは横に書くが，これは結合が紙面から手前へ突き出していることを示す．

21・5 単糖の環状構造：アノマー　　719

解　答

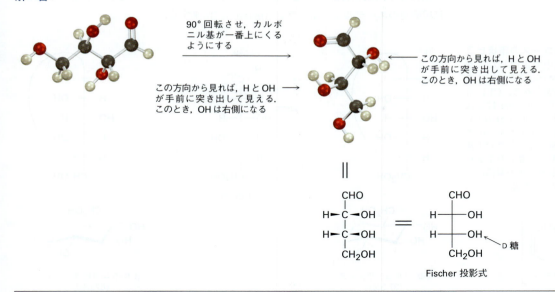

問題 21・8 図 21・3 には D 糖だけを示している．次の L 糖の Fischer 投影式を書け．
　(a) L-キシロース　　(b) L-ガラクトース　　(c) L-アロース

問題 21・9 アルドヘプトースはいくつあるか．そのうち D 糖，L 糖はそれぞれいくつか．

問題 21・10 次に示すアルドペントースの名称を示せ．また，Fischer 投影式を書き，D 糖か L 糖か決定せよ．

21・5　単糖の環状構造：アノマー

　§14・8 でアルデヒドおよびケトンはアルコールによって容易に可逆的な求核付加反応を受け，ヘミアセタールを形成することを述べた．

$$\text{アルデヒド} + R'OH \underset{}{\overset{H^+ 触媒}{\rightleftarrows}} \text{ヘミアセタール}$$

　カルボニル基とヒドロキシ基が同じ分子内にあれば，分子内求核付加反応が起こり，環状のヘミアセタールを形成する．5 員環や 6 員環の環状ヘミアセタールはほとんどひずみがなく，特に安定である．そのため，多くの糖が鎖状と環状構造の平衡状態で存在する．たとえば，グルコースの大部分は水溶液中で 6 員環構造である**ピラノース**（pyranose）の形で存在する．ピラノースは，C5 の OH 基が C1 のカルボニ

ル基に分子内求核付加して生成する（図21・4）．ピラノースという名前は不飽和6員環構造のエーテルであるピラン（pyran）に由来する．

図 21・4 グルコースの環状ピラノース形．本文中で説明したように，二つのアノマーはグルコースの環化によって形成される．C1 に新しく生じる OH 基が Fischer 投影式の一番下のキラル中心(C5)の OH 基とシスの関係にあるとき，α アノマーとなる．新しくできた OH 基が Fischer 投影式の一番下のキラル中心の OH 基とトランスの関係にあるとき，β アノマーとなる．

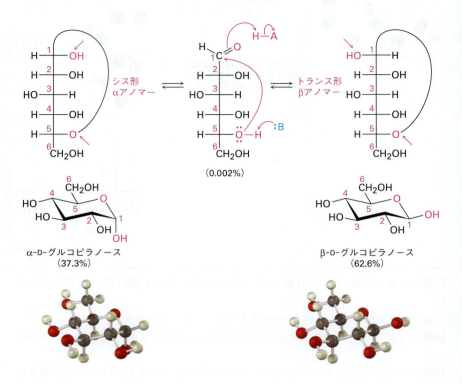

シクロヘキサン環（§4・6参照）のように，ピラノース環はアキシアル位とエクアトリアル位に置換基をもついす形立体配座をとる．環は普通，図21・4に示すようにヘミアセタールの酸素原子を右奥にして書く．Fischer 投影式で右側の OH 基はピラノース環の下側になり，左側の OH 基はピラノース環の上側になる．D 糖なら末端の CH₂OH 基は環の上側，一方，L 糖なら下側になる．

鎖状の単糖がピラノース形に環化するとき，新しいキラル中心がもともとカルボニル炭素だったところにでき，これによって**アノマー**（anomer）とよばれる二つのジアステレオマーが生じる．この新しく生じたキラル中心であるヘミアセタール炭素原子は**アノマー中心**（anomeric center, アノマー炭素）とよばれる．たとえば，グルコースは水溶液中で可逆的に環化し，二つのアノマーの 37：63 の混合物となる（図21・4）．Fischer 投影式で表された場合，新しく生じた C1 の OH 基が，最も下のキラル中心の OH 基と同じ向きのシス配置ならば，**α アノマー**（α anomer）とよばれ，この糖の名前は α-D-グルコピラノースとなる．逆に，反対向きのトランス配置ならば，**β アノマー**（β anomer）とよばれ，この糖の名前は β-D-グルコピラノースとなる．β-D-グルコピラノースでは，環上のすべての置換基がエクアトリアル配置になる．そのため，β-D-グルコピラノースは，八つの D 系列アルドヘキソースのうちで最も立体的に混み合っておらず，最も安定である．

単糖のなかには**フラノース**（furanose）とよばれる5員環状ヘミアセタールの形でも存在するものもある．たとえば，D-フルクトースは水液中で 70% が β-ピラノース，2% が α-ピラノース，0.7% が鎖状，23% が β-フラノース，そして 5% が α-フラノース

21・5 単糖の環状構造：アノマー　　721

の形で存在する．ピラノース形は C6 の OH 基がカルボニル基に付加して生じるが，フラノース形は C5 の OH 基がカルボニル基に付加して生じる（図 21・5）．

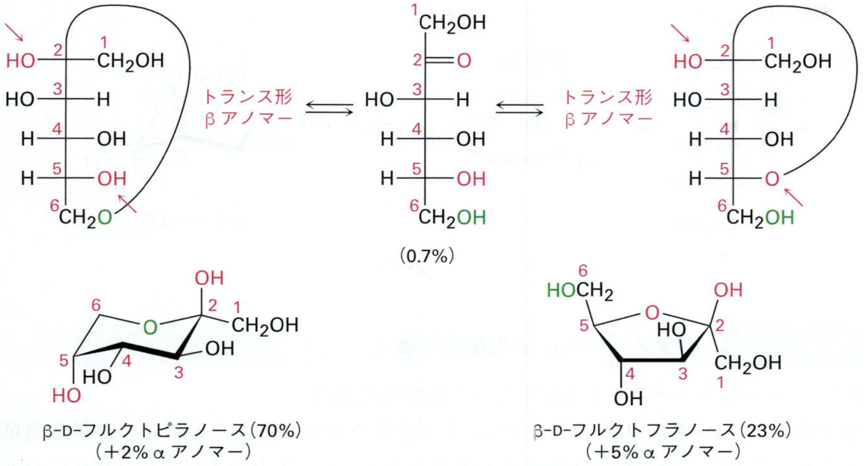

β-D-フルクトピラノース(70%)
(+2% α アノマー)

β-D-フルクトフラノース(23%)
(+5% α アノマー)

図 21・5　**水溶液中でのフルクトースのピラノース形とフラノース形.** 二つのピラノース形アノマーは C6 の OH 基が C2 のカルボニル基に付加してできる．二つのフラノース形アノマーは C5 の OH 基が C2 のカルボニル基に付加してできる．

フラン

　D-グルコピラノースの二つのアノマーは再結晶によって精製できる．純粋な α-D-グルコピラノースは融点 146 ℃ で，比旋光度 $[\alpha]_D = +112.2$ である．一方，純粋な β-D-グルコピラノースは融点 148〜155 ℃ で，比旋光度 $[\alpha]_D = +18.7$ である．しかし，どちらの純粋なアノマーも水に溶けると，その旋光度はゆっくりと変化し，最終的には一定の値 +52.6 となる．すなわち，α アノマーの比旋光度は +112.2 から +52.6 に減少し，β アノマーの比旋光度は +18.7 から +52.6 に増加する．**変旋光**（mutarotation）とよばれるこの旋光度の変化は純粋なアノマーが 37：63 の平衡混合物にゆっくりと変化するために起こる．

　変旋光はそれぞれのアノマーが可逆的に鎖状のアルデヒドに開環し，再び閉環することを繰返すために起こる．平衡化は中性の pH では遅いが，酸や塩基によって触媒される．

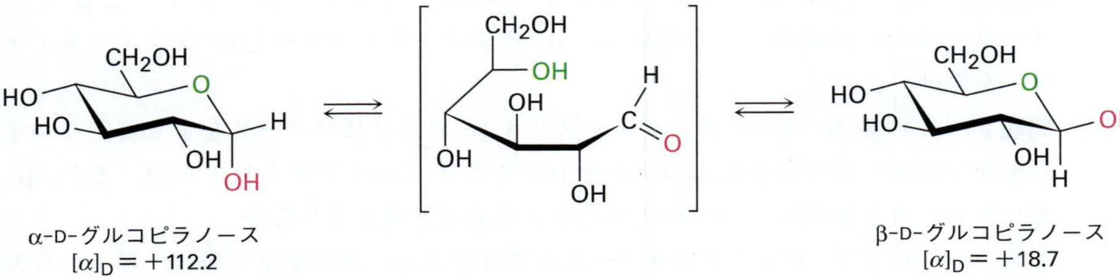

α-D-グルコピラノース
$[\alpha]_D = +112.2$

β-D-グルコピラノース
$[\alpha]_D = +18.7$

例題 21・4　**アルドヘキソースのいす形配座を書く**

D-マンノースは C2 の立体化学が D-グルコースと異なる．D-マンノースをいす形ピラノースで書け．

考え方　はじめに D-マンノースを Fischer 投影式で書く．つづいて，それを横に倒し，CHO 基（C1）が右側の手前に，CH₂OH 基（C6）がその左奥の近くにくるように環状におく．次に，C5 の OH 基を C1 のカルボニル基につなげ，ピラノース環を

つくる．いす形を書くには，最も左側の炭素（C4）をもち上げ，最も右側の炭素（C1）を下げる．

解　答

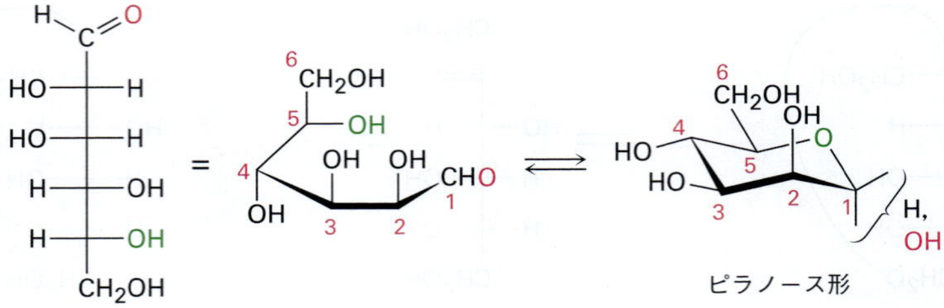

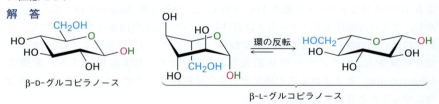

ピラノース形

> **例題 21・5** ピラノースのいす形配座を書く

β-L-グルコピラノースをより安定ないす形配座で書け．

考え方　β-D-グルコピラノースのいす形配座を書くことから始めるのが最も簡単だろう．そして，その鏡像体であるLエナンチオマーを環上のすべての立体化学を逆にすることによって書く．それから，環を反転させ，より安定ないす形配座にする．Lエナンチオマーでは，CH_2OH 基はアノマーのOH基と同様に環の下側になることに注意せよ．

解　答

β-D-グルコピラノース　　　　　　　β-L-グルコピラノース

問題 21・11　リボースは主としてC4のOH基がC1のアルデヒドに付加することで形成されるフラノース形で存在する．D-リボースをそのフラノース形で書け．

問題 21・12　図 21・5 にはD-フルクトースのβ-ピラノースアノマーとβ-フラノースアノマーのみが示されている．α-ピラノースアノマーとα-フラノースアノマーを書け．

問題 21・13　β-D-ガラクトピラノースとβ-D-マンノピラノースをより安定ないす形配座で書け．環上の置換基はそれぞれアキシアルかエクアトリアルか．また，β-ガラクトースとβ-マンノースのどちらがより安定と考えられるか．

問題 21・14　β-L-ガラクトピラノースをより安定ないす形配座で書け．環上の置換基はそれぞれアキシアルかエクアトリアルか．

問題 21・15　次の単糖は何か．命名し，鎖状構造をFischer投影式で書け．

21・6 単糖の反応　723

21・6　単糖の反応

単糖にはヒドロキシ基とカルボニル基の2種類の官能基しかないので，単糖の化学のほとんどはこれら二つの官能基と密接に関連している．すなわち，アルコールをエステルやエーテルに変換したり，酸化したりすることができる．カルボニル基は求核剤と反応し，また還元することもできる．

エステルとエーテルの生成

多くの場合，単糖は単純なアルコールと同じ反応性を示す．たとえば，糖のOH基はエステルやエーテルに変換することができ，このようにOH基が保護された糖は糖そのものよりも扱いやすくなる．単糖は多くのOH基をもっているので，普通は水に溶けるが，エーテルのような有機溶媒には溶けない．また，単糖は精製が難しく，水を除去すると結晶よりもシロップ状になりやすい．しかし，OH基をエステル化やエーテル化した誘導体は有機溶媒に溶け，容易に精製でき，結晶化もしやすい．

一般にエステル化は糖を酸塩化物や酸無水物と塩基存在下で反応させて行われる（§16・4，§16・5参照）．アノマー位のOH基も含めてすべてのOH基が反応する．たとえば，β-D-グルコピラノースはピリジン溶液中で無水酢酸と反応させるとペンタアセタートに変換される．

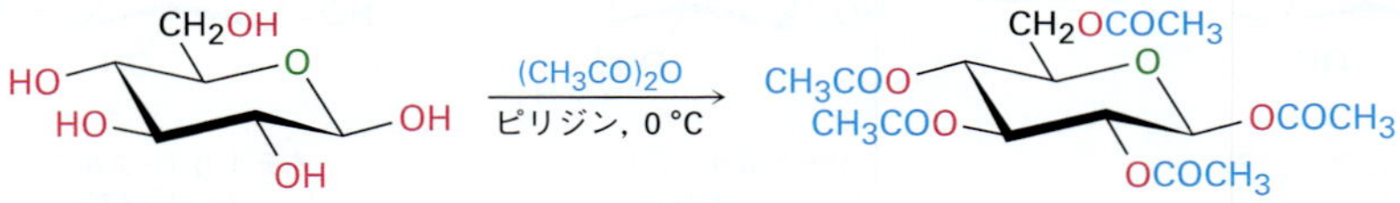

β-D-グルコピラノース　　　　ペンタ-O-アセチル-β-D-グルコピラノース(91%)

糖は塩基存在下でハロゲン化アルキルと反応し，エーテルに変換される．これはWilliamsonのエーテル合成にあたる（§13・9参照）．標準的なWilliamsonのエーテル合成の反応条件では強い塩基を使うので不安定な糖は分解しやすいが，酸化銀は温和な塩基として働くのでエーテルが高い収率で得られる．たとえば，α-D-グルコピラノースをヨウ化メチルおよび酸化銀と反応させると，85%の収率でペンタメチルエーテルに変換される．

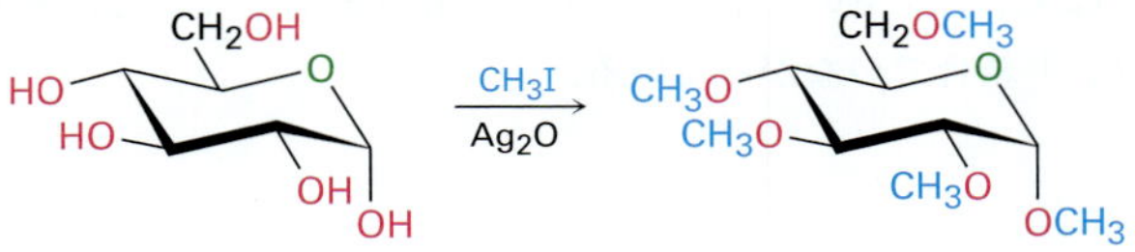

α-D-グルコピラノース　　　　α-D-グルコピラノースペンタメチルエーテル(85%)

問題 21・16　β-D-リボフラノースを，(a) CH$_3$I，Ag$_2$O，(b)(CH$_3$CO)$_2$O，ピリジン，と反応させることによって得られる生成物の構造をそれぞれ書け．

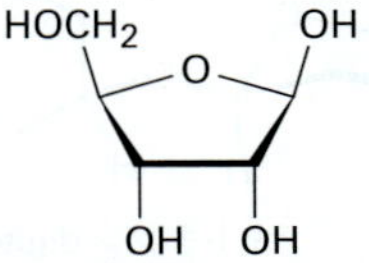

β-D-リボフラノース

724 **21. 生体分子: 糖質**

グリコシドの生成

§14・8でヘミアセタールを酸触媒を用いてアルコールと反応させるとアセタールが生成することを述べた.

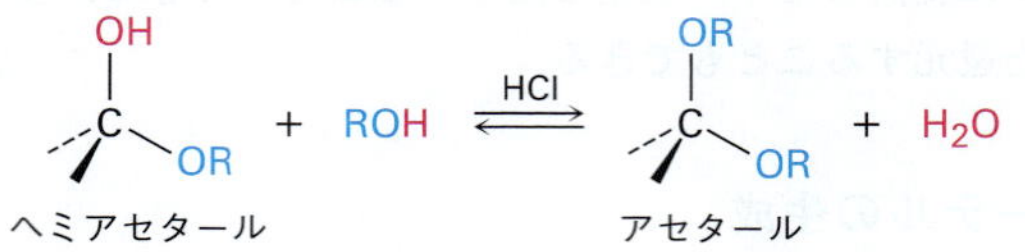

$$\text{ヘミアセタール} + \text{ROH} \underset{\text{HCl}}{\rightleftarrows} \text{アセタール} + \text{H}_2\text{O}$$

同じように,単糖のヘミアセタールを酸触媒を用いてアルコールと反応させると**グリコシド**(glycoside,配糖体)とよばれるアセタールが生成する.グリコシドでは,アノマー位のOH基がOR基に置き換わっている.たとえば,β-D-グルコピラノースがメタノールと反応すると,α-メチル-D-グルコピラノシドおよびβ-メチル-D-グルコピラノシドの混合物が得られる.〔**グリコシド**(glycoside)という名称はどんな糖にでも用いられる官能基名であり,**グルコシド**(glucoside)とは特にグルコースからつくられたグリコシドについての名前である.〕

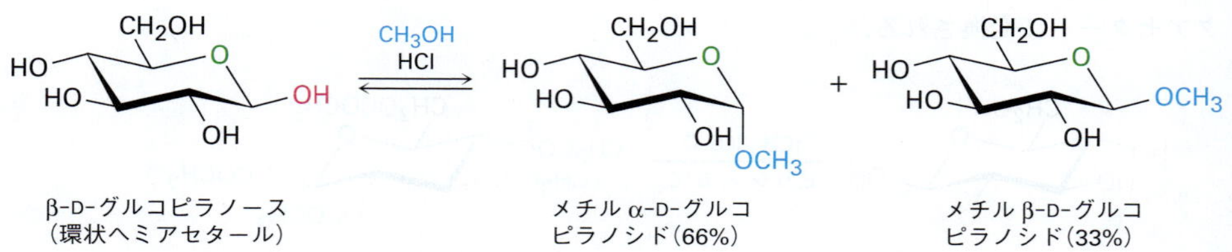

β-D-グルコピラノース
(環状ヘミアセタール)

メチル α-D-グルコ
ピラノシド(66%)

メチル β-D-グルコ
ピラノシド(33%)

グリコシドの命名は,先頭にアノマー位のアルキル基をもってきて,糖の名前の末尾の -オース(-ose)を -オシド(-oside)に置き換える.他のアセタールと同様に,グリコシドは中性の水には安定である.また,グリコシドは開環して平衡化しないので,変旋光は起こらない.しかし,酸性の水溶液中では加水分解されてもとの単糖とアルコールになる(§14・8参照).

グリコシドは天然に豊富に存在し,多くの生物学的に重要な分子がグリコシド結合をもっている.たとえば,心臓病薬として用いられるジギタリス製剤の活性成分であるジギトキシンはステロイドのヒドロキシ基に三糖が結合している.そして三つの糖は互いにグリコシド結合でつながっている.

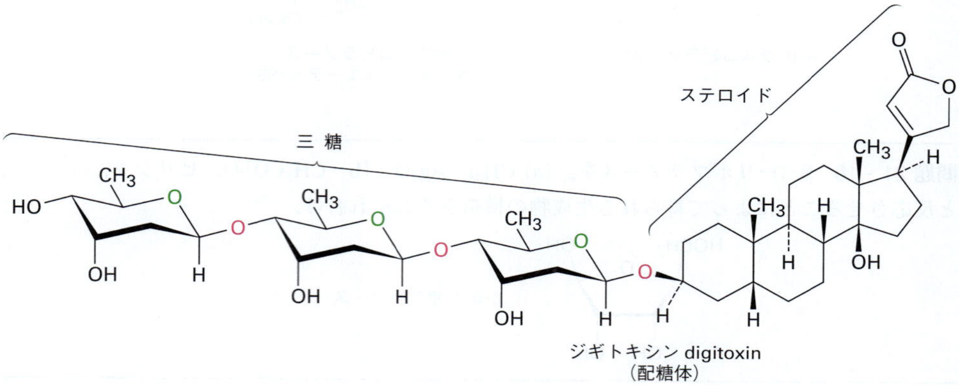

ジギトキシン digitoxin
(配糖体)

生体内でのエステル化: リン酸化

　生体内では，糖質は無保護の状態だけでなく，脂質（**糖脂質** glycolipid）やタンパク質（**糖タンパク質** glycoprotein）のような他の分子とアノマー中心で結合した形でも存在する．これら糖が連結した分子は総称して**複合糖質**（glycoconjugate, complex carbohydrate）とよばれ，細胞壁を構成する成分であり，種類の異なる細胞を互いに認識するのに不可欠である．

　複合糖質は脂質やタンパク質が UDP グルコースのようなグリコシルヌクレオシド二リン酸と反応して生合成される．グリコシルヌクレオシド二リン酸そのものは，次のようにして生合成される．最初にグルコースがアデノシン三リン酸（ATP）によって一リン酸化され，つづいてウリジン三リン酸（UTP）と反応し，グリコシルウリジン二リン酸になる（ヌクレオシドリン酸の構造については§24・1参照）．リン酸化の目的は，糖のアノマー位のヒドロキシ基を活性化し，タンパク質や脂質による求核置換反応の際のよりよい脱離基にすることである（図 21・6）.

ウリジン三リン酸
uridine triphosphate: UTP

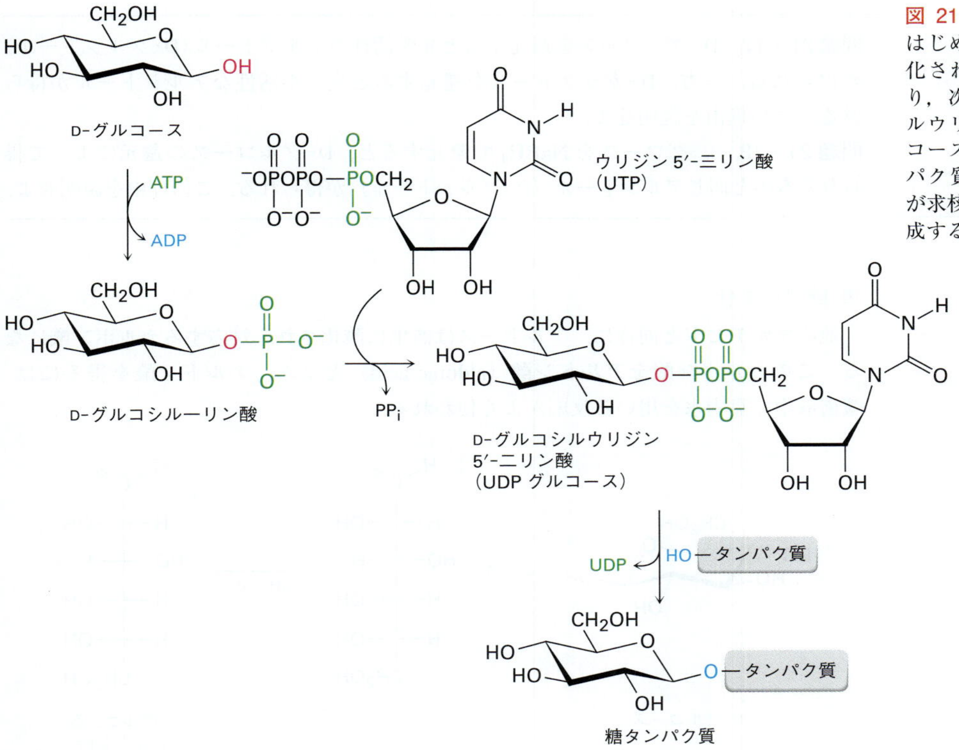

図 21・6　糖タンパク質の生合成.
はじめに糖が ATP によってリン酸化されてグリコシル一リン酸になり，次に UTP と反応してグリコシルウリジン 5′-二リン酸（UDP グルコース）になる．これに対してタンパク質中の−OH（もしくは−NH₂）が求核置換して，糖タンパク質が生成する.

単糖の還元

　アルドースやケトースを水素化ホウ素ナトリウム NaBH₄ と反応させると，**アルジトール**（alditol）とよばれるポリアルコールに還元される．還元反応は，アルデヒド/ケトン⇄ヘミアセタールの平衡状態のうち，開環した鎖状形のときに起こる．開環した鎖状形はわずかしか存在しないが，還元されてその量が減ると，平衡によりピラノース環が開いて新たな鎖状形が生成され，これがさらに還元される．これが繰返されて最後には全部が還元される．

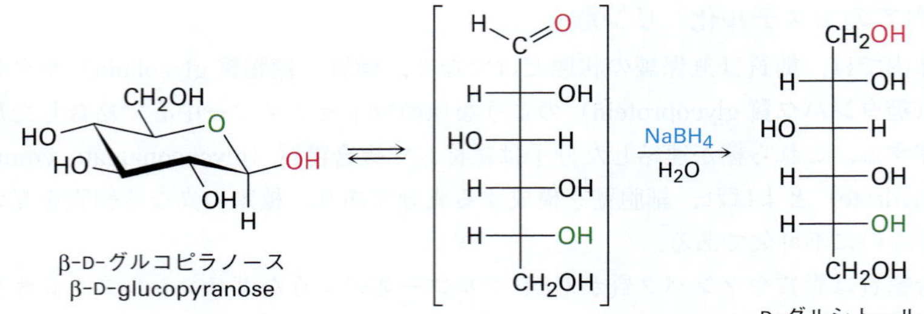

726   21. 生体分子: 糖質

β-D-グルコピラノース
β-D-glucopyranose

D-グルコース

$\xrightarrow[\text{H}_2\text{O}]{\text{NaBH}_4}$

D-グルシトール
D-glucitol
(D-ソルビトール)
アルジトール

　D-グルコースが還元されて得られる D-グルシトールはそれ自身が多くの果実に含まれる天然物である. D-グルシトールは, 別名 D-ソルビトールともよばれ, 多くの食品中で甘味料や糖の代用品として使われている.

問題21・17　D-グルコースを還元すると光学活性なアルジトール (D-グルシトール) が得られる. 一方, D-ガラクトースを還元すると光学不活性なアルジトールが得られる. この理由を説明せよ.

問題21・18　L-グロースを NaBH$_4$ で還元すると, D-グルコースの還元によって得られるものと同じアルジトール (D-グルシトール) が得られる. この理由を説明せよ.

単 糖 の 酸 化

　他のアルデヒドと同様に, アルドースは簡単に酸化され, 対応するカルボン酸になる. このカルボン酸を**アルドン酸** (aldonic acid) とよぶ. アルドン酸を得るには, 緩衝液中で臭素水を用いる反応がよく使われる.

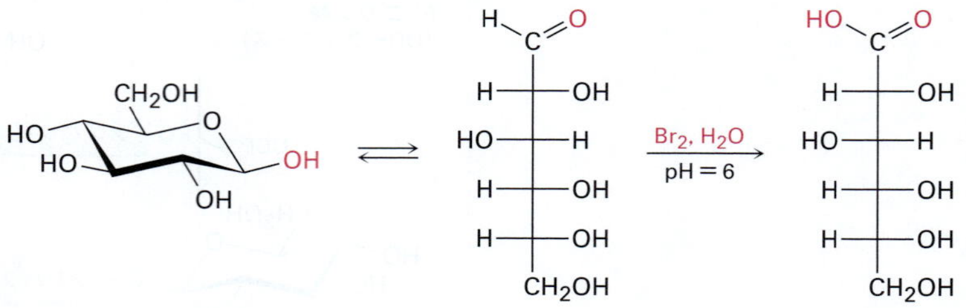

D-グルコース

$\xrightarrow[\text{pH}=6]{\text{Br}_2,\ \text{H}_2\text{O}}$

D-グルコン酸
(アルドン酸)

　古くは, アルドースの酸化に Tollens 反応剤 (Tollens' reagent, Ag$^+$ のアンモニア水溶液) や Benedict 反応剤 (Benedict's reagent, Cu^{2+} のクエン酸ナトリウム水溶液) が用いられた. これらは, **還元糖** (reducing sugar) の簡単な検出法の基礎となっている. この場合の "還元" という言葉はアルドースが金属酸化剤を還元することを意味している. ドラッグストアで売られている糖尿病を自己診断するための単純なキットでは, いまだに Benedict 反応剤を用いて尿中のグルコースを検出しているものがある. しかし, 化学的な試験法は, より現代的な方法にほとんどとってかわられている.

21・6 単糖の反応　　727

　すべてのアルドースはアルデヒドなので還元糖である．また，いくつかのケトース
も還元糖である．たとえば，フルクトースはホルミル基をもっていないにもかかわら
ず，Tollens 反応剤を還元する．これは，フルクトースが塩基性の溶液中でケト-エ
ノール互変異性（§17・1参照）によって容易に異性化し，アルドース（グルコース
とマンノース）の混合物になるからである（図21・7）．一方，グリコシドは塩基性
条件下ではアセタール部位がアルデヒドに加水分解されないので非還元性である．

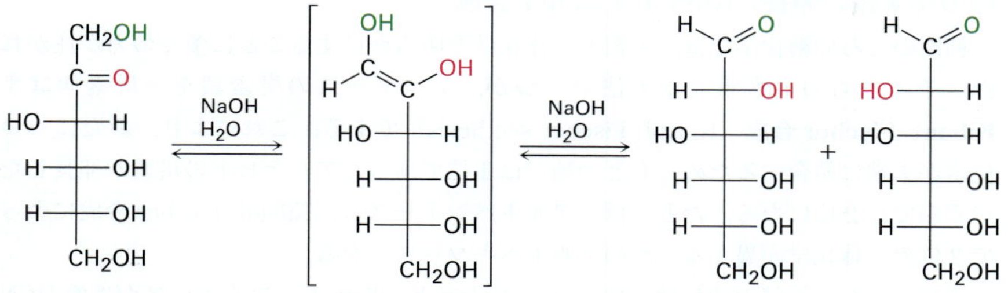

D-フルクトース　　　　エンジオール　　　　D-グルコース　　　D-マンノース

図 21・7　ケトースであるフルク
トースは還元糖である．塩基触媒に
よる2回のケト-エノール互変異性
化により，フルクトースはアルドー
スの混合物に変換されるからである．

　希硝酸を酸化剤として加熱下で用いると，アルドースは**アルダル酸**（aldaric acid）
とよばれるジカルボン酸に酸化される．この反応では，C1 の CHO 基と末端の
CH_2OH 基が両方とも酸化される．

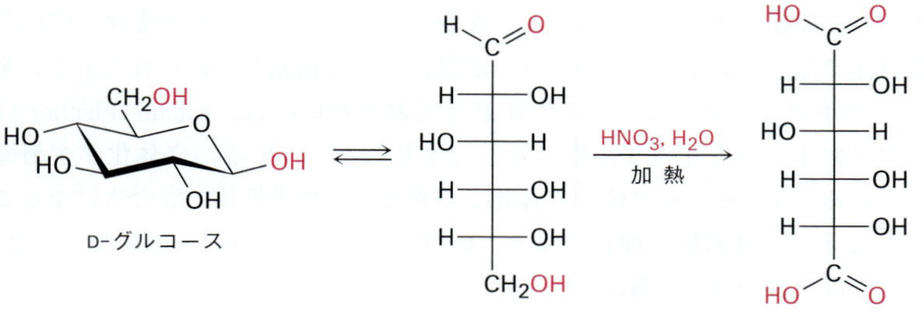

D-グルコース

D-グルカル酸
D-glucaric acid
（アルダル酸）

　また，アルドースの CHO 基には作用することなく，末端の CH_2OH 基のみが酸化
されると**ウロン酸**（uronic acid）とよばれるモノカルボン酸が得られる．この反応は
酵素でしか進行しない．フラスコ内で化学反応剤を用いてこのような選択的な酸化反
応を成功させた例はない．

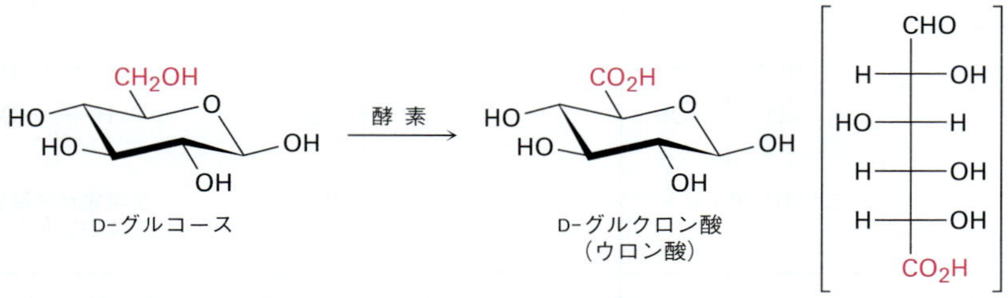

D-グルコース　　　　　　D-グルクロン酸
　　　　　　　　　　　　（ウロン酸）

問題 21・19　D-グルコースを硝酸と反応させると，光学活性なアルダル酸が得られ
る．一方，D-アロースでは，光学不活性なアルダル酸が得られる．この理由を説明

728　21. 生体分子: 糖質

せよ.

問題 21・20　残り六つの D 系列アルドヘキソースのうち, 酸化されて光学活性なアルダル酸を生じるものはどれか. また, 光学不活性な（メソ体の）アルダル酸を与えるものはどれか（問題 21・19 参照）.

糖の炭素鎖の伸長: Kiliani–Fischer 合成

初期のころの糖化学では, 単糖の立体化学を明らかにすることに多くの力が注がれた. そのうちの最も重要な方法の一つが, アルドースの炭素鎖を一炭素伸ばす **Kiliani–Fischer 合成**（Kiliani–Fischer synthesis）である. これにより, 新たに一つ炭素が末端に結合するため, もとの糖では 1 位であったアルデヒドの炭素が伸長した炭素鎖では 2 位になる. たとえば, アルドペントースは, Kiliani–Fischer 合成によって 2 位の立体化学が異なる二つのアルドヘキソースになる.

このような炭素鎖の伸長は, 1886 年に Heinrich Kiliani が, アルドースが青酸 HCN の求核付加によりシアノヒドリン, すなわち, ヒドロキシ基とシアノ基が同一の炭素に結合した化合物 $R_2(OH)CN$ になることを見いだしたことをきっかけとする. Emil Fischer は, Kiliani のこの発見の重要性をすぐに見抜き, シアノヒドリンのシアノ基をアルデヒドに変換することを考えついた.

当時の Fischer の方法では, ニトリルを加水分解してカルボン酸とし, これが閉環して得られた環状エステル（ラクトン）を還元してアルデヒドへと変換していた. 現在の改良法では, ニトリルをパラジウム触媒によって還元し, 得られたイミンを加水分解してアルデヒドを得る. ここで注意しておきたいのは, Kiliani–Fischer 合成では, シアノヒドリンが生成する際に新しく生じるキラル中心の立体化学が制御されず, 得られるアルドースは 2 位の立体化学が異なる立体異性体の混合物になることである. たとえば, 炭素鎖の伸長により, D-アラビノースから D-グルコースと D-マンノースの混合物が得られる.

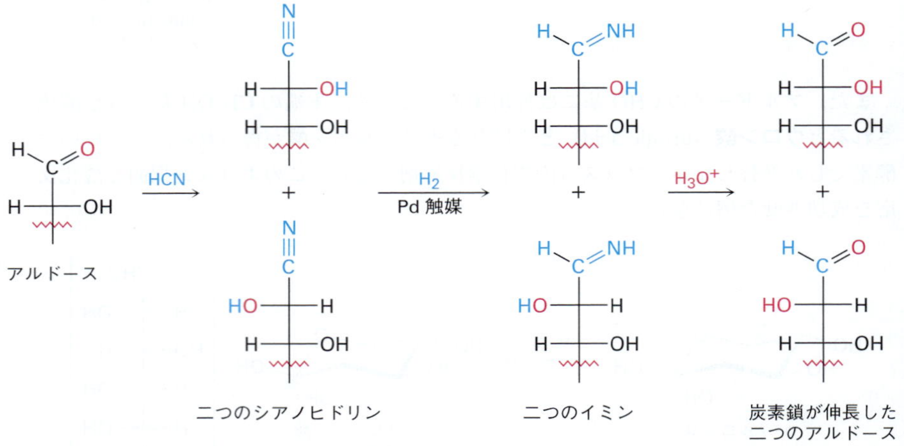

問題 21・21　Kiliani–Fischer 合成によって D-リボースから得られる生成物は何か.

問題 21・22　Kiliani–Fischer 合成によって L-グロースと L-イドースに変換されるアルドペントースは何か.

21・7 8種類の必須単糖　729

糖の炭素鎖の短縮: Wohl 分解

Kiliani–Fischer 合成がアルドースの炭素鎖を炭素一つ分伸長するように，**Wohl 分解**（Wohl degradation）はアルドースの炭素鎖を炭素一つ分短縮する．Wohl 分解は Kiliani–Fischer 合成のほぼ逆の反応である．すなわち，アルドースに含まれるアルデヒドがニトリルになり，生じたシアノヒドリンから塩基性条件下で HCN が脱離するという求核付加反応の逆反応である．

アルデヒドをニトリルに変換するには，まず，アルドースをヒドロキシルアミンと反応させ，オキシムとよばれるヒドロキシイミンを得る．つづいてオキシムを無水酢酸と反応させて脱水し，ニトリルを得る．Wohl 分解によって得られる炭素鎖が短縮されたアルドースの収率はとりたてて高いというものではない．しかし，この反応には一般性があり，すべてのアルドペントースやアルドヘキソースに対して用いられる．たとえば，Wohl 分解によって D-ガラクトースから D-リキソースが得られる．

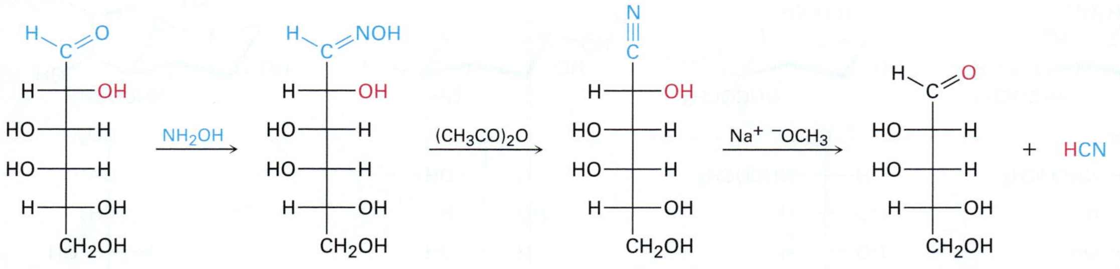

D-ガラクトース　　D-ガラクトースのオキシム　　シアノヒドリン　　D-リキソース（37%）

問題 21・23　4種類ある D-アルドペントースのうち，Wohl 分解によって D-トレオースを支える二つはどれか．

21・7　8 種類の必須単糖

ヒトが支障なく生きていくためには 8 種類の単糖が必要である．必要に応じて 8 種すべてをより単純な前駆体から生合成することもできるが，食品中からそれらを摂取する方がエネルギー効率がよい．8 種の単糖とは，L-フコース（6-デオキシ-L-ガラクトース），D-ガラクトース，D-グルコース，D-マンノース，N-アセチル-D-グルコサミン，N-アセチル-D-ガラクトサミン，D-キシロース，および N-アセチル-D-ノイラミン酸である（図 21・8）．これらすべてが細胞壁の複合糖質を構成するために用いられている．そして，グルコースは生体の主要なエネルギー源でもある．

これら 8 種の必須単糖のうち，ガラクトース，グルコースおよびマンノースは単純なアルドヘキソースであり，また，キシロースはアルドペントースである．フコースは，**デオキシ糖**（deoxy sugar），つまり酸素原子を失った糖で，この場合は C6 の −OH が −H に置き換えられている．N-アセチル-D-グルコサミンおよび N-アセチル-D-ガラクトサミンは，C2 の −OH が −NH$_2$ に置き換わった**アミノ糖**（amino sugar）がアミド化されたものである．N-アセチル-D-ノイラミン酸は，**シアル酸**（sialic acid）の親化合物である．シアル酸は，N-アセチル-D-ノイラミンがさまざまな酸化，アセチル化，硫酸化およびメチル化を受けた結果得られる 30 種類以上の異

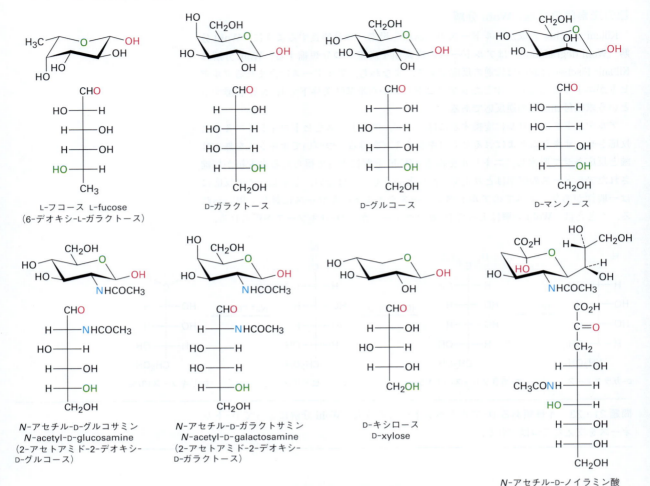

図 21・8 ヒトに必須な 8 種類の単糖の構造

なった構造をもつ化合物群の総称である．ノイラミン酸は 9 個の炭素をもち，N-アセチル-D-マンノサミンとピルビン酸 $CH_3COCO_2^-$ とのアルドール反応によって得られる．22 章の科学談話室では，ノイラミン酸がインフルエンザウイルスの感染機構に不可欠であることを解説する．

　これらの必須単糖は，グルコースから図 21・9 にまとめた経路で生成する．本章で

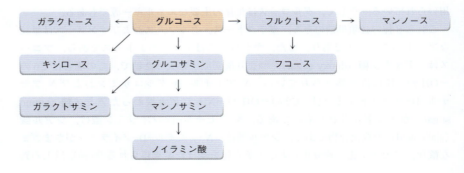

図 21・9　8 種類の必須単糖の生合成過程の概観

は一つ一つの変換について具体的には取上げないが，次章の問題 22・19〜22・21 および問題 22・27 ではいくつかの生合成経路が関わってくるので参照すること．

問題 21・24 N-アセチル-D-マンノサミンとピルビン酸 $CH_3COCO_2^-$ のアルドール反応による N-アセチル-D-ノイラミン酸の生成機構を示せ．

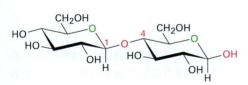

21・8 二　糖

§21・6 で単糖とアルコールとの反応によってアノマー位の $-OH$ が $-OR$ に置き換わったグリコシドが生成することを述べた．もし，アルコールそれ自身が糖であるなら，グリコシド生成物は**二糖**（disaccharide）になる．

マルトースとセロビオース

二糖は一つの糖のアノマー位の炭素と，もう一つの糖のいずれかの OH 基との間でグリコシド結合（アセタール結合）をしている．ある糖の C1 ともう一つの糖の C4 の OH 基との間で形成されたグリコシド結合が特によくみられる．このような結合を **1→4 結合**（1→4 link）とよぶ．

アノマー炭素へのグリコシド結合は α 形もしくは β 形になる．デンプンが酵素触媒によって加水分解されて得られる二糖である**マルトース**（maltose）は，二つの α-D-グルコピラノースが α(1→4) グリコシド結合によって連結されたものである．セルロースが部分的に加水分解されて得られる二糖である**セロビオース**（cellobiose）は，

マルトース〔α(1→4) グリコシド〕
〔α-D-グルコピラノシル-(1→4)-α-D-グルコピラノース〕

セロビオース〔β(1→4) グリコシド〕
〔β-D-グルコピラノシル-(1→4)-β-D-グルコピラノース〕

二つの β-D-グルコピラノースが β(1→4) グリコシド結合によって連結されたものである.

マルトースもセロビオースも,右側のグルコピラノースがヘミアセタール構造となっており,アルデヒド形と平衡状態にあるので,両方とも還元糖である.同様にして,両方とも右側のグルコピラノースについて α アノマーと β アノマーの間の変旋光を示す.

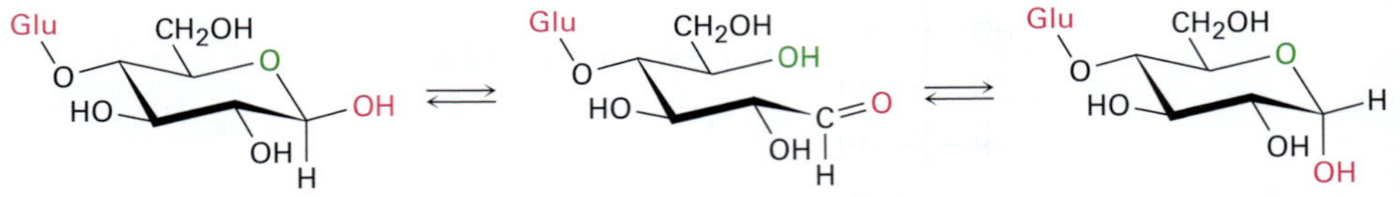

マルトースまたはセロビオース
(β アノマー)

マルトースまたはセロビオース
(アルデヒド)

マルトースまたはセロビオース
(α アノマー)

構造が似ているにもかかわらず,セロビオースとマルトースでは,生物学的特性が非常に異なる.セロビオースはヒトの体内で消化されず,酵母による発酵も受けない.一方,マルトースはヒトの体内で容易に消化され,酵母によっても容易に発酵される.

問題 21・25 セロビオースが次の反応剤と反応して得られる生成物を示せ.
  (a) $NaBH_4$　　(b) Br_2, H_2O　　(c) CH_3COCl, ピリジン

ラクトース

ラクトース (lactose, 乳糖) はヒトやウシの乳に存在する二糖であり,パンを焼くときや市販の乳児用調整乳に広く用いられている.マルトースやセロビオースと同様に,ラクトースも還元糖である.ラクトースは変旋光を示し,β(1→4) 結合のグリコシドである.しかし,マルトースやセロビオースと異なり,ラクトースは二つの異なった単糖からできている.すなわち,D-グルコースと D-ガラクトースがガラクトースの C1 とグルコースの C4 の間で β-グリコシド結合している.

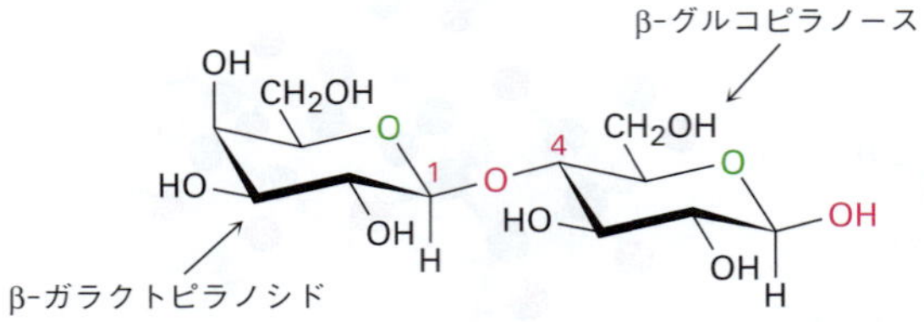

β-グルコピラノース

β-ガラクトピラノシド

ラクトース〔β(1→4) グリコシド〕
〔β-D-ガラクトピラノシル-(1→4)-β-D-グルコピラノース〕

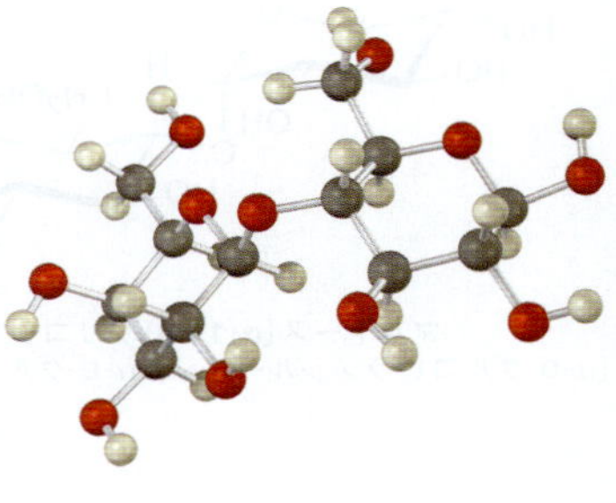

スクロース

スクロース (sucrose, ショ糖),いわゆる砂糖は,おそらく世界中で最も豊富にある純粋な有機化合物である.砂糖はサトウキビ(重さにして 20% のスクロースを含む)やサトウダイコン(重さにして 15% のスクロースを含む)から得られ,精製の有無にかかわらず,砂糖はすべてスクロースである.

スクロースを加水分解すると，等モル量のグルコースと等モル量のフルクトースが得られる．このグルコースとフルクトースの1:1の混合物を**転化糖**（invert sugar）とよぶ．この名称は，スクロース（$[\alpha]_D = +66.5$）を加水分解し，グルコースとフルクトースの混合物（$[\alpha]_D = -22.0$）に変える過程で，旋光度が逆向きに変わることに由来する．ミツバチなどの昆虫は転化酵素をもっており，この酵素がスクロースをグルコースとフルクトースに加水分解する．実際，ハチミツはおもにグルコース，フルクトース，およびスクロースの混合物である．

他の二糖と異なり，スクロースは還元糖ではなく，変旋光も示さない．これは，スクロースはヘミアセタールではないことを示している．つまり，グルコースとフルクトースは両方ともグリコシド結合しているはずであり，これを満たすのは，二つの糖が互いにアノマー炭素間，つまりグルコースのC1とフルクトースのC2の間でグリコシド結合によって連結されている場合のみである．

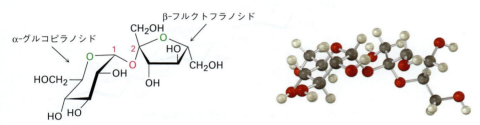

スクロース〔α(1→2)グリコシド〕
〔α-D-グルコピラノシル-(1→2)-β-D-フルクトフラノシド〕

21・9 多糖とその合成

多糖（polysaccharide）は，何十，何百，ときには何千もの単糖がグリコシド結合によって連結された複雑な糖である．その長い糖鎖の末端のみにアノマー位OH基をもつので，多糖は還元糖ではなく，顕著な変旋光も示さない．セルロースとデンプンは，最も多く天然に存在する多糖である．

セルロース

セルロース（cellulose）はセロビオースと同様に，数千個のD-グルコース単位がβ(1→4)グリコシド結合によって結合した構造をしている．さらにセルロース分子同士は水素結合で相互作用し，大きな凝集体を形成する．

セルロース〔β-(1→4)-D-グルコピラノシドの重合体〕

自然界では，セルロースはおもに植物を強固にする構築材料として用いられている．たとえば，木の葉，草，綿はおもにセルロースでできている．また，セルロースは，商業的にはアセテートレーヨンとして知られている酢酸セルロースや，綿火薬と

して知られている硝酸セルロースの原材料としても用いられる．綿火薬は，大砲の砲弾や銃器の銃弾に用いられる無煙火薬の主要な成分である．

デンプンとグリコーゲン

　イモ類，トウモロコシ，および穀物は大量のデンプン（starch）を含んでいる．デンプンは，マルトースと同じようにグルコースがα(1→4)グリコシド結合によって連結されてできた高分子である．デンプンはアミロース（amylose）とアミロペクチン（amylopectin）の二つの部分に分けられる．アミロースは，デンプン重量の約20%になり，数百のグルコース分子がα(1→4)グリコシド結合によって連結している．

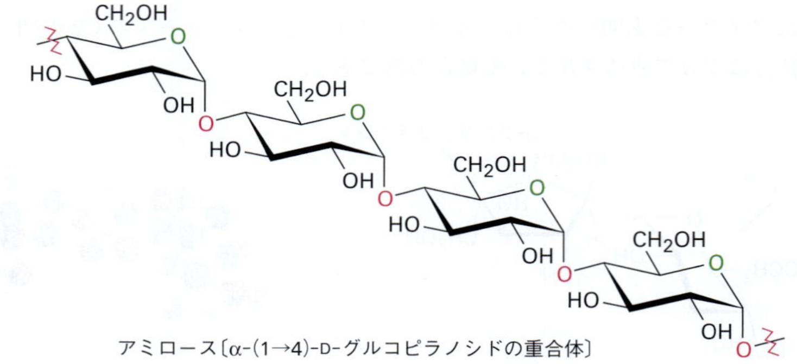

アミロース〔α-(1→4)-D-グルコピラノシドの重合体〕

　アミロペクチンは，デンプンの重量の残りの約80%を占め，アミロースより複雑な構造をしている．直線状の高分子であるセルロースやアミロースと異なり，アミロペクチンはグルコース約25単位当たり1箇所の割合で枝分かれしたα(1→6)グリコシド結合ももっている．

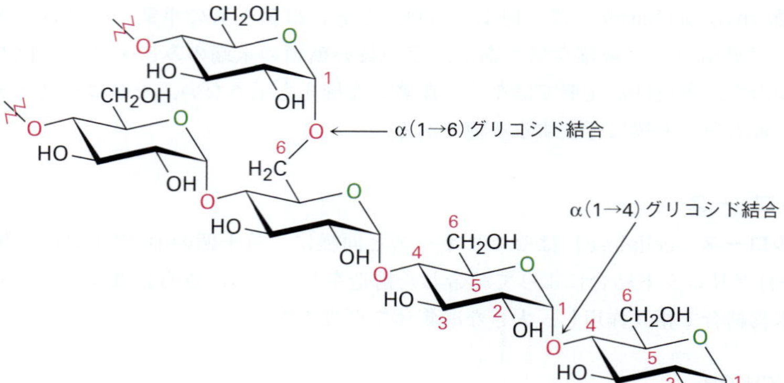

アミロペクチン
〔α(1→4)結合とα(1→6)結合した枝分かれ〕

　デンプンは，口や胃の中でα-グリコシダーゼの触媒作用によってグリコシド結合が加水分解され，ばらばらのグルコース分子に消化される．多くの酵素と同様に，α-グリコシダーゼは非常に選択性が高い．α-グリコシダーゼは，デンプン中のαグリコシド結合だけを加水分解し，セルロース中のβグリコシド結合にはまったく作用しない．そのため，ヒトはイモ類や穀類を食べることはできるが，草や葉を食べることはできない．

　グリコーゲン（glycogen）は植物中のデンプンと同様に，動物中でエネルギー貯蔵

の役割を果たしている多糖である．差し迫ってエネルギーが必要とされないとき，食物中の糖質は体内で長く貯蔵できるようにグリコーゲンに変換される．デンプン中のアミロペクチンのように，グリコーゲンは 1→4 および 1→6 グリコシド結合の両方をもち，枝分かれした複雑な構造をしている（図 21・10）．グリコーゲン分子はアミロペクチン分子よりも大きく，10 万個のグルコース単位からなり，アミロペクチンより多くの枝分かれがある．

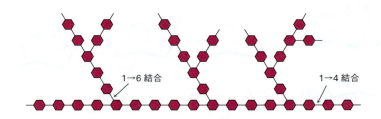

図 21・10 グリコーゲンの構造．六角形はグルコース単位を示し，これらが 1→4 および 1→6 グリコシド結合で連結している．

多糖の合成

多糖にはほぼ同じ反応性をもった非常に多くの OH 基があるため，フラスコ内で合成することは構造上特に難しい．しかし，最近では容易に合成できる方法がいくつか考え出されており，その一つに**グリカール**（glycal）を用いた合成法がある．

グリカールは，C1－C2 二重結合をもつ不飽和糖であり，適切な単糖から容易に調製できる．これを多糖合成に使えるように，C6 の第一級アルコールの OH 基をシリルエーテル $R_3Si-O-R'$（§13・6 参照）とし，また，隣接する二つの第二級アルコールの OH 基にも環状の炭酸エステルを形成させて保護する．つづいてこの保護されたグリカールをエポキシ化する．

このグリカールエポキシドを Lewis 酸である塩化亜鉛 $ZnCl_2$ 共存下，第一級アルコールの OH 基をもつもう 1 分子のグリカールと反応させ，エポキシドの反対側からの S_N2 攻撃による酸触媒開環反応を行い，二糖を得る．二糖はそれ自身がグリカールを含んでおり，このグリカールを再びエポキシ化し，もう 1 分子の糖と連結さ

せて三糖とする．こうして連結が繰返されていく．それぞれの段階で適切な糖を用いることによって非常に多様性に富んだ多糖が合成できる．望む糖を連結した後に，シリルエーテルや環状炭酸エステルなどの保護された構造を加水分解によってもとに戻す．

　これまで実験室で合成された多数の複雑な多糖のなかで，結腸腺がんの腫瘍マーカーであるルイスYヘキササッカライドにはがんワクチンとしての期待がかかっている．

ルイスYヘキササッカライド

21・10　その他の重要な糖

　かつて糖質は，自然界における構築材料やエネルギー源としてのみ有用であると考えられていた．実際に糖質はこれらの目的にも役立っているが，その他の多くの重要な生理作用ももっている．たとえば§21・6で述べたように，複合糖質は細胞間の認識，すなわち，ある種の細胞が他の細胞を区別する重要な過程で必要である．タンパク質にあるOH基やNH₂基にグリコシド結合によって共有結合した短い糖鎖は細胞表面の生化学的なマーカー，たとえばヒトの血液型の抗原として働く．

　1世紀以上前から，ヒトの血液は四つの血液型（A，B，AB，O）に分類されること，そして，ある血液型の提供者から別の血液型の人への輸血は，血液型が適合する場合（表21・1）以外にはできないこともわかっていた．もし，適合しない血液型の血液を混ぜてしまうと，赤血球が凝集（agglutination）してしまう．

　適合しない赤血球の凝集は，免疫系が体内に異質の細胞が存在することを認識し，

表 21・1　ヒト血液型の適合性

提供者の血液型	受け手の血液型			
	A	B	AB	O
A	○	×	○	×
B	×	○	○	×
AB	×	×	○	×
O	○	○	○	○

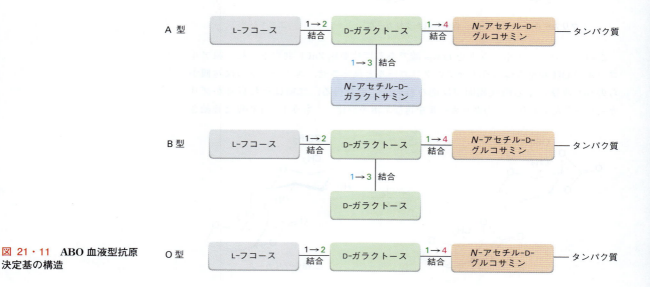

図 21・11　ABO 血液型抗原決定基の構造

21·10 その他の重要な糖　737

それらに対する抗体をつくったことを示しており，これは細胞表面に多糖マーカーが存在するために起こる．A型，B型，およびO型の赤血球は，細胞の表面上にそれぞれ独自のマーカー，すなわち抗原決定基をもっている．一方，AB型の細胞は，A型とB型の両方のマーカーをもっている．三つの血液型の決定基の構造を図21·11に示す．それぞれのマーカーを構成する単糖はいずれも図21·8で示した8種の必須な糖に含まれている．

　その他の重要な糖としては，DNA（デオキシリボ核酸）に含まれる2-デオキシリボースとストレプトマイシン（streptomycin）やゲンタマイシン（gentamycin）のような抗生物質に含まれるさまざまなアミノ糖がある．

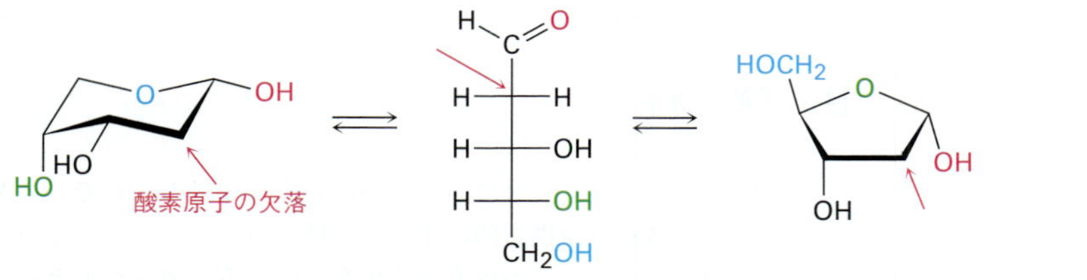

α-D-2-デオキシリボピラノース（40%）
（＋35% β アノマー）

（0.7%）

α-D-2-デオキシリボフラノース（13%）
（＋12% β アノマー）

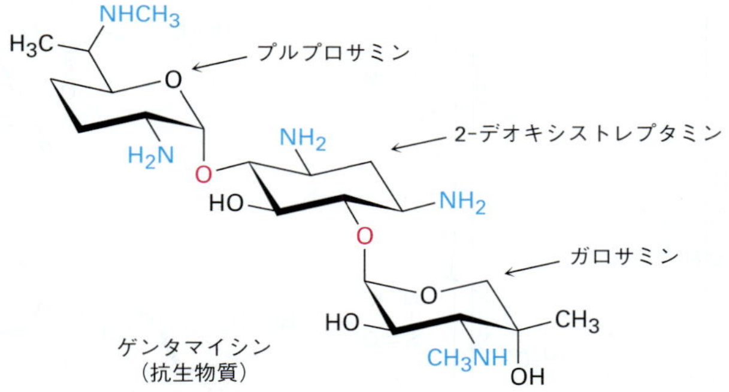

酸素原子の欠落

プルプロサミン

2-デオキシストレプタミン

ガロサミン

ゲンタマイシン
（抗生物質）

ま と め

　糖質は，ポリヒドロキシアルデヒドもしくはケトンであり，炭素原子の数およびカルボニル基の種類によって分類される．たとえば，グルコースは6個の炭素原子をもつアルデヒドなので，アルドヘキソースである．**単糖**はさらに，カルボニル基から最も遠いキラル中心の立体化学によって**D糖**もしくは**L糖**に分類される．糖の立体化学は，**Fischer 投影式**を用いて示されることが多い．Fischer 投影式では，キラル中心は二つの線の交差する点で示される．

　一般に単糖は，鎖状アルデヒドもしくはケトンとしてより，環状ヘミアセタールとして存在する．ヘミアセタール結合は，カルボニル基と，そのカルボニル基から数えて三つ，もしくは四つ先の炭素原子にある OH 基との反応に

よって生じる．5員環の環状ヘミアセタールは**フラノース**，6員環の環状ヘミアセタールは**ピラノース**とよばれる．環化によって**アノマー中心**とよばれるキラル中心が新しく生じるため，二つのジアステレオマーができ，これらを**α アノマー**および**β アノマー**とよぶ．

　単糖の化学の多くはアルコールとアルデヒドおよびケトンの化学と似ている．糖質のヒドロキシ基はエステルおよびエーテルを形成する．単糖のカルボニル基は $NaBH_4$ によって還元され，**アルジトール**になる．単糖は，臭素水によって酸化されて**アルドン酸**に，硝酸によって酸化されて**アルダル酸**に，さらに酵素的に酸化され，**ウロン酸**になる．また，単糖のカルボニル基は酸の存在下アルコールと反応し，**グリコシド**を形成する．単糖の炭素鎖は Kiliani-

738   21. 生体分子: 糖質

Fischer 合成によって伸長され，Wohl 分解によって短縮される．

二糖は糖のアノマー中心ともう一つの糖のヒドロキシ基の間のグリコシド結合によって連結された複雑な糖である．マルトースやセロビオースは同じ糖から成り立っているが，ラクトースやスクロースは異なる糖からできている．グリコシド結合はα（マルトース）もしくはβ（セロ

ビオース，ラクトース）で，もう一つの糖のヒドロキシ基のいずれかとつながっている．1→4 結合が一般的（セロビオース，マルトース）だが，その他 1→2 結合（スクロース）も知られている．セルロースやデンプンおよびグリコーゲンのような**多糖**は，自然界では構築材料や長期間のエネルギー貯蔵用，および細胞表面のマーカーとして機能している．

科学談話室

甘 味 料

砂糖は写真のようなサトウキビ畑で生産される
Warren Jacobi/Corbis

糖（sugar）というと，ほとんどの人は即座に甘いキャンディや，デザートといったものを思い浮かべる．ほとんどの単糖は，実際に甘い．しかし，甘味の程度はそれぞれ大きく異なる．スクロース（砂糖）を比較の対象として考えると，フルクトースは約 2 倍甘いが，ラクトースは 6 分の 1 の甘さしかない．甘味についての知覚は試験する溶液の濃度やその人の感じ方によって異なるので比較は難しいが，表 21・2 に示す甘味の順番は一般的に認められている．

多くの人の"カロリー摂取量を減らしたい"との願いから，サッカリン，アスパルテーム，アセスルファム，およびスクロースのような合成甘味料が開発された．これらすべてが天然の糖よりもずっと甘いので，どれを使うかは個人の味覚や，法的規制，および（焼き菓子には）熱的安定性による．最も古い合成甘味料であるサッカリンは，1 世紀以上も使われてきたが，金属をなめているような後味が残る．サッカリンの安全性および発がん性についての疑いが 1970 年代はじめにもち上がったが，いまではその疑いも晴れた．

2003 年に米国で認可された甘味料であるアセスルファム K は，後味がほとんどないので，ソフトドリンクに非常によく用いられている．スクラロースも最近認可された甘味料であるが，高温で安定なので特に焼き菓子に使われる．アリテームは，国によってはアクレームとして市販されているところもあるが，米国では認可されていない．アクレームはスクロースの約 2000 倍甘く，アセスルファム K と同様に後味

がない．表 21・2 にある五つの合成甘味料のうちで，スクラロースだけが構造的に明らかに糖と似ているが，三つの塩素原子をもつところは大きく異なっている．アスパルテームとアリテームはジペプチドである．

サッカリン

アスパルテーム

アセスルファム K

スクラロース

アリテーム

表 21・2　糖類とその代用品の甘味

名　称	分　類	甘　味
ラクトース	二　糖	0.16
グルコース	単　糖	0.75
スクロース	二　糖	1.00
フルクトース	単　糖	1.75
アスパルテーム	合成品	180
アセスルファム K	合成品	200
サッカリン	合成品	350
スクラロース	半合成品	600
アリテーム	半合成品	2000

重要な用語

- α アノマー（α anomer）
- アノマー中心（anomeric center）
- アミノ糖（amino sugar）
- アルジトール（alditol）
- アルダル酸（aldaric acid）
- アルドース（aldose）
- アルドン酸（aldonic acid）
- ウロン酸（uronic acid）
- L糖（L sugar）
- 還元糖（reducing sugar）
- グリコシド（glycoside）
- ケトース（ketose）
- 多糖（polysaccharide）
- 単糖（monosaccharide）
- D糖（D sugar）
- デオキシ糖（deoxy sugar）
- 糖質（saccharide，炭水化物 carbohydrate）
- 二糖（disaccharide）
- ピラノース（pyranose）
- Fischer投影式（Fischer projection）
- 複合糖質（glycoconjugate, complex carbohydrate）
- フラノース（furanose）
- β アノマー（β anomer）
- 変旋光（mutarotation）

反応のまとめ

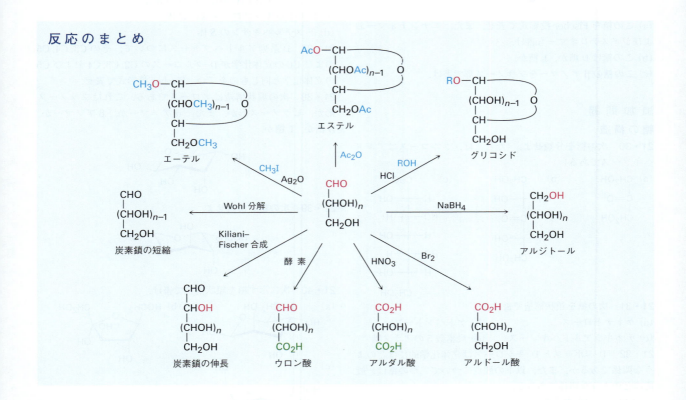

演習問題

目で学ぶ化学

（問題 21・1〜21・25 は本文中にある）

21・26 次のアルドースは何か．D糖か，L糖かも答えよ．

(a) 　(b)

21・27 次の分子をFischer投影式で表せ．カルボニル基を上にもってくること．また，それぞれD糖か，L糖か答えよ．

(a) 　(b)

21・28 L系列アルドヘキソースの構造をピラノース形で次に

740   21. 生体分子：糖質

示した．この糖の名称は何か．また，これはαアノマーとβアノマーのどちらか．

21・29 次の分子はアルドヘキソースである．

(a) この糖を Fischer 投影式で表せ．また，エナンチオマーおよびジアステレオマーも書け．
(b) この糖は D 糖か，L 糖か．
(c) この糖のβアノマーをフラノース形で書け．

追加問題
糖の構造
21・30 次の糖を分類せよ．（たとえば，グルコースはアルドヘキソースである）

(a) 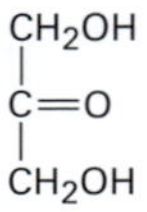 CH₂OH–C(=O)–CH₂OH
(b) CH₂OH, H–OH, C=O, H–OH, CH₂OH
(c) CHO, H–OH, HO–H, H–OH, HO–H, H–OH, CH₂OH

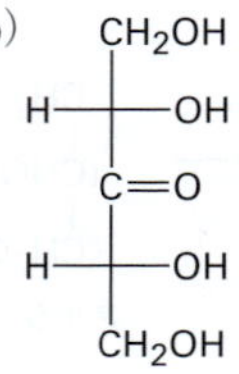

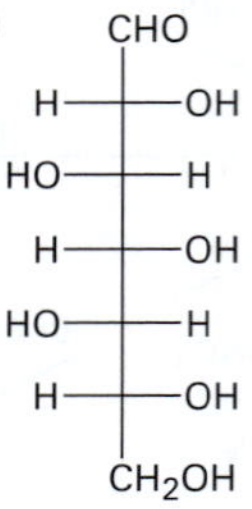

21・31 次の糖を鎖状構造で書け．
(a) ケトテトロース   (b) ケトペントース
(c) デオキシアルドヘキソース   (d) 炭素数 5 のアミノ糖

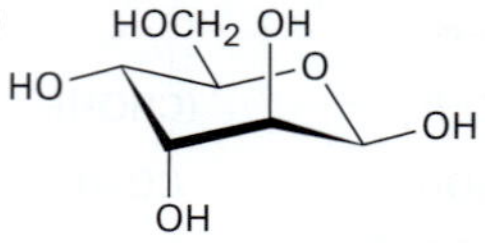

21・32 D-リボースと D-キシロースは立体化学的にはどのような関係であるか．また，以下の観点について二つの糖は一般的にどのような関係であるか．
(a) 融点   (b) 水溶性   (c) 比旋光度   (d) 密度

21・33 アスコルビン酸（ビタミン C）の立体配置は D か L か．

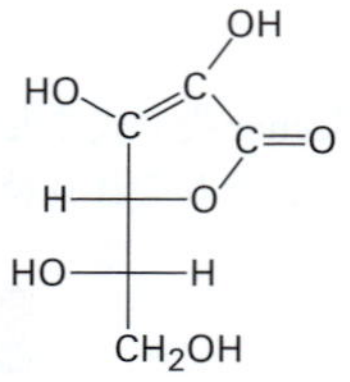

アスコルビン酸

21・34 アスコルビン酸（問題 21・33）を三次元的なフラノース形で書け．また，それぞれのキラル中心について R 配置か S 配置かを決定せよ．

21・35 次の分子のそれぞれのキラル中心について R 配置か S 配置かを決定せよ．

(a) 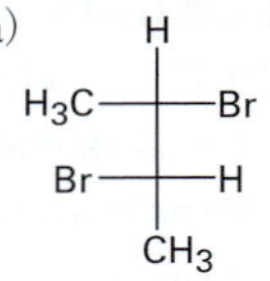 H₃C–H, Br–C–Br, H–CH₃
(b) C₆H₅–C(CH₃)(OH)–C(CH₃)(H)(OH)
(c) H₂N–CH(CO₂H)–CH(OH)–CH(H)(C₆H₅)

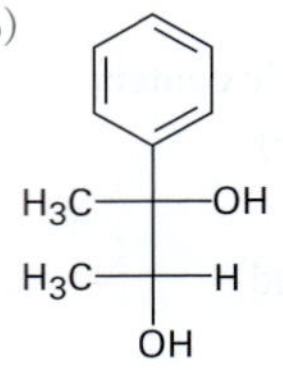

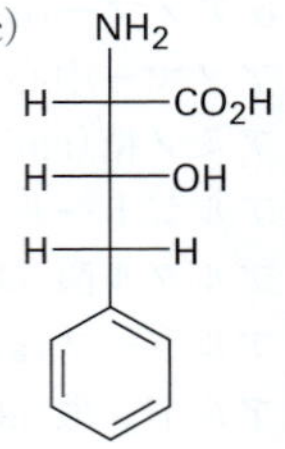

21・36 以下の分子を Fischer 投影式で表せ．
(a) 2-ブロモブタンの S 体
(b) アラニン CH₃CH(NH₂)CO₂H の R 体
(c) 2-ヒドロキシプロパン酸の R 体
(d) 3-メチルヘキサンの S 体

21・37 D 系列アルドヘプトースについて，その C3, C4, C5 および C6 の立体化学が D-グルコースの C2, C3, C4 および C5 の立体化学と同じものを二つ，Fischer 投影式で表せ．

21・38 次の環状構造はアロースである．これはフラノース形か，ピラノース形か．また，αアノマーか，βアノマーか．D 糖か，L 糖か．

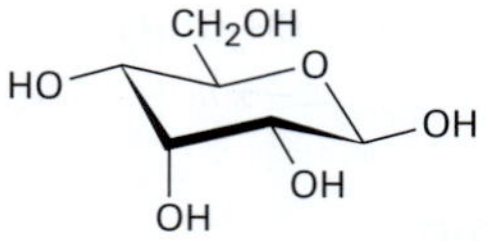

21・39 次の糖を命名せよ．

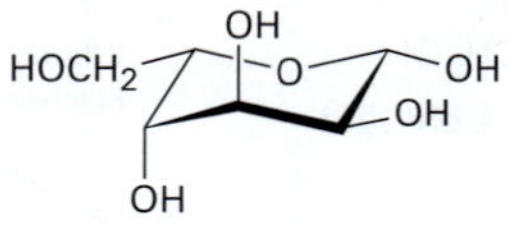

21・40 次に示す糖を鎖状構造で書け．

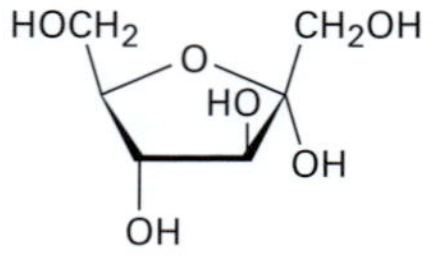

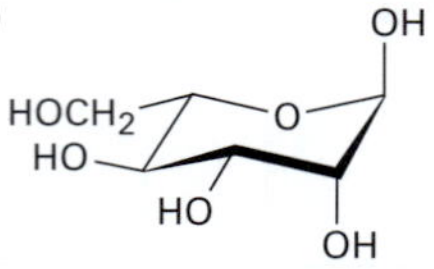

21・41 D-リブロースを 5 員環βヘミアセタール形で書け．

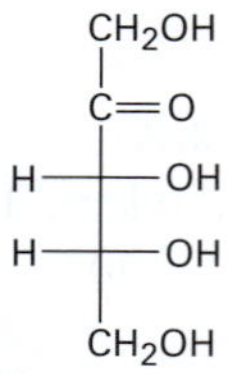

リブロース

21・42 図 21・3 の D-タロースの構造を見て，βアノマーをピラノース形で書け．環上の置換基はアキシアルか，エクアトリアルか．

糖の反応

21·43 β-D-タロピラノースが次の反応剤と反応して得られる生成物の構造を書け.
(a) NaBH₄, 水中　(b) 希 HNO₃, 加熱　(c) Br₂, H₂O
(d) CH₃CH₂OH, HCl　(e) CH₃I, Ag₂O
(f) (CH₃CO)₂O, ピリジン

21·44 アルドースはすべて変旋光を示す. たとえば, α-D-ガラクトピラノースは $[α]_D = +150.7$ であり, β-D-ガラクトピラノースは $[α]_D = +52.8$ であるが, どちらのアノマーを水に溶かしても平衡に達し, 溶液の比旋光度は +80.2 になる. この平衡状態でのそれぞれのアノマーの割合は何パーセントか. また, 両方のアノマーをピラノース形で書け.

21·45 D-2-ケトヘキソースはいくつあるか. それらを書け.

21·46 D-2-ケトヘキソースの一つにソルボース (sorbose) がある. NaBH₄ と反応させると, ソルボースからグリトールとイジトールの混合物が得られる. ソルボースの構造式を書け.

21·47 D-2-ケトヘキソースの一つにプシコース (psicose) がある. NaBH₄ と反応させると, プシコースからアリトールとアルトリトールの混合物が得られる. プシコースの構造式を書け.

21·48 L-グロース (L-gulose) は, D-グルコースから次のようにしてつくられる. まず, D-グルコースを酸化し D-グルカル酸にする. D-グルカル酸は, 環化して二つの6員環ラクトンを形成する. これらのラクトンを分離し, ナトリウムアマルガム Na(Hg) と反応させ, カルボン酸を第一級アルコールに還元し, ラクトンをアルデヒドに還元すると, D-グルコースと L-グロースが得られる. 二つのラクトンの構造を書け. どちらが還元されると L-グロースになるか.

21·49 D-タロースから得られるのと同じアルジトールを与える D 系列アルドヘキソースは他に何があるか.

21·50 八つの D 系列アルドヘキソースのうち, L エナンチオマーと同じアルダル酸を与えるものはどれか.

21·51 D 系列アルドペントースのうち, D-リキソースと同じアルダル酸を与えるものはどれか.

21·52 L-ガラクトースの構造式を書き, 次の問いに答えよ.
(a) HNO₃ を加熱下で用いて酸化したとき, L-ガラクトースから得られるのと同じアルダル酸を与えるアルドヘキソースは何か.
(b) このアルドヘキソースは D 糖か L 糖か.
(c) このアルドヘキソースを最も安定なピラノース形立体配座で書け.

21·53 サフランやゲンチアナ (リンドウ) 中にある希少な二糖であるゲンチオビオース (gentiobiose) は, 還元糖であり, 酸水溶液によって加水分解されると D-グルコースのみを与える. ゲンチオビオースをヨードメタンおよび酸化銀と反応させると, オクタメチル誘導体を与える. この誘導体が酸水溶液で加水分解されると, 等モル量の 2,3,4,6-テトラ-O-メチル-D-グルコピラノースと等モル量の 2,3,4-トリ-O-メチル-D-グルコピラノースを与える. ゲンチオビオースが β-グリコシド結合をもっているとして, 構造式を書け.

総合問題

21·54 アミグダリン (amygdalin) は, 1830年にアーモンドやアンズの種から単離された青酸グリコシドである. アミグダリンを酸性条件で加水分解すると, ベンズアルデヒドおよび2倍モル量の D-グルコースとともに HCN が遊離する. アミグダリンがベンズアルデヒド由来のシアノヒドリンとゲンチオビオース (問題 21·53) との間で β-グリコシド結合をしているとして, その構造を書け. 〔シアノヒドリンは R₂C(OH)CN の構造をとっており, HCN がアルデヒドもしくはケトンと可逆的な求核付加をすることで生成する.〕

21·55 トレハロース (trehalose) は, 非還元性の二糖であり, 酸水溶液で加水分解すると, 2倍モル量の D-グルコースを生じる. 一方トレハロースをメチル化した後に酸加水分解すると, 2倍モル量の 2,3,4,6-テトラ-O-メチルグルコースが生じる. トレハロースにはいくつの構造がありうるか.

21·56 トレハロース (問題 21·55) は α-グリコシドを加水分解する酵素によって切断されるが, β-グリコシドを加水分解する酵素によっては切断されない. トレハロースの構造を書き, 命名法に従って命名せよ.

21·57 トレハロース 6-リン酸 (T6P) は植物の花を咲かせる誘引物質であることが知られている. T6P の構造を書け.

21·58 イソトレハロースとネオトレハロースは次の二つの点以外はトレハロース (問題 21·55 および問題 21·56) と化学的に似ている. すなわち, ネオトレハロースは β-グリコシダーゼによってのみ加水分解され, 一方のイソトレハロースは α- および β-グリコシダーゼの両方によって加水分解される. イソトレハロースとネオトレハロースの構造を書け.

21·59 D-グルコースは酸共存下でアセトンと反応すると, 非還元性の 1,2:5,6-ジイソプロピリデン-D-グルコフラノースになる. 反応機構を示せ.

1,2:5,6-ジイソプロピリデン-D-グルコフラノース

21·60 D-マンノースはアセトンと反応すると, ジイソプロピリデン誘導体 (問題 21·59) になるが, これは還元性を保っている. この誘導体として考えられる構造式を書け.

21·61 グルコースとマンノースは, 希水酸化ナトリウム水溶液によって (低い収率ではあるが) 相互変化する. この反応機構を示せ.

21·62 サトウダイコンに含まれるラフィノースは, スクロースのグルコースに α(1→6) 結合で D-ガラクトースが結合した

三糖である．ラフィノースの構造を書け．

21・63 ラフィノース（問題 21・62）は還元糖であるか，説明せよ．

21・64 D-グルコン酸と D-マンノン酸は，ピリジン溶媒中で加熱すると相互変換する．この反応の機構を示せ．

21・65 シクリトール（cyclitol）は，一般にシクロヘキサン-1,2,3,4,5,6-ヘキサオールの形をとった炭素環式糖の一群である．シクリトールには立体異性体がいくつあるか，それらをいす形で書け．

21・66 D-リボースに Kiliani-Fischer 合成による増炭反応を行うと，どのような生成物が得られるか．

21・67 あるアルドペントースに Kiliani-Fischer 合成を行ったとき，L-グロースと L-イドースの混合物を与えた．このアルドペントースは何か．

21・68 四つの D-アルドペントースのうち，Wohl 分解によって D-トレオースを与えるものはどれか．

21・69 化合物 A は D 系列アルドペントースであり，酸化されて光学不活性なアルダル酸 B になる．Kiliani-Fischer 合成によって，化合物 A は化合物 C と D になる．化合物 C は酸化されて光学活性なアルダル酸 E になるが，化合物 D は酸化されて光学不活性なアルダル酸 F になる．化合物 A〜F の構造式を書け．

21・70 単糖はフェニルヒドラジン PhNHNH$_2$ と反応し，オサゾン（osazone）とよばれる結晶性の誘導体を生成する．この反応は少し複雑であるが，次に示すように，D-グルコースと D-フルクトースは同じオサゾンを与える．

(a) D-グルコースや D-フルクトースと同じオサゾンを与えるもう一つの糖の構造を示せ．
(b) D-グルコースを例にすると，オサゾンができる過程の最初の段階では糖とフェニルヒドラジンが反応してフェニルヒドラゾン（phenylhydrazone）とよばれるイミンが生じる．生成物の構造式を書け．
(c) オサゾンができる過程の 2 番目と 3 番目の段階では，フェニルヒドラジンの互変異性によってエノールが生じ，つづいてアニリンが脱離し，ケトイミンが生じる．互変異性によって生じたエノールとケトイミンの構造式を書け．
(d) 最後の段階では，ケトイミンが 2 倍モル量のフェニルヒドラジンと反応し，オサゾンとアンモニアを生じる．この段階の反応機構を示せ．

21・71 D-イドースを 100 ℃ で加熱すると，可逆的な脱水が進行し，主として 1,6-アンヒドロ-D-イドピラノースが生じる．

(a) D-イドースをピラノース形で書け．より安定な環状いす形立体配座を示せ．
(b) α-D-イドピラノースと β-D-イドピラノースのどちらがより安定か，説明せよ．
(c) 1,6-アンヒドロ-D-イドピラノースを最も安定な立体配座で書け．
(d) D-イドースに用いたのと同じ反応条件下，100 ℃ で加熱されても，D-グルコースは脱水反応を起こさず，1,6-アンヒドロ体は生じない．この事実を説明せよ．

21・72 アセチル CoA は食物の代謝における鍵中間体である．アセチル CoA 中に存在している糖は何か．

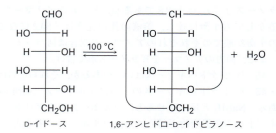

アセチル CoA

21・73 糖質代謝における生体反応の一つに，フルクトース 1,6-ビスリン酸のジヒドロキシアセトンリン酸およびグリセルアルデヒド 3-リン酸への変換がある．この変換の反応機構を説明せよ．

糖質の代謝

22

22・1 複合糖質の加水分解
22・2 グルコースの異化作用：解糖
22・3 ピルビン酸からアセチルCoAへの変換
22・4 クエン酸回路
22・5 グルコースの生合成：糖新生

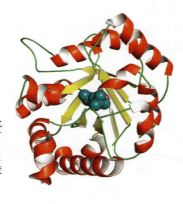

トリオースリン酸異性化酵素は，解糖系においてジヒドロキシアセトンリン酸とグリセルアルデヒド3-リン酸との相互変換を触媒する

本章の目的　グルコースの代謝は生化学の中心的な位置を占める重要な過程である．幸運なことに，グルコースは小分子であり，炭素，水素，そして酸素のみからなるので，その代謝も比較的単純である．グルコース代謝に含まれる反応はほとんどすべてカルボニル基の反応で，14〜17章で取上げたアルコールの酸化，カルボニル化合物の還元，イミンの生成，アルドール反応，ケト-エノール互変異性，求核的アシル置換，求核的共役付加などである．これらすべてを学ぶのは大変だったかもしれないが，ここでグルコースの代謝を理解するのに役に立つ．

　糖質は二酸化炭素の炭素原子を生体に取込むための化学的な媒体で，太陽エネルギーは糖質の形で貯蔵され，生命の維持に使われる．言い換えれば，糖質は生命の出発点であり，糖質の代謝はすべての生体分子の代謝に密接に関わっている．実際，グルコースの異化作用はすべての代謝経路の中心である．

　本章では，主要な糖代謝経路を取上げる．まず食物中のデンプンが加水分解されてグルコースになり，つづいて**解糖系**においてピルビン酸[*]に異化される過程を説明する．次に，どのようにしてピルビン酸の脱炭酸が起こってアセチルCoAが生じるか，そして，アセチルCoAが**クエン酸回路**でどのようにして二酸化炭素に分解されるかを解説する．このような異化作用を学んだ後，最後に**糖新生**経路においてどのようにしてグルコースがピルビン酸から生合成されるかを述べる．

[*] 訳注：本書中の図では，関連する化合物の多くが生理的条件（pH 7.3）下でイオンに解離した構造で記されている．原著表記は pyruvate であり，したがって，日本語訳でも原義的には"ピルビン酸"ではなく，"ピルビン酸イオン"などと表記されるべきであるが，化合物についての表記を統一させる方が読者にとって理解しやすいと考えるので，あえてイオンとしての表記を避けた．

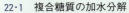

22・1 複合糖質の加水分解

食物中の糖質はおもにデンプン，すなわち，単糖単位が$\alpha(1\rightarrow4)$グリコシド結合でつながっているグルコースの重合体である．§21・9で述べたように，デンプンは二つの主要な構成成分であるアミロースとアミロペクチンからなっている．アミロースは重さにしてデンプンの約20%を占め，数百のグルコース単位が直線状に$\alpha(1\rightarrow4)$結合した重合体である．一方，残りの80%を占めるアミロペクチンは，5000個程度のグルコース単位がおよそ25単位おきに$\alpha(1\rightarrow6)$結合で枝分かれしてつながった分枝状重合体である（図22・1）．

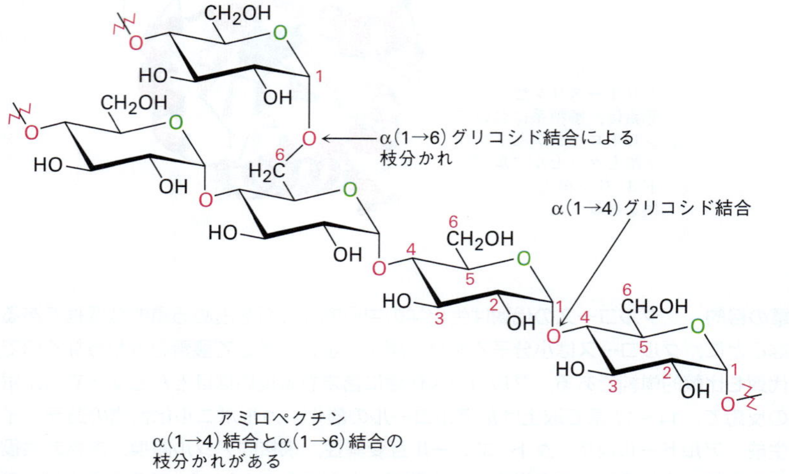

図 22・1 デンプン中のおもな構成成分である糖質のアミロペクチン

アミロペクチン
$\alpha(1\rightarrow4)$結合と$\alpha(1\rightarrow6)$結合の
枝分かれがある

デンプンの消化は口の中で始まり，ここで$1\rightarrow6$結合および末端の$1\rightarrow4$結合を除く内部にある$1\rightarrow4$グリコシド結合の多くが，グリコシダーゼの一種であるα-アミラーゼによって不規則に加水分解される．つづいて小腸でも消化され，二糖のマルトース（§21・8参照）と三糖のマルトリオース（maltriose），および$1\rightarrow6$結合した枝分かれをもつ**限界デキストリン**（limit dextrin）とよばれる低分子オリゴ糖の混合物に変換される．最後に腸粘膜においてグリコシダーゼによって残りのグリコシド結合が加水分解され，グルコースとなる．グルコースは腸で吸収され，血流にのって体内へ運ばれる．

グリコシダーゼが触媒する多糖類のグリコシド結合の加水分解では，アノマー中心の立体化学は反転する場合と保持される場合がある．いずれの場合もおそらく，短寿命のオキソニウムイオン中間体R_3O^+を経て反応が進行するだろう．オキソニウムイオンの一方の面は脱離基によって効果的に遮蔽され，その反対側の面へ求核的な攻撃が行われる（図22・2a）．立体化学を反転させるグリコシダーゼは，S_N2反応に似た反転を1回起こす．つまり，酵素中のアスパラギン酸もしくはグルタミン酸のカルボキシラートイオンが塩基として水を脱プロトンし，これが脱離基の反対側からオキソニウムイオンに付加する（図22・2b）．一方，立体化学保持のグリコシダーゼ反応では2回反転が起こる．1回目の反転では，酵素中のカルボキシラートイオンが脱離基の反対側から付加し，糖と酵素が共有結合でつながったグリコシル化酵素が生成する．2回目の反転は，このカルボキシ基が脱離基となり，二度目のオキソニウムイオンを経て脱離基の反対側から水が付加することで起こる（図22・2c）．

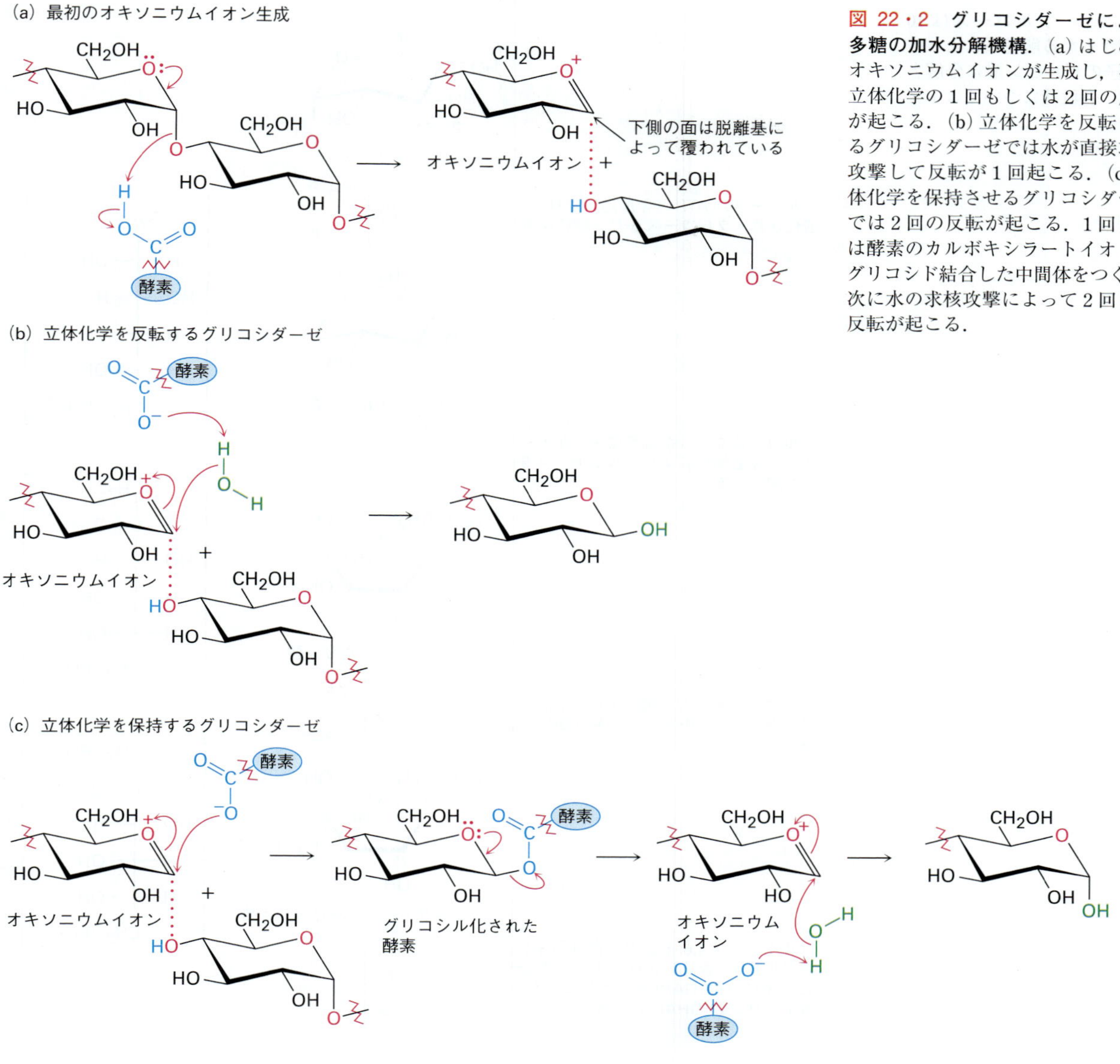

(a) 最初のオキソニウムイオン生成

下側の面は脱離基によって覆われている

オキソニウムイオン ＋

酵素

図 22・2 グリコシダーゼによる多糖の加水分解機構. (a) はじめにオキソニウムイオンが生成し，次に立体化学の 1 回もしくは 2 回の反転が起こる．(b) 立体化学を反転させるグリコシダーゼでは水が直接求核攻撃して反転が 1 回起こる．(c) 立体化学を保持させるグリコシダーゼでは 2 回の反転が起こる．1 回目には酵素のカルボキシラートイオンとグリコシド結合した中間体をつくる．次に水の求核攻撃によって 2 回目の反転が起こる．

(b) 立体化学を反転するグリコシダーゼ

酵素

オキソニウムイオン

(c) 立体化学を保持するグリコシダーゼ

酵素

オキソニウムイオン

グリコシル化された酵素

オキソニウムイオン

酵素

22・2 グルコースの異化作用: 解糖

　グルコースは生体内で短期的に使われるエネルギーの主要な源である．グルコースの異化は**解糖**（glycolysis）から始まる．解糖系は 10 個の酵素が触媒する一連の反応からなり，グルコースを 2 分子のピルビン酸 $CH_3COCO_2^-$ に分解する．解糖系は発見者の名をとって **Embden-Meyerhof 経路**（Embden-Meyerhof pathway）ともよばれる．図 22・3 に概略を示す．

図 22・3 の段階 ❶ と ❷: リン酸化と異性化　　グルコースは，はじめにヘキソキナーゼの触媒作用により ATP と反応し，C6 ヒドロキシ基がリン酸化される．§20・1 で述べたように，この反応には負電荷をもったリン酸の酸素と複合体をつくるために補因子として Mg^{2+} が必要である．

746 22. 糖質の代謝

図 22・3 グルコースは 10 段階からなる解糖系によって 2 分子のピルビン酸に分解される. 各段階については本文参照.

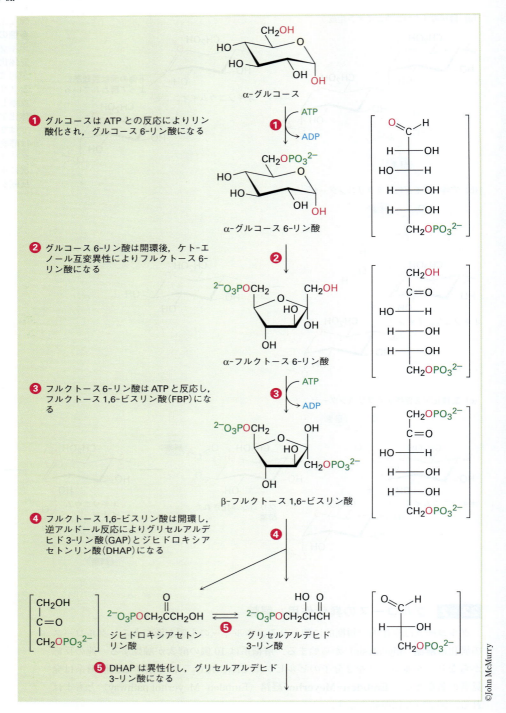

その結果得られたグルコース 6-リン酸は段階 2 でグルコース 6-リン酸異性化酵素（グルコース 6-リン酸イソメラーゼ）によってフルクトース 6-リン酸に異性化する（図 22・4）. 異性化は，はじめにグルコースのヘミアセタール環が開いて直鎖状になり，つづいてケト-エノール互変異性（§17・1 参照）によってシス形エンジオール

22・2 グルコースの異化作用：解糖　747

図 22・3（つづき）

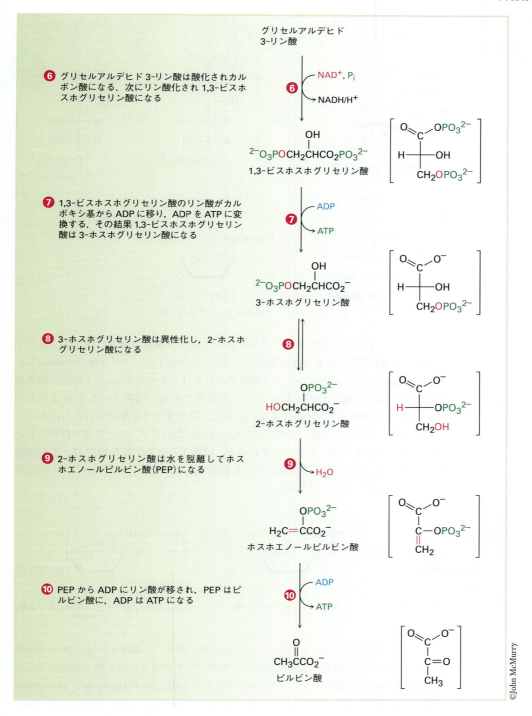

❻ グリセルアルデヒド 3-リン酸は酸化されカルボン酸になる．次にリン酸化され 1,3-ビスホスホグリセリン酸になる

❼ 1,3-ビスホスホグリセリン酸のリン酸がカルボキシ基から ADP に移り，ADP を ATP に変換する．その結果 1,3-ビスホスホグリセリン酸は 3-ホスホグリセリン酸になる

❽ 3-ホスホグリセリン酸は異性化し，2-ホスホグリセリン酸になる

❾ 2-ホスホグリセリン酸は水を脱離してホスホエノールピルビン酸 (PEP) になる

❿ PEP から ADP にリン酸が移され，PEP はピルビン酸に，ADP は ATP になる

HO−C＝C−OH が生成することにより進行する．グルコースもフルクトースも互変異性によりこの共通のエンジオールとなる．互変異性によってもう一方のケト形になれば，環が開いた直鎖状のフルクトースが得られる．これがヘミアセタールに環化して異性化が完了する．

748   22. 糖 質 の 代 謝

図 22・4 解糖系の段階 ❷ の反応機構. グルコース 6-リン酸のフルクトース 6-リン酸への異性化はケト-エノール互変異性による.

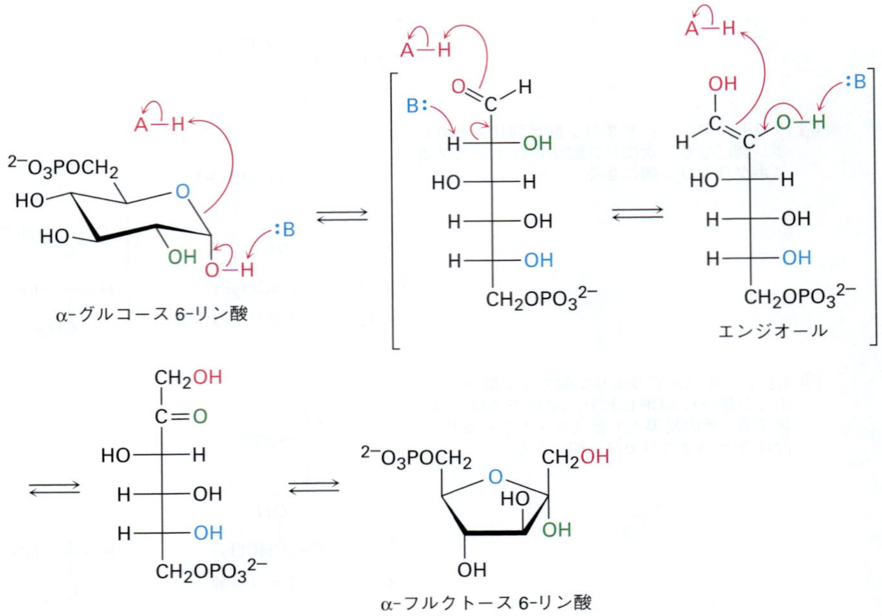

α-グルコース 6-リン酸 / エンジオール / α-フルクトース 6-リン酸

図 22・3 の段階 ❸: リン酸化　　フルクトース 6-リン酸は段階 3 でホスホフルクトキナーゼの触媒作用により ATP と反応し, フルクトース 1,6-ビスリン酸 (fructose 1,6-bisphosphate: FBP) に変換される (接頭語のビスは二を意味する). その反応機構は段階 1 と同様で Mg^{2+} が再び補因子として必要である. 段階 2 の生成物はフルクトース 6-リン酸の α アノマーであるのに対し, 段階 3 でリン酸化されるのは β アノマーである. このことから, この反応が起こる前, 二つのアノマーは環が開いた形を経てすばやい平衡状態にあることがわかる. 段階 3 の結果生じる FBP は, 次の開裂反応の際, 3 炭素からなる中間体 2 分子を生成するのに適した分子である. これは最終的に 2 分子のピルビン酸となる.

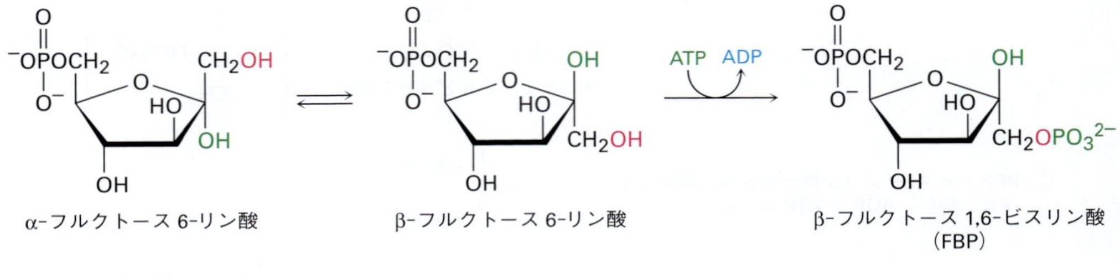

α-フルクトース 6-リン酸　　　β-フルクトース 6-リン酸　　　β-フルクトース 1,6-ビスリン酸 (FBP)

図 22・3 の段階 ❹: フルクトース 1,6-ビスリン酸の切断　　段階 4 では, フルクトース 1,6-ビスリン酸はそれぞれ 3 炭素をもつジヒドロキシアセトンリン酸 (dihydroxyacetone phosphate: DHAP) とグリセルアルデヒド 3-リン酸 (glyceraldehyde 3-phosphate: GAP) に切断される. フルクトース 1,6-ビスリン酸の C3 と C4 の間の結合が切れ, C4 は C＝O 基となる (図 22・5). これはアルドラーゼにより触媒される逆アルドール反応 (§17・6 参照) である. 正方向に進むアルドール反応では, 二つのアルデヒドもしくはケトンが縮合して β-ヒドロキシカルボニル化合物が得られる. 一方, ここで起こっているような逆方向のアルドール反応では, β-ヒドロキシカルボニル化合物が 2 分子のアルデヒドもしくはケトンに切断される.

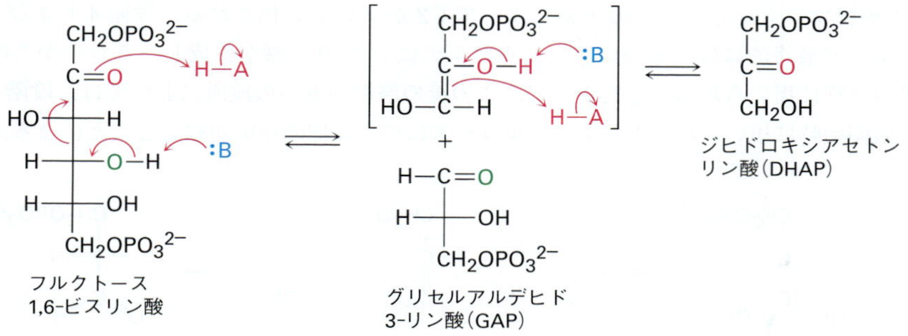

22・2 グルコースの異化作用: 解糖　749

§17・13で述べたように，生体にはこのような逆アルドール反応を触媒する2種類のアルドラーゼがある．菌類，藻類およびその他の細菌中では，逆アルドール反応はⅡ型アルドラーゼが触媒する．Ⅱ型アルドラーゼはフルクトースのカルボニル基とLewis酸であるZn^{2+}との複合体を形成して逆アルドール反応を起こす．一方，植物や動物では，Ⅰ型アルドラーゼが触媒するが，この場合反応はケトンのままでは起こらず，代わりにフルクトース1,6-ビスリン酸はアルドラーゼ上のリシン側鎖のNH_2基と反応し，酵素と結合したプロトン化したイミン（イミニウムイオン，§14・7参照）が生成する．生化学の分野ではイミンを **Schiff 塩基**（Schiff base）とよぶ．

イミニウムイオンは正の電荷をもっているので，ケトンのカルボニル基よりも高い電子受容性を示す．その結果逆アルドール反応が起こり，グリセルアルデヒド3-リン酸とエナミンが得られる．このエナミンはプロトン化され，新たなイミニウムイオンとなった後に，加水分解されジヒドロキシアセトンリン酸になる．

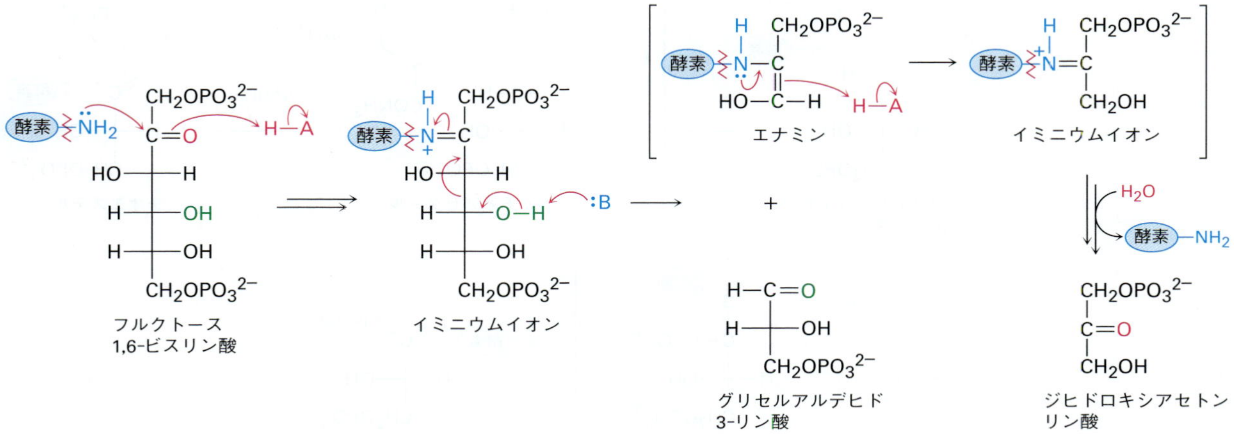

図 22・5　図 22・3 の段階 ❹ の反応機構. フルクトース 1,6-ビスリン酸は逆アルドール反応によってグリセルアルデヒド 3-リン酸とジヒドロキシアセトンリン酸に開裂する．この反応は，酵素のリシン残基との反応で生成したイミニウムイオンを経由する．

図 22・3 の段階 ❺: 異性化　段階5では，ジヒドロキシアセトンリン酸はトリオースリン酸異性化酵素（トリオースリン酸イソメラーゼ）の作用により異性化し，もう1分子のグリセルアルデヒド3-リン酸が生成する．段階2においてグルコース6-リン酸がフルクトース6-リン酸に変換されたように，異性化は共通のエンジオール中間体を経るケト-エノール互変異性によって起こる．すなわち塩基によって

C1 が脱プロトンされ，その水素によって C2 がプロトン化される．段階 4 および 5 によって最終的には 2 分子のグリセルアルデヒド 3-リン酸が生成し，これらがこの後の過程に用いられる．したがって，この後の解糖の五つの段階においては，段階 1 での開始時に用いられた 1 分子のグルコースにつき 2 回の反応が起こることになる．

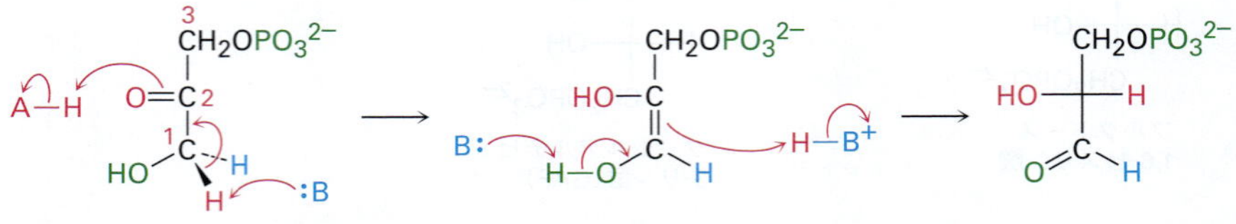

図 22・3 の段階 ❻ と ❼: 酸化，リン酸化，および脱リン酸 段階 6 では，グリセルアルデヒド 3-リン酸は酸化およびリン酸化を受けて 1,3-ビスホスホグリセリン酸になる（図 22・6）．反応はグリセルアルデヒド-3-リン酸脱水素酵素（グリセルアルデヒド-3-リン酸デヒドロゲナーゼ）が触媒する．まず，酵素のシステイン残基の SH 基がアルデヒドのカルボニル基に求核付加し，ヘミアセタールの硫黄類縁体である**ヘミチオアセタール**（hemithioacetal）RS−C−OH が生じる．ヘミチオアセタールの OH 基は NAD$^+$ によって酸化され，チオエステルに変換される．このチオエステルは求核的アシル置換反応によってリン酸イオンと反応し，カルボン酸とリン酸の混合酸無水物（アシルリン酸）である 1,3-ビスホスホグリセリン酸になる．

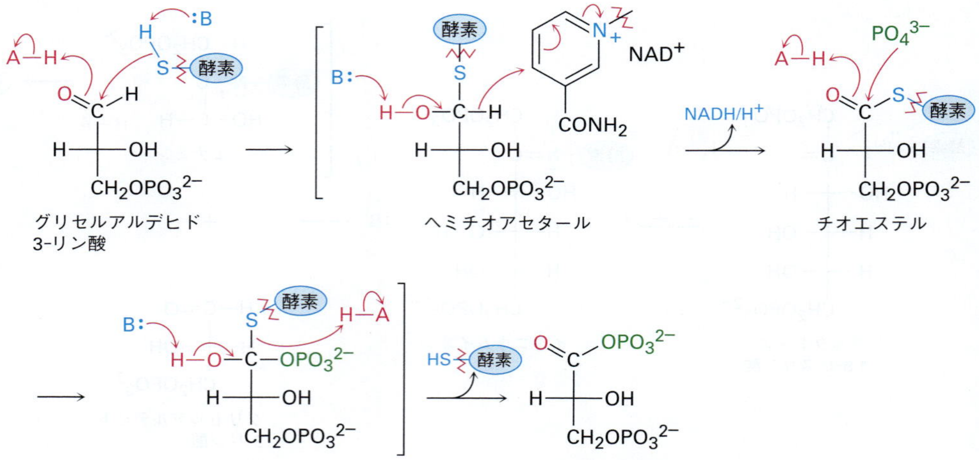

図 22・6 **図 22・3 の段階 ❻ の反応機構**．グリセルアルデヒド 3-リン酸の酸化とリン酸化によって 1,3-ビスホスホグリセリン酸ができる．はじめにヘミチオアセタールが形成され，つづいてチオエステルに酸化された後，アシルリン酸になる．

他の酸無水物と同様に（§16・5 参照），カルボン酸とリン酸の混合酸無水物は求核的アシル（ホスホリル）置換反応を受けやすい基質である．段階 7 では，1,3-ビスホスホグリセリン酸が ADP と反応し，リン酸部分が一つ ADP に移って ATP と 3-ホスホグリセリン酸が得られる．この過程はホスホグリセリン酸キナーゼが触媒し，補因

22・2 グルコースの異化作用: 解糖　751

子として Mg^{2+} が必要である．段階6と7を経てアルデヒドのカルボン酸への酸化が
達成される．

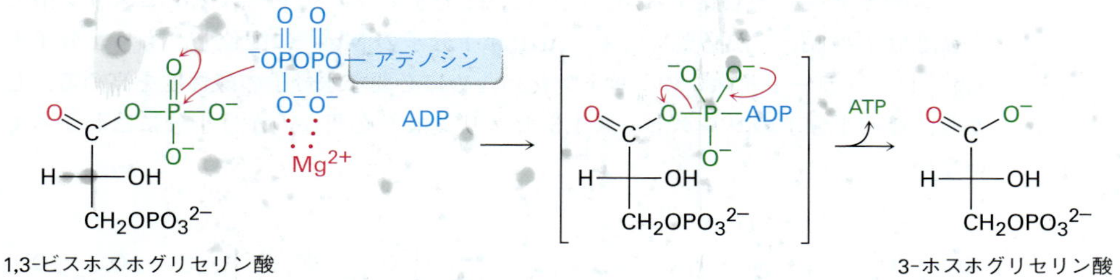

1,3-ビスホスホグリセリン酸　　　　　　　　　　　　　　　3-ホスホグリセリン酸

図 22・3 の段階 ❽: 異性化　　段階8では，3-ホスホグリセリン酸はホスホグリセ
リン酸ムターゼの触媒作用により2-ホスホグリセリン酸に異性化する．植物では，
はじめに3-ホスホグリセリン酸のC3酸素に結合しているリン酸基が酵素のヒスチ
ジン残基に移る．次にそのリン酸基をC2酸素に移す．一方，動物や酵母では，酵素
はリン酸化されたヒスチジンをもっており，このリン酸基を3-ホスホグリセリン酸
のC2酸素と結合させ2,3-ビスホスホグリセリン酸中間体を形成する．つづいて酵素
のヒスチジンがC3酸素からリン酸基を受取って，異性化した生成物ができ，酵素も
再生される．§20・5と同様に，紙面を有効に使うためにここでは求核的アシル置換
反応の簡略化した反応機構を示す．

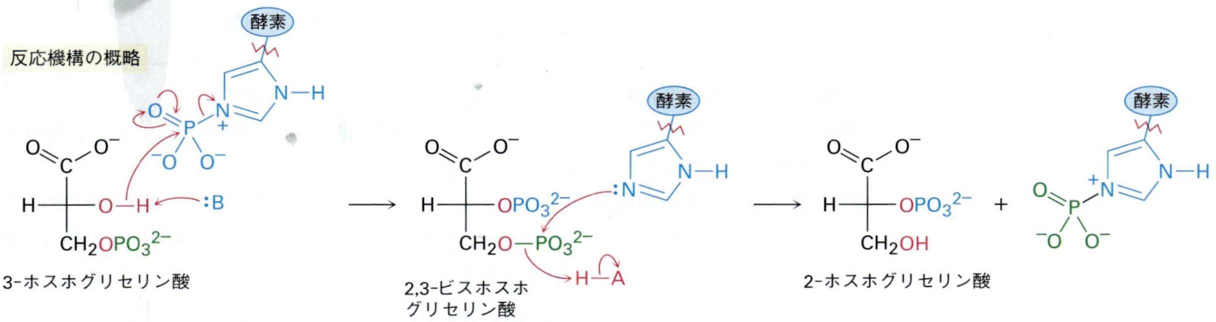

反応機構の概略

3-ホスホグリセリン酸　　　　　2,3-ビスホスホ　　　　　　　　2-ホスホグリセリン酸
　　　　　　　　　　　　　　　グリセリン酸

図 22・3 の段階 ❾ と ❿: 水の脱離および脱リン酸　　段階9では，β-ヒドロキシカ
ルボニル化合物である2-ホスホグリセリン酸はE1cB反応機構で（§17・7参照）容
易に水を脱離する．この過程はエノラーゼが触媒し，ホスホエノールピルビン酸
（phosphoenolpyruvate: PEP）が得られる．この際，負電荷を中和するために二つの
Mg^{2+} が2-ホスホグリセリン酸に作用する．

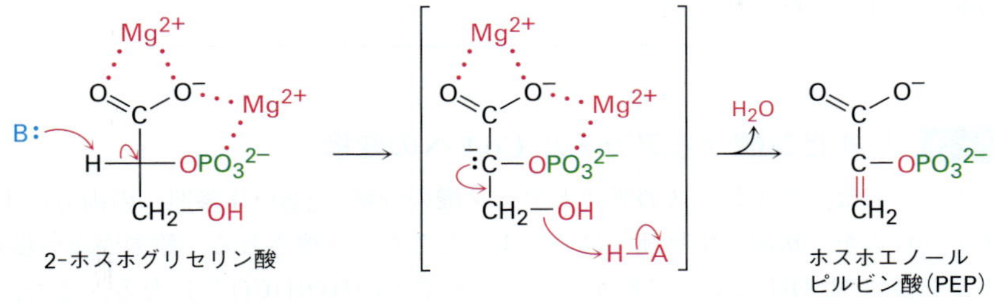

2-ホスホグリセリン酸　　　　　　　　　　　　　　　　　ホスホエノール
　　　　　　　　　　　　　　　　　　　　　　　　　　　ピルビン酸(PEP)

22. 糖質の代謝

段階 10 では，リン酸基が ADP に移り ATP が生じ，エノールピルビン酸が得られる．さらにエノールピルビン酸は互変異性によってピルビン酸になる．この反応はピルビン酸キナーゼが触媒するが，これには 1 分子のフルクトース 1,6-ビスリン酸および 2 分子の Mg^{2+} が必要である．ADP は 1 分子の Mg^{2+} に配位し，もう 1 分子の Mg^{2+} はエノラートイオンのプロトン化のために必要な水分子の酸性度を高める．しかし，なぜ 1 分子のフルクトース 1,6-ビスリン酸が必要なのかは十分にはわかっていない．

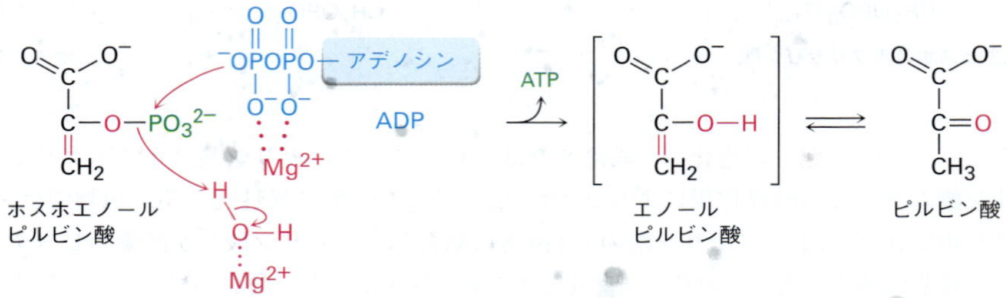

解糖系全体を要約すると以下のようになる．

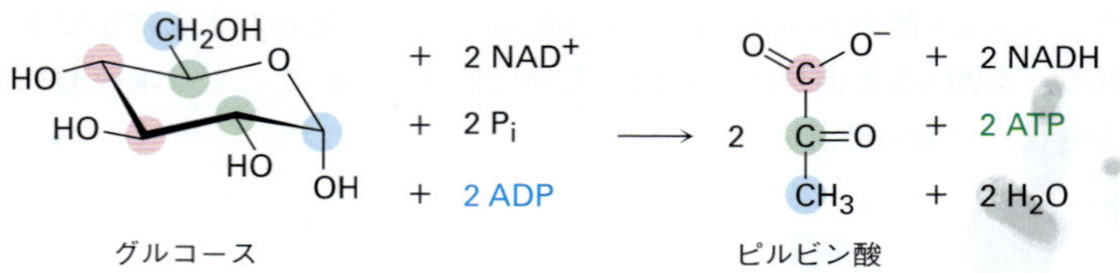

問題 22・1 解糖系において ATP が産生される段階を二つあげよ．

問題 22・2 解糖系で起こっているすべての有機化学反応を順に列挙せよ．求核的アシル置換反応，アルドール反応，イミン形成，E1cB 反応などで答えよ．

問題 22・3 解糖系の段階 5，すなわち，ジヒドロキシアセトンリン酸がグリセルアルデヒド 3-リン酸に異性化する反応で脱離する水素は *pro-R* か *pro-S* か．§5・11 で学んだプロキラリティーについて復習すること．

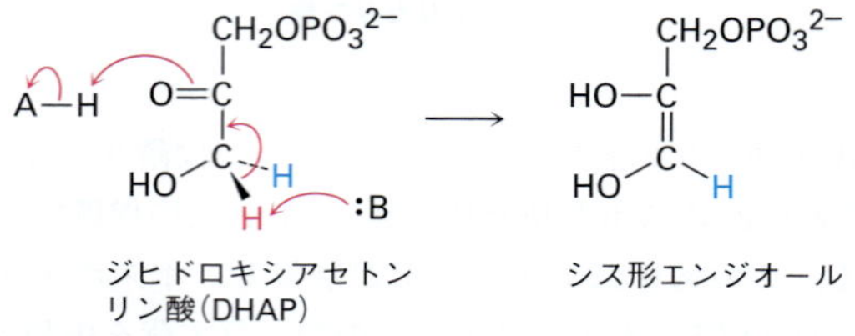

ジヒドロキシアセトン
リン酸(DHAP)　　　　　　　　シス形エンジオール

問題 22・4 解糖系の段階 6（図 22・6）では，グリセルアルデヒド 3-リン酸からヒドリドイオンが NAD^+ の *Si* 面に付加する．その結果生じる NADH の構造を書き，どの水素が付加したのか示せ．

22・3 ピルビン酸からアセチル CoA への変換

ピルビン酸は，グルコースの異化とアミノ酸の分解（§20・4 参照）の両方によって産生されるが，状況や生物種の違いによってさらに変換される．酸素がない場合，ピルビン酸は NADH によって還元されて乳酸 $CH_3CH(OH)CO_2^-$ になる．また，酵

22・3 ピルビン酸からアセチル CoA への変換　753

母による発酵でエタノールになる．一方哺乳類では，ピルビン酸は好気状態のもと**酸化的脱炭酸**（oxidative decarboxylation）過程によってアセチル CoA と二酸化炭素に変換される．（酸化的とよばれるのは，ケトンがカルボン酸誘導体であるチオエステルとなり，酸化状態が上がるからである．）

この変換は多段階の反応であり，**ピルビン酸脱水素酵素複合体**（pyruvate dehydro-

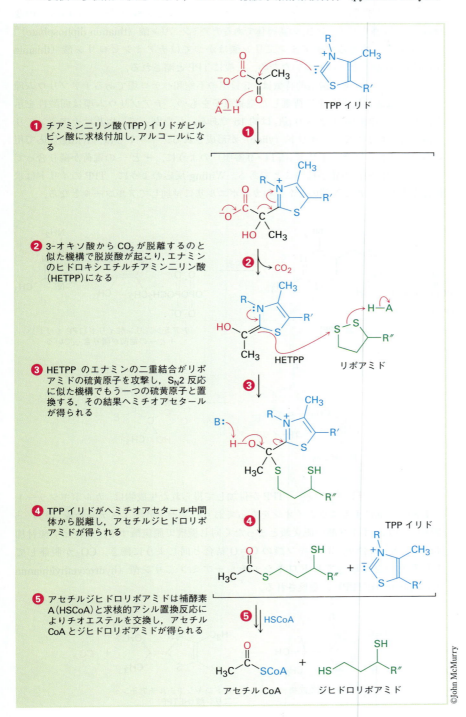

図 22・7　ピルビン酸がアセチル CoA に変換される反応機構．三つの酵素と五つの補酵素がこの多段階反応に用いられる．各段階については本文参照．

22. 糖質の代謝

genase complex）とよばれる酵素と補因子の複合体によって触媒される．図22・7に示すように，アセチルCoAの生成までの各段階を複合体中のそれぞれの酵素が触媒する．最終生成物であるアセチルCoAはグルコース異化の最後の段階であるクエン酸回路で利用される．

図22・7の段階❶：チアミン二リン酸の付加

ピルビン酸のアセチルCoAへの変換はピルビン酸とビタミンB_1の誘導体であるチアミン二リン酸（thiamin diphosphate）* との反応から始まる．チアミン二リン酸はかつてはチアミンピロリン酸（thiamin pyrophosphate）とよばれていたため，一般にTPPと略される．

チアミン二リン酸の構造的特徴は，5員環の不飽和ヘテロ環であるチアゾリウム環で，これは硫黄原子と正に荷電した窒素原子をもつ．チアゾリウム環は弱酸性を示し，NとSの間の環上水素のpK_aは約18である．したがって，塩基はチアミン二リン酸を脱プロトンでき，イリド（ylide）が形成される．イリドとは，Wittig反応で用いられるホスホニウムイリド（§14・9参照）のように，＋と－の電荷が隣り合っている電気的に中性の化学種のことである．Witting反応のように，TPPのイリドは求核性をもち，ピルビン酸のケトンのカルボニル基に付加してアルコールとなる．

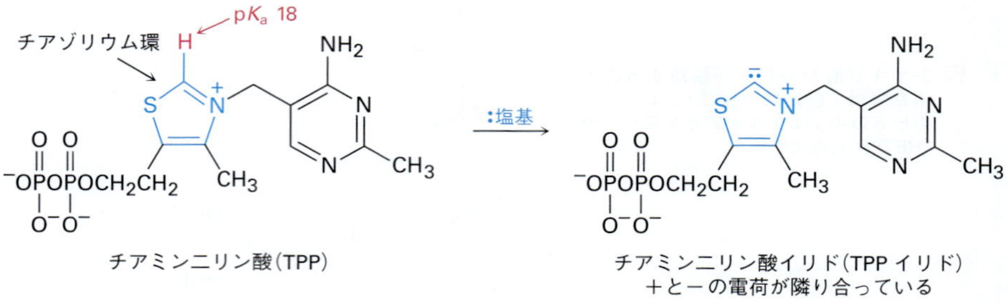

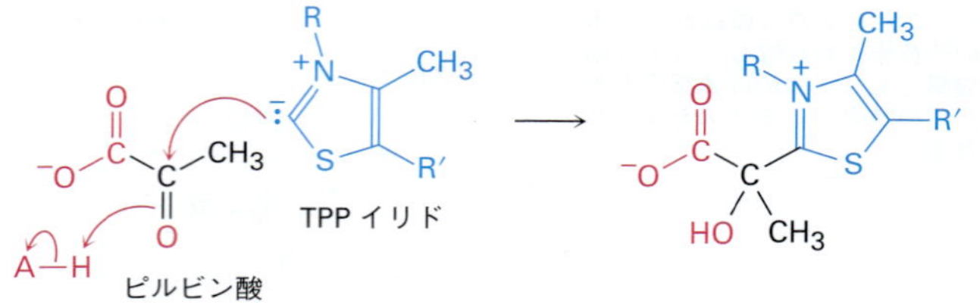

* 訳注：チアミン（thiamin）のつづりはthiamineとも書く．

図22・7の段階❷：脱炭酸

TPPが付加して得られた生成物は，カルボキシラートイオンのβ位にイミニウムイオンをもっており，アセト酢酸エステル合成（§17・5参照）での3-オキソ酸の脱炭酸とまったく同じ機構で脱炭酸する．ピルビン酸付加体の$C=N^+$結合が，3-オキソ酸の$C=O$結合と同じように働き，CO_2が脱離して生じる電子を受取ってヒドロキシエチルチアミン二リン酸（hydroxyethylthiamin diphosphate: HETPP）に変換される．

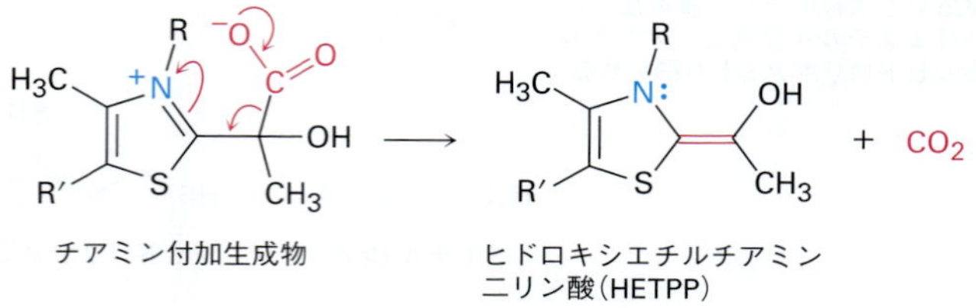

図22・7の段階❸: リポアミドとの反応　　ヒドロキシエチルチアミン二リン酸はエナミン R₂N－C＝C であり，他のエナミンと同じように求核性をもっている（§17・12参照）．したがって，酵素に結合したジスルフィドリポアミドの一つの硫黄原子を求核攻撃し，もう一つの硫黄原子と S_N2 反応に似た置換反応で置き換わる．

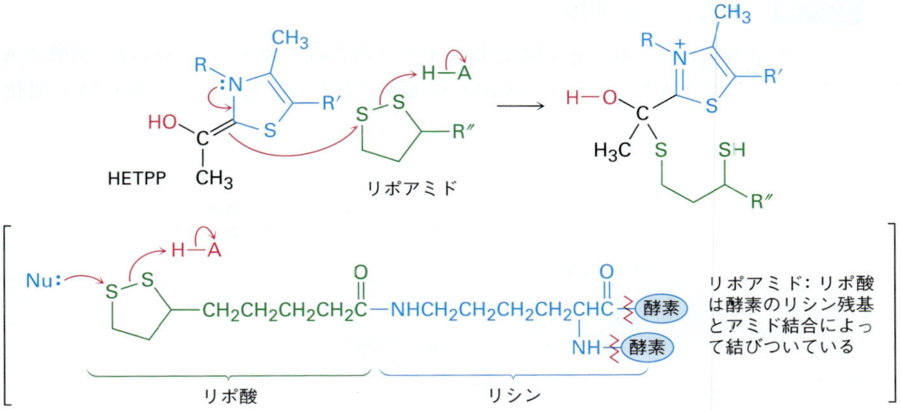

図22・7の段階❹: チアミン二リン酸の脱離　　HETPP がリポアミドと反応して得られた生成物はヘミチオアセタールであり，ここから TPP イリドが脱離する．この脱離は段階1でのケトンへの付加とちょうど逆の結果になり，アセチルジヒドロリポアミドを与える．

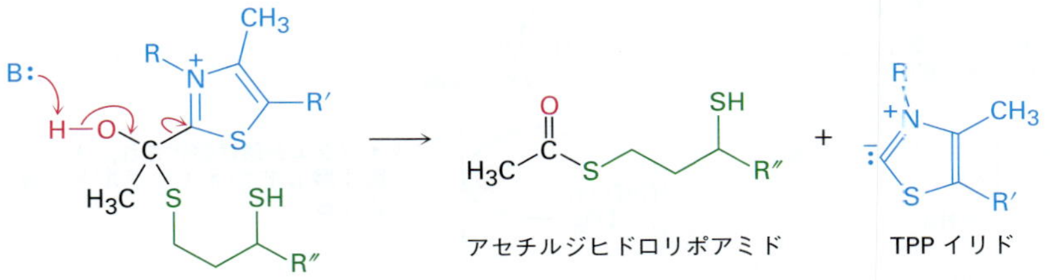

図22・7の段階❺: アシル転位　　アセチルジヒドロリポアミドはチオエステルであり，補酵素A（CoA）との求核的アシル置換反応でアセチル CoA とジヒドロリポアミドに変換される．ジヒドロリポアミドはその後，フラビンアデニンジヌクレオチド（flavin adenine dinucleotide: FAD，§8・6参照）によって酸化され，もとのリポアミドになる．その結果得られた $FADH_2$ が今度は NAD^+ によって酸化されてもとの FAD になる．こうして触媒サイクルが完成する．FAD が触媒する反応については§23・5で詳しく取上げる．

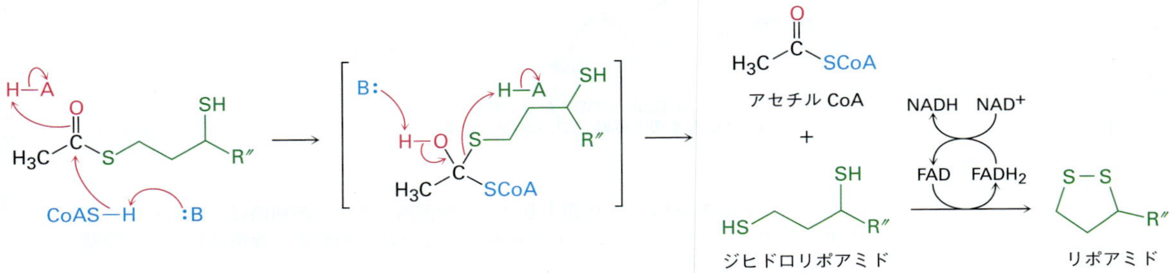

問題 22・5 グルコースのどの炭素原子が最終的にアセチル CoA のメチル基の炭素になるか．またどの炭素原子が最終的に CO_2 になるか．

22・4 クエン酸回路

ここまでみてきた異化の最初の過程により，糖質はチオエステル結合で補酵素 A に結合したアセチル基（アセチル CoA）に変換された．そしてアセチル CoA は異化

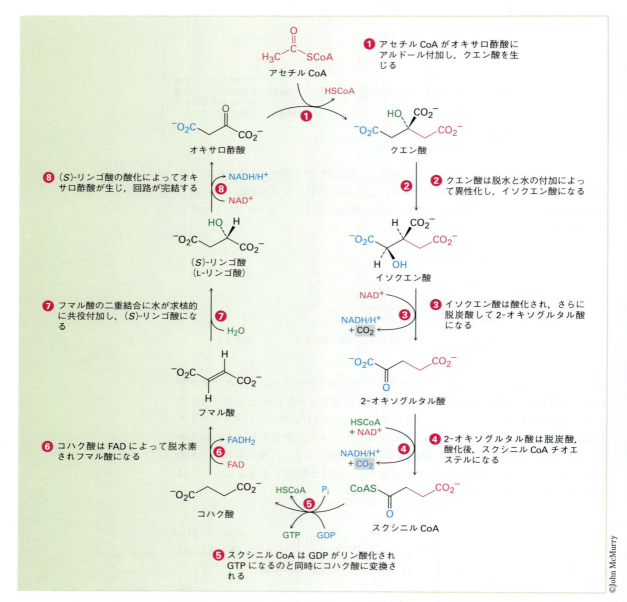

図 22・8 アセチル CoA を代謝するクエン酸回路． クエン酸回路は一連の八つの反応からなり，アセチル基が 2 分子の CO_2 と還元された補酵素に変換される．各段階については本文参照．

の次の段階，すなわち**クエン酸回路**（citric acid cycle）の基質となる．クエン酸回路は，**トリカルボン酸回路**〔tricarboxylic acid cycle, **TCA 回路**（TCA cycle）ともいう〕とも，1937 年にその複雑な過程を解明した Hans Krebs の名前をとって**Krebs 回路**（Krebs cycle）ともよばれる．この回路を総括すると，1 分子のアセチル基を図 22・8 に示す 8 段階の反応で 2 分子の CO_2 と還元型補酵素に変換することになる．

その名前が示すように，クエン酸回路は一連の反応が回路になっており，最終段階の生成物（オキサロ酢酸）が最初の段階の出発物になる．中間の化合物は常に再生され，回路中を連続的に流れていく．この回路は酸化剤である補酵素 NAD^+ と FAD が供給され続ける限り機能する．そのためには，還元型補酵素 NADH と $FADH_2$ が，酸素を最終的な電子受容体とする電子伝達系により再酸化されなければならない．つまり，クエン酸回路の回転は酸素が供給されること，および電子伝達系が機能することに依存している．

図 22・8 の段階 ❶: オキサロ酢酸への付加　　段階 1 でアセチル CoA はオキサロ酢酸のカルボニル基へ求核付加し，(*S*)-シトリル CoA に変換され，クエン酸回路に入る．この付加は §19・10 で述べたようにアルドール反応であり，クエン酸合成酵素（クエン酸シンターゼ）が触媒する．(*S*)-シトリル CoA は水との典型的な求核的アシル置換反応によって加水分解されクエン酸を生じるが，これも同じ酵素が触媒する．

クエン酸のヒドロキシ基をもつ炭素はプロキラル中心で，二つの同じ置換基をもっている．最初のアセチル CoA とオキサロ酢酸とのアルドール反応は，ケトンのカルボニル基の *Si* 面から特異的に起こるので，クエン酸の *pro-S* の側の置換基はアセチル CoA に由来し，*pro-R* の側の置換基はオキサロ酢酸に由来する．*pro-R*, *pro-S*, *Si* および *Re* の意味については §5・11 のプロキラル中心を復習せよ．

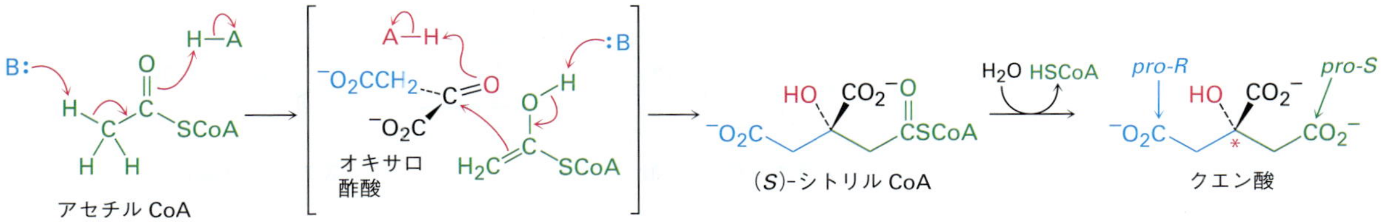

図 22・8 の段階 ❷: 異性化　　プロキラルな第三級アルコールであるクエン酸は異性体であるキラルな第二級アルコール，(2*R*,3*S*)-イソクエン酸に変換される．異性化は 2 段階で進行し，両段階ともアコニターゼによって触媒される．最初の段階では，β-ヒドロキシ酸の E1cB 型の脱水反応によって *cis*-アコニット酸が生成する．これと同様な反応は解糖系の段階 9 でも起こっている（図 22・3 参照）．次の段階は，炭素—炭素二重結合への水の求核的共役付加である（§14・11 参照）．クエン酸の脱水反応は，アセチル CoA 由来の *pro-S* の側ではなく，オキサロ酢酸由来の *pro-R* の側で特異的に起こる．

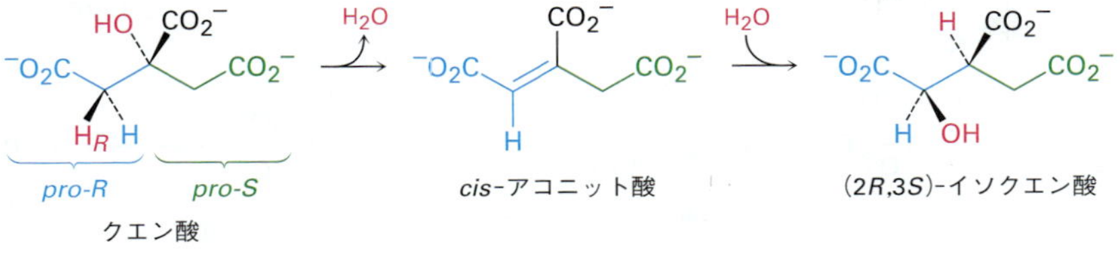

図22・8の段階❸：酸化と脱炭酸　段階3では，第二級アルコールである(2R,3S)-イソクエン酸がNAD⁺によって酸化され，ケトンであるオキサロコハク酸に変換される．このオキサロコハク酸からCO₂が脱離して，2-オキソグルタル酸になる．この反応はイソクエン酸脱水素酵素（イソクエン酸デヒドロゲナーゼ）が触媒するが，アセト酢酸エステル合成でも脱炭酸反応が容易に進行するように（§17・5参照），3-オキソ酸に典型的な反応である．イソクエン酸脱水素酵素には，ケトンのカルボニル基を分極させて電子受容性を高めるために，補因子として2価のカチオンが必要である．

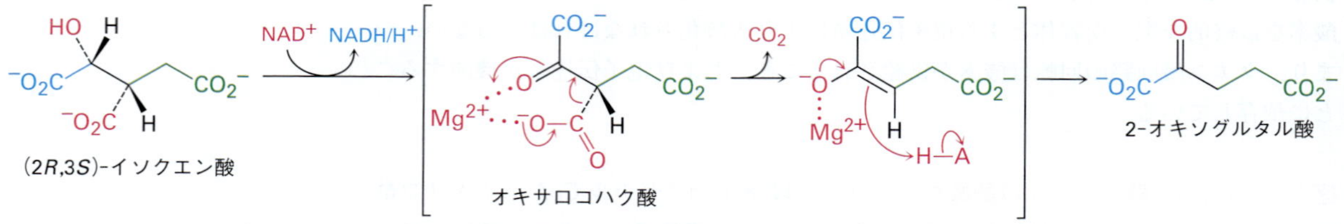

図22・8の段階❹：酸化的脱炭酸　段階4では，多段階を経て2-オキソグルタル酸はスクシニルCoAに変換される．これらの段階は図22・7にあるピルビン酸がアセチルCoAに変換される過程と似ている．いずれの場合も，2-オキソ酸は脱水素酵素複合体が触媒する一連の段階を経てCO₂の脱離後，チオエステルに酸化される．ピルビン酸がアセチルCoAに変換されるのと同じように，この反応では最初にチアミン二リン酸イリドが2-オキソグルタル酸に求核付加し，つづいて脱炭酸，リポアミドとの反応，TPPイリドの脱離，そして最後にジヒドロリポアミドチオエステルと補酵素Aとのエステル交換が進行し，スクシニルCoAが生じる．

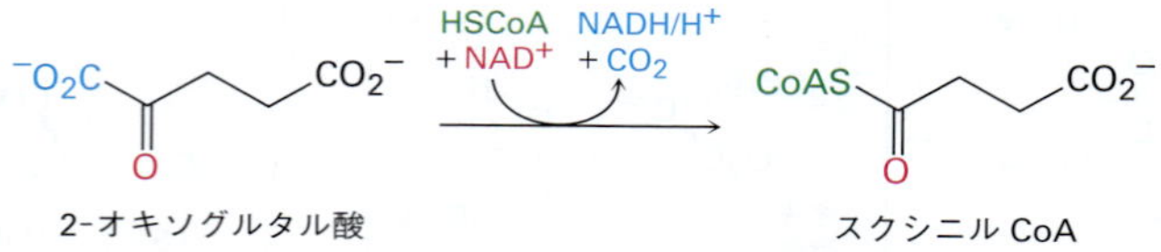

図22・8の段階❺：アシルCoAの脱離　段階5では，スクシニルCoAがコハク酸へ変換される．この反応は，スクシニルCoA合成酵素（スクシニルCoAシンターゼ）が触媒し，この反応に伴い，グアノシン二リン酸（guanosine diphosphate: GDP）がリン酸化されてグアノシン三リン酸（guanosine triphosphate: GTP）が得られる．これらの変換は解糖系の段階6から8での変換（図22・3参照）と同様である．解糖系では，チオエステルはアシルリン酸に変換され，そのリン酸がADPに移される．これ

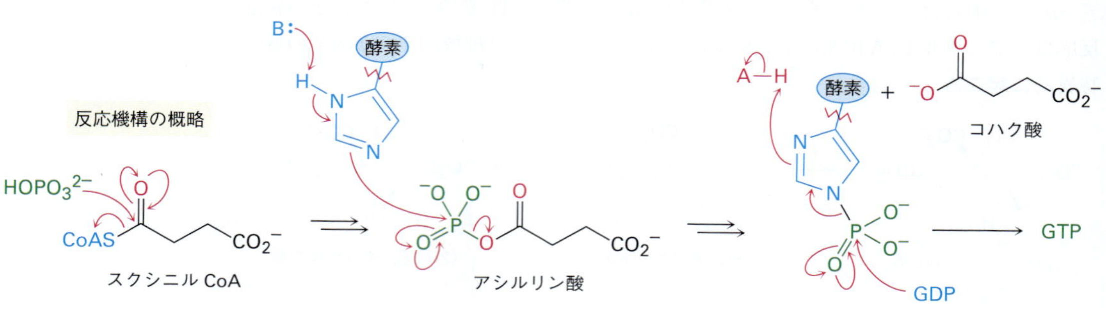

らをまとめると，結果的にはチオエステル基を水を用いずに加水分解したことになる．

図 22・8 の段階 ❻: 脱水素　　段階 6 では，コハク酸は FAD を補酵素とするコハク酸脱水素酵素（コハク酸デヒドロゲナーゼ）によって脱水素され，フマル酸に変換される．この過程は脂肪酸異化における β 酸化の過程と似ているが，その機構は少し複雑なので §23・5 で詳しく説明する．反応は立体特異的で，一方の炭素から pro-S の水素を引抜き，もう一方の炭素から pro-R の水素を引抜く．

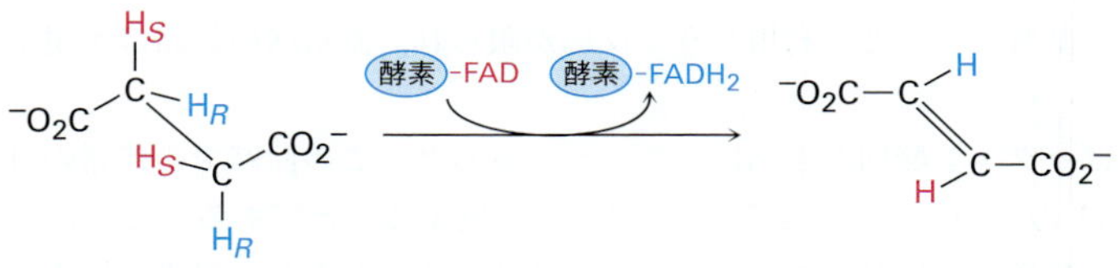

図 22・8 の段階 ❼ と ❽: 水和と酸化　　クエン酸回路の最後の二つの段階では，まずフマル酸に水が求核的に共役付加し，(S)-リンゴ酸を生じる．次に (S)-リンゴ酸は NAD$^+$ によって酸化されてオキサロ酢酸になる．この付加反応はフマラーゼが触媒し，反応機構は段階 2 における cis-アコニット酸への水の付加と同じである．この反応ではエノラートイオン中間体が水の OH が付加したのと反対側の面でプロトン化される．すなわち，水の付加はアンチ付加で進行する．

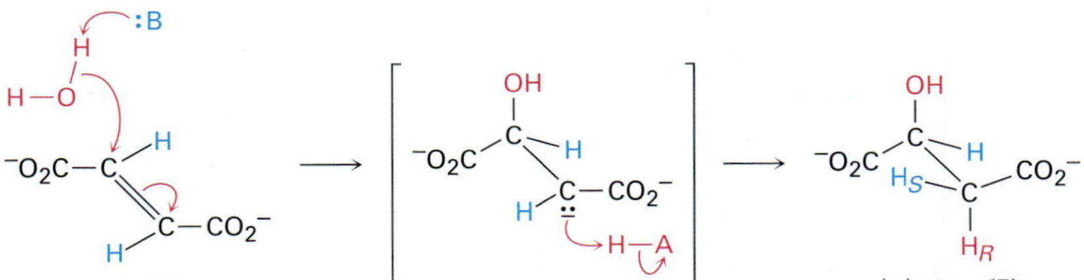

最後の段階では，(S)-リンゴ酸が NAD$^+$ によって酸化されてオキサロ酢酸になる．この反応はリンゴ酸脱水素酵素が触媒する．クエン酸回路はこうして出発点に戻ってきたことになり，また次のサイクルが始まる．この回路の全体をまとめると次の式になる．

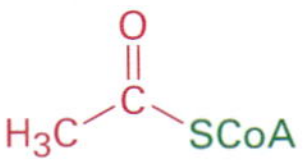

アセチル CoA + 3 NAD$^+$ + FAD + GDP + P$_i$ + 2 H$_2$O
⟶ 2 CO$_2$ + HSCoA + 3 NADH + 2 H$^+$ + FADH$_2$ + GTP

もう一歩掘り下げて考えてみよう．ほとんどの代謝過程は解糖系のように直鎖状であり，ある物質から始まり，いくつかの段階の後に最終生成物になって終わる．これに対してクエン酸回路は環状である．つまり，同じ物質が開始点と終点にあるため，反応は連続したループ構造であり，生成物は閉じたループの途中から放出される．なぜ，アセチル CoA の代謝のために環状の経路が必要なのだろうか．

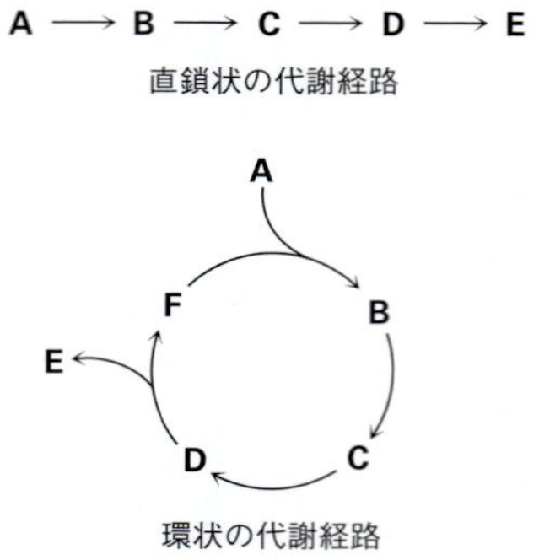

A ⟶ B ⟶ C ⟶ D ⟶ E
直鎖状の代謝経路

環状の代謝経路

環状の代謝経路は直鎖状の経路と比べてあまり一般的ではないが，このような環状の経路を経るすべての反応には共通点が一つある．それは，官能基がほとんどない小分子を基質としていることである．たとえば尿素回路は NH_3 から始まり（§20・3 参照），クエン酸回路はアセチル CoA から始まる．また，緑色植物が糖質を合成するために用いる光合成の Calvin 回路は二酸化炭素から始まる．グルコースのように比較的大きく，官能基を多くもつ分子を基質とすると，変換に利用できる可能性のある反応もまた多くなるので，効率のよい直鎖状の経路がエネルギー的に可能になる．一方，たとえば NH_3 や CO_2，もしくはアセチル CoA のように小さくて官能基が一つだけの分子を基質とすると，利用しうる反応が限られ，直鎖状の経路は実現が難しいのだろう．

たとえば，クエン酸回路を例にして考えてみると，この回路での代謝の目的は，アセチル CoA の二つの炭素を 2 分子の CO_2 に変換することである．これは，炭素－炭素結合が切断されなければならないことを意味する．しかし，炭素－炭素結合を切断する有機化学反応は非常に少なく，生化学の分野で一般的なものはたった二つだけである．一つは β-ヒドロキシ（もしくは β-カルボキシ）ケトンの逆アルドール反応による切断であり，解糖系の段階 4（図 22・3 参照）で起こっている．もう一つは α-ヒドロキシ（もしくは α-カルボキシ）ケトンのチアミン二リン酸（TPP）による切断反応であり，ピルビン酸異化（図 22・7 参照）の段階 1 で起こっている．しかし，これらの切断反応の進行には両方とも二つの官能基を必要とするので，アセチル CoA には用いることができない．結果として，アセチル CoA は単純な直鎖状の経路では分解されず，より複雑な環状の経路だけが唯一の選択肢として残される．

逆アルドール反応による β 切断

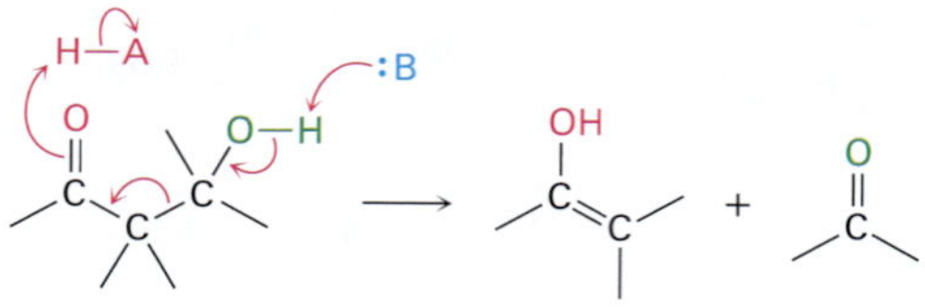

TPP による α 切断

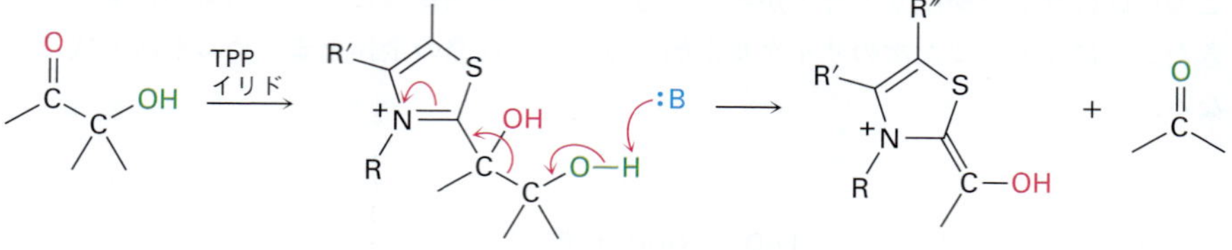

問題 22・6 クエン酸回路には，回路中に含まれるトリカルボン酸に由来した別名がある．この回路中のどの物質がトリカルボン酸か．

問題 22・7 クエン酸回路の段階 2，すなわち，クエン酸の脱水および cis-アコニット酸への水の付加の反応機構を示せ．

問題 22・8 クエン酸回路の段階 2 の脱水反応において脱離するのは pro-R 水素か pro-S 水素か．この反応はシン脱離，アンチ脱離のどちらか．

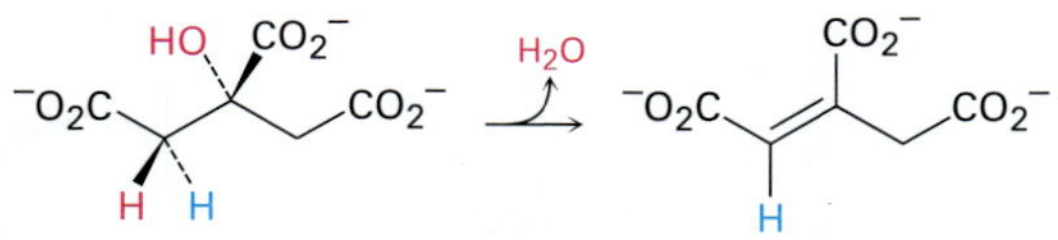

クエン酸 → cis-アコニット酸

問題 22・9 クエン酸回路の段階 2 で，OH は cis-アコニット酸の Si 面，Re 面のどちらに付加するか．この水の付加反応はシン付加，アンチ付加のどちらか．

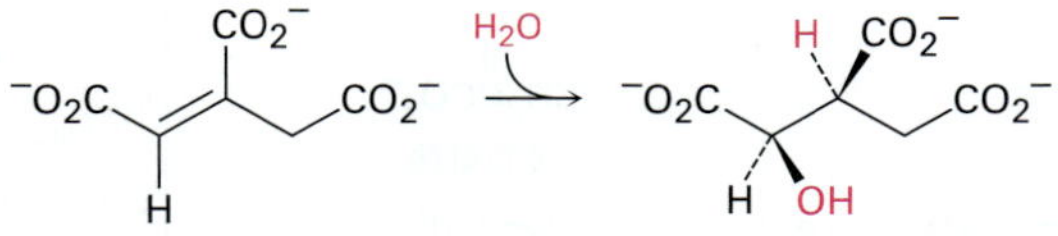

cis-アコニット酸 → (2R,3S)-イソクエン酸

22・5 グルコースの生合成：糖新生

ここまでグルコースの異化をみてきたが，最後にグルコースの生合成について学ぼう．食物が十分に供給されているとき，グルコースは体内で主要なエネルギー源になるが，絶食や長時間の運動によってグルコースは使い果たされる．そうなると，ほとんどの組織ではアセチル CoA の供給源として脂質の代謝が始まる．しかし脳では状況が異なる．脳はほとんどすべてのエネルギー源をグルコースに頼っており，血流からの絶え間ないグルコースの供給に支えられている．ごく短時間でもグルコースの供給が途絶えると，損傷を受けてもとに戻ることができなくなる．したがって，単純な前駆体からグルコースを合成する経路が必要になる．

高等生物はアセチル CoA からグルコースを合成することはできないので，代わりに炭素原子三つをもつ前駆体である (S)-乳酸，アラニン，またはグリセロールのうちの一つを使わなければならない．これらの前駆体は容易にピルビン酸に変換される．

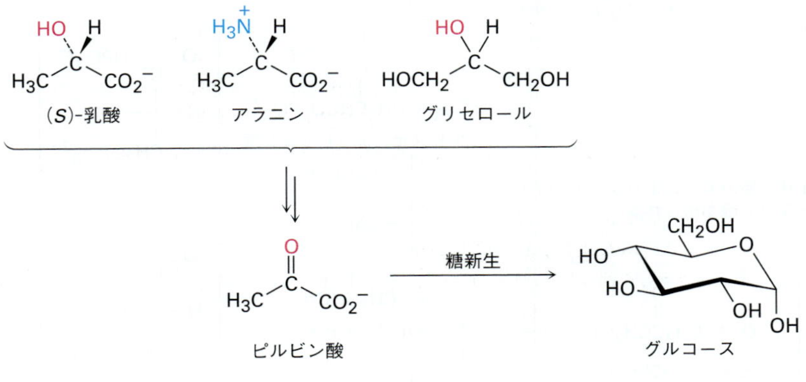

(S)-乳酸　アラニン　グリセロール
⇓
ピルビン酸 →(糖新生)→ グルコース

ピルビン酸は**糖新生** (gluconeogenesis) の出発点になり，ピルビン酸から 11 段階の生合成反応を経て高等生物はグルコースをつくり出す (図 22・9)．グルコースがつくり出される糖新生の反応経路は，解糖系の完全な逆反応ではない．異化と同化の経路は，それぞれがエネルギー的に有利であり，また，経路が進行するための制御機構が独立していることが必要なので，少なくとも細部においては異なっていなければならない．

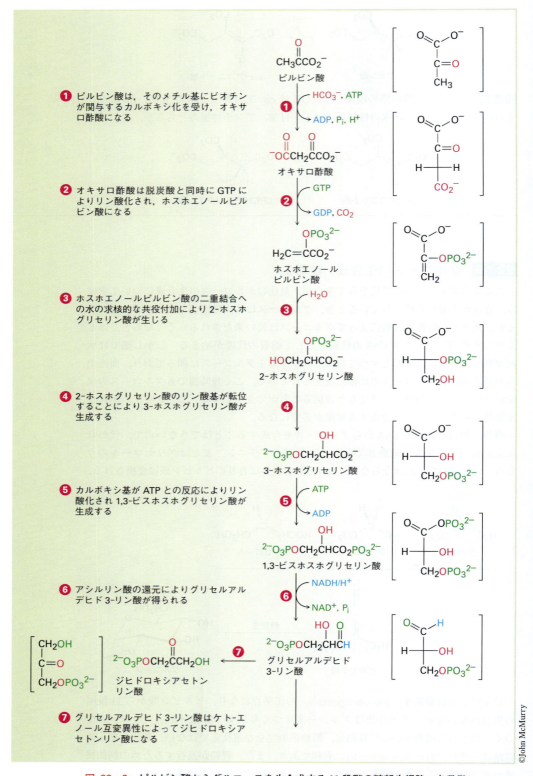

図 22・9 ピルビン酸からグルコースを生合成する 11 段階の糖新生経路．各段階については本文参照．

22・5 グルコースの生合成：糖新生　　763

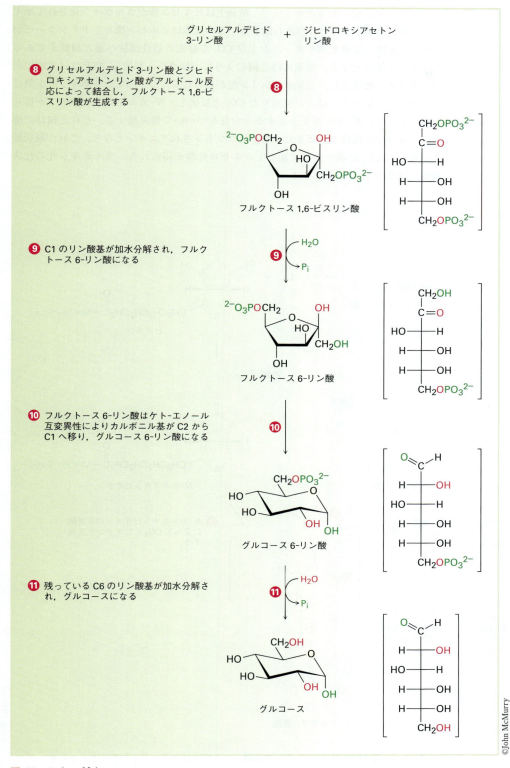

図 22・9（つづき）

図22・9の段階❶：カルボキシ化　糖新生はピルビン酸がカルボキシ化されてオキサロ酢酸に変換されるところから始まる．この反応はピルビン酸カルボキシラーゼが触媒し，ATP，炭酸水素イオン，および CO_2 を酵素の活性部位へ運ぶ補酵素であるビオチンを必要とする．尿素回路と同じように（図20・4参照），ATPははじめに炭酸水素イオンと反応し，カルボキシリン酸が得られる．つづいてカルボキシリン酸は脱炭酸する．ビオチンはこの脱離した CO_2 と反応し，N-カルボキシビオチンが得られる．そして，N-カルボキシビオチン自身もつづいて脱炭酸する．それと同時に酵素上の隣接する部位で，ピルビン酸が脱プロトンされアニオンとなり，これが脱炭酸して生じた CO_2 に速やかに付加してオキサロ酢酸が得られる．カルボキシ化の反応機構は図22・10に示してある．

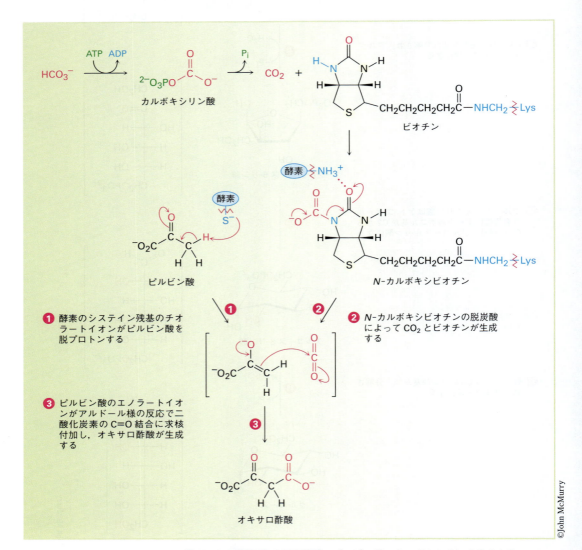

図22・10　図22・9の段階❶の反応機構．ピルビン酸のカルボキシ化によるオキサロ酢酸生成の反応機構．ビオチンは CO_2 が酵素の適切な位置でピルビン酸と反応できるよう，CO_2 を運ぶ役割を担っている．

図22・9の段階❷: 脱炭酸とリン酸化　3-オキソ酸であるオキサロ酢酸の脱炭酸は，クエン酸回路の段階3（図22・8参照）と同様に逆アルドール反応様の反応機構で起こる．そして，その結果得られるピルビン酸エノラートイオンのGTPによるリン酸化が同時に進行してホスホエノールピルビン酸を生じる．反応はホスホエノールピルビン酸カルボキシキナーゼが触媒する．

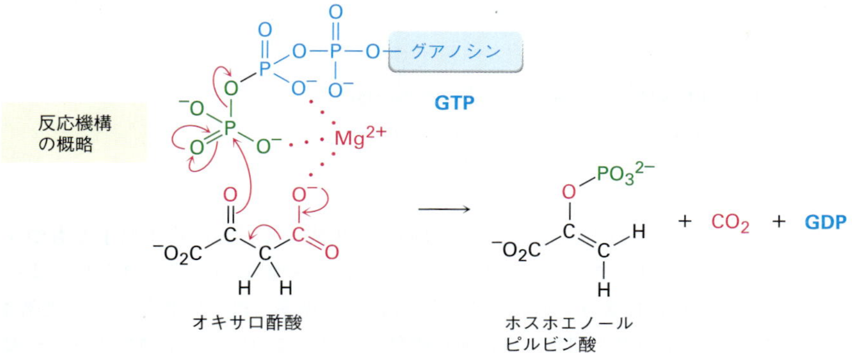

なぜ段階1において二酸化炭素への付加が起こり，そして段階2でただちにこれが取除かれるのだろうか．またピルビン酸のホスホエノールピルビン酸への変換が，ピルビン酸のエノラートイオンとGTPとが直接に1段階で反応するのではなく，間接的な2段階を経て起こるのはなぜだろうか．答えは，これらの過程のエネルギー変化にある．ホスホエノールピルビン酸は高エネルギー化合物であり，ピルビン酸から直接合成するのでは1分子のGTPしか使えないため，反応の進行に必要なエネルギーに満たない．オキサロ酢酸を経る2段階反応では，2分子のヌクレオシド三リン酸（1分子のATPと1分子のGTP）が消費され，この過程に必要なエネルギーが供給される．

図22・9の段階❸と❹: 水和と異性化　ホスホエノールピルビン酸の二重結合への水の求核的な共役付加反応は，クエン酸回路の段階7（図22・8参照）と同様に進行し，2-ホスホグリセリン酸が得られる．つづいてC3のリン酸化とC2の脱リン酸によって3-ホスホグリセリン酸が得られる．これらの段階は解糖系の段階9および8（図22・3参照）の逆反応であり，平衡定数は約1である．

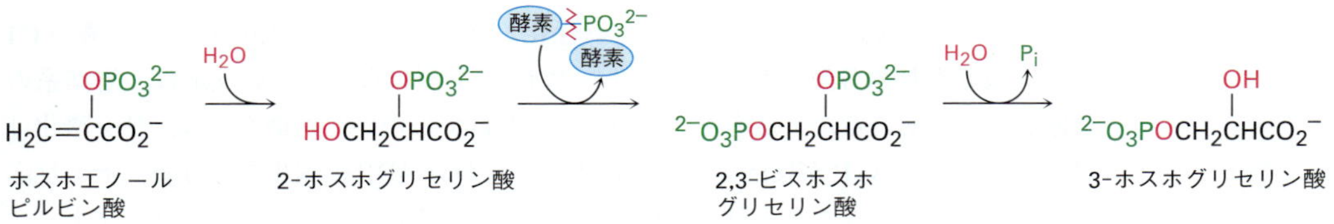

図22・9の段階❺，❻と❼: リン酸化，還元，および互変異性　3-ホスホグリセリン酸とATPの反応によって対応するアシルリン酸（1,3-ビスホスホグリセリン酸）が生成し，これがグリセルアルデヒド-3-リン酸脱水素酵素（グリセルアルデヒド-3-リン酸デヒドロゲナーゼ）のシステイン残基とチオエステル結合をつくることによって結合する．これを$NADH/H^+$が還元しアルデヒドが得られるが，このアルデヒドはケト-エノール互変異性によってジヒドロキシアセトンリン酸になる．これら

三つの段階はそれぞれ解糖の段階7, 6, 5の逆反応にあたり, 平衡定数は約1である.

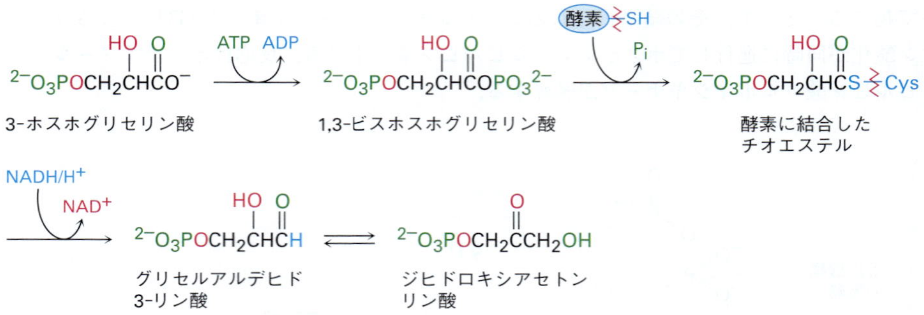

図22・9の段階 ❽: アルドール反応

段階7で生成する三つの炭素原子をもつジヒドロキシアセトンリン酸とグリセルアルデヒド3-リン酸は, アルドール反応によってフルクトース1,6-ビスリン酸になる. これは, 解糖系（図22・3参照）の段階4の逆反応である. 解糖系と同じように植物や動物では, この反応はⅠ型アルドラーゼが触媒する. すなわち, ジヒドロキシアセトンリン酸と酵素のリシン側鎖の NH_2 基が反応し, イミニウムイオンが形成される. 次に隣接炭素からプロトンが脱離して, エナミンが生成する. そしてアルドール様の反応が起こり, 得られた生成物は最後に加水分解される.

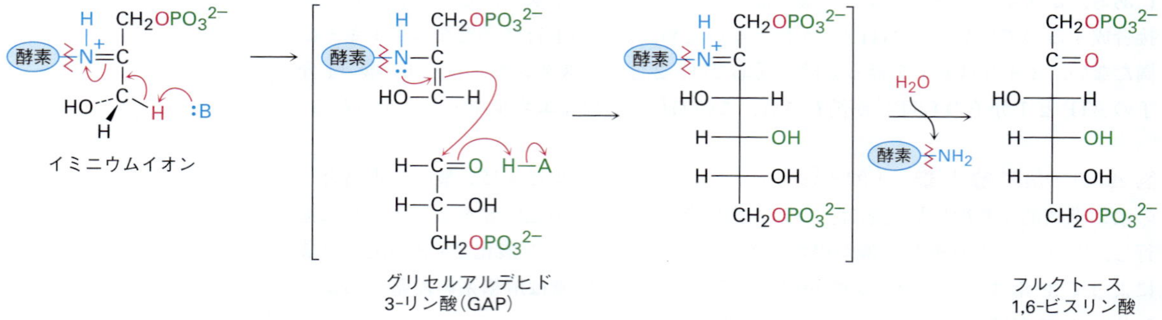

図22・9の段階 ❾ と ❿: 加水分解と異性化

フルクトース1,6-ビスリン酸のC1のリン酸基が加水分解されてフルクトース6-リン酸になる. この反応は, 解糖系の段階3の逆にあたるが, 反応機構も逆というわけではない. 解糖系では, リン酸化はフルクトースとATPが反応することによって行われADPの副生を伴うが, その反応の逆, すなわち, フルクトース1,6-ビスリン酸とADPを反応させてもフルクトース6-リン酸とATPはできない. なぜならば, ATPのエネルギーが高すぎるので, この反応はエネルギー的に不利だからである. したがって反応は別の経路, すなわち, フルクトース-1,6-ビスホスファターゼが触媒する直接的な加水分解によって進行し, C1のリン酸基が除かれる.

この加水分解に続いて, カルボニル基のケト-エノール互変異性によりカルボニル基がC2からC1へ移り, グルコース6-リン酸が得られる. この異性化は解糖系の段階2（図22・3参照）の逆反応である.

22・5 グルコースの生合成: 糖新生 767

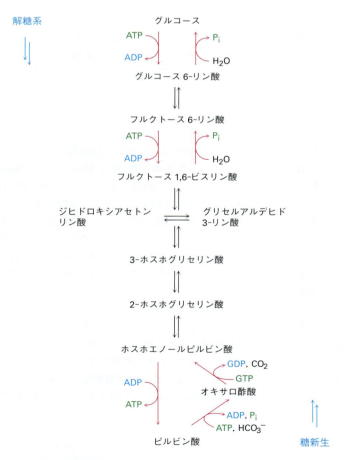

図22・9の段階⓫: 加水分解 糖新生の最後の段階は, もう一つのホスファターゼが触媒する加水分解反応によるグルコース6-リン酸からグルコースへの変換である. 段階9においてフルクトース1,6-ビスリン酸の加水分解について述べたのと同じエネルギー的な理由のため, グルコース6-リン酸の加水分解反応の機構は対応する解糖系の段階1の逆反応とは異なる.

興味深いことに, 段階9と段階11における二つのリン酸の加水分解反応の機構は同じではない. 段階9では水が求核剤であったが, 段階11のグルコース6-リン酸の反応では, 酵素のヒスチジン残基がリンを攻撃し, 酵素がリン酸化された中間体が得られ, この中間体がさらに水と反応する.

図22・11 **解糖系と糖新生経路の比較**. 両経路は赤い矢印で示す三つの反応が異なる.

768   22. 糖質の代謝

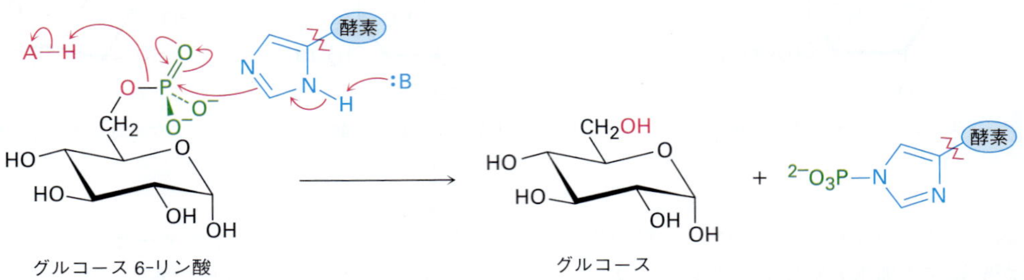

糖新生の全体をまとめると次の式になる．糖新生と解糖の経路の比較を前ページの図 22・11 に示す．異なっている 3 箇所の段階については，矢印を赤で示してある．

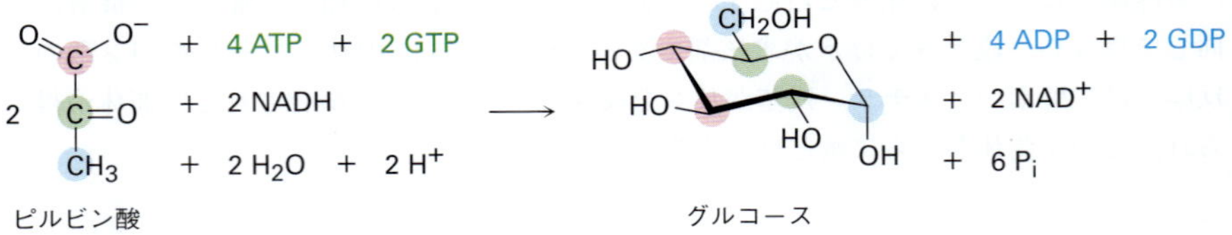

問題 22・10　NADH/H$^+$ による 1,3-ビスホスホグリセリン酸の還元反応によってグリセルアルデヒド 3-リン酸が得られる糖新生の段階 6 の反応機構を示せ．

まとめ

グルコースの代謝は生化学の中心である．幸いなことに，ここで扱う分子は小さく，反応もほとんどすでに 14～17 章で学んだカルボニル基の反応であるので，比較的わかりやすいだろう．

糖質は二酸化炭素由来の炭素原子を生体内に取込む化学的な媒体である．したがって糖質は生命の出発点であり，ヒトでは，糖質の代謝はグリコシダーゼが触媒するデンプンの消化，すなわちグルコースへの分解から始まる．グルコースの異化は**解糖系**から始まり，ここでは酵素が触媒する 10 段階の反応によってグルコース 1 分子がピルビン酸 CH$_3$COCO$_2^-$ 2 分子に分解される．生物種によって異なるが，ピルビン酸は次に乳酸やエタノール，（哺乳類では）アセチル CoA に変換される．アセチル CoA の生合成における鍵反応は，チアミン二リン酸（TPP）が触媒するピルビン酸の脱炭酸反応である．

アセチル CoA は次に**クエン酸回路**に入る．クエン酸回路は別名**トリカルボン酸(TCA)回路**もしくは **Krebs 回路**ともよばれる．この回路をまとめると，8 段階を経てアセチル基を 2 分子の CO$_2$ に変換し，補酵素を還元することになる．回路は反応が閉じたループ構造でつながっており，最終段階の生成物（オキサロ酢酸）が最初の段階の出発物になる．酸化剤である補酵素 NAD$^+$ と FAD が供給され続ける限り，中間体は絶え間なく再生され，回路は回り続ける．

高等生物はアセチル CoA からグルコースをつくることはできないが，アセチル CoA の代わりに三つの炭素からなる前駆体である乳酸，グリセロール，アラニンのうちの一つを使う．これらの前駆体はすべて容易にピルビン酸に変換される．ピルビン酸は**糖新生**の出発点になり，11 段階の生合成経路によって生物はグルコースをつくる．

重要な用語

解糖（glycolysis）　　　　クエン酸回路（citric acid cycle）　　　　糖新生（gluconeogenesis）

科学談話室

インフルエンザの流行

毎年，世界中でインフルエンザの発生する季節があり，普通は突然発生する．こういった突発的な流行は，すでに存在している既知のインフルエンザウイルスのサブタイプによってひき起こされるので，一般にはワクチンを接種することでその流行を制御したり防いだりすることができる．しかし，10年から40年ごとにヒトがふれたことのない新しい感染性の強いサブタイプが現れる．その結果，世界的な流行が起こって大きな混乱をよび，何百万人も死者が出るようなことが起こりうる．

20世紀には，そういった世界的な流行が3回あった．最も深刻だったのは1918～1919年に起こった"スペイン風邪"であり，世界中で，多くの若い健康な成人を含むおよそ5000万人が死亡した．いまや，1968～1969年の香港風邪の最後の大流行から50年以上が経過し，各国の公衆衛生担当者は次の大流行が迫っていると恐れている．香港風邪は，スペイン風邪ほどではなく，死者は世界中で75万人だったが，次の流行がどの程度になるか知る術はない．

近年，かなり深刻なインフルエンザの流行が続いている．最初は1997年に起こったいわゆる"トリインフルエンザ"である．次は2009年はじめの"ブタインフルエンザ"である．トリインフルエンザは，東南アジアで何千万羽の鳥類が犠牲になった鳥類のH5N1ウイルスがヒトに感染したことがきっかけである．このウイルスのヒトへの感染は，1997年に香港ではじめて確認された．そして，2013年の半ばまでに15カ国で622の症例が確認され，そのうちの371人が亡くなった．ウイルス感染はヒト同士の感染より，鳥類からヒトへの感染が主であった．しかし，H5N1ウイルスは非常に病原性が強く，すばやく変異するので，他の動物種へ感染する遺伝子を獲得する可能性がある．したがって，ヒトからヒトへの感染が急速に進むかもしれないというおそれがある．最近では，鳥類のH7N9ウイルスがヒトに見つかった．2013年5月に中国で60の症例が確認され，そのうちの24人が亡くなった．

ブタインフルエンザはブタで見つかっているウイルスに近いH1N1ウイルスによって起こったが，いまだにその正確な起源はわかっていない．このウイルスは急速に広がったようで，確認されてから最初の2カ月で3000件の感染が認められ，2010年の半ばに終息するまで214の国から18,449人の死亡が報告された．

H5N1ウイルスおよびH1N1ウイルスの分類は，ウイルスの表面を覆っている2種類の糖タンパク質の様式に基づく．Hはヘマグルチニン（hemagglutinin）を意味し，5,1はその種類をさす．Nはノイラミニダーゼ（neuraminidase）を意味し，1はその種類をさす．名前からわかるように，ノイラミニダーゼは酵素である．感染は，ウイルスの粒子である**ビリオン**（virion）が，標的細胞上の受容体糖タンパク質のシアル酸部分（§21・7参照）に結合し，細胞内に取込まれ

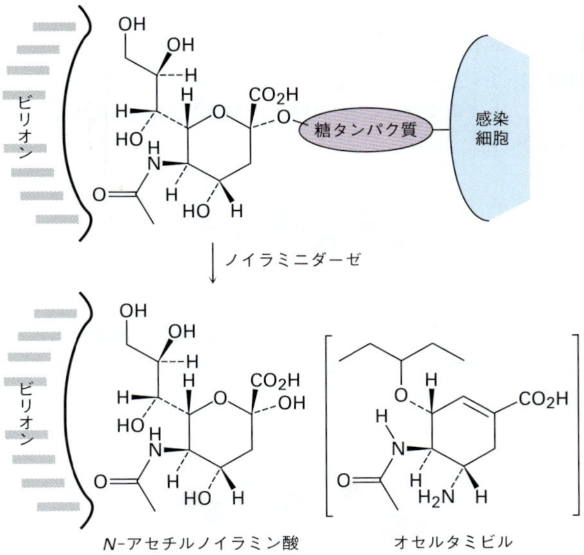

図 22・12 新しくつくられたビリオンの感染細胞からの放出．この放出は，ビリオンの表面に存在するノイラミニダーゼが，感染細胞上の糖タンパク質受容体部位にあるシアル酸分子とビリオンを結びつけている結合を切断することによって起こる．オセルタミビルは，ノイラミニダーゼの活性部位に結合することによってビリオンの放出を妨げてこの酵素を阻害する．

ることから始まる．そして，新しいビリオンが感染した細胞の中でつくられ，外へ出て行って再びシアル酸に結合することで細胞表面の受容体にある糖タンパク質と連結する．最後に，ウイルス表面にあるノイラミニダーゼが受容体糖タンパク質とシアル酸の間の結合を切断し，これによってビリオンが放出され，また新しい細胞に侵入する（図22・12）．

インフルエンザの大流行を防ぐには何ができるだろうか．ワクチンの開発が間に合うことだけが，ウイルスの広がりを抑える方法である．しかし，伝染性のウイルスが現れなければワクチンはつくれない．それまでは，感染による重症化を防ぐために抗ウイルス剤が唯一の望みである．オセルタミビル（oseltamivir, 販売名タミフル®），ザナミビル（zanamivir, 販売名リレンザ®）はノイラミニダーゼを阻害する数少ない医薬品のうちの二つである．酵素が阻害されることによって，新しくつくられたビリオンが放出されなくなり，体内への感染の広がりが抑えられる．図22・12を見れば，N-アセチルノイラミン酸とオセルタミビルおよびザナミビルの構造が似ていることがわかるだろう．これらの医薬品は，ノイラミニダーゼに結合し，その働きを阻害する．残念ながら，H1N1ブタインフルエンザウイルスは，その発生から1年のうちにオセルタミビルに対するほぼ完璧な耐性を獲得した．化学者はウイルスとの競争に勝つために戦い続けなければならない．

演習問題

目で学ぶ化学

（問題 22・1～22・10 は本文中にある）

22・11 次に示すクエン酸回路の中間体は何か．立体化学は R か S か．

22・12 次の化合物は，グルコース代謝の別の経路であるペントースリン酸経路の中間体である．この化合物のもととなった糖は何か．

追加問題

22・13 次の変換に関わる代表的な補酵素はそれぞれ何か．
(a) アルコールをリン酸化し，リン酸エステルをつくる
(b) 2-オキソ酸を酸化的に脱炭酸し，チオエステルをつくる
(c) ケトンをカルボキシ化し，3-オキソ酸をつくる

22・14 無酸素状態の筋肉でグルコースを異化してできる乳酸は，酸化によってピルビン酸に変換される．この反応に必要な補酵素は何か．巻矢印を用いて反応機構を示せ．

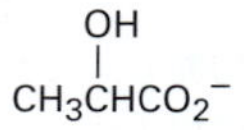

$$CH_3CHCO_2^- \quad 乳酸$$
$$\quad\;\; |$$
$$\quad OH$$

22・15 クエン酸回路の段階 4 で 2-オキソグルタル酸がスクシニル CoA に変換される反応機構を示せ（図 22・8 参照）．

22・16 動物にはできないが，植物は**グリオキシル酸回路**（glyoxylate cycle）で始まる経路によって，グルコースをアセチル CoA から合成できる．この回路には，イソクエン酸脱離酵素に触媒されてイソクエン酸をグリオキシル酸とコハク酸に変換する段階がある．この反応の機構を示せ．

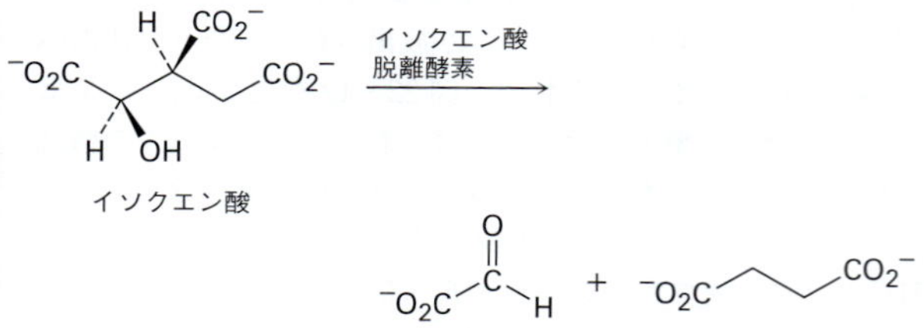

イソクエン酸 → グリオキシル酸 + コハク酸

22・17 細菌におけるグルコースの異化経路の一つである Entner-Doudoroff 経路のある段階では，6-ホスホグルコン酸が 2-オキソ-3-デオキシ-6-ホスホグルコン酸に変換される．この反応の機構を示せ．

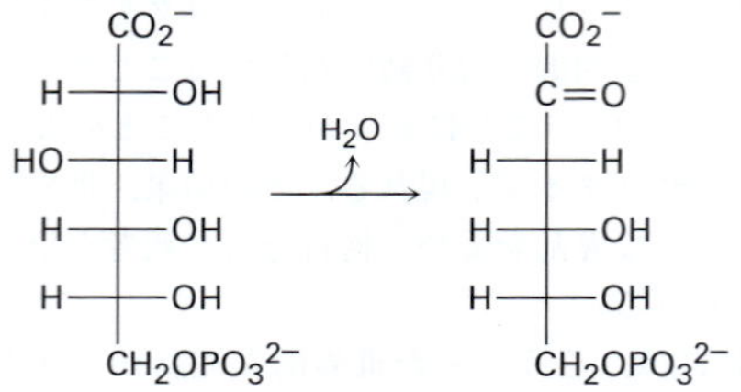

6-ホスホグルコン酸 → 2-オキソ-3-デオキシ-6-ホスホグルコン酸

22・18 ピルビン酸は酵母の発酵においてエタノールに変換される．

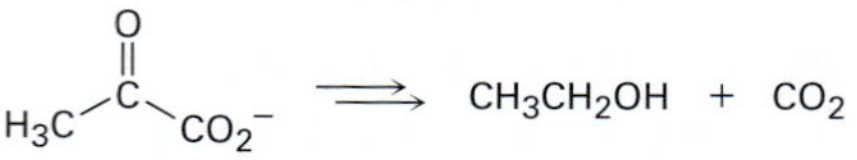

ピルビン酸 → エタノール + CO_2

(a) 最初の段階では，ピルビン酸に TPP が作用して起こる脱炭酸によって HETPP がつくられる．この反応の機構を示せ．
(b) 2 番目の段階では，プロトン化と TPP イリドの脱離によってアセトアルデヒドが生成する．この反応の機構を示せ．
(c) 最後の段階は NADH による還元である．反応機構を示せ．

22・19 八つの必須単糖（§21・7 参照）の一つであるガラクトースは，ガラクトース-4-エピメラーゼによって UDP グルコース〔UDP はウリジン二リン酸（uridylyl diphosphate）の略〕から生合成される．この酵素が活性を示すためには NAD^+ を必要とする．しかし，NAD^+ は化学量論量必要な反応剤ではなく，NADH は最終生成物ではない．反応機構を示せ．

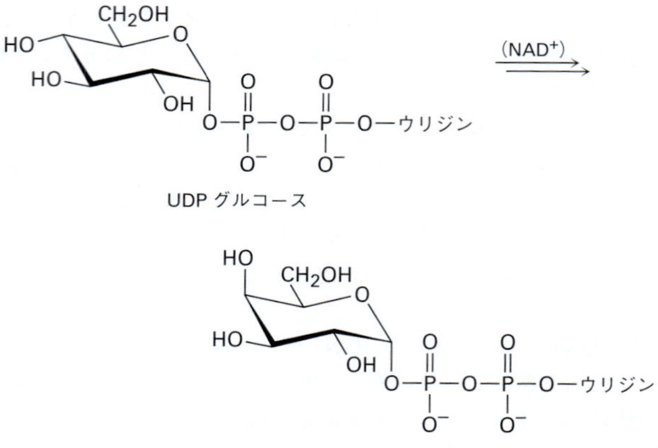

UDP グルコース → UDP ガラクトース

22・20 八つの必須単糖（§21・7 参照）の一つであるマンノースはフルクトース 6-リン酸から，その 6-リン酸誘導体として生合成される．このとき補因子は必要ない．反応機構を示せ．

22. 糖質の代謝　771

フルクトース 6-リン酸 → マンノース 6-リン酸

22・21 八つの必須単糖 (§21・7 参照) の一つであるグルコサミンはフルクトース 6-リン酸とアンモニアが反応して，その 6-リン酸誘導体として生合成される．反応機構を示せ．

フルクトース 6-リン酸 + NH₃ → グルコサミン 6-リン酸 + H₂O

22・22 グルコースが代謝されるペントースリン酸経路では，リブロース 5-リン酸が可逆的に異性化して，リボース 5-リン酸とキシルロース 5-リン酸を生じる．この両者が生成する反応機構を示せ．

キシルロース 5-リン酸 ⇌ リブロース 5-リン酸 ⇌ リボース 5-リン酸

22・23 グルコース代謝の別の経路であるペントースリン酸経路には，セドヘプツロース 7-リン酸とグリセルアルデヒド 3-リン酸との反応がある．この反応には酵素であるトランスアルドラーゼが関わり，エリトロース 4-リン酸とフルクトース 6-リン酸が得られる．

セドヘプツロース 7-リン酸 + グリセルアルデヒド 3-リン酸 → エリトロース 4-リン酸 + フルクトース 6-リン酸

(a) この反応の最初の段階では，酵素のリシン残基とセドヘプツロース 7-リン酸が反応してプロトン化された Schiff 塩基が生じる．つづいて，逆アルドール反応による切断が起こり，エナミンとエリトロース 4-リン酸が生じる．エナミンの構造と，どのようにエナミンが生成するのか，反応機構を書け．
(b) 2 番目の段階では，エナミンがグリセルアルデヒド 3-リン酸に求核付加する．つづいて，Schiff 塩基が加水分解し，フルクトース 6-リン酸が得られる．反応機構を書け．

22・24 グルコースが代謝されるペントースリン酸経路には，TPP が関与してキシルロース 5-リン酸とリボース 5-リン酸からグリセルアルデヒド 3-リン酸とセドヘプツロース 7-リン酸が生じる反応がある．

キシルロース 5-リン酸 + リボース 5-リン酸 ⇌ グリセルアルデヒド 3-リン酸 + セドヘプツロース 7-リン酸

(a) 最初の段階では，TPP イリドがキシルロース 5-リン酸に付加する．生成物を示せ．
(b) 第二段階は，TPP が付加した生成物の逆アルドール反応による切断であり，グリセルアルデヒド 3-リン酸と TPP を含む生成物が得られる．この反応の機構を示せ．
(c) 第三段階では，段階 2 で得られた TPP を含む生成物がリボース 5-リン酸にアルドール付加する．生成物と反応機構を示せ．
(d) 最後の段階では，TPP イリドが脱離し，セドヘプツロース 7-リン酸が生じる．この反応の機構を示せ．

22・25 光合成には，リブロース 1,5-ビスリン酸を 3-ホスホ

リブロース 1,5-ビスリン酸 ⇌ 2 3-ホスホグリセリン酸

グリセリン酸に変換する段階がある．
(a) 最初の段階では，カルボニル基の互変異性が起こっている．生成物と反応機構を示せ．
(b) 第二段階は，ビオチンを必要とするカルボキシ化であり，3-オキソ酸が生じる．生成物と反応機構を示せ．
(c) 最後の段階では，逆アルドール様の反応によって 3-ホスホグリセリン酸が 2 分子得られる．この反応の機構を示せ．

22・26 通常，アセチル CoA はクエン酸回路で代謝されておもに二酸化炭素になる．一方，長い飢餓状態にさらされたとき，アセチル CoA は**ケトン体**（ketone body）とよばれる化合物になり，脳の中で一時的な栄養として使われる．ケトン体がアセチル CoA からつくられる経路を示した以下の図において，四つの ? で示された化合物は何か記せ．

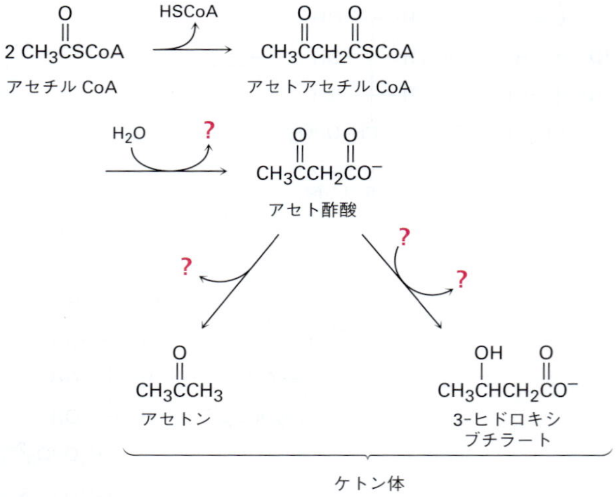

(c) 第三段階では，補酵素として NADPH が必要である．反応機構を示せ．

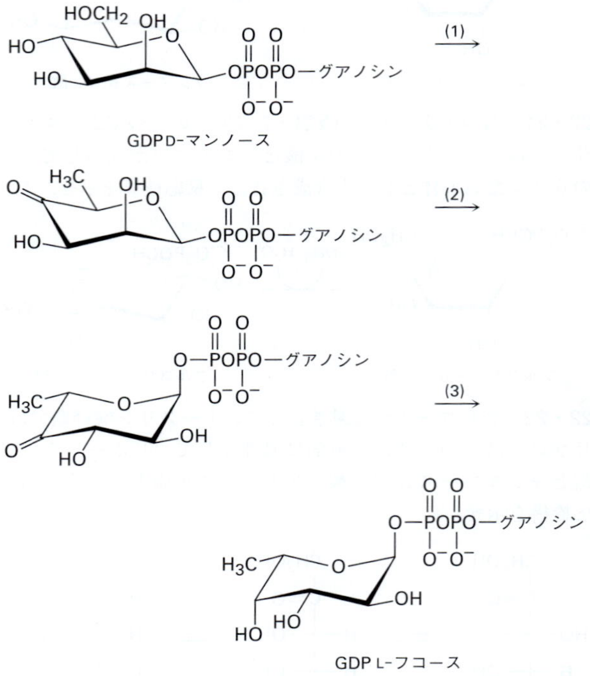

22・28 フルクトースの代謝には筋肉で起こるものと，肝臓で起こるものの 2 種類がある．筋肉では，フルクトースは，ヘキソキナーゼの触媒作用により ATP と反応してリン酸化され，解糖系の中間体であるフルクトース 6-リン酸になる．一方，肝臓では，フルクトースの代謝は六つの酵素が関わるより複雑な過程を経る．
(a) 最初の段階では，フルクトースはフルクトキナーゼの触媒作用により ATP と反応してリン酸化されフルクトース 1-リン酸になる．つづいてフルクトース 1-リン酸が開裂し，解糖系の中間体であるジヒドロキシアセトンリン酸とグリセルアルデヒドになる．この開裂反応は I 型アルドラーゼが触媒する．フルクトース 1-リン酸の開裂反応の反応機構を書け．
(b) グルセルアルデヒドは還元，リン酸化，再酸化を経て，もう 1 分子のジヒドロキシアセトンリン酸になる．この反応過程の中間体と，それぞれの過程で働くと思われる補酵素を書け．

22・27 八つの必須単糖（§21・7 参照）の一つである L-フコースは次の三つの段階を経て GDP D-マンノースから生合成される．
(a) 最初の段階では，酸化，脱水および還元が起こっている．この段階は NADP$^+$ を必要とするが，NADPH は最終生成物とはならない．この反応の機構を示せ．
(b) 第二段階では，二つの異性化が進行し，これには酵素の酸性および塩基性部位が利用されるが，補酵素は必要ない．この反応の機構を示せ．

23 生体分子：脂質とその代謝

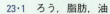

- 23・1 ろう，脂肪，油
- 23・2 石けん
- 23・3 リン脂質
- 23・4 トリアシルグリセロールの異化反応：グリセロールの分解
- 23・5 トリアシルグリセロールの異化反応：β酸化
- 23・6 脂肪酸の生合成
- 23・7 プロスタグランジンとその他のエイコサノイド
- 23・8 テルペン
- 23・9 ステロイド
- 23・10 ステロイドの生合成
- 23・11 ステロイド代謝に関する解説

ヒドロキシアシル CoA 脱水素酵素は，脂肪酸代謝経路における，β-ヒドロキシアシル CoA の 3-オキソアシル CoA への酸化を触媒する

本章の目的 これまでに 4 種の主要な生体分子のうちの二つ，すなわちタンパク質と糖について述べてきたので，残りはあと二つである．本章では，最も種類が多く，多様な構造をもつ生体分子である脂質の構造，機能，代謝について解説する．

脂質（lipid）は，水溶性に乏しく，生体から非極性有機溶媒による抽出によって単離できる天然由来の有機分子である．脂肪，油，ろう（ワックス），ある種のビタミンとホルモン，および多くの非タンパク質性の細胞膜構成成分がその例である．糖やタンパク質とは異なり，脂質は構造よりも物理化学的性質（溶解度）により定義されている．本章では，多岐にわたる脂質のなかで，トリアシルグリセロール，エイコサノイド，テルペン（テルペノイド），ステロイドのいくつかの例を取上げる．

脂質は大きく二つに分類される．脂肪やろう（ワックス）のようにエステル結合を含み加水分解できるもの，およびコレステロールやその他のステロイドのようにエステル結合を含まず加水分解できないものである．

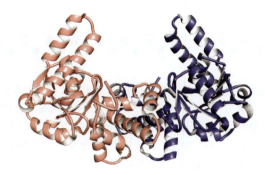

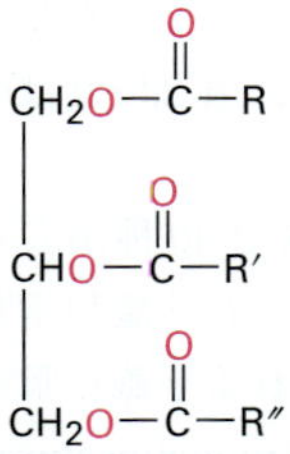

動物脂肪：トリエステル
R, R′, R″ = C_{11}〜C_{19} 脂肪族鎖

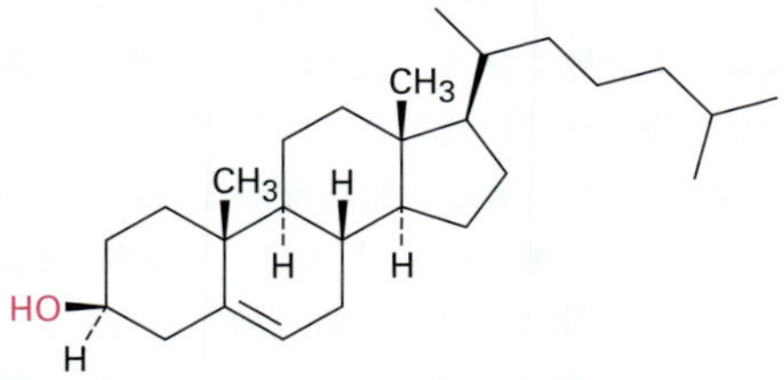

コレステロール

23・1 ろう，脂肪，油

ろう（wax，ワックスともいう）は長鎖カルボン酸と長鎖アルコールからなるエス

CH₃(CH₂)₁₄CO(CH₂)₂₉CH₃
ヘキサデカン酸トリアコンチル
（蜜ろうの成分）

テルの混合物である．通常，カルボン酸部分は16～36の偶数個の炭素鎖をもち，アルコール部分は24～36の偶数個の炭素鎖をもっている．たとえば，蜜ろうの主成分の一つはヘキサデカン酸トリアコンチル（triacontyl hexadecanoate），すなわち C_{30} アルコールであるトリアコンタン-1-オールと C_{16} カルボン酸であるヘキサデカン酸のエステルである．多くの果実，葉，動物の毛皮のろう状の表皮には同様の構造をもつ物質が含まれる．

動物の**脂肪**（fat）や**植物油**（vegetable oil）は最も広く分布する脂質である．これらは異なるようにみえる（バターやラードのような動物の脂肪は固体であるのに対し，トウモロコシ油やピーナツ油のような植物油は液体である）が，化学構造は非常によく似ている．化学的には，脂肪や油は**トリグリセリド**（triglyceride，あるいは**トリアシルグリセロール** triacylglycerol ともいう）で，グリセロール（glycerol，グリセリンともいう）と**脂肪酸**（fatty acid）とよばれる長鎖カルボン酸3分子からなるトリエステルである．脂肪は糖よりも酸化状態が低く，同じ重量の水和されたグリコーゲンと比べると6倍ものエネルギーを体内で供給できるため，動物は脂肪を長期間のエネルギー貯蔵に利用している．

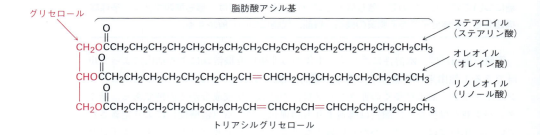

脂肪や油を NaOH 水溶液で加水分解すると，グリセロールと3分子の脂肪酸が得られる．一般的に脂肪酸は枝分かれがなく，12～20の偶数個の炭素原子をもっている．二重結合が存在する場合，すべてではないがほとんどが Z（*cis*）の立体化学である．一つのトリアシルグリセロール中の三つの脂肪酸部分は必ずしも同じではなく，また同一の試料から得られた脂肪や油も非常に多くの種類のトリアシルグリセロールの複雑な混合物である．表23・1は一般的にみられる脂肪酸を，表23・2はさまざまな由来の脂肪や油に含まれる成分のおおよその割合を示している．

100種類以上の異なる脂肪酸が知られており，そのうちおよそ40種が広く存在する．パルミチン酸（C_{16}）とステアリン酸（C_{18}）は最も多くみられる飽和脂肪酸であり，オレイン酸とリノール酸（両方とも C_{18}）は最も多くみられる不飽和脂肪酸である．オレイン酸は二重結合を一つだけもつ**単不飽和脂肪酸**（monounsaturated fatty acid）であり，一方，リノール酸，リノレン酸，アラキドン酸は二つ以上の二重結合をもつ**多不飽和脂肪酸**（polyunsaturated fatty acid: PUFA）である．リノール酸とリノレン酸は乳脂に含まれていて，ヒトの食事には必須である．乳児が長期間無脂肪乳を摂取していると，発育が未熟になり，肌に障害が生じる．

リノレン酸は ω-3 脂肪酸（ω-3 fatty acid）の例の一つであり，血中のトリグリセ

表 23・1 代表的な脂肪酸の構造

名　称	炭素数	融点(°C)	構　造
飽和脂肪酸			
ラウリン酸 lauric acid	12	43.2	$CH_3(CH_2)_{10}CO_2H$
ミリスチン酸 myristic acid	14	53.9	$CH_3(CH_2)_{12}CO_2H$
パルミチン酸 palmitic acid	16	63.1	$CH_3(CH_2)_{14}CO_2H$
ステアリン酸 stearic acid	18	68.8	$CH_3(CH_2)_{16}CO_2H$
アラキジン酸 arachidic acid	20	76.5	$CH_3(CH_2)_{18}CO_2H$
不飽和脂肪酸			
パルミトレイン酸 palmitoleic acid	16	−0.1	$(Z)\text{-}CH_3(CH_2)_5CH=CH(CH_2)_7CO_2H$
オレイン酸 oleic acid	18	13.4	$(Z)\text{-}CH_3(CH_2)_7CH=CH(CH_2)_7CO_2H$
リノール酸 linoleic acid	18	−12	$(Z,Z)\text{-}CH_3(CH_2)_4(CH=CHCH_2)_2(CH_2)_6CO_2H$
リノレン酸 linolenic acid	18	−11	$(全\ Z)\text{-}CH_3CH_2(CH=CHCH_2)_3(CH_2)_6CO_2H$
アラキドン酸 arachidonic acid	20	−49.5	$(全\ Z)\text{-}CH_3(CH_2)_4(CH=CHCH_2)_4CH_2CH_2CO_2H$

表 23・2 おもな脂肪と油の構成成分

由　来	飽和脂肪酸(%) ラウリン酸 C_{12}	ミリスチン酸 C_{14}	パルミチン酸 C_{16}	ステアリン酸 C_{18}	不飽和脂肪酸(%) オレイン酸 C_{18}	リノール酸 C_{18}
動物脂肪						
ラード	—	1	25	15	50	6
バター	2	10	25	10	25	5
ヒ ト	1	3	25	8	46	10
クジラ	—	8	12	3	35	10
植物油						
ココナツ	50	18	8	2	6	1
トウモロコシ	—	1	10	4	35	45
オリーブ	—	1	5	5	80	7
ピーナツ	—	—	7	5	60	20

リド濃度を低下させ，心臓発作の危険性を低減する．ω-3 脂肪酸という名前は，非カルボン酸末端から 3 番目の炭素が二重結合をもつことに由来する．

表 23・1 は，一般的に不飽和脂肪酸は対応する飽和脂肪酸よりも低い融点をもつこ

ステアリン酸

$CH_3CH_2CH_2CH_2CH_2CH_2CH_2CH_2CH_2CH_2CH_2CH_2CH_2CH_2CH_2CH_2CO_2H$

リノレン酸
ω-3 多不飽和脂肪酸

ω-3 二重結合

$CH_3CH_2CH=CHCH_2CH=CHCH_2CH=CHCH_2CH_2CH_2CH_2CH_2CH_2CO_2H$

とを示しており，この傾向はトリアシルグリセロールについてもあてはまる．植物油は一般に動物油よりも不飽和脂肪酸の割合が高いので，融点が低い（表23・2）．この違いは構造に由来する．飽和脂肪酸はどれも同じような形をしており，結晶格子中で効率的にパッキングされる．しかし，植物油中の不飽和脂肪酸では C=C 結合によって炭化水素鎖に屈曲とねじれが生じているので，より結晶化しづらく融点は低くなる．

　植物油中の C=C 結合は，一般には高温下でニッケル触媒を用いることで触媒的に水素化でき，飽和した固体または準固体の油につくりかえることができる．マーガリンやショートニング（菓子作りに使うラード）は，大豆油，ピーナツ油，綿実油を，適切に一定になるまで水素化することによって製造される．残念ながら，水素化反応は二重結合のシス－トランス異性化を伴う副反応が進行するため，トランス二重結合をもつ脂肪酸が 10～15％生成する．食事からトランス脂肪酸を摂取すると，血中のコレステロール値が上昇し，心臓疾患の危険性が高まる．リノール酸からエライジン酸への変換がその一例である．

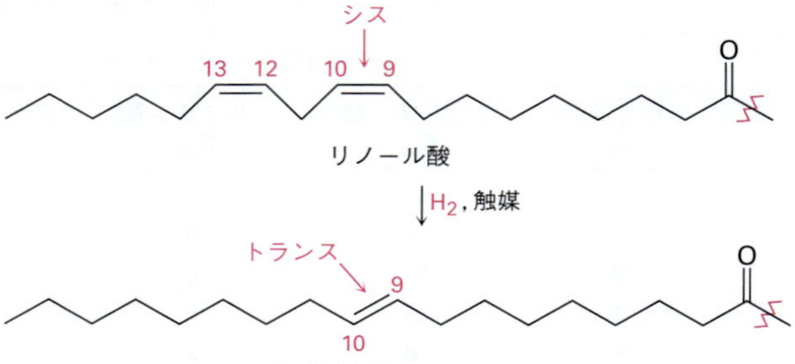

問題 23・1　床や家具を磨くのに使われるカルナウバろうは C_{32} の直鎖アルコールと C_{20} の直鎖カルボン酸からなるエステルを含んでいる．構造式を書け．

問題 23・2　トリパルミチン酸グリセリルとトリオレイン酸グリセリルの構造式を書け．どちらの方が融点が高いか．

23・2　石 け ん

　石けんは少なくとも紀元前 600 年から知られており，現在のレバノンに住んでいたフェニキア人はヒツジの脂肪と木の灰の抽出物を煮てできる凝乳状の物質として手にしていた．しかし，当時石けんによる洗浄効果は一般的に認識されておらず，石けんが広く使われるようになったのは 18 世紀になってからである．化学的には，石けん

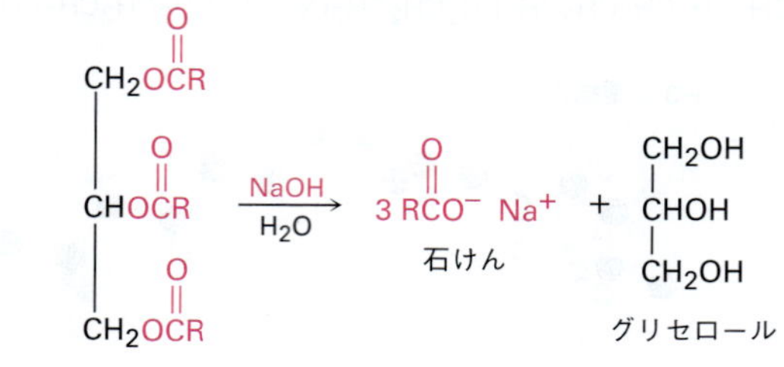

は長鎖脂肪酸のナトリウム塩またはカリウム塩の混合物であり，これらは動物脂肪をアルカリで加水分解（**けん化** saponification）することによって得られる．1800 年代初期に LeBlanc が硫酸ナトリウムと石灰岩 CaO を加熱すると Na_2CO_3 ができることを見つけるまで，木の灰はアルカリのもととして使用された．

凝集した石けんの粗生成物は，石けんの他にグリセロールと過剰なアルカリを含んでいるが，水中で加熱して，NaCl または KCl を加え，純粋なカルボン酸塩を沈殿させることによって精製できる．沈殿した滑らかな石けんを乾燥し，においをつけ，棒状に圧縮すると家庭用石けんになる．色素を加えれば色のついた石けんが，消毒薬を混ぜれば薬用石けん，軽石を加えると精練用石けん，空気を吹込むと水に浮く石けんができる．ただし，余分な処理や価格に関わりなく，石けんは基本的に同じものである．

石けんが洗浄剤として働くのは，分子の両端の性質がまったく違うためである．長鎖分子のカルボン酸末端はイオン性であり，親水性をもつため，水になじむ（§2・12 参照）．一方，長鎖炭化水素部分は非極性で疎水性であるため，水を避けて油に溶解する．これら二つの正反対の性質によって，石けんは油と水の両方に親和性をもち洗浄剤として機能する．

石けんを水中に分散させると，長い炭化水素の尾部が集まって疎水的な球の内部に巻き込まれ，一方，イオン性頭部は水相の方に突き出た形になる．このような球状物質は**ミセル**（micelle）とよばれ，図 23・1 のような模式図で表すことができる．油脂や油滴は石けん分子の無極性で疎水性の尾部によってミセルの中央に取込まれ，水に溶解する．いったん溶解すると，油脂や汚れが洗い流される．

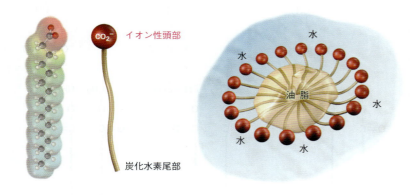

図 23・1 石けんのミセルは油脂の粒子を水に溶かす．脂肪酸塩の静電ポテンシャル図をみると，負電荷が頭部のカルボキシラート部位に存在していることがわかる．

石けんは便利であるが，同時に短所ももちあわせている．Mg^{2+}，Ca^{2+}，Fe^{3+} を含む硬水中では，もともと水溶性であったカルボン酸ナトリウム塩が不溶性の金属塩になり，浴槽まわりの汚れや白い服の灰色のしみとなる．化学者はこの問題を，長鎖アルキルベンゼンスルホン酸塩を基本とする合成界面活性剤を開発することによって克服した．合成界面活性剤の原理は石けんと同じであり，アルキルベンゼン部が油脂と相互作用し，アニオン性スルホン酸末端は水になじむ．しかし，石けんとは異なりスルホン酸系の界面活性剤は硬水中でも不溶性の塩を生成せず，いやな汚れが生じない．

合成界面活性剤
R = C_{12} 脂肪族鎖の混合物

問題 23・3 浴槽の汚れの成分であるオレイン酸マグネシウムの構造式を書け．

問題 23・4 NaOH 水溶液によるジオレオイルモノパルチミン酸グリセリル（glyceryl dioleate monopalmitate）のけん化反応を書け．

23・3 リン脂質

ろう，脂肪，油がカルボン酸のエステルであるように，**リン脂質**（phospholipid）はリン酸 H_3PO_4 のエステルである．

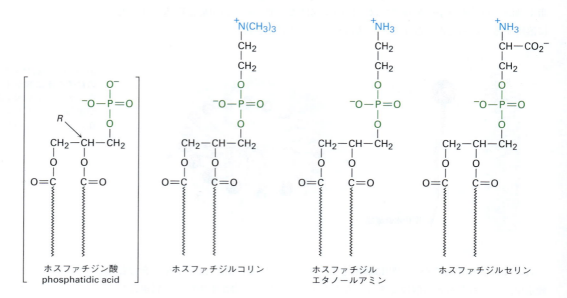

リン脂質には一般的に，グリセロリン脂質とスフィンゴリン脂質の2種類がある．**グリセロリン脂質**（glycerophospholipid）の基本構造はホスファチジン酸であり，これはグリセロール骨格に二つの脂肪酸および一つのリン酸がエステル結合したものである．脂肪酸部分は脂肪と同様に炭素鎖は C_{12} から C_{20} までのいずれでもよいが，C1に結合したアシル基は通常飽和で，C2のアシル基は通常不飽和である．C3のリン酸基はコリン $[HOCH_2CH_2N(CH_3)_3]^+$，エタノールアミン $HOCH_2CH_2NH_2$，セリン $HOCH_2CH(NH_2)CO_2H$ のようなアミノアルコールと結合している．この化合物はキラルであり，C2炭素はL配置（R配置）である．

リン脂質の第二のグループは**スフィンゴリン脂質**（sphingophospholipid）である．これらはジヒドロキシアミンをもつスフィンゴシン骨格をもっていて，脳や神経組織に多く存在し神経繊維を覆っている．

リン脂質は植物と動物の組織に広く分布し，細胞膜のおよそ 50〜60% を占めている．リン脂質は長い非極性の炭化水素尾部に極性のイオン性頭部が結合している点で石けんとよく似ており，細胞膜において厚さ約 5.0 nm（50 Å）の**脂質二重層**（lipid bilayer）を形成する．図 23・2 に示すように，非極性の尾部が二重層の内側に集まる．これはちょうど石けんの非極性尾部がミセルの中心部に集まるのと同様である．この二重層は水やイオン，他の化合物が細胞を出入りしないための有効な障壁になっている．

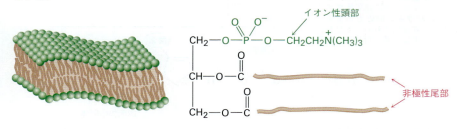

図 23・2 グリセロリン脂質の集積による細胞膜の脂質二重層の形成

23・4 トリアシルグリセロールの異化反応: グリセロールの分解

トリアシルグリセロールの異化は，胃や小腸内での加水分解によってグリセロールと脂肪酸が生成するところから始まる．この反応はリパーゼによって触媒され，その反応機構を図 23・3 に示す．酵素の活性中心はアスパラギン酸，ヒスチジン，セリンの 3 残基の組（触媒三つ組 catalytic triad）からなり，これらが反応の各段階で酸または塩基触媒として機能する．加水分解は，2 回の連続的な求核的アシル置換反応を経由する．最初はトリアシルグリセロールのアシル基が酵素中のセリン残基の側鎖にある OH 基と共有結合をつくる段階であり，2 番目は脂肪酸が酵素から遊離する段階である．

図 23・3 の段階 ❶ と ❷: アシル酵素の生成　最初の求核的アシル置換反応（トリアシルグリセロールと活性部位のセリンの反応によるアシル酵素生成）は，ヒスチジンによるセリンヒドロキシ基の脱プロトンから始まり，より求核性の高いアルコキシドイオンを生成する．このプロトン移動は近接するアスパラギン酸側鎖のカルボキシラートイオンによって促進される．このカルボキシラートイオンがヒスチジンの塩基性を高めると同時に，静電相互作用によって生じるヒスチジンのカチオンを安定化させる．脱プロトンされたセリンはトリアシルグリセロールのカルボニル基に付加して四面体中間体を生じる．

四面体中間体からジアシルグリセロールが脱離基として遊離して，アシル酵素が生成する．この段階は，ヒスチジンからのプロトン移動によってアルコール脱離基がプロトン化されることによって加速される．

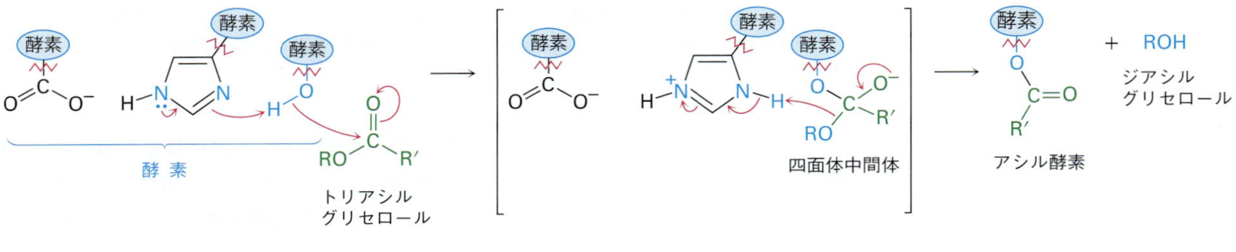

780   23. 生体分子：脂質とその代謝

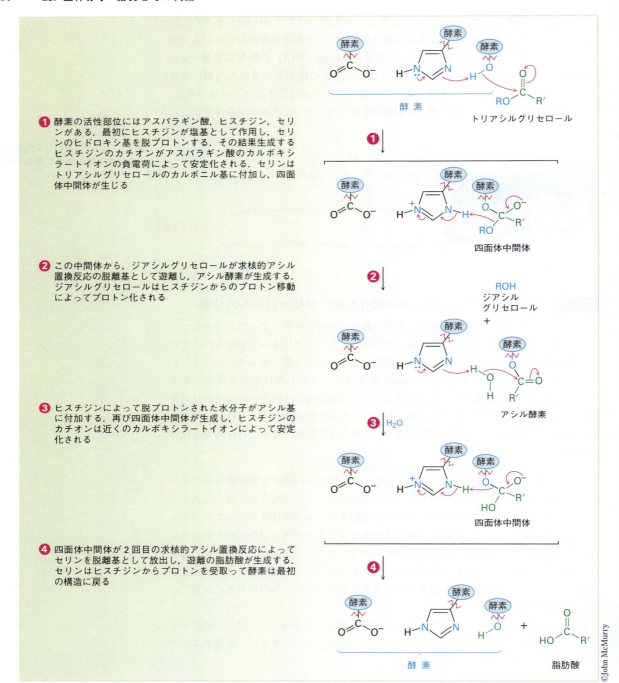

❶ 酵素の活性部位にはアスパラギン酸，ヒスチジン，セリンがある．最初にヒスチジンが塩基として作用し，セリンのヒドロキシ基を脱プロトンする．その結果生成するヒスチジンのカチオンがアスパラギン酸のカルボキシラートイオンの負電荷によって安定化される．セリンはトリアシルグリセロールのカルボニル基に付加し，四面体中間体が生じる

❷ この中間体から，ジアシルグリセロールが求核的アシル置換反応の脱離基として遊離し，アシル酵素が生成する．ジアシルグリセロールはヒスチジンからのプロトン移動によってプロトン化される

❸ ヒスチジンによって脱プロトンされた水分子がアシル基に付加する．再び四面体中間体が生成し，ヒスチジンのカチオンは近くのカルボキシラートイオンによって安定化される

❹ 四面体中間体が2回目の求核的アシル置換反応によってセリンを脱離基として放出し，遊離の脂肪酸が生成する．セリンはヒスチジンからプロトンを受取って酵素は最初の構造に戻る

図 23・3　リパーゼの反応機構．酵素の活性中心は，アスパラギン酸，ヒスチジン，セリンの3残基の組からなり，これらが協同的に2回の求核的アシル置換反応を行う．各段階については本文参照．

図 23・3 の段階 ❸ と ❹：加水分解　2回目の求核的アシル置換反応では，最初の2段階と類似した反応機構によってアシル酵素が加水分解されると同時に脂肪酸が遊離する．水がヒスチジンによって脱プロトンされて水酸化物イオンとなり，酵素に結

合したアシル基に付加する．再び四面体中間体からプロトン化とともに電荷をもたないセリン残基が脱離し，脂肪酸が遊離するのと同時に酵素の活性型が再生する．

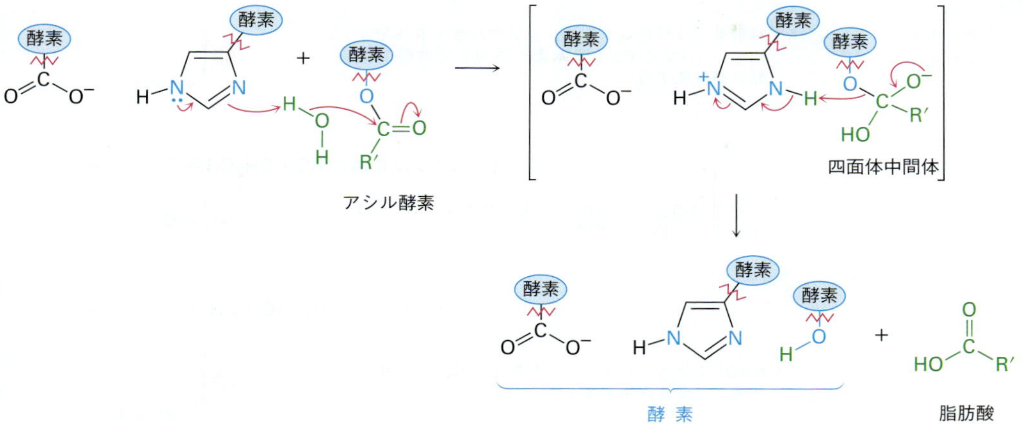

トリアシルグリセロールの加水分解によって遊離した脂肪酸はミトコンドリアに輸送され，アセチル CoA へ分解される．一方，グリセロールは肝臓に輸送されてさらに代謝される．肝臓では，グリセロールはまず ATP との反応でリン酸化され，ついで NAD$^+$ によって酸化される．その結果生成するジヒドロキシアセトンリン酸 (dihydroxyacetone phosphate: DHAP) が §22・2 で解説した解糖系に入る．

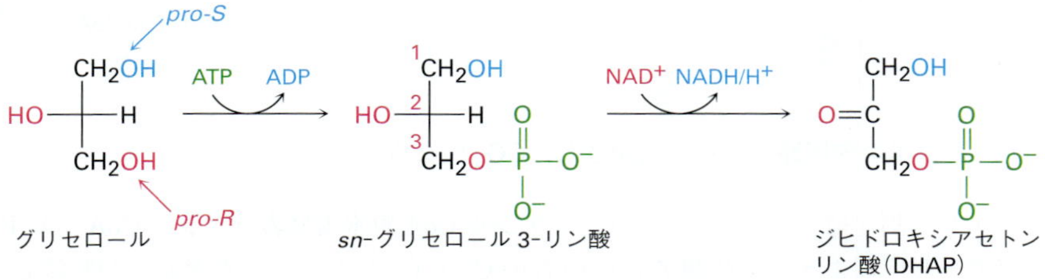

グリセロールの C2 は，同じ置換基を二つもつプロキラル中心であり，これはクエン酸回路におけるクエン酸 (§22・4 参照) と同じである．酵素反応によくみられるように，グリセロールのリン酸化は立体選択的に進行し，pro-R 側鎖だけがリン酸化を受ける．ただし，この選択性を前もって予想することは不可能である．

リン酸化の生成物は，sn-グリセロール 3-リン酸と命名されているが，接頭語 sn-は，"stereospecific numbering（立体特異的な番号づけ）"を意味する．この番号づけでは，分子を Fischer 投影式で表記し，C2 の OH 基を左側に置き，グリセロールの炭素番号は上から開始する．

23・5 トリアシルグリセロールの異化反応: β 酸化

トリアシルグリセロールの加水分解によって生成した脂肪酸は，さらなる分解の前段階として，対応する補酵素 A のチオエステルに変換される．つづいて，図 23・4 に示すように，4 段階の **β 酸化経路**（β-oxidation pathway）とよばれる反応の繰返しによって異化を受ける．この経路の繰返しにより，脂肪酸の末端からアセチル基が順次切断されて，最終的に分子は完全に分解される．生成したアセチル CoA は §22・4

図 23・4 β酸化経路の4段階の反応機構. 4段階のβ酸化で，脂肪酸の末端からアセチル基が遊離する. 炭素鎖が短縮される鍵反応は，3-オキソチオエステルの逆 Claisen 縮合である. 各段階については本文参照.

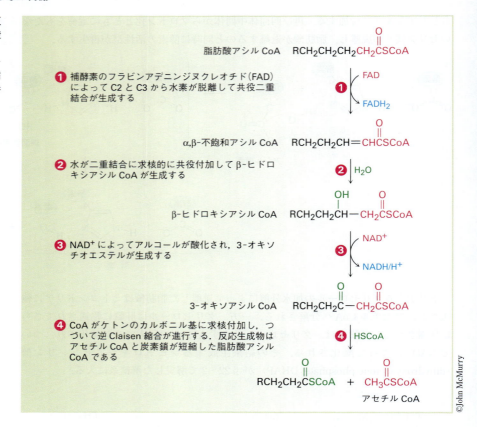

で述べたクエン酸回路に入って代謝され，CO_2 になる.

図23・4の段階❶: 二重結合の導入　アシル CoA 脱水素酵素（アシル CoA デヒドロゲナーゼ）によって脂肪酸アシル CoA の C_2 と C_3 から二つの水素原子が脱離し，α,β-不飽和アシル CoA が生成することで，β酸化が開始される. このような酸化反応（カルボニル化合物への共役二重結合の導入）は，生合成経路でしばしばみられ，通常補酵素のフラビンアデニンジヌクレオチド（flavin adenine dinucleotide: FAD）

が関与する．この反応に伴い FAD の還元型 FADH$_2$ が生成する．

FAD による触媒反応の機構の理解は，フラビン補酵素が2電子移動（イオン反応）も，1電子移動（ラジカル反応）も触媒するため難しい場合が多い．そのため，アシル CoA 脱水素酵素ファミリーの機能はいまだに明らかになっていない．これまでにわかっていることは，以下の3点である．1) 最初の段階でアシル CoA のカルボニル α位にある酸性の *pro-R* 水素が引抜かれ，チオエステルのエノラートイオンが生成する．アシル基のカルボニル酸素と FAD のリビトールヒドロキシ基の間の水素結合によって，アシル基の酸性度が高くなる．2) カルボニル β位の *pro-R* 水素が FAD に移動する．3) その結果生成した α,β-不飽和アシル CoA はトランス二重結合をもつ．

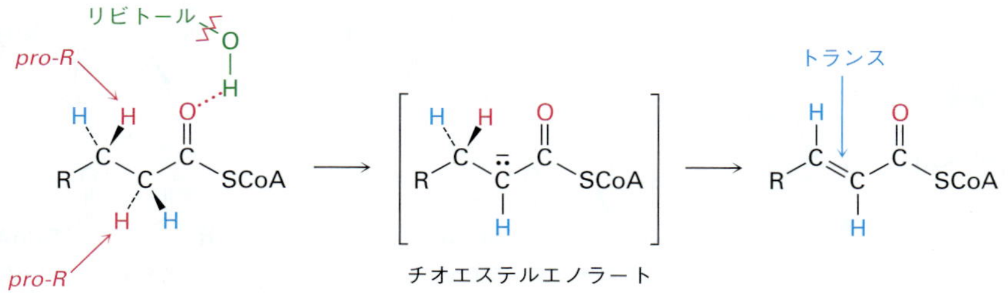

提唱されている反応機構の一つはヒドリドイオン H$^-$ の求核的共役付加反応であり，これは NAD$^+$ によるアルコール酸化の機構と類似している（§13・5参照）．エノラート上の電子対が β位のヒドリドを押し出し，FAD の二重結合をもつ N5 窒素へ転移させる．生成した中間体の N1 がプロトン化され生成物が生じる．

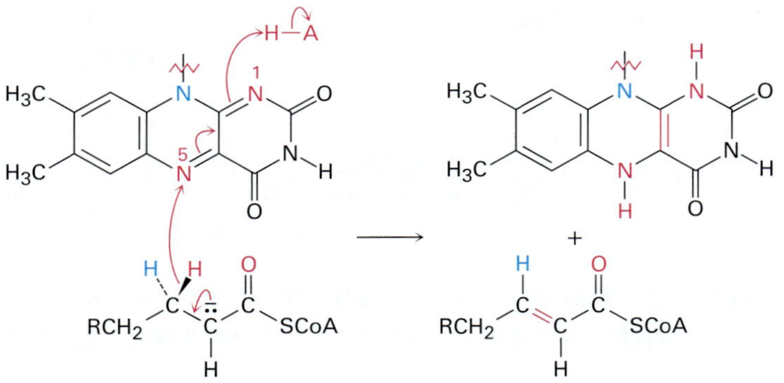

図 23・4 の段階 ❷：水の共役付加　段階1で生成した α,β-不飽和アシル CoA に水が共役付加し（§14・11参照），β-ヒドロキシアシル CoA が生成する．この段階はエノイル CoA ヒドラターゼが触媒する．水は求核剤として二重結合の β 炭素に付加し，チオエステルのエノラート中間体を与え，この中間体の α 位がプロトン化される．

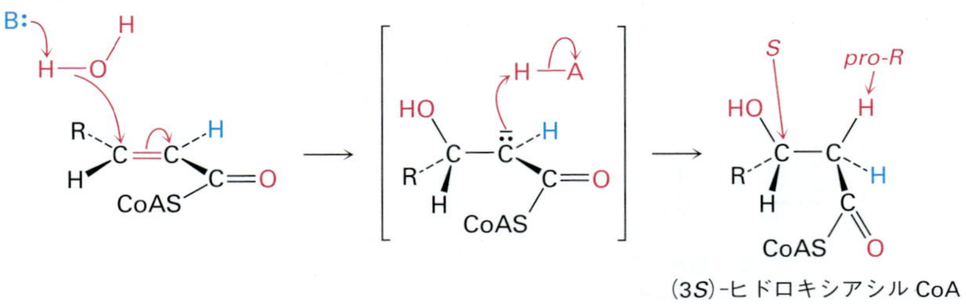

(3*S*)-ヒドロキシアシル CoA

図 23・4 の段階 ❸： アルコールの酸化　段階 2 で生成した β-ヒドロキシアシル CoA が 3-オキソアシル CoA に酸化される．この段階は L-3-ヒドロキシアシル CoA 脱水素酵素ファミリーに属する酵素によって触媒される．この酵素はアシル基の炭素鎖の長さによって基質特異性が異なる．§23・4 で述べた sn-グリセロール 3-リン酸からジヒドロキシアセトンリン酸への酸化と同様，このアルコール酸化は補酵素として NAD^+ を必要とし，還元体の $NADH/H^+$ が生成する．この反応は，活性中心のヒスチジン残基によるヒドロキシ基の脱プロトンによって促進される．

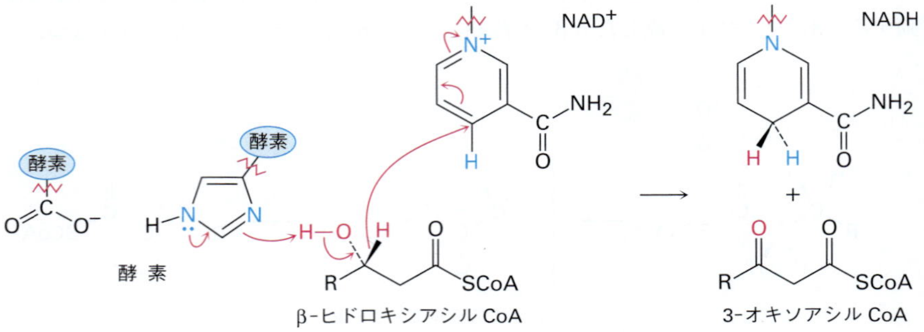

図 23・4 の段階 ❹： 炭素鎖の切断　アセチル CoA は β 酸化の最終段階で遊離し，出発物よりも炭素数が二つ少ないアシル CoA が生成する．この反応は 3-オキソアシル CoA チオラーゼによって触媒され，反応機構としては Claisen 縮合の逆反応である（§17・9 参照）．本来の Claisen 縮合では，二つのエステルが結合して 3-オキソエステルが生成するが，逆 Claisen 縮合は 3-オキソエステル（または 3-オキソチオエステル）を二つのエステル（あるいは二つのチオエステル）に分解する．

逆 Claisen 縮合は，酵素中のシステインの SH 基が，3-オキソアシル CoA のケトンカルボニル基へ求核付加することでアルコキシド中間体が生成して進行する．その

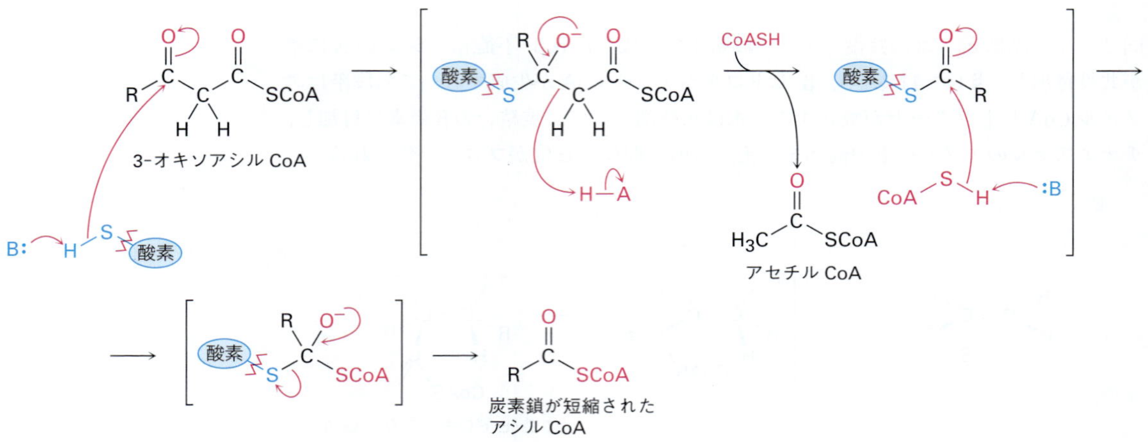

後，C2-C3 結合の開裂と同時にアセチル CoA のエノラートイオンが脱離し，このエノラートがただちにプロトン化される．酵素に結合したアシル基は補酵素 A による求核的アシル置換反応を受けて炭素鎖が短くなったアシル CoA が生成する．このアシル CoA は次の β 酸化を受けてさらに分解が進む．

β 酸化全体を確認するために，図 23・5 に示したミリスチン酸の異化をみてみよう．第一段階で，炭素数 14 のミリストイル CoA が炭素数 12 のラウロイル CoA とアセチル CoA に変換され，第二段階で，ラウロイル CoA が炭素数 10 のカプロイル CoA とアセチル CoA に変換され，第三段階では，カプロイル CoA が炭素数 8 のカプリロイル CoA とアセチル CoA へと順次分解されていく．最終段階では，基質の炭素数が 4 であるため，2 分子のアセチル CoA が生成する．

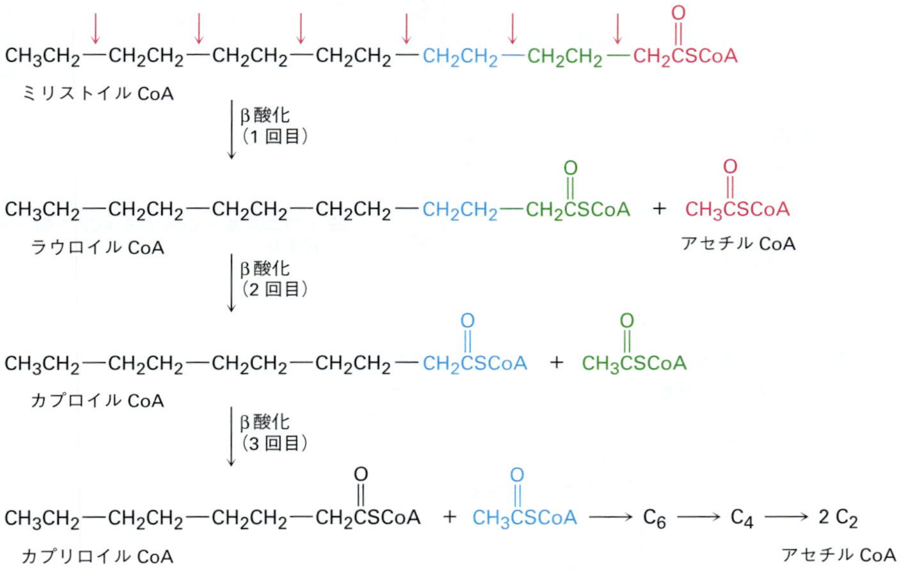

図 23・5 β 酸化経路による炭素数 14 のミリスチン酸の異化．6 段階を経て 7 分子のアセチル CoA が生成する．

多くの脂肪酸の炭素数は偶数であるため，最後まで β 酸化され，後は何も残らない．炭素数が奇数の脂肪酸は，β 酸化の最終段階で炭素数 3 のプロピオニル CoA を生成する．プロピオニル CoA は多段階のラジカル反応でコハク酸に変換され，コハク酸はクエン酸回路に入る（§22・4 参照）．炭素数 3 のプロピオニル基は，正しくはプロパノイル基とよばれるべきであるが，生化学者は一般に前者を用いる．

問題 23・5 図 23・5 に示した β 酸化の続きの反応式を書け．

問題 23・6 次の脂肪酸の異化反応によって，アセチル CoA は何分子生成するか．また，β 酸化は何回起こるか．
(a) パルミチン酸 $CH_3(CH_2)_{14}CO_2H$ (b) アラキドン酸 $CH_3(CH_2)_{18}CO_2H$

23・6 脂肪酸の生合成

一般的な脂肪酸の顕著な特徴の一つは，炭素数が偶数であることである（表 23・1）．これは，すべての脂肪酸が，アセチル CoA を用いて連続的に二つずつ増炭する

786   23. 生体分子：脂質とその代謝

ことによって生合成されるためである．一方，アセチル CoA は，おもに解糖系での糖質の代謝によって生成し（§22・2参照），食事から摂取された糖質のうち，すぐにエネルギーとして必要とされるもの以外は脂肪に変換されて貯蔵される．

すでに§22・5で糖質の生合成について述べたように，物質がつくられる同化経路は物質を分解する異化経路の逆をたどるわけではない．実際，脂肪酸をアセチル CoA に変換する β 酸化経路と，アセチル CoA から脂肪酸を合成する生合成経路は，関

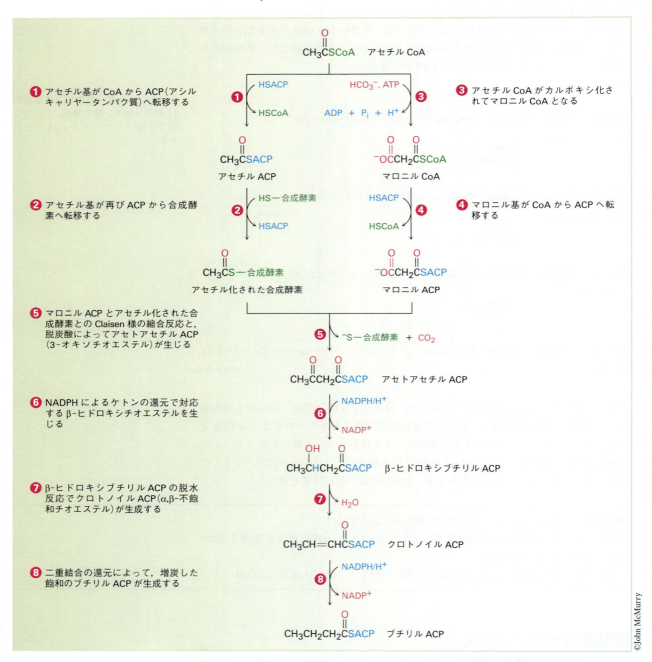

図 23・6　炭素数 2 の前駆体であるアセチル CoA から始まる脂肪酸の生合成．各段階については本文参照．

連してはいるが正確な意味での逆反応ではない．たとえば，アシル基の担体が異なること，β-ヒドロキシアシル中間体の立体化学が異なること，酸化還元のための補酵素が異なること，などの相違点がみられる．また，β酸化では二重結合を生成するのに FAD が使われるが，脂肪酸の生合成経路中で二重結合を還元するのには NADPH が使われる．

　細菌では，脂肪酸生合成の各段階はそれぞれ別々の酵素によって触媒される．しかし，脊椎動物の脂肪酸生合成では，合成酵素（シンターゼ synthase）とよばれる巨大な酵素複合体によって触媒される．この合成酵素複合体は，2505 個のアミノ酸からなる同じサブユニットの二量体として存在し，脂肪酸合成経路のすべての段階を触媒する．たとえば炭素数 18 の脂肪酸の場合，42 もの段階を触媒する．脂肪酸生合成の全体像を図 23・6 に示す．

図 23・6 の段階 ❶ と ❷：アシル基転移反応

脂肪酸生合成の出発物はチオエステルであるアセチル CoA であり，これは解糖系における炭水化物分解の最終生成物である（§22・2 参照）．まずはじめに，アセチル CoA は輸送されて，反応性の高い物質に変換される．最初の反応は，アセチル CoA をアセチル ACP（アシルキャリヤータンパク質）に変換する求核的アシル置換反応である．この反応は ACP アシル基転移酵素（ACP トランスアシラーゼ）が触媒する．

アシルキャリヤータンパク質
acyl carrier protein: ACP

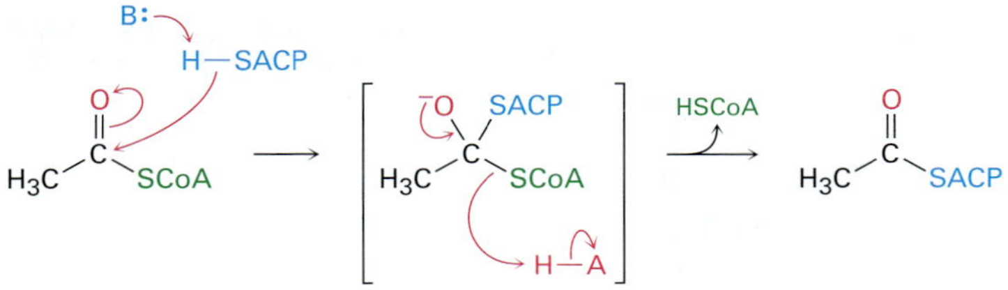

　細菌の ACP は 77 個のアミノ酸からなる小さいタンパク質であり，アシル基をある酵素から別の酵素へ移動させる．しかし脊椎動物では，ACP は合成酵素複合体から伸びた長い腕のような形をしており，複合体中でアシル基を移動させる機能をもっている．アセチル CoA と同様，アセチル ACP のアシル基は，チオエステル結合を介してホスホパンテテイン（phosphopantetheine）の硫黄原子に結合している．一方，ホスホパンテテインは，酵素のセリン残基の OH 基を介して ACP に結合している．

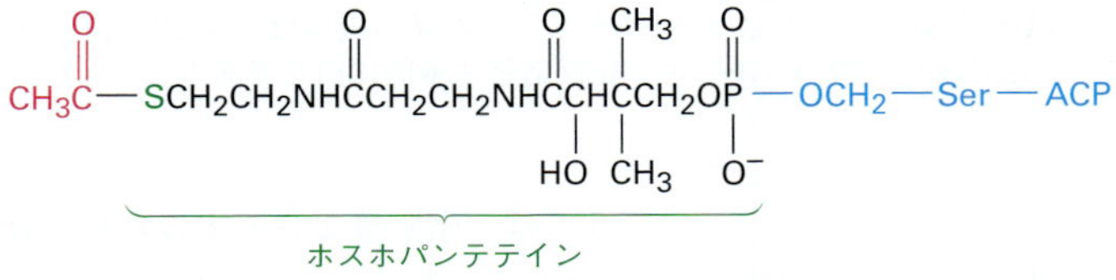

　段階 2 では，チオエステル結合が次の求核的アシル置換反応によって交換し，合成酵素複合体中のシステイン残基にアセチル基が結合する．この合成酵素複合体は，次の縮合反応を触媒する．

図 23・6 の段階 ❸ と ❹：カルボキシ化とアシル基転移

段階 3 はアセチル CoA

が HCO_3^- と ATP との反応によってカルボキシ化され，マロニル CoA と ADP が生成する反応である．ピルビン酸がカルボキシ化されてオキサロ酢酸に誘導される糖新生の第一段階と同様，補酵素ビオチン（biotin）は N-カルボキシビオチンを形成することで CO_2 の担体として機能する．図 23・7 に示す反応機構は，§22・5 の図 22・10 に示したピルビン酸のカルボキシ化反応とほとんど同じである．

　マロニル CoA が生成した後，段階 4 において再度求核的アシル置換反応が進行し，より反応性の高いマロニル ACP が生成する．その結果，マロニル基が合成酵素複合体の ACP 鎖に導入される．この時点で，アセチル基とマロニル基が同じ酵素に結合し，両者の縮合反応の準備が整う．

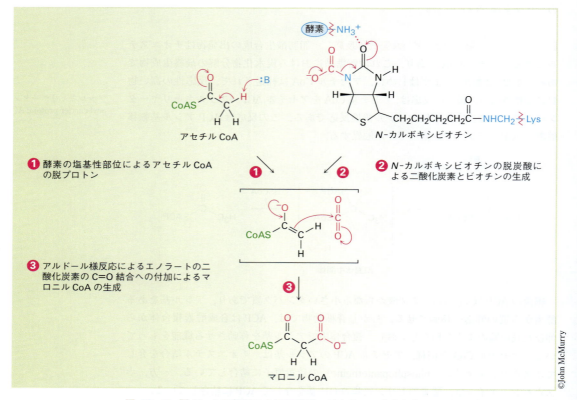

図 23・7　図 23・6 の段階 3 の反応機構．ビオチンに依存したカルボキシ化によってアセチル CoA からマロニル CoA が生成する．この反応機構は，図 22・10 に示した糖新生におけるピルビン酸のカルボキシ化反応と基本的に同じである．

図 23・6 の段階 ❺：縮合反応　段階 5 では，脂肪酸を合成するための鍵反応となる C–C 結合生成反応が進行する．この段階は，求電子的受容体であるアセチル合成酵素と求核的供与体であるマロニル ACP の Claisen 縮合である．縮合の反応機構は，マロニル ACP の脱炭酸によってエノラートイオンが生じ，速やかにアセチル合成酵素のカルボニル基へ求核攻撃すると考えられる．四面体中間体の分解によって，縮合生成物である炭素数 4 のアセトアセチル ACP が生成すると同時に，合成酵素が脱離する．脱離した合成酵素の結合部位は，増炭反応の最後のアシル基が結合するまで，繰返し用いられる．

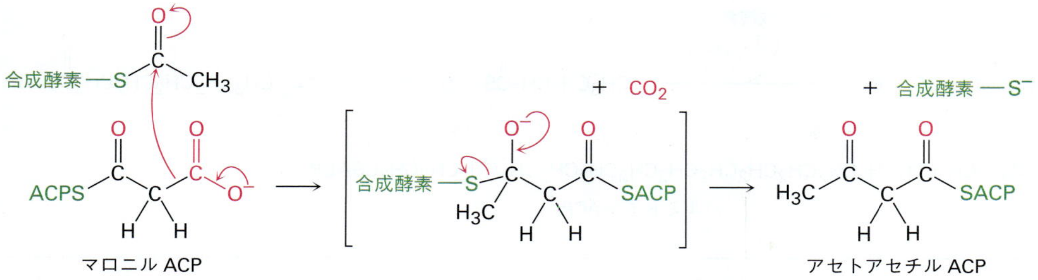

図 23・6 の段階 ❻〜❽：還元と脱水反応 段階 6 でアセトアセチル ACP のケトンカルボニル基は 3-オキソチオエステル還元酵素（3-オキソチオエステルレダクターゼ）と NADPH によって還元され，アルコールである β-ヒドロキシブチリル ACP を生じる．生成物である β-ヒドロキシチオエステルに新しく形成されたキラル中心の立体化学は R である（ブチリル基の正式名はブタノイル基であるので注意）．

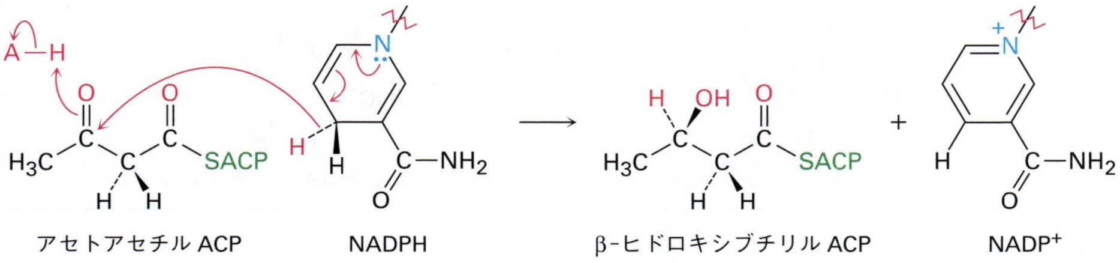

ひき続き，段階 7 で E1cB 反応による β-ヒドロキシブチリル ACP の脱水反応が進行し，*trans*-クロトノイル ACP が生成する．次にクロトノイル ACP の C=C 結合が段階 8 で NADPH によって還元され，ブチリル ACP が生成する．二重結合の還元反応は，NADPH からのヒドリドイオンが *trans*-クロトノイル ACP の β 炭素に求核的に共役付加することによって進行する．脊椎動物では，シン付加で還元が起こるが，他の生物種は同様の変換反応を異なる立体化学で行う．

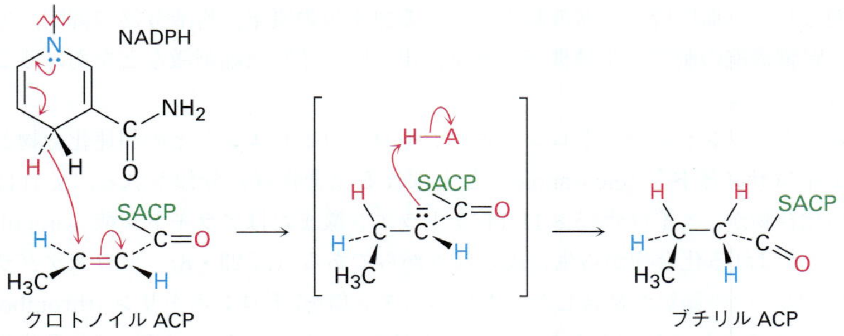

脂肪酸生合成経路の 8 段階をまとめると，まず炭素数 2 のアセチル基 2 分子が縮合して炭素数 4 のブチリル基となる．ブチリル基はさらにマロニル ACP と縮合して炭素数 6 の化合物となり，この反応の繰返しによって各段階で炭素数が 2 ずつ増加し，最終的に炭素数 16 のパルミトイル ACP が合成される．

さらにパルミチン酸が次ページに示す反応と類似の反応で増炭されるが，ACP ではなく CoA が担体として用いられ，また各段階では合成酵素複合体ではなく個々の酵素が必要になる．

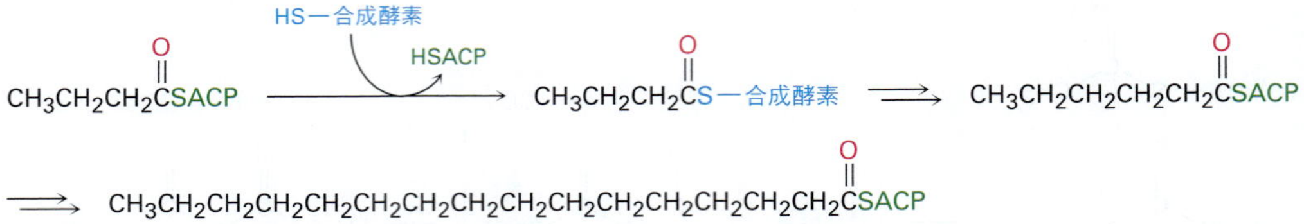

$$CH_3CH_2CH_2\overset{O}{\underset{\|}{C}}SACP \xrightarrow[\text{HSACP}]{\text{HS—合成酵素}} CH_3CH_2CH_2\overset{O}{\underset{\|}{C}}S\text{—合成酵素} \rightleftharpoons CH_3CH_2CH_2CH_2\overset{O}{\underset{\|}{C}}SACP$$

$$\rightleftharpoons CH_3CH_2CH_2CH_2CH_2CH_2CH_2CH_2CH_2CH_2CH_2CH_2CH_2CH_2\overset{O}{\underset{\|}{C}}SACP$$

パルミトイル ACP

問題 23・7 脂肪酸生合成の段階7において，β-ヒドロキシブチリル ACP が脱水されてクロトノイル ACP が生成する反応機構を示せ．

問題 23・8 脂肪酸生合成における酢酸の役割が，放射性同位体標識実験で明らかになった．メチル基が ^{13}C で標識された酢酸 $^{13}CH_3CO_2H$ が脂肪酸に組込まれると仮定すると，脂肪酸の炭素鎖のどの位置が ^{13}C で標識されると考えられるか．

問題 23・9 段階6のアセトアセチル ACP の還元はカルボニル基の Re 面から起こるか，それとも Si 面から起こるか．

アセトアセチル ACP → β-ヒドロキシブチリル ACP (NADPH, NADP⁺)

23・7 プロスタグランジンとその他のエイコサノイド

プロスタグランジン（prostaglandin: PG）は5員環と二つの長鎖アルキル基をもつ C_{20} の脂質である．この名前は，ヒツジの前立腺（prostate gland）からはじめて単離されたことに由来するが，その後あらゆる組織や体液にも少量存在することが明らかになった．

現在知られている数十のプロスタグランジンは非常に幅広い生理活性をもっている．例として，血圧降下，血液凝固における血小板の凝集，胃酸分泌の抑制，炎症の制御，腎臓機能の制御，生殖機能の制御，出産時の子宮収縮刺激などをあげることができる．

プロスタグランジンは，トロンボキサンやロイコトリエンなどの関連化合物とともに，**エイコサノイド**＊（eicosanoid）とよばれる化合物群に分類される．それは，これらの化合物が，エイコサ-5,8,11,14-テトラエン酸またはアラキドン酸（arachidonic acid）とよばれる化合物から生合成されるからである（図23・8）．プロスタグランジン（PG）は二つの側鎖が結合したシクロペンタン環を，トロンボキサン（thromboxane: TX）は酸素を含む6員環をもち，ロイコトリエン（leukotriene: LT）は非環状化合物である．

エイコサノイドはその構造（PG, TX, LT）と置換様式，二重結合の数によって命名される．環状部分のさまざまな修飾は図23・9に示すような文字によって示され，二重結合の数は下付き数字で表される．たとえば，PGE_1 は"E"という置換様式で二重結合一つをもつプロスタグランジンである．エイコサノイドの番号のつけ方はアラキドン酸と同じであり，CO_2H 基の炭素を C1 として，環状部分を経て反対側側鎖の末端にある C20 の CH_3 基で終わる．

＊ 訳注: イコサノイドともいう．

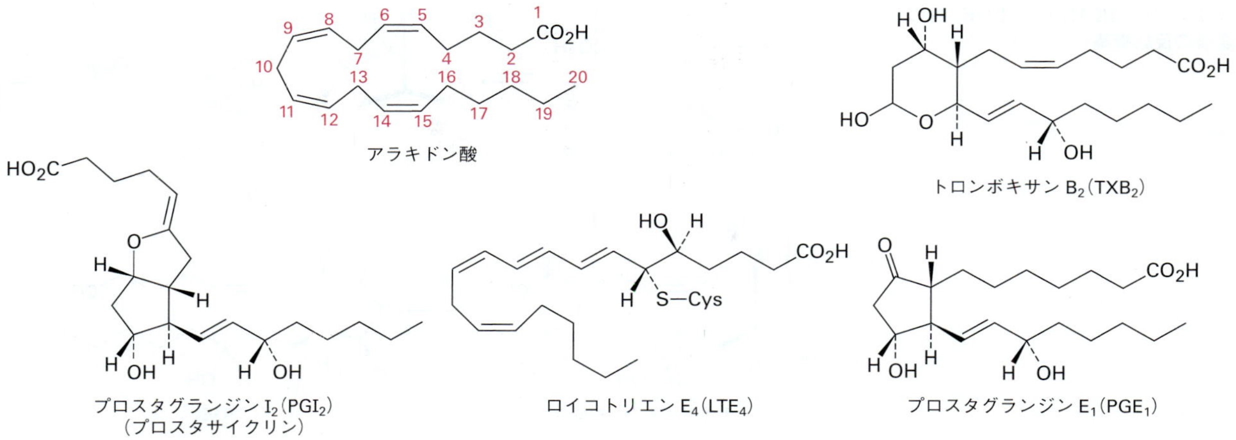

23・7 プロスタグランジンとその他のエイコサノイド 791

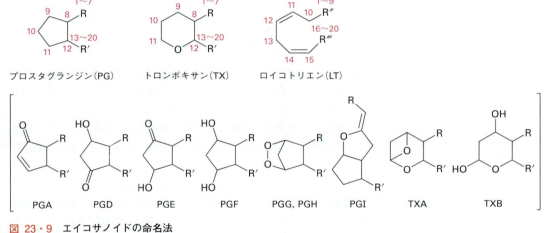

図 23・8 代表的なエイコサノイドの構造. すべてアラキドン酸から生合成される.

図 23・9 エイコサノイドの命名法

　エイコサノイドの生合成は, アラキドン酸の PGH_2 への変換から開始され, この過程は多機能性 PGH 合成酵素〔PGH シンターゼ, PGH synthase: PGHS, シクロオキシゲナーゼ (cyclooxygenase: COX) ともよばれる〕によって触媒される. この酵素には PGHS-1 (COX-1) と PGHS-2 (COX-2) という 2 種類があり, 同じ反応を触媒するが, それぞれが独立に働いて生成物を体内の別の組織へ供給しているようである. COX-1 は通常のプロスタグランジンを産生し, COX-2 は関節炎やその他の炎症に応答してさらなるプロスタグランジンを産生する. ロフェコキシブ, セレコキシブ, バルデコキシブや他のいくつかの薬剤は COX-2 を選択的に阻害するが, 体力の低下した患者は深刻な心臓疾患をひき起こす可能性がある (9 章の科学談話室参照).

　PGHS は二つの分子変換を行う. 最初はアラキドン酸と O_2 から PGG_2 を合成し, 次にヒドロペルオキシド (OOH) 基を還元してアルコールである PGH_2 に変換する. 反応機構の概略は図 8・10 に示してある.

　PGH_2 はさらに別のエイコサノイドに変換される. たとえば, PGE_2 は PGE 合成酵

792　23. 生体分子：脂質とその代謝

図 23・10　PGH$_2$ から PGE$_2$ への変換の反応機構

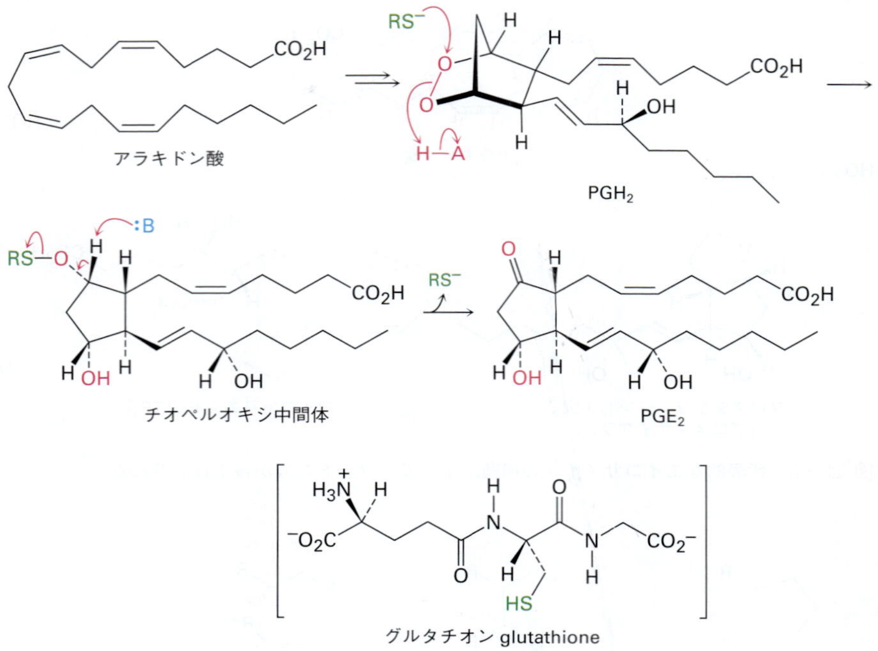

素（PGES）による PGH$_2$ の異性化によって合成される．グルタチオンが酵素活性に必要であるが，グルタチオンはこの異性化反応では変化せず，その役割は完全にはわかっていない．一つの可能性は，グルタチオンのチオラートイオンが PGH$_2$ の O–O 結合の片方の O へ S$_N$2 的に攻撃して切断し，チオペルオキシ中間体 R–S–O–R′ が生じ，グルタチオンが外れると同時にケトンが生成するというものである（図 23・10）．

問題 23・10　哺乳類のプロスタグランジンのなかで最も豊富に存在し重要な生理活性をもつプロスタグランジン E$_2$（図 23・10）のキラル中心の絶対配置が，それぞれ R か S か決定せよ．

23・8　テルペン

　7 章の科学談話室で，すべての生物に存在する数多く多様な脂質の一群である**テルペノイド**（terpenoid）について簡単にふれた．構造は見かけ上は異なるものの，テルペノイドには共通点がある．つまり，すべて炭素数が 5 の倍数であり，炭素数 5 の前駆体であるイソペンテニル二リン酸から生合成される（図 23・11）．形式的にはテルペノイドは酸素を含み，一方，**テルペン**（terpene）は炭化水素であるが，簡略化のため，ここでは両者ともテルペンとよぶことにする*．

　テルペンは炭素数 5 の単位をいくつもつかによって分類される．**モノテルペン**（monoterpene）は 10 個の炭素原子をもち，2 分子のイソペンテニル二リン酸から誘導される．**セスキテルペン**（sesquiterpene）は 15 個の炭素原子をもち，3 分子のイソペンテニル二リン酸から，**ジテルペン**（diterpene）は 20 個の炭素原子をもち，4 分子のイソペンテニル二リン酸から誘導される．トリテルペンは炭素数 30，テトラテルペンは炭素数 40 である．モノテルペンとセスキテルペンは，おもに植物，細菌，

* 訳注: 実際に化学用語としてのテルペンとテルペノイドは明確に区分されていない．そのため本書では一般に用いられているテルペンを用いる．

図 23・11 代表的なテルペンの構造

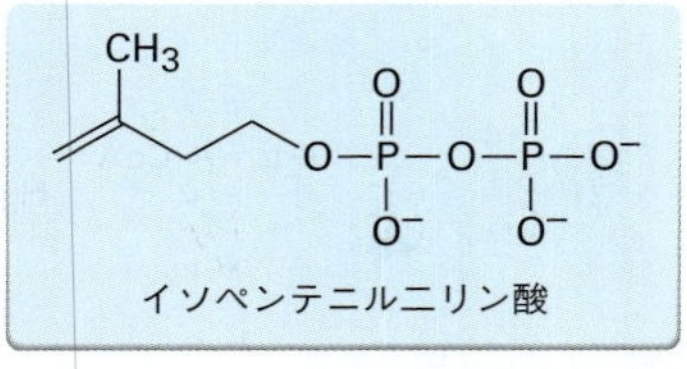

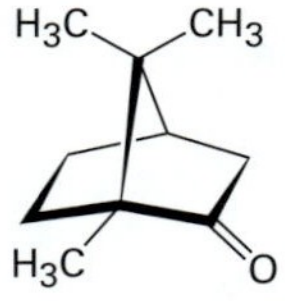

イソペンテニル二リン酸

ショウノウ
camphor
（モノテルペン C_{10}）

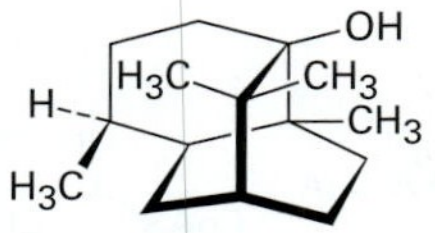

パッチュリアルコール
patchouli alcohol
（セスキテルペン C_{15}）

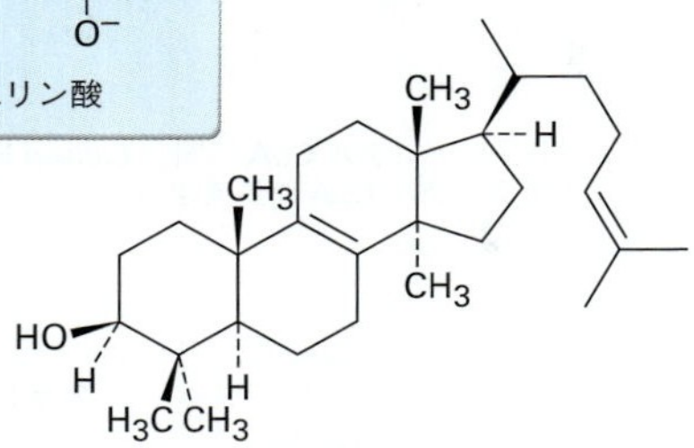

ラノステロール lanosterol
（トリテルペン C_{30}）

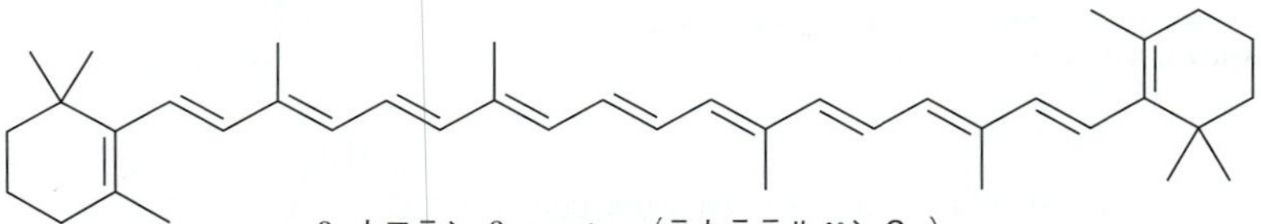

β-カロテン β-carotene（テトラテルペン C_{40}）

　菌類にみられ，より炭素数の多いテルペンは植物や動物に存在する．たとえばトリテルペンであるラノステロールは，ステロイドホルモンの前駆体であり，テトラテルペンであるβ-カロテンは食事に含まれるビタミンAの前駆体である（図23・11）．

　テルペンの前駆体であるイソペンテニル二リン酸〔isopentenyl diphosphate，以前はイソペンテニルピロリン酸（isopentenyl pyrophosphate: IPP）とよばれた〕は，生物種と最終生成物の構造によって二つの異なる経路で生合成される．動物や高等植物では，セスキテルペンとトリテルペンは**メバロン酸経路**（mevalonate pathway）によって合成されるが，モノテルペン，ジテルペンおよびテトラテルペンは1-デオキシキシルロース5-リン酸経路〔1-deoxyxylulose 5-phosphate pathway（DXP経路），メチルエリトリトールリン酸経路（methylerythritol phosphate pathway, MEP経路）ともよばれる〕によって合成される．細菌では両方の経路が使われる．ここではより一般的で詳しく解析されているメバロン酸経路をみてみよう．

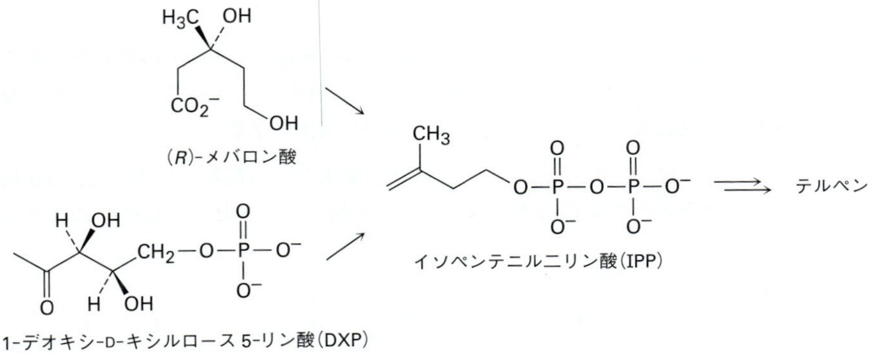

(R)-メバロン酸

1-デオキシ-D-キシルロース5-リン酸(DXP)

イソペンテニル二リン酸(IPP) ⟹ テルペン

メバロン酸経路によるイソペンテニル二リン酸の合成

　図23・12にまとめたように，メバロン酸経路はア……ル CoA の Claisen 縮合に……るアセトアセチル CoA への変換か……

794　23. 生体分子: 脂質とその代謝

図 23・12　メバロン酸経路. アセチル CoA 3 分子からイソペンテニル二リン酸が生合成される. 各段階については本文参照.

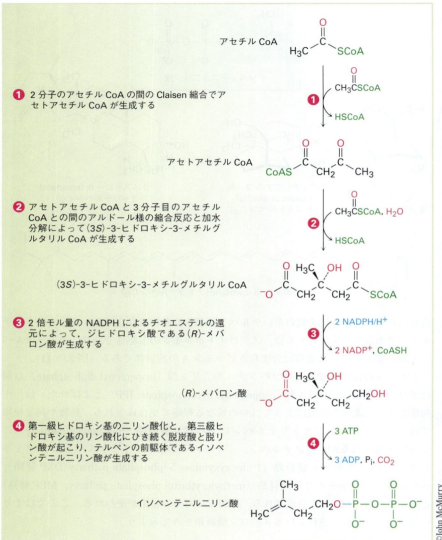

目のアセチル CoA との反応で, アルドール様の過程を経て炭素数 6 の化合物である 3-ヒドロキシ-3-メチルグルタリル CoA が生じ, これが還元されてメバロン酸となる. リン酸化と脱炭酸, 脱リン酸を経て, 一連の反応が終了する.

図 23・12 の段階 ❶: Claisen 縮合　メバロン酸生合成の最初の段階は Claisen 縮合であり, アセトアセチル CoA が生成する. この反応は, アセトアセチル CoA アセ

チル転移酵素（アセトアセチル CoA アセチルトランスフェラーゼ）によって触媒される．アセチル基はまず，システインの SH 基による求核的アシル置換反応によって酵素と結合する．つづいてもう 1 分子のアセチル CoA から生成したエノラートイオンとの Claisen 縮合が起こり，目的物が生成する．

図 23・12 の段階 ❷：アルドール縮合　次に，アセトアセチル CoA は，アセチル CoA のエノラートイオンとアルドール様の付加反応を起こし，この反応は 3-ヒドロキシ-3-メチルグルタリル CoA 合成酵素（HMG-CoA シンターゼ）によって触媒される．最初に酵素のシステイン SH 基に基質が結合し，エノラートイオンの付加，加水分解によって (3*S*)-3-ヒドロキシ-3-メチルグルタリル CoA〔(3*S*)-3-hydroxy-3-methylglutaryl CoA: HMG-CoA〕が生成する．

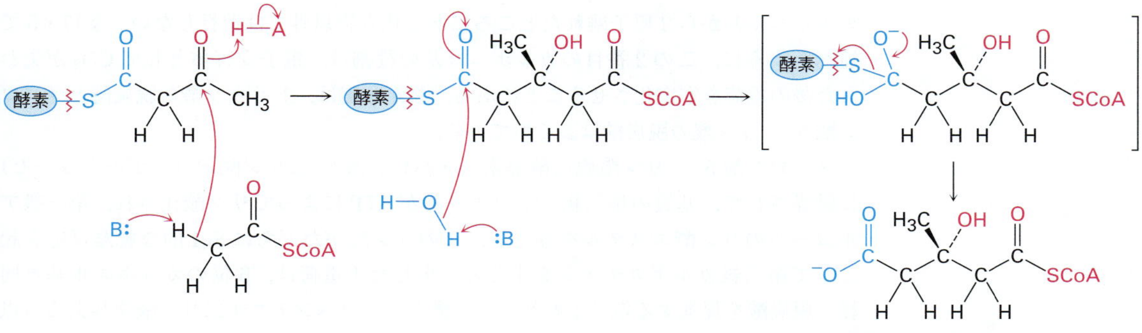

(3*S*)-3-ヒドロキシ-3-メチルグルタリル CoA (HMG-CoA)

図 23・12 の段階 ❸：還元　HMG-CoA から (*R*)-メバロン酸への還元は，3-ヒドロキシ-3-メチルグルタリル CoA 還元酵素（HMG-CoA レダクターゼ）によって触媒され，2 倍モル量の NADPH が必要である．この反応は 2 段階で進行し，アルデヒド中間体を経て進行する．最初の段階は NADPH から HMG-CoA のチオエステルカルボニル基へのヒドリド転移を伴う求核的アシル置換反応である．CoASH が脱離基として除去された後，アルデヒド中間体は 2 回目のヒドリド付加によりメバロン酸になる．

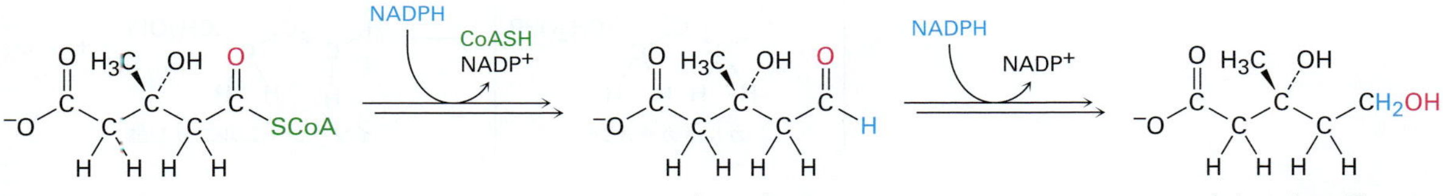

図 23・12 の段階 ❹：リン酸化と脱炭酸　メバロン酸がイソペンテニル二リン酸に変換されるためには，さらに三つの反応が必要である．最初の二つは，ATP の末端リン酸基への求核置換反応による直接的リン酸化である．メバロン酸は最初に ATP と反応し，メバロン酸 5-リン酸（ホスホメバロン酸）に変換される．メバロン酸 5-リン酸はさらにもう 1 分子の ATP と反応してメバロン酸 5-二リン酸（ジホスホメバロン酸）を生じる．3 番目の反応では，第三級ヒドロキシ基のリン酸化につづいて，脱炭酸とリン酸イオンの脱離が起こる．

メバロン酸 5-二リン酸の最後の脱炭酸は一般的にはあまりみられない形式のもの

23. 生体分子：脂質とその代謝

である．通常，脱炭酸は，3-オキソ酸やマロン酸のようにカルボキシ基がもう一つのカルボニル基から2原子離れたところにある化合物以外では進行しない．§17・5で述べたように，この2番目のカルボニル基の役割は，電子受容体としてCO_2が失われた後の電荷を安定化させることにある．しかし実は，3-オキソ酸の脱炭酸とメバロン酸5-二リン酸の脱炭酸はよく似ている．

メバロン酸5-二リン酸脱炭酸酵素（メバロン酸5-二リン酸デカルボキシラーゼ）に触媒されて，基質の第三級ヒドロキシ基がATPによってリン酸化され，第三級アルコールのリン酸エステルを与える．このリン酸がただちにS_N1的な脱離反応を起こして第三級カルボカチオンを生じる．生じた正電荷は，β位のカルボニル基と同様，脱炭酸を促進する電子受容部として働き，イソペンテニル二リン酸を与える（以下の化学構造では，二リン酸基をOPPと略す）．

問題 23・11 メバロン酸5-二リン酸からイソペンテニル二リン酸への変換を次に示す．pro-R, pro-S のどちらの水素が生成物のメチル基に対してシスになり，どちらがトランスになるか．

イソペンテニル二リン酸からテルペンへの変換

　イソペンテニル二リン酸（IPP）からテルペンへの変換は，まずジメチルアリル二リン酸〔dimethylallyl diphosphate，以前はジメチルアリルピロリン酸（dimethylallyl pyrophosphate: DMAPP）とよばれた〕への異性化反応から始まる．これら二つの C_5 単位が結びついて C_{10} 単位のゲラニル二リン酸（geranyl diphosphate: GPP）となる．対応するアルコール，ゲラニオールはバラの油に含まれる芳香性テルペンである．

　GPPがさらに次のIPPと結合して C_{15} 化合物であるファルネシル二リン酸（farnesyl diphosphate: FPP）となり，これを繰返して，C_{25} まで伸長される．炭素数が25より多いテルペン，すなわちトリテルペン（C_{30}）やテトラテルペン（C_{40}）はそれぞれ，C_{15} や C_{20} の二量化反応によって合成される．実際にトリテルペンやステロイドは，ファルネシル二リン酸の還元的二量化反応によって生成するスクアレン（squalene）より生合成される（図23・13）．

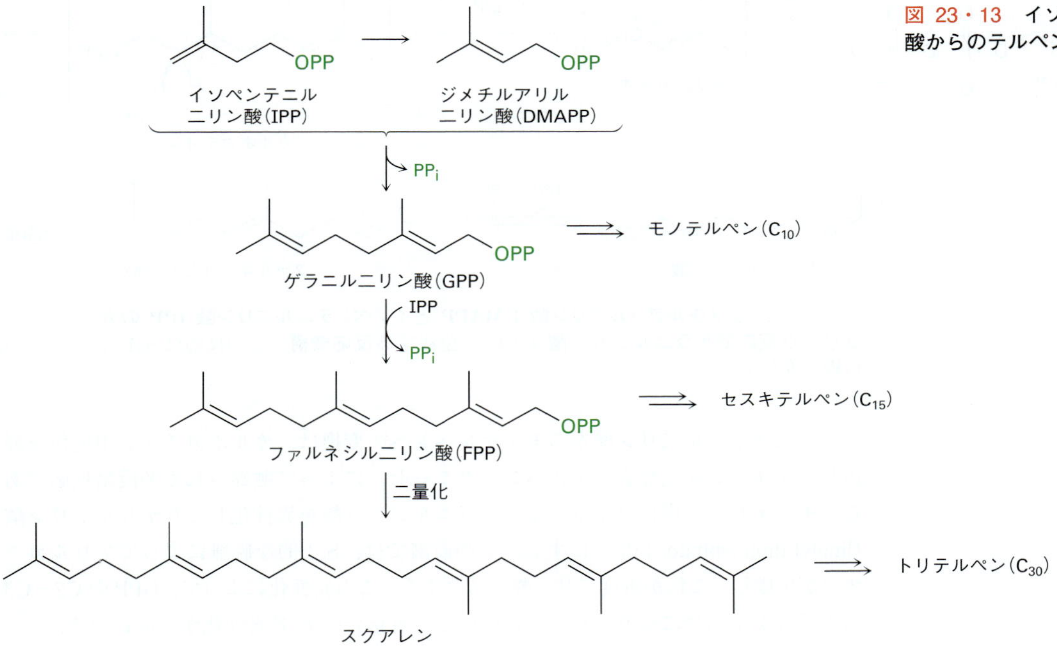

図 23・13　イソペンテニル二リン酸からのテルペン生合成の概要

　イソペンテニル二リン酸（IPP）からジメチルアリル二リン酸（DMAPP）への異性化は，IPP異性化酵素（IPPイソメラーゼ）によって触媒され，カルボカチオンを経由する．IPPの二重結合が，酵素中のシステイン残基によってプロトン化され，第三級カルボカチオン中間体を生成する．このカルボカチオンがグルタミン酸残基に

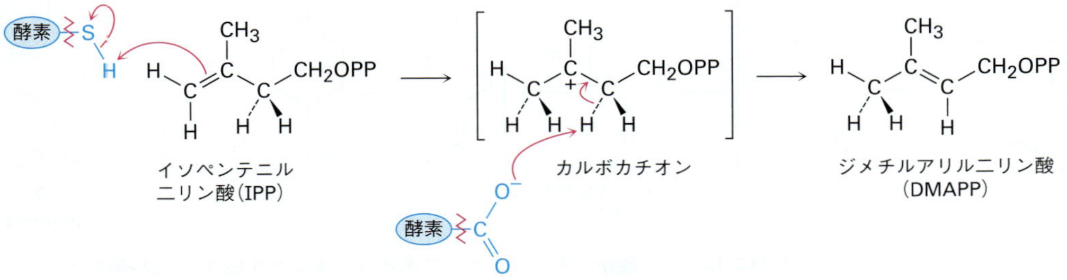

よって脱プロトンされて DMAPP が生成する．X 線結晶構造解析によると，酵素は，非常に深く，まわりから隔離された反応ポケットに基質を捕捉して，反応性の高いカルボカチオンを溶媒やその他の化合物との反応から防御している．

　DMAPP と IPP からゲラニル二リン酸が生成する最初のカップリング反応，ならびに GPP が 2 番目の IPP と反応してファルネシル二リン酸を生じる 2 番目のカップリング反応は，ファルネシル二リン酸合成酵素によって触媒される．この過程は Mg^{2+} を必要とし，鍵反応は IPP の二重結合が求核剤として働いて DMAPP から二リン酸 PP_i が脱離する求核置換反応である．これまでに得られている証拠からは，基質はかなりカルボカチオンに近い状態となり，アリル二リン酸が S_N1 的な経路で脱離していることを示している（図 23・14）．

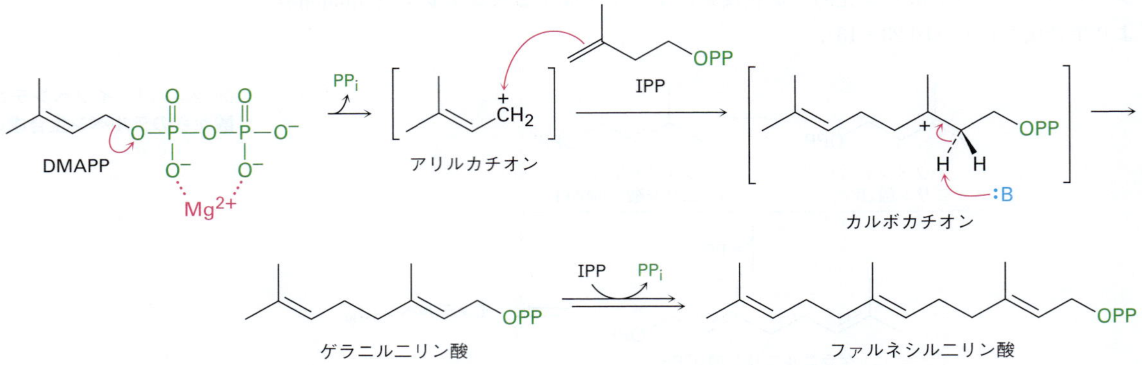

図 23・14　ジメチルアリル二リン酸（**DMAPP**）とイソペンテニル二リン酸（**IPP**）のカップリング反応でゲラニル二リン酸（**GPP**）が生成する反応機構．この反応は S_N1 的な機構で進行する．

　さらにゲラニル二リン酸からモノテルペンへの変換は，カルボカチオン中間体を経由し，テルペン環化酵素（テルペンシクラーゼ）によって触媒される多段階反応である．モノテルペン環化酵素は，まずゲラニル二リン酸を異性化してリナリル二リン酸（linalyl diphosphate: LPP）にする．この段階では，S_N1 的な脱離によってアリルカチオンが生成し，これが再度二リン酸と結合する．この異性化によって，GPP の C2-C3 二重結合が単結合に変換され，環化反応と二重結合の E/Z 異性化が可能になる．

　さらなる脱離反応と，カルボカチオンの末端の二重結合への求電子付加による環化反応が起こり，環状のカチオンが生成する．この環状カチオンでは，転位，ヒドリド移動，求核剤による捕捉や，脱プロトンが進行して，現在知られている数百ものモノ

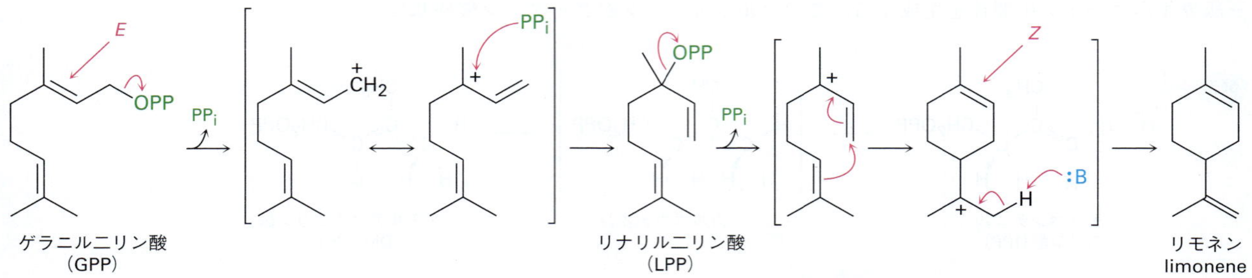

図 23・15　ゲラニル二リン酸からモノテルペンであるリモネンが生成する反応機構

テルペンのいずれかが生じる．その一例であるリモネンは，柑橘油に見いだされ，図 23・15 に示すように生合成される．

例題 23・1　テルペンの生合成経路を考案する

ゲラニル二リン酸から出発して，α-テルピネオールの生合成の機構を示せ．

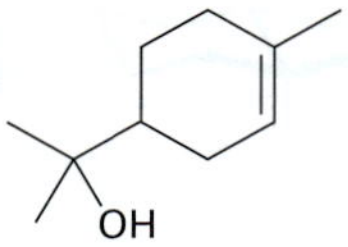

考え方　α-テルピネオール（モノテルペン）は，ゲラニル二リン酸から，その異性体であるリナリル二リン酸を経由して合成される．この前駆体の構造を立体配座が生成物の構造に対応するように書き，適切な二重結合を利用したカチオン経由の環化反応を考えよ．最終生成物がアルコールなので，環化の結果生じたカルボカチオンが水と反応する．

解　答

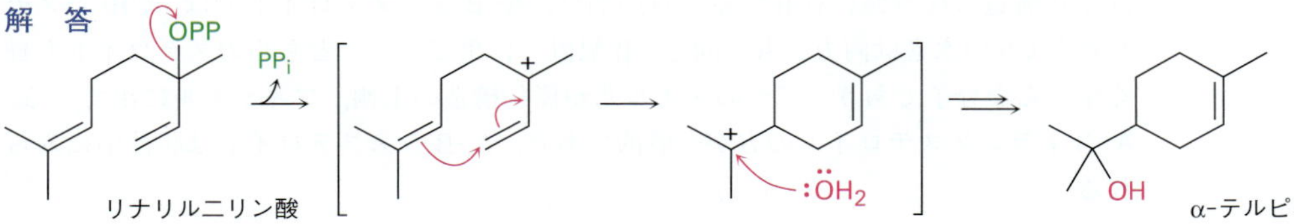

問題 23・12　次のテルペンの生合成経路を示せ．

(a) α-ピネン α-pinene
(b) γ-ビサボレン γ-bisabolene

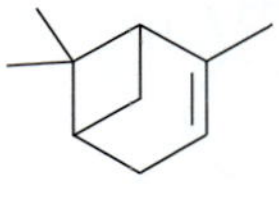

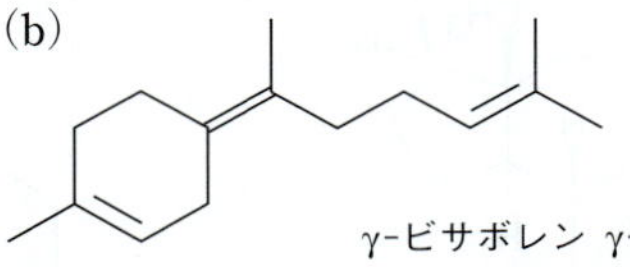

23・9　ステロイド

植物や動物からの脂質抽出物には，脂肪，リン脂質，エイコサノイド，テルペンに加えて，トリテルペンであるラノステロール（図 23・11）から誘導される**ステロイド**（steroid）が含まれており，四環式構造をもっている．四つの環は，左下からそれぞれ A, B, C, D 環と名付けられており，炭素は A 環から位置番号がつけられる．三つの 6 員環（A, B, C 環）はいす形配座をとり，堅固な構造のため，シクロヘキサン環に通常みられるような環の反転は起こらない（§4・6 参照）．

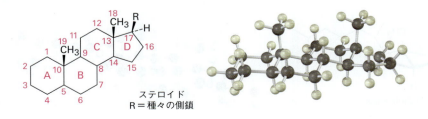

ステロイド
R = 種々の側鎖

§4・9で述べたとおり，二つのシクロヘキサン環は，シスまたはトランスに縮合しうる．シスに縮合すると *cis*-デカリンとなり，二つの環の縮合部位では水素と水素，炭素と炭素は同じ側にある．トランスに縮合すると *trans*-デカリンとなり，水素と水素，炭素と炭素は反対側に位置する．

cis-デカリン   *trans*-デカリン

ステロイドにはA環とB環がシスとトランスそれぞれに縮合したものがある．しかしその他の環の間（B環とC環，C環とD環）は通常トランスである（図23・16）．A–Bトランスステロイドは，C19のメチル基は上向き（β配置とよばれる）に，C5の水素は下向き（α配置とよばれる）に出ており，すなわちこれら二つの置換基は環状構造の反対側に存在する．対照的に，A–Bシスステロイドでは，C19のメチル基とC5の水素は両方とも上向き（β配置）に出ている．どちらのステロイドも長く平たんな分子であり，二つのメチル基が環状構造の上側，アキシアルに出ている．A–Bトランスステロイドの方が一般的であり，A–Bシスステロイドは胆汁中にみられる．

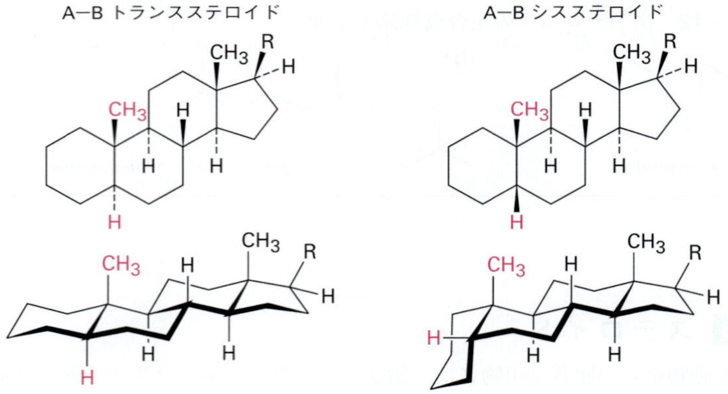

図 23・16 ステロイドの立体配座．三つの6員環はいす形配座をとっているが，環の反転はできない．A環とB環はシス，トランスいずれの縮合もありうる．

A–Bトランスステロイド   A–Bシスステロイド

ステロイド環の置換基はアキシアルとエクアトリアルがある．単純なシクロヘキサン（§4・7参照）と同様に，立体的な要因から，一般に置換基がエクアトリアルにある方がアキシアルにあるより安定である．たとえば，コレステロールのC3のヒドロキシ基はより安定なエクアトリアル位をとっている．

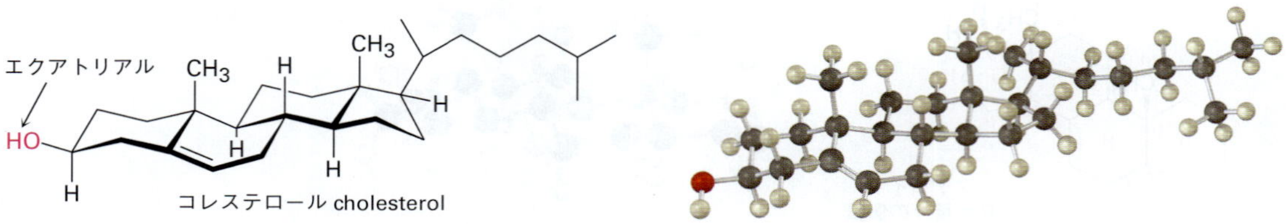

コレステロール cholesterol

問題 23・13 次の化合物のいす形配座を書け．環の置換基はアキシアルかエクアトリアルか．

(a), 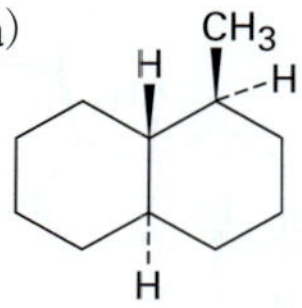 (b) 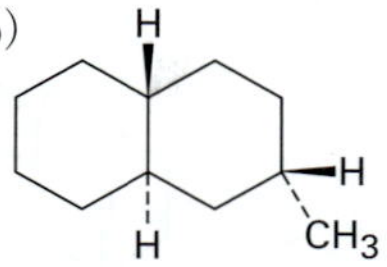 構造式

問題 23・14 リトコール酸はヒトの胆汁に含まれる A–B シスステロイドである．リトコール酸の構造を，図 23・16 にならっていす形配座で書け．C_3 のヒドロキシ基はアキシアルかエクアトリアルか．

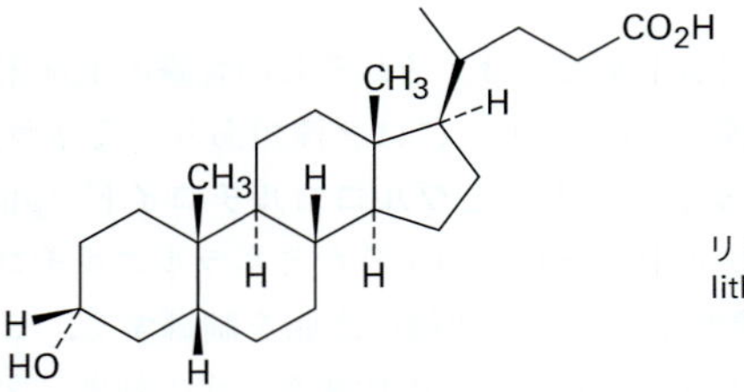

リトコール酸 lithocholic acid

ステロイドホルモン

ヒトでは，ほとんどのステロイドは**ホルモン**（hormone），すなわち化学情報伝達物質として内分泌腺で分泌され，血流によって標的器官へ輸送される．ステロイドホルモンにはおもに2種類ある．一つは**性ホルモン**（sex hormone）で，成熟，組織の増殖，生殖を制御し，もう一つは**副腎皮質ホルモン**（adrenocortical hormone）で，さまざまな代謝経路を制御する．

性ホルモン　テストステロンとアンドロステロンは二つの最も重要な男性ホルモン（アンドロゲン）である．**アンドロゲン**（androgen）は，思春期における，男性の二次性徴の発現や組織や筋肉の増殖の促進に重要である．これら二つのホルモンは，精巣でコレステロールから合成される．アンドロステンジオンは重要なホルモンではないが，有名なアスリートが使用したことで広く知られた．

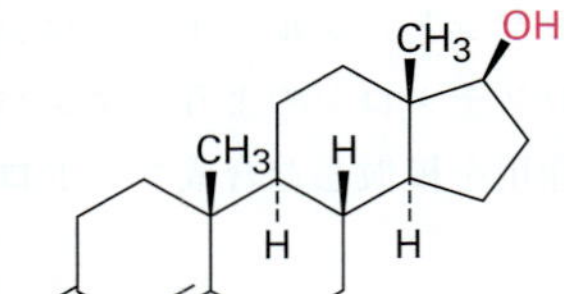

テストステロン testosterone 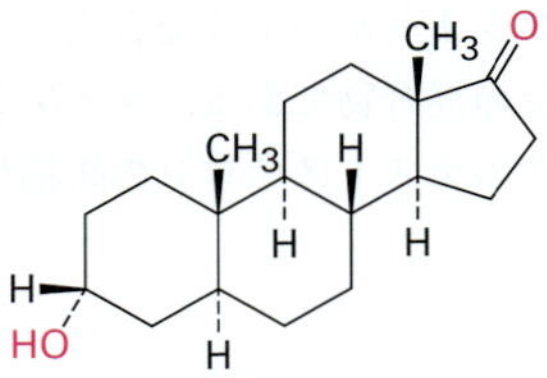　アンドロゲン

アンドロステロン androsterone

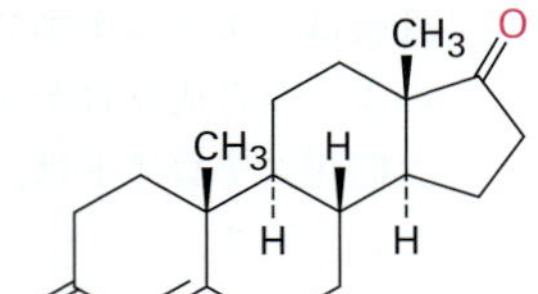

アンドロステンジオン androstenedione

エストロンとエストラジオールは，二つの最も重要な女性ホルモン（**エストロゲン** estrogen）である．卵巣でテストステロンから合成される女性ホルモンは，女性の二次性徴の発現や月経周期の制御に重要である．これらはベンゼン骨格からなる芳香環をA環にもっているのが特徴である．また，**プロゲスチン**（progestin）とよばれる

別種の性ホルモンは，妊娠時に子宮が受精卵の着床に備えるのに必要である．最も重要なプロゲスチンとして，プロゲステロンがある．

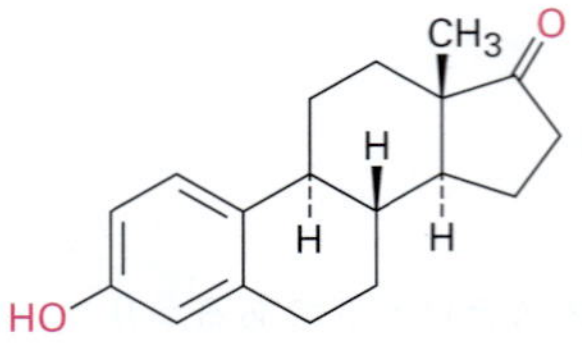

エストロン estrone 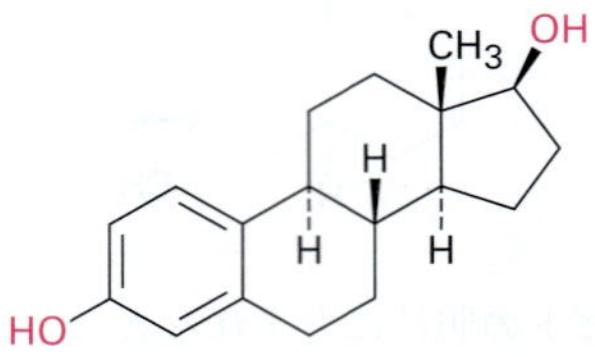　　エストラジオール estradiol　　プロゲステロン progesterone

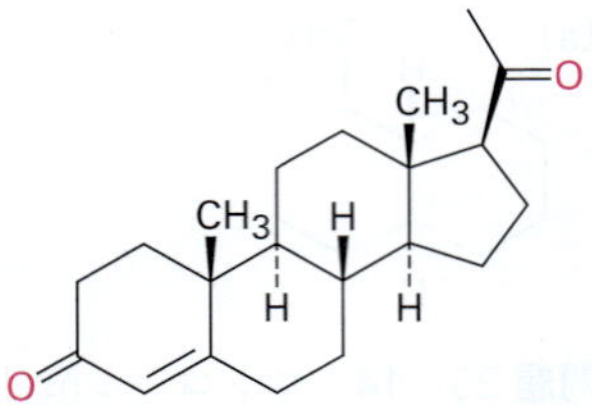

エストロゲン　　　　　　　　　　　　　　　　　　　　　　プロゲスチン

副腎皮質ホルモン　副腎皮質ホルモンは，それぞれの腎臓の上部末端に位置する副腎皮質から分泌される．副腎皮質ホルモンには2種類あり，**ミネラルコルチコイド**（mineralocorticoid，鉱質コルチコイド）と**グルココルチコイド**（glucocorticoid，糖質コルチコイド）である．アルドステロンのようなミネラルコルチコイドは，Na^+とK^+のような細胞内イオン濃度を制御して組織の膨張を制御する．ヒドロコルチゾンのようなグルココルチコイドは，グルコースの代謝や炎症の制御に関与する．グルココルチコイド軟膏は，ウルシやツタウルシに触ったときのかぶれを抑えるのに用いられる．

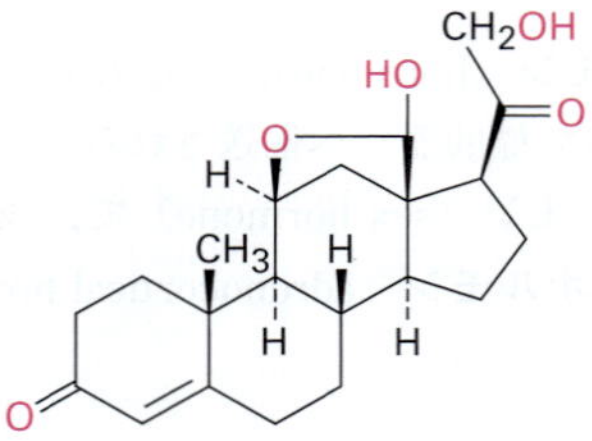

アルドステロン aldosterone　　　　ヒドロコルチゾン hydrocortisone
（ミネラルコルチコイド）　　　　　（グルココルチコイド）

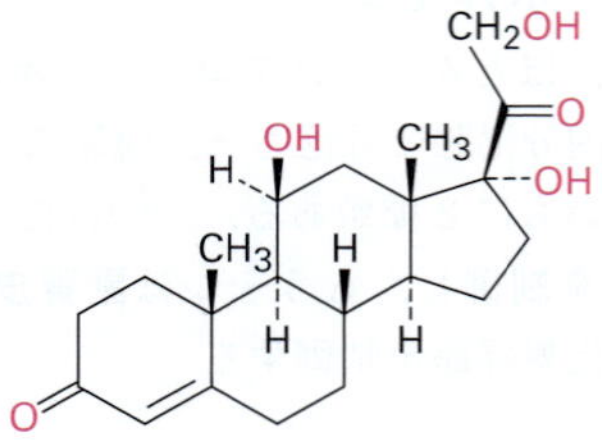

合成ホルモン　植物や動物から単離された数百のステロイドに加えて，新薬研究の過程で何千ものステロイドが合成された．合成ステロイドのなかで最も知られているものは，経口避妊薬やタンパク同化薬（筋肉増強剤）である．最も汎用される経口避妊薬は，エチニルエストラジオールのような合成エストロゲンと，ノルエチンドロンのような合成プロゲスチンの混合物である．メタアンドロステノロンのようなタンパク同化ステロイドは，天然のテストステロンの組織生成作用を模倣した合成アンドロゲンである．

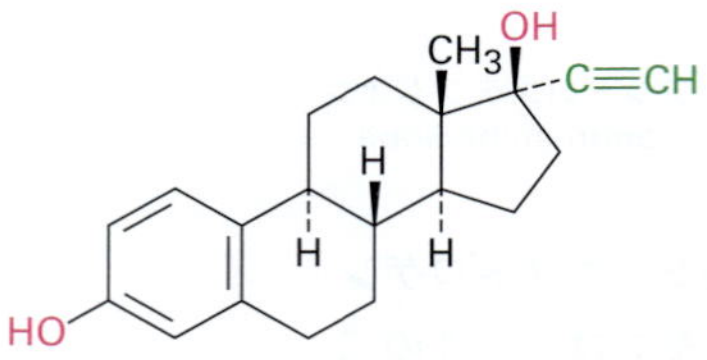

エチニルエストラジオール　　ノルエチンドロン　　メタアンドロステノロン
ethynylestradiol　　　　　　norethindrone　　　methandrostenolone
（合成エストロゲン）　　　　（合成プロゲスチン）

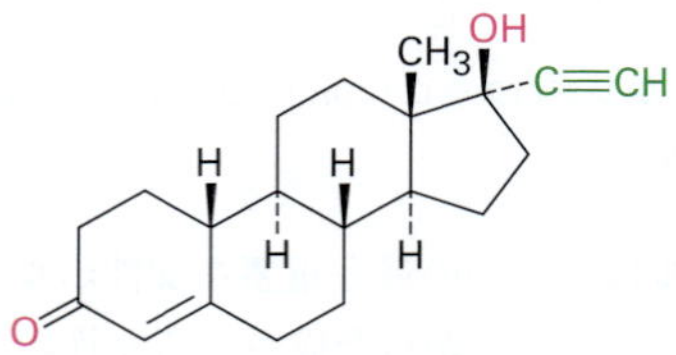

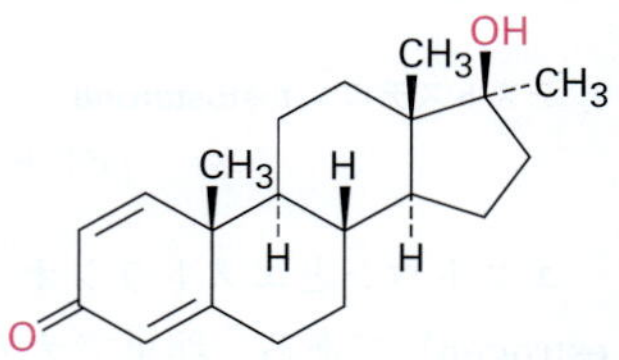

23・10 ステロイドの生合成

ステロイドは高度に修飾されたトリテルペンであり，生体組織ではファルネシル二リン酸（C_{15}）から還元的二量化反応により非環状炭化水素であるスクアレン（C_{30}）ができ，さらにラノステロールに変換されて生合成される（図23・17）．さらに転位反応と分解反応が起こり，さまざまなステロイドが得られる．スクアレンからラノス

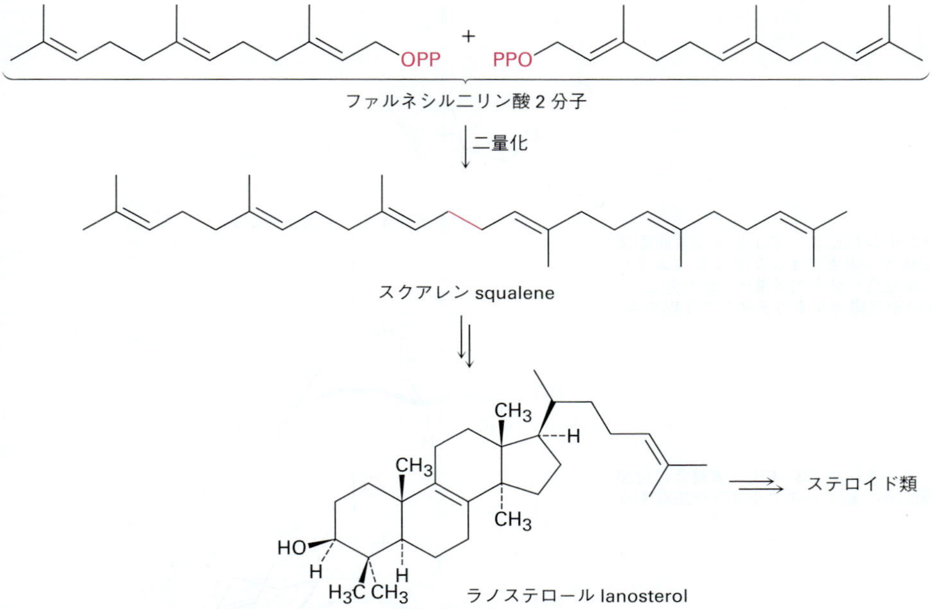

図23・17 ファルネシル二リン酸からのステロイド生合成の概要

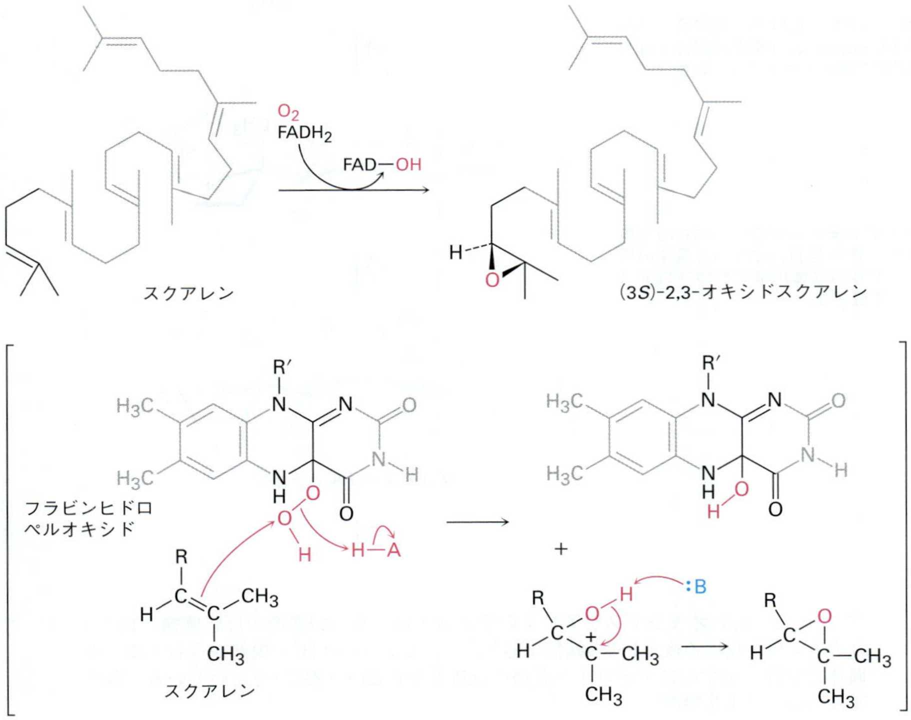

図23・18 フラビンヒドロペルオキシドによるスクアレンの酸化の推定反応機構

テロールへの変換は，生合成反応のなかで最も精力的に研究された反応である．アキラルで直鎖ポリエンであるスクアレンから，たった二つの酵素による反応で六つの炭素－炭素結合，四つの環，七つのキラル中心が生成する．

ラノステロールの生合成は，スクアレンエポキシダーゼによるスクアレンのエポキシ化で (3S)-2,3-オキシドスクアレンが生成するところから始まる．酸素分子 O_2 が

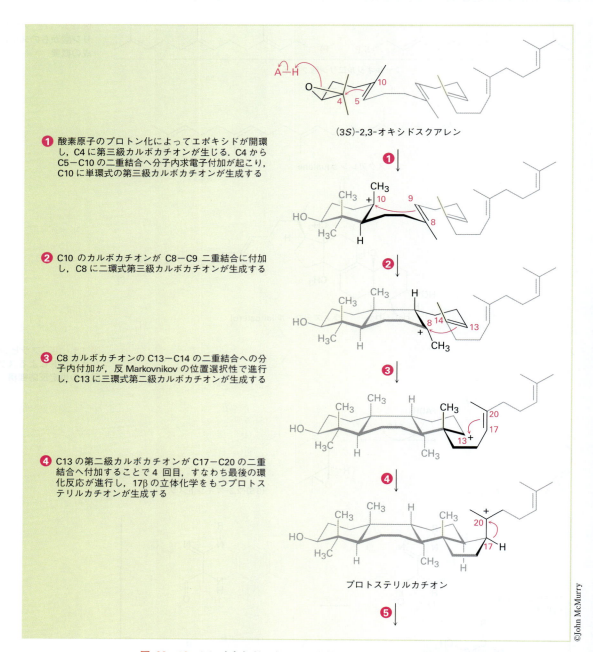

図 23・19　2,3-オキシドスクアレンのラノステロールへの変換の反応機構．4 回のカチオン環化反応の後，4 回の転位反応と最後に C9 からの H^+ の脱離が進行する．中間体で位置を示すのにステロイド骨格の位置番号（§23・9 参照）を用いている．各段階については本文参照．

23・10 ステロイドの生合成　805

エポキシドの酸素源であり，NADPH とフラビン補酵素が必要である．推定反応機構では，$FADH_2$ と O_2 からフラビンヒドロペルオキシド中間体 ROOH が生成し，この酸素原子がスクアレンに移動する．この移動は，スクアレンの二重結合が，フラビンヒドロペルオキシドの末端酸素に求核攻撃することによって開始する（図 23・18）．副産物であるフラビンのアルコール体は，H_2O を失って FAD となり，NADPH によっ

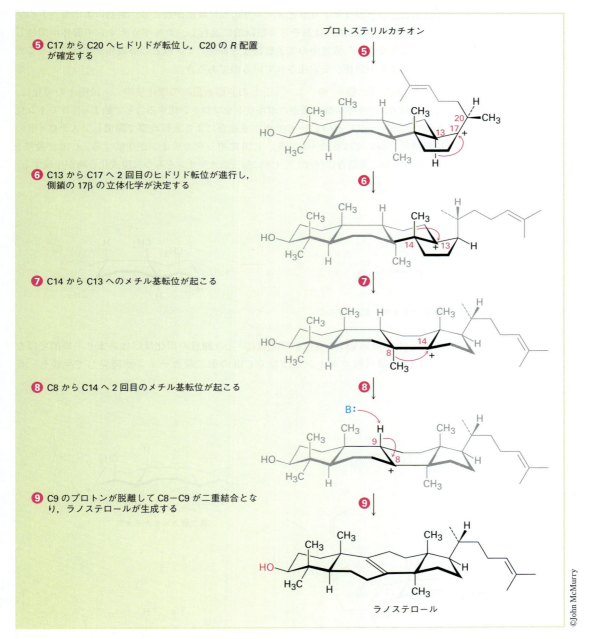

図 23・19 （つづき）

て還元されてFADH₂に戻る．§8・6で述べたように，このような生体内エポキシ化の反応機構は，フラスコ内で過酸RCO₃Hによってアルケンをエポキシドに変換する反応機構と類似している．

ラノステロールの生合成の後半は，オキシドスクアレン：ラノステロールシクラーゼによって触媒され，図23・19のように進行する．オキシドスクアレンは，酵素の活性中心で，二重結合が連続的な分子内求電子付加に適した立体配座に折りたたまれて反応し，ひき続きヒドリドとメチル基の転位反応が起こる．最初のエポキシドのプロトン化/環化反応以外はおそらく段階的に進行し，カルボカチオン中間体が関与しているようである．酵素中の電子豊富な芳香族アミノ酸との静電相互作用によってカルボカチオン中間体が安定化されているのであろう．

図23・19の段階 ❶ と ❷：エポキシドの開環と最初の環化反応　段階1の環化は，酵素中のアスパラギン酸残基がエポキシドをプロトン化することで始まる．プロトン化されたエポキシドに近いC5−C10の二重結合による求核攻撃で開環し（ステロイドの位置番号については§23・9参照），C10に第三級カチオンが生成する．C10が段階2でC8−C9の二重結合に付加してC8に第三級カチオンをもつ二環式化合物が生成する．

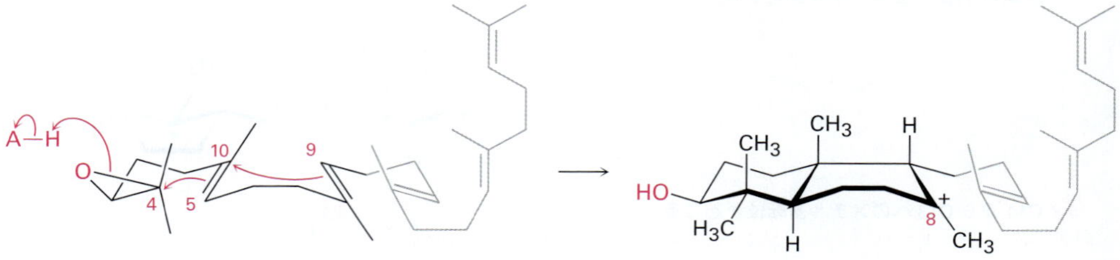

(3*S*)-2,3-オキシドスクアレン

図23・19の段階 ❸：3番目の環化反応　3回目の環化反応はあまり一般的ではなく，C14の第三級カチオンではなくC13の第二級カチオンが優先して生成し，反

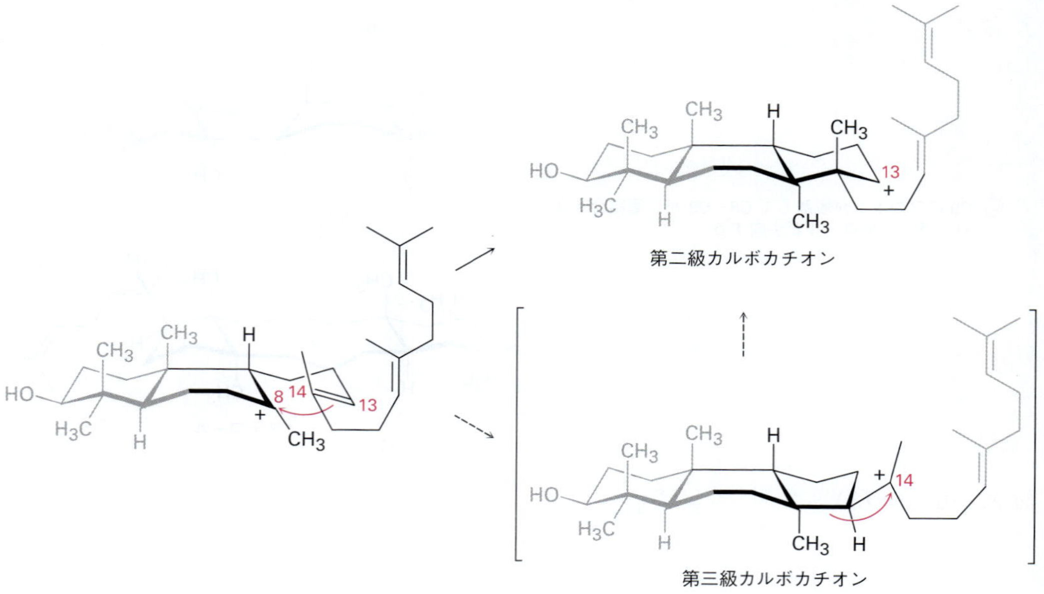

第二級カルボカチオン

第三級カルボカチオン

Markovnikov 的な位置選択性を示す．しかし現在は，第三級カチオンが最初に生成し，つづいて転位反応が進行して第二級カチオンが生成するという証拠が得られている．おそらく第二級カチオンは，酵素の活性中心で電子豊富な芳香環によって安定化されるのであろう．

図 23・19 の段階 ❹: 最後の環化反応　4 回目にして最後の環化反応は，C13 のカチオンが C17−C20 の二重結合に求電子付加することによって進行し，いわゆるプロトステリルカチオン（protosteryl cation）を生成する．C17 の側鎖アルキル基は β 配置（上向き）であるが，この不斉は段階 5 で一度消失し，段階 6 で再構築される．

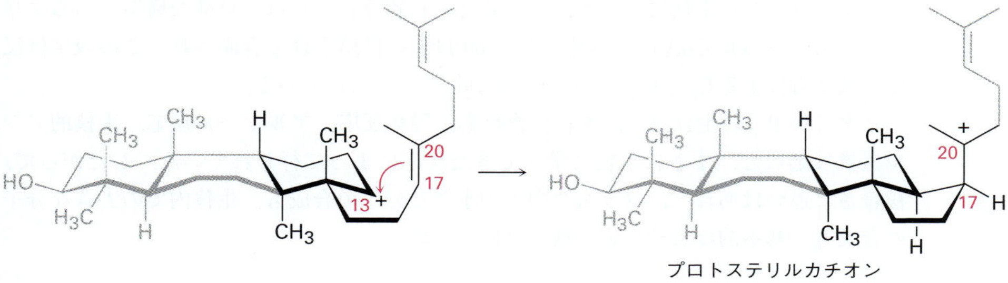

図 23・19 の段階 ❺〜❾: カルボカチオンの転位反応　いったんラノステロールの四環式炭素骨格が生成すると，一連のカルボカチオンの転位反応が起こる（§7・10 参照）．段階 5 の最初の転位反応は，C17 から C20 へのヒドリドの転位反応であり，側鎖 C20 の立体配置が R に制御される．段階 6 で C13 から C17 への 2 番目のヒドリド転位が環の下側（α面）で進行し，C17 β の立体化学が再構築される．最後に，二つのメチル基の転位は，まず β 面で C14 から C13 へ，次に α 面で C8 から C14 に起こり，C8 に正電荷が生じる．酵素の塩基性のヒスチジン残基が隣接する C9 の β-プロトンを引抜いてラノステロールが生じる．

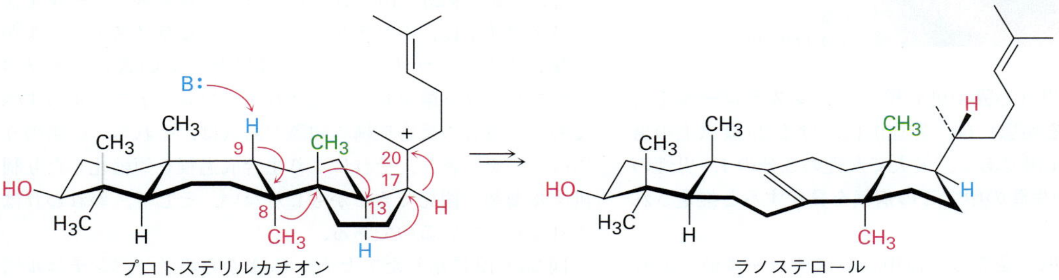

ステロイドの生合成は，ラノステロールからコレステロールを生成するまで続く．コレステロールは，その他すべてのステロイドへ変換される共通の前駆体である．

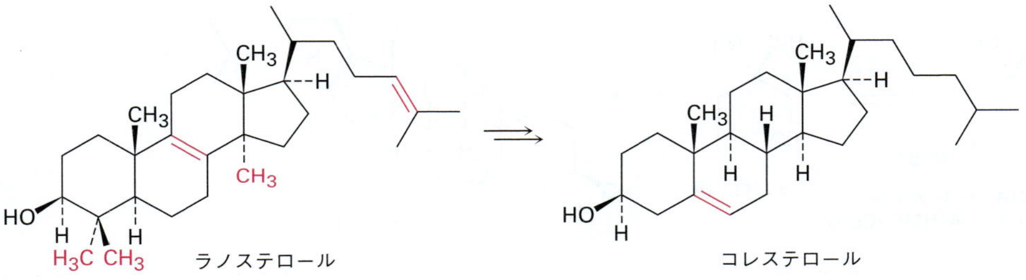

問題 23・15 ラノステロールとコレステロールの構造を比較し，変換されるところを列挙せよ．

23・11 ステロイド代謝に関する解説

最後の数節で代謝について述べた．しかし，ここでふれていない代謝経路は他にも数多くあり，何千もの生体分子の生合成の機構が解明されている．ビタミン B_{12}（シアノコバラミン）を例にすると，この非常に複雑な化合物は，単純な構造であるグリシンとスクシニル CoA を前駆体として 60 以上の段階を経て合成され（この数字は反応の数え方による），そのすべての過程が明らかになっている．

ビタミン B_{12} の生合成は，求核置換反応，脱離反応，アルドール反応，求核的アシル置換反応など，まさに本書で学んできた反応によって行われている．したがって，複雑さに違いはあれど，フラスコ内での小さな分子の合成も，生体内での大きな分子の合成も，基本的な有機反応の機構は同じである．

科学談話室

スタチン系薬剤

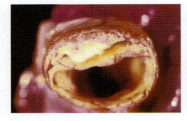

コレステロールの動脈血管内の蓄積は，男性，女性両方の死因の 1 位である冠動脈性心疾患を誘発する
VEM/BSIP/Alamy

冠動脈性心疾患（心臓の動脈壁上にコレステロールを含む蓄積物ができる疾患）は，先進国における 20 歳以上の男女両方のおもな死因である．最大で女性の 3 分の 1，男性の 2 分の 1 が，その生涯の中でこの病気を発症すると推定されている．

冠動脈性心疾患の発症は，血中コレステロール値と直接相関しており，予防の第一はこの数値を下げることである．体内にコレステロールをもたらす要因は二つあり，約 25%

が食事から摂取され，残りの 75%（1 日約 1000 mg）は肝臓で合成される．コレステロール摂取は食事で制限できるが，自分自身のコレステロール合成は低減できるであろうか．それに答えるためには，コレステロール生合成の化学的知識が必要とされる．

§23・9 と §23・10 で述べたように，コレステロールを含むステロイドは，トリテルペノイドであるラノステロールから生合成され，ラノステロールはアセチル CoA からイソペンテニル二リン酸を経て合成される．コレステロールのすべての合成過程の反応機構の知識があれば，それらの段階のうちの一つを阻害し，それにより生合成過程を短縮化したり制御する薬剤を開発できるかもしれない．そして，われわれはそれを知っているのである．

図 23・12 に示したアセチル CoA からのイソペンテニル二リン酸の生合成経路をもう一度みてみよう．この反応の律速段階は，3-ヒドロキシ-3-メチルグルタリル CoA（HMG-

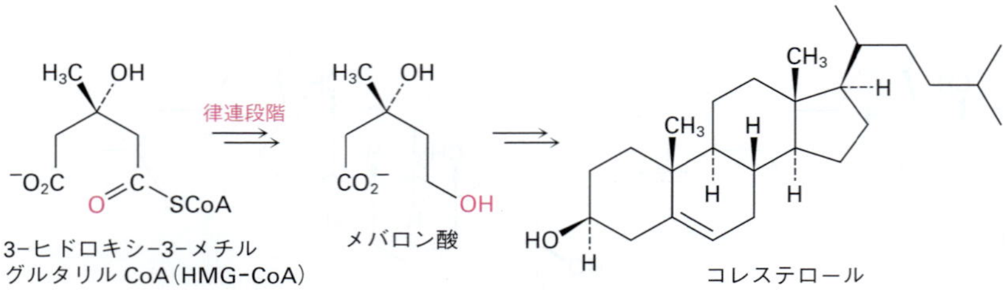

23・11 ステロイド代謝に関する解説　809

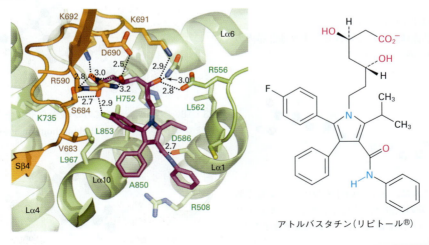

代謝反応から学ぶべきことは何だろうか．その答えの一つとして，本章の科学談話室に，生合成経路の理解が多くの命を救う新しい薬剤の設計に生かされていることを述べている．

CoA) の還元で (R)-メバロン酸を生成する段階であり，HMG-CoA 還元酵素によって触媒される．もしこの酵素を阻害できれば，コレステロール生合成を停止できる可能性があり，これをまさに実現したのがここで取上げる薬剤である．

HMG-CoA 還元酵素を阻害する薬を見つけるために，化学者たちは土壌から単離された多くの薬剤候補化合物に関する実験を，同時に二つ行った．一つ目の実験では，薬剤候補化合物とメバロン酸を肝臓抽出物に添加し，二つ目の実験ではメバロン酸を加えずに薬剤候補のみを添加した．もしコレステロールがメバロン酸存在下で産生され，メバロン酸の非存在下で産生されなければ，その薬剤がメバロン酸合成酵素を阻害したことになる．

HMG-CoA 還元酵素を阻害する薬剤，すなわち体内のコレステロール合成を制御する薬は**スタチン**（statin）とよばれている．それらは世界で最も広く処方されていて，年間売上高は 150 億ドルと推定される．米国で 1994 年に導入されてから 10 年の間に，冠動脈性心疾患を 33% 低減させた．アトルバスタチン（atorvastatin，リピトール®），シンバスタチン（simvastatin），ロスバスタチン（rosuvastatin，クレストール®），プラバスタチン（pravastatin），およびロバスタチン（lovastatin）がその例である．図は HMG-CoA 還元酵素の活性部位の X 線結晶構造であり，アトルバスタチン（青）が活性部位に結合し，酵素を阻害していることがわかる．有機化学の理解が薬剤の開発に貢献したよい例であろう．

まとめ

脂質は，植物や動物から非極性の有機溶媒で抽出され単離された天然分子である．動物の**脂肪**や**植物油**は最も多く分布する脂質であり，どちらも**トリアシルグリセロール**，すなわちグリセロールと長鎖**脂肪酸**からなるトリエステルである．動物の脂肪は一般的に飽和しているが，植物油は不飽和脂肪酸を含んでいる．両方ともアセチル CoA から生合成され，体内でアセチル CoA へ代謝される．

リン脂質は細胞膜の重要な構成成分であり，2種類ある．ホスファチジルコリンやホスファチジルエタノールアミンのような**グリセロリン脂質**は，グリセロール骨格をもち，脂肪酸二つ（一つは飽和脂肪酸で，もう一つは不飽和脂肪酸）とリン酸一つがエステル結合をつくっている．**スフィンゴリン脂質**はアミノアルコールであるスフィンゴシン骨格をもつ．

この他の脂質として，**エイコサノイド**と**テルペン**（テルペノイド）がある．エイコサノイドは，その大部分がアラキドン酸から生合成されるプロスタグランジン類であり，体のすべての器官に見いだされ，さまざまな生理活性をもっている．テルペンは植物の精油から単離されることが多く，多様な構造をもっていて，炭素数5の前駆体イソペンテニル二リン酸（IPP）から生合成される．イソペンテニル二リン酸自身は，メバロン酸経路で3分子のアセチル CoA から生合成される．

ステロイドは，植物および動物に見いだされる脂質であり，特徴的な四環式炭素骨格をもつ．ステロイドは，体の組織に広く分布し，広範な生理活性をもっている．ステロイドは，テルペンと密接に関連していて，トリテルペンであるラノステロールから生合成される．ラノステロール自身は，非環状炭化水素であるスクアレンのカチオン中間体経由の環化反応により生成する．

重要な用語

エイコサノイド（eicosanoid）
脂質（lipid）
脂質二重層（lipid bilayer）
脂肪（fat）
脂肪酸（fatty acid）
植物油（vegetable oil）
ステロイド（steroid）
多不飽和脂肪酸（polyunsaturated fatty acid）
テルペン（terpene）
トリアシルグリセロール（triacylglycerol）
プロスタグランジン（prostaglandin）
β酸化経路（β-oxidation pathway）
ミセル（micelle）
リン脂質（phospholipid）
ろう（wax）

演習問題

目で学ぶ化学

（問題 23・1〜23・15 は本文中にある）

23・16 次に示す脂肪酸は何か．これはピーナッツ油と赤肉のうち，どちらで最も多くみられるか．

23・17 次の分子モデルは，ヒトの胆汁成分のコール酸である．三つのヒドロキシ基の位置と，それらがアキシアルかエクアトリアルかを示せ．コール酸は A–B トランスステロイドか，A–B シスステロイドか．

23・18 ファルネシル二リン酸からセスキテルペンであるヘルミントゲルマクレン（helminthogermacrene）への生合成経

路を提案せよ．

追加問題
脂肪，油，関連する脂質

23・19 サケのような冷水魚にはω-3脂肪酸が多量に含まれている．この化合物は，炭素鎖の非カルボキシ末端から3炭素目に二重結合をもち，血中コレステロール濃度を低下させることがわかっている．その一般的な例として，エイコサ-5,8,11,14,17-ペンタエン酸の構造式を書け（エイコサンは $C_{20}H_{42}$）．

23・20 脂肪は，その構造に応じて光学活性がある場合とない場合がある．加水分解すると2倍モル量のステアリン酸と等モル量のオレイン酸が生成する光学活性な脂肪の構造式を書け．また，加水分解で同じ生成物が生じるが，光学活性をもたない脂肪の構造式も書け．

23・21 マッコウクジラから得られる鯨ろう（spermaceti）は，1976年の捕鯨制限によって禁止されるまで化粧品に使われていた．化学的には，鯨ろうはパルミチン酸セチル，つまりパルミチン酸とセチルアルコール $n\text{-}C_{16}H_{33}OH$ のエステルである．構造式を書け．

23・22 プラスマローゲンは，神経や筋細胞で発見された脂質の一群である．プラスマローゲンは脂肪と何が違うか．

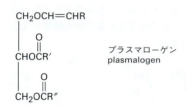

プラスマローゲン plasmalogen

23・23 プラスマローゲン（問題23・22）を，NaOH水溶液で加水分解すると何が生成するか．H_3O^+ を用いるとどうなるか．

23・24 カルジオリピンは心筋で見いだされた脂質の一群である．リン酸エステルを含め，すべてのエステル結合をNaOH水溶液で加水分解したときの生成物は何か．

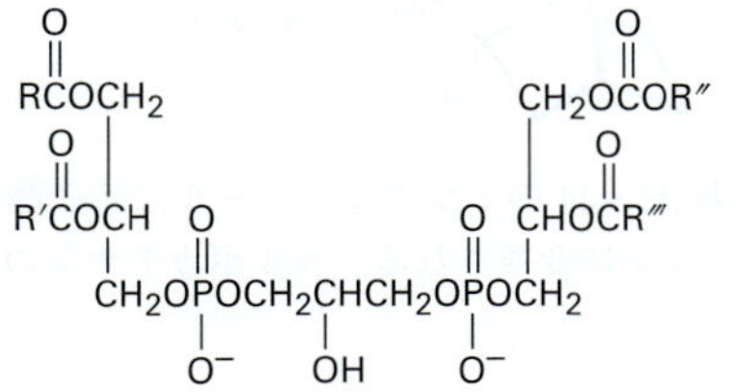

カルジオリピン cardiolipin

23・25 トリオレイン酸グリセリル（glyceryl trioleate）を次の反応剤と反応させると，どのような生成物が得られるか．
(a) CH_2Cl_2 中，過剰量の Br_2 (b) H_2/Pd
(c) $NaOH/H_2O$ (d) $LiAlH_4$，つづいて H_3O^+
(e) CH_3MgBr，つづいて H_3O^+

23・26 オレイン酸を次の化合物に変換するにはどうすればよいか．
(a) オレイン酸メチル (b) ステアリン酸メチル
(c) ペンタトリアコンタン-18-オン $CH_3(CH_2)_{16}CO(CH_2)_{16}CH_3$

テルペンとステロイド

23・27 次に示すそれぞれのテルペンの前駆体はゲラニル二リン酸とファルネシル二リン酸のどちらか．それぞれのテルペンに近い立体配座で書け．生合成経路にはふれなくてよい．

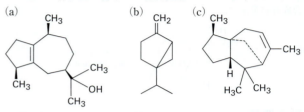

(a) グアイオール guaiol (b) サビネン sabinene (c) セドレン cedrene

23・28 問題23・27に示したテルペンのキラル中心をアステリスク*で示せ．それぞれ，最大でいくつの立体異性体が存在するか．

23・29 問題23・27に示した三つのテルペンはイソペンテニル二リン酸とジメチルアリル二リン酸から生合成される．出発物のリン酸が結合した炭素（C1）が放射性同位体で標識されているとすると，これらのテルペンのどの炭素が標識されるか．

23・30 カルボキシ炭素を ^{14}C で標識したアセチルCoAを，図23・12に示したメバロン酸の生合成の出発物として用いるとする．メバロン酸のどの炭素が標識されるか．

23・31 カルボキシ炭素を ^{14}C で標識したアセチルCoAを，メバロン酸生合成の出発物として用いるとする．α-カジノールのどの炭素が標識されるか．

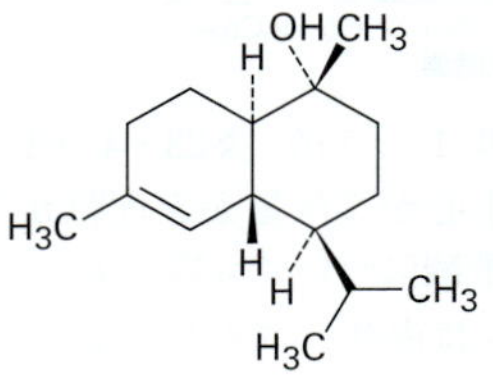

α-カジノール α-cadinol

23・32 カルボキシ炭素を ^{14}C で標識したアセチルCoAを，メバロン酸の生合成の出発物として用いるとする．スクアレンのどの炭素が標識されるか．

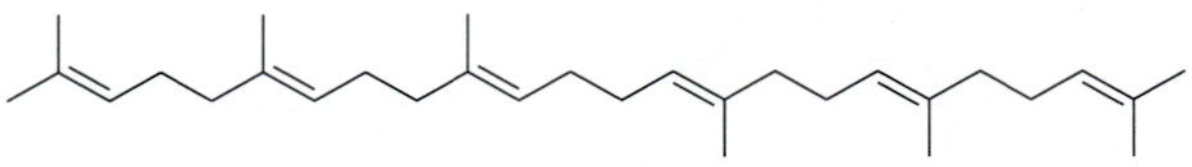

スクアレン

23・33 カルボキシ炭素を ^{14}C で標識したアセチルCoAを，メバロン酸の生合成の出発物として用いるとする．ラノステロールのどの炭素が標識されるか．

812 23. 生体分子：脂質とその代謝

ラノステロール

23・34 チョウジ (clove) 油に含まれるカリオフィレンの生合成経路を示せ．

カリオフィレン caryophyllene

総合問題

23・35 ステアロリン酸（stearolic acid）$C_{18}H_{32}O_2$ は触媒的水素添加反応によってステアリン酸となり，さらに酸化的オゾン分解によってノナン酸とノナン二酸を生成する．ステアロリン酸の構造を示せ．

23・36 1-デシンと 1-クロロ-7-ヨードヘプタンから，ステアロリン酸（問題 23・35）をどのように合成すればよいだろうか．

23・37 次の反応の生成物の構造式を書け．

(a) $CH_3CH_2CH_2CH_2CH_2\overset{O}{C}SCoA$ $\xrightarrow[\text{アシル CoA}]{FAD \quad FADH_2}$?
脱水素酵素

(b) (a)の生成物 + H_2O $\xrightarrow[\text{エノイル CoA}]{}$?
ヒドラターゼ

(c) (b)の生成物 $\xrightarrow[\beta\text{-ヒドロキシアシル CoA}]{NAD^+ \quad NADH/H^+}$?
脱水素酵素

23・38 sn-グリセロール 1-リン酸（§23・4 参照）の Fischer 投影式を書き，キラル中心が S 配置か R 配置かを決定せよ．sn-グリセロール 2,3-二酢酸についても答えよ．

23・39 フレキシビレンは海サンゴから単離された化合物であり，はじめて見いだされた 15 員環構造をもつテルペンである．フレキシビレンの非環式生合成前駆体の構造を示せ．また生合成の反応機構を示せ．

フレキシビレン flexibilene

23・40 ψ-イオノンに酸を作用させると β-イオノンが生成する反応機構を示せ．

ψ-イオノン → β-イオノン (H_3O^+)

23・41 ジヒドロカルボンの最も安定ないす形配座を書け．

ジヒドロカルボン dihydrocarvone

23・42 メントールの最も安定ないす形配座を書き，それぞれの側鎖がアキシアルかエクアトリアルかを示せ．

メントール menthol （ハッカ油から）

23・43 一般的に，エクアトリアルのヒドロキシ基の方がアキシアルのヒドロキシ基よりもエステル化されやすい．次の二つの化合物にそれぞれ等モル量の無水酢酸を反応させたときの生成物を予想せよ．

(a) (b)

23・44 イソボルネオールの生合成経路を提案せよ．カルボカチオンの転位が 1 回起こる．

イソボルネオール isoborneol

23・45 問題 23・44 のイソボルネオールに希硫酸を作用させると，カンフェンに変換される．カルボカチオンの転位を含む反応機構を示せ．

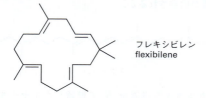

イソボルネオール → カンフェン camphene (H_2SO_4)

23・46 ジギトキシゲニンは紫ジギタリス (purple foxglove, *Digitalis purpurea*) から単離された心臓刺激薬であり，心臓病の治療に使われる．ジギトキシゲニンの三次元構造を書け．また，二つの OH 基がアキシアルかエクアトリアルかを示せ．

ジギトキシゲニン
digitoxigenin

23・47 エレオステアリン酸 (eleostearic acid) $C_{18}H_{30}O_2$ は家具の仕上げに用いられる桐油に含まれる希少な脂肪酸である．エレオステアリン酸をオゾン分解し亜鉛で処理すると，1分子のペンタナールと2分子のグリオキサール OHC-CHO，1分子の 9-オキソノナン酸 $OHC(CH_2)_7CO_2H$ が生成する．エレオステアリン酸の構造式を書け．（アルケンはオゾン分解とその後の亜鉛処理でカルボニル化合物を生じ，もとの C=C 炭素はそれぞれ C=O 炭素になる．）

23・48 ジテルペンはゲラニルゲラニル二リン酸 (GGPP) から生合成される．GGPP 自身はファルネシル二リン酸とイソペンテニル二リン酸から生合成される．GGPP の構造を示し，FPP と IPP からの生合成の反応機構を示せ．

23・49 ジエチルスチルベストール (diethylstilbestrol: DES) は，その構造がステロイドと異なるにもかかわらず，エストロゲン活性をもつ．DES を動物の餌に加えると，いくつかのがんを誘導することが示唆された．DES とエストラジオールの構造の類似性を示せ．

ジエチルスチルベストール

エストラジオール

23・50 エストラジオール（問題 23・49）は不斉炭素をいくつもつか．すべての不斉炭素の絶対配置を決定せよ．

23・51 センブレン (cembrene) $C_{20}H_{32}$ はヤシの樹脂から得られるジテルペンである．センブレンは 245 nm に UV 吸収をもつが，等モル量の H_2 で水素化した生成物ジヒドロセンブレン $C_{20}H_{34}$ は UV 吸収をもたない．4倍モル量の H_2 で完全に水素化すると，オクタヒドロセンブレン (octahydrocembrene) $C_{20}H_{40}$ が生成する．センブレンをオゾン分解し，オゾニドを亜鉛で処理すると，4種類のカルボニル化合物が得られた．

$CH_3CCH_2CH_2CH$ + CH_3CCHO + $HCCH_2CH$

+ $CH_3CCH_2CH_2CHCHCH_3$ (with CHO and CH_3)

センブレンがゲラニルゲラニル二リン酸から生成することを考慮し（問題 23・48 参照），その構造を提案せよ．

23・52 α-フェンコンは芳香のあるテルペンであり，ラベンダー油から単離された．ゲラニル二リン酸から α-フェンコンが生成する経路を提案せよ．カルボカチオン転位が1回起こる．

α-フェンコン
α-fenchone

23・53 セスキテルペンであるトリコジエンがファルネシル二リン酸から生合成される反応機構を示せ．この過程は，第二級カルボカチオン中間体を生成する環化反応と，複数回のカルボカチオン転位を含んでいる．

ファルネシル二リン酸 (FPP)

トリコジエン
trichodiene

24 生体分子：核酸とその代謝

ホスホリボシル二リン酸合成酵素は，ピリミジンヌクレオチド生合成経路中のリボース 5-リン酸のリン酸化を触媒する

- 24・1 ヌクレオチドと核酸
- 24・2 DNA 中の核酸塩基対：Watson-Crick モデル
- 24・3 DNA 複製
- 24・4 DNA 転写
- 24・5 RNA の翻訳：タンパク質の生合成
- 24・6 DNA 塩基配列の決定
- 24・7 DNA 合成
- 24・8 ポリメラーゼ連鎖反応
- 24・9 ヌクレオチドの異化
- 24・10 ヌクレオチドの生合成

本章の目的　核酸は本書で扱う4種の生体分子のうちの最後のものである．DNA については，多くのメディアで取上げられているので，DNA 複製や転写の基本は知っているだろう．そこで，本章では核酸の基礎について簡単にふれた後，DNA の塩基配列，合成，代謝の化学を詳細に解説する．この分野は急速に進展しつつあり，はじめて知ることも多いであろう．

核酸，すなわち**デオキシリボ核酸**（deoxyribonucleic acid: DNA）と**リボ核酸**（ribonucleic acid: RNA）は，細胞の遺伝情報を伝える化学物質である．細胞内 DNA にコードされているのは，細胞の性質を決定し，細胞の増殖と分化を制御し，細胞の機能発現に必要な酵素やさまざまなタンパク質の生合成を制御する情報である．

核酸そのものに加えて，核酸誘導体も重要であり，たとえば ATP は多くの生合成経路においてリン酸化剤として働いている．また，NAD^+，FAD，補酵素 A などのいくつかの重要な補酵素は核酸構造をもっている（表 19・3 参照）．

24・1 ヌクレオチドと核酸

タンパク質がアミノ酸からなる生体高分子であるように，核酸は**ヌクレオチド**（nucleotide）が長くつながっている生体高分子である．それぞれのヌクレオチドは，

リン酸基と結合した**ヌクレオシド**（nucleoside）からなり，それぞれのヌクレオシドはアルドペントース糖のアノマー炭素にヘテロ環化合物のプリン塩基またはピリミジン塩基の窒素原子が結合した化合物である．

RNAの糖部分はリボースで，DNAの糖部分は2′-デオキシリボースである（ヌクレオチドの命名と位置番号について，上付きのプライムは糖の，プライムなしの数字はヘテロ環の位置番号を示す．また，"2′-デオキシ"はリボースの2′位の酸素がないことを意味する）．DNAは四つの異なる塩基，すなわち二つの置換プリン（アデニンとグアニン）および二つの置換ピリミジン（シトシンとチミン）からなる．アデニン，グアニン，シトシンはRNAにも存在するが，チミンはRNA中では構造のよく似たウラシルというピリミジン塩基に置き換えられている．

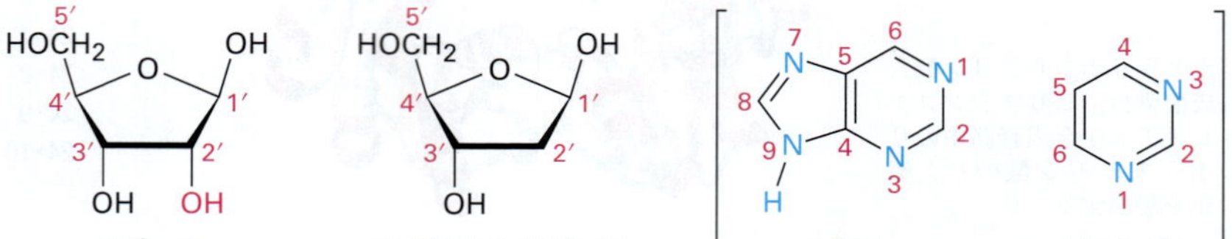

リボース ribose　　2′-デオキシリボース 2′-deoxyribose　　プリン purine　　ピリミジン pyrimidine

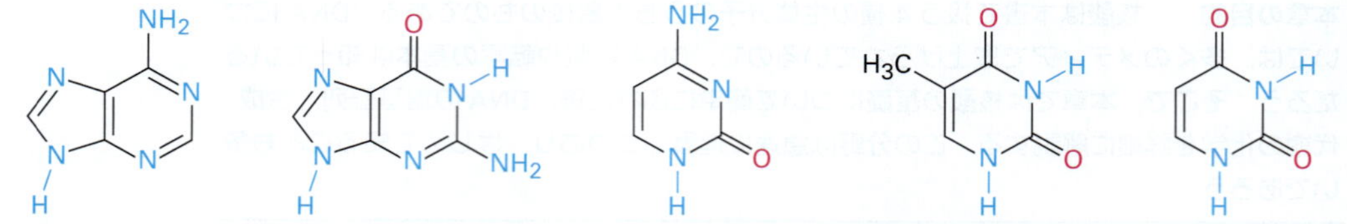

アデニン adenine, A　　グアニン guanine, G　　シトシン cytosine, C　　チミン thymine, T　　ウラシル uracil, U
DNA, RNA　　　　　　DNA, RNA　　　　　　DNA, RNA　　　　　　DNA　　　　　　　　RNA

四つのデオキシリボヌクレオチドと四つのリボヌクレオチドの構造を図24・1に示す．RNAとDNAは化学的には類似しているが，大きさの点ではまったく異なる．DNA分子は巨大であり，2億4500万個ものヌクレオチドを含み，分子量は750億にも達する．それに対して，RNA分子は非常に小さく，わずか21個程度のヌクレオチドでできているものもあり，その分子量は7000程度にすぎない*．

DNAやRNAでは，一つのヌクレオチドのC5′リン酸ともう一つのヌクレオチドのC3′のヒドロキシ基とが**ホスホジエステル結合**（phosphodiester bond）RO−(PO$_2^-$)−OR′

*　訳注：tRNAは約60個のヌクレオチドから形成されているが，mRNAやrRNAはさらに多くのヌクレオチドからなる．

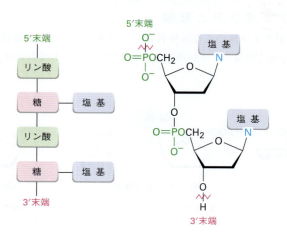

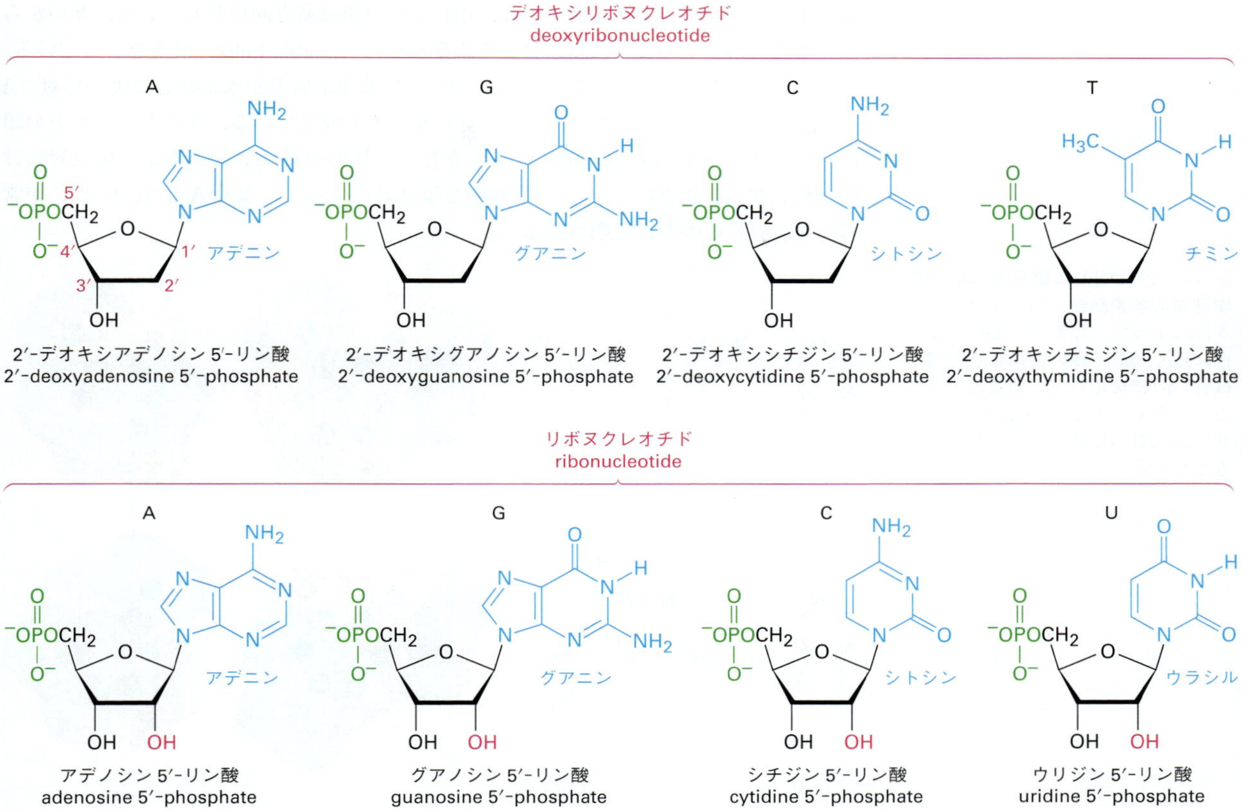

24・2 DNA 中の核酸塩基対: Watson-Crick モデル 817

図 24・1 四つのデオキシリボヌクレオチドと四つのリボヌクレオチドの構造

を形成している．したがって，核酸の重合体は，その C3′ 側（3′ 末端 3′ end）にヒドロキシ基，C5′ 側（5′ 末端 5′ end）にリン酸基をもつ．鎖中のヌクレオチド配列は 5′ 末端側から順に塩基名で書き，G, C, A, T（RNA 中では U）の表記を用いる．たとえば，DNA 配列は一般に TAGGCT のように表す．

問題 24・1 DNA のジヌクレオチド，AG の化学構造式を書け．

問題 24・2 RNA のジヌクレオチド，UA の化学構造式を書け．

24・2 DNA 中の核酸塩基対: Watson-Crick モデル

　同じ生物種の違う組織から単離された DNA ではヘテロ環塩基の存在比は同じだが，異なる生物種から単離された DNA では塩基の比は大きく異なる．たとえば，ヒトの DNA はアデニンとチミンを約 30% ずつ，グアニンとシトシンを約 20% ずつ含むが，細菌の *Clostridium perfringens* の DNA ではアデニンとチミンを約 37% ずつ含み，グアニンとシトシンは約 13% ずつしか含んでない．両者の DNA で，塩基が二つずつ同じ含有率になっている．すなわち，アデニンとチミン，グアニンとシトシンがそれぞれ同じ割合で存在する．なぜだろうか．

　1953 年，James Watson と Francis Crick は DNA の二次構造に関する古典的モデルを提唱した．その Watson-Crick モデルによると，生理学的な条件下で，DNA は 2

本のポリヌクレオチド鎖で構成され，それぞれの鎖は逆方向に並んでいて，互いがらせん階段の手すりのように絡み合って**二重らせん**（double helix）構造をとっている．二つの鎖は同じではなく，相補的で，特定の核酸塩基同士が水素結合によって対（AとT，GとC）をつくることにより二重らせんを形成している．すなわち，片方の鎖にAがあるとその反対側の鎖にはTが存在し，片方の鎖にCがあるとその反対にはGが存在する（図24・2）．この相補的な塩基対によって，なぜAとT，GとCが常に同じ含有量なのかが説明される．

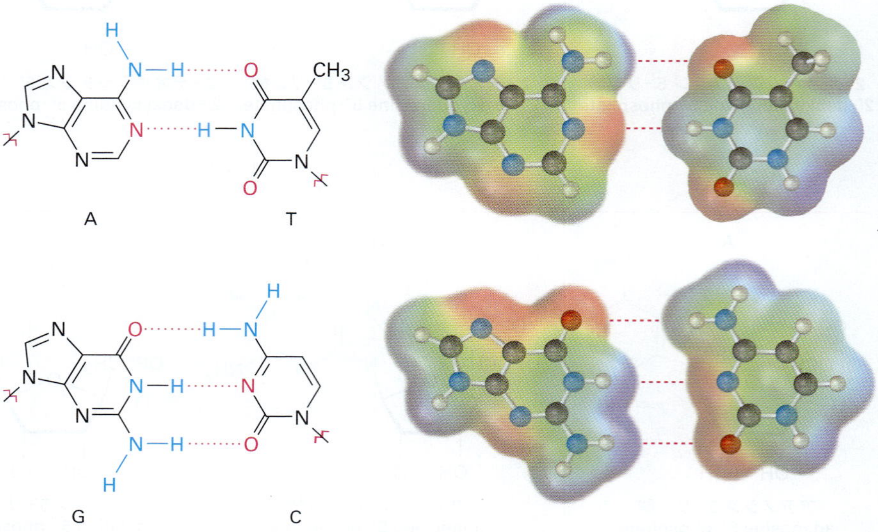

図24・2 **DNA二重らせんの核酸塩基対の水素結合**．静電ポテンシャル図によって，塩基の中心部分が中性に近く（緑），縁の方は正（青）または負（赤）に荷電していることがわかる．GとC，AとTの塩基対では，互いに反対の電荷をもった部分が接近している．

DNA二重らせんを図24・3に示す．らせんの幅は20Åであり，10塩基対で1回りし，その長さは34Åである．図24・3でみると，二重らせんができた結果，2種類の溝，つまり幅12Åの**主溝**（major groove）と幅6Åの**副溝**（minor groove）が生成する．主溝は副溝よりわずかに深く，両者とも平面的なヘテロ環塩基が積み重なっている．その結果，平面性をもつ他の多環式芳香族化合物がDNAの横から積み重なっ

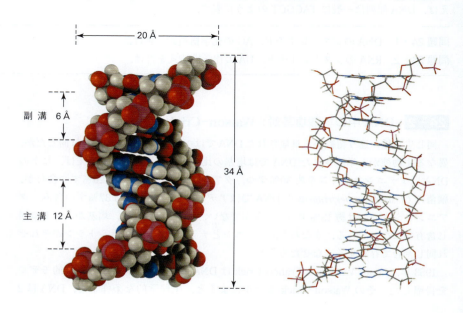

図24・3 **DNA二重らせんの空間充填モデルと針金モデル**．糖-リン酸骨格はらせんの外側に，互いに水素結合しているアミン塩基が内側にある．主溝と副溝が見える．
（1Å＝100 pm）

ている核酸塩基対の間に滑り込むこと，すなわちインターカレーション（intercalation）することが可能となる．発がん物質あるいは制がん剤の多くはこのようにDNAと相互作用して機能する．

生体の遺伝情報は，DNA鎖中でつながったデオキシリボヌクレオチドの塩基配列として保存されている．遺伝情報を保存し，次世代に引継ぐためには，DNAを複製する機構が必要である．また，遺伝情報が使われるためには，DNA情報を解読し，その中に含まれる情報を実現するための機構も必要である．

Crickが名付けた"分子遺伝学のセントラルドグマ（central dogma）"によれば，DNAの機能は遺伝情報を保存し，それをRNAへ伝えることで，RNAの機能はDNAから受取った情報を読み，解読し，それを使ってタンパク質をつくることである．このような見方は単純化しすぎているかもしれないが，ここから始めるのは悪くないであろう．基本的な三つの過程を次に示す．

- **複製**（replication）：DNAから同じコピーがつくられ，遺伝情報が保存され，子孫に受け継がれる過程
- **転写**（transcription）：遺伝情報が読まれ，細胞の核からタンパク質合成が行われるリボソームへ情報が伝えられる過程
- **翻訳**（translation）：遺伝情報が解読され，タンパク質が合成される過程

$$\text{複製} \circlearrowleft \text{DNA} \xrightarrow{\text{転写}} \text{RNA} \xrightarrow{\text{翻訳}} \text{タンパク質}$$

例題 24・1　DNA二本鎖の相補的塩基配列を予想する

DNA鎖において，TATGCAT配列に相補的な塩基配列は何か．

考え方　AとT，GとCがそれぞれ相補的な塩基対を形成することから，配列のAをTに，GをCに，TをAに，CをGに置き換える．5′末端を左に，3′末端を右に書くこと．

解　答　鋳型鎖　（5′）TATGCAT（3′）
　　　　　相補鎖　（3′）ATACGTA（5′）　すなわち　（5′）ATGCATA（3′）

問題 24・3　次の配列をもつDNA鎖に相補的な塩基配列は何か．
　　　　　　　　　（5′）GGCTAATCCGT（3′）

24・3　DNA複製

DNA複製（replication）は，**ヘリカーゼ**（helicase）とよばれる酵素によってDNA二重らせんが複数の箇所で部分的に巻き戻されることによって開始される．塩基間の相補的水素結合が切断されて，2本の鎖が分離して"バブル（bubble）"とよばれる構造となり，塩基が露出する．ここに相補的な新しいヌクレオチド，すなわちAに対してTが，Gに対してCが配置され，2本の新たな鎖が**複製フォーク**（replication fork）とよばれるバブルの末端部分から伸び始める．それぞれの新しいDNA鎖はもとのDNA鎖（親鎖または鋳型鎖という）に対して相補的であり，二つの新しいDNA二本鎖が合成される（図24・4）．新しいDNA二本鎖は古いDNA鎖と新しいDNA鎖を1本ずつ含むので，この過程は**半保存的複製**（semiconservative replication）

820　24. 生体分子：核酸とその代謝

図 24・4　DNA の半保存的複製. もとの二本鎖が部分的に巻戻され塩基が露出し，それぞれの鎖に相補的なヌクレオチドが配置され，新しい二本鎖が伸び始める．それぞれの二本鎖は 5′→3′ 方向へ合成され，片方は連続的に，もう片方は断片として合成される.

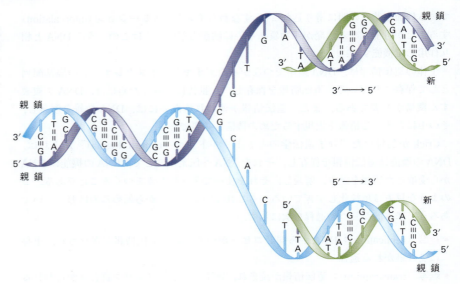

とよばれる．

伸長している DNA 鎖へのヌクレオチドの付加は 5′→3′ 方向へ行われ，DNA ポリメラーゼが触媒する．鍵段階はヌクレオシド 5′-三リン酸への伸長鎖の 3′-ヒドロキシ基の付加であり，二リン酸が脱離する．

新しい DNA 鎖合成が 5′→3′ 方向へ進むため，二つの鎖の合成は正確には同じ方法では進行しない．一方の新しい鎖は複製フォーク側に 3′ 末端をもち，もう片方の鎖は複製フォーク側に 5′ 末端をもっている．もとの 5′→3′ 鎖に相補的な鎖は 1 本で連続的に DNA 合成が進む．新しく合成されたコピーは**リーディング鎖**（leading strand）とよばれる．一方，3′→5′ 鎖に相補的な鎖の合成では，**岡崎フラグメント**（Okazaki fragment）とよばれる短い断片が不連続的に合成され，それを DNA リガーゼがつなぎ合わせることで**ラギング鎖**（lagging strand）がつくられる．

複製の規模は驚異的である．ヒト一人一人の細胞は，22 本の染色体が 2 組と性染

色体2本の合計46本をもっている．それぞれの染色体は非常に大きな一つの DNA 分子からなり，2組の染色体の DNA はそれぞれ合計30億塩基対（ヌクレオチド60億個）と推定されている．この巨大な分子サイズにもかかわらず，塩基配列は複製過程において忠実にコピーされる．複製過程は数時間で終わり，校正と修復後のエラーは100億から1000億塩基に一つ程度である．また，このようなエラーにより，一世代当たり約60のランダムな変異が親から子供へ受け継がれる．

24・4 DNA 転写

前述したとおり，RNA の構造は DNA に似ているが，デオキシリボースの代わりにリボースをもち，チミンの代わりにウラシルをもっている．RNA は大きく分けて3種類あり，それぞれが異なる機能をもっている．それらに加えて，幅広い重要な細胞機能を制御する数多くの低分子 RNA がある．すべての RNA は DNA より小さい分子であり，二本鎖ではなく一本鎖として存在する．

- **メッセンジャー RNA**（messenger RNA: **mRNA**）は遺伝情報を DNA からリボソームへ伝達する．リボソームは細胞質内の顆粒で，タンパク質合成が行われる場所である．
- **リボソーム RNA**（ribosomal RNA: **rRNA**）はタンパク質と複合体を形成し，リボソームを構成している．
- **転移 RNA**（transfer RNA: **tRNA**）はアミノ酸をリボソームへ運搬し，アミノ酸は互いに結合してタンパク質になる．
- **低分子 RNA**（small RNA）は機能性 RNA（functional RNA）ともよばれ，細胞内における転写抑制や他の RNA の化学修飾などさまざまな機能をもつ．

DNA 中の遺伝情報は**遺伝子**（gene）中に含まれていて，一つ一つの遺伝子は特定のタンパク質をコードする特定のヌクレオチド配列によって構成される．DNA 情報のタンパク質への変換は，細胞核内での DNA の**転写**（transcription）による mRNA の合成から始まる．細菌では，RNA ポリメラーゼが通常転写開始部位の上流（5′側）の約40塩基からなる DNA の**プロモーター配列**（promoter sequence）を認識して結合することで，転写が開始される．このプロモーター配列には6塩基からなる二つの**コンセンサス配列**（consensus sequence，共通配列）があり，一つ目は転写開始点から10塩基上流に，二つ目は35塩基下流に存在する．

ポリメラーゼ-プロモーター複合体が生成した後，DNA 二重らせんの数回転分がほどけてバブルを形成し，二重らせん中の約14塩基対が露出する．適切なリボヌクレオチドが DNA の相補的な塩基に水素結合して並ぶと，5′→3′ の方向に結合ができ，RNA ポリメラーゼが DNA 上を移動する．RNA 分子は DNA からほどかれながら伸長する（図 24・5）．伸長中の RNA の約12塩基対が常に DNA の鋳型鎖と水素結合を形成している．

二本鎖が両方ともコピーされる DNA 複製と異なり，mRNA へ転写されるのは DNA の片方の鎖だけである．遺伝情報をもつ DNA 鎖の方を**センス鎖**（sense strand）または**コード鎖**（coding strand），転写される鎖を**アンチセンス鎖**（antisense strand）または**ノンコーディング鎖**（noncoding strand）とよぶ．センス鎖とアンチセンス鎖は相補的であり，また DNA のアンチセンス鎖と新しく生成する RNA 鎖も相補的であるので，転写でつくられる RNA は DNA センス鎖のコピーである．つまり，コピーのコピーはもとの鎖と同じである．唯一の違いは，DNA は T をもつのに対し，

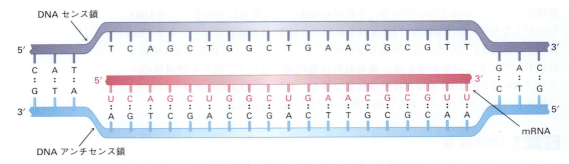

図 24・5 DNA 塩基断片を鋳型とする RNA の生合成

RNA では U が使われていることである.

脊椎動物や顕花植物における DNA 転写のもう一つの側面は, 遺伝情報が DNA すべてを必要としないということである. 遺伝子はしばしば**エキソン**(exon)とよばれる DNA の小さな部分から始まり, 遺伝情報を含まない**イントロン**(intron)とよばれる部分を挟んで次のエキソンにつながっている. 最終的な mRNA は, 転写された mRNA から不要な部分が切除され, 残りの断片同士がスプライソソーム(spliceosome)によって連結されて完成する. たとえば, トウモロコシのトリオースリン酸異性化酵素の遺伝子は, DNA 塩基対では, 遺伝情報をもたない八つのイントロンが DNA 塩基対の 70% に相当し, 遺伝情報をもつ九つのエキソンは残りのわずか 30% 分である.

問題 24・4 ウラシルはどのようにアデニンと強い水素結合をつくるのか, 示せ.
問題 24・5 次の DNA 鎖に相補的な mRNA 塩基配列を書け.
(5′)GATTACCGTA(3′)
問題 24・6 次の mRNA は, どのような DNA 鎖から転写されたか.
(5′)UUCGCAGAGU(3′)

24・5 RNA の翻訳: タンパク質の生合成

mRNA の細胞内における第一の機能は, 生物が必要とする(ヒトでは 50 万種にのぼる)さまざまなペプチドやタンパク質の生合成をつかさどることである. タンパク質の生合成はリボソームで行われる. リボソームは, 細胞質にある顆粒状の細胞小器官であり, 60% がリボソーム RNA, 40% がタンパク質からなる.

mRNA の特異的なリボヌクレオチド配列がアミノ酸に対応しており, この配列によりアミノ酸の結合順が決まる. すなわち mRNA の"言葉"である**コドン**(codon)は三つの塩基配列(トリプレットという)からなり, これが特定のアミノ酸に対応する. たとえば, mRNA 上の UUC はフェニルアラニンを伸長中のタンパク質に導入するコドンである. RNA には 4 種の核酸塩基があるため, コドンは $4^3 = 64$ 通りあり, そのうち 61 が特定のアミノ酸を, 三つが合成終結を意味する. 表 24・1 にそれぞれのアミノ酸に対応するコドン(遺伝暗号)を示す.

mRNA に含まれる情報は**翻訳**(translation)という段階で転移 RNA(tRNA)によって読まれる. 61 種類の異なる tRNA があり, 一つ一つがアミノ酸に対応している. 典型的な tRNA は一本鎖であり, 図 24・6 に示すクローバーの葉のような形をしてい

24・5 RNAの翻訳：タンパク質の生合成

表 24・1 遺伝暗号(コドン)表

最初の塩基 (5′末端)	2番目の塩基	3番目の塩基 (3′末端) U	C	A	G
U	U	Phe	Phe	Leu	Leu
	C	Ser	Ser	Ser	Ser
	A	Tyr	Tyr	終止	終止
	G	Cys	Cys	終止	Trp
C	U	Leu	Leu	Leu	Leu
	C	Pro	Pro	Pro	Pro
	A	His	His	Gln	Gln
	G	Arg	Arg	Arg	Arg
A	U	Ile	Ile	Ile	Met
	C	Thr	Thr	Thr	Thr
	A	Asn	Asn	Lys	Lys
	G	Ser	Ser	Arg	Arg
G	U	Val	Val	Val	Val
	C	Ala	Ala	Ala	Ala
	A	Asp	Asp	Glu	Glu
	G	Gly	Gly	Gly	Gly

る．tRNA は 70〜100 の塩基からなり，3′末端のリボースの 3′-ヒドロキシ基には，特異的なアミノ酸がエステル結合している．それぞれの tRNA には，その中央の"葉"の先に**アンチコドン**（anticodon）とよばれる部分があり，ここにはコドン配列に相補的な塩基配列がある．たとえば，mRNA 上のコドン UUC は，GAA というアンチコドンをもっているフェニルアラニル tRNA によって読み出される〔塩基配列は，

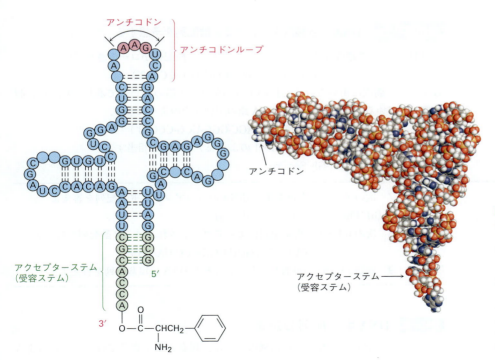

図 24・6 **tRNA分子の構造**．tRNA はクローバーの葉のような形状をしていて，一つの"葉"の上にアンチコドンをもち，3′末端にアミノ酸残基が結合している．ここにはフェニルアラニンをコードする酵母の tRNA を示す．空白になっている部分のヌクレオチドは A, G, C, U が化学的に修飾された類縁体である．

5′→3′方向に記述されるので，アンチコドン配列は逆に記述される．すなわち(5′)UUC(3′)の相補鎖は(3′)AAG(5′)であり，(5′)GAA(3′)と記述される〕．

mRNA上の連続するコドンに対応して，異なるtRNAが，酵素により伸長ペプチド鎖上の適切な位置に正しいアミノ酸を運搬する．正しいタンパク質の合成が終了すると，終止コドンが合成終了の合図を出し，タンパク質はリボソームから遊離する．この過程を図24・7に示す．

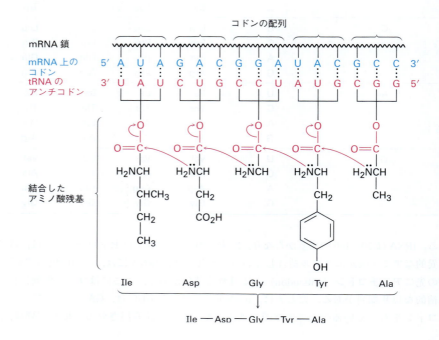

図24・7 タンパク質生合成の概略．mRNA上のコドンの塩基配列が相補的なアンチコドンをもつtRNAに読まれる．tRNAは適切なアミノ酸を伸長しているペプチド鎖の正しい位置に並べる．

例題 24・2　DNAから翻訳されるアミノ酸配列を予想する

次のDNAセンス鎖の断片には，どのようなアミノ酸配列がコードされているか．

(5′)CTA-ACT-AGC-GGG-TCG-CCG(3′)

考え方　翻訳に用いられるmRNAはDNAセンス鎖のコピーであり，TがUに置き換わっている．したがって，mRNA鎖の配列は次のようになる．

(5′)CUA-ACU-AGC-GGG-UCG-CCG(3′)

それぞれ三つの塩基の組は，表24・1のようなアミノ酸に相当する．

解答　Leu-Thr-Ser-Gly-Ser-Pro

問題 24・7　次のアミノ酸を運搬するtRNAのもつアンチコドン配列を答えよ．
(a) Ala　(b) Phe　(c) Leu　(d) Tyr

問題 24・8　次のmRNAの塩基配列によってコードされるアミノ酸配列を答えよ．

(5′)CUU-AUG-GCU-UGG-CCC-UAA(3′)

問題 24・9　問題24・8のmRNAを生じるもとのDNAの塩基配列を答えよ．

24・6　DNA塩基配列の決定

歴史上，科学界の最も大きな転機の一つは，現在分子生物学で行われているよう

に，科学者が生命の遺伝の仕組みを制御し利用することを学んだことである．しかし1977年に膨大なDNA鎖の塩基配列を決定する方法が発見されなかったら，その後の大きな発展はなかったであろう．

DNA配列決定の最初の段階は，巨大なDNAを既知の場所で切断してより小さく，より扱いやすい断片にすることであり，これは**制限酵素**（restriction endonuclease）によって行われる．制限酵素はこれまでに3800以上見いだされ，そのうちの約375が市販されている．それらの酵素はそれぞれ特異的な塩基配列を切断する．たとえば，制限酵素 *Alu*Ⅰは4塩基配列 AG-CT の G と C の間を切断する．切断される配列は回文（palindrome）になっていて，左から右へ読んでも右から左へ読んでも同じである．すなわち (5′)AG-CT(3′) はその相補鎖である (3′)TC-GA(5′) と同じ配列になる．このことは，他の制限酵素も同じである．

もとのDNA分子を，配列特異性の異なる制限酵素によって切断すると，別の制限酵素による分解物とは異なるが，部分的に塩基配列が重複するDNA断片が生じる．すべてのDNA断片の配列を決定し，その後重複する配列を特定すれば，すべてのDNAの塩基配列が決まる．

DNA配列決定の手法は十数種あり，さらなる開発が進められている．現在は，酵素的手法である**Sangerジデオキシ法**（サンガー）（Sanger dideoxy method）が最も頻繁に用いられており，30億塩基対に及ぶヒトゲノム配列もこの手法によってはじめて決定された．市販の塩基配列決定装置では，以下のものを混合することでジデオキシ法を開始する．

- 制限酵素による分解によって得られた，塩基配列を決めたいDNA断片
- プライマー（primer）とよばれるDNAの小断片（制限酵素によって切られた断片の3′末端側の塩基配列に相補的な塩基配列）
- 4種類の2′-デオキシリボヌクレオシド三リン酸（dNTP）
- 少量の4種類の2′,3′-ジデオキシリボヌクレオシド三リン酸（ddNTP）．それぞれは異なる色の蛍光色素によって修飾されている（2′,3′-ジデオキシリボヌクレオシド三リン酸はリボースの2′位と3′位のOH基がない）

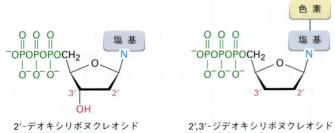

2′-デオキシリボヌクレオシド三リン酸(dNTP)　　2′,3′-ジデオキシリボヌクレオシド三リン酸(ddNTP)

DNAポリメラーゼをこの混合物に加えると，プライマーの3′末端から，DNA断片に相補的なDNA鎖の合成が開始される．ほとんどの場合，伸長するDNA鎖には高濃度に存在する通常のデオキシリボヌクレオチドが導入されるが，ところどころにジデオキシリボヌクレオチドが挿入される．ジデオキシリボヌクレオチドが挿入されると，次のヌクレオチドが反応するべき3′-ヒドロキシ基がないので，DNA合成が停止する．

反応が終了すると，それぞれの色素修飾ジデオキシリボヌクレオチドを末端に含

む，可能性のあるすべての長さの DNA 断片の混合物が得られる．この生成混合物をゲル電気泳動（§19・2）によって断片の分子量の違いで分離する．それぞれの断片の末端のジデオキシリボヌクレオチドは，蛍光色の違いから塩基が特定でき，これにより制限断片の配列を決定することができる．図 24・8 はその典型例である．

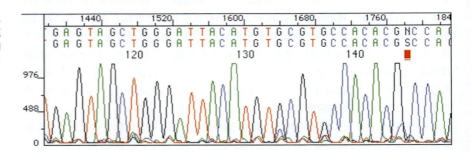

図 24・8 Sanger ジデオキシ法による制限断片の塩基配列の決定．塩基配列はそれぞれの断片の 3′ 末端に結合した色素の色によって決定される．

自動ジデオキシ法は非常に効率がよく，1100 ヌクレオチドまでの配列ならば，1 時間に 19,000 塩基の処理速度，99％ 以上の精度で決定できる．10 年にわたる研究の結果，ヒトの全ゲノム約 30 億塩基対の配列情報が 2001 年初頭に発表され，2003 年にはより完全な情報に更新された．さらに，DNA 二重らせんの発見者である James Watson を含む特定の個人のゲノム配列が決定された．ゲノム解析にかかる費用は 2013 年には 5000 ドルまで低下し，個人の DNA 塩基配列情報の決定があたりまえとなる日も遠くはないだろう．

特筆すべきことに，ヒトゲノムに含まれる遺伝子は約 21,000 であり，これは予想された数の約 4 分の 1 で，線虫の 2 倍程度にすぎない．さらに，ヒトゲノム（約 21,000）の数はタンパクの数（約 500,000）よりも大幅に少ない．この相違は，多くのタンパク質が翻訳後に修飾される（**翻訳後修飾** posttranslational modification）ことによるものであり，一つの遺伝子から多種類のタンパク質が生成する．

24・7 DNA 合 成

分子生物学の進歩に伴って，短い DNA 断片〔オリゴヌクレオチド（oligonucleotide），簡略化してオリゴともよばれる〕の効率的な化学合成法が必要とされるようになった．DNA 合成の問題点はタンパク質合成（§19・7 参照）と似ているが，モノマーであるヌクレオチドの構造が複雑なため，より困難である．それぞれのヌクレオチドが複数の反応点をもつので，的確なタイミングで選択的な保護と脱保護を行わなければならない．また 4 種類のヌクレオチドのカップリングを的確な順序で行う必要がある．しかし，自動 DNA 合成機が市販されており，長さ 200 ヌクレオチド程度の DNA 断片の迅速かつ信頼できる合成が行えるようになっている．

DNA 合成の原理は Merrifield ペプチド固相合成（§19・7 参照）と同様である．基本的に，保護ヌクレオチドを固相に共有結合し，カップリング剤を用いてヌクレオチドを順次 DNA 鎖に反応させる．最後のヌクレオチドを反応させた後，すべての保護基を除去し，合成 DNA を固相から切り出す．五つの段階が必要である．

段階 1 DNA 合成の第一段階は，保護されたデオキシヌクレオシドの 3′-OH 基のエステル結合を介してシリカ（SiO_2）担体と結合させることである．このとき糖部分の

5′-OH 基とヘテロ環上の NH₂ 基は保護が必要である．アデニンとシトシンはベンゾイル基で保護し，グアニンはイソブチリル基で保護する．チミンは保護の必要がない．デオキシリボースの 5′-OH は *p*-ジメトキシトリチル（DMT）エーテルで保護する．

p-ジメトキシトリチル
p-dimethoxytrityl: DMT

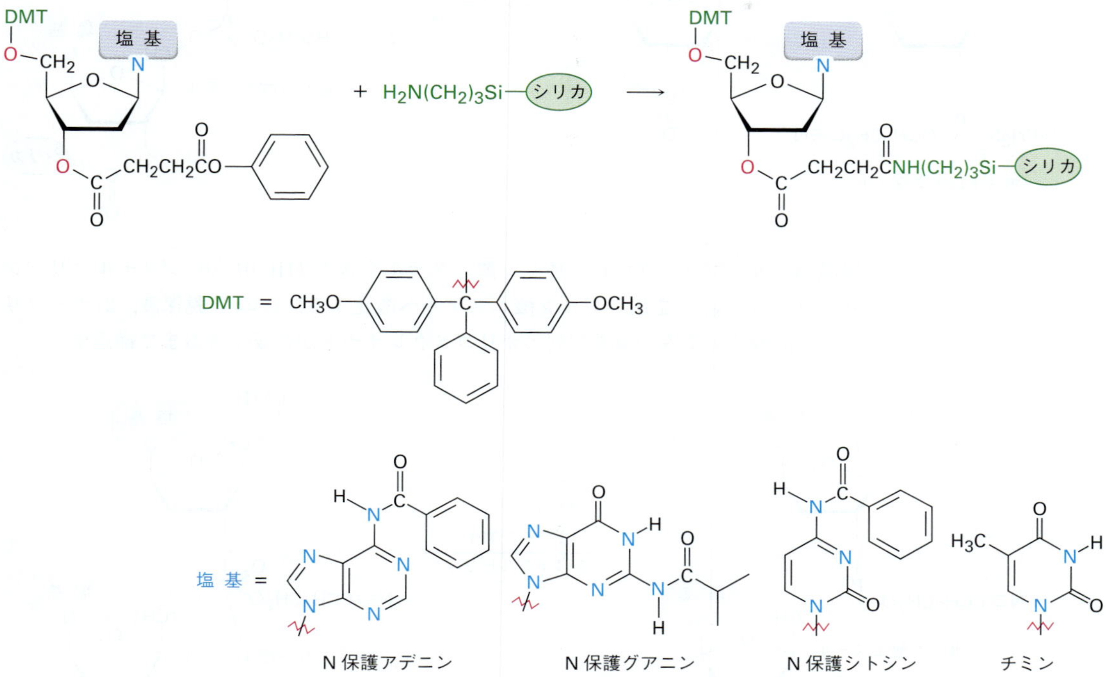

段階 2 第二段階は，CH₂Cl₂ 中ジクロロ酢酸で DMT 保護基を除去することである．この反応は S_N1 機構で進行し，第三級でベンジル位のカチオンであるジメトキシトリチルカチオンが安定であるため，速やかに進行する．

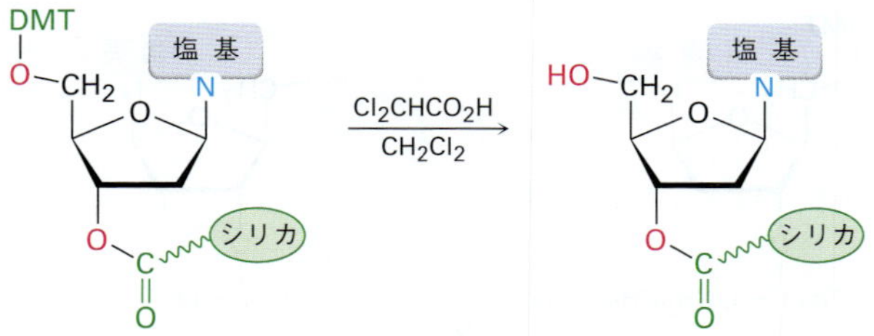

段階 3 3番目の段階は，固体に担持されたデオキシヌクレオシドと，ホスホロアミダイト基 R₂NP(OR)₂ を 3′ 位にもつ保護されたデオキシヌクレオシドとのカップリング反応である．カップリング反応は非プロトン性極性溶媒であるアセトニトリル中で行い，ヘテロ環アミンであるテトラゾールを触媒として必要とし，亜リン酸エステル P(OR)₃ を生成する．リンに結合している酸素原子のうち，一つがβ-シアノエチル基 −OCH₂CH₂C≡N によって保護されている．このカップリング反応は 99% 以上の収率で進行する．

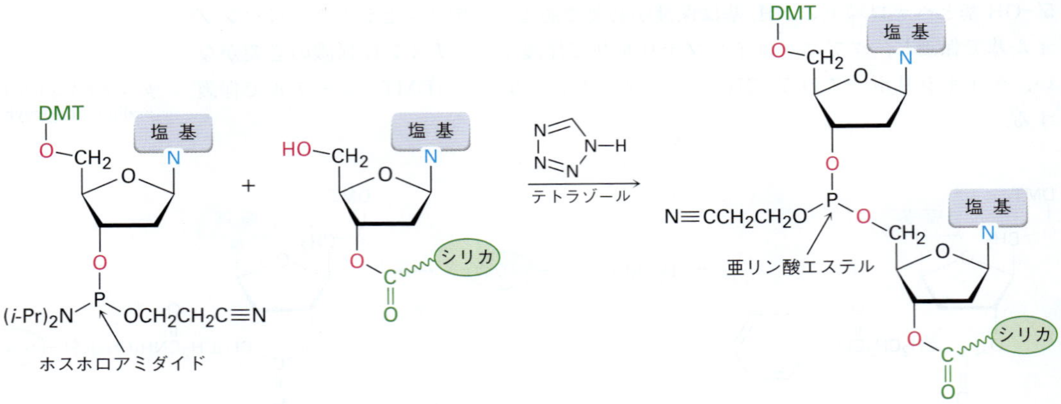

828   24. 生体分子：核酸とその代謝

段階4 カップリングの後，亜リン酸エステルを含水 THF 中 2,6-ジメチルピリジン存在下，ヨウ素 I_2 を用いてリン酸エステルへ酸化する．この 1) 脱保護，2) カップリング，3) 酸化を望みの塩基配列のオリゴヌクレオチドが合成できるまで繰返す．

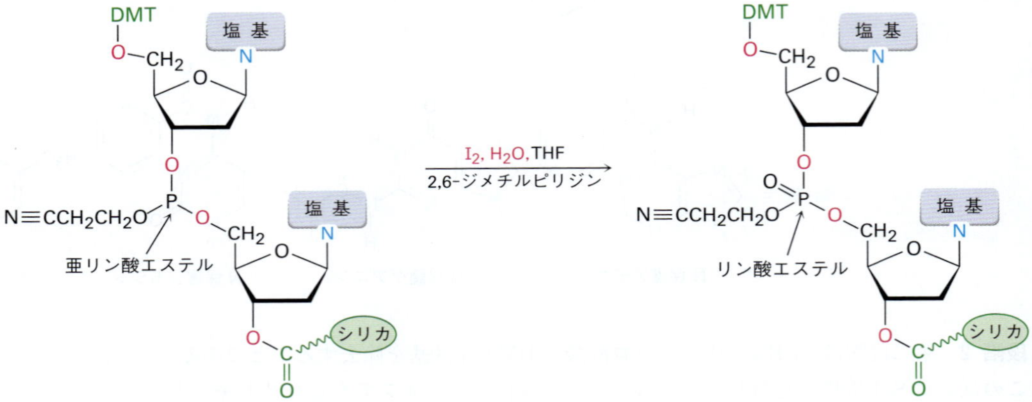

段階5 最終段階は，保護基の除去と，DNA とシリカを結合しているエステル結合

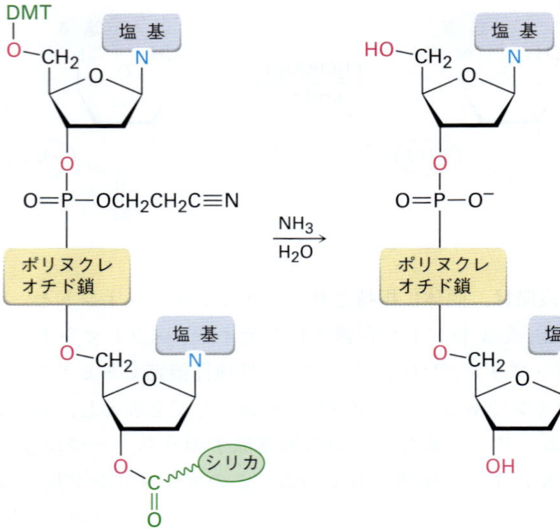

の切断である．これらのすべての反応は，NH₃ 水溶液で処理することによって同時に行う．電気泳動によって，合成した DNA を精製する．

問題 24・10 *p*-ジメトキシトリチル（DMT）エーテルは弱い酸で処理することによって容易に除去できる．この切断反応の機構を示せ．

問題 24・11 NH₃ 水溶液によって，リン酸エステルから β-シアノエチル基が除去される反応機構を提案せよ（アクリロニトリル H₂C＝CHCN が副生する）．どのような種類の反応が起こるか．

24・8 ポリメラーゼ連鎖反応

犯行現場などで生体から直接 DNA を得る場合，非常に少量しか得られないことがしばしばあるが，塩基配列の決定や解析には大量の DNA が必要である．1986 年に Kary Mullis が発表した**ポリメラーゼ連鎖反応**（polymerase chain reaction: **PCR**）は，Gutenberg による活版印刷に匹敵する発明であった．印刷技術が本を大量に複製できるように，PCR は DNA 配列を大量に複製することができる．長さ 10,000 ヌクレオチドの DNA が 1 ピコグラム（1 pg ＝ 10^{-12} g，約 100,000 分子）以下しかない場合でも，PCR を用いると，数時間で数マイクログラム（1 μg ＝ 10^{-6} g，約 10^{11} 分子）の DNA を得ることができる．

PCR の鍵は *Taq* DNA ポリメラーゼ（*Taq* DNA polymerase）である．これは米国のイエローストーン国立公園にある温泉で発見された好熱性細菌 *Thermus aquaticus* から単離された耐熱性酵素である．*Taq* DNA ポリメラーゼは，片方の端に相補的な短いプライマーが結合している DNA 一本鎖を認識し，相補鎖すべての合成を行うことができる．全体の過程は，図 24・9 に示す 3 段階で行われる（近年では海底の熱水

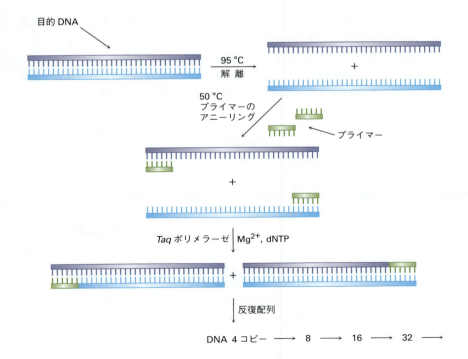

図 24・9 ポリメラーゼ連鎖反応．詳細は本文参照．

孔付近で成長する細菌から単離されたVentポリメラーゼや*Pfu*ポリメラーゼのように，より熱安定性の高いDNAポリメラーゼが入手できるようになった．これらの酵素の複製の間違いの割合は，*Taq*よりもかなり低い)．

段階1 増幅したいDNA二本鎖を，*Taq* DNAポリメラーゼ，Mg^{2+}，4種類のデオキシヌクレオシド三リン酸（dNTP），過剰量の2種の短い（長さ約20塩基）オリゴヌクレオチドプライマーの存在下で加熱する．目的とするDNA断片それぞれの端の配列に対し相補的なプライマーを用いる．95℃で二本鎖DNAが解離し，2本の一本鎖になる．

段階2 温度を37℃から50℃の間に下げると，プライマー濃度が高いため，それぞれの目的DNAの片方の端に相補的に水素結合によりアニーリングする．

段階3 次に温度を72℃に上げると，*Taq*ポリメラーゼが二つのDNAプライマーにヌクレオチドを結合させていく．それぞれの鎖の合成が終わると，もとのDNAのコピーが二つできる．二本鎖解離，アニーリング，合成の段階が二度繰返されると，DNAのコピーは四つできる．3回反復で八つでき，DNAのコピーが指数関数的に増加していく．

PCRは自動化されていて，1時間に30回ほど繰返すと，理論的にはDNAが2^{30}（約10^9）倍程度に増える．しかし実際には，各サイクルの効率が100％には達しないので，30サイクルで10^6～10^8倍になる．

24・9 ヌクレオチドの異化

ヌクレオチドの異化反応は，ヌクレオチドの構造自体が複雑であるため，アミノ酸や炭水化物，脂肪酸の代謝よりも複雑である．そこで，ここでは簡単に一例のみを取上げる．

食餌に含まれる核酸は，胃を通過して腸に達し，そこでさまざまな核酸分解酵素（ヌクレアーゼ）によってヌクレオチドに加水分解される．その後種々のヌクレオチド分解酵素（ヌクレオチダーゼ）によって脱リン酸されてヌクレオシドが生成し，さらにヌクレオシド分解酵素（ヌクレオシダーゼ）によって塩基へと分解される．塩基はさらに他の代謝経路に入る中間体へと分解されるか，あるいは排泄される．

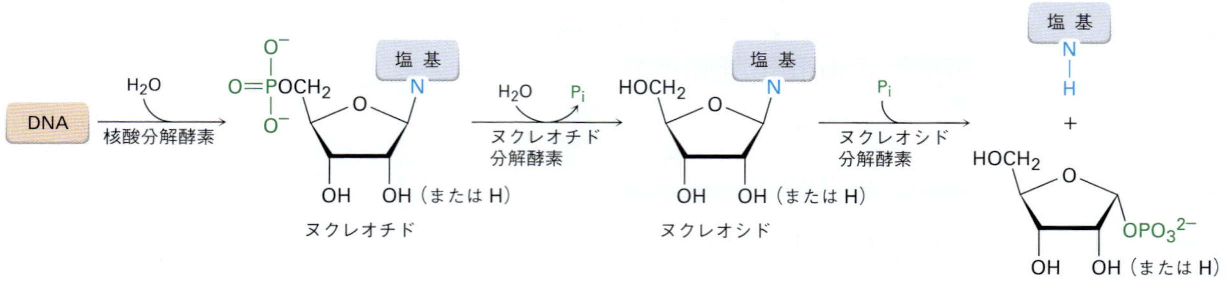

ヌクレオシドの異化の例として，グアノシンをみてみよう（図24・10）．グアノシンは開裂から始まる3段階の過程で分解され，β-リボース1-リン酸とグアニンを生じる．グアニンは加水分解されてキサンチンになる．キサンチンは尿酸へ酸化され，尿に排泄される．

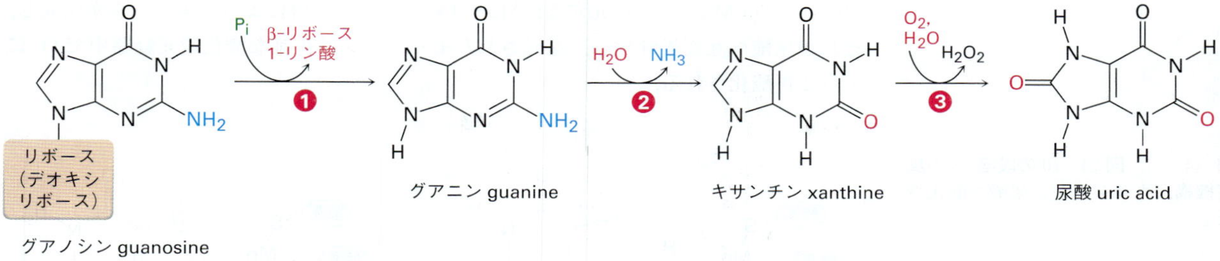

24・9 ヌクレオチドの異化　831

図 24・10　グアノシンの尿酸への異化代謝経路．各段階の説明については本文参照．

図 24・10 の段階 ❶: 加リン酸分解反応　グアノシンの分解反応はプリンヌクレオシドホスホリラーゼの触媒により，β-リボース 1-リン酸とグアニンが生成する．この反応はおそらく，S_N1 様の反応機構でオキソニウムカチオン中間体を経由してグアニンがリン酸イオンに置換されて進行する．その反応機構は同様の立体化学の反転を伴うグリコシダーゼによるグリコシドの加水分解に類似している（図 22・2 参照）．

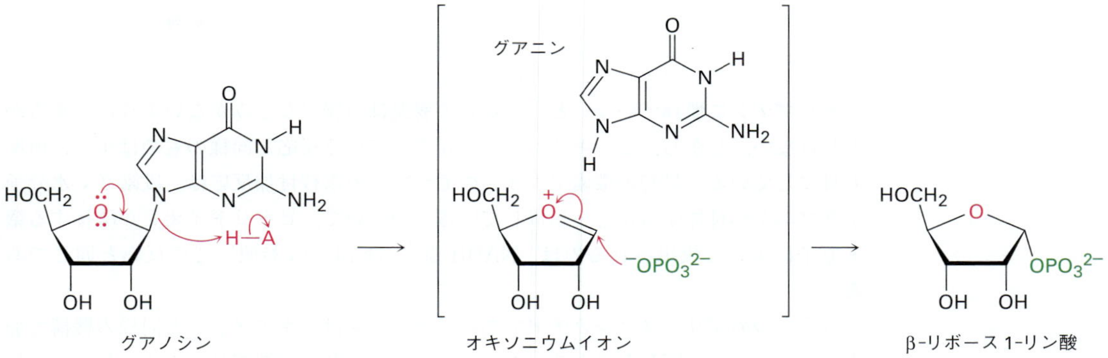

図 24・10 の段階 ❷: 加水分解　グアニンデアミナーゼによって触媒されるグアニンからキサンチンへの加水分解反応は，水分子の C＝N 結合への求核攻撃，つづくアンモニウムイオンの脱離により進行し，基本的に求核的アシル置換反応である．

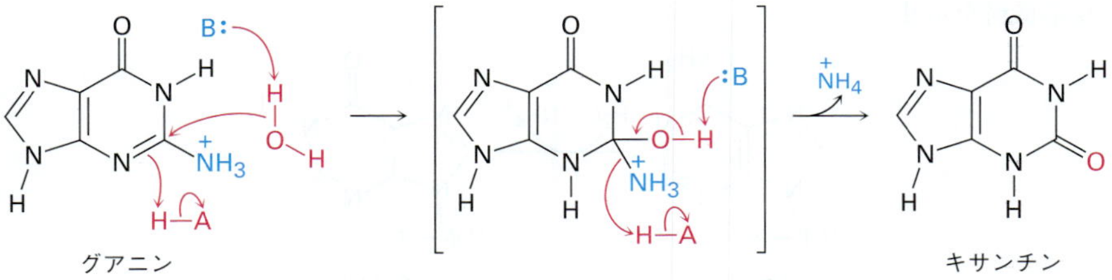

図 24・10 の段階 ❸: 酸化　グアノシンの異化反応で唯一一般的でない反応は，キサンチンオキシダーゼ〔FAD とオキソモリブデン(Ⅵ)をもつ酵素複合体〕によるキサンチンの酸化である．これまでに得られた証拠から，図 24・11 に示す反応機構が提唱されている．この反応機構では，塩基が Mo－OH 基を脱プロトンし，生じたアニオンがキサンチンの C＝N 二重結合に求核付加する．生成した窒素アニオン化合物からヒドリドイオンが放出され，これが Mo＝S 結合に付加し，モリブデン中心を

832　24. 生体分子: 核酸とその代謝

Mo(VI) から Mo(IV) へ還元する．Mo−O 結合の加水分解によってエノールが生成し，それが尿酸へ互変異性化し，還元されたモリブデンは複雑な酸化還元経路中で O_2 によって再酸化される．

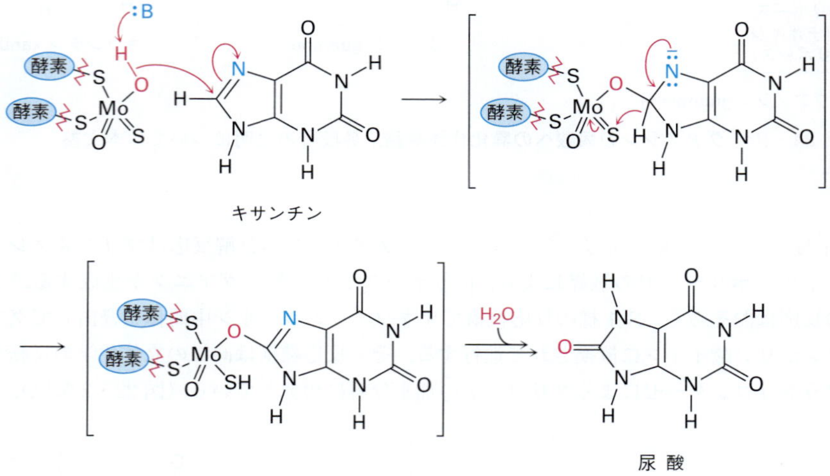

図 24・11 図24・10の段階❸の反応機構．キサンチンが尿酸へ酸化される．

モリブデンに慣れていないと，これらの変換は複雑でなじみがないようにみえるかもしれない．しかし，このキサンチンで起こっている反応と同様のものはすでに何度も目にしている．最初の酸素アニオンの C=N への求核付加反応は，段階 2 で水分子がグアニンへ付加する反応と類似している．つづいて，ヒドリドイオンが隣接する窒素原子によって放出されるのは，NADH 還元（§14・10 参照）での反応と同じである．

もう一つのプリンヌクレオチドであるアデノシンは，グアノシンと同様の機構で加水分解されるが，順番が異なる．グアノシンは塩基部分が糖部分から切り離されて分解される一方，アデノシンは最初にイノシンに加水分解され，その後糖から切り離される．

問題 24・12 アデノシン異化の最初の段階である，イノシンを生成する加水分解の反応機構を示せ．

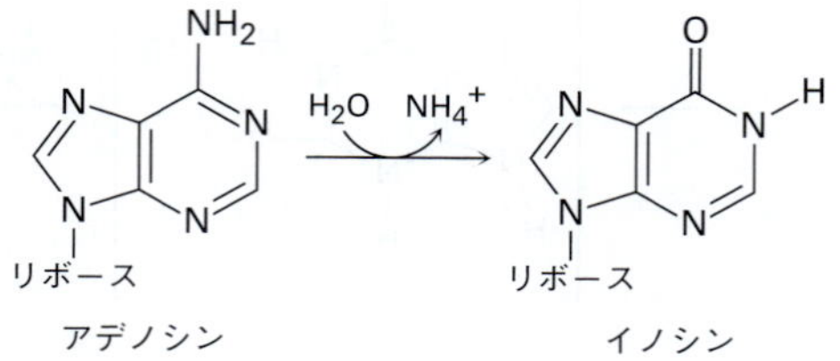

24・10　ヌクレオチドの生合成

ヌクレオチドの生合成は，ヌクレオチド異化反応のように比較的複雑である．例として，アデノシン一リン酸の合成をみてみよう．プリン塩基の合成はアミノ基 −NH_2

のリボースへの付加で始まり，多段階反応でヘテロ環塩基が生成する．－NH$_2$ の付加反応は，5-ホスホリボシル α-二リン酸に対するアンモニアの求核置換反応によって進行し，β-5-ホスホリボシルアミンを与える．おそらくこの反応は，S$_N$1 的な機構による二リン酸の解離で生成するオキソニウムイオン中間体を経由して進行する．完全にわかってはいないが，イノシン一リン酸（IMP）が最初に生成するプリンリボヌクレオチドであり，それがアデノシン一リン酸（AMP）へ変換される．

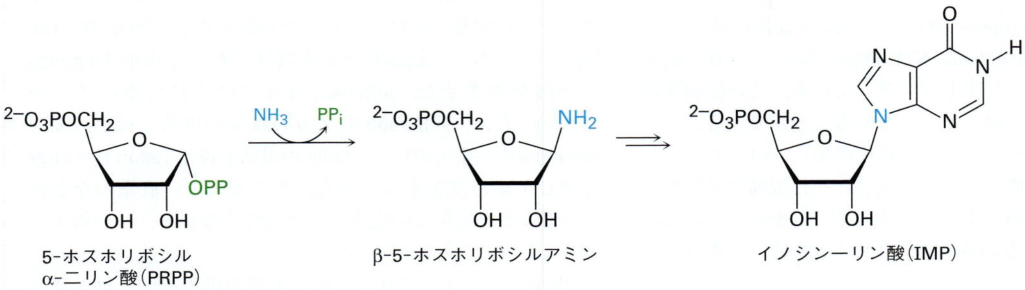

アデノシン一リン酸は IMP から 3 段階で生合成される．まず GTP による最初のリン酸化反応によって IMP がイミノリン酸へ変換され，アスパラギン酸との反応でアデニロコハク酸へ変換された後，フマル酸が脱離する（図 24・12）．イミノリン酸とアスパラギン酸との反応は求核的アシル化反応であり，フマル酸の脱離反応は E1cB 反応である．最後の反応はアルギニノコハク酸がアルギニンへ変換される尿素回路の 3 段階目の反応とほぼ同じである（図 20・5 参照）．

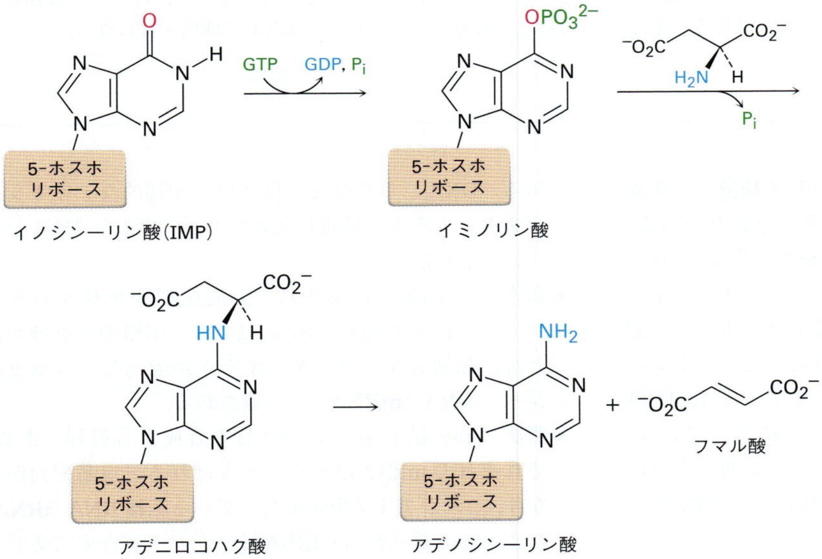

図 24・12 イノシン一リン酸からアデノシン一リン酸への反応

問題 24・13　アデノシン生合成（図 24・12）の 2 番目の段階であるイノシン一リン酸からアデニロコハク酸への変換の反応機構を示せ．

問題 24・14　アデノシン生合成の 3 番目の段階であるアデニロコハク酸からアデノシン一リン酸への変換の反応機構を示せ．

> **科学談話室**
>
> ## DNAフィンガープリント
>
> DNA塩基配列決定法は，さまざまな影響を社会に与えた．そのなかでも DNA フィンガープリント法（DNA fingerprinting）は際立った影響をもたらした．これは 1984 年にヒトのDNA の中に，遺伝情報をコードしていない短鎖縦列型反復配列（short tandem repeat: STR）とよばれる短い繰返しが発見されたことに由来する．STR 遺伝子座は，一卵性双生児以外は，個人によって少しずつ違っている．この配列を解析すれば，個人に固有のパターンを知ることができる．
>
> DNA フィンガープリント法が最も普及しているのは，おそらく犯罪捜査の分野であり，容疑者と犯行現場で発見された生物学的証拠（血液，毛髪，皮膚，精子）を結びつけるのに有効である．何千もの裁判の判決が DNA 鑑定に基づき下されている．
>
> 科学捜査において，米国の法医学界は，個人を最も正確に特定できる 13 の STR 遺伝子座を規定した．これに基づいて刑罰の確定した者を登録する Combined DNA Index System (CODIS) が設立された．犯行現場から DNA 試料が得られたら，その試料を制限エンドヌクレアーゼで分解して STR 遺伝子座を含む断片を切り出す．その断片をポリメラーゼ連鎖反応で増幅し，塩基配列を決定する．
>
> ある個人がもつ塩基配列が，犯行現場から得られた DNAのデータと合致する確率は，およそ 820 億分の 1 であることから，DNA はほぼ同一人物に由来すると断定できる．また，親子鑑定では父親と子供の DNA は類似しているが完全には一致しないため，誤って父親であると証明される確率は約 100,000 分の 1 である．数世代たっても，Y 染色体の DNA 分析を行えば，直系の父系の子孫として血がつながっていることを示唆することはできる．その最も有名な例は Thomas Jefferson であり，彼はおそらく奴隷であった Sally Hemings に子供を生ませた．Jefferson 自身には直接男系の子孫がいなかったが，Jefferson の父方の叔父の男系子孫が，Sally Hemings の一番下の息子（Sally の男系子孫），Eston Hemings と同じ Y 染色体をもっていた．したがって，直系のなかのどの男性かを完全に特定することはできないが，二つのゲノムが交わったことは明らかである．
>
> DNA フィンガープリント法の多様な応用のうち最も使われているのは，胎児や新生児の遺伝子異常の診断である．嚢胞性線維症，血友病，ハンチントン病，テイ-サックス病，鎌状赤血球貧血，サラセミアなどさまざまな病気の診断ができ，発症前からの治療が可能である．しかも，親戚の特定の病気の発症とその DNA フィンガープリントを研究することにより，病気に関する DNA パターンを特定することができるし，治療法の手がかりが得られるかもしれない．さらに米国国防省では，全兵士一人一人から血液や唾液の試料を提出させている．これらの試料を保管しておき，万が一，犠牲者の特定が必要になった場合に DNA の抽出が行われる．

まとめ

DNA（デオキシリボ核酸）と **RNA**（リボ核酸）は生体高分子であり，生体の遺伝情報を伝える化学物質である．酵素による核酸の加水分解で**ヌクレオチド**が生成するが，これは RNA と DNA を構築する単位である．ヌクレオチドがさらに酵素で加水分解されると**ヌクレオシド**とリン酸が生成する．ヌクレオシドは，プリンまたはピリミジン塩基がアルドペントース糖（RNA の場合はリボース，DNA の場合は 2-デオキシリボース）の C1 に結合している．ヌクレオチドは一つのヌクレオチドの 5′-リン酸ともう片方のヌクレオチドの 3′-ヒドロキシ基の間のリン酸結合によって結合している．

DNA 分子は**二重らせん**を形成している 2 本の相補的ポリヌクレチド鎖からなり，それらは互いの鎖上のヘテロ環塩基間で水素結合している．アデニンとチミン，シトシンとグアニンが水素結合する．

DNA の遺伝情報の解読は，三つの段階で行われる．

- **DNA の複製**は，同一の DNA コピーが生成する過程である．DNA 二重らせんがほどけ，相補的なデオキシリボヌクレオチドが順番に並んで 2 本の新しい DNA 分子が合成される．
- **転写**は，RNA が合成されて，遺伝情報を核からリボソームに伝える過程である．DNA 二本鎖の一部分がほどけ，相補的なリボヌクレオチドが配列して**メッセンジャー RNA**（**mRNA**）が合成される．
- **翻訳**は mRNA からタンパク質を合成する過程である．それぞれの mRNA はコドンとよばれる三塩基配列からなり，これがアミノ酸が結合している**転移 RNA**（**tRNA**）によって認識される．tRNA はタンパク質合成に必要なアミノ酸を適切に並べる．

DNA 塩基配列は Sanger ジデオキシ法によって決定され，小さい DNA 断片は実験室で自動合成機で合成できる．少量の DNA は**ポリメラーゼ連鎖反応**（**PCR**）で 10^6 倍に増幅できる．ヌクレオチドの異化反応と生合成は，他の生体分子よりも複雑であるが，反応自体は類似している．

重要な用語

- アンチコドン(anticodon)
- アンチセンス鎖(antisense strand)
- 鋳型鎖(template strand)
- コード鎖(coding strand)
- コドン(codon)
- Sanger ジデオキシ法(Sanger dideoxy method)
- センス鎖(sense strand)
- 低分子 RNA(small RNA)
- デオキシリボ核酸(deoxyribonucleic acid: DNA)
- 転移 RNA(transfer RNA: tRNA)
- 転写(transcription)
- 二重らせん(double helix)
- ヌクレオシド(nucleoside)
- ヌクレオチド(nucleotide)
- 複製(replication)
- ポリメラーゼ連鎖反応(polymerase chain reaction: PCR)
- 翻訳(translation)
- 3′末端(3′ end)
- 5′末端(5′ end)
- メッセンジャー RNA(messenger RNA: mRNA)
- リボ核酸(ribonucleic acid: RNA)
- リボソーム RNA(ribosomal RNA: rRNA)

演習問題

目で学ぶ化学

(問題 24・1～24・14 は本文中にある)

24・15 次の核酸塩基を同定せよ．どれが DNA 中，RNA 中，およびそれらの両方に見いだされるか．

(a) (b)

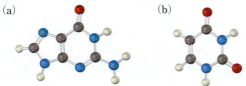

(c)

24・16 次のヌクレオチドは何か．またどのように使われるか答えよ．

24・17 核酸中のアミン塩基は，アルキル化剤と典型的な S_N2 機構で反応する．次の静電ポテンシャル図を見て，アデニンとグアニンのどちらが優れた求核剤か答えよ．それぞれの反応点は矢印で示している．

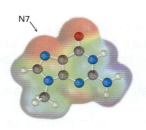
9-メチルグアニン

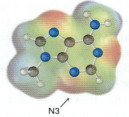
9-メチルアデニン

追加問題

24・18 ヒト脳のナトリウム利尿ペプチド (brain natriuretic peptide: BNP) は，32 アミノ酸の小さいペプチドであり，うっ血性心不全の治療に用いられる．BNP をコードする DNA 中には，いくつの核酸塩基が含まれるか．

24・19 ヒトとウマのインスリンはどちらも二つのポリペプチド鎖をもっており，片方は 21 アミノ酸，もう片方は 30 アミノ酸を含む．これらの一次構造は 2 箇所で異なっている．片方のペプチド鎖の 9 番目では，ヒトインスリンは Ser をもっており，ウマインスリンは Gly をもっている．他方のペプチド鎖の 30 番目はヒトインスリンでは Thr だがウマでは Ala である．これら二つのインスリンをコードする DNA はどのように異なるか．

24・20 ウニの DNA の 32% は A である．他の三つの核酸塩基の比率を予想せよ．

24・21 UAA コドンでタンパク質合成は停止する．次の DNA 中の UAA 配列が，mRNA 合成に問題を生じないのはなぜか．

-GCA-UUC-GAG-GUA-ACG-CCC-

24・22 次の配列のうち，制限酵素によって認識されそうな配列はどれか．理由も述べよ．
(a) GAATTC (b) GATTACA (c) CTCGAG

24・23 次のリボヌクレオチドコドン(トリプレット)は，どのアミノ酸に対応するか．

(a) AAU (b) GAG (c) UCC (d) CAU

24・24 問題24・23のmRNA配列は，どのようなDNA配列から転写されたか．

24・25 問題24・23のmRNAコドンによって，どのようなtRNAのアンチコドン配列がコードされるか．

24・26 リボヌクレオチドコドン UAC の完全な化学構造を書け．この配列は何のアミノ酸をコードしているか．

24・27 問題24・26に示したmRNAコドンに転写されるデオキシリボヌクレオチド配列の完全な化学構造式を書け．

24・28 メトエンケファリンの合成に必要なmRNA配列を書け．
Tyr-Gly-Gly-Phe-Met

24・29 アンジオテンシンIIの合成に必要なmRNA配列を書け．
Asp-Arg-Val-Tyr-Ile-His-Pro-Phe

24・30 次のDNA配列によってコードされるアミノ酸配列を書け．
(5′)CTT-CGA-CCA-GAC-AGC-TTT(3′)

24・31 次のmRNA配列によってコードされるアミノ酸配列を書け．
(5′)CUA-GAC-CGU-UCC-AAG-UGA(3′)

24・32 DNA配列 -CAA-CCG-GAT- が間違って複製され，-CGA-CCG-GAT- となったとき，タンパク質の配列にどのような影響があるか．

24・33 CTAG という DNA 断片をフラスコ内で合成するのに必要な段階を示せ．

24・34 DNA 合成の最終段階はアンモニア水溶液による脱保護である．次に示す構造中に示した反応点で起こる脱保護の反応機構を示せ．

24・35 体内のグルコース合成を制御するメッセンジャー分子であるサイクリックアデノシン一リン酸（cAMP）の構造を書け．cAMP は，3′ 位と 5′ 位のヒドロキシ基をリン酸基で結合した環状構造をもつ．

24・36 ウラシルの異化経路の最終段階で，マロン酸セミアルデヒドの酸化でマロニル CoA が生成する反応機構を示せ．この反応は，解糖系の段階6と類似している．

24・37 イノシン一リン酸の生合成の段階の一つでは，ホルミルグリシンアミジンリボヌクレオチドからアミノイミダゾールリボヌクレオチドが生成する．反応機構を示せ．

24・38 ウリジン一リン酸の生合成の第一段階はアスパラギン酸とカルバモイルリン酸の反応によってカルバモイルアスパラギン酸が生成し，その環化反応によってジヒドロオロット酸が生成する反応である．この環化反応にはルイス酸として Zn^{2+} が必要である．この二つの反応機構を書け．

24・39 バルガンシクロビル（valganciclovir, 販売名バリキサ®）はサイトメガロウイルスに対する抗ウイルス剤である．バルガンシクロビル自身には薬理活性がなく，腸内でエステル結合が加水分解され，活性体であるガンシクロビルとアミノ酸へ分解される．

(a) バルガンシクロビルの加水分解によって生成するアミノ酸は何か．
(b) ガンシクロビルの構造を書け．
(c) デオキシグアニンにあって，ガンシクロビルにない原子はどれか．
(d) デオキシグアニンで失われた原子は，DNA 複製でどんな役割を果たしているか．
(e) バルガンシクロビルはどのように DNA 複製を阻害するか．

25 二次代謝産物: 天然物化学への招待

25・1 天然物の分類
25・2 ピリドキサールリン酸の生合成
25・3 モルヒネの生合成
25・4 エリスロマイシンの生合成

ノルコクラウリン合成酵素はモルヒネの生合成過程においてドーパミンと *p*-ヒドロキシフェニルアセトアルデヒドとの縮合を触媒する

本章の目的 これまでの6章で，四つの主要な生体分子であるタンパク質，糖質，脂質，および核酸の化学と代謝を解説してきた．しかし，まだ取上げなくてはいけない生体分子がある．すべての生物は，一般に天然物としてくくられる非常に多様な物質を含んでいる．**天然物**（natural product）という名称は，その名のとおり，天然に存在するすべての物質に対して用いることができるが，一般には**二次代謝産物**（secondary metabolite），すなわち，その物質を生み出す生物が生きていくうえで必要不可欠ではなく，かつ，構造によって分類されない小分子を意味する．本章では，よく知られた天然物を取上げ，それらがどのように生合成されるのか学ぶ．

二次代謝産物は30万以上存在すると見積もられており，それらの主要な機能は，他の生物を撃退したり，誘引したりしてその生物の生存の可能性を高めることにある．モルヒネのようなアルカロイド，プロスタグランジン E_1 のようなエイコサノイド，およびエリスロマイシンやペニシリンのような抗生物質などがその例である．

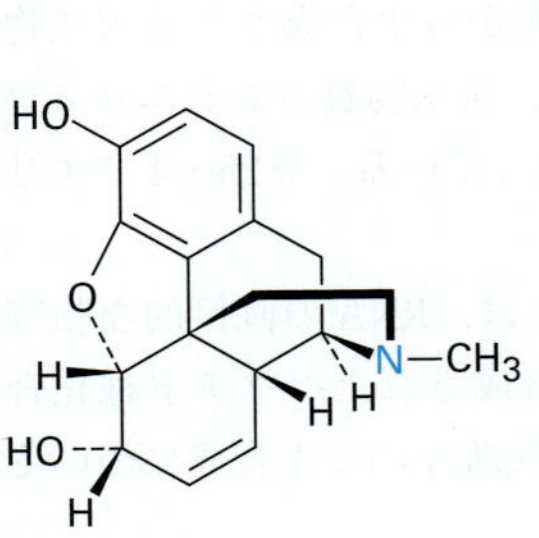

モルヒネ morphine

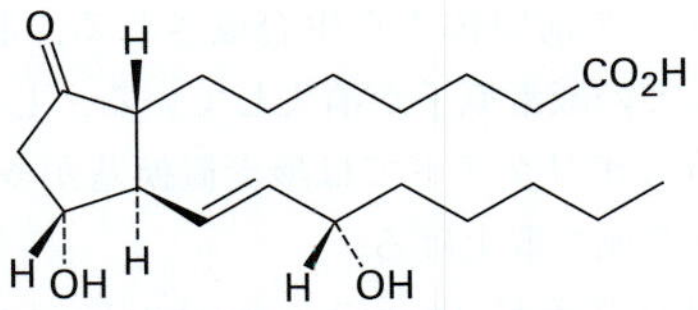

プロスタグランジン E_1
prostaglandin E_1

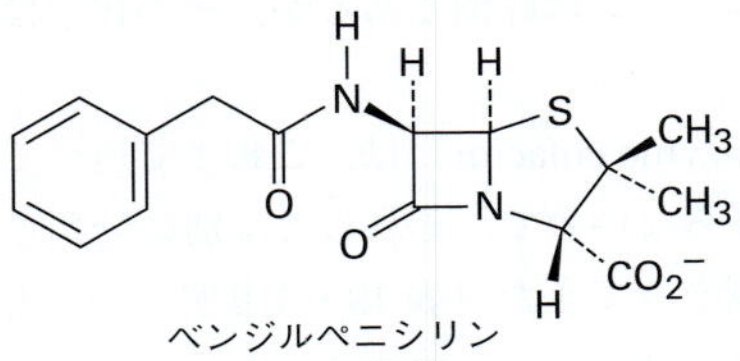

ベンジルペニシリン
benzylpenicillin

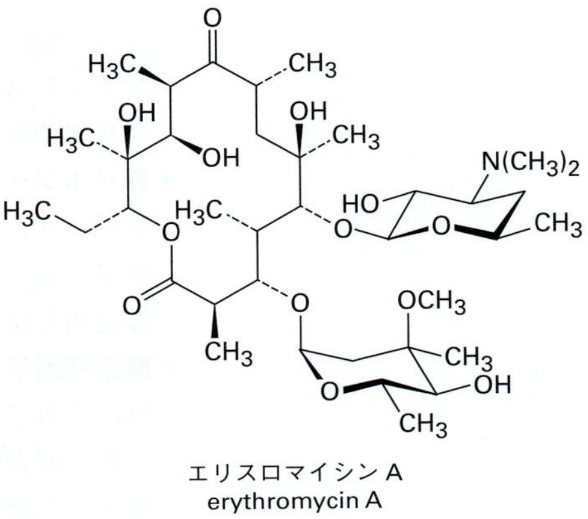

エリスロマイシン A
erythromycin A

25・1 天然物の分類

　天然物を分類する確固とした決まりはない．なぜなら，天然物はその構造や機能および生合成経路が非常に多様であり，単純な分類によってはっきりと区分けすることができないからである．しかし，実際のところ，この分野の研究者たちは天然物をおもに五つに分類して扱っている．それらは，テルペノイドとステロイド，アルカロイド，脂肪酸およびその誘導体とポリケチド，非リボソームポリペプチド，および酵素補因子である．

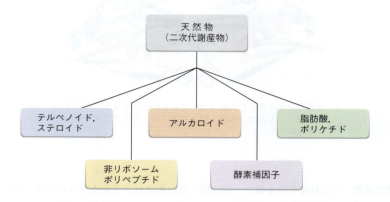

- **テルペノイド**（terpenoid）と**ステロイド**（steroid）は，23章ですでに述べたように，35,000以上が知られている巨大な化合物群であり，イソペンテニル二リン酸から生合成される．テルペノイドは一見したところ関連性のない非常に多様な構造をしている．一方，ステロイドは共通の四環式炭素骨格をもち，トリテルペンであるラノステロールから生合成されたテルペノイドの構造修飾体である．§23・8〜23・10でテルペノイドとステロイドの生合成について取上げた．

- **アルカロイド**（alkaloid）はテルペノイドと同様にいまでは12,000以上も知られている非常に数多く多様な化合物群である．アルカロイドはその構造中に塩基性のアミノ基をもち，アミノ酸から生合成される．例として§25・3でモルヒネの生合成を取上げる．

- **脂肪酸**（fatty acid）**およびその誘導体**と**ポリケチド**（polyketide）は10,000以上が知られているが，アセチルCoAやプロピオニルCoAおよびメチルマロニルCoAのような単純なアシル前駆体から生合成される．脂肪酸から生合成される天然物では一般にほとんどの酸素原子が消失している．しかし，抗生物質であるエリスロマイシンAのようなポリケチドでは酸素置換基が多く残っている．§25・4でエリスロマイシンの生合成を取上げる．

- **非リボソームポリペプチド**（nonribosomal polypeptide）は，RNAの直接的な転写を受けず，多機能酵素複合体によってアミノ酸から生合成されたペプチド様化合物である．ペニシリンは好例であるが，その化学は少し複雑なので生合成については説明しない．

- **酵素補因子**（enzyme cofactor）は，これまで述べてきた天然物の一般的なグループ分けにあてはまらないので，それらとは別に分類される．これまでの章で非常に多くの補酵素の例をみてきた（表19・3参照）が，§25・2ではピリドキサールリン酸の生合成を取上げる．

25・2 ピリドキサールリン酸の生合成

特定の天然物がつくられる生合成過程を解明することは，非常に難しく時間のかかる仕事と思われるかもしれない．小さい前駆体分子の構造を決めなくてはいけないし，確からしい合成経路を推量し，それぞれの段階を触媒する個々の酵素を特定し，その反応機構を調べなくてはいけない．この骨の折れる仕事のすべてが，生物がどのように生きているかについての分子レベルでの基礎的な理解や，新しい薬剤を設計するのに役立つ知識を与えてくれる．

25・2 ピリドキサールリン酸の生合成

天然物化学を手早くみていくことにするが，最初はピリドキサール 5′-リン酸 (pyridoxal 5′-phosphate: PLP) の生合成から始めよう．PLP は比較的単純だが，きわめて重要な酵素補因子であり，さなざまな代謝過程で機能している．PLP の生合成の概要を図 25・1 に示す．

図 25・1 の段階 ❶ と ❷: 酸化　ピリドキサールリン酸の生合成は，D-エリトロース 4-リン酸のホルミル基の酸化によってカルボン酸である D-エリトロン酸 4-リン酸が生成するところから始まる．この酸化には補因子として NAD^+ が必要で，グリセルアルデヒド 3-リン酸がカルボン酸に酸化される解糖系の段階 6 と同様の反応機構（図 22・6 参照）によって進行する．酵素のシステインの SH 基が D-エリトロース 4-リン酸のアルデヒドのカルボニル基に付加し，ヘミチオアセタール中間体をつ

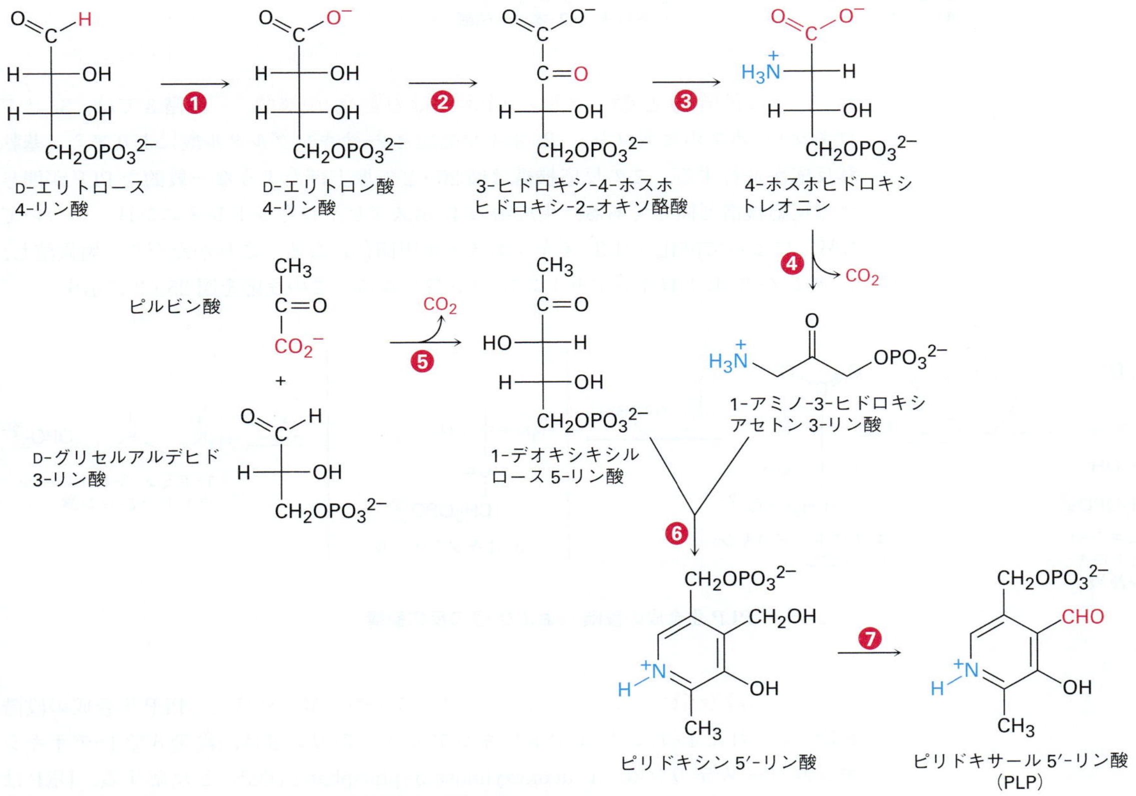

図 25・1　ピリドキサール 5′-リン酸生合成の概要．各段階については本文参照．

くる．このヘミチオアセタール中間体は，NAD$^+$によって酸化され，チオエステルになる．チオエステルの加水分解反応によってエリトロン酸4-リン酸が生成し，NAD$^+$によるC2のOH基のさらなる酸化を経て3-ヒドロキシ-4-ホスホヒドロキシ-2-オキソ酪酸が生成する（図25・2）．

図25・2 PLP生合成の段階❶および❷の反応機構． D-エリトロース4-リン酸の酸化により3-ヒドロキシ-4-ホスホヒドロキシ-2-オキソ酪酸が生成する．

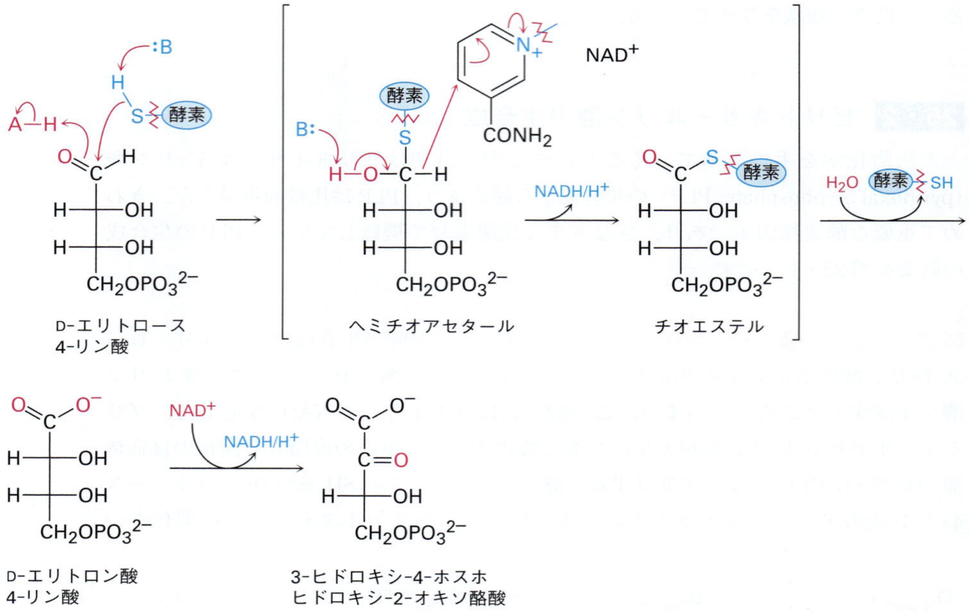

図25・1の段階❸と❹: アミノ基転移および酸化/脱炭酸

段階3では，3-ヒドロキシ-4-ホスホヒドロキシ-2-オキソ酪酸と2-オキソグルタル酸によりアミノ基転移反応が進行する．この反応機構は図20・2で取上げたような一般的なPLPが関与する反応機構と同じである．生成物の4-ホスホヒドロキシトレオニンは，つづいてNAD$^+$によって酸化され3-オキソエステル中間体になる．これがただちに脱炭酸し，1-アミノ-3-ヒドロキシアセトン3-リン酸になる．この反応を図25・3に示す．

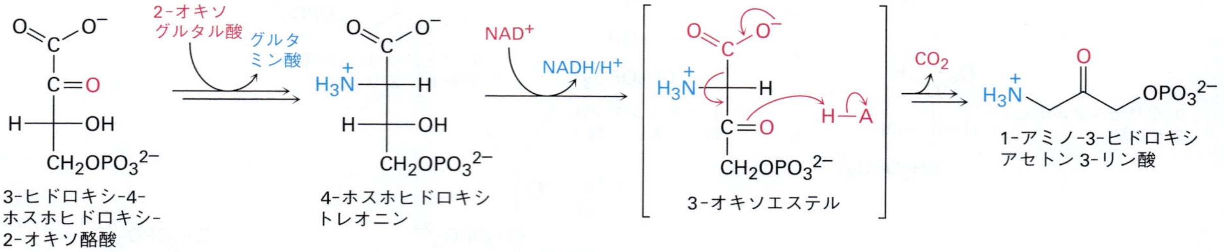

図25・3 PLP生合成の段階❸および❹の反応機構

図25・1の段階❺: 1-デオキシキシルロース5-リン酸の生成

PLP生合成の段階4でつくられた1-アミノ-3-ヒドロキシアセトン3-リン酸は，段階6で1-デオキシキシルロース5-リン酸（1-deoxyxylulose 5-phosphate: DXP）と反応する．DXPは段階5において，DXP合成酵素（DXPシンターゼ）が触媒するチアミンが関与する

反応によって，D-グリセルアルデヒド 3-リン酸とピルビン酸がアルドール様反応の機構で縮合して生成する．

図 22·7 では，はじめにチアミン二リン酸（thiamin diphosphate: TPP）イリドがピルビン酸のケトンのカルボニル基に付加し，つづいて脱炭酸してヒドロキシエチルチアミン二リン酸（hydroxyethylthiamin diphosphate: HETPP）を生成する経路によってピルビン酸がアセチル CoA に変換されている．DXP の生合成では，これとまったく同じ反応が起こっている．しかし，ここでは，アセチル CoA の生成の場合と異なり，リポアミドと反応してチオエステルを生成する代わりに，HETPP がグリセルアルデヒド 3-リン酸にアルドール様反応の機構で付加する．その結果生じた四面体中間体から TPP イリドが脱離し，DXP ができる．反応機構を図 25·4 に示す．

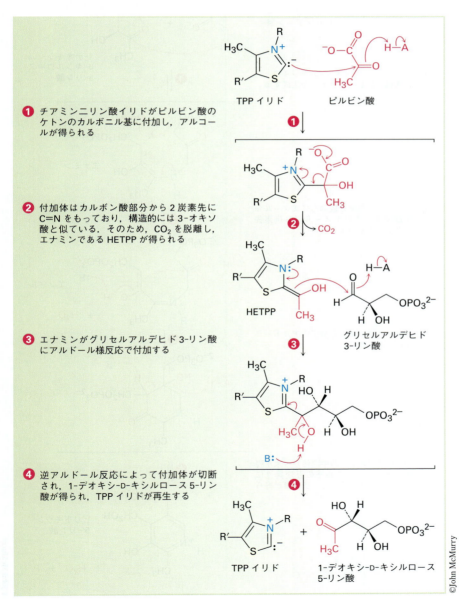

図 25·4　ピリドキサールリン酸生合成の段階❺の反応機構．D-グリセルアルデヒド 3-リン酸とピルビン酸がチアミンが関与するアルドール様反応によって反応し，1-デオキシキシルロース 5-リン酸が得られる．

図25・1の段階❻: 縮合と環化 段階6では，1-デオキシ-D-キシルロース 5-リン酸は脱リン酸され，1-アミノ-3-ヒドロキシアセトン 3-リン酸と縮合して，ピリドキシン 5′-リン酸になる．この反応では，最初にエナミンが形成され，つづいて水が脱離し，原子6個分離れたところにケトンをもつエノールが生成する．このエノールが分子内アルドール反応（§17・8参照）によってケトンに付加し，6員環を形成した後に水が脱離する．得られた不飽和ケトンは互変異性を起こして芳香族性のあるピリジン環になる．どの時点かはっきりわかってはいないが，リン酸の脱離がこの過程のある時点で起こっている．図25・5にこの反応の機構を示す．

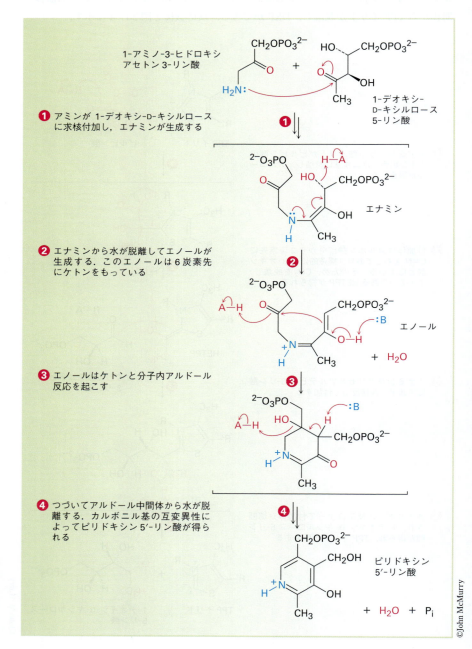

図25・5 PLP生合成の段階❻の反応機構．1-アミノ-3-ヒドロキシアセトン 3-リン酸と 1-デオキシ-D-キシルロース 5-リン酸が反応し，ピリドキシン 5′-リン酸が得られる．

図 25・1 の段階 ❼：酸化　PLP 生合成の最後の段階では，ピリドキシン 5′-リン酸の第一級アルコールが酸化されてアルデヒドになる．これまで多くみてきたように，一般的にアルコールの酸化は NAD$^+$ もしくは NADP$^+$ によって行われる．しかし，この場合では，フラビンモノヌクレオチド（flavin mononucleotide: FMN）が酸化反応の補酵素として用いられており，還元型フラビンモノヌクレオチド FMNH$_2$ が同時に副生する．反応の詳細は明らかになっていないが，NAD$^+$ による酸化と同じようにヒドリドの移動が起こっていることを示す証拠がある．

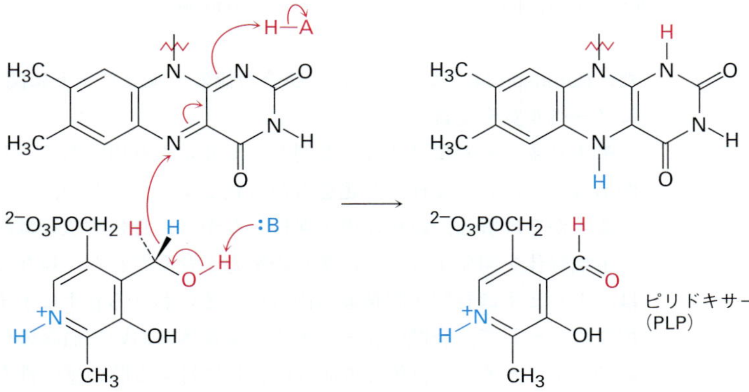

問題 25・1　図 25・4 において，グリセルアルデヒド 3-リン酸に HETPP が付加する際に，反応はグリセルアルデヒドのカルボニル基の Re 面から起こるか，Si 面から起こるか．

問題 25・2　1-アミノ-3-ヒドロキシアセトン 3-リン酸と 1-デオキシ-D-キシルロースとの反応によってピリドキシン 5′-リン酸が生成する反応の最後の互変異性について反応機構を示せ（図 25・5 参照）．

25・3　モルヒネの生合成

　前節でピリドキサール 5′-リン酸の生合成を取上げたので，ここではより複雑な**モルヒネ**（morphine）の生合成経路について述べる．おそらくモルヒネは最も古くから，最も広く知られたアルカロイドだろう．モルヒネは，6000 年以上前から栽培されているケシの *Papaver somniferum* から得られる．1500 年代のはじめからあへん（opium）とよばれるケシの粗抽出物が痛みの軽減のため用いられた．モルヒネは，あへんから単離された最初の純粋な化合物であるが，それとよく似たコデインもまた天然に存在する．コデインは，モルヒネをメチルエーテル化しただけのもので，体内でモルヒネに変換される．コデインは，咳止めや鎮痛薬として処方されている．ヘロインもモルヒネとよく似ているが，天然には存在せず，フラスコ内でモルヒネを 2 箇所アセチル化することによって合成される．

　モルヒネの化学的な構造研究は 19 世紀から 20 世紀初頭の最も優れた化学者たちによって進められ，1924 年に Robert Robinson によってようやく構造が明らかにされ

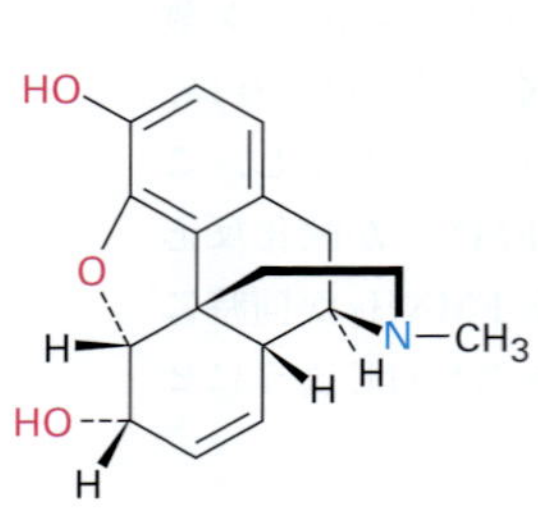

844　25. 二次代謝産物：天然物化学への招待

モルヒネ morphine 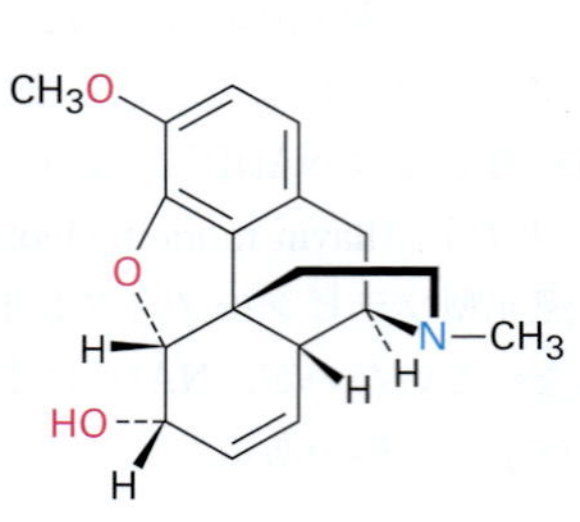　　コデイン codeine 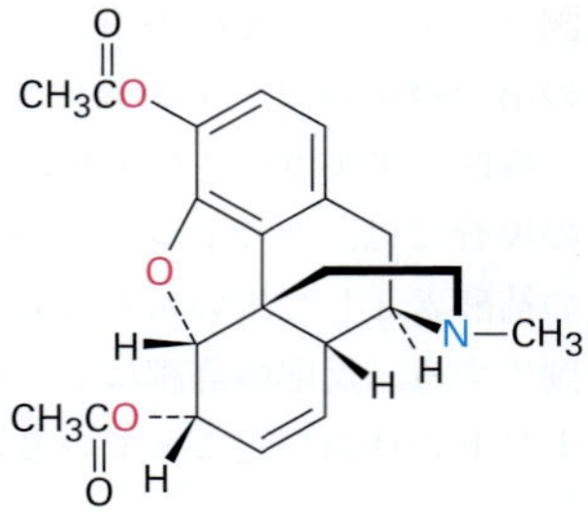　　ヘロイン heroin

た．Robinson は，モルヒネおよびその他のアルカロイドに関する業績により 1947 年にノーベル賞を受賞した．

　モルヒネとその類縁体は，薬剤として非常に有用である．しかし，これらは依存性があるので，大きな社会問題をもひき起こす．そのため，モルヒネがどのように作用するのかを理解し，鎮痛作用を保持しながら，身体的依存は起こさない改良型のモルヒネ類縁体を開発することに多くの努力が費やされた．現在までにわかっていることは，モルヒネは脊髄と脳神経の両方にあるいわゆるμオピオイド受容体に結合して作用する．そして，脊髄のμオピオイド受容体において痛みの信号の伝達を妨げ，脳神経のμオピオイド受容体での痛みの信号に対する脳の感受性を変えると考えられている．

　何百ものモルヒネ類縁体が合成され，鎮痛作用が調べられたことで，モルヒネの生物活性を得るためにはその複雑な骨格のすべてが必要なわけではないことが明らかになった．"モルヒネルール"によると，生物活性を示すためには，1) 芳香環があり，それが 2) 第四級炭素原子に結合していること，3) さらに二つ以上の炭素が 2) の第四級炭素に結合していること，4) 第三級アミンがあること，が必要である．メペリジンは広く使われている鎮痛剤であり，メサドンはヘロイン中毒を治療するために用いられる医薬品であるが，これらの二つの化合物はモルヒネルールにのっとっている．

モルヒネルール
芳香環があり，これが
・第四級炭素（●）に結合していること
・二つかそれ以上の炭素（●）が第四級炭素に連なっていること
・第三級アミン（N）があること

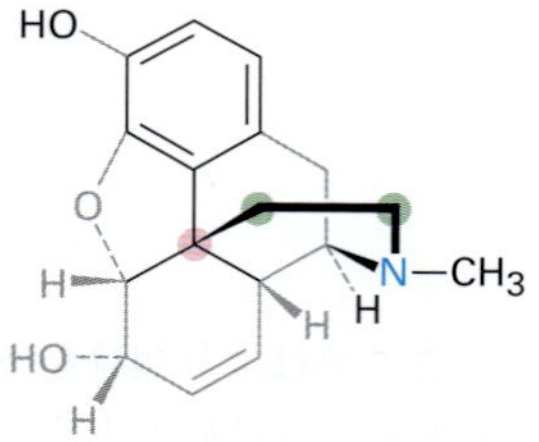

モルヒネ 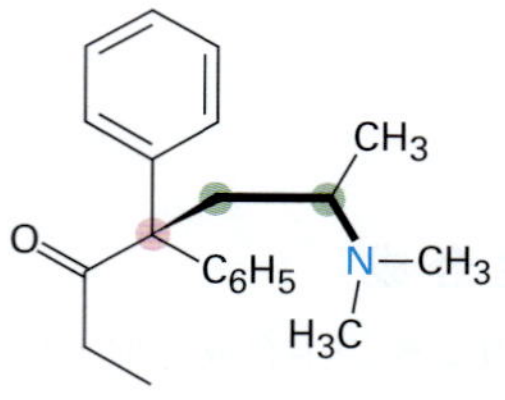　　メサドン methadone 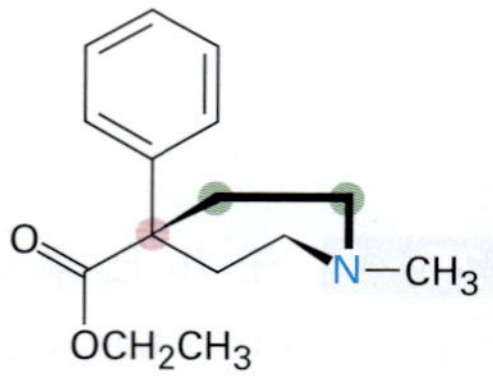　　メペリジン meperidine

　モルヒネはアミノ酸のチロシン 2 分子から生合成される．1 分子のチロシンはドーパミンに変換され，もう 1 分子は p-ヒドロキシフェニルアセトアルデヒドに変換される．これら二つが縮合し，モルヒネになる．経路の全体はやや複雑なところもあるが，概略を図 25・6 に示す．

図 25・6 の段階 ❶：ドーパミンの生合成　　ドーパミンはチロシンから 2 段階で合成される．はじめに芳香環がヒドロキシ化され，次に脱炭酸が起こる．ヒドロキシ化は，チロシン 3-モノオキシゲナーゼによって触媒されるが，テトラヒドロビオプテ

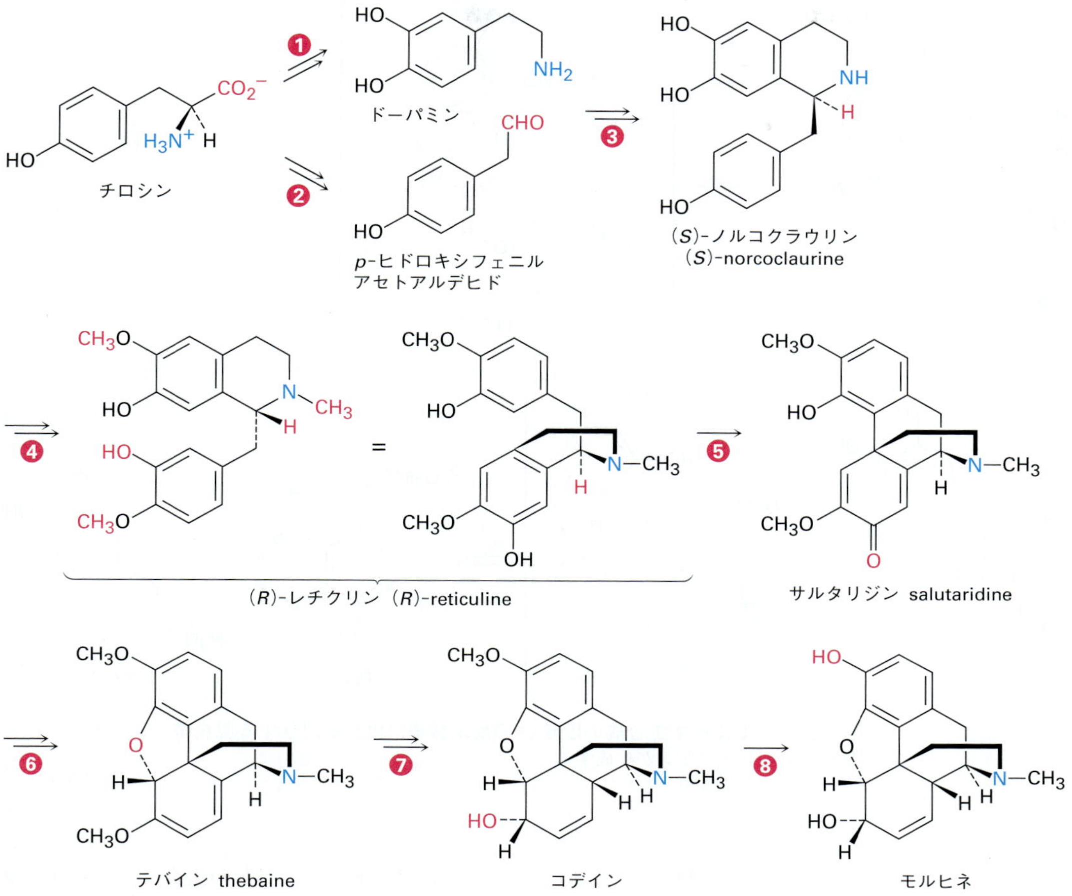

図 25・6 モルヒネが 2 分子のチロシンから生合成される過程の概略. 各段階については本文参照.

リン（tetrahydrobiopterin）とよばれる補因子が必要である．この反応は，プロスタグランジンの生合成過程（図 8・10 参照）に含まれるものと類似した鉄-オキソ（Fe=O）錯体を含んだ，いくぶん複雑な過程を経て進行する．脱炭酸は，PLP 依存酵素である芳香族 L-アミノ酸脱炭酸酵素（L-アミノ酸デカルボキシラーゼ）によって触媒される．

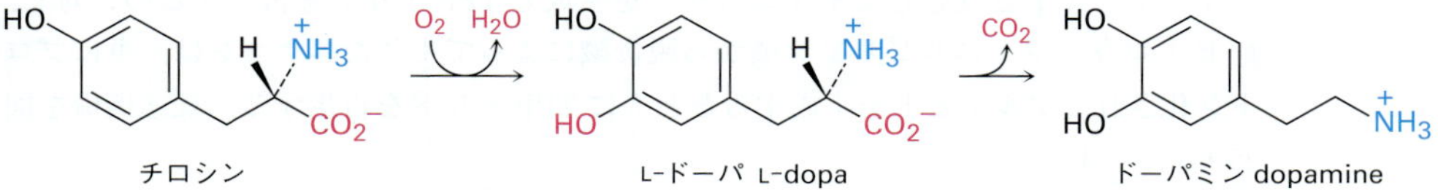

§20・2 で説明したように，PLP は α-アミノ酸の α-アミノ基と反応し，イミン（Schiff 塩基）を形成する．L-ドーパも PLP と反応し，イミンを生成する．ここで PLP のピリジニウムイオンが電子受容体として働くことによって脱炭酸する．つづく加水分解によってドーパミンが生成し，PLP が再生する．反応機構を図 25・7 に示す．

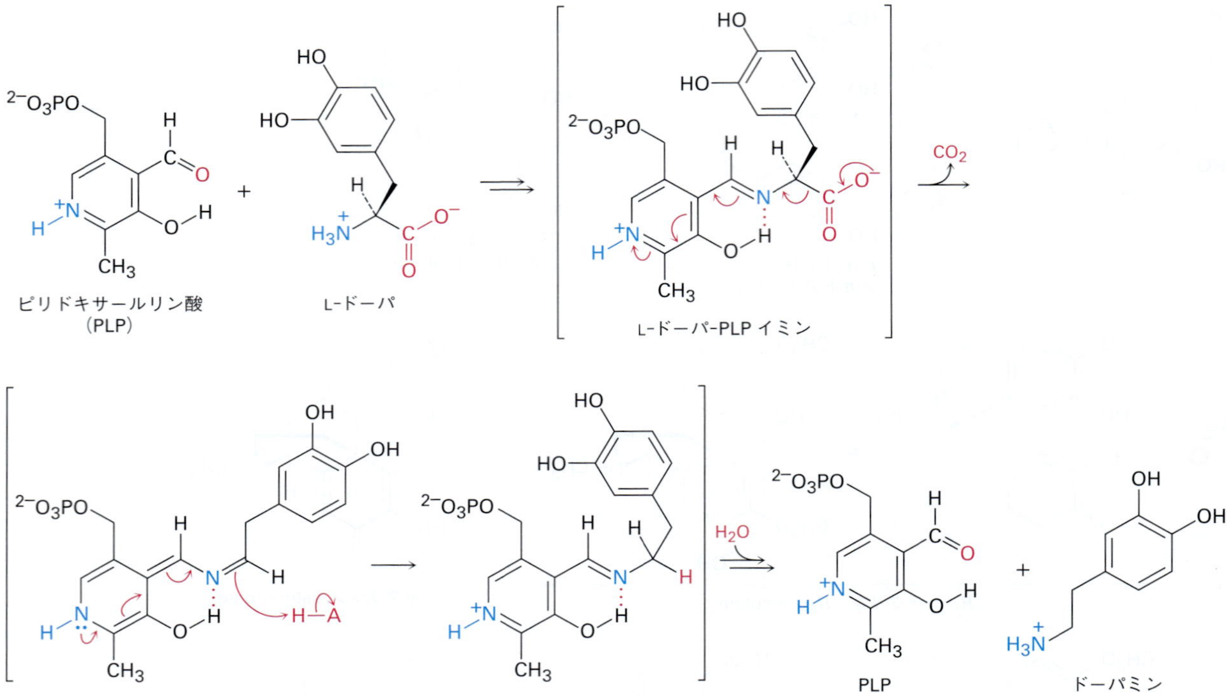

図 25・7 モルヒネ生合成の段階❶の反応機構．PLP が関与する脱炭酸により L-ドーパからドーパミンが生成する．

図 25・6 の段階❷: p-ヒドロキシフェニルアセトアルデヒドの生合成　　もう一つのチロシン由来のモルヒネ前駆体である p-ヒドロキシフェニルアセトアルデヒドも，2 段階で合成される．はじめに，PLP が関与する 2-オキソグルタル酸へのアミノ基転移によって p-ヒドロキシフェニルピルビン酸が生成し，次に脱炭酸が起こる．アミノ基転移はすでに図 20・2 で説明したような反応機構によって起こる．脱炭酸にはチアミン二リン酸が補因子として必要であるが，すでに図 22・7 で述べたピルビン酸からアセチル CoA が生成する機構と類似している．

　p-ヒドロキシフェニルピルビン酸の脱炭酸はいままで述べてきた経路と同様に TPP イリドがケトンのカルボニル基に求核付加することで始まり，つづいて CO_2 が脱離してエナミンが生成する．しかし，ピルビン酸の脱炭酸の場合では生じたエナミンがリポアミドと反応してチオエステルを生成し TPP イリドを再生するのに対し，p-ヒドロキシフェニルピルビン酸から脱炭酸によって生じたエナミンは，単にプロトン化されてアルデヒドを生成するとともに TPP イリドを再生する．反応機構を図 25・8 に示す．

図 25・6 の段階❸: 縮合　　ドーパミンと p-ヒドロキシフェニルアセトアルデヒドの縮合は (S)-ノルコクラウリン合成酵素によって触媒されるが，これは 2 分子が直接反応する．反応は，はじめに中間体であるイミニウムイオンが形成され，次にヒドロキシ基のパラ位にあたる位置で分子内芳香族求電子置換反応が起こる（図 25・9）．

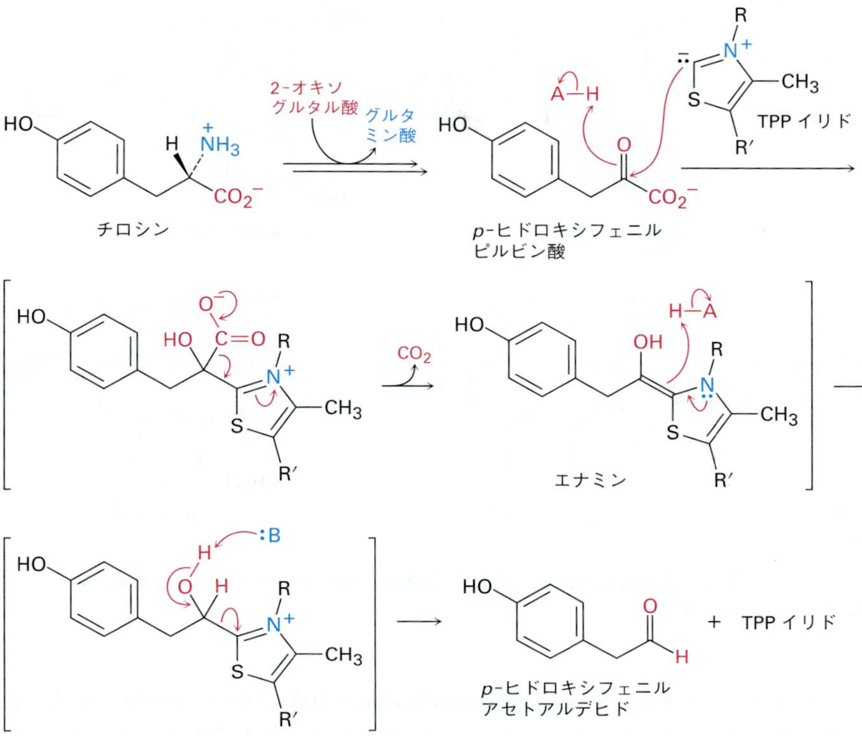

図 25・8 モルヒネ生合成の段階 ❷ の反応機構．TPP が関与する脱炭酸により p-ヒドロキシフェニルピルビン酸から p-ヒドロキシフェニルアセトアルデヒドが生成する．

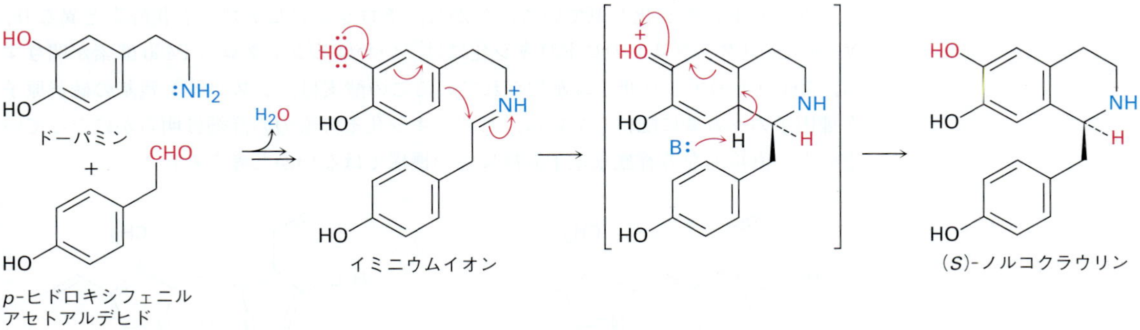

図 25・9 モルヒネ生合成の段階 ❸ の反応機構．ドーパミンと p-ヒドロキシフェニルアセトアルデヒドの縮合により (S)-ノルコクラウリンが生成する．

図 25・6 の段階 ❹：メチル化，ヒドロキシ化および立体化学の反転

(S)-ノルコクラウリンは，次に2回のメチル化と1回のヒドロキシ化を経て (S)-3′-ヒドロキシ-N-メチルコクラウリンになる．この (S)-3′-ヒドロキシ-N-メチルコクラウリンは，3回目のメチル化を受け (S)-レチクリンになり，立体化学の反転により (R)-レチクリンになる（図 25・10）．

はじめの2回のメチル化では，§12・11 で説明したように，メチル基の供給源として S-アデノシルメチオニン（S-adenosylmethionine: SAM）が使われる．S-アデ

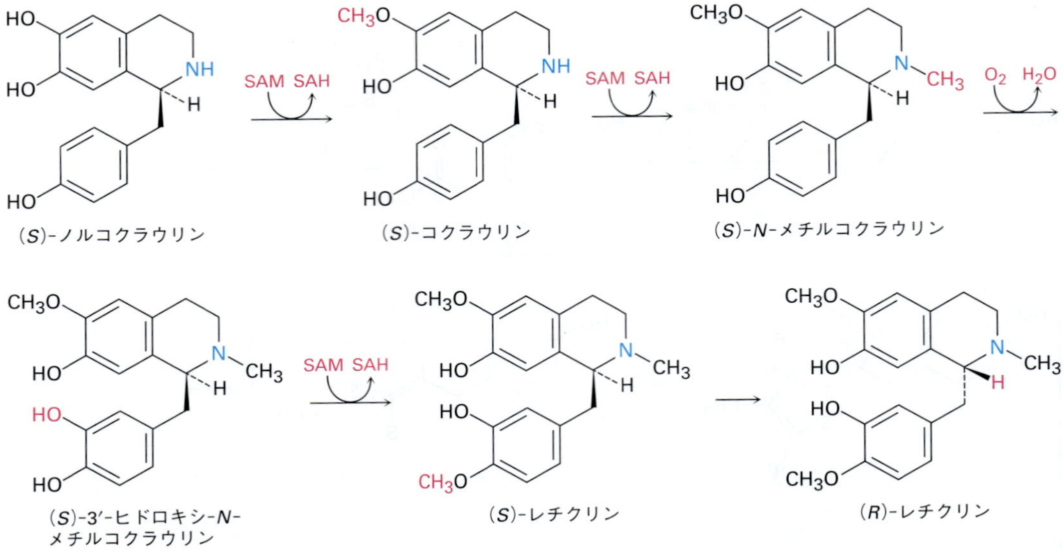

848　25. 二次代謝産物：天然物化学への招待

図 25・10　モルヒネ生合成の段階❹の反応の概略. (S)-ノルコクラウリンから (R)-レチクリンへの変換.

ノシルホモシステイン（S-adenosylhomocysteine: SAH）がその 2 回のメチル化の副生物として得られる．反応は，一般的な S_N2 反応によって進行する．フェノールのヒドロキシ基がはじめにメチル化され，つづいてアミノ基の窒素がメチル化される．

(S)-N-メチルコクラウリンからの (S)-3′-ヒドロキシ-N-メチルコクラウリンへのヒドロキシ化は，鉄-オキソ錯体がヒドロキシ化の活性種となる点で段階 1 でのチロシンのヒドロキシ化と似ている．しかし，チロシンのヒドロキシ化酵素と異なり，N-メチルコクラウリンのヒドロキシ化には，いわゆるシトクロム P450 酵素が関与する．500 以上のアイソザイムが知られているこの酵素は，システイン残基の硫黄原子が補因子のヘム鉄に配位している．ヒドロキシ化そのものの詳細は明らかになっていないが，直接的な芳香族求電子置換反応の機構ではないかと考えられる．

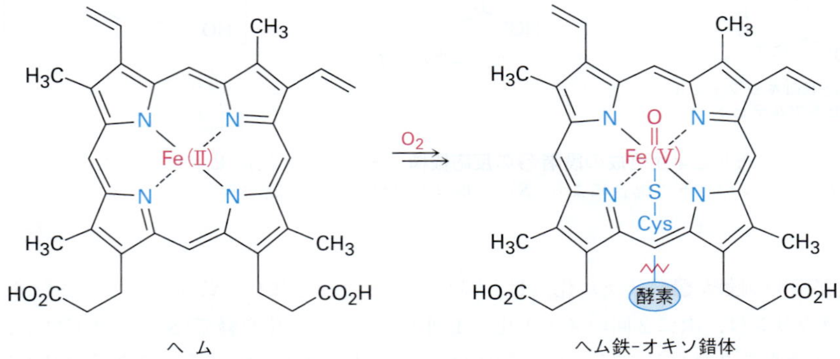

SAM による (S)-3′-ヒドロキシ-N-メチルコクラウリンのフェノールのヒドロキシ基のメチル化は，通常の S_N2 の経路で進行し，(S)-レチクリンが得られる．次に (S)-レチクリンのキラル中心が反転して (R)-レチクリンになる．反転は 2 段階を経ている．最初に第三級アミンが酸化されて中間体であるイミニウムイオンになり，次にイ

25・3 モルヒネの生合成　849

ミニウムイオンがヒドリド還元を受ける．酸化の段階の反応機構はまだ明らかになっていないが，イミニウムイオンの還元には補因子として NADPH が必要である（図25・11）．

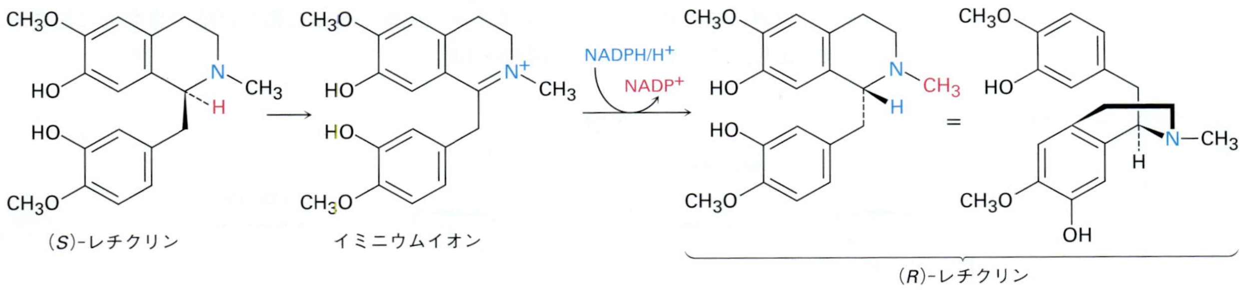

図 25・11　モルヒネ生合成の段階❹における(S)-レチクリンから(R)-レチクリンへの立体化学反転の反応機構

モルヒネの生合成は，なぜ(R)-レチクリンを直接つくるのではなく，(S)-レチクリンを中間体として最初につくり，その立体化学を反転させるのだろう．これに対する明らかな答えはない．多くの代謝過程にこういった少し効率の悪い段階があるのだが，"頭の悪い仕組み"とよばれることもある酵素の進化の結果だろう．

図 25・6 の段階❺: 酸化的カップリング

段階 5 では，(R)-レチクリンは，一方のフェノールのオルト位と，もう一方のフェノールのパラ位との間で互いに酸化的カップリングをし，サルタリジンになる．反応は段階 4 で(S)-N-メチルコクラウリンのヒドロキシ化に用いられたものと似たシトクロム P450 様の酵素によって触媒される．フェノキシドイオンが生じ，それぞれの酸素原子の非共有電子対から電子が 1 個引抜かれてラジカルが生成する．つづいてラジカルカップリングとケト-エノール互変異性によってサルタリジンが生成する（図 25・12）．

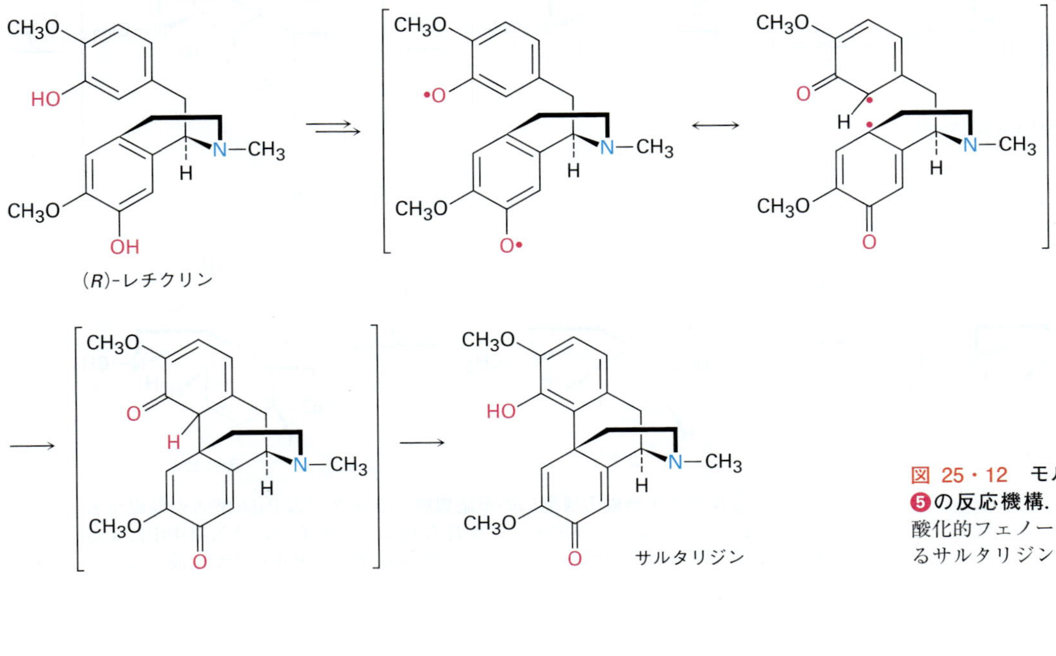

図 25・12　モルヒネ生合成の段階❺の反応機構．(R)-レチクリンの酸化的フェノールカップリングによるサルタリジンの生成．

850   25. 二次代謝産物：天然物化学への招待

図25・6の段階 ❻：還元と環化　サルタリジンのサルタリジノールへの還元はサルタリジン還元酵素（サルタリジンレダクターゼ）によってNADPHを補因子として触媒される．生じたアルコールはつづいてアセチルCoAと求核的アシル置換反応を起こし，アリル位がアセチル化された化合物を生じる．これは二つの二重結合に挟まれた位置にあたり，アセタートイオンの脱離がS_N1に似た反応で自発的に起こった後環化し，テバインになる（図25・13）．

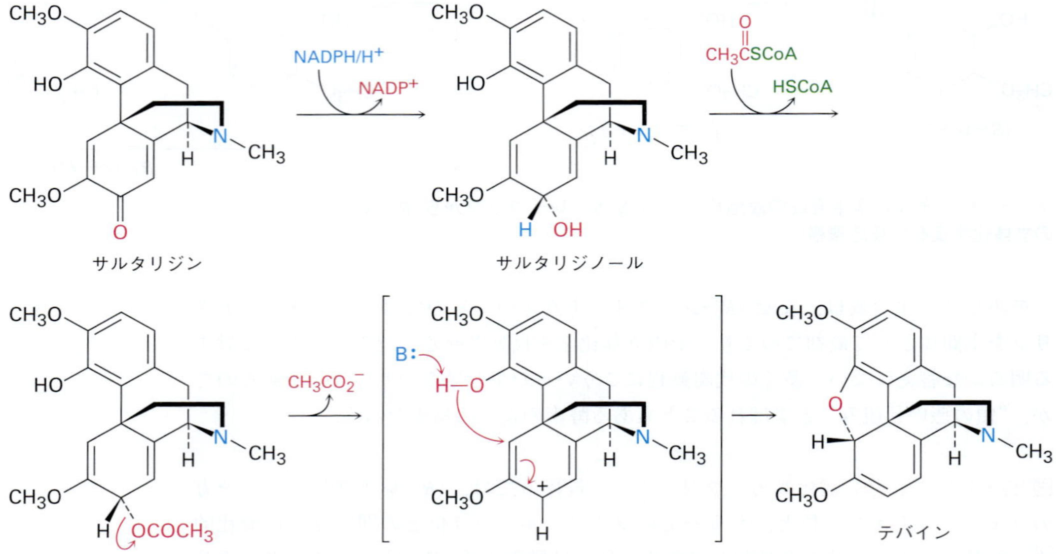

図25・13　モルヒネ生合成の段階 ❻ の反応機構．サルタリジンからテバインが生成する．

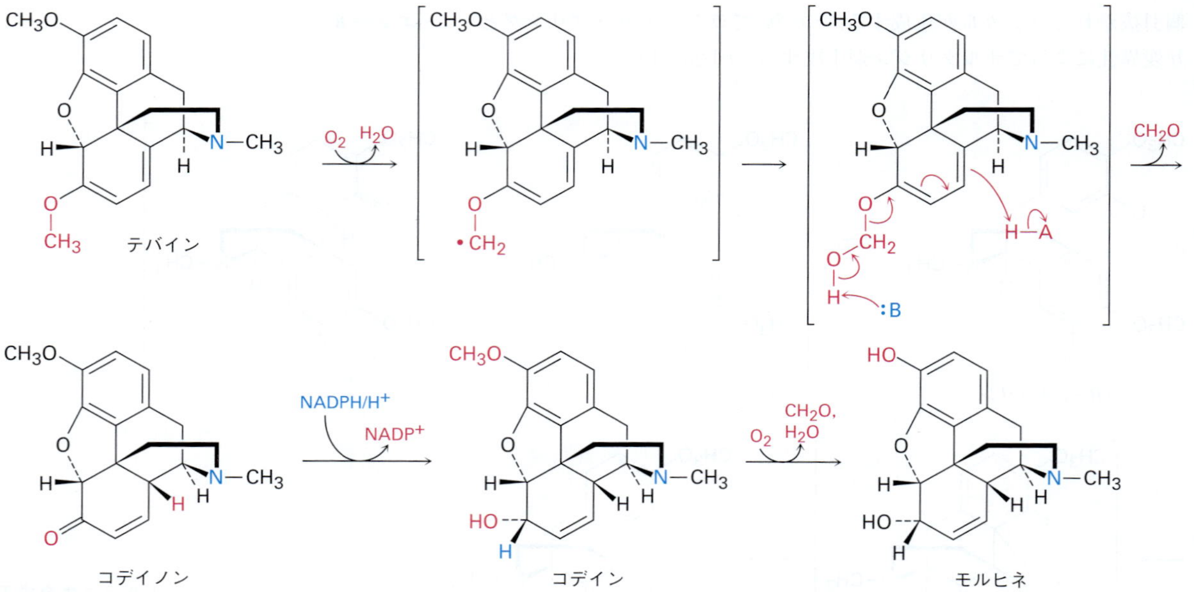

図25・14　モルヒネ生合成の段階 ❼ の反応機構．シトクロムP450酵素が触媒するテバインの脱メチルによってコデイノンが得られる．コデイノンはNADPHによって還元され，コデインが生成する．最後に脱メチルによってモルヒネが生成する．

図 25・6 の段階 ❼ と ❽: 脱メチルと還元　モルヒネの生合成経路の残りの段階は二つの脱メチルと一つの還元反応である．最初の脱メチルはシトクロム P450 酵素が触媒し，テバインの OCH$_3$ 基をヒドロキシ化し，ヘミアセタールである −OCH$_2$OH を生成する．ここからホルムアルデヒドが脱離してエノールになり，エノールは互変異性を起こしてコデイノンになる．コデイノンのケトンは NADPH によって還元され，コデインになり，コデインはシトクロム P450 酵素によってさらに脱メチルされ，モルヒネが生成する（図 25・14）．

問題 25・3　(S)-ノルコクラウリンと S-アデノシルメチオニンが反応して (S)-コクラウリンが得られる反応（図 25・10 参照）の反応機構を示せ．

問題 25・4　次に示す二つの構造はともに (R)-レチクリンを表していることを確認せよ．左側の構造中で印がついている二つの炭素は右の構造のどの炭素原子にあたるか．

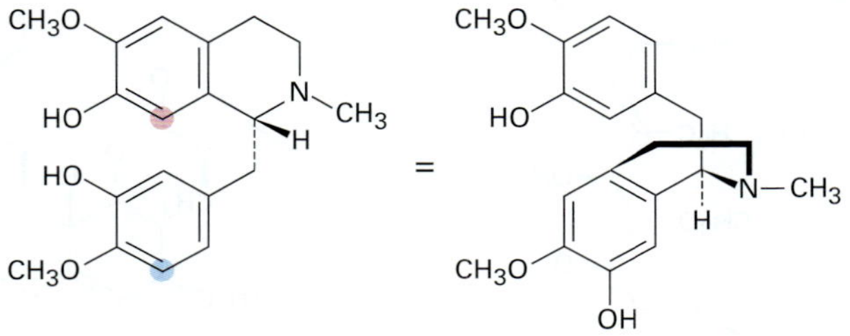

25・4　エリスロマイシンの生合成

　前の二つの節でピリドキサールリン酸とモルヒネの生合成について述べたので，天然物化学に関するこの章を，さらにもう少し複雑な**ポリケチド**（polyketide）の生合成を取上げることで締めくくろう．多くの代謝過程では，それぞれの段階が別々の比較的小さな酵素によって触媒されるが，エリスロマイシン（erythromycin）やその他のポリケチドは，**合成酵素**（synthase，シンターゼ）とよばれる一つの巨大な多酵素複合体によってつくられる．合成酵素には多くの酵素ドメイン*があり，それぞれのドメインが特定の生合成段階を順次触媒する．

＊ 訳注: 酵素の部分的な領域をドメインという．

　ポリケチドは，非常に価値のある天然物の一群であり，1万個以上の化合物がある．商業的に重要なポリケチドには，抗生物質（エリスロマイシン A，テトラサイクリン）や免疫抑制剤（ラパマイシン）や，抗がん剤（ドキソルビシン）や，抗真菌薬（アムホテリシン B）や，コレステロール低下薬（ロバスタチン）がある（図 25・15）．これらを含むポリケチド系医薬品の売上げは，合計で 1 年に 150 億ドル以上と見積もられている．

　ポリケチドは，単純なアシル CoA であるアセチル CoA，プロピオニル CoA，メチルマロニル CoA および（それほど多くはないが）ブチリル CoA が組合わさって生合成される．それぞれにおいて鍵となる炭素－炭素結合生成の段階は，Claisen 縮合である（§17・9 参照）．炭素鎖が構築されて酵素から解離すると，さらなる変換が進み，最終生成物が得られる．たとえばエリスロマイシン A は，一つのプロピオン酸

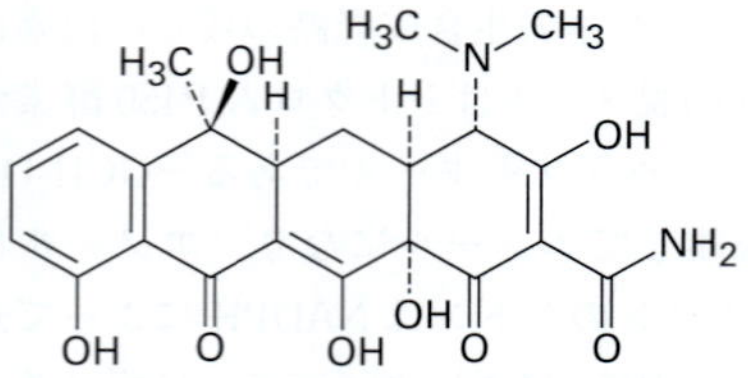

852 25. 二次代謝産物：天然物化学への招待

テトラサイクリン tetracycline
抗生物質

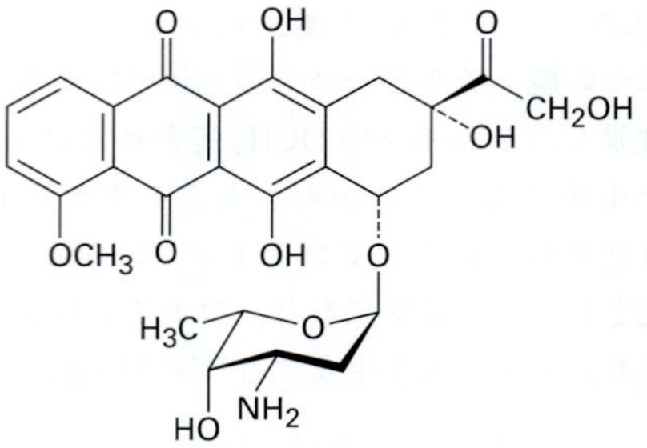

ドキソルビシン doxorubicin
抗がん剤

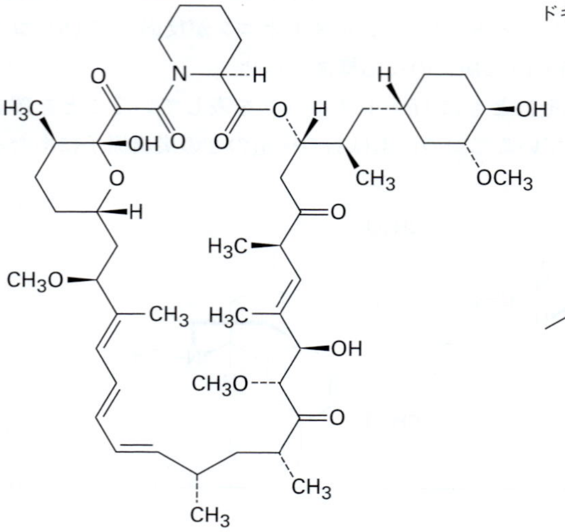

ラパマイシン rapamycin
免疫抑制剤

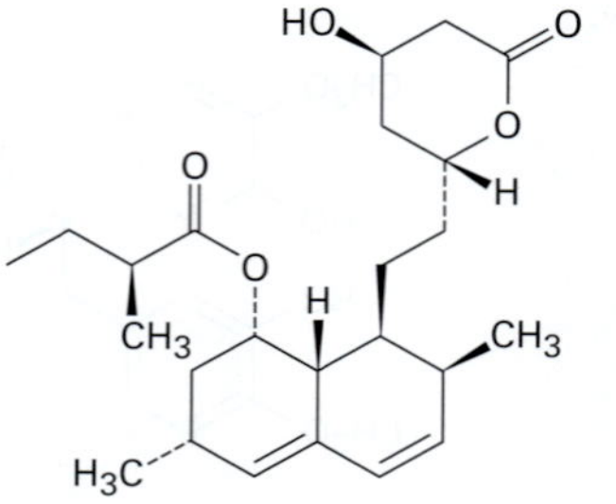

ロバスタチン lovastatin
コレステロール低下薬

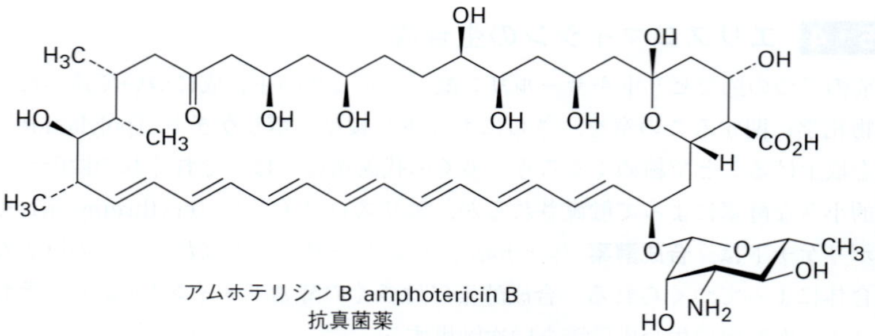

アムホテリシン B amphotericin B
抗真菌薬

図 25・15　医薬品として用いられるポリケチドの構造

単位と六つのメチルマロン酸単位から図 25・16 に概要を示した過程を経て合成される．つまり，はじめにアシル単位が組合わさって大環状ラクトンである 6-デオキシエリスロノリド B がつくられた後，ヒドロキシ化が 2 回，グリコシル化が 2 回，そして最後にメチル化が起こって生合成が完成する．

　最初の七つのアシル CoA 前駆体が組合わさってポリケチド炭素鎖をつくる過程は，**ポリケチド合成酵素***（polyketide synthase: PKS，ポリケチドシンターゼ），とよばれる多酵素複合体が触媒する．6-デオキシエリスロノリド B 合成酵素（6-deoxy-erythronolide B synthase: DEBS）は分子量が 200 万以上，アミノ酸の数にして 2 万個以上の巨大な構造をしている．さらに，この酵素はホモダイマー（homodimer），すな

*　訳注：6-デオキシエリスロノリド B 合成酵素はポリケチド合成酵素の一種で，ここでは同義に用いている．

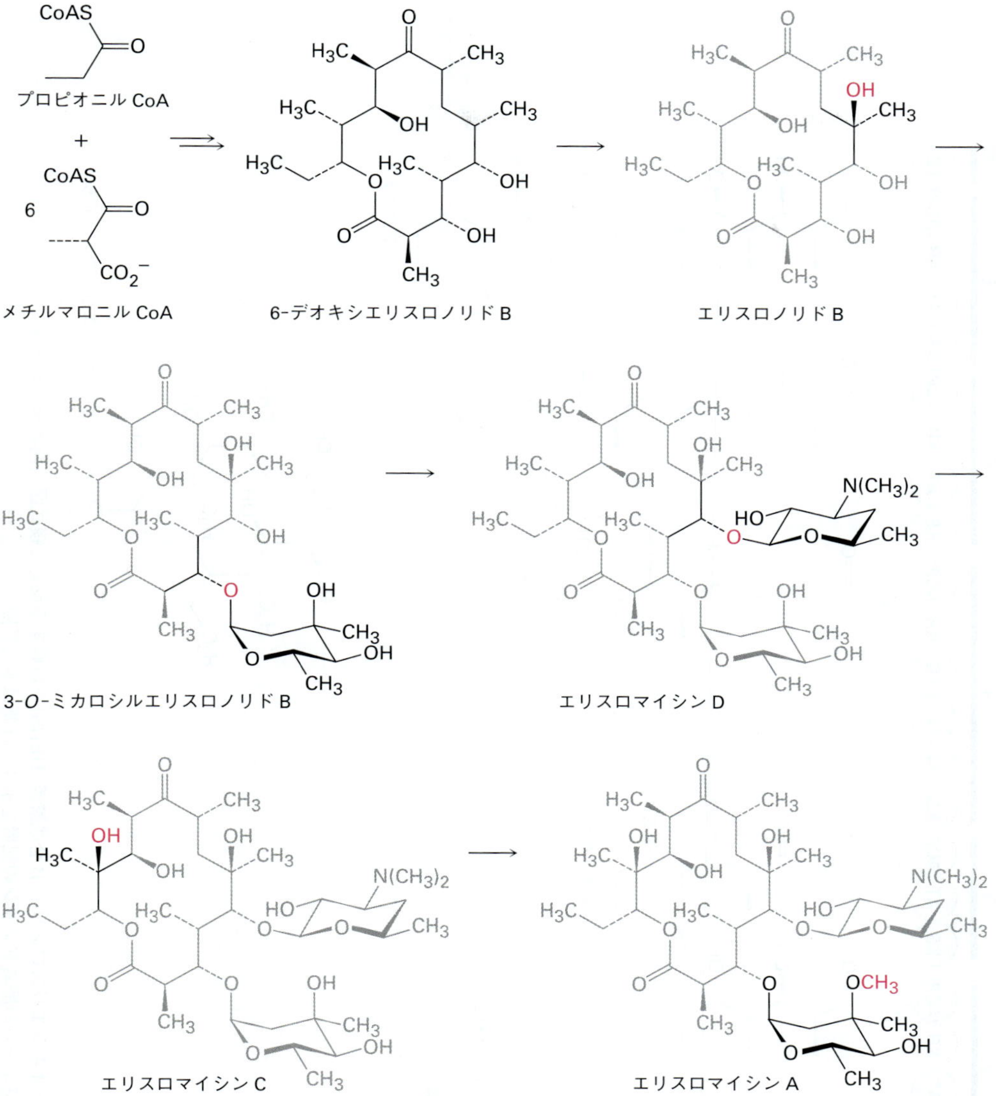

25・4 エリスロマイシンの生合成 853

図 25・16 エリスロマイシン A の生合成経路の概要. はじめに一つのプロピオン酸単位と六つのメチルマロン酸単位が組合わさって大環状ラクトン 6-デオキシエリスロノリド B ができる. この大環状ラクトンは次にヒドロキシ化され, 二つの異なる糖によってグリコシル化され, 再びヒドロキシ化され, 最後に糖のヒドロキシ基がメチル化される.

わちポリケチドを合成するのに必要なすべての酵素をそれぞれ含む 2 本の同一タンパク質鎖が非共有結合性相互作用によって結合した構造である.

6-デオキシエリスロノリド B 合成酵素中で酵素として働くドメインは, 巨大なタンパク質鎖中の折りたたまれた球形の部分で, 特定の生合成段階を触媒する. この酵素として働く複数のドメインが集まって, モジュール*がつくられる. それぞれのモジュールでは, 順次アシル CoA を付加させ, ポリケチドを伸長させていく過程が進行する. 隣接したモジュールはペプチド鎖でつながった三つの大きなグループ

* 訳注: モジュールとはドメインがいくつか集まって構成される機能性単位.

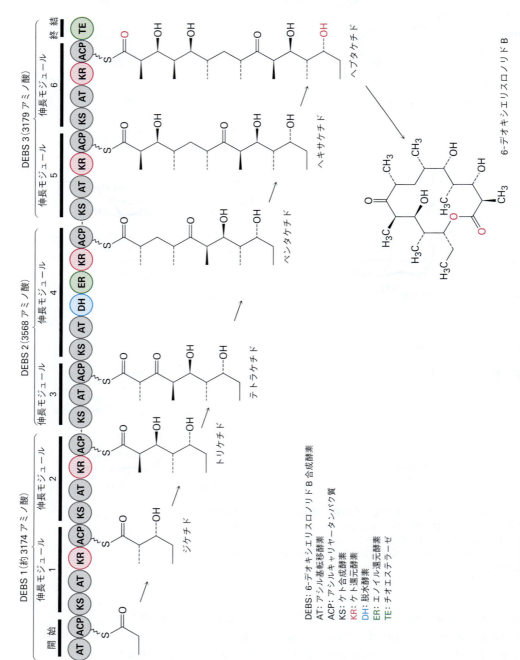

図 25・17 6-デオキシエリスロノリド B 合成酵素 (DEBS) が触媒する反応の模式図. 開始モジュールと六つの伸長モジュールの酵素ドメインの配置を示す. 詳細は本文参照.

DEBS: 6-デオキシエリスロノリド B 合成酵素
AT: アシル基転移酵素
ACP: アシルキャリヤータンパク質
KS: ケト合成酵素
KR: ケト還元酵素
DH: 脱水酵素
ER: エノイル還元酵素
TE: チオエステラーゼ

(DEBS1, DEBS2, DEBS3) をつくる．図 25・17 に示すように，6-デオキシエリスロノリド B 合成酵素は，最初のアシル基を酵素に結合させる開始モジュール (loading module, ローディングモジュール) とさらに 6 個のアシル基を付加させる 6 個の伸長モジュール (extension module, エクステンションモジュール) およびチオエステル結合を切断しポリケチドを放出する終結モジュール (ending module, エンディングモジュール) からなる．終結モジュールは環化も触媒し，大環状のラクトンを生じる．

開始モジュールには二つのドメインがある．すなわち，アシル基転移 (acyl transfer: AT) ドメインと，アシルキャリヤータンパク質 (acyl carrier protein: ACP) ドメインである．AT は最初のアシル CoA (エリスロマイシンの場合はプロピオニル CoA) を選択し，それを隣の ACP に運ぶ．ACP は次の結合形成に用いるためにこのアシル CoA をチオエステル結合によって結合させる．伸長モジュールはそれぞれ最小でも三つのドメインからなる．すなわち，AT，ACP およびケト合成酵素 (ketosynthase: KS) である．KS はポリケチド鎖を構築する Claisen 縮合を触媒する．伸長モジュールのなかにはこれら三つのドメインに加えて，ケトンのカルボニル基を還元しアルコールを生じるケト還元酵素 (ketoreductase: KR)，アルコールを脱水し C＝C 結合を生成する脱水酵素 (dehydratase: DH) および C＝C 結合を還元するエノイル還元酵素 (enoyl reductase: ER) を含むものもある．最後の終結モジュールはラクトン化を触媒して生成物を放出するチオエステラーゼ (thioesterase: TE) である．

ポリケチド鎖の伸長は，伸長モジュールの AT が新しいアシル CoA を選び，それを ACP に移し，そして KS が新しく結合したアシル基とすでに結合しているアシル基との間の Claisen 縮合を触媒することによって進行する．図 25・18 に最初の伸長サイクルで起こる段階を示す．他の伸長サイクルも同様に起こる．

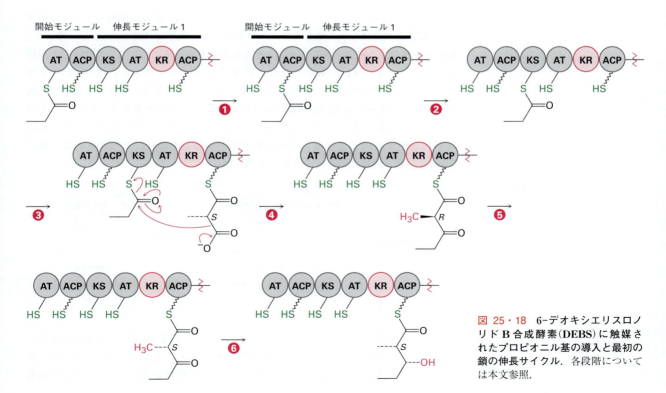

図 25・18 6-デオキシエリスロノリド B 合成酵素 (DEBS) に触媒されたプロピオニル基の導入と最初の鎖の伸長サイクル．各段階については本文参照．

図 25・18 の段階 ❶：開始　エリスロマイシンの生合成は AT ドメインでプロピオニル CoA がシステイン残基の SH にチオエステル結合することによって始まる．それから AT がプロピオニル基を隣の ACP に移す．合成酵素中のそれぞれの ACP はセリン残基のヒドロキシ基に結合したホスホパンテテインをもっており，アシル基の酵素への結合はホスホパンテテイン SH とのチオエステル形成によって起こる（図25・19）．ホスホパンテテインは長く柔軟性に富んだアームのように効率よく機能し，アシル基を一つの触媒ドメインから別のドメインへ移すことができる．

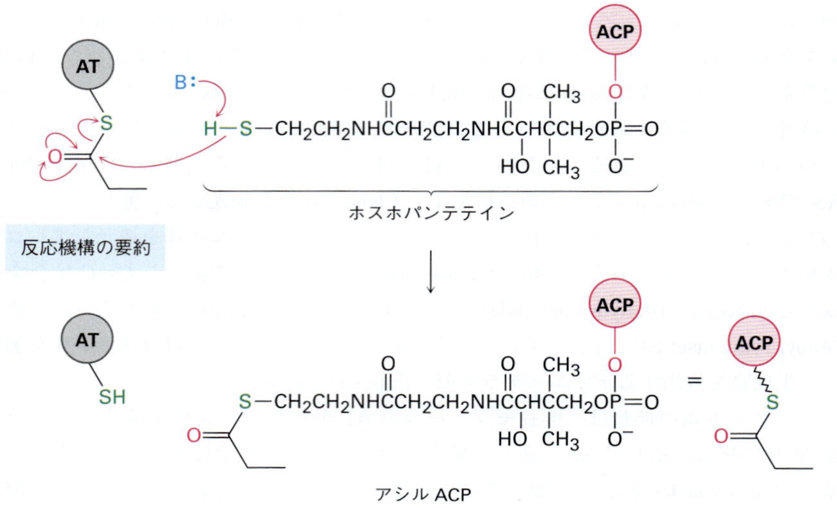

図 25・19 ポリケチド生合成の際のアシル ACP の形成．S と ACP の間でジグザグの線で表されるホスホパンテテインは長く，柔軟性に富んだアームとして働いて，アシル基を一つの触媒ドメインから別の触媒ドメインへ移す．

図 25・18 の段階 ❷, ❸, ❹：鎖の伸長　ポリケチド鎖の伸長は開始モジュールのアシル ACP がプロピオニル基をモジュール 1 のケト合成酵素（KS1）に移し（段階 2），KS1 のシステイン残基と再びチオエステル結合を形成することによって始まる．同時にモジュール 1 の AT と ACP の作用により (2S)-メチルマロニル CoA が ACP1 ホスホパンテテインのチオール末端に結合する（段階 3）．鍵となる炭素-炭素結合形成（段階 4）は，KS1 が Claisen 縮合と脱炭酸を触媒し，ACP 酵素と結合した 3-オキソチオエステルを生成することにより進行する．KS につながっているチオエステルに求核付加をするのに必要なエノラートイオンを得るために，このときの脱炭酸は Claisen 縮合と同時に起こっているようである．

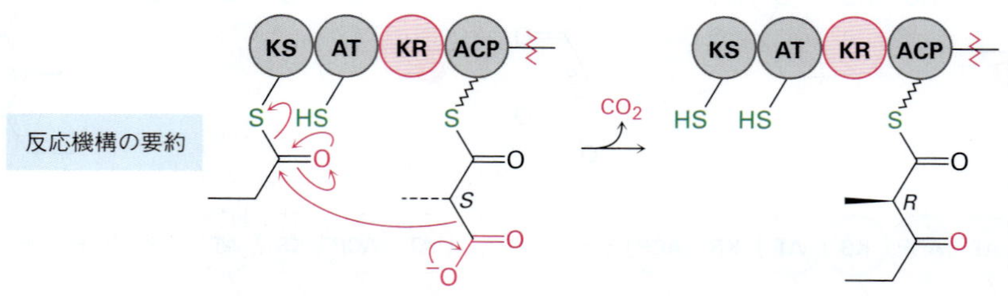

図 25・18 の段階 ❺ と ❻：立体化学の反転と還元　Claisen 縮合はメチル基をもつキラル中心の立体化学を反転させて進行するので，最初に形成されるジケチドの立体化学は R である．しかし，この β-ジケトン生成物は酸性が高いので，段階 5 で塩基

触媒による立体化学の反転が起こり，次の段階に進む生成物は再び S 配置になる．最後に段階 6 で，KR1 は補因子としての NADPH から pro-S の水素を移すことによってケトンを β-ヒドロキシチオエステルに還元する．モジュール 1 はこれで終わり，ジケチドはまた別の鎖の伸長のために KS2 に移される．

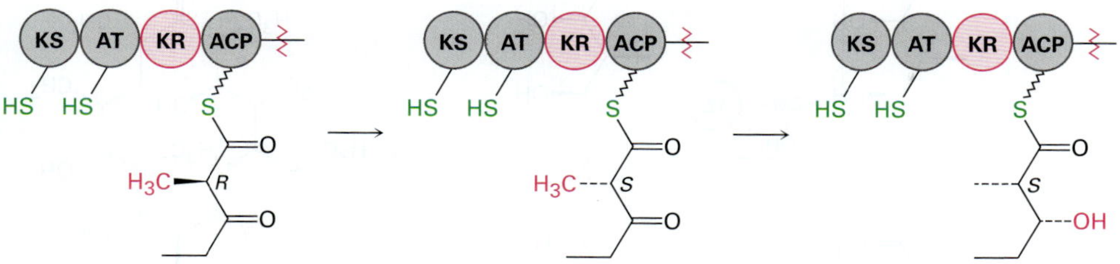

伸長モジュール 2, 5 および 6 での反応は，Claisen 縮合と還元の段階での立体化学は異なっている場合もあるが，モジュール 1 の反応と基本的に同じである．しかし，モジュール 3 と 4 の反応はこれらと異なっている．モジュール 3 では KR ドメインを欠いているので，還元反応はまったく起こらず，テトラケチド生成物はケトンのカルボニル基を残している（図 25・17）．モジュール 4 は KR とさらに二つの酵素ドメインをもっているので，ケトンの還元とさらに二つの反応が触媒される．KR4 によるペンタケチドの還元につづいて脱水酵素（DH）がペンタケチドのアルコールを脱水して α,β-不飽和チオエステルを与え，次に二重結合がエノイル還元酵素（ER）ドメインによって還元される（図 25・20）．

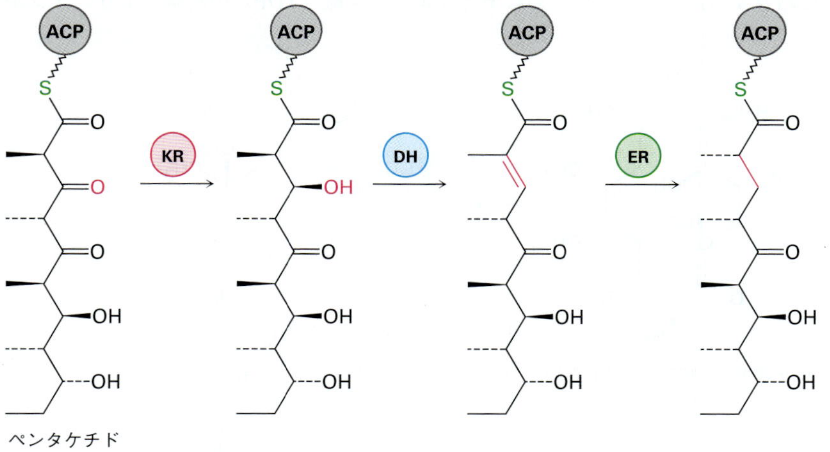

図 25・20 モジュール 4 におけるペンタケチド中間体のカルボニル基の除去．還元-脱水-還元の工程を経る．

これらの一連の反応は，脂肪酸の生合成でみられたもの（図 23・6 参照）と同じである．すなわち，モジュール 4 では Claisen 縮合，ケトンの還元，水の脱離，および二重結合の還元を経る．実際，すべての脂肪酸合成酵素は 6-デオキシエリスロノリド合成酵素と同じ AT, ACP, KS, KR, DH および ER ドメインのセットをもっている．

6-デオキシエリスロノリド B の DEBS からの解離は，終結モジュールのチオエステラーゼ（TE）によって触媒される．TE モジュール上のセリン残基がまず，ACP が結合したヘプタケチドに求核的アシル置換反応を行い，生じたアシル化 TE がラクトン化する．TE 中のヒスチジン残基がヘプタケチドの末端 OH 基によるセリンエステルの求核的アシル置換反応を触媒する塩基として作用する（図 25・21）．

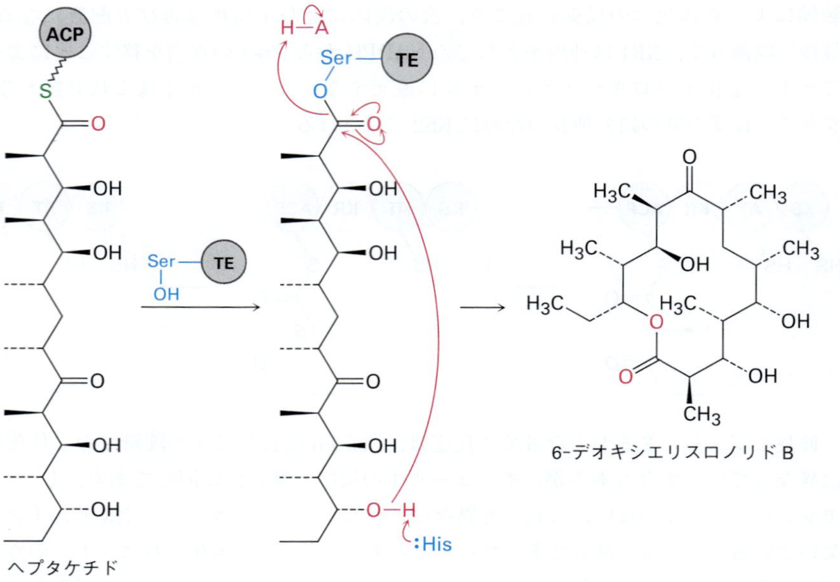

図 25・21 6-デオキシエリスロノリドの DEBS からの解離. TE モジュールのセリン残基がヘプタケチドと反応してつくられるアシル酵素のラクトン化によって起こる.

DEBS から解離した後, 6-デオキシエリスロノリド B は C6 の立体化学を保持したままでヒドロキシ化されてエリスロノリド B になる. 反応はモルヒネの生合成(§25・3, 図25・14 参照) に含まれていたものと類似のシトクロム P450 水酸化酵素(シトクロム P450 ヒドロキシラーゼ) が触媒する. 次に L-ミカロースが C3 のヒドロキシ基に結合する. これは, はじめにチミジル二リン酸(TDP) の解離によりチミジルジ

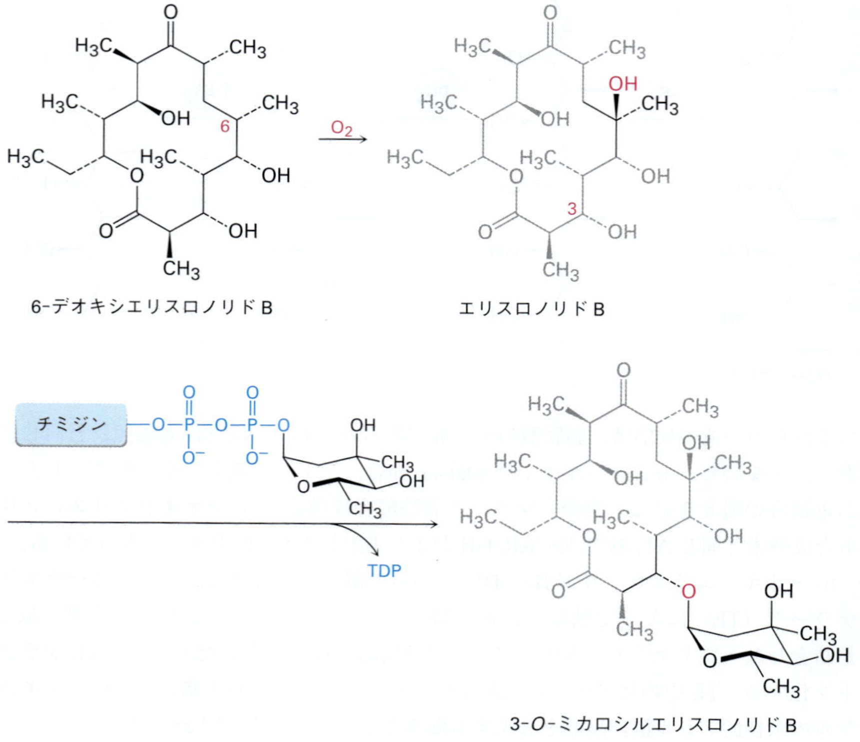

図 25・22 6-デオキシエリスロノリド B のヒドロキシ化とグリコシル化による 3-O-ミカロシルエリスロノリド B の生成

25・4 エリスロマイシンの生合成　859

ホスホミカロースがミカロシルカルボカチオンになり，S_N1 様の反応によって進行する（図 25・22）．

エリスロマイシン A 生合成の最後の段階はさらなるグリコシル化，ヒドロキシ化およびメチル化である（図 25・23）．ミカロースの付加と同じように，アミノ糖である D-デソサミンの付加もチミジルジホスホ糖との反応によって起こる．別のシトクロム P450 酵素による C12 のヒドロキシ化は立体化学を保持して進行し，エリスロマイシン C を与える．そして，ミカロースの C3′ のヒドロキシ基のメチル化は S-アデノシルメチオニン（SAM）との反応によって進行し，エリスロマイシン A が生成する．

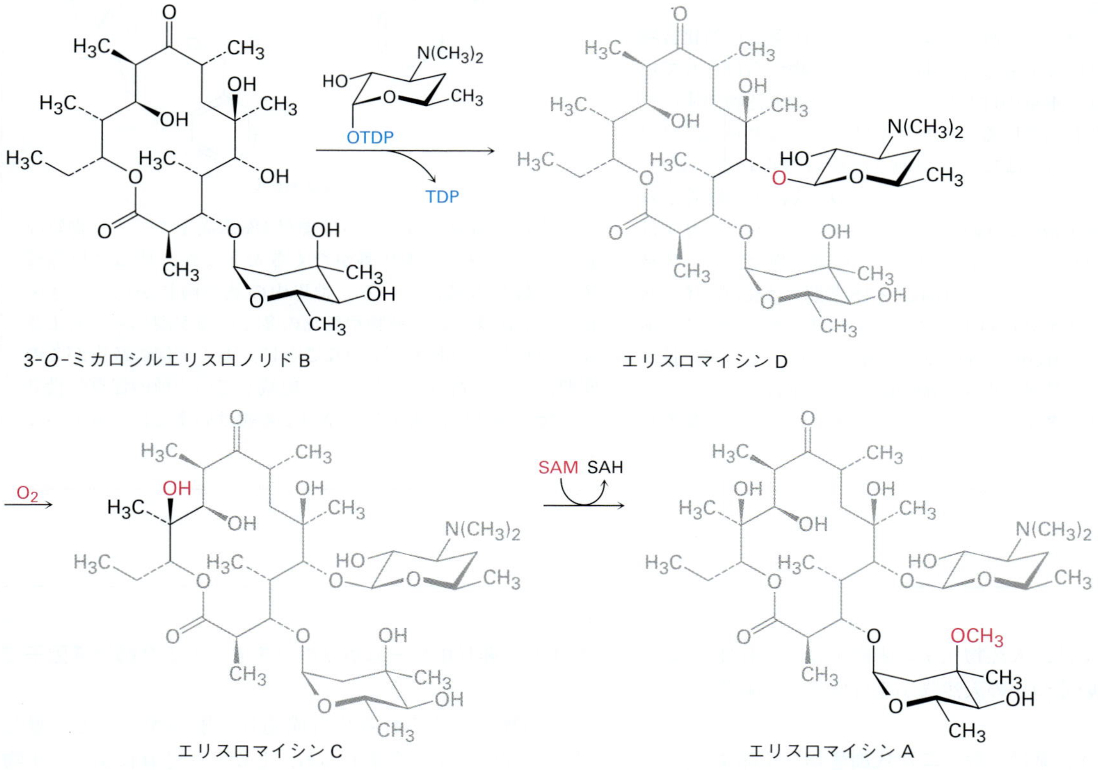

図 25・23　エリスロマイシン A 生合成の最終段階

問題 25・5　図 25・18 の段階 5 で起こる立体化学の反転の反応機構を示せ．

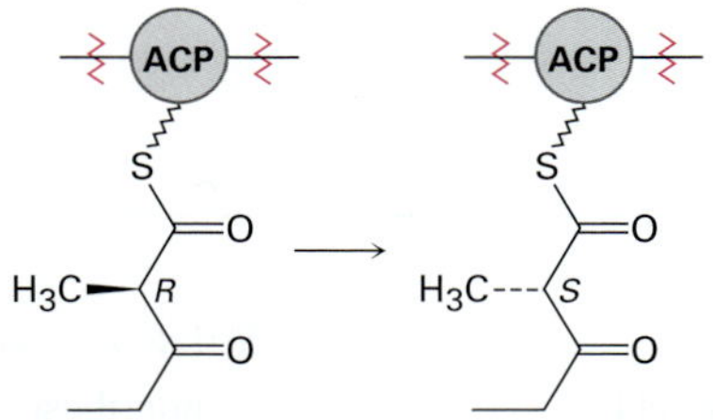

問題 25・6　エリスロノリド B とチミジルジホスホミカロースとの反応によって 3-O-ミカロシルエリスロノリド B（図 25・22 参照）が生成する反応の反応機構を示せ．

科学談話室

生物資源調査：天然物を探して

　多くの化学者や生物学者はその時間の大半を研究室で過ごす．しかし，南太平洋の島々でスキューバダイビングをしたり，南米や東南アジアの熱帯雨林の中を旅して過ごす人たちも少数ながらいる．彼らは休暇をとっているのではなく，生物資源調査者として仕事をしている．彼らの仕事は，薬として利用できるかもしれない未知で新規な天然物を探し求めることである．

　6章の科学談話室で述べたように，新規医薬品候補化合物の半分以上は直接的もしくは間接的に天然物から得られている．たとえば，本章のはじめに示した四つの天然物のすべてが薬として使われている．モルヒネはケシからとられ，プロスタグランジン E_1 はヒツジの前立腺から得られる．また，エリスロマイシンAはフィリピンの土壌試料から培養された細菌の Streptomyces erythreus から，ベンジルペニシリンは Penicillium notatum から得られる．その他の例として，免疫抑制剤であるラパマイシン（図25・15参照）は最初にイースター島（ラパヌイ島）の土壌試料中から見つかった細菌である Streptomyces hygroscopicus から単離された．そして，抗がん剤であるパクリタキセル（paclitaxel, 販売名タキソール®）は米国北西部のタイヘイヨウイチイの木の樹皮から単離された．

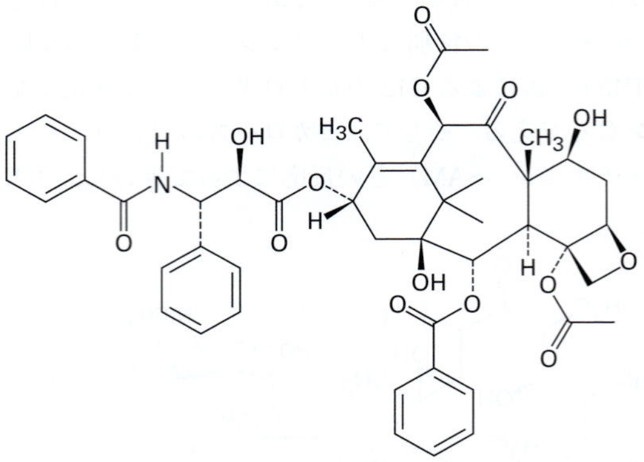

パクリタキセル

　生物のうち調べられたのはまだ1％未満なので，生物資源調査者にはやるべき仕事がたくさんあるが，彼らは自然破壊との競争も続けている．世界中の熱帯雨林が驚くべきスピードで破壊され，植物や動物の多くの種が調べられるより前に絶滅しつつある．幸いなことに，多くの国の政府がこの問題に気づき始めた．しかし，絶滅していく種の保存に役立つ生物の多様性に関する国際的な条約はいまだにできていない．

まとめ

　この短い章では，天然物化学の表面をなぞる程度ではあるが，有名ないくつかの天然物が生合成される過程をながめた．

　天然物という言葉は一般に**二次代謝産物**を意味する．二次代謝産物とは，それを生産する生物が生きていくうえで必要不可欠ではない小分子であり，構造によっては分類されない．おそらく30万個以上の二次代謝産物が存在するが，一般に五つに分類される．それらは**テルペノイド**と**ステロイド**，**アルカロイド**，**脂肪酸およびその誘導体**と**ポリケチド**，**非リボソームポリペプチド**，および**酵素補因子**である．

　天然物がつくられる生合成過程を解明することは難しく，時間がかかる作業である．しかし，それによって生物が分子レベルでどのように機能しているかについて基礎的な理解が得られる．分子は複雑な場合もあるが，それらが生合成される個々の化学反応はこれまでに学んだものばかりである．

重要な用語

アルカロイド（alkaloid）
酵素補因子（enzyme cofactor）
脂肪酸（fatty acid）
脂肪酸誘導体（fatty-acid derived substance）
ステロイド（steroid）
テルペノイド（terpenoid）
天然物（natural product）
二次代謝産物（secondary metabolite）
非リボソームポリペプチド（nonribosomal polypeptide）
ポリケチド（polyketide）

演習問題

（問題 25・1～25・6 は本文中にある）

25・7 PLP 生合成の最後の段階でピリドキシン 5′-リン酸から脱離する H は *pro-R* か *pro-S* か.

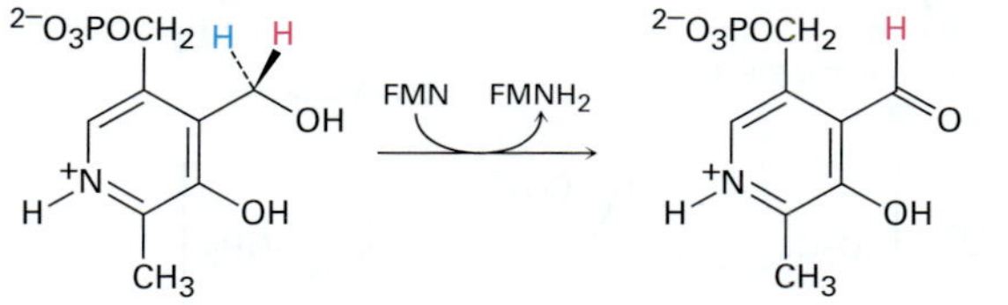

ピリドキシン 5′-リン酸　　ピリドキサール 5′-リン酸 (PLP)

25・8 エリスロマイシンの生合成において，KR1 によるケトンの還元は基質のカルボニル基の *Re* 面と *Si* 面のどちらから起こるか（図 25・18 参照）.

25・9 6-デオキシエリスロノリド B 合成酵素のエノイル還元酵素ドメイン（ER4）を遺伝子の変異によって不活性化しても，その後のすべての段階は通常どおりに進行する．その結果得られるラクトンはどのような構造をしているか.

25・10 アルカロイドであるベルバムニン（berbamunine）の生合成の過程の一つに (*S*)-*N*-メチルコクラウリンのエナンチオマーへの変換がある．図 25・6 のモルヒネの生合成を参照して，上記変換の反応機構を示せ.

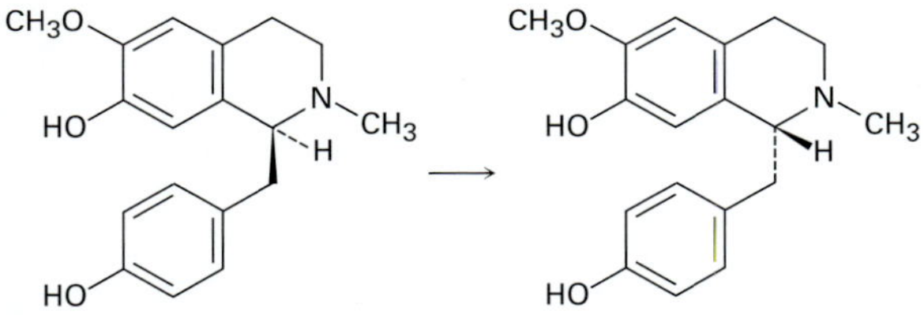

(*S*)-*N*-メチルコクラウリン　　(*R*)-*N*-メチルコクラウリン

25・11 ベルバムニンの生合成の最終の段階は，(*S*)-*N*-メチルコクラウリンと (*R*)-*N*-メチルコクラウリン（問題 25・10）とのカップリングである．反応機構を示せ.

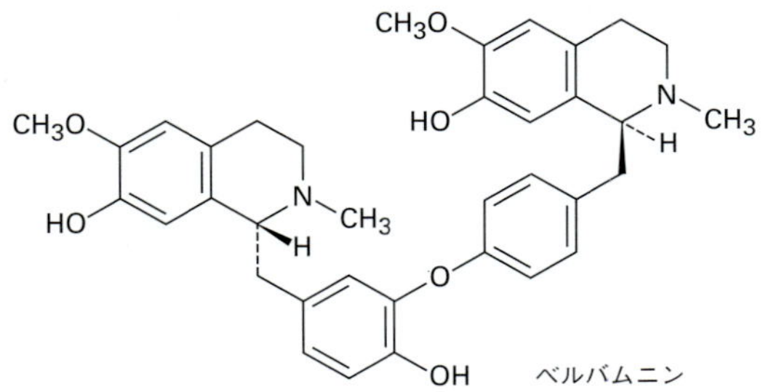

ベルバムニン

25・12 5-アミノレブリン酸は，テトラピロールとよばれるアルカロイドの一群の生合成前駆体である．5-アミノレブリン酸は，グリシンとスクシニル CoA との反応に PLP が関与して得られる．図 25・7 において L-ドーパからドーパミンが生成する反応機構を参照して，5-アミノレブリン酸生合成の機構を示せ.

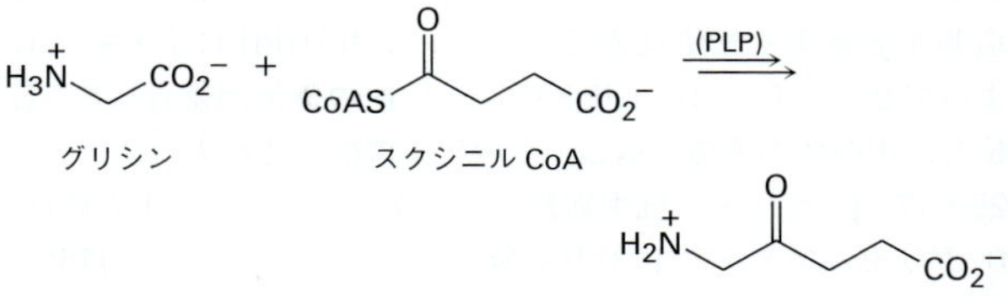

グリシン　　スクシニル CoA　　5-アミノレブリン酸

25・13 ペニシリンの生合成経路の一つは，イソペニシリン N からペニシリン N への PLP が関与する立体化学の反転である.

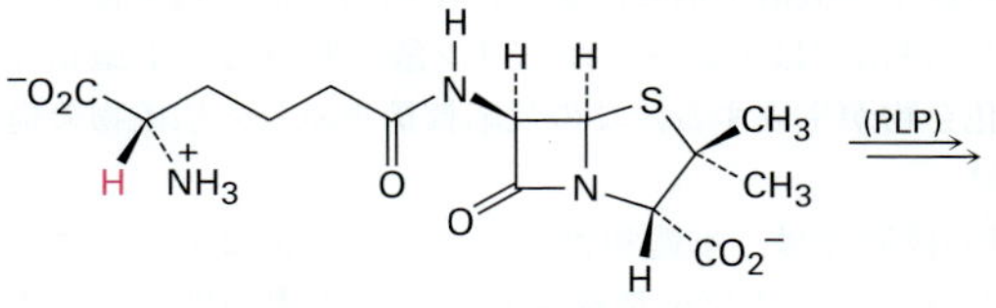

イソペニシリン N isopenicillin N

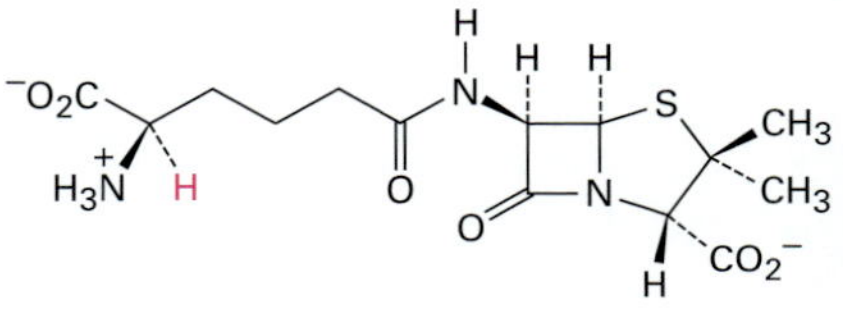

ペニシリン N penicillin N

反応は最初にイミンが形成され，つづいて塩基触媒による異性化が起こる．この反応機構を示せ.

25・14 次に示す生合成変換の反応機構を示せ．補因子として何が用いられるか.

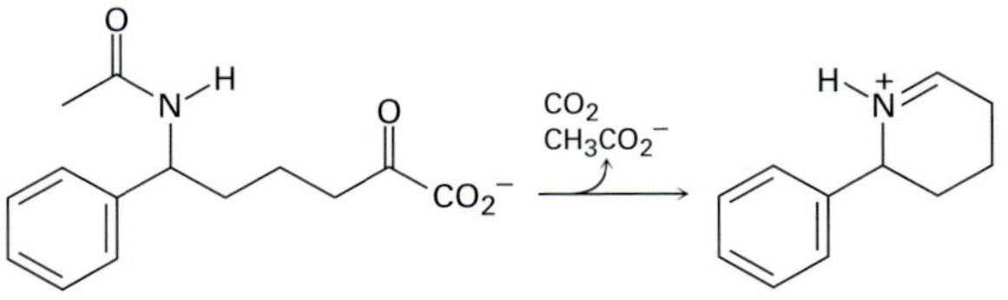

25・15 酵素であるアセト乳酸合成酵素は，チアミン二リン酸が関与してピルビン酸 2 分子がアセト乳酸に変換される反応を触媒する．この反応機構を示せ.

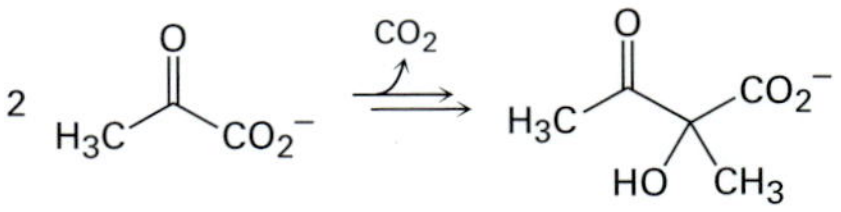

25・16 1-デオキシ-D-キシルロース 5-リン酸は，PLP の前

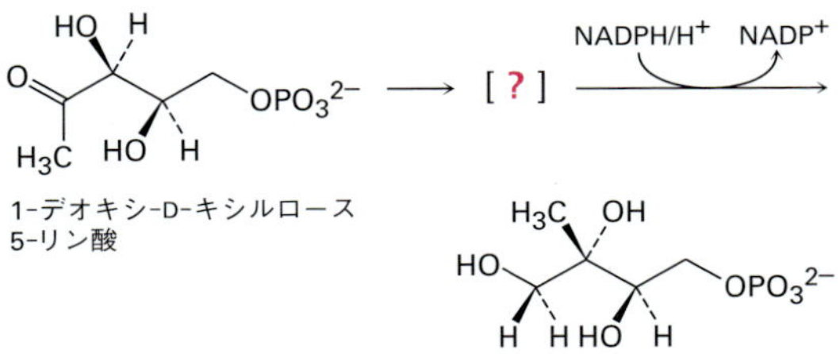

1-デオキシ-D-キシルロース 5-リン酸

2*C*-メチル-D-エリトリトール 4-リン酸

駆体であるだけではなく，テルペノイド生合成におけるイソペンテニル二リン酸の前駆体でもある．この過程の最初の段階は塩基が触媒する転位反応で，つづいて NADPH による還元によって 2*C*-メチル-D-エリトリトール 4-リン酸が得られる．転位した中間体の構造を示し，その生成機構を述べよ．

25・17 β-ラクタム抗生物質であるクラブラン酸の生合成は，D-グリセルアルデヒド 3-リン酸とアルギニンの反応に TPP が関与して始まる．

(a) 最初の段階は D-グリセルアルデヒド 3-リン酸と TPP イリドとの反応である．つづいて，脱水反応によってエノールができる．この反応の機構を示せ．また，生成物の構造式を書け．

(b) 2 番目の段階ではエノールからリン酸が脱離し，不飽和カルボニル化合物が生成する．この反応機構を示し，生成物の構造式を書け．

(c) 3 番目の段階では，不飽和カルボニル化合物にアルギニンが共役付加する．この反応機構を示し，生成物の構造式を書け．

(d) 最終段階では，塩基が触媒する加水分解によって最終生成物が生成し，TPP イリドが再生される．この反応機構を示せ．

クラブラン酸 clavulanic acid

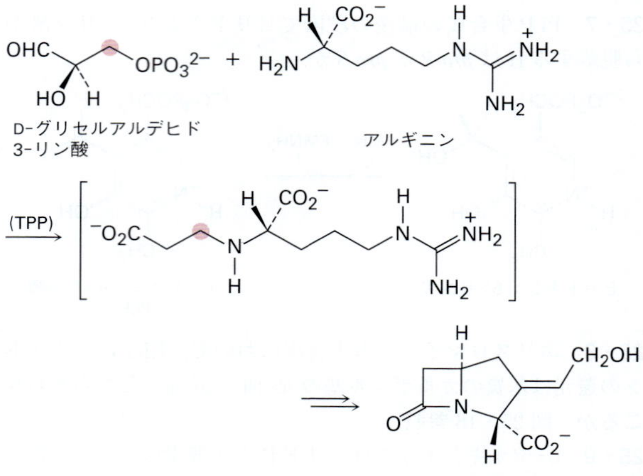

26 軌道と有機化学：ペリ環状反応

26・1 共役 π 電子系の分子軌道
26・2 電子環状反応
26・3 熱的電子環状反応の立体化学
26・4 光化学的電子環状反応
26・5 付加環化反応
26・6 付加環化反応の立体化学
26・7 シグマトロピー転位
26・8 シグマトロピー転位の例
26・9 ペリ環状反応の規則のまとめ

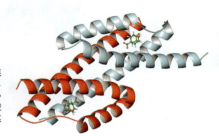

コリスミ酸ムターゼは，芳香族アミノ酸であるフェニルアラニンとチロシンの生合成において，コリスミ酸をプレフェン酸に変換するペリ環状反応を触媒する

本章の目的　極性反応とラジカル反応の概要は1世紀以上前から知られていたが，ペリ環状反応のことがわかってきたのはごく最近のことである．実際，1960年代中頃までは，非常にめずらしい形式の反応としてしばしば"反応機構のない反応"とよばれることさえあった．ペリ環状反応はおもにフラスコ内でみられる反応であるが，有機化学の学習だけでなく，生合成経路にも関わる反応であるため，その知識は重要である．

　有機反応の多くは，求核剤が求電子剤に2電子を供与して新しい結合を形成する極性反応である．また，二つの反応剤がそれぞれ1個の電子を供与して結合を形成するラジカル反応もある．この2種類は，フラスコ内でも生体内でもしばしばみられる反応である．しかし，あまり一般的ではないが，本章で取扱う"ペリ環状反応"は3番目に主要な有機反応である．
　ペリ環状反応（pericyclic reaction）は，環状遷移状態を経て協奏的に起こる反応である．"**協奏的**（concerted）"とは，結合の切断と形成がすべて同時に起こり，中間体を生成しないことを意味する．この定義を理解する前に，まず1章と8章で紹介した分子軌道法の考え方を簡単に復習し，次にペリ環状反応の三つの主要な反応形式である**電子環状反応**（electrocyclic reaction），**付加環化反応**（cycloaddition reaction），**シグマトロピー転位**（sigmatropic rearrangement）についてそれぞれみていくことにする．

26・1 共役 π 電子系の分子軌道

　共役ポリエンは二重結合と単結合を交互にもつ化合物である（§8・12参照）．分子軌道法によれば，共役ポリエンの sp^2 混成炭素上にある n 個のp軌道は互いに相互作用して，原子核間の節の数に応じたエネルギーをもつ n 個のπ分子軌道を形成する．節の数が少ない分子軌道（molecular orbital: MO）はもとのp原子軌道よりもエネルギーが低く，**結合性分子軌道**（bonding MO）となる．一方，節の数が多い分子軌道はもとのp原子軌道よりもエネルギーが高く，**反結合性分子軌道**（antibonding MO）となる．図26・1にエチレンとブタ-1,3-ジエンのπ分子軌道を示す．
　共役π電子系であれば，同様の分子軌道を記述することができる．たとえば，ヘ

864   26. 軌道と有機化学：ペリ環状反応

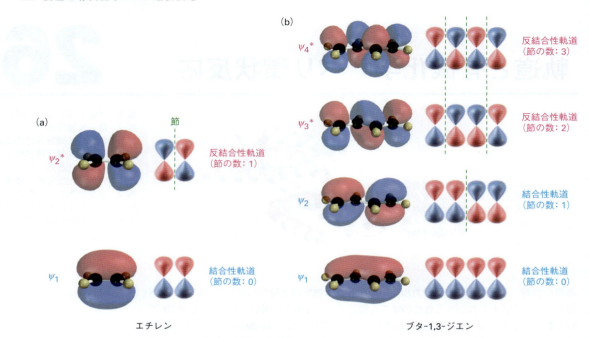

図 26・1　π分子軌道．(a)エチレン，(b)ブタ-1,3-ジエン．

　ヘキサ-1,3,5-トリエンは，図 26・2 に示すように，三つの二重結合と六つのπ分子軌道をもつ．基底状態では，ψ_1, ψ_2, ψ_3 の三つの結合性軌道のみが電子によって占有されている．しかし，紫外線を照射すると，最もエネルギーの高い被占軌道 ψ_3 から最もエネルギーの低い空軌道 ψ_4^* に 1 電子が昇位し，ψ_3 と ψ_4^* がそれぞれ半分ずつ占有された（それぞれ 1 電子をもつ）励起状態（§10・9 参照）となる（*は反結合軌道を表す）．

　分子軌道とその節は，ペリ環状反応と密接な関係にある．1960 年代半ばに R. B. Woodward と Roald Hoffmann によって導かれた一連の規則によると，出発物と生成物の分子軌道の対称性が同じである場合にのみ，ペリ環状反応は起こりうる．言い換えれば，遷移状態において望みの結合が形成されるには，結合を形成しようとする出発物の分子軌道のローブの符号が互いに同じでなければならない．

　出発物と生成物の軌道の対称性が一致する，つまり相関がある場合，その反応は**対称許容**（symmetry-allowed）といわれる．出発物と生成物の軌道の対称性に相関がない場合，その反応は**対称禁制**（symmetry-disallowed）とされる．対称許容の反応は比較的温和な条件で起こることが多いが，対称禁制の反応は協奏的には進行せず，非協奏的な高エネルギー経路で進行するか，まったく反応しないかのどちらかとなる．

　ペリ環状反応における Woodward–Hoffmann 則では，出発物および生成物の分子軌道をすべて解析する必要があるが，京都大学の福井謙一はこれを簡略化した理論を提唱した．この理論によれば，**フロンティア軌道**（frontier orbital）とよばれる二つの分子軌道だけを考慮すればよい．このフロンティア軌道とは，**最高被占軌道**（highest occupied molecular orbital: HOMO）と**最低空軌道**（lowest unoccupied molecular orbital: LUMO）である．たとえば，基底状態のヘキサ-1,3,5-トリエンで

26・2 電子環状反応　865

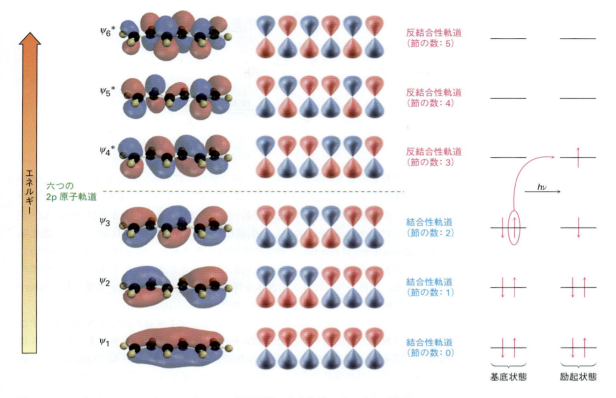

図 26・2　ヘキサ-1,3,5-トリエンの六つの π 分子軌道．基底状態では，三つの結合性分子軌道である ψ_1, ψ_2, ψ_3 が電子に占有されている．励起状態では，ψ_3 と ψ_4^* がともに 1 電子ずつ占有されている．

は，ψ_3 が HOMO であり，ψ_4^* が LUMO となる（図 26・2）．一方，励起状態のヘキサ-1,3,5-トリエンでは，ψ_4^* が HOMO であり，ψ_5^* が LUMO となる．

問題 26・1　図 26・1 を見て，エチレンとブタ-1,3-ジエンの基底状態と励起状態の両方について，HOMO と LUMO の分子軌道をそれぞれ示せ．

26・2　電子環状反応

　軌道対称性がペリ環状反応に与える影響を理解するために，いくつかの実例を取上げてみる．まず，電子環状反応とよばれるポリエンの反応をいくつかみてみよう．**電子環状反応**（electrocyclic reaction）は鎖状共役ポリエンの環化を伴うペリ環状反応であり，一つの π 結合が切断され，他の π 結合はその位置を変化させながら新しい σ 結合が形成されることで環状化合物が生成する．たとえば，共役トリエンはシクロヘキサジエンに，また共役ジエンはシクロブテンに変換される．
　ペリ環状反応は可逆反応であり，平衡の位置はそれぞれの系で異なる．一般的に，トリエン⇌シクロヘキサジエンの平衡は環状化合物の側に有利であり，ジエン⇌シクロブテンの平衡はよりひずみの少ない鎖状化合物の側に有利である．

26. 軌道と有機化学：ペリ環状反応

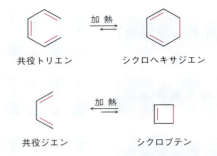

電子環状反応の最も顕著な特徴は，その立体化学にある．たとえば，(2E,4Z,6E)-オクタ-2,4,6-トリエンを加熱すると cis-5,6-ジメチルシクロヘキサ-1,3-ジエンしか生成せず，その異性体である (2E,4Z,6Z)-オクタ-2,4,6-トリエンからは trans-5,6-ジメチルシクロヘキサ-1,3-ジエンしか生成しない．ところが，熱反応ではなく**光化学反応**（photochemical reaction）の条件下で反応させると，出発物と生成物の間の立体化学の関係が逆転する．たとえば，(2E,4Z,6E)-オクタ-2,4,6-トリエンに紫外線を照射すると，加熱条件ではシス異性体が得られたのに対してトランス異性体（trans-5,6-ジメチルシクロヘキサ-1,3-ジエン）が生成する（図26・3）．

3,4-ジメチルシクロブテンの熱的開環反応においても同様の現象がみられる．すなわち，シス異性体は加熱すると (2E,4Z)-ヘキサ-2,4-ジエンのみを，またトランス異性体は (2E,4E)-ヘキサ-2,4-ジエンのみを与える．しかし，紫外線を照射すると，結果は逆になる．光化学的条件下で 2E,4E 異性体を環化させると，シス異性体が得られる（図26・4）．

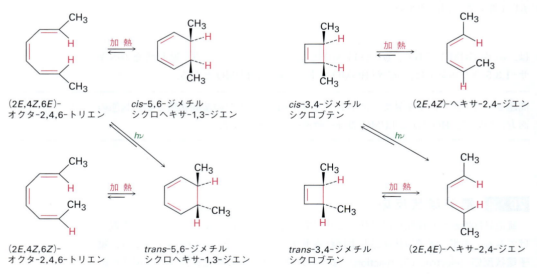

図 26・3　オクタ-2,4,6-トリエンと 5,6-ジメチルシクロヘキサ-1,3-ジエンとの電子環状反応による相互変換

図 26・4　3,4-ジメチルシクロブテンとヘキサ-2,4-ジエンとの電子環状反応による相互変換

以上の結果を説明するために，ポリエンの分子軌道のうち，環化の際に相互作用する最も外側に位置する二つのローブに注目してみる．ローブの符号については，同符

号のローブが分子の同じ側にあるか，または反対側にあるかの二つの可能性が考えられる．

同符号のローブが分子の同じ側

同符号のローブが分子の反対側

結合が形成されるには，正のローブと正のローブ，または負のローブと負のローブが互いに相互作用し，有利な結合性相互作用が実現するように最も外側のπ軌道のローブが回転しなければならない．同じ符号の二つのローブが分子の同じ側にある場合，二つの軌道のうち一方は時計回りに，もう一方は反時計回りにというようにそれぞれ反対方向に回転しなければならない．このような動き方を**逆旋的**（disrotatory）とよぶ．

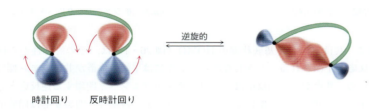

一方，同じ符号のローブが分子の反対側にある場合，両方のπ軌道のローブは時計回りまたは反時計回りのいずれか一方にそろって回転しなければならない．このような動き方を**同旋的**（conrotatory）とよぶ．

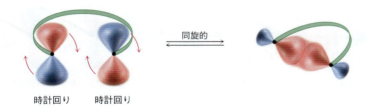

26・3 熱的電子環状反応の立体化学

電子環状反応において，同旋過程と逆旋過程のどちらが起こるかを予測するにはどうしたらよいだろうか．フロンティア軌道論によれば，電子環状反応の立体化学はポリエンのHOMOの対称性によって決定される．HOMOの軌道を占有している電子は最もエネルギーが高く，また最も束縛のゆるい電子であるため，反応が起こる際に最も動きやすい．HOMOの軌道を特定するには，熱反応では基底状態の電子配置を，また光化学反応では励起状態の電子配置をそれぞれ考慮しなければならない．

ここで，共役トリエンの熱的閉環反応をもう一度みてみよう．図26・2によると，基底状態の共役トリエンのHOMOの両端の軌道は，分子の同じ側に同じ符号のローブをもっており，この対称性から同じ符号のローブが重なり合うように逆旋的な閉環

反応が起こると予想される．この逆旋過程はまさにオクタ-2,4,6-トリエンの熱的環化反応で観察されるものであり，2E,4Z,6E 異性体からはシス体の生成物が，2E,4Z,6Z 異性体からはトランス体の生成物が得られることを確認しよう（図26・5）．

図 26・5 オクタ-2,4,6-トリエンの熱的環化反応．環化反応は逆旋的に進行する．

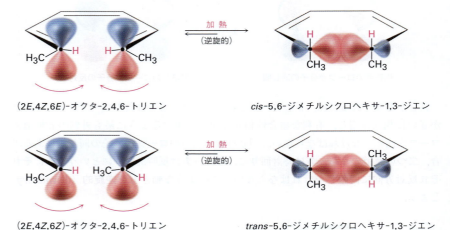

同様に，共役ジエンの基底状態の HOMO（図26・1）は，その対称性から同旋的な閉環反応が予測される．しかしながら，実際には平衡の位置が共役ジエン側に偏っているため，共役ジエンの反応はシクロブテンがジエンへと開環する逆反応としてのみ観察することができる．3,4-ジメチルシクロブテンの場合，開環反応は同旋的に進行し，cis-3,4-ジメチルシクロブテンからは (2E,4Z)-ヘキサ-2,4-ジエンが得られ，trans-3,4-ジメチルシクロブテンからは (2E,4E)-ヘキサ-2,4-ジエンが得られることとなる（図26・6）．

図 26・6 cis および trans-ジメチルシクロブテンの熱的開環反応．反応は同旋的に進行する．

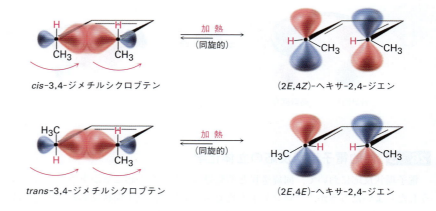

ここで，共役ジエンと共役トリエンは，逆の立体化学で反応していることに気づいてほしい．ジエンは同旋的に開環，閉環するのに対して，トリエンは逆旋的に開環，閉環している．この違いは，ジエンとトリエンの HOMO の対称性が異なることに起因している．

以上から，結合の再編成に関わる電子対（二重結合）の数と開環，閉環の立体化学の間には交互に現れる関係があることがわかる．すなわち，熱的電子環状反応では，

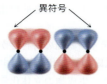
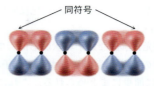

偶数個の電子対をもつポリエンは同旋的に反応するのに対し，奇数個の電子対をもつポリエンは逆旋的に反応する．

問題 26・2 (2Z,4Z,6Z)-オクタ-2,4,6-トリエンの同旋的および逆旋的環化反応から予想される生成物を書け．また，熱反応の場合はどちらの経路をたどると予想されるか．

問題 26・3 trans-3,4-ジメチルシクロブテンは，反時計回りまたは時計回りの二つの同旋過程で開環し，(2E,4E)-ヘキサ-2,4-ジエンまたは(2Z,4Z)-ヘキサ-2,4-ジエンが生成する可能性がある．両方の反応が対称許容である理由を説明したうえで，実際には 2E,4E 異性体しか得られない理由を説明せよ．

26・4 光化学的電子環状反応

§26・2において光化学的な電子環状反応は熱反応とは異なる立体化学的な経路をたどると述べたが，ここではこの理由について説明する．ポリエンに紫外線を照射すると，基底状態の HOMO から基底状態の LUMO に 1 電子が昇位し，その対称性が変化する．その結果，反応の立体化学が変化する（基底状態の HOMO と励起状態の HOMO を見比べると，最も外側の p 軌道の一方のローブの符号が逆になるため，反応の立体化学が変化する）．たとえば，(2E,4E)-ヘキサ-2,4-ジエンは光化学条件では逆旋的に環化するのに対して，熱反応では同旋的に環化する．同様に，(2E,4Z,6E)-

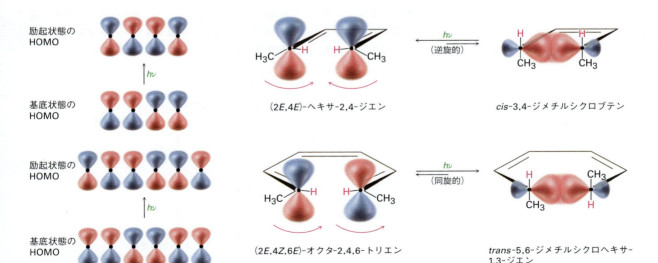

図 26・7 共役ジエンと共役トリエンの光化学的電子環状反応．軌道対称性が異なるため，二つの反応は異なる立体化学で進行する．

オクタ-2,4,6-トリエンの光化学的環化反応は同旋的であるが，熱的環化反応は逆旋的である（図26・7）．

熱的および光化学的な電子環状反応は，フロンティア軌道の対称性が常に異なるため，常に反対の立体化学で進行する．電子環状反応の立体化学に関する規則は，表26・1のように簡単にまとめられる．これに基づき，生成物の立体化学を予測することができる．

表 26・1 電子環状反応における立体化学の規則

電子対(二重結合)の数	熱反応	光化学反応
偶 数	同旋的	逆旋的
奇 数	逆旋的	同旋的

問題 26・4 (2E,4Z,6E)-オクタ-2,4,6-トリエンの光化学的環化反応で得られる生成物を書け．また，(2E,4Z,6Z)-オクタ-2,4,6-トリエンについても答えよ．

26・5 付加環化反応

付加環化反応（cycloaddition reaction）とは，二つの不飽和化合物が互いに結合して環状の生成物を与える反応である．電子環状反応と同様に，付加環化反応は出発物の軌道対称性によって支配される．対称許容の反応は容易に進行することが多いが，対称禁制の反応は起こりにくく，仮に反応したとしても非協奏的に進行するのみである．次の二つの例をみて，両者の違いを確認しよう．

Diels-Alder 付加環化反応（§8・14参照）は，ジエン（4個のπ電子）とジエノフィル（2個のπ電子）からシクロヘキセンを与えるペリ環状反応であり，非常に多くの例が知られている．これらの反応は室温またはそれより少し高い温度で円滑に起こることが多く，置換基に関して立体特異的である．たとえば，ブタ-1,3-ジエンとマレイン酸ジエチル（シス体）を室温で反応させると，シス二置換シクロヘキセン誘導体のみが得られる．一方，ブタ-1,3-ジエンとフマル酸ジエチル（トランス体）との反応では，選択的にトランス二置換体が生成する．

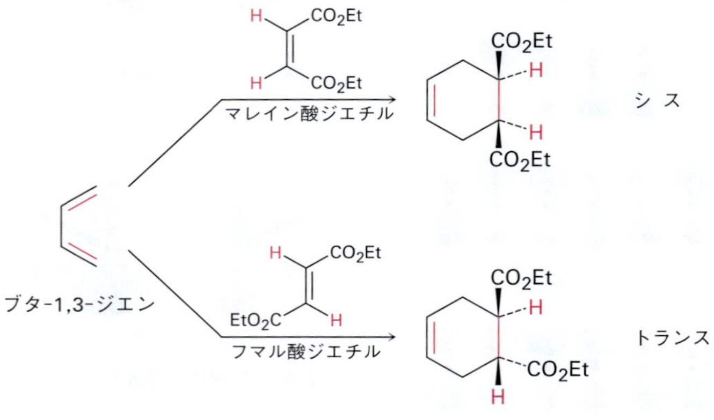

[4+2]Diels-Alder 反応とは対照的に，二つのアルケン間における[2+2]付加環化

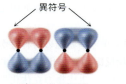
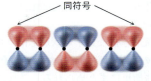

偶数個の電子対をもつポリエンは同旋的に反応するのに対し，奇数個の電子対をもつポリエンは逆旋的に反応する．

問題 26・2 (2Z,4Z,6Z)-オクタ-2,4,6-トリエンの同旋的および逆旋的環化反応から予想される生成物を書け．また，熱反応の場合はどちらの経路をたどると予想されるか．

問題 26・3 *trans*-3,4-ジメチルシクロブテンは，反時計回りまたは時計回りの二つの同旋過程で開環し，(2E,4E)-ヘキサ-2,4-ジエンまたは (2Z,4Z)-ヘキサ-2,4-ジエンが生成する可能性がある．両方の反応が対称許容である理由を説明したうえで，実際には 2E,4E 異性体しか得られない理由を説明せよ．

26・4 光化学的電子環状反応

§26・2 において光化学的な電子環状反応は熱反応とは異なる立体化学的な経路をたどると述べたが，ここではこの理由について説明する．ポリエンに紫外線を照射すると，基底状態の HOMO から基底状態の LUMO に 1 電子が昇位し，その対称性が変化する．その結果，反応の立体化学が変化する（基底状態の HOMO と励起状態のHOMO を見比べると，最も外側の p 軌道の一方のローブの符号が逆になるため，反応の立体化学が変化する）．たとえば，(2E,4E)-ヘキサ-2,4-ジエンは光化学条件では逆旋的に環化するのに対して，熱反応では同旋的に環化する．同様に，(2E,4Z,6E)-

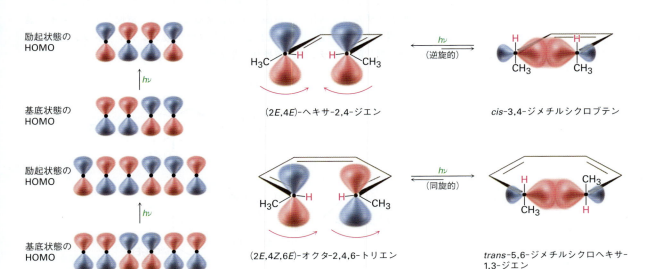

図 26・7 共役ジエンと共役トリエンの光化学的電子環状反応． 軌道対称性が異なるため，二つの反応は異なる立体化学で進行する．

オクタ-2,4,6-トリエンの光化学的環化反応は同旋的であるが,熱的環化反応は逆旋的である(図26・7).

熱的および光化学的な電子環状反応は,フロンティア軌道の対称性が常に異なるため,常に反対の立体化学で進行する.電子環状反応の立体化学に関する規則は,表26・1のように簡単にまとめられる.これに基づき,生成物の立体化学を予測することができる.

表 26・1 電子環状反応における立体化学の規則

電子対(二重結合)の数	熱反応	光化学反応
偶数	同旋的	逆旋的
奇数	逆旋的	同旋的

問題 26・4 (2E,4Z,6E)-オクタ-2,4,6-トリエンの光化学的環化反応で得られる生成物を書け.また,(2E,4Z,6Z)-オクタ-2,4,6-トリエンについても答えよ.

26・5 付加環化反応

付加環化反応(cycloaddition reaction)とは,二つの不飽和化合物が互いに結合して環状の生成物を与える反応である.電子環状反応と同様に,付加環化反応は出発物の軌道対称性によって支配される.対称許容の反応は容易に進行することが多いが,対称禁制の反応は起こりにくく,仮に反応したとしても非協奏的に進行するのみである.次の二つの例をみて,両者の違いを確認しよう.

Diels-Alder 付加環化反応(§8・14参照)は,ジエン(4個のπ電子)とジエノフィル(2個のπ電子)からシクロヘキセンを与えるペリ環状反応であり,非常に多くの例が知られている.これらの反応は室温またはそれより少し高い温度で円滑に起こることが多く,置換基に関して立体特異的である.たとえば,ブタ-1,3-ジエンとマレイン酸ジエチル(シス体)を室温で反応させると,シス二置換シクロヘキセン誘導体のみが得られる.一方,ブタ-1,3-ジエンとフマル酸ジエチル(トランス体)との反応では,選択的にトランス二置換体が生成する.

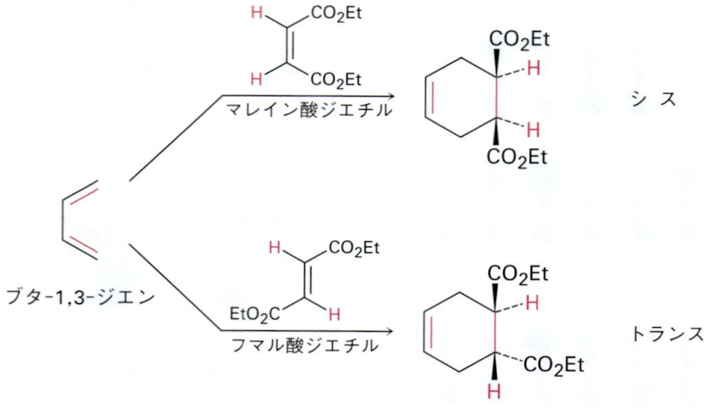

[4+2]Diels-Alder 反応とは対照的に,二つのアルケン間における[2+2]付加環化

反応は熱的には起こらない．［2＋2］付加環化反応は光化学的条件下でのみ進行し，シクロブタン生成物が得られる．

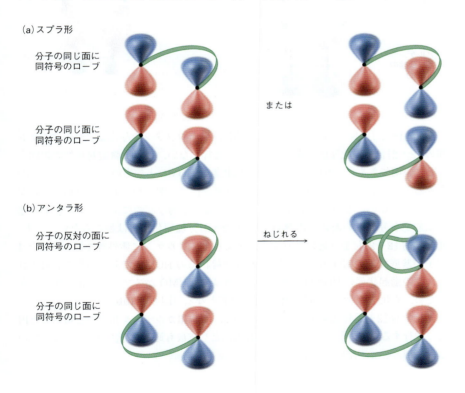

付加環化反応が進行し新しい結合が形成されるには，二つの出発物の最も外側にあるπ軌道のローブが適切な対称性を示す必要があり，これにはスプラ形とアンタラ形とよばれる二つの場合が考えられる．**スプラ形**（suprafacial，同面過程ともいう）の付加環化反応は，一方の出発物の同じ面のローブと他方の出発物の同じ面のローブとの間に結合性相互作用が生じたときに進行する．また，一方の出発物の同じ面にあるローブと他方の出発物の反対面にあるローブとの間に結合性相互作用が生じると，**アンタラ形**（antarafacial，逆面過程ともいう）の反応が起こる（図 26・8）．

図 26・8 スプラ形およびアンタラ形の付加環化反応．(a)スプラ形の付加環化反応は，一方の出発物の同じ面のローブと他方の出発物の同じ面のローブとの間に結合性相互作用があるときに進行する．(b)アンタラ形の付加環化反応は，一方の出発物の同じ面のローブと他方の出発物の反対面のローブとの間に結合性相互作用がある場合に起こるため，一方の共役π電子系（π分子軌道）にねじれが生じる．

スプラ形とアンタラ形はともに対称許容である．しかし，アンタラ形の反応は一方の出発物の共役π電子系がねじれる必要があるという幾何学的な制約のため進行しにくい場合が多い．したがって，小さい共役π電子系ではスプラ形の付加環化反応の方がはるかに進行しやすく，一般的である．

26・6 付加環化反応の立体化学

付加環化反応がスプラ形とアンタラ形のどちらで起こるかは,どのように予測できるだろうか.フロンティア軌道論によれば,付加環化反応は一方の出発物の HOMO と他方の出発物の LUMO の間に結合性相互作用が生じたときに起こる.この法則を直感的に説明すると,一方の出発物が他方に電子を供与すると想像すればよい.電子環状反応と同様に,最もゆるく束縛されていて他方の出発物に供与されやすいのは,一方の出発物の HOMO の軌道を占有している電子である.もちろん,他方の出発物に供与された電子は,空軌道である LUMO の軌道に収容される.

ここで,[4+2]付加環化反応(Diels-Alder 反応)について,ジエンの LUMO とアルケンの HOMO を選んで考えてみる.二つの基底状態の軌道の対称性は,それぞれの末端のローブがスプラ形で相互作用できるような配置であるため(図26・9),Diels-Alder 反応は熱的条件下で容易に進行する.なお,電子環状反応と同様に,末端のローブのみに注目すればよく,内側のローブ間の相互作用を考慮する必要はない.

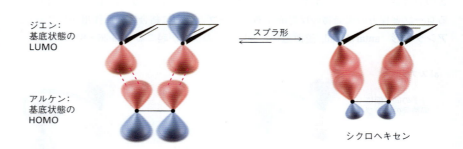

図 26・9 Diels-Alder 反応における軌道相互作用. スプラ形 [4+2]付加環化反応(Diels-Alder 反応)におけるジエンの LUMO とアルケンの HOMO の軌道相互作用.

熱的 [4+2]Diels-Alder 反応とは対照的に,シクロブタンを与える二つのアルケン間の [2+2]付加環化反応は光化学的にしか進行しない.これは軌道対称性の規則をもとに説明できる.一方のアルケンの基底状態の HOMO と他方のアルケンの LUMO をみると,熱的 [2+2]付加環化反応が進行するには,明らかにアンタラ形をとらなければならないことがわかる(図26・10a).幾何学的な制約によりアンタラ形の遷移状態をとりづらいため,協奏的な熱的 [2+2]付加環化反応は起こらない.一方,光化学的 [2+2]付加反応は進行する.すなわち,アルケンに紫外線を照射すると1電子が基底状態の HOMO である ψ_1 から励起状態の HOMO である ψ_2^* に励起される.この励起状態の HOMO と他方のアルケンの LUMO がスプラ形で相互作用できるため,光化学的 [2+2]付加環化反応は許容となる(図26・10b).

光化学的 [2+2]付加環化反応は,特に α,β-不飽和カルボニル化合物を用いると円滑に進行するため,シクロブタン環の合成法として最も適した方法の一つとなっている.一例として下記のような反応がある.

26・6 付加環化反応の立体化学　873

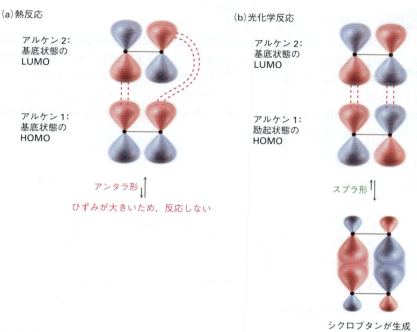

図 26・10 熱的および光化学的[2+2]付加環化反応．(a)熱的[2+2]付加環化反応は，基底状態のHOMOと基底状態のLUMOとの相互作用がアンタラ形になり，大きなひずみが生じるため進行しない．(b)光化学的[2+2]付加環化反応は，励起状態のHOMOと基底状態のLUMOの相互作用のひずみが小さいため，スプラ形で進行する．

　付加環化反応における立体化学は，熱反応と光化学反応の間で常に逆の関係にある．電子環状反応と同様に，結合の再編成に関与する電子対（二重結合）の総数によって付加環化反応を分類することができる．つまり，ジエンとジエノフィルとの熱的[4+2]Diels-Alder 反応は，奇数（3個）の電子対が関わっており，スプラ形で進行する．アルケン同士の熱的[2+2]付加環化反応のように，偶数（この場合は2個）の電子対が関与する場合は，アンタラ形の経路をとる必要がある．光化学的な環化反応では，これらの選択性は逆転する．表26・2に一般的な規則をまとめた．

表 26・2　付加環化反応における立体化学の規則

電子対(二重結合)の数	熱反応	光化学反応
偶　数	アンタラ形	スプラ形
奇　数	スプラ形	アンタラ形

問題 26・5　(2E,4E)-ヘキサ-2,4-ジエンとエチレンの Diels-Alder 反応で得られる生成物の立体化学を予想せよ．また，(2E,4Z)-ヘキサ-2,4-ジエンを用いた場合はどうなるか．

問題 26・6　シクロペンタ-1,3-ジエンがシクロヘプタトリエノンと反応すると，図のような生成物が得られる．どのような反応が起こっているか説明せよ．また，この反応はスプラ形とアンタラ形のどちらで進行するか．

26・7 シグマトロピー転位

　三つ目の主要なペリ環状反応である**シグマトロピー転位**（sigmatropic rearrangement）は，σ結合で結合している原子または原子団がπ電子系を通してある位置から別の位置に移動する反応である．この反応では，出発物のσ結合が切断されるとともにπ結合が移動し，生成物の新しいσ結合が形成される．次の [1,5] および [3,3] シグマトロピー転位の例が示すように，切断されるσ結合の位置はπ電子系の末端または中間のいずれもありえる．

[1,5] シグマトロピー転位

[3,3] シグマトロピー転位（Claisen 転位）

　[1,5] や [3,3] という表記は，どのような転位が起こるかを示している．数字はσ結合で結ばれている出発物中の二つの原子団の中の位置番号であり，それらの原子団の中で転位後に新たなσ結合が形成される位置を表している．たとえば，1,3-ジエン

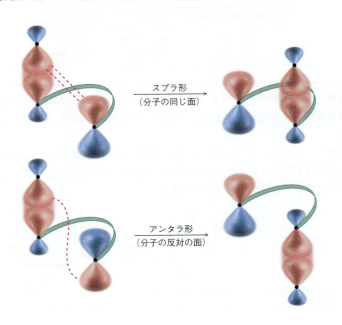

図 26・11　シグマトロピー転位におけるスプラ形とアンタラ形

の[1,5]シグマトロピー転位では，σ結合で結ばれた二つの原子団はそれぞれ水素原子とペンタジエニル基である．転位が起こると水素原子そのものの位置である1位（唯一の可能性）とペンタジエニル基の5位へσ結合が移動する．また，アリルビニルエーテルの[3,3]シグマトロピー転位は **Claisen 転位**（Claisen rearrangement）とよばれる．この反応では，σ結合で結ばれたアリル基とビニルエーテル基が，アリル基の3位とビニルエーテル基の3位へと転位する．

電子環状反応や付加環化反応と同様に，シグマトロピー転位にも軌道対称性の規則が適用され，原子団の移動には二つの形式が考えられる．すなわち，π電子系の同じ面を通って原子団が移動するとスプラ形であり，π電子系の反対の面へと原子団が移動するとアンタラ形である（図26・11）．

スプラ形とアンタラ形はいずれも軌道対称性の点では許容であるが，幾何学的な理由からスプラ形のシグマトロピー転位の方が進行しやすい．シグマトロピー転位の立体化学の規則は，付加環化反応の規則と同じである（表26・3）．

表 26・3　シグマトロピー転位における立体化学の規則

電子対(二重結合)の数	熱反応	光化学反応
偶　数	アンタラ形	スプラ形
奇　数	スプラ形	アンタラ形

問題 26・7　次のシグマトロピー反応を[x,y]の書き方で分類し，スプラ形とアンタラ形のどちらで進行するかを説明せよ．

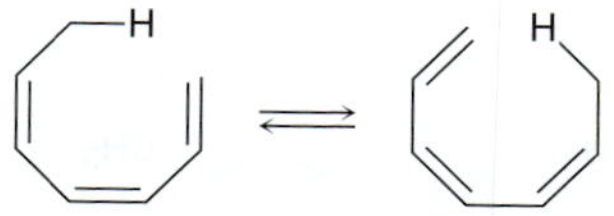

26・8　シグマトロピー転位の例

[1,5]シグマトロピー転位には3組の電子対（二つのπ結合と一つのσ結合）が関与するため，表26・3の軌道対称性の規則によればスプラ形の反応が進行すると予想される．実際，共役π電子系の二つの二重結合をまたぐ水素原子のスプラ形[1,5]移動は，最もよくみられるシグマトロピー転位の一つである．たとえば，5-メチルシクロペンタ-1,3-ジエンは室温で速やかに転位し，1-メチル，2-メチル，および5-メチル置換体の混合物を与える．

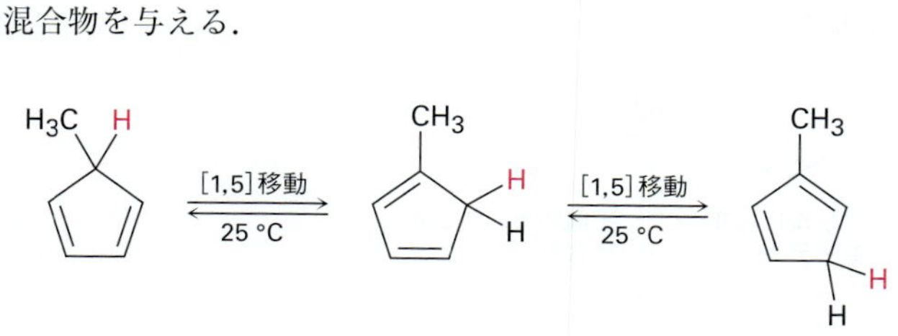

別の例として，5,5,5-トリジュウテリオ-(3Z)-ペンタ-1,3-ジエンを加熱すると，1位と5位の間で重水素の位置が異なる異性体の混合物が生じる．

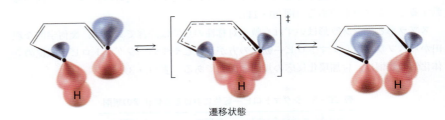

図26・12に示すように，これらの[1,5]水素移動は対称許容であり，スプラ形で進行する．しかし，これらの熱的[1,5]水素移動とは対照的に，熱的[1,3]水素移動は知られていない．もし起こるとしても，ひずみの大きいアンタラ形で進行しなければならないため不利である．

図 26・12 スプラ形[1,5]水素移動の軌道図

上記の[1,5]水素移動に加え，1,5-ジエンの[3,3]シグマトロピー転位である **Cope転位**（Cope rearrangement）とアリルアリールエーテルやアリルビニルエーテルのClaisen転位は，重要なシグマトロピー反応である（§13・10参照）．この二つの反応は，Diels–Alder反応と並んで有機合成において最も有用なペリ環状反応であり，いずれも数多くの例が知られている．

Cope転位
1,5-ジエン　　　異性化した1,5-ジエン

Claisen転位
アリルアリールエーテル　　　o-アリルフェノール

Claisen転位
アリルビニルエーテル　　　不飽和カルボニル化合物

Cope転位とClaisen転位はいずれも奇数個の電子対（二つのπ結合と一つのσ結合）の再編成を伴い，スプラ形の経路で進行する（図26・13）．

§13・10で述べたように，生合成におけるペリ環状反応の例は比較的少ないが，

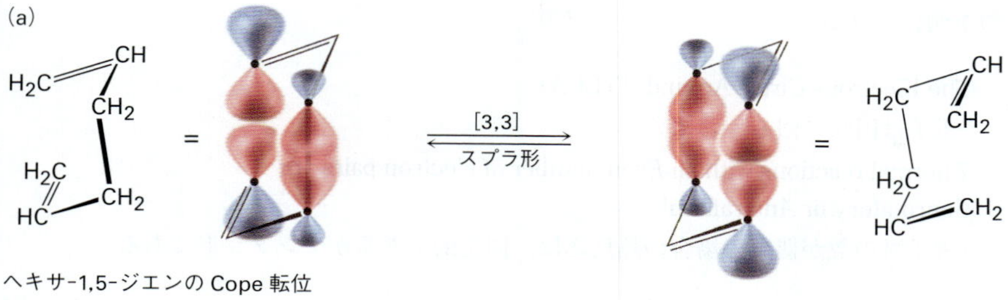

26・9 ペリ環状反応の規則のまとめ　877

(a)

ヘキサ-1,5-ジエンの Cope 転位

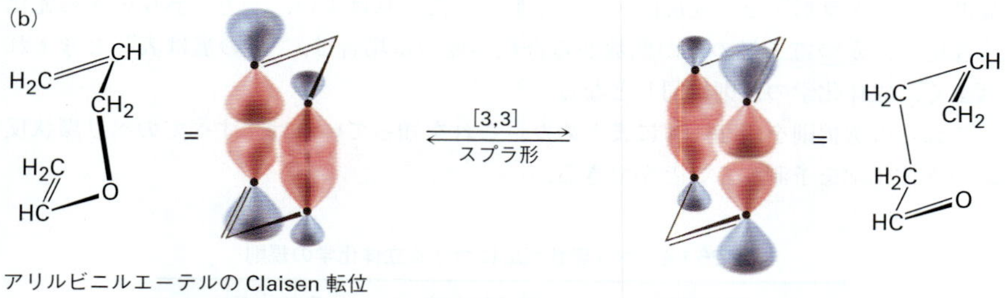

(b)

アリルビニルエーテルの Claisen 転位

図 26・13　スプラ形 [3,3] シグマトロピー転位．(a) Cope 転位，(b) Claisen 転位．

ビタミン D の生合成で起こる反応はよく研究されている．この生合成過程については，本章の科学談話室で解説する．

問題 26・8　1-ジュウテリオインデンを加熱すると，同位体標識が 5 員環の三つの炭素に置き換わった混合物が得られる．この実験事実を説明する反応機構を示せ．

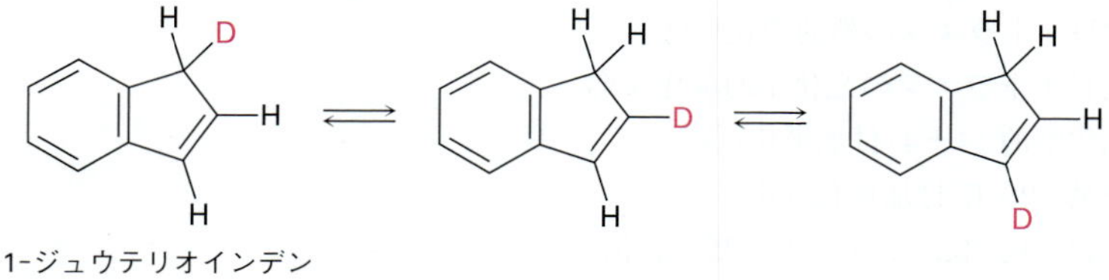

1-ジュウテリオインデン

問題 26・9　2,6-二置換フェニルアリルエーテルを加熱して Claisen 転位を試みたところ，二つの連続するペリ環状反応が起こり，パラ位にアリル基をもつ生成物が得られる．この反応を説明せよ．

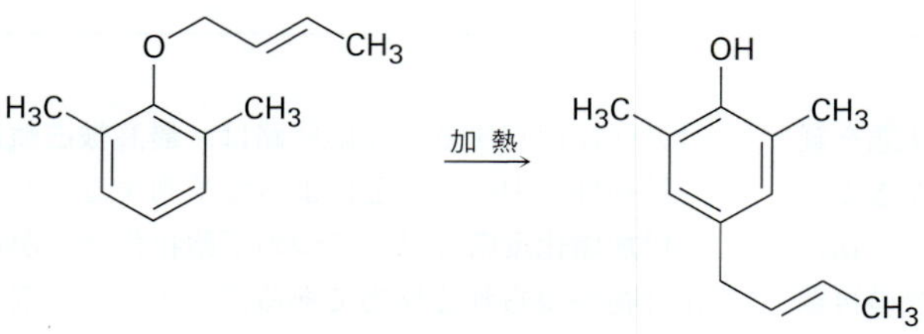

26・9　ペリ環状反応の規則のまとめ

ペリ環状反応に関する規則はどのように使い分ければよいだろうか．表 26・1～表 26・3 までの内容は次のようにまとめられ，これはあらゆるペリ環状反応の立体化学

の予測に役立つ．

The Electrons Circle Around (TECA)
（電子は円状に回る）
*T*hermal reactions with an *E*ven number of electron pairs are *C*onrotatory or *A*ntarafacial.
（電子対の数が偶数の場合の熱反応は，同旋的であるかアンタラ形である）

熱反応から光化学反応へ，または電子対の数が偶数から奇数へ変わる場合は，"同旋的・アンタラ形"を"逆旋的・スプラ形"に変えればよい．一方，熱反応から光化学反応へ，かつ電子対の数が偶数から奇数へ変わる場合は，"裏の裏は表"と考えればよく，立体化学の規則は同じとなる．

これらの選択則を表 26・4 にまとめた．これを知っていれば，すべてのペリ環状反応の立体化学を予測することができる．

表 26・4 ペリ環状反応における立体化学の規則

電子状態	電子対の数	立体化学
基底状態（熱過程）	偶 数	アンタラ形/同旋的
	奇 数	スプラ形/逆旋的
励起状態（光化学過程）	偶 数	スプラ形/逆旋的
	奇 数	アンタラ形/同旋的

問題 26・10　次のペリ環状反応の立体化学を予想せよ．
(a) 共役テトラエンの熱的環化反応
(b) 共役テトラエンの光化学的環化反応
(c) 光化学的 [4+4] 付加環化反応
(d) 熱的 [2+6] 付加環化反応
(e) 光化学的 [3,5] シグマトロピー転位

まとめ

ペリ環状反応は，中間体を経由せず，環状遷移状態を経て 1 段階で起こる反応である．ペリ環状反応には大きく分けて，電子環状反応，付加環化反応，シグマトロピー転位の 3 種類がある．これらの反応の立体化学は，結合の再編成に関与する軌道の対称性に支配されている．

電子環状反応では，鎖状共役ポリエンが環化する．たとえば，ヘキサ-1,3,5-トリエンは加熱によりシクロヘキサ-1,3-ジエンへと環化する．電子環状反応は，共役 π 電子系の末端のローブの対称性に依存して，**同旋的**または**逆旋的**な経路のいずれかで起こる．同旋的環化では両端のローブが同じ方向に回転するが，逆旋的環化では互いに反対方向に回転する．反応経路は，**最高被占軌道（HOMO）**の対称性を調べることによって予測することができる．

付加環化反応とは，二つの不飽和化合物が付加して環状化合物が得られる反応である．ジエン（π 電子 4 個）とジエノフィル（π 電子 2 個）の Diels–Alder 反応が代表的であり，シクロヘキセンを与える．付加環化反応は，**スプラ形**（同面過程）または**アンタラ形**（逆面過程）のいずれかで起こる．スプラ形の付加環化反応では，一方の出発物の同じ面にあるローブと，他方の出発物の同じ面にあるローブ同士が相互作用する．アンタラ形の付加環化反応では，一方の出発物の同じ面にあるローブが，もう一方の出発物

の反対面にあるローブと相互作用する必要がある．反応経路は，一方の出発物の HOMO と他方の出発物の**最低空軌道（LUMO）**の対称性を調べることで予測できる．

シグマトロピー転位は，σ結合で結ばれていた原子または原子団が共役π電子系を通して移動する反応である．たとえば，アリルビニルエーテルの **Claisen** 転位では不飽和カルボニル化合物が得られ，またヘキサ-1,5-ジエンの **Cope** 転位ではヘキサ-1,5-ジエンの異性体が得られる．シグマトロピー転位はスプラ形またはアンタラ形のいずれかの立体化学で進行し，その選択性は付加環化反応の場合と同じように考えればよい．

任意のペリ環状反応の立体化学は，結合の再編成に関与する電子対（結合）の総数を数え，"The Electrons Circle Around" という語呂合わせを適用することで予測できる．すなわち，偶数個の電子対が関与する**熱**反応（基底状態）は，同旋的またはアンタラ形のいずれかの経路で進行する．**光化学**反応（励起状態）には，まったく逆の規則が適用される．

科学談話室

ビタミン D：日光のビタミン

1918 年に発見されたビタミン D は，コレカルシフェロール（ビタミン D$_3$）とエルゴカルシフェロール（ビタミン D$_2$）という二つの関連化合物に対する一般名である．いずれもステロイド（§23・9 参照）に由来し，5 員環に結合している炭化水素の側鎖 R が異なるだけである．コレカルシフェロールはおもに乳製品と魚から，エルゴカルシフェロールは一部の野菜から摂取される．

ビタミン D の体内での機能は，カルシウムの腸管吸収を高めることにより骨の石灰化を制御することである．ビタミン D が十分にある場合，摂取したカルシウムの約 30% が吸収されるが，ビタミン D がない場合，カルシウムの吸収率は約 10% に低下する．そのため，ビタミン D が不足すると骨の成長に支障をきたし，子供の場合はくる病を，大人の場合は骨粗鬆症を発症する．

ビタミン D は食物から摂取すると先に述べたが，実際にはビタミン D$_2$ と D$_3$ のそのものが食物に含まれているわけではなく，代わりに 7-デヒドロコレステロールとエルゴステロールとよばれる前駆体が含まれている．日光が当たると，皮膚の表皮層でこの二つの前駆体が活性型ビタミン D に変換されるため，ビタミン D は"日光のビタミン"とよばれている．

ペリ環状反応は生体内ではめずらしく，ビタミン D の光化学合成はよく研究された数少ない例の一つである．前駆体からビタミン D への変換は 2 段階反応であり，まずシクロヘキサジエンの電子環状開環反応により鎖状ヘキサトリエンが生成し，ついで [1,7] シグマトロピー水素移動による二重結合の異性化が起こることでビタミン D が産生される．最初の電子環状反応による開環のみ光照射が必要であり，波長 295〜300 nm のいわゆる UVB 光が必要である．それに続く [1,7] シグマトロピー水素移動は，熱異性化により自発的に進行する．

皮膚でのペリ環状反応の後，コレカルシフェロールとエルゴカルシフェロールは，肝臓と腎臓でさらなる代謝を受けて二つのヒドロキシ基が新たに導入され，活性型ビタミン D であるカルシトリオールとエルゴカルシトリオールが産生される．

7-デヒドロコレステロール
エルゴステロール

R = CH(CH$_3$)CH$_2$CH$_2$CH$_2$CH(CH$_3$)$_2$
R = CH(CH$_3$)CH=CHCH(CH$_3$)CH(CH$_3$)$_2$

コレカルシフェロール
エルゴカルシフェロール

重要な用語

アンタラ形(antarafacial)
逆旋的(disrotatory)
最高被占軌道(highest occupied molecular orbital: HOMO)
最低空軌道(lowest unoccupied molecular orbital: LUMO)
シグマトロピー転位(sigmatropic rearrangement)
スプラ形(suprafacial)
対称許容(symmetry-allowed)
対称禁制(symmetry-disallowed)
電子環状反応(electrocyclic reaction)
同旋的(conrotatory)
光化学反応(photochemical reaction)
付加環化反応(cycloaddition reaction)
フロンティア軌道(frontier orbital)
ペリ環状反応(pericyclic reaction)

演習問題

目で学ぶ化学

(問題 26・1〜26・10 は本文中にある)

26・11 次の化合物を加熱したときに得られる生成物を予想せよ.

26・12 室温で測定したホモトロピリデンの ^{13}C NMR スペクトルは，三つのピークしか示さない．この事実を説明せよ．

追加問題

電子環状反応

26・13 次の電子環状反応は，同旋的または逆旋的のどちらの経路で進行するか．また，熱反応と光化学反応のどちらの条件が適切か．

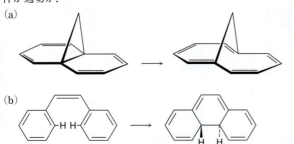

26・14 次の熱異性化は比較的穏やかな条件下で起こる．どのようなペリ環状反応が進行し，異性化がどのように起こるかを示せ．

26・15 次の反応は，同旋的または逆旋的のどちらの経路で進行すると予想されるか．得られるシクロブテン環の立体化学を示し，その理由を説明せよ．

26・16 (1Z,3Z,5Z)-シクロノナ-1,3,5-トリエンを 100 ℃ に加熱すると環化し，二環式化合物が生成する．この反応は同旋的または逆旋的のどちらの経路で進行するか．また，環縮合部位の二つの水素の立体化学はシスまたはトランスのどちらになるか．

(1Z,3Z,5Z)-シクロノナ-1,3,5-トリエン

26・17 (2E,4Z,6Z,8E)-デカ-2,4,6,8-テトラエンは環化して 7,8-ジメチルシクロオクタ-1,3,5-トリエンを与える．熱反応と光化学反応の両方について，閉環の経路（同旋的と逆旋的のいずれか）を予測し，それぞれの場合の生成物の立体化学を予測せよ．

26・18 (2E,4Z,6Z,8Z)-デカ-2,4,6,8-テトラエンの熱的および光化学的環化反応について，問題 26・17 の問いに答えよ．

26・19 図に示すシクロヘキサデカオクタエンは，反応条件に応じて 2 種類の分子に異性化する．この結果を説明し，各反応が同旋的か逆旋的かを答えよ．

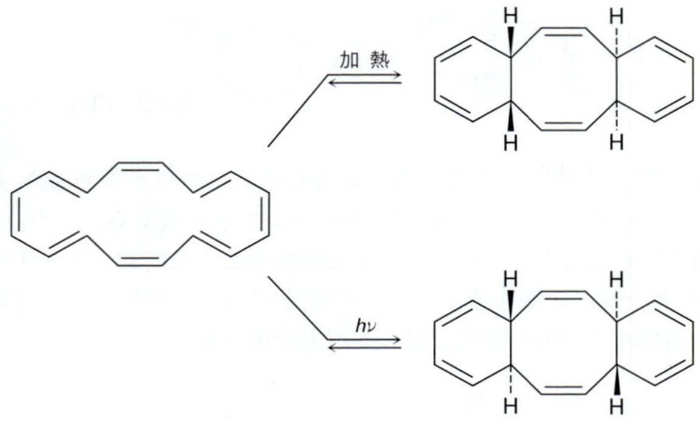

付加環化反応

26・20 次の反応のうち，どちらが起こりやすいかを説明せよ．

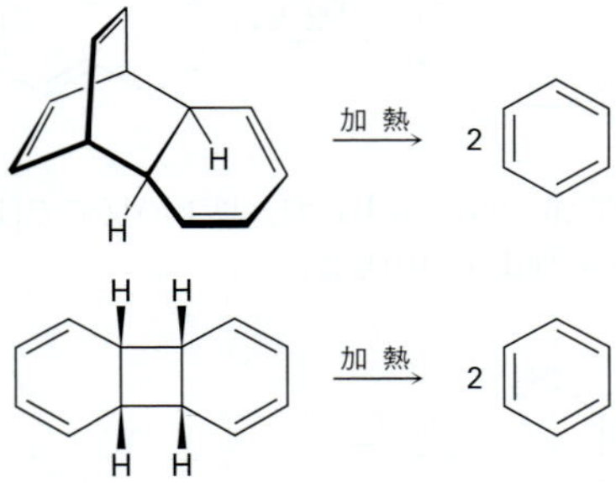

26・21 次の反応は2段階で起こり，一つは付加環化反応，もう一つは逆付加環化反応である．この二つのペリ環状反応がどのように起こるかを説明せよ．

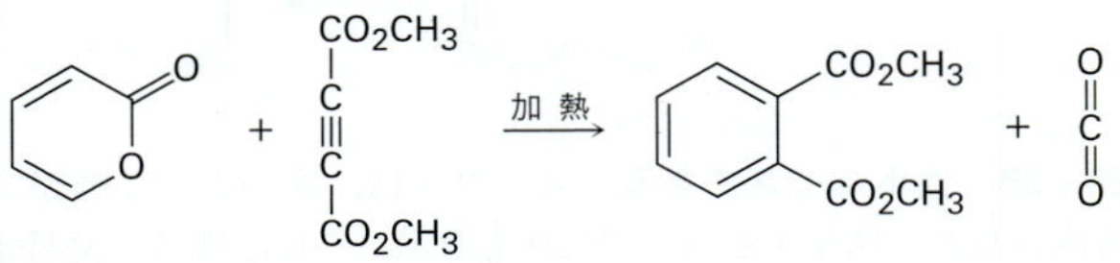

26・22 次のフラン合成は，二つの連続したペリ環状反応が関与している．どのような反応かを示し，反応機構を説明せよ．

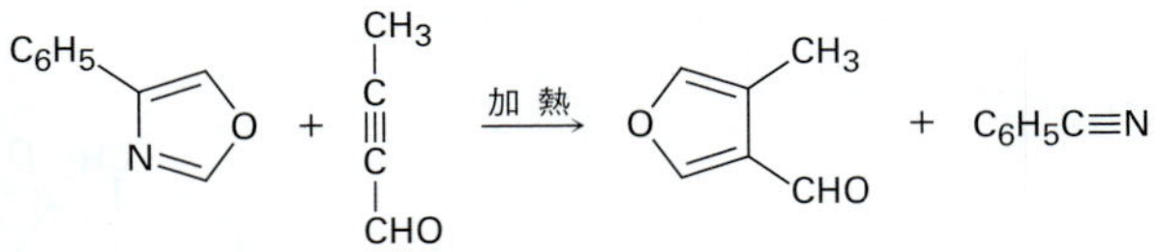

シグマトロピー転位

26・23 次のペリ環状反応の生成物を予測せよ．この [5,5] 移動はスプラ形とアンタラ形のどちらで起こるか．

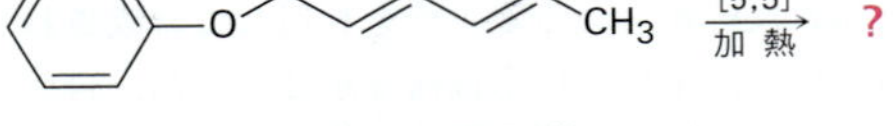

26・24 次のペリ環状反応の反応機構を示せ．

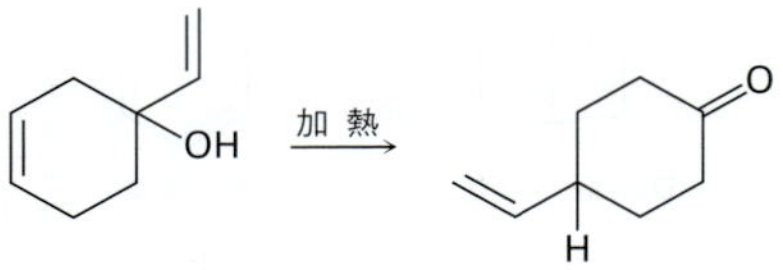

26・25 ビニルシクロプロパンは熱反応によりシクロペンテンを与える．関与するペリ環状反応を示し，反応機構を説明せよ．

ビニルシクロプロパン   シクロペンテン

26・26 次のジエノンを合成する反応は容易に進行する．関与するペリ環状反応を示し，反応機構を説明せよ．

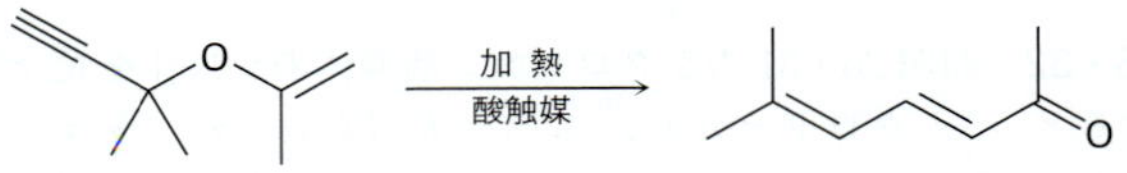

26・27 ホップ油から単離されたテルペノイドであるカラハナエノンは，次のような熱反応によって合成された．どのようなペリ環状反応が起こったのかを示し，その反応機構を説明せよ．

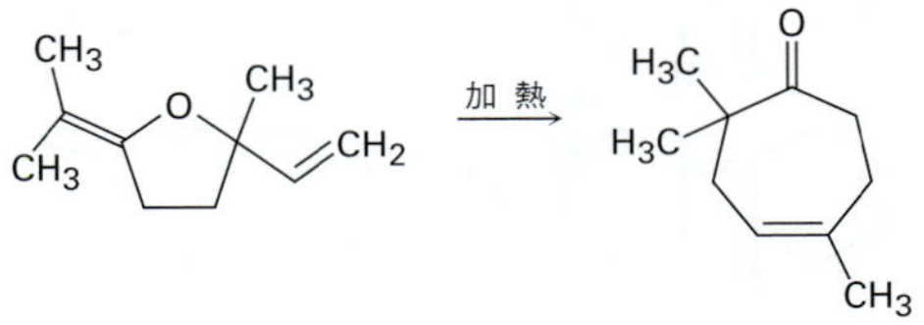

カラハナエノン
karahanaenone

総合問題

26・28 次の反応は，どのような立体化学（アンタラ形またはスプラ形）で進行するか．
(a) 光化学的 [1,5] シグマトロピー転位
(b) 熱的 [4+6] 付加環化反応
(c) 熱的 [1,7] シグマトロピー転位
(d) 光化学的 [2+6] 付加環化反応

26・29 次に示す熱反応は，二つの連続するペリ環状反応が関与する．それらはどのような反応かを示し，反応機構を説明せよ．

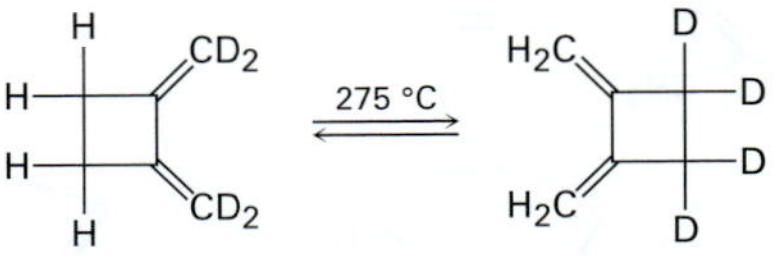

26・30 ビシクロヘキサジエンはDewarベンゼンともよばれ，ベンゼンへの異性化がエネルギー的に有利であるにもかかわらず，きわめて安定である．なぜ異性化が遅いのか，その理由を説明せよ．

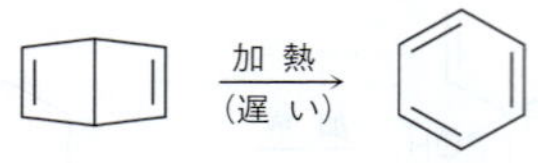

882　26. 軌道と有機化学：ペリ環状反応

26・31 次に示すシクロブテン誘導体の開環反応は，トランス体の方がシス体よりもずっと低い温度で起こる．この温度効果を説明し，それぞれの反応が同旋的か逆旋的かを説明せよ．

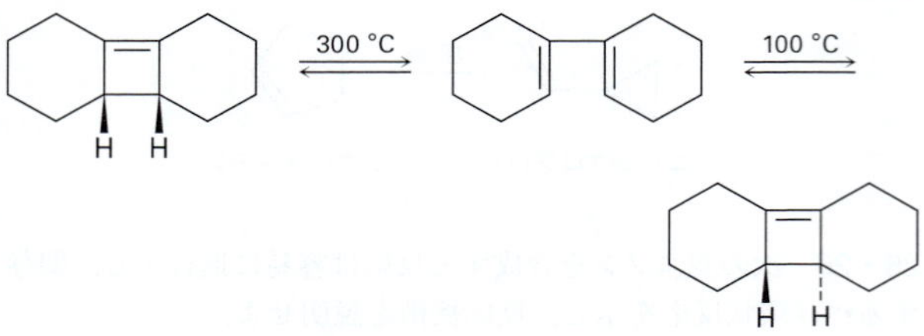

26・32 問題 26・31 のシクロブテン誘導体のシス体を光分解すると *cis*-シクロドデカエン-7-インが得られるが，トランス体を光分解すると *trans*-シクロドデカエン-7-インが得られる．これらの結果を，ペリ環状反応の種類と立体化学を示して説明せよ．

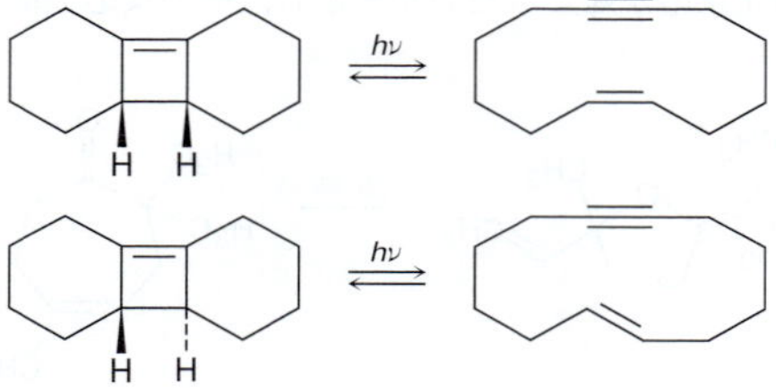

26・33 100 ℃ におけるブルバレンの ^{1}H NMR スペクトルは，4.22 ppm にただ一つのピークを与える．この現象を説明せよ．

26・34 [1,5]シグマトロピー水素移動の立体化学を証明するために，以下の転位反応を行った．観察された結果が，軌道対称性の規則から予測できるかを説明せよ．

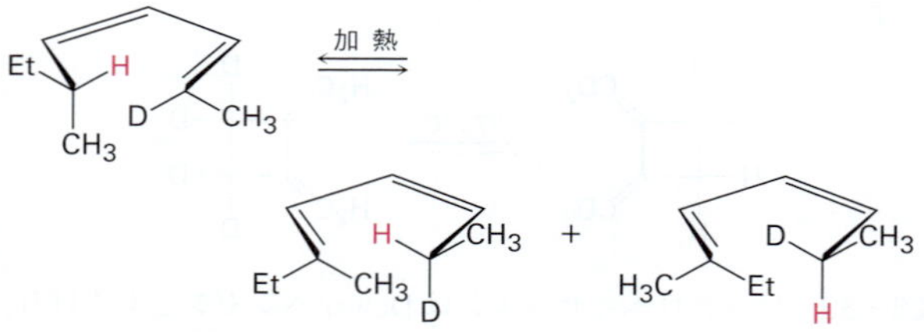

26・35 次の反応は，[2,3]シグマトロピー転位の一つである．この反応はスプラ形とアンタラ形のどちらで進行するか．

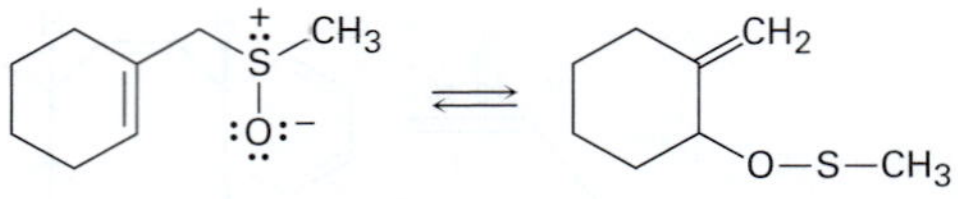

26・36 次のような5員環に縮合したシクロブテンを加熱すると，(1Z,3Z)-シクロヘプタ-1,3-ジエンが生成する．一方，8員環に縮合したシクロブテンを加熱すると，(1E,3Z)-シクロデカ-1,3-ジエンが生成する．この結果について説明し，8員環の開環がより低い温度で起こる理由を述べよ．

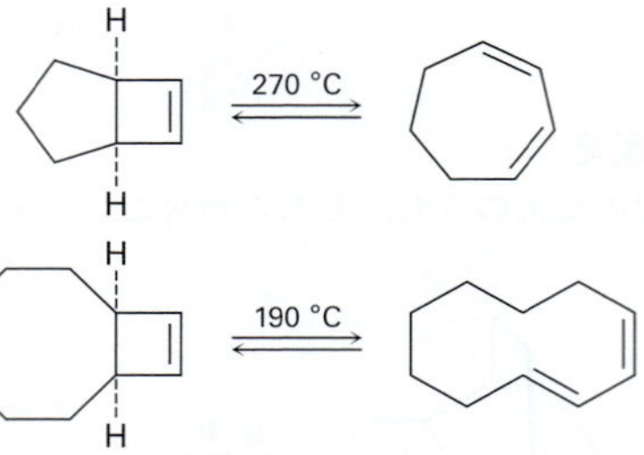

26・37 問題 26・36 をふまえて，以下の反応では生成物の混合物が生成する理由を説明せよ．

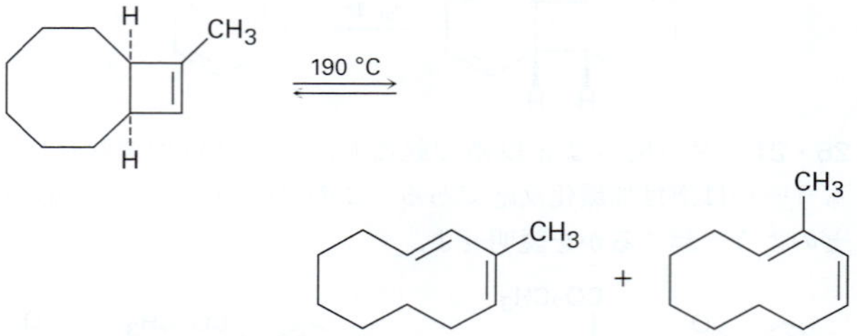

26・38 性ホルモンであるエストロンは，次のような経路で合成された．関与するペリ環状反応を示し，反応機構を説明せよ．

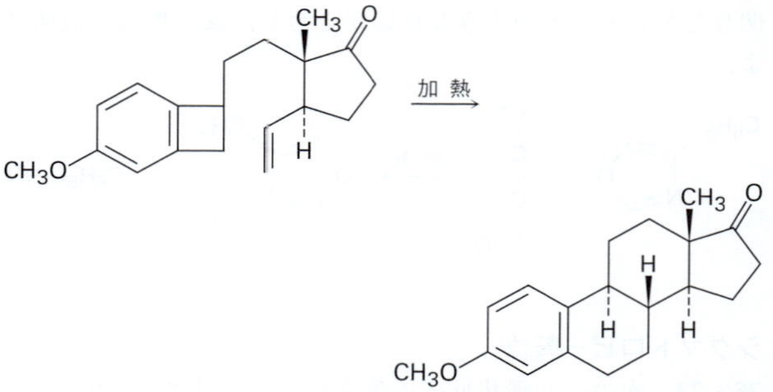

エストロンメチルエーテル

26・39 細菌の毒素であるコロナファシン酸は，三つの連続したペリ環状反応からなる鍵工程を利用して合成された．それらを明らかにし，全体の反応機構を示せ．また，合成を完了させるために必要な反応工程を提案せよ．

コロナファシン酸
coronafacic acid

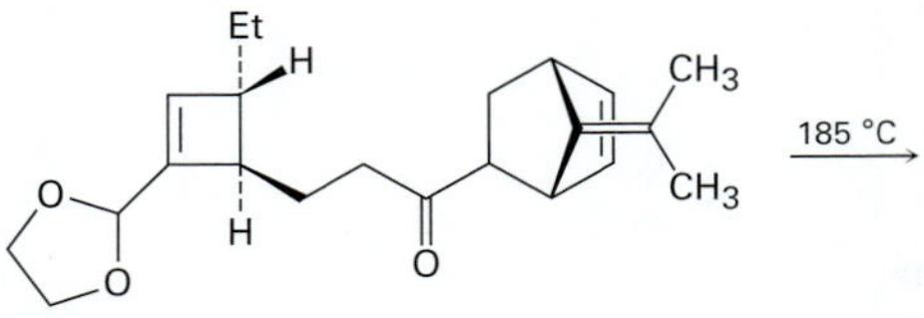

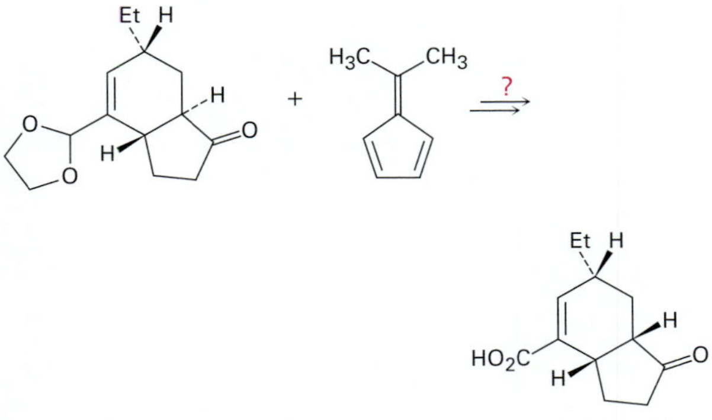

26・40　以下の *N*–アリル–*N*,*N*–ジメチルアニリニウムイオンの転位反応の反応機構を示せ．

N–アリル–*N*,*N*–ジメチル
アニリニウムイオン

o–アリル–*N*,*N*–ジメチル
アニリニウムイオン

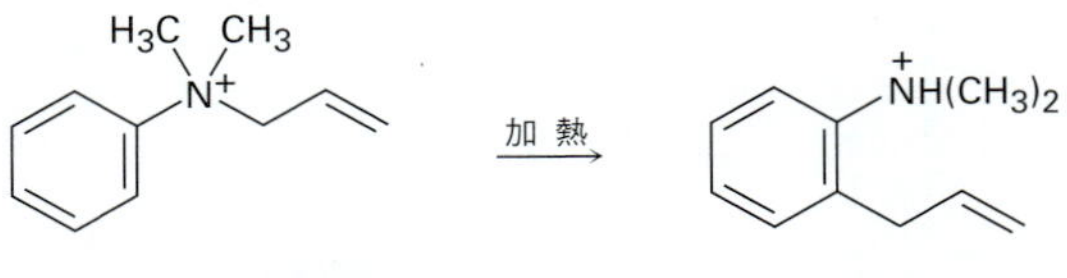

26・41　プラスチック製の調光サングラスは，レンズ内の色素が太陽光にさらされると，以下のような可逆的な異性化が起こることを利用している．もとの色素は可視光を吸収しないため無色だが，紫外線を吸収して開環すると可視光を吸収するようになるため暗くなる．

（無　色）　（暗　い）

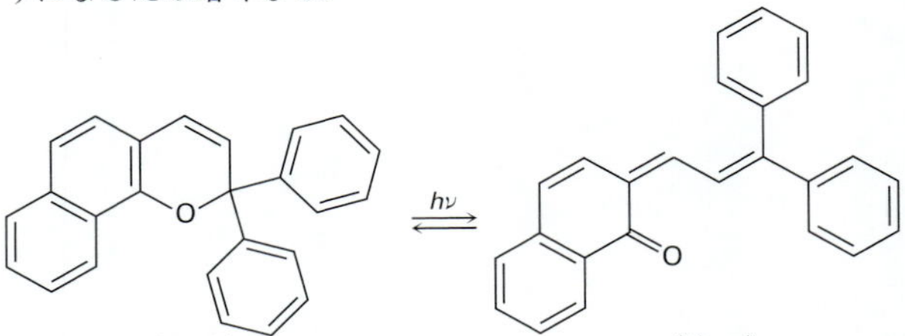

(a) この異性化反応の反応機構を示せ．

(b) 光異性化した生成物が，もとの色素の吸収光（紫外線）より長い波長の光（可視光）を吸収する理由を説明せよ．

付録 A
多官能基有機化合物の命名法

　7000万個以上に及ぶ有機化合物が知られており，そして日々数千個の新規化合物が合成されている現在，すべての化合物を命名することは重要な問題である．有機化合物の構造が複雑であることが命名を困難にしている要因ではあるが，化合物名には複数の命名が可能ということも要因の一つとなっている．世界中の化学文献を索引化している Chemical Abstracts Service (CAS) では，それぞれの化合物に一つの正しい名称を登録しなければならない．CH_3Br の半分が methyl bromide（臭化メチル）として "M" の項に記載され，残り半分が bromomethane（ブロモメタン）として "B" の項に記載されていたら混乱するだろう．さらに，CAS での命名は，コンピューターによって化合物を特定できるように，厳密な統一規則にのっとって行われなければならない．したがって，慣用名の使用は許されていない．

　しかし，人のニーズはコンピューターとは異なるものである．ここでいう人，すなわち学生や化学者は，化合物名を言葉や文字としてコミュニケーションに使用するため，化合物を特定し理解するのにできるだけ簡単であるに越したことはない．特によく知られた化合物の場合，複数の名称があったとしても，歴史的に用いられてきた慣用名を用いた方が便利である．実際に化学者は，ブロモメタンと臭化メチルのどちらも CH_3Br をさしているとすぐにわかる．

　本文でも述べたように，化学者はたいてい，国際純正・応用化学連合（International Union of Pure and Applied Chemistry: IUPAC）が定めた命名法を利用している．単官能基化合物の命名規則に関しては，それぞれの官能基が新しく出てきた際に，すでに本文中で説明している．これらの規則がどこに記載されているかを表 A・1 に示す．

　単官能基化合物の命名は容易であるが，複雑な多官能基化合物の命名となると化学に精通した人でもしばしば頭を抱えることがある．たとえば，次のような化合物を考えてみよう．この化合物は，エステル，ケトン，炭素-炭素二重結合の三つの官能基をもっているが，どう命名すべきだろうか．語尾を -oate としてエステルを優先させるべきか，語尾を -one としてケトンにすべきか，それとも -ene で終わってアルケンにすべ

表 A・1 単官能基化合物の命名法が記述されている節

官能基	本文中の節	官能基	本文中の節
酸無水物	16・1	芳香族化合物	9・1
酸ハロゲン化物	16・1	カルボン酸	15・1
アシルリン酸	16・1	シクロアルカン	4・1
アルコール	13・1	エステル	16・1
アルデヒド	14・1	エーテル	13・8
アルカン	3・4	ケトン	14・1
アルケン	7・2	ニトリル	15・1
ハロゲン化アルキル	12・1	フェノール	13・1
アルキン	7・2	スルフィド	13・8
アミド	16・1	チオール	13・1
アミン	18・1	チオエステル	16・1

きか．実際は，3-(2-オキソシクロヘキサ-6-エニル)プロパン酸メチル〔methyl 3-(2-oxocyclohex-6-enyl)propanoate〕という名前がつけられている[*1,2]．

3-(2-オキソシクロヘキサ-6-エニル)プロパン酸メチル
methyl 3-(2-oxocylohex-6-enyl)propanoate
〔3-(2-オキソ-6-シクロヘキセニル)プロパン酸メチル
 methyl 3-(2-oxo-6-cyclohexenyl)propanoate〕

　多官能基化合物の名前は，四つの要素，すなわち，1) 接尾語，2) 母体，3) 接頭語，4) 位置表示から構成されており，それらを特定し適切な順序と形式で表示しなければならない．ここから，四つの構成要素をそれぞれ解説する．

1. 接尾語: 官能基の優先順位

　複雑な有機化合物はいくつかの異なる種類の官能基をもつ可能性があるが，命名のために官能基のうち一つだけを接尾語として選ばなければならない．接尾語を二つ用いるのは正しくな

[*1] 訳注: 英語では methyl を切り離して二語として表すが，日本語では一語として表記する．
[*2] 訳注: IUPAC1993 年勧告では位置番号は官能基の接尾語の直前に置くが，それ以前は母体名の前に置いていた．図中下段の〔 〕内に旧命名法による名称を示す．

付録A 多官能基有機化合物の命名法

い．すなわち，ケトエステル (**1**) の場合，ケトンとして -オン (-one) という接尾語を使うか，エステルとして -酸アルキル (-oate) という接尾語を使うかどちらかであって，二つをあわせた -オン酸アルキル (-onoate) とは命名できない．同じように，アミノアルコール (**2**) は -オール (-ol) としてか，または -アミン (-amine) として命名しなければならず，-オールアミン (-olamine) や -アミノール (-aminol) と命名することはできない．

$$\underset{(1)}{CH_3\overset{O}{\overset{\|}{C}}CH_2CH_2\overset{O}{\overset{\|}{C}}OCH_3} \qquad \underset{(2)}{CH_3\overset{OH}{\overset{|}{C}}HCH_2CH_2CH_2NH_2}$$

接尾語は一つだけという規則の唯一の例外は，二重結合や三重結合をもつ化合物の命名である．たとえば，不飽和カルボン酸である $H_2C=CHCH_2CO_2H$ はブタ-3-エン酸（but-3-enoic acid）

であり，アセチレンアルコールである $HC≡CCH_2CH_2CH_2OH$ は，ペンタ-4-イン-1-オール（pent-4-yn-1-ol）である．

では，どの接尾語を選べばいいかをどうやって決めたらよいだろうか．表A·2に示すように，官能基は，**主官能基群** (principal groups) と**副官能基群** (subordinate groups) の二つのグループに分類される．主官能基群は，接頭語としても接尾語としても用いることができるが，副官能基群は接頭語としてのみ用いられる．主官能基群は優先順位が確立しており，ある化合物の正しい接尾語は，その化合物中の最も優先順位の高い主官能基を選ぶことにより決定される．表A·2に示すように，たとえば，ケトエステル (**1**) はケトンではなくエステルとして命名しなければならない．なぜならば，エステルの方がケトンよりも優先順位が高いからである．同様に，アミノアルコール (**2**) はアミンではなくアルコールとして命名しなければならない．したがって，(**1**) の名前は 4-オキソペンタン酸メチル（methyl 4-oxopentanoate）であり，(**2**) の名前は 5-アミノ

表 A·2 命名のための官能基の分類[†1]

官能基	接尾語としての名称	接頭語としての名称
主官能基群		
カルボン酸	-酸 -oic acid -カルボン酸 -carboxylic acid	カルボキシ- carboxy-
酸無水物	-酸無水物 -oic anhydride -カルボン酸無水物 -carboxylic anhydride	——
エステル	-酸アルキル -oate -カルボン酸アルキル -carboxylate	アルコキシカルボニル- alkoxycarbonyl-
チオエステル	-チオ酸アルキル -thioate -カルボチオ酸アルキル -carbothioate	アルキルチオカルボニル- alkylthiocarbonyl-
酸ハロゲン化物	ハロゲン化-(オ)イル -(o)yl halide ハロゲン化-カルボニル -carbonyl halide	ハロカルボニル- halocarbonyl-
アミド	-アミド -amide -カルボキシアミド -carboxamide	カルバモイル- carbamoyl-
ニトリル	-ニトリル -nitrile -カルボニトリル -carbonitrile	シアノ- cyano-
アルデヒド	-アール -al -カルバルデヒド -carbaldehyde	オキソ- oxo- ホルミル- formyl-
ケトン	-オン -one	オキソ- oxo-
アルコール	-オール -ol	ヒドロキシ- hydroxy-
フェノール	-オール -ol	ヒドロキシ- hydroxy-
チオール	-チオール -thiol	スルファニル- sulfanyl-
アミン	-アミン -amine	アミノ- amino-
イミン	-イミン -imine	イミノ- imino-
エーテル	エーテル ether	アルコキシ- alkoxy-
スルフィド	スルフィド sulfide	アルキルスルファニル- alkylsulfanyl-[†2]
ジスルフィド	ジスルフィド disulfide	——
アルケン	-エン -ene	——
アルキン	-イン -yne	——
アルカン	-アン -ane	——
副官能基群		
アジド	——	アジド- azido-
ハロゲン化物	——	ハロ- halo-
ニトロ化合物	——	ニトロ- nitro-

[†1] 主官能基群は，優先順位の高い順に並べてある．副官能基群はその限りではない．
[†2] 1993年以前はアルキルチオ- alkylthio- を使用した．

付録 A
多官能基有機化合物の命名法

　7000万個以上に及ぶ有機化合物が知られており，そして日々数千個の新規化合物が合成されている現在，すべての化合物を命名することは重要な問題である．有機化合物の構造が複雑であることが命名を困難にしている要因ではあるが，化合物名には複数の命名が可能ということも要因の一つとなっている．世界中の化学文献を索引化している Chemical Abstracts Service (CAS) では，それぞれの化合物に一つの正しい名称を登録しなければならない．CH_3Br の半分が methyl bromide（臭化メチル）として "M" の項に記載され，残り半分が bromomethane（ブロモメタン）として "B" の項に記載されていたら混乱するだろう．さらに，CASでの命名は，コンピューターによって化合物を特定できるように，厳密な統一規則にのっとって行われなければならない．したがって，慣用名の使用は許されていない．

　しかし，人のニーズはコンピューターとは異なるものである．ここでいう人，すなわち学生や化学者は，化合物名を言葉や文字としてコミュニケーションに使用するため，化合物を特定し理解するのにできるだけ簡単であるに越したことはない．特によく知られた化合物の場合，複数の名称があったとしても，歴史的に用いられてきた慣用名を用いた方が便利である．実際に化学者は，ブロモメタンと臭化メチルのどちらも CH_3Br をさしているとすぐにわかる．

　本文でも述べたように，化学者はたいてい，国際純正・応用化学連合 (International Union of Pure and Applied Chemistry: IUPAC) が定めた命名法を利用している．単官能基化合物の命名規則に関しては，それぞれの官能基が新しく出てきた際に，すでに本文中で説明している．これらの規則がどこに記載されているかを表 A・1 に示す．

　単官能基化合物の命名は容易であるが，複雑な多官能基化合物の命名となると化学に精通した人でもしばしば頭を抱えることがある．たとえば，次のような化合物を考えてみよう．この化合物は，エステル，ケトン，炭素－炭素二重結合の三つの官能基をもっているが，どう命名すべきだろうか．語尾を -oate としてエステルを優先させるべきか，語尾を -one としてケトンにすべきか，それとも -ene で終わってアルケンにすべ

表 A・1　単官能基化合物の命名法が記述されている節

官能基	本文中の節	官能基	本文中の節
酸無水物	16・1	芳香族化合物	9・1
酸ハロゲン化物	16・1	カルボン酸	15・1
アシルリン酸	16・1	シクロアルカン	4・1
アルコール	13・1	エステル	16・1
アルデヒド	14・1	エーテル	13・8
アルカン	3・4	ケトン	14・1
アルケン	7・2	ニトリル	15・1
ハロゲン化アルキル	12・1	フェノール	13・1
アルキン	7・2	スルフィド	13・8
アミド	16・1	チオール	13・1
アミン	18・1	チオエステル	16・1

きか．実際は，3-(2-オキソシクロヘキサ-6-エニル)プロパン酸メチル〔methyl 3-(2-oxocyclohex-6-enyl)propanoate〕という名前がつけられている[*1,2]．

　多官能基化合物の名前は，四つの要素，すなわち，1) 接尾語，2) 母体，3) 接頭語，4) 位置表示から構成されており，それらを特定し適切な順序と形式で表示しなければならない．ここから，四つの構成要素をそれぞれ解説する．

1. 接尾語: 官能基の優先順位

　複雑な有機化合物はいくつかの異なる種類の官能基をもつ可能性があるが，命名のために官能基のうち一つだけを接尾語として選ばなければならない．接尾語を二つ用いるのは正しくな

[*1] 訳注: 英語では methyl を切り離して二語として表すが，日本語では一語として表記する．
[*2] 訳注: IUPAC 1993年勧告では位置番号は官能基の接尾語の直前に置くが，それ以前は母体名の前に置いていた．図中下段の [ ] 内に旧命名法による名称を示す．

い. すなわち, ケトエステル (**1**) の場合, ケトンとして -オン (-one) という接尾語を使うか, エステルとして -酸アルキル (-oate) という接尾語を使うかどちらかであって, 二つをあわせた -オン酸アルキル (-onoate) とは命名できない. 同じように, アミノアルコール (**2**) は -オール (-ol) としてか, または -アミン (-amine) として命名しなければならず, -オールアミン (-olamine) や -アミノール (-aminol) と命名することはできない.

$$CH_3\overset{O}{\overset{\|}{C}}CH_2CH_2\overset{O}{\overset{\|}{C}}OCH_3 \qquad CH_3\overset{OH}{\overset{|}{C}H}CH_2CH_2CH_2NH_2$$
$$(\mathbf{1}) \qquad\qquad\qquad (\mathbf{2})$$

接尾語は一つだけという規則の唯一の例外は, 二重結合や三重結合をもつ化合物の命名である. たとえば, 不飽和カルボン酸である $H_2C=CHCH_2CO_2H$ はブタ-3-エン酸 (but-3-enoic acid) であり, アセチレンアルコールである $HC\equiv CCH_2CH_2CH_2OH$ は, ペンタ-4-イン-1-オール (pent-4-yn-1-ol) である.

では, どの接尾語を選べばいいかをどうやって決めたらよいだろうか. 表 A・2 に示すように, 官能基は, **主官能基群** (principal groups) と **副官能基群** (subordinate groups) の二つのグループに分類される. 主官能基群は, 接頭語としても接尾語としても用いることができるが, 副官能基群は接頭語としてのみ用いられる. 主官能基群は優先順位が確立しており, ある化合物の正しい接尾語は, その化合物中の最も優先順位の高い主官能基を選ぶことにより決定される. 表 A・2 に示すように, たとえば, ケトエステル (**1**) はケトンではなくエステルとして命名しなければならない. なぜならば, エステルの方がケトンよりも優先順位が高いからである. 同様に, アミノアルコール (**2**) はアミンではなくアルコールとして命名しなければならない. したがって, (**1**) の名前は 4-オキソペンタン酸メチル (methyl 4-oxopentanoate) であり, (**2**) の名前は 5-アミノ

表 A・2 命名のための官能基の分類[†1]

官能基	接尾語としての名称	接頭語としての名称
主官能基群		
カルボン酸	-酸 -oic acid -カルボン酸 -carboxylic acid	カルボキシ- carboxy-
酸無水物	-酸無水物 -oic anhydride -カルボン酸無水物 -carboxylic anhydride	――――
エステル	-酸アルキル -oate -カルボン酸アルキル -carboxylate	アルコキシカルボニル- alkoxycarbonyl-
チオエステル	-チオ酸アルキル -thioate -カルボチオ酸アルキル -carbothioate	アルキルチオカルボニル- alkylthiocarbonyl-
酸ハロゲン化物	ハロゲン化-(オ)イル -(o)yl halide ハロゲン化-カルボニル -carbonyl halide	ハロカルボニル- halocarbonyl-
アミド	-アミド -amide -カルボキシアミド -carboxamide	カルバモイル- carbamoyl-
ニトリル	-ニトリル -nitrile -カルボニトリル -carbonitrile	シアノ- cyano-
アルデヒド	-アール -al -カルバルデヒド -carbaldehyde	オキソ- oxo- ホルミル- formyl-
ケトン	-オン -one	オキソ- oxo-
アルコール	-オール -ol	ヒドロキシ- hydroxy-
フェノール	-オール -ol	ヒドロキシ- hydroxy-
チオール	-チオール -thiol	スルファニル- sulfanyl-
アミン	-アミン -amine	アミノ- amino-
イミン	-イミン -imine	イミノ- imino-
エーテル	エーテル ether	アルコキシ- alkoxy-
スルフィド	スルフィド sulfide	アルキルスルファニル- alkylsulfanyl-[†2]
ジスルフィド	ジスルフィド disulfide	
アルケン	-エン -ene	――――
アルキン	-イン -yne	――――
アルカン	-アン -ane	――――
副官能基群		
アジド	――――	アジド- azido-
ハロゲン化物	――――	ハロ- halo-
ニトロ化合物	――――	ニトロ- nitro-

[†1] 主官能基群は, 優先順位の高い順に並べてある. 副官能基群はその限りではない.
[†2] 1993 年以前はアルキルチオ- alkylthio- を使用した.

付録A 多官能基有機化合物の命名法　887

ペンタン-2-オール（5-aminopentan-2-ol）となる．その他の例を次に示す．

CH₃CCH₂CH₂COCH₃ (O, O)

(**1**) 4-オキソペンタン酸メチル
methyl 4-oxopentanoate
オキソ基をもつエステルとして命名

CH₃CHCH₂CH₂CH₂NH₂ (OH)

(**2**) 5-アミノペンタン-2-オール
5-aminopentan-2-ol
［5-アミノ-2-ペンタノール
5-amino-2-pentanol］
アミノ基をもつアルコールとして命名

CH₃CHCH₂CH₂COCH₃ (CHO, O)

(**3**) 5-メチル-6-オキソヘキサン酸メチル
methyl 5-methyl-6-oxohexanoate
アルデヒド基をもつエステルとして命名

H₂NCCHCH₂CH₂COH (O, OH, O)

(**4**) 5-カルバモイル-4-ヒドロキシペンタン酸
5-carbamoyl-4-hydroxypentanoic acid
アミド基とヒドロキシ基をもつカルボン酸として命名

(**5**) 3-オキソシクロヘキサンカルバルデヒド
3-oxocyclohexanecarbaldehyde
オキソ基をもつアルデヒドとして命名

2. 母体：主たる炭素鎖や環の選択

多官能基有機化合物の母体または基礎となる部分の名前は，通常わかりやすい．最も優先順位の高い主官能基が鎖状化合物の一部である場合，主官能基を最も多く含む最長の炭素鎖の名前が母体名となる．たとえば，化合物（**6**）と（**7**）は互いにアルデヒドアミドの異性体であり，表A・2に従ってアルデヒドではなくアミドとして命名しなければならない．化合物（**6**）の最長鎖の炭素数は6個であり，5-メチル-6-オキソヘキサンアミド（5-methyl-6-oxohexanamide）と命名される．化合物（**7**）も炭素数6個の炭素鎖をもつが，二つの主官能基を含む最長鎖の炭素数は4個である．したがって，（**7**）の正しい化合物名は，4-オキソ-3-プロピルブタンアミド（4-oxo-3-propylbutanamide）となる．

HCCHCH₂CH₂CH₂CNH₂ (O, O, CH₃)

(**6**) 5-メチル-6-オキソヘキサンアミド
5-methyl-6-oxohexanamide

CH₃CH₂CH₂CHCH₂CNH₂ (CHO, O)

(**7**) 4-オキソ-3-プロピルブタンアミド
4-oxo-3-propylbutanamide

優先順位が最も高い主官能基が環に結合している場合，環系が母体となる．たとえば，化合物（**8**）と（**9**）はケトニトリルの異性体であるが，両方とも表A・2に従うとニトリルとして命名しなければならない．化合物（**8**）は，CN基が芳香環に置換しているため，ベンゾニトリル（benzonitrile）として命名される．しかし，化合物（**9**）はCN基が鎖状炭素鎖の一部であるためにアセトニトリル（acetonitrile）と命名される．したがって，化合物名はそれぞれ2-アセチル-（4-ブロモメチル）ベンゾニトリル〔2-acetyl-(4-bromomethyl)benzonitrile，**8**〕および（2-アセチル-4-ブロモフェニル）アセトニトリル〔(2-acetyl-4-bromophenyl)acetonitrile，**9**〕となる．他の例としては，化合物（**10**）と（**11**）はどちらもケト酸であり，カルボン酸として命名しなければならない．しかし，（**10**）の母体名は環系〔シクロヘキサンカルボン酸（cyclohexanecarboxylic acid）〕であり，（**11**）は炭素鎖（プロパン酸 propanoic acid）が母体名である．したがって，二つの化合物の名前は，それぞれ trans-2-(3-オキソプロピル)シクロヘキサンカルボン酸〔trans-2-(3-oxopropyl)cyclohexanecarboxylic acid, **10**〕および 3-(2-オキソシクロヘキシル)プロパン酸〔3-(2-oxocyclohexyl)propanoic acid, **11**〕*である．

(**8**) 2-アセチル-(4-ブロモメチル)ベンゾニトリル
2-acetyl-(4-bromomethyl)benzonitrile

(**9**) (2-アセチル-4-ブロモフェニル)アセトニトリル
(2-acetyl-4-bromophenyl)acetonitrile

---

* 訳注：英語では母音が連続する場合，前の母音を省略する．たとえば，プロパン酸は英語名では propanoic acid となり，propane の末尾の e は書かない．

888　付録A　多官能基有機化合物の命名法

(10) *trans*-2-(3-オキソプロピル)シクロヘキサンカルボン酸
trans-2-(3-oxopropyl)cyclohexanecarboxylic acid

(11) 3-(2-オキソシクロヘキシル)プロパン酸
3-(2-oxocyclohexyl)propanoic acid

3 および 4. 接頭語と位置表示

母体名と接尾語が確定したら，次は母体となる炭素鎖または環に結合しているすべての置換基を見つけて，位置番号をつけなければならない．接尾語となる官能基以外，すべてのアルキル基と官能基に位置番号をつける．たとえば，化合物 (**12**) は三つの異なる種類の官能基（カルボキシ基，オキソ基，二重結合）をもっている．カルボキシ基の優先順位が最も高く，官能基を含む最長鎖が炭素数が 7 個であるため，(**12**) の母体名はヘプテン酸 (heptenoic acid) である．さらに，オキソ基と三つのメチル基が置換基として結合している．優先順位の高い主官能基に一番近い末端から番号をつけるので，(**12**) の名前は (*E*)-2,5,5-トリメチル-4-オキソヘプタ-2-エン酸〔(*E*)-2,5,5-trimethyl-4-oxohept-2-enoic acid〕となる．これまでに出てきた化合物の例を見返して，接頭語と位置表示をどのように決めているかを確認してほしい．

(12) (*E*)-2,5,5-トリメチル-4-オキソヘプタ-2-エン酸
(*E*)-2,5,5-trimethyl-4-oxohept-2-enoic acid
[(*E*)-2,5,5-トリメチル-4-オキソ-2-ヘプテン酸
(*E*)-2,5,5-trimethyl-4-oxo-2-heptenoic acid]

名前の書き方

各部分の名前が決まったら，全体の名前を書き出すことができる．追加規則をいくつか記す．

1) 接頭語の順序　置換基が決まったら，主鎖の番号づけを行い，適切な倍数接頭語（複数を表す di- や tri- など）をつける．全体の名前は，主鎖の番号順ではなくアルファベット順に置換基を並べてつける．di- や tri- などは，置換基の順序を決める際には考慮しないが，イタリック体の接頭語をもつ置換基の場合はその頭文字に従い順序を決める（たとえば，*iso*- や *sec*- がつく置換基の場合，頭文字を"i"や"s"として順番を決める）．

(13) 5-アミノ-3-メチルペンタン-2-オール
5-amino-3-methylpentan-2-ol
[5-アミノ-3-メチル-2-ペンタノール
5-amino-3-methyl-2-pentanol]

2) 一語と複数語の名前　英語表記では，化合物名を一語で表す場合と，複数の単語に切り離す場合がある．原則として，まず母体自身が元素または化合物かどうかを決める．もし母体が元素または化合物であれば，名前はひと続きの一語である．もしそうでなければ，複数の単語からなる名前である．たとえば，メチルベンゼン (methylbenzene) は母体であるベンゼンそれ自体が化合物であるから一語として書き表す．一方，ジエチルエーテル (diethyl ether) は母体であるエーテル (ether) は分類名であり化合物名ではないため，切り離した二つの単語で表記される*．さらに例をいくつかあげる．

(14) ジメチルマグネシウム
dimethylmagnesium
マグネシウムは元素なので一語

(15) 3-ヒドロキシプロパン酸イソプロピル
isopropyl 3-hydroxypropanoate
プロパン酸アルキルは化合物ではないので二語

(16) 4-(ジメチルアミノ)ピリジン
4-(dimethylamino)pyridine
ピリジンは化合物なので一語

(17) シクロペンタンカルボチオ酸メチル
methyl cyclopentanecarbothioate
シクロペンタンカルボチオ酸アルキルは化合物ではないので二語

3) かっこ　誤解が生じやすい場合，複雑な置換基を表記するのにかっこを用いる．たとえば，クロロメチルベンゼン

---

* 訳注：英語名では diethyl ether と切り離して書くが，日本語では一語で表記する．

(chloromethylbenzene）はベンゼン環上に二つの置換基をもっているが，（クロロメチル）ベンゼン〔(chloromethyl)benzene〕はクロロメチル基を一つもつだけである．かっこで表記された部分は，名前の残りの部分からハイフンで区切らないように注意すること．

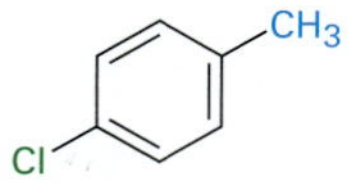

(**18**) *p*-クロロメチルベンゼン
p-chloromethylbenzene

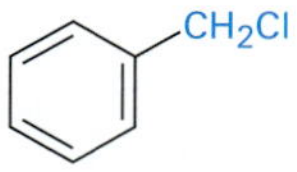

(**19**) （クロロメチル）ベンゼン
(chloromethyl)benzene

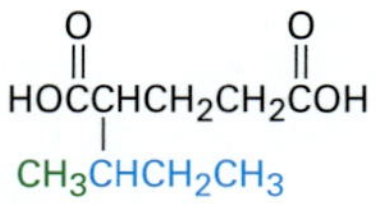

(**20**) 2-(1-メチルプロピル)ペンタン二酸
2-(1-methylpropyl)pentanedioic acid

参 考 文 献

有機化合物の命名法に関するより詳しい説明は，IUPAC のホームページ（http://www.acdlabs.com/iupac/nomenclature/）と次にあげる文献に記載されている（2013 年 11 月現在）．

1) "A Guide to IUPAC Nomenclature of Organic Compounds", CRC Press, Boca Raton, FL（1993).
2) "Nomenclature of Organic Chemistry, Sections A, B, C, D, E, F, and H", International Union of Pure and Applied Chemistry, Pergamon Press, Oxford（1979).

日本語の命名に関する参考書
3) "化合物命名法 IUPAC 勧告に準拠（第 2 版)", 日本化学会命名法専門委員会 編，東京化学同人（2016).
4) 日本化学会命名法専門委員会 訳著, "有機化学命名法 IUPAC 2013 勧告および優先 IUPAC 名", 東京化学同人（2017).

付録 B
酸性度定数[†]

化合物	pK_a	化合物	pK_a	化合物	pK_a	化合物	pK_a
CH$_3$SO$_3$H	−1.8	HOCH$_2$CO$_2$H	3.7	HCO$_3$H	7.1	CH$_2$(CO$_2$CH$_3$)$_2$	12.9
CH(NO$_2$)$_3$	0.1	HCO$_2$H	3.7	2-ニトロフェノール	7.2	CHCl$_2$CH$_2$OH	12.9
2,4,6-トリニトロフェノール (O$_2$N-C$_6$H$_2$(NO$_2$)$_2$-OH)	0.3	3-クロロ安息香酸	3.8	(CH$_3$)$_2$CHNO$_2$	7.7	CH$_2$(OH)$_2$	13.3
CCl$_3$CO$_2$H	0.5	4-クロロ安息香酸	4.0	2,4-ジクロロフェノール	7.8	HOCH$_2$CH(OH)CH$_2$OH	14.1
CF$_3$CO$_2$H	0.5	CH$_2$BrCO$_2$H	4.0	CH$_3$CO$_3$H	8.2	CH$_2$ClCH$_2$OH	14.3
CBr$_3$CO$_2$H	0.7	2,4-ジニトロフェノール	4.1	2-クロロフェノール	8.5	シクロペンタジエン	15.0
HO$_2$CC≡CCO$_2$H	1.2, 2.5	安息香酸	4.2	CH$_3$CH$_2$NO$_2$	8.5	C$_6$H$_5$CH$_2$OH	15.4
HO$_2$CCO$_2$H	1.2, 3.7	H$_2$C=CHCO$_2$H	4.2	4-(トリフルオロメチル)フェノール	8.7	CH$_3$OH	15.5
CHCl$_2$CO$_2$H	1.3	HO$_2$CCH$_2$CH$_2$CO$_2$H	4.2, 5.7	CH$_3$COCH$_2$COCH$_3$	9.0	H$_2$C=CHCH$_2$OH	15.5
CH$_2$(NO$_2$)CO$_2$H	1.3	HO$_2$CCH$_2$CH$_2$CH$_2$CO$_2$H	4.3, 5.4	レゾルシノール	9.3, 11.1	CH$_3$CH$_2$OH	16.0
HC≡CCO$_2$H	1.9	ペンタクロロフェノール	4.5	カテコール	9.3, 12.6	CH$_3$CH$_2$CH$_2$OH	16.1
Z HO$_2$CCH=CHCO$_2$H	1.9, 6.3	H$_2$C=C(CH$_3$)CO$_2$H	4.7	C$_6$H$_5$CH$_2$SH	9.4	CH$_3$COCH$_2$Br	16.1
2-ニトロ安息香酸	2.4	CH$_3$CO$_2$H	4.8	ヒドロキノン	9.9, 11.5	シクロヘキサノン	16.7
CH$_3$COCO$_2$H	2.4	CH$_3$CH$_2$CO$_2$H	4.8	フェノール	9.9	CH$_3$CHO	17
NCCH$_2$CO$_2$H	2.5	(CH$_3$)$_3$CCO$_2$H	5.0	CH$_3$COCH$_2$SOCH$_3$	10.0	(CH$_3$)$_2$CHCHO	17
CH$_3$C≡CCO$_2$H	2.6	CH$_3$COCH$_2$NO$_2$	5.1	2-メチルフェノール	10.3	(CH$_3$)$_2$CHOH	17.1
CH$_2$FCO$_2$H	2.7	1,3-シクロヘキサンジオン	5.3	CH$_3$NO$_2$	10.3	(CH$_3$)$_3$COH	18.0
CH$_2$ClCO$_2$H	2.8	O$_2$NCH$_2$CO$_2$CH$_3$	5.8	CH$_3$SH	10.3	CH$_3$COCH$_3$	19.3
HO$_2$CCH$_2$CO$_2$H	2.8, 5.6	2-ホルミルシクロペンタノン	5.8	CH$_3$COCH$_2$CO$_2$CH$_3$	10.6	フルオレン	23
CH$_2$BrCO$_2$H	2.9	2,4,6-トリクロロフェノール	6.2	CH$_3$COCHO	11.0	CH$_3$CO$_2$CH$_2$CH$_3$	25
2-クロロ安息香酸	3.0	C$_6$H$_5$SH	6.6	CH$_2$(CN)$_2$	11.2	HC≡CH	25
サリチル酸	3.0			CCl$_3$CH$_2$OH	12.2	CH$_3$CN	25
CH$_2$ICO$_2$H	3.2			グルコース	12.3	CH$_3$SO$_2$CH$_3$	28
CHOCO$_2$H	3.2			(CH$_3$)$_2$C=NOH	12.4	(C$_6$H$_5$)$_3$CH	32
4-ニトロ安息香酸	3.4					(C$_6$H$_5$)$_2$CH$_2$	34
3,4-ジニトロ安息香酸	3.5					CH$_3$SOCH$_3$	35
HSCH$_2$CO$_2$H	3.5, 10.2					NH$_3$	36
CH$_2$(NO$_2$)$_2$	3.6					CH$_3$CH$_2$NH$_2$	36
CH$_3$OCH$_2$CO$_2$H	3.6					(CH$_3$CH$_2$)$_2$NH	40
CH$_3$COCH$_2$CO$_2$H	3.6					トルエン	41
						ベンゼン	43
						H$_2$C=CH$_2$	44
						CH$_4$	約60

[†] 5000種以上の有機化合物が収載されている酸性度の表が出版されている。E. P. Serjeant and B. Dempsey (eds.), "Ionization Constants of Organic Acids in Aqueous Solution", IUPAC Chemical Data Series No. 23, Pergamon Press, Oxford (1979).

付録 C
問題の解答

次に示す解答は学習の合い間にすぐにチェックするためのものである．すべての問題の完全な解答は別売の "Study Guide and Solutions Manual"（英語版）にある（p. viii "補助教材" 参照）．

1章

1・1 (a) $1s^2 2s^2 2p^4$ (b) $1s^2 2s^2 2p^6 3s^2 3p^3$ (c) $1s^2 2s^2 2p^6 3s^2 3p^4$

1・2 (a) 2 (b) 2 (+7) (c) 6

1・3 [構造式]

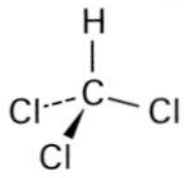

1・4 [構造式]

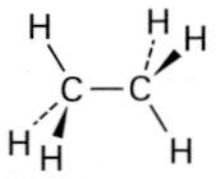

1・5 (a) CH_2Cl_2 (b) CH_3SH (c) CH_3NH_2

1・6 (a), (b), 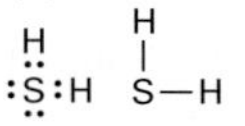 (c), 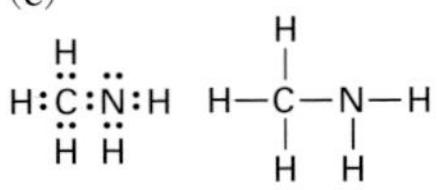 (d) [構造式]

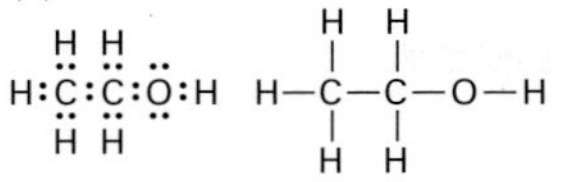

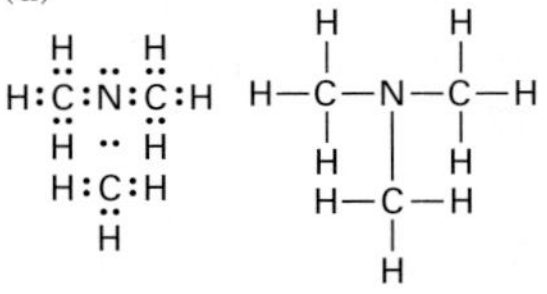

1・7 C_2H_7 は2炭素の化合物にしては水素が多すぎる

1・8 [構造式] すべての結合角は109°に近い

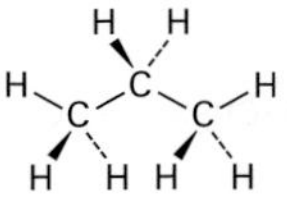

1・9 [構造式]

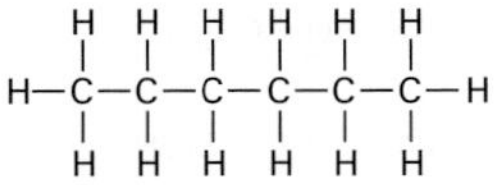

1・10 CH_3 炭素は sp^3 である．二重結合の炭素は sp^2，$C=C-C$ および $C=C-H$ 結合角はおよそ 120°，その他の結合角は 109° に近い

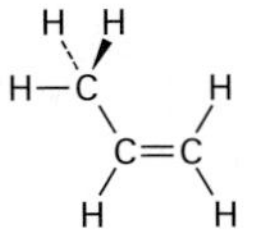

1・11 すべての炭素は sp^2 ですべての結合角は 120° に近い

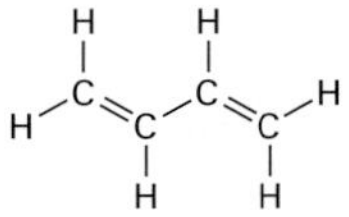

1・12 CH_3 以外のすべての炭素は sp^2

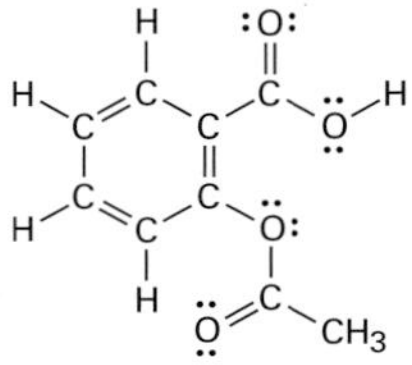

1・13 CH_3 炭素は sp^3，三重結合の炭素は sp．$C\equiv C-C$ および $H-C\equiv C$ の結合角は約 180° である

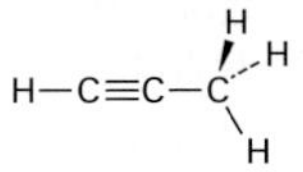

1・14
(a) sp^3 正四面体
(b) sp^3 正四面体
(c) sp^3 正四面体
(d) sp^3 正四面体

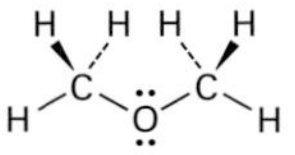

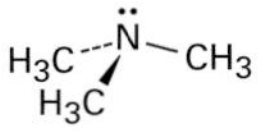

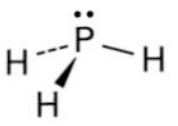

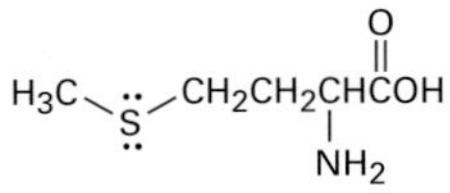

1・15
(a) アドレナリン $C_9H_{13}NO_3$
(b) エストロン $C_{18}H_{22}O_2$

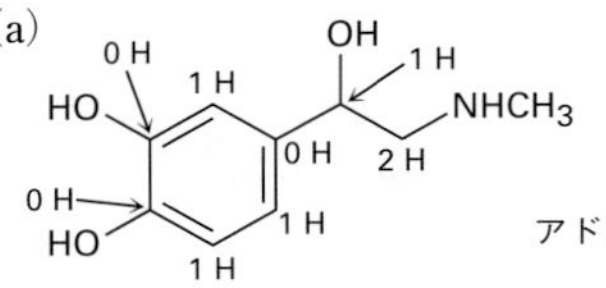

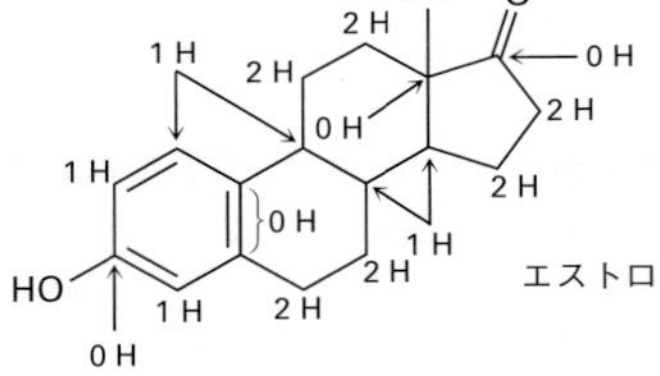

付録C 問題の解答

1・16 多くの可能性がある．たとえば

(a) C_5H_{12} $CH_3CH_2CH_2CH_2CH_3$ $CH_3CH_2CH(CH_3)CH_3$ $(CH_3)_3CCH_3$ (isobutane/neopentane 構造)

(b) C_2H_7N $CH_3CH_2NH_2$ CH_3NHCH_3

(c) C_3H_6O CH_3CH_2CHO $H_2C=CHCH_2OH$ $H_2C=CHOCH_3$

(d) C_4H_9Cl $CH_3CH_2CH_2CH_2Cl$ $CH_3CH_2CHClCH_3$ $(CH_3)_2CHCH_2Cl$

1・17 H_2N-C$_6$H$_4$-COOH (4-アミノ安息香酸)

2章

2・1 (a) H (b) Br (c) Cl (d) C

2・2
(a) $\overset{\delta+}{H_3C}-\overset{\delta-}{Cl}$ (b) $\overset{\delta+}{H_3C}-\overset{\delta-}{NH_2}$ (c) $\overset{\delta-}{H_2N}-\overset{\delta+}{H}$
(d) H_3C-SH 炭素と硫黄は同じ電気陰性度をもつ
(e) $\overset{\delta-}{H_3C}-\overset{\delta+}{MgBr}$ (f) $\overset{\delta+}{H_3C}-\overset{\delta-}{F}$

2・3 $H_3C-OH < H_3C-MgBr < H_3C-Li = H_3C-F < H_3C-K$

2・4 窒素は電子豊富で，炭素は電子不足である

$H-\underset{\overset{|}{H}}{\overset{\delta+}{C}}-\overset{\delta-:NH_2}{H}$

2・5 二つの C–O の双極子は分子の対称性のため打消し合う

2・6
(a) $H_2C=CH_2$ 双極子モーメントなし
(b) $CHCl_3$ (下向き)
(c) CH_2Cl_2
(d) $ClHC=CHCl$

2・7 (a) 炭素では形式電荷 = 4 − 8/2 − 0 = 0．真ん中の窒素では形式電荷 = 5 − 8/2 − 0 = +1．末端の窒素では形式電荷 = 5 − 4/2 − 4 = −1
(b) 二つの炭素はどちらも形式電荷 = 4 − 8/2 − 0 = 0．窒素では形式電荷 = 5 − 8/2 − 0 = +1．酸素では形式電荷 = 6 − 2/2 − 6 = −1
(c) メチル炭素では形式電荷 = 4 − 8/2 − 0 = 0．窒素では形式電荷 = 5 − 8/2 − 0 = +1．末端の炭素では形式電荷 = 4 − 6/2 − 2 = −1

2・8 $H-CH_2-O-PO_3^{-}$ (リン酸メチル構造，形式電荷表示)

2・9 (a) は共鳴構造である

2・10
(a) $CH_3O-PO_3^{2-}$ の三つの共鳴構造
(b) NO_3^{-} の三つの共鳴構造
(c) $H_2C=CH-CH_2^+ \longleftrightarrow {}^+H_2C-CH=CH_2$
(d) 安息香酸アニオン（ベンゾエート）の四つの共鳴構造

2・11 $H-NO_3 + :NH_3 \rightleftarrows NO_3^{-} + NH_4^+$
　　　　酸　　　塩基　　　共役塩基　共役酸

2・12 フェニルアラニンがより強い酸である
2・13 水がより強い酸である
2・14 どちらの反応も進行しない
2・15 反応は進行する
2・16 $K_a = 4.9 \times 10^{-10}$

2・17
(a)
$CH_3CH_2OH + H-Cl \rightleftarrows CH_3CH_2\overset{+}{O}H_2 + Cl^-$
$HN(CH_3)_2 + H-Cl \rightleftarrows H_2\overset{+}{N}(CH_3)_2 + Cl^-$
$P(CH_3)_3 + H-Cl \rightleftarrows H-\overset{+}{P}(CH_3)_3 + Cl^-$

(b)
$HO^- + {}^+CH_3 \rightleftarrows HO-CH_3$
$HO^- + B(CH_3)_3 \rightleftarrows HO-\bar{B}(CH_3)_3$
$HO^- + MgBr_2 \rightleftarrows HO-\bar{M}gBr_2$

2・18 (a) イミダゾール：より塩基性（赤）＝ピリジン型N，最も酸性（青）＝N–H

付録C 問題の解答　895

(b)
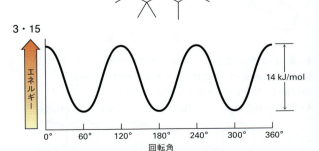

2·19 ビタミンCは水溶性（親水性）で，ビタミンDは脂溶性（疎水性）

3章

3·1 (a) スルフィド，カルボン酸，アミン
(b) 芳香環，カルボン酸
(c) エーテル，アルコール，芳香環，アミド，炭素－炭素二重結合

3·2
(a) CH₃OH　(b) トルエン　(c) CH₃COOH
(d) CH₃NH₂　(e) CH₃CH₂CONH₂　(f) CH₂=CHCH=CH₂

3·3 エステル，アミン，二重結合を含む構造式 C₈H₁₃NO₂

3·4 CH₃CH₂CH₂CH₂CH₃，CH₃CH(CH₃)CH₂CH₂CH₃，CH₃CH(CH₂CH₃)CH₃，CH₃CH(CH₃)CH(CH₃)CH₃，CH₃CH(CH₃)CH(CH₃)CH₃

3·5 (a) の答えには九つの可能性がある．そのうち三つを示す
(a) CH₃CH₂CH₂COCH₃，CH₃CH₂COCH₂CH₃，CH₃COCH(CH₃)CH₃
(b) CH₃CH₂CH₂C≡N，(CH₃)₂CHC≡N
(c) CH₃CH₂SSCH₂CH₃，CH₃SSCH₂CH₂CH₃，CH₃SCH(CH₃)₂

3·6 (a) 2　(b) 4　(c) 4

3·7 六つの構造式（結合解離位置を示す）

3·8
(a) CH₃CH(p)CH₂CH₃ (p t s s p)
(b) CH₃CH(CH₃)CH₂CH₃ (p s t s p)
(c) CH₃CH(CH₃)C(CH₃)₂CH₃ (p t s q p)

3·9 第一級炭素は第一級水素をもち，第二級炭素は第二級水素をもち，第三級炭素は第三級水素をもつ

3·10
(a) CH₃CH(CH₃)CH₃
(b) CH₃CH₂CH(CH₃)CH₃
(c) (CH₃)₃CCH₂CH₃

3·11 (a) ペンタン，2-メチルブタン，2,2-ジメチルプロパン
(b) 2,3-ジメチルヘキサン　(c) 2,4-ジメチルペンタン
(d) 2,2,5-トリメチルヘプタン

3·12
(a) CH₃CH₂CH₂CH₂CH(CH₃)CH(CH₃)CH₂CH₃
(b) CH₃CH₂CH₂C(CH₃)₂CH(CH₂CH₃)CH₃
(c) CH₃CH₂CH₂CH(CH₂CH₃)CH₂C(CH₃)₃
(d) (CH₃)₂CHCH(CH₃)CH₂CH(CH₃)₂

3·13 ペンチル，1-メチルブチル，1-エチルプロピル，2-メチルブチル，3-メチルブチル，1,1-ジメチルプロピル，1,2-ジメチルプロピル，2,2-ジメチルプロピル

3·14 3,3,4,5-テトラメチルヘプタン

3·15
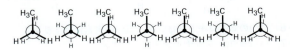

3・16

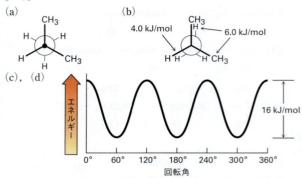

3・17

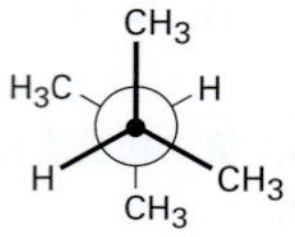

3・18   3.8 kJ/mol, 3.8 kJ/mol, 3.8 kJ/mol   計 11.4 kJ/mol

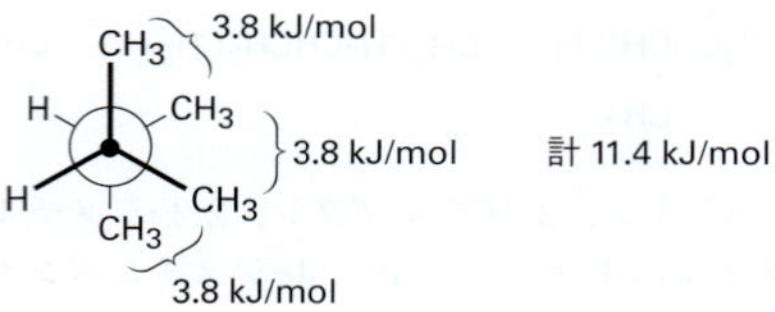

4章

4・1　(a) 1,4-ジメチルシクロヘキサン
(b) 1-メチル-3-プロピルシクロペンタン
(c) 3-シクロブチルペンタン
(d) 1-ブロモ-4-エチルシクロデカン
(e) 1-イソプロピル-2-メチルシクロヘキサン
(f) 4-ブロモ-1-*t*-ブチル-2-メチルシクロヘプタン

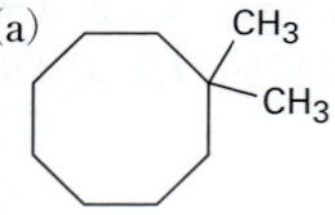

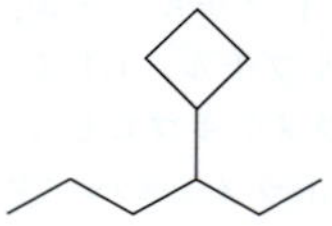

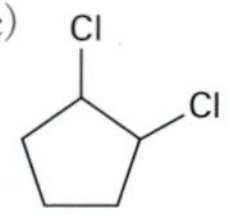

4・2

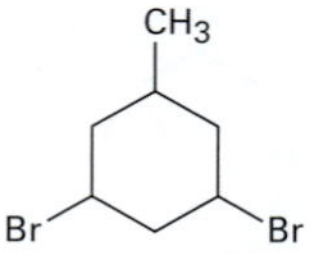

4・3　3-エチル-1,1-ジメチルシクロペンタン
4・4　(a) *trans*-1-クロロ-4-メチルシクロヘキサン
(b) *cis*-1-エチル-3-メチルシクロヘプタン
4・5　(a), (b), 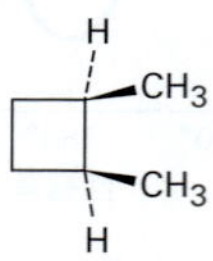 (c)
4・6　二つのヒドロキシ基はシス．二つの炭素鎖はトランス 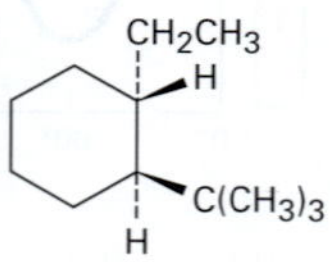
4・7　(a) *cis*-1,2-ジメチルシクロペンタン
(b) *cis*-1-ブロモ-3-メチルシクロブタン
4・8　六つの相互作用がある．全ひずみのうちの 21%
4・9　メチル基が重ならないので，トランス体の方が安定
4・10　10個の重なり形相互作用．40 kJ/mol．35%軽減される
4・11　メチル基がより離れているので，立体配座(a)の方が安定
4・12
4・13 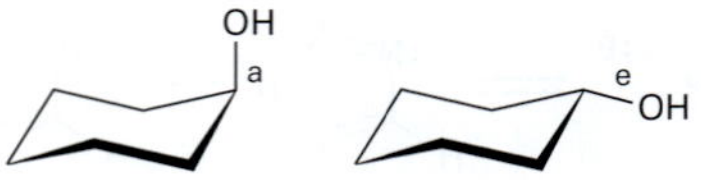
4・14　環反転する前は，赤と青がエクアトリアル，緑がアキシアル．環反転した後は，赤と青がアキシアル，緑がエクアトリアル 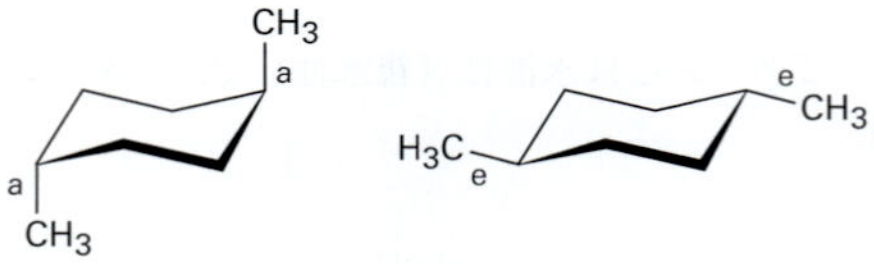
4・15　4.2 kJ/mol
4・16　シアノ基は直線形だから
4・17　エクアトリアル配座が70%，アキシアル配座が30%
4・18　(a) 2.0 kJ/mol　(b) 11.4 kJ/mol　(c) 2.0 kJ/mol
(d) 8.0 kJ/mol
4・19　より不安定ないす形
4・20　1,3-ジアキシアル相互作用がないので，*trans*-デカリンの方がより安定
4・21　どちらもトランスで縮合している

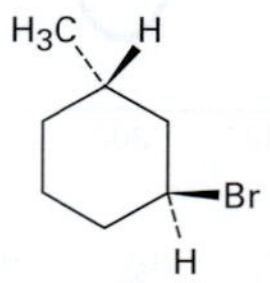

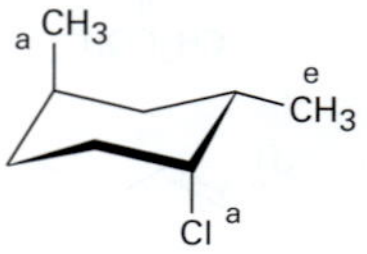

5章

5・1　キラル：(c) ねじ，(d) 靴
5・2

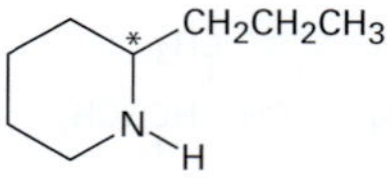

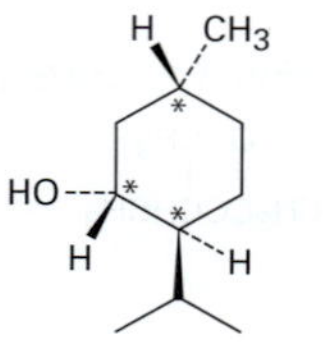

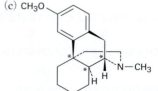

5・3

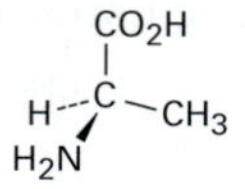

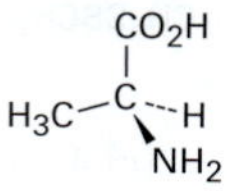

5・4
(a), (b) [構造式]

5・5　左旋性
5・6　+16.1
5・7　(a) −Br　(b) −Br　(c) −CH₂CH₃
(d) −OH　(e) −CH₂OH　(f) −CH=O
5・8　(a) −OH, −CH₂CH₂OH, −CH₂CH₃, −H
(b) −OH, −CO₂CH₃, −CO₂H, −CH₂OH
(c) −NH₂, −CN, −CH₂NHCH₃, −CH₂NH₂
(d) −SSCH₃, −SH, −CH₂SCH₃, −CH₃
5・9　(a) S　(b) R　(c) S
5・10　(a) S　(b) S　(c) R
5・11 [構造式：HO−C(H)(CH₃)−CH₂CH₃]

5・12　S
5・13　(a) が D-エリトロース 4-リン酸である．エナンチオマーは (d)，ジアステレオマーは (b) と (c)
5・14　5個のキラル中心をもち，32個の立体異性体が存在する
5・15　S, S
5・16　化合物 (a) と (d) がメソである
5・17　化合物 (a) と (c) にはメソ体が存在する
5・18 [構造式] メソ

5・19　生成物は S 配置を保っている
5・20　(R)-乳酸+(S)-1-フェニルエチルアミンと (S)-乳酸+(S)-1-フェニルエチルアミンの2種類のジアステレオマーの関係にある塩が生成する
5・21　(a) 構造異性体　(b) ジアステレオマー
5・22
(a) pro-S → H　H ← pro-R [構造式]
(b) pro-R → H　H ← pro-S [構造式]
5・23　(a) Re 面　(b) Re 面 [構造式 Si 面]

5・24　(S)-乳酸
5・25　OH 基が C2 の Re 面から，H が C3 の Re 面から反応する．H と OH 基は互いに反対側から付加する

6章
6・1　(a) 置換　(b) 脱離　(c) 付加
6・2　1-クロロ-2-メチルペンタン，2-クロロ-2-メチルペンタン，3-クロロ-2-メチルペンタン，2-クロロ-4-メチルペンタン，1-クロロ-4-メチルペンタン
6・3　ラジカル付加反応

[反応機構の構造式]

6・4　(a) 炭素が求電子的　(b) 硫黄が求核的
(c) 窒素が求核的　(d) 酸素が求核的で炭素は求電子的
6・5　[BF₃ の構造式] 空の p 軌道があるため求電子的

6・6　シクロヘキサノール（ヒドロキシシクロヘキサン）
6・7 [(CH₃)₃C⁺ の構造式]

6・8
(a) Cl−Cl + :NH₃ ⇌ ClNH₃⁺ + Cl⁻
(b) CH₃O:⁻ + H₃C−Br → CH₃OCH₃ + Br⁻
(c) [アセチル塩化物とメトキシドの反応] + Cl⁻

6・9 [反応機構の構造式]

6・10　負の $\Delta G°$ がより好ましい
6・11　大きな K_{eq} がより発エルゴン的
6・12　低い $\Delta G^\ddagger$ はより反応が速い

6・13

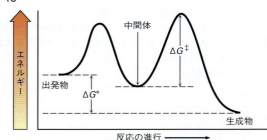

7章

7・1 (a) 1　(b) 2　(c) 2
7・2 (a) 5　(b) 5　(c) 3　(d) 1　(e) 6　(f) 5
7・3 $C_{16}H_{13}ClN_2O$
7・4 (a) 3,4,4-トリメチルペンタ-1-エン
(b) 3-メチルヘキサ-3-エン
(c) 4,7-ジメチルオクタ-2,5-ジエン
(d) 6-エチル-7-メチルノナ-4-エン
(e) 1,2-ジメチルシクロヘキセン
(f) 4,4-ジメチルシクロヘプテン
(g) 3-イソプロピルシクロペンテン
7・5
(a) $H_2C=CHCH_2CH_2\underset{CH_3}{\overset{CH_3}{C}}=CH_2$ (b) $CH_3CH_2CH_2CH=CC(CH_3)_3 \atop CH_2CH_3$
(c) $CH_3CH=CHCH=\underset{CH_3}{\overset{CH_3\;CH_3}{C-C}}=CH_2 \atop CH_3$ (d) 構造式
7・6 (a) 2,5-ジメチルヘキサ-3-イン
(b) 3,3-ジメチルブタ-1-イン　(c) 3,3-ジメチルオクタ-4-イン
(d) 2,5,5-トリメチルヘプタ-3-イン
(e) 6-イソプロピルシクロデシン
7・7
(a) 2,5,5-トリメチルヘキサ-2-エン
(b) 2,2-ジメチルヘキサ-3-イン
7・8 構造式
7・9 化合物 (c), (e), (f) にはシス体とトランス体がある
7・10 (a) cis-4,5-ジメチルヘキサ-2-エン
(b) trans-6-メチルヘプタ-3-エン
7・11 (a) $-CH_3$　(b) $-Cl$　(c) $-CH=CH_2$
(d) $-OCH_3$　(e) $-CH=O$　(f) $-CH=O$
7・12 (a) $-Cl$, $-OH$, $-CH_3$, $-H$
(b) $-CH_2OH$, $-CH=CH_2$, $-CH_2CH_3$, $-CH_3$
(c) $-CO_2H$, $-CH_2OH$, $-C≡N$, $-CH_2NH_2$
(d) $-CH_2OCH_3$, $-C≡N$, $-C≡CH$, $-CH_2CH_3$
7・13 (a) Z　(b) E　(c) Z　(d) E
7・14 構造式 Z
7・15 (a) 2-メチルプロペンはブタ-1-エンより安定
(b) trans-ヘキサ-2-エンは cis-ヘキサ-2-エンより安定
(c) 1-メチルシクロヘキセンは 3-メチルシクロヘキセンより安定
7・16 (a) クロロシクロヘキサン
(b) 2-ブロモ-2-メチルペンタン
(c) 2-ヒドロキシ-4-メチルペンタン
(d) 1-ブロモ-1-メチルシクロヘキサン
7・17 (a) シクロペンテン
(b) 1-エチルシクロヘキセン，あるいはエチリデンシクロヘキサン
(c) ヘキサ-3-エン　(d) シクロヘキシルエチレン
7・18
(a) $CH_3CH_2\overset{+}{C}H\underset{CH_3}{\overset{CH_3}{C}}HCH_3$ (b) カルボカチオン構造
7・19 図の立体配座では，カルボカチオンの p 軌道と平行であるメチル基の C–H のみと超共役を生じる
7・20 第二段階は発エルゴン反応である．したがって遷移状態は，カルボカチオンと似ている
7・21 反応機構図

8章

8・1 2-メチルブタ-2-エンと 2-メチルブタ-1-エン
8・2 5個
8・3 trans-1,2-ジクロロ-1,2-ジメチルシクロヘキサン
8・4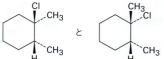
8・5 trans-2-ブロモシクロペンタノール
8・6 Markovnikov 型の配向

8・7 (a) オキシ水銀化: 2-メチルペンタン-2-オール
ヒドロホウ素化: 2-メチルペンタン-3-オール
(b) オキシ水銀化: 1-エチルシクロヘキサノール
ヒドロホウ素化: 1-シクロヘキシルエタノール
8・8 (a) ヒドロホウ素化によって 3-メチルブタ-1-エンから
(b) ヒドロホウ素化によって 2-メチルブタ-2-エンから，もしくはオキシ水銀化によって 3-メチルブタ-1-エンから
(c) ヒドロホウ素化によってメチリデンシクロヘキサンから
8・9

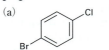 と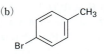

8・10 (a) 2-メチルペンタン
(b) 1,1-ジメチルシクロペンタン
8・11

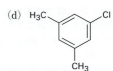 cis-2,3-エポキシブタン

8・12 (a) 1-メチルシクロヘキセン
(b) 2-メチルペンタ-2-エン (c) ブタ-1,3-ジエン
8・13 (a) CH₃COCH₂CH₂CH₂CO₂H
(b) CH₃COCH₂CH₂CH₂CHO
8・14 (a) 2-メチルプロペン (b) ヘキサ-3-エン
8・15

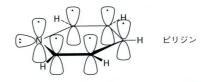

8・16 (a) H₂C=CHOCH₃ (b) ClCH=CHCl
8・17

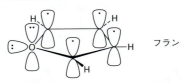

8・18 1,2付加: 4-クロロペンタ-2-エン，3-クロロペンタ-1-エン
1,4付加: 4-クロロペンタ-2-エン，1-クロロペンタ-1-エン
8・19 どちらの場合も 4-クロロペンタ-2-エンが優先する
8・20 1,2付加: 6-ブロモ-1,6-ジメチルシクロヘキセン
1,4付加: 3-ブロモ-1,2-ジメチルシクロヘキセン
8・21

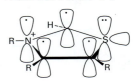

8・22 (a) と (d)
8・23 (a) は s-シス配座である．(c) は s-シス配座に回転できる
8・24

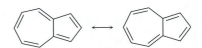

8・25 (a) 1,1,2,2-テトラクロロペンタン
(b) 1-ブロモ-1-シクロペンチルエチレン
(c) 2-ブロモヘプタ-2-エンおよび 3-ブロモヘプタ-2-エン
8・26 (a) オクタン-4-オン
(b) 2-メチルオクタン-4-オンと 7-メチルオクタン-4-オン
8・27 (a) ペンタ-1-イン (b) ペンタ-2-イン

9章

9・1 (a) メタ (b) パラ (c) オルト
9・2 (a) m-ブロモクロロベンゼン
(b) (3-メチルブチル)ベンゼン
(c) p-ブロモアニリン (d) 2,5-ジクロロトルエン
(e) 1-エチル-2,4-ジニトロベンゼン
(f) 1,2,3,5-テトラメチルベンゼン
9・3

(a) (b)

(c) (d)

9・4 ピリジンは6個の電子をもち芳香族性である

ピリジン

9・5 シクロデカペンタエンは立体的な反発のため平面ではない
9・6 シクロオクタテトラエニルジアニオンは芳香族（10π電子）であり平面構造をとる
9・7

フラン

9・8 チアゾリウム環は6個のπ電子をもつ

9・9

9・10 二重結合中の三つの窒素原子はそれぞれ1電子を，残った窒素原子は2電子を出す

9・11

9・12 o-, m- および p-ブロモトルエン
9・13 o-キシレン 2種類, m-キシレン 3種類, p-キシレン 1種類
9・14 転位しない化合物: (a), (b), (e)
9・15 t-ブチルベンゼン
9・16 (a) $(CH_3)_2CHCOCl$ (b) PhCOCl
9・17 (a) フェノール＞トルエン＞ベンゼン＞ニトロベンゼン
(b) フェノール＞ベンゼン＞クロロベンゼン＞安息香酸
(c) アニリン＞ベンゼン＞ブロモベンゼン＞ベンズアルデヒド
9・18 アルキル化生成物は出発物よりも反応性が高いのに対し，アシル化生成物は出発物よりも反応性が低いため
9・19 トリフルオロメチル基は電子求引性であるためトルエンの方が反応性は高い
9・20 (a) m-ニトロ安息香酸メチル
(b) m-ブロモニトロベンゼン
(c) o- および p-クロロフェノール
(d) o- および p-ブロモアニリン
9・21
オルト中間体

パラ中間体

メタ中間体

9・22 (a) m-クロロベンゾニトリル
(b) o- および p-ブロモクロロベンゼン
9・23

オキシフルオルフェン

9・24 (a) m-ニトロ安息香酸 (b) p-t-ブチル安息香酸
9・25 1. PhCOCl, $AlCl_3$, 2. H_2/Pd
9・26 (a) 1. HNO_3, H_2SO_4, 2. Cl_2, $FeCl_3$
(b) 1. CH_3COCl, $AlCl_3$, 2. Cl_2, $FeCl_3$, 3. H_2, Pd
(c) 1. CH_3CH_2COCl, $AlCl_3$, 2. H_2, Pd, 3. Cl_2, $FeCl_3$
(d) 1. CH_3Cl, $AlCl_3$, 2. SO_3, H_2SO_4, 3. Br_2, $FeBr_3$
9・27 (a) 段階1の Friedel-Crafts 反応がシアノ置換ベンゼンでは進行しない
(b) Friedel-Crafts 反応でカルボカチオンの転位が起こる．塩素化では異なる位置異性体が生成する

10章

10・1 $C_{19}H_{28}O_2$
10・2 (a) 2-メチルペンタ-2-エン (b) ヘキサ-2-エン
10・3 (a) 43, 71 (b) 82 (c) 58 (d) 86
10・4 102 (M^+), 84 (脱水), 87 (α開裂), 59 (α開裂)
10・5 X線のエネルギーの方が高い
$\lambda = 9.0 \times 10^{-6}$ m の方がエネルギーが高い
10・6 (a) 2.4×10^6 kJ/mol (b) 4.0×10^4 kJ/mol
(c) 2.4×10^3 kJ/mol (d) 2.8×10^2 kJ/mol
(e) 6.0 kJ/mol (f) 4.0×10^{-2} kJ/mol
10・7 (a) ケトンまたはアルデヒド (b) ニトロ化合物
(c) カルボン酸
10・8 (a) CH_3CH_2OH には OH の吸収がある
(b) ヘキサ-1-エンには二重結合の吸収がある
(c) $CH_3CH_2CO_2H$ には非常に幅広い OH の吸収がある
10・9 1450〜1600 cm^{-1}: 芳香環
2100 cm^{-1}: C≡C 3300 cm^{-1}: C≡C-H
10・10 (a) 1715 cm^{-1} (b) 1730, 2100, 3300 cm^{-1}

(c) 1720, 2500〜3100 cm^{-1}, 3400〜3650 cm^{-1}
10・11　1690, 1650, 2230 cm^{-1}
10・12　300〜600 kJ/mol．UV の方が IR よりエネルギーが強い
10・13　1.47×10^{-5} M
10・14　(a) 以外はすべて紫外吸収をもつ

11 章

11・1　^{19}F, 7.5×10^{-5} kJ/mol．^{1}H, 8.0×10^{-5} kJ/mol
11・2　1.2×10^{-4} kJ/mol, 共鳴に必要なエネルギーは大きくなる
11・3　ビニル C–H プロトンは非等価である

11・4　(a) 7.27 ppm　(b) 3.05 ppm
(c) 3.47 ppm　(d) 5.30 ppm
11・5　(a) 420 Hz　(b) 2.1 ppm　(c) 1050 Hz
11・6　(a) 4　(b) 7　(c) 4　(d) 5　(e) 5　(f) 7
11・7　(a) 1,3-ジメチルシクロペンテン
(b) 2-メチルペンタン　(c) 1-クロロ-2-メチルプロパン
11・8　–CH$_3$: 9.3 ppm, –CH$_2$–: 27.6 ppm, C=O: 174.6 ppm
–OCH$_3$: 51.4 ppm
11・9

11・10

11・11

11・12　DEPT-90 スペクトルにおいて非 Markovnikov 生成物 (RCH=CHBr) では 2 本の吸収がみられるが，Markovnikov 生成物 (RBrC=CH$_2$) では吸収がみられない
11・13　(a) エナンチオトピック　(b) ジアステレオトピック
(c) ジアステレオトピック　(d) ジアステレオトピック
(e) ジアステレオトピック　(f) ホモトピック
11・14　(a) 2　(b) 4　(c) 3　(d) 4　(e) 5　(f) 3
11・15　4
11・16　(a) 1.43 ppm　(b) 2.17 ppm　(c) 7.37 ppm
(d) 5.30 ppm　(e) 9.70 ppm　(f) 2.12 ppm
11・17　7 種類
11・18　2 本のピーク，3:2 の比
11・19　(a) –CHBr$_2$: 四重線，–CH$_3$: 二重線

(b) CH$_3$O–: 一重線，–OCH$_2$–: 三重線，–CH$_2$Br: 三重線
(c) ClCH$_2$–: 三重線，–CH$_2$–: 五重線
(d) CH$_3$–: 三重線，–CH$_2$–: 四重線，–CH–: 七重線，
(CH$_3$)$_2$: 二重線
(e) CH$_3$–: 三重線，–CH$_2$–: 四重線，–CH–: 七重線，
(CH$_3$)$_2$: 二重線
(f) =CH: 三重線，–CH$_2$–: 二重線，芳香族 C–H: 二つの多重線
11・20　(a) CH$_3$OCH$_3$　(b) CH$_3$CH(Cl)CH$_3$
(c) ClCH$_2$CH$_2$OCH$_2$CH$_2$Cl
(d) CH$_3$CH$_2$CO$_2$CH$_3$ または CH$_3$CO$_2$CH$_2$CH$_3$
11・21　CH$_3$CH$_2$OCH$_2$CH$_3$
11・22　$J_{1-2} = 16$ Hz, $J_{2-3} = 8$ Hz

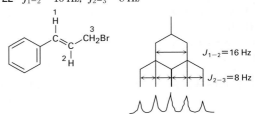

11・23　1-クロロ-1-メチルシクロヘキサンのメチル基は一重線の吸収を示す．1-クロロ-2-メチルシクロヘキサンは二重線を示す

12 章

12・1　(a) 1-ヨードブタン　(b) 1-クロロ-3-メチルブタン
(c) 1,5-ジブロモ-2,2-ジメチルペンタン
(d) 1,3-ジクロロ-3-メチルブタン
(e) 1-クロロ-3-エチル-4-ヨードペンタン
(f) 2-ブロモ-5-クロロヘキサン
12・2　(a) CH$_3$CH$_2$CH$_2$C(CH$_3$)$_2$CH(Cl)CH$_3$
(b) CH$_3$CH$_2$CH$_2$C(Cl)$_2$CH(CH$_3$)$_2$
(c) CH$_3$CH$_2$C(Br)(CH$_2$CH$_3$)$_2$
(d)　　　　　　　(e)

(f)

12・3　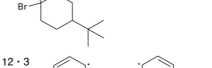

12・4　アリル型ラジカル中間体から，より近づきやすく，かつ二重結合がより高度にアルキル基で置換された生成物が生じる位置で反応が進行する
12・5　(a) 3-ブロモ-5-メチルシクロヘプテンおよび 3-ブロモ-6-メチルシクロヘプテン

(b) 4種類の生成物が生じる
12・6 (a) 2-メチルプロパン-2-オール＋HCl
(b) 4-メチルペンタン-2-オール＋PBr₃
(c) 5-メチルヘキサン-1-オール＋PBr₃
(d) 3,3-ジメチルシクロペンタノール＋HF, ピリジン
12・7 (a) アニオンの安定性は H₃C:⁻＜HC≡C:⁻ であり，進行する
(b) アニオンの安定性は H₃C:⁻＜H₂N:⁻ であり，進行する
12・8 Grignard 反応剤を用いて D₂O と反応させる
12・9 (a) 1. NBS, 2. (CH₃)₂CuLi
(b) 1. Li, 2. CuI, 3. CH₃CH₂CH₂CH₂Br
(c) 1. BH₃, 2. H₂O₂, NaOH, 3. PBr₃, 4. Li, つづいて CuI, 5. CH₃(CH₂)₄Br
12・10 酢酸 (R)-1-メチルペンチル (R)-CH₃CO₂CH(CH₃)CH₂CH₂CH₃
12・11 (S)-ブタン-2-オール
12・12
(S)-2-ブロモ-4-メチルペンタン ⟶ (R) CH₃CHCH₂CHCH₃ (with CH₃ and SH)
(R)-2-メチルチオ-4-メチルペンタン
12・13 (a) 1-ヨードブタン (b) ブタン-1-オール
(c) 臭化ブチルアンモニウム
12・14 (a) (CH₃)₂N⁻ (b) (CH₃)₃N (c) H₂S
12・15 CH₃OTs＞CH₃Cl＞(CH₃)₂CHCl＞CH₃NH₂
12・16 エーテルもクロロホルムも遷移状態を安定化できないので，プロトン性溶媒の場合と反応速度は変わらない
12・17 酢酸 1-エチル-1-メチルヘキシルがラセミ体として得られる
12・18 90.1％がラセミ化，9.9％が立体反転する
12・19 (S)-2-ブロモ-2-フェニルブタン→(±)-2-フェニルブタン-2-オール
12・20 H₂C=CHCH(Br)CH₃＞CH₃CH(Br)CH₃＞CH₃CH₂Br＞H₂C=CHBr
12・21 いずれも同じアリルカチオン中間体を生じる
12・22 (a) S_N1 (b) S_N2
12・23
リナリル二リン酸 → [中間体] → リモネン
12・24 (a) 2-メチルペンタ-2-エン(主)，4-メチルペンタ-2-エン(副)
(b) 2,3,5-トリメチルヘキサ-2-エン(主)，2,3,5-トリメチルヘキサ-3-エン(副)，2-イソプロピル-4-メチルペンタ-1-エン(副)
(c) エチリデンシクロヘキサン(主)，シクロヘキシルエチレン(副)

12・25 (a) 1-ブロモ-3,6-ジメチルヘプタン
(b) 4-ブロモ-1,2-ジメチルシクロペンタン
12・26 (Z)-1-ブロモ-1,2-ジフェニルエチレン
12・27 (Z)-3-メチルペンタ-2-エン，(R)-3-メチルペンタ-1-エン
12・28 シス体は最も安定ないす形配座において臭素がアキシアルに位置するので反応が速い

12・29 (a) S_N2 (b) E2 (c) S_N1 (d) E1cB

13章

13・1 (a) 5-メチルヘキサン-2,4-ジオール
(b) 2-メチル-4-フェニルブタン-2-オール
(c) 4,4-ジメチルシクロヘキサノール
(d) trans-2-ブロモシクロペンタノール
(e) 2-メチルヘプタン-4-チオール
(f) シクロペンタ-2-エン-1-チオール
13・2
(a) CH₃CH=C(CH₂OH)(CH₂CH₃) (b) シクロヘキセノール (c) クロロシクロヘプタノール
(d) CH₃CH(SH)CH₂CH₂SH (e) 2-メチル-4-メチルフェノール (f) 2-(2-ヒドロキシフェニル)エタノール

13・3 (a) p-メチルフェノール＜フェノール＜p-(トリフルオロメチル)フェノール
(b) ベンジルアルコール＜フェノール＜p-ヒドロキシ安息香酸
13・4 電子求引性をもつニトロ基はアルコキシドイオンを安定化する．しかし，電子供与性をもつメトキシ基はアルコキシドイオンを不安定化する
13・5 チオフェノールはアニオンを共鳴安定化するのでメタンチオールに比べてより酸性が強い
13・6 (a) 2-メチルペンタン-3-オール
(b) 2-メチル-4-フェニルブタン-2-オール
(c) meso-デカン-5,6-ジオール
13・7 (a) NaBH₄ (b) LiAlH₄ (c) LiAlH₄
13・8 (a) ベンズアルデヒド，安息香酸およびそのエステル誘導体
(b) アセトフェノン
(c) シクロヘキサノン
(d) 2-メチルプロパナール，2-メチルプロパン酸およびそのエステル誘導体
13・9 (a) 1-メチルシクロペンタノール
(b) 3-メチルヘキサン-3-オール

付録C 問題の解答　903

13・10　(a) アセトン＋CH₃MgBr，あるいは酢酸エチル＋CH₃MgBr（2倍モル量）
(b) シクロヘキサノン＋CH₃MgBr
(c) ブタン-2-オン＋PhMgBr，あるいはエチルフェニルケトン＋CH₃MgBr，あるいはアセトフェノン＋CH₃CH₂MgBr
(d) ホルムアルデヒド＋PhMgBr
13・11　シクロヘキサノン＋CH₃CH₂MgBr
13・12　(a) 2-メチルペンタ-2-エン
(b) 3-メチルシクロヘキセン
(c) 1-メチルシクロヘキセン
13・13　(a) 1-フェニルエタノール
(b) 2-メチルプロパン-1-オール
(c) シクロペンタノール
13・14　(a) ヘキサン酸(CrO₃)，ヘキサナール(DMP)
(b) ヘキサン-2-オン(CrO₃，DMP ともに)
(c) ヘキサン酸(CrO₃)，反応しない(DMP)
13・15　フッ化物イオン F⁻の求核攻撃によりアルコキシドイオンが脱離する（S_N2反応）
13・16　1. LiAlH₄，2. PBr₃，3. (H₂N)₂C＝S，4. H₂O, NaOH
13・17　(a) ジイソプロピルエーテル
(b) シクロペンチルプロピルエーテル
(c) *p*-ブロモアニソール（4-ブロモ-1-メトキシベンゼン）
(d) 1-メトキシシクロヘキセン
(e) ベンジルメチルスルフィド
(f) アリルメチルスルフィド
13・18　ジエチルエーテル，ジプロピルエーテル，エチルプロピルエーテルが 1:1:2 の割合で生じる
13・19　(a) CH₃CH₂CH₂O⁻＋CH₃Br
(b) C₆H₅O⁻＋CH₃Br
(c) (CH₃)₂CHO⁻＋PhCH₂Br
(d) (CH₃)₃CCH₂O⁻＋CH₃CH₂Br
13・20　(a) ブロモエタン（第一級ハロゲン化アルキル）＞2-ブロモプロパン（第二級ハロゲン化アルキル）≫ブロモベンゼン（反応しない）
(b) ブロモエタン（第一級ハロゲン化アルキル）＞クロロエタン（第一級ハロゲン化アルキル）≫1-ヨードプロペン（反応しない）
13・21
(a) PhC(CH₃)₂Br ＋ CH₃OH　(b) CH₃CH₂CH(CH₃)OH ＋ CH₃CH₂CH₂Br
13・22　酸素原子へのプロトン化につづき E1 反応が起こる
13・23
(a) CH₃CH₂C(CH₃)(O¹⁸H)CH₂ (b) CH₃CH₂C(CH₃)(OH)CH₂O¹⁸H
(c) PhCH(CH₃)C(OH)(CH₃)CH₃
13・24　*o*-(1-メチルアリル)フェノール

カルボニル化合物の化学の概論

1. 塩化アセチルはアセトンより求電子的なカルボニル炭素をもつ．また，アセトンは塩化アセチルよりも求核的なカルボニル酸素をもつ
2. (a) アミド　　(b) アルデヒド，エステル
3.
$$CH_3COCH_3 \xrightarrow{^-CN} [CH_3C(O^-)(CN)CH_3] \xrightarrow{H_3O^+} CH_3C(OH)(CN)CH_3$$

4. (a) 求核的アシル置換　　(b) 求核付加
(c) カルボニル縮合

14章

14・1　(a) 2-メチルペンタン-3-オン
(b) 3-フェニルプロパナール
(c) オクタン-2,6-ジオン
(d) *trans*-2-メチルシクロヘキサンカルバルデヒド
(e) ヘキサ-4-エナール
(f) *cis*-2,5-ジメチルシクロヘキサノン
14・2
(a) CH₃CH₂CH(CH₃)CHO
(b) CH₃CH(Cl)C(O)CH₃
(c) PhCH₂CHO
(d) *trans*-4-(*t*-Bu)シクロヘキサンカルバルデヒド
(e) H₂C=C(CH₃)CH₂CHO
(f) CH₃CH₂CH(CH₃)CH₂CH(Cl)CHO
14・3　(a) Dess-Martin ペルヨージナン
(b) 1. O₃，2. Zn　　(c) DIBAH
(d) 1. BH₃, つづいて H₂O₂, NaOH，2. Dess-Martin ペルヨージナン
14・4　(a) 1. CH₃COCl, AlCl₃，2. Br₂, FeBr₃
(b) 1. Mg，2. CH₃CHO, つづいて H₃O⁺，3. Dess-Martin ペルヨージナン
(c) 1. BH₃, つづいて H₂O₂, NaOH，2. Dess-Martin ペルヨージナン
14・5　1-シアノシクロヘキサン-1-オール（CN,OH付きシクロヘキサン）
14・6　*p*-ニトロベンズアルデヒドのニトロ基は電子求引性であり，カルボニル基をより分極させるため
14・7　CCl₃CH(OH)₂
14・8　中間体の水和物から水が脱離する際，H₂O および H₂O¹⁸ のどちらも脱離可能であり，H₂O¹⁸ が付加して H₂O が脱離すると同位体標識されたアルデヒドあるいはケトンが得られる

14・9 （シクロヘキサノン=NCH₂CH₃ のイミン） と （1-(N,N-ジエチルアミノ)シクロヘキセン）

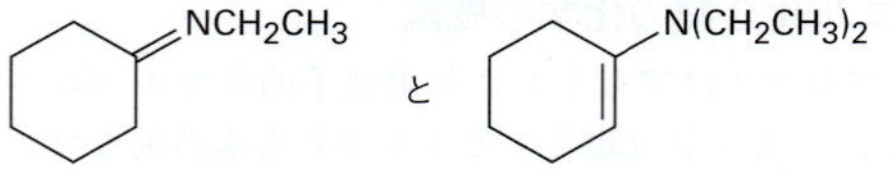

14・10 それぞれの段階は，イミン生成反応（図14・6参照）のまさに逆反応である

14・11 シクロペンタノン + (CH₃CH₂)₂NH ⟶ 1-(N,N-ジエチルアミノ)シクロペンテン

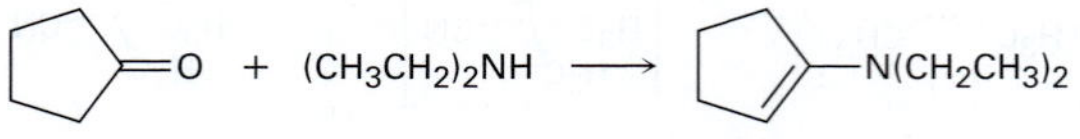

14・12 反応機構はケトンと2倍モル量の（モノ）アルコールとの反応と同じである（図14・8参照）

14・13 3-(CH₃O₂C)-C₆H₄-CH(CH₃)-CHO + CH₃OH

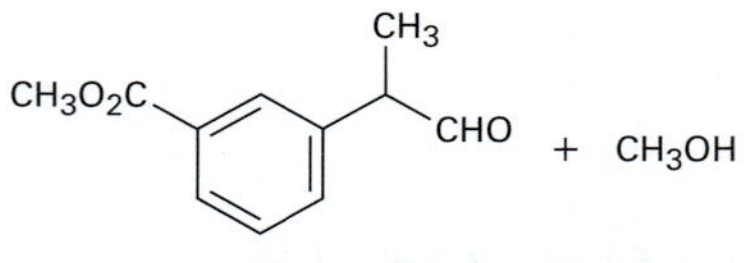

14・14 (a) シクロヘキサノン + CH₃CH=PPh₃
(b) シクロヘキサンカルバルデヒド + H₂C=PPh₃
(c) アセトン + CH₃CH₂CH₂CH=PPh₃
(d) アセトン + PhCH=PPh₃
(e) アセトフェノン + PhCH=PPh₃
(f) 2-シクロヘキセノン + H₂C=PPh₃

14・15 （β-カロテン構造式）

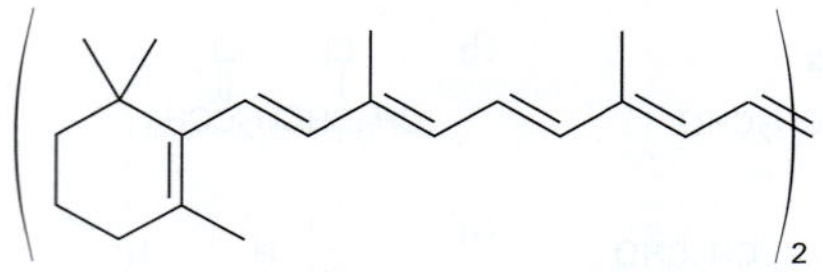

14・16 分子内 Cannizzaro 反応である

14・17 NADH の pro-R 水素がピルビン酸の Re 面に付加する

14・18 OH 基が C2 の Re 面に，H が C3 の Re 面に付加して (2R,3S)-イソクエン酸が生成する

14・19 共役付加で進行する

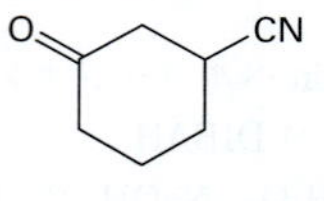

（3-オキソシクロヘキサンカルボニトリル）

14・20 (a) ブタ-3-エン-2-オン + (CH₃CH₂CH₂)₂CuLi
(b) 3-メチルシクロヘキサ-2-エノン + (CH₃)₂CuLi
(c) 4-t-ブチルシクロヘキサ-2-エノン + (CH₃CH₂)₂CuLi
(d) 不飽和ケトン + (H₂C=CH₂)₂CuLi

14・21 生成物中に飽和ケトンの吸収があるかどうかを調べる

14・22 (a) 1715 cm⁻¹ (b) 1685 cm⁻¹ (c) 1750 cm⁻¹
(d) 1705 cm⁻¹ (e) 1715 cm⁻¹ (f) 1705 cm⁻¹

14・23 (a) McLafferty 転位による異なったピーク
(b) α 開裂と McLafferty 転位による異なったピーク
(c) McLafferty 転位による異なったピーク

14・24 IR: 1750 cm⁻¹, MS: 140, 84

15章

15・1 (a) 3-メチルブタン酸 (b) 4-ブロモペンタン酸
(c) 2-エチルペンタン酸 (d) cis-ヘキサ-4-エン酸
(e) 2,4-ジメチルペンタンニトリル
(f) cis-シクロペンタン-1,3-ジカルボン酸

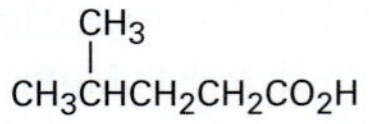

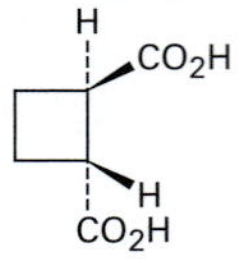

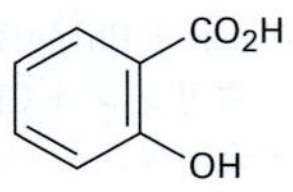

15・2
(a) 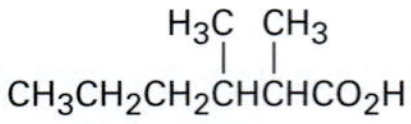 CH₃CH₂CH₂CH(CH(CH₃)₂)CO₂H (b) (CH₃)₂CHCH₂CO₂H
(c) cis-シクロブタン-1,2-ジカルボン酸
(d) サリチル酸 (2-ヒドロキシ安息香酸)
(e) （不飽和長鎖脂肪酸）
(f) CH₃CH₂CH=CHCN

15・3 混合物をエーテルに溶かし，安息香酸の酸性を利用してNaOH水溶液で抽出・分離する．分離した水層を酸性にしてエーテルで抽出することで安息香酸を得る．ナフタレンは最初のエーテル層に残る

15・4 43%

15・5 (a) 82%解離 (b) 73%解離

15・6 乳酸は OH 基の電子求引効果のため酢酸より酸性が強い

15・7 ジアニオンは二つの負電荷の反発により不安定化されている

15・8 安息香酸よりも酸性が弱く，したがってシクロプロピル基は活性化基である．そのため，臭素化に対しより反応性が高い

15・9 (a) p-メチル安息香酸 < 安息香酸 < p-クロロ安息香酸
(b) 酢酸 < 安息香酸 < p-ニトロ安息香酸

15・10 (a) 1. Mg, 2. CO₂, つづいて H₃O⁺
(b) 1. Mg, 2. CO₂, つづいて H₃O⁺, または 1. NaCN, 2. H₃O⁺, 加熱

15・11 1. NaCN, 2. H₃O⁺, 3. LiAlH₄, または Grignard 反応剤によるカルボキシル化，つづいて LiAlH₄ 還元

15・12 (a) プロパンニトリル + CH₃CH₂MgBr, つづいて H₃O⁺
(b) p-ニトロベンゾニトリル + CH₃MgBr, つづいて H₃O⁺

15・13 4-メチルペンタンニトリルに対し，1. H₃O⁺ 加熱，2. LiAlH₄

15・14 シクロペンタンカルボン酸は 2500〜3300 cm⁻¹ に非常に幅広い OH 基の吸収をもつ

15・15 4-ヒドロキシシクロヘキサノン: ¹H NMR スペクトルで **H**−C−O の吸収が 4 ppm 付近．¹³C NMR スペクトルで **C**=O 吸収が 210 ppm 付近
シクロペンタンカルボン酸: ¹H NMR スペクトルで CO₂**H** 吸収が 12 ppm 付近．¹³C NMR スペクトルで **C**OOH 吸収が 170 ppm 付近

16章

16・1 (a) 塩化 4-メチルペンタノイル
(b) シクロヘキシルアセトアミド
(c) 2-メチルプロパン酸イソプロピル
(d) 安息香酸無水物
(e) シクロペンタンカルボン酸イソプロピル
(f) 2-メチルプロパン酸シクロペンチル
(g) N-メチルペンタ-4-エンアミド

(h) (R)-2-ヒドロキシプロパノイルリン酸
(i) 2,3-ジメチルブタ-2-エンチオ酸エチル

16・2
(a) C₆H₅CO₂C₆H₅
(b) CH₃CH₂CH₂CON(CH₃)CH₂CH₃
(c) (CH₃)₂CHCH₂CH(CH₃)COCl
(d) 1-メチルシクロヘキシル メチルエステル (CH₃, CO₂CH₃ 付きシクロヘキサン)
(e) CH₃CH₂COCH₂COCH₂CH₃
(f) 4-ブロモベンゾイル メチルチオエステル
(g) HCOOCH₂CH₃ 無水物 (ギ酸プロパン酸無水物)
(h) シス-2-メチルシクロペンチル カルボニル ブロミド

16・3 求核アシル置換機構: PhCOCl + ⁻OCH₃ → 四面体中間体 → PhCO₂CH₃

16・4
(a) 塩化アセチル＞酢酸メチル＞アセトアミド
(b) 酢酸ヘキサフルオロイソプロピル＞酢酸 2,2,2-トリクロロエチル＞酢酸エチル

16・5
(a) CH₃CO₂⁻ Na⁺
(b) CH₃CONH₂
(c) CH₃CO₂CH₃ + CH₃CO₂⁻ Na⁺
(d) CH₃CONHCH₃

16・6 シクロペンチル酢酸メチルエステル + OH⁻ → シクロペンチル酢酸 + ⁻OCH₃

16・7
(a) 酢酸＋ブタン-1-オール
(b) ブタン酸＋メタノール

16・8 δ-バレロラクトン

16・9
(a) 塩化プロパノイル＋メタノール
(b) 塩化アセチル＋エタノール
(c) 塩化ベンゾイル＋エタノール

16・10 塩化ベンゾイル＋シクロヘキサノール

16・11
(a) 塩化プロパノイル＋メチルアミン
(b) 塩化ベンゾイル＋ジエチルアミン
(c) 塩化プロパノイル＋アンモニア

16・12 典型的な求核的アシル置換反応である．モルホリンが求核剤で塩素が脱離基

16・13
(a) 塩化ベンゾイル＋[(CH₃)₂CH]₂CuLi または塩化 2-メチルプロパノイル＋Ph₂CuLi
(b) 塩化プロパ-2-エノイル＋(CH₃CH₂CH₂)₂CuLi または塩化ブタノイル＋(H₂C=CH)₂CuLi

16・14 典型的な求核的アシル置換反応である．p-ヒドロキシアニリンが求核剤でアセタートイオンが脱離基

16・15 ベンゼン-1,2-ジカルボン酸モノメチルエステル

16・16 カルボン酸とアルコキシドイオンの反応によりカルボキシラートイオンが生成する

16・17 LiAlH₄: HO(CH₂)₄OH, DIBAH: HOCH₂CH₂CH₂CHO

16・18
(a) CH₃CH₂CH₂CH(CH₃)CH₂OH
(b) PhOH + PhCH₂OH

16・19
(a) 安息香酸エチル＋2CH₃MgBr
(b) 酢酸エチル＋2PhMgBr
(c) ペンタン酸エチル＋2CH₃CH₂MgBr

16・20
(a) H₂O, NaOH
(b) (a) の生成物，つづいて LiAlH₄
(c) LiAlH₄

16・21 1. Mg, 2. CO₂, つづいて H₃O⁺, 3. SOCl₂, 4. (CH₃)₂NH, 5. LiAlH₄

16・22 アセチル CoA 生成機構 (チオエステル生成: アセチルリン酸中間体にRSHが求核攻撃)

16・23
(a) +OCH₂CH₂CH₂OCH₂CH₂+ₙ
(b) +OCH₂CH₂OC(O)(CH₂)₆C(O)+ₙ
(c) +NH(CH₂)₆NHC(O)(CH₂)₄C(O)+ₙ

16・24 +NH-C₆H₄-NHC(O)-C₆H₄-C(O)+ₙ

16・25
(a) エステル
(b) 酸塩化物
(c) カルボン酸
(d) 脂肪族ケトン

16・26
(a) CH₃CH₂CH₂CO₂CH₂CH₃ など
(b) CH₃CON(CH₃)₂
(c) CH₃CH=CHCOCl または H₂C=C(CH₃)COCl

17章

17・1
(a) シクロペンタ-1-エノール
(b) H₂C=CSCH₃ (OH 付き)
(c) H₂C=COCH₂CH₃ (OH 付き)

(d) CH₃CH=CHOH (e) H₂C=COH / OH
(f) PhCH=CCH₃ / OH または PhCH₂C=CH₂ / OH

17・2 (a) 4　(b) 3　(c) 3　(d) 2　(e) 4　(f) 5

17・3

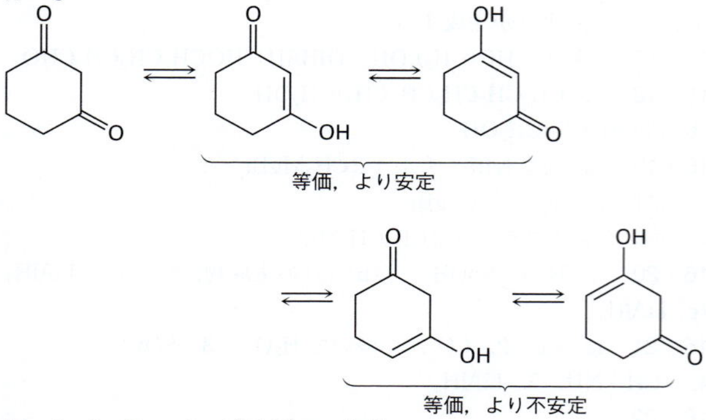

[構造式: 1,3-シクロヘキサンジオン ⇌ エノール形 ⇌ エノール形]
等価, より安定

[構造式: エノール形 ⇌ エノール形]
等価, より不安定

17・4 1. Br₂, 2. ピリジン, 加熱

17・5 中間体の α-ブロモ酸臭化物がメタノールと求核的アシル置換反応を起こし, α-ブロモエステルが生成する

17・6 (a) CH₃CH₂CHO　(b) (CH₃)₃CCOCH₃
(c) CH₃CO₂H　(d) PhCONH₂
(e) CH₃CH₂CH₂CN　(f) CH₃CON(CH₃)₂

17・7 :CH₂C≡N: ⟷ H₂C=C=N:⁻

17・8 (a) 1. Na⁺ ⁻OEt, 2. PhCH₂Br, 3. H₃O⁺
(b) 1. Na⁺ ⁻OEt, 2. CH₃CH₂CH₂Br, 3. Na⁺ ⁻OEt, 4. CH₃Br, 5. H₃O⁺
(c) 1. Na⁺ ⁻OEt, 2. (CH₃)₂CHCH₂Br, 3. H₃O⁺

17・9 マロン酸エステルは置換されうる酸性の水素を二つしかもたないため

17・10 1. Na⁺ ⁻OEt, 2. (CH₃)₂CHCH₂Br, 3. Na⁺ ⁻OEt, 4. CH₃Br, 5. H₃O⁺

17・11 (a) (CH₃)₂CHCH₂Br　(b) PhCH₂CH₂Br

17・12 いずれも合成できない

17・13 1. 2Na⁺ ⁻OEt, 2. BrCH₂CH₂CH₂Br, 3. H₃O⁺

17・14 (a) フェニルアセトンを CH₃I でアルキル化
(b) ペンタンニトリルを CH₃CH₂I でアルキル化
(c) シクロヘキサノンを H₂C=CHCH₂Br でアルキル化
(d) シクロヘキサノンを過剰の CH₃I でアルキル化
(e) C₆H₅COCH₂CH₃ を CH₃I でアルキル化
(f) 3-メチルブタン酸メチルを CH₃CH₂I でアルキル化

17・15
(a) CH₃CH₂CH(OH)CH(CH₂CH₃)CHO
(b) PhCOCH₂C(OH)(CH₃)Ph
(c) [シクロペンチル-OH 基結合 シクロペンタノン構造]

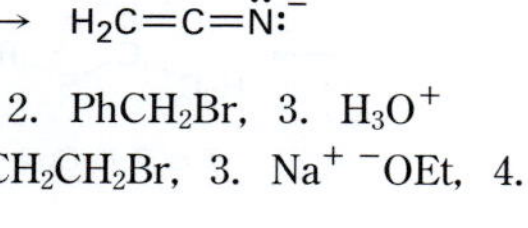

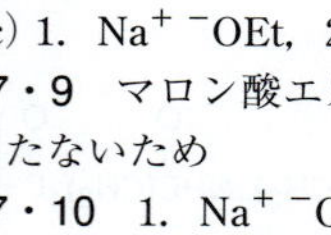

17・16 逆アルドール反応の機構は完全にアルドール反応 (図 17・17 参照) の逆である

17・17
(a) [シクロペンチリデンシクロペンタノン]
(b) CH₃-C=C(Ph)-CO-Ph (H 付)
(c) (CH₃)₂CHCH₂-C(=CH-...)-CO-CH(CH₃)₂

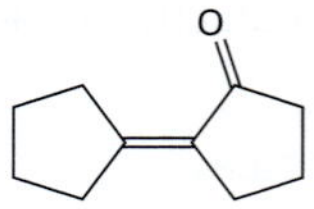

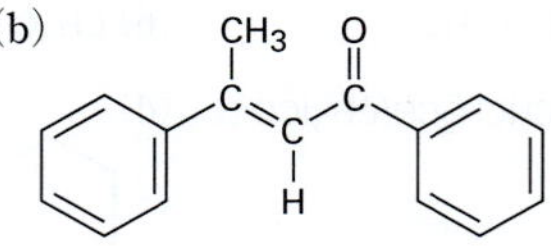

17・18 [2つのシクロヘキサノン誘導体構造]

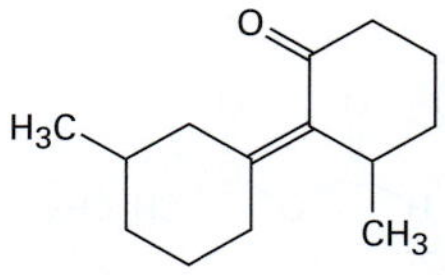

17・19 (a) アルドール生成物でない　(b) ペンタン-3-オン

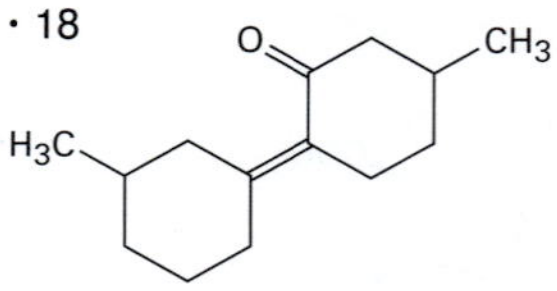

17・20 二つのカルボニル基に挟まれた CH₂ の酸性は高いため, 完全に脱プロトン化されて安定なエノラートイオンが生成する

17・21 [二環式ケトン構造]

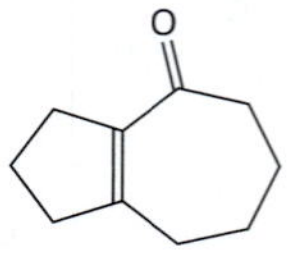

17・22
(a) CH₃CHCH₂-CO-CH(CH(CH₃)₂)-COOEt
(b) PhCH₂-CO-CH(Ph)-COOEt
(c) C₆H₁₁CH₂-CO-CH(C₆H₁₁)-COOEt

17・23 開裂は完全に Claisen 縮合 (図 17・10 参照) の逆反応である

17・24 [4-メチル-2-カルボエトキシシクロヘキサノン]

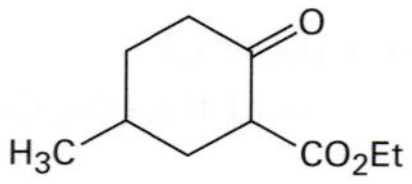

17・25 [2つの生成物: メチル位置の異なるシクロヘキサノン-CO₂Et]

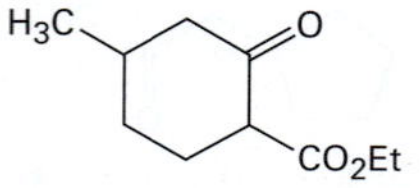

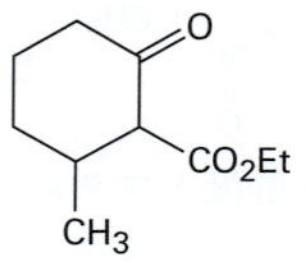

17・26
(a) [シクロヘキサノン-CH(COCH₃)₂]
(b) (CH₃CO)₂CHCH₂CH₂CN
(c) (CH₃CO)₂CHCH(CH₃)COOEt

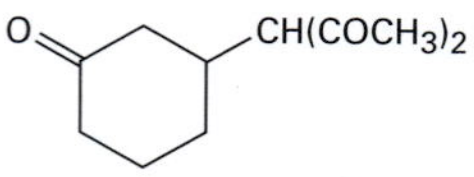

17・27
(a) (EtO₂C)CH₂CH₂CH₂COCH₃
(b) [シクロペンタノン α位に CH₂CH₂COCH₃ と CO₂Et]

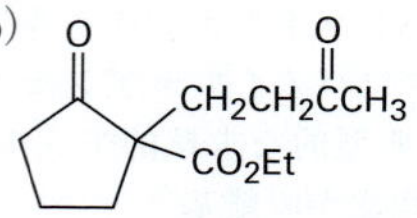

17・28 CH₃CH₂COCH=CH₂ + CH₃CH₂NO₂

17・29
(a) シクロペンタノン環に -CH2CH2CO2Et 置換基
(b) シクロペンタノン環に -CH2CH2CHO 置換基
(c) シクロペンタノン環に -CH(CH3)CH2COCH3 置換基

17・30 (a) シクロペンタノンエナミン＋プロペンニトリル
(b) シクロヘキサノンエナミン＋プロペン酸メチル

18章
18・1 (a) N-メチルエチルアミン
(b) トリシクロヘキシルアミン
(c) N-エチル-N-メチルシクロヘキシルアミン
(d) N-メチルピロリジン (e) ジイソプロピルアミン
(f) 1,3-ブタンジアミン

18・2
(a) $[(CH_3)_2CH]_3N$ (b) $(H_2C=CHCH_2)_2NH$
(c) C6H5-NHCH3   (d) シクロペンチル-N(CH3)CH2CH3
(e) シクロヘキシル-NHCH(CH3)2   (f) N-エチルピロール

18・3
(a) 5-メトキシインドール
(b) 1,3-ジメチルピロール
(c) 4-(ジメチルアミノ)ピリジン
(d) 5-アミノピリミジン

18・4 (a) $CH_3CH_2NH_2$ (b) NaOH (c) CH_3NHCH_3
18・5 プロピルアミンの塩基性が強い．ベンジルアミンのpK_b = 4.67, プロピルアミンのpK_b = 3.29
18・6 (a) p-ニトロアニリン＜p-アミノベンズアルデヒド＜p-ブロモアニリン
(b) p-アミノアセトフェノン＜p-クロロアニリン＜p-メチルアニリン
(c) p-(トリフルオロメチル)アニリン＜p-(フルオロメチル)アニリン＜p-メチルアニリン
18・7 ピリミジンは100％非プロトン化体
18・8 (a) プロパンニトリルあるいはプロパンアミド
(b) N-プロピルプロパンアミド
(c) ベンゾニトリルあるいはベンズアミド
(d) N-フェニルアセトアミド

18・9 カテコール-CH2CH2Br + NH3 → もしくは カテコール-CH2Br 1. NaCN 2. LiAlH4

18・10 (a) エチルアミン＋アセトン，あるいはイソプロピルアミン＋アセトアルデヒド
(b) アニリン＋アセトアルデヒド
(c) シクロペンチルアミン＋ホルムアルデヒド，あるいはメチルアミン＋シクロペンタノン

18・11 3-メチルベンズアルデヒド + $(CH_3)_2NH$ →NaBH4→

18・12 (a) オクタ-3-エン（主），オクタ-4-エン（副）
(b) シクロヘキセン (c) ヘプタ-3-エン
(d) エチレン（主），シクロヘキセン（副）
18・13 $H_2C=CHCH_2CH_2CH_2N(CH_3)_2$
18・14 1. HNO_3, H_2SO_4, 2. H_2/PtO_2, 3. $(CH_3CO)_2O$, 4. $HOSO_2Cl$, 5. アミノチアゾール, 6. H_2O, NaOH
18・15 (a) 1. HNO_3, H_2SO_4, 2. H_2/PtO_2, 3. $2CH_3Br$
(b) 1. HNO_3, H_2SO_4, 2. H_2/PtO_2, 3. $(CH_3CO)_2O$, 4. Cl_2, 5. H_2O, NaOH
(c) 1. HNO_3, H_2SO_4, 2. Cl_2, $FeCl_3$, 3. $SnCl_2$, H_3O^+
18・16
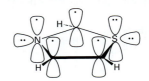

18・17 4.8％がプロトン化体
18・18
C2を攻撃: [共鳴構造式3つ，最後が不利]
C3を攻撃: [共鳴構造式3つ]
C4を攻撃: [共鳴構造式3つ，最後が不利]

18・19　側鎖の窒素の塩基性は環内の窒素より高い
18・20　ベンゼン環の芳香族性が失われるため C2 での反応は不利である

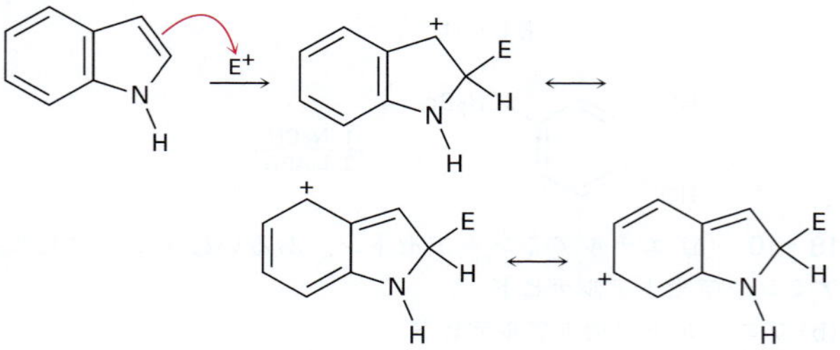

19 章

19・1　芳香族アミノ酸：Phe，Tyr，Trp，His の四つ
含硫黄アミノ酸：Cys，Met の二つ
ヒドロキシ基をもつアミノ酸：Ser，Thr の二つ
炭化水素の側鎖をもつアミノ酸：Ala，Ile，Leu，Val，Phe の五つ

19・2　硫黄原子のためシステインの側鎖 $-CH_2SH$ は $-CO_2H$ より優先順位が高くなる

19・3　L-トレオニン　　L-トレオニンのジアステレオマー

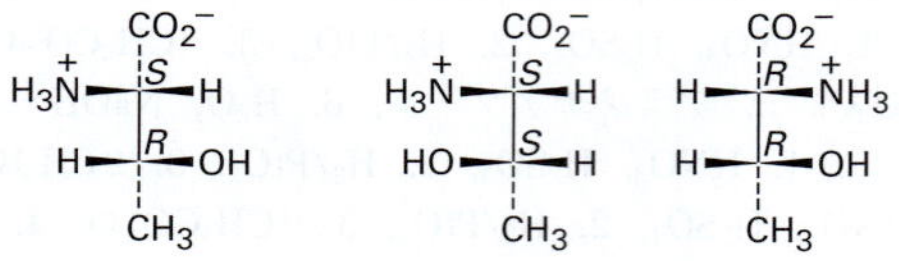

19・4　pH = 5.3 では全体で正，pH = 7.3 では全体で負

19・5
(a) $(CH_3)_2CHCH_2Br$
(b) イミダゾール-CH_2Br
(c) インドール-CH_2Br
(d) $CH_3SCH_2CH_2Br$

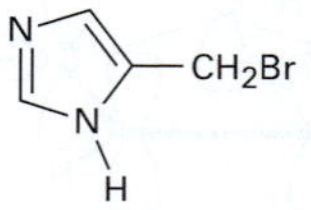

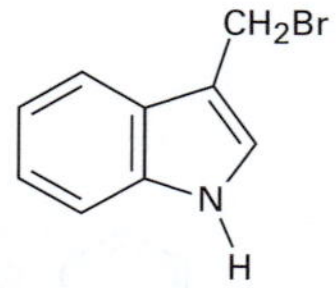

19・6

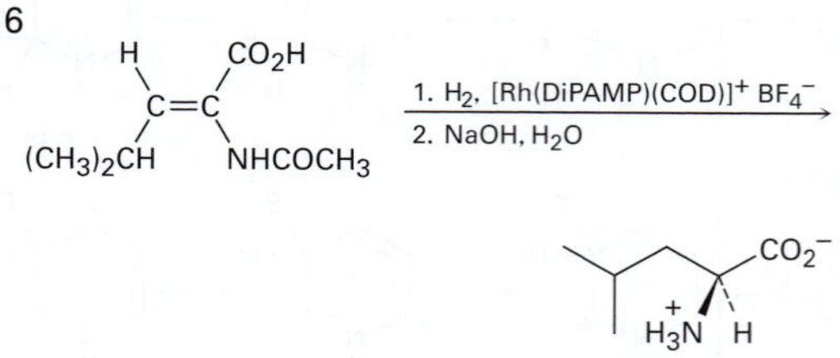

19・7　Val-Tyr-Gly (VYG)，Tyr-Gly-Val (YGV)，
Gly-Val-Tyr (GVY)，Val-Gly-Tyr (VGY)，
Tyr-Val-Gly (YVG)，Gly-Tyr-Val (GYV)

19・8

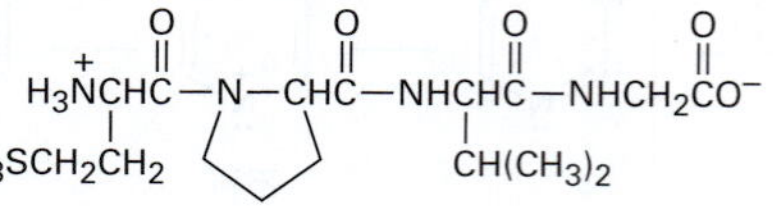

19・9

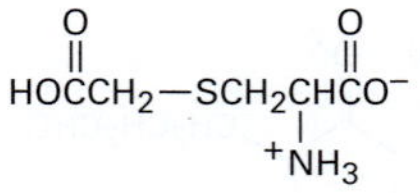

19・10　+ $(CH_3)_2CHCHO$ + CO_2

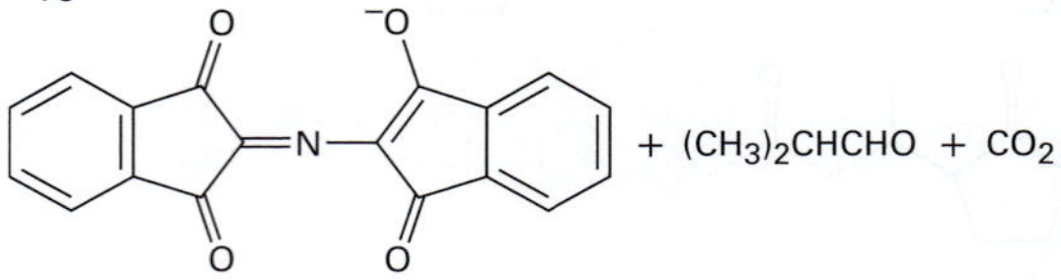

19・11　トリプシン　Asp-Arg + Val-Tyr-Ile-His-Pro-Phe
キモトリプシン　Asp-Arg-Val-Tyr + Ile-His-Pro-Phe

19・12　メチオニン

19・13

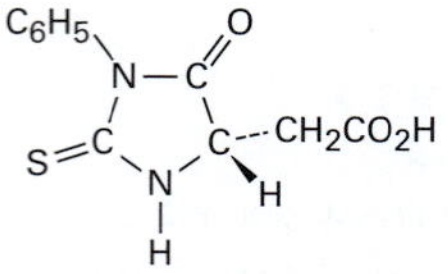

19・14　(a) Arg-Pro-Leu-Gly-Ile-Val
(b) Val-Met-Trp-Asn-Val-Leu (VMWNVL)

19・15　典型的なカルボニル基への求核的アシル置換反応で，アミノ酸のアミノ基が求核剤，炭酸 t-ブチルが脱離基となっている．炭酸 t-ブチルから CO_2 が脱離し，t-ブトキシドが生成するが，これはただちにプロトン化される

19・16　(1) ロイシンのアミノ基の保護
(2) アラニンのカルボキシ基の保護
(3) DCC を用いて保護したアミノ酸の縮合
(4) ロイシンの保護基の除去
(5) アラニンの保護基の除去

19・17　(a) 脱離酵素（リアーゼ）
(b) 加水分解酵素（ヒドロラーゼ）
(c) 酸化還元酵素（オキシドレダクターゼ）

20 章

20・1

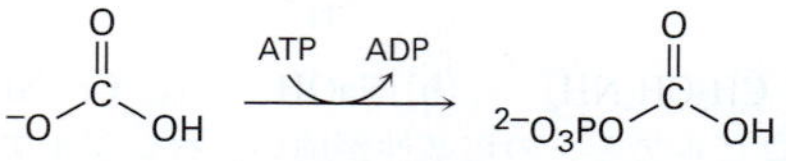

20・2　反応機構は図 20・2 の逆
20・3　Re 面
20・4

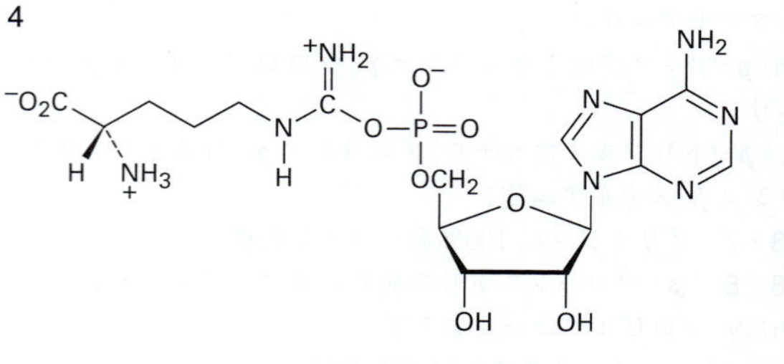

20・5　反応機構は図 20・2 と同じ

付録C 問題の解答 909

20・6

21・7 D-グリセルアルデヒド

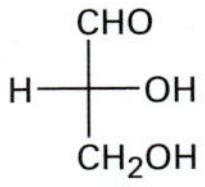

21・8 (a) (b) (c)

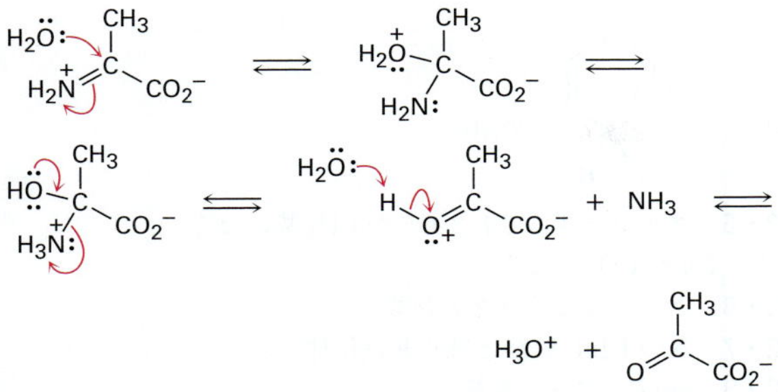

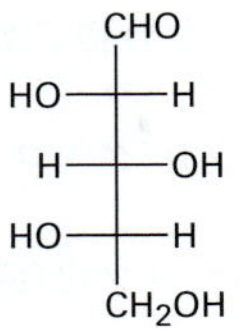

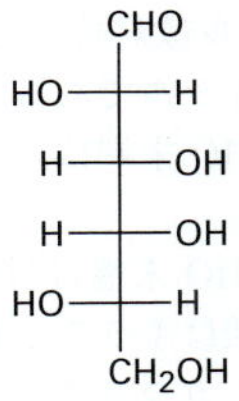

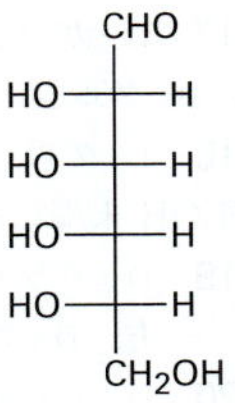

20・7 反応機構は基本的に図 20・2 の逆
20・8 反応機構は四面体中間体の形成を経てリン酸イオンが脱離する過程を含む

21・9 D 糖が 16 個, L 糖が 16 個
21・10 D-リボース

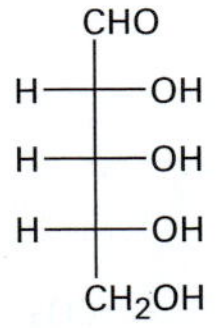

20・9

21・11

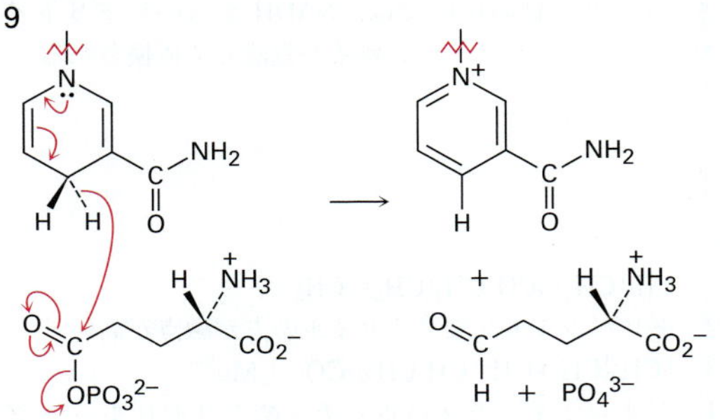

20・10 非酵素的環化反応は分子内イミン生成で, アミノ基が求核的にカルボニル基に付加し, 水が脱離して生成する. 酵素による還元はイミニウムイオンへのヒドリドイオンの求核付加である

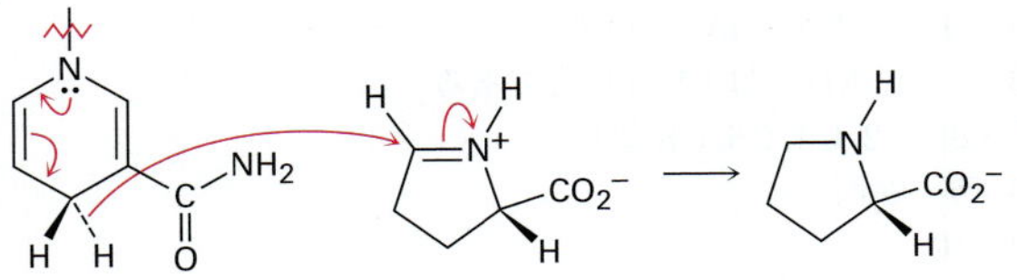

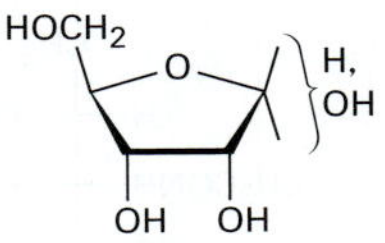

21・12
α-D-フルクトピラノース   β-D-フルクトピラノース
トランス   シス

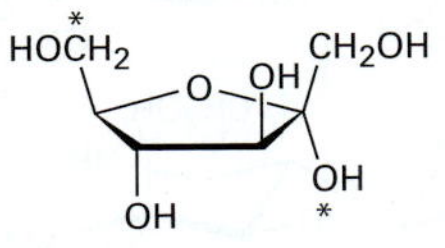

α-D-フルクトフラノース   β-D-フルクトフラノース

21章

21・1 (a) アルドテトロース (b) ケトペントース
(c) ケトヘキソース (d) アルドペントース
21・2 (a) S (b) R (c) S
21・3 A, B, および C は同じ
21・4 R

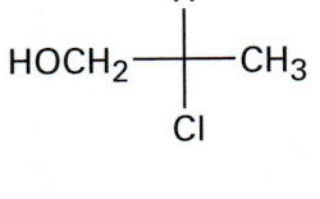

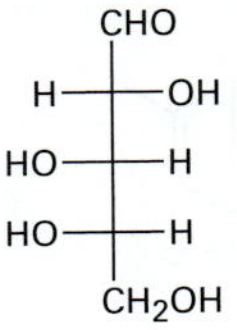

21・13 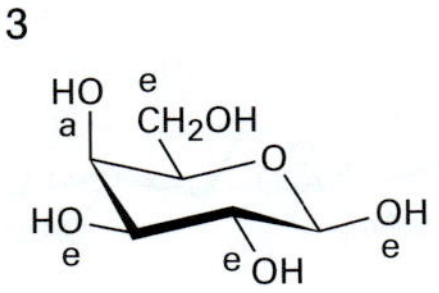
β-D-ガラクトピラノース 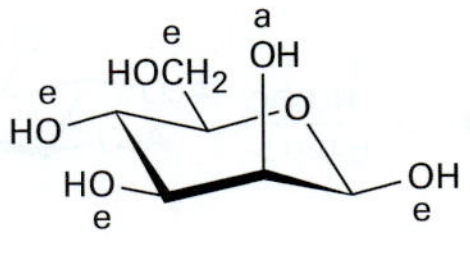   β-D-マンノピラノース

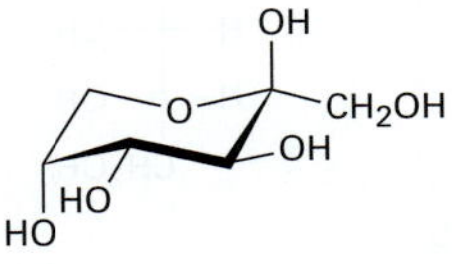

21・5 (a) L-エリトロース, 2S,3S
(b) D-キシロース, 2R,3S,4R
(c) D-キシルロース, 3S,4R

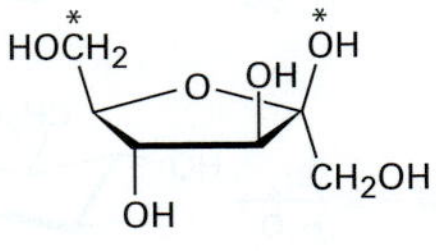

21・14

21・6 L-(+)-アラビノース

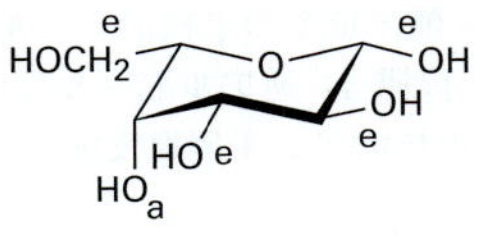

21・15 α-D-アロピラノース (図 21・3 参照)

21·16

(a) 構造式: CH₃OCH₂, OCH₃, OCH₃, OCH₃ のフラノース

(b) 構造式: AcOCH₂, OAc, OAc, OAc のフラノース

21·17 D-ガラクチトールは対称面をもつメソ化合物である．一方，D-グルシトールはキラルである

21·18 L-グロースの CHO 末端は還元反応後，D-グルコースの CH₂OH 末端に相当する

21·19 D-アラル酸の CHO 末端は対称面をもつメソ化合物である．一方，D-グルカル酸はキラルである

21·20 D-アロースと D-ガラクトースからメソ体のアルダル酸が生じる．それ以外からは光学活性なアルダル酸が生じる

21·21 D-アロースと D-アルトロース

21·22 L-キシロース

21·23 D-キシロースと D-リキソース

21·24

(機構図: カルボキシラートとアルデヒド基の塩基による反応機構)

21·25

(a) セロビオース $\xrightarrow{\text{1. NaBH}_4}{\text{2. H}_2\text{O}}$ (生成物構造)

(b) セロビオース $\xrightarrow{\text{Br}_2}{\text{H}_2\text{O}}$ (生成物構造)

(c) セロビオース $\xrightarrow{\text{CH}_3\text{COCl}}{\text{ピリジン}}$ (生成物構造)

22 章

22·1 段階 7 と 10

22·2 段階 1 および 3：リン酸部位での求核的アシル置換反応
段階 2, 5, 7, 8, 10：異性化　　段階 4：逆アルドール反応
段階 6：酸化とリン酸による求核的アシル置換反応
段階 9：E1cB 脱水反応

22·3 *pro-R*

22·4

(構造式: N-メチル化ピリジン環に CONH₂ 基)

22·5 グルコースの C1 と C6 が CH₃ 基になる
C3 と C4 が CO₂ になる

22·6 クエン酸とイソクエン酸

22·7 水の E1cB 脱離と続く共役付加

22·8 *pro-R*，アンチ脱離

22·9 *Re* 面，アンチ付加

22·10 反応は二つの連続した求核的アシル置換反応によって起こる．最初は酵素のシステイン残基によってリン酸が脱離して置換される．2 番目の反応では，NADH からのヒドリドイオン H⁻ の攻撃によってシステイン残基が脱離して置換される

23 章

23·1 CH₃(CH₂)₁₈CO₂CH₂(CH₂)₃₀CH₃

23·2 トリパルミチン酸グリセリルの方が融点が高い

23·3 [CH₃(CH₂)₇CH=CH(CH₂)₇CO₂⁻]₂Mg²⁺

23·4 ジオレオイルモノパルミチン酸グリセリル ⟶ グリセロール＋2 オレイン酸ナトリウム＋パルミチン酸ナトリウム

23·5 カプリロイル CoA ⟶ ヘキサノイル CoA ⟶ ブチリル CoA ⟶ 2 アセチル CoA

23·6 (a) 8 アセチル CoA, 7 段階
(b) 10 アセチル CoA, 9 段階

23·7 脱水反応は E1cB 反応である

23·8 C2, C4, C6, C8 など

23·9 *Si* 面

23·10

(プロスタグランジン類の立体構造図)

23·11 *pro-S* 水素は CH₃ 基に対してシスであり，*pro-R* 水素はトランスである

23·12
(a)

(α-ピネン生成の機構図)

(b)

γ-ビサボレン

23・13

(a)

(b)

23・14

23・15

ラノステロール

1. C4 の二つのメチル基
2. C14 のメチル基
3. C5−C6 が単結合
4. C8−C9 が二重結合
5. 側鎖の二重結合

コレステロール

1. C4 の二つの水素
2. C14 の水素
3. C5−C6 が二重結合
4. C8−C9 が単結合
5. 側鎖が飽和している

24 章

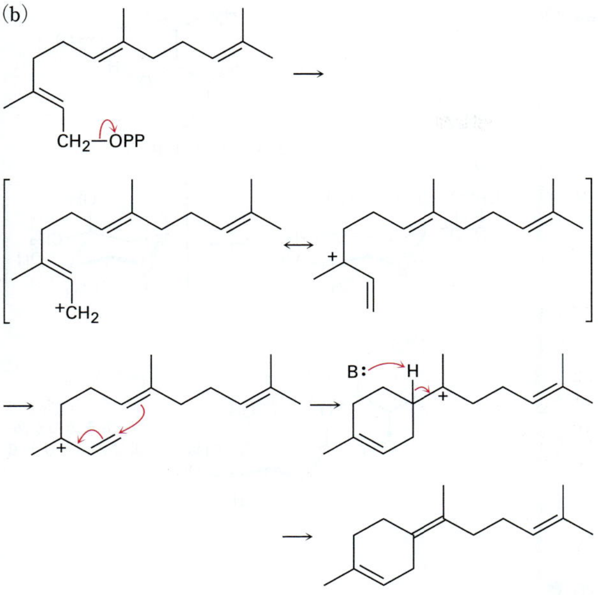

24・3　(5′) ACGGATTAGCC (3′)

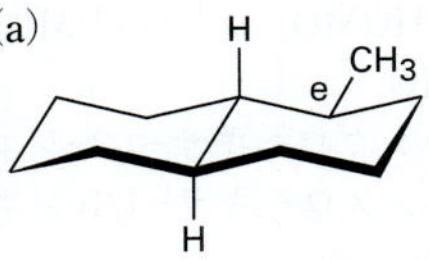

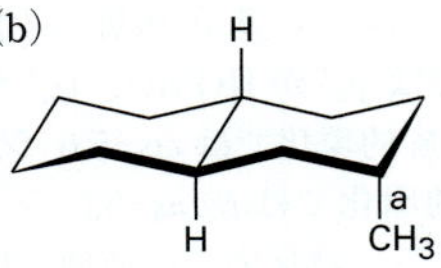

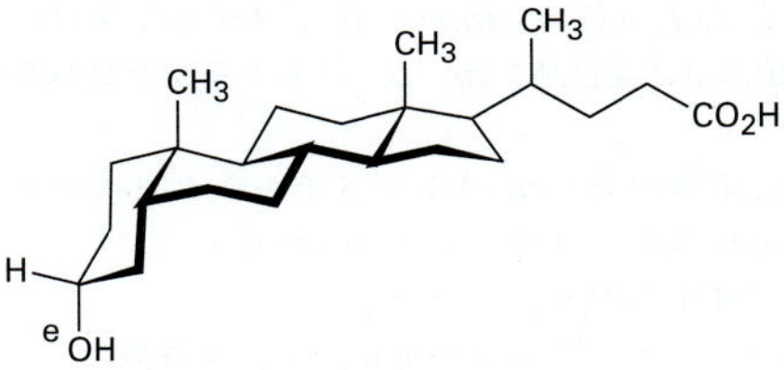

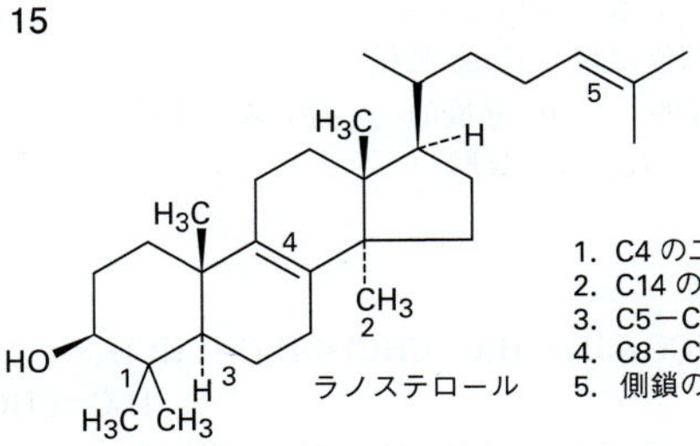

24・4

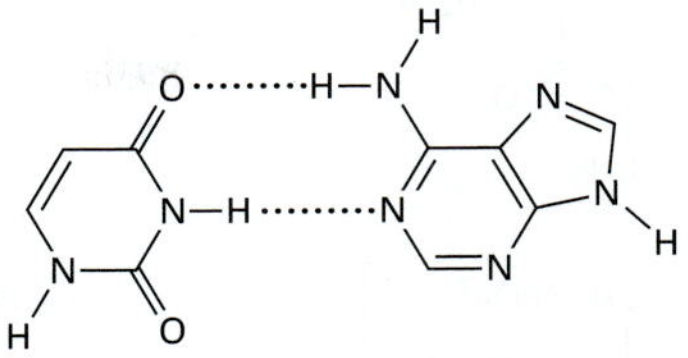

24・5　(3′) CUAAUGGCAU (5′)

24・6　(5′) ACTCTGCGAA (3′)

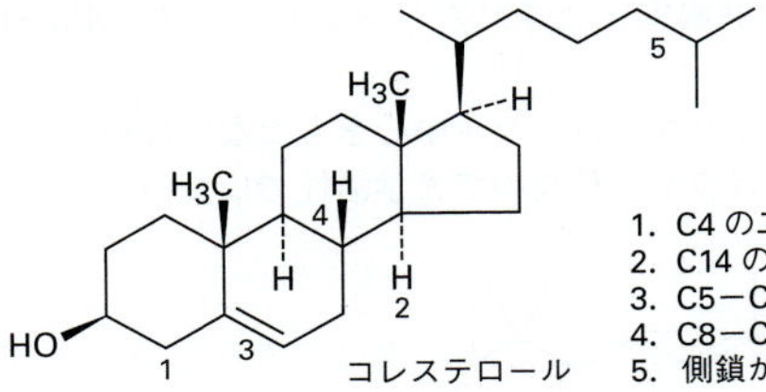

24・7　(a) CGA, CGG, CGU, CGC　(b) AAA, AAG　(c) AAU, AAC, GAA, GAG, GAU, GAC　(d) AUA, AUG

24・8　Leu-Met-Ala-Trp-Pro- 終止

24・9　(5′) TTA-GGG-CCA-AGC-CAT-AAG (3′)

24・10　この開裂は，酸素原子のプロトン化とそれに続く安定なトリアリールメチルカチオンの脱離によって起こる S_N1 反応である

24・11

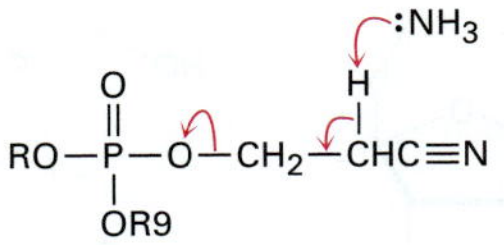

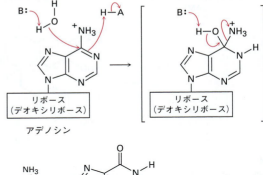

E2 反応

24・12

アデノシン

イノシン

24・13　この反応機構は，1) GTP によるイノシン一リン酸のリン酸化，2) 酸触媒によるアスパラギン酸のイミンへの求核付加，3) E1cB 反応によるリン酸の脱離，である

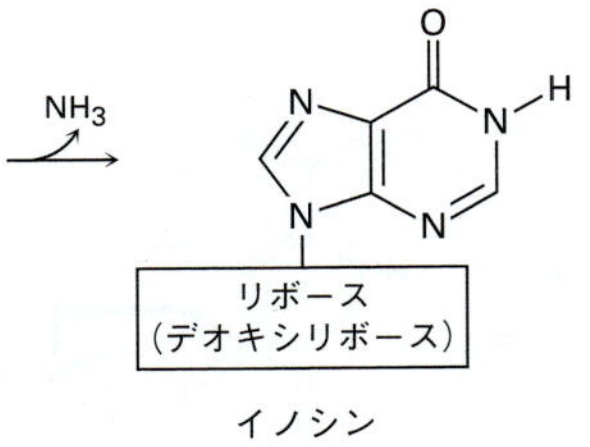

24・14　この反応は E1cB 脱離反応である

25 章

25・1　*Si* 面

付録C 問題の解答

25・2, **25・3**, 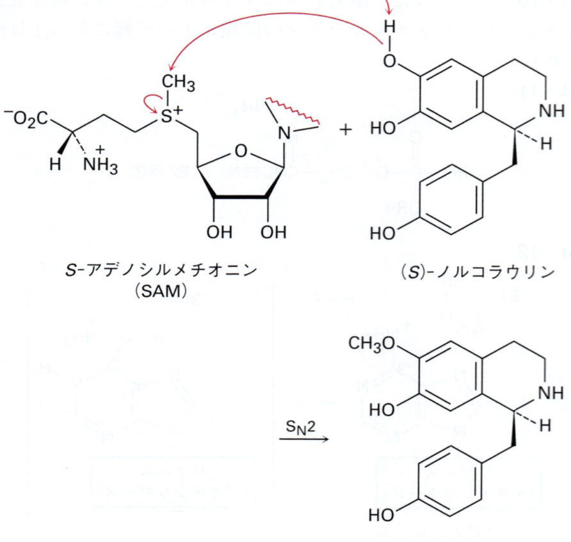 **25・4**, 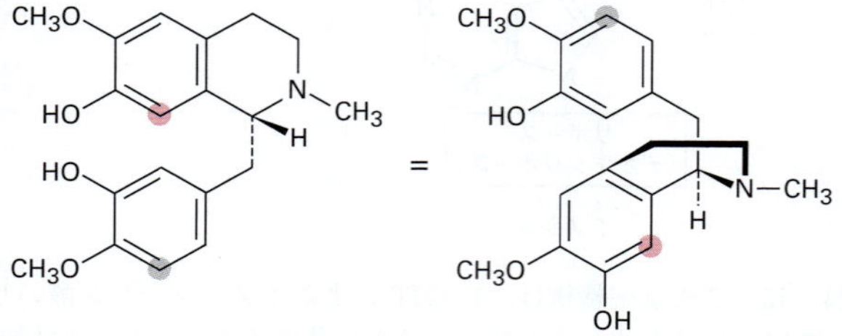 **25・5**, 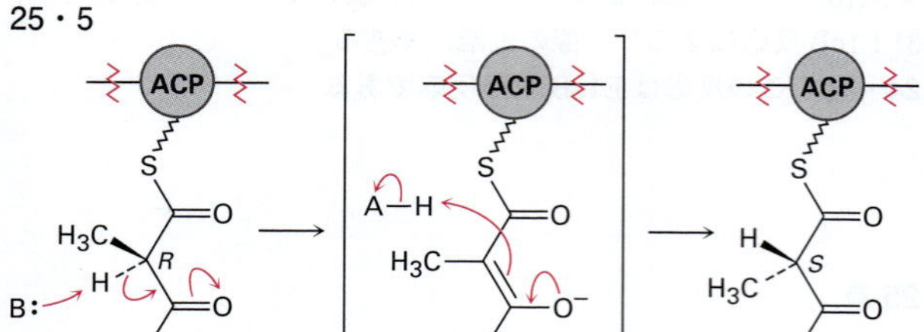 **25・6** [構造式による解答]

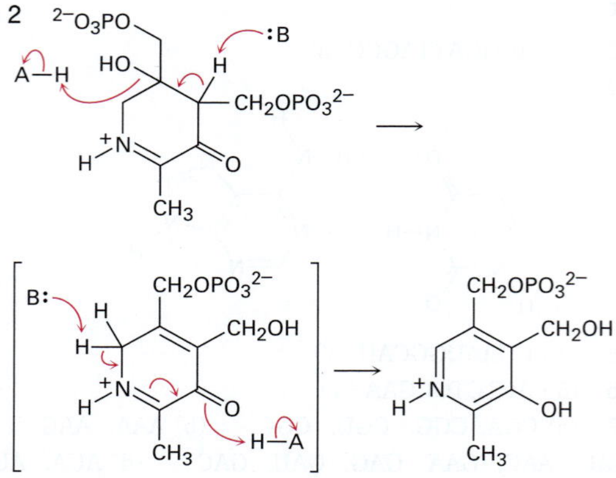

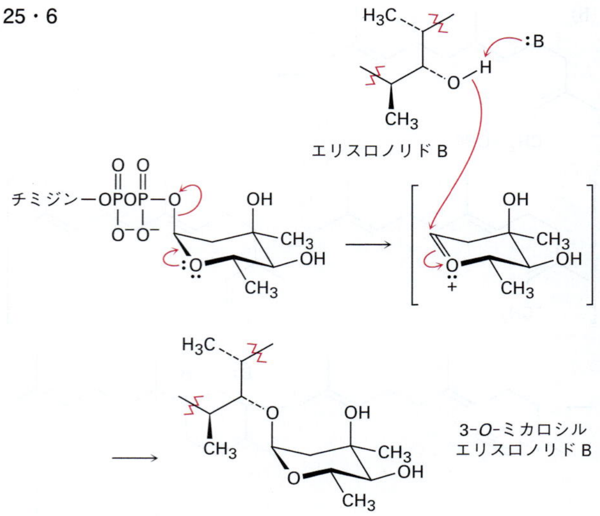

26章

26・1 エチレン: 基底状態では ψ_1 が HOMO, ψ_2^* が LUMO. 励起状態では ψ_2^* が HOMO で LUMO は存在しない

ブタ-1,3-ジエン: 基底状態では ψ_2 が HOMO, ψ_3^* が LUMO. 励起状態では ψ_3^* が HOMO, ψ_4^* が LUMO

26・2 逆旋的環化では cis-5,6-ジメチルシクロヘキサ-1,3-ジエン, 同旋的環化では trans-5,6-ジメチルシクロヘキサ-1,3-ジエンが生成する. 熱反応では逆旋的環化が起こる

26・3 二つの対称許容の生成物のうちより安定なものが生じる

26・4 2E,4Z,6E 異性体: trans-5,6-ジメチルシクロヘキサ-1,3-ジエン, 2E,4Z,6Z 異性体: cis-5,6-ジメチルシクロヘキサ-1,3-ジエン

26・5 2E,4E 異性体: cis-3,6-ジメチルシクロヘキセン, 2E,4Z 異性体: trans-3,6-ジメチルシクロヘキセン

26・6 [6+4] 付加環化, スプラ形

26・7 [1+7] シグマトロピー転位, アンタラ形

26・8 一連の [1,5] 水素移動による

26・9 Claisen 転位に続く Cope 転位

26・10 (a) 同旋的   (b) 逆旋的   (c) スプラ形   (d) アンタラ形   (e) スプラ形

27章

27・1 $H_2C=CHCO_2CH_3 < H_2C=CHCl < H_2C=CHCH_3 < H_2C=CHC_6H_5$

27・2 $H_2C=CHCH_3 < H_2C=CHC_6H_5 < H_2C=CHC\equiv N$

27・3 中間体は共鳴安定化されたベンジルアニオン Ph−CHR である

27・4 生成するポリマーはキラル中心をもたないため

27・5 ポリマーはラセミ体なので光学活性ではない

27・6 [構造式による解答]

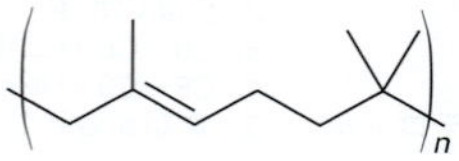

27・7 [ポリブタジエン鎖 / ポリスチレン鎖の構造式]

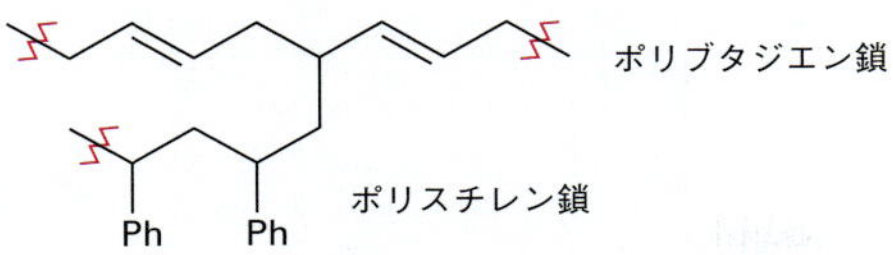

27・8 [ポリ(エチレンテレフタラート)構造式 −(CO−C₆H₄−CO−OCH₂CH₂O)ₙ−]

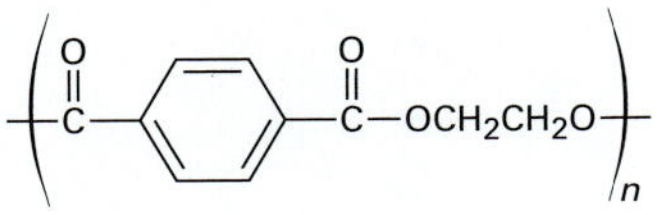

27・9 R′−O−H が R−N=C=O に付加し、R′O−C(=O)−NHR（カルバマート）を与える機構

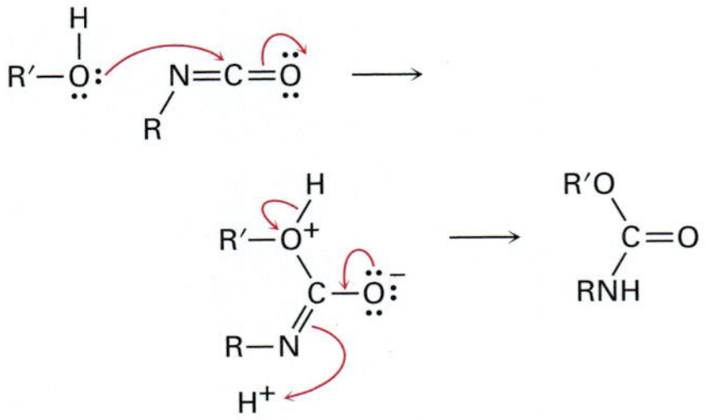

27・10 ベステナマー®: デカ-1,9-ジエンの ADMET またはシクロオクテンの ROMP

ノーソレックス®: ノルボルネンの ROMP

ノルボルネン

27・11 [−CH₂−CH(CH₃)−CH₂−CH₂−]ₙ アタクチック

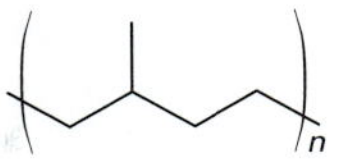

27・12 フェノールと H₂C=O からサリチルアルコールを経て、プロトン化・脱水後に別のフェノールが求核攻撃し、ビス(ヒドロキシフェニル)メタンを与える機構

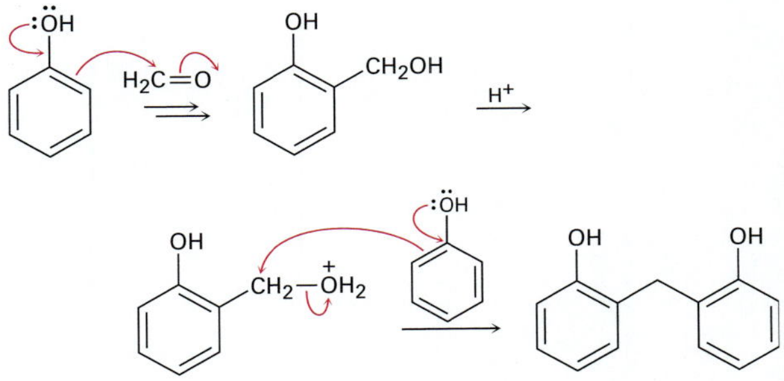

欧文索引*

A

α anomer 720
α carbon 493
α cleavage 305, 499
α substitution reaction 468, 579
α helix 674
α-position 579
absolute configuration 114
absorption spectrum 310
acetal 486
acetaldehyde 472
acetamide 537
acetaminophen 554
acetic acid 511
acetic anhydride 536
acetoacetic ester synthesis 592
acetone 473
acetonitrile 512
acetophenone 473
acetyl CoA 689
N-acetyl-D-galactosamine 730
N-acetyl-D-glucosamine 730
acetyl group 473
acetylide ion 238
N-acetyl-D-neuraminic acid 730
achiral 107
acid anhydride 535
acid halide 535
acidity 38
acidity constant 39
ACP 138, 201, 787
acrylic acid 511
activation energy 156
active site 161
acyclic diene metathesis w10
acyl adenylate 549
acyl carrier protein 138, 201, 787
acyl cation 272
acyl group 272, 463
acyl phosphate 535
acylation 272
Adams' catalyst 209
1,2-addition 228, 493
1,4-addition 228, 493
addition reaction 138

adenine 263, 644, 816
adenosine 5′-phosphate 817
adenosine diphosphate 689
adenosine monophosphate 549
adenosine triphosphate 155, 549, 689
S-adenosylhomocysteine 397, 848
S-adenosylmethionine 125, 397, 449, 596, 847
adenylic acid 549
ADMET w10
ADP 155, 689
adrenaline 397
adrenocortical hormone 801
agglutination 736
alanine 658
alcohol 415
alcoholysis 541
aldaric acid 727
aldehyde 471
alditol 725
aldohexose 710
aldol 469, 596
aldol reaction 596
aldolase 611
aldonic acid 726
aldopentose 711
aldose 710
aldosterone 802
alicyclic compound 81
aliphatic compound 60
alkaloid 50, 838
alkane 55, 59
alkene 167
alkenyl group 172
alkoxide ion 419
alkyl group 62
alkyl halide 366
alkylamine 624
alkylation 270, 589
alkyne 167
alkynyl group 172
allene 25, 135
D-allose 717
allyl group 172
allylic 229
D-altrose 717
amantadine 104
amide 535, 628

amidomalonate synthesis 663
amine 50, 561, 623
amino acid 655
α-amino acid 656
amino acid analyzer 666
amino sugar 729
γ-aminobutyric acid 657
aminolysis 541
AMP 549
amphiprotic 656
amphotericin B 852
amplitude 309
amygdalin 741
amylopectin 734
amylose 734
anabolism 687
analyzer 110
androgen 801
androstenedione 801
androsterone 801
angle strain 86
angstrom 4
aniline 250
anilinothiazolinone 669
anisole 417
anomer 720
anomeric center 720
antarafacial 871
anthracene 261
antiaromatic 255
antibonding MO 18, 863
anticodon 823
anti conformation 73
antiperiplanar 401
antisense strand 821
anti stereochemistry 202
D-arabinose 717
arachidic acid 775
arachidonic acid 775, 790
arene 250
arginine 659
epi-aristolochene 197
aromatic 249
aromaticity 255
arylamine 268, 624
asparagine 658
aspartic acid 659
aspirin 554
asymmetric center 107
atactic w4

atomic mass 4
atomic mass unit 301
atomic nucleus 3
atomic number 4
atomic weight 4
atorvastatin 2, 249, 809
ATP 155, 549, 689
atropine 653
ATZ 669
aufbau principle 5
axial 91
azulene 263

B

β anomer 720
β carbon 493
β-oxidation pathway 781
β-pleated sheet 674
β-sheet 674, 675
BAC 453
backbone 665
Baeyer, Adolf von 86
Bakelite w14
barbital 613
base peak 301
basicity 38, 628
basicity constant 628
Benedict's reagent 726
bent bond 88
benzaldehyde 472
benzene 250, 256
benzilic acid rearrangement 505, 575
benzoic acid 511
benzonitrile 512
benzophenone 473
benzo[a]pyrene 215, 261
p-benzoquinone 435
benzoyl group 473
benzyl 251
benzylic 285
benzylpenicillin 837
Bertozzi, C. R. a4
betaine 490
biodegradable polymer w15
biological equivalent 396
bioorthogonal chemistry a4

---

* ページ数の前のaまたはwは本書web教材内の掲載ページを示します（p.xxiii 参照）

Biot, Jean-Baptiste 109
biotin 788
γ-bisabolene 799
block copolymer w6
blood alcohol concentration 453
Boc 670
bond angle 11
bond dissociation energy 155
bond distance 10
bonding MO 18, 863
bond length 10
bond strength 9, 155
branched-chain alkane 61
Bredt, J. 104
bridgehead 98
broadband-decoupled spectrum 341
bromomethane 365
bromonium ion 202
N-bromosuccinimide 368
Brønsted-Lowry acid 38
Brønsted-Lowry base 38
bubble 819
t-butoxycarbonyl 670
bullvalene 882

C

cadaverine 627
α-cadinol 811
Cahn-Ingold-Prelog rule 112
camphene 812
camphor 793
Cannizzaro reaction 492
caprolactam 573
carbamate 695
carbamoyl phosphate 695
carbanion 373, 428
carbene 25, 218
carbinolamine 484
carbocation 148
carbohydrate 709
carbonyl condensation reaction 469, 579
carbonyl group 463
carboxylase 677
carboxylation 518
carboxyl group 510
carboxylic acid 43, 509
carboxylic acid derivative 509, 535
carboxy phosphate 695
cardiolipin 811
β-carotene 167, 322, 793
carvone 327
caryophyllene 812
catabolism 687
catalytic cracking 76
catalytic triad 779
cation radical 300
cedrene 811
celecoxib 654
cellobiose 731
cellulose 710, 733

cembrene 813
central dogma 819
cephalexin 569
cephalosporin 569
Chain, Ernst 569
chain-growth polymerization 221, 564, w1
chain polymerization 221, w1
chain reaction 141
chair conformation 90
Chauvin, Y. a1
chemical shift 336
chiral 107
chiral center 107
chiral environment 130
chirality 107
chloramphenicol 134
chloronium ion 202
cholesterol 800
cholic acid 510
chromatography 666
cis-trans isomer 85
cis-trans stereoisomer 174
citric acid cycle 689, 757
citrulline 697
Claisen condensation reaction 602
Claisen rearrangement 445, 875
clavulanic acid 862
click chemistry a3
CoA 563, 678, 688
cocaine 50, 575, 620, 623
COD 664
codeine 844
coding strand 821
codon 822
coenzyme 161, 678
coenzyme A 688
coenzyme Q 436
cofactor 678
complex carbohydrate 725
concanavalin A 675
concerted 863
condensation reaction 599
condensed structure 18
configuration 112
conformation 71
conformational analysis 97
conformational isomer 71
conformer 71
coniine 653
conjugate acid 38
conjugate addition 493
conjugate base 38
conjugated double bond 225
conjugated enone 599
conrotatory 867
consensus sequence 821
constitutional isomer 61
Cope rearrangement 876
copolymer w5
coronafacic acid 883
coronene 261
Couper, Archibald 6
coupling 349
coupling constant 351

coupling reaction 374
covalent bond 7
COX 293, 791
Crick, Francis 817
crown ether 447
Crum Brown, Alexander 6
crystallite w11, w12
C-terminal amino acid 665
cyanogenic glycoside 520
cyanohydrin 478
cyanocycline A 521
cyclic acetal 488
cycloaddition reaction 231, 863, 870
cycloalkane 81
cyclobutadiene 255
cyclobutane 82
cyclohexane 82
cycloocta-1,5-diene 664
cyclooctatetraene 256
cyclooxygenase 293, 791
cyclopentane 82
cyclopropane 82
cystathionine 707
cysteine 658
cytidine 5'-phosphate 817
cytosine 260, 816

D

Dacron® 566
DCC 546
ddNTP 825
deamination 691
DEBS 852
decarboxylation 590
degeneration 254
degree of unsaturation 168
dehydratase 855
dehydration 200, 305
dehydrogenase 677
dehydrohalogenation 200
delocalization 228
denaturation 675
deoxy sugar 729
2'-deoxyadenosine 5'-phosphate 817
2'-deoxycytidine 5'-phosphate 817
6-deoxyerythronolide B synthase 852
2'-deoxyguanosine 5'-phosphate 817
deoxyribonucleic acid 48, 815
deoxyribonucleotide 817
2'-deoxyribose 816
2'-deoxythymidine 5'-phosphate 817
1-deoxyxylulose 5-phosphate 840
1-deoxyxylulose 5-phosphate pathway 793
DEPT-NMR 341
Dess-Martin periodinane 433

DET 501
deuterium isotope effect 400
dextrorotatory 110
DH 855
DHAP 748, 781
diacid chloride 564
diamine 564
dianion 548
diastereomer 117, 345
diastereotopic 346
1,3-diaxial interaction 94
DIBAH 474, 559
DIBAL-H 474
dichlorodifluoromethane 365
dicyclohexylcarbodiimide 546
Dieckmann cyclization reaction 604
Diels-Alder reaction 230
dienophile 231
diethyl ether 417
diethyl tartrate 501
diethylstilbestrol 813
diffraction limit 324
digitoxigenin 813
digitoxin 724
dihedral angle 72
dihydrocarvone 812
dihydroxyacetone phosphate 748, 781
dihydroxylation 214
diisoaluminium hydride 474
p-dimethoxytrityl 827
dimethyl sulfoxide 449
dimethylallyl diphosphate 797
dimethylallyl pyrophosphate 797
dimethylformamide 386
dimethylsulfoxide 386
diol 214
dipolar ion 656
dipole-dipole interaction 47
dipole moment 29
direct addition 493
disaccharide 731
dispersion force 47
disrotatory 867
distortionless enhancement by polarization transfer NMR 341
disubstituted 174
disulfide 439
diterpene 192, 792
diylide 491
DMAPP 797
DMF 386
DMSO 386, 449
DMT 827
DNA 48, 815
DNA fingerprinting 834
dNTP 825
L-dopa 845
dopamine 845
double bond 12
double helix 818
double-focusing mass spectrometer 301
downfield 335
doxorubicin 852

D sugar 715
DXP 840

E

E configuraton 175
E1 reaction 403
E1cB reaction 404
E2 reaction 400
ecgonine 620
eclipsed conformation 72
Edman degradation 667
ee 501
eicosanoid 790
elaidic acid 776
elastomer w13
electrocyclic reaction 863, 865
electromagnetic spectrum 308
electron 3
electron-dot structure 7
electronegativity 27
electron shell 4
electron-transport chain 689
electrophile 144, 480
electrophilic addition reaction 146, 180
electrophilic aromatic substitution reaction 263
electrophoresis 662
electrospray ionization 307
electrostatic potential map 29
eleostearic acid 813
elimination reaction 138
Embden–Meyerhof pathway 745
EN 27
enamine 329, 482, 609
enantiomer 106, 345
enantiomeric excess 390, 501
enantioselective 501
enantioselective synthesis 664
enantiotopic 345
3′ end 817
5′ end 817
endergonic reaction 152
ending module 855
endothermic reaction 153
energy diagram 156
enethiol 415
enol 415, 579, 580
enolate ion 493, 579, 581
enoyl reductase 855
enthalpy change 152
entropy change 153
enyne 172
enzyme 161, 676
enzyme cofactor 838
ephedrine 50, 651
epimer 118
epimerase 677
epinephrine 397
epoxide 213
equatorial 91
equivalent 334
ER 855

ergosterol 327
Erlenmeyer, Emil 6
erythromycin 132, 851
erythromycin A 837
erythronolide B 132
D-erythrose 717
ESI 307
essential amino acid 701
essential oil 192
ester 535
estradiol 802
estrogen 801
estrone 250, 802
ethene 171
ether 415, 440
ethylene 172
ethylene glycol 420
ethynylestradiol 802
exergonic reaction 152
exon 822
exothermic reaction 153
extension module 855

F

FAD 213, 678, 755, 782
farnesyl diphosphate 797
fat 774
fatty acid 212, 774, 838
ω-3 fatty acid 774
Favorskii rearrangement 532
FBP 748
FDA 131, 163
α-fenchone 813
fiber w13
fibrous protein 673
fingerprint region 313
first-order reaction 388
Fischer, Emil 711, 728
Fischer esterification reaction 544
Fischer projection 711
flavin adenine dinucleotide 213, 755, 782
flavin mononucleotide 843
Fleming, Alexander 569
flexibilene 812
Florey, Howard 569
fluorenylmethyloxycarbonyl 670
fluoxetine 128, 266, 412
FMN 843
Fmoc 670
formal charge 31
formaldehyde 472
formic acid 511
formyl group 473
Fourier-transform NMR 337
FPP 797
fractional crystallization 121
fragmentation 300
free radical 139
frequency 308
Friedel–Crafts reaction 270
frontier orbital 864

fructose 711
fructose 1,6-bisphosphate 748
FT-NMR 337
L-fucose 730
fumarate 696
functional group 55
functional RNA 821
furanose 720
fused-ring heterocycle 643
fused-ring heterocyclic compound 643

G

GABA 657
D-galactose 717
GAP 748
gauche conformation 73
GDP 758
geminal 478
gene 821
gentamycin 737
gentiobiose 741
geraniol 396, 474
geranyl diphosphate 197, 797
Gibbs free-energy change 152
Gilman reagent 374
glass transition temperature w12
globular protein 673
D-glucaric acid 727
D-glucitol 726
glucocorticoid 802
glucogenic 699
gluconeogenesis 699, 761
glucose 711, 717
glucoside 724
glutamic acid 659
glutamine 658
glutathione 439, 792
glycal 735
D-glyceraldehyde 717
glyceraldehyde 3-phosphate 748
glycerol 774
glycerophospholipid 778
glycine 658
glycoconjugate 725
glycogen 734
glycol 214
glycolipid 725
glycolysis 745
glycoprotein 725
glycoside 724
glyoxylate cycle 770
GPP 797
graft copolymer w6
green chemistry 648
Grignard reaction 541
Grignard reagent 373
griseofulvin 618
ground-state electron configuration 5
Grubbs, R. H. a1
GTP 758
guaiol 811

guanine 263, 816, 831
guanosine 831
guanosine 5′-phosphate 817
guanosine diphosphate 758
guanosine triphosphate 758
gulose 717, 741
Gutta-perca w14

H

haloalkane 366
halogenation 201
halohydrin 203
halomon 407
haloperoxidase 203
halothane 365
Hammond postulate 187
heat of combustion 86
heat of reaction 152
helicase 819
Hell–Volhard–Zelinskii reaction 585
helminthogermacrene 810
hemagglutinin 769
heme 640
hemiacetal 487
hemithioacetal 750
Henderson–Hasselbalch equation 515, 631
heroin 844
hertz 309
heterocycle 259, 640
heterocyclic amine 625
heterocyclic compound 257
heterogeneous 209
heterolytic cleavage 139
HETPP 754, 841
hexamethylphosphoramide 386
hexokinase 161, 677
hidride shift 190
highest occupied molecular orbital 319, 864
histamine 650
histidine 260, 642, 659
HMG-CoA 2, 795, 808
HMPA 386
Hoffmann, Roald 864
Hofmann elimination 414, 636
HOMO 319, 864
homocysteine 656
homolytic cleavage 139
homopolymer w5
homotopic 345
hormone 801
Hückel $4n + 2$ rule 255
humulene 192
Hund's rule 6
HVS reaction 585
hybridization 10
hydrate 476
hydration 205
hydroboration-oxidation 206
hydrocarbon 59
hydrocortisone 102, 802

hydrogen bond 48
hydrogenation 209
hydrogenation reaction 178
hydrogenolysis 670
hydrolase 677
hydrolysis 541
hydrophilic 48
hydrophobic 48
hydroquinone 436
hydroxyethylthiamin
    diphosphate 754, 841
(3S)-3-hydroxy-3-
    methylglutaryl CoA 795
hyperconjugation 179

I, K

ibuprofen 131, 293, 518
D-idose 717
imidazole 260, 625, 642
imine 482
IMP 833
IND application 163
indole 262, 625, 644
indolmycin 596
inductive effect 29, 277
infrared 311
initiation 140, 221
integration 348
intercalation 819
intermolecular force 47
internal nucleophilic addition
    reaction 488
International Union of Pure and
    Applied Chemistry 65
intramolecular aldol reaction 601
intramolecularly 591
intron 822
inversion 377
invert sugar 733
Investigational New Drug
    application 163
iodoform reaction 577
iodomethane 367
ion pair 390
ionic bond 7
ionization source 300
ionophore 447
IPP 793
IR 311
isoborneol 812
isoelectric point 661
isoleucine 658
isomer 61
isomerase 677
isopentenyl diphosphate 793
isopentenyl pyrophosphate 793
isoprene rule 192
isoquinoline 262, 644
isotactic w4
isotope 4
IUPAC 65

karahanaenone 881

Kekulé, August 6
keto–enol tautomerism 236
ketogenic 699
ketoheptose 711
ketohexose 710
ketone 471
ketone body 699, 772
ketoreductase 855
ketose 710
ketosynthase 855
Kiliani–Fischer synthesis 728
Kiliani, Heinrich 728
kinase 677
kinetics 379
Knowles, William S. 501, 664
KR 855
Krebs cycle 757
KS 855

L

labetalol 627
lactam 562
lactic acid 511
lactone 556
lactose 732
lagging strand 820
lanosterol 192, 793, 803
lauric acid 775
LDA 586, 629
Le Bel, Joseph 6
leading strand 820
leaving group 384
leucine 658
leukotriene 790
leuprolide 685
levorotatory 110
Lewis acid 44
Lewis base 44
Lewis, G.N. 7
lidocaine 575
ligase 677
limit dextrin 744
limonene 128, 197, 798
linalyl diphosphate 798
Lindlar catalyst 235
line-bond structure 7
1→4 link 731
linoleic acid 775
linolenic acid 775
lipase 677
lipid 773
lipid bilayer 779
List, Benjamin a6
lithium diisopropylamide 586, 629
lithocholic acid 531
loading module 855
lobe 5
lone-pair 8
loratadine 194, 267
lotaustralin 521
lovastatin 234, 809, 852

lowest unoccupied molecular
    orbital 319, 864
LPP 798
L sugar 715
LT 790
LUMO 319, 864
lyase 677
lysine 659
D-lyxose 717

M

MacMillan, David a6
magnetic resonance imaging 358
major groove 818
MALDI 307
malonic ester synthesis 589
maltose 731
D-mannose 717
Markovnikov's rule 182
Markovnikov, Vladimir 182
mass analyzer 300
mass number 4
mass spectrometry 299
mass spectrum 301
matrix-assisted laser desorption
    ionization 307
McLafferty rearrangement 306, 498
Meldal, M. a4
melting temperature w12
menthol 812
meperidine 844
mercaptan 418
Merrifield solid-phase method 671
Merrifield, R. Bruce 671
meso compound 119
messenger RNA 821
meta 251
metabolism 687
metallacycle w9, a1
metarhodopsin II 323
methadone 844
methandrostenolone 802
methionine 414, 658
methylerythritol phosphate
    pathway 793
methylidene group 172
methyl iodide 367
N-methylmorpholine N-oxide 216
metoprolol 445
mevalonate pathway 793
micelle 777
Michael reaction 606
mineralocorticoid 802
minor groove 818
MIO 686, 707
mirror image 105
Mizoroki–Heck reaction a5
MO 17, 863
mobile phase 666
molar absorptivity 320
molecular ion 301

molecular mechanics 101
molecular orbital 17, 863
molecular orbital theory 9
molecule 7
molozonide 216
monocyclic compound 261
monomer 220, w1
monosaccharide 710
monoterpene 192, 792
monounsaturated fatty acid 774
morphine 50, 837, 843, 844
MRI 358
mRNA 821
MS 299
Mullis, Kary 829
multiplet 349
mutarotation 721
mycomycin 135
Mylar® 566
myrcene 192
myristic acid 775

N

n + 1 rule 350
NAD(H) 127, 493, 635
NADP 212
naphthalene 261
natural gas 76
natural product 837
NBS 368
neuraminidase 769
neutron 3
Newman projection 71
nicotinamide adenine
    dinucleotide 161, 493, 635
nicotinamide adenine
    dinucleotide phosphate 212
nicotine 623
ninhydrin 667
nitrile 511
nitrogen rule 325, 646
nitronium ion 267
NMO 216
NMR 332
node 5
normal alkane 60
nonbonding electron pair 8
noncoding strand 821
noncovalent interaction 47
nonessential amino acid 701
nonribosomal polypeptide 838
non-steroidal anti-inflammatory
    drug 292, 518
noradrenaline 397
1-norbornene 104
(S)-norcoclaurine 845
norethindrone 802
NSAID 292, 518
N-terminal amino acid 665
nuclear magnetic resonance 332
nuclear magnetic resonance
    spectroscopy 331
nuclease 677

nucleophile 144, 479
nucleophilic acyl substitution
　　　　reaction 466, 539
nucleophilic addition reaction
　　　　　　　465, 476
nucleophilic aromatic substitution
　　　　reaction 282
nucleophilic substitution reaction
　　　　　　　377
nucleophilicity 384
nucleoside 816
nucleotide 815
nylon 565

O

octahydrocembrene 813
octane number 76
Okazaki fragment 820
olefin 167
olefin metathesis polymerization
　　　　　　　w9
oleic acid 775
oligonucleotide 826
opsin 323
optical activity 110
optical isomer 112
orbital 4
organic chemistry 2
organohalide 365
organometallic compound 373
organophosphate 16
orientation 276
ornithine 697
ortho 251
osazone 742
oseltamivir 769
osmate 215
oxaloacetate 696
oxaphosphetane 489
oxidase 677
oxidation 213
oxidative addition 376
oxidative deamination 694
oxidative decarboxylation 753
oxidoreductase 677
oxirane 213
oxymercuration-demercuration
　　　　　　　206
ozonide 216
ozonolysis 217

P

π bond 13
paclitaxel 860
palmitic acid 510, 775
palmitoleic acid 775
papain 676
para 251

paraffin 70
parent peak 301
Pasteur, Louis 111
patchouli alcohol 793
Pauli exclusion principle 5
Pauling, Linus 10
PBG 652
PCR 829
PDB 324, 681
penicillin 569
penicillin V 131
PEP 751
peptide 546, 655
peptide bond 664
pericyclic reaction 140, 231, 863
periplanar 401
peroxyacid 213
PET w12
petroleum 76
PG 790
PGHS 791
PGH synthase 791
phenanthrene 295
phenol 250, 415
phenolic resin w14
phenoxide ion 419
phenyl 251
phenylalanine 658
phenylhydrazone 742
phenyl isothiocyanate 669
N-phenylthiohydantoin 669
phosphate 58
phosphatidic acid 778
phosphodiester bond 816
phosphoenolpyruvate 751
pholpholipid 778
phosphopantetheine 787
phosphorane 489
photochemical reaction 866
phylloquinone 274
physiological pH 515
pinacol 459
pinacolone 459
α-pinene 167, 192, 799
piperidine 625
PITC 669
PKS 852
plane of symmetry 107
plane-polarized light 109
plasmalogen 811
plasticizer w12
PLP 691, 839
PMP 692
polar aprotic solvent 386
polar covalent bond 27
polarimeter 110
polarizability 144
polarized light 109
polarizer 109
polar reaction 139
poly(vinyl chloride) 201
polyalkylation 271
polycarbonate w7
polycyclic aromatic compound
　　　　　　　261
polycyclic compound 98

polyketide 838, 851
polyketide synthase 852
polymer 220, w1
polymerase chain reaction 829
polysaccharide 710, 733
polyunsaturated fatty acid 774
polyurethane w8
porphobilinogen 652
posttranslational modification
　　　　　　　826
pravastatin 809
primary amine 624
primary structure 674
primer 825
principal groups 888
prochiral 126
prochiral center 126
prochirality 126
progesterone 802
progestin 801
proline 658
promoter sequence 821
propagation 140, 222
propene 172
propylene 172
prostaglandin 81, 141, 790
prostaglandin E$_1$ 837
protease 677
protecting group 437
protection 670
protein 655
Protein Data Bank 324, 681
protic solvent 386
proton(陽子) 3
proton(プロトン) 38
protosteryl cation 807
pseudoephedrine 132
psicose 741
PTH 669
PUFA 774
purine 262, 644, 816
putrescine 627
PVC 201
pyramidal inversion 626
pyran 720
pyranose 719
pyridine 259, 625, 642
pyridoxal 5'-phosphate 839
pyridoxal phosphate 483, 640,
　　　　　　　691
pyridoxamine phosphate 692
pyridoxine 691
pyrimidine 259, 625, 643, 816
pyrrole 260, 625, 640
pyrrolidine 625, 641
pyrrolysine 656
pyruvate dehydrogenase
　　　　complex 753

Q, R

quaternary ammonium salt 624
quaternary structure 674
quinine 263, 644

quinoline 262, 625, 643
quinone 435
R configuration 114
racemate 121
racemic mixture 121
radical 37, 139
radical reaction 139
radiofrequency 332
rapamycin 852
rate-determining step 388
rate equation 379
rate-limiting step 388
RCM a1
reaction coordinate 156
reaction mechanism 139
reactive intermediate 158
reactivity 275
rearrangement reaction 138, 190
reducing sugar 726
reduction 209, 541
reductive amination 634
reductive elimination 376
regioselective 182
renaturation 676
replication 819
replication fork 819
residue 664
resolve 121
resonance effect 277
resonance form 33～37
resonance hybrid 33
restriction endonuclease 825
(*R*)-reticuline 845
11-*cis*-retinal 322
retrosynthesis 287
rf 332
rhodopsin 323
ribonucleic acid 815
ribonucleotide 817
ribose 711, 816
D-ribose 717
ribosomal RNA 821
ring-closing metathesis a1
ring-flip 92
ring-opening metathesis
　　　　polymerization w9
RNA 815
Robinson, Robert 843
ROMP w9
rosuvastatin 809
rRNA 821
rubber 240

S

σ bond 9
S configuration 114
sabinene 811
saccharide 709
saccharopine 707
SAH 397, 848
salt bridge 675
salutaridine 845

SAM 397, 449, 596, 847
Sanger dideoxy method 825
β-santalene 192
saponification 556, 777
saturated 59
saturated hydrocarbon 59
sawhorse representation 71
Schiff base 483, 749
Schrock, R. R. a1
secondary 63
secondary amine 624
secondary metabolite 837
secondary structure 674
secondorder reaction 379
sedoheptulose 711
selenocysteine 656
semiconservative replication 819
sense strand 821
sequencing 667
serine 658
sesquiterpene 192, 792
sex hormone 801
Sharpless, K. Barry 501, a3, a4
shielding 333
short tandem repeat 834
sialic acid 729
side chain 656
sigmatropic rearrangement 863, 874
signal averaging 337
sildenafil 640
simvastatin 809
single bond 12
skeletal structure 19
small RNA 821
S_N1 reaction 388
S_N2 reaction 380
solvation 386
sorbose 741
sp hybrid orbital 14
sp^2 hybrid orbital 13
sp^3 hybrid orbital 11
specific rotation 110
spermaceti 811
sphingomyelin 778
sphingophospholipid 778
sphingosine 778
spin coupling 349
spin-spin splitting 349
spliceosome 822
squalene 797, 803
staggered conformation 72
standard free-energy change 152
starch 734
statin 809
stationary phase 666
stearic acid 775
step-growth polymerization 564, w1
step polymerization w1
stereocenter 107
stereochemistry 71, 84

stereogenic center 107
stereoisomer 84
stereospecific 219
stereospecific numbering 781
steric strain 73
steroid 81, 799, 838
Stork reaction 609
STR 834
straight-chain alkane 60
Strecker synthesis 654
streptomycin 737
styrene 250
subordinate groups 888
substituent 65
substitution reaction 138
substrate 676
sucralose 366
sucrose 710, 732
sulfa drug 639
sulfanyl group 415
sulfathiazole 640
sulfide 16, 415, 440
sulfone 449
sulfonium ion 448
sulfoxide 449
suprafacial 871
Suzuki–Miyaura coupling reaction 375
symmetry-allowed 864
symmetry-disallowed 864
symmetry plane 107
syn addition 207
syn stereochemistry 207
syndiotactic w4
synperiplanar 401
synthase 851

T

D-talose 717
Taq DNA polymerase 829
tautomer 236, 580
tautomerism 580
TCA cycle 757
TE 855
termination 140, 222
terpene 192, 792
terpenoid 192, 792, 838
α-terpineol 166, 799
tertiary 63
tertiary amine 624
tertiary structure 674
testosterone 459, 801
tetracaine 654
tetracycline 852
tetrahedral angle 11
tetrahydrobiopterin 845
tetrahydrofuran 200, 417
tetramethylsilane 336

tetrasubstituted 175
thebaine 845
thermoplastic w12
thermosetting resin w14
THF 200
thiamin 642
thiamin diphosphate 754, 841
thiamin pyrophosphate 754
thiazole 642
thiazolium ring 261
thioacetal 505
thioester 535
thioesterase 855
thiol 16, 415
thiophene 261
thiophenol 415
threonine 659
D-threose 717
thromboxane 790
thymine 260, 816
thyroxine 656
time-of-flight mass spectrometer 307
TMS 336
TOF mass spectrometer 307
Tollens' reagent 726
toluene 250
torsional strain 72
TPP 754, 841
transaminase 677
transamination 691
transcription 819, 821
transesterification 557
transfer RNA 821
transferase 677
transition state 156, 676
translation 819, 822
trehalose 741
triacontyl hexadecanoate 774
triacylglycerol 774
tricarboxylic acid cycle 757
trichloroethylene 365
trichodiene 813
triglyceride 774
trimethylamine 623
trimetozine 551
triple bond 12
trisubstituted 175
tRNA 821
tropinone 620
tryptophan 263, 644, 659
turnover number 676
twist-boat conformation 91
TX 790
tyrosine 659

U～Z

U. S. Food and Drug Administration 131

ubiquinone 436
UDP 770
ultraviolet 319
unsaturated 168
unshared electron pair 8
upfield 336
uracil 260, 816
urea 695
urea cycle 695
urethane w8
uric acid 695, 831
uridine 5'-phosphate 817
uridine triphosphate 725
uridylyl diphosphate 770
uronic acid 727
urushiols 416
UTP 725
UV 319

valence bond theory 9
valence shell 7
valganciclovir 836
valine 659
valinomycin 448
valsartan 375
van der Waals force 47
van't Hoff, Jacobus 6
vasopressin 666
vegetable oil 774
vinyl 271
vinyl group 172
vinyl monomer 222
virion 769
vulcanization 240

Walden, Paul 377
Watson, James 817
wave equation 4
wave function 4
wavelength 308
wavenumber 311
wax 773
Williamson ether synthesis 441
Wittig reaction 489
Wohl degradation 729
Woodward, R. B. 864

xanthine 831
X-ray crystallography 324
X-ray diffractometer 324
D-xylose 717, 730

ylide 489, 754

Z configuration 175
Zaitsev, Alexander 398
Zaitsev's rule 398
zanamivir 769
Ziegler–Natta catalyst w4
zwitterion 44, 656

和文索引*

あ

IR 分光法 → 赤外分光法　311
IMP → イノシン一リン酸　833
IPP → イソペンテニル二リン酸　793
IPP 異性化酵素(IPP イソメラーゼ)　797
IUPAC(国際純正・応用化学連合)　65
IUPAC 命名法　65
アキシアル(axial)　91, 92
アキラル(achiral)　107
アクリロニトリル　w2
アクセプターステム　823
アクリル酸(acrylic acid)　511
アコニターゼ　757
cis-アコニット酸　127, 128, 757
アジピン酸　566, w7
アシルアデニル酸(acyl adenylate)　548, 549
アシルアデノシルリン酸 → アシルアデニル酸　548, 549
アシル化(acylation)　272
アシルカチオン(acyl cation)　272, 273
アシル基(acyl group)　272, 463, 536
　──の名称　511
アシルキャリヤータンパク質(acyl carrier protein)　138, 201, 787
アシル酵素　557, 561, 779
アシル CoA　563
アシル CoA 脱水素酵素(アシル CoA デヒドロゲナーゼ)　782
アシルリン酸(acyl phosphate)　535, 537
アスコルビン酸 → ビタミン C　526
アスパラギン(asparagine)　658
　──の異化　701
　──の生合成　703
アスパラギン酸(aspartic acid)　659
　──の異化　701
　──の生合成　701
アスパルテーム　738
アスピリン(aspirin)　292, 554
アズレン(azulene)　263, 295
アセスルファム K　738
アセタートイオン　33, 514
アセタール(acetal)　486
アセチリドイオン(acetylide ion)　238, 239
N-アセチル-D-ガラクトサミン(N-acetyl-D-galactosamine)　730

アセチル基(acetyl group)　473
N-アセチル-D-グルコサミン(N-acetyl-D-glucosamine)　730
アセチル合成酵素　788
アセチル CoA(acetyl CoA)　34, 563, 689, 699
アセチルサリチル酸 → アスピリン　292
N-アセチル-D-ノイラミン酸(N-acetyl-D-neuraminic acid)　730, 769
アセチレン　14, 15
　──の構造　15
アセトアセチル ACP　612, 789
アセトアセチル CoA　794
アセトアセチル CoA アセチル転移酵素(アセトアセチル CoA アセチルトランスフェラーゼ)　794
アセトアミド(acetamide)　537, 629
アセトアミノフェン(acetaminophen)　554
アセトアルデヒド(acetaldehyde)　465, 472
アセト酢酸　699
アセト酢酸エステル　592
アセト酢酸エステル合成(acetoacetic ester synthesis)　592
アセトニトリル(acetonitrile)　386, 512
アセトフェノン(acetophenone)　473
アセトン(acetone)　473
　──の臭素化　584
アタクチック(atactic)　w4
Adams 触媒(Adams' catalyst)　209
アデニル酸(adenylic acid) → AMP　549
アデニロコハク酸　637
アデニン(adenine)　263, 644, 816
S-アデノシルホモシステイン(S-adenosylhomocysteine)　397, 847
S-アデノシルメチオニン(S-adenosylmethionine)　125, 126, 397, 449, 596, 678, 847
アデノシン一リン酸(adenosine monophosphate) → AMP　549
アデノシン三リン酸(adenosine triphosphate) → ATP　155, 449, 549, 689
アデノシン二リン酸(adenosine diphosphate) → ADP　155, 563, 689
アデノシン 5′-リン酸(adenosine 5′-phosphate)　817
ADMET → 非環状ジエンメタセシス　w10
アトルバスタチン(atorvastatin)　2, 249, 250, 809
アドレナリン(adrenaline)　397
アトロピン(atropine)　653

アニオン重合　w2
アニソール(anisole)　417
アニリニウムイオン　630
アニリノチアゾリノン(anilinothiazolinone)　669
アニリン(aniline)　250
　──の共鳴構造　630
アノマー(anomer)　720
アノマー炭素 → アノマー中心　720
アノマー中心(anomeric center)　720
アマンタジン(amantadine)　104
アミグダリン(amygdalin)　741
アミド(amide)　535, 537, 628
　──の加水分解　560
　──の還元　561, 632
　──の生成反応　547
　──の反応　560
　──への変換　546, 551, 554, 558
アミドマロン酸合成(amidomalonate synthesis)　663
アミノ基転移(transamination)　691
　──の機構　692
アミノ基転移酵素(transaminase)　677, 691
アミノ酸(amino acid)　44, 220, 655
　──の異化　699
　──の生合成　702
α-──　656
N 末端──　665
塩基性──　659
ケト原性──　699
酸性──　659
C 末端──　665
糖原性──　699
標準──　658
必須──　657, 701
非必須──　657, 701
L-アミノ酸脱炭酸酵素(L-アミノ酸デカルボキシラーゼ)　845
アミノ酸分析計(amino acid analyzer)　666
アミノ糖(amino sugar)　729
アミノトランスフェラーゼ → アミノ基転移酵素　691
γ-アミノ酪酸(γ-aminobutyric acid)　657
アミノリシス(aminolysis)　541
　エステルの──　558
　酸ハロゲン化物の──　551
アミラーゼ　676, 744
アミロース(amylose)　734, 744
アミロペクチン(amylopectin)　734, 744

＊ ページ数の前の a または w は本書 web 教材内の掲載ページを示します(p.xxiii 参照)

アミン（amine） 50, 561, 623
　　――のアシル化　636
　　――のアルキル化　633, 636
　　――の塩基性度　629
　　――の求核付加　482
　　――の共役付加　494
　　――の質量スペクトル　306
　　――の赤外スペクトル　316
　　――の命名法　624
　　――への変換　561
アムホテリシン B（amphotericin B） 852
アラキジン酸（arachidic acid） 775
アラキドン酸（arachidonic acid） 141, 775, 790, 791
アラニン（alanine） 658
　　――の異化　700
　　――の生合成　701
D-アラビノース（D-arabinose） 717
epi-アリストロキン（epi-aristolochene） 197
アリテーム　738
アリル位（allylic） 229
　　――の臭素化　368
アリルカチオン　229, 392
アリル基（allyl group） 172
アリルラジカル　369
rRNA　821
Re 面　126
RNA　815
　　――の生合成　822
rf → ラジオ波の周波数　332
ROMP → 開環メタセシス重合　w9
アルカロイド（alkaloid） 50, 838
アルカン（alkane） 55, 59
　　――の異性体数　61
　　――の赤外スペクトル　315
　　――の沸点と融点　70
　　――の命名法　65
アルギナーゼ　698
アルギニノコハク酸　697
アルギニノコハク酸合成酵素（アルギニノコ
　　　　ハク酸シンテターゼ） 697
アルギニノコハク酸脱離酵素（アルギニノコ
　　　　ハク酸リアーゼ） 698
アルキニル基（alkynyl group） 172
アルギニン（arginine） 659, 698
　　――の生合成　704
アルキルアニオン　239
アルキルアミン（alkylamine） 624
アルキル化（alkylation） 270, 589
　　アミンの――　633, 636
　　エステルの――　594
　　エノラートイオンの――　588
　　ケトンの――　594
　　生体内での――　596
　　ニトリルの――　594
アルキル基（alkyl group） 62
　　――の慣用名　68
アルキン（alkyne） 167
　　――に対する付加反応　235
　　――の水和　236
　　――の赤外スペクトル　315
　　――の命名法　172
アルケニル基（alkenyl group） 172
アルケン（alkene） 167
　　――の水素化　210

――の水素化熱　179, 226
――の水和　205
――の赤外スペクトル　315
――の命名法　170
アルケンポリマー　223
アルコキシドイオン（alkoxide ion） 419, 420, 421
アルコリシス（alcoholysis） 541
アルコール（alcohol） 415
　　――の ^{1}H NMR スペクトル　451
　　――の合成　422〜428
　　――の酸化　433
　　――の酸性度定数　419
　　――の水素結合　419
　　――の質量スペクトル　305, 451
　　――の赤外スペクトル　316, 450
　　――の脱水　430
　　――の保護　436
　　――の命名法　417
　　――への変換　546, 552, 559
アルコール脱水素酵素（アルコールデヒド
　　　　ロゲナーゼ） 127
RCM → 閉環メタセシス　a1
アルジトール（alditol） 725
アルダル酸（aldaric acid） 727
アルデヒド（aldehyde） 471
　　――の慣用名　472
　　――の合成　474
　　――の酸化　475
　　――の赤外吸収　497
　　――の赤外スペクトル　317
　　――の命名法　472
　　――への求核付加反応　476, 480
アルドース（aldose） 710
　　――の立体配置　717
アルドステロン（aldosterone） 802
アルドヘキソース（aldohexose） 710
アルドペントース（aldopentose） 711
アルドラーゼ（aldolase） 611, 749
アルドール（aldol） 469, 596
アルドール縮合
　　生体内――　611
　　不斉――　a6
　　分子内――　601
　　メバロン酸経路の――　795
アルドール反応（aldol reaction） 596
　　逆――　749
　　交差――　612
　　糖新生の――　766
D-アルトロース（D-altrose） 717
アルドン酸（aldonic acid） 726
R 配置（R configuration） 114
α アノマー（α anomer） 720
α 位（α-position） 579
α 開裂（α cleavage） 305, 499, 647
α 炭素（α carbon） 493
α 置換反応（α substitution reaction） 468, 579
　　――の反応機構　583
α ヘリックス（α helix） 674
アレン（allene） 25, 135, 196
アレーン（arene） 56, 250
D-アロース（D-allose） 717
安息香酸（benzoic acid） 511
アンタラ形（antarafacial） 871

アンチコドン（anticodon） 823
アンチコドンループ　823
アンチセンス鎖（antisense strand） 821
アンチの立体化学（anti stereochemistry） 202
アンチ配座（anti conformation） 73
アンチペリプラナー（antiperiplanar） 401
アントラセン（anthracene） 261, 262
アンドロゲン（androgen） 801
アンドロステロン（androsterone） 801
アンドロステンジオン（androstenedione） 801
アンモニア
　　――の双極子モーメント　30

い

E1 反応（E1 reaction） 399, 403
　　――の機構　404
E1cB 反応（E1cB reaction） 399, 404
E2 反応（E2 reaction） 399, 400
　　置換シクロヘキサンの――　402
　　――の機構　400
　　――の遷移状態　401
　　――の反応速度　400
ER → エノイル還元酵素　855
ee → エナンチオマー過剰率　501
ESI → エレクトロスプレーイオン化法　307
EN → 電気陰性度　27
イオノホア（ionophore） 447
イオン結合（ionic bond） 7, 28
イオン源（ionization source） 300, 307
イオン対（ion pair） 390
異化（catabolism） 687
鋳型鎖　819
イコサノイド → エイコサノイド　790
いす形配座（chair conformation） 90
異性化酵素（isomerase） 677
異性体（isomer） 61, 123
E, Z 表示　175
イソキノリン（isoquinoline） 262, 263, 643
イソクエン酸　757, 758
イソクエン酸脱水素酵素（イソクエン酸デヒ
　　　　ドロゲナーゼ） 758
イソタクチック（isotactic） w4
イソプレン則（isoprene rule） 192
イソペンテニル二リン酸（isopentenyl
　　　　diphosphate） 793, 796, 798
イソペンテニルピロリン酸（isopentenyl
　　　　pyrophosphate） → イソペンテニル二リン
　　　　酸　793
イソボルネオール（isoborneol） 812
イソメラーゼ → 異性化酵素　677
イソロイシン（isoleucine） 658
一次構造（primary structure） 674
一次反応（first-order reaction） 388
位置選択的（regioselective） 182
位置番号　65
1→4 結合（1→4 link） 731
遺伝暗号表　823
遺伝子（gene） 821
移動相（mobile phase） 666
D-イドース（D-idose） 717
イノシン一リン酸　833
E 配置（E configuraton） 175

923

イブプロフェン(ibuprofen) 131, 293, 518
イミダゾール(imidazole) 260, 625, 642
イミニウムイオン 562
イミノ基転移 693
イミン(imine) 482
　——の生成反応 467, 483
イリド(ylide) 489, 754
インターカレーション(intercalation) 819
インドリルビルビン酸 596
インドール(indole) 262, 263, 625, 644
インドールマイシン(indolmycin) 596
イントロン(intron) 822
インフルエンザ 769

う

Wittig 反応(Wittig reaction) 489
Williamson のエーテル合成法(Williamson ether synthesis) 441, 723
Wohl 分解(Wohl degradation) 729
右旋性(dextrorotatory) 110
Woodward, R. B. 864
Woodward-Hoffmann 則 864
ウラシル(uracil) 260, 816
ウリジン三リン酸(uridine triphosphate) → UTP 725
ウリジン二リン酸(uridylyl diphosphate) → UDP 770
ウリジン 5′-リン酸(uridine 5′-phosphate) 817
ウルシオール類(urushiols) 416
ウレタン(urethane) w8
ウロカナーゼ 705
trans-ウロカニン酸 707
ウロン酸(uronic acid) 727

え

エイコサノイド(eicosanoid) 790, 791
AMP 549
エキソン(exon) 822
エクアトリアル(equatorial) 91, 92
エクゴニン(ecgonine) 620
エクステンションモジュール → 伸長モジュール 855
ACP → アシルキャリヤータンパク質 138, 201, 787
ACP アシル基転移酵素(ACP トランスアシラーゼ) 787
Si 面 126
SAH → S-アデノシルホモシステイン 397, 848
SAM → S-アデノシルメチオニン 397, 449, 596, 847
S_N1 反応(S_N1 reaction) 388
　——の機構 389
　——の基質 391
　——の求核剤 394
　——の脱離基 393
　——の反応エネルギー図 389
　——の反応速度 388

　——の溶媒 394
　——の立体化学 390
S_N2 反応(S_N2 reaction) 380
　——における立体効果 382
　——の機構 380
　——の基質 382
　——の求核剤 383
　——の遷移状態 381
　——の脱離基 384
　——の反応速度 380
　——の溶媒 386
s 軌道 4
s 性 226, 239
STR → 短鎖縦列型反復配列 834
エステル(ester) 432, 535, 536
　——のアミノリシス 558
　——のアルキル化 594
　——の加水分解 556
　——の還元反応 559
　——の Grignard 反応 559
　——の赤外スペクトル 317
　——の反応 555
　——への変換 544, 550, 554
エステル交換反応(transesterification) 557
エストラジオール(estradiol) 802
エストロゲン(estrogen) 801
エストロン(estrone) 100, 249, 250, 802
S 配置(S configuration) 114
sp 混成軌道(sp hybrid orbital) 14
sp² 混成軌道(sp² hybrid orbital) 13
sp³ 混成軌道(sp³ hybrid orbital) 11
エタノール 416
エタン
　——の構造 12
　——の立体配座 71
エチニルエストラジオール(ethynylestradiol) 802
エチレン(ethylene) 168, 172
　——の構造 13
　——の π 分子軌道 864
　——の分子軌道 18
　——への水の付加反応 146, 156, 158
エチレングリコール(ethylene glycol) 420, 566
X 線回折装置(X-ray diffractometer) 324
X 線結晶構造解析(X-ray crystallography) 324
HETPP → ヒドロキシエチルチアミン二リン酸 754, 841
HMG-CoA → 3-ヒドロキシ-3-メチルグルタリル CoA 2, 795, 808
HMG-CoA 還元酵素(HMG-CoA レダクターゼ) 2, 795, 809
HMG-CoA 合成酵素(HMG-CoA シンターゼ) 795
HOMO → 最高被占軌道 319, 864
ADMET → 非環状ジエンメタセシス w10
ATZ → アニリノチアゾリノン 669
ATP 155, 449, 549, 678, 689
ADP 155, 689
エーテル(ether) 415, 440
　——の開裂反応 443
　——の命名法 440
エテン(ethene) → エチレン 168, 171
Edman 分解(Edman degradation) 667
　——の機構 668

エナミン(enamine) 329, 482, 609
　——の生成反応 484
エナンチオ選択的(enantioselective) 501
エナンチオ選択的合成(enantioselective synthesis) 501, 664
エナンチオトピック(enantiotopic) 345
エナンチオマー(enantiomer) 106, 345
エナンチオマー過剰率(enantiomeric excess) 390, 501
NSAID → 非ステロイド系抗炎症薬 292, 518
NAD(H) 127, 161, 424, 435, 436, 492, 493, 635, 678
NADP(H) 212, 424, 425, 678
NMR → 核磁気共鳴 332
NMR 分光計 335
NMR 分光法 → 核磁気共鳴分光法 331
NMO → N-メチルモルホリン-N-オキシド 216
NSAID → 非ステロイド系抗炎症薬 292, 518
$n+1$ 則($n+1$ rule) 350
NBS → N-ブロモスクシンイミド 368
エネルギー準位 5
エネルギー図(energy diagram) 156
エノイル還元酵素(enoyl reductase) 855
エノイル CoA ヒドラターゼ 783
エノラーゼ 751
エノラートイオン(enolate ion) 468, 493, 579, 581, 586
　——のアルキル化 588
　——の反応性 588
エノール(enol) 415, 468, 579, 580
　——の生成の反応機構 581
エピネフリン(epinephrine) → アドレナリン 397
エピマー(epimer) 118
エピメラーゼ(epimerase) 677
FAD(H₂) 213, 678, 755, 782
エフェドリン(ephedrine) 50, 651
FMN → フラビンモノヌクレオチド 843
Fmoc → フルオレニルメチルオキシカルボニル 670
F-TEDA-BF₄ 266
FDA → 米国食品医薬品局 131, 163
FT-NMR → フーリエ変換 NMR 337
FBP → フルクトース 1,6-ビスリン酸 748
FPP → ファルネシル二リン酸 797
エポキシ化 212
エポキシド(epoxide) 213
　——の S_N2 反応 385
　——の開裂反応 444
MIO → 4-メチリデンイミダゾール-5-オン 686, 707
MRI → 磁気共鳴イメージング 358
mRNA 821
MEP 経路 → メチルエリトリトールリン酸経路 794
MALDI → マトリックス支援レーザー脱離イオン化法 307
MS → 質量分析 299
MO → 分子軌道 17, 863
Embden-Meyerhof 経路(Embden-Meyerhof pathway) → 解糖系 745
エライジン酸(elaidic acid) 776

エラストマー(elastomer) w13
エリスロノリド B(erythronolide B) 132
エリスロマイシン(erythromycin) 132, 851
エリスロマイシン A(erythromycin A) 837
　　──の生合成 853
D-エリトロース(D-erythrose) 717
エルゴカルシフェロール 879
エルゴステロール(ergosterol) 327, 879
LT → ロイコトリエン 790
LDA → リチウムジイソプロピルアミド
　　　　　　　　　　586, 629, 594
LD$_{50}$ 値 21
L糖(L sugar) 715
LPP → リナリル二リン酸 798
LUMO → 最低空軌道 319, 864
Erlenmeyer, Emil 6
エレオステアリン酸(eleostearic acid) 813
エレクトロスプレーイオン化法(electrospray ionization) 307
エンイン(enyne) 172
塩化アルミニウム 270
塩化チオニル 372, 521, 543
塩化ビニリデン w5
塩化ビニル w5
塩化ホスホリル 431
塩基性アミノ酸 659
塩基性度(basicity) 38, 628
塩基性度定数(basicity constant) 628
塩橋(salt bridge) 675
エンタルピー 152
エンタルピー変化(enthalpy change) 152
エンチオール(enethiol) 415
エンディングモジュール → 終結モジュール 855
エントロピー 152
エントロピー変化(entropy change) 153

お

岡崎フラグメント(Okazaki fragment) 820
オキサホスフェタン(oxaphosphatane) 489
オキサロコハク酸 758
オキサロ酢酸(oxaloacetate) 680, 696, 764, 765
オキシ塩化リン → 塩化ホスホリル 431
オキシ水銀化-脱水銀(oxymercuration-demercuration) 206, 422
(3S)-2,3-オキシドスクアレン 803, 804
オキシドスクアレン:ラノステロールシクラーゼ 806
オキシドレダクターゼ → 酸化還元酵素 677
オキシラン(oxirane) → エポキシド 213
3-オキソアシル CoA 784
3-オキソアシル CoA チオラーゼ 784
3-オキソエステル 587
オキソ基 587
2-オキソグルタル酸 758
2-オキソ酸
　　──の還元的アミノ化法 663
3-オキソチオエステル還元酵素(3-オキソチオエステルレダクターゼ) 789
オキソニウムイオン 38, 487

オクタヒドロセンブレン(octahydrocembrene) 813
オクタン価(octane number) 76
オクテット則 149
オクテット電子 7
オサゾン(osazone) 742
オスミン酸エステル(osmate) 215
オセルタミビル(oseltamivir) 101, 769
オゾニド(ozonide) 216
オゾン分解(ozonolysis) 217
オプシン(opsin) 323
ω-3 脂肪酸(ω-3 fatty acid) 774
親ピーク(parent peak) 301
オリゴヌクレオチド(oligonucleotide) 826
オルト(ortho) 251
オルト-パラ配向性置換基 279
オルニチン(ornithine) 697
オルニチンカルバモイル転移酵素(オルニチンカルバモイルトランスフェラーゼ) 696
オレイン酸(oleic acid) 775
オレフィン(olefin) → アルケン 167
オレフィンメタセシス重合(olefin metathesis polymerization) w9
　　──の反応機構 w10
オングストローム(angstrom) 4

か

開環メタセシス重合(ring-opening metathesis polymerization) w9, w10
開始反応(initiation, ラジカル反応の) 140, 221
開始モジュール(loading module) 855
回折限界(diffraction limit) 324
解糖(glycolysis) 745
解糖系 743, 746, 747, 752, 767
外部磁場 332, 333
界面活性剤 777
化学シフト(chemical shift) 336
　^{1}H NMR の── 347
　^{13}C NMR の── 339
核酸 221
　　──の塩基対の水素結合 818
核酸分解酵素(nuclease) 677
核磁気共鳴(nuclear magnetic resonance) 332
核磁気共鳴分光法(nuclear magnetic resonance spectroscopy) 331
核スピン 332
角度ひずみ(angle strain) 86
重なり形配座(eclipsed conformation) 72, 401
過酸(peroxyacid) 213
過酸化ベンゾイル 221, 222, w2
α-カジノール(α-cadinol) 811
加水分解酵素(hydrolase) 677
加水分解反応(hydrolysis) 541
可塑剤(plasticizer) w12
ガソリン 76
カダベリン(cadaverine) 627
カチオン重合 w2
カチオンラジカル(cation radical) 300
活性化エネルギー(activation energy) 156

活性化基 276
活性部位(active site) 161
Gatterman-Koch 反応 298
カップリング(coupling, NMR スペクトルの) 349
カップリング定数(coupling constant) 351
カップリング反応(coupling reaction) 374
Cannizzaro 反応(Cannizzaro reaction) 492
カプロラクタム(caprolactam) 573, w7
過マンガン酸カリウム 217
過ヨウ素酸 217
ガラクトース(galactose) 717, 730, 770
ガラス転移温度(glass transition temperature) w12
カラハナエノン(karahanaenone) 881
カリオフィレン(caryophyllene) 812
加硫(vulcanization) 240
カルジオリピン(cardiolipin) 811
カルバミン酸(carbamate) 695
カルバモイルリン酸(carbamoyl phosphate) 695
カルビノールアミン(carbinolamine) 484
カルベン(carbene) 25, 218
　　──の構造 219
カルボアニオン(carbanion) 373, 428
カルボカチオン(carbocation) 148, 388
　　──の安定性 186
　　──の構造 185
　　──の転位 189
カルボキシ化反応(carboxylation) 518
カルボキシ基(carboxyl group) 510
N-カルボキシビオチン 764
カルボキシラーゼ(carboxylase) 677
カルボキシラートイオン 514
カルボキシリン酸(carboxy phosphate) 695
カルボニル化合物
　　──の反応性 540
　　──の還元 423
　　──の Grignard 反応 426
　　──の ^{13}C NMR 568
　　──の質量スペクトル 306
　　──の種類 464
　　──の赤外吸収 567
　　──の赤外スペクトル 316
カルボニル基(carbonyl group) 58, 463
カルボニル縮合反応(carbonyl condensation reaction) 469, 579
　　──の反応機構 469, 597
カルボン酸(carboxylic acid) 43, 509
　　──の求核的アシル置換反応 543
　　──の合成 517
　　──の構造と性質 512
　　──の酸性度 513, 516
　　──の赤外スペクトル 524
　　──の反応 520
　　──の名称 511
　　──の命名法 510
　　──への変換 550, 556, 560
カルボン酸誘導体(carboxylic acid derivative) 509, 535
　　──の命名法 536, 538
　　生体内の── 563
β-カロテン(β-carotene) 167, 322, 491, 793
Cahn-Ingold-Prelog 則(Cahn-Ingold-Prelog rule) 112, 175

還元(reduction) 209, 541
　　生体内—— 492
還元酵素(ketoreductase) 855
還元的アミノ化(reductive amination) 634
　　——の反応機構 634
　　2-オキソ酸の—— 663
還元的脱離(reductive elimination) 376
還元糖(reducing sugar) 726
環状アセタール(cyclic acetal) 488
環状ヘミアセタール 488
桿体細胞 323
官能基(functional group) 55
　　——の構造 57
　　——の分極 143
　　——の分類 888
環反転(ring-flip) 92, 93, 335
カンフェン(camphene) 812
甘味料 738
簡略化した構造式(condensed structure) 18

き

ギ酸(formic acid) 511
キサンチン(xanthine) 831
キサンチンオキシダーゼ 831
基質(substrate) 676
基準ピーク(base peak) 301
キシロース(xylose) 133, 717, 730
基底状態の電子配置(ground-state electron
　　　　　　　　configuration) 5, 6
軌道(orbital) 4
軌道対称性の規則 872, 875
キナーゼ(kinase) 677
キニーネ(quinine) 263, 644
機能性 RNA → 低分子 RNA 821
キノリン(quinoline) 262, 263, 625, 643
キノン(quinone) → p-ベンゾキノン 435
Gibbs 自由エネルギー変化(Gibbs free-energy
　　　　　　　　　　change) 152
逆アルドール反応 749
逆 Claisen 縮合 784
逆合成(retrosynthesis) 287
逆旋的(disrotatory) 867
逆面過程 → アンタラ形 871
GABA → γ-アミノ酪酸 657
吸エルゴン反応(endergonic reaction) 152,
　　　　　　　　　　　　　　　157, 188
求核剤(nucleophile) 144, 477, 479
求核性(nucleophilicity) 384
求核置換反応(nucleophilic substitution
　　　　　　　　reaction) 377
求核的アシル置換反応(nucleophilic acyl
　　　　　substitution reaction) 466, 539
　　——の反応機構 467, 548
求核付加反応(nucleophilic addition reaction)
　　　　　　　　　　　　　　　465, 476
　　分子内—— 490
吸光度 319, 320
求ジエン体 → ジエノフィル 231
吸収スペクトル(absorption spectrum) 310
球状タンパク質(globular protein) 673
求電子剤(electrophile) 144, 480

求電子付加反応(electrophilic addition
　　　　　　　　reaction) 146, 180
吸熱反応(endothermic reaction) 153
凝集(agglutination) 736
共重合体 → コポリマー w5
鏡像(mirror image) 105
鏡像異性体 → エナンチオマー 106
鏡像体過剰率 → エナンチオマー過剰率 501
協奏的(concerted) 863
共通配列 → コンセンサス配列 821
橋頭位(bridgehead) 98
共鳴効果(resonance effect) 277
共鳴構造式(resonance form) 33〜37
共鳴混成体(resonance hybrid) 33
共役エノン(conjugated enone) 599, 600
共役塩基(conjugate base) 38
共役酸(conjugate acid) 38
共役ジエン 225
　　——の安定性 226
共役二重結合(conjugated double bond) 225
共役 π 電子系 321
共役付加(conjugate addition) 493, 606
共有結合(covalent bond) 7, 28
局所磁場 333
極性(結合の) 143
極性反応(polar reaction) 139, 142
キラリティー(chirality) 105〜107, 125
キラル(chiral) 107
キラル中心(chiral center) 107
キラルな環境(chiral environment) 130
キラルメチル基 414
Kiliani, Heinrich 728
Kiliani-Fischer 合成(Kiliani-Fischer
　　　　　　　　synthesis) 728
Gilman 反応剤(Gilman reagent) → ジアルキ
　　　　　　　ル銅リチウム 374, 495, 553
均等開裂(homolytic cleavage) 139

く

グアイオール(guaiol) 811
グアニン(guanine) 263, 816, 831
グアニンデアミナーゼ 831
グアノシン(guanosine) 831
　　——の異化 831
グアノシン二リン酸(guanosine diphosphate)
　　　　　　　　　　　　　　→ GDP 758
グアノシン三リン酸(guanosine triphosphate)
　　　　　　　　　　　　　　→ GTP 758
グアノシン 5'-リン酸(guanosine 5'-
　　　　　　　　　phosphate) 817
空軌道 864
クエン酸 127, 128, 757
クエン酸回路(citric acid cycle) 679, 689,
　　　　　　　　699, 743, 756, 757, 759
クエン酸合成酵素(クエン酸シンターゼ)
　　　　　　　　　　　　　　　679, 681
グッタペルカ(Gutta-perca) 240, w14
Couper, Archibald 6
Claisen 縮合反応(Claisen condensation
　　　　　　　　reaction) 602
　　——の機構 603
　　逆—— 784

生体内—— 612
　　ポリケチド生合成の—— 856
　　メバロン酸経路の—— 794
Claisen 転位(Claisen rearrangement) 445,
　　　　　　　　　　　　875, 876, 877
　　——の反応機構 446
18-クラウン-6 447
クラウンエーテル(crown ether) 447
Grubbs, R. H. a1
Grubbs 触媒 w9, w10, a1
グラフトコポリマー(graft copolymer) w6
クラブラン酸(clavulanic acid) 862
Crum Brown, Alexander 6
グリオキシル酸回路(glyoxylate cycle) 770
グリカール(glycal) 735
グリコーゲン(glycogen) 734
グリコシダーゼ 745
グリコシド(glycoside) 724
グリコール(glycol) 214
グリシン(glycine) 658
グリセオフルビン(griseofulvin) 618
グリセリン → グリセロール 774
D-グリセルアルデヒド(D-glyceraldehyde)
　　　　　　　　　　　　　　　　717
グリセルアルデヒド 3-リン酸
　　(glyceraldehyde 3-phosphate) 611, 748,
　　　　　　　　　　　　　　　　766
グリセルアルデヒド-3-リン酸脱水素酵素
　　(グリセルアルデヒド-3-リン酸デヒドロ
　　　　　　　　　ゲナーゼ) 750, 765
グリセロリン脂質(glycerophospholipid) 778
グリセロール(glycerol) 774
グリセロール 3-リン酸 155, 781
Crick, Francis 817
クリックケミストリー(click chemistry) a3
Grignard 反応(Grignard reaction) 541
　　——の反応機構 482
Grignard 反応剤(Grignard reagent) 373,
　　　　　　　　　　　　426, 481, 518
グリーンケミストリー(green chemistry)
　　　　　　　　　　　　　　　　648
D-グルカル酸(D-glucaric acid) 727
グルココルチコイド(glucocorticoid) 802
グルコサミン 771
グルコシド(glucoside) 724
グルコース(glucose) 97, 102, 220, 709, 711
　　α—— 743
　　D—— 717, 730
　　——の生合成 761, 762, 763
　　——のリン酸化 161
グルコース 6-リン酸 746, 767
グルコース 6-リン酸異性化酵素(グルコース
　　　　　　　　6-リン酸イソメラーゼ) 746
D-グルシトール(D-glucitol) 726
グルタチオン(glutathione) 439, 792
グルタミン(glutamine) 658
　　——の生合成 703
グルタミン酸(glutamic acid) 659
　　——の酸化的脱アミノ 694
　　——の生合成 701
グルタミン酸脱水素酵素(グルタミン酸デヒ
　　　　　　　　　　ドロゲナーゼ) 694
Krebs 回路(Krebs cycle) → クエン酸回路
　　　　　　　　　　　　　　　　757
グロース(gulose) 717, 741

trans-クロトノイル ACP　201, 789
　──の還元　212
クロマトグラフィー(chromatography)　666
クロラムフェニコール(chloramphenicol)　134
m-クロロ過安息香酸　213
クロロトリメチルシラン　437
クロロニウムイオン(chloronium ion)　202

け

KR → ケト還元酵素　855
形式電荷(formal charge)　31, 32
鯨ろう(spermaceti)　811
KS → ケト合成酵素　855
Kekulé, August　6
Kekulé 構造式　7
血液型　736
結合解離エネルギー(bond dissociation energy)　155
結合角(bond angle)　11
結合強度(bond strength)　9, 155
結合距離(bond distance) → 結合長　10
結合性分子軌道(bonding MO)　18, 863
結合長(bond length)　10
結合定数 → カップリング定数　351
血中アルコール濃度(blood alcohol concentration)　453
β-ケトエステル → 3-オキソエステル　587
ケト-エノール互変異性(keto-enol tautomerism)　236, 580
ケト還元酵素(ketoreductase)　855
ケト基 → オキソ基　587
ケト原性(ketogenic)　699
ケト合成酵素(ketosynthase)　855
ケトース(ketose)　710
ケトヘキソース(ketohexose)　710
ケトヘプトース(ketoheptose)　711
ケトン(ketone)　471
　──のアルキル化　594
　──の合成　474
　──の赤外吸収　497
　──の赤外スペクトル　317
　──の保護　488
　──の命名法　472
　──への求核付加反応　476, 480
　──への変換　553
ケトン体(ketone body)　699, 772
ゲラニオール(geraniol)　396, 474
ゲラニル二リン酸(geranyl diphosphate)　197, 797, 798
けん化(saponification)　556, 777
限界デキストリン(limit dextrin)　744
検光子(analyzer)　110
原子価殻(valence shell)　7
原子核(atomic nucleus)　3
原子価結合法(valence bond theory)　9
原子質量(atomic mass)　4
原子質量単位(atomic mass unit)　301
原子番号(atomic number)　4
原子量(atomic weight)　4
ゲンタマイシン(gentamycin)　737
ゲンチオビオース(gentiobiose)　741

こ

高エネルギー化合物　155
光学異性体(optical isomer)　112
光学活性(optical activity)　110
鉱質コルチコイド → ミネラルコルチコイド　802
高磁場(upfield)　336
構成原理(aufbau principle)　5
合成酵素(synthase)　851
酵素(enzyme)　159, 161, 676
　──の分類　677
構造異性体(constitutional isomer)　61, 124
酵素触媒反応　677
酵素補因子(enzyme cofactor)　838
高分子 → ポリマー　220, w1
高分子量ポリエチレン　w5
高密度ポリエチレン　w5
CoA　563, 678, 688
コカイン(cocaine)　50, 575, 620, 623
国際純正・応用化学連合(International Union of Pure and Applied Chemistry)　65
ゴーシュ配座(gauche conformation)　73
5′ 末端 (5′ end)　817
骨格(backbone, タンパク質の)　665
骨格構造式(skeletal structure)　19
COX → シクロオキシゲナーゼ　293, 791
固定相(stationary phase)　666
コデイン(codeine)　844
コード鎖(coding strand) → センス鎖　821
コドン(codon)　822
コニイン(coniine)　653
コハク酸　759
コハク酸脱水素酵素(コハク酸デヒドロゲナーゼ)　759
木挽台形表示法(sawhorse representation)　71
Cope 転位(Cope rearrangement)　876, 877
互変異性(tautomerism)　580
互変異性体(tautomer)　236, 580
コポリマー(copolymer)　w5, w6
ゴム(rubber)　240
孤立電子対(lone-pair) → 非共有電子対　8
コール酸(cholic acid)　510
コレカルシフェロール　879
コレステロール(cholesterol)　2, 800
コロナファシン酸(coronafacic acid)　883
コロネン(coronene)　261, 262
コンカナバリン A(concanavalin A)　675
混成(hybridization)　10
コンセンサス配列(consensus sequence)　821
コンホマー(conformer) → 配座異性体　71

さ

最高被占軌道(highest occupied molecular orbital)　319, 864
再生(renaturation, タンパク質の)　676
Zaitsev, Alexander　398
Zaitsev 則(Zaitsev's rule)　398
最低空軌道(lowest unoccupied molecular orbital)　319, 864
酢酸(acetic acid)　511
酢酸イオン → アセタートイオン　33
酢酸無水物(acetic anhydride)　536, 543
左旋性(levorotatory)　110
サッカリン　738
サッカロピン(saccharopine)　707
ザナミビル(zanamivir)　769
サビネン(sabinene)　811
サラン®　w5
サルタリジン(salutaridine)　845, 849
サルタリジン還元酵素(サルタリジンレダクターゼ)　850
サルファ剤(sulfa drug)　639
酸塩化物
　──の還元反応　552
　──の Grignard 反応　552
酸化(oxidation)　213
酸化還元酵素(oxidoreductase)　677
酸化銀(I)　441
酸化酵素(oxidase)　677
Sanger ジデオキシ法(Sanger dideoxy method)　825
酸化的脱アミノ(oxidative deamination)　694
酸化的脱炭酸(oxidative decarboxylation)　753
酸化的付加(oxidative addition)　376
残基(residue)　664
三酸化クロム　433, 434, 474, 475
三次構造(tertiary structure)　674
三臭化リン　372, 543
三重結合(triple bond)　12
酸性アミノ酸　659
酸性度(acidity)　38
　カルボン酸の──　513, 516
　炭化水素の──　238
　有機化合物の──　587
酸性度定数(acidity constant)　39, 419, 893
　アルコールの──　419
3′ 末端 (3′ end)　817
β-サンタレン(β-santalene)　192
三置換(trisubstituted)　175
酸ハロゲン化物(acid halide)　535, 536
　──のアミノリシス　551
　──のアルコリシス　550
　──の加水分解　550
　──の反応　549
　──への変換　543
酸無水物(acid anhydride)　535, 536
　──の反応　554
　──への変換　543, 550

し

1,3-ジアキシアル相互作用 (1,3-diaxial interaction)　94
ジアステレオトピック(diastereotopic)　346
ジアステレオマー(diastereomer)　117, 345
ジアニオン(dianion)　548
α-シアノアクリル酸メチル　w3
シアノコバラミン → ビタミン B_{12}　809
シアノサイクリン A(cyanocycline A)　521
シアノヒドリン(cyanohydrin)　478, 521

ジアミン(diamine)　564
ジアルキル銅リチウム　374, 495, 553
シアル酸(sialic acid)　729
シアン化物イオン　518
ジイリド(diylide)　491
1,3-ジエステル → マロン酸エステル　587
ジエチルエーテル(diethyl ether)　417
ジエチルスチルベストール(diethylstilbestrol)　813
ジエノフィル(dienophile)　231, 232
GAP → グリセルアルデヒド 3-リン酸　748
GABA → γ-アミノ酪酸　657
ジェミナル(geminal)　478
CoA　563, 679, 688
COX → シクロオキシゲナーゼ　293, 791
COD → シクロオクタ-1,5-ジエン　664
ジオール(diol)　214, 217
　　1,1-——　478
　　1,2-——　422
　　gem-——　478
紫外(ultraviolet)　319
紫外吸収　321
紫外スペクトル　319, 320
紫外分光法(ultraviolet spectroscopy, UV spectroscopy)　319
β-ジカルボニル化合物　587
ジカルボン酸塩化物(diacid chloride)　564
脂環式化合物(alicyclic compound)　81
磁気共鳴イメージング(magnetic resonance imaging)　358
磁気共鳴画像法 → 磁気共鳴イメージング　358
ジギトキシゲニン(digitoxigenin)　813
ジギトキシン(digitoxin)　724
シグナルの平均化(signal averaging)　337
σ結合(σ bond)　9, 146
シグマトロピー転位(sigmatropic rearrangement)　863, 874
　　——の立体化学　875
シクロアルカン(cycloalkane)　81
　　——の異性体　84
　　——のひずみエネルギー　87
　　——の命名法　81〜83
シクロオキシゲナーゼ(cyclooxygenase) → PGH 合成酵素　293, 791
シクロオクタ-1,5-ジエン(cycloocta-1,5-diene)　664
シクロオクタテトラエン(cyclooctatetraene)　256
シクロブタジエン(cyclobutadiene)　255, 256
シクロブタン(cyclobutane)　82
　　——の立体配座　88
シクロブテン　866
シクロプロパン(cyclopropane)　82, 84, 218
　　——の立体配座　88
シクロヘキサジエン　866
シクロヘキサン(cyclohexane)　82
　　——のいす形配座　90
　　——の環反転　335
　　——の立体配座　89〜91, 94, 96
シクロヘプタトリエニルカチオン　258
シクロペンタジエニルアニオン　258
シクロペンタ-1,3-ジエン　233
シクロペンタン(cyclopentane)　82
　　——の立体配座　89

ジクロロジフルオロメタン(dichlorodifluoromethane)　365
1,3-ジケトン　587
β-ジケトン → 1,3-ジケトン　587
四酸化オスミウム　215
ジシクロヘキシルカルボジイミド(dicyclohexylcarbodiimide)　546, 547
脂質(lipid)　773
脂質二重層(lipid bilayer)　779
シスタチオニン(cystathionine)　707
システイン(cysteine)　658, 666
シス-トランス異性体(cis-trans isomer)　85
シス-トランス立体異性体(cis-trans stereoisomer) → シス-トランス異性体　174
s-シス配座　233
ジスルフィド(disulfide)　439
ジスルフィド結合　666
シチジン 5'-リン酸(cytidine 5'-phosphate)　817
Schiff 塩基(Schiff base)　483, 749
質量数(mass number)　4
質量スペクトル(mass spectrum)　301
　　アミンの——　306
　　アルコールの——　305, 451
　　カルボニル化合物の——　306
質量/電荷比　300
質量分析(mass spectrometry)　299
質量分析計(mass analyzer)　300
GTP　758
GDP　758
2',3'-ジデオキシリボヌクレオシド三リン酸　825
ジテルペン(diterpene)　192, 792
シトシン(cytosine)　260, 816
(S)-シトリル CoA　680
シトルリン(citrulline)　697
ジヒドロカルボン(dihydrocarvone)　812
ジヒドロキシアセトンリン酸(dihydroxyacetone phosphate)　611, 748, 766, 781
ジヒドロキシ化(dihydroxylation)　214
GPP → ゲラニル二リン酸　797
脂肪(fat)　774, 775
脂肪酸(fatty acid)　212, 774, 838
　　——の構造　775
　　——の生合成　548, 786
　　——の生合成のアシル基転移反応　787
脂肪族化合物(aliphatic compound)　60
ジメチルアリル二リン酸(dimethylallyl diphosphate)　797, 798
ジメチルアリルピロリン酸(dimethylallyl pyrophosphate) → ジメチルアリル二リン酸　797
ジメチルスルホキシド(dimethyl sulfoxide)　31, 386, 449
ジメチルホルムアミド(dimethylformamide)　386
p-ジメトキシトリチル(p-dimethoxytrityl)　827
四面体角(tetrahedral angle)　11
四面体中間体　465, 492
指紋領域(fingerprint region)　313
Sharpless, K. Barry　501, a3, a4
Sharpless エポキシ化反応　501

遮蔽(shielding)　333
臭化鉄(III)　264
周期表　3
終結モジュール(ending module)　855
重合体 → ポリマー　220, w1
重水素同位体効果(deuterium isotope effect)　400
主官能基群(principal groups)　888
縮合反応(condensation reaction)　599
縮合ヘテロ環化合物(fused-ring heterocycle, fused-ring heterocyclic compound)　643
縮重 → 縮退　254
縮退(degeneration)　254
樹形図(NMR の)　355
主溝(major groove)　818
酒石酸　111, 119, 120
酒石酸ジエチル(diethyl tartrate)　501
Schrock, R. R.　a1
Schrock 触媒　a1
ショウノウ(camphor)　100, 793
触媒三つ組(catalytic triad)　779
植物油(vegetable oil)　774, 775
ショ糖 → スクロース　732
Chauvin, Y.　a1
シルデナフィル(sildenafil)　640
シンジオタクチック(syndiotactic)　w4
伸縮運動　311, 312
親水性(hydrophilic)　48
シンターゼ → 合成酵素　851
伸長モジュール(extension module)　855
振動数(frequency)　308
シンの立体化学(syn stereochemistry)　207
シンバスタチン(simvastatin)　809
シン付加(syn addition)　207
振幅(amplitude)　309
シンペリプラナー(synperiplanar)　401

す

水素移動
　　[1,5]-——　876
水素化(hydrogenation)　209
水素化アルミニウムリチウム　424, 481, 546
水素化ジイソブチルアルミニウム(diisobutylaluminium hydride)　474, 559
水素化ナトリウム　441
水素化熱
　　アルケンの——　179, 226
　　ジエンの——　226
　　ベンゼンの——　253
水素化反応(hydrogenation reaction)　178
水素化分解(hydrogenolysis)　670
水素化ホウ素ナトリウム　423, 481
水素結合(hydrogen bond)　48
　　アルコールの——　419
水素分子　9
　　——の分子軌道　17
水和(hydration)　205
水和反応　478
　　アルキンの——　236
　　アルケンの——　205
水和物(hydrate)　476
スクアレン(squalene)　797, 803

スクシニル CoA　758
スクシニル CoA 合成酵素（スクシニル CoA
　　　　　　シンターゼ）　758
スクラロース(sucralose)　366, 738
スクロース(sucrose)　710, 732
鈴木-宮浦カップリング反応(Suzuki-
　　　　　　Miyaura coupling reaction)　375, 376
スタチン(statin)　809
スタチン系薬剤　2, 79, 103, 808
スチレン(styrene)　222, 250, w3
ステアリン酸(stearic acid)　775
ステロイド(steroid)　81, 799, 838
　——の生合成　803
　——の立体配座　800
Stork 反応(Stork reaction)　609, 610
Strecker 法(Strecker synthesis)　654
ストレプトマイシン(streptomycin)　737
スピン結合(spin coupling) → カップリング
　　　　　　349
スピン-スピン分裂(spin-spin splitting)　349
スピン多重度　351
スフィンゴシン(sphingosine)　778
スフィンゴミエリン(sphingomyelin)　778
スフィンゴリン脂質(sphingophospholipid)
　　　　　　778
スプライソソーム(spliceosome)　822
スプラ形(suprafacial)　871
スルファチアゾール(sulfathiazole)　640
スルファニルアミド　639
スルファニル基(sulfanyl group)　415
スルフィド(sulfide)　16, 415, 440, 448
　——の命名法　440
スルホキシド(sulfoxide)　449
スルホニウムイオン(sulfonium ion)　448
スルホン(sulfone)　449

せ

制限酵素(restriction endonuclease)　825
青酸配糖体(cyanogenic glycoside)　520
生体直交化学(bioorthogonal chemistry)　a4
成長反応(propagation, ラジカル反応の)　140,
　　　　　　141, 222
静電ポテンシャル図(electrostatic potential
　　　　　　map)　29
生物学的等価体(biological equivalent)　396
生分解性ポリマー(biodegradable polymer)
　　　　　　w15
性ホルモン(sex hormone)　801
精油(essential oil)　192
生理的 pH　515
赤外(infrared)　311
赤外吸収　312
赤外スペクトル　312, 314〜317
赤外分光法(infrared spectroscopy, IR
　　　　　　spectroscopy)　311
積分(integration, NMR の)　348
石油(petroleum)　76
セスキテルペン(sesquiterpene)　192, 792
節(node)　5
石けん　776
接触分解(catalytic cracking)　76
絶対立体配置(absolute configuration)　114

接頭語　65
Z 配置(Z configuration)　175
接尾語　65
セドヘプツロース(sedoheptulose)　711
セドレン(cedrene)　811
セファレキシン(cephalexin)　569
セファロスポリン(cephalosporin)　569
セリン(serine)　658
　——の異化　700
セリン脱水酵素(セリンデヒドラターゼ)
　　　　　　700
セルロース(cellulose)　220, 710, 733
セレコキシブ(celecoxib)　654
セレノシステイン(selenocysteine)　656
セロビオース(cellobiose)　731
繊維(fiber)　w13
遷移状態(transition state)　156, 187, 188, 676
繊維状タンパク質(fibrous protein)　673
線結合構造式(line-bond structure) →
　　　　　　Kekulé 構造式　7
旋光計(polarimeter)　110
旋光度　110
センス鎖(sense strand)　821
セントラルドグマ(central dogma)　819
センブレン(cembrene)　813

そ

双極イオン(dipolar ion) → 双性イオン　656
双極子-双極子相互作用(dipole-dipole
　　　　　　interaction)　47, 48
双極子モーメント(dipole moment)　29, 30
　アンモニアの——　30
　メタノールの——　30
　メチルアミンの——　30
双性イオン(zwitterion)　44, 656
相補的な塩基対　818
側鎖(side chain)　656
速度式(rate equation)　379
速度論(kinetics)　379
疎水性(hydrophobic)　48
D-ソルビトール → D-グルシトール　726
ソルボース(sorbose)　741

た

第一級　63, 64
第一級アミン(primary amine)　624
第三級(tertiary)　63, 64
第三級アミン(tertiary amine)　624
代謝(metabolism)　687
対称許容(symmetry-allowed)　864
対称禁制(symmetry-disallowed)　864
対称面(plane of symmetry, symmetry plane)
　　　　　　107
第二級(secondary)　63, 64
第二級アミン(secondary amine)　624
DIBAH → 水素化ジイソブチルアルミニウム
　　　　　　474, 559
DIBAL-H → 水素化ジイソブチルアルミニウ
　　　　　　ム　474

第四級　63
第四級アンモニウム塩(quaternary
　　　　　　ammonium salt)　624
多環式化合物(polycyclic compound)　98
多環式芳香族化合物(polycyclic aromatic
　　　　　　compound)　261
ダクロン®(Dacron®)　463, 566
多重線(multiplet)　349
脱アミノ(deamination)　691
Taq DNA ポリメラーゼ(Taq DNA
　　　　　　polymerase)　829
脱水酵素(dehydratase)　855
脱水素酵素(dehydrogenase)　677
脱水反応(dehydration)　200, 305, 599
脱炭酸(decarboxylation)　590
脱ハロゲン化水素(dehydrohalogenation)　200
脱離基(leaving group)　380, 384
脱離酵素(lyase)　677
脱離反応(elimination reaction)　138, 200,
　　　　　　377, 398
多糖(polysaccharide)　710, 733
　——の加水分解　745
多不飽和脂肪酸(polyunsaturated fatty acid)
　　　　　　211, 774
ダーマボンド®　w3
タミフル® → オセルタミビル　101, 769
Darzens 反応　621
D-タロース(D-talose)　717
ターンオーバー数(turnover number)　676
炭化水素(hydrocarbon)　59
　——の酸性度　238
単環式化合物(monocyclic compound)　261
単結合(single bond)　12, 71
短鎖縦列型反復配列(short tandem repeat)
　　　　　　834
炭酸ジフェニル　w8
炭水化物(carbohydrate) → 糖質　709
炭素アニオン → カルボアニオン　428
炭素カチオン → カルボカチオン　148
単糖(monosaccharide)　710
　——のエステル化　723
　——の還元　725
　——の酸化　726
　——のリン酸化　725
単独重合体 → ホモポリマー　w5
タンパク質(protein)　220, 655
　——の生合成　824
タンパク質分解酵素　677
単不飽和脂肪酸(monounsaturated fatty acid)
　　　　　　774
単量体 → モノマー　220, w1

ち

チアゾリウム環(thiazolium ring)　261
チアゾール(thiazole)　642
チアミン(thiamin) → ビタミン B$_1$　642
チアミン二リン酸(thiamin diphosphate)
　　　　　　678, 754, 841
チアミンピロリン酸(thiamin pyrophosphate)
　　　　　　→ チアミン二リン酸　754
Chain, Ernst　569
チオアセタール(thioacetal)　505

チオエステラーゼ(thioesterase) 855
チオエステル(thioester) 535, 537
チオフェノール(thiophenol) 415
チオフェン(thiophene) 261
チオール(thiol) 16, 415, 439
　　――の命名法 418
置換基(substituent) 65
置換基効果 275, 276, 281, 516
置換反応(substitution reaction) 138, 377
逐次重合(step-growth polymerization, step polymerization) 564, w1
Ziegler–Natta 触媒(Ziegler–Natta catalyst) w4
治験許可申請(Investigational New Drug application) 163
窒素則(nitrogen rule) 325, 646
チミン(thymine) 260, 816
中性子(neutron) 3
超共役(hyperconjugation) 179, 180
超高分子量ポリエチレン w5
直鎖アルカン(straight-chain alkane, normal alkane) 60
　　――の名称 62
直接付加(direct addition) 493
チロキシン(thyroxine) 656
チロシン(tyrosine) 659
チロシン 3-モノオキシゲナーゼ 844

て

DIBAH → 水素化ジイソブチルアルミニウム 474, 559
DiPAMP 664
DIBAL-H → 水素化ジイソブチルアルミニウム 474
tRNA 821, 823
TE → チオエステラーゼ 855
DET → 酒石酸ジエチル 501
DEBS → 6-デオキシエリスロノリド B 合成酵素 852
DEPT-NMR(distortionless enhancement by polarization transfer NMR) 341
Taq DNA ポリメラーゼ(Taq DNA polymerase) 829
TX → トロンボキサン 790
DXP → 1-デオキシキシルロース 5-リン酸 840
DXP 経路 → 1-デオキシキシルロース 5-リン酸経路 793
DXP 合成酵素(DXP シンターゼ) 840
DH → 脱水酵素 855
DHAP → ジヒドロキシアセトンリン酸 748, 781
THF → テトラヒドロフラン 200
DNA 48, 815
　　――の合成 826
DNA フィンガープリント法(DNA fingerprinting) 834
DNA ポリメラーゼ 820
DNA リガーゼ 820
dNTP → 2′-デオキシリボヌクレオシド三リン酸 825
TMS → テトラメチルシラン 336

DMSO → ジメチルスルホキシド 386, 449
DMAPP → ジメチルアリル二リン酸 797
DMF → ジメチルホルムアミド 386
DMT → p-ジメトキシトリチル 827
TOF 質量分析計 → 飛行時間型質量分析計 307
d 軌道 4
Dieckmann 環化反応(Dieckmann cyclization reaction) 604
　　――の反応機構 605
TCA 回路(TCA cycle) → クエン酸回路 757
DCC → ジシクロヘキシルカルボジイミド 546
低磁場(downfield) 335
停止反応(termination, ラジカル反応の) 140, 141, 222
ddNTP → 2′,3′-ジデオキシリボヌクレオシド三リン酸 825
D 糖(D sugar) 715
TPP → チアミン二リン酸 841, 754
低分子 RNA 821
Diels-Alder 反応(Diels-Alder reaction) 230, 872
　　不斉―― a6
2′-デオキシアデノシン 5′-リン酸(2′-deoxyadenosine 5′-phosphate) 817
6-デオキシエリスロノリド B 合成酵素(6-deoxyerythronolide B synthase) 852
1-デオキシキシルロース 5-リン酸(1-deoxyxylulose 5-phosphate) 840
1-デオキシキシルロース 5-リン酸経路(1-deoxyxylulose 5-phosphate pathway) 793
2′-デオキシグアノシン 5′-リン酸(2′-deoxyguanosine 5′-phosphate) 817
2′-デオキシシチジン 5′-リン酸(2′-deoxycytidine 5′-phosphate) 817
2′-デオキシチミジン 5′-リン酸(2′-deoxythymidine 5′-phosphate) 817
デオキシ糖(deoxy sugar) 729
デオキシリボ核酸(deoxyribonucleic acid) → DNA 48, 815
2′-デオキシリボース(2′-deoxyribose) 816
2′-デオキシリボヌクレオシド三リン酸 825
デオキシリボヌクレオチド(deoxyribonucleotide) 817
デカリン 98, 99, 860
デキストロース → グルコース 709
テストステロン(testosterone) 99, 459, 801
Dess-Martin 酸化 434
Dess-Martin ペルヨージナン(Dess-Martin periodinane) 433, 474
鉄-オキソ錯体 848
テトラカイン(tetracaine) 654
テトラサイクリン(tetracycline) 852
テトラヒドロビオプテリン(tetrahydrobiopterin) 844
テトラヒドロフラン(tetrahydrofuran) 200, 417
テトラヒドロ葉酸 678
テトラメチルシラン(tetramethylsilane) 336
テバイン(thebaine) 845, 850
7-デヒドロコレステロール 879
DEPT-NMR(distortionless enhancement by polarization transfer NMR) 341
Dewar ベンゼン 881, 882

δ 値 336
α-テルピネオール(α-terpineol) 166, 799
テルペノイド(terpenoid) → テルペン 192, 792, 838
テルペン(terpene) 192, 792, 793
　　――の生合成 797
テルペン環化酵素(テルペンシクラーゼ) 798
テレフタル酸ジメチル 566
転位(rearrangement) 190
転移 RNA(transfer RNA) → tRNA 821
転移酵素(transferase) 677
転位反応(rearrangement reaction) 138
転化糖(invert sugar) 733
電気陰性度(electronegativity) 27, 28
電気泳動(electrophoresis) 662
電子(electron) 3
電子殻(electron shell) 4
電子環状反応(electrocyclic reaction) 863, 865
　　――の立体化学 870
電子衝撃磁場型装置 300
電磁スペクトル(electromagnetic spectrum) 308, 309
電子伝達系(electron-transport chain) 689
電磁波 308, 309
転写(transcription, DNA の) 819, 821
点電子構造式(electron-dot structure) → Lewis 構造式 7
天然ガス(natural gas) 76, w14
天然物(natural product) 837
　　――の分類 838
デンプン(starch) 710, 734, 743

と

同位体(isotope) 4
等価(equivalent) 334
同化(anabolism) 687
糖原性(glucogenic) 699
糖脂質(glycolipid) 725
糖質(saccharide) 709
糖質コルチコイド → グルココルチコイド 802
糖新生(gluconeogenesis) 699, 743, 761～763, 767
同旋的(conrotatory) 867
糖タンパク質(glycoprotein) 725
　　――の生合成 725
等電点(isoelectric point) 661
同面過程 → スプラ形 871
ドキソルビシン(doxorubicin) 852
トシラート → p-トルエンスルホン酸エステル 378
トシルオキシ基 378
L-ドーパ(L-dopa) 845
ドーパミン(dopamine) 285, 845
ドーパミン β-モノオキシゲナーゼ 285
TOF 質量分析計 → 飛行時間型質量分析計 307
トランス脂肪酸 776
トランスフェラーゼ → 転移酵素 677
トリアシルグリセロール(triacylglycerol) 774
　　――の異化 779

トリオースリン酸異性化酵素（トリオースリン酸イソメラーゼ）　749
トリカルボン酸回路（tricarboxylic acid cycle）→ クエン酸回路　757
トリグリセリド（triglyceride）→ トリアシルグリセロール　774
トリクロロエチレン（trichloroethylene）　365
トリコジエン（trichodiene）　813
トリプトファン（tryptophan）　263, 644, 659
トリメチルアミン（trimethylamine）　623
トリメトジン（trimetozine）　551, 552
トルエン（toluene）　250
p-トルエンスルホン酸エステル　378
ドルトン　308
D-トレオース（D-threose）　717
トレオニン（threonine）　659, 708
トレハロース（trehalose）　741
Tollens 反応剤（Tollens' reagent）　726
トロピノン（tropinone）　620
トロンボキサン（thromboxane）　790, 791

な 行

ナイロン（nylon）　565
―― 6　w7
―― 66　w7
ナフタレン（naphthalene）　261, 262
二クロム酸ナトリウム　433
ニコチン（nicotine）　623
ニコチンアミドアデニンジヌクレオチド（nicotinamide adenine dinucleotide）→ NAD(H)　127, 161, 493, 635
ニコチンアミドアデニンジヌクレオチドリン酸（nicotinamide adenine dinucleotide phosphate）→ NADP(H)　212
二次構造（secondary structure）　674
二次代謝産物（secondary metabolite）　837
二次反応（secondorder reaction）　379
二重結合（double bond）　12, 146, 174
二重収束型質量分析計（double-focusing mass spectrometer）　301
二重らせん（double helix）　818
二炭酸ジ-t-ブチル　670, 671
二置換（disubstituted）　174
二糖（disaccharide）　731
ニトリル（nitrile）　511, 520
――のアルキル化　594
――の加水分解　518, 522
――の還元　632
――の合成　521
――の命名法　511
ニトロ化合物
――の還元　632
ニトロニウムイオン（nitronium ion）　267
二面角（dihedral angle）　72
乳酸（lactic acid）　106, 492, 511
乳酸脱水素酵素（乳酸デヒドロゲナーゼ）　493
乳糖 → ラクトース　732
Newman 投影式（Newman projection）　71
尿酸（uric acid）　695, 831
尿素（urea）　695
尿素回路（urea cycle）　695, 696

二リン酸イオン　396
ニンヒドリン（ninhydrin）　667
ヌクレアーゼ → 核酸分解酵素　830
ヌクレオシド（nucleoside）　816
ヌクレオシド分解酵素（ヌクレオシダーゼ）　830
ヌクレオチド（nucleotide）　221, 815
――の異化　830
――の生合成　832
ヌクレオチド分解酵素（ヌクレオチダーゼ）　830
ねじれ形配座（staggered conformation）　72, 401
ねじれひずみ（torsional strain）　72
ねじれ舟形配座（twist-boat conformation）　91
熱可塑性プラスチック（thermoplastic）　w12
熱硬化性樹脂（thermosetting resin）　w14
熱的電子環状反応　868
燃焼熱（heat of combustion）　86
ノイラミニダーゼ（neuraminidase）　769
野依良治　501, 664
ノルアドレナリン（noradrenaline）　285, 397
ノルエチンドロン（norethindrone）　802
(S)-ノルコクラウリン（(S)-norcoclaurine）　845
(S)-ノルコクラウリン合成酵素　846
Knowles, William S.　501, 664
ノルボルナン　99
1-ノルボルネン（1-norbornene）　104
ノンコーディング鎖（noncoding strand）→ アンチセンス鎖　821

は

バイアグラ® → シルデナフィル　640
バイオマス　710
π結合（π bond）　13, 146, 174
配向性（orientation）　276
配座異性体（conformational isomer）　71
配座解析（conformational analysis）　96
配糖体 → グリコシド　724
π→π*遷移　319
π分子軌道　227
Baeyer, Adolf von　86
配列決定（sequencing）　667
Pauli の排他原理（Pauli exclusion principle）　5
パクリタキセル（paclitaxel）　860
波数（wavenumber）　311
Pasteur, Louis　111
バソプレッシン（vasopressin）　666
波長（wavelength）　308
発エルゴン反応（exergonic reaction）　152, 157, 188
パッチュリアルコール（patchouli alcohol）　793
発熱反応（exothermic reaction）　152
波動関数（wave function）　4
波動方程式（wave equation）　4
パパイン（papain）　676
バブル（bubble）　819

Hammond の仮説（Hammond postulate）　187, 188
パラ（para）　251
パラフィン（paraffin）　70
バリノマイシン（valinomycin）　448
バリン（valine）　659
バルガンシクロビル（valganciclovir）　836
バルサルタン（valsartan）　375
バルビタール（barbital）　613
バルビツール酸　613
パルミチン酸（palmitic acid）　510, 775
パルミトイル ACP　790
パルミトレイン酸（palmitoleic acid）　775
ハロアルカン（haloalkane）　366
ハロゲン化（halogenation）　201
ハロゲン化アルキル（alkyl halide）　366
――の合成　371
――の命名法　366
ハロタン（halothane）　365
ハロヒドリン（halohydrin）　203
ハロペルオキシダーゼ（haloperoxidase）　203, 204
ハロモン（halomon）　407
反結合性分子軌道（antibonding MO）　18, 863
反応機構（reaction mechanism）　139
反応座標（reaction coordinate）　156
反応性（reactivity）　275
反応中間体（reactive intermediate）　158
反応熱（heat of reaction）　152
反芳香族（antiaromatic）　255
半保存的複製（semiconservative replication）　819, 820

ひ

PITC → フェニルイソチオシアナート　669
PET → ポリエチレンテレフタラート　w12
PEP → ホスホエノールピルビン酸　751
PAM 樹脂　672
BAC → 血中アルコール濃度　453
PMP → ピリドキサミンリン酸　692
PLP → ピリドキサールリン酸　691, 839
Biot, Jean-Baptiste　109
Boc → t-ブトキシカルボニル　670
ビオチン（biotin）　678, 764, 788
光化学的電子環状反応　869
光化学反応（photochemical reaction）　866
非環状ジエンメタセシス（acyclic diene metathesis）　w10, w11
p 軌道　4
非共有結合性相互作用（noncovalent interaction）　47
非共有電子対（unshared electron pair）　8
非局在化（delocalization）　228
pK_a　39
PKS → ポリケチド合成酵素　852
非結合電子対（nonbonding electron pair）→ 非共有電子対　8
微結晶（crystallite）　w11～w13
飛行時間型質量分析計（time-of-flight mass spectrometer）　307
γ-ビサボレン（γ-bisabolene）　799
PG → プロスタグランジン　790

PCR → ポリメラーゼ連鎖反応　829
PGHS → PGH 合成酵素　791
PGH 合成酵素　791
PGH シンターゼ(PGH synthase) → PGH 合成酵素　791
ヒスタミン(histamine)　650
ヒスチジン(histidine)　260, 642, 659
非ステロイド系抗炎症薬(non-steroidal anti-inflammatory drug)　292, 518
ビスフェノール A　w8
1,3-ビスホスホグリセリン酸　766
2,3-ビスホスホグリセリン酸　765
被占軌道　864
比旋光度(specific rotation)　110
ビタミン A　322, 491
ビタミン B$_1$　642
ビタミン B$_6$ → ピリドキシン　691
ビタミン B$_{12}$　809
ビタミン C　526
ビタミン D　879
ビタミン D$_2$ → エルゴカルシフェロール　879
ビタミン D$_3$ → コレカルシフェロール　879
ビタミン K$_1$ → フィロキノン　274
必須アミノ酸(essential amino acid)　657, 701
必須単糖　729, 730
PTH → N-フェニルチオヒダントイン　669
PDB → プロテインデータバンク　324, 681
ヒドリドイオン　424, 547, 552
ヒドリド移動(hidride shift)　190
ヒドリド反応剤　481
β-ヒドロキシアルデヒド　599
ヒドロキシエチルチアミン二リン酸 (hydroxyethylthiamin diphosphate)　754, 841
β-ヒドロキシカルボニル化合物　580, 597
β-ヒドロキシケトン　599
β-ヒドロキシブチリル ACP　789
3-ヒドロキシ-3-メチルグルタリル CoA(3-hydroxy-3-methylglutaryl CoA)　2, 795, 808
3-ヒドロキシ-3-メチルグルタリル CoA 還元酵素　2, 795, 809
3-ヒドロキシ-3-メチルグルタリル CoA 合成酵素　795
ヒドロキノン(hydroquinone)　436
ヒドロコルチゾン(hydrocortisone)　102, 802
ヒドロホウ素化-酸化(hydroboration-oxidation)　206, 207, 422
ヒドロラーゼ → 加水分解酵素　677
ピナコール(pinacol)　459
ピナコロン(pinacolone)　459
ビニル(vinyl)　271
ビニルアニオン　239
ビニル基(vinyl group)　172
ビニルモノマー(vinyl monomer)　222
α-ピネン(α-pinene)　167, 192, 799
PBG → ポルホビリノーゲン　652
非必須アミノ酸(nonessential amino acid)　657, 701
PVC → ポリ塩化ビニル　201
非プロトン性極性溶媒(polar aprotic solvent)　386
ピペリジン(piperidine)　625
PUFA → 多不飽和脂肪酸　774

Hückel の 4n＋2 則(Hückel 4n＋2 rule)　255
標準アミノ酸　658
標準自由エネルギー変化(standard free-energy change)　152
標準状態　152
ピラノース(pyranose)　719, 720
ピラミッド反転(pyramidal inversion)　626
ピラン(pyran)　720
ビリオン(virion)　769
ピリジン(pyridine)　259, 625, 642
ピリドキサミンリン酸(pyridoxamine phosphate)　692
ピリドキサールリン酸(pyridoxal phosphate)　483, 640, 678, 691, 839
——の生合成　839
ピリドキシン(pyridoxine)　691
非リボソームポリペプチド(nonribosomal polypeptide)　838
ピリミジン(pyrimidine)　259, 625, 643, 816
ピルビン酸　492, 699, 743, 753, 764
ピルビン酸カルボキシラーゼ　764
ピルビン酸キナーゼ　752
ピルビン酸脱水素酵素複合体(pyruvate dehydrogenase complex)　753
ピロリシン(pyrrolysine)　656
ピロリジン(pyrrolidine)　625, 641
ピロール(pyrrole)　260, 625, 640

ふ

Favorskii 転位(Favorskii rearrangement)　532
ファルネシル二リン酸(farnesyl diphosphate)　797
ファルネシル二リン酸合成酵素　798
van der Waals 力(van der Waals force)　47
van't Hoff, Jacobus　6
Fischer, Emil　711, 728
Fischer エステル化反応(Fischer esterification reaction)　544
——の反応機構　544
Fischer 投影式(Fischer projection)　711, 712
フィロキノン(phylloquinone)　274
フェナントレン(phenanthrene)　295
フェニル(phenyl)　251
フェニルアラニン(phenylalanine)　446, 658
フェニルイソチオシアナート(phenyl isothiocyanate)　668
N-フェニルチオヒダントイン(N-phenylthiohydantoin)　669
フェニルヒドラゾン(phenylhydrazone)　742
フェノキシドイオン(phenoxide ion)　419〜421
フェノール(phenol)　250, 415, 416
——の酸化　435
——の赤外スペクトル　450
——の命名法　418
フェノール樹脂(phenolic resin)　w14
α-フェンコン(α-fenchone)　813
付加環化反応(cycloaddition reaction)　231, 863, 870
——の立体化学　873
[2＋2]——　871, 873

[4＋2]——　870, 872
不活性化基　276
付加反応(addition reaction)　138
　1,2——　228, 493, 494
　1,4——　228, 493, 494
不均一系(heterogeneous)　209
不均一開裂(heterolytic cleavage)　139
福井謙一　864
副官能基群(subordinate groups)　888
副溝(minor groove)　818
複合糖質(glycoconjugate, complex carbohydrate)　725
副腎皮質ホルモン(adrenocortical hormone)　801
複製(replication, DNA の)　819
複製フォーク(replication fork)　819
複素環 → ヘテロ環　259, 640
複素環化合物 → ヘテロ環化合物　257
複素環アミン → ヘテロ環アミン　625
フコース　730, 772
プシコース(psicose)　741
不斉合成　131, 501
不斉触媒　a6
不斉中心(asymmetric center, stereogenic center) → キラル中心　107
プソイドエフェドリン(pseudoephedrine)　132
ブタ-1,3-ジエン　225, 600
——の静電ポテンシャル図　228
——のπ分子軌道　227, 864
フタル酸ジオクチル　w13
1,4-ブタンジアミン → プトレシン　627
ブタン
——の立体配座　73
ブチリル ACP　789
ブドウ糖 → グルコース　709
t-ブトキシカルボニル(t-butoxycarbonyl)　670
プトレシン(putrescine)　627
部分電荷　28, 29
不飽和(unsaturated)　168
α,β-不飽和アルデヒド　493
α,β-不飽和カルボニル化合物　493
α,β-不飽和ケトン　493, 585
不飽和度(degree of unsaturation)　168
フマラーゼ　759
フマル酸(fumarate)　127, 205, 696, 759
フムレン(humulene)　192
プライマー(primer)　825
フラグメンテーション(fragmentation)　300, 303
プラスチック　w15
プラスマローゲン(plasmalogen)　811
フラノース(furanose)　720
プラバスタチン(pravastatin)　809
フラビンアデニンジヌクレオチド(flavin adenine dinucleotide) → FAD(H$_2$)　213, 678, 755, 782
フラビンモノヌクレオチド(flavin mononucleotide)　843
Planck の式　309, 310
フーリエ変換 NMR(Fourier-transform NMR)　337
Friedel-Crafts アシル化　272, 273
Friedel-Crafts アルキル化　270

Friedel-Crafts 反応（Friedel-Crafts reaction） 270
フリーラジカル（free radical）→ ラジカル 139
プリン（purine） 262, 263, 644, 816
プリンヌクレオチドホスホリラーゼ 831
フルオキセチン（fluoxetine） 128, 266, 412
フルオレニルメチルオキシカルボニル（fluorenylmethyloxycarbonyl） 670
フルクトース（fructose） 711
フルクトース-1,6-ビスホスファターゼ 766
フルクトース 1,6-ビスリン酸（fructose 1,6-bisphosphate） 612, 748
ブルバレン（bullvalene） 882
フレキシビレン（flexibilene） 812
Bredt, J. 104
Fleming, Alexander 569
Brønsted-Lowry 塩基（Brønsted-Lowry base） 38
Brønsted-Lowry 酸（Brønsted-Lowry acid） 38
pro-R 127, 345
pro-S 127, 345
プロキラリティー（prochirality） 126
プロキラル（prochiral） 126
プロキラル中心（prochiral center） 126, 757
プロゲスチン（progestin） 801
プロゲステロン（progesterone） 802
プロスタグランジン（prostaglandin） 81, 141, 225, 790, 791
プロスタグランジン E_1（prostaglandin E_1） 837
ブロックコポリマー（block copolymer） w6
プロテアーゼ（protease）→ タンパク質分解酵素 677
プロテインデータバンク（Protein Data Bank） 324, 681, 705
プロトステリルカチオン（protosteryl cation） 804, 807
ブロードバンドデカップリングスペクトル（broadband-decoupled spectrum） 341
プロトン（proton） 38
——の等価性 344
プロトン性溶媒（protic solvent） 386
プロピレン（propylene） 168, 172
プロペナール 600
プロペン（propene）→ プロピレン 168, 172
N-ブロモスクシンイミド（*N*-bromosuccinimide） 368
プロモーター配列（promoter sequence） 821
ブロモニウムイオン（bromonium ion） 202
ブロモヒドリン 204
ブロモメタン（bromomethane） 365
Florey, Howard 569
プロリン（proline） 658
——の生合成 704
フロンティア軌道（frontier orbital） 864
分割（resolve） 121
分極（結合の） 142
分極した共有結合（polar covalent bond） 27, 28
分極率（polarizability） 144
分散力（dispersion force） 47, 48
分子（molecule） 7
分枝アルカン（branched-chain alkane） 61

分子イオン（molecular ion） 301
分子間力（intermolecular force） 47
分子軌道（molecular orbital） 17, 863
　エチレンの—— 18
　水素分子の—— 17
分子軌道法（molecular orbital theory） 9, 17
分子振動 311
分子内（intramolecularly） 591
分子内アルドール反応（intramolecular aldol reaction） 601
　PLP 生合成の—— 842
分子内求核付加反応（internal nucleophilic addition reaction） 488
分子力学（molecular mechanics） 101
Hund の規則（Hund's rule） 6
分別結晶（fractional crystallization） 121

へ

閉環メタセシス（ring-closing metathesis） a1
平衡定数 151
米国食品医薬品局（U. S. Food and Drug Administration） 131, 163
ヘキサデカン酸トリアコンチル（triacontyl hexadecanoate） 774
ヘキサ-1,3,5-トリエン
　——の π 分子軌道 865
ヘキサメチルホスホルアミド（hexamethylphosphoramide） 386
HMPA → ヘキサメチルホスホルアミド 386
ヘキサメチレンジアミン 566, w7
ヘキサン-1,6-ジアミン → ヘキサメチレンジアミン w7
ヘキソキナーゼ（hexokinase） 161, 677
ベークライト（Bakelite） w14
β アノマー（β anomer） 720
ベタイン（betaine） 490
β 酸化経路（β-oxidation pathway） 781
　——の反応機構 782
β シート（β-sheet） 674, 675
β 遮断薬 626
β 炭素（β carbon） 493
β プリーツシート（β-pleated sheet）→ β シート 674
β ブロッカー → β 遮断薬 626
β-ラクタム抗生物質 569
PET → ポリエチレンテレフタラート w12
ヘテロ環（heterocycle） 259, 640
ヘテロ環アミン（heterocyclic amine） 625
ヘテロ環化合物（heterocyclic compound） 257
ヘテロリシス → 不均等開裂 139
ペニシリン（penicillin） 569
ペニシリン V 131
Benedict 反応剤（Benedict's reagent） 726
ペプチド（peptide） 546, 655
　——の合成 673
ペプチド結合（peptide bond） 664
ヘマグルチニン（hemagglutinin） 769
ヘミアセタール（hemiacetal） 487
ヘミチオアセタール（hemithioacetal） 750
ヘム（heme） 640
ヘリカーゼ（helicase） 819

ペリ環状反応（pericyclic reaction） 140, 231, 863
　——の立体化学 878
ペリプラナー（periplanar） 401
ヘルツ（hertz） 309
Bertozzi, C. R. a4
Hell-Volhard-Zelinskii 反応（Hell-Volhard-Zelinskii reaction, HVS reaction） 585
ヘルミントゲルマクレン（helminthogermacrene） 810
ヘロイン（heroin） 844
変角運動 311, 312
偏光（polarized light） 109
偏光子（polarizer） 109
ベンジル（benzyl） 251
ベンジル位（benzylic） 285
ベンジルカチオン 392
ベンジル酸転位（benzilic acid rearrangement） 505, 575
ベンジルペニシリン（benzylpenicillin） 837
ベンジルラジカル 285
ベンズアルデヒド（benzaldehyde） 472, 478
変性（denaturation） 675
ベンゼン（benzene） 33, 250, 252, 256
　——の臭素化 265
　——の水素化熱 253
　——の π 分子軌道 254
変旋光（mutarotation） 721
ベンゾイル基（benzoyl group） 473
p-ベンゾキノン（*p*-benzoquinone） 435
ベンゾニトリル（benzonitrile） 512
ベンゾ[*a*]ピレン（benzo[*a*]pyrene） 215, 261, 262
ベンゾフェノン（benzophenone） 473
Henderson-Hasselbalch の式（Henderson-Hasselbalch equation） 515, 631, 660
1,5-ペンタンジアミン → カダベリン 627

ほ

補因子（cofactor） 678
芳香環
　——のアミノ化 268
　——の還元 286
　——の水素化 285, 286
　——のスルホン化 268
　——のニトロ化 268
　——のハロゲン化 266
　——のヒドロキシ化 269
芳香族（aromatic） 249
芳香族アミン（arylamine） 268, 624, 630
　——の芳香族求電子置換反応 638
芳香族化合物
　——の慣用名 250
　——の酸化 284
　——の赤外スペクトル 316
　——の命名法 250
芳香族求核置換反応（nucleophilic aromatic substitution reaction） 282
芳香族求電子置換反応（electrophilic aromatic substitution reaction） 263
芳香族性（aromaticity） 255
飽和（saturated） 59

飽和炭化水素（saturated hydrocarbon） 59
保護（protection） 670
補酵素（coenzyme） 161, 678
── の構造と機能 678
補酵素A（coenzyme A） → CoA 563, 678, 688
補酵素Q（coenzyme Q） → ユビキノン 436
保護基（protecting group） 437
ホスファチジルエタノールアミン 778
ホスファチジルコリン 778
ホスファチジルセリン 778
ホスファチジン酸（phosphatidic acid） 778
ホスホエノールピルビン酸
　　（phosphoenolpyruvate） 751, 765
ホスホエノールピルビン酸カルボキシキナーゼ 765
ホスホグリセリン酸 765, 766
ホスホグリセリン酸キナーゼ 750
ホスホグリセリン酸ムターゼ 751
ホスホジエステル結合（phosphodiester bond） 816
ホスホパンテテイン（phosphopantetheine） 563, 787
ホスホフルクトキナーゼ 748
ホスホラン（phosphorane） 489
母体名 65
Boc → t-ブトキシカルボニル 670
Hoffmann, Roald 864
Hofmann 脱離（Hofmann elimination） 414, 636
HOMO → 最高被占軌道（HOMO） 319, 864
ホモシステイン（homocysteine） 656
ホモトピック（homotopic） 345
ホモポリマー（homopolymer） w5
ホモリシス → 均等開裂 139
ポリアミド 565
ポリアルキル化（polyalkylation） 271
ポリイソブチレン w2
ポリウレタン（polyurethane） w8
ポリエステル 566
ポリエチレン 221
ポリエチレンテレフタラート w12
ポリ塩化ビニル（poly(vinyl chloride)） 201
ポリカーボネート（polycarbonate） 566, w7
ポリグリコール酸 w15
ポリケチド（polyketide） 838, 851, 852
ポリケチド合成酵素（polyketide synthase） 852
ポリケチドシンターゼ → ポリケチド合成酵素 852
ポリスチレン 222, w3
ポリ乳酸 w15
ポリヒドロキシ酪酸 w15
ポリプロピレン 222, w4
ポリマー（polymer） 220, 565, w1
ポリメラーゼ連鎖反応（polymerase chain reaction） 829
Pauling, Linus 10
ポルホビリノーゲン（porphobilinogen） 652
ホルミル基（formyl group） 473
ホルムアルデヒド（formaldehyde） 472, 478
ホルモン（hormone） 801
翻訳（translation） 819, 822
翻訳後修飾（posttranslational modification） 826

ま 行

Michael 反応（Michael reaction） 606
── の機構 607
── の受容体と供与体 608
マイコマイシン（mycomycin） 135
Meisenheimer 錯体 283
マイラー®（Mylar®） 566
曲がった結合（bent bond） 88
巻矢印 148
MacMillan, David a6
McLafferty 転位（McLafferty rearrangement） 306, 498
マトリックス支援レーザー脱離イオン化法
　　（matrix-assisted laser desorption ionization） 307
Mullis, Kary 829
Markovnikov 則（Markovnikov's rule） 182, 183
Markovnikov, Vladimir 182
MALDI → マトリックス支援レーザー脱離イオン化法 307
マルトース（maltose） 731
マロニルACP 612, 789
マロン酸エステル 587, 589
マロン酸エステル合成（malonic ester synthesis） 589
Mannich 反応 621
マンノース（mannose） 97, 717, 730, 770
3-O-ミカロシルエリスロノリドB 858
ミセル（micelle） 777
溝呂木-Heck 反応（Mizoroki-Heck reaction） a5
蜜ろう 774
ミネラルコルチコイド（mineralocorticoid） 802
ミリスチン酸（myristic acid） 775
ミルセン（myrcene） 192
無水酢酸 → 酢酸無水物 536, 543
命名法 171
　アミンの── 624
　アルカンの── 65
　アルキンの── 172
　アルケンの── 170
　アルコールの── 417
　アルデヒドの── 472
　エイコサノイドの── 791
　エーテルの── 440
　カルボン酸の── 510
　カルボン酸誘導体の── 536, 538
　ケトンの── 472
　シクロアルカンの── 81〜83
　スルフィドの── 440
　多官能基有機化合物の── 887
　チオールの── 418
　ニトリルの── 511
　ハロゲン化アルキルの── 366
　フェノールの── 418
　芳香族化合物の── 250

メサドン（methadone） 844
メソ化合物（meso compound） 119
メタ（meta） 251
メタアンドロステノロン
　　（methandrostenolone） 802
メタクリル酸メチル w2
メタノール 16, 28, 143, 416
── の双極子モーメント 30
メタ配向性置換基 280
メタラサイクル（metallacycle） w9, a1
メタロドプシンII（metarhodopsin II） 323
メタン 59
── の塩素化 140
── の構造 11
メチオニン（methionine） 414, 449, 658
4-メチリデンイミダゾール-5-オン 686, 707
メチリデン基（methylidene group） 172
メチルアミン 16, 29
── の双極子モーメント 30
メチルエリトリトールリン酸経路
　　（methylerythritol phosphate pathway） →
　　1-デオキシキシロース 5-リン酸経路 793
N-メチルモルホリン-N-オキシド（N-methylmorpholine N-oxide） 216
メチルリチウム 28
メチレン基 172
メッセンジャーRNA（messenger RNA） → mRNA 821
メトプロロール（metoprolol） 445
(R)-メバロン酸 795
メバロン酸経路（mevalonate pathway） 793, 794
メバロン酸 5-二リン酸脱炭酸酵素（メバロン酸 5-二リン酸デカルボキシラーゼ） 796
メブアルデヒド 563, 564, 795
メペリジン（meperidine） 844
Meerwein-Ponndorf-Verley 反応 506
メラミン w17
Merrifield, R. Bruce 671
Merrifield の固相合成法（Merrifield solid-phase method） 671
メルカプタン（mercaptan） → チオール 418
メルカプト基 → スルファニル基 418
Meldal, M. a4
メントール（menthol） 90, 812
面偏光（plane-polarized light） 109

モノテルペン（monoterpene） 192, 792
モノマー（monomer） 220, w1
モル吸光度（molar absorptivity） 320
モルヒネ（morphine） 50, 837, 843, 844
── の生合成 845
モルヒネルール 844
モロゾニド（molozonide） 216

ゆ，よ

融解温度（melting temperature） w12
有機塩基 43
有機化学（organic chemistry） 2
有機金属化合物（organometallic compound） 373

有機クプラート反応剤 → ジアルキル銅リチウム　374
誘起効果(inductive effect)　29, 277
有機酸　42
有機二リン酸　396
有機ハロゲン化物(organohalide)　365
有機リン酸エステル(organophosphate)　16
有効磁場　333
UTP　725
UDP　770
ユビキノン(ubiquinone)　436
UV 分光法 → 紫外分光法　319

ヨウ化メチル(methyl iodide)　367
陽子(proton)　3
溶媒和(solvation)　386, 394
四次構造(quaternary structure)　674
ヨードホルム反応(iodoform reaction)　577
ヨードメタン(iodomethane)　367
四置換(tetrasubstituted)　175

ら 行, わ

ラウリン酸(lauric acid)　775
ラギング鎖(lagging strand)　820
ラクタム(lactam)　562
ラクトース(lactose)　732
ラクトン(lactone)　556
ラジオ波の周波数(radiofrequency)　332
ラジカル(radical)　37, 139
ラジカルカチオン → カチオンラジカル　300
ラジカル重合　w2
ラジカル反応(radical reaction)　139, 140
ラジカル付加反応　224
ラセミ混合物(racemic mixture) → ラセミ体　121
ラセミ体(racemate)　121
ラノステロール(lanosterol)　192, 793, 803
　——の生合成　804, 805
ラパマイシン(rapamycin)　852
ラベタロール(labetalol)　627

リアーゼ(lyase) → 脱離酵素　677
リガーゼ(ligase)　677
D-リキソース(D-lyxose)　717
リシン(lysine)　659
List, Benjamin　a6
リチウムジイソプロピルアミド(lithium diisopropylamide)　586, 629
律速段階(rate-limiting step, rate-determining step)　388
立体異性体(stereoisomer)　84, 117, 124
立体化学(stereochemistry)　71, 84
立体中心(stereocenter) → キラル中心　107
立体特異的(stereospecific)　219
立体特異的な番号づけ(stereospecific numbering)　781
立体配座(conformation)　71
　エタンの——　71
　シクロブタンの——　88
　シクロプロパンの——　88
　シクロヘキサンの——　89〜91, 94, 96
　シクロペンタンの——　89
　ステロイドの——　800
　ブタンの——　73
立体配座解析(conformational analysis)　96
立体配置(configuration)　112
立体反転(inversion)　377
立体ひずみ(steric strain)　73, 95
リーディング鎖(leading strand)　820
リドカイン(lidocaine)　575
リトコール酸(lithocholic acid)　531
リナリル二リン酸(linalyl diphosphate)　798
リノール酸(linoleic acid)　775
リノレン酸(linolenic acid)　775
リパーゼ(lipase)　677, 779, 780
リポアミド　755
リボ核酸(ribonucleic acid) → RNA　815
リボ酸　678
リボース(ribose)　711, 717, 816
リボソーム RNA(ribosomal RNA) → rRNA　821
リボヌクレオチド(ribonucleotide)　817
リモネン(limonene)　128, 197, 798
量子化　311
両性(amphiprotic)　656
リレンザ® → ザナミビル　769
リンイリド → ホスホラン　489

リンゴ酸　127, 205, 377, 759
リンゴ酸脱水素酵素　759
リン酸エステル(phosphate)　16, 58
リン酸無水物　689
リン脂質(phospholipid)　778
臨床試験(新薬の)　163
Lindlar 触媒(Lindlar catalyst)　235
Lewis 塩基(Lewis base)　44, 46
Lewis 構造式　7
Lewis 酸(Lewis acid)　44, 45
Lewis, G.N.　7
Le Bel, Joseph　6
LUMO → 最低空軌道　319, 864

レキサン®　w8
(R)-レチクリン ((R)-reticuline)　845, 848
11-cis-レチナール（11-cis-retinal）　322
連鎖重合(chain-growth polymerization, chain polymerization)　221, 564, w1
連鎖反応(chain reaction, ラジカル反応の)　141

ロイコトリエン(leukotriene)　790, 791
ロイシン(leucine)　658
ろう(wax)　773
ロスバスタチン(rosuvastatin)　809
ロタウストラリン(lotaustralin)　521
ローディングモジュール → 開始モジュール　855
ロドプシン(rhodopsin)　323
ロバスタチン(lovastatin)　233, 809, 852
Robinson, Robert　843
ローブ(lobe)　5
ロラタジン(loratadine)　194, 267
ROMP → 開環メタセシス重合　w9

ワックス → ろう　773
Watson, James　817
Watson-Crick モデル　817
Walden, Paul　377
Walden 反転　377, 378
Wang 樹脂　672

柴崎 正勝
しばさき まさかつ

1947年 埼玉県に生まれる
1969年 東京大学薬学部 卒
現 公益財団法人微生物化学研究会 理事長
東京大学名誉教授,北海道大学名誉教授
専攻 有機合成化学
薬学博士

岩澤 伸治
いわさわ のぶはる

1957年 神奈川県に生まれる
1979年 東京大学理学部 卒
現 東京科学大学 特任教授
東京工業大学名誉教授
専攻 有機合成化学,有機金属化学
理学博士

大和田 智彦
おおわだ ともひこ

1959年 東京都に生まれる
1982年 東京大学薬学部 卒
現 東京大学大学院薬学系研究科 教授
専攻 有機化学,薬化学
薬学博士

増野 匡彦
ましの ただひこ

1955年 東京都に生まれる
1978年 東京大学薬学部 卒
慶應義塾大学名誉教授
専攻 生物有機化学,医薬品化学
薬学博士

第1版 第1刷 2009年 2月20日 発行
第3版 第1刷 2024年12月25日 発行

マクマリー 有機化学（第3版）
―生体反応へのアプローチ―

Ⓒ 2024

監訳者	柴﨑 正勝 岩澤 伸治 大和田 智彦 増野 匡彦
発行者	石田 勝彦
発　行	株式会社 東京化学同人 東京都文京区千石3丁目36-7（〒112-0011） 電話 (03)3946-5311・FAX (03)3946-5317 URL: https://www.tkd-pbl.com/
印　刷	株式会社 木元省美堂
製　本	株式会社 松岳社

ISBN 978-4-8079-2069-3
Printed in Japan

無断転載および複製物（コピー，電子データなど）の無断配布，配信を禁じます．
Web教材のダウンロードは購入者本人に限り，図書館での利用は館内での使用に限ります．